D1723863

Janeway Immunologie

Kenneth M. Murphy Paul Travers Mark Walport

Janeway Immunologie

7. Auflage

Mit Beiträgen von Michael Ehrenstein, Claudia Mauri, Allan Mowat und Andrey Shaw

Aus dem Englischen übersetzt von Lothar Seidler und Ingrid Haußer-Siller

Aus dem Englischen übersetzt von Lothar Seidler und Ingrid Haußer-Siller

ISBN 978-3-662-44227-2 ISBN 978-3-662-44228-9 (eBook)
DOI 10.1007/978-3-662-44228-9

Die Deutsche Nationalbibliothek verzeichnet diese Publikation in der Deutschen Nationalbibliografie; detaillierte bibliografische Daten sind im Internet über http://dnb.d-nb.de abrufbar.

Springer Spektrum
Übersetzung der amerikanischen Ausgabe: Janeway's Immunobiology von Kenneth Murphy, Paul Travers, Mark Walport, erschienen bei Garland Science, Taylor & Francis Group, LLC, 2008

Planung und Lektorat: Frank Wigger, Martina Mechler
Redaktion: Birgit Jarosch
Index: Bärbel Häcker
Titelbild: Matthew McClements, Blink Studio, Ltd.
Satz: TypoStudio Tobias Schaedla, Heidelberg

Gedruckt auf säurefreiem und chlorfrei gebleichtem Papier

Springer Spektrum ist eine Marke von Springer DE. Springer DE ist Teil der Fachverlagsgruppe Springer Science+Business Media.
www.springer-spektrum.de

Vorwort

Dieses Buch ist als Einführung in die Immunologie für Medizin- und Biologiestudenten gedacht, richtet sich aber auch an Wissenschaftler anderer Gebiete, die mehr über das Immunsystem erfahren wollen. Das Buch stellt das weite Feld der Immunologie aus der übergeordneten Perspektive der Wechselwirkungen zwischen dem Körper und der Vielzahl an potenziell schädlichen Mikroorganismen in seiner Umgebung dar. Dieses besondere Vorgehen hat insofern seine Berechtigung, als sich das Fehlen bestimmter Bestandteile des Immunsystems klinisch fast immer in einer erhöhten Infektionsanfälligkeit manifestiert. Das Immunsystem dient also in erster Linie dazu, den Körper vor Infektionen zu schützen, und seine Evolution muss deshalb von dieser Bedrohung stark geprägt sein. Andere Aspekte der Immunologie, wie Allergien, Autoimmunreaktionen, Gewebeabstoßungen und die Immunität gegenüber Tumoren, sind als Abwandlungen dieser grundlegenden Schutzfunktion zu betrachten, wobei die Art des Antigens die wichtigste Variable darstellt.

Für diese siebente Auflage des Buches wurden alle Kapitel aktualisiert und neue Erkenntnisse hinzugefügt, die unser Wissen und unser Verständnis vom Immunsystem vergrößert haben. Beispiele sind neue Arbeiten über NK-Rezeptoren, eine genauere Vorstellung von der Funktion der aktivierungsinduzierten Cytidin-Desaminase (AID) bei der Erzeugung der Antikörpervielfalt, virale Immunevasine, Kreuzpräsentation von Antigenen gegenüber den T-Zellen, die dendritischen Zellen und Untergruppen der T-Zellen sowie neu entdeckte Rezeptoren des angeborenen Immunsystems, die Krankheitserreger erkennen, um nur einige wenige zu nennen. Unser Kapitel über Evolution enthält auch interessante neue Einblicke in alternative Formen der angeborenen Immunität, sowohl bei Wirbellosen als auch bei höheren Organismen. Die medizinischen Kapitel enthalten neue Abschnitte über Zöliakie und ihre Mechanismen, Morbus Crohn sowie immunologische Herangehensweisen für die Behandlung von Krebs. Am Ende jedes Kapitels wurden Testfragen neu eingefügt. Diese eignen sich zur Wiederholung oder auch als Diskussionsgrundlage in den Lehrveranstaltungen oder auch für Lerngruppen.

Nach einer umfassenden Übersicht zum Immunsystem in Kapitel 1 wird in Kapitel 2 die angeborene Immunität als eigenständiges und wichtiges Schutzsystem und notwendige Vorstufe zur adaptiven Immunantwort besprochen. Die Behandlung der Toll-Rezeptoren und anderer Systeme für die Erkennung von Krankheitserregern wurde aktualisiert, um die schnellen Fortschritte auf diesem Gebiet in den letzten drei Jahren wiederzugeben, und die Beschreibung der verschiedenen Familien der aktivierenden und hemmenden NK-Rezeptoren wurde überarbeitet, um die wachsenden Erkenntnisse darzustellen. Die Informationen über Krankheitserreger (in den früheren Auflagen am Anfang von Kapitel 10) wurden in Kapitel 2 übernommen, um schon am Anfang des Buches eine vollständigere Einführung in das Thema Infektionen zu geben. Auf die Darstellung der angeborenen Immunität folgt die ausführliche Erörterung der adaptiven Immunität, über die wir aufgrund der Forschungsarbeiten vieler Immunologen am meisten wissen. Das zentrale Thema ist dabei die klonale Selektion der Lymphocyten.

Wie in der sechsten Auflage betrachten wir die beiden lymphatischen Zelllinien, B-Lymphocyten und T-Lymphocyten im größten Teil des Buches immer zusammen, da wir der Ansicht sind, dass beide Zelltypen wichtige Mechanismen gemeinsam haben. Ein Beispiel dafür ist die Umordnung der Gensegmente, wenn die Rezeptoren gebildet werden, durch die die Lymphocyten Antigene erkennen (Kapitel 4). Kapitel 5, in dem die Antigenerkennung besprochen wird, wurde aktualisiert und befasst sich nun auch mit der Kreuzpräsentation von Antigenen durch MHC-Klasse-I-Moleküle und mit der Störung der Antigenpräsentation durch virale Immunevasine. Kapitel 6, das die Signalübertragung behandelt, wurde überarbeitet und enthält nun mehr Einzelheiten zur Signalgebung der T-Zellen, wobei der Abschnitt über costimulierende Signale erweitert und aktualisiert wurde. Kapitel 7 haben wir grundlegend umstrukturiert, sodass die Entwicklung der B-Zellen und T-Zellen nun in getrennten Abschnitten behandelt werden.

Die Kapitel 8 und 9 befassen sich ausführlich mit den Effektorfunktionen, einmal bei T- und einmal bei B-Zellen, da hier jeweils unterschiedliche Mechanismen beteiligt sind. Wir haben die Abschnitte über die dendritischen Zellen erweitert und aktuelle Forschungsergebnisse über die Untergruppen der T_H17-Zellen und regulatorischen T-Zellen mit aufgenommen (Kapitel 8). Wir haben die Gelegenheit genutzt und widmen uns in Kapitel 10 nun mehr der dynamischen Struktur der Immunantwort auf eine Infektion von der angeborenen Immunität bis zur Bildung des immunologischen Gedächtnisses. Wir haben auch aktuelle Erkenntnisse über die zeitlichen Veränderungen in den Untergruppen der T-Zellen während der Immunantwort und über das immunologische Gedächtnis mit aufgenommen. Aufgrund der zunehmend anerkannten Bedeutung des Immunsystems der Schleimhäute haben wir diesem Thema ein eigenes Kapitel gewidmet (Kapitel 11).

Die anschließenden drei Kapitel 12 bis 14 beschäftigen sich vor allem damit, ob Krankheiten wie AIDS, Autoimmunität oder Allergien durch angeborene oder erworbene Immunschwächen oder durch eine Fehlfunktion der immunologischen Mechanismen entstehen. Da unsere Kenntnis von den Krankheitsursachen zunimmt, wurden diese Kapitel um die Beschreibung von Syndromen erweitert, für die man jetzt die zugrundeliegenden Gene neu identifiziert hat. An diese Kapitel, die sich mit dem Versagen des Immunsystems bei der Aufrechterhaltung der Gesundheit beschäftigen, schließt sich Kapitel 15 an, das die Möglichkeiten beschreibt, wie die Immunantwort durch Impfungen oder andere Mittel beeinflusst werden kann, nicht nur um zu versuchen, Infektionskrankheiten, sondern auch die Abstoßung von Transplantaten und Krebs zu bekämpfen. Diese vier Kapitel wurden sorgfältig überarbeitet und aktualisiert, besonders in Hinblick auf die Erzeugung neuer „biologischer" Medikamente, die jetzt in die medizinische Praxis Eingang finden.

Das Buch endet mit dem aktualisierten Kapitel 16 über die Evolution der Immunsysteme bei Tieren. Die Analyse der Genomsequenzen von Wirbellosen und niederen Vertebraten hat zu einer neuen Einschätzung der komplexen Immunabwehr der Wirbellosen geführt und zu der Erkenntnis, dass unser Immunsystem, das auf Antikörpern und T-Zellen basiert, nicht die einzige Möglichkeit darstellt, eine adaptive Immunität hervorzubringen.

Diese Auflage wurde in Erinnerung an Charles A. Janeway, der dieses Lehrbuch begründete und bis zu seinem Tod im Jahr 2003 stetig voranbrachte, in *Janeway Immunologie* umbenannt. Andrey Shaw, Washington University School of Medicine, St. Louis, hat Kapitel 6 über Signalgebung vollständig überarbeitet und aktualisiert; Allan Mowat, University of Glasgow, machte das gleiche mit Kapitel 11 (Das mucosale Immunsystem); und Claudia Mauri (Kapitel 12 und 14) sowie Michael Ehrenstein (Kapitel 13 und 15), University College of London, haben die medizinischen Kapitel überarbeitet und aktualisiert. Anhang III (Cytokine und ihre Rezeptoren) wurde von Robert Schreiber, Washington University Scholl of Medicine, St. Louis, aktualisiert und umstrukturiert. Joost Oppenheim, National Cancer Institute, Washington D.C., hat Anhang IV (Chemokine und ihre Rezeptoren) aktualisiert. Wir sind ihnen allen zu großem Dank verpflichtet, da sie mit ihren Kenntnissen zu diesem Buch beigetragen und viel Sorgfalt für diese Überarbeitungen aufgewendet haben.

Die Lektoren, Illustratoren und Verlagsplaner sind der Leim, der dieses Buch zusammenhält. Wir haben alle von den Lektorenfähigkeiten von Eleanor Lawrence, die dieses Buch von Anfang an betreut, sowie von der Kreativität und dem künstlerischen Talent von

---

Für Dozenten gibt es zu diesem Buch eine DVD mit Abbildungen für die Nutzung in der Lehre (ISBN 978-3-8274-2469-3).

Beim amerikanischen Originalverlag Garland Science sind folgende ergänzende Angebote zu diesem Lehrbuch verfügbar (allgemeine Informationen zur Originalausgabe finden sich unter http://garlandscience.com):
– Das auch eigenständig nutzbare Begleitbuch *Case Studies in Immunology* von Raif Geha und Fred Rosen ist 2007 in der fünften Auflage erschienen (ISBN 978-08153-4145-1). Es rekapituliert wichtige Themenfelder der Immunologie als Hintergrund ausgewählter realer klinischer Fälle. Für den Studenten und angehenden Arzt machen die 47 ausführlich dargestellten Fallstudien den Schritt von der Grundlagenforschung in die diagnostische und therapeutische Anwendung nachvollziehbar und einübbar.
– Dozenten, die Lehrveranstaltungen in der Immunologie abhalten, können – bei entsprechenden Zugangsvoraussetzungen – über die spezielle Classroom-Software „Classwire™" unter anderem auf die elektronischen Zusatzmaterialien zum Buch zugreifen und sie in einer universitären Lehr-/Lernumgebung einsetzen. So stehen dort sämtliche Abbildungen aus dem „Janeway" und aus den *Case Studies in Immunology* sowie zahlreiche neu entwickelte Animationen und Videos zum Download bereit. Besuchen Sie die Internetseite von Garland Science (http://garlandscience.com/classwire.asp) oder schreiben Sie eine eMail an science@garland.com für weitere Informationen über „Classwire™".

Matt McClements, unserem Illustrator seit der zweiten Auflage, profitiert. Ihr „institutionalisiertes Gedächtnis“ garantiert, dass in dieser stark aktualisierten Auflage die Kohärenz erhalten bleibt. Bei Garland hat Mike Morales ansprechende Animationen produziert, durch die sich wichtige Begriffe veranschaulichen lassen. Keine dieser Bemühungen wäre jedoch ohne die geschickte (aber geduldige) Koordinierung von Sigrid Masson und die kenntnisreichen Vorschläge und die stetige Unterstützung durch unsere Verlegerin Denise Schanck wirklich von Erfolg gekrönt gewesen. Kenneth Murphy möchte Theresa Murphy und Paul, Mike, Mark und Jason für ihren Zuspruch und ihre Unterstützung danken. Paul Travers dankt Rose Zamoyska für ihre uneingeschränkte Geduld und Unterstützung. Mark Walport dankt seiner Frau Julia und den Kindern Louise, Robert, Emily und Fiona für ihre großzügige Unterstützung.

Wir möchten uns bei allen jenen bedanken, die die Kapitel der sechsten Auflage ganz oder teilweise und auch die Manuskripte der siebenten Auflage gelesen und uns Verbesserungsvorschläge gemacht haben. Sie sind entsprechend den Kapiteln auf Seite IIX aufgeführt. Es wurde jede Anstrengung unternommen, um ein fehlerfreies Buch zu schreiben. Dennoch mögen Sie hier und dort Fehler entdecken, und für uns wäre es eine große Hilfe, wenn Sie uns diese mitteilen würden.

Kenneth Murphy
Paul Travers
Mark Walport

Danksagung

Wir möchten den folgenden Fachleuten danken, welche die jeweils angegebenen Kapitel im Vorfeld der sechsten und siebenten amerikanischen Auflage vollständig oder in Auszügen gelesen und uns für die Realisierung der jetzt vorliegende neue Auflage überaus wertvolle Ratschläge gegeben haben.

Kapitel 1: Hans Acha-Orbea, Université de Lausanne; Leslie Berg, University of Massachusetts Medical Center; Michael Cancro, University of Pennsylvania; Elizabeth Godrick, Boston University; Michael Gold, University of British Columbia; Harris Goldstein, Albert Einstein College of Medicine; Kenneth Hunter, University of Nevada, Reno; Derek McKay, McMaster University; Eleanor Metcalf, Uniformed Services University of the Health Sciences, Maryland; Carol Reiss, New York University; Maria Marluce dos Santos Vilela, State University of Campinas Medical School, Brasilien; Heather Zwickey, National College of Natural Medicine, Oregon.

Kapitel 2: Alan Aderem, Institute for Systems Biology, Washington; John Atkinson, Washington University School of Medicine, St. Louis; Marco Colonna, Washington University School of Medicine, St. Louis; Jason Cyster, University of California, San Francisco; John Kearney, The University of Alabama, Birmingham; Lewis Lanier, University of California, San Francisco; Ruslan Medzhitov, Yale University School of Medicine; Alessandro Moretta, University von Genua, Italien; Gabriel Nunez, University of Michigan Medical School; Kenneth Reid, University of Oxford; Robert Schreiber, Washington University School of Medicine, St. Louis; Caetano Reis e Sousa, Cancer Research UK; Andrea Termer, University of California, Irvine; Eric Vivier, Université de la Méditerranée Campus de Luminy; Wayne Yokoyama, Washington University School of Medicine, St. Louis.

Kapitel 3: David Davies, NIDDK, National Institutes of Health, US; K. Christopher Garcia, Stanford University; David Fremont, Washington University School of Medicine; Bernard Malissen, Centre d'Immunologie Marseille-Luminy; Ellis Reinherz, Harvard Medical School; Roy Marriuzza, University of Maryland Biotechnology Institute; Robyn Stanfield, The Scripps Research Institute; Ian Wilson, The Scripps Research Institute.

Kapitel 4: Fred Alt, Harvard Medical School; David Davies, NIDDK, National Institutes of Health, US; Amy Kenter, University of Illinois, Chicago; Michael Lieber, University of Southern California; John Manis, Harvard Medical School; Michael Neuberger, University of Cambridge; David Schatz, Yale University School of Medicine; Barry Sleckman, Washington University School of Medicine, St. Louis.

Kapitel 5: Paul Allen, Washington University School of Medicine, St. Louis; Siamak Bahram, Centre de Recherche d'Immunologie et d'Hematologie; Michael Bevan, University of Washington; Peter Cresswell, Yale University School of Medicine; David Fremont, Washington University School of Medicine, St. Louis; K. Christopher Garcia, Stanford University; Ted Hansen, Washington University School of Medicine, St. Louis; Jim Kaufman, Institute for Animal Health, UK; Philippa Marrack, National Jewish Medical and Research Center, University of Colorado Health Sciences Center, Denver; Jim McCluskey, University of Melbourne, Victoria; Jacques Neefjes, The Netherlands Cancer Institute, Amsterdam; Chris Nelson, Washington University School of Medicine, St. Louis; Hans-Georg Rammensee, Universität Tübingen, Deutschland; John Trowsdale, University of Cambridge; Emil Unanue, Washington University School of Medicine, St. Louis.

Kapitel 6: Leslie Berg, University of Massachusetts Medical Center; John Cambier, University of Colorado Health Sciences Center; Doreen Cantrell, University of Dundee, UK; Andy Chan, Genentech, Inc.; Gary Koretzky, University of Pennsylvania School of Medicine; Gabriel Nunez, University of Michigan Medical School; Anton van der Merwe, University of Oxford; Andre Veillette, Institut de Recherches Cliniques de Montr6al; Art Weiss, University of California, San Francisco.

Kapitel 7: Avinash Bhandoola, University of Pennsylvania; B.J. Fowlkes, National Institutes of Health, US;

Richard Hardy, Fox Chase Cancer Center, Philadelphia; Kris Hogquist, University of Minnesota; John Kearney, The University of Alabama, Birmingham; Dan Littman, New York University School of Medicine; John Monroe, University of Pennsylvania Medical School; David Raulet, University of California, Berkeley; Ellen Robey, University of California, Berkeley; Harinder Singh, University of Chicago; Barry Sleckman, Washington University School of Medicine, St. Louis; Brigitta Stockinger, National Institute for Medical Research, London; Paulo Vieira, Institut Pasteur, Paris; Harald von Boehmer, Harvard Medical School; Rose Zamoyska, National Institute for Medical Research, London.

Kapitel 8: Rafi Ahmed, Emory University School of Medicine; Michael Bevan, University of Washington; Frank Carbone, University of Melbourne, Victoria; Bill Heath, University of Melbourne, Victoria; Anne O'Garra, The National Institute for Medical Research, London; Steve Reiner, University of Pennsylvania School of Medicine; Robert Schreiber, Washington University School of Medicine, St. Louis; Casey Weaver, The University of Alabama, Birmingham; Marco Colonna, Washington University School of Medicine, St. Louis.

Kapitel 9: Michael Cancro, University of Pennsylvania; Robert H. Carter, The University of Alabama, Birmingham; John Kearney, The University of Alabama, Birmingham; Garnett Kelsoe, Duke University; Michael Neuberger, University of Cambridge.

Kapitel 10–11: Rafi Ahmed, Emory University School of Medicine; Charles Bangham, Imperial College, London; Jason Cyster, University of California, San Francisco; David Gray, The University of Edinburgh; Dragana Jankovic, National Insitutes of Health; Michael Lamm, Case Western University; Antonio Lanzavecchia, Institute for Research in Biomedicine, Switzerland; Sara Marshall, Imperial College, London; Allan Mowat, University of Glasgow; Gabriel Nunez, University of Michigan Medical School; Michael Oldstone, The Scripps Research Insitute; Michael Russell, SUNY, Buffalo; Federica Sallusto, Institute for Research in Biomedicine, Switzerland; Philippe Sansonetti, Institut Pasteur, Paris; Alan Sher, National Institutes of Health, US.

Kapitel 12: Mary Collins, University College, London; Alain Fischer, Groupe Hospitalier Necker-Enfants-Malades, Paris; Raif Geha, Harvard Medical School; Paul Klenerman, University of Oxford; Dan Littman, New York University School of Medicine; Michael Malim, King's College; Sarah Rowland-Jones, University of Oxford; Adrian Thrasher, University College, London.

Kapitel 13: Cezmi Akdis, Swiss Institute of Allergy and Asthma Research; Raif Geha, Harvard Medical School; Barry Kay, Imperial College, London; Gabriel Nunez, University of Michigan Medical School; Harald Renz, Philipps-Universität Marburg, Deutschland; Alan Shaffer, Harvard Medical School.

Kapitel 14: Antony Basten, The University of Sydney; Lucienne Chatenaud, Groupe Hospitalier Necker-Enfants-Malades, Paris; Maggie Dallman, Imperial College, London; Anne Davidson, Albert Einstein College of Medicine; Betty Diamond, Albert Einstein College of Medicine; Rikard Holmdahl, Lund University, Sweden; Laurence Turka, University of Pennsylvania School of Medicine; Kathryn Wood, University of Oxford.

Kapitel 15: Filippo Belardinelli, Istituto Superiore di Sanita, Italien; Benny Chain, University College, London; Lucienne Chatenaud, Groupe Hospitalier Necker-Enfants-Malacles, Paris; Robert Schreiber, Washington University School of Medicine, St. Louis; Ralph Steinman, The Rockefeller University; Richard Williams, Imperial College, London.

Kapitel 16: Max Cooper, The University of Alabama, Birmingham; Jim Kaufman, Institute for Animal Health, Großbritannien; Gary Litman, University of South Florida; Ruslan Medzhitov, Yale University School of Medicine.

Kurzinhalt

Inhaltsverzeichnis

Kapitel 2 Die angeborene Immunität 53

Teil VI Die Ursprünge des Immunsystems 892

Kapitel 16 Die Evolution des Immunsystems 893

Anhang 922

Anhang I Die Werkzeuge des Immunologen 923

Teil I

Einführung in die Immunologie und die angeborene Immunität

1 Grundbegriffe der Immunologie

In der Immunologie untersucht man die Abwehr einer Infektion durch den Körper. Wir sind umgeben von Mikroorganismen, von denen viele Krankheiten verursachen. Trotz dieser ständigen Ansteckungsgefahr werden wir nur selten krank. Wie kann sich der Körper selbst verteidigen? Wie kann der Körper bei einer Infektion den Eindringling entfernen und sich selbst heilen? Und wie können wir gegen viele Infektionskrankheiten, von denen wir nur einmal betroffen waren und die wir überwunden haben, eine lang andauernde Immunität entwickeln? Diese Fragen werden in der Immunologie behandelt, mit der wir uns beschäftigen wollen, um zu verstehen, wie die Abwehrmechanismen unseres Körpers gegen Infektionen auf zellulärer und molekularer Ebene funktionieren.

Die Immunologie ist eine relativ junge Wissenschaft. Die Erforschung der Immunität begann mit **Edward Jenner** (Abb. 1.1). Er entdeckte im späten 18. Jahrhundert, dass die relativ leicht verlaufende Krankheit Kuhpocken (Vaccinia) anscheinend einen Schutz vor der häufig tödlichen Krankheit Pocken vermittelte. 1796 zeigte Jenner, dass eine Impfung mit Kuhpocken tatsächlich vor den Pocken schützen konnte. Er bezeichnete sein Verfahren als *vaccination*; dieser Begriff steht im Englischen und in der Fachsprache (Vakzination) auch heute noch für die Schutzimpfung einer gesunden Person mit abgeschwächten oder attenuierten Krankheitserregern. Obwohl Jenner mit seinem gewagten Experiment Erfolg hatte, vergingen fast zwei Jahrhunderte, bis die Schutzimpfung gegen Pocken überall auf der Welt eingeführt war. 1979 gab die Weltgesundheitsorganisation (WHO) schließlich bekannt, die Pocken seien ausgerottet, was zweifellos den größten Triumph der modernen Medizin darstellt (Abb. 1.2).

1.1 Edward Jenner. Porträt von John Raphael Smith. (Mit freundlicher Genehmigung der Yale University, Harvey Cushing/John Hay Whitney Medical Library.)

Als Jenner die Schutzimpfung einführte, wusste er noch nichts über Krankheitserreger. Erst im späten 19. Jahrhundert bewies **Robert Koch**, dass Infektionskrankheiten auf **Mikroorganismen** zurückgehen, die jeweils eine spezifische Krankheit verursachen. Wir kennen heute vier große Gruppen von krankheitsverursachenden Mikroorganismen oder **Pathogenen**: Viren, Bakterien, pathogene Pilze und andere, verhältnismäßig große und komplexe eukaryotische Organismen, die man unter dem Begriff Parasiten zusammenfasst.

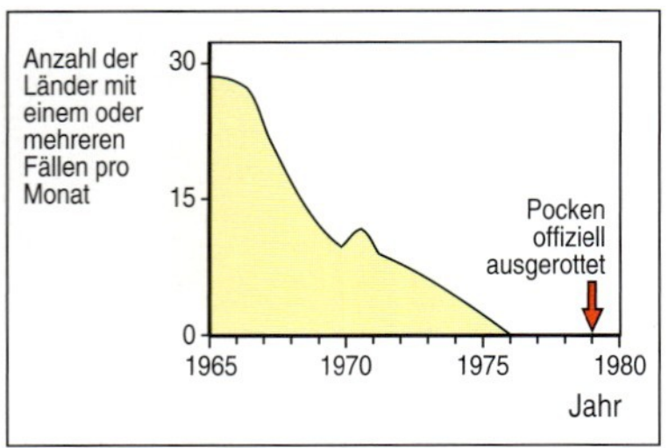

1.2 Die Ausrottung der Pocken durch Schutzimpfungen. Nachdem drei Jahre lang keine Fälle von Pocken mehr aufgetreten waren, erklärte die Weltgesundheitsorganisation (WHO) die Krankheit 1979 für ausgerottet und beendete die Impfungen. Einige wenige Laborstämme werden jedoch aufbewahrt, und es gibt Befürchtungen, dass sich das Virus von dort aus erneut ausbreiten könnte.

Die Entdeckungen von Robert Koch und anderen bedeutenden Mikrobiologen des 19. Jahrhunderts ermöglichten die Übertragung von Jenners Impfverfahren auf andere Krankheiten. In den Achtzigerjahren des 19. Jahrhunderts stellte **Louis Pasteur** in Hühnern einen Choleraimpfstoff her. Des Weiteren gelang ihm mit einem Impfstoff gegen die Tollwut ein spektakulärer Erfolg, als er erstmals einen Jungen impfte, den ein tollwutkranker Hund gebissen hatte. Dem Durchbruch in der Praxis folgten die Suche nach den zugrunde liegenden Schutzmechanismen und die Entwicklung der immunologischen Wissenschaft. In den frühen 1890er-Jahren fanden **Emil von Behring** und **Shibasaburo Kitasato** heraus, dass das Blutserum von Tieren, die gegen Tetanus oder Diphtherie immun waren, eine spezifische „antitoxische Aktivität" enthielt, die bei Menschen einen kurzzeitigen Schutz gegen die Auswirkungen des Diphtherie- oder Tetanustoxins herbeiführen konnte. Diese Aktivität war auf Proteine zurückzuführen, die wir heute als **Antikörper** bezeichnen, die spezifisch an die Toxine binden und ihre Aktivität neutralisieren.

Die Reaktionen, die wir gegenüber einer Infektion durch potenzielle Pathogene entwickeln, bezeichnet man als **Immunantworten** oder **Immunreaktionen**. Wird eine spezifische Immunantwort ausgelöst, wie etwa die Erzeugung von Antikörpern gegen ein bestimmtes Pathogen oder seine Produkte, spricht man von einer **adaptiven** oder **erworbenen Immunantwort**, da ein Mensch sie während seines Lebens als Anpassung an eine Infektion mit einem spezifischen Krankheitserreger entwickelt. In vielen Fällen hat eine adaptive Immunantwort auch einen Effekt, den man als immunologisches Gedächtnis bezeichnet. Dadurch kommt es zu einer lebenslangen **Immunität** gegen eine erneute Infektion mit demselben Pathogen. Davon unterscheidet sich die **angeborene Immunantwort** oder angeborene Immunität, die immer zur Verfügung steht und ein breites Spektrum von Krankheitserregern bekämpfen kann, aber keine dauerhafte Immunität hervorbringt und nicht für einen einzelnen Krankheitserreger spezifisch ist. In der Zeit, in der Behring seine Serumtherapie gegen Diphtherie entwickelte, war die angeborene Immunität vor allem durch die Arbeiten des großen russischen Immunologen **Elie Metchnikoff** bekannt geworden. Er fand heraus, dass phagocytotische Zellen – die er als „Makrophagen" bezeichnete – Mikroorganismen aufnehmen und vernichten können. Diese Zellen sind immer vorhanden und bereit aktiv zu werden. Sie gehören zur vorderen Verteidigungslinie der angeborenen Immunantworten. Im Gegensatz dazu benötigt eine adaptive Immunantwort Zeit, um sich zu entwickeln, und sie ist hoch spezifisch. Antikörper, die für das Influenzavirus spezifisch sind, schützen nicht gegen das Poliovirus.

Bald stellte sich heraus, dass der Körper spezifische Antikörper gegen ein enorm breites Spektrum von Substanzen produzieren kann. Diese Stoffe bezeichnete man als **Antigene**, da sie die Bildung von Antikörpern auslösen können. Viel später fand man heraus, dass die Produktion von Antikörpern nicht die einzige Funktion der adaptiven Immunantworten ist. Die Bezeichnung Antigen bezieht sich heute auf jede Substanz, die vom adaptiven Immunsystem erkannt werden kann und auf die eine Reaktion erfolgt. Die Proteine, Glykoproteine und Polysaccharide von Krankheitserregern sind Antigene, auf die das Immunsystem normalerweise reagiert, aber es kann ein viel größeres Spektrum von chemischen Verbindungen erkennen und darauf reagieren. So kommt es auch zu allergischen Immunantworten auf Metalle wie etwa Nickel, auf Medikamente wie Penicillin und auf organische chemische Verbindungen wie sie etwa im Giftsumach vorkommen. Die angeborene und die adaptive Immunität ergeben zusammen ein sehr wirksames Abwehrsystem. Viele Infektionen werden von der angeborenen Immunität erfolgreich bekämpft und führen nicht zu einer Erkrankung. Infektionen, die so nicht beseitigt werden können, lösen eine adaptive Immunantwort aus. Außerdem entsteht nach Überwindung der Infektion häufig ein dauerhaftes immunologisches Gedächtnis, das den Ausbruch einer Krankheit verhindert, wenn es zu einer erneuten Infektion kommt.

Der Schwerpunkt dieses Buches liegt auf den verschiedenartigen Mechanismen der erworbenen Immunität, bei der spezialisierte Gruppen von Lymphocyten pathogene Mikroorganismen oder infizierte Zellen erkennen und angreifen. Wir werden jedoch sehen, dass die Aktivitäten des angeborenen Immunsystems eine Vorstufe für die Entwicklung der adaptiven Immunität sind, und dass Zellen, die bei angeborenen Immunantworten mitwirken, auch an den adaptiven Immunantworten beteiligt sind. Tatsächlich basieren die meisten Effektorwirkungen, welche die adaptive Immunantwort zur Zerstörung eingedrungener Mikroorganismen verwendet, darauf, dass die antigenspezifische Erkennung mit der Aktivierung der Effektormechanismen gekoppelt ist, die auch bei der angeborenen Immunität vorkommen.

Dieses Kapitel gibt zunächst eine Einführung in die Grundlagen der angeborenen und adaptiven Immunität, die Zellen des Immunsystems und die Gewebe, in denen sie sich entwickeln und zirkulieren. Danach beschreiben wir die spezifischen Funktionen der verschiedenen Zelltypen und die Mechanismen, mit deren Hilfe sie Infektionen beseitigen.

Grundlagen der angeborenen und der erworbenen Immunität

Der Körper ist durch eine Reihe verschiedener Effektorzellen und Moleküle, die zusammen das **Immunsystem** bilden, vor Krankheitserregern und den Schäden, die sie verursachen, sowie vor anderen schädlichen Substanzen, wie etwa vor Toxinen von Insekten, geschützt. In diesem Teil des Kapitels beschäftigen wir uns mit den wichtigsten Grundlagen der Immunantworten und geben eine Einführung in die Zellen und Gewebe des Immunsystems, auf denen eine Immunantwort basiert.

1.1 Funktionen der Immunantwort

Um ein Individuum wirksam vor Krankheiten zu schützen, muss das Immunsystem vier Hauptaufgaben bewältigen. Die erste ist die **immunologische Erkennung**: Das Vorhandensein einer Infektion muss erkannt werden. Dafür sind sowohl die weißen Blutzellen des angeborenen Immunsystems, die eine sofortige Reaktion zeigen, als auch die Lymphocyten des adaptiven Immunsystems zuständig. Die zweite Aufgabe besteht darin, die Infektion einzudämmen und wenn möglich vollständig abzuwehren. Dabei kommen

Immuneffektorfunktionen zum Tragen wie das Komplementsystem der Blutproteine, Antikörper und das zerstörerische Potenzial von Lymphocyten und anderen weißen Blutzellen. Gleichzeitig muss das Immunsystem unter Kontrolle gehalten werden, damit es dem Körper keinen Schaden zufügt. Die **Immunregulation** oder die Fähigkeit des Immunsystems, sich selbst zu regulieren, ist daher ein wichtiges Merkmal der Immunantworten. Das Versagen einer solchen Regulation führt zu Allergien und Autoimmunkrankheiten. Die vierte Aufgabe ist, den Einzelnen vor einem erneuten Auftreten der Krankheit zu schützen, wenn derselbe Krankheitserreger erneut auftritt. Ein einzigartiges Merkmal des adaptiven Immunsystems besteht darin, dass es ein **immunologisches Gedächtnis** entwickeln kann. Dabei zeigt ein Mensch, der bereits einmal mit einem Krankheitserreger in Berührung gekommen ist, gegen jede weitere Infektion eine sofortige und stärkere Reaktion. Das bedeutet, man besitzt dagegen eine schützende Immunität. Eine der größten Herausforderungen für den Immunologen ist heutzutage, Mechanismen zu entdecken, durch die sich eine lang anhaltende Immunität gegen Krankheitserreger erzeugen lässt, gegen die das auf natürliche Weise sonst nicht geschieht.

Wenn ein Organismus mit einem Krankheitserreger in Kontakt kommt, sind die ersten Barrieren, die Mikroben daran hindern, in den Körper zu gelangen, physikalischer und chemischer Art; diese betrachtet man allgemein nicht als Teil des eigentlichen Immunsystems, und nur wenn diese Barrieren überwunden oder umgangen werden, kommt das Immunsystem zum Tragen. Die ersten Zellen, die reagieren, sind phagocytotische weiße Blutzellen wie Makrophagen, die einen Teil des angeborenen Immunsystems bilden. Diese Zellen können Mikroben in sich aufnehmen und abtöten, indem sie eine Reihe verschiedener toxischer chemischer Verbindungen und wirkungsvoller abbauender Enzyme produzieren. Der Ursprung der angeborenen Immunität liegt schon weit zurück – eine bestimmte Form von angeborener Abwehr gegen Krankheiten gibt es bei allen Tieren und Pflanzen. Die Makrophagen des Menschen und anderer Vertebraten sind in der Evolution wahrscheinlich direkte Nachkommen der phagocytotischen Zellen, die in einfacheren Tieren vorhanden sind und wie sie beispielsweise Metchnikoff bei Seesternen beobachtet hat.

Bei Kontakt mit einem infektiösen Organismus erfolgen die angeborenen Immunantworten schnell. Die Reaktion des adaptiven Immunsystems überlagert sich mit der angeborenen Immunantwort und kann Infektionen viel wirksamer beseitigen, benötigt aber nicht Stunden, um sich zu entwickeln, sondern Tage. Ein adaptives Immunsystem gibt es nur bei Vertebraten, und es basiert auf den hochgradig spezifischen Erkennungsfunktionen der Lymphocyten, die den einzelnen Krankheitserreger erkennen können und die Immunantwort stark darauf ausrichten. Diese Zellen können durch hoch spezialisierte **Antigenrezeptoren** an ihrer Oberfläche einzelne Antigene erkennen und darauf reagieren. Die Milliarden von Lymphocyten, die im Körper vorhanden sind, besitzen insgesamt ein riesiges Repertoire von Antigenrezeptoren. Dadurch ist es dem Immunsystem möglich, praktisch jedes Antigen zu erkennen, mit dem ein Mensch in Kontakt kommen kann, und darauf zu reagieren. Da die Erkennung und die Reaktion jeweils für einen bestimmten Krankheitserreger spezifisch ist, kann die adaptive Immunantwort die Ressourcen des Immunsystems auf die Bekämpfung dieses Krankheitserregers ausrichten, sodass der Körper in der Lage ist, Krankheitserreger zu besiegen, die die angeborene Immunantwort umgangen oder überwunden haben. Antikörper und aktivierte Lymphocyten, die in dieser Phase der Antwort erzeugt werden, bleiben auch bestehen, wenn die ursprüngliche Infektion beseitigt wurde, und verhindern so eine unmittelbare erneute Infektion. Lymphocyten sind auch für die lang anhaltende Immunität verantwortlich, die bei vielen Krankheitserregern nach einer erfolgreichen adaptiven Immunantwort entsteht. So erfolgt die Reaktion auf denselben Mikroorganismus bei einer zweiten Infektion sowohl schneller als auch stärker, selbst nach vielen Jahren.

1.2 Die Zellen des Immunsystems gehen aus Vorläuferzellen im Knochenmark hervor

Sowohl die angeborenen als auch die adaptiven Immunantworten basieren auf Aktivitäten der weißen Blutzellen oder **Leukocyten**. Diese Zellen gehen alle aus dem **Knochenmark** hervor, und viele von ihnen entwickeln sich und reifen dort auch heran. Dann wandern sie in die peripheren Gewebe, um diese zu „bewachen" – einige bleiben innerhalb der Gewebe, andere zirkulieren im Blut und in einem spezialisierten Gefäßsystem, das man als **lymphatisches System** bezeichnet. Es leitet extrazelluläre Flüssigkeit und freie Zellen aus den Geweben ab, transportiert sie als **Lymphflüssigkeit** durch den Körper und führt sie schließlich in das Blut zurück.

Alle zellulären Bestandteile des Blutes – zu ihnen gehören die roten Blutkörperchen, die den Sauerstoff transportieren, die Blutplättchen, die in verletzten Geweben die Blutgerinnung auslösen, und die weißen Blutzellen des Immunsystems – stammen letztendlich von denselben Vorstufen oder **Vorläuferzellen** ab: den **hämatopoetischen Stammzellen** im Knochenmark. Da aus diesen Stammzellen alle Blutzelltypen entstehen können, bezeichnet man sie häufig auch als pluripotent. Aus ihnen entwickeln sich Stammzellen mit eingeschränktem Potenzial: die direkten Vorläuferzellen der roten Blutkörperchen, der Blutplättchen und der beiden Hauptgruppen der weißen Blutzellen, der **lymphatischen** und der **myeloiden** Zelllinie. Abbildung 1.3 fasst die verschiedenen Blutzelltypen und ihre Entwicklungslinien zusammen.

1.3 Die myeloide Zelllinie umfasst die meisten Zellen des angeborenen Immunsystems

Die **gemeinsame myeloide Vorläuferzelle** ist die Vorstufe der Makrophagen, Granulocyten, Mastzellen und dendritischen Zellen des angeborenen Immunsystems, sowie der Megakaryocyten und roten Blutkörperchen, mit denen wir uns aber hier nicht beschäftigen werden. Die Zellen der myeloiden Zelllinie sind in Abbildung 1.4 dargestellt.

Makrophagen kommen in fast allen Geweben vor. Sie sind die gereifte Form der **Monocyten**, die im Blut zirkulieren und ständig in die Gewebe einwandern, wo sie sich ausdifferenzieren. Monocyten und Makrophagen bilden zusammen einen von drei Typen von Phagocyten des Immunsystems: Die anderen sind die Granulocyten (die Sammelbezeichnung für

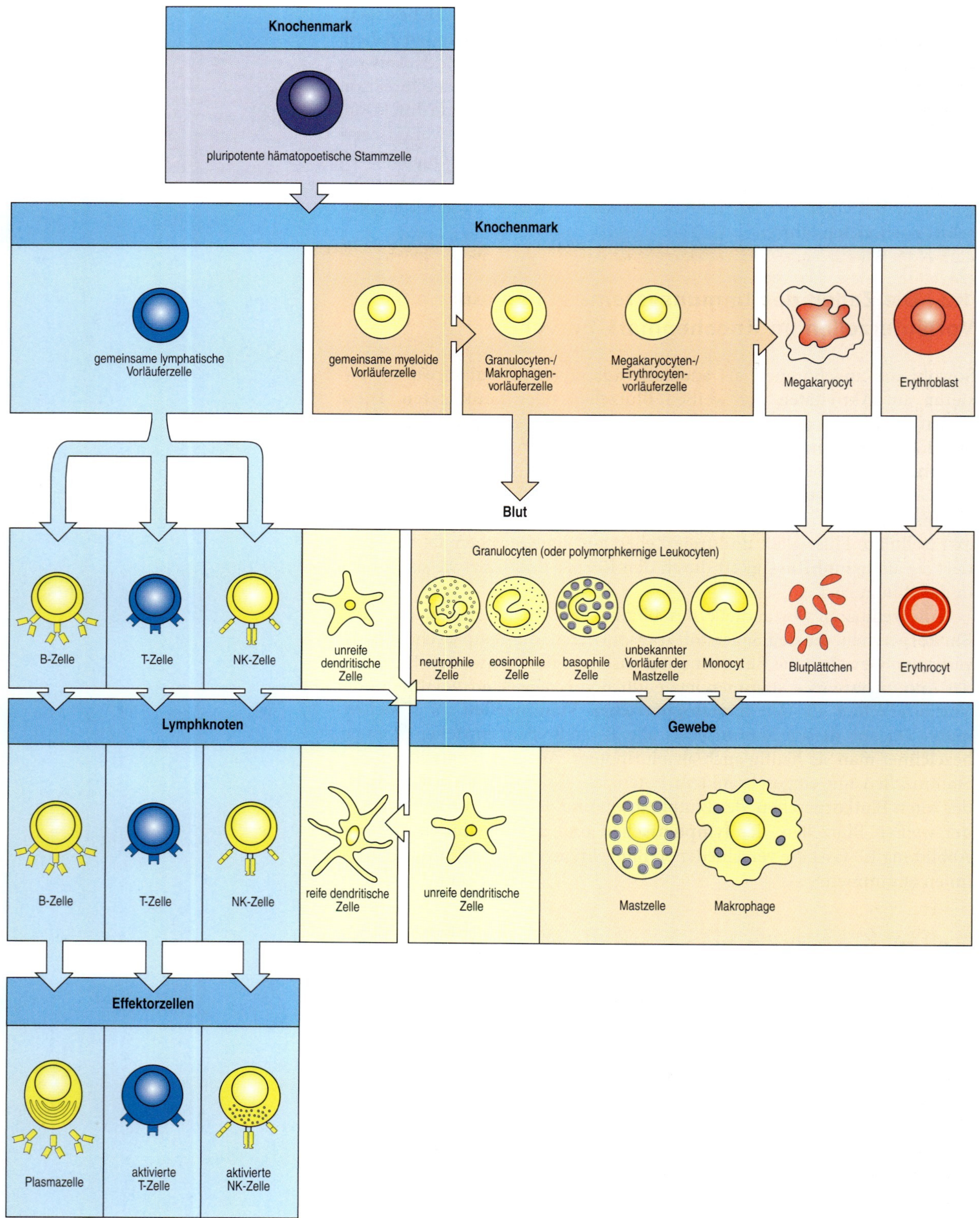
Knochenmark
pluripotente hämatopoetische Stammzelle
Knochenmark
gemeinsame lymphatische Vorläuferzelle
gemeinsame myeloide Vorläuferzelle
Granulocyten-/ Makrophagen-vorläuferzelle
Megakaryocyten-/ Erythrocyten-vorläuferzelle
Megakaryocyt
Erythroblast
Blut
Granulocyten (oder polymorphkernige Leukocyten)
B-Zelle
T-Zelle
NK-Zelle
unreife dendritische Zelle
neutrophile Zelle
eosinophile Zelle
basophile Zelle
unbekannter Vorläufer der Mastzelle
Monocyt
Blutplättchen
Erythrocyt
Lymphknoten
Gewebe
B-Zelle
T-Zelle
NK-Zelle
reife dendritische Zelle
unreife dendritische Zelle
Mastzelle
Makrophage
Effektorzellen
Plasmazelle
aktivierte T-Zelle
aktivierte NK-Zelle

1.3 Alle zellulären Bestandteile des Blutes (einschließlich der Lymphocyten der adaptiven Immunantwort) entstehen aus hämatopoetischen Stammzellen im Knochenmark. Diese pluripotenten Zellen teilen sich und erzeugen so zwei Typen von Stammzellen: eine gemeinsame lymphatische Vorläuferzelle, aus der sich die lymphatische Zelllinie (blau unterlegt) der weißen Blutzellen oder Leukocyten bildet – die natürlichen Killerzellen sowie die T- und B-Lymphocyten. Aus einer gemeinsamen myeloiden Vorläuferzelle geht die myeloide Zelllinie hervor (rosa und gelb unterlegt), aus der sich die übrigen Typen der Leukocyten (weiße Blutzellen), die Erythrocyten (rote Blutkörperchen für den Sauerstofftransport) und Megakaryocyten (für die Erzeugung von Blutplättchen, die bei der Blutgerinnung von Bedeutung sind) entwickeln. T- und B-Lymphocyten unterscheiden sich von den anderen Leukocyten durch den Besitz von Antigenrezeptoren und untereinander durch den Ort, an dem sie sich ausdifferenzieren – im Thymus beziehungsweise im Knochenmark. B-Zellen differenzieren sich nach Kontakt mit einem Antigen zu antikörpersezernierenden Plasmazellen, während sich T-Zellen zu T-Effektorzellen mit einer Reihe verschiedener Funktionen entwickeln. Im Gegensatz zu T- und B-Zellen besitzen NK-Zellen keine Antigenspezifität. Die übrigen Leukocyten umfassen Monocyten, dendritische Zellen sowie die basophilen, eosinophilen und neutrophilen Zellen. Die letzten drei zirkulieren im Blut und man bezeichnet sie auch als Granulocyten, da sie cytoplasmatische Granula enthalten, durch deren charakteristische Färbung die Zellen in Blutausstrichen gut zu erkennen sind; man nennt sie aufgrund ihrer unregelmäßig geformten Zellkerne auch polymorphkernige Leukocyten. Unreife dendritische Zellen (gelb unterlegt) sind Phagocyten, die in die Gewebe eindringen; sie reifen, nachdem sie auf einen potenziellen Krankheitserreger getroffen sind. Die gemeinsame lymphatische Vorläuferzelle bringt auch eine kleinere Unterpopulation von dendritischen Zellen hervor, aber dieser Entwicklungsweg wurde zur Vereinfachung nicht dargestellt. Da es jedoch mehr gemeinsame myeloide Vorläuferzellen als gemeinsame lymphatische Vorläuferzellen gibt, entwickelt sich die Mehrzahl der dendritischen Zellen im Körper aus den gemeinsamen myeloiden Vorläuferzellen. Monocyten dringen in Gewebe ein und differenzieren sich dort zu phagocytotischen Makrophagen. Die Vorläuferzelle, aus der sich die Mastzellen entwickeln, ist noch unbekannt. Mastzellen dringen ebenfalls in Gewebe ein und beenden ihre Reifung dort.

die weißen Blutzellen, die man als neutrophile, eosinophile und basophile Zellen bezeichnet) und die dendritischen Zellen. Makrophagen sind relativ langlebige Zellen, sie sind in der gesamten angeborenen und der anschließenden adaptiven Immunantwort für verschiedene Funktionen zuständig. Eine besteht darin, eindringende Mikroorganismen aufzunehmen und zu töten. In dieser Funktion als Phagocyten bilden sie eine wichtige erste Abwehrlinie der angeborenen Immunität, und sie beseitigen auch Krankheitserreger und infizierte Zellen, die von der adaptiven Immunantwort angegriffen werden. Sowohl Monocyten als auch Makrophagen sind Phagocyten, aber die meisten Infektionen treten im Gewebe auf, sodass es vor allem die Makrophagen sind, die diese wichtige Schutzfunktion übernehmen. Eine weitere und entscheidende Funktion der Makrophagen ist die maßgebliche Beteiligung bei Immunantworten: Sie tragen zur Entstehung von Entzündungen bei, die – wie wir feststellen werden – eine Voraussetzung für eine erfolgreiche Immunantwort ist. Und sie sezernieren Signalproteine, die Zellen des Immunsystems aktivieren und zu einer Immunantwort mo-

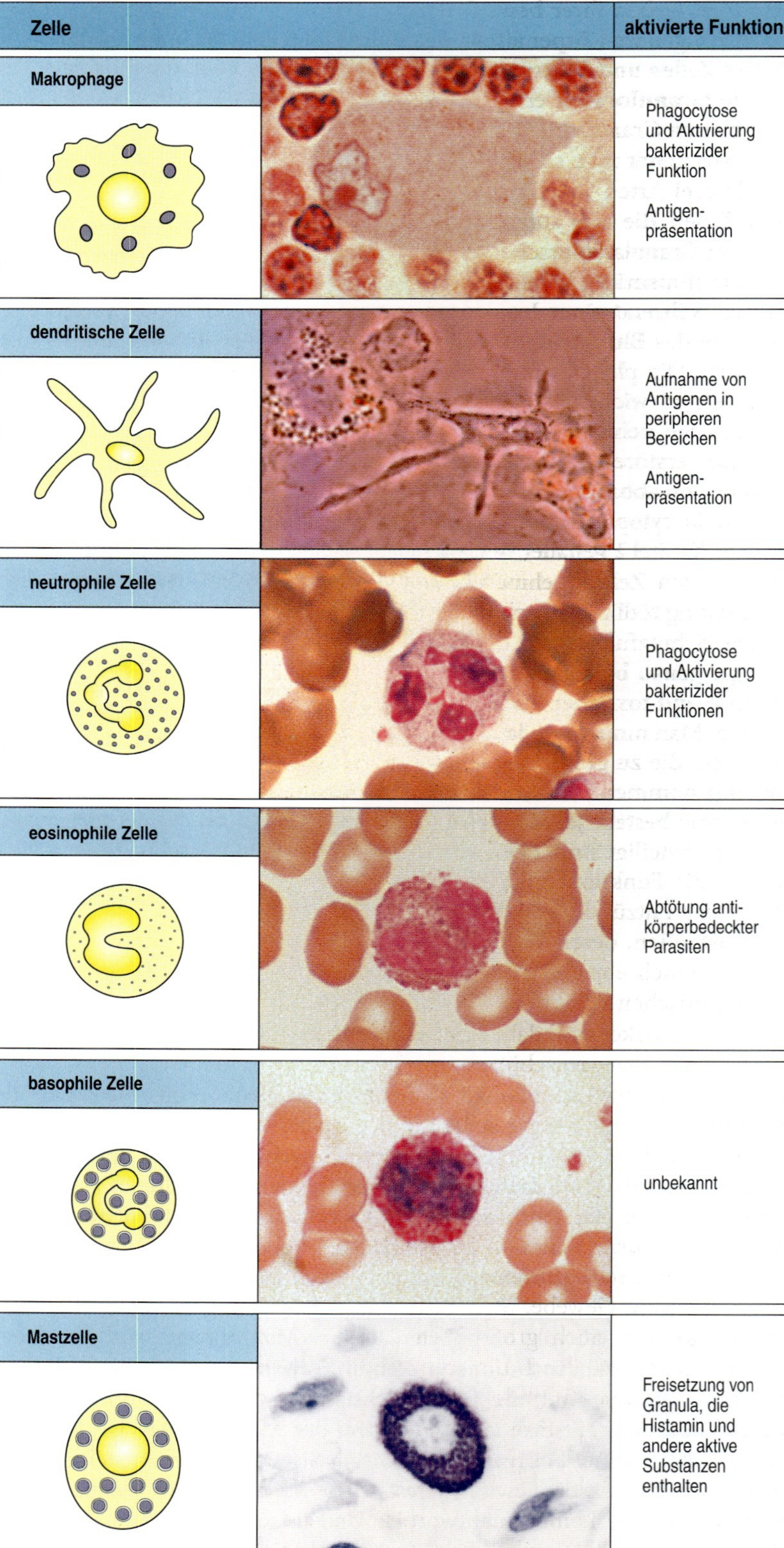

1.4 Myeloide Zellen bei der angeborenen und bei der erworbenen Immunität. Zellen der myeloiden Zelllinie erfüllen wichtige Funktionen bei der Immunantwort. Die linke Spalte zeigt sie schematisch in der Form, wie sie auch sonst im Buch dargestellt sind. Die mittlere Spalte enthält lichtmikroskopische Aufnahmen von jedem Zelltyp. Makrophagen und neutrophile Zellen sind primär phagocytotische Zellen, die Krankheitserreger aufnehmen und in intrazellulären Vesikeln zerstören; diese Funktion zeigen sie sowohl bei der angeborenen als auch bei der erworbenen Immunantwort. Unreife dendritische Zellen sind Phagocyten und können Krankheitserreger aufnehmen. Nach der Reifung fungieren sie als spezialisierte Zellen, die den T-Zellen Antigene so präsentieren, dass diese sie erkennen können, und lösen erworbene Immunreaktionen aus. Makrophagen können ebenfalls den T-Zellen Antigene präsentieren und die T-Zellen aktivieren. Die anderen myeloiden Zellen sind primär sekretorisch. Sie setzen den Inhalt ihrer deutlich hervortretenden Granula frei, nachdem sie während einer erworbenen Immunreaktion durch Antikörper aktiviert wurden. Von eosinophilen Zellen nimmt man an, dass sie beim Angriff auf große, mit Antikörpern eingehüllte Parasiten (wie etwa Würmer) beteiligt sind. Die Funktion der basophilen Zellen ist hingegen weniger klar. Mastzellen sind Gewebezellen, die gegen ein Antigen eine lokale Entzündungsreaktion auslösen können, indem sie Substanzen freisetzen, die lokal auf Blutgefäße wirken. (Fotos mit freundlicher Genehmigung von N. Rooney, R. Steinman und D. Friend.)

bilisieren. Neben ihrer besonderen Funktion im Immunsystem fungieren Makrophagen im Körper als allgemeine Fresszellen (*scavenger cells*), indem sie tote Zellen und Zelltrümmer beseitigen.

Die **Granulocyten** erhielten ihre Bezeichnung aufgrund der deutlich anfärbbaren Granula im Cytoplasma. Wegen ihres unregelmäßig geformten Zellkerns nennt man sie manchmal auch **polymorphkernige Leukocyten**. Es gibt drei Arten von Granulocyten – neutrophile, eosinophile und basophile Zellen, die man aufgrund der unterschiedlichen Färbungseigenschaften ihrer Granula unterscheidet. Im Vergleich zu den Makrophagen sind sie alle verhältnismäßig kurzlebig, das heißt sie existieren nur wenige Tage. Sie werden während einer Immunantwort in zunehmender Zahl produziert, wenn sie das Blut verlassen und zu Infektions- oder Entzündungsherden wandern. Die phagocytotischen **neutrophilen Zellen** bilden die umfangreichste und wichtigste zelluläre Komponente der angeborenen Immunantwort: Sie nehmen durch Phagocytose verschiedene Mikroorganismen auf und zerstören sie effizient in intrazellulären Vesikeln. Das geschieht mithilfe von abbauenden Enzymen und anderen antimikrobiellen Molekülen, die in cytoplasmatischen Granula gespeichert werden. Ihre Funktion wird in Kapitel 2 genauer besprochen. Durch erbliche Fehlfunktionen der neutrophilen Zellen nehmen bakterielle Infektionen überhand, die ohne Behandlung tödlich enden.

Die Schutzfunktionen der **eosinophilen** und **basophilen Zellen** sind weniger genau bekannt. Ihre Granula enthalten eine Reihe verschiedener Enzyme und toxischer Proteine, die bei Aktivierung der Zellen freigesetzt werden. Man nimmt an, dass beide Zelltypen vor allem bei der Abwehr von Parasiten, die zu groß sind, um von Makrophagen oder neutrophilen Zellen aufgenommen zu werden, eine Rolle spielen. Ihre größte medizinische Bedeutung besteht jedoch darin, dass sie an allergischen Entzündungsreaktionen beteiligt sind. Hier wirken sie eher zerstörend als schützend. Wir werden die Funktionen dieser Zellen in Kapitel 9 und ihre Bedeutung für allergische Entzündungen in Kapitel 13 besprechen.

Mastzellen, deren Vorläufer im Blut nicht genau bekannt sind, differenzieren sich ebenfalls in den Geweben. Ihre maßgebliche Beteiligung bei allergischen Reaktionen ist zwar bekannt (Kapitel 13), aber wahrscheinlich wirken sie dabei mit, die inneren Körperoberflächen gegen Krankheitserreger zu schützen, sowie bei der Immunantwort auf parasitische Würmer. Ihr Cytoplasma enthält große Granula, die bei der Aktivierung der Mastzelle freigesetzt werden; sie unterstützen das Auslösen von Entzündungen.

Die **dendritischen Zellen** sind die dritte Klasse von phagocytotischen Zellen des Immunsystems. Sie besitzen lange fingerförmige Fortsätze, ähnlich den Dendriten der Nervenzellen, von denen sich die Bezeichnung herleitet. Unreife dendritische Zellen wandern vom Knochenmark über das Blut in die Gewebe. Sie nehmen sowohl partikuläres Material durch Phagocytose als auch große Mengen an extrazellulärer Flüssigkeit und deren Inhaltsstoffe durch die sogenannte **Makropinocytose** auf. Wie Makrophagen und neutrophile Zellen zerstören sie die Krankheitserreger, die sie aufnehmen, aber ihre Hauptfunktion im Immunsystem ist nicht die Beseitigung von Mikroorganismen. Stattdessen reifen dendritische Zellen zu besonderen Zellen heran, sobald sie auf eindringende Mikroorganismen stoßen, und können dann eine besondere Gruppe von Lymphocyten aktivieren – die T-Lymphocyten (siehe unten). Das geschieht, indem die dendritischen Zellen an ihrer Oberfläche Antigene der Krankheitserreger präsentieren, sodass sie von den T-Lymphocyten erkannt werden können, die dann darauf reagieren. Wie wir weiter unten in diesem Kapitel besprechen werden, reicht die Antigenerkennung allein nicht aus, um einen T-Lymphocyten zu aktivieren, der vorher noch keinen Kontakt zu seinem Antigen hatte. Reife dendritische Zellen besitzen jedoch zusätzliche Eigenschaften, die es ihnen ermöglichen, T-Lymphocyten zu aktivieren. Zellen, die inaktiven T-Lymphocyten Antigene präsentieren können und sie zum ersten Mal aktivieren, bezeichnet man als **antigenpräsentierende Zellen** (APC). Diese Zellen bilden ein entscheidendes Bindeglied zwischen der angeborenen und der adaptiven Immunantwort. Makrophagen können ebenfalls als antigenpräsentierende Zellen fungieren; sie sind in besonderen Fällen von Bedeutung. Dendritische Zellen spezialisieren sich jedoch so, dass sie den Lymphocyten Antigene präsentieren und adaptive Immunantworten in Gang setzen.

1.4 Die lymphatische Zelllinie umfasst die Lymphocyten des adaptiven Immunsystems und die natürlichen Killerzellen der angeborenen Immunität

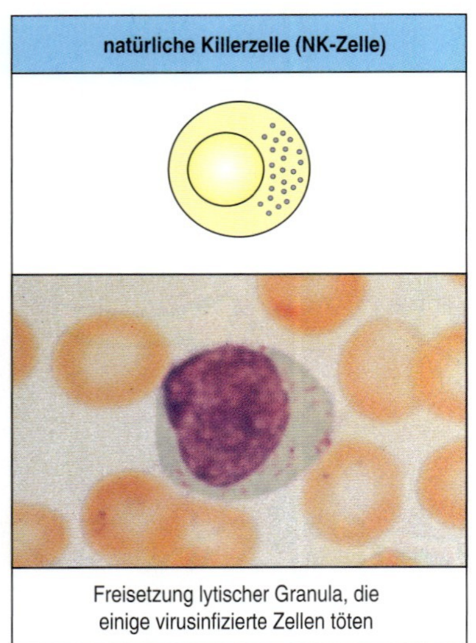

1.5 Natürliche Killerzellen (NK-Zellen). Es handelt sich um große granuläre lymphocytenähnliche Zellen mit wichtigen Funktionen bei der angeborenen Immunität, besonders gegen intrazelluläre Infektionen, und sie können Zellen töten. Im Gegensatz zu Lymphocyten besitzen sie keine antigenspezifischen Rezeptoren (Foto mit freundlicher Genehmigung von B. Smith.)

Aus der **gemeinsamen lymphatischen Vorläuferzelle** im Knochenmark gehen die antigenspezifischen Lymphocyten des adaptiven Immunsystems und ein besonderer Typ von Lymphocyten hervor, die auf das Vorhandensein einer Infektion reagieren, aber nicht für ein Antigen spezifisch sind. Man betrachtet sie deshalb als Teil des angeborenen Immunsystems. Es handelt sich dabei um große Zellen, die ein erkennbares granuläres Cytoplasma enthalten und die man als **natürliche Killerzellen** (**NK-Zellen**) bezeichnet (Abb. 1.5). Diese Zellen können anormale Zellen erkennen und töten, beispielsweise einige Tumorzellen und Zellen, die mit Herpes-Viren infiziert sind. Ihre Funktionen bei der angeborenen Immunität werden in Kapitel 2 beschrieben.

Wir kommen nun zu den antigenspezifischen Lymphocyten, mit denen sich der größte Teil dieses Buches beschäftigt: Sofern nicht anders angegeben, verwenden wir ab hier den Begriff Lymphocyten ausschließlich für die antigenspezifischen Lymphocyten. Das Immunsystem muss in der Lage sein, gegen jeden beliebigen Mikroorganismus aus der großen Vielfalt von Krankheitserregern, mit denen ein Mensch im Lauf seines Lebens in Kontakt kommen kann, eine Immunantwort zu entwickeln. Die Lymphocyten ermöglichen das gemeinsam mithilfe der hoch variablen Antigenrezeptoren an ihrer Oberfläche, durch die sie Antigene erkennen und binden können. Jeder Lymphocyt reift heran und trägt eine spezifische Variante von einem Antigenrezeptorprototyp, sodass die Population von Lymphocyten ein riesiges Repertoire von Rezeptoren exprimiert. Unter den etwa eine Milliarde Lymphocyten, die im Körper zu einem beliebigen Zeitpunkt zirkulieren, werden sich immer einige befinden, die ein bestimmtes fremdes Antigen erkennen können.

Wenn keine Infektion vorliegt, sind die meisten Lymphocyten, die im Körper zirkulieren, kleine Zellen ohne besondere Merkmale. Sie enthalten wenige cytoplasmatische Organellen, und ein großer Teil des Chromatins im Zellkern ist inaktiv, wie an dem kondensierten Zustand deutlich wird (Abb. 1.6). Dieses Erscheinungsbild ist charakteristisch für inaktive Zellen. Es verwundert kaum, das diese Zellen, die jetzt im Mittelpunkt der Immunologie stehen, bis in die 1960er-Jahre in den Lehrbüchern als Zellen ohne bekannte Funktion beschrieben wurden. Diese kleinen Lymphocyten besitzen tatsächlich keine funktionelle Aktivität, bevor sie auf ihr spezifisches Antigen treffen. Lymphocyten, die noch nicht durch ein Antigen aktiviert wurden, bezeichnet man als **naive** (**ungeprägte**) **Lymphocyten**; wenn sie mit ihrem Antigen Kontakt hatten, aktiviert wurden und weiter zu vollständig funktionellen Lymphocyten ausdifferenziert sind, bezeichnet man sie als **Effektorlymphocyten**.

Es gibt zwei Gruppen von Lymphocyten – **B-Lymphocyten** (**B-Zellen**), die sich nach ihrer Aktivierung zu **Plasmazellen** differenzieren, welche Antikörper freisetzen, sowie **T-Lymphocyten** (**T-Zellen**), die im Immunsystem für unterschiedliche Funktionen zuständig sind und unterschiedliche Typen von Antigenrezeptoren besitzen. Nachdem ein Antigen an den **B-Zell-Antigenrezeptor** oder **B-Zell-Rezeptor** (**BCR**) auf der Oberfläche der B-Zelle gebunden hat, bildet der Lymphocyt durch Proliferation und Differenzierung **Plasmazellen**. Das ist die Effektorform von B-Lymphocyten, die Antikörper produziert. Diese sind die sezernierte Form des B-Zell-Rezeptors und besitzen dieselbe Antigenspezifität. Das Antigen, das eine bestimmte B-Zelle aktiviert, wird also zum Ziel für die Antikörper, die die Nachkommen dieser Zelle produzieren. Antikörpermoleküle bilden eine Gruppe, die man als **Immunglobuline** (**Ig**) bezeichnet, und den Antigenrezeptor von B-Lymphocyten bezeichnet man auch als **Membranimmunglobulin** (**mIg**) oder **Oberflächenimmunglobulin** (*surface immunglobulin*, **sIg**).

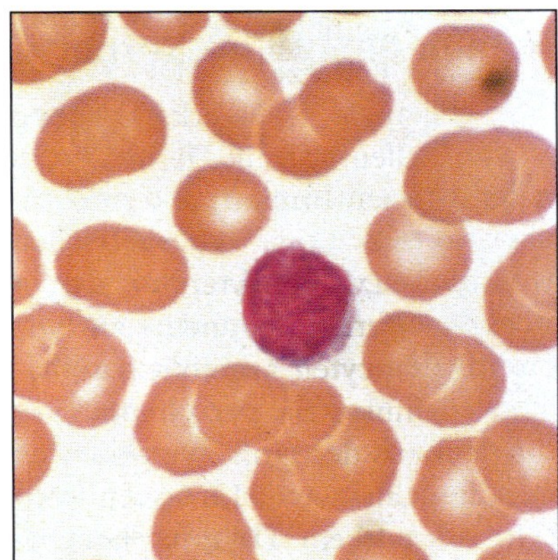

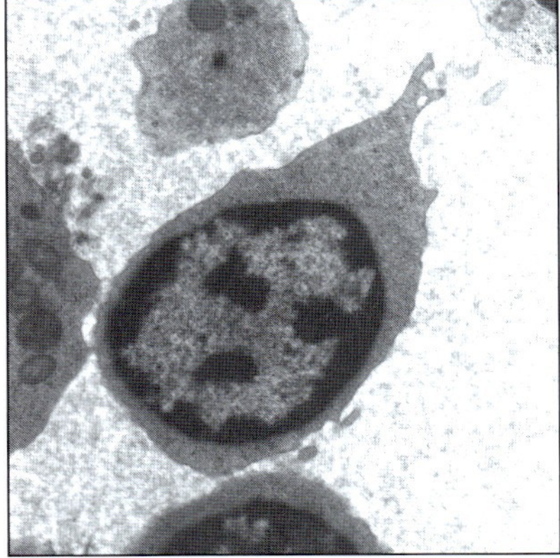

1.6 Lymphocyten sind vor allem kleine und inaktive Zellen. Die lichtmikroskopische Aufnahme links zeigt einen kleinen Lymphocyten, umgeben von roten Blutkörperchen (die keinen Zellkern besitzen). Der Zellkern des Lymphocyten wurde mit Hematoxylin und Eosin violett gefärbt. Man beachte die dunkler violett gefärbten Flecke des kondensierten Chromatins im Zellkern des Lymphocyten, die auf eine geringe Transkriptionsaktivität hindeuten, das wenige Cytoplasma und die geringe Größe. Rechts ist eine transmissionselektronenmikroskopische Aufnahme eines kleinen Lymphocyten zu sehen. Auch hier sind Anzeichen für die funktionelle Inaktivität zu erkennen: das kondensierte Chromatin, das wenige Cytoplasma sowie das Fehlen eines rauen endoplasmatischen Reticulums. (Fotos mit freundlicher Genehmigung von N. Rooney.)

Der **T-Zell-Antigenrezeptor** oder **T-Zell-Rezeptor (TCR)** ist mit den Immunglobulinen verwandt, unterscheidet sich aber in der Struktur und den Bindungseigenschaften. Nachdem eine T-Zelle durch ihren ersten Kontakt mit einem Antigen aktiviert wurde, bildet sie durch Proliferation und Differenzierung einen von mehreren Typen der **T-Effektorlymphocyten**. Die T-Zell-Funktionen lassen sich grob in drei Gruppen einteilen – Abtöten, Aktivierung, Regulation. **Cytotoxische T-Zellen** töten Zellen, die mit Viren oder anderen intrazellulären Krankheitserregern infiziert sind. **T-Helferzellen** liefern unbedingt erforderliche zusätzliche Signale, die antigenstimulierte B-Zellen aktivieren, sich zu differenzieren und Antikörper zu produzieren. Einige dieser T-Zellen können auch Makrophagen dazu aktivieren, beim Töten von aufgenommenen Krankheitserregern effektiver zu werden. Wir werden weiter unten in diesem Kapitel noch auf die Funktionen der cytotoxischen T-Zellen und T-Helferzellen zurückkommen, und ihre Aktivitäten werden im Einzelnen in den Kapiteln 8 und 10 beschrieben. **Regulatorische T-Zellen** unterdrücken die Aktivität von anderen Lymphocyten und unterstützen die Kontrolle der Immunantworten; sie werden in den Kapiteln 8, 10 und 14 besprochen.

Im Verlauf einer Immunreaktion differenzieren sich einige der durch das Antigen aktivierten B- und T-Zellen zu **Gedächtniszellen**. Diese Lymphocyten sind für die lang anhaltende Immunität verantwortlich, die nach dem Kontakt mit einer Krankheit oder nach einer Impfung folgt. Gedächtniszellen differenzieren sich bei einem zweiten Kontakt mit ihrem spezifischen Antigen leicht zu Effektorzellen. Das immunologische Gedächtnis wird in Kapitel 10 beschrieben.

1.5 Lymphocyten reifen im Knochenmark oder im Thymus und sammeln sich dann überall im Körper in den lymphatischen Geweben

Lymphocyten zirkulieren im Blut und in der Lymphflüssigkeit, und sie kommen in großer Zahl in den **lymphatischen Geweben** oder **lymphatischen Organen** vor. Dies sind strukturierte Ansammlungen von Lymphocyten in einem Netzwerk von nichtlymphatischen Zellen. Die lymphatischen Organe lassen sich grob unterteilen in die **zentralen** oder **primären lymphatischen Organe**, wo die Lymphocyten entstehen, und die **peripheren** oder **sekundären lymphatischen Organe**, in denen reife naive Lymphocyten stabilisiert und adaptive Immunantworten ausgelöst werden. Die zentralen lymphatischen Organe sind das Knochenmark und der **Thymus** (ein großes Organ im oberen Brustbereich). Die peripheren lymphatischen Organe umfassen die **Lymphknoten**, die **Milz** und die **mucosalen lymphatischen Gewebe** des Darms, der Nasen- und Atemwege, des Urogenitaltraktes und von anderen Schleimhäuten. Die Lage der wichtigsten lymphatischen Gewebe ist in Abbildung 1.7 schematisch dargestellt; die einzelnen lymphatischen Organe werden weiter unten in diesem Kapitel genauer beschrieben. Lymphknoten sind untereinander durch ein System von Lymphgefäßen verbunden, die über die Lymphknoten extrazelluläre Flüssigkeit aus den Geweben ableiten und in das Blut zurückführen.

Sowohl B- als auch T-Lymphocyten stammen aus dem Knochenmark, aber nur die B-Lymphocyten reifen dort heran. Die Vorläufer der T-Lym-

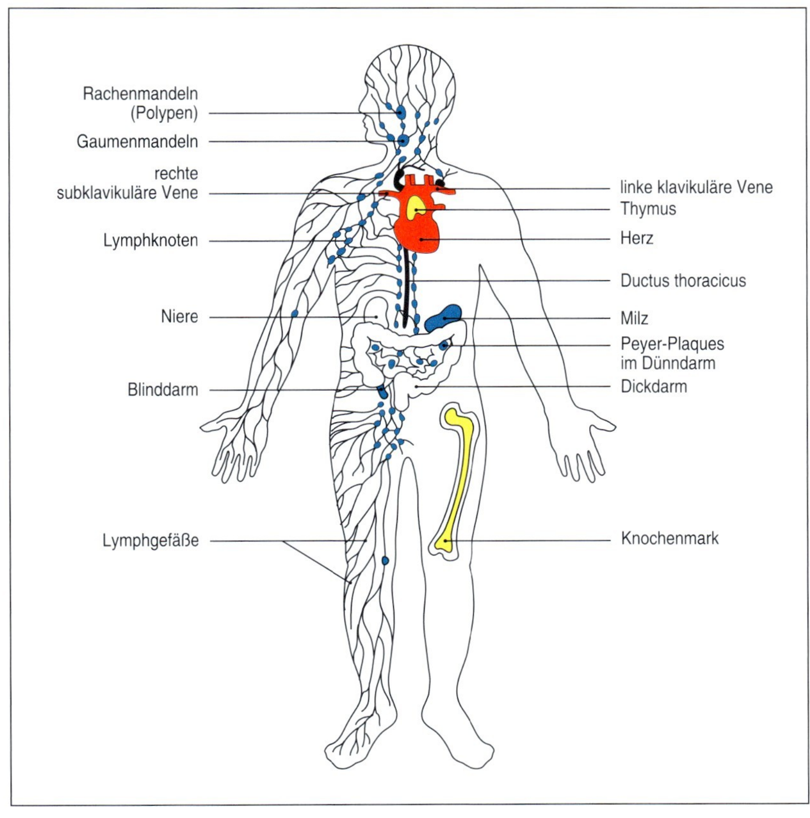

1.7 Die Verteilung der lymphatischen Gewebe im Körper. Lymphocyten entstehen aus Stammzellen des Knochenmarks und differenzieren sich in den zentralen lymphatischen Organen (gelb): B-Zellen im Knochenmark und T-Zellen im Thymus. Von diesen Geweben aus wandern sie durch das Blut in die peripheren lymphatischen Organe (blau): in die Lymphknoten, die Milz und die mucosaassoziierten lymphatischen Gewebe (wie etwa die darmassoziierten Mandeln, Peyer-Plaques und den Blinddarm). Die peripheren lymphatischen Organe sind die Bereiche, in denen die Lymphocyten durch Antigene aktiviert werden. Die Lymphocyten zirkulieren zwischen dem Blut und diesen Organen, bis sie auf ein Antigen treffen. Die Lymphgefäße leiten die extrazelluläre Flüssigkeit aus den peripheren Geweben über die Lymphknoten in den Ductus thoracicus, der in die linke subklavikuläre Vene (Unterschlüsselbeinvene, Vena subclavia) mündet. Diese Flüssigkeit, die man als Lymphe bezeichnet, transportiert Antigene, die von dendritischen Zellen und Makrophagen aufgenommen wurden, zu den Lymphknoten, und zirkulierende Lymphocyten von den Lymphknoten zurück in das Blut. Lymphatische Gewebe sind auch mit anderen Schleimhäuten assoziiert, beispielsweise mit der Schleimhautauskleidung der Bronchien (nicht abgebildet).

phocyten wandern in den Thymus, nach dem sie auch bezeichnet werden, und reifen dort. Das „B" der B-Lymphocyten stand ursprünglich für **Bursa fabricii**, ein lymphatisches Organ bei jungen Küken, in dem die Lymphocyten reifen; im Englischen kann das „B" auch für *bone marrow* (Knochenmark) stehen. Nach ihrer vollständigen Reifung gelangen beide Arten von Lymphocyten als reife naive Lymphocyten in das Blut. Sie zirkulieren durch die peripheren lymphatischen Gewebe, in denen eine adaptive Immunantwort ausgelöst wird, wenn ein Lymphocyt auf sein entsprechendes Antigen trifft. Davor hat sich jedoch normalerweise aufgrund der Infektion bereits eine angeborene Immunantwort ereignet, und wir wollen uns nun ansehen, wie dies das übrige Immunsystem über das Vorhandensein eines Krankheitserregers alarmiert.

1.6 Die meisten Krankheitserreger lösen Entzündungsreaktionen aus, indem sie die angeborene Immunität aktivieren

Die Haut und die Schleimhäute, die die Atemwege und den Darm auskleiden, sind die erste Abwehrlinie gegen eindringende Krankheitserreger, indem sie eine physikalische und chemische Barriere gegen Infektionen bilden. Mikroorganismen, die diese Abwehrmaßnahmen überwinden, treffen auf Zellen und Moleküle, die eine sofortige angeborene Immunantwort aufbauen. Makrophagen, die sich in den Geweben aufhalten, bilden die erste Abwehrlinie beispielsweise gegen Bakterien, die sie aufgrund von Rezeptoren erkennen, die gemeinsame Bestandteile vieler Bakterienoberflächen binden. Die Aktivierung dieser Rezeptoren veranlasst den Makrophagen sowohl dazu, das Bakterium aufzunehmen und es in seinem Inneren zu zerstören, als auch zur Freisetzung von Proteinen, die man als Cytokine und Chemokine bezeichnet, und von anderen biologisch aktiven Molekülen. Ähnliche Reaktionen erfolgen auf Viren, Pilze und Parasiten. **Cytokine** ist die allgemeine Bezeichnung für alle Proteine, die von Zellen sezerniert werden und das Verhalten von nahe gelegenen Zellen beeinflussen, die geeignete Rezeptoren besitzen. **Chemokine** sind sezernierte Proteine, die Zellen, die Chemokinrezeptoren tragen, aus Blutgefäßen in das infizierte Gewebe locken (Abb. 1.8), beispielsweise neutrophile Zellen und Monocyten. Die von Makrophagen freigesetzten Cytokine und Chemokine lösen einen Vorgang aus, den man als **Entzündung** bezeichnet. Die Entzündung eines infizierten Gewebes hat mehrere vorteilhafte Auswirkungen auf die Bekämpfung einer Infektion. Es werden Zellen und Moleküle des angeborenen Immunsystems aus dem Blut in das Gewebe gelenkt, wo sie für die direkte Zerstörung der Krankheitserreger benötigt werden. Darüber hinaus verstärkt sich dadurch der Zustrom der Lymphflüssigkeit mit Mikroorganismen und antigentragenden Zellen in die nahe gelegenen lymphatischen Gewebe, wo sie Lymphocyten aktivieren und eine adaptive Immunantwort auslösen. Und nachdem eine adaptive Immunantwort ausgelöst wurde, bringt eine Entzündung auch die Effektoren des adaptiven Immunsystems – Antikörpermoleküle und T-Effektorzellen – an den Infektionsherd.

Die Aktivierung einer Gruppe von Plasmaproteinen, die man zusammen als **Komplement** bezeichnet, kann ebenfalls eine lokale Entzündung und die Phagocytose von eindringenden Bakterien auslösen. Die Aktivierung des Komplementsystems durch bakterielle Oberflächen führt zu einer Kaskade von proteolytischen Reaktionen, durch die die Mikroorganismen, nicht jedoch die Oberflächen der Wirtszellen mit Komplementfragmenten bedeckt werden. Mit Komplementfragmenten umhüllte Mikroorganismen werden von spezifischen Rezeptoren der Makrophagen erkannt und gebunden, durch Phagocytose aufgenommen und zerstört.

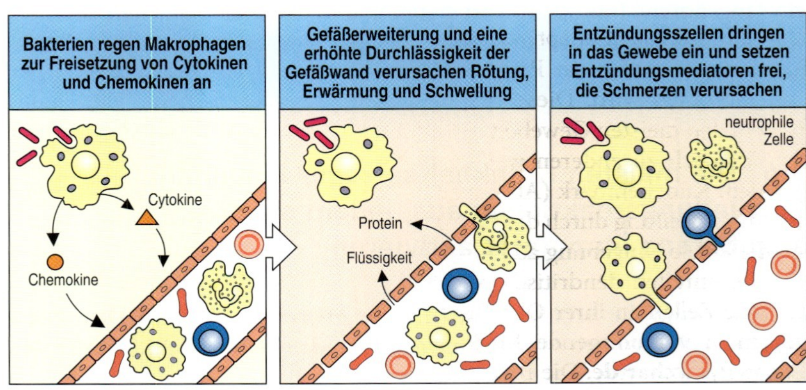

1.8 Eine Infektion löst eine Entzündungsreaktion aus. Makrophagen, die im Gewebe auf Bakterien oder andere Arten von Mikroorganismen treffen, setzen Cytokine frei, welche die Durchlässigkeit der Gefäßwände erhöhen, damit Proteine und Flüssigkeit in das Gewebe gelangen können. Sie erzeugen auch Chemokine, welche die neutrophilen Zellen zum Infektionsherd dirigieren. Die Adhäsivität der Endothelzellen in der Gefäßwand erhöht sich, sodass Blutzellen sich dort anheften und hindurchgelangen können. Die Abbildung zeigt, wie zuerst Makrophagen und dann neutrophile Zellen aus einem Blutgefäß in das Gewebe wechseln. Die Ansammlung von Flüssigkeit und Zellen am Infektionsherd verursacht eine Rötung, Schwellung, Erwärmung und Schmerzen, also die Symptome einer Entzündung. Neutrophile Zellen und Makrophagen sind die hauptsächlichen Entzündungszellen. Im späteren Stadium der Immunantwort tragen auch aktivierte Lymphocyten zur Entzündung bei.

Eine Entzündung wird üblicherweise durch die vier lateinischen Begriffe *calor*, *dolor*, *rubor* und *tumor* (Wärme, Schmerz, Rötung und Schwellung) beschrieben. Diese beruhen sämtlich auf Auswirkungen von Cytokinen und anderen Entzündungsmediatoren auf die lokalen Blutgefäße. Die Erweiterung und die erhöhte Durchlässigkeit der Blutgefäße während einer Entzündung führen zu einem verstärkten Blutfluss und zu einem Austreten von Flüssigkeit in die Gewebe, wodurch es zur Erwärmung, Rötung und Schwellung kommt. Cytokine haben zudem wichtige Auswirkungen auf das Gefäßwandendothel; Endothelzellen produzieren als Reaktion auf eine Entzündung selbst Cytokine. Die Entzündungscytokine führen zu Veränderungen der Adhäsionskraft der Endothelzellen, sodass patrouillierende Leukocyten daran haften bleiben und durch die Blutgefäßwand zum Infektionsherd wandern. Angelockt werden sie dabei von den Chemokinen. Die Migration von Zellen in das Gewebe und ihre Aktivitäten vor Ort verursachen die Schmerzen.

Die vorherrschenden Zelltypen, die man während der ersten Phasen einer Entzündungsreaktion beobachten kann, sind Makrophagen und neutrophile Zellen, wobei Letztere in großer Zahl in das entzündete, infizierte Gewebe gelockt werden. Deshalb bezeichnet man Makrophagen und neutrophile Zellen auch als **Entzündungszellen**. Wie die Makrophagen besitzen auch die neutrophilen Zellen Oberflächenrezeptoren für allgemein vorkommende Bestandteile von Bakterien und das Komplementsystem. Außerdem sind sie die Zellen, die eindringende Mikroorganismen hauptsächlich aufnehmen und zerstören. Kurz nach dem Einstrom der Neutrophilen erreichen Monocyten den Entzündungsherd, die sich rasch zu Makrophagen differenzieren und so die angeborene Immunantwort verstärken und aufrechterhalten. Eosinophile Zellen wandern ebenfalls in entzündete Gewebe ein, allerdings langsamer, und tragen auch zur Zerstörung der eingedrungenen Mikroorganismen bei.

Neben der direkten Zerstörung von Krankheitserregern hat die angeborene Immunantwort auch entscheidende Auswirkungen auf die Einleitung der adaptiven Immunantworten, wie wir im nächsten Abschnitt feststellen werden. Dies geschieht hauptsächlich durch die Vermittlung von dendritischen Zellen.

1.7 Die Aktivierung von spezialisierten antigenpräsentierenden Zellen ist ein notwendiger erster Schritt für das Auslösen der adaptiven Immunantwort

Das Auslösen einer adaptiven Immunantwort beginnt dann, wenn in einem infizierten Gewebe ein Pathogen von einer unreifen dendritischen Zelle aufgenommen wird. Diese spezialisierten phagocytotischen Zellen kommen in den meisten Geweben dauerhaft vor und sind wie die Makrophagen im Vergleich zu anderen weißen Blutzellen recht langlebig. Sie stammen aus dem Knochenmark (Abschnitt 1.3) und wandern bereits vor ihrer vollständigen Reifung durch das Blut zu ihren peripheren Aufenthaltsorten, wo sie die lokale Umgebung auf Krankheitserreger überwachen.

Die unreifen dendritischen Zellen tragen wie Makrophagen und neutrophile Zellen an ihrer Oberfläche Rezeptoren, die bei vielen Pathogenen allgemein vorkommende Merkmale erkennen, beispielsweise **bakterielle Lipopolysaccharide**. Die Bindung von mikrobiellen Komponenten an diese

Rezeptoren bringt die dendritische Zelle dazu, das Pathogen aufzunehmen und intrazellulär abzubauen. Unreife dendritische Zellen nehmen außerdem fortwährend mithilfe des rezeptorunabhängigen Mechanismus der Makropinocytose extrazelluläres Material auf, dabei auch Viruspartikel oder Bakterien. Dadurch können sie sogar Krankheitserreger aufnehmen, die ihre Rezeptoren an der Zelloberfläche nicht erkennen. Die Funktion der dendritischen Zellen besteht primär jedoch nicht darin, Krankheitserreger zu zerstören, sondern die Antigene von Pathogenen zu den peripheren lymphatischen Organen zu transportieren und dort den T-Lymphocyten zu präsentieren. Wenn eine dendritische Zelle Krankheitserreger und ihre Bestandteile aufnimmt, wandert sie in die peripheren lymphatischen Gewebe, wo sie zu einer hoch effizienten antigenpräsentierenden Zelle heranreift. Sie präsentiert an ihrer Oberfläche Fragmente von Antigenen der Krankheitserreger und beginnt, Zelloberflächenproteine zu produzieren, die man als **costimulierende Moleküle** bezeichnet. Wie die Bezeichnung bereits andeutet, liefern diese Moleküle Signale, die mit dem Antigen zusammenwirken und dadurch T-Lymphocyten stimulieren, sich zu vermehren und in ihre endgültige voll funktionsfähige Form zu differenzieren (Abb. 1.9). Da B-Zellen durch die meisten Antigene gar nicht ohne die „Hilfe" von aktivierten T-Helferzellen aktiviert werden, ist die Stimulation von naiven T-Lymphocyten eine essenzielle erste Phase bei praktisch allen Immunantworten.

Aktivierte dendritische Zellen setzen ebenfalls Cytokine frei, welche sowohl die angeborenen als auch die erworbenen Immunreaktionen beeinflussen. So werden diese Zellen zu wichtigen „Torwächtern", die entscheiden, ob und wie das Immunsystem auf die Gegenwart von Krankheitserregern reagiert. Kapitel 8 befasst sich mit der Reifung der dendritischen Zellen und ihrer zentralen Funktion, den T-Lymphocyten Antigene zu präsentieren.

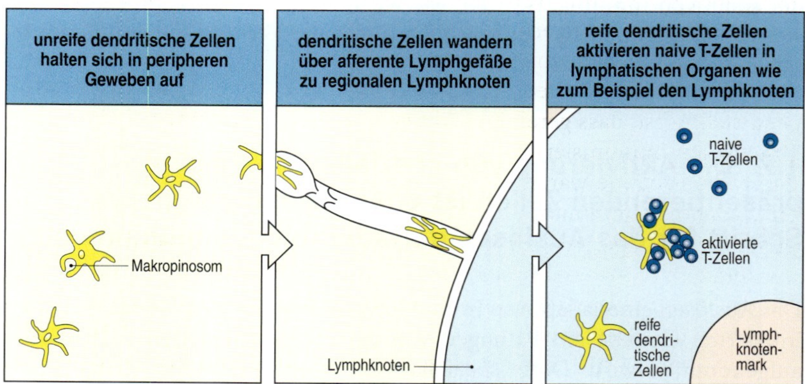

1.9 Dendritische Zellen lösen erworbene Immunreaktionen aus. Unreife dendritische Zellen, die sich in Geweben aufhalten, nehmen durch Makropinocytose und rezeptorvermittelte Phagocytose Krankheitserreger und deren Antigene auf. Das Vorhandensein und die Erkennung von Pathogenen veranlassen diese Zellen, über die Lymphgefäße zu regionalen Lymphknoten zu wandern, wo sie als vollständig gereifte nichtphagocytotische dendritische Zellen ankommen. Sie präsentieren sowohl das Antigen als auch die costimulierenden Moleküle, die für die Aktivierung einer naiven T-Zelle notwendig sind, die das Antigen erkennt, und stimulieren so die Proliferation und Differenzierung der Lymphocyten.

1.8 Das angeborene Immunsystem ermöglicht die erste Unterscheidung zwischen körpereigenen und nichtkörpereigenen Antigenen

Die Abwehrsysteme der angeborenen Immunität sind bei der Bekämpfung zahlreicher Krankheitserreger sehr wirksam. Sie sind jedoch dadurch eingeschränkt, dass sie von einem begrenzten und nicht wandlungsfähigen Repertoire von Rezeptoren abhängen, um Mikroorganismen zu erkennen. Die Pathogenerkennungsrezeptoren von Makrophagen, neutrophilen und dendritischen Zellen erkennen einfache Moleküle und regelmäßige Muster von molekularen Strukturen, die man als **pathogenassoziierte molekulare Muster** (**PAMP**) bezeichnet. Sie kommen auf vielen Mikroorganismen, nicht jedoch auf den körpereigenen Zellen vor (Abb. 1.10). Diese Rezeptoren bezeichnet man allgemein als **Mustererkennungsrezeptoren** (*pattern recognition receptors*, **PRR**), und sie erkennen Strukturen wie etwa mannosereiche Oligosaccharide, Proteoglykane und Lipopolysaccharide in der bakteriellen Zellwand sowie nichtmethylierte CpG-DNA, die bei vielen Krankheitserregern vorkommt und in der Evolution konserviert wurde. Das angeborene Immunsystem kann also ungefähr zwischen körpereigenen und nichtkörpereigenen (pathogenen) Antigenen unterscheiden und die Eindringlinge angreifen. Durch die Aktivierung über die Mustererkennungsrezeptoren werden unreife dendritische Zellen, die Teil des angeborenen Immunsystems sind, in die Lage versetzt, naive T-Lymphocyten zu aktivieren (vorheriger Abschnitt). Die adaptive Immunantwort wird also essenziell über die explizite Erkennung von fremden Antigenen durch das angeborene Immunsystem in Gang gesetzt.

Die gemeinsamen Komponenten von Krankheitserregern, die durch Mustererkennungsrezeptoren erkannt werden, unterscheiden sich normalerweise deutlich von den pathogenspezifischen Antigenen, die von den Lymphocyten erkannt werden. Die Tatsache, dass andere mikrobielle Bestandteile als die Antigene erforderlich sind, um eine adaptive Immunantwort auszulösen, hatte man im Experiment schon lange vor der Entdeckung der dendritischen Zellen und ihres Aktivierungsmechanismus erkannt. Man stellte fest, dass gereinigte Antigene wie etwa Proteine bei einer experimentellen Immunisierung häufig keine Immunantwort hervorrufen – das heißt, die Proteine waren nicht **immunogen**. Um auf gereinigte Antigene eine adaptive Immunantwort zu erhalten, war es unbedingt notwendig, dem Antigen abgetötete Bakterien oder Bakterienextrakte zuzusetzen. Dieses zusätzliche Material bezeichnete man als **Adjuvans**, da es zur Antwort auf das immunisierende Antigen beitrug (*adjuvare* ist das lateinische Wort für „helfen"). Heute wissen wir, dass Adjuvanzien zumindest teilweise benötigt werden, um dendritische Zellen so zu aktivieren, dass sie ohne Vorhandensein einer Infektion zu voll funktionsfähigen antigenpräsentierenden Zellen werden. Das Auffinden geeigneter Adjuvanzien ist immer noch ein wichtiger Bestandteil bei der Herstellung von Impfstoffen: Wir beschreiben die Zusammenstellung moderner Adjuvanzien in Anhang I.

Mikroorganismen können sich schneller als ihre Wirte entwickeln. Das erklärt vielleicht, warum Zellen und Moleküle des angeborenen Immunsystems nur molekulare Strukturen erkennen, die sich im Verlauf der Evolution nicht verändert haben. Wie wir als nächstes feststellen werden, hat sich der Erkennungsmechanismus der Lymphocyten der adaptiven

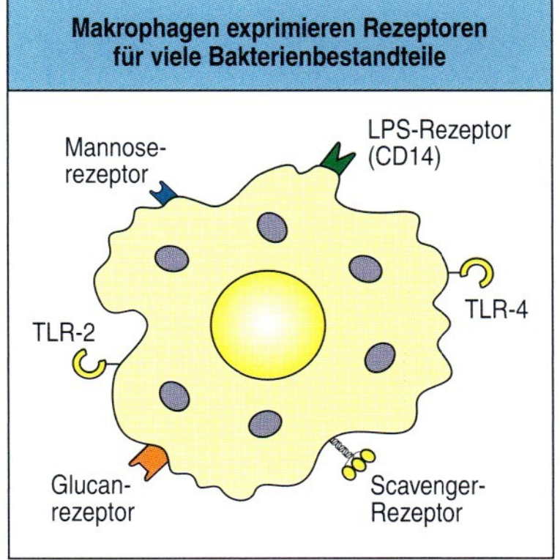

1.10 Makrophagen exprimieren eine Anzahl von Rezeptoren, durch die sie verschiedene Krankheitserreger erkennen können. Makrophagen exprimieren eine Reihe verschiedener Rezeptoren, die alle spezifische Komponenten von Mikroorganismen erkennen. Einige dieser Rezeptoren wie etwa der Mannose-, Glucan- und Scavenger-Rezeptor binden Kohlenhydrate der Zellwände von Bakterien, Hefen und Pilzen. Die Toll-ähnlichen Rezeptoren (TLR) sind eine wichtige Familie von Mustererkennungsrezeptoren, die auf Makrophagen und anderen Immunzellen vorkommen und verschiedene Komponenten von Mikroorganismen binden können. So bindet beispielsweise TLR-2 Zellwandkomponenten von gramnegativen Bakterien, während TLR-4 Zellwandkomponenten von grampositiven Bakterien bindet. LPS, Lipopolysaccharid.

Immunantwort in der Evolution so entwickelt, dass die Einschränkungen, mit denen das angeborene Immunsystem konfrontiert ist, keine Bedeutung mehr besitzen. Die adaptive Immunantwort kann eine fast unendliche Vielfalt von Antigenen erkennen, sodass jeder einzelne Krankheitserreger spezifisch angegriffen werden kann.

1.9 Lymphocyten werden durch Antigene aktiviert, wobei Klone antigenspezifischer Zellen entstehen, die für die adaptive Immunität verantwortlich sind

Anstelle mehrerer verschiedener Rezeptoren, die jeweils ein konserviertes Oberflächenmerkmal von unterschiedlichen Krankheitserregern erkennen, trägt jeder ungeprägte Lymphocyt nur Antigenrezeptoren, die für eine einzige chemische Struktur spezifisch sind. Jeder Lymphocyt, der die zentralen lymphatischen Organe verlässt, unterscheidet sich jedoch in seiner Rezeptorspezifität von den anderen. Die Vielfalt entsteht durch einen einzigartigen genetischen Mechanismus, der während der Entwicklung der Lymphocyten im Knochenmark und im Thymus aktiv ist, sodass Millionen von verschiedenen Varianten der Gene entstehen, die die Rezeptormoleküle codieren. Dadurch ist sichergestellt, dass die Lymphocyten im Körper insgesamt Millionen von Antigenrezeptorspezifitäten tragen – das **Repertoire der Lymphocytenrezeptoren** eines einzigen Individuums. Diese Lymphocyten durchlaufen fortwährend einen Prozess, der der natürlichen Selektion ähnlich ist. Nur Lymphocyten, die auf ein Antigen treffen, an das ihr Rezeptor bindet, werden aktiviert, um zu proliferieren und sich zu Effektorzellen zu differenzieren.

Diesen Selektionsmechanismus formulierte erstmals **Frank Macfarlane Burnet** in den 1950er-Jahren, um zu erklären, warum ein Mensch Antikörper nur gegen Antigene produziert, mit denen er in Kontakt kommt. Burnet postulierte das Vorhandensein vieler verschiedener Zellen, die potenziell dazu in der Lage sind, Antikörper zu produzieren. Jede dieser Zellen kann Antikörper einer anderen Spezifität hervorbringen, die an der Zelloberfläche in membrangebundener Form vorliegen. Der Antikörper dient dabei als Rezeptor für ein Antigen. Durch die Bindung eines Antigens wird die Zelle angeregt, sich zu teilen, und sie erzeugt auf diese Weise viele identische Nachkommen, ein Vorgang, den man als **klonale Expansion**

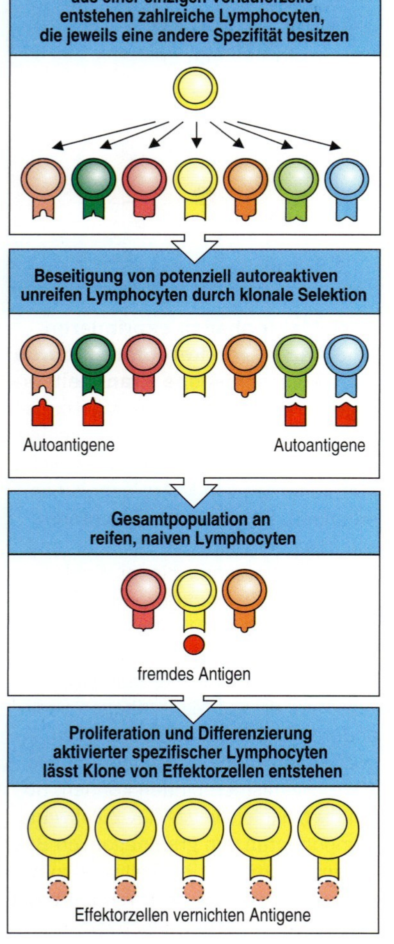

1.11 Die klonale Selektion. Jede Lymphocytenvorläuferzelle bringt eine große Zahl Lymphocyten hervor, von denen jeder einen bestimmten Antigenrezeptor trägt. Lymphocyten mit Rezeptoren für ubiquitäre Autoantigene werden beseitigt, bevor sie vollständig reifen können; so wird die Toleranz gegenüber Autoantigenen sichergestellt. Wenn ein fremdes Antigen an den Rezeptor eines gereiften naiven Lymphocyten bindet, wird die Zelle angeregt und beginnt sich zu teilen. Es entsteht ein Klon von identischen Nachkommenzellen, deren Rezeptoren alle das gleiche Antigen binden können. Die Antigenspezifität wird demnach aufrechterhalten, wenn die Nachkommenzellen proliferieren und sich zu Effektorzellen differenzieren. Sobald das Antigen durch die Effektorzellen beseitigt ist, endet die Immunantwort, wobei einige Lymphocyten erhalten bleiben und das immunologische Gedächtnis bilden.

bezeichnet. Dieser Klon aus identischen Zellen kann nun **klonotypische** Antikörper mit derselben Spezifität wie der Oberflächenrezeptor freisetzen, der zu Beginn die Aktivierung und klonale Expansion ausgelöst hat (Abb. 1.11). Burnet nannte dies die **Theorie der klonalen Selektion** der Produktion von Antikörpern.

1.10 Die klonale Selektion von Lymphocyten ist das zentrale Prinzip der erworbenen Immunität

Bemerkenswerterweise waren zu der Zeit, als Burnet seine Theorie formulierte, weder Antigenrezeptoren noch die Funktionsweise der Lymphocyten selbst bekannt. Die Lymphocyten rückten erst in den frühen 1960er-Jahren in den Mittelpunkt des Interesses, als **James Gowans** entdeckte, dass es durch Entfernen der kleinen Lymphocyten aus Ratten zu einem Verlust aller bekannten adaptiven Immunreaktionen kam. Ersetzte man die kleinen Lymphocyten wieder, wurden auch die Immunreaktionen wiederhergestellt. Das führte zu der Erkenntnis, dass es sich bei den Lymphocyten um die Grundeinheiten der klonalen Selektion handelt. Die Biologie dieser Zellen wurde zum Schwerpunkt des neuen Forschungsgebietes der **zellulären Immunologie**.

Die klonale Selektion von Lymphocyten mit verschiedenen Rezeptoren lieferte zwar eine elegante Erklärung für die adaptive Immunität, verursachte jedoch ein bedeutendes gedankliches Problem: Wenn die Antigenrezeptoren der Lymphocyten während der Lebensdauer eines Organismus nach einem Zufallsprinzip entstehen, wie lässt sich dann verhindern, dass die Lymphocyten Antigene der körpereigenen Gewebe erkennen und angreifen? **Ray Owen** hatte bereits in den späten 1940er-Jahren gezeigt, dass genetisch unterschiedliche Zwillingskälber mit einer gemeinsamen Plazenta und damit mit einem gemeinsamen Blutkreislauf gegen das Gewebe des jeweils anderen Tieres **tolerant** waren, das heißt, sie entwickelten keine Immunreaktion gegeneinander. **Peter Medawar** zeigte dann 1953, dass Mäuse, die man während ihrer Embryonalentwicklung mit fremden Geweben in Kontakt brachte, gegenüber diesen Geweben immunologisch tolerant wurden. Burnet postulierte, dass sich entwickelnde Lymphocyten, die potenziell autoreaktiv sind, vor der Reifung vernichtet werden; diesen Vorgang kennt man heute unter der Bezeichnung **klonale Deletion**. Es hat sich herausge-

Grundforderungen der Theorie der klonalen Selektion
jeder Lymphocyt weist einen einzigen Rezeptortyp von einmaliger Spezifität auf
die Wechselwirkung zwischen einem fremden Molekül und einem Rezeptor, der dieses Molekül mit hoher Affinität bindet, aktiviert den entsprechenden Lymphocyten
die ausdifferenzierten Effektorzellen, die von einem aktivierten Lymphocyten abstammen, tragen Rezeptoren von derselben Spezifität wie die Mutterzelle
Lymphocyten mit Rezeptoren für ubiquitäre körpereigene Moleküle werden bereits während einer frühen Entwicklungsphase der Lymphocyten beseitigt und sind deshalb im Repertoire der reifen Zellen nicht mehr vorhanden

1.12 Die vier Grundprinzipien der Theorie der klonalen Selektion.

stellt, dass Burnet auch damit Recht hatte. Die Erforschung der Toleranzmechanismen ist jedoch noch immer nicht abgeschlossen, wie wir in Kapitel 7 sehen werden, das sich mit der Entwicklung der Lymphocyten befasst.

Die klonale Selektion der Lymphocyten ist das Hauptprinzip der erworbenen Immunität. Die vier grundlegenden Postulate sind in Abbildung 1.12 aufgeführt. Das letzte Problem, das die Theorie der klonalen Selektion aufgeworfen hat – die Frage, wie die Diversität der Antigenrezeptoren in Lymphocyten entsteht –, wurde in den 1970er-Jahren gelöst, als es aufgrund der Fortschritte in der Molekularbiologie möglich wurde, die Gene zu klonieren, welche die Antikörpermoleküle codieren.

1.11 Die Struktur der Antikörpermoleküle veranschaulicht das zentrale Prinzip der adaptiven Immunität

Wie bereits erwähnt, sind Antikörper die sezernierte Form der B-Zell-Antigenrezeptoren. Da Antikörper als Reaktion auf ein Antigen in sehr großen Mengen synthetisiert werden, kann man sie mit „klassischen“ biochemischen Verfahren untersuchen. Tatsächlich war ihre Struktur bereits lange bekannt, bevor die Gentechnik die Untersuchung der membrangebundenen Antigenrezeptoren von B-Zellen ermöglichte. Die biochemischen Analysen führten zu der erstaunlichen Erkenntnis, dass die Antikörpermoleküle aus zwei unterschiedlichen Bereichen bestehen: einer **konstanten Region**, die eine von nur vier oder fünf biochemisch unterschiedlichen Formen annehmen kann, und einer **variablen Region**, die aus einer scheinbar unendlichen Vielfalt von Aminosäuresequenzen bestehen kann, die sehr fein abgestufte Strukturen bilden, was eine spezifische Bindung an eine ebenso große Vielfalt von Antigenen ermöglicht. Diese Einteilung ist in Abbildung 1.13 schematisch dargestellt, der Antikörper ist hier als Y-förmiges Molekül abgebildet. Die variable Region bestimmt die Antigenbindungsspezifität des Antikörpers. Ein Antikörpermolekül enthält zwei identische variable Regionen und besitzt deshalb zwei identische **Antigenbindungsstellen**. Die konstante Region bestimmt die Effektorfunk-

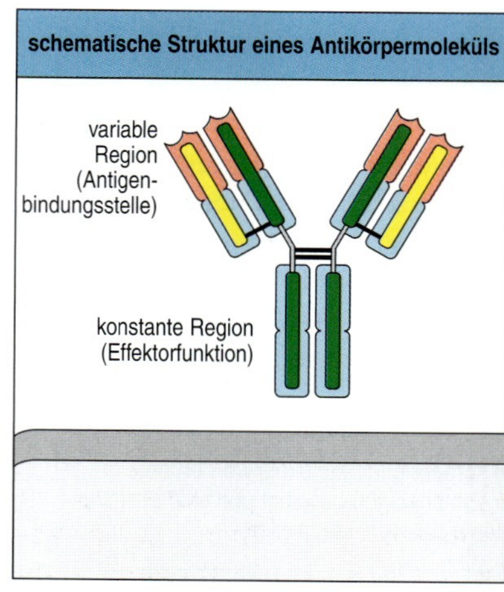

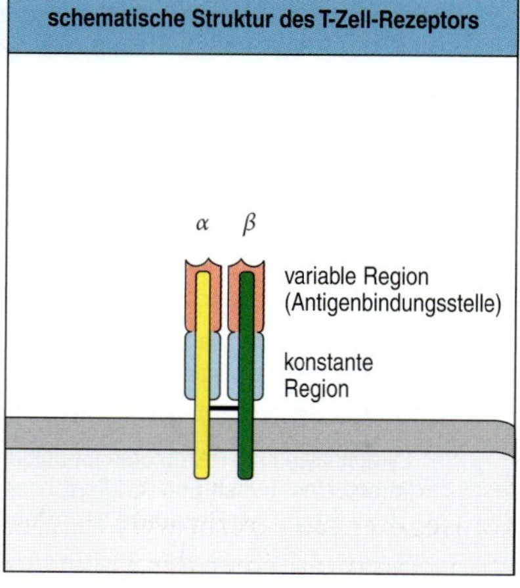

1.13 Schematische Darstellung von Antigenrezeptoren. Links: Ein Antikörpermolekül, das von aktivierten B-Zellen als antigenbindendes Effektormolekül freigesetzt wird. Eine membrangebundene Form dieses Moleküls fungiert als B-Zell-Antigenrezeptor (nicht dargestellt). Ein Antikörper besteht aus zwei identischen schweren Ketten (grün) und zwei identischen leichten Ketten (gelb). Jede Kette enthält einen konstanten Teil (blau unterlegt) und einen variablen Teil (rot unterlegt). Jeder Arm des Antikörpermoleküls besteht aus einer leichten Kette und einer schweren Kette, sodass die variablen Teile der beiden Ketten zusammenliegen und so eine variable Region bilden, die die Antigenbindungsstelle enthält. Der Stamm besteht aus den konstanten Teilen der schweren Ketten und kommt in einer begrenzten Anzahl von Formen vor. Diese konstante Region wirkt bei der Beseitigung des gebundenen Antigens mit. Rechts: Ein T-Zell-Antigenrezeptor. Auch dieses Molekül besteht aus zwei Ketten, einer α-Kette (gelb) und einer β-Kette (grün), wobei jede aus einem konstanten und einem variablen Anteil besteht. Wie bei dem Antikörpermolekül bilden die variablen Teile der beiden Ketten eine variable Region, die die Antigenbindungsstelle bildet. Dieser T-Zell-Rezeptor wird nicht als sezernierte Form produziert.

tion des Antikörpers, das heißt, wie das Antigen mithilfe des Antikörpers beseitigt wird, wenn es erst einmal gebunden ist.

Jedes Antikörpermolekül besitzt eine zweifache Symmetrieachse und besteht aus zwei identischen **schweren Ketten** und zwei identischen **leichten Ketten** (Abb. 1.13; schwere Ketten grün, leichte Ketten gelb). Sowohl die schweren als auch die leichten Ketten besitzen je einen variablen und einen konstanten Bereich. Die variablen Abschnitte einer schweren und einer leichten Kette bilden gemeinsam die Antigenbindungsstelle, sodass beide Ketten zur Spezifität des Antikörpers beitragen. Kapitel 3 beschreibt die Struktur der Antikörper im Einzelnen, Kapitel 4 und 9 befassen sich mit den verschiedenen Funktionsweisen, die ein Antikörper aufgrund der konstanten Bereiche besitzt. Zunächst wollen wir uns jedoch ausschließlich mit den Eigenschaften der Immunglobuline als Antigenrezeptoren beschäftigen und vor allem beschreiben, wie es zur großen Vielfalt der variablen Regionen kommt.

Der T-Zell-Rezeptor für Antigene besitzt große Ähnlichkeiten mit dem B-Zell-Antigenrezeptor, und die beiden Moleküle sind evolutionär eindeutig miteinander verwandt. Tatsächlich ist der T-Zell-Rezeptor einem Teil des Antikörpermoleküls sehr ähnlich. Es gibt jedoch wichtige Unterschiede zwischen den beiden Molekülen, die mit ihren unterschiedlichen Funktionen im Immunsystem zusammenhängen (siehe unten). Der T-Zell-Rezeptor (Abb. 1.13) besteht aus zwei Ketten von etwa gleicher Größe, die man als α- und β-Kette des T-Zell-Rezeptors bezeichnet und die beide die T-Zell-Membran durchdringen. Jede Kette enthält eine variable und eine konstante Region, und die variablen Regionen der α- und β-Kette bilden zusammen eine einzige Bindungsstelle für das Antigen. Diese Struktur wird im Einzelnen in Kapitel 3 beschrieben, die Entstehung der Vielfalt der variablen Regionen ist Thema von Kapitel 4. Wir werden feststellen, dass die Organisation der Gene für die Antigenrezeptoren und der Mechanismus, wie die vielfältigen spezifischen Antigenbindungsstellen entstehen, beim B- und beim T-Zell-Rezeptor im Wesentlichen übereinstimmt. Es besteht jedoch ein entscheidender Unterschied darin, wie B- und T-Zell-Rezeptoren Antigene binden: Der T-Zell-Rezeptor bindet Antigenmoleküle nicht direkt, sondern erkennt Fragmente von Antigenen, die an der Oberfläche von anderen Zellen gebunden sind. Der genaue Mechanismus der Antigenerkennung und wie Antigene fragmentiert werden, ist das Thema von Kapitel 5. Ein weiterer Unterschied zum Antikörpermolekül besteht darin, dass es keine sezernierte Form des T-Zell-Rezeptors gibt. Die Funktion des Rezeptors ist nur, der Zelle mitzuteilen, dass ihr Antigen gebunden ist. Die anschließenden immunologischen Effekte beruhen auf den Aktivitäten der T-Zellen selbst (Kapitel 8).

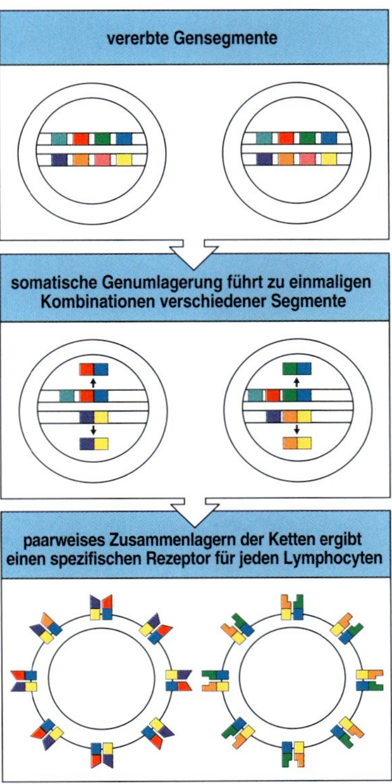

1.14 Die Diversität der lymphocytischen Antigenrezeptoren entsteht durch somatische Genumlagerungen. In Gruppen angeordnete Gensegmente codieren die verschiedenen Teile der variablen Region eines Antigenrezeptors. Während der Entwicklung eines Lymphocyten wird aus jeder Gruppe ein Gensegment zufällig ausgewählt. Diese Abschnitte werden irreversibel durch DNA-Rekombination zu einem neuen Gen zusammengefügt. Das zusammengesetzte Gen codiert den vollständigen variablen Teil einer Kette des Rezeptors, der für diese Zelle spezifisch ist. Diese zufällige Umlagerung wiederholt sich bei den Genabschnitten, welche die andere Kette codieren. Die rekombinierten Gene exprimieren zwei Polypeptide, diese bilden zusammen an der Oberfläche des Lymphocyten einen Antigenrezeptor. Jeder Lymphocyt trägt viele Moleküle seines Rezeptortyps an der Oberfläche.

1.12 Jeder Lymphocyt erzeugt während seiner Entwicklung durch Umlagerung der Rezeptorgene einen spezifischen Antigenrezeptor

Wie werden die Antigenrezeptoren mit ihrer fast unendlichen Vielfalt an Spezifitäten von einer endlichen Anzahl von Genen codiert? Die Antwort auf diese Frage fand man 1976, als **Susumu Tonegawa** entdeckte, dass die Gene für die variablen Regionen der Immunglobuline als Gruppen von **Gensegmenten** vererbt werden. Diese codieren jeweils einen Teil der variablen Region in einer der Polypeptidketten (Abb. 1.14). Während sich die

B-Lymphocyten im Knochenmark entwickeln, werden die Genabschnitte durch genetische Rekombination irreversibel zu einer DNA-Sequenz zusammengefügt, die eine gesamte variable Region codiert. Da es in jeder der Gruppen viele verschiedene Gensegmente gibt und in verschiedenen Zellen unterschiedliche Abschnitte miteinander kombiniert werden, erzeugt jede Zelle einmalige Gene für die variablen Regionen der schweren und leichten Kette des Antikörpermoleküls. Sobald durch diese Rekombinationen ein funktioneller Rezeptor entstanden ist, sind weitere Rekombinationen blockiert. Deshalb exprimiert jeder Lymphocyt nur eine Rezeptorspezifität.

Dieser Mechanismus hat drei wichtige Konsequenzen. Erstens kann auf diese Weise eine begrenzte Anzahl von Genabschnitten eine große Zahl verschiedenartiger Proteine hervorbringen. Zweitens exprimiert jede Zelle einen Rezeptor mit einmaliger Spezifität, da in jeder Zelle andere Gensegmente miteinander kombiniert werden. Drittens besitzen alle Nachkommen einer solchen Zelle Gene, die einen Rezeptor mit derselben Spezifität codieren, da die Genumlagerung oder -umordnung zu einer irreversiblen Veränderung der zellulären DNA führt. Dieses allgemeine Schema erwies sich später auch für die Gene als gültig, welche die Antigenrezeptoren der T-Zellen codieren.

Die potenzielle Vielfalt der auf diese Weise erzeugten Lymphocytenrezeptoren ist enorm. Aus einigen Hundert verschiedenen Gensegmenten können durch unterschiedliche Rekombination Tausende spezifische Rezeptorketten entstehen. Die Vielfalt der Rezeptoren wird zudem durch die Vielfalt der Verknüpfungsstellen erhöht, die durch Hinzufügen oder Entfernen von Nucleotiden bei der Verbindung der einzelnen Genabschnitte entsteht. Ferner ist von Bedeutung, dass sich jeder Rezeptor aus zwei unterschiedlichen variablen Ketten zusammensetzt, die jeweils beide durch einen anderen Satz von Gensegmenten codiert werden. 1 000 verschiedene Ketten von jedem Typ können aufgrund der kombinatorischen Diversität 10^6 spezifische Antigenrezeptoren hervorbringen. Auf diese Weise codiert eine geringe Menge an genetischem Material eine ungeheure Vielfalt von Rezeptoren. Von diesen zufällig erzeugten Rezeptorspezifitäten überlebt nur ein Teil die Selektionsprozesse, welche das periphere Lymphocytenrepertoire bilden; dennoch gibt es in einem Lebewesen zu jedem Zeitpunkt mindestens 10^8 verschiedene Lymphocytenspezifitäten. Diese stellen das Rohmaterial dar, auf das die klonale Selektion einwirkt.

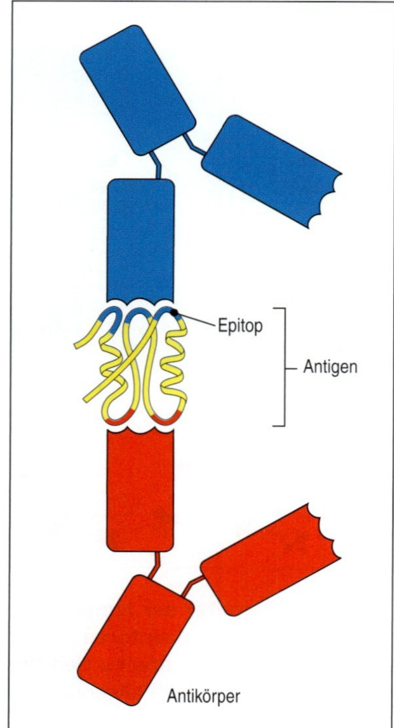

1.15 Antigene sind die Moleküle, die durch die Immunantwort erkannt werden, Epitope sind hingegen Bereiche innerhalb von Antigenen, an die Antigenrezeptoren binden. Antigene können komplexe Makromoleküle wie etwa Proteine sein (gelb). Die meisten Antigene sind größer als die auf einem Antikörper oder Antigenrezeptor liegenden Stellen, die an sie binden. Den Anteil des Antigens, der tatsächlich gebunden wird, bezeichnet man als Antigendeterminante oder Epitop für den jeweiligen Rezeptor. Große Antigene wie etwa Proteine können mehr als ein Epitop enthalten (rot und blau), und es können verschiedene Antikörper daran binden.

1.13 Immunglobuline binden eine große Vielfalt von chemischen Strukturen, während der T-Zell-Rezeptor darauf spezialisiert ist, fremde Antigene in Form von Peptidfragmenten zu erkennen, die an Proteine des Haupthistokompatibilitätskomplexes gebunden sind

Im Prinzip kann das adaptive Immunsystem jede chemische Struktur als Antigen erkennen, aber die Antigene, die üblicherweise bei einer Infektion auftreten, sind Proteine, Glykoproteine und Polysaccharide der Krankheitserreger. Ein einzelner Antigenrezeptor oder Antikörper erkennt einen kleinen Teil der molekularen Struktur eines Antigenmoleküls, den man als **Antigendeterminante** oder **Epitop** bezeichnet (Abb. 1.15). Makromolekulare Antigene wie etwa Proteine oder Glykoproteine enthalten normalerweise viele verschiedene Epitope, die von verschiedenen Antigenrezeptoren erkannt werden können.

Die Antigenrezeptoren der B- und T-Zellen erkennen Antigene auf zwei verschiedene Weisen, was die möglichen Funktionen ihrer Effektorzellen widerspiegelt, die schließlich die Krankheitserreger zerstören. B-Zellen sind darauf spezialisiert, die Oberflächenantigene von Krankheitserregern, die außerhalb der Zellen leben, zu erkennen, und sich zu Plasmaeffektorzellen auszudifferenzieren, die Antikörper gegen diese Krankheitserreger sezernieren. B-Zell-Rezeptoren und die Antikörper als ihre Gegenstücke sind dadurch in der Lage, eine große Vielfalt von molekularen Strukturen zu binden.

T-Effektorzellen haben es im Gegensatz dazu mit Krankheitserregern zu tun, die in Wirtszellen eingedrungen sind, und sie müssen auch B-Zellen aktivieren. Im Hinblick auf diese Funktionen ist der T-Zell-Rezeptor darauf spezialisiert, Antigene zu erkennen, die innerhalb von Zellen erzeugt und an ihren Oberflächen präsentiert werden. Das zeigt sich auch am Erkennungsmechanismus des T-Zell-Rezeptors: Er erkennt nur eine Art von Antigen – Peptide, die in einer anderen Wirtszelle durch den Abbau von Proteinen produziert wurden und dann an der Zelloberfläche präsentiert werden. Darüber hinaus werden Peptide nur dann erkannt, wenn sie an eine bestimmte Art von Zelloberflächenprotein gebunden sind. Dabei handelt es sich um Membranglykoproteine, die man als **MHC-Moleküle** bezeichnet. Sie werden von einem Cluster von Genen codiert, den man als **Haupthistokompatibilitätskomplex** (*major histocompatibility complex*, **MHC**) bezeichnet. Die Antigene, die T-Zell-Rezeptoren erkennen, sind also Komplexe aus einem fremden Peptidantigen und einem MHC-Molekül (Abb. 1.16). Wir werden noch erfahren, wie diese zusammengesetzten Antigene von T-Zell-Rezeptoren erkannt und wie sie erzeugt werden (Kapitel 3 beziehungsweise 5).

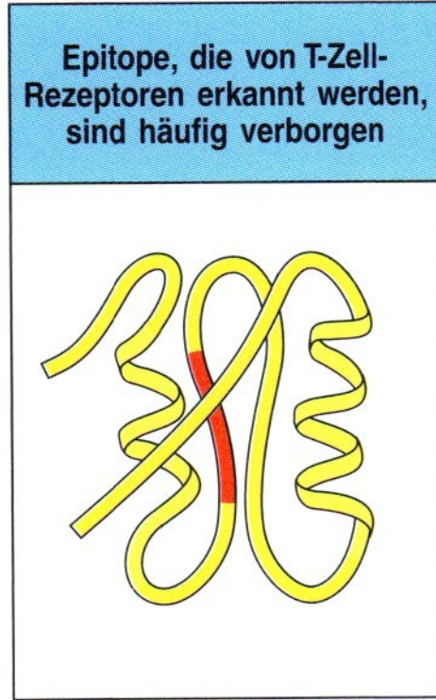

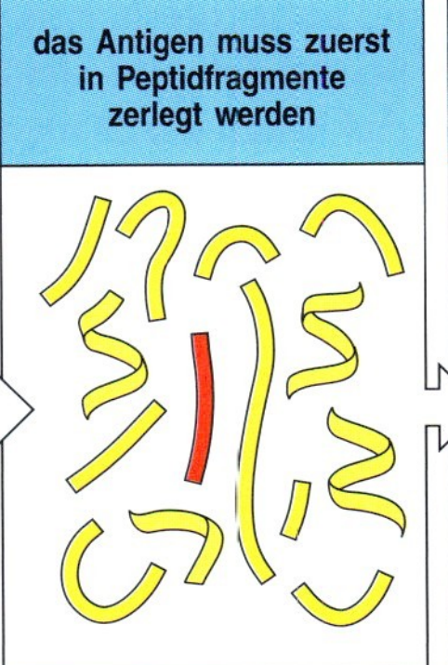

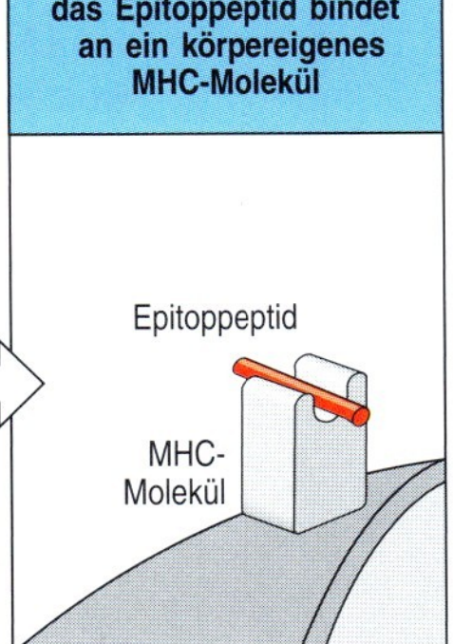

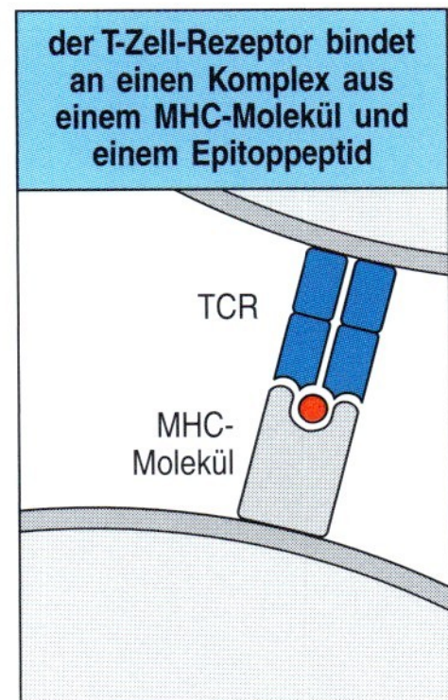

1.16 Ein Antikörper bindet ein Antigen direkt, während ein T-Zell-Rezeptor einen Komplex aus Antigenfragment und körpereigenem Molekül erkennt. Antikörper (erstes Bild) binden ihre Antigene direkt und erkennen Epitope, die die Oberflächenmerkmale des Antigens bilden. Im Gegensatz dazu können T-Zell-Rezeptoren Epitope erkennen, die im Inneren von Antigenen verborgen sind und nicht direkt erkannt werden können (zweites Bild). Diese Antigene müssen zuerst durch Proteinasen abgebaut werden (drittes Bild), und das Peptidepitop wird von einem körpereigenen Molekül gebunden, einem sogenannten MHC-Molekül (viertes Bild). T-Zell-Rezeptoren wiederum erkennen Antigene nur in der Form aus Peptid und MHC-Molekül (fünftes Bild).

1.14 Signale, die Lymphocyten über ihre Antigenrezeptoren empfangen, bestimmen ihre Entwicklung und ihr Überleben

Ebenso erstaunlich wie die Erzeugung von Millionen Spezifitäten der Lymphocyten-Antigenrezeptoren ist deren Ausbildung während der Lymphocytenentwicklung und die Aufrechterhaltung eines umfangreichen Repertoires in der Peripherie. Wie bleiben die potenziell nützlichen Rezeptoraktivitäten erhalten, während diejenigen, die gegen körpereigene Antigene – **Autoantigene** (oder Selbst-Antigene) – gerichtet sind, beseitigt werden? Wie hält der Körper die jeweilige Anzahl der peripheren Lymphocyten und den Anteil von B- und T-Zellen relativ konstant? Die Antwort besteht anscheinend darin, dass während der gesamten Lebenszeit eines Lymphocyten, ab der Entwicklung in den zentralen lymphatischen Organen, das Überleben der Zelle von Signalen abhängt, die sie über ihren Antigenrezeptor empfängt. Wenn ein Lymphocyt solche Überlebenssignale nicht empfangen kann, stirbt er durch eine Art zellulären Suizid, den man als **Apoptose** oder **programmierten Zelltod** bezeichnet. Lymphocyten, die stark auf Autoantigene reagieren, werden während der Entwicklung durch eine klonale Deletion entfernt, wie sie Burnet in seiner Theorie der klonalen Selektion vorhergesagt hat, bevor sie durch Reifung einen Zustand erreichen, in dem sie Schaden anrichten können. Andererseits kann ein vollständiges Fehlen von Signalen des Antigenrezeptors während der Entwicklung ebenfalls zum Tod der Zelle führen. Auch wenn ein Rezeptor nicht innerhalb einer relativ kurzen Zeit, nachdem er in das Repertoire in der Peripherie aufgenommen wurde, benutzt wird, stirbt die Zelle, die ihn trägt, um Platz für neue Lymphocyten mit anderen Rezeptoren zu schaffen. Auf diese Weise werden selbstreaktive Rezeptoren beseitigt und Rezeptoren darauf getestet, ob sie auch potenziell funktionsfähig sind. Die Mechanismen, die das Rezeptorrepertoire der Lymphocyten bilden und aufrechterhalten, werden in Kapitel 7 besprochen.

Der Begriff Apoptose leitet sich von dem griechischen Wort *apoptosis* ab, welches das Fallen der Blätter von den Bäumen bezeichnet. Dieser Prozess ist ein allgemeiner Mechanismus, um die Anzahl der Zellen im Körper zu regulieren. Er ist beispielsweise dafür verantwortlich, dass alte Zellen der Haut und des Darmepithels absterben und entfernt werden, und auch für die ständige Erneuerung der Leberzellen. Jeden Tag bringt das Knochenmark neue neutrophile Zellen, Monocyten, rote Blutkörperchen und Lymphocyten hervor, und diese Produktion muss durch einen entsprechenden Verlust ausgeglichen werden. Die meisten weißen Blutzellen sind relativ kurzlebig und sterben durch Apoptose. Die sterbenden Zellen werden in der Leber und in der Milz von spezialisierten Makrophagen durch Phagocytose aufgenommen.

1.15 Lymphocyten treffen in den peripheren lymphatischen Organen auf Antigene und reagieren darauf

Krankheitserreger können auf vielen Wegen in den Körper eindringen und an beliebigen Stellen in den Geweben Infektionen auslösen, während Lymphocyten normalerweise nur im Blut, in der Lymphflüssigkeit und in den lymphatischen Organen – den Lymphknoten, der Milz und den lymphatischen Geweben der Schleimhäute (Abb. 1.7) – vorkommen. Reife naive Lymphocyten zirkulieren kontinuierlich durch diese Gewebe, in die auch Antigene der Krankheitserreger vor allem durch dendritische Zellen aus Infektionsherden transportiert werden. Die peripheren lymphatischen Organe sind darauf spezialisiert, antigentragende dendritische Zellen festzuhalten und das Auslösen von adaptiven Immunantworten zu ermöglichen.

Die peripheren lymphatischen Organe bestehen aus Ansammlungen von Lymphocyten in einem Netzwerk von Stromazellen, die keine Leukocyten sind. Diese bilden die grundlegende Organisationsstruktur des Gewebes und geben Überlebenssignale ab, um das Überleben der Lymphocyten zu sichern. Neben den Lymphocyten enthalten die peripheren lymphatischen Organe auch dauerhaft dort befindliche Makrophagen und dendritische Zellen.

Wenn es in einem Gewebe, beispielsweise in der Haut, zu einer Infektion kommt, wandern freie Antigene und antigentragende dendritische Zellen vom Infektionsherd durch afferente Lymphgefäße in die **ableitenden Lymphknoten** (Abb. 1.17), die peripheren lymphatischen Gewebe, wo sie antigenspezifische Lymphocyten aktivieren. Die aktivierten Lymphocyten durchlaufen eine Phase der Proliferation und Differenzierung. Danach verlassen die meisten dieser Zellen als Effektorzellen die Lymphknoten über das efferente lymphatische Gefäß. Dieses bringt sie schließlich in den Blutkreislauf zurück (Abb. 1.7), durch den sie dann in die Gewebe gelangen, in denen sie aktiv werden. Der gesamte Vorgang dauert ab Erkennen des Antigens vier bis sechs Tage. Das bedeutet, dass eine adaptive Immunantwort auf ein Antigen, mit dem der Körper noch nie in Kontakt gekommen ist, nicht vor einer Woche nach Beginn der Infektion wirksam wird. Naive Lymphocyten, die ihr Antigen nicht erkennen, verlassen den Lymphknoten ebenfalls durch das efferente lymphatische Gefäß und werden in das Blut zurückgeführt. Von dort aus zirkulieren sie wieder durch die lymphatischen Gewebe, bis sie ein Antigen erkennen oder absterben.

Die **Lymphknoten** sind hoch organisierte lymphatische Organe und befinden sich dort, wo die Gefäße des lymphatischen Systems zusammenlaufen. Dies ist ein ausgedehntes Gefäßsystem, das die extrazelluläre Flüssigkeit aus den Geweben sammelt und in das Blut zurückführt (Abb. 1.7). Die extrazelluläre Flüssigkeit entsteht durch fortwährende Filtration aus dem Blut – man bezeichnet sie als **Lymphe**. Die Lymphe fließt aufgrund des Druckes der ständigen Neuproduktion aus den peripheren Geweben ab und wird in den **lymphatischen Gefäßen** transportiert. Ventilklappen in den lymphatischen Gefäßen verhindern einen Rückfluss, und die Bewegungen von einem Teil des Körpers im Verhältnis zu einem anderen tragen in bedeutender Weise zur Bewegung der Lymphe bei.

Die **afferenten lymphatischen Gefäße** leiten Flüssigkeit aus den Geweben ab und transportieren auch Krankheitserreger und antigentragende Zellen aus infizierten Geweben in die Lymphknoten (Abb. 1.18). Freie Antigene diffundieren einfach durch die extrazelluläre Flüssigkeit in den Lymphknoten. Die dendritischen Zellen hingegen wandern unter dem Einfluss von chemotaktischen Chemokinen aktiv in den Lymphknoten. Dieselben Chemokine locken auch Lymphocyten aus dem Blut an. Diese gelangen in die Lymphknoten, indem sie sich durch die Wände von spezialisierten Blutgefäßen hindurchdrücken, die man als **Venolen mit hohem Endothel** (*high endothelial venules*, **HEV**) bezeichnet. Die B-Zellen sind in den Lymph-

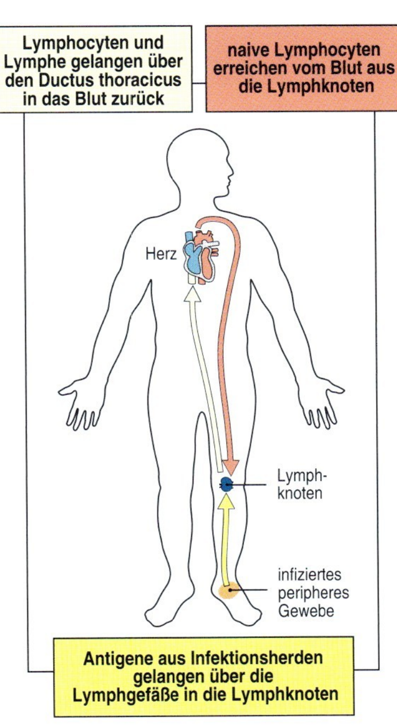

1.17 Zirkulierende Lymphocyten treffen in peripheren lymphatischen Geweben auf Antigene. Naive Lymphocyten patrouillieren ständig durch die peripheren lymphatischen Gewebe, hier dargestellt in Form eines poplitealen Lymphknotens (ein Lymphknoten hinter dem Knie). Bei einer Infektion im Fuß ist dies der ableitende Lymphknoten, in dem Lymphocyten auf ihre spezifischen Antigene treffen und aktiviert werden können. Sowohl aktivierte als auch nichtaktivierte Lymphocyten werden über das lymphatische System in den Blutkreislauf zurückgeführt.

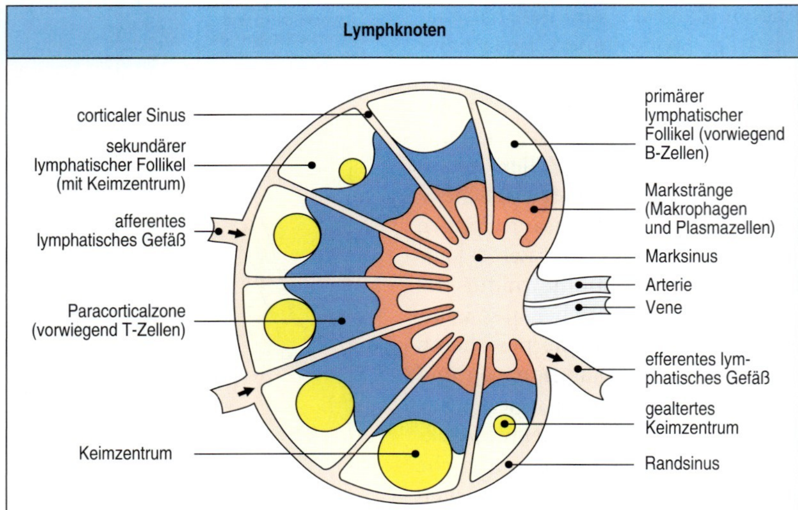

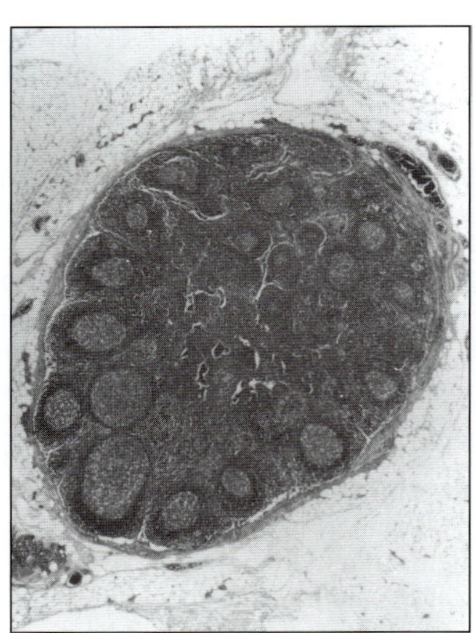

1.18 Aufbau eines Lymphknotens. Wie in der schematischen Darstellung links dargestellt ist, die einen Lymphknoten im Längsschnitt zeigt, besteht ein Lymphknoten aus einem äußeren Cortex (Rinde) und einer inneren Medulla (Mark). Der Cortex enthält in seinem äußeren Bereich B-Lymphocyten, die in lymphatischen Follikeln organisiert sind. Die tiefer liegenden Paracorticalzonen bestehen vor allem aus T-Zellen und dendritischen Zellen. Während einer Immunreaktion enthalten einige der B-Zell-Follikel zentrale Bereiche mit intensiver Proliferation, die sogenannten Keimzentren, und werden als sekundäre Lymphfollikel bezeichnet. Die ablaufenden Reaktionen sind sehr stark und führen schließlich zu gealterten Keimzentren. Der Lymphstrom aus den Extrazellularräumen des Körpers transportiert Antigene in phagocytotischen dendritischen Zellen und Makrophagen von den Geweben über afferente Lymphgefäße zu den Lymphknoten. Die Lymphflüssigkeit strömt direkt von den Sinusregionen in die zellulären Bereiche des Lymphknotens und verlässt den Knoten über das efferente Lymphgefäß in der Medulla. Diese besteht aus Strängen von Makrophagen und antikörpersezernierenden Plasmazellen (Markstränge). Naive Lymphocyten treten aus dem Blut durch spezielle postkapilläre Venolen in den Knoten ein (nicht dargestellt) und verlassen ihn ebenfalls durch das efferente Lymphgefäß. Die lichtmikroskopische Aufnahme zeigt einen Lymphknoten im Querschnitt mit hervortretenden Follikeln, in denen sich Keimzentren befinden. Vergrößerung × 7. (Foto mit freundlicher Genehmigung von N. Rooney.)

knoten in **Follikeln** lokalisiert, die den äußeren **Cortex** des Lymphknotens bilden, während die T-Zellen eher unregelmäßig auf die umgebenden **Paracorticalzonen** verteilt sind, die man auch als tiefer liegenden Cortex oder **T-Zell-Bereiche** bezeichnet (Abb. 1.18). Lymphocyten, die vom Blut in die Lymphknoten wandern, gelangen zuerst in die Paracorticalzonen. Dort sind auch antigenpräsentierende dendritische Zellen und Makrophagen lokalisiert, da diese von denselben Chemokinen angelockt werden. Freie Antigene, die durch den Lymphknoten diffundieren, können dort von diesen dendritischen Zellen und Makrophagen festgehalten werden. Dieses Zusammentreffen von Antigenen, antigenpräsentierenden Zellen und naiven T-Zellen erzeugt die geeignete Umgebung im T-Zell-Bereich, in der die naiven T-Zellen ihr Antigen binden und so aktiviert werden.

Wie bereits erwähnt, erfordert die Aktivierung von B-Zellen normalerweise nicht nur ein Antigen, das an den B-Zell-Rezeptor bindet, sondern auch die Unterstützung durch T-Helferzellen, die zu den T-Effektorzellen gehören (Abschnitt 1.4). Der Aufbau des Lymphknotens stellt sicher, dass naive B-Zellen die T-Zell-Bereiche passieren, wo sie sowohl auf ihr Antigen als auch ihre kooperierende T-Helferzelle treffen und aktiviert werden können, bevor sie in die Follikel eintreten. Einige B-Zell-Follikel enthalten **Keimzentren**, in denen die B-Zellen stark proliferieren und sich zu Plasmazellen differenzieren.

Beim Menschen ist die **Milz** ein Organ von der Größe einer Faust, das direkt hinter dem Magen liegt (Abb. 1.7). Die Milz hat keine direkte Verbindung zum lymphatischen System; sie sammelt stattdessen die Antigene aus dem Blut und wirkt bei Immunantworten gegen Krankheitserreger im Blut mit. Lymphocyten gelangen durch die Blutgefäße in die Milz und verlassen sie so auch wieder. Die Struktur des Organs ist in Abbildung 1.19 schematisch dargestellt. Ein Großteil der Milz besteht aus der **roten Pulpa**, in der die roten Blutkörperchen abgebaut werden. Die Lymphocyten umgeben die Arteriolen, die das Organ durchziehen, und bilden so die Bereiche der **weißen Pulpa**. Die Hülle der Lymphocyten um eine Arteriole bezeichnet man als **PALS-Region** (*periarteriolar lymphoid sheath*); sie enthält hauptsächlich T-Zellen. In bestimmten Abständen befinden sich Lymphfollikel, die vor allem B-Zellen enthalten. Der Follikel ist von einer sogenannten Randzone umgeben, in der nur einige wenige T-Zellen, aber zahlreiche Makrophagen vorkommen, außerdem eine ortsfeste, nichtzirkulierende Population von B-Zellen, die man als **B-Zellen der Randzone** bezeichnet, über die aber wenig bekannt ist (Kapitel 7). In der Randzone filtern Makrophagen und unreife dendritische Zellen Mikroorganismen, lösliche Antigene und Antigen-Antikörper-Komplexe aus dem Blut. Genauso wie unreife dendritische Zellen aus den peripheren Geweben in die T-Zell-Bereiche der Lymphknoten wandern, so wandern dendritische Zellen in die T-Zell-Bereiche der Milz, sobald sie in den Randzonen der Milz Antigene aufgenommen haben und aktiviert wurden; in der Milz präsentieren sie die Antigene dann den T-Zellen.

Die meisten Krankheitserreger dringen über die Schleimhäute in den Körper ein. Diese sind zudem einer sehr großen Belastung durch andere potenzielle Antigene aus der Luft, der Nahrung und der natürlichen mikrobiellen körpereigenen Flora ausgesetzt. Mucosale Oberflächen werden durch ein ausgedehntes System von lymphatischen Geweben geschützt, die man allgemein als **mucosales Immunsystem** oder **mucosaassoziiertes lymphatisches Gewebe** (*mucosa-associated lymphoid tissues*, **MALT**) bezeichnet. Das mucosale Immunsystem enthält schätzungsweise insgesamt so viele Lymphocyten wie der übrige Körper. Diese bilden eine spezielle Population von Zellen, die teilweise hinsichtlich der Rezirkularisierung anderen Mechanismen unterliegt als die Zellen in den übrigen peripheren lymphatischen Organen. Die **darmassoziierten lymphatischen Gewebe** (*gut-associated lymphoid tissues*, **GALT**), zu denen die **Rachenmandeln**, die **Gaumenmandeln** und der **Blinddarm** sowie spezialisierte Strukturen (die sogenannten **Peyer-Plaques**) im Dünndarm gehören, sammeln Antigene von den Oberflächenepithelien des Gastrointestinaltraktes. In den Peyer-Plaques – den wichtigsten und am höchsten organisierten unter den genannten Geweben – werden die Antigene von spezialisierten Epithelzellen gesammelt, den sogenannten **M-Zellen** (**Mikrofaltenzellen**) (Abb. 1.20). Die Lymphocyten bilden einen Follikel, bestehend aus einer zentralen Wölbung aus B-Lymphocyten, die von einer geringeren Anzahl von T-Lymphocyten umgeben ist. Dendritische Zellen, die sich in den Peyer-Plaques aufhalten, präsentieren den T-Lymphocyten Antigene. Die Lymphocyten gelangen über das Blut in die Peyer-Plaques und verlassen sie durch die efferenten Lymphgefäße. Effektorlymphocyten, die sich in den Peyer-Plaques gebildet haben, wandern durch das lymphatische System und in den Blut-

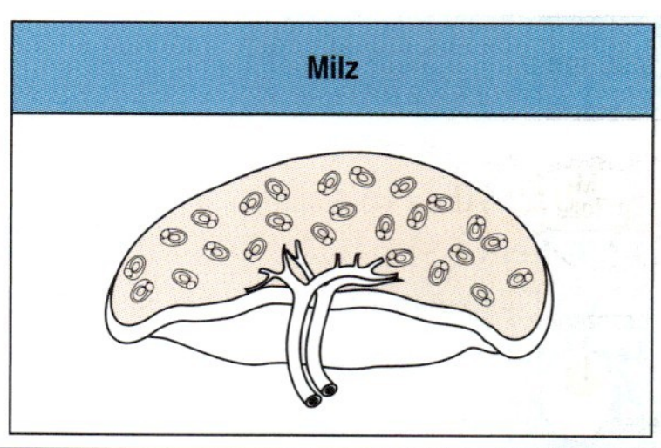

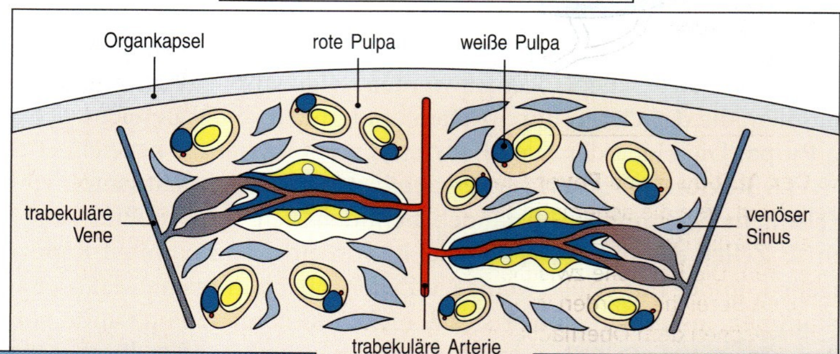

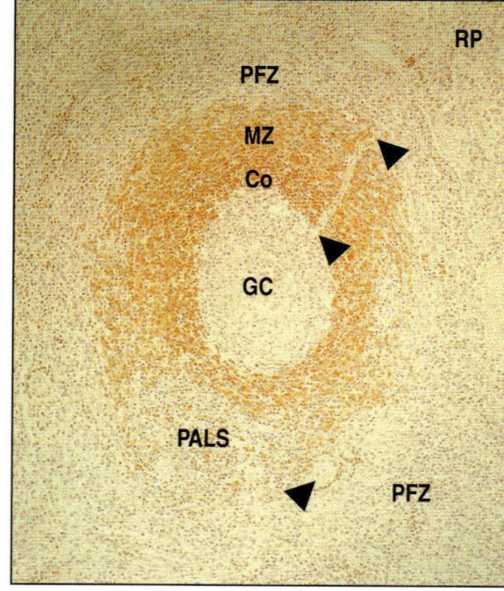

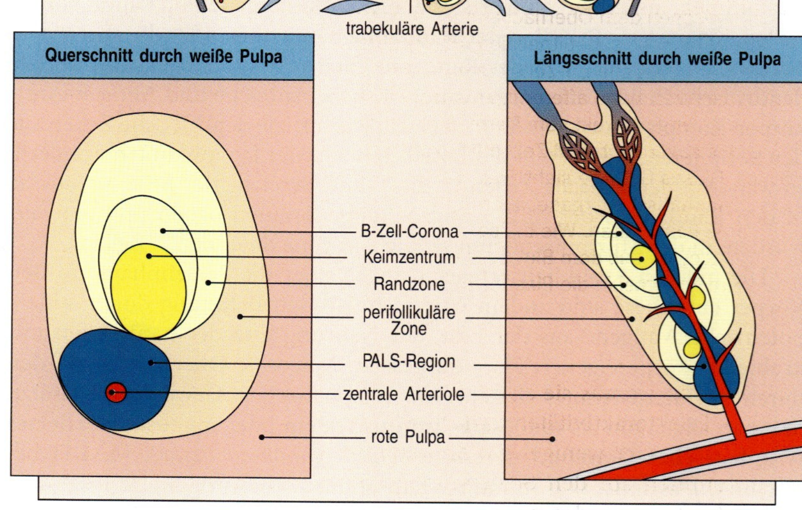

1.19 Aufbau des lymphatischen Gewebes in der Milz. Die schematische Darstellung oben rechts zeigt die rote Pulpa der Milz (rosa), in der Blutzellen abgebaut werden und die von lymphatischer weißer Pulpa durchzogen ist. Die Vergrößerung eines kleinen Ausschnitts der Milz (Mitte) zeigt die Anordnung der abgesetzten Bereiche der weißen Pulpa (gelb und blau) um zentrale Arteriolen. Die meisten Teile der weißen Pulpa erscheinen im Querschnitt, zwei Bereiche sind im Längsschnitt dargestellt. Die beiden Zeichnungen unten zeigen die Vergrößerung eines Quer- (links) und eines Längsschnitts (rechts) der weißen Pulpa. Die PALS-Region (*periarteriolar lymphoid sheath*) umgibt die zentrale Arteriole. Die PALS-Region besteht aus T-Zellen; Lymphocyten und antigentragende dendritische Zellen treffen hier aufeinander. Die Follikel bestehen vor allem aus B-Zellen; in den Sekundärfollikeln befindet sich ein Keimzentrum, das von einer B-Zell-Corona umgeben ist. Die Follikel sind von einer sogenannten Randzone aus Lymphocyten umgeben. In jedem Bereich der weißen Pulpa fließt das Blut, das sowohl Lymphocyten als auch Antigene transportiert, von einer trabekulären Arterie in eine zentrale Arteriole. Von dieser Arteriole gehen kleinere Blutgefäße aus, die schließlich in einem spezialisierten Bereich der menschlichen Milz enden, die man als perifollikuläre Zone (PFZ) bezeichnet und die jede Randzone umgibt. Zellen und Antigene gelangen durch offene, mit Blut gefüllte Bereiche in die perifollikuläre Zone. Die lichtmikroskopische Aufnahme unten links zeigt einen Querschnitt durch die weiße Pulpa, die immunologisch für reife B-Zellen gefärbt wurde. Sowohl die Follikel als auch die PALS-Region sind von der perifollikulären Zone umgeben. Die follikuläre Arteriole geht von der PALS-Region aus (Pfeil unten), durchquert den Follikel, verläuft durch die Randzone und öffnet sich in die perifollikuläre Zone (obere Pfeilspitzen). Co, follikuläre B-Zell-Corona; K, Keimzentrum; MZ, Marginalzone; RP, rote Pulpa; Pfeilspizen, zentrale Arteriole. (Foto mit freundlicher Genehmigung von N. M. Milicevic.)

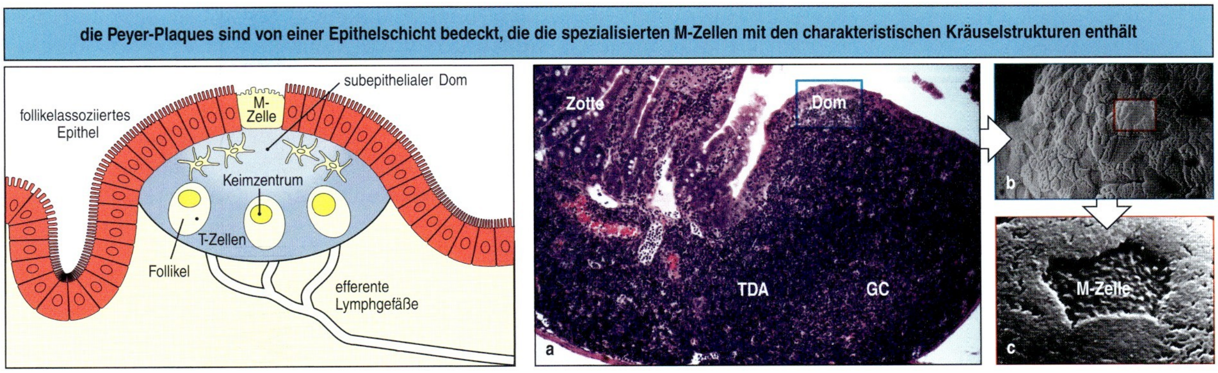

1.20 Der Aufbau eines Peyer-Plaques in der Darmschleimhaut. Wie die schematische Darstellung links zeigt, enthält ein Peyer-Plaque zahlreiche B-Zell-Follikel mit Keimzentren. Die Bereiche zwischen den Follikeln, die T-Zell-abhängigen Bereiche, werden von T-Zellen eingenommen. Die Schicht zwischen dem Oberflächenepithel und dem Follikel bezeichnet man als subepitheliale Wölbung; hier befinden sich dendritische Zellen, T-Zellen und B-Zellen. Die Peyer-Plaques besitzen keine afferenten Lymphgefäße, und die Antigene gelangen direkt vom Darm über ein spezialisiertes Epithel aus sogenannten M-Zellen (Mikrofaltenzellen) in die Plaques. Dieses Gewebe sieht zwar deutlich anders aus als andere lymphatische Organe, aber die grundlegende Einteilung wurde beibehalten. Wie bei den Lymphknoten gelangen die Lymphocyten aus dem Blut über die Wände von Venolen mit hohem Endothel in die Plaques (nicht dargestellt) und verlassen sie über ein efferentes Lymphgefäß. a zeigt eine lichtmikroskopische Aufnahme eines Schnittes durch einen Peyer-Plaque in der Darmwand der Maus. Der Peyer-Plaque ist unterhalb der Epithelgewebe zu erkennen. GC, Keimzentrum; TDA, T-Zell-abhängiger Bereich; b zeigt eine rasterelektronenmikroskopische Aufnahme des follikelassoziierten Epithels, das in a eingerahmt ist. Hier sind M-Zellen, die keine Mikrovilli besitzen, und die Schleimschicht, die auf normalen Zellen liegt, zu erkennen. Alle M-Zellen erscheinen als eingesunkene Bereiche in der Epitheloberfläche. c enthält eine Ansicht der eingerahmten Region in b. Hier ist die charakteristische geriffelte Oberfläche der M-Zellen zu erkennen. M-Zellen sind das Eintrittstor für viele Krankheitserreger und andere Partikel. a: Färbung mit Hematoxylin und Eosin. Vergrößerung × 100; b: × 5000; c: × 23000. (Mowat A, Viney J (1997) *J Immunol Rev* 156: 145–166.)

kreislauf, von wo aus sie sich wieder auf die mucosalen Gewebe verteilen und ihre Effektoraktivitäten ausführen.

Ähnliche, aber weniger gut organisierte Ansammlungen von Lymphocyten kommen auf den Schleimhäuten der Atemwege und auf anderen Schleimhäuten vor: das **nasenassoziierte lymphatische Gewebe (NALT)** und das **bronchienassoziierte lymphatische Gewebe (BALT)** befinden sich in den Atemwegen. Diese lymphatischen Gewebe werden wie die Peyer-Plaques ebenfalls von M-Zellen bedeckt, durch die eingeatmete Mikroorganismen und Antigene, die im Schleim festgehalten werden, hindurchgelangen können. Das mucosale Immunsystem wird in Kapitel 11 besprochen.

Obwohl sich Lymphknoten, Milz und die mucosaassoziierten lymphatischen Gewebe deutlich in ihrem Erscheinungsbild unterscheiden, zeigen sie doch alle denselben Grundaufbau. Jedes der Gewebe funktioniert nach demselben Prinzip. Antigene und antigenpräsentierende Zellen aus Infektionsherden werden festgehalten, sodass den wandernden kleinen Lymphocyten Antigene präsentiert werden können. Diese wiederum lösen dann adaptive Immunantworten aus. Die peripheren lymphatischen Gewebe geben auch den Lymphocyten, die nicht sofort auf ihr spezifisches Antigen treffen, stabilisierende Signale, sodass sie überleben und weiter zirkulieren. Da sie beim Auslösen der adaptiven Immunantworten mitwirken, sind die peripheren lymphatischen Gewebe keine statischen Strukturen, sondern unterliegen starken Veränderungen, abhängig davon, ob eine Infektion vorliegt oder nicht. Die undeutlichen lymphatischen Gewebe der Schleimhäute können als Reaktion auf eine Infektion in Erscheinung treten und danach wieder verschwinden, während sich der Aufbau von organisierten Geweben bei einer Infektion auf genauer festgelegte Weise ändert. So dehnen sich beispielsweise die B-Zell-Follikel der Lymphknoten bei der Proliferation der B-Zellen aus und bilden Keimzentren (Abb. 1.18). Außerdem vergrößert sich der gesamte Lymphknoten, ein Effekt, den man umgangssprachlich als „geschwollene Drüsen" bezeichnet.

Schließlich gibt es noch spezialisierte Populationen von Lymphocyten, die sich an bestimmten Stellen über den Körper verteilen und nicht in Form von lymphatischen Geweben organisiert sind. Solche Bereiche sind die Leber und die Lamina propria des Darms, außerdem die Basis des inneren Darmepithels, Epithelien der Fortpflanzungsorgane, sowie bei Mäusen, aber nicht beim Menschen, die Epidermis. Diese Lymphocytenpopulationen spielen anscheinend für den Schutz dieser Organe vor Infektionen eine wichtige Rolle (Kapitel 7 und 11).

1.16 Für die Aktivierung von Lymphocyten ist eine Wechselwirkung sowohl mit dem Antigen als auch mit anderen Zellen erforderlich

Wie wir in den Abschnitten 1.3 und 1.6 festgestellt haben, sind die peripheren lymphatischen Gewebe nicht nur darauf spezialisiert, Phagocyten festzuhalten, die Antigene aufgenommen haben, sondern auch darauf, deren Wechselwirkungen mit Lymphocyten zu fördern, die für die Einleitung der adaptiven Immunantworten notwendig sind.

Alle Reaktionen der Lymphocyten auf Antigene erfordern nicht nur das Signal, das durch die Bindung des Antigens an die Lymphocytenrezeptoren erfolgt, sondern noch ein zweites Signal, das von einer anderen Zelle kommt und über Moleküle an der Zelloberfläche vermittelt wird, die man allgemein als costimulierende Moleküle bezeichnet (Abschnitt 1.7). Naive T-Zellen werden im Allgemeinen von aktivierten dendritischen Zellen stimuliert (Abb. 1.21, links); bei naiven B-Zellen jedoch stammt

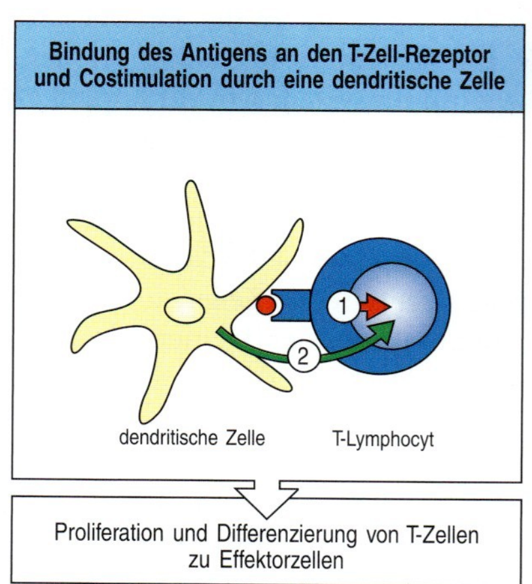

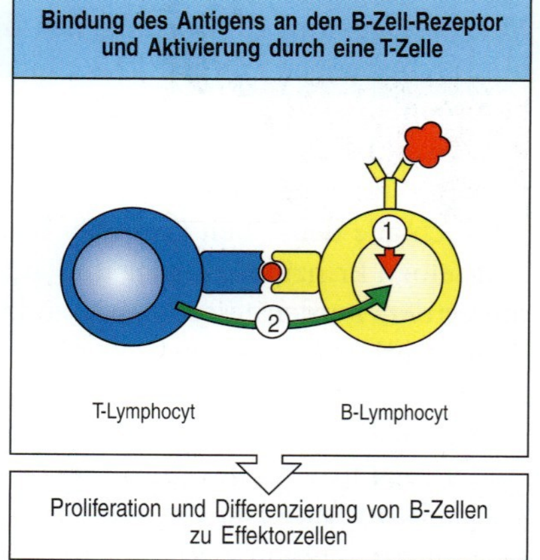

1.21 Für die Aktivierung eines Lymphocyten sind zwei Signale notwendig. Reife Lymphocyten benötigen für die Aktivierung zusätzlich zu einem Signal über ihren Antigenrezeptor (Signal 1) noch ein weiteres Signal (Signal 2). Das zweite Signal kommt bei T-Zellen (links) von einer antigenpräsentierenden Zelle, zum Beispiel von der hier dargestellten dendritischen Zelle, bei B-Zellen (rechts) von einer aktivierten T-Zelle, die durch eine B-Zelle aufgenommene, prozessierte und an der Zelloberfläche der B-Zelle präsentierte Antigenpeptide erkennt.

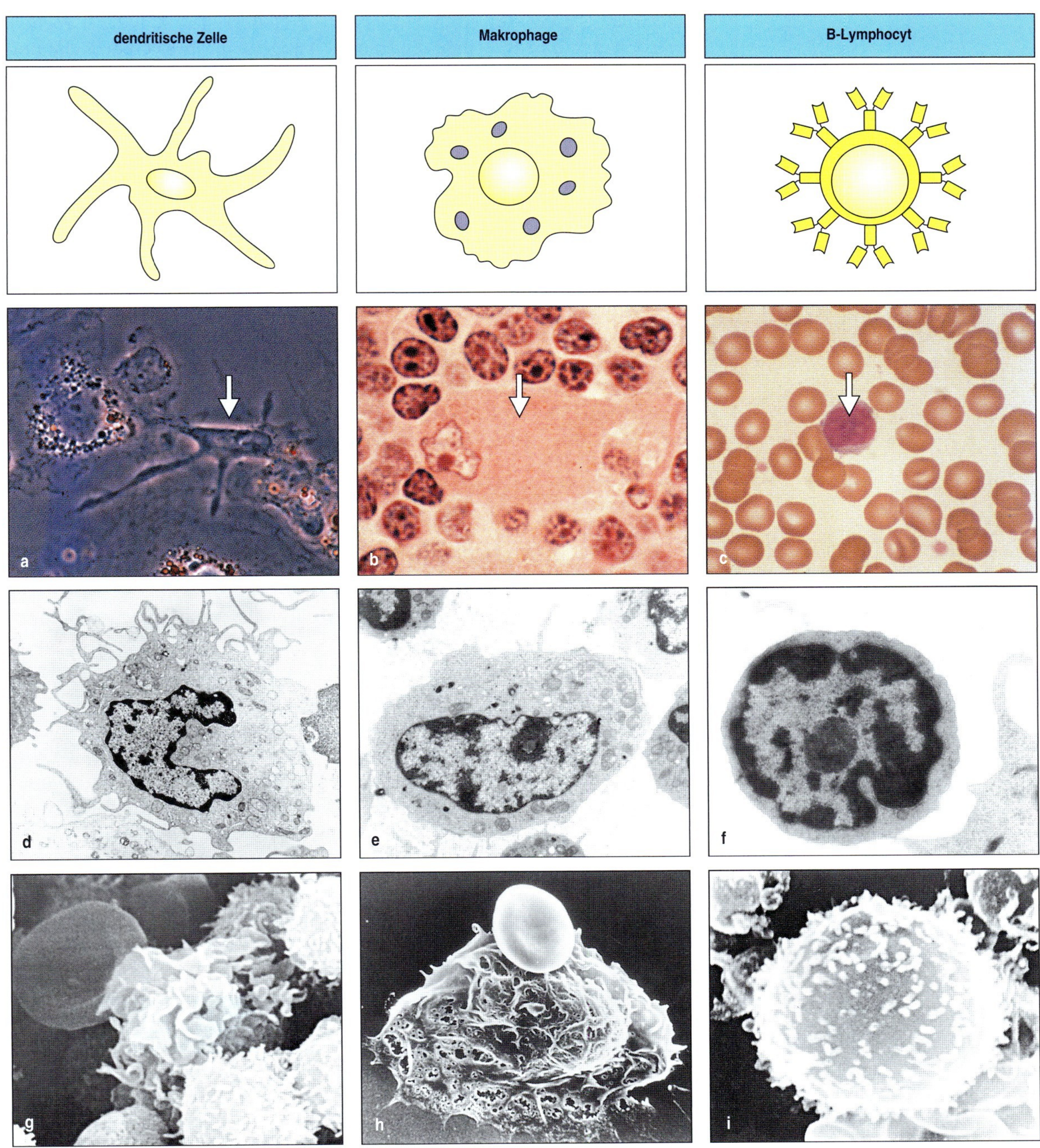

1.22 Antigenpräsentierende Zellen. Die drei Zelltypen sind so abgebildet, wie sie im ganzen Buch dargestellt sind (obere Reihe) und wie sie im Licht-, Transmissionselektronen- und im Rasterelektronenmikroskop (zweite, dritte beziehungsweise vierte Reihe) erscheinen. Auf den Aufnahmen sind die Zellen jeweils durch Pfeile markiert. Reife dendritische Zellen findet man in lymphatischen Geweben. Sie gehen aus unreifen dendritischen Gewebezellen hervor, die mit vielen verschiedenen Typen von Krankheitserregern in Wechselwirkung treten. Makrophagen sind darauf spezialisiert, extrazelluläre Pathogene aufzunehmen, speziell dann, wenn die Erreger mit Antikörpern bedeckt sind. Die Antigenpartikel werden anschließend präsentiert. B-Zellen verfügen über antigenspezifische Rezeptoren, sodass sie große Mengen eines spezifischen Antigens aufnehmen, prozessieren und präsentieren können. (Fotos mit freundlicher Genehmigung von R. M. Steinman (a), N. Rooney (b, c, e, f), S. Knight (d, g) und P. F. Heap (h, i).)

das zweite Signal von einer aktivierten T-Helferzelle (Abb. 1.21, rechts). Makrophagen und B-Zellen, die fremde Antigene an ihrer Oberfläche präsentieren, können auch veranlasst werden, costimulierende Moleküle zu exprimieren, sodass sie ebenfalls naive T-Zellen aktivieren können. Diese drei spezialisierten antigenpräsentierenden Zellen des Immunsystems sind in Abbildung 1.22 dargestellt. Dendritische Zellen sind dabei die wichtigsten antigenpräsentierenden Zellen; sie erfüllen eine zentrale Funktion beim Auslösen von adaptiven Immunantworten.

Die Induktion von costimulierenden Molekülen ist für das Auslösen einer adaptiven Immunantwort von großer Bedeutung, da der Kontakt mit einem Antigen ohne begleitende costimulierende Moleküle naive Lymphocyten inaktiviert, was entweder zur klonalen Deletion oder zu einem Zustand führt, den man als **Anergie** bezeichnet (Kapitel 7). Wir brauchen also ein abschließendes Postulat für die Theorie der klonalen Selektion: Ein naiver Lymphocyt kann nur von Zellen aktiviert werden, die nicht allein ein spezifisches Antigen tragen, sondern auch costimulierende Moleküle, deren Expression durch das angeborene Immunsystem reguliert wird.

1.17 Lymphocyten, die durch ein Antigen aktiviert wurden, proliferieren in den peripheren lymphatischen Organen und erzeugen dadurch Effektorzellen und das immunologische Gedächtnis

Aufgrund der großen Vielfalt der Lymphocytenrezeptoren gibt es normalerweise immer einige wenige, die ein bestimmtes fremdes Antigen binden können. Der Anteil der Lymphocyten ist jedoch sehr gering und reicht bestimmt nicht aus, gegen einen Krankheitserreger eine Immunantwort zu entwickeln. Um genügend spezifische Effektorlymphocyten zur Bekämpfung einer Infektion zu erzeugen, wird ein Lymphocyt mit der richtigen Rezeptorspezifität zuerst aktiviert, um zu proliferieren. Erst wenn ein großer Klon aus identischen Zellen erzeugt wurde, differenzieren sich diese schließlich zu Effektorzellen. Diese **klonale Expansion** ist charakteristisch für alle adaptiven Immunantworten. Nachdem ein naiver Lymphocyt sein Antigen auf einer aktivierten antigenpräsentierenden Zelle erkannt hat, hört er auf zu wandern und vergrößert sich. Das Chromatin im Zellkern ist nun weniger dicht gepackt, Nucleoli erscheinen, das Volumen des Zellkerns und des Cytoplasmas nimmt zu, und eine Neusynthese von RNA und Proteinen setzt ein. Nach wenigen Stunden hat sich das Aussehen der Zelle vollständig verändert und man bezeichnet sie als **Lymphoblast** (Abb. 1.23).

Die Lymphoblasten beginnen nun, sich zu teilen, wobei sie sich drei bis fünf Tage lang alle 24 Stunden zwei- bis viermal verdoppeln. Ein ungeprägter Lymphocyt kann also etwa 1 000 Tochterzellen identischer Spezifität hervorbringen. Diese differenzieren sich zu Effektorzellen (Abb. 1.19). Die B-Zellen sezernieren als differenzierte Effektorzellen (Plasmazellen) Antikörper; die T-Effektorzellen sind entweder cytotoxische Zellen, die infizierte Zellen zerstören, oder Helferzellen, die andere Zellen des Immunsystems aktivieren. Effektorlymphocyten zirkulieren nicht wie naive Lymphocyten. Einige Effektorzellen erkennen Infektionsherde und wandern aus dem Blut dorthin; andere bleiben in den lymphatischen Geweben, wo sie B-Zellen aktivieren. Einige antikörperfreisetzende Plasmazellen verbleiben in den peripheren lymphatischen Organen, aber die meisten Plasmazellen, die in den Lymphknoten und der Milz erzeugt werden, wandern in das Knochenmark und halten sich dann dort auf, wobei sie die Antikörper in den Blutkreislauf abgeben. Effektorzellen, die im mucosalen Immunsystem gebildet werden, verbleiben im Allgemeinen in den mucosalen Geweben.

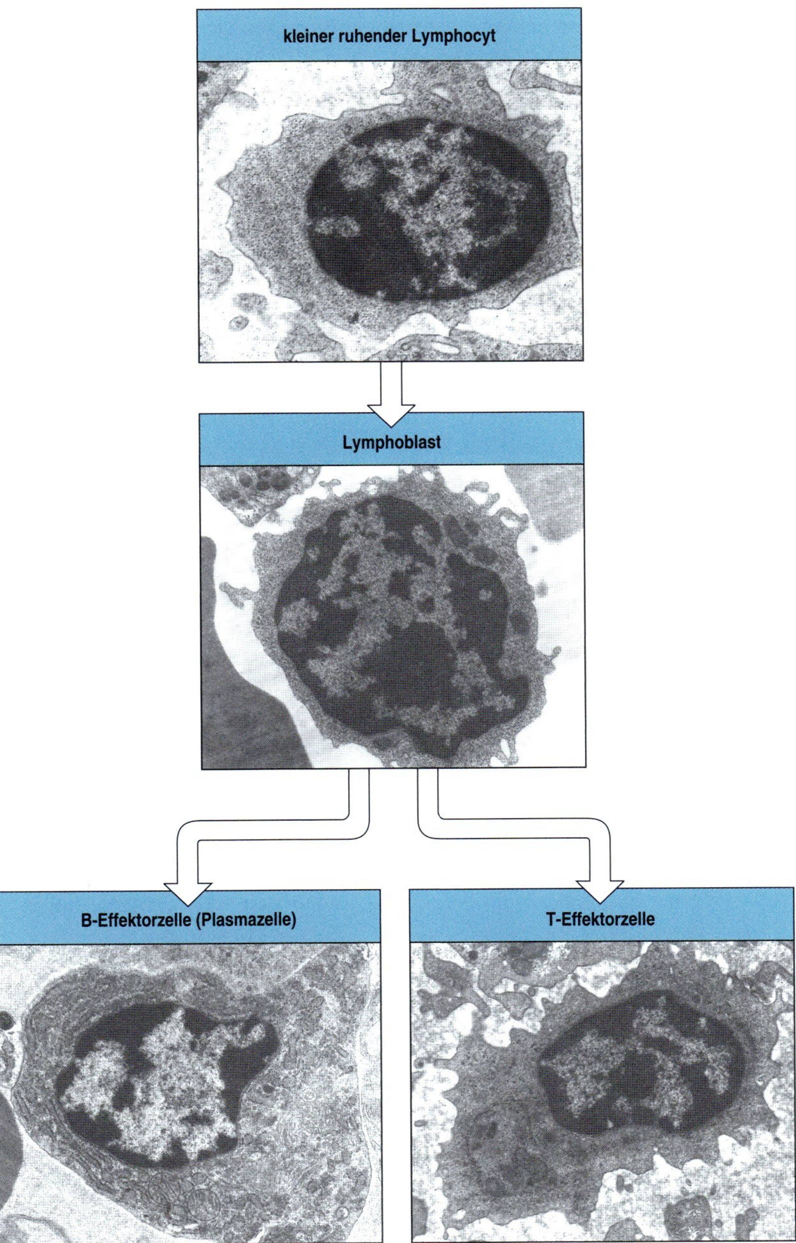

1.23 Transmissionselektronenmikroskopische Aufnahmen von Lymphocyten in verschiedenen Aktivierungsstadien bei der Entwicklung zu Effektorzellen. Kleine, ruhende Lymphocyten (oben) sind noch nicht auf ein Antigen getroffen. Man beachte die geringe Menge an Cytoplasma, das Fehlen des rauen endoplasmatischen Reticulums und das kondensierte Chromatin, alles Kennzeichen einer inaktiven Zelle. Es kann sich entweder um eine T- oder eine B-Zelle handeln. Zirkulierende kleine Lymphocyten werden in den Lymphknoten festgehalten, wenn ihre Rezeptoren ein Antigen auf antigenpräsentierenden Zellen binden. Die Stimulation durch ein Antigen veranlasst den Lymphocyten, sich in einen aktiven Lymphoblasten umzuwandeln (Mitte). Man beachte hier die deutliche Vergrößerung, die Nucleoli, den vergrößerten Zellkern und das diffuse Chromatin. Wiederum sehen T- und B-Zellen gleich aus. Die entstandene Zelle teilt sich mehrmals und differenziert sich zu einer Effektorzelle. Die unteren beiden Bilder zeigen T- und B-Effektorzellen. Man beachte die große Menge an Cytoplasma, die hohe Dichte an Mitochondrien und das raue endoplasmatische Reticulum, alles Merkmale aktiver Zellen. Das raue endoplasmatische Reticulum herrscht besonders in den B-Effektorzellen vor, die man üblicherweise Plasmazellen nennt und die sehr große Mengen von Antikörpern synthetisieren und freisetzen. (Fotos mit freundlicher Genehmigung von N. Rooney.)

Nach der Aktivierung eines naiven Lymphocyten dauert die Proliferation vier bis fünf Tage an, bis die klonale Expansion abgeschlossen ist und die Zellen zu Effektorzellen differenziert sind. Deshalb kommt es erst mit einer Verzögerung von einigen Tagen zu einer adaptiven Immunantwort, nachdem eine Infektion vom angeborenen Immunsystem entdeckt wurde. Die meisten Lymphocyten, die bei einer klonalen Expansion entstehen, sterben schließlich ab. Es bleibt jedoch eine relevante Anzahl von aktivierten antigenspezifischen B- und T-Zellen erhalten, nachdem das Antigen beseitigt wurde. Diese Zellen bezeichnet man als **Gedächtniszellen**, und sie bilden die Grundlage für das immunologische Gedächtnis. Sie können viel schneller als naive Lymphocyten aktiviert werden und stellen so sicher, dass die Reaktion auf eine erneute Infektion mit demselben Krankheitserreger schneller und wirksamer erfolgt. So bildet sich normalerweise eine lang anhaltende Immunität heraus.

Die Besonderheiten des immunologischen Gedächtnisses lassen sich gut beobachten, indem man die Antikörperantwort eines Lebewesens bei einer ersten oder **primären Immunisierung** mit der Reaktion desselben Lebewesens auf eine zweite oder **sekundäre Immunisierung** (*booster*-Immunisierung) mit demselben Antigen vergleicht. Wie Abbildung 1.24 zeigt, setzt die **sekundäre Antikörperantwort** nach einer kürzeren Verzögerungsphase ein, erreicht ein deutlich höheres Niveau und bringt Antikörper von stärkerer **Affinität** hervor. Die Erhöhung der Affinität für ein Antigen bezeichnet man als **Affinitätsreifung**. Sie ist das Ergebnis von Ereignissen, durch die während der Immunantwort B-Zell-Rezeptoren und damit Antikörper in Bezug auf eine progressiv zunehmende Affinität für Antigene selektiert werden. Wichtig ist dabei, dass T-Zell-Rezeptoren keine Affinitätsreifung durchlaufen, und die niedrigere Aktivierungsschwelle für T-Gedächtniszellen im Vergleich zu naiven T-Zellen ist eine Folge der erhöhten Reaktivität der Zelle und nicht einer Veränderung des Rezeptors. Kapitel 4, 9 und 10 beschreiben die zugrunde liegenden Mechanismen dieser bemerkenswerten Veränderungen. Die klonale Expansion und die klo-

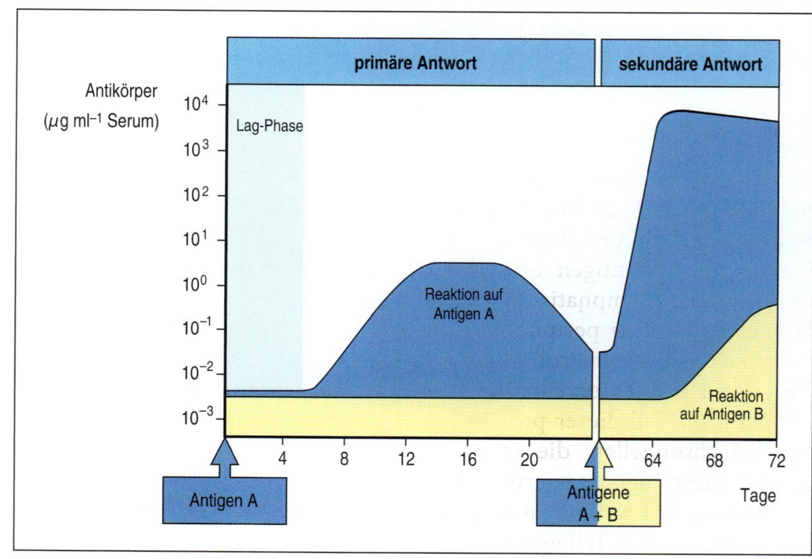

1.24 Der Verlauf einer typischen Antikörperantwort. Das erste Zusammentreffen mit einem Antigen führt zu einer primären Antwort. Antigen A, zum Zeitpunkt 0 gegeben, trifft nur auf wenige spezifische Antikörper im Serum. Nach einer Lag-Phase (hellblau) erscheinen Antikörper gegen das Antigen A (dunkelblau). Ihre Konzentration erreicht ein Plateau und fällt dann ab. Das ist der charakteristische Verlauf einer primären Immunantwort. Gegen ein anderes Antigen B (gelb) gibt es nur wenige Antikörper, wie sich im Serum nachweisen lässt. Das zeigt die Spezifität der Antikörperantwort. Setzt man das Tier später einer Mischung aus den Antigenen A und B aus, tritt eine schnelle, intensive sekundäre Reaktion gegen A ein. Die zweite Antwort des Immunsystems gegen dasselbe Antigen ist wirksamer (immunologisches Gedächtnis). Der Organismus erhält so einen spezifischen Schutz vor einer Infektion. Darum verabreicht man nach einer ersten Impfung sogenannte *booster*-Injektionen. Die Reaktion auf B ähnelt der ersten (primären) Immunantwort gegen A, da dies das erste Zusammentreffen des Organismus mit dem Antigen B ist.

nale Differenzierung von Zellen, die für das auslösende Antigen spezifisch sind, bilden die zelluläre Grundlage für das immunologische Gedächtnis, das demnach vollständig antigenspezifisch ist.

Erst das immunologische Gedächtnis ermöglicht eine erfolgreiche Impfung und verhindert die erneute Infektion mit Krankheitserregern, die bereits einmal durch die adaptive Immunantwort abgewehrt wurden. Das immunologische Gedächtnis ist die wichtigste biologische Folge der Entwicklung der adaptiven Immunität. Seine zelluläre und molekulare Basis ist jedoch noch nicht vollständig geklärt, wie wir in Kapitel 10 erkennen werden.

Zusammenfassung

Die frühen angeborenen Abwehrsysteme beruhen auf unveränderlichen Rezeptoren, die allgemein vorkommende Merkmale von Krankheitserregern erkennen. Sie sind zwar von entscheidender Bedeutung, werden jedoch von vielen Pathogenen überwunden und können auch kein immunologisches Gedächtnis entwickeln. Das Erkennen eines bestimmten Krankheitserregers und die Entwicklung eines verbesserten Schutzes vor einer erneuten Infektion ist eine einzigartige Eigenschaft der adaptiven Immunität. Mit dieser Theorie der klonalen Selektion der Lymphocyten lassen sich alle Schlüsselmerkmale der erworbenen Immunität verstehen. Es gibt zwei Haupttypen von Lymphocyten: B-Lymphocyten, die im Knochenmark reifen und der Ursprung der zirkulierenden Antikörper sind, und T-Lymphocyten, die im Thymus reifen und Peptide von Krankheitserregern erkennen, die von MHC-Molekülen auf infizierten oder antigenpräsentierenden Zellen präsentiert werden. Jeder Lymphocyt trägt an seiner Oberfläche Rezeptoren einer einzigen Spezifität. Diese Rezeptoren entstehen durch die zufällige Kombination variabler Rezeptorgensegmente und die paarweise Zusammenlagerung verschiedener variabler Proteinketten, die schwere und die leichte Kette bei den Immunglobulinen oder die zwei Ketten der T-Zell-Rezeptoren. Durch diesen Mechanismus entsteht eine große Sammlung von Lymphocyten, die jeweils einen eigenen spezifischen Rezeptor tragen, sodass das gesamte Rezeptorrepertoire praktisch jedes Antigen erkennen kann. Ist der Rezeptor eines bestimmten Lymphocyten für ein ubiquitäres Autoantigen spezifisch, wird die Zelle zerstört, wenn sie in der frühen Entwicklungsphase auf dieses Antigen trifft. Überlebenssignale hingegen, welche Lymphocyten über den Antigenrezeptor empfangen, selektieren und stabilisieren potenziell nutzbringende Lymphocyten. Die adaptive Immunität wird ausgelöst, wenn die angeborene Immunantwort eine neue Infektion nicht beseitigen kann und das Antigen und aktivierte antigenpräsentierende Zellen in das ableitende lymphatische Gewebe gelangen. Trifft ein zirkulierender Lymphocyt in den peripheren lymphatischen Geweben auf ein fremdes Antigen, wird er zur Proliferation angeregt, wobei sich die Nachkommen zu T- und B-Effektorzellen differenzieren, die einen Erreger vernichten können. Ein Teil dieser proliferierenden Lymphocyten differenziert sich zu Gedächtniszellen, die schnell auf ein erneutes Auftreten desselben Krankheitserregers reagieren können. Die Einzelheiten der Vorgänge bei Erkennung, Entwicklung und Differenzierung bilden die Hauptthemen in den mittleren drei Teilen des Buches.

Effektormechanismen der adaptiven Immunität

Im ersten Teil dieses Kapitels haben wir erfahren, wie naive Lymphocyten durch Antigene selektiert werden und sich zu Klonen von aktivierten Effektorlymphocyten differenzieren. Wir wollen uns nun mit den Mechanismen beschäftigen, durch die aktivierte Effektorzellen verschiedene Krankheitserreger ansteuern, um sie für eine erfolgreiche adaptive Immunantwort zu zerstören. Die unterschiedlichen Lebensweisen der einzelnen Krankheitserreger erfordern verschiedene Reaktionsmechanismen, sowohl um sie zu zerstören als auch um sie zu erkennen (Abb. 1.25). B-Zell-Rezeptoren erkennen Antigene aus der extrazellulären Umgebung und differenzieren sich zu Plasmaeffektorzellen, die in diese Umgebung Antikörper sezernieren. T-Zell-Rezeptoren sind darauf spezialisiert, Antigene zu erkennen, die innerhalb von Körperzellen produziert wurden, was bei den Effektoraktivitäten von T-Zellen deutlich wird. Einige T-Effektorzellen töten Zellen, die mit intrazellulären Krankheitserregern wie Viren infiziert sind, direkt ab, während andere bei den Immunantworten gegen extrazelluläre Krankheitserreger mitwirken, indem sie mit B-Zellen in Wechselwirkung treten und sie bei der Produktion von Antikörpern unterstützen.

Die meisten anderen Effektormechanismen, die Krankheitserreger bei einer adaptiven Immunantwort beseitigen, sind im Prinzip mit denen der angeborenen Immunität identisch. Dabei sind Zellen wie etwa Makrophagen und neutrophile Zellen sowie Proteine wie das Komplement von Bedeutung. Wahrscheinlich hat sich die adaptive Immunantwort der Vertebraten in Form einer spezifischen Erkennung, die über klonal verteilte Rezeptoren erfolgt, in der Evolution erst spät als Ergänzung der bereits vorhandenen angeborenen Immunität entwickelt (Kapitel 16). Im Folgenden beschreiben wir zunächst die Effektorwirkungen von Antikörpern, die fast vollständig darauf beruhen, dass sie Zellen und Moleküle des angeborenen Immunsystems zur Unterstützung heranziehen.

das Immunsystem schützt vor vier Klassen von Krankheitserregern		
Art der Krankheitserreger	**Beispiele**	**Erkrankungen**
extrazelluläre Bakterien, Parasiten, Pilze	*Streptococcus pneumoniae* *Clostridium tetani* *Trypanosoma brucei* *Pneumocystis carinii*	Lungenentzündung Tetanus Schlafkrankheit *Pneumocystis*-Lungenentzündung
intrazelluläre Bakterien, Parasiten	*Mycobacterium leprae* *Leishmania donovani* *Plasmodium falciparum*	Lepra Leishmaniose Malaria
Viren (intrazellulär)	Variola Influenza Varicella	Pocken Grippe Windpocken
parasitische Würmer (extrazellulär)	*Ascaris* *Schistosoma*	Ascariasis Schistosomiasis

1.25 Die wichtigsten Arten von Krankheitserregern, mit denen das Immunsystem konfrontiert ist, und einige der Krankheiten, die sie verursachen.

1.18 Antikörper richten sich gegen extrazelluläre Krankheitserreger und ihre toxischen Produkte

Antikörper kommen im flüssigen Bestandteil des Blutes (**Plasma**) und in extrazellulären Flüssigkeiten vor. Da die Körperflüssigkeit früher als Humor bezeichnet wurden, spricht man auch von der **humoralen Immunität**.

Wie in Abbildung 1.13 dargestellt, sind Antikörper Y-förmige Moleküle, deren Arme zwei identische Antigenbindungsstellen bilden, die sich bei verschiedenen Molekülen stark voneinander unterscheiden können. Auf diese Weise entsteht die für die spezifische Erkennung von Antikörpern erforderliche Vielfalt. Der „Stamm" des Y ist wesentlich weniger variabel. Es gibt nur fünf Hauptformen der konstanten Region eines Antikörpers, die man als **Klassen** oder **Isotypen** eines Antikörpers bezeichnet. Die konstante Region bestimmt die funktionellen Eigenschaften eines Antikörpers – welche Effektormechanismen er auslöst, die dann das Antigen beseitigen, nachdem es erkannt wurde – und jede Klasse führt ihre spezifische Funktion aus, indem sie eine bestimmte Kombination von Effektormechanismen auslöst. Kapitel 4 und 9 beschreiben die Isotypen und ihre Reaktionen im Einzelnen.

Die erste und direkteste Reaktion, mit deren Hilfe Antikörper einen Organismus vor Krankheitserregern oder ihren toxischen Produkten schützen können, ist die Bindung der Antigene, um deren Wechselwirkung mit Zellen, die sie infizieren oder zerstören würden, zu blockieren (Abb. 1.26, links). Man bezeichnet diesen Vorgang als **Neutralisation**. Sie ist für die Abwehr von Krankheitserregern wie Viren von Bedeutung, die so daran gehindert werden, in Zellen einzudringen und sich zu replizieren, außerdem werden bakterielle Toxine neutralisiert.

Die Bindung von Antikörpern reicht jedoch allein nicht aus, um die Replikation von Bakterien zu stoppen. In diesem Fall besteht die Aufgabe des Antikörpers darin, einem Phagocyten, etwa einem Makrophagen oder einer neutrophilen Zelle, zu ermöglichen, das Bakterium aufzunehmen und zu zerstören. Viele Bakterien entgehen dem angeborenen Immunsystem, da sie eine äußere Hülle besitzen, die von den Mustererkennungsrezeptoren der Phagocyten nicht erkannt werden. Antigene in der Hülle können jedoch von Antikörpern erkannt werden, und Phagocyten besitzen Rezeptoren, die an die Stammregionen von Antikörpern binden, welche die Bakterien einhüllen; das führt schließlich zur Phagocytose (Abb. 1.26, Mitte). Man bezeichnet das Einhüllen von Krankheitserregern und Fremdpartikeln mit Antikörpern als **Opsonisierung**.

Die dritte Funktion der Antikörper ist die **Komplementaktivierung**. Das Komplementsystem (Kapitel 2) wird zuerst beim angeborenen Immunsystem ohne die Unterstützung durch Antikörper allein durch die Oberflächen von Mikroorganismen aktiviert. Aber die konstanten Regionen von Antikörpern, die an die Oberflächen von Bakterien gebunden sind, bilden Rezeptoren für das erste Protein des Komplementsystems. Dadurch nimmt die Komplementaktivierung zu, sobald Antikörper produziert werden. Komponenten des Komplementsystems, die direkt an eine bakterielle Oberfläche gebunden sind, können bestimmte Bakterien direkt zerstören, was bei einigen bakteriellen Infektionen von großer Bedeutung ist (Abb. 1.26, rechts). Die Hauptfunktion des Komplementsystems – wie auch der Antikörper selbst – besteht jedoch darin, die Oberfläche von Krankheitserregern zu bedecken und so den Phagocyten die Aufnahme und Zerstörung von Bakterien zu ermöglichen, die sie sonst nicht erkennen würden. Das Komplementsystem verstärkt also die bakterizide Aktivität von Phagocyten; seine Bezeichnung bezieht sich darauf, dass es die Wirkung der Antikörper ergänzt (komplementiert).

Antikörper der unterschiedlichen Klassen kommen in verschiedenen Kompartimenten des Körpers vor. Sie unterscheiden sich zwar aufgrund der Effektormechanismen, die sie auslösen, aber letztendlich werden alle Krankheitserreger und freien Moleküle, an die Antikörper gebunden haben, durch Phagocyten aufgenommen, abgebaut und aus dem Körper entfernt (Abb. 1.26, unten). Das Komplementsystem und die Phagocyten, die durch Antikörper aktiviert werden, sind selbst nicht antigenspezifisch. Ihre

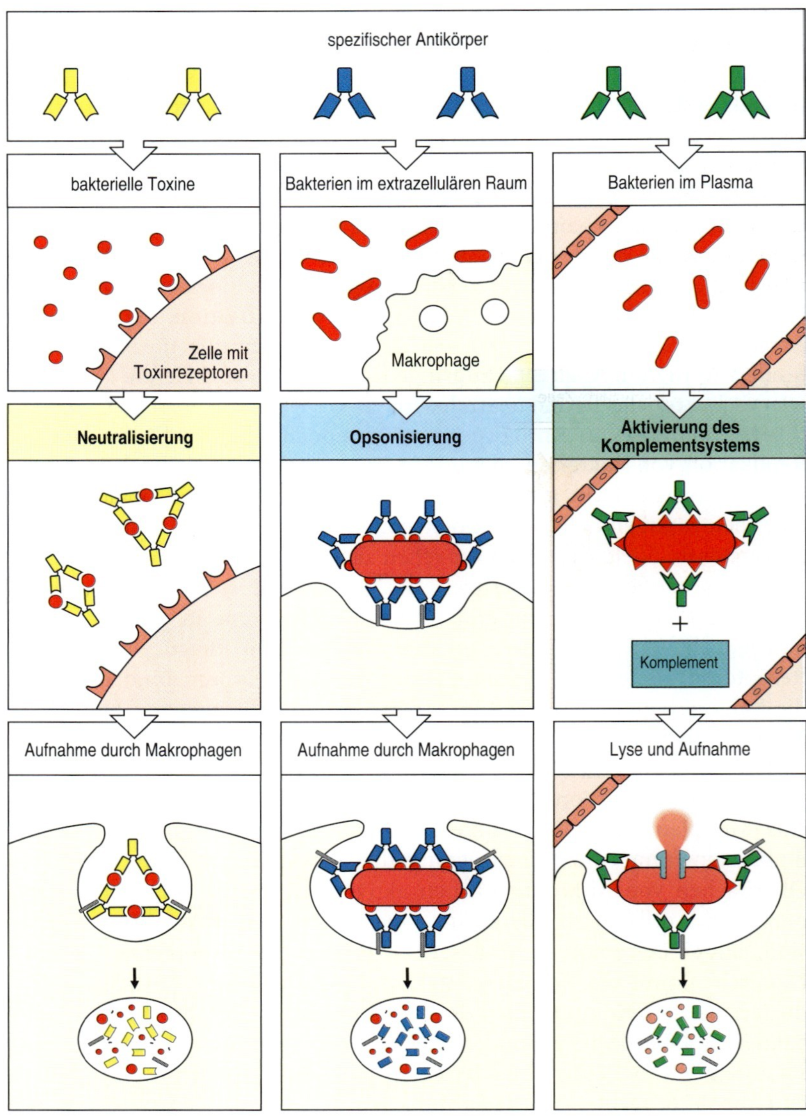

1.26 Antikörper können auf drei Arten an der Immunabwehr beteiligt sein. Die linke Spalte zeigt Antikörper, die ein bakterielles Toxin binden und neutralisieren, damit es nicht mit Körperzellen in Wechselwirkung treten und pathologische Effekte verursachen kann. Im Gegensatz zu dem Komplex aus Antikörper und Toxin kann freies Toxin mit den Rezeptoren der Körperzellen reagieren. Durch Bindung an Viruspartikel und Bakterienzellen können Antikörper auch diese Eindringlinge neutralisieren. Der Komplex aus Antigen und Antikörper wird schließlich von den Makrophagen aufgenommen und abgebaut. Durch die Umhüllung mit Antikörpern wird ein Antigen für die Phagocyten (Makrophagen und neutrophile Zellen) als körperfremd erkennbar. Diesen Vorgang nennt man Opsonisierung. Das Antigen wird dann aufgenommen und abgebaut. Die mittlere Spalte zeigt die Opsonisierung und die Phagocytose einer Bakterienzelle. In der rechten Spalte ist dargestellt, wie Antikörper durch Anlagerung an ein Bakterium das Komplementsystem aktivieren. Gebundene Antikörper bilden einen Rezeptor für das erste Protein des Komplementsystems, das schließlich auf der Oberfläche des Bakteriums einen Proteinkomplex erzeugt, der in einigen Fällen das Bakterium direkt tötet, im Allgemeinen jedoch die Aufnahme und Zerstörung des Bakteriums durch Phagocyten stimuliert. So können Antikörper Krankheitserreger und deren Produkte für eine Beseitigung durch Phagocyten vorbereiten.

Wirkung beruht darauf, dass Antikörpermoleküle die Partikel als fremd markieren. Antikörper sind der einzige Beitrag der B-Zellen zur adaptiven Immunantwort. Im Gegensatz dazu zeigen T-Zellen eine Reihe verschiedener Effektoraktivitäten.

1.19 T-Zellen sind für die Kontrolle intrazellulärer Krankheitserreger und für die Aktivierung von B-Zell-Reaktionen gegen die meisten Antigene erforderlich

Krankheitserreger sind nur im Blut und in den Extrazellularräumen für Antikörper erreichbar. Einige Bakterien und Parasiten sowie alle Viren vermehren sich jedoch innerhalb von Zellen, wo die Antikörper sie nicht aufspüren können. Die Zerstörung dieser Eindringlinge ist die Aufgabe der T-Lymphocyten, die für die **zellvermittelte Immunantwort** der adaptiven Immunität verantwortlich sind.

Die cytotoxischen T-Zellen haben dabei eine direkte Wirkung. Diese T-Effektorzellen sind gegen Zellen aktiv, die mit Viren infiziert sind. Antigene, die von Viren stammen, die sich in einer infizierten Zelle vermehren, werden an der Oberfläche der Zelle präsentiert, wo sie von den Antigenrezeptoren der cytotoxischen T-Zellen erkannt werden. Diese können dann die Infektion unter Kontrolle bringen, indem sie die Zelle abtöten, bevor die virale Replikation abgeschlossen ist und neue Viren freigesetzt werden (Abb. 1.27).

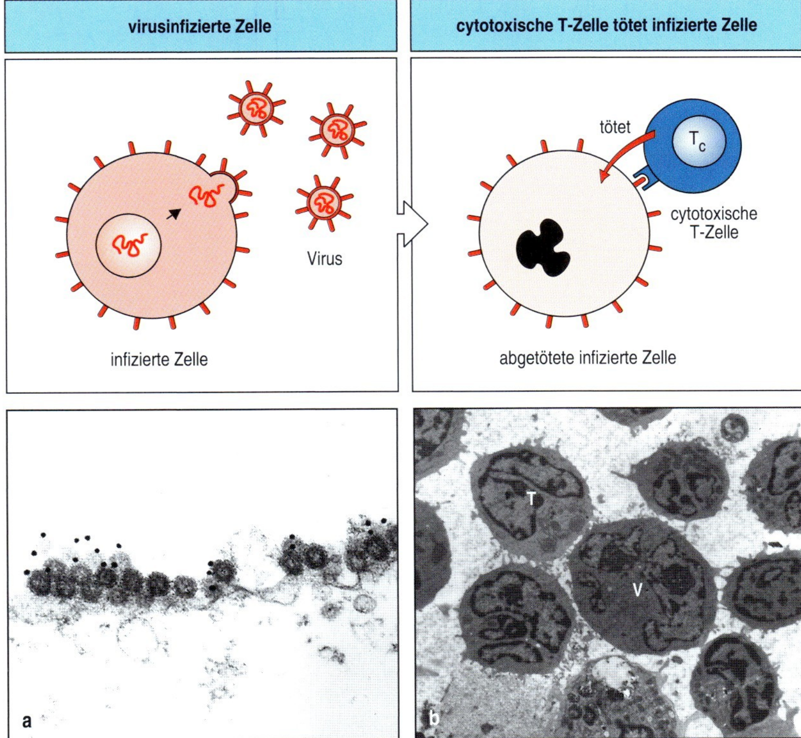

1.27 Immunabwehr intrazellulärer Virusinfektionen. Spezialisierte T-Zellen (die cytotoxischen T-Lymphocyten) erkennen virusinfizierte Zellen und töten sie direkt ab. Dabei werden unter anderem Caspasen aktiviert, die in ihrem aktiven Zentrum ein Cystein besitzen und die Proteine hinter Asparaginsäureresten spalten. Das wiederum aktiviert in der Zelle eine Nuclease, welche die DNA des Wirts und des Virus zerstört. a ist eine transmissionselektronenmikroskopische Aufnahme der Plasmamembran einer CHO-Zelle (*Chinese hamster ovary*), die mit dem Influenzavirus infiziert wurde. Zu erkennen sind zahlreiche Viruspartikel, die aus der Zelloberfläche austreten. Einige von ihnen sind mit einem monoklonalen Antikörper markiert, der für ein virales Protein spezifisch ist. Er ist an Goldpartikel gekoppelt, die als schwarze Punkte erscheinen. b ist eine transmissionselektronenmikroskopische Aufnahme einer virusinfizierten Zelle (V), die von cytotoxischen T-Lymphocyten umgeben ist. Man beachte die enge Zusammenlagerung der Membranen der infizierten Zelle und der T-Zelle (T) links oben in b und die Ansammlung von cytoplasmatischen Organellen zwischen dem Zellkern des Lymphocyten und der Kontaktstelle zur infizierten Zelle. (Fotos mit freundlicher Genehmigung von M. Bui und A. Helenius (a), N. Rooney (b).)

Nach dem Abschluss ihrer Entwicklung im Thymus bilden die T-Lymphocyten zwei Hauptklassen, von denen eine das Zelloberflächenprotein mit der Bezeichnung **CD8**, die andere ein Protein mit der Bezeichnung **CD4** an der Oberfläche trägt. Sie sind keine zufälligen Markerproteine, sondern sie sind wichtig für die Funktion einer T-Zelle, da sie zu den Wechselwirkungen beitragen, die die T-Zelle mit anderen Zellen eingeht. Cytotoxische T-Zellen tragen CD8, während die Klasse von T-Zellen, welche die Zellen, die sie erkennen, aktivieren und nicht abtöten, CD4-Proteine trägt.

CD8-T-Zellen sind ab dem Zeitpunkt, zu dem sie den Thymus als naive T-Zellen verlassen, dafür bestimmt, cytotoxische T-Zellen zu werden. Im Gegensatz dazu können sich naive CD4-T-Zellen nach ihrer ersten Aktivierung durch ein Antigen zu zwei Arten von T-Effektorzellen ausdifferenzieren. Die beiden Arten bezeichnet man als $\mathbf{T_H1}$**-** und $\mathbf{T_H2}$**-Zellen**. Wie wir in Kapitel 8 feststellen werden, wurden aber bereits mehr Arten beschrieben. Die beiden Zelltypen sind an der Bekämpfung von bakteriellen Infektionen beteiligt, jedoch auf sehr unterschiedliche Weise. T_H1-Zellen besitzen eine doppelte Funktion. Die erste besteht darin, bestimmte intrazelluläre bakterielle Infektionen unter Kontrolle zu bringen. Einige Bakterien wachsen nur in den intrazellulären, von Membranen umgebenen Vesikeln der Makrophagen. Wichtige Beispiele dafür sind *Mycobacterium tuberculosis* und *M. leprae*, die Krankheitserreger von Tuberkulose beziehungsweise Lepra. Bakterien, die von Makrophagen durch Phagocytose aufgenommen wurden, werden normalerweise in den Lysosomen zerstört, die eine Anzahl verschiedener Enzyme und antibakterieller Substanzen enthalten. Mycobakterien und einige andere Bakterien überleben innerhalb der Zelle, da sie verhindern, dass die Vesikel mit den Lysomen fusionieren (Abb. 1.28). Diese Infektionen können T_H1-Zellen, die bakterielle Antigene erkennen, welche auf der Oberfläche von Mak-

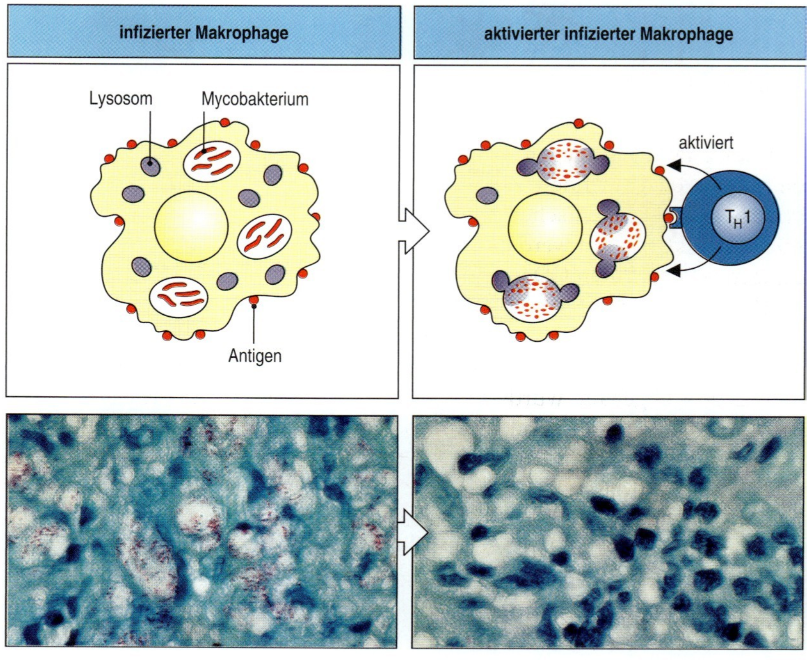

1.28 Immunabwehr intrazellulärer Infektionen durch Mycobakterien. Makrophagen nehmen Mycobakterien auf, die dann jedoch einer Zerstörung widerstehen, da die Fusion von intrazellulären Vesikeln, in denen sich die Bakterien befinden, mit Lysosomen, die bakterizide Substanzen enthalten, blockiert ist. Die Bakterien werden also vor dem Abtöten geschützt. In ruhenden Makrophagen überleben Mycobakterien in diesen Vesikeln und vermehren sich. Wenn jedoch eine T_H1-Zelle einen infizierten Makrophagen erkennt und aktiviert, fusionieren die phagocytotischen Vesikel mit den Lysosomen, und die Bakterien können vernichtet werden. Die Aktivierung von Makrophagen wird durch die T_H1-Zellen kontrolliert, zum einen um Gewebeschäden zu vermeiden und zum anderen um Energie zu sparen. Die lichtmikroskopischen Aufnahmen (untere Reihe) zeigen mit *M. tuberculosis* infizierte ruhende (links) und aktivierte Zellen (rechts). Die Zellen wurden mit einem säurestabilen roten Farbstoff angefärbt, um die Mycobakterien sichtbar zu machen, die in den ruhenden Makrophagen deutlich als rot gefärbte Stäbchen hervortreten, während sie in den aktivierten Makrophagen beseitigt sind. (Fotos mit freundlicher Genehmigung von G. Kaplan.)

rophagen präsentiert werden, unter Kontrolle bringen. Die T_H1-Zellen induzieren die Fusion der Lysosomen mit den Vesikeln, die die Bakterien enthalten, und stimulieren die antibakteriellen Mechanismen der Makrophagen (Abb. 1.28). Die zweite Funktion der T_H1-Zellen besteht darin, als Helferzellen die Produktion von Antikörpern anzuregen, indem sie costimulierende Signale abgeben und mit den B-Lymphocyten in Wechselwirkung treten. Wir werden in Kapitel 9 feststellen, wenn wir uns mit der humoralen Immunantwort im Einzelnen beschäftigen, dass nur einige wenige Antigene mit besonderen Eigenschaften naive B-Lymphocyten von allein aktivieren. Hier ist normalerweise ein zusätzliches costimulierendes Signal von T-Zellen erforderlich (Abb. 1.21).

Während T_H1-Zellen eine doppelte Funktion besitzen, dienen T_H2-Zellen ausschließlich der Aktivierung von naiven B-Zellen zur Produktion von Antikörpern. Mit dem Begriff „T-Helferzelle" werden manchmal alle CD4-T-Zellen bezeichnet. Ursprünglich war der Begriff jedoch nur für T-Zellen gedacht, die B-Zellen „helfen", Antikörper zu erzeugen, bevor die Existenz der beiden Subtypen erkannt wurde. Als man die Makrophagenaktivierungsfunktion von CD4-T-Zellen entdeckt hatte, wurde die Bezeichnung „Helfer" auch auf diese ausgedehnt (daher das „H" in T_H1). Wir erachten diese allgemeine Begriffsverwendung als verwirrend und werden daher den Begriff „T-Helferzelle" im gesamten Buch nur im Zusammenhang mit der Aktivierung von B-Zellen zur Antikörperproduktion anwenden, sowohl für T_H1- als auch für T_H2-Zellen.

Naive T-Lymphocyten erkennen ihre zugehörigen Antigene auf spezialisierten antigenpräsentierenden Zellen, die sie auch aktivieren können. Auf ähnliche Weise erkennen T-Effektorzellen Peptidantigene, die von MHC-Molekülen gebunden sind. In diesem Fall ist die Zelle jedoch bereits aktiviert und benötigt deshalb kein costimulierendes Signal.

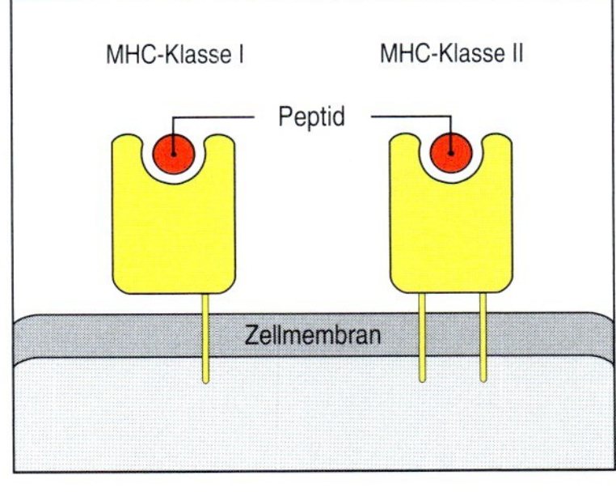

1.29 MHC-Moleküle präsentieren die Peptidfragmente von Antigenen auf der Zelloberfläche. MHC-Moleküle sind Membranproteine, deren äußere extrazelluläre Domänen eine Vertiefung bilden, in der ein Peptidfragment gebunden ist. Diese Fragmente stammen sowohl von körpereigenen als auch von körperfremden Proteinen, die in der Zelle abgebaut wurden. Die Peptide werden von dem neu synthetisierten MHC-Molekül gebunden, bevor es die Zelloberfläche erreicht. Es gibt zwei MHC-Klassen (I und II), die zwar verwandte, aber doch unterschiedliche Strukturen und Funktionen besitzen. Sowohl MHC-Klasse-I- als auch MHC-Klasse-II-Moleküle sind eigentlich Trimere aus zwei Proteinketten (nicht dargestellt) und dem gebunden körpereigenen oder körperfremden Peptid.

1.20 CD4- und CD8-T-Zellen erkennen Peptide, die an MHC-Moleküle aus zwei verschiedenen Klassen gebunden sind

Die verschiedenen Typen von T-Effektorzellen müssen gelenkt werden, damit sie die passenden Zielzellen angreifen. Die Antigenerkennung ist offensichtlich von entscheidender Bedeutung, aber auch die Zielstruktur muss korrekt erkannt werden. Das geschieht durch zusätzliche Wechselwirkungen zwischen den CD4- und CD8-Molekülen auf den T-Zellen und den MHC-Molekülen auf der Zielzelle.

Wie wir in Abschnitt 1.13 festgestellt haben, erkennen T-Zellen Peptide, die von fremden Antigenen stammen. Nachdem die Antigene innerhalb von Zellen abgebaut wurden, werden ihre Peptidfragmente von MHC-Molekülen gebunden, und dieser Komplex wird an der Zelloberfläche präsentiert (Abb. 1.16). Es gibt zwei Haupttypen von MHC-Molekülen, die man als MHC-Klasse I und II bezeichnet. Sie besitzen etwas unterschiedliche Strukturen, enthalten aber beide in der extrazellulären Oberfläche einen längeren Spalt, in dem während der Synthese und des Zusammenbaus des MHC-Moleküls im Inneren der Zelle ein einzelnes Peptid festgehalten wird. Das MHC-Molekül, das seine Peptidfracht trägt, wird zur Zelloberfläche transportiert, wo es den T-Zellen das Peptid präsentiert (Abb. 1.29).

Die wichtigsten Unterschiede zwischen den beiden Klassen von MHC-Molekülen bestehen nicht in der Struktur, sondern in der Herkunft der Peptide, die sie festhalten und an die Zelloberfläche bringen. **MHC-Klasse-I-Moleküle** sammeln Peptide aus Proteinen, die im Cytosol synthetisiert werden, und können so Fragmente von Virusproteinen an der Zelloberfläche präsentieren (Abb. 1.30). **MHC-Klasse-II-Moleküle** binden Peptide, die aus Proteinen in intrazellulären Vesikeln stammen, und präsentieren daher Peptide aus Krankheitserregern, die in Makrophagenvesikeln leben oder von Phagocyten und B-Zellen aufgenommen wurden (Abb. 1.31). Wir werden in Kapitel 5 genau erkennen, wie Peptide aus diesen verschiedenen Ursprüngen für die beiden Typen von MHC-Molekülen zugänglich gemacht werden.

Sobald die MHC-Moleküle beider Klassen mit den gebundenen Peptiden die Zelloberfläche erreicht haben, werden sie von funktionell unterschiedlichen T-Zell-Klassen erkannt. Das liegt daran, dass das CD8-Molekül bevorzugt an MHC-Klasse-I-Moleküle bindet, CD4 jedoch bevorzugt

1.30 MHC-Klasse-I-Moleküle präsentieren Antigene, die aus Proteinen im Cytosol stammen. In Zellen, die mit Viren infiziert sind, werden im Cytosol virale Proteine synthetisiert. Peptidfragmente der viralen Proteine werden in das endoplasmatische Reticulum transportiert, wo sie an die MHC-Klasse-I-Moleküle binden, welche die Peptide an die Zelloberfläche bringen.

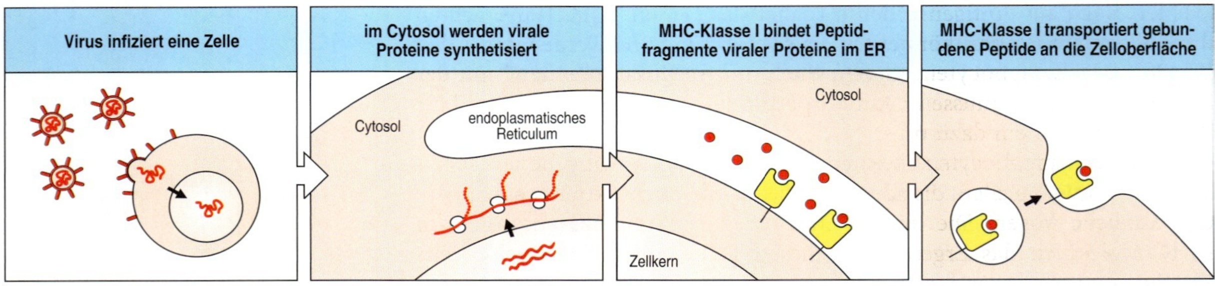

1.31 MHC-Klasse-II-Moleküle präsentieren Antigene, die aus intrazellulären Vesikeln stammen. Einige Bakterien infizieren Zellen und wachsen in intrazellulären Vesikeln. Peptide, die von solchen Bakterien stammen, werden von MHC-Klasse-II-Molekülen gebunden und an die Zelloberfläche transportiert (obere Reihe). MHC-Klasse-II-Moleküle binden und transportieren auch Peptide, die aus einem Antigen stammen, das von einem B-Zell-Antigenrezeptor gebunden und durch einen rezeptorvermittelten Mechanismus in intrazelluläre Vesikel aufgenommen wurde (untere Reihe).

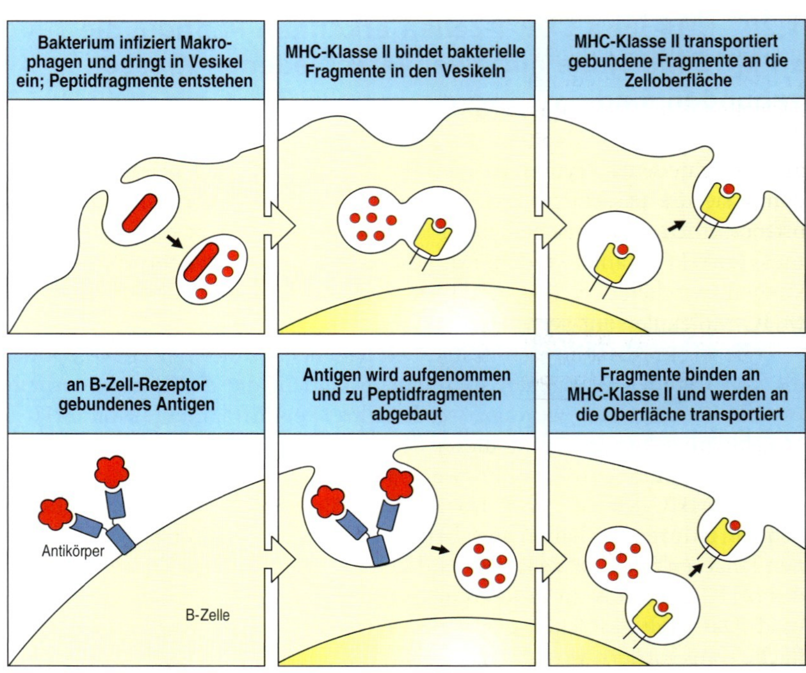

an MHC-Klasse-II-Moleküle. MHC-Klasse-I-Moleküle tragen also virale Peptide, die von CD8-tragenden cytotoxischen T-Zellen erkannt werden; diese töten dann die infizierte Zelle (Abb. 1.32). MHC-Klasse-II-Moleküle tragen Peptide von Krankheitserregern, die in Vesikel aufgenommen wurden, und sie werden von CD4-tragenden T-Zellen erkannt (Abb. 1.33). Deshalb bezeichnet man CD4 und CD8 auch als **Corezeptoren**, da sie untrennbar mit der Funktion verknüpft sind, der T-Zelle zu signalisieren, dass der Rezeptor das richtige Antigen gebunden hat. Geeignete Wechselwirkungen werden auch noch dadurch sichergestellt, dass alle Zellen MHC-Klasse-I-Moleküle tragen, sodass jede virusinfizierte Zelle von cytotoxischen CD8-T-Zellen erkannt und getötet werden kann. Die einzigen Zellen hingegen, die normalerweise MHC-Klasse-II-Moleküle exprimieren, sind die dendritischen Zellen, Makrophagen und B-Zellen – das heißt alle Zellen, die sich aktivieren müssen oder durch CD4-T-Zellen aktiviert werden.

Da der T-Zell-Rezeptor für eine Kombination aus Peptid und MHC-Molekül spezifisch ist, kann jeder T-Zell-Rezeptor entweder ein MHC-Klasse-I-Molekül oder ein MHC-Klasse-II-Molekül erkennen. Damit T-Lymphocyten, die Antigenrezeptoren für MHC-Klasse-I-Moleküle tragen, ihre Funktion ausüben können, müssen sie auch CD8-Corezeptoren exprimieren; T-Lymphocyten, die spezifische Rezeptoren für MHC-Klasse-II-Moleküle tragen, müssen CD4 exprimieren. Der Abgleich eines T-Zell-Rezeptors mit einem dazu passenden Corezeptor erfolgt während der Entwicklung der Lymphocyten, und aus den zentralen lymphatischen Organen kommen naive T-Zellen, die die richtige Kombination aus Rezeptoren und Corezeptoren tragen. Die Reifung der T-Zellen zu entweder CD8- oder CD4-T-Zellen ist das Ergebnis eines Tests auf die Spezifität des T-Zell-Rezeptors, der während der Entwicklung stattfindet. Wie genau dieser Selektionsvorgang funktioniert und wie sich dadurch die Nützlichkeit des T-Zellen-Repertoires maximiert, ist eine zentrale Frage der Immunologie und das Hauptthema von Kapitel 7.

Sobald die drei Typen von T-Zellen ihre Ziele erkennen, werden sie zur Freisetzung verschiedener Effektormoleküle angeregt. Diese können die Zielzellen direkt beeinflussen oder andere Effektorzellen mobilisieren (wie, das werden wir in Kapitel 8 besprechen). Zu diesen Effektormolekülen gehören zahlreiche Cytokine, die sowohl bei der klonalen Expansion von Lymphocyten als auch bei den angeborenen Immunantworten und den Effektoraktivitäten der meisten Zellen des Immunsystems eine entscheidende

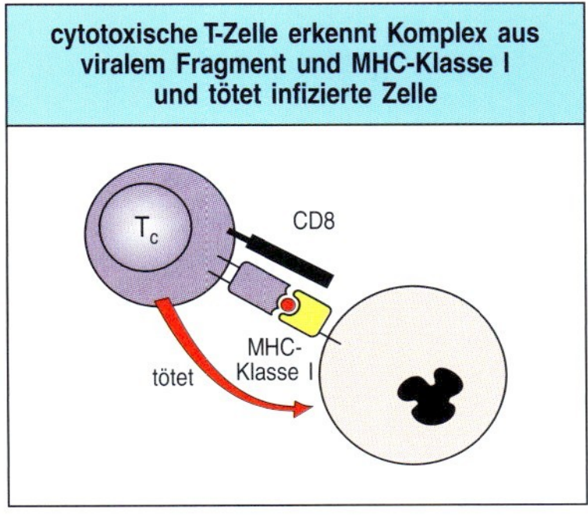

1.32 Cytotoxische CD8-T-Zellen erkennen Antigene, die von MHC-Klasse-I-Molekülen präsentiert werden, und töten die Zelle ab. Eine antigenspezifische cytotoxische T-Zelle erkennt den Komplex aus Peptid und MHC-Klasse-I-Protein auf einer virusinfizierten Zelle. Cytotoxische T-Zellen sind so programmiert, dass sie Zellen töten, die sie erkennen.

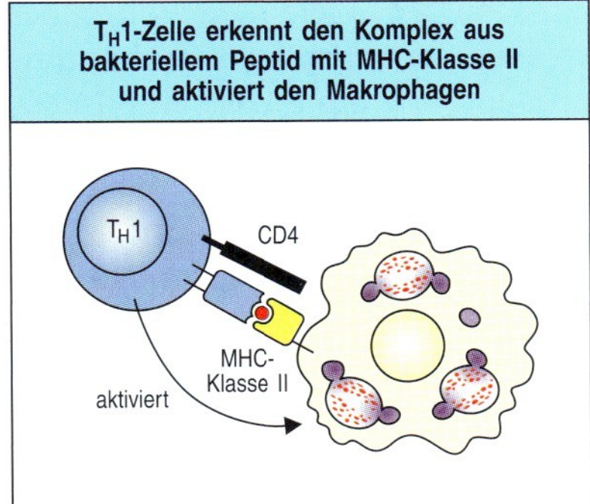

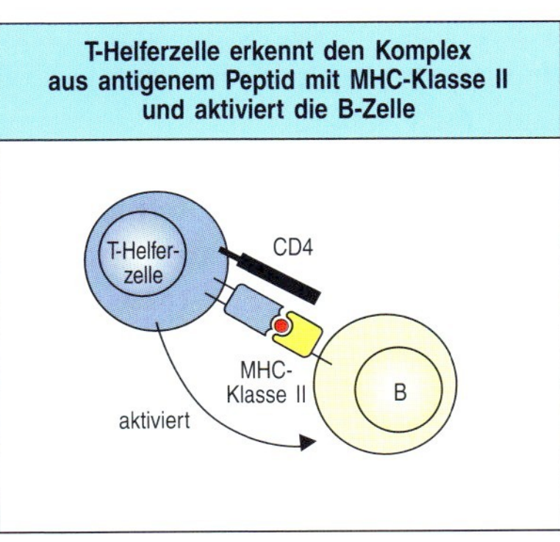

1.33 CD4-T-Zellen erkennen Antigene, die von MHC-Klasse-II-Molekülen präsentiert werden. Nachdem T_H1-Zellen ihr spezifisches Antigen auf einem infizierten Makrophagen erkannt haben, aktivieren sie den Makrophagen, was zur Zerstörung der intrazellulären Bakterien führt (links). Wenn T_H2- oder T_H1-Helferzellen ein Antigen auf B-Zellen erkennen, regen sie diese Zellen dazu an, zu proliferieren und sich zu antikörperproduzierenden Plasmazellen zu differenzieren (rechts).

Rolle spielen. Die Wirkungen aller bekannten Cytokine sind in Anhang III aufgeführt, einige werden in Kapitel 2 eingeführt, und die aus T-Zellen stammenden Cytokine werden in Kapitel 8 besprochen.

1.21 Defekte des Immunsystems führen zu einer erhöhten Anfälligkeit gegenüber Infektionen

Wir halten oft die Fähigkeit unseres Immunsystems, den Körper von Infektionen zu befreien und ihr erneutes Auftreten zu verhindern, für selbstverständlich. Bei einigen Menschen versagen jedoch Teile des Immunsystems. Bei den schwersten dieser **Immunschwächekrankheiten** fehlt die adaptive Immunität vollständig, sodass überhand nehmende Infektionen bereits im Kleinkindalter zum Tod führen, wenn man nicht umfangreiche Maßnahmen ergreift. Bei anderen, weniger katastrophalen Fehlfunktionen kommt es immer wieder zu Infektionen mit bestimmten Pathogenen, was von der jeweiligen Art der Immunschwäche abhängt. Durch die Erforschung dieser Immunkrankheiten, von denen viele durch erbliche genetische Defekte verursacht werden, konnte man vieles über die Bedeutung der verschiedenen Komponenten des menschlichen Immunsystems erfahren.

Vor über 25 Jahren trat eine verheerende Form der Immunschwäche in Erscheinung, das **erworbene Immunschwächesyndrom** (*acquired immune deficiency syndrome*, **AIDS**), das durch bestimmte Krankheitserreger ausgelöst wird, die menschlichen Immunschwächeviren HIV-1 und HIV-2. Die Krankheit zerstört T-Zellen, dendritische Zellen und Makrophagen, die CD4 tragen, sodass es zu Infektionen durch intrazelluläre Bakterien und andere Krankheitserreger kommt, die normalerweise von diesen Zellen in Schach gehalten werden. Diese Infektionen sind die hauptsächliche Todesursache bei dieser immer weiter um sich greifenden Immunschwächekrankheit. Mit ihr sowie mit den erblichen Immunschwächen befasst sich Kapitel 12.

1.22 Das Verständnis der adaptiven Immunantwort ist wichtig für die Bekämpfung von Allergien, Autoimmunkrankheiten und der Abstoßung von Transplantaten

Die wichtigste Funktion unseres Immunsystems besteht darin, den menschlichen Körper vor Krankheitserregern zu schützen. Viele medizinisch bedeutsame Krankheiten sind jedoch mit einer unangemessenen Immunreaktion gegen bestimmte Antigene verknüpft, oft ohne dass eine Infektionskrankheit vorliegt. Immunantworten gegen nichtinfektiöse Antigene treten bei **Allergien** auf (hier ist das Antigen eine an sich unschädliche Fremdsubstanz), bei **Autoimmunkrankheiten** (als Reaktion auf ein Autoantigen) und bei der **Transplantatabstoßung** (das Antigen befindet sich auf einer übertragenen fremden Zelle). Die wichtigsten Antigene, die eine Transplantatabstoßung hervorrufen, sind tatsächlich die MHC-Moleküle, da beide in der menschlichen Population in vielen verschiedenen Formen vorkommen – das heißt, sie sind hochgradig **polymorph** – und die meisten nichtverwandten Menschen exprimieren eine andere Kombination von

Antigen	Wirkung der Reaktion auf das Antigen	
	normale Reaktion	ungenügende Reaktion
Krankheitserreger	schützende Immunität	wiederholte Infektionen
harmlose Substanz	Allergie	keine Reaktion
Transplantat	Abstoßung	Annahme
körpereigenes Gewebe	Autoimmunität	Selbst-Toleranz
Tumor	Immunität gegen Tumoren	Krebs

1.34 Je nach Art des Antigens können Immunantworten nützlich oder schädlich sein. Nützliche Reaktionen sind mit weißem Hintergrund dargestellt, schädliche als farbige Flächen. Ist eine Reaktion nützlich, so ist ihr Fehlen schädlich.

MHC-Molekülen. Der MHC-Locus wurde ursprünglich bei den Mäusen als Genlocus entdeckt, der sogenannte **H-2-Locus**, der die Annahme oder Abstoßung von übertragenen Geweben kontrolliert. Die menschlichen **MHC-Moleküle** entdeckte man hingegen bei Versuchen, Piloten und Bombenopfern des Zweiten Weltkrieges mit schweren Verbrennungen durch Hauttransplantate zu helfen. Die Patienten stießen das übertragene Gewebe ab, das als „fremd" erkannt wurde. Wann wir von einer erfolgreichen Immunantwort oder deren Versagen sprechen, oder ob wir eine Immunantwort als schädlich oder vorteilhaft für den Körper erachten, hängt nicht von der Reaktion selbst ab, sondern von der Art des Antigens und den Bedingungen, unter denen eine Immunantwort auftritt (Abb. 1.34).

Allergische Erkrankungen, zu denen auch das Asthma gehört, sind in den Industrieländern immer häufiger der Grund für Arbeitsunfähigkeit. Bei vielen bedeutsamen Krankheiten wird inzwischen eine Autoimmunität als Ursache erkannt. Eine Autoimmunreaktion gegen die β-Zellen des Pankreas ist die häufigste Ursache von juvenilem Diabetes. Bei Allergien und Autoimmunkrankheiten führen die sonst so wirkungsvollen Schutzmechanismen der adaptiven Immunantwort zu gravierenden Gesundheitsschäden.

Immunantworten gegen „harmlose" Antigene, körpereigene Gewebe oder Transplantate sind wie alle anderen Immunreaktionen hoch spezifisch. Zurzeit behandelt man solche Reaktionen mit **Immunsuppressiva**, die alle Immunantworten unterbinden – ob erwünscht oder unerwünscht. Wäre es möglich, nur diejenigen Lymphocytenklone zu unterdrücken, die für eine unerwünschte Reaktion verantwortlich sind, könnte man eine solche Krankheit heilen oder ein transplantiertes Organ schützen, ohne notwendige Immunreaktionen zu unterbinden. Es besteht Hoffnung, dass der Traum von einer antigenspezifischen **Immunregulation**, mit der sich unerwünschte Immunreaktionen unter Kontrolle bringen lassen, eines Tages Wirklichkeit werden kann. Die antigenspezifische Unterdrückung von Immunantworten lässt sich bereits im Experiment herbeiführen; allerdings sind die molekularen Grundlagen dieses Mechanismus noch nicht vollständig erforscht. Wir wollen den aktuellen Stand der Erforschung von Allergien, Autoimmunkrankheiten, Gewebeabstoßung und Immunsuppressiva in den Kapiteln 13 bis 15 besprechen, und in Kapitel 14 werden wir erfahren, wie die Mechanismen der Immunregulation aufgrund tiefgreifenderer

Erkenntnisse über die funktionellen Untergruppen der Lymphocyten und der Cytokine, die sie steuern, allmählich klarer erkannt werden.

1.23 Impfung ist die wirksamste Methode, Infektionskrankheiten unter Kontrolle zu bringen

Während für die spezifische Unterdrückung von Immunantworten noch Fortschritte in der Grundlagenforschung über die Immunregulation und ihre Anwendung ausstehen, hat die Immunologie innerhalb der zwei Jahrhunderte seit Jenners bahnbrechendem Experiment in der Praxis zahlreiche Erfolge auf dem Gebiet der beabsichtigten Stimulation einer Immunantwort, das heißt der Immunisierung oder Schutzimpfung, erzielt.

Massenimpfungsprogramme haben praktisch zur Ausrottung mehrerer Krankheiten geführt, die immer mit hohen Erkrankungshäufigkeiten (Morbidität) und Sterberaten (Mortalität) verknüpft waren (Abb. 1.35). Die Immunisierung gilt als so sicher und wichtig, dass zum Beispiel in den meisten Bundesstaaten der USA eine Impfpflicht für Kinder gegen bis zu sieben der häufigsten Kinderkrankheiten besteht. So beeindruckend das

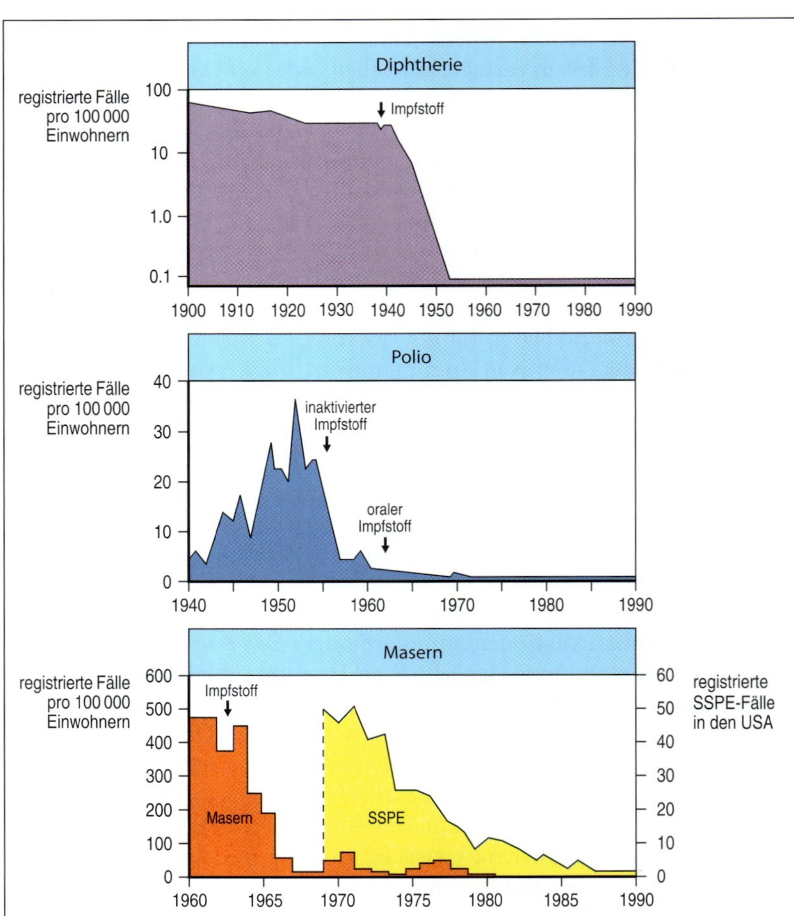

1.35 Erfolgreiche Impfkampagnen. Diphtherie, Polio und Masern wurden zusammen mit ihren Folgeerscheinungen in den USA praktisch ausgerottet, wie die drei Grafiken verdeutlichen. SSPE steht für die subakute sklerosierende Panencephalitis, eine Erkrankung des Gehirns, die als Spätfolge einer Maserninfektion bei einigen wenigen Patienten auftritt. 15–20 Jahre, nachdem es gegen die Masern eine Vorbeugung gab, verschwand auch die SSPE. Da diese Krankheiten weltweit jedoch nicht ausgerottet wurden, muss die Immunisierung der Bevölkerung weiterhin zu einem hohen Prozentsatz aufrechterhalten werden, um einem Wiederauftreten vorzubeugen.

Erreichte auch ist, es gibt immer noch viele Krankheiten, für die wirksame Impfstoffe fehlen. Und selbst wenn in den Industrieländern Impfstoffe zum Beispiel gegen Masern und Polio wirksam eingesetzt werden können, verhindern technische und wirtschaftliche Probleme unter Umständen eine breite Anwendung in den Entwicklungsländern, in denen die Sterberate bei diesen Krankheiten immer noch hoch ist. Die Methoden der modernen Immunologie und der Molekularbiologie werden eingesetzt, um neue Impfstoffe zu entwickeln und die alten zu verbessern; Kapitel 15 befasst sich mit den Fortschritten auf diesen Gebieten. Die Aussicht auf eine Bekämpfung dieser gravierenden Krankheiten ist ausgesprochen erfreulich. Eine gute Gesundheitsversorgung ist ein entscheidender Schritt in Richtung auf eine Kontrolle des Bevölkerungswachstums und wirtschaftliche Entwicklung. Mit nur wenigen Cent pro Person lässt sich viel Not und Leid lindern.

Viele gefährliche Krankheitserreger haben den Bemühungen widerstanden, Impfstoffe dagegen zu entwickeln, häufig weil sie den Schutzmechanismen der adaptiven Immunantwort ausweichen können oder sie unterlaufen. In Kapitel 12 untersuchen wir einige Ausweichstrategien von erfolgreichen Krankheitserregern. Die Überwindung von vielen weltweit vorherrschenden Krankheiten, wie auch die neuere Bedrohung durch AIDS, hängt davon ab, dass wir die Krankheitserreger, die sie verursachen, und ihre Wechselwirkungen mit dem Immunsystem besser kennenlernen.

Zusammenfassung

Lymphocyten verfügen über zwei verschiedene Systeme, die auf die Erkennung von extra- und intrazellulären Krankheitserregern spezialisiert sind. B-Zellen tragen an ihrer Oberfläche Immunglobulinmoleküle als Antigenrezeptoren und sezernieren nach ihrer Aktivierung die Immunglobuline als lösliche Antikörper, die eine Bekämpfung von Krankheitserregern in den extrazellulären Bereichen des Körpers ermöglichen. T-Zellen verfügen über Rezeptoren, die Peptidfragmente intrazellulärer Krankheitserreger erkennen. Solche Fragmente gelangen mithilfe der Glykoproteine des MHC an die Zelloberfläche. Zwei Klassen von MHC-Molekülen transportieren die Peptidfragmente aus verschiedenen Zellkompartimenten und präsentieren sie zwei verschiedenen Typen von T-Effektorzellen: den cytotoxischen CD8-T-Zellen, die infizierte Zielzellen abtöten, und den CD4-T-Zellen, die vor allem Makrophagen beziehungsweise B-Zellen aktivieren. Deshalb sind T-Zellen sowohl für die humorale als auch für die zellvermittelte adaptive Immunantwort von entscheidender Bedeutung. Bei der Evolution dieser erworbenen Immunantwort wurde anscheinend den angeborenen Abwehrsystemen, die bei den Effektorreaktionen der B- und der T-Zellen eine zentrale Rolle spielen, die spezifische Antigenerkennung durch stark diversifizierte Rezeptoren hinzugefügt. Die lebenswichtige Funktion der erworbenen Immunität für die Bekämpfung von Infektionen zeigt sich bei Immunschwächekrankheiten und im Zusammenhang mit Krankheitserregern, welche die adaptive Immunantwort unterlaufen und sogar für sich nutzen. Die antigenspezifische Unterdrückung von adaptiven Immunantworten ist das Ziel bei der Behandlung bedeutsamer menschlicher Krankheiten, die auf einer unangemessenen Aktivierung von Lymphocyten beruhen. Im Gegensatz dazu bildet die spezifische Stimulation von adaptiven Immunreaktionen die Grundlage für erfolgreiche Impfungen.

Zusammenfassung von Kapitel 1

Das Immunsystem verteidigt den Organismus gegen Infektionen. Die angeborene Immunität dient der ersten Abwehr. Sie kann jedoch Krankheitserreger nicht spezifisch erkennen und auch keinen gezielten Schutz gegen eine erneute Infektion entwickeln. Die adaptive (erworbene) Immunität basiert auf der klonalen Selektion von Lymphocyten aus einem bestehenden Repertoire, die eine Vielzahl hoch spezifischer Rezeptoren besitzen. Dadurch kann das Immunsystem jedes beliebige fremde Antigen erkennen. Bei der adaptiven Immunantwort vermehren sich die antigenspezifischen Lymphocyten und differenzieren sich zu Effektorzellen, welche die Krankheitserreger vernichten. Die Immunabwehr benötigt unterschiedliche Erkennungssysteme und ein breites Spektrum an Effektormechanismen, um Krankheitserreger, die in großer Vielfalt überall im Körper und an dessen Oberfläche vorkommen können, aufzufinden und zu zerstören. Die adaptive Immunantwort kann nicht nur Krankheitserreger beseitigen. Sie erzeugt gleichzeitig durch klonale Selektion eine erhöhte Zahl ausdifferenzierter Gedächtniszellen. Dies ermöglicht bei einer erneuten Infektion eine schnellere und wirksamere Reaktion. Immunantworten regulieren zu können – das heißt, sie zu unterdrücken, wenn sie unerwünscht sind, oder sie zur Vorbeugung einer Infektionskrankheit zu stimulieren – ist das wichtigste medizinische Ziel der immunologischen Forschung.

Literatur

Historischer Hintergrund

Burnet FM (1959) The Clonal Selection Theory of Acquired Immunity. Cambridge University Press, London

Gowans JL (1996) The lymphocyte – a disgraceful gap in medical knowledge. *Immunol Today* 17: 288–291

Landsteiner K (1964) The Specificity of Serological Reactions, 3. Aufl. Harvard University Press, Boston

Metchnikoff E (1905) Immunity in Infectious Diseases. Macmillan Press, New York

Silverstein AM (1989) History of Immunology. Academic Press, London

Biologischer Hintergrund

Alberts B, Johnson A, Lewis J, Raff M, Roberts K, Watson JD (2007) Molecular Biology of the Cell, 5. Aufl. Garland Publishing, New York [Deutsche Ausgabe 2004 Molekularbiologie der Zelle, 4. Aufl. VCH, Weinheim]

Berg JM, Tymoczko JL, Stryer L (2007) Biochemistry, 6. Aufl. Freeman, New York. [Deutsche Ausgabe 2007: Biochemie, 6. Aufl. Elsevier, München]

Geha RS, Rosen FS (2007) Case Studies in Immunology: A Clinical Companion. Garland Publishing, New York

Kaufman SE, Sher A, Ahmed R (Hrsg) (2001) Immunology of Infectious Diseases. ASM Press, Washington

Lodish H, Berk A, Kaiser CA, Krieger M Scott MP, Bretscher A, Ploegh H, Matsudaira P (2008) Molecular Cell Biology, 6. Aufl. W. H. Freeman and Company, New York

Mims C, Nash A, Stephen J (2001) Pathogenesis of Infectious Disease, 5. Aufl. Academic press, London

Ryan KJ (Hrsg) (1994) Medical Microbiology, 3. Aufl. Appleton-Lange, East Norwalk

Wichtige Fachzeitschriften, die sich ausschließlich oder überwiegend mit Immunologie befassen

Autoimmunity
Clinical and Experimental Immunology
Comparative and Developmental Immunology
European Journal of Immunology
Immunity
Immunogenetics
Immunology
Infection and Immunity
International Immunology
International Journal of Immunogenetics
Journal of Autoimmunity
Journal of Experimental Medicine
Journal of Immunology
Nature Immunology
Regional Immunology
Thymus

Wichtige Fachzeitschriften, die häufig Artikel aus der Immunologie veröffentlichen

Cell
Current Biology
EMBO Journal
Journal of Biological Chemistry
Journal of Cell Biology
Journal of Clinical Investigation
Molecular Cell Biology
Nature
Nature Cell Biology
Nature Medicine
Proceedings of the National Academy of Sciences, USA
Science

Zeitschriften mit immunologischen Übersichtsartikeln

Advances in Immunology
Annual Reviews in Immunology
Contemporary Topics in Microbiology and Immunology
Current Opinion in Immunology
Immunogenetics Reviews
Immunological Reviews
Immunology Today
Nature Reviews Immunology
Research in Immunology
Seminars in Immunology
The Immunologist

Lehrbücher für Fortgeschrittene, Kompendien und so weiter

Lachmann PJ, Peters DK, Rosen FS, Walport MJ (Hrsg) (1993) Clinical Aspects of Immunology, 5. Aufl. Blackwell Scientific Publications, Oxford

Mak TW, Simand JJL (1998) Handbook of Immune Response Genes. Plenum Press, New York

Paul WE (Hrsg) (2003) Fundamental Immunology, 5. Aufl. Lippincott Williams & Wilkins, New York

Roitt IM, Delves PJ (Hrsg) (1998) Encyclopedia of Immunology, 2. Aufl. (4 Bände) Academic Press, London/San Diego

Die angeborene Immunität

2

Im größten Teil dieses Buches beschäftigen wir uns mit den Mechanismen, durch welche die adaptive Immunantwort den Körper vor Mikroorganismen schützt, die sonst Krankheiten verursachen würden. In diesem Kapitel jedoch werden wir die Rolle der angeborenen, nichtadaptiven Abwehrreaktionen untersuchen, die sich zuerst einer Infektionserkrankung entgegenstellen. Die Mikroorganismen, auf die ein gesunder Mensch täglich trifft, führen nur gelegentlich zu einer erkennbaren Krankheit. Die meisten werden bereits innerhalb von Minuten oder Stunden von Abwehrmechanismen erkannt und zerstört, die nicht von der klonalen Expansion von antigenspezifischen Lymphocyten abhängen (Abschnitt 1.9) und deshalb keine lange Induktionszeit benötigen: Diese Abwehrmechanismen sind Teil der **angeborenen Immunität**.

Der zeitliche Ablauf und die verschiedenen Phasen beim Kontakt mit einem neuen Krankheitserreger sind in Abbildung 2.1 zusammengefasst. Einige der angeborenen Mechanismen setzen sofort ein, andere werden bei Vorhandensein einer Infektion aktiviert und verstärkt und erreichen nach Beendigung der Infektion wieder einen Basiswert. Die Mechanismen der angeborenen Immunität bringen kein dauerhaftes immunologisches Gedächtnis hervor. Nur ein infektiöser Organismus, der diese Abwehrlinien durchbricht, löst eine adaptive Immunantwort aus. Dabei entstehen antigenspezifische Effektorzellen, die den Krankheitserreger gezielt angreifen; außerdem bilden sich Gedächtniszellen, die eine lang andauernde Immunität gegen eine erneute Infektion mit demselben Mikroorganismus vermitteln. Die Leistungsfähigkeit der adaptiven Immunantworten beruht auf ihrer Antigenspezifität, mit der wir uns in den folgenden Kapiteln beschäftigen werden. Diese Antworten nutzen jedoch viele Effektormechanismen des angeborenen Immunsystems und hängen auch von ihnen ab, wie dieses Kapitel zeigen wird.

Während das adaptive Immunsystem ein großes Repertoire an Rezeptoren verwendet, die von rekombinierenden Gensegmenten codiert werden und so eine große Vielfalt von Antigenen erkennen können (Abschnitt 1.12), beruht die angeborene Immunität auf keimbahncodierten Rezeptoren, die häufig vorkommende Merkmale von Pathogenen erkennen.

Die Mechanismen der angeborenen Immunität können zwischen körpereigenen Zellen und Krankheitserregern effizient unterscheiden. Diese Fähigkeit, zwischen körpereigen und körperfremd zu unterscheiden sowie ein breites Spektrum von Krankheitserregern zu erkennen, trägt zum Auslösen einer geeigneten adaptiven Immunantwort bei.

Im ersten Teil dieses Kapitels betrachten wir die festgelegten Abwehrmaßnahmen des Körpers: die Epithelien, welche die inneren und äußeren Oberflächen des Körpers bedecken, und die Phagocyten, die unterhalb von allen Epitheloberflächen vorkommen und eindringende Mikroorganismen aufnehmen und zerstören können. Zum einen töten diese Phagocyten Mikroorganismen ab, zum anderen können sie die nächste Phase der angeborenen Immunantwort einleiten. Dabei wird eine Entzündungsreaktion ausgelöst, neue Phagocyten und Effektormoleküle werden zum Infektionsherd transportiert. Als Zweites wollen wir uns genauer mit dem alten System der Mustererkennungsrezeptoren beschäftigen, die die Phagocyten des angeborenen Immunsystems verwenden, um Krankheitserreger zu erkennen und von körpereigenen Antigenen zu unterscheiden. Wir werden erfahren, wie die Stimulation von einigen dieser Rezeptoren auf Makrophagen und dendritischen Zellen neben der sofortigen Zerstörung der Krankheitserreger auch dazu führt, dass diese Zellen den T-Lymphocyten effektiv Antigene präsentieren können, sodass eine adaptive Immunantwort ausgelöst wird. Der dritte Teil des Kapitels widmet sich einem System von Plasmaproteinen, die man als Komplementsystem bezeichnet. Dieser wichtige Bestandteil der sogenannten humoralen angeborenen Immunität interagiert mit Mikroorganismen und fördert damit ihre Vernichtung durch Phagocyten. Im letzten Teil des Kapitels wollen wir uns damit befassen, wie Cytokine und Chemokine, die von aktivierten Phagocyten und dendritischen Zellen produziert werden, die späteren Phasen der angeborenen Immunantwort induzieren. Wir werden noch einer weiteren Zelle des angeborenen Immunsystems begegnen: der natürlichen Killerzelle (NK-Zelle), die an der angeborenen

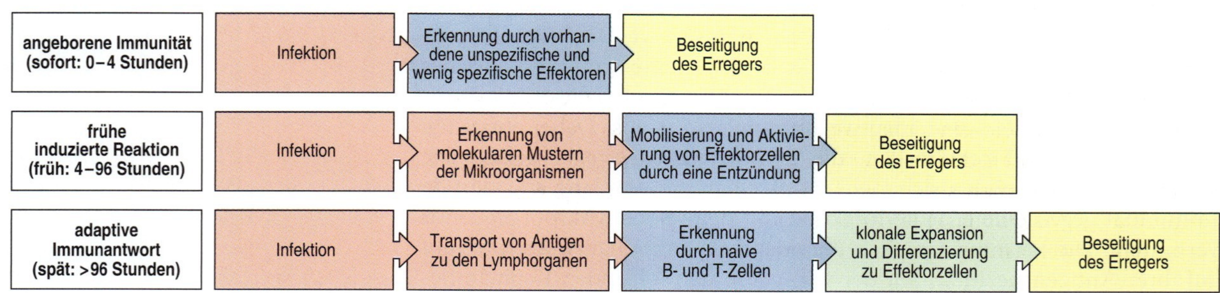

2.1 Die Reaktion auf eine erstmalige Infektion verläuft in drei Phasen. Dabei handelt es sich um die angeborene Phase, die frühe induzierte angeborene Immunantwort und die adaptive Immunantwort. Die ersten beiden Phasen beruhen darauf, dass keimbahncodierte Rezeptoren des angeborenen Immunsystems die Krankheitserreger erkennen, während bei der erworbenen Immunität variable antigenspezifische Rezeptoren – das Ergebnis von Gensegmentumlagerungen – von Bedeutung sind. Die adaptive Immunantwort setzt spät ein, da sich die seltenen B- und T-Zellen, die für das eindringende Pathogen spezifisch sind, zunächst durch klonale Expansion vermehren müssen, bevor sie sich zu Effektorzellen differenzieren, welche die Infektion beseitigen. Die Effektormechanismen, die den Krankheitserreger beseitigen, sind in jeder Phase ähnlich oder stimmen überein.

Immunabwehr gegen Viren und andere intrazelluläre Krankheitserreger beteiligt ist. In dieser Phase erfolgen die ersten Schritte zum Auslösen einer adaptiven Immunantwort, sodass gegen die Infektion, falls sie nicht schon von den angeborenen Reaktionen beseitigt wird, nun eine vollständige Immunantwort einsetzt.

Die vorderste Verteidigungslinie der Immunabwehr

Mikroorganismen, die für Menschen oder Tiere pathogen sind, dringen in bestimmte Regionen des Körpers ein und lösen dort über eine Vielzahl von Mechanismen Krankheitssymptome aus. Zahlreiche verschiedene infektiöse Organismen können Erkrankungen und Schädigungen von Gewebe verursachen, das heißt pathologische Auswirkungen haben; diese bezeichnet man als **pathogene Mikroorganismen** oder **Krankheitserreger** (**Pathogene**). Das Eindringen von Mikroorganismen wird bei allen Vertebraten sofort durch angeborene Abwehrmechanismen bekämpft, die bereits innerhalb von Minuten nach dem Kontakt mit einem Krankheitserreger aktiv werden. Die angeborene Immunität reicht zwar offenbar aus zu verhindern, dass der Körper ständig von einer riesigen Zahl von Mikroorganismen überflutet wird, die auf ihm und in ihm leben, doch Krankheitserreger sind zumindest per Definition Mikroorganismen, die in der Evolution Mechanismen entwickelt haben, durch die sie die angeborene Abwehr effektiver als andere Mikroorganismen überwinden können. Sobald sie sich festgesetzt haben, erfordern sie die gemeinsamen Anstrengungen sowohl der angeborenen als auch der adaptiven Immunantworten, um aus dem Körper entfernt zu werden. Selbst in diesen Fällen erfüllt jedoch das angeborene Immunsystem eine wichtige Verzögerungsfunktion, indem es die Anzahl der Krankheitserreger in Schach hält, während sich das adaptive Immunsystem darauf einstellt, seine Aktivitäten zu entfalten. Im ersten Teil dieses Kapitels werden wir die verschiedenen Arten von Krankheitserregern und ihre Infektionsstrategien kurz umreißen, um dann auf die angeborenen Abwehrmechanismen einzugehen, die in den meisten Fällen verhindern, dass sich eine Infektion durch Mikroorganismen entwickeln kann. Wir betrachten die Abwehrfunktion der Oberflächenepithelien des Körpers, die Bedeutung von antimikrobiellen Peptiden und Proteinen sowie die Verteidigung der Körpergewebe durch Phagocyten – Makrophagen und neutrophile Zellen –, die eindringende Mikroorganismen binden und aufnehmen.

2.1 Infektionskrankheiten werden durch verschiedene Organismen verursacht, die sich in ihrem Wirt vermehren

Pathogene lassen sich in fünf Gruppen unterteilen: Viren, Bakterien, Pilze, Protozoen und bestimmte Würmer (Helminthen). Protozoen und Würmer fasst man normalerweise unter dem Oberbegriff Parasiten zusammen; sie werden von der Parasitologie untersucht, während Viren, Bakterien und Pilze Untersuchungsobjekte der Mikrobiologie sind. In Abbildung 2.2 sind die Gruppen von krankheitsverursachenden Mikroorganismen und Parasiten mit jeweils einigen typischen Beispielen aufgelistet. Die charakteristischen Merkmale der einzelnen Erreger sind die Art und Weise ihrer Übertragung und ihrer Vermehrung, ihre **Pathogenese** (die Art, wie sie eine Krankheit hervorrufen) sowie die Immunantwort, die sie im Wirt auslösen. Die verschiedenen Lebensräume und Lebenszyklen der Krankheitserreger bedeuten, dass eine ganze Reihe unterschiedlicher angeborener und adaptiver Immunitätsmechanismen erforderlich ist, um sie zu vernichten.

Infektiöse Organismen können sich in verschiedenen Kompartimenten des Körpers vermehren (Abb. 2.3). In Kapitel 1 haben wir bereits die beiden Hauptkompartimente kennengelernt: den Intrazellularraum und den Extrazellularraum. Sowohl die angeborenen als auch die adaptiven Immunantworten reagieren auf Krankheitserreger, die in diesen beiden Kompartimenten vorkommen, auf unterschiedliche Weise. Viele bakterielle Krankheitserreger leben und vermehren sich in extrazellulären Räumen, entweder innerhalb von Geweben oder an der Oberfläche von Epithelien, die die Körperhöhlen auskleiden. Extrazelluläre Bakterien sind normalerweise für Phagocyten zugänglich, die sie abtöten – eine wichtige Abwehrwaffe des angeborenen Immunsystems. Es gibt jedoch einige Krankheitserreger – Spezies von *Staphylococcus* und *Streptococcus* –, die durch eine Kapsel aus Polysacchariden geschützt sind, welche eine Aufnahme in die Zelle verhindert. Dies wiederum wird teilweise durch die Mitwirkung eines anderen Bestandteils der angeborenen Immunität aufgehoben – wodurch die Bakterien für die Phagocytose zugänglich werden. Bei der adaptiven Immunantwort werden Bakterien durch eine Kombination aus Antikörpern und Komplement für die Phagocytose noch besser zugänglich gemacht.

Obligat intrazelluläre Krankheitserreger wie alle Viren müssen in Wirtszellen eindringen, um sich zu vermehren. Fakultativ intrazelluläre Krankheitserreger wie die Mycobakterien hingegen können sich innerhalb oder außerhalb der Zelle vermehren. Intrazelluläre Krankheitserreger müssen entweder daran gehindert werden, in die Zellen einzudringen, oder sie müssen vorher entdeckt und vernichtet werden. Die Erreger lassen sich noch weiter unterteilen in Mikroorganismen, die sich frei in der Zelle vermehren, etwa Viren und bestimmte Bakterien (beispielsweise *Chlamydia*, *Rickettsia* und *Listeria*) sowie in solche, die sich in zellulären Vesikeln vermehren (wie etwa Mycobakterien). Intrazellulär lebende Krankheitserreger verursachen häufig dadurch eine Krankheit, dass sie die Zellen töten oder schädigen, in denen sie leben. Im angeborenen Immunsystem gibt es zwei allgemeine Abwehrmechanismen gegen diese Art von Krankheitserregern. Phagocyten können den Krankheitserreger aufnehmen, bevor er in die Zellen eindringt, während NK-Zellen mit intrazellulären Krankheitserregern infizierte Zellen direkt erkennen und töten können. NK-Zellen sind hilfreich für die Eindämmung einiger Virusinfektionen, bis sich eine adaptive Immunantwort entwickelt hat und dann cytotoxische T-Zellen die Funktion übernehmen, virusinfizierte Zellen zu töten. Krankheitserreger, die in den Vesikeln von Makrophagen leben, können abgetötet werden, nachdem der Makrophage durch Aktivitäten von NK-Zellen oder T-Zellen stimuliert wurde (Abb. 2.3).

einige weit verbreitete Krankheitsursachen beim Menschen			
Viren	DNA-Viren	Adenoviren	Adenoviren des Menschen (z. B. Typen 3, 4 und 7)
		Herpesviren	Herpes-simplex-Virus, Varicella-Zoster-Virus, Epstein-Barr-Virus, Cytomegalovirus, Kaposi-Sarkom-Herpesvirus
		Pockenviren	Pocken (Variola),
		Parvoviren	Parvovirus des Menschen
		Papovaviren	Papillomavirus
		Hepadnaviren	Hepatitis-B-Virus
	RNA-Viren	Orthomyxoviren	Influenzavirus
		Paramyxoviren	Mumpsvirus, Masernvirus, Respiratorisches Syncytial(RS)-Virus
		Coronaviren	Erkältungsviren, SARS
		Picornaviren	Poliomyelitisvirus, Coxsackie-Virus, Hepatitis-A-Virus, Rhinovirus
		Reoviren	Rotavirus, Reovirus
		Togaviren	Rubellavirus (Rötelnvirus), Arboviren (von Arthropoden übertragene Encephalitis)
		Flaviviren	Arboviren (Gelbfieber, Dengue-Fieber)
		Arenaviren	Lymphocytäre-Choriomeningitis-(LCM-)Virus, Lassa-Fieber-Virus
		Rhabdoviren	Tollwutvirus
		Retroviren	HTLV (*human T cell leukemia virus*), HIV
Bakterien	grampositive Kokken	Staphylokokken	*Staphylococcus aureus*
		Streptokokken	*Streptococcus pneumoniae, S. pyogenes*
	gramnegative Kokken	Neisseriae	*Neisseria gonorrhoeae, N. meningitidis*
	grampositive Bazillen		*Corynebacterium diphtheriae, Bacillus anthracis, Listeria monocytogenes*
	gramnegative Bazillen		*Salmonella typhi, Shigella flexneri, jejuni, Vibrio cholerae, Yersinia pestis, Pseudomonas aeruginosa, Brucella melitensis, Haemophilus influenzae, Legionella pneumophilus, Bordetella pertussis*
	Firmicutes	Clostridien	*Clostridium tetani, C. botulinum, C. perfringens*
	Spirochaeten	Spirochaetales	*Treponema pallidum, Borrelia burgdorferi, Leptospira interrogans*
	Actinobakterien	Mycobakterien	*Mycobacterium tuberculosis, M. leprae, M. avium*
	Proteobakterien	Rickettsien	*Rickettsia prowazeki*
	Chlamydien	Chlamydien	*Chlamydia trachomatis*
	Mollicutes	Mycoplasmen	*Mycoplasma pneumoniae*
Pilze	Ascomyceten		*Candida albicans, Cryptococcus neoformans, Aspergillus, Histoplasma capsulatum, Coccidioides immitis, Pneumocystis carinii*
Protozoen			*Entamoeba histolytica, Giardia intestinalis, Leishmania donovani, Plasmodium falciparum, Trypanosoma brucei, Toxoplasma gondii, Cryptosporidium parvum*
Würmer	Nematoden	Darm	*Trichuris trichura, Trichinella spiralis, Enterobius vermicularis, Ascaris lumbricoides, Ancylostoma duodenale, Strongyloides stercoralis*
		Gewebe	*Onchocerca volvulus, Loa loa, Dracuncula medinensis*
	Egel	Blut, Leber	*Schistosoma mansoni, Clonorchis sinensis*

2.2 Viele verschiedene Mikroorganismen können Krankheiten verursachen. Es gibt fünf Haupttypen pathogener Organismen: Viren, Bakterien, Pilze, Protozoen und Würmer. Aus jeder Gruppe sind einige häufige Vertreter aufgeführt.

	extrazellulär		intrazellulär	
	Interstitium, Blut, Lymphe	epitheliale Oberflächen	im Cytoplasma	in Vesikeln
Ort der Infektion		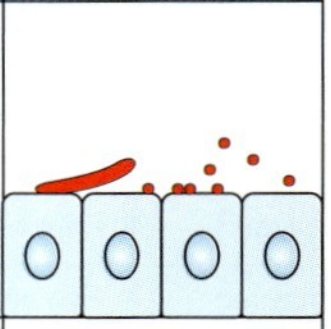		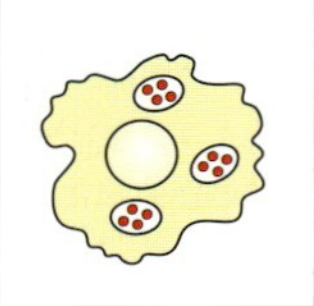
Organismen	Viren Bakterien Protozoen Pilze Würmer	*Neisseria gonorrhoeae* *Mycoplasma* spp. *Streptococcus pneumoniae* *Vibrio cholerae* *Escherichia coli* *Helicobacter pylori* *Candida albicans* Würmer	Viren *Chlamydia* spp. *Rickettsia* spp. *Listeria monocytogenes* Protozoen	*Mycobacterium* spp. *Salmonella typhimurium* *Yersinia pestis* *Listeria* spp. *Legionella pneumophila* *Cryptococcus neoformans* *Leishmania* spp. *Trypanosoma* spp. *Histoplasma*
Immunschutz	Antikörper Komplement Phagocytose	antimikrobielle Peptide Antikörper, vor allem IgA	NK-Zellen cytotoxische T-Zellen	T-Zell- sowie NK-Zell-abhängige Aktivierung von Makrophagen

2.3 Krankheitserreger können in verschiedenen Kompartimenten des Körpers vorkommen, wo sie mit unterschiedlichen Abwehrmechanismen bekämpft werden müssen. Nahezu alle Krankheitserreger haben in ihrem Infektionszyklus eine extrazelluläre Phase, in der sie für zirkulierende Moleküle und Zellen der angeborenen Immunität und für Antikörper der adaptiven Immunantwort anfällig sind. Alle diese Faktoren führen vor allem dadurch zu einer Beseitigung der Mikroorganismen, dass sie die Phagocytose durch die Phagocyten des Immunsystems stimulieren. Krankheitserreger wie Viren sind während der intrazellulären Phase nicht für solche Mechanismen zugänglich. Stattdessen wird die infizierte Zelle durch NK-Zellen des angeborenen Immunsystems oder die cytotoxischen T-Zellen des adaptiven Immunsystems angegriffen. Die Aktivierung von Makrophagen als Folge der Aktivität von NK-Zellen oder T-Zellen kann den Makrophagen veranlassen, die Krankheitserreger in den Vesikeln des Makrophagen zu töten.

Sobald die Krankheitserreger die angeborene Immunabwehr überwunden haben, wachsen sie und vermehren sich im Körper, wo sie sehr unterschiedliche Krankheiten hervorrufen können, was die vielfältigen Mechanismen widerspiegeln, durch die sie Gewebe schädigen können (Abb. 2.4). Viele der gefährlichsten extrazellulären Krankheitserreger verursachen eine Krankheit, indem sie Proteintoxine freisetzen, gegen die das angeborene Immunsystem nur geringe Abwehrmöglichkeiten besitzt. Die hoch spezifischen Antikörper, die vom adaptiven Immunsystem produziert werden, dienen dazu, die Aktivität solcher Toxine zu neutralisieren (Abb. 1.26). Die Schäden, die ein bestimmter Krankheitserreger hervorruft, hängen auch immer von dem Ort ab, an der er wächst. So verursacht *Streptococcus pneumoniae* in der Lunge eine Lungenentzündung, im Blut

	direkte Gewebeschädigung durch Pathogene			indirekte Gewebeschädigung durch Pathogene		
	Produktion von Exotoxinen	Endotoxin	direkte Zellschädigung	Immunkomplexe	gegen den Wirt gerichteter Antikörper	zellvermittelte Immunität
pathogener Mechanismus						
Erreger	*Streptococcus pyogenes* *Staphylococcus aureus* *Corynebacterium diphtheriae* *Clostridium tetani* *Vibrio cholerae*	*Escherichia coli* *Haemophilus influenzae* *Salmonella typhi* *Shigella* *Pseudomonas aeruginosa* *Yersinia pestis*	Variolavirus Varicella-Zoster-Virus Hepatitis-B-Virus Poliomyelitisvirus Masernvirus Influenzavirus Herpes-simplex-Virus menschliches Herpes-virus 8 (HHV8)	Hepatitis-B-Virus Malaria *Streptococcus pyogenes* *Treponema pallidum* die meisten akuten Infektionen	*Streptococcus pyogenes* *Mycoplasma pneumoniae*	*Mycobacterium tuberculosis* *Mycobacterium leprae* LCM-Virus *Borrelia burgdorferi* *Schistosoma mansoni* Herpes-simplex-Virus
Krankheit	Mandelentzündung, Scharlach Furunkel, Toxic-Shock-Syndrom, Lebensmittel-vergiftung Diphtherie Wundstarrkrampf Cholera	gramnegative Sepsis Meningitis, Lungenentzündung Typhus Bakterienruhr Wundinfektion Pest	Pocken Windpocken, Gürtelrose Leberentzündung Poliomyelitis Masern, subakute sklerosierende Panencephalitis Influenza Herpes labialis Karposi-Sarkom	Nierenerkrankung Ablagerungen in Blutgefäßen Glomerulonephritis Nierenschädigung im syphilitischen Sekundärstadium vorübergehende Ablagerungen in den Nieren	rheumatisches Fieber hämolytische Anämie	Tuberkulose tuberkuloide Lepra aseptische Meningitis Lyme-Arthritis Schistosomiasis oder Bilharziose Keratoconjunctivitis herpetica oder Herpes corneae

2.4 Krankheitserreger können Gewebe auf verschiedene Weise schädigen. In der Tabelle sind die Mechanismen der Gewebeschädigung, typische infektiöse Organismen sowie die allgemeine Bezeichnung der jeweils ausgelösten Erkrankung aufgeführt. Einige Mikroorganismen setzen Exotoxine frei, die an der Oberfläche der Wirtszellen ihre Wirkung entfalten, indem sie zum Beispiel an Rezeptoren binden. Endotoxine sind innere Strukturelemente von Mikroben; sie regen Phagocyten zur Ausschüttung von Cytokinen an, die lokale oder systemische Symptome hervorrufen. Viele Krankheitserreger schädigen die Zellen, die sie infizieren, direkt. Bei adaptiven Immunreaktionen gegen einen Erreger können schließlich Antigen-Antikörper-Komplexe entstehen, die wiederum Neutrophile und Makrophagen aktivieren, ferner Antikörper, die mit Wirtsgewebe kreuzreagieren, oder T-Zellen, die infizierte Zellen töten; sie alle haben ein gewisses Potenzial, das Wirtsgewebe zu schädigen. Darüber hinaus sezernieren die in den Anfangsstadien der Infektion dominierenden Neutrophilen viele Proteine und kleine molekulare Mediatoren der Entzündung, die sowohl die Infektion kontrollieren als auch Gewebe zerstören (Abb. 2.9).

jedoch eine schnell tödlich verlaufende systemische Erkrankung, eine Pneumokokkenblutvergiftung.

Wie wir in den folgenden Abschnitten erfahren werden, muss ein Mikroorganismus, der in den Körper eindringt, zuerst an ein Epithel binden oder es durchqueren. Krankheitserreger im Darm wie etwa *Salmonella typhi*, die Ursache von Typhus, oder *Vibrio cholerae*, das Cholera hervorruft, verbreiten sich über Nahrungsmittel beziehungsweise Wasser, die durch Fäkalien verschmutzt sind. Immunantworten auf diese Art von Krankheitserreger finden im spezialisierten mucosalen Immunsystem statt, sobald die Erreger die Epithelbarriere überwunden haben (Kapitel 11). Die erste Abwehrlinie gegen Mikroorganismen, die durch den Darm in den Körper eindringen, besteht aus einem gesunden Darmepithel und der Darmflora, die mit den Krankheitserregern um Nährstoffe und Anheftungsstellen am Epithel konkurriert.

Die meisten pathogenen Mikroorganismen haben sich in der Evolution so entwickelt, dass sie die angeborene Immunantwort überwinden können und weiter wachsen, was uns krank macht. Um sie zu beseitigen und eine spätere erneute Infektion zu verhindern, ist eine adaptive Immunantwort notwendig. Andere Krankheitserreger werden durch das Immunsystem niemals vollständig vernichtet und bleiben jahrelang im Körper bestehen. Die meisten Krankheitserreger sind jedoch nicht universell letal. Diejenigen, die schon seit Tausenden von Jahren in der menschlichen Population leben, sind hoch entwickelt, ihre menschlichen Wirte auszubeuten. Sie können ihre Pathogenität nicht ändern, ohne den Kompromiss aufzugeben, den sie mit dem menschlichen Immunsystem erreicht haben. Wenn ein Krankheitserreger jeden Wirt schnell töten würde, in dem er lebt, wäre das für das langfristige Überleben genauso wenig geeignet als wenn er durch das Immunsystem beseitigt würde, bevor er jemand anders infiziert. Kurz gesagt, wir haben uns daran angepasst, mit unseren Feinden zu leben, und umgekehrt. Dennoch ist man aktuell durch hochgradig pathogene Stämme der Vogelgrippe beunruhigt, und auch der Ausbruch des schweren akuten respiratorischen Syndroms (SARS) 2002–2003, verursacht durch ein von Fledermäusen übertragenes Coronavirus, das beim Menschen eine schwere Lungenentzündung hervorruft, weist darauf hin, dass neue und tödliche Infektionen vom Tier auf den Menschen übertragen werden können. Diese bezeichnet man als **zoonotische** Infektionen, und wir müssen immer wachsam sein, um das Auftreten von neuen Krankheitserregern und neuen gesundheitlichen Bedrohungen frühzeitig zu bemerken. Das menschliche Immunschwächevirus, das AIDS verursacht (Kapitel 12), dient als Warnung davor, dass wir weiterhin verwundbar sind.

2.2 Um einen Infektionsherd im Körper bilden zu können, müssen Erreger die angeborenen Abwehrmechanismen des Wirtes überwinden

Der menschliche Körper ist ständig Mikroorganismen ausgesetzt, die in der Umgebung vorhanden sind. Hierzu gehören auch Krankheitserreger, die von infizierten Individuen freigesetzt wurden. Über äußere oder innere Epitheloberflächen kann es zum Kontakt mit diesen Mikroorganismen kommen: Die Schleimhaut des Atmungsepithels bietet eine Eintrittspforte für Mikroorganismen, die durch die Luft übertragen werden, der Verdauungstrakt für Mikroorganismen in Nahrungsmitteln und Wasser. Insektenstiche und Wunden ermöglichen es Mikroorganismen, durch die Haut zu dringen. Außerdem kann es beim direkten Kontakt zwischen Menschen zu Infektionen der Haut, des Darms und der Schleimhäute im Genitalbereich kommen (Abb. 2.5).

Obwohl der Körper auf diese Weise ständig infektiösen Organismen ausgesetzt ist, kommt es glücklicherweise verhältnismäßig selten zu In-

Infektionswege für Krankheitserreger			
Eintrittsweg	**Übertragungsart**	**Krankheitserreger**	**Krankheit**
Schleimhäute			
Atemwege	eingeatmete Tröpfchen	Influenzavirus	Influenza
	Sporen	*Neisseria meningitidis*	Meningokokken-Meningitis
		Bacillus anthracis	Lungenmilzbrand
Verdauungstrakt	kontaminiertes Wasser oder Nahrungsmittel	*Salmonella typhi*	Typhus
		Rotavirus	Diarrhoe
Geschlechtsorgane	physischer Kontakt	*Treponema pallidum*	Syphilis
		HIV	AIDS
äußere Epithelien			
äußere Oberfläche	physischer Kontakt	*Trichophyton*	Fußpilz
Wunden und Abschürfungen	kleinere Hautabschürfungen	*Bacillus anthracis*	Anthrax
	punktuelle Verletzungen	*Clostridium tetani*	Tetanus
	Berührung infizierter Tiere	*Francisella tularensis*	Tularämie
Insektenstiche	Mückenstiche (*Aedes aegypti*)	Flavivirus	Gelbfieber
	Zeckenbisse	*Borrelia burgdorferi*	Lyme-Borreliose
	Mückenstiche (*Anopheles*)	*Plasmodium* spp.	Malaria

2.5 Krankheitserreger infizieren den Körper über verschiedene Wege.

fektionskrankheiten. Die Oberflächenepithelien des Körpers bilden eine schützende Barriere gegen die meisten Mikroorganismen und werden nach Verletzungen schnell repariert. Mikroorganismen, die dennoch eindringen, werden durch die angeborenen Abwehrmechanismen in den darunter liegenden Gewebeschichten wirkungsvoll vernichtet. In den meisten Fällen verhindern diese Abwehrmechanismen die Bildung eines Infektionsherdes. Es ist schwer festzustellen, wie viele Infektionen auf diese Weise abgewehrt werden, da sie keine Symptome entwickeln und unentdeckt bleiben. Aber es ist offensichtlich, dass die Mikroorganismen, die ein normaler Mensch einatmet oder verschluckt oder die über kleine Wunden in den Körper gelangen, meistens eingedämmt oder vernichtet werden, da es selten zum Ausbruch einer klinisch relevanten Krankheit kommt.

Eine Krankheit entsteht, wenn es einem Mikroorganismus gelingt, die angeborene Abwehr des Wirts zu umgehen oder auszuschalten, einen lokalen Infektionsherd zu bilden und sich so zu vermehren, dass eine weitere Ausbreitung im Körper möglich ist. In einigen Fällen wie beim Fußpilz bleibt die ursprüngliche Infektion lokal begrenzt und verursacht keine ausgeprägten Krankheitssymptome. In anderen Fällen verursacht der Krankheitserreger wirksame Schädigungen und eine schwere Erkrankung,

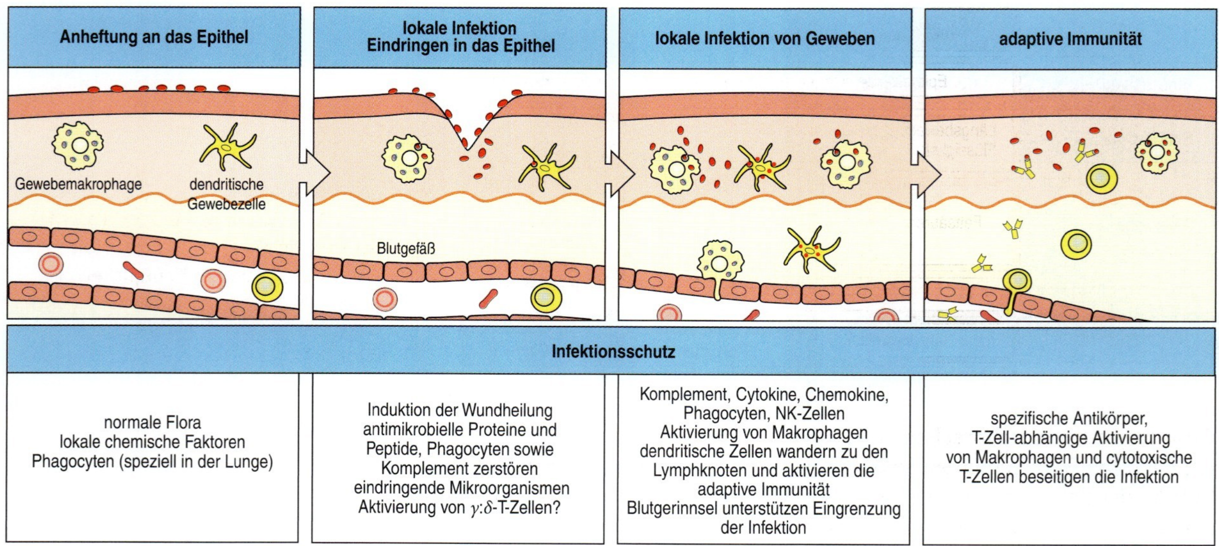

2.6 Eine Infektion und die durch sie ausgelösten Immunantworten lassen sich in mehrere Stadien einteilen. Diese sind hier für einen infektiösen Organismus dargestellt, der über eine Hautverletzung in den Körper gelangt. Der Erreger muss sich zunächst an die Zellen des Epithels anheften und dieses dann durchqueren. Eine lokale, angeborene Immunreaktion kann verhindern, dass sich die Infektion etabliert. Gelingt dies nicht, trägt sie zumindest dazu bei, die Infektion einzudämmen, und bringt den Krankheitserreger durch einen Transport in der Lymphflüssigkeit und innerhalb von dendritischen Zellen zu den lokalen Lymphknoten. Dadurch kommt es zu einer adaptiven Immunantwort und schließlich zur Beseitigung der Infektion. Welche Rolle dabei die $\gamma{:}\delta$-T-Zellen spielen, ist – wie das Fragezeichen andeutet – unklar (Abschnitt 2.34).

indem er sich durch die Lymphgefäße oder den Blutkreislauf ausbreitet, in Gewebe eindringt und diese zerstört oder mit seinen Toxinen die Funktionsfähigkeit des Körpers außer Kraft setzt, wie etwa beim Tetanuserreger (*Clostridium tetani*), der ein starkes Nervengift freisetzt.

Die Ausbreitung von Krankheitserregern ist häufig von einer Entzündungsreaktion begleitet, die aus lokalen Blutgefäßen weitere Effektorzellen und -moleküle des angeborenen Immunsystems mobilisiert (Abb. 2.6) und außerdem im Blutkreislauf nachgeschaltete Gerinnungsreaktionen auslöst, damit sich die Mikroorganismen im Blut nicht ausbreiten können. Die induzierten Reaktionen der angeborenen Immunität sind einige Tage lang aktiv, während sich als Reaktion auf die Antigene des Pathogens, die mit dendritischen Zellen in das lymphatische Gewebe gelangt sind (Abschnitt 1.15), eine adaptive Immunantwort entwickelt. Eine adaptive Immunantwort unterscheidet sich von der angeborenen Immunität dadurch, dass sie auf Strukturen abzielen kann, die für bestimmte Stämme und Varianten von Krankheitserregern spezifisch sind. Eine solche Reaktion beseitigt normalerweise die Infektion und erzeugt einen Schutz gegen eine erneute Infektion mit demselben Krankheitserreger.

2.3 Die Oberflächenepithelien des Körpers bilden die erste Barriere gegen Infektionen

Unsere Körperoberflächen sind durch Epithelien geschützt, die eine physische Barriere zwischen dem Körperinneren und der Außenwelt mit ihren Krankheitserregern bilden (Abb. 2.7). Epithelzellen werden durch feste Zell-Zell-Verbindungen (*tight junctions*) zusammengehalten, die die Haut gegenüber der Umgebung wirksam „versiegeln". Zu diesen Epithelien gehören die Haut und die Zellschichten, die die tubulären Strukturen unseres Körpers auskleiden, wie etwa das Gastrointestinal-, das Respirations- und das Urogenitalsystem. Zu einer Infektion kommt es nur, wenn ein Krankheitserreger

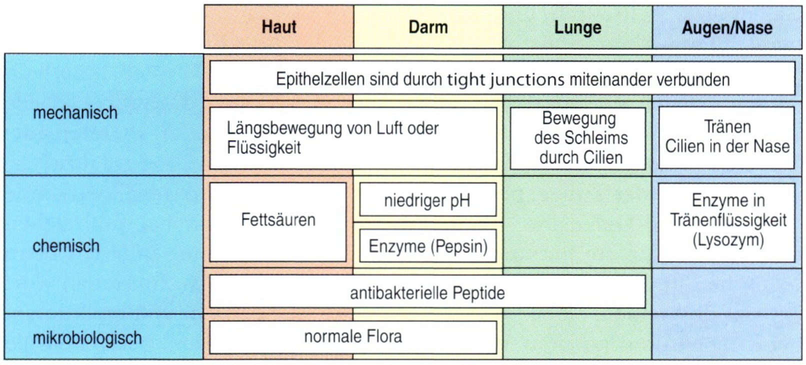

	Haut	Darm	Lunge	Augen/Nase
mechanisch	Epithelzellen sind durch tight junctions miteinander verbunden			
	Längsbewegung von Luft oder Flüssigkeit		Bewegung des Schleims durch Cilien	Tränen Cilien in der Nase
chemisch	Fettsäuren	niedriger pH Enzyme (Pepsin)		Enzyme in Tränenflüssigkeit (Lysozym)
	antibakterielle Peptide			
mikrobiologisch	normale Flora			

2.7 Viele Barrieren verhindern, dass Krankheitserreger Epithelien durchqueren und das Gewebe besiedeln. Oberflächenepithelien bilden mechanische, chemische und mikrobiologische Barrieren gegen eine Infektion.

diese Schranke durchbrechen oder besiedeln kann; und da die trockenen schützenden Hautschichten eine ausgezeichnete Barriere bilden, dringen Krankheitserreger meistens über innere Oberflächenepithelien ein, die den überwiegenden Anteil der Oberflächenepithelien des Körpers ausmachen. Die Bedeutung der Epithelien für den Schutz vor Infektionen wird deutlich, wenn sie verletzt sind, zum Beispiel bei einer Wunde oder bei Verbrennungen, bei denen Infektionen die Hauptursache für Krankeitssymptome und Todesfälle sind. Liegt keine Verletzung vor, passieren Krankheitserreger die epithelialen Schranken normalerweise, indem sie sich an Moleküle auf Oberflächenepithelien heften, oder sie erzeugen eine Infektion, indem sie sich an diesen Oberflächen festsetzen und sie besiedeln. Diese spezifische Anheftung ermöglicht es den Krankheitserregern, Epithelzellen zu infizieren oder sie zu beschädigen und so durch das Epithel zu gelangen. Angesiedelte Krankheitserreger verhindern auf diese Weise, dass sie mit einem Luft- oder Flüssigkeitsstrom über das Oberflächenepithel entfernt werden.

Die inneren Epithelien bezeichnet man als **Schleimhautepithelien** (mucosale Epithelien), da sie eine viskose Flüssigkeit (Mucus, Schleim) freisetzen, die zahlreiche Glykoproteine, sogenannte Mucine, enthält. Sind Mikroorganismen mit Schleim bedeckt, können sie sich nicht mehr an das Epithel heften; außerdem werden Mikroorganismen auf Schleimhautepithelien, beispielsweise in den Atemwegen, durch den ständigen Fluss des Mucus und das Schlagen der Epithelcilien nach außen transportiert. Die Wirksamkeit der Infektionsbekämpfung durch den Schleimtransport lässt sich an Patienten erkennen, die einen Defekt in der Schleimbildung oder eine Hemmung der Cilienbewegung aufweisen, wie etwa bei der Erbkrankheit Cystische Fibrose: Betroffene entwickeln häufig Infektionen der Lunge, verursacht durch Bakterien, die das Oberflächenepithel besiedeln, es aber nicht durchqueren. Im Darm ist die Peristaltik ein wichtiger Mechanismus, um sowohl den Nahrungsbrei als auch infektiöse Organismen durch den Körper zu transportieren. Bei Versagen der Peristaltik nehmen häufig Bakterien im Darmlumen überhand.

Unsere Oberflächenepithelien sind jedoch mehr als nur eine physikalische Barriere gegen Infektionen. Sie produzieren auch chemische Substanzen, die Mikroorganismen töten oder deren Wachstum hemmen. So werden die antibakteriellen Enzyme Lysozym und Phospholipase A in Tränenflüssigkeit und Speichel sezerniert. Der Speichel enthält auch Histatine – Peptide mit einem hohen Anteil Histidin, die antimikrobielle Eigenschaften besitzen. Der saure pH-Wert im Magen und die Verdauungsenzyme,

Gallensalze, Fettsäuren und Lysolipide im oberen Gastrointestinaltrakt bilden eine wirksame chemische Barriere gegen Infektionen. Weiter unten im Darmtrakt, das heißt an der Basis von Dünndarmkrypten unterhalb der epithelialen Stammzellen, findet man Paneth-Zellen, die antibakterielle Peptide synthetisieren, die sogenannten **Cryptidine** oder **α-Defensine**. Andere Epithelien, vor allem die der Atemwege und des Urogenitaltraktes, der Haut und der Zunge, produzieren verwandte, antimikrobiell wirkende Peptide, die **β-Defensine**. Antimikrobielle Peptide sind bei zahlreichen Organismen für die Immunabwehr von Bedeutung, unter anderem beim Menschen und bei anderen Vertebraten, die eine adaptive Immunantwort entwickeln können. Noch beeindruckender ist die Abwehr von Infektionen bei Insekten und anderen Wirbellosen, sogar bei Pflanzen, bei denen die angeborene Immunität das einzige System zum Schutz des Organismus ist. Bei allen diesen Lebewesen sind antimikrobielle Peptide ein wichtiger Faktor der Immunabwehr. Antimikrobielle Peptide wie die Defensine sind kationische Peptide, die Bakterien wahrscheinlich abtöten, indem sie die bakterielle Zellmembran beschädigen.

Antimikrobielle Proteine, die nach einem anderen Mechanismus funktionieren, werden in die Flüssigkeiten sezerniert, die die Oberflächenepithelien der Lunge und des Darms benetzen. Diese Proteine hüllen die Oberfläche von Krankheitserregern ein, sodass die Makrophagen sie leichter aufnehmen können. Sie gehören zu einer Familie von Rezeptoren, die gemeinsame Merkmale von mikrobiellen Oberflächen erkennen können (Einzelheiten siehe unten in diesem Kapitel).

Neben diesen Abwehrmechanismen ist mit den meisten Epithelien eine normale Flora nichtpathogener Bakterien assoziiert, die man als **kommensale** Bakterien bezeichnet. Sie konkurrieren mit den pathogenen Mikroorganismen um Nährstoffe und Anheftungsstellen an der Zelloberfläche. Auch diese Flora kann antimikrobielle Substanzen produzieren wie Milchsäure durch vaginale Lactobazillen, von denen einige Stämme ebenfalls antimikrobielle Peptide (Bacteriocine) produzieren. Wenn die nichtpathogenen Bakterien durch eine Behandlung mit Antibiotika getötet werden, werden sie häufig durch pathogene Mikroorganismen verdrängt, die dann eine Krankheit hervorrufen. Unter bestimmten Bedingungen können auch kommensale Bakterien Krankheiten verursachen. Ihr Überleben auf der Körperoberfläche wird durch ein Gleichgewicht aus bakteriellem Wachstum und der Vernichtung durch Mechanismen des angeborenen Immunsystems reguliert. Wenn diese Regulation versagt, wie etwa wenn Proteine des angeborenen Immunsystems aufgrund von vererbbaren Defekten funktionslos werden, können normalerweise nichtpathogene Bakterien ausufernd wachsen und so zu einer Krankheit führen.

2.4 Nach dem Eindringen in das Gewebe werden viele Pathogene durch Phagocyten erkannt, aufgenommen und getötet

Wenn ein Mikroorganismus eine Epithelbarriere überwindet und anfängt, sich in den Geweben des Wirts zu vermehren, wird er in den meisten Fällen durch die einkernigen Phagocyten (**Makrophagen**), die sich in den Geweben aufhalten, sofort erkannt. Makrophagen reifen kontinuierlich aus zirkulierenden Monocyten heran, die den Blutkreislauf verlassen und im gesamten Körper in die Gewebe hineinwandern. Im Verlauf der historischen Entwicklung hat man den Makrophagen in den verschiedenen Geweben unterschiedliche Bezeichnungen gegeben wie Mikrogliazellen im Nervengewebe und **Kupffer-Zellen** in der Leber. Im generischen Sinn spricht man von mononucleären Phagocyten. In besonders großer Zahl findet man sie im Bindegewebe, in der Submucosa des Verdauungstraktes, in der Lunge (sowohl im Interstitium als auch in den Alveolen), entlang bestimmter Blutgefäße in der Leber und überall in der Milz, wo sie gealterte Blutzellen beseitigen. Die zweite Hauptfamilie der Phagocyten umfasst die **neutrophilen Zellen** oder **polymorphkernigen neutrophilen Leukocyten** (**PMN** oder „Polys"). Diese sind kurzlebig und kommen im Blut in großer Zahl vor, nicht jedoch in normalen gesunden Geweben. Diese beiden Typen von Phagocyten sind bei der angeborenen Immunität von entscheidender Bedeutung, da sie zahlreiche Krankheitserreger ohne Unterstützung durch die adaptive Immunantwort erkennen, aufnehmen und zerstören können.

Da die meisten Mikroorganismen über die Schleimhäute des Darms und der Atemwege in den Körper eindringen, sind die Makrophagen in den Geweben der Submucosa meistens die ersten Zellen, die mit den Krankheitserregern in Kontakt kommen, werden aber bald durch die Mobilisierung zahlreicher neutrophiler Zellen zu den Infektionsherden unterstützt. Makrophagen und neutrophile Zellen erkennen Krankheitserreger mithilfe von Rezeptoren an der Zelloberfläche, die zwischen den Oberflächenmolekülen von Pathogenen und körpereigenen Zellen unterscheiden können. Zu diesen Rezeptoren, die wir an anderer Stelle in diesem Kapitel noch genauer behandeln wollen, gehört der Mannoserezeptor, der bei Monocyten oder neutrophilen Zellen nicht vorkommt. Auch der Scavenger-Rezeptor, der zahlreiche geladene Liganden binden kann (beispielsweise Lipoteichonsäuren als Zellwandbestandteil von grampositiven Bakterien), zählt dazu, außerdem CD14, das vor allem bei Monocyten und Makrophagen vorkommt (Abb. 2.8). Dieser Rezeptor bindet Lipopolysaccharide, die an der Oberfläche von gramnegativen Bakterien vorkommen, sodass sie nun von anderen Rezeptoren erkannt werden, die man als Toll-ähnliche Rezeptoren bezeichnet. Häufig führt die Bindung eines Pathogens an diese Zelloberflächenrezeptoren zur **Phagocytose** des Krankheitserregers, wodurch dieser im Inneren des Phagocyten abgetötet wird.

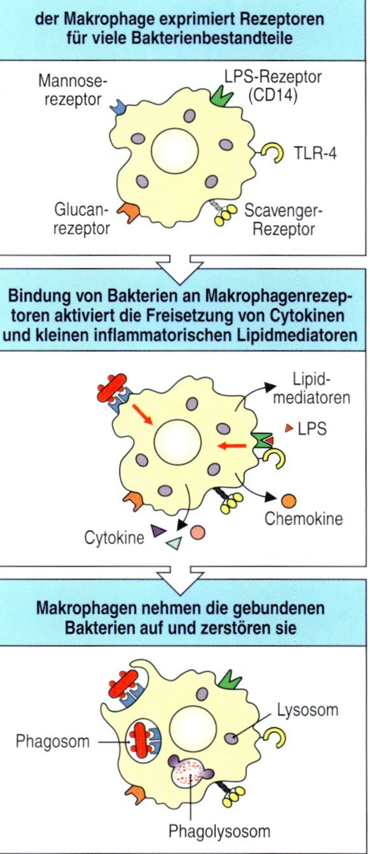

2.8 Makrophagen werden durch Krankheitserreger aktiviert, nehmen sie auf und lösen eine Entzündungsreaktion aus. Makrophagen stammen von zirkulierenden Monocyten ab. Beide besitzen viele gemeinsame Merkmale, aber die Makrophagen entwickeln neue Funktionen und Rezeptoren, wenn sie im Bindegewebe überall im Körper zu ruhenden Zellen werden. Makrophagen exprimieren Rezeptoren für zahlreiche bakterielle Komponenten wie Kohlenhydrate (Mannose- und Glucanrezeptoren), Lipide (LPS-Rezeptor) und andere Bestandteile von Krankheitserregern (Toll-ähnliche Rezeptoren (TLR) und Scavenger-Rezeptor). Die Bindung von Bakterien an die Makrophagenrezeptoren stimuliert die Phagocytose und die Aufnahme des Krankheitserregers in intrazelluläre Vesikel, wo sie zerstört werden. Eine Signalübertragung durch diese Rezeptoren, wie etwa durch Toll-ähnliche Rezeptoren, als Reaktion auf bakterielle Komponenten führt zur Freisetzung von „entzündungsfördernden Cytokinen" wie Interleukin-1β (IL-1β), IL-6 und den Tumornekrosefaktor-α (TNF-α).

2.9 Bakterizide Moleküle, die Phagocyten nach der Aufnahme von Mikroorganismen produzieren oder freisetzen. Die meisten dieser Verbindungen werden sowohl von Makrophagen als auch von neutrophilen Zellen gebildet. Einige sind toxisch, andere, wie Lactoferrin, wirken durch Bindung an essenzielle Nährstoffe, sodass die Bakterien diese nicht aufnehmen können. Auch Phagocyten, die mit großen antikörperbehafteten Oberflächen in Wechselwirkung treten wie bei parasitischen Würmern oder körpereigenen Geweben, setzen daraufhin die gleichen Substanzen frei. Da die Moleküle auch für Körperzellen toxisch sind, kann die Aktivierung von Phagocyten während einer Infektion zu starken Gewebeschäden führen.

Art des Mechanismus	spezifische Produkte
Ansäuerung	pH = ~3,5 – 4,0; bakteriostatisch oder bakterizid
toxische Sauerstoffderivate	Superoxid O_2^-, Wasserstoffperoxid H_2O_2, Singulettsauerstoff $^1O_2^{\bullet}$, Hydroxylradikal $^{\bullet}OH$, Hypohalit OCl^-
toxische Stickoxide	Stickoxid NO
antimikrobielle Peptide	Defensine und kationische Proteine
Enzyme	Lysozym – zerstört Zellwände einiger grampositiver Bakterien saure Hydrolasen – bauen Bakterien weiter ab
Kompetitoren	Lactoferrin (bindet Fe) und Vitamin-B_{12}-bindendes Protein

Die Phagocytose ist ein aktiver Vorgang, bei dem das gebundene Pathogen zuerst von der Membran des Phagocyten umhüllt und dann in ein Vesikel aufgenommen wird, das man als **Phagosom** oder endocytotische Vakuole bezeichnet; anschließend wird das Phagosom angesäuert, wodurch die meisten Krankheitserreger abgetötet werden. Neben ihrer Eigenschaft als Phagocyten besitzen Makrophagen und neutrophile Zellen Granula, die von einer Membran umgeben sind und die man als **Lysosomen** bezeichnet. Sie enthalten Enzyme, Proteine und Peptide, die den Mikroorganismus angreifen. Das Phagosom verschmilzt mit einem oder mehreren Lysosomen zu einem **Phagolysosom**. Dort wird der Inhalt des Lysosoms freigesetzt, der den Krankheitserreger zerstört (Abb. 2.8).

Bei der Phagocytose erzeugen Makrophagen und neutrophile Zellen noch eine Anzahl weiterer toxischer Produkte, die beim Abtöten des aufgenommenen Mikroorganismus mitwirken (Abb. 2.9). Die wichtigsten Produkte sind die antimikrobiellen Peptide und Stickoxid (NO), das Superoxidanion (O_2^-), Wasserstoffperoxid (H_2O_2), die für Bakterien direkt toxisch sind. Stickoxid entsteht durch eine hoch aktive Form der Stickoxidsynthase (iNOS2). Superoxid wird von einer membranassoziierten NADPH-Oxidase, die aus mehreren Untereinheiten besteht, in einem Prozess erzeugt, den man als **respiratorische Entladung** (*respiratory burst*) bezeichnet, da währenddessen der Sauerstoffverbrauch vorübergehend zunimmt. Das Superoxid wird durch das Enzym Superoxid-Dismutase in H_2O_2 umgewandelt (Abb. 2.10). Weitere chemische und enzymatische Reaktionen erzeugen aus H_2O_2 eine Reihe toxischer chemischer Verbindungen, darunter das Hydroxylradikal (•OH) und Hypochlorit (OCl^-) und Hypobromit (OBr^-). Neutrophile Zellen sind kurzlebige Zellen, die bald nach der Phagocytose absterben. Tote und absterbende neutrophile Zellen sind Hauptbestandteile des **Eiters**, der bei einigen Infektionen entsteht. Bakterien, die solche Infektionen verursachen, bezeichnet man als **pyogen**. Makrophagen jedoch sind langlebig und erzeugen ständig neue Lysosomen. Patienten mit einer Krankheit, die man als chronische Granulomatose bezeichnet, weisen einen genetischen Defekt der NADPH-Oxidase auf, das heißt ihre Phagocyten erzeugen keine toxischen Sauerstoffderivate, die für die respiratorische Entladung charakteristisch sind,

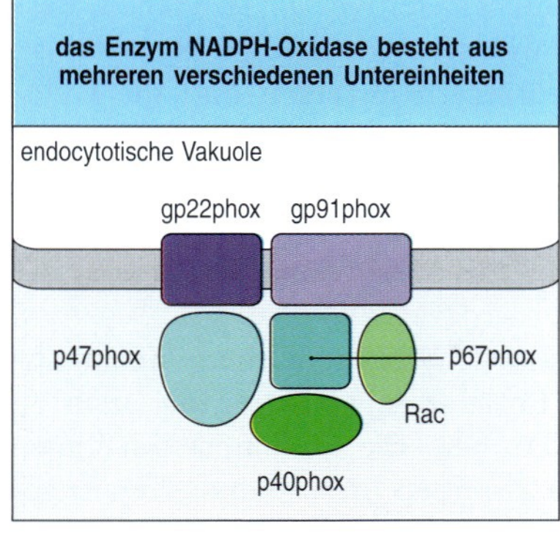

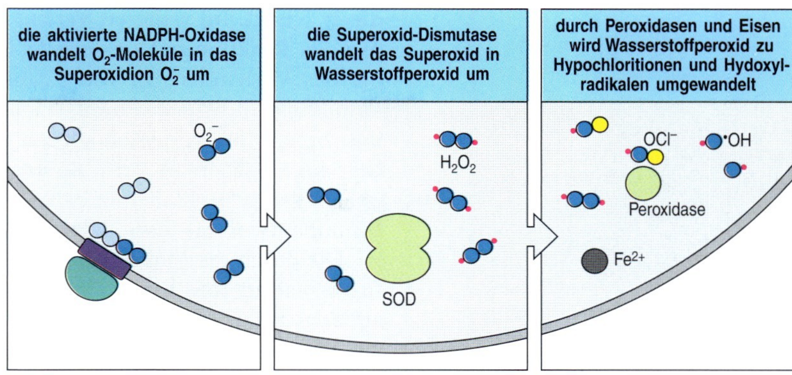

2.10 Die respiratorische Entladung bei Makrophagen und neutrophilen Zellen wird durch eine vorübergehende Erhöhung des Sauerstoffverbrauchs während der Produktion von antimikrobiellen Sauerstoffmetaboliten hervorgerufen. Die Aufnahme von Mikroorganismen aktiviert den Phagocyten, das Enzym NADPH-Oxidase aus seinen Untereinheiten zu bilden. Das aktive Enzym wandelt molekularen Sauerstoff in das Superoxidion O_2^- und andere freie Sauerstoffradikale um. Das Superoxidion wird dann durch das Enzym Superoxid-Dismutase (SOD) in Wasserstoffperoxid (H_2O_2) umgewandelt. Dieses Molekül kann Mikroorganismen abtöten und wird auch durch weitere Enzyme und chemische Reaktionen mit Eisenionen (Fe^{2+}) in das mikrobiozide Hypochlorit (OCl^-) und das Hydroxylradikal (•OH) umgewandelt.

und können aufgenommene Mikroorganismen schlechter vernichten und Infektionen weniger effektiv beseitigen. Menschen mit einem solchen Defekt sind im Allgemeinen, vor allem im Kleinkindalter, anfällig für Infektionen mit Bakterien und Pilzen.

Makrophagen können unmittelbar nach Kontakt mit dem infizierenden Mikroorganismus Krankheitserreger durch Phagocytose aufnehmen und die respiratorische Entladung auslösen; dies reicht möglicherweise bereits aus, um eine Infektion zu verhindern. Im 19. Jahrhundert war der Immunologe **Elie Metchnikoff** davon überzeugt, dass die angeborene Reaktion der Makrophagen die alleinige Immunabwehr darstellt. Inzwischen weiß man, dass die gesamte Infektionsabwehr bei Wirbellosen wie dem von Metchnikoff untersuchten Seestern tatsächlich vollständig von der angeborenen Immunität abhängt. Beim Menschen und bei anderen Vertebraten ist das zwar nicht der Fall, aber die angeborene Makrophagenreaktion bildet eine wichtige „Verteidigungslinie" der Immunabwehr des Wirts, die ein Mikroorganismus erst überwinden muss, um eine Infektion auszulösen, die wieder auf einen neuen Wirt übertragen werden kann.

Ein entscheidendes Merkmal, das pathogene von nichtpathogenen Mikroorganismen unterscheidet, ist ihre Fähigkeit, die angeborene Immunabwehr zu überwinden. Krankheitserreger haben eine Reihe von Mechanismen entwickelt, die ihre sofortige Zerstörung durch Makrophagen verhindern. Wie bereits festgestellt, umgeben sich viele extrazelluläre pathogene Bakterien mit einer dicken Polysaccharidkapsel, die kein Phagocytenrezeptor erkennt. Andere Pathogene wie die Mycobakterien haben die Fähigkeit entwickelt, innerhalb der Phagosomen von Makrophagen zu wachsen, indem sie deren Ansäuerung und Fusion mit einem Lysosom verhindern. Ein Mikroorganismus, der nicht über solche Mittel verfügt, muss in ausreichender Zahl in den Körper eindringen, um die sofort einsetzende angeborene Immunabwehr des Wirts zu überwinden und einen Infektionsherd zu bilden.

Eine zweite wichtige Reaktion bei der Wechselwirkung zwischen Krankheitserregern und Gewebemakrophagen ist die Aktivierung der Makrophagen, damit sie Cytokine und Chemokine (als Chemoattraktoren wirkende Cytokine) und andere chemische Mediatoren freisetzen, die im Gewebe eine Entzündung hervorrufen und neutrophile Zellen und Plasmaproteine an den Infektionsherd bringen. Man nimmt an, dass ein Krankheitserreger die Cytokinfreisetzung durch Signale über einige Rezeptoren anregt, an die er bindet. Im weiteren Verlauf des Buches werden wir feststellen, dass dies als Reaktion auf bakterielle Lipopolysaccharide erfolgt. Rezeptoren, die das Vorhandensein von Krankheitserregern anzeigen und die Cytokinbildung induzieren, besitzen noch eine andere wichtige Funktion. Sie induzieren die Expression sogenannter costimulierender Moleküle sowohl bei Makrophagen als auch bei **dendritischen Zellen** als weiterem Typ der phagocytotischen Zellen in den Geweben, die auf diese Weise eine adaptive Immunantwort auslösen (Abschnitt 1.7).

Die durch die Makrophagen freigesetzten Cytokine leisten einen wichtigen Beitrag sowohl zu einer lokalen Entzündungsreaktion als auch zu anderen induzierten, angeborenen Reaktionen, die in den ersten Tagen einer neuen Infektion einsetzen. Wir beschreiben diese induzierten angeborenen Reaktionen und die Funktionen der einzelnen Cytokine im letzten Teil des Kapitels. Da jedoch eine Entzündungsreaktion bei einer Infektion oder Verletzung im Allgemeinen innerhalb von Minuten ausgelöst wird, erläutern wir zunächst, wie es zu einer Entzündung kommt und wie sie zur Immunabwehr beiträgt.

2.5 Durch das Erkennen von Krankheitserregern und bei Gewebeschäden kommt es zu einer Entzündungsreaktion

Eine **Entzündung** besitzt bei der Bekämpfung einer Infektion drei entscheidende Funktionen. Erstens gelangen dabei weitere Effektormoleküle und -zellen an Infektionsherde, um das Abtöten der eingedrungenen Mikroorganismen durch die Makrophagen der ersten Abwehrlinie noch zu verstärken. Zweitens entsteht durch eine lokal induzierte Blutgerinnung eine physikalische Barriere, die ein Ausbreiten der Infektion im Blutkreislauf verhindert, und drittens wird die Heilung des geschädigten Gewebes gefördert. Letzteres ist jedoch eine nichtimmunologische Funktion, die hier nicht weiter ausgeführt werden soll. Die Reaktion der Makrophagen auf die Krankheitserreger löst am Infektionsherd eine Entzündung aus.

Entzündungsreaktionen sind in ihrer Wirkung durch Schmerz, Rötung, Hitze und Schwellung an der Infektionsstelle gekennzeichnet. Dies weist auf vier Arten von Veränderungen in den lokalen Blutgefäßen hin (Abb. 2.11): Erstens eine Vergrößerung des Gefäßdurchmessers, die den

2.11 Eine Infektion stimuliert Makrophagen, Cytokine und Chemokine freizusetzen, die eine Entzündungsreaktion auslösen. Cytokine, die von Gewebemakrophagen am Infektionsherd produziert werden, führen zu einer Erweiterung der lokalen kleinen Blutgefäße und zu Veränderungen der Endothelzellen in den Gefäßwänden. Diese Veränderungen bewirken, dass Leukocyten wie neutrophile Zellen oder Monocyten aus dem Blutgefäß in das infizierte Gewebe einwandern (Extravasation) und dabei von Chemokinen angelockt werden, die von den aktivierten Makrophagen stammen. Die Blutgefäße werden auch durchlässiger, sodass Plasmaproteine und Flüssigkeit in die Gewebe austreten können. Diese Veränderungen verursachen zusammen die charakteristischen Anzeichen einer Entzündung am Infektionsherd: Hitze, Schmerz, Rötung und Schwellung.

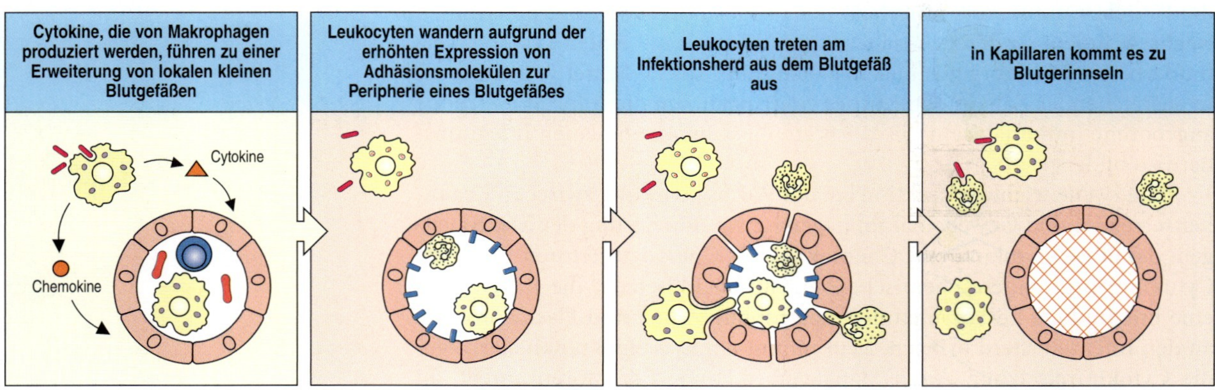

lokalen Blutfluss verstärkt – also zu Hitze und Rötung führt – und gleichzeitig die Fließgeschwindigkeit des Blutes verringert, insbesondere entlang der Oberfläche kleiner Blutgefäße. Die zweite Veränderung betrifft die Endothelzellen, die das Blutgefäß auskleiden; sie werden aktiviert, **Adhäsionsmoleküle** zu exprimieren, welche die Bindung von zirkulierenden Leukocyten verstärken. Die Kombination aus verlangsamtem Blutfluss und Expression von Adhäsionsmolekülen ermöglicht es den Leukocyten, sich an das Endothel zu heften und in die Gewebe einzuwandern; diesen Vorgang bezeichnet man als Extravasation. Die von den aktivierten Makrophagen erzeugten Cytokine lösen alle diese Veränderungen aus.

Nach Einsetzen der Entzündung werden als erste weiße Blutzellen neutrophile Zellen an den Infektionsherd gelockt. Ihnen folgen die Monocyten, die sich zu weiteren Gewebemakrophagen (Abb. 2.12) differenzieren. Aus Monocyten können in den Geweben auch dendritische Zellen hervorgehen, was von den Signalen abhängt, die sie aus ihrer Umgebung erhalten. So induziert das Cytokin Granulocyten-Makrophagen-Kolonie-stimulierender Faktor (GM-CSF) zusammen mit Interleukin-4 (IL-4) die Differenzierung des Monocyten in eine dendritische Zelle, während das Cytokin Makrophagen-Kolonie-stimulierender Faktor (M-CSF) die Differenzierung zu Makrophagen auslöst.

In späteren Entzündungsstadien gelangen andere Leukocyten wie eosinophile Zellen (Abschnitt 1.3) und Lymphocyten an den Infektionsherd. Die dritte wichtige Veränderung der lokalen Blutgefäße ist die erhöhte Durchlässigkeit der Gefäßwand. Die Endothelzellen, die das Blutgefäß auskleiden, halten nicht mehr fest zusammen, sondern lösen sich voneinander, sodass aus dem Blut Flüssigkeit und Proteine austreten und sich lokal im Gewebe anreichern. Das führt zu einer Schwellung oder einem **Ödem** und zu Schmerzen – außerdem zur Akkumulation von Plasmaproteinen, die an der Immunabwehr mitwirken. Die Veränderungen im Endothel, die als Folge der Entzündung auftreten, bezeichnet man allgemein als **Endothelaktivierung**. Die vierte Veränderung, die Blutgerinnung in den Blutkapillaren beim Infektionsherd, verhindert, dass sich die Krankheitserreger über das Blut ausbreiten können.

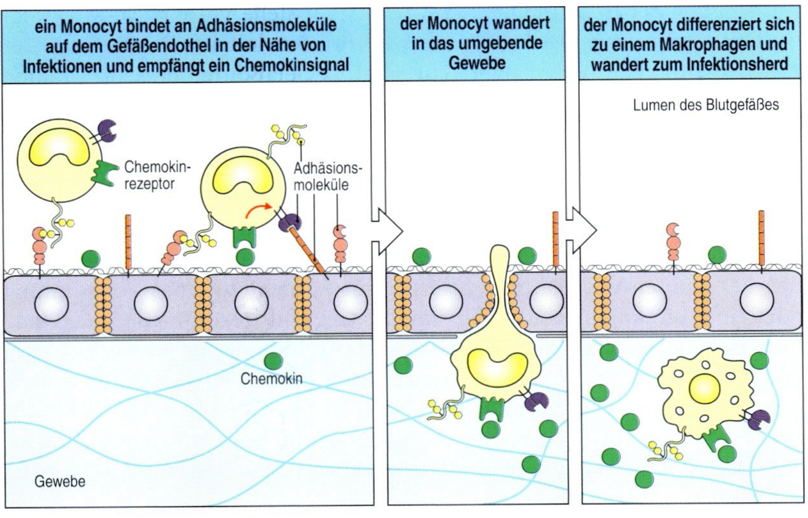

2.12 Monocyten, die im Blut zirkulieren, verlassen den Blutkreislauf und wandern zu Infektions- und Entzündungsherden. Adhäsionsmoleküle auf den Endothelzellen der Blutgefäße halten den Monocyten zuerst fest und bewirken, dass sich die Zelle an das Gefäßendothel heftet. Chemokine, die an das Gefäßendothel gebunden sind, signalisieren dem Monocyten, das Endothel zu durchqueren und in das darunter liegende Gewebe zu wandern. Der Monocyt, der sich nun zu einem Makrophagen differenziert, setzt unter dem Einfluss von Chemokinen, die bei den Entzündungseffekten freigesetzt wurden, seine Bewegung zum Infektionsherd fort. Monocyten, die das Blut auf diese Weise verlassen, können sich auch zu dendritischen Zellen differenzieren (nicht dargestellt), abhängig von den Signalen, die sie aus ihrer Umgebung erhalten.

Für diese Veränderungen sind eine Reihe verschiedener Entzündungsmediatoren verantwortlich, die nach der Erkennung eines Krankheitserregers durch die Makrophagen freigesetzt werden. Zu diesen Molekülen gehören Lipidmediatoren – **Prostaglandine**, **Leukotriene** und der **plättchenaktivierende Faktor** (*platelet activating factor*, **PAF**), welche die Makrophagen innerhalb kurzer Zeit durch enzymatische Reaktionen produzieren, die Membranphospholipide abbauen. Nach diesen Substanzen entfalten die Cytokine und Chemokine (chemotaktisch aktive Cytokine) ihre Wirkung; sie werden von den Makrophagen als Reaktion auf Pathogene erzeugt. Das Cytokin **Tumornekrosefaktor-α (TNF-α)** ist beispielsweise ein starker Aktivator von Endothelzellen.

Im dritten Teil des Kapitels werden wir die Aktivierung des Komplements als einen weiteren Mechanismus kennenlernen, der eine Entzündungsreaktion schnell in Gang setzt, sobald ein Krankheitserreger erkannt wurde. Eines der Spaltprodukte aus der Komplementreaktion ist das Peptid C5a – ein wirksamer Entzündungsmediator mit mehreren verschiedenen Funktionen. Das Peptid erhöht die Durchlässigkeit von Gefäßwänden, induziert die Expression einiger Adhäsionsmoleküle und kann neutrophile Zellen und Monocyten effektiv anlocken. C5a aktiviert sowohl Phagocyten als auch lokale **Mastzellen**. Diese werden dadurch angeregt, Granula freizusetzen, die das Entzündungsmolekül Histamin und TNF-α enthalten.

Bei einer Verletzung lösen beschädigte Blutgefäße unmittelbar zwei schützende Enzymkaskaden aus. Eine ist das **Kininsystem** aus Plasmaproteasen, das von Gewebeschäden ausgelöst wird und mehrere Entzündungsmediatoren erzeugt, unter anderem das gefäßaktive Peptid **Bradykinin**. Das Kininsystem ist ein Beispiel für eine Proteasekaskade, und man bezeichnet es auch als *triggered enzyme*-Kaskade, bei der die Enzyme ursprünglich in Form von inaktiven **Pro-Enzymen** vorliegen. Nach der Aktivierung des Systems spaltet eine aktive Protease das nächste Protein in der Reihe und aktiviert es und so weiter. Bradykinin bewirkt eine Zunahme der Gefäßpermeabilität, wodurch der Zustrom von Plasmaproteinen in den geschädigten Gewebebereich zunimmt. Bradykinin ruft auch Schmerzen hervor, die – so unangenehm sie auch sein mögen – die Aufmerksamkeit auf das Problem lenken und den betroffenen Körperteil immobilisieren, was wiederum die Ausbreitung der Infektion begrenzt.

Das **Gerinnungssystem** ist eine weitere Proteasekaskade, die nach der Beschädigung von Blutgefäßen aktiv wird. Dadurch kommt es zur Bildung eines Fibringerinnsels, dessen normale Funktion darin besteht, einen Blutverlust zu verhindern. In Bezug auf die angeborene Immunität blockiert das Gerinnsel jedoch physikalisch das Eindringen von infektiösen Mikroorganismen in den Blutkreislauf. Die Kininkaskade und die Blutgerinnungskaskade werden ebenfalls durch aktivierte Endothelzellen ausgelöst und können so bei der Entzündungsreaktion auf Krankheitserreger wichtige Funktionen übernehmen, selbst wenn es nicht zu einer Verwundung oder einer umfangreichen Verletzung des Gewebes gekommen ist, da beide Kaskaden auch durch die Aktivierung von Endothelzellen ausgelöst werden. So verursacht die Entzündungsreaktion innerhalb von Minuten nach dem Eindringen von Krankheitserregern in das Gewebe einen Einstrom von Proteinen und Zellen, die die Infektion in Grenzen halten. Zudem entsteht auf diese Weise eine physikalische Barriere, welche die Ausbreitung der lokalen Infektion begrenzt.

Zusammenfassung

Der Körper der Säugetiere ist anfällig für Infektionen durch eine Vielzahl von Krankheitserregern, die zunächst mit dem Wirt in Kontakt treten und dann einen Infektionsherd bilden müssen, um eine Erkrankung auszulösen. Diese Erreger unterscheiden sich sehr in ihrer Lebensweise, ihren Oberflächenstrukturen und den Mechanismen, durch die sie Krankheiten auslösen. Der Wirt muss darauf jeweils mit ebenso verschiedenartigen Immunantworten reagieren. Die erste Phase der Immunabwehr umfasst diejenigen Mechanismen, die jederzeit in der Lage sind, einem Eindringling zu widerstehen. Die Oberflächenepithelien halten Krankheitserreger ab, indem sie die Adhäsion der Bakterien verhindern und antimikrobielle Enzyme und Peptide sezernieren. Die Epithelien schützen vor einer Kolonisierung durch Viren und Bakterien, die über spezielle Wechselwirkungen mit dem Gewebe in den Körper eindringen können. Bakterien, Viren und Parasiten, denen es gelungen ist, diese Barriere zu überwinden, werden sofort von Gewebemakrophagen angegriffen, die an ihrer Oberfläche Rezeptoren besitzen, sodass sie zahlreiche verschiedene Krankheitserreger binden und durch Phagocytose aufnehmen können. Dadurch kommt es zu einer Entzündungsreaktion, die am Entzündungsherd zu einer Ansammlung von phagocytotischen neutrophilen Zellen und Makrophagen führt, die die eingedrungenen Mikroorganismen in sich aufnehmen und zerstören.

Mustererkennung beim angeborenen Immunsystem

Dem angeborenen Immunsystem fehlt zwar die Spezifität der erworbenen Immunität, die für die Entwicklung eines immunologischen Gedächtnisses notwendig ist, jedoch kann es körperfremd von körpereigen unterscheiden. Wir haben uns bereits damit beschäftigt, wie dies bei der Reaktion von Makrophagen auf pathogene Mikroorganismen möglich ist. In diesem Teil des Kapitels werden wir uns genauer mit den Rezeptoren befassen, welche die angeborene Immunantwort aktivieren: dabei auch mit denjenigen, die Pathogene direkt erkennen und deren Signale eine zelluläre Immunantwort auslösen. Regelmäßige Muster der molekularen Struktur kommen auf vielen Mikroorganismen vor, nicht jedoch auf den körpereigenen Zellen. Proteine, die diese Merkmale erkennen, kommen als Rezeptoren auf Makrophagen, neutrophilen und dendritischen Zellen sowie als sezernierte Proteine vor. In ihren allgemeinen Merkmalen unterscheiden sie sich von den antigenspezifischen Rezeptoren der erworbenen Immunität (Abb. 2.13). Im Gegensatz zu den Rezeptoren, die in Kapitel 1 beschrieben wurden, zeigen die Rezeptoren des angeborenen Immunsystems keine klonale Verteilung. Stattdessen gibt es bei allen Zellen desselben Typs einen bestimmten Satz von Rezeptoren. Die Bindung von Komponenten aus Krankheitserregern an diese Rezeptoren führt zu sehr schnellen Reaktionen, die ohne die Verzögerung wirken, wie es für aktivierte Lymphocyten für die Teilung und die Differenzierung bei der Entwicklung einer adaptiven Immunantwort notwendig ist.

2.13 Vergleich der Rezeptoren des angeborenen und adaptiven Immunsystems. Die Rezeptoren des angeborenen Immunsystems werden von vollständigen Genen codiert, deren Vererbung über die Keimbahn erfolgt. Im Gegensatz dazu werden die Antigenrezeptoren des adaptiven (erworbenen) Immunsystems von Gensegmenten codiert, die während der Lymphocytenentwicklung zu vollständigen Genen für T-Zell- und B-Zell-Rezeptoren zusammengefügt werden. Danach exprimiert jede einzelne Zelle einen Rezeptor von einmaliger Spezifität. Rezeptoren des angeborenen Immunsystems werden nicht klonal produziert (das heißt von allen Zellen eines bestimmten Typs), während bei den Antigenrezeptoren des adaptiven Immunsystems die einzelnen Lymphocyten und ihre jeweiligen Nachkommen Klone bilden.

Eigenschaft des Rezeptors	angeborene Immunität	erworbene Immunität
Spezifität über Genom vererbt	ja	nein
in allen Zellen eines bestimmten Typs exprimiert (z.B. Makrophagen)	ja	nein
aktiviert sofortige Antwort	ja	nein
erkennt breites Spektrum von Pathogenen	ja	nein
tritt mit verschiedenen molekularen Strukturen in Wechselwirkung	ja	nein
wird in mehreren Genabschnitten codiert	nein	ja
erfordert Genumlagerung	nein	ja
klonale Verteilung	nein	ja
kann selbst zwischen eng verwandten molekularen Strukturen unterscheiden	nein	ja

Die Mustererkennungsrezeptoren des angeborenen Immunsystems besitzen mehrere verschiedene Funktionen. Vielfach handelt es sich um Rezeptoren von Phagocyten, und sie stimulieren die Aufnahme der Pathogene, die sie erkennen. Es gibt auch einige chemotaktische Rezeptoren, die Zellen zu Infektionsherden lenken. Eine dritte Funktion besteht darin, die Erzeugung von Effektormolekülen zu induzieren. Diese sind Teil der späteren, induzierten Reaktionen bei der angeborenen Immunität. Auch kommt es durch diese Rezeptoren zur Produktion von Proteinen, welche die Initiation und die Art jeder nachfolgenden adaptiven Immunantwort beeinflussen. In diesem Teil des Kapitels wollen wir zuerst untersuchen, wie die Rezeptoren die Bakterien erkennen, die sie binden. Dann beschäftigen wir uns mit einem evolutionär alten Erkennungs- und Signalsystem, das von den sogenannten Toll-ähnlichen Rezeptoren vermittelt wird und bei der Infektionsabwehr bei Pflanzen, adulten Insekten und Vertebraten einschließlich der Säuger von grundlegender Bedeutung ist.

2.6 Rezeptoren mit einer Spezifität für die Moleküle von Pathogenen erkennen Muster von wiederholten Strukturmotiven

Mikroorganismen tragen in der Regel Wiederholungsmuster von molekularen Strukturen an ihrer Oberfläche. So bestehen die Zellwände von grampositiven und gramnegativen Bakterien aus einer Matrix von wiederholt vorkommenden Proteinen, Kohlenhydraten und Lipiden (Abb. 2.14). Die Lipoteichonsäuren der Zellwände von grampositiven Bakterien und die Lipopolysaccharide der äußeren Membran von gramnegativen Bakterien sind, wie wir feststellen werden, für die Erkennung von Bakterien durch das angeborene Immunsystem von Bedeutung. Auch andere Komponenten von Mikroorganismen besitzen eine repetitive Struktur. Bakterielle Flagellen bestehen aus sich wiederholenden Proteinuntereinheiten, und bakterielle DNA enthält nichtmethylierte Wiederholungen des Dinucleotids CpG. Viren exprimieren im Verlauf ihres Lebenszyklus fast immer doppelsträngige RNA. Diese repetitiven Strukturen bezeichnet man allgemein als pathogenassoziierte molekulare Muster (*pathogen-associated patterns*, **PAMP**) und die zugehörigen Rezeptoren als **Mustererkennungsrezeptoren** (**PRR**).

Einer dieser Rezeptoren ist das **mannosebindende Lektin** (**MBL**), das als freies Protein im Blutplasma vorkommt. Wie wir im nächsten Teil dieses Kapitels erfahren werden, kann es den Lektinweg der Komplementaktivierung auslösen, wir wollen es aber hier kurz als gutes Beispiel für die Erkennung von Molekülmustern besprechen. Wie in Abbildung 2.15 dargestellt, ist die Erkennung von Krankheitserregern und ihre Unterscheidung von körpereigenen Strukturen durch MBL darauf zurückzuführen, dass bestimmte Zuckerreste eine spezifische Orientierung und bestimmte Abstände besitzen, die nur bei Mikroorganismen und nicht bei Körperzellen vorkommen. Nachdem sich ein Komplex aus MBL und Krankheitserreger gebildet hat, wird er durch Phagocyten gebunden, entweder über Wechselwirkungen mit MBL oder die Phagocytenrezeptoren für das Komplement, das ebenfalls an den Krankheitserreger bindet. Das alles führt zur Phagocytose und Abtöten des Krankheitserregers, außerdem werden weitere zelluläre Reaktionen ausgelöst, etwa die Chemokinproduktion. Das Umhüllen eines Partikels mit Proteinen, die dessen Phagocytose bewirken, bezeichnet man als **Opsonisierung**. Wir werden in diesem und in weiteren Kapiteln noch andere Beispiele für diesen Abwehrmechanismus kennenlernen.

MBL gehört zur Proteinfamilie der Kollektine, die sowohl Kollagen- wie auch (zuckerbindende) Lektindomänen enhalten. Weitere Vertreter dieser Familie sind die **Surfactant-Proteine A** und **D** (**SP-A** und **SP-D**), die in der Flüssigkeit vorkommen, die die Oberflächenepithelien der Lunge benetzt. Dort binden sie an die Oberfläche von Krankheitserregern und umhüllen sie, sodass sie für eine Phagocytose durch Makrophagen besser zugänglich sind, die die subepithelialen Gewebe verlassen haben und in die Alveolen der Lunge einwandern.

Phagocyten besitzen ebenfalls mehrere Rezeptoren an der Zelloberfläche. Dazu gehört der **Makrophagenmannoserezeptor** (Abb. 2.8). Dieser Rezeptor ist ein zellgebundenes C-Typ-Lektin (calciumabhängig), das bestimmte Zuckermoleküle an der Oberfläche von zahlreichen Bakterien und einigen Viren bindet, zu denen auch das menschliche Immunschwächevirus HIV gehört. Die Art der Erkennung ähnelt stark den Eigenschaften des MBL (Abb. 2.15). Außerdem besitzt dieser Rezeptor ebenfalls eine mehrlappige Struktur mit mehreren Kohlenhydraterkennungsdomänen. Da es sich um einen Transmembranrezeptor der Zelloberfläche handelt, kann dieser jedoch direkt als phagocytotischer Rezeptor wirken.

Eine zweite Gruppe von phagocytotischen Rezeptoren, die man als **Scavenger-Rezeptoren** bezeichnet, erkennen verschiedene anionische Polymere und auch acetylierte Lipoproteine mit geringer Dichte (*low density*-Lipoproteine). Diese Rezeptoren bilden eine strukturell heterogene Gruppe, wobei es mindestens sechs verschiedene Molekülformen gibt. Einige Scavenger-Rezeptoren erkennen Strukturen, die auf normalen Körperzellen durch Sialinsäurereste verdeckt sind. Diese Rezeptoren spielen

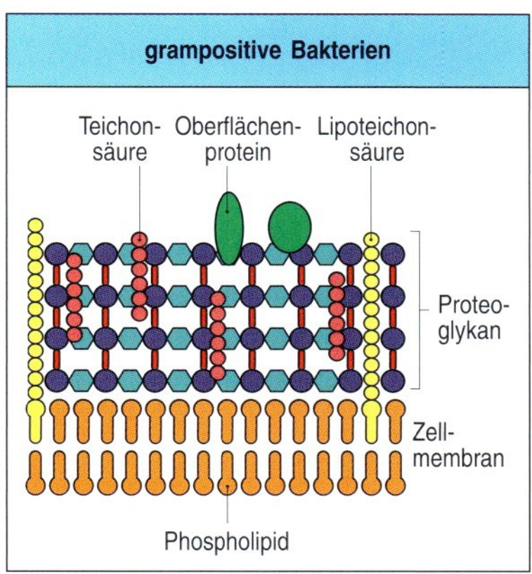

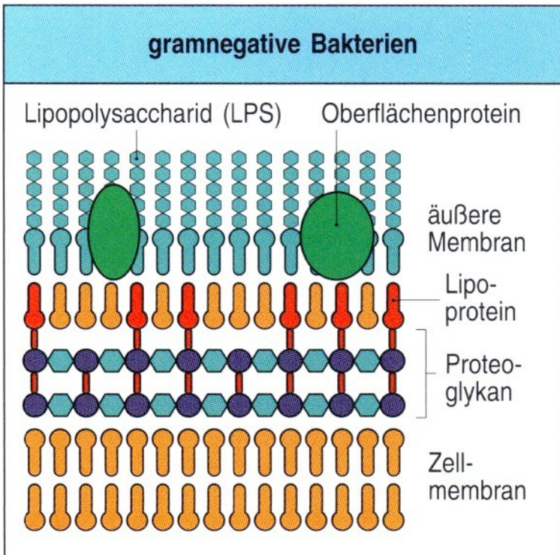

2.14 Die Struktur der Zellwand von grampositiven und gramnegativen Bakterien. Grampositive Bakterien (oben) besitzen eine Zellwand, deren äußere Schicht aus einer Matrix von Proteoglykanmolekülen besteht, in der *N*-Acetylglucosamin (hellblaue Sechsecke) und *N*-Acetylmuraminsäure (violette Punkte) über Peptidbrücken untereinander zu einem dichten dreidimensionalen Netzwerk verknüpft sind. Bakterielle Oberflächenproteine und andere Moleküle wie Teichonsäure sind in diese Proteoglykanschicht eingebettet. Lipoteichonsäuren verknüpfen die Proteoglykanschicht mit der bakteriellen Zellmembran. Die Zellwand von gramnegativen Bakterien (unten) besteht aus einer inneren dünnen Matrix aus Proteoglykan und einer äußeren Lipidmembran, in die Proteine und Lipopolysaccharide (LPS) eingebettet sind, wobei Letztere ein besonderes Merkmal von gramnegativen Bakterien sind.

bei der Beseitigung von alten roten Blutkörperchen eine Rolle, wenn diese ihre Sialinsäurereste verloren haben. Es gibt darüber hinaus weitere Erkennungsstrukturen, von denen viele noch nicht charakterisiert sind.

Nicht alle Rezeptoren, die pathogenspezifische Moleküle erkennen, sind phagocytotische Rezeptoren. Bakterielle Polypeptide beginnen normalerweise mit einem formylierten Methioninrest, und der fMet-Leu-Phe-(fMLP-)Rezeptor auf Makrophagen und neutrophilen Zellen bindet diese *N*-formylierten Peptide. Dieser Rezeptor ist ein chemotaktischer Rezeptor, und seine Bindung lenkt neutrophile Zellen zu Infektionsherden. Die Bindung von Krankheitserregern an einige Rezeptoren auf der Oberfläche von Makrophagen stimuliert nicht nur die Phagocytose, sondern sendet auch Signale an die Zelle aus, die die induzierten Reaktionen der angeborenen Immunität auslösen (siehe unten in diesem Kapitel). Die Stimulation von bestimmten Rezeptoren durch Produkte von Krankheitserregern führt auch dazu, dass Makrophagen und dendritische Zellen an ihrer Oberfläche costimulierende Moleküle präsentieren. So können sie gegenüber T-Lymphocyten als antigenpräsentierende Zellen fungieren und eine adaptive Immunantwort auslösen. Der am besten bekannte Aktivierungsweg dieser Art wird durch eine Familie von Transmembranrezeptoren ausgelöst, die in der Evolution konserviert geblieben sind und die man als Toll-ähnliche Rezeptoren bezeichnet. Diese wirken anscheinend ausschließlich als signalgebende Rezeptoren, und wir werden sie als nächstes besprechen.

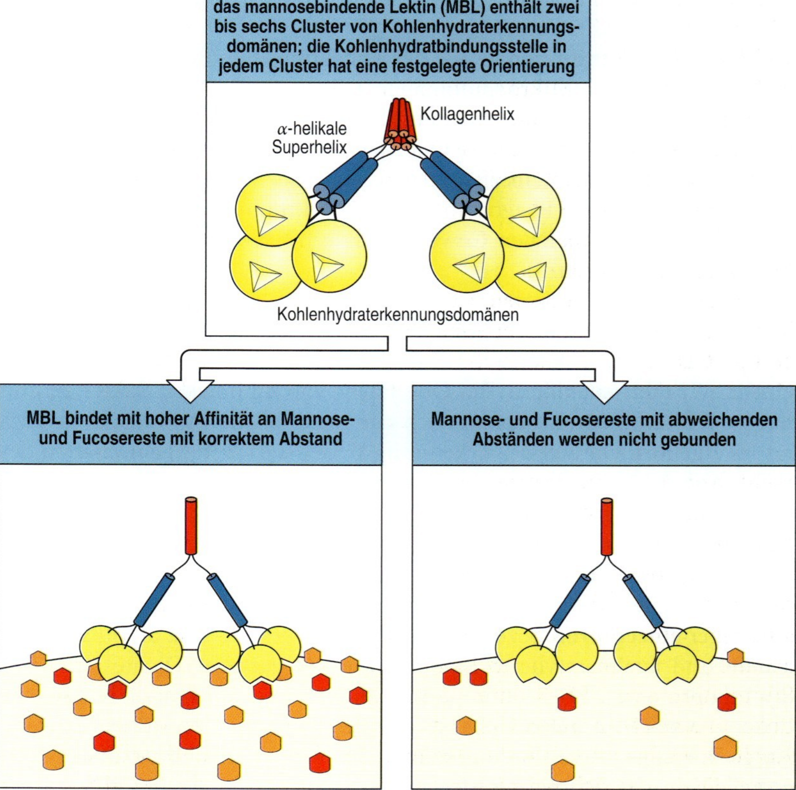

2.15 Das mannosebindende Lektin (MBL) erkennt bakterielle Oberflächen aufgrund der spezifischen Abstände der Kohlenhydratreste. Das Plasmaprotein mannosebindendes Lektin gehört zum Pathogenerkennungssystem der angeborenen Immunität. Es bindet an bestimmte bakterielle Oberflächenstrukturen, die eine bestimmte räumliche Anordnung von Mannose- oder Fucoseresten aufweisen. Das Vorhandensein solcher Reste allein reicht noch nicht für eine Bindung aus; die Orientierung der Bindungsstellen im MBL ist festgelegt, und nur wenn die Mannose- und Fucosereste die richtigen Abstände besitzen, kann das MBL binden. Sobald Bakterien mit MBL umhüllt sind, sind sie für eine Phagocytose zugänglicher.

2.7 Die Toll-ähnlichen Rezeptoren sind signalgebende Rezeptoren, die zwischen verschiedenen Arten von Krankheitserregern unterscheiden können und die Entwicklung einer geeigneten Immunantwort unterstützen

Die **Toll-ähnlichen Rezeptoren** (*toll-like receptors*, **TLR**) der Säuger gehören zu einem evolutionär alten Erkennungs- und Signalgebungssystem, das man ursprünglich aufgrund seiner Funktion bei der Entwicklung der Taufliege *Drosophila melanogaster* entdeckt hat. In der Folge stellte man fest, dass dieses System bei der Abwehr von Infektionen durch Bakterien und Pilze bei den adulten Fliegen eine Rolle spielt. Heute weiß man, dass es bei der Reaktion auf Infektionen bei Pflanzen, adulten Insekten und Vertebraten, auch bei Säugetieren, von grundlegender Bedeutung ist. Den Rezeptor, der bei *Drosophila* diese Funktionen vermittelt, bezeichnet man als Toll, und die homologen Rezeptoren bei Säugern und anderen Tieren daher als Toll-ähnliche Rezeptoren.

Bei Mäusen und beim Menschen gibt es zehn exprimierte *TLR*-Gene, und jedes der zehn so produzierten Proteine dient dazu, eine andere Gruppe von molekularen Mustern zu erkennen, die bei normalen Vertebraten nicht vorkommen. Diese Muster sind charakteristisch für Bestandteile von pathogenen Mikroorganismen in verschiedenen Stadien einer Infektion. Da es nur zehn funktionsfähige *TLR*-Gene gibt, besitzen die Toll-ähnlichen Rezeptoren im Vergleich zu den Antigenrezeptoren des adaptiven Immunsystems eine begrenzte Spezifität. Sie haben sich in der Evolution so entwickelt, dass sie bestimmte molekulare Muster erkennen können, die mit Mikroorganismen assoziiert sind. Obwohl die Vielfalt der Toll-ähnlichen Rezeptoren begrenzt ist, können sie doch Elemente der meisten pathogenen Mikroorganismen erkennen (Abb. 2.16).

Einige TLR der Säuger wirken als Zelloberflächenrezeptoren, während andere ihre Aktivität in der Zelle entfalten und in den endosomalen Membranen lokalisiert sind. Dort erkennen sie das Vorhandensein von Krankheitserregern und deren Bestandteilen, die durch Endopinocytose oder Makropinocytose von der Zelle aufgenommen wurden (Abb. 2.17). Ein wichtiger Toll-ähnlicher Rezeptor bei der Immunantwort auf häufige bakterielle Infektionen ist **TLR-4** auf den Makrophagen, der das Vorhandensein von bakteriellem Lipopolysaccharid signalisiert, wobei er mit CD14 (dem Makrophagenrezeptor für Lipopolysaccharide) und einem weiteren zellulären Protein, MD-2, assoziiert ist. TLR-4 ist auch an der Immunreaktion gegen mindestens ein Virus beteiligt (das respiratorische Syncytialvirus); allerdings ist der stimulierende Ligand hier nicht bekannt. Ein anderer Toll-ähnlicher Rezeptor ist **TLR-2**; dieser signalisiert das Vorhandensein einer anderen Gruppe von mikrobiellen Bestandteilen wie Lipoteichonsäure (LTA) von grampositiven Bakterien und Lipoproteinen von gramnegativen Bakterien, wobei jedoch nicht bekannt ist, wie die Erkennung erfolgt. Die Reaktionen, die die Zellen aufgrund einer Stimulation durch die verschiedenen TLR zeigen, sind auf die jeweils vorhandenen Krankheitserreger ausgerichtet. So führt die Stimulation von **TLR-3** durch doppelsträngige RNA von Viren zur Produktion eines antiviralen Cytokins, des Interferons (siehe unten in diesem Kapitel). TLR-4 und TLR-2 induzieren ähnliche, aber unterschiedliche Signale. Dies lässt sich beispielsweise an den unterschiedlichen Reaktionen

Antigenerkennung im angeborenen Immunsystem durch Toll-ähnliche Rezeptoren	
Toll-ähnlicher Rezeptor	**Ligand**
TLR-1:TLR-2-Heterodimer TLR-2:TLR-6-Heterodimer	Proteoglykan Lipoproteine Lipoarabinomannan (Mycobakterien) GPI (*T. cruzi*) Zymosan (Hefe)
TLR-3	dsRNA
TLR-4-Dimer (plus MD-2 und CD14)	LPS (gramnegative Bakterien) Lipoteichonsäuren (grampositive Bakterien)
TLR-5	Flagellin
TLR-7	ssRNA
TLR-8	Oligonucleotide mit hohem G-Gehalt
TLR-9	nichtmethylierte CpG-DNA

Abb. 2.16 Erkennung durch Toll-ähnliche Rezeptoren bei der angeborenen Immunität. Jeder TLR, dessen Spezifität bekannt ist, erkennt ein oder mehrere molekulare Muster von Mikroorganismen, im Allgemeinen durch eine direkte Wechselwirkung mit Molekülen an der Oberfläche des Krankheitserregers. Einige Toll-ähnliche Rezeptorproteine bilden Dimere (beispielsweise TLR-1, TLR-2), aber das ist nicht die Regel. So kann etwa TLR-4 nur Homodimere bilden. GPI, Glykosylphosphatidylinositol; *T. cruzi*, der protozoische Parasit *Trypanosoma cruzi*; dsRNA, doppelsträngige RNA; ssRNA, einzelsträngige RNA.

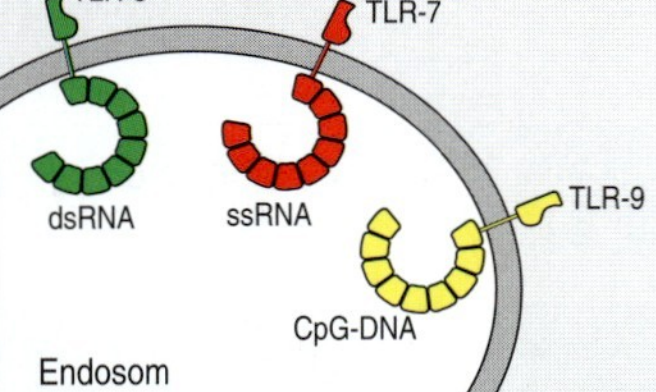

2.17 Die zelluläre Lokalisierung der Toll-ähnlichen Rezeptoren bei Säugern. Einige TLR liegen an der Zelloberfläche von dendritischen Zellen und Makrophagen, wo sie extrazelluläre Moleküle von Krankheitserregern erkennen können. TLR sind wahrscheinlich als Dimere aktiv, hier sind aber nur die Rezeptoren in dimerer Form dargestellt, die Heterodimere bilden. Die übrigen bilden Homodimere. TLR sind in der Zelle (in der Wand des Endosoms) lokalisiert und können Bestandteile von Mikroorganismen wie DNA erkennen, die erst dann zugänglich sind, wenn der Mikroorganismus zerstört wurde. Die Diacyl- und Triacylpeptide, die die heterodimeren Rezeptoren TLR-6-:TLR-2 beziehungsweise TLR-1:TLR-2 erkennen können, stammen von der Lipoteichonsäure aus der Zellwand von grampositiven Bakterien und den Lipoproteinen der Zelloberfläche von gramnegativen Bakterien.

auf Lipopolysaccharidsignale über TLR-4 und LTA-Signale über TLR-2 erkennen. So induzieren sowohl Lipopolysaccharide als auch LTA die Produktion von TNF-α, Lipopolysaccharide aber auch die Produktion des Interferons IFN-β.

2.8 Die Effekte von bakteriellen Lipopolysacchariden auf Makrophagen werden durch die Bindung von CD14 an TLR-4 vermittelt

Die **bakteriellen Lipopolysaccharide** (**LPS**) sind ein Bestandteil der Zellwand von gramnegativen Bakterien wie *Salmonella*, die, wie schon seit längerem bekannt ist, in einem infizierten Organismus eine Reaktion auslösen können. Das systemische Eindringen von LPS führt zu einem Zusammenbruch des Kreislaufs und des Atmungssystems, ein Zustand, den man als Schock bezeichnet. Diese gravierenden Auswirkungen von LPS bezeichnet man beim Menschen als **septischen Schock**, der durch die übermäßige Ausschüttung von Cytokinen, insbesondere von TNF-α, aufgrund einer unkontrollierten bakteriellen Infektion oder **Sepsis** hervorgerufen wird. Wir werden die Pathogenese des septischen Schocks an anderer Stelle in diesem Kapitel besprechen und dabei feststellen, dass es sich dabei um eine unerwünschte Folge derselben Effektoraktivitäten von TNF-α handelt, die von Bedeutung sind, um lokale Infektionen einzudämmen. LPS wirkt über TLR-4, und die Vorteile der Signalgebung durch TLR-4 lassen sich an mutierten Mäusen, denen die TLR-4-Funktion fehlt, deutlich zeigen: Sie sind zwar gegenüber einem septischen Schock resistent, dafür aber hoch empfindlich gegenüber Krankheitserregern, die LPS tragen, wie *Salmonella typhimurium*, ein natürliches Pathogen der Mäuse.

Der gleiche Mechanismus lässt sich auch bei Menschen beobachten, die mit *Salmonella typhi*, dem Typhuserreger, infiziert sind. Diese Bakterien dringen über die Schleimhäute in den Körper ein (Abb. 2.18), können aber durch Makrophagen und andere Phagocyten des angeborenen Immunsystems erkannt werden, da sie sowohl LPS als auch Flagellin exprimieren, sodass sie zwei Zelloberflächen-TLR, TLR-4 und **TLR-5** (Abb. 2.16), aktivieren. Das führt zur Produktion von TNF-α. Dadurch kann eine systemische Infektion durch *S. typhi* beim Menschen nach demselben Mechanismus wie bei der Infektion von Mäusen mit *S. typhimurium* einen systemischen Schock verursachen, indem eine systemische Produktion von TNF-α induziert wird.

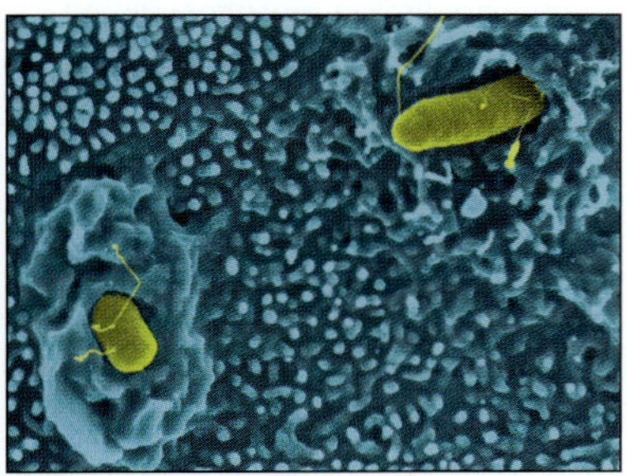

2.18 Bestimmte Krankheitserreger können direkt über das Darmepithel oder andere innere Epithelien in den Körper eindringen. Am Beispiel von *Salmonella typhi*, das Typhus verursacht, ist dargestellt, wie die Bakterien durch das Darmepithel wandern. TLR auf Makrophagen und dendritischen Zellen in den darunter liegenden Geweben erkennen die Flagellinproteine der bakteriellen Flagellen. Dadurch kommt es zu einer Reaktion des angeborenen Immunsystems, die dazu beiträgt, die Infektion unter Kontrolle zu bringen.

S. typhi besitzt jedoch wie zahlreiche pathogene Bakterien ein sogenanntes Typ-III-Sekretionssystem, eine Art Mikroinjektionsspritze, die es dem Bakterium ermöglicht, Moleküle durch die Zellmembran von Säugerzellen direkt in das Cytosol freizusetzen. Mithilfe dieses Typ-III-Sekretionssystems kann *S. typhi* in das Cytosol von Makrophagen Proteasemoleküle übertragen, die den Signalweg blockieren, der zur Produktion von TNF-α führt. Das ist möglicherweise ein Mechanismus, den das Bakterium im Lauf der Evolution entwickelt hat und dadurch das angeborene Immunsystem in seiner Wirksamkeit schwächt.

TLR-4 allein kann LPS nicht erkennen, dafür sind zwei weitere Zelloberflächenproteine erforderlich, CD14 und MD-2. CD14 bindet LPS, und der CD14:LPS-Komplex ist wahrscheinlich der eigentliche Ligand von TLR-4, wobei die direkte Bindung des Komplexes an TLR-4 noch gezeigt werden muss. Zuerst bindet MD-2 in der Zelle an TLR-4. MD-2 ist erforderlich, damit TLR-4 korrekt an die Oberfläche gebracht wird und LPS erkennen kann. Wenn der TLR-4:MD-2-Komplex mit LPS, das an CD14 gebunden sind, in Wechselwirkung tritt, sendet dieses ein Signal an den Zellkern, der den Transkriptionsfaktor **NFκB** aktiviert (Abb. 2.19). Wir werden die Signalwege der TLR in Kapitel 6 genauer besprechen.

Der NFκB-Signalweg wurde ursprünglich als Signalweg für den Toll-Rezeptor der Taufliege entdeckt, der bei der Festlegung des dorsoventralen Körpermusters während der Embryogenese von Bedeutung ist, und man bezeichnet ihn häufig als **Toll-Signalweg**. Bei der adulten Fliege führt derselbe Signalweg als Reaktion auf eine Infektion zur Bildung von antimikrobiellen Peptiden. Im Prinzip nutzen bei den Vertebraten alle TLR denselben Signalweg für die Induktion von angeborenen Immunantworten, und bei Pflanzen gibt es einen ähnlichen Signalweg für die Abwehr von Viren und anderen Krankheitserregern von Pflanzen. Der Toll-Signalweg ist also ein alter Signalweg, der von der angeborenen Immunität der meisten oder sogar von allen vielzelligen Organismen genutzt wird.

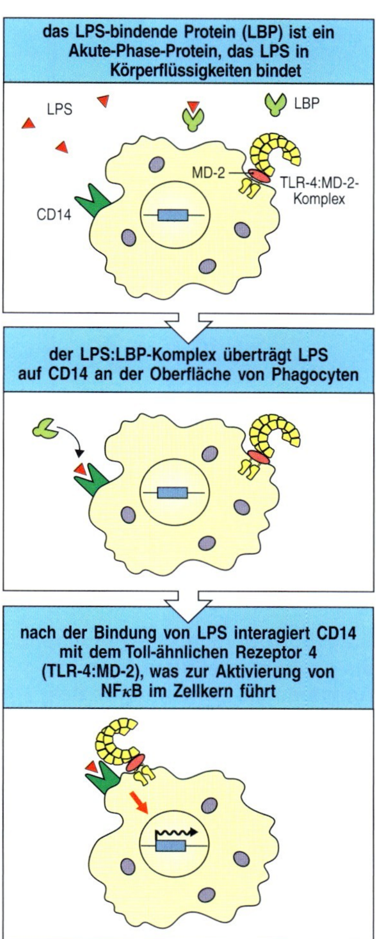

2.19 Bakterielle Lipopolysaccharide verursachen über den Toll-ähnlichen Rezeptor TLR-4 Signale, die den Transkriptionsfaktor NFκB aktivieren. Im Plasma wird LPS durch das LPS-bindende Protein (LBP) gebunden, das dann das gebundene LPS an das über Glykosylphosphatidylinositol verankerte periphere Membranprotein CD14 abgibt. Dieser CD14:LPS-Komplex veranlasst TLR-4, der mit dem Protein MD-2 einen Komplex bildet, dem Zellkern das Signal für die Aktivierung des Transkriptionsfaktors NFκB zu geben. Dieser wiederum aktiviert Gene, die Proteine codieren, welche bei der Infektionsabwehr mitwirken.

2.9 NOD-Proteine fungieren als intrazelluläre Sensoren für bakterielle Infektionen

Die TLR liegen in zellulären Membranen, entweder an der Zelloberfläche oder in intrazellulären Vesikeln. Im Cytosol der Zelle kommen auch andere Proteine vor, deren Ligandenbindungsdomänen ähnliche Merkmale aufweisen wie die TLR. Sie können dort an Produkte von Mikroorganismen binden und NFκB aktivieren, um so dieselben Entzündungsprozesse auszulösen wie die TLR (Abb. 2.20). Diese Proteine bezeichnet man als **NOD1** und **NOD2**, da sie neben einer Ligandenbindungsdomäne auch eine Nucleotidbindungs-Oligomerisierungsdomäne (NOD) enthalten. Sie besitzen auch Proteindomänen, die Caspasen, eine Familie von intrazellulären Proteasen, mobilisieren. Deshalb bezeichnet man die Gene, die NOD-Proteine codieren, als Mitglieder der CARD-Familie von Genen – NOD1 wird von *CARD4* codiert, NOD2 von *CARD15*.

Die NOD-Proteine erkennen Fragmente von bakteriellen Zellwandproteoglykanen. NOD1 bindet γ-Glutamyl-Diaminopimelinsäure (iE-DAP), ein Abbauprodukt von Proteoglykanen der gramnegativen Bakterien. NOD2 bindet hingegen das Muramyldipeptid, das in den Proteoglykanen

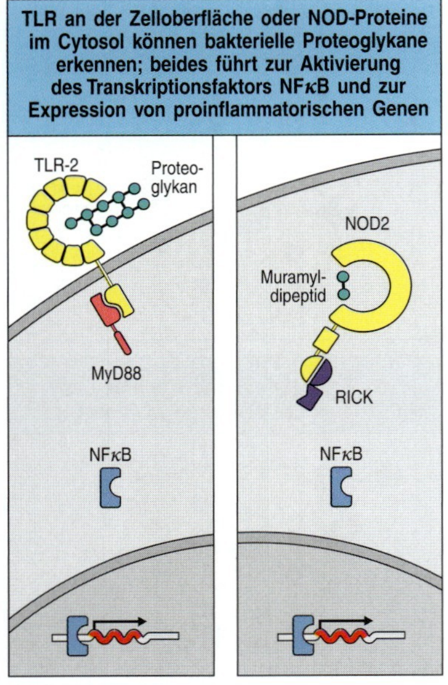

2.20 Sowohl membrangebundene als auch intrazelluläre Proteine fungieren als Sensoren für Bakterien, indem sie bakterielle Proteoglykane erkennen und NFκB aktivieren, um die Expression von proinflammatorischen Genen zu induzieren. Die TLR an der Zelloberfläche können Bestandteile von Mikroorganismen binden – im Fall von TLR-2 handelt es sich dabei um Proteoglykane der bakteriellen Zellwand. Die Bindung von bakteriellen Proteoglykanen an TLR-2 wird der Zelle über das Adaptorprotein MyD88 signalisiert. Das führt zur Aktivierung des Transkriptionsfaktors NFκB und zu seiner Translokation in den Zellkern, wo dadurch die Expression von entzündungsfördernden Genen induziert wird. Durch den Abbau von bakteriellen Proteoglykanen entsteht das Muramyldipeptid, der Ligand für NOD2, den intrazellulären Sensor für bakterielle Bestandteile. Über die Adaptorproteinkinase RICK (*receptor-interacting serine-threonine kinase*) kann NOD2 NFκB aktivieren und induziert so dieselben entzündungsfördernden Gene wie TLR-2.

sowohl der grampositiven als auch gramnegativen Bakterien vorkommt. NOD2 kann also als allgemeiner Sensor für bakterielle Infektionen fungieren, während NOD1 mehr darauf beschränkt ist, gramnegative Bakterien zu erkennen. Damit sie diese Funktion erfüllen, werden die NOD-Proteine in Zellen exprimiert, die ständig Bakterien ausgesetzt sind: in Epithelzellen, die die Barriere bilden, welche Bakterien durchqueren müssen, um im Körper eine Infektion auszulösen. Außerdem werden NOD-Proteine von Makrophagen und dendritischen Zellen exprimiert, die Bakterien aufnehmen, denen es gelungen ist, in den Körper einzudringen. Da Makrophagen und dendritische Zellen auch TLR exprimieren, die bakterielle Proteoglykane erkennen, addieren sich in diesen Zellen die Zellsignale von NOD1 und NOD2 zu denen der TLR. In Epithelzellen ist jedoch die Expression der TLR schwach oder fehlt ganz, und in diesen Zellen ist NOD1 ein wichtiger Aktivator der angeborenen Immunantwort. NOD2 besitzt anscheinend eine spezialisiertere Funktion und wird in den Paneth-Zellen des Darms sehr stark exprimiert, wo das Protein die Expression von wirksamen antimikrobiellen Peptiden, den α-Defensinen, induziert.

2.10 Die Aktivierung von Toll-ähnlichen Rezeptoren und NOD-Proteinen löst die Produktion von proinflammatorischen Cytokinen und Chemokinen sowie die Expression costimulierender Moleküle aus

Beim Menschen und bei allen anderen bisher untersuchten Vertebraten führt die Aktivierung von NFκB durch den Toll- und den NOD-Signalweg zur Produktion von mehreren wichtigen Mediatoren der angeborenen Immunität wie von Cytokinen (Abb. 2.21) und Chemokinen (Abb. 2.46). (Die Anhänge III und IV enthalten eine ausführliche Liste dieser wichtigen Mediatoren.) Die Signalwege führen auch dazu, dass an der Zelloberfläche **costimulierende Moleküle** exprimiert werden, die für die Induktion von adaptiven Immunantworten unbedingt notwendig sind. Diese Proteine, die man als **B7.1** (**CD80**) und **B7.2** (**CD86**) bezeichnet, werden sowohl von Makrophagen als auch von dendritischen Gewebezellen als Reaktion auf LPS-Signale über TLR-4 produziert (Abb. 2.22). Gerade diese Proteine aktivieren zusammen mit mikrobiellen Antigenpeptiden, die von MHC-Klasse-II-Proteinen auf dendritischen Zellen und Makrophagen präsentiert werden (Abschnitt 1.18), die naiven CD4-T-Zellen (Abb. 2.23). Diese Zellen wiederum sind für die Initiation der meisten adaptiven Immunantworten erforderlich. Damit eine antigenpräsentierende dendritische Zelle mit einer CD4-T-Zelle in Kontakt treten kann, muss die dendritische Zelle zum nächsten Lymphknoten wandern, den die zirkulierenden naiven T-Zellen passieren. Diese Wanderung wird durch Cytokine wie TNF-α stimuliert, die ebenfalls durch TLR-4-Signale induziert werden. Die Aktivierung einer adaptiven Immunantwort basiert also auf Molekülen, die produziert werden, wenn das angeborene Immunsystem Krankheitserreger erkennt.

Substanzen wie LPS, die costimulierende Aktivitäten induzieren, finden seit Jahren in Gemischen Verwendung, die man zusammen mit Proteinantigenen injiziert, um deren Immunogenität zu steigern. Diese Substanzen sind sogenannte **Adjuvanzien** (Anhang I, Abschnitt A.4), wobei sich auf

Cytokine, die von Makrophagen und dendritischen Zellen freigesetzt werden			
Cytokin	**Hauptproduzent**	**wirkt auf**	**Wirkung**
IL-1	Makrophagen Keratinocyten	Lymphocyten	verstärkt Immunantworten
		Leber	induziert Freisetzung von Proteinen der akuten Phase
IL-6	Makrophagen dendritische Zellen	Lymphocyten	verstärkt Immunantworten
		Leber	induziert Freisetzung von Proteinen der akuten Phase
CXCL8 (IL-8)	Makrophagen dendritische Zellen	Phagocyten	Chemoattraktor für neutrophile Zellen
IL-12	Makrophagen dendritische Zellen	naive T-Zellen	leitet Immunantwort an T_H1-Zellen weiter, entzündungsfördernd, Cytokinfreisetzung
TNF-α	Makrophagen dendritische Zellen	Gefäßendothel	induziert Veränderungen im Gefäßendothel (Expression von Zelladhäsionsmolekülen (E- und P-Selektin), durch Veränderungen der Zell-Zell-Verbindungen gesteigerter Flüssigkeitsaustritt, lokale Blutgerinnsel)

2.21 Zu den wichtigen Cytokinen, die von Makrophagen als Reaktion auf bakterielle Produkte freigesetzt werden, gehören IL-1β, IL-6, CXCL8, IL-12 und TNF-α. TNF-α ist ein Induktor von lokalen Entzündungsreaktionen, der dazu beiträgt, Infektionen einzudämmen. Der Faktor hat auch systemische Auswirkungen, von denen viele schädlich sind (Abschnitt 2.27). Das Chemokin CXCL8 spielt bei lokalen Entzündungsreaktionen ebenfalls eine Rolle, indem es dazu beiträgt, neutrophile Zellen zum Infektionsherd zu locken. IL-1β, IL-6 und TNF-α besitzen eine entscheidende Funktion bei der Induktion der Akute-Phase-Reaktion in der Leber (Abschnitt 2.28) und beim Auslösen von Fieber, das die Wirksamkeit der Körperabwehr auf verschiedene Weise begünstigt. IL-12 aktiviert die natürlichen Killerzellen (NK-Zellen) der angeborenen Immunantwort und fördert während einer adaptiven Immunantwort die Differenzierung von CD4-T-Zellen zur T_H1-Subpopulation.

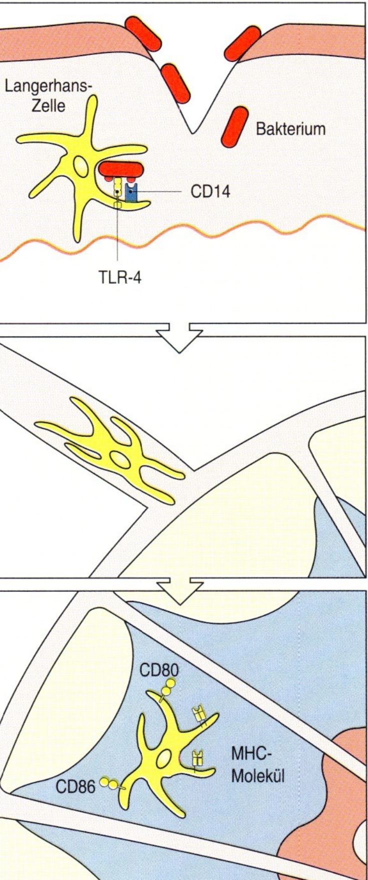

2.22 Bakterielles LPS induziert Veränderungen der Langerhans-Zellen und stimuliert sie, zu wandern und das adaptive Immunsystem durch Aktivierung der CD4-T-Zellen gegen die Infektion in Gang zu setzen. Die Langerhans-Zellen sind unreife dendritische Zellen in der Haut. Bei einer Infektion mit Bakterien werden sie durch LPS über den TLR-Signalweg aktiviert. Dadurch kommt es in den Zellen zu zwei Arten von Veränderungen: Die erste betrifft das Verhalten und den Aufenthaltsort. Die Langerhans-Zellen werden als ruhende Zellen in der Haut aktiviert, wandern dann in die afferenten lymphatischen Gefäße und werden schließlich in den regionalen Lymphknoten zu vollständig gereiften dendritischen Zellen. Zweitens kommt es zu einer deutlichen Veränderung der Moleküle an ihrer Oberfläche. Ruhende Langerhans-Zellen in der Haut zeigen starke Aktivitäten bei Phagocytose und Makropinocytose, können aber keine T-Lymphocyten aktivieren. Reife dendritische Zellen in den Lymphknoten haben die Fähigkeit verloren, Antigene aufzunehmen, stimulieren dafür aber nun T-Zellen, indem sie die Zahl der MHC-Moleküle an ihrer Oberfläche erhöhen und die passenden costimulierenden Moleküle CD80 (B7.1) und CD86 (B7.2) exprimieren.

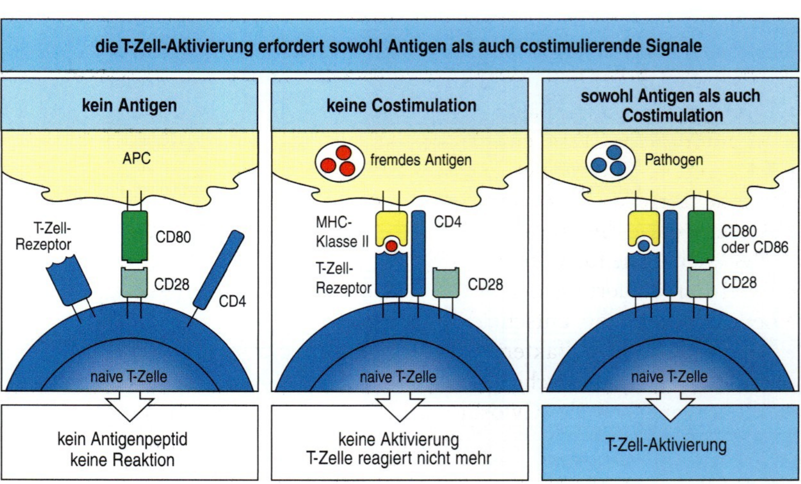

2.23 Damit naive T-Zellen durch Antigene aktiviert werden, muss ihnen das Antigen von einer aktivierten antigenpräsentierenden Zelle dargeboten werden, die auch costimulierende Moleküle exprimiert. Der T-Zell-Rezeptor erkennt das Antigen in Form eines Peptids, das an ein MHC-Molekül auf einer antigenpräsentierenden Zelle (APC), etwa ein Makrophage oder eine dendritische Zelle, gebunden ist. Die T-Zelle wird jedoch nur dann aktiviert, wenn die antigenpräsentierende Zelle auch die costimulierenden Moleküle CD80 oder CD86 exprimiert.

empirischem Weg herausgestellt hat, dass Adjuvanzien mit Bestandteilen von Mikroorganismen am besten geeignet sind. Eine Anzahl verschiedener Komponenten aus Krankheitserregern (Abb. 2.16) können Makrophagen und dendritische Gewebezellen anregen, costimulierende Moleküle und Cytokine zu exprimieren. Das genaue Profil der erzeugten Cytokine variiert abhängig von den stimulierten Rezeptoren; die sezernierten Cytokine wiederum beeinflussen die Funktionsweise der adaptiven Immunantwort, die sich entwickelt (Kapitel 8 und 10). Auf diese Weise gewährleistet die Fähigkeit des angeborenen Immunsystems, zwischen den einzelnen Typen von Krankheitserregern unterscheiden zu können, dass eine passende adaptive Immunantwort ausgelöst wird.

Zusammenfassung

Das angeborene Immunsystem verwendet mehrere verschiedene Rezeptoren, um Pathogene zu erkennen und darauf zu reagieren. Die Rezeptoren, die Oberflächen von Bakterien direkt erkennen, binden häufig an Wiederholungsmuster wie Kohlenhydrat- oder Lipidgruppen, die für mikrobielle Oberflächen charakteristisch sind, aber nicht bei den Körperzellen vorkommen. Einige dieser Rezeptoren wie der Mannoserezeptor der Makrophagen stimulieren die Phagocytose direkt, während andere Rezeptoren sezerniert werden und so die Phagocytose von Pathogenen durch Opsonisierung oder durch Aktivierung des Komplementsystems stimulieren (wie wir im nächsten Teil dieses Kapitels feststellen werden). Die Rezeptoren des angeborenen Immunsystems, die Krankheitserreger erkennen, besitzen auch eine wichtige Funktion bei der Signalübertragung für die induzierten Antworten der angeborenen Immunität. Diese sind verantwortlich für das Auslösen lokaler Entzündungen, die Mobilisierung neuer Effektorzellen, die Eindämmung lokaler Infektionen und das Auslösen einer adaptiven Immunantwort. Die Übertragung solcher Signale kann durch eine Familie von signalgebenden Rezeptoren erfolgen, die man als Toll-ähnliche Rezeptoren (TLR) bezeichnet. Diese wurden im Verlauf der Evolution stark konserviert und dienen der Aktivierung der Immunabwehr über einen Signalübertragungsweg, der bei den meisten vielzelligen Organismen vorhanden ist. Bei den Vertebraten besitzen die TLR auch eine entscheidende Funktion, indem sie die Initiation einer adaptiven Immunantwort unterstützen. TLR-4 erkennt gramnegative Bakterien über die Assoziation mit dem peripheren Membranprotein CD14, einem Rezeptor für bakterielle Lipopolysaccharide (LPS). Andere TLR reagieren auf andere molekulare Muster, die auf oder in Krankheitserregern vorkommen. TLR aktivieren den Transkriptionsfaktor NFκB, der dann die Transkription bei einer Reihe von Genen induziert, darunter auch Gene für Cytokine, Chemokine und costimulierende Moleküle, die bei der Steuerung der adaptiven Immunantwort in späteren Phasen einer Infektion von entscheidender Bedeutung sind. TLR erkennen das Vorhandensein von Bakterien und anderen Mikroorganismen außerhalb der Zelle, die cytosolischen NOD-Proteine erkennen ähnliche bakterielle Produkte innerhalb des Cytosols der Zelle und aktivieren denselben NFκB-Signalweg.

Das Komplementsystem und die angeborene Immunität

Das **Komplement** wurde vor vielen Jahren von **Jules Bordet** als ein hitzeempfindlicher Bestandteil des normalen Plasmas entdeckt, der die Opsonisierung und das Abtöten von Bakterien durch Antikörper verstärkt. Von dieser Aktivität wurde gesagt, sie komplementiere (ergänze) die antibakterielle Aktivität der Antikörper, daher die Bezeichnung. Das Komplementsystem hatte man zwar ursprünglich als „Effektoranteil" der Antikörperantwort entdeckt, es kann jedoch auch ohne das Vorhandensein von Antikörpern während der frühen Phase einer Infektion aktiviert werden. Tatsächlich gilt jetzt als ziemlich sicher, dass sich das Komplementsystem zuerst als Teil des angeborenen Immunsystems entwickelt hat, wo es auch immer noch von großer Bedeutung ist, indem es Krankheitserreger einhüllt und ihre Zerstörung ermöglicht.

2.11 Das Komplement ist ein System von Plasmaproteinen, das durch das Vorhandensein von Pathogenen aktiviert wird

Das **Komplementsystem** besteht aus vielen verschiedenen Plasmaproteinen, die miteinander interagieren, um Krankheitserreger zu opsonisieren und eine Abfolge von Entzündungsreaktionen auszulösen, die den Kampf gegen eine Infektion unterstützen. Ein besonderes Merkmal des Systems besteht darin, dass mehrere Komplementproteine Proteasen sind, die nur durch proteolytische Spaltung aktiviert werden, im Allgemeinen durch eine andere spezifische Protease. Solche Enzyme bezeichnet man in ihrer inaktiven Form als **Zymogene**; ursprünglich hat man sie im Verdauungstrakt gefunden. So wird das Verdauungsenzym Pepsin in Zellen eingelagert und als inaktives Vorstufenenzym (Pepsinogen) sezerniert. Dieses wiederum wird nur in der sauren Umgebung des Magens zu Pepsin gespalten. Der offensichtliche Vorteil für den Wirt besteht darin, sich nicht selbst zu verdauen. Beim Komplementsystem kommen die Vorläuferzymogene überall in den Körperflüssigkeiten und Geweben vor. An Infektionsherden werden sie durch die Anwesenheit von Krankheitserregern lokal aktiviert und lösen eine Reihe von wirkungsvollen Entzündungsereignissen aus. Das Komplementsystem wird über eine *triggered enzyme*-Kaskade aktiviert. Dabei spaltet ein aktives Komplemententzym, das selbst durch Spaltung seiner Vorstufe entstanden ist, sein Substrat, ein weiteres Komplementzymogen, zu seiner aktiven Form. Dieses wiederum spaltet und aktiviert das nächste Zymogen des Komplementweges. Auf diese Weise wird bei jeder weiteren Enzymreaktion eine geringe Zahl von Komplementproteinen, die zu Beginn in der Abfolge der Reaktionen aktiviert wurden, enorm erhöht. Das führt zur einer schnellen überproportionalen Komplementantwort. Das Blutgerinnungssystem ist ein anderes Beispiel für eine *triggered enzyme*-Kaskade. Dabei kann die kleine Verletzung eines Blutgefäßes zur Bildung eines großen Blutgerinnsels führen.

Eine entscheidende Stelle für die Aktivierung des Komplementsignalweges ist die Oberfläche von Krankheitserregern. Es gibt drei verschiedene Reaktionswege, die zur Aktivierung des Komplementsystems führen (Abb. 2.24). Sie hängen von unterschiedlichen Molekülen ab, durch die sie jeweils ausgelöst werden; doch die Reaktionswege laufen schließlich zusammen und erzeugen denselben Satz von Komplementeffektorproteinen. Das Komplementsystem schützt auch auf drei Weisen vor einer Infektion (Abb. 2.24). Erstens erzeugt es große Mengen von aktivierten Komplementproteinen, die kovalent an Pathogene binden und diese für die Aufnahme durch Phagocyten, die Komplementrezeptoren tragen, opsonisieren. Zweitens wirken die kleinen Fragmente einiger Komplementproteine als Chemoattraktoren, die weitere Phagocyten zum Bereich der Komplementaktivierung locken und aktivieren. Drittens zerstören die zuletzt produzierten Bestandteile des Komplements bestimmte Bakterien, indem sie Poren in der Bakterienmembran erzeugen.

Neben den direkten Effekten des Komplements bei der Beseitigung von infektiösen Mikroorganismen besitzt es auch eine wichtige Funktion bei der Aktivierung des adaptiven Immunsystems. Teilweise ist dies eine Folge der Opsonisierung, da antigenpräsentierende Zellen Rezeptoren für das Komplement tragen, die die Aufnahme von Antigenen, die am Komplement ein-

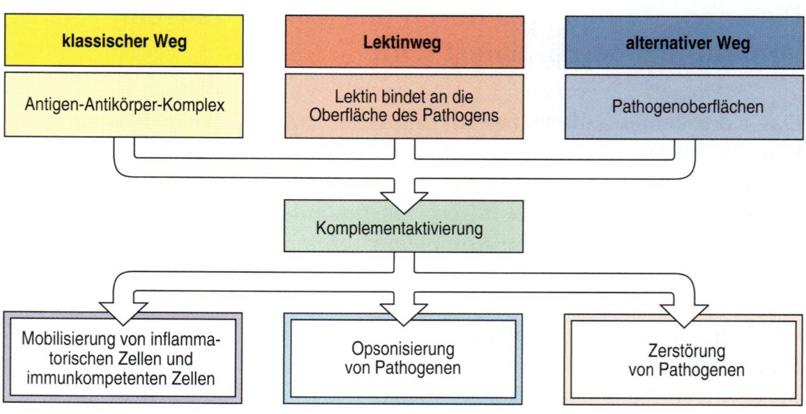

2.24 Schematischer Überblick über die Komplementkaskade. Es gibt drei Wege der Komplementaktivierung: Einer ist der klassische Weg. Er wird ausgelöst, indem der Komplementfaktor C1q an Antikörper bindet, die einen Komplex mit Antigenen bilden, indem C1q an die Oberfläche eines Pathogens oder an das C-reaktive Protein bindet, das an den Krankheitserreger gebunden ist. Der zweite ist der Lektinweg. Er wird durch das mannosebindende Lektin oder die Ficolinproteine ausgelöst, die als normale Bestandteile des Serums an bestimmte eingekapselte Bakterien binden. Der dritte ist der alternative Reaktionsweg, der direkt auf der Pathogenoberfläche beginnt. Alle drei Komplementwege erzeugen ein wichtiges Enzym, das wiederum die Effektormoleküle des Komplements erzeugt. Die drei bedeutendsten Folgen der Komplementaktivierung sind die Opsonisierung von Pathogenen, die Mobilisierung von inflammatorischen Zellen und kompetenten Immunzellen sowie das direkte Abtöten von Pathogenen.

gehüllt sind, und die Präsentation dieser Antigene für das adaptive Immunsystem verstärken. Darüber hinaus tragen B-Lymphocyten Rezeptoren für Komplementproteine, die als Costimulatoren fungieren (Kapitel 9) und die Reaktion der B-Zellen auf mit Komplement umhüllte Antigene verstärken.

Das Komplementsystem wird nicht nur durch Krankheitserreger aktiviert. Absterbende Zellen, etwa in Bereichen mit ischämischen Schäden (Gewebeschäden aufgrund von Sauerstoffverarmung) können ebenfalls das Komplement aktivieren. Da mit Komplementproteinen bedeckte Partikel von Phagocyten besser aufgenommen werden, ist das Komplement für die effektive Beseitigung toter, geschädigter und apoptotischer Zellen von Bedeutung und bietet so einen Schutz vor Autoimmunität – den Angriff des Immunsystems auf körpereigene Antigene.

2.12 Das Komplement tritt mit Krankheitserregern in Wechselwirkung und markiert sie dabei für die Zerstörung durch Phagocyten

In den frühen Phasen einer Infektion aktiviert mindestens einer der drei in Abbildung 2.25 dargestellten Wege die Komplementkaskade an der Oberfläche eines Krankheitserregers. Die Bindung von C1q, dem ersten Protein der Komplementkaskade, an die Oberfläche des Krankheitserregers aktiviert den **klassischen Weg**. C1q kann auf eine von drei Weisen an die Oberfläche eines Krankheitserregers binden. Es kann bei einigen Bakterien direkt an Bestandteile der Oberfläche binden, beispielsweise an bestimmte Proteine der bakteriellen Zellwand und an polyanionische Oberflächenstrukturen wie etwa Lipoteichonsäure bei grampositiven Bakterien. Zweitens bindet C1q an das C-reaktive Protein, ein Protein der akuten Phase im menschlichen Blutplasma, das an Phosphocholinreste in bakteriellen Polysacchariden bindet, etwa an das C-Polysaccharid der Pneumokokken (daher die Bezeichnung C-reaktiv). Wir werden die Proteine der akuten Phase der frühen induzierten angeborenen Antwort weiter unten in diesem Kapitel besprechen. Drittens ist C1q eine entscheidende Verknüpfung zwischen den Effektormechanismen der angeborenen und der adaptiven Immunität, indem C1q an Antikörper-Antigen-Komplexe bindet. Der **Lektinweg** wird aktiviert, indem kohlenhydratbindende Proteine an Abfolgen von Kohlenhydraten an der Oberfläche von Krankheitserregern binden. Zu diesen kohlenhydratbindenden Proteinen gehören das Lektin MBL, das an mannosehaltige Kohlenhydrate von Bakterien oder Viren bindet (Abschnitt 2.6), und die Ficoline, die an *N*-Acetylglucosamin binden, das an der Oberfläche von einigen Krankheitserregern vorkommt. Schließlich gibt es noch den **alternativen Weg** der Komplementaktivierung; dieser wird ausgelöst, wenn sich das spontan aktivierte Komplementprotein C3 im Blutplasma an die Oberfläche eines Krankheitserregers heftet.

Bei jedem Weg entsteht durch eine Abfolge von Reaktionen eine Protease, die man als **C3-Konvertase** bezeichnet. Die Reaktionen bezeichnet man als „frühe" Ereignisse der Komplementaktivierung. Sie bestehen aus *triggered enzyme*-Kaskaden, bei denen inaktive Komplementzymogene in der Folge jeweils in zwei Fragmente gespalten werden; das größere der Fragmente ist dabei eine aktive Serinprotease. Die aktive Protease bleibt an der Oberfläche des Bakteriums haften, sodass das nächste Komple-

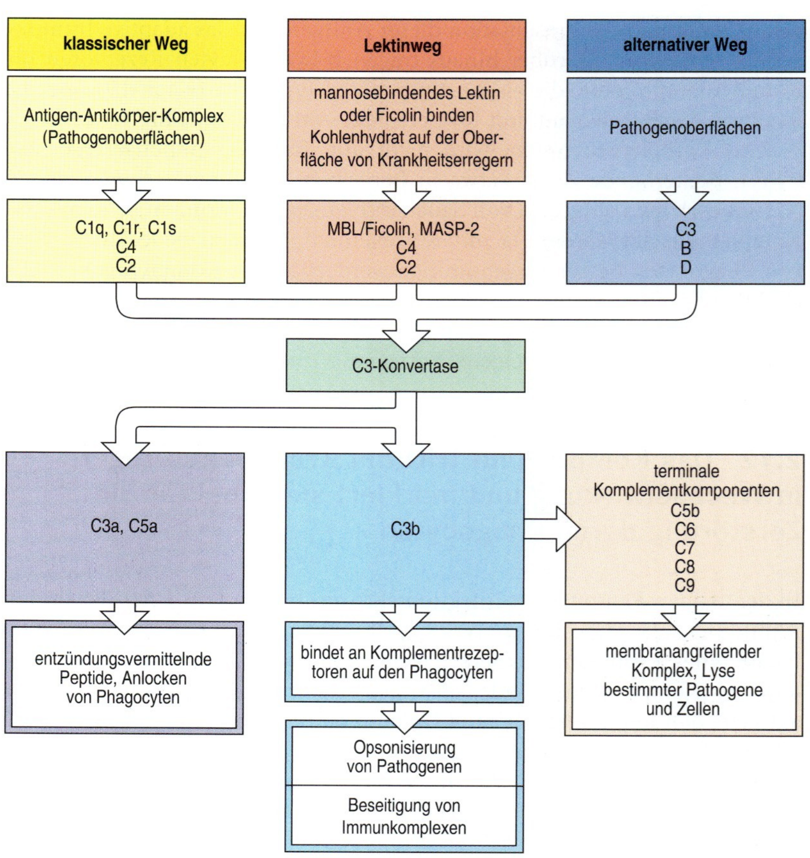

2.25 Die wesentlichen Komponenten und Effektorwirkungen des Komplementsystems. Bei allen drei Arten der Komplementaktivierung finden zu Beginn eine Reihe von Spaltungsreaktionen statt, die zur Bildung einer Enzymaktivität, einer sogenannten C3-Konvertase, führen; diese spaltet die Komplementkomponente C3 zu C3b und C3a. Die Erzeugung der C3-Konvertase ist der Punkt, an dem die drei Reaktionswege zusammenlaufen und sich die Haupteffektorfunktionen ausbilden. C3b bindet kovalent an die bakterielle Zellmembran und opsonisiert Bakterien, die dann von Phagocyten aufgenommen werden können. C3a ist ein Peptidmediator für lokale Entzündungsreaktionen. Bei Spaltung von C5 durch die C5-Konvertase entstehen C5a und C5b; die C5-Konvertase wiederum entsteht durch Bindung von C3b an die C3-Konvertase (in diesem vereinfachten Schema nicht dargestellt). C5a ist auch ein wirkungsvoller Peptidmediator für Entzündungsreaktionen. C5b löst die späten Ereignisse aus, bei denen sich die terminalen Komponenten des Komplements zu einem membranangreifenden Komplex zusammenlagern, der die Membran bestimmter Bakterien schädigen kann.

mentzymogen im Reaktionsweg an der Oberfläche des Krankheitserregers ebenfalls gespalten und aktiviert wird. Im Gegensatz dazu wird das kleine Peptidfragment an der Reaktionsstelle freigesetzt; es kann nun als löslicher Entzündungsmediator wirken.

Die C3-Konvertasen, die bei diesen frühen Ereignissen der Komplementaktivierung entstehen, binden kovalent an die Oberfläche des Krankheitserregers. Hier spalten sie C3 und erzeugen so große Mengen an **C3b**, das wichtigste Effektormolekül des Komplementsystems, und C3a, einen Peptidmediator für Entzündungen. Die C3b-Moleküle wirken als Opsonine. Sie binden kovalent an das Pathogen und markieren es auf diese Weise für die Zerstörung durch Phagocyten, die Rezeptoren für C3b besitzen. C3b bindet außerdem an die C3-Konvertase, sodass eine **C5-Konvertase** entsteht; diese wiederum erzeugt **C5a**, das wichtigste und wirkungsvollste entzündungsfördernde Peptid, und zudem das große aktive Peptidfragment **C5b**, das „späte" Ereignisse der Komplementaktivierung in Gang setzt. Diese umfassen eine Folge von Polymerisierungsreaktionen, bei denen die terminalen Komplementbestandteile gemeinsam einen **membranangreifenden Komplex** bilden, der in der Zellmembran bestimmter Krankheitserreger eine Pore erzeugt, die für bestimmte Krankheitserreger tödlich sein kann.

Die Nomenklatur der Komplementproteine stellt ein Hindernis dar, dieses System zu verstehen. Bevor wir uns der Komplementkaskade genauer widmen, wollen wir uns mit den Bezeichnungen bekannt machen.

Alle Komponenten des klassischen Komplementweges und des membranangreifenden Komplexes werden mit dem Buchstaben „C“ bezeichnet, an den sich eine Zahl anschließt. Die nativen Komponenten sind einfach durchnummeriert, beispielsweise C1 und C2, ungünstig ist dabei, dass dies in der Reihenfolge ihrer Entdeckung erfolgte und nicht in der Reihenfolge der Reaktionen, welche lautet: C1, C4, C2, C3, C5, C6, C7, C8 und C9. Bei den Produkten der Spaltungsreaktionen werden kleine Buchstaben hinzugefügt, das größere Fragment erhält ein b, das kleinere ein a. So wird C4 zu C4b (das große Fragment von C4, das kovalent an die Oberfläche von Krankheitserregern bindet) und C4a (ein kleines Fragment mit schwacher entzündungsfördernder Wirkung) gespalten. Bei dieser Nomenklaturregel gibt es eine Ausnahme. Bei C2 hatte man das größere Fragment ursprünglich mit C2a bezeichnet, und gerade diese größere C2a-Komponente enthält die enzymatische Aktivität. Die Komponenten des alternativen Weges werden nicht nummeriert, sondern mit verschiedenen großen Buchstaben bezeichnet, wie die Faktoren B und D. Wie beim klassischen Weg werden jedoch auch hier die Kleinbuchstaben a und b angehängt; das große Fragment von B bezeichnet man demnach mit Bb, das kleine Fragment mit Ba. Beim Lektinweg bezeichnet man die ersten Enzyme, die aktiviert werden, als **MASP-1** und **MASP-2** (*mannose-binding-lectin-associated serine proteases*); danach ist der Reaktionsweg im Wesentlichen mit dem klassischen Weg identisch. Aktivierte Komponenten des Komplements werden häufig durch eine waagerechte Linie gekennzeichnet wie $\overline{\text{C2a}}$; dieses Schema werden wir hier jedoch nicht verwenden.

Die Entwicklung der C3-Konvertase-Aktivität ist entscheidend für die Aktivierung des Komplementsystems. Dadurch kommt es zur Produktion der grundlegenden Effektormoleküle, außerdem werden die Reaktionen der späten Phase eingeleitet. Beim klassischen und beim Lektinweg entsteht die C3-Konvertase aus membrangebundenem C4b, das mit C2a einen Komplex bildet, den man mit C4b2a bezeichnet. Beim alternativen Weg entsteht eine homologe C3-Konvertase aus membrangebundenem C3b, das mit Bb einen Komplex bildet (C3bBb). Der alternative Weg kann für alle drei Wege als Verstärkungsschleife wirken, da er durch die Bindung von C3b aktiviert wird.

Zweifellos ist ein Reaktionsweg, der zu solch gravierenden Entzündungseffekten und Zerstörungen führen kann – und der darüber hinaus interne Verstärkungsschritte enthält –, potenziell gefährlich und muss deshalb genau reguliert werden. Eine wichtige Vorsichtsmaßnahme besteht darin, dass aktivierte Schlüsselkomponenten des Komplementsystems schnell inaktiviert werden, wenn sie nicht an die Oberfläche des Krankheitserregers, an der sie aktiviert wurden, binden. Innerhalb des Reaktionsweges existieren auch einige Stellen, an denen regulatorische Proteine auf Komponenten des Komplements einwirken, um eine unbeabsichtigte Komplementaktivierung an Zelloberflächen des Wirts und so deren Schädigung zu verhindern. Diese Regulationsmechanismen werden wir weiter unten noch besprechen.

Wir kennen jetzt alle wichtigen Bestandteile des Komplementsystems und können uns nun genauer mit ihren Funktionen beschäftigen. Um die einzelnen Komponenten nach ihren Funktionen unterscheiden zu können, verwenden wir in den Abbildungen dieses Abschnitts einen Farbcode für die verschiedenen Komponenten und ihre Aktivitäten, der in Abbildung 2.26 dargestellt ist; dort sind auch alle Komplementkomponenten den verschiedenen funktionellen Gruppen zugeordnet.

funktionelle Proteinklassen des Komplementsystems	
Bindung an Antigen-Antikörper-Komplex und Pathogenoberflächen	C1q
Bindung an Mannose auf Bakterien	MBL
aktivierende Enzyme	C1r C1s C2a Bb D MASP-1 MASP-2
membranbindende Proteine und Opsonine	C4b C3b
entzündungsvermittelnde Peptide	C5a C3a C4a
membranangreifende Proteine	C5b C6 C7 C8 C9
Komplementrezeptoren	CR1 CR2 CR3 CR4 C1qR
komplementregulierence Proteine	C1INH C4bp CR1 MCP DAF H I P CD59

2.26 Funktionelle Proteinklassen des Komplementsystems.

2.13 Die Aktivierung des C1-Komplexes leitet den klassischen Weg ein

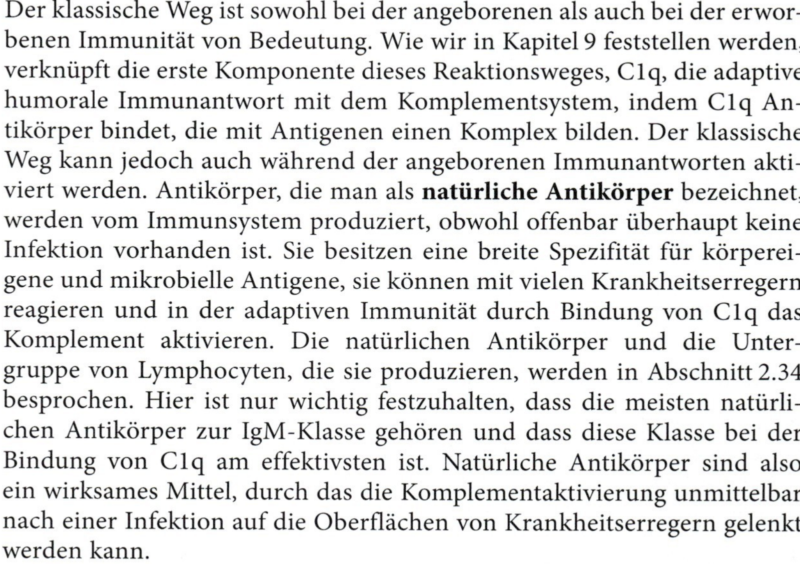

Der klassische Weg ist sowohl bei der angeborenen als auch bei der erworbenen Immunität von Bedeutung. Wie wir in Kapitel 9 feststellen werden, verknüpft die erste Komponente dieses Reaktionsweges, C1q, die adaptive humorale Immunantwort mit dem Komplementsystem, indem C1q Antikörper bindet, die mit Antigenen einen Komplex bilden. Der klassische Weg kann jedoch auch während der angeborenen Immunantworten aktiviert werden. Antikörper, die man als **natürliche Antikörper** bezeichnet, werden vom Immunsystem produziert, obwohl offenbar überhaupt keine Infektion vorhanden ist. Sie besitzen eine breite Spezifität für körpereigene und mikrobielle Antigene, sie können mit vielen Krankheitserregern reagieren und in der adaptiven Immunität durch Bindung von C1q das Komplement aktivieren. Die natürlichen Antikörper und die Untergruppe von Lymphocyten, die sie produzieren, werden in Abschnitt 2.34 besprochen. Hier ist nur wichtig festzuhalten, dass die meisten natürlichen Antikörper zur IgM-Klasse gehören und dass diese Klasse bei der Bindung von C1q am effektivsten ist. Natürliche Antikörper sind also ein wirksames Mittel, durch das die Komplementaktivierung unmittelbar nach einer Infektion auf die Oberflächen von Krankheitserregern gelenkt werden kann.

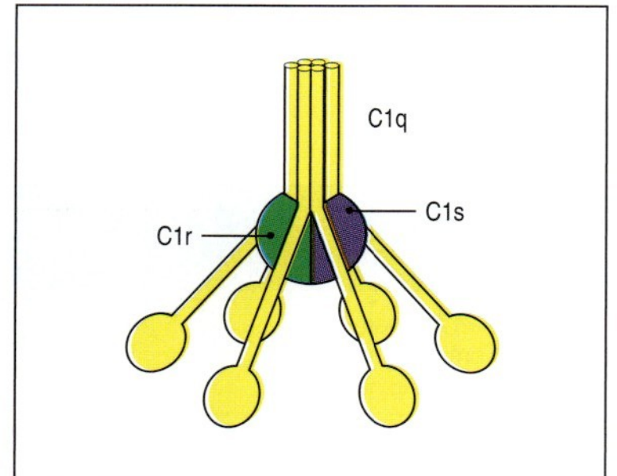

2.27 Das erste Protein des klassischen Weges der Komplementaktivierung ist C1, ein Komplex aus C1q, C1r und C1s. C1q setzt sich aus sechs gleichen Untereinheiten mit globulären Köpfen und langen, kollagenähnlichen Schwänzen zusammen, ähnlich einem „Tulpenstrauß". Die Schwänze binden zusammen an je zwei Moleküle C1r und C1s und bilden so den C1-Komplex C1q:C1r$_2$:C1s$_2$. Die Köpfe binden an die konstanten Domänen von Immunglobulinen oder direkt an die Oberfläche von Pathogenen. Dies führt zu einer Konformationsänderung von C1r, wodurch wiederum das C1s-Zymogen gespalten und aktiviert wird. (Foto mit freundlicher Genehmigung von K. B. M. Reid; × 500 000.)

Eine weitere Funktion von C1q bei der angeborenen Immunität besteht darin, dass der Faktor direkt an die Oberfläche von bestimmten Krankheitserregern binden kann und so die Komplementaktivierung ohne die Anwesenheit von Antikörpern auslöst. C1q kann beispielsweise an das C-reaktive Protein binden, das an Phosphocholin auf Bakterien gebunden ist. Deshalb ist die Aktivierung von C1 durch natürliche Antikörper und direkt durch die Oberfläche von Pathogenen ein wichtiger Mechanismus der angeborenen Immunität.

C1q ist Teil des **C1-Komplexes**, der aus einem einzelnen C1q-Molekül und jeweils zwei Molekülen der Zymogene C1r und C1s besteht. C1q selbst ist ein Hexamer, dessen Untereinheiten alle jeweils ein Trimer darstellen und eine globuläre Domäne bilden, die dadurch auch einen Schwanz aus einer kollagenähnlichen Dreifachhelix besitzt. Im C1q-Hexamer sind die sechs globulären Köpfe über ihre kollagenähnlichen Schwänze, die den (C1r:C1s)$_2$-Komplex umgeben, miteinander verbunden (Abb. 2.27). Die Bindung von mehr als einem der C1q-Köpfe an die Oberfläche eines Krankheitserregers oder an die konstante Region von Antikörpern, die Fc-Region, in einem Immunkomplex aus Antigen und Antikörper verursacht eine Konformationsänderung im (C1r:C1s)$_2$-Komplex. Das führt zur Aktivierung der autokatalytisch wirkenden enzymatischen Aktivität von C1r. Die aktive Form von C1r spaltet dann das assoziierte C1s und es entsteht daraus eine aktive Serinprotease.

Nach der Aktivierung wirkt das C1s-Protein auf die nächsten beiden Komponenten des klassischen Weges ein und spaltet so C4 und C2 in zwei große Fragmente C4b und C2a, die zusammen die C3-Konvertase des klassischen Weges bilden. C1s spaltet im ersten Schritt C4 zu C4b, das sich kovalent an die Oberfläche von Krankheitserregern heften kann. Das so gebundene C4b bindet ein Molekül C2, sodass dieses der Spaltung durch C1s zugänglich wird. Bei der Spaltung von C2 durch C1s entsteht

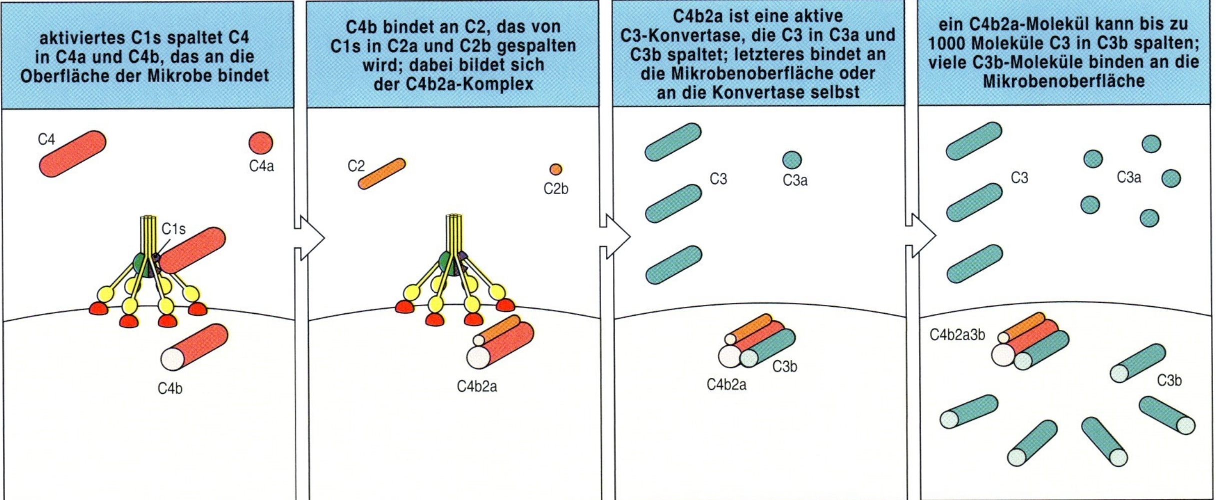

2.28 Der klassische Weg der Komplementaktivierung erzeugt eine C3-Konvertase, die große Mengen von C3b-Molekülen auf der Oberfläche des Pathogens ablädt. Die Schritte der Reaktion sind hier kurz angegeben und im Text genauer erläutert. Die Spaltung von C4 durch C1s exponiert eine reaktive Gruppe auf C4b, die dann kovalent an die Pathogenoberfläche binden kann. C4b bindet an C2, sodass dieses Molekül durch C1s gespalten werden kann. Das größere Fragment C2a ist die aktive Proteasekomponente der C3-Konvertase, die viele C3-Moleküle spaltet. Dabei entstehen C3b, das an die Pathogenoberfläche bindet, sowie C3a, ein Entzündungsmediator.

Proteine des alternativen Weges der Komplementaktivierung

native Komponenten	aktive Form	Funktion der aktiven Form
C1 (C1q:$C1r_2$:$C1s_2$)	C1q	bindet direkt an Pathogenoberflächen oder indirekt an pathogengebundenen Antikörper, ermöglicht so Autoaktivierung von C1r
	C1r	wandelt C1s in aktive Protease um
	C1s	spaltet C4 und C2
C4	C4b	bindet kovalent an den Krankheitserreger und opsonisiert ihn; bindet C2 für die Spaltung durch C1s
	C4a	Peptidentzündungsmediator (schwache Aktivität)
C2	C2a	aktives Enzym der C3/C5-Konvertase des klassischen Weges; spaltet C3 und C5
	C2b	Vorstufe des vasoaktiven C2-Kinins
C3	C3b	viele Moleküle binden an die Pathogenoberfläche und wirken opsonisierend; initiiert Verstärkung über den alternativen Weg; bindet C5 für die Spaltung durch C2a
	C3a	Peptidentzündungsmediator (mittlere Aktivität)

2.29 Die Proteine des klassischen Weges der Komplementaktivierung.

das große Fragment C2a, das selbst eine Serinprotease ist. C4b2a, der Komplex aus C4b und der aktiven Serinprotease C2a, verbleibt als C3-Konvertase des klassischen Weges kovalent an die Oberfläche des Krankheitserregers gebunden. Die wichtigste Aktivität der C3-Konvertase ist die Spaltung von großen Mengen an C3-Molekülen zu C3b, welche die Oberfläche des Pathogens einhüllen können. Gleichzeitig löst das andere Spaltprodukt C3a eine lokale Entzündungsreaktion aus. Diese Reaktionen machen den klassischen Weg der Komplementaktivierung aus (Abb. 2.28); in Abbildung 2.29 sind die beteiligten Proteine und ihre aktiven Formen aufgeführt.

2.14 Der Lektinweg ist zum klassischen Weg homolog

Der Lektinweg verwendet zur Aktivierung der Komplementkaskade Proteine, die C1q sehr ähnlich sind. Eines dieser Proteine ist das **mannosebindende Lektin (MBL)** (siehe oben). Es bindet spezifisch an Mannosereste und an bestimmte andere zugängliche Zuckermoleküle, die in einem bestimmten Muster angeordnet sind (Abb. 2.15). So kann MBL an zahlreiche Pathogene binden. Bei Vertebratenzellen ist Mannose jedoch durch andere Zuckergruppen bedeckt, insbesondere durch Sialinsäure. MBL kann also die Komplementaktivierung einleiten, indem es an die Oberfläche von Krankheitserregern bindet, während es durch körpereigene Zellen nicht aktiviert wird. MBL kommt bei den meisten Menschen im normalen Plasma nur in geringen Konzentrationen vor, in der Leber wird es während der akuten Phase der angeborenen Immunantwort verstärkt gebildet (letzter Teil dieses Kapitels).

MBL ist ein Molekül mit zwei bis sechs Köpfen, das wie C1q mit zwei Proteasezymogenen einen Komplex bildet, beim MBL-Komplex handelt es sich um die beiden Zymogene MASP-1 und MASP-2 (Abb. 2.30). MASP-2 ist zu C1r und C1s stark homolog; MASP-1 ist ein etwas weiter entfernter „Vetter". Wahrscheinlich gingen alle vier Enzyme in der Evolution aus der Verdopplung eines gemeinsamen Vorfahrengens hervor. Wenn der MBL-Komplex an die Oberfläche eines Pathogens bindet, wird MASP-2 aktiviert, C4 und C2 zu spalten. Die Funktion von MASP-1 bei der Komplementaktivierung ist unklar, falls es hier überhaupt eine besitzt. *In vitro* kann es C2 genauso effizient spalten wie MASP-2. Möglicherweise besteht seine Funktion darin, die Komplementaktivierung zu verstärken, wobei es sie nicht in Gang setzen kann. Der Lektinweg löst also die Komplementaktivierung auf sehr ähnliche Weise aus wie der klassische Weg, wobei durch die Bindung von C2a an C4b die C3-Konvertase entsteht. Menschen mit einem MBL-Defekt leiden während der frühen Kindheit deutlich öfter an Infektionen. Dies verdeutlicht, wie wichtig der Lektinweg für die Immunabwehr ist. Die Tatsache, dass nur eine bestimmte Altersgruppe betroffen ist, zeigt auch, welche besondere Bedeutung die Mechanismen der angeborenen Immunantwort während der Kindheit besitzen, bevor sich die adaptive Immunität eines Kindes voll entwickelt hat und nachdem die mütterlichen Antikörper, die durch Plazenta und Kolostralmilch übertragen werden, abgebaut wurden.

Die **Ficoline** sind MBL und C1q in Form und Funktion ähnlich, und sie binden ebenfalls an Kohlenhydrate auf der Oberfläche von Mikroorganismen. Sie aktivieren wie die Kollektine das Komplementsystem

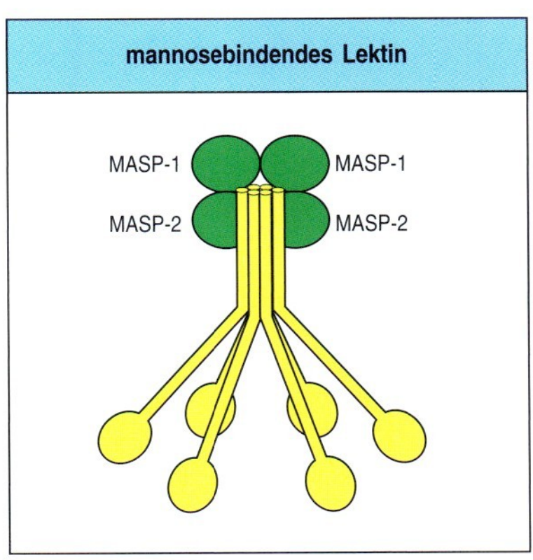

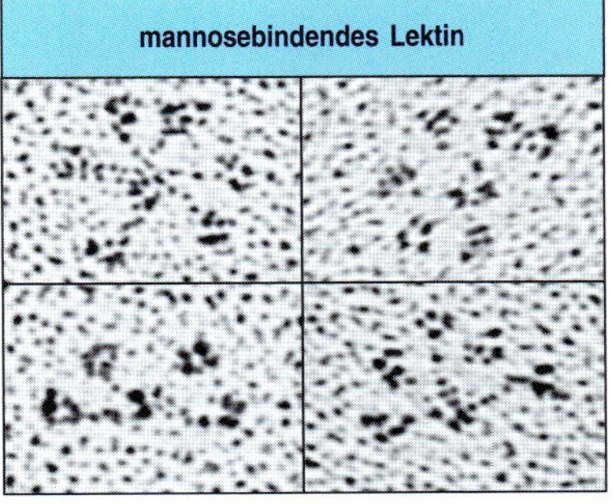

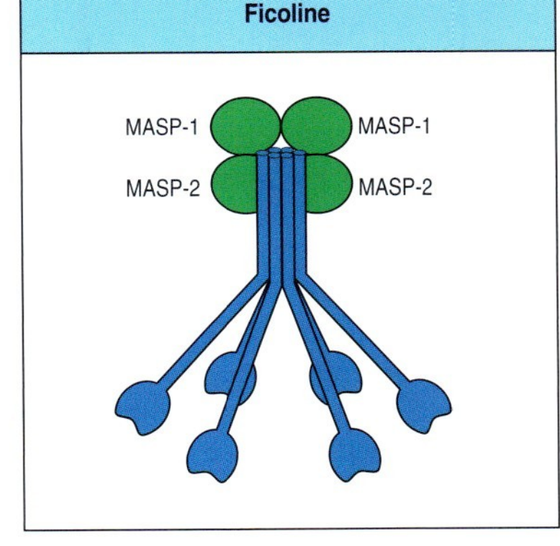

2.30 Das mannosebindende Lektin (MBL) bildet einen Komplex mit Serinproteasen, der dem Komplement-C1-Komplex ähnlich ist. Das mannosebindende Lektin (MBL) (oben) bildet Cluster aus zwei bis sechs kohlenhydratbindenden Köpfen um einen zentralen Stiel, der von den kollagenähnlichen Schwänzen der MBL-Monomere gebildet wird. Diese Struktur, die im Elektronenmikroskop leicht zu erkennen ist (Mitte), sieht der von C1q sehr ähnlich. Mit diesem Komplex sind die Serinproteasen MASP-1 und -2 (MBL-assoziierte Serinproteasen) verknüpft. Die strukturelle Verteilung der MASP-Proteine im Komplex ist noch nicht bekannt, aber wahrscheinlich treten sie mit MBL auf dieselbe Weise in Wechselwirkung wie C1r und C1s mit C1q. Nach der Bindung von MBL an bakterielle Oberflächen wird MASP-2 aktiviert und kann dann das Komplementsystem stimulieren, indem es C4 und C2 spaltet und dadurch aktiviert. Die Ficoline (unten) ähneln in ihrer Gesamtstruktur dem MBL. Sie sind mit MASP-1 und MASP-2 assoziiert und können C4 und C2 nach der Bindung an Kohlenhydratmoleküle auf mikrobiellen Oberflächen aktivieren. Die kohlenhydratbindende Domäne der Ficoline ist eine dem Fibrinogen ähnliche Domäne und keine Lektindomäne wie bei MBL. (Foto mit freundlicher Genehmigung von K. B. M. Reid.)

durch Bindung und Aktivierung von MASP-1 und MASP-2 (Abb. 2.30). Beim Menschen gibt es drei Ficoline: L-, M- und H-Ficolin. Die Ficoline unterscheiden sich von den Kollektinen dadurch, dass sie anstelle einer Lektindomäne, die mit einem kollagenähnlichen Stiel verknüpft ist, eine dem Fibrinogen ähnliche Domäne besitzen. Diese bindet Kohlenhydrate und verleiht den Ficolinen ihre allgemeine Spezifität für Oligosaccharide, die *N*-Acetylglucosamin enthalten. Bei der Besprechung der Komplementaktivierung durch diese angeborenen Aktivierungsmoleküle haben wir MBL als Prototyp gewählt, aber möglicherweise sind die Ficoline in Wirklichkeit wichtiger, da ihre Konzentration im Plasma größer ist als die von MBL.

2.15 Die Aktivierung des Komplementsystems beschränkt sich größtenteils auf die Oberfläche, an der die Initiation erfolgte

Der klassische und der Lektinweg der Komplementaktivierung werden durch Proteine in Gang gesetzt, die an die Oberfläche von Krankheitserregern binden (siehe oben). Während der anschließenden *triggered enzyme*-Kaskade ist von Bedeutung, dass die aktivierenden Ereignisse in demselben Bereich stattfinden, damit auch die C3-Aktivierung an der Oberfläche des Pathogens erfolgt und nicht im Plasma oder an Oberflächen von Körperzellen. Dies wird hauptsächlich durch die kovalente Bindung von C4b an die Oberfläche des Pathogens erreicht. Die Spaltung von C4 exponiert am C4b-Molekül eine hoch reaktive Thioesterbindung, die es ermöglicht, dass C4b kovalent an Moleküle in der unmittelbaren Umgebung der Aktivierungsstelle binden kann. Bei der angeborenen Immunität wird die C4-Spaltung durch C1 oder einen MBL-Komplex katalysiert, der an die Oberfläche des Pathogens gebunden ist. C4b kann an benachbarte Proteine oder Kohlenhydrate auf der Oberfläche des Krankheitserregers binden. Wenn C4b diese Bindung nicht schnell ausbildet, wird die Thioesterbindung durch eine Reaktion mit einem Wassermolekül gespalten, und diese Hydrolysereaktion inaktiviert C4b irreversibel (Abb. 2.31). Dies hindert C4b daran, von der Aktivierungsstelle an der Oberfläche des Mikroorganismus weg zu diffundieren und sich an gesunde Körperzellen anzulagern.

C2 wird nur dann für die Spaltung durch C1b zugänglich, wenn es an C4b gebunden ist. Dadurch bleibt auch die Aktivität der C2a-Serinprotease auf die Oberfläche des Pathogens beschränkt, wo sie mit C4b asso-

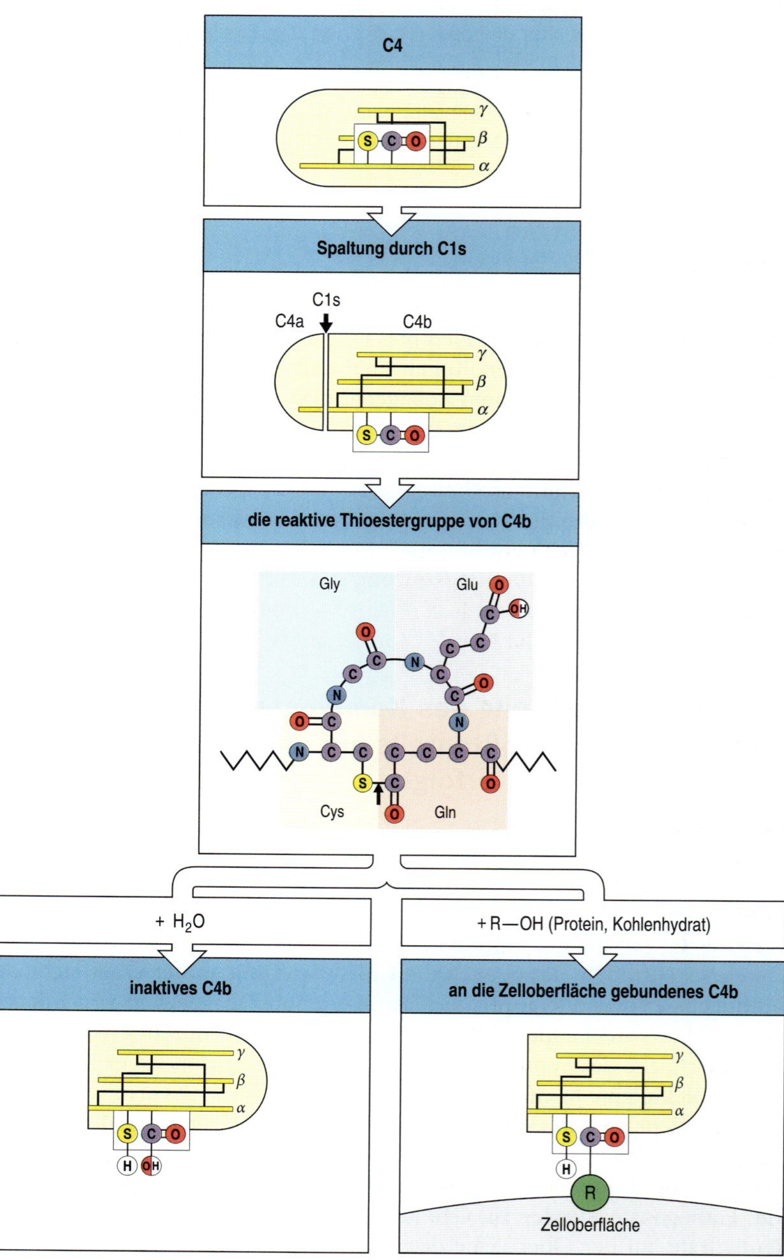

2.31 Die Spaltung von C4 macht eine aktive Thioesterbindung zugänglich, mit der das große Fragment C4b kovalent an naheliegende Moleküle auf der bakteriellen Oberfläche bindet. Ein intaktes C4 besteht aus einer α-, einer β- und einer γ-Kette mit einer abgeschirmten Thioesterbindung in der α-Kette, die zugänglich wird, wenn die α-Kette durch C1s gespalten wird und C4b entsteht. Die Thioesterbindung (Pfeil im dritten Bild) wird schnell hydrolysiert (also durch Wasser gespalten), wodurch C4b inaktiviert wird, wenn sie nicht mit Hydroxyl- oder Aminogruppen reagiert und kovalent an Moleküle auf der Pathogenoberfläche bindet. Das homologe Protein C3 besitzt eine identische reaktive Thioesterbindung, die bei der Spaltung von C3 durch C2b ebenfalls auf dem C3b-Fragment exponiert wird. Die kovalente Anlagerung von C3b und C4b ermöglicht es diesen Molekülen, als Opsonine zu wirken. Sie trägt auch entscheidend dazu bei, die Komplementaktivierung auf die Pathogenoberflächen zu beschränken.

ziiert bleibt und die C3-Konvertase (C4b2a) bildet. Die Aktivierung von C3-Molekülen erfolgt also ebenfalls an der Oberfläche des Pathogens. Darüber hinaus wird auch das C3b-Spaltprodukt schnell inaktiviert, wenn es nicht nach demselben Mechanismus wie C4b kovalent bindet. Durch diese Bindung kann C4b nur die Oberfläche opsonisieren, an der die Komplementaktivierung stattgefunden hat. Die Opsonisierung von Krankheitserregern durch C3b ist effizienter, wenn Antikörper an die Oberfläche des Pathogens gebunden sind, da Phagocyten sowohl für das Komplement als auch für Antikörper Rezeptoren besitzen (Kapitel 9). Da die reaktiven Faktoren C3b und C4b mit jedem angrenzenden Protein oder Kohlenhydrat eine kovalente Bindung ausbilden können, wird ein Teil des reaktiven C3b oder C4b mit den Antikörpermolekülen selbst verknüpft. Diese Kombination aus Antikörpern, die mit dem Komplement chemisch quervernetzt sind, ist wahrscheinlich das wirkungsvollste Signal für das Auslösen der Phagocytose.

2.16 Die Hydrolyse von C3 setzt den alternativen Komplementweg in Gang

Den dritten Weg der Komplementaktivierung bezeichnet man als alternativen Weg, da man ihn nach Definition des klassischen Weges als zweiten oder „alternativen" Weg entdeckt hat. Dieser Komplementweg kann an den Oberflächen zahlreicher Mikroorganismen ablaufen, ohne dass ein spezifischer Antikörper vorhanden sein muss; dabei entsteht eine andere C3-Konvertase, die man als C3bBb bezeichnet. Im Gegensatz zum klassischen und Lektinweg der Komplementaktivierung hängt das Auslösen des alternativen Weges nicht von einem Protein ab, das an das Pathogen bindet. Stattdessen wird dieser Weg durch die spontane Hydrolyse von C3 gestartet (Abb. 2.32, obere drei Grafiken). In Abbildung 2.33 sind die einzelnen Komponenten des alternativen Weges aufgeführt. Mehrere Mechanismen stellen sicher, dass der Aktivierungsweg nur an der Oberfläche eines Krankheitserregers und nicht auf normalen Körperzellen und Geweben seinen Fortgang nimmt.

C3 kommt im Plasma in großer Menge vor und C3b entsteht in beträchtlicher Anzahl durch spontane Spaltung (auch als *tickover* bezeichnet). Dabei kommt es zu einer spontanen Hydrolyse der Thioesterbindung im C3-Molekül und es entsteht C3(H_2O), das eine andere Konformation besitzt, sodass das Plasmaprotein **Faktor B** binden kann. Die Bindung von B durch C3(H_2O) ermöglicht es dann der Plasmaprotease **Faktor D**, Faktor B in Ba und Bb zu spalten. Bb bleibt an C3(H_2O) gebunden und bildet so den C3(H_2O)Bb-Komplex. Dieser ist eine C3-Konvertase der flüssigen Phase. Obwohl der Komplex nur in geringen Mengen entsteht, kann er doch viele C3-Moleküle zu C3a und C3b spalten. Ein großer Teil von C3b wird durch Hydrolyse inaktiviert, einige Moleküle binden jedoch kovalent über ihre reaktive Thioestergruppe an die Oberflächen von Körperzellen oder Pathogenen. Auf diese Weise gebundenes C3b kann sich nun an Faktor B heften, sodass dieser durch Faktor D zu dem kleinen Fragment Ba und der aktiven Protease Bb gespalten werden kann. Dies führt zur Bildung der C3-Konvertase des alternativen Komplementweges: C3bBb (Abb. 2.34).

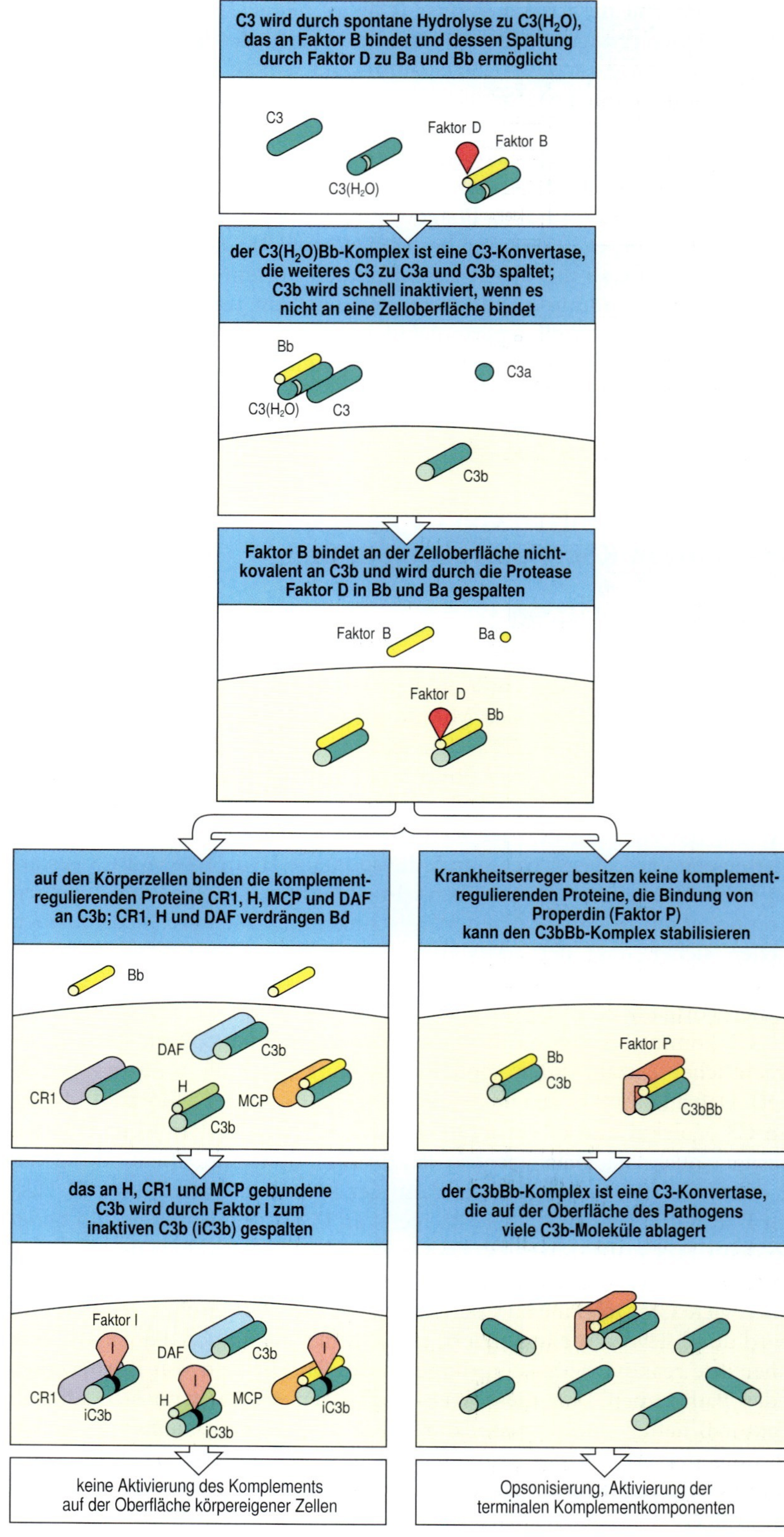

2.32 Komplementproteine, die über den alternativen Weg aktiviert worden sind, greifen Krankheitserreger an, nicht jedoch körpereigene Zellen, die von komplementregulatorischen Proteinen geschützt werden. C3 wird im Serum spontan zu C3(H_2O) gespalten. C3(H_2O) bindet Faktor B, der dann durch Faktor D gespalten wird (oben). Die entstehende lösliche C3-Konvertase spaltet C3 zu C3a und C3b. Letzteres kann sich an die Oberfläche von Körperzellen oder Pathogenen heften (zweites Bild). Kovalent gebundenes C3b bindet Faktor B, der daraufhin von Faktor D schnell zu Bb und Ba gespalten wird. Bb bleibt an C3b gebunden, sodass eine C3-Konvertase entsteht, während Ba freigesetzt wird (drittes Bild). Wenn sich C3bBb an der Oberfläche von Körperzellen bildet (unten links), wird der Komplex durch komplementregulatorische Proteine der Körperzelle schnell inaktiviert; dies sind Komplementrezeptor 1 (CR1), *decay accelerating*-Faktor (DAF) und das Membrancofaktorprotein der Proteolyse (MCP). Die Oberflächen von Körperzellen begünstigen außerdem die Bindung vom Faktor H aus dem Plasma. CR1, DAF und Faktor H verdrängen Bb von C3b, und CR1, MCP und Faktor H katalysieren die Spaltung von gebundenem C3b durch die Plasmaprotease Faktor I; dabei entsteht das inaktive C3b (iC3b). Bakterielle Oberflächen (unten rechts) tragen keine komplementregulatorischen Proteine und begünstigen die Bindung von Properdin (Faktor P), das die C3bBb-Konvertase-Aktivität stabilisiert. Diese Konvertase entspricht C4b2a des klassischen Weges (Abb. 2.28).

Proteine des alternativen Weges der Komplementaktivierung		
native Komponenten	**aktive Fragmente**	**Funktion**
C3	C3b	bindet an Pathogenoberfläche, bindet B für die Spaltung durch D, C3bBb ist eine C3- und $C3b_2Bb$ eine C5-Konvertase
Faktor B (B)	Ba	kleines B-Fragment, Funktion unbekannt
	Bb	Bb ist das aktive Enzym der C3-Konvertase C3bBb und der C5-Konvertase $C3b_2Bb$
Faktor D (D)	D	Plasmaserinprotease, spaltet B, wenn es an C3b gebunden ist, in Ba und Bb
Properdin (P)	P	Plasmaprotein mit Affinität für C3bBb-Konvertase auf Bakterienzellen

2.33 Die Proteine des alternativen Weges der Komplementaktivierung.

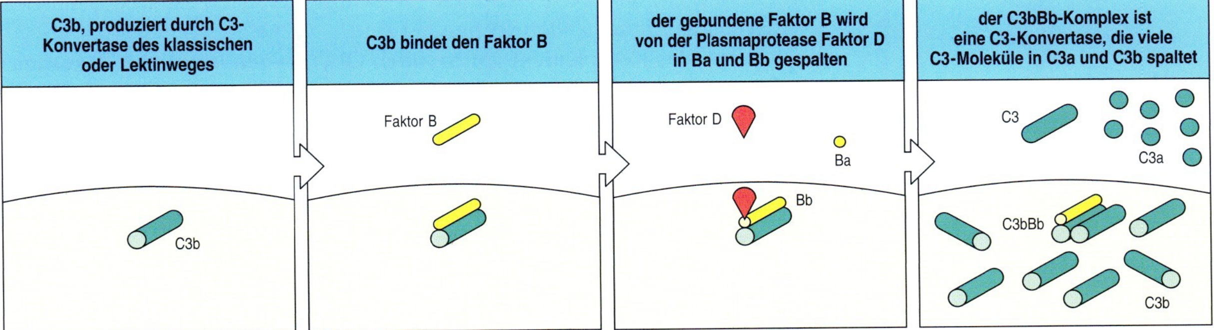

2.34 Der alternative Weg der Komplementaktivierung kann den klassischen oder den Lektinweg verstärken, indem er eine alternative C3-Konvertase erzeugt und mehr C3b-Moleküle auf dem Pathogen abgelagert werden. C3b, das durch den klassischen oder den Lektinweg angelagert wurde, kann Faktor B binden. Danach kann dieser von Faktor D gespalten werden. Der C3bBb-Komplex ist die C3-Konvertase des alternativen Weges der Komplementaktivierung. Ihre Tätigkeit führt, ähnlich wie bei C4b2a, zur Ablagerung vieler C3b-Moleküle auf der Pathogenoberfläche.

2.17 Membran- und Plasmaproteine, die die Bildung und Stabilität der C3-Konvertase regulieren, bestimmen das Ausmaß der Komplementaktivierung unter verschiedenen Bedingungen

Das Ausmaß der Komplementaktivierung hängt entscheidend von der Stabilität der C3bBb-Konvertase ab. Diese Stabilität wird sowohl durch positive als auch negative regulatorische Proteine kontrolliert. Normale Körperzellen sind durch mehrere negative regulatorische Proteine vor einer Komplementaktivierung geschützt. Diese Proteine kommen im Plasma und in den Membranen der Körperzellen vor und schützen die normalen Zellen vor den schädlichen Auswirkungen einer unpassenden Komplementaktivierung. Die Proteine treten mit C3b in Wechselwirkung und verhindern entweder die Bildung der Konvertase oder sie bewirken deren schnelle Dissoziation. Ein an der Membran angeheftetes Protein, das man als *decay accelerating factor* (**DAF** oder **CD55**) bezeichnet, konkurriert an der Zelloberfläche mit Faktor B um die Bindung an C3b und kann Bb aus der Konvertase verdrängen, wenn diese sich bereits gebildet hat. Die Spaltung von C3b zum inaktiven iC3b verhindert ebenfalls die Bildung der Konvertase. Dafür verantwortlich ist die Plasmaprotease **Faktor I**, wobei als Cofaktoren C3b-bindende Proteine wie der **Membrancofaktorprotein** der Proteolyse (**MCP** oder **CD46**) als weiteres Membranprotein der Körperzelle mitwirken. Der Komplementrezeptor CR1 an der Zelloberfläche zeigt bei der Hemmung der C3-Konvertase-Bildung und der Stimulation des Abbaus von C3b zu inaktiven Produkten ähnliche Aktivitäten wie DAF und MCP, seine Verteilung im Gewebe ist jedoch stärker begrenzt. **Faktor H** ist ebenfalls ein komplementregulatorisches Protein im Plasma, das an C3b bindet und wie auch CR1 mit Faktor B konkurriert und Bb in der Konvertase ersetzen kann; außerdem wirkt Faktor H als Cofaktor für Faktor I. Faktor H bindet bevorzugt an C3b, das wiederum an Vertebratenzellen gebunden ist, da es eine Affinität für Sialinsäurereste besitzt, die auf den Oberflächen dieser Zellen vorhanden sind.

Wenn das Komplement auf fremden Oberflächen (etwa von Bakterien) oder tatsächlich an Körperzellen bindet, die geschädigt oder durch Sauerstoffmangel, eine Virusinfektion oder durch die Bindung von Antikörpern verändert sind, werden C3-Konvertase-Enzyme stabilisiert. So kann sich die Komplementaktivierung fortsetzen. Auf diesen Zellen befindet sich ein positiv regulatorisches Plasmaprotein, das man als **Properidin** oder **Faktor P** bezeichnet. Es bindet an die C3bBb-Konvertase und erhöht deren Stabilität. So kommt es zu einer Verstärkung der Komplementaktivierung.

Nach Bildung von C3bBb spaltet der Komplex noch mehr C3 zu C3b, das dann an den Krankheitserreger bindet und entweder als Opsonin wirkt oder den Komplementweg erneut in Gang setzt, sodass ein weiteres Molekül der C3bBb-Konvertase entsteht. Der alternative Komplementweg wirkt also über eine Verstärkungsschleife aktivierend, die an der Oberfläche des Pathogens oder geschädigten Körperzellen ablaufen kann, nicht jedoch bei normalen Körperzellen oder Geweben. Die gleiche Verstärkungsschleife ermöglicht es dem alternativen Komplementweg, bei der Komplementaktivierung mitzuwirken, die vorher über den klassischen oder Lektinweg in Gang gesetzt wurde (Abb. 2.25).

Die C3-Konvertasen, die durch die Aktivierung des klassischen oder Lektinweges (C4b2a) und des alternativen Komplementweges (C3bBb) entstehen, unterscheiden sich offensichtlich. Jedoch lässt sich das Komplementsystem leichter verstehen, wenn man die enge evolutionäre Verwandtschaft zwischen den verschiedenen Komplementproteinen kennt (Abb. 2.35). Demnach sind die Komplementzymogene Faktor B und C2 eng verwandte Proteine, die von homologen Genen codiert werden. Diese sind auf dem menschlichen Chromosom 6 im Haupthistokompatibilitätskomplex (MHC) tandemartig angeordnet. Darüber hinaus enthalten ihre jeweiligen Bindungspartner C3 und C4 Thioesterbindungen, mit deren Hilfe die C3-Konvertasen kovalent an die Oberfläche von Pathogenen binden können. Nur eine einzige Komponente des alternativen Komplementweges scheint mit den funktionell äquivalenten Komponenten des klassischen und Lektinweges keinerlei Verwandtschaft zu besitzen. Dabei handelt es sich um

Schritt in der Reaktionskette	Protein, das die Funktion erfüllt			Verhältnis
	alternativer Weg (angeboren)	Lektin	klassischer Weg	
auslösende Serinprotease	D	MASP	C1s	homolog (C1s und MASP)
kovalente Bindung an Zelloberfläche	C3b	C4b		homolog
C3/C5-Konvertase	Bb	C2a		homolog
Kontrolle der Aktivierung	CR1 H	CR1 C4BP		identisch homolog
Opsonisierung	C3b			identisch
Auslösen der Effektorreaktionen	C5b			identisch
lokale Entzündung	C5a, C3a			identisch
Stabilisierung	P	nein		einmalig

2.35 Zwischen den Faktoren des alternativen, des Lektin- und des klassischen Weges der Komplementaktivierung besteht eine enge Verwandtschaft. Die meisten Faktoren sind entweder identisch oder die Produkte von Genen, die sich erst dupliziert haben und dann in der Sequenz divergierten. Die Proteine C4 und C3 sind homolog und enthalten jeweils die instabile Thioesterbindung, über die das größere Fragment, C4b beziehungsweise C3b, kovalent an Membranen bindet. Die Gene, welche C2 und B codieren, liegen benachbart in der Klasse-III-Region des MHC; sie sind durch Genverdopplung entstanden. Die regulatorischen Proteine Faktor H, CR1 und C4BP enthalten eine Sequenzwiederholung, die bei zahlreichen komplementregulatorischen Proteinen vorkommt. Die einzelnen Wege unterscheiden sich am stärksten in ihrer Aktivierung. Beim klassischen Weg bindet der C1-Komplex entweder an bestimmte Pathogene oder an gebundene Antikörper; im zweiten Fall dient der C1-Komplex dazu, die Antikörperbindung in eine enzymatische Aktivität auf einer spezifischen Oberfläche umzusetzen. Beim Lektinweg lagert sich das mannosebindende Lektin (MBL) an MASP-1 und MASP-2 an, die dadurch aktiviert werden, und erfüllt so dieselbe Funktion wie C1r:C1s, während beim alternativen Weg Faktor D diese Enzymaktivität enthält.

die Serinprotease Faktor D, die den alternativen Weg in Gang setzt. Dieses Protein ist die einzige aktivierende Protease des Komplementsystems, die als aktives Enzym zirkuliert und nicht als Zymogen. Dies ist für das Auslösen des alternativen Weges durch spontane Spaltung von Faktor B notwendig, der an das spontan aktivierte C3 gebunden ist, bedeutet aber auch Sicherheit für den Körper, da Faktor D nur Faktor B als Substrat erkennt, wenn dieser an C3b gebunden ist. Das heißt, dass Faktor D sein Substrat im Plasma nur in sehr geringen Mengen findet und an den Oberflächen von Pathogenen, wo der alternative Weg der Komplementaktivierung abläuft.

Ein Vergleich der verschiedenen Komplementwege verdeutlicht das allgemeine Prinzip, dass die meisten Immuneffektormechanismen, die als Teil der frühen nichtadaptiven Immunantwort gegen eine Infektion auf nichtklonale Weise aktiviert werden können, im Lauf der Evolution auch als Effektormechanismen der adaptiven Immunität genutzt wurden. Es gilt als ziemlich sicher, dass sich die adaptive Immunantwort durch Hinzufügen spezifischer Erkennungsmechanismen aus dem ursprünglichen nichtadaptiven System entwickelt hat. Das zeigt sich besonders deutlich beim Komplementsystem, da man hier die Komponenten kennt und funktionell homologe Proteine offenbar evolutionär miteinander verwandt sind.

2.18 Die oberflächengebundene C3-Konvertase lagert an der Oberfläche eines Krankheitserregers große Mengen von C3b-Fragmenten ab und erzeugt die C5-Konvertase-Aktivität

Die Bildung der C3-Konvertasen ist das Ereignis, bei dem die drei Wege der Komplementaktivierung zusammenlaufen, da die Konvertase C4b2a des klassischen und des Lektinweges sowie die Konvertase C3bBb des alternativen Weges dieselbe Aktivität besitzen und dieselben Folgereaktionen in

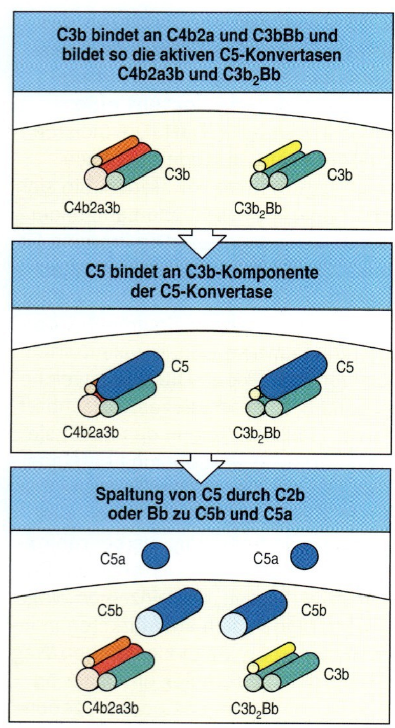

2.36 Die Bindung der Komplementkomponente C5 durch ein C3b-Molekül, das Teil des C5-Konvertase-Komplexes ist, führt zur Spaltung von C5. Wie im oberen Bild dargestellt, entstehen C5-Konvertasen entweder, wenn C3b an die C3-Konvertase des klassischen und Lektinweges (C4b2a) bindet und C4b2a3b bildet oder wenn C3b an die C3-Konvertase des alternativen Weges (C3bBb) bindet, sodass $C3b_2Bb$ entsteht. C5 lagert sich in diesen Komplexen an C3b an (Mitte). Das untere Bild zeigt die Spaltung von C5 durch das aktive Enzym C2a oder Bb, bei der C5b und das entzündungsvermittelnde C5a entstehen. Anders als C3b und C4b bindet C5b nichtkovalent an die Zelloberfläche. Die Produktion von C5b führt zum Zusammenfügen der terminalen Komplementkomponenten.

Gang setzen. Beide spalten C3 zu C3b und C3a. C3b bindet kovalent über die Thioesterbindung an benachbarte Moleküle an der Oberfläche eines Pathogens. Wenn dies nicht gelingt, wird C3b durch Hydrolyse inaktiviert. C3 ist mit einer Konzentration von 1,2 mg ml^{-1} im Plasma das häufigste Komplementprotein. Bis zu 1 000 C3b-Moleküle können in der Nähe einer einzigen aktiven C3-Konvertase binden (Abb. 2.34). Der Haupteffekt der Komplementaktivierung ist demnach die Ablagerung von großen Mengen C3b an der Oberfläche eines Krankheitserregers. Das Material bildet dort eine kovalent verknüpfte Hülle, die den Phagocyten das Signal zur endgültigen Zerstörung des Krankheitserregers gibt.

Der nächste Schritt der Kaskade ist die Erzeugung der C5-Konvertasen. Beim klassischen und beim Lektinweg entsteht durch die Bindung von C3b an C4b2a der Komplex C4b2a3b. Auf ähnliche Weise entsteht die C5-Konvertase des alternativen Weges durch die Bindung von C3b an die C3-Konvertase unter Bildung von $C3b_2Bb$. Diese C5-Konvertase-Komplexe „fangen" C5-Moleküle, da diese an eine Akzeptorstelle von C3b binden. Dadurch ist C5 für die Spaltung durch die Serinproteasen C2b oder Bb zugänglich. Diese Reaktion, aus der C5b und C5a hervorgehen, verläuft in viel geringerem Maß als die Spaltung von C3, da C5 nur gespalten werden kann, wenn es an C3b bindet, das anschließend von C4b2a oder C3Bb gebunden wird, wodurch der aktive C5-Konvertase-Komplex entsteht. Demnach führt die Komplementaktivierung bei allen drei Wegen zur Bindung zahlreicher C3b-Moleküle an die Oberfläche des Pathogens, zur Produktion einer geringeren Zahl von C5b-Molekülen und zur Freisetzung von C3a und C5a (Abb. 2.36).

2.19 Rezeptoren für gebundene Komplementproteine vermitteln die Aufnahme von komplementmarkierten Krankheitserregern durch die Phagocyten

Die wichtigste Aufgabe des Komplements ist, die Aufnahme und Zerstörung von Pathogenen durch phagocytotische Zellen zu erleichtern. Dies geschieht dadurch, dass **Komplementrezeptoren** (**CR**) auf Phagocyten gebundene Komplementkomponenten spezifisch erkennen. Diese Komplementrezeptoren binden an Pathogene, die mit Komplementkomponenten opsonisiert wurden. Die Opsonisierung von Pathogenen ist eine Hauptfunktion von C3b und seinen proteolytischen Derivaten. C4b wirkt ebenfalls als Opsonin, spielt aber nur eine relativ geringe Rolle, hauptsächlich weil viel mehr C3b als C4b entsteht.

Die sechs bekannten Rezeptortypen für gebundene Komplementkomponenten sind mit ihrer Funktion und Verteilung in Abbildung 2.37 aufgeführt. Am besten ist der C3b-Rezeptor **CR1** (**CD35**) charakterisiert. CR1 wird sowohl auf Makrophagen als auch auf neutrophilen Zellen exprimiert. Die Bindung von C3b an CR1 allein kann die Phagocytose nicht anregen, dafür sind weitere Immunmediatoren erforderlich, die Makrophagen aktivieren. So kann das kleine Komplementfragment C5a Makrophagen aktivieren, Bakterien aufzunehmen, die an ihre CR1-Rezeptoren gebunden sind (Abb. 2.38). C5a bindet an den **C5a-Rezeptor**, der ebenfalls von Makrophagen exprimiert wird. Dieser Rezeptor enthält sieben membrandurchspannende Domänen. Rezeptoren dieser Art koppeln an guaninnucleo-

Rezeptor	Spezifität	Funktionen	Zelltypen
CR1	C3b, C4b iC3b	regt Zerfall von C3b und C4b an, stimuliert die Phagocytose; Erythrocytentransport von Immunkomplexen	Erythrocyten, Makrophagen, Monocyten, polymorphkernige Leukocyten, B-Zellen, FDC
CR2 (CD21)	C3d, iC3b, C3dg Epstein-Barr-Virus	Teil des B-Zell-Corezeptors, Rezeptor des Epstein-Barr-Virus	B-Zellen, FDC
CR3 (Mac-1) (CD11b/ CD18)	iC3b	stimuliert die Phagocytose	Makrophagen, Monocyten, polymorphkernige Leukocyten, FDC
CR4 (gp150, 95) (CD11c/ CD18)	iC3b	stimuliert die Phagocytose	Makrophagen, Monocyten, polymorphkernige Leukocyten, dendritische Zellen
C5a-Rezeptor	C5a	Bindung von C5a aktiviert G-Protein	Endothelzellen, Mastzellen, Phagocyten
C3a-Rezeptor	C3a	Bindung von C3a aktiviert G-Protein	Endothelzellen, Mastzellen, Phagocyten

2.37 Verteilung und Funktion von Zelloberflächenrezeptoren für Komplementproteine. Es gibt mehrere verschiedene Rezeptoren, die für unterschiedliche Komplementkomponenten und ihre Fragmente spezifisch sind. CR1 und CR3 sind besonders wichtig für die Induktion der Phagocytose von Bakterien, an deren Oberfläche Komplementkomponenten gebunden sind. CR2 kommt hauptsächlich auf B-Zellen vor, wo es auch zum Corezeptorkomplex der B-Zelle gehört sowie zu dem Rezeptor, über den das Epstein-Barr-Virus selektiv B-Zellen infiziert und so eine infektiöse Mononucleose auslöst. CR1 und CR2 enthalten Strukturmerkmale, die sich auch bei komplementregulatorischen Proteinen finden, welche C3b und C4b binden. CR3 und CR4 sind Integrine; CR3 ist bei der Adhäsion und Wanderung der Leukocyten von Bedeutung, während CR4 offenbar nur bei Reaktionen der Phagocyten eine Rolle spielt. Die C5a- und C3a-Rezeptoren sind an G-Proteine gekoppelte Rezeptoren mit sieben membrandurchspannenden Helices. FDC, follikuläre dendritische Zellen (sie sind an der angeborenen Immunität nicht beteiligt, siehe Kapitel weiter unten).

tidbindende Proteine (sogenannte G-Proteine) im Zellinneren, und auch der C5a-Rezeptor gibt auf diese Weise Signale weiter. Auch Proteine, die mit der extrazellulären Matrix assoziiert sind wie Fibronectin, können zur Aktivierung von Phagocyten beitragen; diese Proteine sind von Bedeutung, wenn Phagocyten in das Bindegewebe gelockt und dort aktiviert werden.

Drei weitere Komplementrezeptoren – **CR2**, auch unter der Bezeichnung **CD21** bekannt, **CR3** (**CD11b:CD18**) und **CR4** (**CD11c:CD18**) – binden an inaktive Formen von C3b, die an die Pathogenoberfläche angeheftet bleiben. Wie verschiedene andere Schlüsselkomponenten des Komplements kann C3b durch einen regulatorischen Mechanismus in Derivate gespalten werden, die keine aktive Konvertase bilden können. Eines dieser inaktiven Derivate von C3b ist **iC3b** (Abschnitt 2.17), das als eigenständiges Opsonin wirkt, wenn es vom Komplementrezeptor CR3 gebunden wird. Anders als die Bindung von iC3b an CR1, reicht die Assoziierung von iC3b mit CR3 aus, um die Phagocytose zu stimulieren. Ein zweites Spaltprodukt von C3b, das sogenannte **C3dg**, bindet nur an CR2. Dieser Rezeptor kommt auf B-Zellen als Teil des Corezeptorkomplexes vor, der das über den antigenspezifischen Immunglobulinrezeptor empfangene Signal verstärkt. So erhält eine B-Zelle, deren Antigenrezeptor für ein bestimmtes Pathogen spezifisch ist, nach Bindung dieses Pathogens ein deutlich höheres Signal, wenn das Pathogen zudem mit C3dg bedeckt ist. Die Komplementaktivierung kann daher zur Erzeugung einer starken Antikörperantwort beitragen (Kapitel 6 und 9). Dieses Beispiel für die Beteiligung der angeborenen humoralen Immunantwort an der Aktivierung der adaptiven humoralen Immunität entspricht dem Beitrag der angeborenen zellulären Antwort der Makrophagen und dendritischen Zellen beim Auslösen einer T-Zell-Antwort (siehe unten in diesem Kapitel).

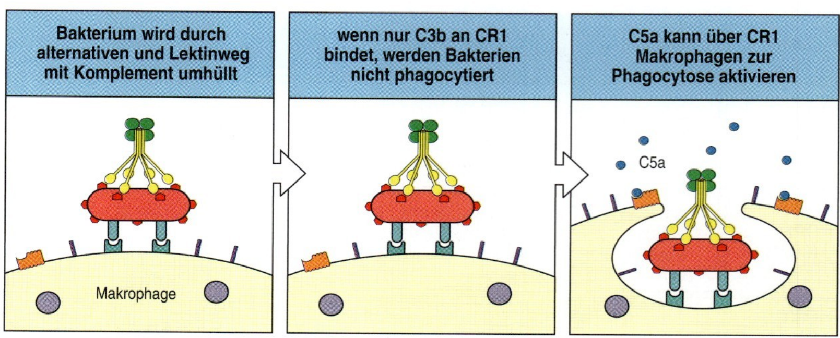

2.38 Das Anaphylatoxin C5a kann die Phagocytose von opsonisierten Mikroorganismen verstärken. Die Komplementaktivierung durch den alternativen oder den Lektinweg führt zur Anlagerung von C3b an die Oberfläche des Mikroorganismus (links). Der Komplementrezeptor CR1 an der Oberfläche von Phagocyten kann C3b binden, dies allein reicht jedoch nicht aus, die Phagocyten zu aktivieren (Mitte). Phagocyten exprimieren aber auch Rezeptoren für das Anaphylatoxin C5a, und die C5a-Bindung aktiviert die Zelle zur Phagocytose der Mikroorganismen, die über CR1 gebunden sind (rechts).

Die zentrale Bedeutung der Opsonisierung durch C3b und seine inaktiven Fragmente für die Zerstörung von extrazellulären Pathogenen zeigt sich an den Auswirkungen verschiedener Komplementmangelkrankheiten. Während Personen, denen irgendeine der späten Komponenten des Komplementsystems fehlt, relativ wenig beeinträchtigt sind (es besteht nur eine erhöhte Anfälligkeit für Infektionen mit *Neisseria*), zeigen diejenigen, denen C3 oder Moleküle fehlen, welche die C3b-Ablagerung katalysieren, eine erhöhte Anfälligkeit für Infektionen mit einem breiten Spektrum extrazellulären Bakterien (Kapitel 12).

2.20 Kleine Peptidfragmente einiger Komplementproteine können eine lokale Entzündungsreaktion auslösen

Die kleinen Komplementfragmente C3a, C4a und C5a wirken auf spezifische Rezeptoren (Abb. 2.37) und rufen dadurch lokale Entzündungsreaktionen hervor. Wenn sie in großer Menge erzeugt oder systemisch injiziert werden, lösen sie einen allgemeinen Kreislaufkollaps aus und verursachen ein schockähnliches Syndrom, ähnlich einer systemischen allergischen Reaktion unter Mitwirkung von IgE-Antikörpern (Kapitel 13). Solch eine Reaktion bezeichnet man als **anaphylaktischen Schock** und die kleinen Fragmente des Komplements demzufolge häufig als **Anaphylatoxine**. Von den drei genannten besitzt C5a die höchste spezifische biologische Aktivität. Alle drei induzieren Kontraktionen der glatten Muskulatur und erhöhen die Gefäßdurchlässigkeit, C5a und C3a wirken jedoch auch auf Endothelzellen, die Blutgefäße auskleiden, und induzieren Adhäsionsmoleküle. Darüber hinaus können C3a und C5a Mastzellen aktivieren, die in Geweben unterhalb von Schleimhäuten vorkommen und anschließend Mediatoren wie Histamin und TNF-α freisetzen, die ähnliche Effekte hervorrufen. Die Veränderungen, die C5a und C3a verursachen, mobilisieren Antikörper und das Komplementsystem und locken Phagocyten zu Infektionsherden (Abb. 2.39). Das erhöhte Flüssigkeitsvolumen in den Geweben beschleunigt die Bewegung von antigenpräsentierenden Zellen, die Pathogene enthalten, zu den lokalen Lymphknoten und trägt damit zum schnellen Auslösen der adaptiven Immunantwort bei.

C5a wirkt außerdem direkt auf neutrophile Zellen und Monocyten und verstärkt so deren Anheftung an Gefäßwände, Wanderung zu Stellen mit Antigenablagerungen und ihre Fähigkeit, Partikel aufzunehmen. Außerdem erhöht C5a die Expression von CR1 und CR3 auf der Oberfläche

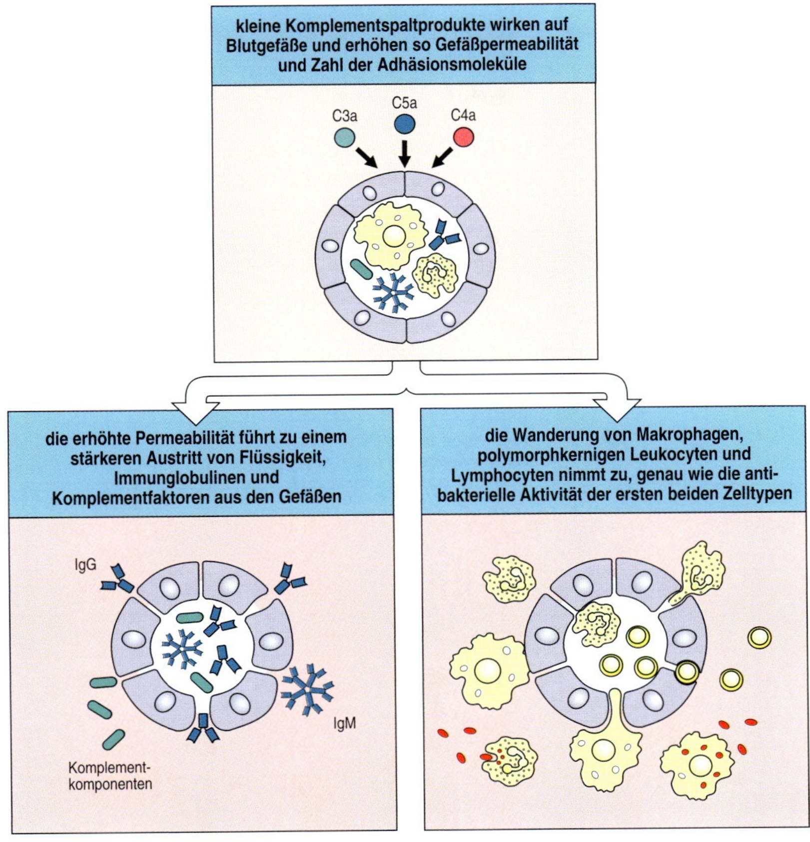

2.39 Kleine Komplementfragmente, besonders C5a, können lokale Entzündungsreaktionen auslösen. Die kleinen Komplementfragmente sind unterschiedlich aktiv, C5a mehr als C3a, C4a am wenigsten. Sie führen zu lokalen Entzündungsreaktionen, indem sie direkt auf lokale Blutgefäße einwirken. Dabei kommt es zu einer Erhöhung der Fließgeschwindigkeit des Blutes, zu einer erhöhten Gefäßpermeabilität und zu einer verstärkten Bindung von Phagocyten an Endothelzellen. C5a aktiviert auch Mastzellen (nicht dargestellt), Mediatoren wie Histamin und TNF-α freizusetzen, die zur Entzündungsreaktion beitragen. Der vergrößerte Durchmesser und die verstärkte Permeabilität der Gefäße führt zu einer Ansammlung von Flüssigkeit und Protein. Die Flüssigkeit erhöht den Lymphfluss, wodurch Pathogene und ihre Antigenkomponenten zu den lokalen Lymphknoten gebracht werden. Die Antikörper, Komplementproteine und Zellen, die so angelockt wurden, tragen zur Beseitigung der Pathogene durch eine verstärkte Phagocytose bei. Die kleineren Komplementfragmente erhöhen die Aktivität der Phagocyten auch direkt.

dieser Zellen. So wirken C5a und, weniger ausgeprägt, C3a und C4a mit anderen Komplementkomponenten zusammen, um die Zerstörung von Pathogenen durch Phagocyten zu beschleunigen. C5a und C3a vermitteln ihre Signale über Transmembranrezeptoren, die G-Proteine aktivieren. So entspricht die Aktivität von C5a beim Anlocken von neutrophilen Zellen und Monocyten der von Chemokinen, die auch über G-Proteine wirken und damit die Zellbewegung steuern.

2.21 Die terminalen Komplementproteine polymerisieren und bilden Poren in Membranen, die bestimmte Pathogene töten können

Ein wichtiger Effekt der Komplementaktivierung ist die Zusammenlagerung der terminalen Komplementkomponenten (Abb. 2.40), wodurch ein membranangreifender Komplex entsteht. Die Reaktionen, die zur Bildung dieses Komplexes führen, sind in Abbildung 2.41 schematisch und im Elektronenmikroskop dargestellt. Das Endergebnis ist eine Pore in der Lipiddoppelschicht, wodurch die Unversehrtheit der Membran zerstört wird. Vermutlich tötet dies den Erreger, indem der Protonengradient über der Pathogenmembran zerstört wird.

2.40 Die terminalen Komplementkomponenten bilden gemeinsam den membranangreifenden Komplex.

die terminalen Komplementkomponenten, die den membranangreifenden Komplex bilden		
native Proteine	**aktive Komponenten**	**Funktion**
C5	C5a	Peptidentzündungsmediator (hohe Aktivität)
	C5b	regt die Bildung des membranangreifenden Komplexes an
C6	C6	bindet C5b, bildet Anlagerungsstelle für C7
C7	C7	bindet C5b6, amphiphiler Komplex integriert in die Lipiddoppelschicht
C8	C8	bindet C5b67, löst die Polymerisierung von C9 aus
C9	$C9_n$	polymerisiert an C5b678 und bildet so membrandurchspannenden Kanal; Zelllyse

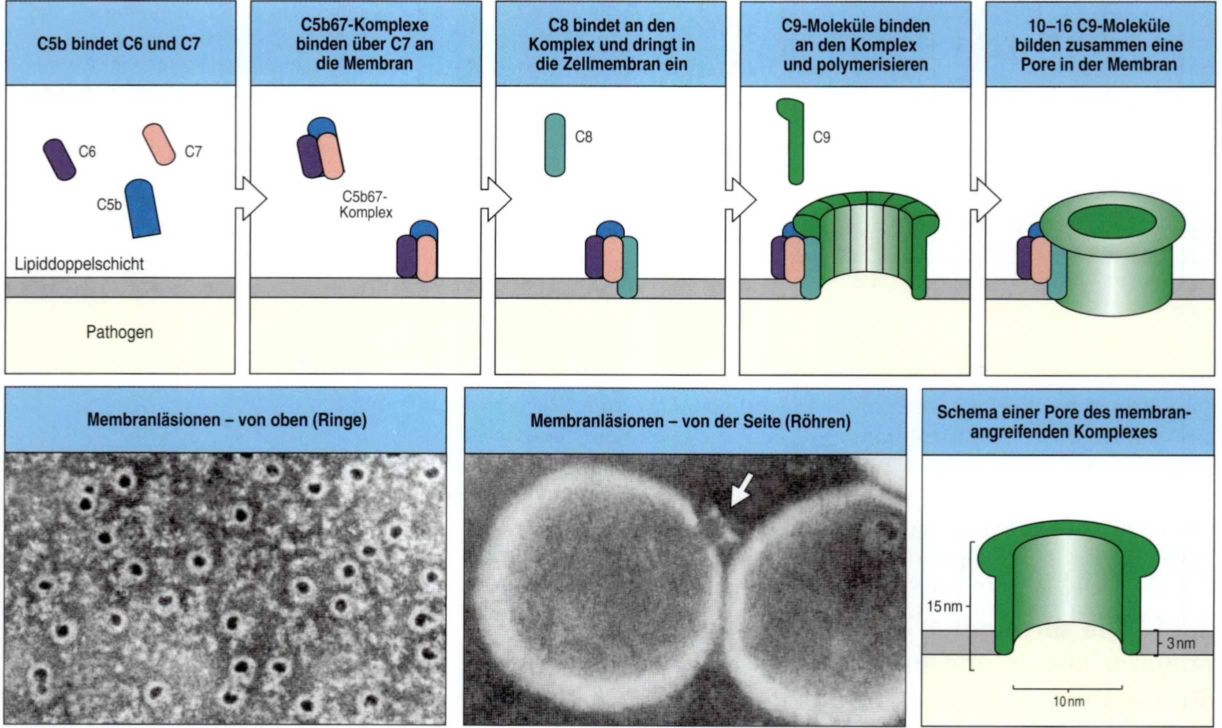

2.41 Die Zusammenlagerung des membranangreifenden Komplexes erzeugt eine Pore in der Lipiddoppelschicht der Membran. Die Abfolge der Schritte und ihr ungefähres Auftreten sind hier in schematischer Form dargestellt. C5b löst die Zusammenlagerung von je einem C6-, C7- und C8 Molekül (in dieser Reihenfolge) aus. C7 und C8 ändern ihre Konformation und hydrophobe Domänen werden exponiert, die dann in die Membran eindringen. Dieser Komplex verursacht von sich aus schon eine leichte Membranschädigung. Außerdem induziert er die Polymerisierung von C9, wiederum mit Exposition einer hydrophoben Stelle. Bis zu 16 C9-Moleküle bilden dann zusammen in der Membran einen Kanal von etwa 10 nm Durchmesser. Dieser durchbricht die äußere Bakterienmembran und tötet das Bakterium. Die elektronenmikroskopische Aufnahme zeigt Erythrocytenmembranen mit membranangreifenden Komplexen in zwei Orientierungen, von oben und von der Seite. (Fotos mit freundlicher Genehmigung von S. Bhakdi und J. Tranum-Jensen.)

Der erste Schritt bei der Bildung des membranangreifenden Komplexes ist die Spaltung von C5 durch eine C5-Konvertase unter Freisetzung von C5b (Abb. 2.36). In den nächsten Phasen (Abb. 2.41) leitet C5b das Zusammenlagern der späteren Komplementkomponenten und ihren Einbau in die Zellmembran ein. Zuerst bindet ein C5b-Molekül an ein C6-Molekül. Der C5b6-Komplex lagert sich dann an ein Molekül C7 an. Diese Reaktion führt zu einer Konformationsänderung bei den beteiligten Molekülen, sodass ein hydrophober Bereich auf C7 zugänglich wird. Dieser schiebt sich in die Lipiddoppelschicht. Hydrophobe Stellen werden auf ähnliche Weise bei den späteren Komponenten C8 und C9 exponiert, wenn sie an den Komplex binden; so ist es ihnen möglich, ebenfalls in die Lipiddoppelschicht einzudringen. C8 ist ein Komplex aus zwei Proteinen: C8β und C8α-γ. Das C8β-Protein bindet an C5b, und durch die Bindung von C8β an den membranassoziierten C5b67-Komplex ist es der hydrophoben Domäne von C8α-γ möglich, in die Lipiddoppelschicht einzudringen. Schließlich induziert C8α-γ die Polymerisierung von zehn bis 16 C9-Molekülen zu einer porenbildenden Struktur, die man als membranangreifenden Komplex bezeichnet. Dieser ist schematisch und elektronenmikroskopisch in Abbildung 2.41 dargestellt. Er besitzt eine hydrophobe äußere Oberfläche, wodurch er mit der Lipiddoppelschicht assoziieren kann, hat jedoch einen hydrophilen inneren Kanal. Der Durchmesser dieses Kanals beträgt etwa 10 nm. Damit können gelöste Moleküle und Wasser frei durch die Lipiddoppelschicht gelangen. Das Durchbrechen der Lipiddoppelschicht führt zum Verlust der zellulären Homöostase, zur Zerstörung des Protonengradienten über der Membran, zum Eindringen von Enzymen wie Lysozym in die Zellen und schließlich zur Zerstörung des Pathogens.

Obwohl die Effekte des membranangreifenden Komplexes sehr dramatisch sind, wie sich vor allem bei Experimenten zeigte, bei denen man Antikörper gegen Erythrocytenmembranen einsetzte, um die Komplementkaskade auszulösen, scheint die Bedeutung dieser Komponenten für die Immunabwehr eher begrenzt zu sein. Bis heute wurde ein Mangel an den Komplementkomponenten C5 bis C9 nur mit einer Anfälligkeit für *Neisseria* in Verbindung gebracht. Dieses Bakterium verursacht die sexuell übertragbare Krankheit Gonorrhoe und eine verbreitete Form der bakteriellen Meningitis. Die opsonisierenden und inflammatorischen Aktivitäten der früheren Komponenten der Komplementkaskade sind daher zweifellos für die Abwehr einer Infektion am wichtigsten. Die Bildung des membranangreifenden Komplexes ist anscheinend nur für das Abtöten einiger weniger Krankheitserreger von Bedeutung, sie spielt aber möglicherweise bei Immunerkrankungen eine wichtige Rolle (Kapitel 14).

2.22 Komplementregulationsproteine steuern alle drei Reaktionswege der Komplementaktivierung und schützen den Körper vor deren zerstörerischen Effekten

Aufgrund der zerstörerischen Wirkungen des Komplementsystems und der schnellen Verstärkung seiner Aktivierung durch die Enzymkaskade verwundert es nicht, dass es mehrere Mechanismen gibt, die eine unkontrollierte Aktivierung verhindern. Wie bereits ausgeführt, entstehen die Effektormoleküle des Komplements durch die aufeinanderfolgende

Aktivierung von Zymogenen, die im Plasma in einer inaktiven Form vorliegen. Die Aktivierung dieser Zymogene erfolgt normalerweise an der Oberfläche von Pathogenen, und die aktivierten Komplementfragmente, die durch die fortschreitende Reaktionskaskade entstehen, binden üblicherweise in der Nähe oder werden schnell durch Hydrolyse inaktiviert. Diese beiden Besonderheiten der Komplementaktivierung wirken als Sicherung gegen eine unkontrollierte Aktivierung. Auch erfolgt die spontane Aktivierung aller Komponenten des Komplements im Plasma mit geringer Geschwindigkeit, und aktivierte Komplementproteine können manchmal an Proteine auf Körperzellen binden. Die potenziell zerstörerischen Folgen werden durch eine Reihe von Komplementregulationsproteinen verhindert (Zusammenfassung in Abbildung 2.42), welche die Komplementkaskade an verschiedenen Stellen regulieren. Wie sich bei der Beschäftigung mit dem alternativen Komplementweg gezeigt hat (Abschnitt 2.16), schützen viele dieser Regulationsproteine die normalen Körperzellen spezifisch, während sie die Komplementaktivierung an der Oberfläche von Krankheitserregern zulassen. Komplementregulationsproteine ermöglichen es daher dem Komplementsystem, körpereigen von körperfremd zu unterscheiden.

Die Reaktionen, welche die Komplementkaskade regulieren, sind in Abbildung 2.43 dargestellt. Die oberen beiden Grafiken zeigen, wie ein Plasmaserinproteaseinhibitor (**Serpin**), das heißt der C1-Inhibitor (C1INH), die Aktivierung von C1 steuert. C1INH bindet das aktive Enzym C1r:C1s und verursacht dessen Dissoziation von C1q, das am Pathogen gebunden bleibt. Auf diese Weise begrenzt C1INH die Zeit, während der das aktive C1s C4 und C2 spalten kann. Genauso begrenzt C1INH die spontane Aktivierung von C1 im Plasma. Die Bedeutung dieses Inhibitors wird beim **erblichen angioneurotischen Ödem** deutlich, das von einem C1INH-Defekt verursacht wird. Dabei kommt es durch eine chronische spontane

regulatorische Proteine des klassischen und des alternativen Weges	
Name (Symbol)	**Rolle bei der Regulation der Komplementaktivierung**
C1-Inhibitor (C1INH)	bindet an aktiviertes C1r, C1s und trennt sie von C1q; bindet auch an die aktivierte Protease MASP-2 und trennt sie von MBL
C4-bindendes Protein (C4BP)	bindet an C4b und ersetzt dabei C2a; Cofaktor für C4b-Spaltung durch I
Komplementrezeptor 1 (CR1)	bindet an C4b und ersetzt dabei C2a oder an C3b und ersetzt Bb; Cofaktor für I
Faktor H (H)	bindet an C3b und ersetzt Bb; Cofaktor für I
Faktor I (I)	Serinprotease, die – unterstützt von H, MCP, C4BP oder CR1 – C3b und C4b spaltet
decay-accelerating factor (DAF)	Membranprotein, das Bb von C3b und C2a von C4b verdrängt
Membrancofaktorprotein (MCP)	Membranprotein, das die Inaktivierung von C3b und C4b durch I stimuliert
CD59 (Protectin)	verhindert Bildung des membranangreifenden Komplexes auf autologen oder allogenen Zellen; in Membranen weit verbreitet

2.42 Die Proteine, welche die Komplementaktivität regulieren.

Komplementaktivierung zu einer übermäßigen Produktion der Spaltstücke von C4 und C2. Das kleine Fragment von C2 (C2b) wird weiter zum Peptid C2-Kinin abgebaut, das starke Schwellungen verursacht. Am gefährlichsten ist die lokale Schwellung der Luftröhre, die zur Erstickung führen kann. Auch Bradykinin, das in seinen Aktivitäten dem C2-Kinin ähnelt, wird bei dieser Krankheit unkontrolliert gebildet, da die Hemmung von Kallikrein, einer weiteren Plasmaprotease, ebenfalls gestört ist. Das Enzym ist eine Komponente des Kininsystems (Abschnitt 2.5), die durch Gewebeschäden aktiviert wird und die ebenfalls unter der Kontrolle von C1INH steht. Man kann diese Krankheit vollkommen heilen, wenn man C1INH ersetzt. Die großen aktivierten Fragmente von C4 und C2, die normalerweise zusammen die C3-Konvertase bilden, schädigen die Zellen dieser Patienten nicht, da C4b schnell im Plasma inaktiviert wird (Abb. 2.31) und sich die Konvertase daher nicht bildet. Darüber hinaus wird jede Konvertase, die dennoch zufällig auf einer Wirtszelle entsteht, durch weitere Kontrollmechanismen inaktiviert (siehe unten).

Die Thioesterbindung von aktiviertem C3 und C4 ist äußerst reaktiv und besitzt keinen Mechanismus, zwischen der Akzeptorhydroxyl- beziehungsweise Amingruppe auf einer Körperzelle und auf einem Pathogen zu unterscheiden. Es hat sich jedoch eine Reihe von Schutzmechanismen entwickelt, die mithilfe weiterer Proteine sicherstellen, dass die Bindung einer geringen Zahl von C3- oder C4-Molekülen an eine Körperzellmembran nur zu einer minimalen Bildung der C3-Konvertase und einer geringen Verstärkung der Komplementaktivierung führt. Bei der Beschreibung des alternativen Komplementweges sind wir bereits den meisten dieser Mechanismen begegnet (Abb. 2.32), wollen uns hier jedoch noch einmal damit befassen, da es sich auch um wichtige Regulatoren für die Konvertase des klassischen Weges handelt (Abb. 2.43, zweite und dritte Reihe). Die Mechanismen lassen sich in drei Gruppen einteilen. Bei den Mechanismen der ersten Gruppe entstehen durch Spaltung jedes Moleküls C3b oder C4b, das an Körperzellen bindet, inaktive Produkte. Das verantwortliche komplementregulatorische Enzym ist die Plasmaserinprotease Faktor I; das Enzym zirkuliert in aktiver Form, kann aber C3b und C4b nur dann spalten, wenn sie an ein Cofaktorprotein gebunden sind. Wenn dies zutrifft, dann spaltet Faktor I C3b zuerst zu iC3b und dann weiter zu C3dg und bewirkt so dessen dauerhafte Inaktivierung. C4b wird entsprechend durch Spaltung zu C4c und C4d inaktiviert. Es gibt zwei Membranproteine, die C3b und C4b binden und eine Cofaktoraktivität für Faktor I besitzen: MCP und CR1 (Abschnitt 2.17). In Zellwänden von Mikroorganismen sind diese schützenden Proteine nicht vorhanden, sodass ein Abbau von C3b und C4b nicht möglich ist. Stattdessen wirken diese Proteine als Bindungsstellen für die Faktoren B und C2, welche die Komplementaktivierung stimulieren. Die Bedeutung von Faktor I lässt sich daran erkennen, dass bei Personen mit einem genetisch bedingten Faktor-I-Mangel aufgrund der unkontrollierten Komplementaktivierung Komplementproteine schnell ausgedünnt werden und die Betroffenen an wiederholten Bakterieninfektionen leiden, insbesondere mit häufig vorkommenden pyogenen Bakterien.

Es gibt auch Plasmaproteine, die eine Cofaktoraktivität für Faktor I besitzen. Ein Cofaktor, den man als **C4b-bindendes Protein (C4BP)** bezeichnet und der vor allem als Regulator des klassischen Weges in der flüssigen Phase wirkt, bindet C4b. C3b wird an Zellmembranen durch

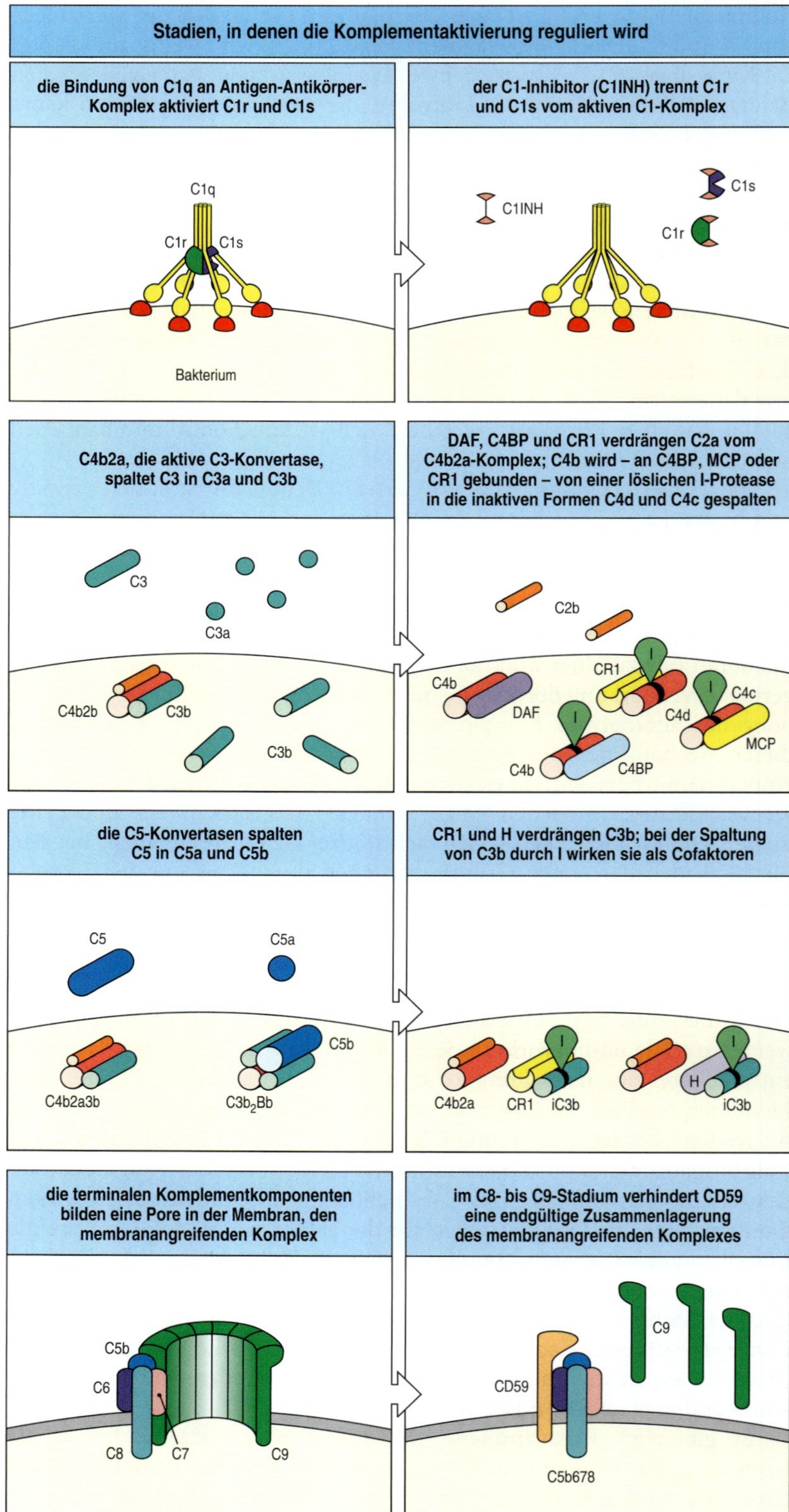

2.43 Die Komplementaktivierung wird durch eine Reihe von Proteinen reguliert, die dazu dienen, die Wirtszelle vor zufälliger Schädigung zu schützen. Die Proteine wirken in verschiedenen Stadien der Komplementkaskade. Sie zerlegen Komplexe oder katalysieren den enzymatischen Abbau kovalent gebundener Komplementproteine. Die Komplementkaskade ist links schematisch dargestellt, die regulatorischen Reaktionen rechts. Die C3-Konvertase des alternativen Weges wird ebenfalls durch DAF, CR1, MCP und Faktor H reguliert.

Induzierte Antworten der angeborenen Immunität auf eine Infektion

In diesem letzten Teil des Kapitels befassen wir uns mit den induzierten Reaktionen der angeborenen Immunität. Diese beruhen auf Cytokinen und Chemokinen, die als Reaktion auf die Erkennung eines Pathogens erzeugt werden. Darum wollen wir uns mit diesen Proteinen zuerst beschäftigen. Die Chemokine sind eine große Familie von chemotaktisch aktiven Molekülen, die bei der Wanderung von Leukocyten eine zentrale Rolle spielen. Dasselbe gilt auch für Adhäsionsmoleküle, sodass wir auch sie kurz betrachten werden. Dann wollen wir uns genauer damit befassen, wie die Chemokine und Cytokine der Makrophagen in den Reaktionen der akuten Phase die Phagocytenantwort durch Mobilisierung und Erzeugung von neuen Phagocyten und die Produktion von zusätzlichen opsonisierenden Molekülen stimulieren. Wir werden uns auch mit der Funktion der Cytokine beschäftigen, die man als **Interferone** bezeichnet und die durch Virusinfektionen induziert werden. Außerdem kommt eine Klasse von lymphatischen Zellen zur Sprache, die sogenannten **natürlichen Killerzellen** (**NK-Zellen**), die durch Interferone aktiviert werden und dann zur angeborenen Immunabwehr gegen Viren und andere intrazelluläre Krankheitserreger beitragen. Wir wollen auch die **ILLs** (***innate-like lymphocytes***) besprechen, die zu schnellen Antworten auf Infektionen beitragen, indem sie früh aktiv werden, aber eine begrenzte Gruppe von Antigenrezeptorgensegmenten nutzen (Abschnitt 1.11), um Immunglobuline und T-Zell-Rezeptoren zu produzieren. Die induzierten angeborenen Reaktionen können eine Infektion entweder erfolgreich beseitigen oder zumindest bis zur Entwicklung einer adaptiven Antwort eindämmen. Die adaptive Immunität nutzt zahlreiche Effektormechanismen des angeborenen Immunsystems, setzt sie jedoch mit größerer Genauigkeit ein. So aktivieren antigenspezifische T-Zellen antimikrobielle Eigenschaften und die Cytokinfreisetzung der Makrophagen, die Krankheitserreger enthalten, Antikörper aktivieren dagegen das Komplementsystem, wirken als direkte Opsonine für die Phagocyten und regen NK-Zellen an, infizierte Zellen zu töten. Darüber hinaus verwendet die adaptive Immunantwort ähnlich der angeborenen Immunantwort Cytokine und Chemokine für das Auslösen von Entzündungsreaktionen, die das Aufkommen von Antikörpern und Effektorlymphocyten an Infektionsherden steigern. Die hier beschriebenen Effektormechanismen bilden daher die Grundlage für die weiter unten folgenden Kapitel über die erworbene Immunität.

2.23 Aktivierte Makrophagen sezernieren eine Reihe von Cytokinen, die zahlreiche verschiedene lokale Effekte und Fernwirkungen zeigen

Cytokine (Anhang III) sind kleine Proteine (etwa 25 kDa), die im Körper von verschiedenen Zellen – normalerweise als Reaktion auf einen Aktivierungsreiz – freigesetzt werden und durch Bindung an spezifische Rezeptoren Reaktionen auslösen. Sie können autokrin wirken und das Verhalten der Zelle beeinflussen, die sie freisetzt, oder parakrin, das heißt durch

Beeinflussung benachbarter Zellen, und einige Cytokine sind stabil genug, dass sie endokrin wirken können, indem sie auf entfernt liegende Zellen einwirken. Letzteres hängt von ihrer Halbwertszeit im Blut ab und davon, ob sie in den Kreislauf gelangen.

Die durch Makrophagen als Reaktion auf Pathogene freigesetzten Cytokine sind eine strukturell heterogene Gruppe von Molekülen, zu denen Interleukin-1β (IL-1β), IL-6, IL-12, TNF-α sowie das Chemokin CXCL8 (frühere Bezeichnung IL-8) gehören. Die Bezeichnung **Interleukin (IL)**, an die sich eine Zahl anschließt (beispielsweise IL-1, IL-2 und so weiter) sollte dem Zweck dienen, eine einheitliche Nomenklatur für Moleküle zu finden, die von Leukocyten sezerniert werden oder auf diese wirken. Dies führte jedoch zu Verwirrungen, als man im Lauf der Zeit immer mehr Cytokine mit verschiedenen Ursprüngen, Strukturen und Wirkungen entdeckte, und obwohl die Bezeichnung IL weiterhin Verwendung findet, bleibt doch zu hoffen, dass es schließlich eine Nomenklatur geben wird, die auf der Struktur der Cytokine basiert. Die Cytokine sind in Anhang III zusammen mit ihren Rezeptoren alphabetisch aufgelistet. Es gibt zwei strukturelle Hauptfamilien: die **Hämatopoetinfamilie**, zu der sowohl die Wachstumshormone als auch zahlreiche Interleukine mit Funktionen in der erworbenen und angeborenen Immunität gehören, und die **TNF-Familie** mit TNF-α als Prototyp, die sowohl bei der angeborenen als auch bei der adaptiven Immunität von Bedeutung ist und auch einige membrangebundene Moleküle umfasst. Unter den Interleukinen der Makrophagen gehört IL-6 zur großen Familie der Hämatopoetine, TNF-α ist offensichtlich ein Vertreter der TNF-Familie, während sich IL-1 und IL-12 strukturell unterscheiden.

2.44 Zu den wichtigen Cytokinen, die von Makrophagen als Reaktion auf bakterielle Bestandteile freigesetzt werden, gehören unter anderem IL-1β, IL-6, CXCL8, IL-12 und TNF-α. TNF-α stimuliert lokale Entzündungsreaktionen, die zur Eindämmung der Infektion beitragen. Der Faktor hat auch systemische Effekte, von denen viele schädlich sind (Abschnitt 2.27). CXCL8 ist ebenfalls an lokalen Entzündungsreaktionen beteiligt und leitet neutrophile Zellen zum Infektionsherd. IL-1β, IL-6 und TNF-α spielen eine wichtige Rolle beim Auslösen der Akute-Phase-Reaktion in der Leber (Abschnitt 2.28). Sie rufen Fieber hervor, was eine effektive Immunabwehr auf verschiedene Weise begünstigt. IL-12 aktiviert natürliche Killerzellen (NK-Zellen) und fördert im Zusammenhang mit der adaptiven Immunität die Differenzierung von CD4-T-Zellen zu T_H1-Zellen.

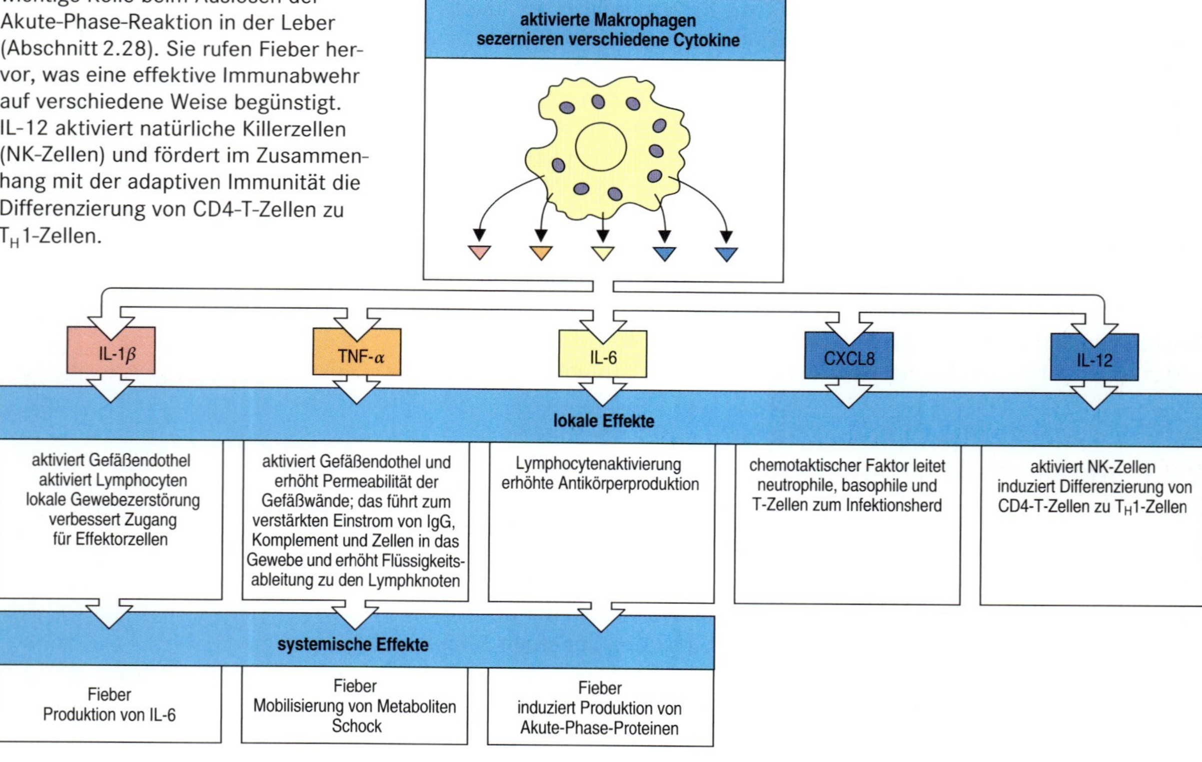

Alle zeigen sie wichtige lokale und systemische Effekte, die sowohl bei der angeborenen als auch bei der adaptiven Immunität von Bedeutung sind (Zusammenfassung in Abbildung 2.44).

Die Erkennung verschiedener Klassen von Krankheitserregern durch Phagocyten und dendritische Zellen kann die Signalübertragung durch unterschiedliche Rezeptoren (beispielsweise die verschiedenen TLR) auslösen und so eine gewisse Variabilität der induzierten Cytokine hervorrufen. Dies ist ein Mechanismus, durch den passende Immunantworten selektiv aktiviert werden können, weil die freigesetzten Cytokine immer die jeweils nächste Phase der Immunabwehr bestimmen. Wir werden feststellen, dass TNF-α, dessen Freisetzung von LPS-tragenden Pathogenen stimuliert wird, besonders für die Eindämmung von Infektionen durch solche Pathogene wichtig ist und dass die Freisetzung unterschiedlicher Cytokine verschiedene Effektorzellen anlockt und aktiviert.

2.24 Chemokine, die von Phagocyten und dendritischen Zellen freigesetzt werden, locken Zellen zu Infektionsherden

Zu den Cytokinen, die in den allerersten Phasen einer Infektion in dem betroffenen Gewebe freigesetzt werden, gehören Vertreter einer Familie von chemotaktisch aktiven Cytokinen, die man als **Chemokine** bezeichnet (Anhang IV). Diese kleinen Proteine, die noch nicht lange bekannt sind, induzieren eine gerichtete Chemotaxis bei in der Nähe vorhandenen reaktiven Zellen. Man hat sie erstmals in Cytokintests nachgewiesen und aus diesem Grund ursprünglich als Interleukine bezeichnet. Interleukin-8 (jetzt CXCL8) war das erste Chemokin, das man kloniert und charakterisiert hat; es bleibt auch weiterhin ein typischer Vertreter dieser Familie. Alle Chemokine besitzen ähnliche Aminosäuresequenzen und ihre Rezeptoren sind sämtlich Transmembranproteine mit sieben membrandurchspannenden Helices, die ihre Signale über daran gekoppelte G-Proteine weiterleiten. Von keinem Chemokinrezeptor wurde bis jetzt die atomare Struktur bestimmt, aber sie ähneln anderen Rezeptoren mit sieben membrandurchspannenden Helices, die an G-Proteine gekoppelt sind, wie etwa dem Rhodopsin (Abb. 2.45) und dem muskarinischen Acetylcholinrezeptor. Chemokine wirken vor allem als Chemoattraktoren für Leukocyten, sie mobilisieren Monocyten, neutrophile Zellen und andere Effektorzellen aus dem Blut und leiten sie zu Infektionsherden. Viele verschiedene Zelltypen können Chemokine freisetzen, die dazu dienen, Zellen der angeborenen Immunität zu Infektionsherden zu lenken. Sie dirigieren auch die Lymphocyten der adaptiven Immunität (Kapitel 8 bis 10). Einige Chemokine wirken auch bei der Entwicklung und Wanderung von Lymphocyten mit, außerdem beim Aufbau neuer Blutgefäße (Angiogenese). In Abbildung 2.46 sind die Eigenschaften einer Reihe von Chemokinen aufgeführt (siehe auch Anhang IV). Auffällig ist, dass es so viele Chemokine gibt; das spiegelt möglicherweise ihre Funktion wider, Zellen an ihren korrekten Bestimmungsort zu bringen, wie es offenbar bei den Lymphocyten der Fall ist.

Die Mitglieder der Familie der Chemokine lassen sich vor allem zwei großen Gruppen zuordnen: den CC-Chemokinen mit zwei benachbarten Cysteinen und den CXC-Chemokinen, in denen die entsprechenden bei-

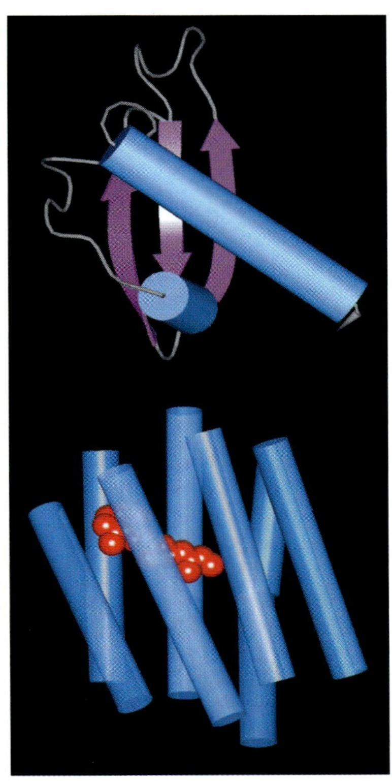

2.45 Chemokine sind eine Familie von Proteinen mit ähnlichen Strukturen, die an Chemokinrezeptoren binden, die wiederum zur großen Familie der G-Protein-gekoppelten Rezeptoren gehören. Die Chemokine sind eine große Familie von kleinen Proteinen, die hier in Form von CXCL8 (oberes Molekül) beispielhaft dargestellt sind. Die Rezeptoren für Chemokine sind Vertreter der Familie der Rezeptoren mit sieben membrandurchspannenden Helices, zu denen auch das Photorezeptorprotein Rhodopsin und zahlreiche andere Rezeptoren gehören. Sie alle enthalten sieben Transmembranhelices und treten mit G-Proteinen in Wechselwirkung. Die erste bekannte Struktur war die des bakteriellen Bacteriorhodopsins (unteres Molekül). In der Abbildung ist die Orientierung der sieben Transmembranhelices (blau) dargestellt, außerdem der gebundene Ligand (rot), in diesem Fall Retinal. Die gesamte Struktur ist in die Zellmembran eingebettet. Die Zylinder entsprechen den α-Helices und die Pfeile den β-Strängen.

den Cysteinreste durch eine einzelne Aminosäure getrennt sind. Jede der beiden Chemokingruppen wirkt auf andere Rezeptoren: CC-Chemokine binden an CC-Chemokin-Rezeptoren, von denen bis jetzt neun bekannt sind (CCR1–9), CXC-Chemokine dagegen an CXC-Rezeptoren, von denen bis jetzt sechs bekannt sind (CXCR1–6). Diese Rezeptoren werden von ver-

Klasse	Chemokin	erzeugt von	Rezeptoren	mobilisierte Zellen	Hauptwirkungen
CXC	CXCL8 (IL-8)	Monocyten Makrophagen Fibroblasten Keratinocyten Endothelzellen	CXCR1 CXCR2	neutrophile Zellen naive T-Zellen	mobilisiert, aktiviert und degranuliert neutrophile Zellen Angiogenese
	CXCL7 (PBP, β-TG, NAP-2)	Blutplättchen	CXCR2	neutrophile Zellen	aktiviert neutrophile Zellen resorbiert Blutgerinnsel Angiogenese
	CXCL1 (GRO α) CXCL2 (GRO β) CXCL3 (GRO γ)	Monocyten Fibroblasten Endothel	CXCR2	neutrophile Zellen naive T-Zellen Fibroblasten	aktiviert neutrophile Zellen Fibroplasie Angiogenese
	CXCL10 (IP-10)	Keratinocyten Monocyten T-Zellen Fibroblasten Endothel	CXCR3	ruhende T-Zellen NK-Zellen Monocyten	Immunstimulanz antiangiogen stimuliert T_H1-Immunität
	CXCL12 (SDF-1)	Stromazellen	CXCR4	naive T-Zellen Vorläufer-($CD34^+$-)B-Zellen	B-Zell-Entwicklung Lymphocytenrückführung konkurriert mit HIV-1
	CXCL13 (BLC)	Stromazellen	CXCR5	B-Zellen	Lymphocyten-Homing
CC	CCL3 (MIP-1α)	Monocyten T-Zellen Mastzellen Fibroblasten	CCR1, 3, 5	Monocyten NK- und T-Zellen basophile Zellen dendritische Zellen	konkurriert mit HIV-1 Abwehr von Viren stimuliert T_H1-Immunität
	CCL4 (MIP-1β)	Monocyten Makrophagen neutrophile Zellen Endothel	CCR1, 3, 5	Monocyten NK- und T-Zellen dendritische Zellen	konkurriert mit HIV-1
	CCL2 (MCP-1)	Monocyten Makrophagen Fibroblasten Keratinocyten	CCR2B	Monocyten NK- und T-Zellen basophile Zellen dendritische Zellen	aktiviert Makrophagen Histaminfreisetzung bei basophilen Zellen stimuliert T_H2-Immunität
	CCL5 (RANTES)	T-Zellen Endothel Blutplättchen	CCR1, 3, 5	Monocyten NK- und T-Zellen basophile Zellen eosinophile Zellen dendritische Zellen	degranuliert basophile Zellen aktiviert T-Zellen chronische Entzündung
	CCL11 (Eotaxin)	Endothel Monocyten Epithel T-Zellen	CCR3	eosinophile Zellen Monocyten T-Zellen	Bedeutung bei Allergien
	CCL18 (DC-CK)	dendritische Zellen	?	naive T-Zellen	Funktion bei der Aktivierung naiver T-Zellen
C	XCL1 (Lymphotactin)	CD8 > CD4 T-Zellen	CXCR1	Thymocyten dendritische Zellen NK-Zellen	Wanderung und Entwicklung der Lymphocyten
CXXXC (CX_3C)	CX3CL1 (Fractalkin)	Monocyten Endothel Mikrogliazellen	CX_3CR1	Monocyten T-Zellen	Adhäsion von Leukocyten an das Endothel Entzündungen im Gehirn

2.46 Eigenschaften einiger ausgewählter Chemokine. Chemokine lassen sich vor allem in drei verwandte, aber unterschiedliche Gruppen einteilen: Die CXC-Chemokine, die beim Menschen größtenteils in einem Cluster auf Chromosom 17 codiert werden, enthalten in ihrem aminoterminalen Bereich zwei invariante Cysteinreste (C), zwischen denen sich immer ein Aminosäurerest (X) befindet. Bei den CC-Chemokinen, deren Gene vor allem in einem Bereich auf Chromosom 4 lokalisiert sind, liegen die beiden entsprechenden Cysteine unmittelbar nebeneinander. Diese Gruppen lassen sich dahingehend noch weiter unterteilen, ob vor dem ersten dieser beiden konstanten Cysteine ein bestimmtes Aminosäuretriplett (ELR; Glutaminsäure-Leucin-Arginin) vorhanden ist oder nicht. Alle Chemokine, die neutrophile Zellen anlocken, enthalten dieses Strukturmotiv, während es bei den meisten anderen CXC-Chemokinen (etwa der Chemokine, die mit den Rezeptoren CXCR3, 4 und 5 reagieren) fehlt. Ein C-Chemokin mit nur einem Cystein an dieser Position sowie Fractalkin (ein CX_3C-Chemokin) werden an anderen Stellen im Genom codiert. Jedes Chemokin interagiert mit einem oder mehreren Rezeptoren und beeinflusst einen oder mehrere Zelltypen. Eine umfassende Liste der Chemokine und ihrer Rezeptoren findet sich in Anhang IV.

schiedenen Zelltypen exprimiert, die konsequenterweise von unterschiedlichen Cytokinen angelockt werden. Allgemein stimulieren CXC-Chemokine, die ein Tripeptidstrukturmotiv Glu-Leu-Arg direkt vor dem ersten Cystein besitzen, die Migration von neutrophilen Zellen. CXCL8 ist dafür ein Beispiel. Andere CXC-Chemokine, die keine solche Struktur besitzen, wie das B-Lymphocyten-Chemokin (CXCL13), lenken B-Lymphocyten an ihre Bestimmungsorte in den B-Zell-Bereichen der Milz, der Lymphknoten und des Verdauungstraktes. Die CC-Chemokine stimulieren die Wanderung der Monocyten, Lymphocyten oder anderer Zelltypen; ein Beispiel ist das Makrophagen-Chemoattraktorprotein-1 (CCL2). CXCL8 und CCL2 besitzen ähnliche, allerdings komplementäre Funktionen: CXCL8 veranlasst neutrophile Zellen, den Blutkreislauf zu verlassen und in die umgebenden Gewebe einzuwandern. Dagegen wirkt CCL2 auf Monocyten und löst deren Wanderung aus den Gefäßen und damit ihre Entwicklung zu Gewebemakrophagen aus. Andere CC-Chemokine wie CCL5 können den Übertritt verschiedenartiger weiterer Leukocyten, etwa von T-Effektorzellen (Abschnitt 10.6), in das Gewebe fördern, wobei die einzelnen Chemokine auf unterschiedliche Zellgruppen einwirken. Das einzige bekannte C-Chemokin mit nur einem Cystein (XCL1) hat man ursprünglich als Lymphotactin bezeichnet; man nimmt an, dass es T-Zell-Vorläufer in den Thymus lockt, indem es an XCR1 bindet. Das Chemokin Fractalkin ist in verschiedener Hinsicht ungewöhnlich: Es enthält drei Aminosäuren zwischen den beiden Cysteinen, ist also ein CX_3C-Chemokin. Es existiert in zwei verschiedenen Formen, zum einen in membrangebundener Form an den Endothel- und Epithelzellen, die es exprimieren und bei denen es als Adhäsionsprotein fungiert, zum anderen in löslicher Form, die von der Zelloberfläche freigesetzt wird und wie andere Chemokine als Chemoattraktor wirkt.

Chemokine wie CXCL8 und CCL2 erfüllen zweierlei Funktionen beim Anlocken von Zellen: Erstens wirken sie auf Leukocyten ein, die in Entzündungszonen die Endothelzellen entlang „rollen", und wandeln diese Rollbewegung in eine stabile Bindung um, indem sie bei den Adhäsionsmolekülen, die man als Leukocytenintegrine bezeichnet, eine Konformationsänderung verursachen. Dadurch kann ein Leukocyt die Blutgefäßwand durchqueren, indem er sich zwischen den Endothelzellen hindurchzwängt; diesen Effekt werden wir im Zusammenhang mit der Extravasation noch ausführlicher behandeln. Zweitens steuern Chemokine die Wanderung der Leukocyten entlang eines Gradienten von Chemokinmolekülen, die an die extrazelluläre Matrix und die Oberflächen von Endothelzellen gebunden sind. Die Konzentration des Gradienten nimmt in Richtung auf einen Infektionsherd zu.

Eine Vielzahl von Zelltypen kann Chemokine als Reaktion auf bakterielle Produkte und auf Viren bilden, aber auch als Reaktion auf Agenzien, die physische Schäden verursachen wie Kieselerde, Alaun ($KAl(SO_4)_2$) oder Harnsäurekristalle bei Gicht. Sowohl eine Infektion als auch eine Verletzung des Gewebes führen also zum Aufbau von Chemokingradienten, die Phagocyten zu den Bereichen dirigieren, an denen sie benötigt werden. Darüber hinaus erzeugen auch Bakterien selbst Peptide als Chemoattraktoren für neutrophile Zellen. Das fMLP-Peptid ist ein Molekül mit starker chemotaktischer Wirkung auf Entzündungszellen, besonders auf neutrophile Zellen (Abschnitt 2.6). Der fMLP-Rezeptor ist wie die Rezeptoren für Chemokine und für die Komplementfragmente C5a, C3a und C4a ebenfalls an ein G-Protein gekoppelt. Es gibt also einen gemeinsamen Mechanismus für das Anlocken von neutrophilen Zellen, sei es nun durch Komplement, Chemokine oder bakterielle Peptide. Neutrophile Zellen kommen als Erste in großer Zahl zu Infektionsherden, während Monocyten und unreife dendritische Zellen später mobilisiert werden.

Das Komplementpeptid C5a sowie die Chemokine CXCL8 und CCL2 aktivieren ebenfalls ihre jeweiligen Zielzellen, sodass neutrophile Zellen und Makrophagen nicht nur an mögliche Infektionsherde gelangen, sondern während dieses Vorgangs auch noch „bewaffnet" werden, damit sie jeden beliebigen Krankheitserreger abwehren können, auf den sie dort treffen. Speziell werden neutrophile Zellen, wenn sie mit CXCL8 und dem Cytokin TNF-α zusammentreffen, über eine respiratorische Entladung (*respiratory burst*) aktiviert, die Sauerstoffradikale und Stickstoffoxide erzeugt; zum anderen wird die Freisetzung des Inhalts ihrer Speichergranula ausgelöst. Mit beidem tragen sie zur Immunabwehr und zur lokalen Zerstörung des Gewebes bei, außerdem zur Bildung von Eiter, wie man ihn in Infektionsherden pyogener Bakterien findet.

Chemokine bewirken die Zellmobilisierung nicht allein, sondern auch die Aktivität von gefäßaktiven Mediatoren ist beispielsweise erforderlich, um Leukocyten in die Nähe des Blutgefäßendothels zu bringen (Abschnitt 2.5), und für die Freisetzung von Adhäsionsmolekülen an den Endothelzellen müssen Cytokine wie TNF-α vorhanden sein. Wir werden uns mit den Chemokinen noch in anderen Kapiteln des Buches beschäftigen, im Zusammenhang mit der adaptiven Immunantwort. Wir werden uns nun mit den Molekülen befassen, die für die Adhäsion der Leukocyten an das Endothel verantwortlich sind, und anschließend den Prozess der Extravasation der Leukocyten Schritt für Schritt beschreiben, wie er bei neutrophilen Zellen und Monocyten derzeit bekannt ist.

2.25 Zelladhäsionsmoleküle steuern bei einer Entzündungsreaktion die Wechselwirkung zwischen Leukocyten und Endothelzellen

Die Mobilisierung von aktivierten Phagocyten zu Infektionsherden ist eine der wichtigsten Funktionen der angeborenen Immunität. Die Mobilisierung ist Teil der Entzündungsreaktion und wird von Zelladhäsionsmolekülen vermittelt, deren Expression an der Oberfläche des lokalen Blutgefäßendothels induziert wird. Bevor wir nun den Ablauf der Mobilisierung von Entzündungszellen behandeln, wollen wir uns erst mit den beteiligten Zelladhäsionsmolekülen befassen.

Wie bei den Komponenten des Komplements ist die Nomenklatur ein eindeutiges Hindernis für das Verständnis der Zelladhäsionsmoleküle. Die meisten dieser Moleküle, besonders auf Leukocyten, die sich in ihrer Funktion relativ einfach untersuchen lassen, wurden aufgrund der Wirkung von monoklonalen Antikörpern gegen diese Moleküle bezeichnet; erst später wurden sie durch Klonierung der Gene charakterisiert. Daher haben die Bezeichnungen keinen Bezug zu ihrer Struktur. So gehören die **funktionellen Leukocytenantigene LFA-1**, **LFA-2** und **LFA-3** zu zwei verschiedenen Proteinfamilien. In Abbildung 2.47 sind die Adhäsionsmoleküle entsprechend ihrer molekularen Struktur angeordnet, die schematisch dargestellt ist; außerdem finden sich dort ihre verschiedenen Bezeichnungen,

Familie	Beispiel	Bezeichnung	Gewebeverteilung	Ligand
Selektine – binden Kohlenhydrate; starten Leukocyten-Endothel-Wechselwirkung	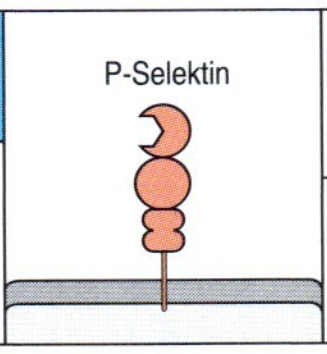 P-Selektin	P-Selektin (PADGEM, CD62P)	aktiviertes Endothel und Blutplättchen	PSGL-1, Sialyl-Lewis^{x}
		E-Selektin (ELAM-1, CD62E)	aktiviertes Endothel	Sialyl-Lewis^{x}
Integrine – binden an Zelladhäsionsmoleküle und extrazelluläre Matrix, starke Adhäsion	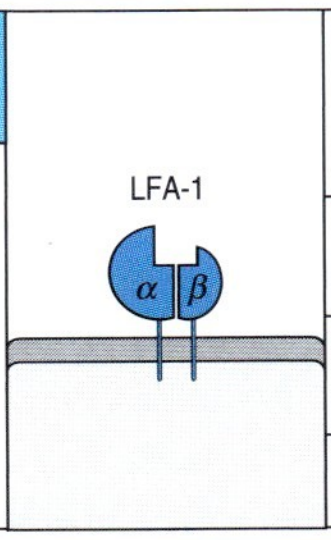 LFA-1 (α, β)	α_L:β_2 (LFA-1, CD11a:CD18)	Monocyten, T-Zellen, Makrophagen, neutrophile Zellen, dendritische Zellen	ICAMs
		α_M:β_2 (Mac-1, CR3, CD11b:CD18)	neutrophile Zellen, Monocyten, Makrophagen	ICAM-1, iC3b, Fibrinogen
		α_X:β_2 (CR4, p150.95, CD11c:CD18)	dendritische Zellen, Makrophagen, neutrophile Zellen	iC3b
		α_5:β_1 (VLA-5, CD49d:CD29)	Monocyten, Makrophagen	Fibronectin
Immunglobulinsuperfamilie – verschiedene Funktionen bei Zelladhäsion, Ligand für Integrine	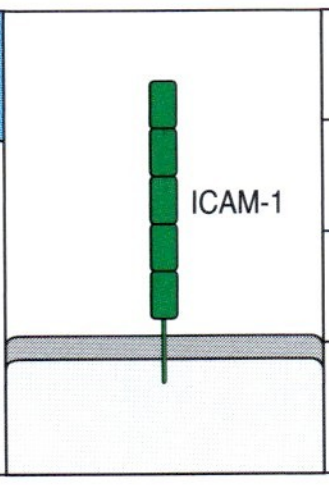 ICAM-1	ICAM-1 (CD54)	aktiviertes Endothel	LFA-1, Mac-1
		ICAM-2 (CD102)	ruhendes Endothel, dendritische Zellen	LFA-1
		VCAM-1 (CD106)	aktiviertes Endothel	VLA-4
		PECAM (CD31)	aktivierte Leukocyten, Zell-Zell-Verbindungen im Endothel	CD31

2.47 Adhäsionsmoleküle bei Wechselwirkungen von Leukocyten. Bei Wanderung, Homing und Zell-Zell-Wechselwirkungen der Leukocyten spielen mehrere Strukturfamilien von Adhäsionsmolekülen eine Rolle: Selektine, Integrine und Proteine der Immunglobulinsuperfamilie. Die Abbildung enthält in schematischer Darstellung für jede Familie ein Beispiel, außerdem sind weitere Vertreter jeder Gruppe aufgeführt, die an den Wechselwirkungen der Leukocyten beteiligt sind; ihre Verteilung auf die Zellen sowie ihre jeweiligen Liganden bei adhäsiven Wechselwirkungen sind ebenfalls angegeben. Hier sind nur Vertreter der einzelnen Gruppen dargestellt, die an Entzündungsreaktionen und anderen Mechanismen des angeborenen Immunsystems mitwirken. An der erworbenen Immunität sind dieselben sowie weitere Moleküle beteiligt (Kapitel 8 und 10). Die Nomenklatur der verschiedenen Moleküle in diesen Familien ist verwirrend, da häufig nur ersichtlich ist, in welcher Reihenfolge die Moleküle entdeckt wurden, und nicht, welche strukturellen Merkmale sie besitzen. Alternativ verwendete Bezeichnungen stehen jeweils in Klammern. Sulfatisiertes Sialyl-Lewis^{x}, das von P- und E-Selektin erkannt wird, ist ein Oligosacharid an den Glykoproteinen der Zelloberfläche von zirkulierenden Leukocyten. Die Sulfatisierung kann entweder am sechsten Kohlenstoffatom der Galactose oder des *N*-Acetylglucosamins erfolgen, nicht jedoch an beiden.

ihre Expressionsorte und Liganden. Für die Mobilisierung von Leukocyten sind drei Familien von Adhäsionsmolekülen von Bedeutung. Die **Selektine** sind membranständige Glykoproteine mit einer distalen lektinähnlichen Domäne, die spezifische Kohlenhydratgruppen bindet. Vertreter dieser Familie werden auf aktiviertem Endothel induziert und lösen Wechselwirkungen zwischen Endothel und Leukocyten aus, indem sie an fucosylierte Oligosaccharidliganden auf vorbeikommenden Leukocyten binden (Abb. 2.47).

Der nächste Schritt der Leukocytenmobilisierung beruht auf einer festeren Adhäsion. Dafür sind die **interzellulären Adhäsionsmoleküle** (**ICAM**) auf dem Endothel verantwortlich, die an heterodimere Proteine der **Integrin**-Proteinfamilie auf den Leukocyten binden. Die für die Extravasation wichtigen Leukocytenintegrine sind **LFA-1** (α_L:β_2, andere Bezeichnung CD11a:CD18) und CR3 (α_M:β_2, Komplementrezeptor vom Typ 3, andere Bezeichnung CD11b:CD18; wir sind CR3 in Abschnitt 2.19 bereits als Rezeptor für iC3b begegnet. Das ist jedoch nur einer der Liganden für dieses Integrin). Beide binden an **ICAM-1** und **ICAM-2** (Abb. 2.48). Die Induktion von ICAM-1 auf einem entzündeten Endothel und die Aktivierung einer Konformationsänderung bei LFA-1 und CR3 als Reaktion auf Chemokine führen zu einer starken Adhäsion zwischen Leukocyten und Endothelzellen. Die Bedeutung der Leukocytenintegrine für die Mobilisierung von Entzündungszellen zeigt sich bei der **Leukocytenadhäsionsdefizienz**. Diese Krankheit ist Folge eines Defekts der β_2-Kette, die bei LFA-1 und CR3 vorkommt. Patienten mit dieser Erkrankung leiden wiederholt an bakteriellen Infektionen und gestörter Wundheilung.

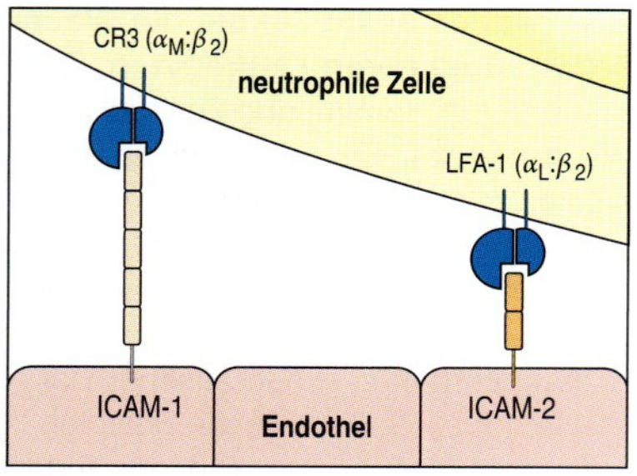

2.48 Integrine vermitteln die Adhäsion der Phagocyten an das Gefäßendothel. Wenn das Gefäßendothel durch Entzündungsmediatoren aktiviert wird, exprimiert es zwei Adhäsionsmoleküle – ICAM-1 und ICAM-2. Dies sind Liganden für Integrine, die von Phagocyten exprimiert werden – α_M:β_2 (andere Bezeichnung CR3, Mac-1 oder CD11b:CD18) und α_L:β_2 (LFA-1 oder CD11a:CD18).

Wechselwirkungen mit Cytokinen der Makrophagen, speziell mit TNF-α, fördern die Aktivierung des Endothels. TNF-α induziert in den Endothelzellen die schnelle Freisetzung von Granula, die man als **Weibel-Palade-Körperchen** bezeichnet. Diese Granula enthalten vorher gebildetes **P-Selektin**, das so innerhalb von Minuten nach der Erzeugung von TNF-α durch Makrophagen an der Oberfläche von lokalen Endothelzellen erscheint. Kurz nach dem Erscheinen von P-Selektin an der Zelloberfläche wird eine mRNA synthetisiert, die **E-Selektin** codiert, und innerhalb von zwei Stunden exprimieren die Endothelzellen vor allem dieses Protein. Beide Proteine treten mit der sulfatisierten Sialyl-Lewis^x-Einheit in Wechselwirkung, die an der Oberfläche von neutrophilen Zellen vorhanden ist.

Ruhendes Endothel trägt offensichtlich in allen Blutgefäßen geringe Mengen von ICAM-2. Zirkulierende Monocyten können sich daran orientieren und so aus den Gefäßen zu ihren Zielorten im Gewebe gelangen. Diese Monocytenwanderung erfolgt ständig und im Prinzip überall. Nach Einwirkung von TNF-α kommt es jedoch in kleinen Blutgefäßen in der Nähe oder innerhalb von Infektionsherden zu einer starken lokalen Expression von ICAM-1, das wiederum an LFA-1 oder CR3 auf zirkulierenden Monocyten und auf polymorphkernigen Leukocyten (besonders auf neutrophilen Zellen) bindet (Abb. 2.48). Zelladhäsionsmoleküle haben im Körper zahlreiche weitere Funktionen und bestimmen viele Aspekte bei der Entwicklung von Geweben und Organen. In dieser kurzen Abhandlung haben wir nur diejenigen betrachtet, die in den Stunden und Tagen nach der Etablierung einer Infektion an der Mobilisierung von Entzündungszellen beteiligt sind.

2.26 Neutrophile Zellen sind die ersten Zellen, welche die Blutgefäßwand durchqueren und in Entzündungszonen eindringen

Abschnitt 2.5 hat sich mit den physikalischen Veränderungen befasst, die das Auslösen einer Entzündungsreaktion begleiten. Hier wollen wir in einzelnen Schritten beschreiben, wie die notwendigen Effektorzellen zu Infektionsherden geleitet werden. Unter normalen Bedingungen treiben Leukocyten nur in der Mitte von kleinen Blutgefäßen, wo die Fließgeschwindigkeit am höchsten ist. In Entzündungsherden, wo die Gefäße erweitert sind, ermöglicht es die geringere Fließgeschwindigkeit den Leukocyten, die Mitte des Blutgefäßes zu verlassen und mit dem Gefäßendothel in Wechselwirkung zu treten. Monocyten wandern selbst ohne Infektion ständig in die Gewebe ein, wo sie sich zu Makrophagen differenzieren. Während einer Entzündungsreaktion werden durch die Expression von Adhäsionsmolekülen auf den Endothelzellen sowie durch induzierte Veränderungen der Adhäsionsmoleküle, die auf Leukocyten exprimiert werden, zirkulierende Leukocyten in großer Zahl zum Infektionsherd geleitet – zuerst neutrophile Zellen und später Monocyten. Die Wanderung der Leukocyten aus den Blutgefäßen, die man als Extravasation bezeichnet, erfolgt wahrscheinlich in vier Schritten. Wir werden den Prozess so beschreiben, wie er für Monocyten und neutrophile Zellen bekannt ist (Abb. 2.49).

Am ersten Schritt sind die Selektine beteiligt. P-Selektin erscheint innerhalb von Minuten nach Kontakt mit Leukotrien B4, dem Komple-

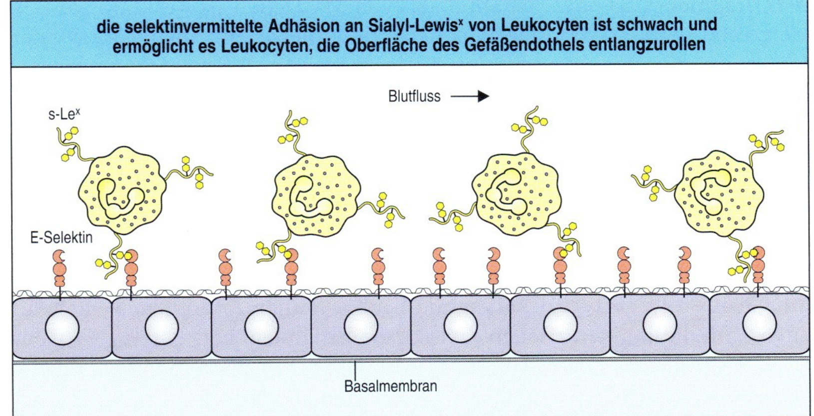

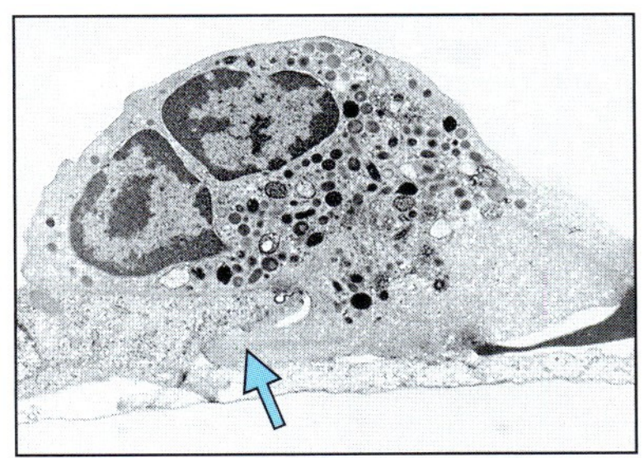

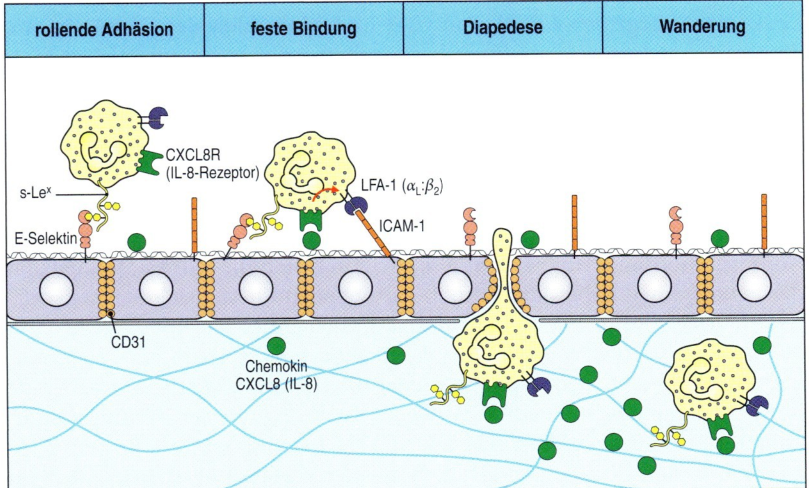

2.49 Neutrophile Zellen verlassen das Blut und wandern in mehreren Schritten durch Adhäsionswechselwirkungen zu Infektionsherden, wobei Cytokine und Chemokine aus Makrophagen die Wechselwirkungen regulieren. Der erste Schritt (oben) ist die schwache Bindung einer neutrophilen Zelle an das Gefäßendothel aufgrund von Wechselwirkungen zwischen den auf den Endothelzellen induzierten Selektinen und den entsprechenden Kohlenhydratliganden auf der neutrophilen Zelle. Hier ist dieser Vorgang für E-Selektin und seinen Liganden, den Sialyl-Lewis^x-Rest (s-Le^x), dargestellt. Diese Bindung ist nicht stark genug, um den Scherkräften des Blutstroms zu widerstehen, sodass die Zellen am Endothel entlangrollen, indem sie ständig neue Verbindungen ausbilden und alte wieder lösen. Die Bindung ermöglicht jedoch stärkere Wechselwirkungen, aber nur dann, wenn ein Chemokin wie etwa CXCL8 an seinen spezifischen Rezeptor auf der neutrophilen Zelle die Aktivierung der Integrine LFA-1 und CR3 (Mac-1) auslöst (nicht dargestellt). Entzündungsspezifische Cytokine wie TNF-α sind ebenfalls erforderlich, um auf dem Gefäßendothel die Expression von Adhäsionsmolekülen wie ICAM-1 und ICAM-2 zu induzieren, die Liganden dieser Integrine sind. Die stabile Bindung zwischen ICAM-1 und den Integrinen beendet die Rollbewegung und ermöglicht es der neutrophilen Zelle, sich zwischen den Endothelzellen, welche die Wand der Blutgefäße bilden, hindurchzuzwängen (Extravasation). Für diesen Vorgang und für die Wanderung entlang eines Gradienten von chemischen Lockstoffen sind die Leukocytenintegrine LFA-1 und CR3 notwendig. Auch die Adhäsion zwischen CD31-Molekülen, die sowohl auf der neutrophilen Zelle als auch an der Verbindung zwischen den Endothelzellen exprimiert werden, trägt wahrscheinlich zur Extravasation bei. Die neutrophile Zelle muss außerdem die Basalmembran durchqueren. Dies geschieht mithilfe einer Matrixmetallproteinase, die an der Zelloberfläche exprimiert wird. Schließlich wandert die neutrophile Zelle einen Konzentrationsgradienten von Chemokinen entlang (in unserem Beispiel CXCL8), die von Zellen am Infektionsherd ausgeschüttet werden. Die elektronenmikroskopische Aufnahme oben links zeigt eine neutrophile Zelle, die zwischen Endothelzellen hindurchwandert. Der blaue Pfeil markiert das Pseudopodium, das die neutrophile Zelle zwischen zwei benachbarte Endothelzellen zwängt. (Foto mit freundlicher Genehmigung von I. Bird und J. Spragg; × 5 500.)

mentfragment C5a oder Histamin, das von Mastzellen als Reaktion auf C5a freigesetzt wird, an der Oberfläche der Endothelzellen. Auch TNF-α oder Lipopolysaccharide können das Erscheinen von P-Selektin induzieren. Beide zeigen den zusätzlichen Effekt, dass sie die Synthese eines zweiten Selektins, des E-Selektins, induzieren können, das einige Stunden später auf den Oberflächen der Endothelzellen erscheint. Diese Selektine erkennen die sulfatisierte Sialyl-Lewis^{x}-Einheit von bestimmten Glykoproteinen der Leukocyten, die an den Spitzen von Mikrovilli zugänglich sind. Die Wechselwirkung von P-Selektin und E-Selektin mit diesen Glykoproteinen führt zu einer reversiblen Anheftung der Monocyten und neutrophilen Zellen an die Gefäßwand, sodass zirkulierende Leukocyten an Endothelien, die man zuvor mit inflammatorischen Cytokinen behandelt hat, entlang „rollen" (Abb. 2.49, oben). Diese Adhäsion ermöglicht die stärkeren Wechselwirkungen beim nächsten Schritt der Leukocytenwanderung.

Dieser zweite Schritt ist abhängig von Wechselwirkungen zwischen den Leukocytenintegrinen LFA-1 und CR3 und Molekülen des Endothels wie dem mit den Immunglobulinen verwandten Adhäsionsmolekül ICAM-1, dessen Expression auf Endothelzellen ebenfalls durch TNF-α induziert werden kann, und ICAM-2 (Abb. 2.49, unten). LFA-1 und CR3 zeigen normalerweise nur eine schwache Adhäsion, aber CXCL8 oder andere an Proteoglykane auf der Oberfläche von Endothelzellen gebundene Chemokine binden an spezifische Chemokinrezeptoren auf dem Leukocyten und signalisieren der Zelle, bei LFA-1 und CR3 auf dem rollenden Leukocyten eine Konformationsänderung auszulösen, wodurch sich die Adhäsionskapazität der neutrophilen Zelle stark erhöht. Anschließend heftet sich der Leukocyt fest an das Endothel an, und das Entlangrollen endet.

Im dritten Schritt durchqueren die Leukocyten das Endothel und verlassen die Blutgefäße. Dabei spielen wieder die Integrine LFA-1 und CR3 eine Rolle sowie eine weitere adhäsive Wechselwirkung, an der das immunglobulinähnliche Molekül **PECAM** oder **CD31** beteiligt ist. Das Protein wird sowohl auf den Leukocyten als auch an den Verbindungsstellen zwischen den Epithelzellen exprimiert. Diese Wechselwirkungen erlauben es den Phagocyten schließlich, sich zwischen die Endothelzellen zu drängen. Sie durchstoßen die Basalmembran mithilfe von Enzymen, welche die Proteine der extrazellulären Matrix in der Basalmembran zerstören. Die Passage durch die Basalmembran bezeichnet man als **Diapedese**. Sie ermöglicht es den Phagocyten, in das Gewebe jenseits des Epithels einzudringen.

Im vierten und letzten Schritt der Extravasation wandern die Leukocyten unter dem Einfluss von Chemokinen durch das Gewebe. Wie bereits in Abschnitt 2.24 ausgeführt, werden Chemokine wie CXCL8 und CCL2 an Infektionsherden produziert und binden in der extrazellulären Matrix an Proteoglykane sowie an ähnliche Moleküle an den Oberflächen von Endothelzellen. So entsteht ein matrixassoziierter Konzentrationsgradient von Chemokinen auf einer festen Oberfläche, an dem entlang Leukocyten zum Infektionsherd wandern können (Abb. 2.49). Makrophagen, die zuerst auf ein Pathogen treffen, setzen CXCL8 frei, das neutrophile Zellen anlockt, die während der ersten Phase der induzierten Antwort in großer Zahl in das infizierte Gewebe einwandern. Dieser Influx erreicht normalerweise während der ersten sechs Stunden einer Entzündungsreaktion sein Maximum, während Monocyten durch die Aktivität von Chemokinen wie CCL2 später mobilisiert werden. Sobald neutrophile Zellen einen Entzündungsherd erreicht haben, können sie viele Pathogene durch Phagocytose vernichten.

Sie fungieren bei einer angeborenen Immunantwort als phagocytotische Effektorzellen entweder mithilfe von Rezeptoren für Proteine, die im Rahmen der angeborenen Immunerkennung Krankheitserreger und ihre Bestandteile opsonisieren oder einfangen, oder durch direkte Erkennung von Krankheitserregern. Darüber hinaus wirken sie auch bei der humoralen adaptiven Immunität als phagocytotische Effektoren mit (Kapitel 9). Die Bedeutung der neutrophilen Zellen zeigt sich besonders deutlich bei Erkrankungen oder Behandlungsmethoden, welche die Zahl der neutrophilen Zellen stark verringern. Solche Patienten leiden an einer sogenannten **Neutropenie**; sie sind sehr anfällig gegenüber tödlich verlaufenden Infektionen durch zahlreiche verschiedene Pathogene. Diese Anfälligkeit lässt sich jedoch durch eine Transfusion von Blutfraktionen mit angereicherten neutrophilen Zellen oder durch Stimulation der Neutrophilenproduktion mit spezifischen Wachstumsfaktoren größtenteils beseitigen.

2.27 TNF-α ist ein wichtiges Cytokin, das die lokale Eindämmung von Infektionen aktiviert, aber bei systemischer Freisetzung einen Schock verursacht

Entzündungsmediatoren stimulieren Endothelzellen auch zur Expression von Proteinen, die eine lokale Gerinnung des Blutes verursachen. Die Gerinnsel verschließen die kleinen Blutgefäße und unterbinden dadurch den Blutfluss. Dies verhindert, dass die Erreger in den Blutstrom gelangen und sich dadurch im ganzen Körper ausbreiten. Stattdessen transportiert die Flüssigkeit, die anfangs aus der Blutbahn in das Gewebe übergetreten ist, die Erreger, die normalerweise in dendritischen Zellen eingeschlossen sind, durch die Lymphflüssigkeit zu den regionalen Lymphknoten, wo eine adaptive Immunreaktion ausgelöst werden kann. Wie wichtig TNF-α bei der Eindämmung von lokalen Infektionen ist, wird durch Experimente deutlich, bei denen man Kaninchen lokal mit einem Bakterium infiziert. Normalerweise bleibt die Infektion auf den Bereich der Injektion beschränkt. Injiziert man jedoch zusätzlich zu den Erregern Anti-TNF-α-Antikörper, welche die Wirkung des Moleküls unterbinden, dann breitet sich die Infektion über das Blut auch in andere Organe aus.

Sobald eine Infektion das Blut erreicht, haben dieselben Mechanismen, durch die TNF-α eine lokale Infektion so effektiv in Schach hält, katastrophale Folgen (Abb. 2.50). Das Auftreten einer Infektion im Blutkreislauf, das man als Sepsis (Blutvergiftung) bezeichnet, geht einher mit der Freisetzung von TNF-α durch Makrophagen in Leber, Milz und anderen systemischen Körperbereichen. Diese systemische Freisetzung verursacht eine Gefäßerweiterung, die zu einer Erniedrigung des Blutdruckes und zu einer erhöhten Permeabilität der Gefäßwände führt, sodass das Blutplasmavolumen abnimmt und schließlich ein Schock eintritt. Außerdem löst TNF-α beim septischen Schock an vielen Stellen innerhalb der Blutgefäße eine Blutgerinnung aus, die zur Bildung winziger Thrombosen führt und Gerinnungsproteine aufbraucht, sodass eine angemessene Blutgerinnung nicht mehr möglich ist. Dies führt häufig zum Versagen lebenswichtiger Organe wie etwa von Nieren, Leber, Herz und Lunge, die bei einer ungenügenden Blutversorgung schnell geschädigt werden. Dementsprechend ist die Mortalitätsrate beim septischen Schock hoch.

Bei Mausmutanten mit einem Defekt im TNF-α-Rezeptor kommt es niemals zu einem septischen Schock. Solche Mutanten sind allerdings auch nicht in der Lage, eine lokale Infektion einzudämmen. Die Eigenschaften von TNF-α, durch die der Faktor bei der Eindämmung einer lokalen Infektion so hilfreich ist, sind genau diejenigen, die ihn zu einem Schlüsselmolekül bei der Entstehung des septischen Schocks werden lassen. Die Konservierung von TNF-α im Laufe der Evolution zeigt jedoch zweifellos, dass seine Vorteile die verheerenden Wirkungen bei einer systemischen Freisetzung deutlich überwiegen.

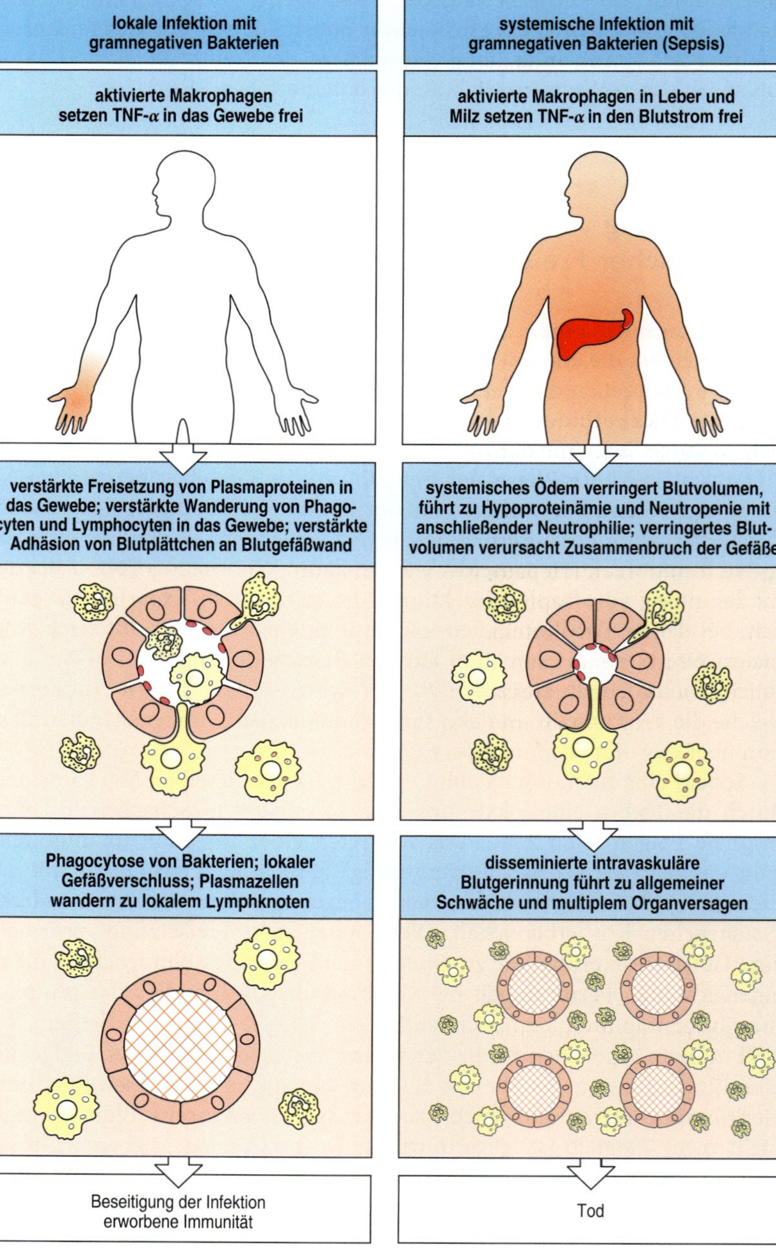

2.50 Die Ausschüttung von TNF-α durch Makrophagen induziert lokale schützende Effekte, TNF-α kann jedoch bei systemischer Freisetzung schädliche Wirkungen haben. Links sind die Ursachen und die Folgen einer lokalen, rechts die einer systemischen Freisetzung von TNF-α dargestellt. In beiden Fällen wirkt TNF-α auf Blutgefäße, besonders auf Venolen, sodass sich der Blutfluss erhöht, die Durchlässigkeit für Flüssigkeit, Proteine und Zellen zunimmt und sich die Adhäsion von Leukocyten und Blutplättchen verstärkt (Mitte). Durch die lokale Freisetzung strömen Flüssigkeit, Zellen und Proteine, die sich an den Abwehrreaktionen beteiligen, in das infizierte Gewebe. Später bilden sich in den engen Gefäßen Blutgerinnsel, sodass sich die Infektion nicht über das Gefäßsystem ausbreiten kann (unten links). Die angesammelte Flüssigkeit und die Zellen werden in die regionalen Lymphknoten abgeleitet, wo die Initiation einer adaptiven Immunreaktion stattfindet. Wenn eine systemische Infektion (Sepsis) durch Bakterien vorliegt, die eine TNF-α-Produktion auslösen, geben Makrophagen in Leber und Milz TNF-α in das Blut ab; der Faktor wirkt dann in ähnlicher Weise auf alle kleinen Blutgefäße (unten rechts). Dies führt zum Schock, zu einer disseminierten intravaskulären Gerinnung (Verbrauchskoagulopathie), dadurch zur Erschöpfung der Vorräte an Gerinnungsfaktoren und folglich zu Blutungen, zum Ausfall zahlreicher Organe (Multiorganversagen) und häufig zum Tod.

2.28 Von Phagocyten freigesetzte Cytokine aktivieren die Akute-Phase-Reaktion

Neben ihren wichtigen lokalen Effekten haben die von den Makrophagen produzierten Cytokine auch langfristige Auswirkungen, die zur Immunabwehr beitragen. Eine davon ist die Erhöhung der Körpertemperatur durch TNF-α, IL-1β und IL-6. Man nennt diese Substanzen auch **endogene Pyrogene**, weil sie Fieber auslösen und aus einer inneren (körpereigenen) Quelle und nicht aus Bakterien stammen wie LPS, das ein **exogenes Pyrogen** ist. Endogene Pyrogene verursachen Fieber, indem sie die Synthese von Prostaglandin E2 durch das Enzym Cyclooxygenase-2, das heißt die Expression dieses Enzyms, induzieren. Prostaglandin E2 wirkt auf den Hypothalamus, was zu einer verstärkten Hitzeerzeugung durch braunes Fett und zur Gefäßverengung (Vasokonstriktion) führt. Dadurch wird das Abführen von überschüssiger Wärme durch die Haut herabgesetzt. Exogene Pyrogene können Fieber sowohl über eine stimulierte Produktion von endogenen Pyrogenen als auch durch direkte Induktion der Cyclooxygenase-2 über ein Signal von TLR-4 und die anschließende Produktion von Prostaglandin E2 hervorrufen. Fieber nützt im Allgemeinen der Immunabwehr. Die meisten Krankheitserreger wachsen besser bei etwas niedrigeren Temperaturen, die adaptiven Immunantworten dagegen sind bei höheren Temperaturen intensiver. Zudem sind die Wirtszellen bei erhöhten Temperaturen vor den zerstörerischen Effekten von TNF-α geschützt.

Die Wirkungen von TNF-α, IL-1β und IL-6 sind in Abbildung 2.51 zusammengefasst. Eine der wichtigsten ist das Auslösen einer Reaktion, die man auch als **Akute-Phase-Reaktion** bezeichnet (Abb. 2.52). Dazu gehört eine Veränderung der von der Leber in das Blutplasma abgegebenen Proteine. Dies geschieht aufgrund der Wirkung von IL-1β, IL-6 und TNF-α auf die Leberzellen (Hepatocyten). Bei der Akute-Phase-Reaktion sinkt der Spiegel einiger Plasmaproteine ab, während sich die Konzentration anderer deutlich erhöht. Die Proteine, deren Synthese durch IL-1β, IL-6 und TNF-α angeregt wird, nennt man auch **Akute-Phase-Proteine**. Zwei dieser Proteine sind besonders interessant, da sie die Wirkung von Antikörpern imitieren. Sie besitzen jedoch im Gegensatz zu Antikörpern eine breite Spezifität

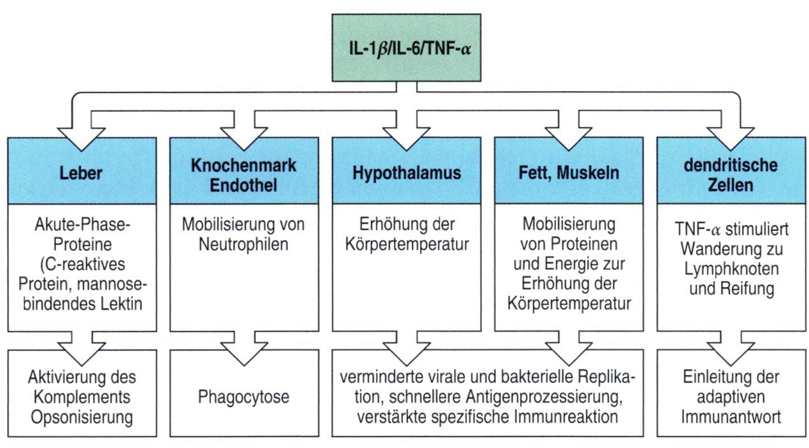

2.51 Die Cytokine TNF-α, IL-1β und IL-6 haben ein breites Spektrum an biologischen Wirkungen, die dazu beitragen, die Reaktionen des Körpers auf eine Infektion zu koordinieren. IL-1β, IL-6 und TNF-α stimulieren Hepatocyten zur Synthese von Akute-Phase-Proteinen und regen das Endothel des Knochenmarks an, neutrophile Zellen freizusetzen. Die Akute-Phase-Proteine wirken opsonisierend; diese Wirkung wird durch das Anlocken neutrophiler Zellen aus dem Knochenmark noch gesteigert. IL-1β, IL-6 und TNF-α sind darüber hinaus endogene Pyrogene, welche die Körpertemperatur erhöhen und so vermutlich dazu beitragen, Infektionen zu beseitigen. Die wichtigsten Ziele dieser Cytokine sind der Hypothalamus, der die Regulation der Körpertemperatur vermittelt, sowie Muskel- und Fettzellen, wo die beiden Substanzen die Energiemobilisierung antreiben, um die Temperaturerhöhung zu ermöglichen. Bei erhöhter Temperatur ist die bakterielle und virale Vermehrung weniger effizient, während die adaptive Immunantwort wirksamer arbeitet.

Bakterien stimulieren Makrophagen, IL-6 zu bilden; dieses löst bei Hepatocyten die Synthese von Akute-Phase-Proteinen aus

IL-6

SP-A
SP-D

Leber

mannosebindendes Lektin

Fibrinogen

Serum-amyloidprotein

C-reaktives Protein

das C-reaktive Protein bindet Phosphocholin auf Bakterienoberflächen, wirkt als Opsonin und aktiviert auch das Komplement

das mannosebindende Lektin bindet Mannosereste auf Bakterienoberflächen, wirkt als Opsonin und aktiviert auch das Komplement

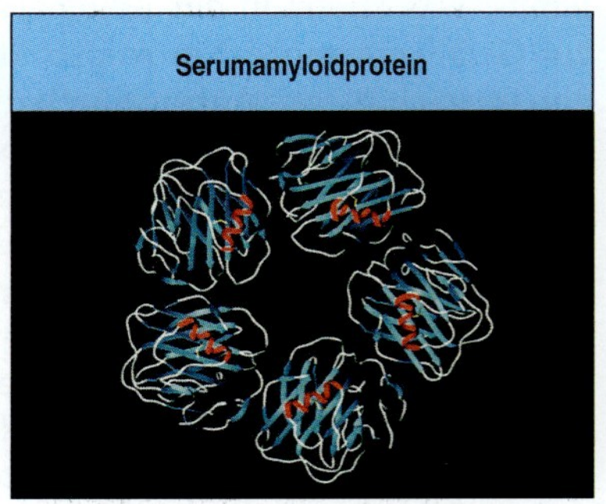

2.52 Bei der Akute-Phase-Reaktion werden Moleküle gebildet, die an Krankheitserreger, nicht aber an körpereigene Zellen binden. Leberzellen produzieren Akute-Phase-Proteine als Reaktion auf Cytokine, die in Gegenwart von Bakterien von Phagocyten freigesetzt werden. Zu den Akute-Phase-Proteinen zählen das Serumamyloidprotein (SAP; bei Mäusen, aber nicht bei Menschen), das C-reaktive Protein (CRP), Fibrinogen und das mannosebindende Lektin (MBL). SAP und CRP sind in ihrer Struktur homolog; beide sind Pentraxine, die fünfgliedrige Scheiben bilden, wie hier für SAP dargestellt ist (Foto rechts). CRP bindet an Phosphocholin auf der Oberfläche von Bakterien, erkennt dieses jedoch nicht in der Form, in der es gewöhnlich in den Wirtszellmembranen vorliegt. Es kann selbst als Opsonin wirken oder, indem es durch Bindung an C1q die Opsonisierung fördert, die klassische Komplementkaskade aktivieren. MBL gehört zur Kollektinfamilie, zu der auch die Surfactant-Proteine SP-A und SP-D gehören. MBL ähnelt in seiner Struktur auch C1q. Wie CRP kann MBL allein als Opsonin wirken, so auch SP-A und SP-D. (Strukturmodell mit freundlicher Genehmigung von J. Emsley.)

für Molekülmuster von Pathogenen (PAMP), und ihre Produktion hängt nur davon ab, ob Cytokine vorhanden sind.

Eines dieser Proteine, das **C-reaktive Protein**, gehört zur Familie der **Pentraxine**, deren Bezeichnung darauf hinweisen soll, dass die Proteine aus fünf identischen Untereinheiten bestehen. Das C-reaktive Protein ist ein weiteres Beispiel für ein mehrlappiges Molekül zur Erkennung von Pathogenen. Es bindet den Phosphocholinanteil bestimmter Lipopolysaccharide in der Zellwand von Bakterien und Pilzen. Phosphocholin kommt auch in den Phospholipiden der Zellmembranen von Säugerzellen vor, kann hier aber nicht an das C-reaktive Protein binden. Wenn sich das C-reaktive Protein an ein Bakterium heftet, kann es nicht nur dessen Oberfläche opsonisieren, sondern auch die Komplementkaskade auslösen, indem es C1q bindet, die erste Komponente des klassischen Weges der Komplementaktivierung (Abschnitt 2.13). An der Wechselwirkung mit C1q sind die kollagenartigen C1q-Teile und nicht die globulären Köpfe beteiligt, die an die Oberflächen von Pathogenen binden; die ausgelöste Reaktionskaskade ist jedoch dieselbe.

Das zweite Protein der akuten Phase, das hier von Bedeutung ist, ist das mannosebindende Lektin (MBL), das wir bereits als pathogenbindendes Molekül (Abb. 2.15) und als Auslöser der Komplementkaskade (Abschnitt 2.14) kennengelernt haben. Im normalen Serum ist es nur in geringen Mengen vorhanden. Es wird jedoch im Verlauf der akuten Immunantwort verstärkt gebildet und wirkt als Opsonin für Monocyten, die im Gegensatz zu den Gewebemakrophagen nicht den Mannoserezeptor der Makrophagen exprimieren. Die Surfactant-Proteine (*pulmonary surfactants*) A und D (Abschnitt 2.6) der Lunge sind zwei weitere Proteine mit opsonisierenden Eigenschaften, die während der akuten Phase in großen Mengen von der Leber produziert werden. Sie treten zusammen mit Makrophagen in der Alveolarflüssigkeit der Lunge auf und stimulieren die Phagocytose von Atemwegspathogenen wie *Pneumocystis carinii*, das eine der Hauptursachen für eine Lungenentzündung bei AIDS-Patienten ist.

Innerhalb von ein bis zwei Tagen stellt die Immunantwort der akuten Phase also zwei Moleküle mit den funktionellen Eigenschaften von Antikörpern zur Verfügung, die sich an viele verschiedene Bakterien anheften können. Im Gegensatz zu Antikörpern (Kapitel 3 und 9) besitzen sie jedoch keine strukturelle Vielfalt und werden auf jeden Reiz hin gebildet, der die Freisetzung von TNF-α, IL-1β und IL-6 auslöst. Ihre Synthese erfolgt also nicht gezielt und spezifisch.

Schließlich bewirken die von Phagocyten produzierten Cytokine noch eine **Leukocytose**, das heißt eine Erhöhung der Anzahl zirkulierender neutrophiler Zellen. Die Leukocyten stammen aus zwei Quellen: dem Knochenmark, wo reife Leukocyten in großer Zahl freigesetzt werden, und aus bestimmten Bereichen der Blutgefäße, in denen die Leukocyten locker an den Endothelzellen haften. Die Wirkungen dieser Cytokine tragen dazu bei, Infektionen unter Kontrolle zu halten, während sich die adaptive Immunantwort entwickelt. Wie in Abbildung 2.51 dargestellt, fördert TNF-α die Wanderung dendritischer Zellen von den peripheren Geweben zu den Lymphknoten und ihre Reifung zu nichtphagocytotischen, aber hochgradig costimulierenden antigenpräsentierenden Zellen.

2.29 Durch eine Virusinfektion induzierte Interferone tragen auf verschiedene Weise zur Immunabwehr bei

Die Infektion von Zellen mit Viren induziert die Produktion von Proteinen, die man als Interferone bezeichnet, weil sie mit der Virenreplikation in zuvor nicht infizierten Zellen in Kultur „interferieren". Man geht davon aus, dass sie *in vivo* eine ähnliche Rolle spielen, das heißt, die Viren daran hindern, auf nichtinfizierte Zellen überzugreifen. Die antiviralen Effektormoleküle **IFN-α** und **IFN-β** unterscheiden sich stark von **IFN-γ**. Letzteres wird nicht direkt durch eine Virusinfektion induziert, es entsteht jedoch später und besitzt eine wichtige Funktion bei der induzierten Reaktion auf intrazelluläre Pathogene (wie wir in noch folgenden Kapiteln erfahren werden). IFN-α, eigentlich eine Familie von einigen eng miteinander verwandten Proteinen, und IFN-β, das Produkt eines einzigen Gens, werden

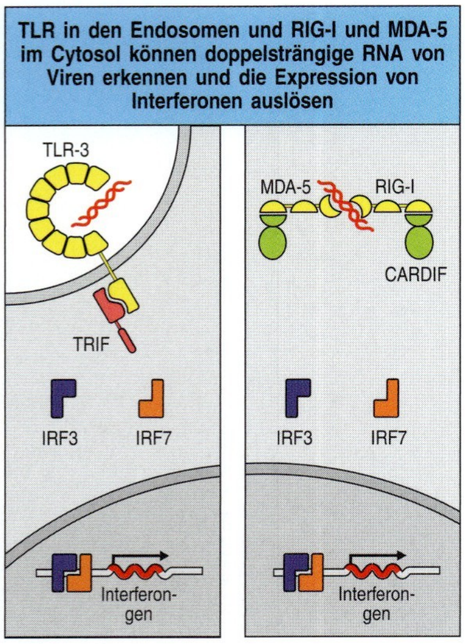

2.53 Doppelsträngige RNA induziert die Expression von Interferonen durch die Aktivierung der interferonregulatorischen Faktoren IRF3 und IRF7. Der Toll-ähnliche Rezeptor TLR-3 kann lange doppelsträngige RNA erkennen, die in Endosomen vorhanden ist (links). TLR-3 überträgt das Signal durch das Adaptormolekül TRIF und aktiviert so die Transkriptionsfaktoren IRF3 und IRF7. In ähnlicher Weise binden die intrazellulären Rezeptoren RIG-1 und MDA-5 auch an lange doppelsträngige RNA (rechts) und aktivieren IRF3 und IRF7, in diesem Fall jedoch durch das Adaptorprotein CARDIF (*CARD adaptor inducing IFN-β*). Die aktivierten IRF3 und IRF7 können jeweils Homodimere (nicht dargestellt) und IRF3:IRF7-Heterodimere bilden, die in den Zellkern eindringen und bei einer Anzahl von Genen die Transkription aktivieren, hauptsächlich für IFN-*α* und IFN-*β*.

nach einer Infektion mit verschiedenen Viren von vielen Zelltypen produziert. Man nimmt an, dass die Interferonsynthese als Reaktion auf doppelsträngige RNA einsetzt, da synthetische doppelsträngige RNA ein starker Induktor für Interferon ist. Bei einigen Viren liegt das Genom als doppelsträngige RNA vor; außerdem entsteht diese RNA möglicherweise bei allen Viren im Verlauf des Infektionszyklus. Doppelsträngige RNA kommt zwar in Säugerzellen vor, allerdings nur in Form von relativ kurzen Molekülen mit einer Länge von normalerweise weniger als 100 Nucleotiden. Genome aus doppelsträngiger RNA umfassen hingegen Tausende von Nucleotiden. Doppelsträngige RNA könnte demnach das übereinstimmende Element bei der Interferoninduktion sein; solche langen Moleküle werden durch den Toll-ähnlichen Rezeptor TLR-3 (Abb. 2.53) als abweichendes molekulares Muster erkannt. Der Rezeptor induziert daraufhin die Synthese von IFN-*α* und IFN-*β*.

Lange doppelsträngige RNA von Viren kann auch die Expression von Interferonen auslösen, indem die cytoplasmatischen Proteine **RIG-1** und **MDA-5** (Abb. 2.53) aktiviert werden. Diese Proteine enthalten RNA-Helikase-ähnliche Domänen, die doppelsträngige RNA binden, sowie zwei CARD-Domänen (Abschnitt 2.9), durch die diese Proteine mit Adaptorproteinen in der Zelle in Wechselwirkung treten können. So signalisieren sie, dass virale RNA vorhanden ist. Sowohl bei RIG-1 als auch bei MDA-5 koppeln die Adaptoren die Bindung der doppelsträngigen RNA an die Aktivierung der interferonregulatorischen Faktoren IRF3 und IRF7. Dies sind Transkriptionsfaktoren, die die Produktion von IFN-*α* und IFN-*β* induzieren.

Die Interferone tragen auf verschiedene Weise zur Abwehr von Virusinfektionen bei (Abb. 2.54). Eine offensichtliche und wichtige Wirkung der Interferone ist, dass sie in allen Wirtszellen die Virusreplikation hemmen. IFN-*α* und IFN-*β* werden von infizierten Zellen freigesetzt und binden dann sowohl auf der infizierten Zelle als auch auf nichtinfizierten Zellen in der Nähe an den **Interferonrezeptor**, einen weit verbreiteten Oberflächenrezeptor. Der Interferonrezeptor ist wie zahlreiche andere Cytokinrezeptoren an eine **Tyrosinkinase der Janusfamilie** gekoppelt, durch welche die Signalübertragung erfolgt. Dieser Signalweg, mit dem sich Kapitel 6 im Einzelnen befasst, induziert schnell die Expression bestimmter Gene, da die Kinasen der Janusfamilie signaltransduzierende Transkriptionsaktivatoren (**STAT-Proteine**) direkt phosphorylieren. Die phosphorylierten STAT-Proteine wandern in den Zellkern, wo sie die Transkription verschiedener Gene aktivieren, beispielsweise für Proteine, die zur Blockierung der Virusvermehrung beitragen.

Eines dieser Proteine ist das Enzym **Oligoadenylat-Synthetase**, das die Polymerisierung von ATP zu einer Reihe von 2'-5'-verbundenen Oligomeren katalysiert. Diese aktivieren eine Endoribonuclease, die ihrerseits dann die virale RNA abbaut. (In den Nucleinsäuren sind die Nucleotide normalerweise 3'-5' miteinander verbunden.) Ein zweites durch IFN-*α* und IFN-*β* aktiviertes Protein ist die **PKR-Kinase**, eine Serin/Threonin-Kinase. Dieses Enzym phosphoryliert den Initiationsfaktor eIF-2 der eukaryotischen Proteinsynthese, hemmt dadurch die Translation und trägt so zur Blockierung der viralen Replikation bei. Ein weiteres durch Interferon induzierbares Molekül ist das sogenannte **Mx**-Protein; es ist für die Resistenz von Zellen gegenüber der Replikation des Influenzavirus notwendig. Mäuse, denen das zugehörige Gen fehlt, sind gegenüber Infektionen mit dem Influenzavirus besonders anfällig, Mäuse, die Mx produzieren können, dagegen nicht. Ein anderer Weg, durch den Interferone in der angeborenen Immunität aktiv sind, ist die Aktivierung von NK-Zellen, die virusinfizierte Zellen abtöten können (nächster Abschnitt).

Schließlich besitzen Interferone in dem Prozess, durch den die Erkennung von Krankheitserregern über das angeborene Immunsystem der Aktivierung der adaptiven Immunantwort zugrunde liegt und diese verstärkt, eine allgemeinere Funktion. Wir haben bereits besprochen, wie die Erkennung von doppelsträngiger RNA durch TLR-3 zur Induktion von IFN-α und IFN-β führen kann. Andere TLR, vor allem TLR-4, können diese Interferone als Reaktion auf die Erkennung von bakteriellen Zellwandbestandteilen ebenfalls induzieren. Die Interferone wiederum induzieren die Expression von costimulierenden Molekülen auf Makrophagen und dendritischen Zellen. Diese können dann als antigenpräsentierende Zellen fungieren und T-Zellen vollständig aktivieren (Abschnitt 1.7). Ein Makrophage oder eine dendritische Zelle, die aktiviert werden, wenn ihre Toll-ähnlichen Rezeptoren Pathogene binden, können daraufhin anderen Makrophagen oder dendritischen Zellen Signale übermitteln und sie zum Auslösen einer angeborenen Immunantwort veranlassen. IFN-α und IFN-β stimulieren auch eine erhöhte Expression von MHC-Klasse-I-Molekülen auf allen Zelltypen. Die cytotoxischen T-Lymphocyten des adaptiven Immunsystems erkennen virusinfizierte Zellen aufgrund der Komplexe aus viralen Antigenen und MHC-Klasse-I-Molekülen, die sie an der Oberfläche präsentieren (Abb. 1.30). Auf diese Weise tragen Interferone dazu bei, das Abtöten von virusinfizierten Zellen durch CD8-T-Zellen zu stimulieren.

Fast alle Zelltypen können IFN-α und IFN-β bei Bedarf synthetisieren, aber einige Zellen sind offenbar auf diese Funktion spezialisiert. Die **plasmacytoiden dendritischen Zellen** (die man auch als (natürliche) interferonproduzierende Zellen bezeichnet) sind zirkulierende dendritische Zellen, die sich während einer Infektion in den lymphatischen Geweben ansammeln und bis zur 1 000-fach mehr Interferon produzieren als andere Zelltypen. Sie werden in Kapitel 8 genauer beschrieben.

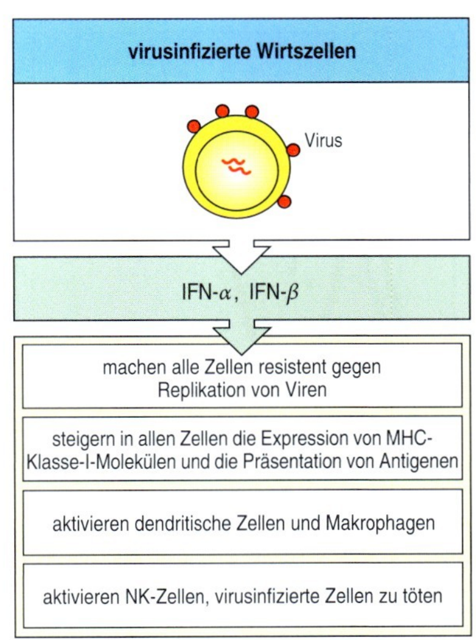

2.54 Interferone sind antivirale Proteine, die von Zellen als Reaktion auf eine Virusinfektion gebildet werden. Die Interferone IFN-α und IFN-β haben drei Hauptfunktionen. Erstens erzeugen sie in nichtinfizierten Zellen eine Resistenz gegenüber der Virusreplikation, indem sie Gene aktivieren, die mRNA abbauen und die Translation von viralen Proteinen und einigen Wirtsproteinen hemmen. Zweitens induzieren sie in den meisten Körperzelltypen die Expression von MHC-Klasse-I-Molekülen; dadurch erhöhen sie einerseits deren Resistenz gegenüber NK-Zellen. Sie können auch in Zellen, die neu mit einem Virus infiziert wurden, die Synthese von MHC-Klasse-I-Molekülen erhöhen, sodass diese für die Abtötung durch cytotoxische CD8-T-Zellen empfindlich werden (Kapitel 8). Drittens aktivieren sie NK-Zellen, die wiederum selektiv die virusinfizierten Zellen töten.

2.30 Interferone und Cytokine der Makrophagen aktivieren natürliche Killerzellen, damit diese bestimmte intrazelluläre Infektionen früh abwehren

Natürliche Killerzellen (**NK-Zellen**) entwickeln sich im Knochenmark aus der gemeinsamen lymphatischen Vorläuferzelle und zirkulieren im Blut. Sie sind größer als die T- und B-Lymphocyten, enthalten deutlich erkennbare cytoplasmatische Granula und lassen sich aufgrund ihrer Fähigkeit, ohne vorherige Immunisierung oder Aktivierung *in vitro* bestimmte Zelllinien lymphatischer Tumoren abtöten zu können, identifizieren. Der Tötungsmechanismus der NK-Zellen ist derselbe wie bei den cytotoxischen T-Zellen, die bei der adaptiven Immunantwort gebildet werden: Cytotoxische Granula werden an der Oberfläche der gebundenen Zielzelle freigesetzt, die enthaltenen Effektorproteine durchdringen die Zellmembran und lösen den programmierten Zelltod aus. Allerdings werden die NK-Zellen über unveränderliche Rezeptoren aktiviert, die Komponenten der Oberfläche

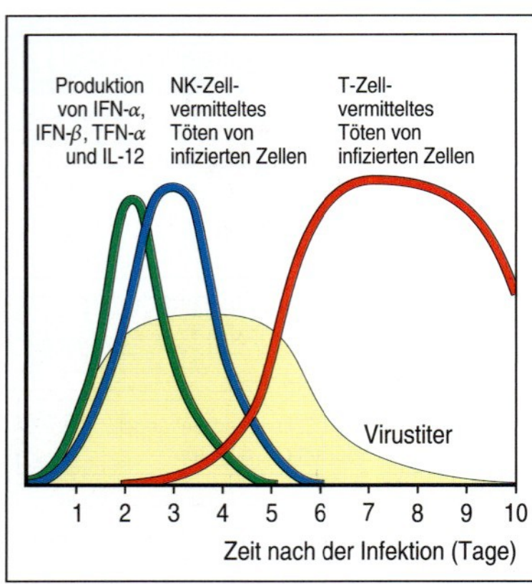

2.55 Natürliche Killerzellen (NK-Zellen) sind bereits früh an der Immunreaktion auf eine Virusinfektion beteiligt. Experimente mit Mäusen haben gezeigt, dass zuerst die Interferone IFN-α und IFN-β sowie die Cytokine TNF-α und IL-12 auftreten. Ihnen folgt eine Welle von NK-Zellen, und gemeinsam halten sie die virale Vermehrung auf einem niedrigen Niveau, eliminieren die Viren jedoch nicht. Dies geschieht erst, wenn spezifische CD8-T-Zellen produziert werden. Ohne NK-Zellen ist die Anzahl mancher Viren in den ersten Tagen der Infektion weit höher und kann zum Tode führen, wenn keine Behandlung mit antiviralen Medikamenten erfolgt.

von infizierten Zellen erkennen. Die bekannte Funktion der NK-Zellen liegt in der frühen Phase der Immunabwehr, die sich gegen Infektionen durch eine Reihe verschiedener intrazellulärer Pathogene richtet. Dies betrifft vor allem das Herpesvirus und den protozooischen Parasiten *Leishmania*. NK-Zellen werden dem angeborenen Immunsystem zugeordnet, da sie über invariante Rezeptoren verfügen.

NK-Zellen werden als Reaktion auf Interferone oder Cytokine der Makrophagen aktiviert. Man kann zwar aus nichtinfizierten Individuen NK-Zellen isolieren, die empfindliche Zielzellen töten können, aber diese Aktivität wird um das 20- bis 100-Fache verstärkt, wenn NK-Zellen mit IFN-α und IFN-β oder dem NK-Zell-aktivierenden Faktor IL-12 in Kontakt kommen. IL-12 gehört zu den Cytokinen, die bei vielen Infektionen in der frühen Phase entstehen. Aktivierte NK-Zellen sollen Virusinfektionen eindämmen, während die adaptive Immunantwort antigenspezifische cytotoxische T-Zellen hervorbringt, welche die Infektion beseitigen können (Abb. 2.55). Bis jetzt stammt der einzige Hinweis auf die Funktion der NK-Zellen beim Menschen von einer seltenen Erkrankung mit einem Mangel an diesen Zellen. Die Patienten zeigen eine hohe Anfälligkeit für die frühen Phasen einer Herpesinfektion. Einen ähnlichen Befund hat man vor kurzem bei Mäusen gemacht, die mit dem Cytomegalievirus der Maus (einem Herpesvirus) infiziert waren.

IL-12 kann bei gemeinsamer Wirkung mit TNF-α auch die Freisetzung großer Mengen des Cytokins IFN-γ durch NK-Zellen hervorrufen. Das freigesetzte IFN-γ ist von entscheidender Bedeutung für die Eindämmung einiger Infektionen, bevor das durch aktivierte cytotoxische CD8-T-Zellen erzeugte IFN-γ zur Verfügung steht. Diese frühe Produktion von IFN-γ durch NK-Zellen kann auch die Reaktion von CD4-T-Zellen auf Krankheitserreger beeinflussen, indem aktivierte CD4-T-Zellen angeregt werden, sich zu inflammatorischen T_H1-Zellen zu differenzieren, die Makrophagen aktivieren können (Abschnitt 8.19).

2.31 NK-Zellen besitzen Rezeptoren für körpereigene Moleküle, die ihre Aktivierung gegen nichtinfizierte Zellen blockieren

Wenn NK-Zellen im Körper eine Infektion mit Viren und anderen Krankheitserregern bekämpfen sollen, müssen sie über Mechanismen verfügen, die es ihnen ermöglichen, zwischen infizierten und nichtinfizierten Zellen zu unterscheiden. Wie ihnen dies gelingt, weiß man noch nicht genau. Wahrscheinlich wird eine NK-Zelle dadurch aktiviert, dass sie zum einen aufgrund von metabolischem Stress, etwa bei einer bösartigen Transformation oder einer viralen oder bakteriellen Infektion, veränderte Glykoproteine an der Zelloberfläche direkt erkennt, zum anderen aber auch „veränderte körpereigene“ Strukturen erkennt, bei denen eine veränderte Expression von MHC-Molekülen eine Rolle spielt. Die veränderte Expression von MHC-Klasse-I-Molekülen kann ein gemeinsames Merkmal von Zellen sein, die mit intrazellulären Pathogenen infiziert sind, da viele dieser Pathogene Mechanismen entwickelt haben, um die Funktion von MHC-Klasse-I-Molekülen zu stören, Peptide festzuhalten und den T-Zellen zu präsentieren. Ein Weg, wie NK-Zellen infizierte von nichtinfizierten Zellen

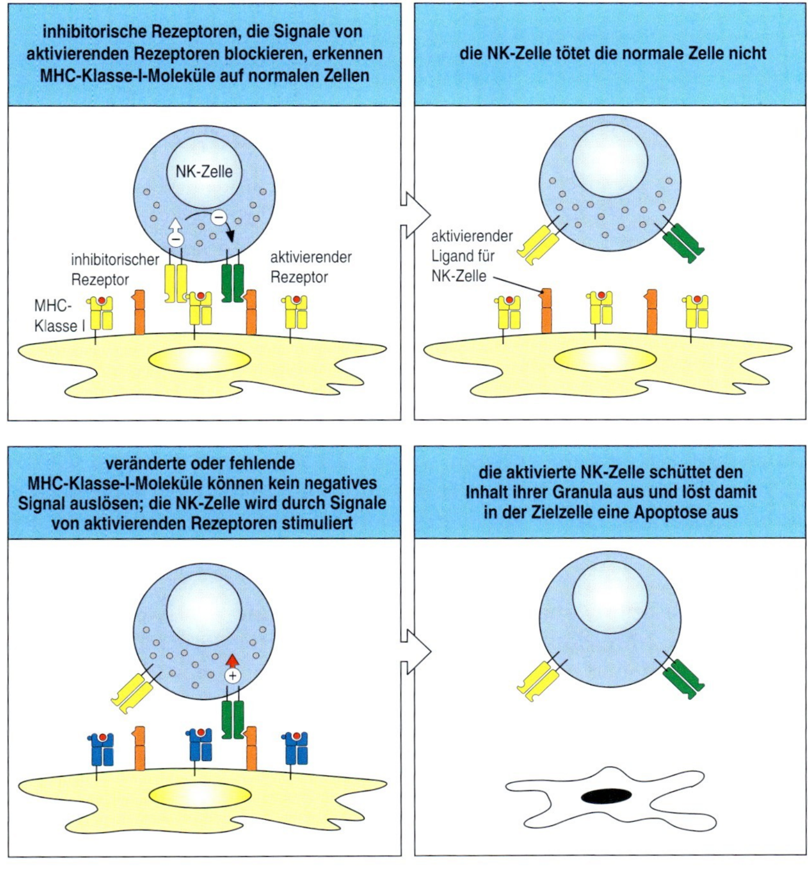

2.56 Das Abtöten von Zellen durch NK-Zellen beruht auf dem Gleichgewicht aus aktivierenden und inhibitorischen Signalen. NK-Zellen verfügen über mehrere verschiedene Aktivierungsrezeptoren, die gemeinsame Kohlenhydratliganden an der Oberfläche von Körperzellen erkennen. Die Rezeptoren signalisieren der NK-Zelle, dass die gebundene Zelle getötet werden soll. NK-Zellen werden jedoch durch eine andere Gruppe von Rezeptoren, die MHC-Klasse-I-Moleküle erkennen (welche auf fast allen Zellen vorkommen), daran gehindert, einen „Großangriff" zu beginnen, und das Abtöten blockieren, indem sie gegenüber den Aktivierungsrezeptoren die Oberhand behalten. Dieses inhibitorische Signal geht verloren, wenn Wirtszellen keine MHC-Klasse-I-Proteine mehr exprimieren, und vielleicht geschieht dies auch in Zellen, die mit einem Virus infiziert sind. Viele Viren blockieren spezifisch die MHC-Klasse-I-Expression oder verändern die Konformation der MHC-Moleküle so, dass CD8-T-Zellen sie nicht mehr erkennen können. Eine andere Möglichkeit besteht darin, dass normale, nichtinfizierte Zellen auf IFN-α und IFN-β reagieren, indem sie die Expression von MHC-Klasse-I-Molekülen erhöhen, sodass sie dem Abtöten durch aktivierte NK-Zellen widerstehen können. Im Gegensatz dazu können infizierte Zellen die Expression von MHC-Klasse-I-Molekülen nicht erhöhen, sodass sie von aktivierten NK-Zellen angegriffen werden können.

unterscheiden, besteht darin, Veränderungen der MHC-Klasse-I-Expression zu erkennen (Abb. 2.56).

NK-Zellen können erkennen, wenn sich die Expression von MHC-Klasse-I-Molekülen verändert hat, indem sie die Signale von zwei Typen von Oberflächenrezeptoren kombinieren, die zusammen die cytotoxische Aktivität kontrollieren. Der eine Rezeptortyp wirkt aktivierend, er löst das Abtöten durch eine NK-Zelle aus. Dieses Aktivierungssignal kommt von mehreren Rezeptoren, die zu verschiedenen Klassen gehören, darunter Mitglieder der Familie von immunglobulinähnlichen Proteinen und der C-Typ-Lektin-Proteinfamilie. Eine Stimulation dieser Rezeptoren aktiviert die NK-Zellen, die daraufhin Cytokine wie IFN-γ freisetzen und die stimulierende Zelle durch die Freisetzung von cytotoxischen Granula, die Granzyme und Perforin enthalten, gezielt abtöten. Dieser Abtötungsmechanismus ist derselbe wie bei den cytotoxischen T-Zellen und wird im Einzelnen in Kapitel 8 beschrieben, wenn wir die Funktionen dieser T-Zell-Population besprechen. NK-Zellen tragen auch Rezeptoren für Immunglobuline, und die Bindung von Antikörpern an diese Rezeptoren veranlasst die NK-Zellen zur Freisetzung von cytotoxischen Granula. Das bezeichnet man als antikörperabhängige zelluläre Cytotoxizität (ADCC) (Kapitel 9). Eine zweite Gruppe von Rezeptoren hemmt die Aktivierung und verhindert, dass NK-Zellen normale Körperzellen abtöten. Diese inhibitorischen

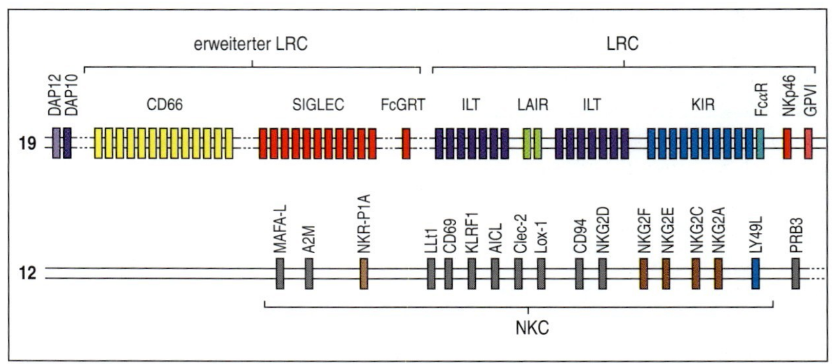

2.57 Die Gene, die die NK-Rezeptoren codieren, gehören zu zwei großen Familien. Der erste, der Leukocytenrezeptorkomplex (LRC) umfasst einen großen Cluster von Genen, die eine Familie von Proteinen codieren, die aus immunglobulinähnlichen Domänen zusammengesetzt sind. Dazu gehören die Killerzellen-immunglobulinähnlichen-Rezeptoren (KIR), die von den NK-Zellen exprimiert werden, die ILT-Klasse (*immunoglobulin-like transcript*) und die Genfamilien der leukocytenassoziierten immunglobulinähnlichen Rezeptoren (LAIR). Die Signallektine (SIGLEC) und Mitglieder der CD66-Familie befinden sich in der Nähe. Beim Menschen liegt dieser Komplex auf Chromosom 19. Der zweite Gencluster, den man als NK-Rezeptor-Komplex (NKC) bezeichnet, codiert Killerzellen-lektinähnliche Rezeptoren, eine Rezeptorfamilie, zu der die NKG2-Proteine und CD94 gehören, wobei CD94 und ein NKG2-Molekül zusammen einen funktionellen Rezeptor bilden. Dieser Komplex liegt auf dem menschlichen Chromosom 12. Einige NK-Rezeptor-Gene befinden sich außerhalb dieser beiden Hauptgencluster. So liegen die Gene für die natürlichen Cytotoxizitätsrezeptoren NKp30 und NKp44 innerhalb des Haupthistokompatibilitätskomplexes auf Chromosom 6. (Die Abbildung beruht auf Daten, die freundlicherweise von J. Trowsdale, University of Cambridge, zur Verfügung gestellt wurden.)

Rezeptoren sind für verschiedene MHC-Klasse-I-Moleküle spezifisch. Dadurch lässt sich teilweise erklären, warum NK-Zellen andere Zellen selektiv abtöten, die nur wenige MHC-Klasse-I-Moleküle an der Oberfläche tragen, während sie aber davon abgehalten werden, Zellen mit einer normalen Anzahl zu töten. Je höher die Expressionsrate von MHC-Klasse I an der Zelloberfläche, umso besser ist die Zelle vor einer Zerstörung durch NK-Zellen geschützt. Deshalb können Interferone, die die Expression von MHC-Klasse-I-Molekülen induzieren, nichtinfizierte Körperzellen vor den NK-Zellen schützen. Gleichzeitig aktiviert das Interferon die NK-Zelle, virusinfizierte Zellen zu töten.

Die Rezeptoren, die die Aktivität der NK-Zellen regulieren, gehören zu zwei großen Familien (Abb. 2.57), die zusätzlich zu den NK-Rezeptoren noch eine Reihe anderer Zelloberflächenrezeptoren enthalten. Eine Familie besteht aus Rezeptoren, die zu den C-Typ-Lektinen homolog sind; man bezeichnet sie als **Killerzellen-lektinähnliche Rezeptoren** (*killer cell lectin-like receptors*, **KLR**). Die Gene für die KLR liegen in einem Gencluster, den man als NK-Rezeptor-Komplex (NKC) bezeichnet.

Die andere Familie von Rezeptoren umfasst Rezeptoren mit immunglobulinähnlichen Domänen, sodass man sie als **Killerzellen-immunglobulinähnliche-Rezeptoren** (**KIR**) bezeichnet. Die KIR-Gene sind Teil des Leukocytenrezeptorkomplexes (LRC), eines größeren Clusters von immunglobulinähnlichen Rezeptoren. Sowohl der NKC- als auch der LRC-Cluster kommen bei der Maus und beim Menschen vor, Mäuse haben jedoch keine KIR-Gene, sodass bei ihnen die Kontrolle der Aktivität der NK-Zellen nur auf den C-Typ-Lektin-ähnlichen Rezeptoren des NKC beruht.

Wenn man sich damit beschäftigt, wie die Aktivität der NK-Zellen reguliert wird, besteht eine Schwierigkeit darin, dass die Strukturfamilien der NK-Rezeptoren jeweils aktivierende und inhibitorische Rezeptoren enthalten. Bei der Maus und beim Menschen exprimieren NK-Zellen ein Heterodimer aus zwei C-Typ-Lektinen, CD94 und NKG2, das mit nichtpolymorphen MHC-Klasse-I-Molekülen interagiert, etwa mit HLA-E beim Menschen und Qa-1 bei der Maus. Diese binden Leaderpeptidfragmente von anderen MHC-Klasse-I-Molekülen. CD94:NKG2 könnte also auf mehrere verschiedene MHC-Klasse-I-Varianten reagieren. Beim Menschen umfasst die NKG2-Familie sechs Proteine: NKG2A, -B, -C, -D, -E und -F. Davon sind NKG2A und -B inhibitorisch, während NKG2C aktivierend wirkt (Abb. 2.58). NKG2D wirkt auch aktivierend, unterscheidet sich aber von den übrigen Mitgliedern der NKG2-Familie und wird davon getrennt im nächsten Abschnitt besprochen. Bei Mäusen weicht anscheinend Ly49H, ein Mitglied der Ly49-C-Typ-Lektin-Familie, von den Übrigen ab, da die Bindung dieses Moleküls ein aktivierendes Ereignis darstellt, das die cytotoxische Reaktion auslöst, während die Bindung der anderen Ly49-Moleküle inhibitorisch ist.

Auch von der Familie der KIR-Rezeptoren wirken einige Mitglieder aktivierend, andere dagegen inhibitorisch. Verschiedene KIR-Gene codieren auch Proteine mit einer unterschiedlichen Anzahl von Immunglobulindomänen; einige besitzen zwei Domänen (KIR-2D), andere drei (KIR-3D). Ob ein KIR-Protein aktiviert oder blockiert, hängt davon ab, ob in der cytoplasmatischen Domäne spezifische Signalmotive vorhanden sind. Sequenzmotive, die von intrazellulären inhibitorischen Adaptorproteinen erkannt werden, kommen in KIR-Proteinen vor, die lange cytoplasmatische Schwänze besitzen; diese Proteine bezeichnet man mit KIR-2DL und KIR-3DL. KIR-Proteine mit kurzen cytoplasmatischen Schwänzen enthalten keine inhibitorischen Motive und assoziieren stattdessen mit dem aktivierenden Adaptorprotein DAP12 (andere Bezeichnung KARAP). Aktivierende KIR-Rezeptoren bezeichnet man deshalb als KIR-2DS und KIR-3DS (Abb. 2.58). Andere inhibitorische NK-Rezeptoren, die für die Produkte der MHC-Klasse-I-Loci spezifisch sind, werden in schneller Folge bestimmt, und alle gehören entweder zur immunglobulinähnlichen KIR-Familie oder zu den Ly49-ähnlichen C-Typ-Lektinen. Die Regulation der Aktivität der NK-Zellen ist zweifellos komplex, und ob eine bestimmte NK-Zelle durch eine andere Zelle aktiviert wird, hängt insgesamt vom Gleichgewicht aller aktivierenden und inhibitorischen Rezeptoren ab, die eine NK-Zelle exprimiert.

Die Reaktion der NK-Zellen insgesamt auf Unterschiede in der MHC-Expression wird durch die Polymorphismen der KIR-Gene komplizierter. So gibt es von einem der KIR-Gene zwei Allele, wobei ein Allel aktivierend wirkt, das andere jedoch inhibitorisch. Darüber hinaus ist der KIR-Gencluster anscheinend ein sehr dynamischer Bereich des menschlichen Genoms, da verschiedene Menschen jeweils eine unterschiedliche Anzahl von aktivierenden und inhibitorischen Genen besitzen. Welche Vorteile diese Vielfalt mit sich bringen könnte, ist unklar. Wie bereits erwähnt, gibt es bei Mäusen keinen KIR-Locus, und sie verwenden nur KLR-Moleküle für die Regulation der NK-Zell-Aktivität. Welcher Art auch die treibende Kraft für die Evolution des KIR-Locus und seiner Vielfalt sein mag, der Locus ist wahrscheinlich erst vor relativ kurzer Zeit entstanden.

Signale der inhibitorischen NK-Rezeptoren unterdrücken die Tötungsaktivität der NK-Zellen. Das bedeutet, dass NK-Zellen keine gesunden, genetisch identischen Zellen töten, welche die gleiche normale Expression von MHC-Klasse-I-Molekülen aufweisen wie die anderen Körperzellen auch. Virusinfizierte Zellen können jedoch durch eine Reihe von Mechanismen sensitiv für das Abtöten durch NK-Zellen werden. Erstens hemmen einige Viren in ihren Wirtszellen die gesamte Proteinsynthese, sodass die Synthese von MHC-Klasse-I-Proteinen ebenfalls blockiert ist, aber bei nichtinfizierten Zellen durch Interferon noch stimuliert wird. Die verringerte Expressionsrate von MHC-Klasse I in infizierten Zellen setzt demnach deren Fähigkeit herab, NK-Zellen über deren MHC-spezifische Rezeptoren zu hemmen, sodass die infizierten Zellen gegenüber dem Tötungsmechanismus sensitiv werden. Zweitens können einige Viren selektiv den Export von Klasse-I-Molekülen verhindern. Das führt zwar dazu, dass die infizierte Zelle von cytotoxischen T-Zellen der adaptiven Immunant-

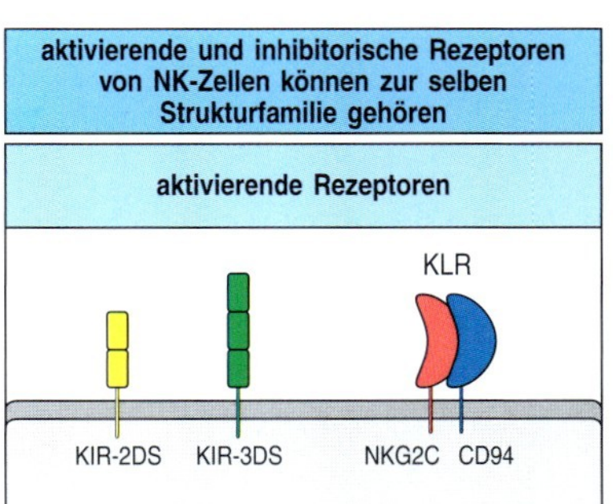

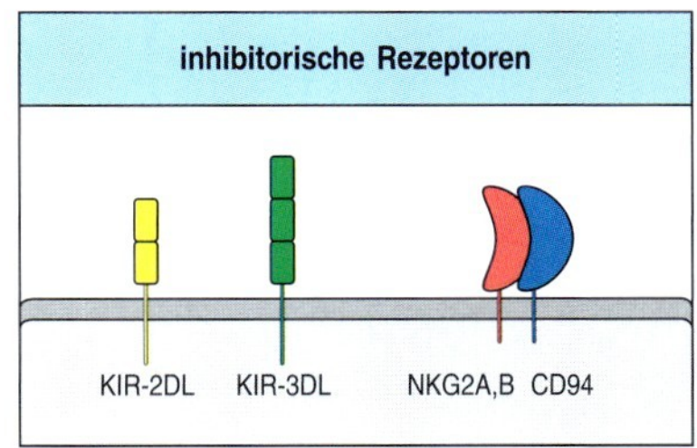

2.58 Die Strukturfamilien der NK-Rezeptoren codieren sowohl aktivierende als auch inhibitorische Rezeptoren. In den Familien der Killerzellen-immunglobulinähnlichen-Rezeptoren (KIR) und der Killerzellen-lektinähnlichen Rezeptoren (KLR) gibt es Moleküle, die der NK-Zelle aktivierende Signale übermitteln (oben), und Moleküle, die inhibitorische Signale aussenden (unten). Vertreter der KIR-Familie werden entsprechend ihrer Anzahl von immunglobulinähnlichen Domänen und der Länge ihrer cytoplasmatischen Schwänze bezeichnet. Aktivierende KIR-Rezeptoren besitzen kurze cytoplasmatische Schwänze, ihre Bezeichnung enthält ein „S". Sie assoziieren mit dem Adaptorprotein DAP12. Der aktivierende KLR-Rezeptor ist ein Heterodimer aus NKG2C und CD94, einem anderen Vertreter der C-Typ-Lektin-Familie. Die inhibitorischen KIR-Rezeptoren besitzen längere cytoplasmatische Schwänze, ihre Bezeichnung enthält ein „L". Sie assoziieren nicht konstitutiv mit Adaptorproteinen, sondern enthalten Signalmotive, die, wenn sie phosphoryliert sind, von inhibitorischen Phosphatasen erkannt werden. Wie die aktivierenden KLR bilden auch die inhibitorischen KLR (NKG2A und NKG2B) Heterodimere mit CD94.

wort nicht erkannt wird, aber stattdessen von den NK-Zellen getötet werden kann. Und schließlich verändert eine Virusinfektion die Glykosylierung von zellulären Proteinen, die dann vielleicht bevorzugt durch aktivierende Rezeptoren erkannt werden können. Möglicherweise wird auf diese Weise aber auch der Ligand für inhibitorische Rezeptoren entfernt. Zumindest einer der beiden zuletzt genannten Mechanismen sollte es ermöglichen, dass infizierte Zellen erkannt werden, selbst wenn sich die Expressionsrate von MHC-Klasse-I-Molekülen nicht verändert hat.

Im Hinblick auf diesen angeborenen Mechanismus des cytotoxischen Angriffs und seine physiologische Bedeutung sind noch viele Fragen offen. Die Funktion von MHC-Klasse-I-Molekülen, die es NK-Zellen ermöglicht, intrazelluläre Infektionen zu erkennen, ist von besonderem Interesse, da dieselben Moleküle auch die Reaktion von T-Zellen auf intrazelluläre Pathogene steuern. Möglicherweise sind NK-Zellen, die einen ganzen Satz verschiedener nichtklonotypischer Rezeptoren verwenden, um MHC-Veränderungen zu erkennen, ein modernes Überbleibsel der T-Zell-Vorfahren in der Evolution. Jene „Ahnen" der T-Zellen haben dann in der Evolution die Fähigkeit erworben, Gensegmente umzulagern und so ein riesiges Repertoire von antigenspezifischen Rezeptoren zu codieren, das darauf ausgerichtet ist, MHC-Moleküle zu erkennen, die aufgrund von gebundenen Peptidantigenen „verändert" wurden.

2.32 NK-Zellen tragen Rezeptoren, die als Reaktion auf Liganden, welche von infizierten Zellen oder Tumorzellen präsentiert werden, die Abtötungsfunktion aktivieren

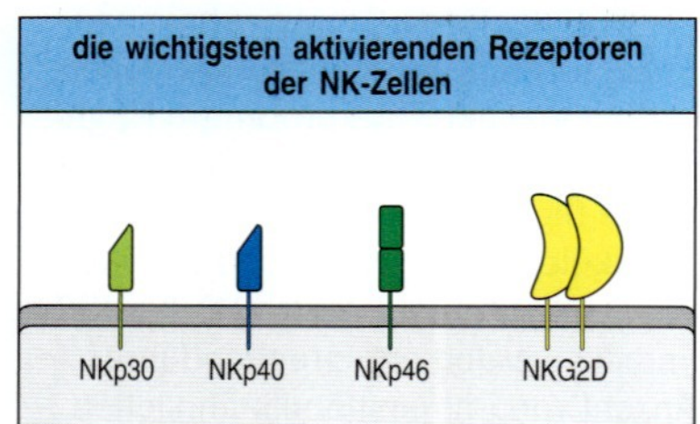

2.59 Die wichtigsten aktivierenden Rezeptoren der NK-Zellen sind die natürlichen Cytotoxizitätsrezeptoren und NKG2D. Die natürlichen Cytotoxizitätsrezeptoren sind immunglobulinähnliche Proteine. NKp30 und NKp40 besitzen eine extrazelluläre Domäne, die einer einzelnen variablen Domäne eines Immunglobulinmoleküls ähnlich ist. Sie aktivieren die NK-Zelle durch ihre Assoziation mit Homodimeren der CD3ζ-Kette oder der Fc-Rezeptor-γ-Kette (beide sind Signalproteine, die auch mit anderen Rezeptortypen assoziieren, eine genauere Beschreibung findet sich in Kapitel 6). NKp46 ähnelt KIR-2D-Molekülen, da es zwei Domänen enthält, die wiederum den konstanten Domänen eines Immunglobulinmoleküls ähneln. NKG2D gehört zur C-Typ-Lektin-Familie und bildet ein Homodimer.

Neben den KIR- und KLR-Rezeptoren, deren Funktion darin besteht, die Stärke der MHC-Klasse-I-Expression auf anderen Zellen zu erkennen, exprimieren NK-Zellen auch Rezeptoren, die das Vorhandensein einer Infektion oder andere Störungen in einer Zelle direkter erkennen. Die wichtigsten aktivierenden Rezeptoren für die Erkennung von infizierten Zellen sind die **natürlichen Cytotoxizitätsrezeptoren** (**NCR**) NKp30, NKp44 und NKp46, die immunglobulinähnliche Rezeptoren sind, sowie NKG2D als Vertreter der C-Typ-Lektin-Familie (Abb. 2.59). Die Liganden, die von den natürlichen Cytotoxizitätsrezeptoren erkannt werden, sind nicht genau bekannt, wobei NKp46 Heparansulfatproteoglykane und einige virale Proteine erkennt.

NKG2D besitzt offenbar eine besondere Funktion bei der Aktivierung von NK-Zellen. Andere NKG2-Rezeptoren (NKG2A, -C und -E) bilden Heterodimere mit CD94 und binden das MHC-Klasse-I-Molekül HLA-E. NKG2D macht beides nicht. Die Liganden für den NKG2D-Rezeptor sind Familien von Proteinen, die entfernt mit MHC-Klasse-I-Molekülen verwandt sind, aber eine vollkommen andere Funktion haben, da sie bei Stress produziert werden. Beim Menschen sind die Liganden von NKG2D die MHC-Klasse-I-ähnlichen MIC-Moleküle MIC-A und MIC-B sowie die RAET1-Proteinfamilie (Abb. 2.60). Die wiederum sind homolog zur α_1- und α_2-Domäne von MHC-Klasse-I-Molekülen (Kapitel 3). Die RAET1-Familie umfasst zehn Proteine, von denen drei ursprünglich als Liganden des UL16-Proteins aus dem Cytomegalievirus charakterisiert wurden und deshalb als UL16-bindende Proteine (ULBP) bezeichnet werden. Mäuse exprimieren keine Rezeptoren, die zu den MIC-Molekülen äquivalent sind, und die Liganden von NKG2D der Maus besitzen eine sehr ähnliche Struktur wie die RAET1-Proteine, zu denen sie wahrscheinlich homolog sind. Tatsächlich wurden diese Liganden zuerst bei Mäusen als *retinoic acid early inducible 1*-(Rae1-)Proteinfamilie identifiziert.

Die Liganden von NKG2D werden als Reaktion auf zellulären oder metabolischen Stress exprimiert, das heißt, sie werden bei Zellen hoch reguliert, die mit intrazellulären Bakterien oder bestimmten Viren wie dem Cytomegalievirus infiziert sind, oder auch bei Tumorzellen im Anfangsstadium, die bösartig transformiert wurden. Die Erkennung durch NKG2D wirkt also als allgemeines „Alarmsignal" für das Immunsystem. NKG2D wird auch auf aktivierten Makrophagen und aktivierten cytotoxischen CD8-T-Zellen exprimiert, und eine Erkennung von NKG2D-Liganden durch diese Zellen liefert ein starkes costimulierendes Signal, das ihre Effektorfunktionen verstärkt.

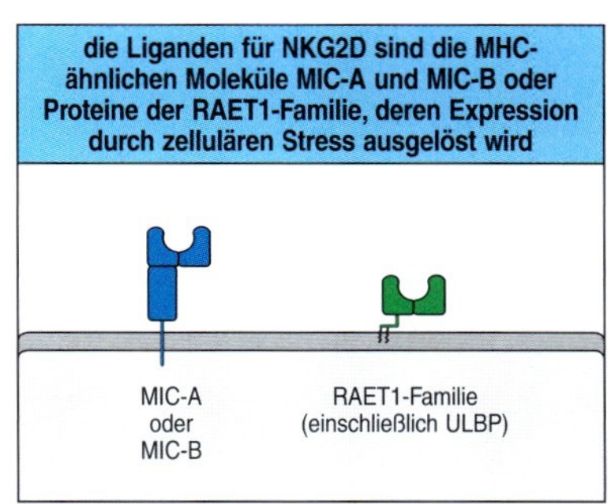

2.60 Die Liganden für den aktivierenden NK-Rezeptor NKG2D sind Proteine, die unter zellulären Stressbedingungen exprimiert werden. Die MIC-Proteine MIC-A und MIC-B sind MHC-ähnliche Moleküle, die von epithelialen oder anderen Zellen bei Stress induziert werden, beispielsweise bei einem Hitzeschock, metabolischem Stress oder einer Infektion. Die Proteine der RAET1-Familie, etwa die Untergruppe, die man als UL16-bindende Proteine (ULBP) bezeichnet, ähneln auch einem Bereich in einem MHC-Klasse-I-Molekül, der α_1- und der α_2-Domäne. Sie sind über eine Glykophosphatidylinositolbrücke mit der Zelle verknüpft.

2.33 Der NKG2D-Rezeptor aktiviert einen anderen Signalweg als die übrigen aktivierenden NK-Rezeptoren

NKG2D unterscheidet sich sowohl in Bezug auf seine Liganden als auch auf die Signalwege in der Zelle, die der Rezeptor aktiviert, von den übrigen NK-Rezeptoren. Die anderen aktivierenden Rezeptoren, die natürlichen Cytotoxizitätsrezeptoren und die aktivierenden KIR, binden Adaptormoleküle wie etwa die CD3ζ-Kette, die Fc-Rezeptor-γ-Kette und DAP12. Sie alle enthalten spezifische Signalmotive, die man als **Immunrezeptor-tyrosinbasierte Aktivierungsmotive (ITAM)** bezeichnet. Wenn der NK-Rezeptor seinen Liganden bindet, werden die ITAM phosphoryliert. Dadurch wird die intrazelluläre Tyrosinkinase Syk gebunden und aktiviert, und in der Zelle werden weitere Signale in der Zelle ausgelöst (Abschnitt 6.17). NKG2D bindet ein anderes Adaptorprotein, DAP10, das keine ITAM-Sequenz enthält und stattdessen eine intrazelluläre Lipidkinase aktiviert, die Phosphatidylinositol-3-Kinase (PI-3-Kinase). Dadurch wird eine andere intrazelluläre Signalfolge ausgelöst. Beide Signalwege führen jedoch zur Aktivierung der NK-Zelle. Bei Mäusen sind die Aktivitäten von NKG2D noch komplizierter, da NKG2D hier durch alternatives Spleißen in zwei verschiedenen Formen synthetisiert wird. Eine bindet DAP12, die andere DAP10. NKG2D der Maus kann also beide Signalwege aktivieren, während der menschliche NKG2D-Rezeptor nur über den DAP10 Signale überträgt und der PI-3-Kinase-Weg aktiviert wird.

2.34 Mehrere Untergruppen der Lymphocyten verhalten sich wie *innate like*-Lymphocyten

Umlagerungen von Rezeptorgenen sind ein charakteristisches Merkmal von Lymphocyten des adaptiven Immunsystems. Dadurch ist es möglich, eine gewissermaßen unendliche Vielfalt von Rezeptoren zu erzeugen, wobei jeder von einer anderen individuellen T- oder B-Zelle exprimiert wird (Abschnitt 1.11). Es gibt jedoch mehrere kleinere Untergruppen von Lymphocyten, die zwar Antigenrezeptoren dieses Typs produzieren, aber nur mit einer sehr eingeschränkten Diversität. Codiert werden diese Rezeptoren von wenigen immer wieder vorkommenden umgelagerten Genen. Da ihre Rezeptoren wenig Variabilität zeigen und sie im Körper nur an bestimmten Stellen vorkommen, müssen diese Lymphocyten keine klonale Expansion durchführen, bevor sie auf die Antigene, die sie erkennen, effektiv reagieren können. Deshalb bezeichnet man sie als ***innate like*-Lymphocyten (ILL)** (Abb. 2.61). Damit diese Zellen Antigenrezeptoren produzieren können, sind die Rekombinasen RAG-1 und RAG-2 erforderlich. Diese Proteine und ihre Funktion bei der Genumlagerung in den Lymphocyten werden in Kapitel 4 besprochen. Da die Zellen RAG-1 und RAG-2 exprimieren und die Antigenrezeptorgenumlagerung durchführen, sind die ILL per Definition Zellen des adaptiven Immunsystems. Sie verhalten sich jedoch mehr wie ein Teil des angeborenen Immunsystems, sodass wir sie hier besprechen wollen.

Eine ILL-Untergruppe sind die **γ:δ-T-Zellen**, die sich innerhalb von Epithelien aufhalten, beispielsweise in der Haut. Die γ:δ-T-Zellen selbst bilden eine kleinere Untergruppe der T-Zellen, die in Kapitel 1 eingeführt wurden. Ihre Antigenrezeptoren bestehen aus einer γ-Kette und einer δ-Kette, anders als bei den Antigenrezeptoren der Mehrzahl der T-Zellen in der adaptiven Immunantwort, die aus einer α- und einer β-Kette bestehen. Man hat die γ:δ-T-Zellen entdeckt, weil sie immunglobulinähnliche Rezeptoren besitzen, die von rekombinierten Genen codiert werden; aber die Funktion der Zellen ist noch unbekannt.

Eines der auffälligsten Merkmale von γ:δ-T-Zellen besteht darin, dass sie zwei sehr unterschiedliche Untergruppen bilden. Eine dieser Gruppen kommt bei allen Vertebraten im lymphatischen Gewebe vor und die Zellen weisen wie B-Zellen und α:β-T-Zellen stark diversifizierte Rezeptoren auf. Im Gegensatz dazu kommen die intraepithelialen γ:δ-T-Zellen bei den einzelnen Vertebraten in unterschiedlicher Weise vor und zeigen übereinstimmend Rezeptoren von sehr geringer Diversität. Bei Mäusen findet man diese Zellen bevorzugt in der Haut und in den weiblichen Geschlechtsorganen, wo die γ:δ-T-Zellen jeweils im Wesentlichen homogen sind. Aufgrund der geringen Diversität der epithelialen γ:δ-T-Zell-Rezeptoren und ihrer fehlenden Zirkulation hat man postuliert, dass die intraepithelialen γ:δ-T-Zellen Liganden erkennen können, die aus dem Epithel stammen, in dem sich diese Zellen befinden. Die Liganden entstehen allerdings nur dann, wenn eine Zelle infiziert wurde. Mögliche Liganden sind Hitzeschockprote-

innate like-Lymphocyten		
B-1-Zellen	epitheliale γ:δ-Zellen	NK-T-Zellen
produzieren natürliche Antikörper, schützen vor Infektionen mit *Streptococcus pneumoniae*	produzieren schnell Cytokine	produzieren schnell Cytokine
Liganden sind nicht mit MHC assoziiert	Liganden sind mit MHC-Klasse Ib assoziiert	Liganden sind an CD1d gebundene Lipide
keine *booster*-Immunisierung möglich	keine *booster*-Immunisierung möglich	keine *booster*-Immunisierung möglich

2.61 Die drei Hauptgruppen von *innate like*-Lymphocyten und ihre Eigenschaften.

ine, MHC-Klasse-Ib-Moleküle (Kapitel 5) sowie ungewöhnliche Nucleotide und Phospholipide. Für alle diese Liganden wurde gezeigt, dass sie von γ:δ-T-Zellen erkannt werden.

Im Gegensatz zu α:β-T-Zellen erkennen die γ:δ-T-Zellen Antigene im Allgemeinen nicht in Form von Peptiden, die von MHC-Molekülen präsentiert werden. Stattdessen erkennen sie anscheinend ihr Zielmolekül direkt und können wahrscheinlich Moleküle von vielen verschiedenen Zelltypen schnell erkennen und darauf reagieren. Die intraepithelialen γ:δ-T-Zellen unterscheiden sich von anderen Lymphocyten dadurch, dass sie Moleküle erkennen können, die als Folge einer Infektion exprimiert werden, selbst jedoch keine pathogenspezifischen Antigene sind. Deshalb gehören die γ:δ-T-Zellen in die *innate like*-Gruppe.

Die **B-1-Zellen** bilden eine weitere Untergruppe der Lymphocyten, die Rezeptoren mit geringer Diversität exprimieren. Die B-1-Zellen unterscheiden sich von den konventionellen B-Zellen, die die adaptive humorale Immunität vermitteln, durch das Zelloberflächenprotein CD5 und bestimmte andere Merkmale teilweise deutlich. B-1-Zellen stimmen in vielfacher Weise mit den epithelialen γ:δ-T-Zellen überein: Sie entstehen in einer frühen Phase der Embryonalentwicklung und verwenden für die Erzeugung ihrer Rezeptoren eine eigene und auch eingeschränkte Kombination von Genumlagerungen. Sie erneuern sich selbst in Geweben außerhalb der zentralen lymphatischen Organe und bilden in der abgegrenzten Mikroumgebung der Bauchfellhöhle die dominierende Lymphocytenpopulation. B-1-Zellen erzeugen anscheinend Antikörperreaktionen vor allem gegen Polysaccharidantigene und können ohne Unterstützung von T-Zellen Antikörper der IgM-Klasse produzieren (Abb. 2.62). Zwar können T-Zellen diese Reaktionen verstärken, aber B-1-Zellen erscheinen innerhalb von 48 Stunden nach Auftauchen des Antigens, sodass T-Zellen nicht beteiligt sein können. B-1-Zellen sind also bei der antigenspezifischen adaptiven Immunantwort nicht aktiv. Die fehlende antigenspezifische Wechselwirkung mit T-Helferzellen erklärt vielleicht, warum sich aus einer B-1-Zell-Antwort kein immunologisches Gedächtnis entwickelt: Die wiederholte Verabreichung desselben Antigens führt jedes Mal zu derselben oder einer abgeschwächten Reaktion. Diese Reaktionen ähneln eher den angeborenen und nicht den adaptiven Immunantworten, obwohl die Lymphocyten, die sie auslösen, rekombinierte Rezeptorgene tragen.

Wie bei den γ:δ-T-Zellen ist auch die Funktion der B-1-Zellen bei der Immunantwort unklar. Mäuse mit einer B-1-Zell-Schwäche sind für Infektionen mit *Staphylococcus pneumoniae* anfälliger, da sie gegen Phosphocholin keine Antikörper bilden können, die vor diesem Mikroorganismus wirksam schützen würden. Ein größerer Teil der B-1-Zellen kann Antikörper mit dieser Spezifität erzeugen, und da keine antigenspezifische Unterstützung durch T-Helferzellen erforderlich ist, kann bereits in der frühen Phase einer Infektion mit diesem Krankheitserreger eine effektive Reaktion erfolgen. Ob beim Menschen die B-1-Zellen dieselbe Funktion erfüllen, ist nicht geklärt.

Eine dritte ILL-Untergruppe, die man als **NK-T-Zellen** bezeichnet, kommt sowohl im Thymus als auch in den peripheren lymphatischen Organen vor. Diese Zellen exprimieren eine invariante T-Zell-Rezeptor-α-Kette, die mit einer von drei verschiedenen β-Ketten verknüpft ist, und sie können Glykolipidantigene erkennen. Die wichtigste Reaktion der NK-T-Zellen ist anscheinend die schnelle Freisetzung von Cytokinen wie Il-4,

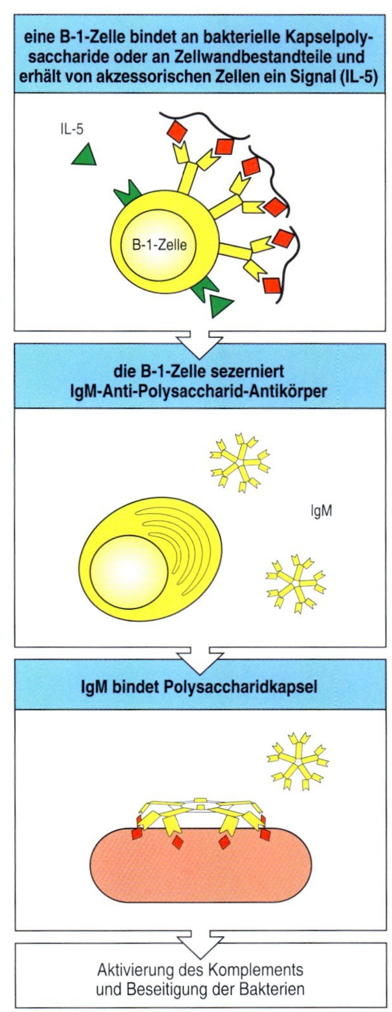

2.62 B-1-Zellen sind möglicherweise für die Reaktion auf Kohlenhydratantigene wie bakterielle Polysaccharide von Bedeutung. Diese Antworten erfolgen schnell – die Antikörper treten bereits innerhalb von 48 Stunden auf. Dies ist wahrscheinlich darauf zurückzuführen, dass es von den reagierenden Lymphocyten eine hohe Zahl von Vorläuferzellen gibt. So reicht eine geringe klonale Expansion bereits aus. Im Gegensatz zu den Reaktionen auf viele andere Antigene benötigt diese Antwort nicht die „Hilfe" von T-Zellen. Ohne diese Mitwirkung wird nur IgM produziert (die Gründe dafür werden in Kapitel 9 erläutert). Bei Mäusen beseitigen solche Immunantworten Bakterien vor allem über die Aktivierung des Komplementsystems, das bei Beteiligung des IgM-Isotyps am effektivsten ist.

IL-10 und IFN-γ. Man nimmt an, dass diese Zellen vor allem eine regulatorische Funktion besitzen. Wir werden diesen ungewöhnlichen Zellen in Kapitel 10 wieder begegnen.

In Bezug auf die Evolution ist hier interessant festzustellen, dass γ:δ-T-Zellen offenbar die Körperoberfläche verteidigen, während B-1-Zellen in den Körperhöhlen aktiv sind. Beide Zelltypen zeigen ein eingeschränktes Spektrum an Spezifitäten und auch ihre Wirksamkeit ist begrenzt. Vielleicht stellen diese Zellen in der Evolution der adaptiven Immunantwort einen Übergangszustand dar, weil sie die beiden Hauptkompartimente primitiver Organismen schützen – die Oberflächenepithelien und die Körperhöhle. Es ist noch unklar, ob sie für die Immunabwehr noch von entscheidender Bedeutung sind oder ein evolutionäres Relikt darstellen. Da jedoch jeder Zelltyp in bestimmten Körperbereichen vorherrscht und an Reaktionen gegen Krankheitserreger mitwirkt, müssen wir sie in unsere Überlegungen zur Immunabwehr einbeziehen.

Schließlich gibt es noch eine Population von Antikörpern, die man als **natürliche Antikörper** bezeichnet. Dieses natürliche IgM wird von rekombinierten Antikörpergenen codiert, in denen keine weitere Diversifizierung durch somatische Hypermutation (Kapitel 4) stattgefunden hat. Beim Menschen machen diese IgM-Moleküle einen großen Teil der zirkulierenden IgM-Moleküle aus und es handelt sich anscheinend nicht um Produkte einer adaptiven antigenspezifischen Immunreaktion auf eine Infektion. Die Antikörper besitzen für zahlreiche mikrobielle Krankheitserreger eine geringe Affinität, zeigen starke Kreuzreaktionen und binden sogar an einige körpereigene Moleküle. Auch ist nicht bekannt, ob diese Antikörper als Reaktion gegen die normale Flora auf den Oberflächenepithelien oder gegen körpereigene Antigene gebildet werden. Möglicherweise sind sie bei der Immunabwehr gegen *Streptococcus pneumoniae* von Bedeutung, indem sie an das Phosphocholin in der bakteriellen Zellhülle binden und so die Bakterien beseitigen, bevor sie gefährlich werden.

Zusammenfassung

Die angeborene Immunität kann eine Reihe von induzierten Effektormechanismen nutzen, um eine Infektion zu beseitigen oder zumindest solange einzudämmen, bis der Krankheitserreger vom adaptiven Immunsystem erkannt wird. Keimbahncodierte Rezeptorsysteme, die zwischen normalen körpereigenen Molekülen auf nichtinfizierten Zellen und infektiösen körperfremden Liganden unterscheiden können, regulieren alle diese Effektormechanismen. Die Fähigkeit der Phagocyten, zwischen körpereigen und pathogen zu unterscheiden, reguliert, inwieweit sie entzündungsfördernde Chemokine und Cytokine freisetzen, die zusammen weitere Phagocyten zum Infektionsherd leiten. Besonders auffällig ist die frühe Mobilisierung von neutrophilen Zellen, die Krankheitserreger auch direkt erkennen können. Darüber hinaus lösen die Cytokine, die von phagocytotischen Gewebezellen freigesetzt werden, Fieber aus und induzieren die Produktion von Akute-Phase-Proteinen; dies sind beispielsweise das mannosebindende Lektin und das C-reaktive Protein, die an Pathogene binden. Außerdem mobilisieren die Cytokine antigenpräsentierende Zellen, welche die adaptive Immunantwort auslösen. Virale Krankheitserreger werden anhand der Zellen erkannt, in denen sie sich replizieren, was zur Produktion von Interferonen führt. Diese hemmen die Virusreplikation und aktivieren NK-Zellen, die wiederum infizierte von nichtinfizierten Zellen unterscheiden können. Wie wir an anderer Stelle in diesem Buch noch feststellen werden, sind Cytokine, Chemokine, Phagocyten und NK-Zellen jeweils Effektormechanismen, die auch an einer adaptiven Immunantwort beteiligt sind, bei der mithilfe variabler Rezeptoren spezifische Antigene der Krankheitserreger erkannt werden.

Zusammenfassung von Kapitel 2

Das angeborene System der Immunabwehr gegen Infektionen besteht aus mehreren verschiedenen Komponenten. Die erste umfasst die Barrierefunktionen der Körperepithelien, die zusammen einfach verhindern, dass sich eine Infektion überhaupt erst etabliert. Als Nächstes sind Zellen und Moleküle an der Reihe, die einen Krankheitserreger eindämmen oder zerstören, wenn er die Abwehr der Epithelien durchbrochen hat. Am wichtigsten sind dabei die Gewebemakrophagen für die zelluläre Abwehr an den Grenzen. Das Wissen darüber, wie das angeborene Immunsystem Pathogene erkennt, nimmt schnell zu, und Strukturuntersuchungen, beispielsweise des mannosebindenden Lektins, zeigen allmählich im Einzelnen, wie die Rezeptoren des angeborenen Immunsystems zwischen Oberflächen von Pathogenen und Körperzellen unterscheiden können. Darüber hinaus hat man nun durch die Identifizierung des Lipopolysaccharidrezeptors und dessen Kopplung an den menschlichen TLR-4 einen Einblick in die angeborene Immunerkennung von mikrobiellen molekularen Mustern gewonnen. Sobald das angeborene Immunsystem eingedrungene Krankheitserreger erkannt hat, werden diese durch verschiedene Effektormechanismen vernichtet. Die meisten von ihnen kennt man schon seit langer Zeit. Tatsächlich war die Vernichtung von Mikroorganismen durch Phagocytose die erste Immunantwort, die man beobachtet hat. Jedoch entdeckt man ständig Neues: Die Chemokine sind zum Beispiel erst seit etwa 15 Jahren bekannt, aber inzwischen wurden allein über 50 Chemokinproteine identifiziert. Das Komplementsystem von Proteinen vermittelt die angeborene humorale Immunität in den Gewebezwischenräumen und im Blut. Die Induktion wirkungsvoller Effektormechanismen aufgrund der angeborenen Immunerkennung durch keimbahncodierte Rezeptoren birgt bestimmte Gefahren. So zeigt der zweischneidige Charakter der Effekte des Cytokins TNF-α – positiv bei lokaler Freisetzung, katastrophal bei systemischem Auftreten – die Gratwanderung der Evolution, der alle Mechanismen der angeborenen Immunität folgen. Das angeborene Immunsystem lässt sich als Abwehrsystem deuten, das vor allem die Entstehung eines Infektionsherdes verhindert; wenn es jedoch dafür nicht ausreicht, kann es immer noch der adaptiven oder erworbenen Immunantwort gewissermaßen den Boden bereiten. Diese ist beim Menschen ein essenzieller Bestandteil der Immunabwehr. Nachdem wir bislang mit einer Betrachtung des angeborenen Immunsystems in das Studium der Immunologie eingeführt haben, wenden wir uns nun der adaptiven Immunantwort zu. Diese stand bei fast allen immunologischen Untersuchungen im Mittelpunkt, da sie sich im Experiment einfacher verfolgen lässt, indem man Reagenzien und Reaktionen verwendet, die für definierte Antigene spezifisch sind.

Fragen

2.1 Das angeborene Immunsystem nutzt zwei verschiedene Mechanismen, um Krankheitserreger zu erkennen: die Erkennung von körperfremden und die Erkennung von körpereigenen Antigenen. a) Nennen Sie Beispiele für beide und erläutern Sie für jedes Beispiel, welchen Beitrag es dafür liefert, dass sich der Organismus vor einer Infektion schützen kann. b) Welche Nachteile haben die verschiedenen Mechanismen?

2.2 Das Komplementsystem setzt Entzündungssignale und Opsonine frei, die Bakterien direkt lysieren. a) Beschreiben Sie die allgemeinen Eigenschaften von jeder Klasse, und erläutern Sie den jeweiligen Nutzen für die Körperabwehr. b) Erklären Sie, welche Klasse für die Körperabwehr am wichtigsten ist und warum.

2.3 „Die Toll-ähnlichen Rezeptoren stehen für die ältesten Signalwege der Körperabwehr." Trifft diese Äußerung zu? Erläutern Sie Ihre Antwort.

2.4 Elie Metchnikoff entdeckte die Schutzfunktion von Makrophagen, indem er beobachtete, was mit einem Seestern geschah, der von einem Seeigelstachel verletzt wurde. Beschreiben Sie die Abfolge der Ereignisse, die eintreten, wenn Sie sich mit einem Seeigelstachel verletzen.

2.5 Das Komplementsystem ist eine Kaskade von Enzymen, die starke schädliche Auswirkungen haben können. a) Wie wird das Komplementsystem so reguliert, dass es uns schützt und uns nicht schadet? b) Was geschieht, wenn „etwas schief geht"?

2.6 Während ihrer Entwicklung und damit sie ihre verschiedenen Funktionen effizient erfüllen können, müssen die Zellen des Immunsystems ihren Weg in die richtigen Körperbereiche finden. Wie geschieht das?

Allgemeine Literatur

Ezekowitz RAB, Hoffman J (1998) Innate immunity. *Curr Opin Immunol* 10: 9–53

Fearon DT, Locksley RM (1996) The instinctive role of innate immunity in the acquired immune response. *Science* 272: 50–53

Gallin JI, Goldstein IM, Snyderman R (Hrsg) (1992) Inflammation – Basic Principles and Clinical Correlates, 2. Aufl. Raven Press, New York

Janeway CA Jr, Medzhitov R (2002) Innate immune recognition. *Annu Rev Immunol* 20: 197–216

Literatur zu den einzelnen Abschnitten

Abschnitt 2.1

Kauffmann SHE, Sher A, Ahmed R (2002) Immunology of Infectious Diseases. ASM Press, Washington

Mandell GL, Bennett JE, Dolin R. (Hrsg) (1995) Principies and Practice of Infectious Diseases, 4. Aufl. Churchill Livingstone, NewYork

Salyers AA, Whitt DD (1994) Bacterial Pathogenesis: A Molecular Approach. ASM Press, Washington

Abschnitt 2.2

Gibbons RJ (1992) How microorganisms cause disease. In: Gorbach SL, Bartlett JG, Blacklow NR (Hrsg): Infectious Diseases. WB Saunders Co, Philadelphia

Hornef MW, Wick MJ, Rhen M, Normark S (2002) Bacterial strategies overcoming host innate and adaptive immune responses. *Nat Immunol* 3: 1033–1040

Abschnitt 2.3

Gallo RL, Murakami M, Ohtake T, Zaiou M (2002) Biology and clinical relevance of naturally occurring antimicrobial peptides. *J Allergy Clin Immunol* 110: 823–831

Gudmundsson GH, Agerberth B (1999) Neutrophil antibacterial peptides, multifunctional effector molecules in the mammalian immune system. *Immunol Methods* 232: 45–54

Koczulla AR, Bals R (2003) Antimicrobial peptides: current status and therapeutic potential. *Drugs* 63: 389–406

Risso A (2000) Leukocyte antimicrobial peptides: multifunctional effector molecules of innate immunity. *J Leukoc Biol* 68: 785–792

Zaiou M, Gallo RL (2002) Cathelicidins, essential gene-encoded mammalian antibiotics. *J Mol Med* 80: 549–561

Abschnitt 2.4

Aderem A, Underhill DM (1999) Mechanisms of phagocytosis in macrophages. *Annu Rev Immunol* 17: 593–623

Beutler B, Rietschel ET (2003) Innate immune sensing and its roots: the story of endotoxin. *Nat Rev Immunol* 3: 169–176

Bogdan C, Rollinghoff M, Diefenbach A (2000) Reactive oxygen and reactive nitrogen intermediates in innate and specific immunity. *Curr Opin Immunol* 12: 64–76

Dahlgren C, Karlsson A (1999) Respiratory burst in human neutrophlis. *J Immunol Methods* 232: 3–14

Harrison RE, Grinstein S (2002) Phagocytosis and the microtubule cytoskeleton. *Biochem Cell Biol* 80: 509–515

Abschnitt 2.5

Chertov O, Yang D, Howard OM, Oppenheim JJ (2000) Leukocyte granule proteins mobilize innate host defenses and adaptive immune responses. *Immunol Rev* 177: 68–78

Kohl J (2001) Anaphylatoxins and infectious and noninfectious inflammatory diseases. *Mol Immunol* 38: 175-187

Mekori YA, Metcalfe DD (2000) Mast cells in innate immunity. *Immunol Rev* 173: 131-140

Svanborg C, Godaly G, Hedlund M (1999) Cytokine responses during mucosal infections: role in disease pathogenesis and host defence. *Curr Opin Microbiol* 2: 99-105

van der Poll T (2001) Coagulation and inflammation. *J Endotoxin Res* 7: 301–304

Abschnitt 2.6

Apostolopoulos V, McKenzie IF (2001) Role of the mannose receptor in the immune response. *Curr Mol Med* 1: 469-474

Feizi T (2000) Carbohydrate-mediated recognition systems in innate immunity. *Immunol Rev* 173: 79-88

Gough PJ, Gordon S (2000) The role of scavenger receptors in the innate immune system. *Microbes Infect* 2: 305-311

Heine H, Lien E (2003) Toll-like receptors and their function in innate and adaptive immunity. *Int Arch Allergy Immunol* 130: 180-192

Kaisho T, Akira S (2000) Critical roles of toll-like receptors in host defense. *Crit Rev Immunol* 20: 393-405

Linehan SA, Martinez-Pomares L, Gordon S (2000) Macrophage lectins in host defence. *Microbes Infect* 2: 279-288

Podrez EA, Poliakov E, Shen Z, Zhang R, Deng Y, Sun M, Finton PJ, Shan L, Gugiu B, Fox PL et al (2002) Identification of a novel family of oxidized phospholipids that serve as ligands for the macrophage scavenger receptor CD36. *J Biol Chem* 277: 38503-38516

Turner MW, Hamvas RM (2000) Mannose-binding lectin: structure, function, genetics and disease associations. *Rev Immunogenet* 2: 305-322

Abschnitt 2.7

Barton GM, Medzhitov R (2002) Toll-like receptors and their ligands. *Curr Microbiol Immunol* 270: 81-92

Kawai T, Akira S (2006) Innate immune recognition of viral infection. *Nat Immunol* 7: 131-137

Lund JM, Alexopoulou L, Sato A, Karow M, Adams NC, Gale NW, Iwasaki A, Flavell RA (2004) Recognition of single-stranded RNA viruses by Toll-receptor 7. *Proc Natl Acad Sci USA* 101: 5598-5603

Lund J, Sato A, Akira S, Medzhitov R, Iwasaki A (2003) Toll-like receptor 9-mediated recognition of Herpes simplex virus-2 by plasmacytoid dendritic cells. *J Exp Med* 198: 513-520

Medzhitov R, Janeway CA Jr (2000) The toll receptor family and microbial recognition. *Trends Microbiol* 8: 452-456

Peiser L, De Winther MP, Makepeace K, Hollinshead M, Coull P, Plested J, Kodama T, Moxon ER, Gordon S (2002) The class A macrophage scavenger receptor is a major pattern recognition receptor for *Neisseria meningitidis* which is independent of lipopolysaccharide and not required for secretory responses. *Infect Immun* 70: 5346-5354

Salio M, Cerundolo V (2005) Viral immunity: cross-priming with the help of TLR3. *Curr Biol* 15: R336-R339

Abschnitt 2.8

Beutler B (2000) Endotoxin, toll-like receptor 4, and the afferent limb of innate immunity. *Curr Opin Microbiol* 3: 23-28

Beutler B, Rietschel ET (2003) Innate immune sensing and its roots: the story of endotoxin. *Nat Rev Immunol* 3: 169-176

Abschnitt 2.9

Abreu MT, Fukata M, Arditi M (2005) UR signaling in the gut in health and disease. *J Immunol* 174: 4453-4456

Dziarski R, Gupta D (2005) Peptidoglycan recognition in innate immunity. *J Endotoxin Res* 11: 304-310

Inohara N, Chamaillard M, McDonald C, Nunez G (2005) NOD-LRR proteins: role in host-microbial interactions and inflammatory disease. *Annu Rev Biochem* 74: 355-383

Strober W, Murray PJ, Kitani A, Watanabe T (2006) Signalling pathways and molecular interactions of NOD1 and NOD2. *Nat Rev Immunol* 6: 9-20

Abschnitt 2.10

Bowie A, O'Neill LA (2000) The interleukin-1 receptor/Toll-like receptor superfamily: signal generators for pro-inflammatory interleukins and microbial products. *J Leukoc Biol* 67: 508-514

Brightbill HD, Libraty DH, Krutzik SR, Yang RB, Belisle JT, Bleharski JR, Maitland M, Norgard MV, Plevy SE, Smale ST et al (1999) Host defense mechanisms triggered by microbial lipoproteins through Toll-like receptors. *Science* 285: 732-736

Dalpke A, Heeg K (2002) Signal integration following Toll-like receptor triggering. *Crit Rev Immunol* 22: 217-250

Heine H, Lien E (2003) Toll-like receptors and their function in innate and adaptive immunity. *Int Arch Allergy Immunol* 130: 180-192

Abschnitt 2.11

Tomlinson S (1993) Complement defense mechanisms. *Curr Opin Immunol* 5: 83-89

Abschnitt 2.12

Frank MM (2000) Complement defielencies. *Pediatr Clin North Am* 47: 1339-1354

Frank MM, Fries LF (1991) The role of complement in inflammation and phagocytosis. *Immunol Today* 12: 322-326

Abschnitt 2.13

Arlaud GJ, Gaboriaud C, Thielens NM, Budayova-Spano M, Rossi V, Fontecilla-Camps JC (2002) Structural biology of the C1 complex of complement unveils the mechanisms of its activation and proteolytic activity. *Mol Immunol* 39: 383-394

Cooper NR (1985) The classical complement pathway. Activation and regulation of the first complement component. *Adv Immunol* 37: 151–216

Abschnitt 2.14

Dodds AW (2002) Which came first, the lectin/classical pathway or the alternative pathway of complement? *Immunobiology* 205: 340–354

Gal P, Ambrus G (2001) Structure and function of complement activating enzyme complexes: C1 and MBL-MASPs. *Curr Protein Pept Sci* 2: 43–59

Jack DL, Klein NJ, Turner MW (2001) Mannose-binding lectin: targeting the microbial world for complement attack and opsonophagocytosis. *Immunol Rev* 180: 86–99

Lu J, Teh C, Kishore U, Reid KB (2002) Collectins and ficolins: sugar pattern recognition molecules of the mammalian innate immune system. *Biochim Biophys Acta* 1572: 387–400

Rabinovich GA, Rubinstein N, Toscano MA (2002) Role of galectins in inflammatory and immunomodulatory processes. *Biochim Biophys Acta* 1572: 274–284

Schwaeble W, Dahl MR, Thiel S, Stover C, Jensenius JC (2002) The mannan-binding lectin-associated serine proteases (MASPs) and MAp19: four components of the lectin pathway activation complex encoded by two genes. *Immunobiology* 205: 455–466

Abschnitt 2.15

Cicardi M, Bergamaschini L, Cugno M, Beretta A, Zingale LC, Colombo M, Agostoni A (1998) Pathogenetic and clinical aspects of C1 inhibitor deficiency, *Immunobiology* 199: 366–376

Abschnitt 2.16

Fijen CA, van den Bogaard R, Schipper M, Mannens M, Schlesinger M, Nordin FG, Dankert J, Daha MR, Sjoholm AG, Truedsson L, Kuijper EJ (1999) Properdin deficiency: molecular basis and disease association. *Mol Immunol* 36: 863–867

Xu Y, Narayana SV, Volanakis JE (2001) Structural biology of the alternative pathway convertase. *Immunol Rev* 180: 123–135

Abschnitt 2.17

Fishelson Z, Donin N, Zell S, Schultz S, Kirschfink M (2003) Obstacles to cancer immunotherapy: expression of membrane complement regulatory proteins (mCRPs) in tumors. *Mol Immunol* 40: 109–123

Golay J, Zaffaroni L, Vaccari T, Lazzari M, Borleri GM, Bernasconi S, Tedesco F, Rambaldi A, Introna M (2000) Biologic response of B lymphoma cells to anti-CD20 monoclonal antibody rituximab *in vitro*: CD55 and CD59 regulate complement-mediated cell lysis. *Blood* 95: 3900–3908

Spiller OB, Criado-Garcia O, Rodriguez De Cordoba S, Morgan BP (2000) Cytokine-mediated up-regulation of CD55 and CD59 protects human hepatoma cells from complement attack. *Clin Exp Immunol* 121: 234–241

Varsano S, Frolkis I, Rashkovsky L, Ophir D, Fishelson Z (1996) Protection of human nasal respiratory epithelium from complement-mediated lysis by cell-membrane regulators of complement activation. *Am J Respir Cell Mol Biol* 15: 731–737

Abschnitt 2.18

Rawal N, Pangburn MK (2001) Structure/function of C5 convertases of complement. *Int Immunopharmacol* 1: 415–422

Abschnitt 2.19

Ehlers MR (2000) CR3: a general purpose adhesion-recognition receptor essential for innate immunity. *Microbes Infect* 2: 289–294

Fijen CA, Bredius RG, Kuijper EJ, Out TA, De Haas M, De Wit AP, Daha MR, De Winkel JG (2000) The role of Fcγ receptor polymorphisms and C3 in the immune defence against *Neisseria meningitidis* in complement-deficient individuals. *Clin Exp Immunol* 120: 338–345

Linehan SA, Martinez-Pomares L, Gordon S (2000) Macrophage lectins in host defence. *Microbes Infect* 2: 279–288

Ravetch JV (2002) A full complement of receptors in immune complex diseases. *J Clin Invest* 110: 1759–1761

Ross GD (2000) Regulation of the adhesion versus cytotoxic functions of the Mac-1/CR3$\alpha_M\beta_2$-Integrin glycoprotein. *Crit Rev Immunol* 20: 197–222

Abschnitt 2.20

Kildsgaard J, Hollmann TJ, Matthews KW, Bian K, Murad F, Wetsel RA (2000) Cutting edge: targeted disruption of the C3a receptor gene demonstrates a novel protective anti-inflammatory role for C3a in endotoxin-shock. *J Immunol* 165: 5406–5409

Kohl J (2001) Anaphylatoxins and infectious and noninfectious inflammatory diseases. *Mol Immunol* 38: 175–187

Monsinjon T, Gasque P, Ischenko A, Fontaine M (2001) C3A binds to the seven transmembrane anaphylatoxin receptor expressed by epithelial cells and triggers the production of IL-8. *FEBS Lett* 487: 339–346

Schraufstatter IU, Trieu K, Sikora L, Sriramarao P, DiScipio R (2002) Complement c3a and c5a induce different signal transduction cascades in endothelial cells. *J Immunol* 169: 2102–2110

Abschnitt 2.21

Bhakdi S, Tranum-Jensen J (1991) Complement lysis: a hole is a hole. *Immunol Today* 12: 318–320

Parker CL, Sodetz JM (2002) Role of the human C8 subunits in complement-mediated bacterial killing: evidence that C8 γ is not essential. *Mol Immunol* 39: 453–458

Scibek JJ, Plumb ME, Sodetz JM (2002) Binding of human complement C8 to C9: role of the N-terminal modules in the C8 a subunit. *Biochemistry* 41: 14546–14551

Wang Y, Bjes ES, Esser AF (2000) Molecular aspects of complement-mediated bacterial killing. Periplasmic conversion of C9 from a protoxin to a toxin. *J Biol Chem* 275: 4687–4692

Abschnitt 2.22

Blom AM, Rytkonen A, Vasquez P, Lindahl G, Dahlback B, Jonsson AB (2001) A novel interaction between type IV pill of *Neisseria gonorrhoeae* and the human complement regulator C4B-binding protein. *J Immunol* 166: 6764–6770
Jiang H, Wagner E, Zhang H, Frank MM (2001) Complement 1 inhibitor is a regulator of the alternative complement pathway. *J Exp Med* 194: 1609–1616
Kirschfink M (1997) Controlling the complement system in inflammation. *Immunopharmacology* 38: 51–62
Kirschfink M (2002) Cl-Inhibitor and transplantation. *Immunobiology* 205: 534–541
Liszewski MK, Farries TC, Lublin DM, Rooney IA, Atkinson JP (1996) Control of the complement system. *Adv Immunol* 61: 201–283
Miwa T, Zhou L, Hilliard B, Molina H, Song WC (2002) Crry, but not CD59 and DAF, is indispensable for murine erythrocyte protection in vivo from spontaneous complement attack. *Blood* 99: 3707–3716
Pangburn MK (2000) Host recognition and target differentiation by factor H, a regulator of the alternative pathway of complement. *Immunopharmacology* 19: 149–157
Singhrao SK, Neal JW, Rushmere NK, Morgan BP, Gasque P (2000) Spontaneous classical pathway activation and deficiency of membrane regulators render human neurons susceptible to complement lysis. *Am J Pathol* 157: 905–918
Smith GP, Smith RA (2001) Membrane-targeted complement inhibitors. *Mol Immunol* 38: 249–255
Suankratay C, Mold C, Zhang Y, Lint TF, Gewurz H (1999) Mechanism of complement-dependent haemolysis via the lectin pathway: role of the complement regulatory proteins. *Clin Exp Immunol* 117: 442–448
Suankratay C, Mold C, Zhang Y, Potempa LA, Lint TF, Gewurz H (1998) Complement regulation in innate immunity and the acute-phase response: inhibition of mannan-binding lectin-initiated complement cytolysis by C-reactive protein (CRP). *Clin Exp Immunol* 113: 353–359
Zipfel PF, Jokiranta TS, Hellwage J, Koistinen V, Meri S (1999) The factor H protein family. *Immunopharmacology* 42: 53–60

Abschnitt 2.23

Larsson BM, Larsson K, Malmberg P, Palmberg L (1999) Gram positive bacteria induce IL-6 and IL-8 production in human alveolar macrophages and epithelial cells. *Inflammation* 23: 217–230
Ozato K, Tsujimura H, Tamura T (2002) Toll-like receptor signaling and regulation of cytokine gene expression in the immune system. *Biotechniques Suppl*: 66–69, 70, 72 C3a, C5a
Svanborg C, Godaly G, Hedlund M (1999) cytokine responses during mucosal infections: role in disease pathogenesis and host defence. *Curr Opin Microbiol* 2: 99–105

Abschnitt 2.24

Kunkel EJ, Butcher EC (2002) Chemokines and the tissue-specific migration of lymphocytes. *Immunity* 16: 1–4
Luster AD (2002) The role of chemokines in linking innate and adaptive immunity. *Curr Opin Immunol* 14: 129–135
Matsukawa A, Hogaboam CM, Lukacs NW, Kunkel SL (2000) Chemokines and innate immunity. *Rev Immunogenet* 2: 339–358
Ono SJ, Nakamura T, Miyazaki D, Ohbayashi M, Dawson M, Toda M (2003) Chemokines: roles in leukocyte development, trafficking, and effector function. *J Allergy Clin Immunol* 111: 1185–1199
Scapini P, Lapinet-Vera JA, Gasperini S, Calzetti F, Bazzoni F, Cassatella MA (2000) The neutrophil as a cellular source of chemokines. *Immunol Rev* 177: 195–203
Yoshie O (2000) Role of chemokines in trafficking of lymphocytes and dendritic cells. *Int J Hematol* 72: 399–407

Abschnitt 2.25

Alon R, Feigelson S (2002) From rolling to arrest on blood vessels: leukocyte tap dancing on endothelial integrin ligands and chemokines at sub-second contacts. *Semin Immunol* 14: 93–104
Bunting M, Harris ES, McIntyre TM, Prescott SM, Zimmerman GA (2002) Leukocyte adhesion deficiency syndromes: adhesion and tethering defects involving β 2 integrins and selectin ligands. *Curr Opin Hematol* 9: 30–35
D'Ambrosio D, Albanesi C, Lang R, Girolomoni G, Sinigaglia F, Laudanna C (2002) Quantitative differences in chemokine receptor engagement generate diversity in integrin-dependent lymphocyte adhesion. *J Immunol* 169: 2303–2312
Johnston B, Butcher EC (2002) Chemokines in rapid leukocyte adhesion triggering and migration. *Semin Immunol* 14: 83–92
Ley K (2002) Integration of inflammatory signals by rolling neutrophils. *Immunol Rev* 186: 8–18
Shahabuddin S, Ponath R, Schleimer RP (2000) Migration of eosinophils across endothelial cell monolayers: interactions among IL-5, endothelial-activating cytokines, and C-C chemokines. *J Immunol* 164: 3847–3854
Vestweber D (2003) Lymphocyte trafficking through blood and lymphatic vessels: more than just selectins, chemokines and integrins. *Eur J Immunol* 33: 1361–1364

Abschnitt 2.26

Bochenska-Marciniak M, Kupczyk M, Gorski P, Kuna P (2003) The effect of recombinant interleukin-8 on eosinophils' and neutrophils' migration in vivo and in vitro. *Allergy* 58: 795–801
Godaly G, Bergsten G, Hang L, Fischer H, Frendeus B, Lundstedt AC, Samuelsson M, Samuelsson P, Svanborg C (2001) Neutrophil recruitment, chemokine receptors, and resistance to mucosal infection. *J Leukoc Biol* 69: 899–906
Gompertz S, Stockley RA (2000) Inflammation – role of the neutrophil and the eosinophil. *Semin Respir Infect* 15: 14–23

Lee SC, Brummet ME, Shahabuddin S, Woodworth TG, Georas SN, Leiferman KM, Gilman SC, Stellato C, Gladue RP, Schleimer RP, Beck LA (2000) Cutaneous injection of human subjects with macrophage inflammatory protein-1 α induces significant recruitment of neutrophils and monocytes. *J Immunol* 164: 3392–3401

Worthylake RA, Burridge K (2001) Leukocyte transendothelial migration: orchestrating the underlying molecular machinery. *Curr Opin Cell Biol* 13: 569–577

Abschnitt 2.27

Cairns CB, Panacek EA, Harken AH, Banerjee A (2000) Bench to bedside: tumor necrosis factor-α from inflammation to resuscitation. *Acad Emerg Med* 7: 930–941

Dellinger RP (2003) Inflammation and coagulation: implications for the septic patient. *Clin Infect Dis* 36: 1259–1265

Pfeffer K (2003) Biological functions of tumor necrosis factor cytokines and their receptors. *Cytokine Growth Factor Rev* 14: 185–191

Sriskandan S, Cohen J (1999) Gram-positive sepsis. Mechanisms and differences from gram-negative sepsis. *Infect Dis Clin North Am* 13: 397–412

Abschnitt 2.28

Bopst M, Haas C, Car B, Eugster HP (1998) The combined inactivation of tumor necrosis factor and interleukin-6 prevents induction of the major acute phase proteins by endotoxin. *Eur J Immunol* 28: 4130–4137

Ceciliani F, Giordano A, Spagnolo V (2002) The systemic reaction during inflammation: the acute-phase proteins. *Protein Pept Lett* 9: 211–223

He R, Sang H, Ye RD (2003) Serum amyloid A induces IL-8 secretion through a G protein-coupled receptor, FPRL1/LXA4R. *Blood* 101: 1572–1581

Horn F, Henze C, Heidrich K (2000) Interleukin-6 signal transduction and lymphocyte function. *Immunobiology* 202: 151–167

Mold C, Rodriguez W, Rodic-Polic B, Du Clos TW (2002) C-reactive protein mediates protection from lipopolysaccharide through interactions with Fc γ R. *J Immunol* 169: 7019–7025

Sheth K, Bankey P (2001) The liver as an immune organ. *Curr Opin Crit Care* 7: 99–104

Volanakis JE (2001) Human C-reactive protein: expression, structure, and function. *Mol Immunol* 38: 189–197

Abschnitt 2.29

Kawai T, Akira S (2006) Innate immune recognition of viral infection. *Nat Immunol* 7: 131–137

Meylan E, Tschopp J (2006) Toll-like receptors and RNA helicases: two parallel ways to trigger antiviral responses. *Mol Cell* 22: 561–569

Pietras EM, Saha SK, Cheng G (2006) The interferon response to bacterial and viral infections. *J Endotoxin Res* 12: 246–250

Abschnitt 2.30

Biron CA, Nguyen KB, Pien GC, Cousens LP, Salazar-Mather TP (1999) Natural killer cells in antiviral defense: function and regulation by innate cytokines. *Annu Rev Immunol* 17: 189–220

Carnaud C, Lee D, Donnars O, Park SH, Beavis A, Koezuka Y, Bendelac A (1999) Cutting edge: Cross-talk between cells of the innate immune system: NKT cells rapidly activate NK cells. *J Immunol* 163: 4647–4650

Dascher CC, Brenner MB (2003) CD1 antigen presentation and infectious disease. *Contrib Microbiol* 10: 164–182

Godshall CJ, Scott MJ, Burch PT, Peyton JC, Cheadle WG (2003) Natural killer cells participate in bacterial clearance during septic peritonitis through interactions with macrophages. *Shock* 19: 144–149

Orange JS, Fassett MS, Koopman LA, Boyson JE, Strominger JL (2002) Viral evasion of natural killer cells. *Nat Immunol* 3: 1006–1012

Salazar-Mather TP, Hamilton TA, Biron CA (2000) A chemokine-to-cytokine-to-chemokine cascade critical in antiviral defense. *J Clin Invest* 105: 985–993

Seki S, Habu Y, Kawamura T, Takeda K, Dobashi H, Ohkawa T, Hiraide H (2000) The liver as a crucial organ in the first line of host defense: the roles of Kupffer cells, natural killer (NK) cells and NK1.1 Ag^+ T cells in T helper 1 immune responses. *Immunol Rev* 174: 35–46

Abschnitt 2.31

Borrego F, Kabat J, Kim DK, Lieto L, Maasho K, Pena J, Solana R, Coligan JE (2002) Structure and function of major histocompatibility complex (MHC) class I specific receptors expressed on human natural killer (NK) cells. *Mol Immunol* 38: 637–660

Boyington JC, Sun PD (2002) A structural perspective on MHC class I recognition by killer cell immunoglobulin-like receptors. *Mol Immunol* 38: 1007–1021

Brown MG, Dokun AO, Heusel JW, Smith HR, Beckman DL, Blattenberger EA, Dubbelde CE, Stone LR, Scalzo AA, Yokoyama WMb (2001) Vital involvement of a natural killer cell activation receptor in resistance to viral infection. *Science* 292: 934–937

Robbins SH, Brossay L (2002) NK cell receptors: emerging roles in host defense against infectious agents. *Microbes Infect* 4: 1523–1530

Trowsdale J (2001) Genetic and functional relationships between MHC and NK receptor genes. *Immunity* 15: 363–374

Vilches C, Parham P (2002) KIR: diverse, rapidly evolving receptors of innate and adaptive immunity. *Annu Rev Immunol* 20: 217–251

Abschnitt 2.32

Gasser S, Orsulic S, Brown EJ, Raulet DH (2005) The DNA damage pathway regulates innate immune system ligands of the NKG2D receptor. *Nature* 436: 1186–1190

Moretta L, Bottino C, Pende D, Castriconi R, Mingari MC, Moretta A (2006) Surface NK receptors and their ligands on tumor cells. *Semin Immunol* 18: 151–158

Parham P (2005) MHC class I molecules and KIRs in human history, health and survival. *Nat Rev Immunol* 5: 201–214

Stewart CA, Vivier E, Colonna M (2006) Strategies of natural killer cell recognition and signaling. *Curr Top Microbiol Immunol* 298: 1–21

Abschnitt 2.33

Gonzalez S, Groh V, Spies T (2006) Immunobiology of human NKG2D and its ligands. *Curr Top Microbiol Immunol* 298: 121–138

Upshaw JL, Leibson PJ (2006) NKG2D-mediated activation of cytotoxic lymphocytes: unique signaling pathways and distinct functional outcomes. *Semin Immunol* 18: 167–175

Vivier E, Nunes JA, Vely F (2004) Natural killer cell signaling Pathways. *Science* 306: 1517–1519

Abschnitt 2.34

Bos NA, Cebra JJ, Kroese FG (2000) B-1 cells and the intestinal microflora. *Curr Top Microbiol Immunol* 252: 211–220

Chan WL, Pejnovic N, Liew TV, Lee CA, Groves R, Hamilton H (2003) NKT cell subsets in infection and inflammation. *Immunol Lett* 85: 159–163

Chatenoud L (2002) Do NKT cells control autoimmunity? *J Clin Invest* 110: 747–748

Galli G, Nuti S, Tavarini S, Galli-Stampino L, De Lalla C, Casorati G, Dellabona P, Abrignani S (2003) CD1d-restricted help to B cells by human invariant natural killer T lymphocytes. *J Exp Med* 197: 1051–1057

Kronenberg M, Gapin L (2002) The unconventional lifestyle of NKT cells. *Nat Rev Immunol* 2: 557–568

Reid RR, Woodcock S, Prodeus AR, Austen J, Kobzik L, Hechtman H, Moore FD Jr, Carroll MC (2000) The role of complement receptors CD21/CD35 in positive selection of B-1 cells. *Curr Top Microbiol Immunol* 252: 57–65

Sharif S, Arreaza GA, Zucker P, Mi QS, Delovitch TL (2002) Regulation autoimmume disease by natural killer T cells. *J Mol Med* 80: 290–300

Stober D, Jomantaite L, Schirmbeck R, Reimann J (2003) NKT-cells provide help for dendritic cell-dependent priming of MHC class I-restricted $CD8^+$ T cells *in vivo*. *J Immunol* 170: 2540–2548

Zinkernagel RM (2000) A primitive T cell-independent mechanism of intestinal mucosal IgA responses to commensal bacteria. *Science* 288: 2222–2226

Die Erkennung von Antigenen

3

Antigenerkennung durch B-Zell- und T-Zell-Rezeptoren

In Kapitel 2 haben wir erfahren, wie sich der Körper mit angeborenen Immunantworten verteidigt. Diese haben aber nur Pathogene unter Kontrolle, die bestimmte Molekülmuster aufweisen oder die Produktion von Interferonen und anderen sezernierten, wenn auch unspezifischen Abwehrformen induzieren. Um das große Spektrum von Pathogenen, mit dem ein Individuum in Berührung kommen kann, zu erkennen und zu bekämpfen, haben die Lymphocyten des adaptiven Immunsystems in der Evolution die Fähigkeit entwickelt, eine Vielzahl unterschiedlicher Antigene von Bakterien, Viren und anderen krankheitserregenden Organismen zu erkennen. Die antigenerkennenden Moleküle der B-Zellen sind die **Immunglobuline**, abgekürzt **Ig.** Diese Proteine werden von B-Zellen mit einem großen Spektrum von Antigenspezifitäten produziert, wobei jede B-Zelle ein Immunglobulin mit einer einzigen Spezifität synthetisiert (Abschnitte 1.11 und 1.12). Membrangebundenes Immunglobulin auf der B-Zell-Oberfläche dient als Antigenrezeptor der Zelle und heißt **B-Zell-Rezeptor** (**BCR**). Immunglobuline derselben Spezifität werden von ausdifferenzierten B-Zellen – den Plasmazellen – als **Antikörper** sezerniert. Die Sekretion von Antikörpern, welche Pathogene oder ihre toxischen Produkte in den extrazellulären Räumen des Körpers binden, ist die wesentliche Funktion der B-Zellen in der erworbenen Immunität.

Von den an der spezifischen Immunantwort beteiligten Molekülen wurden zuerst die Antikörper charakterisiert, die man noch immer am besten versteht. Das Antikörpermolekül hat zwei unterschiedliche Funktionen: Die eine besteht darin, Moleküle desjenigen Pathogens spezifisch zu binden, das die Immunantwort hervorgerufen hat, die zweite darin, andere Zellen und Moleküle zu mobilisieren, die das Pathogen zerstören, wenn der Antikörper daran gebunden ist. Die Bindung durch einen Antikörper neutralisiert zum Beispiel Viren und markiert Pathogene, die dann durch Phagocyten und das Komplement zerstört werden (Abschnitt 1.18). Die Erkennungs- und Effektorfunktionen sind innerhalb des Antikörpermoleküls strukturell voneinander getrennt. Ein Teil erkennt und bindet spezifisch das Pathogen oder Antigen, während der andere für verschiedene Eliminierungsmechanismen verantwortlich ist. Die antigenbindende Region ist von Antikörper zu Antikörper sehr unterschiedlich. Man bezeichnet sie daher als die **variable Region** (**V-Region**). Die Unterschiedlichkeit der Antikörper erlaubt es jedem dieser Moleküle, ein ganz bestimmtes Antigen zu erkennen. Die Summe aller Antikörper, die ein einzelnes Individuum herstellt (sein Antikörperrepertoire), kann nahezu jede Struktur erkennen. Die Region des Antikörpermoleküls, die für die Effektormechanismen des Immunsystems zuständig ist, variiert nicht in der gleichen Weise und heißt daher **konstante Region** (**C-Region**). Es gibt davon fünf Hauptformen, die jeweils auf die Aktivierung unterschiedlicher Effektormechanismen spezialisiert sind. Der membrangebundene B-Zell-Rezeptor verfügt nicht über diese Effektorfunktionen, da die konstante Region in der Membran der B-Zelle eingebaut bleibt. Er fungiert als Rezeptor, der ein Antigen mit seinen variablen Regionen, die sich auf der Zelloberfläche befinden, erkennt und bindet; er vermittelt dadurch ein Signal, das eine B-Zell-Aktivierung hervorruft und zur klonalen Expansion und spezifischen Antikörperproduktion führt.

Die antigenerkennenden Moleküle der T-Zellen existieren ausschließlich als membrangebundene Proteine; ihre Funktion besteht lediglich darin, T-Zellen ein Signal zur Aktivierung zu geben. Diese **T-Zell-Rezeptoren** (**TCRs**) sind mit Immunglobulinen sowohl hinsichtlich der Proteinstruktur – beide haben variable und konstante Regionen – als auch hinsichtlich des genetischen Mechanismus verwandt, der ihre große Variabilität erzeugt (Kapitel 4). Der T-Zell-Rezeptor unterscheidet sich jedoch vom B-Zell-Rezeptor in einem wesentlichen Punkt: Er erkennt und bindet ein Antigen nicht direkt, sondern erkennt kurze Peptidfragmente von Proteinantigenen eines Pathogens, die an sogenannte **MHC-Moleküle** auf der Oberfläche von Zellen gebunden sind.

Die MHC-Moleküle sind Glykoproteine, die von einer großen Gruppe von Genen codiert werden, dem **Haupthistokompatibilitätskomplex** (*major histocompatibility complex*, **MHC**). Ihr auffälligstes strukturelles Merkmal ist eine Spalte quer über ihrer äußersten Oberfläche, in der eine Reihe von verschiedenen Peptiden gebunden werden kann. MHC-Moleküle sind hoch **polymorph**, das heißt innerhalb der Bevölkerung gibt es von jedem Typ von MHC-Molekül viele verschiedene Versionen. Die meisten Menschen sind daher heterozygot für MHC-Moleküle, das heißt, sie exprimieren zwei unterschiedliche Formen jedes Typs von MHC-Molekülen. Dies erhöht die Zahl der von Pathogenen stammenden Peptide, die gebunden werden können. T-Zell-Rezeptoren erkennen Merkmale des Peptidantigens und auch des MHC-Moleküls, an das dieses gebunden ist. Dies eröffnet eine neue Dimension für die Antigenerkennung durch T-Zellen, die sogenannte **MHC-Abhängigkeit** (**MHC-Restriktion**). Jeder T-Zell-Rezeptor ist nämlich nicht nur spezifisch für ein fremdes Peptidantigen, sondern für eine besondere Kombination aus einem Peptid und einem bestimmten MHC-Molekül. Auf das Phänomen des MHC-Polymorphismus und seine Konsequenzen für die Antigenerkennung durch T-Zellen sowie die T-Zell-Entwicklung kommen wir in den Kapiteln 5 und 7 zurück.

In diesem Kapitel konzentrieren wir uns auf die Struktur und die antigenbindenden Eigenschaften von Immunglobulinen und T-Zell-Rezeptoren. Beide Rezeptoren stehen auch in Zusammenhang mit intrazelluläreren Signalwegen, die das Signal einer Antigenbindung in die Zelle hinein vermitteln; darauf gehen wir in Kapitel 6 ein. Obwohl B- und T-Zellen fremde

Moleküle auf unterschiedliche Weise erkennen, haben die Rezeptormoleküle, die sie dafür benutzen, eine sehr ähnliche Struktur. Wir werden sehen, wie diese Grundstruktur Möglichkeiten für eine große Variabilität der Antigenspezifität bietet und wie sie es Immunglobulinen und T-Zell-Rezeptoren ermöglicht, ihre Funktionen als Antigenerkennungsmoleküle der adaptiven Immunantwort wahrzunehmen.

Die Struktur eines typischen Antikörpermoleküls

Antikörper sind die sezernierte Form des B-Zell-Rezeptors. Da Antikörper löslich sind und in großen Mengen sezerniert werden, kann man sie leicht isolieren und untersuchen. Daher stammt das meiste, was wir über den B-Zell-Rezeptor wissen, aus Untersuchungen an Antikörpern.

Antikörpermoleküle besitzen ungefähr die Form eines Y und bestehen aus drei gleich großen Abschnitten, die durch ein flexibles Band lose miteinander verbunden sind. Abbildung 3.1 zeigt drei verschiedene Darstellungen dieser Struktur, die durch Röntgenkristallographie ermittelt wurde. Dieser Abschnitt erläutert, wie sich diese Struktur bildet und wie sie es den Antikörpermolekülen ermöglicht, ihre zweifache Aufgabe zu erfüllen: einerseits die Bindung einer Vielzahl von Antigenen und andererseits die Wechselwirkung mit einer begrenzten Anzahl von Effektormolekülen und Zellen. Wir werden sehen, dass für jede dieser Aufgaben ein anderer Teil des Moleküls zuständig ist. Die beiden Schenkel des Y enden in den V-Regionen, die bei den verschiedenen Antikörpern variieren. Dieser Bereich bindet das Antigen. Das Bein des Y, die konstante Region, ist bei Weitem nicht so variabel und interagiert mit den Effektorzellen und Effektormolekülen.

Alle Antikörper sind gleichermaßen aus vier gepaarten schweren und leichten Polypeptidketten aufgebaut. Der Oberbegriff für all diese Proteine lautet Immunglobuline (Ig). Innerhalb dieser allgemeinen Gruppe unterscheidet man jedoch fünf verschiedene **Klassen** von Immunglobulinen – **IgM**, **IgD**, **IgG**, **IgA** und **IgE** – anhand ihrer konstanten Regionen. Noch feinere Unterschiede innerhalb der variablen Region sind für die Spezifität der Antigenbindung verantwortlich. Am Beispiel des IgG-Antikörpermoleküls werden wir die allgemeinen strukturellen Merkmale von Immunglobulinen beschreiben.

3.1 IgG-Antikörper bestehen aus vier Polypeptidketten

IgG-Antikörper sind große Moleküle mit einer relativen Molekülmasse von ungefähr 150 kDa, die aus zwei verschiedenartigen Polypeptidketten zusammengesetzt sind. Die eine Kette mit annähernd 50 kDa bezeichnet man als die **schwere** (*heavy*) oder **H-Kette**, die andere mit 25 kDa als die **leichte** (*light*) oder **L-Kette** (Abb. 3.2). Jedes IgG-Molekül besteht aus zwei

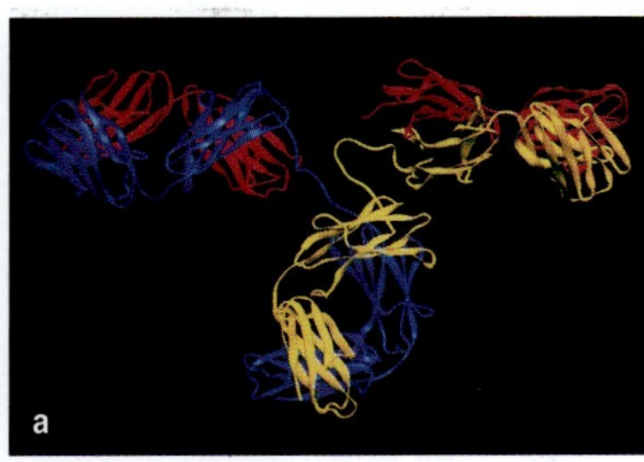

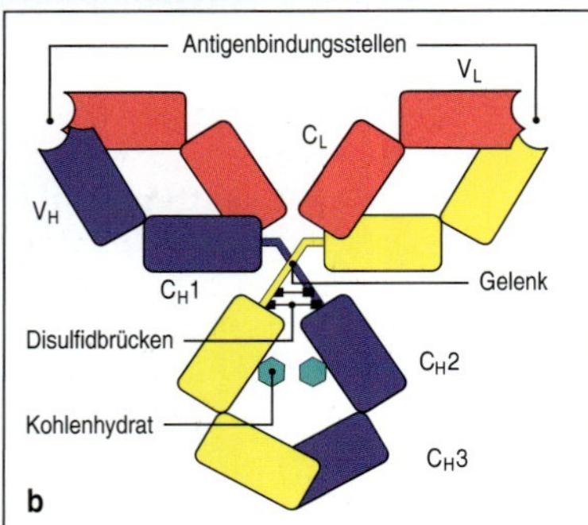

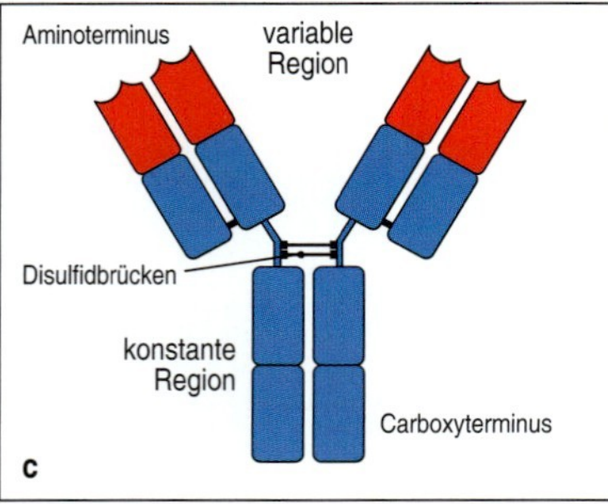

3.1 Struktur eines Antikörpermoleküls. a) Die Bänderdarstellung, die auf einer Röntgenstrukturanalyse eines IgG-Antikörpers basiert, zeigt den Verlauf des Rückgrats der Polypeptidketten. Drei globuläre Bereiche bilden eine Y-förmige Struktur. Die beiden Antigenbindungsstellen befinden sich an den Spitzen der Arme, die über eine bewegliche Gelenkregion mit dem Bein des Y verbunden sind. b) Schematische Darstellung der Struktur von a. Zu erkennen sind die vier Ketten, aus denen das Molekül aufgebaut ist, sowie die separaten Domänen, die zu jeder Kette gehören. c) Eine vereinfachte schematische Darstellung eines Antikörpermoleküls, wie sie in diesem Buch verwendet wird. (Abbildung a mit freundlicher Genehmigung von A. McPherson und L. Harris.)

schweren und zwei leichten Ketten. Die beiden schweren Ketten sind durch Disulfidbrücken miteinander verbunden, und jede schwere Kette ist ebenfalls durch eine Disulfidbrücke mit einer leichten Kette verknüpft. In jedem Immunglobulinmolekül sind jeweils die beiden schweren Ketten und die beiden leichten Ketten identisch; das Antikörpermolekül hat damit zwei identische Antigenbindungsstellen (Abb. 3.1) und kann gleichzeitig an zwei identische Strukturen binden.

Es gibt in Antikörpern zwei Typen von leichten Ketten, die man als **Lambda-($\boldsymbol{\lambda}$-)** und **Kappa-($\boldsymbol{\kappa}$-)**Kette bezeichnet. Ein Immunglobulin hat entweder nur κ-Ketten oder nur λ-Ketten, nie je eine. Zwischen Antikörpern mit λ-Ketten und solchen mit κ-Ketten ließen sich bis jetzt keine funktionellen Unterschiede feststellen, und beide Typen von leichten Ketten können in jeder der fünf Hauptklassen von Antikörpern vorhanden sein. Das Verhältnis der beiden Typen von leichten Ketten variiert von Spezies zu Spezies. Bei Mäusen beträgt das Verhältnis von κ zu λ 20:1, bei Menschen 2:1 und bei Rindern 1:20. Der Grund für diese Unterschiede ist nicht bekannt. Abweichungen von diesen Werten lassen sich manchmal dazu verwenden, eine anormale Proliferation eines B-Zell-Klons aufzudecken: Diese Zellen exprimieren alle die gleiche leichte Kette, und ein Überschuss von leichten Ketten des λ-Typs kann bei einem Menschen auf einen λ-Ketten-produzierenden B-Zell-Tumor hinweisen.

Im Gegensatz dazu wird die Klasse und damit die Effektorfunktion eines Antikörpers durch die Struktur seiner schweren Kette festgelegt. Es gibt fünf **Hauptklassen** von schweren Ketten oder **Isotypen**, von denen einige mehrere Subtypen haben; sie bestimmen die funktionelle Aktivität eines Antikörpermoleküls. Die fünf wichtigsten funktionellen Immunglobulinklassen heißen **Immunglobulin M** (**IgM**), **Immunglobulin D** (**IgD**), **Immunglobulin G** (**IgG**), **Immunglobulin A** (**IgA**) und **Immunglobulin E** (**IgE**). Ihre schweren Ketten sind mit dem entsprechenden kleinen griechischen Buchstaben bezeichnet ($\boldsymbol{\mu}$, $\boldsymbol{\delta}$, $\boldsymbol{\gamma}$, $\boldsymbol{\alpha}$, und $\boldsymbol{\varepsilon}$). IgG kommt am weitaus häufigsten vor und hat noch mehrere Unterklassen (beim Menschen IgG1, 2, 3 und 4). Ihre charakteristischen funktionellen Eigenschaften erhalten die schweren Ketten durch ihre carboxyterminale Hälfte, die nicht mit der leichten Kette in Verbindung steht. Wir werden die Struktur und die Funktionen der unterschiedlichen Isotypen der schweren Ketten in Kapitel 4 beschreiben. Die allgemeinen strukturellen Merkmale aller Isotypen sind ähnlich, und wir betrachten IgG, den häufigsten Isotyp im Plasma, als Beispiel für ein typisches Antikörpermolekül.

Die Struktur des B-Zell-Rezeptors ist mit der seines entsprechenden Antikörpers identisch, mit Ausnahme eines kleinen Teilstücks im Carboxyterminus in der C-Region der schweren Kette. Das Carboxylende besteht im B-Zell-Rezeptor aus einer hydrophoben Sequenz, die das Molekül in der Membran verankert, im Antikörpermolekül dagegen aus einer hydrophilen Sequenz, die die Sekretion ermöglicht.

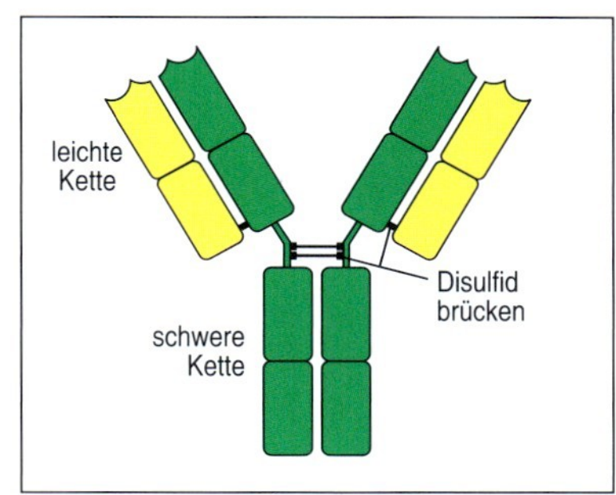

3.2 Immunglobulinmoleküle bestehen aus zwei verschiedenen Arten von Polypeptidketten, den schweren Ketten und den leichten Ketten. Jedes Immunglobulinmolekül besteht aus zwei schweren Ketten (grün) und zwei leichten Ketten (gelb), die über Disulfidbrücken so verknüpft sind, dass jede schwere Kette mit einer leichten Kette und die beiden schweren Ketten miteinander verbunden sind.

3.2 Die schweren und leichten Ketten der Immunglobuline setzen sich aus konstanten und variablen Regionen zusammen

Man kennt inzwischen die Aminosäuresequenzen vieler leichter und schwerer Immunglobulinketten. Sie zeigen zwei wichtige Merkmale von Antikörpermolekülen. Erstens besteht jede Kette aus einer Reihe von ähnlichen, jedoch nicht identischen Sequenzen, die jeweils ungefähr 110 Aminosäuren lang sind. Jede dieser Wiederholungen entspricht einem eigenen, kompakt gefalteten Abschnitt der Proteinstruktur, einer sogenannten Proteindomäne. Die leichte Kette besteht aus zwei solchen **Immunglobulindomänen**, die schwere Kette des IgG-Antikörpers dagegen enthält vier (Abb. 3.1a). Das lässt vermuten, dass sich die Immunglobulinketten durch wiederholte Verdopplungen eines Urgens entwickelt haben, das einer einzelnen Region entspricht.

Bei Sequenzvergleichen fällt das zweite wichtige Merkmal auf: Die aminoterminalen Sequenzen sowohl der schweren als auch der leichten Ketten variieren zwischen verschiedenen Antikörpern erheblich. Die Sequenzvariabilität beschränkt sich auf die ersten 110 Aminosäuren, was der ersten Domäne entspricht. Die übrigen Domänen sind in den Immunglobulinketten desselben Isotyps dagegen konstant. Die aminoterminalen variablen **V-Regionen** oder **V-Domänen** der schweren und leichten Ketten (V_H beziehungsweise V_L) bilden zusammen die variable Region des Antikörpers und verleihen ihm die Fähigkeit, ein spezifisches Antigen zu binden. Die konstanten **C-Regionen** oder **C-Domänen** der schweren und leichten Ketten (C_H beziehungsweise C_L) dagegen bilden die konstante Region (Abb. 3.1b, c). Die schwere Kette ist aus mehreren konstanten Domänen aufgebaut, die man vom Aminoterminus zum Carboxylende durchzählt, zum Beispiel C_H1, C_H2 und so weiter.

3.3 Das Antikörpermolekül lässt sich leicht in funktionell unterschiedliche Fragmente spalten

Die gerade beschriebenen Proteindomänen verbinden sich zu größeren globulären Domänen. Fertig gefaltet und zusammengebaut besteht das Antikörpermolekül aus drei gleich großen globulären Teilen, die über ein bewegliches Stück der Polypeptidkette (die **Gelenkregion**, *hinge*) miteinander verknüpft sind (Abb. 3.1b). Jeder Arm dieser Y-förmigen Struktur setzt sich aus einer leichten Kette und der aminoterminalen Hälfte einer schweren Kette zusammen. Das Bein des Y wird von den aneinandergelagerten carboxyterminalen Hälften zweier schwerer Ketten gebildet. Die schwere und die leichte Kette sind durch Assoziation der V_H- und der V_L-Domäne sowie der C_H1- und C_L-Domäne miteinander verbunden. Auch die beiden C_H3-Domänen interagieren miteinander, nicht jedoch die C_H2-Domänen, weil Kohlenhydratseitenketten von C_H2 zwischen den beiden schweren Ketten liegen. Die zwei Antigenbindungsstellen setzen sich aus den aneinandergelegten V_H- und V_L-Domänen an den Spitzen der beiden Arme des Y zusammen (Abb. 3.1b).

Mithilfe von proteolytischen Enzymen (Proteasen), die Polypeptidsequenzen an bestimmten Aminosäuren spalten, ließ sich die Struktur von Antikörpermolekülen untersuchen und somit feststellen, welche Teile des Moleküls für seine verschiedenen Funktionen verantwortlich sind. Ein partieller Verdau mit der Protease Papain spaltet Antikörpermoleküle in drei Fragmente (Abb. 3.3). Zwei Fragmente sind identisch und enthalten die antigenbindende Aktivität. Man bezeichnet sie als **Fab-Fragmente** (*fragment antigen binding*). Die Fab-Fragmente entsprechen den beiden identischen Armen des Antikörpermoleküls. Sie enthalten jeweils die vollständigen leichten Ketten, die mit den V_H- und den C_H1-Domänen der schweren Ketten verbunden sind. Das andere Fragment enthält keine antigenbindende Aktivität. Da man aber ursprünglich beobachtet hatte, dass es leicht zu kristallisieren ist, bezeichnete man es als **Fc-Fragment** (*fragment crystallizable*). Es entspricht den aneinandergelegten C_H2- und C_H3-Domänen und ist der Teil des Antikörpermoleküls, der mit Effektormolekülen und Effektorzellen interagiert. Die funktionellen Unterschiede zwischen den Isotypen der schweren Kette liegen im Wesentlichen innerhalb des Fc-Fragments.

Welches Fragmentmuster bei einer Proteolyse entsteht, hängt davon ab, wo die Protease den Antikörper in Bezug auf die Disulfidbrücken, die die beiden schweren Ketten verbinden, spaltet. Diese Brücken liegen im Bereich der Gelenkregion zwischen der C_H1- und der C_H2-Domäne. Wie Abbildung 3.3 zeigt, spaltet Papain das Antikörpermolekül aminoterminal von den Disulfidbrücken und setzt die beiden Arme des Antikörpers als getrennte Fab-Fragmente frei. Die carboxyterminalen Hälften der schweren Ketten im Fc-Fragment bleiben dagegen verbunden.

Eine andere Protease, Pepsin, spaltet in der gleichen Region des Antikörpers, jedoch auf der carboxyterminalen Seite der Disulfidbrücken (Abb. 3.3). Dadurch entsteht das sogenannte **F(ab')$_2$-Fragment**, in dem die beiden antigenbindenden Arme des Antikörpermoleküls miteinander verknüpft bleiben. Das restliche Stück der schweren Kette wird in mehrere kleine Fragmente geschnitten. Das F(ab')$_2$-Fragment besitzt genau dieselben Bindungseigenschaften für das Antigen wie der ursprüngliche Antikörper, kann jedoch nicht mit Effektormolekülen in Wechselwirkung treten. Darum ist es sowohl für die therapeutische Anwendung von Antikörpern als auch für die Erforschung der Rolle der Fc-Region von besonderer Bedeutung.

Mithilfe gentechnischer Methoden ist es nun auch möglich, viele verschiedene Antikörperteilstücke herzustellen. Ein wichtiges Molekül ist ein verkürztes Fab-Fragment, das nur aus der variablen Region einer schweren Kette und der variablen Region einer leichten Kette besteht, die durch ein künstliches Peptidstück verknüpft sind. Dabei handelt es sich um ein sogenanntes **einzelkettiges Fv** (*fragment variable*). Fv-Moleküle

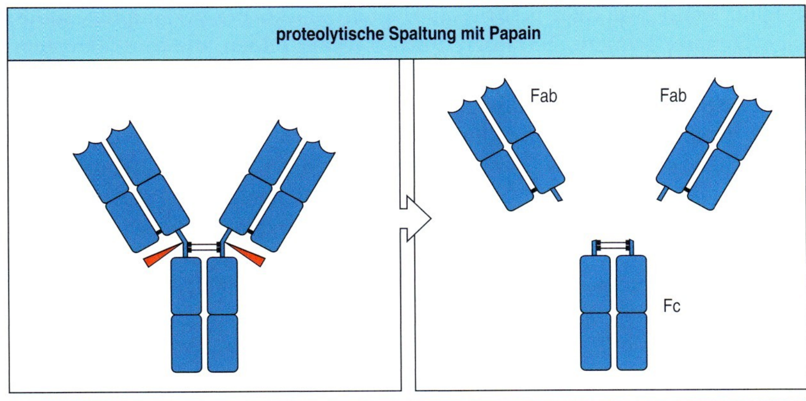

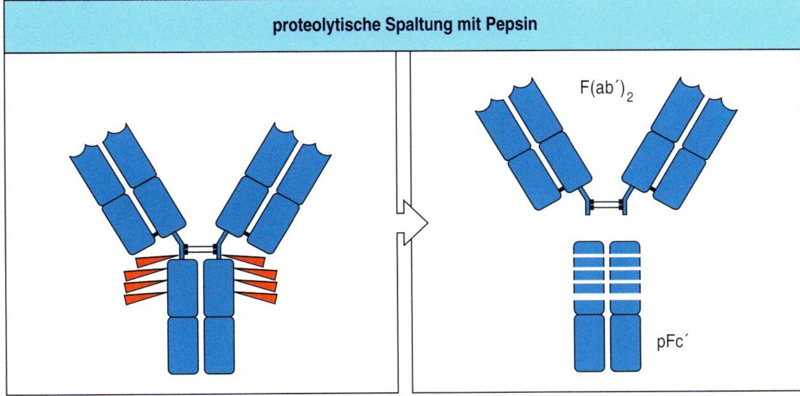

3.3 Das Y-förmige Immunglobulinmolekül kann durch partiellen Verdau mit Proteasen gespalten werden. Oben: Papain spaltet das Immunglobulinmolekül in drei Stücke, zwei Fab-Fragmente und ein Fc-Fragment. Das Fab-Fragment enthält die variablen Regionen und bindet Antigene. Das Fc-Fragment lässt sich kristallisieren und enthält die konstanten Regionen. Unten: Die Spaltung mit Pepsin ergibt ein $F(ab')_2$-Fragment und viele kleine Stücke des Fc-Fragments; das größte bezeichnet man als pFc'-Fragment. $F(ab')_2$ hat einen Strichindex erhalten, da es einige Aminosäuren mehr enthält als Fab (unter anderem die Cysteine, welche die Disulfidbrücken bilden).

besitzen möglicherweise zukünftig große therapeutische Bedeutung, da sie aufgrund ihrer geringen Größe leicht in Gewebe eindringen können. Fv-Moleküle, die spezifisch für ein Tumorantigen und an Proteintoxine gekoppelt sind, könnten sich zum Beispiel für die Tumortherapie eignen (Kapitel 15).

3.4 Das Immunglobulinmolekül ist beweglich, besonders in der Gelenkregion

Die Gelenkregion, die den Fc- mit dem Fab-Anteil des Antikörpermoleküls verbindet, ist in Wirklichkeit ein flexibles Band, das – anders als ein starres Gelenk – unabhängige Bewegungen der beiden Fab-Arme ermöglicht. Dieses zeigten elektronenmikroskopische Untersuchungen von Antikörpern, die an **Haptene** gebunden waren. Haptene sind kleine Moleküle unterschiedlichster Art, typischerweise so groß wie eine Tyrosinseitenkette, die von einem Antikörper erkannt werden können. Sie vermögen jedoch nur die Produktion von Anti-Hapten-Antikörpern auszulösen, wenn sie an ein Protein gebunden sind (Anhang I, Abschnitt A.1). Ein Antigen aus zwei identischen Haptenmolekülen, verbunden durch eine kurze flexible

Region, kann zwei oder mehr Anti-Hapten-Antikörper verknüpfen, sodass sich Dimere, Trimere, Tetramere und so weiter bilden, die im Elektronenmikroskop sichtbar sind (Abb. 3.4). Die Formen dieser Komplexe zeigen, dass Antikörper an der Gelenkregion beweglich sind. Das Verbindungsstück zwischen der V- und der C-Domäne besitzt ebenfalls eine gewisse Flexibilität, sodass die V-Domäne gegenüber der C-Domäne gebogen und gedreht werden kann. Im Antikörpermolekül in Abbildung 3.1a neigen sich nicht nur die beiden Gelenkregionen unterschiedlich, sondern auch die Winkel zwischen der V- und der C-Domäne in jedem der beiden Fab-Arme sind verschieden. Aufgrund dieser Beweglichkeit nennt man das Verbindungsstück zwischen den beiden Domänen auch „molekulares Kugelgelenk". Flexibilität in der Gelenkregion und im V-C-Verbindungsstück

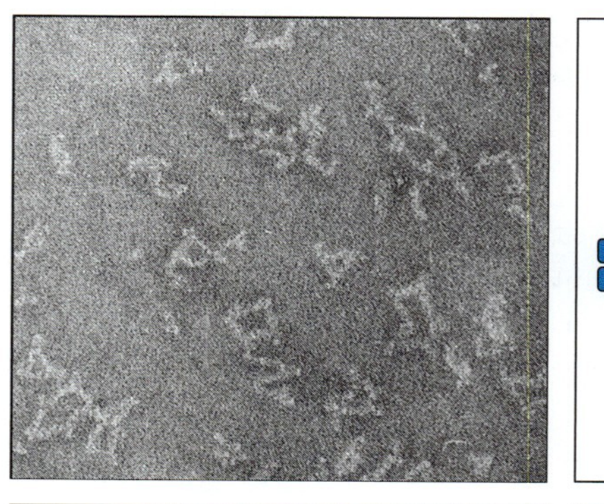

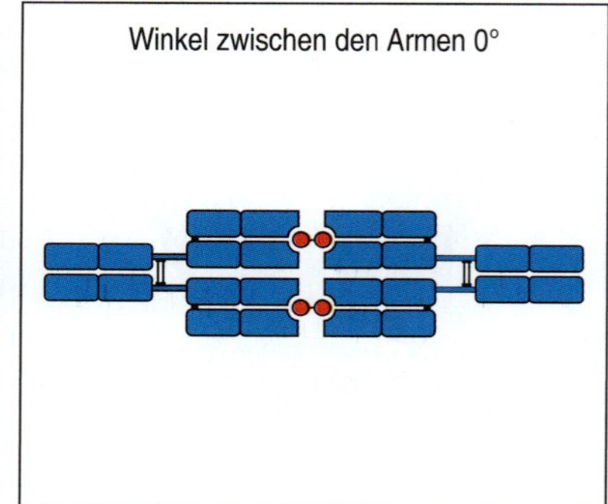

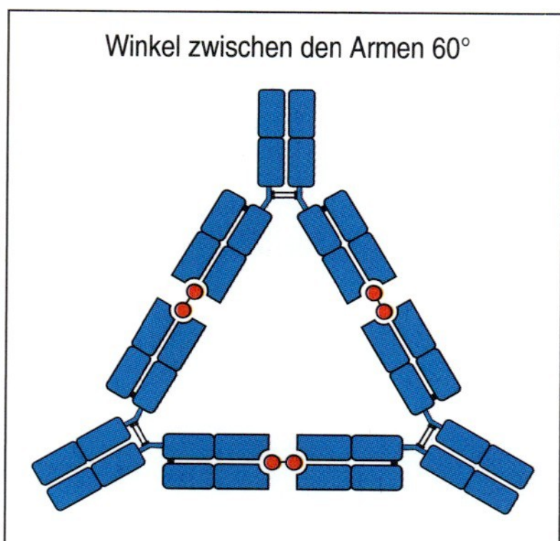

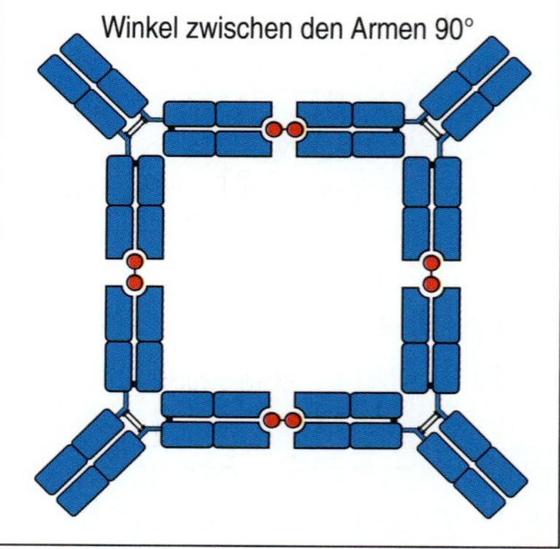

3.4 Die Antikörperarme sind durch ein flexibles Gelenk verbunden. Ein Antigen aus zwei Haptenmolekülen (rote Kugeln in den Schemazeichnungen), das zwei antigenbindende Stellen miteinander vernetzen kann, dient zur Herstellung von Antigen-Antikörper-Komplexen, die in der elektronenmikroskopischen Aufnahme zu erkennen sind. Wie man sieht, bilden die Komplexe lineare, dreieckige und viereckige Formen mit kurzen Ausläufern oder Stacheln. Ein partieller Verdau mit Pepsin entfernt diese Stacheln (nicht dargestellt), die demnach dem Fc-Anteil des Antikörpers entsprechen; die $F(ab')_2$-Stücke bleiben durch das Antigen verknüpft. Die drei schematischen Darstellungen zeigen die Interpretation der Komplexe. Der Winkel zwischen den Armen der Antikörpermoleküle schwankt zwischen 0° in den Antikörperdimeren, 60° in den dreieckigen Formen und 90° in den viereckigen Formen, was zeigt, dass die Verbindung zwischen den Armen beweglich ist. (Foto mit freundlicher Genehmigung von N. M. Green; × 300 000.)

ist notwendig, damit die beiden Arme des Antikörpermoleküls an Stellen binden können, die unterschiedlich weit voneinander entfernt sind. Das ist zum Beispiel bei den Polysacchariden der bakteriellen Zellwand der Fall. Die Beweglichkeit des Gelenks ermöglicht auch die Wechselwirkung der Antikörper mit den antikörperbindenden Proteinen, die Immuneffektormechanismen vermitteln.

3.5 Alle Domänen eines Immunglobulinmoleküls besitzen eine ähnliche Struktur

Wie wir in Abschnitt 3.2 gesehen haben, bestehen die schweren und leichten Immunglobulinketten aus einer Reihe einzelner Proteindomänen mit jeweils ähnlich gefalteter Struktur. Innerhalb dieser grundlegenden dreidimensionalen Struktur gibt es Unterschiede zwischen den variablen und konstanten Domänen. Die Ähnlichkeiten und Unterschiede zwischen diesen beiden Domänen lassen sich der Darstellung einer leichten Kette in

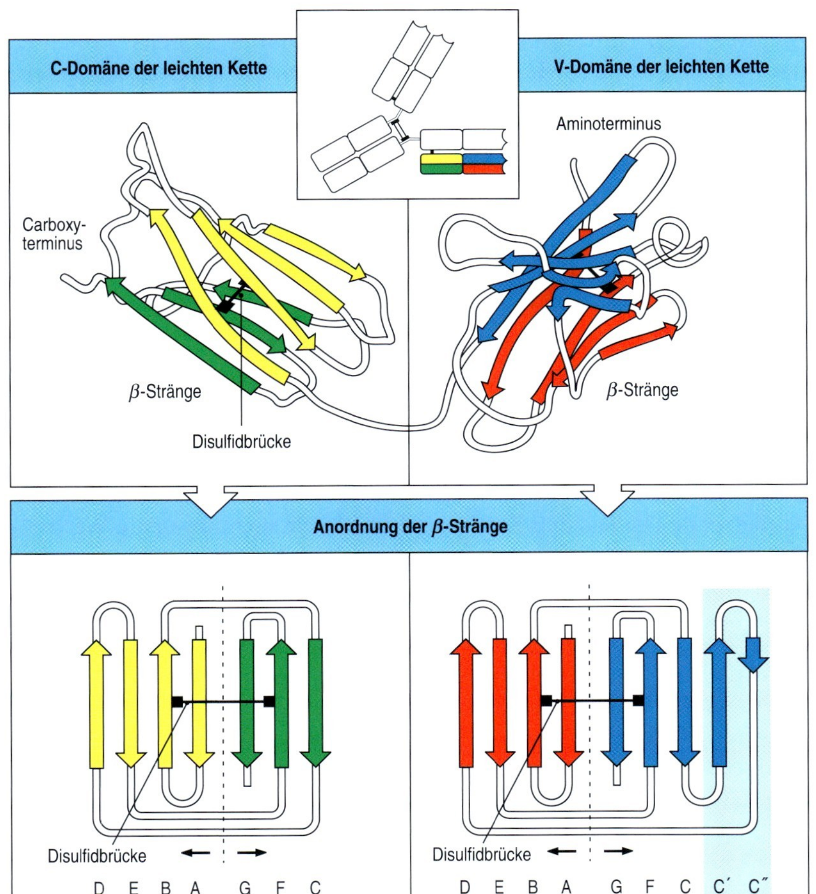

3.5 Die Struktur der variablen und konstanten Immunglobulindomänen. Die oberen Teilabbildungen zeigen schematisch das Faltungsmuster der variablen und der konstanten Domäne einer leichten Immunglobulinkette. Jede Domäne ist eine zylinderförmige Struktur, in der mehrere Polypeptidketten (β-Stränge) antiparallel zu zwei β-Faltblättern gepackt sind (grün und gelb in der Darstellung der C-Domäne, rot und blau in der Darstellung der V-Domäne), die durch eine Disulfidbrücke zusammengehalten werden. Die Anordnung der Polypeptidketten ist besser zu sehen, wenn die Faltblätter ausgebreitet sind, wie in den unteren Teilabbildungen. Die β-Stränge sind entsprechend ihrem Auftreten innerhalb der Aminosäuresequenz der Domänen der Reihe nach mit Buchstaben bezeichnet; die Anordnung in jedem β-Faltblatt ist charakteristisch für Immunglobulindomänen. Die β-Stränge C' und C", die es nur in variablen und nicht in konstanten Domänen gibt, sind hellblau hinterlegt. Die charakteristischen Muster Vier-plus-drei-Stränge (Domänentyp der C-Region) oder Vier-plus-fünf-Stränge (Domänentyp der variablen Region) sind typische Bausteine der Immunglobulinsuperfamilie, die man sowohl in Antikörpern als auch in T-Zell-Rezeptoren und in einer Reihe anderer Proteine findet.

Abbildung 3.5 entnehmen. Jede Domäne besteht aus zwei ***β*-Faltblättern**, einer Proteinstruktur aus gestapelten ***β*-Strängen** der Polypeptidkette. Die Faltblätter sind durch eine Disulfidbrücke verbunden und bilden eine zylinderartige Form, den sogenannten ***β*-Zylinder** (*β-barrel*). Die besondere Faltung der Immunglobulindomäne bezeichnet man als **Immunglobulinfaltung**.

Sowohl die grundlegende Ähnlichkeit der V- und C-Domänen als auch der entscheidende Unterschied zwischen ihnen sind am besten in den beiden unteren Teilabbildungen von Abbildung 3.5 zu sehen. Dort sind die zylindrischen Domänen ausgebreitet; man sieht so, wie sich die Polypeptidkette zu den einzelnen *β*-Faltblättern faltet und bei Richtungsänderungen flexible Schleifen bildet. Der Hauptunterschied zwischen den Strukturen der V- und C-Domänen besteht darin, dass die V-Domäne größer ist als die C-Domäne und eine zusätzliche Schleife besitzt. Die flexiblen Schleifen der V-Domänen bilden die Antigenbindungsstelle des Immunglobulinmoleküls.

Viele der Aminosäuren, die bei den C- und V-Domänen von Immunglobulinketten übereinstimmen, liegen im Zentrum der Immunglobulinfaltung und sind entscheidend für die Stabilität der Struktur. Aus diesem Grund nimmt man an, dass andere Proteine mit ähnlichen Sequenzen wie die Immunglobuline Domänen mit einer ähnlichen Struktur besitzen. In vielen Fällen konnte man dies mittels Röntgenstrukturanalyse nachweisen. Diese **Immunglobulindomänen** gibt es in vielen Proteinen des Immunsystems sowie in anderen Proteinen, die an Zell-Zell-Erkennungsprozessen und Adhäsionsphänomenen im Nervensystem und in anderen Geweben beteiligt sind. Zusammen mit den Immunglobulinen und den T-Zell-Rezeptoren bilden sie die große **Immunglobulinsuperfamilie**.

Zusammenfassung

IgG-Antikörper bestehen aus vier Polypeptidketten, zwei identischen leichten und zwei identischen schweren Ketten. Man kann sie sich als bewegliche Y-förmige Struktur vorstellen. Jede der vier Ketten besitzt eine variable (V-)Region an ihrem Aminoende, die zur antigenbindenden Stelle beiträgt, und eine konstante (C-)Region, die den Isotyp festlegt. Der Isotyp der schweren Kette bestimmt die funktionellen Eigenschaften des Antikörpers. Die leichten Ketten sind über viele nichtkovalente Wechselwirkungen und Disulfidbrücken an die schweren Ketten gebunden. Die variablen Regionen der schweren und leichten Ketten legen sich paarweise zusammen. So entstehen zwei identische antigenbindende Stellen, die an den Spitzen der Arme des Y liegen. Dadurch können Antikörpermoleküle Antigene vernetzen und sie stabiler binden. Das Bein des Y, das Fc-Fragment, besteht aus den carboxyterminalen Domänen der beiden schweren Ketten. Die flexiblen Gelenkregionen verbinden die Arme des Y mit seinem Bein. Das Fc-Fragment und die Gelenkregionen unterscheiden sich bei Antikörpern verschiedener Isotypen und bestimmen ihre funktionellen Eigenschaften. Der allgemeine Aufbau aller Isotypen ist jedoch ähnlich.

Die Wechselwirkung des Antikörpermoleküls mit einem spezifischen Antigen

Im vorangegangenen Abschnitt haben wir die Struktur des Antikörpermoleküls beschrieben und erläutert, wie sich die variablen Regionen der leichten und schweren Ketten zur Antigenbindungsstelle falten und paarweise zusammenlagern. Nun werden wir die Antigenbindungsstelle näher betrachten und die verschiedenen Weisen erörtern, wie Antigene an Antikörper binden können. Außerdem wenden wir uns der Frage zu, wie die Variation der Sequenzen in den variablen Domänen des Antikörpers die Spezifität für ein Antigen bestimmt.

3.6 Bestimmte Bereiche mit hypervariabler Sequenz bilden die Antigenbindungsstelle

Die variablen Regionen eines bestimmten Antikörpers unterscheiden sich von denen jedes anderen. Die Sequenzvariabilität ist jedoch nicht gleichmäßig über die V-Regionen verteilt, sondern konzentriert sich in bestimmten Abschnitten. Die Verteilung von variablen Aminosäuren lässt sich am besten mit einem sogenannten **Variabilitätsplot** darstellen (Abb. 3.6), der die Sequenzen vieler verschiedener variabler Antikörperregionen miteinander vergleicht. Es gibt drei besonders variable Regionen in den V_H- und V_L-Domänen. Man nennt sie **hypervariable Regionen** und bezeichnet sie mit HV1, HV2 und HV3. In den schweren Ketten liegen sie ungefähr zwischen den Aminosäuren 30 bis 36, 49 bis 65 und 95 bis 103, in den leichten Ketten ungefähr zwischen den Aminosäuren 28 bis 35, 49 bis 59 und 92 bis 103. Der

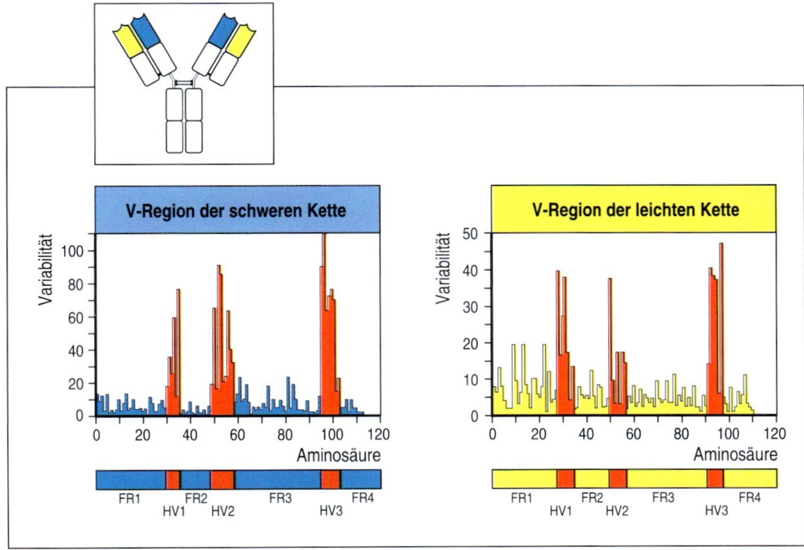

3.6 In den variablen Domänen gibt es definierte hypervariable Bereiche. Die Abbildung zeigt einen Variabilitätsplot: eine Sequenzvergleichsanalyse von mehreren Dutzend variabler Regionen aus schweren und leichten Ketten. Der Variabilitätsgrad an jeder Aminosäureposition ist gleich dem Quotienten aus der Anzahl verschiedener Aminosäuren, die man bei Betrachtung aller Sequenzen an der entsprechenden Stelle findet, und der Häufigkeit der an dieser Stelle üblichsten Aminosäure. Rot dargestellt sind drei hypervariable Bereiche (HV1, HV2 und HV3), die man als komplementaritätsbestimmende Regionen (*complementary determining regions*) CDR1, CDR2 und CDR3 bezeichnet. Sie sind umgeben von den weniger variablen Gerüstregionen FR1, FR2, FR3 und FR4 (blau oder gelb).

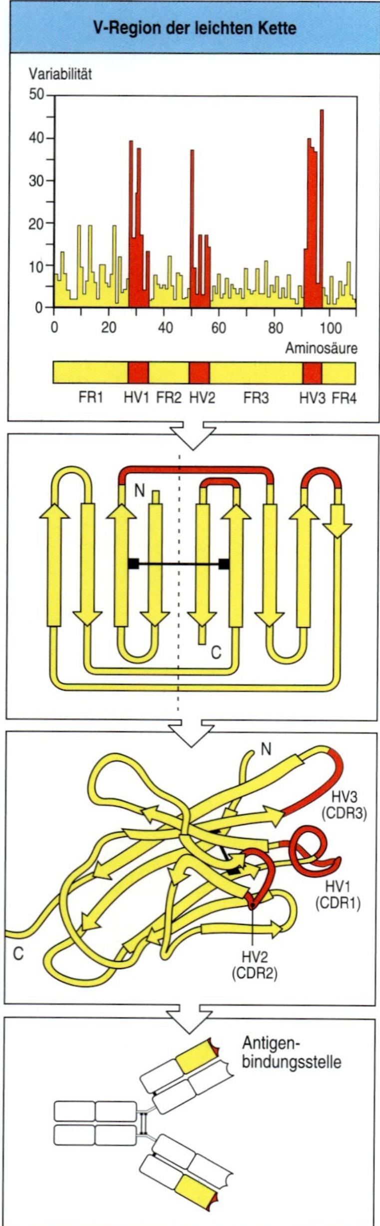

3.7 Die hypervariablen Regionen liegen in bestimmten Schleifen der gefalteten Struktur. Überträgt man die Positionen der hypervariablen Regionen (HVs oder CDRs) auf die Struktur einer variablen Domäne, so ist zu erkennen, dass sie in Schleifen angeordnet sind, die in der gefalteten Struktur beieinander liegen. Im Antikörpermolekül führt die Paarung der schweren und leichten Ketten die hypervariablen Schleifen beider Ketten zusammen. So entsteht eine hypervariable Oberfläche, welche die Antigenbindungsstelle an der Spitze jedes Arms bildet. N, aminoterminales Ende; C, carboxyterminales Ende.

variabelste Teil der Domäne liegt in der HV3-Region. Die Abschnitte zwischen den hypervariablen Regionen, die den Rest der variablen Domäne bilden, zeigen weniger Variabilität. Man nennt sie **Gerüstregionen** (*framework regions*). Es gibt in jeder V-Domäne vier davon: FR1, FR2, FR3 und FR4.

Die Gerüstregionen, das heißt die strukturelle Basis der Domäne, bilden β-Faltblätter. Die Sequenzen der hypervariablen Region entsprechen drei Schleifen an einem Rand des β-Zylinders, die im gefalteten Protein nebeneinander liegen (Abb. 3.7). Die Sequenzvielfalt ist also nicht nur auf ganz bestimmte Teile der variablen Regionen beschränkt, sondern auch räumlich einem bestimmten Bereich der Oberfläche des Moleküls zugeordnet. Darüber hinaus kommen durch das Aneinanderlagern der V_H- und V_L-Domänen im Antikörpermolekül die hypervariablen Schleifen jeder Domäne zusammen und bilden so einen einzigartigen hypervariablen Bereich an der Spitze jedes Arms des Moleküls. Dies ist die **Antigenbindungsstelle** (*antigen binding site* oder *antigen combining site*). Die sechs hypervariablen Schleifen (drei von jeder schweren und leichten Kette) bestimmen die Antigenspezifität durch eine Oberflächenstruktur, die zum Antigen komplementär ist; man nennt sie auch **komplementaritätsbestimmende Regionen** (*complementarity determining regions*, **CDR1, CDR2** und **CDR3**). Weil alle CDRs sowohl der V_H- als auch der V_L-Domäne zur antigenbindenden Stelle beitragen, bestimmt letztendlich die Kombination der schweren und der leichten Kette, und nicht eine Kette alleine, die Antigenspezifität. Eine Möglichkeit, wie das Immunsystem Antikörper unterschiedlicher Spezifitäten erzeugen kann, besteht also darin, unterschiedliche Kombinationen von variablen Regionen schwerer und leichter Ketten zu bilden. So entsteht die sogenannte **kombinatorische Vielfalt** (Diversität). In Kapitel 4 werden wir uns ansehen, wie die Gene, welche die variablen Regionen der schweren und der leichten Ketten codieren, aus kleineren DNA-Segmenten zusammengesetzt werden, und dabei eine zweite Art der kombinatorischen Vielfalt kennenlernen.

3.7 Antikörper binden Antigene durch Kontakte mit Aminosäuren in CDRs, wobei die Einzelheiten der Bindung von der Größe und von der Form des Antigens abhängen

Für die ersten Untersuchungen der Bindung von Antigenen an Antikörper dienten Tumoren von antikörpersezernierenden Zellen als einzig verfügbare Quelle für große Mengen eines bestimmten Antikörpertyps. Die Antigenspezifitäten der Antikörper aus Tumoren waren unbekannt. Daher

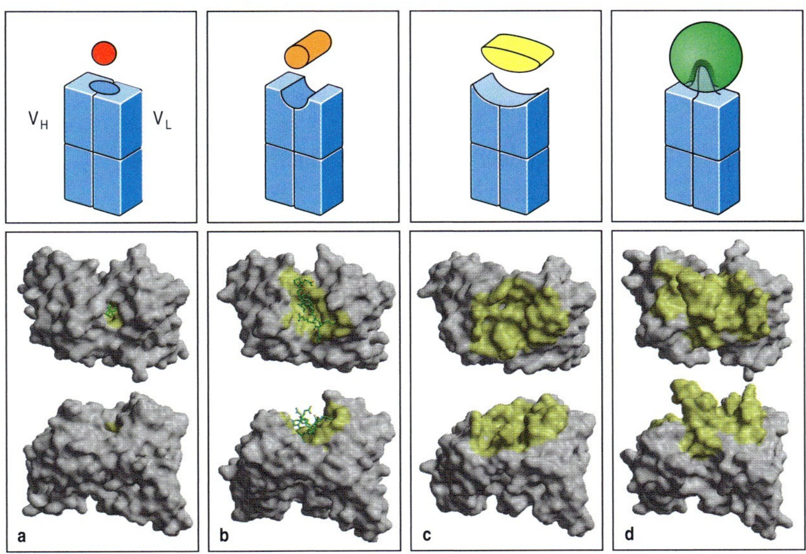

3.8 Antigene können in Taschen, Gruben oder an ausgedehnte Oberflächen innerhalb der Bindungsstellen von Antikörpern binden. Die Graphiken in der oberen Reihe zeigen schematisch die verschiedenen Typen von Bindungsstellen in einem Fab-Fragment eines Antikörpers: links eine Tasche, dann eine Grube, eine ausgedehnte Oberfläche und rechts eine vorgewölbte Oberflächenstruktur. Darunter sind Beispiele für jeden Typ zu sehen. a) Das obere Bild zeigt die molekulare Oberfläche der Wechselwirkung eines kleinen Haptens mit den komplementaritätsbestimmenden Regionen (CDRs) eines Fab-Fragments; der Blick geht in die Antigenbindungsstelle hinein. Das Hapten Ferrocen (grün) ist in der antigenbindenden Tasche (gelb) gebunden. Auf dem unteren Bild (und entsprechend bei b, c und d) ist das Molekül um 90° gedreht, sodass man auf die Bindungsstelle blickt. b) Im Komplex eines Antikörpers mit einem Peptid aus dem HI-Virus (*human immunodeficiency virus*) bindet das Peptid (grün) längs einer Furche (gelb) zwischen den variablen Regionen der leichten und schweren Kette. c) Komplex aus dem Lysozym des Hühnereiweißes und dem Fab-Fragment seines spezifischen Antikörpers (HyHel5). Die Oberfläche, die mit dem Lysozym in Kontakt steht, ist gelb gefärbt. Alle sechs CDRs des Antikörpers sind an der Bindung beteiligt. d) Ein Antikörpermolekül gegen das HIV-gp120-Antigen hat ausgedehnte CDR3-Schleifen, die in eine Vertiefung in der Oberfläche des Antigens hineinragen. Die Struktur des Komplexes aus diesem Antikörper und gp120 ist noch nicht geklärt. Der gelbe Bereich auf den unteren Bildern gibt die Ausdehnung der CDR-Domänen an und stellt nicht die eigentliche Kontaktregion zwischen Antikörper und Antigen dar. (Computergraphiken mit freundlicher Genehmigung von I. A. Wilson und R. L. Stanfield.)

musste man viele Verbindungen überprüfen, um Liganden zu identifizieren, die sich für Untersuchungen der Antigenbindung eigneten. Es stellte sich heraus, dass im Allgemeinen Haptene wie Phosphorylcholin oder Vitamin K_1 an diese Antikörper binden (Abschnitt 3.4). Die Strukturanalyse von Antikörperkomplexen mit ihren Haptenliganden lieferte den ersten direkten Beweis dafür, dass die hypervariablen Regionen die Antigenbindungsstelle bilden, und zeigte die strukturelle Grundlage für die Haptenspezifität. Die Entdeckung von Methoden zur Herstellung monoklonaler Antikörper (Anhang I, Abschnitt A.12) ermöglichte es dann, große Mengen vieler verschiedener reiner Antikörper zu produzieren, die jeweils nur für ein Antigen spezifisch sind. So entstand ein umfassenderes Bild darüber, wie Antikörper mit ihren Antigenen interagieren. Es bestätigte und erweiterte das Wissen über Antikörper-Antigen-Wechselwirkungen aus den Untersuchungen von Haptenen.

Dort, wo auf der Oberfläche des Antikörpermoleküls CDRs von schweren und leichten Ketten nebeneinander liegen, befindet sich die Antigenbindungsstelle. Da die Aminosäuresequenzen der CDRs in verschiedenen Antikörpern unterschiedlich sind, unterscheiden sich natürlich auch die Formen der Oberflächen, die von diesen CDRs gebildet werden. Prinzipiell binden Antikörper Liganden, deren Oberflächen komplementär zu denen der Antigenbindungsstelle sind. Ein kleines Antigen wie ein Hapten oder ein kurzes Peptid bindet im Allgemeinen in einer Tasche oder Furche zwischen den V-Domänen der schweren und leichten Ketten (Abb. 3.8a und b). Andere Antigene, zum Beispiel ein Proteinmolekül, sind möglicherweise gleich groß oder größer als das Antikörpermolekül und passen nicht in eine Furche oder Tasche. Dann ist die Kontaktfläche zwischen den Molekülen oft eine ausgedehnte Oberfläche, die alle CDRs und, in einigen Fällen, auch einen Teil der Gerüstregion des Antikörpers umfasst (Abb. 3.8c). Diese Oberfläche muss nicht unbedingt konkav sein, sondern kann auch flach, gewellt oder sogar konvex sein. Manchmal können Antikörpermoleküle mit fingerförmigen Ausläufern in eine kleine Vertiefung auf der Oberfläche des Antigens hineinragen; ein Beispiel ist ein Antikörper gegen das HIV-gp120-Antigen, der eine lange Schleife in sein Ziel hineinstreckt (Abb. 3.8d).

3.8 Antikörper binden an strukturell passende Bereiche auf den Oberflächen von Antigenen

Die biologische Funktion von Antikörpern besteht darin, an Pathogene und deren Produkte zu binden und ihre Entfernung aus dem Körper zu erleichtern. Ein Antikörper erkennt im Allgemeinen nur eine kleine Region auf der Oberfläche eines großen Moleküls, zum Beispiel eines Polysaccharids oder Proteins. Die Struktur, die von einem Antikörper erkannt wird, bezeichnet man als **Antigendeterminante** oder **Epitop**. Einige der wichtigsten Krankheitserreger besitzen Polysaccharidhüllen. Antikörper, die Epitope aus den Zuckeruntereinheiten dieser Moleküle erkennen, sind wichtig für den immunologischen Schutz vor solchen Pathogenen. In vielen Fällen sind jedoch Proteine die Antigene, die eine Immunantwort auslösen. Antikörper, die vor Viren schützen, erkennen zum Beispiel virale Hüllproteine. In solchen Fällen liegen die Strukturen, die der Antikörper erkennt, auf der Oberfläche des Proteins. Die Aminosäuren derartiger Stellen auf Proteinoberflächen stammen wahrscheinlich von verschiedenen Teilen der Polypeptidkette, die durch Faltungsvorgänge nebeneinander zu liegen kommen. Antigendeterminanten dieser Art bezeichnet man als **Konformations**- oder **diskontinuierliche Epitope**, da die erkannte Stelle aus Abschnitten des Proteins besteht, die in der Primärsequenz nicht zusammenhängen, in der dreidimensionalen Struktur jedoch nahe beieinander liegen. Ein Epitop, das aus einem einzigen Segment einer Polypeptidkette besteht, bezeichnet man dagegen als **kontinuierliches** oder **lineares Epitop**. Die meisten Antikörper, die gegen intakte, vollständig gefaltete Proteine gerichtet sind, erkennen diskontinuierliche Epitope. Einige binden jedoch auch Peptidfragmente des Proteins. Umgekehrt binden Antikörper gegen Peptidfragmente eines Proteins oder gegen synthetische Peptide, die einem Teil seiner Sequenz entsprechen, gelegentlich auch an das native gefaltete Protein. Daher lassen sich in einigen Fällen in Impfstoffen synthetische Peptide verwenden, die die Bildung von Antikörpern gegen ein intaktes Protein eines Krankheitserregers anregen sollen.

3.9 An Antigen-Antikörper-Reaktionen sind verschiedene Kräfte beteiligt

Die Wechselwirkung zwischen einem Antikörper und seinem Antigen kann durch hohe Salzkonzentrationen, extreme pH-Werte, Detergenzien und manchmal auch durch eine Verdrängungsreaktion mit hohen Konzentrationen des reinen Epitops gestört werden. Die Bindung ist also eine reversible, nichtkovalente Wechselwirkung. Abbildung 3.9 zeigt die Kräfte oder Bindungsarten, die daran beteiligt sind.

Elektrostatische Wechselwirkungen gibt es zwischen geladenen Aminosäureseitenketten, wie bei Salzbbrücken, oder zwischen elektrischen Dipolen, wie bei Wasserstoffbrücken und Van-der-Waals-Kräften, die über kurze Entfernungen wirken. Hohe Salzkonzentrationen und extreme pH-

nichtkovalente Kräfte	Ursache	
elektrostatische Kräfte	Anziehung zwischen entgegengesetzten Ladungen	$-\overset{\oplus}{NH_3}$ $\overset{\ominus}{OOC}-$
Wasserstoffbrücken	elektronegative Atome (N, O) teilen sich ein Wasserstoffatom	$>N - H - - O = C<$ (δ^- δ^+ δ^-)
Van-der-Waals-Kräfte	Fluktuationen in den Elektronenwolken um Moleküle herum polarisieren benachbarte Atome entgegengesetzt	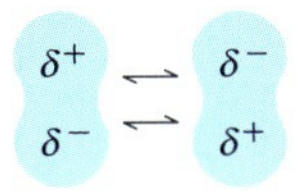 $\delta^+ \rightleftarrows \delta^-$; $\delta^- \rightleftarrows \delta^+$
hydrophobe Kräfte	hydrophobe Gruppen stoßen Wasser ab und neigen dazu, sich zusammenzuballen und Wassermoleküle zu verdrängen; an der Anziehung sind auch Van-der-Waals-Kräfte beteiligt	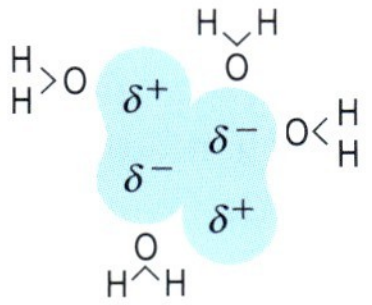 H_2O δ^+ δ^- δ^- δ^+ H_2O H_2O H_2O

3.9 Die nichtkovalenten Kräfte, die den Antigen-Antikörper-Komplex zusammenhalten. Partielle Ladungen in elektrischen Dipolen sind mit δ^+ oder δ^- bezeichnet. Elektrostatische Kräfte nehmen mit dem reziproken Quadrat der Entfernung zwischen den Ladungen ab. Van-der-Waals-Kräfte, die bei den meisten Kontakten zwischen Antigen und Antikörper häufiger sind, verringern sich dagegen mit der sechsten Potenz des Abstands und wirken deshalb nur über sehr kurze Entfernungen. Kovalente Bindungen kommen zwischen Antigenen und natürlichen Antikörpern nicht vor.

Werte schwächen elektrostatische Interaktionen und/oder Wasserstoffbrücken und zerstören so die Antigen-Antikörper-Bindung. Dieses Prinzip wird bei der Aufreinigung von Antigenen über eine Affinitätschromatographie an immobilisierte Antikörper oder beim umgekehrten Verfahren zur Reinigung von Antikörpern angewandt (Anhang I, Abschnitt A.5). Zu hydrophoben Wechselwirkungen kommt es, wenn zwei hydrophobe Oberflächen unter Ausschluss von Wasser zusammenkommen. Die Stärke hydrophober Interaktionen ist proportional zur Größe der Oberfläche, die dem Wasser abgewandt ist. Bei einigen Antigenen sind wahrscheinlich die hydrophoben Wechselwirkungen für den größten Teil der Bindungsenergie verantwortlich. In einigen Fällen werden Wassermoleküle in Taschen zwischen Antigen und Antikörper festgehalten. Diese Wassermoleküle, besonders zwischen polaren Aminosäureresten, tragen möglicherweise auch zur Bindung und damit zur Spezifität bei.

Der Beitrag jeder dieser Kräfte zur Gesamtwechselwirkung zwischen Antigen und Antikörper hängt von dem jeweiligen Antikörper und Antigen ab. Ein wesentlicher Unterschied zu anderen natürlichen Protein-Protein-Wechselwirkungen besteht darin, dass Antikörper an ihren Antigenbindungsstellen viele aromatische Reste besitzen. Diese sind vor allem an Van-der-Waals-Wechselwirkungen und hydrophoben Wechselwirkungen beteiligt sowie manchmal auch an Wasserstoffbrücken. Tyrosin zum Beispiel kann sich sowohl an Wasserstoffbrücken als auch an hydrophoben Wechselwirkungen beteiligen und ist daher besonders geeignet, zur Vielfalt der Antigenerkennung beizutragen; in Antigenbindungsstellen ist Tyrosin demzufolge überrepräsentiert. Im Allgemeinen wirken die hydrophoben und Van-der-Waals-Kräfte nur über kurze Entfernungen und halten zwei Oberflächen zusammen, die in ihrer Struktur komplementär sind. Hügel auf der einen Oberfläche müssen in Täler auf der anderen passen, damit eine feste Bindung entsteht. Andererseits umfassen elektrostatische Bindungen zwischen geladenen Seitenketten und Wasserstoffbrücken zwischen Sauerstoff- und/oder Stickstoffatomen spezifische Merkmale oder reaktionsfähige Gruppen und verstärken gleichzeitig die Gesamtwechselwirkung. Amino-

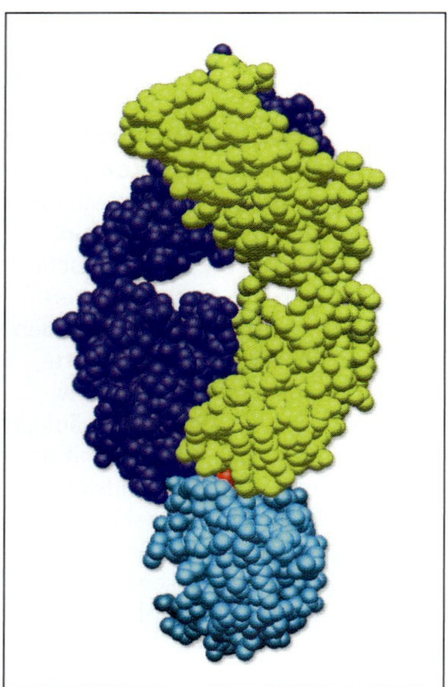

3.10 Der Komplex aus Lysozym und dem Antikörper D1.3. Dargestellt ist die Wechselwirkung des Fab-Fragments von D1.3 mit Hühnereiweißlysozym. Lysozym ist blau, die schwere Kette violett und die leichte Kette gelb gezeigt. Ein Glutaminrest des Lysozyms (rot) ragt zwischen die beiden variablen Domänen der Antigenbindungsstelle und bildet Wasserstoffbrücken, die für die Bindung zwischen Antigen und Antikörper wichtig sind. (Mit freundlicher Genehmigung von R. J. Poljak.)

säuren mit geladenen Seitenketten, wie zum Beispiel Arginin, sind ebenfalls überdurchschnittlich häufig in Antigenbindungsstellen vorhanden.

Ein Beispiel für den Einfluss einer bestimmten Aminosäure in einem Antigen ist der Komplex aus Hühnereiweißlysozym und dem Antikörper D1.3 (Abb. 3.10); dort bilden sich starke Wasserstoffbrücken zwischen dem Antikörper und einem bestimmten Glutaminrest im Lysozymmolekül, das in den Spalt zwischen den V_H- und V_L-Domänen hineinragt. Die Lysozyme von Rebhuhn und Truthahn haben an dieser Stelle statt Glutamin eine andere Aminosäure und binden daher nicht an den Antikörper. Der Komplex aus Hühnerlysozym und einem anderen Antikörper mit hoher Affinität, HyHel5 (Abb. 3.8c), enthält zwei Salzbrücken zwischen zwei basischen Argininresten auf der Oberfläche des Lysozyms und zwei Glutaminsäureresten, die in der CDR1- beziehungsweise in der CDR2-Schleife der V_H-Kette liegen. Lysozyme, denen einer der beiden Argininreste fehlt, besitzen eine 1000-fach niedrigere Affinität zu dem Antikörper. Demnach scheint die Summe der komplementären Oberflächen zusammen einen wichtigen Beitrag zur Wechselwirkung zwischen Antigen und Antikörper zu leisten. In den meisten bisher detailliert untersuchten Antikörpern tragen jedoch nur einige wenige Aminosäuren wesentlich zur Bindungsenergie und damit zur eigentlichen Spezifität bei. Natürliche Antikörper binden ihre Liganden mit hoher Affinität. Mithilfe gentechnischer Methoden wie der ortsspezifischen Mutagenese ist es möglich, die Bindungsstelle eines Antikörpers noch weiter an sein komplementäres antigenes Epitop anzupassen.

Zusammenfassung

Röntgenstrukturanalytische Untersuchungen von Antigen-Antikörper-Komplexen haben ergeben, dass die hypervariablen Schleifen (das heißt die komplementaritätsbestimmenden Regionen, CDRs) der variablen Immunglobulinregionen die Spezifität von Antikörpern bestimmen. Wenn es sich um Proteinantigene handelt, nimmt das Antikörpermolekül Kontakt über ein großes Areal seiner Oberfläche auf, das zu der erkannten Oberfläche des Antigens komplementär ist. Elektrostatische Wechselwirkungen, Wasserstoffbrücken, Van-der-Waals-Kräfte und hydrophobe Wechselwirkungen können zur Bindung beitragen. Je nach Größe des Antigens treten Aminosäureseitenketten in den meisten oder allen hypervariablen Schleifen mit dem Antigen in Kontakt und bestimmen sowohl die Spezifität als auch die Affinität der Interaktion. Andere Teile der variablen Region spielen beim direkten Kontakt mit dem Antigen kaum eine Rolle, liefern jedoch ein stabiles strukturelles Gerüst für die hypervariablen Schleifen und sind beim Festlegen ihrer Position und Konformation behilflich. Antikörper gegen native Proteine binden gewöhnlich an die Oberfläche des Proteins und treten mit Resten in Kontakt, die in der Primärstruktur des Moleküls nicht nebeneinander liegen. Sie können jedoch gelegentlich auch mit Peptidfragmenten des Proteins in Wechselwirkung treten. Antikörper gegen Peptide, die von einem Protein abstammen, lassen sich manchmal dazu verwenden, das native Proteinmolekül aufzuspüren. Normalerweise binden Peptide an Antikörper im Spalt zwischen den variablen Regionen der schweren und leichten Ketten, wo sie spezifische Kontakte mit einigen, aber nicht notwendigerweise mit allen hypervariablen Schleifen eingehen. Dies ist auch die übliche Art der Reaktion mit Kohlenhydratantigenen und kleinen Molekülen wie Haptenen.

Die Antigenerkennung durch T-Zellen

Im Gegensatz zu den Immunglobulinen, die mit Krankheitserregern und ihren toxischen Produkten in den extrazellulären Räumen des Körpers interagieren, erkennen T-Zellen nur fremde Antigene, die von den Oberflächen körpereigener Zellen präsentiert werden. Diese Antigene können von Pathogenen wie Viren oder intrazellulären Bakterien stammen, die sich innerhalb von Zellen replizieren, oder von Pathogenen oder deren Produkten, die Zellen durch Endocytose aus der extrazellulären Flüssigkeit aufgenommen haben.

T-Zellen können die Anwesenheit eines intrazellulären Krankheitserregers erkennen, weil infizierte Zellen auf ihrer Oberfläche Peptidfragmente tragen, die von den Proteinen des Pathogens stammen. Spezialisierte Glykoproteine der Wirtszelle, die MHC-Moleküle, transportieren diese fremden Peptide an die Zelloberfläche. Diese Glykoproteine werden von einer großen Gruppe von Genen codiert, die man aufgrund ihrer starken Wirkung auf die Immunantwort auf transplantierte Gewebe entdeckte. Aus diesem Grund bezeichnete man diesen Genkomplex als Haupthistokompatibilitätskomplex (*major histocompatibility complex*, MHC) und die peptidbindenden Glykoproteine als MHC-Moleküle. Eine der charakteristischen Aufgaben von T-Zellen ist die Erkennung eines Antigens in Form eines kleinen Peptidfragments, das an ein MHC-Molekül gebunden ist und auf der Zelloberfläche präsentiert wird. Mit dieser Funktion wird sich dieser Abschnitt vor allem beschäftigen. In Kapitel 5 werden wir dann erfahren, wie Peptidfragmente von Antigenen entstehen und Komplexe mit MHC-Molekülen bilden.

In diesem Abschnitt beschreiben wir die Struktur und die Eigenschaften des T-Zell-Antigenrezeptors oder T-Zell-Rezeptors, kurz TCR. Wie man aufgrund ihrer Funktion als hoch variable Antigenerkennungsstrukturen schon erwartet, sind T-Zell-Rezeptoren hinsichtlich der Struktur ihrer Gene eng verwandt mit Immunglobulinen. Es bestehen jedoch auch wichtige Unterschiede zwischen T-Zell-Rezeptoren und Immunglobulinen, die die besonderen Merkmale der Antigenerkennung durch den T-Zell-Rezeptor widerspiegeln.

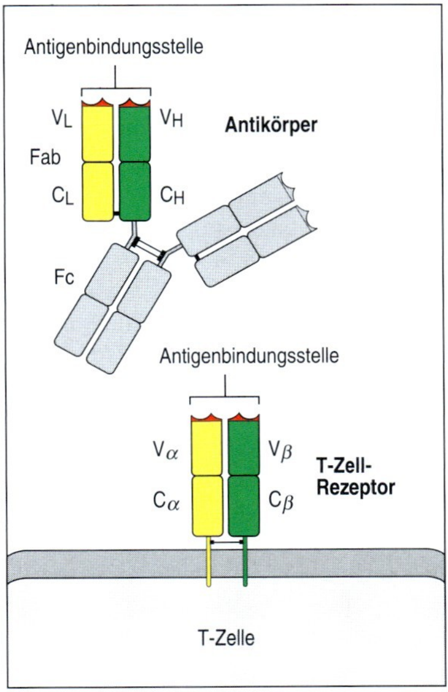

3.11 Der T-Zell-Rezeptor ähnelt einem membrangebundenen Fab-Fragment. Das Fab-Fragment von Antikörpermolekülen ist ein durch Disulfidbrücken verknüpftes Heterodimer. Jede Kette enthält eine konstante Immunglobulindomäne und eine variable Domäne. Die nebeneinanderliegenden variablen Domänen bilden die Antigenbindungsstelle (Abschnitt 3.6). Der T-Zell-Rezeptor ist ebenfalls ein durch Disulfidbrücken verknüpftes Heterodimer. Jede Kette enthält eine den Immunglobulinen ähnliche konstante und eine variable Region. Wie im Fab-Fragment bilden die nebeneinanderliegenden variablen Domänen die Antigenbindungsstelle.

3.10 Der T-Zell-Rezeptor ähnelt dem Fab-Fragment eines Immunglobulins

T-Zell-Rezeptoren wurden erstmals mithilfe von monoklonalen Antikörpern identifiziert, die nur an eine bestimmte klonierte T-Zell-Linie binden konnten und die Antigenerkennung durch diesen T-Zell-Typ spezifisch blockierten oder aktivierten, indem sie das Antigen imitierten (Anhang I, Abschnitt A.19). Mit diesen **klonotypischen** Antikörpern ließ sich dann zeigen, dass jede T-Zelle etwa 30 000 Antigenrezeptoren auf ihrer Oberfläche trägt. Jeder Rezeptor besteht aus zwei verschiedenen Polypeptidketten, der sogenannten **T-Zell-Rezeptor-α-(TCRα-)** und der **T-Zell-Rezeptor-β-(TCRβ-)Kette**, die miteinander durch eine Disulfidbrücke zu einer Struktur verbunden sind. Diese **α:β-Heterodimere** sind dem Fab-Fragment eines Immunglobulins strukturell sehr ähnlich (Abb. 3.11). Sie sind für die Antigenerkennung durch die meisten T-Zellen verantwortlich.

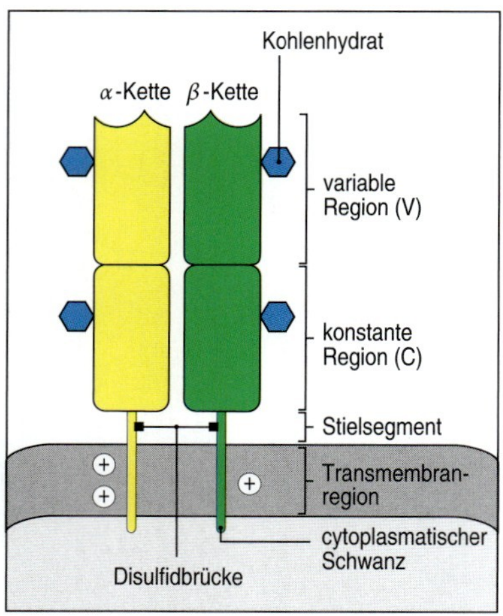

3.12 Die Struktur des T-Zell-Rezeptors. Das T-Zell-Rezeptor-Heterodimer besteht aus den beiden Transmembranglykoproteinketten α und β. Der extrazelluläre Teil jeder Kette besteht aus zwei Domänen, die den variablen beziehungsweise konstanten Immunglobulindomänen ähneln. Beide Ketten weisen an jeder Domäne Kohlenhydratseitenketten auf. Ein kurzes Stielsegment, analog der Gelenkregion im Immunglobulin, verbindet die immunglobulinartigen Domänen mit der Membran und enthält das Cystein, das an der Disulfidbrücke zwischen den Ketten beteiligt ist. Die Transmembranhelices beider Ketten sind insofern ungewöhnlich, als sie positiv geladene (basische) Reste innerhalb des hydrophoben Transmembransegments enthalten. Die α-Kette besitzt zwei solcher Reste, die β-Kette einen.

Eine Minderheit der T-Zellen trägt einen anderen, strukturell ähnlichen Typ des T-Zell-Rezeptors aus anderen Polypeptidketten, die mit γ und δ bezeichnet werden. **γ:δ-T-Zell-Rezeptoren** scheinen andere Antigenerkennungseigenschaften zu besitzen als **α:β-T-Zell-Rezeptoren**. Die Funktion von γ:δ-T-Zellen innerhalb der Immunantwort ist jedoch noch nicht vollständig geklärt (Abschnitt 2.34). Im Rest des Kapitels bezieht sich der Begriff T-Zell-Rezeptor, wenn nicht anders angegeben, auf den α:β-Rezeptor. Beide T-Zell-Rezeptor-Typen unterscheiden sich von dem membrangebundenen Immunglobulin, das als B-Zell-Rezeptor dient, im Wesentlichen in zweierlei Hinsicht: Ein T-Zell-Rezeptor hat nur eine Antigenbindungsstelle, ein B-Zell-Rezeptor dagegen zwei, und T-Zell-Rezeptoren werden nie sezerniert, während Immunglobuline als Antikörper sezerniert werden können.

Erste Hinweise auf die Struktur und Funktion des α:β-T-Zell-Rezeptors lieferten Untersuchungen von klonierter cDNA, die die Rezeptorketten codiert. Die Aminosäuresequenzen, die sich aus den T-Zell-Rezeptor-cDNAs ableiten lassen, bewiesen eindeutig, dass beide Ketten des Rezeptors eine aminoterminale variable Region mit Homologie zu V-Regionen von Immunglobulinen besitzen, ferner eine konstante Region mit Homologie zu C-Regionen von Immunglobulinen und eine kurze Stielregion mit einem Cysteinrest für die Disulfidbrücke zwischen den Ketten (Abb. 3.12). Jede Kette durchdringt die Lipiddoppelschicht mit einer hydrophoben Transmembrandomäne und endet in einem kurzen cytoplasmatischen Schwanzstück. Diese Gemeinsamkeiten der T-Zell-Rezeptor-Ketten und der schweren und leichten Immunglobulinketten ermöglichten erstmals die Voraussage, dass das T-Zell-Rezeptor-Heterodimer und ein Fab-Fragment eines Immunglobulins strukturell sehr ähnlich sind.

Inzwischen hat man mithilfe von Röntgenkristallographie die dreidimensionale Struktur des T-Zell-Rezeptors bestimmt. Sie ähnelt tatsächlich der des Fab-Fragments eines Antikörpers. Die T-Zell-Rezeptor-Ketten falten sich weitgehend genauso wie die eines Fab-Fragments (Abb. 3.13); die Gesamtgestalt ist lediglich etwas kürzer und breiter. Es gibt jedoch einige wichtige strukturelle Unterschiede zwischen T-Zell-Rezeptoren und Fab-Fragmenten. Der wesentliche Unterschied besteht in der C_α-Domäne: Dort findet man eine andere Faltung als bei allen anderen immunglobulinartigen Domänen. Die Hälfte der Domäne, die direkt neben der C_β-Domäne liegt, bildet ein β-Faltblatt, ähnlich dem in anderen immunglobulinartigen Domänen, aber die andere Hälfte der Domäne besteht aus locker gepackten Strängen und einem kurzen Segment einer α-Helix (Abb. 3.13b). Die intramolekulare Disulfidbrücke, die in immunglobulinartigen Domänen normalerweise zwei β-Stränge verknüpft, verbindet in einer C_α-Domäne einen β-Strang mit diesem Stück α-Helix.

Es bestehen auch Unterschiede hinsichtlich der Wechselwirkungen zwischen den Domänen. Die Kontaktfläche zwischen den V- und C-Domänen beider T-Zell-Rezeptor-Ketten ist ausgedehnter als in Antikörpern. Außerdem vermutet man bei der Interaktion zwischen der C_α- und C_β-Domäne die Mitwirkung eines Kohlenhydrats; ein Zuckerrest aus der C_α-Domäne bildet dabei eine Reihe von Wasserstoffbrücken mit der C_β-Domäne (Abb. 3.13b). Schließlich zeigt ein Vergleich der variablen Bindungsstellen, dass sich die Schleifen der komplementaritätsbestimmenden Region (CDR) zwar recht gut mit denen des Antikörpers zur Deckung bringen lassen; es gibt jedoch Verschiebungen relativ zum Antikörpermolekül (Abb. 3.13c). Diese sind be-

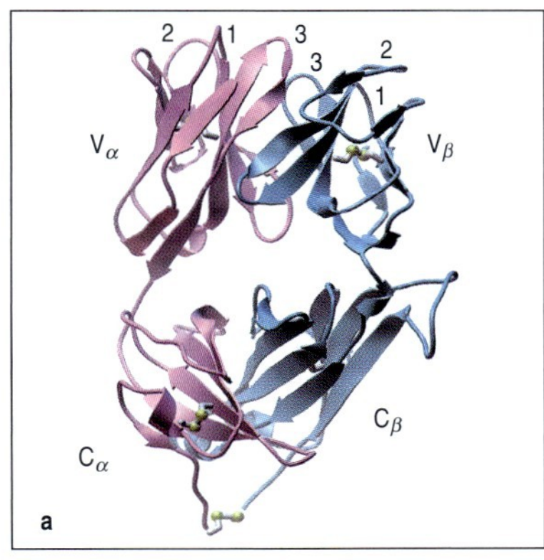

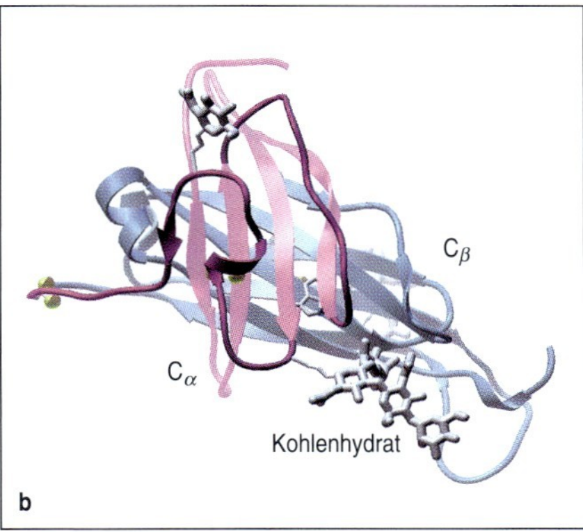

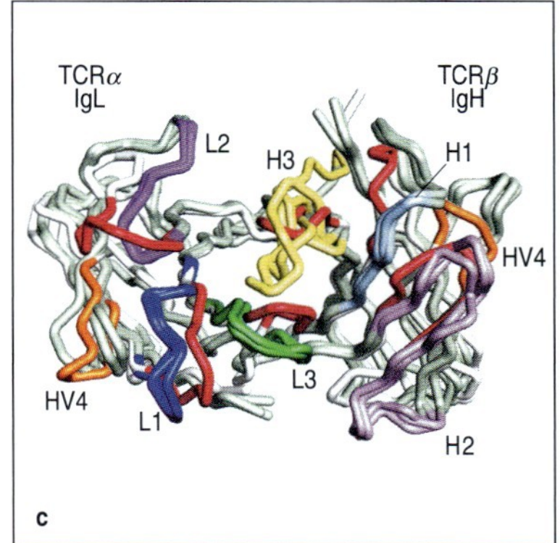

3.13 Die Kristallstruktur eines α:β-T-Zell-Rezeptors bei einer Auflösung von 0,25 nm. Auf den Bildern a und b sind die α-Kette rosa, die β-Kette blau und die Disulfidbrücken grün dargestellt. a) Ansicht des T-Zell-Rezeptors von der Seite, wie er auf der Zelloberfläche sitzen würde; die CDR-Schleifen (mit 1, 2 und 3 bezeichnet), die die Antigenbindungsstelle bilden, sind über seiner verhältnismäßig flachen Oberseite angeordnet. b) Abgebildet sind die C_α- und die C_β-Domäne. Die C_α-Domäne faltet sich nicht zu einer typischen immunglobulinartigen Domäne; die von C_β abgewandte Seite der Domäne besteht vor allem aus unregelmäßigen Polypeptidsträngen und nicht aus einem β-Faltblatt. Die intramolekulare Disulfidbrücke verbindet einen β-Strang mit diesem Segment, das eine α-Helix enthält. Die Interaktion zwischen der C_α- und C_β-Domäne kommt mithilfe eines Kohlenhydrats zustande (grau und in der Abbildung beschriftet), wobei ein Zuckerrest aus der C_α-Domäne Wasserstoffbrücken mit der C_β-Domäne bildet. c) Der T-Zell-Rezeptor ist mit den Antigenbindungsstellen von drei verschiedenen Antikörpern zur Deckung gebracht. Man blickt in die Antigenbindungsstelle hinein. Die V_α-Domäne des T-Zell-Rezeptors liegt parallel zu den V_L-Domänen der Antigenbindungsstellen der Antikörper und die V_β-Domäne parallel zu den V_H-Domänen. Die CDRs des T-Zell-Rezeptors und der Immunglobulinmoleküle sind farbig markiert: CDR1, 2 und 3 des TCR sind rot, die HV4-Schleife orange dargestellt. Von den variablen Immunglobulindomänen sind die CDR1-Schleifen der schweren (H1) und der leichten Kette (L1) hell- und dunkelblau, die CDR2-Schleifen (H2, L2) hell- und dunkelviolett gezeigt. Die CDR3-Schleifen der schweren Kette (H3) sind gelb, die der leichten Kette (L3) hellgrün dargestellt. Zu den HV4-Schleifen des TCR (orange) gibt es in Immunglobulinen kein hypervariables Gegenstück. (Modelle mit freundlicher Genehmigung von I. A. Wilson.)

sonders ausgeprägt in der V_α-CDR2-Schleife. Aufgrund einer Verlagerung in dem β-Strang, der ein Ende der Schleife von einer Seite der Domäne an der anderen befestigt, steht sie ungefähr im rechten Winkel zur entsprechenden Schleife in der variablen Domäne des Antikörpers. Eine Strangverschiebung verursacht auch eine Änderung der Orientierung der V_β-CDR2-Schleife in manchen V_β-Domänen, deren Strukturen bekannt sind. Bisher gibt es von den Strukturen nur wenige kristallographische Daten in dieser Auflösung. Es bleibt abzuwarten, inwieweit alle T-Zell-Rezeptoren diese Merkmale teilen und ob sich eine noch größere Variabilität herausstellt.

3.11 T-Zell-Rezeptoren erkennen ein Antigen in Form eines Komplexes aus einem fremden Peptid und einem daran gebundenen MHC-Molekül

Die Antigenerkennung durch T-Zell-Rezeptoren unterscheidet sich deutlich von der Erkennung durch B-Zell-Rezeptoren und Antikörper. An der Antigenerkennung durch B-Zellen ist die direkte Bindung von Immunglobulin an das native Antigen beteiligt. Wie in Abschnitt 3.8 beschrieben,

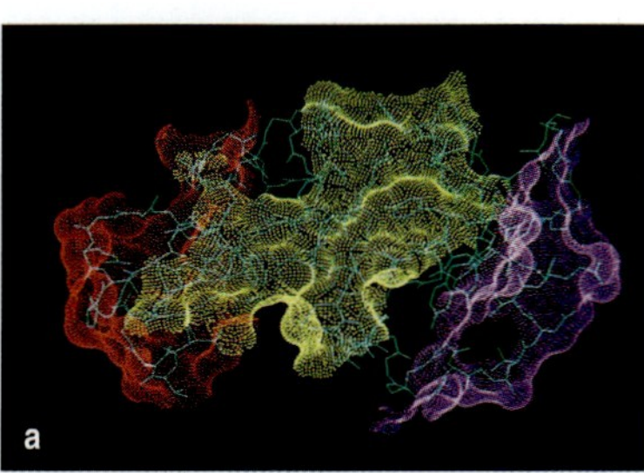

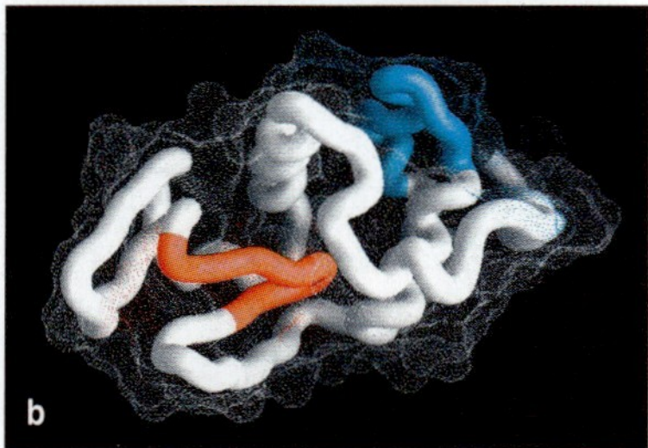

3.14 Unterschiede bei der Erkennung von Hühnereiweißlysozym durch Immunglobuline und T-Zell-Rezeptoren. Röntgenkristallographische Untersuchungen zeigen, dass Antikörper an Epitope auf der Oberfläche von Proteinen binden können; a) Epitope für drei Antikörper (in unterschiedlichen Farben) auf der Oberfläche des Hühnereiweißlysozyms (siehe auch Abbildung 3.10). Dagegen müssen die Epitope, die T-Zell-Rezeptoren erkennen, nicht auf der Oberfläche des Moleküls liegen, da der T-Zell-Rezeptor nicht das antigene Protein selbst, sondern ein Peptidfragment des Proteins erkennt. b zeigt die Peptide, die zwei T-Zell-Epitopen des Lysozyms entsprechen; ein Epitop (blau) liegt auf der Oberfläche, aber ein zweites (rot) liegt größtenteils im Zentrum und ist im gefalteten Protein unzugänglich. Damit der T-Zell-Rezeptor an diesen Rest herankommt, muss das Protein entfaltet und prozessiert werden. (Graphik a mit freundlicher Genehmigung von S. Sheriff.)

binden Antikörper typischerweise an die Oberfläche von Proteinantigenen und treten in Kontakt mit Aminosäuren, die in der Primärstruktur nicht direkt hintereinander liegen, sondern erst im gefalteten Protein. T-Zellen dagegen reagieren mit kurzen zusammenhängenden Aminosäuresequenzen in Proteinen. Diese Sequenzen liegen oft tief in der nativen Struktur des Proteins verborgen. Sie können von T-Zell-Rezeptoren nicht direkt erkannt werden, wenn das Proteinantigen nicht entfaltet und in Peptidfragmente prozessiert wird (Abb. 3.14). In Kapitel 5 werden wir erfahren, wie dies geschieht.

Wie ein Antigen beschaffen sein muss, damit es von T-Zellen erkannt werden kann, wurde deutlich bei der Entdeckung, dass Peptide, die T-Zellen stimulieren, nur dann erkannt werden, wenn sie an ein MHC-Molekül gebunden sind. Der Ligand, den die T-Zelle erkennt, ist also ein Komplex aus Peptid und MHC-Molekül. Der Nachweis für die Beteiligung des MHC an der Erkennung von Antigenen durch T-Zellen wurde zunächst indirekt erbracht; den endgültigen Beweis lieferte die Stimulation von T-Zellen mit gereinigten Peptid:MHC-Komplexen. Der T-Zell-Rezeptor interagiert mit diesen Liganden, indem er sowohl mit dem MHC-Molekül als auch mit dem antigenen Peptid in Kontakt tritt.

3.12 Es gibt zwei Klassen von MHC-Molekülen mit unterschiedlichem Aufbau der Untereinheiten, aber ähnlichen dreidimensionalen Strukturen

Es gibt zwei Klassen von MHC-Molekülen – **MHC-Klasse I** und **MHC-Klasse II** –, die in ihrer Struktur und dem Expressionsmuster in Geweben des Körpers unterschiedlich sind. Trotz der strukturellen Unterschiede innerhalb der Untereinheiten ähneln sich MHC-Klasse-I- und MHC-Klasse-II-Moleküle jedoch stark in ihrer Gesamtstruktur (Abb. 3.15 und 3.16). In beiden Klassen ähneln die beiden gepaarten Proteindomänen, die der Membran am nächsten liegen, Immunglobulindomänen. Die beiden entfernt von der Membran liegenden Domänen falten sich und bilden zusammen einen langen Spalt oder eine Furche, worin dann ein Peptid gebunden wird. Einzelheiten der Struktur von MHC-Molekülen und der Art, wie sie Peptide binden, ergaben sich aus der strukturellen Charakterisierung von gereinigten Peptid:MHC-Klasse-I- und Peptid:MHC-Klasse-II-Komplexen.

Der Aufbau von MHC-Klasse-I-Molekülen ist in Abbildung 3.15 dargestellt. Die Moleküle dieser Klasse bestehen aus zwei Polypeptidketten, eine größeren α-Kette, die im MHC-Locus codiert ist (beim Menschen auf Chromosom 6), und einer kleineren, nichtkovalent angelagerten Kette, dem **β_2-Mikroglobulin**, die nicht polymorph ist und auf einem anderen Chromosom codiert ist (beim Menschen auf Chromosom 15). Nur die Klasse-I-α-Kette durchspannt die Membran. Das vollständige Molekül besitzt vier Domänen. Drei bildet die MHC-codierte α-Kette, eine steuert das β_2-Mikroglobulin bei. Die α_3-Domäne und das β_2-Mikroglobulin haben eine gefaltete Struktur, die einer Immunglobulindomäne stark ähnelt. Die gefalteten α_1- und α_2-Domänen bilden die Wände eines Spaltes auf der Oberfläche des Moleküls: Dieser stellt die **peptidbindende Stelle** dar. MHC-Moleküle sind hoch polymorph und die wesentlichen Unterschiede

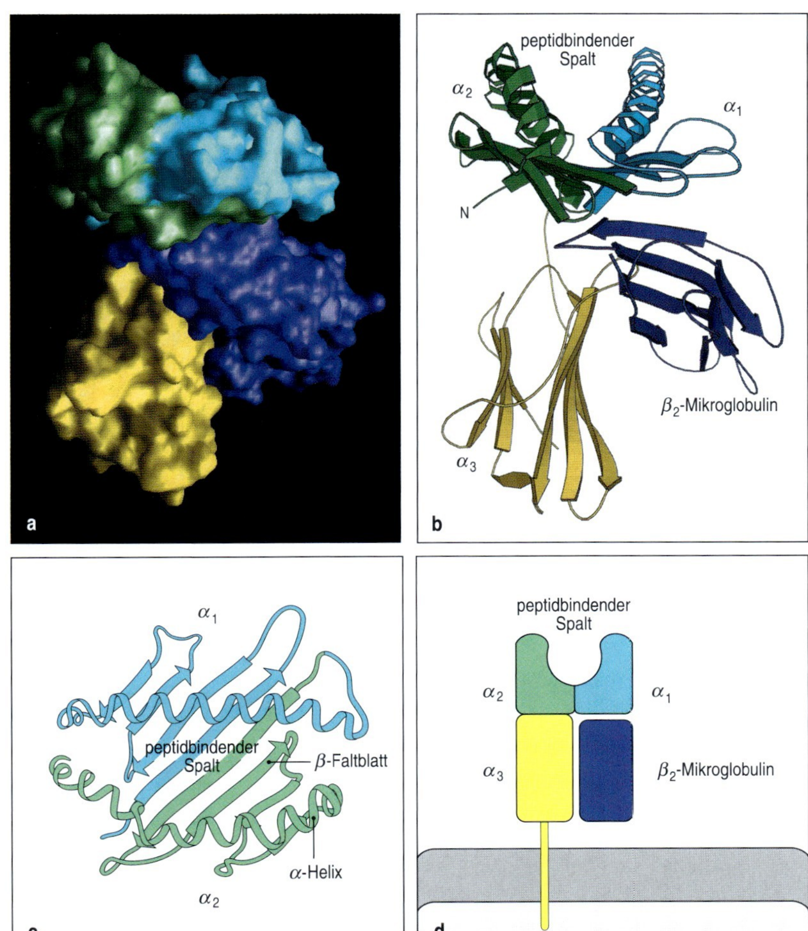

3.15 Die Struktur eines MHC-Klasse-I-Moleküls, bestimmt durch Röntgenkristallographie. a) Computergraphische Darstellung des menschlichen MHC-Klasse-I-Moleküls HLA-A2, das durch das Enzym Papain von der Zelloberfläche abgespalten wurde. Man sieht die Oberfläche des Moleküls, die Domänen sind in allen Abbildungen farbig gleich markiert. b, c) Banddiagramm dieser Struktur. Wie d schematisch zeigt, ist das MHC-Klasse-I-Molekül ein Heterodimer einer α-Kette (43 kDa), die sich durch die Membran erstreckt und nichtkovalent mit dem β_2-Mikroglobulin (12 kDa) assoziiert ist. Dieses Molekül durchspannt die Membran nicht. Die α-Kette faltet sich in die drei Domänen α_1, α_2 und α_3. Die α_3-Domäne und das β_2-Mikroglobulin weisen in ihrer Aminosäuresequenz Ähnlichkeiten mit konstanten Domänen von Immunglobulinen auf und haben eine ähnliche gefaltete Struktur. Die α_1- und α_2-Domäne falten sich dagegen zusammen zu einer Struktur aus zwei getrennten α-Helices, die auf einem Faltblatt aus acht antiparallelen β-Strängen liegen. Die Faltung der α_1- und der α_2-Domäne erzeugt einen langen Spalt oder eine Grube. Dort binden Peptidantigene an die MHC-Moleküle. Die Transmembranregion und das kurze Peptidstück, das die externen Domänen mit der Zelloberfläche verbindet, sind in a und b nicht zu sehen, da sie durch die Spaltung mit Papain entfernt wurden. c zeigt einen Blick von oben auf das Molekül. Wie man sieht, werden die Seiten des Spaltes von den Innenseiten der beiden α-Helices gebildet, während das flache β-Faltblatt aus den gepaarten α_1- und α_2-Domänen den Boden des Spaltes bildet.

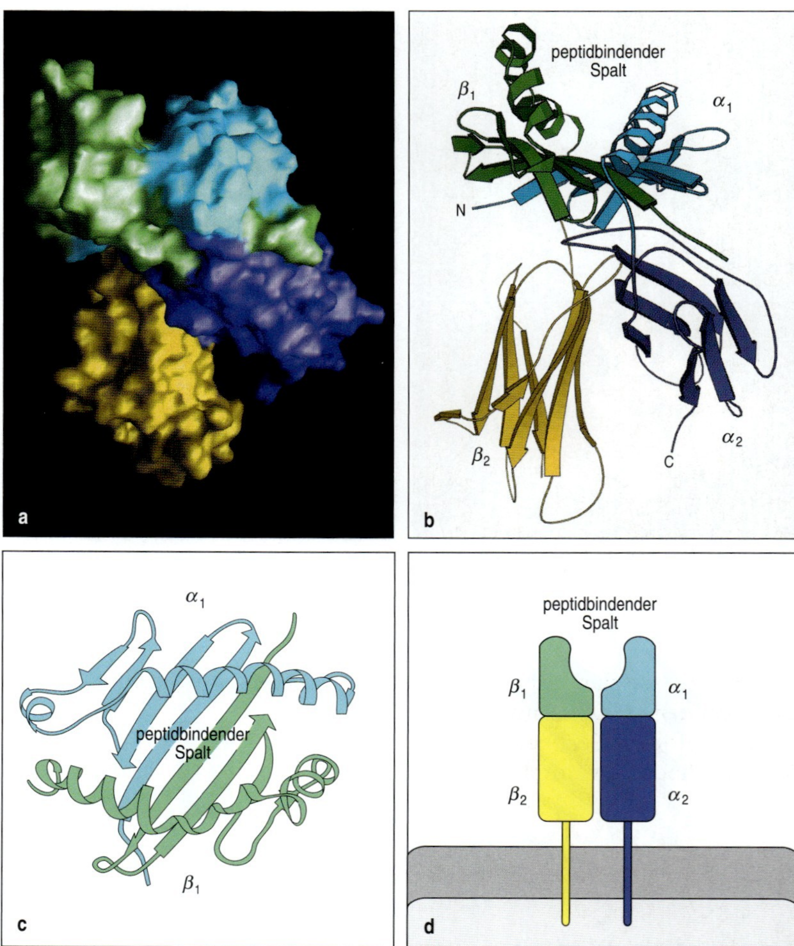

3.16 MHC-Klasse-II-Moleküle ähneln in ihrer Struktur MHC-Klasse-I-Molekülen. Das MHC-Klasse-II-Molekül besteht, wie schematisch in d dargestellt, aus den zwei Transmembranglykoproteinketten α (34 kDa) und β (29 kDa). Jede Kette hat zwei Domänen. Beide Ketten bilden zusammen eine kompakte Struktur aus vier Domänen, die der des Klasse-I-Moleküls ähnelt (Abb. 3.15). a zeigt eine Computergraphik der Oberfläche des MHC-Klasse-II-Moleküls (in diesem Fall das menschliche Protein HLA-DR1) und b das entsprechende Banddiagramm. Die α_2- und die β_2-Domäne haben, wie die Domänen α_3 und β_2-Mikroglobulin des MHC-Klasse-I-Moleküls, ähnliche Aminosäuresequenzen und Strukturen wie die konstanten Domänen von Immunglobulinen. Im MHC-Klasse-II-Molekül gehören die beiden Domänen, die den peptidbindenden Spalt bilden, zu verschiedenen Ketten und sind daher nicht durch eine kovalente Bindung verknüpft (c, d). Ein weiterer wichtiger Unterschied, der aber nicht aus der Abbildung hervorgeht, besteht darin, dass der peptidbildende Spalt bei MHC-Klasse-II-Molekülen an beiden Enden offen ist.

liegen an der antigenbindenden Stelle, womit die Peptide, die sie binden können, bestimmt und die Spezifität der Antigenerkennung von T-Zellen beeinflusst werden.

MHC-Klasse-II-Moleküle bestehen aus einem nichtkovalenten Komplex der zwei Ketten α und β, die beide die Membran durchspannen (Abb. 3.16). Die MHC-Klasse-II-α-Kette ist ein anderes Protein als die MHC-Klasse-I-α-Kette. Die MHC-Klasse-II-α- und -β-Ketten sind jeweils im MHC-Locus codiert. Die Kristallstruktur des MHC-Klasse-II-Moleküls zeigt, dass seine gefaltete Struktur derjenigen des MHC-Klasse-I-Moleküls sehr ähnlich ist. In MHC-Klasse-II-Molekülen wird der peptidbindende Spalt jedoch von zwei Domänen verschiedener Ketten gebildet, der α_1- und der β_1-Domäne. Der wesentliche Unterschied besteht darin, dass die Enden des Spaltes bei MHC-Klasse-II-Molekülen weiter geöffnet sind. Dies hat vor allem zur Folge, dass die Enden eines Peptids, das an ein MHC-Klasse-I-Molekül gebunden ist, größtenteils im Inneren des Moleküls verborgen sind, wohingegen die Enden von Peptiden, die an MHC-Klasse-II-Moleküle gebunden sind, zugänglich sind. Sowohl in MHC-Klasse-I- als auch in MHC-Klasse-II-Molekülen liegen die gebundenen Peptide zwischen den jeweiligen

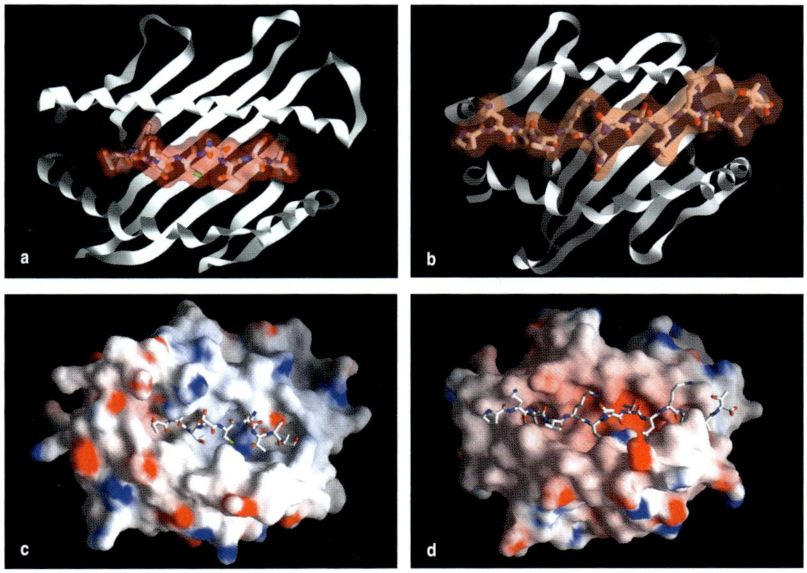

3.17 MHC-Moleküle binden Peptide fest innerhalb des Spaltes. Wenn man MHC-Moleküle mit einem einzigen synthetischen Peptidantigen kristallisiert, kann man Einzelheiten der Peptidbindung erkennen. MHC-Klasse-I-Moleküle (a und c) binden das Peptid in einer ausgestreckten Konformation, wobei seine beiden Enden an dem jeweiligen Ende des Spaltes fest gebunden sind. MHC-Klasse-II-Moleküle (b und d) binden das Peptid ebenfalls in ausgestreckter Konformation. Die Enden des Peptids sind jedoch nicht fest gebunden und das Peptid ragt über den Spalt hinaus. T-Zellen erkennen den oberen Bereich der Oberfläche des Peptid:MHC-Komplexes, der sich aus Aminosäureresten des MHC-Moleküls und des Peptids zusammensetzt. c und d zeigen das elektrostatische Potenzial der Oberfläche des MHC-Moleküls; blaue Bereiche zeigen ein positives Potenzial an, rote ein negatives.

α-helikalen Bereichen (Abb. 3.17). Der T-Zell-Rezeptor interagiert mit diesem Ligandenkomplex und geht Kontakte sowohl mit dem MHC-Molekül als auch mit dem Peptidantigen ein. Auch bei MHC-Klasse-II-Molekülen liegen die hoch polymorphen Stellen im peptidbindenden Spalt.

3.13 Peptide werden fest an MHC-Moleküle gebunden und dienen auch der Stabilisierung des MHC-Moleküls auf der Zelloberfläche

Ein Lebewesen kann von vielen verschiedenen Pathogenen infiziert werden, deren Proteine nicht notwendigerweise gemeinsame Peptidsequenzen aufweisen. Wenn T-Zellen auf alle möglichen intrazellulären Infektionen aufmerksam gemacht werden sollen, müssen die MHC-Moleküle (der Klassen I und II) jeder Zelle fest an viele unterschiedliche Peptide binden können. Dieses Verhalten unterscheidet sich deutlich von dem anderer peptidbindender Rezeptoren wie denjenigen für Peptidhormone, die üblicherweise nur ein einziges Peptid ganz spezifisch binden. Die Kristallstrukturen von Peptid:MHC-Komplexen zeigten, wie eine einzelne Bindungsstelle Peptide mit hoher Affinität binden kann, während gleichzeitig die Fähigkeit, ein breites Spektrum verschiedener Proteine zu binden, erhalten bleibt.

Ein wichtiges Merkmal der Bindung von Peptiden an MHC-Moleküle besteht darin, dass MHC-Moleküle die Peptide als integralen Bestandteil ihrer Struktur binden; ohne Peptid sind sie instabil. Diese feste Bindung ist wichtig, da es sonst an der Zelloberfläche zum Austausch von Peptiden kommen würde und die Peptid:MHC-Komplexe somit keine verlässlichen Indikatoren für eine Infektion oder die Aufnahme eines spezifischen Antigens wären. Die Stabilität führt dazu, dass die gebundenen Peptide bei der Isolierung der

MHC-Moleküle aus Zellen mit aufgereinigt und so analysiert werden können. Dabei eluiert man die Peptide aus den MHC-Molekülen durch Denaturierung des Komplexes mit Säure. Anschließend lassen sie sich reinigen und sequenzieren. Es ist auch möglich, reine synthetische Formen dieser Peptide in ursprünglich leere MHC-Moleküle einzubauen und die Struktur des Komplexes zu bestimmen. So lassen sich Einzelheiten der Kontakte zwischen dem MHC-Molekül und dem Peptid ermitteln. Durch solche Untersuchungen erhielt man ein genaues Bild von den Wechselwirkungen bei der Bindung. Wir werden zunächst die peptidbindenden Eigenschaften von MHC-Klasse-I-Molekülen besprechen.

3.14 MHC-Klasse-I-Moleküle binden kurze, acht bis zehn Aminosäuren lange Peptide an beiden Enden

Die Bindung eines Peptids in der peptidbindenden Spalte eines MHC-Klasse-I-Moleküls wird an beiden Enden durch Kontakte zwischen Atomen in den freien Amino- und Carboxylenden des Peptids und den unveränderlichen Bereichen stabilisiert, die sich an jedem Ende der Spalte aller MHC-Klasse-I-Moleküle befinden (Abb. 3.18). Man nimmt an, dass diese Kontakte die wesentlichen stabilisierenden Bindungen für die Peptid:MHC-Klasse-I-Komplexe darstellen, da synthetische Peptidanaloga ohne endständige Amino- und Carboxylgruppen MHC-Klasse-I-Moleküle nicht stabil binden können. Andere Reste im Peptid dienen als zusätzliche Verankerungen. Peptide, die an MHC-Klasse-I-Moleküle binden, sind gewöhnlich acht bis zehn Aminosäuren lang. Man nimmt an, dass längere Peptide zwar ebenfalls Bindungen eingehen können, insbesondere an ihren

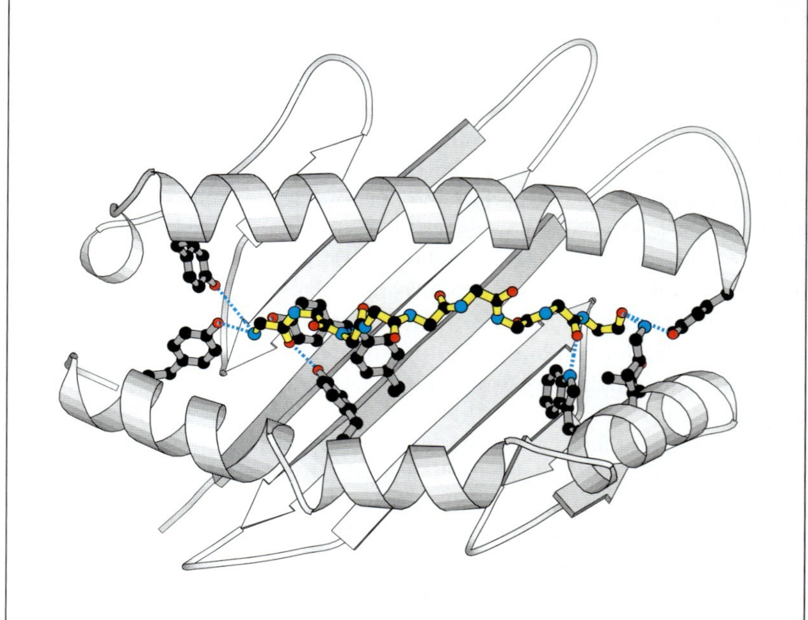

3.18 Peptide sind über ihre Enden an MHC-Klasse-I-Moleküle gebunden. MHC-Klasse-I-Moleküle interagieren mit dem Rückgrat eines gebundenen Peptids (gelb) durch eine Reihe von Wasserstoffbrücken und ionische Wechselwirkungen (punktierte blaue Linien) an jedem Ende des Peptids. Das Aminoende des Peptids zeigt nach links, das Carboxylende nach rechts. Die schwarzen Kreise sind Kohlenstoffatome, während die roten Sauerstoff und die blauen Stickstoff darstellen. Die Aminosäuren, die diese Bindungen im MHC-Molekül eingehen, sind in allen MHC-Klasse-I-Molekülen gleich und ihre Seitenketten sind im Banddiagramm der MHC-Klasse-I-Furche grau eingezeichnet. Eine Gruppe von Tyrosinresten, die alle MHC-Klasse-I-Moleküle besitzen, bildet die Wasserstoffbrücken zum Aminoende des gebundenen Peptids. Eine zweite Gruppe von Resten bildet Wasserstoffbrücken und ionische Wechselwirkungen mit dem Peptidrückgrat am Carboxylende und mit dem Carboxylende selbst.

Carboxylenden, dann jedoch von Exopeptidasen des endoplasmatischen Reticulums, wo die Bindung stattfindet, abgespalten werden. Das Peptid liegt längs der Furche in ausgestreckter Konformation; Variationen in der Peptidlänge lassen sich anscheinend in den meisten Fällen durch Knicken des Peptidrückgrats anpassen. Zwei Beispiele von MHC-Klasse-I-Molekülen, in denen das Peptid am Carboxylende über die Furche herausragt, lassen jedoch vermuten, dass eine gewisse Längenvariation auch auf diese Weise ausgeglichen werden kann.

Diese Wechselwirkungen verleihen allen MHC-Klasse-I-Molekülen ihre breite Peptidbindungsspezifität. Außerdem sind MHC-Moleküle äußerst polymorph. Es gibt Hunderte von verschiedenen Versionen oder **Allelen** der MHC-Klasse-I-Gene in der gesamten menschlichen Population, und jedes Individuum trägt nur eine kleine Auswahl davon. Die Hauptunterschiede zwischen den allelischen MHC-Varianten finden sich an bestimmten Stellen im peptidbindenden Spalt, wodurch in den verschiedenen MHC-Varianten unterschiedliche Aminosäuren an den Schlüsselpositionen für die Peptidwechselwirkung sitzen. Dadurch binden unterschiedliche MHC-Varianten bevorzugt unterschiedliche Peptide. Die Peptide, die an eine bestimmte MHC-Variante binden können, haben an zwei oder drei definierten Positionen innerhalb der Peptidsequenz dieselben oder sehr ähnliche Aminosäurereste. Die Aminosäureseitenketten an diesen Stellen ragen in Taschen des MHC-Moleküls, die von den polymorphen Aminosäureresten ausgekleidet sind. Da die Bindung dieser Seitenketten das Peptid am MHC-Molekül verankert, spricht man bei den entsprechenden Aminosäuren von **Verankerungsresten**. Sowohl in der Position als auch in der Aminosäure an sich können sich die Verankerungsreste je nach der bestimmten MHC-Klasse-I-Variante, die das Peptid bindet, unterscheiden. Die meisten Peptide, die an MHC-Klasse-I-Moleküle binden, haben jedoch einen hydrophoben (oder manchmal basischen) Verankerungsrest am Carboxylende (Abb. 3.19). Der Austausch eines Verankerungsrestes kann die Bindung des Peptids verhindern. Umgekehrt binden nicht alle synthetischen Peptide mit passender Länge und den richtigen Verankerungsresten an das entsprechende MHC-Klasse-I-Molekül. Die Bindungsfähigkeit muss also auch von anderen Aminosäuren an anderen Positionen im Peptid abhängen. In manchen Fällen besetzen bestimmte Aminosäuren bevorzugte Positionen, manchmal verhindern bestimmte Aminosäuren die Bindung. Man bezeichnet diese zusätzlichen Positionen als „sekundäre Verankerungsreste". Diese Eigenschaften der Peptidbindung führen dazu, dass ein einzelnes MHC-Klasse-I-Molekül ein breites Spektrum verschiedener Peptide binden kann. Darüber hinaus können unterschiedliche allelische MHC-Klasse-I-Varianten verschiedene Peptidgruppen binden.

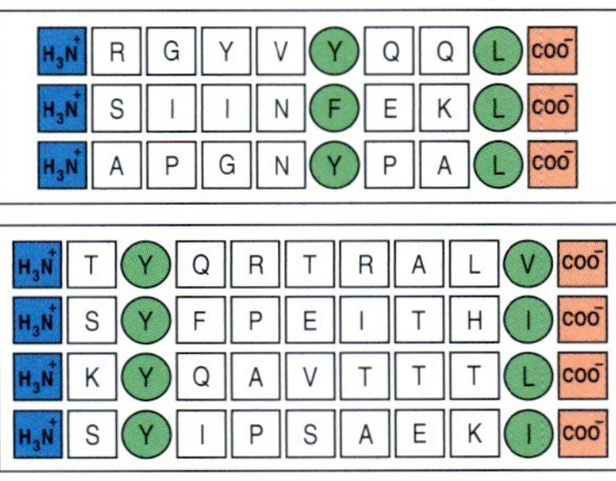

3.19 Peptide binden über strukturell verwandte Verankerungsreste an MHC-Moleküle. Oben und unten sind Peptide dargestellt, die aus zwei unterschiedlichen MHC-Klasse-I-Molekülen herausgelöst wurden. Die Verankerungsreste (grün) unterscheiden sich bei Peptiden, die unterschiedliche Allele von MHC-Molekülen binden, sie ähneln sich dagegen bei allen Peptiden, die an dasselbe MHC-Molekül binden. Die Verankerungsreste, die ein bestimmtes MHC-Molekül binden, müssen nicht identisch sein. Sie sind aber immer verwandt (so sind sowohl Phenylalanin (F) als auch Tyrosin (Y) aromatische Aminosäuren, während Valin (V), Leucin (L) und Isoleucin (I) große hydrophobe Aminosäuren sind). Peptide binden auch mit ihren Amino- (blau) und Carboxylenden (rot) an MHC-Klasse-I-Moleküle.

3.15 Die Länge der Peptide, die von MHC-Klasse-II-Molekülen gebunden werden, ist nicht beschränkt

Die Bindung von Peptiden an MHC-Klasse-II-Moleküle hat man ebenfalls durch Elution von gebundenen Peptiden und durch Röntgenstrukturanalyse untersucht. Sie unterscheidet sich von der Bindung der Peptide an MHC-Klasse-I-Moleküle in mehrfacher Hinsicht. Peptide, die an MHC-Klasse-II-Moleküle binden, sind mindestens 13 Aminosäuren lang oder

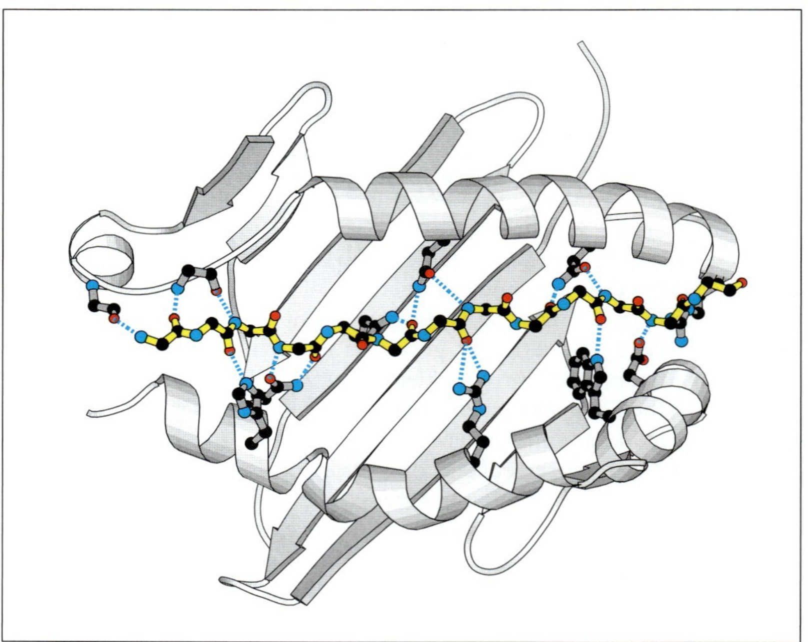

3.20 Peptide binden an MHC-Klasse-II-Moleküle durch Wechselwirkungen entlang der Bindungsfurche. Ein Peptid (gelb; nur als Peptidrückgrat dargestellt; Aminoende links, Carboxylende rechts) ist über eine Reihe von Wasserstoffbrücken (punktierte blaue Linien), die entlang des Peptids verteilt liegen, an ein MHC-Klasse-II-Molekül gebunden. Die Wasserstoffbrücken, die zum Aminoende des Peptids gerichtet sind, bilden sich mit dem Rückgrat der MHC-Klasse-II-Polypeptidkette; über die ganze Länge des Peptids entstehen dagegen Bindungen mit Resten, die in allen MHC-Klasse-II-Molekülen hoch konserviert sind. Die Seitenketten dieser Reste sind in dem Banddiagramm der MHC-Klasse-II-Furche grau dargestellt.

sogar wesentlich länger. Die Gruppen von konservierten Aminosäuren, die bei MHC-Klasse-I-Molekülen an die Peptidenden binden, kommen bei MHC-Klasse-II-Molekülen nicht vor; die Peptidenden werden nicht gebunden. Das Peptid liegt stattdessen in ausgestreckter Konformation längs der MHC-Klasse-II-Bindungsfurche. Dort wird es von Peptidseitengruppen festgehalten, die in flache und tiefe Taschen hineinragen, die wiederum mit polymorphen Aminosäureresten ausgekleidet sind. Außerdem interagiert das Peptidrückgrat mit Seitengruppen konservierter Aminosäurereste, die alle MHC-Klasse-II-Bindungsfurchen auskleiden (Abb. 3.20). Es sind zwar weniger Kristallstrukturen von MHC-Klasse-II-gebundenen Peptiden bekannt als von MHC-Klasse-I-gebundenen, die verfügbaren Daten zeigen jedoch, dass die Seitengruppen der Aminosäuren 1, 4, 6 und 9 eines MHC-Klasse-II-gebundenen Peptids in diesen Bindungstaschen festgehalten werden können.

Diese Taschen können ein größeres Spektrum an verschiedenen Aminosäureseitenketten aufnehmen als beim MHC-Klasse-I-Molekül, sodass es schwieriger ist, Verankerungsreste zu bestimmen und vorherzusagen, welche Peptide an bestimmte MHC-Klasse-II-Moleküle binden können (Abb. 3.21). Dennoch findet man im Allgemeinen durch Sequenzvergleich bekannter bindender Peptide ein Bindungsmuster von „zulässigen" Aminosäuren für verschiedene Allele von MHC-Klasse-II-Molekülen und kann nachvollziehen, wie die Aminosäuren dieses Peptidsequenzmotivs mit denen interagieren, die die Bindungsfurche bilden. Weil das Peptidrückgrat gebunden wird und das Peptid an beiden Seiten der Bindungsfurche herausragen kann, gibt es im Prinzip keine Längenbegrenzung für die Peptide, die an MHC-Klasse-II-Moleküle binden. Längere Peptide werden jedoch nach ihrer Bindung an MHC-Klasse-II-Moleküle anscheinend in den meisten Fällen von Peptidasen auf eine Länge von 13 bis 17 Aminosäu-

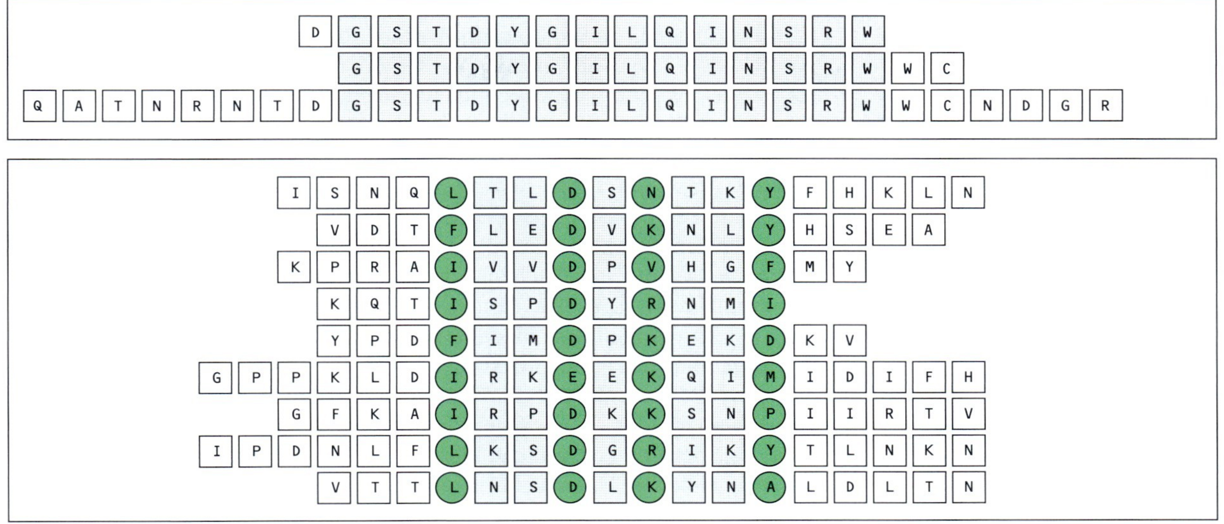

3.21 Peptide, die an MHC-Klasse-II-Moleküle binden, sind von unterschiedlicher Länge, und ihre Verankerungsreste sind von den Enden des Peptids unterschiedlich weit entfernt. Im oberen Teil sind die Sequenzen einer Gruppe von Peptiden dargestellt, die an das MHC-Klasse-II-A^k-Allel der Maus binden. Sie enthalten alle dieselbe Kernsequenz (grau schattiert), unterscheiden sich jedoch in der Länge. Im unteren Teil sind verschiedene Peptide gezeigt, die an das MHC-Klasse-II-Molekül HLA-DR3 des Menschen binden. Die Verankerungsreste sind als grüne Kreise dargestellt. Die Länge dieser Peptide kann variieren; darum erhält der erste Verankerungsrest laut Konvention die Bezeichnung 1. Allen Peptiden ist ein hydrophober Rest an Position 1 und ein negativ geladener Rest – Asparaginsäure (D) oder Glutaminsäure (E) – an Position 4 gemeinsam. Außerdem haben sie oft sie einen basischen Rest – Lysin (K), Arginin (R), Histidin (H), Glutamin (Q) – an Position 6 und einen hydrophoben Rest – Tyrosin (Y), Leucin (L), Phenylalanin (F) – an Position 9.

ren verkürzt. MHC-Klasse-II-Moleküle sind wie MHC-Klasse-I-Moleküle ohne gebundenes Peptid instabil. Die für die Stabilisierung entscheidenden Wechselwirkungen sind jedoch noch unbekannt.

3.16 Die Kristallstrukturen mehrerer Peptid:MHC:T-Zell-Rezeptor-Komplexe zeigen eine ähnliche Orientierung des T-Zell-Rezeptors in Bezug auf den Peptid:MHC-Komplex

Zusammen mit der ersten röntgenkristallographisch ermittelten Struktur eines T-Zell-Rezeptors wurde auch die Struktur desselben T-Zell-Rezeptors, gebunden an einen Peptid:MHC-Klasse-I-Liganden, veröffentlicht. Diese Struktur (Abb. 3.22), die sich durch ortsspezifische Mutagenese des MHC-Klasse-I-Moleküls vorhersagen ließ, zeigt den T-Zell-Rezeptor diagonal über dem Peptid und der peptidbindenden Furche liegend; die α-Kette des T-Zell-Rezeptors liegt über der α_2-Domäne und dem Aminoterminus des gebundenen Peptids, die β-Kette des T-Zell-Rezeptors über der α_1-Domäne und dem Carboxylende des Peptids, und die CDR3-Schleifen der T-Zell-Rezeptor-α- und -β-Kette treffen sich über den zentralen Aminosäuren des Peptids. Der T-Zell-Rezeptor schlängelt sich durch ein Tal zwischen den beiden Anhöhen auf den beiden umgebenden α-Helices, die die Wände des peptidbindenden Spaltes bilden.

Die Untersuchung anderer Peptid:MHC-Klasse-I:T-Zell-Rezeptor-Komplexe und Peptid:MHC-Klasse-II:T-Zell-Rezeptor-Komplexe (Abb. 3.23) zeigt, dass sie alle eine sehr ähnliche Orientierung aufweisen. Das gilt besonders für die V_α-Domäne, während Lage und Orientierung der V_β-Domäne etwas variieren. Die V_α-Domäne geht vor allem Kontakte mit dem Aminoende des gebundenen Peptids ein, die V_β-Domäne vor allem mit dessen Carboxylende. Beide Ketten interagieren auch mit den α-Helices des MHC-Klasse-I-Moleküls (Abb. 3.22). Die Kontakte des T-Zell-Rezeptors sind nicht symmetrisch über das MHC-Molekül verteilt. Die CDR1- und

CDR2-Schleife von V_α stehen dagegen in engem Kontakt mit den Helices des Peptid:MHC-Komplexes am Aminoende des gebundenen Peptids. Die CDR1- und CDR2-Schleife der V_β-Region, die mit dem Komplex am Carboxylende des gebundenen Peptids in Wechselwirkung treten, tragen jedoch unterschiedlich zur Bindung bei.

Ein Vergleich der dreidimensionalen Struktur des T-Zell-Rezeptors mit der desselben T-Zell-Rezeptors im Komplex mit seinem Peptid:MHC-Liganden zeigt, dass der T-Zell-Rezeptor die Konformation seiner dreidimensionalen Struktur etwas ändert (induzierte Anpassung, *induced fit*), wenn er seinen spezifischen Liganden bindet, und zwar insbesondere innerhalb der V_αCDR3-Schleife. Geringfügig unterschiedliche Peptide können jedoch deutlich verschiedene Wirkungen haben, wenn dieselbe T-Zelle eines der beiden Peptide im Komplex mit dem MHC erkennt. Diese beiden Strukturen verdeutlichen die Flexibilität der CDR3-Schleife und helfen zu verstehen, wie der T-Zell-Rezeptor Konformationen annehmen und so verwandte, aber unterschiedliche Liganden erkennen kann.

Aufgrund der Untersuchung dieser Strukturen lässt sich schwer voraussagen, ob die Kontakte des T-Zell-Rezeptors mit dem gebundenen Peptid oder mit dem MHC-Molekül den Hauptteil zur Bindungsenergie beitragen. Messungen der Bindungskinetiken von T-Zell-Rezeptoren an Peptid:MHC-Liganden lassen vermuten, dass die Interaktionen zwischen dem T-Zell-Rezeptor und dem MHC-Molekül zu Beginn des Kontakts dominieren und den Rezeptor in die richtige Position führen, wo dann eine zweite, intensivere Wechselwirkung sowohl mit dem Peptid als auch mit dem MHC-Molekül das Endergebnis der Interaktion bestimmt – nämlich Bindung oder Dissoziation. Wie bei den Interaktionen zwischen Antikörper und Antigen sind wahrscheinlich nur wenige Aminosäuren an der Grenzfläche für die wesentlichen Kontakte verantwortlich, die die Spezifität und die Stärke der Bindung beeinflussen. Man weiß, dass sogar kleine Veränderungen, wie der Austausch eines Leucinrestes durch einen Isoleucinrest im Peptid, die T-Zell-Antwort so stark verändern, dass anstelle von schnellem Abtöten überhaupt keine Reaktion mehr erfolgt. Studien zeigen, dass Mutationen einzelner Reste in den präsentierenden MHC-Molekülen die

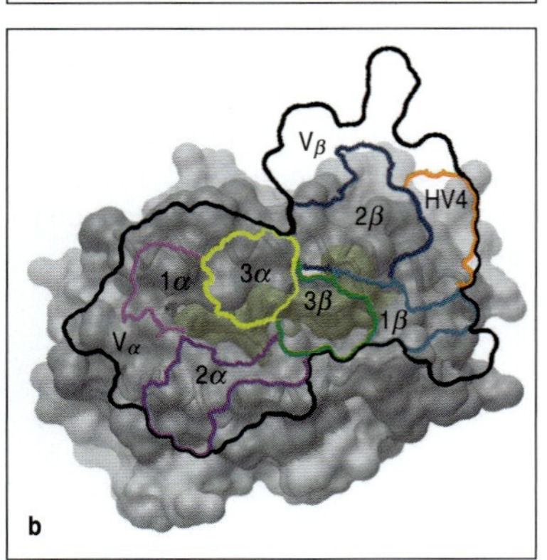

3.22 Der T-Zell-Rezeptor bindet an den Peptid:MHC-Komplex. a) Der T-Zell-Rezeptor bindet an die Oberseite des Peptid:MHC-Komplexes, wie hier für ein MHC-Klasse-I-Molekül dargestellt ist, und streckt sich dabei über die Helices der α_1- und α_2-Domäne. Die CDRs des T-Zell-Rezeptors sind farbig dargestellt: die CDR1- und CDR2-Schleife der β-Kette hellblau beziehungsweise dunkelblau; die CDR1- und CDR2-Schleife der α-Kette hell- beziehungsweise dunkelviolett. Die CDR3-Schleife der α-Kette ist gelb, die der β-Kette grün dargestellt. Die HV4-Schleife der β-Kette ist orange gezeigt, die dicke gelbe Linie von P1 bis P8 stellt das gebundene Peptid dar. b) Der Umriss der Bindungsstelle des T-Zell-Rezeptors (dicke schwarze Linie) ist über die Oberseite des Peptid:MHC-Komplexes gelegt (das Peptid ist mattgelb hinterlegt). Der T-Zell-Rezeptor liegt diagonal über dem Peptid:MHC-Komplex, wobei die CDR3-Schleifen der α- und β-Ketten des T-Zell-Rezeptors (3α – gelb, 3β – grün) mit dem Zentrum des Peptids in Kontakt stehen. Die CDR1- und CDR2-Schleife der α-Kette (1α – hell-, 2α – dunkelviolett) kontaktieren die MHC-Helices am Aminoende des gebundenen Peptids, während die CDR1- und CDR2-Schleife der β-Kette (1β – hell-, 2β – dunkelblau) Kontakte mit den Helices am Carboxylende des gebundenen Peptids eingehen. (Mit freundlicher Genehmigung von I. A. Wilson.)

gleiche Wirkung haben können. Die Spezifität der T-Zell-Erkennung umfasst also sowohl das Peptid als auch sein präsentierendes MHC-Molekül. Diese doppelte Spezifität ist die Grundlage für die MHC-Restriktion der T-Zell-Antworten; dieses Phänomen war lange vor den peptidbindenden Eigenschaften von MHC-Molekülen bekannt. Wenn wir in Kapitel 5 darauf eingehen, wie der MHC-Polymorphismus die Antigenerkennung durch T-Zellen beeinflusst, werden wir auch die Entdeckung der MHC-Restriktion im Einzelnen erläutern.

Eine weitere Folge dieser doppelten Spezifität ist, dass T-Zell-Rezeptoren in der richtigen Weise mit der antigenpräsentierenden Oberfläche der MHC-Moleküle interagieren müssen. Offensichtlich gibt es eine eigene Spezifität für MHC-Moleküle, die in den T-Zell-Rezeptor-Genen codiert ist, und einen Selektionsvorgang während der T-Zell-Entwicklung, der zu einem Repertoire von Rezeptoren führt, die korrekt mit den entsprechenden MHC-Molekülen in einem bestimmten Individuum in Wechselwirkung treten können. Hinweise darauf werden wir in Kapitel 7 diskutieren.

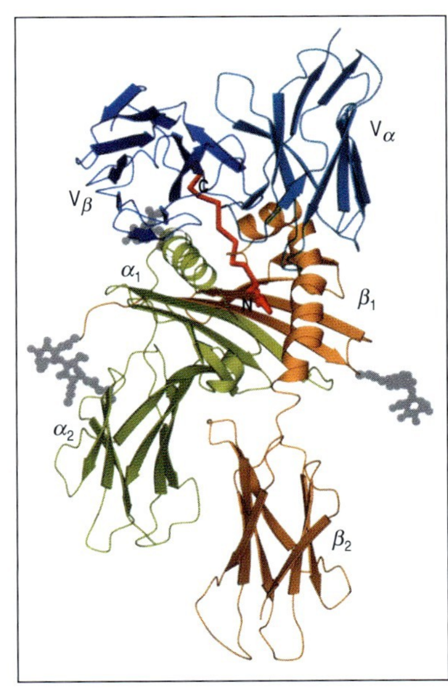

3.23 Der T-Zell-Rezeptor interagiert mit MHC-Klasse-I- und MHC-Klasse-II-Molekülen auf ähnliche Weise. Die Untersuchungen der Struktur eines T-Zell-Rezeptors, der an ein MHC-Klasse-II-Molekül gebunden hat, zeigen, dass diese Bindung an einer äquivalenten Stelle und in äquivalenter Orientierung erfolgt wie bei einem MHC-Klasse-I-Molekül (Abb. 3.22). Die Struktur der Moleküle ist schematisch dargestellt. Vom T-Zell-Rezeptor sind nur die V_α- und V_β-Domänen gezeigt (blau). Das Peptid ist rot, die Kohlenhydratreste sind grau dargestellt. Der TCR sitzt in einer Art flachem Sattel, den die α-helikalen Regionen der α-(gelbgrün) und β-(orangefarbenen) Kette des MHC-Klasse-II-Moleküls in einem Winkel von ungefähr 90° zur Längsachse des MHC-Klasse-II-Moleküls und zum gebundenen Peptid bilden. (Mit freundlicher Genehmigung von E.-L. Reinherz und J.-H. Wang.)

3.17 Für eine effektive Immunantwort auf Antigene sind die T-Zell-Oberflächenproteine CD4 und CD8 notwendig

Neben der Bindung eines Peptid:MHC-Komplexes durch seinen Antigenrezeptor sind für eine effiziente Reaktion der T-Zelle auf das Antigen weitere, stabilisierende Wechselwirkungen der T-Zelle mit dem MHC-Molekül notwendig. Es gibt zwei wichtige Untergruppen von T-Zellen mit unterschiedlichen Effektorfunktionen; sie lassen sich durch die Zelloberflächenproteine **CD4** und **CD8** unterscheiden. CD8-Proteine kommen auf cytotoxischen T-Zellen vor, CD4 auf T-Zellen, deren Funktion darin besteht, andere Zelle zu aktivieren (Abschnitt 1.19). CD4 und CD8 kannte man bereits als Marker für unterschiedliche funktionelle Gruppen von T-Zellen, als man entdeckte, dass sie auch eine wichtige Rolle bei der Erkennung von MHC-Molekülen spielen: CD8 bindet an das MHC-Klasse-I-Molekül, während CD4 das MHC-Klasse-II-Molekül erkennt. Bei der Antigenerkennung assoziieren je nach T-Zell-Typ CD4- oder CD8-Moleküle auf der T-Zell-Oberfläche mit dem T-Zell-Rezeptor und binden an unveränderliche Stellen auf dem MHC-Teil des Peptid:MHC-Komplexes, die entfernt von der Peptidbindungsstelle liegen. Diese Bindung ist für eine effiziente Reaktion der T-Zelle notwendig. Aus diesem Grund bezeichnet man CD4 und CD8 als **Corezeptoren**.

CD4 ist ein einzelkettiges Molekül aus vier immunglobulinartigen Domänen (Abb. 3.24). Die ersten beiden Domänen (D_1 und D_2) des CD4-Moleküls sind fest zu einem starren Stab von einer Länge von ungefähr 6 nm verpackt. Dieser ist über ein flexibles Gelenk mit einem ähnlichen Stab aus der dritten und vierten Domäne (D_3 und D_4) verbunden. Wahrscheinlich bildet CD4 auf der T-Zell-Oberfläche Homodimere, die die MHC-Klasse II erkennen können; man weiß jedoch noch nicht, wie sie zustande kommen. CD4 heftet sich über eine Region auf einer seitlichen Oberfläche der ersten Domäne (D_1) an MHC-Klasse-II-Moleküle. CD4 bindet im Bereich einer hydrophoben Spalte der Verbindungsstelle der α_2 und β_2-Domänen des MHC-Klasse-II-Moleküls. Da diese Stelle recht weit

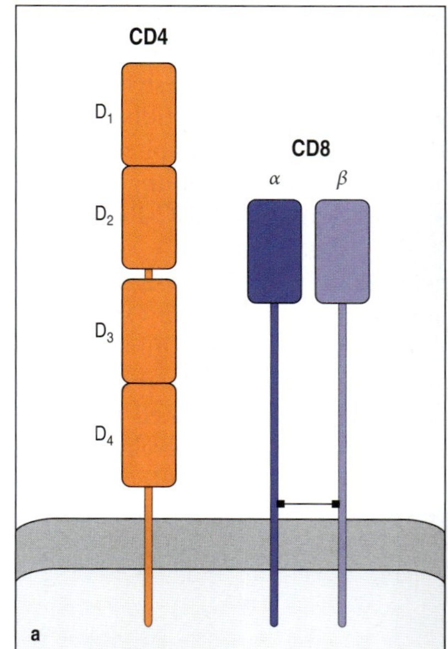

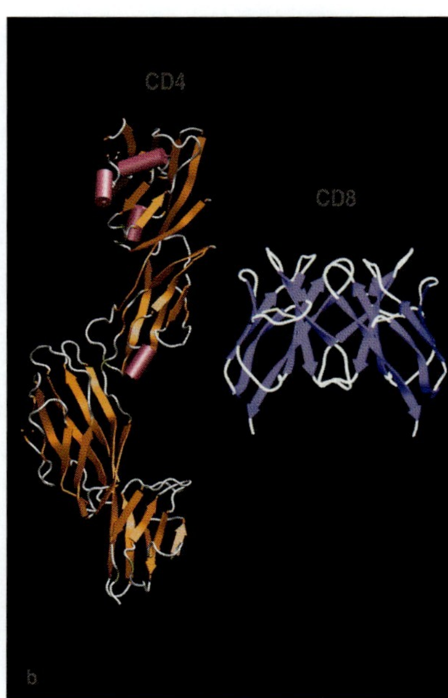

3.24 Die Struktur des CD4- und CD8-Corezeptormoleküls. Das CD4-Molekül enthält vier immunglobulinartige Domänen. a zeigt eine schematische Darstellung, b ein Banddiagramm der kristallisierten Struktur. Die aminoterminale Domäne D_1 besitzt eine ähnliche Struktur wie eine variable Immunglobulindomäne. Die zweite Domäne D_2 ist zwar deutlich verwandt mit den Immunglobulindomänen, unterscheidet sich jedoch von V- und C-Domänen und wird als C2-Domäne bezeichnet. Die ersten beiden Domänen des CD4-Moleküls bilden eine starre stabförmige Struktur, die mit den beiden carboxyterminalen Domänen flexibel verbunden ist. An der Bindungsstelle für MHC-Klasse-II-Moleküle ist vermutlich vor allem die D_1-Domäne von CD4 beteiligt. Das CD8-Molekül ist ein Heterodimer aus einer α- und einer β-Kette, die kovalent über eine Disulfidbrücke verbunden sind; eine weitere Form von CD8 existiert als Homodimer von α-Ketten. Das Heterodimer ist in a dargestellt, während b ein Banddiagramm des Homodimers zeigt. Die CD8α- und CD8β-Kette sind sehr ähnlich strukturiert. Jede besitzt eine einzelne Domäne, die einer variablen Immunglobulinregion ähnelt, und ein Stück Polypeptidkette, das, wie man annimmt, in einer relativ ausgestreckten Konformation vorliegt und die V-artige Domäne in der Zellmembran verankert.

entfernt ist von der Stelle, an die der T-Zell-Rezeptor bindet (Abb. 3.25a), können das CD4-Molekül und der T-Zell-Rezeptor gleichzeitig mit demselben Peptid:MHC-Klasse-II-Komplex reagieren. Der intrazelluläre Anteil von CD4 interagiert stark mit einer cytoplasmatischen Tyrosinkinase namens **Lck** und kann diese Tyrosinkinase mit den Signalkomponenten des T-Zell-Rezeptor-Komplexes nahe zusammenbringen. Das führt zu einer Verstärkung des Signals, das entsteht, wenn der T-Zell-Rezeptor seinen Liganden bindet (Kapitel 6). Wenn CD4 und der T-Zell-Rezeptor gleichzeitig an denselben Peptid:MHC-Klasse-II-Komplex binden, erhöht sich die Empfindlichkeit einer T-Zelle für ein Antigen, das von MHC-Klasse-II-Molekülen präsentiert wird, erheblich; die zur Aktivierung der T-Zelle benötigte Antigenmenge verringert sich auf ein Hundertstel im Vergleich zu derjenigen in Abwesenheit von CD4.

CD8 ist dagegen ein Dimer aus zwei verschiedenen Ketten, α und β, die durch eine Disulfidbindung miteinander verbunden sind und je eine immunglobulinartige Domäne enthalten, die über ein langgestrecktes Polypeptidsegment mit der Membran verknüpft ist (Abb. 3.24). Dieses Segment ist vielfach glykosyliert, wodurch nach derzeitiger Ansicht seine ausgestreckte Konformation stabilisiert wird und so vor dem Abbau durch Proteasen geschützt ist. CD8α-Ketten können Homodimere bilden, jedoch nur in Abwesenheit von CD8β-Ketten. Möglicherweise übernimmt das CD8α-Homodimer eine spezifische Funktion bei der Erkennung einer bestimmten Untergruppe nichtklassischer MHC-Klasse-I-Moleküle (siehe Kapitel 5).

CD8 alleine bindet schwach an eine unveränderliche Stelle in der α_3-Domäne von MHC-Klasse-I-Molekülen (Abb. 3.25b). Bisher kennt man nur die Interaktion des CD8α-Homodimers mit MHC-Klasse I im Detail, wobei sich die MHC-Klasse-I-Bindungsstelle des CD8α:β-Heterodimers durch Interaktion zwischen der α- und β-Kette von CD8 bildet. Zu-

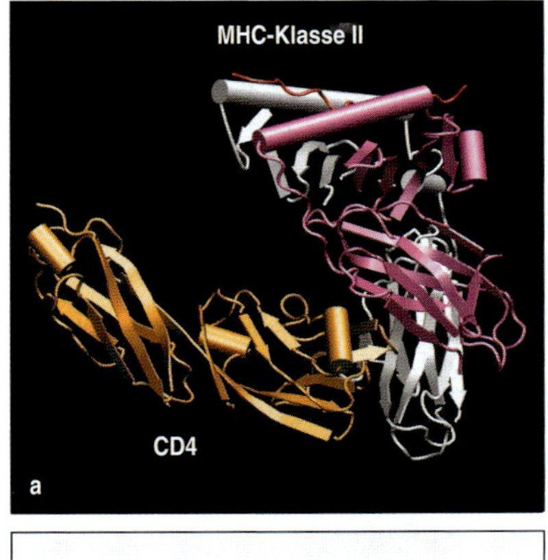

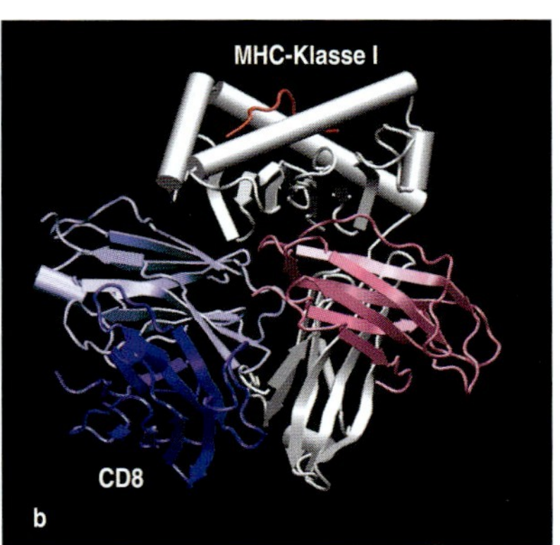

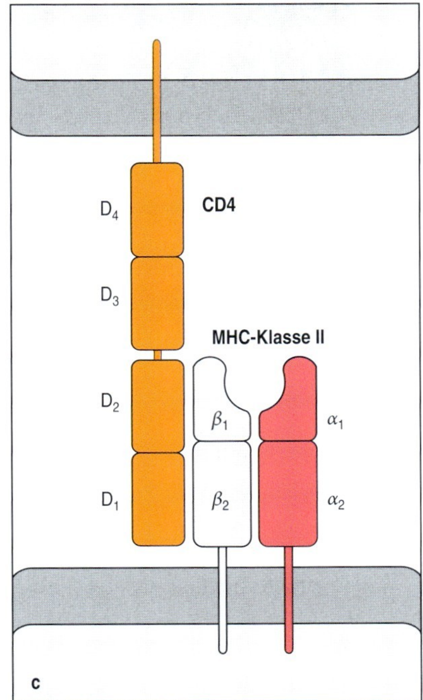

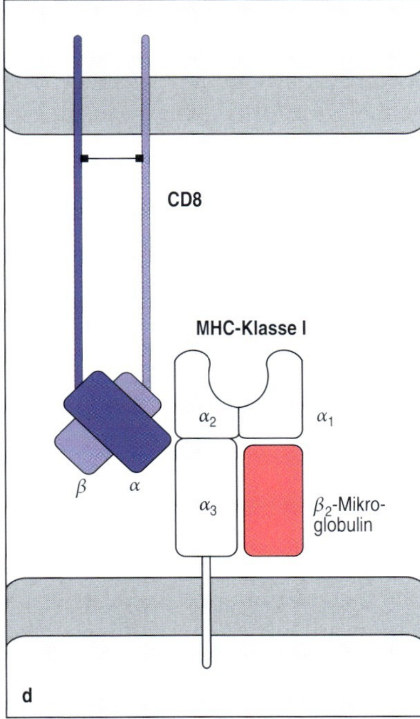

3.25 Die Bindungsstellen für CD4 und CD8 auf MHC-Klasse-II- und -Klasse-I-Molekülen liegen in den immunglobulinartigen Domänen. Die Bindungsstellen für CD8 und CD4 auf MHC-Klasse-I- beziehungsweise -Klasse-II-Molekülen liegen in den immunglobulinartigen Domänen ganz nahe an der Membran und weit entfernt vom peptidbindenden Spalt. In a ist die Bindungsstelle von CD4 an das MHC-Klasse-II-Molekül im Modell, in c schematisch dargestellt. Die α-Kette des Klasse-II-Moleküls ist violett, die β-Kette weiß, CD4 gold. a zeigt nur die D_1- und die D_2-Domäne von CD4. Die Bindungsstelle für CD4 liegt an der Basis der β_2-Domäne eines MHC-Klasse-II-Moleküls in der hydrophoben Vertiefung zwischen der β_2- und α_2-Domäne. In b ist die Bindungsstelle für CD8 an das MHC-Klasse-I-Molekül im Modell, in d schematisch dargestellt. Die schwere Kette des MHC-Klasse-I-Moleküls ist weiß, β_2-Mikroglobulin violett, und die beiden Ketten des CD8-Dimers sind hell- und dunkelviolett. Hier ist die Bindung des CD8α-Homodimers dargestellt, das CD8α:β-Heterodimer bindet jedoch wahrscheinlich ebenso. Die Bindungsstelle von CD8 auf dem MHC-Klasse-I-Molekül liegt an einer ähnlichen Position wie diejenige von CD4 auf MHC-Klasse-II-Molekülen, aber sie umfasst auch die Basis der α_1- und α_2-Domäne. Daher entspricht die Bindung von CD8 an MHC-Klasse I nicht vollständig derjenigen von CD4 an MHC-Klasse II.

sätzlich tritt CD8 (sehr wahrscheinlich über die α-Kette) mit Resten an der Basis der α_2-Domäne des MHC-I-Moleküls in Wechselwirkung. Die Stärke der Bindung von CD8 an das MHC-Klasse-I-Molekül ist abhängig von der Glykosylierung von CD8; mit zunehmender Anzahl von Sialinsäureresten an den Kohlenhydratketten von CD8 verringert sich die Intensität der Interaktion. Das Sialysierungsmuster von CD8 ändert sich während der Reifung von T-Zellen und auch nach deren Aktivierung; es ist anzunehmen, dass es eine Rolle bei der Modulierung der Antigenerkennung spielt.

Die Bindung der Corezeptoren an die Domänen von MHC-Klasse-I- und -Klasse-II-Molekülen, die der Membran am nächsten liegen, führt dazu, dass die oben liegende Oberfläche der MHC-Moleküle frei liegt und gleichzeitig mit einem T-Zell-Rezeptor interagieren kann (Abbildung 3.26 zeigt dies für CD8). CD4 und CD8 binden an Lck – das CD8α:β-

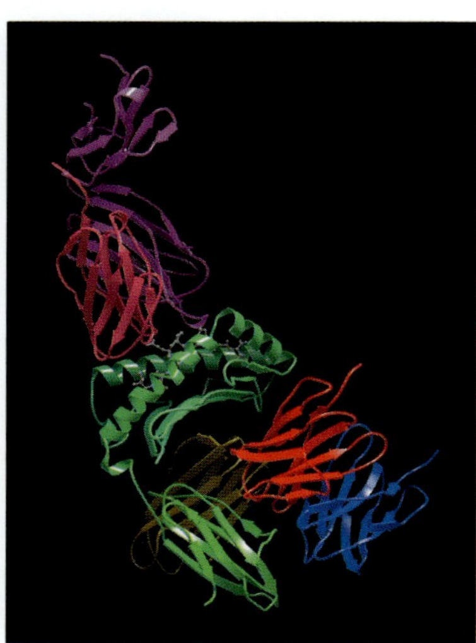

3.26 CD8 bindet an eine Stelle auf MHC-Klasse-I-Molekülen, die entfernt von der Bindungsstelle für den T-Zell-Rezeptor liegt. In dieser hypothetischen Rekonstruktion der Wechselwirkung eines MHC-Klasse-I-Moleküls (α-Kette in grün dargestellt, β_2-Mikroglobulin in mattgelb ist schwach im Hintergrund zu sehen) mit einem T-Zell-Rezeptor und CD8 lässt sich erkennen, wie der T-Zell-Rezeptor und die CD8-Moleküle, die an dasselbe MHC-Klasse-I-Molekül gebunden sind, zueinander orientiert sind. Die α- und β-Kette des T-Zell-Rezeptors ist rosa beziehungsweise violett wiedergegeben. Die CD8-Struktur liegt als CD8α-Homodimer vor; um die wahrscheinliche Orientierung der Untereinheiten im Heterodimer zu zeigen, ist die CD8α-Untereinheit rot und die CD8β-Untereinheit blau dargestellt. (Mit freundlicher Genehmigung von G. Gao.)

Heterodimer über den cytoplasmatischen Schwanz seiner α-Kette – und bringen diese in direkte Nachbarschaft zum T-Zell-Rezeptor. Und wie CD4 erhöht CD8 die Empfindlichkeit von T-Zellen für durch MHC-Klasse-I-Moleküle präsentiertes Antigen um das Hundertfache. CD4 und CD8 haben also ähnliche Funktionen und binden an entsprechende Stellen in MHC-Klasse-I- und -Klasse-II-Molekülen; die Strukturen der beiden Corezeptoren sind jedoch nur entfernt verwandt.

3.18 Die beiden Klassen von MHC-Molekülen werden auf Zellen unterschiedlich exprimiert

MHC-Klasse-I- und -Klasse-II-Moleküle kommen auf unterschiedlichen Zelltypen vor. Dies spiegelt die verschiedenen Effektorfunktionen der T-Zellen wider, die sie erkennen (Abb. 3.27). MHC-Klasse-I-Moleküle präsentieren Peptide von Krankheitserregern (im Allgemeinen Viren) den cytotoxischen CD8-T-Zellen. Diese Zellen sind darauf spezialisiert, jede Zelle zu töten, die sie spezifisch erkennen. Da Viren jede Zelle infizieren können, die einen Zellkern besitzt, exprimieren fast alle diese Zellen MHC-Klasse-I-Moleküle. Der Umfang der konstitutiven Expression variiert jedoch zwischen den einzelnen Zelltypen. Zellen des Immunsystems tragen zum Beispiel sehr viele MHC-Klasse-I-Moleküle auf ihrer Oberfläche, während es bei Leberzellen (Hepatocyten) verhältnismäßig geringe Mengen sind (Abb. 3.27). Kernlose Zellen wie die roten Blutkörperchen der Säugetiere exprimieren wenige oder überhaupt keine MHC-Klasse-I-Moleküle. Darum ist das Innere von roten Blutkörperchen ein Ort, an dem eine Infektion von cytotoxischen T-Zellen nicht entdeckt wird. Bei einer viralen Infektion hat das keine großen Auswirkungen, da sich rote Blutkörperchen für die Replikation von Viren nicht eignen. Dagegen sind die fehlenden MHC-Klasse-I-Moleküle wahrscheinlich der Grund dafür, dass die *Plasmodium*-Parasiten, die Malaria verursachen, in dieser besonderen Umgebung überleben können.

Die Hauptfunktion der CD4-T-Zellen, die MHC-Klasse-II-Moleküle erkennen, ist im Gegensatz dazu die Aktivierung anderer Effektorzellen des Immunsystems. Darum findet man MHC-Klasse-II-Moleküle normalerweise auf B-Lymphocyten, dendritischen Zellen und Makrophagen (diese Zellen sind Teil des Immunsystems), nicht jedoch auf anderen Gewebezellen (Abb. 3.27). Wenn CD4-T-Zellen Peptide erkennen, die an MHC-Klasse-II-Moleküle auf B-Zellen gebunden sind, regen sie diese zur Antikörperproduktion an. In gleicher Weise veranlassen CD4-T-Zellen, die an MHC-Klasse-II-Moleküle gebundene Peptide auf Makrophagen erkennen, die Makrophagen dazu, Krankeitserreger in ihren Vesikeln zu zerstören. In Kapitel 8 werden wir sehen, dass MHC-Klasse-II-Moleküle auch auf spezialisierten antigenpräsentierenden Zellen, den dendritischen Zellen, in lymphatischen Geweben exprimiert werden, wo ungeprägte T-Zellen mit Antigenen in Berührung kommen und zum ersten Mal aktiviert werden. Cytokine (insbesondere Interferone), die im Verlauf einer Immunantwort freigesetzt werden, regulieren sowohl die Expression der MHC-Klasse-I- als auch die der MHC-Klasse-II-Moleküle. Interferon-γ (IFN-γ) kann beispielsweise die Expression von MHC-Klasse-I- und -Klasse-II-Molekülen verstärken und die Expression von MHC-Klasse-II-Molekülen

Gewebe	MHC-Klasse I	MHC-Klasse II
lymphatische Gewebe		
T-Zellen	+++	+*
B-Zellen	+++	+++
Makrophagen	+++	++
dendritische Zellen	+++	+++
epitheliale Zellen des Thymus	+	+++
andere kernhaltige Zellen		
neutrophile Zellen	+++	–
Hepatocyten	+	–
Niere	+	–
Gehirn	+	–**
kernlose Zellen		
rote Blutkörperchen	–	–

3.27 Die Expression von MHC-Molekülen unterscheidet sich in verschiedenen Geweben. MHC-Klasse-I-Moleküle gibt es auf allen kernhaltigen Zellen. Am höchsten ist die Expression jedoch in hämatopoetischen Zellen. MHC-Klasse-II-Moleküle werden gewöhnlich nur in einer Untergruppe der blutbildenden Zellen und von Zellen des Thymusstromas exprimiert. Allerdings können andere Zelltypen nach Einwirkung des inflammatorischen Cytokins Interferon-γ (IFN-γ) ebenfalls MHC-II-Moleküle exprimieren.
* Beim Menschen exprimieren aktivierte T-Zellen MHC-Klasse-II-Moleküle, während bei Mäusen alle T-Zellen MHC-Klasse-II-negativ sind.
** Im Gehirn sind die meisten Zellen MHC-Klasse-II-negativ. Die mit den Makrophagen verwandten Mikroglia sind jedoch MHC-Klasse-II-positiv.

bei bestimmten Zelltypen auslösen, die diese Moleküle normalerweise nicht herstellen. Interferone unterstützen auch die antigenpräsentierende Funktion von MHC-Klasse-I-Molekülen, indem sie die Expression von wichtigen Bestandteilen des intrazellulären Apparates induzieren, der für die Beladung der MHC-Moleküle mit Peptiden zuständig ist.

3.19 Eine bestimmte Untergruppe von T-Zellen trägt einen alternativen Rezeptor aus einer γ- und einer δ-Kette

Bei der Suche nach dem Gen für die α-Kette des T-Zell-Rezeptors entdeckte man unerwartet ein anderes T-Zell-Rezeptor-ähnliches Gen. Dieses Gen nannte man T-Zell-Rezeptor γ, und seine Entdeckung führte zur Suche nach weiteren T-Zell-Rezeptor-Genen. Mithilfe eines Antikörpers gegen die vorhergesagte Sequenz der γ-Kette fand man noch eine weitere Rezeptorkette und bezeichnete sie als δ-Kette. Bald erkannte man, dass eine kleine Population von T-Zellen einen eigenen Typ des T-Zell-Rezeptors aus γ:δ-Heterodimeren trägt. In den Abschnitten 7.11 und 7.12 beschreiben wir die Entwicklung dieser Zellen.

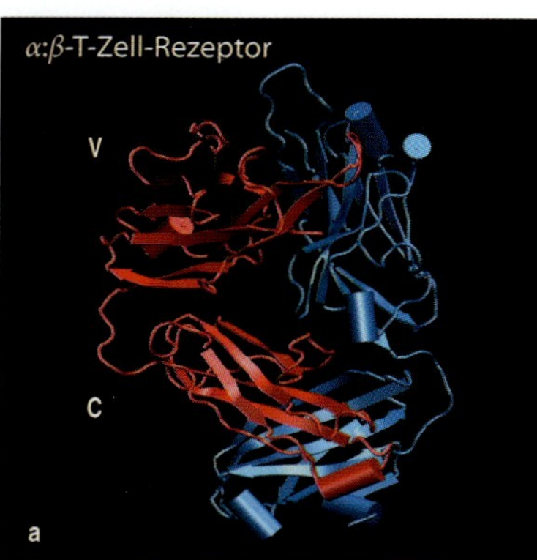

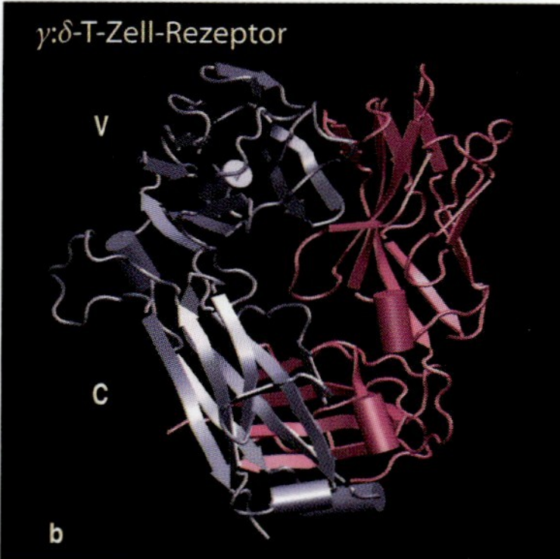

3.28 Die Strukturen der α:β- und γ:δ-T-Zell-Rezeptoren. Die Strukturen der α:β- und γ:δ-T-Zell-Rezeptoren wurde durch Röntgenstrukturanalyse aufgeklärt. a) α:β-T-Zell-Rezeptor (α-Kette rot, β-Kette blau); b) γ:δ-Rezeptor (γ-Kette violett, δ-Kette rosa). Beide Rezeptoren haben ähnliche Strukturen, die wiederum derjenigen eines Fab-Fragments eines Immunglobulinmoleküls ähneln. Die C_δ-Domäne hat mehr mit einer Immunglobulindomäne gemeinsam als mit der entsprechenden C_α-Domäne des α:β-T-Zell-Rezeptors.

Die kristallographische Struktur eines γ:δ-T-Zell-Rezeptors zeigt, dass seine Gestalt dem von α:β-T-Zell-Rezeptoren ähnelt (Abb. 3.28). γ:δ-T-Zell-Rezeptoren sind möglicherweise darauf spezialisiert, bestimmte Arten von Liganden zu binden, darunter Hitzeschockproteine und Nichtpeptidliganden wie phosphorylierte Liganden auf Lipidantigenen von Mycobakterien. Es scheint wahrscheinlich, dass γ:δ-T-Zell-Rezeptoren keiner Restriktion durch die „klassischen“ MHC-Klasse-I- und -Klasse-II-Moleküle unterliegen. Vielleicht binden sie das freie Antigen wie Immunglobuline und/oder binden an Peptide oder andere Antigene, die von nichtklassischen MHC-Molekülen präsentiert werden. Dabei handelt es sich um Proteine, die MHC-Klasse-I-Molekülen ähneln, aber relativ wenig polymorph sind; wir werden in Kapitel 5 darauf eingehen. Wir wissen noch wenig darüber, wie γ:δ-T-Zell-Rezeptoren an ein Antigen binden, und damit auch, wie diese Zellen funktionieren und welche Rolle sie bei Immunantworten spielen. Die Struktur und die Umlagerung der Gene für γ:δ-T-Zell-Rezeptoren behandeln wir in den Abschnitten 4.11 und 7.12.

Zusammenfassung

Der Antigenrezeptor auf den meisten T-Zellen ist der α:β-T-Zell-Rezeptor. Er besteht aus zwei Proteinketten, der T-Zell-Rezeptor-α-(TCRα-) und der T-Zell-Rezeptor-β-(TCRβ-)Kette. Er ähnelt in vieler Hinsicht einem einzelnen Fab-Fragment eines Immunglobulins. T-Zell-Rezeptoren sind immer membrangebunden. α:β-T-Zell-Rezeptoren erkennen ein Antigen im Gegensatz zu den Immunglobulinrezeptoren nicht im nativen Zustand, sondern sie erkennen einen zusammengesetzten Liganden aus einem Peptidantigen und einem daran gebundenen MHC-Molekül. MHC-Moleküle sind hoch polymorphe Glykoproteine, die von Genen im Haupthistokompatibilitätskomplex (MHC) codiert werden. Jedes MHC-Molekül bindet an eine Vielzahl von verschiedenen Peptiden, aber jede der Varianten erkennt bevorzugt Gruppen von Peptiden mit spezieller Sequenz und besonderen physikalischen Eigenschaften. Das Peptidantigen entsteht intrazellulär und wird fest in einer peptidbindenden Spalte auf der Oberfläche des MHC-Moleküls gebunden. Es gibt zwei Klassen von MHC-Molekülen, die in ihren nichtpolymorphen Domänen von CD8- und CD4-Molekülen gebunden werden, welche wiederum zwei funktionell unterschiedliche Klassen von α:β-T-Zellen charakterisieren. CD8 bindet an MHC-Klasse-I-Moleküle und potenziell auch gleichzeitig an denselben Peptid:MHC-Klasse-I-Komplex, der von einem T-Zell-Rezeptor erkannt wird; CD8 kann also als Corezeptor agieren und die T-Zell-Antwort verstärken. CD4 bindet MHC-Klasse-II-Moleküle und agiert als Corezeptor für T-Zell-Rezeptoren, die Peptid:MHC-Klasse-II-Komplexe erkennen. T-Zell-Rezeptoren interagieren direkt mit dem antigenen Peptid und mit polymorphen Abschnitten des MHC-Moleküls, von dem es präsentiert wird. Diese zweifache Spezifität unterliegt der MHC-Restriktion von T-Zell-Antworten. Ein zweiter Typ der T-Zell-Rezeptoren besteht aus einer γ- und einer δ-Kette. Er ähnelt dem α:β-T-Zell-Rezeptor strukturell, bindet aber anscheinend andere Liganden, darunter Nichtpeptide. Man nimmt an, dass er nicht der MHC-Restriktion unterliegt. Man findet den Rezeptor in einer kleinen Population von T-Zellen, den γ:δ-T-Zellen.

Zusammenfassung von Kapitel 3

B-Zellen und T-Zellen verwenden unterschiedliche, aber strukturell ähnliche Moleküle zur Erkennung von Antigenen. Die Antigenerkennungsmoleküle von B-Zellen sind Immunglobuline; sie entstehen als membrangebundene Rezeptoren für Antigene, die B-Zell-Rezeptoren, sowie als sezernierte Antikörper, die Antigene binden und humorale Effektorfunktionen auslösen. Die Antigenerkennungsmoleküle von T-Zellen existieren dagegen nur als Rezeptoren auf der Zelloberfläche. Immunglobuline und T-Zell-Rezeptoren sind hoch variable Moleküle; die Vielfalt konzentriert sich in der variablen (V-) Region des Moleküls, die das Antigen bindet. Immunglobuline binden an viele verschiedene, chemisch unterschiedliche Antigene; die Hauptform des T-Zell-Rezeptors, der $\alpha{:}\beta$-T-Zell-Rezeptor, erkennt dagegen hauptsächlich Peptidfragmente fremder Proteine, wenn sie an MHC-Moleküle gebunden sind, die auf allen Zelloberflächen vorkommen.

Die Bindung von Antigenen durch Immunglobuline hat man vor allem mithilfe von Antikörpern untersucht. Die Bindung eines Antikörpers an sein entsprechendes Antigen ist hoch spezifisch; diese Spezifität ergibt sich aus der Gestalt und den physikochemischen Eigenschaften der Antigenbindungsstelle. Der Teil des Antikörpers, der Effektorfunktionen hervorruft, sobald der variable Teil an das Antigen gebunden ist, liegt an dem den Antigenbindungsstellen entgegengesetzten Ende des Moleküls und wird als konstante Region bezeichnet. Es gibt fünf funktionelle Hauptklassen von Antikörpern; jede hat einen anderen Typ der konstanten Region. Wie wir in Kapitel 9 sehen werden, interagieren diese jeweils mit unterschiedlichen Bestandteilen des Immunsystems, lösen damit eine Entzündungsreaktion aus und eliminieren das Antigen.

T-Zell-Rezeptoren unterscheiden sich in mehrfacher Hinsicht von den Immunglobulinen der B-Zellen. Einer der wichtigsten Unterschiede besteht darin, dass es keine sezernierte Form des Rezeptors gibt. Das spiegelt die funktionellen Unterschiede zwischen T-Zellen und B-Zellen wider. B-Zellen haben es mit Pathogenen und ihren Proteinprodukten zu tun, die im Körper zirkulieren. Wenn eine B-Zelle auf ein Antigen trifft, wird sie aktiviert und sezerniert ein lösliches Antigenerkennungsmolekül; dadurch kann sie die gesamten extrazellulären Räume des Körpers nach dem Antigen absuchen. T-Zellen dagegen sind auf Wechselwirkungen zwischen Zellen spezialisiert. Entweder töten sie Zellen, die mit intrazellulären Pathogenen infiziert sind und fremde antigene Peptide auf ihrer Oberfläche tragen, oder sie interagieren mit Zellen des Immunsystems, die ein fremdes Antigen aufgenommen haben und es auf der Zelloberfläche präsentieren. Sie brauchen also keinen löslichen, sezernierten Rezeptor.

Ein weiteres Unterscheidungsmerkmal zwischen dem T-Zell-Rezeptor und Immunglobulinen besteht darin, dass der T-Zell-Rezeptor einen zusammengesetzten Liganden aus dem fremden Peptid und einem körpereigenen MHC-Molekül erkennt. Das heißt, dass T-Zellen nur mit einer Körperzelle interagieren können, die das Antigen präsentiert, nicht mit dem intakten Pathogen oder Protein. Jeder T-Zell-Rezeptor ist spezifisch für eine ganz bestimmte Kombination aus einem körpereigenen Peptid und einem Selbst-MHC-Molekül.

MHC-Moleküle werden von einer Familie hoch polymorpher Gene codiert; jedes Individuum exprimiert zwar mehrere dieser Gene, jedoch nur eine kleine Auswahl aller möglichen Varianten. Während der T-Zell-Entwicklung unterliegt das T-Zell-Rezeptor-Repertoire einer Selektion, sodass die T-Zellen jedes Individuums ein Antigen nur in Verbindung mit ihren eigenen MHC-Molekülen erkennen. Die Expression einer Vielzahl verschiedener MHC-Moleküle, von denen jedes ein anderes Spektrum von Peptiden bindet, trägt dazu bei, dass die T-Zellen eines Individuums zumindest einige Peptide von nahezu jedem Pathogen erkennen können.

Fragen

3.1 Die Immunglobulinsuperfamilie gehört zu den häufigsten Proteindomänenstrukturen. a) Beschreiben Sie die charakteristischen Eigenschaften einer Immunglobulindomäne und wie sich die verschiedenen Subtypen voneinander unterscheiden. b) Welche Abschnitte der variablen Region innerhalb der Immunglobulindomäne sind Bestandteil der komplementaritätsbestimmenden Regionen (CDRs), und wie unterscheiden sich die konstanten und variablen Domänen in diesen Regionen?

3.2 Wie erkennen Antikörper, die alle die gleiche Grundstruktur haben, Antigene, die sehr unterschiedliche Strukturen haben?

3.3 Die Effektorfunktionen von T-Zellen müssen speziell auf die Lokalisierung von Pathogenen innerhalb verschiedener Zellkompartimente abgestimmt sein; B-Zellen sind nicht derart limitiert. a) Wie lassen sich damit die unterschiedlichen Eigenschaften von B- und T-Zell-Rezeptoren bei der Erkennung erklären? b) Beschreiben Sie die Gemeinsamkeiten und Unterschiede von B- und T-Zell-Rezeptoren. c) Worin besteht der wesentliche funktionelle Unterschied zwischen B-Zellen und T-Zellen?

3.4 Es gibt zwei Arten von MHC-Molekülen: Klasse I und Klasse II. a) Welche Rolle spielen MHC-Moleküle bei der Aktivierung von antigenspezifischen T-Zellen? b) Erklären Sie, warum die peptidbindenden Regionen von MHC-Klasse-I- und -Klasse-II-Molekülen so ähnlich sein können, obwohl die eine von einem einzigen Gen und die andere von zwei verschiedenen Genen codiert wird. c) Wenn die beiden peptidbindenden Regionen einander so ähnlich sind, wie können T-Zellen zwischen Antigenen unterscheiden, die von MHC-Klasse-I- und -Klasse-II-Molekülen präsentiert werden?

Allgemeine Literatur

Ager A, Callard R, Ezine S, Gerard C, Lopez-Botet M (1996) Immune receptor Supplement. *Immunol Today*: 17

Davies DR, Chacko S (1993) Antibody structure. *Acc Chem Res* 26: 421–427

Frazer K, Capra JD (1998) Immunoglobulins: Structure and Function. In: Paul WE (Hrsg) Fundamental Immunology, 4. Aufl. New York, Raven Press

Garcia KC, Teyton L, Wilson IA (1999) Structural basis of T cell recognition. *Annu Rev Immunol* 17: 369–397

Germain RN (1994) MHC-dependent antigen processing and peptide presentation: providing ligands for T lymphocyte activation. *Cell* 76: 287–299

Honjo T, Alt FW (Hrsg) (1995) Immunoglobulin Genes, 2. Aufl. London, Academic Press

Moller G (Hrsg) (1995) Origin of major histocompatibility complex diversity. *Immunol Rev* 143: 5–292

Poljak RJ (1991) Structure of antibodies and their complexes with antigens. *Mol Immunol* 28: 1341–1345

Literatur zu den einzelnen Abschnitten

Abschnitt 3.1

Edelman GM (1991) Antibody structure and molecular immunology. *Scand J Immunol* 34: 4–22

Faber C, Shan L, Fan Z, Guddat LW, Furebring C, Ohlin M, Borrebaeck CAK, Edmundson AB (1998) Three-dimensional structure of a human Fab with high affinity for tetanus toxoid. *Immunotech* 3: 253–270

Harris LJ, Larson SB, Hasel KW, Day J, Greenwood A, McPherson A (1992) The Three-dimensional structure of an intact monoclonal antibody for canine lymphoma. *Nature* 360: 369–372

Abschnitt 3.2

Han WH, Mou JX, Sheng J, Yang J, Shao ZF (1995) Cryo-atomic force microscopy – a new approach for biological imaging at high resolution. *Biochem* 34: 8215–8220

Abschnitt 3.3

Porter RR (1991) Structural studies on immunoglobulins. *Scand J Immunol* 34: 382–389

Yamaguchi Y, Kim H, Kato K, Masuda K, Shimada I, Arata Y (1995) Proteolytic fragmentation with high specificity of mouse IgG – mapping of proteolytic cleavage sites in the hinge region. *J Immunol Meth* 181: 259–267

Abschnitt 3.4

Gerstein M, Lesk AM, Chothia C (1994) Structural mechanisms for domain movements in proteins. *Biochem* 33: 6739–6749

Jimenez R, Salazar G, Baldridge KK, Romesberg FE (2003) Flexibility and molecular recognition in the immune system. *Proc Natl Acad Sci USA* 100: 92–97

Saphire EO, Stanfield RL, Crispin MD, Parren PW, Rudd PM, Dwek RA, Burton DR, Wilson IA (2002) Contrasting IgG structures reveal extreme asymmetry and flexibility. *J Mol Biol* 319: 9–18

Abschnitt 3.5

Barclay AN, Brown MH, Law K, McKnight AJ, Tomlinson MG, van der Merwe PA (Hrsg) (1997) The Leukocyte Antigen Factsbook, 2. Aufl. London, Academic Press

Brummendorf T, Lemmon V (2001) Immunoglobin superfamily receptors: *cis*-interactions, intracellular adapters and alternative splicing regulate adhesion. *Curr Opin Cell Biol* 13: 611–618

Marchalonis JJ, Jensen I, Schluter SF (2002) Structural, antigenic and evolutionary analyses of immunoglobulins and T cell receptors. *J Mol Recog* 15: 260–271

Ramsland PA, Farrugia W (2002) Crystal structures of human antibodies: a detailed and unfinished tapestry of immunoglobin gene products. *J Mol Recog* 15: 248–259

Abschnitt 3.6

Chitarra V, Alzari PM, Bentley GA, Bhat TN, Eisele JL, Houdusse A, Lescar J, Souchon H, Poljak RJ (1993) 3-Dimensional structure of a heteroclitic antigen-antibody cross reaction complex. *Proc Natl Acad Sci USA* 90: 7711–7715

Decanniere K, Muyldermans S, Wyns L (2000) Canonical antigen-binding loop structures in immunoglobulins: more structures, more canonical classes? *J Mol Biol* 300: 83–91

Gilliland LK, Norris NA, Marquardt H, Tsu TT, Hayden MS, Neubauer MG, Yelton DE, Mittler RS, Ledbetter JA (1996) Rapid and reliable cloning of antibody variable regions and generation of recombinant single-chain antibody fragments. *Tissue Antigens* 47: 1–20

Johnson G, Wu TT (2000) Kabat database and its application: 30 years after the first variability plot. *Nucleic Acids Res* 28: 214–218

Wu TT, Kabat EA (1970) An analysis of the sequences of the variable regions of Bence Jones proteins and myeloma light chains and their implications for antibody complementarity. *J Exp Med* 132: 211–250

Xu J, Deng Q, Chen J, Houk KN, Bartek J, Hilvert D, Wilson IA (1999) Evolution of shape complementarity and catalytic efficiency from a primordial antibody template. *Science* 286: 2345–2348

Abschnitte 3.7 und 3.8

Ban N, Day J, Wang X, Ferrone S, McPherson A (1996) Crystal structure of an anti-anti-idiotype shows it to be self-complementary. *J Mol Biol* 255: 617–627

Davies DR, Cohen GH (1996) Interactions of protein antigen with antibodies. *Proc Natl Acad Sci USA* 93: 7–13

Decanniere K, Desmyter A, Lauwereys M, Ghahroudi MA, Muyldermans S, Wyns L (1999) A single-domain antibody fragment in complex with RNase A: non-canonical loop structures and nanomolar affinity using two CDR loops. *Structure Fold Des* 7: 361–370

Padlan EA (1994) Anatomy of the antibody molecule. *Mol Immunol* 31: 169–217

Saphire EO, Parren PW, Pantophlet R, Zwick MB, Morris GM, Rudd PM, Dwek RA, Stanfield RL, Burton DR, Wilson IA (2001) Crystal structure of a neutralizing human IGG against HIV-1: a template for vaccine design. *Science* 293: 1155–1159

Stanfield RL, Wilson A (1995) Protein-peptide interactions. *Curr Opin Struct Biol* 5: 103–113

Tanner JJ, Komissarov AA, Deutscher SL: Crystal structure of an antigen-binding fragment bound to single-stranded DNA. *J Mol Biol* 314: 807–822

Wilson IA, Stanfield RL (1994) Antibody-antigen interactions – new structures and new conformational changes. *Curr Opin Struct Biol* 4: 857–867

Abschnitt 3.9

Braden BC, Poljak RJ (1995) Structural features of the reactions between antibodies and protein antigens. *FASEB J* 9: 9–16

Braden BC, Goldman ER, Mariuzza RA, Poljak RJ (1998) Anatomy of an antibody molecule: structure, kinetics, thermodynamics and mutational studies of the antilysozyme antibody D1.3. *Immunol Rev* 163: 45–57

Ros R, Schwesinger F, Anselmetti D, Kubon M, Schäfer R, Plückthun A, Tiefenauer L (1998) Antigen binding forces of individually addressed single-chain Fv antibody molecules. *Proc Natl Acad Sci USA* 95: 7402–7405

Abschnitt 3.10

Al-Lazikani B, Lesk AM, Chothia C (2000) Canonical structures for the hypervariable regions of T cell $\alpha\beta$ receptors. *J Mol Biol* 295: 979–995

Kjer-Nielsen L, Clements CS, Brooks AG, Purcell AW, McCluskey J, Rossjohn J (2002) The 1.5 Å crystal structure of a highly selected antiviral T cell receptor provides evidence for a structural basis of immunodominance. *Structure (Camb.)* 10: 1521–1532

Machius M, Cianga P, Deisenhofer J, Ward ES (2001) Crystal structure of a T cell receptor Vα11 (AV11S5) domain: new canonical forms for the first and second complementarity determining regions. *J Mol Biol* 310: 689–698

Abschnitt 3.11

Baker BM, Gagnon SJ, Biddison WE, Wiley DC (2000) Conversion of a T cell antagonist into an agonist by repairing a defect in the TCR/peptide/MHC interface: implications for TCR signaling. *Immunity* 13: 475–484

Davis MM, Boniface JJ, Reich Z, Lyons D, Hampl J, Arden B, Chien Y (1998) Ligand recognition by alpha beta T cell receptors. *Annu Rev Immunol* 16: 523–544.

Hennecke J, Wiley DC (2002) Structure of a complex of the human $\alpha\beta$ T cell receptor (TCR) HA1.7, influenza hemagglutinin peptide, and major histocompatibility complex class II molecule, HLA-DR4 (DRA*0101 and DRB1*0401): insight into TCR cross-restriction and alloreactivity. *J Exp Med* 195: 571–581

Hennecke J, Carfi A, Wiley DC (2000) Structure of a covalently stabilized complex of a human $\alpha\beta$ T-cell receptor, influenza HA peptide and MHC class II molecule, HLA-DR1. *EMBO J* 19: 5611–5624

Luz JG, Huang M, Garcia KC, Rudolph MG, Apostolopoulos V, Teyton L, Wilson IA (2002) Structural comparison of allogeneic and syngeneic T cell receptor-peptide-major histocompatibility complex complexes: a buried alloreactive mutation subtly alters peptide presentation substantially increasing V_β interactions. *J Exp Med* 195: 1175–1186

Abschnitte 3.12 und 3.13

Bouvier M (2003) Accessory proteins and the assembly of human class I MHC molecules: a molecular and structural perspective. *Mol Immunol* 39: 697–706

Dessen A, Lawrence CM, Cupo S, Zaller DM, Wiley DC (1997) X-ray crystal structure of HLA-DR4 (DRA*0101, DRB1*0401) complexed with a peptide from human collagen II. *Immunity* 7: 473–481

Fremont DH, Hendrickson WA, Marrack P, Kappler J (1996) Structure of an MHC class II molecule with covalently bound single peptides. *Science* 272: 1001–1004

Fremont DH, Matsumura M, Stura EA, Peterson PA, Wilson IA (1992) Crystal structures of two viral peptides in complex with murine MHC class 1H-2kb. *Science* 257: 919–927

Fremont DH, Monnaie D, Nelson CA, Hendrickson WA, Unanue ER (1998) Crystal structure of I-AK in complex with a dominant epitope of lysozyme. *Immunity* 8: 305–317

Macdonald WA, Purcell AW, Mifsud NA, Ely LK, Williams DS, Chang L, Gorman JJ, Clements CS, Kjer-Nielsen L, Koelle DM, Burrows SR, Tait BD, Holdsworth R, Brooks AG, Lovrecz GO, Lu L, Rossjohn J, McCluskey J (2003) A naturally selected dimorphism within the HLA-B44 supertype alters class I structure, peptide repertoire, and T cell recognition. *J Exp* Med 198: 679–691

Zhu Y, Rudensky AY, Corper AL, Teyton L, Wilson IA (2003) Crystal structure of MHC class II I-Ab in complex with a human CLIP peptide: prediction of an I-Ab peptide-binding motif. *J Mol Biol* 326: 1157–1174

Abschnitt 3.14

Bouvier M, Wiley DC (1994) Importance of peptide amino and carboxyl termini to the stability of MHC class I molecule. *Science* 265: 398–402

Govindarajan KR, Kangueane P, Tan TW, Ranganathan S (2003) MPID: MHC-Peptide Interaction Database for sequence-structure-function information on peptides binding to MHC molecules. *Bioinformatics* 19: 309–310

Saveanu L, Fruci D, van Endert P (2002) Beyond the proteasome: trimming, degradation and generation of MHC class I ligands by auxiliary proteases. *Mol Immunol* 39: 203–215

Weiss GA, Collins EJ, Garboczi DN, Wiley DC, Schreiber SL (1995) A tricyclic ring system replaces the variable regions of peptides presented by three alleles of human MHC class I molecule. *Chem Biol* 2: 401–407

Abschnitt 3.15

Conant SB, Swanborg RH (2003) MHC class II peptide flanking residues of exogenous antigens influence recognition by autoreactive T cells. *Autoimmun Rev* 2: 8–12

Guan P, Doytchinova IA, Zygouri C, Flower DR (2003) MHC-Pred: a server for quantitative prediction of peptide-MHC binding. *Nucleic Acids Res* 31: 3621–3624

Lippolis JD, White FM, Marto JA, Luckey CJ, Bullock TN, Shabanowitz J, Hunt DF, Engelhard VH (2002) Analysis of MHC class II antigen processing by quantitation of peptides that constitute nested sets. *J Immunol* 169: 5089–5097

Park JH, Lee YJ, Kim KL, Cho EW (2003) Selective isolation and identification of HLA-DR-associated naturally processed and presented epitope peptides. *Immunol Invest* 31: 155–169

Rammensee HG, (1995) Chemistry of peptides associated with MHC class I and class II molecules. *Curr Opin Immunol* 7: 85–96

Rudensky AY, Preston-Hurlburt P, Hong SC, Barlow A, Janeway CA Jr (1991) Sequence analysis of peptides bound to MHC class II molecules. *Nature* 353: 622

Sercarz EE, Maverakis E (2003) MHC-guided processing: binding of large antigen fragments. *Nat Rev Immunol* 3: 621–629

Sinnathamby G, Eisenlohr LC (2003) Presentation by recycling MHC class II molecules of an influenza hemagglutinin-derived epitope that is revealed in the early endosome by acidification. *J Immunol* 170: 3504–3513

Abschnitt 3.16

Buslepp J, Wang H, Biddison WE, Appella E, Collins EJ (2003) A correlation between TCR $V\alpha$ docking on MHC and CD8 dependence: implications for T cell selection. *Immunity* 19: 595–606

Ding YH, Smith KJ, Garboczi DN, Utz U, Biddison WE, Wiley DC (1998) Two human T cell receptors bind in a similar diagonal mode to the HLA-A2/Tax peptide complex using different TCR amino acids. *Immunity* 8: 403–411

Garcia KC, Degano M, Pease LR, Huang M, Peterson PA, Leyton L, Wilson IA (1998) Structural basis of plasticity in T cell receptor recognition of a self peptide-MHC antigen. *Science* 279: 1166–1172

Kjer-Nielsen L, Clements CS, Purcell AW, Brooks AG, Whisstock JC, Burrows SR, McCluskey J, Rossjohn J (2003) A structural basis for the selection of dominant $\alpha\beta$ T cell receptors in antiviral immunity. *Immunity* 18: 53–64

Reiser JB, Darnault C, Gregoire C, Mosser T, Mazza G, Kearney A, van der Merwe PA, Fontecilla-Camps JC, Housset D, Malissen B (2003) CDR3 loop flexibility contributes to the degeneracy of TCR recognition. *Nat Immunol* 4: 241–247

Sant'Angelo DB, Waterbury G, Preston-Hurlburt P, Yoon St, Medzhitov R, Hong SC, Janeway CA Jr (1996) The specificity and orientation of a TCR to its peptide-MHC class II ligands. *Immunity* 4: 367–376

Teng MK, Smolyar A, Tse AGD, Liu JH, Liu J, Hussey RE, Nathenson SG, Chang HC, Reinherz EL, Wang JH (1998) Identification of a common docking topology with substantial variation among different TCR-MHC-peptide complexes. *Curr Biol* 8: 409–412

Abschnitt 3.17

Gao GF, Tormo J, Gerth UC, Wyer JR, McMichael AJ, Stuart DI, Bell JI, Jones EY, Jakobsen BY (1997) Cystal structure of the complex between human CD8$\alpha\alpha$ and HLA-A2. *Nature* 387: 630–634

Gaspar R Jr., Bagossi P, Pene L, Matko J, Szollosi J, Tozser J, Fesus L, Waldmann TA, Damjanovich S (2001) Clustering of class I HLA oligomers with CD8 and TCR: three-dimensional models based on fluorescence resonance energy transfer and crystallographic data. *J Immunol* 166: 5078–5086

Kim PW, Sun ZY, Blacklow SC, Wagner G, Eck MJ (2003) A zinc clasp structure tethers Lck to T cell coreceptors CD4 and CD8. *Science* 301: 1725–1728

Moldovan MC, Yachou A, Levesque K, Wu H, Hendrickson WA, Cohen EA, Sekaly RP (2002) CD4 dimers constitute the functional component required for T-cell activation. *J Immunol* 169: 6261–6268

Wang JH, Reinherz EL (2002) Structural basis of T cell recognition of peptides bound to MHC molecules. *Mol Immunol* 38: 1039–1049

Wu H, Kwong PD, Hendrickson WA (1997) Dimeric association and segmental variability in the structure of human CD4. *Nature* 387: 427–530

Zamoyska R (1998) CD4 and CD8: modulators of T cell receptor recognition of antigen and of immune responses? *Curr Opin Immunol* 10: 82–86

Abschnitt 3.18

Steimle V, Siegrist CA, Mottet A, Lisowska-Grospierre B, Mach B (1994) Regulation of MHC class I expression by interferon-γ mediated by the transactivator gene CIITA. *Science* 265: 106–109

Abschnitt 3.19

Allison TJ, Garboczi DN (2002) Structure of $\gamma\delta$ T cell receptors and their recognition of non-peptide antigens. *Mol Immunol* 38: 1051–1061

Allison TJ, Winter CC, Fournie JJ, Bonneville M, Garboczi DN (2001) Structure of a human $\gamma\delta$ T-cell antigen receptor. *Nature* 411: 820–824

Carding SR, Egan PJ (2002) $\gamma\delta$ T cells: functional plasticity and heterogeneity. *Nat Rev Immunol* 2: 336–345

Das H, Wang L, Kamath A, Bukowski JF (2001) $V_{\gamma}2V_{\delta}2$ T-cell receptor-mediated recognition of aminobisphosphonates. *Blood* 98: 1616–1618

Wilson IA, Stanfield RL (2001) Unraveling the mysteries of $\gamma\delta$ T cell recognition. *Nat Immunol* 2: 579–581

Wu J, Groh V, Spies T (2002) T cell antigen receptor engagement and specificity in the recognition of stress-inducible MHC class I-related chains by human epithelial γ δ T cells. *J Immunol* 169: 1236–1240

Die Entstehung von Antigenrezeptoren in Lymphocyten

4

Lymphocyten vermögen mithilfe von Antigenrezeptoren, die auf B-Zellen in Form von Immunglobulinen vorkommen und auf T-Zellen als T-Zell-Rezeptoren, die Anwesenheit von Antigenen in ihrer Umgebung wahrzunehmen. Jeder Lymphocyt trägt zahlreiche Kopien eines einzigen Antigenrezeptors mit einer einzigartigen Antigenbindungsstelle, die die Antigene bestimmt, die dieser Lymphocyt binden kann. Da jeder Mensch Milliarden von Lymphocyten besitzt, ermöglichen es diese Zellen dem Einzelnen, auf überaus viele verschiedene Antigene zu reagieren. Das große Spektrum von Antigenspezifitäten innerhalb des Antigenrezeptorrepertoires ist bedingt durch die Unterschiede in der Aminosäuresequenz der Antigenbindungsstelle, die von den variablen (V-)Regionen der Rezeptorproteinketten gebildet wird. In jeder Kette ist die variable Region verknüpft mit einer unveränderlichen konstanten (C-)Region, welche die Effektor- oder Signalfunktionen übernimmt.

Angesichts der großen Bedeutung, die ein vielfältiges Repertoire an Lymphocytenrezeptoren für die Verteidigung gegen eine Infektion hat, überrascht es nicht, dass sich ein komplexer und eleganter genetischer Mechanismus entwickelt hat, der diese hoch variablen Proteine herstellt. Es kann nicht jede Variante der Rezeptorketten vollständig im Genom codiert sein, denn das würde mehr Gene für Antigenrezeptoren erfordern, als es Gene im gesamten Genom gibt. Wir werden stattdessen sehen, dass die variablen Regionen der Rezeptorketten in mehreren Stücken codiert sind – in sogenannten Gensegmenten. Diese werden im sich entwickelnden Lymphocyten durch somatische DNA-Rekombination zu einer kompletten V-Region-Sequenz zusammengebaut; diesen Mechanismus bezeichnet man als **Genumlagerung** oder **Genumordnung**. Die vollständig zusammengesetzte Sequenz einer V-Region besteht aus zwei oder drei Typen von Gensegmenten, von denen jeder in vielen Kopien im Keimbahngenom vorhanden ist. Die Auswahl eines Gensegments während der Genumlagerung geschieht zufällig, und die große Zahl möglicher verschiedener Kombinationen sorgt für die Diversität des Rezeptorrepertoires.

Im ersten Teil dieses Kapitels werden wir die intrachromosomalen Genumlagerungen beschreiben, durch die das primäre Repertoire an variablen Regionen der Gene von Immunglobulinen und T-Zell-Rezeptoren entsteht. Der Grundmechanismus ist in B- und T-Zellen gleich, und seine Entstehung in der Evolution war wahrscheinlich wesentlich für die Entwicklung des adaptiven Immunsystems der Wirbeltiere. Die Antigenrezeptoren, die aufgrund dieser primären Genumlagerungen exprimiert werden, bilden das vielfältige Repertoire von Antigenspezifitäten naiver B- und T-Zellen.

Immunglobuline können entweder in Form von Transmembranrezeptoren oder als sezernierte Antikörper synthetisiert werden; T-Zell-Rezeptoren existieren dagegen nur als Transmembranrezeptoren. Im zweiten Teil des Kapitels werden wir erfahren, wie der Wechsel von der Produktion von transmembranen Immunglobulinen durch aktivierte B-Zellen zur Produktion sezernierter Antikörper durch Plasmazellen erfolgt. Die C-Regionen von Antikörpern übernehmen bei der Immunantwort wichtige Effektorfunktionen, und wir werden uns auch kurz mit den verschiedenen Typen dieser C-Regionen und ihren Eigenschaften beschäftigen; in Kapitel 9 werden wir darauf noch näher eingehen.

Im letzten Teil des Kapitels betrachten wir drei Arten von sekundären Modifikationen, die in umgeordneten Immunglobulingenen in B-Zellen stattfinden können, nicht aber in T-Zellen. Sie tragen zu einer noch größeren Vielfalt des Antikörperrepertoires bei und machen die Antikörperantwort mit der Zeit immer wirksamer. Ein Modifikationstyp ist ein Vorgang, den man als somatische Hypermutation bezeichnet; dabei werden in aktivierten B-Zellen Punktmutationen in die V-Regionen umgeordneter Immunglobulingene eingeführt. Der zweite Typ ist die sogenannte Genkonversion, die bei manchen Spezies eine wichtigere Rolle spielt als die kombinatorische Vielfalt, die während der Entwicklung unreifer B-Zellen in umgeordneten V-Regionen entsteht. Die dritte Modifikation ist die begrenzte, aber funktionell wichtige sequenzielle Expression verschiedener C-Regionen von Immunglobulinen in aktivierten B-Zellen durch einen Prozess namens Klassenwechsel; dadurch können Antikörper mit der gleichen Antigenspezifität, aber unterschiedlichen funktionellen Eigenschaften hergestellt werden.

Primäre Umlagerung von Immunglobulingenen

Nahezu jede Substanz kann eine Antikörperantwort hervorrufen und die Antwort auf ein einzelnes Epitop umfasst viele unterschiedliche Antikörpermoleküle, von denen jedes eine etwas andere Spezifität für das Epitop und eine eigene **Affinität** oder Bindungsstärke besitzt. Die vollständige Sammlung von Antikörperspezifitäten in einem Individuum nennt man das **Antikörperrepertoire** oder **Immunglobulinrepertoire**. Es umfasst beim Menschen mindestens 10^{11} verschiedene Antikörpermoleküle. Die Zahl der Antikörperspezifitäten, die zu einem bestimmten Zeitpunkt vorhanden sind, ist jedoch limitiert durch die Gesamtzahl von B-Zellen in einem Individuum, aber auch durch die erfolgten Begegnungen des Individuums mit Antigenen.

Bevor man Immunglobulingene direkt untersuchen konnte, stellte man zwei Haupthypothesen zur Entstehung ihrer Vielfalt auf. Nach der einen, der **Keimbahntheorie**, gibt es für jede Immunglobulinkette ein eigenes Gen, und das Antikörperrepertoire wird weitgehend vererbt. Im Gegensatz dazu gehen die Theorien der **somatischen Diversifikation** davon aus, dass eine begrenzte Zahl vererbter Gensequenzen für variable Regionen (V-Region-Sequenzen) in B-Zellen während des Lebens eines Individuums Veränderungen durchmachen und so das beobachtete Repertoire schaffen. Die Klonierung der Gene, die Immunglobuline codieren, zeigte, dass beide Theorien zum Teil Recht hatten. Die DNA-Sequenz, die jede V-Region codiert, entsteht durch Umlagerungen einer verhältnismäßig kleinen Gruppe vererbter Gensegmente. Die Vielfalt wird durch den Prozess der somatischen Hypermutation in gereiften aktivierten B-Zellen noch vergrößert. Insofern hat sich die Theorie der somatischen Diversifikation durchaus als richtig erwiesen; aber auch die Keimbahntheorie mit ihrem Konzept der multiplen Keimbahngene trifft zu.

4.1 In antikörperproduzierenden Zellen werden Immunglobulingene neu geordnet

In nichtlymphoiden Zellen sind die Gensegmente, die den größten Teil der variablen Domäne einer Immunglobulinkette codieren, sehr weit von der Sequenz für die konstante Domäne entfernt. In reifen B-Lymphocyten liegen dagegen die zusammengebauten V-Region-Sequenzen als Folge einer Genumlagerung viel näher an denen der konstanten Region. Die Entdeckung der Umlagerung von Immunglobulingenen machte man bereits vor ungefähr 30 Jahren, als es mithilfe von Restriktionsanalysen zum ersten Mal möglich war, die Organisation der Immunglobulingene in B-Zellen und nichtlymphoiden Zellen zu untersuchen. Dabei wird zunächst die chromosomale DNA mit einem Restriktionsenzym geschnitten. Die Identifizierung der DNA-Fragmente, die bestimmte Sequenzen für V- oder C-Regionen enthalten, erfolgt durch Hybridisierung mit radioaktiv markierten DNA-Sonden, die für diese Bereiche spezifisch sind. In Keimbahn-DNA aus nichtlymphoiden Zellen befinden sich die Sequenzen für die V- und die C-Region auf verschiedenen DNA-Fragmenten. Bei DNA aus einer antikörperproduzierenden B-Zelle liegen sie dagegen auf demselben DNA-Fragment. Es hat also eine Umlagerung der DNA stattgefunden. In Abbildung 4.1 ist ein typisches Experiment mit menschlicher DNA dargestellt.

Dieses einfache Experiment zeigte, dass Segmente der genomischen Immunglobulingen-DNA in Zellen der B-Lymphocyten-Abstammungslinie umgelagert werden, nicht aber in anderen Zellen. Um den Vorgang von der meiotischen Rekombination während der Erzeugung der Gameten zu unterscheiden, spricht man hier von **somatischer Rekombination**.

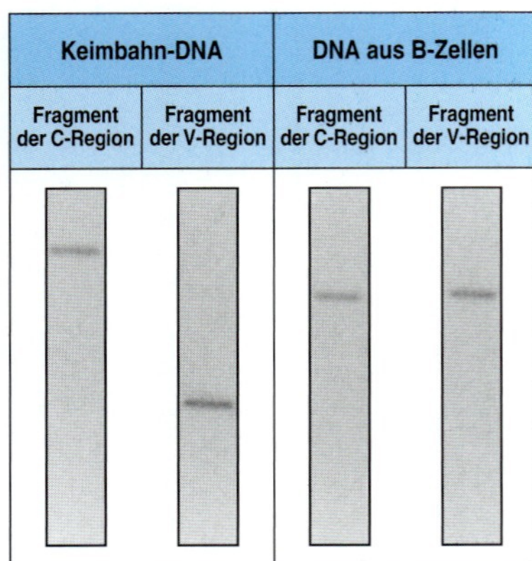

4.1 Immunglobulingene werden in B-Zellen umgelagert. In ihren ursprünglichen Experimenten bestimmten Hozumi und Tonegawa die Größe der DNA-Fragmente durch Hybridisierung radioaktiv markierter Sonden mit Restriktionsfragmenten, die sie durch Gelelektrophorese erhielten. Später wurde der Southern-Blot, bei dem die Fragmente nach der Gelelektrophorese auf eine Nitrocellulosemembran übertragen werden, die Technik der Wahl. Die beiden linken Fotos (Keimbahn-DNA) zeigen einen Southern-Blot einer Restriktionsenzymspaltung von DNA aus nichtlymphoiden Zellen eines gesunden Menschen. Durch Hybridisierung mit Sonden aus der V- und der C-Region lassen sich DNA-Sequenzen der Immunglobuline identifizieren und lokalisieren. Die V- und C-Regionen befinden sich in der nichtlymphoiden DNA auf völlig verschiedenen DNA-Fragmenten. Die beiden rechten Fotos (DNA aus B-Zellen) stammen von einer Restriktionsspaltung von DNA aus Lymphocyten des peripheren Blutes, die unter identischen Bedingungen durchgeführt wurde. Die Lymphocyten stammen von einem Patienten mit chronischer lymphatischer Leukämie (Kapitel 7), die zu einem starken Wachstum eines einzelnen B-Zell-Klons führt. Die malignen B-Zellen exprimieren die V-Region, aus der die V-Region-Sonde stammt; da diese Zellen die Population dominieren, lässt sich die besondere DNA-Umlagerung nachweisen. Bei dieser DNA liegen die Abschnitte für die V- und die C-Region auf demselben Fragment, das sich in der Größe sowohl von dem Fragment der V-Region als auch von dem Fragment der C-Region aus der Keimbahn unterscheidet. Eine Population normaler B-Lymphocyten besitzt viele verschiedene umgeordnete Gene, sodass DNA-Fragmente verschiedener Größen vorliegen und sich keine scharfe Bande bildet. (Fotos mit freundlicher Genehmigung von S. Wagner und L. Luzzatto.)

4.2 Durch die somatische Rekombination separater Gensegmente entstehen die vollständigen Gene für eine variable Region

Die V-Region oder V-Domäne einer schweren oder leichten Immunglobulinkette wird von mehr als einem Gensegment codiert. Im Fall der leichten Kette wird jede variable Domäne von zwei verschiedenen DNA-Abschnitten codiert. Der erste legt die ersten 95 bis 101 Aminosäuren der leichten Kette fest und wird als **V-Gen-Segment** bezeichnet; er macht den größten Teil des variablen Bereichs aus. Das zweite Segment codiert den Rest der variablen Domäne (bis zu 13 Aminosäuren) und heißt **J-Gen-Segment** (von *joining* für verbindend).

Abbildung 4.2 (Mitte) zeigt, wie die Umlagerungen vor sich gehen, die schließlich das Gen für die leichte Immunglobulinkette hervorbringen. Die Verknüpfung eines V- und eines J-Gen-Segments führt zu einem Exon, das die gesamte variable Region der leichten Kette codiert. Vor der Umlagerung liegen die Gensegmente für die variable Region relativ weit entfernt von denen für die konstante Region. Die J-Gen-Segmente liegen dagegen nahe bei der konstanten Region, und die Verknüpfung eines V-Gen-Segments mit einem J-Gen-Segment bringt auch das V-Gen-Segment näher an eine C-Region-Sequenz. Das J-Gen-Segment einer umgeordneten V-Region ist von den Genabschnitten der konstanten Region (C) nur durch ein Intron getrennt. In dem Experiment, das in Abbildung 4.1 dargestellt ist, enthält

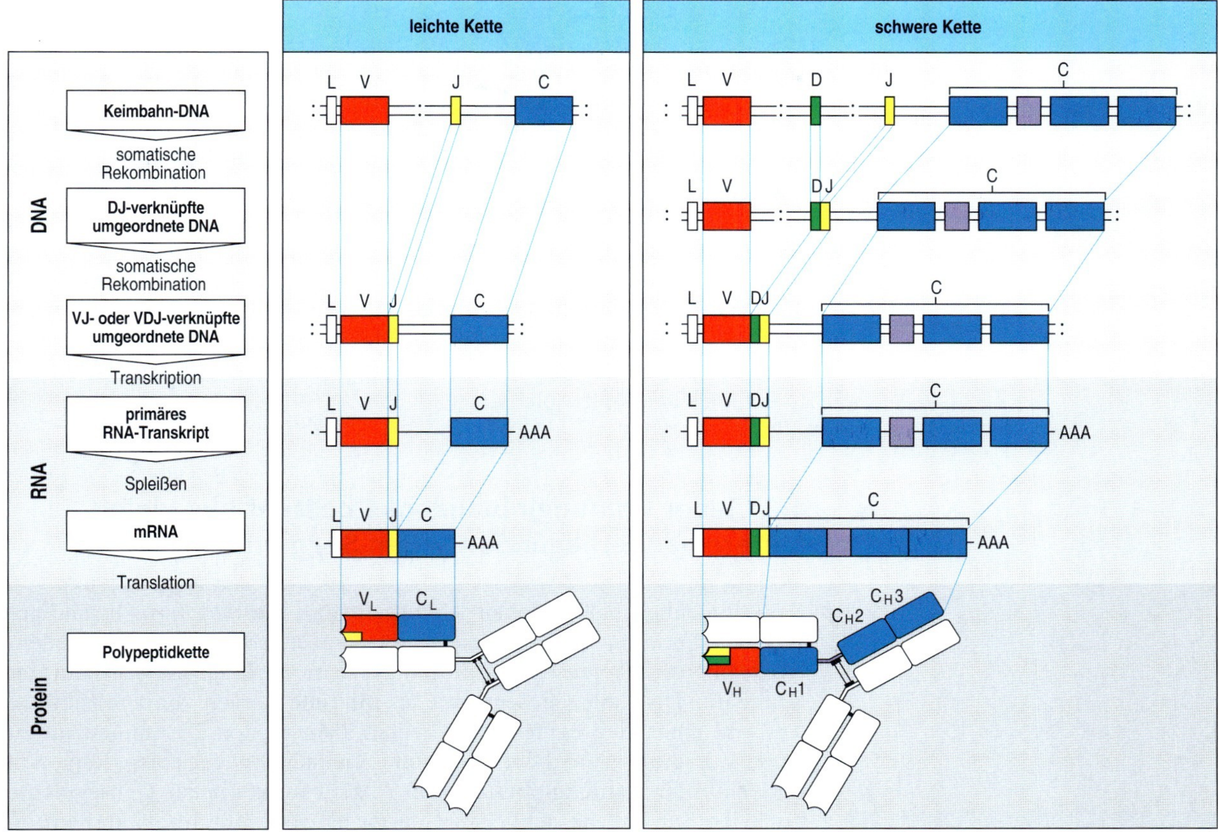

4.2 Gene der variablen Regionen werden aus Gensegmenten aufgebaut. Die Gene der variablen Regionen der leichten Kette entstehen aus zwei Segmenten (Mitte). Ein V-Gen-Segment und ein J-Gen-Segment (J steht für *joining*) aus der genomischen DNA werden zusammengefügt, sodass ein vollständiges Exon für die variable Region einer leichten Kette entsteht. Die Immunglobulinketten sind extrazelluläre Proteine. Vor dem V-Gen-Segment liegt ein Exon, das ein Leader-Peptid (L) codiert; dieses schleust das Protein in die sekretorischen Stoffwechselwege der Zelle ein und wird anschließend abgespalten. Ein separates Exon codiert die konstante Region der leichten Kette. Durch Spleißen der mRNA der leichten Kette wird es mit dem Exon der variablen Region verknüpft. Dabei werden die Introns zwischen L und V sowie zwischen J und C entfernt. Die variablen Regionen der schweren Kette entstehen aus drei Gensegmenten (rechts). Zuerst werden das D- (D steht für *diversity*) und das J-Gen-Segment miteinander verknüpft. An die kombinierte DJ-Sequenz wird dann das V-Gen-Segment angefügt, und es entsteht ein vollständiges V_H-Exon. Ein Gen für die konstante Region der schweren Kette wird von mehreren Exons codiert. Die Exons der konstanten Region werden während der Prozessierung des RNA-Transkripts der schweren Kette zusammen mit dem Leader-Peptid (L) an die Sequenzen der variablen Domäne gespleißt. Die Leader-Sequenz wird nach der Translation entfernt und es bilden sich die Disulfidbrücken, welche die Polypeptidketten verknüpfen. Die Gelenkregion ist violett dargestellt.

die Keimbahn-DNA, die durch die „V-Region-Sonde“ identifiziert wurde, deshalb das V-Gen-Segment. Die DNA, die mit der „C-Region-Sonde“ hybridisiert, umfasst sowohl das J-Gen-Segment als auch die C-Region-Sequenz. Zur Vervollständigung einer mRNA für die leichte Kette eines Immunglobulins wird das V-Region-Exon mit der C-Region-Sequenz nach der Transkription durch RNA-Spleißen verknüpft (Abb. 4.2).

Die variablen Regionen der schweren Kette werden von drei Genabschnitten codiert. Zusätzlich zu den V- und J-Gen-Segmenten (zur Unterscheidung von den Gensegmenten der leichten Kette, V_L und J_L, mit V_H und J_H bezeichnet) gibt es einen dritten Genabschnitt, der als **D_H-Gen-Segment** bezeichnet wird (von *diversity* für Vielfalt). Dieser Abschnitt liegt zwischen dem V_H- und dem J_H-Gen-Segment. Abbildung 4.2 zeigt, wie die Rekombination vor sich geht, die eine vollständige variable Region der schweren Kette hervorbringt. Der Vorgang umfasst zwei Phasen: Zuerst wird ein D_H-Gen-Segment mit einem J_H-Gen-Segment verknüpft. Anschließend lagert sich ein V_H-Gen-Segment an die DJ_H-Sequenz an, sodass ein vollständiges Exon für die variable Region der schweren Kette entsteht. Wie bei der leichten Kette erfolgt die Verbindung der zusammengebauten V-Region-Sequenz mit dem benachbarten C-Region-Gen durch Spleißen.

4.3 Jeder Immunglobulinlocus besteht aus vielen hintereinanderliegenden V-Gen-Segmenten

Der Einfachheit halber haben wir bisher über die Bildung vollständiger variabler Immunglobulingensequenzen gesprochen, als ob es von jedem Gensegment nur eine einzige Kopie gäbe. In Wirklichkeit liegen in der Keimbahn-DNA alle Gensegmente als multiple Kopien vor. Die zufällige Auswahl eines Gensegments von jedem Typ für den Zusammenbau zu einer V-Region ermöglicht die große Vielfalt von variablen Regionen innerhalb der Immunglobuline. Die Anzahl funktioneller Gensegmente für jeden Typ im menschlichen Genom hat man durch Genklonierung und Sequenzierung ermittelt (Abb. 4.3). Nicht alle entdeckten Gensegmente sind funktionsfähig, da sich in einem Teil Mutationen angehäuft haben, die verhindern, dass sie ein funktionelles Protein codieren. Man bezeichnet sie als Pseudogene. Da es in der Keimbahn-DNA viele V-, D- und J-Gen-Segmente gibt, ist keines an sich notwendig. Das verringert den Evolutionsdruck auf jedes Gensegment, unbedingt intakt zu bleiben, und führte zu einer relativ großen Zahl von Pseudogenen. Manche dieser Pseudogene können sich wie ein normales funktionelles Gensegment umordnen. Daher wird in einem beträchtlichen Anteil der Umlagerungen ein Pseudogen eingebaut, wodurch ein nicht funktionsfähiges Gensegment entsteht.

Zahl der funktionsfähigen Gensegmente in menschlichen Immunglobulinloci

Segment	leichte Kette		schwere Kette
	κ	λ	H
V-Segmente	40	30	40
D-Segmente	0	0	25
J-Segmente	5	4	6

4.3 Die Anzahl funktioneller Gensegmente für die variablen Regionen der schweren und leichten Kette in menschlicher DNA. Die Zahlen wurden durch umfassende Klonierung und Sequenzierung der DNA eines einzelnen Menschen ermittelt, wobei alle Pseudogene (mutierte und nichtfunktionelle Versionen einer Gensequenz) ausgeklammert sind. Aufgrund des genetischen Polymorphismus stimmen die Zahlen nicht bei allen Menschen überein.

Im Abschnitt 3.1 haben wir erfahren, dass es drei Gruppen von Immunglobulinketten gibt, die schwere Kette und zwei gleichwertige Typen von leichten Ketten, die κ- und λ-Kette. Die Immunglobulingensegmente, die jede dieser Ketten codieren, liegen in drei Clustern oder **genetischen Loci** vor, im κ-und λ-Locus und im Locus für die schwere Kette. Diese Cluster sind auf verschiedenen Chromosomen lokalisiert, wobei jeder etwas anders aufgebaut ist; Abbildung 4.4 zeigt die Organisation beim Menschen. Am λ-Locus der leichten Kette auf Chromosom 22 gibt es einen Cluster von V_λ-Gen-Segmenten, an den sich vier J_λ-Gen-Segmente, jedes verbunden mit einem C_λ-Gen, anschließen. Am κ-Locus der leichten Kette auf Chromosom 2 liegt hinter der Gruppe von V_κ-Gen-Segmenten eine Gruppe von J_κ-Gen-Segmenten und danach ein einzelnes C_κ-Gen. Die Organisation des Locus der schweren Kette auf Chromosom 14 ähnelt der des

κ-Locus: Es gibt separate Gruppen von V_H-, D_H- und J_H-Gen-Segmenten sowie von C_H-Genen. Der Locus der schweren Kette unterscheidet sich jedoch in einem wesentlichen Punkt: Anstatt einer einzelnen C-Region enthält er eine ganze Reihe von C-Regionen hintereinander, wobei jede einem anderen Isotyp entspricht. B-Zellen exprimieren anfänglich schwere Ketten der Isotypen μ und δ (Abschnitt 3.1), ein Ergebnis alternativen RNA-Spleißens, und produzieren daraufhin die Immunglobuline IgM und IgD, wie wir in Abschnitt 4.14. sehen werden. Die Expression anderer Isotypen, beispielsweise IgG, erfolgt später als Folge einer DNA-Umlagerung, die man als Isotyp- oder Klassenwechsel bezeichnet; diesen Mechanismus besprechen wir in Abschnitt 4.20.

Die menschlichen V-Gen-Segmente lassen sich in Familien einteilen, in denen die Mitglieder mindestens 80 % der DNA-Sequenzen gemeinsam haben. Sowohl die V-Gen-Segmente der schweren als auch die der κ-Kette kann man in sieben solcher Familien unterteilen. Demgegenüber gibt es acht Familien von V_λ-Gen-Segmenten. Die Familien lassen sich weiterhin in sogenannten Klanen zusammenfassen. Dabei ähneln sich Familien eines Klans stärker als Familien anderer Klane. Die menschlichen V_H-Gen-Segmente gliedern sich in drei solcher Klane. Alle bisher identifizierten V_H-Gen-Segmente von Amphibien, Reptilien und Säugetieren gehören ebenfalls denselben drei Gruppierungen an. Das lässt darauf schließen, dass alle Klane dieser modernen Tiergruppen einen gemeinsamen Vorfahren haben. Die V-Gen-Segmente, die es heute gibt, sind also in der Evolution durch eine Reihe von Genduplikationen und Diversifikation entstanden

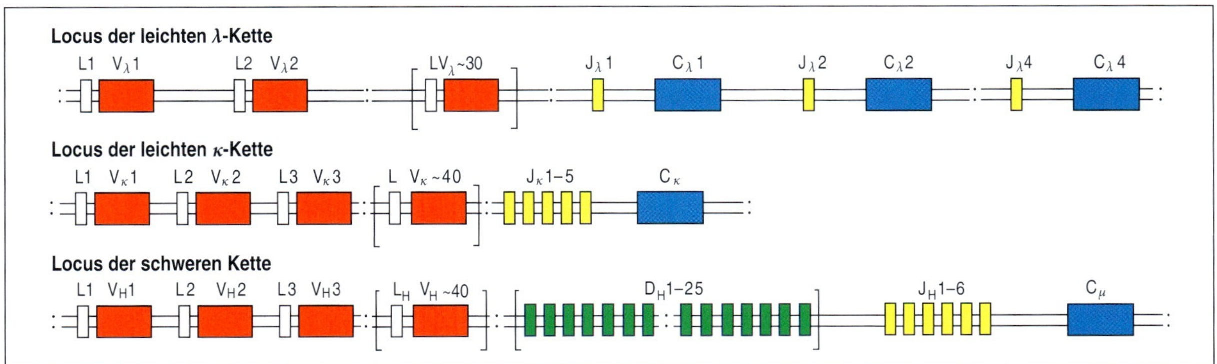

4.4 Die genomische Organisation der Loci für die schweren und leichten Immunglobulinketten in der Keimbahn des Menschen. Die obere Reihe zeigt den Genlocus der leichten λ-Kette auf Chromosom 22, der ungefähr 30 funktionelle V_λ-Gen-Segmente sowie vier Paare von funktionellen J_λ-Gen-Segmenten und C_λ-Genen enthält. Der κ-Locus auf Chromosom 2 (mittlere Reihe) ist ähnlich organisiert: Hier gibt es ungefähr 40 funktionelle V_κ-Gen-Segmente sowie einen Cluster von fünf J_κ-Segmenten, aber nur ein einziges C_κ-Gen. Bei ungefähr 50 % aller Individuen hat sich die Gruppe von V_κ-Gen-Segmenten dupliziert (der Einfachheit halber nicht dargestellt). Der Locus für die schwere Kette auf Chromosom 14 (untere Reihe) besitzt ungefähr 40 funktionelle V_H-Gen-Segmente. Außerdem findet man einen Cluster von etwa 25 D_H-Segmenten, die zwischen den V_H-Gen-Segmenten und sechs J_H-Gen-Segmenten liegen. Der Locus für die schwere Kette enthält auch einen großen Cluster von C_H-Genen (Abb. 4.17). Der Einfachheit halber ist hier nur ein einziges C_H-Gen abgebildet, wobei die einzelnen Exons nicht dargestellt sind. Darüber hinaus wurden die Pseudogene weggelassen und alle V-Gene in derselben Orientierung dargestellt (L, Leader-Peptid). Die Abbildung ist nicht maßstabsgetreu, da der Cluster für die schweren Ketten insgesamt zwei Megabasen (2 Millionen Basen) umfasst, einige der D-Segmente jedoch nur sechs Basen lang sind.

4.4 Die Umlagerung der V-, D- und J-Gen-Segmente wird durch flankierende DNA-Sequenzen gesteuert

Damit eine vollständige Kette eines Immunglobulins oder eines T-Zell-Rezeptors exprimiert wird, müssen die DNA-Umlagerungen an den richtigen Stellen bezüglich der codierenden Sequenzen eines V-, D- oder J-Gen-Segments stattfinden. Außerdem müssen Verknüpfungen so erfolgen, dass ein V-Gen-Segment mit einem D- oder J-Segment verbunden wird und nicht mit einem anderen V-Segment. DNA-Umlagerungen werden in der Tat von konservierten DNA-Sequenzen gesteuert, die sich neben den Stellen befinden, an denen die Rekombination erfolgt, den sogenannten **Rekombinationssignalsequenzen** (**RSS**). Diese Sequenzen bestehen aus einem konservierten Block von sieben Nucleotiden (das **Heptamer** 5'-CACAGTG-3'), der immer direkt auf die codierende Sequenz folgt. Daran schließt sich ein nichtkonservierter sogenannter **Spacer** (Abstandhalter) von 12 oder 23 Basenpaaren (bp) an, dem noch ein zweiter konservierter Block von neun Nucleotiden folgt (das **Nonamer** 5'-ACAAAAACC-3'; Abb. 4.5). Die Sequenzen der Spacer variieren; ihre Länge hingegen ist konserviert und entspricht einer (12 bp) oder zwei (23 bp) Windungen einer DNA-Doppelhelix. Auf diese Weise liegen das Heptamer und das Nonamer auf derselben Seite der DNA-Doppelhelix, sodass sie an den Proteinkomplex binden können, der die Rekombination katalysiert. Die Struktur Heptamer-Spacer-Nonamer, die RSS, befindet sich direkt neben der codierenden Sequenz von V-, D- oder J-Gen-Segmenten.

Zu einer Rekombination kommt es normalerweise nur zwischen Gensegmenten, die auf demselben Chromosom liegen. Der Prozess gehorcht normalerweise der sogenannten **12/23-Regel**: Ein Gensegment, das von einer Rekombinationssignalsequenz mit einem 12 bp langen Spacer flankiert ist, kann nur mit einem Gensegment verknüpft werden, das von einer RSS mit 23 bp langem Spacer flankiert ist. Auf diese Weise kann für die schwere Kette ein D_H- mit einem J_H-Gen-Segment und ein V_H- mit einem D_H-Gen-Segment fusionieren; eine direkte Verknüpfung von V_H- mit J_H-Gen-Segmenten ist dagegen nicht möglich, da V_H- und J_H-Gen-Segmente von 23-bp-Spacern und D_H-Gen-Segmente auf beiden Seiten von 12-bp-Spacern flankiert sind (Abb. 4.5).

Aus Abschnitt 3.6 wissen wir, dass die Antigenbindungsstelle eines Immunglobulins aus drei hypervariablen Regionen besteht. Die ersten beiden hypervariablen Regionen, CDR1 und CDR2, sind im V-Gen-Segment selbst codiert. Die dritte, CDR3, wird von der zusätzlichen DNA-Sequenz codiert, die durch die Verknüpfung von V- und J-Gen-Segmenten für die leichte Kette und V-, D- und J-Gen-Segmenten für die schwere Kette entsteht. Das Antikörperrepertoire kann sich noch zusätzlich durch CDR3-Regionen vervielfältigen, die anscheinend durch die Verknüpfung eines D-Gen-Segments mit einem anderen D-Gen-Segment zustande kommen. Das kommt zwar nicht häufig vor, eine direkte D-D-Verknüpfung verletzt offensichtlich die 12/23-Regel. Der Mechanismus dieser seltenen Umlagerungen ist nicht bekannt. Bei Menschen findet man in nahezu 5 % der Antikörper D-D-Fusionen; sie sind der Hauptgrund für die ungewöhnlich langen CDR3-Schleifen mancher schwerer Ketten.

Der Mechanismus der DNA-Umlagerung ist bei schwerer und leichter Kette ähnlich. Für die Gene der leichten Kette ist nur ein Fusionsereignis erforderlich, für ein vollständiges V-Gen einer schweren Kette dagegen

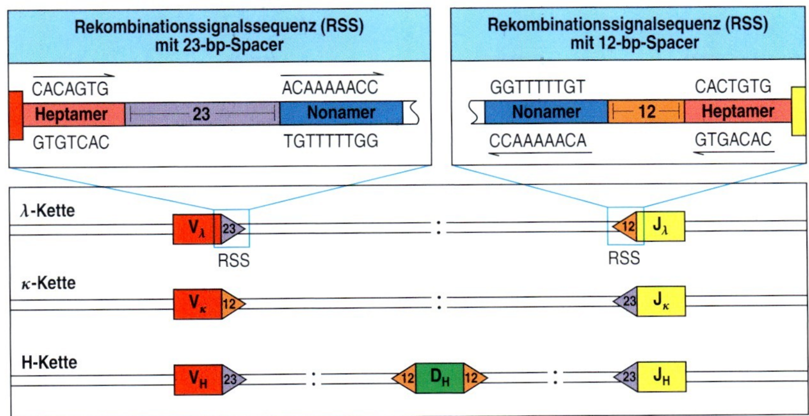

4.5 Rekombinationssignalsequenzen sind konservierte Heptamer- und Nonamersequenzen, die die Gensegmente flankieren, welche die V-, D- und J-Regionen von Immunglobulinen codieren. Rekombinationssignalsequenzen (RSS) bestehen aus dem Heptamer CACAGTG und dem Nonamer ACAAAAACC; dazwischen liegen entweder 12 oder ungefähr 23 Basenpaare. Die Sequenz aus Heptamer-12-bp-Spacer-Nonamer ist hier mit einer orangefarbenen Pfeilspitze dargestellt, das Motiv mit dem 23-bp-Spacer als violette Pfeilspitze. An einer Verknüpfung von Gensegmenten ist fast immer je ein Rekombinationssignal von 12 bp und von 23 bp beteiligt; sie folgt also der 12/23-Regel. Hier ist die Anordnung der RSS der V- (rot), D- (grün) und J- (gelb) Gensegmente schwerer (H) und leichter (λ und κ) Immunglobulinketten abgebildet. Entsprechend der 12/23-Regel schließt die Anordnung der RSS in den Gensegmenten der schweren Immunglobulinkette eine direkte Verknüpfung von V und J aus.

zwei. Wenn zwei Gensegmente innerhalb der DNA die gleiche Transkriptionsrichtung haben, stülpt sich bei der Umlagerung die DNA zwischen zwei Gensegmenten aus und wird deletiert (Abb. 4.6, links). Bei zwei Gensegmenten mit entgegensetzter Transkriptionsrichtung (Abb. 4.6, rechts) verbleibt dagegen die dazwischenliegende DNA in umgekehrter Orientierung im Chromosom. Dieser Rekombinationsmechanismus ist seltener, aber für etwa die Hälfte der Fusionen zwischen V_κ- und J_κ-Segmenten verantwortlich, da die Transkriptionsrichtung der Hälfte der menschlichen V_κ-Gen-Segmente entgegengesetzt zu derjenigen der J_κ-Gen-Segmente ist.

4.5 An der Reaktion, die V-, D- und J-Gen-Segmente rekombiniert, sind sowohl lymphocytenspezifische als auch ubiquitäre DNA-modifizierende Enzyme beteiligt

Der molekulare Mechanismus der DNA-Umlagerung in der V-Region, das heißt die **V(D)J-Rekombination**, ist in Abbildung 4.7 dargestellt. Die beiden im Abstand von 12 und 23 Basenpaaren liegenden RSS werden durch Wechselwirkungen zwischen Proteinen zusammengebracht, die spezifisch die Länge der Spacer erkennen und damit der 12/23-Rekombinationsregel folgen. Das DNA-Molekül wird dann an zwei Stellen geschnitten und in einer anderen Konfiguration wieder geschlossen. Die Enden der Heptamer-

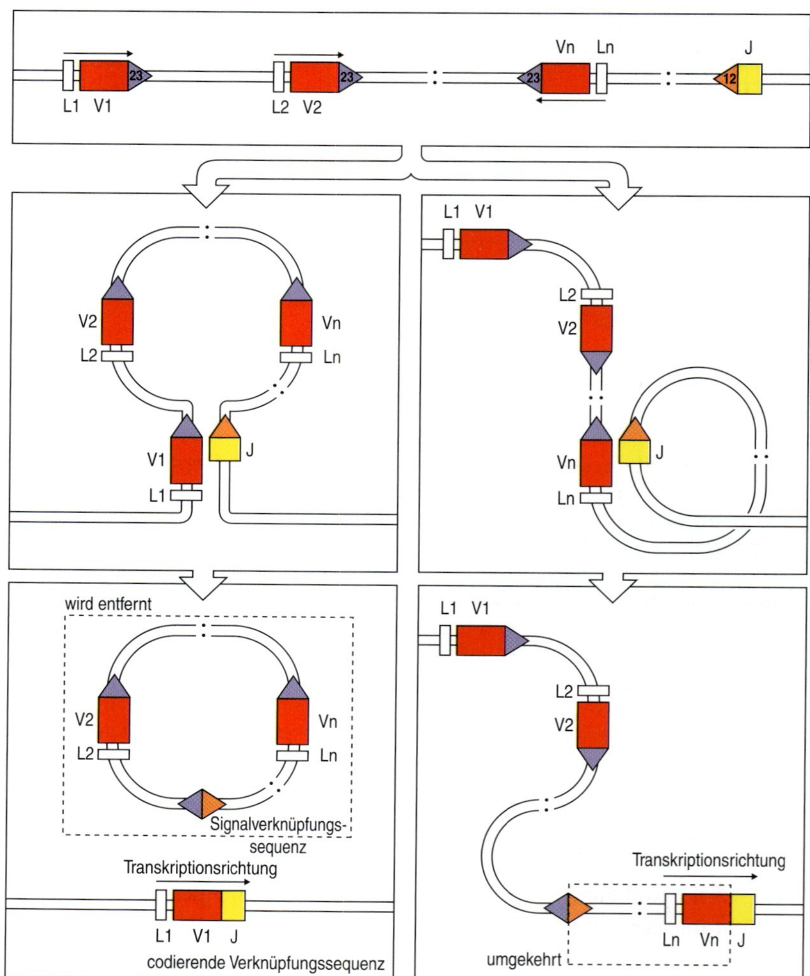

4.6 Gensegmente für variable Regionen werden durch Rekombination verknüpft. Bei jedem Rekombinationsereignis innerhalb einer variablen Region müssen die Rekombinationssignalsequenzen (RSS), welche die Gensegmente flankieren, zusammengeführt werden. Die RSS mit 12-bp-Spacer sind orange, die RSS mit 23-bp-Spacer violett dargestellt. Der Einfachheit halber ist hier die Umlagerung bei leichten Ketten gezeigt. Damit eine funktionsfähige variable Region bei schweren Ketten entsteht, sind zwei getrennte Rekombinationsereignisse nötig. In den meisten Fällen haben die V- und J-Segmente, wie auf den linken Abbildungen zu sehen ist, im Chromosom die gleiche Transkriptionsrichtung. Durch Nebeneinanderlegen der Rekombinationssignale stülpt sich die dazwischenliegende DNA als Schleife aus. Die Rekombination erfolgt an den Enden der Heptamersequenzen in den RSS, wodurch eine Signalverknüpfungssequenz entsteht und die dazwischenliegende DNA als geschlossenes zirkuläres Fragment entfernt wird. Anschließend bildet sich bei der Verbindung des V- mit dem J-Gen-Segment die codierende Verknüpfungssequenz in der chromosomalen DNA. In anderen Fällen unterscheiden sich die ursprünglichen Transkriptionsrichtungen des V- und des J-Gen-Segments (rechts). Das Zusammenbringen der RSS erfordert dann eine komplexere Schleifenbildung der DNA. Die Verknüpfung der beiden Heptamersequenzen führt nun zu einer Inversion und dem Einbau der dazwischenliegenden DNA an einer anderen Stelle im Chromosom. Auch hier bringt die Verbindung von einem V- mit einem J-Gen-Segment ein funktionsfähiges Exon für eine variable Region hervor.

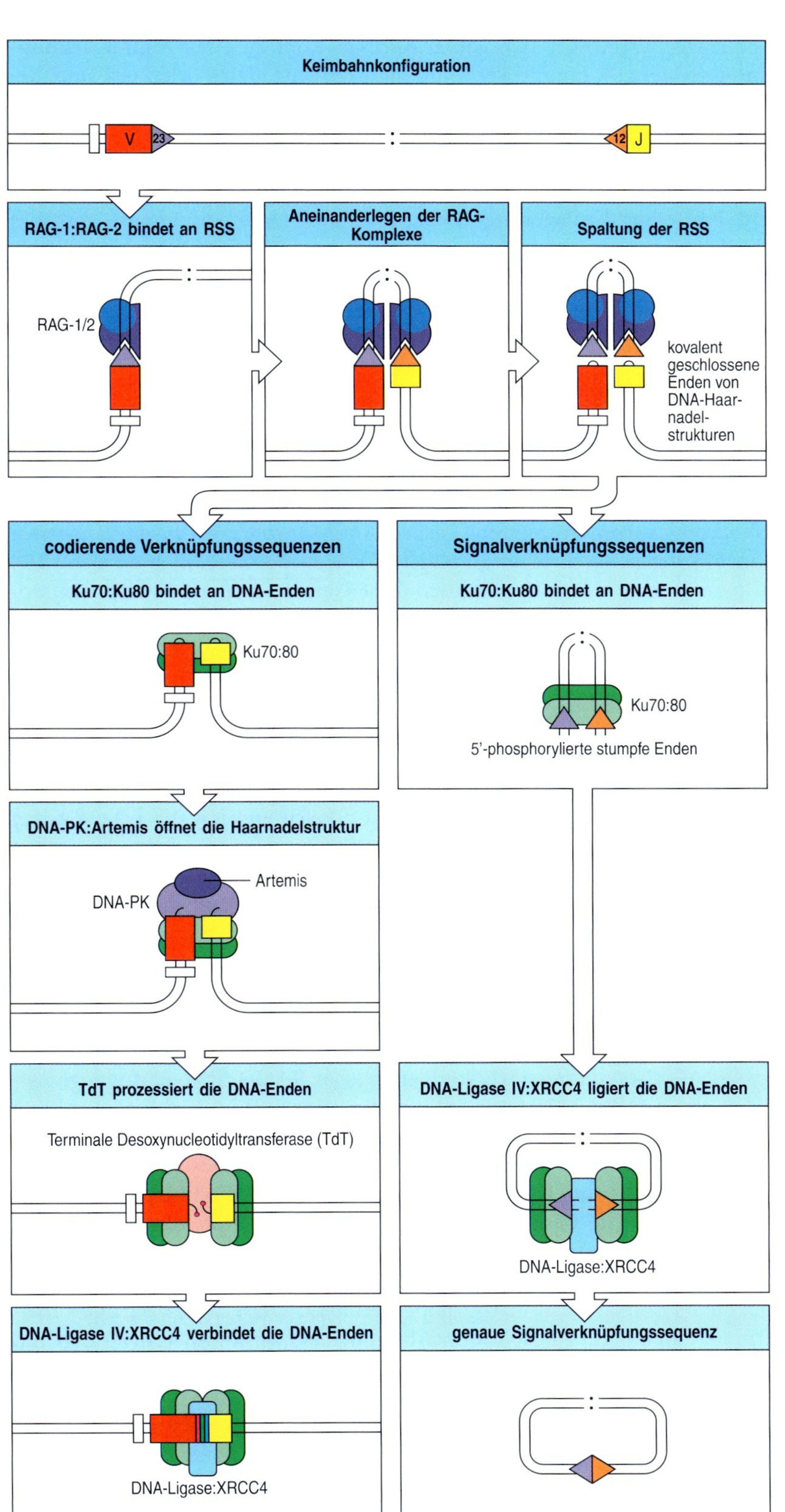

4.7 Enzymatische Schritte bei der RAG-abhängigen V(D)J-Umlagerung. Gensegmente, die Rekombinationssignalsequenzen (RSS; Dreiecke) enthalten, beginnen die Umlagerung mit der Bindung von RAG-1 (blau), RAG-2 (violett) und *high mobility group*-(HMG-)Proteinen (nicht dargestellt) an eine RSS, die neben den codierenden zu verknüpfenden Sequenzen liegt (zweite Reihe). Nach Bindung der beiden RAG-Komplexe an zwei RSS richten sich die beiden Komplexe vermutlich nebeneinander aus. Anschließend spaltet die Endonucleaseaktivität des RAG-Komplexes eine Phosphodiesterbindung des DNA-Rückgrats so, dass genau zwischen dem codierenden Segment und seiner RSS eine 3'-Hydroxylgruppe entsteht. Diese reagiert dann mit einer Phosphodiesterbindung auf dem gegenüberliegenden DNA-Strang, wodurch ein stumpfes 5'-phosphoryliertes DNA-Ende an der Heptamersequenz der RSS und eine Haarnadelstruktur am codierenden Ende entstehen. Anschließend wird mit den beiden DNA-Enden unterschiedlich verfahren. An den codierenden Enden (links) binden essenzielle Proteine wie Ku70:Ku80 (grün) an die Haarnadelstruktur. Der DNA-PK:Artemis-Komplex (violett) bindet an den Komplex, und seine Endonucleaseaktivität öffnet die DNA-Haarnadelstruktur an einer zufälligen Stelle, wodurch, abhängig von der genauen Lage des Schnitts, entweder ein glattes oder ein einzelsträngiges gestrecktes DNA-Ende entsteht. Dieses DNA-Ende wird dann durch TdT und Exonucleaseaktivitäten modifiziert, die zufällig unterschiedliche und ungenaue Enden schaffen (dieser Vorgang ist in Abbildung 4.8 genauer dargestellt). Zum Schluss werden die Enden durch DNA-Ligase IV (türkis) und XRCC4 (grün) verknüpft. An den Signalenden (rechts) werden die beiden stumpfen 5'-phosphorylierten Enden an den Heptamersequenzen durch Ku70:Ku80 gebunden, aber nicht weiter modifiziert. Stattdessen verbindet ein Komplex aus DNA-Ligase IV:XRCC4 die beiden Signalenden exakt zur Signalverknüpfungssequenz.

sequenzen verbinden sich genau Kopf-an-Kopf zu einer **Signalverknüpfungssequenz**; wenn die Verknüpfungssegmente gleich orientiert sind, befindet sich die Sequenz in einem Stück ringförmiger, extrachromosomaler DNA, das dem Genom verloren geht, wenn sich die Zelle teilt (Abb. 4.6, links). Die V- und J-Gen-Segmente, die auf dem Chromosom bleiben, verbinden sich zu einer sogenannten **codierenden Verknüpfungssequenz**. Im Fall einer Umlagerung durch Inversion (Abb. 4.6, rechts) verbleibt die Signalverknüpfungssequenz ebenfalls im Chromosom und der DNA-Abschnitt zwischen dem V-Gen-Segment und der RSS des J-Gen-Segments bildet durch Inversion die codierende Verknüpfungssequenz. Wie wir später noch sehen werden, ist diese Verknüpfung ungenau und sorgt folglich für noch mehr zusätzliche Variabilität in der V-Region-Sequenz.

Den Komplex aus verschiedenen Enzymen, die gemeinsam die somatische V(D)J-Rekombination katalysieren, bezeichnet man als **V(D)J-Rekombinase**. Die Produkte der beiden Gene *RAG-1* und *RAG-2* (**rekombinationsaktivierende Gene**) stellen die lymphoidspezifischen Bestandteile der Rekombinase dar. Dieses Genpaar wird nur in sich entwickelnden Lymphocyten exprimiert, während sie ihre Antigenrezeptoren zusammenstellen (ausführlicher beschrieben in Kapitel 7). Sie sind wesentlich an der V(D)J-Rekombination beteiligt. Werden diese Gene zusammen in nichtlymphoiden Zellen wie Fibroblasten exprimiert, können sie diesen die Fähigkeit verleihen, exogene DNA-Segmente mit passenden RSS umzulagern; auf diese Weise hat man *RAG-1* und *RAG-2* ursprünglich entdeckt.

Die übrigen Enzyme des Rekombinasekomplexes sind hauptsächlich ubiquitär exprimierte, DNA-modifizierende Proteine, die an der Reparatur doppelsträngiger DNA und an der Modifikation der Enden von aufgebrochener DNA beteiligt sind. Darunter ist **Ku**, ein Heterodimer (Ku70:Ku80), das sich ringförmig um die DNA legt und sich eng mit der katalytischen Untereinheit einer Proteinkinase, DNA-PKcs, assoziiert; dadurch entsteht die **DNA-abhängige Proteinkinase** (**DNA-PK**). Ein weiteres Beispiel ist das Protein **Artemis** mit Nucleaseaktivität. Zum Schluss werden die DNA-Enden durch das Enzym **DNA-Ligase IV** verknüpft, das mit dem DNA-Reparaturprotein XRCC4 einen Komplex bildet.

Die V(D)J-Rekombination ist ein mehrstufiger enzymatischer Prozess. Die erste Reaktion ist die Spaltung durch eine Endonuclease, welche die koordinierte Aktivität der beiden RAG-Proteine erfordert. Zunächst erkennen zwei RAG-Proteinkomplexe, von denen jeder RAG-1, RAG-2 und *high mobility group*-(HMG-)Proteine enthält, die beiden RSS, welche die Spaltung steuern, und ordnen sie nebeneinander an (Abb. 4.7). Man nimmt an, dass RAG-1 das Nonamer der RSS spezifisch erkennt. An diesem Punkt kommt die 12/23-Regel durch Mechanismen zum Tragen, die bislang kaum verstanden sind. Die Endonucleaseaktivität der RAG-Proteinkomplexe (man vermutet sie in RAG-1) führt dann zu zwei DNA-Einzelstrangbrüchen an am 5'-Ende jeder gebundenen RSS, wodurch am Ende jedes codierenden Segments eine freie 3'-OH-Gruppe verbleibt. Diese 3'-OH-Gruppe hydrolysiert dann die Phosphodiesterbindung auf dem anderen Strang und verknüpft das Ende der doppelsträngigen DNA, wodurch am Ende der codierenden Region des Gensegments eine Haarnadelstruktur und an den Enden der beiden Heptamersequenzen ein glatter Doppelstrangbruch entsteht. Die DNA-Enden entfernen sich jedoch nicht voneinander, sondern werden eng in dem Komplex zusammengehalten, bis die Verknüpfung vollzogen ist. Die 5'-Enden der DNA werden durch Ku zusammengehalten und durch einen Komplex aus DNA-Ligase IV und XRCC4 zur Signalverknüpfungssequenz verbunden.

Die Bildung der codierenden Verknüpfungssequenz ist komplizierter, scheint aber schneller vonstatten zu gehen als die Bildung der Signalverknüpfungssequenz. Die DNA-Enden mit den Haarnadelstrukturen werden von Ku zusammengehalten, das die DNA-PKcs rekrutiert. Artemis stößt zu dem Komplex hinzu, wird durch Phosphorylierung durch DNA-PK aktiviert und öffnet dann die DNA-Haarnadelstrukturen mit einem Einzelstrangbruch. Der Schnitt kann an verschiedenen Stellen innerhalb der Haarnadelstruktur erfolgen, was bei der zufälligen Wiederverknüpfung zu einer Sequenzvariabilität innerhalb der resultierenden Signalverknüpfungssequenz führt. Die DNA-Reparaturenzyme innerhalb des Komplexes modifizieren dann die geöffneten Haarnadelstrukturen, indem sie Nucleotide (durch Endonucleaseaktivität) entfernen und gleichzeitig nach dem Zufallsprinzip (durch die lymphoidspezifische **Terminale Desoxynucleotidyltransferase (TdT)**, die ebenfalls Teil des Rekombinasekomplexes ist) an die Einzelstrangenden anfügen. Hinzufügen und Entfernen von Nucleotiden kann in jeder beliebigen Reihenfolge erfolgen. Schließlich verknüpft die DNA-Ligase IV die prozessierten Enden, und es entsteht ein Chromosom, welches das umgeordnete Gen enthält. Dieser Reparaturprozess schafft offensichtlich Vielfalt an der Verknüpfungsstelle zwischen den Gensegmenten und stellt gleichzeitig sicher, dass die RSS-Enden ohne Modifikation verbunden und ungewollte genetische Schäden wie ein Chromosomenbruch vermieden werden.

Der von den RAG-Proteinen kontrollierte Rekombinationsmechanismus hat viele interessante Grundzüge mit dem Mechanismus gemeinsam, durch den retrovirale Integrasen den Einbau von Retroviren-DNA in das Genom katalysieren, ferner mit jenem Mechanismus, der der Mobilität von Transposons zugrunde liegt. Transposons sind bewegliche genetische Elemente, die ihre eigene Transposase codieren, wodurch sie sich selbst aus dem Genom herausschneiden und an anderer Stelle wieder integrieren können. Auch die Struktur der *RAG*-Gene selbst, die eng beieinander auf dem Chromosom liegen und nicht die üblichen Introns der Säugetiere haben, erinnert an ein Transposon. Und tatsächlich ließ sich kürzlich zeigen, dass der RAG-Komplex *in vitro* als Transposase agieren kann. All diese Merkmale führten zu der Vermutung, dass der RAG-Komplex von einer Transposase abstammt, die bei Wirbeltieren im Laufe der Evolution für die V-Gen-Segment-Rekombination spezifisch wurde und so zur Entstehung des erworbenen Immunsystems führte. Darauf werden wir in Kapitel 16 zurückkommen. Damit vereinbar ist auch, dass man bisher außer in Wirbeltieren keine homologen Gene zu den *RAG*-Genen gefunden hat.

Die *in vivo*-Funktionen der Enzyme, die an der V(D)J-Rekombination beteiligt sind, entdeckte man durch natürlich vorkommende oder induzierte Mutationen. Mäuse, denen TdT fehlt, fügen keine Nucleotide an die Verknüpfungen zwischen den Gensegmenten an. Mäuse, in denen eines der *RAG*-Gene ausgeschaltet ist, leiden an einem vollständigen Abbruch der Lymphocytenentwicklung im Stadium der Genumlagerung oder stellen nur unbedeutende Mengen an B- und T-Zellen her. Solche Mäuse leiden an einem schweren kombinierten Immundefekt (*severe combined immune deficiency*, **SCID**). Die ursprüngliche ***scid***-Mutation wurde einige Zeit vor der Identifizierung der Bestandteile des Rekombinationsmechanismus entdeckt; erst später stellte sich heraus, dass es sich um eine Mutation in der

DNA-PKcs handelt. Mit deren vermuteter Funktion ist gut vereinbar, dass Mäuse, denen DNA-PK fehlt, Defekte bei der Bildung der codierenden Verknüpfungssequenz aufweisen, aber nicht bei der Bildung der Signalverknüpfungssequenz. Mäuse, denen DNA-PKcs, Ku oder Artemis fehlt, sind generell in der Doppelstrangreparatur beeinträchtigt und reagieren überempfindlich auf ionisierende Strahlen (die Doppelstrangbrüche verursachen). Bei Menschen sind Mutationen in *RAG-1* oder *RAG-2*, die zu einer partiellen V(D)J-Rekombinaseaktivität führen, Ursache für eine erbliche Erkrankung, das sogenannte **Omenn-Syndrom**. Die betroffenen Patienten haben keine zirkulierenden B-Zellen und aktivierte oligoklonale T-Lymphocyten wandern in die Haut ein. Defekte in Artemis führen beim Menschen zu einer kombinierten Immundefizienz von B- und T-Zellen, die mit erhöhter Strahlungsempfindlichkeit assoziiert ist und als RS-SCID bezeichnet wird.

4.6 Für die Erzeugung der Immunglobulinvielfalt gibt es vier grundlegende Mechanismen

Die Genumlagerungen, die zwei beziehungsweise drei Gensegmente zu einem vollständigen Exon einer variablen Region kombinieren, erzeugen auf zwei Arten Vielfalt. Erstens gibt es von jedem Typ des Gensegments zahlreiche Kopien, und bei verschiedenen Umlagerungen können unterschiedliche Kombinationen der Genabschnitte entstehen. Diese **kombinatorische Diversität** ist für einen beträchtlichen Teil der Vielfalt in den variablen Regionen der schweren und leichten Kette verantwortlich. Zweitens entsteht an den Verknüpfungsstellen zwischen verschiedenen Gensegmenten durch das Hinzufügen und Entfernen von Nucleotiden während des Rekombinationsvorgangs eine **junktionale Vielfalt**. Eine dritte, ebenfalls kombinatorische Quelle der Vielfalt besteht darin, dass sich variable Regionen der schweren und der leichten Kette in unterschiedlichen Kombinationen paarweise zur Antigenbindungsstelle im Immunglobulinmolekül zusammenlagern. Allein die beiden kombinatorischen Mechanismen können theoretisch etwa $1{,}9 \times 10^6$ verschiedene Antikörpermoleküle hervorbringen (Abschnitt 4.7). Zusammen mit der junktionalen Vielfalt schätzt man das Repertoire von Rezeptoren, die von naiven B-Zellen exprimiert werden, auf ungefähr 10^{11}. **Somatische Hypermutation**, auf die wir in diesem Kapitel noch zu sprechen kommen, führt schließlich zu Punktmutationen in den umgeordneten Genen der variablen Regionen aktivierter B-Zellen und schafft damit noch mehr Vielfalt, die auf eine verstärkte Antigenbindung selektiert werden kann.

4.7 Die mehrfachen ererbten Gensegmente werden in verschiedenen Kombinationen verwendet

Die V-, D- und J-Gen-Segmente liegen in zahlreichen Kopien vor, von denen jeder Teil eines Gens für eine variable Immunglobulinregion werden kann. Durch die Auswahl verschiedener Kombinationen dieser Segmente können also viele verschiedene variable Regionen entstehen. Für die leichte

κ-Kette des Menschen gibt es etwa 40 funktionelle V_κ- und fünf J_κ-Gen-Segmente. Also sind etwa 200 verschiedene V_κ-Regionen möglich. Für die leichte λ-Kette stehen etwa 30 funktionelle V_λ- und vier J_λ-Gen-Segmente zur Verfügung, was 120 mögliche V_λ-Regionen ergibt. Auf diese Weise können durch die Kombination verschiedener Gensegmente 320 verschiedene leichte Ketten entstehen. Für die schwere Kette gibt es beim Menschen 40 funktionelle V_H-Gen-Segmente, etwa 25 D_H- und 6 J_H-Gen-Segmente. So sind ungefähr 6000 verschiedene V_H-Regionen möglich ($40 \times 25 \times 6 = 6000$). Während der B-Zell-Entwicklung erfolgt zunächst die Umlagerung am Locus für die schwere Kette, und eine der möglichen schweren Ketten entsteht; dann folgen mehrere Zellteilungen, bevor die Genumlagerung für die leichte Kette stattfindet. Ein und dieselbe schwere Kette wird also in verschiedenen Zellen mit verschiedenen leichten Ketten verbunden. Da sowohl die variable Region der schweren als auch die der leichten Kette zur Antikörperspezifität beitragen, kann jede der 320 leichten Ketten mit jeder der ungefähr 6000 schweren Ketten kombiniert werden, was schließlich zu $1{,}9 \times 10^6$ verschiedenen Antikörperspezifitäten führt.

Diese theoretische Berechnung der kombinatorischen Vielfalt beruht auf der Zahl der Gensegmente für variable Regionen in der Keimbahn, die in funktionsfähigen Antikörpern vorkommen (Abb. 4.3). Die Gesamtzahl von V-Gen-Segmenten ist größer, aber die zusätzlichen Gensegmente sind Pseudogene und tauchen in exprimierten Immunglobulinmolekülen nicht auf. In Wirklichkeit ist die kombinatorische Vielfalt wahrscheinlich geringer als aufgrund der eben erwähnten theoretischen Berechnungen erwartet. Ein Grund dafür ist, dass nicht alle V-Gen-Segmente mit gleicher Häufigkeit verwendet werden. Einige kommen häufig in Antikörpern vor, andere dagegen nur selten. Nicht jede schwere Kette kann sich außerdem mit jeder leichten Kette verbinden. Bestimmte Kombinationen von V_H- und V_L-Regionen ergeben kein stabiles Immunglobulinmolekül. In Zellen mit schweren und leichten Ketten, die sich nicht kombinieren lassen, erfolgen möglicherweise weitere Umlagerungen der Gene für die leichten Kette, bis eine geeignete leichte Kette entsteht, oder die Zellen werden eliminiert. Man geht dennoch davon aus, dass die meisten schweren und leichten Ketten zusammenpassen und dass diese Art der kombinatorischen Vielfalt eine wesentliche Rolle bei der Bildung eines Immunglobulinrepertoires mit einem großen Spektrum an Spezifitäten spielt.

4.8 Unterschiede beim Einfügen und Entfernen von Nucleotiden an den Verbindungsstellen zwischen den Gensegmenten tragen zur Vielfalt in der dritten hypervariablen Region bei

Wie bereits erwähnt, werden von den drei hypervariablen Schleifen in den Proteinketten der Immunglobuline zwei, CDR1 und CDR2, innerhalb der DNA des V-Gen-Segments codiert. Die dritte Schleife, CDR3, liegt im Bereich der Verknüpfungsstelle zwischen dem V- und dem J-Gen-Segment und wird bei der schweren Kette teilweise vom D-Gen-Segment codiert. Sowohl bei der schweren als auch bei der leichten Kette erhöht sich die Vielfalt der dritten hypervariablen Region durch Hinzufügen und Entfernen von Nucleotiden während zweier Verknüpfungsschritte der

Gensegmente signifikant. Die zugefügten Nucleotide bezeichnet man als P- und N-Nucleotide. Abbildung 4.8 zeigt schematisch, wie sie eingebaut werden.

P-Nucleotide tragen diese Bezeichnung, weil sie palindromische Sequenzen umfassen, die an die Enden der Gensegmente angefügt werden. Nach der Bildung der DNA-Haarnadelstrukturen an den codierenden Enden der V-, D- oder J-Segmente durch RAG-Proteine (Abschnitt 4.5) katalysiert Artemis einen Einzelstrangschnitt an einer zufälligen Position innerhalb der codierenden Sequenz, jedoch in der Nähe der Stelle, an der die Haarnadelstruktur entstanden ist. Wenn dieser Schnitt an einer anderen Stelle erfolgt als der erste Bruch durch den RAG-1/2-Komplex, bildet sich ein einzelsträngiges Schwanzstück aus einigen Nucleotiden der codierenden Sequenz plus den komplementären Nucleotiden des anderen DNA-Stranges (Abb. 4.8). Bei den meisten Umlagerungen von Genen leichter Ketten füllen dann DNA-Reparaturenzyme das einzelsträngige Schwanzstück mit komplementären Nucleotiden auf. Dadurch verbleiben kurze palindromische Sequenzen (die P-Nucleotide) an der Verknüpfungsstelle, wenn die Stränge ohne weitere Exonucleaseaktivität wieder verknüpft werden.

Bei Umlagerungen der Gene für die schwere Kette und bei einigen menschlichen Genen für die leichte Kette werden jedoch zuerst **N-Nucleotide** auf ganz andere Art und Weise angefügt, bevor die Enden wieder verknüpft werden. Die Bezeichnung N-Nucleotide leitet sich davon ab, dass sie nicht in der DNA-Matrize codiert sind. Sie werden nach Aufschneiden der Haarnadelstruktur durch das Enzym Terminale Desoxynucleotidyl-

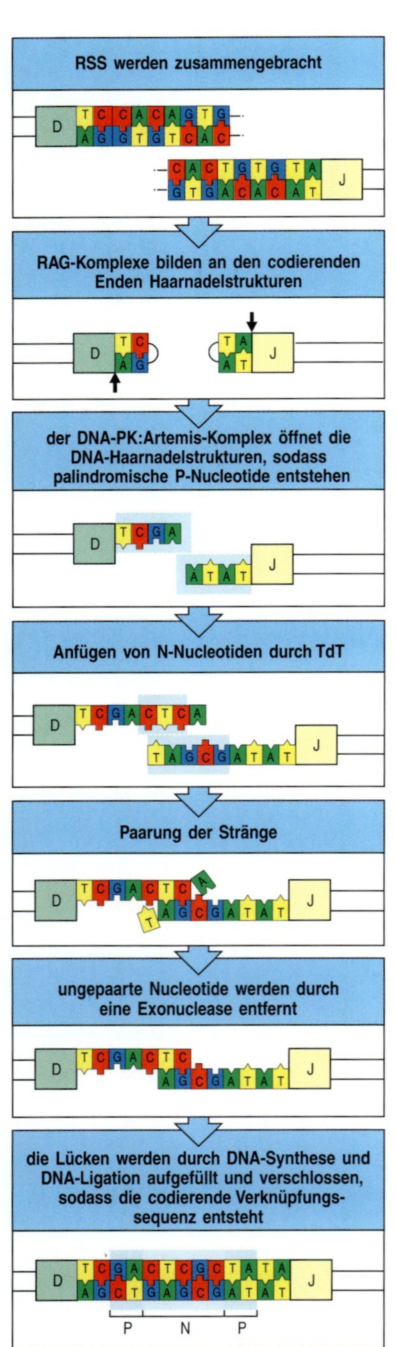

4.8 Die Einführung von P- und N-Nucleotiden schafft Vielfalt an den Verknüpfungsstellen zwischen Gensegmenten während der Immunglobulingenumlagerung. Der Vorgang ist am Beispiel für eine Umlagerung von D_H nach J_H dargestellt (erstes Bild). Die gleichen Schritte erfolgen auch bei einer Umlagerung von V_H nach D_H und von V_L nach J_L. Nach Bildung der Haarnadelstrukturen (zweites Bild) werden die beiden Heptamersequenzen zur Signalverknüpfungssequenz verbunden (hier nicht gezeigt); währenddessen schneidet der DNA-PK:Artemis-Komplex die DNA-Haarnadelstruktur an einer zufälligen Stelle (mit Pfeilen markiert), wodurch ein einzelsträngiges DNA-Ende entsteht (drittes Bild). Je nach Lage des Schnittes kann diese einzelsträngige DNA Nucleotide enthalten, die ursprünglich in der doppelsträngigen DNA komplementär waren und die daher kurze DNA-Palindrome wie TCGA und ATAT bilden können (blau schattierter Kasten). Solche Abschnitte von Nucleotiden, die vom komplementären Strang stammen, bezeichnet man als P-Nucleotide. Die Sequenz GA am Ende des hier dargestellten D-Segments ist zum Beispiel komplementär zur vorausgehenden Sequenz TC. Wo das Enzym Terminale Desoxynucleotidyltransferase (TdT) vorhanden ist, fügt es nach dem Zufallsprinzip Nucleotide an die Enden der einzelsträngigen Segmente (viertes Bild); der schattierte Kasten hebt diese N-Nucleotide (N steht für *nontemplated*, das heißt ohne Matrize) hervor. Die beiden einzelsträngigen Enden paaren dann (fünftes Bild). Durch Zurechtschneiden der ungepaarten Nucleotide (sechstes Bild) durch eine Exonuclease und Reparatur der codierenden Verknüpfungssequenz durch DNA-Synthese und -Verknüpfung bleiben sowohl die P- als auch die N-Nucleotide in der endgültigen codierenden Verknüpfungssequenz (blau schattierter Bereich im untersten Bild) erhalten. Die Zufälligkeit des Einbaus von P- und N-Nucleotiden macht eine bestimmte P-N-Region nahezu einzigartig und zu einem wertvollen Kennzeichen für die Entwicklung eines einzelnen B-Zell-Klons, zum Beispiel bei Untersuchungen der somatischen Hypermutation (Abb. 4.25).

transferase (TdT) an die einzelsträngigen Enden der codierenden DNA nach Spaltung der Haarnadelstruktur angehängt. Nach Hinzufügen von bis zu 20 Nucleotiden bilden die beiden Einzelstränge Basenpaare aus. Reparaturenzyme schneiden dann nichtgepaarte Basen ab, füllen die verbliebene einzelsträngige DNA mit komplementären Nucleotiden auf und ligieren die DNA schließlich mit der palindromischen Region (Abb. 4.8). TdT wird während der B-Zell-Entwicklung maximal exprimiert, wenn das Gen für die schwere Kette zusammengebaut wird; N-Nucleotide sind daher in ihren V-D- und D-J-Verknüpfungen häufig. Weniger häufig sind sie in den Genen für die leichte Kette, deren Umlagerungen nach den Genen der schweren Kette stattfinden.

An den Verknüpfungsstellen von Gensegmenten können Nucleotide auch entfernt werden. Diese Reaktion wird durch bisher nicht identifizierte Exonucleasen katalysiert. Die Länge der CDR3-Region einer schweren Kette kann damit noch kürzer sein als das kleinste D-Segment. In manchen Fällen ist es schwierig oder sogar unmöglich, das D-Segment zu erkennen, das zur CDR3-Bildung beigetragen hat, da die meisten seiner Nucleotide herausgeschnitten wurden. Deletionen können auch die Spuren von P-Nucleotiden verwischen, die bei der Öffnung der Haarnadelstruktur eingebaut wurden. Aus diesem Grund sind die P-Nucleotide in vielen fertigen V(D)J-Verknüpfungen nicht zu erkennen. Da es auf Zufall beruht, wie viele Nucleotide durch diese Mechanismen angefügt werden, wird häufig das Leseraster der codierenden Sequenz jenseits der Verknüpfungsstelle unterbrochen. Solche Rasterverschiebungen führen normalerweise zu einem funktionslosen Protein – DNA-Umlagerungen, die solche Störungen verursachen, bezeichnet man als **unproduktive Umlagerungen**. Da etwa zwei von drei Umlagerungen unproduktiv sind, können viele B-Zell-Vorläufer keine funktionsfähigen Immunglobuline erzeugen und daher nie zu reifen B-Zellen werden. Die junktionale Vielfalt entsteht also nur unter Inkaufnahme eines hohen Maßes an Verschwendung. Wir werden uns in Kapitel 7 eingehender mit diesem Aspekt befassen.

Zusammenfassung

Die Vielfalt des Repertoires an Immunglobulinen entsteht durch mehrere Mechanismen. Am wichtigsten für diese außerordentliche Diversität ist, dass V-Regionen von separaten (V-, D- und J-) Gensegmenten codiert werden, die durch eine somatische Rekombination zu einem vollständigen V-Region-Gen zusammengeführt werden. Im Genom eines Individuums gibt es viele verschiedene Gensegmente für variable Regionen; das ist die erbliche Grundlage für die Diversität. Unbedingt notwendig dafür sind lymphocytenspezifische Rekombinasen, die RAG-Proteine, die diese Umlagerungen katalysieren. Die Entwicklung von RAG-Proteinen erfolgte gleichzeitig mit der Entwicklung des erworbenen Immunsystems moderner Wirbeltiere. Zusätzliche funktionelle Vielfalt der Immunglobuline ergibt sich aus dem Verknüpfungsprozess selbst. Die Variabilität an den Verknüpfungsstellen zwischen den Segmenten erhöht sich durch den Einbau einer zufälligen Anzahl von P- und N-Nucleotiden und durch variables Entfernen von Nucleotiden an den Enden einiger codierender Sequenzen. Das Aneinanderlagern der verschiedenen variablen Regionen der leichten und schweren Kette bei der Bildung der Antigenbindungsstelle eines Immunglobulinmoleküls erhöht die Vielfalt noch weiter. Die Kombination all dieser Mechanismen zur Erzeugung von Vielfalt schafft ein riesiges Repertoire an Antikörperspezifitäten. Somatische Hypermutation, auf die wir noch eingehen werden, führt noch zusätzliche Veränderungen in die umgeordneten variablen Regionen ein und vergrößert dieses primäre Repertoire weiter.

Die Umlagerung der Gene von T-Zell-Rezeptoren

Die Mechanismen, durch die B-Zell-Antigenrezeptoren entstehen, sind bei der Erzeugung von Diversität sehr erfolgreich, und so überrascht es nicht, dass die Antigenrezeptoren von T-Zellen den Immunglobulinen strukturell ähneln und durch denselben Mechanismus gebildet werden. In diesem Abschnitt beschreiben wir die Organisation der Loci von T-Zell-Rezeptoren und die Entstehung der Gene für die einzelnen T-Zell-Rezeptor-Ketten.

4.9 Die Loci von T-Zell-Rezeptoren sind ähnlich angeordnet wie die Loci der Immunglobuline und werden mithilfe derselben Enzyme umgelagert

Wie die schwere und die leichte Kette der Immunglobuline besteht die α- und β-Kette des T-Zell-Rezeptors aus einer aminoterminalen, variablen (V-)Region und einer konstanten (C-)Region (Abschnitt 3.10). Die Organisation des TCRα- und TCRβ-Locus zeigt Abbildung 4.9. Die Organisation der Gensegmente ist im Großen und Ganzen homolog zu denen der Immunglobulingensegmente (Abschnitte 4.2 und 4.3). Der TCRα-Locus enthält wie derjenige für die leichten Immunglobulinketten V- und J-Gen-Segmente (V_α und J_α). Der TCRβ-Locus enthält wie derjenige für die schweren Immunglobulinketten zusätzlich zu V_β- und J_β-Gen-Segmenten noch D-Gen-Segmente.

Die Segmente von T-Zell-Rezeptor-Genen ordnen sich während der T-Zell-Entwicklung zu vollständigen V-Domänen-Exons um (Abb. 4.10). Die

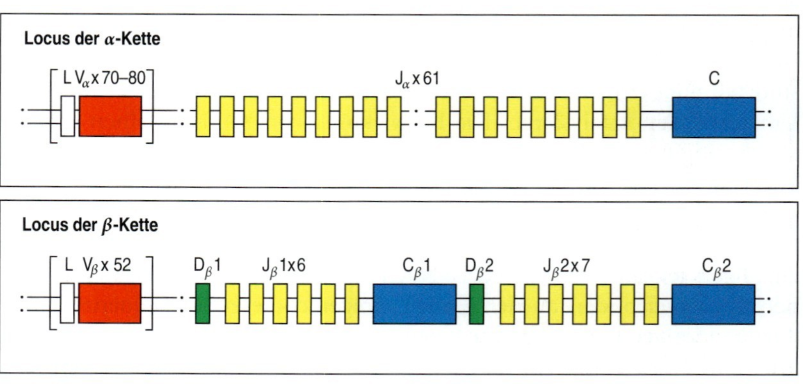

4.9 Die Organisation der Loci für die α- und β-Kette des T-Zell-Rezeptors in der menschlichen Keimbahn. Die Anordnung der Gensegmente ähnelt derjenigen der Immunglobuline. Es gibt getrennte V-, D-, J- und C-Gen-Segmente. Der TCRα-Locus (Chromosom 14) besteht aus 70 bis 80 V_α-Segmenten. Vor jedem befindet sich ein Exon, das ein Leader-Peptid (L) codiert. Wie viele dieser V_α-Gen-Segmente funktionell sind, ist nicht genau bekannt. Eine Gruppe von 61 J_α-Gen-Segmenten liegt in beträchtlicher Entfernung von den V_α-Gen-Segmenten. Den J_α-Segmenten folgt ein einzelnes C-Gen, das getrennte Exons für die konstante und die Gelenkregion sowie ein einziges Exon für die Transmembran- und Cytoplasmaregionen enthält (nicht dargestellt). Der TCRβ-Locus (Chromosom 7) ist anders aufgebaut. Es gibt eine Gruppe von 52 funktionellen V_β-Gen-Segmenten, die in einiger Entfernung von zwei getrennten Clustern liegen, welche jeweils ein einzelnes D-Gen-Segment und sechs oder sieben J-Gen-Segmente sowie ein einzelnes C-Gen enthalten. Jedes TCRβ-C-Gen besitzt separate Exons für die konstante Region, die Gelenk-, die Transmembran- und die Cytoplasmaregion (nicht dargestellt). Ein weiterer TCR-Locus (der sogenannte δ-Locus) unterbricht den Locus der α-Kette zwischen den V- und J-Segmenten (hier nicht dargestellt; s. Abb. 4.14).

Umlagerung der T-Zell-Rezeptor-Gene erfolgt im Thymus; Kapitel 7 befasst sich mit den Einzelheiten des Ablaufs und dessen Regulation. Die Mechanismen der Genumlagerung sind bei B- und T-Zellen grundsätzlich gleich. Die Genabschnitte der T-Zell-Rezeptoren sind von Rekombinationssignalsequenzen (RSS) mit 12-bp- und 23-bp-Spacern flankiert, die homolog zu denen in Immunglobulingensegmenten sind (Abb. 4.11 und Abschnitt 4.4) und von den gleichen Enzymen erkannt werden. Die DNA-Ringstrukturen, die bei der Genumlagerung entstehen (Abb. 4.6), bezeichnet man als T-Zell-Rezeptor-Excisionsringe (*T-cell receptor excision circles*, TRECs). Man verwendet sie als Marker für T-Zellen, die gerade den Thymus verlassen haben. Alle bekannten Defekte in Genen, welche die V(D)J-Rekombination regulieren, beeinträchtigen T- und B-Zellen gleichermaßen, und Tiere mit diesen genetischen Defekten haben keine funktionsfähigen Lymphocyten (Abschnitt 4.5).

Ein weiteres gemeinsames Merkmal der Umlagerung von Immunglobulingenen und T-Zell-Rezeptor-Genen ist das Vorhandensein von P- und N-Nucleotiden an den Verbindungsstücken zwischen den V-, D- und J-Gen-Segmenten des umgebauten TCRβ-Gens. Bei T-Zellen werden P- und N-Nucleotide auch zwischen die V- und J-Gen-Segmente aller umgeordneten TCRα-Gene eingefügt, während bei den Genen für die leichte Kette der Immunglobuline nur ungefähr die Hälfte der V-J-Nahtstellen durch zusätzliche N-Nucleotide modifiziert werden. Sie haben auch oft keine P-Nucleotide (Abb. 4.12 und Abschnitt 4.8).

Die Hauptunterschiede zwischen den Immunglobulingenen und den Genen, welche die T-Zell-Rezeptoren codieren, rühren daher, dass alle Effektorfunktionen von B-Zellen auf sezernierten Antikörpern beruhen, bei denen die verschiedenen Isotypen der konstanten Region der schweren Kette unterschiedliche Wirkungsmechanismen haben. Die Effektorfunktionen von T-Zellen beruhen hingegen auf Zell-Zell-Kontakten und werden

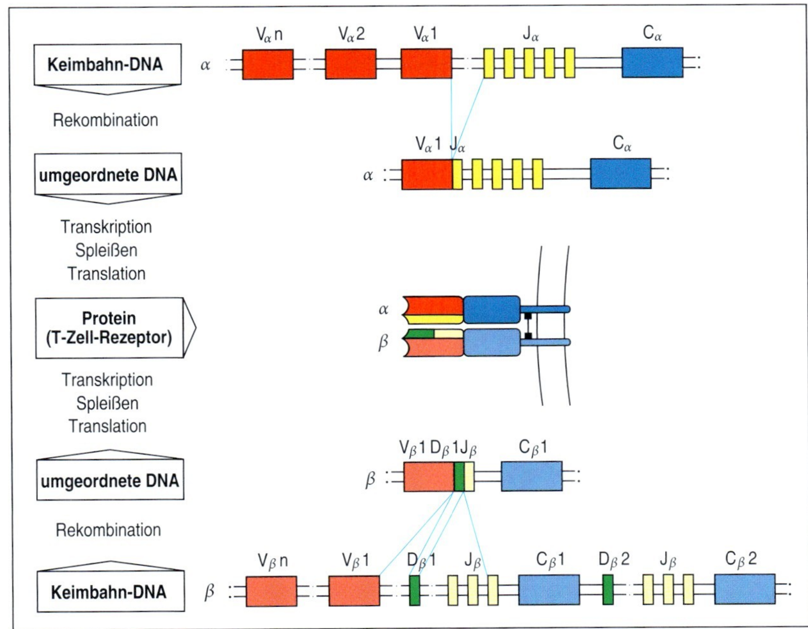

4.10 Umlagerung und Expression der Gene für die α- und β-Kette des T-Zell-Rezeptors. Die Gene für die α- und β-Kette des T-Zell-Rezeptors (TCR) bestehen aus getrennten Segmenten, die während der Entwicklung der T-Zelle durch somatische Rekombination verknüpft werden. Funktionelle Gene der α- und β-Kette entstehen ähnlich wie bei den Immunglobulingenen. Für die α-Kette (oberer Bildteil) gelangt ein V_α-Gen-Segment neben ein J_α-Gen-Segment und es entsteht ein funktionelles Exon für die variable Region. Transkription und Spleißen des VJ_α-Exons an C_α bilden die mRNA, die in das α-Ketten-Protein des T-Zell-Rezeptors translatiert wird. Für die β-Kette (unterer Bildteil) ist die variable Domäne wie bei schweren Immunlobulinketten in den drei Gensegmenten V_β, D_β und J_β codiert. Die Umlagerung dieser Gensegmente schafft ein funktionelles Exon für die VDJ_β-Region, das transkribiert und an C_β gespleißt wird. Die entstandene mRNA wird in das β-Ketten-Protein des T-Zell-Rezeptors translatiert. α- und β-Kette verbinden sich bald nach ihrer Synthese zum α:β-T-Zell-Rezeptor-Heterodimer. Es sind nicht alle J-Gen-Segmente abgebildet, und der Einfachheit halber sind die Leader-Peptide vor jedem V-Gen-Segment weggelassen.

nicht direkt vom T-Zell-Rezeptor, der nur der Antigenerkennung dient, vermittelt. Die konstanten Regionen des TCRα- und TCRβ-Locus sind daher viel einfacher als diejenigen der schweren Immunglobulinkette. Es gibt nur ein C_α-Gen, aber zwei C_β-Gene, die jedoch eine enge Homologie und bisher keine funktionellen Unterschiede zwischen ihren Produkten aufweisen. Die C-Region-Gene des T-Zell-Rezeptors codieren außerdem nur Transmembranpolypeptide.

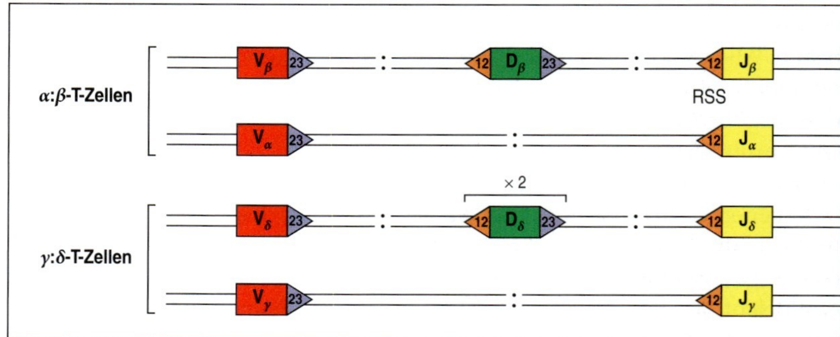

4.11 Rekombinationssignalsequenzen flankieren T-Zell-Rezeptor-Gen-Segmente. Wie in den Immunglobulinloci (Abb. 4.5) werden die einzelnen Gensegmente am TCRα- und TCRβ-Locus von Heptamer-Spacer-Nonamer-Rekombinationssequenzen (RSS) flankiert. RSS-Bereiche mit 12-bp-Spacer sind in der Abbildung durch orangenfarbene Pfeilspitzen dargestellt, Bereiche mit 23-bp-Spacern dagegen durch violette. Die Verknüpfung von Gensegmenten folgt fast immer der 12/23-Regel. Wegen der Anordnung der Heptamer- und Nonamer-RSS im TCRβ- und TCRδ-Locus ist eine direkte Verknüpfung von V_β mit J_β nach der 12/23-Regel zwar prinzipiell möglich (im Gegensatz zu den Verhältnissen im Gen für die schwere Immunglobulinkette), doch geschieht dies aufgrund anderer Regulationsmechanismen sehr selten.

Element	Immunglobulin		α:β-Rezeptoren	
	H	κ + λ	β	α
V-Segmente	40	70	52	~70
D-Segmente	25	0	2	0
D-Segmente, in drei Rastern gelesen	selten	–	oft	–
J-Segmente	6	5(κ) 4(λ)	13	61
Verknüpfungen mit N- und P-Nucleotiden	2	50 % der Verknüpfungen	2	1
Anzahl der V-Gen-Paare	$1{,}9 \times 10^6$		$5{,}8 \times 10^6$	
Verknüpfungsvielfalt	$\sim 3 \times 10^7$		$\sim 2 \times 10^{11}$	
Gesamtvielfalt	$\sim 5 \times 10^{13}$		$\sim 10^{18}$	

4.12 Die Anzahl der menschlichen T-Zell-Rezeptor-Gen-Segmente und die Ursachen der Vielfalt an T-Zell-Rezeptoren im Vergleich zu den Immunglobulinen. Nur die Hälfte der menschlichen κ-Ketten enthält N-Nucleotide. Somatische Hypermutation als Ursache für Vielfalt von Immunglobulinen ist in dieser Abbildung nicht miteinbezogen, da sie in T-Zellen nicht vorkommt.

4.10 Bei den T-Zell-Rezeptoren ergibt sich die Vielfalt durch die dritte hypervariable Region

Die dreidimensionale Struktur der Antigenerkennungsstelle eines T-Zell-Rezeptors sieht der eines Antikörpermoleküls sehr ähnlich (Abschnitt 3.11 bzw. 3.7). Bei einem Antikörper besteht das Zentrum der Antigenbindungsstelle aus der CDR3-Schleife der schweren und der leichten Kette. Die strukturell äquivalente dritte hypervariable Schleife (CDR3) der α- und β-Kette des T-Zell-Rezeptors, an der die D- und J-Gen-Segmente beteiligt sind, bildet auch das Zentrum der Antigenbindungsstelle eines T-Zell-Rezeptors. Die Peripherie dieses Bereichs besteht aus der CDR1- und der CDR2-Schleife, die von V-Gen-Segmenten für die α- und die β-Kette der Keimbahn codiert werden. Das Ausmaß und das Muster der Vielfalt in T-Zell-Rezeptoren und Immunglobulinen spiegelt die unterschiedliche Art ihrer Liganden wider. Während die Antigenbindungsstellen der Immunglobuline zu den Oberflächen von nahezu unbegrenzt vielfältigen Antigenen passen müssen, daher in verschiedensten Gestalten auftreten und unterschiedliche chemischen Eigenschaften haben, ist der Ligand der häufigsten Form von T-Zell-Rezeptor (α:β) immer ein an ein MHC-Molekül gebundenes Peptid. Man würde daher erwarten, dass die Antigenerkennungsstellen der T-Zell-Rezeptoren insgesamt weniger variabel sind, wobei sich die größte Variabilität auf das Zentrum der Kontaktfläche zum gebundenen Antigenpeptid konzentrieren sollte. Die weniger variable CDR1- und CDR2-Schleife eines T-Zell-Rezeptors tritt in der Tat mit den etwas weniger variablen MHC-Komponenten des Liganden in Kontakt, und die hoch variable CDR3-Region hauptsächlich mit dem spezifischen Peptidbestandteil (Abb. 4.13).

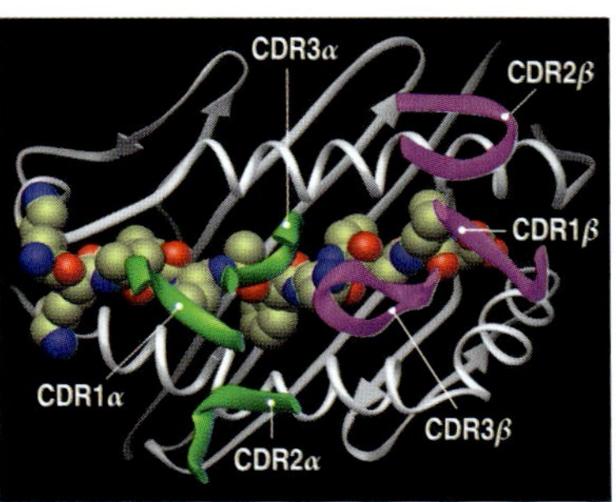

4.13 Die variabelsten Teile des T-Zell-Rezeptors interagieren mit dem Peptid, das an ein MHC-Molekül gebunden ist. In diesem Bild sind die Positionen der CDR-Schleifen eines T-Zell-Rezeptors als farbige Röhren dargestellt; sie liegen über dem Peptid:MHC-Komplex (MHC grau, Peptid gelbgrün, Sauerstoffatome rot, Stickstoffatome blau). Die CDR-Schleifen der α-Kette sind grün, die der β-Kette dunkelrot dargestellt. Die CDR3-Schleifen liegen mitten in der Kontaktfläche zwischen dem TCR und dem Peptid:MHC-Komplex und gehen direkte Kontakte mit dem Antigenpeptid ein.

Die strukturelle Vielfalt des T-Zell-Rezeptors ist im Wesentlichen auf kombinatorische und junktionale Vielfalt zurückzuführen, die während der Genumlagerung entsteht. In Abbildung 4.12 kann man erkennen, dass die höchste Variabilität bei T-Zell-Rezeptoren innerhalb der Verbindungsregionen zu finden ist, die durch V-, D- und J-Gen-Segmente codiert und durch P- und N-Nucleotide modifiziert werden. Der TCRα-Locus enthält viel mehr J-Gen-Segmente als irgendein Locus einer leichten Immunglobulinkette: Beim Menschen sind 61 J_α-Gen-Segmente über ungefähr 80 kb DNA verteilt, dagegen weisen die Loci für leichte Immunglobulinketten nur höchstens fünf J-Gen-Segmente auf (Abb. 4.12). Da der TCRα-Locus so viele J-Gen-Segmente aufweist, ist die Variabilität in dieser Region bei T-Zell-Rezeptoren sogar noch größer als bei Immunglobulinen. Die höchste Vielfalt vermittelt also die CDR3-Schleife, die die Verbindungsregion enthält und das Zentrum der Antigenbindungsstelle bildet.

4.11 γ:δ-T-Zell-Rezeptoren entstehen ebenfalls durch Genumlagerung

Eine Minderheit der T-Zellen trägt T-Zell-Rezeptoren, die aus einer γ- und einer δ-Kette bestehen (Abschnitt 3.19). Die Organisation des TCRγ- und des TCRδ-Locus (Abb. 4.14) ähnelt derjenigen des TCRα- und des TCRβ-Locus; es gibt jedoch wichtige Unterschiede. Die Gruppe von Gensegmenten,

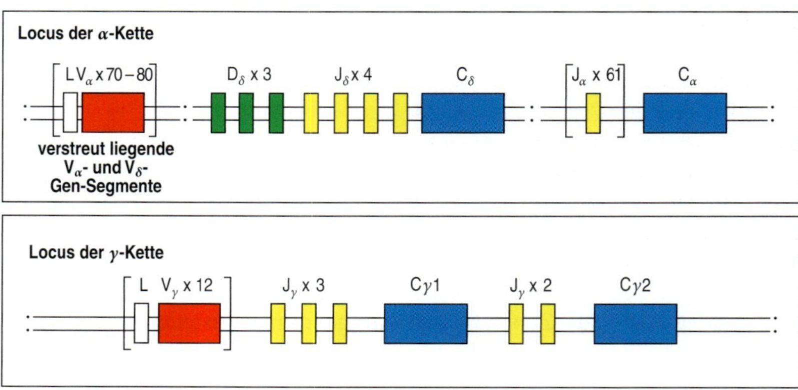

4.14 Aufbau des Locus für die γ- und die δ-Kette des T-Zell-Rezeptors beim Menschen. TCRγ- und TCRδ-Locus besitzen wie der TCRα- und TCRβ-Locus getrennte V-, D-, J-Gen-Segmente und C-Gene. Einzigartig ist, dass das Gen, welches die δ-Kette codiert, vollständig innerhalb des Locus für die α-Kette liegt. Die drei D_δ-Gen-Segmente, die drei J_δ-Gen-Segmente und das einzelne Gen für die konstante Region liegen eingestreut zwischen dem Cluster von V_α-Gen-Segmenten und dem Cluster von J_α-Gen-Segmenten. Es gibt zwei V_δ-Gen-Segmente in der Nähe des C_δ-Gens, eines oberhalb der D-Regionen und eines in umgekehrter Orientierung genau unterhalb des C-Gens (nicht dargestellt). Außerdem gibt es sechs V_δ-Gen-Segmente zwischen den V_α-Gen-Segmenten eingestreut. Fünf sind mit V_α identisch und können von jedem der beiden Loci verwendet werden, einer gehört nur zum δ-Locus. Der menschliche TCRγ-Locus ähnelt dem TCRβ-Locus. Es gibt zwei Gene für die konstante Region mit jeweils eigenen J-Gen-Segmenten. Der γ-Locus der Maus (nicht dargestellt) ist komplexer organisiert; es gibt drei funktionelle Cluster von γ-Gen-Segmenten. Jeder Cluster enthält V- und J-Gen-Segmente und ein Gen für die konstante Region. Die Umlagerung am γ- und am δ-Locus erfolgt wie bei den anderen T-Zell-Rezeptor-Loci, mit der Ausnahme, dass während der Umlagerung von TCRδ zwei D-Segmente für dasselbe Gen benutzt werden können. Die Verwendung zweier D-Gen-Segmente erhöht die Variabilität stark, vor allem weil an der Verbindungsstelle zwischen den D-Segmenten sowie an den V-D- und D-J-Verknüpfungen zusätzliche N-Nucleotide eingefügt werden können.

welche die δ-Kette codieren, befindet sich vollständig innerhalb des TCRα-Locus, und zwar zwischen den V_α- und J_α-Gen-Segmenten. V_δ-Gene liegen verstreut zwischen den V_α-Genen, befinden sich jedoch hauptsächlich in der 3'-Region des Locus. Da alle V_α-Gen-Segmente so orientiert sind, dass eine Umlagerung die dazwischenliegende DNA entfernt, führt jede Umlagerung am α-Locus zum Verlust des δ-Locus (Abb. 4.15). Am TCRγ- und TCRδ-Locus gibt es wesentlich weniger V-Gen-Segmente als am TCRα- oder am TCRβ-Locus oder an jedem Immunglobulinlocus. Eine erhöhte Verknüpfungsvariabilität in den δ-Ketten gleicht möglicherweise die geringe Zahl von V-Gen-Segmenten aus und bewirkt, dass sich nahezu die gesamte Variabilität des $\gamma{:}\delta$-Rezeptors auf die Verbindungsregion konzentriert. Wie wir im Fall der $\alpha{:}\beta$-T-Zell-Rezeptoren gesehen haben, liegen die Aminosäuren, welche die Verbindungsregionen codieren, im Zentrum der Bindungsstelle des T-Zell-Rezeptors.

T-Zellen, die $\gamma{:}\delta$-Rezeptoren tragen, bilden eine eigene T-Zell-Linie, deren Funktion bislang unbekannt ist. Auch die Liganden für diese Rezeptoren kennt man nicht (Abschnitt 3.19). Einige $\gamma{:}\delta$-T-Zellen können anscheinend, ähnlich wie Antikörper, ein Antigen direkt erkennen, ohne dass die Präsentation durch ein MHC-Molekül oder die Prozessierung des Antigens erforderlich wäre. Genaue Analysen der umgeordneten variablen Regionen der $\gamma{:}\delta$-T-Zell-Rezeptoren zeigen, dass sie den variablen Regionen von Antikörpern ähnlicher sind als den variablen Regionen des $\alpha{:}\beta$-T-Zell-Rezeptors.

Zusammenfassung

T-Zell-Rezeptoren sind Immunglobulinen strukturell ähnlich und werden durch homologe Gene codiert. T-Zell-Rezeptor-Gene werden aus Gruppen von Gensegmenten auf die gleiche Art und Weise durch somatische Rekombination zusammengesetzt wie Immunglobulingene. Die Diversität verteilt sich in Immunglobulinen jedoch anders als in T-Zell-Rezeptoren: Die Loci der T-Zell-Rezeptoren haben ungefähr die gleiche Anzahl von V-Gen-Segmenten, aber mehr J-Gen-Segmente, und es gibt eine größere Diversifikation an den Verknüpfungsstellen zwischen den Gensegmenten während der Genumlagerung. Außerdem sind keine funktionsfähigen T-

Zell-Rezeptoren bekannt, bei denen die V-Gene nach der Umlagerung noch stärker durch somatische Hypermutation abgewandelt werden. Insgesamt führt dies zu einem T-Zell-Rezeptor mit der höchsten Vielfalt im zentralen Bereich des Rezeptors, der dann bei $\alpha{:}\beta$-T-Zell-Rezeptoren mit dem gebundenen Peptidfragment des Liganden in Kontakt tritt. Bei $\gamma{:}\delta$-T-Zell-Rezeptoren liefert ebenfalls CDR3 die höchste Vielfalt; der Mechanismus der Ligandenbindung ist jedoch noch nicht völlig geklärt, da $\gamma{:}\delta$-T-Zellen noch weitgehend unbekannte Liganden erkennen, von denen manche unabhängig von MHC-Molekülen sind.

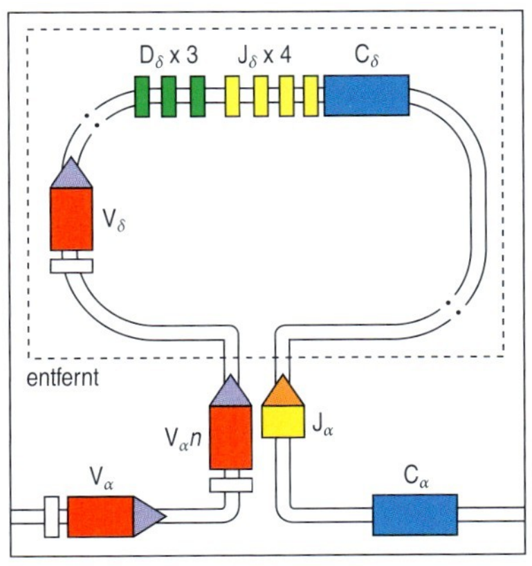

4.15 Die Deletion des TCRδ-Locus wird durch die Umlagerung eines V_α-Gen-Segments zu J_α induziert. Der TCRδ-Locus liegt innerhalb der chromosomalen Region, die den TCRα-Locus enthält. Wenn irgendeine variable Region innerhalb V_α/V_δ zu einer der J_α-Segmente umgelagert wird, wird die dazwischenliegende Sequenz und damit der gesamte V_δ-Locus entfernt. Eine V_α-Umlagerung verhindert also jede weitere Expression eines V_δ-Gens und blockiert den Entwicklungsweg von $\gamma{:}\delta$.

Strukturvariationen der konstanten Immunglobulinregionen

Bislang haben wir uns auf die strukturelle Variation aufgrund des Zusammenbaus der variablen Regionen des Antikörpermoleküls und des T-Zell-Rezeptors konzentriert. Nun wenden wir uns den konstanten Regionen zu. Die konstanten Regionen von T-Zell-Rezeptoren haben lediglich die Aufgabe, die variablen zu unterstützen und das Molekül in der Membran zu verankern. Wir gehen hier nicht weiter auf sie ein. Immunglobuline können dagegen als Transmembranrezeptor und als sezernierter Antikörper vorliegen, und die konstanten Regionen der Antikörper tragen wesentlich zu ihren diversen Effektorfunktionen bei.

Immunglobuline kommen in mehreren verschiedenen Klassen vor, die sich durch ihre schweren Ketten unterscheiden. In einem B-Zell-Klon werden verschiedene schwere Ketten produziert, indem sich unterschiedliche konstante Regionen der schweren Kette (C_H) mit dem umgeordneten V_H-Gen verknüpfen. Alle Immunglobulinklassen, die ein bestimmter B-Zell-Klon synthetisiert, haben also die gleiche variable Region. Im Locus der schweren Kette sind die verschiedenen konstanten Regionen in separaten Genen codiert, die stromabwärts der Gensegmente der variablen Region liegen. Zuerst verwenden naive B-Zellen nur die ersten beiden, die C_μ- und C_δ-Gene, die zusammen mit der zusammengelagerten V-Region-Sequenz exprimiert werden. So entstehen die Transmembranproteine IgM und IgD auf der Oberfläche der naiven B-Zelle. Im Verlauf einer Antikörperantwort können aktivierte B-Zellen dann auf die Expression anderer Gene für die konstante Region umschalten, und zwar durch eine Art von somatischer Rekombination, den sogenannten Klassen- oder Isotypwechsel. Im letzten Teil dieses Kapitels werden wir auf den Klassenwechsel und andere Mechanismen eingehen, die Immunglobuline noch vielfältiger machen. Im Gegensatz zu den konstanten Regionen der schweren Kette haben diejenigen der leichten Kette, C_L, keine spezifische Effektorfunktion, außer dass sie mit den variablen Regionen strukturell verbunden sind. Sie vollziehen keinen Klassenwechsel und es gibt anscheinend keine funktionellen Unterschiede zwischen λ- und κ-Kette.

In diesem Teil des Kapitels wenden wir uns den strukturellen Merkmalen zu, welche die Unterschiede in den konstanten Regionen der schweren Ketten von Antikörpern der fünf Hauptisotypen ausmachen, und diskutieren einige ihrer besonderen Eigenschaften. Die Funktionen der verschiedenen Antikörperklassen betrachten wir in Kapitel 9 genauer. Wir lernen auch, wie durch alternatives mRNA-Spleißen eine membrangebundene und eine sezernierte Form jedes Immunglobulins entstehen.

4.12 Die Isotypen der Immunglobuline unterscheiden sich in der Struktur der konstanten Regionen ihrer schweren Ketten

Die fünf Hauptisotypen der Immunglobuline sind IgM, IgD, IgG, IgE und IgA. Sie können alle als Transmembranantigenrezeptoren oder sezernierte Antikörper auftreten. IgG-Antikörper lassen sich beim Menschen noch in die vier Unterklassen IgG1, IgG2, IgG3 und IgG4 einteilen. Von IgA-Antikörpern gibt es beim Menschen zwei Unterklassen (IgA1 und IgA2). Die menschlichen IgG-Unterklassen sind entsprechend ihrer Menge im Serum bezeichnet; IgG1 ist das häufigste. Die schweren Ketten, welche diese Isotypen festlegen, werden mit den kleinen griechischen Buchstaben μ, δ, γ, ε und α bezeichnet. Dies ist in Abbildung 4.16 dargestellt, die außerdem die wichtigsten physikalischen und funktionellen Eigenschaften der verschiedenen menschlichen Antikörperklassen auflistet. IgM bildet im Serum Pentamere, was die hohe Molekülmasse erklärt. Sezerniertes IgA kann als Monomer oder als Dimer vorliegen.

Sequenzunterschiede zwischen den schweren Ketten der Immunglobuline führen dazu, dass sich die verschiedenen Isotypen in mehrfacher Hin-

	Immunglobulin								
	IgG1	IgG2	IgG3	IgG4	IgM	IgA1	IgA2	IgD	IgE
schwere Kette	$\gamma 1$	$\gamma 2$	$\gamma 3$	$\gamma 4$	μ	$\alpha 1$	$\alpha 2$	δ	ε
Molekülmasse (kDa)	146	146	165	146	970	160	160	184	188
Serumspiegel (mittlerer Wert beim Erwachsenen in mg ml^{-1})	9	3	1	0,5	1,5	3,0	0,5	0,03	5×10^{-5}
Halbwertszeit im Serum (Tage)	21	20	7	21	10	6	6	3	2
klassischer Weg der Komplementaktivierung	++	+	+++	−	+++	−	−	−	−
alternativer Weg der Komplementaktivierung	−	−	−	−	−	+	−	−	−
Transfer durch Plazenta	+++	+	++	−/+	−	−	−	−	−
Bindung an Makrophagen und Fc-Rezeptoren anderer Phagocyten	+	−	+	−/+	−	+	+	−	+
hoch affine Bindung an Mastzellen und basophile Granulocyten	−	−	−	−	−	−	−	−	+++
Reaktivität mit Protein A aus *Staphylococcus*	+	+	−/+	+	−	−	−	−	−

4.16 Die physikalischen Eigenschaften der menschlichen Immunglobulinisotypen. Die Bezeichnung IgM leitet sich von der Molekülgröße ab. Das IgM-Monomer hat zwar nur eine Masse von 190 kDa, bildet jedoch normalerweise Pentamere (sogenannte Makroglobuline – daher das M), die eine sehr hohe Molekülmasse besitzen (Abb. 4.20). Das IgA-Molekül dimerisiert, sodass es in Sekreten eine Molekülmasse von 390 kDa besitzt. Der IgE-Antikörper steht in Zusammenhang mit Hypersensitivitätsreaktionen des Soforttyps. Wenn IgE an Gewebemastzellen angeheftet ist, erhöht sich seine Halbwertszeit im Vergleich zur hier angegebenen Halbwertszeit im Plasma erheblich.

sicht charakteristisch voneinander unterscheiden. Das betrifft die Zahl und Lokalisierung der Disulfidbrücken zwischen den Ketten, die Zahl der angehängten Oligosaccharidgruppen und der konstanten Domänen sowie die Länge der Gelenkregion (Abb. 4.17). Die schweren Ketten von IgM und IgE enthalten anstelle der Gelenkregion der γ-, δ- und α-Kette eine zusätzliche konstante Domäne. Das Fehlen der Gelenkregion bedeutet jedoch nicht, dass die IgM- und IgE-Moleküle keine Flexibilität besitzen. Elektronenmikroskopische Aufnahmen von IgM-Molekülen mit gebundenen Liganden zeigen, dass sich die Fab-Arme in Bezug auf den Fc-Teil abwinkeln können. Ein solcher Strukturunterschied könnte jedoch funktionelle Konsequenzen haben, die man noch nicht entdeckt hat. Verschiedene Isotypen und Untertypen unterscheiden sich ferner in ihren Effektorfunktionen. Darauf gehen wir später ein.

Die speziellen Eigenschaften der verschiedenen C-Regionen werden von unterschiedlichen Immunglobulin-C_H-Genen codiert, die sich in einer Gruppe am 3'-Ende der J_H-Segmente befinden. Den Umlagerungsprozess, in Laufe dessen die variable Region mit einem anderen C_H-Gen assoziiert wird, beschreiben wir in Abschnitt 4.20.

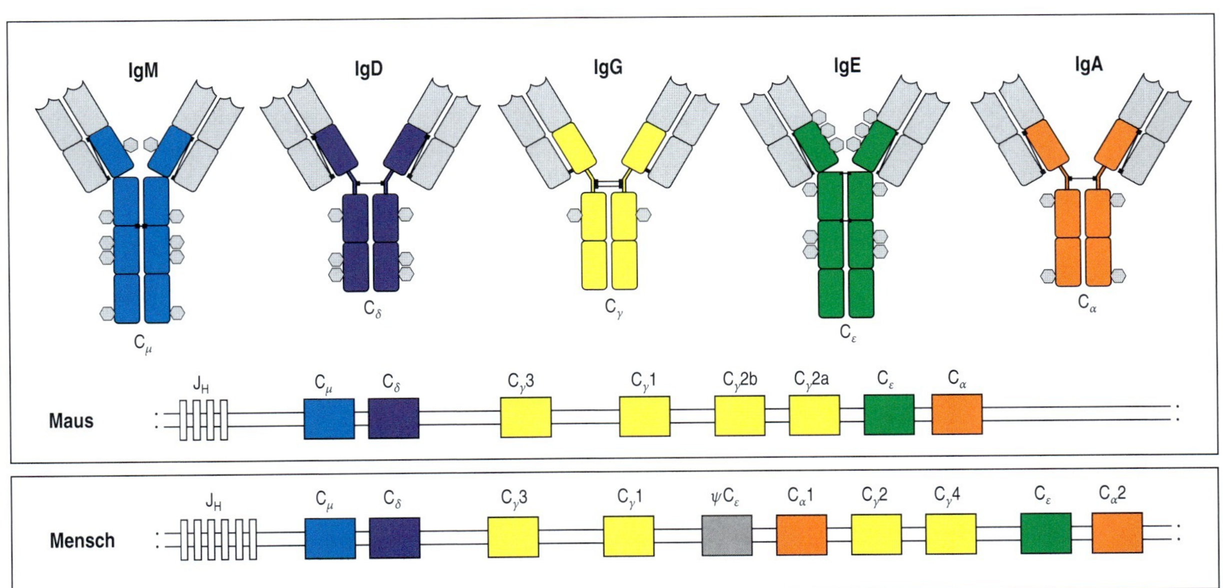

4.17 Die Immunglobulinisotypen sind in einer Gruppe von Genen für die konstante Region der schweren Kette codiert. In der obersten Reihe ist der allgemeine Aufbau der wichtigsten Immunglobulinisotypen dargestellt. Jede Domäne entspricht einem Rechteck; sie werden durch separate Gene für die konstante Region der schweren Kette codiert, die bei Mäusen und Menschen jeweils in einer Gruppe zusammen liegen (untere Reihen). Für jeden Isotyp hat die konstante Region der schweren Kette die gleiche Farbe wie das C-Region-Gen-Segment, das sie codiert. Sowohl IgM als auch IgE besitzen keine Gelenkregion, enthalten dafür jedoch eine zusätzliche Domäne in der schweren Kette. Zu beachten sind die Unterschiede in der Anzahl und Anordnung der Disulfidbrücken, welche die Ketten verknüpfen (schwarze Linien). Die Isotypen unterscheiden sich auch in der Verteilung von N-gebundenen Kohlenhydratseitenketten (als Sechsecke dargestellt). Der menschliche Cluster zeigt, dass während der Evolution eine Einheit aus zwei γ-Genen, einem ε- und einem α-Gen dupliziert wurde. Eines der ε-Gene ist ein Pseudogen (ψ); daher wird nur ein IgE-Subtyp exprimiert. Der Einfachheit halber sind andere Pseudogene sowie die genaue Exonstruktur der C-Gene nicht dargestellt. Die Immunglobulinklassen bei Mäusen nennt man IgM, IgD, IgG1, IgG2a, IgG2b, IgG3, IgA und IgE.

4.13 Die konstanten Regionen der Antikörper sind für die funktionelle Spezialisierung verantwortlich

Antikörper schützen den Körper auf unterschiedliche Weise. In einigen Fällen genügt es, wenn der Antikörper sich an das Antigen anlagert. Bindet ein Antikörper zum Beispiel fest an ein Toxin oder ein Virus (Abb. 1.24), kann das bereits eine Erkennung des entsprechenden Rezeptors auf der Wirtszelle verhindern. Dafür reichen die variablen Regionen allein aus. Die konstante Region ist dagegen von wesentlicher Bedeutung für die Aktivierung der Hilfe von anderen Zellen und Molekülen, die Krankheitserreger zerstören und aus dem Körper entfernen, an die der Antikörper gebunden hat.

Die konstanten Regionen von Antikörpern haben im Wesentlichen drei Effektorfunktionen. Erstens werden diese Fc-Bereiche verschiedener Isotypen von spezialisierten **Fc-Rezeptoren** erkannt, die von Immuneffektorzellen exprimiert werden. Fcγ-Rezeptoren, die sich auf der Oberfläche von Phagocyten wie Makrophagen und neutrophilen Granulocyten befinden, binden die Fc-Bereiche von IgG1- und IgG3-Antikörpern und erleichtern damit die Phagocytose von Pathogenen, die mit diesen Antikörpern bedeckt sind. Der Fc-Bereich von IgE bindet an einen hoch affinen Fcε-Rezeptor auf Mastzellen, basophilen Granulocyten und aktivierten eosinophilen Granulocyten, die auf die Bindung des spezifischen Antigens mit der Freisetzung von Entzündungsmediatoren antworten. Zweitens können die Fc-Anteile von Antigen-Antikörper-Komplexen an Komplementproteine binden (Abb. 1.24) und so die Komplementkaskade auslösen. Diese kann Phagocyten anlocken und aktivieren, beim Aufnehmen von Mikroben durch Phagocyten helfen sowie Krankheitserreger auch direkt zerstören. Drittens kann der Fc-Anteil Antikörper in Bereiche befördern, zu denen sie nur mithilfe eines aktiven Transportmechanismus gelangen können. Das betrifft schleimige Absonderungen, Tränen und Milch (IgA) sowie den fetalen Blutkreislauf durch Übertragung von der schwangeren Mutter (IgG). In beiden Fällen aktiviert der Fc-Anteil einen spezifischen Rezeptor, der den aktiven Transport des Immunglobulins durch Zellen in andere Bereiche des Körpers steuert.

Die Bedeutung des Fc-Bereichs für diese Effektorfunktionen lässt sich durch Untersuchung enzymatisch behandelter Immunglobuline zeigen, denen eine der beiden Fc-Domänen fehlt (Abschnitt 3.3). Gentechnische Methoden ermöglichen neuerdings eine genaue Kartierung der Aminosäurereste im Fc-Anteil, die für bestimmte Funktionen notwendig sind. Viele Mikroorganismen scheinen an das zerstörerische Potenzial des Fc-Bereichs dahingehend angepasst zu sein, dass sie Proteine synthetisieren, die entweder daran binden oder ihn proteolytisch spalten, sodass das Fc-Stück seine Aufgaben nicht erfüllen kann. Beispiele dafür sind Protein A und Protein G der Gattung *Staphylococcus* und Protein D der Gattung *Haemophilus*. In der Forschung lassen sich diese Proteine zur Kartierung des Fc-Bereichs oder als immunologische Reagenzien einsetzen (Anhang I, Abschnitt A.10). Nicht alle Immunglobulinklassen verfügen über die gleiche Fähigkeit, jede der möglichen Effektorfunktionen auszulösen. Abbildung 4.16 fasst die unterschiedlichen Eigenschaften jedes Isotyps zusammen. IgG1 und IgG3 haben zum Beispiel eine höhere Affinität für den gängigsten Typ des Fc-Rezeptors als IgG2.

4.14 Reife naive B-Zellen exprimieren auf ihrer Oberfläche IgM und IgD

Die Gene für die konstanten Regionen der Immunglobuline bilden einen großen Cluster von etwa 200 kb, der sich auf der 3'-Seite der J_H-Gen-Segmente erstreckt (Abb. 4.17): Jedes Gen für eine konstante Region ist in mehrere Exons (in der Abbildung nicht dargestellt) unterteilt, die jeweils einer einzelnen Immunglobulindomäne des gefalteten Proteins entsprechen. Das Gen, das die μ-C-Region codiert, liegt den J_H-Gen-Segmenten und damit dem nach der DNA-Umlagerung zusammengesetzten Exon für die variable Region (VDJ-Exon) am nächsten. Aus dem umgelagerten Gen entsteht ein vollständiges Transkript für die schwere μ-Kette. Während der RNA-Prozessierung werden alle verbliebenen J_H-Gen-Segmente zwischen dem zusammengesetzten V-Gen und dem C_μ-Gen entfernt, sodass schließlich die gereifte mRNA entsteht. Darum werden die schweren μ-Ketten zuerst exprimiert, und IgM ist der erste Isotyp der Immunglobuline, der während der B-Zell-Entwicklung gebildet wird.

Direkt neben dem 3'-Ende des μ-Gens liegt das δ-Gen, das die konstante Region der schweren Kette von IgD codiert (Abb. 4.17). IgD wird zwar auf der Oberfläche von fast allen reifen B-Zellen zusammen mit IgM coexprimiert, jedoch nur in geringen Mengen von Plasmazellen sezerniert; seine Funktion ist unbekannt. Mäuse, denen die δ-Exons fehlen, verfügen anscheinend über ein normales Immunsystem. B-Zellen, die IgM und IgD exprimieren, haben keinen Klassenwechsel durchgeführt, der, wie wir gleich sehen werden, eine irreversible Veränderung der DNA mit sich bringt. Diese Zellen produzieren stattdessen ein langes Primärtranskript, das unterschiedlich geschnitten und gespleißt wird und dadurch jeweils eines von zwei verschiedenen mRNA-Molekülen liefert. In einem der beiden Moleküle ist das VDJ-Exon mit den C_μ-Exons verknüpft und codiert eine schwere μ-Kette, wohingegen in dem anderen das VDJ-Exon mit den C_δ-Exons verbunden ist und somit eine schwere δ-Kette codiert (Abb. 4.18). Die unterschiedliche Prozessierung des langen mRNA-Transkripts ist entwicklungsgesteuert; unreife B-Zellen stellen hauptsächlich das μ-Transkript her und reife B-Zellen vor allem die δ-Form, zusammen mit etwas μ-Transkript. Wenn eine B-Zelle aktiviert wird, beendet sie die

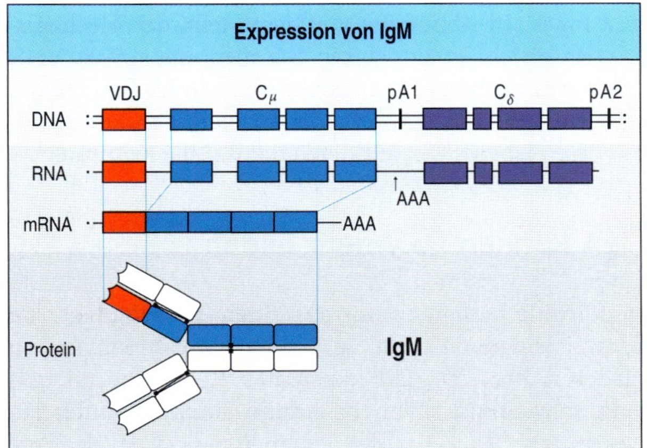

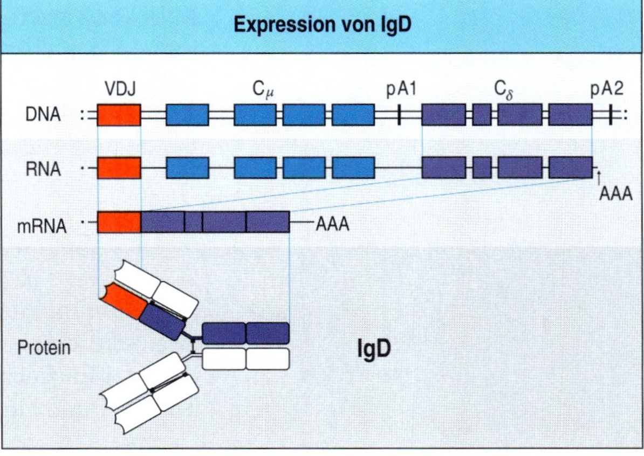

4.18 Die Coexpression von IgD und IgM wird durch RNA-Prozessierung gesteuert. In reifen B-Zellen wird die Transkription am V_H-Promotor gestartet und durchläuft C_μ- und C_δ-Exons. Dieses lange Primärtranskript wird dann durch Spaltung, Polyadenylierung (AAA) und Spleißen prozessiert. Spaltung und Polyadenylierung an der μ-Stelle (pA1) und Spleißen zwischen C_μ-Exons ergibt eine mRNA, die die schwere μ-Kette (links) codiert. Spaltung und Polyadenylierung an der δ-Stelle (pA2) und ein anderes Spleißmuster, das die C_μ-Exons entfernt, liefern eine mRNA, die die schwere δ-Kette codiert (rechts). Der Einfachheit halber sind nicht alle einzelnen Exons der C-Region dargestellt.

Coexpression von IgD und IgM, entweder weil μ- und δ-Sequenzen infolge eines Klassenwechsels entfernt wurden oder weil die vom V_H-Promotor ausgehende Transkription die C_δ-Exons nicht mehr mit einschließt.

4.15 Die membrandurchspannende und die sezernierte Form der Immunglobuline stammen von verschiedenen Transkripten für die schwere Kette

Immunglobuline aller Klassen können entweder in der sezernierten Form oder als membrangebundene Rezeptoren vorkommen. Alle B-Zellen exprimieren zuerst die membrangebundene Form von IgM. Nach der Stimulation durch ein Antigen differenzieren sich einige der Nachkommen zu Plasmazellen, welche die sezernierte Form von IgM produzieren. Andere Zellen hingegen vollziehen einen Klassenwechsel und exprimieren membrangebundene Immunglobuline einer anderen Klasse, bevor sie schließlich auch auf die Herstellung sezernierter Antikörper der neuen Klasse umschalten. Die membrangebundenen Formen aller Immunglobulinklassen sind Monomere und bestehen aus zwei schweren und zwei leichten Ketten: IgM und IgA polymerisieren nur, wenn sie sezerniert werden. In der membrangebundenen Form besitzt die schwere Kette des Immunglobulins eine hydrophobe Transmembrandomäne von etwa 25 Aminosäuren am Carboxyterminus, die das Protein in der Oberfläche des B-Lymphocyten verankern. Bei der sezernierten Form fehlt diese Domäne, ihr carboxyterminales Ende besteht aus einem hydrophilen sekretorischen Schwanzstück. Die beiden unterschiedlichen Carboxylenden der membrangebundenen und der sezernierten Form der schweren Immunglobulinketten werden in getrennten Exons codiert, und die Herstellung der beiden Formen geschieht durch alternative RNA-Prozessierung (Abb. 4.19). Die beiden letzten Exons jedes C_H-Gens enthalten die Sequenzen, welche die sezernierten beziehungsweise die membrandurchspannenden Regionen codieren. Wenn das Primärtranskript an einer Stelle stromabwärts dieser Exons geschnitten und polyadenyliert wird, wird die Sequenz, die den Carboxyterminus der sezernierten Form codiert, durch Spleißen entfernt, und die Zelloberflächenform des Immunglobulins entsteht. Wenn andererseits das Primärtranskript an der Polyadenylierungsstelle vor den letzten beiden Exons geschnitten wird, kann nur die sezernierte Form des Moleküls synthetisiert werden. Diese unterschiedliche RNA-Prozessierung ist für C_μ in Abbildung 4.19 dargestellt; der Mechanismus ist bei allen Isotypen gleich. In aktivierten B-Zellen, die sich zu antikörpersezernierenden Plasmazellen differenzieren, wird ein großer Teil der Transkripte zur sezernierten und nur ein kleinerer zur membrandurchspannenden Form des jeweiligen Isotyps gespleißt, den die B-Zelle exprimiert.

4.16 IgM und IgA können Polymere bilden

Alle Immunglobulinmoleküle bestehen zwar aus einer Grundeinheit von zwei schweren und zwei leichten Ketten, IgM und IgA können jedoch daraus Multimere bilden (Abb. 4.20). Die konstanten Regionen von IgM und IgA enthalten ein Schwanzstück von 18 Aminosäuren, darunter ein Cystein, das eine wesentliche Rolle bei der Polymerisierung spielt. Eine

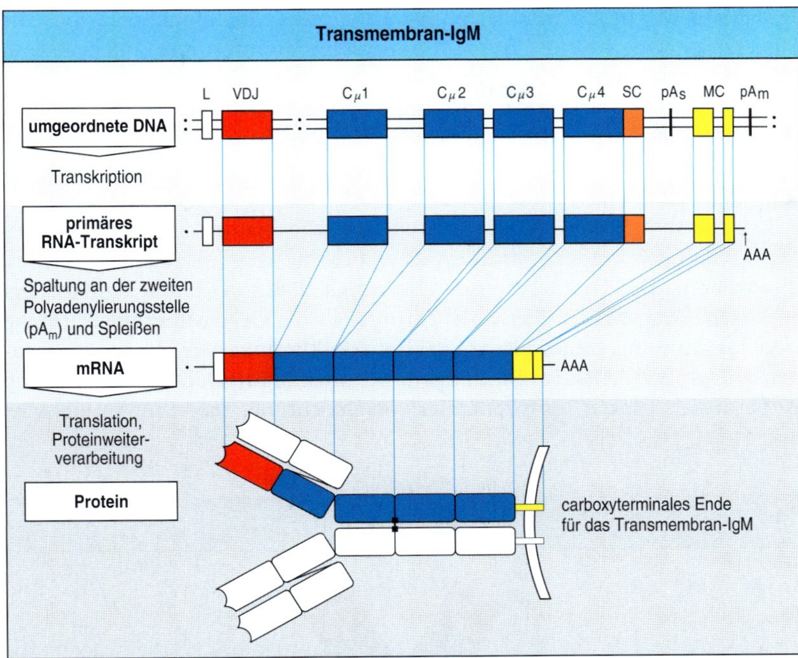

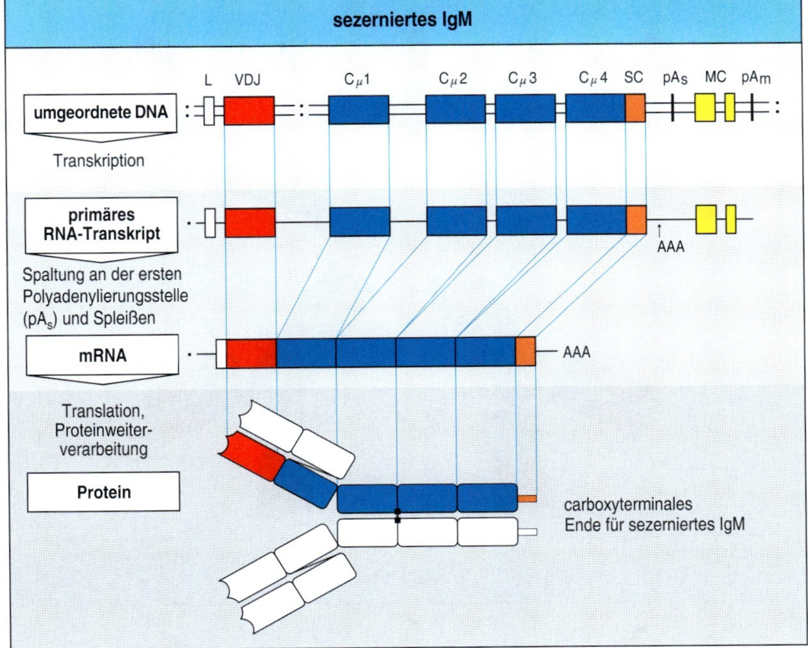

4.19 Membrandurchspannende und sezernierte Formen von Immunglobulinen entstehen durch alternative RNA-Prozessierung desselben Gens. Jedes Gen für die konstante Region einer schweren Kette besitzt zwei Exons (*membrane coding*, MC; gelb), welche die Transmembranregion und den cytoplasmatischen Schwanz der Transmembranform codieren, und eine SC-Sequenz (*secretion coding*, orange), die den Carboxyterminus der sezernierten Form codiert. Im Fall von IgD befindet sich die SC-Sequenz in einem eigenen Exon. Bei den anderen Isotypen, wie dem hier dargestellten IgM, stoßen die SC-Sequenzen direkt an das letzte Exon für die konstante Domäne. Die Ereignisse, die bestimmen, ob die RNA die schwere Kette eines sezernierten oder eines Transmembranimmunglobulins codiert, finden während der Prozessierung des ursprünglichen Transkripts statt. Jedes C-Gen einer schweren Kette hat zwei mögliche Polyadenylierungsstellen (pA_s und pA_m). Im oberen Bild wird das Transkript an der zweiten Stelle (pA_m) geschnitten und polyadenyliert (AAA). Durch Spleißen zwischen einer Stelle zwischen dem C_μ4-Exon und der SC-Sequenz und einer zweiten Stelle am 5'-Ende der MC-Exons wird die SC-Sequenz entfernt, und die MC-Exons werden mit dem C_μ4-Exon verknüpft. Dadurch entsteht die Transmembranform der schweren Kette. Im unteren Bild wird das Primärtranskript an der ersten Stelle (pA_s) gespalten und polyadenyliert, wodurch die Transmembranexons entfernt werden und die sezernierte Variante entsteht.

zusätzliche separate Polypeptidkette von 15 kDa, die sogenannte J-Kette (nicht zu verwechseln mit der Immunglobulin-J-Region, die ein J-Gen-Segment codiert; Abschnitt 4.2), unterstützt die Polymerisierung, indem sie sich an die Cysteine des Schwanzstückes anlagert. Diese gibt es nur in den sezernierten Formen der μ- und der α-Kette. Im Fall von IgA ist die Polymerisierung für den Transport durch Epithelien erforderlich (Kapitel 9).

IgM-Moleküle liegen im Plasma als Pentamere vor, manchmal auch als Hexamere (ohne J-Kette); IgA tritt in Schleimabsonderungen, nicht jedoch im Plasma, hauptsächlich als Dimer auf.

Die Polymerisierung der Immunglobuline ist vermutlich für die Bindung von Antikörpern an repetitive Epitope wichtig. Ein Antikörpermolekül besitzt mindestens zwei identische Antigenbindungsstellen, jeweils mit eigener Affinität oder Bindungsstärke für das Antigen (Anhang I, Abschnitt A.9). Wenn es an mehrere identische Epitope auf einem einzelnen Zielantigen bindet, dissoziiert es erst dann, wenn alle Bindungsstellen dissoziieren. Die Dissoziationsgeschwindigkeit des gesamten Antikörpers von allen Antigenen ist daher viel geringer als die Geschwindigkeit für eine einzelne Bindungsstelle; aus den zahlreichen Bindungsstellen resultiert daher eine größere effektive Bindungsstärke oder **Avidität**. Diese Überlegung ist besonders für das IgM-Pentamer von Bedeutung, das zehn Antigenbin-

4.20 IgM- und IgA-Moleküle können Multimere bilden. IgM und IgA werden normalerweise als Multimere in Verbindung mit einem zusätzlichen Polypeptid – der J-Kette – synthetisiert. Beim IgM-Pentamer sind die Monomere untereinander und mit der J-Kette über Disulfidbrücken vernetzt. Das Bild links oben zeigt eine elektronenmikroskopische Aufnahme eines IgM-Pentamers, bei dem die Monomere kreisförmig in einer Ebene angeordnet sind. IgM kann auch Hexamere bilden, die keine J-Kette enthalten. Im IgA-Dimer sind die Monomere über Disulfidbrücken mit der J-Kette und miteinander verbunden. Das Bild links unten zeigt eine elektronenmikroskopische Aufnahme von IgA-Dimeren. (Aufnahmen mit freundlicher Genehmigung von K. H. Roux und J. M. Schiff; × 900 000.)

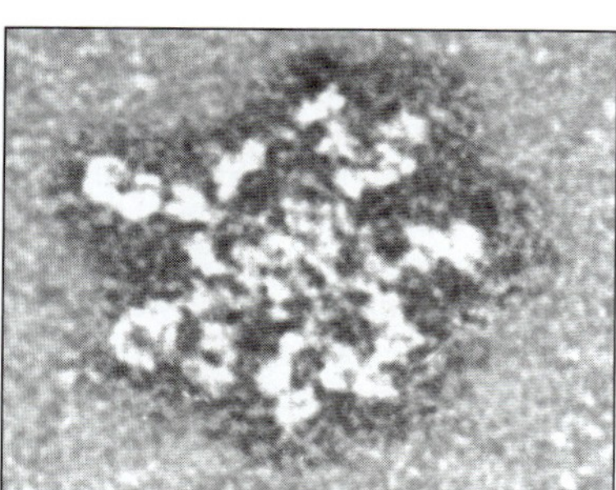

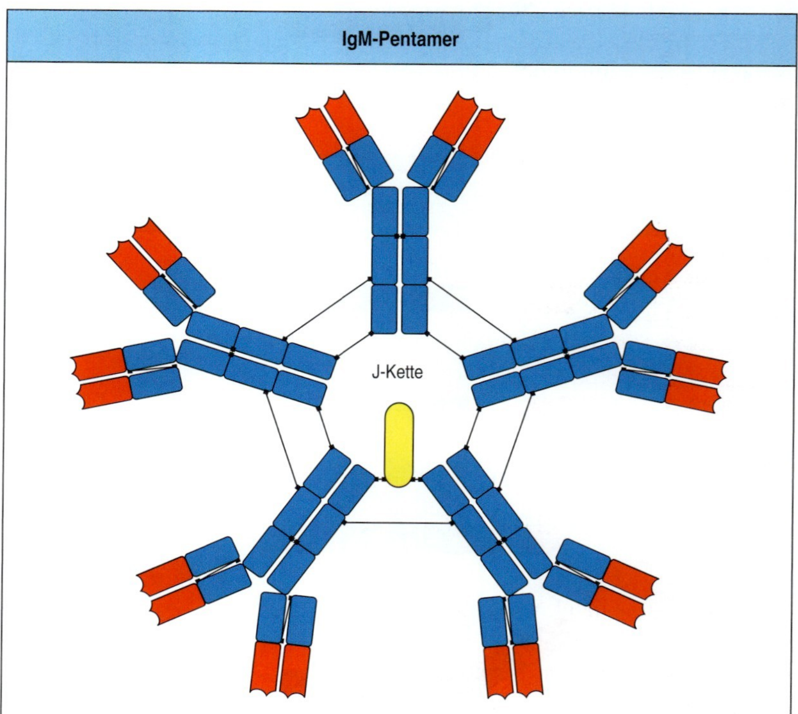

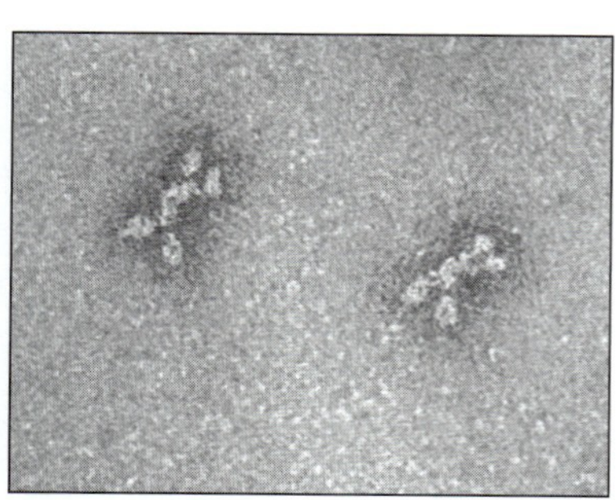

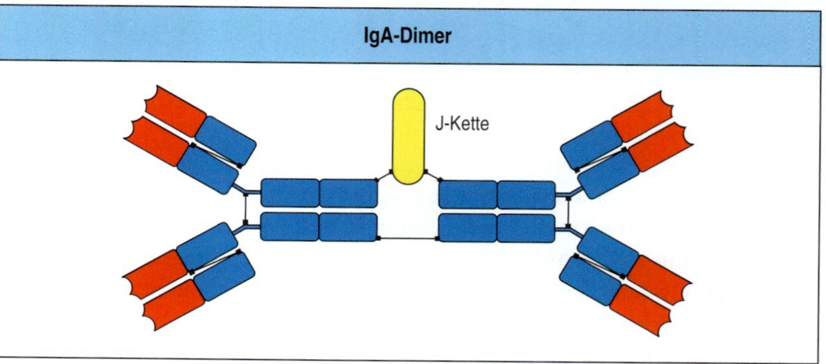

dungsstellen besitzt. IgM-Antikörper erkennen häufig repetitive Epitope wie die Polysaccharide auf bakteriellen Zellwänden. Die Bindung einzelner Epitope erfolgt häufig mit geringer Affinität, da IgM in einer frühen Phase der Immunantwort gebildet wird, das heißt vor somatischer Hypermutation und Affinitätsreifung. Die Bindung mehrerer Epitope gleicht dies aus, da die gesamte funktionelle Bindungsstärke erheblich gesteigert wird.

Zusammenfassung

Die konstanten Regionen der schweren Ketten bestimmen die Klassen oder Isotypen der Immunglobuline. Jeder Isotyp wird von einem eigenen Gen codiert. Die Gene für die konstanten Bereiche der schweren Ketten liegen in einem Cluster auf der 3'-Seite der Gensegmente für die variablen Regionen. Ein produktiv umgelagertes Gen der variablen Region wird zunächst zusammen mit den Genen der μ- und δ-C_H-Kette exprimiert, welche in naiven B-Zellen durch alternatives Spleißen eines mRNA-Transkripts coexprimiert werden, das die μ- und δ-C_H-Exons enthält. Außerdem können B-Zellen jede Immunglobulinklasse als membrangebundenen Antigenrezeptor oder als sezernierten Antikörper exprimieren. Dies geschieht durch differenzielles Spleißen der mRNA, bei dem Exons ausgewählt werden, die eine hydrophobe Ankersequenz oder ein sezernierbares Schwanzstück codieren. Der Antikörper, den eine B-Zelle nach Aktivierung sezerniert, erkennt also das Antigen, welches die B-Zelle ursprünglich mit ihrem Antigenrezeptor aktiviert hat. Das Exon für die gleiche variable Region kann anschließend mit jedem anderen Isotyp verknüpft werden, wodurch Antikörper anderer Klassen entstehen. Diesen Vorgang des Klassenwechsels beschreiben wir im nächsten Teil des Kapitels.

Sekundäre Diversifikation des Antikörperrepertoires

Die RAG-vermittelte V(D)J-Rekombination, die wir im ersten Teil des Kapitels beschrieben haben, ist für das ursprüngliche Antikörperrepertoire von B-Zellen verantwortlich, die sich im Knochenmark entwickeln. Diese somatischen Mutationen, die durch Genumlagerungen zustande kommen, setzen die Gene zusammen, die die primäre Immunglobulinausstattung produzieren. Der Prozess läuft ab, ohne dass die B-Zellen mit einem Antigen interagieren. Das primäre Repertoire ist außerordentlich groß; durch die Fähigkeit von Immunglobulinen, fremde Antigene zu erkennen und zu binden, und mithilfe der Effektorfunktionen der exprimierten Antikörper kann es jedoch zu einer noch größeren Vielfalt kommen. Diese sekundäre Phase der Diversifikation beruht auf drei Mechanismen – der **somatischen Hypermutation**, der **Genkonversion** und dem **Klassenwechsel** oder **Klassenwechselrekombination** –, die alle drei auf unterschiedliche Weise die Sequenz der sezernierten Immunglobuline verändern (Abb. 4.21). Die Klassenwechselrekombination betrifft nur die konstante Region. Die ursprüngliche konstante Region der schweren Kette C_μ wird durch eine alternative Region ersetzt, wodurch sich die funktionelle Diversität des Immunglobulinrepertoires erhöht. Somatische Hypermutation und Genkonversion betreffen die variable Region. Bei der somatischen Hypermutation werden Punktmutationen in die variablen Regionen beider Ketten eingeführt; dadurch verändert sich die Affinität des Antikörpers für das Antigen. Bei der Genkonversion, die bei manchen Tieren vorkommt, werden Sequenzabschnitte der variablen Regionen durch Sequenzabschnitte aus variablen Regionen von Pseudogenen ersetzt. Wie bei der RAG-vermittelten V(D)J-Rekombination handelt es sich um somatische Mutationen der Immunglobulingene; im Unterscheid dazu steht am Anfang ein Enzym namens aktivierungsinduzierte Cytidin-Desaminase (*activation induced cytidin deaminase*, **AID**), das spezifisch in B-Zellen exprimiert wird. In

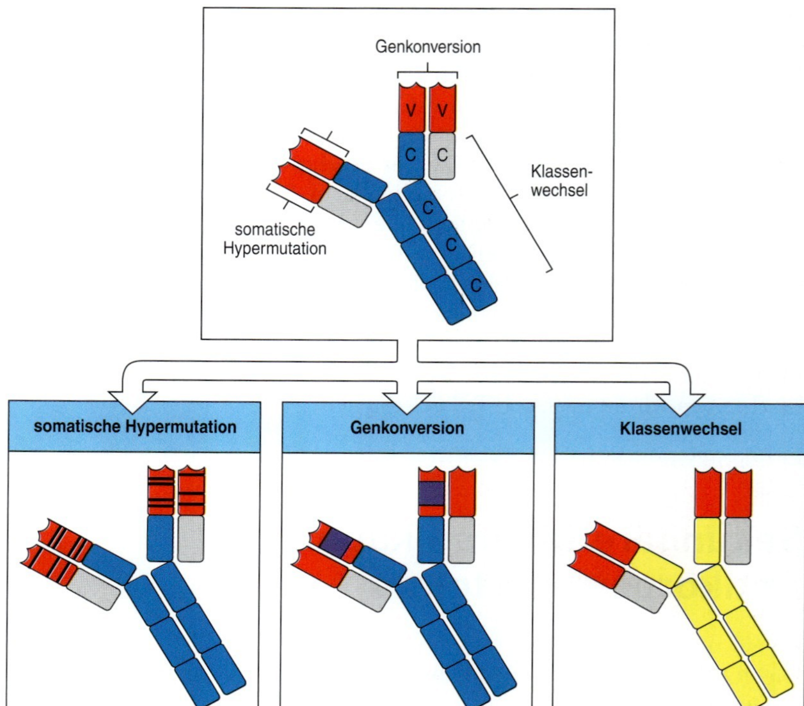

4.21 Das primäre Antikörperrepertoire wird durch drei Prozesse diversifiziert, die die umgeordneten Immunglobulingene modifizieren. Das primäre Antikörperrepertoire besteht anfänglich aus IgM, welches variable Regionen enthält, die durch V(D)J-Rekombination entstanden sind. Dieses breite Spektrum an Reaktivität kann durch somatische Hypermutation, Genkonversion und Klassenwechselrekombination an den Immunglobulinloci weiter modifiziert werden. Somatische Hypermutation führt zu Mutationen (als schwarze Striche dargestellt) in der variablen Region der schweren und leichten Kette (rot) und verändert dadurch die Affinität eines Antikörpers für sein Antigen. Bei der Genkonversion wird die umgeordnete variable Region durch Einführung von Sequenzen modifiziert, die aus den Genen für die variable Region von Pseudogenen stammen und so für zusätzliche Antikörperspezifitäten sorgen. Bei der Klassenwechselrekombination werden die ursprünglichen konstanten Regionen der schweren μ-Kette (blau) durch die konstanten Regionen der schweren Kette eines anderen Isotyps (gelb) ersetzt; so wird die Effektoraktivität des Antikörpers verändert, nicht jedoch seine Antikörperspezifität.

T-Zell-Rezeptor-Genen kommen diese drei Prozesse nicht vor. Da der Startmechanismus aller drei Prozesse ähnlich ist, beginnen wir mit einer allgemeinen Beschreibung der beteiligten Enzyme.

4.17 Die aktivierungsinduzierte Cytidin-Desaminase (AID) führt Mutationen in Gene ein, die in B-Zellen transkribiert werden

Das Enzym AID wurde ursprünglich als Gen identifiziert, das spezifisch nach Aktivierung von B-Zellen exprimiert wird. Seine Bedeutung für die Antikörperdiversifikation wurde klar bei der Untersuchung von Mäusen, die genetisch so verändert worden waren, dass sie AID nicht exprimierten und daraufhin keine somatische Hypermutation und Klassenwechselrekombination zeigten. Bei Menschen mit Mutationen in AID finden beide Vorgänge ebenfalls nicht statt. Die Sequenz von AID ist verwandt mit der eines Proteins namens APOBEC1 (*apolipoprotein B mRNA editing catalytic polypeptide 1*, Apolipoprotein B-mRNA editierendes katalytisches Polypeptid 1), welches ein Cytosin in der mRNA von Apolipoprotein B durch Desaminierung in Uracil umwandelt; ursprünglich dachte man daher, dass AID eine mRNA-Cytidin-Desaminase sei. Obwohl das immer noch in Betracht kommt, gibt es Belege dafür, dass AID auch als DNA-Cytidin-Desaminase agieren kann und Cytidinreste in Immunglobulingenen direkt zu Uridin desaminiert. AID kann an einzelsträngige DNA binden und sie desaminieren, nicht aber doppelsträngige DNA. Die DNA-Doppelhelix muss also zeitweilig lokal entwunden werden, damit AID tätig werden kann. Dies erfolgt anscheinend als Folge der Transkription von benachbarten Sequenzen. In Analogie zu anderen Cytidin-Desaminasen nimmt man an, dass AID den Pyrimidinring des freiliegenden Cytidins nucleophil angreift (Abb. 4.22). Zusätzliche ubiquitäre DNA-Reparaturenzyme kooperieren mit AID bei der weiteren Veränderung der einzelsträngigen DNA-Sequenz (Abb. 4.23). Der Uracilrest, den AID produziert hat, kann als Substrat für das Basenexcisionsreparaturenzym Uracil-DNA-Glycosylase (UNG) dienen, das die Pyrimidinbase entfernt und eine abasische Stelle in der DNA schafft. Die apurinische/apyrimidinische Endonuclease 1 (APE) kann diesen Rest des Nucleotids herausschneiden; so entsteht ein DNA-Einzelstrangbruch an der Stelle des ursprünglichen Cytosins. UNG und APE1 kommen in allen Zellen vor und reparieren die häufigen Konversionen von Cytosin zu Uracil und abasischen Stellen, die durch spontane DNA-Schädigungen zustande kommen. AID ist nur in aktivierten B-Zellen aktiv; indem es die Zahl der DNA-Schäden in Immunglobulingenen beträchtlich erhöht, vergrößert sich die Wahrscheinlichkeit, dass diese fehlerhaft repariert werden und es damit zu Mutationen kommt.

Die drei Mechanismen können zu verschiedenen Typen von Mutationen im Immunglobulingen führen; dabei bestimmt das Ausmaß der Veränderung innerhalb der DNA wesentlich die Art der letztendlich entstehenden Mutation (Abb. 4.24). In den nächsten drei Abschnitten werden wir uns näher mit ihnen befassen. Wenn nur AID die DNA bearbeitet, kommt es nur zu somatischer Hypermutation. Abasische Stellen, die durch UNG zustande kommen, führen durch Nucleotidsubstitution bei der Replikation auch zu somatischer Hypermutation. Einzelstrangbrüche durch APE1

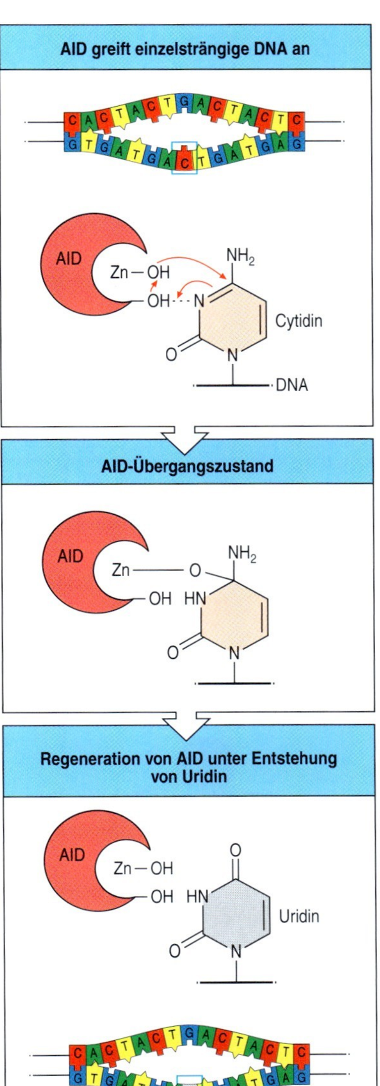

4.22 Die aktivierungsinduzierte Cytidin-Desaminase (AID) ist der Auslöser für somatische Mutationen bei somatischer Hypermutation, Genkonversion und Klassenwechselrekombination. Für die Aktivität von AID, welche nur in B-Zellen exprimiert wird, muss die Cytidinseitenkette eines einzelsträngigen DNA-Moleküls zugänglich sein (oben), was normalerweise durch die Wasserstoffbrücken in doppelsträngiger DNA nicht der Fall ist. AID greift den Cytosinring nucleophil an (Mitte), was zur Desaminierung des Cytidins zu Uracil führt (unten).

vermutet man als notwendiges Startsignal für die matrizenunabhängige Replikation mithilfe homologer Sequenzen, wie sie bei der Genkonversion vorkommt. Und eine hohe Dichte an Einzelstrangbrüchen an spezifischen Abschnitten in der Nähe von Genen für konstante Regionen bilden vermutlich die versetzten Doppelstrangbrüche, die Voraussetzung für einen Klassenwechsel sind.

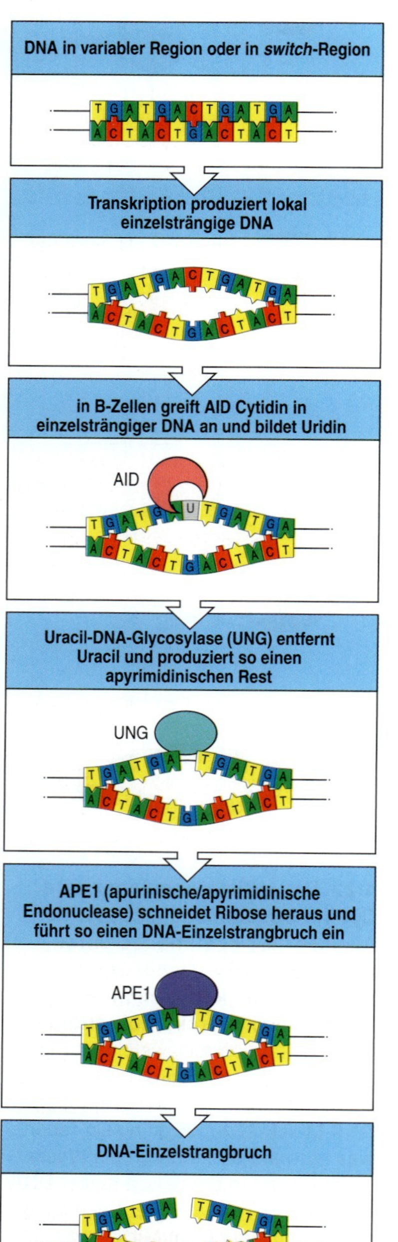

4.23 Entstehung von Einzelstrangbrüchen in der DNA durch AID, Uracil-DNA-Glycosylase (UNG) und apurinische/apyrimidinische Endonuclease 1 (APE1). Durch Transkription wird doppelsträngige DNA (erstes Bild) an einer bestimmten Stelle entspiralisiert und für AID zugänglich (zweites Bild). AID, das nur in aktivierten B-Zellen exprimiert wird, wandelt Cytidinreste in Uridine um (drittes Bild). Die ubiquitären DNA-Reparaturenzyme UNG und APE1 entfernen davon zunächst den Uracilrest und bilden so eine abasische Stelle (viertes Bild); sie schneiden den abasischen Riboserest aus dem DNA-Strang (fünftes Bild), was zu einem DNA- Einzelstrangbruch führt (sechstes Bild).

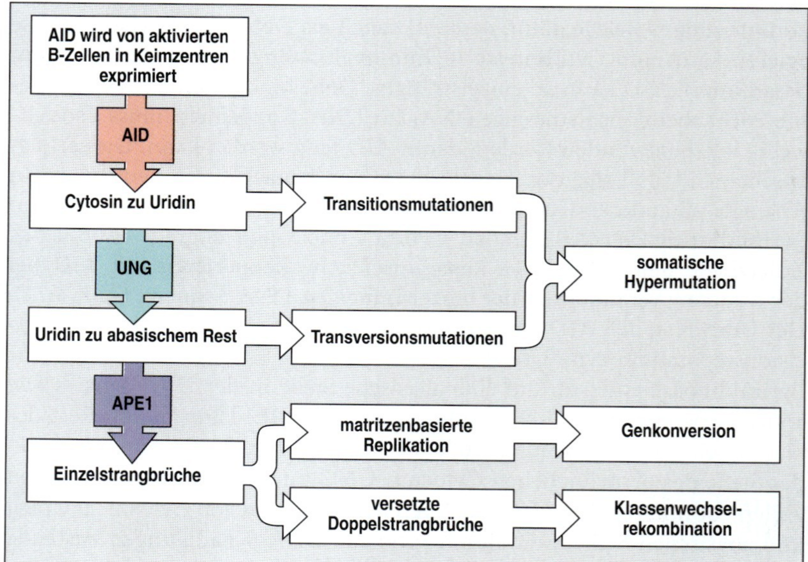

4.24 AID initiiert die Vorgänge, die zu somatischer Hypermutation, Genkonversion und Klassenwechselrekombination führen. Somatische Hypermutation durch Transitionsmutationen (C zu T oder G zu A) erfolgt, wenn das von AID produzierte Uracil von DNA-Polymerasen als T erkannt wird. Hat UNG eine abasische Stelle geschaffen, dann kann durch nichtmatrizenunterstützte Replikation an dieser Stelle eine Transitions- oder Transversionsmutation entstehen. Auslöser für eine Genkonversion scheinen Einzelstrangbrüche zu sein, gefolgt von DNA-Replikation, wobei homologe Pseudogene als Matrize für die Reparatur verwendet werden. Wenn aus Einzelstrangbrüchen gleichzeitig versetzte Doppelstrangbrüche werden, die auf beiden Seiten von Genen für konstante Regionen (*switch*-Regionen) liegen, kann der für Doppelstrangbrüche zuständige Reparaturapparat der Zelle die Brüche so wieder verknüpfen, dass es zu einem Klassenwechsel kommt.

4.18 Die somatische Hypermutation bewirkt eine weitere Diversifikation umgelagerter V-Gene

Somatische Hypermutation erfolgt in B-Zellen lymphoider peripherer Organe, nachdem funktionelle Immunglobulingene zusammengesetzt wurden. In das gesamte Exon der variablen Region werden zahlreiche Punktmutationen eingeführt, die mutierte B-Zell-Rezeptoren auf den B-Zell-Oberflächen entstehen lassen. (Abb. 4.25). Bei Menschen und Mäusen findet somatische Hypermutation in Keimzentren erst statt, nachdem reife B-Zellen durch ihr entsprechendes Antigen aktiviert wurden; außerdem bedarf es bestimmter Signale von aktivierten T-Zellen. Somatische Hypermutation betrifft vor allem umgeordnete variable Regionen, die aktiv in B-Zellen transkribiert werden und nicht inaktive Loci, da AID ein einzelsträngiges DNA-Substrat benötigt. Andere Gene, die in der B-Zelle exprimiert werden, zum Beispiel die konstanten Regionen, sind nicht betroffen. Umgeordnete V_H und V_L-Gene werden jedoch mutiert, auch wenn es sich um unproduktive Umlagerungen handelt und sie zwar transkribiert, aber nicht als Protein exprimiert werden.

Somatische Hypermutation in funktionellen variablen Regionen hat eine Reihe von Konsequenzen. Mutationen, die die Aminosäuresequenzen in den konservierten Gerüstregionen verändern, zerstören meistens die Grundstruktur des Antikörpers; da dieser Prozess in den Keimzentren stattfindet, wo B-Zell-Klone beim Ausschalten eines Antigens miteinander konkurrieren, werden sie selektiert. Klone mit sehr hoher Affinität zum Antigen werden bevorzugt. Einige der mutierten Immunglobulinmoleküle binden das Antigen jedoch besser als die ursprünglichen B-Zell-Rezeptoren; diejenigen B-Zellen, die sie exprimieren, werden selektiert und reifen zu antikörpersezernierenden Zellen heran. Dieses Phänomen bezeichnet man als **Affinitätsreifung** der Antikörperpopulation. In Kapitel 9 und 10 werden wir näher darauf eingehen. Das Ergebnis der Selektion auf eine verbesserte Bindung des Antigens besteht darin, dass sich Basenverände-

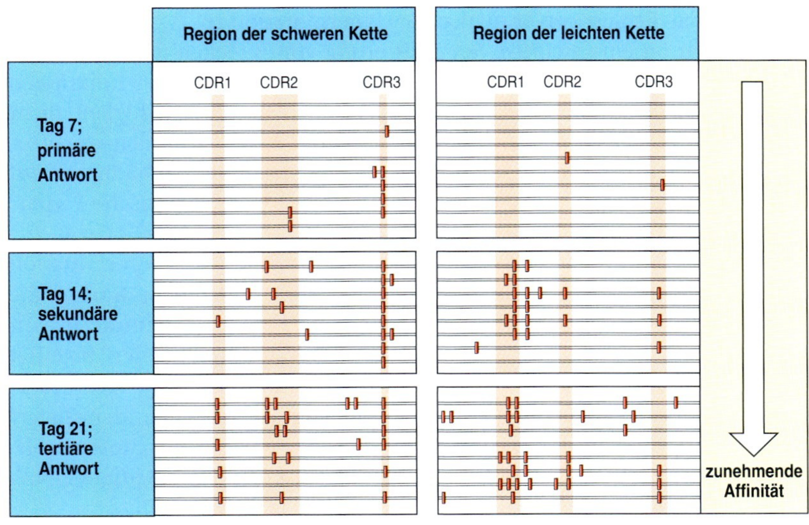

4.25 Somatische Hypermutation führt Mutationen in umgeordnete variable Immunglobulinregionen ein, die die Antigenbindung verbessern. Unter manchen Umständen ist es möglich, den Prozess der somatischen Hypermutation zu verfolgen, indem man zu verschiedenen Zeiten nach einer Immunisierung Hybridomazelllinien etabliert und deren variable Immunglobulinregionen sequenziert. Das Ergebnis eines solchen Experiments ist hier dargestellt. Jede variable Region ist durch eine horizontale Linie dargestellt, auf der die Positionen der komplementaritätsbestimmenden Regionen CDR1, CDR2 und CDR3 schattiert sind; die vertikalen Striche sind Mutationen. Wenige Tage nach der Immunisierung finden sich in den variablen Regionen eines bestimmten Klons von reagierenden B-Zellen Mutationen, und im Laufe der nächsten Woche sammeln sich immer mehr Mutationen an (obere Reihe). B-Zellen, in deren variablen Regionen sich Deletionen angesammelt haben und die das Antigen nicht mehr binden können, sterben. B-Zellen, deren variable Regionen Mutationen erworben haben, die zu einer verbesserten Antigenbindung führen, können erfolgreich um die Antigenbindung konkurrieren und Signale empfangen, die ihre Proliferation und Ausbreitung fördern. Dieser Vorgang von Mutation und Selektion kann sich in den Keimzentren von Lymphknoten über viele Zyklen in den sekundären und tertiären Immunantworten fortsetzen (mittlere und untere Reihe). Auf diese Weise verbessert sich mit der Zeit die Effektivität der Antigenbindung bei der Antikörperantwort.

rungen, welche die Aminosäuresequenz und damit die Proteinstruktur ändern, bevorzugt in den komplementaritätsbestimmenden Regionen anhäufen; stumme Mutationen, bei denen die Aminosäuresequenz und damit die Proteinstruktur erhalten bleiben, sind über die gesamte variable Region verteilt.

Das Muster des Basenaustauschs in nichtproduktiven Genen der variablen Region veranschaulicht das Ergebnis der somatischen Hypermutation, wenn keine Selektion auf eine verstärkte Antigenbindung stattfindet. Die Mutationen verteilen sich über die ganze variable Region, erfolgen jedoch nicht rein zufällig: Es gibt gewisse Bereiche (*hotspots*) mit kurzen Motiven von vier oder fünf Nucleotiden, die bevorzugt mutiert sind. Vielleicht sind auch bestimmte noch unbekannte Eigenschaften der Sekundärstruktur von Bedeutung. Wie in Abschnitt 4.17 besprochen, nimmt man an, dass der grundlegende Mechanismus der somatischen Hypermutation auf einer Cytidindesaminierung durch das Enzym AID beruht. Die Desaminierung von Cytidin zu Uracil erklärt einige bevorzugte Mutationsrichtungen, zum Beispiel die Transitionsmutation von C zu T oder G zu A. Schwieriger zu erklären ist, wie eine Desaminierung von C-Resten zu Mutationen an A-T-Basenpaaren führen kann, was bei somatischer Hypermutation ebenfalls vorkommt. Möglicherweise werden DNA-Brüche verursacht, wenn eine falsche Paarung wie U-G Reparaturmechanismen auslöst und ausgedehnte fehleranfällige Reparaturvorgänge mithilfe von DNA-Replikation stattfinden, die dann zu Mutationen in benachbarten A-T-Basen führen. Wenn APE1 einen Einzelstrangbruch einführt, könnte eine nachlässige Replikation auf ähnliche Weise matrizenunabhängige Transversionsmutationen verursachen. Die Beziehung zwischen diesen Mutationsmechanismen und der Reparatur von DNA-Doppelstrangbrüchen, die auch mit Mutationen von variablen Regionen assoziiert sind, ist noch nicht bekannt.

Anders als in B-Zellen entsteht die gesamte Vielfalt in T-Zell-Rezeptoren durch Genumlagerung; somatische Hypermutation umgeordneter variabler Regionen gibt es in T-Zellen nicht. Das bedeutet, dass die Variabilität in den CDR1- und CDR2-Regionen begrenzt ist auf diejenige der Gensegmente für variable Regionen in der Keimbahn und dass sich die höchste Vielfalt in den CDR3-Regionen konzentriert. Das stärkste Argument für das Fehlen von somatischer Hypermutation in T-Zellen ist, dass Hypermutation eine adaptive Spezialisierung von B-Zellen darstellt, damit hoch affine sezernierte Antikörper entstehen, die ihre Effektorfunktionen wirkungsvoll ausführen können. Da T-Zellen über diese Fähigkeit nicht verfügen müssen und da sich zerstörende Veränderungen in den rezeptorbindenden Spezifitäten in reifen T-Zellen potenziell eher schädigend auf die Immunantwort auswirken als in B-Zellen, hat sich somatische Hypermutation in T-Zellen nie entwickelt.

Manche Einzelheiten des Mechanismus somatischer Hypermutation sind noch unbekannt. So ist zum Beispiel noch nicht klar, warum die Mutationen selektiv Immunglobulingene betreffen; man nimmt jedoch an, dass Enhancer und Promotoren von Immunglobulingenen beteiligt sind. Bestimmte Sequenzen innerhalb dieser Abschnitte, die die Mutation eines bestimmten Gens bestimmen, müssen jedoch noch identifiziert werden. Möglicherweise aktivieren die Immunglobulingenpromotoren außerdem stark fehleranfällige Reparaturpolymerasen, die geschädigte DNA-Abschnitte replizieren.

4.19 Bei einigen Spezies findet die Diversifikation der Immunglobulingene nach der Genumlagerung statt

Bei Vögeln, Kaninchen, Kühen, Schweinen, Schafen und Pferden gibt es wenig oder keine Keimbahndiversität in den V-, D- und J-Gen-Segmenten, die zu den Genen für die primären B-Zell-Rezeptoren umgebaut werden. Die umgebauten V-Region-Sequenzen sind in den meisten unreifen B-Zellen identisch oder ähnlich. Diese B-Zellen wandern dann in spezialisierte Mikromilieus aus, von denen das bekannteste wohl die Bursa Fabricii der Hühner ist. Hier proliferieren die B-Zellen schnell, und ihre umgebauten Immunglobulingene erfahren weitere Diversifikationen. Bei Vögeln und Kaninchen geschieht dies hauptsächlich durch **Genkonversion**. Bei diesem Prozess tauscht ein stromaufwärts gelegenes V-Segment-Pseudogen kurze Sequenzen mit

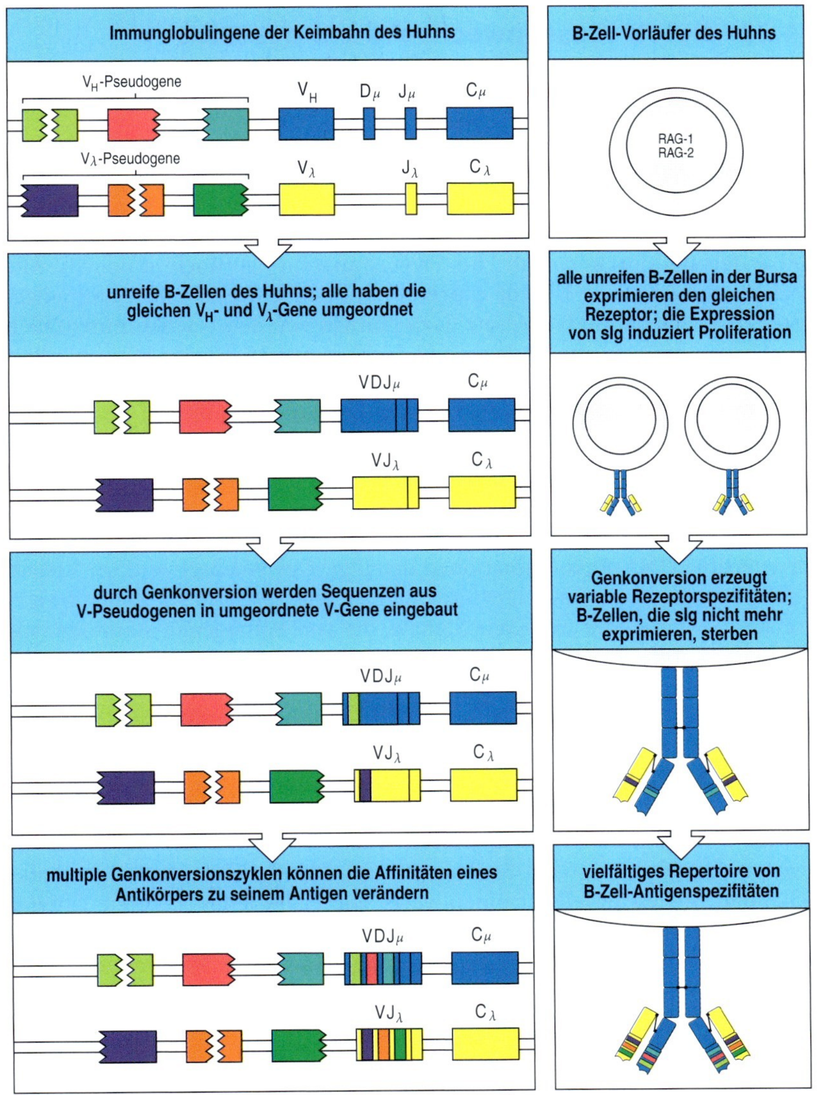

4.26 Die Diversifikation von Immunglobulinen von Hühnern erfolgt durch Genkonversion. Bei Hühnern ist die Immunglobulinvielfalt, die durch V(D)J-Umlagerung entstehen kann, sehr begrenzt. Anfänglich gibt es nur je ein aktives V- und J-Gen-Segment sowie 15 D-Segmente für Gene der schweren Kette und je ein aktives V- und J-Gen-Segment am Locus der leichten Kette (oben links). Die primäre Genumlagerung kann also nur eine sehr begrenzte Zahl von Rezeptorspezifitäten hervorbringen (zweite Reihe). Unreife B-Zellen, die diese Rezeptoren exprimieren, wandern zur Bursa Fabricii, wo die Vernetzung des Oberflächenimmunglobulins sIg die Zellproliferation induziert (zweite Reihe). Genkonversionen fügen Sequenzen aus benachbarten V-Pseudogenen in das exprimierte Gen ein und sorgen so für Rezeptorvielfalt (dritte Reihe). Einige dieser Genkonversionen inaktivieren das zuvor exprimierte Gen (nicht dargestellt). Wenn eine B-Zelle sIg nach einer solchen Genkonversion nicht mehr exprimieren kann, wird sie eliminiert. Wiederholte Genkonversionen können das Repertoire noch weiter diversifizieren (zwei untere Reihen).

dem exprimierten, umgebauten V-Region-Gen aus (Abb. 4.26). Die Mechanismen von Genkonversion und somatischer Hypermutation sind anscheinend verwandt; in einer B-Zell-Linie aus Hühnern wurde nachgewiesen, dass für Genkonversion AID notwendig ist. Die nach der Cytosindesaminierung durch APE1 verursachten Einzelstrangbrüche sind vermutlich das Startsignal für einen homologiegestützten Reparaturprozess: dabei wird ein homologes Gensegment einer variablen Region als Matrize für die DNA-Reparatur verwendet, die die V-Gen-Region wieder herstellt.

Bei Schafen und Kühen ist die Immunglobulindiversifikation das Ergebnis einer somatischen Hypermutation, die in einem speziellen Organ erfolgt, den Peyer-Plaques im Dünndarm. Somatische Hypermutation, unabhängig von T-Zellen und ohne auslösendes Antigen, spielt wahrscheinlich auch für die Diversifikation von Immunglobulinen bei Vögeln und Kaninchen eine Rolle.

4.20 Durch Klassenwechsel kann dasselbe V_H-Exon im Verlauf einer Immunantwort mit verschiedenen C_H-Genen assoziieren

Die Exons der variablen Regionen, die eine beliebige B-Zelle exprimiert, werden bereits während der frühen Entwicklungsphase im Knochenmark festgelegt. Es kommt zu keiner weiteren V(D)J-Rekombination; nur eine Abänderung durch somatische Hypermutation ist noch möglich. Alle Nachkommen dieser B-Zelle exprimieren deshalb dieselben zusammengesetzten V_H-Gene. Im Gegensatz dazu können von den Nachkommenzellen mehrere unterschiedliche Isotypen der konstanten Regionen exprimiert werden, da die Zellen im Verlauf einer Immunantwort reifen und proliferieren. Jede B-Zelle beginnt mit der Expression von IgM und IgD als Antigenrezeptoren, und der erste Antikörper einer Immunantwort ist immer IgM. Später wird dieselbe zusammengesetzte V-Region vielleicht in IgG-, IgA- oder IgE-Antikörpern exprimiert. Man bezeichnet dieses Umschalten als Klassen- oder **Isotypwechsel**; im Unterschied zur IgD-Expression sind irreversible DNA-Rekombinationen beteiligt. Der Wechsel wird im Verlauf einer Immunantwort durch externe Signale wie durch von T-Zellen freigesetzte Cytokine oder mitogene Signale, die von Pathogenen stammen, stimuliert (Kapitel 9). Hier wollen wir uns mit den molekularen Grundlagen des Isotypwechsels beschäftigen.

Ein Wechsel von IgM zu einer der anderen Immunglobulinklassen erfolgt erst, nachdem die B-Zellen durch ein Antigen stimuliert wurden. Der Wechsel erfolgt über Klassenwechselrekombination, eine besondere, nichthomologe DNA-Rekombination, die durch Bereiche von repetitiver DNA, sogenannten ***switch*-Regionen**, gesteuert wird. Diese liegen im Intron zwischen den J_H-Gen-Segmenten und dem C_μ-Gen sowie an entsprechenden Stellen jeweils stromaufwärts der Gene jedes anderen Isotyps, wobei das δ-Gen eine Ausnahme bildet: seine Expression ist nicht von DNA-Rekombination abhängig (Abb. 4.27, erstes Bild). Wenn eine B-Zelle von der Coexpression von IgM und IgD zur Expression eines anderen Isotyps umschaltet, kommt es zwischen S_μ und der S-Region, die direkt stromaufwärts des Gens für diesen Isotyp liegt, zur DNA-Rekombination. Dabei werden die C_δ-codierenden Sequenzen und alle dazwischenliegenden DNA-Abschnitte zwischen ihr und der beteiligten *switch*-Region entfernt. Abbildung 4.27 zeigt den Wechsel von C_μ zu C_ε bei der Maus. Jede Isotypwechselrekombination bringt Gene hervor, die ein funktionelles Protein codieren, da die *switch*-Sequenzen in Introns liegen und deshalb keine Rasterverschiebungen verursachen.

Wie wir in Abschnitt 4.17 erläutert haben, kann AID nur an einzelsträngiger DNA aktiv werden. Man weiß, dass für einen erfolgreichen Klassen-

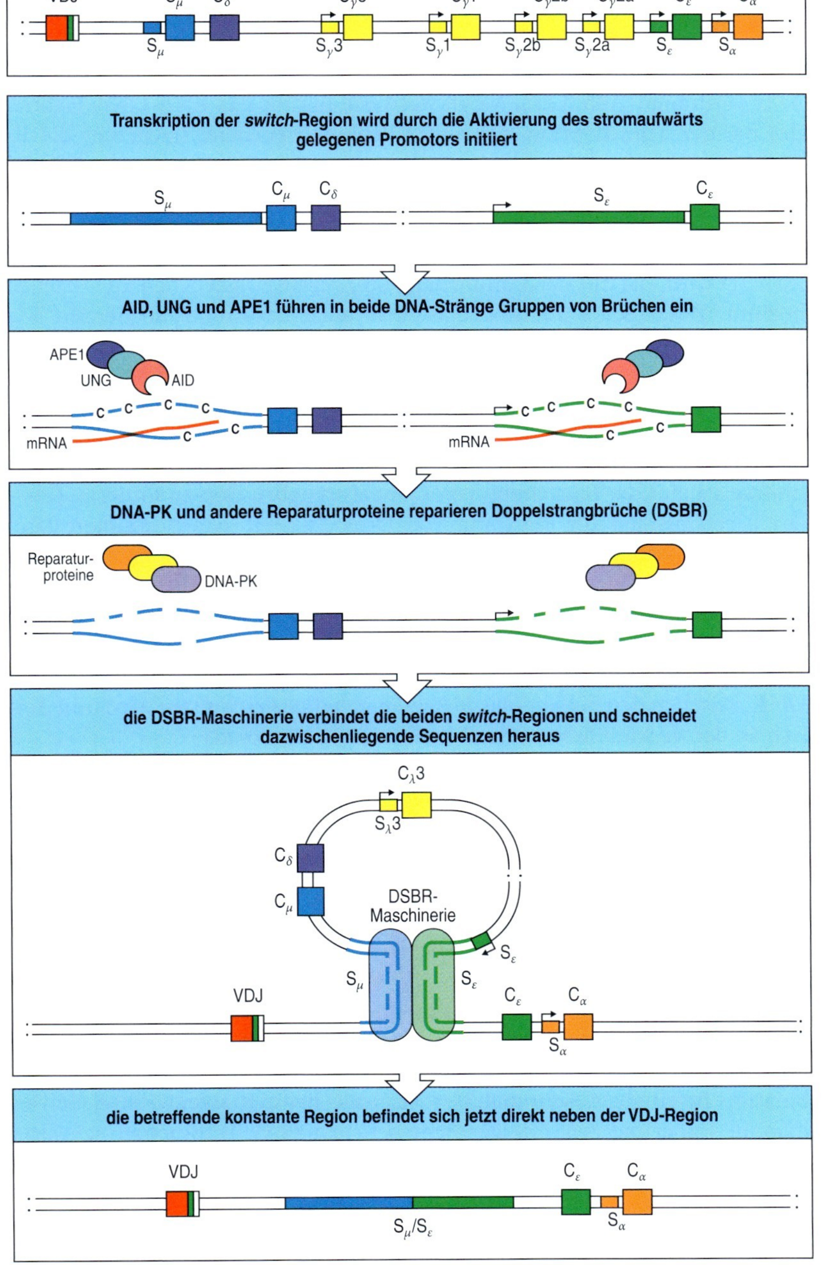

4.27 Am Isotypwechsel ist eine Rekombination zwischen spezifischen Umschaltsignalen beteiligt. Hier ist der Wechsel zwischen dem μ- und ε-Isotyp im Locus für die schwere Kette der Maus dargestellt. Stromaufwärts eines jeden Gens für die konstante Region der Immunglobuline (mit Ausnahme des δ-Gens) liegen repetitive DNA-Sequenzen, die *switch*-Regionen (S), die den Isotypwechsel steuern. Der Isotypwechsel beginnt mit der Transkription dieser Abschnitte jeweils ausgehend von von stromaufwärts liegenden Promotoren (Pfeile). Die repetitiven Sequenzen sind so beschaffen, dass bei der Transkription der S-Regionen R-Loops entstehen (ausgedehnte Abschnitte einzelsträngiger DNA, gebildet aus dem Nichtmatrizenstrang), die als Substrate für AID und anschließend für UNG und APE1 dienen. Dadurch entstehen im Nichtmatrizenstrang viele Einzelstrangbrüche und vermutlich auch eine kleinere Anzahl von Brüchen im Matrizenstrang. Versetzte Brüche werden durch einen noch nicht näher bekannten Mechanismus in Doppelstrangbrüche umgewandelt. Diese werden dann vermutlich von der Doppelstrangreparaturmaschinerie der Zelle erkannt; an diesem Reparaturprozess sind DNA-PKcs und andere Proteine beteiligt. Die beiden *switch*-Regionen, in diesem Fall S_μ und S_ε, werden dadurch zusammengebracht. Durch Entfernen der dazwischenliegenden DNA-Abschnitte (darunter C_μ und C_δ) und Verknüpfen der S_μ- und S_ε-Regionen wird der Klassenwechsel vollzogen.

wechsel Transkription über die *switch*-Regionen hinweg erfolgen muss; diese Transkription sorgt vermutlich für die Öffnung der DNA und ermöglicht AID den Zugang zu Cytidinresten in den *switch*-Regionen. Die Sequenzen der *switch*-Regionen haben charakteristische Eigenschaften, die AID während ihrer Transkription möglicherweise den Zugang zur entwundenen DNA erleichtern. Zum einen ist der Nichtmatrizenstrang G-reich. Die *μ-switch*-Region (S_μ) besteht aus etwa 150 Wiederholungen der Sequenz (GAGCT)*n*(GGGGGT), wobei *n* normalerweise gleich drei ist, aber auch bis zu sieben betragen kann. Die Sequenzen der anderen *switch*-Regionen (S_γ, S_α und S_ε) unterscheiden sich zwar in Einzelheiten, enthalten aber alle Wiederholungen der GAGCT- und GGGGGT-Sequenz. Man vermutet, dass bei der Transkription blasenförmige Strukturen entstehen, sogenannte **R-Loops**, wenn die transkribierte mRNA den Nichtmatrizenstrang von der Doppelhelix verdrängt (Abb. 4.27). Möglicherweise nimmt das RNA-DNA-Hybrid, das bei der Transkription der *switch*-Regionen entsteht, bevorzugt die R-Loop-Form an, obwohl es theoretisch auch andere Strukturen gibt, die der Matrizenstrang bilden kann, um den Klassenwechsel zu vollziehen. In jedem Fall wird der Nichtmatrizenstrang anscheinend verdrängt; er nimmt eine Konfiguration ein, aufgrund derer dieser Abschnitt zu einem guten Substrat für AID wird, die mit der Einführung von Einzelstrangbrüchen an C-Stellen beginnt. Zusätzlich sind möglicherweise auch bestimmte Sequenzen wie AGCT besonders gute Substrate für AID, und da es sich um Palindrome handelt, könnte AID gleichzeitig an den Cytidinresten beider Stränge aktiv sein und so auf beiden Strängen viele Einzelstrangbrüche einführen, was schließlich zu Doppelstrangbrüchen in diesem Abschnitt führt. Wie auch immer der genaue Mechanismus sein mag, Transkription über die *switch*-Regionen hinweg scheint die Entstehung von Doppelstrangbrüchen zu fördern. Zelluläre Mechanismen zur Reparatur von Doppelstrangbrüchen könnten dann die nichthomologe Rekombination zwischen den *switch*-Regionen zur Folge haben, die zum Klassenwechsel führt; dabei werden die zu verknüpfenden Enden zusammengebracht, indem sich die repetitiven Sequenzen, die die verschiedenen *switch*-Regionen gemeinsam haben, aneinanderlagern. Die Wiederverknüpfung der DNA-Enden führt dann dazu, dass die gesamte DNA zwischen den beiden *switch*-Regionen herausgeschnitten wird und dass sich an der Verknüpfungsstelle eine chimäre Region bildet.

Fehlt AID, dann ist ein Klassenwechsel unmöglich. Ein Mangel an diesem Enzym konnte beim Menschen inzwischen mit einer Form der Immunschwäche in Zusammenhang gebracht werden, dem Hyper-IgM-Syndrom Typ 2. Diese Erkrankung zeichnet sich durch ein Fehlen aller Immunglobuline außer IgM aus (Kapitel 12). Ein Mangel an UNG beeinträchtigt sowohl bei Mäusen als auch bei Menschen einen Klassenwechsel ebenfalls sehr; das ist ein weiterer Beweis für die Abfolge der von ihnen katalysierten Reaktionen (Abschnitt 4.17). Ein Argument für die Beteiligung von Doppelstrangbrüchen ist die Tatsache, dass Klassenwechsel bei Mäusen vermindert vorkommen, denen Ku-Proteine fehlen. Ku-Proteine sind auch wesentlich am Wiederverschließen von DNA im Laufe der V(D)J-Rekombination beteiligt (Abschnitt 4.5); ihre Rolle beim Klassenwechsel bewies man in Experimenten mit gentechnisch erstellten Transgenen schwerer und leichter Ketten. Der Mangel an anderen DNA-Reparaturenzymen wie DNA-PKcs beeinträchtigt den Klassenwechsel ebenfalls, höchstwahrscheinlich wegen ihrer Funktion bei der DNA-Paarung und den Vorgängen beim Verknüpfen von offenen Enden.

Zwar sind der Isotypwechselrekombination und der V(D)J-Rekombination manche Enzyme gemeinsam, sie unterscheiden sich jedoch in mehreren Aspekten. Zum einen sind alle Isotypwechselrekombinationen produktiv; zweitens sind andere Signalsequenzen und Enzyme beteiligt; RAG-Enzyme fehlen jedoch; drittens erfolgt die Isotypwechselrekombination nach der Stimulation durch ein Antigen und nicht während der B-Zell-Entwicklung im Knochenmark und viertens ist der Wechsel nicht zufällig, sondern wird durch externe Signale, beispielsweise von T-Zellen, reguliert (Kapitel 9).

Zusammenfassung

Immunglobulingene, die durch V(D)J-Rekombination umgeordnet wurden, können durch somatische Hypermutation, Genkonversion und Klassenwechsel noch weiter diversifiziert werden. Diese Vorgänge beruhen alle auf DNA-Reparatur- und -Rekombinationsprozessen, die das Enzym AID (aktivierungsinduzierte Cytidin-Desaminase) einleitet. Im Gegensatz zur V(D)J-Rekombination erfolgt diese sekundäre Diversifikation nur in B-Zellen und somatische Hypermutation und Klassenwechsel erst nach B-Zell-Aktivierung durch ein Antigen. Somatische Hypermutation führt Vielfalt mithilfe von Punktmutationen in die variablen Regionen ein. Führt dies zu einer größeren Affinität für das Antigen, werden aktivierte B-Zellen, die das mutierte Immunglobulin produzieren, selektiert, was im Laufe der Immunantwort eine wachsende Affinität von Antikörpern für das Antigen zur Folge hat. Klassenwechsel betrifft nicht die variable Region, sondern vergrößert die funktionelle Vielfalt von Immunglobulinen, indem die C_μ-Region des Immunglobulingens, das zuerst exprimiert wird, durch die konstante Region einer anderen schweren Kette ersetzt wird und so IgG-, IgA- oder IgE-Antikörper entstehen. Beim Klassenwechsel entstehen Antikörper mit denselben Antigenspezifitäten aber unterschiedlichen Effektorfunktionen. Genkonversion ist der grundlegende Mechanismus, mit dem ein vielfältiges Immunglobulinrepertoire in Tieren entsteht, bei denen durch V(D)J-Rekombination von Keimbahngenen nur eine begrenzte Vielfalt entstehen kann. Dabei werden Segmente der umgeordneten variablen Regionen durch Sequenzen aus Pseudogenen ersetzt.

Zusammenfassung von Kapitel 4

Lymphocytenrezeptoren sind besonders vielfältig, und sich entwickelnde B- und T-Zellen verwenden dieselben Grundmechanismen, um diese Diversität zu erreichen. In jeder Zelle werden funktionelle Gene für die Ketten von Immunglobulinen und T-Zell-Rezeptoren durch somatische Rekombination aus Gruppen separater Gensegmente zusammengesetzt, welche zusammen die variable Region codieren. In allen Rezeptorloci sind die Substrate für den Verknüpfungsprozess, die Gruppen von V-, D- und J-Gen-Segmenten, ähnlich. Es gibt jedoch einige wichtige Unterschiede, was die Einzelheiten ihrer Anordnung betrifft. Die lymphoidspezifischen Proteine RAG-1 und RAG-2 steuern den Prozess der V(D)J-Rekombination in T- und B-Zellen. Diese Proteine arbeiten beim Verknüpfungsprozess mit anderen ubiquitären DNA-modifizierenden Enzymen und mit mindestens einem anderen lymphoidspezifischen Enzym, TdT, zusammen. Da jede Art des Gensegments in multiplen, geringfügig unterschiedlichen Variationen vorhanden ist, ist die zufällige Auswahl der Gensegmente beim Zusammenbau die Quelle für die enorme potenzielle Diversität. Während des Zusammenbaus ergibt sich an den Verbindungsstellen der Gensegmente weitere Diversität durch ungenau arbeitende Verknüpfungsmechanismen. Diese Vielfalt konzentriert sich in der DNA, welche die im Zentrum der Antigenbindungsstelle liegende CDR3-Schleife der Rezeptoren codiert. Der zufällige Zusammenbau der beiden Ketten von Immunglobulinen oder T-Zell-Rezeptoren vervielfältigt die Gesamtdiversität des vollständigen Antigenrezeptors. Zusätzlich initiieren reife B-Zellen, die durch ein Antigen aktiviert wurden, die Entstehung von somatischen Punktmutationen in der DNA der variablen Region, wodurch zahlreiche Varianten der ursprünglich konstruierten variablen Region entstehen.

Ein wichtiger Unterschied zwischen Immunglobulinen und T-Zell-Rezeptoren besteht darin, dass Immunglobuline in membrangebundener (B-Zell-Rezeptor) und in sezernierter Form (Antikörper) vorkommen. Die Fähigkeit, sowohl eine membrangebundene als auch eine sezernierte Form des gleichen Moleküls zu exprimieren, ist auf differenzielles mRNA-Spleißen der schwere Kette zurückzuführen, wodurch Exons eingebaut werden, die unterschiedliche Carboxytermini codieren. Konstante Regionen der schweren Kette enthalten drei oder vier Immunglobulindomänen, die T-Zell-Rezeptor-Ketten nur eine. Schließlich können B-Zellen die Vielfalt der Immunglobuline mithilfe von drei Mechanismen erhöhen, an denen eine AID-abhängige somatische Mutation des primären Repertoires beteiligt ist: somatische Hypermutation, Genkonversion und Klassenwechsel. Somatische Hypermutation und Genkonversion vergrößern die Vielfalt durch Veränderungen der variablen Regionen von Immunglobulingenen. Antikörper haben zudem eine Reihe von Effektorfunktionen, die über ihre C-Regionen vermittelt werden. Der Klassenwechsel ermöglicht die Kombination mehrerer alternativer konstanter Regionen von schweren Ketten

Ereignis	Vorgang	Art der Änderungen	Vorgang erfolgt in B-Zellen	Vorgang erfolgt in T-Zellen
Zusammensetzen der V-Region	somatische Rekombination von DNA	irreversibel	ja	ja
Verknüpfungsvielfalt	unpräzise Verknüpfungen, Insertion von N-Sequenzen in die DNA	irreversibel	ja	ja
transkriptionelle Aktivierung	Aktivierung des Promotors durch Nähe zum Enhancer	irreversibel, aber reguliert	ja	ja
Isotypwechselrekombination	somatische Rekombination der DNA	irreversibel	ja	nein
somatische Hypermutation	DNA-Punktmutation	irreversibel	ja	nein
IgM-, IgD-Expression auf der Oberfläche	differenzielles Spleißen von RNA	reversibel, reguliert	ja	nein
Membran oder sezernierte Form	differenzielles Spleißen von RNA	reversibel, reguliert	ja	nein

4.28 Veränderungen in den Genen von Immunglobulinen und T-Zell-Rezeptoren, die während der B-Zell- und T-Zell-Entwicklung und -Differenzierung stattfinden. Die Veränderungen, welche die immunologische Vielfalt hervorrufen, sind irreversibel, da sie Eingriffe in die B-Zell- oder T-Zell-DNA betreffen. Bestimmte Veränderungen der DNA-Organisation oder ihrer Transkription gibt es nur bei B-Zellen. Somatische Hypermutation hat man bei funktionellen T-Zell-Rezeptoren bisher noch nicht beobachtet. Bei B-Zell-spezifischen Vorgängen wie der Isotypwechselrekombination (*switch*) kann dieselbe variable (V-)Region mit mehreren funktionell unterschiedlichen konstanten Regionen der schweren Ketten verbunden werden. Dadurch wird auf irreversible Weise funktionelle Vielfalt erreicht. Das Umschalten von IgM zu IgD und der membrangebundenen zur sezernierten Form von Immunglobulintypen kann dagegen prinzipiell reversibel gesteuert werden.

mit der gleichen variablen Region; so entstehen Antikörper mit derselben Spezifität, aber unterschiedlichen Effektorfunktionen. Auf diese Weise können die Nachkommen einer einzelnen B-Zelle viele verschiedene Antikörperklassen exprimieren und so die möglichen Effektorfunktionen eines bestimmten Antikörpers maximieren. Die Veränderungen in den Genen für Immunglobuline und T-Zell-Rezeptoren, die während der Entwicklung von B- und T-Zellen stattfinden, fasst Abbildung 4.28 zusammen.

Fragen

4.1 a) Wie heißen die beiden Arten somatischer DNA-Umlagerung, die am Immunglobulingenlocus vorkommen? b) Vergleichen Sie die Mechanismen, auf denen diese beiden Typen von Umlagerungen beruhen. c) Welche dieser Arten von Umlagerungen kommt auch an den Loci vor, die T-Zell-Rezeptoren codieren? d) Was wäre die Folge, wenn AID auch in T-Zellen aktiv wäre?

4.2 a) Welches sind die wesentlichen lymphocytenspezifischen Gene, die an der V(D)J-Rekombination beteiligt sind? b) Welche wichtigen Enzyme sind beteiligt? c) Welche dieser Enzyme sind vor allem bei der Bildung umgeordneter Gene für schwere Ketten und welche bei der Bildung von Genen für leichte Ketten aktiv? d) Ist eines dieser Enzyme, und wenn ja welches, nur bei der Prozessierung von codierenden Verknüpfungen bzw. Signalverknüpfungen aktiv? e) Wie lassen sich damit die genauen Signalverknüpfungen im Vergleich zu den ungenauen codierenden Verknüpfungen erklären?

4.3 An der V(D)J-Rekombination sind sowohl gewebespezifische (B- und T-Zellen) als auch nichtgewebespezifische (das heißt ubiquitär exprimierte) Enzyme beteiligt. a) Diskutieren Sie zwei nichtspezifische Enzymaktivitäten, die für die Fertigstellung der V(D)J-Verknüpfung nötig sind. b) Warum führen diese Aktivitäten nicht zu unpassenden V(D)J-DNA-Umlagerungen in anderen Geweben?

4.4 a) Diskutieren Sie die vier wichtigsten Vorgänge, auf denen die Vielfalt des Lymphocytenrepertoires beruht. b) Welcher dieser Vorgänge findet nicht sowohl in B- als auch in T-Zellen statt? c) Wie korreliert dieser Unterschied mit den Arten von DNA-Umlagerungen in B- und T-Zellen? d) Welche anderen Prozesse laufen nur in B- und nicht in T-Zellen ab und warum?

4.5 a) Worin besteht die physiologische Funktion des Klassenwechsels von Antikörpergenen? b) Wie wird der Klassenwechsel durch die Umgebung oder durch die Interaktion mit Pathogenen gesteuert?

Allgemeine Literatur

Casali P, Silberstein LES (Hrsg) (1995) Immunoglobulin gene expression in development and disease. *Ann NY Acad Sci* 764

Fugman SD, Lee AI, Shockett PE, Villey IJ, Schatz DG (2000) The RAG proteins and V(D)J recombination complexes, ends, and transposition. *Annu Rev Immunol* 18: 495–527

Papavasiliou FN, Schatz DG (2002) Somatic hypermutation of immunoglobulin genes: merging mechanisms for genetic diversity. *Cell* 109 Suppl: S35–S44

Waldmann TA (1987) The arrangement of immunoglobulin and T-cell receptor genes in human lymphoproliferative disorders. *Adv Immunol* 40: 247–321

Literatur zu den einzelnen Abschnitten

Abschnitt 4.1

Hozumi N, Tonegawa S (1976) Evidence for somatic rearrangement of immunoglobulin genes coding for variable and constant regions. *Proc Natl Acad Sci USA* 73: 3628–3632

Tonegawa S, Brack C, Hozumi N, Pirrotta V (1978) Organization of immunoglobulin genes. *Cold Spring Harbor Symp Quant Biol* 42:921–931

Abschnitt 4.2

Early P, Huang H, Davis M, Calame K, Hood L (1980) An immunoglobulin heavy chain variable gene is generated from three segments of DNA: VH, D, and JH. *Cell* 19: 981–922

Tonegawa S, Maxam AM, Tizard R, Bernard O, Gilbert W (1978) Sequence of a mouse germ-line gene for a variable region of an immunoglobulin light chain. *Proc Natl Acad Sci USA* 75: 1485–1489

Abschnitt 4.3

Cook GP, Tomlinson IM (1995) The human immunoglobulin V-H repertoire. *Immunol Today* 16: 237–242

Kofler R, Geley S, Kofler H, Helmberg A (1992) Mouse variable-region gene families – complexity, polymorphism, and use in nonautoimmune responses. *Immunol Rev* 128: 5–21

Maki R, Traunecker A, Sakano H, Roeder W, Tonegawa S (1980) Exon shuffling generates an immunoglobulin heavy chain gene. *Proc Natl Acad Sci USA* 77: 2138–2142

Matsuda F, Honjo T (1996) Organization of the human immunoglobulin heavy-chain locus. (1996) *Adv Immunol* 62: 1–29

Thiebe R, Schable KF, Bensch A, Brensing-Kuppers J, Heim V, Kirschbaum T, Mitlohner H, Ohnrich M, Pourrajabi S, Roschenthaler F, Schwendinger J, Wichelhaus D, Zocher I, Zachau HG (1999) The variable genes and gene families of the mouse immunoglobulin kappa locus. *Eur J Immunol* 29: 2072–2081

Abschnitt 4.4

Grawunder U, West RB, Lieber MR (1998) Antigen receptor gene rearrangement. *Curr Opin Immunol* 10: 172–180

Max EE, Seidman JG, Leder P (1979) Sequences of five potential recombination sites encoded close to an immunglobulin kappa constant region gene. *Proc Natl Acad Sci USA* 76: 3450–3454

Sakano H, Huppi K, Heinrich G, Tonegawa S (1979) Sequences at the somatic recombination sites of immunglobulin light-chain genes. *Nature* 280: 288–294

Abschnitt 4.5

Agrawal A, Schatz DG (1997) RAG1 and RAG2 form a stable postcleavage synaptic complex with DNA containing signal ends in V(D)J recombination. *Cell* 89: 43–53

Blunt T, Finnie NJ, Taccioli GE, Smith GCM, Demengeot J, Gottlieb TM, Mizuta R, Varghese AJ, Alt FW, Jeggo PA, Jackson SP (1995) Defective DNA-dependent protein kinase activity is linked to V(D)J recombination and DNA repair defects associated with the murine-scid mutation. Cell 80: 813–823

Gu Z, Jin S, Gao Y, Weaver DT, Alt FW (1997) Ku70-deficient embryonic stem cells have increased ionizing radiosensitivity, defective DNA end-binding activity, and inability to support V(D)J recombination. *Proc Natl Acad Sci USA* 94: 8076–8081

Jung D, Giallourakis C, Mostoslavsky R, Alt FW (2006) Mechanism and control of V(D)J recombination at the immunoglobulin heavy chain locus. *Annu Rev Immunol* 24: 541–470

Li ZY, Otevrel T, Gao YJ, Cheng HL, Seed B, Stamato TD, Taccioli GE, Alt FW (1995) The XRCC4 gene encodes a novel protein involved in DNA double-strand break repair and V(D)J recombination. *Cell* 83: 1079–1089

Moshous D, Callebaut I, de Chasseval R, Corneo B, Cavazzana-Calvo M, Le Deist F, Tezcan I, Sanal O, Bertrand Y, Philippe N, Fischer A, de Villartay JP (2001) Artemis, a novel DNA double-strand break repair/V(D)J recombination protein, is mutated in human severe combined immune deficiency. *Cell* 105: 177–186

Oettinger MA, Schatz DG, Gorka C, Baltimore D (1990) RAG-1 and RAG-2, adjacent genes that syngergistically activate V(D)J recombination. *Science* 248: 1517–1523

Villa A, Santagata S, Bozzi F, Giliani S, Frattini A, Imberti L, Gatta LB, Ochs HD, Schwarz K, Notarangelo LD, Vezzoni P, Spanopoulou E (1998) Partial V(D)J recombination activity leads to Omenn syndrome. *Cell* 93: 885-896

Abschnitt 4.6

Fanning LJ, Connor AM, Wu GE (1996) Development of the immunoglobulin repertoire. *Clin Immunol Immunpathol* 79: 1–14

Weigert M, Perry R, Kelley D, Hunkapiller T, Schilling J, Hood L (1980) The joining of V and J gene segments creates antibody diversity. *Nature* 283: 497–499

Abschnitt 4.7

Lee A, Desravines S, Hsu E (1993) IgH diversity in an individual with only one million B lymphocytes. *Develop Immunol* 3: 211–222

Abschnitt 4.8

Gauss GH, Lieber MR (1996) Mechanistic constraints on diversity in human V(D)J recombination. *Mol Cell Biol* 16: 258–269

Komori T, Okada A, Stewart V, Alt FW (1993) Lack of N regions in antigen receptor variable genes of TdT-deficient lymphocytes [published erratum appears in *Science* 1993, 262:1957]. *Science* 261: 1171–1175

Weigert M, Gatmaitan L, Loh E, Schilling J, Hood L (1978) Rearrangement of genetic information may produce immunoglobulin diversity. *Nature* 276: 785–790

Abschnitt 4.9

Rowen L, Koop BF, Hood L (1996) The complete 685-kilobase DNA sequence of the human β T cell receptor locus. *Science* 272: 1755–1762

Shinkai Y, Rathbun G, Lam KP, Oltz EM, Stewart V, Mendelsohn M, Charron J, Datta M, Young F, Stall AM, Alt FW (1992) RAG-2 deficient mice lack mature lymphocytes owing to inability to initiate V(D)J rearrangement. *Cell* 68: 855–867

Abschnitt 4.10

Davis MM, Bjorkman PJ (1988) T-cell antigen receptor genes and T-cell recognition. *Nature* 334: 395–402

Garboczi DN, Ghosh P, Utz U, Fan QR, Biddison WE, Wiley DC (1996) Structure of the complex between human T-cell receptor, viral peptide and HLA-A2. *Nature* 384: 134–141

Hennecke J, Wiley DC (2001) T cell receptor-MHC interactions up close. *Cell* 104: 1–4

Hennecke J, Carfi A, Wiley DC (2000) Structure of a covalently stabilized complex of a human alphabeta T-cell receptor, influenza HA peptide and MHC class II module, HLA-DR1. *EMBO J.* 19: 5611–5624

Jorgensen JL, Esser U, Fazekas de St Groth B, Reay PA, Davis MM (1992) Mapping T-cell receptor-peptide contacts by variant peptide immunization of single-chain transgenics. *Nature*: 355: 224–230

Abschnitt 4.11

Chien YH, Iwashima M, Kaplan KB, Elliott JF, Davis MM (1987) A new T-cell receptor gene located within the alpha locus and expressed early in T-cell differentiation. *Nature* 327: 677–682

Hayday AC, Saito H, Gillies SD, Kranz DM, Tanigawa G, Eisen HN, Tonegawa S (1985) Structure, organization, and somatic rearrangement of T cell gamma genes, *Cell* 40: 259–269

Lafaille JJ, DeCloux A, Bonneville M, Takagaki Y, Tonegawa S (1989) Junctional sequences of T cell receptor gamma delta genes: implications for gamma delta T cell lineages and for a novel intermediate of V-(D)-J joining. Cell 59: 859–870

Tonegawa S, Berns A, Bonneville M, Farr AG, Ishida I, Ito K, Itohara S, Janeway CA Jr, Kanagawa O, Kubo R et al (1991) Diversity, development, ligands, and probable functions of gamma delta T cells. *Adv Exp Med Biol* 292: 53–61

Abschnitt 4.12

Davies DR, Metzger H (1983) Structural basis of antibody function. *Annu Rev Immunol* 1: 87–117

Abschnitt 4.13

Helm BA, Sayers I, Higginbottom A, Machado DC, Ling Y, Ahmad K, Padlan EA, Wilson APM (1996) Identification of the high affinity receptor binding region in human IgE. *J Biol Chem* 271: 7494–7500

Jefferis R, Lund J, Goodall M (1995) Recognition sites on human IgG for Fcg receptors – the role of glycosylation. *Immunol Lett* 44: 111–117

Sensel MG, Kane LM, Morrison SL (1997) Amino acid differences in the N-terminus of CH2 influence the relative abilities of IgG2 and IgG3 to activate complement. *Mol Immunol* 34: 1019–1029

Abschnitt 4.14

Abney ER, Cooper MD, Kearney JF, Lawton AR, Parkhouse RM (1978) Sequential expression of immunoglobulin on developing mouse B lymphocytes: a systematic survey that suggests a model for the generation of immunoglobulin isotype diversity. *J Immunol* 120: 2041-2049

Blattner FR, Tucker PW (1984) The molecular biology of immunoglobulin D. *Nature* 307: 417–422

Goding JW, Scott DW, Layton JE (1977) Genetics, cellular expression and function of IgD and IgM receptors. *Immunol Rev* 37: 152–186

Abschnitt 4.15

Early P, Rogers J, Davis M, Calame K, Bond M, Wall R, Hood L (1980) Two mRNAs can be produced from a single immunoglobulin mu gene by alternative RNA processing pathways. *Cell* 20: 313–319

Peterson ML, Gimmi ER, Perry RP (1991) The developmentally regulated shift from membrane to secreted mu mRNA production is accompanied by an increase in cleavage-polyadenylation efficiency but no measurable change in splicing efficiency. *Mol Cell Biol* 11: 2324–2327

Rogers J, Early P, Carter C, Calame K, Bond M, Hood L, Wall R (1980) Two mRNAs with different 3' ends encode membrane-bound and secreted forms of immunoglobulin mu chain. *Cell* 20: 303–312

Abschnitt 4.16

Hendrickson BA, Conner DA, Ladd DJ, Kendall D, Casanova JE, Corthesy B, Max EE, Neutra MR, Seidman CE, Seidman JG (1995) Altered hepatic transport of IgA in mice lacking the J chain. *J Exp Med* 182: 1905–1911

Niles MJ, Matsuuchi L, Koshland ME (1995) Polymer IgM assembly and secretion in lymphoid and nonlymphoid celllines – evidence that J chain is required for pentamer IgM synthesis. *Proc Natl Acad Sci USA* 92: 2884–2888

Abschnitt 4.17

Muramatsu M, Kinoshita K, Fagarasan S, Yamada S, Shinkai Y, Honja T (2000) Class switch recombination and hypermutation require activation-induced cytidine ceaminase (AID), a potential RNA editing enzyme. *Cell* 102:553–563

Petersen-Mahrt SK, Harris RS, Neuberger MS (2002) AID mutates *E. coli* suggesting DANN deamination mechanism for antibody diversification. *Nature* 418: 99–103

Yu K, Huang FT, Lieber MR (2004) DNA substrate length and surrounding sequence affect the activation-induced deaminase activity at cytidine. *J Biol Chem* 279: 6496–6500

Abschnitt 4.18

Basu U, Chaudhuri J, Alpert C, Dutt S, Ranganath S, Li G, Schrum JP, Manis JP, Alt FW (2005) The AID antibody diversification enzyme is regulated by protein kinase A phosphorylation. *Nature* 438: 508–511

Betz AG, Rada C, Pannell R, Milstein C, Neuberger MS (1993) Passenger transgenes reveal intrinsic specificity of the antibody hypermutation mechanisms: clustering, polarity, and specific hot spots. *Proc Natl Acad Sci USA* 90: 2385–2388

Chaudhuri J, Khuong C, Alt FW (2004) Replication protein A interacts with AID to promote deamination of somatic hypermutation targets. *Nature* 430: 992–998

Di Noia J, Neuberger MS (2002) Altering the pathway of immunoglobulin hypermutation by inhibiting uracil-DNA glycosylase. *Nature* 419: 43–48

McKean D, Huppi K, Bell M, Staudt L, Gerhard W, Weigert M (1984) Generation of antibody diversity in the immune response of BALB/c mice to influenza virus hemagglutinin. *Proc Natl Acad Sci USA* 81: 3180–3184

Weigert MG, Cesari IM, Yonkovich SJ, Cohn M (1970) Variability in the lambda light chain sequences of mouse antibody. *Nature* 228: 1045–1047

Abschnitt 4.19

Harris RS, Sale JE, Petersen-Mahrt SK, Neuberger MS (2002) AID is essential for immunoglobulin V gene conversion in a cultured B cell line. *Curr Biol* 12: 435–438

Knight KL, Crane MA (1994) Generating the antibody repertoire in rabbit. *Adv Immunol* 56: 179–218

Reynaud CA, Bertocci B, Dahan A, Weill JC (1994) Formation of the chicken B-cell repertoire – ontogeny, regulation of Ig gene rearrangement, and diversification by gene conversion. *Adv Immunol* 57: 353–378

Reynaud CA, Garcia C, Hein WR, Weill JC (1995) Hypermutation generating the sheep immunoglobulin repertoire is an antigen independent process. *Cell* 80: 115–125

Vajdy M, Sethupathi P, Knight KL (1998) Dependence of antibody somatic diversification on gut-associated lymphoid tissue in rabbits. *J Immunol* 160: 2725–2729

Abschnitt 4.20

Chaudhuri J, Alt FW (2004) Class-switch recombination: interplay of transcription, DNA deamination and DNA repair. *Nat Rev Immunol* 4: 541–552

Jung S, Rajewsky K, Radbruch A (1993) Shutdown of class switch recombination by deletion of a switch region control element. *Science* 259: 984

Revy P, Muto T, Levy Y, Geissmann F, Plebani A, Sanal O, Catalan N, Forveille M, Dufourcq-Lagelouse R, Gennery A, Tezcan I, Ersoy F, Kayserili H, Ugazio AG, Brousse N, Muramatsu M, Notarangelo LD, Kinoshita K, Honjo T, Fischer A, Durandy A (2000) Activation-induced cytidine deaminase (AID) deficiency causes the autosomal recessive form of the hyper-IgM syndrome (HIGM2). *Cell* 102: 565–575

Sakano H, Maki R, Kurosawa Y, Roeder W, Tonegawa S (1980) Two types of somatic recombination are necessary for the generation of complete immunoglobulin heavy-chain genes. *Nature* 286: 676–683

Shinkura R, Tian M, Smith M, Chua K, Fujiwara Y, Alt FW (2003) The influence of transcriptional orientation on endogenous switch region function. *Nat Immunol* 4: 435–441

5

Wie Antigene den T-Lymphocyten präsentiert werden

Während einer adaptiven Immunantwort wird ein Antigen durch zwei unterschiedliche Gruppen von hoch variablen Rezeptormolekülen erkannt – den Immunglobulinen, die auf B-Zellen als Antigenrezeptoren dienen, und den antigenspezifischen Rezeptoren der T-Zellen. Wie wir in Kapitel 3 gesehen haben, erkennen T-Zellen nur Antigene, die auf Zelloberflächen präsentiert werden. Diese Antigene können von Pathogenen wie Viren oder intrazellulären Bakterien stammen, die sich innerhalb von Zellen vermehren, oder von Pathogenen oder deren Produkten, die Zellen durch Endocytose aus der extrazellulären Flüssigkeit aufnehmen. T-Zellen können die Anwesenheit intrazellulärer Krankheitserreger erkennen, da infizierte Zellen auf ihrer Oberfläche Peptidfragmente präsentieren, die von den Proteinen der Krankheitserreger stammen. Diese fremden Peptide werden von spezialisierten Glykoproteinen der Wirtszelle, den **MHC-Molekülen** (Kapitel 3), an die Oberfläche gebracht. Die MHC-Moleküle werden von einer großen Gruppe von Genen codiert; man entdeckte sie erstmals, weil sie die Immunantwort auf transplantiertes Gewebe stark beeinflussen. Aus diesem Grund nannte man diese Gruppe von Genen den **Haupthistokompatibilitätskomplex** (*major histocompatibility complex*, **MHC**).

Wir befassen uns zunächst mit den Mechanismen der Prozessierung und der Präsentation von Antigenen. Dabei werden innerhalb von Zellen Proteinantigene zu Peptiden abgebaut, und diese werden dann, fest an MHC-Moleküle gebunden, an die Zelloberfläche befördert. Wir werden sehen, dass es zwei verschiedene Klassen von MHC-Molekülen gibt – MHC-Klasse I und II –, die Peptide aus verschiedenen Zellkompartimenten an die Oberfläche einer infizierten Zelle transportieren. Peptide aus dem Cytosol werden an MHC-Klasse-I-Moleküle gebunden und von CD8-T-Zellen erkannt; Peptide dagegen, die in Vesikeln entstehen, werden an MHC-Klasse-II-Moleküle gebunden und von CD4-T-Zellen erkannt. Die beiden funktionellen Untergruppen der T-Zellen werden dabei so aktiviert, dass sie die Zerstörung der Krankheitserreger herbeiführen, die in diesen beiden verschiedenen Zellkompartimenten vorkommen. Manche CD4-T-Zellen können auch naive B-Zellen aktivieren, die ein spezifisches Antigen aufgenommen haben, und so die Produktion von Antikörpern gegen extrazelluläre Krankheitserreger und ihre Produkte stimulieren.

Im zweiten Teil dieses Kapitels werden wir uns auf die MHC-Klasse-I- und -Klasse-II-Gene und ihre außerordentliche genetische Vielfalt konzentrieren. In jeder Klasse gibt es mehrere verschiedene MHC-Moleküle und jedes ihrer Gene ist hoch polymorph mit vielen Varianten innerhalb der Population. Der MHC-Polymorphismus hat eine tiefgreifende Auswirkung auf die Antigenerkennung durch T-Zellen, und die Kombination von Polygenie und Polymorphismus vergrößert die Bandbreite der Peptide, die jedes Individuum und jede Population bei Gefahr durch einen infektiösen Krankheitserreger den T-Zellen präsentieren kann, erheblich. Wir werden auch sehen, dass sich innerhalb der MHC-Region im Genom zusätzlich viele andere Gene befinden, deren Produkte an der Bildung der Peptid:MHC-Komplexe beteiligt sind.

Wir werden uns auch mit einer Gruppe von Proteinen beschäftigen, deren Gene innerhalb und außerhalb des MHC liegen und die MHC-Molekülen ähneln, aber nur begrenzt polymorph sind. Sie üben eine Reihe von Funktionen aus, unter anderem präsentieren sie T-Zellen und NK-Zellen mikrobielle Antigene.

Die Erzeugung von T-Zell-Rezeptor-Liganden

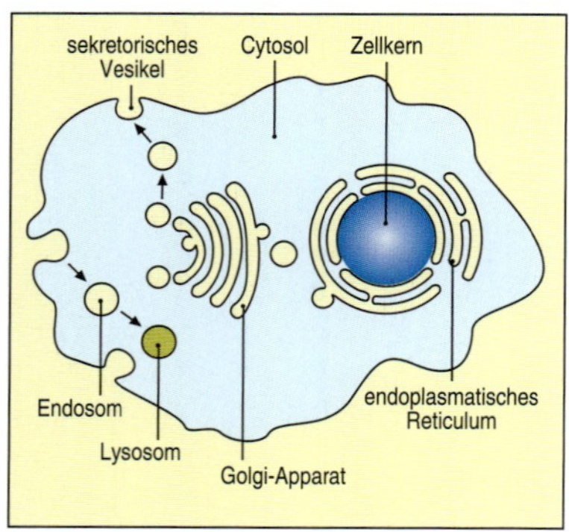

5.1 In Zellen gibt es zwei durch Membranen getrennte Hauptkompartimente. Das erste, das Cytosol, steht über Poren in der Kernmembran auch mit dem Kern in Verbindung. Das zweite ist das vesikuläre System aus endoplasmatischem Reticulum, Golgi-Apparat, Endosomen, Lysosomen und anderen intrazellulären Vesikeln. Das vesikuläre System stellt einen kontinuierlichen Übergang zur extrazellulären Flüssigkeit dar: Sekretorische Vesikel schnüren sich vom endoplasmatischen Reticulum ab, werden über die Golgi-Membranen transportiert und befördern ihren Inhalt aus der Zelle hinaus. Endosomen nehmen dagegen durch Endocytose extrazelluläres Material auf.

Die schützende Funktion von T-Zellen beruht auf ihrer Fähigkeit, Zellen zu erkennen, die Krankheitserreger beherbergen oder Krankheitserreger oder deren Produkte aufgenommen haben. T-Zellen erkennen dabei Peptidfragmente von Proteinen der Erreger, die als Komplexe aus Peptid und MHC-Molekül an der Oberfläche dieser Zellen vorliegen. Die Peptide entstehen durch Modifikation des nativen Proteins aus einem intakten Antigen; diesen Vorgang bezeichnet man als Antigenverarbeitung oder **Antigenprozessierung** (*antigen processing*), das Vorzeigen des Peptids auf der Zelloberfläche als **Antigenpräsentation** (*antigen presentation*). Die Struktur der MHC-Moleküle haben wir bereits beschrieben und gesehen, wie sie Peptidantigene in einem Spalt auf ihrer Oberfläche binden (Abschnitte 3.13 bis 3.16). In diesem Kapitel werden wir erfahren, wie Peptide aus Krankheitserregern im Cytosol oder im vesikulären Kompartiment der Zelle gebildet werden und an unterschiedlichen Stellen innerhalb der Zelle auf MHC-Klasse-I- beziehungsweise MHC-Klasse-II-Moleküle geladen werden.

5.1 Die MHC-Klasse-I- und -Klasse-II-Moleküle befördern Peptide aus zwei verschiedenen intrazellulären Kompartimenten an die Zelloberfläche

Krankheitserreger können sich in einem von zwei verschiedenen Zellkompartimenten vermehren (Abb. 5.1). Viren und bestimmte Bakterien replizieren sich im Cytosol oder im angrenzenden Zellkern (Abb. 5.2, erstes Bild). Viele pathogene Bakterien und einige eukaryotische Parasiten hingegen wachsen in den Endosomen und Lysosomen, die einen Teil des vesikulären Systems bilden (Abb. 5.2, drittes Bild). Exogene Antigene, die von extrazellulären Pathogenen oder anderen mit Pathogenen infizierten Zellen stammen, können ebenfalls in das Cytosol bestimmter antigenpräsentierender Zellen eindringen. (Abb. 5.2, zweites Bild), wie wir später noch genauer besprechen werden. Das Immunsystem verfügt über verschiedene Strategien, Pathogene aus dem Cytosol und dem endosomalen System zu beseitigen. Zellen, die mit Viren oder im Cytosol lebenden Bakterien infiziert sind, werden durch **cytotoxische T-Zellen** vernichtet. Diese sind, wie in Kapitel 3.17 erwähnt, durch das Corezeptormolekül CD8 gekennzeichnet. Die Aufgabe der **CD8-T-Zellen** besteht darin, infizierte Zellen zu töten. Dies ist wichtig, damit die Entstehungsorte neuer viraler Partikel und cytosolischer Bakterien beseitigt werden und so der Wirt von einer Infektion befreit wird.

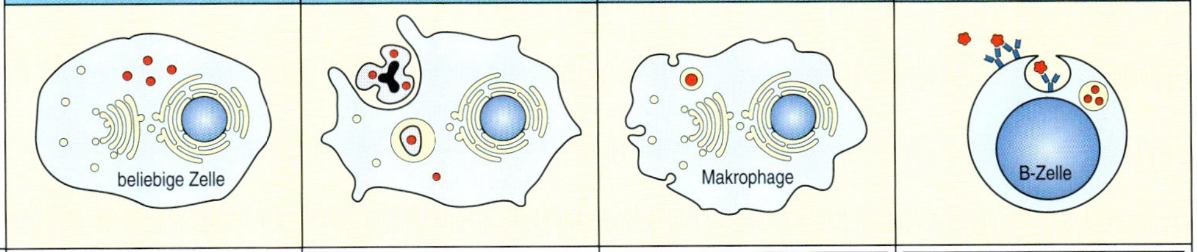

	Pathogene im Cytosol	Kreuzpräsentation exogener Antigene	intravesikuläre Pathogene	extrazelluläre Pathogene und Toxine
	beliebige Zelle		Makrophage	B-Zelle
Ort des Abbaus	Cytosol	Cytosol (durch Retrotranslokation)	endocytotisches Vesikel (niedriger pH)	endocytotisches Vesikel (niedriger pH)
Peptide binden an	MHC-Klasse I	MHC-Klasse I	MHC-Klasse II	MHC-Klasse II
präsentiert für	CD8-T-Zellen	naive CD8-T-Zellen	CD4-T-Zellen	CD4-T-Zellen
Wirkung auf präsentierende Zelle	Zelltod	die präsentierende Zelle, normalerweise eine dendritische Zelle, aktiviert die CD8-T-Zelle	Aktivierung zum Abtöten intravesikulärer Bakterien und Parasiten	Aktivierung von B-Zellen, Ig zu sezernieren und extrazelluläre Bakterien oder Toxine zu eliminieren

5.2 Krankheitserreger und ihre Produkte befinden sich entweder im Cytosol oder im vesikulären Kompartiment der Zelle. Erstes Bild: Alle Viren und einige Bakterien vermehren sich im Cytosol. MHC-Klasse-I-Moleküle präsentieren ihre Antigene den CD8-T-Zellen. Zweites Bild: Exogene Antigene, die von einer sterbenden, virusinfizierten Zelle stammen, welche von einer dendritischen Zelle phagocytiert wurde, können in das Cytoplasma zurücktransportiert werden; dort werden sie abgebaut und auf MHC-Moleküle geladen. Aufgrund einer solchen Kreuzpräsentation vermögen dendritische Zellen naive CD8-T-Zellen zu aktivieren, die spezifisch für Viren sind, welche dendritische Zellen selbst nicht infizieren. Drittes Bild: Andere Bakterien und einige Parasiten werden in Endosomen aufgenommen, gewöhnlich durch spezialisierte Phagocyten wie die Makrophagen. Dort werden sie getötet und abgebaut. Manche können aber auch überleben und sich in den Vesikeln vermehren. MHC-Klasse-II-Moleküle präsentieren ihre Antigene den CD4-T-Zellen. Viertes Bild: Proteine, die von extrazellulären Pathogenen stammen, können durch Bindung an Oberflächenmoleküle und anschließende Endocytose in das vesikuläre System der Zelle eindringen. Dies ist hier anhand von Proteinen dargestellt, die von Oberflächenimmunglobulinen von B-Zellen gebunden sind, welche so den CD4-T-Helferzellen Antigene präsentieren; diese wiederum stimulieren die B-Zellen zur Produktion löslicher Antikörper. (Das endoplasmatische Reticulum und der Golgi-Apparat wurden der Einfachheit halber weggelassen.) Andere Zelltypen, die Rezeptoren für die Fc-Regionen von Antikörpern tragen, können ebenfalls Antigene auf diese Weise aufnehmen und T-Zellen aktivieren.

Krankheitserreger und ihre Produkte in den vesikulären Kompartimenten der Zellen werden von einer anderen T-Zell-Klasse erkannt. Diese ist durch das Corezeptormolekül CD4 charakterisiert (Kapitel 3.17). **CD4-T-Zellen** haben einige Funktionen, anhand derer sich verschiedene CD4-Untergruppen unterscheiden lassen. T_H1-Zellen aktivieren Makrophagen, sodass diese intravesikuläre Pathogene in ihrem Inneren töten; außerdem unterstützen sie B-Zellen bei der Produktion von Antikörpern; T_H2-Zellen reagieren auf Parasiten und veranlassen B-Zellen ebenfalls zur Produktion von Antikörpern. Eine kürzlich identifizierte Untergruppe von CD4-T-Zellen, T_H17, wurde nach ihrer Produktion des proinflammatorischen Cytokins Interleukin 17 benannt. In bestimmten Situationen haben CD4-T-Zellen eine ähnliche cytotoxische Aktivität wie CD8-T-Zellen. Virusspezifische menschliche CD4-T-Zellen können beispielsweise B-Lymphocyten töten, die mit Epstein-Barr-Virus (EBV) infiziert sind. Unter den anderen Untergruppen befinden sich mindestens zwei Typen regulatorischer CD4-T-Zellen: einer entsteht während der Entwicklung im Thymus, die anderen entstehen im Laufe einer Immunantwort in der Peripherie.

Mikrobielle Antigene können auf zwei Wegen in das vesikuläre Kompartiment gelangen. Einige Bakterien (beispielsweise Mycobakterien, die Tuberkulose und Lepra verursachen) dringen in Makrophagen ein und wachsen in intrazellulären Vesikeln. Andere Bakterien vermehren sich außerhalb von Zellen, wo sie Gewebe schädigen, indem sie Toxine und andere Proteine sezernieren. Bestimmte Zellen können diese Bakterien und ihre toxischen Abbauprodukte durch Phagocytose, Endocytose oder Makropinocytose in intrazelluläre Vesikel aufnehmen und dann T-Zellen diese Antigene präsentieren. Unter diesen antigenpräsentierenden Zellen gibt es die dendritischen Zellen, die darauf spezialisiert sind, T-Zell-Antworten auszulösen (Abschnitt 1.7), Makrophagen, die vor allem Material in Form winziger Teilchen aufnehmen (Abschnitt 2.4), und B-Zellen, die spezifische, an ihre Oberflächenimmunglobuline gebundene Antigene durch rezeptorvermittelte Endocytose internalisieren (Abb. 5.2, viertes Bild).

MHC-Klasse-I-Moleküle befördern aus dem Cytosol stammende Peptide an die Zelloberfläche, wo sie von CD8-T-Zellen erkannt werden. MHC-Klasse-II-Moleküle transportieren Peptide aus dem vesikulären System an die Zelloberfläche, wo sie von CD4-T-Zellen erkannt werden. Wie wir in Abschnitt 3.17 gesehen haben, beruht die Spezifität dieser Reaktion auf der Tatsache, dass CD8 und CD4 MHC-Klasse-I- beziehungsweise MHC-Klasse-II-Moleküle binden. Die unterschiedlichen Aktivitäten von CD4- und CD8-T-Zellen sind den verschiedenen Pathogenen, die in unterschiedlichen zellulären Kompartimenten vorkommen, angepasst; wir werden aber noch erfahren, dass es oft Wechselwirkungen zwischen diesen beiden Wegen gibt.

5.2 Peptide, die an MHC-Klasse-I-Moleküle binden, werden aktiv vom Cytosol in das endoplasmatische Reticulum transportiert

Die Polypeptidketten von Proteinen, die für die Zelloberfläche bestimmt sind (darunter die Ketten der MHC-Moleküle), werden während ihrer Synthese aus dem Cytosol in das Lumen des endoplasmatischen Reticulums verlagert. Dort falten sich die beiden Ketten jedes MHC-Moleküls und bauen sich zusammen, bevor das vollständige Protein an die Zelloberfläche transportiert werden kann. Das heißt, dass sich die Peptidbindungsstelle des MHC-Klasse-I-Moleküls im Lumen des endoplasmatischen Reticulums bildet und nie dem Cytosol ausgesetzt wird. Die Antigenfragmente, die an MHC-Klasse-I-Moleküle binden, stammen jedoch typischerweise von viralen Proteinen im Cytosol. Es stellt sich die Frage, wie Peptide, die von viralen Proteinen im Cytosol stammen, an MHC-Klasse-I-Moleküle binden können, um an die Zelloberfläche gebracht zu werden.

Die Antwort lautet, dass Peptide von Proteinen aus dem Cytosol in das endoplasmatische Reticulum befördert werden. Erste Hinweise auf diesen Transportmechanismus lieferten mutierte Zellen mit einem Defekt der Antigenpräsentation durch MHC-Klasse-I-Moleküle. Obwohl in diesen Zellen beide Ketten der MHC-Klasse-I-Moleküle normal synthetisiert werden, befinden sich nur sehr geringe Mengen von MHC-Klasse-I-Molekülen an der Zelloberfläche. Der Defekt dieser Zellen lässt sich durch Zugabe von synthetischen Peptiden in das Medium der Zellen korrigieren. Das deutet zum einen darauf hin, dass die Mutation die Verfügbarkeit von Peptiden für die MHC-Klasse-I-Moleküle beeinflusst, zum anderen, dass für die normale Expression von MHC-Klasse-I-Molekülen an der Zelloberfläche eben solche Peptide erforderlich sind. Dies war der erste Hinweis darauf, dass MHC-Moleküle ohne gebundenes Peptid instabil sind. Eine DNA-Analyse der mutierten Zellen zeigte, dass zwei Gene, die Mitglieder der Proteinfamilie mit ATP-Bindungskassetten (*ATP-binding cassette*, ABC) codieren, in diesen Zellen mutiert sind oder fehlen. ABC-Proteine vermitteln in vielen Zelltypen, darunter Bakterien, den ATP-abhängigen Transport von Ionen, Zuckern, Aminosäuren und Peptiden durch Membranen. Die beiden ABC-Proteine, die bei den mutierten Zellen fehlen, sind normalerweise mit der Membran des endoplasmatischen Reticulums assoziiert. Eine Transfektion der mutierten Zellen mit den beiden Genen stellt die Präsentation von Peptiden durch die MHC-I-Moleküle der Zelle wieder her. Man nennt diese Proteine jetzt **TAP1** und **TAP2** (*transporters associated with antigen processing-1* und *-2*). Die beiden TAP-Proteine bilden ein Heterodimer (Abb. 5.3), und die Mutation eines der beiden *TAP*-Gene kann die Antigenpräsentation durch MHC-Klasse-I-Moleküle verhindern. Ist eine Zelle mit einem Virus infiziert, erhöht sich der Transport von Peptiden aus dem Cytoplasma in das endoplasmatische Reticulum. Die Gene *TAP1* und *TAP2* liegen innerhalb des MHC (Abschnitt 5.11) und lassen sich durch Interferone induzieren, die als Reaktion auf eine Virusinfektion produziert werden.

Bei *in vitro*-Experimenten mit Fraktionen normaler Zellen nehmen mikrosomale Vesikel, mit denen sich das endoplasmatische Reticulum nachahmen lässt, Peptide auf. Diese binden dann an MHC-Klasse-I-Moleküle, die bereits im Lumen der Mikrosomen vorhanden sind. Vesikel von TAP1- und TAP2-defizienten Zellen transportieren keine Peptide. Für den Peptidtransport in normale Mikrosomen ist die Hydrolyse von ATP erforderlich. Das beweist, dass der TAP1:TAP2-Komplex ein ATP-abhängiger Peptidtransporter ist. Ähnliche Experimente haben auch gezeigt, dass der TAP-Komplex eine gewisse Spezifität für die Peptide aufweist, die er transportiert. Er bevorzugt Peptide von acht bis 16 Aminosäuren mit hydrophoben oder basischen Aminosäureresten am Carboxylende – wobei Prolin dabei eher selten unter den ersten drei Resten ist –, was genau den Merk-

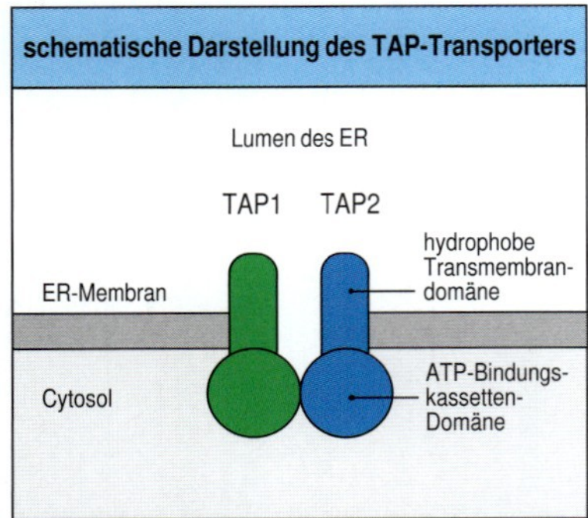

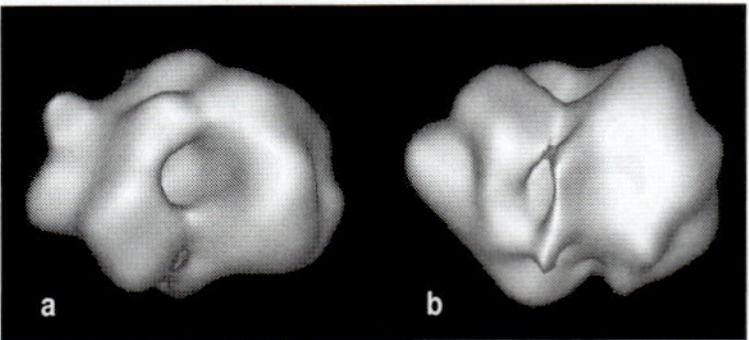

5.3 TAP1 und TAP2 sind Peptidtransporter im endoplasmatischen Reticulum. Alle Proteinmoleküle, die zur Familie von Transportmolekülen mit ATP-Bindungskassette (*ATP binding cassette*, ABC) gehören, besitzen vier Domänen (oberes Bild): zwei hydrophobe Transmembrandomänen mit jeweils mehreren Transmembranregionen und zwei ATP-bindende Domänen. *TAP1* und *TAP2* codieren beide eine Polypeptidkette mit einer hydrophoben und einer ATP-bindenden Domäne; beide Ketten bilden zusammen einen heterodimeren Transporter aus vier Domänen. Aufgrund der Ähnlichkeiten zwischen den TAP-Molekülen und anderen Mitgliedern der ABC-Transporterfamilie nimmt man an, dass die ATP-bindenden Domänen im Cytosol der Zelle liegen, während die hydrophoben Domänen durch die Membran in das Lumen des endoplasmatischen Reticulums (ER) ragen und einen Kanal bilden, den Peptide passieren können; das untere Bild zeigt eine Rekonstruktion der Struktur des TAP1:TAP2-Heterodimers anhand einer elektronenmikroskopischen Aufnahme. a zeigt den Blick auf die Oberfläche des TAP-Transporters im ER-Lumen; man schaut auf die Oberseite der transmembranen Domänen. b zeigt das Molekül in der Membranebene. Die ATP-bindenden Domänen bilden zwei Schleifen unter den transmembranen Domänen und sind in dieser Ansicht nicht zu sehen. (TAP-Strukturen mit freundlicher Genehmigung von G. Velarde.)

malen der Peptide entspricht, die an MHC-Klasse-I-Moleküle binden (Abschnitt 3.14). Die Entdeckung des TAP-Transporters lieferte die Antwort auf die Frage, wie virale Proteine in das Lumen des endoplasmatischen Reticulums gelangen, um dort an MHC-Klasse-I-Moleküle zu binden, aber die Frage, wie diese Peptide gebildet werden, blieb offen.

5.3 Peptide für den Transport in das endoplasmatische Reticulum entstehen im Cytosol

Proteine werden in Zellen kontinuierlich abgebaut und durch neu synthetisierte ersetzt. Eine wichtige Rolle beim cytosolischen Proteinabbau spielt ein großer multikatalytischer Proteasekomplex, das sogenannte **Proteasom** (Abb. 5.4). Das Proteasom ist ein großer zylindrischer Komplex aus ungefähr 28 Untereinheiten, die in vier Ringen übereinander gestapelt sind. Jeder Ring besteht aus sieben Untereinheiten. Das Zentrum ist hohl und wird von den aktiven Zentren der proteolytischen Untereinheiten des Proteasoms ausgekleidet. Proteine, die abgebaut werden sollen, werden in das Zentrum des Proteasoms geleitet und dort zu kurzen Peptiden gespalten, die anschließend freigesetzt werden.

Es gibt zahlreiche Hinweise, dass das Proteasom bei der Erzeugung von Peptidliganden für MHC-Klasse-I-Moleküle eine Rolle spielt. So ist es am ubiquitinabhängigen Abbauweg für cytosolische Proteine beteiligt. Wenn man Proteine experimentell mit Ubiquitin versieht, so führt das auch zu einer effizienteren Präsentation ihrer Peptide durch MHC-Klasse-I-Moleküle. Darüber hinaus blockieren Inhibitoren der proteolytischen Aktivität des Proteasoms auch die Antigenpräsentation durch MHC-Klasse-I-Moleküle. Ob das Proteasom die einzige cytosolische Protease ist, die Peptide für den Transport in das endoplasmatische Reticulum erzeugen kann, ist nicht bekannt.

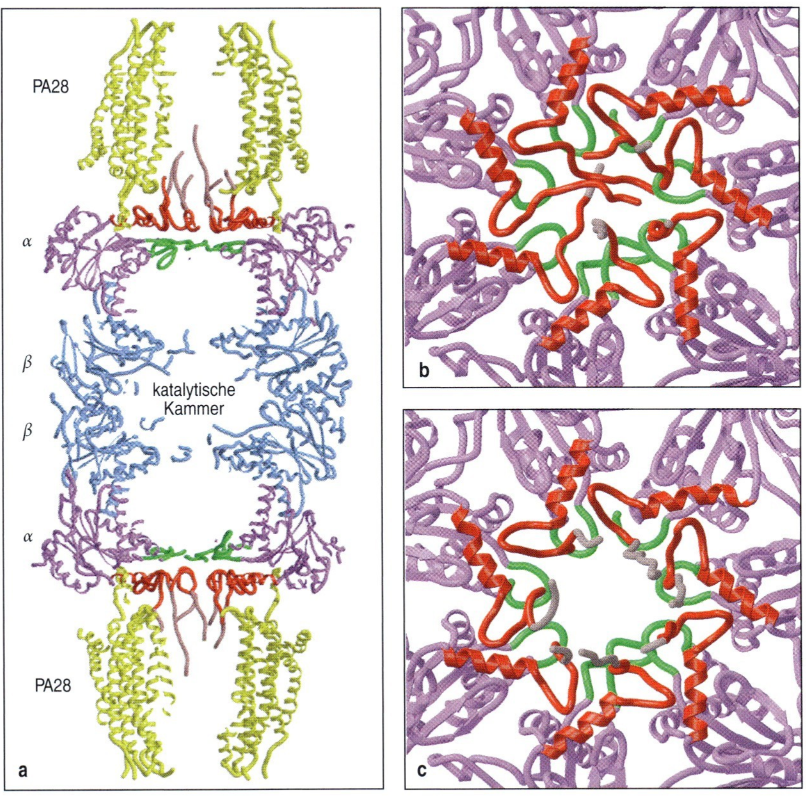

5.4 Der PA28-Proteasom-Aktivator bindet an beide Endes des Proteasoms. a) Die Heptamerringe des PA28-Proteasom-Aktivators (gelb) interagieren mit den α-Untereinheiten (rosa) an beiden Enden des Proteasomzentrums (die β-Untereinheiten, die die katalytische Höhle des Zentrums bilden, sind blau dargestellt). Innerhalb dieser Region befindet sich der α-Ring (grün), eine enge Öffnung, die normalerweise mit anderen Bereichen der α-Untereinheiten (rot) gefüllt ist. b) Stärkere Vergrößerung des α-Ringes. c) Die Bindung von PA28 (der Einfachheit halber hier nicht dargestellt) an das Proteasom verändert die Konformation der α-Untereinheiten und bewegt damit die Teile des Moleküls, die den α-Ring blockieren; so öffnet sich das Ende des Zylinders. (Mit freundlicher Genehmigung von F. Whitby.)

Zwei Untereinheiten des Proteasoms mit den Bezeichnungen LMP2 (oder b1i) und LMP7 (oder b5i) werden in der Nähe der *TAP1*- und *TAP2*-Gene im MHC codiert. Ihre Expression wird wie die der MHC-Klasse-I- und TAP-Proteine von Interferonen induziert, die als Reaktion auf Virusinfektionen gebildet werden. LMP2 und LMP7 ersetzen zwei konstitutiv exprimierte Untereinheiten des Proteasoms. Eine dritte Untereinheit, MECL-1 (oder b2i), die nicht innerhalb des MHC codiert wird, lässt sich ebenfalls durch Interferon induzieren; auch dieses Protein ersetzt eine konstitutive Untereinheit des Proteasoms. Es gibt also zwei Formen des Proteasoms: das konstitutive Proteasom, das es in allen Zellen gibt, und das **Immunproteasom** in Zellen, die durch Interferone stimuliert werden. Man nimmt an, dass die drei induzierbaren Untereinheiten des Immunproteasoms und ihre konstitutiven Gegenstücke die aktiven Proteasen des Proteasoms darstellen. Der Austausch der konstitutiven Komponenten gegen ihre interferoninduzierbaren Gegenstücke verändert anscheinend die Spezifität des Proteasoms. In interferonbehandelten Zellen kommt es zu einer verstärkten Spaltung von Polypeptiden hinter hydrophoben Resten, und die Spaltung hinter sauren Resten ist herabgesetzt. Auf diese Weise entstehen Peptide mit Carboxylenden, die als Verankerungsreste bei der Bindung von Peptiden an die meisten MHC-Klasse-I-Moleküle und beim Transport durch TAP bevorzugt werden.

Die Produktion von antigenen Peptiden mit der richtigen Länge wird durch eine weitere Modifikation des Proteasoms unterstützt, die durch Interferon-γ (IFN-γ) induziert wird, nämlich die Bindung eines Proteinkomplexes mit der Bezeichnung PA28-Proteasom-Aktivator-Komplex an das Proteasom. PA28 besteht aus einem sechs- oder siebengliedrigen Ring aus zwei Proteinen, PA28α und PA28β, deren Synthese durch IFN-γ induziert wird. Die PA28-Ringe binden an eines oder beide Enden des Proteasomzylinders und bilden eine Öffnung; dadurch erhöht sich die Geschwindigkeit, mit der Peptide aus dem Proteasom entlassen werden (Abb. 5.4). So stehen nicht nur mehr Peptide zur Verfügung, sondern potenziell antigene Peptide entgehen auch anderen Prozessierungsmechanismen, durch die sie ihre Antigenität verlieren könnten.

Durch Translation von zelleigenen mRNAs oder mRNAs von Pathogenen im Cytosol entstehen nicht nur richtig gefaltete Proteine, sondern auch eine beträchtliche Menge – man schätzt ungefähr 30 % – von Peptiden und Proteinen, die man als **DRiPs** (*defective ribosomal products*; defekte ribosomale Produkte) bezeichnet. Darunter sind Peptide, die von Introns falsch gespleißter mRNAs translatiert wurden, Translationen von Rasterverschiebungen und falsch gefaltete Proteine. DRiPs werden erkannt und zum schnellen Abbau durch das Proteasom mit Ubiquitin markiert. Dieser anscheinend aufwändige Prozess stellt sicher, dass sowohl aus Selbst-Proteinen als auch aus Proteinen von Pathogenen eine Vielzahl von Peptiden entstehen, die dem Proteasom zugeführt und letztendlich von MHC-Klasse-I-Moleküle präsentiert werden. Das Proteasom kann die Menge an Peptiden auch mithilfe eines Excisions-Spleiß-Mechanismus erhöhen; dabei wird ein Teil aus dem Inneren des Proteins entfernt und die umgebenden Teile des Polypeptids, die ursprünglich entfernt voneinander lagen, werden miteinander verbunden und so als Peptid durch MHC-Klasse-I-Molekülen präsentiert. Es ist zwar noch nicht bekannt, wie häufig solche Exzisions-Spleiß-Prozesse vorkommen, es gibt jedoch mehrere Beispiele für tumorspezifische CD8-T-Zellen, die Peptidantigene erkennen, welche auf diese Weise entstanden sind.

Das Proteasom bildet Peptide, die direkt in das endoplasmatische Reticulum befördert werden können. In diesem Stadium schützen zelluläre Chaperone, beispielsweise der TCP-1-Ringkomplex (TRiC), ein Gruppe-II-Chaperon, diese Peptide vor dem vollständigen Abbau im Cytosol. Viele dieser Peptide sind jedoch zu lang für eine Bindung durch MHC-Klasse-I-Moleküle. Die Spaltung im Proteasom stellt also wahrscheinlich nicht die einzige Möglichkeit dar, wie Antigene für MHC-Klasse-I-Moleküle prozessiert werden. Einiges deutet darauf hin, dass die Carboxylenden von Peptidantigenen in der Tat durch Spaltung im Proteasom entstehen, die Aminoenden jedoch durch einen anderen Mechanismus. Peptide, die zu lang für eine Bindung an MHC-Klasse-I-Moleküle sind, können dennoch in das endoplasmatische Reticulum transportiert werden; dort werden ihre aminoterminalen Enden von einer Aminopeptidase mit der Bezeichnung **ERAAP** (*endoplasmatic reticulum aminopeptidase associated with antigen processing*; mit dem endoplasmatischen Reticulum assoziierte Aminopeptidase für Antigenprozessierung) zurechtgeschnitten. Ähnlich wie andere Bestandteile des antigenprozessierenden Stoffwechselweges wird ERAAP durch IFN-γ aktiviert. Bei Mäusen, denen ERAAP fehlt, sind die Beladung von MHC-Klasse-I-Molekülen mit Peptiden und die CD8-Reaktionen beeinträchtigt. Das lässt vermuten, dass ERAAP eine wichtige und einzigartige Rolle in diesem antigenprozessierenden Stoffwechselweg spielt.

5.4 Durch retrograden Transport vom endoplasmatischen Reticulum in das Cytosol können exogene Proteine für die Kreuzpräsentation durch MHC-Klasse-I-Moleküle prozessiert werden

MHC-Klasse-I-Moleküle können auch Peptide präsentieren, die von sezernierten Proteinen oder von Membranproteinen stammen wie den Glykoproteinen von Virushüllen. Membranproteine und sezernierte Proteine werden normalerweise während ihrer Synthese in das Lumen des endoplasmatischen Reticulums transportiert. Die an MHC-Klasse-I-Moleküle gebundenen Peptide weisen jedoch darauf hin, dass solche Proteine im Cytosol abgebaut werden. Mit einer Enzymreaktion, die Asparagin in Asparaginsäure umwandelt, lassen sich über Asparagin verknüpfte Kohlenhydratreste, die sich üblicherweise an membrangebundenen oder sezernierten Proteinen befinden, im Cytosol entfernen. Diese Sequenzänderung kann man in einigen Peptiden beobachten, die von MHC-Klasse-I-Molekülen präsentiert werden. Es sieht so aus, als ob Proteine des endoplasmatischen Reticulums über das gleiche Transportsystem, das sie zunächst hineingebracht hat, auch wieder hinaus befördert werden können. Dieser neu entdeckte Mechanismus wird als **retrograde Translokation** (**Retrotranslokation**) bezeichnet und ist vielleicht der normale Weg, auf dem Proteine im endoplasmatischen Reticulum umgesetzt und schlecht gefaltete Proteine entfernt und abgebaut werden. Sind die Polypeptide einmal zurück im Cytosol, werden sie vom Proteasom abgebaut. Die entstehenden Peptide können dann durch TAP zurück in das Lumen des endoplasmatischen Reticulums transportiert und auf MHC-Klasse-I-Moleküle geladen werden.

Mithilfe dieses Retrotranslokationsmechanismus können MHC-Klasse-I-Moleküle auch Peptide präsentieren, die von Proteinen oder anderen Zellen stammen, welche aus der extrazellulären Umgebung in das vesikuläre System aufgenommen wurden. Darunter sind zum Beispiel Proteine virusinfizierter Zellen oder von einem Transplantat. Wenn MHC-Klasse-I-Moleküle CD8-Zellen exogene Proteine präsentieren, bezeichnet man das als **Kreuzpräsentation** (Abb. 5.2). Dieses Phänomen entdeckte man Mitte der siebziger Jahre, lange bevor man den Mechanismus verstand. In einem der ersten Experimente, in denen Kreuzpräsentation nachgewiesen wurde, wurden Milzzellen einer Maus eines bestimmten MHC-Typs, H-2^{b}, in eine Empfängermaus vom Typ H-$2^{b \times d}$ (die den b- und d-MHC-Typ trägt) injiziert. Zusätzlich zu den Unterschieden im MHC hatten die Mäuse unterschiedliche genetische Hintergründe. Obwohl man erwarten würde, dass nur CD4-T-Zellen auf exogene Antigene ansprechen, reagierten überraschenderweise einige CD8-T-Zellen auf „fremde" Antigene, welche von den immunisierenden Zellen exprimiert wurden. Diese Reaktionen waren abhängig von den H-2^d-MHC-Klasse-I-Molekülen des Empfängers. Die Interpretation dieses Ergebnisses lautete, dass CD8-T-Zellen auf Peptide reagieren können, die von den immunisierenden Zellen stammen, aber durch ein MHC-Klasse-I-Molekül des Wirtes präsentiert werden.

Noch bevor man von der Retrotranslokation wusste, hatte man bereits das Phänomen der Kreuzpräsentation erkannt, und wie die von außen stammenden Proteine in das Cytosol der Wirtszelle gelangen, war zunächst ein Rätsel. Die exakte biochemische Maschinerie, die eine Retrotranslokation bewerkstelligt, ist immer noch Gegenstand der Forschung; bekannt ist jedoch, dass exogene Proteine, wenn sie das Cytosol erreicht haben, vom Proteasom abgebaut, ihre Peptide zurück in das endoplasmatische Reticulum transportiert und auf MHC-Klasse-I-Moleküle geladen werden können. Kreuzpräsentation erfolgt nicht nur im Falle von Antigenen auf fremdem Gewebe oder fremden Zellen, wie im beschriebenen ursprünglichen Experiment, sondern auch als Reaktion auf virale, bakterielle und Tumorantigene. Besonders gut funktioniert sie in einer Untergruppe von dendritischen Zellen, die CD8 auf ihrer Oberfläche exprimieren. Sie können exogene Antigene besonders gut durch Phagocytose in das endosomale System aufnehmen und von dort aus zur Prozessierung und anschließenden Präsentation durch MHC-Klasse-I-Moleküle in das Cytosol transportieren. Dieser Weg spielt eine wichtige Rolle bei der Aktivierung naiver CD8-T-Zellen gegen Viren, die antigenpräsentierende Zellen wie dendritische Zellen nicht infizieren.

5.5 Neu synthetisierte MHC-Klasse-I-Moleküle werden im endoplasmatischen Reticulum zurückgehalten, bis sie Peptide binden

Die Bindung eines Peptids ist ein wichtiger Schritt beim Zusammenbau eines stabilen MHC-Klasse-I-Moleküls. Ist der Peptidnachschub in das endoplasmatische Reticulum unterbrochen, wie es in Zellen mit Mutationen in *TAP*-Genen der Fall ist, werden neu synthetisierte MHC-Klasse-I-Moleküle im endoplasmatischen Reticulum in einem nur teilweise gefalteten Zustand zurückgehalten. Das erklärt, warum Zellen mit Mutationen in *TAP1* oder *TAP2* MHC-Klasse-I-Moleküle nicht auf der Oberfläche exprimieren können. Die Faltung und der Zusammenbau eines vollständigen MHC-Klasse-I-Moleküls (Abb. 3.20) erfordern zunächst die Assoziation der MHC-Klasse-I-α-Kette mit β_2-Mikroglobulin und dann mit einem Peptid; daran ist eine Reihe von Proteinen mit einer chaperonartigen Funktion beteiligt. Erst nach der Bindung an ein Peptid verlässt das MHC-Klasse-I-Molekül das endoplasmatische Reticulum und kann zur Zelloberfläche gelangen.

Beim Menschen binden neu synthetisierte MHC-Klasse-I-α-Ketten, die in das endoplasmatische Reticulum gelangen, an das Chaperonprotein **Calnexin**, das das MHC-Klasse-I-Molekül in einem partiell gefalteten Zustand im endoplasmatischen Reticulum zurückhält (Abb. 5.5). Calnexin verbindet sich auch mit partiell gefalteten T-Zell-Rezeptoren, Immunglobulinen und MHC-Klasse-II-Molekülen. Dieses Protein ist also für den Zusammenbau vieler wichtiger Proteine des Immunsystems von zentraler Bedeutung. Wenn β_2-Mikroglobulin an die α-Kette bindet, dissoziiert das α:β_2-Mikroglobulin-Heterodimer vom Calnexinmolekül. Es lagert sich dann an einen Komplex aus Proteinen an, den sogenannten MHC-Klasse-I-Ladungskomplex. **Calreticulin** ist eines dieser Proteine; es ähnelt Calnexin und erfüllt wahrscheinlich eine ähnliche Chaperonaufgabe. Eine zweite Komponente des Komplexes ist das TAP-assoziierte Protein **Tapasin**; es wird von einem Gen codiert, das auch innerhalb des MHC liegt. Tapasin bildet eine Brücke zwischen MHC-Klasse-I-Molekülen und TAP1 und TAP2 und ermöglicht dadurch dem partiell gefalteten α:β_2-Mikroglobulin-Heterodimer, auf die Ankunft eines passenden Peptids aus dem Cytosol zu warten. Ein dritter Bestandteil des Komplexes ist das Chaperonmolekül **Erp57**, eine Thioloxidoreduktase, die wahrscheinlich eine Rolle beim Lösen und Wiederherstellen der Disulfidbindung in der MHC-Klasse-I-α_2-Domäne während der Peptidbeladung spielt. Calnexin, Erp57 und Calreticulin binden an eine Reihe von Glykoproteinen während ihres Zusammenbaus im endoplasmatischen Reticulum und gehören anscheinend zum Qualitätskontrollmechanismus der Zelle.

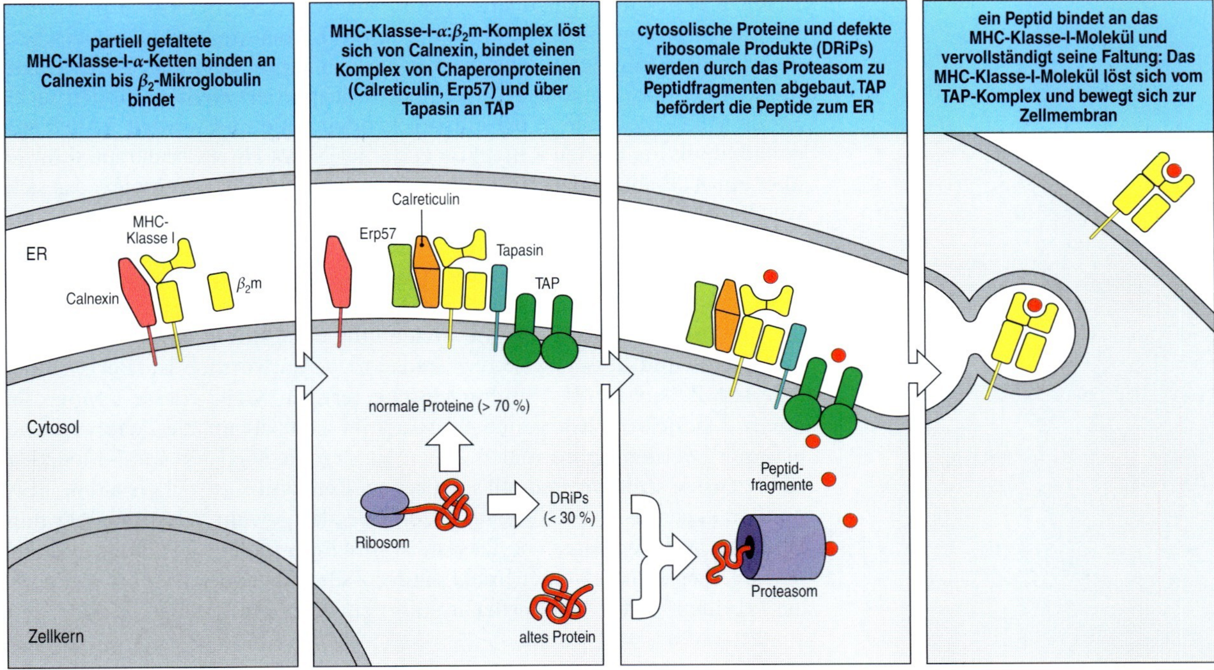

5.5 MHC-Klasse-I-Moleküle verlassen das endoplasmatische Reticulum nur, wenn sie Peptide gebunden haben. Neu synthetisierte MHC-Klasse-I-α-Ketten lagern sich im endoplasmatischen Reticulum mit dem membrangebundenen Protein Calnexin zusammen. Wenn dieser Komplex an β_2-Mikroglobulin (β_2m) bindet, löst sich das MHC-Klasse-I-α:β_2m-Dimer von Calnexin, und das partiell gefaltete MHC-Klasse-I-Molekül bindet dann an den Peptidtransporter TAP, indem es mit einem Molekül des TAP-assoziierten Proteins Tapasin in Wechselwirkung tritt. Die Chaperonmoleküle Calreticulin und Erp57 tragen ebenfalls zu dem Komplex bei. Das MHC-Klasse-I-Molekül wird im endoplasmatischen Reticulum zurückgehalten, bis es durch die Bindung an ein Peptid freigesetzt wird und dabei seine Faltung vollendet. Auch wenn keine Infektion vorliegt, fließen Peptide ständig aus dem Cytosol in das ER. Defekte ribosomale Produkte (DRiPs) und alte Proteine, die eliminiert werden sollen und entsprechend markiert sind, werden im Cytoplasma vom Proteasom abgebaut; dabei entstehen Peptide, die von TAP in das Lumen des endoplasmatischen Reticulums transportiert werden, wie hier gezeigt wird; einige davon binden an MHC-Klasse-I-Moleküle. Sobald ein Peptid an das MHC-Molekül gebunden ist, verlässt der Peptid:MHC-Komplex das endoplasmatische Reticulum und wird dann über den Golgi-Apparat an die Zelloberfläche transportiert.

Der letzte Bestandteil des MHC-Klasse-I-Ladungskomplexes ist das TAP-Molekül selbst, dessen Rolle als Transporter man bisher am besten versteht. Die Funktion der anderen Bestandteile scheint hauptsächlich darin zu bestehen, das MHC-Klasse-I-Molekül in einem Zustand zu halten, in dem es Peptide aufnehmen kann; außerdem haben sie eine gewisse Kontrolle über die Peptide und erlauben den Austausch von Peptiden, die mit geringerer Affinität an das MHC-Klasse-I-Molekül binden, gegen Peptide mit höherer Affinität. Zellen mit Defekten in Calreticulin oder Tapasin zeigen Beeinträchtigungen beim Zusammenbau von MHC-Klasse-I-Molekülen und exprimieren Klasse-I-Komplexe auf der Zelloberfläche, die suboptimale Peptide mit geringer Affinität enthalten.

Nach der Bindung eines Peptids an das teilweise gefaltete Heterodimer löst sich dieses schließlich vom MHC-Klasse-I-Ladungskomplex. Das vollständig gefaltete MHC-Klasse-I-Molekül und sein gebundenes Peptid können nun das endoplasmatische Reticulum verlassen und werden an die Zelloberfläche transportiert. Bis jetzt ist noch nicht klar, ob der Komplex MHC-Klasse-I-Moleküle direkt mit Peptiden belädt oder ob die Bindung es dem MHC-Klasse-I-Molekül lediglich ermöglicht, die von TAP herantransportierten Peptide zu prüfen, bevor sie entweder in das Lumen des endoplasmatischen Reticulums diffundieren oder zurück in das Cytosol befördert werden. Die meisten Peptide, die vom TAP-Komplex transportiert werden, binden nicht an die MHC-Moleküle in der entsprechenden Zelle und werden schnell aus dem endoplasmatischen Reticulum entfernt. Es gibt Hinweise darauf, dass sie über ein ATP-abhängiges Transportsystem namens Sec61-Komplex, das sich vom TAP-Transporter unterscheidet, zurück in das Cytosol gelangen.

In Zellen mit mutierten *TAP*-Genen sind die MHC-Klasse-I-Moleküle im endoplasmatischen Reticulum instabil, werden schließlich zurück in das Cytosol befördert und dort abgebaut. Das deutet darauf hin, dass tatsächlich die Bindung des Peptids für die Vollendung der Faltung des MHC-Klasse-I-Moleküls und dessen weiteren Transport verantwortlich ist. Bei nichtinfizierten Zellen ist die Bindungsfurche fertiger MHC-Klasse-I-Moleküle durch Peptide von zelleigenen Proteinen besetzt, die an die Zelloberfläche befördert werden. In normalen Zellen werden die MHC-Klasse-I-Moleküle eine gewisse Zeit im endoplasmatischen Reticulum zurückgehalten. Vermutlich liegen die MHC-Klasse-I-Moleküle also gewöhnlich gegenüber den Peptiden im Überschuss vor. Das ist für ihre immunologische Funktion sehr wichtig, da sie im Fall einer Infektion der Zellen für den Transport von viralen Peptiden an die Zelloberfläche sofort zur Verfügung stehen müssen.

5.6 Viele Viren produzieren Immunoevasine, die die Antigenpräsentation durch MHC-Klasse-I-Moleküle stören

Die Präsentation viraler Peptide durch MHC-Klasse-I-Moleküle auf der Zelloberfläche gibt CD8-T-Zellen das Signal, die infizierte Zelle zu töten. Einige Viren produzieren Proteine, sogenannte **Immunoevasine**, durch die sie der Immunerkennung entgehen, indem sie verhindern, dass die Peptid:MHC-Klasse-I-Komplexe auf der infizierten Zelle auftauchen (Abb. 5.6).

Einige virale Immunoevasine blockieren den Eintritt des Peptids in das endoplasmatische Reticulum, indem sie den TAP-Transporter angreifen

Virus	Protein	Kategorie	Mechanismus
Herpes-simplex-Virus 1	ICP47	blockiert den Eintritt von Peptiden in das endoplasmatische Reticulum	blockiert die Bindung des Peptids an TAP
humanes Cytomegalovirus (HCMV)	US6		hemmt ATPase-Aktivität von TAP
bovines Herpesvirus	UL49.5		hemmt den Peptidtransport durch TAP
Adenovirus	E19	hält MHC-Klasse-I-Moleküle im endoplasmatischen Reticulum zurück	kompetitiver Inhibitor von Tapasin
HCMV	US3		blockiert die Funktion von Tapasin
murines Cytomegalovirus (CMV)	M152		unbekannt
HCMV	US2	baut MHC-Klasse-I-Moleküle ab (Dislokation)	transportiert neu synthetisierte MHC-Klasse-I-Moleküle in das Cytosol
murines Gammaherpesvirus 68	mK3		E3-Ubiquitin-Ligase-Aktivität
murines CMV	m4	bindet MHC-Klasse-I-Moleküle an der Zelloberfläche	beeinflusst über einen unbekannten Mechanismus die Erkennung durch cytotoxische Lymphocyten

5.6 Viren produzieren Immunoevasine, die die Prozessierung von Antigenen beeinflussen, welche an MHC-Klasse-I-Moleküle binden.

(Abb. 5.7, oben). Das Herpes-simplex-Virus (HSV) produziert zum Beispiel ein Protein, ICP47, das an die dem Cytosol zugewandte Oberfläche des TAP-Transporters bindet und damit den Zugang für Peptide unterbindet. Das US6-Protein des menschlichen Cytomegalovirus verhindert den Peptidtransport durch Hemmung der ATPase-Aktivität von TAP und das UL49.5-Protein des bovinen Herpesvirus hemmt den Peptidtransport durch TAP. Viren können auch verhindern, dass Peptid:MHC-Komplexe die Zelloberfläche erreichen, indem sie MHC-Klasse-I-Moleküle im endoplasmatischen Reticulum zurückhalten (Abb. 5.7, Mitte). Das Adenovirus E19 interagiert mit bestimmten MHC-Klasse-I-Proteinen und enthält ein Motiv, das den Proteinkomplex im endoplasmatischen Reticulum verbleiben lässt. E19 verhindert auch die für die Beladung von MHC-Klasse-I-Molekülen mit Peptiden notwendige Interaktion zwischen Tapasin und TAP. Einige virale Proteine können den Abbau neu synthetisierter MHC-Klasse-I-Moleküle katalysieren, und zwar durch einen Prozess, den man als **Dislokation** bezeichnet. Dabei wird ein Stoffwechselweg angeschaltet, über den normalerweise falsch gefaltete Proteine des endoplasmatischen Reticulums abgebaut werden, indem sie zurück in das Cytosol befördert werden. Das US11-Potein des menschlichen Cytomegalovirus bindet beispielsweise gerade gebildete MHC-Klasse-I-Moleküle und befördert sie gemeinsam mit einem ubiquitären Membranprotein des endoplasmatischen Reticulums des Wirtes, Derlin-1, in das Cytosol, wo sie abgebaut werden (Abb. 5.7, unten). Die meisten viralen Immunoevasine stammen von DNA-Viren, zum Beispiel der Familie der Herpesviren, die große Genome haben und zu deren Replikationsstrategie im Wirt eine Latenz- oder Ruhephase gehört.

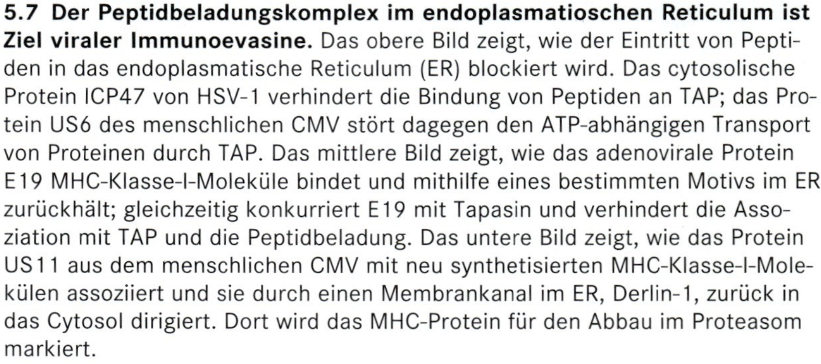

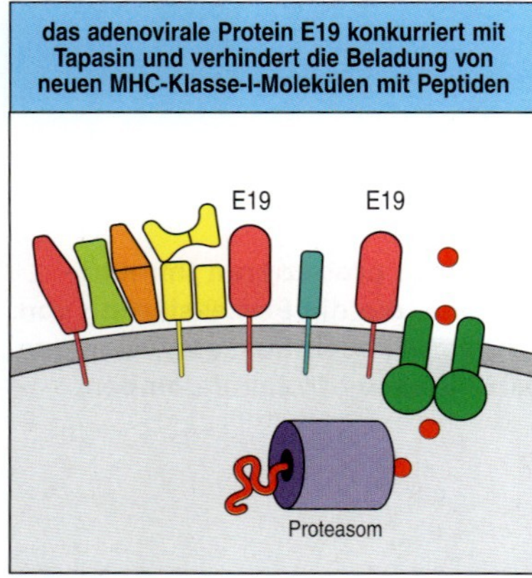

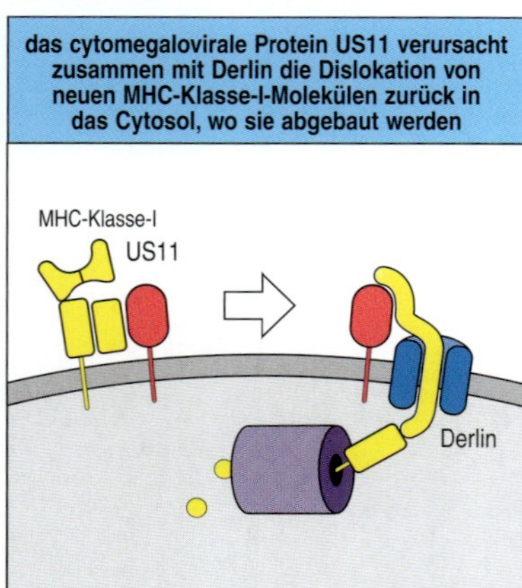

5.7 Der Peptidbeladungskomplex im endoplasmatioschen Reticulum ist Ziel viraler Immunoevasine. Das obere Bild zeigt, wie der Eintritt von Peptiden in das endoplasmatische Reticulum (ER) blockiert wird. Das cytosolische Protein ICP47 von HSV-1 verhindert die Bindung von Peptiden an TAP; das Protein US6 des menschlichen CMV stört dagegen den ATP-abhängigen Transport von Proteinen durch TAP. Das mittlere Bild zeigt, wie das adenovirale Protein E19 MHC-Klasse-I-Moleküle bindet und mithilfe eines bestimmten Motivs im ER zurückhält; gleichzeitig konkurriert E19 mit Tapasin und verhindert die Assoziation mit TAP und die Peptidbeladung. Das untere Bild zeigt, wie das Protein US11 aus dem menschlichen CMV mit neu synthetisierten MHC-Klasse-I-Molekülen assoziiert und sie durch einen Membrankanal im ER, Derlin-1, zurück in das Cytosol dirigiert. Dort wird das MHC-Protein für den Abbau im Proteasom markiert.

5.7 Peptide, die von MHC-Klasse-II-Molekülen präsentiert werden, entstehen in angesäuerten endocytotischen Vesikeln

Mehrere Klassen von Krankheitserregern, zum Beispiel das parasitäre Protozoon *Leishmania* und die Mycobakterien, die Lepra und Tuberkulose verursachen, vermehren sich in intrazellulären Vesikeln von Makrophagen. In den membranumschlossenen Vesikeln sind die Proteine dieser Erreger für Proteasomen im Cytosol normalerweise nicht erreichbar. Es handelt sich oft um globuläre Proteine, die durch intramolekulare Disulfidbrücken stabilisiert sind. Sie werden stattdessen nach Aktivierung des Makrophagen durch Proteasen innerhalb der Vesikel zu Peptidfragmenten abgebaut, die an MHC-Klasse-II-Moleküle binden und so an die Zelloberfläche gelangen. Dort werden sie dann von CD4-T-Zellen erkannt. Extrazelluläre Krankheitserreger und Proteine, die von endocytotischen Vesikeln aufgenommen werden, werden ebenso prozessiert; ihre Peptide werden ebenfalls den CD4-T-Zellen präsentiert (Abb. 5.8).

Das meiste, was wir über die Prozessierung von Proteinen auf dem endocytotischen Weg wissen, stammt aus Experimenten mit Makrophagen, denen einfache Proteine angeboten werden, die sie durch Endocytose aufnehmen. So lässt sich die Prozessierung der zugefügten Antigene quantifizieren. Genauso werden Proteine verarbeitet, die an Oberflächenimmunglobuline der B-Zellen binden und von diesen durch rezeptorvermittelte Endocytose aufgenommen werden. Sie werden in Vesikel eingeschlossen, und diese sogenannten **Endosomen** werden zunehmend saurer, wenn sie sich in Richtung Zellinneres bewegen. Schließlich fusionieren sie mit Lysosomen. Die Endosomen und Lysosomen enthalten Proteasen, sogenannte saure Proteasen, die bei niedrigem pH-Wert aktiv sind und letztendlich die Proteinantigene spalten, die sich in den Vesikeln befinden. Größeres partikelförmiges Material, das durch Phagocytose oder Makropinocytose aufgenommen wird, kann ebenfalls über diesen Antigenprozessierungsweg verarbeitet werden.

Substanzen wie Chloroquin, die den pH-Wert von Vesikeln erhöhen und sie damit weniger sauer machen, inhibieren die Präsentation von An-

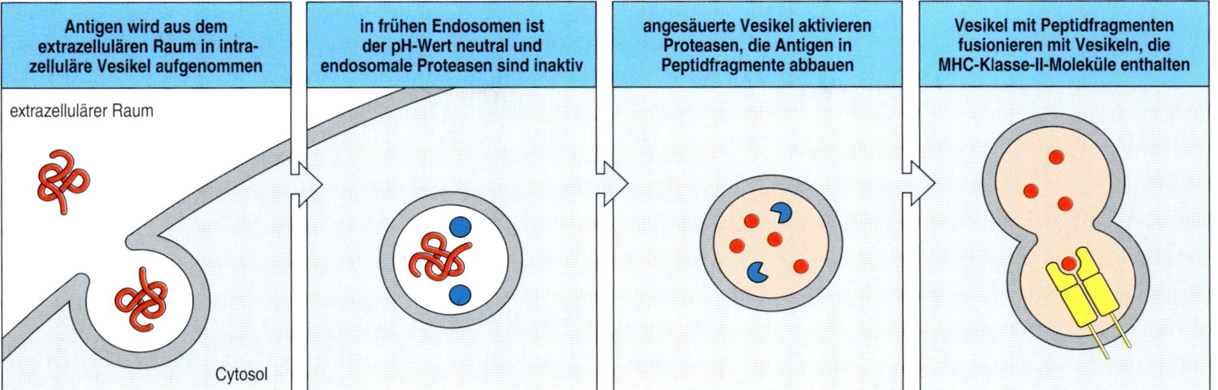

5.8 Peptide, die an MHC-Klasse-II-Moleküle binden, werden in angesäuerten Endosomen gebildet. In dem hier dargestellten Fall wurden die extrazellulären fremden Antigene wie Bakterien oder bakterielle Antigene von antigenpräsentierenden Zellen wie Makrophagen oder unreifen dendritischen Zellen aufgenommen. In anderen Fällen stammt das Peptidantigen von Bakterien oder Parasiten, die in die Zelle eingedrungen sind, um sich in intrazellulären Vesikeln zu vermehren. In beiden Fällen ist die Prozessierung des Antigens gleich. Der pH-Wert der Endosomen mit den aufgenommenen Pathogenen sinkt immer weiter ab und aktiviert damit Proteasen, die sich in den Vesikeln befinden und anschließend das Material abbauen. An irgendeinem Punkt auf ihrem Weg zur Zelloberfläche gelangen neu synthetisierte MHC-Klasse-II-Moleküle in solche angesäuerten Endosomen und binden Peptidfragmente des Antigens. Danach transportieren sie die Peptide an die Zelloberfläche.

tigenen, die auf die beschriebene Weise in die Zelle gelangen. Das deutet darauf hin, dass saure Proteasen für die Prozessierung von aufgenommenen Antigenen verantwortlich sind. Zu ihnen gehören die Cysteinproteasen Cathepsin B, D und S sowie Cathepsin L, das aktivste Enzym in dieser Familie. Die Prozessierung von Antigenen lässt sich zu einem gewissen Grad *in vitro* nachahmen, wenn man Proteine mit diesen Enzymen bei saurem pH-Wert spaltet. Cathepsin S und L dürften die wichtigsten Proteasen sein, die an der Prozessierung von vesikulären Antigenen beteiligt sind. Mäuse, denen Cathepsin B oder Cathepsin D fehlt, weisen eine normale Antigenverarbeitung auf, während Mäuse ohne Cathepsin S in dieser Hinsicht beeinträchtigt sind. Das Gesamtrepertoire an Peptiden, die innerhalb des endosomalen Stoffwechselweges gebildet werden, dürfte die Summe der Aktivitäten der vielen Proteasen in den endosomalen und lysosomalen Kompartimenten widerspiegeln.

Möglicherweise müssen Disulfidbrücken, insbesondere intramolekulare Disulfidbrücken, reduziert werden, bevor die entsprechenden Proteine in Endosomen verdaut werden können. Dies geschieht mithilfe eines endosomalen Enzyms, der **IFN-γ-induzierten lysosomalen Thiolreduktase** (**GILT**).

MHC-Klasse-II-Moleküle präsentieren vor allem Peptide, die von Proteinen des vesikulären Stoffwechselweges stammen, bei MHC-Klasse-I-Molekülen sind es Peptide von intrazellulären Proteinen. Wie in Abschnitt 5.4 beschrieben, gibt es jedoch Überschneidungen, und es kommt zur Kreuzpräsentation exogener Proteine durch MHC-Klasse-I-Moleküle. Umgekehrt überrascht es nicht, dass eine beträchtliche Anzahl von Peptiden, die an MHC-Klasse-II-Moleküle gebunden sind, von Proteinen wie Actin und Ubiquitin stammen, die im Cytosol vorkommen. Der wahrscheinlichste Mechanismus, durch den cytosolische Proteine zur MHC-Klasse-II-Präsentation aufbereitet werden, ist der normale Stoffwechselweg des Proteinumsatzes, die sogenannte **Autophagie**, in dessen Rahmen cytosolische Proteine und Organellen in Lysosomen befördert und dort abgebaut werden. Autophagie ist ein konstitutiver Prozess, kann jedoch durch Stresszustände verstärkt werden, wie Hungern, wenn die Zelle intrazelluläre Proteine zur Bereitstellung von Energie abbauen muss. Im Rahmen der **Mikroautophagie** wird durch lyosomale Einstülpungen ständig Cytosol in das vesikuläre System aufgenommen; während der

Makroautophagie dagegen, die durch Hungern induziert wird, nimmt ein Autophagosom, das von einer Doppelmembran umgeben ist, Cytosol auf und fusioniert mit Lysosomen. Ein dritter Autophagieweg verwendet das Hitzeschockprotein 70 (Hsc70) und das lysosomenassoziierte Membranprotein-2 (LAMP-2) zum Transport cytosolischer Proteine in Lysosomen. Autophagie ist nachweislich bei der Prozessierung des nucleären Antigens 1 aus dem Epstein-Barr-Virus (EBNA-1) zur Präsentation für CD4-T-Zellen beteiligt.

5.8 Die invariante Kette dirigiert neu synthetisierte MHC-Klasse-II-Moleküle zu angesäuerten intrazellulären Vesikeln

Die Funktion der MHC-Klasse-II-Moleküle besteht darin, Peptide, die in den intrazellulären Vesikeln von Makrophagen, unreifen dendritischen Zellen, B-Zellen und anderen antigenpräsentierenden Zellen entstehen, zu binden und den CD4-T-Zellen zu präsentieren. Der Biosyntheseweg der MHC-Klasse-II-Moleküle beginnt jedoch wie bei anderen Glykoproteinen der Zelloberfläche mit der Translokation in das endoplasmatische Reticulum. Darum muss verhindert werden, dass sie vor ihrer Reifung an Peptide, die in das Lumen des endoplasmatischen Reticulums gelangen, oder an neu synthetisierte zelleigene Polypeptide binden. Da das endoplasmatische Reticulum zahlreiche ungefaltete und partiell gefaltete Polypeptidketten enthält, ist ein allgemeiner Mechanismus erforderlich, der deren Bindung in der offenen peptidbindenden Furche des MHC-Klasse-II-Moleküls verhindert.

Die Bindung von Peptiden wird dadurch verhindert, dass neu synthetisierte MHC-Klasse-II-Moleküle mit einem Protein zusammengebaut werden, das man als MHC-Klasse-II-assoziierte **invariante Kette** (**Ii**) bezeichnet. Diese bildet Trimere, wobei jede Untereinheit nichtkovalent an ein MHC-Klasse-II-$\alpha{:}\beta$-Heterodimer bindet (Abb. 5.9). Ii bindet so an das MHC-Klasse-II-Molekül, dass ein Teil seiner Polypeptidkette in der Peptidbindungsfurche liegt. Auf diese Weise ist die Bindungsfurche blockiert, und die Anlagerung von Peptiden oder partiell gefalteten Proteinen wird verhindert. Während dieser Komplex im endoplasmatischen Reticulum zusammengesetzt wird, sind die einzelnen Komponenten mit Calnexin assoziiert. Erst wenn sich der vollständige Komplex aus neun Ketten gebildet hat, wird die Verbindung mit Calnexin gelöst, damit der Komplex aus dem endoplasmatischen Reticulum hinaus transportiert werden kann. In diesem Komplex aus neun Ketten kann das MHC-Klasse-II-Molekül keine Peptide oder entfalteten Proteine binden; Peptide aus dem endoplasmatischen Reticulum werden also normalerweise nicht von MHC-Klasse-II-Molekülen präsentiert. Darüber hinaus gibt es Hinweise, dass bei einem Fehlen der invarianten Ketten viele MHC-Klasse-II-Moleküle als Komplexe mit falsch gefalteten Proteinen im endoplasmatischen Reticulum zurückgehalten werden.

Eine zweite Funktion der invarianten Kette besteht darin, den Transport von MHC-Klasse-II-Molekülen aus dem endoplasmatischen Reticulum zu einem endosomalen Kompartiment mit einem niedrigen pH-Wert zu dirigieren, wo die Beladung mit Peptid stattfindet. Dort wird der Komplex

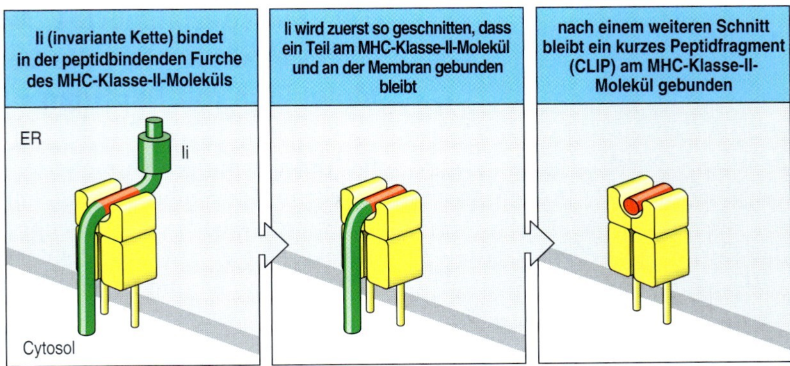

5.9 Nach der Spaltung der invarianten Kette bleibt das Peptidfragment CLIP am MHC-Klasse-II-Molekül gebunden. Links ein Modell der trimeren invarianten Kette im Komplex mit einem MHC-Klasse-II-α:β-Heterodimer. Der CLIP-Teil ist rot, die übrige invariante Kette grün, MHC-Klasse-II-Moleküle sind gelb dargestellt. Im endoplasmatischen Reticulum bindet die invariante Kette (Ii) an das MHC-Klasse-II-Molekül, wobei der CLIP-Teil seiner Polypeptidkette in der peptidbindenden Furche liegt (links und erstes der drei nächsten Bilder). Nach Überführung in ein angesäuertes Vesikel wird die invariante Kette geschnitten, und zwar zunächst direkt an einer Seite des MHC-Klasse-II-Moleküls (mittleres Bild). Der restliche Teil (das sogenannte leupeptininduzierte Peptid oder LIP-Fragment) enthält noch die membrandurchspannenden und cytoplasmatischen Segmente mit den Signalen, welche die Ii:MHC-Klasse-II-Komplexe zum endosomalen Pfad lenken. Nach der darauffolgenden Abspaltung von LIP (rechtes Bild) bleibt nur noch ein kurzes Peptid am MHC-Klasse-II-Molekül gebunden. Dieses Peptid ist das CLIP-Fragment. (Modellstruktur mit freundlicher Genehmigung von P. Cresswell.)

aus MHC-Klasse-II-α:β-Heterodimeren und der invarianten Kette zwei bis vier Stunden lang festgehalten. Während dieser Zeit wird die invariante Kette durch saure Proteasen wie Cathepsin S in mehreren Schritten gespalten (Abb. 5.9). Die ersten Schnitte führen zu einer verkürzten Form der invarianten Kette, die am MHC-Klasse-II-Molekül gebunden bleibt und das Molekül so im proteolytischen Kompartiment festhält. Ein weiterer Schnitt löst das MHC-Molekül vom membranassoziierten Fragment von Ii; Zurück bleibt ein kurzes Ii-Stück, das sogenannte **CLIP**-Fragment (*class-II-associated invariant-chain peptide*), das noch am MHC-Klasse-II-Molekül gebunden ist. MHC-Klasse-II-Moleküle, die mit dem CLIP-Fragment assoziiert sind, können immer noch keine anderen Peptide binden. Das CLIP-Fragment muss entweder dissoziieren oder verdrängt werden, damit die Bindung von Peptiden möglich wird, und erst dann kann der Komplex an die Zelloberfläche gebracht werden. In den meisten MHC-Klasse-II-positiven Zellen spaltet Cathepsin S die invariante Kette, in den Epithelzellen des Thymuscortex dagegen scheint Cathepsin L diese Funktion zu übernehmen.

Wo genau im endosomalen Kompartiment die invariante Kette gespalten wird und die MHC-Klasse-II-Moleküle auf Peptide treffen, ist noch nicht genau bekannt. Die meisten neu synthetisierten MHC-Klasse-II-Moleküle gelangen in Vesikeln, die irgendwo mit hinzukommenden Endosomen fusionieren, an die Zelloberfläche. Es gibt jedoch auch Hinweise darauf, dass einige Ii:MHC-Klasse-II-Komplexe erst zur Zelloberfläche transportiert und anschließend wieder in Endosomen aufgenommen werden. In beiden Fällen gelangen Ii:MHC-Klasse-II-Komplexe in den endosomalen Abbauweg, wo sie auf zelleigene Peptide treffen und diese binden. Immunelektronenmikroskopische Untersuchungen, bei denen man Ii und MHC-Klasse-II-Moleküle mit goldmarkierten Antikörpern innerhalb von Zellen lokalisieren kann, weisen darauf hin, dass die Ii-Spaltung und die Bindung von Peptiden an MHC-Klasse-II-Moleküle während einer späten Phase des endosomalen Abbauweges in einem spezialisierten vesikulären Kompartiment stattfinden, dem **MIIC** (**MHC-Klasse-II-Kompartiment**, *MHC II compartment*; Abb. 5.10).

Wie MHC-Klasse-I-Moleküle binden MHC-Klasse-II-Moleküle in nichtinfizierten Zellen an Peptide, die von zelleigenen Proteinen stammen. MHC-Klasse-II-Moleküle, die nach der Dissoziation von der invarianten Kette kein Peptid binden, sind instabil. Im sauren Milieu des endosomalen Kompartiments aggregieren sie und werden schnell abgebaut.

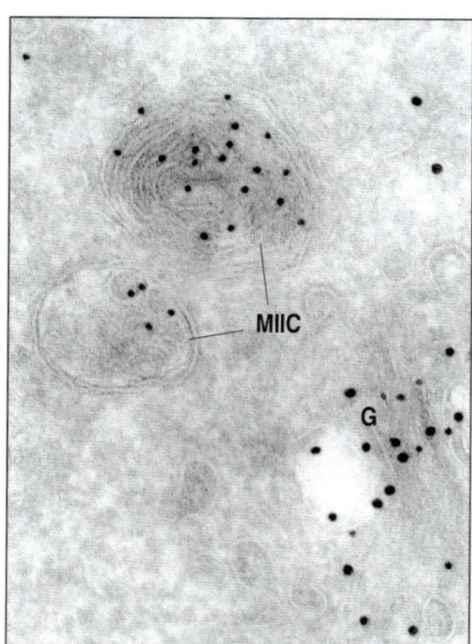

5.10 MHC-Klasse-II-Moleküle werden in einem spezialisierten Kompartiment mit Peptid beladen. MHC-Klasse-II-Moleküle werden vom Golgi-Apparat (in dieser elektronenmikroskopischen Aufnahme eines Ultradünnschnittes einer B-Zelle als G bezeichnet) mithilfe spezieller intrazellulärer Vesikel namens MHC-Klasse-II-Kompartiment (MIIC) an die Zelloberfläche transportiert. Diese Kompartimente haben eine komplexe Morphologie aus internen Vesikeln und Membranschichten. Antikörper, die mit Goldpartikeln unterschiedlicher Größe markiert sind, zeigen das Vorhandensein von MHC-Klasse-II-Molekülen (kleine Goldpartikel) und der invarianten Kette (große Goldpartikel) im Golgi-Apparat, aber nur MHC-Klasse-II-Moleküle sind im MIIC nachzuweisen. Man geht daher davon aus, dass in diesem Kompartiment die Spaltung der invarianten Kette und die Beladung mit Peptid erfolgen. Vergrößerung ×135 000. (Mit freundlicher Genehmigung von H. J. Geuze.)

5.9 Ein spezialisiertes, MHC-Klasse-II-ähnliches Molekül katalysiert die Beladung von MHC-Klasse-II-Molekülen mit Peptiden

Bei Untersuchungen an mutierten menschlichen B-Zell-Linien mit einem Defekt in der Antigenpräsentation entdeckte man eine weitere Komponente des vesikulären Antigenprozessierungsweges. Die MHC-Klasse-II-Moleküle dieser mutierten Zelllinien bauen sich korrekt mit der invarianten Kette zusammen und folgen anscheinend dem normalen vesikulären Abbauweg. Sie können jedoch keine Peptide aus aufgenommenen Proteinen binden und erscheinen häufig mit dem noch gebundenen CLIP-Fragment an der Zelloberfläche.

Der Defekt bei diesen Zellen liegt in einem MHC-Klasse-II-ähnlichen Molekül, das man beim Menschen als **HLA-DM** und bei Mäusen als H-2M bezeichnet. Die HLA-DM-Gene liegen in der Nähe der TAP- und LMP- (oder auch PSMB-) Gene in der MHC-Klasse-II-Region (Abb. 5.12); sie codieren eine α- und eine β-Kette, die den Ketten anderer MHC-Klasse-II-Moleküle sehr ähnlich sind. Das HLA-DM-Molekül kommt nicht an der Zelloberfläche vor, sondern tritt vor allem im MHC-Kompartiment auf. HLA-DM bindet an leere MHC-Klasse-II-Moleküle, die sonst aggregieren würden, und stabilisiert sie; außerdem katalysiert es sowohl die Freisetzung des CLIP-Fragments aus MHC-Klasse-II:CLIP-Komplexen als auch die Bindung anderer Peptide an das leere MHC-Klasse-II-Molekül (Abb. 5.11). Das HLA-DM-Molekül selbst geht jedoch keine Bindung mit Peptiden ein, und die Furche, die in anderen MHC-Klasse-II-Molekülen offen ist, ist bei HLA-DM-Molekülen geschlossen.

HLA-DM katalysiert auch die Freisetzung instabil gebundener Peptide von MHC-Klasse-II-Molekülen. Wenn, wie es im MIIC der Fall ist, eine Mischung von Peptiden vorliegt, die an MHC-Klasse-II-Moleküle binden können, geht HLA-DM ständig Bindungen mit Peptid:MHC-Klasse-II-Komplexen ein und löst sie wieder; so entfernt es schwach gebundene Peptide, die durch andere Peptide ersetzt werden können. Antigene, die von MHC-Klasse-II-Molekülen präsentiert werden, müssen möglicherweise einige Tage lang auf der Zelloberfläche antigenpräsentierender Zellen bleiben, bevor sie auf T-Zellen treffen, die sie erkennen können. Die Fähigkeit von HLA-DM, instabil gebundene Peptide zu entfernen, manchmal als **Peptid-Editing** (*peptide editing*) bezeichnet, stellt sicher, dass die Peptid:MHC-Klasse-II-Komplexe auf der Oberfläche der antigenpräsentierenden Zellen ausreichend lange existieren, um die entsprechenden CD4-Zellen zu stimulieren.

Ein zweites atypisches MHC-Klasse-II-Molekül ist **HLA-DO** (H-2O bei Mäusen), das in Thymusepithelzellen und B-Zellen gebildet wird. Dieses Molekül ist ein Heterodimer aus der HLA-DOα-Kette und der HLA-DOβ-Kette (Abb. 5.12). HLA-DO kommt nur in intrazellulären Vesikeln vor, nicht auf der Zelloberfläche, und es bindet anscheinend keine Peptide. Es agiert stattdessen als negativer Regulator von HLA-DM, indem es an HLA-DM bindet und die HLA-DM-katalysierte Freisetzung von CLIP sowie die Bindung anderer Peptide an MHC-Klasse-II-Moleküle verhindert. Die Expression der HLA-DOβ-Kette wird, im Gegensatz zu derjenigen von HLA-DM, durch Interferon-γ (IFN-γ) nicht verstärkt. Im Laufe von Entzündungsreaktionen, bei denen IFN-γ von T-Zellen und NK-Zellen

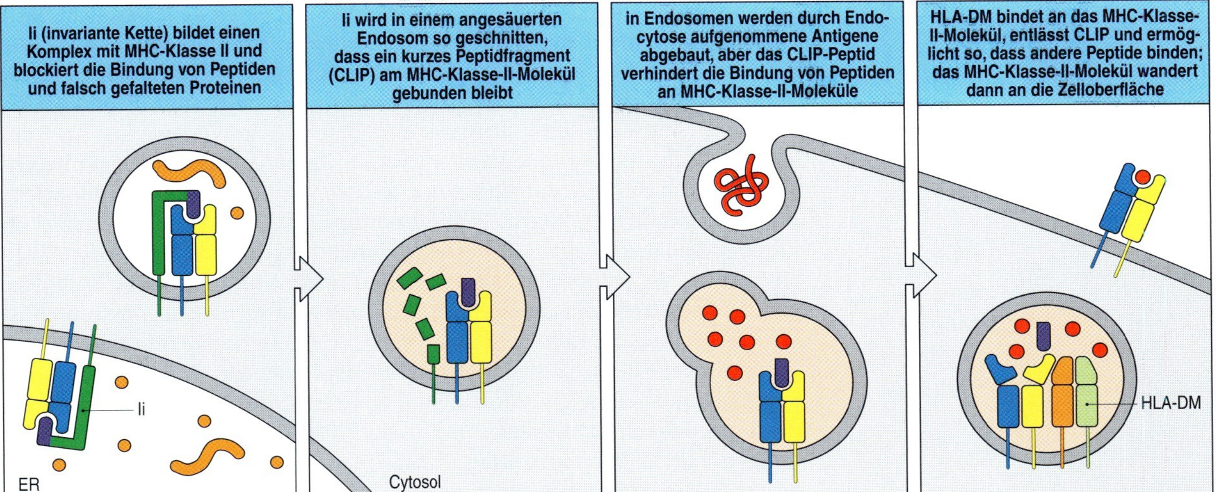

5.11 HLA-DM erleichtert die Beladung von MHC-Klasse-II-Molekülen mit antigenen Peptiden. Die invariante Kette (Ii) bindet an neu synthetisierte MHC-Klasse-II-Moleküle und blockiert die Bindung von Peptiden und ungefalteten Proteinen im endoplasmatischen Reticulum und während des Transports von MHC-Klasse-II-Molekülen in angesäuerte endocytotische Vesikel (erstes Bild). In solchen Vesikeln spalten Proteasen die invariante Kette und hinterlassen das CLIP-Peptid am MHC-Klasse-II-Molekül (zweites Bild). Pathogene und ihre Proteine werden in angesäuerten Endosomen zu Peptiden abgebaut, aber diese Peptide können nicht an MHC-Klasse-II-Moleküle binden, die von CLIP besetzt sind (drittes Bild). Das MHC-Klasse-II-ähnliche Molekül HLA-DM bindet an MHC-Klasse-II:CLIP-Komplexe und katalysiert damit die Freisetzung von CLIP und die Bindung antigener Peptide (viertes Bild).

gebildet wird, kann somit die erhöhte Expression von HLA-DM die inhibitorischen Wirkungen von HLA-DO überwinden. Es ist nicht bekannt, warum die Fähigkeit zur Antigenpräsentation von Thymusepithelzellen und B-Zellen auf diese Weise gesteuert wird. In Thymusepithelzellen könnte der Mechanismus dazu dienen, sich entwickelnde CD4-T-Zellen mithilfe eines Repertoires von zelleigenen Peptiden zu selektieren, die sich von denjenigen unterscheiden, denen sie als reife T-Zellen ausgesetzt sind.

Die Förderung der Bindung von Peptiden an MHC-Klasse-II-Moleküle durch das HLA-DM-Molekül entspricht der Funktion der TAP-Moleküle bei der Bindung von Peptiden an MHC-Klasse-I-Moleküle. Es ist deshalb wahrscheinlich, dass sich spezielle Mechanismen zur effizienten Bereitstellung von Peptiden während der Evolution gemeinsam mit den MHC-Molekülen entwickelt haben. Wahrscheinlich ist auch, dass Krankheitserreger Strategien entwickelt haben, die das Beladen von MHC-Klasse-II-Molekülen mit Peptiden verhindern, genauso wie Viren Wege gefunden haben, die Antigenprozessierung und -präsentation durch MHC-Klasse-I-Moleküle zu stören.

5.10 Die feste Bindung von Peptiden durch MHC-Moleküle ermöglicht eine effiziente Antigenpräsentation an der Zelloberfläche

Damit MHC-Moleküle ihre wichtige Aufgabe erfüllen können, intrazelluläre Infektionen zu signalisieren, muss der Peptid:MHC-Komplex an der Zelloberfläche stabil sein. Würde der Komplex zu leicht dissoziieren, könnte das Pathogen in der infizierten Zelle seiner Entdeckung entgehen. Umgekehrt könnten MHC-Moleküle auf nichtinfizierten Zellen Peptide binden, die von MHC-Molekülen auf infizierten Zellen freigesetzt worden sind. Das könnte cytotoxischen T-Zellen fälschlicherweise signalisieren, dass eine gesunde Zelle infiziert ist, und zu ihrer ungewollten Zerstörung führen. Die feste Bindung von Peptiden durch MHC-Moleküle verhindert diese unerwünschten Effekte.

Die Dauer, die ein Peptid:MHC-Komplex auf einer Zelle verbleibt, lässt sich anhand seiner Fähigkeit messen, T-Zellen zu stimulieren; das Schicksal der MHC-Moleküle selbst kann man mit spezifischen Färbemethoden direkt verfolgen. Auf diese Weise lässt sich zeigen, dass bestimmte Peptid:MHC-Komplexe auf lebenden Zellen mit der gleichen Geschwindigkeit von der Zelloberfläche verschwinden und im Verlauf des normalen Proteinstoffwechsels wieder in die Zelle aufgenommen werden wie die MHC-Moleküle selbst. Das weist darauf hin, dass die Peptidbindung im Wesentlichen irreversibel ist. Diese Stabilität ermöglicht es, dass auch seltene Peptide von MHC-Molekülen effizient an die Zelloberfläche transportiert werden und dass diese Komplexe auf der Oberfläche der infizierten Zelle langfristig vorhanden sind; damit ist die erste Bedingung für eine wirkungsvolle Antigenpräsentation erfüllt.

Das zweite Kriterium besteht darin, dass nach der Dissoziation eines Peptids von einem MHC-Molekül auf der Zelloberfläche keine Peptide aus der umgebenden extrazellulären Flüssigkeit in der nun leeren, peptidbindenden Furche binden dürfen. Tatsächlich müssen aufgereinigte MHC-Klasse-I-Moleküle denaturiert werden, um das Peptid zu entfernen. Wenn das Peptid von einem MHC-Klasse-I-Molekül auf der Zelloberfläche dissoziiert, ändert sich die Konformation des MHC-Klasse-I-Moleküls, das β_2-Mikroglobulin dissoziiert, und die α-Kette wird von der Zelle aufgenommen und schnell abgebaut. Die meisten leeren MHC-Klasse-I-Moleküle verschwinden also schnell von der Zelloberfläche.

Bei neutralem pH-Wert sind leere MHC-Klasse-II-Moleküle stabiler als leere MHC-Klasse-I-Moleküle; sie werden allerdings ebenfalls von der Zelloberfläche entfernt. Leere MHC-Klasse-II-Moleküle aggregieren leicht, und die Internalisierung solcher Aggregate ist wohl für das schnelle Verschwinden von leeren MHC-Klasse-II-Molekülen von der Zelloberfläche verantwortlich. Die größte Wahrscheinlichkeit, das Peptid zu verlieren, besteht bei MHC-Klasse-II-Molekülen, wenn sie im Rahmen des normalen Membranrecycling der Zelle angesäuerte Endosomen passieren. MHC-Klasse-II-Moleküle können im sauren Milieu dieser endocytotischen Vesikel an dort vorhandene Peptide binden. Gelingt ihnen das jedoch nicht, werden sie schnell abgebaut.

MHC-Klasse-I- und -Klasse-II-Moleküle werden also wirkungsvoll daran gehindert, Peptide aus der extrazellulären Flüssigkeit der Umgebung aufzunehmen. Dadurch ist sichergestellt, dass T-Zellen selektiv auf infizierte Zellen oder auf Zellen reagieren, die auf die Aufnahme und Präsentation von Antigenen spezialisiert sind, und umgebende gesunde Zellen verschonen.

Zusammenfassung

Das wichtigste Merkmal der Antigenerkennung durch T-Zellen ist die Form des Liganden, der vom T-Zell-Rezeptor erkannt wird. Dieser besteht aus einem Peptid, das von dem fremden Antigen stammt und an ein MHC-Molekül gebunden ist. MHC-Moleküle sind Glykoproteine auf der Zelloberfläche. Sie besitzen eine peptidbindende Furche, die eine Vielzahl verschiedener Peptide aufnehmen kann. Das MHC-Molekül bindet das Peptid an einem Ort innerhalb der Zelle und befördert es an die Zelloberfläche, wo der kombinierte Ligand von einer T-Zelle erkannt werden kann. Es gibt zwei Klassen von MHC-Molekülen, MHC-Klasse-I- und -Klasse-II-Moleküle, die Peptide an unterschiedlichen Orten innerhalb der Zelle binden und CD8- beziehungsweise CD4-T-Zellen aktivieren. MHC-Klasse-I-Moleküle werden im endoplasmatischen Reticulum synthetisiert und treffen dort auch auf ihre Peptide. Diese stammen von Proteinen, die im Cytosol von einer multikatalytischen Protease, dem Proteasom, abgebaut werden. Die von Proteasomen hergestellten Peptide transportiert das heterodimere, ATP-bindende Protein TAP in das endoplasmatische Reticulum; dort können sie an partiell gefaltete MHC-Klasse-I-Moleküle binden, die mit TAP verbunden bleiben. Die Peptidbindung stellt einen wesentlichen Schritt beim Zusammenbau des MHC-Klasse-I-Moleküls dar und muss erfolgen, bevor das Molekül seine Faltung vervollständigen und das endoplasmatische Reticulum in Richtung Zelloberfläche verlassen kann. Das Proteasom baut normale Proteine aus dem Cytosol ab und ermöglicht so die Erkennung und Entfernung cytosolischer Pathogene wie Viren durch CD8-T-Zellen; diese sind darauf spezialisiert, alle Zellen zu töten, die fremde Peptide präsentieren. Das Proteasom kann auch Proteine abbauen, die durch retrograden Transport aus dem vesikulären System in das Cytosol befördert wurden. Das geschieht zum Beispiel, wenn eine dendritische Zelle eine tote Zelle aufgenommen hat, die von einem Virus getötet wurde. Nichtinfizierte dendritische Zellen transportieren also exogene virale Antigene in das Cytosol und können diese Antigene auf diese Weise prozessieren und naiven CD8-T-Zellen im Rahmen der sogenannten Kreuzpräsentation präsentieren; das spielt eine wichtige Rolle bei der Etablierung wirksamer Immunreaktionen.

MHC-Klasse-II-Moleküle dagegen werden durch die frühe Assoziation mit der invarianten Kette (Ii) daran gehindert, Peptide im endoplasmatischen Reticulum zu binden. Die invariante Kette besetzt und blockiert die peptidbindende Furche und dirigiert die MHC-Klasse-II-Moleküle in ein angesäuertes endosomales Kompartiment. Dort wird die invariante Kette mithilfe von aktiven Proteasen, insbesondere Cathepsin S, und eines spezialisierten MHC-Klasse-II-ähnlichen Moleküls, HLA-DM, das die Peptidbeladung katalysiert, freigesetzt, sodass andere Peptide gebunden werden können. MHC-Klasse-II-Moleküle binden also Peptide aus Proteinen, die in Endosomen abgebaut werden. Dort können sie Peptide von Erregern einfangen, die in das vesikuläre System von Makrophagen eindringen, oder von Antigenen, die durch unreife dendritische Zellen oder über die Immunglobulinrezeptoren von B-Zellen aufgenommen werden. Im Rahmen der Autophagie können cytosolische Proteine zur Präsentation durch MHC-Klasse-II-Moleküle in das vesikuläre System befördert werden. Die CD4-T-Zellen, die Peptid:MHC-Klasse-II-Komplexe erkennen, verfügen über eine Reihe spezifischer Effektoraktivitäten. Bestimmte Untergruppen von CD4-T-Zellen aktivieren Makrophagen, die Pathogene, die sie intravesikulär beherbergen, zu töten, sie unterstützen B-Zellen, Immunglobuline gegen fremde Moleküle zu sezernieren, und regulieren Immunreaktionen.

Der Haupthistokompatibilitätskomplex und seine Funktionen

Die Aufgabe der MHC-Moleküle besteht darin, von Pathogenen abstammende Peptidfragmente zu binden und diese Fragmente auf der Zelloberfläche zu präsentieren, damit sie von geeigneten T-Zellen erkannt werden. Die Folgen einer solchen Präsentation sind für das Pathogen fast immer fatal: Virusinfizierte Zellen werden getötet, Makrophagen werden aktiviert, Bakterien in ihren intrazellulären Vesikeln abzutöten, und B-Zellen beginnen Antikörper zu produzieren, die extrazelluläre Pathogene eliminieren oder neutralisieren können. Es besteht also ein starker Selektionsdruck, der Pathogene begünstigt, die so mutiert sind, dass sie der Präsentation durch ein MHC-Molekül entgehen.

Zwei separate Mechanismen machen es für Krankheitserreger schwierig, den Immunreaktionen zu entgehen. Erstens ist der MHC **polygen** – es gibt mehrere MHC-Klasse-I- und -Klasse-II-Gene, sodass jedes Individuum über eine Gruppe von MHC-Molekülen mit unterschiedlichen Peptidbindungsspezifitäten verfügt. Zweitens ist der MHC sehr **polymorph** – es gibt für jedes Gen innerhalb der Population mehrere Allele. Die MHC-Gene sind die Gene mit dem höchsten bekannten Grad an Polymorphismus. In diesem Abschnitt werden wir die Organisation der Gene im MHC besprechen und erläutern, wie die Variation bei MHC-Molekülen entsteht. Wir werden auch sehen, wie sich die Phänomene Polygenie und Polymorphismus darauf auswirken, welches Spektrum an Peptiden gebunden werden kann, und so dazu beitragen, dass das Immunsystem auf eine Vielzahl von unterschiedlichen und sich schnell weiterentwickelnden Pathogenen reagieren kann.

5.11 Gene im Haupthistokompatibilitätskomplex codieren viele Proteine, die an der Prozessierung und Präsentation von Antigenen beteiligt sind

Der Haupthistokompatibilitätskomplex liegt beim Menschen auf Chromosom 6 und bei Mäusen auf Chromosom 17; er erstreckt sich über einen DNA-Bereich von mindestens 4×10^6 Basenpaaren (bp). Beim Menschen enthält er über 200 Gene. Da man laufend neue Gene innerhalb des MHC und in seiner direkten Umgebung identifiziert, ist es noch nicht möglich, den exakten Umfang des Locus abzuschätzen; neueste Untersuchungen sprechen von einem Umfang von bis zu 7×10^6 bp. Die Gene, die die α-Ketten der MHC-Klasse-I-Moleküle und die α- und β-Kette von MHC-Klasse-II-Molekülen codieren, sind in diesem Komplex gekoppelt. Die Gene für das β_2-Mikroglobulin und die invariante Kette liegen auf anderen Chromosomen (bei Menschen auf Chromosom 15 beziehungsweise 5, bei Mäusen auf Chromosom 2 beziehungsweise 18). Abbildung 5.12 zeigt die allgemeine Organisation der MHC-Klasse-I- und -Klasse-II-Gene des Menschen und der Maus. Beim Menschen bezeichnet man diese Gene als **HLA**-Gene (*human leukocyte antigen genes*), da man sie aufgrund von Unterschieden in den Antigenen auf weißen Blutkörperchen bei verschiedenen Individuen entdeckte. In der Maus bezeichnet man sie als **H-2**-Gene. Die MHC-Klasse-II-Gene der Maus wurden ursprünglich als Gene identifiziert, die festlegten, ob es zur Immunreaktion auf ein bestimmtes Antigen kommt, und wurden daher zunächst **Ir**-Gene (*immune response genes*) genannt. Man bezeichnet die MHC-Klasse-II-*A*- und -*E*-Gene der Maus daher als *I-A* und *I-E*, was aber nicht mit der Bezeichnung der MHC-Klasse-I-Gene zu verwechseln ist.

Menschen haben drei Gene für die α-Kette der Klasse I, die *HLA-A*, -*B* und -*C* genannt werden. Es gibt auch drei Paare von Genen für die α- und

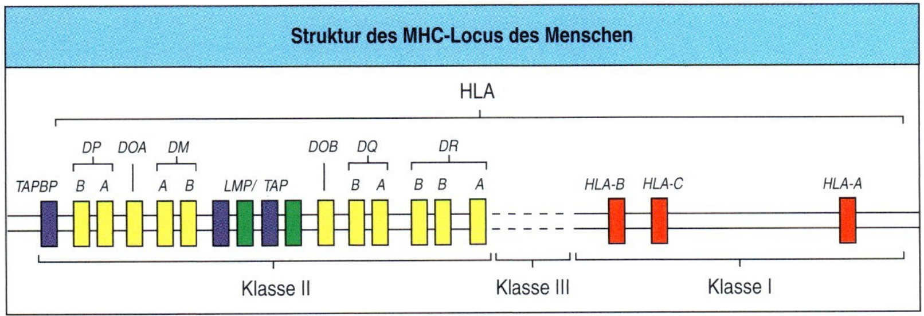

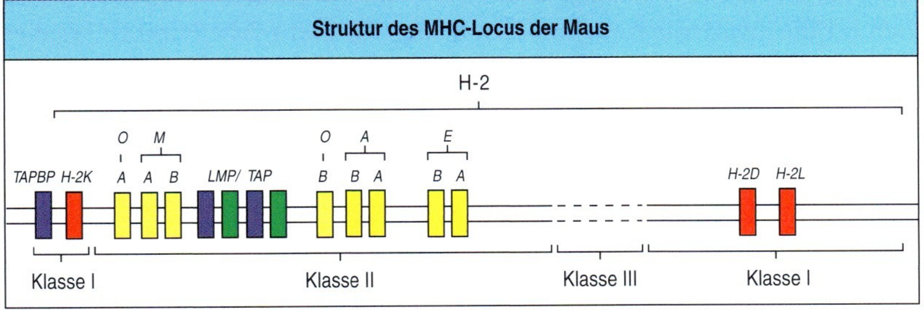

5.12 Die genetische Organisation des Haupthistokompatibilitätskomplexes (MHC) des Menschen und der Maus. Dargestellt ist der Aufbau der wesentlichen MHC-Gene bei Menschen (bei denen der MHC mit HLA bezeichnet wird und auf Chromosom 6 liegt) und Mäusen (bei denen der MHC mit H-2 bezeichnet wird und auf Chromosom 17 liegt). Die Organisation der MHC-Gene ist bei beiden Arten ähnlich. Es gibt getrennte Regionen mit Klasse-I-Genen (rot) und Klasse-II-Genen (gelb). Allerdings ist bei der Maus ein Klasse-I-Gen (*H-2K*) allem Anschein nach im Vergleich zum menschlichen MHC transloziert worden, sodass die Klasse-I-Region bei Mäusen zweigeteilt ist. Beide Arten besitzen drei Hauptgene der Klasse I, die bei Menschen mit *HLA-A*, *-B* und *-C* und bei Mäusen mit *H-2K*, *-2D* und *-2L* bezeichnet werden. Jedes codiert die α-Kette des entsprechenden MHC-Klasse-I-Proteins (HLA-A, HLA-B usw.). Das Gen für das β_2-Mikroglobulin, liegt, obwohl es einen Teil des MHC-Klasse-I-Moleküls codiert, auf einem anderen Chromosom, nämlich Chromosom 15 beim Menschen und Chromosom 2 bei der Maus. In der Klasse-II-Region liegen die Gene für die α- und β-Kette (in den Namen der Gene mit *A* beziehungsweise *B* bezeichnet) der antigenpräsentierenden MHC-Klasse-II-Moleküle HLA-DR, -DP, und -DQ (H-2A und -E bei der Maus). Die Gene für den TAP1:TAP2-Peptidtransporter, die *LMP*-Gene, die Untereinheiten des Proteasoms codieren, die Gene für die DMα- und DMβ-Ketten (*DMA* und *DMB*), die Gene für das DO-Molekül (*DOA* beziehungsweise *DOB*) und das Gen für Tapasin (*TAPBP*) liegen ebenfalls in der MHC-Klasse-II-Region. Die sogenannten Klasse-III-Gene codieren verschiedene andere Proteine mit Immunfunktionen (Abb. 5.13).

die β-Kette der Klasse II, genannt *HLA-DR*, *-DP* und *-DQ*. Der *HLA-DR*-Cluster enthält jedoch bei vielen Menschen ein zusätzliches Gen für eine β-Kette, dessen Produkt sich an die DRα-Kette anlagern kann. Das bedeutet, dass aus den drei Gensätzen vier Typen der MHC-Klasse-II-Moleküle entstehen können. Alle MHC-Klasse-I- und -Klasse-II-Moleküle können T-Zellen Antigene präsentieren. Da jedes von ihnen ein anderes Spektrum von Peptiden bindet (Abschnitt 3.14 und 3.15), bedeutet das Vorhandensein mehrerer Gene für jede MHC-Klasse, dass jedes Individuum eine viel größere Bandbreite verschiedener Peptide präsentieren kann, als wenn nur ein MHC-Protein jeder Klasse an der Zelloberfläche exprimiert würde.

Abbildung 5.13 zeigt eine genauere Karte des menschlichen MHC-Locus. Man kann erkennen, dass viele Gene innerhalb dieses Locus an der Verarbeitung und Präsentation von Antigenen beteiligt sind oder eine andere Funktion im Zusammenhang mit der angeborenen oder erworbenen Immunität haben. Die beiden *TAP*-Gene liegen in der MHC-Klasse-II-Region eng assoziiert mit den *LMP*-Genen vor. Das Gen für Tapasin (*TAPBP*), das an TAP und leere MHC-Klasse-I-Moleküle bindet, liegt dagegen an dem Rand des MHC, der dem Centromer am nächsten ist (Abb. 5.13). Die genetische Kopplung der MHC-Klasse-I-Gene, deren Produkte cytosolische Peptide an die Zelloberfläche befördern, mit den *TAP*-, Tapasin- und Proteasomgenen (*LMP*), deren Produkte diese Peptide im Cytosol erzeugen und sie in das endoplasmatische Reticulum transportieren, lässt vermuten, dass der gesamte Komplex der Haupthistokompatibilitätsgene während der Evolution auf die Prozessierung und Präsentation von Antigenen hin selektiert wurde.

Werden Zellen mit Interferon IFN-α, -β oder -γ behandelt, steigert sich außerdem die Transkription der MHC-Klasse-I-α-Kette, des β_2-Mikroglobulins sowie der Proteasom-, Tapasin- und der *TAP*-Gene beträchtlich. Interferone werden bei Virusinfektionen frühzeitig als Teil der angeborenen Immunantwort (Kapitel 2) produziert und erhöhen die Fähigkeit von Zellen, virale Proteine zu prozessieren und die entstandenen Peptide an der

Zelloberfläche zu präsentieren. Das trägt dazu bei, entsprechende T-Zellen zu aktivieren und die adaptive Immunantwort einzuleiten. Die koordinierte Steuerung der Gene, die diese Komponenten codieren, wird möglicherweise dadurch erleichtert, dass viele von ihnen im MHC gekoppelt sind.

Die *HLA-DM*-Gene codieren das DM-Molekül, das die Bindung von Peptiden an MHC-Klasse-II-Moleküle katalysiert (Abschnitt 5.9), und sind zweifellos mit den MHC-Klasse-II-Genen verwandt. Die *DOA*- und *DOB*-Gene codieren die DOα- und DOβ-Untereinheiten des DO-Moleküls, einem negativen Regulator von DM, und sind ebenfalls mit den MHC-Klasse-II-Genen verwandt. Die klassischen MHC-Klasse-II-Gene werden mit dem Gen für die invariante Kette und den Genen für DMα, DMβ und DOα, aber nicht für DOβ, koordiniert gesteuert. Diese Kontrolle durch IFN-γ, das von

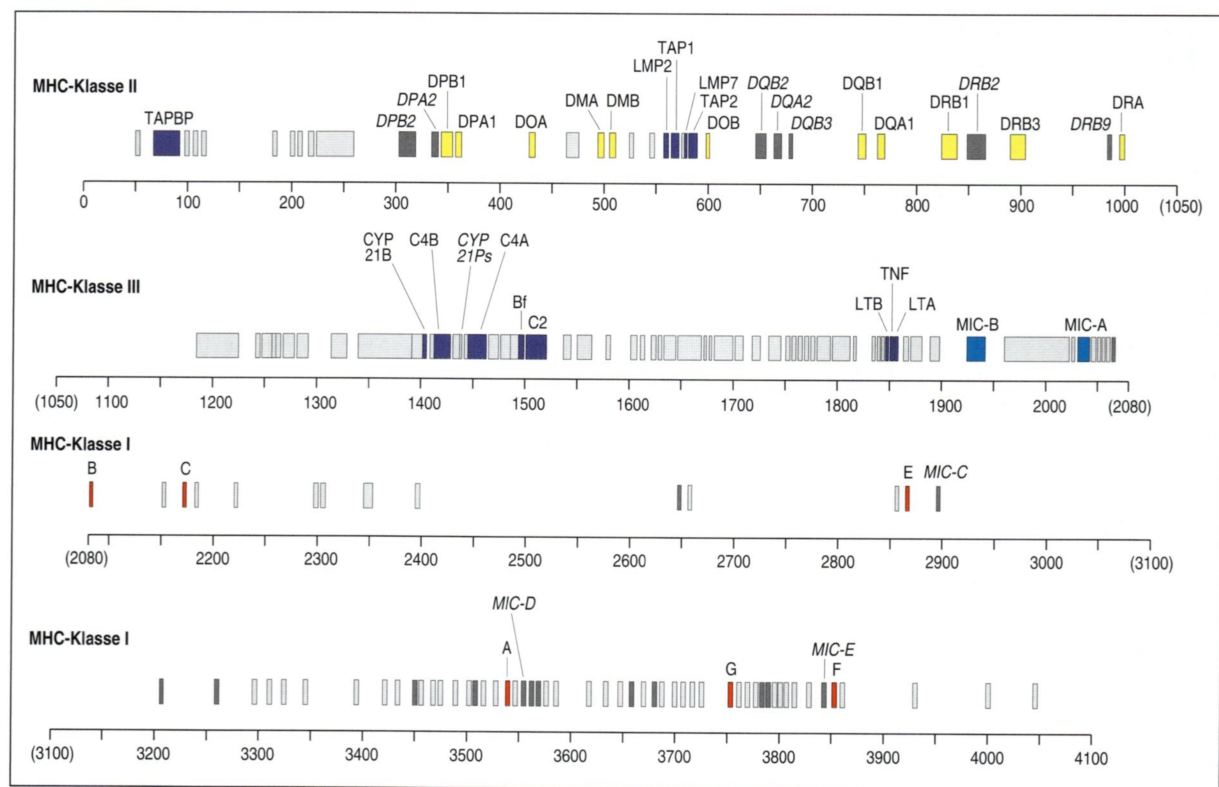

5.13 Ausführliche Karte der menschlichen MHC-Region. Dargestellt ist die Organisation der Klasse-I-, Klasse-II- und Klasse-III-Regionen des menschlichen MHC mit den ungefähren genetischen Abständen in kbp (Kilobasenpaaren). Die meisten Gene in der Klasse-I- und der Klasse-II-Region werden im Text erwähnt. Die zusätzlichen Gene in der Klasse-I-Region (zum Beispiel E, F, und G) sind Klasse-I-artige Gene, die Klasse-Ib-Moleküle codieren. Die zusätzlichen Klasse-II-Gene sind Pseudogene. Die Gene in der Klasse-III-Region codieren die Komplementproteine C4 (zwei Gene, C4A und C4B), C2 und Faktor B (Bf) sowie Gene, welche die Cytokine Tumornekrosefaktor-α (TNF-α) und Lymphotoxin (LTA und LTB) codieren. Eng gekoppelt mit den C4-Genen sind die Gene, welche die 21-Hydroxylase codieren (CYP 21B), ein Enzym, das an der Steroidsynthese beteiligt ist. Dunkelgrau dargestellte und *kursiv* geschriebene Gene sind Pseudogene. MHC-Klasse-I-Gene sind rot dargestellt, die MIC-Gene jedoch hellblau, weil sie sich von den anderen Klasse-I-Genen unterscheiden und ihre Transkription anders gesteuert wird. Die MHC-Klasse-II-Gene sind gelb dargestellt. Gene innerhalb der MHC-Region, die Funktionen im Immunsystem haben, aber nicht mit den MHC-Klasse-I- oder -Klasse-II-Genen verwandt sind, sind dunkelblau gekennzeichnet.

aktivierten T-Zellen des T_H1-Typs und von aktivierten CD8- und NK-Zellen gebildet wird, ermöglicht es den T-Zellen, bei bakteriellen Infektionen die Synthese der Moleküle heraufzuregulieren, die an der Prozessierung und Präsentation intravesikulärer Antigene beteiligt sind. Interferon-γ induziert im Gegensatz zu Interferon-α oder -β die Expression all dieser Gene dadurch, dass es die Synthese eines Transkriptionsaktivators auslöst, des sogenannten **MHC-Klasse-II-Transaktivators** (**CIITA**). Ein Fehlen von CIITA verursacht einen schweren Immundefekt, da keine MHC-Klasse-II-Moleküle gebildet werden. Schließlich enthält der MHC-Locus viele sogenannte „nichtklassische" MHC-Gene, deren Struktur derjenigen von MHC-Klasse-I-Genen ähnelt. Nach der Besprechung der klassischen MHC-Gene werden wir in Abschnitt 5.18 auf diese MHC-Klasse-Ib-Gene zurückkommen.

5.12 Die Proteinprodukte von MHC-Klasse-I- und -Klasse-II-Genen sind hoch polymorph

Wegen der Polygenie des MHC exprimiert jeder Mensch mindestens drei verschiedene antigenpräsentierende MHC-Klasse-I-Moleküle und drei (oder manchmal vier) MHC-Klasse-II-Moleküle auf seinen Zellen (Abschnitt 5.11). Tatsächlich jedoch ist die Zahl der verschiedenen MHC-Moleküle, die auf den Zellen der meisten Menschen exprimiert werden, aufgrund des extremen Polymorphismus des MHC (Abb. 5.14) und der codominanten Expression der MHC-Genprodukte größer.

Die Bezeichnung Polymorphismus leitet sich ab von den griechischen Wörtern *poly* für viele und *morph* für Gestalt oder Struktur. Hier bedeutet es eine Variation in einem einzelnen Genlocus und dessen Produkten innerhalb einer Spezies. Die individuellen Genvarianten an einem Locus nennt man **Allele**. Manche MHC-Klasse-I- und -Klasse-II-Gene haben über 400 Allele, das ist weit mehr als die Anzahl der Allele anderer Gene innerhalb des MHC-Locus (Abb. 5.14). Jedes MHC-Klasse-I- und -Klasse-II-Allel ist in der Bevölkerung relativ häufig vorhanden. Deshalb ist die Wahrscheinlichkeit gering, dass der entsprechende MHC-Locus auf beiden homologen Chromosomen einer Person das gleiche Allel codiert. Das heißt, die meisten Menschen sind am MHC-Locus **heterozygot**. Die spe-

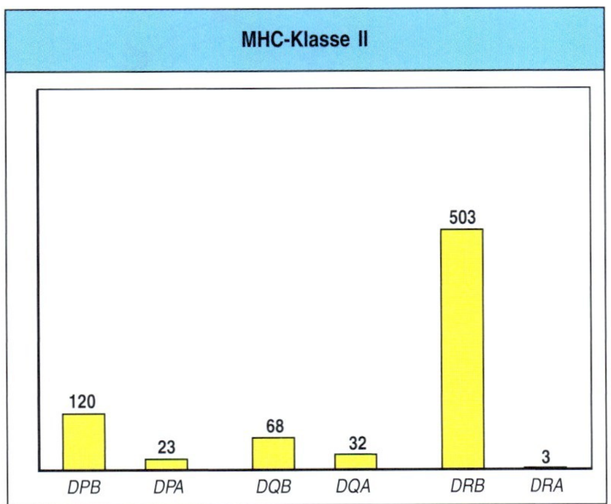

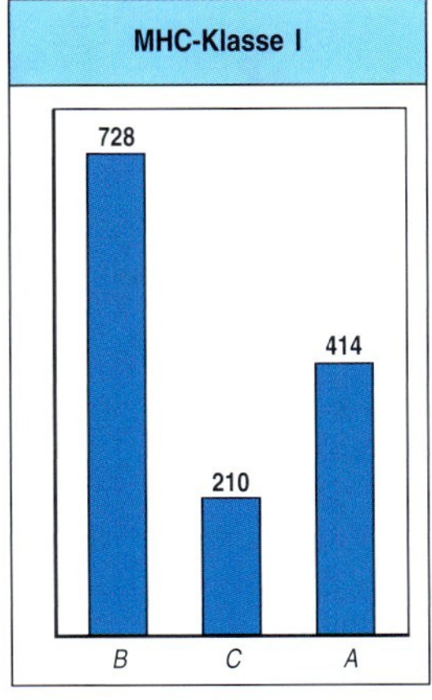

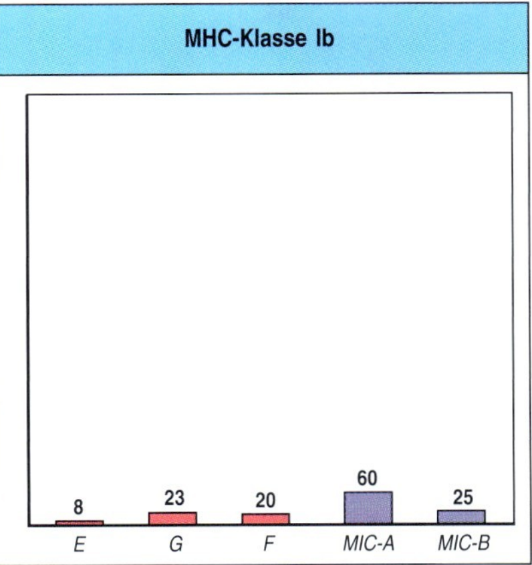

5.14 Die menschlichen MHC-Gene sind hoch polymorph. Mit der bemerkenswerten Ausnahme des monomorphen DRα-Locus besitzt jeder Locus viele Allele. Die Anzahl verschiedener Allele ist in dieser Abbildung durch die Höhe der Balken angegeben und entspricht den Zahlen, die vom *WHO Nomenclature Committee for Factors of the HLA-System* im Januar 2006 offiziell festgelegt wurden.

zielle Kombination von MHC-Allelen auf einem bestimmten Chromosom bezeichnet man als **MHC-Haplotyp**. Die Produkte beider Allele werden in der Zelle exprimiert, und beide können T-Zellen Antigene präsentieren. Die Expression der MHC-Allele ist also codominant (Abb. 5.15). Der ausgeprägte Polymorphismus an jedem Locus kann die Zahl verschiedener MHC-Moleküle, die von einem Individuum exprimiert werden, verdoppeln. Dadurch erhöht sich die Vielfalt, die bereits aufgrund der Polygenie besteht, noch weiter (Abb. 5.16).

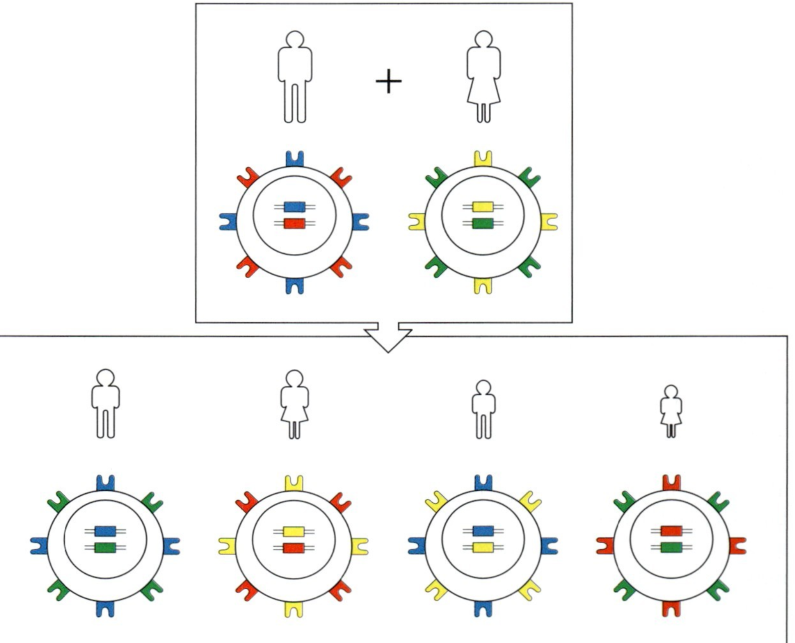

5.15 Die Expression von MHC-Allelen ist codominant. Der MHC ist so polymorph, dass wahrscheinlich die meisten Menschen für jeden Locus heterozygot sind. Die Allele beider MHC-Haplotypen werden bei jedem Individuum exprimiert, und die Produkte aller Allele finden sich auf allen exprimierenden Zellen. Bei jeder Fortpflanzung lassen sich bei den Nachkommen vier mögliche Kombinationen der Haplotypen finden. Auch Geschwister unterscheiden sich meist in den MHC-Allelen, die sie exprimieren, wobei eine Chance von eins zu vier besteht, dass die beiden Haplotypen von Geschwistern identisch sind. Deshalb ist es schwierig, geeignete Spender für Gewebetransplantationen zu finden.

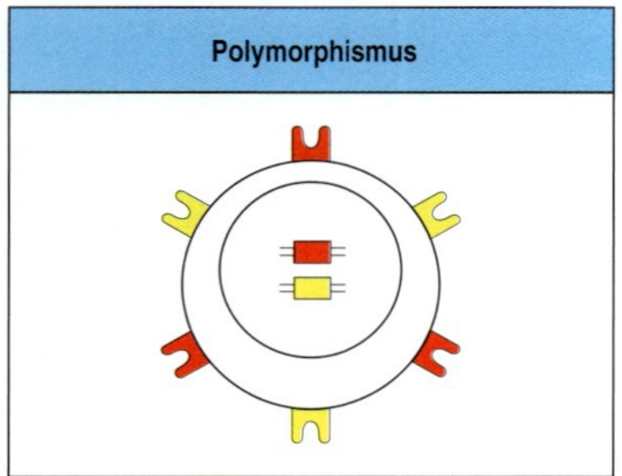

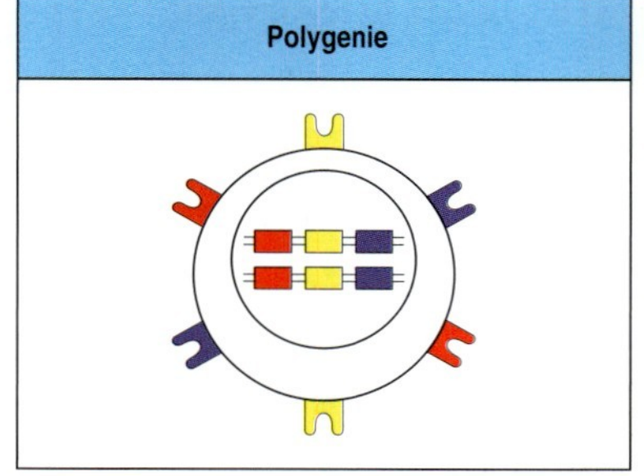

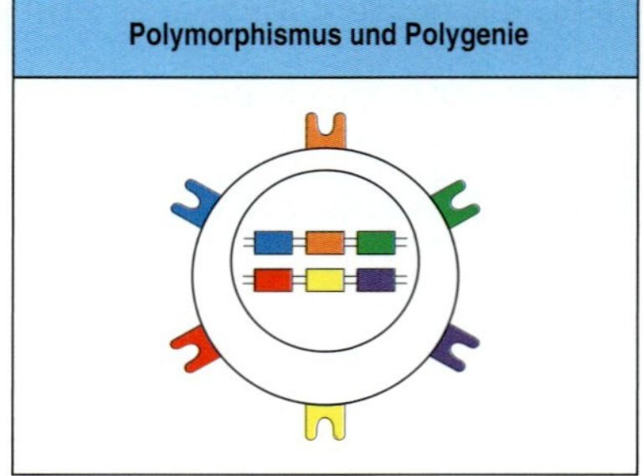

5.16 Polymorphismus und Polygenie tragen zur Vielfalt der MHC-Moleküle bei, die ein Individuum exprimiert. Die klassischen MHC-Loci sind hoch polymorph; dadurch kommt die große Vielfalt der Expression von MHC-Genen in der Gesamtbevölkerung zustande. Unabhängig davon, wie polymorph die Gene sind, kann jedoch kein Individuum mehr als zwei Allele eines bestimmten Locus exprimieren. Polygenie, das heißt das Vorkommen mehrerer verschiedener verwandter Gene mit ähnlichen Funktionen, stellt sicher, dass jedes Individuum eine Anzahl unterschiedlicher MHC-Moleküle synthetisiert. Polymorphismus und Polygenie schaffen gemeinsam die Vielfalt an MHC-Molekülen, wie man sie sowohl innerhalb eines Individuums und als auch in der Population vorfindet.

Bei drei MHC-Klasse-I-Genen und vier möglichen MHC-Klasse-II-Genen auf jedem Chromosom 6 trägt ein Mensch im Durchschnitt sechs verschiedene MHC-Klasse-I-Moleküle und acht verschiedene MHC-Klasse-II-Moleküle auf seinen Zellen. Im Fall der MHC-Klasse-II-Gene kann die Zahl der unterschiedlichen Proteine durch die Kombination von α- und β-Ketten noch weiter erhöht werden, die von verschiedenen Chromosomen exprimiert werden (sodass zum Beispiel aus zwei α-Ketten und zwei β-Ketten vier verschiedene Proteine entstehen können). Bei Mäusen hat sich gezeigt, dass nicht alle Kombinationen von α- und β-Ketten stabile Dimere ergeben. Deshalb hängt die genaue Zahl der verschiedenen exprimierten MHC-Klasse-II-Moleküle von den Allelen ab, die sich auf jedem Chromosom befinden.

Alle MHC-Klasse-I-und -Klasse-II-Proteine sind mehr oder weniger polymorph, mit Ausnahme der DRα-Kette und der homologen Eα-Kette der Maus. Diese variieren zwischen verschiedenen Individuen nicht in ihrer Sequenz und sind damit **monomorph**. Das weist möglicherweise auf eine funktionelle Einschränkung hin, die eine Variation der DRα- und Eα-Proteine verhindert. Bis jetzt hat man jedoch noch keine derartige Funktion gefunden. Viele Mäuse, domestizierte und wilde, besitzen eine Mutation im Eα-Gen, welche die Synthese des Eα-Proteins verhindert, sodass ihnen das Zelloberflächenmolekül H-2E fehlt. Dessen Funktion ist also höchstwahrscheinlich nicht essenziell.

Es gibt Hinweise darauf, dass der MHC in der Evolution nach der Divergenz der Agnatha (kieferlose Wirbeltiere) entstand und sich durch zahlreiche Genduplikationen eines unbekannten Urgens MHC-Klasse-I-und -Klasse-II-Gene entwickelten, die dann weiterer genetischer Divergenz unterlagen. Der Polymorphismus einzelner MHC-Gene scheint außerdem unter beträchtlichem selektivem Druck zustande gekommen zu sein. An der Entstehung neuer Allele sind mehrere genetische Mechanismen beteiligt, zum Beispiel Punktmutationen und **Genkonversion**, ein Prozess, in dem eine Sequenz innerhalb eines Gens teilweise durch Sequenzen eines anderen Gens ersetzt wird (Abb. 5.17).

Die Auswirkungen des Selektionsdruckes in Richtung Polymorphismus sind am Muster der Punktmutationen in den MHC-Genen ablesbar. Punktmutationen lassen sich einteilen in Substitutionsmutationen, bei denen sich

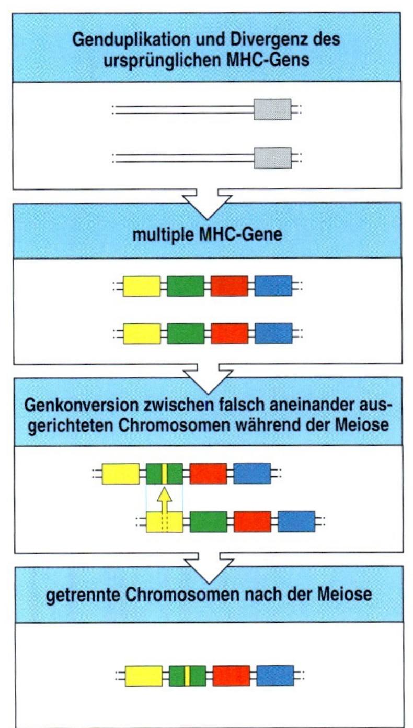

5.17 Eine Genkonversion kann durch Sequenzübertragung von einem MHC-Gen auf ein anderes neue Allele hervorbringen. Zahlreiche MHC-Gene mit allgemein ähnlicher Struktur sind in der Evolution durch Duplikation eines unbekannten MHC-Urgens (grau) und anschließender genetischer Divergenz entstanden. Ein weiterer Austausch zwischen diesen Genen findet durch einen Prozess statt, den man als Genkonversion bezeichnet und bei dem Sequenzen des einen Gens auf ein anderes, ähnliches Gen übertragen werden. Für diesen Vorgang müssen die beiden Gene während der Meiose nebeneinander liegen. Das kann Folge einer nicht korrekten Anlagerung von homologen Chromosomen sein, wenn viele Kopien ähnlicher Gene hintereinander liegen – so als ob ein Knopf im falschen Knopfloch steckt. Während des Crossing-overs und der DNA-Rekombination wird manchmal eine DNA-Sequenz von einem Chromosom auf das andere übertragen, wo die ursprüngliche Sequenz ersetzt wird. Auf diese Weise kann die Abfolge mehrerer Nucleotide gleichzeitig in einem Gen verändert werden und so zu einer massiven Veränderung der Aminosäuresequenz im codierten Protein führen. Da sich die MHC-Gene stark ähneln und eng gekoppelt sind, fanden während der Evolution der MHC-Allele viele derartige Genkonversionen statt.

eine Aminosäure ändert, und stumme Mutationen, bei denen sich zwar das Codon ändert, die Aminosäure aber gleich bleibt. Substitutionsmutationen kommen im Vergleich zu stummen Mutationen in MHC-Genen häufiger vor als erwartet; das weist darauf hin, dass in der Evolution eine aktive Selektion Richtung Polymorphismus erfolgte. In den nächsten Abschnitten beschreiben wir, inwiefern Immunreaktionen vom MHC-Polymorphismus profitieren und wie pathogenvermittelter Selektionsdruck für die große Anzahl von MHC-Allelen gesorgt haben kann.

5.13 Der MHC-Polymorphismus beeinflusst die Antigenerkennung durch T-Zellen über die Regulation der Peptidbindung und der Kontakte zwischen T-Zell-Rezeptor und MHC-Molekülen

Die Produkte einzelner MHC-Allele können sich in bis zu 20 Aminosäuren voneinander unterscheiden. Jede Proteinvariante ist daher einzigartig. Die meisten dieser Unterschiede befinden sich auf der exponierten Oberfläche der extrazellulären Domäne, die weit von der Membran entfernt liegt, und vor allem in der peptidbindenden Furche (Abb. 5.18).

Wir haben gesehen, dass Peptide über bestimmte Verankerungsreste innerhalb der peptidbindenden Taschen an MHC-Klasse-I-Moleküle binden (Abschnitt 3.14 und 3.15). Der Polymorphismus der MHC-Klasse-I-Moleküle betrifft oft die Aminosäuren, die diese Taschen auskleiden, und damit ihre Bindungsspezifität. Als Folge davon differieren die Verankerungsreste von Peptiden, die an unterschiedliche allelische Varianten binden. Die Gruppe von Verankerungsresten, welche die Bindung an ein bestimmtes

5.18 Allelische Variation kommt an bestimmten Stellen in den MHC-Molekülen vor. Variabilitätsplots der Aminosäuresequenzen von MHC-Molekülen zeigen, dass sich die Variation aufgrund von genetischem Polymorphismus auf die aminoterminalen Domänen (α_1- und α_2-Domäne der MHC-Klasse-I- und die α_1- und β_1-Domäne der MHC-Klasse-II-Moleküle) beschränkt, die Domänen also, die den peptidbindenden Spalt bilden. Außerdem häuft sich die allelische Variabilität an bestimmten Stellen innerhalb der aminoterminalen Domänen. Sie befindet sich an Positionen, die den peptidbindenden Spalt entweder am Boden der Furche auskleiden oder von den Wänden nach innen ragen. Für das MHC-Klasse-II-Molekül ist die Variabilität der HLA-DR-Allele dargestellt. Die α-Kette von HLA-DR und homologen Genen in anderen Spezies ist weitgehend wenig variabel und nur die β-Kette zeigt einen beträchtlichen Polymorphismus.

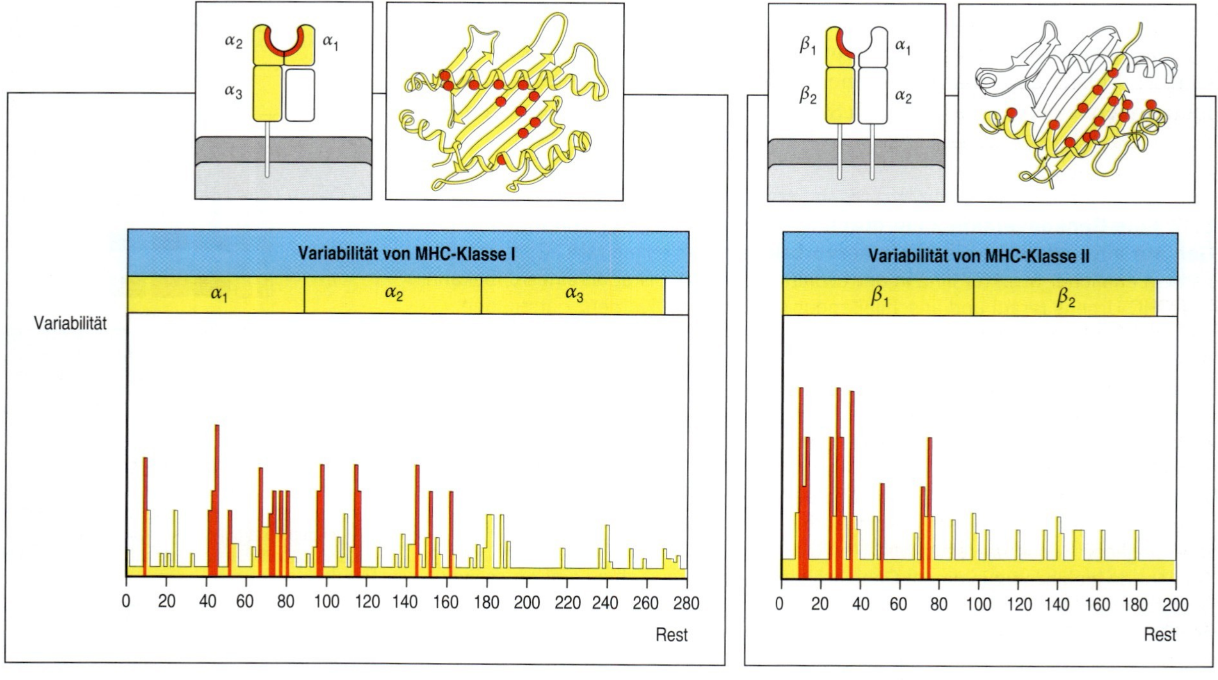

MHC-Klasse-I-oder -Klasse-II-Molekül erlauben, nennt man **Sequenzmotiv**. Dieses macht es möglich, Peptide innerhalb eines Proteins zu identifizieren, die sich potenziell an ein bestimmtes MHC-Molekül anlagern können (Abb. 5.19). Sequenzmotive könnten damit bei der Entwicklung von Peptidimpfstoffen eine sehr wichtige Rolle spielen.

In seltenen Fällen ergibt die Prozessierung eines Proteins keine Peptide mit einem geeigneten Motiv für die Bindung an irgendeines der

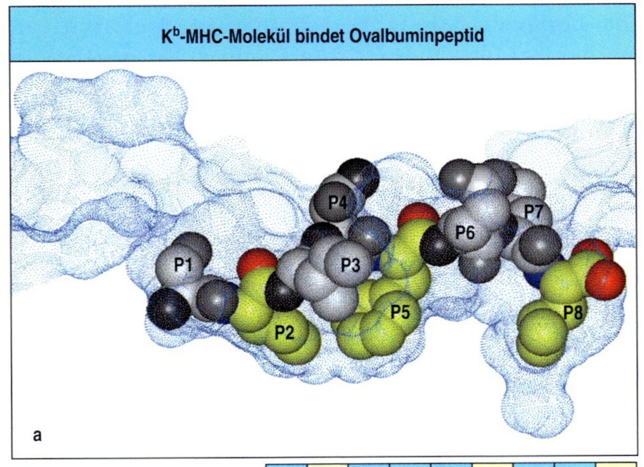

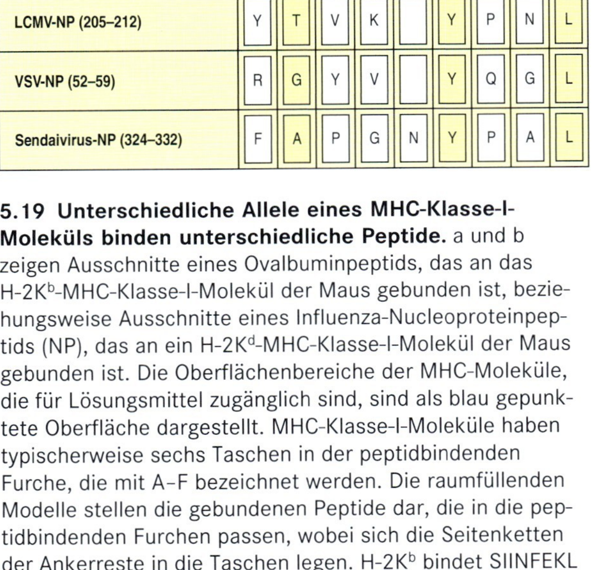

	P1	P2	P3	P4	—	P5	P6	P7	P8
Ovalbumin (257–264)	S	I	I	N		F	E	K	L
HBV-SA (208–215)	I	L	S	P		F	L	P	L
Influenza-NS2 (114–121)	R	T	F	S		F	Q	L	I
LCMV-NP (205–212)	Y	T	V	K		Y	P	N	L
VSV-NP (52–59)	R	G	Y	V		Y	Q	G	L
Sendaivirus-NP (324–332)	F	A	P	G	N	Y	P	A	L

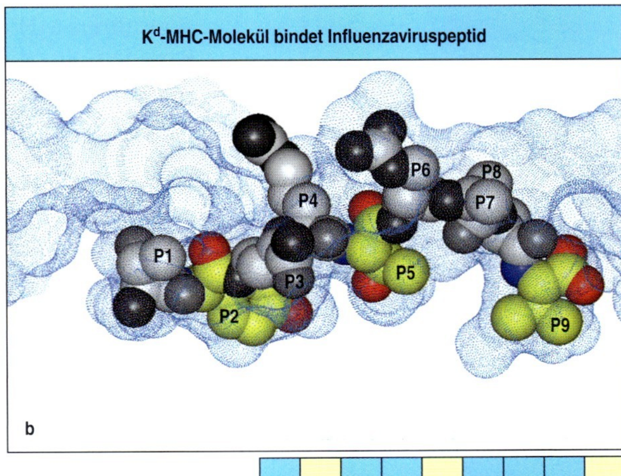

	P1	P2	P3	P4	P5	P6	P7	P8	P9
Influenza-NP (147–155)	T	Y	Q	R	T	R	A	L	V
tERK2-Kinase (136–144)	Q	Y	I	H	S	A	N	V	L
P198 (14–22)	K	Y	Q	A	V	T	T	T	L
P. yoelii-CS (280–288)	S	Y	V	P	S	A	E	Q	I
P. berghei-CS (25)	G	Y	I	P	S	A	E	K	I
JAK1-Kinase (367–375)	S	Y	F	P	E	I	T	H	I

5.19 Unterschiedliche Allele eines MHC-Klasse-I-Moleküls binden unterschiedliche Peptide. a und b zeigen Ausschnitte eines Ovalbuminpeptids, das an das H-2K^b-MHC-Klasse-I-Molekül der Maus gebunden ist, beziehungsweise Ausschnitte eines Influenza-Nucleoproteinpeptids (NP), das an ein H-2K^d-MHC-Klasse-I-Molekül der Maus gebunden ist. Die Oberflächenbereiche der MHC-Moleküle, die für Lösungsmittel zugänglich sind, sind als blau gepunktete Oberfläche dargestellt. MHC-Klasse-I-Moleküle haben typischerweise sechs Taschen in der peptidbindenden Furche, die mit A–F bezeichnet werden. Die raumfüllenden Modelle stellen die gebundenen Peptide dar, die in die peptidbindenden Furchen passen, wobei sich die Seitenketten der Ankerreste in die Taschen legen. H-2K^b bindet SIINFEKL (Aminosäurebuchstabencode), ein Peptid aus acht Resten (P1–P8) aus Ovalbumin; H-2K^d bindet TYQRTRALV, ein Peptid aus neun Resten (P1–P9) aus dem Influenza-NP. Im Fall von H-2K^b sind die C-Tasche, die die P5-Seitenkette des Peptids (ein Tyrosin Y oder ein Phenylalanin F) bindet, und die F-Tasche, die den P8-Rest (eine nichtaromatische hydrophobe Seitenkette von Leucin L, Isoleucin I, Methionin M oder Valin V) bindet, ausschlaggebend für das Sequenzmotiv. Im Fall von H-2K^d wird das Sequenzmotiv vor allem von den B- und F-Taschen bestimmt, die die P2- beziehungsweise P9-Seitenkette des Peptids binden. In der B-Tasche befindet sich eine Tyrosinseitenkette. Die F-Tasche bindet entweder Leucin, Isoleucin oder Valin. Unter den Strukturen sind die bekannten Sequenzmotive von Peptiden aufgelistet, die jeweils an die beiden MHC-Moleküle binden. Eine ausführliche Zusammenstellung von Sequenzmotiven findet man unter http://www.syfpeithi.de. (Strukturmodelle mit freundlicher Genehmigung von V. E. Mitaksov und D. Fremont.)

MHC-Moleküle, die auf den Zellen eines Lebewesens exprimiert werden. In diesem Fall kann dieses Individuum nicht auf das Antigen reagieren. Über solche Störungen der Immunantwort wurde zuerst bei Inzuchttieren berichtet. Man bezeichnete sie als Defekte in **Genen der Immunantwort** (Ir-Gene, *immune response genes*). Lange bevor man die Struktur und die Funktion der MHC-Moleküle kannte, ließen sich diese Defekte Genen im MHC zuordnen; sie waren der erste Hinweis auf die antigenpräsentierende Funktion von MHC-Molekülen. Man weiß inzwischen, dass Defekte in Ir-Genen bei Inzuchtstämmen von Mäusen häufig sind, da die Mäuse an allen ihren MHC-Loci homozygot sind. Das schränkt das Spektrum von Peptiden ein, die sie den T-Zellen präsentieren können. Normalerweise sorgt der Polymorphismus der MHC-Moleküle für eine ausreichend große Zahl unterschiedlicher MHC-Moleküle in einem Lebewesen, sodass diese Nichtreaktivität sogar bei relativ einfachen Antigenen wie kleinen Toxinen unwahrscheinlich ist. Das ist für die Immunabwehr offenbar von großer Bedeutung.

Zunächst gab es nur einen genetischen Befund, der zwischen Defekten in Ir-Genen und dem MHC einen Zusammenhang erkennen ließ. Mäuse eines MHC-Genotyps konnten als Reaktion auf ein bestimmtes Antigen Antikörper erzeugen, Mäuse eines anderen MHC-Genotyps, die ansonsten genetisch identisch waren, dagegen nicht. MHC-Moleküle kontrollieren also auf irgendeine Art und Weise die Fähigkeit des Immunsystems, ein bestimmtes Antigen zu entdecken und darauf zu reagieren. Man wusste noch nicht, dass die direkte Erkennung von MHC-Molekülen dabei eine Rolle spielt.

Spätere Experimente zeigten dann, dass die Antigenspezifität der T-Zell-Erkennung von MHC-Molekülen gesteuert wird. Man wusste, dass die Immunreaktionen, die von den Ir-Genen beeinflusst werden, von T-Zellen abhängen. Dies führte zu einer Reihe von Experimenten, die aufklären sollten, wie der MHC-Polymorphismus die Reaktionen von T-Zellen reguliert. Die ersten dieser Experimente zeigten, dass sich T-Zellen nur durch Makrophagen oder B-Zellen aktivieren lassen, die MHC-Allele mit der Maus gemeinsam haben, aus der die T-Zellen stammen. Das lieferte den ersten Beweis, dass die Antigenerkennung durch T-Zellen vom Vorhandensein spezifischer MHC-Moleküle in der antigenpräsentierenden Zelle abhängt – dieses Phänomen bezeichnen wir heute als MHC-Abhängigkeit oder -Restriktion (Kapitel 3).

Das eindeutigste Beispiel dafür stammt jedoch aus Untersuchungen von virusspezifischen cytotoxischen T-Zellen, für die Peter Doherty und Rolf Zinkernagel 1996 den Nobelpreis erhielten. Wenn Mäuse mit einem Virus infiziert sind, bilden sie cytotoxische T-Zellen, die eigene Zellen töten, welche von dem Virus befallen sind. Nichtinfizierte Zellen oder solche mit nichtverwandten Viren verschonen sie. Die cytotoxischen T-Zellen sind also virusspezifisch. Ein zusätzliches und besonders erstaunliches Ergebnis ihrer Experimente war, dass die Fähigkeit der cytotoxischen T-Zellen, virusinfizierte Zellen zu töten, auch von dem allelischen Polymorphismus der MHC-Moleküle abhängt: Cytotoxische T-Zellen, die durch eine Virusinfektion in Mäusen des MHC-Genotyps a (MHC^a) induziert werden, töten jede mit dem Virus befallene MHC^a-Zelle, nicht jedoch Zellen des MHC-Genotyps b, c usw., selbst wenn sie mit demselben Virus infiziert sind. Cytotoxische T-Zellen töten also virusinfizierte Zellen nur, wenn sie zelleigenes, d.h. Selbst-MHC exprimieren. Da der MHC-Genotyp die Antigenspezifität von T-Zellen einschränkt, bezeichnet man diesen Effekt als **MHC-Abhängigkeit** (**MHC-Restriktion**). Zusammen mit früheren Untersuchungen an B-Zellen und Makrophagen zeigten diese Ergebnisse, dass die MHC-Restriktion ein wesentliches Merkmal der Antigenerkennung aller T-Zell-Klassen ist.

Wir wissen jetzt, dass die MHC-Restriktion auf der Tatsache beruht, dass die Bindungsspezifität eines einzelnen T-Zell-Rezeptors nicht sein Peptidantigen alleine betrifft, sondern sich auf den Komplex aus Peptid und MHC-Molekül bezieht (Kapitel 3). MHC-Restriktion lässt sich teilweise dadurch erklären, dass unterschiedliche MHC-Moleküle unterschiedliche Peptide binden. Außerdem befinden sich manche der polymorphen Aminosäuren in MHC-Molekülen in den α-Helices, die an der peptidbindenden Furche liegen; die Seitenketten orientieren sich jedoch in Richtung der exponierten Oberfläche des Peptid:MHC-Komplexes, die direkt Kontakt mit dem T-Zell-Rezeptor aufnehmen kann (Abb. 5.18 und 3.22). Es überrascht also nicht, dass T-Zellen zwischen einem Peptid, das an MHC^a gebunden ist, und demselben Peptid, das an MHC^b gebunden ist, leicht unterscheiden können. Diese gekoppelte Erkennung ist manchmal vielleicht eher auf Konformationsunterschiede des gebundenen Peptids, die sich durch die Bindung an verschiedene MHC-Moleküle ergeben, als auf die direkte Erkennung der polymorphen Aminosäuren im MHC-Molekül zurückzuführen. Die Spezifität eines T-Zell-Rezeptors wird also sowohl vom Peptid als auch vom MHC-Molekül bestimmt, an welches das Peptid gebunden ist (Abb. 5.20).

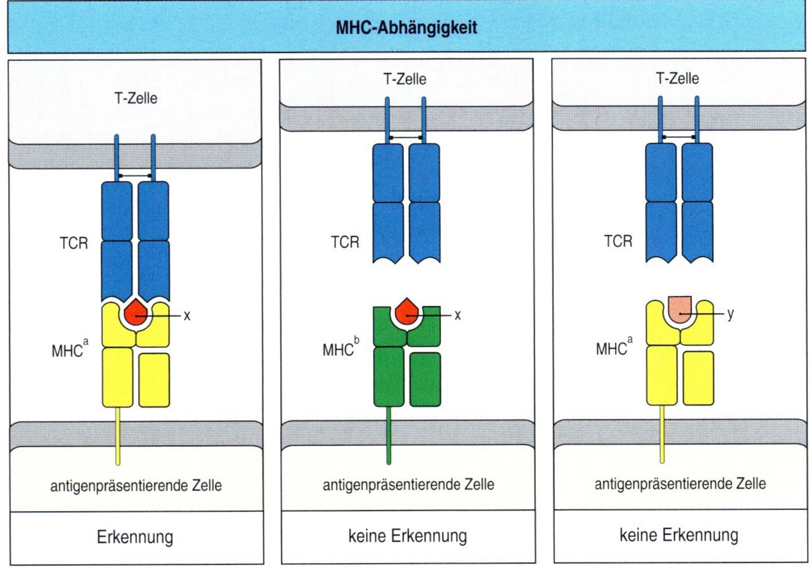

5.20 Die T-Zell-Erkennung von Antigenen ist MHC-abhängig. Der antigenspezifische Rezeptor der T-Zellen (TCR) erkennt einen Komplex aus antigenem Peptid und zelleigenem (Selbst-)MHC. Eine Folge davon ist, dass eine T-Zelle, die spezifisch für das Peptid x und ein bestimmtes MHC-Allel, MHC^a, ist (links), den Komplex von Peptid x mit einem anderen MHC-Allel, MHC^b (Mitte), oder den Komplex von Peptid y mit MHC^a (rechts) nicht erkennt. Die gemeinsame Erfassung eines fremden Peptids und eines MHC-Moleküls bezeichnet man als MHC-Abhängigkeit oder MHC-Restriktion, da das MHC-Molekül die Fähigkeit der T-Zelle einschränkt, ein Antigen zu erkennen. Diese Abhängigkeit kann entweder eine Folge des direkten Kontakts zwischen dem MHC-Molekül und dem T-Zell-Rezeptor sein, oder es handelt sich um einen indirekten Effekt des MHC-Polymorphismus auf die gebundenen Peptide oder ihre Konformation im Komplex.

5.14 Alloreaktive T-Zellen, die Nichtselbst-MHC-Moleküle erkennen, sind sehr verbreitet

Die Entdeckung der MHC-Restriktion erklärte auch das ansonsten rätselhafte Phänomen der Nichtselbst-MHC-Erkennung bei der Transplantatabstoßung innerhalb derselben Spezies. Verpflanzte Organe von Spendern mit MHC-Molekülen, die sich von denen des Empfängers unterscheiden, werden schnell abgestoßen. Ursache ist die große Anzahl von T-Zellen in jedem Individuum, die speziell auf bestimmte Nichtselbst- oder **allogene** MHC-Moleküle reagieren. Erste Untersuchungen von T-Zell-Antworten auf allogene MHC-Moleküle erfolgten mithilfe der **gemischten Lymphocytenreaktion**. Dabei mischt man T-Zellen eines Individuums mit Lymphocyten eines anderen. Wenn die T-Zellen des einen Individuums die MHC-Moleküle des anderen als „fremd" erkennen, teilen sich die T-Zellen und proliferieren. (Die Lymphocyten des anderen Individuums hindert man an der Teilung durch Bestrahlung oder Behandlung mit dem Cytostatikum Mitomycin C.) Solche Experimente haben gezeigt, dass ungefähr 1 bis 10 % aller T-Zellen eines Lebewesens auf eine allogene Stimulation durch Zellen eines anderen, nicht verwandten Mitglieds derselben Spezies ansprechen. Diesen Typ der T-Zell-Antwort bezeichnet man als **Alloreaktion** oder **Alloreaktivität**, da er die Erkennung von allelischen Polymorphismen allogener MHC-Moleküle darstellt.

Bevor man etwas über die Rolle der MHC-Moleküle bei der Antigenpräsentation wusste, verstand man nicht, warum so viele T-Zellen Nichtselbst-MHC-Moleküle erkennen sollten. Es gibt keinen Grund dafür, dass das Immunsystem eine Verteidigung gegen Gewebetransplantate hätte entwickeln sollen. Als man jedoch erkannte, dass T-Zell-Rezeptoren fremde Proteine zusammen mit polymorphen MHC-Molekülen erkennen, konnte man sich die Alloreaktivität leichter erklären. Wir kennen inzwischen mindestens zwei Vorgänge, die zur Häufigkeit alloreaktiver T-Zellen beitragen können (Abb. 5.21). Erstens haben T-Zellen, die sich im Thymus entwickeln, einen strengen Selektionsprozess durchlaufen, wobei bevorzugt Zellen überleben, deren T-Zell-Rezeptoren schwach mit den Selbst-MHC-Molekülen interagieren, die im Thymus exprimiert werden (dies wird ausführlich in Kapitel 7 besprochen). Man geht davon aus, dass die Selektion von T-Zell-Rezeptoren für die Interaktion mit einem MHC-Molekül die Wahrscheinlichkeit erhöht, dass sie mit anderen (Nichtselbst-)Varianten kreuzreagieren. Zweitens codieren die Gene für T-Zell-Rezeptoren anscheinend ihre inhärente Fähigkeit, MHC-Moleküle zu erkennen. Hinweise darauf gaben Experimente, in denen man Tieren, denen MHC-Klasse-I- und -Klasse-II-Moleküle fehlten und in denen eine positive Selektion im Thymus nicht stattfinden konnte, T-Zellen zuführte und sie dort künstlich reifen ließ; diese T-Zellen zeigten häufig Alloreaktivität.

Alloreaktivität ist also die Kreuzreaktivität von T-Zell-Rezeptoren für Nichtselbst-Peptid:Nichtselbst-MHC-Komplexe (Abb. 5.21). Die Interaktion wird jedoch sowohl von gebundenem Peptid als auch vom MHC-Molekül beeinflusst. Auf der einen Seite des Spektrums gibt es alloreaktive T-Zellen, die stark mit einem bestimmten Peptid:MHC-Komplex interagieren, aber nicht mit dem gleichen Nichtselbst-MHC-Molekül, wenn es an andere Peptide gebunden ist (Abb. 5.21, Mitte). Peptidabhängige allo-

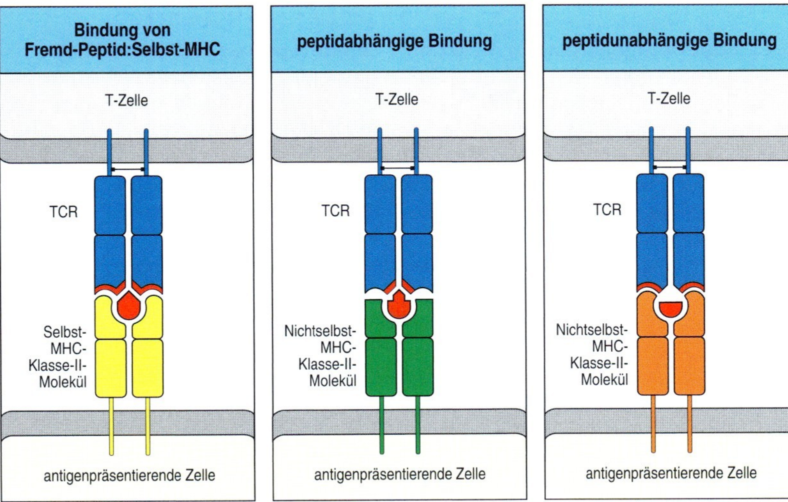

5.21 Zwei Arten kreuzreaktiver Erkennung, welche die Alloreaktivität erklären könnten. Eine T-Zelle, die spezifisch für eine Kombination aus einem Fremd- oder Nichtselbst-Peptid mit einem Selbst-MHC-Molekül ist (links), könnte mit Peptiden kreuzreagieren, die von anderen körperfremden Nichtselbst- (allogenen) MHC-Molekülen präsentiert werden. Das könnte auf zwei Arten zustande kommen. Meistens passen die Peptide, die an das allogene MHC-Molekül gebunden sind, gut zum T-Zell-Rezeptor (TCR), sodass es selbst dann zu einer Bindung kommt, wenn Peptid und MHC-Molekül nicht so gut zusammenpassen (Mitte). Eine andere (aber seltenere) Möglichkeit besteht darin, dass das allogene MHC-Molekül besser zum T-Zell-Rezeptor passt, sodass eine feste Bindung entsteht, die unabhängig vom Peptid ist, das an das MHC-Molekül gebunden ist (rechts).

reaktive T-Zellen werden möglicherweise als Reaktion auf Peptide aktiviert, die von Nichtselbst-MHC-Molekülen in transplantiertem Gewebe gebunden sind, die sich von den Peptiden, die an die MHC-Moleküle des Wirtes gebunden sind, unterscheiden. Auf der anderen Seite gibt es peptidunabhängige alloreaktive T-Zellen, die mit Nichtselbst-MHC-Molekülen interagieren, ohne dass das Peptid bestimmte Voraussetzungen erfüllen muss (Abb. 5.21, rechts). In der Praxis handelt es sich bei alloreaktiven Reaktionen gegen ein transplantiertes Organ wahrscheinlich um die Aktivität vieler unterschiedlicher alloreaktiver T-Zellen, und der Anteil, den jeder Typ zur Gesamtreaktion beiträgt, lässt sich nicht ermitteln.

5.15 Viele T-Zellen reagieren auf Superantigene

Superantigene sind eine eigene Klasse von Antigenen. Sie stimulieren eine erste T-Zell-Antwort, die in ihrer Stärke einer Reaktion auf allogene MHC-Moleküle ähnelt. Solche Reaktionen beobachtete man in gemischten Lymphocytenreaktionen, bei denen man Lymphocyten von Mausstämmen mit identischem MHC verwendet, die aber sonst genetisch verschieden sind. Die Antigene, die diese Reaktion hervorrufen, bezeichnete man ursprünglich als **Mls-Antigene** (*minor lymphocyte stimulating antigens*) und man ging zunächst davon aus, dass sie MHC-Molekülen in ihrer Funktion ähneln. Inzwischen wissen wir jedoch, dass dies nicht der Fall ist. Die Mls-Antigene dieser Mausstämme werden von Retroviren wie dem Mammakarzinomvirus codiert, die sich an verschiedenen Stellen stabil in die Mauschromosomen integriert haben. Mls-Proteine agieren als Superantigene, da sie an MHC- und an T-Zell-Rezeptor-Moleküle auf eine ganz eigene Art binden, wodurch sie eine sehr große Zahl von T-Zellen stimulieren können. Superantigene werden von vielen verschiedenen Pathogenen produziert, darunter Bakterien, Mycoplasmen und Viren, und die Reaktionen, die sie hervorrufen, helfen dem Erreger mehr als dem Wirt.

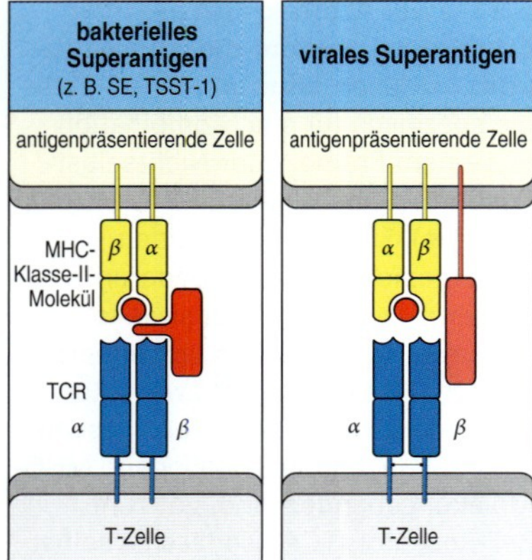

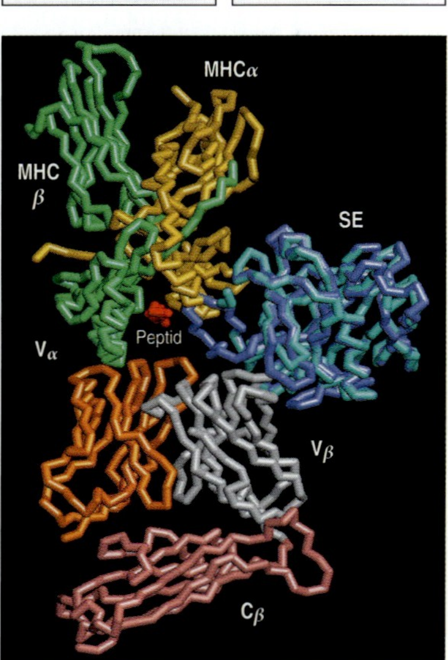

5.22 Superantigene binden direkt an T-Zell-Rezeptoren (TCR) und MHC-Moleküle. Superantigene können unabhängig an MHC-Klasse-II-Moleküle und an T-Zell-Rezeptoren binden, indem sie sich weit entfernt von der komplementaritätsbestimmenden Region an die V_β-Domäne des T-Zell-Rezeptors sowie abseits der peptidbindenden Furche an die Außenseite des MHC-Klasse-II-Moleküls anlagern (obere Bilder). Das untere Bild zeigt eine Rekonstruktion der Interaktion zwischen einem T-Zell-Rezeptor, einem MHC-Klasse-II-Molekül und einem Staphylokokken-Enterotoxin (SE), wofür man die Struktur eines Enterotoxin:MHC-Klasse-II-Komplexes und die eines Enterotoxin:T-Zell-Rezeptor-Komplexes übereinander gelegt hat. Die beiden Enterotoxinmoleküle (SEC3 und SEB, türkis und blau) binden an die α-Kette des MHC-Klasse-II-Moleküls (gelb) und an die β-Kette des T-Zell-Rezeptors (V_β-Domäne – grau, C_β-Domäne – rosa). (Molekülmodell mit freundlicher Genehmigung von H. M. Li, B. A. Fields, R. A. Mariuzza.)

Im Gegensatz zu anderen Proteinantigenen werden Superantigene von T-Zellen direkt erkannt, ohne dass sie zu Peptiden prozessiert und an MHC-Moleküle gebunden werden. Die Spaltung eines Superantigens zerstört seine biologische Aktivität, die darauf beruht, dass es als intaktes Protein an die Oberfläche eines bereits mit Peptid beladenen MHC-Klasse-II-Moleküls bindet. Zusätzlich können Superantigene auch an die V_β-Region vieler T-Zell-Rezeptoren binden (Abb. 5.22). Bakterielle Superantigene binden hauptsächlich an die V_β-CDR2- und in geringerem Ausmaß an die V_β-CDR1-Schleife sowie zusätzlich an die hypervariable Schleife 4 oder HV4-Schleife. An die HV4-Schleife binden bevorzugt virale Superantigene, zumindest die Mls-Antigene, die von endogenen Mammakarzinomviren der Maus codiert werden. Die V-Region der α-Kette und die CDR3-Region der β-Kette des T-Zell-Rezeptors haben also wenig Einfluss auf die Erkennung des Superantigens. Diese wird zu einem großen Teil durch die in der Keimbahn codierten V-Sequenzen der exprimierten β-Kette bestimmt. Jedes Superantigen ist spezifisch für eines oder einige wenige der verschiedenen Produkte des V_β-Gen-Segments, von denen es bei Mäusen und Menschen 20 bis 50 gibt. Ein Superantigen kann so 2 bis 20 % aller T-Zellen stimulieren.

Diese Art der Stimulation löst keine für den Krankheitserreger spezifische adaptive Immunantwort aus. Stattdessen kommt es zu einer massiven Produktion von Cytokinen durch CD4-T-Zellen, die hauptsächlich auf die Superantigene reagieren. Die Cytokine haben zwei Wirkungen auf den Wirt, nämlich systemische Toxizität und Unterdrückung der adaptiven Immunantwort. Beide Effekte tragen zur Pathogenität der Mikroorganismen bei. Zu den bakteriellen Superantigenen gehören die **Staphylokokken-Enterotoxine** (**SE**), die eine gewöhnliche Nahrungsmittelvergiftung verursachen, und **TSST-1** (*toxic shock syndrome toxin-1*), der Auslöser des toxischen Schocksyndroms.

Die Rolle der viralen Superantigene bei Erkrankungen des Menschen ist weniger klar. Am besten charakterisiert sind die Superantigene des Mammakarzinomvirus der Maus, die häufige endogene Antigene bei Mäusen sind.

5.16 Der MHC-Polymorphismus erweitert das Spektrum von Antigenen, auf die das Immunsystem reagieren kann

Die meisten polymorphen Gene codieren Proteine, die sich nur in einer oder einigen wenigen Aminosäuren unterscheiden. Bei den verschiedenen allelischen Varianten der MHC-Proteine gibt es jedoch Differenzen von bis zu 20 Aminosäuren. Der ausgeprägte Polymorphismus der MHC-Proteine hat sich mit ziemlicher Sicherheit als Reaktion auf die Ausweichstrategien der Krankheitserreger entwickelt. Pathogene verfolgen zwei mögliche Strategien, um einer Immunantwort zu entgehen: Sie können entweder ihre Entdeckung vermeiden oder die Antwort unterdrücken. Die Notwendigkeit der Präsentation von Antigenen der Krankheitserreger durch ein MHC-Molekül eröffnet zwei mögliche Wege für die erste Strategie. Ein Pathogen wird nicht entdeckt, wenn es Mutationen trägt, die aus seinen Proteinen alle Peptide entfernen, welche an MHC-Moleküle binden können. Ein Beispiel für diese Strategie ist das Epstein-Barr-Virus. In Gegenden Südostchinas und in Papua-Neuguinea gibt es kleine isolierte Populationen, in denen ungefähr 60 % der Mitglieder das HLA-A11-Allel tragen. Viele Isolate des Epstein-Barr-Virus aus diesen Populationen tragen Mutationen in einem dominanten Epitop, das normalerweise von HLA-A11 präsentiert wird; die mutierten Peptide können nicht mehr an HLA-A11 binden und können nicht von HLA-A11-abhängigen T-Zellen erkannt werden. Erheblich schwieriger wird das Verfolgen dieser Strategie, wenn es viele verschiedene MHC-Moleküle gibt. Das Vorkommen verschiedener Loci, die funktionell verwandte Proteine codieren, ist möglicherweise eine evolutionäre Anpassung des Wirts an diese Strategie der Krankheitserreger.

In großen, gemischten Populationen kann der Polymorphismus an jedem Locus die Zahl unterschiedlicher MHC-Moleküle potenziell verdoppeln, die jedes Individuum exprimiert, da die meisten Individuen heterozygot sind. Der Polymorphismus bietet den zusätzlichen Vorteil, dass sich Angehörige einer Population in den Kombinationen von exprimierten MHC-Molekülen unterscheiden und deshalb verschiedene Gruppen von Peptiden von jedem Pathogen präsentieren. Das macht es unwahrscheinlich, dass alle Individuen gleich anfällig für ein bestimmtes Pathogen sind, und dessen Ausbreitung wird begrenzt. Auch kann das Vorhandensein von Pathogenen über einen evolutionsrelevanten Zeitraum hinweg die Expression bestimmter MHC-Allele selektiv beeinflussen. So überleben Menschen mit dem HLA-B53-Allel eine ansonsten tödliche Malariaform. Dieses Allel kommt häufig bei Menschen in Westafrika vor, wo Malaria endemisch ist, aber kaum dort, wo die letale Malaria selten ist.

Ähnliche Argumente treffen auf eine zweite Möglichkeit zu, der Erkennung zu entgehen. Wenn Pathogene Mechanismen dafür entwickeln können, die Präsentation ihrer Peptide durch MHC-Moleküle zu blockieren, können sie der adaptiven Immunantwort ausweichen. Adenoviren codieren ein Protein, das im endoplasmatischen Reticulum an MHC-Klasse-I-Moleküle bindet und deren Transport an die Zelloberfläche stoppt. So verhindert es die Erkennung viraler Peptide durch cytotoxische CD8-T-Zellen. Dieses MHC-bindende Protein muss mit einem polymorphen Bereich des MHC-Klasse-I-Moleküls interagieren, da einige MHC-

Allele im endoplasmatischen Reticulum zurückgehalten werden, andere dagegen nicht. Nimmt die Mannigfaltigkeit der exprimierten MHC-Moleküle zu, reduziert sich daher die Wahrscheinlichkeit, dass ein Pathogen die Präsentation aller Allele blockieren kann und so einer Immunantwort ganz entgeht.

Diese Überlegungen werfen eine Frage auf: Wenn die Existenz dreier MHC-Klasse-I-Loci Vorteile mit sich bringt, warum gibt es dann nicht noch viel mehr von ihnen? Wahrscheinlich ist es so, dass jedes Mal, wenn ein neues MHC-Molekül dazukommt, alle T-Zellen, welche Selbst-Peptide im Komplex mit diesem Molekül erkennen können, entfernt werden müssen, um die Selbst-Toleranz zu erhalten. Anscheinend bietet die Anzahl der Loci bei Menschen und Mäusen in etwa einen optimalen Mittelweg zwischen den Vorteilen der Präsentation eines größeren Spektrums fremder Peptide und den Nachteilen einer zunehmenden Präsentation von Selbst-Proteinen und dem damit einhergehenden Verlust von T-Zellen.

5.17 Eine Reihe von Genen mit speziellen Immunfunktionen liegt ebenfalls im MHC

Zusätzlich zu den hoch polymorphen „klassischen" MHC-Klasse-I- und -Klasse-II-Genen gibt es viele „nichtklassische" MHC-Gene am MHC-Locus (Abb. 5.13), die Varianten von MHC-Klasse-I-Molekülen codieren und vergleichsweise wenig polymorph sind (Abb. 5.14). Vielen von ihnen muss man erst noch eine Funktion zuordnen. Diese Gene sind mit der MHC-Klasse-I-Region gekoppelt, ihre genaue Zahl schwankt erheblich zwischen verschiedenen Arten und sogar zwischen Vertretern derselben Art. Man bezeichnet diese Gene als **MHC-Klasse-Ib-Gene**. Wie MHC-Klasse-I-Gene assoziieren viele, aber nicht alle mit β_2-Mikroglobulin, wenn sie auf der Zelloberfläche exprimiert werden. Ihre Expression auf Zellen ist variabel, und zwar sowohl was die exprimierte Menge auf der Zelloberfläche als auch was die Verteilung in Geweben betrifft. Abbildung 5.23 zeigt die Eigenschaften einiger MHC-Klasse-Ib-Gene.

Bei Mäusen kann eines dieser Moleküle (H2-M3) Peptide mit *N*-formylierten Aminoenden präsentieren. Das ist interessant, weil alle Bakterien die Proteinsynthese mit *N*-Formylmethionin beginnen. Zellen, die mit cytosolischen Bakterien infiziert sind, können von CD8-Zellen getötet werden, die an H2-M3 gebundene, *N*-formylierte, bakterielle Peptide erkennen. Ob es beim Menschen ein entsprechendes Klasse-Ib-Molekül gibt, ist nicht bekannt.

Zwei andere eng verwandte MHC-Klasse-Ib-Gene bei Mäusen, *T22* und *T10*, werden von aktivierten Lymphocyten exprimiert und von einer Untergruppe von γ:δ-T-Zellen erkannt. Die genaue Funktion der Proteine T22 und T10 ist noch nicht bekannt, aber man vermutet, dass die γ:δ-T-Zellen mithilfe dieser Interaktion aktivierte Lymphocyten steuern.

Unter den anderen Genen, die sich dem MHC zuordnen lassen, codieren einige Komplementkomponenten (zum Beispiel C2, C4 und Faktor B) oder Cytokine wie den Tumornekrosefaktor-α (TNF-α) und Lymphotoxin (TNF-β), die wichtige Immunfunktionen haben. Diese Gene befinden sich in der „MHC-Klasse-III-Region" (Abb. 5.13).

Viele Untersuchungen haben Zusammenhänge zwischen der Anfälligkeit für bestimmte Krankheiten und bestimmten Allelen von MHC-Genen ergeben. Wir wissen inzwischen eine Menge über den Einfluss des Polymorphismus in den klassischen MHC-Klasse-I- und -Klasse-II-Genen auf Widerstandfähigkeit oder Anfälligkeit. Von den meisten dieser vom MHC beeinflussten Erkrankungen weiß man, dass sie immunologisch bedingt sind, oder man vermutet es zumindest. Das gilt jedoch nicht für alle, und man sollte sich in Erinnerung rufen, dass es in der MHC-Region viele Gene ohne bekannte oder vermutete immunologische Funktion gibt. Das Klasse-Ib-Gen *M10* codiert zum Beispiel ein Protein, welches von Pheromonrezeptoren im vomeronasalen Organ (Jacobson-Organ) erkannt wird. M10 beeinflusst also möglicherweise das Paarungsverhalten, das bei Nagetieren bekanntermaßen mit dem MHC-Locus gekoppelt ist.

Das Gen für HLA-H, das inzwischen in *HFE* umbenannt wurde (Abb. 5.23), liegt ungefähr 3×10^6 bp von HLA-A entfernt. Sein Proteinprodukt wird auf Zellen im Intestinaltrakt exprimiert und spielt eine Rolle im Eisenstoffwechsel; es reguliert die Aufnahme von Eisen, das mit der Nahrung eingenommen wird, in den Körper, höchstwahrscheinlich durch Interaktionen mit dem Transferrinrezeptor, der seine Affinität für eisenbeladenes Transferrin reduziert. Menschen mit einem Defekt in diesem Gen leiden an einer erblichen Eisenspeicherkrankheit, der Hämochromatose, mit einem abnorm hohen Eisengehalt in der Leber und anderen Organen. Mäuse, denen β_2-Mikroglobulin fehlt und die daher überhaupt keine MHC-Klasse-I-Moleküle exprimieren können, zeigen eine ähnliche Eisenüberladung.

Ein weiteres Gen mit einer nichtimmunologischen Funktion codiert das Enzym 21-Hydroxylase. Ein Mangel verursacht die kongenitale adrenogenitale Hyperplasie und in schweren Fällen das Salzverlustsyndrom. Auch wenn ein Gen, das mit der Ursache einer Krankheit in Verbindung steht, eindeutig homolog zu Genen des Immunsystems ist wie im Fall von *HFE*, muss der Krankheitsmechanismus nicht unbedingt immunologisch bedingt sein. Bei Krankheiten, die man dem MHC zuordnet, muss man daher mit einer Interpretation vorsichtig sein. Es gilt, die genetische Struktur und die Funktionen der einzelnen Gene genau zu verstehen. Über Letzteres und auch über die Bedeutung der gesamten genetischen Variabilität im MHC gibt es noch viel zu erfahren. Bei Menschen gibt es zum Beispiel zwei Versionen der Komplementkomponente C4, C4A und C4B, und im Genom verschiedener Individuen kommt eine unterschiedliche Anzahl von Genen für jeden Typ vor, aber die adaptive Bedeutung dieser genetischen Variabilität versteht man noch nicht.

5.18 Spezialisierte MHC-Klasse-I-Moleküle agieren als Liganden zur Aktivierung und Hemmung von NK-Zellen

Einige MHC-Klasse-Ib-Gene, zum Beispiel die Mitglieder der **MIC**-Genfamilie, unterliegen einer anderen regulatorischen Steuerung als die klassischen MHC-Klasse-I-Gene; sie werden als Reaktion auf zellulären Stress (zum Beispiel einen Hitzeschock) induziert. Es gibt fünf MIC-Gene, aber nur zwei – *MIC-A* und *MIC-B* – werden exprimiert und liefern Proteinpro-

	MHC-Klasse-Ib-Molekül						Rezeptoren oder interagierende Proteine			
	Mensch	Maus	Expressionsmuster	assoziiert mit β_2m	Polymorphismus	Ligand	T-Zell-Rezeptor	NK-Rezeptor	andere	biologische Funktion
MHC-codiert	HLA-C (Klasse 1a)		ubiquitär	ja	hoch	Peptid	TCR	KIRs		aktiviert T-Zellen; hemmt NK-Zellen
		H2-M3	begrenzt	ja	niedrig	fMet-Peptid	TCR			aktiviert CTL mit bakteriellen Peptiden
		T22 T10	Milzzellen	ja	niedrig	keiner	γ:δ-TCR			Steuerung aktivierter Milzzellen
	HLA-E	Qa-1	ubiquitär	ja	niedrig	MHC-Leader-Peptide (Qdm)		NKG2A NKG2C		Hemmung von NK-Zellen
	HLA-F		weit verbreitet	ja	niedrig	Peptid?		LILRB1 LILRB2		unbekannt
	HLA-G		Grenzfläche Mutter/Fetus	ja	niedrig	Peptid	TCR	LILRB1		moduliert die Interaktion zwischen Mutter und Fetus
	MIC-A MIC-B		Gastrointestinaltrakt	nein	mäßig	keiner		NKG2D		stressinduzierte Aktivierung von NK- und CD8-Zellen
		TL	Dünndarmepithel	ja	niedrig	keiner	CD8α:α			potenzielle Modulation der T-Zell-Aktivierung
		M10	vomeronasale Neuronen	ja	niedrig	unbekannt			vomeronasaler Rezeptor V2R	Pheromondetektion
nicht-MHC-codiert	ULBPs	MULT1 H60, Rae1	begrenzt	nein	niedrig	keiner		NKG2D		induzierter NK-Zell-aktivierender Ligand
	MR1	MR1	ubiquitär	ja	keiner	unbekannt		LILRB2		Kontrolle der Entzündungsreaktion
	CD1a–CD1e	CD1d	begrenzt	ja	keiner	Lipide, Glykolipide	α:β-TCR			aktiviert T-Zellen gegen bakterielle Lipide
		Mill1 Mill2	ubiquitär	ja?	niedrig	unbekannt	unbekannt			unbekannt
	HFE	HFE	Leber und Darm	ja	niedrig	keiner			Transferrinrezeptor	Eisenhomöostase
	FcRn	FcRn	Grenzfläche Mutter/Fetus	ja	niedrig	keiner			Fc (IgG)	Übertragung von mütterlichem IgG auf den Fetus (passive Immunität)
	ZAG	ZAG	Körperflüssigkeiten	nein	keiner	Fettsäuren				Lipidhomöostase

5.23 MHC-Klasse-Ib-Proteine und ihre Funktionen. MHC-Klasse-Ib-Proteine sind teilweise innerhalb des MHC-Locus codiert, teilweise auch auf anderen Chromosomen. Die Funktionen einiger MHC-Klasse-Ib-Proteine stehen in keinem Zusammenhang mit dem Immunsystem, viele jedoch spielen eine Rolle bei der angeborenen Immunität und interagieren mit Rezeptoren auf NK-Zellen (siehe Text).

dukte (Abb. 5.23). Ihre Expression erfolgt in Fibroblasten und Epithelzellen, vor allem in intestinalen Epithelzellen. Sie sind an der angeborenen Immunität beteiligt oder an der Auslösung von Immunantworten unter Bedingungen, die keine Interferonproduktion bewirken. Die MIC-A- und MIC-B-Moleküle erkennt der NKG2D-Rezeptor auf NK-Zellen, γ:δ-T-Zellen und einigen CD8-Zellen, die dann dazu aktiviert werden, MIC-exprimierende Zielzellen zu töten. NKG2D ist ein „aktivierendes" Mitglied der NKG2-Familie von NK-Zell-Rezeptoren, deren cytoplasmatischer Domäne ein inhibitorisches Sequenzmotiv fehlt, das man in anderen Mitgliedern dieser ansonsten inhibitorischen Rezeptorfamilie findet (Abschnitt 2.31 und 2.32). NKG2D ist an das Adaptorprotein DAP10 gekoppelt, das durch Interaktion mit der intrazellulären Phosphatidylinositol-3-Kinase und ihrer Aktivierung das Signal in das Zellinnere leitet.

Beim Menschen existiert eine kleine Proteinfamilie mit der Bezeichnung UL16-bindende Proteine (ULBPs) oder RAET1-Proteine (Abb. 5.23), die noch weiter entfernt verwandt mit MHC-Klasse-I-Genen sind. Die homologen Proteine bei Mäusen heißen Rae1 (*retinoic acid early inducible*, früh durch Retinoidsäure induzierbar) und H60. Diese Proteine binden ebenfalls den NKG2D-Rezeptor (Abschnitt 2.32). Anscheinend werden sie nur unter zellulären Stressbedingungen exprimiert, zum Beispiel wenn Zellen mit Pathogenen infiziert sind oder eine Transformation stattgefunden hat. Durch die Expression von ULBPs können gestresste oder infizierte Zellen NKG2D auf NK-Zellen, γ:δ-T-Zellen und cytotoxischen CD8-α:β-T-Zellen aktivieren und so erkannt und eliminiert werden.

Das menschliche MHC-Klasse-Ib-Molekül HLA-E und sein Gegenstück in der Maus, Qa-1 (Abb. 5.23), spielen bei der Erkennung von NK-Zellen eine spezielle Rolle. HLA-E und Qa-1 binden an eine sehr begrenzte Gruppe von nichtpolymorphen Peptiden, die sogenannten Qa-1-bestimmenden Modifier (Qdm), die von den Leader-Peptiden anderer HLA-Klasse-I-Moleküle abstammen. Diese Peptid:HLA-E-Komplexe können an den Rezeptor NKG2A binden, der auf NK-Zellen in einem Komplex mit dem Oberflächenmolekül CD94 vorkommt (Abschnitt 2.32). NKG2A ist ein inhibitorisches Mitglied der NKG2-Familie und hemmt bei HLA-E-Stimulation die cytotoxische Aktivität der NK-Zellen. Eine Zelle, die entweder HLA-E oder Qa-1 exprimiert, wird also nicht von NK-Zellen getötet.

Zwei andere MHC-Klasse-Ib-Moleküle, HLA-F und HLA-G (Abb. 5.23), können NK ebenfalls am Töten hindern. HLA-G wird auf fetalen Plazentazellen exprimiert, die in die Uteruswand einwandern. Diese Zellen exprimieren keine klassischen MHC-Klasse-I-Moleküle, und CD8-T-Zellen können sie nicht erkennen. Im Gegensatz zu anderen Zellen, denen diese Proteine fehlen, werden sie von NK-Zellen aber nicht getötet. Der Grund dafür ist anscheinend, dass HLA-G von dem inhibitorischen Rezeptor auf NK-Zellen erkannt wird, dem LILRB1 (*leukocyte immunoglobulin-like receptor subfamily B member 1*, immunglobulinartiger Rezeptor der Unterfamilie B1 auf Leukocyten), auch als ILT-2 oder LIR-1 bezeichnet; er verhindert, dass NK-Zellen die Plazentazellen töten. HLA-F wird in einer Reihe von Geweben exprimiert, jedoch normalerweise nicht auf der Zelloberfläche identifiziert, außer auf einigen Monocytenzelllinien oder auf transformierten lymphoiden Zellen. Man nimmt an, dass HLA-F ebenfalls mit LILRB1 interagiert.

5.19 Die CD1-Familie der MHC-Klasse-I-artigen Moleküle ist außerhalb des MHC codiert und präsentiert CD1-abhängigen T-Zellen mikrobielle Lipide

Einige MHC-Klasse-I-ähnliche Gene liegen außerhalb der MHC-Region. Eine kleine Familie solcher Gene, die sogenannte **CD1**-Familie, wird von dendritischen Zellen und Monocyten sowie einigen Thymocyten exprimiert. Menschen haben fünf CD1-Gene, von CD1a bis CD1e; Mäuse dagegen exprimieren lediglich zwei homologe Versionen von CD1d, nämlich CD1d1 und CD1d2. CD1-Proteine spielen eine Rolle bei der Antigenpräsentation gegenüber T-Zellen, aber sie haben zwei Eigenschaften, die sie von klassischen MHC-Klasse-I-Molekülen unterscheiden. Zum einen verhält sich das CD1-Molekül wie ein MHC-Klasse-II-Molekül, obwohl es MHC-Klasse-I-Molekülen im Aufbau der Untereinheiten und hinsichtlich der Assoziation mit β_2-Mikroglobulin ähnelt. Es wird nicht durch Assoziation mit dem TAP-Komplex im endoplasmatischen Reticulum zurückgehalten, sondern in Vesikel geschleust, wo es seinen Liganden bindet. Die zweite ungewöhnliche Eigenschaft von CD1-Molekülen besteht darin, dass CD1-Moleküle, im Gegensatz zu MHC-Klasse-I-Molekülen, einen hydrophoben Kanal haben, der auf die Bindung von Kohlenwasserstoffketten spezialisiert ist und ihnen damit die Fähigkeit verleiht, Glykolipide zu binden und zu präsentieren.

CD1-Moleküle teilt man ein in Gruppe 1 (CD1a, CD1b und CD1c) und Gruppe 2 (CD1d). CD1e nimmt eine Zwischenstellung ein. Moleküle der Gruppe 1 binden an Glykolipide mikrobiellen Ursprungs, Phospholipide und Lipopeptidantigene wie die Bestandteile der Mycobakterienmembran Mykolsäure, Glucosemonomykolat, Phosphoinositmannoside und Lipoarabinomannan. Moleküle der Gruppe 2 binden vermutlich hauptsächlich zelleigene Lipidantigene wie Sphingolipide und Diacylglycerine. Untersuchungen der Struktur zeigten, dass das CD1-Molekül über eine tiefe Bindungsfurche verfügt, in der die Glykolipidantigene binden. Moleküle der Gruppe 1 binden ihre Antigene, indem sie die Alkylketten in der hydrophoben Furche verankern; dadurch orientieren sich die variablen Kopfgruppen der Kohlenhydrate oder andere hydrophile Teile dieser Moleküle so, dass sie aus der Bindungsfurche herausragen und so von den T-Zell-Rezeptoren auf CD1-abhängigen T-Zellen erkannt werden können.

T-Zellen, die Antigene erkennen, welche von MHC-Klasse-I- und -Klasse-II-Molekülen präsentiert werden, exprimieren CD8 beziehungsweise CD4; dies ist jedoch nicht bei T-Zellen der Fall, die Lipide erkennen, welche von CD1-Molekülen präsentiert werden. Die meisten der T-Zellen, die Lipide von Molekülen der Gruppe 1 präsentiert bekommen, verfügen über eine andere Ausstattung an $\alpha{:}\beta$-Rezeptoren. CD1d-abhängige T-Zellen unterscheiden sich nicht so stark, und viele verwenden die gleiche TCRα-Kette (beim Menschen $V_\alpha 24$–$J_\alpha 18$).

Allem Anschein nach haben sich die CD1-Proteine als separate Linie antigenpräsentierender Moleküle entwickelt, die T-Zellen mikrobielle Lipide und Glykolipide präsentieren können. Genauso wie Peptide an verschiedenen Orten innerhalb der Zelle auf klassische MHC-Moleküle geladen werden können, werden die verschiedenen CD1-Proteine auf unterschiedliche Weise durch das endoplasmatische Reticulum und endocytotische Kompartimente geschleust, wodurch sie Zugang zu Lipidantigenen bekommen. Der Transport wird durch ein Aminosäuresequenzmotiv am Ende der cytoplasmatischen Domäne des CD1-Moleküls reguliert, das Interaktionen mit Adaptorproteinkomplexen (AP) steuert. CD1a fehlt dieses Motiv; es bewegt sich zur Zelloberfläche, wohin es nur durch das frühe endocytotische Kompartiment gelangt. CD1c und CD1d haben Motive, die mit dem Adaptor AP-2 interagieren; sie können durch frühe und späte Endosomen transportiert werden. CD1d wird auch zu Lysosomen befördert. CD1b und CD1d der Maus binden AP-2 und AP-3 und können durch späte Endosomen, Lysosomen und den MIIC transportiert werden. CD1-Proteine können also Lipide binden, die in den endocytotischen Stoffwechselweg gelangt sind und dort prozessiert wurden, wie es beispielsweise bei der Aufnahme von Mycobakterien oder Lipoarabinomannanen, die durch den Mannoserezeptor vermittelt wird, geschieht (Abschnitt 2.6).

Zusammenfassung

Der Haupthistokompatibilitätskomplex (MHC) besteht aus einer Gruppe gekoppelter genetischer Loci, die viele der Proteine codieren, welche an der Präsentation von Antigenen gegenüber T-Zellen beteiligt sind. Besonders wichtig sind die MHC-Klasse-I- und -Klasse-II-Glykoproteine (die MHC-Moleküle), die dem T-Zell-Rezeptor Peptide präsentieren. Das herausragendste Merkmal der MHC-Gene ist ihr ausgeprägter Polymorphismus, der für die Antigenerkennung durch T-Zellen von wesentlicher Bedeutung ist. Eine T-Zelle nimmt ein Antigen als ein Peptid wahr, das an eine bestimmte allelische Variante eines MHC-Moleküls gebunden ist. Sie bemerkt dasselbe Peptid jedoch nicht, wenn es mit anderen MHC-Molekülen assoziiert ist. Dieses Verhalten der T-Zellen bezeichnet man als MHC-Restriktion (MHC-Abhängigkeit). Die meisten MHC-Allele unterscheiden sich voneinander durch mehrfache Aminosäuresubstitutionen. Diese Unterschiede kommen gehäuft an der peptidbindenden Stelle und in benachbarten Regionen vor, die einen direkten Kontakt mit dem T-Zell-Rezeptor eingehen. Mindestens drei Eigenschaften der MHC-Moleküle werden durch den MHC-Polymorphismus beeinflusst: das Spektrum der Peptide, die gebunden werden, die Konformation des gebundenen Peptids und die direkte Wechselwirkung des MHC-Moleküls mit dem T-Zell-Rezeptor. Die hoch polymorphe Natur des MHC und die Selektion dieses Polymorphismus im Laufe der Evolution deuten darauf hin, dass dies für die Rolle und die Funktionen der MHC-Moleküle bei der Immunantwort entscheidend ist. Für die Variabilität der MHC-Allele sind sehr wirksame genetische Mechanismen verantwortlich. Einiges spricht dafür, dass von Krankheitserregern ein Selektionsdruck ausgeht, eine große Vielfalt von MHC-Molekülen in der Bevölkerung aufrechtzuerhalten.

Innerhalb des MHC-Locus gibt es auch eine große Zahl von Genen, deren Struktur eng mit der von MHC-Klasse-I-Molekülen verwandt ist – der sogenannte nichtklassische MHC oder MHC-Klasse Ib. Manche Produkte dieser Gene stehen nicht in Zusammenhang mit dem Immunsystem, aber viele sind an der Erkennung mithilfe aktivierender und hemmender Rezeptoren beteiligt, die von NK-Zellen, $\gamma{:}\delta$-T-Zellen und $\alpha{:}\beta$-T-Zellen exprimiert werden. MHC-Klasse-Ib-Proteine, die als CD1-Moleküle bezeichnet werden, sind außerhalb des MHC-Locus codiert; sie binden Lipid- und Glykolipidantigene und präsentieren sie T-Zellen.

Zusammenfassung von Kapitel 5

Normalerweise erkennen die Antigenrezeptoren verschiedene Selbst-Proteine, die von Selbst-MHC-Molekülen gebunden werden. Im Falle einer Infektion erkennen die Antigenrezeptoren von T-Zellen Komplexe aus Peptiden des Pathogens und einem daran gebundenen MHC-Molekül auf der Oberfläche einer Zielzelle. Es gibt zwei Klassen von MHC-Molekülen – MHC-Klasse-I-Moleküle binden stabil an Peptide von Proteinen, die im Cytosol synthetisiert und abgebaut werden, während MHC-Klasse-II-Moleküle stabile Bindungen mit Peptiden von Proteinen eingehen, die in endocytotischen Vesikeln abgebaut werden. Die beiden Klassen von MHC-Molekülen werden nicht nur vom T-Zell-Rezeptor gebunden, sondern auch unterschiedlich von den beiden Corezeptormolekülen CD8 und CD4 erkannt, welche die beiden wichtigsten Untergruppen von T-Zellen charakterisieren. CD8-T-Zellen erkennen Peptid:MHC-Klasse-I-Komplexe und werden aktiviert, Zellen zu töten, die fremde Peptide von cytosolischen Pathogenen wie Viren präsentieren. Exogene Antigene, die zum Beispiel bei der Phagocytose viraler Antigene durch dendritische Zellen entstehen, können durch das vesikuläre System in das Cytosol befördert werden – diesen Vorgang bezeichnet man als Kreuzpräsentation – und dann zur Präsentation auf MHC-Klasse-I-Moleküle geladen werden. Dieser Weg spielt eine wichtige Rolle bei der initialen Aktivierung von CD8-Zellen durch dendritische Zellen. CD4-T-Zellen erkennen Peptid:MHC-Klasse-II-Komplexe und sind darauf spezialisiert, andere Effektorzellen des Immunsystems wie B-Zellen oder Makrophagen zu aktivieren, die dann gegen die fremden Antigene oder Pathogene vorgehen, die sie aufgenommen haben. Die beiden Klassen von MHC-Molekülen transportieren also Peptide aus verschiedenen Zellkompartimenten auf die Zelloberfläche, wo sie von verschiedenen Typen von T-Zellen erkannt werden, die dann die passende Effektorfunktion ausführen.

Es gibt für jede Klasse von MHC-Molekülen mehrere Gene, die innerhalb einer größeren Region, dem sogenannten Haupthistokompatibilitätskomplex (MHC), in Clustern angeordnet sind. Innerhalb des MHC liegen die Gene für die MHC-Moleküle eng gekoppelt mit Genen, die am Abbau von Proteinen zu Peptiden, an der Bildung des Komplexes aus Peptid und MHC-Molekül und am Transport dieser Komplexe an die Zelloberfläche beteiligt sind. Weil die verschiedenen Gene für die MHC-Klasse-I- und -Klasse-II-Moleküle hoch polymorph sind und codominant exprimiert werden, exprimiert jedes Individuum eine Anzahl verschiedener MHC-Klasse-I- und -Klasse-II-Moleküle. Jedes einzelne MHC-Molekül kann eine Reihe von unterschiedlichen Peptiden fest binden, sodass das MHC-Repertoire jedes Individuums viele verschiedene Peptidantigene erkennen und binden kann. Da der T-Zell-Rezeptor einen zusammengesetzten Peptid:MHC-Komplex bindet, zeigen T-Zellen eine MHC-abhängige Antigenerkennung; eine bestimmte T-Zelle ist damit spezifisch für ein bestimmtes Peptid im Komplex mit einem bestimmten MHC-Molekül. Der MHC-Locus enthält viele nichtklassische MHC-Gene, von denen viele an Immunreaktionen beteiligt sind und mit anderen Rezeptoren als dem T-Zell-Rezeptor interagieren, beispielsweise mit dem NKG2D-Rezeptor auf NK-Zellen. Diese MHC-Klasse-Ib-Moleküle können aktivierende und hemmende Signale geben; sie sind Teil der angeborenen Immunität und der Immunregulation.

Fragen

5.1 MHC-Klasse-I- und -Klasse-II-Moleküle sind zwar strukturell homolog, werden jedoch auf unterschiedliche Weise zusammengebaut und an die Zelloberfläche befördert. a) Beschreiben Sie den Zusammenhang dieser Unterschiede hinsichtlich Zusammenbau und Transport mit den funktionellen Unterschieden von MHC-Klasse-I- und -Klasse-II-Molekülen. b) Welcher Zusammenhang besteht zwischen diesen Funktionen und der Herkunft der Peptide, die MHC-Klasse-I- bzw. -Klasse-II-Moleküle prozessieren? c) Mithilfe von Kreuzpräsentation und Autophagie können Antigene verschiedener Herkunft auf alternativen Wegen prozessiert werden; inwieweit hat das Einfluss auf Ihre Antwort auf Frage b?

5.2 Virale Pathogene haben sich eine Reihe von Mechanismen angeeignet, um einer Immunreaktion zu entgehen. a) Beschreiben Sie die Punkte, an denen Viren die Erkennung ihrer Antigene durch CD8-T-Zellen verhindern, und geben Sie jeweils ein Beispiel. b) Die in diesem Kapitel erwähnten Beispiele von Immunoevasion betrafen hauptsächlich Antigene, die von MHC-Klasse-I-Molekülen präsentiert werden; warum gibt es wahrscheinlich mehr Beispiele für die virale Hemmung der Präsentation durch MHC-Klasse-I-Moleküle als für die durch MHC-Klasse-II-Moleküle? c) Warum bedienen sich eher große DNA-Viren dieses Mechanismus als kleine RNA-Viren?

5.3 „Der MHC ist ein Antigenpräsentationsoperon“. Inwiefern ist das eine zutreffende Beschreibung des MHC? Welche Faktoren könnten für diese Organisation verantwortlich sein?

5.4 Viele der Proteine, die im MHC codiert sind, existieren in der Bevölkerung in vielen Formen oder allelen Varianten. a) Durch welche genetischen Vorgänge kommt eine solche Variation zustande, und was sind ihre funktionellen Konsequenzen? b) Manche Kombinationen von Allelen der verschiedenen MHC-Gene kommen häufiger als rein zufällig vor. Mit welchen Mechanismen ließe sich das erklären?

5.5 Die Abstoßung von transplantiertem Gewebe kann eine Folge von Alloreaktivität des T-Zell-Repertoires gegen den MHC des Transplantats sein. a) Beschreiben Sie die Vorgänge, durch die Alloreaktivität entsteht. b) Diskutieren Sie die Beziehung zwischen Alloreaktivität und MHC-Restriktion des T-Zell-Repertoires. c) Wie kam es zur Entdeckung der MHC-Restriktion? d) Welche Rolle spielen Peptide bei der Alloreaktivität?

5.6 Viele Gene außerhalb des MHC codieren Proteine, die strukturell und funktionell mit MHC-Klasse-I-Proteinen verwandt sind. a) Diskutieren Sie die Zelltypen, die verschiedene „nichtklassische“ MHC-Proteine erkennen, und ihre Funktionen. b) Diskutieren Sie die Eigenschaften der Liganden, die diese Peptide präsentieren, falls es welche gibt.

Allgemeine Literatur

Bodmer JG, Marsh SGE, Albert ED, Bodmer WF, DuPont B, Erlich HA, Mach B, Mayr WR, Parham P, Saszuki T et al (1991) Nomenclature for factors of the HLA system. *Tissue Antigens* 56: 289–290

Germain RN (1994) MHC-dependent antigen processing and peptide presentation: Providing ligands for T lymphocyte activation. *Cell* 76: 287–299

Klein J (1986) Natural History of the Major Histocompatibility Complex. New York, J. Wiley & Sons

Moller G (Hrsg) (1995) Origin of major histocompatibility complex diversity. *Immunol Rev* 143: 5–292

Literatur zu den einzelnen Abschnitten

Abschnitt 5.1

Brocke P, Garbi N, Momburg F, Hammerling GJ (2002) HLA-DM, HLA_DO and tapasin: functional similarities and differences. *Curr Opin Immunol* 14:22–29

Gromme M, Neefjes J (2002) Antigen degradation or presentation by MHC class I molecules via classical and non-classical pathways. *Mol Immunol* 39: 181–202

Villadangos JA (2001) Presentation of antigens by MHC class II molecules: getting the most out of them. *Mol Immunol* 38: 329–346

Williams A, Peh CA, Elliott T (2002) The cell biology of MHC class I antigen presentation. *Tissue Antigens* 59: 3–17

Abschnitt 5.2

Gorbulev S, Abele R, Tampe R (2001) Allosteric crosstalk between peptide-binding, transport, and ATP hydrolysis of the ABC transporter TAP. *Proc Natl Acad Sci USA* 98: 3732–3737

Lankat-Buttgereit B, Tampe R (2002) The transporter associated with antigen processing: function and implications in human diseases. *Physiol Rev* 82: 187–204

Townsend A, Ohlen C, Foster L, Bastin J, Lunggren HG, Karre K (1989) A mutant cell in which association of class I heavy and light chains is induced by viral peptides. *Cold Spring Harbor Symp Quant Biol* 54: 299–308

Uebel S, Tampe R (1999) Specificity of the proteasome and the TAP transporter. *Curr Opin Immunol* 11: 203–208

Abschnitt 5.3

Goldberg AL, Cascio P, Saric T, Rock KL (2002) The importance of the proteasome and subsequent proteolytic steps in the generation of antigenic peptides. *Mol Immunol* 39: 147–164

Hammer GE, Gonzalez F, Champsaur M, Cado D, Shastri N (2006) The aminopeptidase ERAAP shapes the peptide repertoire displayed by major histocompatibility complex class I molecules. *Nat Immunol* 7: 103–112

Rock KL, York IA, Saric T, Goldberg AL (2002) Protein degradation and the generation of MHC class I-presented peptides. *Adv Immunol* 80: 1–70

Schubert U, Anton LC, Gibbs J, Norbury CC, Yewdell JW, Bennink JR (2000) Rapid degradation of a large fraction of newly synthesized proteins by proteasomes. *Nature* 404: 770–774

Serwold T, Gonzalez F, Kim J, Jacob R, Shastri N (2002) ERAAP customizes peptides for MHC class I molecules in the endoplasmic reticulum. *Nature* 419: 480–483

Shastri N, Schwab S, Serwold T (2002) Producing nature's gene-chips: the generation of peptides for display by MHC class I molecules. *Annu Rev Immunol* 20: 463–493

Sijts A, Sun Y, Janek K, Kral S, Paschen A, Schadendorf D, Kloetzel PM (2002): The role of the proteasome activator PA28 in MHC class I antigen processing. *Mol Immunol* 39: 165–169

Vigneron N, Stroobant V, Chapiro J, Ooms A, Degiovanni G, Morel S, van der Bruggen P, Boon T, van den Eynde BJ (2004) An antigenic peptide produced by peptide splicing in the proteasome. *Science* 304: 587–590

Abschnitt 5.4

Ackerman AL, Cresswell P (2004) Cellular mechanisms governing cross-presentation of exogenous antigens. *Nat Immuno/* 5: 678–684

Bevan MJ (1976) Minor H antigens introduced on H-2 different stimulating cells cross-react at the cytotoxic T cell level during in vivo priming. *J Immunol* 117: 2233–2238

Bevan MJ (2004) Helping the $CD8^+$ T cell response. *Nat Rev Immunol* 4: 595–602

Groothius TAM, Neefjes J (2005) The many roads to cross-presentation. *J Exp Med* 202: 1313–1318

Abschnitt 5.5

Bouvier M (2003) Accessory proteins and the assembly of human class I MHC molecules: a molecular and structural perspective. *Mol Immunol* 39: 697–706

Gao B, Adhikari R, Howarth M, Nakamura K, Gold MC, Hill AB, Knee R, Michalak M, Elliott T (2001) Assembly and antigen-presenting function of MHC class I molecules in cells lacking the ER chaperone calreticulin. *Immunity* 16: 99–109

Grandea AG III, Van Kaer L (2001) Tapasin: an ER chaperone that controls MHC class I assembly with peptide. *Trends Immunol* 22: 194–199

Pilon M, Schekman R, Romisch K (1997) Sec61p mediates export of a misfolded secretory protein from the endoplasmic reticulum to the cytosol for degradation. *EMBO J* 16: 4540–4548

Van Kaer L (2001) Accessory proteins that control the assembly of MHC molecules with peptides. *Immunol Res* 23: 205–214

Williams A, Peh CA, Elliott T (2002) The cellbiology of MHC class I antigen presentation. *Tissue Antigens* 59: 3–17

Williams AP, Peh CA, Purcell AW, McCluskey J, Elliott T (2002) Optimization of the MHC class I peptide cargo is dependent on tapasin. *Immunity* 16: 509–520

Abschnitt 5.6

Lilley BN, Ploegh HL (2004) A membrane protein required for dislocation of misfolded proteins from the ER. *Nature* 429: 834–840

Lilley BN, Ploegh HL (2005) Viral modulation of antigen presentation: manipulation of cellular targets in the ER and beyond. *Immunol Rev* 207: 126–144

Lybarger L, Wang X, Harris M, Hansen TH (2005) Viral immune evasion molecules attack the ER peptide-loading complex and exploit ER-associated degradation pathways. *Curr Opin Immunol* 17: 79–87

Abschnitt 5.7

Godkin AJ, Smith KJ, Willis A, Tejada-Simon MV, Zhang J, Elliott T, Hill AV (2001) Naturally processed HLA class II peptides reveal highly conserved immunogenic flanking region sequence preferences that reflect antigen processing rather than peptide-MHC interactions. *J Immunol* 166: 6720–6727

Hiltbold EM, Roche PA (2002) Trafficking of MHC class II molecules in the late secretory pathway. *Curr Opin Immunol* 14: 30–35

Hsieh CS, deRoos P, Honey K, Beers C, Rudensky AY (2002) A role for cathepsin L and cathepsin S in peptide generation tor MHC class II presentation. *J Immunol* 168: 2618–2625

Lennon-Dumenil AM, Bakker AH, Wolf-Bryant P, Ploegh HL, Lagaudriere-Gesbert C (2002) A closer look at proteolysis and MHC-class-II-restricted antigen presentation. *Curr Opin Immunol* 14: 15–21

Maric M, Arunachalam B, Phan UT, Dong C, Garrett WS, Cannon KS, Alfonso C, Karlsson L, Flavell RA, Cresswell P (2001) Defective antigen processing in GILT-free mice. *Science* 294: 1361–1365

Pluger EB, Boes M, Alfonso C, Schroter CJ, Kalbacher H, Ploegh HL, Driessen C (2002) Specific role for cathepsin S in the generation of antigenic peptides in vivo. *Eur J Immunol* 32: 467–476

Schwarz G, Brandenburg J, Reich M, Burster T, Driessen C, Kalbacher H (2002) Characterization of legumain. *Biol Chem* 383: 1813–1816

Abschnitt 5.8

Gregers TF, Nordeng TW, Birkeland HC, Sandlie I, Bakke O (2003) The cytoplasmic tail of invariant chain modulates antigen processing and presentation. *Eur J Immunol* 33: 277–286

Hiltbold EM, Roche PA (2002) Trafficking of MHC class II molecules in the late secretory pathway. *Curr Opin Immunol* 14: 30–35

Kleijmeer M, Ramm G, Schuurhuis D, Griffith J, Rescigno M, Ricciardi-Castagnoli P, Rudensky AY, Ossendorp F, Melief CJ, Stoorvogel W, Geuze HJ (2001) Reorganization of multivesicular bodies regulates MHC class II antigen presentation by dendritic cells. *J Cell Biol* 155: 53–63

van Lith M, van Ham M, Griekspoor A, Tjin E, Verwoerd D, Calafat J, Janssen H, Reits E, Pastoors L, Neefjes J (2001) Regulation of MHC class II antigen presentation by sorting of recycling HLA-DM/DO and class II within the multivesicular body. *J Immunol* 167: 884–892

Abschnitt 5.9

Pathak SS, Lich JO, Blum JS (2001) Cutting edge: editing of recycling class II: peptide complexes by HLA-DM. *J Immunol* 167:632–635

Qi L, Ostrand-Rosenberg S (2001) H2-0 inhibits presentation of bacterial super-antigens, but not endogenous self antigens. *J Immunol* 167: 1371–1378

Van Kaer L (2001) Accessory proteins that control the assembly of MHC molecules with peptides. *Immunol Res* 23: 205–214

Zarutskie JA, Busch R, Zavala-Ruiz Z, Rushe M, Mellins ED, Stern LJ (2001) The kinetic basis of peptide exchange catalysis by HLA-DM. *Proc Natl Acad Sci USA* 98: 12450–12455

Abschnitt 5.10

Apostolopoulos V, McKenzie IF, Wilson IA (2001) Getting into the groove: unusual features of peptide binding to MHC class I molecules and implications in vaccine design. *Front Biosci* 6: D1311–D1320

Buslepp J, Zhao R, Donnini D, Loftus D, Saad M, Appella E, Collins EJ (2001) T cell activity correlates with oligomeric peptide-major histocompatibility complex binding on T cell surface. *J Biol Chem* 276: 47320–47328

Hill JA, Wang D, Jevnikar AM, Cairns E, Bell DA (2003) The relationship between predicted peptide-MHC class II affinity and T-cell activation in a HLA-DRβ1*0401 transgenic mouse model. *Arthritis Res Ther* 5: R40–R48

Su RC, Miller RG (2001) Stability of surface H-2K^b, H-2D^b, and peptide-receptive H-2K^b on splenocytes. *J Immunol* 167: 4869–4877

Abschnitt 5.11

Aguado B, Bahram S, Beck S, Campbell RD, Forbes SA, Geraghty D, Guillaudeux T, Hood L, Horton H, Inoko H et al (The MHC Sequencing Consortium) (1999) Complete sequence and gene map of a human major histocompatibility complex. *Nature* 401: 921–923

Chang CH, Gourley TS, Sisk TJ (2002) Function and regulation of class II transactivator in the immune system. *Immunol Res* 25: 131–142

Kumnovics A, Takada T, Lindahl KF (2003) Genomic organization of the mammalian MHC. *Annu Rev Immunol* 21: 629–657

Lefranc MP (2003) IMGT, the international ImMunoGeneTics database. *Nucleic Acids Res* 31: 307–310

Abschnitt 5.12

Gaur LK, Nepom GI (1996) Ancestral major histocompatibility complex DRB genes beget conserved patterns of localized polymorphisms. *Proc Natl Acad Sci USA* 93:5380–5383

Marsh SG (2003) Nomenclature for factors of the HLA system, update December 2002. *Eur J Immunogenet* 30: 167–169

Robinson J, Marsh SG (2003) HLA informatics. Accessing HLA sequences from sequence databases. *Methods Mol Biol* 210: 3–21

Robinson J, Waller MJ, Parham P, de Groot N, Bontrop R, Kennedy LJ, Stoehr P, Marsh SG (2003) IMGT/HLA and IMGT/MHC: sequence databases for the study of the major histocompatibility complex. *Nucleic Acids Res* 31: 311–314

Abschnitt 5.13

Falk K, Rotzschke O, Stevanovic S, Jung G, Rammensee HG (1991) Allele-specific motifs revealed by sequencing of self-peptides eluted from MHC molecules. *Nature* 351: 290–296

Garcia KC, Degano M, Speir JA, Wilson IA (1999) Emerging principles for T cell receptor recognition of antigen in cellular immunity. *Rev Immunogenet* 1: 75–90

Hillig RC, Coulie PG, Stroobant V, Saenger W, Ziegler A, Hulsmeyer M (2001) High-resolution structure of HLA-A*0201 in complex witha tumour-specific antigenic peptide encoded by the MAGE-A4 gene. *J Mol Biol* 310: 1167–1176

Katz DH, Hamaoka T, Dorf ME, Maurer PH, Benacerraf B (1973) Cell interactions between histoincompatible T and B lymphocytes. IV. Involvement of immune response (Ir) gene control of lypmphocyte interaction controlled by the gene. *J Exp Med* 138: 734–739

Kjer-Nielsen L, Clements CS, Brooks AG, Purcell AW, Fontes MR, McCluskey J, Rossjohn J (2002) The structure of HLA-B8 complexed to an immunodominant viral determinant: peptide-induced conformational changes and a mode of MHC class I dimerization. *J Immunol* 169: 5153–5160

Rosenthal AS, Shevach EM (1973) Function of macrophages in antigen recognition by guinea pig T lymphocytes. I. Requirements for histocompatible macrophages and lymphocytes. *J Exp Med* 138: 1194

Wang JH, Reinherz EL (2002) Structural basis of T cell recognition of peptides bound to MHC molecules. *Mol Immunol* 38: 1039–1049

Zinkernagel RM, Doherty PC (1974) Restriction of *in vivo* T-cell mediated cytotoxicity in lymphocytic choriomeningitis within a syngeneic or semiallogeneic system. *Nature* 248: 701–702

Abschnitt 5.14

Hennecke J, Wiley DC (2002) Structure of a complex of the human alpha/beta T cell receptor (TCR) HA1.7, influenza hemagglutinin peptide, and major histocompatibility complex class II molecule, HLA-DR4 (DRA*0101 and DRB1*0401): insight into TCR cross-restriction and alloreactivity. *J Exp Med* 195:571–581

Jankovic V, Remus K, Molano A, Nikolich-Zugich J (2002) T cell recognition of an engineered MHC class I molecule: implications for peptide-independent alloreactivity. *J Immunol* 169: 1887–1892

Merkenschlager M, Graf D, Lovatt M, Bommhardt U, Zamoyska R, Fisher AG (1997) How many thymocytes audition for selection? *J Exp Med* 186: 1149–1158

Nesic D, Maric M, Santori FR, Vukmanovic S (2002) Factors influencing the patterns of T lymphocyte allorecognition. *Transplantation* 73: 797–803

Reiser JB, Darnault C, Guimezanes A, Gregoire C, Mosser T, Schmitt-Verhulst AM, Fontecilla-Camps JC, Malissen B, Housset D, Mazza G (2000) Crystal structure of a T cell receptor bound to an allogeneic MHC molecule. *Nat Immunol* 1:291–297

Speir JA, Garcia KC, Brunmark A, Degano M, Peterson PA, Teyton L, Wilson IA (1998) Structural basis of 2C TCR allorecognition of H-2Ld peptide complexes. *Immunity* 8: 553–562

Zerrahn J, Held W, Raulet DH (1997) The MHC reactivity of the T cell receptor prior to positive and negative selection. *Cell* 88: 627–636

Abschnitt 5.15

Acha-Orbea H, Finke D, Attinger A, Schmid S, Wehrli N, Vacheron S, Xenarios I, Scarpellino L, Toellner KM, MacLennan IC, Luther SA (1999) Interplays between mouse mammary tumor virus and the cellular and humoral immune response. *Immunol Rev* 168: 287–303

Alouf JE, Muller-Alouf H (2003) Staphylococcal and streptococcal superantigens: molecular, biological and clinical aspects. *Int J Med Microbiol* 292: 429–440

Macphail S (1999) Superantigens: mechanisms by which they may induce, exacerbate and control autoimmune diseases. *Int Rev Immunol* 18: 141–180

Kappler JW, Staerz U, White J, Marrack P (1988) T cell receptor Vb elements which recognize Mls-modified products of the major histocompatibility complex. *Nature* 332: 35–40

Sundberg EJ, Li H, Llera AS, McCormick JK, Tormo J, Schlievert PM, Karjalainen K, Mariuzza RA (2002) Structures of two streptococcal superantigens bound to TCR beta chains reveal diversity in the architecture of T cell signaling complexes. *Structure* 10: 687–699

Torres BA, Perrin GQ, Mujtaba MG, Subramaniam PS, Anderson AK, Johnson HM (2002) Superantigen enhancement of specific immunity: antibody production and signaling pathways. *J Immunol* 169: 2907–2914

White J, Herman A, Pullen AM, Kubo R, Kappler JW, Marrack P (1989) The Vb-specific super antigen staphylococcal enterotoxin B: stimulation of mature T cells and clonal deletion in neonatal mice. *Cell* 56: 27-35

Abschnitt 5.16

Hill AV, Elvin J, Willis AC, Aidoo M, Allsop CEM, Gotch FM, Gao XM, Takiguchi M, Greenwood BM, Townsend ARM, McMichael AJ, Whittle HC (1992) Molecular analysis of the association of B53 and resistance to severe malaria. *Nature* 360: 435–440

Martin MP, Carrington M (2005) Immunogenetics of viral infections. *Curr Opin Immunol* 17: 510–516

Messaoudi I, Guevara Patino JA, Dyall R, LeMaoult J, Nikolich-Zugich J (2002) Direct link between *mhc* polymorphism, T cell avidity, and diversity in immune defense. *Science* 298: 1797–1800

Potts WK, Slev PR (1995) Pathogen-based models favouring MHC genetic diversity. *Immunol Rev* 143: 181–197

Abschnitt 5.17

Alfonso C, Karlsson L (2000) Nonclassical MHC class II molecules. *Annu Rev Immunol* 18: 113–142

Allan DS, Lepin EJ, Braud VM, O'Callaghan CA, McMichael AJ (2002) Tetrameric complexes of HLA-E, HLA-F, and HLA-G. *J Immunol Methods* 268: 43–50

Gao GF, Willcox BE, Wyer JR, Boulter JM, O'Callaghan CA, Maenaka K, Stuart DI, Jones EY, van Der Merwe PA, Bell JI, Jakobsen BK (2000) Classical and nonclassical class I major histocompatibility complex molecules exhibit subtle conformational differences that affect binding to CD8$\alpha\alpha$. *J Biol Chem* 275:15232–15238

Powell LW, Subramaniam VN, Yapp TR (2000) Haemochromatosis in the new millennium. *J Hepatol* 32: 48–62

Abschnitt 5.18

Borrego F, Kabat J, Kim DK, Lieto L, Maasho K, Pena J, Solana R, Coligan JE (2002) Structure and function of major histocompatibility complex (MHC) class I specific receptors expressed on human natural killer (NK) cells. *Mol Immunol* 38: 637–660

Boyington JC, Riaz AN, Patamawenu A, Coligan JE, Brooks AG, Sun PD (1999) Structure of CD94 reveals a novel C-type lectin fold: implication for the NK cell-associated CD94/NKG2 receptors. *Immunity* 10: 75–82

Braud VM, McMichael AJ (1999) Regulation of NK cell functions through interaction of the CD94/NKG2 receptors with the nonclassical class I molecule HLA-E. *Curr Top Microbiol Immunol* 244: 85–95

Lanier LL (2005) NK cell recognition. *Annu Rev Immunol* 23: 225–274

Lopez-Botet M, Bellon T (1999) Natural killer cell activation and inhibition by receptors for MHC class I. *Curr Opin Immunol* 11: 301–307

Lopez-Botet M, Bellon T, Llano M, Navarro F, Garcia P, de Miguel M (2000) Paired inhibitory and triggering NK cell receptors for HLA class I molecules. *Hum Immunol* 61: 7–17

Lopez-Botet M, Llano M, Navarro F, Bellon T (2000) NK cell recognition of non-classical HLA class I molecules. *Semin Immunol* 12: 109–119

Rodgers JR, Cook RG (2005) MHC class Ib molecules bridge innate and acquired immunity. *Nat Rev Immunol* 5: 459–471

Vales-Gomez M, Reyburn H, Strominger J (2000) Molecular analyses of the interactions between human NK receptors and their HLA ligands. *Hum Immunol* 61: 28–38

Abschnitt 5.19

Gadola SD, Zaccai NR, Harlos K, Shepherd D, Castro-Palomino JC, Ritter G, Schmidt RR, Jones EY, Cerundolo V (2002) Structure of human CD1b with bound ligands at 2.3 Å, a maze for alkyl chains. *Nat Immunol* 3: 721–726

Hava DL, Brigl M, van den Elzen P, Zajonc DM, Wilson IA, Brenner MB (2005) CD1 assembly and the formation of CD1-antigen complexes. *Curr Opin Immunol* 17: 88–94

Jayawardena-Wolf J, Bendelac A (2001) CD1 and lipid antigens: intracellular pathways for antigen presentation. *Curr Opin Immunol* 13: 109–113

Moody DB, Besra GS (2001) Glycolipid targets of CD1-mediated T-cell responses. *Immunology* 104: 243–251

Moody DB, Porcelli SA (2001) CD1 trafficking: invariant chain gives a new twist to the tale. *Immunity* 15: 861–865

Moody DB, Porcelli SA (2003) Intracellular pathways of CD1 antigen presentation. *Nat Rev Immunol* 3: 11–22

Teil III

Die Entstehung des Rezeptorrepertoires von reifen Lymphocyten

6

Signalgebung durch Rezeptoren des Immunsystems

Das Immunsystem nimmt spezifische Veränderungen in der extrazellulären Umgebung wahr, was zur Aktivierung von Zellen des Immunsystems führt. Zellen kommunizieren mit ihrer Umgebung über zahlreiche Rezeptoren auf der Zelloberfläche, die außerhalb der Zelle vorhandene (extrazelluläre) Moleküle erkennen und binden. Früher waren die Antigenrezeptoren der Lymphocyten am besten untersucht, inzwischen kennt man aber auch die Wirkungsweise einer großen Vielzahl anderer Rezeptoren auf den Lymphocyten und anderen Zellen ebenso gut. Die intrazellulären Signale, die diese Rezeptoren hervorbringen, und wie diese Signale das Verhalten der Zellen verändern, ist das Hauptthema dieses Kapitels.

Für alle Zellen, die auf externe Reize reagieren, gilt es die Aufgabe zu lösen, wie die Wahrnehmung eines Reizes letztlich zu Veränderungen in der Zelle führt. Alle extrazellulären Signale, die wir in diesem Kapitel besprechen, werden an der äußeren Oberfläche der Zelle empfangen und über membrandurchspannende Rezeptorproteine, die dazu geeignet sind, die Informationen in ein biochemisches Ereignis innerhalb der Zelle umzuwandeln, durch die Plasmamembran übertragen. Sobald sich das Signal in der Zelle befindet, wird es entlang von **intrazellulären Signalwegen** weiter übertragen. Diese Signalwege bestehen aus Proteinen, die miteinander auf vielfältige Weise in Wechselwirkung treten. Das Signal wird in verschiedene biochemische Formen umgewandelt – diesen Vorgang bezeichnet man als **Signalübertragung** –, auf verschiedene Stellen in der Zelle verteilt, und auf dem Weg zu seinen verschiedenen Bestimmungsorten bleibt es erhalten und wird verstärkt. Bei den Signalwegen, die wir in diesem Kapitel besprechen, ist meistens der Zellkern das letztendliche Ziel der Signale, und die primäre zelluläre Reaktion ist eine Veränderung der Genexpression. Das wiederum führt zur Synthese neuer Proteine wie etwa Cytokinen, Chemokinen, Zelladhäsionsmolekülen und anderen Zelloberflächenproteinen, dann zu zellulären Ereignissen wie Zellteilung, Zelldifferenzierung und in bestimmten Fällen auch zum Tod der Zelle.

Zu Beginn dieses Kapitel werden wir einige generelle Prinzipien der intrazellulären Signalübertragung erörtern. Dann wollen wir die Signalwege skizzieren, die bei der Aktivierung eines naiven Lymphocyten beteiligt sind, wenn er auf sein spezifisches Antigen trifft. Neben den Signalen, die ein Lymphocyt über seine Antigenrezeptoren und Corezeptoren empfängt, werden wir kurz die costimulierenden Signale besprechen, die notwendig sind, um naive T-Zellen und in den meisten Fällen naive B-Zellen zu aktivieren. Im letzten Teil des Kapitels beschäftigen wir uns mit einer Auswahl von weiteren Signalwegen, die von Zellen des Immunsystems genutzt werden, wie auch von Cytokinrezeptoren, Toll-ähnlichen Rezeptoren und die Todesrezeptoren, die die Apoptose stimulieren.

Allgemeine Prinzipien der Signalübertragung

In diesem Teil des Kapitels wollen wir kurz einige allgemeine Prinzipien der Rezeptoraktivität und der Signalübertragung zusammenfassen, die vielen Signalwegen gemeinsam sind, die wir hier besprechen. Wir beginnen mit den Zelloberflächenrezeptoren, durch die die Zellen extrazelluläre Signale empfangen.

6.1 Transmembranrezeptoren wandeln extrazelluläre Signale in intrazelluläre biochemische Ereignisse um

Alle Rezeptoren an der Zelloberfläche, die eine Signalfunktion haben, sind entweder selbst Transmembranproteine oder gehören zu Proteinkomplexen, die das Zellinnere mit der Umgebung verbinden. Die verschiedenen Klassen von Rezeptoren übertragen extrazelluläre Signale auf sehr unterschiedliche Weise. Bei den Rezeptoren, die in diesem Kapitel behandelt werden, führt die Bindung eines Liganden häufig zur Aktivierung einer enzymatischen Aktivität. Bei den Enzymen, die am häufigsten mit der Aktivierung von Rezeptoren assoziiert sind, handelt es sich um **Proteinkinasen**. Diese große Gruppe von Enzymen katalysiert die kovalente Verknüpfung einer Phosphatgruppe mit einem Protein. Diesen reversiblen Prozess bezeichnet man als **Proteinphosphorylierung**. Die mit Rezeptoren assoziierten Proteinkinasen sind normalerweise inaktiv, wenn jedoch ein Ligand an den extrazellulären Teil des Rezeptors bindet, werden sie aktiv und übertragen das Signal weiter, indem sie andere Signalmoleküle in der Zelle phosphorylieren und damit aktivieren.

Bei Tieren phosphorylieren Proteinkinasen die Proteine an drei Aminosäuren – Tyrosin, Serin oder Threonin. Die meisten mit einem Enzym gekoppelten Rezeptoren, die wir in diesem Kapitel im Einzelnen besprechen, aktivieren **Proteintyrosinkinasen**. Tyrosinkinasen sind spezifisch für Tyrosinreste, während Serin/Threonin-Kinasen Serin- oder Threoninreste phosphorylieren. Allgemein ist die Phosphorylierung von Tyrosinresten in Proteinen eine viel seltenere Modifikation als die Phosphorylierung von Serin- oder Threoninresten, und sie kommt vor allem in Signalübertragungswegen vor.

Bei einer großen Gruppe von Rezeptoren ist die Kinaseaktivität ein intrinsischer Teil des cytoplasmatischen Anteils des Rezeptors (Abb. 6.1, oben). Zu den Rezeptortyrosinkinasen dieses Typs zählen viele Kinasen für Wachstumsfaktoren. Zu den Lymphocytenrezeptoren dieser Art gehören Kit und FLT3, die auf Lymphocyten in der Entwicklungsphase exprimiert werden; sie sind Thema von Kapitel 7. Der Rezeptor für den transformierenden Wachstumsfaktor β (TGF-β), ein Cytokin, das von aktivierten T_H2-Zellen exprimiert wird, ist eine Rezeptor-Serin/Threonin-Kinase.

Eine Klasse von Rezeptoren, die zwar selbst keine intrinsische enzymatische Aktivität besitzen, deren Schwänze aber nichtkovalent mit einer cytoplasmatischen Tyrosinkinase verknüpft sind, erweisen sich sogar als noch wichtiger für die Funktion der gereiften Lymphocyten. Die Bindung eines Liganden an die extrazelluläre Domäne dieser Rezeptoren aktiviert das assoziierte Enzym, das die Signalübertragungsfunktion des Rezeptors übernimmt (Abb. 6.1, unten). Die Antigenrezeptoren und viele Cytokinrezeptoren gehören zu diesem Typ.

Beide Klassen von Rezeptoren werden aktiviert, wenn die Bindung eines Liganden zur Dimerisierung oder zur Clusterbildung von einzelnen Rezeptormolekülen führt, wodurch die assoziierten Kinasen zusammengebracht werden. Die Zusammenlagerung aktiviert die Enzyme, die dann die Rezeptorschwänze oder andere Proteine phosphorylieren, die mit dem Re-

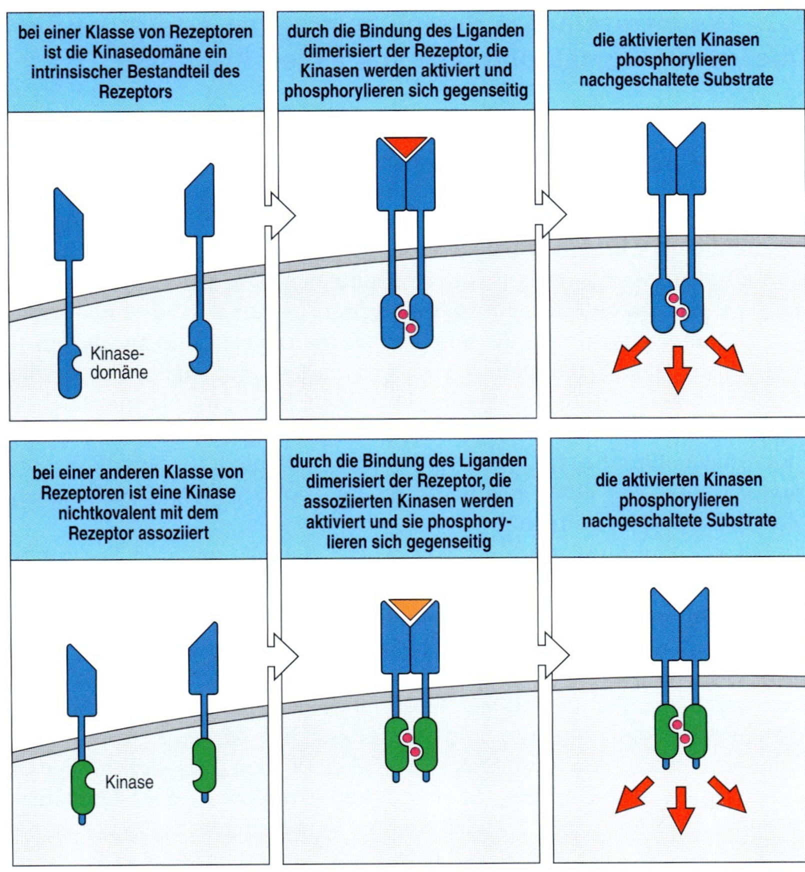

6.1 Im Immunsystem kommen zwei Arten von Rezeptoren vor, die ihre Signale über Proteinkinasen weiterleiten. Bei beiden Rezeptoren wird die Information, dass ein Ligand an den extrazellulären Teil gebunden hat, in die Aktivierung einer Proteinkinaseaktivität auf der cytoplasmatischen Seite der Membran umgewandelt. Bei der einen Gruppe von Rezeptoren (oben) ist die Kinaseaktivität Teil des Rezeptors. Die Ligandenbindung führt zu einer Zusammenlagerung von Rezeptormolekülen, der Aktivierung der katalytischen Funktion und folglich zur Phosphorylierung der Rezeptorschwänze und anderer Substrate. Dadurch wird das Signal weitergetragen. Bei der zweiten Gruppe von Rezeptoren (unten) besitzt der Rezeptor keine enzymatische Aktivität. Stattdessen sind Enzyme im Cytoplasma entweder konstitutiv mit dem cytoplasmatischen Teil des Rezeptors assoziiert, oder sie werden nach der Ligandenbindung an den extrazellulären Teil induziert, mit dem cytoplasmatischen Bereich zu assoziieren. Die Dimerisierung oder Clusterbildung der Rezeptormoleküle aktiviert dann das assoziierte Enzym. Bei allen Rezeptoren dieser beiden Gruppen, denen wir in diesem Kapitel noch begegnen werden, ist das Enzym eine Tyrosinkinase.

zeptor assoziiert sind. Die Phosphorylierung ist ein Initialsignal innerhalb der Zelle, das durch die Ligandenbindung erzeugt wird.

Die Funktion von Proteinkinasen bei der zellulären Signalübertragung beschränkt sich nicht nur auf die Rezeptoraktivierung; sie kommen auf verschiedenen Stufen der intrazellulären Signalübertragung vor. So bilden sie häufig in einem Signalweg den letzten Schritt, der die Maschinerie der Zellreaktion aktiviert. Proteinkinasen kommen bei der zellulären Signalübertragung vielfach vor, da die Phosphorylierung und Dephosphorylierung – das Entfernen einer Phosphatgruppe – die Mechanismen sind, durch die sich die Aktivitäten von zahlreichen Enzymen, Transkriptionsfaktoren und anderen Proteine regulieren lassen. Genauso wichtig für die Funktionsweise von Signalübertragungswegen ist der Mechanismus, dass die Phosphorylierung auf Proteinen Stellen erzeugt, an die andere Proteine binden können.

Eine große Gruppe von Enzymen, die man als Proteinphosphatasen bezeichnet, entfernt Phosphatgruppen von Proteinen (Abb. 6.8). Die verschiedenen Klassen von Proteinphosphatasen entfernen Phosphatreste von Phosphotyrosin oder von Phosphoserin/Phosphothreonin. Die spezifische Dephosphorylierung durch Phosphatasen ist ein wichtiger Mechanismus für die Regulation von Signalübertragungswegen, indem ein Protein in seinen ursprünglichen Zustand zurückversetzt und so die Signalübertragung ausgeschaltet wird.

6.2 Die intrazelluläre Signalübertragung erfolgt häufig über große Signalkomplexe aus vielen Proteinen

Die Signalübertragung durch Transmembranrezeptoren informiert das Innere der Zelle darüber, dass der Rezeptor mit seinem Liganden in Kontakt getreten ist. Dies ist nur der erste Schritt eines mehrstufigen Prozesses. Eine Kaskade von intrazellulären Signalen wird in Gang gesetzt, welche die verschiedenen biochemischen Reaktionen steuert, die wiederum eine spezifische Zellantwort kennzeichnen. Die intrazellulären Signalwege, die von den Rezeptoren weg führen, setzen sich aus einer Reihe von Proteinen zusammen, die miteinander interagieren und so das Signal weiterleiten. Die Kombination von spezifischen Enzymaktivitäten, die zusammen einen Multiproteinkomplex bilden, bestimmt die spezifischen Eigenschaften der Reaktion. Bei einigen Signalwegen stimmen mehrere (aber nicht alle) Enzyme überein, sodass verschiedene Signalübertragungssysteme aus einer relativ begrenzten Anzahl von gemeinsamen Modulen bestehen können.

Bei der Zusammenlagerung von großen Signalkomplexen kommt es zu spezifischen Wechselwirkungen, an denen eine Anzahl unterschiedlicher **Proteinwechselwirkungsdomänen** beteiligt sind (Abb. 6.2). Bei dem Signalweg, mit dem wir uns in diesem Kapitel beschäftigen wollen, ist der wichtigste Mechanismus, der der Bildung von Signalkomplexen zugrunde liegt, die spezifische Phosphorylierung von Tyrosinresten in Proteinen. Phosphotyrosine sind Bindungsstellen für eine Anzahl von Proteindomänen. Am wichtigsten ist dabei in dem hier besprochenen Signalweg die **SH2-Domäne** (**Src-homologe Domäne 2**). SH2-Domänen kommen in einer großen Vielzahl von intrazellulären Signalproteinen vor, in denen sie mit vielen verschiedenen Arten von enzymatischen oder

Protein-domäne	Vorkommen	Art der Liganden	Beispiel für einen Liganden
SH2	Lck, ZAP-70, Fyn, Src, Grb2, PLC-γ, STAT, Cbl, Btk, Itk, SHIP, Vav, SAP, PI3K	Phosphotyrosin	pYXXZ
SH3	Lck, Fyn, Src, Grb2, Btk, Itk, Tec, Fyb, Nck, GADS	Prolin	PXXP
PH	Tec, PLC-γ, Akt, Btk, Itk, SOS	Phosphoinositide	PIP_3
PX	P40phox, P47phox, PLD	Phosphoinositide	PIP_2
PDZ	CARMA1	C-Termini von Proteinen	IESDV, VETDV

6.2 Signalproteine interagieren untereinander und mit Lipidsignalmolekülen über modulare Proteindomänen. Aufgeführt sind einige der häufigsten Proteindomänen, die in Signalproteinen des Immunsystems vorkommen, außerdem einige Proteine, die die in diesem Kapitel oder im übrigen Buch erwähnten Domänen enthalten, sowie die allgemeine Klasse des Liganden, der gebunden wird. Die rechte Spalte enthält spezifische Beispiele für ein Proteinmotiv, das gebunden wird, oder bei den Phosphoinositid-Bindungsdomänen das spezielle Phosphoinositid, das sie binden. Alle diese Domänen kommen auch in zahlreichen anderen Signalwegen außerhalb des Immunsystems vor. PI3K, PI-3-Kinase.

anderen funktionellen Domänen assoziiert sind. SH2-Domänen binden auf sequenzspezifische Weise an Phosphotyrosin. Sie erkennen das phosphorylierte Tyrosin (pY) und normalerweise die Aminosäure, die drei Positionen entfernt ist (pYXXZ, wobei X eine beliebige und Z eine spezifische Aminosäure ist).

Bei Signalwegen, die von tyrosinkinaseassoziierten Rezeptoren ausgehen, dienen **Gerüstproteine** (*scaffold proteins*) und **Adaptorproteine** dazu, den Multiproteinsignalkomplex zusammenzufügen. Gerüst- und Adaptorproteine besitzen keine enzymatische Aktivität. Ihre Funktion besteht darin, andere Proteine für den Signalkomplex zu mobilisieren, sodass sie miteinander in Wechselwirkung treten können. Gerüstproteine sind größere Moleküle, die beispielsweise an mehreren Tyrosinresten phosphoryliert werden können und so viele verschiedene andere Proteine mobilisieren (Abb. 6.3, oben). Die Gerüstproteine legen fest, welche Proteine in einem Signalweg mobilisiert werden und bestimmen so die Eigenschaften der jeweiligen Reaktion auf ein Signal. Diese Funktion der Tyrosinphosphorylierung, Bindungsstellen zu erzeugen, erklärt vielleicht, warum dieser Mechanismus in Signalwegen sehr häufig genutzt wird.

Adaptorproteine sind kleinere Moleküle, die im Allgemeinen nicht mehr als zwei oder drei Domänen umfassen, deren Funktion darin besteht, zwei Proteine miteinander zu verknüpfen. So bindet das Adaptorprotein Grb2 einen Phosphotyrosinrest auf einem Rezeptor oder Gerüstprotein über eine SH2-Domäne und das Signalprotein SOS, das prolinreiche Sequenzmotive enthält, über die SH3-Domänen (Abb. 6.3, unten). Grb2 fungiert also als Adaptor und verknüpft die Tyrosinphosphorylierung eines Rezeptors mit der nächsten Stufe der Signalübertragung.

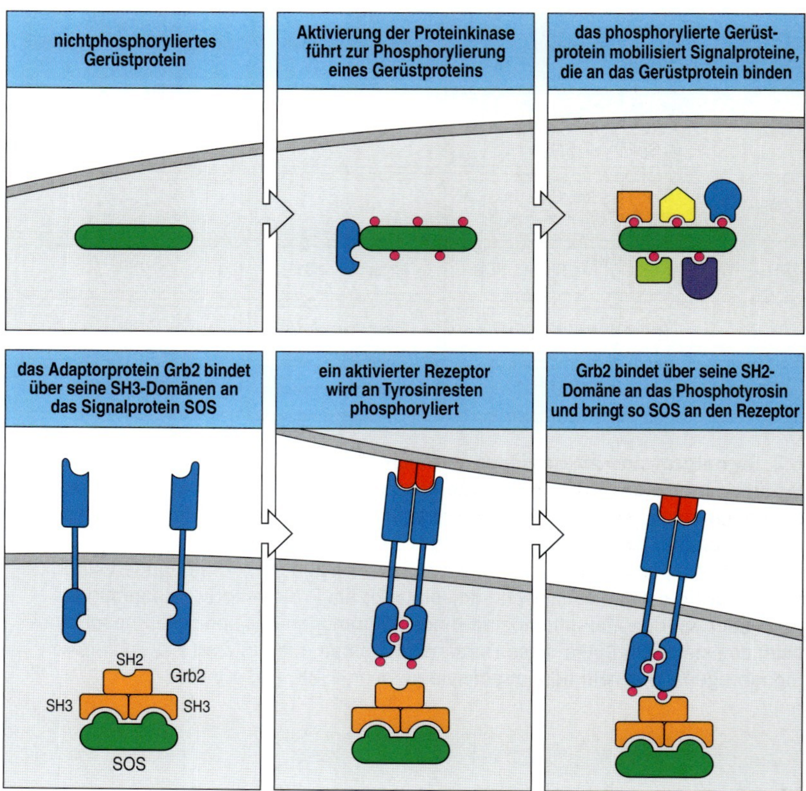

6.3 Die Bildung von Signalkomplexen wird durch Gerüst- und Adaptorproteine vermittelt. Die Bildung von Signalkomplexen ist ein wichtiger Teil der Signalübertragung. Häufig geschieht dies über Gerüst- und Adaptorproteine. Die Funktion der Gerüstproteine besteht darin, viele verschiedene Signalproteine zu vereinigen (oben). Sie besitzen im Allgemeinen zahlreiche potenzielle Phosphorylierungsstellen an Tyrosinresten, die nach der Phosphorylierung viele verschiedene Proteine mobilisieren können, die SH2-Domänen enthalten. Die Kombination der mobilisierten Proteine legt die Eigenschaften der Signalreaktion fest. Die Funktion eines Adaptorproteins besteht darin, zwei verschiedene Proteine zusammenzubringen (unten). Das hier dargestellte Adaptorprotein Grb2 enthält zwei SH3-Domänen und eine SH2-Domäne. Mit den SH3-Domänen kann das Protein beispielsweise prolinreiche Stellen auf dem Signalmolekül SOS (siehe unten in diesem Kapitel) binden. Die Aktivierung und die Tyosinphosphorylierung eines Rezeptors erzeugt eine Bindungsstelle für die SH2-Domäne von Grb2, was dazu führt, dass SOS zum aktivierten Rezeptor gelenkt wird.

6.3 Die Aktivierung bestimmter Rezeptoren führt zur Produktion von kleinen Second-Messenger-Molekülen

Nach Erzeugung eines ersten intrazellulären Signals wird die Information auf die intrazellulären Zielorte übertragen, die die passende zelluläre Reaktion auslösen sollen. Häufig werden in einem Signalweg Enzyme aktiviert, die kleine biochemische Mediatoren synthetisieren. Diese bezeichnet man als **Second Messenger** (Abb. 6.4). Diese Mediatoren können durch die gesamte Zelle diffundieren, sodass das Signal eine Reihe verschiede-

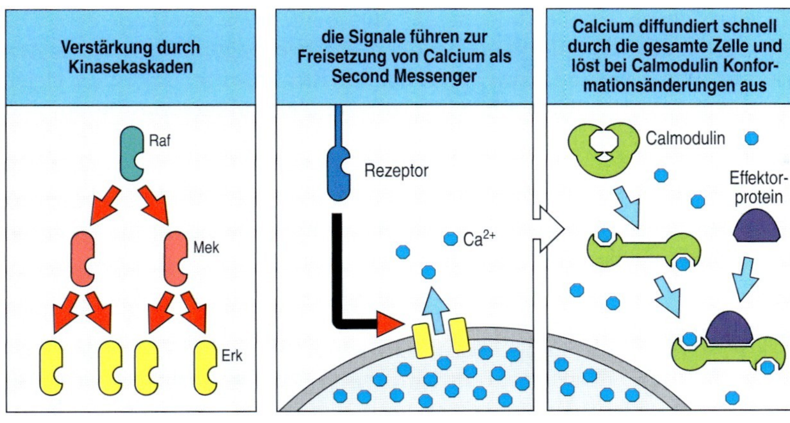

6.4 Signalübertragungswege verstärken das ursprüngliche Signal. Die Verstärkung des ursprünglichen Signals ist ein wichtiger Bestandteil der meisten Signalübertragungswege. Ein Verstärkungsmechanismus ist die Kinasekaskade (links), bei der sich die Proteinkinasen nacheinander phosphorylieren und aktivieren. Als Beispiel ist hier eine häufig vorkommende Kinasekaskade dargestellt. Dabei führt die Aktivierung der Kinase Raf zur Phosphorylierung und Aktivierung der zweiten Kinase Erk, die eine weitere Kinase phosphoryliert. Da jede Kinase viele verschiedene Substratmoleküle phosphorylieren kann, wird das Signal bei jedem Schritt verstärkt, die ursprüngliche Signalstärke vervielfacht sich. Bei einem anderen Mechanismus zur Signalverstärkung werden Second Messenger erzeugt (rechts). Im dargestellten Beispiel kommt es durch die Signale zur Freisetzung des Second Messengers Calcium (Ca^{2+}) aus intrazellulären Speichern oder zu einem Ca^{2+}-Einstrom aus der extrazellulären Umgebung. Die große Anzahl von Ca^{2+}-Ionen kann potenziell viele nachgeschaltete Signalmoleküle aktivieren, wie etwa das calciumbindende Protein Calmodulin. Die Bindung von Calcium induziert im Calmodulinmolekül eine Konformationsänderung, sodass es eine Reihe erschiedener Effektorproteine binden und aktivieren kann.

ner Zielproteine aktivieren kann. Die Mediatoren dienen also auch dazu, das ursprüngliche Signal zu verstärken, da ein aktiviertes Enzymmolekül Hunderte von Second-Messenger-Molekülen produzieren kann. Zu den Second-Messenger-Molekülen, die durch die Aktivierung von Rezeptoren, welche ihr Signal über eine Tyrosinkinase weiterleiten, produziert werden, gehören Calciumionen (Ca^{2+}) und eine Reihe verschiedener Membranlipide. Letztere sind zwar auf Membranen beschränkt, sie können sich aber zwischen ihnen bewegen. Die Bindung eines Second Messengers an sein Zielprotein induziert normalerweise eine Konformationsänderung, durch die das Protein aktiviert wird.

6.4 In vielen Signalwegen fungieren kleine G-Proteine als molekulare Schalter

Bei einer Anzahl von Signalwegen, die von Rezeptoren ausgehen, welche mit Tyrosinkinasen assoziiert sind, sind monomere GTP-bindende Proteine, die man als **kleine G-Proteine** oder **kleine GTPasen** bezeichnet und die eine eigene Familie bilden, die entscheidenden Komponenten. Die wichtigsten kleinen G-Proteine bei der Signalübertragung in Lymphocyten wie Ras, Rac, Rho und Cdc42 gehören zur **Ras-Familie**. Ras ist an vielen verschiedenen Signalwegen beteiligt, die zur Zellproliferation führen, und Mutationen, die Ras im aktiven Zustand halten, gehören zu den häufigsten Mutationen bei Krebs. Rac, Rho und Cdc42 kontrollieren Veränderungen im Actincytoskelett der Zelle. Diese Besonderheit der Signalübertragung bei T-Zell-Rezeptoren wird in Kapitel 8 behandelt, da sie für die Funktion von T-Effektorzellen von entscheidender Bedeutung ist.

Kleine G-Proteine kommen in zwei Zuständen vor, abhängig davon, ob sie GTP oder GDP gebunden haben. Die Form mit gebundenem GDP ist inaktiv, wird jedoch durch Austausch von GDP gegen GTP in die aktive Form überführt. Diese Reaktion wird durch Proteine vermittelt, die man als **Guaninnucleotidaustauschfaktoren** (*gunanine nucleotide exchange factors*, **GEF**; Abb. 6.5) bezeichnet. Die Bindung von GTP führt zu einer Konformationsänderung des G-Proteins, sodass es an eine Vielzahl verschiedener Zielmoleküle binden kann. Die GTP-Bindung fungiert hier also als ein An-/Aus-Schalter.

Die Form mit gebundenem GTP bleibt nicht dauerhaft aktiv, sondern wird durch eine intrinsische GTPase-Aktivität des G-Proteins schnell wieder in die inaktive Form umgewandelt. Diese Reaktion wird durch regulatorische Cofaktoren, die **GTPase-aktivierenden Proteine** (**GAP**) beschleunigt. G-Proteine liegen also immer im inaktiven Zustand mit gebundenem GDP vor und werden nur vorübergehend als Reaktion auf ein Signal von einem stimulierten Rezeptor aktiviert.

Die GEF sind für die Aktivierung der G-Proteine zuständig und werden zum Ort der Rezeptoraktivierung in der Zellmembran gelenkt, indem sie von Adaptorproteinen gebunden werden. Danach können sie Ras oder andere kleine G-Proteine aktivieren, die über Fettsäuren an der inneren Oberfläche der Plasmamembran lokalisiert sind. Die Fettsäuren wurden nach der

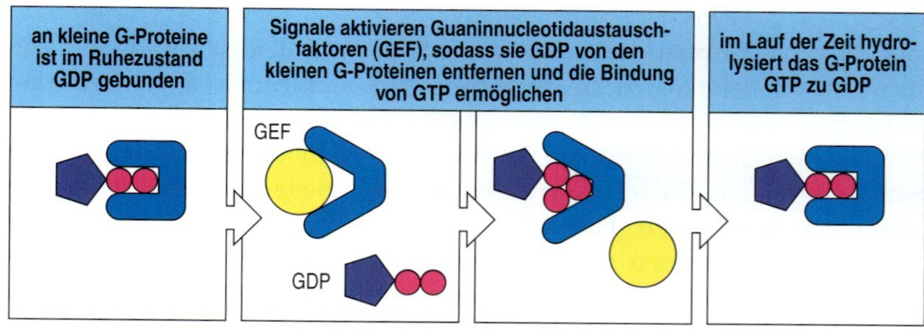

6.5 Kleine G-Proteine werden durch Guaninnucleotidaustauschfaktoren und die Bindung von GTP vom inaktiven in den aktiven Zustand umgeschaltet. Ras ist ein kleines GTP-bindendes Protein mit einer intrinsischen GTPase-Aktivität. Im Ruhezustand hat GDP gebunden. Signale von Rezeptoren aktivieren Guaninnucleotidaustauschfaktoren (GEF), die an kleine G-Proteine wie Ras binden können und GDP entfernen, sodass GTP an dessen Stelle binden kann (Mitte). Die Form von Ras mit gebundenem GTP kann an eine große Zahl von Effektoren binden, die dadurch zur Membran gebracht werden. Im Lauf der Zeit hydrolsyiert die intrinsische GTPase-Aktivität von Ras das GTP zu GDP. GTPase-aktivierende Proteine (GAP) können die Hydrolyse von GTP zu GDP beschleunigen, sodass das Signal schneller abgeschaltet wird.

Translation an die G-Proteine angehängt. Die G-Proteine fungieren also als molekulare Schalter, indem sie angeschaltet werden, wenn ein Zelloberflächenrezeptor aktiviert wird, und die dann automatisch wieder abgeschaltet werden. Jedes G-Protein besitzt seine eigenen spezifischen GEF und GAP, die für die Spezifität des jeweiligen Signalweges verantwortlich sind.

Einen anderen Typ von G-Proteinen repräsentiert die Gruppe der größeren heterotrimeren G-Proteine, die mit einer bestimmten Klasse von Rezeptoren assoziiert sind. Dies sind die G-Protein-gekoppelten Rezeptoren, die wir in diesem Kapitel noch besprechen werden.

6.5 Signalproteine werden durch eine Reihe verschiedener Mechanismen zur Membran gelenkt

Ein wichtiger Schritt bei der Signalübertragung von Transmembranrezeptoren ist die Mobilisierung von intrazellulären Signalproteinen zur Plasmamembran. Wie wir bereits erfahren haben, kann ein Mobilisierungsmechanismus darin bestehen, dass der Rezeptor selbst (oder ein assoziiertes Gerüstprotein) an Tyrosinresten phosphoryliert wird und anschließend Signalproteine mit einer SH2-Domäne zum Rezeptor gelenkt werden (Abb. 6.6). Ein anderer Mechanismus ist die Aktivierung von membranassoziierten kleinen G-Proteinen, die dann Signalmoleküle zur Membran lenken.

Ein dritter Mobilisierungsmechanismus ist die lokal begrenzte Produktion von modifizierten Membranlipiden nach einer Rezeptoraktivierung. Diese Lipide werden bei der Phosphorylierung des Membranphospholipids Phosphatidylinositol durch Enzyme erzeugt, die man als **Phosphatidylinositol-Kinasen** bezeichnet und deren Aktivierung von einem Rezeptorsignal ausgelöst wird. Die Inositolkopfgruppe des Phosphatidylinositols ist ein Zuckerring, der an einer oder mehreren Positionen phosphoryliert werden kann, sodass sehr viele verschiedene Derivate entstehen können. Dabei interessieren wir uns hier am meisten für Phosphatidylinositol-4,5-bisphosphat (PIP_2) und Phosphatidylinositol-3,4,5-trisphosphat (PIP_3), das durch das Enzym **Phosphatidylinositol-3-Kinase (PI-3-Kinase)** (Abb. 6.6) aus

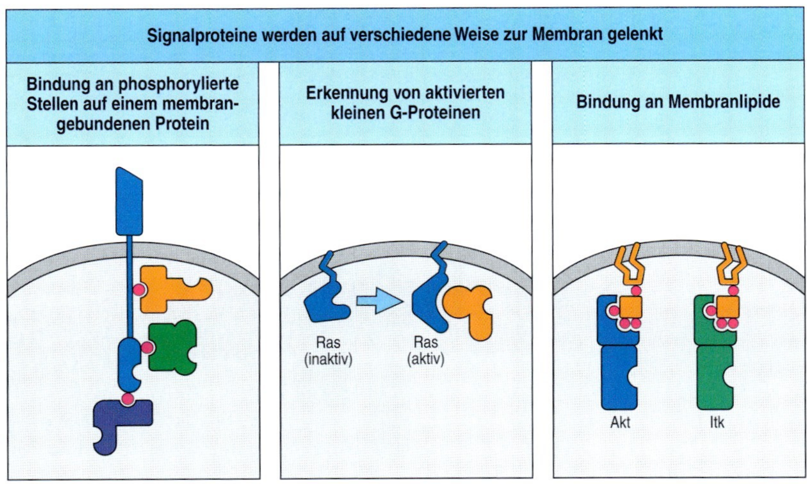

6.6 Signalproteine können auf verschiedene Weise zur Membran gelenkt werden. Da der aktivierte Rezeptor normalerweise in der Plasmamembran lokalisiert ist, besteht ein wichtiger Bestandteil der intrazellulären Signalübertragung darin, dass die Signalproteine zur Membran gelenkt werden. Die Phosphorylierung von Tyrosinresten in Proteinen, die mit der Membran assoziiert sind, wie etwa beim Rezeptor selbst, mobilisiert phosphotyrosinbindende Proteine (links). Kleine G-Proteine wie Ras können über Lipidverknüpfungen mit der Membran assoziiert sein. Werden sie aktiviert, können sie an eine große Vielzahl von Signalproteinen binden (Mitte). Signalproteine werden auch durch Bindung an Lipidsignalmoleküle zur Membran gelenkt, die als Ergebnis einer Rezeptoraktivierung in der Membran produziert wurden. In diesem Beispiel führt die Aktivierung des Lipidmodifikationsenzyms PI-3-Kinase (PI3K) an der Membran durch Phosphorylierung von PIP_2 zur lokal begrenzten Produktion des Membranlipids PIP_3. Signalproteine wie die Kinasen Akt oder Itk, besitzen PH- oder PX-Domänen (Abb. 6.2), die PIP_3 binden. Die Produktion von Lipiden wie PIP_3 lenkt Signalmoleküle zur Membran.

PIP_2 erzeugt wird. Die PI-3-Kinase wird durch Wechselwirkung ihrer SH2-Domäne mit einem an Tyrosinresten phosphorylierten Rezeptorschwanz zur Membran gelenkt. Die Membranphosphoinositide werden schnell nach der Aktivierung des Rezeptors gebildet und sind relativ kurzlebig, wodurch sie als Signalmoleküle sehr gut geeignet sind. PIP_3 wird spezifisch durch Proteine erkannt, die eine pleckstrinhomologe Domäne (PH-Domäne) oder eine PX-Domäne (Abb. 6.2) enthalten. Eine der Funktionen von PIP_3 besteht darin, solche Proteine zur Membran zu lenken.

6.6 Signalübertragungsproteine sind in der Plasmamembran in Strukturen organisiert, die man als Lipidflöße bezeichnet

Aktuelle Befunde deuten darauf hin, dass die Mobilisierung von Signalproteinen zur Plasmamembran auch durch deren Lipidzusammensetzung reguliert werden kann. Bei eukaryotischen Zellen trennen sich verschiedene Arten von Lipiden in der Membran und bilden Strukturen, die man als glykolipidhaltige Mikrodomänen (*glycolipid-enriched microdomains*, GEM), detergensunlösliche glykolipidreiche Domänen (*detergent-insoluble glycoli-*

die Lipidflöße in der Membran sind spezialisierte Regionen der Zellmembran, die mit gesättigten Lipiden und Cholesterin angereichert sind; mit GPI verknüpfte Proteine und acylierte Proteine wie die Kinasen der Src-Familie kommen in Lipidflößen vor

mit GPI verknüpftes Protein
gesättigtes Phospholipid
Sphingolipid
Glykolipid
Cholesterin
Phosphatidylinositol
Rezeptor
ungesättigtes Phospholipid
Kinase der Src-Familie

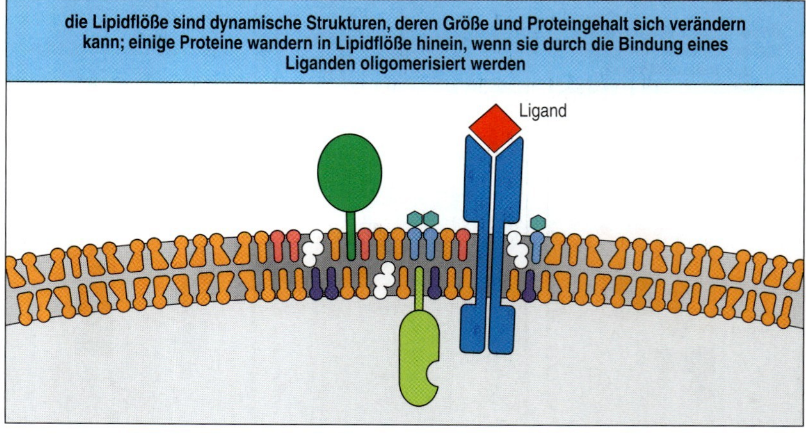

6.7 Signalmoleküle sind mit spezialisierten Regionen der Membran assoziiert, die man als Lipidflöße bezeichnet. Zellmembranen bestehen aus einem Gemisch von verschiedenen Phospholipiden, die gesättigte und ungesättigte Fettsäureketten enthalten (oben). Da Lipide physikalische Unterschiede aufweisen und Proteine bevorzugt mit bestimmten Lipiden assoziieren, können sich spezialisierte Membrandomänen bilden. Da sich gesättigte Phospholipide dichter zusammenlagern können, sind Membranregionen mit einem erhöhten Anteil an gesättigten Phospholipiden steifer als Regionen mit mehr ungesättigten Phospholipiden. Solche Regionen enthalten zudem einen höheren Anteil von Cholesterin als die übrige Membran, wodurch sich ebenfalls die Steifheit der Membran erhöht. Diese spezialisierten Membranmikrodomänen bezeichnet man aufgrund ihrer besonderen Zusammensetzung als „Membranflöße" oder „Lipidflöße". Lipidflöße enthalten auch mehr von anderen gesättigten Lipiden wie Sphingolipide und Glykolipide. Diese beschränken sich auf die äußere Oberfläche der Membran. Das Phospholipid Phosphatidylinositol kommt vermehrt in der inneren Schicht der Doppelmembran dieser Lipidflöße vor. Mit den Lipidflößen sind viele verschiedene Proteine assoziiert, etwa GPI-gekoppelte Proteine sowie diejenigen intrazellulären Proteine, die bestimmte Acylmodifikationen aufweisen, etwa die mit einem Palmitoylrest gekoppelten Kinasen der Src-Familie. Auch andere Proteine können in die Lipidflöße einwandern. Rezeptoren, die außerhalb der Lipidflöße liegen, können dort hinein wandern, sobald der Rezeptor durch die Bindung eines Liganden oligomerisiert (unten).

pid-rich domains, DIG) oder einfacher als **Lipidflöße** bezeichnet (Abb. 6.7). Die Lipidflöße sind kleine Regionen in der Zellmembran, die mit Cholesterin angereichert sind. Diese hat man ursprünglich entdeckt, weil sie in milden Detergenzien unlöslich sind. Sie enthalten bestimmte Lipide in höherer Konzentration, vor allem Sphingolipide und Cholesterin. Das deutet darauf hin, dass ihre Abtrennung auf den unterschiedlichen biophysikalischen Eigenschaften der Lipide beruht, ähnlich wie bei einer Phasentrennung. In den meisten Zellen machen Lipidflöße etwa 25 bis 50 % der gesamten Plasmamembran aus. Sie sind wahrscheinlich dynamische Strukturen, deren Größe und Proteinzusammensetzung sich ständig ändern.

Das Interesse an den Lipidflößen wurde ursprünglich durch den Befund angeregt, dass sie von bestimmten Signalproteinen mehr enthalten als andere Regionen. Das deutet darauf hin, dass dies die Stellen in der Membran sind, an denen die meiste Signalübertragung erfolgt. Eine mögliche Deutung ist, dass sich Rezeptoren in die Lipidflöße hinein bewegen können, wodurch sie besser mit den wichtigen Signalproteinen in Wechselwirkung treten können. Viele Proteine der Lipidflöße enthalten Lipidanhängsel. Das wiederum deutet darauf hin, dass sie sich aufgrund der Assoziation mit bestimmten Membranlipiden anreichern. Proteine wie Thy-1, die über Glykosylphosphatidylinositol (GPI) mit der Plasmamembran gekoppelt sind, kommen bevorzugt in den Lipidflößen vor, da die Proteine durch Fettsäuren wie Palmitat modifiziert werden. Keines dieser Proteine ist ausschließlich mit den Lipidflößen assoziiert, da sie auch in anderen Regionen der Membran vorkommen.

6.7 Der Proteinabbau besitzt eine wichtige Funktion bei der Beendigung von Signalreaktionen

Genauso wichtig wie die Mechanismen, die die Signalübertragung in Gang setzen, sind diejenigen Mechanismen, die sie wieder abschalten. Am häufigsten wird die Signalübertragung durch einen gezielten Proteinabbau oder die Dephosphorylierung von Signalproteinen durch Proteinphosphatasen (Abb. 6.8) beendet. Proteine werden meistens durch die kovalente

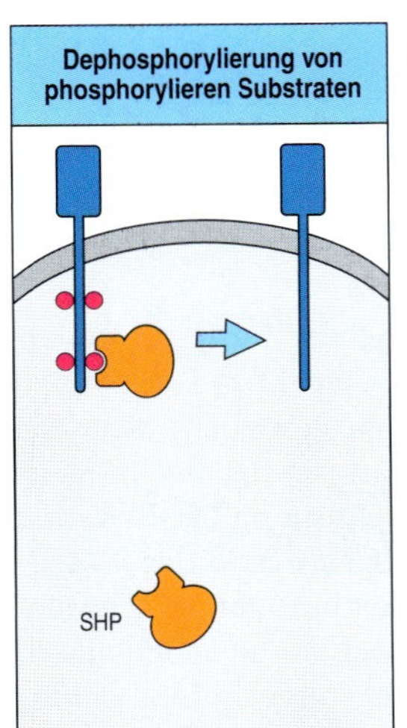

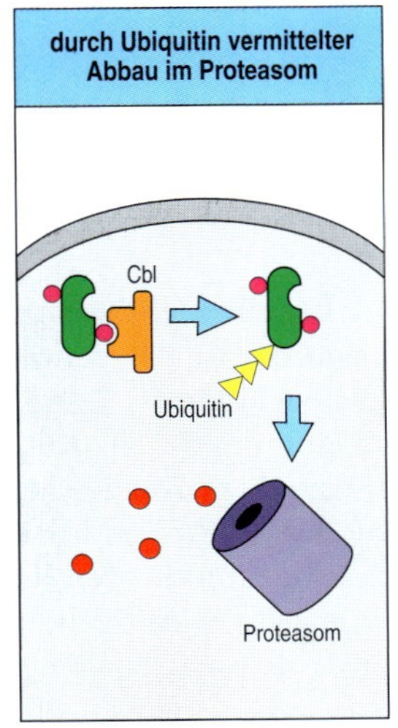

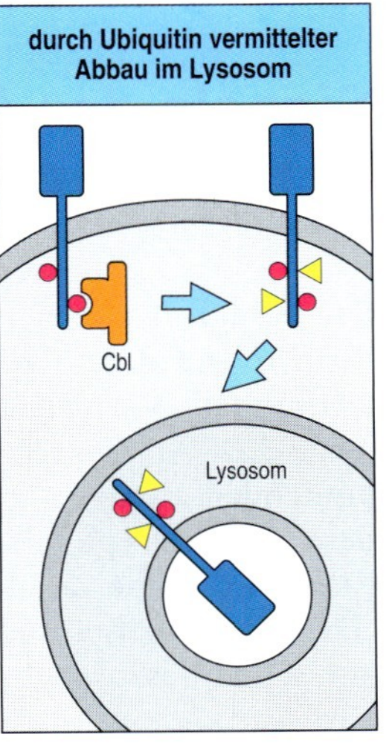

6.8 Die Signalübertragung muss sowohl angeschaltet als auch abgeschaltet werden. Ist es nicht möglich, Signalübertragungswege abzuschalten, kann das zu schweren Erkrankungen wie Autoimmunität oder Krebs führen. Da ein relevanter Anteil von Signalereignissen auf der Phosphorylierung von Proteinen beruht, spielen Proteinphosphatasen wie SHP eine wichtige Rolle beim Abschalten von Signalwegen (links). Ein anderer häufiger Mechanismus für das Beenden einer Signalübertragung ist der regulierte Proteinabbau (Mitte und rechts). Phosphorylierte Proteine mobilisieren Ubiquitin-Ligasen (beispielsweise Cbl), die das kleine Protein Ubiquitin an Proteine anheften und diese so für den Abbau markieren. Cytoplasmatische Proteine werden durch Ubiquitin für den Abbau in Proteasomen markiert (Mitte). Wenn Membranrezeptoren ubiquitiniert wurden, werden sie in die Zelle aufgenommen und zu den Lysosomen transportiert (rechts).

Anheftung von einem oder mehreren Molekülen des kleinen Proteins **Ubiquitin** für einen Abbau markiert. Enzyme mit der Bezeichnung Ubiquitin-Ligase hängen Ubiquitin an Lysinreste auf den Zielproteinen. Diese Enzyme bestimmen auch die Substratspezifität der Reaktion. Eine wichtige Ubiquitin-Ligase im Immunsystem ist **Cbl**. Das Enzym erkennt seine Substrate über seine SH2-Domäne. Cbl kann also spezifische Zielproteine binden, die an Tyrosinresten phosphoryliert sind, und verknüpft sie mit Ubiquitin. Proteine, die Ubiquitin erkennen, schleusen ubiquitinierte Proteine in abbauende Reaktionswege ein. Mit Ubiquitin verknüpfte Membranproteine wie Rezeptoren werden in Lysosomen abgebaut. Cytosolische Proteine, die mit Ubiquitin verknüpft sind, werden zu Proteasomen gelenkt (Abb. 6.8).

Zusammenfassung

Zelloberflächenrezeptoren bilden die vorderste Linie bei der Wechselwirkung der Zelle mit ihrer Umgebung. Sie erfassen extrazelluläre Ereignisse und wandeln sie in biochemische Signale für die Zelle um. Da sich die meisten Rezeptoren in der Plasmamembran befinden, besteht ein entscheidender Schritt bei der Übertragung von extrazellulären Signalen in das Innere der Zelle darin, dass intrazelluläre Proteine zur Membran gelenkt werden und sich die Zusammensetzung der Membran in der Umgebung des Rezeptors verändert. Sobald sich das Signal in der Zelle befindet, wird es auf intrazelluläre Proteine übertragen, die häufig große Multiproteinkomplexe bilden. Die spezifische Zusammensetzung eines solchen Komplexes bestimmt die Eigenschaften der Signalreaktion. Die Bildung von Signalkomplexen wird über eine große Vielzahl verschiedener Wechselwirkungsdomänen vermittelt, die in Proteinen vorkommen. Häufig wird das Signal durch die enzymatische Produktion von kleinen Signalmolekülen als Zwischenstufe, den sogenannten Second-Messenger-Molekülen, innerhalb der Zelle verstärkt. Zur Beendigung einer Signalübertragung ist eine Dephosphorylierung von Proteinen erforderlich, oder es kommt zu einem regulierten Proteinabbau.

Signale der Antigenrezeptoren und die Aktivierung von Lymphocyten

Die Fähigkeit von T- und B-Zellen, ihre spezifischen Antigene zu erkennen und darauf zu reagieren, ist der zentrale Aspekt der adaptiven Immunität. Wie bereits in den Kapiteln 3 und 4 beschrieben, bestehen der B-Zell-Antigenrezeptor und der T-Zell-Antigenrezeptor aus antigenbindenden Ketten – den schweren und leichten Immunglobulinketten des B-Zell-Rezeptors sowie der TCRα- und der TCRβ-Kette des T-Zell-Rezeptors. Diese variablen antigenbindenden Ketten besitzen eine ausgezeichnete Spezifität für ihr jeweiliges Antigen, jedoch keine Möglichkeit, ein Signal auszusenden. Im voll funktionsfähigen Antigenrezeptorkomplex sind sie mit invarianten akzessorischen Proteinen assoziiert, die die

Signalübertragung in Gang setzen, wenn die Rezeptoren ein extrazelluläres Antigen binden. Die Zusammenlagerung mit diesen akzessorischen Proteinen ist auch für den Transport des Rezeptors an die Zelloberfläche erforderlich. In diesem Teil des Kapitels beschreiben wir die Struktur des Antigenrezeptorkomplexes von B- und T-Zellen sowie die Signalwege, die von ihnen ausgehen.

Die Bindung eines Antigens an einen naiven Lymphocyten allein reicht für eine Aktivierung nicht aus. Wir werden uns also auch mit den Signalen von Corezeptoren und costimulierenden Rezeptoren befassen, die bei der Aktivierung eines naiven Lymphocyten mitwirken.

6.8 Die variablen Ketten der Antigenrezeptoren sind mit invarianten akzessorischen Ketten verknüpft, die die Signalfunktion des Rezeptors übernehmen

Der antigenbindende Teil des B-Zell-Rezeptors besitzt selbst keine Signalfunktion. An der Zelloberfläche ist das antigenbindende Immunglobulin mit invarianten akzessorischen Proteinketten verknüpft, die man als **Igα** und **Igβ** bezeichnet. Sie sind sowohl für den Transport des Immunglobulins an die Zelloberfläche als auch für die Signalfunktion des B-Zell-Rezeptors erforderlich. Den vollständig funktionsfähigen Proteinkomplex bezeichnet man auch als **B-Zell-Rezeptor-Komplex**. Igα und Igβ assoziieren mit den schweren Ketten der Immunglobuline, die für die Zellmembran bestimmt sind, und ermöglichen ihren Transport an die Zelloberfläche. So ist sichergestellt, dass nur vollständig zusammengebaute B-Zell-Rezeptor-Komplexe auf der Zelle vorhanden sind. Igα und Igβ sind Proteine mit einer einzigen Kette. Sie enthalten am aminoterminalen Ende eine immunglobulinähnliche Domäne, die über eine Transmembrandomäne mit einem cytoplasmatischen Schwanz verknüpft ist. Sie bilden ein Heterodimer, das über Disulfidbrücken zusammengehalten wird, und sind nichtkovalent mit jeweils einem Immunglobulinmolekül an der Zelloberfläche verbunden. Der vollständige B-Zell-Rezeptor bildet wahrscheinlich einen Komplex aus sechs Ketten – zwei identischen leichten Ketten, zwei identischen schweren Ketten, einer Igα- und einer Igβ-Kette (Abb. 6.9).

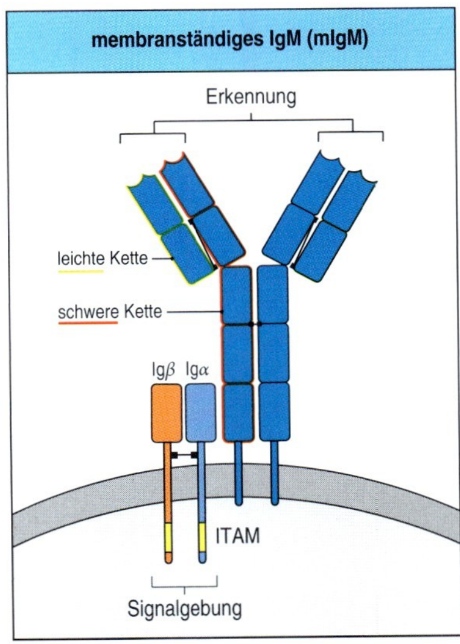

6.9 Der B-Zell-Rezeptor-Komplex besteht aus Zelloberflächenimmunglobulinen und jeweils einem invarianten Protein Igα und Igβ. Das Immunglobulin erkennt ein Antigen und bindet daran, kann aber selbst kein Signal erzeugen. Es ist mit den Signalmolekülen Igα und Igβ assoziiert, die keine Antigenspezifität besitzen. Diese enthalten in ihren cytoplasmatischen Schwänzen ein einzelnes ITAM (*immunoreceptor tyrosine-based activation motif*) (gelb). Damit können sie ein Signal erzeugen, wenn der B-Zell-Rezeptor ein Antigen gebunden hat. Igα und Igβ bilden über die Verknüpfung durch Disulfidbrücken ein Heterodimer, das mit den schweren Ketten assoziiert ist. Es ist jedoch nicht bekannt, welches der beiden Moleküle an die schwere Kette bindet.

Jede Igα- und jede Igβ-Kette enthält eine Kopie des konservierten Sequenzmotivs, das man als **ITAM** (*immunoreceptor tyrosine-based activation motif*) bezeichnet. Das Sequenzmotiv ist essenziell, damit der Rezeptor Signale aussenden kann. Es kommt auch in den Signalketten des T-Zell-Rezeptors und in den Signalketten des NK-Zell-Rezeptors (Kapitel 2) vor, außerdem in den Rezeptoren für Immunglobuline (Fc-Rezeptoren) auf Mastzellen, Makrophagen, Monocyten, neutrophilen Zellen und natürlichen Killerzellen. ITAMs enthalten Tyrosinreste, die von assoziierten Kinasen phosphoryliert werden, wenn der Rezeptor seinen Liganden bindet. Diese Stellen dienen dazu, Signalproteine zu mobilisieren (siehe oben in diesem Kapitel). Sie bestehen aus zwei YXXL/I-Motiven, die durch sechs bis neun Aminosäuren voneinander getrennt sind. Dabei steht Y für Tyrosin, L für Leucin, I für Isoleucin und X für eine beliebige Aminosäure. Die Consensussequenz von ITAM lässt sich folgendermaßen darstellen: ...YXX[L/I]X_{6-9}YXX[L/I]... .

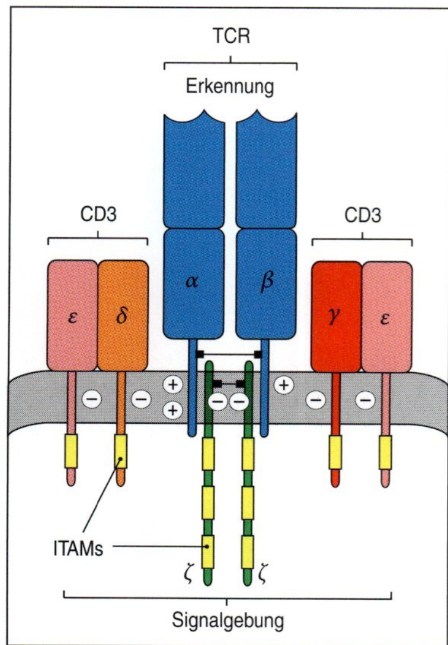

6.10 Der T-Zell-Rezeptor-Komplex besteht aus Antigenerkennungsproteinen und invarianten Signalproteinen. Das α:β-Heterodimer des T-Zell-Rezeptors erkennt seinen Peptid:MHC-Liganden und bindet daran, kann jedoch an die Zelle kein Signal aussenden, dass ein Antigen gebunden hat. Im funktionsfähigen Rezeptorkomplex sind α:β-Heterodimere mit einem Komplex aus vier anderen Signalproteinketten assoziiert (zwei ε-Ketten, eine δ- und eine γ-Kette). Diesen Komplex bezeichnet man mit CD3. Er ist für die Oberflächenexpression der antigenbindenden Proteinketten und für die Signalgebung erforderlich. Der Zelloberflächenrezeptorkomplex ist zudem mit einem Homodimer von ζ-Ketten assoziiert, die ebenfalls Sequenzen enthalten, welche dem Inneren der Zelle nach der Antigenbindung Signale übermitteln. Alle diese Proteinketten enthalten ein ähnliches Signalmotiv, das sogenannte ITAM. Jede CD3-Kette enthält ein ITAM (gelber Bereich), jede ζ-Kette sogar drei. Die Transmembranregionen von jeder Kette tragen wie dargestellt entweder positive oder negative Ladungen. Man nimmt jetzt an, dass eine der positiven Ladungen der α-Kette mit den beiden negativen Ladungen des δ:ε-Dimers von CD3 interagiert, während die andere positive Ladung mit dem ζ-Homodimer in Wechselwirkung tritt. Die positive Ladung der β-Kette interagiert mit den negativen Ladungen im γ:ε-Dimer von CD3.

In den T-Zellen reicht das hoch variable α:β-Heterodimer des TCR (Kapitel 4) ebenfalls nicht aus, um einen vollständigen Zelloberflächenrezeptor zu bilden. Wenn die Zellen mit cDNAs transfiziert werden, die die TCRα- und die TCRβ-Kette codieren, werden die entstehenden Heterodimere abgebaut und erscheinen nicht an der Zelloberfläche. Das lässt darauf schließen, dass für die Expression des T-Zell-Rezeptors auf der Zelloberfläche andere Moleküle erforderlich sind. Es handelt sich dabei um die Proteinketten CD3γ, CD3δ und CD3ε, die zusammen den CD3-Komplex bilden, und die ζ-Kette, die als Homodimer mit Disulfidbrücken vorliegt. Die CD3-Proteine enthalten eine extrazelluläre immunglobulinähnliche Domäne, während die ζ-Kette nur eine kurze extrazelluläre Domäne besitzt.

Die genaue Stöchiometrie des **T-Zell-Rezeptor-Komplexes** ist noch nicht bekannt, aber wahrscheinlich interagiert die α-Kette des Rezeptors mit einem CD3δ:CD3ε-Dimer und dem ζ-Dimer, während die β-Kette des Rezeptors mit einem CD3γ:CD3ε-Dimer in Wechselwirkung tritt (Abb. 6.10). Diese Wechselwirkungen werden durch zwei positive Ladungen in der Transmembranregion von TCRα und eine positive Ladung in der Transmembranregion von TCRβ vermittelt. Negative Ladungen in den Transmembranregionen von CD3 und ζ interagieren mit den positiven Ladungen in der α- und der β-Kette. Die Zusammenlagerung von CD3 mit dem α:β-Heterodimer stabilisiert das Dimer, sodass der Komplex nun zur Plasmamembran transportiert werden kann. Dadurch ist sichergestellt, dass alle T-Zell-Rezeptoren, die sich auf der Plasmamembran befinden, korrekt zusammengesetzt sind. Aktuelle Befunde deuten darauf hin, dass die Zusammensetzung des T-Zell-Rezeptors dynamisch ist und sich nach der Stimulation des Rezeptors durch seinen Liganden ändern kann.

Signale des T-Zell-Rezeptor-Komplexes sind davon abhängig, dass in CD3ε, -γ, -δ, und -ζ ein ITAM-Sequenzmotiv wie in Igα und Igβ vorhanden ist. CD3γ, -δ und -ε enthalten jeweils nur ein einziges ITAM, während die beiden ζ-Ketten jeweils in drei Kopien vorliegen. Dadurch enthält der T-Zell-Rezeptor-Komplex insgesamt zehn ITAMs.

6.9 Lymphocyten sind gegenüber ihren spezifischen Antigenen sehr sensitiv

Um eine wirksame Immunantwort hervorzubringen, müssen T-Zellen und B-Zellen auf ihr spezifisches Antigen reagieren, selbst wenn es nur in äußerst geringen Konzentrationen vorkommt. Das trifft besonders auf T-Zellen zu, da die antigenpräsentierende Zelle auf ihrer Oberfläche viele verschiedene Peptide darbietet, die sowohl aus körpereigenen als auch körperfremden Proteinen stammen. Dadurch ist die Anzahl von Peptid:MHC-Komplexen, für die ein bestimmter T-Zell-Rezeptor spezifisch ist, wahrscheinlich sehr gering. Eine naive CD4-T-Zelle kann aktiviert werden, wenn nur etwa zehn bis fünfzig Antigenpeptid:MHC-Komplexe an der Oberfläche der antigenpräsentierenden Zelle exprimiert werden. Eine cytotoxische CD8-T-Effektorzelle ist sogar noch empfindlicher: Sie kann offenbar stimuliert werden, eine Zelle abzutöten, wenn ein bis drei Peptid:MHC-Komplexe auf der Zielzelle vorkommen. B-Zellen werden aktiviert, wenn etwa 20 B-Zell-Rezeptoren beteiligt sind.

Die Antigenrezeptoren sind tyrosinkinaseassoziierte Rezeptoren, und wie in Abschnitt 6.1 erläutert wird, werden die meisten Rezeptorproteine dieses Typs aktiviert, wenn zwei oder mehr Rezeptormoleküle aufgrund der Ligandenbindung einen Cluster bilden. Beim B-Zell-Rezeptor erzeugt die Bindung eines monovalenten Antigens an einen einzelnen Rezeptorkomplex kein Signal. Die Signalübertragung wird nur dann in Gang gesetzt, wenn zwei oder mehrere Rezeptoren durch ein multivalentes Antigen miteinander verknüpft oder **quervernetzt** sind. Das ließ sich zuerst mithilfe von Experimenten zeigen, bei denen man spezifische Antikörperfragmente als Liganden für den Rezeptor verwendete (Abb. 6.11). Die Clusterbildung von B-Zell-Rezeptoren durch Quervernetzung stimuliert die Aktivierung ihrer assoziierten Tyrosinkinasen und die Erzeugung eines intrazellulären Signals.

Wie die Bindung des Antigens die Aktivierung der T-Zelle stimuliert, ist weniger bekannt, aber es gibt eine Anzahl von mutmaßlichen Mechanismen. Keiner von ihnen ließ sich bis jetzt im Experiment ausschließen, und möglicherweise spielen von allen bestimmte Bestandteile eine Rolle. Antikörper, die an T-Zell-Rezeptoren binden und sie quervernetzen, können *in vitro* T-Zellen aktivieren. Das deutet darauf hin, dass die Clusterbildung von Rezeptoren ein Mechanismus zur Aktivierung von T-Zellen sein könnte. Da Antigenpeptide jedoch in wesentlich geringerer Anzahl vorkommen als andere Peptide, die an der Oberfläche einer antigenbindenden Zelle präsentiert werden, ist eine Quervernetzung von Rezeptoren über

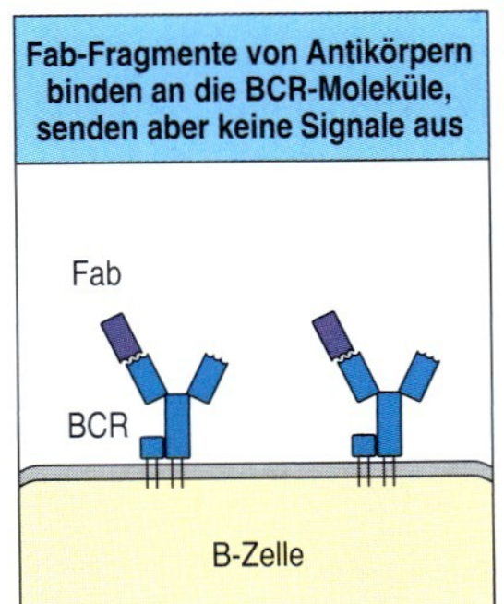

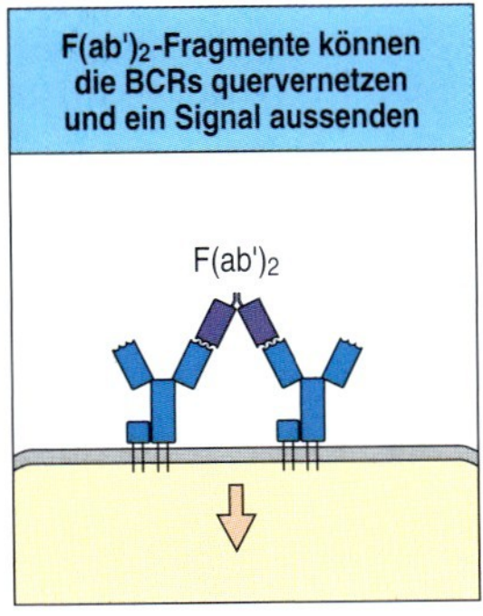

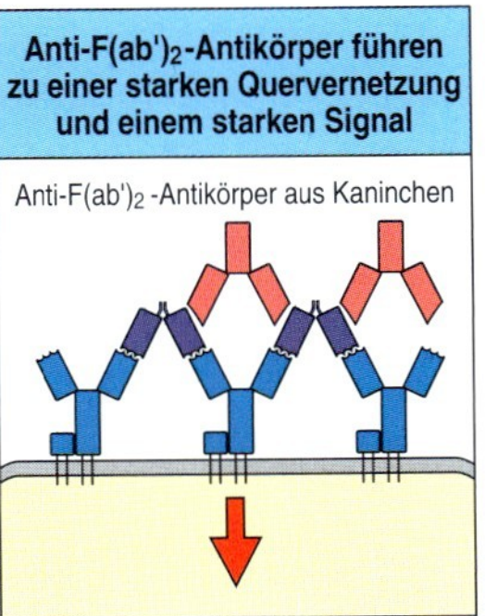

6.11 Die Aktivierung von B-Zellen erfolgt über Quervernetzung des B-Zell-Rezeptors. Fab-Fragmente eines Antiimmunglobulins können an die Rezeptoren binden, bewirken jedoch keine Quervernetzung, sodass keine Aktivierung der B-Zelle erfolgt (links). $F(ab')_2$-Fragmente desselben Antiimmunglobulins, die zwei Bindungsstellen besitzen, können hingegen zwei Rezeptoren miteinander verbinden (Mitte). Dadurch wird für die B-Zelle ein Signal ausgelöst, das allerdings nur schwach ist. Die wirkungsvollste Aktivierung tritt dann ein, wenn die Rezeptoren besonders stark quervernetzt werden. Dabei gibt man zuerst $F(ab')_2$-Fragmente und dann Antikörpermoleküle aus Kaninchen zu, die die gebundenen $F(ab')_2$-Fragmente quervernetzen (rechts). In der natürlichen Situation können multivalente Antigene zu einer umfangreichen Quervernetzung des Rezeptors führen.

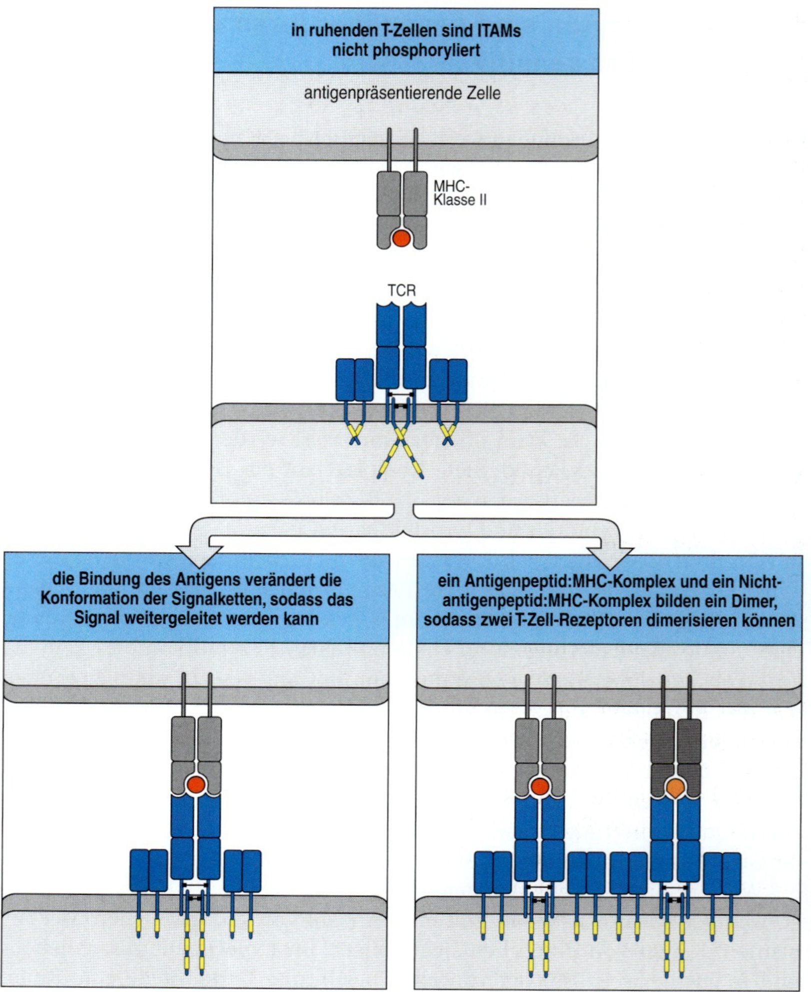

6.12 Denkbare Mechanismen für die Aktivierung des T-Zell-Rezeptors. Da die meisten Peptid:MHC-Komplexe, die sich auf einer antigenpräsentierenden Zelle (APC) befinden, nicht für einen bestimmten T-Zell-Rezeptor (TCR) spezifisch sind, ist es unwahrscheinlich, dass es durch die Dimerisierung zweier identischer Peptid:MHC-Komplexe zur Quervernetzung des Rezeptors kommt. Eine Annahme geht dahin, dass die Bindung eines Peptid:MHC-Komplexes an seinen spezifischen T-Zell-Rezeptor eine Konformationsänderung des T-Zell-Rezeptor-Komplexes bewirkt oder sich dadurch die Zusammensetzung des T-Zell-Rezeptor-Komplexes ändert, was wiederum das zelluläre Programm der Signalgebung auslöst (unten links). Eine andere Vorstellung besagt, dass der Antigenpeptid:MHC-Komplex (pMHC) an der Oberfläche der antigenpräsentierenden Zelle mit einem anderen, Nichtantigenpeptid:MHC-Komplex assoziiert. Dadurch entsteht ein „Pseudodimer", das T-Zell-Rezeptoren quervernetzen könnte. Dieses Modell erfordert, dass das zweite Peptid eine Mindestaffinität für den T-Zell-Rezeptor besitzen muss.

eine Dimerisierung unwahrscheinlich. Eine andere Vorstellung besagt, dass die Clusterbildung der Rezeptoren nicht erforderlich ist; stattdessen soll die Bindung des Antigens Konformationsänderungen des T-Zell-Rezeptors oder Veränderungen in der Zusammensetzung des Signalkomplexes bewirken und so das Signal ausgelöst werden (Abb. 6.12).

Bei weiteren Vermutungen ist die Clusterbildung von Bedeutung. So besagt eine zweite Hypothese, dass die Signalbildung durch die Dimerisierung des T-Zell-Rezeptors ausgelöst wird, wenn an der Oberfläche einer antigenpräsentierenden Zelle eine „Pseudodimer"-Struktur aus Peptid:MHC-Komplexen erkannt wird, die einen Antigenpeptid:MHC-Komplex und einen Nichtantigenpeptid:MHC-Komplex umfassen (Abb. 6.12).

Eine dritte Annahme besteht darin, dass die Rezeptoraktivierung durch die Bildung einer **immunologischen Synapse** gefördert wird. Diese Struktur bildet sich um die Kontaktstelle zwischen einer T-Zelle und ihrer antigenpräsentierenden Zelle als Folge einer Umstrukturierung von Membranproteinen der T-Zelle (Abb. 6.13). T-Zell-Rezeptoren sowie assoziierte Corezeptoren und Signalproteine sammeln sich an der Kontaktstelle an, während Proteine, die die Signalbildung hemmen wie etwa Tyrosinphosphatasen, ausgeschlossen sind. In bestimmten Fällen entstehen an der Oberfläche der Kontaktstellen zwei Bereiche: eine Zentralregion, die man als zentralen supramolekularen Aktivierungskomplex (**c-SMAC**) bezeichnet, sowie eine äußere Region, der periphere supramolekulare Aktivierungskomplex (**p-SMAC**). Der c-SMAC enthält die meisten Signalproteine, von denen bekannt ist, dass sie bei der T-Zell-Aktivierung von Bedeutung sind. Beim p-SMAC fällt vor allem das Vorhandensein des Integrins LFA-1 und des Cytoskelettproteins Talin auf. Die Funktion der immunologischen Synapse steht zurzeit im Mittelpunkt zahlreicher Forschungen. Man nimmt an, dass diese Struktur bei der Signalregulation eine wichtige Rolle spielt. Wie wir in Kapitel 8 feststellen werden, ist sie auch an der direkten Freisetzung von Cytokinen und Cytotoxinen durch T-Effektorzellen beteiligt, wenn diese mit ihren Zielzellen in Kontakt stehen.

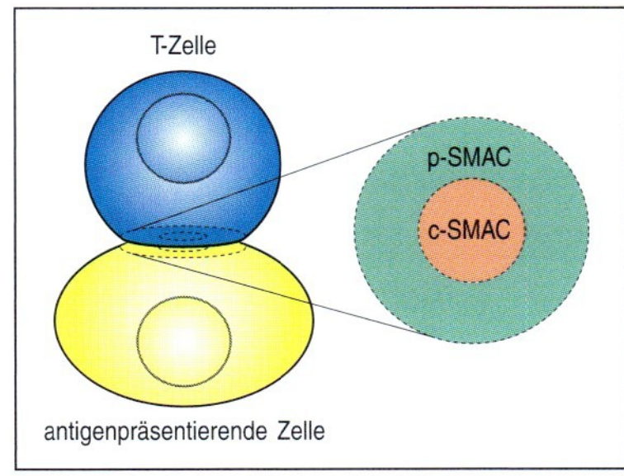

c-SMAC	p-SMAC
TCR CD2 CD4 CD8 CD28 PKC-θ	LFA-1 ICAM-1 Talin

6.13 Proteine in der Kontaktzone zwischen der T-Zelle und der antigenpräsentierenden Zelle bilden eine Struktur, die man als immunologische Synapse bezeichnet. Das Zentrum der Kontaktzone enthält in größerer Zahl an T-Zell-Rezeptoren, die Corezeptoren CD4 und CD8, den costimulierenden Rezeptor CD28, das Adhäsionsmolekül CD2 und die Signalproteinkinase PKC-θ (Abschnitt 6.16). Diesen Bereich bezeichnet man als zentralen supramolekularen Aktivierungskomplex (c-SMAC). Außerhalb von c-SMAC ist ein Bereich, der größere Mengen des Integrins LFA-1, des Zelladhäsionsmoleküls ICAM-1 und des Cytoskelettproteins Talin enthält. Man bezeichnet diese Region als peripheren supramolekularen Aktivierungskomplex (p-SMAC).

6.10 Die Antigenbindung führt zur Phosphorylierung der ITAM-Sequenzen, die mit den Antigenrezeptoren assoziiert sind

Die Phosphorylierung der beiden Tyrosinreste in den ITAM-Sequenzen bildet das erste intrazelluläre Signal dafür, dass der Lymphocyt sein spezifisches Antigen erkannt hat. Da sich die Signalwege stark ähneln, wollen wir uns hier zuerst mit den Signalen befassen, die durch den T-Zell-Rezeptor übertragen werden, und diesen Signalweg bis in den Zellkern verfolgen. Dann werden wir uns wieder dem B-Zell-Rezeptor zuwenden.

Bei T-Zellen sind wahrscheinlich zwei Proteintyrosinkinasen der Src-Familie – Lck und Fyn – für die Phosphorylierung der ITAM-Sequenzen im T-Zell-Rezeptor verantwortlich (Abb. 6.14). **Lck** ist meistens konstitutiv mit der cytoplasmatischen Domäne der Corezeptormoleküle CD4 und CD8 assoziiert (Abschnitt 3.17). **Fyn** ist schwach mit den cytoplasmatischen Domänen der ζ- und CD3-Ketten assoziiert. Es ist noch nicht geklärt, wie die Antigenerkennung Fyn und Lck tatsächlich stimuliert, die ITAM-Sequenzen zu phosphorylieren, aber wahrscheinlich kommt es zu einer Clusterbildung der Rezeptoren (Abschnitt 6.9).

Wenn der T-Zell-Rezeptor-Komplex mit den Corezeptoren CD4 und CD8 assoziiert ist, erfolgt die Signalübertragung optimal. CD4 bindet an MHC-Klasse-II-Moleküle und bildet daher Cluster mit T-Zell-Rezeptoren, die Peptid:MHC-Klasse-II-Liganden erkennen (Abschnitt 3.17). Entsprechend bindet CD8 an MHC-Klasse-I-Moleküle und bildet so Cluster mit T-Zell-Rezeptoren, die für MHC-Klasse I spezifisch sind. Die Assoziation des T-Zell-Rezeptors mit dem passenden Corezeptor unterstützt die Stimulation der Signalübertragung, indem die Lck-Tyrosinkinase, die mit dem Corezeptor assoziiert ist, mit den ITAM- und anderen Zielsequenzen, die wiederum mit den cytoplasmatischen Domänen des T-Zell-Rezeptor-Komplexes assoziiert sind, zusammengebracht wird (Abb. 6.14). Corezeptoren stabilisieren wahrscheinlich die wenig affine Wechselwirkung zwischen dem T-Zell-Rezeptor und einem MHC-Molekül.

Die Aktivierung der Kinasen der Src-Familie ist der erste Schritt in einem Signalweg, der das Signal auf viele verschiedene Moleküle überträgt. Wie viele andere Signalproteine sind auch die Src-Kinasen mit der inneren Schicht der Plasmamembran assoziiert, wodurch die Assoziation mit den

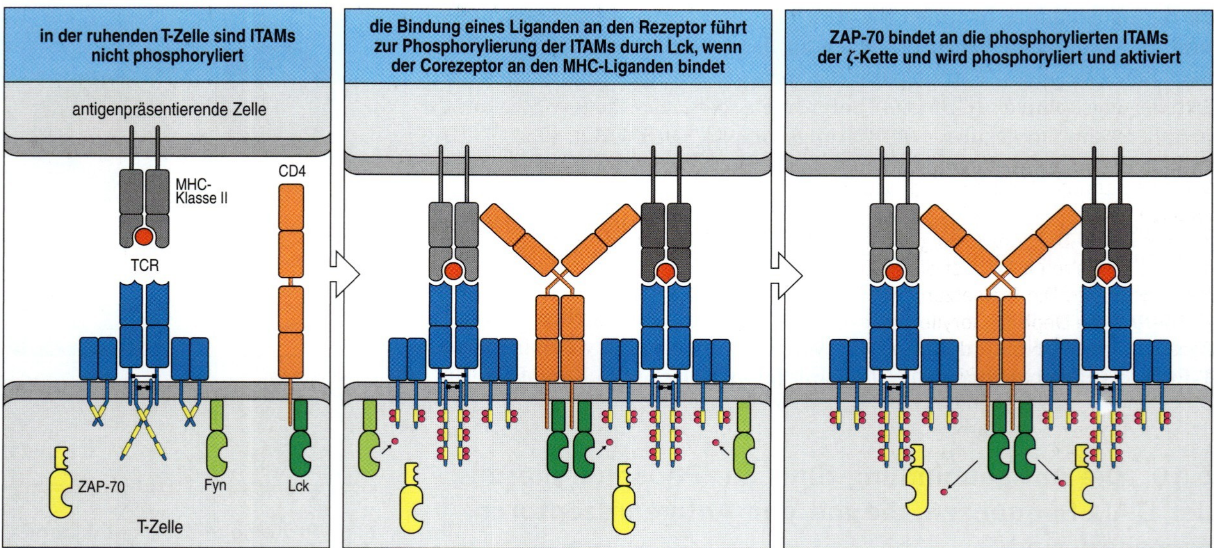

6.14 Die Clusterbildung von Corezeptoren mit dem T-Zell-Rezeptor kann die Phosphorylierung des T-Zell-Rezeptors verstärken. Werden T-Zell-Rezeptoren und Corezeptoren zusammengebracht, indem sie Peptid:MHC-Komplexe an der Oberfläche einer antigenpräsentierenden Zelle binden, kommt es durch die Mobilisierung der mit dem Corezeptor assoziierten Kinase Lck und der Aktivierung der mit dem Rezeptor assoziierten Kinase Fyn zur Phosphorylierung der ITAM-Sequenzen in CD3γ, -δ und -ε und in der ζ-Kette (erstes und zweites Bild). Die Tyrosinkinase ZAP-70 bindet an die phosphorylierten ITAM-Sequenzen der ζ-Kette und wird anschließend durch Lck phosphoryliert und aktiviert (drittes Bild). Die Röntgenstruktur von CD4 deutet darauf hin, dass das Lck-Molekül, das mit der cytoplasmatischen Domäne von CD4 assoziiert ist, bei der Bindung eines einzelnen CD4-Moleküls an den Peptid:MHC-Komplex zu weit entfernt ist, um den T-Zell-Rezeptor zu phosphorylieren, der an dasselbe MHC-Molekül gebunden hat (CD4 muss sich biegen, um mit einem MHC-Molekül in Kontakt zu treten). Das stützt die Vorstellung, dass die Clusterbildung der T-Zell-Rezeptoren und CD4-Moleküle notwendig ist, damit Lck einen benachbarten T-Zell-Rezeptor im Cluster phosphorylieren kann.

Rezeptoren möglich ist. Die Src-Kinasen werden durch die posttranslationale Anheftung von Myristat zur Membran gelenkt; einige Src-Kinasen werden zusätzlich mit Palmitat modifiziert, sodass sie in die Lipidflöße gelenkt werden (Abschnitt 6.6).

Die Kinasen der Src-Familie enthalten vor der Kinasedomäne eine SH3-Domäne und eine SH2-Domäne. Aufgrund intramolekularer Wechselwirkungen zwischen diesen Domänen und dem übrigen Protein bleiben sie inaktiv. Die Wechselwirkungen basieren auf der Phosphorylierung eines inhibitorischen Tyrosinrestes am Carboxylende des Proteins und der Wechselwirkung der SH3-Domäne mit einer Linker-Domäne zwischen der SH2- und der Kinasedomäne (Abb. 6.15). Eine Proteintyrosinkinase mit der Bezeichnung **C-terminale Src-Kinase** (**Csk**) phosphoryliert das inhibitorische Tyrosin. Die Dephosphorylierung des Tyrosinrestes am Carboxylende oder die Bindung von Liganden an die SH2- oder die SH3-Domäne löst die inaktive Konformation der Kinase auf. Die Aktivierung wird darüber hinaus noch durch die Phosphorylierung der Kinase an einem Tyrosin in der katalytischen Domäne stimuliert. Bei Lymphocyten besitzt die Tyrosinphosphatase CD45 eine wichtige Funktion, um die Src-Kinasen in einem nur teilweise aktiven dephosphorylierten Zustand zu stabilisieren, da die Phosphatase beide Tyrosinphosphorylierungsstellen dephosphorylieren kann.

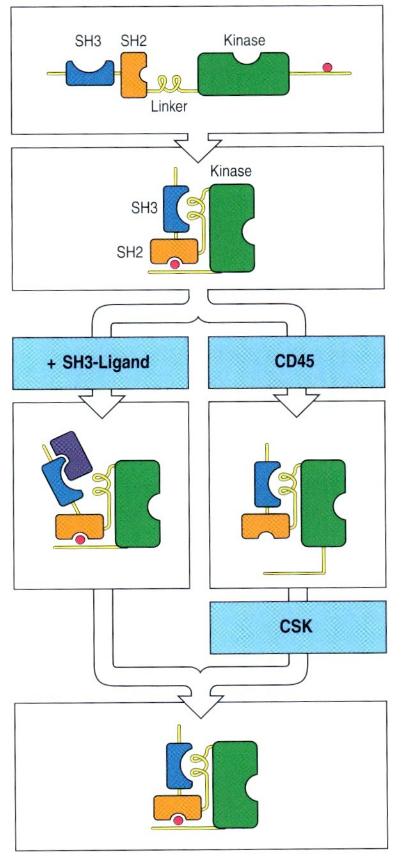

6.15 Allgemeiner Mechanismus für die Aktivierung der Src-Kinasen. Src-Kinasen enthalten vor der Kinasedomäne (grün) eine SH3-Domäne (blau) und eine SH2-Domäne (rot). Im inaktiven Zustand wird die Kinasedomäne durch Wechselwirkungen mit der SH2- und mit der SH3-Domäne festgehalten, wodurch die Beweglichkeit der beiden Lappen der Kinasedomäne eingeschränkt ist. Die SH2-Domäne interagiert mit einem phosphorylierten Tyrosinrest am Carboxylende der Kinasedomäne. Die SH3-Domäne interagiert mit mit einer Prolinsequenz (P), die in einer Linker-Sequenz (farbige Line) zwischen der SH2-Domäne und der Kinasedomäne enthalten ist. So ist die SH3-Domäne am oberen Lappen der Kinasedomäne befestigt. Die Freisetzung der SH2- oder der SH3-Domäne kann die Kinase aktivieren. Die Dephosphorylierung des Tyrosinrestes am Carboxylende durch die Phosphatase CD45 führt dazu, dass die SH2-Domäne freigegeben und die Kinase aktiviert wird. Durch die Bindung eines Liganden an die SH3-Domäne wird die SH3-Domäne freigegeben und die Kinase aktiviert. Die erneute Phosphorylierung des Tyrosinrestes am Carboxylende durch die C-terminale Src-Kinase (Csk) oder der Verlust des SH3-Liganden versetzt die Kinase wieder in den inaktiven Zustand.

6.11 Bei den T-Zellen binden vollständig phosphorylierte ITAM-Sequenzen an die Kinase ZAP-70 und machen sie einer Aktivierung zugänglich

Das phosphorylierte YXXL/I-Sequenzmotiv ist eine Bindungsstelle für die SH2-Domäne (Abb. 6.2). Der genaue Abstand zwischen den beiden Sequenzmotiven in einem ITAM-Element deutet darauf hin, dass es sich hier um eine Bindungsstelle für ein Signalmolekül mit zwei SH2-Domänen handelt. Bei den T-Zellen ist es die Tyrosinkinase **ZAP-70** (**ζ-Ketten-assoziiertes Protein**), die für die weitere Signalübertragung verantwortlich ist. ZAP-70 enthält zwei SH2-Domänen, die tandemartig hintereinander angeordnet sind. Beide Domänen können gleichzeitig mit den beiden phosphorylierten Tyrosinresten in der ITAM-Sequenz interagieren. Die Affinität der phosphorylierten YXXL-Sequenz für eine einzelne SH2-Domäne ist gering. Die Bindung der beiden SH2-Domänen an die doppelt phosphorylierte ITAM-Sequenz ist deutlich stärker und verleiht der Bindung von ZAP-70 die Spezifität. Nach Bindung an den phosphorylierten Rezeptor wird ZAP-70 durch die mit dem Corezeptor assoziierte Src-Kinase Lck phosphoryliert und aktiviert (Abb. 6.14).

6.12 Die aktivierte Kinase ZAP-70 phosphoryliert Gerüstproteine, die zahlreiche nachgeschaltete Auswirkungen des Antigenrezeptorsignals vermitteln

Nach der Aktivierung phosphoryliert ZAP-70 die Gerüstproteine **LAT** (*linker of activated T cells*) und **SLP-76**. LAT und SLP-76 wirken anscheinend zusammen, da sie durch das Adaptorprotein GADS verknüpft werden können. Dies ist offenbar für ihre Funktion von Bedeutung, da Mäuse, die kein GADS besitzen, Defekte bei der Aktivierung von T-Zellen aufweisen. LAT ist ein Transmembranprotein, sodass eine Wechselwirkung mit ZAP-70

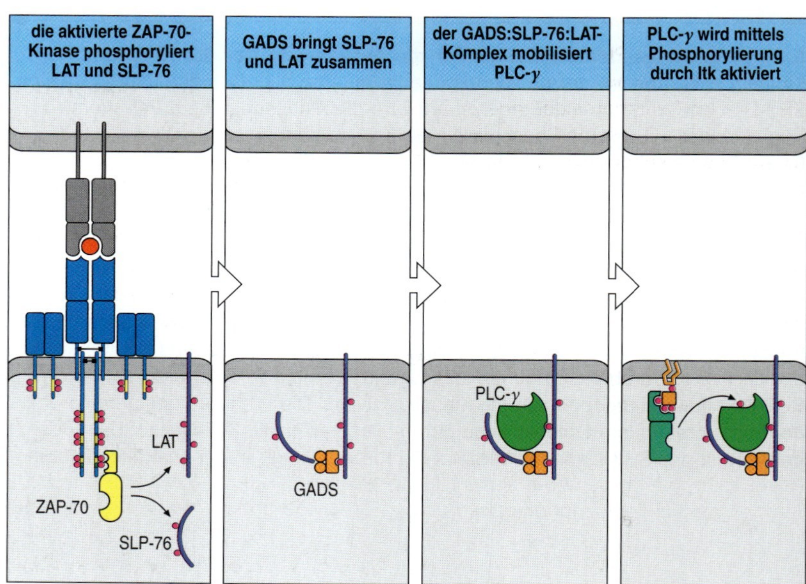

6.16 Die Mobilisierung und Aktivierung der Phospholipase C-γ durch LAT und SLP-76 ist ein entscheidender Schritt bei der Aktivierung von T-Zellen. ZAP-70 phosphoryliert die Gerüstproteine LAT und SLP-76 und lenkt sie so zum aktivierten Rezeptorkomplex. Das Adaptorprotein GADS hält die an Tyrosinresten phosphorylierten Proteine LAT und SLP-76 zusammen. Die Phospholipase C-γ (PLC-γ) bindet an die phosphorylierten Stellen von LAT und SLP-76. Für die Aktivierung der PLC-γ ist die Phosphorylierung durch Itk erforderlich, eine Kinase der Tec-Familie, die durch die Produktion von PIP_3 (ein Produkt der aktivierten PI-3-Kinase) mobilisiert wird; außerdem sind Wechselwirkungen von Itk mit dem phosphorylierten SLP-76 notwendig. Sobald die Phospholipase C-γ durch Itk phosphoryliert wurde, ist sie aktiv.

möglich ist. Es wird posttranslational mit Palmitat modifiziert, was die Wechselwirkung mit den Lipidflößen stimuliert (Abschnitt 6.6).

Die **Phospholipase C-γ (PLC-γ)** ist eines von den entscheidenden Signalmolekülen, die durch die Phosphorylierung von LAT und SLP-76 mobilisiert werden (Abb. 6.16). Die PLC-γ katalysiert den Abbau des Membranlipids PIP_2 (Abschnitt 6.5), wodurch zwei Produkte entstehen: der Second Messenger **Inositol-1,4,5-trisphosphat (IP_3)** und das Membranlipid **Diacylglycerin (DAG)** (Abb. 6.17). DAG bleibt in der Membran, diffundiert aber in der Membranebene. IP_3 diffundiert in das Cytosol, bindet an Rezeptoren (IP_3-Rezeptoren) auf dem endoplasmatischen Reticulum und stimuliert so die Freisetzung von gespeichertem Calcium in das Cytosol. Die Entleerung der Calciumspeicher im endoplasmatischen Reticulum führt dazu, dass sich Calciumkanäle in der Plasmamembran öffnen und extrazelluläres Calcium in die Zelle strömt (Abb. 6.17). Diese Kanäle, deren molekulare Identität noch nicht genau geklärt ist, bezeichnet man als **CRAC-Kanäle** (*calcium release-activated calcium channels*). Wie vor kurzem gezeigt werden konnte, ist zumindest das Genprodukt von *ORAI1*, das in bestimmten Fällen von schwerer kombinierter Immunschwäche mutiert ist, ein Bestandteil des CRAC-Kanals.

Die Aktivierung von PLC-γ markiert einen wichtigen Schritt, da sich der Antigensignalweg danach in drei Zweige aufteilt, die jeweils in der Aktivierung eines anderen Transkriptionsfaktors enden. Diese Signalwege sind nicht allein auf Lymphocyten beschränkt, sondern sind besondere Formen von Signalwegen, die von vielen verschiedenen Zelltypen genutzt werden. Die Signalwege, die vom T-Zell-Rezeptor ausgehen, sind in Abbildung 6.18 zusammengefasst. Die kombinierten Effekte von Calcium und DAG aktivieren diese drei Signalwege. Die Bedeutung dieser Effekte zeigt sich anhand der Beobachtung, dass die Behandlung von T-Zellen mit Phorbolmyristatacetat (ein DAG-Analogon) und Ionomycin (ein porenbildender Wirkstoff, der extrazelluläres Calcium in die Zelle strömen lässt) die Effekte der Akti-

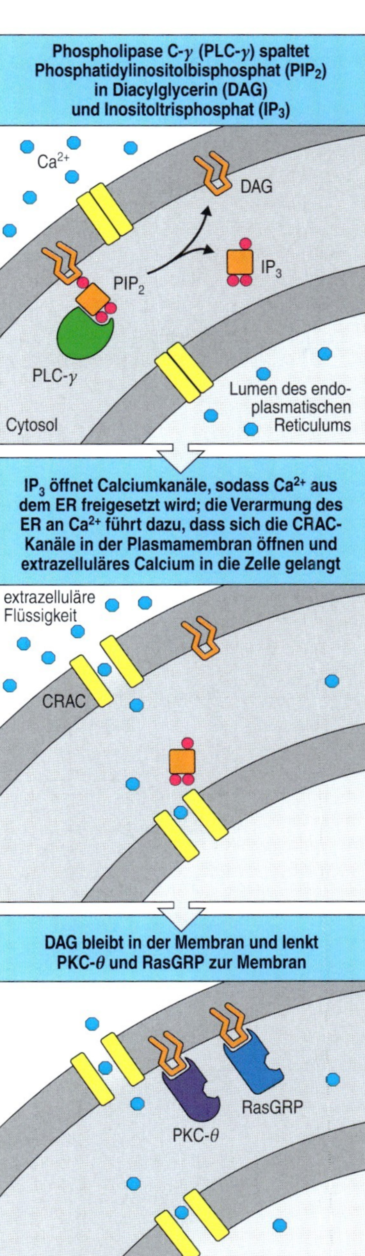

6.17 Das Enzym Phospholipase C-γ spaltet Insositolphospholipide und erzeugt dabei zwei wichtige Signalmoleküle. Phosphatidylinositolbisphosphat (PIP_2) ist ein Bestandteil der inneren Schicht der Plasmamembran. Wurde die Phospholipase C-γ durch Phosphorylierung aktiviert, spaltet sie PIP_2 in zwei Teile: Inositoltrisphosphat (IP_3) und Diacylglycerin (DAG). IP_3 diffundiert von der Membran weg, während DAG in der Membran verbleibt. Beide Moleküle sind für die Signalbildung von Bedeutung. IP_3 bindet an einen Rezeptor in der Membran des endoplasmatischen Reticulums (ER) und öffnet Calciumkanäle, sodass Calciumionen (Ca^{2+}) aus Speichern des ER in das Cytosol strömen können. Die Entleerung der Calciumspeicher bewirkt nun, dass Calciumkanäle in der Plasmamembran, die man als CRAC-Kanäle bezeichnet, Calcium aus dem Extrazellularraum in das Cytoplasma strömen lassen. Es gibt also zwei Phasen der Calciumfreisetzung, eine frühe aus den Speichern in der Zelle und eine spätere von außerhalb der Zelle. DAG bindet an Signalproteine und lenkt sie zur Membran, am wichtigsten sind dabei der Ras-Guaninnucleotidaustauschfaktor RasGRP und eine Serin/Threonin-Kinase mit der Bezeichnung Proteinkinase C-θ (PKC-θ). Die Rekrutierung von RasGRP zur Plasmamembran aktiviert Ras, und die Aktivierung der PKC-θ führt zur Aktivierung des Transkriptionsfaktors NFκB.

vierung von T-Zellen größtenteils fast aufheben kann. Die Aktivierung der PLC-γ unterliegt einem komplexen System von Kontrollen, was bei einem so zentralen Schritt der Übertragung von Antigensignalen nicht verwundert. Wir werden uns diesem Thema widmen, bevor wir uns mit den letzten Phasen der Signalwege beschäftigen.

6.13 Die PLC-γ wird durch Tec-Tyrosinkinasen aktiviert

Die PLC-γ wird durch Bindung an die phosphorylierten Gerüstproteine LAT und SLP-76 zur Membran gebracht (Abb. 6.16), sie gewinnt jedoch nicht ihre katalytische Aktivität. Dafür ist die Phosphorylierung durch ein Enzym der **Tec-Familie** von cytoplasmatischen Tyrosinkinasen erforderlich. In lymphatischen Zellen werden drei Tec-Kinasen exprimiert: Tec, Itk und die Bruton-Kinase (Btk). Itk wird vor allem in T-Lymphocyten exprimiert und durch den rezeptorbasierten Signalkomplex mobilisiert. Dort wird die Kinase durch Lck phosphoryliert und aktiviert. Tec-Kinasen enthalten PH-, SH2- und SH3-Domänen. Sie werden durch ihre PH-Domäne, die an der Innenseite der Zellmembran mit PIP_3 interagiert (Abb. 6.16), zur Plasmamembran gelenkt. PIP_3 entsteht durch Aktivierung der PI-3-Kinase, wobei nicht genau bekannt ist, wie der T-Zell-Rezeptor die PI-3-Kinase aktiviert. Ein wichtiger Aktivator dieser Kinase ist in diesem Zusammenhang jedoch der costimulierende Rezeptor CD28 (siehe unten). Itk wird durch die SH2- und SH3-Domäne ebenfalls zu den phosphorylierten Gerüstproteinen gelenkt. Demnach ist die koordinierte Aktivierung der PI-3-Kinase und Phosphorylierung von Tyrosinresten am Gerüstprotein für die Mobilisierung von Itk zur Plasmamembran erforderlich, wo Itk dann von Lck phosphoryliert wird. Nach ihrer Aktivierung phosphorylieren und aktivieren die Tec-Kinasen die PLC-γ.

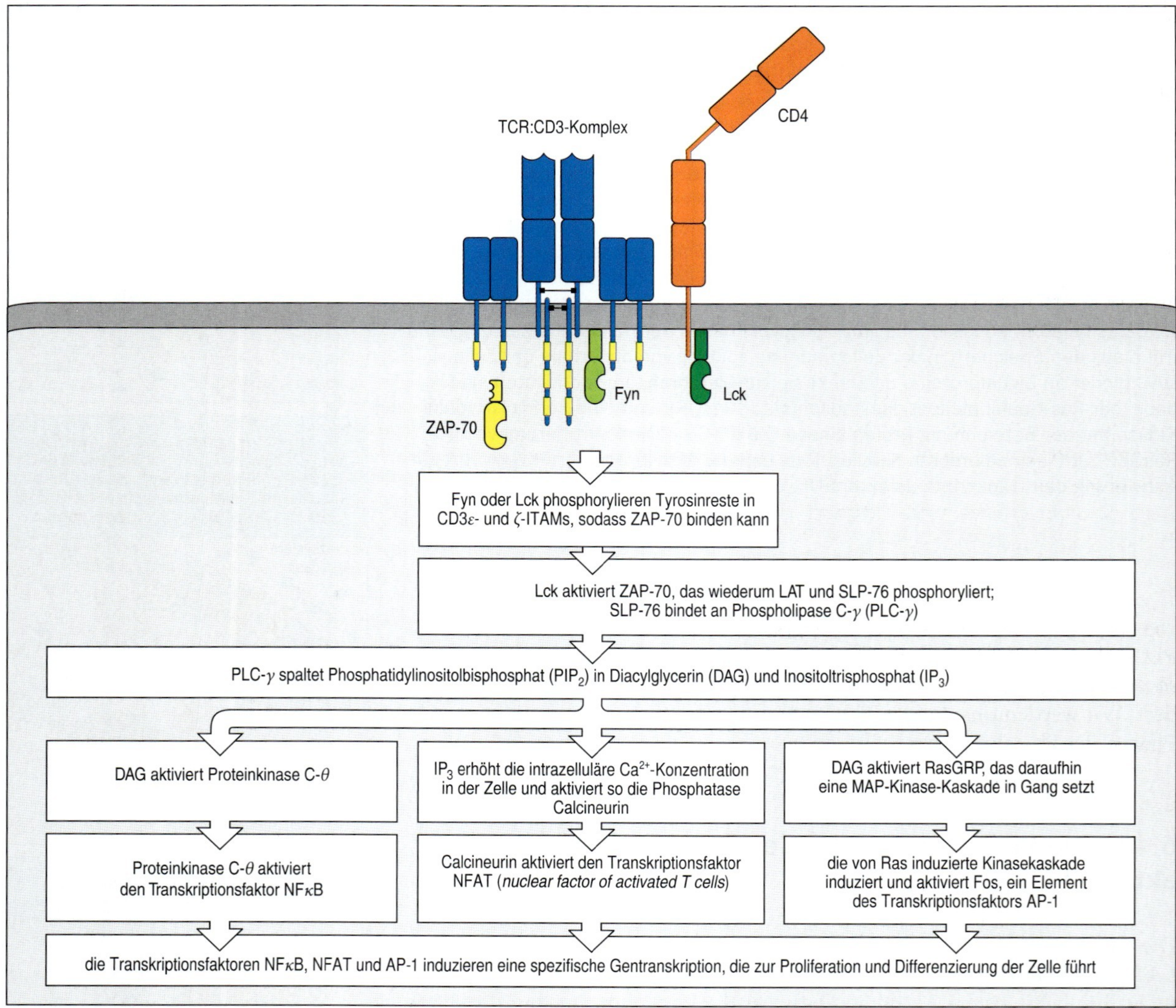

6.18 Vereinfachte Darstellung der intrazellulären Signalübertragungswege, die vom T-Zell-Rezeptor-Komplex und seinem Corezeptor ausgehen. Der T-Zell-Rezeptor-Komplex und der Corezeptor (in diesem Fall ein CD4-Molekül) sind mit den Proteinkinasen Fyn beziehungsweise Lck der Src-Familie assoziiert. Wahrscheinlich bringt die Bindung eines Peptid:MHC-Liganden an den T-Zell-Rezeptor und Corezeptor sowie die Clusterbildung der T-Zell-Rezeptoren und CD4-Moleküle CD4 mit dem T-Zell-Rezeptor-Komplex zusammen. Durch Phosphorylierung der ITAM-Sequenzen von CD3ε, -γ, -δ und der ζ-Kette können diese Proteine an die cytoplasmatische Tyrosinkinase ZAP-70 binden. Nachdem ZAP-70 zum T-Zell-Rezeptor-Komplex gelenkt wurde, wird die Kinase durch Lck phosphoryliert und aktiviert. Die aktivierte Kinase ZAP-70 phosphoryliert die Adaptorproteine LAT und SLP-76, wodurch wiederum die PLC-γ zur Membran mobilisiert wird. Die Aktivierung der PLC-γ erfolgt über eine Phosphorylierung durch Tec-Kinasen. Die aktivierte PLC-γ löst drei wichtige Signalwege aus, die letztendlich zur Aktivierung von Transkriptionsfaktoren im Zellkern führen. NFκB, NFAT und AP-1 lösen im Zellkern die Transkription von Genen aus, die für die Differenzierung, Proliferation und Effektoraktivitäten der T-Zellen notwendig sind. Die Darstellung hier ist stark vereinfacht, von den Signalwegen sind nur die wichtigsten Stationen angegeben.

6.14 Die Aktivierung des kleinen G-Proteins Ras aktiviert eine MAP-Kinase-Kaskade, was schließlich zur Produktion des Transkriptionsfaktors AP-1 führt

Das von der PLC-γ erzeugte DAG diffundiert in der Plasmamembran, wo es eine Reihe verschiedener Proteine aktiviert, die DAG binden können. Am wichtigsten in Bezug auf die Antigensignale sind dabei die **Proteinkinase C** (eine Serin/Threonin-Kinase) und das Protein **RasGRP**, der GTP-Austauschfaktor, der das kleine G-Protein Ras spezifisch aktiviert (Abschnitt 6.4). Wir wollen uns zuerst mit dem Signalweg befassen, der mit der Aktivierung von RasGRP beginnt. Dieses Protein aktiviert Ras, das dann ein Übertragungssystem aus drei Kinasen aktiviert, welches meist als **MAP-Kinase-Kaskade** bezeichnet wird. Diese endet mit der Aktivierung einer Serin/Threonin-Kinase, der sogenannten mitogenaktivierten Proteinkinase oder **MAP-Kinase** (Abb. 6.19). Das aktivierte Ras bindet an die erste Kinase dieser Reihe und aktiviert sie. Jede Kinase phosphoryliert und aktiviert dann jeweils die nächste. Die erste Kinase (die MAP-Kinase-Kinase-Kinase oder MAPKKK) ist eine Serin/Threonin-Kinase, im Antigenrezeptorweg bezeichnet man sie als Raf. Die nächste Kinase der Reihe (die MAP-Kinase-Kinase oder MAPKK) ist Mek, eine Proteinkinase mit doppelter Spezifität, die sowohl Tyrosin- als auch Threoninreste auf der MAK-Kinase phosphoryliert und diese so aktiviert. Diejenige MAP-Kinase, die als Ergebnis dieser Enzymkaskade in B- oder T-Zellen aktiviert wird, bezeichnet man als Erk (*extracellular signal-related kinase*).

Ras kann nicht nur, wie oben beschrieben, über den PLC-γ-Weg aktiviert werden, sondern auch über SOS, einen anderen GTP-Austauschfaktor. SOS wird durch das Adaptorprotein Grb2 in den Signalkomplex um den aktivierten Antigenrezeptor gelenkt. Grb2 bindet wiederum an das phosphorylierte Gerüstprotein aus LAT/SLP-76 in T-Zellen oder an das funktionell analoge B-Zell-Linker-Protein (BLNK) in B-Zellen.

Eine der wichtigsten Funktionen des Ras-MAP-Kinase-Weges ist die Aktivierung von Transkriptionsfaktoren und die Expression neuer Gene. Die Aktivierung von Erk stimuliert die Bildung des Transkriptionsregu-

6.19 Die MAP-Kinase-Kaskade aktiviert Transkriptionsfaktoren. Alle MAP-Kinase-Kaskaden besitzen dieselbe Grundstruktur. Sie werden von einem kleinen G-Protein ausgelöst, das durch einen Guaninnucleotidaustauschfaktor (GEF) von einem inaktiven in einen aktiven Zustand versetzt wird. Das kleine G-Protein aktiviert das erste Enzym der Kaskade, eine Proteinkinase mit der Bezeichnung MAP-Kinase-Kinase-Kinase (MAPKKK). Diese phosphoryliert eine zweite Kinase, die MAP-Kinase-Kinase (MAPKK). Diese wiederum phosphoryliert und aktiviert die MAP-Kinase (MAPK) (erstes Bild). Im dargestellten Beispiel wird Ras durch den GEF RasGRP aktiviert, was zu einer aufeinanderfolgenden Aktivierung der drei Kinasen Raf, Mek und Erk führt. Die Phosphorylierung und Aktivierung von Erk setzt das Protein aus dem Komplex frei, sodass es in der Zelle diffundieren und in den Zellkern eindringen kann. Die Phosphorylierung von Transkriptionsfaktoren durch Erk führt schließlich zur Transkription neuer Gene (übrige drei Bilder).

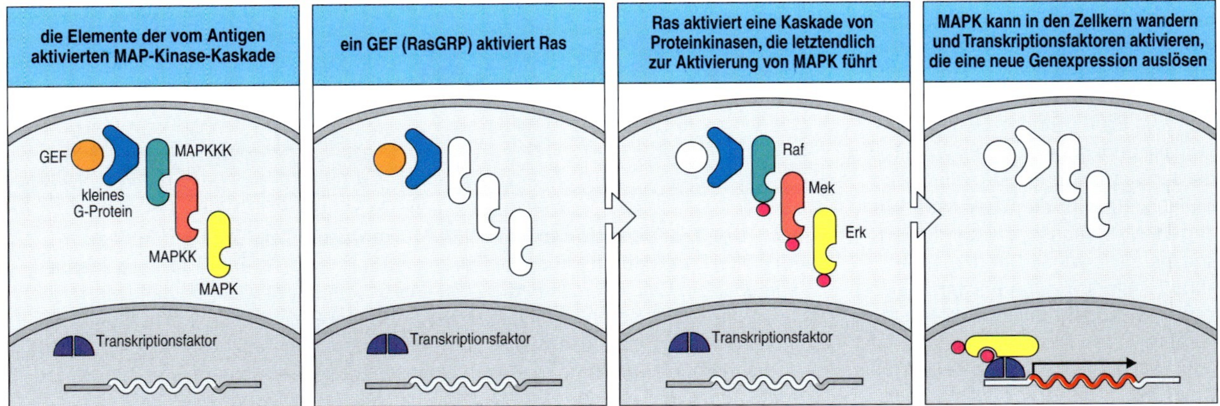

lators **AP-1**. Dies ist ein Heterodimer, das jeweils ein Monomer aus der Fos- und der Jun-Familie von Transkriptionsfaktoren umfasst (Abb. 6.20). Die aktive Erk-Kinase stimuliert über die Phosphorylierung des Transkriptionsfaktors Elk-1 die Fos-Transkription. Elk-1 wiederum kooperiert mit dem Serum-Response-Faktor, einem weiteren Transkriptionsfaktor, um die Transkription des *fos*-Gens zu stimulieren. Der Jun-Transkriptionsfaktor ist konstitutiv im Cytoplasma vorhanden. Die Aktivierung der Proteinkinase JNK führt zur Phosphorylierung von Jun und dessen Verlagerung in den Zellkern. Dort lagert sich Jun mit Fos zusammen und beide bildeten so AP-1. Wie JNK im Einzelnen aktiviert wird, ist noch nicht bekannt.

6.20 Die Bildung des Transkriptionsfaktors AP-1 ist ein Ergebnis des Ras-MAP-Kinase-Signalweges. Durch Phosphorylierung der MAP-Kinase Erk, die als Ergebnis der Ras-MAP-Kinase-Kaskade aktiviert wurde, kann Erk in den Zellkern eindringen und dort den Transkriptionsfaktor Elk-1 phosphorylieren. Dieser bindet an das Serum-Response-Element (SRE) im Promotor des Gens für den Transkriptionsfaktor c-Fos, wodurch dessen Transkription stimuliert wird. Gleichzeitig wird die Jun-Kinase, eine andere MAP-Kinase, phosphoryliert, sodass diese wiederum den Transkriptionsfaktor c-Jun phosphorylieren kann, der konstitutiv im Cytoplasma vorhanden ist. Der phosphorylierte c-Jun-Faktor dringt in den Zellkern ein, wo er mit c-Fos zu AP-1 dimerisiert.

6.15 Der Transkriptionsfaktor NFAT wird direkt durch Ca^{2+} aktiviert

Wir wollen uns nun mit den Signalwegen beschäftigen, die durch die Zunahme der Ca^{2+}-Konzentration im Cytosol (Abschnitt 6.12) ausgelöst werden. Ca^{2+} aktiviert indirekt einen Transkriptionsfaktor, den man als **Kernfaktor von aktivierten T-Zellen** (*nuclear factor of activated T cells*, **NFAT**) bezeichnet. Das ist eigentlich keine zutreffende Bezeichnung, da die NFAT-Transkriptionsfaktoren ubiquitär exprimiert werden. NFAT kommt im Cytoplasma von ruhenden Zellen vor, und ohne Signal bleibt er dort aufgrund einer Phosphorylierung durch Serin/Threonin-Kinasen, darunter die Glykogen-Synthase-Kinase 3 (GSK3) und die Caseinkinase 2 (CK2). Die Phosphorylierung verhindert, dass die Zellkernlokalisierungssequenz von NFAT erkannt wird und der Faktor in den Zellkern gelangen kann (Abb. 6.21).

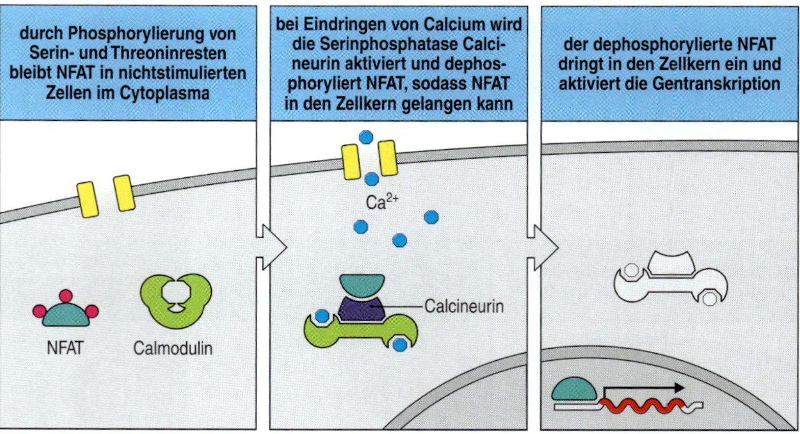

6.21 Der Transkriptionsfaktor NFAT wird durch Calciumsignale reguliert. NFAT wird durch Phosphorylierung an Serin und Threonin im Cytoplasma festgehalten. Calcium, das in die Zelle gelangt, bindet an Calmodulin. Der Ca^{2+}:Calmodulin-Komplex bindet an die Serin/Threonin-Phosphatase Calcineurin und aktiviert sie auf diese Weise. Calcineurin dephosphoryliert NFAT, sodass der Transkriptionsfaktor in den Zellkern wechseln kann. Dort bindet NFAT an Promotorelemente und aktiviert die Transkription von verschiedenen Genen.

Durch die Aktivität des Enzyms Calcineurin, einer Serin/Threonin-Phosphatase, wird NFAT aus dem Cytosol freigegeben. Calcineurin wird aktiviert durch die Zunahme von freiem Ca^{+2} in der Zelle, das mit der Lymphocytenaktivierung mobilisiert wurde. Die Bindung von Ca^{2+} an das Protein **Calmodulin** führt zu einer Konformationsänderung des Proteins, sodass es nun an eine große Anzahl verschiedener Enzyme binden kann (Abb. 6.21). Eines davon ist Calcineurin. Aufgrund der Dephosphorylierung von NFAT durch Calcineurin kann der Transkriptionsfaktor seine Zielsequenz im Zellkern erkennen und dringt nun in den Zellkern ein (Abb. 6.18).

Die Bedeutung von NFAT bei der Aktivierung von T-Zellen lässt sich durch die Auswirkungen von selektiven Inhibitoren für Calcineurin – Cyclosporin A und FK506 (Tacrolimus) – veranschaulichen. Durch die Hemmung von Calcineurin verhindern diese Wirkstoffe die Bildung eines aktiven NFAT. Die T-Zellen exprimieren geringe Mengen von Calcineurin, sodass sie auf eine Blockierung dieses Signalweges empfindlicher reagieren als viele andere Zelltypen. Sowohl Cyclosporin A als auch FK506 wirken also als Immunsuppressiva mit nur begrenzten Nebenwirkungen. Diese Medikamente werden vielfach eingesetzt, um die Abstoßung von transplantierten Organen zu verhindern (Kapitel 14).

6.16 Der Transkriptionsfaktor NFκB wird durch die Wirkung von Proteinkinase C aktiviert

Der dritte nachgeschaltete Signalweg, der von der PLC-γ ausgeht, führt durch die Wirkung von DAG und Ca^{2+} zur Aktivierung der PKC-θ, einer spezifischen Isoform der Proteinkinase C. Dadurch wird wiederum der Transkriptionsfaktor NFκB von seinem Inhibitor im Cytoplasma freigesetzt und gelangt in den Zellkern. NFκB ist die allgemeine Bezeichnung für ein Mitglied einer Familie von homo- und heterodimeren Transkriptionsfaktoren, die zur Rel-Proteinfamilie gehören. Der am häufigsten in Lymphocyten aktivierte NFκB ist das Heterodimer p50:p65Rel. Das Dimer wird durch Bindung an ein inhibitorisches Protein, den sogenannten Inhibitor von κB (IκB) in einem inaktiven Zustand gehalten (Abb. 6.22). Durch die Aktivierung der IκB-Kinase (IKK), ein Komplex aus Serinkinasen, wird IκB phosphoryliert, mit Ubiquitin verknüpft und anschließend abgebaut. Das führt letztendlich zur Freisetzung von NFκB, der dann in den Zellkern eindringen kann. Der Signalweg der Aktivierung durch Antigenrezeptoren unterscheidet sich ziemlich deutlich von dem Signalweg, der die NFκB-Freisetzung als Reaktion auf entzündungsfördernde Reize stimuliert. Damit werden wir uns in diesem Kapitel noch beschäftigen: T-Zellen, denen die PKC-θ fehlt, zeigen auf die Stimulation über den Antigenrezeptor keine Aktivierung von NFκB, aber eine normale Aktivierung von NFκB durch entzündungsfördernde Reize.

In T-Zellen besteht eine der wichtigsten Funktionen von AP-1, NFAT und NFκB darin, gemeinsam die Expression des Cytokins IL-2 zu stimulieren. Dies ist essenziell für die Proliferation von T-Zellen und ihre Differenzierung zu Effektorzellen. Der Promotor des *IL-2*-Gens enthält mehrere regulatorische Elemente, an die Transkriptionsfaktoren binden müssen, um die *IL-2*-Transkription zu starten. An einige Stellen haben bereits Transkriptionsfaktoren gebunden, die in den Lymphocyten konstitutiv exprimiert werden (beispielsweise Oct1). Das reicht jedoch nicht aus, um das Gen anzuschalten. Nur wenn AP-1, NFAT und NFκB zusammen binden, wird das Gen exprimiert. Der *IL-2*-Promotor integriert die Signale aus verschiedenen Signalwegen. So ist sichergestellt, dass IL-2 nur unter den passenden Bedingungen produziert wird (Abb. 6.23).

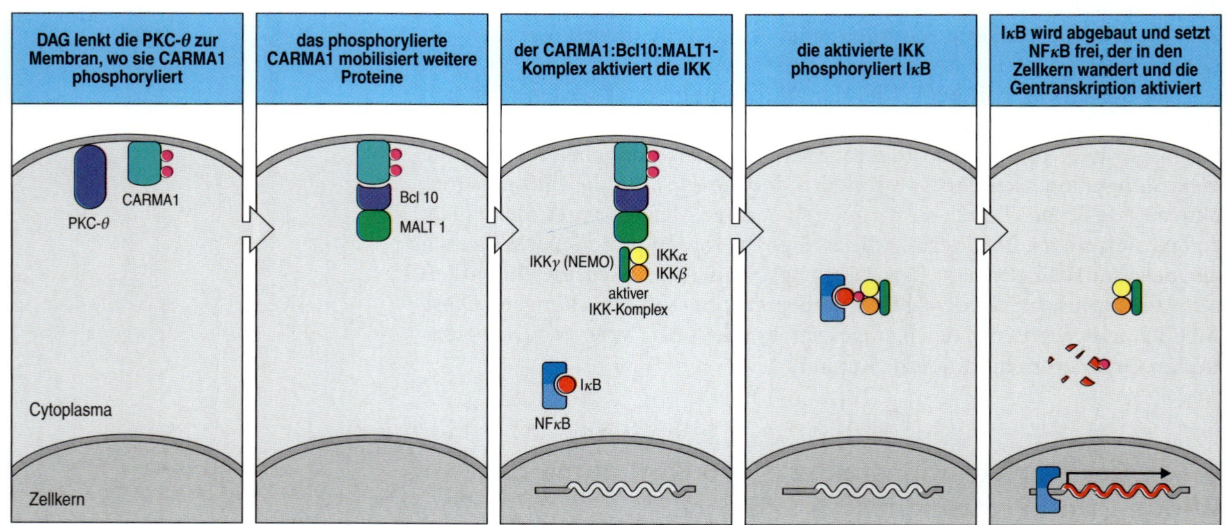

6.22 Die Aktivierung des Transkriptionsfaktors NFκB durch Antigenrezeptoren wird von der Proteinkinase C vermittelt. NFκB liegt in einem inaktiven Dimer vor, das aus zwei Transkriptionsfaktoren der Rel-Familie gebildet wird, im Allgemeinen p65Rel und p50Rel. Daran ist der Inhibitor von κB (IκB) gebunden, der NFκB im Cytoplasma festhält. Während der Antigenrezeptorsignalübertragung führt die Produktion von Diacylglycerinen (DAG) dazu, dass die Proteinkinase C (PKC-θ) zur Membran gebracht und aktiviert wird. Die PKC-θ phosphoryliert das Gerüstprotein CARMA1, das an andere Proteine bindet (Bcl10, MALT1) und dadurch einen membranassoziierten Komplex bildet. Dieser mobilisiert und aktiviert den Komplex der IκB-Kinase (IKK, eine Serin/Threonin-Kinase): IKKα:IKKβ:IKKγ (NEMO). Dieser wiederum phosphoryliert IκB, was zu dessen Ubiquitinierung führt, sodass der Inhibitor schließlich abgebaut wird. NFκB kann nun in den Zellkern eindringen und die Transkription seiner Zielgene in Gang setzen. Ein NEMO-Defekt, der die Aktivierung von NFκB verhindert, verursacht neben anderen Symptomen auch eine Immunschwäche.

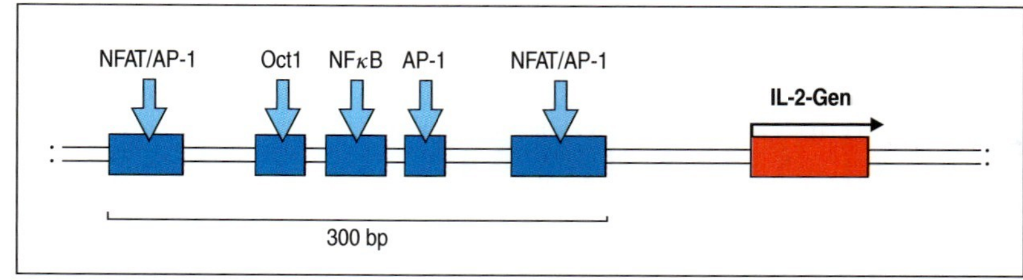

6.23 Mehrere Signalwege laufen beim IL-2-Promotor zusammen. Durch die Bindung von AP-1, NFAT und NFκB werden mehrere Signalwege auf ein einziges Ziel fokussiert, die Produktion von IL-2. Die MAP-Kinase aktiviert AP-1, Calcium aktiviert NFAT, die Proteinkinase C aktiviert NFκB. Für die Stimulation der *IL-2*-Transkription sind alle drei Signalwege erforderlich. Sowohl NFAT als auch AP-1 müssen an einen bestimmten Typ von Promotorelement binden. Oct1 ist ein Transkriptionsfaktor, der für die *IL-2*-Transkription erforderlich ist. Im Gegensatz zu anderen Transkriptionsfaktoren ist Oct1 konstitutiv an den Promotor gebunden und wird deshalb nicht durch die Signale von T-Zell-Rezeptoren reguliert.

6.17 Das Prinzip der Signalbildung von B-Zell-Rezeptoren entspricht der von T-Zell-Rezeptoren, aber einige Signalkomponenten sind spezifisch für B-Zellen

Zwischen der Signalgebung von T-Zell- und der von B-Zell-Rezeptoren gibt es zahlreiche Übereinstimmungen. Die antigenspezifischen Ketten des B-Zell-Rezeptors sind wie beim T-Zell-Rezeptor mit Signalketten assoziiert, die ITAM-Sequenzen enthalten, bei den B-Zellen handelt es sich um Igα und Igβ (Abb. 6.9). Bei den B-Zellen sind wahrscheinlich drei Proteintyrosinkinasen der Src-Familie – Fyn, Blk und Lyn – für die Phosphorylierung der ITAM-Sequenzen zuständig (Abb. 6.24). Diese Kinasen assoziieren mit ruhenden Rezeptoren über eine Wechselwirkung von geringer Affinität an den nichtphosphorylierten ITAM-Sequenzen von Igα und Igβ. Sobald die Rezeptoren ein multivalentes Antigen binden, das sie quervernetzt, werden die mit den Rezeptoren assoziierten Kinasen aktiviert und phosphorylieren die Tyrosinreste in den ITAM-Sequenzen. B-Zellen exprimieren nicht ZAP-70. Stattdessen wird Syk, eine eng verwandte Tyrosinkinase, die zwei SH2-Domänen enthält, zur phosphorylierten ITAM-Sequenz gebracht. Im Gegensatz zu ZAP-70, das zur Aktivierung eine weitere Phosphorylierung durch Lck erfordert, wird Syk allein durch die Bindung an der phosphorylierten Stelle aktiviert.

Den Corezeptoren CD4 und CD8 entspricht bei den B-Zellen der Komplex aus den Zelloberflächenproteinen CD19, CD21 und CD81, den man als **B-Zell-Corezeptor** bezeichnet (Abb. 6.25). Wie bei den T-Zellen wird auch das antigenabhängige Signal des B-Zell-Rezeptors verstärkt, wenn der B-Zell-Corezeptor gleichzeitig von seinem Liganden gebunden wird und sich mit dem Antigenrezeptor zusammenlagert. CD21 (andere Bezeichnung Komplementrezeptor 2 oder CR2) ist ein Rezeptor für das Komplementfragment C3d. Das bedeutet, dass Antigene, wie die von pathogenen Bakterien, an die C3d bindet (Kapitel 2), den B-Zell-Rezeptor mit dem CD21:CD19:CD81-Komplex quervernetzen können. Das führt zur Phosphorylierung des cytoplasmatischen Schwanzes von CD19 durch Tyrosinkinasen, die mit dem B-Zell-Rezeptor assoziiert sind. Dadurch wiederum binden Kinasen der Src-Familie, das Signal des B-Zell-Rezep-

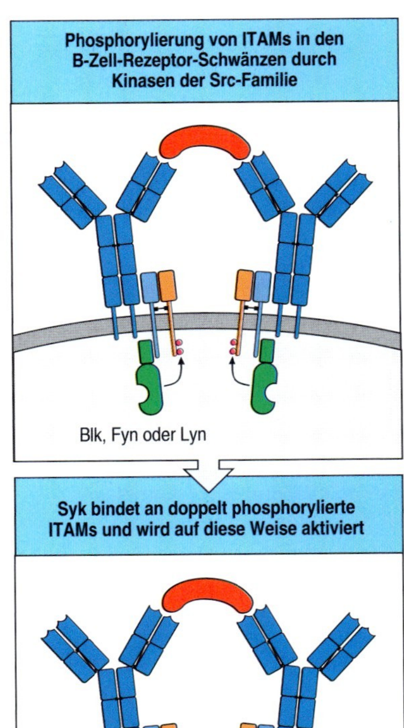

6.24 Die Kinasen der Src-Familie sind mit Antigenrezeptoren assoziiert und phosphorylieren Tyrosinreste in ITAM-Sequenzen, sodass Bindungsstellen für Syk entstehen und Syk über Transphosphorylierung aktiviert wird. Die membrangebundenen Kinasen der Src-Familie Fyn, Blk und Lyn assoziieren mit dem B-Zell-Antigenrezeptor, indem sie an die ITAM-Sequenzen binden. Das geschieht entweder wie in der Abbildung dargestellt durch ihre aminoterminalen Domänen oder durch Bindung eines einzelnen phosphorylierten Tyrosins über ihre SH2-Domänen. Nach der Bindung des Liganden und die Clusterbildung der Rezeptoren phosphorylieren die Src-Kinasen die Tyrosinreste in den ITAM-Sequenzen auf den cytoplasmatischen Schwänzen von Igα und Igβ. Anschließend bindet Syk an die phosphorylierten ITAM-Sequenzen in der Igβ-Kette. Da jeder Cluster mindestens zwei Rezeptorkomplexe enthält, werden Syk-Moleküle in großer Nähe zueinander gebunden und können sich so gegenseitig durch Transphosphorylierung aktivieren und weitere Signale auslösen.

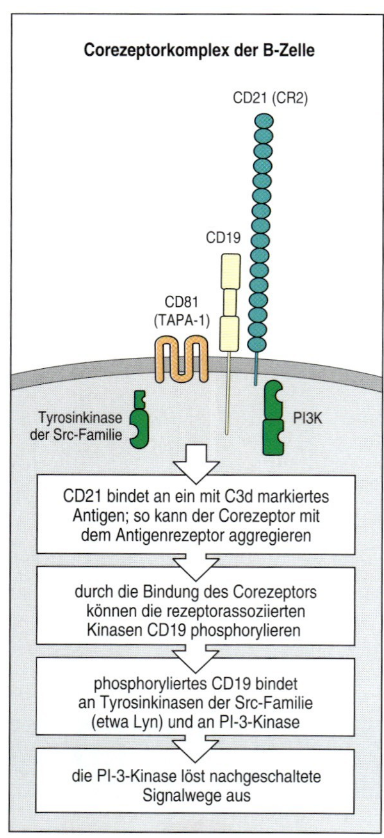

6.25 Die Signale von B-Zell-Rezeptoren werden durch einen Corezeptorkomplex aus mindestens drei Zelloberflächenmolekülen (CD19, CD21 und CD81) moduliert. Durch Bindung des abgespaltenen Komplementfragments C3d an ein Antigen kann dieses sowohl an den B-Zell-Rezeptor als auch an das Zelloberflächenprotein CD21 (Komplementrezeptor 2, CR2) binden, das ein Bestandteil des B-Zell-Corezeptor-Komplexes ist. Die Quervernetzung und Clusterbildung des Corezeptors mit dem Antigenrezeptor führt zur Phosphorylierung von Tyrosinresten in der cytoplasmatischen Domäne von CD19 durch Proteinkinasen, die mit dem B-Zell-Rezeptor assoziiert sind. Weitere Kinasen der Src-Familie können an das phosphorylierte CD19 binden und so das Signal des B-Zell-Rezeptors verstärken. Das phosphorylierte CD19 kann auch an die PI-3-Kinase binden.

tors selbst wird verstärkt und die PI-3-Kinase mobilisiert (Abschnitt 6.5). Die PI-3-Kinase löst noch einen zusätzlichen Signalweg aus (Abb. 6.25). Der B-Zell-Corezeptor dient also dazu, das Signal zu verstärken, das durch die Antigenerkennung entsteht. Die Funktion von CD81 (TAPA-1), dem dritten Bestandteil des B-Zell-Rezeptor-Komplexes, ist noch unbekannt.

Sobald Syk aktiviert wurde, phosphoryliert die Kinase das Gerüstprotein **BLNK** (andere Bezeichnung SLP-65). Wie LAT in den T-Zellen besitzt auch BLNK mehrere Stellen für die Phosphorylierung von Tyrosinen und mobilisiert eine Anzahl verschiedener Proteine mit SH2-Domänen, beispielsweise Enzyme und Adaptorproteine, und bildet so mehrere unterschiedliche Multiproteinsignalkomplexe, die zusammenwirken können. Wie bei den T-Zellen ist auch hier die Phospholipase C-γ ein sehr wichtiges Signalprotein, das mithilfe der für B-Zellen spezifischen Tec-Kinase Btk aktiviert wird und PIP_2 zu DAG und IP_3 hydrolysiert. Wie bereits beim T-Zell-Rezeptor besprochen, führt die Signalübertragung mit Ca^{2+} und DAG zur Aktivierung von nachgeschalteten Transkriptionsfaktoren. Der Signalweg des B-Zell-Rezeptors ist in Abbildung 6.26 zusammengefasst. Ein Btk-Mangel (Btk wird von einem Gen auf dem X-Chromosom codiert) blockiert die Entwicklung und die Funktion von B-Zellen, was zu einer X-gekoppelten Agammaglobulinämie führt.

6.18 ITAM-Sequenzen gibt es auch bei Rezeptoren auf Leukocyten, die Signale für die Zellaktivierung liefern

Andere Rezeptoren des Immunsystems nutzen ebenfalls akzessorische Proteinketten mit ITAM-Sequenzen, um aktivierende Signale zu übertragen (Abb. 6.27). Ein Beispiel ist FcγRIII (CD16), ein Rezeptor für IgG, der die antikörperabhängige zellvermittelte Cytotoxizität (*antibody-dependent cell-mediated cytotoxicity*, ADCC) der NK-Zellen auslöst (Kapitel 9). CD16 kommt auch bei Makrophagen und neutrophilen Zellen vor, wo es die Aufnahme und Zerstörung von antikörpergebundenen Krankheitserregern unterstützt. Für die Erzeugung eines Signals muss FcγRIII entweder mit der ζ-Kette assoziieren, die ebenfalls im T-Zell-Rezeptor-Komplex vorhanden ist, oder mit der Fcγ-Kette, einem zweiten Vertreter derselben Proteinfamilie. Die Fcγ-Kette ist ebenfalls eine Signalkomponente, jedoch von einem anderen Rezeptor – dem Fcε-Rezeptor I (FcεRI) auf den Mastzellen. Wie wir in Kapitel 12 besprechen werden, bindet dieser Rezeptor IgE-Antikörper und löst bei Quervernetzung durch Allergene die Degranulation von Mastzellen aus. Und schließlich sind viele aktivierende Rezeptoren auf NK-Zellen mit DAP12 assoziiert, einem anderen Protein, das ITAM-Sequenzen enthält.

Mehrere pathogene Viren haben anscheinend Rezeptoren mit ITAM-Sequenzen von ihren Wirten übernommen. Dazu gehört etwa das Epstein-Barr-Virus (EBV), dessen *LMP2A*-Gen ein Membranprotein mit einem cytoplasmatischen Schwanz codiert, das eine ITAM-Sequenz enthält. Dadurch kann das EBV die B-Zell-Proliferation auslösen, indem es die nachgeschalteten Signalwege nutzt, die in Abschnitt 6.17 und davor besprochen wurden. Ein anderes Virus, das ein Protein mit ITAM-Sequenzen

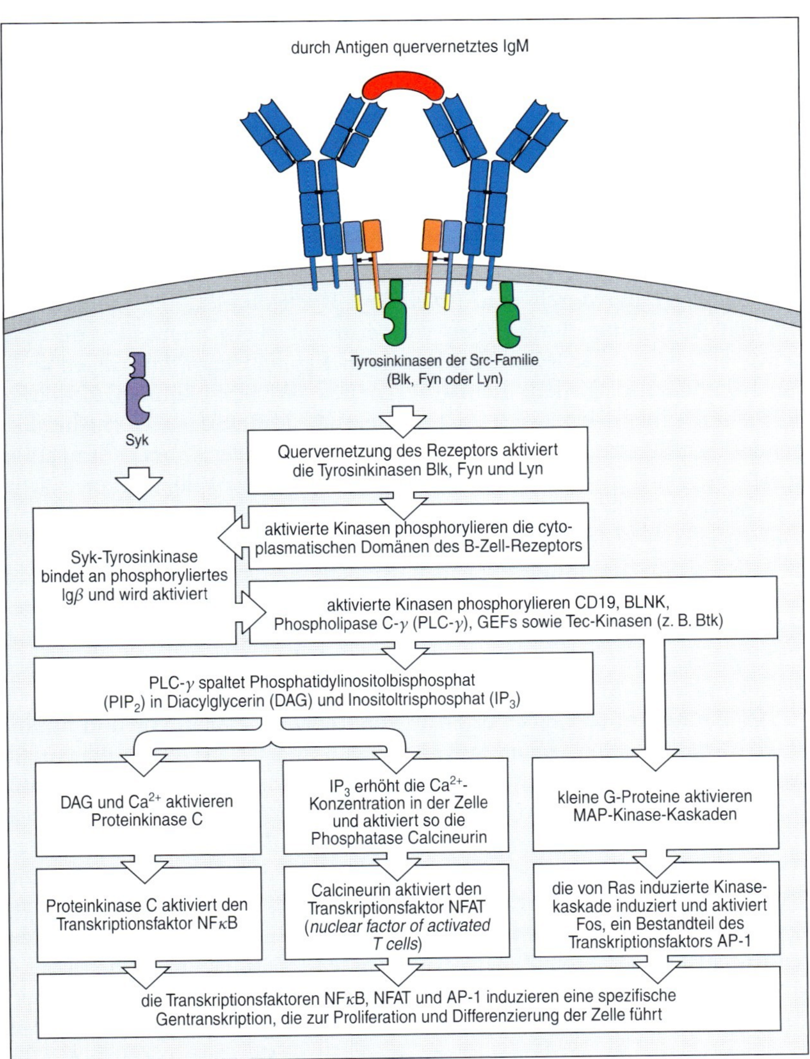

6.26 Vereinfachte Darstellung der intrazellulären Signalwege, die bei der Quervernetzung von B-Zell-Rezeptoren durch die Antigenbindung ausgelöst werden. Die Quervernetzung von Immunglobulinmolekülen an der Zelloberfläche aktiviert die mit dem Rezeptor assoziierten Proteintyrosinkinasen Blk, Fyn und Lyn der Src-Familie. Diese Kinasen phosphorylieren ITAM-Sequenzen im Rezeptorkomplex, an die dann die cytosolische Proteinkinase Syk bindet und dabei aktiviert wird (Abb. 6.24). Syk phosphoryliert daraufhin weitere Zielproteine wie das Adaptorprotein BLNK, das die Mobilisierung von Tec-Kinasen unterstützt. Diese wiederum phosphorylieren und aktivieren das Enzym Phospholipase C-γ. Die PLC-γ spaltet das Membranphospholipid PIP_2 zu IP_3 und DAG und löst dabei zwei der drei wichtigsten Signalwege in den Zellkern aus. IP_3 setzt Ca^{2+} aus intra- und extrazellulären Quellen frei, und Ca^{2+}-abhängige Enzyme werden aktiviert. DAG hingegen aktiviert unter Mitwirkung von Ca^{2+} die Proteinkinase C. Der dritte Signalweg wird durch Guaninnucleotidaustauschfaktoren (GEF) ausgelöst, die mit dem Rezeptor assoziieren und kleine GTP-bindende Proteine wie Ras aktivieren. Diese wiederum lösen Proteinkinasekaskaden (MAP-Kinase-Kaskaden) aus, durch die MAP-Kinasen aktiviert werden. Diese Kinasen wandern in den Zellkern und phosphorylieren Proteine, die die Gentranskription regulieren. Dies ist eine vereinfachte Darstellung der tatsächlichen Vorgänge bei der Signalübertragung, abgebildet sind nur die wichtigsten Ereignisse und Signalwege.

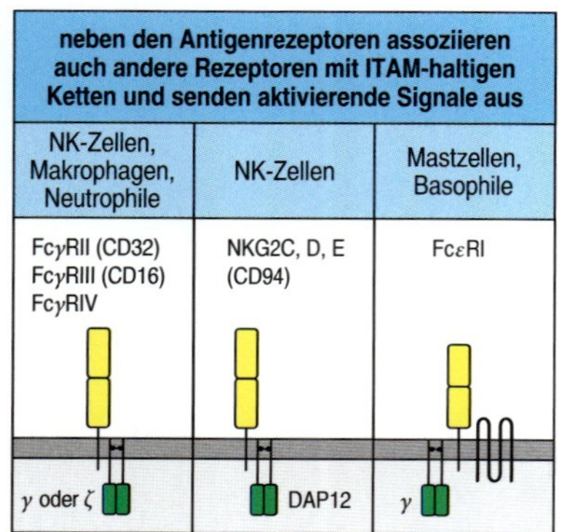

6.27 Andere Rezeptoren, die sich an Proteinketten mit ITAM-Sequenzen anlagern, können aktivierende Signale geben. Auch andere Zellen außer B- und T-Zellen besitzen Rezeptoren, die sich mit akzessorischen Proteinketten zusammenlagern, welche ITAM-Sequenzen enthalten. Die ITAM-Sequenzen werden phosphoryliert, wenn der Rezeptor quervernetzt wird. Diese Rezeptoren liefern aktivierende Signale. Der Fcγ-Rezeptor III (CD16) kommt auf NK-Zellen, Makrophagen und neutrophilen Zellen vor. Die Bindung von IgG an diesen Rezeptor aktiviert die Abtötungsfunktion der NK-Zelle, die zu dem Prozess führt, den man als antikörperabhängige zellvermittelte Cytotoxizität (ADCC) bezeichnet. Die aktivierenden Rezeptoren von NK-Zellen wie NKG2C, NKG2D und NKG2E assoziieren auch mit ITAM-haltigen Signalproteinketten. Der Fcε-Rezeptor (FcεRI) kommt auf Mastzellen und basophilen Zellen vor. Er bindet mit sehr hoher Affinität an IgE-Antikörper. Wenn das Antigen anschließend an IgE bindet, wird die Mastzelle veranlasst, Granula freizusetzen, die Entzündungsmediatoren enthalten. Die mit den Fc-Rezeptoren assoziierte γ-Kette und die DAP12-Kette, die mit den NK-Killerzellen-aktivierenden Rezeptoren assoziiert, enthalten pro Kette ebenfalls eine ITAM-Sequenz; beide Proteine liegen als Homodimere vor.

exprimiert, ist das Kaposi-Sarkom-Herpesvirus (KSHV oder HHV8), das ebenfalls bei den Zellen, die es infiziert, eine bösartige Transformation und Proliferation auslöst.

6.19 Das Oberflächenprotein CD28 ist ein costimulierender Rezeptor für naive T-Zellen

Die Signalgebung durch den T-Zell-Rezeptor-Komplex, die in den vorherigen Abschnitten besprochen wurde, reicht allein nicht aus, um eine naive T-Zelle zu aktivieren. Wie bereits in Kapitel 1 erwähnt, tragen antigenpräsentierende Zellen, die naive T-Zellen aktivieren können, Zelloberflächenproteine, die man als **costimulierende Moleküle** oder costimulierende Liganden bezeichnet. Diese interagieren bei der Antigenstimulation gleichzeitig mit den **costimulierenden Rezeptoren** an der Zelloberfläche von naiven T-Zellen, die ein notwendiges Signal übertragen. Bei der Aktivierung von T-Zellen spricht man dabei häufig von einem „Signal 2". Wir besprechen die immunologischen Folgen dieser Anforderung genauer in Kapitel 8. Von diesen costimulierenden Rezeptoren ist **CD28** am besten bekannt. Man kennt zwar inzwischen viele Wirkungen der Signalgebung von CD28, der genaue Mechanismus des costimulierenden Signals wurde aber bis jetzt noch nicht bestimmt.

CD28 kommt an der Oberfläche von naiven T-Zellen vor und bindet die costimulierenden Liganden **B7.1** (CD80) und **B7.2** (CD86), die vor allem von spezialisierten antigenpräsentierenden Zellen etwa den dendritischen Zellen exprimiert werden (Abb. 6.28). Um aktiviert zu werden, muss ein naiver Lymphocyt sowohl das Antigen als auch einen costimulierenden Liganden auf derselben antigenpräsentierenden Zelle erkennen. Die Signale von CD28 müssen also sicherstellen, dass naive T-Zellen nur von „professionellen" antigenpräsentierenden Zellen aktiviert werden können und nicht von anderen Zellen (sogenannten „Zuschauern"), die zufällig das Antigen auf ihrer Oberfläche tragen. Da costimulierende Liganden durch eine Infektion auf antigenpräsentierenden Zellen induziert werden können (Kapitel 2), wird dadurch auch sichergestellt, dass T-Zellen nur als Reaktion auf eine Infektion aktiviert werden. Wahrscheinlich unterstützen die CD28-Signale die antigenabhängige Aktivierung von T-Zellen vor allem dadurch, dass die Proliferation der T-Zellen, die Cytokinproduktion und das Überleben der Zelle gefördert werden. Alle diese Effekte werden durch Signalsequenzmotive in der cytoplasmatischen Domäne von CD28 vermittelt.

Nach der Bindung von B7-Molekülen wird CD28 in dem Nicht-ITAM-Motiv YXXM am Tyrosin phosphoryliert, sodass das Protein nun die PI-3-Kinase mobilisieren und aktivieren kann (Abb. 6.28, links). Das führt zur Produktion von PIP_3. Dieses Molekül lenkt die Serin/Threonin-Kinase **Akt** (andere Bezeichnung Proteinkinase B) über seine SH-Domäne zur Membran (Abb. 6.6). Akt wird aktiviert und kann eine Anzahl verschiedener nachgeschalteter Proteine phosphorylieren. Einer der Effekte von Akt besteht darin, dass die Zelle mit größerer Wahrscheinlichkeit überlebt, weil der Zelltodsignalweg blockiert wird (siehe unten in diesem Kapitel). Eine andere Wirkung ist die Stimulation des Zellmetabolismus durch eine verstärkte Verwendung von Glucose.

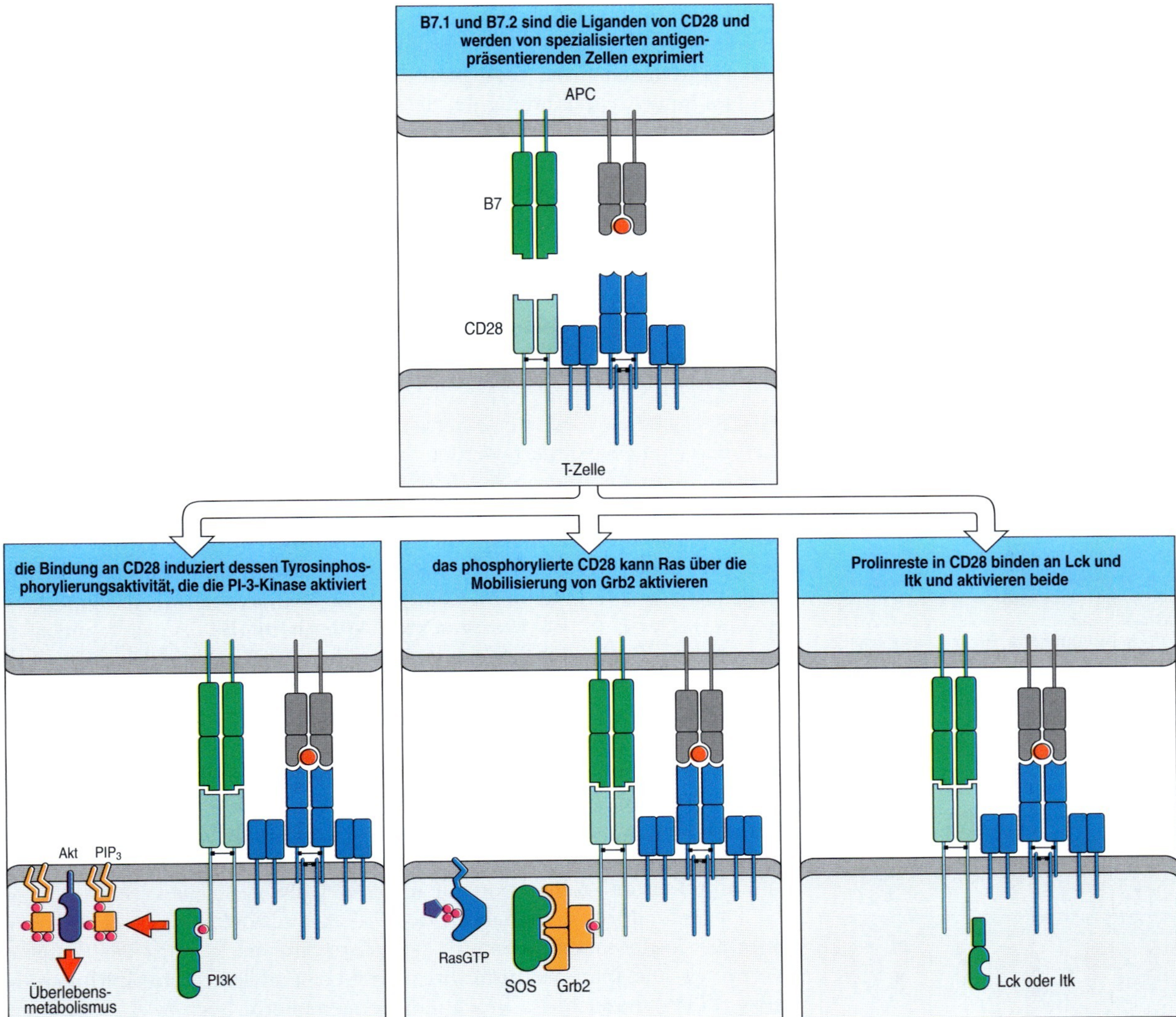

6.28 Das costimulierende Protein CD28 überträgt eine Anzahl unterschiedlicher Signale. Die Liganden von CD28, vor allem B7.1 und B7.2, werden nur auf spezialisierten antigenpräsentierenden Zellen (APC) exprimiert, etwa auf dendritischen Zellen. Die Ligandenbindung an CD28 induziert die Phosphorylierung eines Tyrosinrestes in dessen cytoplasmatischer Domäne. Diese mobilisiert und aktiviert die PI-3-Kinase (PI3K) und damit die anschließende Produktion von PIP_3. Dadurch kommt es zur Aktivierung der Proteinkinase Akt. Die aktivierte Akt-Kinase macht das Überleben der Zelle wahrscheinlicher und stimuliert ihren Metabolismus. Das phosphorylierte Tyrosin kann potenziell auch den Adaptor Grb2 mobilisieren. Grb2 wird von SOS gebunden, stimuliert die Aktivierung von Ras und von Vav, einem weiteren Molekül. Dieses ist ein Aktivator des Actincytoskeletts. Schließlich können noch Prolinsequenzmotive in der cytoplasmatischen Domäne an Lck und Itk binden und ihre Tyrosinkinaseaktivität stimulieren.

Das aktivierte CD28 verstärkt auch das Signal des T-Zell-Rezeptors direkt. CD28 wird noch an einem anderen Sequenzmotiv (YXN) phosphoryliert, das das Adaptorprotein Grb2 mobilisiert (Abb. 6.28, Mitte). Das bedeutet, dass CD28 möglicherweise den Ras-MAP-Kinase-Signalweg über die Mobilisierung des GTP-Austauschfaktors SOS aktivieren kann (Abschnitt 6.2). Das wiederum führt zur Aktivierung der MAP-Kinase Erk. Der cytoplasmatische Schwanz von CD28 enthält ein prolinhaltiges Sequenzmotiv (PXXP), das an die SH3-Domänen der Src-Kinase Lck und der Tec-Kinase Itk (Abb. 6.28, rechts) bindet. Die Bindung der SH3-Domäne dieser Tyrosinkinasen beseitigt die inhibitorische Wirkung der SH3-Domäne auf die katalytische Aktivität (Abschnitt 6.10). CD28 kann also die Signale von T-Zell-Rezeptoren verstärken, indem es die enzymatische Aktivität von Lck und Itk unterstützt und so letztendlich die Produktion von IL-2 stimuliert wird.

6.20 Inhibitorische Rezeptoren auf den Lymphocyten unterstützen die Regulation der Immunantworten

CD28 ist nur ein Vertreter einer ganzen Familie von Rezeptoren, die von Lymphocyten exprimiert werden und Liganden der B7-Familie binden. Einige dieser Rezeptoren wie ICOS (Kapitel 8) fungieren als aktivierende Rezeptoren, andere jedoch blockieren die Signalgebung von Antigenrezeptoren. Diese sind wichtig für die Regulation der Immunantwort. Zu den inhibitorischen Rezeptoren, die mit CD28 verwandt sind und von T-Zellen exprimiert werden, gehören **CTLA-4** (CD152) und **PD-1** (*programmed death-1*). Der **B-und-T-Lymphocyten-Attenuator** (**BTLA**) wird hingegen sowohl von T- als auch B-Zellen exprimiert. Von diesen ist CTLA-4 wohl am bedeutendsten. Der Rezeptor wird bei aktivierten T-Zellen induziert und besitzt bei der Regulation der Signalübertragung in T-Zellen eine grundlegende Funktion. CTLA-4 bindet dieselben costimulierenden Liganden (B7.1 und B7.2) wie CD28, dadurch werden aber die Signale des T-Zell-Rezeptors blockiert und nicht verstärkt. Die Bedeutung von CTLA-4 bei der Regulation von T-Zell-Antworten zeigt sich beim Phänotyp von Mäusen, die einen CTLA-4-Defekt aufweisen. Sie sterben aufgrund einer unkontrollierten Proliferation von T-Zellen früh.

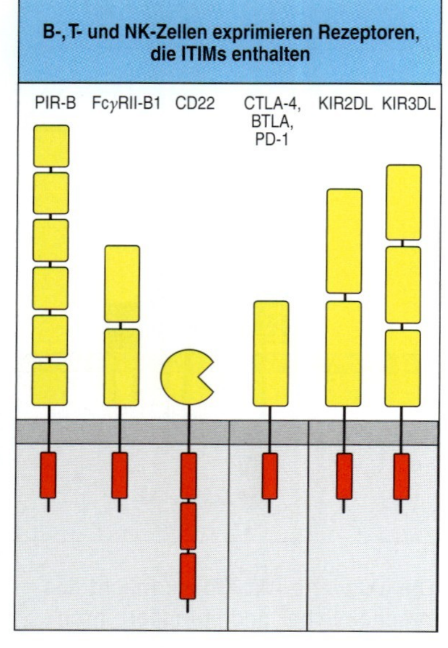

6.29 Einige Zelloberflächenrezeptoren von Lymphocyten enthalten Motive, die daran mitwirken, die Aktivierung abzuschwächen. Mehrere Rezeptoren übertragen Signale, die die Aktivierung des Lymphocyten oder der NK-Zelle hemmen. Sie enthalten im cytoplasmatischen Schwanz ein Sequenzmotiv, das man als ITIM (Immunrezeptor-tyrosinbasiertes Inhibitionsmotiv) bezeichnet. ITIM-Sequenzen binden an verschiedene Phosphatasen, die im aktivierten Zustand Signale von ITAM-haltigen Rezeptoren unterdrücken.

Der inhibitorische Signalweg, den CTLA-4 auslöst, wird durch eine bestimmte Aminosäuresequenz im cytoplasmatischen Schwanz des Proteins vermittelt, die man als **Immunrezeptor-tyrosinbasierte Inhibitionsmotive** (**ITIM**) bezeichnet. In diesem Sequenzmotiv liegt zwei Positionen stromaufwärts eines Tyrosins (Y) ein großer hydrophober Aminosäurerest wie Isoleucin (I) oder Valin (V), wobei auf das Tyrosin zwei Aminosäuren und dann ein Leucin folgen. So ergibt sich folgende Sequenz: ... [I/V] XYXX[L/I] ... (Abb. 6.29).

Wenn das Tyrosin phosphoryliert wird, kann ein ITIM eine der beiden inhibitorischen Phosphatasen **SHP** (*SH2-containing phosphatase*) und **SHIP** (*SH2-containing inositol phosphatase*) über ihre SH2-Domänen mobilisieren. SHP ist eine Proteintyrosinphosphatase, die Phosphatgruppen entfernt, welche von Tyrosinkinasen angehängt wurden. SHIP ist eine Inositolphosphatase, die ein Phosphat von PIP_3 entfernt, sodass PIP_2 entsteht. Auf diese Weise wird die Mobilisierung von Proteinen wie den Tec-Kinasen und der Akt-Kinase an die Zellmembran rückgängig gemacht.

PD-1 wird auf aktivierten T-Zellen, B-Zellen und myeloiden Zellen vorübergehend exprimiert. PD-1 bindet zwei Liganden, die beide zur B7-Familie gehören: **PD-L1** (*programmed death ligand-1*, B7-H1) und **PD-L2** (*programmed death ligand-2*, B7-DC). PD-L1 wird auf einer Vielzahl verschiedener Zellen konstitutiv exprimiert, während die Expression von

PD-L2 bei einer Entzündung auf antigenpräsentierenden Zellen induziert wird. Da PD-L1 konstitutiv exprimiert wird, besitzt die Regulation der Expression von PD-1 möglicherweise eine entscheidende Bedeutung bei der Kontrolle von T-Zell-Antworten. Wenn beispielsweise bei einer Entzündung Cytokinsignale die Expression von PD-1 hemmen, wird die T-Zell-Antwort verstärkt. Mäuse, denen PD-1 fehlt, entwickeln allmählich eine Autoimmunität, wahrscheinlich weil die Aktivierung der T-Zellen nicht mehr reguliert werden kann. Bei chronischen Infektionen verringert die Expression von PD-1 die Effektoraktivität von T-Zellen; dadurch werden Schädigungen von unbeteiligten Zellen begrenzt, allerdings auf Kosten der Bekämpfung der Krankheitserreger. PD-1 enthält zwei cytoplasmatische ITIM-Sequenzen, die nach Bindung des Liganden phosphoryliert werden. Beide können sowohl SHP als auch SHIP mobilisieren. BTLA wird auf aktivierten T-Zellen und B-Zellen exprimiert. BTLA sendet seine Signale wie PD-1 und CTLA-4 über die ITIM-Sequenzen. Im Gegensatz zu anderen Vertretern der CD28-Familie tritt BTLA jedoch nicht mit B7-Liganden in Wechselwirkung, bindet aber das Eintrittsmolekül für das Herpesvirus (HVEM), ein Protein aus der Familie der Tumornekrosefaktorrezeptoren, das ruhende T-Zellen und unreife dendritische Zellen stark exprimieren.

Andere Strukturtypen der Rezeptoren auf B- und T-Zellen enthalten ebenfalls ITIM-Sequenzen; sie können die Aktivierung einer Zelle blockieren, wenn sie zusammen mit den Antigenrezeptoren gebunden werden. Ein Beispiel dafür ist der Rezeptor **Fc*γ*RII-B1** auf B-Zellen, der an die Fc-Region von IgG bindet. Es ist schon lange bekannt, dass die Aktivierung von naiven B-Zellen als Reaktion auf ein Antigen durch lösliche IgG-Antikörper blockiert werden kann, die dasselbe Antigen erkennen. Die IgG-Antikörper verknüpfen also den B-Zell-Rezeptor mit diesem Fc-Rezeptor. Die ITIM-Sequenz von Fc*γ*RII-B1 lenkt SHIP in einen Komplex mit dem B-Zell-Rezeptor und blockiert so die Aktivität der PI-3-Kinase. Ein weiterer inhibitorischer Rezeptor auf B-Zellen ist das Transmembranprotein **CD22**; es enthält ITIM-Sequenzen, die mit SHP in Wechselwirkung treten.

Das ITIM-Motiv ist auch bei Rezeptoren auf NK-Zellen von Bedeutung, deren Signale die Abtötungsaktivität dieser Zellen blockieren (Abschnitt 2.30). Diese inhibitorischen Rezeptoren erkennen MHC-Klasse-I-Moleküle und übermitteln Signale, die die Freisetzung der cytotoxischen Granula blockieren, wenn NK-Zellen gesunde, nichtinfizierte Zellen erkennen (Abschnitt 2.31).

Die Signalgebung durch Rezeptoren, die ITAM- und ITIM-Sequenzen enthalten, kann die Intensität und die Eigenschaften des letztendlich von der Zelle empfangenen Signals genau kontrollieren. In bestimmten Fällen kann dabei die Signalgebung von aktivierenden Rezeptoren vollständig blockiert werden.

Zusammenfassung

Die Antigenrezeptoren auf der Oberfläche von Lymphocyten sind Multiproteinkomplexe mit antigenbindenden extrazellulären Komponenten, die mit akzessorischen Rezeptoren interagieren, welche für die Signale des eigentlichen Rezeptors verantwortlich sind. Bei vielen immunologisch bedeutsamen Rezeptoren werden die Signale über ein tyrosinhaltiges Signalsequenzmotiv vermittelt, das man als ITAM bezeichnet. Die Aktivierung der Rezeptoren durch Antigene führt dazu, dass Kinasen der Src-Familie die ITAM-Sequenz phosphorylieren. Die phosphorylierte ITAM-Sequenz mobilisiert dann mit ZAP-70 in T-Zellen und mit Syk in B-Zellen eine weitere Tyrosinkinase. Die Aktivierung der jeweiligen Kinase führt in T-Zellen zur Phosphorylierung der Gerüstproteine LAT und SLP-76, in B-Zellen zur Phosphorylierung des Gerüstproteins BLNK. Das wichtigste der Signalproteine, die durch diese phosphorylierten Gerüstproteine mobilisiert werden, ist die Phospholipase C-γ, die nach ihrer Aktivierung Inositoltrisphosphat (IP_3) und Diacylgycerin (DAG) produziert. IP_3 besitzt eine wichtige Funktion bei der Veränderung der Calciumkonzentration in der Zelle, während DAG bei der Aktivierung der Proteinkinase C-θ und des kleinen G-Proteins Ras mitwirkt. Diese Signalwege führen letztendlich zur Aktivierung der drei Transkriptionsfaktoren AP-1, NFAT und NFκB, die zusammen die Transkription des Gens für das Cytokin IL-2 in Gang setzen. IL-2 ist essenziell für die Proliferation und weitere Differenzierung des aktivierten Lymphocyten. Die CD28-Familie von costimulierenden Proteinen, die Proteine aus der B7-Familie binden, bildet ein wichtiges sekundäres Signalsystem. Aktivierende Faktoren der CD28-Familie sind von großer Bedeutung, da sie die Aktivierung von T-Zellen durch die passende Zielzelle sicherstellen. Inhibitorische Faktoren aus dieser und aus anderen Rezeptorfamilien enthalten inhibitorische Sequenzmotive, die man als ITIM bezeichnet. Ihre Funktion besteht darin, die Signale von aktivierenden Rezeptoren abzuschwächen oder vollständig zu blockieren. Die regulierte Expression von aktivierenden und inhibitorischen Rezeptoren und ihren Liganden erzeugt ein hoch komplexes Kontrollsystem der Immunantworten, das man erst zu verstehen beginnt.

Andere Rezeptoren und Signalübertragungswege

Bei Lymphocyten untersucht man in der Regel ihre Reaktivität gegenüber einem Antigen. Sie und andere Zellen des Immunsystems tragen jedoch zahlreiche andere Rezeptoren, mit denen sie sowohl Ereignisse in ihrer unmittelbaren Nachbarschaft als auch an entfernteren Stellen registrieren können. Im nächsten Abschnitt wollen wir uns mit den Mechanismen der Signalübertragung von vier Rezeptorklassen befassen: Cytokinrezeptoren, Todesrezeptoren, Toll-ähnliche Rezeptoren (TLR) und Chemokinrezeptoren.

6.21 Cytokine aktivieren im Allgemeinen schnelle Signalwege, die in den Zellkern führen

Einer der bedeutendsten Mechanismen, durch den die Zellen des Immunsystems untereinander und mit anderen Zellen kommunizieren, wird von einer Klasse von kleinen sezernierten Proteinen getragen, die man als Cytokine bezeichnet; einige wurden bereits in Kapitel 2 eingeführt. Sie werden normalerweise als Reaktion auf einen extrazellulären Reiz freigesetzt, und sie können auf die Zellen einwirken, die sie produzieren, auf andere Zellen in der unmittelbaren Umgebung oder auf Zellen, die in einer größeren Entfernung liegen, wobei die Cytokine dann im Blut oder in Gewebeflüssigkeiten dorthin transportiert werden. Cytokine beeinflussen das Verhalten von Zellen auf recht verschiedene Weise, und sie besitzen entscheidende Funktionen bei der Kontrolle von Wachstum, Entwicklung, funktioneller Differenzierung und der Aktivierung von Lymphocyten und anderen Leukocyten, wie wir in den folgenden Kapiteln noch erfahren werden. Die Cytokine, die von aktivierten T-Zellen und T-Effektorzellen freigesetzt werden, sind für die Funktionen dieser Zellen im Immunsystem von entscheidender Bedeutung. Cytokine rufen in den Zellen, auf die sie einwirken, unmittelbare Reaktionen hervor, was in der Natur ihrer Signaleigenschaften begründet liegt. Ihre Rezeptoren aktivieren besonders direkte Signalwege, die im Zellkern schnelle Veränderungen der Genexpression bewirken.

6.22 Cytokinrezeptoren bilden bei der Bindung eines Liganden Dimere oder Trimere

Eine große Klasse von Cytokinrezeptoren mit verwandten Strukturen, die Hämopoetin-Rezeptorfamilie, umfasst Rezeptoren, die mit Tyrosinkinasen assoziiert sind. Wenn der zugehörige Cytokinligand bindet, bilden sie Dimere. Wie bei der Clusterbildung der Antigenrezeptoren löst diese Dimerisierung die intrazelluläre Signalübertragung durch die mit den cytoplasmatischen Rezeptordomänen assoziierten Tyrosinkinasen aus. Bei einigen Typen von Cytokinrezeptoren besteht das Dimer aus zwei identischen Untereinheiten, bei anderen Rezeptortypen sind es zwei verschiedene Untereinheiten. Ein wichtiges Merkmal der Cytokinsignalübertragung ist die große Vielfalt von unterschiedlichen Rezeptorkombinationen. Die große Diversität der Rezeptoren bei der Signalübertragung durch Cytokine wird im Einzelnen in Kapitel 8 besprochen (Abb. 8.35).

Die zweite Klasse von Cytokinrezeptoren umfasst Rezeptoren für die Cytokine der TNF-Familie. Diese sind strukturell nicht mit den oben beschriebenen Rezeptoren verwandt, müssen aber auch Cluster bilden, um aktiviert zu werden. Cytokine dieser Familie wie TNF-α und Lymphotoxin sind als Trimere aktiv. Die Bindung eines Liganden induziert die Clusterbildung von drei identischen Rezeptoruntereinheiten. Einige Cytokine der TNF-Familie werden nicht freigesetzt, sondern sind entweder Transmembranproteine oder Proteine, die mit der Zelloberfläche assoziiert bleiben.

6.23 Cytokinrezeptoren sind mit Tyrosinkinasen der JAK-Familie assoziiert, die STAT-Transkriptionsfaktoren aktivieren

Die Signalketten von Cytokinrezeptoren der Hämopoetinfamilie sind nichtkovalent mit den Proteintyrosinkinasen der **Janus-Kinase-(JAK-) Familie** assoziiert. Die Bezeichnung rührt daher, dass die Enzyme zwei tandemartig angeordnete kinaseähnliche Domänen enthalten und dadurch dem zweigesichtigen römischen Gott Janus ähneln. Die JAK-Familie umfasst vier Vertreter: Jak1, Jak2, Jak3 und Tyk2. Da Mäuse, die bei den einzelnen JAK-Kinasen einen Defekt aufweisen, unterschiedliche Phänotypen zeigen, besitzt jede Kinase offenbar eine eigenständige Funktion. Es ist anzunehmen, dass die Zugehörigkeit von verschiedenen JAK-Kombinationen zu verschiedenen Cytokinrezeptoren eine Vielzahl von Signalreaktionen ermöglicht.

Die Dimerisierung oder Clusterbildung der Signalketten ermöglicht es den JAK-Kinasen, sich gegenseitig zu phosphorylieren und so ihre Kinaseaktivität zu stimulieren. Die aktivierten JAK-Kinasen phosphorylieren dann ihre assoziierten Rezeptoren an spezifischen Tyrosinresten und erzeugen so Bindungsstellen für Proteine mit SH2-Domänen (Abb. 6.30). Einige der Stellen, an denen Tyrosinreste phosphoryliert wurden, mobilisieren ruhende Transkriptionsfaktoren, die SH2-Domänen enthalten. Diese bezeichnet man als **STAT** (*signal transducers and activators of transcription*).

Es gibt sieben STAT-Faktoren (1 bis 5, 6a und 6b). Die Spezifität eines einzelnen STAT für einen bestimmten Rezeptor wird dadurch festgelegt, dass die SH2-Domäne des STAT auf dem aktivierten Rezeptor eine bestimmte Phosphotyrosinsequenz erkennt. Die Mobilisierung eines STAT

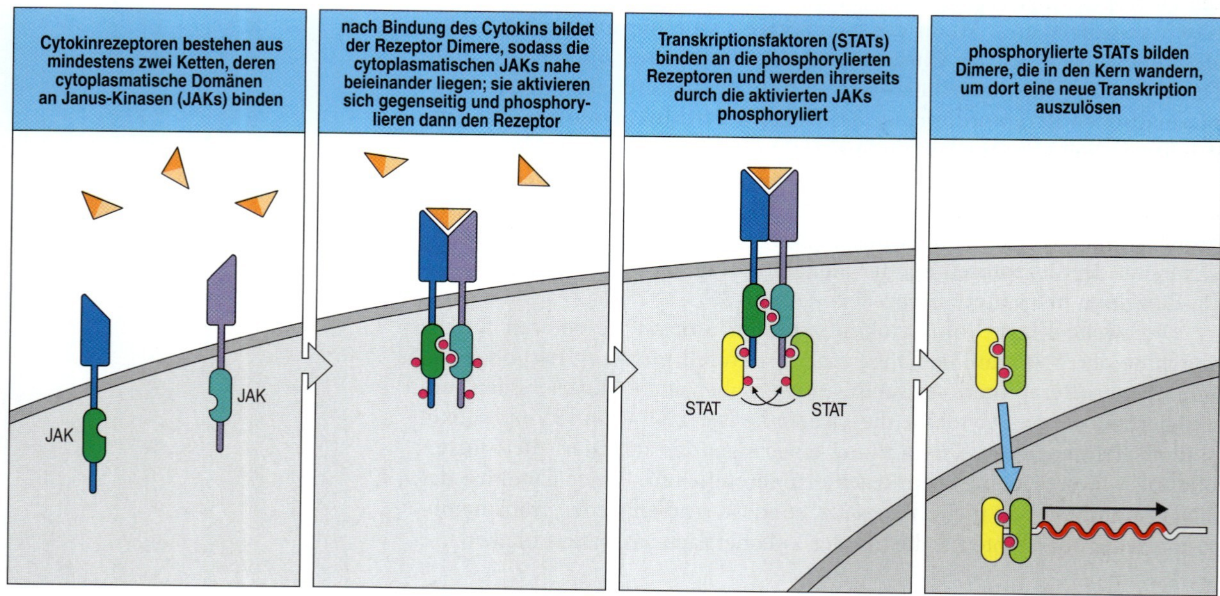

6.30 Cytokinrezeptoren leiten ihre Signale mithilfe eines schnellen Signalweges weiter, den man als JAK-STAT-Weg bezeichnet. Viele Cytokine wirken über Rezeptoren, die mit cytoplasmatischen Janus-Kinasen (JAK) assoziiert sind. Der Rezeptor besteht aus mindestens zwei Proteinketten, die jeweils mit einer spezifischen JAK-Kinase assoziiert sind (erstes Bild). Die Bindung des dimeren Liganden führt zur Dimerisierung der Rezeptorketten und bringt so die beiden JAK-Kinasen zusammen, die sich nun gegenseitig phosphorylieren und damit aktivieren können. Die aktivierten JAK-Kinasen phosphorylieren dann Tyrosinreste in den Schwänzen der Rezeptoren (zweites Bild). Proteine der STAT-Familie, die SH2-Domänen enthalten, binden an die Rezeptoren, die an Tyrosinresten phosphoryliert sind, und werden selbst durch die JAK-Kinasen phosphoryliert (drittes Bild). Nach der Phosphorylierung dimerisieren die STAT-Proteine, indem sie Phosphotyrosinreste in den SH2-Domänen binden, und sie gelangen in den Zellkern (letztes Bild), wo sie an eine Anzahl verschiedener Gene binden, die für die adaptive Immunität von Bedeutung sind, und ihre Transkription aktivieren.

zum aktivierten Rezeptor bringt den STAT dicht an eine aktivierte JAK-Kinase heran, die ihn dann phosphorylieren kann. Dadurch ändert sich die Konformation des STAT, sodass nun ein weiterer STAT zur Bildung eines Dimers binden kann. STAT-Faktoren können Homodimere oder Heterodimere bilden. Die phosphorylierten STAT-Dimere dissoziieren nun von den Rezeptoren und dringen in den Zellkern ein. Dort fungieren sie als Transkriptionsfaktoren und setzen die Expression von bestimmten Genen in Gang. Zu diesen STAT-regulierten Genen gehören solche, die bei Wachstum und Differenzierung von bestimmten Untergruppen der Lymphocyten mitwirken. Ein Beleg für die Spezifität der STAT-vermittelten Transkription ist beispielsweise STAT4, der für die Entwicklung der T_H1-Zellen essenziell ist, während STAT6 für die Entwicklung der T_H2-Zellen erforderlich ist.

STAT-Faktoren werden nicht nur durch Cytokinrezeptoren aktiviert, sondern auch durch einige andere Rezeptortypen, die von Immunzellen exprimiert werden. Darüber hinaus ist die STAT-vermittelte Transkription nicht der einzige Signalweg, der durch Cytokinrezeptoren ausgelöst werden kann. Cytokinrezeptoren können beispielsweise den Ras-MAP-Kinase-Signalweg und den Phosphatidylinositolsignalweg aktivieren. Man weiß relativ wenig darüber, wie die Cytokinrezeptoren diese Signalwege aktivieren, aber vielleicht können eng verwandte Cytokine deshalb unterschiedliche biologische Reaktionen hervorrufen, weil verschiedene Kombinationen aus mehreren möglichen Signalwegen selektiv aktiviert werden.

6.24 Cytokinsignale werden durch einen negativen Rückkopplungsmechanismus beendet

Da Cytokine so viele verschiedene und auch so starke Auswirkungen haben können, muss die Aktivierung von Cytokinsignalwegen genau kontrolliert werden. Ein Zusammenbruch der Kontrolle kann zu erheblichen pathologischen Effekten führen. Eine Anzahl verschiedener cytokinspezifischer Blockierungsmechanismen stellt sicher, dass Cytokinsignalwege effektiv beendet werden können. Da die Signalgebung durch einen Cytokinrezeptor von phosphorylierten Tyrosinresten abhängt, ist die Dephosphorylierung des Rezeptorkomplexes durch Tyrosinphosphatasen ein wichtiger Mechanismus für die Beendigung des Signals. Man hat schon eine Reihe verschiedener Tyrosinphosphatasen mit der Dephosphorylierung von Cytokinrezeptoren, JAK-Kinasen und STAT-Faktoren in Zusammenhang gebracht, beispielsweise SHP, CD45 und die T-Zell-Phosphatase (TCPTP).

Cytokinsignale können auch durch eine negative Rückkopplung beendet werden. Dabei wirken spezifische Inhibitoren mit, die durch die Cytokinaktivierung ausgelöst werden. Eine Klasse von Inhibitoren umfasst die SOCS-Proteine, die das Signal auf verschiedene Weise beenden, etwa durch Stimulation der Ubiquitinverknüpfung und des anschließenden Abbaus von Rezeptoren, JAK-Kinasen und STAT-Faktoren. Eine andere Gruppe von inhibitorischen Proteinen umfasst die Proteininhibitoren der aktivierten STAT-Proteine (PIAS-Proteine), die anscheinend auch daran beteiligt sind, den Abbau von Rezeptoren und Signalwegkomponenten zu stimulieren.

6.25 Die Rezeptoren, die die Apoptose induzieren, aktivieren spezialisierte intrazelluläre Proteasen, die man als Caspasen bezeichnet

Der **programmierte Zelltod** oder die **Apoptose** (Abschnitt 1.14) ist ein normaler Vorgang, der für eine korrekt ablaufende Entwicklung und die Funktion des Immunsystems unabdingbar ist. Insbesondere erfüllt die Apoptose eine wichtige Aufgabe bei der Beendigung von Immunantworten, indem Zellen beseitigt werden, die nicht länger notwendig sind, nachdem die Infektion ausgeräumt wurde. Die Apoptose besitzt auch eine zentrale Funktion bei der Entwicklung der Lymphocyten, indem diejenigen Lymphocyten entfernt werden, die keine funktionsfähigen Antigenrezeptoren bilden können (Kapitel 4) oder potenziell autoreaktive Rezeptoren gebildet haben (Kapitel 7). Die Apoptose ist ein regulierter Vorgang, der durch spezifische extrazelluläre Signale ausgelöst wird (in bestimmten Fällen auch durch das Ausbleiben von Signalen, die für das Überleben einer Zelle erforderlich sind). Der Vorgang setzt sich dann in einer Folge von zellulären Ereignissen fort, beispielsweise die Blasenbildung der Plasmamembran, Veränderungen der Zusammensetzung der Membranlipide und die enzymatische Fragmentierung der chromosomalen DNA.

An der Signalgebung zum Zelltod sind zwei allgemeine Signalwege beteiligt. Den ersten bezeichnet man als **extrinsischen Weg der Apoptose**; er wird durch die Aktivierung sogenannter **Todesrezeptoren** über extrazelluläre Liganden aktiviert. Die Bindung des Liganden stimuliert die Apoptose in der Zelle, die den Rezeptor trägt. Den anderen Weg bezeichnet man als **intrinsischen** oder **mitochondrialen Weg der Apotose**; dieser vermittelt die Apoptose als Reaktion auf schädliche Reize wie Bestrahlung mit UV-Licht, Chemotherapeutika, Nährstoffmangel oder Mangel an Wachstumsfaktoren, die für das Überleben notwendig sind. Beiden Signalwegen gemeinsam ist die Aktivierung spezieller Proteasen, die man als asparaginsäurespezifische Cysteinproteasen oder **Caspasen** bezeichnet.

Wie viele andere Proteasen werden auch die Caspasen als inaktive Procaspasen synthetisiert, bei denen die katalytische Domäne durch eine angrenzende Prodomäne blockiert wird. Procaspasen werden durch andere Caspasen aktiviert, die das Protein spalten und die inhibitorische Prodomäne freisetzen. Es gibt zwei Gruppen von Caspasen, die am Apoptoseweg beteiligt sind: Die **Initiatorcaspasen** stimulieren die Apoptose, indem sie andere Caspasen spalten und aktivieren. Die **Effektorcaspasen** setzen die zellulären Veränderungen in Gang, die mit der Apoptose einhergehen. Beim extrinsischen Apoptoseweg ist Caspase 8 die Initiatorcaspase, beim intrinsischen Weg ist es Caspase 9. In beiden Apoptosewegen kommen die Caspasen 3, 6 und 7 als Effektorcaspasen vor. Die Effektorcaspasen spalten eine Reihe verschiedener Proteine, die für die Integrität der Zelle unabdingbar sind, und aktivieren auch Enzyme, die den Tod der Zelle fördern. So werden Zellkernproteine wie Lamin B, die für die strukturelle Integrität des Zellkerns verantwortlich sind, gespalten und abgebaut, und es werden Endonucleasen aktiviert, die die chromosomale DNA fragmentieren.

Wir wollen uns zuerst mit dem Apoptoseweg befassen, der von den Todesrezeptoren ausgeht, da diese bei vielen Funktionen des Immunsystems eine Rolle spielen. Die Aktivierung der Caspase 8 ist der entscheidende Schritt im Apoptoseweg, dabei wird zuerst die Initiatorprocaspase zum aktivierten Todesrezeptor gelenkt.

Die Todesrezeptoren gehören zur großen Familie der TNF-Rezeptoren, unterscheiden sich aber von anderen Rezeptoren dieser Familie, da sie im cytoplasmatischen Teil des Rezeptors eine konservierte Domäne besitzen, die man als **Todesdomäne** (*death doman*, **DD**) bezeichnet. Von den Todesrezeptoren, die in den Zellen des Immunsystems exprimiert werden, kennt man **Fas** (CD95) und **TNFR-I** am besten. Fas und sein Ligand **FasL** werden von vielen Zelltypen exprimiert, nicht nur im Immunsystem. Der Fas-vermittelte Zelltod tritt in zahlreichen Zusammenhängen auf, etwa für den Schutz der privilegierten Bereiche im Immunsystem (Kapitel 11) oder bei der Regulation und Beendigung von Immunantworten (Kapitel 8). Der Signalweg, der durch die Stimulation von Fas durch FasL ausgelöst wird, ist in Abbildung 6.31 dargestellt.

Der erste Schritt bei der Fas-vermittelten Apoptose ist die Bindung von FasL, die zur Clusterbildung des Rezeptors führt. Die Todesdomänen binden spezifisch an andere Todesdomänen. Die Todesdomänen von Fas mobilisieren bei der Clusterbildung Adaptorproteine, die eine Todesdomäne und eine zusätzliche Domäne enthalten, an die eine Procaspase binden kann (Abb. 6.31). Jeder Rezeptortyp mobilisiert ein spezifisches Adaptorprotein, wobei zu Fas das sogenannte FADD (*fas-associated via death domain*) gehört. Neben der Todesdomäne enthält FADD noch eine Todeseffektordomäne (DED). Damit kann Fas die Caspase 8, eine Initiatorcaspase, direkt über Wechselwirkungen mit einer ähnlichen Domäne in dem Enzym mobilisieren. Die hohen lokalen Konzentrationen der Caspase 8 um die Rezeptoren herum führen dazu, dass sie sich gegenseitig spalten können und sich so selbst aktivieren. Nach ihrer Aktivierung wird die Caspase 8 aus dem Rezeptorkomplex freigesetzt und kann nun die nachgeschalteten Effektorcaspasen aktivieren.

Ein ähnlicher, sich aber davon unterscheidender Signalweg wird von TNFR-I genutzt, wenn der Rezeptor von seinem Liganden TNF-α stimu-

6.31 Die Bindung des Fas-Liganden an Fas löst den extrinsischen Weg der Apoptose aus. Der Zelloberflächenrezeptor Fas enthält in seinem cytoplasmatischen Schwanz eine sogenannte Todesdomäne. Wenn der Fas-Ligand (FasL) an Fas bindet, bildet der Rezeptor ein Trimer (erstes Bild). Das Adaptorprotein FADD (andere Bezeichnung MORT-1) enthält ebenfalls eine Todesdomäne. Es kann an die zusammengelagerten Todesdomänen von Fas binden (zweites Bild). FADD enthält zusätzlich eine Todeseffektordomäne (DED), durch die die Procaspase 8 (die auch eine Todesdomäne enthält) mobilisiert wird (drittes Bild). Die zusammengelagerten Procaspase-8-Moleküle aktivieren sich gegenseitig und die aktive Caspase wird in das Cytoplasma freigesetzt (nicht dargestellt).

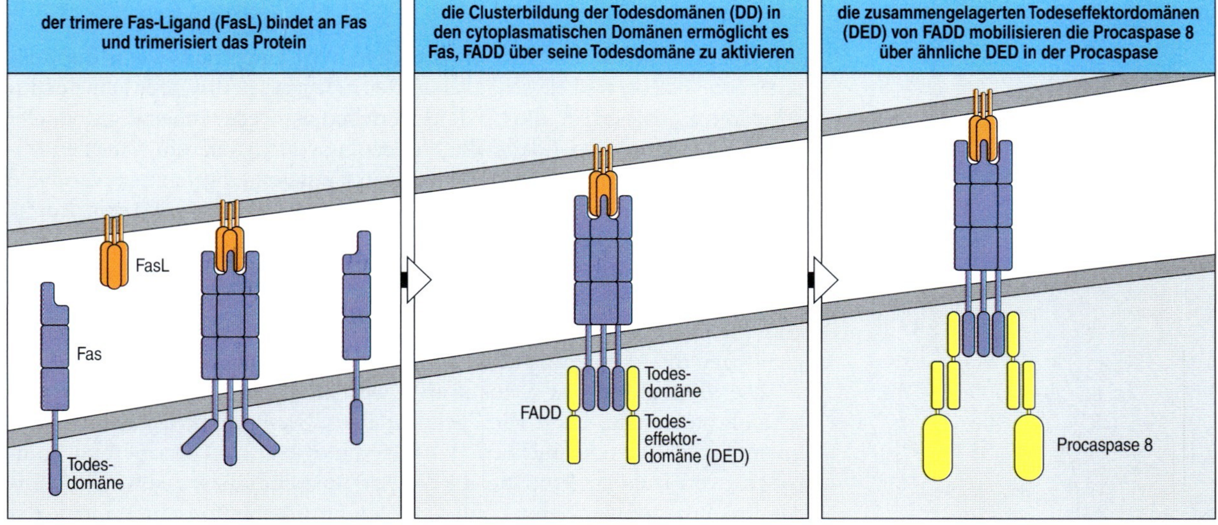

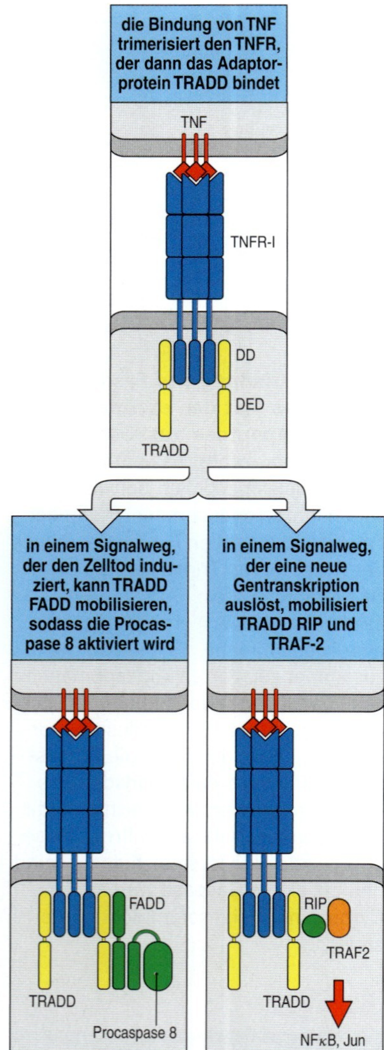

6.32 Signalgebung durch den TNF-Rezeptor TNFR-I. Wie Fas enthält auch TNFR-I eine cytoplasmatische Todesdomäne (DD), die das Adaptorprotein TRADD aktiviert, das ebenfalls eine Todesdomäne enthält. TRADD kann zwei verschiedene Signalkomplexe bilden. Über eine DD-DD-Wechselwirkung kann TRADD das Adaptorprotein FADD mobilisieren, was dazu führt, dass die Caspase 8 aktiviert und die Apoptose eingeleitet wird (unten links, siehe auch Abbildung 6.31). In einem zweiten Signalweg kann TRADD auch die Serin/Threonin-Kinase RIP und das Adaptorprotein TRAF-2 aktivieren. RIP aktiviert IKK, was zur Aktivierung von NFκB führt. TRAF-2 stimuliert den JNK-Signalweg, dadurch wird Jun phosphoryliert. Es ist nicht bekannt, wann der eine oder der andere Signalweg eingeschlagen wird.

liert wird. In einigen Zellen führt ein Signal von TNFR-I zur Apoptose, bei anderen Zellen werden hingegen Gene für eine entzündungsfördernde Reaktion induziert. Welche Faktoren darüber entscheiden, ob die Apoptose oder die Transkription von Genen aktiviert wird, ist unbekannt. Die aktuelle Hypothese geht davon aus, dass die beiden Reaktionen von zwei verschiedenen Signalkomplexen reguliert werden, die TNFR-I aufbauen kann. In beiden Fällen mobilisiert der Rezeptor zuerst das Adaptorprotein TRADD und die Signalwege laufen auseinander. Wenn TRADD an FADD bindet, schreitet der Signalweg zur Apoptose voran (Abb. 6.32). Unter anderen Bedingungen mobilisiert TRADD jedoch die Serin/Threonin-Kinase RIP (rezeptorinteragierendes Protein) und das Adaptorprotein TRAF-2 (TNF-assoziierter Faktor-2). RIP vermittelt über einen bislang noch unbekannten Signalweg die Aktivierung von NFκB durch die Aktivierung von IKK. TRAF-2 stimuliert einen MAP-Kinase-Signalweg, der zur Aktivierung von JNK und dem Transkriptionsfaktor Jun führt; letzterer ist Teil des AP-1-Komplexes (Abb. 6.20).

6.26 Der intrinsische Weg der Apoptose wird durch die Freisetzung von Cytochrom *c* aus den Mitochondrien eingeleitet

Die Apoptose wird über den intrinsischen Weg eingeleitet, wenn die Zelle unter Stress steht, weil sie schädlichen Reizen ausgesetzt ist oder keine extrazellulären Signale erhält, die für das Überleben der Zelle notwendig sind. Der entscheidende Schritt ist dabei die Freisetzung von Cytochrom *c* aus den Mitochondrien, wodurch die Aktivierung von Caspasen eingeleitet wird. Sobald sich Cytochrom *c* im Cytoplasma befindet, bindet es an das Protein Apaf-1 (Apoptose-Protease-aktivierender Faktor 1) und regt dessen Polymerisierung an. Das Apaf-1-Oligomer mobilisiert dann die Procaspase 9, eine Initiatorcaspase. Die Aggregation der Caspase 9 ermöglicht eine Selbstspaltung der Moleküle, die dann in der Zelle freigesetzt werden und wie in den Todesrezeptorsignalwegen die Aktivierung der Effektorcaspasen stimulieren (Abb. 6.33).

Die Freisetzung von Cytochrom *c* wird durch Wechselwirkungen zwischen Proteinen der Bcl-2-Familie kontrolliert. Die Proteine der **Bcl-2-Familie** enthalten eine oder mehrere Bcl-2-Homologie-(BH-)Domänen und umfassen zwei Gruppen: Proteine, die die Apoptose stimulieren, sowie Proteine, die die Apoptose blockieren (Abb. 6.34). Einige proapoptotische Proteine der

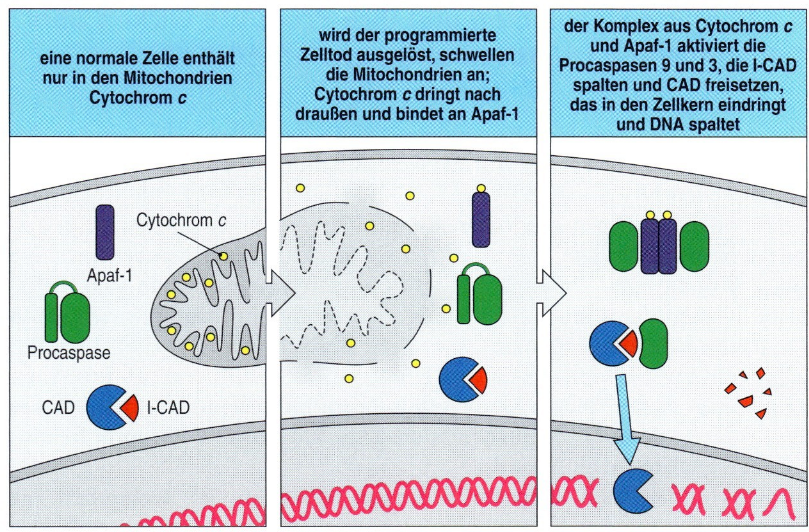

6.33 Beim intrinsischen Weg induziert die Freisetzung von Cytochrom *c* aus den Mitochondrien den programmierten Zelltod. In normalen Zellen kommt Cytochrom *c* nur in den Mitochondrien vor (erstes Bild). Bei einer Stimulation des intrinsischen Weges schwellen die Mitochondrien an, Cytochrom *c* kann die Mitochondrien verlassen und gelangt in das Cytosol (zweites Bild). Dort kommt es zu einer Wechselwirkung zwischen Cytochrom *c* und dem Protein Apaf-1. Dabei bildet sich ein Cytochrom *c*:Apaf-1-Komplex, der die Procaspase 9 mobilisiert. Die Clusterbildung der Procaspase 9 aktiviert die Caspase, sodass sie nun nachgeschaltete Caspasen aktivieren kann, etwa die Caspase 3. Das wiederum führt zur Aktivierung von Enzymen wie CAD, das DNA spalten kann (drittes Bild).

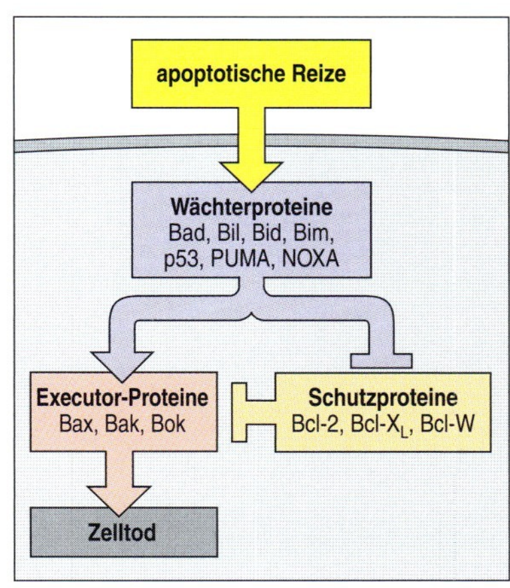

6.34 Allgemeiner Mechanismus der Regulation des intrinsischen Weges durch Proteine der Bcl-2-Familie. Extrazelluläre apoptotische Reize aktivieren eine Gruppe von proapoptotischen Proteinen. Die Funktion dieser sogenannten Wächterproteine besteht entweder darin, Schutzproteine zu blockieren, die das Überleben der Zelle fördern, oder proapoptotische Executor-Proteine direkt zu aktivieren. In Säugerzellen wird die Apoptose durch die sogenannten Executor-Proteine Bax, Bak und Bok vermittelt. In normalen Zellen werden diese Proteine durch die Schutzproteine Bcl-2, Bcl-X_L und Bcl-W blockiert. Die Freisetzung aktivierter Executor-Proteine verursachen die Freisetzung von Cytochrom *c* und den anschließenden Tod der Zelle (Abb. 6.33).

Bcl-2-Familie wie Bax, Bak und Bok (die man als Executor-Proteine bezeichnet) binden an die Mitochondrienmembranen und können die Freisetzung von Cytochrom *c* direkt herbeiführen. Wie das geschieht, ist noch nicht bekannt, aber möglicherweise erzeugen sie Poren in den Membranen.

Die antiapoptotischen Proteine der Bcl-2-Familie werden durch Reize aktiviert, die das Überleben der Zelle fördern. Am besten bekannt ist dabei das antiapoptotische Protein Bcl-2 selbst. Das *Bcl-2*-Gen hat man ursprünglich als Onkogen bei einem B-Zell-Lymphom entdeckt. Seine übermäßige Expression in Tumoren macht die Zellen gegenüber apoptotischen Reizen resistenter, sodass sie sich mit einer größeren Wahrscheinlichkeit zu einem invasiven Krebs entwickeln können, der schwer abzutöten ist. Andere Proteine aus der inhibitorischen Familie sind Bcl-X_L und Bcl-W. Antiapoptotische Proteine binden an die Mitochondrienmembran und blockieren die Freisetzung von Cytochrom *c*. Der genaue Blockademechanismus ist nicht bekannt, aber möglicherweise wird die Funktion der proapoptotischen Proteine dieser Familie direkt blockiert.

Eine zweite Gruppe von proapoptotischen Proteinen aus der Bcl-2-Familie sind sogenannte Wächterproteine; sie werden durch apoptotische Reize aktiviert. Nach ihrer Aktivierung können diese Proteine, beispielsweise Bad, Bid und PUMA, entweder die Aktivität der antiapoptotischen Proteine blockieren oder die Funktion der proapoptotischen Executor-Proteine direkt stimulieren.

6.27 Mikroorganismen und ihre Produkte wirken über Toll-ähnliche Rezeptoren und aktivieren NFκB

Die zehn Toll-ähnlichen Rezeptoren (TLR) des Menschen (elf bei der Maus) bilden eine Klasse von Mustererkennungsrezeptoren, die bei der angeborenen Immunität aktiv sind. Die Liganden, die sie binden, und ihre Funktionen bei der angeborenen Immunität werden im Einzelnen in Kapitel 2 besprochen. Die TLR sind in ihrer Struktur Transmembranproteine mit einem einzigen Durchgang. Ihre besonderen Kennzeichen sind mehrfache Kopien eines leucinhaltigen Sequenzmotivs in ihrer extrazellulären Domäne sowie ein Sequenzmotiv mit der Bezeichnung TIR (Toll-IL-1-Rezeptor) in ihrer cytoplasmatischen Domäne, das sie mit anderen Proteinen gemeinsam haben. Dieses Motiv kommt auch im Rezeptor für das Cytokin IL-1 vor, was darauf hindeutet, dass die TLR und der IL-1-Rezeptor in ähnlichen Signalwegen aktiv sind.

TLR-Signale induzieren ein vielfältiges Spektrum von Reaktionen, die die Erzeugung von entzündungsspezifischen Cytokinen, chemotaktischen Faktoren und antimikrobiellen Produkten regulieren (Kapitel 2). Die TLR induzieren viele verschiedene Signalproteine, beispielsweise verschiedene MAP-Kinasen und die PI-3-Kinase. Der bedeutendste Signalweg, der von den TLR ausgeht, ist jedoch die Aktivierung von NFκB, und dieser Weg wird durch die TIR-Domäne ausgelöst. Der Signalweg ist bei vielzelligen

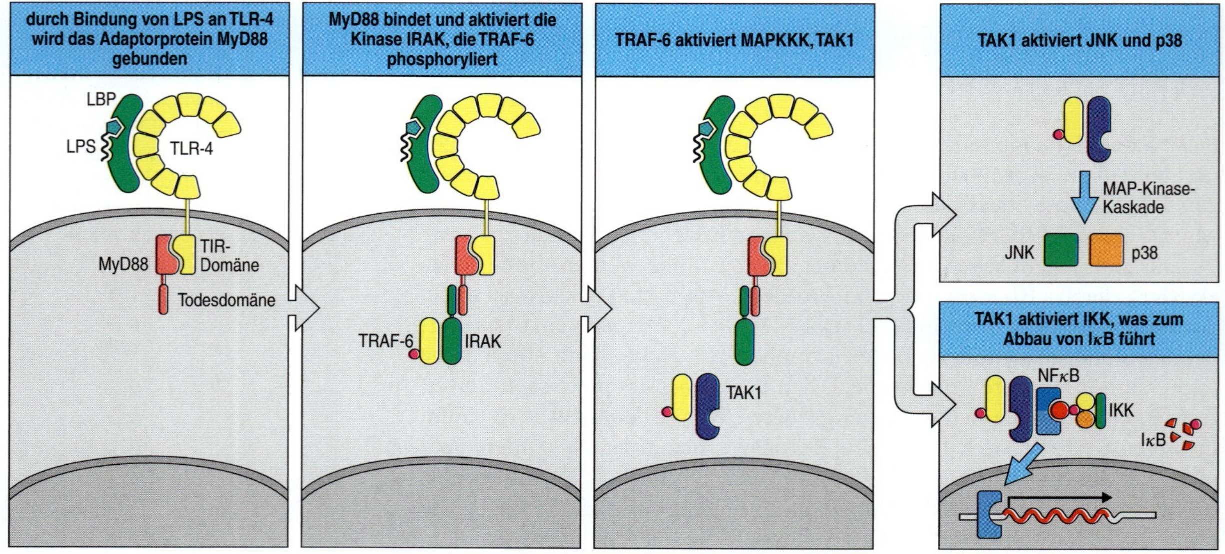

6.35 Toll-ähnliche Rezeptoren aktivieren NFκB. Die Toll-ähnlichen Rezeptoren (TLR) aktivieren NFκB über einen Signalweg, dessen erste Stufen sich von dem Weg unterscheiden, der von den Antigenrezeptoren oder TNF-Rezeptoren ausgeht. Die TLR senden ihre Signale über die TIR-Domäne in ihren cytoplasmatischen Schwänzen. Die TIR-Domäne mobilisiert eine Familie von Adaptorproteinen, die ebenfalls eine TIR-Domäne enthalten. MyD88 ist von diesen Adaptoren am besten bekannt. MyD88 enthält neben seiner TIR-Domäne auch eine Todesdomäne (DD), durch die die Serin/Threonin-Kinase IRAK aktiviert und mobilisiert wird. Die aktivierte IRAK-Kinase mobilisiert das Adaptorprotein TRAF-6, das die Aktivierung von TAK1 stimuliert, eine MAPKKK. TAK1 stimuliert die Aktivierung von IKK, wodurch IκB zerstört und NFκB aktiviert wird. TAK1 stimuliert auch die Aktivierung der MAP-Kinasen JNK und p38.

Organismen stark konserviert und repräsentiert deshalb einen sehr alten Signalweg bei der Abwehr von Infektionen.

Wie die Todesdomänen können auch die TIR-Domänen andere TIR-Domänen binden. Die Bindung eines Liganden an einen TLR-Rezeptor erzeugt eine Konformationsänderung, sodass die intrazelluläre TIR-Domäne an ein Adaptorprotein binden kann, das ebenfalls eine TIR-Domäne enthält. Man hat bis jetzt fünf TIR-Adaptorproteine identifiziert, am besten untersucht ist MyD88 (myeloider Differenzierungsfaktor 88). Ein großer Teil der Unterschiede bei der Signalgebung ist wahrscheinlich durch die Verwendung unterschiedlicher Adaptorproteine begründet.

Wir wollen hier den Signalweg besprechen, der von TLR-4 ausgeht, einem Rezeptor für das bakterielle Lipopolysaccharid (LPS) auf Makrophagen, neutrophilen und dendritischen Zellen. LPS bindet zuerst an das zirkulierende LPS-bindende Protein (LBP), sodass es nun an das Zelloberflächenprotein CD14 binden kann (Abb. 6.35). CD14 mit gebundenem Liganden interagiert mit TLR-4. TLR-4 wiederum bedient zwei Signalwege, den MyD88-abhängigen und den MyD88-unabhängigen Signalweg. Beim MyD88-abhängigen Weg lenkt TLR-4 MyD88 direkt an den cytoplasmatischen Schwanz. Dieses Adaptorprotein enthält an einem Ende eine TIR-Domäne, über die es an den Rezeptor bindet, am anderen Ende befindet sich eine Todesdomäne. Nach der Bindung an den Rezeptor mobilisiert die Todesdomäne von MyD88 eine Serin/Threonin-Proteinkinase, die man als IL-1-Rezeptor-assoziierte Kinase (IRAK) bezeichnet und die ebenfalls eine Todesdomäne enthält. Die aktivierte IRAK-Kinase bindet dann das Adaptorprotein TRAF-6. TRAF-6 aktiviert TAK1 (eine MAPKKK), und TAK1 phosphoryliert und aktiviert den IKK-Komplex. Wie bereits in Abschnitt 6.16 besprochen, entfernt IKK den Inhibitor IκB von NFκB, und NFκB wandert daraufhin in den Zellkern. Darüber hinaus stimuliert TAK1 auch die Aktivierung von JNK und der p38-Familie, einer weiteren Gruppe von MAP-Kinasen.

TLR-4 kann sein Signal auch über den MyD88-unabhängigen Weg weiterleiten, um die Produktion des antiviralen Proteins Interferon-β (IFN-β) zu stimulieren (Abschnitt 2.29). Wie in Abbildung 6.36 dargestellt ist, kann TLR-4 TRIF mobilisieren, ein weiteres Adaptorprotein mit einer TIR-Domäne. Wie MyD88 kann auch TRIF ungewöhnliche Kinasen binden, IκKε und TBK1. Diese Kinasen aktivieren die IRF-Transkriptionsfaktoren (interferonregulierende Faktoren), die bei der Stimulation der Interferon-(IFN-)β-Expression mitwirken. Durch das Adaptorprotein TRIF können TLR-4-Signale zusätzlich zur Aktivierung durch NFκB die Produktion von IFN-β stimulieren.

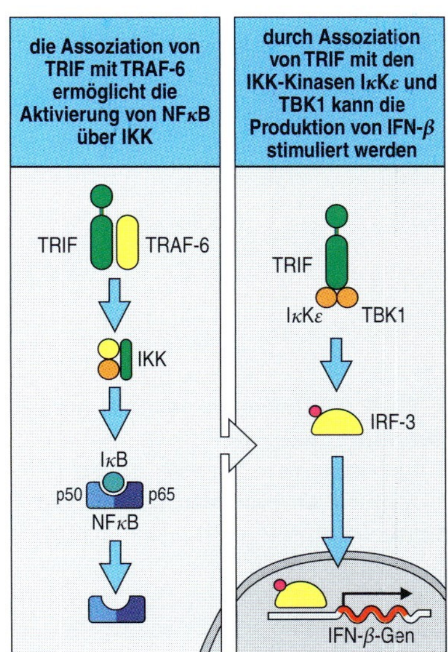

6.36 Die MyD88-unabhängigen Signale der TLR werden durch TRIF vermittelt. TLR-4 sendet auch Signale über den MyD88-unabhängigen Weg. In diesem Signalweg wird anstelle von MyD88 das Adaptorprotein TRIF, das eine TIR-Domäne enthält, zum Rezeptor mobilisiert. TRIF kann direkt an TRAF-6 binden und stimuliert dadurch die Aktivierung von NFκB. TRIF kann auch die beiden Serin/Threonin-Kinasen IκKε und TBK1 aktivieren. Die Aktivierung dieser Kinasen stimuliert den interferonregulierenden Faktor (IRF), einen Transkriptionsfaktor, der die Transkription des Gens für das Interferon IFN-β stimuliert.

6.28 Bakterielle Peptide, Mediatoren von Entzündungsreaktionen und Chemokine erzeugen ihre Signale über G-Protein-gekoppelte Rezeptoren

Ein anderer Mechanismus, durch den Zellen des angeborenen Immunsystems das Vorhandensein einer Infektion erkennen können, ist die Bindung von bakteriellen Peptiden, die *N*-Formylmethionin (fMet) enthalten. Diese modifizierte Aminosäure kommt ausschließlich bei Prokaryoten vor. Der Rezeptor, der diese Peptide erkennt, wird als fMet-Leu-Phe-(fMLP-)Rezeptor bezeichnet und besitzt für das bezeichnete Tripeptid eine hohe Affinität, wobei er nicht allein darauf spezialisiert ist. Der fMLP-Rezeptor gehört zu einer alten und weit verbreiteten Familie von Rezeptoren, die sieben membrandurchspannende Abschnitte besitzen: Die bekanntesten Vertreter dieser Familie sind die Photorezeptoren Rhodopsin und Bakteriorhodopsin. Im Immunsystem übernehmen Rezeptoren aus dieser Familie mehrere essenzielle Funktionen. Zu dieser Familie gehören die Rezeptoren für Anaphylatoxine (Abschnitt 2.20) und Chemokine (Abschnitt 2.24).

Alle Rezeptoren dieser Familie verfügen über denselben Mechanismus der Signalgebung. Die Bindung des Liganden aktiviert ein GTP-bindendes Protein, ein sogenanntes **G-Protein**. Die entsprechende Proteinklasse bezeichnet man auch als „heterotrimere G-Proteine", um sie von der Familie der „kleinen" GTPasen mit Ras als Prototyp zu unterscheiden und weil jedes G-Protein dieser Art aus drei Untereinheiten aufgebaut ist: Gα, Gβ und Gγ. Die Gα-Untereinheit entspricht der einzigen Untereinheit der kleinen GTPasen und sie funktioniert auch auf dieselbe Weise. Beide sind aktiv, wenn GTP gebunden ist, und inaktiv, wenn GDP gebunden ist. Es sind etwa 20 verschiedene heterotrimere G-Proteine bekannt, die alle jeweils mit anderen Zelloberflächenrezeptoren und Übertragungssignalen funktionieren und unterschiedliche intrazelluläre Signalwege bedienen. Im Ruhezustand ist das G-Protein inaktiv, nicht mit dem Rezeptor assoziiert und trägt ein gebundenes Molekül GDP an der α-Untereinheit. Wenn der Rezeptor seinen Liganden bindet, ermöglicht eine Konformationsänderung des Rezeptors die Bindung des G-Proteins. Dadurch wird GDP aus dem G-Protein entfernt und durch GTP ersetzt. Das G-Protein dissoziiert nun in zwei Bestandteile, die α-Untereinheit und einen Komplex aus β- und γ-Untereinheit. Jede dieser Komponenten kann mit anderen zellulären Faktoren interagieren, um das Signal zu übertragen und zu verstärken. Die intrinsische GTPase-Aktivität der α-Untereinheit führt zur Hydrolyse von GTP zu GDP, und die α- und die $\beta\gamma$-Untereinheit können reassoziieren (Abb. 6.37). Da die Geschwindigkeit der intrinsischen GTPase-Aktivität der α-Untereinheit relativ langsam ist, wird die Aktivität der Signalübertragung der heterotrimeren G-Proteine *in vivo* durch die RGS-Proteine reguliert. Dies ist eine Familie von GTPase-aktivierenden Proteinen, die die GTP-Hydrolyse beschleunigen.

Wichtige Zielenzyme für die aktiven G-Protein-Untereinheiten sind die Adenylatcyclase, die den Second Messenger zyklisches AMP (cAMP) synthetisiert, die Phospholipase C, durch deren Aktivität IP_3 und DAG entstehen, Tyrosinkinasen wie BTK sowie Regulatoren der G-Proteine der Ras-Familie.

6.37 Rezeptoren mit sieben membrandurchspannenden Domänen übertragen ihre Signale durch Kopplung an heterotrimere G-Proteine. Rezeptoren mit sieben membrandurchspannenden Domänen wie der Chemokinrezeptor übertragen ihre Signale mithilfe von GTP-bindenden Proteinen, die man als heterotrimere G-Proteine bezeichnet. Im inaktiven Zustand hat die α-Untereinheit des G-Proteins ein GDP gebunden und ist mit den beiden übrigen Untereinheiten β und γ assoziiert. Wenn der Ligand an den Rezeptor bindet, interagiert der Rezeptor mit dem G-Protein-Komplex. Dadurch wird GDP gegen GTP ausgetauscht. Das führt zur Dissoziation des Komplexes in zwei Teile, die α-Untereinheit und die $\beta\gamma$-Untereinheit, die nun ihrerseits jeweils andere Proteine an der inneren Oberfläche der Zellmembran aktivieren können. Die aktivierte Reaktion endet, wenn die intrinsische GTPase-Aktivität der α-Untereinheit GTP zu GDP spaltet, sodass α- und $\beta\gamma$-Untereinheit reassoziieren.

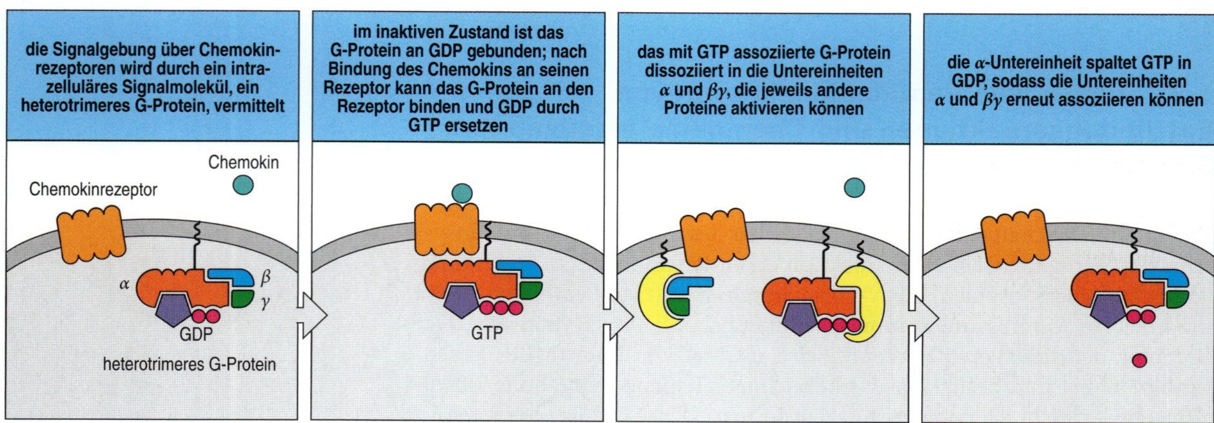

Diese Second Messenger aktivieren wiederum eine Anzahl verschiedener intrazellulärer Signalwege, die Metabolismus, Bewegung, Genexpression und Teilung der Zelle beeinflussen. Die Aktivierung von G-Protein-gekoppelten Rezeptoren kann eine große Vielzahl von Auswirkungen haben, was von der genauen Art des Rezeptors und der G-Proteine abhängt, mit denen er in Wechselwirkung tritt, sowie von den verschiedenen nachgeschalteten Signalwegen, die in den verschiedenen Zelltypen aktiviert werden.

Zusammenfassung

Das Verhalten der Lymphocyten wird von vielen unterschiedlichen Signalen bestimmt; nur einige gehen jedoch vom Antigenrezeptor aus. Entwicklung, Aktivierung und Lebensdauer der Lymphocyten hängen eindeutig vom Antigenrezeptor ab, allerdings werden diese Vorgänge auch noch von weiteren extrazellulären Signalen gesteuert. Andere Signale werden auf viele verschiedene Arten ausgesendet. Ein klassischer Signalübertragungsweg, der für den Schutz des Wirtes eine Rolle spielt, führt vom IL-1-Rezeptor oder den Toll-ähnlichen Rezeptoren rasch dazu, dass das inhibitorische Protein IκB des Transkriptionsfaktors NFκB abgebaut wird. NFκB wird daraufhin freigesetzt, kann in den Zellkern eindringen und die Transkription spezifischer Gene aktivieren, von denen viele mit der angeborenen Immunität zusammenhängen. Die meisten Cytokine vermitteln Signale über einen Expressionsweg, der rezeptorständige JAK-Kinasen mit vorgefertigten STAT-Transkriptionsfaktoren verbindet, die nach einer Phosphorylierung mithilfe ihrer SH2-Domäne Dimere bilden und den Zellkern ansteuern. Aktivierte Lymphocyten müssen sterben, wenn der Fas-Rezeptor, den sie exprimieren, an den Fas-Liganden bindet. Dadurch wird ein Todessignal übermittelt, das eine Proteasekaskade aktiviert, welche die Apoptose auslöst. Der programmierte Zelltod von Lymphocyten wird durch einige Mitglieder der intrazellulären Bcl-2-Familie gehemmt, von anderen dagegen gefördert. Es ist eine besonders interessante Aufgabe, ein vollständiges Bild von allen Signalen zu erstellen, die von den Lymphocyten prozessiert werden, wenn sie sich entwickeln, zirkulieren, auf Antigene reagieren und sterben.

Zusammenfassung von Kapitel 6

Ein entscheidender Faktor für die Fähigkeit des Immunsystems, in geeigneter Weise auf fremde Antigene und Krankheitserreger zu reagieren, sind die Signale von vielen verschiedenen Zelloberflächenrezeptoren. Die Bedeutung dieser Signalwege zeigt sich bei den zahlreichen Krankheiten, die durch eine fehlerhafte Signalübertragung entstehen. Dazu zählen sowohl Immunschwächekrankheiten als auch Autoimmunerkrankungen. Gemeinsame Merkmale vieler Signalwege sind die Erzeugung von Second-Messenger-Molekülen wie Ca^{2+} und Phosphoinositiden sowie die Aktivierung von Serin/Threonin- und Tyrosinkinasen. Ein wichtiges Prinzip beim Auslösen von Signalwegen ist die Mobilisierung von Signalproteinen zur Plasmamembran und der Aufbau von Multiproteinsignalkomplexen. Häufig werden durch die Signalübertragung Transkriptionsfaktoren aktiviert, die bei aktivierten Lymphocyten direkt oder indirekt Proliferation, Differenzierung und Effektorfunktionen auslösen. Eine andere Wirkung der Signalübertragung besteht darin, Veränderungen des Cytoskeletts auszulösen, die für bestimmte Zellfunktionen wichtig sind, etwa für die Bewegung und Formveränderung von Zellen.

Während wir gerade dabei sind, die ersten Grundlagen verstehen zu lernen, wie die Signalübertragungswege verschaltet sind, sollten wir uns immer vergegenwärtigen, dass wir noch nicht wissen, warum sie so kompliziert sind. Die Komplexität der Signalwege könnte Bedeutung besitzen bei Merkmalen wie Verstärkung, Stabilität, Diversität und Effizienz der Signalreaktionen. Ein wichtiges Ziel für die Zukunft wird deshalb sein, zu verstehen, wie die Grundprinzipien, nach denen jeder Signalweg aufgebaut ist, zu einer bestimmten Qualität und Empfindlichkeit beitragen, die für die spezifischen Signalreaktionen erforderlich sind.

Fragen

6.1 Erörtern Sie die Funktion von Phosphotyrosin bei der Signalübertragung.

6.2 Beschreiben Sie verschiedene Mechanismen, durch die Signalmoleküle zur Plasmamembran gelenkt werden.

6.3 Welche Vorteile bieten Komplexe aus zahlreichen Signalmolekülen für die Signalübertragung?

6.4 Wie werden G-Proteine reguliert?

6.5 Beschreiben Sie, wie die Phospholipase C-γ durch Signale von T-Zell-Rezeptoren aktiviert wird.

6.6 Beschreiben Sie drei verschiedene Signalwege von Zellen des Immunsystems, die NFκB aktivieren.

6.7 Nennen Sie mindestens drei Unterschiede zwischen der Signalübertragung bei T-Zell- und B-Zell-Rezeptoren.

6.8 Überlegen Sie, warum Proteine der CD28-Familie sowohl positive als auch negative Regulatoren der Aktivierung von T-Zellen sein können.

6.9 Vergleichen Sie den intrinsischen mit dem extrinsischen Weg der Apoptose und nennen Sie die Unterschiede.

6.10 Welche Gründe können dafür verantwortlich sein, dass Signalwege so kompliziert sind?

Allgemeine Literatur

Alberts B, Johnson A, Lewis J, Raff M, Roberts K, Walter P (2008) Molecular Biology of the Cell (5. Aufl.) Garland Science, New York

Gomberts B, Kramer I, Tatham P (2002) Signal Transduction. Elsevier, San Diego

Literatur zu den einzelnen Abschnitten

Abschnitt 6.1

Lin J, Weiss A (2001) T cell receptor signalling. *J Cell Sci* 114: 243–244

Weiss A, Littman DR (1994) Signal transduction by lymphocyte antigen receptors. *Cell* 76: 263–274

Abschnitt 6.2

Pawson T (2004) Specifity in signal transduction: from phsophotyrosine-SH2 domain interactions to complex cellular systems. *Cell* 116: 191–203

Pawson T, Nash P (2003) Assembly of cell regulatory systems through protein interaction domains. *Science* 300: 445–452

Pawson T, Scott JD (1997) Signaling through scaffold, anchoring and adaptor proteins. *Science* 278: 2075–2080

Abschnitt 6.3

Kresge N, Simoni RD, Hill RL (2005) Earl W. Sutherland's discovery of cyclic adenine monophosphate and the second messenger system. *J Biol Chem* 280: 39–40

Rall TW, Sutherland EW (1958) Formation of a cyclic adenine ribonucleotide by tissue particles. *J Biol Chem* 232: 1065–1076

Abschnitt 6.4

Cantrell DA (2003) GTPases und T-Cell activation. *Immunol Rev* 192: 122–130

Etienne-Manneville S, Hall A (2002) Rho GTPases in cell biology. *Nature* 420: 629–635

Mitin N, Rossman KL, Der CJ (2005) Signaling interplay in Ras superfamily function. *Curr Biol* 15: R563–R574

Abschnitt 6.5

Buday L (1999) Membrane-targeting of signaling molecules by SH2/SH3-domain-containing adaptor proteins. *Biochim Biophys Acta* 1422: 187–204

Kanai F, Liu H, Field SJ, Akbary H, Matsuo T, Brown GE, Cantley LC, Yaffe MB (2001) The PX domains of p47phox and p40phox bind to lipid products of PI(3)K. *Nat Cell Biol* 3: 675–678

Kholodenko BN, Hoek JB, Westerhoff HV (2000) Why cytoplasmic signaling proteins should be recruited to cell membranes. *Trends Cell Biol* 10: 173–178

Lemmon MA (2003) Phosphoinositide recognition domains. *Traffic* 4: 201–213

Abschnitt 6.6

Hancock JF (2006) Lipid rafts: contentious only from simplistic standpoints. *Nat Rev Mot Cell Biol* 7: 456–462

Harder T (2004) Lipid raft domains and protein networks in T-cell receptor signal transduction. *Curr Opin Immunol* 16: 353–359

Horejsi V (2005) Lipid rafts and their roles in T-cell activation. *Microbes Infect* 7: 310–316

Shaw AS (2006) Lipids rafts, now you see them, now you don't. *Nat Immunol* 7: 1139–1142

Abschnitt 6.7

Ciechanover A (2005) Proteolysis: from the lysosome to ubiquitin and the proteasome. *Nat Rev Mol Cell Biol* 6: 79–87

Katzmann DJ, Odorizzi G, Emr SD (2002) Receptor downregulation and multivesicular-body sorting. *Nat Rev Mol Cell Biol* 3: 893–905

Liu YC, Penninger J, Karin M (2005) Immunity by ubiquitylation: a reversible process of modification. *Nat Rev Immunol* 5: 941–952

Abschnitt 6.8

Call ME, Pyrdol J, Wiedmann M, Wucherpfennig KW (2002) The organizing principle in the formation of the T cell receptor-CD3 complex. *Cell* 11: 967–979

Exley M, Terhorst C, Wileman T (1991) Structure, assembly and intracellular transport of the T cell receptor for antigen. *Semin Immunol* 3: 283–297

Abschnitt 6.9

Gil D, Schamel WW, Montoya M, Sanchez-Madrid F, Alarcon B (2002) Recruitment of Nck by CD3 epsilon reveals a ligand-induced conformational change essential for T cell receptor signaling and synapse formation. *Cell* 109: 901–912

Harding CV, Unanue ER (1990) Quantitation of antigen-presenting cell MHC class II/peptide complexes necessary for T-cell stimulation. *Nature* 6: 574–576

Irvine DJ, Purbhoo MA, Krogsgaard M, Davis MM (2002) Direct observation of ligand recognition by T cells. *Nature* 419: 845–849

Krogsgaard M, Li QJ, Sumen C, Huppa JB, Huse M, Davis MM (2005) Agonist/endogenous peptide-MHC heterodimers drive T cell activation and sensitivity. *Nature* 434: 238–243

Li QJ, Dinner AR, Qi S, Irvine DJ, Huppa JB, Davis MM, Chakraborty AK (2004) CD4 enhances T cell sensitivity to antigen by coordinating Lck accumulation at the immunological synapse. *Nat Immunol* 5: 791–799

Abschnitt 6.10

Irving BA, Weiss A (1991) The cytoplasmic domain of the T cell receptor zeta chain is sufficient to couple to receptor-associated signal transduction pathways. *Cell* 64: 891–901

Letourneur F, Klausner RD (1992) Activation of T cells by a tyrosine kinase activation domain in the cytoplasmic tall of CD3 epsilon. *Science* 255: 79–82

Romeo C, Seed B (1991) Cellular immunity to HIV activated by CD4 fused to cell or Fc receptor polypeptides. *Cell* 64: 1037–1046

Abschnitt 6.11

Chan AC, Dalton M, Johnson R, Kong GH, Wang T, Thoma R, Kurosaki T (1995) Activation of ZAP-70 kinase activity by phosphorylation of tyrosine 493 is required for lymphocyte antigen receptor function. *EMBO J* 14: 2499–2508

Chan AC, Iwashima M, Turck CW, Weiss A (1992) ZAP-70: a 70 kd protein-tyrosine kinase that associates with the TCR zeta chain. *Cell* 71: 649–662

Gauen LK, Zhu Y, Letourneur F, Hu Q, Bolen JB, Matis LA, Klausner RD, Shaw AS (1994) Interactions of p59fyn and ZAP-70 with T-cell receptor activation motifs: defining the nature of a signalling motif. *Mol Cell Biol* 14: 3729–3741

Iwashima M, Irving BA, van Oers NS, Chan AC, Weiss A (1994) Sequential interactions of the TCR with two distinct cytoplasmic tyrosine kinases. *Science* 263: 1136–1139

Abschnitt 6.12

Janssen E, Zhang W (2003) Adaptor proteins in lymphocyte activation. *Curr Opin Immunol* 15: 269–276

Jordan MS, Singer AL, Koretzky GA (2003) Adaptors as central mediators of signal transduction in immune cells. *Nat Immunol* 4: 110–116

Samelson LE (2002) Signal transduction mediated by the T cell antigen receptor: the role of adapter proteins. *Annu Rev Immunol* 20: 371–394

Abschnitt 6.13

Berg LJ, Finkelstein LD, Lucas JA, Schwartzberg PL (2005) Tec family kinases in T lymphocyte development and function, *Annu Rev Immunol* 23: 549–600

Lewis CM, Broussard C, Czar MJ, Schwartzberg PL (2001) Tec kinases: modulators of lymphocyte signaling and development. *Curr Opin Immunol* 13: 317–325

Abschnitt 6.14

Downward J, Graves JD, Warne PH, Rayter S, Cantrell DA (1990) Stimulation of p2l ras upon T-cell activation. *Nature* 346: 719–723

Leevers SJ, Marshall CJ (1992) Activation of extracellular signal-regulated kinase, ERK2, by p2lras oncoprotein. *EMBO J* 11: 569–574

Thomas G (1992) MAP kinase by any other name smells just as sweet. *Cell* 68: 3–6

Abschnitt 6.15

Hogan PG, Chen L, Nardone J, Rao A (2003) Transcriptional regulation by calcium, calcineurin, and NFAT. *Genes Dev* 17: 2205–2232

Macian F, Lopez-Rodriguez C, Rao A (2001) Partners in transcription: NFAT and AP-1 *Oncogene* 20: 2476–2489

Abschnitt 6.16

Matsumoto R, Wang D, Blonska M, Li H, Kobayashi M, Pappu B, Chen Y, Wang D, Lin X (2005) Phosphorylation of CARMA1 plays a critical role in T cell receptor-mediated NF-κB activation. *Immunity* 23: 575–585

Rueda D, Thome M (2005) Phosphorylation of CARMA1: the link(er) to NF-κB activation. Immunity 23: 551–553

Sommer K, Guo B, Pomerantz JL, Bandaranayake AD, Moreno-Garcia ME, Ovechkina YL, Rawlings DJ (2005) Phosphorylation of the CARMA1 linker controls NF-κB activation. *Immunity* 23: 561–574

Abschnitt 6.17

Cambier JC, Pleiman CM, Clark MR (1994) Signal transduction by the B cell antigen receptor and its coreceptors. *Annu Rev Immunol* 12: 457–486

DeFranco AL, Richards JD, Blum JH, Stevens TL, Law DA, Chan VW, Datta SK, Foy SP, Hourihane SL, Gold MR et al (1995) Signal transcluction by the B-cell antigen receptor. *Ann NY Acad Sci* 766: 195–201

Kurosaki T (2000) Functional dissection of BCR signaling pathways. *Curr Opin Immunol* 12: 276–281

Abschnitt 6.18

Daeron M (1997) Fc receptor biology. *Annu Rev Immunol* 15: 203–234

Lanier LL, Bakker AB (2000) The ITAM-bearing transmembrane adaptor DAP12 in lymphoid and myeloid cell function. *Immunol Today* 21: 611–614

Abschnitt 6.19

Acuto O, Michel F (2003) CD28-mediated co-stimulation: a quantitative support for TCR signalling. *Nat Rev Immunol* 3: 939–951

Frauwirth KA, Riley JL, Harris MH, Parry RV, Rathmell JC, Plas DR, Elstrom RL, June CH, Thompson CB (2002) The CD28 signaling pathway regulates glucose metabolism. *Immunity* 16: 769–777

Abschnitt 6.20

Chen L (2004) Co-inhibitory molecules of the B7-CD28 family in the control of T-cell immunity. *Nat Rev Immunol* 4: 336–347

Lanier LL (1998) NK cell receptors. *Annu Rev Immunol* 16: 359–393

McVicar DW, Burshtyn DN (2001) Intracellular signaling by the killer immunoglobulin-like receptors and Ly49. *Sci STKE* re1.doi:10.1126/stke.2001.75.re1

Moretta A, Biassoni R, Bottino C, Moretta L (2000) Surface receptors delivering opposite signals regulate the function of human NK cells. *Semin Immunol* 12: 129–138

Riley JL, June CH (2005) The CD28 family: a T-cell rheostat for therapeutic control of T-cell activation. *Blood* 105: 13–21

Rudd CE, Schneider H (2003) Unifying concepts in CD28, ICOS and CTLA4 co-receptor signalling. *Nat Rev Immunol* 3: 544–556

Sharpe AH, Freeman GJ (2002) The B7-CD28 superfamily. *Nat Rev Immunol* 2: 116–126

Tomasello E, Blery M, Vely F, Vivier E (2000) Signaling pathways engaged by NK cell receptors: double concerto for activating receptors, inhibitory receptors and NK cells. *Semin Immunol* 12: 139–147

Abschnitt 6.21

Fu XY (1992) A transcription factor with SH2 and SH3 domains is directly activated by an interferon α-induced cytoplasmic protein tyrosine kinase(s). *Cell* 70: 323–335

Schindler C, Shuai K, Prezioso VR, Darnell JE Jr (1992) Interferon-dependent tyrosine phosphorylation of a latent cytoplasmic transcription factor. *Science* 257: 809–813

Abschnitt 6.22

de Vos AM, Ultsch M, Kossiakoff AA (1992) Human growth hormone and extracellular domain of its receptor: crystal structure of the complex. *Science* 255: 306–312

Ihle JN (1995) Cytokine receptor signalling. *Nature* 377: 591–594

Abschnitt 6.23

Leonard WJ, O'Shea JJ (1998) Jaks and STATs: biological implications. *Annu Rev Immunol* 16: 293–322

Levy DE, Darnell JE Jr (2002) Stats: transcriptional control and biological impact. *Nat Rev Mol Cell Biol* 3: 651–662

Abschnitt 6.24

Shuai K, Liu B (2003) Regulation of JAK-STAT signalling in the immune system. *Nat Rev Immunol* 3: 900–911

Yasukawa H, Sasaki A, Yoshimura A (2000) Negative regulation of cytokine signaling pathways. *Annu Rev Immunol* 18: 143–164

Abschnitt 6.25

Aggarwal BB (2003) Signalling pathways of the TNF superfamily: a double-edged sword. *Nat Rev Immunol* 3: 745–756

Bishop GA (2004) The multifaceted roles of TRAFs in the regulation of B-cell function. *Nat Rev Immunol* 4: 775–786

Siegel RM (2006) Caspases at the crossroads of immune-cell life and death. *Rev Immunol* 6: 308–317

Abschnitt 6.26

Borner C (2003) The Bcl-2 protein family: sensors and checkpoints for life-or-death decisions. *Mol Immunol* 39: 615–647

Hildeman DA, Zhu Y, Mitchell TC, Kappler J, Marrack P (2002) Molecular mechanisms of activated T cell death *in vivo*. *Curr Opin Immunol* 14: 354–359

Strasser A (2005) The role of BH3-only proteins in the immune system. *Nat Immunol* 5: 189–200

Abschnitt 6.27

Akira S, Takeda K (2004) Toll-like receptor signalling. *Nat Rev Immunol* 4: 499–511

Barton GM, Medzhitov R (2003) Toll-like receptor signaling pathways. *Science* 300: 1524–1525

Beutler B (2004) Inferences, questions and possibilities in Toll-like receptor signalling. *Nature* 430: 257–263

Beutler B, Hoebe K, Du X, Ulevitch RJ (2003) How we detect microbes and respond to them: the Toll-like receptors and their transducers. *J Leukoc Biol* 74: 479–485

Abschnitt 6.28

Gerber BO, Meng EC, Dotsch V, Baranski TJ, Bourne HR (2001) An activation switch in the ligand binding pocket of the C5a receptor. *J Biol Chem* 276: 3394–3400

Pierce KL, Premont RT, Lefkowitz RJ (2002) Seven-transmembrane receptors. *Nat Rev Mol Cell Biol* 3: 639–650

Proudfoot AE (2002) Chemokine receptors: multifaceted therapeutic targets. *Nat Rev Immunol* 2: 106–115

Entwicklung und Überleben von Lymphocyten

7

Wie in den Kapiteln 3 und 4 beschrieben wurde, sind die Antigenrezeptoren auf B- und T-Lymphocyten in ihrer Antigenspezifität außerordentlich variabel. Dadurch kann ein Individuum Immunantworten gegen das breite Spektrum von Pathogenen entwickeln, mit dem es im Laufe seines Lebens fertig werden muss. Dieses unterschiedliche Repertoire von B- und T-Zell-Rezeptoren entsteht in der Zeit, in der sich die B- und T-Zellen aus ihren noch nicht festgelegten Vorläuferzellen entwickeln. Die Bildung neuer Lymphocyten, die **Lymphopoese**, erfolgt in spezialisierten lymphatischen Geweben, den **zentralen lymphatischen Geweben**, wobei B-Zellen im Knochenmark, T-Zellen dagegen im Thymus entstehen. Die Vorläufer der Lymphocyten entstehen alle im Knochenmark. Die B-Zellen absolvieren den größten Teil ihrer Entwicklung dort, während die meisten T-Zellen in den Thymus wandern, wo sie sich zu reifen T-Zellen entwickeln. B-Zellen entstehen auch in der fetalen Leber und bei Neugeborenen in der Milz. Einige T-Zellen, die spezialisierte Populationen im Darmepithel bilden, können als unreife Vorläuferzellen aus dem Knochenmark einwandern, um sich dann in Bereichen direkt unter den epithelialen Krypten des Darms zu entwickeln, die man als „*cryptopatches*“ bezeichnet. Wir werden uns hier vor allem mit der Entwicklung von B-Zellen im Knochenmark und T-Zellen im Thymus beschäftigen.

Beim Fetus und beim Heranwachsenden bilden die zentralen lymphatischen Gewebe den Ursprung für eine große Anzahl neuer Lymphocyten, die in die **peripheren lymphatischen Gewebe** wandern und diese besiedeln. Dazu gehören beispielsweise die Lymphknoten, die Milz und das lymphatische Gewebe der Schleimhäute. Im ausgewachsenen Organismus verlangsamt sich die Entwicklung neuer T-Zellen im Thymus, und die Anzahl der T-Zellen wird aufgrund der Langlebigkeit einzelner T-Zellen und weiterer Zellteilungen außerhalb der zentralen lymphatischen Organe aufrechterhalten. Im Gegensatz dazu gehen neue B-Zellen selbst im ausgewachsenen Organismus ständig aus dem Knochenmark hervor.

In Kapitel 4 wurde die Struktur der Antigenrezeptorgene beschrieben, die B- und T-Zellen exprimieren, es wurden die Mechanismen eingeführt, die die DNA-Umlagerungen kontrollieren, welche für die Bildung eines vollständigen Antigenrezeptors notwendig sind, und wir haben erklärt, wie diese Vorgänge ein Antigenrezeptorrepertoire von so großer Vielfalt hervorbringen können. Dieses Kapitel baut auf diesen Grundlagen auf, um zu erläutern, wie sich B- und T-Lymphocyten über eine Abfolge von Zwischenstadien aus einer gemeinsamen Vorläuferzelle entwickeln, und wie in jeder dieser Phasen sichergestellt wird, dass die Antigenrezeptoren korrekt zusammengefügt sind.

Sobald sich ein Antigenrezeptor gebildet hat, sind umfassende Tests erforderlich, damit Lymphocyten selektiert werden, die nutzbringende Antigenrezeptoren tragen – das heißt, Antigenrezeptoren, die Krankheitserreger erkennen können und nicht auf körpereigene Zellen reagieren. Aufgrund der enormen Vielfalt an Rezeptoren, die durch den Umlagerungsprozess entstehen können, ist es notwendig, dass diejenigen Lymphocyten, die zur Reife gelangen, mit einer großen Wahrscheinlichkeit fremde Antigene erkennen und darauf reagieren können, vor allem auch, weil ein individueller Organismus in seiner Lebenszeit nur einen kleinen Anteil des insgesamt möglichen Antigenrezeptorrepertoires hervorbringen kann. Wir beschreiben, wie Spezifität und Affinität eines Rezeptors für körpereigene Liganden geprüft werden. Dabei wird festgestellt, ob der unreife Lymphocyt in das gereifte Repertoire übernommen wird und überlebt oder ob er stirbt. Im Allgemeinen empfangen sich entwickelnde Lymphocyten, deren Rezeptoren mit körpereigenen Antigenen nur schwach interagieren oder diese in einer bestimmten Art und Weise binden, offenbar ein Signal, das ihnen das Überleben ermöglicht; diese Art der Selektion nennt man **positive Selektion**. Sie ist besonders wichtig für die Entwicklung von α:β-T-Zellen, die an MHC-Moleküle gebundene Peptide als zusammengesetzte Antigene erkennen. So ist sichergestellt, dass die T-Zellen eines bestimmten Organismus auf Peptide reagieren können, die an MHC-Moleküle gebunden sind.

Im Gegensatz dazu müssen Lymphocyten mit stark autoreaktiven Rezeptoren beseitigt werden, um Autoimmunreaktionen zu vermeiden. Dieser Vorgang der **negativen Selektion** ist einer der Mechanismen, durch den das Immunsystem selbsttolerant wird. Das vorbestimmte Schicksal von sich entwickelnden Lymphocyten ist der Tod, wenn über den Rezeptor überhaupt kein Signal empfangen wird, und das ist bei der überwiegenden Mehrzahl der Lymphocyten während ihrer Entwicklung der Fall, bevor sie aus den zentralen lymphatischen Organen herauskommen oder bevor sie ihre Reifung in den peripheren lymphatischen Organen abgeschlossen haben.

In diesem Kapitel wollen wir die verschiedenen Entwicklungsstadien während der Entwicklung von B- und T-Zellen bei der Maus und beim Menschen beschreiben, von der ungeprägten Stammzelle bis hin zum gereiften, in seiner Funktion spezialisierten Lymphocyten mit seinem spezifischen Antigenrezeptor, der bereit ist, auf ein fremdes Antigen zu reagieren. Die letzten Stadien im Lebenslauf eines reifen Lymphocyten, in denen er auf ein fremdes Antigen trifft und dadurch aktiviert wird, eine Effektorzelle oder eine Gedächtniszelle zu werden, sind Thema der Kapitel 8 bis 10. Dieses Kapitel gliedert sich in fünf Teile. Die ersten beiden beschreiben die Entwicklung der B- beziehungsweise der T-Zellen. Es bestehen zwar Ähnlichkeiten zwischen beiden Vorgängen, aber wir stellen die Entwicklung der B-Zellen und T-Zellen getrennt dar, da sie in voneinander getrennten Kompartimenten der zentralen lymphatischen Organe stattfinden. Wir befassen uns dann mit den Vorgängen der positiven und der negativen Selektion von T-Zellen im Thymus. Als Nächstes beschreiben wir den Werdegang von neu erzeugten Lymphocyten, wenn sie die zentralen lymphatischen Organe verlassen und in die peripheren lymphatischen Organe einwandern, wo ihre weitere Reifung erfolgt. Gereifte Lymphocyten zirkulieren ständig zwischen dem Blut und den peripheren lymphatischen Geweben (Kapitel 1) und ohne Vorhandensein einer Infektion bleibt ihre Zahl relativ konstant, obwohl ständig neue Lymphocyten produziert werden. Wir wollen uns auch mit Faktoren beschäftigen, die das Überleben der naiven Lymphocyten in den peripheren lymphatischen Organen und die Aufrechterhaltung der Homöostase der Lymphocyten steuern. Am Ende behandeln wir noch einige lymphatische Tumoren; dabei handelt es sich um Zellen, die der normalen Kontrolle der Zellproliferation entkommen sind. Sie sind ebenfalls von Interesse, da sie Merkmale von verschiedenen Entwicklungsstadien der B- und T-Zellen beibehalten.

Entwicklung der B-Lymphocyten

Die wichtigsten Stadien im Werdegang einer B-Zelle sind in Abbildung 7.1 dargestellt. Die Stadien der B-Zell-Entwicklung werden vor allem anhand der verschiedenen Schritte des Zusammenbaus und der Expression der funktionsfähigen Antigenrezeptorgene und durch das Auftreten von Merkmalen, die die verschiedenen Funktionstypen der B- und T-Zellen voneinander unterscheiden, festgelegt. Bei jedem Schritt der Lymphocytenentwicklung wird der Fortschritt der Genumlagerung festgehalten, und die wichtigste Fragestellung in dieser Entwicklungsphase besteht darin, ob die erfolgreiche Genumlagerung zur Produktion einer Proteinkette führt, die der Zelle als Signal dient, in das nächste Stadium einzutreten. Wir werden feststellen, dass eine sich entwickelnde B-Zelle zwar mehrere Optionen für solche Umstrukturierungen hat, die die Wahrscheinlichkeit erhöhen, einen funktionsfähigen Antigenrezeptor zu exprimieren, es jedoch spezifische Kontrollpunkte gibt, die die Anforderung unterstützen, dass eine B-Zelle nur Rezeptoren einer einzigen Spezifität exprimiert. Zu Beginn wollen wir uns ansehen, wie sich die frühesten erkennbaren Zellen der B-Zell-Linie aus der pluripotenten hämatopoetischen Stammzelle im Knochenmark entwickeln und an welcher Stelle sich die Linien von B- und T-Zellen trennen.

7.1 Lymphocyten stammen von hämatopoetischen Stammzellen im Knochenmark ab

Die Zellen der lymphatischen Linien – B-Zellen, T-Zellen, NK-Zellen – stammen alle von gemeinsamen lymphatischen Vorfahren ab, die sich ihrerseits aus den pluripotenten **hämatopoetischen Stammzellen** entwickeln, welche alle Blutzellen hervorbringen (Abb. 1.3). Die Entwicklung aus der Vorläuferstammzelle zu Zellen, die darauf festgelegt wurden, B- oder T-Zellen zu werden, folgt bestimmten Grundregeln der Zelldifferenzie-

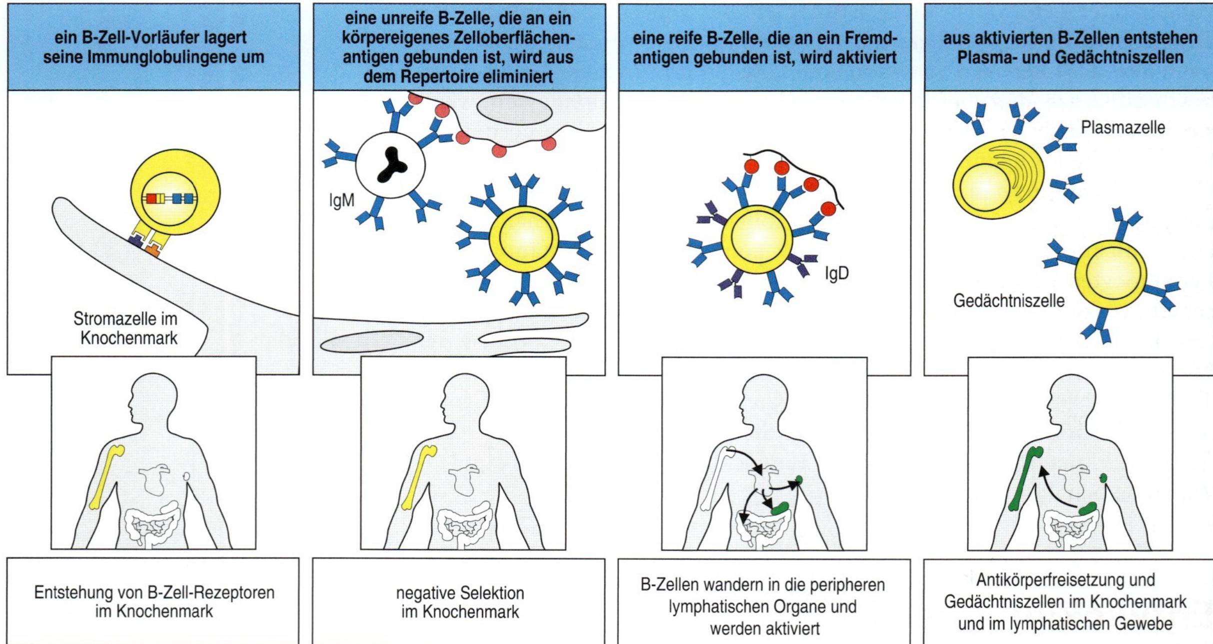

7.1 B-Zellen entwickeln sich im Knochenmark und wandern zu den peripheren lymphatischen Organen, wo sie von Antigenen aktiviert werden können. In der ersten Entwicklungsphase werden im Knochenmark in den Vorläufern der B-Zellen die Immunglobulingene umgelagert. Dieser Prozess ist unabhängig von Antigenen, setzt aber Wechselwirkungen mit den Stromazellen des Knochenmarks voraus (erste senkrechte Bildfolge). Die Phase endet mit einer unreifen B-Zelle, auf deren Oberfläche sich ein Antigenrezeptor in Form eines IgM befindet; sie kann nun mit Antigenen aus ihrer Umgebung in Wechselwirkung treten. Unreife B-Zellen, die in diesem Stadium stark von einem Antigen stimuliert werden, gehen entweder zugrunde oder werden in einem negativen Selektionsprozess inaktiviert; auf diese Weise werden viele autoreaktive B-Zellen aus dem Repertoire entfernt (zweite Bildfolge). In der dritten Entwicklungsphase gelangen die überlebenden unreifen B-Zellen in die Peripherie und reifen zu Zellen heran, die IgD und IgM exprimieren. Sie können nun in einem sekundären lymphatischen Organ durch den Kontakt mit ihrem spezifischen Fremdantigen aktiviert werden (dritte Bildfolge). Aktivierte B-Zellen proliferieren und differenzieren sich zu Plasmazellen, die Antikörper sezernieren, und zu langlebigen Gedächtniszellen (vierte Bildfolge).

rung. Eigenschaften, die für die Funktion der gereiften Zelle essenziell sind, werden schrittweise erworben, während zunehmend Merkmale verloren gehen, die eher für die unreife Zelle charakteristisch sind. Bei der Lymphocytenentwicklung werden die Zellen zuerst darauf festgelegt, dass sie keine myeloide, sondern eine lymphatische Zelllinie bilden, und dann erfolgt erst die Trennung in die Linien der B- und der T-Zellen (Abb. 7.2).

Die spezialisierte Mikroumgebung des Knochenmarks liefert Signale sowohl für die Entwicklung von Lymphocyten aus hämatopoetischen Stammzellen als auch für die anschließende Differenzierung der B-Zellen. Solche Signale wirken auf sich entwickelnde Lymphocyten ein und schalten die entscheidenden Gene um, die das Entwicklungsprogramm steuern. Im Knochenmark werden die externen Signale von einem Netzwerk aus spezialisierten nichtlymphatischen **Stromazellen** des Bindegewebes erzeugt, die mit den sich entwickelnden Lymphocyten sehr eng interagieren. Der Beitrag der Stromazellen erfolgt auf zwei Weisen. Zum einen bilden sie

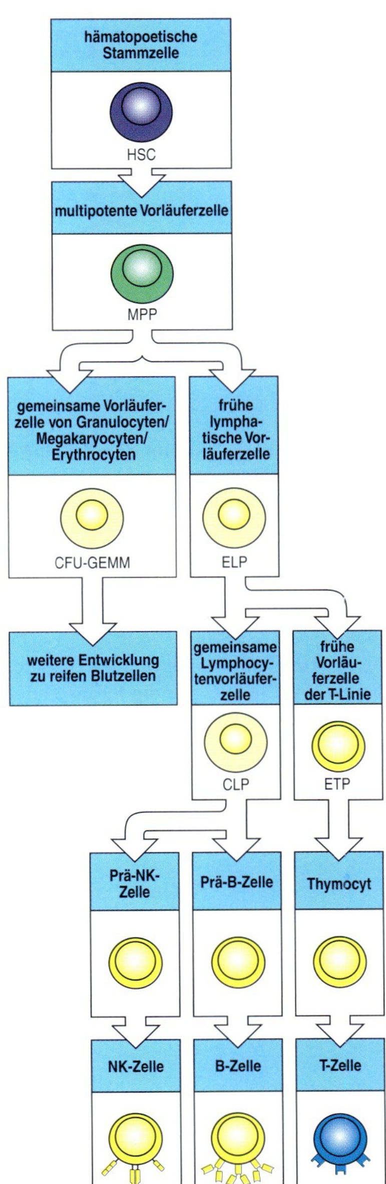

7.2 Eine pluripotente hämatopoetische Stammzelle bringt alle Zellen des Immunsystems hervor. Im Knochenmark oder in anderen hämatopoetischen Regionen gehen aus der pluripotenten Stammzelle Zellen hervor, deren Entwicklungspotenzial immer stärker eingeschränkt wird. So hat die multipotente Vorläuferzelle (MPP) ihre Eigenschaften als Stammzelle verloren. Die erste Verzweigung führt auf der einen Seite zu Zellen mit myeloidem und erythroidem Potenzial (CFU-GEMM), andererseits zur frühen lymphatischen Vorläuferzelle (ELP) mit lymphatischem Potenzial. Aus Ersterer gehen alle nichtlymphatischen zellulären Bestandteile des Blutes hervor wie zirkulierende Monocyten und Granulocyten, außerdem die Makrophagen und die dendritischen Zellen, die sich in Geweben und sekundären lymphatischen Organen aufhalten (nicht dargestellt). Die ELP-Zelle kann in aufeinanderfolgenden Differenzierungsstadien, entweder im Thymus oder im Knochenmark, NK-Zellen, T-Zellen oder B-Zellen hervorbringen. Die gemeinsame lymphatische Vorläuferzelle (CLP) heißt so, weil man früher annahm, dass sie das Stadium sei, aus dem sowohl die B-Zell- als auch die T-Zell-Linie hervorgeht. In Kultur können sich sogar beide Linien daraus entwickeln, aber es ist unklar, ob das auch *in vivo* möglich ist. Diese Entwicklungswege besitzen wahrscheinlich genügend Flexibilität, sodass Vorläuferzellen unter bestimmten Bedingungen ihre Prägung ändern können. So können beispielsweise aus einer Vorläuferzelle entweder B-Zellen oder Makrophagen hervorgehen; aus Gründen der Vereinfachung werden solche alternativen Wege hier nicht dargestellt. Einige dendritische Zellen stammen vermutlich auch von der lymphatischen Vorläuferzelle ab.

über Zelladhäsionsmoleküle und ihre Liganden spezifische Kontaktstellen mit den sich entwickelnden Lymphocyten. Zum anderen produzieren sie lösliche und membrangebundene Cytokine und Chemokine, die die Differenzierung und Proliferation der Lymphocyten kontrollieren.

Bei der Entwicklung der B-Zellen sind zahlreiche Faktoren beteiligt, die das Knochenmark sezerniert (Abb. 7.3). Die hämatopoetische Stammzelle differenziert sich zuerst zu **multipotenten Vorläuferzellen** (*multipotent progenitor cells*, **MPP**), aus denen sowohl lymphatische als auch myeloide Zellen hervorgehen können. Sie sind jedoch keine sich selbst erneuernden Stammzellen mehr. Die multipotenten Vorläuferzellen exprimieren an der Zelloberfläche die Rezeptortyrosinkinase FLT3 (ursprüngliche Bezeichnung beim Menschen Stammzellenkinase 1 (STK1) und Flt3/Flk2 bei der Maus). Diese bindet den FLT3-Liganden auf den Stromazellen. Dieses FLT3-Signal ist notwendig für die Differenzierung zum nächsten Stadium, der **gemeinsamen lymphatischen Vorläuferzelle** (*common lymphoid progenitor*, **CLP**). Die Bezeichnung stammt noch aus der Zeit, als man davon ausging, dass diese Zelle sowohl die B-Zell- als auch die T-Zell-Linie hervorbringt. Das ist zwar in einer Zellkultur möglich, es ist bis jetzt jedoch nicht geklärt, ob es auch *in vivo* der Fall ist. Man hat noch ein davor liegendes Stadium identifiziert, die **frühe lymphatische Vorläuferzelle** (*early lymphoid progenitor*, **ELP**). Aus diesen Zellen entstehen die Vorläufer der T-Zellen, die vom Knochenmark in den Thymus wandern, sowie die gemeinsame lymphatische Vorläuferzelle (Abb. 7.2).

Die Differenzierung der Lymphocyten geht einher mit der Expression des Rezeptors für Interleukin-7 (IL-7). Diese wird durch FLT3-Signale im Zusammenwirken mit der Aktivität des Transkriptionsfaktors PU.1 induziert. Das Cytokin IL-7, das von Stromazellen freigesetzt wird, ist für das Wachstum und Überleben von sich entwickelnden B-Zellen bei der Maus

7.3 Die frühen Stadien der B-Zell-Entwicklung sind von den Stromazellen des Knochenmarks abhängig. Für die Entwicklung zum Stadium der unreifen B-Zelle sind Wechselwirkungen zwischen Vorläufern von B-Zellen und Stromazellen erforderlich. Die Bezeichnungen Pro- und Prä-B-Zelle beziehen sich auf definierte Phasen der B-Zell-Entwicklung, die in Abbildung 7.6 beschrieben werden. Multipotente Vorläuferzellen und frühe Pro-B-Zellen exprimieren die Rezeptortyrosinkinase FLT3, die an ihren Liganden auf Stromazellen bindet. FLT3 ist notwendig für die Differenzierung zum nächsten Stadium, die gemeinsame lymphatische Vorläuferzelle. In diesem Stadium ist der Rezeptor für Interleukin-7 (IL-7) vorhanden, und IL-7, das von Stromazellen produziert wird, ist für die Entwicklung der Zellen der B-Linie erforderlich. Das Chemokin CXCL12 (SDF-1) dient dazu, Stammzellen und lymphatische Vorläuferzellen an den zugehörigen Stromazellen im Knochenmark festzuhalten. Vorläuferzellen binden über VLA-4 an das Adhäsionsmolekül VCAM-1 auf den Stromazellen und interagieren auch über andere Zelladhäsionsmoleküle (CAM). Die Adhäsionswechselwirkungen unterstützen die Bindung der Rezeptortyrosinkinase Kit (CD117) auf der Oberfläche der Pro-B-Zelle an den Stammzellenfaktor (SCF) auf der Stromazelle. Dadurch wird die Kinase aktiviert und induziert die Proliferation der B-Zell-Vorläufer.

(möglicherweise jedoch nicht beim Menschen) essenziell, für T-Zellen bei Mensch und Maus. Ein anderer essenzieller Faktor ist der Stammzellenfaktor (SCF), ein membrangebundenes Cytokin, das auf Stromazellen vorkommt und das Wachstum der hämatopoetischen Stammzellen und der allerersten Vorläufer der B-Zell-Linie stimuliert. SCF interagiert mit der Rezeptortyrosinkinase Kit auf den Vorläuferzellen (Abb. 7.3). Das Chemokin CXCL12 (*stromal cell-derived factor 1*, SDF-1) ist ebenfalls für die frühen Stadien der B-Zell-Entwicklung von grundlegender Bedeutung. CXCL12 wird von den Stromazellen konstitutiv produziert. Eine seiner Funktionen besteht wahrscheinlich darin, sich entwickelnde B-Vorläuferzellen in der Mikroumgebung des Knochenmarks festzuhalten. Der Faktor **TSLP** (*thymic stroma-derived lymphopoietin*) ähnelt IL-7 und bindet an einen Rezeptor, der mit dem IL-7-Rezeptor die γ-Kette gemeinsam hat. TSLP stimuliert wahrscheinlich die Entwicklung der B-Zellen in der fetalen Leber und bei Mäusen zumindest zur Zeit der Geburt im Knochenmark.

Aus der gemeinsamen lymphatischen Vorläuferzelle geht die erste Zelle der B-Linie hervor, die **Pro-B-Zelle** (Abb. 7.3), in der die Umlagerung der Immunglobulingene beginnt. Durch die Induktion des B-Zell-Linien-spezifischen Transkriptionsfaktors E2A und des frühen B-Zell-Faktors (*early B-cell factor*, EBF) wird der definitive Werdegang als B-Zelle festgelegt (Abb. 7.4). E2A kommt in zwei Formen vor, die durch alternatives Spleißen entstehen – E12 und E47. Man nimmt an, dass IL-7-Signale die Expression von E2A stimulieren. E2A wirkt dann mit dem Transkriptionsfaktor PU.1 zusammen, um die Expression von EBF in Gang zu setzen. Die Funktion

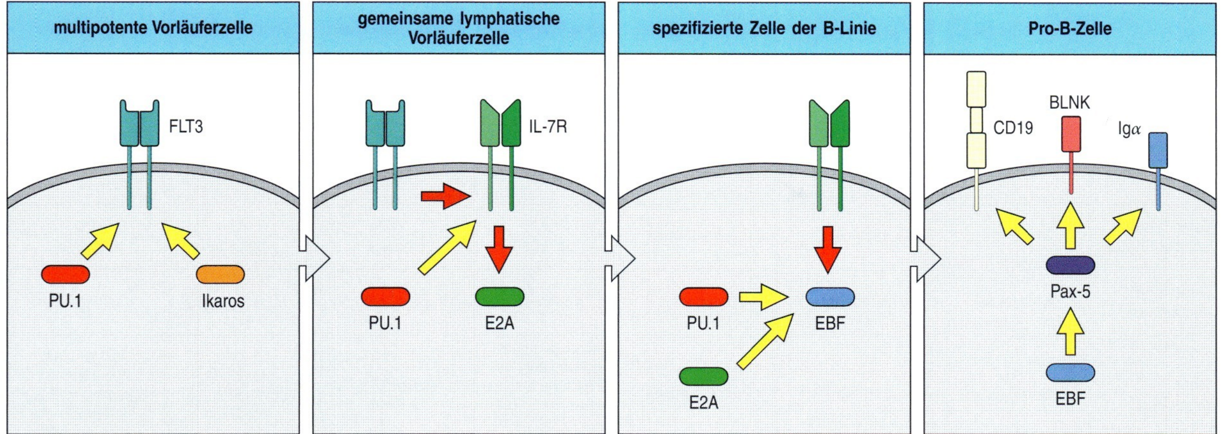

7.4 Frühe Stadien der B-Zell-Entwicklung werden bei der Maus durch genregulatorische Netzwerke von Transkriptionsfaktoren und Wachstumsfaktorrezeptoren koordiniert. Die Transkriptionsfaktoren PU.1 und Ikaros, die von der multipotenten Vorläuferzelle exprimiert werden, stimulieren die Expression von FLT3. Diese Rezeptortyrosinkinase interagiert mit einem Liganden, der auf Stromazellen des Knochenmarks exprimiert wird (Abb. 7.3). FLT3-Signale wirken zusammen mit PU.1, um die Expression des IL-7-Rezeptors zu induzieren. IL-7, das von Stromazellen sezerniert wird, ist bei der Maus für das Wachstum und Überleben von sich entwickelnden B-Zellen essenziell. IL-7 induziert E2A in der gemeinsamen lymphatischen Vorläuferzelle. Zusammen mit PU.1 und E2A induziert IL-7 anschließend die Expression von EBF, der eine festgelegte B-Zelle kennzeichnet, und von Pax-5, das in den Pro-B-Zellen die Expression von B-Zell-spezifischen Proteinen wie die Komponente CD19 des B-Zell-Corezeptors, das Signalprotein Igα und das Gerüstprotein BLNK (Kapitel 6) induziert.

von E2A und EBF besteht darin, die Expression von Proteinen zu steuern, die das Stadium der Pro-B-Zelle bestimmen.

Während die Zellen der B-Linie reifen, wandern sie innerhalb des Knochenmarks und bleiben dabei in Kontakt mit den Stromazellen. Die allerersten Stammzellen befinden sich in einer Region, die man als **Endosteum** bezeichnet; sie grenzt an die innere Oberfläche des Knochens. Sich entwickelnde B-Zellen treten mit retikulären Stromazellen in den trabekulären Regionen in Wechselwirkung und bewegen sich während ihrer Reifung auf den zentralen Sinus der Knochenmarkhöhle zu. Die letzten Entwicklungsstadien von unreifen zu reifen B-Zellen finden in den peripheren lymphatischen Organen wie der Milz statt.

7.2 Die Entwicklung der B-Zellen beginnt mit der Umlagerung des Locus für die schwere Kette

Die Stadien der B-Zell-Entwicklung sind (in der Reihenfolge des Auftretens): **frühe Pro-B-Zelle**, **späte Pro-B-Zelle**, **große Prä-B-Zelle**, **kleine Prä-B-Zelle** und **reife B-Zelle** (Abb. 7.5). Pro Schritt wird nur ein Genlocus umgelagert, die Reihenfolge ist immer dieselbe. Sowohl B- als auch T-Zellen ordnen den Locus, der die D-Gen-Segmente enthält, zuerst um: Bei den B-Zellen ist dies der Locus der schweren Immunglobulinkette (*heavy chain*, H-Locus). Wie in Abbildung 7.5 dargestellt, ermöglicht die Expression einer funktionellen schweren Kette die Bildung des **Prä-B-Zell-**

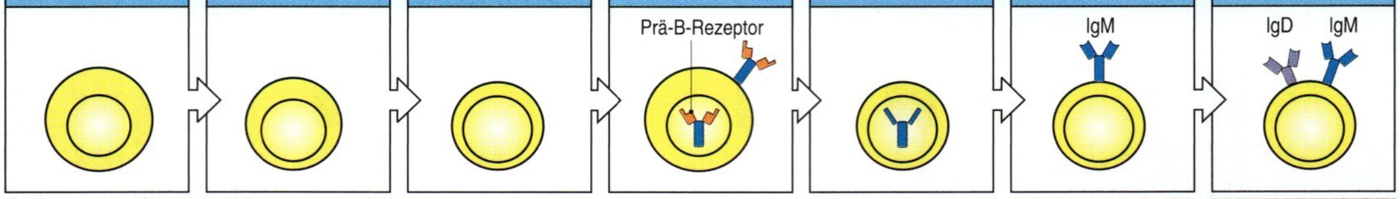

	Stammzelle	frühe Pro-B-Zelle	späte Pro-B-Zelle	große Prä-B-Zelle	kleine Prä-B-Zelle	unreife B-Zelle	reife B-Zelle
				Prä-B-Rezeptor		IgM	IgD IgM
Gene für die schwere Kette	Keimbahn	D-J-Umlagerung	V-DJ-Umlagerung	VDJ umgelagert	VDJ umgelagert	VDJ umgelagert	VDJ umgelagert
Gene für die leichte Kette	Keimbahn	Keimbahn	Keimbahn	Keimbahn	V-J-Umlagerung	VJ umgelagert	VJ umgelagert
Oberflächen-Ig	nicht vorhanden	nicht vorhanden	nicht vorhanden	μ-Kette vorübergehend auf der Oberfläche als Teil eines Prä-B-Zell-Rezeptors; hauptsächlich in der Zelle	intrazelluläre μ-Kette	IgM auf der Zelloberfläche exprimiert	IgD und IgM aus alternativ gespleißten Transkripten für die schwere Kette

7.5 Die Entwicklung einer Zelle der B-Linie durchläuft mehrere Stadien, die durch die Umlagerung und Expression der Immunglobulingene gekennzeichnet sind. Die Stammzelle hat noch nicht damit begonnen, ihre Immunglobulingensegmente umzulagern, sondern die Segmente besitzen noch die Keimbahnkonfiguration, wie sie bei allen nichtlymphatischen Zellen vorhanden ist. Der Locus der schweren Kette (H-Kette) ordnet sich zuerst um. Die Umlagerung eines D-Gensegments an ein J_H-Gensegment erfolgt in den frühen Pro-B-Zellen, wodurch sie zu späten Pro-B-Zellen werden. In diesen kommt es dann zur V_H-DJ_H-Verknüpfung. Ist diese Umlagerung erfolgreich, wird die vollständige schwere Kette des Immunglobulins als Teil des Prä-B-Zell-Rezeptors exprimiert, der vor allem im Cytoplasma und in gewissem Maß auch auf der Zelloberfläche vorkommt. Sobald das geschieht, wird die Zelle dazu angeregt, sich zu einer großen Prä-B-Zelle zu entwickeln, die dann proliferiert. Die großen Prä-B-Zellen beenden schließlich die Teilungen und werden zu kleinen ruhenden Prä-B-Zellen. Diese beenden die Expression der leichten Ersatzketten und exprimieren nur noch die schwere μ-Kette, die sich dann im Cytoplasma befindet. Wenn die Zellen wieder klein sind, exprimieren sie erneut die RAG-Proteine und beginnen, die Gensegmente für die leichte Kette (L-Kette) umzulagern. Nachdem die Gene für die L-Kette erfolgreich zusammengesetzt wurden, wird aus der Zelle eine unreife B-Zelle, die ein vollständiges IgM-Molekül auf der Zelloberfläche exprimiert. Reife B-Zellen produzieren durch alternatives mRNA-Spleißen zusätzlich zur schweren μ-Kette noch eine schwere δ-Kette. Man erkennt sie daran, dass sie zusätzlich IgD auf der Zelloberfläche tragen.

Rezeptors. Dies ist das Signal für die Zelle, in das nächste Entwicklungsstadium einzutreten, die Umlagerung der Gene der leichten Kette. Die Transkriptionsfaktoren E2A und EBF der frühen Pro-B-Zelle induzieren die Expression von mehreren Proteinen, die für die Umlagerung der Gene essenziell sind wie etwa die Komponenten RAG-1 und RAG-2 der V(D)J-Rekombinase (Kapitel 4). E2A und EBF ermöglichen also die Initiation der V(D)J-Rekombination am Locus der schweren Kette und die Expression der schweren Kette. Wenn E2A und EBF fehlen – selbst im frühesten erkennbaren Stadium der B-Zell-Entwicklung – kann die Verknüpfung von D mit J_H nicht stattfinden.

Ein anderes essenzielles Protein, das von E2A und EBF induziert wird, ist der Transkriptionsfaktor Pax-5. Eine Isoform dieses Proteins wird als B-Zell-spezifisches Aktivatorprotein (BSAP) bezeichnet. Pax-5 wirkt unter anderem auf das Gen für die Komponente CD19 des B-Zell-Corezeptors und das Gen für Igα ein. Igα ist eine signalgebende Komponente sowohl des Prä-B-Zell-Rezeptors als auch des B-Zell-Rezeptors (Abschnitt 6.8). Wenn Pax-5 fehlt, können sich Pro-B-Zellen entlang des B-Zell-Weges nicht weiterentwickeln, aber sie können dazu angeregt werden, sich zu T-Zellen oder myeloiden Zellen zu entwickeln. Das weist darauf hin, dass Pax-5 für die Festlegung der Pro-B-Zelle auf die B-Zell-Linie notwendig ist.

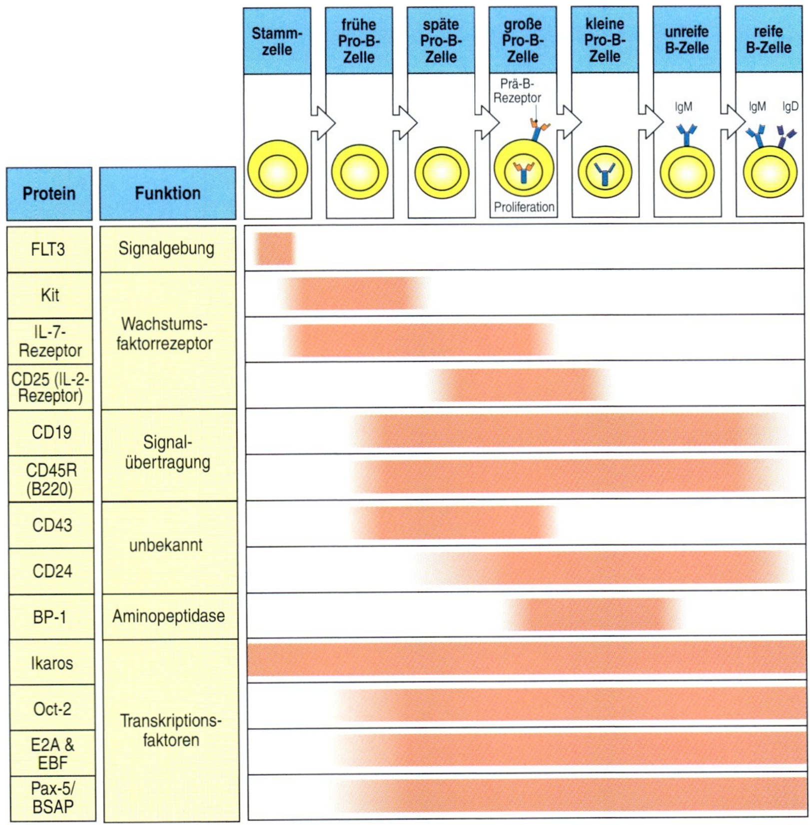

7.6 Expression von Oberflächenproteinen, Rezeptoren und Transkriptionsfaktoren bei der B-Zell-Entwicklung. Die in der obersten Reihe angegebenen Stadien der B-Zell-Entwicklung entsprechen denen in Abbildung 7.5. Der Rezeptor FLT3 wird von hämatopoetischen Stammzellen und der gemeinsamen lymphatischen Vorläuferzelle exprimiert. Die frühesten Oberflächenmarker der B-Zell-Linie sind CD19 und CD45R (bei Mäusen B220). Sie werden während der gesamten B-Zell-Entwicklung exprimiert. Eine Pro-B-Zelle kann man auch an der Expression von CD43 (ein Marker mit unbekannter Funktion), Kit (CD117) und des IL-7-Rezeptors erkennen. Eine späte Pro-B-Zelle beginnt, CD24 (ein Marker mit unbekannter Funktion) und den IL-2-Rezeptor CD25 zu exprimieren. Eine Prä-B-Zelle lässt sich phänotypisch an der Expression des Enzyms BP-1 erkennen, während Kit und der IL-7-Rezeptor nicht mehr exprimiert werden. Die Aktivitäten der aufgeführten Transkriptionsfaktoren bei der B-Zell-Entwicklung werden im Text besprochen, mit Ausnahme des Oktamertranskriptionsfaktors Oct-2, der an das Oktamer ATGCAAAT bindet, das im Promotor der schweren Kette und auch an anderer Stelle vorkommt.

Pax-5 induziert auch die Expression des B-Zell-Linker-Proteins (BLNK), ein Signalmolekül, das für die weitere Entwicklung der Pro-B-Zelle und für die Signalgebung des reifen B-Zell-Antigenrezeptors erforderlich ist (Abschnitt 6.17). In Abbildung 7.6 ist dargestellt, wie einige notwendige Zelloberflächenproteine, Rezeptoren und Transkriptionsfaktoren im zeitlichen Verlauf der B-Zell-Entwicklung exprimiert werden.

Das V(D)J-Rekombinasesystem ist zwar sowohl in den Zellen der B-Linie als auch der T-Linie aktiv und nutzt dieselben Kernkomponenten, aber in Zellen der B-Linie kommt es nicht zu Umlagerungen der T-Zell-Rezeptor-Gene und in T-Zellen nicht zu einer vollständigen Umlagerung der Immunglobulingene. Die nacheinander ablaufenden Ereignisse der Umlagerung gehen mit einer zelllinienspezifischen geringen Transkription der Gene einher, die umgelagert werden sollen.

Die Umlagerung des Locus der schweren Kette beginnt in den frühen Pro-B-Zellen mit der D-J_H-Verknüpfung (Abb. 7.7). Das geschieht normalerweise an beiden Allelen des Locus der schweren Kette, und die Zelle wird dadurch zu einer späten Pro-B-Zelle. Beim Menschen sind die meisten D-J_H-Verknüpfungen potenziell nutzbringend, da die meisten menschlichen D-Gen-Segmente in allen drei Leserastern translatiert werden können, ohne dass ein Stoppcodon auftritt. Es sind also keine besonderen Mechanismen erforderlich, durch die erfolgreiche D-J_H-Verknüpfungen ermittelt werden müssen. Auch besteht in diesem frühen Stadium keine Notwen-

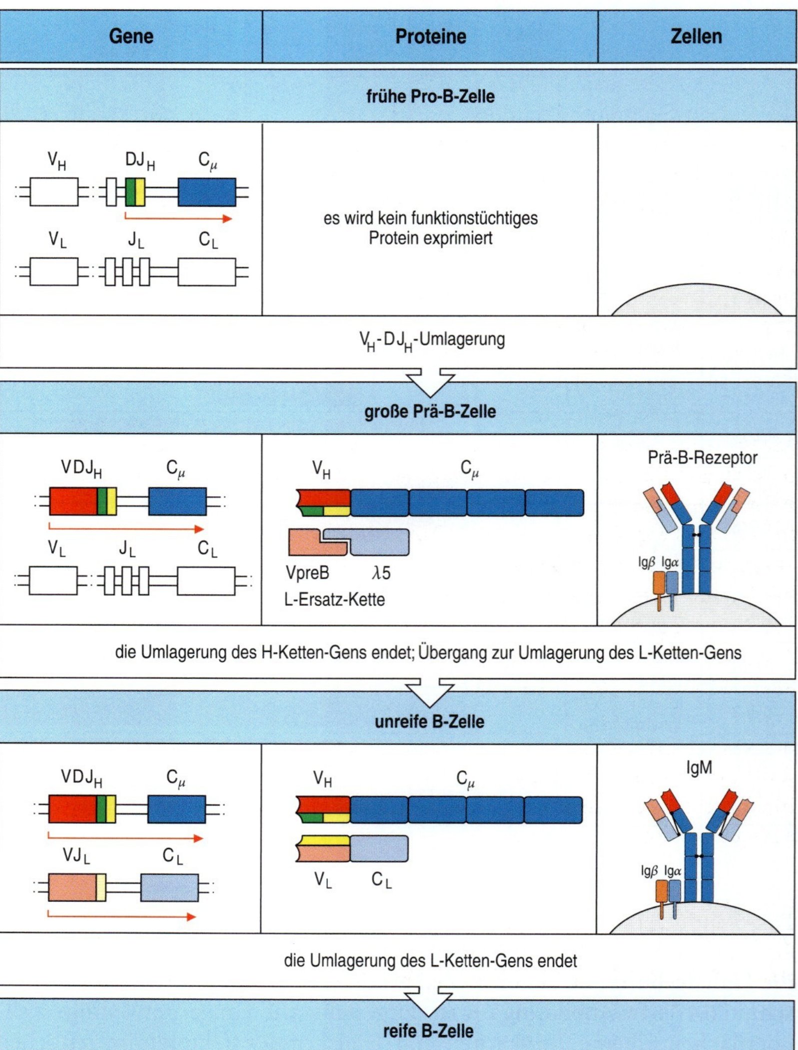

7.7 Ein produktiv umgelagertes Immunglobulingen wird in der sich entwickelnden B-Zelle sofort als Protein exprimiert. In frühen Pro-B-Zellen ist die Umlagerung der H-Ketten noch nicht abgeschlossen, und es wird kein funktionelles μ-Protein exprimiert, wobei es jedoch zur Transkription kommt (roter Pfeil) (oben). Sobald eine produktive Umlagerung stattgefunden hat, exprimiert die Zelle μ-Ketten in einem Komplex zusammen mit den beiden anderen Ketten $\lambda5$ und VpreB, die eine Ersatz-L-Kette bilden. Der ganze immunglobulinähnliche Komplex wird als Prä-B-Zell-Rezeptor bezeichnet (Mitte). Er ist in der Zelle darüber hinaus noch mit den beiden Proteinketten Igα (CD79α) und Igβ (CD79β) assoziiert. Ein Signal, das dieser Komplex aussendet, unterdrückt die Umlagerung der H-Ketten und bewirkt den Übergang zum Stadium der großen Prä-B-Zellen, indem es die Proliferation anregt. Die Nachkommen der großen Prä-B-Zellen hören mit den Zellteilungen auf und werden zu kleinen Prä-B-Zellen, in denen die Umlagerung der L-Ketten-Gene beginnt. Eine erfolgreiche L-Ketten-Umlagerung führt zur Produktion einer L-Kette, die mit der μ-Kette ein komplettes IgM-Molekül bildet. Dieses wird zusammen mit Igα und Igβ auf der Zelloberfläche exprimiert (unten). Das Aussenden eines Signals über diese IgM-Moleküle an der Oberfläche führt vermutlich dazu, dass die Gene der L-Ketten nicht weiter umgelagert werden.

digkeit sicherzustellen, dass sich nur ein Allel umlagert. Wenn man die Wahrscheinlichkeit von auftretenden Fehlern in Betracht zieht, sind zwei erfolgreich umgelagerte D-J-Sequenzen sogar von Vorteil.

Um eine vollständige schwere Immunglobulinkette hervorzubringen, führt die Pro-B-Zelle als Zweites die Umlagerung eines V_H-Gen-Segments an eine DJ_H-Sequenz durch. Anders als die DJ_H-Umlagerung erfolgt die V_H-DJ_H-Umlagerung zuerst nur auf einem Chromosom. Eine erfolgreiche Umlagerung führt zur Produktion der vollständigen schweren μ-Kette. Danach endet die V_H-DJ_H-Umlagerung, und die Zelle wird zu einer Prä-B-Zelle. Pro-B-Zellen, die keine μ-Kette produzieren, werden zerstört. In diesem Stadium gehen mindestens 45 % der Pro-B-Zellen verloren. In mindestens zwei von drei Fällen ist die erste V_H-DJ_H-Umlagerung unproduktiv, und es kommt zu einer Umlagerung auf dem anderen Chromosom. Auch hier besteht theoretisch eine Wahrscheinlichkeit von zwei aus drei Fällen, in denen ein Fehler auftritt. Eine grobe Abschätzung der Wahrscheinlichkeit für das Entstehen einer Prä-B-Zelle beträgt demnach 55 % (⅓ + (⅔ × ⅓) = 0,55). Die tatsächliche Häufigkeit ist etwas geringer, da das Repertoire der V-Gen-Segmente Pseudogene enthält, die ebenfalls in eine Umlagerung einbezogen werden können, obwohl sie schwerwiegende Schäden aufweisen, durch die eine Expression zu einem funktionsfähigen Protein unmöglich ist. Eine erste unproduktive Umlagerung muss nicht unmittelbar dazu führen, dass die Entwicklung der Pro-B-Zelle fehlschlägt, da die meisten Loci auf demselben Chromosom weitere Umlagerungen durchführen können. Wenn auch dies nicht erfolgreich ist, steht noch der Locus auf dem anderen Chromosom für eine Umlagerung zur Verfügung.

Die Vielfalt des Antigenrezeptorrepertoires der B-Zellen wird an dieser Stelle noch durch das Enzym Terminale Desoxynucleotidyltransferase (TdT) verstärkt. TdT wird von der Pro-B-Zelle exprimiert und fügt ohne Matrize Nucleotide (*nontemplated nucleotides*, N-Nucleotide) in die Verbindungsstellen zwischen umgelagerten Gensegmenten ein (Abschnitt 4.8). Beim erwachsenen Menschen wird das Enzym während der Umlagerung für die schwere Kette in den Pro-B-Zellen exprimiert, aber diese Expression endet mit dem Prä-B-Zell-Stadium während der Umlagerung des Gens für die leichte Kette. Das erklärt, warum N-Nucleotide in den V-D- und D-J-Verknüpfungen von fast allen Genen für die schwere Kette vorkommen, aber nur in etwa einem Viertel der Verknüpfungen in den Genen für die leichte Kette. In den V-J-Verknüpfungen der leichten Kette bei der Maus kommen N-Nucleotide nur sehr selten vor. Das zeigt, dass TdT während der B-Zell-Entwicklung bei der Maus etwas früher abgeschaltet wird. Während der Fetalentwicklung, wenn zum ersten Mal B- und T-Lymphocyten in das periphere Immunsystem gelangen, wird die TdT nur in geringer Menge exprimiert, wenn überhaupt.

7.3 Der Prä-B-Zell-Rezeptor prüft, ob eine vollständige schwere Kette produziert wurde und gibt das Signal für die Proliferation der B-Zellen

Die ungenaue V(D)J-Rekombination ist wie ein zweischneidiges Schwert. Dadurch erweitert sich zwar die Vielfalt des Antikörperrepertoires, aber es können auch unproduktive Umlagerungen entstehen. Pro-B-Zellen müssen deshalb über einen Mechanismus verfügen, um festzustellen, ob eine potenziell funktionsfähige schwere Kette produziert wurde. Das geschieht, indem die schwere Kette in einen Rezeptor eingefügt wird, der Auskunft über eine erfolgreiche Produktion geben kann. Dieser Test findet jedoch ohne das Vorhandensein von leichten Ketten statt, die zu diesem Zeitpunkt noch nicht umgelagert wurden. Stattdessen erzeugen die Pro-B-Zellen zwei invariante „Ersatzproteine“, deren Struktur der leichten Kette ähnelt. Sie können sich zusammen an die μ-Kette anlagern, sodass der Prä-B-Zell-Rezeptor (Prä-BCR) entsteht (Abb. 7.7). Der Prä-B-Zell-Rezeptor signalisiert der Pro-B-Zelle, dass eine produktive Umlagerung stattgefunden hat.

Die Ersatzketten werden von Genen codiert, die sich nicht umordnen und von den Loci der Antigenrezeptoren getrennt sind. Ihre Expression wird durch die Transkriptionsfaktoren E2A und EBF induziert. Eine Kette wird aufgrund ihrer großen Ähnlichkeit mit der C-Domäne der leichten

λ-Kette als **λ5** bezeichnet. Die andere Ersatzkette, **VpreB**, ähnelt einer V-Domäne für die leichte Kette, enthält jedoch am aminoterminalen Ende eine zusätzliche Region. Für die Bildung eines funktionsfähigen Rezeptorkomplexes sind noch weitere Proteine erforderlich, die von der Prä-B-Zelle exprimiert werden und für die B-Zell-Entwicklung essenziell sind. Die invarianten Proteine Igα (CD79α) und Igβ (CD79β) sind Bestandteile sowohl des Prä-B-Zell-Rezeptors als auch des B-Zell-Rezeptors an der Zelloberfläche. Igα und Igβ übertragen von diesen Rezeptoren Signale, indem sie über ihre cytoplasmatischen Schwänze mit intrazellulären Tyrosinkinasen interagieren (Abschnitt 6.8). Igα und Igβ werden vom Stadium der Prä-B-Zelle bis zum Tod der Zelle oder ihrer endgültigen Differenzierung zu einer antikörpersezernierenden Plasmazelle exprimiert.

Die Bildung des Prä-B-Zell-Rezeptors ist ein wichtiger Kontrollpunkt in der B-Zell-Entwicklung, der den Übergang zwischen der Pro-B-Zelle und der Prä-B-Zelle markiert. Bei Mäusen, denen entweder λ5 fehlt oder die mutierte Gene für die schwere Kette besitzen, welche keine Transmembrandomäne enthalten, kann kein Prä-B-Zell-Rezeptor gebildet werden, und die B-Zell-Entwicklung wird nach der Umlagerung des Gens für die schwere Kette angehalten. Der Prä-B-Zell-Rezeptor-Komplex wird vorübergehend produziert, vielleicht weil die Produktion der λ5-mRNA anhält, sobald sich die Prä-B-Zell-Rezeptoren zu bilden beginnen. Der Prä-B-Zell-Rezeptor wird auf der Oberfläche der Prä-B-Zellen in geringer Menge exprimiert, es ist jedoch nicht bekannt, ob er mit einem externen Liganden in Wechselwirkung tritt. Wie auch immer der genaue Mechanismus der Aktivierung des Prä-B-Zell-Rezeptorsignals sein mag, die Expression des Rezeptors hält die Umlagerung des Locus für die schwere Kette an und induziert die Proliferation der Pro-B-Zelle, was den Übergang zur großen Prä-B-Zelle einleitet. In dieser beginnt dann die Umlagerung des Locus für die leichte Kette. Für die Signale des Prä-B-Zell-Rezeptors ist das Signalmolekül BLNK erforderlich, außerdem ist die Bruton-Tyrosinkinase (Btk) beteiligt, eine intrazelluläre Tyrosinkinase der Tec-Familie (Abschnitt 6.13). Beim Menschen und bei der Maus kommt es bei einem BLNK-Defekt zur Blockade der B-Zell-Entwicklung im Pro-B-Zell-Stadium. Beim Menschen führen Mutationen im *Btk*-Gen zum **Bruton-Syndrom**, einer umfassenden B-Zell-Linien-spezifischen Immunschwäche (*Bruton's X-linked agammaglobulinemia*, **XLA**), bei der keine reifen B-Zellen gebildet werden. Beim Menschen ist eine Blockade der B-Zell-Entwicklung aufgrund von Mutationen im *XLA*-Locus beinahe vollständig. Dabei wird der Übergang von der Prä-B-Zelle zur reifen B-Zelle unterbrochen. Ein ähnlicher, aber etwas weniger gravierender Defekt bei Mäusen ist die **X-gekoppelte Immunschwäche** (**xid**); sie entsteht aufgrund von Mutationen im entsprechenden Gen bei der Maus.

7.4 Signale des Prä-B-Zell-Rezeptors blockieren weitere Umlagerungen des Locus für die schwere Kette und erzwingen einen Allelausschluss

Erfolgreiche Umlagerungen an beiden Allelen für die schwere Kette könnten bei einer B-Zelle dazu führen, dass zwei Rezeptoren mit unterschiedlichen Antigenspezifitäten gebildet werden. Um das zu verhindern, führen die Signale des Prä-B-Zell-Rezeptors zu einem **Allelauschluss**, das heißt zu einem Zustand, in dem in einer diploiden Zelle von einem bestimmten Gen nur eines der beiden Allele exprimiert wird. Den Allelausschluss, der sowohl das Gen für die schwere Kette als auch das Gen für die leichte Kette betrifft, hat man vor über 30 Jahren entdeckt. Damit hatte man einen experimentellen Beleg für die Theorie gefunden, dass ein Lymphocyt immer nur einen einzigen Typ von Antigenrezeptor exprimiert (Abb. 7.8).

Die Signale vom Prä-B-Zell-Rezeptor fördern den Allelausschluss für die schwere Kette auf drei Weisen. Zum einen nimmt dadurch die Aktivität der V(D)J-Rekombinase ab, indem die Expression von *RAG-1* und *RAG-2* direkt verringert wird. Zum anderen geht die Konzentration an RAG-2 noch weiter zurück, weil dieses Protein durch die Signale indirekt zum Abbau markiert wird; das ist der Fall, wenn RAG-2 als Reaktion auf den Eintritt der Pro-B-Zelle in die S-Phase (die Phase der DNA-Synthese im Zellzyklus) phosphoryliert wird. Und schließlich verringern die Signale des Prä-B-Zell-Rezeptors die Zugänglichkeit der Rekombinase am Locus für die schwere Kette, wobei hier die genauen Einzelheiten noch unbekannt sind. In einem späteren Stadium der B-Zell-Entwicklung werden die RAG-Proteine wieder exprimiert, damit die Umlagerungen am Locus für die leichte Kette stattfinden können. Zu diesem Zeitpunkt kommt es aber am Locus der schweren Kette zu keinen weiteren Umlagerungen mehr. Wenn die Signale des Prä-B-Zell-Rezeptors ausbleiben, erfolgt am Locus der schweren Kette kein Allelausschluss. So kommt es bei λ5-Knockout-Mäusen, bei denen kein Prä-B-Zell-Rezeptor gebildet wird und das Signal für die V_H-DJ_H-Umlagerung nicht entsteht, in allen B-Vorläuferzellen auf beiden Chromosomen im jeweiligen Gen für die schwere Kette zu einer Umlagerung. Dadurch tragen etwa 10 % aller Zellen zwei produktive VDJ_H-Umlagerungen.

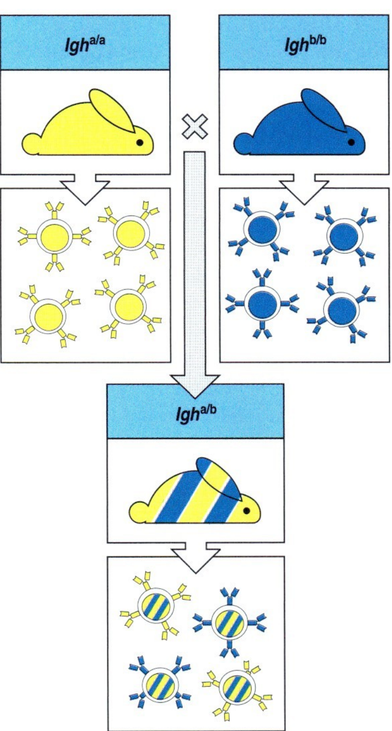

7.8 Allelausschluss bei den einzelnen B-Zellen. Bei den meisten Spezies gibt es in den konstanten Regionen der Gene für die schwere und die leichte Immunglobulinkette genetische Polymorphismen, die man als Allotypen bezeichnet (Anhang I, Abschnitt A.10). So exprimieren alle B-Zellen eines Kaninchens, das für das *a*-Allel des Locus für die schwere Immunglobulinkette homozygot ist ($Igh^{a/a}$) Immunglobuline vom Typ a. Ein Kaninchen, das für das *b*-Allel homozygot ist ($Igh^{b/b}$), produziert hingegen nur Immunglobuline vom Typ b. Bei einem heterozygoten Tier ($Igh^{a/b}$), welches das *a*-Allel an dem einen *Igh*-Locus und das *b*-Allel am anderen *Igh*-Locus trägt, lassen sich individuelle B-Zellen nachweisen, die entweder den *a*-Allotyp oder den *b*-Allotyp besitzen, nicht jedoch Zellen mit beiden Allotypen. Dieser Allelausschluss zeigt, dass nur an einem der elterlichen *Igh*-Loci eine produktive Umlagerung stattgefunden hat, da durch die Erzeugung einer erfolgreich umgelagerten schweren Immunglobulinkette ein B-Zell-Rezeptor entsteht, dessen Signale weitere Genumlagerungen für die schwere Kette verhindern.

7.5 In Prä-B-Zellen wird der Locus der leichten Kette umgelagert und ein Zelloberflächenimmunglobulin exprimiert

Der Übergang vom Stadium der Pro-B-Zelle zur großen Prä-B-Zelle geht einher mit mehreren Zellteilungszyklen, sodass sich die Population der Zellen mit produktiven Verknüpfungen im korrekten Leseraster um etwa das 30- bis 60-fache vergrößert, bevor sie zu kleinen Prä-B-Zellen werden. Eine große Prä-B-Zelle mit einem spezifisch umgelagerten Gen für die schwere Kette bringt demnach zahlreiche kleine Prä-B-Zellen hervor. Die RAG-Proteine werden in den kleinen Prä-B-Zellen wieder produziert und die Umlagerung des Locus für die leichte Kette beginnt. Jede dieser Zellen kann ein anderes umgelagertes Gen für die leichte Kette erzeugen, sodass Zellen mit vielen unterschiedlichen Antigenspezifitäten aus einer einzigen Prä-B-Zelle hervorgehen. Dies ist ein wichtiger Beitrag für die Vielfalt der B-Zell-Rezeptoren insgesamt.

Bei der Umlagerung des Locus für die leichte Kette kommt es ebenfalls zu einem Allelausschluss. Es wird immer nur ein Allel auf einmal umgebaut. Die Loci der leichten Kette enthalten keine D-Segmente, und die Umlagerung erfolgt durch eine V-J-Verknüpfung. Wenn eine bestimmte VJ-Umlagerung keine funktionsfähige leichte Kette hervorbringt, kann es am selben Allel zu wiederholten Umlagerungen von bis dahin nicht verwendeten V- und J-Gen-Segmenten kommen (Abb. 7.9). Demnach sind in einem

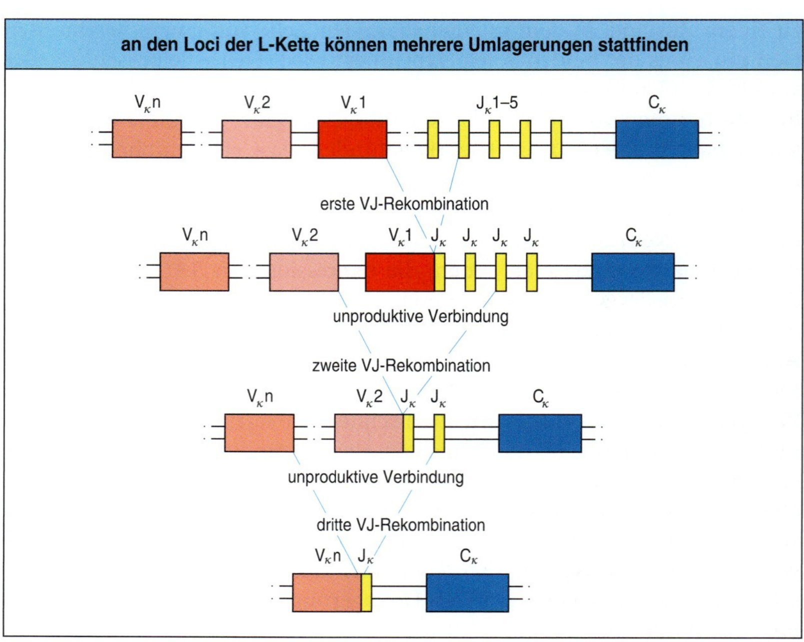

7.9 Unproduktive Umlagerungen für die leichte Kette können durch weitere Genumlagerungen repariert werden. Die Organisationsstruktur der Loci für die leichte Kette bei Maus und Mensch bietet viele Möglichkeiten, Prä-B-Zellen zu „retten", die zuerst Umlagerungen mit fehlerhaftem Leseraster erzeugt haben. Die Reparatur eines Gens für die leichte Kette ist hier für den menschlichen κ-Locus dargestellt. Wenn die erste Umlagerung unproduktiv ist, kann ein 5'-V_κ- mit einem 3'-J_κ-Segment rekombinieren, wodurch die Verknüpfung, die das Leseraster verschiebt und zwischen den beiden neuen Segmenten liegt, entfernt und durch eine neue umgelagerte Struktur ersetzt wird. Dies kann im Prinzip auf jedem Chromosom bis zu fünfmal geschehen, da es beim Menschen fünf funktionsfähige J_κ-Gen-Segmente gibt. Wenn alle Umlagerungen der Gensegmente für die κ-Kette fehlerhaft sind, kann immer noch eine Umlagerung der λ-Kette funktionieren (nicht dargestellt; Abb. 7.11).

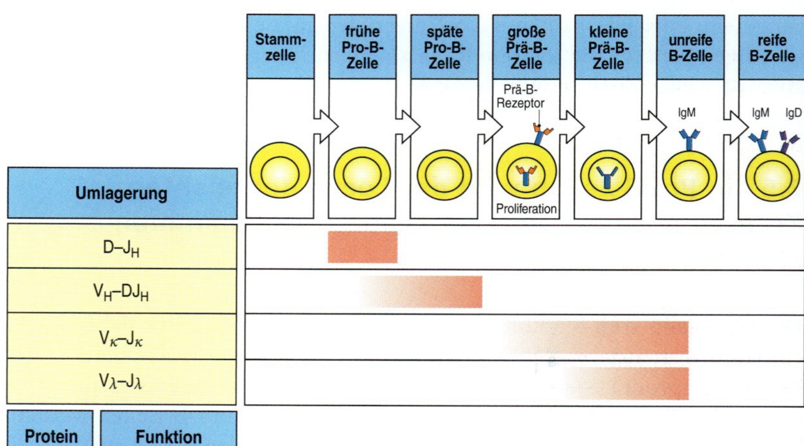

Protein	Funktion
RAG-1	lymphocytenspezifische Rekombinase
RAG-2	
TdT	Anhängen von N-Nucleotiden
λ5	Komponenten der Ersatzkette
VpreB	
Igα	Signalübertragung
Igβ	
CD45R	
Btk	

7.10 Expression von Proteinen, die bei Genumlagerungen und der Produktion von Prä-B-Zell- und B-Zell-Rezeptoren beteiligt sind. Die hier aufgeführten Proteine wurden in die Liste aufgenommen, weil sie in der Entwicklungsabfolge nachweislich von Bedeutung sind, vor allem aufgrund von Untersuchungen an Mäusen. Dargestellt ist auch die zeitliche Abfolge der Genumlagerungen. Deren jeweilige Beiträge zur B-Zell-Entwicklung werden im Text besprochen. Signalproteine und Transkriptionsfaktoren, die bei der frühen Entwicklungsphase der B-Zell-Linie mitwirken, sind in Abbildung 7.6 aufgeführt.

Chromosom mehrere Versuche möglich, eine produktive Umlagerung für ein Gen der leichten Kette hervorzubringen, bevor weitere Umlagerungen am anderen Chromosom beginnen. Dadurch erhöht sich die Wahrscheinlichkeit sehr stark, dass schließlich eine funktionelle leichte Kette gebildet wird, besonders weil es zwei verschiedene Loci für die leichte Kette gibt. Das führt dazu, dass viele Zellen, die das Prä-B-Zell-Stadium erreichen, Nachkommen hervorbringen können, die korrekt gebildete leichte Ketten tragen und als **unreife B-Zellen** bezeichnet werden. In Abbildung 7.10 sind einige Proteine aufgeführt, die bei der V(D)J-Rekombination mitwirken, außerdem ist dargestellt, wie ihre Expression während der B-Zell-Entwicklung reguliert wird. In Abbildung 7.11 sind die Stadien der B-Zell-Entwicklung zusammengefasst, bis zu dem Zeitpunkt, wenn das vollständige Oberflächenimmunglobulin gebildet wird. Die Phasen, in denen B-Zellen verloren gehen, wenn keine produktive Verknüpfung entsteht, sind besonders gekennzeichnet.

Neben dem Allelausschluss kommt es bei den leichten Ketten auch noch zu einem **Isotypausschluss**, das heißt, eine einzelne B-Zelle exprimiert immer nur einen Typ der leichten Kette – entweder κ oder λ. Bei Maus und Mensch wird die κ-Kette tendenziell vor dem λ-Locus umgelagert. Das ließ sich ursprünglich aus der Beobachtung ableiten, dass Myelomzellen, die leichte λ-Ketten sezernieren, im Allgemeinen sowohl umgelagerte λ- als auch umgelagerte κ-Gene besitzen. Bei Myelomen hingegen, die leichte κ-Ketten sezernieren, sind im Allgemeinen nur die κ-Gene umgelagert. Diese Reihenfolge kehrt sich gelegentlich um, die Umlagerung des λ-Gens erfordert nicht zwangsläufig, dass vorher die κ-Gen-Segmente umgelagert wurden. Die Verhältniszahlen von κ- zu λ-exprimierenden reifen B-Zellen variieren bei den verschiedenen Spezies zwischen den Extremwerten. Bei Mäusen und Ratten sind es 95 % κ gegenüber 5 % λ, beim Menschen sind es 65 % zu 35 % und bei Katzen 5 % zu 95 %, also genau umgekehrt als

7.11 Die Schritte der Umlagerung von Immunglobulingenen, bei denen B-Zellen in der Entwicklungsphase verloren gehen können. Das Entwicklungsprogramm lagert zuerst den Locus für die schwere Kette (H-Kette) und dann den für die leichte Kette (L-Kette) um. Zellen dürfen nur dann in das nächste Stadium eintreten, wenn eine produktive Umlagerung stattgefunden hat. Jede Umlagerung ist mit einer Wahrscheinlichkeit von einem Drittel erfolgreich. Ist der erste Versuch nicht erfolgreich, wird die Entwicklung angehalten, und es sind ein oder mehrere weitere Versuche möglich. Eine einfache mathematische Berechnung ergibt, dass vier von neun Umlagerungen für die schwere Kette erfolgreich sein können und eine korrekte Kette entsteht. Bei den Loci der leichten Kette bestehen mehr Möglichkeiten für die Wiederholung von Umlagerungen (Abb. 7.9), sodass zwischen dem Prä-B-Zell-Stadium und dem Stadium der unreifen B-Zellen weniger Zellen verloren gehen als beim Übergang von der Pro-B-Zelle zur Prä-B-Zelle.

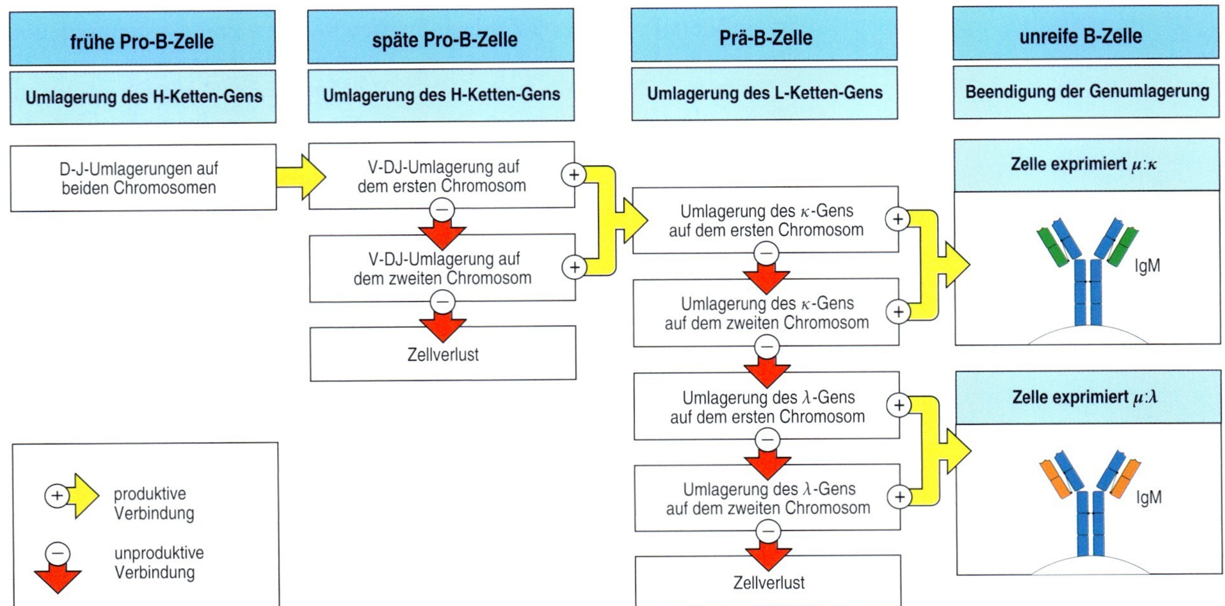

bei Mäusen. Diese Verhältnisse korrelieren deutlich mit der Anzahl der funktionsfähigen V_κ- und V_λ-Gen-Segmente im Genom der jeweiligen Spezies. Die Verhältniszahlen sagen auch etwas aus über die Kinetik und die Effizienz der Umlagerung der Gensegmente. Das κ:λ-Verhältnis in der Population reifer Lymphocyten ist bei der klinischen Diagnostik hilfreich, denn ein abweichendes κ:λ-Verhältnis weist darauf hin, dass ein Klon dominiert und offenbar eine lymphoproliferative Störung vorliegt, die auch bösartig sein kann.

7.6 Unreife B-Zellen werden auf Autoreaktivität geprüft, bevor sie das Knochenmark verlassen

Sobald eine umgelagerte leichte Kette mit einer μ-Kette assoziiert, kann IgM an der Zelloberfläche exprimiert werden (*surface IgM*, sIgM) und die Prä-B-Zelle wird zu einer **unreifen B-Zelle**. In diesem Stadium wird der Antigenrezeptor zum ersten Mal auf Toleranz gegenüber körpereigenen Antigenen geprüft. Die in dieser Phase im B-Zell-Repertoire eingeführte Toleranz bezeichnet man als **zentrale Toleranz**, da sie in einem zentralen lymphatischen Organ entsteht, dem Knochenmark. Wie wir in diesem Kapitel und in Kapitel 14 noch feststellen werden, können autoreaktive B-Zellen, die dieser Prüfung entgehen und im Reifeprozess fortschreiten, noch aus dem Repertoire entfernt werden, nachdem sie das Knochenmark verlassen haben. Diesen Vorgang bezeichnet man als **periphere Toleranz**.

Im Knochenmark hängt der Werdegang der unreifen B-Zelle von den Signalen ab, die sIgM durch Wechselwirkung mit seiner Umgebung auslöst. sIgM assoziiert mit Igα und Igβ und bildet so einen funktionsfähigen B-Zell-Rezeptor-Komplex (Abschnitt 6.8). Die Signale von Igα sind von besonderer Bedeutung, da sie bestimmen, ob B-Zellen aus dem Knochenmark auswandern können und inwieweit sie in der Peripherie überleben. Mäuse, die Igα mit einer verkürzten cytoplasmatischen Domäne exprimieren, die in das Innere der Zelle keine Signale übermitteln kann, zeigen eine auf ein Viertel verringerte Zahl an unreifen B-Zellen im Knochenmark und eine auf ein Hundertstel verringerte Zahl an peripheren B-Zellen.

Unreife B-Zellen, die nicht stark auf körpereigene Antigene reagieren, können ebenfalls heranreifen. Sie verlassen das Knochenmark über die Sinusoide, die in den zentralen Sinus münden, und werden durch venöses Blut in die Milz transportiert. Wenn jedoch der neu exprimierte Rezeptor im Knochenmark auf ein stark quervernetzendes Antigen trifft – das heißt, die Zelle ist stark autoreaktiv – wird die Entwicklung angehalten, und die Zelle reift nicht heran. Das ließ sich zuerst durch Experimente zeigen, in denen man Antigenrezeptoren auf unreifen B-Zellen experimentell *in vivo* mithilfe von Anti-μ-Ketten-Antikörper stimulierte (Anhang I, Abschnitt A.10); die unreifen B-Zellen wurden daraufhin zerstört.

Neuere Experimente mit Mäusen, die Transgene exprimieren, welche die Expression von autoreaktiven B-Zell-Rezeptoren bewirken, haben diese früheren Befunde bestätigt. Sie haben aber auch gezeigt, dass die sofortige Vernichtung nicht das einzig mögliche Ergebnis bei der Bindung von körpereigenen Antigenen ist. Stattdessen können autoreaktive unreife B-Zellen vier verschiedene Werdegänge durchlaufen – abhängig vom Liganden, den sie erkennen (Abb. 7.12). Diese Werdegänge sind: Zelltod durch Apoptose oder klonale Deletion, die Produktion eines neuen Rezeptors durch einen

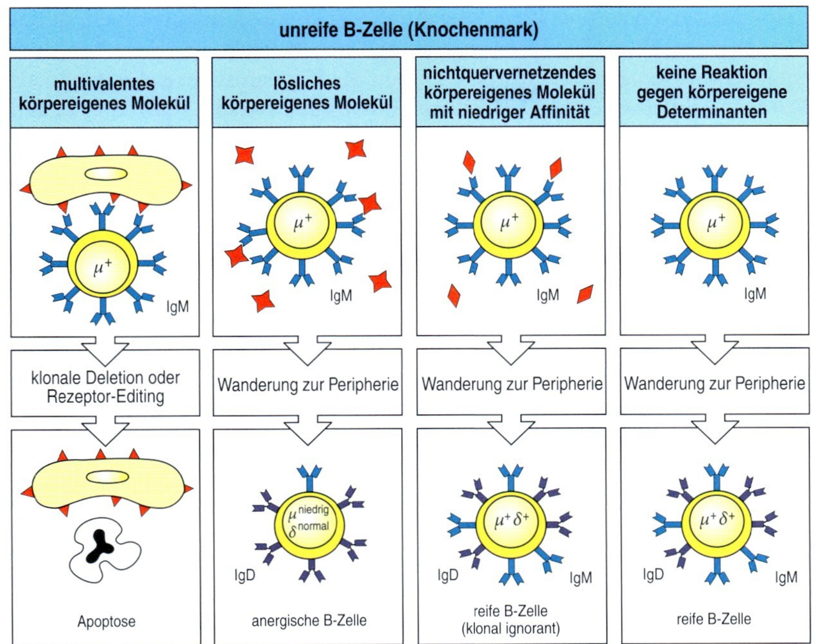

7.12 Die Bindung an ein körpereigenes Molekül kann zum Tod oder zur Inaktivierung von unreifen B-Zellen führen. Erste senkrechte Bildfolge: Wenn sich entwickelnde B-Zellen Rezeptoren exprimieren, die multivalente Liganden erkennen, beispielsweise auf allen Zellen vorkommende Oberflächenmoleküle wie die des MHC, werden diese Rezeptoren aus dem Repertoire entfernt. Die B-Zellen führen entweder ein Rezeptor-Editing durch (Abb. 7.13), sodass nur die Spezifität des selbstreaktiven Rezeptors beseitigt wird, oder die Zellen treten in den programmierten Zelltod ein (Apoptose, klonale Deletion). Zweite Bildfolge: Unreife B-Zellen, die lösliche körpereigene Moleküle binden, welche B-Zell-Rezeptoren quervernetzen können, verlieren ihre Reaktivität auf das Antigen (sie werden anergen) und tragen nur noch wenig IgM an der Oberfläche. Sie wandern in die Peripherie, wo sie IgD exprimieren, aber anergen bleiben. Wenn sie in der Peripherie in Konkurrenz zu anderen B-Zellen treten, gehen sie schnell verloren. Dritte Bildfolge: Unreife B-Zellen, die lösliche monovalente Autoantigene oder lösliche Autoantigene mit geringer Affinität erkennen, empfangen als Ergebnis dieser Wechselwirkung kein Signal und reifen normal heran, sodass sie sowohl IgM als auch IgD an der Zelloberfläche exprimieren. Solche Zellen sind potenziell autoreaktiv. Man bezeichnet sie als klonal ignorant, da ihr Ligand zwar vorhanden ist, sie aber nicht aktivieren kann. Vierte Bildfolge: Unreife B-Zellen, die auf kein Antigen treffen, reifen normal heran. Sie wandern vom Knochenmark in die peripheren lymphatischen Gewebe, wo sie zu reifen zirkulierenden B-Zellen werden können, die sowohl IgM als auch IgD an ihrer Oberfläche tragen.

Vorgang, den man als Rezeptor-Editing bezeichnet, die Induktion eines dauerhaften Zustands der Reaktionslosigkeit und die immunologische Ignoranz. Eine Zelle wird als immunologisch ignorant bezeichnet, wenn sie zwar eine Affinität für ein Autoantigen besitzt, dieses aber nicht erkennt, weil das Antigen nicht mehr zugänglich ist, in geringen Konzentrationen vorliegt oder den B-Zell-Rezeptor nicht aktiviert. Da ignorante Zellen unter bestimmten Bedingungen aktiviert werden können (was auch tatsächlich der Fall ist), wie bei einer Entzündung oder wenn die Autoantigene in ungewöhnlich hohen Konzentrationen auftreten, sollte man diese Zellen nicht als inert betrachten. Sie unterscheiden sich grundlegend von nichtreaktiven Zellen, die niemals durch Antigene aktiviert werden können.

Die **klonale Deletion** oder das Beseitigen von Zellen mit einer bestimmten Antigenspezifität gewinnt anscheinend dann die Oberhand, wenn das interagierende Antigen multivalent ist. Die Auswirkungen auf den Kontakt mit einem multivalenten Antigen hat man bei Mäusen getestet, die für beide Ketten eines für H-2K^b-MHC-Klasse-I-Moleküle spezifischen Immunglobulins transgen waren. Bei solchen Mäusen tragen fast alle B-Zellen, die sich entwickeln, das Anti-MHC-Immunglobulin als sIgM. Wenn die transgene Maus H-2K^b nicht exprimiert, entwickeln sich die B-Zellen in normaler Anzahl, und alle tragen die von einem Transgen codierten Anti-H-2K^b-Rezeptoren. Bei Mäusen jedoch, die sowohl H-2K^b als auch die Immunglobulintransgene exprimieren, ist die B-Zell-Entwicklung blockiert. Prä-B-Zellen und unreife B-Zellen kommen in normaler Anzahl vor, aber B-Zellen, die das Anti-H-2K^b-Immunglobulin als sIgM exprimieren, reifen niemals heran und besiedeln weder Milz noch Lymphknoten. Stattdessen sterben die meisten unreifen B-Zellen im Knochenmark durch Apoptose ab.

Die klonale Deletion ist jedoch nicht das einzige mögliche Ergebnis für Lymphocyten mit autoreaktiven Rezeptoren. In dem Zeitraum vor dem

Zelltod kann die autoreaktive Zelle durch weitere Genumlagerungen, durch die der autoreaktive Rezeptor gegen einen neuen, nicht autoreaktiven, ausgetauscht wird, „gerettet" werden. Diesen Mechanismus bezeichnet man als **Rezeptor-Editing** (Abb. 7.13). Wenn eine unreife B-Zelle sIgM zum ersten Mal produziert, wird das RAG-Protein noch exprimiert. Ist der Rezeptor nicht autoreaktiv, führt die ausbleibende Quervernetzung dazu, dass die Genumlagerung endet. Die B-Zell-Entwicklung setzt sich fort, wobei die RAG-Proteine schließlich verschwinden, wenn die B-Zellen in der Milz ihre volle Reife erlangen. Bei einem autoreaktiven Rezeptor hingegen führt der Kontakt mit einem Autoantigen zu einer starken Quervernetzung von sIgM, die weitere Entwicklung wird angehalten und die RAG-Expression setzt sich fort. Deshalb geht die Umlagerung der Gene für die leichte Kette weiter (Abb. 7.9). Diese sekundären Umlagerungen können unreife autoreaktive B-Zellen retten, indem das Gen für die autoreaktive leichte Kette entfernt und durch eine andere Sequenz ersetzt wird. Wenn die leichte Kette, die nun aufgrund dieser Umlagerung exprimiert wird, nicht autoreaktiv ist, setzt die B-Zelle ihre normale Entwicklung fort. Wenn der Rezeptor autoreaktiv bleibt, wird die Umlagerung so lange fortgeführt, bis ein nichtreaktiver Rezeptor entsteht oder die V- und J-Gen-Segmente verbraucht sind. Zellen, die autoreaktiv bleiben, treten in die Apoptose ein.

Man konnte bei Mäusen, bei denen man durch homologe Rekombination (Anhang I, Abschnitt A.47) Transgene für autoreaktive H- und L-Ketten in die Immunglobulinloci eingeschleust hat, eindeutig zeigen, dass Rezeptor-Editing stattfindet. So ein Transgen liegt wie bei einer normalen primären Genumlagerung inmitten unbenutzter endogener Gensegmente. Bei Mäusen, die das für den transgenen Rezeptor spezifische Antigen exprimieren, haben die in der Peripherie auftauchenden reifen B-Zellen diese umgebenden Gensegmente für Umlagerungen benutzt und dadurch das autoreaktive Transgen durch ein nichtautoreaktives, umgelagertes Gen ersetzt.

Es ist unklar, ob auch am Locus für die schwere Kette Rezeptor-Editing auftritt. An einem umgelagerten Locus für die schwere Kette gibt es keine D-Segmente mehr, sodass eine neue Umlagerung durch den normalen

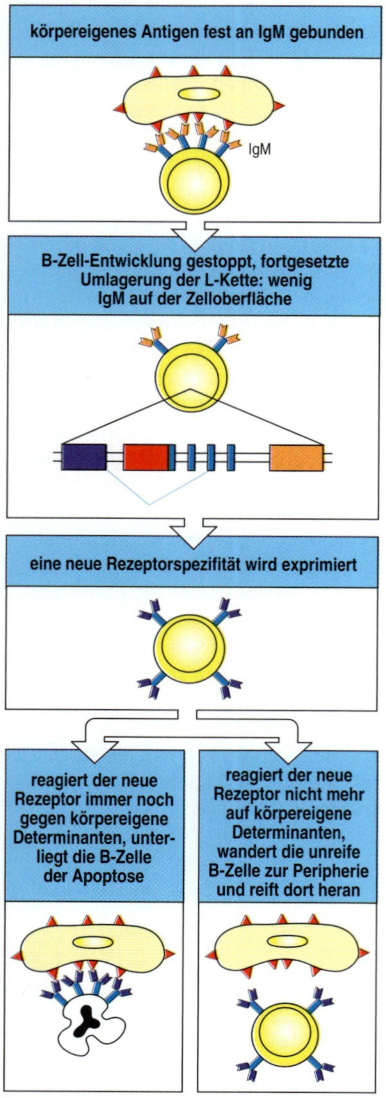

7.13 Der Austausch von L-Ketten durch Rezeptor-Editing kann einige autoreaktive B-Zellen vor der Eliminierung retten, da sich ihre Antigenspezifität ändert. Manche sich entwickelnde B-Zellen exprimieren Antigenrezeptoren, die von multivalenten eigenen Antigenen wie den MHC-Molekülen auf der Zelloberfläche stark quervernetzt werden (oben). Dann wird die Entwicklung der B-Zelle angehalten. Die Oberflächenexpression von IgM wird herunterreguliert, die *RAG*-Gene werden jedoch nicht abgeschaltet (zweites Bild). Aufgrund der ununterbrochenen Synthese von RAG-Proteinen kann die Zelle mit der Umlagerung der L-Ketten-Gene fortfahren. Dies führt in der Regel letztlich zu einer neuen, produktiven Genumlagerung und zur Expression einer neuen leichten Kette, die zusammen mit der vorherigen schweren Kette einen neuen Rezeptor bildet (Rezeptor-Editing, drittes Bild). Wenn der neue Rezeptor nicht gegen körpereigene Determinanten reagiert, ist die Zelle „gerettet" und setzt ihre normale Entwicklung im Wesentlichen so fort, als wäre sie niemals autoreaktiv gewesen (unten rechts). Bleibt die Zelle jedoch autoreaktiv, kann sie durch eine erneute Runde von Genumlagerungen gerettet werden; sollte sie jedoch dann immer noch stark auf körpereigene Determinanten reagieren, so durchläuft sie einen programmierten Zelltod und wird aus dem Repertoire eliminiert (klonale Deletion, unten links).

Mechanismus, der einfach das vorher bestehende Gen entfernt, nicht möglich ist. Stattdessen kann vielleicht ein V_H-Austausch stattfinden, bei dem interne Rekombinationssignalsequenzen dazu dienen, das V-Gen-Segment aus dem Gen für den autoreaktiven Rezeptor durch ein neues V-Gen-Segment zu ersetzen. Das lässt sich bei B-Zell-Tumoren beobachten, aber ob es auch bei der normalen B-Zell-Entwicklung auftritt, ist nicht sicher.

Ursprünglich nahm man an, dass die erfolgreiche Produktion einer schweren und einer leichten Kette fast sofort zum Abbruch weiterer Umlagerungen am L-Ketten-Locus führt und es so in jedem Fall zu einem Allel- und Isotypausschluss kommt (Abschnitt 7.10). Die unerwartete Fähigkeit der autoreaktiven B-Zelle, auch nach einer produktiven Umlagerung noch mit dem Umbau ihrer L-Ketten-Gene fortzufahren, hat jedoch einige Fragen zum Mechanismus des Allelausschlusses aufgeworfen.

Damit der Allelausschluss aufrechterhalten wird, muss die Konzentration an RAG-Protein nach einer nichtautoreaktiven Umlagerung unbedingt abnehmen. Denn dadurch wird eine weitere Umlagerung unwahrscheinlicher. Kommt es aber dennoch zu einer zusätzlichen produktiven Umlagerung, wird der Allelausschluss nicht zwangsläufig außer Kraft gesetzt: Findet die Umlagerung auf dem gleichen Chromosom statt, dann wird lediglich die bestehende produktive Umlagerung eliminiert; erfolgt sie dagegen auf dem anderen Chromosom, verläuft sie in zwei von drei Fällen unproduktiv. Die Abnahme der Konzentration an RAG-Proteinen könnte der hauptsächliche, vielleicht sogar der alleinige Mechanismus sein, der dem Allelausschluss am Locus der leichten Kette zugrunde liegt. Dazu passt, dass der Allelausschluss nicht uneingeschränkt gilt, da vereinzelte B-Zellen zwei leichte Ketten exprimieren.

Bislang haben wir das Schicksal von neu gebildeten B-Zellen besprochen, deren sIgM multivalent quervernetzt wird. Wenn unreife B-Zellen jedoch auf weniger stark vernetzende Autoantigene mit wenigen Bindungsstellen treffen, etwa kleine lösliche Proteine, dann reagieren sie anders. In dieser Situation wird die autoreaktive B-Zelle oft inaktiviert und gerät dauerhaft in einen Zustand sogenannter **Anergie**, in dem sie nicht auf Antigene reagiert aber auch nicht sofort stirbt (Abb. 7.12). Anergische B-Zellen können auch mithilfe von antigenspezifischen T-Zellen nicht durch ihr spezifisches Antigen aktiviert werden (Abschnitt 1.15). Dieses Phänomen konnte man ebenfalls mittels transgener Mäuse aufklären. Für die Untersuchungen haben die Mäuse zwei Transgene erhalten, von denen eines das sekretorische Hühnereiweißlysozym (HEL), das zweite das hoch affine Anti-HEL-Immunglobulin codiert. Wird HEL in löslicher Form exprimiert, reifen die HEL-spezifischen B-Zellen dieser Mäuse zwar heran, sind jedoch nicht in der Lage, auf ein Antigen zu reagieren. Die anergischen Zellen halten ihr IgM in der Zelle zurück und transportieren nur wenig davon an die Oberfläche. Zusätzlich ist bei ihnen die Signalübertragung teilweise unterbrochen, sodass die Zellen trotz einer normalen Menge an HEL-bindendem sIgD auf der Oberfläche nicht durch Quervernetzung des Rezeptors aktiviert werden können. Auf welcher Stufe die Signalübermittlung genau blockiert wird, weiß man noch nicht. Die Hemmung erfolgt jedoch anscheinend noch vor der Phosphorylierung der Igα- und Igβ-Ketten des B-Zell-Rezeptors. Der Signaldefekt ist wahrscheinlich dafür verantwortlich, dass die Rezeptormoleküle auf diesen anergischen B-Zellen nicht in bestimmte Regionen der Zellmembran gelangen können, in denen sich normalerweise andere wichtige Signalmoleküle ansammeln. Nach der Bindung eines Antigens kann kein vollständiges Signal übermittelt werden. Zellen, denen Anergie signalisiert worden ist, können auch die Expression von Molekülen verstärken, die eine Weiterleitung von Signalen unterbinden.

Die Wanderung von anergischen B-Zellen innerhalb der peripheren lymphatischen Organe ist ebenfalls beeinträchtigt. Ihre Lebensdauer und ihre Fähigkeit, gegen immunkompetente B-Zellen zu konkurrieren, sind eingeschränkt. Unter normalen Bedingungen, wenn die Bindung eines löslichen Autoantigens durch B-Zellen nur selten vorkommt, werden die autoreaktiven anergischen B-Zellen in den T-Zell-Zonen zurückgehalten und von den lymphatischen Follikeln ausgeschlossen. T-Zellen können anergische B-Zellen nicht aktivieren, da alle T-Zellen gegenüber löslichen Antigenen tolerant sind. Stattdessen sterben anergische B-Zellen relativ schnell ab, wahrscheinlich weil sie von den T-Zellen keine Überlebenssignale erhalten. So ist sichergestellt, dass das langlebige Reservoir der peripheren B-Zellen keine solchen potenziell autoreaktiven Zellen enthält.

Das vierte mögliche Schicksal von autoreaktiven unreifen B-Zellen ist, dass sie hinsichtlich ihres Autoantigens einfach in einem Zustand immunologischer „Ignoranz" bleiben (Abb. 7.12). Natürlich reifen einige B-Zellen mit einer schwachen, aber eindeutigen Affinität für ein Autoantigen trotzdem so heran, als seien sie überhaupt nicht autoreaktiv. Solche B-Zellen reagieren nicht auf ihr Autoantigen, weil es nur so schwach mit dem Rezeptor interagiert, dass – wenn überhaupt – nur schwache intrazelluläre Signale durch seine Bindung erzeugt werden. Möglicherweise treffen einige autoreaktive B-Zellen in diesem Stadium überhaupt nicht auf ihr Antigen, weil es für B-Zellen, die sich im Knochenmark und der Milz entwickeln, nicht zugänglich ist. In der Reifung dieser B-Zellen spiegelt sich der Balanceakt des Immunsystems wider, das einerseits jegliche Reaktion gegen körpereigene Antigene ausschalten und sich andererseits die Fähigkeit erhalten muss, auf Pathogene zu reagieren. Wenn zu viele autoreaktive Zellen vernichtet werden, wird das Rezeptorrepertoire unter Umständen zu stark eingeschränkt, sodass es keine breite Vielfalt an Pathogenen erkennen kann. Der Preis für dieses Ausbalancieren ist möglicherweise die eine oder andere Autoimmunerkrankung, da die wenig affinen autoreaktiven Lymphocyten mit hoher Wahrscheinlichkeit aktiviert werden und unter bestimmten Voraussetzungen eine Erkrankung verursachen können. Daher könnte man sie sich als erste Auslöser für eine Autoimmunkrankheit vorstellen. Normalerweise werden ignorante B-Zellen jedoch dadurch in Schach gehalten, dass sie von den T-Zellen keine Unterstützung erhalten oder ihr Autoantigen ständig unerreichbar ist. Zudem können auch reife B-Zellen tolerant werden. Darauf werden wir weiter hinten in diesem Kapitel und in Kapitel 14 eingehen.

Zusammenfassung

Bis hier haben wir die B-Zell-Entwicklung von den allerersten Vorläufern im Knochenmark bis hin zu den unreifen B-Zellen verfolgt, die bereit sind, in die peripheren lymphatischen Gewebe einzuwandern. Der Locus für die schwere Kette wird zuerst umgelagert, und wenn dies erfolgreich verläuft, wird eine schwere μ-Kette produziert, die sich mit leichten Ersatzketten assoziiert und einen Prä-B-Zell-Rezeptor bildet. Dies ist der erste Kontrollpunkt in der B-Zell-Entwicklung. Die Produktion des Prä-B-Zell-Rezeptors signalisiert die erfolgreiche Umlagerung des Gens für die schwere Kette und führt dazu, dass diese Umlagerung beendet wird. Das wiederum führt zum Allelausschluss. Dadurch wird auch die Proliferation der B-Zellen in Gang gesetzt, sodass eine große Zahl von Nachkommen entstehen, in denen es anschließend zur Umlagerung des Gens für die leichte Kette kommt. Wenn die erste Umlagerung dieses Gens produktiv ist, wird ein vollständiger Immunglobulin-B-Zell-Rezeptor gebildet, die Genumlagerung endet ein weiteres Mal, und die B-Zelle setzt ihre Entwicklung fort. Wenn die erste Umlagerung des Gens für die leichte Kette nicht erfolgreich war, setzen sich die Genumlagerungen so lange fort, bis entweder eine produktive Umlagerung erfolgt oder alle verfügbaren J-Regionen aufgebraucht sind. Wenn keine produktive Umlagerung zustande kommt, stirbt die sich entwickelnde B-Zelle ab. Im nächsten Abschnitt wollen wir uns mit der T-Zell-Entwicklung im Thymus beschäftigen. Danach werden wir wieder B- und T-Zellen zusammen betrachten, wenn sie die peripheren lymphatischen Gewebe besiedeln.

Entwicklung der T-Zellen im Thymus

Die T-Zellen entwickeln sich aus Vorläufern, die aus pluripotenten hämatopoetischen Stammzellen im Knochenmark hervorgehen, und wandern über das Blut in den Thymus, wo sie heranreifen (Abb. 7.14). Deshalb bezeichnet man sie als thymusabhängige (T-)Lymphocyten oder T-Zellen. Die Entwicklung der T-Zellen gleicht auf verschiedene Weise der B-Zell-Entwicklung, etwa bei der gerichteten und schrittweisen Umlagerung der Antigenrezeptorgene, der stufenweisen Prüfung auf eine erfolgreiche Genumlagerung und der letztendlichen Bildung eines vollständigen heterodimeren Antigenrezeptors. Darüber hinaus gibt es bei der T-Zell-Entwicklung im Thymus einige weitere Prozesse, die bei B-Zellen nicht vorkommen, wie die Entwicklung zweier getrennter T-Zell-Linien, der $\gamma{:}\delta$-Linie und der $\alpha{:}\beta$-Linie, die jeweils unterschiedliche Antigenrezeptorgene exprimieren. Die T-Zellen durchlaufen in ihrer Entwicklung einen umfangreichen Selektionsprozess, der auf den Wechselwirkungen zwischen den T-Zellen beruht und das reife Repertoire der T-Zellen bildet, damit sich sowohl die Selbst-MHC-Restriktion als auch die Selbst-Toleranz entwickeln können. Wir beginnen mit einem allgemeinen Überblick über die Stadien der Thymocytenentwicklung und deren Zusammenhang mit der Thymusanatomie, bevor wir uns dann der Genumlagerung und den Selektionsmechanismen zuwenden.

7.7 Vorläufer der T-Zellen entstehen im Knochenmark, aber alle wichtigen Vorgänge ihrer Entwicklung finden im Thymus statt

Der Thymus liegt im oberen Brustbereich, direkt über dem Herzen. Er besteht aus zahlreichen Lobuli, von denen jeder deutlich in eine äußere corticale Region, den **Thymuscortex**, und eine zentrale Region, das **Thymusmark** (Thymusmedulla), gegliedert ist (Abb. 7.15). Bei jungen Individuen enthält der Thymus viele sich entwickelnde T-Zell-Vorläufer, die

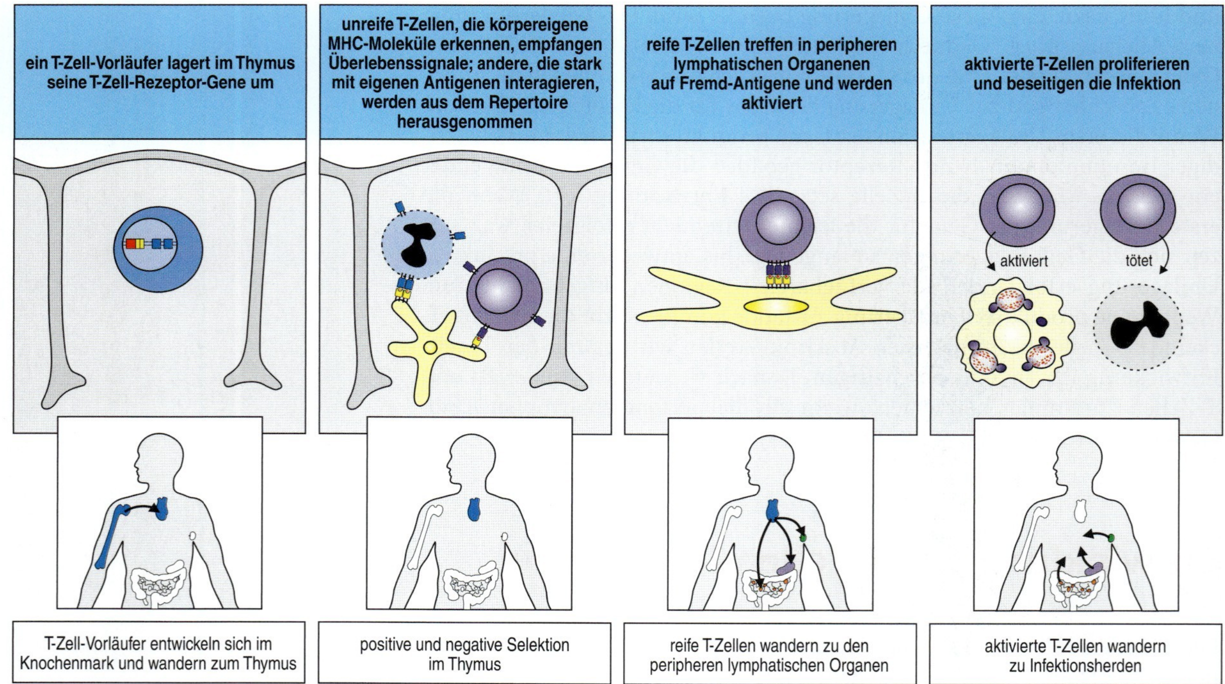

7.14 T-Zellen entwickeln sich im Thymus und wandern in die peripheren lymphatischen Organe, wo sie von fremden Antigenen aktiviert werden. T-Zell-Vorläufer wandern vom Knochenmark in den Thymus, wo die T-Zell-Rezeptor-Gene umgelagert werden (erste senkrechte Bildfolge); $\alpha{:}\beta$-T-Zell-Rezeptoren, die mit Selbst-MHC-Molekülen kompatibel sind, übermitteln ein Überlebenssignal, indem sie mit dem Thymusepithel in Wechselwirkung treten; Zellen mit einem solchen Rezeptor werden positiv selektiert. Autoreaktive Rezeptoren senden dagegen ein Signal aus, das zum Zelltod führt; sie werden so über einen negativen Selektionsprozess aus dem Repertoire entfernt (zweite Bildfolge). T-Zellen, die die Selektion überstehen, reifen heran und verlassen den Thymus, um in der Peripherie umherzustreifen. Sie verlassen wiederholt das Blut und durchwandern die peripheren lymphatischen Organe, wo sie auf ihr spezifisches Fremdantigen treffen und aktiviert werden können (dritte Bildfolge). Die Aktivierung führt zur klonalen Expansion und Differenzierung zu T-Effektorzellen. Diese werden an Infektionsstellen zusammengezogen, wo sie die infizierten Zellen vernichten oder Makrophagen aktivieren können (vierte Bildfolge); andere sammeln sich in B-Zell-Bereichen an, wo sie dazu beitragen, eine Antikörperantwort zu aktivieren (nicht dargestellt).

in ein epitheliales Netzwerk eingebettet sind, das wir als **Thymusstroma** kennen. Wie die Stromazellen im Knochenmark bei den B-Zellen bietet das Thymusstroma für die T-Zell-Entwicklung ein besonderes Mikromilieu.

Die T-Lymphocyten entwickeln sich aus einer lymphatischen Vorläuferzelle im Knochenmark, aus der auch die B-Lymphocyten hervorgehen. Einige dieser Vorläufer verlassen das Knochenmark und wandern in den Thymus (Abb. 7.14). Im Thymus erhält die Vorläuferzelle höchstwahrscheinlich von den Stromazellen ein Signal, das über den Rezeptor Notch1 vermittelt wird und dazu dient, spezifische Gene zu aktivieren. Notch-Signale dienen bei der Entwicklung von Tieren häufig dazu, die Differenzierung von Geweben zu bestimmen: Bei der Entwicklung der Lymphocyten vermittelt das Signal der Vorläuferzelle die Anweisung, sich auf die T-Zell-Linie festzulegen und nicht auf die B-Zell-Linie. Man kennt zwar noch nicht alle Einzelheiten, aber Notch-Signale sind während der gesamten

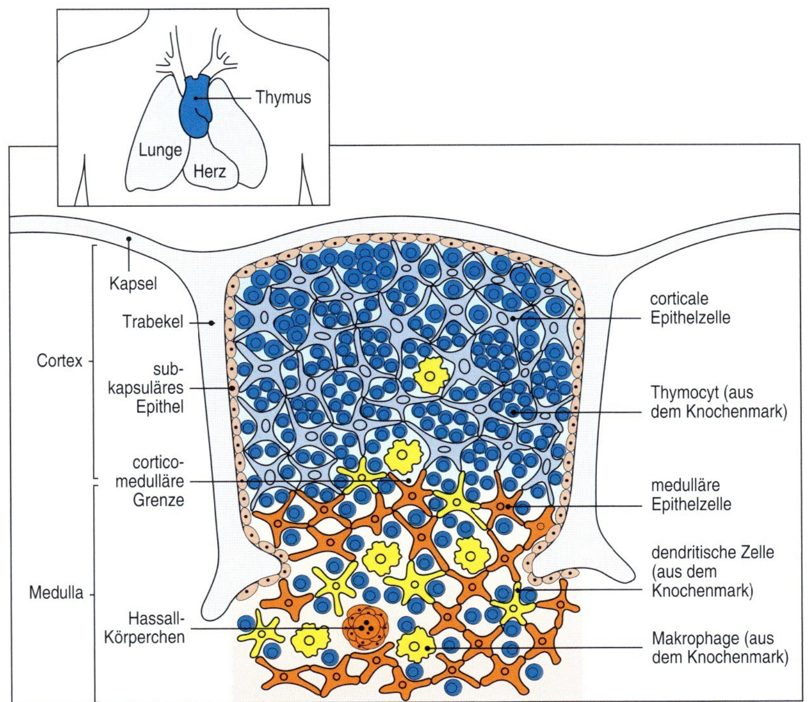

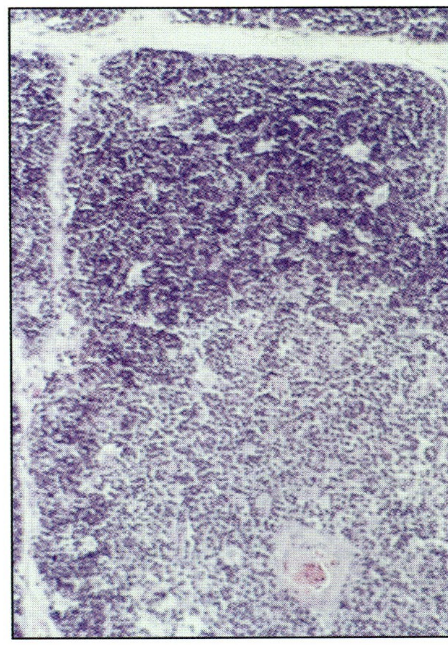

7.15 Der zelluläre Aufbau des menschlichen Thymus. Der Thymus liegt auf der Mittellinie des Körpers oberhalb des Herzens. Er besteht aus mehreren Lobuli, von denen jeder einzelne gesonderte corticale (äußere) und medulläre (zentrale) Bereiche enthält. Wie in der Skizze links zu erkennen ist, besteht der Cortex aus unreifen Thymocyten (dunkelblau), verzweigten corticalen Epithelzellen (hellblau), mit denen diese Thymocyten eng verbunden sind, sowie vereinzelten Makrophagen (gelb), die an der Beseitigung apoptotischer Thymocyten beteiligt sind. Das Mark besteht aus reifen Thymocyten (dunkelblau) und medullären Epithelzellen (orange), Makrophagen (gelb) und dendritischen Zellen (gelb), die aus dem Knochenmark stammen. In den Hassall-Körperchen werden wahrscheinlich Zellen abgebaut. Die Thymocyten in der äußeren corticalen Zellschicht sind proliferierende, unreife Zellen, während die meisten der tiefer im Cortex liegenden Thymocyten unreife T-Zellen sind, die eine Selektion durchlaufen. Das Foto zeigt den entsprechenden Schnitt durch einen menschlichen Thymus, angefärbt mit Hämatoxylin und Eosin. Der Cortex ist dunkel gefärbt, die Medulla jedoch hell. Die große Struktur in der Medulla ist ein Hassall-Körperchen. (Foto mit freundlicher Genehmigung von C. J. Howe.)

Entwicklung der T-Zellen von Bedeutung und spielen wahrscheinlich auch bei anderen Weichenstellungen in der T-Zell-Linie eine Rolle, etwa bei der Auswahl zwischen $\alpha{:}\beta$ und $\gamma{:}\delta$ oder auch zwischen CD4 und CD8.

Die Thymusepithelien entstehen in der frühen Embryonalentwicklung aus den entodermalen Strukturen, die wir als dritte Schlundtasche und als dritte Kiemenspalte kennen. Die epithelialen Gewebe bilden zusammen den rudimentären Thymus, die sogenannte **Thymusanlage**. Diese wird von Zellen hämatopoetischen Ursprungs besiedelt. Aus den Zellen entwickeln sich große Mengen an **Thymocyten** der T-Zell-Linie sowie die **dendritischen Zellen des Thymus**. Die Thymocyten halten sich nicht nur einfach vorübergehend im Thymus auf, sondern beeinflussen auch die Anordnung der Epithelzellen des Thymus, von denen ihr Überleben abhängt; so veranlassen sie die Bildung einer netzförmigen epithelialen Struktur rund um die sich entwickelnden Thymocyten (Abb. 7.16). Unabhängig davon wird

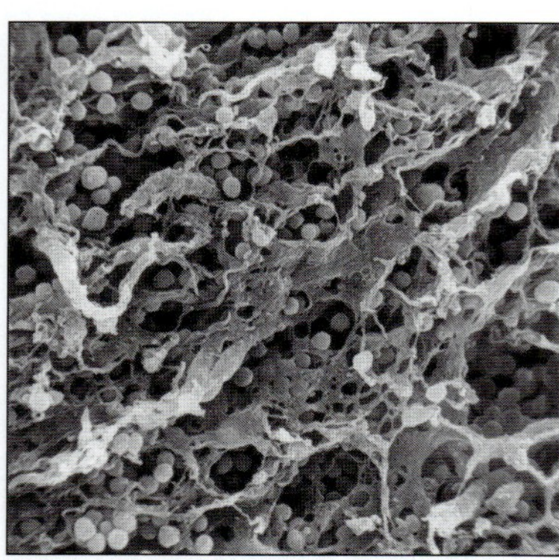

7.16 Die epithelialen Zellen des Thymus bilden ein Netzwerk, das die sich entwickelnden Thymocyten umgibt. In dieser rasterelektronenmikroskopischen Aufnahme des Thymus besetzen die runden, sich entwickelnden Thymocyten die Zwischenräume eines ausgedehnten Netzwerks von epithelialen Zellen. (Foto mit freundlicher Genehmigung von W. van Ewijk.)

der Thymus auch von zahlreichen Makrophagen besiedelt, die ebenfalls aus dem Knochenmark stammen.

Der zelluläre Aufbau des menschlichen Thymus ist in Abbildung 7.15 dargestellt. Zellen aus dem Knochenmark sind unterschiedlich auf Cortex und Medulla verteilt. Während man im Cortex nur unreife Thymocyten und vereinzelt Makrophagen findet, kommen im Mark zusammen mit dendritischen Zellen und Makrophagen mehr reife Thymocyten vor. Dies spiegelt die unterschiedlichen Entwicklungsereignisse wider, die in diesen beiden Kompartimenten ablaufen.

Welche Bedeutung der Thymus für die Immunität hat, wurde zuerst durch Experimente an Mäusen entdeckt. Tatsächlich stammt der Großteil der heutigen Kenntnisse über die T-Zell-Entwicklung im Thymus aus Untersuchungen an der Maus. Man fand heraus, dass bei Mäusen eine operative Entfernung des Thymus (**Thymektomie**) gleich nach der Geburt zu einer Immunschwäche führt. Dadurch stand dieses Organ bereits im Mittelpunkt des Interesses, als man bei Säugetieren den Unterschied zwischen T- und B-Zellen noch nicht definiert hatte. Seither häufen sich die Belege für die Bedeutung des Thymus bei der T-Zell-Entwicklung, darunter auch Beobachtungen an immunschwachen Kindern. Beim menschlichen **DiGeorge-Syndrom** sowie bei Mäusen die ***nude***-Mutation kann sich der Thymus nicht entwickeln. Die betroffenen Individuen produzieren zwar B-Lymphocyten, jedoch kaum T-Lymphocyten. Das DiGeorge-Syndrom ist eine komplexe Kombination aus verschiedenen Defekten, die das Herz, das Gesicht, die innere Sekretion und das Immunsystem betreffen und mit Deletionen in der Chromosomenregion 22q11 zusammenhängt. Die *nude*-Mutation hingegen ist auf einen Defekt im Gen für den Transkriptionsfaktor Whn, der für die abschließende Differenzierung von Epithelzellen erforderlich ist, zurückzuführen. Die Bezeichnung *nude* für diese Mutation leitet sich aus der ebenfalls verursachten Haarlosigkeit ab.

Dem Thymusstroma kommt bei der Induktion der Differenzierung von Vorläuferzellen aus dem Knochenmark eine entscheidende Rolle zu. Dies lässt sich mithilfe von wechselseitigen Gewebetransplantaten zwischen zwei Mausmutanten veranschaulichen, die beide aus unterschiedlichen Gründen keine reifen T-Zellen ausbilden. Bei Nacktmäusen (*nude*-Mäusen) kann sich das Thymusepithel nicht differenzieren, während sich bei *scid*-Mäusen wegen eines Defekts bei der Rekombination der Rezeptorgene weder B- noch T-Lymphocyten entwickeln können (Abschnitt 4.5). Wechselseitige Transplantationen von Thymus und Knochenmark zwischen diesen immundefekten Stämmen zeigen, dass sich die Knochenmarkvorläuferzellen aus einer Nacktmaus im Thymus der *scid*-Maus normal entwickeln (Abb. 7.17). Daher muss der Defekt bei den Nacktmäusen in den Zellen des Thymusstromas zu suchen sein. Nach der Transplantation eines *scid*-Thymus in eine *nude*-Maus entwickeln sich T-Zellen, während sich aus einem *scid*-Knochenmark selbst in einem Wildtypempfänger keine T-Zellen entwickeln können.

Bei Mäusen entwickelt sich der Thymus nach der Geburt noch drei bis vier Wochen lang weiter, während der menschliche Thymus bereits bei der Geburt voll ausdifferenziert ist. Die T-Zell-Produktion im Thymus ist vor der Pubertät am höchsten, danach beginnt der Thymus zu schrumpfen. Erwachsene bilden zwar weniger neue T-Zellen, doch hört die Produktion zeitlebens nicht auf. Wird Mäusen oder Menschen nach der Pubertät der Thymus entfernt, lässt sich kein Verlust der T-Zell-Funktion

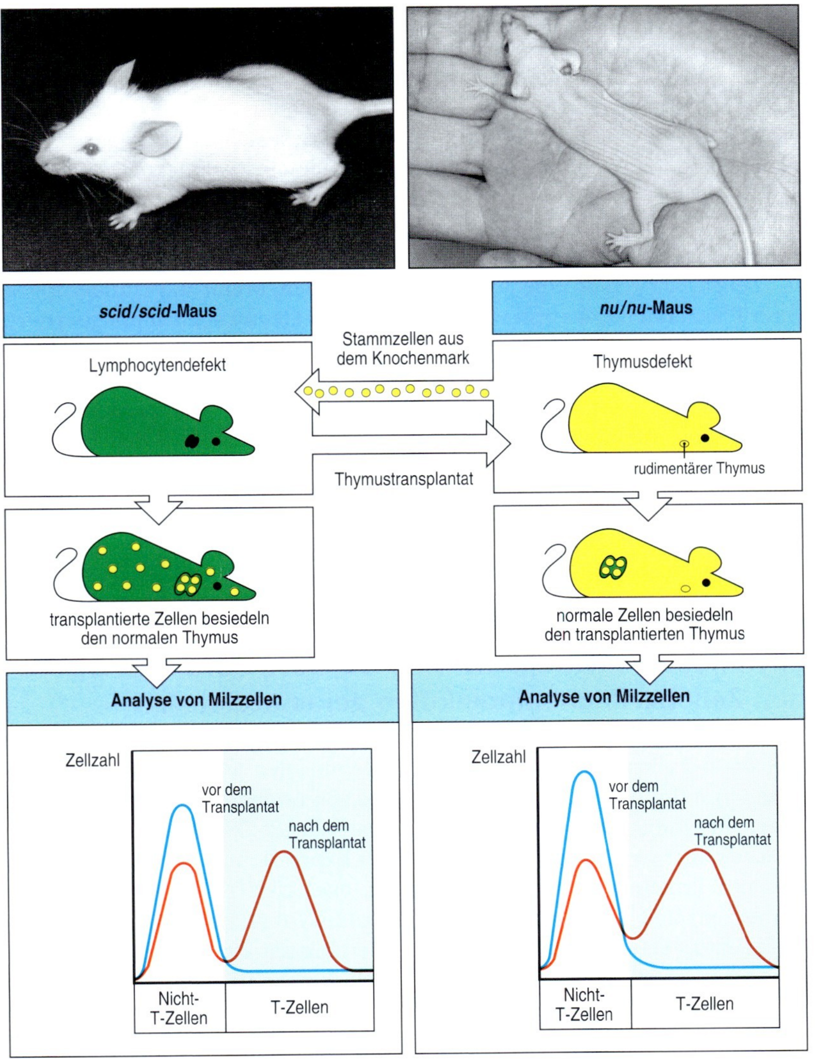

7.17 Der Thymus ist von entscheidender Bedeutung für das Heranreifen von T-Zellen aus Zellen, die aus dem Knochenmark stammen. Mäuse mit der *scid*-Mutation (Foto oben links) haben einen Defekt, der Lymphocyten an der Reifung hindert, während die *nude* -Mutation (oben rechts) bei Mäusen die Entwicklung des Cortexepithels des Thymus beeinflusst. Bei keinem dieser Mausstämme entwickeln sich T-Zellen: Dies kann, wie in den unteren Grafiken durch die blauen Linien dargestellt ist, durch Markieren von Milzzellen mit Antikörpern gegen reife T-Zellen und anschließende Untersuchungen im Durchflusscytometer (Anhang I, Abschnitt A.22) gezeigt werden. Aus Knochenmarkzellen von *nude*-Mäusen können sich in *scid*-Mäusen T-Zellen entwickeln. Dies zeigt, dass die *nude*-Knochenmarkzellen an sich normal sind und daher in geeigneter Umgebung T-Zellen produzieren können. Thymusepithelzellen von *scid*-Mäusen können in *nude*-Mäusen die Reifung von T-Zellen induzieren (die rote Linie in der Abbildung unten rechts). Das bedeutet, dass der Thymus als Mikroumgebung für die T-Zell-Entwicklung essenziell ist.

und der Anzahl der Zellen feststellen. Daher besteht anscheinend nach abgeschlossener Etablierung eines T-Zell-Repertoires eine Immunität, ohne dass viele neue T-Zellen gebildet werden müssen. Die Anzahl an peripheren T-Zellen wird stattdessen durch die Teilung reifer T-Zellen konstant gehalten.

7.8 Im Thymus proliferieren T-Vorläuferzellen besonders stark, aber die meisten sterben ab

T-Zell-Vorläufer, die nach Verlassen des Knochenmarks in den Thymus gelangen, durchlaufen dort zunächst eine Phase der Differenzierung, die bis zu einer Woche andauert, bevor sie in eine Phase intensiver Proliferation eintreten. In jungen adulten Mäusen, deren Thymus etwa 1 bis 2×10^8 Thy-

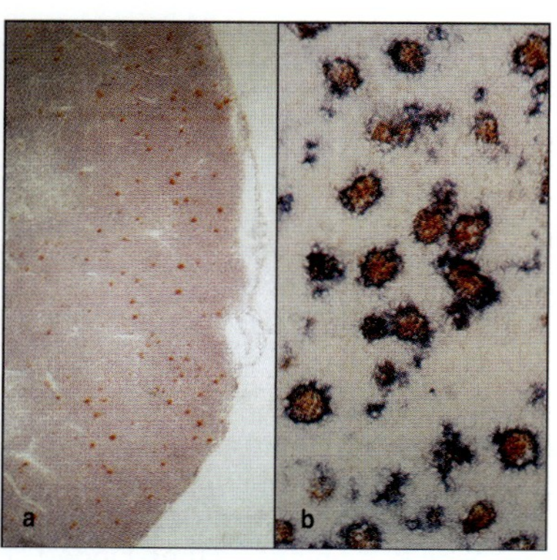

7.18 Im Cortex des Thymus werden sich entwickelnde T-Zellen, die eine Apoptose durchlaufen, von Makrophagen aufgenommen. Aufnahme a zeigt einen Schnitt durch den Thymuscortex und einen Teil der Medulla; Zellen, die den programmierten Zelltod sterben, sind rot gefärbt. Der Cortex befindet sich rechts im Bild. In ihm sind überall Zellen verteilt, die einen programmierten Zelltod durchlaufen, während sie in der Medulla selten sind. Aufnahme b ist eine stärkere Vergrößerung eines Schnitts durch den Cortex mit rot gefärbten apoptotischen Zellen und blau gefärbten Makrophagen. Man erkennt die apoptotischen Zellen im Inneren der Makrophagen. Vergrößerungen: a) × 45, b) × 164. (Fotos mit freundlicher Genehmigung von J. Sprent und C. Surh.)

mocyten enthält, werden täglich etwa 5×10^7 neue Zellen gebildet. Dennoch verlassen nur etwa 1 bis 2×10^6 (etwa 2 bis 4 %) davon den Thymus als reife T-Zellen. Trotz des Unterschieds zwischen der Zahl der täglich gebildeten T-Zellen und der Zellen, die den Thymus verlassen, verändert der Thymus weder seine Größe noch seine Zellzahl. Dies lässt sich damit erklären, dass nahezu 98 % der Thymocyten, die sich im Thymus entwickeln, dort auch sterben. Da keine größeren Schäden zu beobachten sind, ist anzunehmen, dass die Thymocyten nicht durch Nekrose, sondern vielmehr durch Apoptose (programmierten Zelltod) zugrunde gehen (Abschnitt 1.14).

Zellen, die gerade eine Apoptose durchlaufen, erfahren Veränderungen ihrer Plasmamembran und werden aus diesem Grund schnell phagocytiert. Außerdem findet man im gesamten Thymuscortex im Inneren der Makrophagen apoptotische Körperchen – Reste von kondensiertem Chromatin (Abb. 7.18). Diese auf den ersten Blick ungeheuere Verschwendung von Thymocyten ist jedoch ein entscheidender Bestandteil der T-Zell-Entwicklung und lässt die Gründlichkeit erkennen, mit der jeder neue Thymocyt auf seine Fähigkeit zur Erkennung von Selbst-Peptid:Selbst-MHC-Komplexen und zur Selbst-Toleranz hin überprüft wird.

7.9 Die aufeinanderfolgenden Stadien der Thymocytenentwicklung sind durch Änderungen in den Zelloberflächenmolekülen gekennzeichnet

Wie die B-Zellen durchlaufen auch die Thymocyten während ihrer Proliferation und Reifung zu T-Zellen eine Reihe von unterschiedlichen Schritten. Diese sind durch Veränderungen im Zustand der T-Zell-Rezeptor-Gene gekennzeichnet sowie durch eine veränderte Expression des T-Zell-Rezeptors und der Proteine an der Zelloberfläche, etwa des CD3-Komplexes (Abschnitt 6.8) und der Corezeptoren CD4 und CD8 (Abschnitt 3.17). Sie alle spiegeln das Stadium der funktionellen Reifung der Zelle wider. Bestimmte Kombinationen von Zelloberflächenmolekülen dienen folglich als Marker für die verschiedenen Phasen der T-Zell-Entwicklung. Die wichtigsten Stadien sind in Abbildung 7.19 zusammengefasst. Schon zu Beginn der T-Zell-Entwicklung entstehen zwei gesonderte T-Zell-Linien: die α:β- und die γ:δ-T-Zellen, deren T-Zell-Rezeptoren sich unterscheiden. Später gehen aus den α:β-T-Zellen zwei funktionell getrennte Untergruppen hervor, die CD4- und die CD8-T-Zellen.

Wenn Vorläuferzellen nach Verlassen des Knochenmarks in den Thymus gelangen, fehlen ihnen noch die meisten Oberflächenmoleküle, die für reife T-Zellen charakteristisch sind. Zudem haben ihre Rezeptorgene noch keine Umlagerung durchlaufen. Aus diesen Zellen entsteht die größere Population der α:β-T-Zellen sowie die kleinere Population der γ:δ-T-Zellen. Injiziert man diese lymphatischen Vorläufer in den peripheren Kreislauf, können sich aus ihnen sogar B- und NK-Zellen entwickeln. Wechselwirkungen mit dem Thymusstroma stimulieren eine anfängliche Differenzierungsphase, die dem Entwicklungsweg der T-Zell-Linie folgt. Daran schließen sich eine Proliferationsphase und die Expression der ersten T-Zell-spezifischen Oberflächenmoleküle wie CD2 und (bei Mäusen) Thy-1 an. Am Ende dieser Phase, die bis zu einer Woche dauern kann, tragen die unreifen Thymocyten Marker, welche die T-Zell-Linie kennzeichnen. Sie

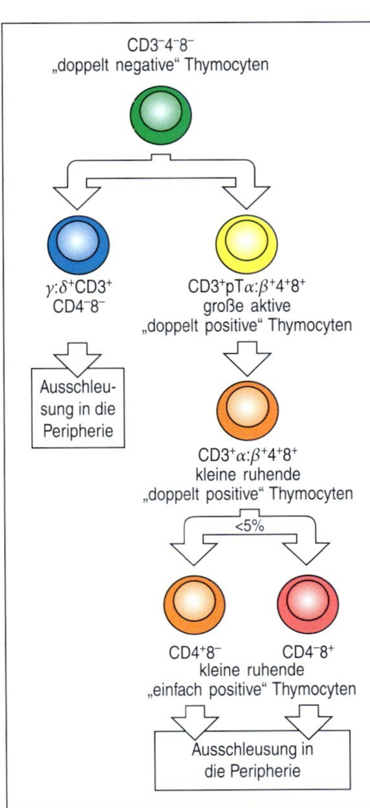

7.19 Im Thymus bilden sich zwei eigenständige Zelllinien von Thymocyten. CD4, CD8 und Moleküle des T-Zell-Rezeptor-Komplexes (CD3 sowie die α- und β-Kette des T-Zell-Rezeptors) sind wichtige Zelloberflächenmoleküle für die Identifizierung von Thymocytensubpopulationen. Die früheste Zellpopulation im Thymus exprimiert keines dieser Moleküle. Da diese Zellen weder CD4 noch CD8 exprimieren, nennt man sie „doppelt negativ". Zu diesen Zellen gehören auch Vorläuferzellen, aus denen sich zwei T-Zell-Linien entwickeln: die kleinere Population der γ:δ-Zellen, die selbst im reifen Zustand weder CD4 noch CD8 aufweisen, sowie die hauptsächlich vorkommende α:β-Zell-Linie. Bei ihrer Reifung passieren α:β-T-Zellen ein Stadium, in dem ein und dieselbe Zelle CD4 und CD8 exprimiert; diese Zellen bezeichnet man als „doppelt positive" Thymocyten. Diese Zellen werden größer und teilen sich. Später werden aus ihnen kleine ruhende doppelt positive Zellen, in denen nur geringe Mengen des T-Zell-Rezeptors exprimiert werden. Die meisten von ihnen sterben dann im Thymus. Diejenigen Zellen aber, deren Rezeptoren an Selbst-Peptid:Selbst-MHC-Komplexe binden können, verlieren die CD4- oder die CD8-Expression, wobei die Expression des T-Zell-Rezeptors gesteigert wird. Aufgrund dieses Prozesses entstehen die „einfach positiven" Thymocyten, die den Thymus nach ihrer Reifung als reife, einfach positive CD4- oder CD8-T-Zellen verlassen.

exprimieren jedoch keines der drei Zelloberflächenmoleküle, die für reife T-Zellen charakteristisch sind, das heißt weder den CD3:T-Zell-Rezeptor-Komplex noch die Corezeptoren CD4 oder CD8. Da diese Zellen weder CD4 noch CD8 besitzen, nennt man sie auch **„doppelt negative" Thymocyten** (Abb. 7.19).

Im voll entwickelten Thymus bilden diese unreifen, doppelt negativen T-Zellen annähernd 60 % der Thymocyten, die weder CD4 noch CD8 tragen. Zu dieser Population (die etwa 5 % aller Thymocyten ausmacht), gehören auch zwei Populationen reiferer T-Zellen aus weniger häufigen Zelllinien. Die eine Zelllinie macht etwa 20 % der doppelt negativen Zellen im Thymus aus. In diesen Zellen sind die Gene für den γ:δ-Rezeptor bereits umgelagert und werden exprimiert. Zu diesen Zellen werden wir in Abschnitt 7.12 zurückkehren. Zu der zweiten Population, die ebenfalls etwa 20 % aller doppelt negativen Zellen umfasst, gehören Zellen mit α:β-T-Zell-Rezeptoren, die eine sehr begrenzte Diversität aufweisen. Diese Zellen exprimieren zudem den NK1.1-Rezeptor, der für gewöhnlich auf NK-Zellen gefunden wird, welche man daher als **NK-T-Zellen** bezeichnet. NK-T-Zellen werden bei vielen Infektionen im Rahmen der frühen Immunantwort aktiviert. Sie unterscheiden sich von der Hauptlinie der α:β-T-Zellen darin, dass sie eher CD1-Moleküle als MHC-Klasse-I- oder -Klasse-II-Moleküle erkennen (Abschnitt 5.18). In Abbildung 7.19 sind sie nicht dargestellt. Wir werden hier und im Folgenden den Begriff „doppelt negative T-Zelle" nur für unreife Thymocyten benutzen, die noch kein vollständiges T-Zell-Rezeptor-Molekül exprimieren. Aus diesen Zellen entstehen sowohl γ:δ-, als auch α:β-T-Zellen (Abb. 7.19), wobei die meisten den Entwicklungsweg der α:β-T-Zellen einschlagen.

Eine genauere Darstellung der Entwicklung von α:β-T-Zellen zeigt Abbildung 7.20. Das Stadium der doppelt negativen Zellen kann in weitere vier Stadien unterteilt werden, je nachdem ob das Adhäsionsmolekül CD44, CD25 (die α-Kette des IL-2-Rezeptors) oder Kit, der Rezeptor für SCF (Abschnitt 7.1), exprimiert wird. Zuerst exprimieren doppelt negative

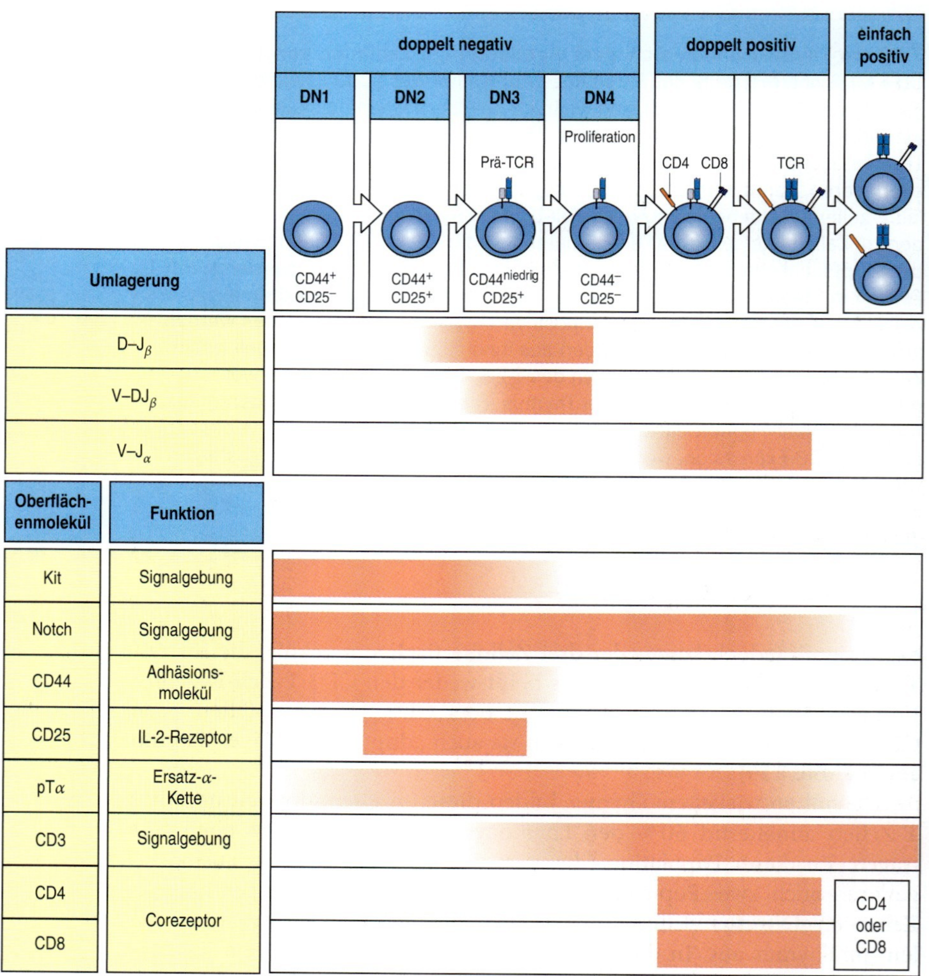

7.20 Korrelation von Entwicklungsstadien der $\alpha{:}\beta$-T-Zellen im Thymus der Maus mit dem Ablauf der Genumlagerung und der Expression von Zelloberflächenproteinen. Lymphatische Vorläuferzellen werden zur Proliferation angeregt und entwickeln sich durch Wechselwirkung mit dem Thymusstroma zu Thymocyten, die der T-Zell-Linie folgen. Diese doppelt negativen (DN 1-)Zellen exprimieren CD44 und Kit sowie in einem späteren Stadium (DN2) CD25, die α-Kette des IL-2-Rezeptors. Daran anschließend beginnen die DN2-($CD44^{+}CD25^{+}$-)Zellen, ihre Gene für die β-Kette umzulagern; dadurch werden sie zu $CD44^{niedrig}$- und $Kit^{niedrig}$-Zellen (DN3-Zellen). Die DN3-Zellen bleiben so lange im $CD44^{niedrig}CD25^{+}$-Stadium, bis sie ihre Gene für die β-Kette produktiv umgelagert haben. Dann wird das Gen für die β-Kette im richtigen Leseraster abgelesen, und die β-Kette paart sich mit der Ersatzkette $pT\alpha$ und bildet so den Prä-T-Zell-Rezeptor (Prä-TCR). Nach dem Erscheinen des Komplexes auf der Zelloberfläche tritt die Zelle in den Zellzyklus ein. Sobald $pT\alpha{:}\beta$ auf der Zelloberfläche erscheint und gleichzeitig CD3-Signale auftreten, endet die Umlagerung des Gens der β-Kette, und es kommt zu einer schnellen Zellproliferation. Das führt zum Verlust von CD25. Man bezeichnet die Zellen nun als DN4-Zellen. Die DN4-Zellen hören schließlich auf zu proliferieren, und CD4 und CD8 werden exprimiert. Die kleinen doppelt positiven $CD4^{+}CD8^{+}$-Zellen beginnen mit der effizienten Genumlagerung am Locus für die α-Kette. Die Zellen exprimieren dann geringe Mengen des $\alpha{:}\beta$-T-Zell-Rezeptors sowie des assoziierten CD3-Komplexes und sind bereit für die Selektion. Die meisten Zellen sterben, weil sie die positive Selektion nicht überstehen oder eine negative Selektion durchmachen. Einige schaffen es jedoch, zu einfach positiven CD4- oder CD8-Zellen heranzureifen, und verlassen schließlich den Thymus. In Bezug auf die einzelnen Stadien der Thymocytenentwicklung ist noch die Expression von einigen weiteren Zelloberflächenproteinen angegeben. Die hier aufgeführten Proteine bilden eine Auswahl der bisher bekannten Proteine, die mit der frühen T-Zell-Entwicklung zusammenhängen und deren Bedeutung für die Abfolge der Entwicklung erwiesen ist, vor allem aufgrund von Untersuchungen an Mäusen. Ihre jeweiligen Beiträge zur T-Zell-Entwicklung werden im Text besprochen

Thymocyten Kit und CD44, aber kein CD25, und man bezeichnet sie als **DN1**-Zellen. In diesen Zellen haben die Gene für die beiden Ketten des T-Zell-Rezeptors noch die gleiche Anordnung wie in der Keimbahn. Wenn die Thymocyten heranreifen, beginnen sie mit der Expression von CD25 auf ihrer Oberfläche, und man bezeichnet sie als **DN2**-Zellen. Später wird die Expression von CD44 und Kit verringert, und man bezeichnet diese Zellen als **DN3**-Zellen.

Die Umlagerung des Locus der T-Zell-Rezeptor-β-Kette beginnt in den DN2-Zellen mit einigen D_β-J_β-Umlagerungen und setzt sich in den DN3-Zellen mit V_β-DJ_β-Umlagerungen fort. Gelingt den Zellen keine produktive Umlagerung der β-Kette, verbleiben sie im DN3-(CD44^{niedrig}CD25$^+$-)Stadium und gehen bald zugrunde. Bei den Zellen, in denen die Umlagerung erfolgt, hört dagegen erneut die CD25-Expression auf, sie erreichen das **DN4**-Stadium und proliferieren nun. Die Funktion der vorübergehenden CD25-Expression ist unklar: Bei Mäusen, in denen das IL-2-Gen durch Knockout (Anhang I, Abschnitt A.47) entfernt wurde, entwickeln sich die T-Zellen normal. Im Gegensatz dazu ist Kit für die Entwicklung der frühesten doppelt negativen Thymocyten wichtig, denn Mäuse ohne c-Kit haben deutlich weniger doppelt negative T-Zellen. Des Weiteren ist auch der IL-7-Rezeptor für die frühe T-Zell-Entwicklung essenziell: Sobald er ausfällt, kommt es zu einer schwerwiegenden Blockade der Entwicklung. Schließlich sind bei der T-Zell-Entwicklung noch ständige Signale von Notch notwendig, damit jede dieser Phasen durchlaufen werden kann.

Die von DN3-Thymocyten exprimierten β-Ketten verbinden sich mit **pTα** (Prä-T-Zell-α-Kette), einer Ersatz-α-Kette. Dadurch ist die Bildung des **Prä-T-Zell-Rezeptors** möglich, der in Struktur und Funktion dem Prä-B-Zell-Rezeptor entspricht. Der Prä-T-Zell-Rezeptor wird zusammen mit den CD3-Molekülen, die die Signalkomponenten der T-Zell-Rezeptoren liefern (Abschnitt 6.8), auf der Zelloberfläche exprimiert. Der Zusammenschluss zum CD3:Prä-T-Zell-Rezeptor-Komplex führt dazu, dass sich die Zellen vermehren, mit der Umlagerung des Gens für die β-Kette aufhören und schließlich CD8 und CD4 exprimieren. Diese doppelt positiven Thymocyten machen den weitaus größten Teil der Thymocyten aus. Sobald die großen doppelt positiven Thymocyten aufhören, sich zu teilen, und sich zu kleinen doppelt positiven Zellen entwickeln, beginnt die Umlagerung der Gene für die α-Kette. Wie wir in diesem Kapitel noch feststellen werden, ermöglicht der Aufbau des α-Locus (Abschnitt 4.9) viele verschiedene aufeinanderfolgende Umlagerungsversuche, sodass die Umlagerung in fast allen sich entwickelnden Thymocyten letztendlich erfolgreich verläuft. Daher bilden die meisten doppelt positiven Zellen innerhalb ihrer relativ kurzen Lebensdauer einen α:β-T-Zell-Rezeptor aus.

Kleine **doppelt positive Thymocyten** exprimieren anfänglich nur wenige T-Zell-Rezeptoren. Die meisten dieser Rezeptoren können keine Selbst-Peptid:Selbst-MHC-Komplexe erkennen, sodass die Zellen keine positive Selektion erfahren und zum Sterben verurteilt sind. Dagegen reifen jene doppelt positiven Zellen, die Selbst-Peptid:Selbst-MHC-Komplexe erkennen und daher eine positive Selektion durchlaufen, weiter heran und exprimieren große Mengen des T-Zell-Rezeptors. Anschließend beenden sie die Expression eines der beiden Corezeptormoleküle und werden somit zu **einfach positiven** CD4- oder CD8-**Thymocyten**. Während und nach dem doppelt positiven Entwicklungsstadium durchlaufen die Thymocyten auch eine negative Selektion. Dabei werden diejenigen Zellen ausgeschlossen, die auf Autoantigene ansprechen. Annähernd 2 % der doppelt positiven Thymocyten überleben diese zweifache Überprüfung und reifen zu einfach positiven T-Zellen heran, die nach und nach aus dem Thymus entlassen werden, um das T-Zell-Repertoire der Peripherie zu bilden. Zwischen der Ankunft der T-Zell-Vorläufer im Thymus und der Ausschleusung der reifen Nachkommen liegen bei der Maus etwa drei Wochen.

7.10 In unterschiedlichen Bereichen des Thymus findet man Thymocyten verschiedener Entwicklungsstadien

Der Thymus ist in zwei große Regionen unterteilt: den peripheren Cortex (Rinde) und die zentrale Medulla (Mark) (Abb. 7.15). Der größte Teil der T-Zell-Entwicklung läuft im Cortex ab. Im Mark findet man nur reife, einfach positive Thymocyten. Zuerst gelangen Vorläuferzellen aus dem Knochenmark über die corticomedulläre Grenze bis in den äußeren Cortex (Abb. 7.21). Am äußeren Cortexrand erfolgt im subkapsulären Bereich des Thymus die starke Proliferation großer, unreifer, doppelt negativer Thymocyten. Dabei handelt es sich offenbar um die vorgeprägten Vorläuferzellen aus dem Thymus und ihre unmittelbaren Abkömmlinge, aus denen sich die folgenden Thymocytenpopulationen entwickeln. Tiefer im Cortex sind die meisten Thymocyten klein und doppelt positiv. Das corticale Stroma besteht aus epithelialen Zellen mit langen, verzweigten Fortsätzen, die auf ihrer Oberfläche MHC-Klasse-I- und -Klasse-II-Moleküle exprimieren. Der Thymuscortex ist dicht mit Thymocyten gefüllt, die fast alle mit den verzweigten Fortsätzen der corticalen Epithelzellen des Thymus in Kontakt stehen (Abb. 7.16). Wechselwirkungen zwischen den MHC-Molekülen der corticalen Epithelzellen und den Rezeptoren der sich entwickelnden T-Zellen spielen, wie wir in diesem Kapitel noch zeigen werden, eine bedeutende Rolle bei der positiven Selektion.

Die sich entwickelnden T-Zellen wandern nach der positiven Selektion vom Cortex in das Mark. Das Mark enthält weniger Lymphocyten,

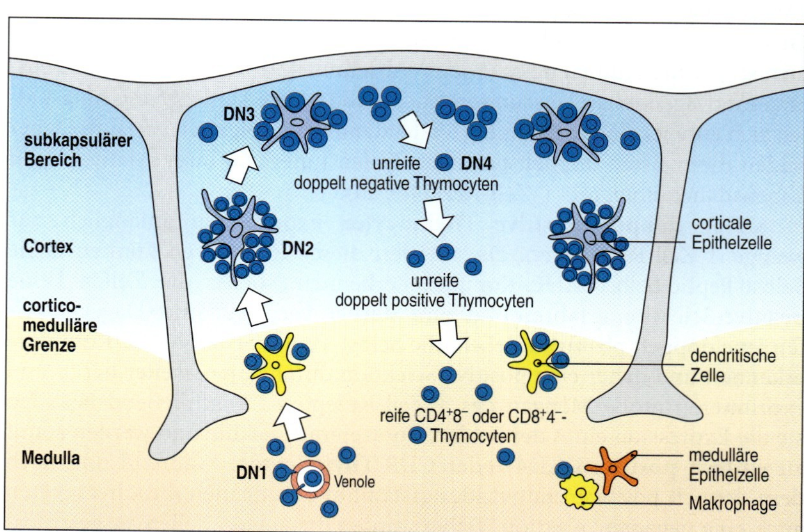

7.21 In verschiedenen Bereichen des Thymus befinden sich Thymocyten unterschiedlicher Entwicklungsstadien. Die ersten Thymocytenvorläufer wandern aus dem Blut über Venolen in der Nähe der Cortex-Medulla-Grenze in den Thymus ein. Liganden, die mit dem Rezeptor Notch1 interagieren, werden im Thymus exprimiert und wirken auf die eingewanderten Zellen ein, sodass sie für die T-Zell-Linie vorgeprägt werden. Während sich diese Zellen über die frühen doppelt negativen $CD4^-CD8^-$-(DN-)Stadien differenzieren (siehe Text), wandern sie durch die Cortex-Medulla-Grenze bis in den äußeren Cortex. Die DN3-Zellen befinden sich in der Nähe der subkapsulären Region des Cortex. Während sich die Vorläuferzellen weiter zum doppelt positiven $CD4^+CD8^+$-Stadium differenzieren, wandern sie zurück in den Cortex. Das Mark enthält schließlich nur noch reife, einfach positive T-Zellen, die den Thymus mit der Zeit verlassen und in den Blutkreislauf gelangen.

die vor allem die neu gereiften, einfach positiven T-Zellen umfassen, die schließlich den Thymus verlassen. Die Medulla ist an der negativen Selektion beteiligt. Die antigenpräsentierenden Zellen in dieser Umgebung sind dendritische Zellen, die costimulierende Moleküle exprimieren, welche im Cortex generell nicht vorkommen. Darüber hinaus präsentieren spezialisierte Epithelzellen der Medulla periphere Antigene für die Induktion der Selbst-Toleranz. Die Epithelzellen von Cortex und Medulla entwickeln sich aus einer gemeinsamen Vorläuferzelle, die das Oberflächenantigen MTS24 exprimiert. Die Differenzierung der beiden Epitheltypen ist wahrscheinlich für die korrekte Funktion des Thymus von entscheidender Bedeutung.

7.11 T-Zellen mit α:β- oder γ:δ-Rezeptoren haben einen gemeinsamen Vorläufer

Die γ:δ-T-Zellen unterscheiden sich von den α:β-T-Zellen in ihrer Spezifität, im Expressionsmuster der CD4- und CD8-Corezeptoren sowie hinsichtlich ihrer anatomischen Verteilung in der Peripherie. Die beiden T-Zell-Typen sind auch funktionell verschieden, wobei man über die Aufgabe der γ:δ-T-Zellen nur sehr wenig weiß (Abschnitte 2.34 und 3.19). Um die beiden Typen von T-Zell-Rezeptoren zu erzeugen, werden verschiedene genetische Loci benutzt (Abschnitt 4.11). Das Entwicklungsprogramm der T-Zellen muss festlegen, welche Zelllinie von einer Vorläuferzelle ausgeht, und es muss auch sicherstellen, dass eine reife T-Zelle nur Rezeptorkomponenten einer einzigen Linie exprimiert. Untersuchungen von Genumlagerungen in Thymocyten und reifen γ:δ- und α:β-T-Zellen zeigen, dass sie erst dann aus einem gemeinsamen Vorläufer hervorgehen, wenn bestimmte Genumlagerungen bereits stattgefunden haben (Abb. 7.22). So können bei reifen γ:δ-T-Zellen Gene für die β-Kette umgelagert sein, und reife α:β-T-Zellen enthalten häufig umgeordnete, aber zu 80 % aus dem Leseraster geratene Gene für die γ-Kette.

Die β-, γ- und δ-Loci werden in der Entwicklung der Thymocyten nahezu gleichzeitig umgelagert. Die Entscheidung, ob sich eine Vorläuferzelle zur γ:δ- oder α:β-Linie entwickelt, hängt wahrscheinlich davon ab, ob eine funktionelle γ-Kette und eine funktionelle δ-Kette und damit ein funktioneller γ:δ-Rezeptor gebildet werden, bevor eine funktionsfähige β-Kette entsteht. Ist das der Fall, kann diese sich mit pTα zusammenlagern und einen Prä-T-Zell-Rezeptor (β:pTα) bilden (Abschnitt 7.9). Man nimmt an, dass der γ:δ-T-Zell-Rezeptor der T-Vorläuferzelle ein stärkeres Signal übermittelt als der Prä-T-Zell-Rezeptor und dass dieses stärkere Signal zur γ:δ-Vorprägung führt, während das schwächere Signal des Prä-T-Zell-Rezeptors eine α:β-Vorprägung bewirkt. Einige Befunde deuten darauf hin, dass die Stärke des Notch-Signals ebenfalls zur Entscheidung über den weiteren Werdegang beiträgt.

Bei den meisten Vorläuferzellen kommt es zu einer erfolgreichen Umlagerung des Gens für die β-Kette, bevor die Umlagerung sowohl für γ als auch für δ stattgefunden hat. Die Erzeugung eines Prä-T-Zell-Rezeptors hält dann jede weitere Genumlagerung an und gibt dem Thymocyten das Signal zu proliferieren, Corezeptorgene zu exprimieren und schließlich mit der Umlagerung der Gene für die α-Kette zu beginnen. Es ist bekannt, dass der β:pTα-Rezeptor über die Tyrosinkinase Lck konstitutiv Signale sendet und anscheinend gar keinen Liganden auf dem Thymusstroma benötigt. Diese Signale sind für die weitere Entwicklung einer α:β-T-Zelle von essenzieller Bedeutung. Wahrscheinlich prägen Signale des Prä-T-Zell-Rezeptors die Zelle für die α:β-Linie vor (Abb. 7.22). Ein Problem dieses Modells besteht jedoch darin, das Auftreten von reifen γ:δ-Zellen zu erklären, die am Locus für die β-Kette produktive Umlagerungen aufweisen. Eine Möglichkeit, dies in Einklang zu bringen, besteht darin, dass diese Zellen ein Signal von einem γ:δ-Rezeptor empfangen haben, bevor ein funktionsfähiger Prä-B-Zell-Rezeptor gebildet werden konnte, sodass die Zellen für γ:δ und nicht für α:β vorgeprägt wurden. Diese Hypothese erfordert, dass der γ:δ-T-Zell-Rezeptor ein anderes Signal liefert als der Prä-T-Zell-Rezeptor, was sich inzwischen belegen ließ.

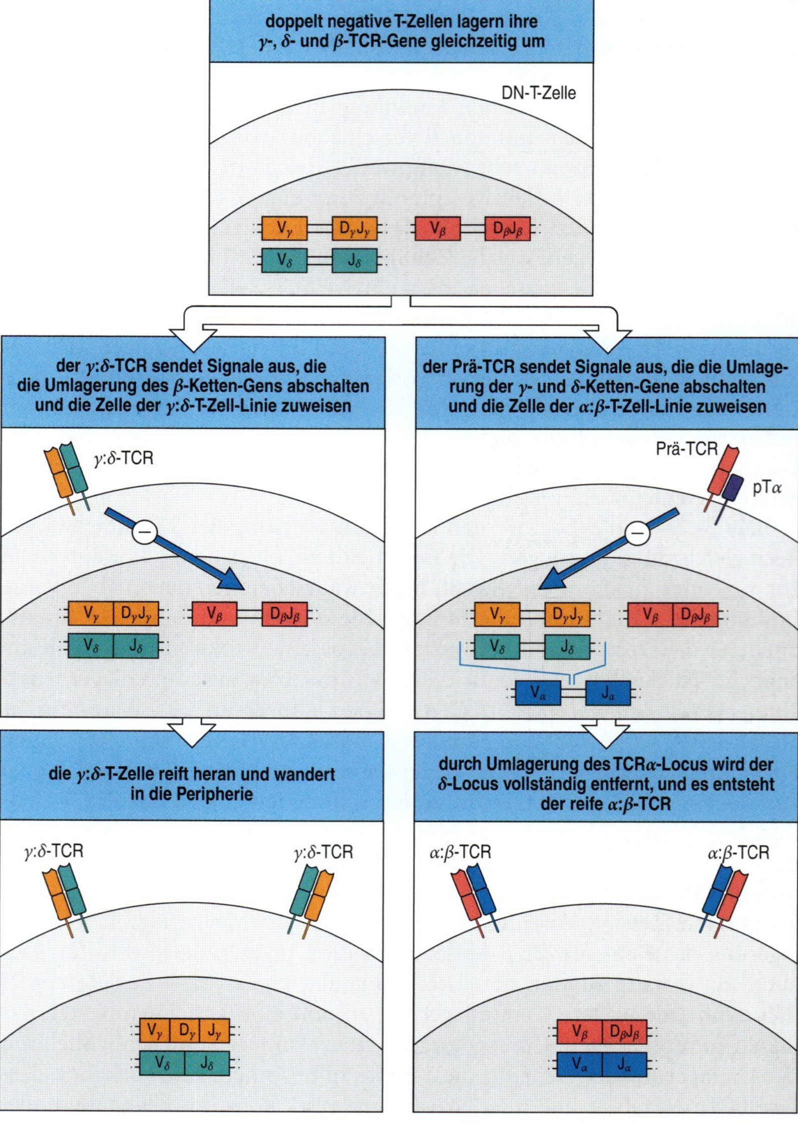

7.22 Das weitere Schicksal der Thymocyten hängt von den konkurrierenden Signalen des γ:δ-T-Zell-Rezeptors und des Prä-T-Zell-Rezeptors ab. Während der T-Zell-Entwicklung im Thymus beginnen die doppelt negativen (DN-) Thymocyten, die Loci des γ-, δ- und β-T-Zell-Rezeptors gleichzeitig umzulagern (oben). Wenn ein vollständiger γ:δ-T-Zell-Rezeptor gebildet wird, bevor eine erfolgreiche Umlagerung des Gens für die β-Kette stattgefunden hat und der Prä-T-Zell-Rezeptor produziert wird (links), empfängt der Thymocyt Signale über den γ:δ-Rezeptor, was die weitere Umlagerung des Gens für die β-Kette abschaltet und die Zelle für die γ:δ-Linie vorprägt. Die Zelle reift dann zu einer γ:δ-T-Zelle heran und verlässt den Thymus, um in die Peripherie zu gelangen (unten links). Wenn vor einem vollständigen γ:δ-T-Zell-Rezeptor eine funktionsfähige β-Kette gebildet wird, lagert sich diese mit pTα zusammen, und es entsteht so der Prä-T-Zell-Rezeptor (rechts). In diesem Fall empfängt der sich entwickelnde Thymocyt ein Signal des Prä-T-Zell-Rezeptors und schaltet die Umlagerung des γ- und δ-Locus ab; die Zelle wird für die α:β-Linie vorgeprägt. Der Thymocyt geht vom DN3-Stadium über das DN4-Proliferationsstadium in das doppelt positive Stadium über. Hier wird dann der Locus für die TCRα-Kette umgelagert und ein reifer α:β-T-Zell-Rezeptor entsteht (unten rechts). Durch die Umlagerung des α-Ketten-Locus werden die δ-Gene deletiert, sodass in derselben Zelle nicht gleichzeitig auch ein γ:δ-Rezeptor produziert werden kann.

Sobald ein Locus der α-Kette nach einem Signal des Prä-T-Zell-Rezeptors mit der Umlagerung beginnt, werden die δ-Gen-Segmente, die im α-Ketten-Locus liegen, in Form eines extrachromosomalen Ringmoleküls deletiert. Das stellt zusätzlich sicher, dass Zellen, die für die $\alpha{:}\beta$-Linie vorgeprägt wurden, keinen vollständigen $\gamma{:}\delta$-Rezeptor bilden können.

7.12 T-Zellen, die bestimmte V-Regionen der γ- und δ-Ketten exprimieren, entstehen schon zu Beginn des Lebens in einer bestimmten Reihenfolge

Im Verlauf der Embryonalentwicklung eines Organismus wird die Erzeugung der verschiedenen Typen von T-Zellen – und sogar der besonderen V-Region in $\gamma{:}\delta$-Zellen – entwicklungsabhängig gesteuert. Die ersten T-Zellen, die man während der Embryonalentwicklung findet, besitzen $\gamma{:}\delta$-T-Zell-Rezeptoren (Abb. 7.23). Bei der Maus, bei der man die Entwicklung

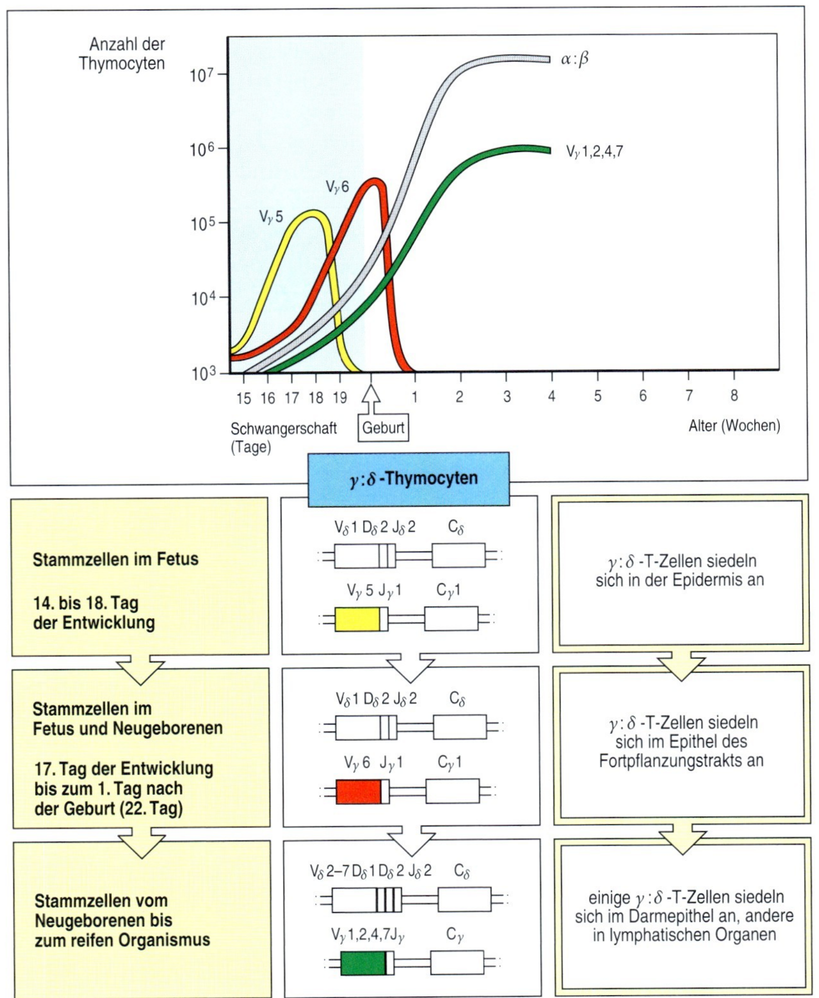

7.23 Die Umlagerung der γ- und δ-T-Zell-Rezeptor-Gene in der Maus verläuft in Wellen von Zellen, die verschiedene V_γ- und V_δ-Gen-Segmente exprimieren. Etwa nach der zweiten Schwangerschaftswoche wird der $C_\gamma1$-Locus mit dem nächstgelegenen V-Gen ($V_\gamma5$) exprimiert. Nach einigen Tagen verschwinden die $V_\gamma5$-tragenden Zellen (oben) und werden durch solche ersetzt, die das nächste proximal gelegene Gen $V_\gamma6$ exprimieren. Diese beiden umgelagerten γ-Ketten werden zusammen mit demselben umgelagerten δ-Ketten-Gen exprimiert, wie in den unteren Bildern dargestellt ist. Es gibt in der V_γ- und der V_δ-Kette wenig Variabilität an der Verknüpfungsstelle. Als Folge davon haben die meisten $\gamma{:}\delta$-T-Zellen einer jeden frühen Welle dieselbe Spezifität, obwohl man nicht weiß, welches Antigen von ihnen jeweils erkannt wird. Die $V_\gamma5$-tragenden Zellen siedeln sich anschließend gezielt in der Epidermis an, während die $V_\gamma6$-tragenden Zellen zum Epithel des Fortpflanzungstraktes wandern. Nach der Geburt dominiert die $\alpha{:}\beta$-T-Zell-Linie; diese bildet, obwohl noch $\gamma{:}\delta$-T-Zellen entstehen, eine weitaus heterogenere Population, da ihre Rezeptoren eine höhere Vielfalt an den Verknüpfungsstellen aufweisen. Anmerkung: Die V_γ-Segmente werden hier nach dem von Tonegawa entwickelten System bezeichnet.

des Immunsystems in allen Einzelheiten untersuchen kann, erscheinen die γ:δ-T-Zellen zuerst in einzelnen Wellen oder Ausbrüchen. Dabei haben die T-Zellen einer jeden Welle im erwachsenen Tier verschiedene Bestimmungsorte, an denen sie sich ansiedeln.

Die erste Welle von γ:δ-T-Zellen wandert in die Epidermis. Die Zellen werden zwischen die Keratinocyten gepresst und erhielten aufgrund der Form, die sie dabei annehmen, die Bezeichnung **dendritische epidermale T-Zellen** (**dETC**). Dagegen siedeln sich die γ:δ-T-Zellen der zweiten Welle in den Epithelien des Fortpflanzungstraktes an. In Anbetracht der immensen Anzahl theoretisch möglicher Genumlagerungen exprimieren diese γ:δ-T-Zellen der frühen Wellen im Wesentlichen invariante Rezeptoren: Alle Zellen einer jeden Welle exprimieren dieselben V_{γ}- und V_{δ}-Sequenzen. Bei jeder Welle wird jedoch jeweils ein anderer Satz von V-, D- und J-Gen-Segmenten benutzt. So werden zu bestimmten Zeiten der Embryonalentwicklung jeweils besondere V-, D- und J-Gen-Segmente für die Umlagerung ausgewählt; warum es diese Beschränkung gibt, weiß man noch nicht. Es sind keine N-Nucleotide vorhanden, die eine zusätzliche Vielfalt an den Verknüpfungsstellen zwischen den V-, D- und J-Gen-Segmenten bewirken könnten, weil diese fetalen T-Zellen keine Terminale Desoxynucleotidyltransferase (TdT) aufweisen.

Nach den anfänglichen Wellen werden T-Zellen nicht mehr schubweise, sondern eher gleichmäßig produziert. Dabei überwiegen α:β-T-Zellen und machen über 95 % aller Thymocyten aus. Die in diesem Stadium gebildeten γ:δ-T-Zellen unterscheiden sich von denjenigen aus den frühen Wellen. Ihr Rezeptorrepertoire ist wesentlich vielfältiger und beruht auf mehreren unterschiedlichen V-Gen-Segmenten und einer Fülle von zusätzlichen N-Nucleotiden in den Rezeptorsequenzen. Wie die α:β-T-Zellen, so treten auch die meisten dieser γ:δ-T-Zellen eher im peripheren Lymphgewebe als in den Epithelien auf.

Die entwicklungsbedingten Änderungen bei der Verwendung von V-Gen-Segmenten und beim Einbau von N-Nucleotiden in γ:δ-T-Zellen der Maus finden ihr Gegenstück in Ereignissen in den B-Zell-Populationen während der fetalen Entwicklung, auf die wir noch eingehen werden. Nicht alle diese Veränderungen im Expressionsmuster von γ:δ-T-Zell-Rezeptoren treten auch beim Menschen auf, sodass ihre funktionelle Bedeutung unklar ist. So gibt es offenbar für die dETCs keine exakten Pendants beim Menschen, wobei die Fortpflanzungsorgane und der Gastrointestinaltrakt des Menschen γ:δ-T-Zellen enthalten. Die dETCs der Maus dienen möglicherweise als Kontrollzellen, die durch eine lokale Schädigung des Gewebes aktiviert werden, oder als Zellen, die Entzündungsprozesse regulieren.

7.13 Die erfolgreiche Synthese einer umgelagerten β-Kette ermöglicht die Produktion eines Prä-T-Zell-Rezeptors, der die Zellproliferation auslöst und die weitere Umlagerung des Gens für die β-Kette blockiert

Wir wollen uns nun wieder mit der Entwicklung der α:β-T-Zellen befassen. Die Umlagerung der Loci für die β- und α-Kette während der T-Zell-Entwicklung läuft fast genauso ab wie die Umlagerung der Immunglobulingene für die schwere und die leichte Kette während der B-Zell-Entwicklung

(Abschnitt 7.2 und 7.5). Wie in Abbildung 7.24 zu sehen ist, werden zuerst die β-Ketten-Gene umgelagert. Dabei werden die D_β-Gen-Segmente mit den J_β-Gen-Segmenten und anschließend die V_β- mit den DJ_β-Gen-Segmenten verknüpft. Wird aufgrund dieser Umlagerung keine funktionelle β-Kette gebildet, kann die Zelle keinen Prä-T-Zell-Rezeptor herstellen und stirbt, falls sie ihre γ- und δ-Gene nicht produktiv umlagern kann (Abschnitt 7.12). Im Gegensatz zu B-Zellen mit unproduktiv umgelagerten

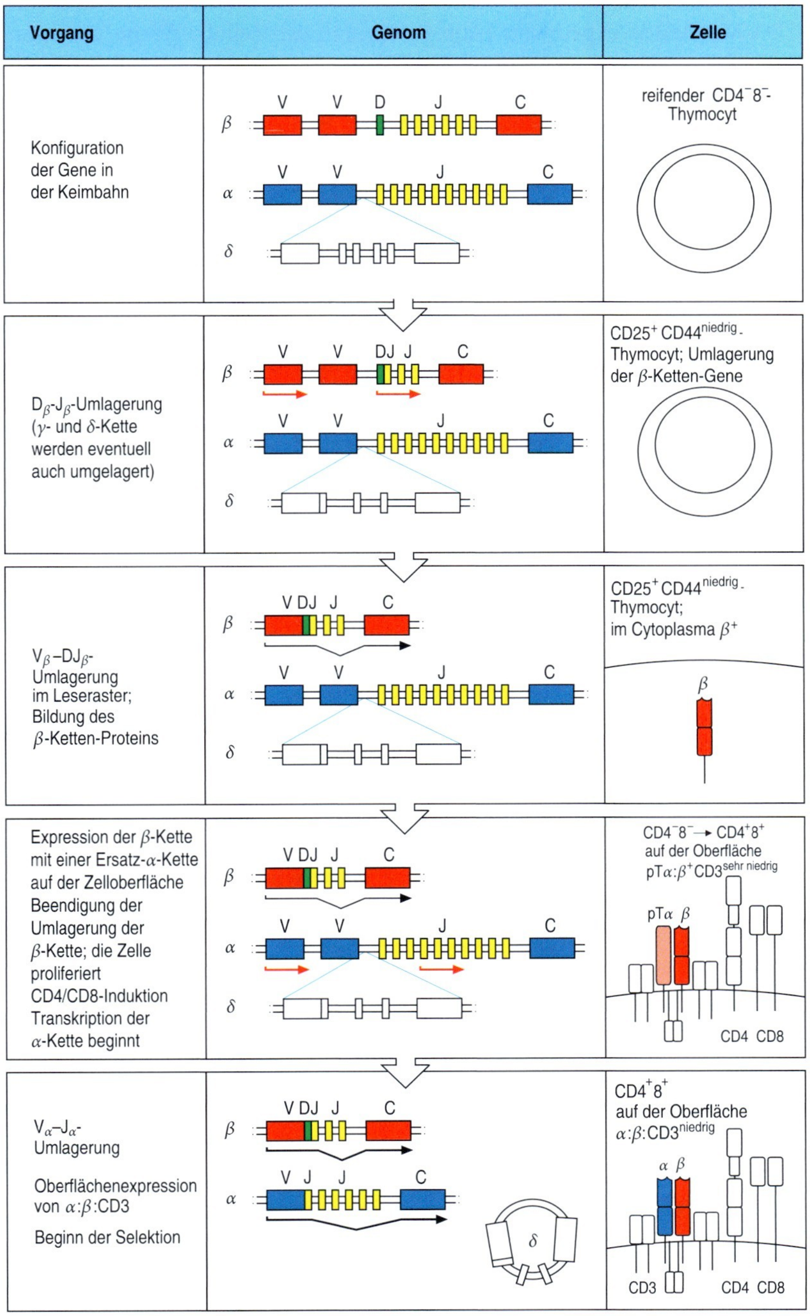

Vorgang	Genom	Zelle
Konfiguration der Gene in der Keimbahn	β: V V D J C α: V V J C δ	reifender $CD4^-8^-$-Thymocyt
D_β-J_β-Umlagerung (γ- und δ-Kette werden eventuell auch umgelagert)	β: V V DJ J C α: V V J C δ	$CD25^+$ $CD44^{niedrig}$-Thymocyt; Umlagerung der β-Ketten-Gene
V_β–DJ_β-Umlagerung im Leseraster; Bildung des β-Ketten-Proteins	β: V DJ J C α: V V J C δ	$CD25^+$ $CD44^{niedrig}$-Thymocyt; im Cytoplasma β^+ β
Expression der β-Kette mit einer Ersatz-α-Kette auf der Zelloberfläche Beendigung der Umlagerung der β-Kette; die Zelle proliferiert CD4/CD8-Induktion Transkription der α-Kette beginnt	β: V DJ J C α: V V J C δ	$CD4^-8^-$ → $CD4^+8^+$ auf der Oberfläche $pT\alpha:\beta^+CD3^{sehr\ niedrig}$ pTα β CD4 CD8
V_α–J_α-Umlagerung Oberflächenexpression von α:β:CD3 Beginn der Selektion	β: V DJ J C α: V J J C δ	$CD4^+8^+$ auf der Oberfläche $\alpha:\beta:CD3^{niedrig}$ α β CD3 CD4 CD8

7.24 Die Stadien der Genumlagerung bei α:β-T-Zellen. Dargestellt sind die Abfolge der Genumlagerungen, Angaben darüber, in welchem Stadium die Ereignisse stattfinden, sowie welche Oberflächenrezeptormoleküle in den betreffenden Stadien exprimiert werden. Die β-Ketten-Gene des T-Zell-Rezeptors (TCR) werden zuerst in doppelt negativen $CD4^-$ $CD8^-$-Thymocyten umgelagert, die CD25 und geringe Mengen CD44 exprimieren. Wie bei den Genen für die schweren Ig-Ketten erfolgt zuerst die D-J- und dann die V-DJ-Verknüpfung (zweite und dritte Abbildung). Da es bei jedem Locus für die TCRβ-Kette vier D-Gen-Segmente und zwei Sätze von J-Gen-Segmenten gibt, kann es bis zu vier Versuche geben, die β-Ketten-Gene produktiv umzulagern (nicht dargestellt). Das produktiv umstrukturierte Gen wird zuerst in der Zelle und dann in geringen Mengen auf der Zelloberfläche exprimiert. Es assoziiert mit pTα, einer 33 kDa schweren Ersatz-α-Kette, die der λ5-Kette bei der B-Zell-Entwicklung entspricht. Dieses pTα:β-Heterodimer bildet einen Komplex mit den CD3-Ketten (viertes Bild). Die Expression des Prä-T-Zell-Rezeptors signalisiert den sich entwickelnden Thymocyten, die Genumlagerung der β-Kette zu stoppen und sich mehrfach zu teilen. Am Ende dieser proliferativen Phase werden die CD4- und CD8-Moleküle exprimiert, die Zelle hört auf, sich zu teilen, und die α-Kette kann sich jetzt umlagern. Bei der ersten Umlagerung der α-Ketten-Gene werden alle D-, J- und C-Segmente der δ-Kette auf dem betreffenden Chromosom eliminiert; die Segmente bleiben jedoch als ringförmige DNA erhalten, was beweist, dass sich diese Zellen nicht teilen (unten). Auf diese Weise werden die δ-Ketten-Gene inaktiviert. Die α-Ketten können wegen der großen Zahl an V_α- und J_α-Gen-Segmenten mehrfach umgelagert werden, sodass die Gene fast immer produktiv umgelagert werden. Sobald eine funktionelle α-Kette entstanden ist, die effizient mit der β-Kette assoziieren kann, kann der $CD3^{niedrig}CD4^+CD8^+$-Thymocyt in Bezug auf seine Fähigkeit, Selbst-Peptide in Verbindung mit Selbst-MHC-Molekülen zu erkennen, die Selektion durchlaufen.

Ig-Genen für die schwere Kette können Thymocyten mit unproduktiven VDJ-Umlagerungen in der β-Kette durch weitere Umstrukturierungen gerettet werden. Dies ist möglich, weil sich stromaufwärts der beiden Cβ-Gene zwei Cluster von D_{β}- und J_{β}-Gen-Segmenten befinden (Abb. 4.9). Daher liegt die Wahrscheinlichkeit für eine produktive VDJ-Umlagerung etwas höher als die 55 % für eine produktive Umlagerung des Gens für die schwere Immunglobulinkette.

Nachdem das Gen der β-Kette produktiv umgelagert wurde, wird die β-Kette zusammen mit der unveränderlichen Partnerkette pTα und den CD3-Molekülen exprimiert (Abb. 7.24) und zur Zelloberfläche transportiert. Entsprechend dem μ:VpreB:λ5-Rezeptor-Komplex der Prä-B-Zelle bei der B-Zell-Entwicklung (Abschnitt 7.3) ist auch der pTα:β-Komplex ein funktioneller Prä-T-Zell-Rezeptor. Die Expression des Prä-T-Zell-Rezeptors löst dann die Phosphorylierung und den Abbau von RAG-2 aus, unterbindet die Umlagerung der β-Ketten-Gene und bewirkt auf diese Weise einen Allelausschluss am β-Locus. Dieses Signal induziert das DN4-Stadium, bei dem es zu einer schnellen Zellproliferation kommt und schließlich die Corezeptorproteine CD4 und CD8 exprimiert werden. Der Prä-T-Zell-Rezeptor sendet konstitutiv Signale über die cytoplasmatische Proteinkinase Lck, eine Tyrosinkinase der Src-Familie (Abb. 6.14). Ein Ligand auf dem Thymusepithel ist dafür offenbar nicht erforderlich. Lck assoziiert danach mit den Corezeptorproteinen. Bei Lck-defizienten Mäusen bleibt die T-Zell-Entwicklung vor dem CD4CD8-Stadium stehen, und das Gen der α-Kette wird nicht umgelagert.

Die exprimierte β-Kette des T-Zell-Rezeptors spielt eine Rolle bei der Unterdrückung weiterer Genumlagerungen. Dies lässt sich mithilfe von transgenen Mäusen veranschaulichen, die ein umgelagertes TCRβ-Transgen besitzen. Diese Mäuse exprimieren die transgene β-Kette auf beinahe allen ihren T-Zellen, was zeigt, dass die endogenen Gene für die β-Ketten nicht umgelagert werden. Wie wichtig pTα ist, zeigt sich daran, dass bei PTα-defizienten Mäusen die Zahl der α:β-T-Zellen 100-fach verringert ist und kein Allelausschluss am β-Locus stattfindet.

Während der Proliferation der DN4-Zellen, die durch die Expression des Prä-T-Zell-Rezeptors ausgelöst wird, bleiben die Gene *RAG-1* und *RAG-2* abgeschaltet. Bis zum Ende der Proliferationsphase werden die α-Ketten-Gene daher nicht umgelagert. Erst dann werden die Gene *RAG-1* und *RAG-2* wieder transkribiert und der funktionelle RAG-1:RAG-2-Komplex sammelt sich erneut an. Auf diese Weise wird sichergestellt, dass aus jeder Zelle, in der ein β-Ketten-Gen erfolgreich umstrukturiert wurde, viele CD4CD8-Thymocyten hervorgehen. Nach Beendigung der Zellteilung kann dann jede Zelle unabhängig ihre α-Ketten-Gene umlagern. Somit kann in den Tochterzellen eine einzige funktionelle β-Kette mit vielen verschiedenen α-Ketten assoziieren. α:β-T-Zell-Rezeptoren werden erstmals während der Rekombination der α-Ketten-Gene exprimiert. Danach kann im Thymus die Selektion durch die Selbst-Peptid:Selbst-MHC-Komplexe beginnen.

Beim Übergang der T-Zellen vom doppelt negativen zum doppelt positiven und schließlich einfach positiven Stadium lässt sich ein spezifisches Expressionsmuster von bestimmten Proteinen und Transkriptionsfaktoren erkennen. Während Erstere an der Genumlagerung und der Signalweiterleitung beteiligt sind, steuern die Transkriptionsfaktoren höchstwahrscheinlich die Expression wichtiger T-Zell-Gene, beispielsweise der Gene für den T-Zell-Rezeptor selbst (Abb. 7.25). TdT ist das Enzym, das in B- und T-Zellen für den Einbau von N-Nucleotiden an den Verbindungsstellen zwischen den Gensegmenten verantwortlich ist, und wird während der gesamten Umlagerung der Gensegmente des T-Zell-Rezeptors exprimiert. Man findet N-Nucleotide an den Verbindungsstellen aller neu angeordneten α- und β-Gene. Lck und ZAP-70, eine weitere Tyrosinkinase, werden schon früh in der Thymocytenentwicklung exprimiert. Neben der Schlüsselfunktion von Lck, die Signale des Prä-T-Zell-Rezeptors weiterzuleiten, ist Lck auch für die Entwicklung der γ:δ-T-Zellen von Bedeutung. Im Gegensatz dazu zeigen Untersuchungen mit Gen-Knockout (Anhang I, Abschnitt A.47), dass die ZAP-70-Kinase, die zwar ab dem doppelt negativen Stadium exprimiert wird, erst später von Bedeutung ist: ZAP-70 fördert die Entwicklung doppelt positiver Thymocyten zu einfach positiven Thymocyten. Fyn ist wie Lck eine Kinase der Src-Familie und wird vom doppelt positiven Stadium an in zunehmendem Maße exprimiert. Fyn ist nicht unbedingt für die Thymocytenentwicklung erforderlich, allerdings für die Entwicklung der NK-T-Zellen.

Schließlich hat man noch mehrere Transkriptionsfaktoren identifiziert, die den Übergang der Thymocyten von einem Entwicklungsstadium zum nächsten steuern. So werden Ikaros und GATA-3 in frühen T-Zell-Vorläufern exprimiert. Fehlt eines der beiden Proteine, ist die T-Zell-Entwicklung

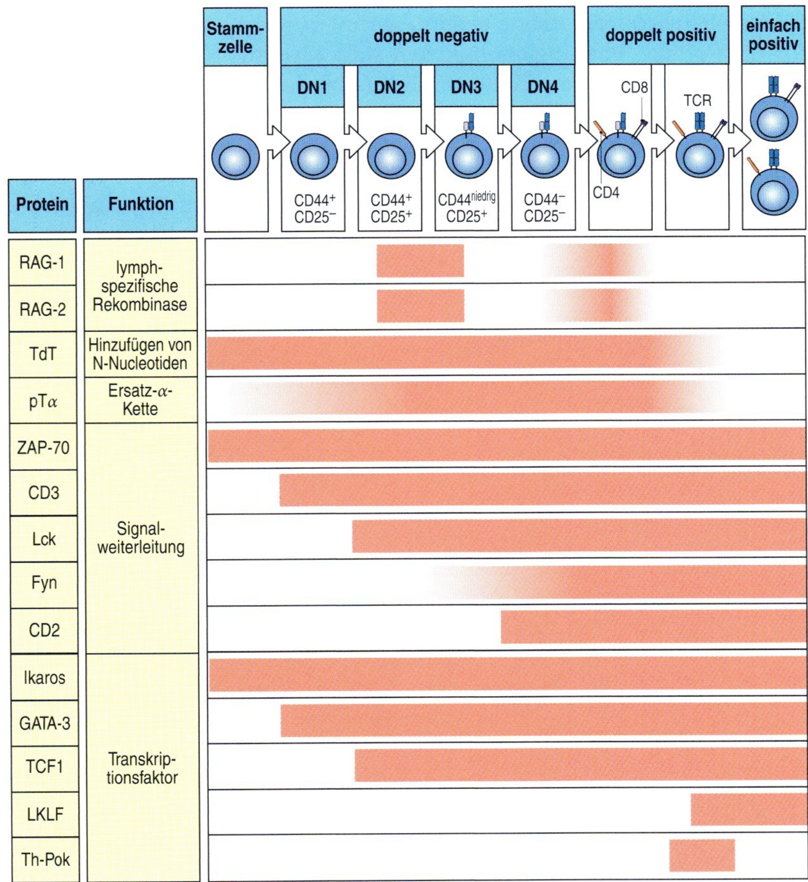

7.25 Die zeitliche Abfolge der Expression einiger für die frühe T-Zell-Entwicklung wichtiger zellulärer Proteine. Die Abbildung zeigt die Expression von Proteinen im Hinblick auf die Entwicklungsstadien der Thymocyten, soweit sie durch die Expression von bestimmten Zelloberflächenmarkern determiniert sind. Die aufgeführten Proteine stellen eine Auswahl aus den bekannten Proteinen dar, die mit der frühen T-Zell-Entwicklung verbunden sind. Sie wurden wegen ihrer, meist in Mäusen nachgewiesenen Bedeutung für den Entwicklungsablauf ausgewählt. Einige dieser Proteine wirken bei Genumlagerungen und bei der Signalgebung von Rezeptoren mit; ihre jeweiligen Beiträge werden im Text besprochen. Man hat mehrere Transkriptionsfaktoren identifiziert, die die Entwicklung der Thymocyten von einem Stadium zum nächsten steuern, indem sie die Genexpression regulieren. Ikaros und GATA-3 werden in den frühen T-Vorläuferzellen exprimiert. Wenn einer der Faktoren fehlt, wird die T-Zell-Entwicklung grundsätzlich abgebrochen. Diese Proteine sind auch in reifen T-Zellen von Bedeutung. Ohne TCF1 (T-Zell-Faktor-1) können doppelt negative T-Zellen, die produktive Umlagerungen der β-Kette durchgeführt haben, nach dem Signal des Prä-T-Zell-Rezeptors nicht proliferieren, sodass die effiziente Produktion von doppelt positiven Thymocyten nicht möglich ist. LKLF (*lung Kruppel-like factor*) wird das erste Mal im einfach positiven Stadium exprimiert; ist dies nicht der Fall, können die Thymocyten nicht mehr auswandern, um die peripheren lymphatischen Gewebe zu besiedeln. Das ist teilweise darauf zurückzuführen, dass Rezeptoren nicht exprimiert werden können, die bei der Bewegung der Zellen eine Rolle spielen, beispielsweise der Sphingo-1-Phosphat-(S1P-)Rezeptor S1P$_1$ (Kapitel 8). Der Transkriptionsfaktor Ets-1 (in der Abbildung nicht dargestellt) ist für die T-Zell-Entwicklung nicht essenziell, aber Mäuse ohne Ets-1 können keine NK-Zellen hervorbringen.

im Allgemeinen gestört. Darüber hinaus tragen diese Moleküle zu den normalen Funktionen reifer T-Zellen bei. Im Gegensatz dazu wird Ets-1 zwar auch in frühen Vorläuferzellen exprimiert, ist aber für die T-Zell-Entwicklung nicht essenziell. Allerdings bilden Mäuse, denen dieser Faktor fehlt, keine NK-Zellen. TCF1 (T-Zell-Faktor-1) wird das erste Mal im doppelt negativen Stadium exprimiert. Wenn der Faktor nicht vorhanden ist, proliferieren doppelt negative T-Zellen, die produktive Umlagerungen des Gens für die β-Kette durchführen, nicht wie normalerweise als Reaktion auf das Prä-T-Zell-Rezeptor-Signal, sodass die effiziente Bildung von doppelt positiven Thymocyten verhindert wird. Die Transkriptionsfaktoren, die in verschiedenen Entwicklungsstadien exprimiert werden, steuern die normale Thymocytenentwicklung, indem sie die Expression der passenden Gene kontrollieren.

7.14 Die Gene für die α-Kette werden so lange immer wieder umgelagert, bis es zu einer positiven Selektion kommt oder der Zelltod eintritt

Die Gene für die α-Ketten der T-Zell-Rezeptoren sind mit den Genen für die leichten κ- und λ-Ketten der Immunglobuline vergleichbar. Sie besitzen keine D-Gen-Segmente und werden erst dann umgelagert, wenn das Gen für ihre Partnerrezeptorkette bereits exprimiert wurde. Wie bei den Genen für die leichten Immunglobulinketten sind wiederholte Umlagerungsversuche des Gens für die α-Kette möglich (Abb. 7.26). Da viele verschiedene V_α-Gen-Segmente sowie etwa 60 J_α-Gen-Segmente auf über ungefähr 80 kb DNA verteilt sind, kann es an beiden Allelen der α-Kette zahlreiche aufeinanderfolgende VJ_α-Gen-Umlagerungen geben. Daraus ergibt sich, verglichen mit einer unproduktiven Umlagerung des Gens für die leichte Kette in B-Zellen, ein viel größerer Spielraum, T-Zellen mit einer anfänglich unproduktiven Umlagerung des α-Gens durch einen weiteren Versuch zu retten.

Ein wichtiger Unterschied zwischen B- und T-Zellen besteht darin, dass der letztendliche Zusammenbau eines Immunglobulins dazu führt, dass die Genumlagerung beendet wird und die weitere Differenzierung der B-Zelle einsetzt, während sich bei T-Zellen die Umlagerung der V_α-Gen-Segmente fortsetzt, bis ein Signal von einem Selbst-Peptid:Selbst-MHC-Komplex kommt, der den Rezeptor positiv selektiert. Das bedeutet, dass viele T-Zellen auf beiden Chromosomen Umlagerungen im Leseraster aufweisen und deshalb zwei Typen von α-Ketten produzieren könnten. Das ist möglich, weil die Expression des T-Zell-Rezeptors allein nicht genügt, um die Genumlagerung abzuschalten. Aufgrund dieser fortgesetzten Umlagerungen auf beiden Chromosomen werden in jeder sich entwickelnden T-Zelle nach und nach oder auch gleichzeitig mehrere verschiedene α-Ketten produziert, und mit ein und derselben β-Kette als Partner wird ausgetestet, ob sie Selbst-Peptid:Selbst-MHC-Komplexe erkennen. Es lässt sich also vorhersagen: Wenn die Häufigkeit der positiven Selektion ausreichend gering ist, exprimiert etwa eine von drei reifen T-Zellen zwei produktiv umgelagerte α-Ketten an der Zelloberfläche. Das ließ sich vor kurzem bei Zellen der Maus und des Menschen zeigen. Die α-Ketten des T-Zell-Rezeptors sind daher streng genommen nicht einem Allelausschluss unterworfen. Wie wir

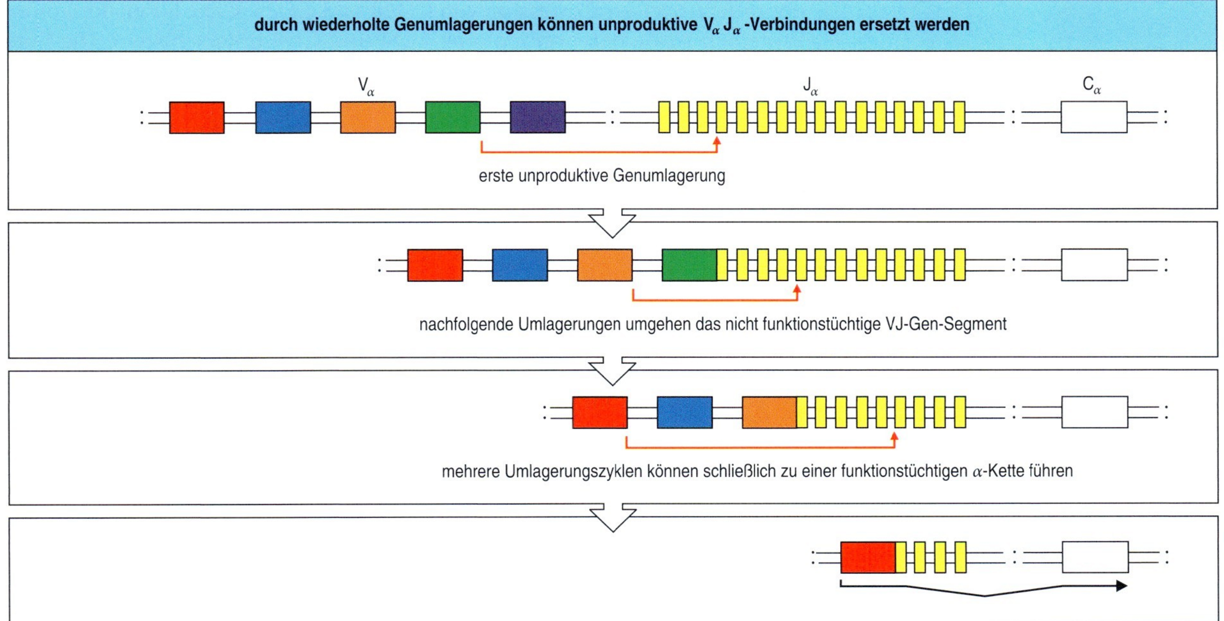

7.26 Durch mehrere aufeinanderfolgende Umlagerungen kann ein unproduktiv umgelagertes α-Ketten-Gen eines T-Zell-Rezeptors noch gerettet werden. Aufgrund der zahlreichen V- und J-Gen-Segmente am Locus der α-Kette können durch spätere Umlagerungen unproduktiv gebliebene VJ-Segmente übersprungen und alle dazwischenliegenden Gensegmente deletiert werden. Der Rettungsweg für die α-Kette gleicht dem der κ-L-Kette bei den Ig-Genen (Abschnitt 7.5), es sind jedoch mehr aufeinanderfolgende Genumlagerungen möglich. Der Prozess geht so lange weiter, bis eine produktive Umlagerung zu einer positiven Selektion führt oder die Zelle stirbt.

im nächsten Teil dieses Kapitels jedoch sehen werden, können nur positiv auf die Erkennung von Selbst-Peptid:Selbst-MHC-Komplexen selektierte T-Zell-Rezeptoren an Antworten mitwirken, die auf den eigenen MHC beschränkt sind. Die Regulation der Umlagerung des α-Ketten-Gens durch positive Selektion bewirkt daher, dass jede T-Zelle nur eine einzige funktionelle Spezifität aufweist, selbst wenn zwei verschiedene α-Ketten exprimiert werden.

Man sollte erwarten, dass T-Zellen mit einer dualen Spezifität unangemessene Immunantworten entwickeln können, indem die Zelle, wenn sie über den einen Rezeptor aktiviert wird, immer noch über den zweiten Rezeptor Zielzellen erkennen kann. Jedoch kann nur einer der beiden Rezeptoren das Peptid erkennen, das von einem körpereigenen MHC-Molekül präsentiert wird. Das liegt wahrscheinlich daran, dass die Zelle, sobald sie positiv selektiert wurde, die Umlagerung der α-Kette beendet. Die Existenz von Zellen, die zwei produktiv umgelagerte Gene für die α-Kette besitzen und auch zwei α-Ketten an der Zelloberfläche exprimieren, stellt nicht generell die Vorstellung infrage, dass jede Zelle nur eine einzige funktionelle Spezifität besitzen muss.

Zusammenfassung

Der Thymus bildet eine spezialisierte und strukturell organisierte Mikroumgebung für die Entwicklung von reifen T-Zellen. T-Vorläuferzellen wandern vom Knochenmark in den Thymus, wo sie mit den Signalen aus der Umgebung wie Liganden für den Notch-Rezeptor interagieren, der die Vorprägung der T-Zell-Linie steuert. Thymocyten entwickeln sich zu drei alternativen T-Zell-Linien – γ:δ-T-Zellen, NK-T-Zellen und α:β-T-Zellen. Die α:β-T-Zellen durchlaufen eine Abfolge von Stadien, die sich aufgrund der differenzierten Expression von CD44 und CD25, CD3:T-Zell-Rezeptor-Proteinen sowie der Corezeptoren CD4 und CD8 unterscheiden. Die Entwicklung der T-Zellen geht damit einher, dass zahlreiche Zellen absterben. Dies weist darauf hin, dass eine umfassende Selektion von T-Zellen und die Beseitigung von T-Zellen mit ungeeigneten Merkmalen stattfinden. Die meisten Schritte in der T-Zell-Entwicklung finden im Thymuscortex statt, während das Thymusmark vor allem reife T-Zellen enthält. Bei der Differenzierung der T-Zellen lagern sich die Rezeptorgene nach einem festgelegten Programm um, das dem der B-Zellen ähnelt. Es ist jedoch komplexer, da T-Vorläuferzellen mehr als eine Entwicklungslinie einschlagen können und sich entweder zu T-Zellen mit $\gamma{:}\delta$-T-Zell-Rezeptoren oder $\alpha{:}\beta$-T-Zell-Rezeptoren entwickeln. In einer frühen Phase der Ontogenese bilden sich mehr $\gamma{:}\delta$-T-Zellen als $\alpha{:}\beta$-T-Zellen, und diese Zellen besiedeln verschiedene periphere Gewebe wie die Haut, die Epithelien der Fortpflanzungsorgane und des Verdauungstraktes. Später exprimieren über 90 % der Thymocyten $\alpha{:}\beta$-T-Zell-Rezeptoren. In sich entwickelnden Thymocyten werden die γ-, δ- und β-Gene praktisch gleichzeitig umgelagert. Das Signal eines funktionellen $\gamma{:}\delta$-T-Zell-Rezeptors prägt die Vorläuferzelle für die $\gamma{:}\delta$-Linie vor. Diese Zellen halten die weitere Genumlagerung an und exprimieren keine CD4- oder CD8-Corezeptoren. Die Erzeugung eines funktionellen umgelagerten Gens für die β-Kette und das Signal des Prä-T-Zell-Rezeptors legt die Vorläuferzelle auf die $\alpha{:}\beta$-Linie fest.

Bis hierher verläuft die Thymocytenentwicklung unabhängig von Antigenen. Ab jetzt hängt die Entscheidung über die weitere Entwicklung von Wechselwirkungen des $\alpha{:}\beta$-T-Zell-Rezeptors mit Peptid:MHC-Liganden ab. Die Bindung eines bestimmten T-Zell-Rezeptors durch einen Selbst-Peptid:Selbst-MHC-Liganden hängt zweifellos von der Spezifität des Rezeptors ab. Die nächste Phase der Umlagerung des α-Ketten-Gens markiert also eine wichtige Veränderung bei den Kräften, die den Werdegang der T-Zelle bestimmen.

Positive und negative Selektion von T-Zellen

T-Vorläuferzellen, die im DN3-Stadium für die $\alpha{:}\beta$-Linie vorgeprägt wurden, treten nach dem DN4-Entwicklungsstadium in eine Phase mit intensiver Proliferation ein. Anschließend differenzieren sich diese Zellen zuerst zu unreifen, einfach positiven CD8-Zellen (*immature CD8-single positive cells*, ISP-Zellen) und dann zu doppelt positiven Zellen (DP-Zellen), die den T-Zell-Rezeptor in geringer Menge und sowohl den CD4- als auch den CD8-Corezeptor exprimieren und in die tieferen Regionen des Thymuscortex einwandern. Diese doppelt positiven Zellen haben eine Lebensdauer von nur drei bis vier Tagen, wenn sie nicht durch eine Beanspruchung ihres T-Zell-Rezeptors vor dem Zelltod bewahrt werden. Die „Rettung“ von doppelt positiven Zellen vor dem programmierten Zelltod und ihre Reifung zu einfach positiven CD4- oder CD8-Zellen bezeichnet man als positive Selektion. Nur etwa 10 bis 30 % der T-Zell-Rezeptoren, die durch Genumlagerung entstehen, können Selbst-Peptid:Selbst-MHC-Komplexe erkennen und deshalb bei Selbst-MHC-restringierten Reaktionen auf fremde Antigene aktiv werden (Kapitel 4). Zellen mit dieser Eigenschaft werden im Thymus zum Überleben selektiert. Doppelt positive Zellen durchlaufen auch eine negative Selektion. T-Zellen, deren Rezeptoren auf Selbst-Peptid:Selbst-MHC-Komplexe zu stark reagieren, treten in die Apoptose ein und werden so als potenziell autoreaktive Zellen beseitigt. In diesem Abschnitt wollen wir die Wechselwirkungen zwischen sich entwickelnden doppelt positiven Thymocyten und den verschiedenen Bestandteilen des Thymus untersuchen und uns mit den Mechanismen beschäftigen, durch die diese Wechselwirkungen das reife T-Zell-Repertoire bilden.

7.15 Der MHC-Typ des Thymusstromas selektiert ein Repertoire von reifen T-Zellen, die fremde Antigene erkennen können, welche durch denselben MHC-Typ präsentiert werden

Diese positive Selektion wurde zum ersten Mal durch „klassische" Versuche an Mäusen nachgewiesen, deren Knochenmark man vollständig durch das Knochenmark von Mäusen eines anderen MHC-Genotyps ersetzt hatte. Ansonsten waren Spender und Empfänger genetisch völlig identisch. Solche Mäuse nennt man **Knochenmarkchimären** (Anhang I, Abschnitt A.43). Durch eine Bestrahlung vernichtete man in den Empfängern (Rezipienten) alle Lymphocyten und Vorläuferzellen des Knochenmarks, sodass alle Zellen, die nach der Transplantation im Knochenmark entstanden, den Genotyp des Spenders aufwiesen. Das gilt auch für alle Lymphocyten und antigenpräsentierenden Zellen, mit denen sie in Wechselwirkung treten. Die übrigen Gewebe des Tieres, einschließlich der nichtlymphatischen Stromazellen des Thymus, hatten den MHC-Genotyp des Empfängers.

Die Spendermäuse, die bei den Untersuchungen zur positiven Selektion eingesetzt wurden (Abb. 7.27), waren F_1-Hybride, die von MHC^a- und MHC^b-Eltern abstammten. Ihr Genotyp war daher $MHC^{a \times b}$. Die bestrahlten Rezipienten leiteten sich dagegen von einem der oben genannten Elternstämme ab: MHC^a oder MHC^b. Aufgrund der MHC-Restriktion erkennen individuelle T-Zellen entweder MHC^a oder MHC^b, aber nie beide. Unter normalen Bedingungen würden die $MHC^{a \times b}$-T-Zellen von $MHC^{a \times b}$-F_1-Hybrid-Mäusen Antigene, die jeweils von MHC^a oder MHC^b präsentiert werden, etwa in gleicher Zahl erkennen. Bei den Knochenmarkchimären entwickelten sich jedoch T-Zellen mit einem $MHC^{a \times b}$-Genotyp in einem MHC^a-Thymus. Daher erkannten diese T-Zellen Antigene vor allem oder ausschließlich dann, wenn sie von MHC^a-Molekülen präsentiert wurden. Das galt selbst dann, wenn die antigenpräsentierenden Zellen ein Antigen zeigten, das sowohl an MHC^a als auch an MHC^b gebunden war. Diese Versuche zeigten, dass die MHC-Moleküle aus der Umgebung, in der sich die T-Zellen entwickeln, über die MHC-Restriktion des Rezeptorrepertoires reifer T-Zellen entscheiden.

Ein ähnliches Experiment, bei dem man Thymusgewebe transplantierte, veranschaulichte, dass die strahlungsresistenten Zellen des Thymusstromas für die positive Selektion der sich entwickelnden T-Zellen verantwortlich sind. Als Empfängertiere verwendete man Nacktmäuse ohne Thymus oder thymektomierte Mäuse des Genotyps $MHC^{a \times b}$ und trans-

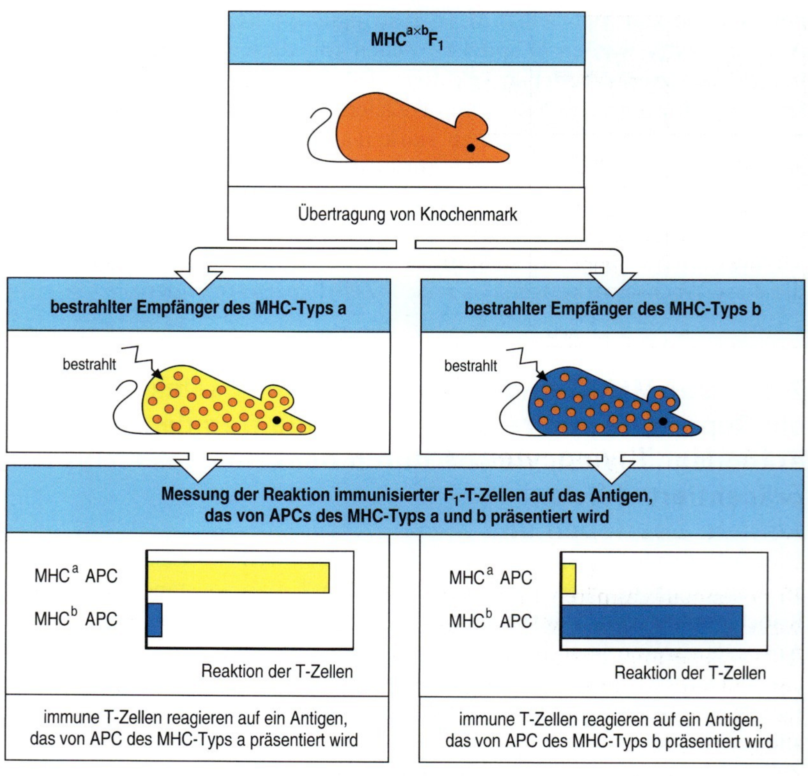

7.27 Untersuchung der positiven Selektion mithilfe von Knochenmarkchimären von Mäusen. Wie im oberen Teil der Abbildung dargestellt ist, wird das Knochenmark einer MHC$^{a\times b}$-F$_1$-Hybrid-Maus in eine letal bestrahlte Empfängermaus übertragen, die eine der parentalen MHC-Typen (MHC^a oder MHC^b) aufweist. Immunisiert man diese chimären Tiere mit einem Antigen, kann dieses zusammen mit MHC^a- und mit MHC^b-Molekülen von antigenpräsentierenden Zellen (APC) des Typs MHC$^{a\times b}$ aus dem Knochenmark präsentiert werden. Von den T-Zellen einer MHC$^{a\times b}$-F$_1$-Hybrid-Maus reagieren manche auf Antigene, die von APC des MHC-Typs a präsentiert werden, und andere auf solche des MHC-Typs b (nicht dargestellt). Wenn man dies *in vitro* mit APC der Typen a oder b testet, antworten die T-Zellen solcher chimären Tiere verstärkt auf Antigene, die von MHC-Molekülen des Empfängertyps präsentiert werden (untere Abbildungen). Dies zeigt, dass die T-Zellen im Empfängerthymus positiv auf eine MHC-Restriktion selektiert wurden.

plantierte ihnen Thymusstroma des MHC^a-Genotyps. Alle ihre Zellen, bis auf die des Stromas, besaßen daher auf ihrer Oberfläche sowohl MHC^a als auch MHC^b. Bei diesen Tieren reiften die MHC$^{a\times b}$-Knochenmarkzellen zu T-Zellen heran, die Antigene erkannten, die von MHC^a, nicht aber von MHC^b präsentiert wurden. Diese Ergebnisse sprachen auch dafür, dass das Phänomen der MHC-Restriktion bei den immunisierten Knochenmarkchimären durch den Thymus vermittelt wird, wahrscheinlich durch Selektion der T-Zellen während ihrer Entwicklung.

Die chimären Mäuse, die zum Nachweis der positiven Selektion verwendet wurden, zeigte bei Fremdantigenen normale T-Zell-Antworten. Dagegen konnten Chimären, die durch Injektion von MHC^a-Knochenmark in MHC^b-Tiere entstanden sind, keine normalen T-Zell-Reaktionen hervorbringen. Das liegt daran, dass die meisten T-Zellen dieser Tiere nur auf die Erkennung von Peptiden selektiert wurden, die von MHC^b präsentiert wurden. Dagegen stammten die meisten antigenpräsentierenden Zellen, denen sie als reife T-Zellen in der Peripherie begegneten, aus dem Knochenmark und besaßen den MHC^a-Genotyp. Die T-Zellen waren daher nicht in der Lage, Antigene zu erkennen, die von antigenpräsentierenden Zellen des eigenen MHC-Typs präsentiert wurden. So konnten die T-Zellen dieser Tiere nur dann aktiviert werden, wenn ihnen antigenpräsentierende Zellen des MHC^b-Typs zusammen mit Antigen injiziert wurden. Um die Immunität zu rekonstituieren, muss bei einer Knochenmarktransplantation folglich mindestens ein MHC-Molekül im Spender und im Empfänger übereinstimmen (Abb. 7.28).

Knochen-markspender	Empfänger	Mäuse mit APC des Typs:	sekundäre T-Zell-Reaktionen auf das Antigen, das *in vitro* von APC des folgenden Typs präsentiert wird:	
			MHC^a APC	MHC^b APC
$MHC^{a \times b}$	MHC^a	$MHC^{a \times b}$	ja	nein
$MHC^{a \times b}$	MHC^b	$MHC^{a \times b}$	nein	ja
MHC^a	MHC^b	MHC^a	nein	nein
MHC^a	MHC^b + MHC^b APC	MHC^a + MHC^b	nein	ja

7.28 Zusammenfassung der T-Zell-Reaktionen auf eine Immunisierung von Knochenmarkchimären der Maus. Es wurde eine Reihe Knochenmarkchimären von Mäusen mit verschiedenen Kombinationen von Donor- und Empfänger-MHC-Typen hergestellt. Anschließend immunisierte man diese Mäuse und isolierte ihre T-Zellen. Diese testete man dann *in vitro* mit antigenpräsentierenden Zellen des MHC-Typs a oder b. Die Ergebnisse der sekundären Immunreaktion sind in den letzten beiden Spalten aufgeführt. Die T-Zellen zeigen sehr viel bessere antigenspezifische Immunreaktionen, wenn die antigenpräsentierenden Zellen (APC) des Wirtes während der primären Immunisierung mindestens ein MHC-Molekül aufweisen, das sich auch in dem Thymus befindet, in dem sich die T-Zellen entwickelt haben.

7.16 Nur Thymocyten, deren Rezeptoren mit Selbst-Peptid:Selbst-MHC-Komplexen interagieren, können überleben und heranreifen

Knochenmarkchimären und Thymustransplantationen erbrachten die Beweise dafür, dass die MHC-Moleküle im Thymus das MHC-restringierte T-Zell-Repertoire beeinflussen. Mäuse jedoch, die umgelagerte T-Zell-Rezeptor-Gene als Transgene trugen, lieferten den ersten schlüssigen Beweis, dass die Wechselwirkung der T-Zelle mit Selbst-Peptid:Selbst-MHC-Komplexen für das Überleben der unreifen T-Zellen und ihre Reifung zu naiven CD4- oder CD8-T-Zellen notwendig ist. Für diese Experimente hat man die umgelagerten α- und β-Ketten-Gene von einem T-Zell-Klon (Anhang I, Abschnitt A.24) mit jeweils gut charakterisierter Herkunft, Antigenspezifität und MHC-Restriktion kloniert. Bringt man solche umgelagerten Gene in das Genom von Mäusen ein, werden diese Transgene während der frühen Thymocytenentwicklung exprimiert und die Rekombination der endogenen T-Zell-Rezeptor-Gene wird unterbunden; die endogene Umlagerung des Gens für die β-Kette ist vollständig blockiert, die Umlagerung des a-Ketten-Gens jedoch nur unvollständig. Daher exprimieren die meisten der sich entwickelnden Thymocyten den Rezeptor, den die Transgene codieren.

Durch das Einschleusen eines T-Zell-Rezeptor-Transgens, das für einen bekannten MHC-Genotyp spezifisch ist, kann man direkt untersuchen, wie sich diese MHC-Moleküle auf die Reifung von Thymocyten mit bekannter Rezeptorspezifität auswirken, ohne dass eine Immunisierung oder Analyse der Effektorfunktion erforderlich ist. Diese Untersuchungen zeigten, dass Thymocyten, die einen bestimmten T-Zell-Rezeptor tragen, sich in einem Thymus, der andere MHC-Moleküle exprimiert als der, in dem die Zelle mit dem jeweiligen T-Zell-Rezeptor sich ursprünglich entwickelt hat, das doppelt positive Stadium erreichen können. Diese transgenen Thymocyten entwickelten sich jedoch nur dann über das doppelt positive Stadium hinaus und zu reifen T-Zellen, wenn der Thymus dasselbe Selbst-MHC-Molekül exprimierte wie der Thymus, aus dem der ursprüngliche T-Zell-Klon stammte (Abb. 7.29). Mit solchen Versuchen hat man auch das Schicksal von T-Zellen aufgeklärt, die keine positive Selektion erfahren haben. In diesem Fall wurden umgelagerte Rezeptorgene einer reifen T-Zelle mit einer Spezifität für ein Peptid, das von einem bestimmten MHC-Molekül präsentiert wird, in eine Empfängermaus übertragen, der dieses Molekül fehlte.

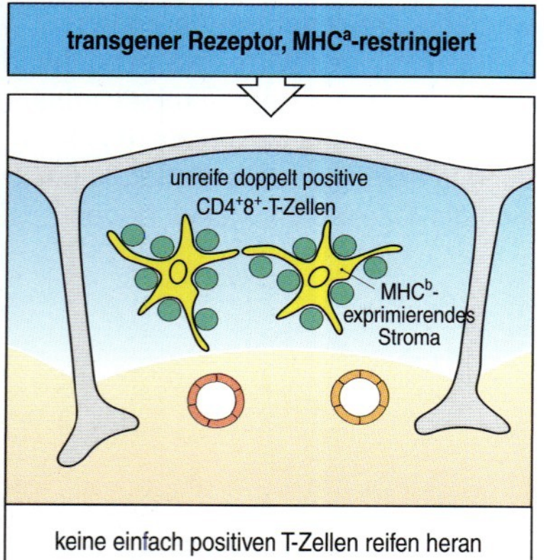

7.29 Anhand der Entwicklung von T-Zellen, die umgelagerte T-Zell-Rezeptor-Transgene exprimieren, lässt sich die positive Selektion darstellen. Bei Mäusen, die umgelagerte α:β-T-Zell-Rezeptor-Gene als Transgene tragen, hängt die Reifung der T-Zellen vom MHC-Haplotyp ab, der im Thymus exprimiert wird. Wenn die transgenen Mäuse denselben MHC-Haplotyp in ihren Thymusstromazellen exprimieren wie die Maus, von der die umgelagerten Gene für die TCRα-Kette und die TCRβ-Kette kloniert wurden (beide MHC^a, oben), dann entwickeln sich die T-Zellen, die den transgenen T-Zell-Rezeptor exprimieren, vom doppelt positiven Stadium (hellgrün) zu reifen T-Zellen (dunkelgrün), in diesem Fall zu reifen, einfach positiven CD8$^+$-Zellen. Wenn die MHC^a-restringierten TCR-Transgene in einen unterschiedlichen MHC-Hintergrund eingekreuzt werden (MHC^b, gelb) (unten), dann entwickeln sich die T-Zellen, die den transgenen Rezeptor exprimieren, bis zum doppelt positiven Stadium, aber sie können nicht weiter heranreifen. Das ist darauf zurückzuführen, dass zwischen dem transgenen T-Zell-Rezeptor und den MHC-Molekülen im Thymuscortex keine Wechselwirkungen stattfinden und so kein Signal für eine positive Selektion gegeben wird.

Das Schicksal dieser Thymocyten wurde durch das Anfärben mit Antikörpern verfolgt, die spezifisch gegen den transgenen Rezeptor gerichtet waren. Gleichzeitig wurden Antikörper gegen andere Moleküle wie CD4 und CD8 eingesetzt, um die Stadien der T-Zell-Entwicklung zu markieren. Auf diese Weise konnte man zeigen, dass Zellen, welche die MHC-Moleküle auf dem Thymusepithel nicht erkennen können, sich niemals weiter als bis zum frühen doppelt positiven Stadium entwickeln und innerhalb von drei oder vier Tagen nach ihrer letzten Teilung im Thymus sterben.

7.17 Die positive Selektion wirkt auf ein Rezeptorrepertoire mit inhärenter Spezifität für MHC-Moleküle

Die positive Selektion wirkt sich auf ein Rezeptorrepertoire aus, dessen Spezifität durch eine Kombination aus Gensegmenten der Keimbahn und Verbindungsregionen bestimmt wird. Seine Diversität entsteht zufällig, wenn sich die Gene umordnen (Abschnitt 4.8). Anscheinend können T-Zell-Rezeptoren in der Tendenz schon MHC-Moleküle erkennen, bevor überhaupt eine positive Selektion stattfindet. Wäre die Bindungsspezifität des nichtselektierten Repertoires völlig zufällig, könnte wohl nur ein relativ kleiner Teil der Thymocyten ein MHC-Molekül identifizieren. Anscheinend ist es jedoch so, dass der T-Zell-Rezeptor durch die variablen CDR1- und CDR2-Schleifen der beiden T-Zell-Rezeptor-Ketten, die in den V-Gen-Segmenten aus der Keimbahn codiert werden (Abschnitt 4.10), eine inhärente Spezifität für MHC-Moleküle erhält. Das wird an der Art und Weise deutlich, wie diese beiden Regionen in Kristallstrukturen mit MHC-Molekülen in Kontakt treten (Abschnitt 3.16). Eine solche inhärente Spezifität für MHC-Moleküle zeigte sich auch bei einer Untersuchung reifer T-Zellen, die ein nichtselektiertes Rezeptorrepertoire aufweisen. Solche T-Zellen können in kultivierten fetalen Thymusorganen entstehen, wobei Thymusorgane verwendet werden, die weder MHC-Klasse-I- noch -Klasse-II-Moleküle exprimieren. Dafür ersetzt man die für eine normale positive Selektion verantwortliche Rezeptorwechselwirkung durch die Bindung von Antikörpern gegen β-Ketten und Antikörpern gegen CD4. Als man die Reaktivität dieser durch die Antikörper selektierten CD4-T-Zellen testete, konnten etwa 5 % von ihnen auf einen MHC-Klasse-II-Genotyp reagieren. Da sie sich ohne eine Selektion auf MHC-Moleküle entwickelt hatten, kann dieses Ergebnis nur auf eine Spezifität zurückzuführen sein, die schon in den V-Gen-Segmenten der Keimbahn angelegt ist. Durch diese in der Keimbahn codierte Spezifität für MHC-Moleküle ist eine beträchtliche Steigerung des Anteils an Rezeptoren zu erwarten, die in jedem Individuum positiv selektiert werden können.

7.18 Durch positive Selektion wird die Expression von CD4 und CD8 mit der Spezifität des T-Zell-Rezeptors und den potenziellen Effektorfunktionen der Zelle in Einklang gebracht

Während der positiven Selektion exprimiert ein Thymocyt die beiden Corezeptormoleküle CD4 und CD8. Mit dem Ende der Selektionsphase im Thymus beenden die reifen Thymocyten, die für die Wanderung in die Peripherie bereit sind, die Expression von einem der beiden Corezeptoren, sodass sie danach zu einer der drei folgenden Gruppen gehören: konventionelle CD4- oder CD8-T-Zellen oder eine Untergruppe der regulatorischen T-Zellen, die CD4 und auf hohem Niveau CD25 exprimieren. Darüber hinaus tragen fast alle reifen CD4-exprimierenden T-Zellen Rezeptoren, die an Selbst-MHC-Klasse-II-Moleküle gebundene Peptide erkennen, und ihr zelluläres Programm sieht vor, dass sie später Cytokine sezernieren. Dagegen haben die meisten der CD8-exprimierenden Zellen Rezeptoren, die Peptide an Selbst-MHC-Klasse-I-Molekülen erkennen; aus solchen Zellen werden später cytotoxische Effektorzellen. Somit bestimmt die positive Selektion auch, welchen Phänotyp die reife T-Zelle an der Zelloberfläche zeigt und welche potenzielle Funktion sie erfüllt, indem sie den Corezeptor auswählt, der für eine effiziente Antigenerkennung geeignet ist, und das entsprechende Differenzierungsprogramm für die Funktion, die die Zelle im Rahmen einer Immunantwort erfüllen soll.

Wieder zeigen Untersuchungen von Mäusen mit Transgenen für einen umgelagerten T-Zell-Rezeptor, dass die Spezifität des T-Zell-Rezeptors für Selbst-Peptid:Selbst-MHC-Komplexe bestimmt, welchen Corezeptor die reife T-Zelle exprimieren wird. Wenn die Transgene einen Rezeptor codieren, der spezifisch für ein Antigen ist, das von Selbst-MHC-Klasse-I-Molekülen präsentiert wird, sind alle reifen, den transgenen Rezeptor exprimierenden T-Zellen CD8-Zellen. Ebenso exprimieren bei Mäusen, die für einen Rezeptor transgen sind, der für ein von Selbst-MHC-Klasse-II-Molekülen präsentiertes Antigen spezifisch ist, alle reifen, den transgenen Rezeptor tragenden T-Zellen CD4 (Abb. 7.30).

Wie wichtig MHC-Moleküle für solche Selektionsereignisse sind, wird durch die Gruppe von menschlichen Immunschwächekrankheiten verdeutlicht, die man auch als ***bare lymphocyte syndromes*** bezeichnet. Bei ihnen führen Mutationen dazu, dass die Lymphocyten und die Epithelzellen des Thymus keine MHC-Moleküle ausbilden. Personen, die keine MHC-Klasse-II-Moleküle aufweisen, haben CD8-T-Zellen, aber nur eine kleine Zahl

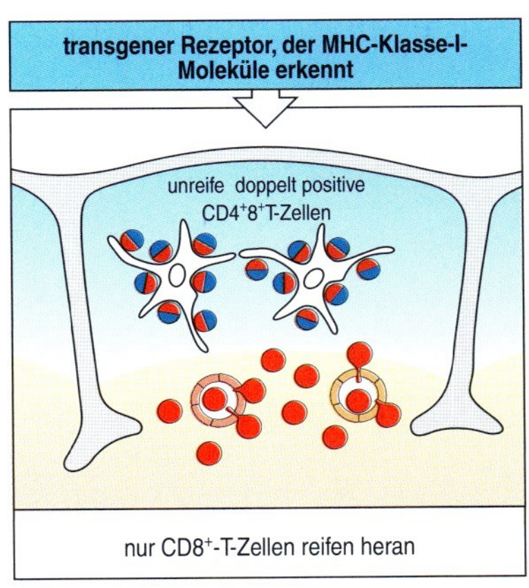

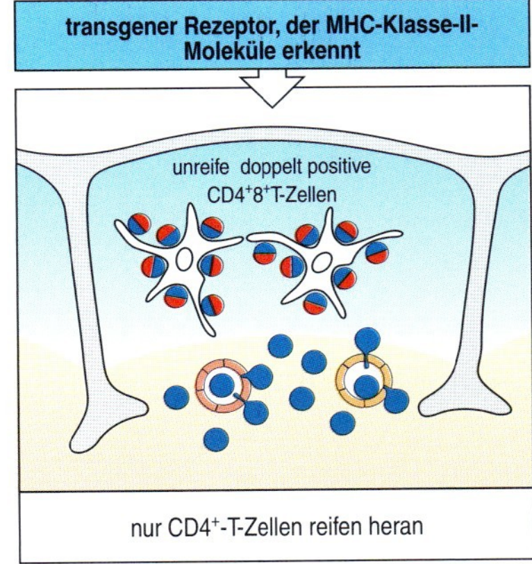

7.30 Die MHC-Moleküle, die die positive Selektion induzieren, bestimmen die Spezifität der Corezeptoren. Man hat Mäusen Gene für T-Zell-Rezeptoren übertragen, die nur MHC-Klasse-I-Moleküle erkennen (oben). Dann haben die T-Zellen, die reifen können, nur den CD8-Phänotyp (rot). Bei Mäusen mit Genen für T-Zell-Rezeptoren, die auf MHC-Klasse-II-Moleküle beschränkt sind (unten), haben sämtliche reifen T-Zellen den CD4-Phänotyp (blau). In beiden Fällen findet man eine normale Anzahl unreifer, doppelt positiver Thymocyten. Die Spezifität des T-Zell-Rezeptors bestimmt, welche Entwicklung eingeschlagen wird. Auf diese Weise können nur diejenigen T-Zellen heranreifen, deren Corezeptor an dasselbe Selbst-MHC-Molekül binden kann wie der T-Zell-Rezeptor.

von stark anormalen CD4-T-Zellen. Ein ähnliches Ergebnis erhielt man mit Mäusen, die aufgrund einer gezielten Genunterbrechung (Anhang I, Abschnitt A.47) keine MHC-Klasse-II-Moleküle mehr exprimierten. Entsprechend fehlen Menschen und Mäusen, die keine MHC-Klasse-I-Moleküle besitzen, CD8-T-Zellen. Folglich sind für die CD4-T-Zell-Entwicklung MHC-Klasse-II-Moleküle und für die CD8-T-Zell-Entwicklung MHC-Klasse-I-Moleküle erforderlich.

Bei reifen T-Zellen hängen die Corezeptorfunktionen von CD4 und CD8 davon ab, ob sie an konstante Stellen auf MHC-Klasse-I- und -Klasse-II-Molekülen binden können (Abschnitt 3.17). Ohne eine solche Bindung kann es keine normale positive Selektion geben. Dies konnte man für CD4 in einem Experiment zeigen, das im nächsten Abschnitt besprochen wird. Für eine positive Selektion muss daher sowohl der Antigenrezeptor als auch der Corezeptor mit einem MHC-Molekül verbunden sein. Diese Verbindung entscheidet darüber, ob die Zellen als einfach positive Zellen fortbestehen, die dann nur noch den entsprechenden Corezeptor exprimieren. Wie die Ausrichtung auf eine bestimmte Zelllinie im Einzelnen mit der Rezeptorspezifität koordiniert wird, muss allerdings noch geklärt werden. Man geht davon aus, dass die Signale des Antigenrezeptors und des Corezeptors, die das Schicksal der Zelle bestimmen, im sich entwickelnden Thymocyten miteinander verrechnet werden. Mit CD4 als Corezeptor werden eher als mit CD8 höchst effektive Signale über die corezeptorassoziierte Lck-Kinase ausgesendet, die eine große Rolle bei der Entscheidung zur Entwicklung einer reifen CD4-Zelle spielen. Wenn eine T-Zelle über den T-Zell-Rezeptor ein Signal empfängt, das die positive Selektion auslöst, wird anscheinend zuerst die Expression sowohl von CD4 als auch von CD8 heruntergefahren; danach wird aber wieder CD4 exprimiert, unabhängig davon, ob der T-Zell-Rezeptor von einem MHC-Klasse-I-Molekül oder einem MHC-Klasse-II-Molekül angeregt wurde (Abb. 7.31). Ein Modell besagt, dass die Stärke oder die zeitliche Dauer der Signale aufgrund der erneuten CD4-Expression die einzuschlagende Entwicklungslinie bestimmt. Wenn die Zelle von MHC-Klasse II selektiert wird, liefert die erneute Expression von CD4 ein stärkeres oder länger andauerndes Signal, das teilweise durch Lck weitergeleitet wird. Dadurch kommt es zu einer weiteren Differenzierung entlang des CD4-Weges, wobei CD8 vollständig verloren geht. Wenn die Zelle durch MHC-Klasse I selektiert wird, führt die erneute Expression von CD4 nicht zu weiteren Signalen über Lck. Dieses schwächere Signal bestimmt wiederum eine CD8-Vorprägung, wobei dann anschließend die CD4-Expression verloren geht und CD8 später erneut exprimiert wird.

Es ist ein allgemeines Prinzip der Linienvorprägung, dass für die Aktivierung linienspezifischer Faktoren und für eine divergente Entwicklungsprogrammierung unterschiedliche Signale erzeugt werden müssen. So ist der Transkriptionsfaktor Th-POK (*T-helper-inducing POZ/Kruppel-like*) (Abb. 7.31) für die Entwicklung der CD4-Linie aus doppelt positiven Thymocyten essenziell. Das ist daran zu erkennen, dass eine natürlich auftretende Funktionsverlustmutation in Th-POK dazu führt, dass sich MHC-Klasse-II-restringierte Thymocyten in Richtung CD8-Linie entwickeln. Über den Vorgang der Entwicklung der $\alpha{:}\beta$-Thymocyten ist noch vieles zu erforschen, aber die unterschiedlichen erzeugten Signale führen zweifellos zu einer divergenten funktionellen Programmierung. So entwickelt sich die Fähigkeit zur Expression von Genen, die für das Abtöten von Zielzellen

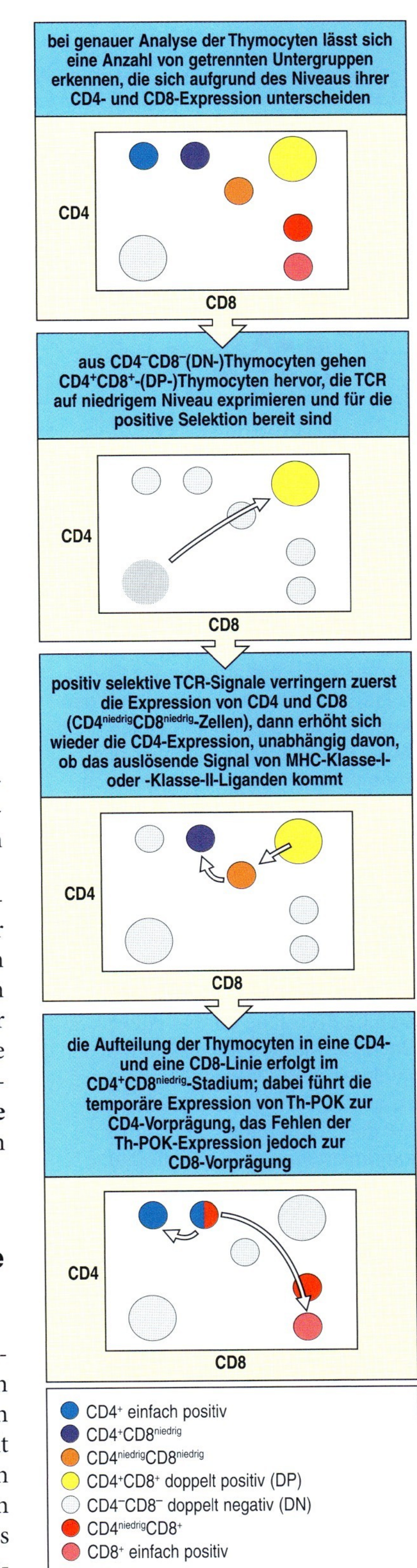

7.31 Stadien der positiven Selektion von α:β-T-Zellen, wie sie mithilfe einer FACS-Analyse bestimmt werden. Die Abbildung bietet eine Zusammenfassung der Ergebnisse einer FACS-Analyse (Anhang I, Abbildung A.25) von Thymocytenpopulationen aus dem Thymus während verschiedener Stadien in Bezug auf die Corezeptormoleküle CD4 und CD8. Jeder farbige Kreis entspricht einer Untergruppe von Thymocyten in einem anderen Entwicklungsstadium. Doppelt negative (DN-)Zellen, die ein Gen für die β-Kette erfolgreich umgelagert haben und einen Prä-T-Zell-Rezeptor (Prä-TCR) exprimieren, durchlaufen eine Phase der Proliferation, an die sich die Expression der Corezeptoren CD8 und CD4 anschließt. In diesen Zellen kommt es zur Umlagerung des Locus für die α-Kette, und an der Zelloberfläche wird der T-Zell-Rezeptor zuerst in geringen und dann in mittelgroßen Mengen exprimiert. In diesen Zellen sind die Signale abhängig vom Corezeptor. Wenn der exprimierte T-Zell-Rezeptor mit MHC-Molekülen auf dem Thymusstroma erfolgreich in Wechselwirkung tritt, um die positive Selektion einzuleiten, verringert die Zelle zuerst die Expression von CD8 und CD4, gefolgt von einer nun verstärkten CD4-Expression, sodass die $CD4^{+}CD8^{niedrig}$-Population entsteht. Wenn die Selektion von einem MHC-Klasse-II-Molekül ausgelöst wird, dauern die Signale der $CD4^{+}CD8^{niedrig}$-Population länger, und es kommt zu einer CD4-Vorprägung. Dabei wird die Expression von CD4 beibehalten und die von CD8 geht verloren. Wenn die Selektion durch ein MHC-Klasse-I-Molekül erfolgt, ist das Signal in der $CD4^{+}CD8^{niedrig}$-Population kürzer, was zu einer Vorprägung für die CD8-Linie führt. Dabei wird dann CD8 erneut exprimiert und CD4 geht verloren. Th-POK, *T-helper-inducing POZ/Kruppel-like*-Transkriptionsfaktor.

erforderlich sind, in den CD8-T-Zellen, nicht jedoch in den meisten CD4-T-Zellen. Andererseits entwickelt sich das Potenzial, verschiedene Cytokingene zu exprimieren, in den CD4-T-Zellen und nur zu einem geringeren Ausmaß in den CD8-T-Zellen.

Die meisten der doppelt positiven Thymocyten, die die positive Selektion durchlaufen, entwickeln sich entweder zu einfach positiven CD4- oder CD8-T-Zellen. Der Thymus bringt jedoch auch eine kleinere Population von T-Zellen hervor, die CD4, aber nicht CD8 produzieren. Diese bilden anscheinend eine eigene T-Zell-Linie und regulieren die Aktivitäten der übrigen T-Zellen. Diese Zellen exprimieren in großer Menge auch die Oberflächenproteine CD25 und CTLA-4 (Abschnitt 6.20) sowie den Forkhead-Transkriptionsfaktor FoxP3, und man bezeichnet sie als **natürliche regulatorische T-Zellen (T_{reg}-Zellen)**. Auf welcher Grundlage diese Zellen selektiert werden und wie sich entwickeln, ist zurzeit noch unbekannt.

7.19 Die corticalen Thymusepithelzellen bewirken eine positive Selektion sich entwickelnder Thymocyten

Die Untersuchungen mit den Thymustransplantationen, die in Abschnitt 7.15 beschrieben werden, deuten darauf hin, dass die Stromazellen für die positive Selektion von Bedeutung sind. Diese Zellen bilden ein Geflecht von Ausläufern und darüber einen engen Kontakt zu doppelt positiven T-Zellen, die eine positive Selektion durchlaufen (Abb. 7.16). An diesen Kontaktstellen kann man beobachten, wie sich T-Zell-Rezeptoren mit MHC-Molekülen zusammenlagern. Einen direkten Beweis dafür, dass die corticalen Thymusepithelzellen für die positive Selektion verantwort-

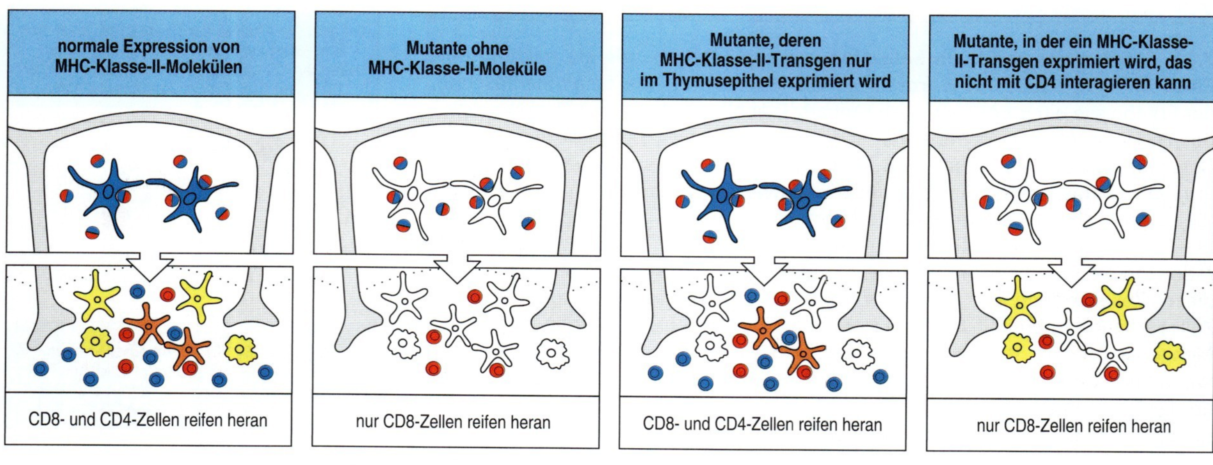

7.32 Die Epithelzellen des Thymuscortex führen eine positive Selektion herbei. Im Thymus von normalen Mäusen (erste senkrechte Bildfolge), der auf den Epithelzellen des Cortex (blau), der Medulla (orange) und den knochenmarkstämmigen Zellen (gelb) MHC-Klasse-II-Moleküle exprimiert, reifen sowohl CD4- (blau) als auch CD8-T-Zellen (rot) heran. Doppelt positive Thymocyten sind je zur Hälfte rot und blau dargestellt. Die zweite Bildfolge zeigt mutierte Mäuse, deren MHC-Klasse-II-Expression durch gezieltes Zerstören der Gene eliminiert wurde. Bei diesen Mäusen entstehen nur wenige CD4-T-Zellen, während sich CD8-T-Zellen normal entwickeln. Bei MHC-Klasse-II-negativen Mäusen, in die ein MHC-Klasse-II-Transgen so eingebracht wurde, dass es nur auf den Epithelzellen des Cortex exprimiert wird (dritte Bildfolge), entwickelt sich eine normale Anzahl von CD4-T-Zellen. Wenn jedoch ein mutiertes MHC-Klasse-II-Molekül mit einer defekten CD4-Bindungsstelle exprimiert wird (vierte Bildfolge), erfolgt keine positive Selektion der CD4-T-Zellen. Daran zeigt sich, dass die corticalen Epithelzellen für eine positive Selektion essenziell sind und dass das MHC-Klasse-II-Molekül in der Lage sein muss, mit dem CD4-Protein in Wechselwirkung zu treten.

lich sind, lieferte ein gut durchdachtes Experiment mit Mäusen, deren MHC-Klasse-II-Gene gezielt zerstört wurden (Abb. 7.32). Mäuse, die keine MHC-Klasse-II-Moleküle ausprägen, produzieren normalerweise keine CD4-T-Zellen. Um die Rolle des Thymusepithels bei der positiven Selektion zu untersuchen, hat man ein MHC-Klasse-II-Gen in solche Mäuse eingebracht. Die codierende Region des MHC-Klasse-II-Transgens wurde der Kontrolle eines Promotors unterstellt, der nur in corticalen Thymusepithelzellen exprimiert wird. Bei diesen Mäusen entwickelten sich die CD4-T-Zellen normal. Eine weitere Variante dieses Experiments zeigte, dass das MHC-Klasse-II-Molekül auf den Epithelzellen des Thymus gut mit CD4 interagieren muss, damit die Entwicklung von CD4-T-Zellen gefördert wird. Ist das im Thymus exprimierte MHC-Klasse-II-Transgen derart mutiert, dass es nicht an CD4 binden kann, entwickeln sich nur wenige CD4-T-Zellen. Entsprechende Untersuchungen zur CD8-Wechselwirkung mit MHC-Klasse-I-Molekülen zeigten, dass es ohne Corezeptorbindung auch für CD8-Zellen keine normale positive Selektion geben kann.

Die zentrale Rolle des corticalen Thymusepithels bei einer positiven Selektion wirft die Frage auf, ob sich hier etwas finden lässt, das für die antigenpräsentierenden Eigenschaften dieser Zellen charakteristisch ist. Darauf gibt es zurzeit noch keine klare Antwort. Das Thymusepithel unterscheidet sich von anderen Geweben möglicherweise in Bezug auf die Proteasen, die für den Abbau der invarianten Kette (Ii) während des Transports von MHC-Klasse-II-Molekülen an die Zelloberfläche verwendet werden (Abschnitt 5.8). Im corticalen Thymusepithel überwiegt die Protease Cathepsin L, in peripheren Geweben ist dagegen anscheinend Cathepsin S am wichtigsten. Folglich ist die Entwicklung von CD4-T-Zellen bei Knockout-Mäusen ohne Cathepsin L empfindlich gestört. Thymusepithelzellen besitzen auf ihren Zelloberflächen eine relativ hohe Dichte an MHC-Klasse-II-Molekülen, die das mit der invarianten Kette assoziierte Peptid (CLIP) festhalten (Abb. 5.9). Ein anderer Grund für die große Bedeutung der Thymusstromazellen kann einfach darin liegen, dass diese Zellen während der Phase, in der die positive Selektion stattfindet, in anatomischer Nähe zu den sich entwickelnden Thymocyten liegen und nur sehr wenige Makrophagen und dendritische Zellen im Thymuscortex vorkommen.

7.20 T-Zellen, die stark auf ubiquitäre Autoantigene reagieren, werden im Thymus eliminiert

Wird der Rezeptor einer reifen naiven T-Zelle in einem peripheren lymphatischen Organ von einem Peptid:MHC-Komplex auf einer professionellen antigenpräsentierenden Zelle gebunden, löst dies normalerweise die Proliferation der T-Zelle und damit die Produktion von Effektorzellen aus. Trifft dagegen der T-Zell-Rezeptor einer sich entwickelnden T-Zelle im Thymus auf ein Antigen auf Zellen aus dem Thymusstroma oder dem Knochenmark, stirbt die Zelle einen programmierten Zelltod (Apoptose). Diese Reaktion unreifer T-Zellen auf die Stimulation durch ein Antigen bildet die Grundlage für die negative Selektion. Werden solche T-Zellen schon im Thymus eliminiert, verhindert dies mögliche spätere Schäden, wenn sie als reife T-Zellen auf dieselben Peptide treffen und dann aktiviert werden.

Die negative Selektion wurde unter Verwendung von künstlichen und natürlich vorkommenden Selbst-Peptiden nachgewiesen. Die negative Selektion von Thymocyten, die auf ein künstliches Selbst-Peptid reagieren, ließ sich an TCR-transgenen Mäusen zeigen, bei denen die meisten Thymocyten einen T-Zell-Rezeptor exprimierten, der für ein an ein MHC-Klasse-II-Molekül gebundenes Ovalbuminpeptid spezifisch ist. Injiziert man in solche Mäuse ein entsprechendes Ovalbuminpeptid, sterben die meisten der doppelt positiven CD4CD8-Thymocyten in dem Thymuscortex durch Apoptose (Abb. 7.33). Die negative Selektion eines natürlich vorkommenden Selbst-Peptids wurde bei TCR-transgenen Mäusen beobachtet, die T-Zell-Rezeptoren exprimierten, die für nur von männlichen Mäusen exprimierte Selbst-Peptide spezifisch waren. Thymocyten mit diesen Rezeptoren verschwinden aus der sich entwickelnden Zellpopulation der männlichen

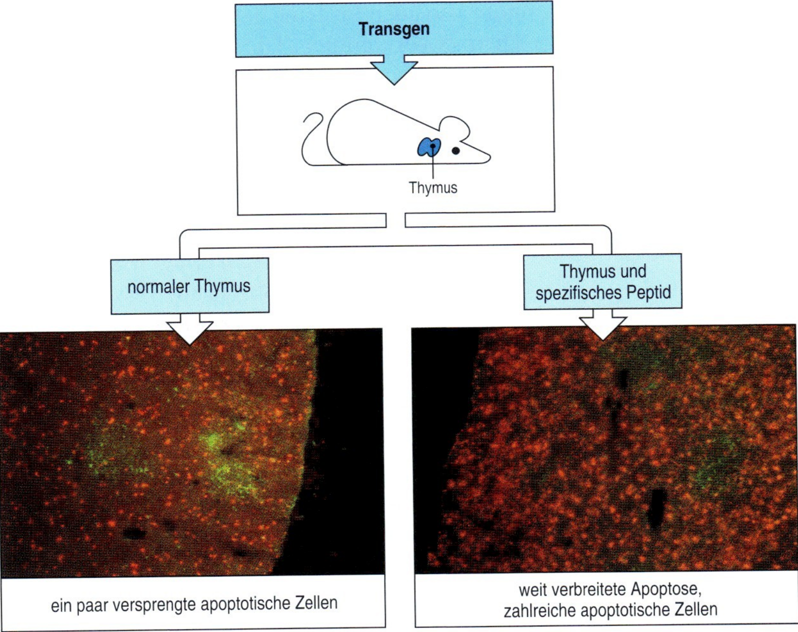

7.33 T-Zellen, die auf körpereigene Antigene ansprechen, werden im Thymus eliminiert. Bei Mäusen, die für einen T-Zell-Rezeptor transgen sind, der ein bekanntes Peptidantigen im Komplex mit Selbst-MHC erkennt, haben alle T-Zellen dieselbe Spezifität. Ohne das Peptid reifen die meisten Thymocyten heran und wandern in die Peripherie. Das ist im Bild unten links zu erkennen, bei dem ein normaler Thymus mit einem Antikörper für die Medulla angefärbt (grün) sowie mit der TUNEL-Technik (Anhang I, Abschnitt A.32) behandelt wurde, um apoptotische Zellen zu identifizieren (rot). Spritzt man Mäusen das Peptidantigen, das der transgene T-Zell-Rezeptor erkennt, sterben im Thymus massiv Zellen ab. Dies zeigt sich an der erhöhten Anzahl apoptotischer Zellen im Bild unten rechts. (Fotos mit freundlicher Genehmigung von A. Wack und D. Kioussis.)

Mäuse im doppelt positiven CD4CD8-Entwicklungsstadium; einfach positive Zellen mit diesen transgenen Rezeptoren werden nicht reif. Dagegen entwickeln sich die transgenen T-Zellen bei weiblichen Mäusen, denen das für Männchen spezifische Peptid fehlt, normal. Die negative Selektion auf Peptide, die für männliche Tiere spezifisch sind, ließ sich auch bei normalen Mäusen zeigen, und auch hier werden die T-Zellen beseitigt.

Das Entwicklungsstadium, in dem die negative Selektion stattfindet, kann abhängig vom jeweils angewandten experimentellen System und dem jeweiligen Autoantigen unterschiedlich sein. So können Mäuse, die für einen T-Zell-Rezeptor transgen sind, im Verlauf der Entwicklung früher funktionsfähige T-Zell-Rezeptoren exprimieren als normale Mäuse, und sie besitzen im Thymus eine große Anzahl von Zellen, die auf ein bestimmtes Peptid reagieren. Diese Eigenschaften können dazu führen, dass eine negative Selektion bei TCR-transgenen Mäusen früher eintritt als bei normalen Mäusen. Bei einem stärker physiologisch ausgerichteten System wird nur eine β-Kette des T-Zell-Rezeptors, die auf ein Peptid aus Cytochrom *c* reagiert, transgen exprimiert. In solchen transgenen Mäusen lagert sich die β-Kette mit den endogenen α-Ketten zusammen, aber die Häufigkeit von peptidreaktiven T-Zellen reicht für einen Nachweis mithilfe von Peptid:MHC-Tetrameren aus (Anhang I, Abschnitt A.28). Diese Untersuchungen zeigen, dass die negative Selektion in allen Entwicklungsstadien stattfinden kann und dass die positive und die negative Selektion nicht zwangsläufig aufeinanderfolgende Vorgänge sein müssen.

Diese Experimente veranschaulichen das Prinzip, dass Selbst-Peptid: Selbst-MHC-Komplexe im Thymus das reife T-Zell-Repertoire von T-Zellen befreien, die autoreaktive Rezeptoren tragen. Ein Problem mit diesem Mechanismus besteht darin, dass man bei vielen gewebespezifischen Proteinen wie beim Insulin aus dem Pankreas nicht erwarten sollte, dass sie im Thymus exprimiert werden. Inzwischen hat sich jedoch herausgestellt, dass viele dieser „gewebespezifischen" Proteine tatsächlich in einigen Stromazellen in der Thymusmedulla exprimiert werden. Die negative Selektion innerhalb des Thymus könnte also auch Proteine betreffen, die sonst nur in Geweben außerhalb des Thymus vorkommen. Die Expression dieser Proteine im Thymusmark wird durch das Gen ***AIRE*** (**Autoimmunregulator**) kontrolliert, wobei der Mechanismus bis jetzt unbekannt ist. Das Gen wird in Stromazellen exprimiert, die im Thymusmark liegen (Abb. 7.34). Mutationen im *AIRE*-Gen verursachen eine Autoimmunerkrankung, die man als **polyglanduläres Autoimmunsyndrom Typ I** oder als **APECED** (*autoimmune polyendocrinopathy-candidiasis-ectodermal dystrophy*, Autoimmun-Polyendokrinopathie-Candidiasis-Ektodermales Dystrophie-Syndrom) bezeichnet. Hier verdeutlicht sich die große Bedeutung, die die Expression von gewebespezifischen Proteinen innerhalb des Thymus besitzt, um die Selbst-Toleranz aufrechtzuerhalten. Die *AIRE*-Expression im Thymusmark wird durch Signale von Lymphotoxin (LT) induziert. Bei Mäusen, denen LT-α beziehungsweise der zugehörige Rezeptor fehlt, ist auch die Expression von *AIRE* verringert (Abb. 7.34). Bei diesen Mäusen ist die Expression von Insulin im Thymusmark im Vergleich zu normalen Mäusen herabgesetzt, und die periphere Insulintoleranz ist beeinträchtigt. Bei der negativen Selektion von sich entwickelnden T-Zellen kommt es also zu Wechselwirkungen mit ubiquitären Autoantigenen und gewebespezifischen Autoantigenen, und die Wechselwirkungen können sowohl im Thymuscortex als auch im Thymusmark erfolgen.

Es ist nicht geklärt, ob das *AIRE*-Gen die Expression von allen körpereigenen Proteinen im Thymus hervorruft. Möglicherweise entfernt also die negative Selektion im Thymus nicht alle T-Zellen, die auf Autoantigene reagieren, die ausschließlich in anderen Geweben vorkommen oder in verschiedenen Entwicklungsstadien exprimiert werden. Es gibt jedoch mehrere Mechanismen, die in der Peripherie aktiv sind und verhindern können, dass reife T-Zellen auf gewebespezifische Antigene reagieren. Diese werden wir in Kapitel 13 besprechen, wenn wir uns mit dem Problem der Autoimmunreaktionen und ihrer Vermeidung beschäftigen.

7.21 Die negative Selektion erfolgt sehr effizient durch antigenpräsentierende Zellen aus dem Knochenmark

Wie oben besprochen, findet die negative Selektion während der gesamten Thymocytenentwicklung sowohl im Thymuscortex als auch im Thymusmark statt und wird daher anscheinend durch mehrere verschiedene Zelltypen vermittelt. Es besteht jedoch offenbar bei den Zellen, die an der negativen Selektion beteiligt sind, eine Wirksamkeitshierarchie. Am wichtigsten sind wohl die aus dem Knochenmark stammenden dendritischen Zellen und Makrophagen. Dabei handelt es sich um antigenpräsentierende Zellen, die auch reife T-Zellen in den peripheren lymphatischen Geweben aktivieren (Kapitel 8). Die Autoantigene, die diese Zellen präsentieren, sind deshalb die wichtigste Quelle für potenzielle Autoimmunreaktionen, und T-Zellen, die auf solche körpereigenen Peptide reagieren, müssen im Thymus eliminiert werden.

Experimente mit Knochenmarkchimären haben die Rolle der Makrophagen und der dendritischen Zellen des Thymus bei der negativen Selektion verdeutlicht. Dazu wurde $MHC^{a\times b}$-F_1-Knochenmark in einen der elterlichen Stämme (in Abbildung 7.35 MHC^a) transplantiert. Die $MHC^{a\times b}$-T-Zellen, die sich in den Empfängertieren entwickelten, wurden auf diese Weise beispielsweise dem Thymusepithel eines MHC^a-Stammes ausgesetzt. Die aus dem Knochenmark stammenden dendritischen Zellen und Makrophagen exprimierten jedoch sowohl MHC^a als auch MHC^b. Die Knochenmarkchimären tolerierten Hauttransplantate von Tieren der Stämme MHC^a und MHC^b (Abb. 7.35). Das bedeutet, dass die sich entwickelnden T-Zellen für keines der beiden MHC-Antigene autoreaktiv waren. Da nur die aus dem Knochenmark stammenden Zellen den Thymocyten Selbst-Peptid:MHC^b-Komplexe präsentierten und somit eine Toleranz gegen MHC^b induzieren konnten, spricht man den dendritischen Zellen und Makrophagen eine zentrale Funktion bei der negativen Selektion zu.

Darüber hinaus können sowohl die Thymocyten selbst als auch die Zellen des Thymusepithels die Eliminierung autoreaktiver Zellen bewirken. Solche Reaktionen dürften im Vergleich zu der dominanten Rolle der aus dem Knochenmark stammenden Zellen normalerweise zweitrangig sein. Bei einer Knochenmarktransplantation von einem nichtverwandten Spender, bei dem alle Makrophagen und dendritischen Zellen des Thymus den Spendertyp aufweisen, könnte der von den Thymusepithelzellen vermittelten negativen Selektion jedoch eine besondere Bedeutung zukommen, indem sie die Toleranz gegenüber den empfängereigenen Gewebeantigenen aufrechterhält.

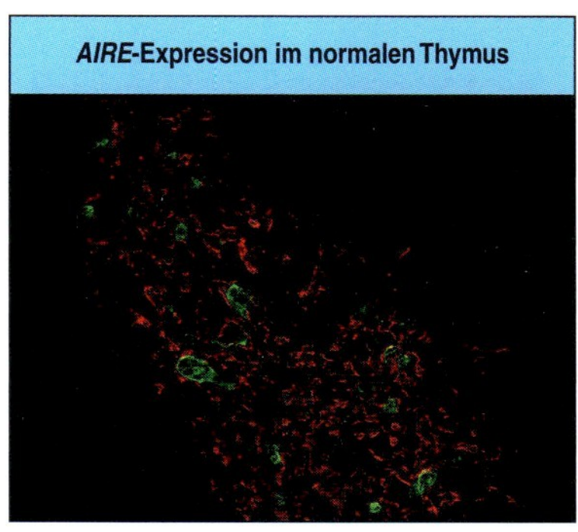

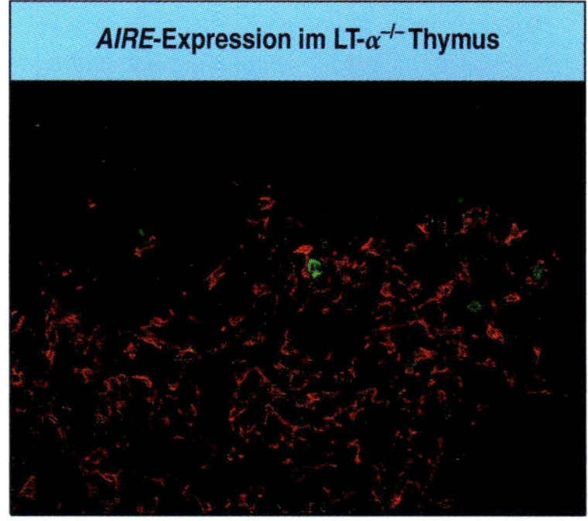

7.34 Das *AIRE*-Gen wird im Thymusmark exprimiert, und es stimuliert die Expression von Proteinen, die normalerweise in peripheren Geweben exprimiert werden. Die Expression des *AIRE*-Gens in den Markzellen des Thymus wird durch Lymphotoxin-α (LT-α) reguliert, das sein Signal über den LT-β-Rezeptor abgibt. Oben: Die *AIRE*-Expression (grün) wird im Wildtyp mithilfe von Immunfluoreszenz sichtbar gemacht; die Expression des Markerproteins MTS10 des Thymusmarkepithels erscheint rot. Unten: Die *AIRE*-Expression in Thymusmarkzellen ist bei LT-$\alpha^{-/-}$-Mäusen verringert. (Fotos mit freundlicher Genehmigung von R. K. Chin und Y.-X. Fu.)

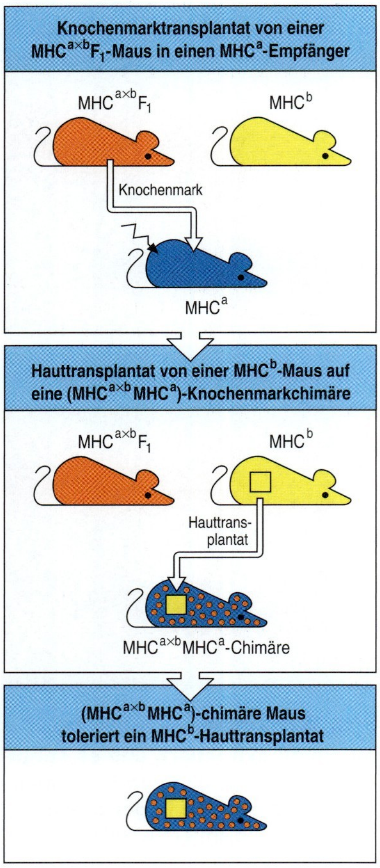

Knochenmarktransplantat von einer $MHC^{a \times b}F_1$-Maus in einen MHC^a-Empfänger

$MHC^{a \times b}F_1$

MHC^b

Knochenmark

MHC^a

Hauttransplantat von einer MHC^b-Maus auf eine ($MHC^{a \times b}$ MHC^a)-Knochenmarkchimäre

$MHC^{a \times b}F_1$

MHC^b

Hauttrans-plantat

$MHC^{a \times b}MHC^a$-Chimäre

($MHC^{a \times b}$ MHC^a)-chimäre Maus toleriert ein MHC^b-Hauttransplantat

7.35 Zellen aus dem Knochenmark lösen im Thymus eine negative Selektion aus. Injiziert man $MHC^{a \times b}$-F_1-Knochenmark in eine bestrahlte MHC^a-Maus, dann reifen die T-Zellen in einem Thymusepithel heran, das nur MHC^a-Moleküle exprimiert. Trotzdem sind die Mäuse tolerant gegen Hauttransplantate, die MHC^b-Moleküle exprimieren (sofern diese Transplantate keine hautspezifischen Peptide präsentieren, in denen sich die Stämme a und b unterscheiden). Daher sind offenbar die T-Zellen im Thymus eliminiert worden, deren Rezeptoren körpereigene Antigene erkennen, die von MHC^b präsentiert werden. Da die MHC^b-Moleküle im Thymus nur von den transplantierten $MHC^{a \times b}$-F_1-Knochenmarkzellen stammen können, müssen die Zellen aus dem Knochenmark eine negative Selektion auslösen können.

7.22 Die Spezifität und/oder die Stärke der Signale für die negative und die positive Selektion müssen sich unterscheiden

Wir haben erläutert, dass T-Zellen sowohl eine positive Selektion auf Selbst-MHC-Restriktion als auch eine negative Selektion auf Selbst-Toleranz durchlaufen, indem sie im Thymus mit Selbst-Peptid:Selbst-MHC-Komplexen auf den Stromazellen interagieren. Ein ungelöstes Problem ist dabei, wie sich die Wechselwirkung des T-Zell-Rezeptors mit den Selbst-Peptid:Selbst-MHC-Komplexen bei diesen beiden entgegengesetzten Ergebnissen unterscheidet. Erstens müssen mehr Rezeptorspezifitäten positiv als negativ selektiert werden, denn sonst würden alle Zellen, die positiv selektiert wurden, anschließend durch negative Selektion beseitigt, und es würden niemals T-Zellen produziert (Abb. 7.36). Zweitens müssen sich die Effekte der Wechselwirkungen unterscheiden, die zur positiven oder zur negativen Selektion führen: Zellen, die Selbst-Peptid:Selbst-MHC-Komplexe auf corticalen Epithelzellen erkennen, werden zum Heranreifen angeregt, während Zellen, deren Rezeptoren eine starke und potenziell schädliche Autoimmunreaktion hervorrufen können, zum Absterben gebracht werden.

Eine Hypothese, diese Unterschiede zwischen positiver und negativer Selektion zu erklären, besteht darin, dass das Ergebnis der Peptid:MHC-Bindung durch die T-Zell-Rezeptoren von Thymocyten von der Stärke des Signals abhängt, das Rezeptor und Corezeptor aufgrund der Bindung aussenden. Diese wiederum hängt sowohl von der Affinität des T-Zell-Rezeptors für den Peptid:MHC-Komplex als auch von der Dichte des Komplexes auf einer Thymuscortexzelle ab. Schwache Signale würden demnach Thymocyten vor der Apoptose bewahren und zur positiven Selektion führen. Starke Signale hingegen würden die Apoptose induzieren und zur negativen Selektion führen. Da wahrscheinlich mehr Komplexe schwach binden und nicht stark, ist von der positiven Selektion ein größeres Repertoire betroffen als von der negativen Selektion. Eine zweite Hypothese besagt, dass die Qualität des Signals, das der Rezeptor abgibt, von Bedeutung ist und nicht die Anzahl der beteiligten Rezeptoren, um eine positive von einer negativen Selektion zu unterscheiden. Gemäß des Modells der Signalstärke könnte ein spezifischer Peptid:MHC-Komplex für einen bestimmten T-Zell-Rezeptor entweder die positive oder die negative Selektion herbeiführen, was von dessen Dichte auf der Zelloberfläche abhängt. Im Gegensatz dazu würden sich gemäß der Hypothese von der Signalqualität Veränderungen der Peptid:MHC-Dichte nicht auswirken. Mit den bisherigen Experimenten ließ sich nicht zweifelsfrei zwischen beiden Modellvorstellungen unterscheiden. Durch die Aktivierung verschiedener nachgeschalteter Signalwege wird jedoch zwischen positiver und negativer Selektion unterschieden. Außerdem hat man postuliert, dass die entgegengesetzten Ergebnisse einer positiven oder einer negativen Selektion über eine differenzierte Aktivierung des MAP-Kinase-Weges durch den T-Zell-Rezeptor (Kapitel 6) vermittelt wird. Befunde deuten darauf hin, dass die positive Selektion durch ein geringes oder ein konstantes Aktivierungsniveau der Proteinkinase ERK zustande kommt, während die negative Selektion bei höheren Aktivitätswerten von ERK und gleichzeitiger Aktivierung der verwandten Proteinkinasen JNK und p38 erfolgt (Abschnitt 6.14).

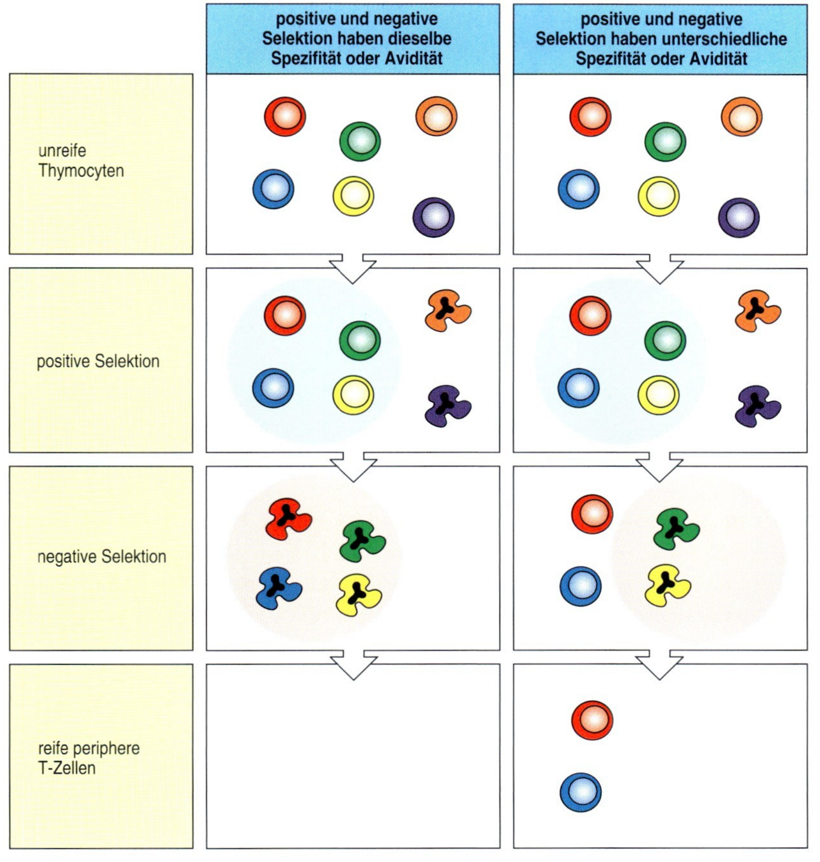

7.36 Bei der positiven Selektion muss die Spezifität oder Affinität eine andere sein als bei der negativen Selektion. Unreife T-Zellen werden positiv selektiert, sodass nur solche Thymocyten heranreifen, deren Rezeptoren auf die Peptid:MHC-Komplexe im Thymusepithel ansprechen. So entsteht eine Thymocytenpopulation, die auf Selbst-MHC restringiert ist. Durch die negative Selektion werden diejenigen T-Zellen eliminiert, deren Rezeptoren durch körpereigene Peptide im Komplex mit Selbst-MHC-Molekülen aktiviert werden können, so entsteht eine selbsttolerante Thymocytenpopulation. Wenn die positive und die negative Selektion die gleiche Spezifität und Affinität besäßen (linke Spalte), würden alle T-Zellen, die die positive Selektion überleben, während der negativen Selektion eliminiert. Nur wenn die Spezifität und Affinität der negativen Selektion sich von jener der positiven Selektion unterscheidet (rechte Spalte), können Thymocyten zu T-Zellen heranreifen.

Zusammenfassung

Die Stadien der Thymocytenentwicklung bis hin zur Expression des Prä-T-Zell-Rezeptors – hierzu gehört auch die Festlegung auf die $\alpha{:}\beta$- oder $\delta{:}\gamma$-Linie – basieren alle auf Peptid:MHC-Wechselwirkungen. Wenn die α-Ketten-Gene produktiv umgelagert wurden und der $\alpha{:}\beta$-T-Zell-Rezeptor exprimiert wird, durchlaufen die Thymocyten eine weitere Entwicklung, die von der Art des jeweiligen T-Zell-Rezeptors und seinen Wechselwirkungen mit Selbst-Peptiden abhängt, die von MHC-Molekülen im Thymusstroma präsentiert werden. Doppelt positive CD4CD8-Thymocyten, deren Rezeptoren mit Selbst-Peptid:Selbst-MHC-Komplexen auf Epithelzellen des Thymuscortex interagieren, werden positiv selektiert und entwickeln sich zu reifen, einfach positiven CD4- oder CD8-T-Zellen. T-Zellen, die mit körpereigenen Antigenen zu stark reagieren, werden im Thymus vernichtet; für diesen hoch effizienten Vorgang sind antigenpräsentierende Zellen aus dem Knochenmark verantwortlich. Als Ergebnis der positiven und negativen Selektion bildet sich ein Repertoire an reifen T-Zellen heraus, das MHC-restringiert und selbsttolerant ist. Das Paradoxon, dass das Erkennen von Selbst-Peptid:Selbst-MHC-Komplexen durch den T-Zell-Rezeptor zwei entgegengesetzte Auswirkungen haben kann – die positive und die negative

Selektion – bleibt weiterhin ungelöst. Um es zu lösen, ist es notwendig, die Wechselwirkungen zwischen Ligand und Rezeptor, die Mechanismen der Signalübertragung und die Physiologie von jedem Schritt des Prozesses vollständig zu verstehen.

Überleben und Heranreifen von Lymphocyten in den peripheren Lymphgeweben

Sobald die B- und T-Lymphocyten ihre Entwicklung in den zentralen lymphatischen Geweben abgeschlossen haben, transportiert sie das Blut zu den peripheren lymphatischen Geweben. Diese Gewebe besitzen stark gegliederte Strukturen mit unterschiedlichen Bereichen für die B- und T-Zellen. Entscheidend dafür sind die Wechselwirkungen zwischen den Lymphocyten und den anderen Zelltypen, aus denen die Lymphgewebe aufgebaut sind. Das Überleben und Heranreifen der T-Lymphocyten, die die peripheren lymphatischen Gewebe erreichen, hängen noch von weiteren Wechselwirkungen mit ihren körpereigenen Liganden und auch den benachbarten Zellen ab. Bevor wir näher auf die Faktoren eingehen, die das Überleben und Heranreifen der neu gebildeten Lymphocyten in der Peripherie steuern, wollen wir einen kurzen Blick auf die Organisation und die Entwicklung der Gewebe sowie auf die Signale werfen, welche die Lymphocyten zu den richtigen Stellen im Gewebe leiten. Normalerweise verlässt ein Lymphocyt die peripheren lymphatischen Gewebe, um dann durch Lymphflüssigkeit und Blut zu zirkulieren (Abschnitt 1.15). Dabei gelangt der Lymphocyt regelmäßig wieder in die lymphatischen Gewebe, bis er auf ein Antigen trifft oder zugrunde geht. Wenn ein Lymphocyt auf ein Antigen trifft, beendet er das Zirkulieren, proliferiert und differenziert sich (Kapitel 8 bis 10). Stirbt ein Lymphocyt, nimmt ein neu entstandener Lymphocyt seinen Platz ein; so wird das Rezeptorrepertoire ständig neu gebildet, und die Anzahl der Lymphocyten bleibt konstant.

7.23 In den verschiedenen Regionen der peripheren lymphatischen Gewebe kommen verschiedene Untergruppen von Lymphocyten vor

Wie wir in Kapitel 1 erfahren haben, sind die verschiedenen lymphatischen Organe der Peripherie im Großen und Ganzen gleich organisiert. Alle weisen getrennte Bereiche für B- und T-Zellen auf und enthalten zudem Makrophagen, dendritische Zellen und Stromazellen, die keine Leukocyten sind. Das lymphatische Gewebe der Milz ist die weiße Pulpa, deren Gesamtaufbau in Abbildung 1.19 dargestellt ist. Jeder Bereich der weißen Pulpa ist durch einen **Randsinus** begrenzt. Dies ist ein Netzwerk von Gefäßen, in das sich die zentrale Arteriole verzweigt. Die **Randzone** der weißen Pulpa, deren äußere Begrenzung der Rand des Randsinus ist, ist eine komplex strukturierte Region, deren Funktion noch kaum bekannt ist. Darin kommen nur wenige T-Zellen vor, dafür jedoch viele Makrophagen und die **B-Zellen der Randzone**, eine besondere Population von B-Zellen, die nicht zirkulieren. Krankheitserreger, die über das Blut hier ankommen, werden durch die Makrophagen in der Randzone wirksam festgehalten, und wahrscheinlich sind die B-Zellen der Randzone einzig darauf spezialisiert, die ersten Reaktionen gegen diese Krankheitserreger durchzuführen.

Die weiße Pulpa enthält deutlich abgegrenzte Bereiche für T-Zellen und B-Zellen. Die T-Zellen gruppieren sich um die zentrale Arteriole, und die globulären B-Zell-Zonen oder -Follikel liegen weiter außen. Einige Follikel können **Keimzentren** enthalten, in denen die B-Zellen, die bei der adaptiven Immunantwort mitwirken, proliferieren und somatische Hypermutationen erzeugen (Abb. 4.18). In Follikeln mit Keimzentren werden die ruhenden B-Zellen, die nicht zur Immunantwort beitragen, weiter nach außen verlagert und bilden die **Mantelzone** um die proliferierenden Lymphocyten. Die durch Antigene stimulierte Bildung von Keimzentren wird im Einzelnen in Kapitel 9 besprochen, wenn wir uns mit den B-Zell-Antworten befassen.

In den B-Zell- und T-Zell-Zonen kommen auch noch andere Zelltypen vor. So wird die B-Zell-Zone von einem Netzwerk **follikulärer dendritischer Zellen (FDC)** durchzogen, die sich vor allem im Bereich des Follikels konzentrieren, der am weitesten von der Zentralarteriole entfernt liegt. Die follikulären dendritischen Zellen verdanken ihren Namen ihren langen Fortsätzen, über die sie mit den B-Zellen in Kontakt stehen. Die follikulären dendritischen Zellen unterscheiden sich von den dendritischen Zellen, denen wir bereits begegnet sind (Abschnitt 1.3), da sie keine Leukocyten sind und es auch keine Vorläuferzellen im Knochenmark für sie gibt. Darüber hinaus sind sie keine Phagocyten und exprimieren auch keine MHC-Klasse-II-Moleküle. Follikuläre dendritische Zellen sind anscheinend darauf spezialisiert, Antigene in Form von Immunkomplexen einzufangen, die aus Antigen, Antikörper und Komplement bestehen. Diese Immunkomplexe werden jedoch nicht internalisiert, sondern bleiben auf der Oberfläche, wo dann B-Zellen das Antigen erkennen können. Die follikulären dendritischen Zellen spielen auch bei der Entwicklung der B-Zell-Follikel eine wichtige Rolle.

Die T-Zell-Bereiche enthalten ein Netzwerk von dendritischen Zellen aus dem Knochenmark. Man bezeichnet sie als **interdigitierende dendritische Zellen** aufgrund der Art und Weise, in der ihre Fortsätze und die T-Zellen miteinander verwoben sind. Man unterscheidet bei ihnen zwei Subtypen mit jeweils charakteristischen Zelloberflächenproteinen. Ein Subtyp exprimiert die α-Kette von CD8, während der andere CD8-negativ ist, aber wie die Makrophagen das Integrin CD11b:CD18 exprimiert.

Wie in der Milz sind die T- und B-Zellen auch in den Lymphknoten in Form von T-Zell- und B-Zell-Zonen organisiert (Abb. 1.18). Die B-Zell-Follikel besitzen eine ähnliche Struktur und Zusammensetzung wie in der Milz, und sie liegen direkt unter der äußeren Kapsel des Lymphknotens. Die Follikel in den paracorticalen Bereichen sind von T-Zell-Zonen umgeben. Im Gegensatz zur Milz sind die Lymphknoten sowohl mit dem Blutkreislauf als auch mit dem Lymphsystem verbunden. Die Lymphflüssigkeit tritt in den Bereich unterhalb der Kapsel ein, den man ebenfalls als Randsinus bezeichnet, und transportiert Antigene und antigentragende dendritische Zellen aus den Geweben.

Die mucosaassoziierten lymphatischen Gewebe (MALT) sind mit den Oberflächenepithelien des Körpers gekoppelt, die eine physikalische Barriere gegen Infektionen bilden. Zu den MALT gehören die Peyer-Plaques, den Lymphknoten ähnliche Strukturen, die sich in bestimmten Abständen direkt unterhalb des Darmepithels verteilen. Sie enthalten B-Zell-Follikel und T-Zell-Zonen (Abb. 1.20). Die Darmepithelzellen, die direkt darüber liegen, besitzen keinen Bürstensaum. Stattdessen sind diese sogenannten M-Zellen darauf spezialisiert, Antigene und Krankheitserreger aus dem Darmlumen in die Peyer-Plaques zu transportieren (Abschnitt 1.15). Die Peyer-Plaques und ähnliches Gewebe in den Mandeln sind spezialisierte Bereiche, in denen B-Zellen für die Synthese von IgA vorgeprägt werden können. Die Stromazellen des MALT sezernieren das Cytokin TGF-β, das die Freisetzung von IgA durch B-Zellen in Kultur induzieren kann. Darüber hinaus verlassen während der Fetalentwicklung Wellen von γ:δ-T-Zellen mit spezifischen Umlagerungen der γ- und δ-Gene den Thymus und wandern in diese Grenzepithelien (Abschnitt 7.12). Das mucosale Immunsystem wird in Kapitel 11 genauer besprochen.

7.24 Proteine aus der Familie der Tumornekrosefaktoren steuern die Entwicklung und Organisation der peripheren Lymphgewebe

Wie können Lymphocyten ihre jeweiligen Regionen finden, sobald sie in die Milz oder einen Lymphknoten gelangen? Wie im nächsten Abschnitt beschrieben wird, werden sie vor allem durch Reaktionen auf Chemokine dorthin gelenkt. B- und T-Zellen verfügen über eine unterschiedliche Ausstattung mit Rezeptoren, die auf Chemokine, die von T- und B-Zonen sezerniert werden, unterschiedlich reagieren. Das führt jedoch zu der Frage, wie diese Zonen ursprünglich entstanden sind und was sie veranlasst, bestimmte Chemokine freizusetzen.

Erstaunlicherweise sind Mitglieder der Tumornekrosefaktor-(TNF-)/TNF-Rezeptor-Familie, von denen man ursprünglich annahm, dass sie bei Entzündungen und beim Zelltod eine Rolle spielen, für die normale Entwicklung und Stabilisierung des Lymphsystems essenziell. Dies ließ sich gut mithilfe einer Reihe von Knockout-Mäusen zeigen, bei denen einmal der Ligand und einmal der Rezeptor inaktiviert war (Abb. 7.37). Diese Knockout-Mäuse haben komplizierte Phänotypen. Das liegt zum Teil daran, dass einzelne Proteine aus der TNF-Familie an mehrere verschiedene Rezeptoren und andererseits viele Rezeptoren mehr als ein Protein binden können. Außerdem scheinen sich die Funktionen oder das Zusammenwirken der Proteine der TNF-Familie in gewissem Umfang zu überschneiden. Dennoch kann man einige allgemeine Schlüsse ziehen.

Die Entwicklung eines Lymphknotens hängt davon ab, dass eine Untergruppe der TNF-Proteinfamilie, die man als Lymphotoxine (LT) bezeichnet, in dem sich entwickelnden Gewebe exprimiert wird. Die verschiedenen Typen von Lymphknoten hängen von den Signalen verschiedener Lymphotoxine ab. LT-α_3 ist ein lösliches Homotrimer der LT-α-Kette und

Rezeptor	Liganden	Effekte in Knockout-(KO-)Mäusen: Milz	peripherer Lymphknoten	mesenterialer Lymphknoten	Peyer-Plaque	follikuläre dendritische Zellen
TNFR-I	TNF-α LT-α_3	Missbildungen	vorhanden in TNF-α-KO fehlt in LT-α-KO aufgrund des Ausbleibens von LT-β-Signalen	vorhanden	vermindert	nicht vorhanden
LT-β-Rezeptor	TNF-α LT-α_2/β_1 LIGHT	missgebildet keine Randzonen	nicht vorhanden	vorhanden in LT-β-KO fehlt in LT-β-Rezeptor-KO	nicht vorhanden	nicht vorhanden
HVEM	LT-α_3 LIGHT	obwohl LT-α und LIGHT an HVEM binden können, weiß man nicht, welche Rolle HVEM bei der Signalgebung während der Organbildung spielt				

unterstützt die Entwicklung der cervicalen und mesenterialen Lymphknoten, möglicherweise auch die der Lymphknoten im Lenden- und Kreuzbeinbereich. Alle diese Lymphknoten leiten Flüssigkeit aus Schleimhautbereichen ab. LT-α_3 entfaltet seine Effekte wahrscheinlich durch Bindung an TNFR-I und möglicherweise auch an HVEM, ein weiteres Protein der TNFR-Familie. Das membrangebundene Heterotrimer (LT-α_2:β_1), das aus LT-α und der dazu unterschiedlichen Proteinkette LT-β besteht, bindet nur an den LT-β-Rezeptor und unterstützt die Entwicklung aller übrigen Lymphknoten. Außerdem bilden sich die Peyer-Plaques nicht aus, wenn das Heterotrimer LT-α_2:β_1 fehlt. Diese Auswirkungen sind bei ausgewachsenen Tieren irreversibel, und es gibt mehrere essenzielle Entwicklungsphasen, in denen durch das Fehlen oder die Inaktivierung dieser Proteine der TNF-Familie die Entwicklung der Lymphknoten und Peyer-Plaques ein für alle Mal unterbleibt.

In Mäusen, denen verschiedene Mitglieder der TNF- oder TNFR-Familie fehlen, entwickelt sich zwar eine Milz, doch ist sie in vielen dieser Knockout-Mäuse anormal aufgebaut (Abb. 7.37). Damit sich die T- und B-Zell-Bereiche auf die übliche Weise voneinander trennen, müssen Lymphotoxine (höchstwahrscheinlich in Form des membranständigen Heterotrimers) vorhanden sein. TNF-α, das sich an TNFR-I heftet, ist zudem an der Organisation der weißen Pulpa beteiligt: Bleiben die TNF-α-Signale aus, liegen die B-Zellen ringförmig um die T-Zell-Zonen und bilden keine in sich abgeschlossenen Follikel. Außerdem sind die Randzonen nicht klar abgegrenzt, wenn TNF-α oder sein Rezeptor fehlen. Am wichtigsten ist aber vielleicht, dass man in Mäusen ohne TNF-α oder TNFR-I keine follikulären dendritischen Zellen findet. Diese Mäuse haben zwar Lymphknoten und Peyer-Plaques, da sie Mitglieder der LT-Familie exprimieren, doch diese Strukturen enthalten keine follikulären dendritischen Zellen. Ebenso findet man bei Mäusen, die das membrangebundene LT-α_2:β_1-Heterotrimer nicht bilden oder damit keine Signale aussenden können, weder normale follikuläre dendritische Zellen in der Milz noch irgendwelche Reste von Lymphknoten. Anders als die Störung der Lymphknotenentwicklung, die irreversibel ist, kann die Störung der lymphatischen Struktur in der Milz behoben werden, wenn das fehlende Mitglied der TNF-Familie wieder zur Verfügung steht. Wahrscheinlich stammt das membrangebundene LT von B-Zellen, da normale B-Zellen follikuläre dendritische Zellen und Follikel wiederherstellen können,

7.37 Für den normalen Aufbau der sekundären lymphatischen Organe sind die Proteine der TNF-Familie und ihre Rezeptoren notwendig. Die Bedeutung der Proteine der TNF-Familie wurde mithilfe von Untersuchungen an Knockout-Mäusen ermittelt, denen ein oder mehrere Liganden oder Rezeptoren der TNF-Familie fehlten. Einige Rezeptoren binden mehr als einen Liganden, und einige Liganden binden an mehr als einen Rezeptor, wodurch die Auswirkungen komplexer werden. (Die Rezeptoren sind nach dem ersten Liganden bezeichnet, von dem man wusste, dass er an den Rezeptor bindet.) In der Abbildung sind die Defekte nach den beiden Hauptrezeptoren, TNFR-I und dem LT-β-Rezeptor, aufgeschlüsselt; dazu kommt noch der relativ neu entdeckte Rezeptor HVEM (*herpes virus entry mediator*), der wohl ebenfalls eine Rolle spielt. In einigen Fällen führt der Verlust von Liganden, die an denselben Rezeptor binden, zu unterschiedlichen Phänotypen. Das liegt daran, dass Liganden jeweils auch an einen anderen Rezeptor binden können, und wird in der Tabelle angezeigt. Darüber hinaus ist die LT-α-Proteinkette an zwei verschiedenen Liganden beteiligt, dem Trimer LT-α_3 und dem Heterotrimer LT-α_2:β_1, die jeweils gesonderte Rezeptoren haben. Im Allgemeinen ist das Signal des LT-β-Rezeptors für die Entwicklung von Lymphknoten und follikulären dendritischen Zellen sowie für den normalen Aufbau der Milz erforderlich. Für die beiden Letzteren ist auch das Signal des TNFR-I-Rezeptors nötig, jedoch nicht für die Entwicklung der Lymphknoten.

wenn sie Empfängern mit RAG-Mangel (die keine Lymphocyten haben) übertragen werden. Vor kurzem hat man herausgefunden, dass B-Zellen in Peyer-Plaques bei der Entwicklung von M-Zellen eine ähnliche Funktion besitzen. In diesem Fall scheinen Signale erforderlich zu sein, die unabhängig von LT-α sind, da auch B-Zellen mit fehlerhaftem LT-α die Entwicklung der M-Zellen in den Peyer-Plaques wieder in normale Bahnen lenken können.

7.25 Lymphocyten werden durch Chemokine in spezifische Regionen der peripheren lymphatischen Gewebe gelockt

Neu gebildete Lymphocyten gelangen über das Blut in die Milz, wobei sie zuerst in den Randsinus einwandern. Von dort wandern sie zu den passenden Regionen der weißen Pulpa. Lymphocyten, die den Durchgang durch die Milz überleben, verlassen sie höchstwahrscheinlich durch die venösen Sinusbögen in der roten Pulpa. Die Lymphocyten dringen aus dem Blut durch die Wände von spezialisierten Blutgefäßen, den Venolen mit hohem Endothel (HEV), in die Lymphknoten ein. Die HEV liegen innerhalb der T-Zell-Zonen. Naive B-Zellen wandern durch die HEV in der T-Zell-Zone hindurch und kommen in den Follikeln zur Ruhe, wo sie etwa einen Tag bleiben, wenn sie nicht auf ihr spezifisches Antigen treffen und dort aktiviert werden. B- und T-Zellen verlassen die Lymphflüssigkeit über ein efferentes lymphatisches Gefäß, das sie schließlich zum Blut zurückführt. Die genaue Lokalisierung von B-Zellen, T-Zellen, Makrophagen und dendritischen Zellen in den peripheren lymphatischen Geweben wird durch Chemokine kontrolliert, die sowohl von den Stromazellen als auch von den aus dem Knochenmark abgeleiteten Zellen produziert werden (Abb. 7.38).

B-Zellen exprimieren den Chemokinrezeptor CXCR5 konstitutiv und werden durch den Liganden dieses Rezeptors (CXCL13, B-Lymphocyten-Cytokin, BLC) zu den Follikeln gelockt. CXCL13 wird mit größter Wahrscheinlichkeit von den follikulären dendritischen Zellen produziert, möglicherweise gleichzeitig von anderen follikulären Stromazellen. B-Zellen wiederum sind der Ursprung von Lymphotoxin, das für die Entwicklung der follikulären dendritischen Zellen notwendig ist. Diese gegenseitige Abhängigkeit der B-Zellen und der follikulären dendritischen Zellen veranschaulicht, wie komplex das Netz der Wechselwirkungen ist, das die peripheren lymphatischen Gewebe organisiert. T-Zellen können ebenfalls CXCR5 exprimieren, allerdings in geringerer Menge. Damit lässt sich möglicherweise erklären, wie T-Zellen in B-Zell-Follikel eindringen können, was sie nach einer Aktivierung tun, um an der Bildung von Keimzentren mitzuwirken.

Für die Lokalisierung der T-Zell-Zonen sind die beiden Chemokine CCL19 (MIP-3β) und CCL21 (sekundäres lymphatisches Chemokin, SLC) erforderlich. Beide binden an den Rezeptor CCR7, der von T-Zellen exprimiert wird. Mäusen, denen CCR7 fehlt, können keine normalen T-Zonen ausbilden und zeigen eine deutlich schlechtere primäre Immunantwort. CCL21 wird in der Milz von den Stromazellen der T-Zone sowie von den Endothelzellen der HEV in den Lymphknoten und den Peyer-Plaques

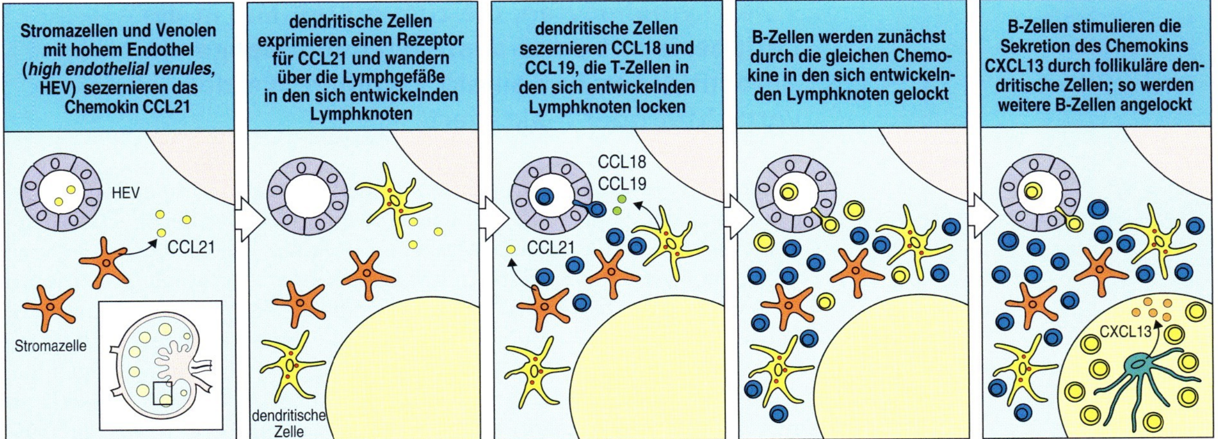

7.38 Der Aufbau eines lymphatischen Organs wird von Chemokinen gelenkt. Die zelluläre Organisation der lymphatischen Organe wird von Stromazellen und vaskulären Endothelzellen in Gang gesetzt; diese exprimieren das Chemokin CCL21 (erstes Bild). Dendritische Zellen exprimieren CCR7, einen Rezeptor für CCL21, und werden von Letzterem zu der Stelle gelockt, an dem sich der Lymphknoten entwickelt (zweites Bild). Es ist noch unbekannt, ob in den frühesten Stadien der Lymphknotenentwicklung unreife dendritische Zellen aus dem Blut oder über die Lymphgefäße dort einwandern, wie sie es im weiteren Verlauf des Lebens tun. Sobald sie im Lymphknoten angelangt sind, exprimieren die dendritischen Zellen die Chemokine CCL18 (andere Bezeichnung DC-CK1) und CCL19, für die die T-Zellen Rezeptoren exprimieren. Die Chemokine, die von den Stromazellen und den dendritischen Zellen freigesetzt werden, locken T-Zellen in den sich entwickelnden Lymphknoten (drittes Bild). Die gleiche Kombination von Chemokinen lockt auch B-Zellen in den Lymphknoten (viertes Bild). Die B-Zellen können entweder die Differenzierung follikulärer dendritischer Zellen (die keine Leukocyten sind, sondern eine Zelllinie, die sich von den dendritischen Zellen aus dem Knochenmark unterscheidet) auslösen oder ihre Mobilisierung in den Lymphknoten veranlassen. Sobald sie dort angekommen sind, sezernieren die follikulären dendritischen Zellen das Chemokin CXCL13, das als Chemoattraktor für B-Zellen wirkt. Die Produktion von CXCL13 fördert die Verteilung der B-Zellen in gesonderte B-Zell-Bereiche (Follikel) rund um die follikulären dendritischen Zellen und wirkt dabei mit, dass weitere B-Zellen aus dem Kreislauf in den Lymphknoten abgezogen werden (fünftes Bild).

gebildet. MIP-3β und SLC entstehen aber auch in den interdigitierenden dendritischen Zellen, der zweiten großen Zellgruppe in den T-Zell-Zonen. Tatsächlich exprimieren auch dendritische Zellen selbst in Mäusen, bei denen RAG mutiert ist, CCR7 und halten sich in den T-Zell-Zonen auf. Während der Lymphknotenentwicklung wird daher möglicherweise die T-Zell-Zone zuerst durch das Homing von dendritischen Zellen und T-Zellen durch CCL21, das von Stromazellen produziert wird, als Organisationsstruktur gebildet. Diese wird dann durch ansässige reife dendritische Zellen weitergeführt, die weiteres CCL21 und CCL19 ausschütten, um damit noch mehr T-Zellen und dendritische Zellen anzuziehen.

B-Zellen, besonders wenn sie aktiviert sind, exprimieren ebenfalls CCR7, allerdings in geringeren Mengen als T-Zellen oder dendritische Zellen. Das könnte die Ursache für ihr charakteristisches Migrationsmuster sein. Als Erstes durchwandern sie die T-Zell-Zone und bleiben dort, wenn sie aktiviert werden, später bewegen sie sich dann zum B-Zell-Follikel. Obwohl die zelluläre Organisation von T- und B-Zell-Bereichen in den Lymphknoten und den Peyer-Plaques noch nicht so gut untersucht wurde, wird sie wahrscheinlich durch ähnliche, wenn nicht identische Chemokine und Rezeptoren gesteuert.

7.26 Lymphocyten, die zum ersten Mal in der Peripherie mit einer ausreichenden Menge an Autoantigenen in Kontakt kommen, werden vernichtet oder inaktiviert

Autoreaktive Lymphocyten werden in den zentralen lymphatischen Organen aus der Population der neuen Lymphocyten entfernt. Das ist jedoch nur bei körpereigenen Antigenen wirksam, die in diesen Organen exprimiert werden oder dorthin gelangen können. Nicht alle potenziellen Autoantigene werden in den zentralen lymphatischen Organen exprimiert. Einige, wie etwa Thyroglobulin, ein Produkt der Schilddrüse, sind gewebespezifisch und/oder befinden sich in abgetrennten Kompartimenten, sodass davon im Kreislauf nur wenig vorhanden ist. Deshalb müssen neu ausgewanderte autoreaktive Lymphocyten, die zum ersten Mal auf körpereigene Antigene treffen, vernichtet oder inaktiviert werden. Dies ist der Toleranzmechanismus, den man als periphere Toleranz bezeichnet. Lymphocyten, die mit Autoantigenen in der Peripherie *de novo* in Kontakt treten, können drei Schicksale haben, größtenteils wie jene Zellen, die in den zentralen lymphatischen Organen Antigene erkennen: Vernichtung, Anergie oder Überleben (immunologische Ignoranz).

Reife B-Zellen, die in der Peripherie auf ein stark quervernetzendes Antigen treffen, unterliegen der klonalen Deletion. Das ließ sich bei Untersuchungen von B-Zellen, die ein für H-2K^b-MHC-Klasse-I-Moleküle spezifisches Immunglobulin exprimieren, auf elegante Weise zeigen. Diese Zellen werden selbst dann beseitigt, wenn bei transgenen Tieren die Expression des H-2K^b-Moleküls auf die Leber beschränkt ist, da ein leberspezifischer Genpromotor verwendet wurde. B-Zellen, die in der Peripherie auf stark quervernetzende Antigene treffen, treten direkt in die Apoptose ein, im Gegensatz zu den entsprechenden Zellen im Knochenmark, die noch weitere Umlagerungen des Rezeptorgens durchführen. Die unterschiedlichen Ergebnisse mögen darin begründet sein, dass die B-Zellen in der Peripherie im Reifeprozess schon weiter fortgeschritten sind und ihre Loci für die leichte Kette nicht mehr umlagern können.

Reife B-Zellen, die auf ein im Körper häufig vorkommendes lösliches Antigen treffen und daran binden, werden wie unreife B-Zellen inaktiviert (anergisiert). Das ließ sich bei Mäusen zeigen, indem man das *HEL*-Transgen unter der Kontrolle eines induzierbaren Promotors auf die Mäuse übertrug. Die Aktivität des Promotors ließ sich durch die Nahrung der Tiere regulieren. So war es möglich, die Produktion von Lysozym zu einem beliebigen Zeitpunkt auszulösen und die Auswirkungen auf die HEL-spezifischen B-Zellen in verschiedenen Reifestadien zu untersuchen. Diese Experimente haben gezeigt, dass sowohl reife als auch unreife B-Zellen inaktiviert werden, wenn sie ständig einem löslichen Antigen ausgesetzt sind.

Bei T-Zellen ist die Situation ähnlich. Auch hier hat man die Erkenntnisse über den Werdegang von autoreaktiven T-Zellen vor allem aufgrund von Untersuchungen an Mäusen gewonnen, die für T-Zell-Rezeptoren transgen waren. In einigen Fällen wurden die T-Zellen vernichtet, die in der Peripherie auf körpereigene Antigene reagieren, wobei dies erst nach einer kurzen Phase der Aktivierung und Zellteilung geschieht. Man bezeichnet diesen Effekt als **aktivierungsinduzierten Zelltod**. In anderen

Fällen werden die Zellen anergisch. Bei Untersuchungen *in vitro* erwiesen sich diese anergischen Zellen als resistent gegenüber den Signalen des T-Zell-Rezeptors.

Wenn der Kontakt von reifen Lymphocyten mit körpereigenen Antigenen zum Tod oder zur Anergie der Zelle führt, warum geschieht das dann nicht mit einem reifen Lymphocyten, der ein Antigen erkennt, das von einem Krankheitserreger stammt? Die Antwort lautet, dass die Infektion eine Entzündung auslöst, die entzündungsspezifische Cytokine und die Produktion von costimulierenden Molekülen auf den antigenpräsentierenden Zellen induziert. Wenn jedoch diese Signale fehlen, führt der Kontakt eines reifen Lymphocyten anscheinend zu einem sogenannten **tolerogenen** Signal vom Antigenrezeptor, das zur Toleranz führt. Das ließ sich vor kurzem bei T-Zellen *in vivo* zeigen. Wenn keine Infektion und Entzündung vorliegt, können ruhende dendritische Zellen den T-Zellen noch körpereigene Antigene präsentieren. Das führt jedoch dazu, dass eine naive T-Zelle, die unter diesen Bedingungen ein Autoantigen erkennt, entweder in den aktivierungsinduzierten Zelltod eintritt oder anergisch wird. Wenn also das angeborene Immunsystem nicht aktiviert wird, kommt es durch Antigene, die von dendritischen Zellen präsentiert werden, zu einer T-Zell-Toleranz und nicht zu einer Aktivierung der T-Zellen.

7.27 Die meisten unreifen B-Zellen, die in der Milz ankommen, sind kurzlebig und benötigen Cytokine und positive Signale über den B-Zell-Rezeptor, um heranreifen und überleben zu können

Wenn die B-Zellen aus dem Knochenmark in die Peripherie auswandern, sind sie noch funktionell unreif. Sie exprimieren große Mengen an sIgM, aber wenig sIgD. Abbildung 7.39 zeigt mögliche Werdegänge von neu erzeugten B-Zellen, die in die Peripherie gelangen. Täglich wandern annähernd 5 bis 10 % der gesamten, konstant in der Peripherie vorhandenen Population von B-Lymphocyten aus dem Knochenmark aus. Die Größe dieses Reservoires bleibt in nichtimmunisierten Tieren anscheinend immer gleich. Der Zustrom an neuen B-Zellen muss daher durch das Entfernen einer entsprechenden Anzahl B-Zellen aus der Peripherie ausgeglichen werden. Die überwiegende Mehrheit der peripheren B-Zellen (etwa 90 %) ist allerdings langlebig und jeden Tag gehen nur 1 bis 2 % von ihnen zugrunde. Die meisten B-Zellen, die sterben, gehören zur Population der kurzlebigen unreifen peripheren B-Zellen, von denen alle drei Tage mehr als 50 % absterben. Wahrscheinlich gelingt es den meisten neu gebildeten B-Zellen nicht, mehr als einige Tage in der Peripherie zu überleben, weil die peripheren B-Zellen miteinander um den Zugang zu den Follikeln in den peripheren lymphatischen Geweben konkurrieren. Gelangen daher die gerade gebildeten unreifen B-Zellen nicht in einen Follikel, endet ihre Passage durch die Peripherie und sie gehen schließlich zugrunde. Die begrenzte Anzahl an lymphatischen Follikeln kann unmöglich alle B-Zellen aufnehmen, die täglich in die Peripherie ausgeschüttet werden und daher permanent um den Zugang konkurrieren.

Der Follikel liefert anscheinend Signale, die für das Überleben der B-Zellen notwendig sind. Das geschieht vor allem durch den B-Zell-akti-

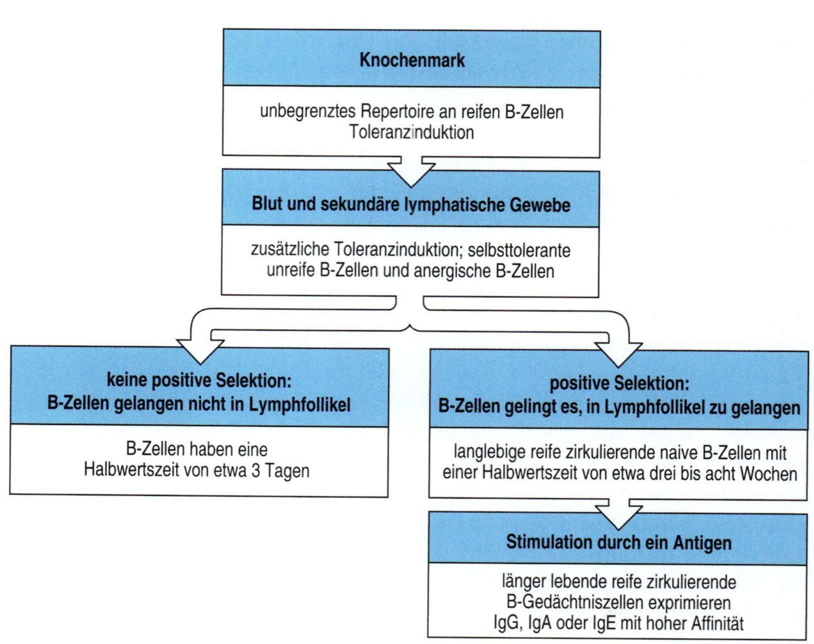

7.39 Mögliche Populationsdynamik konventioneller B-Zellen. B-Zellen entstehen im Knochenmark als unreife rezeptorpositive B-Zellen. Die meisten stark autoreaktiven B-Zellen werden in diesem Stadium eliminiert. Die B-Zellen wandern dann in die Peripherie und gelangen dort in die sekundären lymphatischen Gewebe. Man nimmt an, dass in der Maus täglich etwa 10 bis 20 × 10^6 B-Zellen im Knochenmark gebildet werden und die gleiche Anzahl in der Peripherie verloren geht. Es gibt anscheinend zwei Klassen peripherer B-Zellen: langlebige und kurzlebige. Die kurzlebigen sind laut Definition gerade erst entstandene B-Zellen. Der größte Teil des Umsatzes kurzlebiger B-Zellen könnte von B-Zellen herrühren, die nicht in die Lymphfollikel gelangen. In einigen Fällen ist dies eine Folge der Bindung eines löslichen körpereigenen Antigens, wodurch sie anergisch werden. Für die übrigen unreifen B-Zellen ist der Eintritt in die Lymphfollikel vermutlich so etwas wie eine positive Selektion. Dem Rest der kurzlebigen B-Zellen gelingt es daher nicht, in die Population der langlebigen B-Zellen aufgenommen zu werden, weil sie nicht positiv selektiert werden. Etwa 90 % aller peripheren B-Zellen sind relativ langlebige reife B-Zellen, die anscheinend in der Peripherie eine positive Selektion durchgemacht haben. Diese reifen naiven B-Zellen kreisen immer wieder durch periphere lymphatische Organe. Ihre Halbwertszeit beträgt bei Mäusen sechs bis acht Wochen. Man geht davon aus, dass Gedächtniszellen, die zuvor durch Antigen und T-Zellen aktiviert wurden, länger leben.

vierenden Faktor der TNF-Familie (BAFF), der von mehreren Zelltypen sezerniert wird, und durch den zugehörigen Rezeptor BAFF-R, der von B-Zellen exprimiert wird. Es ließ sich zeigen, dass das BAFF/BAFF-R-Paar für das Überleben der follikulären B-Zellen von großer Bedeutung ist, da Mutanten, denen BAFF-R fehlt, vor allem unreife B-Zellen und nur wenige langlebige periphere B-Zellen besitzen.

Zu den peripheren B-Zellen gehören auch die B-Gedächtniszellen, die sich aus reifen B-Zellen differenzieren, nachdem sie zum ersten Mal Kontakt mit einem Antigen hatten. Wir befassen uns mit dem Gedächtnis der B-Zellen noch einmal in Kapitel 10. Bei der Konkurrenz um den Zutritt zu den Follikeln werden reife B-Zellen bevorzugt, die bereits zur Population der langlebigen und stabilen B-Zellen gehören. Reife B-Zellen haben sich phänotypisch verändert, wodurch sie wahrscheinlich leichten Zugang zu den Follikeln finden. So exprimieren sie den Rezeptor CXCR5 für den Chemoattraktor CXCL13, der von den follikulären dendritischen Zellen exprimiert wird (Abb. 7.37). Sie zeigen auch eine erhöhte Expression von CR2 (CD21), einer Komponente des B-Zell-Corezeptors, die die Signalkapazität der B-Zelle beeinflusst.

Ständige Signale des B-Zell-Rezeptors fördern ebenfalls die Reifung und die permanente Zirkulation der peripheren B-Zellen. Mit einer gut durchdachten Methode ließ sich bei reifen B-Zellen durch bedingte Deletion eines Gens der B-Zell-Rezeptor ausschalten. Diese Experimente haben gezeigt, dass der B-Zell-Rezeptor für das Überleben der B-Zelle permanent exprimiert werden muss. Fehlt die Tyrosinkinase Syk, die an der Signalübermittlung des B-Zell-Rezeptors beteiligt ist (Abschnitt 6.12), dann entwickeln sich in den betreffenden Mäusen keine reifen B-Zellen, obwohl sie unreife B-Zellen haben. Möglicherweise ist also ein von Syk weitergeleitetes Signal für die endgültige Reifung und das Überleben der reifen B-Zellen erforderlich. Obwohl jeder B-Zell-Rezeptor eine einzigartige Spezifität hat, muss ein solches Signal nicht von antigenspezifischen Wechselwirkungen abhängen. Der Rezeptor könnte beispielsweise eine „tonische" Signalgebung durchführen: Bildet sich der Rezeptorkomplex, wird ein schwaches, aber wichtiges Signal ausgesendet, das gelegentlich einige oder alle in der Signalrichtung folgenden Signalereignisse auslöst.

7.28 B-1-Zellen und B-Zellen der Randzonen sind eigene B-Zell-Subtypen mit einer einzigartigen Spezifität des Antigenrezeptors

Für die Ausformung der Populationen der peripheren B-Zellen, die aus unreifen B-Zellen hervorgehen, welche in die Milz gelangen, ist die Spezifität der Rezeptoren von großer Bedeutung. Das zeigt sich am deutlichsten an der Funktion des B-Zell-Rezeptors und des Antigens für die Selektion von zwei Untergruppen der B-Zellen, die sich nicht in den B-Zell-Follikeln aufhalten: den sogenannten **B-1-Zellen** oder **CD5$^+$-B-Zellen** und den B-Zellen der Randzonen.

Die B-1-Zellen sind eine besondere Untergruppe von B-Zellen, die bei Maus und Mensch etwa 5 % aller B-Zellen ausmachen und bei Kaninchen die Hauptpopulation bilden. B-1-Zellen exprimieren das Zelloberflächenprotein CD5, besitzen viel sIgM und nur wenig sIgD. Sie kommen vor allem in der Flüssigkeit der Bauchfell- und der Lungenhöhle vor und treten zum ersten Mal während der Fetalentwicklung auf (Abb. 7.40). Man bezeichnet sie als B-1-Zellen, weil sie sich vor den konventionellen B-Zellen entwickeln, deren Entwicklung bis hier besprochen wurde – und die man als **B-2-Zellen** bezeichnet. Zweifellos beeinflusst die Antigenspezifität das Schicksal der B-1-Zellen und/oder ihrer Vorläufer, da bestimmte Autoantigene und Antigene aus der Umgebung, auf die sie in der Peripherie treffen, die Vermehrung und die Stabilisierung der B-Zellen fördern. Einige dieser Antigene, wie etwa Phosphocholin, kommen auf den Oberflächen von Bakterien vor, die den Darm besiedeln.

Der Ursprung der B-1-Zellen ist etwas umstritten. Es ist bis jetzt nicht bekannt, ob sie aus einer spezifischen Vorläuferzelle als eigene Zelllinie entstehen oder ob der B-1-Phänotyp aus einer Vorläuferzelle hervorgeht, die auch der Ursprung der B-2-Zellen ist. Bei der Maus produziert die fetale Leber vor allem B-1-Zellen, während das Knochenmark von ausgewachsenen Tieren in erster Linie B-2-Zellen erzeugt. Das hat man als Beleg für die Hypothese der spezifischen Vorläuferzelle interpretiert. Die Befunde insgesamt deuten jedoch darauf hin, dass die Vorprägung zur B-1- oder B-2-Untergruppe aufgrund eines Selektionsschrittes erfolgt und nichts mit einem Unterschied zwischen zwei getrennten Zelllinien zu tun hat, wie etwa zwischen $\gamma{:}\delta$- und $\alpha{:}\beta$-T-Zellen.

Die Bezeichnung der B-Zellen der Randzonen rührt daher, dass sich diese Zellen im Randsinus der weißen Pulpa in der Milz befinden. Sie sind eine weitere besondere Untergruppe der B-Zellen. Anscheinend handelt es sich dabei um ruhende reife B-Zellen, wobei sich die Zusammensetzung ihrer Oberflächenproteine von der Hauptpopulation der follikulären B-Zellen unterscheidet. So exprimieren sie beispielsweise das C-Typ-Lektin

7.40 Vergleich der Eigenschaften von B-1-Zellen, konventionellen B-Zellen (B-2-Zellen) und B-Zellen der Randzonen. B-1-Zellen können sich im Fetus außer in der Leber auch an ungewöhnlichen Stellen wie dem Omentum entwickeln. Sie kommen überwiegend im jungen Tier vor, können aber wahrscheinlich das ganze Leben über gebildet werden. Da sie vor allem im Fetus und im Neugeborenen entstehen, enthalten ihre umgelagerten Sequenzen in den variablen Bereichen nur wenige N-Nucleotide. Im Gegensatz dazu akkumulieren die B-Zellen der Randzonen nach der Geburt und erreichen bei der Maus das Maximum nicht vor der achten Lebenswoche. Am besten sieht man in ihnen ein teilweise aktiviertes, sich selbst erneuerndes Reservoir von Lymphocyten, die durch ubiquitäre körpereigene und fremde Antigene selektiert werden. Aufgrund dieser Selektion und vielleicht, weil die Zellen schon so früh im Leben gebildet werden, haben die B-1-Zellen ein eingeschränktes Repertoire an variablen Regionen und Antigenspezifitäten. Die B-Zellen der Randzonen verfügen ebenfalls nur über ein eingeschränktes Repertoire, das möglicherweise wie bei den B-1-Zellen auch durch eine Auswahl von Antigenen selektiert wurde. B-1-Zellen machen anscheinend in bestimmten Körperhöhlen den Hauptteil der B-Zell-Population aus, höchstwahrscheinlich weil sie an diesen Stellen Antigenen ausgesetzt sind, die die Proliferation der B-1-Zellen vorantreiben. Die B-Zellen der Randzonen bleiben in der Randzone der Milz und zirkulieren wahrscheinlich nicht. Eine teilweise Aktivierung von B-1-Zellen führt vor allem zur Sekretion von IgM-Antikörpern: Ein Großteil der IgM-Menge, die im Blut kreist, stammt aus B-1-Zellen. Die begrenzte Diversität des Repertoires der B-1-Zellen und der B-Zellen der Randzonen und ihre Neigung, mit weit verbreiteten bakteriellen Kohlenhydratantigenen zu reagieren, lässt vermuten, dass sie eine primitivere und weniger adaptive Immunreaktion vermitteln als normale B-Zellen (B-2-Zellen). In dieser Hinsicht sind sie mit den γ:δ-T-Zellen vergleichbar.

Eigenschaft	B-1-Zellen	B-2-Zellen	B-Zellen der Randzonen
zum ersten Mal produziert	Fetus	nach der Geburt	nach der Geburt
N-Bereiche in VDJ-Verbindungen	wenige	zahlreiche	ja
Repertoire des V-Bereichs	eingeschränkt	vielfältig	teilweise restringiert
primäre Lokalisation	Körperhöhlen (peritoneal, pleural)	sekundäre lymphatische Organe	Milz
Art der Erneuerung	selbsterneuernd	ersetzt aus dem Knochenmark	langlebig
spontane Immunglobulinproduktion	stark	schwach	schwach
sezernierte Isotypen	IgM >> IgG	IgG > IgM	IgM > IgG
Reaktion auf Kohlenhydratantigen	ja	unter Umständen	ja
Reaktion auf Proteinantigen	unter Umständen	ja	ja
Hilfe von T-Zellen erforderlich	nein	ja	manchmal
somatische Hypermutation	niedrig bis überhaupt nicht	stark	?
Gedächtnisentwicklung	wenig bis überhaupt nicht	ja	?

CD23 in geringer Menge, das MHC-Klasse-I-ähnliche Molekül CD1 (Abschnitt 5.19) sowie die zwei Rezeptoren CR1 (CD35) und CR2 (CD21) für das C3-Komplementfragment hingegen in großer Menge. Die B-Zellen der Randzonen besitzen nur eingeschränkte Antigenspezifitäten, mit einem Schwerpunkt auf häufige Umweltantigene und körpereigene Antigene. Möglicherweise sind die Zellen daran angepasst, wenn Antigene dieses Typs in das Blut gelangen, eine schnelle Antwort zu entwickeln. Sie benötigen wahrscheinlich keine Unterstützung durch T-Zellen, um aktiviert zu werden. Die B-Zellen der Randzonen ähneln in Funktion und Phänotyp den B-1-Zellen. Vor kurzem durchgeführte Experimente deuten darauf hin, dass sie durch bestimmte Autoantigene positiv selektiert werden, vielfach so wie auch die B-1-Zellen. Sie unterscheiden sich jedoch von diesen sowohl durch ihren Aufenthaltsort als auch die Expression ihrer Oberflächenproteine: So exprimieren B-Zellen der Randzonen beispielsweise CD5 nur in geringer Menge.

Die Funktionen der B-1-Zellen und der B-Zellen der Randzonen werden zurzeit untersucht. Ihr Aufenthaltsort deutet darauf hin, dass die Funktion der B-1-Zellen darin besteht, die Körperhöhlen zu schützen. Die B-Zellen der Randzonen haben dann möglicherweise die Funktion, Krankheitserreger anzugreifen, die in das Blut eindringen. Durch das eingeschränkte Rezeptorrepertoire bei beiden Zelltypen sind sie für eine Funktion in der frühen nichtadaptiven Phase einer Immunantwort (Abschnitt 2.34) ausgestattet. Die V-Gen-Segmente, die für die Codierung der Rezeptoren der B-1-Zellen und der B-Zellen der Randzonen verwendet werden, könnten sich in der Evolution durch natürliche Selektion dahin entwickelt haben, dass sie weit verbreitete bakterielle Antigene erkennen und so schon in den allerersten Phasen der adaptiven Immunantwort ihren Beitrag leisten können. Es zeigt sich jedoch, dass B-1-Zellen nur wenig zu den adaptiven Immunantworten auf die meisten Proteinantigene beitragen, hingegen aber an einigen Antikörperantworten gegen Kohlenhydratantigene stark beteiligt sind. Darüber hinaus stammt ein erheblicher Anteil des IgM, das normalerweise im Blut nichtimmunisierter Mäuse kreist, von B-1-Zellen. Diese sogenannten **natürlichen Antikörper** zeigen starke Kreuzreaktionen, aber nur eine geringe Affinität zu mikrobiellen und körpereigenen Antigenen. Ihre Existenz unterstützt die Ansicht, dass B-1-Zellen teilweise aktiviert sind, weil sie auf Selbsterneuerung durch überall vorhandene eigene und fremde Antigene selektiert worden sind.

7.29 Die Homöostase der T-Zellen in der Peripherie wird durch Cytokine und Selbst-MHC-Wechselwirkungen reguliert

Wenn T-Zellen ihre Rezeptoren und Corezeptoren exprimiert haben und innerhalb des Thymus etwa eine weitere Woche herangereift sind, wandern sie in die Peripherie. Anders als die B-Zellen, die aus dem Knochenmark auswandern, verlassen nur relativ wenige T-Zellen den Thymus, bei der Maus etwa 1 bis 2×10^6 pro Tag. Wenn keine Infektion vorhanden ist, wird die Größe und Zusammensetzung der peripheren Population von naiven T-Zellen durch Mechanismen reguliert, die die Größe der Population etwa konstant halten und bewirken, dass eine Vielzahl verschiedener potenziell funktionsfähiger T-Zell-Rezeptor darin vorkommt. Solche regulatorischen Prozesse bezeichnet man als **Homöostase**. Bei diesen homöostatischen Mechanismen spielen sowohl Cytokine als auch Signale von T-Zell-Rezeptoren als Reaktion auf Wechselwirkungen mit Selbst-MHC-Molekülen eine Rolle.

Im Experiment ließ sich zeigen, dass das Cytokin IL-7 und Wechselwirkungen mit Selbst-Peptid:Selbst-MHC-Komplexen für das Überleben der T-Zellen in der Peripherie notwendig sind. Werden die T-Zellen von ihrer normalen Umgebung auf Empfänger übertragen, die keine MHC-Moleküle oder nicht die „korrekten" MHC-Moleküle besitzen, durch die die T-Zellen ursprünglich selektiert wurden, überleben die T-Zellen nicht lange. Werden im Gegensatz dazu die T-Zellen auf Empfänger übertragen, die über die korrekten MHC-Moleküle verfügen, überleben sie. Reife naive T-Zellen, die mit den passenden Selbst-Peptid:Selbst-MHC-Komplexen in Kontakt kommen, während sie durch die peripheren lymphatischen Organe zirkulieren, werden veranlasst, sich mit geringer Rate zu teilen. Diese langsame Zunahme der T-Zell-Zahlen muss durch einen Verlust von T-Zellen ausgeglichen werden, da die Anzahl der T-Zellen in etwa konstant bleibt. Höchstwahrscheinlich sind von diesem Verlust vor allem die Nachkommen der sich teilenden naiven Zellen betroffen.

Wo treffen die reifen naiven CD4- und CD8-T-Zellen auf die Liganden, die die positive Selektion bewirken? Aktuellen Befunden zufolge sind dafür

Selbst-MHC-Moleküle auf dendritischen Zellen verantwortlich, die sich in den T-Zell-Zonen der peripheren lymphatischen Gewebe befinden. Diese Zellen ähneln den dendritischen Zellen, die aus anderen Geweben zu den Lymphknoten wandern, aber nicht genügend costimulierendes Potenzial besitzen, um eine vollständige T-Zell-Aktivierung zu induzieren. Die Untersuchung der peripheren positiven Selektion steht jedoch noch sehr am Anfang, und ein klares Bild muss sich erst ergeben. Zur peripheren T-Zell-Population gehören auch die T-Gedächtniszellen, mit denen wir uns in Kapitel 10 beschäftigen werden.

Zusammenfassung

Die Organisation der peripheren lymphatischen Gewebe wird durch Proteine der TNF-Familie und ihre Rezeptoren (TNFR) kontrolliert. Die Wechselwirkung zwischen B-Zellen, die Lymphotoxin exprimieren, und den follikulären dendritischen Zellen, die den Rezeptor TNFR-I exprimieren, erzeugt ein Signal, das für die Entwicklung des normalen Aufbaus der Milz und der Lymphknoten notwendig ist. Beim Anlocken von B- und T-Zellen in bestimmte Bereiche des lymphatischen Gewebes sind spezifische Chemokine von Bedeutung. B- und T-Lymphocyten, die die Selektion im Knochenmark und im Thymus überleben, werden in die peripheren lymphatischen Organe ausgeschleust. Die meisten neu gebildeten B-Zellen, die aus dem Knochenmark auswandern, sterben kurz nach ihrer Ankunft in der Peripherie, sodass die Anzahl der zirkulierenden B-Zellen etwa konstant bleibt. Eine geringe Anzahl reift heran und wird zu langlebigen naiven B-Zellen. Die T-Zellen verlassen den Thymus als vollständig gereifte Zellen, und sie werden in geringerer Anzahl als B-Zellen erzeugt. Das Schicksal der reifen Lymphocyten in der Peripherie wird immer noch durch die Antigenrezeptoren kontrolliert. Wenn ein Zusammentreffen mit dem spezifischen Fremdantigen ausbleibt, benötigen naive Lymphocyten tonische Signale über ihre Antigenrezeptoren, um langfristig zu überleben.

T-Zellen sind generell langlebig, und sie erneuern sich wahrscheinlich mit geringer Rate in den peripheren lymphatischen Geweben. Durch wiederholte Kontakte mit Selbst-Peptid:Selbst-Antigen-Komplexen, die die T-Zell-Rezeptor erkennen, ohne dass es zu einer T-Zell-Aktivierung kommt, und durch von IL-7 ausgelöste Signale werden die T-Zellen stabilisiert. Bei T-Zellen zeigt sich am deutlichsten, dass das Überleben der Zelle von den rezeptorvermittelten Überlebenssignalen abhängt, aber auch die B-1-Zellen und die B-Zellen der Randzonen benötigen anscheinend solche Signale, wobei diese hier die Differenzierung, Vermehrung und das Überleben unterstützen. Auch B-2-Zellen sind höchstwahrscheinlich auf solche Signale angewiesen, wobei nur das Überleben gesichert wird, dadurch aber keine Vermehrung stattfindet. Die lymphatischen Follikel, durch die die B-Zellen wandern müssen, um zu überleben, liefern anscheinend Signale für das Heranreifen und Überleben der Zellen. Von den Liganden, die B-1-Zellen und B-Zellen der Randzonen selektieren, sind einige wenige bekannt, aber welche Liganden generell an der B-Zell-Selektion beteiligt sind, weiß man noch nicht. Die abgegrenzten kleineren Subpopulationen der Lymphocyten, wie die B-1-Zellen, B-Zellen der Randzonen, $\gamma{:}\delta$-T-Zellen und doppelt negative T-Zellen mit

$\alpha{:}\beta$-Rezeptoren von sehr eingeschränkter Diversität, besitzen eine andere Entwicklungsgeschichte und andere funktionelle Eigenschaften als die konventionellen B-2-Zellen beziehungsweise $\alpha{:}\beta$-T-Zellen. Wahrscheinlich werden sie unabhängig von den Haupttypen der B- und T-Zell-Populationen reguliert.

Tumoren des Lymphsystems

Einzelne B- oder T-Zellen können eine neoplastische Transformation durchlaufen. Dadurch können entweder hämatogene Leukämien oder Lymphome im Gewebe entstehen. Die Merkmale der verschiedenen lymphatischen Tumoren entsprechen den Entwicklungsstadien der jeweiligen Zellen, aus denen die Tumoren hervorgingen. Alle lymphatischen Tumoren, mit Ausnahme der Tumoren, die aus frühen ungeprägten Zellen hervorgehen, besitzen charakteristische Genumlagerungen, die eine Zuordnung zur B- oder T-Zell-Linie ermöglichen. Diese Umlagerungen gehen häufig mit chromosomalen Translokationen einher, häufig zwischen einem Locus, der für die Erzeugung des Antigenrezeptors zuständig ist, und einem zellulären Protoonkogen. Die nächsten drei Abschnitte enthalten eine kurze Einführung dieser Tumoren und eine Beschreibung ihrer grundlegenden Merkmale.

7.30 B-Zell-Tumoren und ihre normalen Gegenstücke befinden sich oft an denselben Stellen

Tumoren können viele Charakteristika derjenigen Zelltypen beibehalten, aus denen sie hervorgegangen sind. Dies lässt sich im Fall von B-Zell-Tumoren klar zeigen. Bei Menschen beobachtet man Tumoren aus nahezu jedem Entwicklungsstadium der B-Zellen, vom frühesten Stadium bis hin zu den Myelomen, die maligne Auswüchse von Plasmazellen darstellen (Abb. 7.41). Darüber hinaus behält jeder Tumortyp auch seine charakteristische Fähigkeit, seinen Zielort zu finden (Homing). Folglich siedelt sich ein Tumor, der reifen B-Zellen, Zellen aus den Keimzentren oder Gedächtniszellen ähnelt, in Follikeln der Lymphknoten und der Milz an, wo er zu einem **Lymphom von Zellen des Follikelzentrums** wird. Plasmazelltumoren findet man hingegen in der Regel genau wie die normalen Plasmazellen an vielen verschiedenen Stellen im Knochenmark, weshalb man sie klinisch als **multiple Myelome** (Tumoren des Knochenmarks) bezeichnet. Aufgrund der Ähnlichkeiten kann man häufig anhand dieser in großen Mengen verfügbaren Tumorzellen die Zelloberflächenmoleküle sowie die Signalübertragungswege untersuchen, die für das Homing der Zellen und für andere Zellfunktionen verantwortlich sind.

Der klonale Charakter von B-Zell-Tumoren lässt sich zweifellos anhand der identischen Umlagerungen der Immunglobulingene veranschaulichen, die in den verschiedenen Zellen eines bestimmten Lymphoms bei einem Patienten vorhanden sind. Das ist hilfreich für die klinische Diagnostik, da sich diese homogenen Umlagerungen in Tumorzellen durch empfindliche Testverfahren nachweisen lassen (Abb. 7.42). Tatsächlich ist das Vorhan-

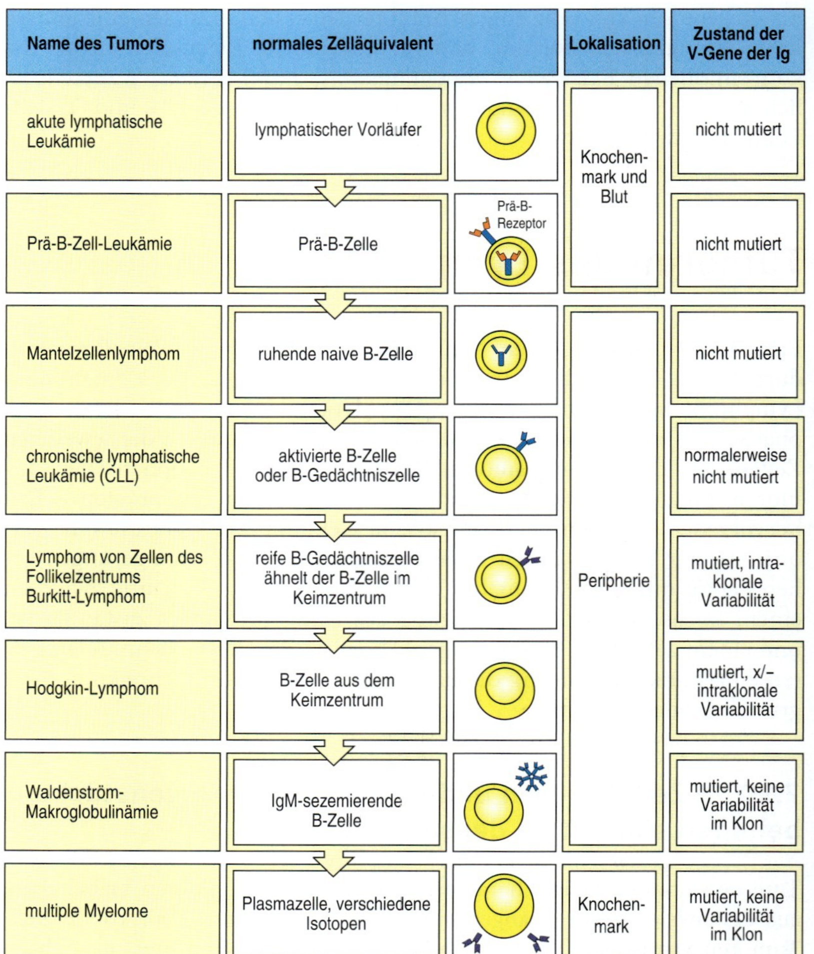

Name des Tumors	normales Zelläquivalent		Lokalisation	Zustand der V-Gene der Ig
akute lymphatische Leukämie	lymphatischer Vorläufer		Knochen-mark und Blut	nicht mutiert
Prä-B-Zell-Leukämie	Prä-B-Zelle	Prä-B-Rezeptor		nicht mutiert
Mantelzellenlymphom	ruhende naive B-Zelle		Peripherie	nicht mutiert
chronische lymphatische Leukämie (CLL)	aktivierte B-Zelle oder B-Gedächtniszelle			normalerweise nicht mutiert
Lymphom von Zellen des Follikelzentrums Burkitt-Lymphom	reife B-Gedächtniszelle ähnelt der B-Zelle im Keimzentrum			mutiert, intra-klonale Variabilität
Hodgkin-Lymphom	B-Zelle aus dem Keimzentrum			mutiert, x/–intraklonale Variabilität
Waldenström-Makroglobulinämie	IgM-sezemierende B-Zelle			mutiert, keine Variabilität im Klon
multiple Myelome	Plasmazelle, verschiedene Isotopen		Knochen-mark	mutiert, keine Variabilität im Klon

7.41 B-Zell-Tumoren sind klonale Auswüchse von B-Zellen verschiedener Entwicklungsstadien. Zu jedem Tumorzelltyp gibt es eine entsprechende normale B-Zelle. Die Tumorzelle wandert zu ähnlichen Zielorten und zeigt ein ähnliches Verhalten wie die ursprüngliche Zelle. Der Tumor, den man als multiples Myelom bezeichnet, besteht aus Zellen, die den Plasmazellen sehr ähneln, von denen sie abstammen: Sie sezernieren Immunglobuline und befinden sich vorwiegend im Knochenmark. Der rätselhafteste B-Zell-Tumor ist Morbus Hodgkin, der aus zwei Zellphänotypen besteht: einer lymphatischen Zelle und einer großen, merkwürdig aussehenden Zelle, der Reed-Sternberg-(RS-)Zelle. Die RS-Zelle stammt anscheinend von einer B-Zelle aus dem Keimzentrum ab, bei der wahrscheinlich aufgrund einer somatischen Mutation auf der Oberfläche weniger Immunglobulin exprimiert wird. Ursprünglich hatte man angenommen, dass die chronische lymphatische Leukämie (CLL) von einer B-1-Zell-Linie abstammt, da die Zellen CD5 exprimieren, aber vor kurzem durchgeführte Untersuchungen von Expressionsprofilen der CLL deuten darauf hin, dass die Zellen eher einer aktivierten B-Zelle oder einer B-Gedächtniszelle ähneln. Viele Lymphome und Myelome durchlaufen zuerst eine vorläufige, weniger aggressive Phase der Proliferation, und manche schwachen Lymphproliferationen scheinen gutartig zu sein.

densein von Umlagerungen an den Loci der B-Zell-Rezeptoren ein deutlicher Hinweis darauf, dass ein Tumor von B-Zellen abstammt, genauso wie Umlagerungen der T-Zell-Rezeptor-Loci auf T-Zellen als Ursprung hindeuten. Dieses Verfahren hat sich bei der Typisierung der akuten lymphatischen Leukämie, einer häufigen malignen Erkrankung bei Kindern, als sehr hilfreich erwiesen. Die meisten dieser Leukämien weisen Umlagerungen der Loci für die schwere Kette, nicht jedoch für die leichte Kette auf. Das deutet darauf hin, dass die Leukämie von einer Prä-B-Zelle ausgeht, und passt auch zu dem relativ undifferenzierten Phänotyp der Zellen. In einigen Fällen kommen auch Umlagerungen der leichten Ketten vor; hier ging die Erkrankung offenbar von einer etwas weiter entwickelten Vorläuferzelle aus. Bei einigen wenigen lymphoblastischen Leukämien findet man auch Umlagerungen an den T-Zell-Rezeptor-Loci, sodass B-Zellen nicht der Ursprung sein können.

In ähnlicher Weise ist es bei einer Klasse von Tumoren, die man als **Hodgkin-Lymphom** bezeichnet, inzwischen gelungen, ihren Ursprung

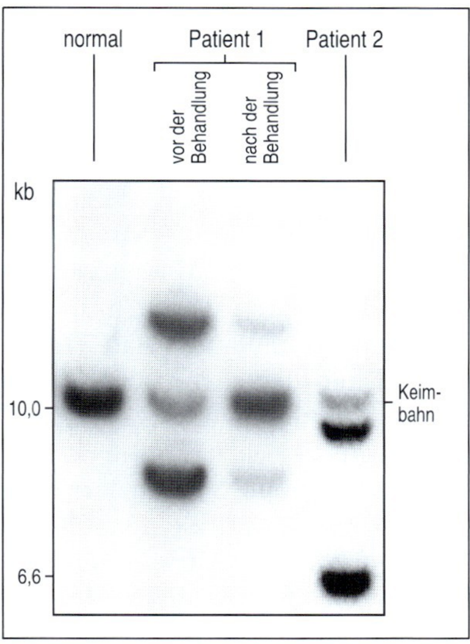

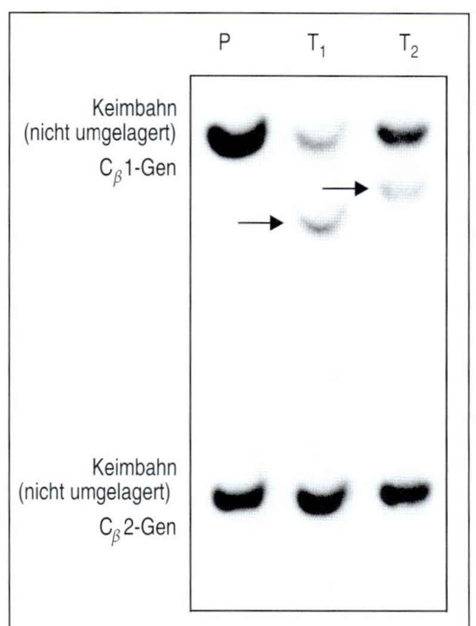

7.42 Klonale Analyse von B-Zell- und T-Zell-Tumoren. Durch die DNA-Analyse von Tumorzellen mithilfe von Southern-Blots lassen sich maligne Lymphome erkennen und überwachen. Linkes Bild: Analyse eines B-Zell-Tumors. In der Probe einer gesunden Person (linke Spur) befinden sich die Immunglobulingene von Nicht-B-Zellen in der Keimbahnkonfiguration. Schneidet man ihre DNA mit einer geeigneten Restriktionsendonuclease, so findet man eine einzige Bande, die der Keimbahnsituation entspricht, wenn man mit einer Sonde für die J-Region des H-Ketten-Locus (J_H) hybridisiert. Normale B-Zellen in der gleichen Probe zeigen viele unterschiedliche Umlagerungen zu J_H und liefern daher ein Spektrum so schwacher Banden, dass man sie nicht erkennen kann. In Proben von Patienten mit B-Zell-Tumoren (Patient 1 und Patient 2), die jeweils von einer einzigen Zelle abstammen, sieht man dagegen mit der J_H-Sonde zwei zusätzliche starke Banden. Jeder Tumor hinterlässt jeweils eigene charakteristische Banden, die durch die Umlagerung beider Allele des J_H-Gens in den ursprünglichen Tumorzellen zustande kommen. Die Intensität der Banden im Vergleich zur Keimbahnsituation gibt einen Hinweis darauf, wie viele Krebszellen in der Probe sind. Nach einer Tumortherapie (Patient 1) kann man erkennen, dass die Intensität der tumorspezifischen Banden geringer ist. Rechtes Bild: In ähnlicher Weise kann man die spezifischen Umlagerungen in jeder T-Zelle auch dazu benutzen, T-Zell-Tumoren mithilfe des Southern-Blots aufzuspüren. In diesem Fall verwendet man eine Sonde für die konstanten Regionen der β-Kette des T-Zell-Rezeptors ($C_\beta 1$ und $C_\beta 2$). DNA aus der Plazenta (P), einem Gewebe, in dem die T-Zell-Rezeptor-Gene nicht umgelagert werden, zeigt für jede Region eine deutliche Bande. Lymphocyten-DNA aus dem Blutkreislauf von zwei an T-Zell-Tumoren erkrankten Patienten (T_1 und T_2) liefert zusätzliche Banden, die spezifischen Umlagerungen entsprechen (Pfeile), welche in einer großen Anzahl von Zellen (des Tumors) vorhanden sind. Wie bei den B-Zellen kann man in den normalen Lymphocyten, die auch in den Proben der Patienten vorhanden sind, keine Banden von umgelagerten Genen erkennen, da keine der umgelagerten Banden in ausreichender Konzentration vorhanden ist, um mit dieser Methode nachgewiesen werden können. kb, Kilobasen. (Fotos mit freundlicher Genehmigung von T. J. Vulliamy und L. Luzzatto (links) und T. Diss (rechts).)

festzustellen. Für diese Gruppe von Tumoren ist eine bizarr aussehende Zelle kennzeichnend, die **Reed-Sternberg-(RS-)Zelle**, die man früher für den Abkömmling einer T-Zelle oder einer dendritischen Zelle hielt. Jetzt haben DNA-Analysen gezeigt, dass bei diesen Zellen die Immunglobulingene umgelagert sind; sie sind daher als Auswüchse einer einzigen B-Zelle anzusehen. Welche morphologischen Veränderungen die ursprünglich transformierte B-Zelle durchläuft, bevor sie eine RS-Zelle wird, wissen wir nicht. Merkwürdigerweise sind RS-Zellen beim Hodgkin-Lymphom manchmal in der Minderzahl. Die zahlreicheren umgebenden Zellen sind für gewöhnlich polyklonale T- und B-Zellen, die vielleicht auf die

RS-Zellen oder einen von diesen sezernierten löslichen Faktor reagieren. Einer der Gründe dafür, warum der Ursprung der RS-Zellen unklar war, ist, dass sie fast immer kein Oberflächenimmunglobulin besitzen. Heute wissen wir, dass ein Verlust der Oberflächenimmunglobuline in vielen Fällen auf eine somatische Mutation zurückzuführen ist, die eines der Immunglobulin-V-Gene inaktiviert.

Wenn die Immunglobulingene in einem B-Zell-Tumor somatische Mutationen enthalten, so liefert das ebenfalls wichtige Informationen über den Ursprung. Mutierte V-Gen-Segmente deuten darauf hin, dass die Ursprungszelle eine Keimzentrumsreaktion durchlaufen hat. Prä-B-Zell-Leukämien und die überwiegende Mehrheit der **chronischen lymphatischen Leukämien** (**CLL**) weisen keine Mutationen auf. Das follikuläre Lymphom oder **Burkitt-Lymphom**, das aus B-Zellen des Keimzentrums hervorgeht, exprimiert dagegen mutierte V-Gene. Sequenziert man die V-Gene von mehreren verschiedenen Linien des Burkitt-Lymphoms ein und desselben Patienten, beobachtet man kleinere Variationen (intraklonale Varianten), weil in den Tumorzellen die somatische Hypermutation andauern kann. Tumoren aus späteren B-Zell-Stadien wie die multiplen Myelome enthalten ebenfalls mutierte Gene, zeigen jedoch keine klonalen Varianten, weil in diesem Stadium der B-Zell-Entwicklung die somatische Hypermutation bereits abgeschlossen ist. Bei allgemeinen Rückschlüssen aufgrund des Zustands der somatischen Mutationen ist etwas Vorsicht angebracht, da nicht vollständig geklärt ist, ob die Mutationen auf die Keimzentren beschränkt sind; Gedächtniszellen können ebenfalls eine Keimzentrenreaktion durchlaufen und zeigen keine somatischen Mutationen.

Mithilfe von Genexpressionsanalysen auf der Basis von Microarrays ist es nun möglich, die in Tumorzellen und normalen Zellen exprimierten Gene umfassend zu beschreiben und zu vergleichen (Anhang I, Abschnitt A.35). Auf diese Weise hat man nun neue Erkenntnisse darüber gewonnen, wie Tumoren mit normalem Gewebe verwandt sind, und eine genauere Klassifizierung der Tumorzellen und Einblicke in die Biologie von Tumorzellen sind möglich. Durch diese Arbeiten konnten frühere Einteilungen bestätigt werden, die auf Homing-Mustern basierten. Tumorarten können noch weiter unterteilt werden. So lässt sich das diffuse Non-Hodgkin-Lymphom in Untergruppen einteilen, die entweder aktivierten B-Zellen oder B-Zellen aus dem Keimzentrum gleichen. Dies kann für die Prognose von Bedeutung sein, da Tumoren, die Zellen aus dem Keimzentrum ähneln, besser auf eine Therapie ansprechen. Die Analyse der CLL mithilfe von Genexpressionsprofilen ist im Einzelnen recht aufschlussreich. Da diese Zellen CD5 exprimieren und normalerweise keine somatischen Mutationen aufweisen, nahm man jahrelang an, dass sie aus einer B-Vorläuferzelle (Abschnitt 7.28) hervorgehen. Durch die Genexpressionsanalyse zeigte sich jedoch nur eine geringe Ähnlichkeit mit normalen CD5-B-Zellen. Stattdessen ergaben sich Hinweise auf eine Verwandtschaft mit einer ruhenden B-Zelle, möglicherweise mit einem bestimmten Typ von B-Gedächtniszelle. Das würde auch zu der Beobachtung passen, dass einige CLL somatische Mutationen aufweisen. Die mutierten und die nichtmutierten CLL exprimieren fast dieselben Gene, mit Ausnahme einer bestimmten Untergruppe von Genen, die nur bei der mutierten CLL aktiv sind, was wahrscheinlich für ihre gutartige Prognose von Bedeutung ist.

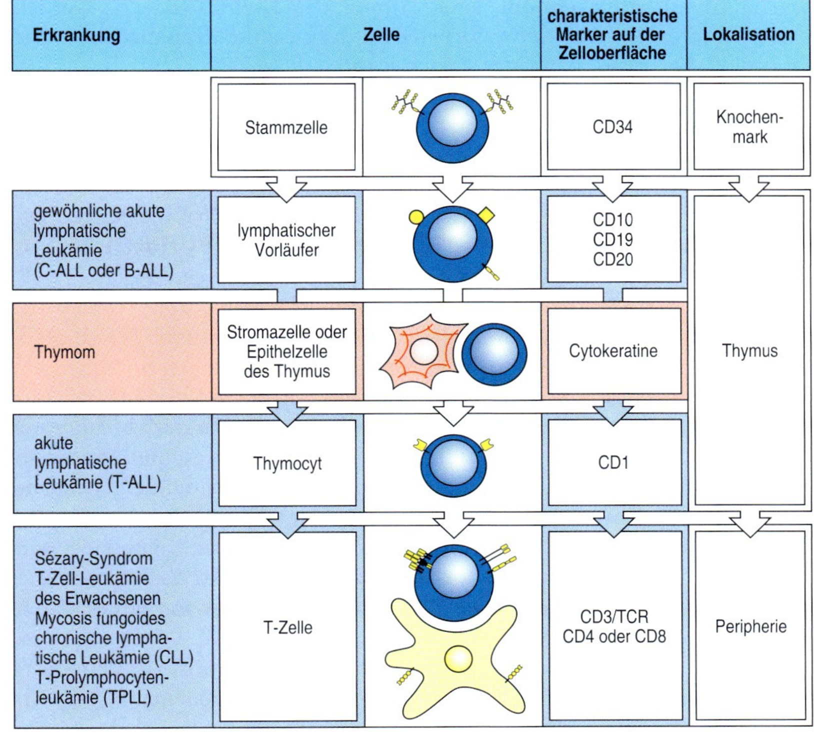

7.43 T-Zell-Tumoren sind monoklonale Auswüchse normaler Zellpopulationen. Jeder einzelne T-Zell-Tumor hat, wie auch die B-Zell-Tumoren, ein normales Äquivalent und besitzt noch viele Eigenschaften der Zelle, von der er abstammt. Bei den Tumoren der T-Zellen fehlen jedoch die Zwischenstufen in der T-Zell-Entwicklung. Einige dieser Tumoren repräsentieren massive Auswüchse eines seltenen Zelltyps. Zum Beispiel stammt die gewöhnliche akute lymphatische Leukämie von einer lymphatischen Vorläuferzelle ab. Ein T-Zell-verwandter Tumor gehört ebenfalls dazu: Thymome leiten sich von Thymusstroma- oder Thymusepithelzellen ab. Einige für das jeweilige Stadium charakteristische Zelloberflächenmarker sind ebenfalls angegeben. Beispielsweise ist CD10 (*common acute lymphoblastic leukemia antigen*, CALLA) ein sehr gebräuchlicher Marker für die allgemeine akute lymphatische Leukämie. Man beachte, dass die Zellen bei einer chronischen lymphatischen T-Zell-Leukämie (CLL) CD8, bei den anderen genannten T-Zell-Tumoren dagegen CD4 exprimieren. Die T-Zell-Leukämie des Erwachsenen wird durch das Retrovirus HTLV-1 verursacht.

7.31 T-Zell-Tumoren entsprechen nur einer geringen Anzahl von T-Zell-Entwicklungsstadien

Man hat zwar Tumoren aus T-Zellen identifiziert, aber im Gegensatz zu den malignen Formen von B-Zellen beim Menschen nur wenige gefunden, die intermediären Stadien der T-Zell-Entwicklung entsprechen. Die Tumoren ähneln vielmehr entweder reifen T-Zellen oder, wie im Fall der **akuten lymphatischen Leukämie**, dem frühesten Typ einer lymphatischen Vorläuferzelle (Abb. 7.43). Die Tatsache, dass Tumoren, die intermediären Stadien entsprechen, so selten vorkommen, lässt sich möglicherweise unter anderem dadurch erklären, dass unreife T-Zellen zum Sterben verurteilt sind, wenn sie nicht innerhalb einer sehr kurzen Zeit durch positive Selektion gerettet werden (Abschnitt 7.14). Es könnte daher sein, dass Thymocyten einfach nicht lange genug in den intermediären Stadien ihrer Entwicklung verweilen, um bösartig verändert werden zu können. Folglich entwickeln sich nur die T-Zellen häufig zu Tumoren, die entweder schon in früheren Stadien oder erst nach der vollständigen Reifung transformiert wurden.

Wie bei den B-Zellen hat uns das Verhalten von Tumoren aus gereiften T-Zellen einen Einblick in verschiedene Aspekte der T-Zell-Biologie verschafft und umgekehrt. Zum Beispiel sind **kutane T-Zell-Lymphome**, die sich in der Haut ansiedeln und langsam proliferieren, klonale Auswüchse einer CD4-T-Zelle, die sich nach ihrer Aktivierung in der Haut niederlässt. Des Weiteren trifft man bei bestimmten Arten von Autoimmunkrankhei-

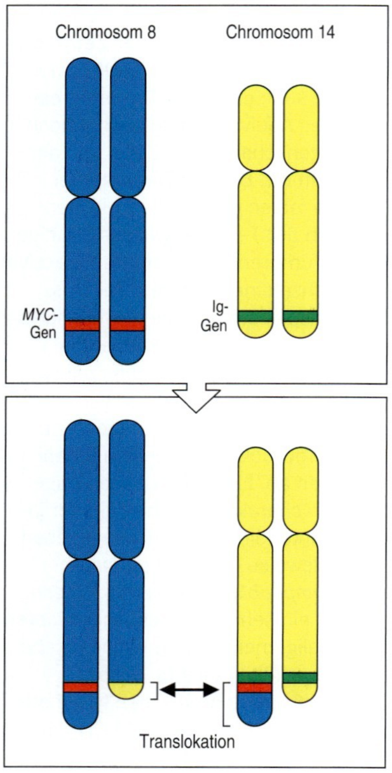

7.44 In manchen Lymphzelltumoren kommt es zu spezifischen chromosomalen Umstrukturierungen. Chromosomale Umlagerungen, die eines der Immunglobulingene mit einem zellulären Onkogen verknüpfen, können zu einer falschen Expression dieses Onkogens führen, weil es in die Nähe der Regulationssequenzen des Immunglobulins geraten ist. Solche Umlagerungen findet man häufig in B-Zell-Tumoren. In dem aufgeführten Beispiel eines Burkitt-Lymphoms führt die charakteristische Translokation des Onkogens *MYC* von Chromosom 8 (oben) auf Chromosom 14 in die Region des H-Ketten-Gens (unten) dazu, dass die Expression von *MYC* dereguliert wird und die B-Zelle unkontrolliert wächst. Das Ig-Gen auf dem normalen Chromosom 14 wird gewöhnlich produktiv umgelagert. Die Tumoren, die durch solche Translokationen entstehen, zeigen einen reifen B-Zell-Phänotyp und exprimieren Immunglobulin.

ten häufig auf ein **Thymom**, einen Tumor des Thymusstromas. Werden diese Tumoren entfernt, verbessert sich oft das gesamte Krankheitsbild. Die Gründe dafür kennt man jedoch noch nicht.

7.32 B-Zell-Lymphome tragen häufig Chromosomentranslokationen, die Immunglobulinloci mit Genen verknüpfen, die das Zellwachstum steuern

Das auffälligste Merkmal von Tumoren ist die ungehemmte Anhäufung von Zellen eines einzigen Klons. Dies wird durch Mutationen verursacht, welche die Zelle von Faktoren, die normalerweise ihr Wachstum regulieren, abkoppeln oder ihren normalen programmierten Zelltod verhindern. Damit verbunden sind bei vielen B-Zell-Tumoren Fehler bei der Umlagerung der Immunglobulingene, die dazu führen, dass ein Immunglobulinlocus an ein Gen auf einem anderen Chromosom gekoppelt wird. Diese genetische Fusion zweier Chromosomenstücke nennt man **Translokation**. Die in B-Zell-Tumoren auftretenden Translokationen stören die Expression und Funktion von Genen, die das Zellwachstum regulieren. Zelluläre Gene, die Krebs verursachen, wenn ihre Funktion oder Expression gestört sind, bezeichnet man als **Onkogene**.

Translokationen führen zu Chromosomenanomalien, die in der Metaphase unter dem Mikroskop sichtbar werden. Bei verschiedenen B-Zell-Tumoren sind jeweils charakteristische Translokationen zu beobachten, was zeigt, dass an jedem Tumortyp ein bestimmtes Onkogen beteiligt ist. Charakteristische Translokationen der T-Zell-Rezeptor-Loci findet man auch in T-Zell-Tumoren. In Immunglobulin- und T-Zell-Rezeptor-Loci werden im Rahmen von Genumlagerungen sowie beim Isotypwechsel und bei der somatischen Hypermutation im Falle der B-Zellen Doppelstrangbrüche in die DNA eingeführt. Kein Wunder also, dass diese Stellen besonders häufig an Chromosomentranslokationen beteiligt sind.

Durch die Analyse dieser chromosomalen Anomalien haben wir viel über die Regulation des B-Zell-Wachstums und die Störung der Regulation in Tumorzellen erfahren. In Burkitt-Lymphom-Zellen führen Translokationen, an denen entweder Chromosom 14 (schwere Kette) (Abb. 7.44), Chromosom 2 (κ-L-Kette) oder Chromosom 22 (λ-L-Kette) beteiligt sind, zu einer Rekombination des *MYC*-Onkogens auf Chromosom 8 mit einem Immunglobulinlocus. Das Myc-Protein ist in normalen Zellen an der Steuerung des Zellzyklus beteiligt. Die Translokation dereguliert die Expression des Myc-Proteins und führt so zu einer verstärkten Proliferation der B-Zellen, wobei noch weitere Mutationen an anderer Stelle im Genom erforderlich sind, damit ein B-Zell-Tumor entstehen kann.

Andere B-Zell-Tumoren, insbesondere follikuläre Lymphome, weisen eine Chromosomentranslokation von Immunglobulingenen zum Onkogen *bcl-2* auf, wodurch das Bcl-2-Protein vermehrt gebildet wird. Dieses Protein bewahrt die B-Zellen vor der Apoptose (Abschnitt 6.26). Aufgrund der deregulierten Bcl-2-Expression sind die B-Zellen langlebiger als üblich und können sich anreichern. Während dieser Zeit können sich noch weitere genetische Änderungen ereignen, die zu einer malignen Transformation führen. Der Beweis, dass die Bcl-2-Umlagerung und die zwangsläufige Überproduktion des Genprodukts das Entstehen von Lymphomen fördern kann, fand sich bei Mäusen, die ein konstitutiv überexprimiertes *bcl-2*-Transgen tragen. Diese Mäuse neigen in einem späteren Lebensabschnitt zur Entwicklung von B-Zell-Lymphomen. In ähnlicher Weise ist das Gen *bcl-6* bei diffusen Lymphomen mit großen B-Zellen häufig umgelagert, und man nimmt an, dass es bei der Transformation dieser Zellen mitwirkt.

Zusammenfassung

Nur in sehr seltenen Fällen mutiert eine einzelne B- oder T-Zelle, sodass sich eine Leukämie oder ein Lymphom entwickelt. Verschiedene Lymphtumoren können Eigenschaften besitzen, die dem Stadium der Zelle entsprechen, aus der der Tumor hervorgegangen ist, etwa in Bezug auf das Wachstumsverhalten und den Ort des Auftretens im Körper. Die meisten lymphatischen Tumoren, bis auf die aus den sehr frühen, noch nicht festgelegten Zellen, zeigen charakteristische Genumlagerungen, aus denen sich die jeweilige Herkunft aus einem Vorläufer der B- oder T-Zell-Linie ableiten lässt. Diese Genumlagerungen sind häufig von Chromosomentranslokationen begleitet, die zwischen einem Locus für den Antigenrezeptor und einem zellulären Protoonkogen auftreten, beispielsweise zwischen dem Immunglobulinlocus und dem *MYC*-Onkogen. Durch genaue Genexpressionsanalysen dieser Tumoren lässt sich ihre Herkunft genauso erkennen wie die Gene, die für die bösartige Transformation verantwortlich sind. Solche Untersuchungen sind bereits jetzt für die Diagnostik hilfreich und geben auch Hinweise auf spezifische Therapieformen.

Zusammenfassung von Kapitel 7

In diesem Kapitel haben wir die Bildung der B- und T-Zell-Linien aus einem primitiven lymphatischen Zellvorläufer verfolgt. Schon früh in der Entwicklung der T- und B-Zellen aus einem gemeinsamen lymphatischen Vorläufer, der aus dem Knochenmark stammt, kommt es zu somatischen Genumlagerungen, die zu einem äußerst vielfältigen Repertoire an Antigenrezeptoren führen. Bei B-Zellen sind dies Immunglobuline, bei T-Zellen T-Zell-Rezeptoren. Bei den Säugern entwickeln sich die B-Zellen in der fetalen Leber und nach der Geburt im Knochenmark. T-Zellen stammen ebenfalls aus dem Knochenmark, durchlaufen jedoch den größten Teil ihrer Entwicklung im Thymus. Ein Großteil der somatischen Rekombinationsmaschinerie, einschließlich der RAG-Proteine, die ein essenzielles Element der V(D)J-Rekombinase sind, ist jedoch bei beiden gleich. B- und T-Zellen haben auch gemeinsam, dass die Genumlagerung an jedem Locus schrittweise vorangeht, wobei zuerst die Loci umgelagert werden, die D-Gen-Segmente enthalten. Der erste Schritt bei der Genumlagerung der B-Zellen betrifft den Locus für die schwere Immunglobulinkette, bei den T-Zellen den Locus der β-Kette. In jedem Fall darf die Zelle nur dann zum nächsten Entwicklungsschritt übergehen, wenn durch die Umlagerung eine Sequenz mit durchgehendem Leseraster entstanden ist, die in eine Proteinkette umgesetzt werden kann, die auf der Zelloberfläche

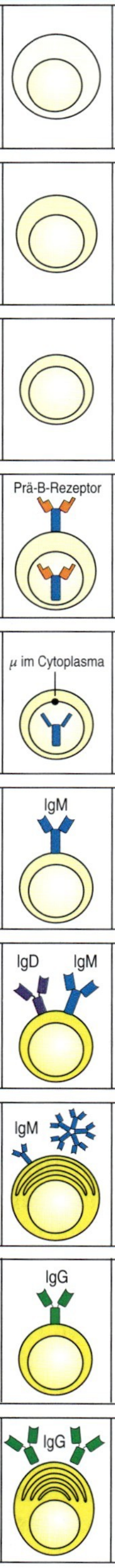

	B-Zellen	Gene für die schwere Kette	Gene für die leichte Kette	intrazelluläre Proteine	Markerproteine auf der Oberfläche	
antigenunabhängig	Stammzelle	Keimbahn	Keimbahn		CD34 CD45 AA4.1	Knochenmark
	frühe Pro-B-Zelle	D-J umgelagert	Keimbahn	RAG-1 RAG-2 TdT λ5, VpreB	CD34, CD45R AA4.1, IL-7R MHC-Klasse II CD10, CD19 CD38	
	späte Pro-B-Zelle	V-DJ umgelagert	Keimbahn	TdT λ5, VpreB	CD45R, AA4.1 IL-7R, MHC-Klasse II CD10, CD19, CD38, CD20, CD40	
	große Prä-B-Zelle (Prä-B-Rezeptor)	VDJ umgelagert	Keimbahn	λ5, VpreB	CD45R MHC-Klasse II Prä-B-R CD19, CD38 CD20, CD40	
	kleine Prä-B-Zelle (μ im Cytoplasma)	VDJ umgelagert	V-J-Umlagerung	μ RAG-1 RAG-2	CD45R AA4.1 MHC-Klasse II CD19, CD38 CD20, CD40	
antigenabhängig	unreife B-Zelle (IgM)	VDJ umgelagert; schwere μ-Kette in Membranform gebildet	VJ umgelagert		CD45R AA4.1 MHC-Klasse II IgM CD19, CD20 CD40	
	reife naive B-Zelle (IgD, IgM)	zu VDJ umgelagert; μ-Kette in Membranform gebildet; durch alternatives Spleißen entstehen μ- und δ-mRNA			CD45R MHC-Klasse II IgM, IgD CD19, CD20 CD21, CD40	Peripherie
	Lymphoblast (IgM)	alternatives Spleißen führt zur Sekretion von μ-Ketten		Ig	CD45R MHC-Klasse II CD19, CD20 CD21, CD40	
	B-Gedächtniszelle (IgG)	Isotypwechsel zu C_γ, C_α oder C_μ; somatische Hypermutation	somatische Hypermutation		CD45R MHC-Klasse II IgG, IgA CD19, CD20 CD21, CD40	
letztlich differenziert zu	somatische Hypermutation (IgG)	durch alternatives Spleißen entstehen Membran-Ig und sezerniertes Ig	VJ umgeordnet	Ig	CD135 Plasmazell-antigen-1 CD38	

7.45 Zusammenfassung der Entwicklung menschlicher konventioneller B-Zellen. Für aufeinanderfolgende Phasen der B-2-Zell-Entwicklung ist jeweils der Zustand der Ig-Gene, die Expression einiger essenzieller intrazellulärer Proteine sowie die Expression einiger Zelloberflächenmoleküle angegeben. Die Immunglobulingene durchlaufen während der antigenabhängigen Differenzierung weitere Veränderungen wie Isotypwechsel und somatische Hypermutation (Kapitel 4). Diese zeigen sich dann in den Immunglobulinen, die von Gedächtnis- beziehungsweise Plasmazellen produziert werden. Die antigenabhängigen Stadien werden in Kapitel 9 genauer beschrieben.

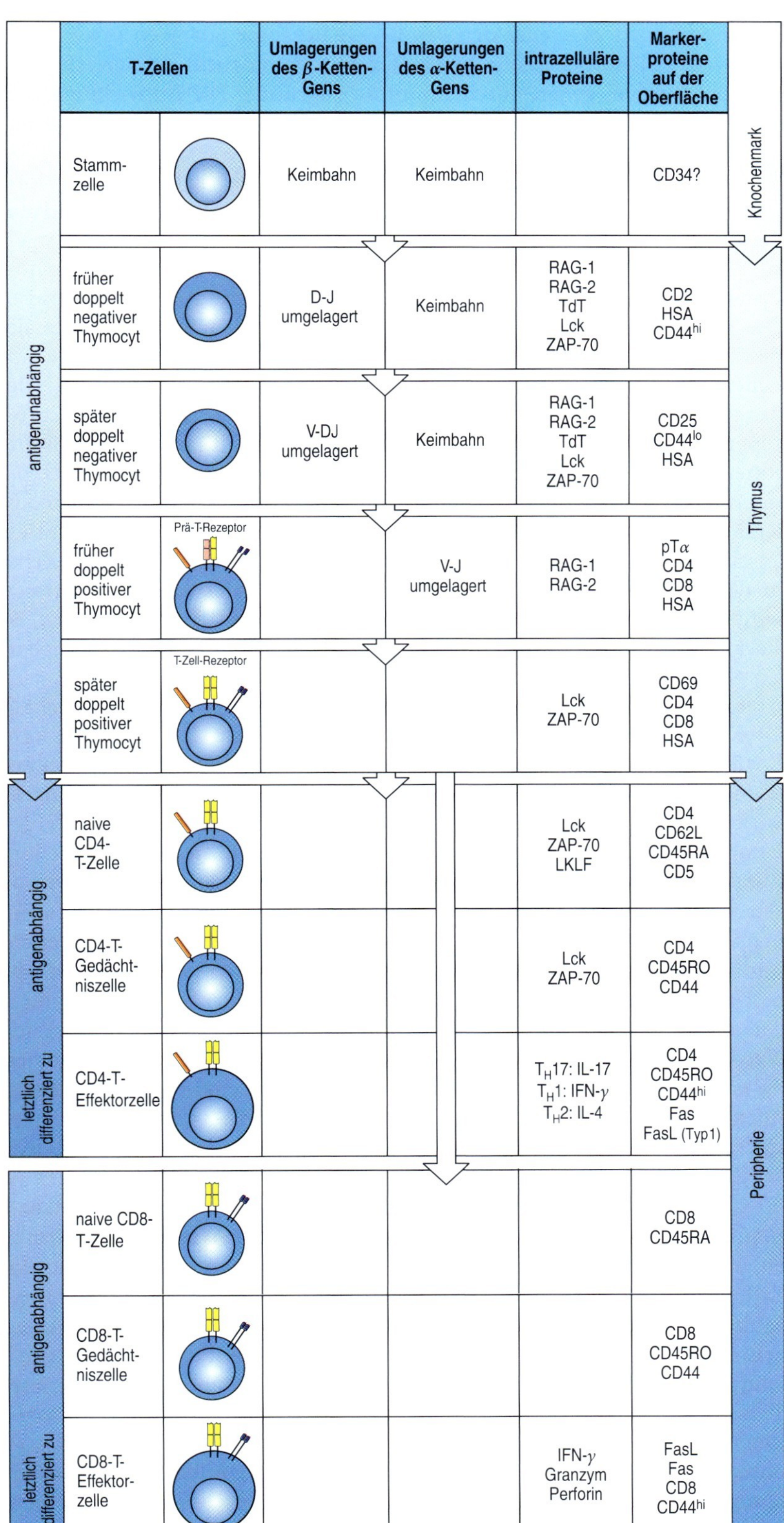

	T-Zellen	Umlagerungen des β-Ketten-Gens	Umlagerungen des α-Ketten-Gens	intrazelluläre Proteine	Markerproteine auf der Oberfläche	
antigenunabhängig	Stammzelle	Keimbahn	Keimbahn		CD34?	Knochenmark
antigenunabhängig	früher doppelt negativer Thymocyt	D-J umgelagert	Keimbahn	RAG-1 RAG-2 TdT Lck ZAP-70	CD2 HSA CD44^{hi}	Thymus
antigenunabhängig	später doppelt negativer Thymocyt	V-DJ umgelagert	Keimbahn	RAG-1 RAG-2 TdT Lck ZAP-70	CD25 CD44^{lo} HSA	Thymus
antigenunabhängig	früher doppelt positiver Thymocyt (Prä-T-Rezeptor)		V-J umgelagert	RAG-1 RAG-2	pTα CD4 CD8 HSA	Thymus
antigenunabhängig	später doppelt positiver Thymocyt (T-Zell-Rezeptor)			Lck ZAP-70	CD69 CD4 CD8 HSA	Thymus
antigenabhängig	naive CD4-T-Zelle			Lck ZAP-70 LKLF	CD4 CD62L CD45RA CD5	Peripherie
antigenabhängig	CD4-T-Gedächtniszelle			Lck ZAP-70	CD4 CD45RO CD44	Peripherie
letztlich differenziert zu	CD4-T-Effektorzelle			T_H17: IL-17 T_H1: IFN-γ T_H2: IL-4	CD4 CD45RO CD44^{hi} Fas FasL (Typ 1)	Peripherie
antigenabhängig	naive CD8-T-Zelle				CD8 CD45RA	Peripherie
antigenabhängig	CD8-T-Gedächtniszelle				CD8 CD45RO CD44	Peripherie
letztlich differenziert zu	CD8-T-Effektorzelle			IFN-γ Granzym Perforin	FasL Fas CD8 CD44^{hi}	Peripherie

7.46 Zusammenfassung der Entwicklung menschlicher α:β-T-Zellen. Für aufeinanderfolgende Phasen der α:β-T-Zell-Entwicklung ist jeweils der Zustand der T-Zell-Rezeptor-Gene, die Expression einiger essenzieller intrazellulärer Proteine sowie die Expression einiger Zelloberflächenmoleküle angegeben. Da die T-Zell-Rezeptor-Gene bei ihrer antigenabhängigen Entwicklung nicht weiter verändert werden, sind für die T-Zell-Rezeptor-Gene nur die Phasen aufgeführt, in denen sie im Thymus aktiv umgelagert werden. Die antigenabhängigen Phasen von CD4- und CD8-Zellen sind getrennt aufgeführt und werden in Kapitel 8 im Einzelnen besprochen.

exprimiert wird: entweder den Prä-B-Zell-Rezeptor oder den Prä-T-Zell-Rezeptor. Zellen, bei denen beide Rezeptorketten nicht erfolgreich umgelagert wurden, gehen durch Apoptose zugrunde. Die Entwicklung der konventionellen B-Zellen ist in Abbildung 7.45 zusammengefasst, die der α:β-T-Zellen in Abbildung 7.46.

Sobald ein funktioneller Antigenrezeptor auf der Zelloberfläche vorhanden ist, wird der Lymphocyt auf zwei Weisen geprüft. Bei der positiven Selektion wird die potenzielle Nützlichkeit des Antigenrezeptors festgestellt, während die negative Selektion autoreaktive Zellen aus dem Lymphocytenrepertoire eliminiert, sodass dieses körpereigene Antigene toleriert. Die positive Selektion ist besonders für T-Zellen von Bedeutung, da sie bewirkt, dass nur Zellen mit T-Zell-Rezeptoren weiter heranreifen, die ein Antigen zusammen mit Selbst-MHC-Molekülen erkennen können. Die positive Selektion koordiniert auch die Auswahl des exprimierten Corezeptors. CD4 wird in T-Zellen exprimiert, die MHC-Klasse-II-spezifische Rezeptoren tragen, CD8 in Zellen mit MHC-Klasse-I-spezifischen Rezeptoren. Dadurch ist sichergestellt, dass diese Rezeptoren bei Reaktionen auf Krankheitserreger optimal eingesetzt werden. Bei den B-Zellen kommt es anscheinend beim letzten Übergang von der unreifen zur reifen B-Zelle in den peripheren Lymphgeweben zur positiven Selektion. Die Toleranz wird in verschiedenen Entwicklungsstadien der B- und T-Zellen weiter verstärkt, und auch die positive Selektion ist anscheinend ein kontinuierlicher Vorgang.

B- und T-Zellen, die die Entwicklung in den zentralen lymphatischen Organen überleben, wandern in die Peripherie, wo sie sich in bestimmten Regionen ansiedeln. Die Organisationsstruktur der peripheren lymphatischen Organe wie der Milz und der Lymphknoten erfordert Wechselwirkungen zwischen den Zellen, die Proteine der TNF- und der TNFR-Familie exprimieren. Damit sich B- und T-Zellen in den verschiedenen Bereichen dieser peripheren Gewebe ansiedeln können (Homing), müssen verschiedene Bereiche im Stroma bestimmte Chemokinrezeptoren exprimieren und spezifische Chemokine sezernieren. Beim Heranreifen und Überleben von B- und T-Lymphocyten in diesen peripheren Geweben sind noch weitere spezifische Faktoren beteiligt. B-Zellen empfangen im Follikel über die Wechselwirkung mit BAFF Überlebenssignale. Naive T-Zellen benötigen die Cytokine IL-7 und IL-15, um überleben zu können und homöostatisch zu proliferieren. Weitere Signale werden über den T-Zell-Rezeptor empfangen, der mit Selbst-MHC-Molekülen interagiert. B-Gedächtniszellen werden unabhängig von Selbst-MHC-Wechselwirkungen.

Gelegentlich durchlaufen B- und T-Zellen eine bösartige Transformation. Dann entstehen Tumoren, die der normalen Wachstumskontrolle entkommen sind, während sie die meisten Merkmale der ursprünglichen Zelle beibehalten. Dazu gehört auch das jeweils charakteristische Homing-Muster. Die Tumoren tragen häufig Translokationen, an denen der Antigenrezeptorlocus und andere Gene beteiligt sind, die direkt bei der Regulation des Wachstums oder des Todes der Lymphocyten mitwirken. Diese Translokationen lieferten bereits Informationen über die Gene und Proteine, die die Homöostase der Lymphocyten regulieren. Durch Genexpressionsanalysen sind wichtige und umfassende Einblicke in die Ursprünge der Lymphocytentumoren genauso möglich wie für viele Tumoren, die keinen lymphatischen Ursprung aufweisen.

Fragen

7.1 Die B-Zell-Entwicklung im Knochenmark hat viele Merkmale mit der T-Zell-Entwicklung im Thymus gemeinsam. a) Was sind die beiden wichtigsten Ziele der Lymphocytenentwicklung? b) Beschreiben Sie die Reihenfolge der Schritte bei der Rezeptorumlagerung von B- und T-Zellen, und skizzieren Sie die Parallelen zwischen den beiden Zelltypen. c) Welche Funktion besitzen der Prä-B-Zell-Rezeptor und der Prä-T-Zell-Rezeptor? d) Warum entwickeln sich die T-Zellen im Thymus und B-Zellen im Knochenmark?

7.2 Bei der Entwicklung der Lymphocyten kommt es bei mehreren Schritten zu einem auffälligen umfangreichen Zellverlust. a) Welche sind die Hauptgründe dafür, dass Lymphocyten absterben, bevor sie das Prä-B-Zell- oder Prä-T-Zell-Stadium abgeschlossen haben? b) Was ist der hauptsächliche Grund dafür, dass Lymphocyten nach Erreichen des unreifen Stadiums sterben, in dem sie bereits einen vollständigen B-Zell-Rezeptor beziehungsweise T-Zell-Rezeptor produzieren?

7.3 Erläutern Sie den Vorgang der positiven Selektion bei T-Zellen im Thymus. a) Wann findet der Vorgang statt? b) Welche Liganden gibt es? c) Wann kommt es während der T-Zell-Entwicklung (also in welcher Phase) zu einer positiven Selektion? d) Beschreiben Sie, wie zwischen der Expression des Corezeptors CD4 beziehungsweise CD8 gewählt wird, und nennen Sie bekannte Regulatoren dieses Vorgangs.

7.4 Die peripheren lymphatischen Organe organisieren sich durch die Kommunikation zwischen mehreren verschiedenen Zelltypen und verschiedene Rezeptorwechselwirkungen. a) Welche Molekülfamilien sind für eine korrekte Organisationsstruktur der peripheren lymphatischen Gewebe entscheidend? b) Welche Faktoren sind wichtig für den Aufbau der B-Zell-Zonen? c) Welche Faktoren sind für den Aufbau einer T-Zell-Zone entscheidend?

7.5 Es gibt drei wichtige Untergruppen von B-Zellen: follikuläre B-Zellen, B-Zellen der Randzonen und B-1-Zellen. Vergleichen Sie ihre Entwicklung und Funktionen anhand von mindestens fünf Kategorien, und erläutern Sie die Unterschiede.

7.6 Welche Aussagen sind über den Ursprung von neoplastischen Zellen möglich, wenn in den Immunglobulin-V-Regionen somatische Hypermutationen vorhanden sind bzw. fehlen?

Allgemeine Literatur

Boehmer H von (1993) The developmental biology of T lymphocytes. *Annu Rev Immunol* 6: 309–326

Casali P, Silberstein LES (Hrsg) (1995) Immunoglobulin gene expression in development and disease. New York Academy of Sciences, New York

Loffert D, Schaal S, Ehlich A, Hardy RR, Zou YR, Muller W, Rajewsky K (1994) Early B-cell development in the mouse – insights from mutations introduced by gene targeting. *Immunol Rev* 137: 135–153

Melchers F, ten Boekel E, Seidl T, Kong XC, Yamagami T, Onishi K, Shimizu T, Rolink AG, Andersson J (2000) Repertoire selection by pre-B-cell-receptors, and genetic control of B-cell development from immature to mature B-bells. *Immunol Rev*175: 33–46

Starr TK, Jameson SC, Hogquist KA (2003) Positive and negative selection of T cells. *Annu Rev Immunol* 21: 139–176

Bhandoola A, Sambandam A (2006) From stem cell to T cell: one route or many? *Nat Rev Immunol* 6: 117–126

Funk PE, Kincade PW, Witte PL (1994) Native associations of early hematopoietic stem-cells and stromal cells isolated in bone-marrow cell aggregates. *Blood* 83: 361–369

Jacobsen K, Kravitz J, Kincade PW, Osmond DG (1996) Adhesion receptors on bone-marrow stromal cells – *in vivo* expression of vascular cell adhesion molecule-1 by reticular cells and sinusoidal endothelium in normal and γ-irradiated mice. *Blood* 87: 73–82

Nagasawa T, Hirota S, Tachibana V, Takakura N, Nishikawa S, Kitamura Y, Yoshida V, Kikutani G, Kishimoto T (1996) Defects of B-cell lymphopoiesis and bone marrow myelopoiesis in mice lacking the CXC chemokine PBSF/SDF-1. *Nature* 382: 635–638

Singh H, Medina KL, Pongubala JM (2005) Contingent gene regulatory networks and B cell fate specification. *Proc Natl Acad Sci USA* 102: 4949–4953

Literatur zu den einzelnen Abschnitten

Abschnitt 7.1

Akashi K, Kondo M, Cheshier S, Shizuru J, Gandy K, Domen J, Mebius R, Traver D, Weissman IL (1999) Lymphoid development from stem cells and the common lymphocyte progenitors. *Cold Spring Harbor Symp Quant Biol* 64: 1–12

Abschnitt 7.2

Allman D, Li J, Hardy RR (1999) Commitment to the B lymphoid lineage occurs before D_H-J_H recombination. *J Exp Med* 189: 735–740

Allman D, Lindsley RC, DeMuth W, Rudd K, Shinton SA, Hardy RR (2001) Resolution of three nonproliferative immature splenic B cell subsets reveals multiple selection points during peripheral B cell maturation. *J Immunol* 167: 6834–6840

Ehrlich A, Kuppers R (1995) Analysis of immunoglobulin gene rearrangements in single B cells. *Curr Opin Immunol* 7: 281–284

Hardy RR, Carmack CE, Shinton SA, Kemp JD, Hayakawa K (1991) Resolution and characterization of pro-B and pre-pro-B cell stages in normal mouse bone marrow. *J Exp Med* 173: 1213–1225

Osmond DG, Rolink A, Melchers F (1998) Murine B lymphopoiesis: towards a unified model. *Immunol Today* 19: 65–68

ten Boekel E, Melchers F, Rolink A (1995) The status of Ig loci rearrangements in single cells from different stages of B-cell development. *Int Immunol* 7: 1013–1019

Abschnitt 7.3

Grawunder U, Leu TMJ, Schatz DG, Werner A, Rolink AG, Melchers F, Winkler TH (1995) Down-regulation of Rag1 and Rag2 gene expression in pre-B cells after functional immunoglobulin heavy-chain rearrangement. *Immunity* 3: 601–608

Monroe JG (2006) ITAM-mediated tonic signalling through pre-SCR and BCR complexes. *Nat Rev Immunol* 6: 283–294

Abschnitt 7.4

Loffert D, Ehlich A, Müller W, Rajewsky K (1996) Surrogate light-chain expression is required to establish immunoglobulin heavy-chain allelic exclusion during early B-cell development. *Immunity* 4: 133–144

Melchers F, ten Boekel E, Yamagami T, Andersson J, Rolink A (1999) The roles of pre-B and B-cell receptors in the stepwise allelic exclusion of mouse IgH and L chain gene loci. *Semin Immunol* 11: 307–317

Abschnitt 7.5

Arakawa H, Shimizu T, Takeda S (1996) Reevaluation of the probabilities for productive rearrangements on the κ-loci and λ-loci. *Intl Immunol* 8: 91–99

Gorman JR, van der Stoep N, Monroe R, Cobne M, Davidson L, Alt FW (1996) The Igκ 3' enhancer influences the ratio of Igκ versus Igλ B lymphocytes. *Immunity* 5: 241–252

Hesslein DG, Schatz DG (2001) Factors and forces controlling V(D)J recombination. *Adv Immunol* 78: 169–232

Kee BL, Murre C (2001) Transcription factor regulation of B lineage commitment. *Curr Opin Immunol* 13: 180–185

Sleckman BP, Gorman JR, Alt FW (1996) Accessibility control of antigen receptor variable region gene assembly-role of cis acting elements. *Ann Rev Immunol* 14: 459–481

Takeda S, Sonoda E, Arakawa H (1996) The κ-λ ratio of immature B cells. *Immunol Today* 17: 200–201

Abschnitt 7.6

Casellas R, Shih TA, Kleinewietfeld M, Rakonjac J, Nemazee D, Rajewsky K, Nussenzweig MC (2001) Contribution of receptor editing to the antibody repertoire. *Science* 291: 1541–1544

Chen C, Nagy Z, Radic MZ, Hardy RR, Huszar D, Camper SA, Weigert M (1995) The site and stage of anti-DNA B-cell deletion. *Nature* 373: 252–255

Cornall RJ, Goodnow CC, Cyster JG (1995) The regulation of self-reactive B cells. *Curr Opin Immunol* 7: 804–811

Melamed D, Benschop RJ, Cambier JC, Nemazee D (1998) Developmental regulation of B lymphocyte immune tolerance compartmentalizes clonal selection from receptor selection. *Cell* 92: 173–182

Nemazee D (2006) Receptor editing in lymphocyte development and central tolerance. *Nat Rev Immunol* 6: 728–740

Prak WL, Weigert M (1995) Light-chain replacement – a new model for antibody gene rearrangement. *J Exp Med* 182: 541–548

Tiegs SL, Russell DM, Nemazee D (1993) Receptor editing in self-reactive bone marrow B cells. *J Exp Med* 177: 1009–1020

Abschnitt 7.7

Anderson G, Moore NC, Owen JJT, Jenkinson EJ (1996) Cellular interactions in thymocyte development. *Annu Rev Immunol* 14: 73–99

Carlyle JR, Zúniga-Pflücker JC (1998) Requirement for the thymus in alpha-beta T-lymphocyte lineage commitment. *Immunity* 9: 187–197

Ciofani M, Knowles G, Wiest D, von Boehmer H, Zúniga-Pflücker J (2006) Stage-specific and differential Notch dependency at the $\alpha\beta$ and $\gamma\delta$T lineage bifurcation. *Immunity* 25: 105–116

Cordier AC, Haumont SM (1980) Development of the thymus, parathyroids, and ultimobranchial bodies in NMRI and nude mice. *Am J Anat* 157: 227

Gordon J, Wilson VA, Blair NF, Sheridan J, Farley A, Wilson L, Manley NR, Blackburn CC (2004) Functional evidence for a single endodermal origin for the thymic epithelium. *Nat Immunol* 5: 546–553

Nehls M, Kyewski B, Messerle M, Waldschütz R, Schüddekopf K, Smith AJH, Boehm T (1996) Two genetically separable steps in the differentation of thymic epithelium. *Science* 272: 886–889

van Ewijk W, Hollander G, Terhorst C, Wang B (2000) Stepwise development of thymic microenvironments *in vivo* is regulated by thymocyte subsets. *Development* 127: 1583–1591

Zúñiga-Pflücker JC, Lenardo MJ (1996) Regulation of thymocyte development from immature progenitors. *Curr Opin Immunol* 8: 215–224

Abschnitt 7.8

Shortman K, Egerton M, Spangrude GJ, Scollay R (1990) The generation and fate of thymocytes. *Semin Immunol* 2: 3–12

Surh CD, Sprent J (1994) T-cell apoptosis detected in situ during positive and negative selection in the thymus. *Nature* 372: 100–103

Abschnitt 7.9

Borowski C, Martin C, Gounari F, Haughn L, Aifantis I, Grassi F, Boehmer H von (2002) On the brink of becoming a T cell. *Curr Opin Immunol* 14: 200–206

Saint-Ruf C, Ungewiss K, Groetrup M, Bruno L, Fehling HJ, Boehmer H von (1994) Analysis and expression of a cloned pre-T-cell receptor gene. *Science* 266: 1208–1212

Shortman K, Wu L (1996) Early T lymphocyte progenitors. *Annu Rev Immunol* 14: 29–47

Abschnitt 7.10

Benz C, Heinzel K, Bleul CC (2004) Homing of immature thymocytes to the subcapsular microenvironment within the thymus is not an absolute requirement for T cell development. *Eur J Immunol* 34: 3652–3663

Bleul CC, Boehm T (2000) Chemokines define distinct microenvironments in the developing thymus. *Eur J Immunol* 30: 3371–3379

Picker LJ, Siegelman MH (1993) Lymphoid tissues and organs. Paul WE (Hrsg) Fundamental Immunology. 3. Aufl. Raven Press Ltd, New York

Ueno T, Saito F, Gray DHD, Kuse S, Hieshima K, Nakano H, Kakiuchi T, Lipp M, Boyd RL, Takahama Y (2004) CCR7 signals are essential for cortex-medulla migration of developing thymocytes. *J Exp Med* 200: 493–505

Abschnitt 7.11

Fehling HJ, Gilfillan S, Ceredig R (1999) Alpha beta/gamma delta lineage commitment in the thymus of normal and genetically manipulated mice. *Adv Immunol* 71: 1–76

Hayday AC, Barber DF, Douglas N, Hoffman ES (1999) Signals involved in gamma/delta T cell versus alpha/beta T cell lineage commitment. *Semin Immunol* 11: 239–249

Hayes SM, Love PE (2002) Distinct structure and signaling potential of the γ/δ TCR complex. *Immunity* 16: 827–838

Kang J, Raulet DH (1997) Events that regulate differentiation of $\alpha\,\beta$ TCR^+ and $\gamma\,\delta$ TCR^+ T cells from a common precursor. *Semin Immunol* 9: 171–179

Kang J, Coles M, Cado D, Raulet DH (1998) The developmental fate of T cells is critically influenced by TCR$\gamma\delta$ expression. *Immunity* 8: 427–438

Lauzurica P, Krangel MS (1994) Temporal and lineage-specific control of T cell receptor α/δ gene rearrangement by T-cell receptor α and δ enhancers. *J Exp Med* 179: 1913–1921

Livak F, Petrie HT, Crispe IN, Schatz DG (1995) In-frame TCR δ gene rearrangements play a critical role in the $\alpha\beta/\gamma\delta$ T cell lineage decision. *Immunity* 2: 617–627

Sleckman BR, Bassing CH, Bardon CG, Okada A, Khor B, Bories JC, Monroe R, Alt FW (1998) Accessibility control of variable region gene assembly during T-cell development. *Immunol Rev* 165: 121–130

Abschnitt 7.12

Ciofani M, Knowles GC, Wiest DL, Boehmer H von, Zúniga-Pflücker JC (2006) Stage-specific and differential notch dependency at the $\alpha\beta$ and $\gamma\delta$ T lineage bifurcation. *Immunity* 25: 105–116

Dunon D, Courtois D, Vainio O, Six A, Chen CH, Cooper MD, Dangy JP, Imhof BA (1997) Ontogeny of the immune system: $\gamma\delta$ and $\alpha\beta$ T cells migrate from thymus to the periphery in alternating waves. *J Exp Med* 186: 997–988

Havran WL, Boismenu R (1994) Activation and function of $\gamma\delta$ T cells. *Curr Opin Immunol* 6: 442–446

Abschnitt 7.13

Boehmer H von, Aifantis I, Azogui O, Feinberg J, Saint-Ruf C, Zober C, Garcia C, Buer J (1998) Crucial function of the pre-T-cell receptor (TCR) in TCR β selection, TCR β allelic exclusion and $\alpha\beta$ versus $\gamma\delta$ lineage commitment. *Immunol Rev* 165: 111–119

Borowski C, Li X, Aifantis I, Gounari F, Boehmer H von (2004) Pre-TCRα and TCRα are not interchangeable partners of TCRD during T lymphocyte development. *J Exp Med* 199: 607–615

Dudley EC, Petrie HT, Shah LM, Owen MJ, Hayday AC (1994) T cell receptor β chain gene rearrangement and selection during thymocyte development in adult mice. *Immunity* 1: 83–93

Philpott KI, Viney JL, Kay G, Rastan S, Gardiner EM, Chae S, Hayday AC, Owen MJ (1992) Lymphoid development in mice congenitally lacking T cell receptor $\alpha\beta$-expressing cells. *Science* 256: 1448–1453

Abschnitt 7.14

Buch T, Rieux-Laucat F, Förster I, Rajewsky K (2002) Failure of HY-specific thymocytes to escape negative selection by receptor editing. *Immunity* 16: 707–718

Hardardottir F, Baron JL, Janeway CA Jr (1995) T cells with two functional antigen-specific receptors. *Proc Natl Acad Sci USA* 92: 354–358

Huang CY, Sleckman BP, Kanagawa O (2005) Revision of T cell receptor α chain genes is required for normal T lymphocyte development. *Proc Natl Acad Sci USA* 102: 14356–14361

Marrack P, Kappler J (1997) Positive selection of thymocytes bearing alpha beta T cell receptors. *Curr Opin Immunol* 9: 250–255

Padovan E, Casorati G, Dellabona P, Meyer S, Brockhaus M, Lanzavecchia A (1993) Expression of two T cell receptor α chains: dual receptor T cells. *Science* 262: 422–242

Petrie HAT, Livak F, Schatz DG, Strasser A, Crispe IN, Shortman K (1993) Multiple rearrangements in T cell receptor α-chain genes maximize the production of useful thymocytes. *J Exp Med* 178: 615–622

Abschnitt 7.15

Fink PJ, Bevan MJ (1978) H-2 antigens of the thymus determine lymphocyte specificity. *J Exp Med* 148: 766–775

Zinkernagel RM, Callahan GN, Klein J, Dennert G (1978) Cytotoxic T cells learn specificity for self H-2 during differentiation in the thymus. *Nature* 271: 251–253

Abschnitt 7.16

Hogquist KA, Tomlinson AJ, Kieper WC, McGargill MA, Hart MC, Naylor S, Jameson SC (1997) Identification of a naturally occuring ligand for thymic positive selection. *Immunity* 6: 389–399

Huessman M, Scott B, Kisielow P, Boehmer H von (1991) Kinetic and efficacy of positive selection in the thymus of normal and T cell receptor transgenic mice. *Cell* 66: 533–562

Stefanski HE, Mayerova D, Jameson SC, Hogquist KA (2001) A low affinity TCR ligand restores positive selection of $CD8^+$ T cells *in vivo*. *J Immunol* 166: 6602–6607

Abschnitt 7.17

Merkenschlager M, Graf D, Lovatt M, Bommhardt U, Zamoyska R, Fisher AG (1997) How many thymocytes audition for selection? *J Exp Med* 186: 1149–1158

Zerrahn J, Held W, Raulet DH (1997) The MHC reactivity of the T cell repertoire prior to positive and negative selection. *Cell* 88: 627–636

Abschnitt 7.18

Basson MA, Bommhard U, Cole MS, Tso JY, Zamoyska R (1998) CD3 ligation on immature thymocytes generates antagonist-like signals appropriate for CD8 lineage commitment, independently of T cell receptor specificity. *J Exp Med* 187: 1249–1260

Boehmer H von, Kisielow P, Lishi H, Scott B, Borgulya P, Teh HS (1989) The expression of CD4 and CD8 accessory molecules on mature T cells is not random but correlates with the specificity of the $\alpha\beta$ receptor for antigen. *Immunol Rev* 109: 143–151

Bommhardt U, Cole MS, Tso JY, Zamoyska R (1997) Signals through CD8 or DC4 can induce commitment to the CD4 lineage in the thymus. *Eur J Immunol* 27: 1152–1163

Germain RN (2002) T-cell development and the CD4-CD8 lineage decision. *Nat Rev Immunol* 2: 309–322

Lundberg K, Heath W, Kontgen F, Carbone FR, Shortman K (1995) Intermediate steps in positive selection: differentiation of $CD4^+8^{int}$ TCR^{int} thymocytes into $CD4^-8^+TCR^{hi}$ thymocytes. *J Exp Med* 181: 1643–1651

Singer A, Bosselut R, Bhandoola A (1999) Signals involved in CD4/CD8 lineage commitment: current concepts and potential mechanisms. *Semin Immunol* 11: 273–281

Abschnitt 7.19

Cosgrove D, Chan SH, Waltzinger C, Benoist C, Mathis D (1992) The thymic compartment responsible for positive selection of $CD4^+$ T cells. *Int Immunol* 4: 707–710

Ernst BB, Surh CD, Sprent J (1996) Bone marrow-derived cells fail to induce positive selection in thymus reaggregation cultures. *J Exp Med* 183: 1235–1240

Fowlkes BJ, Schweighoffer E (1995) Positive selection of T cells. *Curr Opin Immunol* 7: 188–195

Abschnitt 7.20

Kishimoto H, Sprent J (1997) Negative selection in the thymus includes semimature T cells. *J Exp Med* 185: 263–271

Zal T, Volkmann A, Stockinger B (1994) Mechanisms of tolerance induction in major histocompatibility complex class II-restricted T cell specific for a blood-borne self antigen. *J Exp Med* 180: 2089–2099

Abschnitt 7.21

Matzinger P, Guerder S (1989) Does T cell tolerance require a dedicated antigen-presenting cell? *Nature* 338: 74–76

Sprent J, Webb SR (1995) Intrathymic and extrathymic clonal deletion of T cells. *Curr Opin Immunol* 7: 196–205

Webb SR, Sprent J (1990) Tolerogenicity of thymic epithelium. *Eur J Immunol* 20: 2525–2528

Abschnitt 7.22

Alberola-Ila J, Hogquist KA, Swan KA, Bevan MJ, Perlmutter RM (1996) Positive and negative selection invoke distinct signaling pathways. *J Exp Med* 184: 9–18

Ashton-Rickardt PG, Bandeira A, Delaney JR, Van Kaer L, Pircher HP, Zinkernagel RM, Tonegawa S (1994) Evidence for a differential avidity model of T cell selection in the thymus. *Cell* 76: 651–663

Bommhardt U, Basson MA, Krummrei U, Zamoyska R (1999) Activation of the extracellular signal-related kinase/mitogen-activated protein kinase pathway discriminates CD4 versus CD8 lineage commitment in the thymus. *J Immunol* 163: 715–722

Bommhardt U, Scheuring Y, Bickel C, Zymoyska R, Hunig T (2000) MEK activity regulates negative selection of immature $CD4^+CD8^+$ thymocytes. *J Immunol* 164: 2326–2337

Hogquist KA, Jameson SC, Heath WR, Howard JL, Bevan MJ, Carbone FR (1994) T cell receptor antagonist peptides induce positive selection. *Cell* 76: 17–27

Abschnitt 7.23

Liu YJ (1997) Sites of B lymphocyte selection, activation, and tolerance in spleen. *J Exp Med* 186: 625–629

Loder F, Mutschler B, Ray RJ, Paige CJ, Sideras P, Torres R, Lamers MC, Carsetti R (1999) B cell development in the spleen takes place in discrete steps and is determined by the quality of B cell receptor-derived signals. *J Exp Med* 190: 75–89

Mebius RE (2003) Organogenesis of lymphoid tissues. *Nat Rev Immunol* 3: 292–303

Abschnitt 7.24

Chaplin DD (1995) Absence of lymph nodes in lymphotoxin-α(LTα)-deficient mice is due to abnormal organ development, not defective lymphocyte migration. *J Inflamm* 45: 72–78

Douni E, Akassoglou K, Alexopoulou L, Georgopoulos S, Haralambous S, Hill S, Kassiotis G, Kontoyiannis D, Pasparakis M, Plows D, Probert L, Kollias G (1996) Transgenic and knockout analysis of the role of TNF in immune regulation and disease pathogenesis. *J Inflamm* 47: 27–38

Fu YX, Chaplin DD (1999) Development and maturation of secondary lymphoid tissues. *Annu Rev Immunol* 17: 399–433

Mariathasan S, Matsumoto M, Baranyay F, Nahm MH, Kanagawa O, Chaplin DD (1995) Absence of lymph nodes in lymphotoxin-α(LTα)-deficient mice is due to abnormal organ development, not defective lymphocyte migration. *J Inflamm* 45: 72–78

Abschnitt 7.25

Ansel KM, Cyster JG (2001) Chemokines in lymphopoiesis and lymphoid organ development. *Curr Opin Immunol* 13: 172–179

Cyster JG (1999) Chemokines and cell migration in secondary lymphoid organs. *Science* 286: 2098–2102

Cyster JG (2000) Leukocyte migration: scent of the T zone. *Curr Biol* 10: R30–R33

Cyster JG, Ansel KM, Reif K, Ekland EH, Hyman PL, Tang HL, Luther SA, Ngo VN (2000) Follicular stromal cells and lymphocyte homing to follicles. *Immunol Rev* 176: 181–193

Abschnitt 7.26

Arnold B (2002) Levels of peripheral T cell tolerance. *Transpl Immunol* 10: 109–114

Cyster JG, Hartley SB, Goodnow CC (1994) Competition for follicular niches excludes self-reactive cells from the recirculating B-cell repertoire. *Nature* 371: 389–395

Goodnow CC, Crosbie J, Jorgensen H, Brink RA, Basten A (1989) Induction of self-tolerance in mature peripheral B lymphocytes. *Nature* 342: 385–391

Lam KP, Kuhn R, Rajewski K (1997) *In vivo* ablation of surface immunoglobulin on mature B cells by inducible gene targeting results in rapid cell death. *Cell* 90: 1073–1083

Russell DM, Dembic Z, Morahan G, Miller JFAP, Burki K, Nemazee D (1991) Peripheral deletion of self-reactive B cells. *Nature* 354: 308–311

Steinman RM, Nussenzweig MC (2002) Avoiding horror autotoxicus: the importance of dendritic cells in peripheral T cell tolerance. *Proc Natl Acad Sci USA* 99: 351–358

Abschnitt 7.27

Allman DM, Ferguson SE, Lentz VM, Cancro MP (1993) Peripheral B cell maturation. II. Heat-stable antigen(hi) splenic B cells are in immature developmental intermediate in the production of long-lived marrow-derived B cells. *J Immunol* 151: 4431–4444

Harless SM, Lentz VM, Sah AP, Hsu BL, Clise-Dwyer K, Hilbert DM, Hayes CE, Cancro MP (2001) Competition for BlyS-mediated signaling through Bcmd/BR3 regulates peripheral B lymphocyte numbers. *Curr Biol* 11: 1986–1989

Levine MH, Haberman AM, Sant'Angelo DB, Hannum LG, Cancro MP, Janeway CA Jr, Shlomchik MJ (2000) A B-cell receptor-specific selection step governs immature to mature B cell differentation. *Proc Natl Acad Sci USA* 97: 2743–2748

Rolink AG, Tschopp J, Schneider P, Melchers F (2002) BAFF is a survival and maturation factor for mouse B cells. *Eur J Immunol* 32: 2004–2010

Abschnitt 7.28

Clarke SH, Arnold LW (1998) B-1 cell development: evidence for an uncommitted immunoglobulin (Ig)M^{+}B cell precursor in B-1 cell differentation. *J Exp Med* 187: 1325–1334

Hardy RR, Hayakawa K (1991) A developmental switch in B lymphopoiesis. *Proc Natl Acad Sci USA* 88: 11550–11554

Hayakawa K, Asano M, Shinton SA, Gui M, Allman D, Stewart CL, Silver J, Hardy RR (1999) Positive selection of natural autoreactive B cells. *Science* 285: 113–116

Martin F, Kearney JF (2002) Marginal-zone B cells. *Nat Rev Immunol* 2: 323–335

Abschnitt 7.29

Freitas AA, Rocha B (1999) Peripheral T cell survival. *Curr Opin Immunol* 11: 152–156

Judge AD, Zhang X, Fujii H, Surh CD, Sprent J (2002) Interleukin 15 controls both proliferation and survival of a subset of memory-phenotype CD8^{+} T cells. *J Exp Med* 196: 935–946

Kassiotis G, Garcia S, Simpson E, Stockinger B (2002) Impairment of immunological memory in the absence of MHC despite survival of memory T cells. *Nat Immunol* 3: 244–250

Ku CC, Murakami M, Sakamoto A, Kappler J, Marrack R (2000) Control of homeostasis of CD8^{+} memory T cells by opposing cytokines. *Science* 288: 675–678

Murali-Krishna K, Lau LL, Sambhara S, Lemonnier F, Altman J, Ahmed R (1999) Persistence of memory CD8 T cells in MHC class I-deficient mice. *Science* 286: 1377–1381

Seddon B, Tomlinson P, Zamoyska R (2003) IL-7 and T cell receptor signals regulate homeostasis of CD4 memory cells. *Nat Immunol* 4: 680–686

Abschnitt 7.30

Alizadeh AA, Staudt LM (2000) Genomic-scale gene expression profiling of normal and malignant immune cells. *Curr Opin Immunol* 12: 219–225

Cotran RS, Kumar V, Robbins SL (1994) Diseases of white cells, lymph nodes, and spleen. Pathologic Basis of Disease. 5. Aufl. S. 629–672. W. B. Saunders, Philadelphia

Abschnitt 7.31

Hwang LY, Baer RJ (1995) The role of chromosome translocations in T cell acute leukemia. *Curr Opin Immunol* 7: 659–664

Rabbitts TH (1994) Chromosomal translocations in human cancer. *Nature* 372: 143–149

Abschnitt 7.32

Cory S (1995) Regulation of lymphocyte survival by the Bcl-2 gene family. *Ann Rev Immunol* 13: 513–543

Rabbitts TH (1994) Chromosomal translocations in human cancer. *Nature* 372: 143–149

Yang E, Korsmeyer SJ (1996) Molecular thanatopsis – a discourse on the Bcl-2 family and cell death. *Blood* 88: 386–401

Teil IV

Die adaptive Immunantwort

8 Die T-Zell-vermittelte Immunität

Wenn eine Infektion die angeborenen Abwehrmechanismen überwunden hat, wird eine adaptive Immunantwort in Gang gesetzt. Der Krankheitserreger setzt seine Vermehrung fort, und Antigene häufen sich an. Dies löst zusammen mit der durch die angeborene Immunität veränderten zellulären Umgebung eine adaptive Immunantwort aus. Wie in Kapitel 2 besprochen wurde, können einige Infektionen allein mit der angeborenen Immunität bekämpft werden. Sie werden früh beseitigt und verursachen nur wenige Symptome und Schäden. Die meisten Krankheitserreger jedoch können – wie ihr Name schon andeutet – das angeborene Immunsystem überwinden, und die adaptive Immunität ist für ihre Abwehr von grundlegender Bedeutung. Das zeigt sich bei Immunschwächesyndromen, die mit dem Versagen von bestimmten Bereichen der adaptiven Immunantwort zusammenhängen (Kapitel 12). In den nächsten drei Kapiteln werden wir erfahren, wie die adaptive Immunantwort, an der die antigenspezifischen T- und B-Zellen beteiligt sind, in Gang gesetzt und weiterentwickelt wird. Wir wollen uns zuerst in diesem Kapitel mit den T-Zell-vermittelten Immunantworten beschäftigen, in Kapitel 9 dann mit der humoralen Immunität – der Antikörperantwort der B-Zellen. In Kapitel 10 wollen wir die Inhalte von Kapitel 8 und 9 zusammenführen und eine dynamische Betrachtungsweise der adaptiven Immunantworten auf Krankheitserreger präsentieren. Dabei werden wir uns auch mit einem der wichtigsten Merkmale des adaptiven Immunsystems beschäftigen – dem immunologischen Gedächtnis.

Nachdem die Entwicklung der T-Zellen im Thymus abgeschlossen ist, gelangen die Zellen in das Blut. Wenn sie ein peripheres Lymphorgan erreichen, verlassen sie das Blut und wandern durch das Lymphgewebe. Von dort aus kehren sie über die Lymphgefäße in das Blut zurück und pendeln zwischen Blut und peripherem Lymphgewebe hin und her. Reife T-Zellen, die bei ihrer Wanderung noch nicht auf ihre Antigene gestoßen sind, bezeichnet man als **naive T-Zellen**. Um an einer adaptiven Immunreaktion teilnehmen zu können, muss eine naive T-Zelle ihrem spezifischen Antigen begegnen, das sich an der Oberfläche einer antigenpräsentierenden Zelle in Form eines Peptid:MHC-Komplexes befindet. So wird die T-Zelle zur

8.1 Die Funktionen von T-Effektorzellen bei der zellvermittelten und humoralen Immunität. Zellvermittelte Immunantworten richten sich hauptsächlich gegen intrazelluläre Pathogene. Das umfasst die Zerstörung von infizierten Zellen durch cytotoxische CD8-T-Zellen oder die Zerstörung von intrazellulären Pathogenen in Makrophagen, die durch CD4-T_H1-Zellen aktiviert werden. CD4-T_H2-Zellen und T_H1-Zellen tragen zur humoralen Immunantwort bei, indem sie die Produktion von Antikörpern durch B-Zellen stimulieren und Isotypwechsel induzieren. An der humoralen Immunität, die hauptsächlich von extrazellulären Krankheitserregern ausgelöst wird, sind alle Antikörperklassen beteiligt. Bei vielen Infektionen spielt sowohl die zellvermittelte als auch die humorale Immunität eine Rolle. CD4-T_H17-Zellen unterstützen in einer frühen Phase der adaptiven Immunantwort die Mobilisierung von neutrophilen Zellen zu Infektionsherden. Auch dies ist eine Reaktion, die sich vor allem gegen extrazelluläre Krankheitserreger richtet. Regulatorische T-Zellen neigen eher dazu, die adaptive Immunantwort zu unterdrücken. Ihre Bedeutung besteht darin zu verhindern, dass Immunantworten außer Kontrolle geraten, und sie wirken der Autoimmunität entgegen.

Vermehrung und Differenzierung zu einem Typ von Zellen angeregt, die neue Aktivitäten erworben haben und damit zur Beseitigung des Antigens beitragen können. Diese Zellen bezeichnen wir als **T-Effektorzellen**, und sie können sehr schnell in Aktion treten, wenn sie auf der Oberfläche einer anderen Zelle auf ein spezifisches Antigen stoßen. Da sie nur Peptidantigene erkennen, die von MHC-Molekülen präsentiert werden, interagieren alle T-Effektorzellen nur mit körpereigenen Zellen und nicht mit dem Krankheitserreger selbst. Die Zellen, auf die T-Effektorzellen einwirken, bezeichnen wir als **Zielzellen**.

Nachdem naive T-Zellen ihr Antigen erkannt haben, differenzieren sie sich zu T-Effektorzellen, die verschiedenen funktionellen Klassen angehören und für unterschiedliche Aktivitäten spezialisiert sind. CD8-T-Zellen erkennen Peptide, die von MHC-Klasse-I-Molekülen präsentiert werden und von Krankheitserregern stammen. Alle naiven CD8-T-Zellen differenzieren sich zu cytotoxischen Effektorzellen, die infizierte Zellen erkennen und abtöten. CD4-T-Zellen verfügen über ein flexibleres Repertoire an Effektoraktivitäten. Nachdem sie Peptide von Pathogenen erkannt haben, die von MHC-Klasse-II-Molekülen präsentiert werden, können naive CD4-T-Zellen verschiedene Differenzierungswege einschlagen und Untergruppen von Effektorzellen bilden, die verschiedene immunologische Funktionen besitzen. Die wichtigsten CD4-Untergruppen, die man zurzeit unterscheidet, sind T_H1, T_H2 und T_H17, die ihre Zielzellen aktivieren, sowie mehrere Untergruppen von T-Zellen mit inhibitorischen Aktivitäten, die das Ausmaß einer Immunaktivierung begrenzen (Abb. 8.1).

Die Aktivierung von naiven T-Zellen durch ihren Kontakt mit einem Antigen bildet zusammen mit ihrer anschließenden Proliferation und Differenzierung zu T-Effektorzellen die **primäre zellvermittelte Immunantwort**. T-Effektorzellen unterscheiden sich auf vielfache Weise von ihren naiven Vorläufern, und durch diese Veränderungen sind sie dafür ausgerüstet, schnell und effizient zu reagieren, wenn sie auf einer Zielzelle ein spezifisches Antigen erkennen. In diesem Kapitel wollen wir die spezialisierten Mechanismen der T-Zell-vermittelten Cytotoxitität und der

	cytotoxische CD8-T-Zellen	CD4-T_H1-Zellen	CD4-T_H2-Zellen	CD4-T_H17-Zellen	regulatorische CD4-T-Zellen (verschiedene Typen)
Typen der T-Effektorzellen					
Hauptfunktion bei adaptiver Immunantwort	töten virusinfizierte Zellen	aktivieren infizierte Makrophagen unterstützen B-Zellen bei der Antikörperproduktion	unterstützen B-Zellen bei der Antikörperproduktion, speziell Isotypwechsel zu IgE	verstärken Reaktion neutrophiler Zellen	unterdrücken T-Zell-Reaktionen
angegriffene Pathogene	Viren (z. B. Influenza, Tollwut, Vaccinia) einige intrazelluläre Bakterien	Mikroben, die in Vesikeln der Makrophagen überleben (z. B. Mycobakterien, *Listeria, Leishmania donovani, Pneumocystis carinii*) extrazelluläre Bakterien	parasitische Helminthen	extrazelluläre Bakterien (z. B. *Salmonella enterica*)	

Aktivierung von Makrophagen durch T-Effektorzellen beschreiben, die der Hauptbestandteil der **zellvermittelten Immunität** sind. Die andere wichtige Funktion von T-Effektorzellen besteht darin, dass sie bei B-Zellen die Antikörperproduktion auslösen. Wir wollen diesen Aspekt hier nur streifen und dann im Einzelnen in Kapitel 9 besprechen. Gleichzeitig mit den T-Effektorzellen entstehen bei der primären T-Zell-Antwort auch **T-Gedächtniszellen**. Dies sind langlebige Zellen, die auf ein Antigen beschleunigt reagieren können, sodass bei einer späteren Konfrontation mit demselben Antigen bereits ein Schutz besteht. Wir werden das immunologische Gedächtnis der T- und B-Zellen gemeinsam in Kapitel 10 besprechen.

In diesem Kapitel werden wir erfahren, wie naive T-Zellen zur Proliferation angeregt werden und T-Effektorzellen hervorbringen, wenn sie zum ersten Mal ihrem spezifischen Antigen begegnen. Die Aktivierung und die klonale Expansion einer naiven T-Zelle aufgrund ihrer ersten Begegnung mit einem Antigen bezeichnet man als **Priming**, um sie von den Reaktionen von T-Effektorzellen auf Antigene auf ihren Zielzellen und den Reaktionen von geprägten T-Gedächtniszellen zu unterscheiden. Das Auslösen der adaptiven Immunität ist eines der interessantesten Themen in der Immunologie. Wie wir noch erfahren werden, wird die Aktivierung von naiven T-Zellen durch eine Vielfalt von Signalen kontrolliert, die man gemäß der zuletzt entwickelten Nomenklatur von Charles Janeway (wie sie in diesem Buch verwendet wird) als Signal 1, Signal 2 und Signal 3 bezeichnet. Eine naive T-Zelle erkennt ihr Antigen in Form eines Peptid:MHC-Komplexes an der Oberfläche einer spezialisierten antigenpräsentierenden Zelle (Kapitel 5). Die antigenspezifische Aktivierung eines T-Zell-Rezeptors liefert Signal 1; die Wechselwirkung von **costimulierenden Molekülen** auf antigenpräsentierenden Zellen mit Liganden auf den T-Zellen ist für Signal 2 verantwortlich; und die Cytokine, die die Differenzierung zu den verschiedenen Typen von Effektorzellen steuern, bilden Signal 3. Alle diese Ereignisse werden durch viel frühere Signale in Gang gesetzt, die dann entstehen, wenn das angeborene Immunsystem den Krankheitserreger als Erstes erkennt. Diese Signale, die Janeway als Erster vorhergesagt hat und dann auch identifizieren konnte, werden den Zellen des angeborenen Immunsystems durch Rezeptoren wie die Toll-ähnlichen Rezeptoren (TLR) übermittelt. Diese Rezeptoren erkennen molekulare Muster auf Pathogenen, die das Vorhandensein von körperfremden Antigenen signalisieren (Kapitel 2). Wie wir in diesem Kapitel erfahren werden, sind diese Signale für die Aktivierung von antigenpräsentierenden Zellen essenziell, sodass diese ihrerseits naive T-Zellen aktivieren können.

Die für die Aktivierung von naiven T-Zellen mit Abstand wichtigsten antigenpräsentierenden Zellen sind die hoch spezialisierten **dendritischen Zellen**, deren Hauptfunktion darin besteht, Antigene aufzunehmen und zu präsentieren. Dendritische Gewebezellen nehmen an Infektionsherden Antigene auf und werden als Bestandteil der angeborenen Immunantwort aktiviert. Das führt dazu, dass sie in lokales lymphatisches Gewebe einwandern und zu Zellen heranreifen, die den zirkulierenden naiven T-Zellen Antigene besonders effektiv präsentieren können. Im ersten Teil dieses Kapitels werden wir erfahren, wie naive T-Zellen und dendritische Zellen in den peripheren lymphatischen Organen aufeinander treffen und wie die dendritischen Zellen ihren vollständigen Status als antigenpräsentierende Zellen erreichen.

Eintritt der naiven T-Zellen und der antigenpräsentierenden Zellen in die peripheren lymphatischen Organe

Adaptive Immunantworten werden in den peripheren lymphatischen Organen ausgelöst – Lymphknoten, Milz und mucosaassoziierte lymphatische Gewebe wie die Peyer-Plaques im Darm. Das bedeutet für eine T-Zell-Immunantwort, die als Reaktion auf eine Infektion ausgelöst wird, dass die seltenen naiven T-Zellen, die für die zugehörigen Antigene spezifisch sind, auf dendritische Zellen treffen müssen, die diese Antigene in einem peripheren lymphatischen Organ präsentieren. Eine Infektion kann jedoch in praktisch jeder Körperregion entstehen, sodass die Antigene eines Krankheitserregers in die peripheren lymphatischen Organe gebracht werden müssen. Wir werden in diesem Teil des Kapitels erfahren, wie die dendritischen Zellen an Infektionsherden Antigene aufnehmen und zu den lokalen lymphatischen Organen wandern, wo sie zu Zellen heranreifen, die den T-Zellen Antigene präsentieren und sie auch aktivieren können. Freie Antigene wie Bakterien und Viruspartikel treiben ebenfalls durch die Lymphgefäße und das Blut direkt in die lymphatischen Organe, wo sie von den antigenpräsentierenden Zellen aufgenommen und präsentiert werden können. Wie wir in Kapitel 1 besprochen haben, zirkulieren naive T-Zellen ständig durch die peripheren lymphatischen Gewebe und überwachen die antigenpräsentierenden Zellen auf fremde Antigene. Wir werden uns zuerst damit befassen, wie dieser zelluläre „Verkehr" durch chemotaktische Cytokine (Chemokine) und Adhäsionsmoleküle, die naive T-Zellen aus dem Blut in die lymphatischen Organe lotsen, dirigiert wird.

8.1 Naive T-Zellen wandern durch die peripheren lymphatischen Gewebe und überprüfen die Peptid:MHC-Komplexe auf der Oberfläche antigenpräsentierender Zellen

Naive T-Zellen wandern vom Blut in die Lymphknoten, die Milz und die mucosaassoziierten lymphatischen Organe und wieder zurück in das Blut (Darstellung dieses Kreislaufs in Bezug auf den Lymphknoten in Abbildung 1.17). So können sie in den lymphatischen Geweben an jedem Tag mit Tausenden von dendritischen Zellen in Kontakt treten und die Peptid:MHC-Komplexe an den Oberflächen der dendritischen Zellen überprüfen. Für jede T-Zelle besteht daher eine große Wahrscheinlichkeit, auf Antigene von beliebigen Krankheitserregern zu treffen, die in irgendeiner Körperregion eine Infektion ausgelöst haben (Abb. 8.2). Naive T-Zellen, die nicht auf ihr spezifisches Antigen treffen, verlassen das lymphatische Gewebe über efferente Lymphbahnen, gelangen schließlich wieder in das Blut und zirkulieren weiter. Wenn eine naive T-Zelle auf der Oberfläche einer reifen dendritischen Zelle ihr spezifisches Antigen erkennt, hört sie jedoch auf zu wandern. Sie proliferiert mehrere Tage lang und durchläuft so eine **klonale Expansion** und Differenzierung. Dabei entsteht ein Klon von T-Effektorzellen mit identischer Antigenspezifität. Am Ende dieser

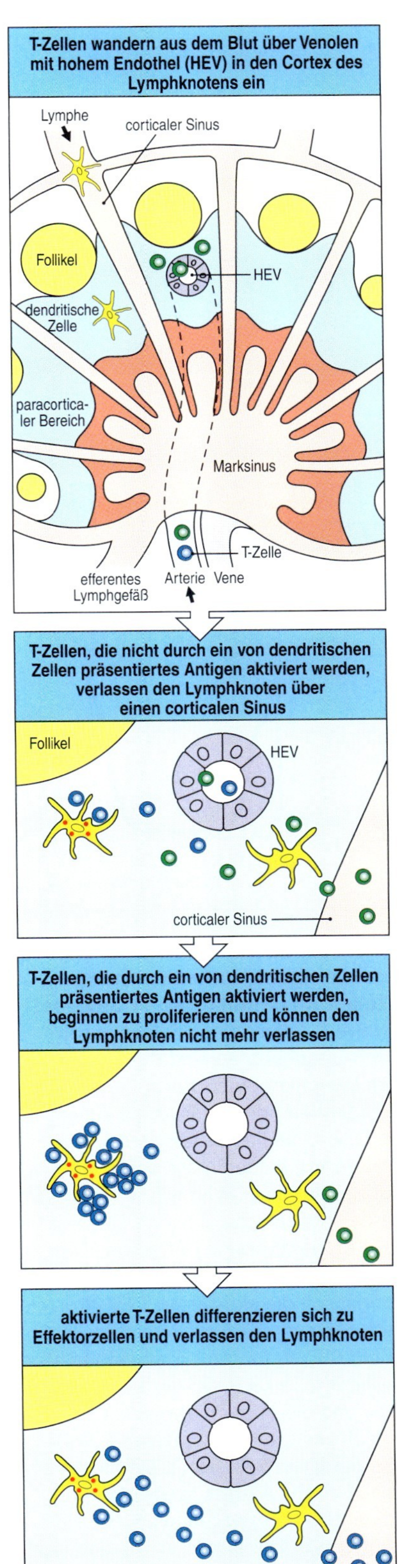

8.2 Naive T-Zellen treffen während ihrer Wanderung durch die peripheren Lymphorgane auf Antigene. Naive T-Zellen wandern durch periphere lymphatische Organe wie den Lymphknoten, der hier skizziert ist. Dabei dringen sie aus dem arteriellen Blut über spezielle Bereiche wie die Venolen mit hohem Endothel (HEV) in diese Organe ein. Das Eindringen in den Lymphknoten wird durch Chemokine reguliert, die die Wanderung der T-Zellen durch die HEV-Wand bis in die paracorticalen Bereiche steuern, wo sie auf reife dendritische Zellen treffen (oberstes Bild). Die grün dargestellten T-Zellen treffen nicht auf ihr spezifisches Antigen. Durch eine Wechselwirkung mit Selbst-Peptid:Selbst-MHC-Komplexen und IL-7 erhalten sie ein Überlebenssignal. Sie verlassen den Lymphknoten über die Lymphbahnen und gelangen erneut in den Kreislauf (zweites Bild). Die blau dargestellten T-Zellen dagegen, die ihr spezifisches Antigen auf der Oberfläche einer antigenpräsentierenden Zelle treffen, können den Lymphknoten nun nicht mehr verlassen und werden angeregt, zu proliferieren und sich zu T-Effektorzellen zu entwickeln (drittes Bild). Nach mehreren Tagen können diese antigenspezifischen T-Effektorzellen wiederum die Rezeptoren exprimieren, die für ein Verlassen des Lymphknotens notwendig sind. Sie wandern durch das efferente Lymphgefäß aus dem Lymphknoten, um nun in stark erhöhter Anzahl wieder in den Blutkreislauf einzutreten.

Phase kann die T-Effektorzelle in die efferenten Lymphgefäße auswandern und wieder in die Blutbahn eintreten, durch die sie zu den Infektionsherden gelangt. Eine Ausnahme bei diesem Kreislauf bildet die Milz, die keine Verbindung zum Lymphsystem hat. Alle Zellen gelangen vom Blut aus in die Milz und verlassen sie auf direktem Weg zurück in das Blut.

Die Effizienz, mit der die T-Zellen alle antigenpräsentierenden Zellen in den Lymphknoten absuchen, ist sehr hoch. Das ist daran zu erkennen, dass antigenspezifische T-Zellen in einem einzigen Lymphknoten, der Antigene enthält, sehr schnell festgehalten werden: Bei einem Schaf werden alle antigenspezifischen T-Zellen innerhalb von 48 Stunden nach der Verabreichung von Antigenen in einem Lymphknoten festgehalten (Abb. 8.3). Eine solche Effizienz ist für das Auslösen einer adaptiven Immunantwort von grundlegender Bedeutung, da unter 10^4 bis 10^6 T-Zellen wahrscheinlich nur eine einzige für ein bestimmtes Antigen spezifisch ist und die adaptive Immunität auf der Aktivierung und Vermehrung dieser seltenen Zellen beruht.

8.2 Lymphocyten können nur mithilfe von Chemokinen und Adhäsionsmolekülen in die lymphatischen Gewebe gelangen

Damit naive T-Zellen in die lymphatischen Gewebe gelangen können, müssen die Zellen an Venolen mit hohem Endothel (*high endothelial venules*, HEV) binden. Das geschieht über Wechselwirkungen, die nicht antigenspezifisch sind. Diese unspezifischen Wechselwirkungen zwischen den Zellen werden durch Zelladhäsionsmoleküle bewerkstelligt. Von diesen haben wir bereits einige in Kapitel 2 kennengelernt, als wir uns mit der Mobilisierung von neutrophilen Zellen und Monocyten zu Infektionsherden während einer angeborenen Immunantwort beschäftigt haben (Abb. 2.12). In diesem Kapitel dienen uns vor allem Lymphknoten und die Milz als Beispiele. Der Kreislauf der Lymphocyten durch die Schleimhautgewebe und ihre dortige Aktivierung folgen ähnlichen Gesetzmäßigkeiten, unterscheiden sich aber in bestimmten Einzelheiten (Abschnitt 11.6).

Die Hauptgruppen der Adhäsionsmoleküle, die bei den Wechselwirkungen der Lymphocyten mitwirken, sind die Selektine, die Integrine, Proteine der Immunglobulinsuperfamilie sowie einige mucinähnliche Moleküle. Lymphocyten gelangen in verschiedenen Stadien in die Lymphknoten. Dabei rollen die Lymphocyten zuerst an der Oberfläche des Endothels entlang, dann werden die Integrine aktiviert, die Adhäsion festigt sich und es folgt die **Diapedese**, das heißt das Durchdringen der Endothelschicht bis in die Paracorticalzonen, die T-Zell-Zonen (Abb. 8.4). Diese Stadien werden durch das koordinierte Zusammenspiel von Adhäsiosmolekülen und Chemokinen reguliert. Die meisten Adhäsionsmoleküle besitzen ein relativ breites Funktionsspektrum bei den Immunantworten. Sie wirken nicht nur bei der Wanderung der Lymphocyten mit, sondern auch bei Wechselwirkungen zwischen naiven T-Zellen und antigenpräsentierenden Zellen, bei Wechselwirkungen zwischen T-Effektorzellen und ihren Zielzellen, bei Wechselwirkungen von anderen Typen der Leukocyten mit dem Endothel (beispielsweise das Eindringen von Monocyten und neutrophilen Zellen in infizierte Gewebe) sowie Wechselwirkungen zwischen T- und B-Zellen.

Die Selektine (Abb. 8.5) sind von Bedeutung, wenn es darum geht, dass Leukocyten in spezifischen Geweben ihren Bestimmungsort erreichen

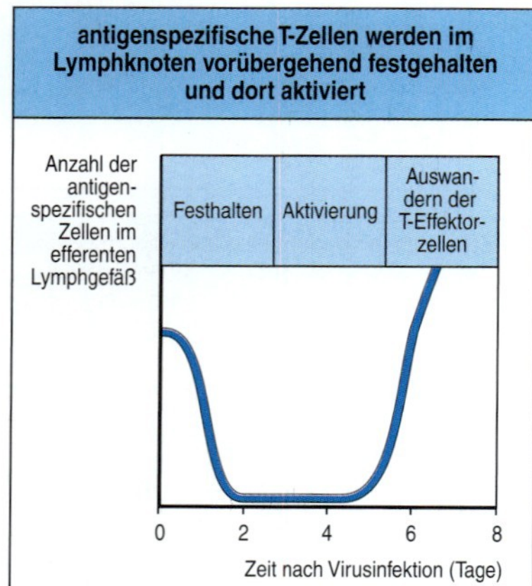

8.3 Festhalten und Aktivierung von antigenspezifischen naiven T-Zellen im lymphatischen Gewebe. Naive T-Zellen, die vom Blut aus in den Lymphknoten eindringen, treffen im Lymphknotencortex auf antigenpräsentierende dendritische Zellen. T-Zellen, die ihr spezifisches Antigen erkennen, binden stabil an die dendritischen Zellen und werden über ihre T-Zell-Rezeptoren aktiviert. Das führt zur Produktion von T-Effektorzellen. Fünf Tage nach Ankunft des Antigens verlassen die aktivierten T-Effektorzellen den Lymphknoten in großer Zahl über die efferenten Lymphgefäße. Der wiederholte Kreislauf der Lymphocyten und die Antigenerkennung sind so effizient, dass alle naiven T-Zellen im peripheren Kreislauf, die für ein bestimmtes Antigen spezifisch sind, innerhalb von zwei Tagen durch ein Antigen im Lymphknoten festgehalten werden können.

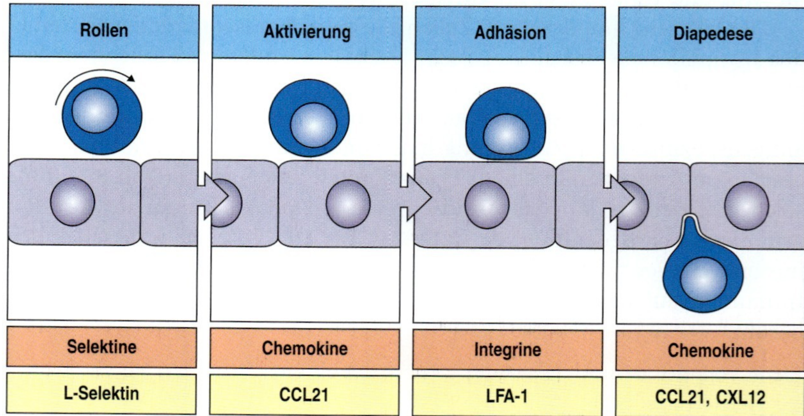

8.4 Lymphocyten gelangen in verschiedenen Stadien in die Lymphknoten, wobei die Aktivität von Adhäsionsmolekülen, Chemokinen und Chemokinrezeptoren eine Rolle spielt. Naive T-Zellen werden dazu gebracht, an der Oberfläche von Venolen mit hohem Endothel (HEV) entlang zu rollen. Dabei kommt es zu Wechselwirkungen zwischen den Selektinen, die die T-Zellen exprimieren, und vaskulären Adressinen, die an der Oberfläche der Membranen von Endothelzellen exprimiert werden. Chemokine, die in der HEV-Oberfläche vorkommen, aktivieren Rezeptoren auf der T-Zelle, und Chemokinsignale bewirken, dass die Affinität der T-Zell-Integrine für Adhäsionsmoleküle auf der HEV-Wand zunimmt. Dadurch kommt es zu einer starken Adhäsion. Nach der Adhäsion folgen die T-Zellen bestimmten Chemokingradienten, um die HEV-Wand zu durchdringen und in die Paracorticalzone des Lymphknotens zu gelangen.

(**Homing**). **L-Selektin** (CD62L) wird auf Leukocyten exprimiert, während P-Selektin (CD62P) und E-Selektin (CD62E) auf dem Gefäßendothel exprimiert werden (Abschnitt 2.25). Das L-Selektin auf naiven T-Zellen lotst die Zellen aus dem Blut in die peripheren lymphatischen Gewebe, indem es eine geringe Anheftung an die HEV-Wand bewirkt. Das führt dazu, dass die T-Zellen an der Endotheloberfläche entlang rollen (Abb. 8.4). P-Selektin und E-Selektin werden auf dem Gefäßendothel an Infektionsherden exprimiert und können Effektorzellen in das infizierte Gewebe lotsen. Selektine sind Zelloberflächenmoleküle mit einer gemeinsamen Kernstruktur. Sie unterscheiden sich durch das Vorhandensein verschiedener lektinähnlicher Domänen in ihren extrazellulären Abschnitten (Abb. 2.48). Die Lektindomänen binden an bestimmte Zuckergruppen, und jedes Selektin bindet an ein Kohlenhydrat an der Zelloberfläche. L-Selektin bindet an das sulfatisierte Sialyl-Lewis^x, die Kohlenhydratgruppe von mucinähnlichen Molekülen, die man als **vaskuläre Adressine** bezeichnet und die an der Oberfläche von Gefäßendothelzellen exprimiert werden. Zwei dieser Adressine – **CD34** und **GlyCAM-1** (Abb. 8.5) – werden in den Lymphknoten in Venolen mit hohem Endothel exprimiert. **MAdCAM-1** (Abb. 8.5), ein drittes Adressin, wird auf Endothelien in Schleimhäuten exprimiert und lotst Lymphocyten in das mucosale Lymphgewebe hinein, etwa in die Peyer-Plaques im Darm.

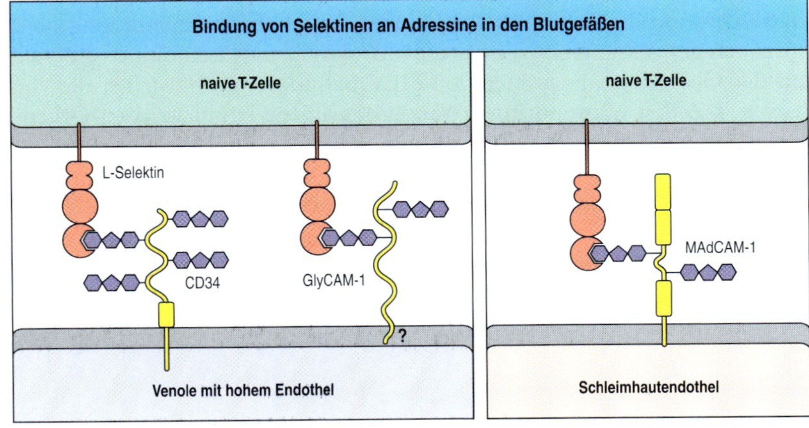

8.5 L-Selektin und die mucinähnlichen vaskulären Adressine. Naive T-Zellen exprimieren L-Selektin, das Kohlenhydratstrukturen erkennt. Durch die Bindung von L-Selektin an Sialyl-Lewis^x-Gruppen auf den vaskulären Adressinen CD34 und GlyCAM-1 auf HEV-Wänden haftet ein Lymphocyt nur schwach am Endothel. Die relative Bedeutung von CD34 und GlyCAM-1 bei dieser Wechselwirkung ist ungeklärt. GlyCAM-1 wird ausschließlich auf HEV-Wänden exprimiert, besitzt jedoch keine Transmembranregion, sodass man ebenfalls nicht weiß, wie es an der Membran befestigt ist. CD34 besitzt einen Transmembrananker und wird in der geeigneten glykosylierten Form nur von HEV-Zellen exprimiert, wobei es in anderen Formen auch auf anderen Endothelzellen vorkommt. Das Adressin MAdCAM-1 wird auf Schleimhautendothel exprimiert und lenkt Lymphocyten in das mucosale Lymphgewebe. Das Symbol in der Abbildung steht für MAdCAM-1 der Maus. Das Molekül enthält eine IgA-ähnliche Domäne, die sich sehr eng an der Membran befindet. MAdCAM-1 des Menschen enthält eine verlängerte mucinähnliche Domäne, eine IgA-Domäne fehlt jedoch.

Die Wechselwirkung zwischen L-Selektin und den vaskulären Adressinen ist für das spezifische Homing naiver T-Zellen zu den Lymphorganen verantwortlich. Dadurch werden die Zellen jedoch nicht befähigt, die Endothelbarriere zum lymphatischen Gewebe zu überwinden. Dafür ist eine koordinierte Wechselwirkung zwischen Integrinen und Chemokinen notwendig.

8.3 Aufgrund der Aktivierung von Integrinen durch Chemokine können naive T-Zellen in die Lymphknoten gelangen

Der Eintritt von naiven T-Zellen in die Lymphknoten und andere periphere lymphatische Organe erfordert die Aktivitäten von zwei weiteren Proteinfamilien – den Integrinen und der Immunglobulinsuperfamilie. Diese Proteine sind bei den anschließenden Wechselwirkungen der Lymphocyten mit antigenpräsentierenden Zellen und später mit ihren Zielzellen von entscheidender Bedeutung. Die Integrine sind eine große Familie von Zelloberflächenproteinen, die bei der Adhäsion zwischen den Zellen untereinander und zwischen den Zellen und der extrazellulären Matrix mitwirken. Integrine binden ihre Liganden sehr fest, nachdem sie Signale erhalten haben, die ihre Konformation ändern. So aktivieren die Signale von Chemokinen die Integrine auf Leukocyten, fest an die Gefäßoberfläche zu binden, um die Zellen für die Wanderung zu einem Entzündungsherd vorzubereiten (Kapitel 2). Entsprechend aktivieren Chemokine, die sich auf der Oberfläche im Lumen von HEV befinden, die Integrine, die von naiven T-Zellen während ihrer Wanderung in die lymphatischen Organe exprimiert werden (Abb. 8.4).

Die Integrine wurden in Kapitel 2 eingeführt, sodass wir uns hier nur auf eine kurze Zusammenfassung ihrer wichtigsten Merkmale beschränken wollen. Ein Integrinmolekül besteht aus einer großen α-Kette, die sich nichtkovalent mit einer kleineren β-Kette zusammenlagert. Es gibt mehrere Unterfamilien von Integrinen, die aufgrund ihrer jeweils gemeinsamen β-Kette definiert werden. Wir werden uns vor allem mit den **Leukocyten-**

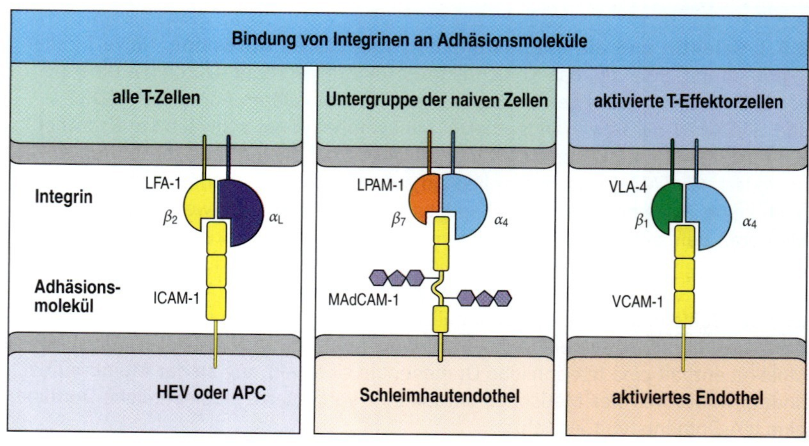

8.6 Integrine sind wichtig für die Adhäsion von T-Lymphocyten. Integrine bilden Heterodimere: Die β-Kette definiert die Klasse der Integrine und die α-Kette die verschiedenen Integrine innerhalb einer Klasse. Die α-Kette ist größer als die β-Kette und enthält Bindungsstellen für zweiwertige Kationen, die für die Signalgebung wichtig sein könnten. LFA-1 (das Integrin α_L:β_2) wird auf allen Leukocyten exprimiert. Es bindet an ICAM-Moleküle und ist wichtig für die Zellwanderung und die Wechselwirkungen der T-Zellen mit antigenpräsentierenden Zellen (APC) oder Zielzellen. Auf T-Effektorzellen wird es stärker exprimiert als auf naiven T-Zellen. LPAM-1 (*lymphocyte Peyer's patch adhesion molecule*; Integrin α_4:β_7) wird von einer Untergruppe naiver T-Zellen exprimiert und ist daran beteiligt, dass die T-Zellen in die lymphatischen Schleimhautgewebe gelangen, indem es die Adhäsion durch Wechselwirkungen mit dem vaskulären Adressin MAdCAM-1 unterstützt. VLA-4 (α_4:β_1) wird nach der T-Zell-Aktivierung stark exprimiert. Es bindet an VCAM-1 auf aktiviertem Endothel. Wie wir in Kapitel 10 näher erörtern werden, sorgt es dafür, dass T-Effektorzellen zu den Infektionsherden gelotst werden.

integrinen befassen, die eine gemeinsame β_2-Kette und unterschiedliche α-Ketten aufweisen (Abb. 8.6). Alle T-Zellen exprimieren das β_2-Integrin α_L:β_2 (CD11a:CD18), das eher unter der Bezeichnung funktionelles Leukocytenantigen-1 (LFA-1) bekannt ist. Dieses Leukocytenintegrin kommt auch auf Makrophagen und neutrophilen Zellen vor und wirkt bei der Mobilisierung dieser Zellen zu Infektionsherden mit (Abschnitt 2.25). LFA-1 besitzt für naive T-Zellen und T-Effektorzellen die gleiche Funktion, indem es ihre Wanderung aus dem Blut ermöglicht.

LFA-1 ist auch für die Adhäsion von naiven T-Zellen und T-Effektorzellen an ihre Zielzellen von Bedeutung. Dennoch können bei Individuen, denen genetisch bedingt die β_2-Integrin-Kette fehlt und die damit keinerlei β_2-Integrine besitzen (also auch kein LFA-1), normale T-Zell-Antworten ablaufen. Das liegt wahrscheinlich daran, dass T-Zellen auch andere Adhäsionsmoleküle exprimieren, beispielsweise CD2 aus der Immunglobulinsuperfamilie und β_1-Integrine, die möglicherweise das Fehlen von LFA-1 ausgleichen können. Die Expression von β_1-Integrinen nimmt in einem späten Stadium der T-Zell-Aktivierung deutlich zu. Deshalb bezeichnet man sie häufig als **sehr späte Aktivierungsantigene** (*very late activation antigens*, **VLA**). Sie dienen dazu, T-Effektorzellen zu entzündeten Geweben zu leiten.

Viele Zelladhäsionsmoleküle gehören zur Immunglobulinsuperfamilie, die auch die Antigenrezeptoren der T- und B-Zellen, die T-Zell-Corezeptoren CD4 und CD8, die B-Zell-Corezeptor-Komponente CD19 und die invarianten Domänen der MHC-Moleküle beinhaltet. Mindestens fünf Adhäsionsmoleküle der Immunglobulinsuperfamilie sind für die T-Zell-Aktivierung besonders wichtig (Abb. 8.7). Drei sehr ähnliche interzelluläre Adhäsionsmoleküle (ICAM) – ICAM-1, ICAM-2 und ICAM-3 – binden jeweils das T-Zell-Integrin LFA-1. ICAM-1 und ICAM-2 werden sowohl auf dem Endothel als auch auf antigenpräsentierenden Zellen exprimiert. Durch Bindung an diese Moleküle können Lymphocyten durch Gefäßwände wandern. ICAM-3 wird nur von naiven T-Zellen exprimiert und besitzt wahrscheinlich eine wichtige Funktion bei der Adhäsion von T-Zellen an antigenpräsentierende Zellen, besonders bei dendritischen Zellen. Außer an LFA-1 bindet ICAM-3 auch mit hoher Affinität an das Lektin **DC-SIGN**, das nur auf dendritischen Zellen vorkommt. Die beiden anderen Adhäsionsmoleküle der Immunglobulinsuperfamilie sind **CD58** (frühere Bezeichnung LFA-3), das auf antigenpräsentierenden Zellen vorkommt, sowie CD2 auf T-Zellen. Beide Moleküle binden sich gegenseitig. Diese Interaktion wirkt zusammen mit der zwischen ICAM-1 oder ICAM-2 und LFA-1.

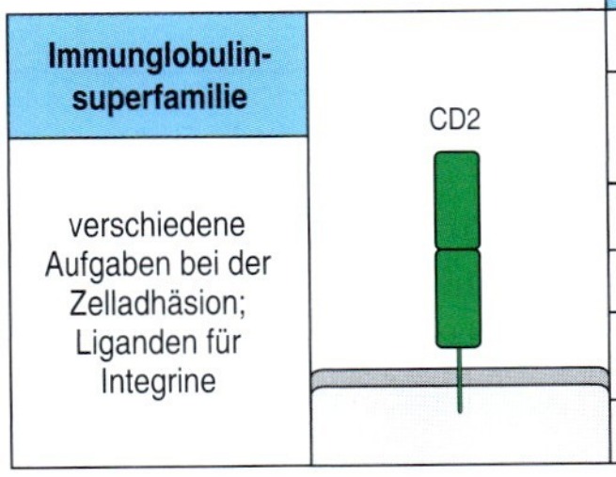

Immunglobulinsuperfamilie

verschiedene Aufgaben bei der Zelladhäsion; Liganden für Integrine

CD2

Bezeichnung	Gewebeverteilung	Ligand
CD2 (LFA-2)	T-Zellen	CD58 (LFA-3)
ICAM-1 (CD54)	aktivierte Gefäße, Lymphocyten, dendritische Zellen	LFA-1, Mac-1
ICAM-2 (CD102)	ruhende Gefäße	LFA-1
ICAM-3 (CD50)	naive T-Zellen	DC-SIGN, LFA-1
LFA-3 (CD58)	Lymphocyten, antigenpräsentierende Zellen	CD2
VCAM-1 (CD106)	aktiviertes Endothel	VLA-4

8.7 Adhäsionsmoleküle der Immunglobulinsuperfamilie, die an Wechselwirkungen mit Leukocyten beteiligt sind. Adhäsionsmoleküle der Immunglobulinsuperfamilie binden an verschiedene Typen von Adhäsionsmolekülen wie die Integrine LFA-1 und VLA-4, andere Vertreter der Immunglobulinsuperfamilie (die Wechselwirkung zwischen CD2 und CD58 (LFA-3)) sowie Lektine (DC-SIGN). Diese Wechselwirkungen sind bei der Lymphocytenwanderung, beim Homing, und bei Wechselwirkungen zwischen den Zellen von Bedeutung. Die meisten der hier aufgeführten Moleküle wurden bereits in Abbildung 2.47 vorgestellt.

Wie bei der Wanderung der Phagocyten werden besonders naive T-Zellen durch Chemokine in den Lymphknoten gelockt; die Chemokine werden von Zellen im Lymphknoten sezerniert. Die Chemokine binden an Proteoglykane in der extrazellulären Matrix und der Gefäßwand von Venolen mit hohem Endothel. Sie bilden einen chemischen Gradienten und werden von Rezeptoren auf naiven T-Zellen erkannt. Das Chemokin **CCL21** (sekundäres Cytokin des lymphatischen Gewebes, SLC) bewirkt, dass naive T-Zellen durch die Gefäßwand nach außen dringen. CCL21 wird von Gefäßzellen des hohen Endothels und von Stromazellen der lymphatischen Gewebe exprimiert. Es bindet an den Chemokinrezeptor **CCR7** auf naiven T-Zellen und stimuliert die Aktivierung der intrazellulären, rezeptorassoziierten G-Protein-Untereinheit $G\alpha_i$ (Abschnitt 6.28). Die so in der Zelle entstehenden Signale erhöhen die Affinität der Integrinbindung, wobei der Mechanismus noch nicht genau bekannt ist.

Das Eintreten einer naiven T-Zelle in einen Lymphknoten ist in Abbildung 8.8 dargestellt. Zuerst rollt die Zelle, durch L-Selektin vermittelt, an der Oberfläche der Venole mit hohem Endothel entlang. Die Wechselwirkung der naiven T-Zellen mit CCL21 in der Venole mit hohem Endothel führt dazu, dass das Integrin LFA-1 auf der naiven T-Zelle aktiviert wird, sodass sich die Affinität für ICAM-1 und ICAM-2 erhöht. ICAM-2 wird konstitutiv auf allen Endothelzellen exprimiert, während ICAM-1 nur auf den Zellen des hohen Endothels exprimiert wird, wenn keine Entzündung vorliegt. Die Mobilität von Integrinen in der Zellmembran nimmt ebenfalls bei Stimulation durch Chemokine zu, sodass Integrinmoleküle in den Bereich der Zell-Zell-Kontaktstelle wandern können. So kommt es zu einer

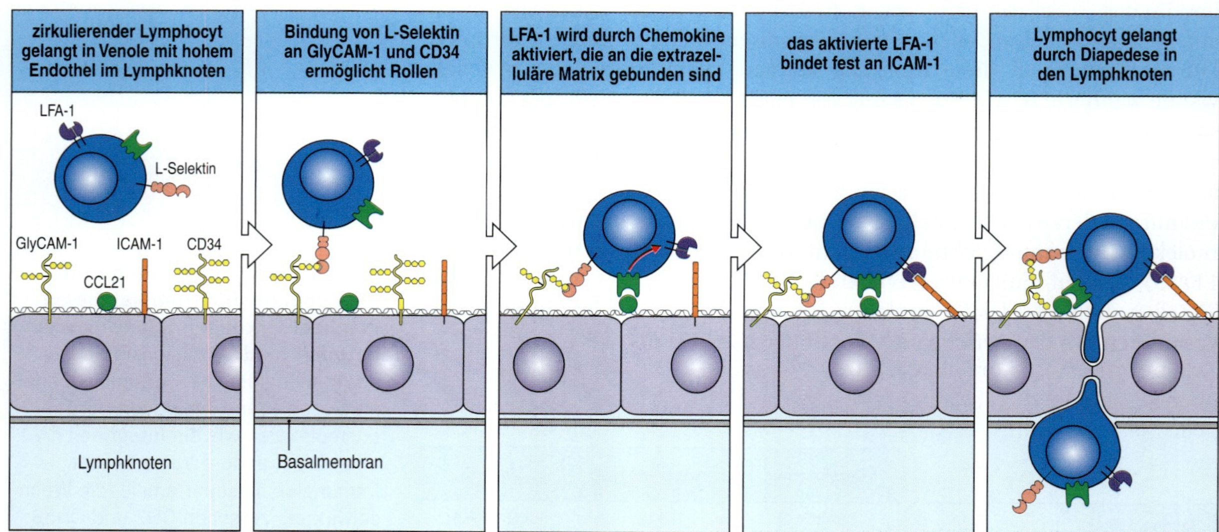

8.8 Lymphocyten gelangen aus dem Blut in das lymphatische Gewebe, indem sie die Wände von Venolen mit hohem Endothel durchdringen. Der erste Schritt ist die Bindung von L-Selektin auf dem Lymphocyten an sulfatisierte Kohlenhydrate (sulfatisiertes Sialyl-Lewis^x) von GlyCAM-1 und CD34 auf dem hohen Endothel der Venole. Lokale Chemokine wie CCL21, die an die Proteoglykanmatrix auf der Endotheloberfläche gebunden sind, stimulieren Chemokinrezeptoren auf der T-Zelle und führen zur Aktivierung von LFA-1. Dadurch bindet die T-Zelle fest an ICAM-1 auf der Endothelzelle, sodass die T-Zelle das Endothel durchdringen kann. Wie bei der Wanderung der neutrophilen Zellen (Abb. 2.49) ermöglichen Metallproteinasen an der Oberfläche des Lymphocyten, dass die Zelle in die Basalmembran eindringt.

stärkeren Bindung, und die T-Zelle wird auf der Endotheloberfläche festgehalten, sodass die Zelle in das Lymphgewebe eindringen kann.

Das Wechselspiel zwischen Chemokinen und Zelladhäsionsmolekülen gewährleistet zusammen mit dem Aufbau der peripheren lymphatischen Organe, dass fremde Antigene mit den für sie spezifischen T-Zell-Rezeptoren in Kontakt treten. Sobald naive T-Zellen über die Venolen mit hohem Endothel in der T-Zell-Zone angekommen sind, werden sie von CCR7 in Bereiche gelenkt, in denen CCL21 und **CCL19**, ein zweiter Chemokinligand von CCR7, vorkommen. CCL21 wird von den Stromazellen der T-Zell-Zonen produziert, CCL19 ebenfalls von den Stromazellen der T-Zell-Zonen, außerdem in einem geringeren Maß von dendritischen Zellen, die sich auch in den Bereichen stark konzentrieren, die von den T-Zellen durchwandert werden. Reife dendritische Zellen produzieren auch das Chemokin **CCL18** (**DC-CK**), das naive T-Zellen anlockt. Sobald naive T-Zellen in der T-Zell-Zone angelangt sind, suchen sie die Oberflächen der dendritischen Zellen nach spezifischen Peptid:MHC-Komplexen ab. Wenn sie auf ihr Antigen stoßen und daran binden, werden sie im Lymphknoten festgehalten. Werden sie nicht durch ein Antigen aktiviert, verlassen naive T-Zellen den Lymphknoten bald wieder (Abb. 8.2).

T-Zellen verlassen einen Lymphknoten über einen Cortexsinus, der in einen Marksinus mündet, und schließlich gelangen sie in das efferente lymphatische Gefäß. Beim Ausstrom von T-Zellen aus den peripheren lymphatischen Organen spielt das Lipidmolekül **Sphingosin-1-phosphat** (**S1P**) eine Rolle. Es besitzt eine chemotaktische Aktivität und ähnliche Signaleigenschaften wie Chemokine. Die Rezeptoren für S1P sind mit G-Proteinen gekoppelt, S1P-Signale aktivieren $G\alpha_1$. S1P entsteht durch Phosphorylierung des zellulären Lipids Sphingosin; es kann durch S1P-Lyasen oder S1P-Phosphatasen abgebaut werden. Anscheinend besteht zwischen den lymphatischen Geweben und der Lymphe oder dem Blut ein S1P-Konzentrationsgradient, sodass naive T-Zellen, die einen S1P-Rezeptor exprimieren, aus den lymphatischen Geweben herausgelockt werden und wieder in den Kreislauf gelangen.

T-Zellen, die in den lymphatischen Organen durch ein Antigen aktiviert wurden, verringern die Expression des S1P-Rezeptors mehrere Tage lang und können daher nicht auf den Gradienten reagieren. Deshalb verlassen sie die lymphatischen Organe in dieser Phase nicht. Nach mehreren Tagen der Proliferation exprimieren die T-Zellen wiederum den S1P-Rezeptor und können wieder als Reaktion auf den S1P-Gradienten zu wandern beginnen. Der Mechanismus, der den Austritt der naiven T-Zellen und T-Effektorzellen aus den peripheren lymphatischen Organen über S1P reguliert, bildet die Grundlage für den Wirkstoff FTY720, eine neue Art von Immunsuppressivum. FTY720 hemmt die Immunantworten im Tiermodell für Transplantationen und Autoimmunität, indem Lymphocyten daran gehindert werden, in den Kreislauf zurückzukehren, was schnell zu einer Lymphopenie führt. *In vivo* wird FTY720 phosphoryliert, bildet auf diese Weise S1P nach und wirkt auf die S1P-Rezeptoren als Agonist. Möglicherweise blockiert das phosphorylierte FTY720-Molekül den Austritt der Lymphocyten durch Effekte auf die Endothelzellen, die die Bildung der festen Zellverbindungen (*tight junctions*) verstärken und Austrittstellen verschließen, oder indem die S1P-Rezeptoren ständig aktiviert bleiben, was zur Inaktivierung und Abschalten der Rezeptorproduktion führt.

8.4 T-Zell-Antworten werden in den peripheren lymphatischen Organen durch aktivierte dendritische Zellen ausgelöst

Die Bedeutung der peripheren lymphatischen Organe für das Auslösen einer adaptiven Immunantwort ließ sich zum ersten Mal mithilfe eines gut durchdachten Experiments nachweisen, indem man in der Körperwand ein Hautstück so isolierte, dass es zwar mit dem Blutkreislauf verbunden war, aber die Lymphe nicht abgeleitet werden konnte. Wenn man nun das Hautstück mit Antigenen versetzte, wurde keine T-Zell-Antwort ausgelöst. So ließ sich zeigen, dass T-Zellen nicht im infizierten Gewebe sensibilisiert werden. Krankheitserreger und ihre Produkte müssen also in die lymphatischen Gewebe transportiert werden. Antigene, die direkt in das Blut gelangen, werden in der Milz von antigenpräsentierenden Zellen aufgenommen. Krankheitserreger, die andere Körperregionen infizieren, wie etwa durch eine Hautverletzung, werden in der Lymphflüssigkeit transportiert und in den Lymphknoten, die dem Infektionsherd am nächsten sind, festgehalten (Abschnitt 1.15). Krankheitserreger, die Schleimhautoberflächen infizieren, werden direkt durch die Schleimhaut (Mucosa) in die lymphatischen Gewebe wie die Mandeln oder die Peyer-Plaques des Darms transportiert.

Der Transport eines Antigens von einem Infektionsherd zum nächsten lymphatischen Gewebe wird durch das angeborene Immunsystem unterstützt. Eine Antwort des angeborenen Immunsystems ist eine Entzündungsreaktion am Infektionsherd, die den Zustrom von Blutplasma in die infizierten Gewebe verstärkt und so den Abfluss der extrazellulären Flüssigkeit in die Lymphe ebenfalls steigert. Dadurch werden freie Antigene mitgenommen und in die lymphatischen Gewebe gebracht. Noch wichtiger für das Auslösen einer adaptiven Immunantwort ist die induzierte Reifung von dendritischen Gewebezellen, die partikelförmige und lösliche Antigene am Infektionsherd aufnehmen (Abb. 8.9). Unreife dendritische Zellen, die sich in den Geweben aufhalten, können über ihre Toll-ähnlichen Rezeptoren aktiviert werden, die das Vorhandensein von Krankheitserregern signalisieren (Abb. 2.16), oder durch Gewebeschäden oder durch Cytokine, die während der Entzündungsreaktion gebildet werden. Dendritische Zellen reagieren auf diese Signale, indem sie in den Lymphknoten wandern und die costimulierenden Moleküle exprimieren, die für die Aktivierung von naiven T-Zellen zusätzlich zum Antigen notwendig sind. In den lymphatischen Geweben präsentieren diese reifen dendritischen Zellen den naiven T-Lymphocyten Antigene und regen alle antigenspezifischen Zellen an, sich zu teilen und zu Effektorzellen heranzureifen, die wieder in den Kreislauf eintreten.

Makrophagen, die in den meisten Geweben, so auch im lymphatischen Gewebe, vorkommen, und B-Zellen, die vor allem im lymphatischem Gewebe lokalisiert sind, können durch dieselben unspezifischen Antigenrezeptoren veranlasst werden, costimulierende Moleküle zu exprimieren und als antigenpräsentierende Zellen zu fungieren. Die Verteilung von dendritischen Zellen, Makrophagen und B-Zellen in einem Lymphknoten ist in Abbildung 8.10 schematisch dargestellt. Nur diese drei Zelltypen exprimieren die spezialisierten costimulierenden Moleküle, die für die Aktivierung von naiven T-Zellen erforderlich sind. Darüber hinaus exprimieren alle drei

Zelltypen diese Moleküle nur dann, wenn sie im Zusammenhang mit einer Infektion aktiviert werden. Dendritische Zellen können Antigene aus allen Arten von Ursprüngen aufnehmen, prozessieren und präsentieren. Sie kommen vor allem in den T-Zell-Zonen vor und bringen die klonale Expansion und Differenzierung der naiven T-Zellen zu T-Effektorzellen vehement voran. Makrophagen und B-Zellen spezialisieren sich auf die Prozessierung und Präsentation von Antigenen aus aufgenommenen Krankheitserregern beziehungsweise von löslichen Antigenen, und sie interagieren mit bereits geprägten CD4-T-Effektorzellen.

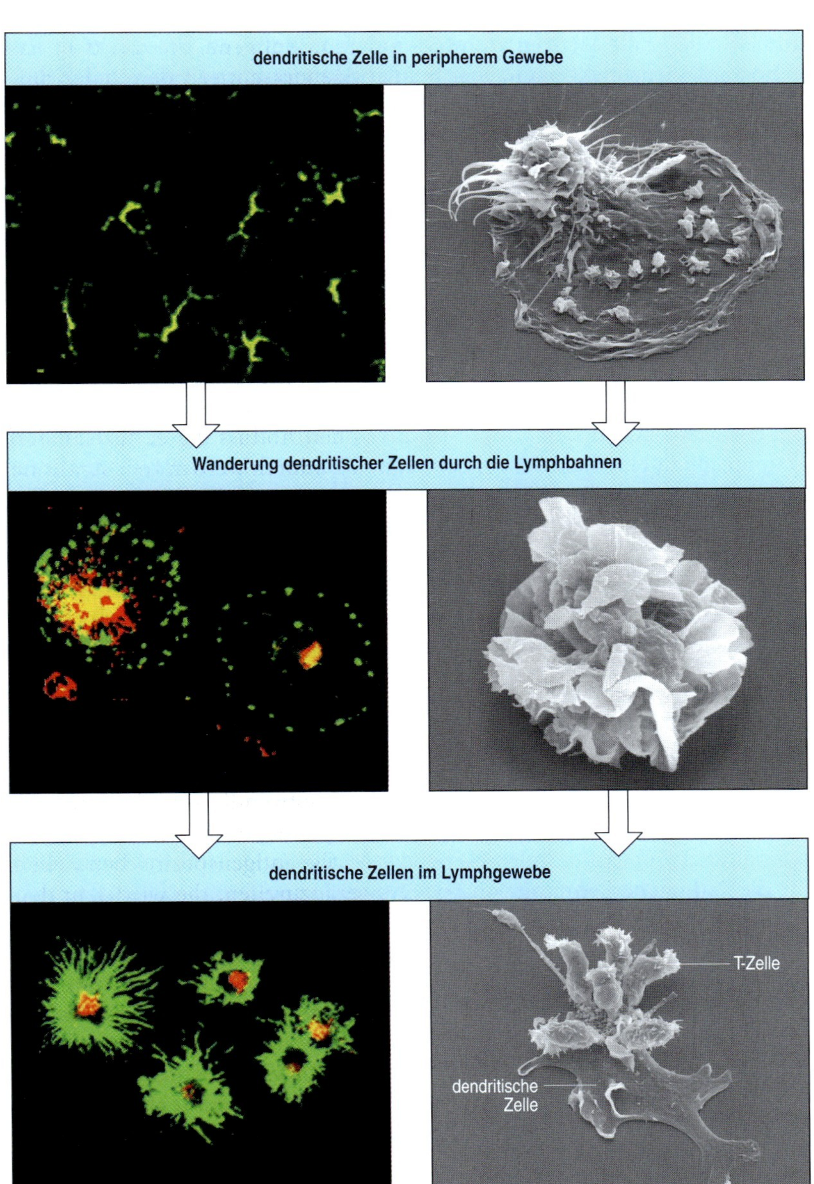

8.9 Dendritische Zellen in verschiedenen Reifestadien. Die Bilder in der linken Spalte sind fluoreszenzmikroskopische Aufnahmen von dendritischen Zellen, in denen MHC-Klasse-II-Moleküle grün und ein lysosomales Protein rot gefärbt wurden. Die Bilder in der rechten Spalte sind rasterelektronenmikroskopische Aufnahmen von einzelnen dendritischen Zellen. Unreife dendritische Zellen (oben) besitzen viele lange Fortsätze (Dendriten), nach denen die Zellen bezeichnet werden. Die Zellkörper sind in der Aufnahme links kaum zu erkennen, die Zellen enthalten jedoch zahlreiche endocytotische Vesikel, bei denen sich sowohl MHC-Klasse-II-Moleküle als auch das lysosomale Protein anfärben lassen; wenn sich beide Farben überlagern, entsteht eine gelbe Fluoreszenz. Die unreifen Zellen werden aktiviert und verlassen das Gewebe, um durch die Lymphbahnen in das sekundäre Lymphgewebe zu gelangen. Während dieser Reise ändern sie ihre Morphologie. Die dendritischen Zellen phagocytieren auch keine Antigene mehr. Die rote Färbung der lysosomalen Proteine ist von der grünen der MHC-Klasse-II-Moleküle zu unterscheiden (Mitte links). Die dendritische Zelle zeigt nun zahlreiche Membranfalten (Mitte rechts), aufgrund derer diese Zellen ursprünglich als „Schleierzellen" bezeichnet wurden. Im Lymphknoten (unten) reifen die dendritischen Zellen schließlich heran, exprimieren große Mengen an Peptid:MHC-Komplexen und costimulierenden Molekülen und stimulieren sehr effizient naive CD4- und naive CD8-T-Zellen. Auch hier phagocytieren die Zellen nicht, und man kann die rote Farbe für die lysosomalen Proteine gut von der grünen für die MHC-Klasse-II-Moleküle unterscheiden, die auf vielen dendritischen Fortsätzen sehr zahlreich vertreten sind (unten links). Die typische Morphologie einer reifen dendritischen Zelle, die gerade mit einer T-Zelle interagiert, ist unten rechts dargestellt. (Fotos mit freundlicher Genehmigung von I. Mellman, P. Pierre und S. Turley; rasterelektronenmikroskopische Aufnahmen mit freundlicher Genehmigung von K. Dittmar.)

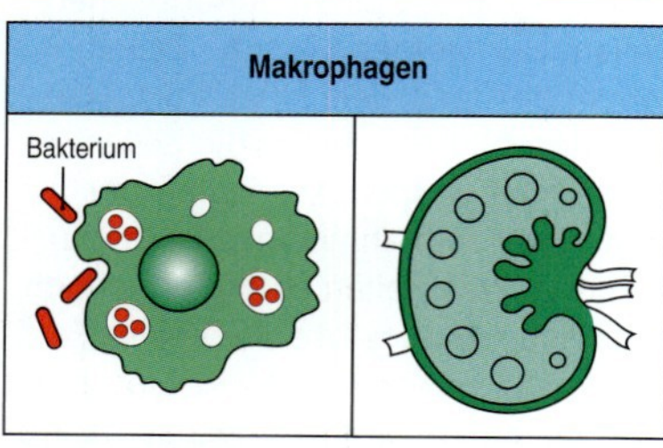

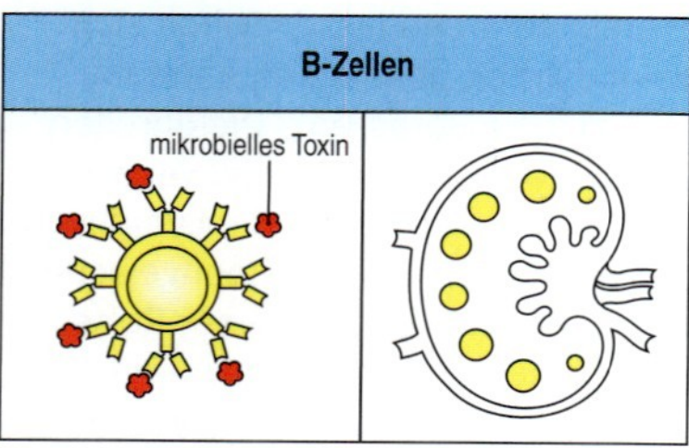

B-Zellen

mikrobielles Toxin

8.10 Antigenpräsentierende Zellen sind im Lymphknoten unterschiedlich verteilt. Dendritische Zellen findet man überall im Cortex des Lymphknotens in den T-Zell-Arealen. Makrophagen sind über den gesamten Lymphknoten verteilt, sie kommen aber vor allem im Randsinus vor, in dem sich die einströmende Lymphe sammelt, bevor sie das Lymphgewebe durchströmt, sowie in den Marksträngen, wo sich die abfließende Lymphe sammelt, bevor sie über die efferenten Lymphbahnen in das Blut gelangt. B-Zellen findet man hauptsächlich in den Follikeln. Man nimmt an, dass sich alle drei Zellarten auf verschiedene Pathogene oder deren Produkte spezialisiert haben. Die stärksten Aktivatoren naiver T-Zellen sind jedoch die reifen dendritischen Zellen.

8.5 Es gibt zwei verschiedene funktionelle Klassen von dendritischen Zellen

Dendritische Zellen gehen im Knochenmark sowohl aus myeloiden als auch aus lymphatischen Vorläuferzellen hervor. Sie wandern aus dem Knochenmark aus und gelangen über das Blut in alle Körpergewebe und auch direkt in die peripheren lymphatischen Organe. Man unterscheidet mindestens zwei große Gruppen: die sogenannten **konventionellen dendritischen Zellen** (**cDC**) und die **plasmacytoiden dendritischen Zellen** (**pDC**). Als „konventionell" bezeichnen wir diejenigen dendritischen Zellen, die am direktesten bei der Antigenpräsentation und der Aktivierung von naiven T-Zellen mitwirken, während die pDC-Klasse eine eigene Linie von Zellen umfasst, die große Mengen an Interferonen produzieren, besonders als Reaktion auf Virusinfektionen, aber bei der Aktivierung von naiven T-Zellen offenbar keine Rolle spielen (Abb. 8.11). Im gesamten Buch beziehen sich alle Hinweise auf dendritische Zellen ausschließlich auf die konventionelle Zellfunktion, sofern nicht anders angegeben.

Dendritische Zellen lassen sich aufgrund ihrer exprimierten spezifischen Oberflächenmoleküle identifizieren. Dendritische Zellen, Makrophagen und Monocyten exprimieren unterschiedliche Integrin-α-Ketten und präsentieren deshalb unterschiedliche β_2-Integrine an ihrer Oberfläche. Das vorherrschende Leukocytenintegrin auf konventionellen dendritischen Zellen ist α_X:β_2, das man auch als **CD11c:CD18** oder Komplementrezeptor 4 (CR4) bezeichnet. Dieses Integrin ist ein Rezeptor für das C3-Komplementspaltprodukt iC3b, für Fibrinogen und für ICAM-1. Bei der Maus lassen sich CD11c-positive dendritische Zellen noch in drei Untergruppen einteilen: Sie exprimieren CD4 oder das CD8α-Homodimer oder keines der beiden. Bis jetzt ist nicht bekannt, ob die differenzielle Expression der beiden Marker für die Funktion von Bedeutung ist, aber diese dendritischen „CD11c-*bright*"-Subpopulationen unterscheiden sich möglicherweise durch die Produktion von Cytokinen wie IL-12, was Auswirkungen auf die nachfolgende adaptive Immunantwort haben kann (siehe unten). Im Gegensatz dazu exprimieren Monocyten und Makrophagen nur geringe Mengen an CD11c, aber sie exprimieren vor allem das Integrin α_M:β_2, das man auch als **CD11b:CD18** oder **Mac-1** bezeichnet. Plasmacytoide dendritische Zellen exprimieren ebenfalls keine großen Mengen von CD11c, und sie wurden aufgrund der Expression von spezifischen Markern identifiziert, etwa dem dendritischen Blutzellantigen 2 (BDCA-2, ein C-Typ-Lektin) beim Menschen, oder dem sialylsäurebindenden immunglobulinähnlichen Lektin (Siglec-H) bei der Maus – beide sind wahrscheinlich für die Pathogenerkennung von Bedeutung.

Dendritische Zellen kommen unter den meisten Oberflächenepithelien und in den meisten festen Organen wie etwa im Herz oder in den Nieren vor. Dort besitzen sie einen unreifen Phänotyp, der durch eine geringe Menge an MHC-Proteinen und costimulierenden B7-Molekülen (Abschnitt 2.10) gekennzeichnet ist und sich daher nicht dafür eignet, naive T-Zellen zu stimulieren. Unreife dendritische Zellen haben mit ihren engen Verwandten, den Makrophagen, die Fähigkeit gemeinsam, Krankheitserreger zu erkennen und aufzunehmen. Ihre Rezeptoren erkennen mit Pathogenen assoziierte molekulare Muster, und die Zellen sind sehr aktiv, Antigene durch Phagocytose aufzunehmen. Dabei sind Rezeptoren

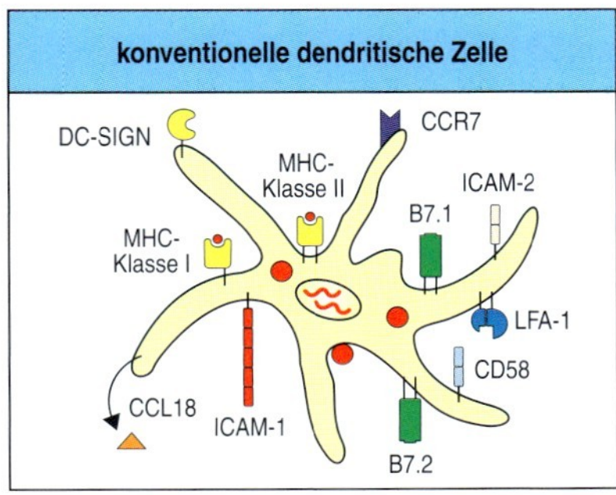

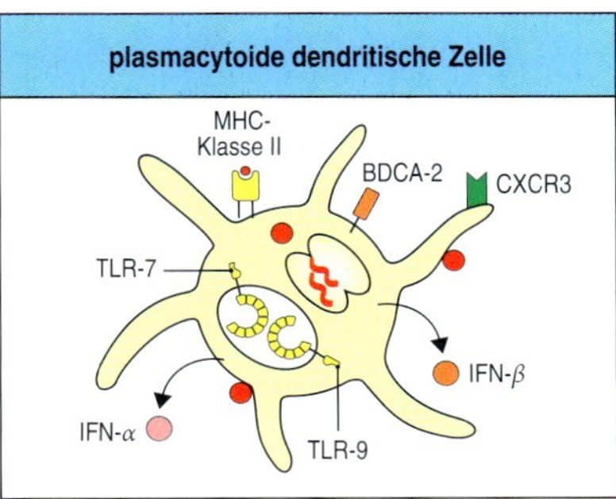

8.11 Konventionelle und plasmacytoide dendritische Zellen haben bei der Immunantwort unterschiedliche Funktionen. Reife konventionelle dendritische Zellen (links) haben primär mit der Aktivierung von naiven T-Zellen zu tun. Es gibt mehrere Untergruppen von konventionellen dendritischen Zellen, aber alle prozessieren Antigene effizient, und sobald sie heranreifen, exprimieren sie MHC-Proteine und costimulierende Moleküle für das Priming der naiven T-Zellen. Die von den reifen dendritischen Zellen exprimierten Oberflächenproteine werden im Text beschrieben. Unreife dendritische Zellen tragen viele der hier dargestellten Oberflächenmoleküle noch nicht, aber sie verfügen über zahlreiche Oberflächenrezeptoren – beispielsweise die meisten der Toll-ähnlichen Rezeptoren (TLR) –, die Moleküle von Krankheitserregern erkennen. Plasmacytoide dendritische Zellen (rechts) sind sogenannte Wächterzellen, die vor allem auf Virusinfektionen spezialisiert sind und große Mengen an Klasse-I-Interferonen sezernieren. Diese Gruppe der dendritischen Zellen ist beim Priming der naiven T-Zellen weniger effizient, aber sie exprimiert die intrazellulären Rezeptoren TLR-7 und TLR-9, die virale Infektionen erkennen können.

wie das Lektin DEC 205 aktiv. Andere extrazelluläre Antigene werden unspezifisch durch einen Vorgang aufgenommen, den man als **Makropinocytose** bezeichnet. Dabei nimmt eine Zelle große Volumina der umgebenden Flüssigkeit auf.

8.6 Dendritische Zellen prozessieren Antigene aus einem breiten Spektrum von Krankheitserregern

Durch ihre verschiedenen Mechanismen, extrazelluläres Material aufzunehmen, können dendritische Zellen von praktisch allen Krankheitserregern Antigene präsentieren (Abb. 8.12). Der erste Weg geht über phagocytotische Rezeptoren wie den Mannoserezeptor und DEC 205. Diese Rezeptoren erkennen eine große Vielfalt von Bakterien und Viren. Antigene, die auf diese Weise aufgenommen werden, gelangen in den endocytotischen Weg, wo sie prozessiert und von MHC-Klasse-II-Molekülen den CD4-T-Zellen zur Erkennung präsentiert werden können (Kapitel 5). Einige Mikroorganismen haben Mechanismen entwickelt, aufgrund derer sie der Erkennung durch phagocytotische Rezeptoren entgehen können (Kapitel 2). Diese Pathogene können jedoch von dendritischen Gewebezellen durch Makropinocytose aufgenommen werden und gehen dann ebenfalls in den endocytotischen Weg ein (Abb. 8.12).

Ein zweiter Eintrittsweg für Antigene ist das direkte Eindringen in das Cytosol, beispielsweise bei einer Virusinfektion. Dendritische Zellen sind von besonderer Bedeutung für die Stimulation von T-Zell-Antworten gegen Viren, bei denen es nicht gelingt, eine costimulierende Aktivität in anderen Typen von antigenpräsentierenden Zellen zu induzieren. Dendritische Zellen sind für eine Infektion durch relativ viele Viren anfällig. Diese Viren dringen in die Zelle ein, indem sie an Proteine an der Zelloberfläche binden, die als Eintrittsrezeptoren für das Virus fungieren. Die Viren dringen in das Cytoplasma der Zelle ein und synthetisieren ihre Proteine, indem sie den zellulären Proteinsyntheseapparat nutzen. Dadurch werden auch virale Proteine in den Proteasomen prozessiert und virale Peptide, die an MHC-Klasse-I-Moleküle gebunden sind, an der Zelloberfläche präsentiert, wie es bei jeder anderen mit Viren infizierten Zelle der Fall ist (Kapitel 5). Dadurch können dendritische Zellen Antigene präsentieren und naive CD8-T-Zellen aktivieren, deren T-Zell-Rezeptoren Antigene erkennen, die auf MHC-Klasse-I-Molekülen präsentiert werden. CD8-T-

	Antigenprozessierung und -präsentation durch dendritische Zellen				
	rezeptorvermittelte Phagocytose	Makropinocytose	Virusinfektion	Kreuzpräsentation nach Aufnahme durch Phagocytose oder Makropinocytose	Übertragung von ankommender dendritischer Zelle auf anwesende dendritische Zelle
Art des präsentierten Antigens	extrazelluläre Bakterien	extrazelluläre Bakterien, lösliche Antigene, Viruspartikel	Viren	Viren	Viren
beladene MHC-Moleküle	MHC-Klasse II	MHC-Klasse II	MHC-Klasse I	MHC-Klasse I	MHC-Klasse I
Typ der aktivierten naiven T-Zellen	CD4-T-Zellen	CD4-T-Zellen	CD8-T-Zellen	CD8-T-Zellen	CD8-T-Zellen

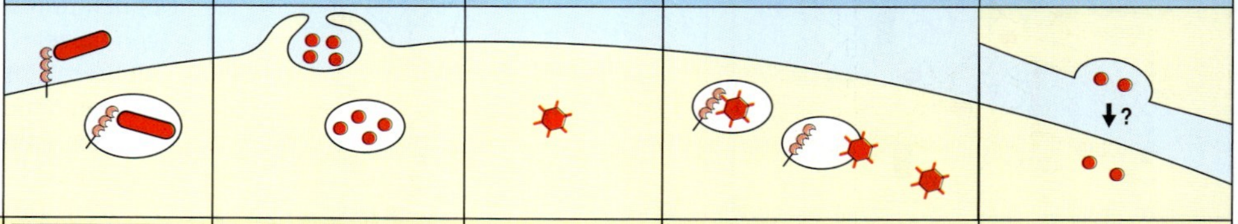

8.12 Die verschiedenen Wege, über die dendritische Zellen Proteinantigene aufnehmen, prozessieren und präsentieren. Die Aufnahme von Antigenen in das endocytotische System, entweder durch rezeptorvermittelte Phagocytose oder durch Makropinocytose, ist wahrscheinlich der Hauptweg für die Weitergabe von Peptiden an MHC-Klasse-II-Moleküle, die dann CD4-T-Zellen präsentiert werden (erste zwei Bilder). Die Produktion von Antigenen im Cytosol, etwa als Ergebnis einer Virusinfektion, ist wahrscheinlich der Hauptweg für die Bindung von Peptiden an MHC-Klasse-I-Moleküle, die dann CD8-T-Zellen präsentiert werden (drittes Bild). Es ist jedoch möglich, dass äußere Antigene in den endocytotischen Weg und damit in das Cytosol gelangen, wo sie schließlich von MHC-Klasse-I-Molekülen gebunden und CD8-T-Zellen präsentiert werden; diesen Vorgang bezeichnet man als Kreuzpräsentation (viertes Bild). Schließlich werden Antigene anscheinend von einer dendritischen Zelle auf eine andere übertragen, um dann CD8-T-Zellen präsentiert zu werden, wobei die Einzelheiten dieses Weges noch nicht bekannt sind (fünftes Bild).

Effektorzellen sind cytotoxische Zellen, die virusinfizierte Zellen erkennen und abtöten können.

Die Aufnahme von extrazellulären Viruspartikeln durch Phagocytose oder Makropinocytose in den endocytotischen Weg kann auch dazu führen, dass virale Peptide auf MHC-Klasse-I-Molekülen präsentiert werden. Dieser Effekt, den man als Kreuzpräsentation bezeichnet, entsteht durch die Prozessierung der Antigene in einem alternativen Reaktionsweg anstelle des üblichen endocytotischen Weges (Abschnitt 5.4). Auf diesem Weg können Viren, die nicht in der Lage sind, dendritische Zellen zu infizieren, dennoch wirksame antivirale Immunantworten von CD8-T-Zellen auslösen. Jede Virusinfektion kann also zur Erzeugung von cytotoxischen CD8-T-Effektorzellen führen. Darüber hinaus aktivieren virale Peptide, die auf einer dendritischen Zelle von MHC-Klasse-II-Molekülen präsentiert werden, naive CD4-T-Zellen, aus denen dann CD4-T-Effektorzellen hervorgehen. Diese wiederum stimulieren bei B-Zellen die Produktion antiviraler Antikörper und die Erzeugung von Cytokinen, die die Immunantwort verstärken.

In bestimmten Fällen, wie etwa bei Infektionen mit Herpes-simplex- oder Influenzaviren, sind die dendritischen Zellen, die aus peripheren Geweben zu den Lymphknoten wandern, nicht dieselben Zellen, die schließlich den naiven T-Zellen die Antigene präsentieren. So nehmen beispielsweise unreife dendritische Zellen in der Haut, die man als Langerhans-Zellen bezeichnet, Antigene in der Haut auf und transportieren sie in die ableitenden Lymphknoten (Abb. 8.13). Dort wird ein Teil der Antigene auf eine CD8-positive Subpopulation von dendritischen Zellen übertragen, die sich im Lymphknoten aufhalten. Diese sind anscheinend bei dieser Krankheit die vorherrschenden dendritischen Zellen, die naive CD8-T-Zellen vorprägen (Priming), sodass sie sich zu antiviralen cytotoxischen T-Zellen entwickeln. Das bedeutet, dass Antigene von Viren, die dendritische Zellen infizieren und schnell töten, auch von nichtinfizierten dendritischen Zellen präsentiert werden können, die die Antigene über eine Kreuzpräsentation aufnehmen und über ihre Toll-ähnlichen Rezeptoren und durch Chemokine aktiviert wurden.

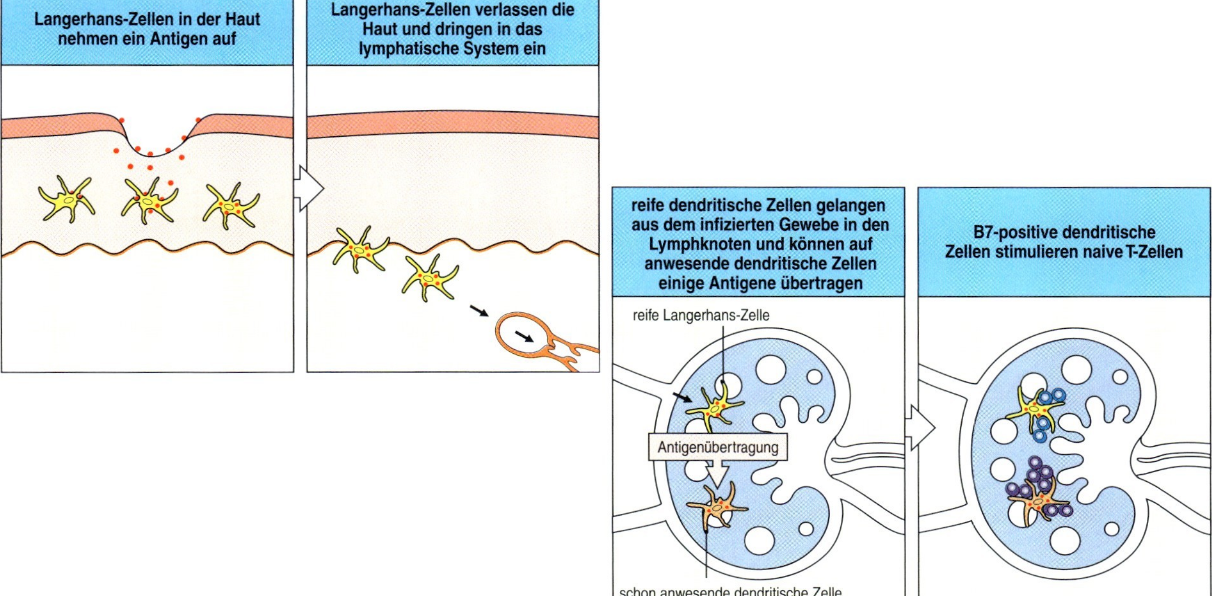

8.13 Langerhans-Zellen nehmen Antigene in der Haut auf, wandern zu den peripheren lymphatischen Organen und präsentieren dort ihr Antigen den T-Zellen. Langerhans-Zellen (gelb) sind unreife dendritische Zellen. Sie nehmen Antigene auf verschiedene Weise auf, besitzen aber keine costimulierende Aktivität (erstes Bild). Bei einer Infektion nehmen sie ein Antigen auf und wandern dann zu den Lymphknoten (zweites Bild). Dort entwickeln sie sich zu dendritischen Zellen, die keine Antigene mehr aufnehmen, dafür aber costimulierend wirken. Nun können sie naive CD8- oder CD4-T-Zellen vorprägen (Priming). Bei bestimmten Virusinfektionen wie durch das Herpes-simplex-Virus übertragen anscheinend einige dendritische Zellen, die vom Infektionsherd kommen, Antigene auf im Lymphknoten befindliche dendritische Zellen (orange) (drittes Bild). Die Antigene werden dann auf MHC-Klasse-I-Molekülen den naiven CD8-T-Zellen präsentiert (viertes Bild).

Langerhans-Zellen sind typische unreife konventionelle dendritische Zellen. Sie sind phagocytotisch aktiv und enthalten große Granula. Diese Birbeck-Granula sind ein endosomales Rückgewinnungskompartiment, das sich dort bildet, wo sich das Transmembranlektin Langerin ansammelt, das Mannose binden kann. Wenn in der Haut eine Infektion besteht, nehmen die Langerhans-Zellen durch einen der oben beschriebenen Mechanismen Antigene der Pathogene auf. Das Zusammentreffen mit Krankheitserregern löst auch die Wanderung der Langerhans-Zellen in die regionalen Lymphknoten aus (Abb. 8.13). Hier verlieren sie schnell ihre Fähigkeit, Antigene aufzunehmen, verstärken aber kurzzeitig die Synthese von MHC-Molekülen. Wenn sie in einem Lymphknoten ankommen, exprimieren sie auch costimulierende B7-Moleküle und in großer Menge Adhäsionsmoleküle, sodass sie mit antigenpräsentierenden Zellen in Wechselwirkung treten können. So nehmen Langerhans-Zellen Antigene von eingedrungenen Krankheitserregern auf und differenzieren sich zu reifen dendritischen Zellen, die für die Präsentation dieser Antigene und die Aktivierung von naiven T-Zellen optimal ausgestattet sind.

Dendritische Zellen können wahrscheinlich Antigene von Pilzen und Parasiten ebenso präsentieren wie von Viren und Bakterien. So sind beispielsweise unreife dendritische Zellen, die sich in der Milz aufhalten, sehr gut geeignet, Antigene von Krankheitserregern wie Malariaparasiten im Blut „stichprobenartig" aufzunehmen und nach Empfang von stimulierenden Reizen durch diese Pathogene heranzureifen und eine starke T-Zell-vermittelte Immunantwort dagegen auszulösen. Dendritische Zellen präsentieren auch Alloantigene, die von transplantierten Organen stammen, und verursachen so Abstoßungsreaktionen (Kapitel 14). Außerdem präsentieren sie Proteinantigene aus der Umwelt und lösen eine Sensibilisierung aus, die zu Allergien führt (Kapitel 13). Im Prinzip kann jedes körperfremde Antigen immunogen wirken, wenn es aufgenommen und anschließend von einer aktivierten dendritischen Zelle präsentiert wird. Die normale Physiologie der dendritischen Zellen besteht darin zu wandern. Dies wird, etwa bei einer Gewebetransplantation, durch Reize verstärkt, die die auskleidenden Schichten der Lymphgefäße aktivieren; deshalb besitzen dendritische Zellen ein hohes Potenzial, Reaktionen gegen Transplantate zu stimulieren.

8.7 Durch Pathogene ausgelöste TLR-Signale führen bei dendritischen Zellen dazu, dass sie in die lymphatischen Organe wandern und die Prozessierung von Antigenen zunimmt

Wir wollen uns nun genauer mit den einzelnen Schritten der Entwicklung von dendritischen Zellen befassen. Signale von Toll-ähnlichen Rezeptoren (TLR) und Chemokinen wirken bei der Umwandlung von unreifen dendritischen Zellen in den peripheren Geweben zu reifen dendritischen Zellen, die in den lymphatischen Geweben ankommen, zusammen, wobei die Mechanismen noch nicht vollständig bekannt sind. Wenn eine Infektion auftritt, erkennen die dendritischen Zellen mithilfe von Rezeptoren wie TLR oder DEC 205 Moleküle der Pathogene wie bakterielle Lipopolysaccharide (LPS) oder Mannosereste. Dadurch werden die dendritischen Zellen aktiviert (Abb. 8.14, oben). Diese Signale entscheiden darüber, ob eine adaptive Immunantwort ausgelöst wird. Auf dendritischen Gewebezellen werden mehrere verschiedene Vertreter der TLR-Familie exprimiert; sie spielen wahrscheinlich bei der Erkennung von verschiedenen Arten von Krankheitserregern und bei der entsprechenden Signalgebung eine Rolle (Abb. 2.16). Beim Menschen exprimieren konventionelle dendritische Zellen alle bekannten Toll-ähnlichen Rezeptoren mit Ausnahme von TLR-9, der jedoch von plasmacytoiden dendritischen Zellen zusammen mit TLR-1 und TLR-7, sowie anderen TLR in geringerem Maß, exprimiert wird. Andere Rezeptoren, die Pathogene binden, wie Rezeptoren für das Komplement oder phagocytotische Rezeptoren wie der Mannoserezeptor, können sowohl bei der Aktivierung der dendritischen Zellen als auch bei der Phagocytose mitwirken.

TLR-Signale führen dazu, dass sich die Chemokinrezeptoren, die dendritische Zellen exprimieren, deutlich verändern. So können die Zellen in die peripheren lymphatischen Gewebe eindringen (Abb. 8.14, zweites Bild). Diese Veränderung des Verhaltens der dendritischen Zellen bezeichnet man häufig als **Lizenzierung** (*licensing*), da die Zellen nun auf das Differenzierungsprogramm eingestellt sind, dass es ihnen ermöglicht, T-Zellen zu aktivieren. TLR-Signale stimulieren die Expression des Rezeptors CCR7, durch den die aktivierten dendritischen Zellen für das Chemokin CCL21 sensitiv werden, das die lymphatischen Gewebe produzieren. CCR7 löst auch die Wanderung der dendritischen Zellen durch die Lymphgefäße und in die lokalen lymphatischen Gewebe aus. Während die T-Zellen die Gefäßwand der Venolen mit hohem Endothel durchqueren müssen, um das Blut zu verlassen und in die T-Zell-Zonen zu gelangen, wandern die dendritischen Zellen über afferente Lymphgefäße direkt vom Randsinus in die T-Zell-Zonen ein.

Proteine von Krankheitserregern, die durch Phagocytose in eine unreife dendritische Zelle gelangen, werden im endocytotischen Kompartiment für die Präsentation auf MHC-Klasse-II-Molekülen prozessiert (Abb. 8.14, zweites Bild). Vor kurzem ließ sich zeigen, dass die Effizienz der Antigen-

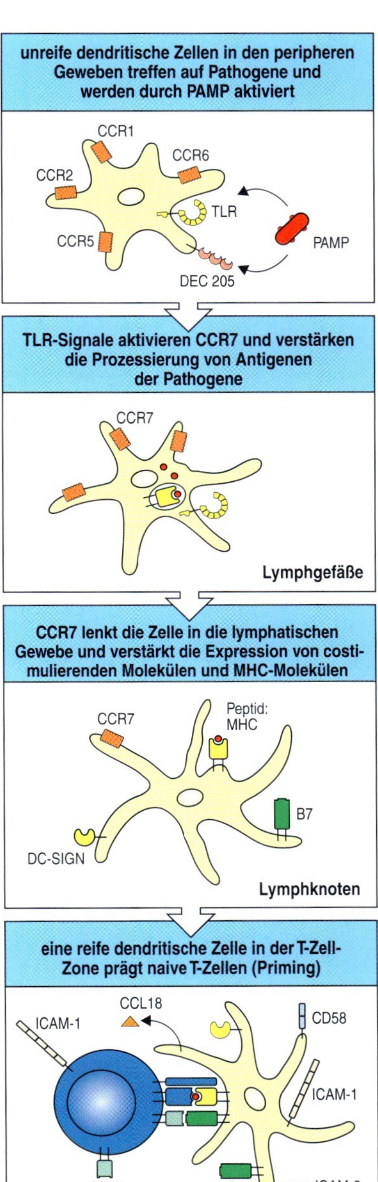

8.14 Konventionelle dendritische Zellen durchlaufen beim Heranreifen mindestens zwei definierbare Stadien, bevor sie im peripheren lymphatischen Gewebe potente antigenpräsentierende Zellen werden. Unreife dendritische Zellen stammen von Zellvorläufern im Knochenmark ab und wandern durch das Blut, von dem aus sie in die meisten Gewebe gelangen und diese besiedeln, etwa auch in die peripheren lymphatischen Gewebe. Ob sie in ein bestimmtes Gewebe eindringen, beruht auf den jeweiligen Chemokinrezeptoren, die sie exprimieren: CCR1, CCR2, CCR5, CCR6, CXCR1 und CXCR2 (zur Vereinfachung sind nicht alle dargestellt). Unreife dendritische Zellen sind durch ihre Rezeptoren (beispielsweise DEC 205) in den Geweben phagocytotisch, das heißt makropinocytotisch, sehr aktiv, exprimieren aber keine costimulierenden Moleküle. Sie tragen die meisten der verschiedenen Typen von Toll-ähnlichen Rezeptoren (TLR) (siehe Text). An Infektionsherden treten unreife dendritische Zellen mit Krankheitserregern in Kontakt, sodass ihre TLR aktiviert werden (oben). TLR-Signale führen dazu, dass dendritische Zellen lizenziert werden und beginnen heranzureifen; dabei kommt es auch zur Induktion des Chemokinrezeptors CCR7. Durch TLR-Signale verstärkt sich auch die Prozessierung von Antigenen, die in die Phagosomen aufgenommen werden (zweites Bild). Dendritische Zellen, die CCR7 exprimieren, reagieren auf CCL19 und CCL21, durch die die Zellen in die ableitenden lymphatischen Gewebe gelockt werden. CCL19 und CCL21 liefern weitere Reifungssignale, sodass die costimulierenden B7-Moleküle und die MHC-Moleküle in größeren Mengen exprimiert werden. Die Zellen exprimieren auch große Mengen des Adhäsionsmoleküls dendritischer Zellen (DC-SIGN) (drittes Bild). Nachdem konventionelle dendritische Zellen im ableitenden Lymphknoten zu starken Aktivatoren von naiven T-Zellen wurden, sind sie keine Phagocyten mehr. Sie exprimieren B7.1, B7.2 und große Mengen an MHC-Klasse-I- und -Klasse-II-Molekülen sowie ebenfalls große Mengen der Adhäsionsmoleküle ICAM-1, ICAM-2, LFA-1, DC-SIGN und CD58 (unten).

prozessierung in diesem endocytotischen Kompartiment durch Signale von den Toll-ähnlichen Rezeptoren deutlich verbessert wird. Dabei führte man Experimente durch, in denen man die Bildung von Peptid:MHC-Komplexen zu den phagocytierten Partikeln zurückverfolgen konnte, die bestimmte Antigenproteine und/oder TLR-Liganden enthielten. Phagosomen, in denen sich die Antigenproteine zusammen mit TLR-Liganden (beispielsweise bakterielles LPS) auf einem Partikel befanden, erzeugten sehr effizient spezifische Peptid:MHC-Komplexe. Wenn sich jedoch auf dem Partikel keine TLR-Liganden befanden, gab es weniger oder keine Peptid:MHC-Komplexe. Dies ist anscheinend der Mechanismus, der die TLR-Signalgebung innerhalb eines Phagosoms mit der Antigenprozessierung und Peptid:MHC-Beladung im selben Phagosom koppelt. So ist es der dendritischen Zelle möglich, die verschiedenen Ursprünge von Antigenen dahingehend zu unterscheiden, ob sie körpereigen oder körperfremd sind. Dieser Mechanismus bringt bevorzugt Peptide von Pathogenen in die Population von Peptid:MHC-Komplexen ein, die an die Oberfläche der dendritischen Zelle transportiert werden. Dort werden sie dann im Zusammenhang mit der Costimulation den naiven T-Zellen präsentiert.

Die CCL21-Signale über CCR7 lösen nicht nur die Wanderung der aktivierten dendritischen Zellen in das lymphatische Gewebe aus, sondern tragen auch zu weiteren Veränderungen für das Heranreifen der Zellen bei. Wenn die dendritischen Zellen schließlich in der T-Zell-Zone der lymphatischen Organe ankommen, weisen sie einen vollständig veränderten Phänotyp auf (Abb. 8.14, drittes Bild). Reife dendritische Zellen in den lymphatischen Geweben können Antigene nicht mehr durch Phagocytose oder Makropinocytose aufnehmen. Sie exprimieren jetzt jedoch große Mengen an langlebigen MHC-Klasse-I- und -Klasse-II-Molekülen und können dadurch Peptide von Pathogenen, die zuvor aufgenommen und prozessiert wurden, stabil präsentieren. Ebenso wichtig ist, dass sie gleichzeitig auch große Mengen an costimulierenden B7-Molekülen an ihrer Oberfläche tragen. Dabei handelt es sich um die beiden strukturell verwandten Transmembranglykoproteine B7.1 (CD80) und B7.2 (CD86). Sie erzeugen costimulierende Signale, indem sie mit Rezeptoren auf naiven T-Zellen interagieren. Reife dendritische Zellen exprimieren außerdem sehr große Mengen an Adhäsionsmolekülen, beispielsweise DC-SIGN, und sezernieren das Chemokin CCL18, das naive T-Zellen spezifisch anlockt. Aufgrund all dieser Eigenschaften können die dendritischen Zellen bei den naiven T-Zellen starke Reaktionen auslösen (Abb. 8.14, unten).

Reife dendritische Zellen präsentieren hauptsächlich Antigene von Krankheitserregern aber auch einige körpereigene Peptide, was für die Aufrechterhaltung der Selbst-Toleranz ein Problem darstellen kann. Aus dem Repertoire der T-Zell-Rezeptoren wurden jedoch im Thymus die Rezeptoren entfernt, die körpereigene, von dendritischen Zellen präsentierte Peptide erkennen (Kapitel 7), sodass T-Zell-Reaktionen gegen ubiquitäre Autoantigene unterbunden sind. Außerdem wandern dendritische Gewebezellen, die in den Geweben das Ende ihrer Lebenszeit erreichen, ohne dass sie durch eine Infektion aktiviert wurden, ebenfalls über die Lymphgefäße in das lymphatische Gewebe. Sie tragen Selbst-Peptid:MHC-Komplexe an ihrer Oberfläche, die durch den Abbau ihrer eigenen Proteine und von Gewebeproteinen aus der extrazellulären Flüssigkeit entstehen. Da diese Zellen jedoch keine passenden costimulierenden Moleküle tragen, besitzen sie nicht dasselbe Potenzial, naive T-Zellen zu aktivieren, wie aktive reife dendritische Zellen. Wahrscheinlich führt die Präsentation von körpereigenen Peptiden durch solche unreifen, nichtlizensierten dendritischen Zellen stattdessen bei naiven T-Zellen zu einem Zustand der Reaktionslosigkeit, wobei die Einzelheiten noch nicht bekannt sind.

Der intrazelluläre Abbau von Pathogenen macht wahrscheinlich auch Komponenten der Krankheitserreger zugänglich, die keine Peptide sind und die Aktivierung dendritischer Zellen auslösen. So löst beispielsweise bakterielle oder virale DNA, die nichtmethylierte CpG-Dinucleotide enthält, die schnelle Aktivierung von plasmacytoiden dendritischen Zellen aus, wahrscheinlich weil die DNA durch den Rezeptor TLR-9 erkannt wird, der in intrazellulären Vesikeln vorkommt (Abb. 2.17). Der Kontakt mit bakterieller DNA aktiviert Signalwege über NFκB und eine mitogenaktivierte Proteinkinase (MAP-Kinase) (Abb. 6.35). Das führt zur Produktion von Cytokinen wie IL-6, IL-12, IL-18 und Interferon-(IFN-)α sowie IFN-γ. Diese wiederum können bei den dendritischen Zellen die Expression costimulierender Moleküle verstärken. Hitzeschockproteine gehören ebenfalls zu den internen Bestandteilen von Bakterien, die die antigenpräsentierende Funktion dendritischer Zellen aktivieren können. Einige Viren werden vermutlich innerhalb der dendritischen Zellen durch Toll-ähnliche Rezeptoren erkannt, wenn sie im Verlauf ihrer Replikation doppelsträngige RNA bilden. Wie in Abschnitt 2.29 erörtert, kann eine Virusinfektion in allen Typen von infizierten Zellen auch die Bildung von IFN-α und IFN-β auslösen. Beide Interferone können weitere dendritische Zellen aktivieren und die Expression von costimulierenden Molekülen verstärken.

In antigenpräsentierenden Zellen werden also costimulierende Aktivitäten durch gewöhnliche Bestandteile von Bakterien ausgelöst. Man nimmt an, dass das Immunsystem auf diese Weise zwischen Antigenen von infektiösen Substanzen und Antigenen, die mit harmlosen Proteinen wie den körpereigenen Proteinen assoziiert sind, unterscheiden kann. Tatsächlich rufen viele Fremdproteine keine Immunreaktion hervor, wenn sie allein injiziert werden – wahrscheinlich, weil sie bei den antigenpräsentierenden Zellen keine costimulierende Aktivität auslösen. Mischt man solche Proteinantigene mit Bakterien, so werden sie immunogen, weil erst die Bakterien die essenzielle costimulierende Aktivität in den Zellen induzieren, die das Protein aufnehmen. Auf diese Art eingesetzte Bakterien bezeichnet man als Adjuvanzien (Anhang I, Abschnitt A.4). In Kapitel 14 werden wir erfahren, wie mit bakteriellen Adjuvanzien gemischte körpereigene Gewebeproteine Autoimmunkrankheiten hervorrufen können. Dies veranschaulicht, wie wichtig die Regulation der costimulierenden Aktivität für die Unterscheidung zwischen „körpereigen" und „körperfremd" ist.

8.8 Plasmacytoide dendritische Zellen erkennen Virusinfektionen und produzieren große Mengen an Typ-I-Interferonen und entzündungsfördernden Cytokinen

Die konventionellen dendritischen Zellen, die in den vorherigen Abschnitten besprochen wurden, sind primär für die Aktivierung von naiven T-Zellen zuständig. Die Linie der plasmacytoiden dendritischen Zellen besitzt eine wichtige zusätzliche Funktion, indem diese Zellen die Immunantwort modifizieren, besonders gegen Viren. Diese dendritischen Zellen exprimieren CXCR3, einen Rezeptor für die Chemokine CXCL9, CXCL10 und CXCL11, deren Freisetzung in lymphatischem Gewebe durch das Cytokin IFN-γ induziert wird. Plasmacytoide dendritische Zellen wandern deshalb vom Blut in die Lymphknoten, wo eine entzündliche Reaktion gegen einen Krankheitserreger abläuft. Die plasmacytoiden dendritischen Zellen des Menschen wurden ursprünglich als Population von seltenen peripheren Blutzellen entdeckt, die als Reaktion auf Viren große Mengen an Typ-I-Interferonen (IFN-α und IFN-β) produzieren. Solche Zellen, die man auch als **interferonproduzierende Zellen** (**IPC**) bezeichnet, besitzen keine Oberflächenmarker, durch die man sie als T-Zellen, B-Zellen, Monocyten oder NK-Zellen identifizieren könnte, aber sie exprimieren MHC-Klasse-II-Moleküle. Das deutet darauf hin, dass sie von der lymphatischen Linie abstammen. Mittlerweile ist es gelungen, spezifische Marker zu identifizieren, beispielsweise BDCA-2 und Siglec-H (Abschnitt 8.5). Das sind die Marker, durch die sich beim Menschen und bei der Maus die plasmacytoiden dendritischen Zellen von den übrigen Leukocytenpopulationen unterscheiden.

Plasmacytoide dendritische Zellen exprimieren eine Untergruppe von Toll-ähnlichen Rezeptoren, im Einzelnen TLR-7 und TLR-9. Diese TLR sind im endosomalen Kompartiment lokalisiert. Sie reagieren auf einzelsträngige RNA-Viren und nichtmethylierte CpG-Reste, die in den Genomen von zahlreichen DNA-Viren vorkommen. Durch die Unfähigkeit von TLR-9-defekten plasmacytoiden dendritischen Zellen, bei einer Herpes-simplex-

Infektion Typ-I-Interferone zu produzieren, ließ sich zeigen, dass TLR-9 für die Erkennung von Virusinfektionen notwendig ist. Man nimmt an, dass einige der Marker, die für diese Zellen spezifisch sind, etwa Siglec-H, beim Festhalten und der Weitergabe von Viren und anderen Pathogenen an die intrazellulären TLR beteiligt sind. Darüber hinaus können die plasmacytoiden dendritischen Zellen beim Menschen und bei der Maus das entzündungsfördernde Cytokin IL-12 freisetzen, wobei die produzierte Menge möglicherweise geringer ist als bei konventionellen dendritischen Zellen. Wie wir in Abschnitt 2.29 erfahren haben, stimulieren Typ-I-Interferone bei nichtinfizierten somatischen Zellen eine schnelle antivirale Reaktion. Diese Inferferone fördern auch die Entwicklung und das Heranreifen von dendritischen Zellen aus Blutmonocyten. Plasmacytoide dendritische Zellen exprimieren weniger MHC-Klasse-II- und costimulierende Moleküle an ihrer Oberfläche, und sie prozessieren Antigene weniger effizient als konventionelle dendritische Zellen. Deshalb unterstützen die plasmacytoiden dendritischen Zellen die Proliferation von naiven antigenspezifischen T-Zellen weniger wirksam und sind wahrscheinlich für das direkte Auslösen von T-Zell-Immunantworten weniger wichtig.

Sie fungieren aber möglicherweise als Helferzellen für die Antigenpräsentation der konventionellen dendritischen Zellen. Durch Untersuchungen bei Mäusen, die mit dem intrazellulären Bakterium *Listeria monocytogenes* infiziert waren, ließ sich ein Zusammenwirken von konventionellen und plasmacytoiden dendritischen Zellen zeigen. Normalerweise veranlasst die Stimulation mit Bakterien oder mit einem synthetischen TLR-9-Liganden, der CpG enthält, konventionelle dendritische Zellen dazu, schnell ein Maximum von IL-15 freizusetzen, an das sich eine dauerhafte Produktion von IL-12 anschließt. Das von konventionellen dendritischen Zellen freigesetzte IL-12 dient dazu, die spezielle Art von CD4-T-Zell-Antwort auszulösen, die gegen diese Bakterien wirksam ist (siehe unten). Wenn man im Experiment IL-15 oder die plasmacytoiden dendritischen Zellen entfernt, nimmt die IL-12-Produktion durch die konventionellen dendritischen Zellen ab, und die Mäuse werden gegenüber *Listeria* anfällig. Anscheinend induziert IL-15, das als Reaktion auf eine TLR-Stimulation produziert wird, auf konventionellen dendritischen Zellen die Expression des Transmembranproteins **CD40**. Gleichzeitig induziert ein TLR-9-Signal in der plasmacytoiden dendritischen Zelle die Expression des Transmembranproteins **CD40-Ligand** (CD40-L oder CD154), das an CD40 bindet (wie in der Bezeichnung deutlich wird). So können die plasmacytoiden dendritischen Zellen in den konventionellen dendritischen Zellen ein CD40-Signal auslösen, was dazu führt, dass diese die Produktion von IL-12 aufrechterhalten.

8.9 Makrophagen sind Fresszellen und werden von Pathogenen dazu veranlasst, naiven T-Zellen Fremdantigene zu präsentieren

Die beiden anderen Zelltypen, die als antigenpräsentierende Zellen für naive T-Zellen fungieren können, sind B-Zellen und Makrophagen. Wie wir aus Kapitel 2 wissen, werden viele Mikroorganismen, die in den Körper gelangen, einfach von Phagocyten verschlungen und zerstört. Phagocyten bilden eine angeborene, antigenunspezifische erste Verteidigungslinie gegen Infektionen. Krankheitserreger haben jedoch viele Mechanismen entwickelt, mit denen sie einer Eliminierung durch die angeborene Immunantwort entgehen. Makrophagen, die Mikroorganismen gebunden und in sich aufgenommen haben, sie aber nicht zerstören können, tragen zur adaptiven Immunantwort bei, indem sie als antigenpräsentierende Zellen fungieren. Wie wir in diesem Kapitel noch erfahren werden, kann die adaptive Immunantwort wiederum das antimikrobielle und phagocytotische Potenzial dieser Zellen verstärken, sodass sie die Pathogene abtöten können.

Makrophagen halten sich nicht nur in Geweben auf, sondern auch in den lymphatischen Organen (Abb. 8.10). Sie kommen in vielen Regionen des Lymphknotens vor, besonders im Randsinus, wo das afferente Lymphgefäß in das Lymphgewebe eintritt, und in den Marksträngen, im Einzugsbereich des efferenten Lymphgefäßes, das die Flüssigkeit zum Blut leitet (Abb. 1.18). Ihre Hauptfunktion besteht darin, Mikroorganismen und partikelförmige Antigene in sich aufzunehmen und zu verhindern, dass sie in das Blut gelangen. Makrophagen prozessieren zwar aufgenommene Mikroorganismen und Antigene und präsentieren an ihren Oberflächen Peptidantigene zusammen mit costimulierenden Molekülen, aber man nimmt an, dass ihre eigentliche Funktion in den lymphatischen Geweben darin besteht, als Fresszellen für Krankheitserreger und apoptotische Lymphocyten zu fungieren.

Ruhende Makrophagen besitzen auf ihrer Oberfläche wenige oder keine MHC-Klasse-II-Moleküle und exprimieren keine B7-Moleküle. Die Bildung von MHC-Klasse-II- und B7-Molekülen wird bei diesen Zellen dadurch ausgelöst, dass sie Mikroorganismen aufnehmen und deren fremde Molekülmuster erkennen. Ebenso wie dendritische Gewebezellen besitzen auch Makrophagen eine Vielzahl von Rezeptoren, die mikrobielle Oberflächenbestandteile erkennen. Dazu gehören der Mannoserezeptor, der Scavenger-Rezeptor, Komplementrezeptoren sowie mehrere Toll-ähnliche Rezeptoren (Kapitel 2). Diese Rezeptoren sind an der phagocytotischen Aufnahme von Mikroorganismen und der Signalgebung zur Sekretion entzündungsfördernder Cytokine beteiligt, die weitere Phagocyten anlocken und aktivieren. Die phagocytotischen Rezeptoren funktionieren ähnlich wie die Rezeptoren auf dendritischen Gewebezellen, sodass Makrophagen als antigenpräsentierende Zelle fungieren können. Einmal gebunden, werden Mikroorganismen in Endosomen und Lysosomen aufgenommen und abgebaut; auf diese Weise entstehen Peptide, die von MHC-Klasse-II-Molekülen präsentiert werden können. Gleichzeitig übermitteln die Rezeptoren, die diese Mikroorganismen erkennen, ein Signal, das zur Expression von MHC-Klasse-II- und B7-Molekülen führt.

Makrophagen beseitigen andauernd tote oder alte Zellen, die zahlreiche Autoantigene enthalten. Deshalb ist es besonders wichtig, dass sie nur dann T-Zellen aktivieren, wenn tatsächlich eine mikrobielle Infektion vorliegt. Besonders die Kupffer-Sternzellen der Lebersinusoide und die Makrophagen der roten Milzpulpa eliminieren täglich große Mengen sterbender Zellen im Blut. Kupffer-Sternzellen exprimieren nur wenige MHC-Klasse-II-Moleküle, und ihnen fehlt TLR-4, der Toll-ähnliche Rezeptor, der anzeigt, dass LPS vorhanden ist. Obwohl diese Makrophagen also in ihren Endosomen große Mengen körpereigener Peptide bilden, ist es unwahrscheinlich, dass sie eine Autoimmunantwort auslösen.

Zurzeit gibt es nur wenige Hinweise darauf, dass Makrophagen überhaupt eine T-Zell-Immunantwort auslösen. Deshalb ist ihre Expression von costimulierenden Molekülen für die Ausdehnung von primären oder sekundären Immunantworten von Bedeutung, die bereits von dendritischen Zellen in Gang gesetzt wurden. Das dürfte auch bei T-Effektor- oder T-Gedächtniszellen eine wichtige Rolle spielen.

8.10 B-Zellen präsentieren Antigene sehr effektiv, die an ihre Oberflächenimmunglobuline binden

Makrophagen sind nicht in der Lage, lösliche Antigene effizient aufzunehmen. Im Gegensatz dazu sind B-Zellen durch ihre Zelloberflächenimmunglobuline in einzigartiger Weise dazu geeignet, spezifische lösliche Moleküle zu binden. Sie nehmen die Antigene auf, die von den Immunglobulinrezeptoren auf ihrer Oberfläche gebunden werden. Wenn das Antigen einen Proteinbestandteil enthält, prozessiert die B-Zelle das aufgenommene Protein zu Peptidfragmenten und präsentiert diese Fragmente als Peptid:MHC-Klasse-II-Komplexe. Dieser Mechanismus der Antigenaufnahme funktioniert sehr gut, sodass sich das spezifische Antigen im endocytotischen Weg anreichert. B-Zellen exprimieren auch konstitutiv große Mengen an MHC-Klasse-II-Molekülen, sodass an der Zelloberfläche spezifische Peptid:MHC-Klasse-II-Komplexe in großer Zahl auftreten (Abb. 8.15). Dieser Weg der Antigenpräsentation ermöglicht es den B-Zellen, von antigenspezifischen CD4-T-Zellen erkannt zu werden, die die Differenzierung der B-Zellen fördern (Kapitel 9).

B-Zellen exprimieren eine costimulierende Aktivität nicht konstitutiv, sondern können wie dendritische Zellen und Makrophagen durch verschiedene Mikrobenbestandteile dazu veranlasst werden, B7-Moleküle zu exprimieren. Tatsächlich hat man B7.1 zuerst auf B-Zellen gefunden, die durch LPS aktiviert worden waren, und B7.2 wird *in vivo* vor allem von B-Zellen exprimiert. Diese Beobachtungen erklären, warum man zusätzlich ein bakterielles Adjuvans injizieren muss, um eine Immunreaktion auf lösliche Proteine hervorzurufen, beispielsweise auf Ovalbumin, Hühnereiweißlysozym oder Cytochrom *c*, wofür möglicherweise B-Zellen als antigenpräsentierende Zellen erforderlich sind. Außerdem wird verständlich, warum B-Zellen in Abwesenheit einer Infektion nur selten Reaktionen auf körpereigene lösliche Proteine hervorrufen, obwohl sie lösliche Antigene gut präsentieren können.

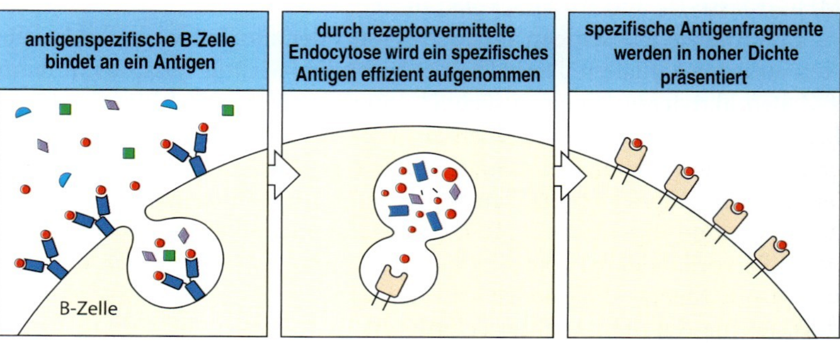

8.15 B-Zellen können mithilfe ihres Immunglobulinrezeptors den T-Zellen spezifische Antigene sehr effizient präsentieren. Oberflächenimmunglobuline ermöglichen es den B-Zellen, sehr effizient an spezifische Antigene zu binden und sie aufzunehmen, vor allem dann, wenn das Antigen, wie die meisten Toxine, als lösliches Protein vorliegt. Das Antigen wird in zellulären Vesikeln prozessiert, wo es an MHC-Klasse-II-Moleküle bindet. Die Vesikel werden an die Zelloberfläche transportiert, wo T-Zellen die Fremdpeptid:MHC-Klasse-II-Komplexe erkennen können. Wenn das Proteinantigen für den B-Zell-Rezeptor nicht spezifisch ist, wird er nicht effizient in die Zelle aufgenommen, und es werden nur einige wenige Fragmente dieser Proteine anschließend an der Oberfläche der B-Zelle präsentiert (nicht dargestellt).

Vieles von dem, was wir über das Immunsystem im Allgemeinen und über T-Zell-Antworten im Besonderen wissen, beruht zwar auf Untersuchungen von Immunreaktionen gegen lösliche Proteinimmunogene, die von B-Zellen präsentiert werden. Es ist jedoch noch ungeklärt, wie wichtig B-Zellen für die primäre Immunisierung naiver T-Zellen bei natürlichen Immunreaktionen sind. Lösliche Proteinantigene sind bei Infektionen selten. Die meisten natürlichen Antigene wie Bakterien und Viren sind partikelförmig, lösliche bakterielle Toxine wirken über ihre Bindung an Zelloberflächen und liegen daher nur in geringen Konzentrationen in Lösung vor. Dennoch gelangen einige natürliche Immunogene als lösliche Moleküle in den Körper. Zu ihnen gehören etwa Insektentoxine, von blutsaugenden Insekten injizierte Antikoagulantien, Schlangengifte sowie zahlreiche Allergene. Naive T-Zellen, die diese Antigene erkennen, können jedoch auch von dendritischen Gewebezellen aktiviert werden, da dendritische Zellen Antigene durch Makropinocytose aufnehmen können. Sie konzentrieren solche Antigene zwar nicht so gut wie antigenspezifische B-Zellen, treffen aber dafür unter Umständen viel häufiger auf eine naive T-Zelle mit der entsprechenden Antigenspezifität als die geringe Zahl von antigenspezifischen B-Zellen. Das Zusammentreffen einer B-Zelle mit einer T-Zelle, die die präsentierten Peptidantigene erkennen kann, wird sehr viel wahrscheinlicher, sobald eine naive T-Zelle dadurch im Lymphgewebe festgehalten wird, dass sie ihr Antigen auf der Oberfläche einer dendritischen Zelle gefunden hat.

Die drei Typen von antigenpräsentierenden Zellen werden in Abbildung 8.16 verglichen. In jedem dieser Zelltypen wird die Expression co-

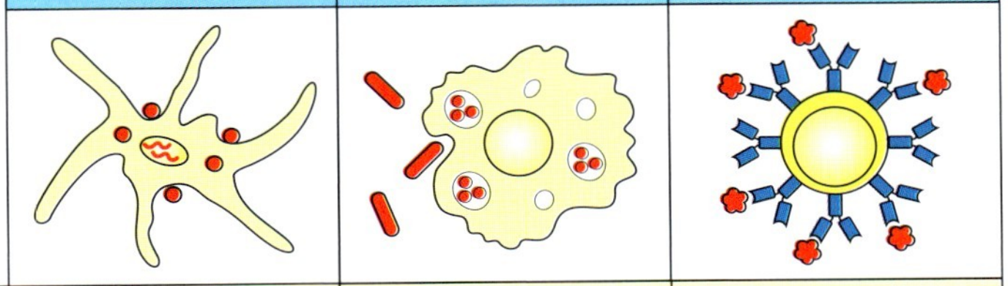

	dendritische Zellen	Makrophagen	B-Zellen
Antigen-aufnahme	Makropinocytose und Phagocytose durch dendritische Gewebe-zellen; Virusinfektion +++	Phagocytose +++	antigenspezifischer Rezeptor (Ig) ++++
MHC-Expression	auf dendritischen Gewebezellen gering; auf dendritischen Zellen in Lymphgeweben stark	durch Bakterien und Cytokine induzierbar; – bis +++	konstitutiv Zunahme bei Aktivierung; +++ bis ++++
Aussendung costimulierender Signale	konstitutiv durch reife, nicht-phagocytierende, lymphatische dendritische Zellen ++++	induzierbar; – bis +++	induzierbar; – bis +++
präsentierte Antigene	Peptide, virale Antigene, Allergene	partikuläre Antigene, intra- und extrazelluläre Pathogene	lösliche Antigene, Toxine, Viren
Lokalisierung	überall im Körper	lymphatisches Gewebe, Bindegewebe, Körperhöhlen	lymphatisches Gewebe, Blut in der Peripherie

8.16 Die Eigenschaften verschiedener antigenpräsentierender Zellen. Dendritische Zellen, Makrophagen und B-Zellen sind die wichtigsten Zelltypen, die als erste den naiven T-Zellen fremde Antigene präsentieren. Die drei Zellarten unterscheiden sich in der Art der Antigenaufnahme, in der Expression von MHC-Klasse-II-Molekülen und Costimulatoren, den Antigenen, die sie effizient präsentieren können, ihrer Lokalisierung im Körper sowie aufgrund ihrer Adhäsionsmoleküle an der Oberfläche (nicht dargestellt).

stimulierender Aktivitäten so gesteuert, dass Antworten gegen Pathogene hervorgerufen, Immunreaktionen gegen körpereigene Substanzen aber vermieden werden.

Zusammenfassung

Eine adaptive Immunantwort entsteht, wenn naive T-Zellen in den peripheren lymphatischen Organen mit reifen, aktivierten antigenpräsentierenden Zellen in Kontakt treten. Damit die seltenen antigenspezifischen T-Zellen den Körper effizient nach den genauso seltenen antigenpräsentierenden Zellen, die Pathogene in sich tragen, absuchen können, zirkulieren T-Zellen ständig durch die lymphatischen Organe und können so Antigene prüfen, die von antigenpräsentierenden Zellen aus vielen verschiedenen Infektionsherden herbeigebracht werden. Die Wanderung von naiven T-Zellen in die lymphatischen Organe wird durch den Chemokinrezeptor CCR7 gelenkt, der das Chemokin CCL21 bindet, das von somatischen Zellen in den T-Zell-Zonen der peripheren lymphatischen Organe produziert wird. L-Selektin, das von naiven T-Zellen exprimiert wird, bewirkt, dass sie an den spezialisierten Oberflächen der Venolen mit hohem Endothel entlangrollen. Die Wechselwirkung mit CCL21 induziert dort ein Umschalten des Integrins LFA-1, das von T-Zellen exprimiert wird, zu einer Konfiguration, die eine Affinität für ICAM-1 besitzt, das wiederum auf dem Endothel der Venolen exprimiert wird. Dadurch entsteht eine starke Adhäsionskraft, es kommt zur Diapedese, und die T-Zellen wandern in die T-Zell-Zone. Dort treffen die naiven T-Zellen auf antigentragende dendritische Zellen. Es gibt zwei Hauptpopulationen von dendritischen Zellen: CD11c-positive konventionelle dendritische Zellen und plasmacytoide dendritische Zellen. Konventionelle dendritische Zellen prüfen die peripheren lymphatischen Gewebe ständig auf eindringende Krankheitserreger. Sie sind diejenigen dendritischen Zellen, die für die Aktivierung der naiven Lymphocyten zuständig sind. Durch Kontakt mit einem Krankheitserreger erhalten die dendritischen Zellen über Toll-ähnliche Rezeptoren (TLR) und andere Rezeptoren Signale, die die Antigenprozessierung und die Produktion von Fremdpeptid:MHC-Komplexen beschleunigen. TLR-Signale lösen auch die Expression von CCR7 durch dendritische Zellen aus. CCR7 steuert die Wanderung der dendritischen Zellen zu den T-Zell-Zonen der peripheren lymphatischen Organe, wo sie auf naive T-Zellen treffen und sie aktivieren.

Auch einige andere Zelltypen können für naive T-Zellen als antigenpräsentierende Zellen fungieren, wobei die dendritischen Zellen die naiven T-Zellen am besten aktivieren können und wahrscheinlich die meisten T-Zell-Antworten auf pathogene Mikroorganismen auslösen. Makrophagen nehmen partikelförmige Antigene wie Bakterien effizient in sich auf; sie werden durch Krankheitserreger stimuliert, MHC-Klasse-II-Moleküle und costimulierende Moleküle zu exprimieren. Die besondere Fähigkeit von B-Zellen über ihre Rezeptoren lösliche Proteinantigene zu binden und aufzunehmen und dann die Peptid:MHC-Komplexe zu präsentieren, ist wahrscheinlich bei der Aktivierung von T-Zellen von Bedeutung, wenn sie B-Zellen antigenspezifisch unterstützen. Bei allen drei Typen von antigenpräsentierenden Zellen wird die Expression von costimulierenden Molekülen als Reaktion auf Signale von Rezeptoren aktiviert, die auch bei der angeborenen Immunität dazu dienen, das Vorhandensein von infektiösen Erregern anzuzeigen.

Das Priming von naiven T-Zellen durch dendritische Zellen, die von Krankheitserregern aktiviert wurden

T-Zell-Antworten werden ausgelöst, wenn eine reife naive CD4- oder CD8-T-Zelle auf eine korrekt aktivierte antigenpräsentierende Zelle trifft, die den passenden Peptid:MHC-Liganden präsentiert. Wir haben die Bewegung von naiven T-Zellen und dendritischen Zellen zu spezifischen Regionen in den peripheren lymphatischen Organen beschrieben, wo sie in den T-Zell-Zonen aufeinander treffen können. Wir wollen uns nun mit der Erzeugung von T-Effektorzellen aus naiven T-Zellen beschäftigen. Die Aktivierung und Differenzierung von naiven T-Zellen ist ein Vorgang, den man häufig als Priming (Prägung) bezeichnet. Er unterscheidet sich von den späteren Reaktionen der Rezeptorzellen auf Antigene auf ihren Zielzellen und auch von der Reaktion der geprägten T-Gedächtniszellen, wenn sie erneut auf dasselbe Antigen treffen. Durch das Priming entstehen aus naiven CD8-T-Zellen cytotoxische T-Zellen, die mit Pathogenen infizierte Zellen direkt abtöten können. Aus CD4-Zellen geht eine Reihe verschiedener Typen von Effektorzellen hervor, wobei der Typ davon abhängt, welche Signale die Zellen beim Priming erhalten. Die Aktivität von CD4-Effektorzellen kann Cytotoxizität sein, häufiger ist es jedoch die Freisetzung einer bestimmten Kombination von Cytokinen, die die Zielzellen dazu veranlassen, eine bestimmte Reaktion zu zeigen.

8.11 Adhäsionsmoleküle sorgen für die erste Wechselwirkung von T-Zellen mit antigenpräsentierenden Zellen

Wenn naive T-Zellen den Cortex eines Lymphknotens durchdringen, binden sie vorübergehend an jede antigenpräsentierende Zelle, der sie begegnen. Reife dendritische Zellen binden naive T-Zellen sehr effizient durch Wechselwirkungen zwischen LFA-1, ICAM-3 und CD2 auf der T-Zelle und ICAM-1, ICAM-2, DC-SIGN und CD58 auf der antigenpräsentierenden Zelle (Abb. 8.17). ICAM-3 bindet nur bei der Wechselwirkung zwischen dendritischen Zellen und T-Zellen an DC-SIGN, während die anderen Adhäsionsmoleküle bei der Bindung von Lymphocyten an alle drei Arten von antigenpräsentierenden Zellen zusammenwirken. Wegen dieser Synergie kann man möglicherweise kaum herausfinden, welche Rolle jedes einzelne Adhäsionsmolekül dabei genau spielt. Patienten, die kein LFA-1 bilden, können normale T-Zell-Antworten hervorbringen. Das gilt anscheinend auch für genmanipulierte Mäuse ohne CD2. Wahrscheinlich gibt es genügend Moleküle, die für die adhäsiven Wechselwirkungen der T-Zellen verantwortlich sind, sodass es auch dann zu einer Immunreaktion kommt, wenn eines von ihnen fehlt. Solch eine molekulare Redundanz kann man auch bei anderen komplexen biologischen Prozessen beobachten.

Die vorübergehende Bindung naiver T-Zellen an antigenpräsentierende Zellen ist wichtig, damit die T-Zellen ausreichend Zeit haben, auf jeder antigenpräsentierenden Zelle zahlreiche MHC-Moleküle nach spezifischen Peptiden abzusuchen. In den seltenen Fällen, in denen eine naive T-Zelle

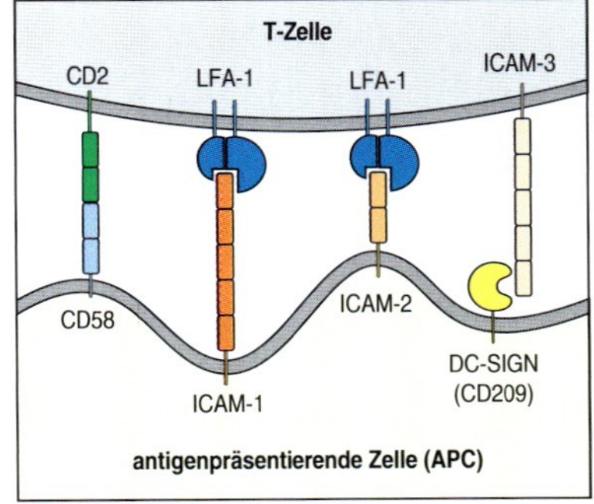

8.17 Zelloberflächenmoleküle der Immunglobulinsuperfamilie sind wichtig für die Wechselwirkungen von Lymphocyten mit antigenpräsentierenden Zellen. Beim ersten Zusammentreffen von T-Zellen mit antigenpräsentierenden Zellen wirkt die Bindung von CD2 an CD58 auf der antigenpräsentierenden Zelle mit der Bindung von LFA-1 an ICAM-1 und ICAM-2 zusammen. Die Wechselwirkung zwischen ICAM-3 auf der naiven T-Zelle und DC-SIGN (CD209), das für dendritische Zellen spezifisch ist, beschränkt sich anscheinend auf den Kontakt zwischen naiven T-Zellen und dendritischen Zellen. DC-SIGN ist ein Lektin vom C-Typ, das hoch affin an ICAM-3 bindet. LFA-1 ist das $\alpha_L{:}\beta_2$-Integrin-Heterodimer CD11a:CD18. ICAM-1, -2 und -3 bezeichnet man auch als CD54, CD102 beziehungsweise CD50.

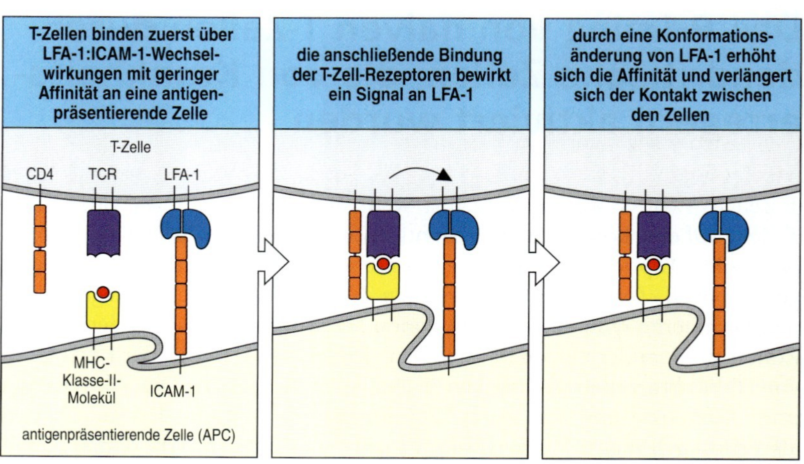

8.18 Vorübergehende Verbindungen zwischen T-Zellen und antigenpräsentierenden Zellen werden durch eine spezifische Antigenerkennung stabilisiert. Wenn eine T-Zelle an ihren spezifischen Liganden auf einer antigenpräsentierenden Zelle bindet, löst ein intrazelluläres Signal über den T-Zell-Rezeptor (TCR) eine Konformationsänderung von LFA-1 aus, das dadurch fester an ICAMs auf der antigenpräsentierenden Zelle bindet. Die hier gezeigte Zelle ist eine CD4-T-Zelle.

ihren spezifischen Peptid:MHC-Liganden erkennt, wird durch ein Signal des T-Zell-Rezeptors eine Konformationsänderung von LFA-1 ausgelöst und so dessen Affinität für ICAM-1 und ICAM-2 deutlich erhöht. Diese Konformationsänderung entspricht der, die bei der Wanderung der naiven T-Zellen in die peripheren lymphatischen Organe (Abschnitt 8.2) entsteht. Die Konformationsänderung von LFA-1 stabilisiert die Assoziation zwischen der antigenspezifischen T-Zelle und der Zelle, die das Antigen präsentiert (Abb. 8.18). Sie kann mehrere Tage lang erhalten bleiben. In dieser Zeit vermehrt sich die naive T-Zelle, und ihre Tochterzellen, die ebenfalls an der antigenpräsentierenden Zelle haften, entwickeln sich zu T-Effektorzellen.

Wenn T-Zellen und antigenpräsentierende Zellen aufeinander treffen, erkennen die T-Zellen jedoch meist kein spezifisches Antigen. Sie müssen dann in der Lage sein, sich schnell von den antigenpräsentierenden Zellen zu trennen und ihre Wanderung durch den Lymphknoten fortzusetzen, die sie schließlich über die efferenten Lymphgefäße wieder in das Blut und in ihren Kreislauf zurückführt. Bei der stabilen Bindung ebenso wie bei der Dissoziation könnten zwischen der T-Zelle und der antigenpräsentierenden Zelle Signale ausgetauscht werden; darüber ist jedoch nur wenig bekannt.

8.12 Antigenpräsentierende Zellen liefern drei Arten von Signalen für die klonale Vermehrung und Differenzierung von naiven T-Zellen

Das Priming von naiven T-Zellen wird durch mehrere Signale kontrolliert. Wie in der Einführung zu diesem Kapitel erläutert, wollen wir eine Terminologie verwenden, die diese Signale in drei Typen einteilt: Signal 1, Signal 2 und Signal 3. Signal 1 bezieht sich auf die antigenspezifischen Signale, die durch die Wechselwirkung eines spezifischen Peptid:MHC-Komplexes mit dem T-Zell-Rezeptor entstehen. Die Bindung des T-Zell-Rezeptors mit seinem Peptidantigen ist für die Aktivierung einer naiven T-Zelle essenziell, aber selbst wenn auch der Corezeptor – CD4 oder CD8

– gebunden wird, stimuliert das allein nicht die T-Zelle zur Proliferation und Differenzierung zu T-Effektorzellen. Die antigenspezifische klonale Vermehrung einer naiven T-Zelle erfordert mindestens noch zwei weitere Arten von Signalen, die im Allgemeinen von derselben antigenpräsentierenden Zelle kommen. Bei diesen zusätzlichen Signalen unterscheidet man costimulierende Signale, die primär dazu dienen, das Überleben und die Vermehrung der T-Zellen zu fördern (oder zu hemmen) (Signal 2), und andere Signale, die primär die T-Zell-Differenzierung in die verschiedenen Subpopulationen von T-Effektorzellen bewirken (Signal 3) (Abb. 8.19).

Die am besten untersuchten costimulierenden Moleküle für Signal 2 sind die B7-Moleküle (Abschnitt 8.6). Diese homodimeren Vertreter der Immunglobulinsuperfamilie kommen ausschließlich auf der Oberfläche von Zellen vor, die die Proliferation von T-Zellen stimulieren, also beispielsweise auf dendritischen Zellen. Durch Transfektion von Fibroblasten, die einen T-Zell-Liganden exprimieren, mit Genen, die B7-Moleküle codieren, ließ sich die Bedeutung der B7-Moleküle zeigen, da die Fibroblasten dann die klonale Vermehrung von naiven T-Zellen stimulieren konnten. Der Rezeptor für die B7-Moleküle auf der T-Zelle ist **CD28**, ein weiteres Protein aus der Immunglobulinsuperfamilie. Die Bindung von CD28 durch B7-Moleküle oder durch Anti-CD28-Antikörper ist für die optimale klonale Vermehrung von naiven T-Zellen notwendig, während Anti-B7-Antikörper, die die Bindung von B7-Molekülen an CD28 behindern, im Experiment T-Zell-Antworten unterdrücken konnten. Es gibt zwar noch weitere Moleküle, die naive T-Zellen costimulieren können, aber bis jetzt ließ sich nur für die B7-Moleküle zeigen, dass sie in einer normalen Immunantwort den naiven T-Zellen die costimulierenden Signale vermitteln können.

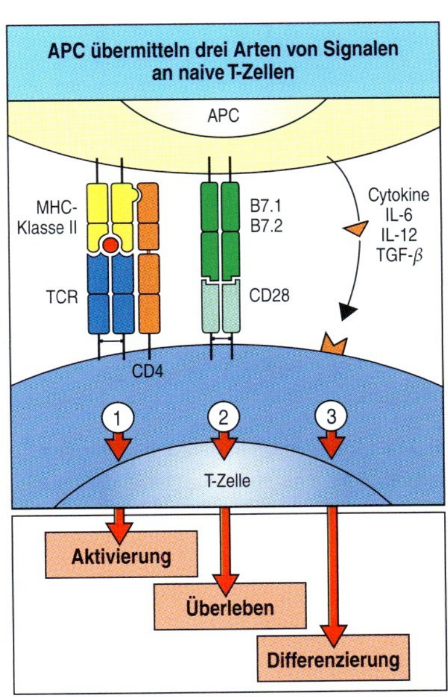

8.19 Bei der Aktivierung von naiven T-Zellen spielen drei Arten von Signalen eine Rolle. Die Bindung des Fremdpeptid:Selbst-MHC-Komplexes durch den T-Zell-Rezeptor und wie in diesem Beispiel durch einen CD4-Corezeptor überträgt auf die T-Zelle das Signal (Pfeil 1), dass ein Kontakt mit einem Antigen stattgefunden hat. Die wirksame Aktivierung von naiven T-Zellen erfordert ein zweites Signal (Pfeil 2), das costimulierende Signal, das von derselben antigenpräsentierenden Zelle (APC) gegeben werden muss. In diesem Fall kommt das zweite Signal von CD28 auf der T-Zelle, das auf B7-Moleküle auf der antigenpräsentierenden Zelle trifft. Im Endeffekt kann die T-Zelle, die das erste Signal erhalten hat, dadurch länger überleben und proliferieren. ICOS und Mitglieder der TNF-Rezeptor-Familie können auch costimulierende Signale liefern. Speziell bei CD4-T-Zellen bringen verschiedene Differenzierungswege Untergruppen von T-Effektorzellen hervor, die unterschiedliche Effektorreaktionen ausführen. Diese hängen von der Art und Weise eines dritten Signals ab (Pfeil 3), das die antigenpräsentierende Zelle übermittelt. Bei der Steuerung dieser Differenzierung sind häufig Cytokine beteiligt, aber nicht ausschließlich.

8.13 Die CD28-abhängige Costimulation von aktivierten T-Zellen induziert die Expression des T-Zell-Wachstumsfaktors Interleukin-2 und des hoch affinen IL-2-Rezeptors

Naive T-Zellen können viele Jahre leben, wobei sie sich nur selten teilen und ebenso selten in die Apoptose eintreten. Sie sind kleine ruhende Zellen mit kondensiertem Chromatin und sehr wenig Cytoplasma, auch synthetisieren sie nur wenig RNA und Proteine. Werden sie aktiviert, treten sie wieder in den Zellzyklus ein und teilen sich schnell, wobei sie zahlreiche Tochterzellen bilden, die sich zu T-Effektorzellen differenzieren. Ihre Proliferation und Differenzierung wird durch das Cytokin **Interleukin-2 (IL-2)** gesteuert, das die aktivierten T-Zellen selbst bilden.

Das erste Zusammentreffen mit einem spezifischen Antigen in Gegenwart des costimulierenden Signals bewirkt, dass die T-Zelle in die G1-Phase des Zellzyklus eintritt; gleichzeitig induziert es die Synthese von IL-2 sowie der α-Kette des IL-2-Rezeptors (andere Bezeichnung CD25). Der IL-2-Rezeptor besteht aus den drei Ketten α, β und γ (Abb. 8.20). Ruhende T-Zellen exprimieren eine Form dieses Rezeptors, die nur β- und γ-Ketten enthält und IL-2 mit mäßiger Affinität bindet. Auf diese Weise können ruhende T-Zellen auf sehr hohe IL-2-Konzentrationen reagieren. Erst

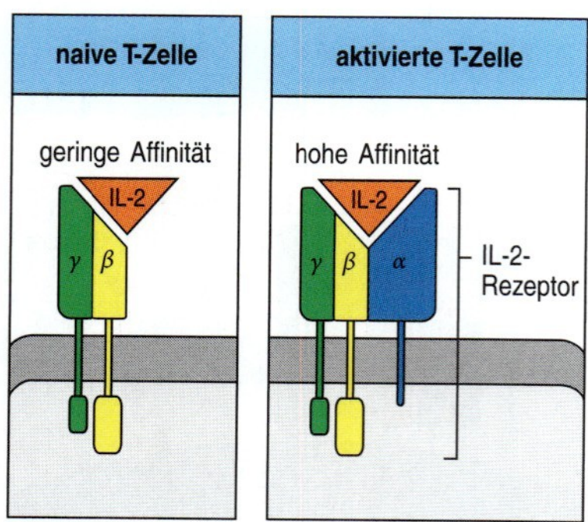

8.20 Hoch affine IL-2-Rezeptoren bestehen aus drei Ketten, die nur von aktivierten T-Zellen gebildet werden. Ruhende T-Zellen exprimieren konstitutiv die β- und die γ-Kette. Diese binden IL-2 mit geringer Affinität. Die Aktivierung der T-Zellen induziert die Synthese einer α-Kette und die Bildung eines hoch affinen heterodimeren Rezeptors. Die β- und γ-Ketten ähneln in der Aminosäuresequenz Zelloberflächenrezeptoren für das Wachstumshormon und Prolaktin, die beide das Zellwachstum und die Differenzierung regulieren.

durch die Verbindung des β:γ-Heterodimers mit der α-Kette entsteht ein Rezeptor mit einer viel höheren Affinität für IL-2, wodurch die Zelle auf sehr geringe IL-2-Konzentrationen ansprechen kann. Aufgrund der Bindung von IL-2 an diesen hoch affinen Rezeptor durchlaufen die Zellen den Rest des Zellzyklus (Abb. 8.21). Auf diese Weise aktivierte T-Zellen können sich mehrere Tage lang zwei- oder dreimal täglich teilen, sodass aus einer Zelle Tausende von Tochterzellen mit einem identischen Antigenrezeptor entstehen. IL-2 ist ein Überlebensfaktor für diese Zellen, und das Entfernen von IL-2 führt zum Tod von aktivierten T-Zellen. IL-2 fördert auch die Differenzierung dieser Zellen zu T-Effektorzellen.

Die Antigenerkennung durch den T-Zell-Rezeptor stimuliert die Synthese oder Aktivierung der Transkriptionsfaktoren NFAT, AP-1 und NFκB (Kapitel 6), die an die Promotorregion des IL-2-Gens binden und für die Aktivierung seiner Transkription essenziell sind. Die Costimulation durch CD28 unterstützt die Produktion von IL-2 auf mindestens zwei Weisen. Zum einen verstärken Signale des Rezeptors CD28, an den B7-Moleküle gebunden haben, die Produktion von AP-1 und NFκB, was wiederum die Initiation der Transkription der IL-2-mRNA auf das etwa Dreifache steigert. Der zweite Effekt von CD28-Signalen ist wahrscheinlich die Stabilisierung der IL-2-mRNA, wodurch die Produktion des IL-2-Proteins auf das 20- bis 30-fache gesteigert wird. Diese beiden Effekte erhöhen gemeinsam die Produktion des IL-2-Proteins auf etwa das Hundertfache. Cytokin-mRNA ist sehr kurzlebig, da sie in ihrer 3'-untranslatierten Region eine „Instabilitätssequenz" enthält. Die Instabilität der mRNA verhindert, dass ständig Cytokine produziert und freigesetzt werden, sodass die Cytokinaktivität genau reguliert wird. Wenn eine T-Zelle ein spezifisches Antigen erkennt, ohne dass es zu einer Costimulation durch ihr CD28-Molekül kommt, wird nur wenig IL-2 produziert und die Zelle proliferiert nicht. Die wichtigste Funktion des costimulierenden Signals besteht also darin, die Synthese von IL-2 zu stimulieren.

Die zentrale Bedeutung von IL-2 bei der Auslösung adaptiver Immunreaktionen wird auch bei Medikamenten genutzt, die häufig zur Unterdrückung unerwünschter Immunreaktionen benutzt werden, zum Beispiel bei einer Transplantatabstoßung. Die Immunsuppressiva Cyclosporin A und FK506 (Tacrolimus oder Fujimycin) hemmen die IL-2-Produktion, indem sie die Signalgebung über den T-Zell-Rezeptor unterbinden. Rapamycin verhindert dagegen die Signalgebung über den IL-2-Rezeptor. Die Immunreaktionen werden durch die synergistische Wirkung von Cyclosporin A und Rapamycin verhindert, weil die IL-2-gesteuerte klonale Vermehrung der T-Zellen unterbunden wird. Wie diese Stoffe genau wirken, wird in Kapitel 15 beschrieben.

8.14 Signal 2 kann durch zusätzliche costimulierende Signalwege verändert werden

Sobald eine T-Zelle aktiviert wird, exprimiert sie neben CD28 eine Reihe von zusätzlichen Proteinen, die dazu beitragen, das costimulierende Signal, das sie klonale Vermehrung und Differenzierung voranbringt, aufrechtzuerhalten oder zu verändern. Diese weiteren costimulierenden Proteine gehören entweder zur CD28-Rezeptor-Familie oder zu den Familien der Tumornekrosefaktoren (TNF) und der TNF-Rezeptoren.

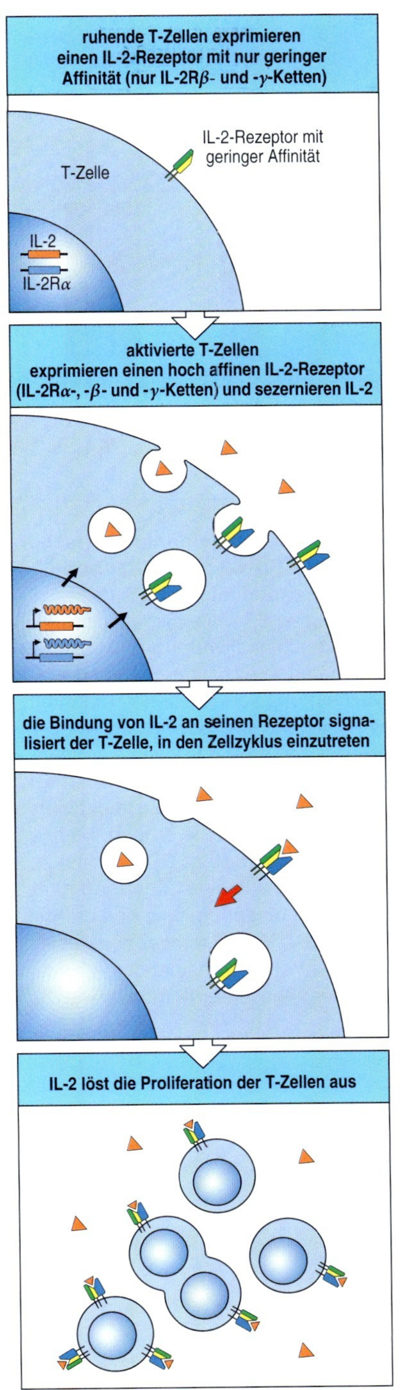

8.21 Aktivierte T-Zellen sezernieren Interleukin-2 (IL-2) und reagieren auf dieses Molekül. Die Aktivierung naiver T-Zellen in Gegenwart einer Costimulation durch CD28-Signale führt zur Expression und Sekretion von IL-2 sowie zur Expression hoch affiner IL-2-Rezeptoren. IL-2 bindet an diese Rezeptoren und fördert so auf autokrine Weise das T-Zell-Wachstum.

Mit CD28 verwandte Proteine werden auf aktivierten T-Zellen exprimiert, und sie verändern das costimulierende Signal, während sich die T-Zell-Antwort entwickelt. Eines dieser Proteine ist der induzierbare Costimulator (**ICOS**). Dieser bindet einen Liganden, den man als **LICOS** (Ligand von ICOS, B7h) bezeichnet und der mit B7.1 und B7.2 verwandt ist. LICOS wird auf aktivierten dendritischen Zellen, Monocyten und B-Zellen exprimiert, aber sein Beitrag zu den Immunantworten ist noch nicht eindeutig geklärt. ICOS ist CD28 in Bezug auf die Stimulation der T-Zell-Proliferation zwar ähnlich, induziert aber IL-2 nicht und reguliert anscheinend die Expression anderer Cytokine, die von CD4-T-Zell-Subpopulationen produziert werden.

Ein anderes mit CD28 verwandtes Protein ist **CTLA-4** (CD152), ein weiterer Rezeptor für B7-Moleküle. Das Protein ähnelt in seiner Sequenz stark CD28. Beide Moleküle werden von dicht nebeneinander liegenden Genen codiert. CTLA-4 hat jedoch eine etwa 20-mal höhere Bindungsavidität für B7 als CD28. Außerdem sendet CTLA-4 der aktivierten T-Zelle ein inhibitorisches Signal (Abb. 8.22). Dadurch reagieren die aktivierten Tochterzellen einer naiven T-Zelle weniger empfindlich auf eine Stimulation durch die antigenpräsentierende Zelle, und die Menge des Cytokins Interleukin-2 (IL-2) wird begrenzt. (IL-2 ist das wichtigste Cytokin, das die T-Zell-Proliferation stimuliert.) Die Bindung der B7-Moleküle an CTLA-4 trägt daher entscheidend dazu bei, die Proliferation aktivierter T-Zellen als Reaktion auf Antigene und B7 zu begrenzen. Dies bestätigten Versuche an Mäusen mit einem zerstörten CTLA-4-Gen; solche Mäuse bekommen eine tödliche Krankheit, die mit einer massiven Lymphocytenproliferation einhergeht.

Moleküle der TNF-Familie können auch costimulierende Signale vermitteln. **CD27** ist ein Protein der TNF-Rezeptor-Familie, das von naiven T-Zellen konstitutiv exprimiert wird. Es bindet an **CD70** auf dendritischen Zellen und liefert ein starkes costimulierendes Signal an T-Zellen, die im Aktivierungsprozess am Anfang stehen. Das Molekül CD40 der TNF-Rezeptor-Familie auf dendritischen Zellen (Abschnitt 8.8) bindet den CD40-Liganden, der auf T-Zellen exprimiert wird. CD40 setzt einen zweifachen Signalweg in Gang, der aktivierende Signale an die T-Zelle übermittelt, und aktiviert die antigenpräsentierende Zelle, B7-Moleküle zu exprimieren. Dadurch wird die weitere Proliferation der T-Zellen stimuliert. Die Funktion des CD40-CD40-Ligand-Paares, die Entwicklung der T-Zell-Antwort zu stabilisieren, lässt sich bei Mäusen zeigen, denen der CD40-Ligand fehlt. Wenn diese Mäuse immunisiert werden, bricht die klonale Vermehrung in einem sehr frühen Stadium ab. Das T-Zell-Molekül **4-1BB** (CD137) und sein Ligand **4-1BBL**, der auf aktivierten dendritischen Zellen, Makrophagen und B-Zellen exprimiert wird, bilden ein weiteres Paar aus der Familie der TNF-Costimulatoren. Wie beim CD40-Liganden und CD40 laufen auch

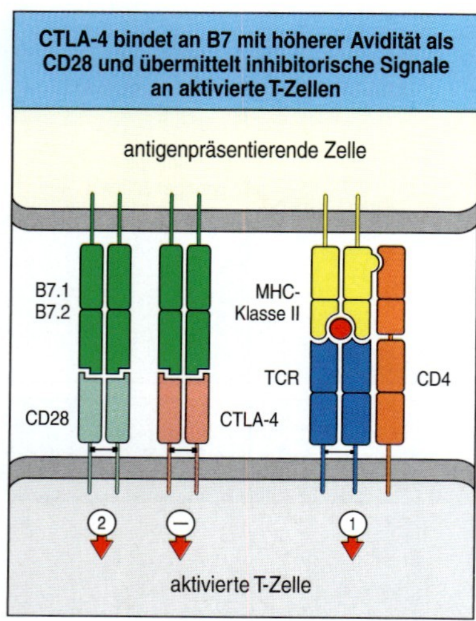

8.22 CTLA-4 ist ein inhibitorischer Rezeptor für B7-Moleküle. Naive T-Zellen exprimieren CD28, das bei Bindung an B7-Moleküle ein costimulierendes Signal vermittelt (Abb. 8.19) und dadurch das Überleben und die Vermehrung von T-Zellen voranbringt, wenn sie auf ein spezifisches Antigen treffen, das eine B7-positive antigenpräsentierende Zelle an der Oberfläche trägt. Sobald die T-Zelle aktiviert wurde, exprimiert sie erhöhte Mengen von CTLA-4 (CD152). CTLA-4 besitzt für B7-Moleküle eine höhere Affinität als CD28, bindet deshalb den größten Teil der B7-Moleküle oder sogar alle und dient so der Regulation der proliferativen Phase der Immunantwort.

hier die Effekte in zwei Richtungen, sodass sowohl die T-Zelle als auch die antigenpräsentierende Zelle aktivierende Signale empfangen. Diese Art von Wechselwirkung bezeichnet man manchmal als Dialog zwischen T-Zelle und antigenpräsentierender Zelle.

8.15 Ohne Costimulation führt die Antigenerkennung zur funktionellen Inaktivierung oder klonalen Deletion

Wie wir in Abschnitt 7.20 erfahren haben, bieten antigenpräsentierende Zellen im Thymus ubiquitäre körpereigene Proteine dar. Dadurch kommt es zur klonalen Deletion der T-Zellen, die mit diesen Proteinen reagieren. Es gibt aber viele Proteine, die spezielle Funktionen haben und nur in Zellen bestimmter Gewebe synthetisiert werden. Daher werden die Peptide von einigen gewebespezifischen Proteinen nicht auf den MHC-Molekülen von Thymuszellen präsentiert. T-Zellen, die für sie spezifisch sind, werden daher wahrscheinlich nicht im Thymus vernichtet. Damit Autoimmunreaktionen gegen solche gewebespezifischen Proteine vermieden werden, dürfen Gewebezellen keine costimulierende Aktivität besitzen. Da das IL-2-Gen durch Signale reguliert wird, die sowohl aus dem T-Zell-Rezeptor-Weg als auch aus dem CD28-Weg stammen, erfordert die effiziente Aktivierung von naiven T-Zellen die gleichzeitige Übermittlung von antigenspezifischen und costimulierenden Signalen. Naive T-Zellen, die auf Gewebezellen, welche keine costimulierenden Moleküle besitzen, körpereigene Peptide erkennen, werden nicht aktiviert, sondern verfallen wahrscheinlich in einen anergischen Zustand (Abb. 8.23). Eine anergische Zelle reagiert nicht auf Aktivierung durch ihr spezifisches Antigen, selbst wenn ihr das Antigen anschließend von einer antigenpräsentierenden Zelle präsentiert wird, die costimulierende Moleküle exprimiert. Dieser Mechanismus ermöglicht es, die Selbst-Toleranz aufrechtzuerhalten. Die Notwendigkeit, dass dieselbe Zelle sowohl das spezifische Antigen als auch ein costimulierendes Signal exprimieren muss, ist daher auch von Bedeutung, um zerstörende Immunantworten gegen körpereigene Gewebe zu unterbinden (Abb. 8.24). Ohne diese Bedingung würde die Selbst-Toleranz zusammenbrechen, wenn naive T-Zellen körpereigene Antigene auf Gewebezellen erkennen und anschließend durch eine davon getrennte Wechselwirkung mit einer antigenpräsentierenden Zelle costimuliert würden, entweder lokal oder an einem weiter entfernten Ort.

Der molekulare Mechanismus der Anergie von T-Zellen ist noch nicht vollständig bekannt. Die wichtigste Veränderung besteht darin, dass anergische T-Zellen kein IL-2 produzieren, sodass sie nicht proliferieren und sich zu Effektorzellen differenzieren, wenn sie auf ein Antigen treffen. Anergie ließ sich bis jetzt nur formal *in vitro* demonstrieren, wobei es *in vivo* zumindest Hinweise auf eine Anergie gegenüber verschiedenen Antigenen gibt. Der Zustand der Anergie ist nach allgemeiner Auffassung einer der Mechanismen der peripheren Toleranz (Abschnitt 7.26). Einige T-Zellen verharren *in vivo* anscheinend in einem anergischen Zustand. Die Beseitigung von potenziell autoreaktiven T-Zellen lässt sich noch leicht als einfachen Mechanismus verstehen, die Selbst-Toleranz aufrechtzuerhalten, aber es erscheint weniger gut nachvollziehbar, warum anergische T-Zellen erhalten bleiben, die für Gewebeantigene spezifisch sind. Man würde erwarten, dass es effizienter wäre, solche Zellen zu entfernen. Tatsächlich kann die

Bindung des T-Zell-Rezeptors auf peripheren T-Zellen ohne eine Costimulation zum programmierten Zelltod und nicht zu einer Anergie führen. Eine mögliche Erklärung für den Erhalt von anergischen Zellen besteht darin, dass sie dabei mitwirken, Reaktionen von naiven, nichtanergischen T-Zellen auf fremde Antigene, die Selbst-Peptid:Selbst-MHC-Komplexe

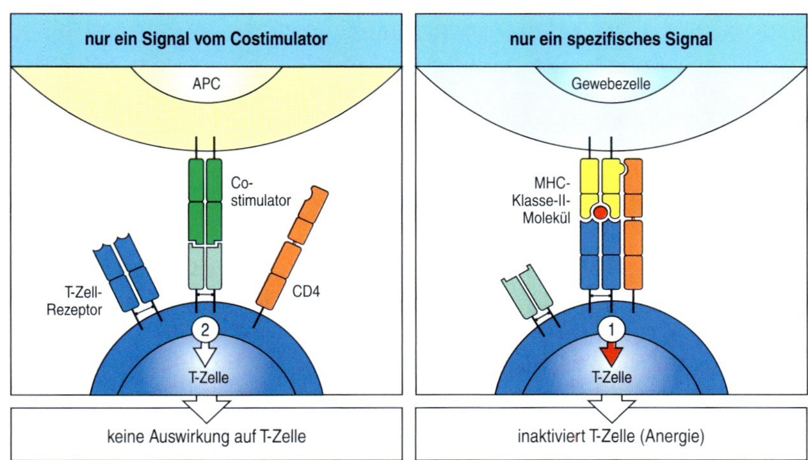

8.23 Wenn Antigene ohne Costimulation erkannt werden, kommt es zu einer T-Zell-Toleranz gegen Antigene, die auf Gewebezellen exprimiert werden. Antigenpräsentierende Zellen (APC) können T-Zellen weder aktivieren noch inaktivieren, wenn sie auf ihrer Oberfläche nicht das richtige Antigen besitzen, selbst wenn sie ein costimulierendes Molekül exprimieren und Signal 2 aussenden (links). Erkennen jedoch T-Zellen ein Antigen, ohne dass costimulierende Moleküle vorhanden sind, erhalten sie nur Signal 1 und werden inaktiviert (rechts). Auf diese Weise erzeugen körpereigene Antigene, die auf Gewebezellen exprimiert werden, bei T-Zellen in der Peripherie eine Toleranz.

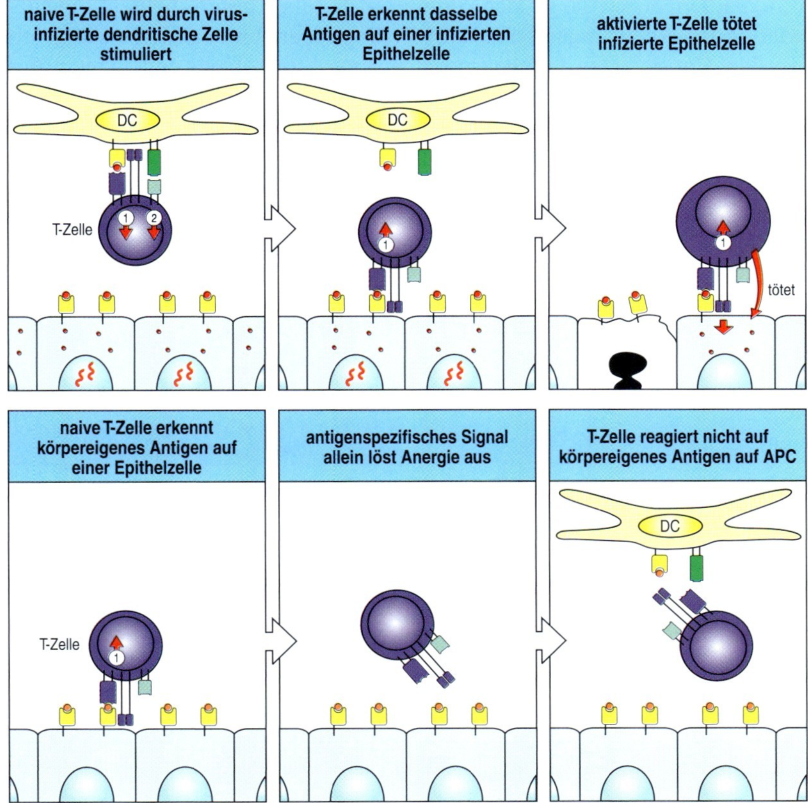

8.24 Die Bedingung, dass dieselbe Zelle sowohl das antigenspezifische als auch das costimulierende Signal aussenden muss, spielt eine wesentliche Rolle bei der Vermeidung von Immunreaktionen gegen körpereigene Antigene. Eine T-Zelle erkennt ein virales Peptid auf der Oberfläche einer antigenpräsentierenden Zelle. Dadurch wird ihre Proliferation und Differenzierung zu einer Effektorzelle aktiviert, die fähig ist, jede virusinfizierte Zelle zu eliminieren (obere Reihe). Im Gegensatz dazu erkennen manche naiven T-Zellen Antigene auf Zellen, die keine Costimulation erbringen können, und werden anergisch. Ein Beispiel ist eine T-Zelle, die ein körpereigenes Antigen auf einer nichtinfizierten Epithelzelle erkennt (untere Reihe). Diese T-Zelle entwickelt sich nicht zu einer Effektorzelle und kann auch nicht mehr durch eine dendritische Zelle stimuliert werden, die das Antigen präsentiert.

nachbilden, zu verhindern. Anergische T-Zellen könnten solche Komplexe auf antigenpräsentierenden Zellen erkennen und binden, ohne darauf zu reagieren, und würden so mit potenziell autoreaktiven naiven T-Zellen mit derselben Spezifität konkurrieren. Auf diese Weise würden anergische T-Zellen verhindern, dass autoreaktive T-Zellen durch Krankheitserreger zufällig aktiviert werden, und so aktiv zur Toleranz beitragen. Eine andere mögliche Erklärung ist, dass anergische T-Zellen aufgrund bestimmter phänotypischer Übereinstimmungen tatsächlich regulatorische T-Zellen sind. Beide können *in vitro* als Reaktion auf die Stimulation mit ihrem spezifischen Antigen nicht proliferieren oder IL-2 produzieren. Sollte sich herausstellen, dass sich die Populationen der anergischen und der regulatorischen T-Zell-Populationen *in vivo* überschneiden, könnte die Anergie ein Mechanismus sein, die Toleranz gegenüber körpereigenen Antigenen aufrechtzuerhalten.

8.16 Proliferierende T-Zellen differenzieren sich zu T-Effektorzellen, die ohne Costimulation auskommen

Aktivierte T-Zellen entwickeln sich nach vier bis fünf Tagen schnellen Wachstums und damit erst spät in der Proliferationsphase der durch IL-2 induzierten T-Zell-Antwort zu T-Effektorzellen. Diese können dann sämtliche Effektormoleküle synthetisieren, die für ihre speziellen Funktionen als Helfer- oder cytotoxische T-Zellen benötigt werden. Alle Gruppen von T-Effektorzellen haben darüber hinaus verschiedene Veränderungen durchlaufen, durch die sie sich von naiven T-Zellen unterscheiden. Eine der wichtigsten Änderungen betrifft die Bedingungen, unter denen sie aktiviert werden: Hat sich eine T-Zelle einmal zu einer Effektorzelle entwickelt, führt ein Zusammentreffen mit ihrem spezifischen Antigen zu einem Immunangriff, ohne dass dafür eine Costimulation erforderlich ist (Abb. 8.25).

Dies gilt für alle Gruppen von T-Effektorzellen. Was das bedeutet, kann man besonders gut an cytotoxischen CD8-T-Zellen veranschaulichen. Diese müssen auf jede Zelle reagieren können, die von einem Virus infiziert wurde – egal, ob die infizierte Zelle nun costimulierende Moleküle exprimiert oder nicht. Entscheidend ist dies auch für die Effektorfunktion von CD4-T-Zellen, da CD4-T-Effektorzellen in der Lage sein müssen, B-Zellen

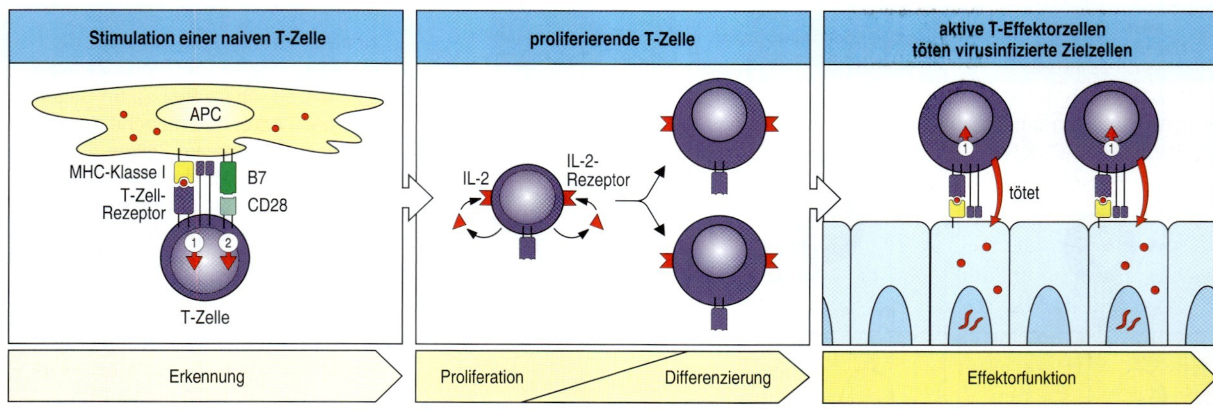

8.25 T-Effektorzellen können auf ihre Zielzellen ohne Costimulation reagieren. Eine naive T-Zelle, die ein Antigen auf der Oberfläche einer antigenpräsentierenden Zelle erkennt und die erforderlichen beiden Signale (Pfeile 1 und 2, links) erhält, wird aktiviert und sezerniert IL-2, von dem sie wiederum selbst stimuliert wird. Nach der von IL-2 stimulierten klonalen Vermehrung (Mitte) entwickeln sich die T-Zellen zu Effektorzellen. Nach dieser Differenzierung löst jedes Zusammentreffen mit dem spezifischen Antigen bei den T-Zellen Effektorfunktionen aus, ohne dass dafür eine Costimulation erforderlich wäre. Daher kann eine cytotoxische T-Zelle virusinfizierte Zielzellen vernichten, die nur den Peptid:MHC-Liganden, aber keine costimulierenden Signale exprimieren (rechts).

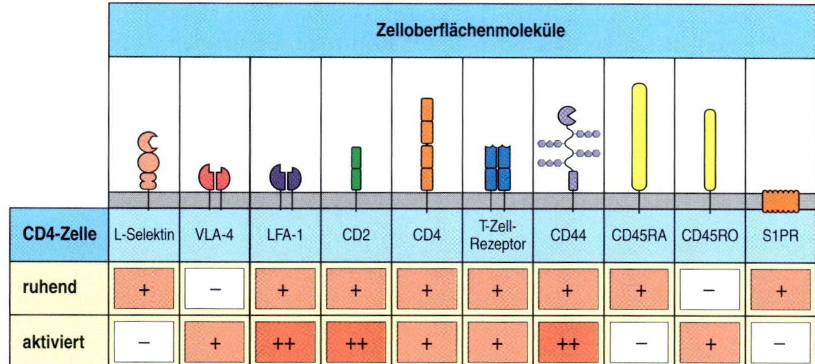

	Zelloberflächenmoleküle									
CD4-Zelle	L-Selektin	VLA-4	LFA-1	CD2	CD4	T-Zell-Rezeptor	CD44	CD45RA	CD45RO	S1PR
ruhend	+	–	+	+	+	+	+	+	–	+
aktiviert	–	+	++	++	+	+	++	–	+	–

8.26 Die Aktivierung von T-Zellen verändert die Expression einiger Zelloberflächenmoleküle. Hier ist eine CD4-T-Zelle dargestellt. Ruhende, naive T-Zellen exprimieren L-Selektin, mit dessen Hilfe sie zu den Lymphknoten gelangen, sowie relativ wenige andere Adhäsionsmoleküle wie CD2 und LFA-1. Nach der Aktivierung wird L-Selektin nicht mehr exprimiert, dafür aber größere Mengen des Integrins LFA-1, das aktiviert wird, seine Liganden ICAM-1 und ICAM-2 zu binden. Das neu exprimierte Integrin VLA-4 dient als Homing-Rezeptor für das Gefäßendothel in Entzündungsherden und sorgt dafür, dass aktivierte T-Zellen an Stellen, an denen sie mit großer Wahrscheinlichkeit auf eine Infektion treffen, in das periphere Gewebe einwandern. Aktivierte T-Zellen zeigen eine höhere Dichte des Adhäsionsmoleküls CD2 an ihrer Oberfläche, wodurch die Wechselwirkung zwischen der aktivierten T-Zelle und potenziellen Zielzellen verstärkt wird, und außerdem eine höhere Dichte des Adhäsionsmoleküls CD44. Durch alternatives Spleißen des RNA-Transkripts vom CD45-Gen verändert sich die Isoform des CD45-Moleküls, das von aktivierten Zellen exprimiert wird. Dadurch exprimieren die aktivierten T-Zellen nun die CD45RO-Isoform, die sich mit dem T-Zell-Rezeptor und CD4 verbindet. Aufgrund dieser Veränderung spricht die T-Zelle eher auf eine Stimulation durch geringe Konzentrationen an Peptid:MHC-Komplexen an. Der Sphingosin-1-phosphat-Rezeptor (S1PR) wird von ruhenden naiven T-Zellen exprimiert, sodass die Zellen, die nicht aktiviert werden, die lymphatischen Gewebe verlassen können. Nach der Aktivierung wird die Expression von S1PR mehrere Tage lang abgeschaltet, sodass die T-Zellen während der Phase der Proliferation und Differenzierung nicht aus dem lymphatischen Gewebe herauskommen. Danach setzt die Expression von S1PR wieder ein, und die Effektorzellen können die lymphatischen Gewebe verlassen.

und Makrophagen zu aktivieren, die ein Antigen aufgenommen haben – selbst wenn diese keine costimulierenden Moleküle exprimieren.

Veränderungen findet man auch bei den Zelladhäsionsmolekülen, die von den T-Effektorzellen exprimiert werden. Diese exprimieren größere Mengen LFA-1 und CD2, verlieren aber das L-Selektin an der Zelloberfläche und hören daher auf, durch die Lymphknoten zu wandern. Stattdessen exprimieren sie das Integrin VLA-4, das bei Entzündungsherden exprimiert wird. Das ermöglicht den T-Effektorzellen, in Infektionsherde einzudringen und ihr Arsenal an Effektorproteinen einzusetzen. Einen Überblick über diese Veränderungen an der T-Zell-Oberfläche gibt Abbildung 8.26.

8.17 T-Zellen differenzieren sich zu verschiedenen Subpopulationen mit funktionell unterschiedlichen Effektorzellen

Bevor wir uns mit den Mechanismen beschäftigen, durch die T-Zellen aktiviert werden, wollen wir eine kurze Einführung in die verschiedenen Subpopulationen von T-Effektorzellen und ihre allgemeinen Funktionen bei Immunantworten geben. Naive T-Zellen lassen sich in zwei große Gruppen einteilen, die Zellen der einen Gruppe tragen den CD8-Corezeptor an ihrer Oberfläche, die Zellen der anderen Gruppe den Corezeptor CD4. CD8-T-Zellen differenzieren sich zu **cytotoxischen CD8-T-Effektorzellen** (die man manchmal auch als **cytotoxische Lymphocyten** oder **CTL** bezeichnet). Diese Zellen töten ihre Zielzellen (Abb. 8.27). Sie sind bei der Abwehr von intrazellulären Krankheitserregern von Bedeutung, vor allem von Viren. Virusinfizierte Zellen präsentieren Fragmente von viralen Proteinen als Peptid:MHC-Klasse-I-Komplexe an ihrer Oberfläche, und diese werden von den cytotoxischen CD8-T-Zellen erkannt.

CD4-T-Zellen differenzieren sich hingegen zu einer Anzahl verschiedener T-Effektorzellen, die vielfältige Funktionen aufweisen. Die bisher bekannten wichtigsten Subpopulationen der CD4-T-Effektorzellen sind die $\mathbf{T_H1}$-, $\mathbf{T_H2}$-, $\mathbf{T_H17}$**-Zellen** und die **regulatorischen T-Zellen**. Diese Untergruppen werden aufgrund der unterschiedlichen Cytokine definiert, die die Zellen jeweils freisetzen, das gilt besonders für die T_H1-, T_H2-, T_H17-Zellen. Die ersten beiden Untergruppen, die man unterscheiden konnte, waren die T_H1- und

T_H2-Zellen (Abb. 8.27). Die T_H1-Zellen besitzen eine doppelte Funktion. Zum einen halten sie Bakterien unter Kontrolle, die in den Makrophagen intravesikuläre Infektionen auslösen, wie etwa Mycobakterien, die Tuberkulose und Lepra verursachen. Diese Bakterien werden von Makrophagen auf die normale Weise aufgenommen, können aber den Abtötungsmechanismen entkommen, die in Kapitel 2 beschrieben sind. Wenn eine T_H1-Zelle bakteri-

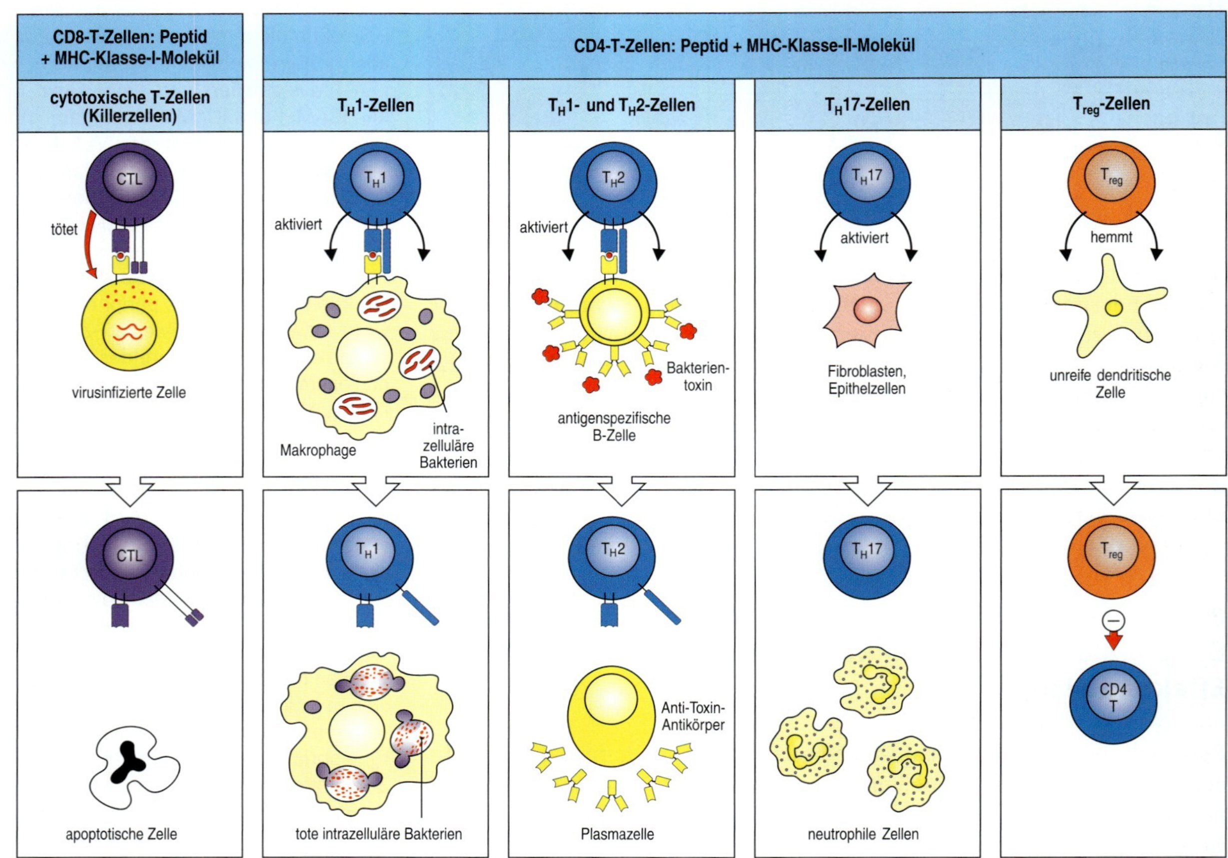

8.27 Cytotoxische CD8-T-Zellen sowie T_H1-, T_H2- und T_H17-CD4-T-Effektorzellen sind darauf spezialisiert, verschiedene Arten von Krankheitserregern zu bekämpfen. Cytotoxische CD8-Zellen (linke Spalte) töten Zielzellen, die auf ihrer Zelloberfläche an MHC-Klasse-I-Moleküle gebundene Peptidfragmente von Pathogenen aus dem Cytosol tragen; hauptsächlich handelt es sich dabei um Viren. T_H1-Zellen (zweite Spalte) und T_H2-Zellen (dritte Spalte) exprimieren beide den CD4-Corezeptor und erkennen Fragmente von Antigenen, die in intrazellulären Vesikeln abgebaut wurden und an der Zelloberfläche von MHC-Klasse-II-Molekülen präsentiert werden. T_H1-Zellen produzieren Cytokine, die Makrophagen aktivieren, und ermöglichen ihnen dadurch, intrazelluläre Mikroorganismen effektiver zu zerstören. Sie können außerdem B-Zellen anregen, stark opsonisierende Antikörper zu bilden, die zu bestimmten IgG-Unterklassen gehören (IgG1 und IgG3 beim Menschen sowie deren Homologe IgG2a und IgG2b bei der Maus). T_H2-Zellen dagegen produzieren Cytokine, die B-Zellen anregen, sich zu differenzieren und andere Arten von Immunglobulinen zu bilden, besonders IgE. Außerdem lösen sie B-Zell-Antworten aus, indem sie naive B-Zellen dazu stimulieren, sich zu vermehren und IgM zu sezernieren. Die verschiedenen Arten von Immunglobulinen bilden zusammen die Effektormoleküle der humoralen Immunreaktion. T_H17-Zellen (vierte Spalte) sind eine vor kurzem entdeckte Untergruppe der CD4-T-Effektorzellen. Sie regen lokale Epithel- und Stromazellen an, Chemokine zu produzieren, die in einer frühen Phase der adaptiven Immunantwort neutrophile Zellen an Infektionsherde locken. Die letzte Subpopulation von T-Effektorzellen umfasst die regulatorischen T-Zellen (rechte Spalte), eine heterogene Gruppe von Zellen, die die T-Zell-Aktivität unterdrücken und dazu beitragen, während der Immunantworten die Entwicklung einer Autoimmunität zu verhindern.

elle Antigene erkennt, die an der Oberfläche eines infizierten Makrophagen präsentiert werden, tritt die T_H1-Zelle mit dem Makrophagen in Wechselwirkung, um ihn weiter zu aktivieren und seine antimikrobielle Aktivität in den Stand zu versetzen, dass er intrazelluläre Bakterien abtöten kann. Die zweite Funktion der T_H1-Zellen besteht darin, die Produktion von Antikörpern gegen extrazelluläre Pathogene zu stimulieren, indem die T_H1-Zellen costimulierende Signale für antigenaktivierte naive B-Lymphocyten aussenden. T_H1-Zellen induzieren auch den Klassenwechsel bei aktivierten B-Zellen, die dann bestimmte Antikörperisotypen produzieren.

T_H2-Zellen üben eine ähnliche Funktion aus, indem sie naive B-Zellen aktivieren und einen Isotypwechsel herbeiführen. T_H2-Zellen sind besonders dafür notwendig, dass B-Zellen zur Produktion von IgE-Antikörpern umschalten, deren primäre Funktion darin besteht, Infektionen durch Parasiten zu bekämpfen (Kapitel 9). IgE ist auch der Antikörper, der für Allergien verantwortlich ist. Deshalb gilt den T_H2-Zellen ein zusätzliches medizinisches Interesse (Kapitel 13). Da sowohl T_H1- als auch T_H2-Zellen die Antikörperproduktion unterstützen, bezeichnet man sie auch als **T-Helferzellen** (Abschnitt 1.4). Wir werden die Funktion der T_H1-Zellen für die Aktivierung von Makrophagen in diesem Kapitel noch besprechen, die unterstützenden Funktionen der T_H1- und T_H2-Zellen für die Antikörperproduktion werden in Kapitel 9 behandelt. Eine vor noch viel kürzerer Zeit neu beschriebene Subpopulation von CD4-T-Effektorzellen sind die T_H17-Zellen. Sie werden bei der adaptiven Immunantwort gegen extrazelluläre Bakterien schon sehr früh aktiviert und wirken wahrscheinlich bei der Stimulation der Neutrophilenreaktion mit, die zur Beseitigung dieser Bakterien beiträgt (Abb. 8.27).

Alle bis hier beschriebenen T-Effektorzellen fungieren als Aktivatoren ihrer Zielzellen, die durch die Aktivierung dazu beitragen können, die Bakterien aus dem Körper zu entfernen. Die anderen CD4-T-Zellen, die in der Peripherie vorkommen, besitzen verschiedene Funktionen. Dies sind die regulatorischen T-Zellen, deren Funktion darin besteht, T-Zell-Antworten zu unterdrücken und nicht zu aktivieren. Sie wirken bei der Begrenzung von Immunantworten und der Verhinderung von Autoimmunreaktionen mit. Zurzeit kennt man zwei Hauptgruppen von regulatorischen T-Zellen. Die eine Gruppe wird bereits im Thymus für ihre regulatorische Funktion vorgeprägt, man bezeichnet sie als **natürliche regulatorische T-Zellen** (**T_{reg}**). Erst vor kurzem hat man weitere Subpopulationen von regulatorischen CD4-T-Zellen mit unterschiedlichen Phänotypen identifiziert, die wahrscheinlich unter dem Einfluss von besonderen Umgebungsbedingungen in der Peripherie aus naiven CD4-T-Zellen hervorgehen. Diese Gruppe bezeichnet man als **adaptive regulatorische T-Zellen**.

8.18 CD8-T-Zellen können auf unterschiedliche Weise dazu gebracht werden, sich in cytotoxische Effektorzellen zu verwandeln

Nach dem kurzen Überblick über die T-Effektorzellen und ihre Funktionen wollen wir uns nun damit beschäftigen, wie sie aus naiven T-Zellen hervorgehen. Naive CD8-T-Zellen differenzieren sich zu cytotoxischen Zellen, und vielleicht weil die Effektoraktivitäten dieser Zellen so zerstörerisch

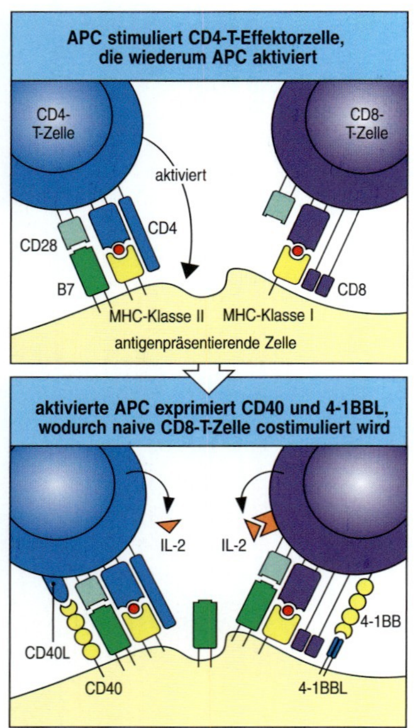

8.28 Für die meisten CD8-T-Zell-Reaktionen sind CD4-T-Zellen notwendig. CD8-T-Zellen, die ein Antigen auf nur schwach costimulierenden Zellen erkennen, werden unter Umständen nur dann aktiviert, wenn noch zusätzliche CD4-T-Zellen an dieselbe antigenpräsentierende Zelle (APC) gebunden sind. Dies geschieht vor allem dadurch, dass eine CD4-T-Effektorzelle ein Antigen auf der antigenpräsentierenden Zelle erkennt und dazu angeregt wird, eine höhere costimulierende Aktivität auf der antigenpräsentierenden Zelle zu induzieren. CD4-T-Zellen können auch große Mengen an IL-2 produzieren und unterstützen dadurch die Proliferation von CD8-T-Zellen. Dies wiederum kann die IL-2-Produktion auch in der CD8-T-Zelle anregen.

sind, benötigen CD8-T-Zellen eine stärkere Costimulation als CD4-T-Zellen, um zu aktivierten Effektorzellen zu werden. Diese Bedingung kann auf zwei Weisen erfüllt werden. Am einfachsten ist die Aktivierung durch reife dendritische Zellen, die über eine hohe eigene costimulierende Aktivität verfügen. Diese Zellen stimulieren CD8-T-Zellen direkt, IL-2 zu synthetisieren, das ihre eigene Proliferation und Differenzierung vorantreibt. Diese Eigenschaft nutzt man aus, um cytotoxische T-Zell-Reaktionen gegen Tumoren zu erzeugen (Kapitel 15).

Unter bestimmten Bedingungen kann ein solches direktes Priming von CD8-Zellen durch virusinfizierte antigenpräsentierende Zellen durchaus stattfinden, aber bei der Mehrzahl der Virusinfektionen erfordert die Aktivierung von CD8-T-Zellen eine zusätzliche Unterstützung. Diese kommt von CD4-T-Effektorzellen, die verwandte Antigene derselben antigenpräsentierenden Zelle erkennen (Abb. 8.28). Man nimmt an, dass die Aktivitäten der CD4-T-Zellen notwendig sind, um eine unpassende Stimulation von naiven CD8-Zellen durch die virusinfizierte antigenpräsentierende Zelle auszugleichen. Die Mobilisierung einer CD4-T-Effektorzelle aktiviert die antigenpräsentierende Zelle, größere Mengen an costimulierender Aktivität zu exprimieren. Dendritische Zellen tragen CD40 an ihrer Oberfläche (Abschnitt 8.8), dessen Bindung durch den CD40-Liganden auf der CD4-T-Zelle dazu führt, dass die dendritische Zelle B7-Moleküle exprimiert und so die naive CD8-T-Zelle direkt costimulieren kann. CD4-T-Zellen können auch zur Produktion von IL-2 beitragen, das die Differenzierung von CD8-T-Zellen fördert.

8.19 Die verschiedenen Formen von Signal 3 bewirken, dass sich naive CD4-T-Zellen entlang bestimmter Effektorwege differenzieren

Die Differenzierung der CD4-T-Zellen ist variabler als die der CD8-T-Zellen. Während CD8-T-Effektorzellen offenbar einen einheitlichen cytotoxischen Phänotyp entwickeln, können sich CD4-T-Zellen in mehrere verschiedene Typen von Effektoruntergruppen differenzieren, die sich auf andere Zellen in unterschiedlicher Weise auswirken. Der Werdegang einer naiven CD4-T-Zelle wird größtenteils während der ersten Priming-Phase entschieden und durch Signale aus der lokalen Umgebung reguliert, besonders durch die antigenpräsentierende Zelle, die das Priming auslöst. Das sind die Signale, die wir als Signal 3 bezeichnen. Bis jetzt ist bekannt, dass sich naive CD4-T-Zellen hier in mindestens vier Effektorsubtypen differenzieren: T_H1, T_H2, T_H17 und die sogenannten adaptiven regulatorischen T-Zellen. Letztere sind wahrscheinlich eine heterogene Untergruppe, deren Aktivität darin besteht, eine Reihe verschiedener inhibitorischer Cytokine freizusetzen (Abb. 8.29)

Die Differenzierung der T_H1- und T_H2-Untergruppen ist am besten bekannt, und wir wollen uns damit zuerst beschäftigen. Diese Untergruppen unterscheiden sich hauptsächlich durch die spezifischen Cytokine, die sie jeweils produzieren, etwa IFN-γ und IL-2 bei den T_H1-Zellen sowie IL-4 und IL-5 bei den T_H2-Zellen. Häufig ist bei Immunantworten, die chronisch werden, eine der beiden Untergruppen T_H1 beziehungsweise T_H2 vorherrschend, wie es beispielsweise bei Autoimmunität oder bei Allergien

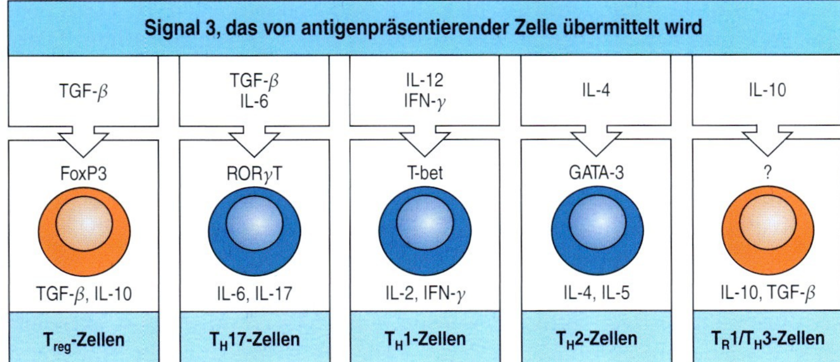

8.29 Abwandlungen von Signal 3 führen dazu, dass naive CD4-T-Zellen mehrere unterschiedliche Typen von Effektorfunktionen erwerben können. Naive CD4-T-Zellen reagieren auf spezifische Peptid:MHC-Klasse-II-Komplexe und auf costimulierende Moleküle mit der Produktion von IL-2 und mit Proliferation. Antigenpräsentierende Zellen, hauptsächlich dendritische Zellen, erzeugen verschiedene Cytokine oder exprimieren Oberflächenproteine, die als Signal 3 wirken und die Entwicklung von CD4-T-Zellen zu definierten Typen von Effektorzellen auslösen. Die spezifische Form von Signal 3 hängt von den Bedingungen der Umgebung ab, beispielsweise das Auftreten verschiedener Krankheitserreger. Wenn keine Pathogene vorhanden sind, begünstigt ein relativer Überschuss von TGF-β und das Fehlen von IL-6, IFN-γ und IL-12 die Entwicklung von FoxP3-exprimierenden adaptiven T_{reg}-Zellen. In einer frühen Phase der Infektion wirkt IL-6, das von dendritischen Zellen produziert wird, mit TGF-β zusammen. Dadurch werden T_H17-Zellen stimuliert, den Transkriptionsfaktor ROR-γT zu exprimieren, was durch IL-23 noch verstärkt wird. Später produzieren dendritische Zellen und andere antigenpräsentierende Zellen Cytokine, die entweder T_H1-Zellen (IFN-γ oder IL-12) oder T_H2-Zellen (IL-4 und Notch-Liganden) fördern und die T_H17-Entwicklung unterdrücken. T_H1- und T_H2-Zellen exprimieren die Transkriptionsfaktoren T-bet beziehungsweise GATA-3. Andere adaptive regulatorische Subpopulationen (T_R1 und T_H3) benötigen während der Differenzierung der CD4-T-Zellen IL-10-Signale. Charakteristische Cytokine, die die einzelnen Effektorgruppen produzieren, sind angegeben.

der Fall ist. Bei den akuten Immunantworten auf eine Infektion sind jedoch meistens beide Gruppen beteiligt, um eine effiziente Reaktion zu ermöglichen. Inzwischen weiß man sehr viel über die Mechanismen, durch die diese beiden Untergruppen entstehen. Die Entscheidung, ob sich eine Zelle zu einer T_H1- oder T_H2-Zelle entwickelt, erfolgt schon sehr früh in einer Immunantwort, und eine wichtige Determinante des Differenzierungsweges ist das Gemisch der Cytokine, die von den Zellen des angeborenen Immunsystems als Reaktion auf einen Krankheitserreger produziert werden. Bei der T_H1-Entwicklung besteht Signal 3 aus den Cytokinen IFN-γ und IL-12, die die Differenzierung von CD4-T-Zellen zu T_H1 begünstigen, wenn sie in einer frühen Phase der T-Zell-Aktivierung vorhanden sind. Wie in Abschnitt 6.23 beschrieben, stimulieren viele entscheidende Cytokine, darunter IFN-γ und IL-12, den intrazellulären JAK-STAT-Signalweg. Das führt zur Aktivierung von spezifischen Genen. JAK-Kinasen (Janus-Tyrosinkinasen) und STAT-Faktoren (signalübertragende Aktivatoren der Transkription) sind Proteinfamilien, und verschiedene Vertreter können aktiviert werden, um unterschiedliche Effekte auszulösen. Die Differenzierung zur T_H1-Untergruppe wird bei antigenstimulierten, naiven T-Zellen durch die Aktivierung von STAT1 gefördert, die wiederum durch IFN-γ ausgelöst wird. Im Zusammenhang mit einer Infektion wird das erforderliche IFN-γ zuerst von Zellen des angeborenen Immunsystems produziert, etwa durch NK-Zellen, dendritische Zellen und Makrophagen, da das IFN-γ-Gen in ruhenden CD4-T-Zellen abgeschaltet ist.

STAT1 wiederum aktiviert die Expression des zusätzlichen Transkriptionsfaktors T-bet, der das IFN-γ-Gen in der T-Zelle anschaltet und ebenfalls die Expression der Signaluntereinheit des IL-12-Rezeptors in Gang setzt. Diese T-Zellen sind nun darauf festgelegt, T_H1-Zellen zu werden. Das Cytokin IL-12, das auch von Zellen des angeborenen Immunsystems, etwa von dendritischen Zellen, produziert wird, kann dann mit diesem Rezeptor interagieren. Der anschließende Signalweg aktiviert STAT4, der die weitere Vermehrung und Differenzierung der festgelegten T_H1-Zellen stimuliert. Diese T_H1-Effektorzellen erzeugen große Mengen an IFN-γ, wenn sie auf einer Zielzelle ein Antigen erkennen. Dadurch wird das Signal zur Differenzierung von weiteren T_H1-Zellen verstärkt. Die Erkennung einer bestimmten Art von Krankheitserregern durch das angeborene Immunsystem löst also eine Kettenreaktion aus, die die angeborene Immunantwort mit der adaptiven Immunantwort koppelt. So stimulieren beispielsweise

Bakterieninfektionen dendritische Zellen und Makrophagen, IL-12 zu produzieren und begünstigen so das Auftreten von T_H1-Effektorzellen. Diese fördern Effektorfunktionen wie die Aktivierung von Makrophagen, die für die Beseitigung von Infektionen durch Mycobakterien, beispielsweise *Listeria*, benötigt werden. Auch die Produktion von Antikörpern gegen extrazelluläre Bakterien wird durch T_H1-Effektorzellen unterstützt.

Die Entwicklung der T_H2-Zellen wird durch ein anderes Signal 3 begünstigt, in diesem Fall durch IL-4 (Abb. 8.29). Dieses Cytokin ist der wirkungsvollste Auslöser für die Entwicklung der T_H2-Zellen aus naiven CD4-T-Zellen. Kommen die naiven T-Zellen mit IL-4 in Kontakt, wenn sie durch ein Antigen aktiviert werden, wird STAT6 durch IL-4 aktiviert. STAT6 wiederum stimuliert in der T-Zelle die Expression des Transkriptionsfaktors GATA-3. Dieser ist ein wirksamer Aktivator für die Gene mehrerer Cytokine, deren Produktion für T_H2-Zellen charakteristisch ist, beispielsweise IL-4. Außerdem verstärkt GATA-3 seine eigene Expression. Auf diese Weise löst GATA-3 die Differenzierung der T_H2-Zellen aus und erhält sie aufrecht. Noch ist nicht bekannt, ob es für IL-4, das zu Beginn die T_H2-Antwort auslöst, nur einen einzigen Ursprung gibt. Aktuelle Befunde deuten darauf hin, dass bestimmte Proteine, die von aktivierten dendritischen Zellen freigesetzt werden, in T-Zellen zur Aktivierung der Gene für IL-4 und GATA-3 führen können, sodass aufgrund der fortgesetzten IL4-Freisetzung eine Kaskade mit positiver Rückkopplung ausgelöst wird, welche die Differenzierung der T_H2-Zellen stimuliert. Man nimmt an, dass diese Signale von dendritischen Zellen Liganden des Notch-Rezeptors auf T-Zellen sind. (Die mögliche Bedeutung des Notch-Rezeptors im Zusammenhang mit der Entwicklung von T-Zellen im Thymus haben wir bereits in Kapitel 7 besprochen.) Die Einzelheiten sind zwar noch unvollständig, aber anscheinend können dendritische Zellen unter bestimmten Bedingungen Liganden für Notch produzieren, und Notch-Signale verstärken offenbar die Transkription des IL-4-Gens in T-Zellen *in vitro*.

T_H1- und T_H2-Zellen wurden genau analysiert, da sie unter bestimmten Bedingungen in großer Zahl *in vitro* erzeugt und stabil gehalten werden können. Vor kurzem wurden noch weitere funktionelle Untergruppen von CD4-Zellen identifiziert. Ihre Eigenschaften und die Bedingungen, unter denen sie sich differenzieren, sind jedoch weniger gut bekannt. Die CD4-T_H17-Zellen sind dadurch gekennzeichnet, dass sie IL-17 produzieren können, IFN-γ oder IL-4 jedoch nicht. Außerdem hat man sie vor kurzem als eigene Effektorzelllinie identifiziert (Abb. 8.29). Naive CD4-T-Zellen werden auf die T_H17-Linie festgelegt, wenn sowohl IL-6 als auch der transformierende Wachstumsfaktor TGF-β vorhanden sind, IL-4 und IL-12 jedoch nicht. Und sie exprimieren den Rezeptor für das Cytokin IL-23, nicht jedoch den Rezeptor für IL-12 von T_H1-Zellen. Die Festlegung der T_H17-Zell-Linie unterliegt wahrscheinlich der Kontrolle des Transkriptionsfaktors RORγT, der unter diesen Bedingungen aktiviert wird und die Expression des Rezeptors für IL-23 stimuliert. Die Vermehrung und weitere Differenzierung der T_H17-Effektoraktivitäten erfordert anscheinend IL-23 auf ähnliche Weise wie IL-12 für effiziente T_H1-Antworten notwendig ist.

Die übrigen Untergruppen der T-Effektorzellen, die durch Differenzierung aus naiven CD4-T-Zellen hervorgehen können, sind die adaptiven regulatorischen Zellen (Abb. 8.29). Sie produzieren die Cytokine IL-10 und TGF-β, die T-Zell-Antworten hemmen und nicht aktivieren. Diese inhibitorischen Cytokine verleihen diesen Zellen die regulatorische Aktivität.

Das ist zum Beispiel bei starken Immunantworten gegen Pathogene für die Aufrechterhaltung der Selbst-Toleranz erforderlich.

Wenn die Entwicklung einer dieser verschiedenen CD4-Untergruppen ausgelöst wird, hat das grundlegende Auswirkungen: Die selektive Erzeugung von T_H1-Zellen führt zu einer zellvermittelten Immunität und zur Produktion von opsonisierenden Antikörperisotypen (vor allem IgG), während die vorherrschende Erzeugung von T_H2-Zellen eine humorale Immunität herbeiführt, speziell mit IgM, IgA und IgE. T_H17-Zellen sind anscheinend für die Mobilisierung von neutrophilen Zellen von Bedeutung, die die frühen Phasen einer Infektion unter Kontrolle bringen können, und die Untergruppen der regulatorischen T-Zellen begrenzen Entzündungen und halten die Toleranz aufrecht.

Ein besonders auffälliges Beispiel für die unterschiedlichen Auswirkungen einer Infektion aufgrund der Unterschiede zwischen den einzelnen T-Zell-Untergruppen zeigt sich im Fall von Lepra, einer Krankheit, die durch eine Infektion mit *Mycobacterium leprae* ausgelöst wird. *M. leprae* wächst wie *M. tuberculosis* in den Vesikeln der Makrophagen, und eine wirksame Immunabwehr erfordert die Aktivierung der Makrophagen durch T_H1-Zellen. Bei Patienten mit einer **tuberkuloiden Lepra**, bei der vor allem T_H1-Zellen gebildet werden, findet man nur wenige lebende Bakterien, es werden wenig Antikörper produziert, und trotz der Schädigung der Haut und der peripheren Nerven durch die Entzündungsreaktionen, die mit der Aktivierung der Makrophagen einhergehen, schreitet die Krankheit nur langsam voran, und der Patient überlebt normalerweise. Wenn jedoch vor allem T_H2-Zellen gebildet werden, ist die Hauptreaktion humoral, die erzeugten Antikörper können die intrazellulären Bakterien nicht erreichen, und die Patienten entwickeln eine **lepromatöse Lepra**, bei der *M. leprae* in den Makrophagen in großer Zahl wächst, sodass es zu umfangreichen Gewebezerstörungen kommt, die schließlich tödlich verlaufen.

8.20 Regulatorische CD4-T-Zellen wirken bei der Kontrolle der adaptiven Immunantworten mit

Die regulatorischen T-Zellen, die in der Peripherie vorkommen, sind eine heterogene Gruppe von Zellen mit unterschiedlichen Ursprüngen ihrer Entwicklung. Eine Untergruppe der regulatorischen T-Zellen wird während ihrer Entwicklung im Thymus auf den regulatorischen Werdegang festgelegt (Abschnitt 7.18). Dies sind die natürlichen regulatorischen T-Zellen (natürliche T_{reg}-Zellen). Es handelt sich um CD4-positive Zellen, die auch die α-Kette des IL-2-Rezeptors (CD25) und in großer Menge den Rezeptor CD62L (L-Selektin) exprimieren. Sie machen etwa 10 bis 15 % der CD4-T-Zellen im menschlichen Kreislauf aus. Natürliche T_{reg}-Zellen exprimieren den Transkriptionsfaktor FoxP3, der die Wechselwirkung zwischen AP-1 und NFAT am IL-2-Promotor stört, sodass die Transkription des IL-2-Gens nicht aktiviert wird (Abschnitt 8.13). Natürliche T_{reg}-Zellen sind potenziell autoreaktive T-Zellen, die konventionelle $\alpha{:}\beta$-T-Zell-Rezeptoren exprimieren. Sie werden im Thymus durch die hoch affine Bindung an MHC-Moleküle selektiert, die körpereigene Peptide enthalten. Bis jetzt ist unbekannt, ob ihre Aktivierung, um ihre regulatorische Funktion in der Peripherie zu exprimieren, durch dieselben körpereigenen Liganden erfolgt, die die Selektion im Thymus bewirkt haben, oder ob dafür andere Selbst-

oder Nichtselbst-Antigene verantwortlich sind. Sobald die Zellen aktiviert sind, können sie ihre Effekte kontaktabhängig entfalten, wobei es Hinweise gibt, dass ihre Funktion auch in der Freisetzung der Cytokine IL-10 und TGF-β bestehen kann, wodurch die T-Zell-Proliferation gehemmt wird (Abb. 8.29). IL-10 kann auch die Differenzierung der dendritischen Zellen beeinflussen, hemmt die Freisetzung von IL-12 und beeinträchtigt so ihre Fähigkeit, die T-Zell-Aktivierung und die Differenzierung der T_H1-Zellen zu stimulieren. Ein Versagen der natürlichen T_{reg}-Funktionen führt zu verschiedenen Autoimmunerkrankungen (Kapitel 14). Neben ihrer Fähigkeit, *in vivo* Autoimmunkrankungen zu verhindern, können natürliche T_{reg}-Zellen *in vitro* auch die antigenspezifische T-Zell-Proliferation und die T-Zell-Proliferation als Reaktion auf allogene Zellen unterdrücken.

Die adaptiven regulatorischen T-Zellen in der Peripherie entwickeln sich hingegen aus anscheinend nicht festgelegten, naiven CD4-T-Zellen (Abb. 8.29). Sie bilden eine heterogene Gruppe, die mehrere Untergruppen von T-Zellen mit unterschiedlichen Phänotypen und Eigenschaften umfasst, die sich auch unter verschiedenen Bedingungen differenzieren. Eine dieser Untergruppen der adaptiven regulatorischen T-Zellen sind die **T_H3-Zellen**. Sie kommen im mucosalen Immunsystem vor (Abschnitt 11.13). T_H3-Zellen produzieren IL-4, IL-10 und TGF-β. Sie stammen wahrscheinlich vor allem aus den Schleimhäuten und werden aktiviert, indem ihnen in der Schleimhaut Antigene präsentiert werden. Ihre Funktion besteht anscheinend darin, dass sie Immunantworten in den Schleimhäuten verhindern oder zumindest kontrollieren. Schleimhäute bilden natürliche Barrieren gegenüber der von Mikroorganismen besiedelten Welt. Wenn diese Zellen fehlen, geht das mit einer Autoimmunerkrankung und einer entzündlichen Erkrankung im Darm einher. Wenn man Tieren größere Mengen eines Autoantigens oral verabreicht, was eine sogenannte orale Toleranz verursacht (Abschnitt 11.13), kann es manchmal zu einer Unempfindlichkeit gegenüber diesen Antigenen kommen, wenn sie auf anderen Wegen verabreicht werden, sodass schließlich eine Autoimmunerkrankung verhindert wird. Das Auslösen einer oralen Toleranz führt zur Erzeugung oder Vermehrung der T_H3-Zellen, die bei diesem Mechanismus eine Rolle spielen dürften.

Eine andere Untergruppe der adaptiven regulatorischen Zellen bezeichnet man als **T_R1-Zellen**. Sie wurden *in vitro* erzeugt, kommen aber wahrscheinlich auch *in vivo* vor. T_R1-Zellen lassen sich *in vitro* unter hohen Konzentrationen von IL-10 in Kultur ziehen, und ihre Entwicklung kann ebenfalls durch IFN-α unterstützt werden. Sie sezernieren das inhibitorische Cytokin TGF-β, jedoch nicht IL-4, wodurch sie sich von den T_H3-Zellen unterscheiden. Der natürliche Ursprung der T_R1-Zellen ist unbekannt. Unreife dendritische Zellen, die Antigene präsentieren, ohne dass Entzündungsreize auftreten, sind möglicherweise der Ursprung von IFN-α und IL-10, die ihre Entwicklung in Gang setzen.

In jüngerer Zeit hat man noch eine weitere Population von adaptiven regulatorischen T-Zellen entdeckt. Bei dieser Gruppe wird in naiven CD4-T-Zellen in der Peripherie die Expression von FoxP3 stimuliert, unter Bedingungen, bei denen TGF-β in der Umgebung vorherrscht, nicht jedoch IFN-γ, IL-12, oder IL-4. Diese adaptiven regulatorischen CD4-T-Zellen können TGF-β produzieren, aber auch über andere Mechanismen eine direkte Unterdrückung bewirken. Die Beziehung zwischen diesen Zellen und den T_H3- und T_R1-Zellen ist zurzeit noch unbekannt.

IL-10 unterdrückt T-Zell-Antworten direkt, indem es die Produktion von IL-2, TNF-α und IL-5 durch T-Zellen unterdrückt. Indirekt geschieht das dadurch, dass die Antigenpräsentation blockiert wird, indem die antigenpräsentierenden Zellen die Expression von MHC- und costimulierenden Molekülen verringern. Entsprechend blockiert TGF-β die Cytokinproduktion, Zellteilung und Tötungseigenschaften der T-Zellen. Nicht alle Effekte von IL-10 und TGF-β wirken immunsuppressiv, denn IL-10 kann das Überleben und Heranreifen der B-Zellen zu Plasmazellen verbessern und die Aktivität von CD8-T-Zellen verstärken. Dennoch ist die vorherrschende Wirkung von IL-10 und TGF-β *in vivo* immunsuppressiv. Das zeigt sich beispielsweise an der Tatsache, dass Mäuse, denen eines der beiden Cytokine fehlt, für Autoimmunerkrankungen anfällig sind.

Zusammenfassung

Der entscheidende erste Schritt bei der erworbenen Immunität ist die Aktivierung naiver antigenspezifischer T-Zellen (Priming) durch antigenpräsentierende Zellen. Das geschieht in Lymphgeweben und Organen, die ständig von naiven T-Zellen durchwandert werden. Das besondere Merkmal antigenpräsentierender Zellen ist die Expression costimulierender Faktoren an der Zelloberfläche, unter denen die B7-Moleküle für die natürlichen Reaktionen auf eine Infektion am wichtigsten sind. Naive T-Zellen reagieren nur dann auf ein Antigen, wenn die antigenpräsentierende Zelle zur gleichen Zeit dem T-Zell-Rezeptor das spezifische Antigen und CD28, dem Rezeptor für B7 auf der T-Zelle, ein B7-Molekül darbietet.

Die Aktivierung von naiven T-Zellen führt zu ihrer Proliferation sowie zur Differenzierung ihrer Tochterzellen zu T-Effektorzellen. Proliferation und Differenzierung hängen von der Produktion von Cytokinen ab und speziell von IL-2, das auf der aktivierten T-Zelle an einen hoch affinen Rezeptor bindet. T-Zellen, deren Rezeptoren ohne gleichzeitige costimulierende Signale an ihre Liganden binden, synthetisieren kein IL-2, sondern werden stattdessen anergisch oder sterben. Diese zweifache Vorbedingung, das heißt Rezeptorbindung und Costimulation durch dieselbe antigenpräsentierende Zelle, soll verhindern, dass naive T-Zellen in Abwesenheit costimulierender Faktoren auf körpereigene Antigene von Gewebezellen reagieren.

Mit einem Antigen stimulierte, proliferierende T-Zellen entwickeln sich zu T-Effektorzellen. Dabei handelt es sich bei den meisten erworbenen Immunreaktionen um einen Vorgang von grundlegender Bedeutung. Die verschiedenen Formen von Signal 3 legen fest, welcher Typ von T-Effektorzellen als Reaktion auf eine Infektion gebildet wird. Die Art des Signals 3 wird wiederum durch die Reaktion beeinflusst, die vom angeborenen Immunsystem ausgeht, wenn es den Krankheitserreger zu Beginn erkennt. Sobald ein expandierter Klon von T-Zellen die Effektorfunktion entwickelt hat, können seine Nachkommen mit jeder Zielzelle interagieren, die ein Antigen an der Oberfläche trägt. T-Effektorzellen besitzen eine Anzahl verschiedener Funktionen. Cytotoxische CD8-T-Zellen erkennen virusinfizierte Zellen und töten sie. T_H1-Effektorzellen stimulieren die Aktivierung von Makrophagen, und beide Zelltypen zusammen bilden die zellvermittelte Immunität. Sowohl T_H1- als auch T_H2-Zellen koordinieren die Aktivitäten von B-Zellen, verschiedene Isotypen von Antikörpern zu bilden und so die humorale Immunantwort voran zu bringen. T_H17-Zellen verstärken akute Entzündungsreaktionen auf eine Infektion, indem sie neutrophile Zellen zu Infektionsherden lenken. Untergruppen von regulatorischen CD4-T-Zellen begrenzen die Immunantwort, indem sie inhibitorische Cytokine produzieren und so das umgebende Gewebe vor einer kollateralen Schädigung bewahren.

Allgemeine Eigenschaften von T-Effektorzellen und ihren Cytokinen

Bei allen Effektorfunktionen der T-Zellen kommt es zu einer Wechselwirkung einer T-Effektorzelle mit einer Zielzelle, die ein spezifisches Antigen präsentiert. Die von den T-Zellen freigesetzten Effektorproteine sind völlig auf die Zielzelle ausgerichtet. Die zugrunde liegenden Mechanismen werden durch die spezifische Antigenerkennung ausgelöst und sind bei allen Typen von Effektorzellen vorhanden. Die Effektorwirkung hängt hingegen davon ab, welche Membran- und Sekretproteine die T-Effektorzellen exprimieren oder freisetzen, nachdem ihr Rezeptor an seinen Liganden gebunden hat. Die verschiedenen Arten von T-Effektorzellen sind darauf spezialisiert, auf verschiedene Arten von Krankheitserregern zu reagieren. Die Effektormoleküle, die die T-Effektorzellen ihrem eigenen Programm entsprechend bilden, zeigen jeweils andere, angemessene Wirkungen auf die Zielzelle.

8.21 Antigenunspezifische Zelladhäsionsmoleküle führen zu Wechselwirkungen zwischen T-Effektorzellen und Zielzellen

Hat eine T-Effektorzelle ihre Differenzierung im Lymphgewebe abgeschlossen, muss sie die Zielzellen mit dem spezifischen Peptid:MHC-Komplex finden, den sie erkennt. Einige T_H2-Zellen treffen auf ihre B-Zellen, ohne das lymphatische Gewebe zu verlassen, wie wir später in Kapitel 9 erörtern werden. Die meisten T-Effektorzellen verlassen jedoch den Ort ihrer Aktivierung im Lymphgewebe und gelangen über den Ductus thoracicus in das Blut. Weil sich ihre Zelloberflächen im Laufe der Differenzierung verändert haben, können die T-Effektorzellen nun in die Gewebe und hier besonders zu den Infektionsherden wandern. Aufgrund einer Infektion kommt es zu Veränderungen der Adhäsionsmoleküle, die im Endothel der lokalen Blutgefäße exprimiert werden. Dadurch und auch aufgrund lokaler chemotaktischer Faktoren werden die T-Zellen zu den Infektionsherden geleitet.

Wie bei der Bindung einer naiven T-Zelle an eine antigenpräsentierende Zelle handelt es sich bei der Bindung einer T-Effektorzelle an ihr Ziel zunächst um einen Vorgang, der von den Adhäsionsmolekülen LFA-1 und CD2 vermittelt wird und nicht von einem spezifischen Antigen abhängig ist. T-Effektorzellen besitzen jedoch zwei- bis viermal so viel LFA-1 und CD2 wie naive T-Zellen. Daher können sie leicht an Zielzellen binden, die

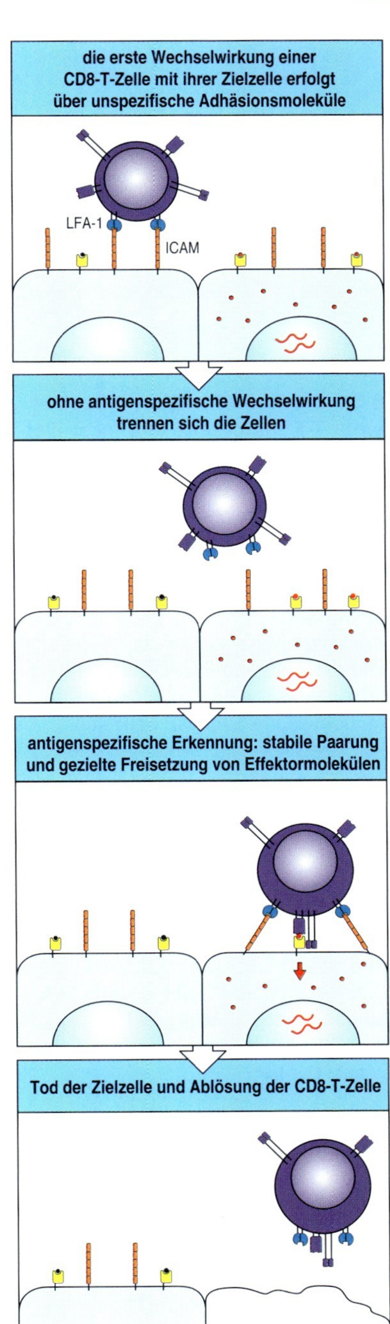

8.30 An den Wechselwirkungen von T-Zellen mit ihren Zielzellen sind anfänglich unspezifische Adhäsionsmoleküle beteiligt. Die entscheidende erste Wechselwirkung erfolgt zwischen LFA-1 auf der T-Zelle, hier als cytotoxische CD8-T-Zelle dargestellt, und ICAM-1 oder ICAM-2 auf der Zielzelle (oben). Diese Bindung ermöglicht es der T-Zelle, mit der Zielzelle in Kontakt zu bleiben und deren Oberfläche nach spezifischen Peptid:MHC-Komplexen abzusuchen. Falls die Zielzelle nicht das spezifische Antigen besitzt, löst sich die T-Zelle wieder (zweites Bild) und überprüft andere potenzielle Zielzellen, bis sie das spezifische Antigen findet (drittes Bild). Die Signalgebung über den T-Zell-Rezeptor erhöht die Avidität der adhäsiven Wechselwirkungen, wodurch der Kontakt zwischen den beiden Zellen verlängert und die T-Zelle dazu stimuliert wird, ihre Effektormoleküle freizusetzen. Daraufhin löst sich die T-Zelle von der Zielzelle (unten).

auf ihrer Zelloberfläche weniger ICAMs und CD58 tragen als antigenpräsentierende Zellen. Diese Wechselwirkung ist nur vorübergehend. Erkennt jedoch der T-Zell-Rezeptor ein Antigen auf der Zielzelle, so erhöht sich die Affinität von LFA-1 auf der T-Zelle für seine Liganden. Das führt dazu, dass die T-Zelle stärker an ihr Ziel bindet und dort solange gebunden bleibt, bis sie ihre spezifischen Effektormoleküle freisetzen kann. CD4-T-Effektorzellen, die Makrophagen aktivieren oder B-Zellen dazu veranlassen, Antikörper zu sezernieren, müssen mit ihren Zielzellen relativ lange in Kontakt bleiben. Dagegen kann man unter dem Mikroskop beobachten, wie sich cytotoxische T-Zellen relativ schnell nacheinander an bestimmte Zellen heften und auch wieder von ihnen lösen, wobei sie sie gleichzeitig töten (Abb. 8.30). Das Töten der Zielzelle oder eine lokale Veränderung auf der T-Zelle ermöglicht es der T-Effektorzelle, sich zu lösen und neue Zielzellen anzugreifen. Man weiß nicht, wie sich CD4-T-Effektorzellen von ihren antigennegativen Zielzellen lösen. Neuere Arbeiten lassen jedoch vermuten, dass eine Bindung von CD4 an MHC-Klasse-II-Moleküle, ohne Beanspruchung des T-Zell-Rezeptors, das Signal zur Ablösung gibt.

8.22 Die Bindung an den T-Zell-Rezeptor-Komplex steuert die Freisetzung von Effektormolekülen und lenkt diese zur Zielzelle

Bei der Bindung an ihre spezifischen Antigenpeptid:MHC-Komplexe oder an Selbst-Peptid:Selbst-MHC-Komplexe aggregieren die T-Zell-Rezeptoren und die mit ihnen quervernetzten Corezeptoren dort, wo die Zellen miteinander in Kontakt stehen, und bilden den sogenannten **supramolekularen Adhäsionskomplex** (**SMAC**) oder die **immunologische Synapse**. Auch andere Zelloberflächenmoleküle aggregieren hier. So entsteht beispielsweise durch die feste Bindung von LFA-1 an ICAM-1, die durch die Aggregation des T-Zell-Rezeptors erzeugt wird, eine molekulare „Versiegelung", die den T-Zell-Rezeptor und seinen Corezeptor umgibt (Abb. 8.31).

Die Aggregation der T-Zell-Rezeptoren gibt das Signal für eine Umorganisation des Cytoskeletts. Dadurch wird die Effektorzelle so polarisiert,

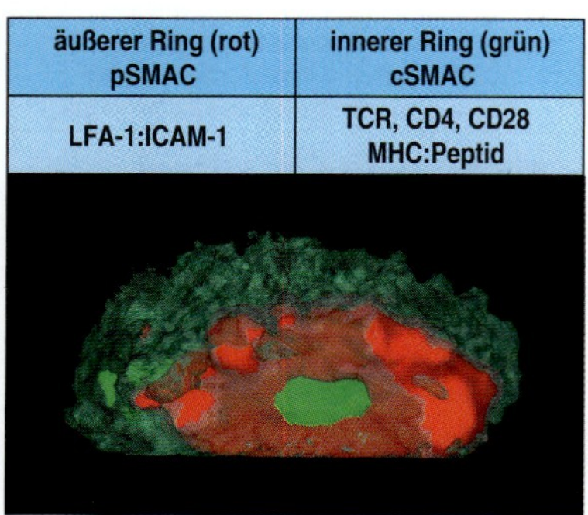

8.31 Die Kontaktregion zwischen einer T-Effektorzelle und ihrer Zielzelle bildet eine immunologische Synapse. Dargestellt ist eine Aufnahme mit einem konfokalen Fluoreszenzmikroskop von der Kontaktregion zwischen einer CD4-T-Zelle und einer B-Zelle (wie sie durch eine der Zellen hindurch zu sehen ist). Proteine in der Kontaktregion zwischen der T-Zelle und der antigenpräsentierenden Zelle bilden eine Struktur, die man als immunologische Synapse oder supramolekularen Adhäsionskomplex (SMAC) bezeichnet. In der Struktur lassen sich zwei Bereiche unterscheiden: der äußere oder periphere SMAC (pSMAC), der als roter Ring erscheint, sowie den inneren oder zentralen SMAC (cSMAC), der hellgrün erscheint. Im cSMAC sammeln sich der T-Zell-Rezeptor (TCR), CD4, CD8, CD28 und CD2 an, im pSMAC das Integrin LFA-1 und das Cytoskelettprotein Talin. (Foto mit freundlicher Genehmigung von A. Kupfer.)

dass die Effektormoleküle nur an der Kontaktstelle mit der spezifischen Zielzelle freigesetzt werden. Dies ist in Abbildung 8.32 am Beispiel einer cytotoxischen T-Zelle dargestellt. Ein wichtiger Zwischenschritt bei den Effekten der T-Zell-Signale auf das Cytoskelett ist das Wiskott-Aldrich-Syndrom-Protein (WASP). Ein Defekt dieses Proteins führt unter anderem dazu, dass T-Zellen nicht mehr polarisiert werden können, und es kommt zu dem Immunschwächesyndrom, nach dem das Protein bezeichnet wurde (Abschnitt 12.15). WASP wird über T-Zell-Rezeptor-Signale und mehrere Signalwege aktiviert, beispielsweise durch das Adaptorprotein Nck oder durch die kleinen GTP-bindenden Proteine Cdc42 und Rac1, die wiederum durch das Adaptorpotein Vav aktiviert werden. Die Polarisierung beginnt damit, dass das corticale Actincytoskelett an der Kontaktstelle umorganisiert wird. Das wiederum führt zu einer Umstrukturierung des MTOC (Mikrotubuliorganisationszentrum, *microtubule-organizing center*), von dem aus sich das Gerüst der Mikrotubuli und des Golgi-Apparats (GA) bildet, durch das die meisten Proteine wandern, die sezerniert werden sollen. In der cytotoxischen T-Zelle ist die Umorganisation des Cytoskeletts vor allem darauf ausgerichtet, vorhandene cytotoxische Granula an der Kontaktstelle mit der Zielzelle durch Exocytose auszuschleusen. Aufgrund der Polarisation der T-Zelle werden auch die löslichen Effektormoleküle gezielt sezerniert, deren Synthese erst durch eine Bindung des T-Zell-Rezeptors ausgelöst wird. So wird zum Beispiel das sezernierte Cytokin IL-4, das wichtigste Effektormolekül der T_H2-Zellen, ausschließlich an der Kontaktstelle mit der Zielzelle ausgeschüttet (Abb. 9.6).

Der antigenspezifische T-Zell-Rezeptor steuert also auf dreierlei Weise die Freisetzung von Effektorsignalen: Er führt zu einer festen Bindung zwischen den Effektorzellen und ihren Zielzellen, sodass die Effektormoleküle auf einem engen Raum konzentriert werden können; er sorgt dafür, dass sie gezielt an der Kontaktstelle mit der Zielzelle freigesetzt werden, indem er in der Effektorzelle die Umorganisation des Sekretionsapparats veranlasst, und löst außerdem ihre Synthese und/oder Freisetzung aus. All diese koordinierten Prozesse tragen dazu bei, dass die Effektormoleküle ausschließlich auf die Zellen einwirken, die das spezifische Antigen tragen. Auf diese Weise wirken die T-Effektorzellen insgesamt ganz gezielt auf die entsprechenden Zielzellen ein, obwohl die Effektormoleküle für sich genommen nicht antigenspezifisch sind.

8.23 Die Effektorfunktionen von T-Zellen hängen davon ab, welches Spektrum an Effektormolekülen sie hervorbringen

T-Effektorzellen synthetisieren zwei große Gruppen von Effektormolekülen: **Cytotoxine**, die in spezialisierten cytotoxischen Granula gespeichert und von cytotoxischen CD8-T-Zellen freigesetzt werden (Abb. 8.32), sowie Cytokine und verwandte membranständige Proteine, die von allen T-Effektorzellen *de novo* synthetisiert werden. Die Cytotoxine sind die wichtigsten Effektormoleküle cytotoxischer T-Zellen und werden in Abschnitt 8.28 näher vorgestellt. Da sie unspezifisch reagieren, ist es besonders wichtig, dass ihre Freisetzung sehr genau reguliert wird: Sie können die Lipiddoppelschicht durchdringen und in jeder Zielzelle den programmierten Zelltod

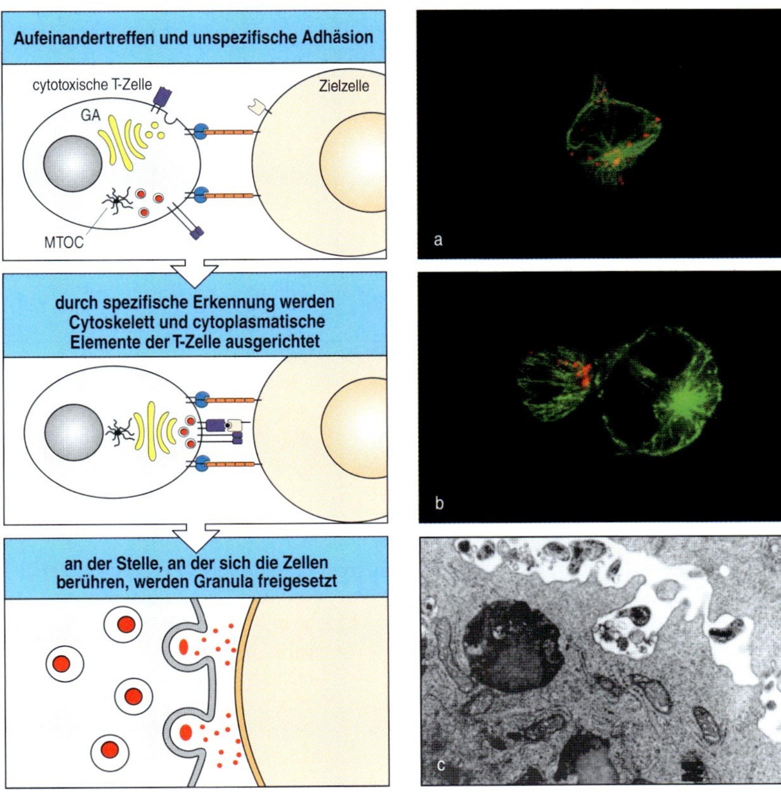

8.32 Da die T-Zelle polarisiert wird, wenn sie ein spezifisches Antigen erkennt, können die Effektormoleküle auf die Zielzelle ausgerichtet werden, die das Antigen trägt. Als Beispiel dient hier eine cytotoxische CD8-T-Zelle. Diese Zellen enthalten spezialisierte Lysosomen, sogenannte lytische Granula, in denen sich cytotoxische Proteine befinden. Die erste Bindung an eine Zielzelle über Adhäsionsmoleküle wirkt sich nicht auf die Lokalisierung der lytischen Granula aus. Erst aufgrund der Bindung des T-Zell-Rezeptors wird die T-Zelle dann polarisiert: Das corticale Actincytoskelett wird an der Kontaktstelle umorganisiert. Dadurch wird das MTOC (Mikrotubuliorganisationszentrum, *microtubule-organizing center*) neu ausgerichtet, sodass wiederum der Sekretionsapparat einschließlich des Golgi-Apparats (GA) zur Zielzelle hin orientiert ist. Die Proteine in den lytischen Granula, die aus dem Golgi-Apparat stammen, werden so spezifisch zur Zielzelle gelenkt. Die Aufnahme in Bild a zeigt eine nichtgebundene, isolierte cytotoxische T-Zelle. Das Mikrotubulicytoskelett ist grün, die lytischen Granula sind rot gefärbt. Man beachte, dass die cytotoxischen Granula über die ganze T-Zelle verteilt sind. Bild b zeigt eine cytotoxische T-Zelle, die an eine (größere) Zielzelle gebunden ist. Die cytotoxischen Granula in der gebundenen T-Zelle sind jetzt an der Kontaktstelle der beiden Zellen konzentriert. Die elektronenmikroskopische Aufnahme (c) zeigt, wie eine cytotoxische T-Zelle ihre Granula freisetzt. (Fotos a und b mit freundlicher Genehmigung von G. Griffiths; Foto c mit freundlicher Genehmigung von E. R. Podack.)

(Apoptose) auslösen. CD4-T-Effektorzellen hingegen entfalten ihre Aktivität vor allem über die Produktion von Cytokinen und membranständigen Proteinen, und ihre Aktivitäten sind auf Zellen beschränkt, die MHC-Klasse-II-Moleküle tragen und Rezeptoren für diese Proteine exprimieren.

Abbildung 8.33 gibt einen Überblick über die wichtigsten Effektormoleküle der T-Zellen. Die Cytokine sind eine inhomogene Gruppe von Proteinen, die wir kurz vorstellen wollen, bevor wir die T-Zell-Cytokine und ihre Aktivitäten besprechen. Lösliche Cytokine und membrangebundene Moleküle sind oft gemeinsam daran beteiligt, diese Effekte zu übermitteln.

8.24 Cytokine können lokal, aber auch in größerer Entfernung wirken

Cytokine sind kleine lösliche Proteine, die von einer Zelle sezerniert werden und das Verhalten oder die Eigenschaften der Zelle selbst oder einer anderen Zelle verändern. Sie werden auch von vielen Zellen produziert, die nicht zum Immunsystem gehören. Die Cytokine der Phagocyten haben wir bereits in Kapitel 2 besprochen – zusammen mit den Entzündungsreaktionen, die bei der angeborenen Immunität eine wichtige Rolle spielen. In diesem Abschnitt befassen wir uns vor allem mit den Cytokinen, die die Effektorfunktionen von T-Zellen vermitteln. Von Lymphocyten gebildete Cytokine bezeichnet man oft als **Lymphokine**. Diese Bezeichnung kann aber

CD8-T-Zellen: Peptid + MHC-Klasse I		CD4-T-Zellen: Peptid + MHC-Klasse II							
cytotoxische (Killer-)T-Zellen		T_H1-Zellen		T_H2-Zellen		T_H17-Zellen		T_{reg}-Zellen	
cytotoxische Effektor-moleküle	andere	makrophagen-aktivierende Effektor-moleküle	andere	B-Zell-aktivierende Effektor-moleküle	andere	Rekrutierung neutrophiler Zellen	andere	suppressive Cytokine	andere
Perforin Granzyme Granulysin Fas-Ligand	IFN-γ LT-α TNF-α	IFN-γ GM-CSF TNF-α CD40-Ligand Fas-Ligand	IL-3 LT-α CXCL2 (GROβ)	IL-4 IL-5 IL-13 CD40-Ligand	IL-3 GM-CSF IL-10 TGF-β CCL11 (Eotaxin) CCL17 (TARC)	IL-17A IL-17F IL-6	TNF CXCL1 (GROα)	IL-10 TGF-β	GM-CSF

8.33 Die verschiedenen Arten von T-Effektorzellen synthetisieren verschiedene Effektormoleküle. CD8-T-Zellen sind überwiegend Killerzellen, die Peptid:MHC-Klasse-I-Komplexe erkennen. Sie setzen Perforin frei (das die Übertragung der Granzyme in die Zielzelle unterstützt) sowie die Granzyme selbst (das sind Proteasen, die in der Zelle aktiviert werden und dort eine Apoptose auslösen) und oft auch das Cytokin IFN-γ. Sie tragen zudem das membrangebundene Effektormolekül Fas-Ligand (CD178). Bindet es an Fas (CD95) auf der Zielzelle, wird in dieser ein Apoptoseprogramm aktiviert. Die verschiedenen funktionellen Untergruppen der CD4-T-Zellen erkennen Peptid:MHC-Klasse-II-Komplexe. T_H1-Zellen sind auf die Aktivierung von Makrophagen spezialisiert, die durch Pathogene infiziert sind oder Pathogene aufgenommen haben. Sie sezernieren IFN-γ, um die infizierte Zelle zu aktivieren, sowie andere Effektormoleküle. Sie können den membranständigen CD40- und/oder den Fas-Liganden exprimieren. Der CD40-Ligand löst die Aktivierung der Zielzelle aus, während der Fas-Ligand den Tod von Zellen auslöst, die Fas exprimieren. Welches Molekül exprimiert wird, beeinflusst also in besonderem Maß die Funktion der T_H1-Zellen. T_H2-Zellen sind darauf spezialisiert, Immunantworten gegen Parasiten zu stimulieren, und sie fördern auch allergische Reaktionen. Sie unterstützen die Aktivierung der B-Zellen und sezernieren die B-Zell-Wachstumsfaktoren IL-4, IL-5, IL-9 und IL-13. Als membranständiges Effektormolekül exprimieren T_H2-Zellen vor allem den CD40-Liganden, der auf der B-Zelle an CD40 bindet und diese zur Proliferation und zum Isotypwechsel (Kapitel 9) anregt. T_H17-Zellen produzieren Proteine der IL-17-Familie und IL-6, außerdem fördern sie akute Entzündungen, indem sie neutrophile Zellen zu Infektionsherden lenken. T_{reg}-Zellen, von denen es mehrere Typen gibt, produzieren inhibitorische Cytokine wie IL-10 und TGF-β. Inhibitorische Aktivitäten entfalten sich ebenfalls über noch unbekannte Mechanismen, die auf Zellkontakten beruhen.

verwirren, da einige Lymphokine auch von Zellen sezerniert werden, die nicht zum lymphatischen System gehören; wir werden daher für alle nur den Begriff „Cytokine" verwenden. Die meisten Cytokine, die von T-Zellen produziert werden, bezeichnet man als **Interleukin** (**IL**) und setzt eine Zahl dahinter. Wir haben in diesem Kapitel bereits mehrere Interleukine kennen gelernt. Die Cytokine, die von T-Zellen produziert werden, sind in Abbildung 8.34 zusammengefasst, eine umfassendere Liste von immunologisch interessanten Cytokinen findet sich im Anhang III. Die meisten Cytokine zeigen eine Vielzahl von verschiedenen biologischen Effekten, wenn man sie in biologischen *in vitro*-Tests in hohen Konzentrationen anwendet. Zur Aufklärung ihrer physiologischen Rolle benutzte man daher Knockout-Mäuse (Anhang I, Abschnitt A.47), in denen die Cytokin- und Cytokinrezeptorgene gezielt zerstört wurden.

Das wichtigste von CD8-T-Effektorzellen freigesetzte Cytokin ist IFN-γ. Es kann die Virusreplikation hemmen oder sogar dafür sorgen, dass Viren aus infizierten Zellen eliminiert werden, ohne dass die Zellen getötet werden. Die Untergruppen der CD4-T-Effektorzellen sezernieren unterschiedliche, ihren jeweiligen Aufgaben in der Immunreaktion entsprechende Cytokinkombinationen, die sich allerdings zum Teil überschneiden. T_H17-Zellen setzen IL-17, IL-6, TNF und das Chemokin CXCL1 frei, wobei alle dazu dienen, in einer frühen Phase der adaptiven Immunantwort neutrophile

Cytokin	T-Zelle (Quelle)	Wirkung auf					Wirkung des Gen-Knockouts
		B-Zellen	T-Zellen	Makrophagen	hämatopoetische Zellen	andere somatische Zellen	
Interleukin-2 (IL-2)	naive, T_H1, einige CTL	stimuliert Wachstum und Synthese der J-Kette	Wachstum	–	stimuliert Wachstum der NK-Zelle	–	↓ T-Zell-Antworten, IBD
Interferon-γ (IFN-γ)	T_H1, CTL	Differenzierung IgG2a-Synthese (Maus)	hemmt das Wachstum von T_H2-Zellen	Aktivierung, ↑ MHC-Klasse I und -Klasse II	aktiviert NK-Zellen	antiviral; ↑ MHC-Klasse I und MHC-Klasse II	anfällig für Mycobakterien, einige Bakterien
Lymphotoxin (LT, TNF-β)	T_H1, einige CTL	hemmt	tötet	aktiviert, induziert NO-Produktion	aktiviert Neutrophile	tötet Fibroblasten und Tumorzellen	Lymphknoten fehlen, Milzstruktur gestört
Interleukin-4 (IL-4)	T_H2	Aktivierung, Wachstum, IgG1, IgE, ↑ Induktion der MHC-Klasse II	Wachstum, Überleben	hemmt Makrophagenaktivierung	↑ Wachstum von Mastzellen	–	kein T_H2
Interleukin-5 (IL-5)	T_H2	Maus: Differenzierung IgA-Synthese	–	–	↑ Wachstum und Differenzierung der Eosinophilen	–	verringerte Eosinophilie
Interleukin-10 (IL-10)	T_H2 (Mensch: einige T_H1), T_{reg}	↑ MHC-Klasse II	hemmt T_H1	hemmt Freisetzung von Cytokinen	costimuliert das Wachstum von Mastzellen	–	IBD
Interleukin-3 (IL-3)	T_H1, T_H2 einige CTL	–	–	–	Wachstumsfaktor für Vorläufer hämatopoetischer Zellen (multi-CSF)	–	–
Tumornekrose-faktor-α (TNF-α)	T_H1, einige T_H2 und CTL	–	–	aktiviert, induziert NO-Produktion	–	aktiviert mikrovaskuläres Endothel	Empfindlichkeit gegenüber gramnegativen Sepsiserregern
Granulocyten-Makrophagen-Kolonie-Stimulierender Faktor (GM-CSF)	T_H1, einige T_H2 und CTL	Differenzierung	Wachstumshemmung?	Aktivierung, Differenzierung zu dendritischen Zellen	↑ Bildung von Granulocyten und Makrophagen (Myelopoese) und dendritischen Zellen	–	–
transformierender Wachstumsfaktor β (TGF-β)	CD4-T-Zellen (T_{reg})	hemmt Wachstum; Faktor für den IgA-Klassenwechsel	Wachstumshemmung, fördert Überleben	hemmt Aktivierung	aktiviert Neutrophile	hemmt/stimuliert Zellwachstum	Tod nach etwa zehn Wochen
Interleukin-17 (IL-17)	CD4-T-Zellen (T_H17) Makrophagen	–	–	–	stimuliert Mobilisierung neutrophiler Zellen	stimuliert Fibroblasten und Epithelzellen zur Freisetzung von Chemokinen	–

8.34 Nomenklatur und Funktionen gut charakterisierter T-Zell-Cytokine. Jedes Cytokin zeigt bei den verschiedenen Zelltypen mehrere Aktivitäten. Die wichtigsten Funktionen sind rot hervorgehoben. Das Gemisch an Cytokinen, das von einer bestimmten Zelle sezerniert wird, erzeugt über ein sogenanntes „Cytokinnetzwerk" vielfältige Wirkungen. ↑, Zunahme; ↓, Abnahme; CTL, cytotoxischer Lymphocyt; NK, natürliche Killerzelle; CSF, koloniestimulierender Faktor; IBD, entzündliche Darmerkrankung (*inflammatory bowel disease*); NO, Stickoxid.

Zellen an Infektionsherde zu locken. T_H1-Zellen sezernieren IFN-γ, das wichtigste Cytokin für die Aktivierung von Makrophagen, und LT-α (Lymphotoxin oder TNF-β), das Makrophagen aktiviert, B-Zellen hemmt und für einige Zellen direkt cytotoxisch ist. T_H2-Zellen sezernieren IL-4, IL-5, IL-9 sowie IL-13 und tragen den CD40-Liganden an ihrer Oberfläche, wobei alle Moleküle B-Zellen aktivieren. Außerdem setzen T_H2-Zellen IL-10 frei, das die Makrophagenaktivierung blockiert. In den ersten Stadien der Aktivierung produzieren CD4-T-Zellen bei Vorhandensein von costimulierenden Signalen IL-2 und nur sehr geringe Mengen an IL-4 und IFN-γ.

Wir haben bereits in Abschnitt 8.22 erörtert, wie die Bindung an den T-Zell-Rezeptor eine gezielte Freisetzung von Cytokinen bewirken kann, sodass sie an der Kontaktstelle mit der Zielzelle konzentriert sind. Darüber hinaus wirken die meisten löslichen Cytokine lokal und gemeinsam mit membrangebundenen Effektoren, sodass sich die Wirkung all dieser Moleküle summiert. Da sich die membrangebundenen Effektoren außerdem nur an die Rezeptoren einer Zelle heften können, die mit ihnen in Wechselwirkung tritt, ist dies ein weiterer Mechanismus, wie Cytokine noch gezielter auf Zielzellen einwirken können. Bei einigen Cytokinen wird die Wirkung durch eine strikte Regulation ihrer Synthese noch stärker auf die Zielzellen eingegrenzt: Die Synthese von IL-2, IL-4 und IFN-γ wird aufgrund der Instabilität der mRNAs kontrolliert (Abschnitt 8.13), sodass ihre Sekretion durch die T-Zellen nach der Wechselwirkung mit einer Zielzelle eingestellt wird.

Einige Cytokine erzielen ihre Wirkung an weiter entfernten Stellen. IL-3 und GM-CSF (Abb. 8.34) zum Beispiel, die von T_H1- und T_H2-Zellen freigesetzt werden, wirken auf Knochenmarkzellen ein und stimulieren so die Bildung von Makrophagen und Granulocyten. Bei beiden Zelltypen handelt es sich um wichtige unspezifische Effektorzellen der humoralen und der zellvermittelten Immunität. IL-3 und GM-CSF regen auch die Bildung dendritischer Zellen aus Vorläuferzellen des Knochenmarks an. Bei allergischen Reaktionen werden unter den T-Zellen vor allem T_H2-Zellen aktiviert, und das von ihnen synthetisierte IL-5 kann die Bildung von eosinophilen Granulocyten fördern. Diese sind an der Spätphase allergischer Reaktionen beteiligt (Kapitel 13). Ob ein bestimmtes Cytokin auf das direkte Umfeld oder auf weiter entfernte Ziele einwirkt, hängt wahrscheinlich davon ab, in welcher Menge es ausgeschüttet wird, wie viel davon auf die Zielzelle gerichtet ist und wie stabil das Cytokin *in vivo* ist.

8.25 Cytokine und ihre Rezeptoren bilden eigene Familien strukturell verwandter Proteine

Man kann die Cytokine aufgrund ihrer Struktur verschiedenen Familien zuordnen. Auch ihre Rezeptoren kann man in solche Gruppen einteilen (Abb. 8.35). Wir sind bereits in Kapitel 2 auf Mitglieder einiger dieser Familien gestoßen und haben dort einen Überblick über die Chemokine gegeben (Abschnitt 2.24). Daher konzentrieren wir uns hier wegen ihrer Rolle bei der T-Zell-Effektorfunktion auf die Hämatopoetine, die TNF-Familie und IFN-γ. Mitglieder der TNF-Familie agieren als Trimere, von denen die meisten membranständig sind. Ihre Eigenschaften unterscheiden sich daher vollkommen von denen anderer Cytokine. Es gibt jedoch einige wichtige Eigenschaften, die sie mit den löslichen Cytokinen der T-Zellen

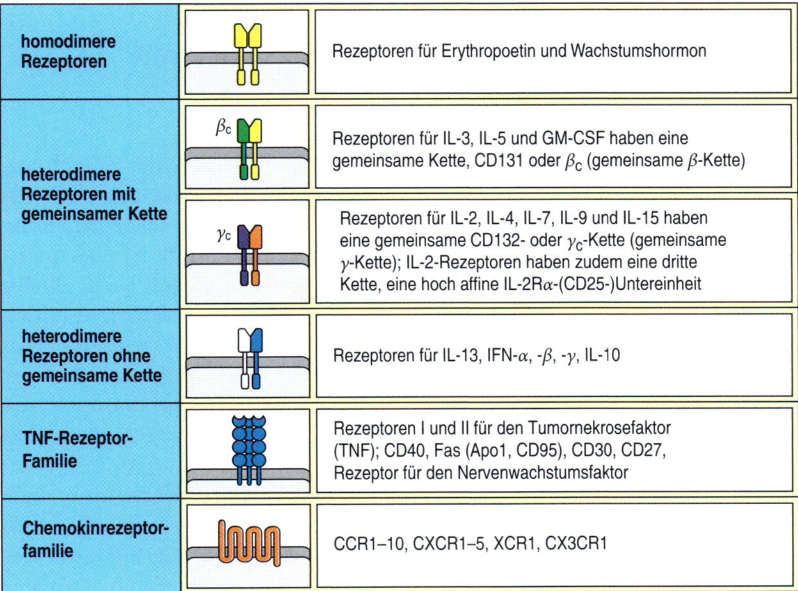

8.35 Cytokinrezeptoren gehören zu mehreren Familien von Rezeptorproteinen, die jeweils unterschiedliche Strukturen haben. Es gibt eine große Familie von Cytokinrezeptoren, die man je nach dem Vorliegen bestimmter Sequenzmotive in zwei Untergruppen einteilen kann. Viele Cytokinrezeptoren gehören zur Familie der Hämatopoetinrezeptoren (oder Familie der Klasse-I-Cytokinrezeptoren), die nach dem ersten bekannten Mitglied benannt wurde: dem Hämatopoetinrezeptor. Eine kleinere Anzahl von Rezeptoren ist der Superfamilie der Klasse-II-Cytokinrezeptoren zuzurechnen; viele von ihnen sind Rezeptoren für Interferone oder interferonähnliche Cytokine. Andere Superfamilien von Cytokinrezeptoren sind die Familie der Tumornekrosefaktorrezeptoren (TNFR) sowie die Familie der Chemokinrezeptoren, die wiederum zu einer sehr umfangreichen Familie von Rezeptoren zählen, die an große G-Proteine gekoppelt sind. Jedes Familienmitglied stellt eine Variante mit einer eigenen Spezifität dar, die in der Zelle, in der sie exprimiert wird, eine spezielle Funktion ausübt. Bei der Hämatopoetinrezeptorfamilie definiert oft die α-Kette die Ligandenspezifität des Rezeptors, während β- oder γ-Kette für die intrazellulären Signale zuständig sind. Bei der TNF-Rezeptor-Familie haben die Liganden eine Trimerstruktur und sind wahrscheinlich eher mit der Zellmembran assoziiert und werden nicht sezerniert. Von den hier aufgelisteten Rezeptoren wurden einige bereits erwähnt, andere kommen in späteren Kapiteln vor, und einige sind wichtige Beispiele aus anderen biologischen Systemen. Die Diagramme zeigen die Rezeptoren so, wie sie im Buch stets dargestellt werden.

gemeinsam haben, etwa dass sie wie diese von den T-Zellen nach der Antigenerkennung neu synthetisiert werden und das Verhalten der Zielzelle beeinflussen.

Viele lösliche Cytokine, die von T-Effektorzellen gebildet werden, gehören zur Familie der Hämatopoetine. Diese Cytokine und ihre Rezeptoren kann man weiter in Unterfamilien unterteilen, die über funktionelle Ähnlichkeiten und genetische Kopplung charakterisiert sind. So sind beispielsweise IL-3, IL-4, IL-5, IL-13 und GM-CSF strukturell verwandt, ihre Gene liegen im Genom dicht beieinander, und sie sind allesamt wichtige Cytokine der T_H2-Zellen. Sie binden außerdem an eng verwandte Rezeptoren, die eine Familie der Cytokinrezeptoren bilden. Die Rezeptoren für IL-3, IL-5 und GM-CSF haben eine gemeinsame β-Kette. Eine andere Untergruppe von Cytokinrezeptoren wird darüber definiert, dass sie alle die γ-Kette des IL-2-Rezeptors nutzen. Man bezeichnet diese Kette inzwischen als gemeinsame γ-Kette (γ_c), und man findet sie bei den Rezeptoren für die Cytokine IL-2, IL-4, IL-7, IL-9 und IL-15. Der entfernter verwandte Rezeptor für IFN-γ gehört zu einer kleinen Familie von Cytokinrezeptoren, die gewisse Ähnlichkeiten mit der Familie der Hämatopoetinrezeptoren haben. Zu dieser Familie gehören die Rezeptoren für IFN-α und IFN-β sowie der IL-10- und der IL-13-Rezeptor.

Insgesamt lassen die strukturellen, funktionellen und genetischen Verwandtschaftsbeziehungen zwischen den Cytokinen und ihren Rezeptoren vermuten, dass sie sich im Zuge der Evolution voneinander entfernt und immer spezialisiertere Effektorfunktionen erworben haben. Diese spezifischen funktionellen Wirkungen beruhen auf intrazellulären Signalvorgängen, die dadurch aufgelöst werden, dass die Cytokine an ihre spezifischen Rezeptoren binden. Hämatopoetin- und Interferonrezeptoren senden alle ihre Signale über den JAK-STAT-Weg, und sie aktivieren verschiedene STAT-Kombinationen mit unterschiedlichen Effekten (Abschnitt 8.19).

8.26 Die TNF-Familie der Cytokine besteht aus trimeren Proteinen, die normalerweise mit der Zelloberfläche assoziiert sind

T-Zellen synthetisieren TNF-α in einer löslichen und einer membranständigen Form, die jeweils aus drei identischen Proteinketten bestehen (ein Homotrimer, Abb. 2.45). Lymphotoxin α (LT-α, frühere Bezeichnung TNF-β) kann als sezerniertes Homotrimer gebildet werden, ist aber meist an die Zelloberfläche gekoppelt, indem es zusammen mit LT-β, einem dritten membranständigen Mitglied dieser Familie, Heterotrimere bildet. Die Rezeptoren für diese Moleküle, TNFR-I und TNFR-II, bilden Homotrimere, wenn sie an TNF-α oder LT gebunden sind. Die Trimerstruktur ist für alle Mitglieder der TNF-Familie charakteristisch, und die durch die Liganden induzierte Trimerbildung ihrer Rezeptoren ist anscheinend der entscheidende Vorgang beim Auslösen der Signale.

Die meisten T-Effektorzellen exprimieren als Zelloberflächenmoleküle Mitglieder der TNF-Proteinfamilie. Die für die T-Zell-Effektorfunktion wichtigsten Proteine sind TNF-α, LT-α, der Fas-Ligand (CD178) und der CD40-Ligand, wobei die letzten beiden immer mit der Membran assoziiert sind. Diese Proteine binden alle an Rezeptoren, die zur TNFR-Familie gehören: TNFR-I und -II können jeweils mit TNF-α oder LT-α interagieren, wohingegen der Fas- und der CD40-Ligand auf Zielzellen an die Transmembranproteine Fas (CD95) beziehungsweise CD40 binden. Fas enthält im cytoplasmatischen Schwanz eine „Todesdomäne" und die Bindung von Fas durch den Fas-Liganden löst in der Fas-tragenden Zelle Apoptose aus (Abb. 6.29). Andere Vertreter der TNFR-Familie, darunter auch TNFR-1, enthalten ebenfalls Todesdomänen und können auch Apoptose auslösen. TNF-α und LT-α sind also Auslöser des programmierten Zelltods, indem sie an TNFR-I binden.

Der CD40-Ligand ist für die Effektorfunktion der CD4-T-Zellen von besonderer Bedeutung. Er wird auf T_H1- und T_H2-Zellen induziert und vermittelt über CD40 aktivierende Signale an B-Zellen und Makrophagen. Das cytoplasmatische Ende von CD40 enthält keine Todesdomäne. Es ist anscheinend vielmehr an nachgeschaltete Proteine gekoppelt, die als TRAF (TNF-Rezeptor-assoziierte Faktoren) bezeichnet werden. CD40 ist an der Aktivierung von Makrophagen und B-Zellen beteiligt. Bindet ein CD40-Molekül an seinen Liganden auf B-Zellen, werden das Wachstum und der Isotypwechsel gefördert. Erfolgt die Bindung dagegen auf Makrophagen, werden diese dazu gebracht, TNF-α zu sezernieren und auf viel geringere IFN-γ-Konzentrationen anzusprechen. Wird der CD40-Ligand in nicht ausreichender Menge exprimiert, führt dies zu einer Immunschwäche, wie wir in den Kapiteln 9 und 14 erfahren werden.

Zusammenfassung

Wechselwirkungen zwischen T-Effektorzellen und ihren Zielzellen beginnen mit einem vorübergehenden antigenunspezifischen Kontakt der beiden Zelltypen. T-Zell-Effektorfunktionen werden nur dann ausgelöst, wenn der Rezeptor einer T-Effektorzelle auf der Oberfläche der Zielzelle

Peptid:MHC-Komplexe erkennt. Daraufhin bindet die T-Effektorzelle fester an die antigentragende Zielzelle und setzt ihre Effektormoleküle direkt an der Kontaktstelle frei, was zur Aktivierung oder zum Tod der Zielzelle führt. Welche immunologischen Folgen die Antigenerkennung durch eine T-Effektorzelle hat, hängt vor allem davon ab, welche Effektormoleküle diese nach der Bindung an eine spezifische Zielzelle synthetisiert. Cytotoxische CD8-T-Zellen speichern in speziellen cytotoxischen Granula fertige Cytotoxine, die genau an der Stelle freigesetzt werden, die mit der infizierten Zielzelle in Kontakt steht. Diese wird dadurch getötet, ohne dass nahe gelegene nichtinfizierte Zellen getötet werden. Cytokine sowie Mitglieder der TNF-Familie der membranassoziierten Effektorproteine werden von den meisten Arten von T-Effektorzellen neu synthetisiert. T_H1-Zellen exprimieren Effektorproteine, die Makrophagen aktivieren, sowie Cytokine, die bei bestimmten Antikörperklassen einen Isotypwechsel auslösen. T_H2-Zellen exprimieren Effektormoleküle, die B-Zellen aktivieren, und sezernieren Cytokine, die für Antikörper, welche bei der Abwehr von Parasiten und allergischen Reaktionen eine Rolle spielen, einen Isotypwechsel bewirken. T_H17-Zellen sezernieren IL-17, das Zellen der akuten Entzündungsphase wie neutrophile Zellen zum Infektionsherd leitet. Die membranständigen Effektormoleküle können Signale nur an solche Zellen senden, die mit ihnen eine Wechselwirkung eingehen und den richtigen Rezeptor besitzen. Lösliche Cytokine können dagegen auf Cytokinrezeptoren einwirken, die von einer benachbarten Zielzelle oder auf weiter entfernten hämatopoetischen Zellen exprimiert werden. Insgesamt beruhen die meisten Effektorfunktionen von T-Zellen auf der Wirkung von Cytokinen und membrangebundenen Effektormolekülen über deren spezifische Rezeptoren sowie auf der Wirkung von Cytotoxinen, die von CD8-Zellen freigesetzt werden.

Die T-Zell-vermittelte Cytotoxizität

Alle Viren sowie einige Bakterien vermehren sich im Cytoplasma infizierter Zellen. Ein Virus ist tatsächlich ein äußerst raffinierter Parasit, der sich nur in Zellen replizieren kann, weil er keinen eigenen Biosynthese- oder Stoffwechselapparat besitzt. Das Virus ist zwar gegenüber Antikörpern empfindlich, bevor es in eine Zelle eindringt, aber sobald das gelungen ist, können Antikörper diesen Krankheitserregern nichts mehr anhaben. Die Viren können dann nur noch dadurch eliminiert werden, indem die infizierten Zellen, von denen sie abhängig sind, zerstört oder verändert werden. Diese Funktion bei der Wirtsverteidigung übernehmen zu einem großen Teil die cytotoxischen CD8-T-Zellen, wobei CD4-T-Zellen auch ein cytotoxisches Potenzial entwickeln können. Wie wichtig sie dafür sind, solche Infektionen in Schach zu halten, kann man an Tieren beobachten, bei denen diese T-Zellen entfernt wurden und die daraufhin eine erhöhte Anfälligkeit für Erreger zeigen. Dies gilt auch für Mäuse oder Menschen ohne Klasse-I-MHC-Moleküle, die den CD8-T-Zellen die Antigene präsentieren. Um die befallenen Zellen zu eliminieren, ohne gesundes Gewebe zu zerstören, müssen die cytotoxischen Mechanismen der CD8-T-Zellen sowohl effektiv als auch präzise sein.

8.27 Cytotoxische T-Zellen können bei Zielzellen einen programmierten Zelltod herbeiführen

Zellen können auf zwei verschiedene Arten sterben. Bei physikalischen oder chemischen Verletzungen, etwa bei einem Sauerstoffmangel, wie er im Herzmuskel während eines Herzinfarkts auftritt, oder es kommt infolge einer Membranschädigung durch Antikörper und das Komplement zu einer Nekrose, einem Zerfall der Zelle. Das abgestorbene oder nekrotische Gewebe wird von phagocytierenden Zellen aufgenommen und abgebaut, wodurch das geschädigte Gewebe mit der Zeit beseitigt wird und die Wunde heilt. Die andere Form des Zelltods ist der sogenannte programmierte Zelltod, der durch Apoptose oder durch Autophagie eintreten kann. Die Apoptose ist eine normale Zellreaktion, die eine wichtige Rolle bei der Umorganisation von Gewebe spielt, wie sie im Laufe der Entwicklung und Metamorphose bei allen vielzelligen Lebewesen vorkommt. Wie wir in Kapitel 7 gesehen haben, sterben die meisten Thymocyten aufgrund einer Apoptose, wenn sie nicht positiv selektiert werden. Als erste Veränderungen beobachtet man bei der Apoptose, dass sich der Zellkern auflöst, die Zellmorphologie verändert und die DNA zerkleinert wird. Anschließend zerstört sich die Zelle selbst von innen heraus, indem sie durch Abstoßung membrangebundener Vesikel schrumpft und sich selbst abbaut, bis nur noch ein kleiner Rest übrig bleibt. Ein entscheidendes Merkmal dieser Art des Zelltods ist die Spaltung der Kern-DNA in Stücke von 200 Basenpaaren (bp) Länge. Dies geschieht durch Aktivierung endogener Nucleasen, die die DNA zwischen Nucleosomen in Stücke schneiden. Wie wir in Kapitel 5 besprochen haben, ist die Autophagie ein Vorgang, bei dem „gealterte" oder anormale Proteine und Organellen abgebaut werden. Beim programmierten Zelltod durch Autophagie bauen große Vakuolen zelluläre Organellen ab, bevor schließlich im Zellkern das Chromatin kondensiert und zerstört wird, was ebenfalls ein Merkmal der Apoptose ist.

Cytotoxische T-Zellen zerstören ihre Zielzellen, indem sie in ihnen die Apoptose auslösen (Abb. 8.36). Zentrifugiert man cytotoxische T-Zellen zusammen mit Zielzellen, sodass sie rasch miteinander in Kontakt kommen, wird in antigenspezifischen Zielzellen das Apoptoseprogramm innerhalb von fünf Minuten induziert, obwohl es Stunden dauern kann, bis man den Zelltod deutlich erkennen kann. Die Reaktion tritt so schnell ein, weil die cytotoxischen T-Zellen bereits vorgeformte Effektormoleküle freisetzen, die in der Zielzelle einen endogenen Apoptosemechanismus aktivieren.

Ein Mechanismus, mit dem die Apoptose ausgelöst werden kann, beruht nicht auf den cytotoxischen Granula, sondern auf Vertretern der TNF-Familie, besonders auf Fas und dem Fas-Liganden. Anders als beim Abtöten von infizierten Gewebezellen dient dieser Mechanismus vor allem dazu, die Anzahl der Lymphocyten zu regulieren. Aktivierte Lymphocyten exprimieren sowohl Fas als auch den Fas-Liganden, sodass aktivierte Lymphocyten andere Lymphocyten töten können, indem sie ihre Caspasen aktivieren, die wiederum im angegriffenen Lymphocyten die Apoptose auslösen. Wechselwirkungen zwischen Fas und Fas-Ligand sind für die Beendigung der Lymphocytenproliferation von großer Bedeutung, nachdem der Krankheitserreger, der die Immunantwort ausgelöst hatte, beseitigt wurde. Auch cytotoxische T-Zellen, T_H1-Zellen und einige T_H2-Zellen können auf diese Weise andere Zellen töten. Die Bedeutung von Fas für die Aufrechterhaltung der Homöostase der Lymphocyten zeigt sich daran, wie sich Mutationen in den Genen auswirken,

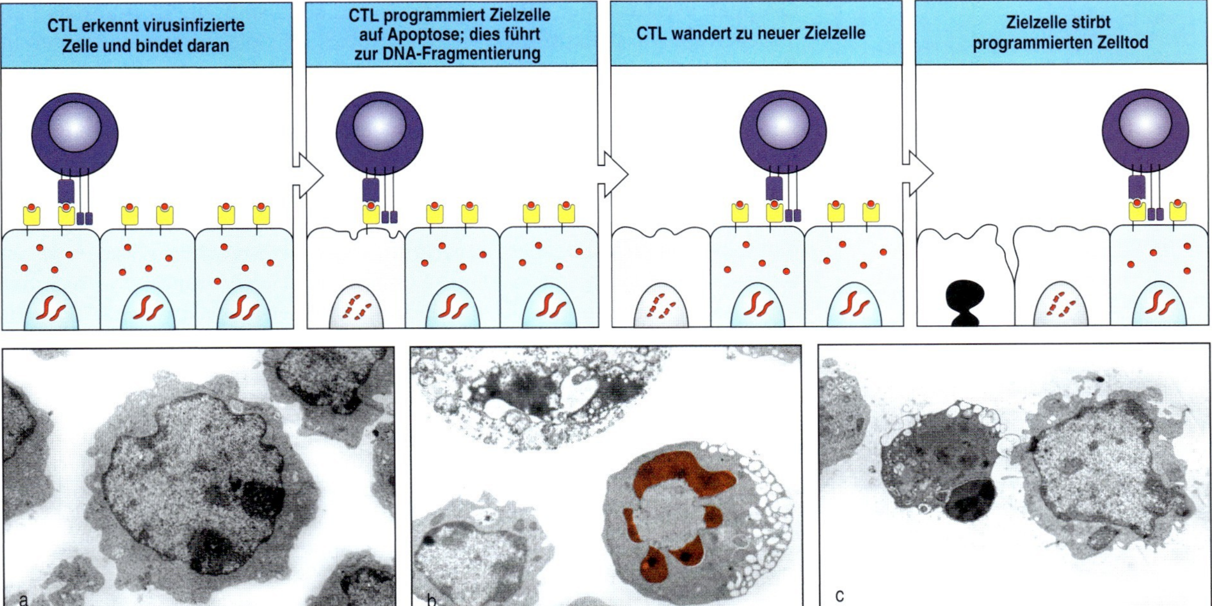

8.36 Cytotoxische CD8-T-Zellen können in Zielzellen einen programmierten Zelltod (Apoptose) auslösen. Erkennt eine cytotoxische CD8-T-Zelle (CTL) auf einer Zielzelle einen spezifischen Peptid:MHC-Komplex, führt dies zum Tod der Zielzelle durch Apoptose. Cytotoxische T-Zellen können nacheinander mehrere Zielzellen töten. Jede Zerstörung erfordert dieselbe Abfolge von Schritten. Dazu gehören die Rezeptorbindung und die gerichtete Freisetzung von cytotoxischen Proteinen, die in lytischen Granula gespeichert sind. Wie die Apoptose abläuft, ist in den mikroskopischen Aufnahmen zu sehen (untere Reihe). Bild a zeigt eine gesunde Zelle mit einem normalen Kern. Zu Beginn der Apoptose (b) wird das Chromatin kondensiert (rot). Obwohl die Zelle Membranvesikel ausstößt, bleibt die Integrität der Zellmembran im Gegensatz zur nekrotischen Zelle im oberen Teil desselben Feldes erhalten. In späteren Stadien der Apoptose (c) ist der Zellkern (mittlere Zelle) stark kondensiert; man erkennt keine Mitochondrien, und die Zelle hat durch das Abstoßen der Vesikel viel Cytosol und große Teile ihrer Membran verloren. (Fotos × 3 500; mit freundlicher Genehmigung von R. Windsor und E. Hirst.)

die Fas und den Fas-Liganden codieren. Mäuse und Menschen mit einer mutierten Form von Fas entwickeln eine lymphoproliferative Erkrankung, die mit einer schweren Autoimmunität einhergeht (Abschnitt 14.19): Eine Mutation im Gen, das den Fas-Liganden codiert, führt bei einem anderen Mausstamm zu einem fast identischen Phänotyp. Diese mutierten Phänotypen sind die am besten untersuchten Beispiele für eine allgemeine Autoimmunität, die vom Defekt eines einzigen Gens ausgelöst wird.

Die Apoptose kann nicht nur die Wirtszelle töten, sondern auch direkt auf Krankheitserreger im Cytosol einwirken. Die beim programmierten Zelltod aktivierten Nucleasen können beispielsweise nicht nur zelluläre DNA, sondern auch virale DNA zerstören. Damit wird verhindert, dass Virionen zusammengebaut und Viren freigesetzt werden, die sonst benachbarte Zellen infizieren könnten. Andere während der Apoptose aktivierte Enzyme, können nichtvirale Krankheitserreger im Cytosol zerstören. Der programmierte Zelltod eignet sich daher besser zur Zerstörung infizierter Zellen als die Nekrose, bei der noch intakte Pathogene entweder aus den toten Zellen freigesetzt werden und daher weiter gesunde Zellen befallen können oder aber von Makrophagen aufgenommen werden und in diesen als Parasiten überdauern können.

8.28 In den Granula cytotoxischer CD8-T-Zellen befinden sich cytotoxische Effektorproteine, die eine Apoptose auslösen

Die Wirkung einer cytotoxischen T-Zelle beruht vor allem darauf, dass sie calciumabhängig spezielle **cytotoxische Granula** freisetzt, sobald sie auf der Oberfläche einer Zielzelle Antigene erkannt hat. Cytotoxische Granula entsprechen modifizierten Lysosomen, in denen mindestens drei verschiedene

Protein in lytischen Granula cytotoxischer T-Zellen	Wirkung auf Zielzellen
Perforin	unterstützt die Freisetzung des Inhalts der Granula in das Cytosol der Zielzelle
Granzyme	Serinproteasen, lösen Apoptose aus, wenn sie sich im Cytosol der Zielzelle befinden
Granulysin	besitzt antimikrobielle Aktivität, kann Apoptose auslösen

8.37 Cytotoxische Effektorproteine, die von cytotoxischen T-Zellen freigesetzt werden.

Gruppen cytotoxischer Effektorproteine enthalten sind, die in cytotoxischen T-Zellen spezifisch exprimiert werden (Abb. 8.37). Solche Proteine werden in den cytotoxischen Granula zwar in aktiver Form gespeichert, die Bedingungen innerhalb der Granula hindern sie allerdings daran, vor ihrer Freisetzung ihre Funktion auszuüben. Eines dieser cytotoxischen Proteine, das sogenannte **Perforin**, setzt den Inhalt von cytotoxischen Granula an den Membranen der Zielzellen frei. Die Bedeutung von Perforin für die Cytotoxizität lässt sich bei Mäusen gut veranschaulichen, deren Perforin inaktiviert wurde. Sie zeigen einen schweren Defekt bei der Entwicklung einer cytotoxischen T-Zell-Antwort auf viele, womöglich sogar auf alle Viren. Eine weitere Gruppe cytotoxischer Proteine umfasst eine Familie von Serinproteasen, die als **Granzyme** bezeichnet werden. Beim Menschen gibt es davon fünf, bei der Maus zehn. Das dritte cytotoxische Protein ist das **Granulysin**, das beim Menschen exprimiert wird, jedoch nicht bei der Maus. Es besitzt eine antimikrobielle Aktivität und kann in hohen Konzentrationen bei Zielzellen ebenfalls die Apoptose auslösen. Bei Gewebeschäden findet man cytotoxische CD8-T-Effektorzellen, die Granula mit eingelagertem Perforin und Granzymen enthalten.

Perforin und Granzyme sind für das effiziente Abtöten von Zellen erforderlich. Zur Untersuchung ihrer jeweiligen Funktionen hat man Experimente durchgeführt, die Ähnlichkeiten zwischen den cytotoxischen Granula der T-Zellen und den Granula von Mastzellen ausnutzen, da sich Letztere leichter untersuchen lassen. Die Granula von Mastzellen werden freigesetzt, wenn ein Zelloberflächenrezeptor für IgE quervernetzt wird, genauso wie die cytotoxischen Granula von T-Zellen nach der Vernetzung des T-Zell-Rezeptors an der immunologischen Synapse entleert werden. Man nimmt an, dass die Signale für die Freisetzung der Granula in beiden Fällen dieselben oder zumindest ähnlich sind, da sowohl der IgE-Rezeptor als auch der T-Zell-Rezeptor in ihren cytoplasmatischen Domänen ITAM-Motive besitzen, in denen bei der Quervernetzung Tyrosinreste phosphoryliert werden (Kapitel 6).

Wenn man eine Mastzelllinie mit dem Perforin- oder Granzymgen transfiziert, sammeln sich die Genprodukte in den Granula der Mastzellen an. Sobald die Zelle aktiviert wird, setzt sie diese Granula frei. Transfiziert man die Mastzellen nur mit dem Perforingen, so können sie andere Zellen zwar noch töten, sind dabei allerdings sehr ineffizient, sodass für diesen Vorgang sehr viele transfizierte Zellen notwendig sind. Transfiziert man die Mastzellen dagegen ausschließlich mit dem Granzym-B-Gen, sind die Mastzellen nicht mehr in der Lage, andere Zellen zu eliminieren. Sobald man jedoch die mit Perforin transfizierten Mastzellen zusätzlich noch mit dem Granzym-B-Gen ausstattet, töten diese Zellen oder daraus aufgereinigte Granula die Zielzellen so effizient wie die Granula cytotoxischer Zellen. Man hat angenommen, dass Perforin in der Plasmamembran der Zielzelle eine Pore bildet, durch die das Granzym in die Zelle eindringt. Offenbar bilden jedoch Perforin und Granzyme multimere Komplexe mit dem Proteoglykan **Serglycin**, dem primären Proteoglykan der cytotoxischen Granula, das hier als Gerüstbaustein fungiert (Abb. 8.38). Granzym B diffundiert nicht einfach aus dem Extrazellularraum durch die Perforinpore, wie man ursprünglich angenommen hat. Stattdessen wird es in Form multimerer Komplexe in das Cytosol gebracht, ohne dass sich in der Plasmamembran eine erkennbare Pore bildet. Dieser Mechanismus ähnelt mehr dem Eindringen eines Virus. Der genaue Mechanismus ist zwar nicht bekannt, aber Perforin fungiert für diese Komplexe anscheinend als „Translokator“ und bewirkt die Freisetzung des gebundenen Granzyms in das Cytosol.

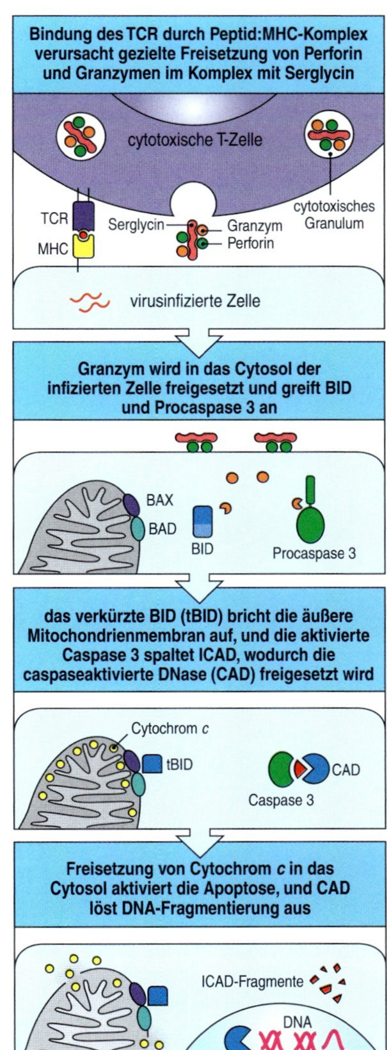

8.38 Die cytotoxischen Granula setzen Perforin, Granzyme und Serglycin frei, die Granzyme werden in das Cytosol der Zielzelle eingeschleust und lösen die Apoptose aus. Wenn eine cytotoxische CD8-T-Zelle ihr Antigen auf einer virusinfizierten Zelle erkennt, wird der Inhalt ihrer cytotoxischen Granula gerichtet freigesetzt. Perforin und Granzyme, die mit dem Proteoglykan Serglycin Komplexe bilden, werden als Komplex auf die Membran der Zielzelle gebracht (oben). Durch einen unbekannten Mechanismus steuert Perforin das Eindringen des Inhalts der Granula in das Cytosol der Zielzelle, ohne dass eine erkennbare Pore entsteht. Die eingeschleusten Granzyme wirken auf spezifische Ziele in der Zelle ein, wie die Proteine BID und Procaspase 3. Die Granzyme spalten BID direkt oder indirekt zur verkürzten Form tBID (*truncated BID*) und die Procaspase 3 zur aktiven Caspase 3 (zweites Bild). tBID wirkt auf Mitochondrien ein, die daraufhin Cytochrom *c* in das Cytosol freisetzen. Die aktivierte Caspase 3 greift ICAD an, und die caspaseaktivierte DNase (CAD) wird freigesetzt (drittes Bild). Cytochrom *c* unterstützt im Cytosol die Apoptose, und CAD fragmentiert die DNA (unten).

Die Granzyme lösen in der Zielzelle die Apoptose aus, indem sie Caspasen aktivieren. Granzym B spaltet und aktiviert Caspase 3, eine Cysteinprotease, die hinter Asparaginsäureresten schneidet (daher die Bezeichnung Caspase). Caspase 3 löst eine proteolytische Caspasekaskade aus, die letztendlich die caspaseaktivierte Desoxyribonuclease aktiviert, indem sie das inhibitorische Protein ICAD spaltet, das an CAD bindet und dadurch das Enzym inaktiviert. Man nimmt an, dass beim programmierten Zelltod letztlich CAD den DNA-Abbau bewirkt (Abb. 8.38). Granzym B aktiviert auch andere Signalwege zum Zelltod. Ein wichtiges Ziel ist dabei das Protein BID (*BH3-interacting domain death agonist protein*). Wenn BID gespalten wird, entweder direkt durch Granzym B oder indirekt durch die aktivierte Caspase 3, wird die äußere Mitochondrienmembran beschädigt, sodass aus dem mitochondrialen Intermembranraum apoptosefördernde Moleküle wie Cytochrom *c* freigesetzt werden. Andere Granzyme fördern die Apoptose möglicherweise dadurch, dass sie andere zelluläre Komponenten angreifen.

Zellen, die einen programmierten Zelltod durchlaufen, werden rasch von Phagocyten aufgenommen, die erkennen, dass sich die Zellmembran verändert hat – weil nun Phosphatidylserin zugänglich ist, das sich normalerweise nur auf der Innenseite der Membranen befindet. Nachdem der Phagocyt die Zelle aufgenommen hat, baut er sie völlig ab und zerlegt sie in kleine Moleküle. Da dies ohne costimulierende Proteine geschieht, ist die Apoptose in der Regel ein immunologisch „stummes" Ereignis: Apoptotische Zellen lösen im Allgemeinen keine Immunreaktionen aus und tragen auch nicht dazu bei.

8.29 Cytotoxische T-Zellen töten selektiv und nacheinander Zielzellen, die ein spezifisches Antigen exprimieren

Inkubiert man cytotoxische T-Zellen mit einem Gemisch aus zwei Arten von Zielzellen in gleichen Anteilen, von denen nur die eine ein spezifisches Antigen trägt, so werden nur die Zellen mit dem Antigen getötet. Die „unschuldigen Zuschauer" und die cytotoxischen T-Zellen selbst werden nicht vernichtet. Die cytotoxischen T-Zellen werden wahrscheinlich nicht vernichtet, weil die Freisetzung der cytotoxischen Moleküle stark polarisiert erfolgt.

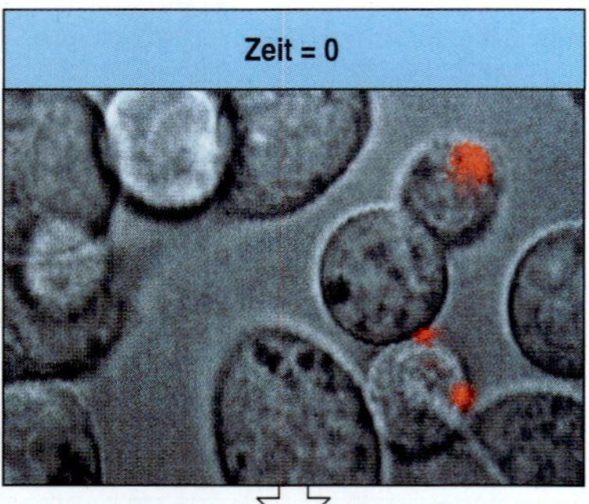

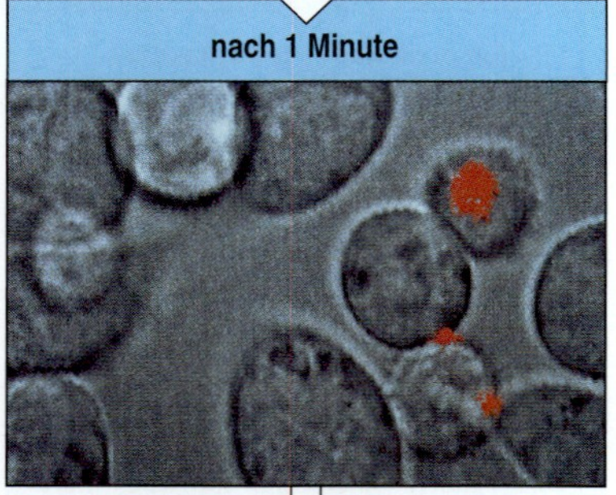

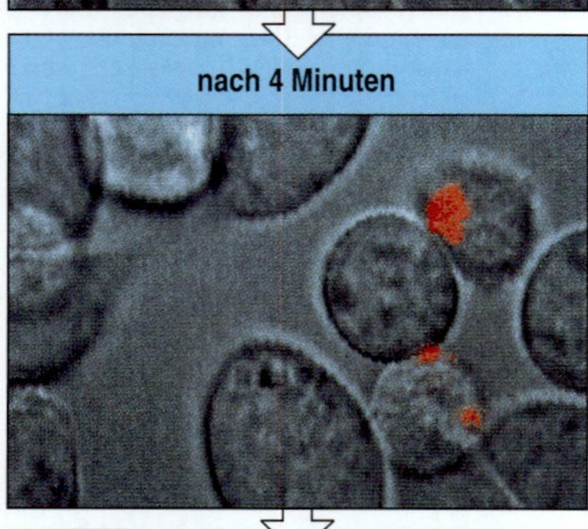

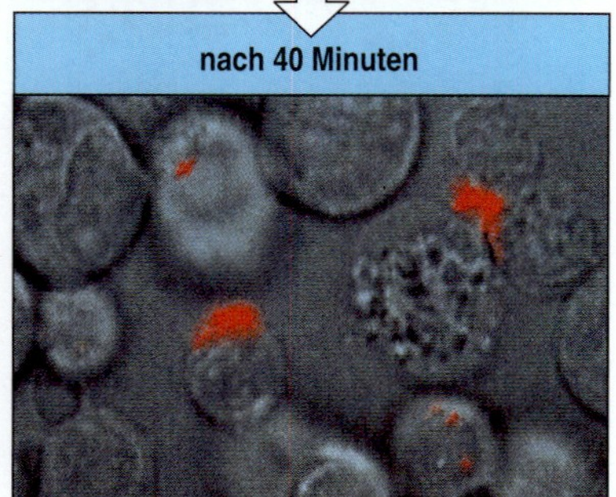

8.39 T-Zell-Granula setzen Effektormoleküle sehr gezielt frei. Man kann die Granula cytotoxischer T-Zellen mit Fluoreszenzfarbstoffen markieren, sodass man ihre Bewegungen mit Zeitrafferfotografie unter dem Mikroskop verfolgen kann. Die Bildserie entstand während der Wechselwirkung einer cytotoxischen T-Zelle mit einer Zielzelle, die schließlich getötet wurde. Zu Beginn der Reaktion (Zeitpunkt 0) hat die T-Zelle (oben rechts) gerade Kontakt mit einer Zielzelle (diagonal darunter) aufgenommen. Die mit rotem Fluoreszenzfarbstoff markierten Granula der T-Zelle befinden sich noch nicht an der Kontaktstelle. Eine Minute später (zweite Aufnahme) haben die Granula begonnen, sich in Richtung der Zielzelle zu bewegen. Der Vorgang ist nach vier Minuten weitgehend abgeschlossen (dritte Aufnahme). Nach 40 Minuten (letzte Aufnahme) ist der Inhalt der Granula in den Zwischenraum zwischen T- und Zielzelle freigesetzt worden. Bei der Zielzelle beginnt die Apoptose abzulaufen (man beachte den zerfallenen Zellkern). Die T-Zelle wird sich nun von der Zielzelle lösen, um weitere Zellen zu töten. (Fotos mit freundlicher Genehmigung von G. Griffiths.)

Wie wir in Abbildung 8.32 festgestellt haben, richten cytotoxische T-Zellen ihren Golgi-Apparat und ihr Mikrotubuliorganisationszentrum so aus, dass die Freisetzung gezielt an der Kontaktstelle mit der Zielzelle erfolgt. Die Wanderung der Granula zur Kontaktstelle erkennt man in Abbildung 8.39. Cytotoxische T-Zellen, die mit mehreren verschiedenen Zielzellen Kontakt haben, richten ihren Sekretionsapparat bei jeder Zelle neu aus und töten so eine nach der anderen. Folglich werden die cytotoxischen Mediatoren auf eine Art und Weise freigesetzt, bei der jeweils immer nur eine bestimmte Kontaktstelle attackiert werden kann. Die nur jeweils auf einen bestimmten Punkt ausgerichtete Wirkung der cytotoxischen CD8-T-Zellen ermöglicht es ihnen, einzelne infizierte Zellen im Gewebe zu töten, ohne größere Gewebeschäden hervorzurufen (Abb. 8.40). Dies ist von großer Bedeutung für Gewebe, die sich nicht oder nur in geringem Maße regenerieren können, wie die Neuronen des Nervensystems beziehungsweise die Zellen der Langerhans-Inseln.

Cytotoxische T-Zellen können ihre Zielzellen schnell eliminieren, weil sie fertige cytotoxische Proteine in einer Form speichern können, die innerhalb der cytotoxischen Granula inaktiv ist. Wenn eine naive cytotoxische Vorläufer-T-Zelle zum ersten Mal ihrem spezifischen Antigen begegnet, synthetisiert sie cytotoxische Proteine und belädt die lytischen Granula damit. Wird der T-Zell-Rezeptor von seinem Liganden gebunden, löst dies in ganz ähnlicher Weise in CD8-T-Effektorzellen eine Neusynthese von Perforin und Granzymen aus, sodass der Vorrat an lytischen Granula wieder aufgefüllt wird. So kann eine einzelne CD8-T-Zelle nacheinander zahlreiche Zielzellen vernichten.

8.30 Cytotoxische T-Zellen wirken auch, indem sie Cytokine ausschütten

Das Auslösen der Apoptose bei Zielzellen ist für cytotoxische CD8-T-Zellen der wichtigste Mechanismus zur Bekämpfung einer Infektion. Die meisten dieser Zellen können jedoch auch die Cytokine IFN-γ, TNF-α und LT-α freisetzen, die auf unterschiedliche Weise zur Immunabwehr beitragen. IFN-γ hemmt direkt die virale Replikation und führt dazu, dass MHC-Klasse-I-Moleküle sowie andere Moleküle verstärkt exprimiert werden, die an der Peptidbeladung der neu synthetisierten MHC-Klasse-I-Proteine von infizierten Zellen beteiligt sind. Auf diese Weise erhöht sich die Wahrscheinlichkeit, dass infizierte Zellen als Ziele für cytotoxische Angriffe erkannt werden. IFN-γ aktiviert zudem Makrophagen und lockt sie zu Infektionsherden, wo sie als Effektorzellen oder als antigenpräsentierende Zellen fungieren. TNF-α und LT-α können zum einen zusammen mit IFN-γ bei der Aktivierung der Makrophagen und zum anderen durch ihre Wechselwirkung mit TNFR-I, der die Apoptose auslösen kann, bei der Tötung einiger Zielzellen zusammenwirken. Die cytotoxischen CD8-T-Effektorzellen schränken so auf vielfältige Weise die Verbreitung von Pathogenen aus dem Cytosol ein. Die jeweilige Bedeutung der einzelnen Mechanismen lässt sich relativ schnell mithilfe von Knockout-Mäusen bestimmen.

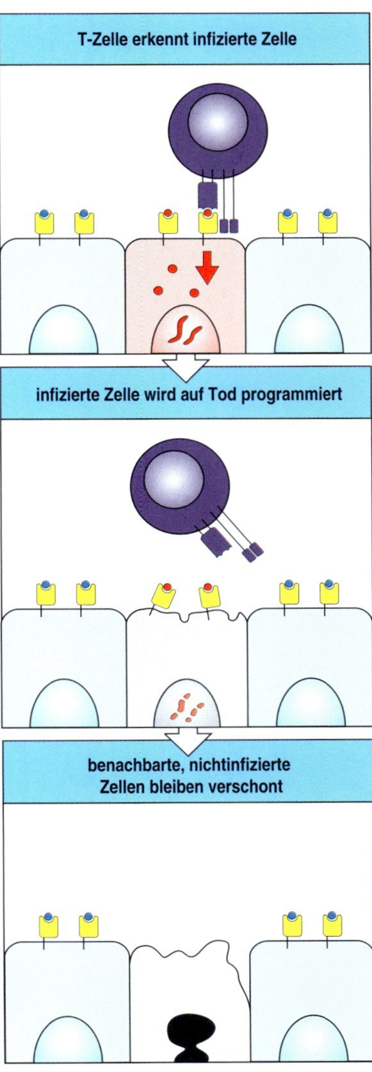

8.40 Cytotoxische T-Zellen töten Zielzellen, die ein spezifisches Antigen tragen, ohne benachbarte, nichtinfizierte Zellen zu beeinträchtigen. In einem Gewebe können alle Zellen durch die cytotoxischen Proteine der CD8-T-Effektorzellen getötet werden, und trotzdem werden nur die infizierten Zellen vernichtet. Die spezifische Erkennung durch den T-Zell-Rezeptor bestimmt, welche Zellen getötet werden sollen. Die gerichtete Freisetzung von Granula (nicht dargestellt) bewirkt dann, dass benachbarte Zellen verschont bleiben.

Zusammenfassung

Cytotoxische CD8-T-Effektorzellen spielen eine wesentliche Rolle bei der Verteidigung des Wirts gegen Krankheitserreger, die im Cytosol leben – meist handelt es sich dabei um Viren. Diese cytotoxischen T-Zellen können jede Zelle töten, die solche Pathogene beherbergt. Dabei erkennen sie Fremdpeptide, die an MHC-Klasse-I-Moleküle gebunden an die Zelloberfläche transportiert werden. Cytotoxische CD8-T-Zellen töten Zellen, indem sie zwei Gruppen bereits fertig vorliegender cytotoxischer Proteine freisetzen: die Granzyme, die offenbar in jeder Art von Zielzelle einen programmierten Zelltod auslösen können, Perforin, das bei der gezielten Freisetzung der Granzyme in die Zielzelle mitwirkt, und Granulysin. Aufgrund dieser Fähigkeiten kann die cytotoxische T-Zelle praktisch jede Zelle, deren Cytosol mit einem Krankheitserreger infiziert ist, angreifen und vernichten. Auch der membranständige Fas-Ligand, den CD8- und einige CD4-T-Zellen exprimieren, kann eine Apoptose auslösen, indem er sich auf einigen Zielzellen an Fas heftet. Dieser Weg spielt jedoch wahrscheinlich für die Beseitigung von Fas-tragenden aktivierten Lymphocyten, nachdem eine Infektion bereinigt wurde, sowie bei der Homöostase der Lymphocyten eine größere Rolle. Cytotoxische CD8-T-Zellen synthetisieren außerdem noch IFN-γ, das die virale Replikation hemmt und große Bedeutung für die Expression von MHC-Klasse-I-Molekülen und die Aktivierung von Makrophagen hat. Cytotoxische T-Zellen vernichten infizierte Zielzellen sehr präzise, sodass benachbarte normale Zellen verschont bleiben. Auf diese Weise können die befallenen Zellen beseitigt und gleichzeitig die Gewebeschäden möglichst auf ein Minimum beschränkt werden.

Die Aktivierung von Makrophagen durch T_H1-Zellen

Einige Mikroorganismen wie Mycobakterien sind intrazelluläre Krankheitserreger, die vorwiegend in Phagolysosomen von Makrophagen wachsen und dort vor Antikörpern und cytotoxischen T-Zellen sicher sind. Diese Mikroorganismen überdauern in der normalerweise feindlichen Umgebung des Phagocyten auf zwei Weisen: Sie verhindern, dass die

Lysosomen mit den Phagosomen verschmelzen, in denen sie sich vermehren, oder sie unterbinden in diesen Vesikeln die für die Aktivierung der lysosomalen Proteasen erforderliche Senkung des pH-Wertes. Solche Mikroorganismen können eliminiert werden, wenn eine T_H1-Zelle den Makrophagen aktiviert. T_H1-Zellen synthetisieren membranständige Proteine sowie ein Spektrum löslicher Cytokine, die durch ihre Wirkung im Nahbereich und auf weitere Distanzen die Immunreaktion gegen intrazelluläre Erreger steuern. T_H1-Effektorzellen können außerdem noch Makrophagen dazu bringen, gerade erst aufgenommene Krankheitserreger zu vernichten, und sie können B-Zellen aktivieren, die dann eine begrenzte, aber hoch effektive Kombination von Immunglobulinisotypen freisetzen (Kapitel 9).

8.31 T_H1-Zellen spielen eine zentrale Rolle bei der Makrophagenaktivierung

Mehrere wichtige Krankheitserreger befinden sich innerhalb von Makrophagen, während viele andere von Makrophagen aus der extrazellulären Flüssigkeit aufgenommen werden. Wie wir in Kapitel 2 erfahren haben, können solche Krankheitserreger häufig von den Makrophagen zerstört werden, ohne dass T-Zellen aktiviert werden müssen. Bei einigen klinisch relevanten Infektionen infizieren die Krankheitserreger den Makrophagen jedoch chronisch und machen ihn funktionslos. So sind CD4-T-Zellen erforderlich, um dem Makrophagen zusätzliche Aktivierungssignale zu übermitteln, damit er die aufgenommenen Bakterien zerstören kann. Die Verstärkung der antimikrobiellen Mechanismen bezeichnet man als **Makrophagenaktivierung**. Dies ist der hauptsächliche Effektormechanismus der T_H1-Zellen. *Pneumocystis carinii* ist einer der extrazellulären Erreger, die vernichtet werden, sobald die Makrophagen aktiviert sind. Dieser opportunistische Pilz führt bei vielen Menschen zum Tod, die an AIDS erkrankt sind und deshalb nicht genügend CD4-T-Zellen besitzen. Die Makrophagenaktivierung kann man anhand der Fähigkeit aktivierter Makrophagen verfolgen, ein breites Spektrum an Mikroben sowie bestimmte Tumorzellen zu schädigen. Da die Effekte von Makrophagen nicht nur extrazelluläre Ziele, sondern auch normale körpereigene Zellen angreifen können, müssen sie normalerweise in einem inaktiven Zustand gehalten werden.

Für eine Aktivierung der Makrophagen sind zwei Signale notwendig. Eines wird von IFN-γ ausgesendet, das andere kann aus zahlreichen anderen Quellen stammen. Es bewirkt, dass der Makrophage auf IFN-γ besser anspricht. T_H1-Effektorzellen können beide Signale übermitteln. Als besonders charakteristisches Cytokin bilden T_H1-Zellen nach einer Wechselwirkung mit ihren spezifischen Zielzellen IFN-γ. Der von den T_H1-Zellen exprimierte CD40-Ligand liefert das Sensibilisierungssignal, indem er mit CD40 auf dem Makrophagen in Kontakt tritt (Abb. 8.41). CD8-T-Zellen sind eine weitere wichtige IFN-γ-Quelle und können Makrophagen aktivieren, die Antigene von Proteinen aus dem Cytosol präsentieren. Mäuse ohne MHC-Klasse-I-Moleküle und folglich auch ohne CD8-T-Zellen werden sehr viel leichter von bestimmten Parasiten befallen. Auch reichen geringfügige Mengen bakterieller Lipopolysaccharide aus, damit Makrophagen besser auf IFN-γ ansprechen. Dies kann sehr wichtig sein, wenn IFN-γ vor allem aus CD8-T-Zellen stammt.

Unter Umständen kann membrangebundenes TNF-α oder LT-α bei der Makrophagenaktivierung den CD40-Liganden ersetzen. Diese mit der Zelle assoziierten Moleküle stimulieren offenbar Makrophagen, TNF-α zu sezernieren, wobei sich diese Art der Makrophagenaktivierung mit Antikörpern gegen TNF-α unterbinden lässt. T_H2-Zellen aktivieren Makrophagen nur schlecht, da sie nicht IFN-γ, sondern IL-10 bilden – ein Cytokin, das Makrophagen inaktivieren kann. Sie exprimieren allerdings den CD40-Liganden und können das vom Zellkontakt abhängige Signal aussenden, das unbedingt erforderlich ist, um Makrophagen für eine Reaktion auf IFN-γ zu aktivieren.

Nachdem cytotoxische CD8-T-Zellen ihr spezifisches Antigen erkannt haben, dauert es nur Minuten, bis die gerichtete Exocytose von vorher gebildeten Perforinen und Granzymen die Zielzellen veranlasst, durch Apoptose abzusterben. Wenn andererseits T_H1-Zellen auf ein spezifisches Antigen treffen, müssen sie eine *de novo*-Transkription der Gene für die Effektorcytokine und Zelloberflächenmoleküle durchführen, über die sie ihre Aktivitäten entfalten. Diese Reaktion beginnt innerhalb einer Stunde nach dem Eintreten des Kontakts und erfordert Stunden, anstelle von Minuten, bis zum Abschluss. T_H1-Zellen müssen sich also wesentlich länger an ihre Zielzellen anheften als cytotoxische T-Zellen. Die neu synthetisierten Cytokine werden dann direkt durch Mikrovesikel des konstitutiven Sekretionsweges zur Kontaktstelle zwischen der T-Zell-Membran und dem Makrophagen transportiert. Man nimmt an, dass der neu synthetisierte CD40-Ligand an der Zelloberfläche auch durch diesen Polarisierungsmechanismus exprimiert wird. Das bedeutet, dass zwar alle Makrophagen Rezeptoren für IFN-γ besitzen, es aber für den Makrophagen, der tatsächlich der T_H1-Zelle ein Antigen präsentiert, wesentlich wahrscheinlicher ist, aktiviert zu werden als für benachbarte, nichtinfizierte Makrophagen.

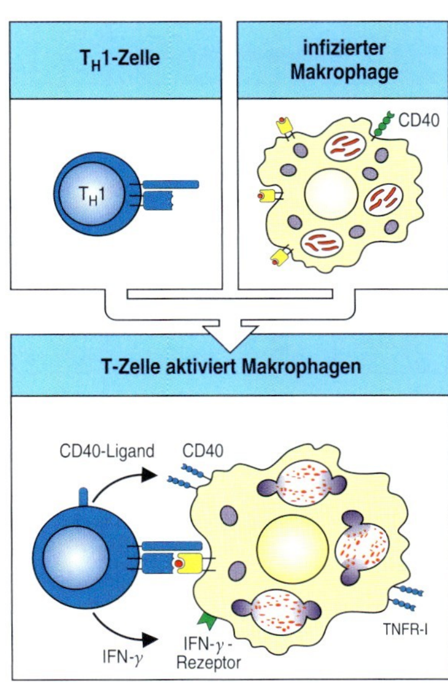

8.41 T_H1-Zellen aktivieren Makrophagen so, dass diese stark antimikrobiell wirken. Trifft eine T_H1-Effektorzelle, die für ein bakterielles Peptid spezifisch ist, auf einen infizierten Makrophagen, so wird sie angeregt, den makrophagenaktivierenden Faktor IFN-γ zu sezernieren und den CD40-Liganden zu exprimieren. Diese beiden neu synthetisierten T_H1-Proteine aktivieren dann zusammen den Makrophagen.

8.32 Die Aktivierung von Makrophagen durch T_H1-Zellen bewirkt, dass Bakterien abgetötet werden, und muss sehr präzise reguliert werden, um eine Schädigung des Wirtsgewebes zu vermeiden

T_H1-Zellen aktivieren infizierte Makrophagen durch Zellkontakte und die gezielte Sekretion von IFN-γ. Dies löst eine Reihe biochemischer Reaktionen aus, die aus dem Makrophagen eine wirkungsvolle keimtötende Effektorzelle machen (Abb. 8.42). In aktivierten Makrophagen verschmelzen nun die Lysosomen besser mit Phagosomen, wobei sie intrazelluläre oder kurz vorher aufgenommene extrazelluläre Mikroorganismen mit einer Vielzahl an bakteriziden lysosomalen Enzymen in Kontakt bringen. Aktivierte Makrophagen bilden darüber hinaus auch Sauerstoffradikale und Stickoxid (NO), die beide effizient Keime töten, sowie antimikrobielle Peptide und Proteasen, die freigesetzt werden können und extrazelluläre Parasiten angreifen.

Zusätzliche Veränderungen der aktivierten Makrophagen tragen dazu bei, die Immunreaktion zu verstärken. Auf der Makrophagenoberfläche erhöht sich die Anzahl der B7-Moleküle, von CD40, der MHC-Klasse-II-Moleküle sowie der TNF-Rezeptoren. Dadurch ist die Zelle besser in der Lage,

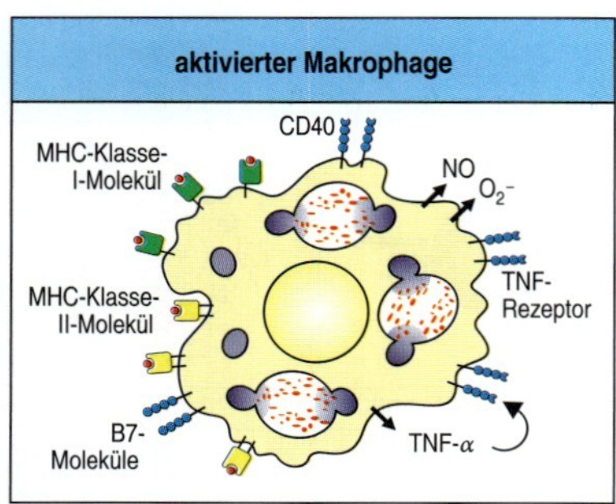

8.42 Aktivierte Makrophagen verändern sich in einer Weise, dass ihre antimikrobielle Wirkung und die Immunreaktion verstärkt werden. Aktivierte Makrophagen steigern die Expression von CD40 und TNF-Rezeptoren und sie werden stimuliert, TNF-α freizusetzen. Dieser autokrine Stimulus bewirkt zusammen mit IFN-γ, das von T_H1-Zellen sezerniert wird, eine größere antibakterielle Wirkung des Makrophagen – hierzu wird besonders die Bildung von Stickoxid (NO) und Superoxid (O_2^-) gefördert. Aufgrund der Bindung an den CD40-Liganden auf der T-Zelle verstärkt der Makrophage außerdem die Expression seiner B7-Proteine und seiner MHC-Klasse-II-Moleküle; dies führt zur Aktivierung weiterer ruhender CD4-T-Zellen.

neuen T-Zellen Antigene zu präsentieren, sodass sich die Zellen in Effektorzellen verwandeln können. Gleichzeitig kann der Makrophage besser auf TNF-α und den CD40-Liganden ansprechen. TNF-α, der von aktivierten Makrophagen produziert wird, kann bei der Makrophagenaktivierung mit IFN-γ kooperieren. Dies gilt besonders für die Induktion des reaktiven NO, das eine breite antimikrobielle Aktivität besitzt. NO wird von dem Enzym induzierbare NO-Synthase (iNOS) gebildet. Knockout-Mäuse, bei denen das iNOS-Gen ausgeschaltet wurde, sind sehr anfällig für verschiedene intrazelluläre Pathogene. Aktivierte Makrophagen sezernieren auch IL-12, das die Differenzierung aktivierter naiver CD4-T-Zellen zu T_H1-Effektorzellen steuert (Abschnitt 8.19). Diese sowie viele andere Moleküle aktivierter Makrophagen, die sich an der Oberfläche befinden oder sezerniert werden, sind an den Wirkungen der Makrophagen bei zellvermittelten Immunreaktionen beteiligt. Cytokine, die von Makrophagen freigesetzt werden, spielen auch eine wichtige Rolle bei humoralen Immunantworten, sowie dabei, andere Immunzellen zu den Infektionsherden zu lotsen.

Da die aktivierten Makrophagen sehr effizient Pathogene zerstören können, kann man sich fragen, warum sie nicht immer aktiviert bleiben. Makrophagen benötigen große Mengen Energie, um im aktivierten Zustand zu bleiben, und außerdem ist die Makrophagenaktivierung *in vivo* in der Regel mit einer begrenzten Zerstörung des Gewebes verbunden. Das liegt an freigesetzten Sauerstoffradikalen, NO und Proteasen, die nicht nur für die Krankheitserreger, sondern auch für die Wirtszellen toxisch sind. Die Freisetzung von toxischen Mediatoren durch aktivierte Makrophagen ist wichtig für die Wirtsverteidigung. Sie können auf diese Weise große extrazelluläre Pathogene wie parasitische Würmer angreifen, die sie nicht aufnehmen können. Der Preis dafür sind allerdings Gewebeschäden. Die strenge Regulation der Makrophagenaktivität durch T_H1-Zellen ermöglicht daher einen spezifischen und effizienten Einsatz dieses wirkungsvollen Mittels der Immunabwehr, während die Schädigung des lokalen Gewebes und der Energieverbrauch auf ein Minimum beschränkt bleiben.

Aktivierte T-Effektorzellen sind die Hauptlieferanten von IFN-γ, das die Makrophagen aktiviert. So ist die Kontrolle der Makrophagenaktivierung mit der Kontrolle der Synthese von IFN-γ in den T-Zellen eng gekoppelt. Das geschieht offenbar über eine Steuerung der Halbwertszeit der IFN-γ-mRNA. Letztere enthält wie die mRNA für eine Vielzahl anderer Cytokine (beispielsweise IL-2) in ihrem untranslatierten 3'-Bereich die Sequenz $(AUUUA)_n$, die die Halbwertszeit der mRNA erheblich verringert und so die Cytokinproduktion zeitlich begrenzt. Außerdem löst die Aktivierung der T-Zelle anscheinend die Synthese eines neuen Proteins aus, das den Abbau der Cytokin-mRNA fördert: Behandelt man aktivierte T-Effektorzellen mit dem Proteinsynthesehemmstoff Cycloheximid, so steigt die Konzentration an Cytokin-mRNA erheblich an. Der schnelle Abbau der Cytokin-mRNA schränkt daher zusammen mit der zielgerichteten Freisetzung von IFN-γ an der Kontaktstelle zwischen der aktivierten T_H1-Zelle und dem Zielmakrophagen auch die Wirkung der T-Effektorzelle auf den infizierten Makrophagen ein. Darüber hinaus wird die Makrophagenaktivierung selbst auch stark durch Cytokine wie TGF-β und IL-10 blockiert. CD4-T_H2-Zellen produzieren mehrere dieser inhibitorischen Cytokine, sodass die Induktion der zu dieser Untergruppe gehörenden CD4-T-Zellen ein wichtiger Weg ist, die Makrophagenaktivierung zu begrenzen.

8.33 T_H1-Zellen koordinieren die Reaktion des Wirts auf intrazelluläre Krankheitserreger

Die Aktivierung der Makrophagen durch T_H1-Zellen, die den CD40-Liganden exprimieren und IFN-γ sezernieren, ist für die Reaktion des Wirts auf die in Makrophagenvesikeln proliferierenden Pathogene von zentraler Bedeutung. Bei Mäusen, in denen das Gen für IFN-γ oder den CD40-Liganden gezielt zerstört wurde, ist die Bildung antimikrobieller Substanzen durch die Makrophagen gestört. Daher sterben die Tiere an subletalen Dosen von Mycobakterien und Leishmanien. Die Makrophagenaktivierung ist zudem wichtig für die Bekämpfung des Vacciniavirus. Mäuse ohne TNF-Rezeptoren sind auch für diese Pathogene anfälliger. IFN-γ und der CD40-Ligand sind zwar wahrscheinlich die wichtigsten Effektormoleküle, die von den T_H1-Zellen gebildet werden, aber die Immunreaktion auf Pathogene, die in Makrophagenvesikeln proliferieren, ist sehr komplex. Daher spielen wahrscheinlich auch andere Cytokine, die von T_H1-Zellen sezerniert werden, bei der Koordination dieser Vorgänge eine wesentliche Rolle (Abb. 8.43). Makrophagen, die chronisch mit intrazellulären Bakterien infiziert sind, können

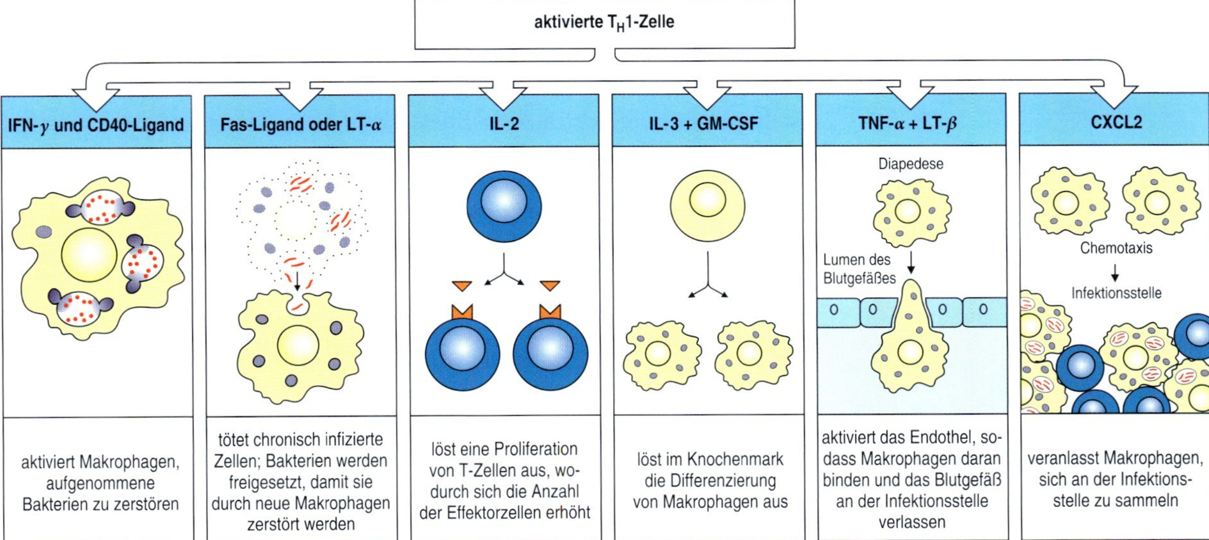

8.43 Die Immunreaktion gegen intrazelluläre Bakterien wird von aktivierten T_H1-Zellen koordiniert. Die Aktivierung von T_H1-Zellen durch infizierte Makrophagen führt zur Synthese von Cytokinen, die sowohl den Makrophagen stimulieren als auch die Immunreaktion gegen intrazelluläre Krankheitserreger koordinieren. IFN-γ und der CD40-Ligand aktivieren zusammen den Makrophagen, sodass er aufgenommene Krankheitserreger zerstören kann. Chronisch infizierte Makrophagen verlieren die Fähigkeit, intrazelluläre Bakterien zu töten. Der Fas-Ligand oder LT-α, die von T_H1-Zellen gebildet werden, können solche Makrophagen zerstören. So wirken IFN-γ und LT-α bei der Eliminierung intrazellulärer Bakterien zusammen. Das von T_H1-Zellen gebildete IL-2 induziert die T-Zell-Proliferation und verstärkt die Freisetzung weiterer Cytokine. IL-3 und GM-CSF stimulieren die Bildung neuer Makrophagen, indem sie auf hämatopoetische Stammzellen im Knochenmark einwirken. Neue Makrophagen werden durch die Wirkung von TNF-α und LT-α sowie anderer Cytokine auf das Gefäßendothel an die Infektionsstelle gelockt. Die Cytokine signalisieren den Makrophagen, die Blutgefäße zu verlassen und in das Gewebe einzudringen. Ein Chemokin mit makrophagenanlockender Aktivität (CXCL2) signalisiert den Makrophagen, sich zum Infektionsherd zu begeben und dort anzusammeln. So koordinieren die T_H1-Zellen eine Makrophagenreaktion, die sehr effizient intrazelluläre Erreger zerstört.

unter Umständen nicht mehr aktiviert werden. Solche Zellen können eine Infektionsquelle darstellen, die vor Immunangriffen geschützt ist. Aktivierte T_H1-Zellen können den Fas-Liganden exprimieren. Daher sind sie in der Lage, bestimmte Zielzellen wie Makrophagen abzutöten, die Fas exprimieren, und können dabei auch solche infizierten Zellen zerstören.

Einige Bakterien befinden sich in Vesikeln, beispielsweise Mycobakterien und *Listeria monocytogenes*; sie können die Zellvesikel verlassen und gelangen in das Cytoplasma, wo die aktivierten Makrophagen ihnen nichts anhaben können. Ihre Anwesenheit kann jedoch von cytotoxischen CD8-T-Zellen entdeckt werden, die die Bakterien freisetzen, indem sie die Zelle töten. Sobald die Makrophagen von T_H1-Zellen oder cytotoxischen CD8-T-Zellen getötet und die Pathogene freigesetzt wurden, können diese von neu angelockten Makrophagen aufgenommen werden, in denen die antimikrobiellen Aktivitäten noch ausgelöst werden können.

T_H1-Zellen haben außerdem noch die wichtige Aufgabe, Phagocyten zu den Infektionsherden zu locken. Bei Makrophagen geschieht dies auf zweierlei Weise. Zum einen stellen T_H1-Zellen die hämatopoetischen Wachstumsfaktoren IL-3 und GM-CSF her, die die Bildung neuer Phagocyten im Knochenmark stimulieren. Zum anderen verändern TNF-α und LT-α, die von den T_H1-Zellen an den Infektionsstellen sezerniert werden, die Oberflächeneigenschaften von Endothelzellen, sodass Phagocyten an ihnen haften bleiben. Chemokine wie CXCL2 werden während der Entzündungsreaktion von T_H1-Zellen gebildet und steuern dann die Wanderung von Monocyten durch das Gefäßendothel in das infizierte Gewebe (Abschnitt 2.24).

Wenn Mikroorganismen die Angriffe aktivierter Makrophagen überstehen, kann eine chronische Infektion in Verbindung mit einer Entzündung entstehen, die oft ein charakteristisches Muster aufweist: Rund um einen zentralen Bereich, in dem sich Makrophagen befinden, liegen aktivierte Lymphocyten. Dieses pathologische Muster nennt man Granulom (Abb. 8.44). Das Zentrum dieser Granulome kann aus Riesenzellen bestehen, die aus miteinander verschmolzenen Makrophagen entstanden sind. Das Granulom dient dazu, Pathogene „einzukesseln", die nicht zerstört werden konnten. An den Granulomen sind anscheinend auch T_H2- sowie T_H1-Zellen beteiligt, die vielleicht die Aktivität der Granulome regeln und so größere Gewebeschäden verhindern. Bei der Tuberkulose wird manchmal das Zentrum der großen Granulome isoliert, wobei die Zellen darin

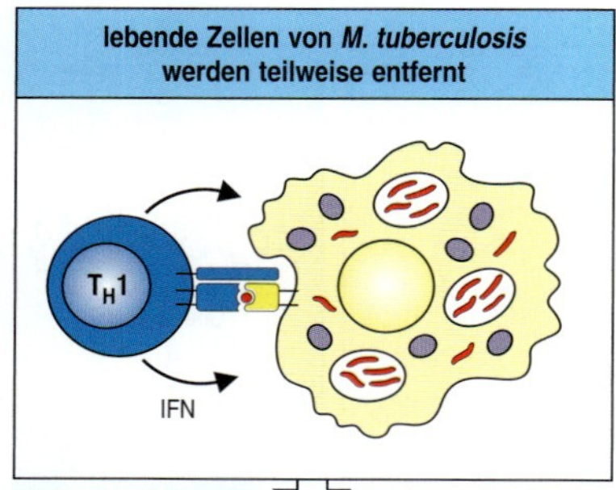

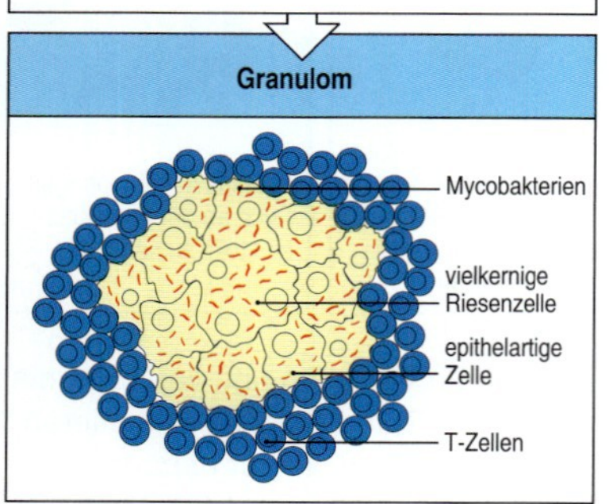

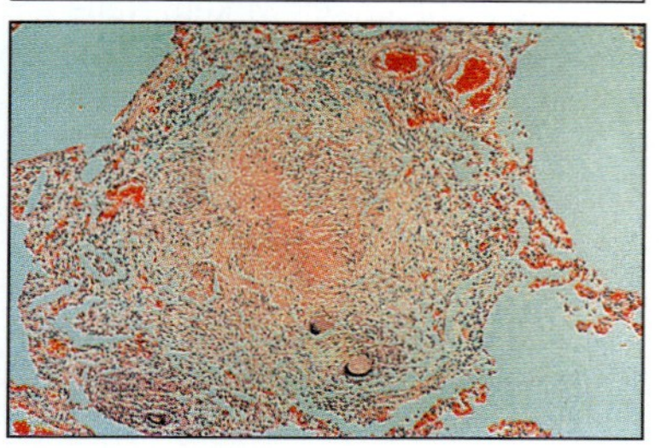

8.44 Wenn intrazelluläre Krankheitserreger oder deren Bestandteile nicht völlig eliminiert werden können, bilden sich Granulome. Wenn Mycobakterien (rot) die Makrophagenaktivierung überstehen, entwickelt sich eine charakteristische lokale Entzündung, die als Granulom bezeichnet wird. In seinem Zentrum befinden sich infizierte Makrophagen sowie unter Umständen noch vielkernige Riesenzellen aus fusionierten Makrophagen. Diese sind von großen Makrophagen umgeben, die man oft als epithelartige Zellen bezeichnet. Mycobakterien können in den Zellen des Granuloms überdauern. Der zentrale Kern ist von T-Zellen umgeben, von denen viele CD4-positiv sind. Man weiß noch nicht genau, über welchen Mechanismus dieses Gleichgewicht erreicht wird und wie es zusammenbricht. Bei einer Krankheit, die als Sarcoidose bezeichnet wird und deren Ursache möglicherweise verborgene mycobakterielle Infektionen sind, bilden sich Granulome (unten) auch in der Lunge und an anderen Stellen. (Foto mit freundlicher Genehmigung von J. Orrell.)

wahrscheinlich aufgrund einer Kombination aus Sauerstoffmangel und cytotoxischer Wirkung der aktivierten Makrophagen absterben. Da das tote Gewebe im Zentrum einem Käse ähnelt, bezeichnet man diesen Vorgang auch als verkäsende Nekrose. Auf diese Weise kann die Aktivierung von T_H1-Zellen ein signifikantes Krankheitsbild hervorrufen. Ohne ihre Aktivierung würde sich allerdings die Infektion weiter ausbreiten und so zum Tod führen. Dies beobachtet man inzwischen häufig bei Patienten, die AIDS haben und zusätzlich mit Mycobakterien infiziert sind.

Zusammenfassung

CD4-T-Zellen, die Makrophagen aktivieren können, spielen eine entscheidende Rolle bei der Abwehr von intrazellulären und extrazellulären Pathogenen, die nicht abgetötet werden, nachdem sie von Makrophagen aufgenommen wurden. Die Makrophagen werden durch membranständige Signale aktivierter T_H1-Zellen sowie durch das stark makrophagenstimulierende Cytokin IFN-γ aktiviert, das von aktivierten T_H1-Zellen sezerniert wird. Nach der Aktivierung können die Makrophagen die Bakterien abtöten, die sich in ihnen befinden oder die sie aufgenommen haben. Sie können außerdem lokale Gewebeschäden hervorrufen, sodass ihre Aktivität durch T-Zellen genau geregelt werden muss. T_H1-Zellen bilden verschiedene Cytokine, Chemokine und Oberflächenmoleküle, die nicht nur infizierte Makrophagen aktivieren, sondern auch chronisch infizierte alternde Makrophagen töten, Knochenmark zur Bildung neuer Makrophagen anregen und neue Makrophagen zu den Infektionsstellen locken können. Die T_H1-Zellen kontrollieren und koordinieren also die Immunabwehr gegen bestimmte intrazelluläre Pathogene. Das Überwiegen von Infektionen mit intrazellulären Krankheitserregern bei erwachsenen AIDS-Patienten ist wahrscheinlich auf das Fehlen dieser Funktion zurückzuführen.

Zusammenfassung von Kapitel 8

Stoßen naive T-Zellen auf der Oberfläche einer antigenpräsentierenden Zelle, die auch die costimulierenden Moleküle B7.1 und B7.2 exprimiert, auf ein spezifisches Antigen, dann folgt eine adaptive Immunantwort. Man nimmt an, dass es in den meisten Fällen zu einer Begegnung mit einer konventionellen Untergruppe der dendritischen Zellen („CD11c-*bright*") kommt, die in der Peripherie auf Krankheitserreger getroffen sind. Diese dendritischen Zellen wurden über die Erkennung durch das angeborene Immunsystem aktiviert, haben an einem Infektionsherd ein Antigen aufgenommen und sind in das lokale lymphatische Gewebe gewandert. Die dendritische Zelle kann nun heranreifen und sich zu einem starken Aktivator naiver T-Zellen entwickeln. Eine dendritische Zelle kann das Antigen auch an andere dendritische Zellen in den peripheren lymphatischen Organen weitergeben, sodass es zu einer Kreuzpräsentation gegenüber naiven CD8-T-Zellen kommt. Plasmacytoide dendritische Zellen tragen zu schnellen Immunantworten gegen Viren bei, indem sie Typ-I-Interferone produzieren. Sobald T-Zellen durch Kontakt mit einer antigenpräsentierenden dendritischen Zelle aktiviert wurden, produzieren sie IL-2, das dann ihre Proliferation und Differenzierung zu verschiedenen Typen von T-Effektorzellen stimuliert. Bei allen T-Zell-Effektorfunktionen spielen Wechselwirkungen zwischen Zellen eine Rolle. Wenn T-Effektorzellen auf Zielzellen spezifische Antigene erkennen, setzen sie Substanzen frei, die das Verhalten der Zielzelle durch direkte Einwirkung verändern. Die T-Effektorzellen werden unabhängig von einer Costimulation durch Peptid:MHC-Komplexe angeregt, sodass sie jede beliebige infizierte Zielzelle aktivieren oder zerstören können. Cytotoxische CD8-T-Zellen töten Zielzellen, deren Cytosol mit Krankheitserregern infiziert ist, und eliminieren so die Stellen, an denen sich die Pathogene vermehren. CD4-T-Zellen können sich zu spezialisierten Effektorzellen entwickeln, die Entzündungsreaktionen (T_H1), humorale oder allergische Reaktionen (T_H2) oder akute Reaktionen (T_H17) auf Krankheitserreger fördern können. CD4-T_H1-Zellen regen Makrophagen dazu an, intrazelluläre Parasiten zu töten. CD4-T-Zellen sind auch für die Aktivierung von B-Zellen essenziell, wonach diese Antikörper sezernieren. Die Antikörper lösen dann humorale Immunreaktionen aus, die gegen extrazelluläre Pathogene gerichtet sind. T_H17-Zellen tragen dazu bei, dass die Reaktion der neutrophilen Zellen gegen extrazelluläre Krankheitserreger verstärkt wird. Damit regulieren die T-Effektorzellen praktisch sämtliche bekannten Effektormechanismen der erworbenen Immunreaktion. Darüber hinaus werden Untergruppen von regulatorischen CD4-T-Zellen gebildet, die durch Unterdrückung T-Zell-Reaktionen dazu beitragen, dass Immunantworten kontrolliert und begrenzt werden.

Fragen

8.1 Dendritische Zellen wandern durch die Gewebe und stellen dabei einen Mechanismus zur Verfügung, der die Infektion durch Pathogene überwacht. a) Zu welcher Zelllinie gehören dendritische Zellen, und welche Typen gibt es? b) Beschreiben Sie, wie dendritische Zellen das Vorhandensein einer Infektion in den peripheren Geweben erkennen und in den Lymphknoten oder in den sekundären lymphatischen Geweben eine Immunantwort auslösen. c) Welche Mechanismen verhindern, dass dendritische Zellen eine Immunantwort gegen körpereigene Antigene auslösen?

8.2 Die Aktivierung einer naiven T-Zelle erfordert die Wechselwirkung mit einer antigenpräsentierenden Zelle, wie etwa mit einer dendritischen Zelle. a) Welche Moleküle auf T-Zellen sind an diesem Vorgang beteiligt, und mit was auf der antigenpräsentierenden Zelle interagieren sie? b) Welche Auswirkungen würden Sie erwarten, wenn diese Moleküle in einem Organismus funktionslos sind? c) Welche Möglichkeiten ergeben sich für die Entwicklung von entzündungshemmenden Medikamenten oder Immunsuppressiva?

8.3 Bei einigen Experimenten der Teilchenphysik verwendet man die Koinzidenzdetektion – die gleichzeitige Messung desselben Ereignisses durch zwei getrennte Detektoren –, um wirkliche Ereignisse von verfälschenden Fluktuationen des Detektorsystems zu unterscheiden. Inwieweit folgen die Bedingungen für die Aktivierung von T-Zellen diesem Prinzip, a) bei der Erkennung von Krankheitserregern, b) bei der Vermeidung von Autoimmunreaktionen?

8.4 Bewerten Sie folgende Behauptung: „Die T-Zell-Effektorfunktionen werden primär durch sezernierte Produkte vermittelt." a) Inwieweit trifft die Aussage auf CD4- und CD8-T-Zellen zu? b) Beschreiben Sie die Funktionen der Effektormoleküle, die an T-Zell-Membranen gebunden sind, in der Immunantwort.

8.5 CD4-T-Zellen nehmen mehrere unterschiedliche Phänotypen an, die man als unterschiedliche Zelllinien bezeichnet. a) Beschreiben Sie die bekannten CD4-Untergruppen, und stellen Sie eine Beziehung her zwischen ihren immunologischen Funktionen und ihren spezifischen Effektormechanismen. b) Welche Eigenschaften dieser Untergruppen stimmen mit der Vorstellung überein, dass es sich um getrennte Zelllinien handelt, oder widersprechen ihr? c) Beschreiben Sie die Bedeutung der antigenpräsentierenden Zellen und der Krankheitserreger für das Entstehen jeder Untergruppe. d) Erläutern Sie, wie die antigenpräsentierenden Zellen und die Untergruppen der CD4-T-Zellen mit der Aufrechterhaltung der Toleranz zusammenhängen.

Allgemeine Literatur

Dustin ML (2003) Coordination of T-cell activation and migration through formation of the immunological synapse. *Ann N Y Acad Sci* 987: 51–59

Ihle JN (1995) Cytokine receptor signaling. *Nature* 377: 591–594

Janeway CA, Bottomly K (1994) Signals and signs for lymphocyte responses. *Cell* 76: 275–285

Mosmann TR, Li L, Hengartner H, Kagi D, Fu W, Sad S (1997) Differentiation and functions of T cell subsets. *Ciba Found Symp* 204: 148–154; Diskussion 154–158

Snyder JE, Mosmann TR (2003) How to 'spot' a real killer. *Trends Immunol* 24: 231–232

Springer TA (1994) Traffic signals for lymphocyte recirculation and leukocyte emigration: the multistep paradigm. *Cell* 76: 301–314

Tseng SY, Dustin ML (2002) T-cell activation: a multidimensional signaling network. *Curr Opin Cell Biol* 14: 575–580

Literatur zu den einzelnen Abschnitten

Abschnitt 8.1

Caux C, Ait-Yahia S, Chemin K, de Bouteiller O, Dieu-Nosjean MC, Homey B, Massacrier C, Vanbervliet B, Zlotnik A, Vicari A (2000) Dendritic cell biology and regulation of dendritic cell trafficking by chemokines. *Springer Semin Immunopathol* 22: 345–369

Dupuis M, Denis-Mize K, LaBarbara A, Peters W, Charo IF, McDonald DM, Ott G (2001) Immunization with the adjuvant MF59 induces macrophage trafficking and apoptosis. *Eur J Immunol* 31: 2910–2918

Itano AA, Jenkins MK (2003) Antigen presentation to naive CD4 T cells in the lymph node. *Nat Immunol* 4: 733–739

Picker LJ, Butcher EC (1993) Physiological and molecular mechanisms of lymphocyte homing. *Annu Rev Immunol* 10: 561–591

Steptoe RJ, Li W, Fu F, O'Connell PJ, Thomson AW (1999) Trafficking of APC from liver allografts; of Fit3L-treated donors: augmentation of potent allostimulatory cells in recipient lymphoid tissue is associated with a switch from tolerance to rejection. *Transpl Immunol* 7: 51–57

Yoshino M, Yamazaki H, Nakano H Kakiuchi T, Ryoke K, Kunisada T, Hayashi S (2003) Distinct antigen trafficking from skin in the steady and active states. *Int Immunol* 15: 773–779

Abschnitt 8.2

Hogg N, Henderson R, Leitinger B, McDowall A, Porter J, Stanley P (2002) Mechanisms contributing to the activity of integrins on leukocytes. *Immunol Rev* 186: 164–171

Kunkel EJ, Campbell DJ, Butcher EC (2003) Chemokines in lymphocyte trafficking and intestinal immunity. *Microcirculation* 10: 313–323

Madri JA, Graesser D (2000) Cell migration in the immune system: the evolving interrelated roles of adhesion molecules and proteinases. *Dev Immunol* 7: 103–116

Rosen SD (2004) Ligands for L-selectin: homing, inflammation, and beyond. *Annu Rev Immunol* 22: 129–156

von Andrian UH, Mempel TR (2003) Homing and cellular traffic in lymph nodes. *Nat Rev Immunol* 3: 867–878

Abschnitt 8.3

Cyster JG (2005) Chemokines, sphingosine-1-phosphate, and cell migration in secondary lymphoid organs. *Annu Rev Immunol* 23: 127–159

Iwata S, Kobayashi H, Miyake-Nishijima R, Sasaki T, Souta-Kuribara A, Nori M, Hosono O, Kawasaki H, Tanaka H, Morimoto C (2002) Distinctive signaling pathways through CD82 and P1 integrins in human T cells. *Eur J Immunol* 32: 1328–1337

Laudanna C, Kim JY, Constantin G, Butcher E (2002) Rapid leukocyte integrin activation by chemokines. *Immunol Rev* 186: 37–46

Lo CG, Lu TT, Cyster JG (2003) Integrin-dependence of lymphocyte entry into the splenic white pulp. *J Exp Med* 197: 353–361

Rosen H, Goetzl EJ (2005) Sphingosine 1-phosphate and its receptors: an autocrine and paracrine network. *Nat Rev Immunol* 5: 560–570

Takagi J, Springer TA (2002) Integrin activation and structural rearrangement. *Immunol Rev* 186: 141–163

Abschnitt 8.4

Miller MJ, Wei SH, Cahalan MD, Parker I (2003) Autonomous T cell trafficking examined *in vivo* with intravital two-photon microscopy. *Proc Natl Acad Sci USA* 100: 2604–2609

Miller MJ, Wei SH, Parker I, Cahalan, MD (2002) Two-photon imaging of lymphocyte motility and antigen response in intact lymph node. *Science* 296: 1869–1873

Schlienger K, Craighead N, Lee KP, Levine BL, June CH (2000) Efficient priming of protein antigen-specific human $CD4^+$ T cells by monocyte-derived dendritic cells. *Blood* 96: 3490–3498

Thery C, Amigorena S (2001) The cell biology of antigen presentation in dendritic cells. *Curr Opin Immunol* 13: 45–51

Abschnitt 8.5

Ardavin C (2003) Origin, precursors and differentiation of mouse dendritic cells. *Nat Rev Immunol* 3: 582–590

Belz GT, Carbone FR, Heath WR (2002) Cross-presentation of antigens by dendritic cells. *Crit Rev Immunol* 22: 439–448

Gatti E, Pierre P (2003) Understanding the cell biology of antigen presentation: the dendritic cell contribution. *Curr Opin Cell Biol* 15: 468–473

Guermonprez P, Valladeau J, Zitvogel L, Thery C, Amigorena S (2002) Antigen presentation and T cell stimulation by dendritic cells. *Annu Rev Immunol* 20: 621–667

Shortman K, Liu YL (2002) Mouse and human dendritic cell subtypes. *Nat Rev Immunol* 21: 151–161

Abschnitte 8.6 und 8.7

Allan RS, Waithman J, Bedoui S, Jones CM, Villadangos JA, Zhan Y, Lew AM, Shortman K, Heath WR, Carbone FR (2006) Migratory dendritic cells transfer antigen to a lymph node-resident dendritic cell population for efficient CTL priming. *Immunity* 25: 153–162

Bachman MF, Kopf M, Marsland BJ (2006) Chemokines: more than just road signs. *Nat Rev Immunol* 6: 159–164

Blander JM, Medzhitov R (2006) Toll-dependent selection of microbial antigens for presentation by dendritic cells. *Nature* 440: 808–812

Reis e Sousa C (2004) Toll-like receptors and dendritic cells: for whom the bug tolls. *Semin Immunol* 16: 27–34

Abschnitt 8.8

Asselin-Paturel C, Trinchieri G (2005) Production of type I interferons: plasmacytoid dendritic cells and beyond. *J Exp Med* 202: 461–465

Blasius AL, Colonna M (2006) Sampling and signaling in plasmacytoid dendritic cells: the potential roles of Siglec-H. *Trends Immunol* 27: 255–260

Colonna M, Trinchieri G, Liu YJ (2004) Plasmacytoid dendritic cells in immunity. *Nat Immunol* 5: 1219–1226

Krug A, Veeraswamy R, Pekosz A, Kanagawa O, Unanue ER, Colonna M, Cella M (2003) Interferon-producing cells fall to induce proliferation of naive T cells but can promote expansion and T helper 1 differentiation of antigen-experienced unpolarized T cells. *J Exp Med* 197: 899–906

Kuwajima S, Sato T, Ishida K, Tada H, Tezuka H, Ohteki T (2006) Interleukin 15-dependent crosstalk between conventional and plasmacytoid dendritic cells is essential for CpG-induced immune activation. *Nat Immunol* 7: 740–746

Abschnitt 8.9

Barker RN, Erwig LP, Hill KS, Devine A, Pearce WP, Rees AJ (2002) Antigen presentation by macrophages is enhanced by the uptake of necrotic, but not apoptotic, cells. *Clin Exp Immunol* 127: 220–225

Underhill DM, Bassetti M, Rudensky A, Aderem A (1999) Dynamic interactions of macrophages with T cells during antigen presentation. *J Exp Med* 190: 1909–1914

Zhu FG, Reich CF, Pisetsky DS (2001) The role of the macrophage scavenger receptor in immune stimulation by bacterial DNA and synthetic oligonucleotides. *Immunology* 103: 226–234

Abschnitt 8.10

Guermonprez P, England P, Bedouelle H, Leclerc C (1998) The rate of dissociation between antibody and antigen determines the efficiency of antibody-mediated antigen presentation to T cells. *J Immunol* 161: 4542–4548

Shirota H, Sano K, Hirasawa N, Terui T, Ohuchi K, Hattori T, Tamura G (2002) B cells capturing antigen conjugated with CpG oligodeoxynucleotides induce Thl cells by elaborating IL-12. *J Immunol* 169: 787–794

Zaliauskiene L, Kang S, Sparks K, Zinn KR, Schwiebert LM, Weaver CT, Collawn JF (2002) Enhancement of MHC class II-restricted responses by receptor-mediated uptake of peptide antigens. *J Immunol* 169: 2337–2345

Abschnitt 8.11

Bromley SK, Burack WR, Johnson KG, Somersalo K, Sims TN, Sumen C, Davis MM, Shaw AS, Allen PM, Dustin ML (2001) The immunological synapse. *Annu Rev Immunol* 19: 375–396

Friedl P, Brocker EB (2002) TCR triggering on the move: diversity of T-cell interactions with antigen-presenting cells. *Immunol Rev* 186: 83–89

Gunzer M, Schafer A, Borgmann S, Grabbe S, Zanker KS, Brocker EB, Kampgen E, Fried P (2000) Antigen presentation in extracellular matrix: interactions of T cells with dendritic cells are dynamic, short lived, and sequential. *Immunity* 13: 323–332

Montoya MC, Sancho D, Vicente-Manzanares M, Sanchez-Madrid F (2002) Cell adhesion and polarity during immune interactions. *Immunol Rev* 186: 68–82

Wang J, Eck MJ (2003) Assembling atomic resolution views of the immunological synapse. *Curr Opin Immunol* 15: 286–293

Abschnitt 8.12

Bour-Jordan H, Bluestone JA (2002) CD28 function: a balance of costimulatory and regulatory signals. *J Clin Immunol* 22: 1–7

Gonzalo JA, Delaney T, Corcoran J, Goodearl A, Gutierrez-Ramos JC, Coyle AJ (2001) Cutting edge: the related molecules CD28 and inducible costimulator deliver both unique and complementary signals required for optimal T-cell activation. *J Immunol* 166: 1–5

Kapsenberg ML (2003) Dendritic-cell control of pathogen-driven T-cell polarization. *Nat Rev Immunol* 3: 984–993

Wang S, Zhu G, Chapoval AI, Dong H, Tamada K, Ni J, Chen L (2000) Costimulation of T cells by B7-H2, a B7-like molecule that binds ICOS. *Blood* 96: 2808–2813

Abschnitt 8.13

Appleman LJ, Berezovskaya A, Grass I, Boussiotis VA (2000) CD28 costimulation mediates T cell expansion via IL-2-independent and IL-2-dependent regulation of cell cycle progression. *J Immunol* 164: 144–151

Chang JT, Segal BM, Shevach EM (2000) Role of costimulation in the induction of the IL-12/IL-12 receptor pathway and the development of autoimmunity. *J Immunol* 164: 100–106

Gaffen SL (2001) Signaling domains of the interleukin 2 receptor. *Cytokine* 14: 63–77

Michel F, Attal-Bonnefoy G, Mangino G, Mise-Omata S, Acuto O (2001) CD28 as a molecular amplifier extending TCR ligation and signaling capabilities. *Immunity* 15: 935–945

Zhou XY, Yashiro-Ohtani Y, Nakahira M, Park WR, Abe R, Hamaoka T, Naramura M, Gu H, Fujiwara H (2002) Molecular mechanisms underlying differential contribution of CD28 versus non-CD28 costimulatory molecules to IL-2 promoter activation. *J Immunol* 168: 3847–3854

Abschnitt 8.14

Greenwald RJ, Freeman GJ, Sharpe AH (2005) The B7 family revisited. *Annu Rev Immunol* 23: 515–548

Watts TH (2005) TNF/TNFR family members in costimulation of T cell responses. *Annu Rev Immunol* 23: 23–68

Abschnitt 8.15

Schwartz RH (2003) T cell energy. *Annu Rev Immunol* 21: 305–334

Vanhove B, Laflamme G, Coulon F, Mougin M, Vusio P, Haspot F, Tiollier J, Soulillou JP (2003) Selective blockade of CD28 and not CTLA-4 with a single-chain Fv-α1-antitrypsin fusion antibody. *Blood* 102: 564–570

Wekerle T, Blaha P, Langer F, Schmid M, Muehlbacher F (2002) Tolerance through bone marrow transplantation with costimulation blockade. *Transpl Immunol* 9: 125–133

Abschnitt 8.16

Gudmundsdottir H, Wells AD, Turka LA (1999) Dynamics and requirements of T cell clonal expansion *in vivo* at the single-cell level: effector function is linked to proliferative capacity. *J Immunol* 162: 5212–5223

London CA, Lodge MP, Abbas AK (2000) Functional responses and costimulator dependence of memory CD4$^+$ T cells. *J Immunol* 164: 265–272

Schweitzer AN, Sharpe AH (1998) Studies using antigen-presenting cells lacking expression of both B7-1 (CD80) and B7-2 (CD86) show distinct requirements for B7 molecules during priming versus restimulation of Th2 but not Th1 cytokine production. *J Immunol* 161: 2762–2771

Abschnitt 8.17

Abbas AK, Murphy KM, Sher A (1996) Functional diversity of helper T lymphocytes. *Nature* 383: 787–793

Glimcher LH, Murphy KM (2000) Lineage commitment in the immune system: the T helper lymphocyte grows up. *Genes Dev* 14: 1693–1711

Sakaguchi S, Ono M, Setoguchi R, Yagi H, Hori S, Fehervari Z, Shimizu J, Takahashi T, Nomura T (2006) Foxp3+ CD25+ CD4+ natural regulatory T cells in dominant self-tolerance and autoimmune disease. *Immunol Rev* 212: 8–27

Abschnitt 8.18

Andreasen SO, Christensen JE, Marker O, Thomsen AR (2000) Role of CD40 ligand and CD28 in induction and maintenance of antiviral CD8$^+$ effector T cell responses. *J Immunol* 164: 3689–3697

Blazevic V, Trubey CM, Shearer GM (2001) Analysis of the costimulatory requirements for generating human virus-specific in vitro T helper and effector responses. *J Clin Immunol* 21: 293–302

Croft M (2003) Co-stimulatory members of theTNFR family: keys to effectiveT-cell immunity? *Nat Rev Immunol* 3: 609–620

Liang L, Sha WC (2002) The right place at the right time: novel B7 family members regulate effector T cell responses. *Curr Opin Immunol* 14: 384–390

Seder RA, Ahmed R (2003) Similarities and differences in CD4$^+$ and CD8$^+$ effector and memory T cell generation. *Nat Immunol* 4: 835–842

Weninger W, Manjunath N, von Andrian UH (2002) Migration and differentiation of CD8$^+$ T cells. *Immunol Rev* 186: 221–233

Abschnitt 8.19

Ansel KM, Lee DU, Rao A (2003) An epigenetic view of helper T cell differentiation. *Nat Immunol* 4: 616–623

Murphy KM, Reiner SL (2002) The lineage decisions of helper T cells. *Nat Rev Immunol* 2: 933–944

Nath I, Vemuri N, Reddi AL, Jain S, Brooks P, Colston MJ, Misra RS, Ramesh V (2000) The effect of antigen presenting cells on the cytokine profiles of stable and reactional lepromatous leprosy patients. *Immunol Lett* 75: 69–76

Stockinger B, Bourgeois C, Kassiotis G (2006) CD4$^+$ memory T cells: functional differentiation and homeostasis. *Immunol Rev* 211: 39–48

Szabo SJ, Sullivan BM, Peng SL, Glimcher LH (2003) Molecular mechanisms regulating Th1 immune responses. *Annu Rev Immunol* 21: 713–758

Veldhoen M, Hocking RJ, Atkins CJ, Locksley RM, Stockinger B (2006) TGFβ in the context of an inflammatory cytokine milieu supports de novo differentiation of IL-17-producing T cells. *Immunity* 24: 179–189

Weaver CT, Harrington LE, Mangan PR, Gavrieli M, Murphy KM (2006) Th17: an effector CD4 lineage with regulatory T cell ties. *Immunity* 24: 677–688

Abschnitt 8.20

Fantini MC, Becker C, Monteleone G, Pallone F, Galle PR, Neurath MF (2004) TGF-β induces a regulatory phenotype in CD4$^+$CD25$^-$ T cells through Foxp3 induction and down-regulation of Smad7. *J Immunol* 172: 5149–5153

Fontenot JD, Rudensky AY (2005) A well adapted regulatory contrivance: regulatory T cell development and the forkhead family transcription factor Foxp3. *Nat Immunol* 6: 331–337

Roncarolo MG, Bacchetta R, Bordignon C, Narula S, Levings MK (2001): Type 1 T regulatory cells. *Immunol Rev* 182: 68–79

Sakaguchi S (2005) Naturally arising Foxp3-expressing CD25$^+$CD4$^+$ regulatory T cells in immunological tolerance to self and non-self. *Nat Immunol* 6: 345–352

Abschnitt 8.21

Dustin ML (2001) Role of adhesion molecules in activation signaling in T lymphocytes. *J Clin Immunol* 21: 258-263

van der Merwe PA, Davis SJ (2003) Molecular interactions mediating T cell antigen recognition. *Annu Rev Immunol* 21: 659–684

Abschnitt 8.22

Bossi G, Trambas C, Booth S, Clark R, Stinchcombe J, Griffiths GM (2002) The secretory synapse: the secrets of a serial killer. *Immunol Rev* 189: 152–160

Dustin ML (2003) Coordination of T-cell activation and migration through formation of the immunological synapse. *Ann NY Acad Sci* 987: 51–59

Montoya MC, Sancho D, Vicente-Manzanares M, Sanchez-Madrid F (2002) Cell adhesion and polarity during immune interactions. *Immunol Rev* 186: 68–82

Trambas CM, Griffiths GM (2003) Delivering the kiss of death. *Nat Immuno*l 4: 399–403

Abschnitt 8.23 und 8.24

Guidotti LG, Chisari FV (2000) Cytokine-mediated control of viral infections. *Virology* 273: 221–227

Harty JT, Tvinnereim AR, White DW (2000) CD8^{+} T cell effector mechanisms in resistance to infection. *Annu Rev Immunol* 18: 275–308

Santana MA, Rosenstein Y (2003) What it takes to become an effector T cell: the process, the cells involved, and the mechanisms. *J Cell Physiol* 195: 392–401

Abschnitt 8.25

Basler CF, Garcia-Sastre A (2002) Viruses and the type I interferon antiviral system: induction and evasion. *Int Rev Immuno*l 21: 305–337

Boulay JL, O'Shea JJ, Paul WE (2003) Molecular phylogeny within type I cytokines and their cognate receptors. *Immunity* 19: 159–163

Collette Y, Gilles A, Pontarotti P, Olive D (2003) A co-evolution perspective of the TNFSF and TNFRSF families in the immune system. *Trends Immunol* 24: 387–394

Proudfoot AE (2002) Chemokine receptors: multifaceted therapeutic targets. *Nat Rev Immunol* 2: 106–115

Taniguchi T, Takaoka A (2002) The interferon-α/β system in antiviral responses: a multimodal machinery of gene regulation by the IRF family of transcription factors. *Curr Opin Immunol* 14: 111–116

Wong MM, Fish EN (2003) Chemokines: attractive mediators of the immune response. *Semin Immunol* 15: 5–14

Abschnitt 8.26

Hehlgans T, Mannel DN (2002) The TNF-TNF receptor system. *Blot Chem* 383: 1581–1585

Locksley RM, Killeen N, Lenardo MJ (2001) The TNF and TNF receptor superfamilies: integrating mammalian biology. *Cell* 104: 487–501

Screaton G, Xu XN (2000) T cell life and death signaling via TNF-receptor family members. *Curr Opin Immunol* 12: 316–322

Theill LE, Boyle WJ, Penninger JM (2002) RANK-L and RANK: T cells, bone loss, and mammalian evolution. *Annu Rev Immunol* 20: 795–823

Zhou T, Mountz JD, Kimberly RP (2002) Immunobiology of tumor necrosis factor receptor superfamily. *Immunol Res* 26: 323–336

Abschnitt 8.27

Barry M, Bleackley RC (2002) Cytotoxic T lymphocytes: all roads lead to death. *Nat Rev Immunol* 2: 401–409

Green DR, Droin N, Pinkoski M (2003) Activation-induced cell death in T cells. *Immunol Rev* 193: 70–81

Greil R, Anether G, Johrer K, Tinhofer I (2003) Tracking death dealing by Fas and TRAIL in lymphatic neoplastic disorders: pathways, targets, and therapeutic tools. *J Leukoc Biol* 74: 311–330

Medana IM, Gallimore A, Oxenius A, Martinic MM, Wekerle H, Neumann H (2000) MHC class I-restricted killing of neurons by virus-specific CD8^{+} T lymphocytes is effected through the Fas/FasL, but not the perforin pathway. *Eur J Immunol* 30: 3623–3633

Russell JH, Ley TJ (2002) Lymphocyte-mediated cytotoxicity. *Annu Rev Immunol* 20: 323–370

Wallin RP, Screpanti V, Michaelsson J, Grandien A, Ljunggren HG (2003) Regulation of perforin-independent NK cell-mediated cytotoxicity. *Eur J Immunol* 33: 2727–2735

Zimmermann KC, Green DR (2001) How cells die: apoptosis pathways. *J Allergy Clin Immunol* 108: S99–S103

Abschnitt 8.28

Barry M, Heibein JA, Pinkoski MJ, Lee SF, Moyer RW, Green DR, Bleackley RC (2000) Granzyme B short-circuits the need for caspase 8 activity during granule-mediated cytotoxic T-lymphocyte killing by directly cleaving Bid. *Mol Cell Biol* 20: 3781–3794

Grossman WJ, Revell PA, Lu ZH, Johnson H, Bredemeyer AJ, Ley TJ (2003) The orphan granzymes of humans and mice. *Curr Opin Immunol* 15: 544–552

Lieberman J (2003) The ABCs of granule-mediated cytotoxicity: new weapons in the arsenal. *Nat Rev Immunol* 3: 361–370

Metkar SS, Wang B, Aguilar-Santelises M, Raja SM, Uhlin-Hansen L, Podack E, Trapani JA, Froelich CJ (2002) Cytotoxic cell granule-mediated apoptosis: perforin delivers granzyme B-serglycin complexes into target cells without plasma membrane pore formation. *Immunity* 16: 417–428

Smyth MJ, Kelly JM, Sutton VR, Davis JE, Browne KA, Sayers TJ, Trapani JA (2001) Unlocking the secrets of cytotoxic granule proteins. *J Leukoc Biol* 70: 18–29

Yasukawa M, Ohminami H, Arai J, Kasahara Y, Ishida Y, Fujita S (2000) Granule exocytosis, and not the fas/fas ligand system, is the main pathway of cytotoxicity mediated by alloantigen-specific CD4^{+} as well as CD8^{+} cytotoxic T lymphocytes in humans. *Blood* 95: 2352–2355

Abschnitt 8.29

Bossi G, Trambas C, Booth S, Clark R, Stinchcombe J, Griffiths GM (2002) The secretory synapse: the secrets of a serial killer. *Immunol Rev* 189: 152–160

Stinchcombe JC, Bossi G, Booth S, Griffiths GM (2001) The immunological synapse of CTL contains a secretory domain and membrane bridges. *Immunity* 15: 751–761

Trambas CM, Griffiths GM (2003) Delivering the kiss of death. *Nat Immunol* 4: 399–403

Abschnitt 8.30

Amel-Kashipaz MR, Huggins ML, Lanyon P, Robins A, Todd I, Powell RJ (2001) Quantitative and qualitative analysis of the balance between type 1 and type 2 cytokine-producing $CD8^-$ and $CD8^+$ T cells in systemic lupus erythematosus. *J Autoimmun* 17: 155–163

Kemp RA, Ronchese F (2001) Tumor-specific Tc1, but not Tc2, cells deliver protective antitumor immunity. *J Immunol* 167: 6497–6502

Prezzi C, Casciaro MA, Francavilla V, Schiaffella E, Finocchi L, Chircu LV, Bruno G, Sette A, Abrignani S, Barnaba V (2001) Virus-specific $CD8^+$ T cells with type 1 or type 2 cytokine profile are related to different disease activity in chronic hepatitis C virus infection. *Eur J Immunol* 31: 894–906

Woodland DL, Dutton RW (2003) Heterogeneity of $CD4^+$ and $CD8^+$ T cells. *Curr Opin Immunol* 15: 336–342

Abschnitt 8.31

Monney L, Sabatos CA, Gaglia JL, Ryu A, Waldner H, Chernova T, Manning S, Greenfield EA, Coyle AJ, Sobel RA, Freeman GJ, Kuchroo VK (2002) Th1-specific cell surface protein Tim-3 regulates macrophage activation and severity of an autoimmune disease. *Nature* 415: 536–541

Munoz Fernandez MA, Fernandez MA, Fresno M (1992) Synergism between tumor necrosis factor-α and interferon-γ on macrophage activation for the killing of intracellular *Trypanosoma cruzi* through a nitric oxide-dependent Mechanism. *Eur J Immunol* 22: 301–307

Stout R, Bottomly K (1989) Antigen-specific activation of effector macrophages by interferon-γ producing (T_H1) T cell clones failure of IL-4 producing (T_H2) T-cell clones to activate effector functions in macrophages. *J Immunol* 142: 760–765

Shaw G, Karmen R (1986) A conserved UAU sequence from the 3' untranslated region of GM-CSF mRNA mediates selective mRNA degradation. *Cell* 46: 659–667

Abschnitt 8.32

Duffield JS (2003) The inflammatory macrophage: a story of Jekyll and Hyde. *Clin Sci (Lond)* 104: 27–38

James DG (2000) A clinicopathological classification of granulomatous disorders. *Postgrad Med J* 76: 457–465

Labow RS, Meek E, Santerre JP (2001) Model systems to assess the destructive potential of human neutrophils and monocyte-derived macrophages during the acute and chronic phases of inflammation. *J Biomed Mater Res* 54: 189–197

Wigginton JE, Kirschner D (2001) A model to predict cell-mediated immune regulatory mechanisms during human infection with *Mycobacterium tuberculosis*. *J Immunol* 166: 1951–1967

Abschnitt 8.33

Alexander J, Satoskar AR, Russell DG (1999) *Leishmania* species: models of intracellular parasitism. *J Cell Sci* 112: 2993–3002

Berberich C, Ramirez-Pineda JR, Hambrecht C, Alber G, Skeiky YA, Moll H (2003) Dendritic cell (DC)-based protection against an intracellular pathogen is dependent upon DC-derived IL-12 and can be induced by molecularly defined antigens. *J Immunol* 170: 3171–3179

Biedermann T, Zimmermann S, Himmelrich H, Gumy A, Egeter O, Sakrauski AK, Seegmuller I, Voigt H, Launois P, Levine AD, Wagner H, Heeg K, Louis JA, Rocken M (2001) IL-4 instructs T_H1 responses and resistance to *Leishmania major* in susceptible BALB/c mice. *Nat Immunol* 2: 1054–1060

Koguchi Y, Kawakami K (2002) Cryptococcal infection and Th1-Th2 cytokine balance. *Int Rev Immunol* 21: 423–438

Neighbors M, Xu X, Barret FJ, Ruuls SR, Churakova T, Debets R, Bazan JF, Kastelein RA, Abrams JS, O'Garra A (2001) A critical role for interleukin 18 in primary and memory effector responses to *Listeria monocytogenes* that extends beyond its effects on interferon gamma production. *J Exp Med* 194: 343–354

Die humorale Immunantwort

9

Viele für den Menschen infektiöse Bakterien vermehren sich in den Extrazellularräumen des Körpers. Die meisten intrazellulären Krankheitserreger verbreiten sich, indem sie sich durch die extrazellulären Flüssigkeiten von Zelle zu Zelle bewegen. Die Extrazellularräume werden durch die **humorale Immunantwort** geschützt: Antikörper, die von B-Lymphocyten gebildet werden, zerstören die extrazellulären Mikroorganismen und verhindern, dass sich intrazelluläre Infektionen ausbreiten. Die Aktivierung der B-Zellen wird durch Antigene ausgelöst und erfordert gewöhnlich T-Helferzellen. Die aktivierten B-Zellen differenzieren sich dann zu antikörperfreisetzenden **Plasmazellen** (Abb. 9.1) und B-Gedächtniszellen. In diesem Kapitel verwenden wir den allgemeinen Begriff T-Helferzellen für alle CD4-T-Zellen, sowohl T_H1 als auch T_H2, die eine B-Zelle aktivieren können (Kapitel 8).

Antikörper können auf drei Weisen zur Immunität beitragen (Abb. 9.1). Den ersten Mechanismus bezeichnet man als **Neutralisierung**. Um in Zellen einzudringen, binden Viren und intrazelluläre Bakterien an spezifische Moleküle auf der Oberfläche ihrer Zielzelle. Antikörper, die sich an das Pathogen anheften, können diese Bindung verhindern; dies bezeichnet man als Neutralisierung der Erreger. Die Neutralisierung durch Antikörper dient auch dazu, bakterielle Toxine von den Zellen fern zu halten. Zweitens schützen Antikörper vor Bakterien, die sich außerhalb der Zellen vermehren, vor allem indem die Antikörper die Aufnahme der Bakterien in Phagocyten erleichtern. Das Beschichten der Oberfläche eines Krankheitserregers mit Antikörpern bezeichnet man als Opsonisierung. Antikörper, die an ein Pathogen gebunden sind, werden von Phagocyten durch die sogenannten Fc-Rezeptoren erkannt, die an die konstante Region (C-Region) von Antikörpern binden. Drittens können Antikörper, die an die Oberfläche eines Erregers binden, die Proteine des Komplementsystems über den klassischen Weg aktivieren (Kapitel 2). Komplementproteine, die an die Oberfläche eines Krankheitserregers gebunden sind, opsonisieren den Krankheitserreger, und Komplementrezeptoren auf Phagocyten können daran binden. Andere Bestandteile des Komplementsystems lenken Phagocyten zu Infektionsherden, und die terminalen Komponenten des Komplements können bestimmte Mikroorganismen direkt lysieren, indem sie in ihren Membranen Poren erzeugen. Die Isotypen oder Klassen der synthetisierten Antikörper entscheiden darüber, welcher Effektormechanismus bei einer bestimmten Antwort zum Einsatz kommt (Kapitel 4).

Im ersten Teil dieses Kapitels werden wir die Wechselwirkungen von naiven B-Zellen mit Antigenen und T-Helferzellen darstellen, die zur Aktivierung der B-Zellen und zur Bildung von Antikörpern führen. Einige bedeutsame Antigene von Mikroorganismen können die Antikörperproduktion ohne die Mitwirkung von T-Zellen auslösen, und wir werden uns hier auch mit diesen Reaktionen beschäftigen. Die meisten Antikörperantworten unterliegen einem Prozess, den man als Affinitätsreifung bezeichnet. Dabei werden durch somatische Hypermutation der Gene der variablen Regionen (V-Regionen) Antikörper erzeugt, die eine größere Affinität für ihr Zielantigen besitzen. Der molekulare Mechanismus der somatischen Hypermutation wurde in Kapitel 4 beschrieben, und hier wollen wir uns mit den immunologischen Auswirkungen beschäftigen. Wir werden auch dem Isotypwechsel (Kapitel 4) wieder begegnen, durch den Antikörper verschiedener funktioneller Klassen entstehen und die Antikörperantwort eine funktionelle Vielfalt entwickelt. Sowohl die Affinitätsreifung als auch

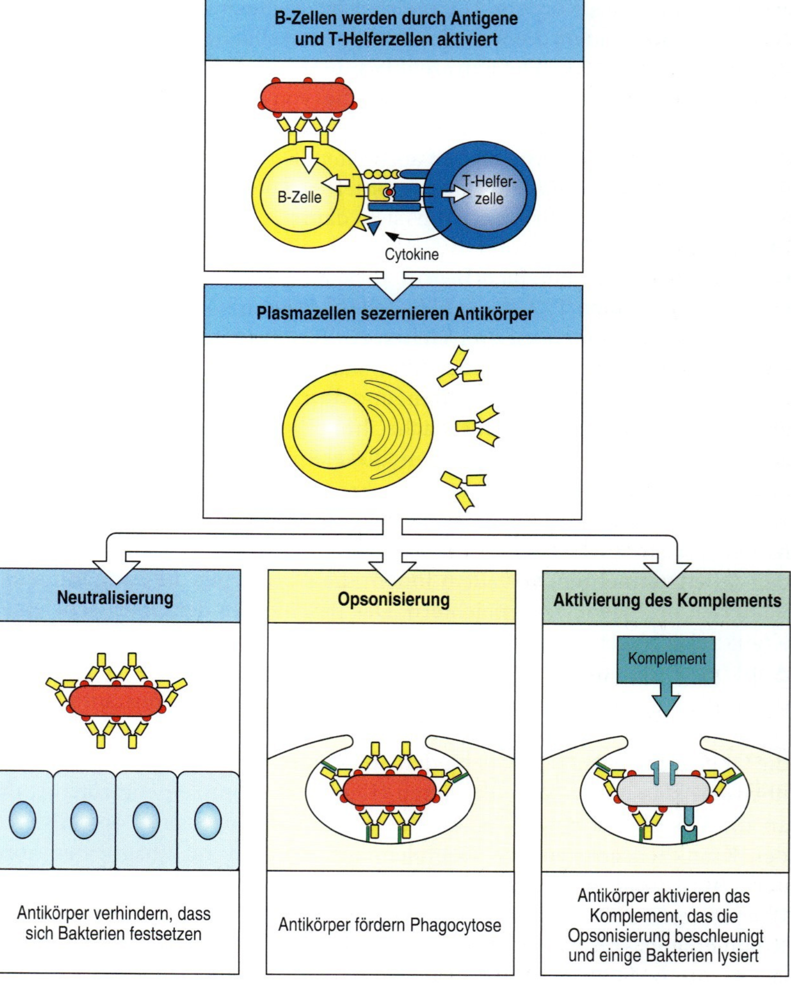

9.1 Die humorale Immunantwort wird durch Antikörpermoleküle vermittelt, die von Plasmazellen sezerniert werden. Die Bindung eines Antigens an den B-Zell-Rezeptor gibt der B-Zelle ein Signal. Gleichzeitig wird das Antigen aufgenommen und in Peptide zerlegt, die T-Helferzellen aktivieren. Signale von dem gebundenen Antigen und der T-Helferzelle regen die B-Zelle dazu an, sich zu teilen und zu einer Plasmazelle zu differenzieren, die spezifische Antikörper sezerniert (die beiden oberen Abbildungen). Diese Antikörper schützen den Wirt in der Hauptsache auf dreierlei Art und Weise. Erstens können sie die toxischen Effekte oder die Infektiosität von Pathogenen hemmen, indem sie an diese binden; diesen Vorgang nennt man Neutralisierung (unten links). Zweitens ist es nun möglich, dass die akzessorischen Zellen, die den Fc-Anteil des Antikörpers erkennen können, aufgrund der Umhüllung der Pathogene mit Antikörpern (Opsonisierung), die Pathogene aufnehmen und abtöten (unten Mitte). Drittens können Antikörper das Komplementsystem aktivieren. Komplementproteine können dann die Opsonisierung verstärken und einige Bakterien direkt zerstören (unten rechts).

der Isotypwechsel kommen nur bei B-Zellen vor und beide erfordern die Mitwirkung von T-Zellen. Im verbleibenden Kapitel wollen wir uns im Einzelnen mit den verschiedenen Effektormechanismen beschäftigen, durch die Antikörper Infektionen in Schach halten und beseitigen. Wie bei der T-Zell-Antwort entsteht auch bei der humoralen Immunantwort ein immunologisches Gedächtnis (Kapitel 10).

Aktivierung von B-Zellen und Produktion von Antikörpern

Das Oberflächenimmunglobulin, das als **B-Zell-Antigenrezeptor** (**BCR**) dient, kann eine enorme Vielfalt von chemischen Strukturen binden. Im Zusammenhang mit natürlichen Infektionen bindet es native Proteine, Glykoproteine und Polysaccharide sowie ganze Viruspartikel und Bakterienzellen, indem es Epitope an den jeweiligen Oberflächen erkennt. Es hat bei der Aktivierung der B-Zellen zwei Funktionen. Erstens sendet es wie der T-Zell-Antigenrezeptor ein Signal in das Zellinnere, wenn es an ein Antigen bindet (Kapitel 6). Zweitens schleust der B-Zell-Rezeptor das Antigen in das Zellinnere, wo es zu Peptiden abgebaut werden kann, die an MHC-Klasse-II-Moleküle gebunden zur B-Zell-Oberfläche zurückkehren (Kapitel 5). Antigenspezifische T-Helferzellen, die sich bereits als Reaktion auf dasselbe Pathogen differenziert haben, können dann diese Peptid:MHC-Klasse-II-Komplexe erkennen (Kapitel 8). Die T-Effektorzellen produzieren Cytokine, die die B-Zellen zur Proliferation und deren Tochterzellen zur Differenzierung zu antikörpersezernierenden Zellen und B-Gedächtniszellen anregen. Einige mikrobielle Antigene können B-Zellen direkt, ohne Unterstützung von T-Zellen, aktivieren. Dadurch kann der Körper auf viele wichtige Erreger rasch reagieren. Die feine Abstimmung der Antikörperantworten, um die Affinität der Antikörper für das Antigen zu erhöhen, und der Wechsel zu den meisten Immunglobulinisotypen außer IgM hängen jedoch von der Wechselwirkung zwischen antigenstimulierten B-Zellen mit T-Helferzellen und anderen Zellen in den peripheren Lymphorganen ab. Daher zeigen Antikörper, die nur durch mikrobielle Antigene induziert wurden, tendenziell eine geringere Affinität und eine geringere funktionelle Flexibilität als solche, die unter Mitwirkung von T-Zellen gebildet wurden.

9.1 Die humorale Immunantwort wird ausgelöst, wenn B-Zellen an Antigene binden und von T-Helferzellen oder nur von bestimmten mikrobiellen Antigenen ein Signal erhalten

Für die erworbene Immunität gilt, dass ein Antigen allein nur schlecht naive antigenspezifische Lymphocyten aktivieren kann. Wie wir in Kapitel 8 erfahren haben, erfordert das Priming von naiven T-Zellen ein costimulierendes Signal von professionellen antigenpräsentierenden Zellen. Bei naiven B-Zellen stammen die zusätzlichen Signale entweder von einer

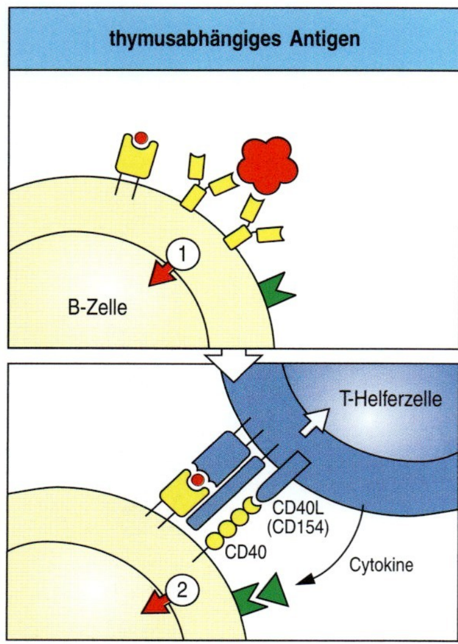

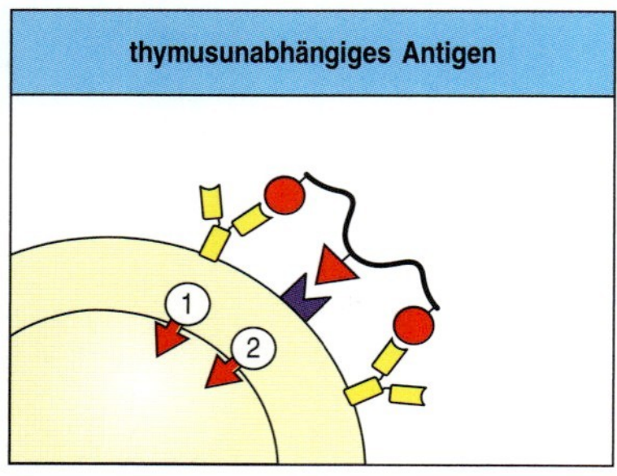

9.2 Für die B-Zell-Aktivierung wird ein zweites Signal benötigt, das entweder durch thymusabhängige oder thymusunabhängige Antigene ausgelöst wird. Das erste Signal (1) für die Aktivierung von B-Zellen stammt von deren Antigenrezeptor (oben). Bei thymusabhängigen Antigenen wird das zweite Signal (2) von der T-Helferzelle ausgesendet. Diese erkennt Teile des Antigens, wie etwa Peptide, die auf der Oberfläche von B-Zellen an MHC-Klasse-II-Moleküle gebunden sind (Mitte); die Wechselwirkung zwischen CD40-Ligand (CD40L, andere Bezeichnung CD154) auf der T-Zelle und CD40 auf der B-Zelle ist an dem zweiten Signal entscheidend beteiligt. Bei thymusunabhängigen Antigenen stammt das zweite Signal von dem Antigen selbst (unten), entweder durch direkte Bindung eines Rezeptors des angeborenen Immunsystems (violett) an einen Teil des Antigens oder einfach über eine starke Quervernetzung des membrangebundenen IgM durch ein polymeres Antigen (nicht dargestellt).

bewaffneten T-Helferzelle oder manchmal auch direkt von mikrobiellen Bestandteilen.

Antikörperreaktionen auf Proteinantigene brauchen die Unterstützung antigenspezifischer T-Zellen. Diese Antigene können bei Tieren oder Menschen, denen die T-Zellen fehlen, keine Antikörperreaktionen auslösen. Deshalb bezeichnet man sie als **thymusabhängige** (*thymus-dependent*) oder **TD-Antigene**. Damit eine B-Zelle von einer T-Zelle unterstützt wird, muss sie an ihrer Oberfläche ein Antigen präsentieren, und zwar in einer Form, die eine T-Zelle erkennen kann. Das ist der Fall, wenn das an ein Oberflächenimmunglobulin auf einer B-Zelle gebundene Antigen in die Zelle aufgenommen wird und als Peptide, die an MHC-Klasse-II-Moleküle gebunden sind, an die Oberfläche zurückkehrt. T-Helferzellen, die den Peptid:MHC-Komplex erkennen, senden dann der B-Zelle Aktivierungssignale (Abb. 9.2, oben und Mitte). So wird mit der Bindung von Proteinantigenen an die B-Zelle zweierlei erreicht: Einmal erhält die B-Zelle durch die Quervernetzung ihrer Antigenrezeptoren ein spezifisches Signal, zum anderen ruft sie dadurch antigenspezifische T-Zell-Unterstützung herbei. Wenn eine aktivierte T-Helferzelle einen Peptid:MHC-Klasse-II-Komplex auf der Oberfläche einer B-Zelle erkennt, wird die B-Zelle angeregt, zu proliferieren und sich zu einer antikörperproduzierenden Plasmazelle zu differenzieren (Abb. 9.3). Die Notwendigkeit der Unterstützung durch T-Zellen bedeutet, dass eine B-Zelle erst dann zur Antikörperproduktion gegen Proteine eines infizierenden Pathogens angeregt werden kann, wenn CD4-T-Zellen, die für Peptide aus diesem Erreger spezifisch sind, aktiviert werden, um T-Helferzellen hervorzubringen. Das geschieht, wenn die naiven T-Zellen mit dendritischen Zellen interagieren, die die zugehörigen Peptide präsentieren (Kapitel 8).

Peptidspezifische T-Helferzellen sind zwar für die B-Zell-Antworten gegen Proteinantigene erforderlich, aber viele Bestandteile von Mikroorganismen wie bakterielle Polysaccharide können die Bildung von Antikörpern auch ohne T-Helferzellen auslösen. Diese mikrobiellen Antigene werden als **thymusunabhängige** (*thymus-independent*) oder **TI-Antigene** bezeichnet, weil sie auch bei Personen ohne T-Lymphocyten Antikörperantworten hervorrufen können. Damit TI-Antigene eine Antikörperbildung aktivieren, ist allerdings ein zweites Signal erforderlich. Es kommt entweder direkt zustande, weil ein weit verbreiteter Mikrobenbestandteil erkannt wurde (Abb. 9.2, unten), oder durch eine umfangreiche Quervernetzung von B-Zell-Rezeptoren. Dieser Fall tritt ein, wenn auf der Bakterienzelle sich wiederholende Epitope gebunden werden. Thymusunabhängige Antikörperreaktionen bieten einen gewissen Schutz gegen extrazelluläre Bakterien. Wir werden später noch auf sie zurückkommen.

9.2 B-Zell-Antworten auf Antigene werden durch die gleichzeitige Verknüpfung mit dem B-Zell-Corezeptor verstärkt

Der **B-Zell-Corezeptor**-Komplex (Abschnitt 6.17) kann die Antwort der B-Zelle auf Antigene erheblich verstärken. Der Komplex besteht aus drei Proteinen: CD19, CD21 und CD81. CD21 wird auch Komplementrezeptor 2 (*complement receptor 2*, CR2) genannt und ist ein Rezeptor für die Kom-

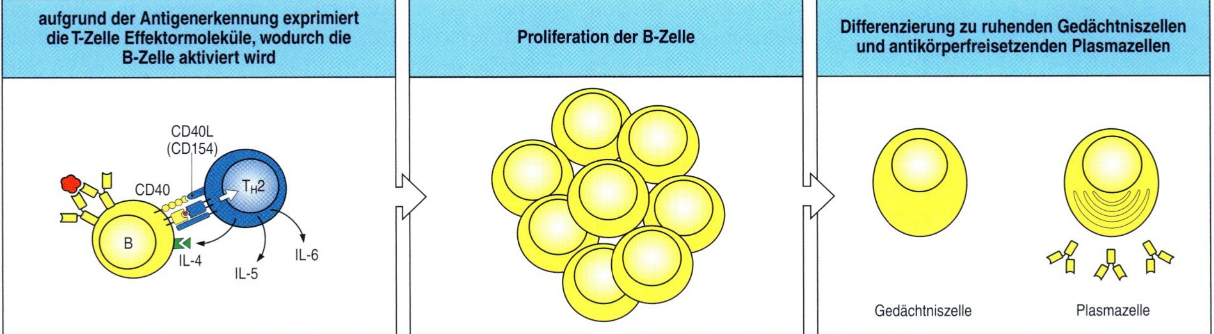

9.3 T-Helferzellen stimulieren erst die Proliferation und dann die Differenzierung antigenbindender B-Zellen. Die spezifische Wechselwirkung zwischen einer antigenbindenden B-Zelle und einer T-Helferzelle führt zur Expression des B-Zell-stimulierenden CD40-Liganden (CD154) auf der Oberfläche der T-Helferzelle und zur Freisetzung der B-Zell-stimulierenden Cytokine IL-4, IL-5 und IL-6, die die Proliferation der B-Zelle und ihre Differenzierung zu antikörpersezernierenden Plasmazellen fördern. Alternativ kann eine aktivierte B-Zelle auch zu einer Gedächtniszelle werden.

plementfragmente C3d und C3dg (Abschnitt 2.19). Wenn das Komplement aktiviert wird, entweder durch Signalwege des angeborenen Immunsystems oder durch Antikörper, die an ein Antigen, etwa eine Bakterienzelle, gebunden sind, werden die aktivierten Komplementbestandteile auf dem Antigen selbst abgelagert. Wenn ein B-Zell-Rezeptor das Antigen in solch einem Komplex bindet, kann CD21 an das Komplement binden. Auf diese Weise kommen der B-Zell-Rezeptor und der Corezeptor zusammen und erzeugen über CD19 Signale. Diese wiederum aktivieren einen PI-3-Kinase-Signalweg und wirken auf die B-Zell-Reaktion costimulierend (Abschnitt 6.17). Man nimmt an, dass die Signalwege, die durch CD21 aktiviert werden, das intrazelluläre Signal verstärken, das direkt zur Differenzierung und Antikörperproduktion führt. Auch werden costimulierende Moleküle auf der B-Zelle induziert, sodass die Unterstützung durch T-Zellen effizienter ausgelöst wird, und die rezeptorvermittelte Antigenaufnahme wird erhöht. Welcher dieser Effekte die Verstärkung der B-Zell-Reaktion am meisten beeinflusst, ist unbekannt.

Das Vorhandensein des B-Zell-Corezeptors verstärkt die Antikörperreaktionen sehr wirkungsvoll, da die Komplexe, die der Antikörper mit dem Antigen und C3dg bildet, ein potenteres Antigen darstellen, das wirksamer zur B-Zell-Aktivierung und Antikörperproduktion beiträgt. Der Effekt der gemeinsamen Verknüpfung des B-Zell-Rezeptors und des Corezeptors zeigt sich besonders deutlich, wenn man Mäuse mit Hühnereiweißlysozym immunisiert, das an drei miteinander verbundene Moleküle des Komplementfragments C3dg gekoppelt ist. Dabei beträgt die Dosis des modifizierten Lysozyms, die für das Auslösen der Antikörperproduktion ohne zusätzliches Adjuvans notwendig ist, nur noch ein $^1/_{10\,000}$ der Dosis des nichtmodifizierten Lysozyms.

9.3 T-Helferzellen aktivieren B-Zellen, die dasselbe Antigen erkennen

Eine bestimmte B-Zelle kann nur von T-Helferzellen aktiviert werden, die auf dasselbe Antigen reagieren. Man bezeichnet dies als **gekoppelte Erkennung** (*linked recognition*). Das Epitop, das von der T-Helferzelle erkannt wird, muss zwar mit dem Epitop gekoppelt sein, das die B-Zelle erkennt, aber es ist nicht notwendig, dass die beiden Zellen identische Epitope erkennen. Wir haben in Kapitel 5 erfahren, dass T-Zellen auf Peptide aus der inneren Region von Proteinen reagieren können, die sich völlig von den Oberflächenepitopen unterscheiden, die von B-Zellen auf demselben Protein erkannt werden. Bei komplexeren natürlichen Antigenen wie Viren und Bakterien, die aus vielen Proteinen zusammengesetzt sind und die sowohl Protein- als auch Kohlenhydratepitope tragen, erkennen die T- und die B-Zelle sogar vielleicht noch nicht einmal dasselbe Molekül. Es ist allerdings entscheidend, dass das von der T-Zelle erkannte Peptid mit dem Antigen physikalisch zusammenhängt, das von der B-Zelle erkannt wird. Nur so kann die B-Zelle nach Aufnahme des an ihre B-Zell-Rezeptoren gebundenen Antigens das richtige Peptid bilden.

Erkennt eine B-Zelle beispielsweise auf einem Protein der Virushülle ein Epitop, kann sie ein vollständiges Viruspartikel binden und aufnehmen, das anschließend abgebaut wird. Peptide von Proteinen aus dem Inneren des Virus oder von Hüllproteinen können von MHC-Klasse-II-Molekülen an der Oberfläche der B-Zelle dargeboten werden. Sind T-Helferzellen bei einer Infektion bereits vorher durch dendritische Zellen geprägt worden, die dieselben inneren Peptide präsentiert haben, dann können sie nun die B-Zelle anregen, spezifische Antikörper gegen das Hüllprotein zu bilden (Abb. 9.4).

Die spezifische Aktivierung der B-Zelle durch ihre zugehörige (**kognate**) T-Zelle – das heißt durch eine T-Helferzelle, die für dasselbe Antigen oder Pathogen geprägt worden ist – hängt davon ab, inwieweit die antigenspezifische B-Zelle das entsprechende Peptidfragment auf den MHC-Klasse-II-Molekülen ihrer Oberfläche präsentieren kann. B-Zellen, die ein spezifisches Antigen binden, sind dabei 10 000-fach effizienter als B-Zellen, die das Antigen nicht binden. Eine T-Helferzelle unterstützt daher nur B-Zellen, deren Rezeptoren ein Antigen binden, das ein für die T-Zelle erkennbares Peptid enthält.

Die Notwendigkeit einer gekoppelten Erkennung hat entscheidende Konsequenzen für die Regulation und Beeinflussung der humoralen Immunantwort. Auf diese Weise wird auch die Selbst-Toleranz sichergestellt, weil so eine Autoimmunreaktion nur dann eintreten kann, wenn sowohl eine autoreaktive B-Zelle als auch eine autoreaktive T-Zelle gleichzeitig vorhanden sind (Kapitel 14). Außerdem nutzt man die gekoppelte Erkennung für die Entwicklung von Impfstoffen – etwa zur Immunisierung von Kindern gegen *Haemophilus influenzae* Typ b. Dieser bakterielle Erreger infiziert die Hirnhäute oder „Meningen“ und kann so eine Meningitis verursachen. Für einen Immunschutz gegen dieses Pathogen sorgen Antikörper gegen die Polysaccharide in seiner Zellwand. Erwachsene bilden äußerst effiziente thymusunabhängige Antworten gegen diese Antigene, die im unreifen Immunsystem des Kindes jedoch nur schwach ausgebildet sind. Um einen effektiven Impfstoff für Kinder herzustellen, koppelt man daher

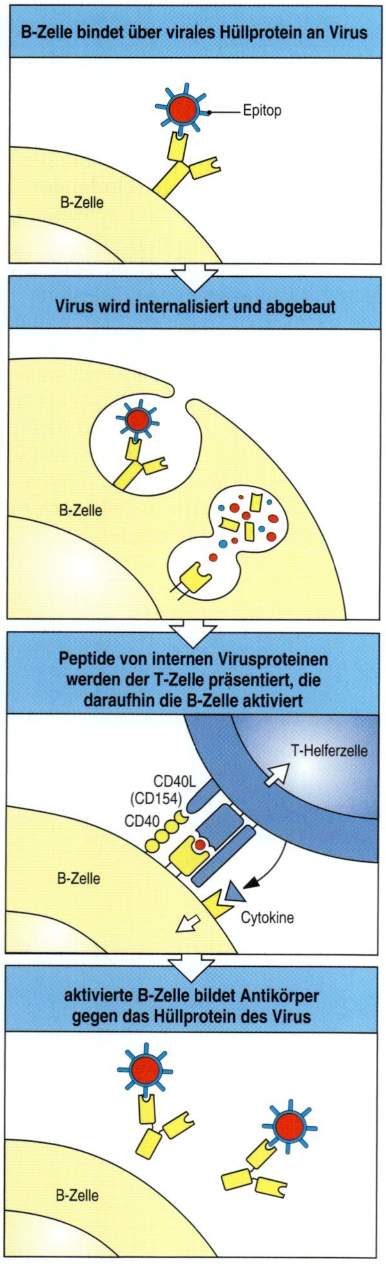

9.4 B-Zellen und T-Helferzellen müssen Epitope desselben Molekülkomplexes erkennen, um miteinander in Wechselwirkung treten zu können. Ein Epitop auf einem viralen Hüllprotein wird von dem Oberflächenimmunglobulin einer B-Zelle erkannt; das Virus wird aufgenommen und abgebaut. Peptide aus viralen Proteinen, einschließlich solchen aus dem Inneren des Virus, werden dann im Komplex mit MHC-Klasse-II-Molekülen wieder auf die B-Zell-Oberfläche transportiert (Kapitel 5). Dort werden diese Komplexe von T-Helferzellen erkannt, die dann die B-Zellen anregen, Antikörper gegen das Hüllprotein zu bilden.

das Polysaccharid chemisch an das Fremdprotein Tetanustoxoid, gegen das Kinder routinemäßig und mit Erfolg geimpft werden (Kapitel 15). B-Zellen, die an die Polysaccharidkomponente des Impfstoffes binden, können von T-Helferzellen aktiviert werden, die für die Peptide des angehängten Toxoids spezifisch sind (Abb. 9.5).

Die gekoppelte Erkennung wurde ursprünglich bei Untersuchungen zur Bildung von Antikörpern gegen Haptene entdeckt (Anhang I, Abschnitt A.1). Haptene sind kleine chemische Gruppen, die für sich allein keine Antikörperantwort hervorrufen, da sie weder B-Zell-Rezeptoren quervernetzen noch eine T-Zell-Unterstützung auslösen können. Wenn sie jedoch an ein Trägerprotein gekoppelt sind, wirken sie immunogen, da die B-Zell-Rezeptoren nun durch die vielen verschiedenen Haptengruppen auf dem Protein quervernetzt werden können. Außerdem werden T-Zell-Reaktionen möglich, weil jetzt T-Zellen gegen die vom Protein abstammenden Peptide primär immunisiert werden können. Eine zufällige Kopplung von Hapten und Protein ist auch für die allergischen Reaktionen verantwortlich, die viele Menschen gegen das Antibiotikum Penicillin zeigen. Penicillin bildet zusammen mit Wirtsproteinen ein gekoppeltes Hapten, das eine Antikörperantwort stimulieren kann. Darüber werden wir in Kapitel 13 mehr erfahren.

9.4 An MHC-Klasse-II-Moleküle auf B-Zellen gebundene Antigenpeptide induzieren bei T-Helferzellen die Bildung membranständiger und sezernierter Moleküle, die B-Zellen aktivieren können

Wenn T-Helferzellen Peptid:MHC-Klasse-II-Komplexe auf B-Zellen erkennen, werden sie angeregt, sowohl zellgebundene als auch sezernierte Effektormoleküle zu produzieren, die zusammenwirken und die B-Zelle aktivieren. Ein besonders wichtiges Effektormolekül der T-Zelle ist der CD40-Ligand, ein Vertreter der TNF-Familie, der an CD40 auf B-Zellen bindet. **CD40** gehört zur TNF-Rezeptor-Familie der Cytokinrezeptoren (Abschnitt 8.26), enthält jedoch keine „Todesdomäne". Es ist an der Steuerung der wichtigen Phasen der B-Zell-Reaktion beteiligt, etwa bei der B-Zell-Proliferation, beim Isotypwechsel der Immunglobuline und bei der somatischen Hypermutation. Eine Bindung von CD40 an den CD40-Liganden trägt dazu bei, dass ruhende B-Zellen in den Zellzyklus eintreten, und ist für die B-Zell-Reaktionen gegen thymusabhängige Antigene unerlässlich.

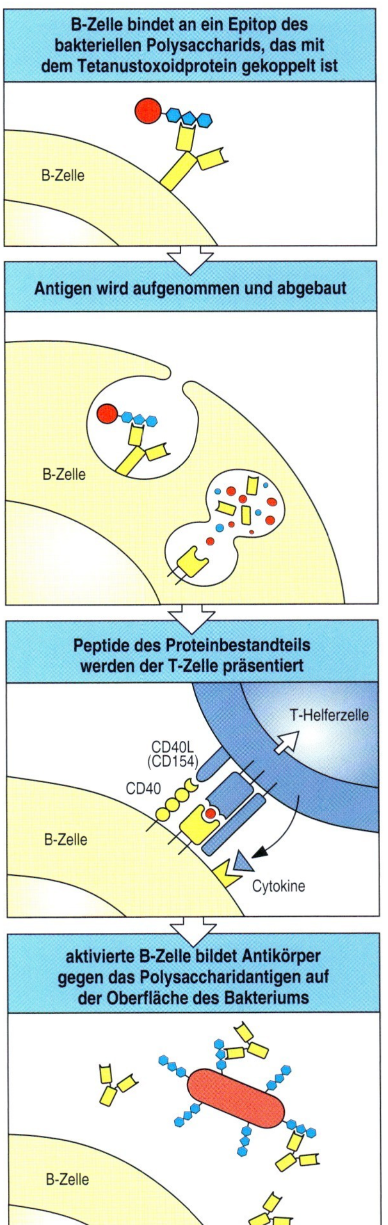

9.5 Mit Polysaccharidantigenen verknüpfte Proteinantigene ermöglichen es T-Zellen, polysaccharidspezifischen B-Zellen zu helfen. Der Impfstoff gegen *Haemophilus influenzae* Typ b besteht aus einem Konjugat aus bakteriellem Polysaccharid und Tetanustoxoidprotein. Die B-Zelle erkennt und bindet an das Polysaccharid, nimmt das ganze Konjugat auf und präsentiert die Toxoidpeptide auf MHC-Klasse-II-Molekülen an der Oberfläche. T-Helferzellen, die auf eine frühere Impfung gegen das Toxoid hin gebildet wurden, erkennen den Komplex auf der B-Zell-Oberfläche und regen die Produktion von Antikörpern gegen das Polysaccharid in der B-Zelle an. Diese Antikörper können dann vor einer Infektion mit *H. influenzae* Typ b schützen.

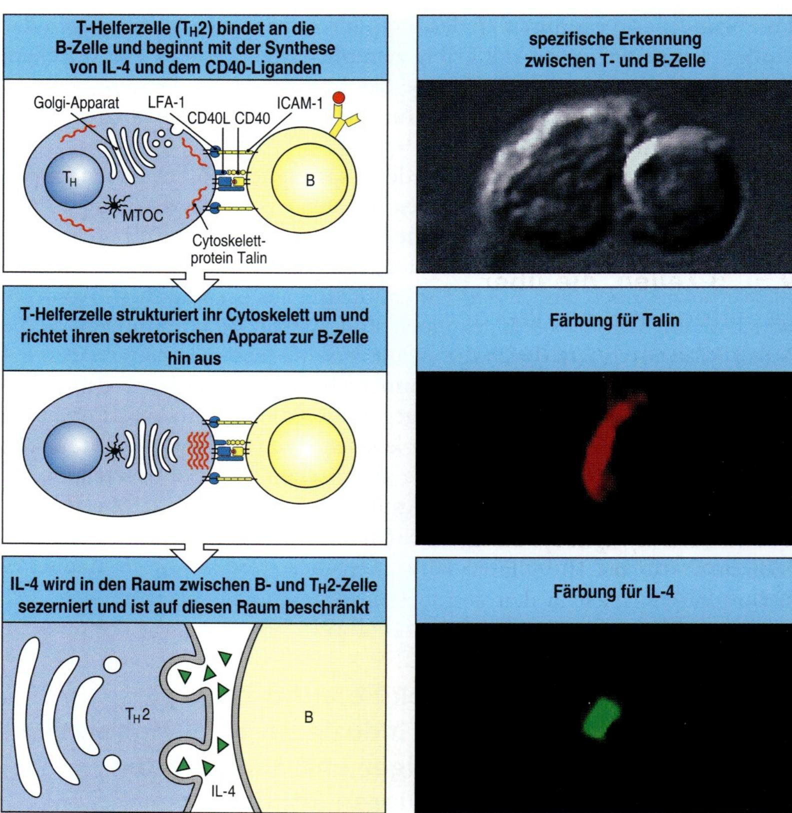

9.6 Wenn eine T-Helferzelle auf eine antigenbindende B-Zelle trifft, wird sie polarisiert und sezerniert an der Kontaktstelle IL-4 und andere Cytokine sowie den CD40-Liganden aus der TNF-Familie, der an der Zell-Zell-Kontaktstelle mit der Zelle assoziiert bleibt. Nachdem der T-Zell-Rezeptor an das Antigen auf der B-Zelle gebunden hat, wird in der T-Helferzelle die Expression des CD40-Liganden (CD40L) angeregt, der sich auf der B-Zelle an CD40 heftet. Wie oben links zu sehen ist, wird die enge Bindung zwischen den Zellen nach der antigenspezifischen Bindung anscheinend durch einen Ring von Adhäsionsmolekülen versiegelt, wobei LFA-1 auf der T-Zelle mit ICAM-1 auf der B-Zelle interagiert. Wie man an der Umlagerung des Cytoskelettproteins Talin (rot, in der Abbildung Mitte rechts) erkennt, wird zunächst das Cytoskelett und anschließend mithilfe des Cytoskeletts der Sekretionsapparat (der Golgi-Apparat) auf die Kontaktstelle zwischen den Zellen hin ausgerichtet. Dort werden Cytokine freigesetzt (unten links). IL-4 (grün) befindet sich nur im Raum zwischen der B-Zelle und der T-Helferzelle (unten rechts). MTOC, Mikrotubuliorganisationszentrum. (Fotos mit freundlicher Genehmigung von A. Kupfer.)

CD40 führt auch dazu, dass die B-Zelle die Expression von costimulierenden Molekülen verstärkt, besonders von Molekülen aus der B7-Familie. Diese liefern wichtige Signale, die das Wachstum und die Differenzierung von T-Zellen unterstützen, und verstärken so die gegenseitige Wechselwirkung zwischen T- und B-Zellen.

Wenn man B-Zellen *in vitro* mit einem Gemisch aus künstlich synthetisiertem CD40-Liganden und dem Cytokin Interleukin-4 (IL-4) aussetzt, werden die B-Zellen angeregt, sich zu vermehren. IL-4 wird von T_H2-Zellen gebildet, wenn sie auf der B-Zell-Oberfläche ihren spezifischen Liganden erkennen. IL-4 und der CD40-Ligand stimulieren vermutlich zusammen die klonale Vermehrung, die *in vivo* der Antikörperproduktion vorangeht. Die T_H2-Zelle sezerniert IL-4 gezielt an der Kontaktstelle mit der B-Zelle (Abb. 9.6), sodass es selektiv auf die antigenspezifische B-Zielzelle einwirkt. Die Bindung des B-Zell-Rezeptors und von CD40 führt also zusammen mit der Einwirkung von IL-4 und anderen Signalen, die durch den direkten Kontakt mit der T-Zelle ausgelöst werden, zur Proliferation der B-Zelle. Einige dieser Kontaktsignale sind vor kurzem entschlüsselt worden. Sie werden unter anderem über weitere Mitglieder der TNF-/TNF-Rezeptor-Familie ausgesendet. Dazu gehören **CD30** und der **CD30-Ligand** (andere Bezeichnung CD153) und 4-IBB (CD137) auf T-Zellen mit dem 4-IBB-Liganden auf der B-Zelle sowie homologe Proteine zu B7 und CD28, etwa **B7-RP** beziehungsweise ICOS. Das lösliche Cytokin BAFF der

TNF-Familie (Abschnitt 7.27) wird von dendritischen Zellen und Makrophagen sezerniert; es wirkt als Überlebensfaktor für sich differenzierende B-Zellen. Nach etlichen Proliferationszyklen können sich die B-Zellen zu antikörpersezernierenden Plasmazellen differenzieren. IL-5 und IL-6 sind zwei weitere Cytokine, die von T-Helferzellen abgegeben werden, und spielen in diesen späteren Stadien der B-Zell-Aktivierung eine Rolle.

9.5 B-Zellen, die über ihren B-Zell-Rezeptor ein Antigen gebunden haben, werden in den T-Zell-Zonen der sekundären lymphatischen Gewebe festgehalten

Dass eine B-Zelle es schafft, eine T-Helferzelle mit der passenden Antigenspezifität zu treffen, gehört zu den verwirrendsten Merkmalen der Antikörperreaktion. Da unter 10^4 bis 10^6 naiven Lymphocyten schätzungsweise nur einer für ein bestimmtes Antigen spezifisch ist, beträgt die Chance, dass ein T- und ein B-Lymphocyt aufeinander treffen, die beide das gleiche Antigen erkennen, 10^{-8} bis 10^{-12}. Ein zusätzliches Problem besteht darin, dass T-Zellen und B-Zellen in den peripheren lymphatischen Geweben meistens sehr unterschiedliche Zonen besetzen – die **T-Zell-Zonen** beziehungsweise die **primären Lymphfollikel** (Abb. 1.18 bis 1.20). Wenn zirkulierende naive B-Zellen durch die Venolen mit hohem Endothel in diese Gewebe einwandern, treffen sie zuerst auf die T-Zell-Zonen, durch die sie sich normalerweise schnell hindurchbewegen, um dann in den primären Follikel zu gelangen. Wie bei der Aktivierung naiver T-Zellen (Kapitel 8) liegt die Lösung der Frage, die am Anfang dieses Absatzes gestellt wurde, offenbar darin, dass wandernde B-Zellen antigenspezifisch eingefangen werden.

In Kapitel 8 haben wir erfahren, wie zirkulierende naive T-Zellen in der T-Zell-Zone von sekundären lymphatischen Geweben effizient festgehalten werden, wenn sie ihre von dendritischen Zellen präsentierten Peptidantigene erkennen, und anschließend dort zu T-Helferzellen aktiviert werden. Mithilfe von ausgefeilten Experimenten an Mäusen, die umgelagerte Immunglobulingene als Transgene trugen, ließ sich zeigen, dass B-Zellen, die im Blut oder in der extrazellulären Flüssigkeit ein Antigen gebunden haben, durch einen ähnlichen Mechanismus an der Grenze zwischen B- und T-Zell-Zone in den peripheren lymphatischen Geweben festgehalten werden (Abb. 9.7). Der Kontakt mit einem Antigen vermittelt der naiven B-Zelle das Signal, die Adhäsionsmoleküle an ihrer Zelloberfläche zu aktivieren. Das geschieht auf ähnliche Weise wie die Aktivierung einer naiven T-Zelle, wenn diese auf ihr Antigen trifft (Abb. 8.18). Sobald also wandernde B-Zellen ihr Antigen gebunden haben, werden sie festgehalten, zum einen durch die Aktivierung ihrer Adhäsionsmoleküle, beispielsweise LFA-1, zum anderen durch die Bindung von Chemokinen wie CCL19 oder CCL21 an ihren Rezeptor CCR7. Zirkulierende naive B-Zellen können mit Antigenen von Krankheitserregern im Blut oder mit freien Antigenen, die durch die Lymphflüssigkeit in die lymphatischen Gewebe transportiert wurden, in Kontakt kommen und daran binden. Auch dendritische Zellen können den B-Zellen Antigene präsentieren. Dendritische Zellen binden bestimmte Antigene passiv und direkt, andere hingegen in Form von Peptid-Antikörper-Komplexen. Dadurch wirken sie wie Filter, die in den lymphatischen Geweben sitzen und Antigene aufsammeln, die von einem

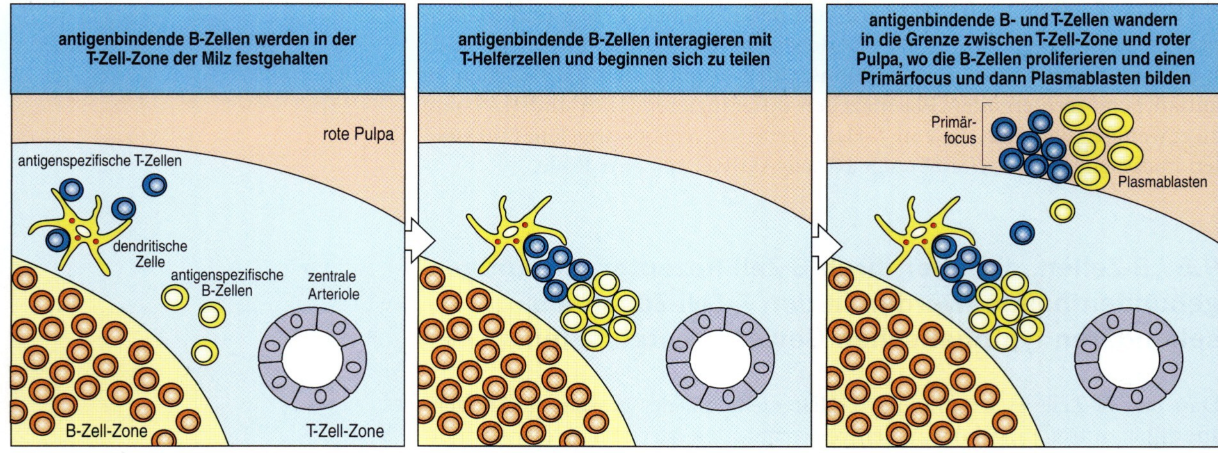

9.7 Antigenbindende B-Zellen treffen im sekundären lymphatischen Gewebe an der Grenze zwischen der B- und der T-Zell-Zone auf T-Zellen. Dargestellt ist die Aktivierung von B-Zellen in der Milz. Nachdem naive T- und B-Zellen aus dem Blut über den Randsinus (nicht dargestellt) in die Milz gelangt sind, wandern sie zu verschiedenen Regionen (Kapitel 7). Wenn T-Zellen in der T-Zell-Zone an der Oberfläche einer antigenpräsentierenden Zelle, etwa einer dendritischen Zelle, auf ihr Antigen treffen, werden sie aktiviert; einige differenzieren sich zu T-Helferzellen (links). Wenn B-Zellen, die für dasselbe Antigen spezifisch sind, im Blut, in der Gewebeflüssigkeit oder an der Oberfläche von dendritischen Zellen in den lymphatischen Geweben mit diesem Antigen in Kontakt kommen, werden sie in der T-Zell-Zone, an der Grenze zur B-Zell-Zone, festgehalten. Dort können sie auf aktivierte T-Helferzellen treffen, die für dasselbe Antigen spezifisch sind. Durch diese Wechselwirkung kommt es zu einer ersten Proliferation von B-Zellen (Mitte). In der Milz wandern die aktivierten Lymphocyten dann zur Grenze zwischen T-Zell-Zone und roter Pulpa, wo sie weiter proliferieren und wo sich die B-Zellen zu Plasmablasten differenzieren. Dabei bilden sie einen sogenannten Primärfocus (rechts). In den Lymphknoten bildet sich der Primärfocus in den Marksträngen (Abb. 9.9).

Infektionsherd stammen. Dadurch erhöht sich die Wahrscheinlichkeit, dass eine B-Zelle auf ihr zugehöriges Antigen trifft.

Das Einfangen der antigentragenden B-Zellen an den Rändern der T-Zell-Bereiche löst das Problem, B-Zellen mit ihren zugehörigen T-Helferzellen zusammen zu bringen, auf elegante Weise. B-Zellen, die sich bereits in einem Lymphfollikel befinden, wenn sie auf ein Antigen treffen, wandern voraussichtlich ebenfalls an die Grenze zwischen der T- und der B-Zell-Zone. B-Zellen, die ein Antigen gebunden haben, werden also selektiv genau an der Stelle festgehalten, an der sie die größtmögliche Chance haben, auf eine T-Helferzelle zu treffen, die sie aktivieren kann. Antigenstimulierte B-Zellen, denen es nicht gelingt, mit einer T-Zelle in Wechselwirkung zu treten, die dasselbe Antigen erkennt, gehen innerhalb von 24 Stunden zugrunde.

Nach ihrem ersten Zusammentreffen wandern die B-Zellen und ihre zugehörigen T-Zellen von der Grenze zwischen B- und T-Zell-Zone weg, um ihre Proliferation und Differenzierung fortzusetzen. In der Milz wandern sie an die Grenze zwischen T-Zell-Zone und roter Pulpa. Hier bilden sie einen **Primärfocus** der klonalen Vermehrung (Abb. 9.7). In den Lymphknoten liegt der Primärfocus in den Marksträngen, wo die Lymphflüssigkeit den Knoten verlässt. Primärfoci bilden sich etwa fünf Tage nach einer Infektion oder Immunisierung mit einem Antigen, das vorher noch nicht aufgetreten ist. Das korreliert mit der Zeit, die für die Differenzierung der T-Zellen erforderlich ist.

9.6 Aktivierte B-Zellen differenzieren sich zu antikörpersezernierenden Plasmazellen

Im Primärfocus proliferieren sowohl T- als auch B-Zellen mehrere Tage lang; dies ist die erste Phase der primären humoralen Immunantwort. Einige der proliferierenden B-Zellen differenzieren sich im Primärfocus zu antikörpersynthetisierenden **Plasmablasten**. Andere wandern in den Lymphfollikel, wo sie sich weiter differenzieren, bevor sie zu Plasmazellen werden (siehe unten). Plasmablasten sind Zellen, die damit begonnen haben, Antikörper freizusetzen, sich aber weiterhin teilen und noch viele

	Eigenschaft					
	intrinsisch			induzierbar		
Zelle der B-Zell-Linie	Oberflächen-Ig	Oberflächen-MHC-Klasse-II-Moleküle	starke Ig-Sekretion	Wachstum	somatische Hypermutation	Klassenwechsel
ruhende B-Zelle	hoch	ja	nein	ja	ja	ja
Plasmablast	hoch	ja	ja	ja	unbekannt	ja
Plasmazelle	wenig	nein	ja	nein	nein	nein

9.8 Plasmazellen sezernieren viele Antikörper, können jedoch nicht mehr auf Antigene oder T-Helferzellen reagieren. Ruhende naive B-Zellen tragen auf ihrer Oberfläche membrangebundene Immunglobuline (in der Regel IgM und IgD) und MHC-Klasse-II-Moleküle. Ihre V-Gene enthalten keine somatischen Mutationen. Sie können Antigen aufnehmen und es T-Helferzellen präsentieren, die dann wiederum die B-Zellen anregen, sich zu vermehren, den Isotyp des Immunglobulins zu wechseln, das sie exprimieren, und eine somatische Hypermutation durchzumachen. B-Zellen sezernieren jedoch keine nennenswerten Mengen an Antikörpern. Plasmablasten besitzen einen intermediären Phänotyp. Sie sezernieren Antikörper, behalten aber nennenswerte Mengen an Oberflächenimmunglobulin und MHC-Klasse-II-Molekülen, sodass sie weiterhin Antigene aufnehmen und den T-Zellen präsentieren können. Plasmazellen sind dagegen ausdifferenzierte B-Zellen, die Antikörper sezernieren. Sie können nicht mehr mit T-Helferzellen interagieren, weil sie nur wenig Oberflächenimmunglobulin und keine MHC-Klasse-II-Moleküle besitzen, haben aber in der Regel bereits einen Klassenwechsel und eine Hypermutation durchlaufen. Sie haben ihre Fähigkeit zum Klassenwechsel und zu weiterer somatischer Hypermutation verloren.

Merkmale von aktivierten B-Zellen besitzen, sodass sie mit T-Zellen interagieren können. Nach einigen weiteren Tagen hören die Plasmablasten auf sich zu teilen. Sie sterben dann entweder ab oder differenzieren sich weiter zu Plasmazellen. Die Differenzierung einer B-Zelle zur Plasmazelle geht einher mit vielen morphologischen Veränderungen. Daran verdeutlicht sich die Festlegung der Zellen auf die Produktion von großen Mengen an sezernierten Antikörpern. Einige Plasmazellen bleiben in den lymphatischen Organen, wo sie nur kurze Zeit überleben. Die Mehrzahl jedoch wandert in das Knochenmark und setzt dort ihre Antikörperproduktion fort.

In Abbildung 9.8 werden die Merkmale von B-Zellen, Plasmablasten und Plasmazellen verglichen. Plasmablasten und Plasmazellen besitzen sehr viel Cytoplasma, in dem viele Schichten des rauen endoplasmatischen Reticulums das Bild bestimmen (Abb. 1.23). Der Zellkern zeigt ein charakteristisches Muster peripherer Chromatinkondensation, und um den Kern herum ist ein markanter Golgi-Apparat zu erkennen. Die Zisternen des endoplasmatischen Reticulums enthalten viele Immunglobuline, die in einer Plasmazelle 10 bis 20 % aller synthetisierten Proteine ausmachen. Plasmablasten exprimieren zwar auch costimulierende B7-Moleküle und MHC-Klasse-II-Moleküle, Plasmazellen jedoch nicht. Die Plasmazellen können also den T-Helferzellen kein Antigen mehr präsentieren. Dennoch übermitteln die T-Zellen den Plasmazellen möglicherweise noch wichtige Signale für deren Differenzierung und Überleben, wie zum Beispiel durch IL-6 und den CD40-Liganden. Plasmablasten exprimieren Oberflächenimmunglobulin, das auf den Plasmazellen nur noch in geringem Umfang exprimiert wird. Diese geringe Menge an Oberflächenimmunglobulin besitzt jedoch möglicherweise eine physiologische Bedeutung. Neuere Ergebnisse legen den Schluss nahe, dass das Überleben der Plasmazellen zum Teil wohl davon abhängt, dass sie weiterhin an Antigene binden können. Die Lebensdauer von Plasmazellen variiert beträchtlich. Einige überleben nach ihrer Ausdifferenzierung nur noch einige Tage bis wenige Wochen, andere sind dagegen sehr langlebig und dafür verantwortlich, dass die Antikörperreaktionen bestehen bleiben.

9.7 Die zweite Phase der primären B-Zell-Immunantwort beginnt damit, dass aktivierte B-Zellen zu den Follikeln wandern, dort proliferieren und Keimzentren bilden

Einige B-Zellen, die sich in einer frühen Phase der Immunantwort vermehren, folgen erst einem Umweg, bevor sie zu Plasmazellen werden. Zusammen mit ihren assoziierten T-Zellen wandern sie in einen primären Lymphfollikel (Abb. 9.9), in dem sie sich weiter vermehren und schließlich ein **Keimzentrum** bilden (Abb. 9.10). Primärfollikel kommen ohne Vorhandensein einer Infektion in nichtstimulierten Lymphknoten vor und enthalten ruhende B-Zellen, die sich um ein dichtes Netzwerk von Zellfortsätzen herum anordnen. Diese gehen von einem spezialisierten Zelltyp aus, den **follikulären dendritischen Zellen** (**FDC**). Follikuläre dendritische Zellen locken sowohl naive als auch aktivierte B-Zellen in die Follikel, indem sie das Chemokin CXCL13 freisetzen, das vom Rezeptor CXCR5 auf B-Zellen erkannt wird (Abschnitt 7.25).

Es ist nicht bekannt, ob die Zellen, die ein Keimzentrum anlegen, aus Zellen hervorgehen, die ursprünglich an der Grenze zwischen T- und B-Zell-Zone aktiviert wurden, oder aus Zellen, die später in den Primärfoci entstehen, oder womöglich aus beiden. Keimzentren bestehen vor allem aus proliferierenden B-Zellen, aber antigenspezifische T-Zellen machen etwa 10 % der gesamten Lymphocyten in einem Keimzentrum aus. Sie sind eine unerlässliche Unterstützung für die B-Zellen. Das Keimzentrum ist im Wesentlichen eine Art Insel der Zellteilung, die sich in den Primärfollikeln inmitten eines Meeres aus ruhenden B-Zellen erhebt. Die proliferierenden B-Zellen des Keimzentrums drängen die ruhenden B-Zellen an die Peripherie des Follikels, sodass sich um das Zentrum herum eine **Mantelzone** ruhender Zellen ausbildet. Ein Follikel, das ein Keimzentrum enthält, bezeichnet man als **sekundäres Follikel** (Abb. 9.9). Das Keimzentrum nimmt mit dem Fortschreiten der Immunantwort an Größe zu, schrumpft dann aber wieder und verschwindet, wenn die Infektion beseitigt wurde. Keimzentren entstehen etwa drei bis vier Wochen nach dem ersten Kontakt mit dem Antigen.

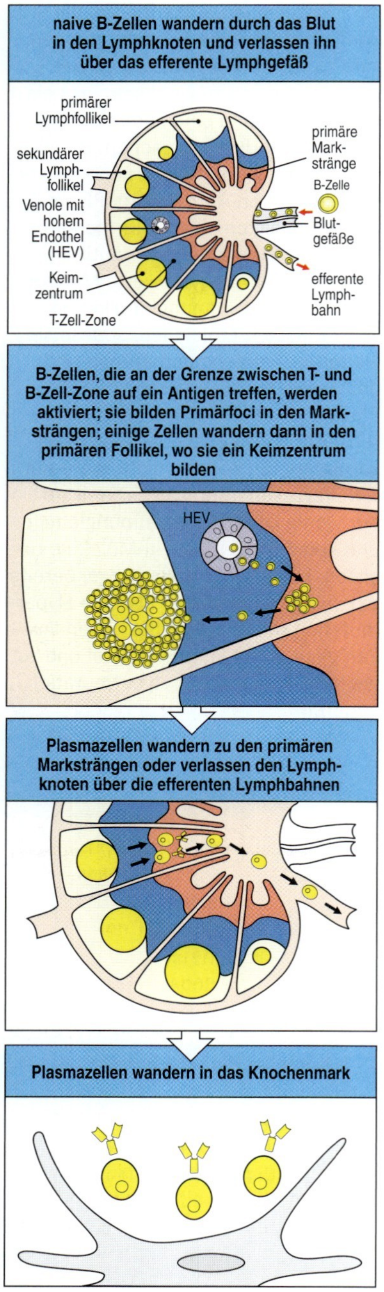

9.9 Aktivierte B-Zellen bilden in Lymphfollikeln Keimzentren. Dargestellt ist die Aktivierung von B-Zellen in einem Lymphknoten. Oben: Naive zirkulierende B-Zellen gelangen aus dem Blut über Venolen mit hohem Endothel in die Lymphknoten. Wenn sie nicht auf ein Antigen treffen, verlassen sie den Lymphknoten über das efferente Lymphgefäß. Zweites Bild: Wenn antigenspezifische B-Zellen sowohl auf ihr Antigen als auch auf aktivierte T-Helferzellen treffen, die für dasselbe Antigen spezifisch sind, werden sie aktiviert. Einige B-Zellen, die an der Grenze zwischen T- und B-Zell-Zone aktiviert werden, bilden in den Marksträngen einen Primärfocus, während andere zu wandern beginnen und in einem Primärfollikel ein Keimzentrum bilden. In den Keimzentren vermehren sich die B-Zellen rasch und differenzieren sich. Follikel, in denen sich Keimzentren gebildet haben, nennt man sekundäre Follikel. Im Keimzentrum differenzieren sich B-Zellen zu antikörpersezernierenden Plasmazellen oder B-Gedächtniszellen. Drittes und viertes Bild: Plasmazellen verlassen die Keimzentren und wandern zu den Marksträngen oder verlassen den Lymphknoten über die efferenten Lymphbahnen und wandern in das Knochenmark.

Die frühen Ereignisse im Primärfocus führen dazu, dass prompt spezifische Antikörper ausgeschüttet werden, die das infizierte Individuum sofort schützen. Die Reaktion des Keimzentrums bietet dagegen eine effektivere und spätere Antwort, wenn der Erreger zu einer chronischen Infektion führen oder der Wirt erneut infiziert werden sollte. Zu diesem Zweck durchlaufen die B-Zellen im Keimzentrum eine Reihe wichtiger Modifikationen: Dazu gehören eine somatische Hypermutation, durch die sich die variablen Regionen der Immunglobulingene verändern, eine Affinitätsreifung, bei der B-Zellen mit hoher Affinität für das Antigen selektiert werden und überleben, sowie ein Isotypwechsel, der es den selektierten B-Zellen ermöglicht, in Form von Antikörpern unterschiedlicher Isotypen eine Vielzahl von Effektorfunktionen zu exprimieren. Die selektierten B-Zellen differenzieren sich später entweder zu B-Gedächtniszellen, deren Funktion in Kapitel 10 beschrieben wird, oder zu Plasmazellen, die im letzten Teil der primären Immunantwort damit beginnen, Antikörper mit höherer Affinität und einen anderen Isotyp zu sezernieren.

In den Keimzentren vermehren sich die Zellen sehr stark, wobei sich B-Zellen etwa alle sechs bis acht Stunden teilen. Anfänglich ist bei diesen rasch proliferierenden B-Zellen die Expression des Oberflächenimmunglobulins,

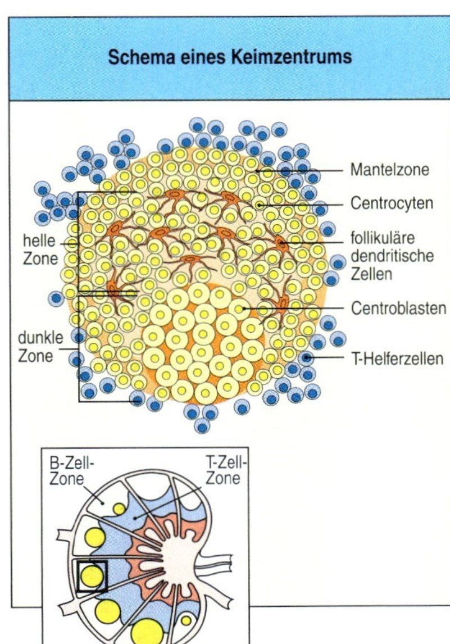

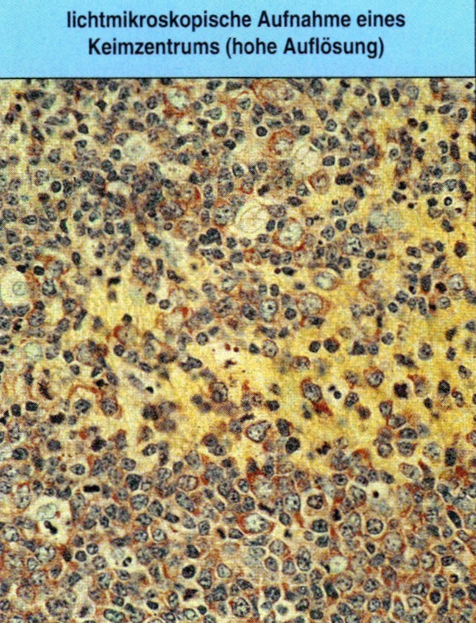

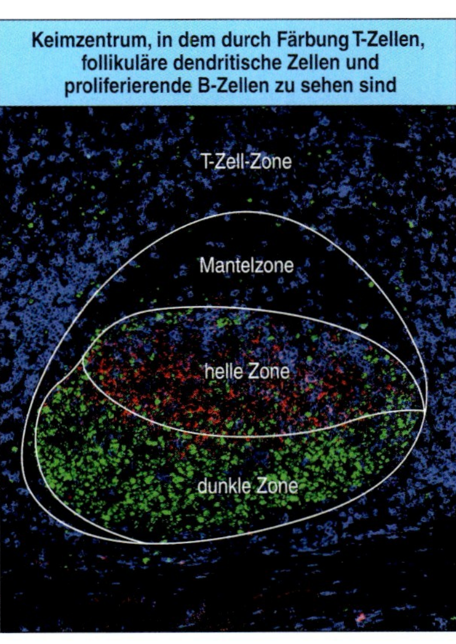

9.10 Keimzentren bilden sich, wenn aktivierte B-Zellen in Lymphfollikel eindringen. Das Keimzentrum ist eine spezialisierte Struktur, in der sich B-Zellen vermehren, die eine somatische Hypermutation durchlaufen und auf Antigenbindung selektiert werden. Dicht gepackte Centroblasten bilden die sogenannte „dunkle Zone" des Keimzentrums (unterer Teil der mikroskopischen Aufnahme in der Mitte). Man sieht einen Schnitt durch ein Keimzentrum in menschlichen Tonsillen mit hoher Aktivität. B-Zellen befinden sich in der dunklen Zone, der hellen Zone und in der Mantelzone. Das Antigen Ki67, das in Zellkernen von sich teilenden Zellen exprimiert wird, ist hier grün gefärbt; es zeigt die Centroblasten in der dunklen Zone an. Das dichte Netzwerk aus follikulären dendritischen Zellen (rot gefärbt) nimmt einen großen Teil der hellen Zone ein. Die Zellen in der hellen Zone proliferieren auch, in den meisten Keimzentren jedoch in geringerem Ausmaß. Die Mantelzone am Rand des B-Zell-Follikels enthält kleine zirkulierende B-Zellen. In den T-Zell-Zonen, die die Follikel voneinander trennen, sind große Mengen an CD4-T-Zellen (blau gefärbt) zu erkennen. Auch in der hellen Zone des Keimzentrums gibt es eine relevante Anzahl von T-Zellen; die CD4-Anfärbung in der dunklen Zone betrifft vor allem CD4-positive Phagocyten. (Fotos mit freundlicher Genehmigung von I. MacLennan.)

insbesondere von IgD, deutlich vermindert. Diese B-Zellen nennt man **Centroblasten**. Mit der Zeit verringern einige B-Zellen ihre Teilungsrate und beginnen, mehr Oberflächenimmunglobulin zu exprimieren. Diese Zellen werden als **Centrocyten** bezeichnet; sie gehen wahrscheinlich aus Centroblasten hervor. Die Centroblasten vermehren sich zunächst in der dunklen Zone des Keimzentrums (Abb. 9.10). Die Bezeichnung dieser Zone leitet sich von den dicht gedrängten proliferierenden Zellen ab. Mit fortschreitender Entwicklung wird die **helle Zone** des Keimzentrums nach und nach von B-Zellen gefüllt. Dabei handelt es sich um einen Follikelbereich, in dem sich vermehrt follikuläre dendritische Zellen angesammelt haben und die Zellen nicht so dicht gedrängt sind. Ursprünglich ging man davon aus, dass sich nur die Centroblasten in der dunklen Zone vermehren, während sich die Centrocyten in der hellen Zone nicht teilen. Dies könnte tatsächlich in „chronischen" Keimzentren der Fall sein, die man in chirurgisch entfernten, entzündeten Tonsillen gefunden hat. Zumindest bei Mäusen kommt es sowohl in der hellen als auch in der dunklen Zone von neu gebildeten Keimzentren zu einer Proliferation, und die proliferierenden Zellen exprimieren in der dunklen Zone in bescheidenem Umfang Immunglobulin auf ihrer Oberfläche. Follikuläre dendritische Zellen, die ursprünglich besonders in der hellen Zone vertreten sind, reagieren anscheinend auf die fortschreitende Ausbildung des Keimzentrums und ihre dendritischen Fortsätze treten überall im Keimzentrum mit dessen Entwicklung immer deutlicher hervor. So kommt es, dass ein reifes Keimzentrum 15 Tage nach der Immunisierung eher einer hellen Zone ähnelt und immer weniger die klassischen Merkmale einer dunklen Zone aufweist. Mit dieser Vorstellung von der Entwicklung des Keimzentrums ließe sich auch erklären, wie die für ein stimulierendes Antigen hoch affinen B-Zellen selektiert werden. Dies wird im Folgenden näher erläutert.

9.8 Die B-Zellen des Keimzentrums durchlaufen eine somatische Hypermutation der V-Region, und Zellen werden selektiert, bei denen Mutationen die Affinität für ein Antigen verbessert haben

In den Abschnitten 4.17 und 4.18 haben wir beschrieben, was man bis jetzt über die molekularen Vorgänge der somatischen Hypermutation als einen der sekundären Mechanismen weiß, der zu einer größeren Diversität der Antikörper beiträgt. In diesem Abschnitt werden wir besprechen, welche Signale eine Hypermutation auslösen und welche biologischen Folgen eine Mutation für aktivierte B-Zellen hat. Normalerweise findet eine somatische Hypermutation nur bei B-Zellen statt, die sich gerade in den Keimzentren vermehren. *In vitro*-Untersuchungen haben jedoch ergeben, dass in B-Zellen auch außerhalb von Keimzentren eine Hypermutation induziert werden kann, wenn ihre B-Zell-Rezeptoren quervernetzt werden und sie zum Beispiel von aktivierten T-Zellen über eine Stimulation mit Cytokinen und dem CD40-Liganden Unterstützung erhalten.

Im Gegensatz zu den primären Mechanismen, die zur Vielfalt der Immunglobuline beitragen (Abschnitt 4.1 bis 4.6) und B-Zellen mit völlig unterschiedlichen B-Zell-Rezeptoren hervorbringen, kann durch die somatische Hypermutation eine Reihe miteinander verwandter B-Zell-

Klone erzeugt werden, die sich in ihrer Spezifität und ihrer Affinität für ein Antigen nur geringfügig unterscheiden. Der Grund dafür sind die bei einer somatischen Hypermutation auftretenden Punktmutationen, durch die jeweils nur eine einzige Aminosäure geändert wird. In den V-Regionen der Immunglobulingene häufen sich Mutationen mit einer solchen Rate an, dass bei jeder Zellteilung ein Basenpaar pro 10^3 Basenpaare ausgetauscht wird. Die Mutationsrate der gesamten übrigen Zelle ist dagegen viel geringer: Es wird pro Zellteilung etwa ein Basenpaar pro 10^{10} Basenpaare ausgetauscht. Die Mutationen fallen auch in einige DNA-Bereiche, die sich neben den umgelagerten V-Genen befinden, erstrecken sich aber nicht auf die Exons der C-Region. Daher kommt es auf irgendeine Weise nur in den umgelagerten Genen der variablen Regionen einer B-Zelle zu zufälligen Punktmutationen. Jedes exprimierte Gen für die V-Region der schweren und leichten Ketten wird von ungefähr 360 Basenpaaren codiert, und ungefähr drei von vier Basenaustauschvorgängen führen zu einer veränderten Aminosäure. So erhält bei jeder Teilung jede zweite B-Zelle eine Mutation in ihrem Rezeptor.

Die Punktmutationen häufen sich allmählich an, wenn sich die Nachkommen einer einzelnen B-Zelle (B-Zell-Klone) in den Keimzentren vermehren. Die Mutationen können die Fähigkeit einer B-Zelle zur Antigenbindung und damit ihr Schicksal im Keimzentrum beeinflussen (Abb. 9.11). Die meisten Mutationen verringern die Fähigkeit des B-Zell-Rezeptors, an das ursprüngliche Antigen zu binden. Das geschieht entweder dadurch, dass kein korrekt gefaltetes Immunglobulinmolekül entsteht oder dass die komplementaritätsbestimmenden Regionen so verändert werden, dass die Antigenbindung abgeschwächt wird oder ganz verschwindet. Solche Mutationen sind für die Zellen katastrophal, die sie tragen. Sie werden durch Apoptose beseitigt, da sie entweder keinen funktionsfähigen B-Zell-Rezeptor mehr produzieren können, oder sie können mit ihren Geschwisterzellen, die das Antigen effektiver binden, nicht mehr konkurrieren. Solche zerstörenden Mutationen treten häufig auf, und die Keimzentren füllen sich mit apoptotischen B-Zellen, die von Makrophagen schnell aufgenommen werden. Auf diese Weise entstehen **Makrophagen mit anfärbbarem Zellkörper**, die in ihrem Cytoplasma dunkel anfärbbare Kernreste enthalten – ein seit langem bekanntes histologisches Merkmal von Keimzentren.

Weniger häufig tritt der Fall ein, dass Mutationen die Affinität des B-Zell-Rezeptors zum Antigen verbessern. Zellen mit diesen Mutationen werden effizient selektiert und verbreiten sich. Es ist jedoch noch unklar, auf welche Weise diese Vermehrung geschieht. Möglicherweise wird der Zelltod verhindert oder die Zellteilung beschleunigt, oder es erfolgen beide Vorgänge gleichzeitig. Auf jeden Fall findet die Selektion schrittweise statt. Nach jeder Mutationsrunde beginnen die B-Zellen, den neuen Rezeptor zu exprimieren, und dieser entscheidet darüber, ob der Zelle ein günstiges oder ein ungünstiges Schicksal beschieden ist. Bei einem günstigen Schicksalsverlauf werden nach einer weiteren Teilungs- und Mutationsrunde die Expression und der Selektionsprozess wiederholt. Auf diese Weise wird im Laufe einer Antwort des Keimzentrums die Affinität und Spezifität positiv selektierter B-Zellen stetig verbessert. Diesen Vorgang bezeichnet man als **Affinitätsreifung**. Weil sowohl Centroblasten als auch Centrocyten proliferieren und Immunglobulin exprimieren können, können Mutation und positive Selektion im Keimzentrum gleichzeitig erfolgen, ohne dass die Zellen zwischen den dunklen und hellen Zonen hin und her wandern müssen.

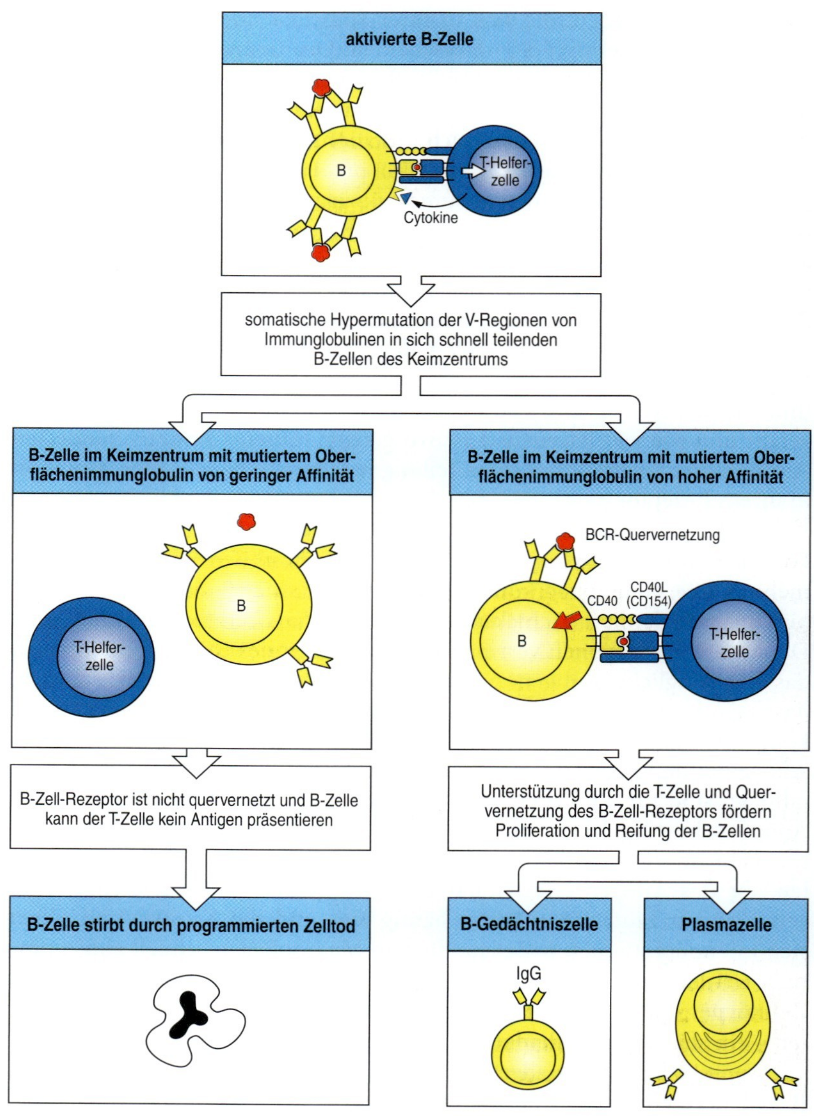

9.11 Aktivierte B-Zellen mutieren im Keimzentrum mehrfach und Mutanten mit einer höheren Affinität werden selektiert. Auf diese Weise entstehen letztlich Plasmazellen, die hoch affine Antikörper sezernieren, sowie hoch affine B-Gedächtniszellen. Zuerst werden B-Zellen außerhalb von Follikeln durch das Zusammenwirken von Antigen und T-Zellen aktiviert (oben). Sie wandern in die Keimzentren (nicht dargestellt), wo die übrigen Ereignisse stattfinden. Aufgrund einer somatischen Hypermutation können in den V-Regionen von Immunglobulinen Aminosäuren ausgetauscht werden, von denen das weitere Schicksal der B-Zelle abhängt. Führen Mutationen zu einem B-Zell-Rezeptor (BCR) mit geringerer Affinität für das Antigen (links), so wird die B-Zelle nicht effizient genug aktiviert, da sowohl die Quervernetzung des B-Zell-Rezeptors als auch die Fähigkeit der B-Zelle, T-Zellen Peptidantigene zu präsentieren, reduziert sind. Daher stirbt die B-Zelle durch Apoptose. Auf diese Weise werden Zellen mit geringerer Affinität aus dem Keimzentrum entfernt. Da die meisten Mutationen negativ oder neutral sind (nicht dargestellt), sterben und proliferieren im Keimzentrum enorme Mengen an Zellen. Einige Mutationen verbessern allerdings die Fähigkeit des B-Zell-Rezeptors, ein Antigen zu binden. Dadurch erhöht sich die Wahrscheinlichkeit, dass die B-Zelle aufgrund einer Wechselwirkung mit T-Zellen proliferiert und überlebt (rechts). Überlebende Zellen durchlaufen mehrere Mutations- und Selektionszyklen, in denen sich einige Tochterzellen der B-Zellen zu B-Gedächtnis- oder Plasmazellen entwickeln (unten rechts) und das Keimzentrum verlassen. Man kennt die Signale noch nicht, die für einen bestimmten Differenzierungsweg verantwortlich sind.

Hinweise auf das Vorliegen einer positiven und einer negativen Selektion gibt das Muster der somatischen Hypermutationen in den V-Regionen von B-Zellen, welche die Passage durch das Keimzentrum überlebt haben (Abschnitt 4.18). Dass eine negative Selektion stattgefunden hat, zeigt sich daran, dass in den Gerüstregionen relativ wenige Aminosäuren ersetzt wurden. Dies lässt auf den Verlust von Zellen schließen, bei denen Mutationen in einem der vielen Reste aufgetreten sind, die für die Faltung der V-Region des Immunglobulins entscheidend sind. Die negative Selektion ist im Keimzentrum ein wichtiger Faktor, da sie höchstwahrscheinlich die Hälfte aller Zellen eliminiert. Gäbe es diese umfangreiche negative Auslese nicht, würden die B-Zellen eines einzigen Keimzentrums, die sich drei- bis viermal täglich teilen, sehr schnell ausreichend Nachkommen bilden, um den gesamten Organismus zu überschwemmen. In einem einzigen Keimzentrum können in zehn Tagen über eine Milliarde Zellen entstehen. Tatsächlich enthält ein Keimzentrum jedoch höchstens einige Tausend B-Zellen.

Das Charakteristikum einer positiven Selektion sind dagegen zahlreiche ausgetauschte Aminosäuren in den komplementaritätsbestimmenden Regionen (Abb. 4.25). Als Folge dieser zyklischen Abläufe von Proliferation, Mutation und Selektion, die innerhalb des Keimzentrums stattfinden, vergrößert sich in der Population der reagierenden B-Zellen mit der Zeit die durchschnittliche Affinität für das Antigen. Damit lässt sich das Phänomen der Affinitätsreifung, das man bei der Antikörperreaktion beobachtet, weitgehend erklären. Der Selektionsprozess kann äußerst streng reguliert sein: Obwohl sich im Keimzentrum 50 bis 100 B-Zellen vermehren, hinterlassen die meisten von ihnen keine Tochterzellen. Wenn das Keimzentrum seine maximale Größe erreicht hat, besteht es in der Regel nur aus den Tochterzellen einer oder einiger weniger B-Zellen.

9.9 Für einen Isotypwechsel bei thymusabhängigen Antikörperreaktionen, der durch Cytokine gesteuert wird, muss der CD40-Ligand auf der T-Helferzelle exprimiert werden

Antikörper sind nicht nur wegen der Vielfalt ihrer Antigenbindungsstellen bemerkenswert, sondern auch wegen ihrer Vielseitigkeit als Effektormoleküle. Die Spezifität einer Antikörperreaktion beruht auf der Antigenbindungsstelle, die aus den beiden variablen Domänen V_H und V_L besteht. Welche Effektorfunktion der Antikörper hat, hängt dagegen vom Isotyp der C-Region der schweren Kette ab (Abschnitt 3.1). Durch einen Isotyp- oder Klassenwechsel (Abschnitt 4.20) kann eine bestimmte variable Domäne der schweren Kette mit der konstanten Region eines beliebigen Isotyps assoziiert werden. Das geschieht, nachdem die B-Zellen in den T-Zell-Zonen der lymphatischen Organe aktiviert wurden, und kann sich in den Primärfoci und für einen Teil der Zellen in den Keimzentren fortsetzen. Wir werden später in diesem Kapitel feststellen, welche Rolle Antikörper der verschiedenen Isotypen bei der Eliminierung von Krankheitserregern spielen. Die DNA-Umlagerungen, die dem Isotypwechsel zugrunde liegen und der humoralen Immunantwort vielfältige Funktionen verleihen, werden von Cytokinen gesteuert, besonders von denjenigen, die von CD4-T-Effektorzellen freigesetzt werden.

Alle naiven B-Zellen exprimieren Zelloberflächen-IgM und -IgD. IgM ist der erste Antikörper, der freigesetzt wird, macht aber weniger als 10 % der Immunglobuline im Plasma aus; dort findet man hauptsächlich IgG. Die meisten Antikörper werden daher von B-Zellen gebildet, die ihren Isotyp geändert haben. Es werden immer nur wenige IgD-Antikörper gebildet, sodass in den Frühstadien der Antikörperreaktion die IgM-Antikörper überwiegen. Später sind IgG und IgA die vorherrschenden Isotypen, wobei IgE einen kleinen, aber biologisch wichtigen Beitrag zur Immunantwort leistet. Die generelle Dominanz von IgG lässt sich zum Teil damit erklären, dass es sich länger im Serum hält (Abb. 4.16).

Produktive Wechselwirkungen zwischen B-Zellen und T-Helferzellen sind unbedingt notwendig, damit ein Isotypwechsel stattfinden kann. Das zeigt sich bei Personen, die einen genetischen Defekt des CD40-Liganden aufweisen, der für diese Wechselwirkungen erforderlich ist. Bei diesen Pati-

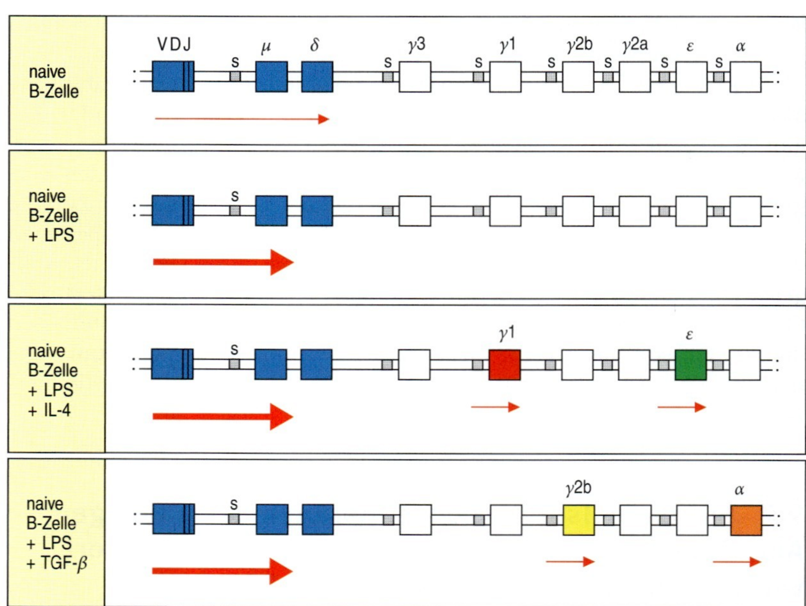

9.12 Vor einem Isotypwechsel wird die Transkription der C-Gene der schweren Kette aktiviert. Ruhende naive B-Zellen transkribieren die Gene für die Isotypen μ und δ der schweren Kette in geringem Umfang, sodass Oberflächen-IgM und -IgD gebildet werden. Bakterielles Lipopolysaccharid (LPS), das B-Zellen unabhängig von Antigenen aktivieren kann, induziert die IgM-Sekretion. In Gegenwart von IL-4 werden jedoch $C\gamma1$ und $C\varepsilon$ in geringem Umfang transkribiert, was einen Wechsel zur IgG1- und IgE-Synthese ankündigt. Die Transkripte stammen aus der Region, die Richtung 5'-Ende vor dem Bereich liegen, in dem der Wechsel stattfindet, und codieren kein Protein. Auf ähnliche Weise führt TGF-β zur Transkription von $C\gamma2b$ und $C\alpha$ und fördert den Wechsel zu IgG2b und IgA. Man weiß nicht, wie gesteuert wird, welches der beiden transkriptionsaktivierten C_H-Gen-Segmente den Wechsel durchmacht. Die Pfeile deuten eine Transkription an. Die Abbildung zeigt den Isotypwechsel bei der Maus.

enten kommt es kaum zu einem Isotypwechsel, und sie zeigen eine anormal hohe IgM-Konzentration im Plasma. Die Krankheit bezeichnet man als **Hyper-IgM-Syndrom**. Obwohl der CD40-Ligand fehlt, kommt es als Reaktion auf thymusabhängige Antigene zur Produktion von IgM-Antikörpern. Das deutet darauf hin, dass bei der B-Zell-Antwort Wechselwirkungen zwischen CD40 und dem CD40-Liganden am wichtigsten sind, um eine nachhaltige Immunantwort zu ermöglichen, bei der es zu einem Isotypwechsel kommt. Andere Defekte, die den Isotypwechsel beeinträchtigen, wie etwa ein Defekt von CD40 oder der aktivierungsinduzierten Cytidin-Desaminase (AID), die für den Rekombinationsvorgang beim Isotypwechsel essenziell ist, führen ebenfalls zu bestimmten Formen des Hyper-IgM-Syndroms (Kapitel 12). Ein großer Teil des IgM beim Hyper-IgM-Syndrom wird wahrscheinlich von thymusunabhängigen Antigenen auf den Krankheitserregern induziert, die bei diesen Patienten, die an einer schweren humoralen Immunschwäche leiden, chronische Infektionen ausbilden.

Der Mechanismus des Isotypwechsels und die *switch*-Regionen, zwischen denen die Rekombination erfolgt, die die umgelagerte V-Region vor eine andere C-Region transferiert, werden im Einzelnen in Abschnitt 4.20 besprochen. Die Auswahl einer C-Region für den Rekombinationsvorgang erfolgt jedoch nicht zufällig, sondern wird durch die Cytokine reguliert, die während der Immunantwort von T-Helferzellen und anderen Zellen produziert werden. Der größte Teil unserer Kenntnisse über die Steuerung des Isotypwechsels durch T-Helferzellen stammt aus *in vitro*-Experimenten, bei denen B-Zellen der Maus verschiedenen unspezifischen Reizen ausgesetzt werden, beispielsweise mit bakteriellem Lipopolysaccharid (LPS) und gereinigten Cytokinen (Abb. 9.12). Diese Versuche zeigen, dass unterschiedliche Cytokine bevorzugt einen Wechsel zu jeweils anderen Isotypen auslösen. Einige dieser Cytokine sind auch für die B-Zell-Proliferation zu Beginn einer B-Zell-Antwort verantwortlich. Bei der Maus induziert IL-4 überwiegend den Wechsel zu IgG1 ($C\gamma1$) und IgE ($C\varepsilon$), während der transformierende

Funktion der Cytokine bei der Expressionsregulation der Antikörperisotypen

Cytokine	IgM	IgG3	IgG1	IgG2b	IgG2a	IgE	IgA
IL-4	hemmt	hemmt	aktiviert		hemmt	aktiviert	
IL-5							verstärkt Produktion
IFN-γ	hemmt	aktiviert	hemmt		aktiviert	hemmt	
TGF-β	hemmt	hemmt		aktiviert			aktiviert

9.13 Verschiedene Cytokine induzieren den Wechsel zu verschiedenen Isotypen. Die einzelnen Cytokine induzieren (violett) oder hemmen (rot) die Bildung bestimmter Isotypen. Der inhibierende Effekt beruht wahrscheinlich zum großen Teil darauf, dass gezielt auf einen anderen Isotyp umgeschaltet wird. Die Daten stammen aus Experimenten an Mauszellen.

Wachstumsfaktor TGF-β einen Wechsel zu IgG2b (Cγ2)und IgA (Cα) hervorruft. Diese beiden Cytokine werden von T_H2-Zellen gebildet, ebenso IL-5, das die IgA-Sekretion in Zellen stimuliert, die bereits einen Wechsel hinter sich haben. T_H1-Zellen sind kaum in der Lage, Antikörperreaktionen auszulösen. Am Isotypwechsel nehmen sie jedoch teil, indem sie Interferon (IFN)-γ freisetzen, das bevorzugt den Wechsel zu IgG2a und IgG3 induziert. Welche Cytokine die B-Zellen dazu bringen, die verschiedenen Antikörperisotypen zu bilden, ist in Abbildung 9.13 zusammengefasst. Die Existenz eines solchen zielgerichteten Mechanismus wird noch durch die Beobachtung untermauert, dass einzelne B-Zellen häufig auf beiden Chromosomen zu demselben C-Gen wechseln, wenn auch die schwere Kette des Antikörpers nur von einem der beiden Chromosomen exprimiert wird.

Cytokine induzieren einen Isotypwechsel teilweise dadurch, dass sie die Produktion von RNA-Transkripten von den *switch*-Rekombinationsstellen des Isotypwechsels stimulieren, die in Richtung 5'-Ende vor jedem C-Gen der schweren Kette liegen (Abb. 9.12). Wenn beispielsweise IL-4 auf aktivierte B-Zellen einwirkt, kann man einen oder zwei Tage vor dem Isotypwechsel eine Transkription von DNA stromaufwärts der *switch*-Regionen von Cγ1 und Cε beobachten. Interessanterweise induziert anscheinend jedes Cytokin, das einen Isotypwechsel auslöst, die Transkription der *switch*-Regionen von zwei verschiedenen C-Genen der schweren Kette, aber es kommt nur an einem der beiden Gene zu einer spezifischen Rekombination. T-Helferzellen regulieren also die Antikörperproduktion der B-Zellen und auch den Isotyp der schweren Kette, der die Effektorfunktion des Antikörpers bestimmt.

9.10 Um die B-Zellen in den Keimzentren am Leben zu halten, muss die Bindung des B-Zell-Rezeptors und von CD40 an ihre Liganden mit einem direkten T-Zell-Kontakt einhergehen

Die B-Zellen des Keimzentrums sind darauf programmiert, innerhalb einer bestimmten Zeit zu sterben. Um zu überleben, müssen sie spezifische Signale empfangen. Erstmals entdeckte man *in vitro*, dass diese B-Zellen erhalten bleiben, wenn ihre B-Zell-Rezeptoren quervernetzt werden und gleichzeitig CD40 an der Zelloberfläche seinen Liganden bindet. *In vivo*

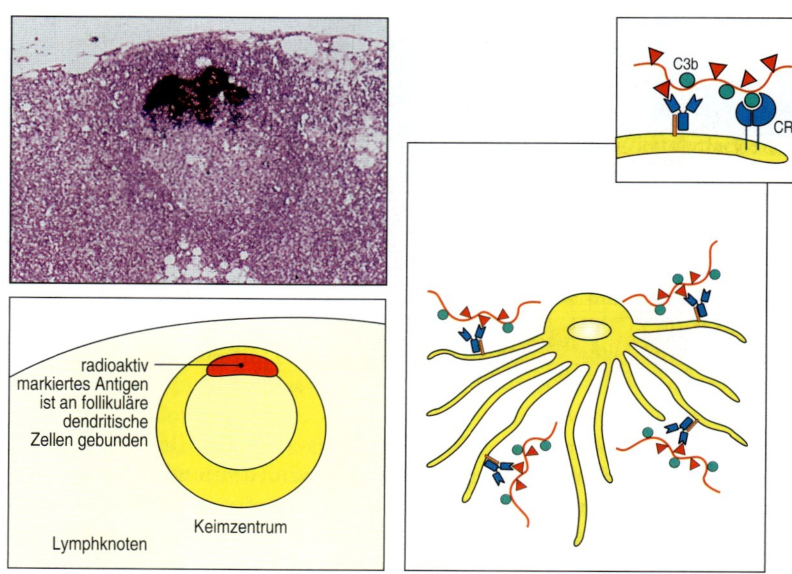

9.14 Immunkomplexe binden an die Oberfläche follikulärer dendritischer Zellen. Ein radioaktiv markiertes Antigen gelangt in Lymphfollikel von nahe gelegenen Lymphknoten und bleibt dort (siehe lichtmikroskopische Aufnahme und das Schema darunter, in denen ein Keimzentrum in einem Lymphknoten dargestellt ist). Drei Tage zuvor wurde radioaktiv markiertes Antigen injiziert, dessen Position im Keimzentrum man anhand der intensiven dunklen Färbung erkennen kann. Das Antigen ist in Form von Antigen-Antikörper-Komplement-Komplexen an Fc- und Komplementrezeptoren auf der Oberfläche von follikulären dendritischen Zellen gebunden. Dies ist schematisch dargestellt für die Immunkomplexe, die sowohl an Fc- als auch an CR3-Rezeptoren gebunden sind (rechtes Bild und kleines Bild). Diese Komplexe werden nicht internalisiert. Ein Antigen kann in dieser Form lange Zeit erhalten bleiben. (Foto mit freundlicher Genehmigung von J. Tew.)

werden diese Signale jeweils vom Antigen beziehungsweise von den T-Zellen ausgesendet. Für das Überleben sind darüber hinaus noch zusätzliche Signale erforderlich, die beim direkten Kontakt mit T-Zellen ausgesendet werden. Wie diese Signale beschaffen sind, liegt nach wie vor im Dunkeln, aber möglicherweise sind ICOS und B7-RP (Abschnitt 9.4) oder andere Vertreter der TNF-/TNF-Rezeptor-Familie beteiligt.

Zu der Frage, woher die Antigene in den Keimzentren stammen, gibt es kontroverse Ansichten. So können Antigene eingefangen und lange Zeit als Immunkomplexe auf follikulären dendritischen Zellen gespeichert werden (Abb. 9.14 und 9.15). Daher nahm man an, dass das Antigen auf diese Weise eine Proliferation der B-Zellen im Keimzentrum bewirkt. Das mag zwar unter bestimmten Bedingungen zutreffen, es gibt jedoch mittlerweile Hinweise, dass Antigene auf follikulären dendritischen Zellen für eine normale Reaktion des Keimzentrums nicht erforderlich sind. Tatsächlich weiß man noch nicht genau, welche Funktion das Antigendepot auf diesen Zellen besitzt. Möglicherweise dient es unter anderem dem Erhalt langlebiger Plasmazellen. Woher stammen dann die Antigene, die die Keimzentren aufrechterhalten? Höchstwahrscheinlich geben lebende Pathogene, die zum Lymphgewebe transportiert werden und sich dort vermehren, unter normalen Umständen ständig Antigene ab, bis sie durch eine Immunreaktion beseitigt werden. Danach zerfällt das Keimzentrum. Bei Immunisierungen mit Proteinantigenen wird gewöhnlich das Antigen nach und nach freigesetzt und auf diese Weise die Situation mit den lebenden Erregern nachgeahmt. Tatsächlich hat es sich als schwierig erwiesen, durch eine Immunisierung ohne ein lebendes, sich vermehrendes Pathogen oder ohne dauernde Freisetzung von Antigen in einem Adjuvans die Bildung von Keimzentren zu stimulieren (Anhang I, Abschnitt A.4).

Wie die verschiedenen Signale zur Erhaltung des Keimzentrums ihre Wirkungen auf B-Zellen ausüben, ist noch nicht völlig geklärt. Die Signale vom B-Zell-Rezeptor und von CD40 erhöhen anscheinend gemeinsam die

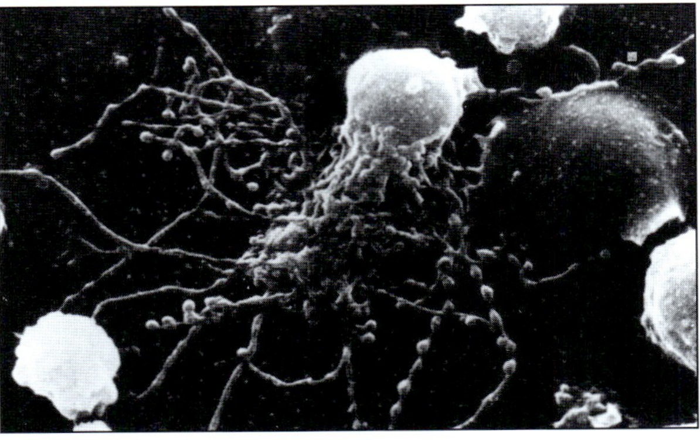

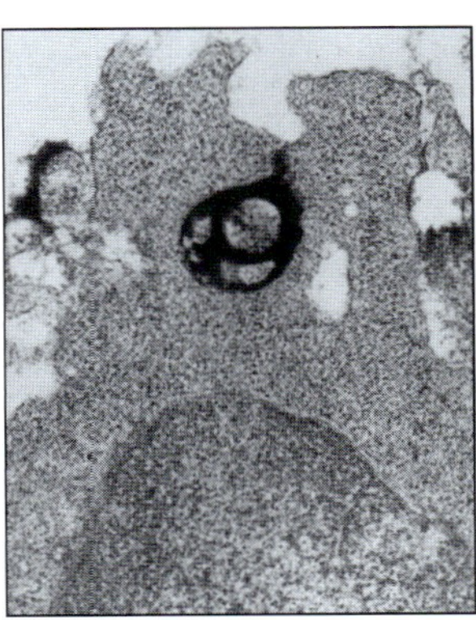

Expression des Proteins Bcl-X_L. Bcl-X_L ist mit dem Protein Bcl-2 verwandt, welches das Überleben von B-Zellen fördert (Abschnitt 6.26). Zweifellos gibt es noch viele weitere Signale zu entdecken, die die Differenzierung der B-Zellen unterstützen.

9.15 An follikuläre dendritische Zellen gebundene Immunkomplexe bilden Iccosomen, die freigesetzt werden und von B-Zellen in den Keimzentren aufgenommen werden können. Follikuläre dendritische Zellen haben einen markanten Zellkörper mit vielen dendritischen Fortsätzen. Immunkomplexe, die an das Komplement und Fc-Rezeptoren auf der Oberfläche follikulärer dendritischer Zellen gebunden sind, aggregieren und bilden auffällige „Perlen" entlang der Dendriten. In der linken Abbildung erkennt man eine Zwischenform follikulärer dendritischer Zellen mit geraden fadenförmigen Dendriten und solchen, die Perlen erhalten. Diese Perlen werden von der Zelle als Iccosomen (*immune complex-coated bodies*) abgestoßen, die wiederum von B-Zellen im Keimzentrum gebunden (Mitte) und aufgenommen werden können. In den Aufnahmen in der Mitte und rechts besteht das Iccosom aus Immunkomplexen, in denen Meerrettich-Peroxidase enthalten ist. Diese ist elektronendicht und erscheint daher unter dem Transmissionselektronenmikroskop dunkel. (Fotos mit freundlicher Genehmigung von A. K. Szakal.)

9.11 Überlebende B-Zellen des Keimzentrums entwickeln sich entweder zu Plasma- oder zu Gedächtniszellen

Mit der Reaktion des Keimzentrums soll die spätere Phase der primären Immunantwort verstärkt werden. B-Zellen des Keimzentrums differenzieren sich zuerst zu Plasmablasten. In diesem Zustand erfolgt die somatische Hypermutation und einige Zellen durchlaufen auch einen Isotypwechsel. Einige Zellen differenzieren sich dann unter Kontrolle des regulatorischen Proteins **BLIMP-1** (*B-lymphocyte-induced maturation protein 1*) zu Plasmazellen. Das Protein ist ein Repressor für die Transkription in B-Zellen. Er schaltet Gene ab, die für die Proliferation der B-Zellen in den Keimzentren, einen Isotypwechsel und die Affinitätsreifung notwendig sind. B-Zellen, in denen BLIMP-1 aktiviert wurde, entwickeln sich zu Plasmazellen. Sie hören auf zu proliferieren, verstärken die Synthese und Freisetzung der Immunglobuline und verändern die Eigenschaften ihrer Zelloberfläche. Dabei wird die Expression des Chemokinrezeptors CXCR5, der CXCL13 erkennt (Abschnitt 9.7), heruntergefahren. Die Expression der Integrine CXCR4 und $\alpha_4{:}\beta_1$ nimmt hingegen zu, sodass die Plasmazellen nun die Keimzentren verlassen können und in die peripheren Gewebe einwandern. Einige Plasmazellen aus den Keimzentren in den Lymphknoten oder der Milz wandern in das Knochenmark, wo eine Subpopulation lange überlebt, während andere in die rote Pulpa der Milz gelangen. B-Zellen, die in den Keimzentren der Schleimhautgewebe aktiviert wurden und die vor allem auf IgA-Produktion umgeschaltet werden, verbleiben im mucosalen System. Plasmazellen erhalten die überlebensnotwendigen Signale von Stromazellen des Knochenmarks und können auch sehr langlebig sein. Diese Plasmazellen liefern langlebige hoch affine Antikörper.

Andere Zellen des Keimzentrums differenzieren sich zu **B-Gedächtniszellen**. Dies sind langlebige Abkömmlinge von Zellen, die sich nach der Stimulation durch ein Antigen im Keimzentrum vermehrt haben. Diese

Zellen teilen sich, wenn überhaupt, nur sehr langsam. Sie exprimieren Immunglobulin auf ihrer Oberfläche, sezernieren jedoch keine Antikörper beziehungsweise nur in geringen Mengen. Da die Vorläufer von B-Gedächtniszellen einmal an einer Reaktion des Keimzentrums teilgenommen haben, erben die B-Gedächtniszellen die genetischen Veränderungen, die in Zellen des Keimzentrums stattgefunden haben, einschließlich der somatischen Hypermutationen und der Genumlagerungen, die zum Klassenwechsel führen. Zurzeit wird noch untersucht, welche Signale den Differenzierungsweg einer B-Zelle festlegen oder dafür sorgen, dass die B-Zelle sich an einem bestimmten Punkt weiter teilt anstatt sich zu differenzieren. Wir beschäftigen uns mit den B-Gedächtniszellen in Kapitel 10.

9.12 B-Zell-Antworten gegen bakterielle Antigene, die B-Zellen aktivieren können, benötigen keine T-Zell-Unterstützung

Obwohl Antikörperreaktionen gegen die meisten Proteinantigene von T-Helferzellen abhängen, bilden Menschen und Mäuse mit T-Zell-Defekten dennoch Antikörper gegen viele bakterielle Antigene. Aufgrund spezieller Eigenschaften können einige bakterielle Polysaccharide, polymere Proteine und Lipopolysaccharide naive B-Zellen ohne die Unterstützung von T-Zellen stimulieren. Dies sind sogenannte **thymusunabhängige Antigene** (**TI-Antigene**), da sie in Tieren oder Menschen ohne Thymus starke Antikörperantworten induzieren. Solche bakteriellen Nichtproteinantigene können keine klassischen T-Zell-Antworten hervorrufen, bei gesunden Menschen jedoch Antikörperreaktionen auslösen. Bei Mäusen, die keine T-Zellen und keine natürlichen Killerzellen (NK-Zellen) besitzen, kann es zwar zu Reaktionen gegen TI-Antigene kommen, wenn aber diese Zellen während einer physiologischen Immunantwort aktiviert werden (etwa durch andere Proteinantigene oder durch das angeborene Immunsystem), können sie die TI-Immunantwort beeinflussen. Insbesondere können Cytokine, die von T-Zellen, NK-T-Zellen oder NK-Zellen freigesetzt werden, den Isotyp des freigesetzten Antikörpers beeinflussen. Von besonderem Interesse sind dabei vor allem NK-T-Zellen (Abschnitt 7.9), die möglicherweise die TI-Antwort auf Nichtproteinantigene beeinflussen, da die T-Zell-Rezeptoren auf diesen Zellen bestimmte Polysaccharide erkennen, die von ungewöhnlichen MHC-Klasse-I- oder MHC-Klasse-I-ähnlichen Molekülen (beispielsweise CD1) gebunden werden (Abschnitt 5.19).

Thymusunabhängige Antigene können B-Zellen auf zwei verschiedene Arten aktivieren und werden dementsprechend in zwei Gruppen unterteilt. **TI-1-Antigene** besitzen eine Aktivität, die direkt die Teilung von B-Zellen auslösen kann. In hoher Konzentration induzieren diese Moleküle die Proliferation und Differenzierung der meisten B-Zellen, unabhängig von deren Antigenspezifität; dieses Phänomen wird als **polyklonale Aktivierung** bezeichnet (Abb. 9.16, oben). Daher werden TI-1-Antigene oft auch als **B-Zell-Mitogene** bezeichnet. Ein Mitogen ist eine Substanz, die Zellen anregt, eine Mitose zu durchlaufen. LPS ist ein Beispiel für ein solches B-Zell-Mitogen und TI-1-Antigen. Es bindet an das LPS-bindende Protein CD14 (Kapitel 2), das dann mit dem Rezeptor TLR-4 auf den B-Zellen assoziiert. LPS aktiviert B-Zellen nur in Konzentrationen, die mindestens

100-mal höher sind als diejenigen, die zur Aktivierung dendritischer Zellen erforderlich sind. Sind B-Zellen daher 10^3- bis 10^5-mal niedrigeren Konzentrationen von TI-1-Antigenen ausgesetzt als man sie bei einer polyklonalen Aktivierung einsetzt, werden nur die B-Zellen aktiviert, deren B-Zell-Rezeptoren diese TI-1-Moleküle auch spezifisch binden. Bei solch niedrigen Antigenkonzentrationen können sich nur aufgrund dieser spezifischen Bindung genügend TI-1-Moleküle auf der Zelloberfläche anhäufen, um B-Zellen zu aktivieren (Abb. 9.16, unten).

Wahrscheinlich sind *in vivo* in den Frühphasen einer Infektion die Konzentrationen der TI-1-Antigene wie bei allen pathogenen Antigenen gering. Vermutlich werden daher nur antigenspezifische B-Zellen aktiviert, die für TI-1-Antigene spezifische Antikörper produzieren. Solche Reaktionen spielen bei der Abwehr verschiedener extrazellulärer Erreger eine wichtige Rolle. Sie treten früher auf als die thymusabhängigen Antworten, da sie keine vorherige Prägung und klonale Vermehrung von T-Helferzellen erfordern. TI-1-Antigene können allerdings weder einen Klassenwechsel noch eine Affinitätsreifung oder B-Gedächtniszellen effizient induzieren; für diese Vorgänge ist eine spezifische T-Zell-Unterstützung erforderlich.

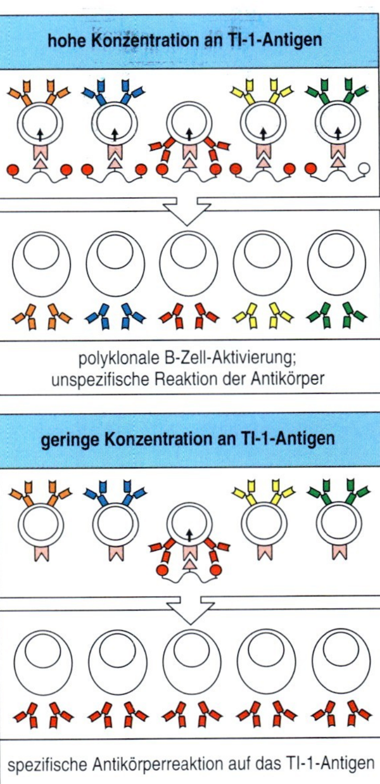

9.16 Hohe Konzentrationen thymusunabhängiger Antigene vom Typ 1 (TI-1-Antigene) sind polyklonale B-Zell-Aktivatoren, niedrige Konzentrationen induzieren dagegen eine antigenspezifische Antikörperreaktion. Bei einer hohen Konzentration reicht das Signal vom B-Zell-aktivierenden Anteil der TI-1-Antigene aus, um auch ohne eine spezifische Antigenbindung an Oberflächenimmunglobuline die Proliferation und Antikörpersekretion der B-Zellen zu induzieren. Daher sprechen alle B-Zellen darauf an (obere Bildfolge). Bei niedrigen Konzentrationen binden nur TI-1-Antigen-spezifische B-Zellen genügend TI-1-Antigene, damit deren B-Zell-aktivierende Eigenschaften auf die B-Zelle wirken können. Dies führt zu einer spezifischen Antikörperantwort gegen Epitope auf dem TI-1-Antigen (untere Bildfolge).

9.13 B-Zell-Antworten gegen bakterielle Polysaccharide erfordern keine peptidspezifische T-Zell-Unterstützung

Die zweite Gruppe thymusunabhängiger Antigene besteht aus Molekülen wie den bakteriellen Zellwandpolysacchariden, die hoch repetitive Strukturen aufweisen. Man bezeichnet sie auch als **TI-2-Antigene**; sie können B-Zellen nicht aus sich heraus stimulieren. TI-1-Antigene können unreife und reife B-Zellen aktivieren, TI-2-Antigene dagegen nur reife B-Zellen. Unreife B-Zellen werden, wie wir in Abschnitt 7.6 erfahren haben, durch repetitive Epitope inaktiviert. Kleinkinder bilden kaum Antikörper gegen Polysaccharidantigene, möglicherweise weil die meisten ihrer B-Zellen noch unreif sind. Bei den unter der Bezeichnung CD5-B-Zellen bekannten B-1-Zellen einer sich autonom vermehrenden Subpopulation von B-Zellen, findet man überwiegend Reaktionen auf verschiedene TI-2-Antigene. Dies gilt ebenfalls für die B-Zellen der Randzonen, einer weiteren besonderen Untergruppe nichtzirkulierender B-Zellen, die den Rand der weißen Milzpulpa auskleiden (Abschnitt 7.28). Obwohl B-1-Zellen in der Entwicklung relativ früh auftreten, zeigen kleine Kinder erst etwa ab dem Alter von fünf Jahren eine voll ausgeprägte Reaktion auf Kohlenhydratantigene. Andererseits sind B-Zellen der Marginalzone bei der Geburt selten, häufen sich aber mit zunehmendem Alter nach und nach an. Sie sind daher vielleicht für die meisten physiologischen TI-2-Reaktionen verantwortlich, die ebenfalls mit dem Alter häufiger auftreten.

TI-2-Antigene wirken höchstwahrscheinlich, indem sie eine ausreichende Zahl von B-Zell-Rezeptoren auf reifen, antigenspezifischen B-Zellen gleichzeitig miteinander vernetzen (Abb. 9.17, linke Spalte). Es gibt auch Hinweise darauf, dass dendritische Zellen und Makrophagen für die erste Aktivierung von B-Zellen durch TI-2-Antigene costimulierende Signale liefern. Diese Signale sind notwendig für das Überleben der antigenspezifischen B-Zelle und ihre Differenzierung zu einem Plasmablasten, der IgM freisetzt. Eines dieser costimulierenden Signale ist BAFF, ein Cytokin der TNF-Familie, das von den dendritischen Zellen sezerniert wird und mit dem Rezeptor TACI auf der B-Zelle in Wechselwirkung tritt.

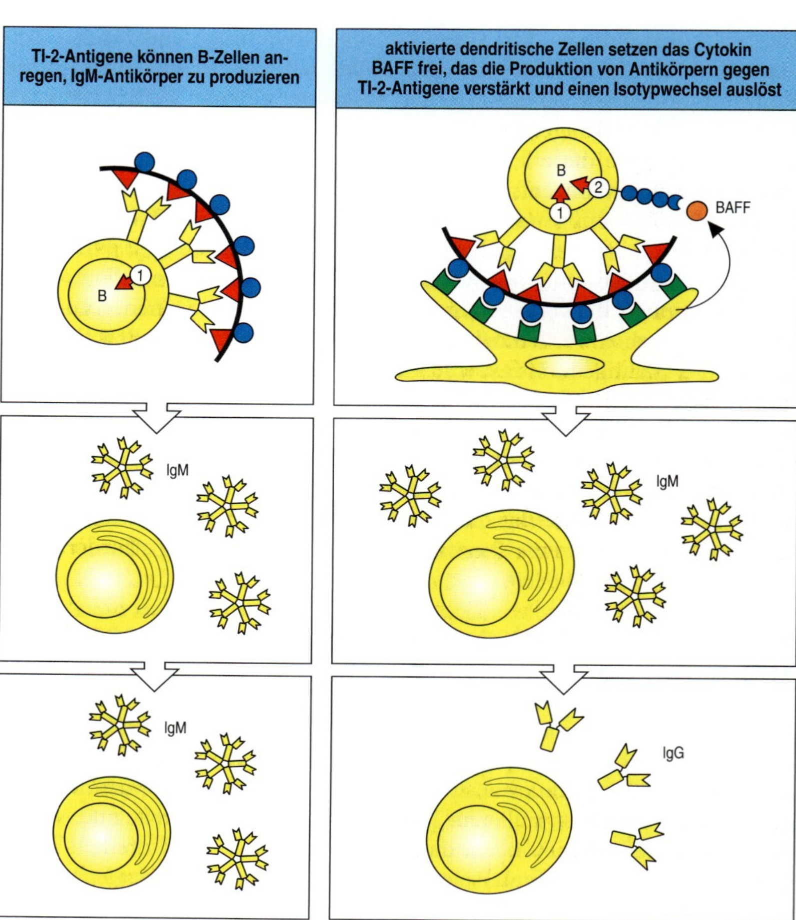

9.17 Für eine B-Zell-Aktivierung durch thymusunabhängige Antigene vom Typ 2 (TI-2-Antigene) sind Cytokine notwendig; zumindest beschleunigen Cytokine die Aktivierung erheblich. Wird der B-Zell-Rezeptor durch TI-2-Antigene mehrfach quervernetzt, kann das dazu führen, dass IgM-Antikörper gebildet werden (Schemata links). Es gibt aber Hinweise darauf, dass Cytokine diese Reaktionen darüber hinaus erheblich verstärken und auch einen Isotypwechsel bewirken (Schemata rechts). Man weiß noch nicht genau, wo diese Cytokine produziert werden. Eine Möglichkeit besteht darin, dass dendritische Zellen, die das Antigen über Rezeptoren des angeborenen Immunsystems an ihrer Oberfläche binden können und es so den B-Zellen präsentieren, außerdem BAFF, ein lösliches Cytokin der TNF-Familie, freisetzen, das dann den Isotypwechsel bei der B-Zelle auslöst.

Sind die Rezeptoren zu stark quervernetzt, können reife B-Zellen nicht mehr reagieren oder werden anergisch – wie es auch bei unreifen B-Zellen der Fall ist. Die Epitopdichte der TI-2-Antigene, die der B-Zelle präsentiert werden, ist daher offenbar entscheidend: Ist die Dichte zu gering, reicht die Quervernetzung der Rezeptoren nicht aus, um die Zelle zu aktivieren; ist die Dichte zu hoch, wird die Zelle anergisch.

B-Zell-Reaktionen auf TI-2-Antigene bewirken eine prompte und spezifische Antwort auf eine wichtige Gruppe von Pathogenen. Viele weit verbreitete extrazelluläre bakterielle Erreger sind von einer Zellwand aus Polysacchariden umgeben, die sie vor einer Aufnahme durch Phagocyten schützt. Auf diese Weise entgehen sie nicht nur einer direkten Zerstörung durch die Phagocyten, sondern vermeiden auch, dass bakterielle Peptide von Makrophagen präsentiert und dadurch T-Zell-Antworten ausgelöst werden. Antikörper, die gegen diese Polysaccharidhülle schnell und ohne Unterstützung von peptidspezifischen T-Zellen gebildet werden, können die Bakterien mit einer Schicht überziehen und damit ihre Aufnahme und Zerstörung durch die Phagocyten fördern.

Neben der Produktion von IgM können thymusunabhängige Reaktionen auch einen Wechsel zu bestimmten anderen Antikörperklassen mit

	TD-Antigen	TI-1-Antigen	TI-2-Antigen
Antikörperreaktion bei Kindern	ja	ja	nein
Antikörpersynthese bei Personen, die von Geburt an keinen Thymus haben	nein	ja	ja
Antikörperreaktion ohne T-Zellen	nein	ja	nein
primäre Immunisierung von T-Zellen	ja	nein	nein
polyklonale B-Zell-Aktivierung	nein	ja	nein
Epitope müssen mehrfach vorhanden sein	nein	nein	ja
Beispiele für Antigene	Diphtherietoxin virales Hämagglutinin gereinigtes Proteinderivat (PPD) von *Mycobacterium tuberculosis*	bakterielles Lipopolysaccharid *Brucella abortus*	Polysaccharid von *Pneumococcus* polymerisiertes Flagellin aus *Salmonella* Dextran mit Hapten konjugiertes Ficoll (Polysaccharose)

9.18 Eigenschaften unterschiedlicher Antigentypen, die Antikörperreaktionen auslösen.

sich bringen, etwa zu IgG3 bei der Maus. Das liegt wahrscheinlich an der Unterstützung durch dendritische Zellen (Abb. 9.17, rechte Spalte), die Cytokine wie BAFF freisetzen sowie membrangebundene Signale für benachbarte Plasmablasten abgeben, wenn sie auf TI-Antigene reagieren.

Als Reaktion auf TI-2-Antigene werden sowohl IgM- als auch IgG-Antikörper gebildet, die wahrscheinlich bei vielen bakteriellen Infektionen ein wichtiger Teil der humoralen Immunantwort sind. Die Bedeutung von Antikörpern gegen das Polysaccharid in der Zellwand von *Haemophilus influenzae* Typ b, ein TI-2-Antigen, für den Immunschutz gegen diesen Erreger haben wir bereits früher erwähnt. Ein weiteres Beispiel für die Bedeutung der TI-2-Antworten lässt sich bei Patienten mit der Immunschwächekrankheit Wiskott-Aldrich-Syndrom beobachten, die in Abschnitt 12.15 genauer beschrieben wird. Diese Patienten reagieren schwach auf Proteinantigene, bilden jedoch keine Antikörper gegen Polysaccharidantigene und sind daher sehr anfällig für Infektionen mit Bakterien, die eine Polysaccharidhülle besitzen. Die TI-Antworten sind demnach wichtige Elemente der humoralen Immunantwort gegen Nichtproteinantigene, die keine peptidspezifische T-Zell-Unterstützung auslösen können. Die unterschiedlichen Eigenschaften der thymusabhängigen sowie der TI-1- und TI-2-Antikörperreaktionen sind in Abbildung 9.18 zusammengefasst.

Zusammenfassung

Bei vielen Antigenen muss zur Aktivierung einer B-Zelle das Antigen vom B-Zell-Oberflächenimmunglobulin, dem B-Zell-Rezeptor, gebunden werden, und die B-Zelle muss mit antigenspezifischen T-Helferzellen interagieren. Die Helferzellen erkennen Peptidfragmente aus dem Antigen, das die B-Zelle aufgenommen hat und als Peptid:MHC-Klasse-II-Komplex präsentiert. Sie stimulieren die B-Zelle durch die Bindung des CD40-Liganden auf der T-Zelle an CD40 auf der B-Zelle, ferner durch die Wechselwirkung anderer Ligandenpaare aus der TNF-/TNF-Rezeptor-Familie sowie durch die gezielte Freisetzung von Cytokinen. Aktivierte B-Zellen übermitteln auch den T-Zellen Signale, beispielsweise über Moleküle der B7-Familie, die eine fortwährende Aktivierung der T-Zellen unterstützen. Zur ersten Wechselwirkung kommt es an der Grenze zwischen der B- und der T-Zell-Zone des sekundären Lymphgewebes, wo jeweils antigenspezifische T-Helferzellen und B-Zellen aufgrund ihrer Antigenbindung festgehalten werden. Weitere Wechselwirkungen zwischen T- und B-Zellen finden nach der Wanderung in die B-Zell-Zone oder den Follikel und der Bildung eines Keimzentrums statt.

Die T-Helferzellen induzieren eine Phase starker B-Zell-Proliferation und steuern die Differenzierung der sich klonal vermehrenden Tochterzellen von naiven B-Zellen zu antikörpersezernierenden Plasmazellen oder B-Gedächtniszellen. Während der Differenzierung aktivierter B-Zellen kann aufgrund von Cytokinen, die von T-Helferzellen freigesetzt werden, der Antikörperisotyp wechseln. Außerdem können sich die antigenbindenden Eigenschaften des Antikörpers durch somatische Hypermutation in den Genen der V-Region verändern. Somatische Hypermutation und Selektion auf eine hoch affine Bindung erfolgen in den Keimzentren. T-Helferzellen steuern diese Prozesse, indem sie selektiv Zellen aktivieren, die ihre Spezifität für das Antigen behalten haben, und indem sie die Proliferation und Differenzierung zu Plasmazellen und B-Gedächtniszellen auslösen. Einige Nichtproteinantigene stimulieren B-Zellen auch ohne gekoppelte Erkennung durch peptidspezifische T-Helferzellen. Die Reaktionen auf diese thymusunabhängigen Antigene bewirken nur einen begrenzten Klassenwechsel und führen nicht zur Bildung von B-Gedächtniszellen. Solche Reaktionen spielen jedoch eine entscheidende Rolle bei der Abwehr von Erregern, deren Oberflächenantigene keine peptidspezifische T-Zell-Antwort hervorrufen können.

Verteilung und Funktionen der Immunglobulinisotypen

Extrazelluläre Krankheitserreger können an fast alle Stellen im Körper gelangen. Die Antikörper müssen daher ebenso weit verteilt sein, um sie bekämpfen zu können. Die Ausbreitung der meisten Antikörpertypen erfolgt per Diffusion ausgehend von ihrem Syntheseort. Damit sie jedoch die inneren Epitheloberflächen, zum Beispiel in der Lunge oder im Darm, erreichen, sind spezielle Transportmechanismen erforderlich. Wie sich die Antikörper verteilen, hängt vom Isotyp der schweren Kette ab, der ihre Diffusion einschränken oder sie in die Lage versetzen kann, spezifische Transportmoleküle durch verschiedene Epithelien zu benutzen. In diesem Teil des Kapitels werden wir beschreiben, wie die Antikörper verschiedener Isotypen auf die einzelnen Körperbereiche verteilt werden, in denen ihre besonderen Effektorfunktionen benötigt werden. Außerdem besprechen wir die Schutzfunktionen von Antikörpern, die sich allein aus ihrer Bindung an ein Pathogen ergeben. Im letzten Teil des Kapitels erörtern wir, welche Effektorzellen und -moleküle von den verschiedenen Isotypen spezifisch angeregt werden.

9.14 Antikörper mit verschiedenen Isotypen wirken an unterschiedlichen Stellen und haben verschiedene Effektorfunktionen

Krankheitserreger dringen gewöhnlich über die Epithelien in den Körper ein, das heißt über die Schleimhäute (Mucosae) des Respirations-, Urogenital- oder Verdauungstraktes sowie durch Hautverletzungen. Seltener gelangen Mikroorganismen über Insekten, Wunden oder Injektionsnadeln direkt in das Blut. Schleimhäute, Gewebe und Blut werden durch Antikörper vor solchen Infektionen geschützt. Die Antikörper neutralisieren das Pathogen oder bewirken dessen Eliminierung, bevor die Infektion ein nennenswertes Ausmaß erreicht. Ihre verschiedenen Isotypen sind so ausgelegt, dass sie in unterschiedlichen Bereichen des Körpers ihre Funktion erfüllen können. Da sich beim Klassenwechsel eine bestimmte variable Region mit jeder beliebigen konstanten Region verbinden kann (Abschnitt 4.20), können die Tochterzellen einer einzigen B-Zelle Antikörper produzieren, die alle dieselbe Spezifität besitzen, aber alle Schutzfunktionen bieten, die für den jeweiligen Körperbereich angemessen sind.

Als erster Antikörper wird bei einer humoralen Immunantwort immer IgM gebildet, das ohne Klassenwechsel exprimiert werden kann (Abb. 4.18). Da diese frühen IgM-Antikörper entstehen, bevor die B-Zellen eine somatische Hypermutation durchlaufen haben, besitzen sie in der Regel nur eine geringe Affinität. Die IgM-Moleküle bilden jedoch Pentamere mit zehn Antigenbindungsstellen, die alle gleichzeitig mit multimeren Antigenen interagieren können, zum Beispiel mit bakteriellen Zellwandpolysacchariden. Die relativ geringe Affinität der IgM-Monomere wird durch eine solche Bindung an viele Stellen mit einer insgesamt hohen Avidität ausgeglichen. Da die Pentamere recht groß sind, findet man IgM vor allem im Blut und – wenn auch in kleineren Mengen – in der Lymphe. Wie wir im letzten Teil dieses Kapitels sehen werden, können die IgM-Antikörper aufgrund ihrer pentameren Struktur besonders gut das Komplementsystem aktivieren. Eine Infektion des Blutes hat schwerwiegende Folgen, wenn sie nicht sofort unter Kontrolle gebracht wird. Die schnelle Synthese von IgM und die damit verbundene effiziente Aktivierung des Komplementsystems sind für die Eindämmung solcher Infektionen von großer Bedeutung. Eine gewisse Menge an IgM wird sowohl in sekundären und späteren Antworten als auch nach somatischer Hypermutation gebildet, wobei in den späteren Phasen der Antikörperantwort andere Isotypen überwiegen. Auch B-1-Zellen, die sich in der Bauchfellhöhle und in der Lunge befinden, produzieren IgM. Diese Zellen werden auf natürliche Weise aktiviert und setzen Antikörper gegen Krankheitserreger aus der Umwelt frei, wodurch sie diese Körperregionen mit einem vorgeformten Repertoire von IgM-Antikörpern versorgen, die eindringende Krankheitserreger erkennen können (Abschnitte 2.34 und 7.28).

Antikörper der anderen Isotypen, IgG, IgA und IgE, sind kleiner und können leicht vom Blut in die Gewebe diffundieren. IgA kann, wie wir in Kapitel 4 gesehen haben, Dimere bilden, doch IgG und IgE liegen immer als Monomere vor. Die Affinität der einzelnen Bindungsstellen für das Antigen ist daher für die Wirksamkeit dieser Antikörper entscheidend. Die meisten B-Zellen, die diese Isotypen exprimieren, wurden in Keimzentren im Hinblick auf die erhöhte Affinität für die Bindung ihres Antigens selektiert. IgG ist der häufigste Isotyp im Blut und in extrazellulären Flüssigkeiten, IgA dagegen in Sekreten, vor allem in den Epithelien, die den Darmtrakt und die Atemwege auskleiden. IgG opsonisiert effizient Pathogene für die Aufnahme durch Phagocyten und aktiviert das Komplementsystem, während IgA ein weniger gutes Opsonin ist und das Komplementsystem kaum aktiviert. Dieser Unterschied überrascht nicht, da IgG seine Wirkung hauptsächlich in den Körpergeweben entfaltet, in denen es akzessorische Zellen und Moleküle gibt. IgA wirkt dagegen vorwiegend an Körperoberflächen, wo normalerweise weder Komplement noch Phagocyten vorhanden sind, und fungiert daher hauptsächlich als neutralisierender Antikörper. IgA wird auch von Plasmazellen produziert, die aus B-Zellen in den Lymphknoten und der Milz hervorgehen, welche den Isotyp gewechselt haben. IgA fungiert als neutralisierender Antikörper im Extrazellularraum und im Blut. Dieses IgA ist ein Monomer und besteht vor allem aus dem Subtyp IgA1. Das Verhältnis von IgA1 zu IgA2 beträgt im Blut 10:1. Die IgA-Antikörper, die von den Plasmazellen im Darm produziert werden, sind Dimere und gehören vor allem zum Subtyp IgA2. Das Verhältnis von IgA2 zu IgA1 im Darm beträgt 3:2.

Im Blut oder in extrazellulären Flüssigkeiten findet man nur geringe Konzentrationen an IgE-Antikörpern. Diese sind jedoch stark an Rezeptoren auf Mastzellen gebunden, die sich direkt unterhalb der Haut und

funktionelle Aktivität	IgM	IgD	IgG1	IgG2	IgG3	IgG4	IgA	IgE
Neutralisierung	+	−	++	++	++	++	++	−
Opsonisierung	+	−	+++	*	++	+	+	−
anfällig für die Zerstörung durch NK-Zellen	−	−	++	−	++	−	−	−
Sensibilisierung von Mastzellen	−	−	+	−	+	−	−	+++
aktiviert das Komplementsystem	+++	−	++	+	+++	−	+	−
Verteilung	**IgM**	**IgD**	**IgG1**	**IgG2**	**IgG3**	**IgG4**	**IgA**	**IgE**
Transport durch das Epithel	+	−	−	−	−	−	+++ (Dimer)	−
Transport durch die Plazenta	−	−	+++	+	++	+/−	−	−
Diffusion zu extravaskulären Stellen	+/−	−	+++	+++	+++	+++	++ (Monomer)	+
mittlere Serumkonzentration (mg ml^{-1})	1,5	0,04	9	3	1	0,5	2,1	3 x 10^{-5}

9.19 Jeder menschliche Immunglobulinisotyp hat spezielle Funktionen und eine spezifische Verteilung. Angegeben sind die dominierenden (+++; dunkelrot), weniger wichtigen (++; dunkelrosa) und sehr seltenen (+; hellrosa) Effektorfunktionen eines jeden Isotyps. Die Verteilung ist in ähnlicher Weise gekennzeichnet; die tatsächlichen durchschnittlichen Serumspiegel sind in der untersten Reihe aufgeführt. * IgG2 wirkt als Opsonin in Gegenwart eines Fc-Rezeptors des entsprechenden Allotyps, den man bei etwa der Hälfte aller hellhäutigen Menschen findet.

der Mucosa sowie entlang der Blutgefäße im Bindegewebe befinden. Eine Antigenbindung an dieses zellassoziierte IgE bewirkt, dass die Mastzellen starke chemische Mediatoren freisetzen, die Reaktionen wie Husten, Niesen und Erbrechen auslösen, wodurch wiederum die infektiösen Erreger ausgestoßen werden. Darauf werden wir später noch eingehen, wenn wir die Rezeptoren beschreiben, die an konstante Immunglobulinregionen binden und Effektorfunktionen übernehmen. Wie die Antikörper der verschiedenen Isotypen im Gewebe verteilt sind und welche Funktionen sie im Wesentlichen haben, ist in Abbildung 9.19 zusammengefasst.

9.15 Transportproteine, die an die Fc-Domäne der Antikörper binden, schleusen spezifische Isotypen durch Epithelien

Im mucosalen Immunsystem kommen IgA-sezernierende Plasmazellen vor allem in der Lamina propria vor, die direkt unter der Basalmembran vieler Oberflächenepithelien liegt. Von dort können die IgA-Antikörper quer durch das Epithel zu dessen äußerer Oberfläche transportiert werden, zum Beispiel zum Darmlumen oder zu den Bronchien (Abb. 9.20). Die in der Lamina propria synthetisierten IgA-Antikörper werden als dimere IgA-Moleküle sezerniert, die mit einer einzelnen J-Kette assoziiert sind (Abb. 4.20). Diese polymere Form von IgA wird spezifisch vom Poly-Ig-Rezeptor gebunden, der sich auf den basolateralen Oberflächen der darüber liegenden Epithelzellen befindet. Sobald der Poly-Ig-Rezeptor ein dimeres IgA-Molekül gebunden hat, wird der Komplex in die Zelle aufgenommen und in einem Transportvesikel durch das Cytoplasma an die apikale, dem Lumen zugewandte Oberfläche der Epithelzelle befördert. Dieser Prozess wird als Transcytose bezeichnet. IgM bindet ebenfalls an den Poly-Ig-Rezeptor und kann durch denselben Mechanismus in den Darm sezerniert werden. Bei Erreichen der apikalen Oberfläche des Enterocyten wird der Antikörper in die Sekrete freigesetzt, indem die extrazelluläre Domäne des Poly-Ig-Rezeptors enzymatisch gespalten wird. Die abgespaltene extrazelluläre Domäne des Poly-Ig-Rezeptors bezeichnet

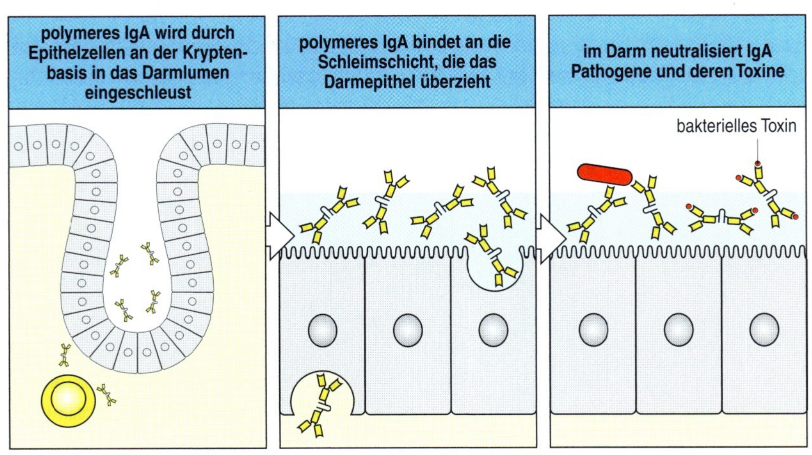

9.20 Der hauptsächliche Antikörperisotyp im Darmlumen ist das sekretorische IgA-Dimer. Das Molekül wird von Plasmazellen in der Lamina propria synthetisiert und durch Epithelzellen am Grund der Krypten in das Darmlumen transportiert. Das IgA-Dimer bindet an die Schleimschicht, mit der das Darmepithel bedeckt ist, und fungiert als eine antigenspezifische Barriere für Krankheitserreger und Toxine im Darmlumen.

man als sekretorische Komponente (häufig abgekürzt durch SC); sie bleibt mit dem Antikörper assoziiert (eine genauere Darstellung findet sich in Abbildung 11.13). Die sekretorische Komponente ist mit dem Teil der Fc-Region von IgA verbunden, der die Bindungsstelle für den Fcα-Rezeptor 1 enthält, weshalb das sezernierte IgA nicht an diesen Rezeptor bindet. Die sekretorische Komponente besitzt mehrere physiologische Funktionen. Sie bindet im Schleim (Mucus) an Mucine und fungiert als „Klebstoff", um sezerniertes IgA an die Schleimschicht auf der Lumenoberfläche des Darmepithels zu binden. Hier bindet der Antikörper Krankheitserreger des Darms und ihre Toxine und neutralisiert sie (Abb. 9.20). Die sekretorische Komponente schützt Antikörper auch davor, von den Enzymen im Darm abgebaut zu werden.

Einige dimere IgA-Moleküle diffundieren aus der Lamina propria in die Extrazellularräume der Gewebe und gelangen von dort in das Blut, bevor sie über die Gallenflüssigkeit in den Darm ausgeschieden werden (dieser Weg wird in Abschnitt 11.8 genauer beschrieben). Deshalb ist es nicht verwunderlich, dass Patienten mit einem sogenannten Verschlussikterus (verursacht durch eine Störung des Abflusses der Gallenflüssigkeit) eine deutliche Zunahme von IgA im Plasma aufweisen.

IgA wird vor allem an folgenden Stellen synthetisiert und sezerniert: im Darm, im respiratorischen Epithel, in der laktierenden Brust sowie in verschiedenen anderen exokrinen Drüsen wie den Speichel- und Tränendrüsen. Man nimmt an, dass die Hauptfunktion der IgA-Antikörper darin besteht, die epithelialen Oberflächen vor Krankheitserregern zu schützen. In den extrazellulären Räumen innerer Gewebe übernehmen die IgG-Antikörper diese Funktion. IgA-Antikörper verhindern, dass sich Bakterien oder Toxine an Epithelzellen anlagern und fremde Substanzen absorbiert werden. Sie bilden die erste Verteidigungslinie gegen ein breites Spektrum an Erregern. Wahrscheinlich besteht eine weitere Funktion von IgA darin, die Mikroflora zu regulieren.

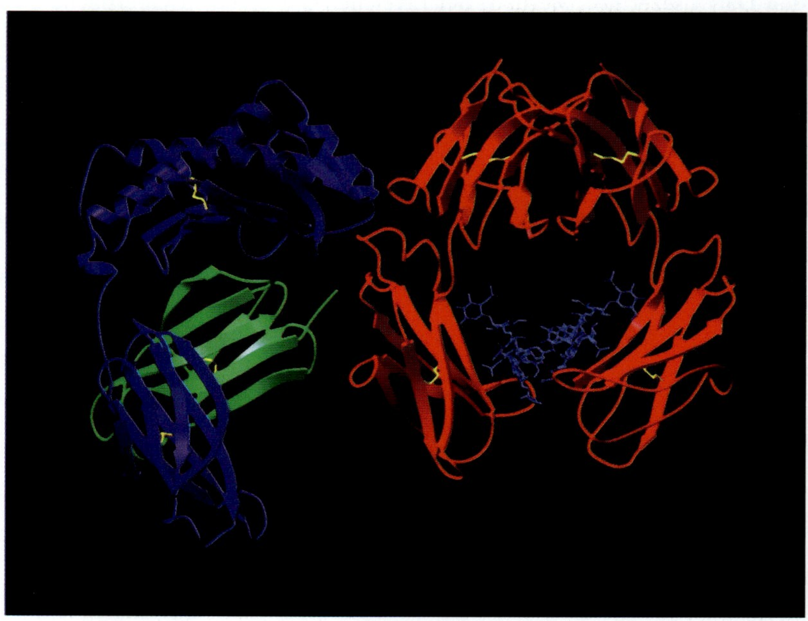

9.21 FcRn bindet an den Fc-Anteil von IgG. Ein FcRn-Molekül (blau und grün) ist an der Berührungsfläche zwischen der Cγ2- und der Cγ3-Domäne an eine Kette des Fc-Anteils von IgG (rot) gebunden. Die Cγ2-Domäne befindet sich oben. Die β_2-Mikroglobulinkomponente von FcRn ist grün dargestellt. Die an den Fc-Anteil von IgG gebundene dunkelblau gefärbte Struktur ist eine Kohlenhydratkette, um die Glykosylierung anzudeuten. Beim Menschen transportiert FcRn IgG-Moleküle durch die Plazenta, bei Ratten und Mäusen durch die Darmwand. Der Rezeptor spielt auch eine Rolle bei der Stabilisierung der IgG-Konzentration bei Erwachsenen. Es ist zwar nur ein Molekül FcRn abgebildet, das an den Fc-Anteil bindet, vermutlich sind aber zwei Moleküle FcRn für die Bindung eines Moleküls IgG erforderlich. (Foto mit freundlicher Genehmigung von P. Björkman.)

Neugeborene Kinder sind besonders anfällig für eine Infektion, da sie vor der Geburt noch keinen Mikroorganismen aus der Umwelt ausgesetzt waren. IgA-Antikörper werden in die Muttermilch sezerniert und gelangen so in den Darm des Neugeborenen, wo sie vor Bakterien schützen, bis das Kind eigene protektive Antikörper synthetisieren kann. IgA ist nicht der einzige schützende Antikörper, den die Mutter auf das Kind überträgt. Auch mütterliches IgG gelangt durch die Plazenta direkt in das Blut des Fetus. Neugeborene haben bei der Geburt einen genauso hohen Spiegel an Plasma-IgG mit demselben Spektrum an Antigenspezifitäten wie ihre Mütter. Für den selektiven Transport des IgG von der Mutter zum Fetus ist FcRn verantwortlich, ein IgG-Transportprotein in der Plazenta, das seiner Struktur nach eng mit den MHC-Klasse-I-Molekülen verwandt ist. Trotz dieser Ähnlichkeit bindet FcRn ganz anders an IgG als MHC-Klasse-I-Moleküle an Peptide, da seine peptidbindende Tasche blockiert ist. Es lagert sich an den Fc-Anteil der IgG-Moleküle an (Abb. 9.21). Zwei Moleküle FcRn binden an ein IgG-Molekül und schleusen es durch die Plazenta. Bei einigen Nagetieren sorgt FcRn auch dafür, dass IgG vom Darmlumen aus in den Kreislauf des Neugeborenen gelangt. Mütterliches IgG wird von den neugeborenen Tieren auch mit der Muttermilch und dem Colostrum aufgenommen, der proteinreichen Flüssigkeit, welche die mütterliche Brustdrüse in den ersten Tagen nach der Geburt absondert. In diesem Fall transportiert FcRn die IgG-Moleküle vom Darmlumen des Neugeborenen in das Blut und in die Gewebe. Interessanterweise findet man FcRn auch im Darm, in der Leber und auf Endothelzellen von Erwachsenen. Dort hat es die Aufgabe, den IgG-Spiegel im Serum und in anderen Körperflüssigkeiten stabil zu halten; dazu bindet es zirkulierende Antikörper, nimmt sie durch Endocytose auf und bringt sie wieder zurück in das Blut, um so ihre Ausscheidung zu verhindern.

Mithilfe dieser spezialisierten Transportsysteme sind Säugetiere von Geburt an mit Antikörpern gegen die häufigsten Pathogene in ihrer Umwelt versehen. Wenn sie heranwachsen und ihre eigenen Antikörper aller Isotypen bilden, werden diese selektiv auf die einzelnen Bereiche des Körpers verteilt (Abb. 9.22). Auf diese Weise sorgen der Klassenwechsel und die Verteilung der Isotypen im Körper lebenslang für einen wirksamen Schutz gegen Infektionen in Extrazellularräumen.

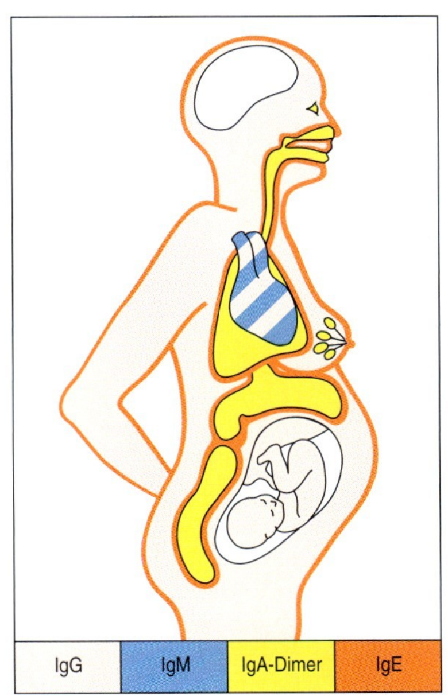

9.22 Immunglobulinisotypen sind im Körper ganz unterschiedlich verteilt. IgG und IgM herrschen im Plasma vor, während man in der Extrazellularflüssigkeit innerhalb des Körpers überwiegend IgG sowie IgA-Monomere findet. Durch Epithelien abgegebene Sekrete, einschließlich der Muttermilch, enthalten vor allem IgA-Dimere. Der Fetus erhält von der Mutter IgG aufgrund eines Transports durch die Plazenta. IgE befindet sich hauptsächlich als mastzellassoziierter Antikörper direkt unterhalb epithelialer Oberflächen (besonders in den Atemwegen, im Gastrointestinaltrakt und in der Haut). Im Gehirn gibt es normalerweise keine Immunglobuline.

9.16 Hoch affine IgG- und IgA-Antikörper können bakterielle Toxine neutralisieren

Viele Bakterien verursachen Krankheiten, indem sie Proteine sezernieren, sogenannte Toxine, welche die Funktion der Wirtszellen beeinträchtigen oder unmöglich machen (Abb. 9.23). Um eine Wirkung hervorzurufen, muss ein Toxin spezifisch mit einem Molekül interagieren, das auf der Oberfläche der Zielzelle als Rezeptor dient. Bei vielen Toxinen befindet sich die rezeptorbindende Domäne in einer Polypeptidkette, während die toxischen Eigenschaften von einer zweiten Kette ausgehen. Gegen die rezeptorbindende Stelle des Toxinmoleküls gerichtete Antikörper können also verhindern, dass sich das Toxin an die Zelle anlagert, und so die Zelle vor einer Schädigung durch das Toxin bewahren (Abb. 9.24). Antikörper mit einer solchen Wirkungsweise werden als neutralisierende Antikörper bezeichnet.

Krankheit	Organismus	Toxin	Auswirkungen *in vivo*
Tetanus	*Clostridium tetani*	Tetanustoxin	blockiert die Wirkung inhibitorischer Neuronen, was zu chronischen Muskelkontraktionen führt
Diphtherie	*Corynebacterium diphtheriae*	Diphtherietoxin	hemmt die Proteinsynthese, was zur Zerstörung von Epithelzellen und zu einer Myokarditis führt
Gasbrand	*Clostridium perfringens*	Clostridiumtoxin	aktiviert Phospholipase, was zum Zelltod führt
Cholera	*Vibrio cholerae*	Choleratoxin	aktiviert die Adenylatcyclase und erhöht die cAMP-Konzentration in den Zellen, was zu Veränderungen in den Zellen der Darmschleimhaut führt, sodass Wasser und Elektrolyte verloren gehen
Milzbrand (Anthrax)	*Bacillus anthracis*	Komplex des Anthraxtoxins	erhöht die Permeabilität der Gefäße, was zu Ödemen, Blutung und Kreislaufkollaps führt
Botulismus	*Clostridium botulinum*	Botulinustoxin	blockiert die Freisetzung von Acetylcholin und führt so zur Paralyse
Keuchhusten	*Bordetella pertussis*	Pertussistoxin	ADP-Ribosylierung von G-Proteinen, die zur Proliferation von Lymphocyten führt
		Luftröhren-cytotoxin	hemmt die Cilien und führt zum Verlust epithelialer Zellen
Scharlach	*Streptococcus pyogenes*	erythrogenes Toxin	Vasodilatation führt zu charakteristischem Exanthem
		Leukocidin Streptolysine	töten Phagocyten und ermöglichen so, dass Bakterien überleben
Nahrungs-mittelvergiftung	*Staphylococcus aureus*	*Staphylococcus*-Enterotoxin	löst durch seine Wirkung auf Neuronen im Darm Erbrechen aus; ist zudem ein potentes T-Zell-Mitogen (SE-Superantigen)
TSS (*toxic-shock syndrome*)	*Staphylococcus aureus*	TSS-Toxin	verursacht Hypotonie und Hautverlust; ist zudem ein potentes T-Zell-Mitogen (TSST-1-Superantigen)

9.23 Viele verbreitete Krankheiten werden durch bakterielle Toxine verursacht. Hier sind verschiedene Beispiele für Exotoxine aufgeführt, das heißt Proteine, die von Bakterien sezerniert werden. Hoch affine IgG- und IgA-Antikörper schützen gegen diese Toxine. Bakterien besitzen außerdem die nichtsezernierten Endotoxine wie das Lipopolysaccharid, das freigesetzt wird, wenn das Bakterium stirbt. Auch Endotoxine spielen bei der Pathogenese von Krankheiten eine wichtige Rolle. Allerdings reagiert der Wirt darauf komplexer, da das angeborene Immunsystem für einige Endotoxine Rezeptoren besitzt (Kapitel 2).

Die meisten Toxine sind in nanomolaren Konzentrationen aktiv. So kann zum Beispiel ein einzelnes Molekül des Diphtherietoxins eine Zelle abtöten. Um Toxine zu neutralisieren, müssen Antikörper daher in das Gewebe diffundieren und schnell und mit hoher Affinität an das Toxin binden können. Da IgG-Antikörper leicht durch die extrazellulären Flüssigkeiten diffundieren können und eine hohe Affinität aufweisen, eignen sie sich vor allem zur Neutralisierung von Toxinen, die man in Geweben findet. IgA-Antikörper neutralisieren auf ähnliche Weise Toxine auf den Schleimhäuten des Körpers.

Das Diphtherie- und das Tetanustoxin gehören zu den bakteriellen Toxinen, bei denen sich die toxische und die rezeptorbindende Funktion des Moleküls auf zwei getrennten Ketten befinden. Man kann daher meist schon im Kindesalter eine Impfung mit modifizierten Toxinmolekülen vornehmen, bei denen die toxische Kette denaturiert wurde. Diese abgewandelten Toxine werden als Toxoide bezeichnet und haben keine toxische Wirkung mehr. Sie besitzen aber immer noch die Rezeptorbindungsstelle, sodass aufgrund einer Impfung neutralisierende Antikörper gebildet werden, die einen guten Schutz vor dem nativen Toxin bieten.

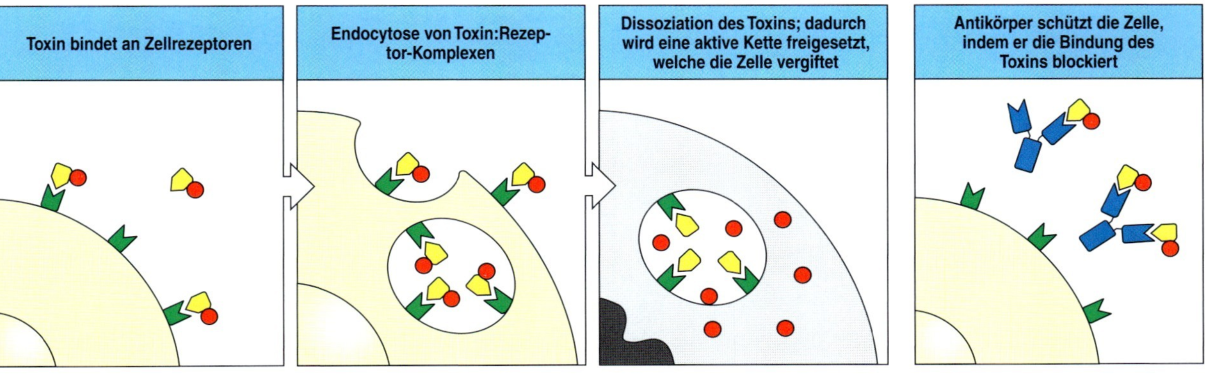

9.24 Die Neutralisierung durch IgG-Antikörper schützt Zellen vor Toxinen. Viele Bakterien (sowie giftige Insekten und Schlangen) schädigen Zellen durch toxische Proteine (Abb. 9.23). Diese bestehen gewöhnlich aus mehreren unterschiedlichen Bereichen. Ein Teil des Toxins bindet an einen zellulären Rezeptor, über den das Molekül aufgenommen werden kann. Ein zweiter Teil des Toxinmoleküls gelangt dann in das Cytoplasma und vergiftet die Zelle. Antikörper, die die Bindung des Toxins unterbinden, können diese Wirkung verhindern oder neutralisieren.

Einige Tier- oder Insektengifte sind so toxisch, dass bereits ein einziger Kontakt zu schweren Gewebeschäden oder zum Tod führen kann. In diesen Fällen ist die erworbene Immunantwort zu langsam, um einen ausreichenden Schutz zu bieten. Da man diesen Giften nur selten ausgesetzt ist, wurden bisher keine entsprechenden Impfstoffe für den Menschen entwickelt. Man gewinnt vielmehr zum Schutz von Patienten Antiseren mit neutralisierenden Antikörpern gegen diese Toxine, indem man andere Spezies wie Pferde mit Insekten- oder Schlangengiften immunisiert. Eine solche Übertragung von Antikörpern wird als passive Immunisierung bezeichnet (Anhang I, Abschnitt A.37).

9.17 Hoch affine IgG- und IgA-Antikörper können die Infektiosität von Viren hemmen

Wenn tierpathogene Viren Zellen infizieren, müssen sie erst an einen spezifischen Zelloberflächenrezeptor binden. Dabei handelt es sich oft um ein zelltypisches Protein, das bestimmt, welche Zellen befallen werden können. Das Hämagglutinin des Influenzavirus bindet zum Beispiel an die endständigen Sialinsäurereste der Kohlenhydratanteile von bestimmten Glykoproteinen auf Epithelzellen der Atemwege. Die Bezeichnung Hämagglutinin erhielt das Protein, weil es auf roten Blutkörperchen von Hühnern ähnliche Sialinsäurereste erkennt, daran bindet und so zur Agglutination dieser Zellen führt. Antikörper gegen Hämagglutinin können eine Ansteckung mit dem Influenzavirus verhindern. Man nennt solche Antikörper virusneutralisierende Antikörper; und aus denselben Gründen wie bei der Neutralisierung von Toxinen sind auch in diesem Fall hoch affine IgA- und IgG-Antikörper besonders wichtig.

Viele Antikörper neutralisieren Viren, indem sie die Bindung des Erregers an Oberflächenrezeptoren direkt verhindern (Abb. 9.25). Ein Virus kann allerdings gelegentlich auch schon neutralisiert werden, wenn sich nur ein einziges Antikörpermolekül an ein Viruspartikel heftet, das auf seiner Oberfläche zahlreiche rezeptorbindende Proteine aufweist. In solchen Fällen muss der Antikörper bestimmte Veränderungen auslösen, welche die Struktur des Virus zerstören und entweder den Kontakt mit seinem Rezeptor unterbinden oder die Fusion der Virusmembran mit der Zelloberfläche stören, nachdem das Virus an den Oberflächenrezeptor gebunden hat.

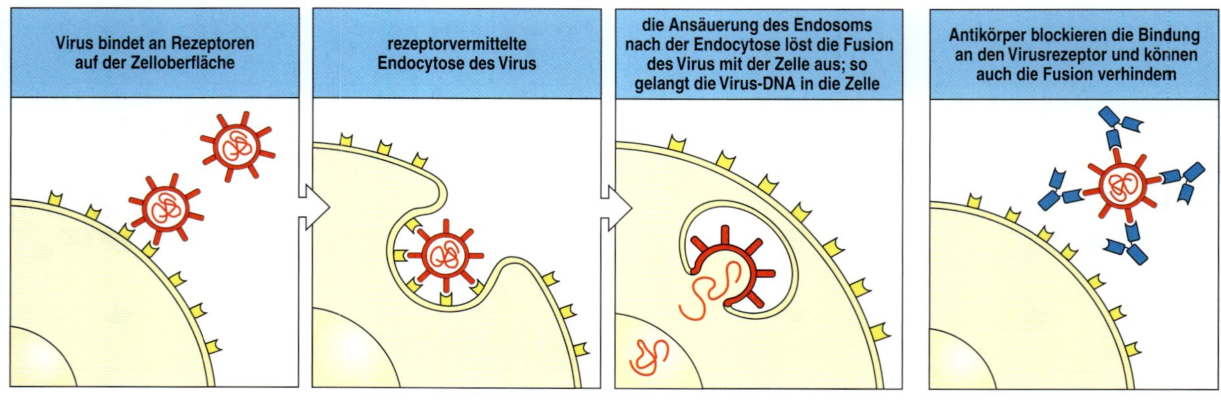

9.25 Neutralisierende Antikörper können die Infektion durch Viren blockieren. Damit sich ein Virus in einer Zelle vermehren kann, muss es erst seine Gene in die Zelle einschleusen. Zuerst bindet das Virus dafür in der Regel an einen Rezeptor auf der Zelloberfläche. Bei Viren, die - wie in der Abbildung dargestellt - eine Hülle haben, muss ihre Membran mit der Wirtszellmembran verschmelzen, damit sie in das Cytoplasma gelangen. Bei einigen Viren erfolgt diese Fusion auf der Zelloberfläche (nicht abgebildet); bei anderen Viren ist dies, wie hier dargestellt, nur in den sauren Endosomen möglich. Viren ohne Hülle müssen ebenfalls an Rezeptoren auf Zelloberflächen binden, dringen aber dann in das Cytoplasma ein, indem sie die Endosomen zerstören. Antikörper, die an die Proteine auf der Virusoberfläche gebunden sind, neutralisieren das Virus, indem sie entweder bereits die Bindung des Virus an die Zelle oder sein anschließendes Eindringen in die Zelle verhindern.

9.18 Antikörper können die Anheftung von Bakterien an Wirtszellen verhindern

Viele Bakterien besitzen als Oberflächenmoleküle sogenannte Adhäsine, die es ihnen ermöglichen, an die Oberfläche ihrer Wirtszellen zu binden. Diese Anheftung ist entscheidend für die Infektiosität dieser Bakterien – egal ob sie danach in die Zelle eindringen wie der Krankheitserreger *Salmonella* spp. oder als extrazelluläre Pathogene an der Zelloberfläche gebunden bleiben (Abb. 9.26). Das Bakterium *Neisseria gonorrhoeae*, das die Geschlechtskrankheit Gonorrhoe verursacht, besitzt beispielsweise ein als Pilin bezeichnetes Zelloberflächenprotein. Damit ist es dem Bakterium möglich, sich an die Epithelzellen des Urogenitaltraktes anzulagern, und dies ist für seine Infektiosität unerlässlich. Antikörper gegen Pilin können die Anheftung und damit eine Infektion verhindern.

Besonders wichtig zur Verhütung einer Infektion ist die Sekretion von IgA-Antikörpern auf die Schleimhäute des Darm-, Respirations- und Reproduktionstraktes, da dies die Adhäsion von Bakterien, Viren oder anderen Pathogenen an die Epithelzellen auf den Schleimhautoberflächen verhindert. Die Anheftung von Bakterien an Zellen innerhalb von Geweben kann ebenfalls zur Pathogenese beitragen, sodass in diesem Fall IgG-Antikörper gegen Adhäsine ebenso wie IgA-Antikörper auf Schleimhautoberflächen Gewebeschäden verhindern können.

9.19 Antigen-Antikörper-Komplexe lösen durch Bindung an C1q den klassischen Weg der Komplementaktivierung aus

Antikörper können darüber hinaus Infektionsschutz bieten, indem sie eine Kaskade von Komplementproteinen aktivieren. Diese Proteine wurden bereits in Kapitel 2 beschrieben, da sie im Rahmen der angeborenen Immunantwort auch in Abwesenheit von Antikörpern auf der Oberfläche von Pathogenen aktiviert werden können. Die Komplementaktivierung umfasst eine Reihe proteolytischer Spaltungsreaktionen, bei denen aus inaktiven Plasmakomponenten proteolytische Enzyme entstehen, die kovalent an die Oberfläche des Erregers binden. Alle bekannten Arten der Komplementaktivierung lösen dieselbe Reaktionskette aus: Die Pathogenoberfläche oder der Immunkomplex wird mit kovalent gebundenen Fragmenten (vor allem C3b) überzogen, die als Opsonine wirken und die Aufnahme und die Beseitigung durch Phagocyten fördern. Gleichzeitig werden kleine Peptide mit entzündungsspezifischer oder chemotaktischer Aktivität freigesetzt (hauptsächlich C5a), mit deren Hilfe Phagocyten dorthin gelockt werden. Zusätzlich können die zuletzt aktivierten Komplementfaktoren einen Komplex bilden, der Membranen angreift und so einige Bakterien schädigen kann.

Antikörper lösen die Komplementaktivierung auf einem Weg aus, den man als den klassischen Weg bezeichnet, weil er als erster entdeckt wurde. Dieser Weg ist zusammen mit den beiden anderen bekannten Arten der Komplementaktivierung in allen Einzelheiten in Kapitel 2 dargestellt. Hier wollen wir beschreiben, wie Antikörper es schaffen, nach der Bindung an ein Pathogen oder der Bildung von Immunkomplexen die klassische Aktivierung hervorzurufen.

Das erste Element im klassischen Weg der Komplementaktivierung ist C1, ein Komplex aus den drei Proteinen C1q, C1r und C1s, wobei jeweils zwei Moleküle C1r und C1s an ein Molekül C1q gebunden sind (Abb. 2.27). Das Komplement wird aktiviert, wenn Antikörper, die sich an die Oberfläche eines Pathogens geheftet haben, an C1q binden. Dies können IgM- oder IgG-Antikörper sein, doch aufgrund der strukturellen Bedingungen für eine Bindung an C1q kann keiner dieser Antikörperisotypen das Komplement in Lösung aktivieren. Die Kaskade wird nur dann ausgelöst, wenn die Antikörper an viele Stellen einer Zelloberfläche, normalerweise auf einem Pathogen, gebunden haben.

Das C1q-Molekül besitzt sechs globuläre Köpfe, die mit einem gemeinsamen Stamm über lange filamentöse Domänen verbunden sind, die Kollagenmolekülen ähneln. Man hat den gesamten C1q-Komplex schon mit einem Strauß aus sechs Tulpen verglichen, die an ihren Stielen zusammengehalten werden. Jeder globuläre Kopf kann an eine Fc-Domäne binden. Die Bindung von zwei oder mehr globulären Köpfen aktiviert das C1q-Molekül. Im Plasma besitzt das pentamere IgM-Molekül eine planare Konformation, in der es nicht mit C1q reagiert (Abb. 9.27, links). Durch die

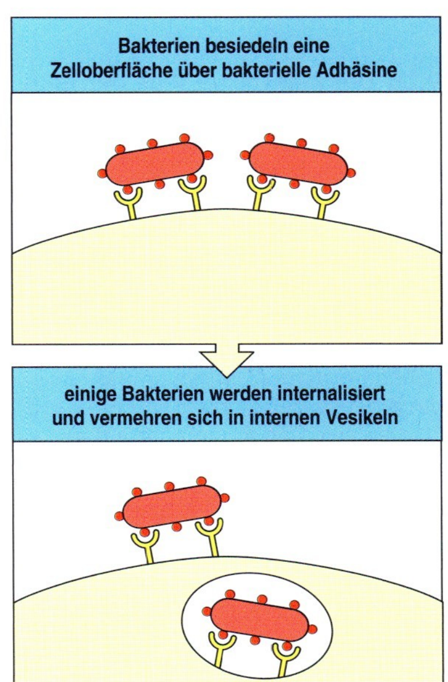

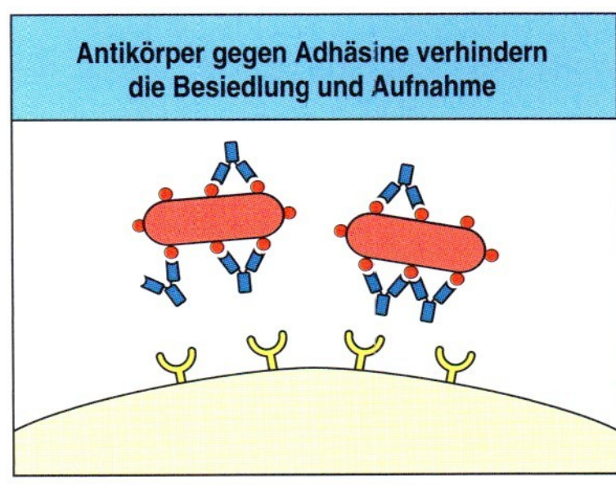

9.26 Antikörper können die Anlagerung von Bakterien an Zelloberflächen verhindern. Viele bakterielle Infektionen erfordern eine Wechselwirkung zwischen dem Bakterium und einem Rezeptor auf der Zelloberfläche. Dies gilt besonders für Infektionen von Schleimhautoberflächen. Beim Anlagerungsprozess kommt es zu sehr spezifischen molekularen Wechselwirkungen zwischen bakteriellen Adhäsinen und ihren Rezeptoren auf der Wirtszelle. Antikörper gegen bakterielle Adhäsine können solche Infektionen verhindern.

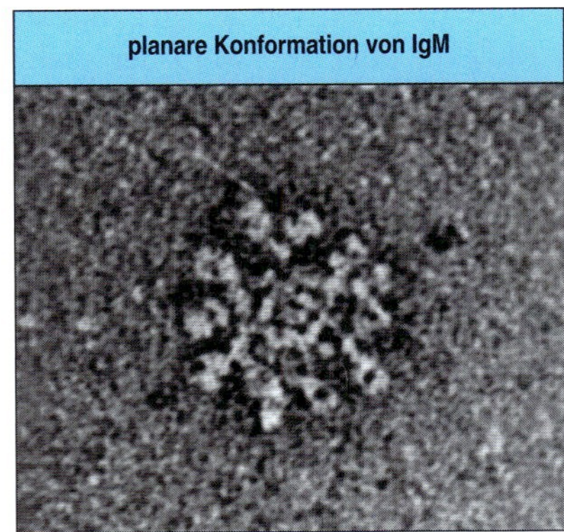

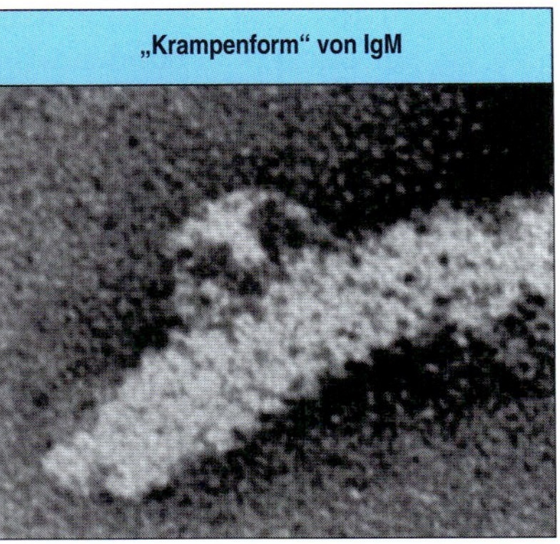

9.27 Die beiden Konformationen von IgM. Das linke Bild zeigt die planare Konformation von löslichem IgM, die rechte die „Krampenform" von IgM, das an eine Bakteriengeißel gebunden hat. (Fotos × 760 000; mit freundlicher Genehmigung von K. H. Roux.)

9.28 Der klassische Weg der Komplementaktivierung wird durch die Bindung von C1q an Antikörper auf einer Oberfläche ausgelöst, beispielsweise auf einem Bakterium. Wie in den Schemata links dargestellt ist, ermöglicht ein Molekül IgM, das durch die Bindung an verschiedene identische Epitope auf einer Pathogenoberfläche die „Krampenkonformation" angenommen hat, die Bindung der globulären Köpfe von C1q an seine Fc-Fragmente auf der Pathogenoberfläche. In der Bildfolge rechts haben mehrere IgG-Moleküle gleichzeitig an die Oberfläche des Erregers gebunden, sodass sich ein C1q-Molekül an zwei oder mehr Fc-Fragmente heften kann. In beiden Fällen aktiviert die Bindung von C1q das assoziierte Protein C1r, das sich so in ein aktives Enzym umwandelt und das Proenzym C1s spaltet; auf diese Weise entsteht eine Serinprotease, die die klassische Komplementkaskade auslöst (Kapitel 2).

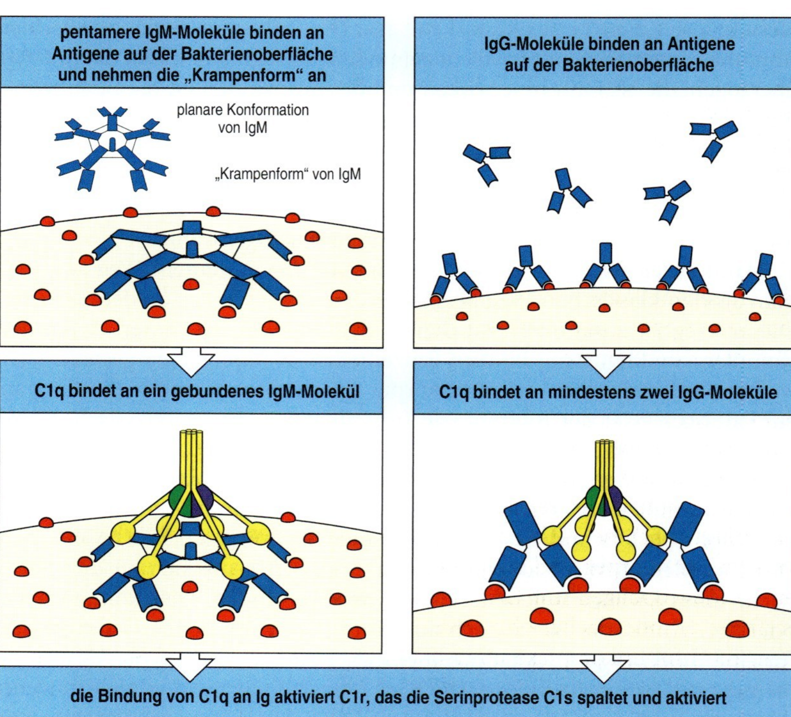

Bindung an die Oberfläche eines Pathogens verändert sich jedoch die Form des IgM-Pentamers, sodass es einer Krampe ähnelt (Abb. 9.27, rechts). Diese Verformung macht Bindungsstellen für die C1q-Köpfe zugänglich. C1q bindet mit geringer Affinität an einige Untergruppen von IgG in Lösung. Die für eine C1q-Aktivierung erforderliche Bindungsenergie wird jedoch nur erreicht, wenn ein einziges C1q-Molekül an zwei oder mehr IgG-Moleküle binden kann, die aufgrund einer Antigenbindung in einem Abstand von 30 bis 40 nm voneinander gehalten werden. Dafür müssen sich viele IgG-Moleküle an ein einziges Pathogen heften. Aus diesem Grund aktiviert IgM das Komplement weitaus effektiver als IgG. Bindet C1q an ein einziges gebundenes IgM-Molekül oder an zwei oder mehr gebundene IgG-Moleküle (Abb. 9.28), so wird eine enzymatische Aktivität von C1r induziert und die Komplementkaskade ausgelöst. Auf diese Weise wird die Antikörperbindung in die Aktivierung der Komplementkaskade überführt, die auch, wie wir in Kapitel 2 erfahren haben, durch eine direkte Bindung von C1q an die Pathogenoberfläche ausgelöst werden kann.

9.20 Komplementrezeptoren sind wichtig für das Entfernen von Immunkomplexen aus dem Kreislauf

Viele kleine lösliche Antigene bilden Antigen-Antikörper-Komplexe, sogenannte **Immunkomplexe**, die zu wenig IgG-Moleküle enthalten, als dass sie problemlos an Fcγ-Rezeptoren binden könnten. Auf die Fcγ-Rezeptoren werden wir im nächsten Teil des Kapitels näher eingehen. Zu den genannten Antigenen gehören Toxine, an die neutralisierende Antikörper

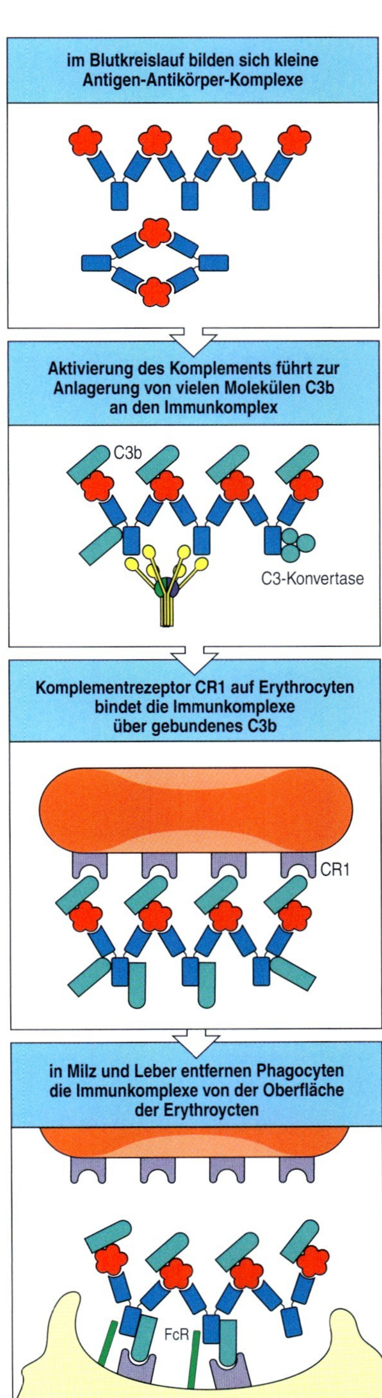

9.29 Das Protein CR1 der Erythrocyten trägt dazu bei, Immunkomplexe aus dem Kreislauf zu entfernen. CR1 befindet sich auf der Erythrocytenoberfläche und wirkt bei der Beseitigung von Immunkomplexen aus dem Kreislauf mit. Immunkomplexe binden an CR1 auf Erythrocyten; diese transportieren die Komplexe zu Leber und Milz, wo sie von Makrophagen entfernt werden, die sowohl Rezeptoren für Fc als auch für gebundene Komplementkomponenten exprimieren.

gebunden sind, sowie Reste von toten Mikroorganismen. Solche Immunkomplexe findet man nach den meisten Infektionen, und sie werden mithilfe des Komplementsystems aus dem Kreislauf entfernt. Die löslichen Immunkomplexe sorgen für ihre eigene Beseitigung, indem sie das Komplement aktivieren. Dazu binden sie ebenfalls an C1q. Dann heften sich die aktivierten Faktoren C4b und C3b kovalent an den Immunkomplex, der anschließend aus dem Kreislauf entfernt wird, indem sich C4b und C3b an den Komplementrezeptor 1 (CR1) auf der Oberfläche von Erythrocyten anlagern. Diese Zellen transportieren die gebundenen Komplexe aus Antigen, Antikörper und Komplement zur Leber und zur Milz. Dort entfernen Makrophagen mit CR1- und Fc-Rezeptoren die Komplexe von der Erythrocytenoberfläche, ohne die Erythrocyten zu zerstören, und bauen dann die Immunkomplexe ab (Abb. 9.29). Selbst größere Ansammlungen aus partikulären Antigenen und Antikörpern können durch Aktivierung des klassischen Komplementweges und die anschließende Bindung von C3b an diese Aggregationen in Lösung gebracht und dann durch Bindung an Komplementrezeptoren beseitigt werden.

Manche Immunkomplexe werden nicht entfernt. Sie lagern sich gewöhnlich in den Basalmembranen kleiner Blutgefäße ab, vor allem im Glomerulus der Niere, wo das Blut zur Urinbildung gefiltert wird. Immunkomplexe, welche die Basalmembran des Glomerulus passieren, binden an den Komplementrezeptor CR1 auf den unter der Basalmembran liegenden Nierenpodocyten. Welche funktionelle Bedeutung diese Rezeptoren in der Niere haben, ist unbekannt. Sie spielen jedoch eine wichtige Rolle bei den Krankheitsbildern einiger Autoimmunkrankheiten.

Der systemische Lupus erythematodes ist eine Autoimmunkrankheit, die wir in Kapitel 14 noch besprechen werden. Bei dieser Krankheit verursachen extrem hohe Spiegel an zirkulierenden Immunkomplexen riesige Ablagerungen von Antigenen, Antikörpern und Komplement auf den Podocyten, wodurch der Glomerulus geschädigt wird. Das Hauptrisiko bei dieser Erkrankung ist Nierenversagen. Bei Patienten, bei denen die Bildung früher Komplementfaktoren gestört ist, können Immunkomplexe ein ähnliches Krankheitsbild verursachen. Solche Patienten können Immunkomplexe nicht effektiv beseitigen; ihr Gewebe und besonders ihre Nieren werden daher auf ähnliche Weise geschädigt.

Zusammenfassung

Die T-Zell-abhängige Antikörperantwort beginnt mit der Sekretion von IgM, worauf jedoch bald auch weitere Isotypen gebildet werden. Jeder Isotyp ist sowohl im Hinblick auf die Bereiche des Körpers, in denen er wirken kann, als auch in Bezug auf seine Funktionen spezialisiert. IgM-Antikörper findet man vor allem im Blut. Sie haben eine Pentamerstruktur und sind darauf spezialisiert, das Komplementsystem durch die Bindung an das Antigen effizient zu aktivieren und so die geringe Affinität der charakteristischen Antigenbindungsstelle von IgM auszugleichen. IgG-Antikörper zeigen im Allgemeinen eine höhere Affinität für das Antigen und kommen im Blut und in der extrazellulären Flüssigkeit vor, wo sie Toxine, Viren und Bakterien neutralisieren, sie für die Phagocytose opsonisieren und das Komplementsystem aktivieren können. IgA-Antikörper werden in Form von Monomeren synthetisiert, die in das Blut und die Extrazellularflüssigkeit übertreten. In der Lamina propria diverser mucosaler Gewebe werden sie dagegen als Dimere gebildet. Durch diese Epithelien werden sie selektiv in Bereiche wie das Darmlumen transportiert, wo sie Toxine und Viren neutralisieren und das Eindringen der Bakterien durch das Darmepithel verhindern. Die meisten IgE-Antikörper sind an der Oberfläche von Mastzellen gebunden, die sich vor allem direkt unterhalb der Körperoberfläche befinden. Eine Antigenbindung an dieses IgE löst lokale Abwehrmechanismen aus. Antikörper können den Körper vor extrazellulären Erregern und ihren Toxinen auf verschiedene Weise schützen. Am einfachsten geschieht dies durch direkte Wechselwirkungen mit Pathogenen oder deren Produkten. So binden sie beispielsweise an aktive Stellen von Toxinen und neutralisieren diese oder blockieren deren Fähigkeit, sich über spezifische Rezeptoren an Wirtszellen anzuheften. Wenn Antikörper mit dem richtigen Isotyp an Antigene binden, können sie den klassischen Weg der Komplementaktivierung auslösen, der über verschiedene, in Kapitel 2 beschriebene Mechanismen zur Beseitigung des Erregers führt. Lösliche Immunkomplexe aus Antigen und Antikörper binden ebenfalls an das Komplement und werden mithilfe von Komplementrezeptoren auf roten Blutkörperchen aus dem Kreislauf entfernt.

Die Zerstörung antikörperbeschichteter Krankheitserreger mithilfe von Fc-Rezeptoren

Die Fähigkeit hoch affiner Antikörper, Toxine, Viren oder Bakterien zu neutralisieren, kann vor einer Infektion schützen. Sie allein löst allerdings nicht das Problem, wie die Pathogene und ihre Produkte aus dem Körper entfernt werden sollen. Außerdem können viele Erreger nicht durch Antikörper neutralisiert werden und müssen daher auf andere Art zerstört werden. Viele pathogenspezifische Antikörper binden nicht an neutralisierende Ziele auf der Oberfläche von Erregern. Sie erfordern daher eine Kopplung mit anderen Effektormechanismen, damit sie ihren Teil zur Immunabwehr des Wirtes beitragen können. Wir haben bereits besprochen, wie die Bindung von Antikörpern an Antigene das Komplementsystem aktivieren kann. Ein anderer wichtiger Abwehrmechanismus ist die Aktivierung einer Vielzahl verschiedener **akzessorischer Effektorzellen** mit sogenannten **Fc-Rezeptoren**, die für das Fc-Fragment von Antikörpern spezifisch sind. Diese Rezeptoren ermöglichen die Phagocytose von neutralisierten Mikroorganismen und resistenten extrazellulären Pathogenen durch Makrophagen, dendritische Zellen und neutrophile Zellen. Andere nichtphagocytotische Zellen – NK-Zellen, eosinophile Zellen, basophile Zellen und Mastzellen (Abb. 1.4) –, setzen gespeicherte Mediatoren frei, wenn ihre Fc-Rezeptoren besetzt werden. Diese Mechanismen maximieren die Wirksamkeit aller Antikörper, unabhängig davon, wo sie binden. Zellen mit Fc-Rezeptoren werden aktiviert, wenn ihre Fc-Rezeptoren durch die Bindung multipler Fc-Regionen von Antikörpermolekülen aggregieren, die einen Krankheitserreger umhüllen. Sie können außerdem durch lösliche Mediatoren aktiviert werden, zu denen auch Produkte der Komplementkaskade zählen, die wiederum durch Antikörper ausgelöst wird (siehe oben).

9.21 Die Fc-Rezeptoren akzessorischer Zellen sind spezifische Signalmoleküle für Immunglobuline verschiedener Isotypen

Die Fc-Rezeptoren bilden eine Familie von Oberflächenmolekülen, die an den Fc-Anteil von Immunglobulinen binden. Jedes Mitglied der Familie erkennt Immunglobuline von einem oder einigen eng verwandten Isotypen über eine Erkennungsdomäne auf der α-Kette des Fc-Rezeptors. Die meisten Fc-Rezeptoren gehören selbst zur Immunglobulinsuperfamilie. Verschiedene Zelltypen besitzen unterschiedliche Kombinationen von Fc-Rezeptoren; der Isotyp des Antikörpers bestimmt also, welche akzessorische Zelle an einer bestimmten Reaktion teilnimmt. Die verschiedenen Fc-Rezeptoren und die Zellen, die sie exprimieren, sind mitsamt ihrer Isotypspezifität in Abbildung 9.30 aufgeführt.

Die meisten Fc-Rezeptoren gehören zu einem Komplex, der aus vielen Untereinheiten besteht. Für die spezifische Erkennung ist nur die α-Kette

9.30 Auf verschiedenen akzessorischen Zellen werden verschiedene Rezeptoren für die Fc-Region unterschiedlicher Immunglobulinisotypen exprimiert. Angegeben sind die Untereinheitenstruktur und die Bindungseigenschaften dieser Rezeptoren sowie der Zelltyp, von dem sie exprimiert werden. Je nach Zelltyp können die Rezeptoren aus ganz unterschiedlichen Ketten bestehen. Zum Beispiel wird FcγRIII in Neutrophilen mit einem Membrananker aus Glykophosphatidylinositol und ohne γ-Ketten exprimiert, während der Rezeptor in NK-Zellen als Transmembranmolekül mit γ-Ketten assoziiert ist. FcγRII-B1 unterscheidet sich von FcγRII-B2 durch ein zusätzliches Exon in der Region, die intrazelluläre Anteile des Rezeptors codiert. Dieses Exon verhindert, dass FcγRII-B1 nach einer Quervernetzung aufgenommen wird. Die angegebenen Bindungsaffinitäten stammen aus Daten von menschlichen Rezeptoren. * Nur einige Allotypen von FcγRII-A binden an IgG2. † In diesen Fällen ist die Expression des Fc-Rezeptors induzierbar und nicht konstitutiv. ++ Bei Eosinophilen beträgt die Molekülmasse von CD89α 70 bis 100 kDa.

Rezeptor	FcγRI (CD64)	FcγRII-A (CD32)	FcγRII-B2 (CD32)	FcγRII-B1 (CD32)	FcγRIII (CD16)	FcεRI	FcαRI (CD89)	Fcα/μR
Struktur	α 72 kDa γ	α 40 kDa γ-artige Domäne	ITIM	ITIM	α 50–70 kDa oder γ oder ξ	α 45 kDa β 33 kDa α 9 kDa	α 55–75 kDa γ 9 kDa	α 70 kDa
Bindung	IgG1 10^8 lmol^{-1}	IgG1 2×10^6 lmol^{-1}	IgG1 2×10^6 lmol^{-1}	IgG1 2×10^6 lmol^{-1}	IgG1 5×10^5 lmol^{-1}	IgE 10^{10} lmol^{-1}	IgA1, IgA2 10^7 lmol^{-1}	IgA, IgM 3×10^9 lmol^{-1}
Reihenfolge der Affinität	1) IgG1=IgG3 2) IgG4 3) IgG2	1) IgG1 2) IgG3=IgG2* 3) IgG4	1) IgG1=IgG3 2) IgG4 3) IgG2	1) IgG1=IgG3 2) IgG4 3) IgG2	IgG1=IgG3		IgA1=IgA2	1) IgM 2) IgA
Zelltyp	Makrophagen Neutrophile† Eosinophile† dendritische Zellen	Makrophagen Neutrophile Eosinophile Blutplättchen Langerhans-Zellen	Makrophagen Neutrophile Eosinophile	B-Zellen Mastzellen	NK-Zellen Eosinophile Makrophagen Neutrophile Mastzellen	Mastzellen Eosinophile† Basophile	Makrophagen Neutrophile Eosinophile++	Makrophagen B-Zellen
Wirkung der Bindung an den Liganden	Aufnahme Stimulation Aktivierung eines „Atmungsausbruchs" Tötungsstartsignal	Aufnahme Freisetzung von Granula (Eosinophile)	Aufnahme Hemmung der Stimulation	keine Aufnahme Hemmung der Stimulation	Tötungsstartsignal (NK-Zellen)	Freisetzung von Granula	Aufnahme Tötungsstartsignal	Aufnahme

verantwortlich. Die anderen Ketten sind für den Transport an die Zelloberfläche und die Signalübermittlung erforderlich, wenn der Fc-Bereich gebunden worden ist. Bei einigen Fcγ-Rezeptoren, dem Fcα-Rezeptor I und dem hoch affinen IgE-Rezeptor, erfolgt die Signalgebung über die γ-Kette. Die γ-Kette, die mit der ζ-Kette des T-Zell-Rezeptor-Komplexes eng verwandt ist, assoziiert nichtkovalent mit der Fc-bindenden α-Kette. Der menschliche Rezeptor FcγRII-A besteht nur aus einer Kette, bei der die cytoplasmatische Domäne der α-Kette die Funktion der γ-Kette übernimmt. FcγRII-B1 und FcγRII-B2 sind ebenfalls einkettige Rezeptoren, die allerdings hemmend wirken, da sie ein ITIM-Motiv enthalten, das mit der Inositol-5'-Phosphatase SHIP reagiert (Abschnitt 6.20). Obwohl Fc-Rezeptoren vor allem die Aufgabe haben, akzessorische Zellen zu einem Angriff gegen Pathogene zu stimulieren, können sie auch auf andere Weise zu Immunantworten beitragen. So blockieren die FcγRII-B-Rezeptoren B-Zellen, Mastzellen, Makrophagen und neutrophile Zellen, indem sie die Schwelle verändern, ab der diese Zellen von Immunkomplexen aktiviert werden. Dendritische Zellen können aufgrund der Expression von Fc-Rezeptoren Antigen-Antikörper-Komplexe aufnehmen und T-Zellen Antigenpeptide präsentieren.

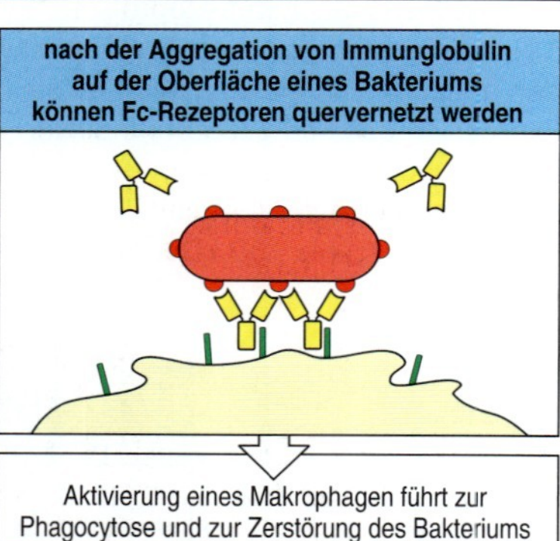

9.31 Gebundene Antikörper lassen sich aufgrund des Aggregationszustands von freien Immunglobulinen unterscheiden. Freie Immunglobulinmoleküle binden an die meisten Fc-Rezeptoren nur mit äußerst geringer Affinität und können Fc-Rezeptoren nicht quervernetzen. Antigengebundene Immunglobuline können sich dagegen effizient mit hoher Avidität an Fc-Rezeptoren heften, weil mehrere an dieselbe Oberfläche gebundene Antikörpermoleküle an mehrere Fc-Rezeptoren auf der Oberfläche der akzessorischen Zelle binden. Aufgrund dieser Quervernetzung des Fc-Rezeptors wird ein Signal ausgesendet, das die Zelle aktiviert, die diesen Rezeptor trägt.

9.22 An die Oberfläche von Erregern gebundene Antikörper aktivieren Fc-Rezeptoren von Phagocyten, wodurch diese Pathogene aufnehmen und zerstören können

Phagocyten werden durch IgG-Antikörper aktiviert, vor allem durch IgG1 und IgG3, die auf der Phagocytenoberfläche an spezifische Fcγ-Rezeptoren binden (Abb. 9.30). Die Aktivierung der Phagocyten kann eine Entzündung hervorrufen und Gewebeschäden verursachen. Daher müssen die Fc-Rezeptoren auf den Phagocyten die an ein Pathogen gebundenen Antikörpermoleküle von der Mehrheit der freien Antikörpermoleküle unterscheiden können, die nicht gebunden sind. Diese Voraussetzung wird durch die Aggregation oder Multimerisierung der Antikörper erfüllt, zu der es kommt, wenn die Antikörper an multimere Antigene oder multivalente antigene Partikel wie Viren und Bakterien binden. Fc-Rezeptoren auf der Oberfläche einer akzessorischen Zelle binden an antikörperbeschichtete Partikel mit höherer Avidität als an Ig-Monomere. Dies ist wahrscheinlich der generelle Mechanismus, durch den sich gebundene Antikörper von freien Immunglobulinen unterscheiden (Abb. 9.31). Die Folge ist jedenfalls, dass akzessorische Zellen mithilfe der Fc-Rezeptoren über die gebundenen Antikörpermoleküle Pathogene entdecken können. Auf diese Weise sorgen spezifische Antikörper und Fc-Rezeptoren dafür, dass akzessorische Zellen ohne eigene Spezifität Erreger und deren Produkte identifizieren und aus den extrazellulären Räumen des Körpers entfernen können.

Die wichtigsten Fc-tragenden Zellen der humoralen Immunantwort sind die Phagocyten der monocytischen und myelocytischen Linie, besonders die Makrophagen und die neutrophilen polymorphkernigen Leukocyten oder Neutrophilen (Kapitel 2). Viele Bakterien werden von Phagocyten direkt erkannt, aufgenommen und zerstört. Sie sind für gesunde Personen nicht pathogen. Bakterielle Pathogene besitzen jedoch gewöhnlich Zellwände aus Polysacchariden, weshalb Phagocyten sie nicht direkt interna-

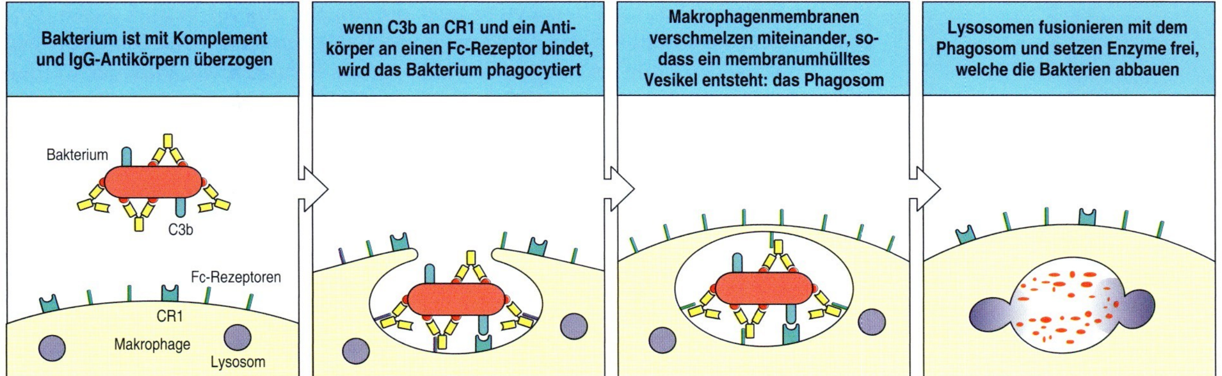

9.32 Fc- und Komplementrezeptoren von Phagocyten lösen die Aufnahme und den Abbau antikörperbeschichteter Bakterien aus. Viele Bakterien sind gegen eine Phagocytose durch Makrophagen und neutrophile Leukocyten resistent. Sind jedoch Antikörper an die Bakterien gebunden, dann können diese aufgenommen und abgebaut werden. Ermöglicht wird dies durch Wechselwirkungen zwischen multiplen Fc-Domänen auf der Bakterienoberfläche und Fc-Rezeptoren auf dem Phagocyten. Der Antikörperüberzug sorgt auch dafür, dass das Komplementsystem aktiviert wird und die Komplementfaktoren an die Oberfläche des Bakteriums binden. Diese können mit den Komplementrezeptoren (etwa CR1) auf dem Phagocyten interagieren. Fc-Rezeptoren und Komplementrezeptoren lösen zusammen eine Phagocytose aus. Mit IgG-Antikörpern und Komplement überzogene Bakterien werden daher viel leichter aufgenommen als solche, die nur mit IgG beschichtet sind. Die Bindung an die Fc- und Komplementrezeptoren signalisiert dem Phagocyten, schneller zu phagocytieren, Lysosomen mit Phagosomen zu verschmelzen und seine bakterizide Aktivität zu verstärken.

lisieren können. Dies kann nur geschehen, wenn die Bakterien mit Antikörpern und Komplement umhüllt sind, die mit Fcγ- oder Fcα-Rezeptoren und CR1 auf Phagocyten reagieren und so die Aufnahme der Bakterien auslösen (Abb. 9.32). Die durch die Bindung des Komplementrezeptors stimulierte Phagocytose ist besonders wichtig in der Frühphase der Immunreaktion, das heißt, bevor Antikörper eines anderen Isotyps gebildet werden. Bakterielle Polysaccharide gehören zum TI-2-Typ thymusunabhängiger Antigene (Abschnitt 9.11) und können daher die frühe Bildung von IgM-Antikörpern stimulieren, die für die Aktivierung des Komplementsystems sehr wirksam sind. Die Bindung von IgM an die Bakterienhülle führt daher über das Komplementsystem zur Opsonisierung dieser Bakterien sowie zu ihrer prompten Aufnahme und Zerstörung durch Phagocyten, die entsprechende Komplementrezeptoren haben. Vor kurzem hat man einen Fc-Rezeptor für IgM entdeckt, was darauf hindeutet, dass IgM wahrscheinlich die Phagocytose *in vivo* direkt stimuliert.

Die Aufnahme und die Zerstörung von Mikroorganismen werden durch die Wechselwirkungen zwischen den Molekülen, die den opsonisierten Mikroorganismus bedecken, und ihren spezifischen Rezeptoren auf der Phagocytenoberfläche erheblich verstärkt. Bindet beispielsweise ein mit Antikörpern überzogener Erreger an Fcγ-Rezeptoren auf der Oberfläche eines Phagocyten, dann umschließt dieser die Oberfläche des Partikels durch sukzessive Bindung von Fcγ-Rezeptoren an Fc-Bereiche gebundener Antikörper auf der Pathogenoberfläche. Dies ist ein aktiver Vorgang, der durch die Stimulation von Fcγ-Rezeptoren ausgelöst wird. Die Endocytose führt dazu, dass das Partikel in ein saures cytoplasmatisches Vesikel, ein sogenanntes Phagosom, eingeschlossen wird. Das Phagosom verschmilzt dann mit einem oder mehreren Lysosomen zu einem Phagolysosom. Dabei werden die lysosomalen Enzyme in das Innere des Phagosoms freigesetzt, wo sie das Bakterium zerstören (Abb. 9.32). Wie ein Bakterium im Phagolysosom zersetzt wird, wird in Abschnitt 2.4 im Einzelnen beschrieben.

Einige Partikel wie parasitische Würmer sind für die Aufnahme in einen Phagocyten zu groß. In diesem Fall lagert sich der Phagocyt mit seinen Fcγ-, Fcα- oder Fcε-Rezeptoren an die antikörperbeschichtete Oberfläche des Parasiten, und die Lysosomen fusionieren mit dieser Oberflächenmembran. Bei dieser Reaktion werden die Inhaltsstoffe des Lysosoms auf der Oberfläche des Parasiten abgeladen, wodurch er im Extrazellularraum direkt geschädigt wird. Fcγ- und Fcα-Rezeptoren können also die Aufnahme exter-

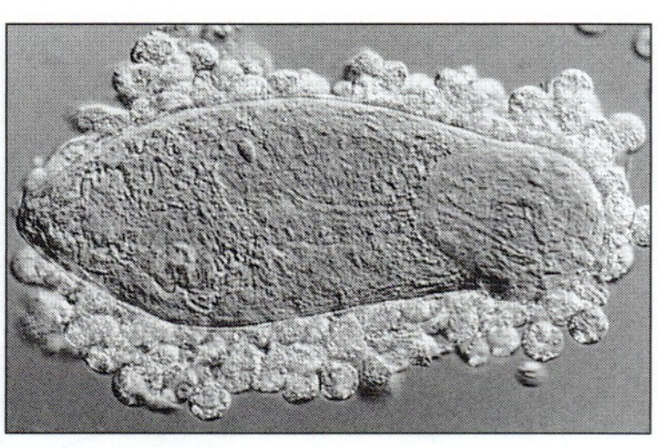

9.33 Eosinophile attackieren eine *Schistosoma*-Larve in Gegenwart von Serum eines infizierten Patienten. Große Parasiten wie Würmer können nicht von Phagocyten aufgenommen werden. Ist der Wurm aber mit Antikörpern überzogen, besonders mit IgE, können Eosinophile ihn aufgrund einer Bindung an den hoch affinen Fcε-Rezeptor I angreifen. Ähnliche Attacken auf verschiedene größere Ziele sind auch anderen Zellen mit Fc-Rezeptoren möglich. Diese Zellen setzen dann aus ihren Granula toxische Inhaltsstoffe frei, die direkt auf das Ziel gerichtet sind; dieser Prozess wird als Exocytose bezeichnet. (Foto mit freundlicher Genehmigung von A. Butterworth.)

ner Partikel durch Phagocytose oder die Abgabe innerer Vesikel durch Exocytose auslösen. Bei der Zerstörung von Bakterien sind meist Makrophagen und Neutrophile als Phagocyten aktiv, große Parasiten wie Würmer werden dagegen in der Regel von Eosinophilen attackiert (Abb. 9.33). Die Exocytose wird im Allgemeinen dadurch ausgelöst, dass ein Antigen IgE-Moleküle miteinander vernetzt, die an den hoch affinen Fcε-Rezeptor I gebunden sind. In den nächsten drei Abschnitten werden wir sehen, dass natürliche Killerzellen (NK) und Mastzellen zudem in ihren Vesikeln gespeicherte Mediatoren freisetzen, wenn sich ihre Fc-Rezeptoren zusammenlagern.

9.23 Fc-Rezeptoren regen NK-Zellen an, mit Antikörpern bedeckte Zielzellen zu zerstören

Normalerweise werden infizierte Zellen durch T-Zellen zerstört, die von fremden, auf der Zelloberfläche an MHC-Moleküle gebundenen Peptiden aktiviert wurden. Mit Viren infizierte Zellen können jedoch zusätzlich eine intrazelluläre Infektion anzeigen, indem sie auf ihrer Oberfläche virale Proteine exprimieren, die von Antikörpern erkannt werden können. Zellen, die von solchen Antikörpern gebunden werden, können dann durch spezialisierte, lymphatische Nicht-T-Nicht-B-Zellen getötet werden, die man als **natürliche Killerzellen** (**NK**) bezeichnet; wir sind ihnen bereits in Kapitel 2 begegnet. Natürliche Killerzellen sind große Lymphocyten mit deutlich erkennbaren zellulären Granula. Sie machen einen kleinen Anteil der peripheren lymphatischen Blutzellen aus und besitzen, soweit man weiß, keine antigenspezifischen Rezeptoren, können jedoch ein gewisses Spektrum an anormalen Zellen erkennen und töten. Entdeckt wurden sie erstmals aufgrund ihrer Fähigkeit, bestimmte Tumorzellen zu töten. Inzwischen weiß man allerdings, dass sie einen wichtigen Beitrag zur angeborenen Immunität leisten.

Die Zerstörung von mit Antikörpern bedeckten Zielzellen durch natürliche Killerzellen bezeichnet man als **antikörperabhängige zellvermittelte**

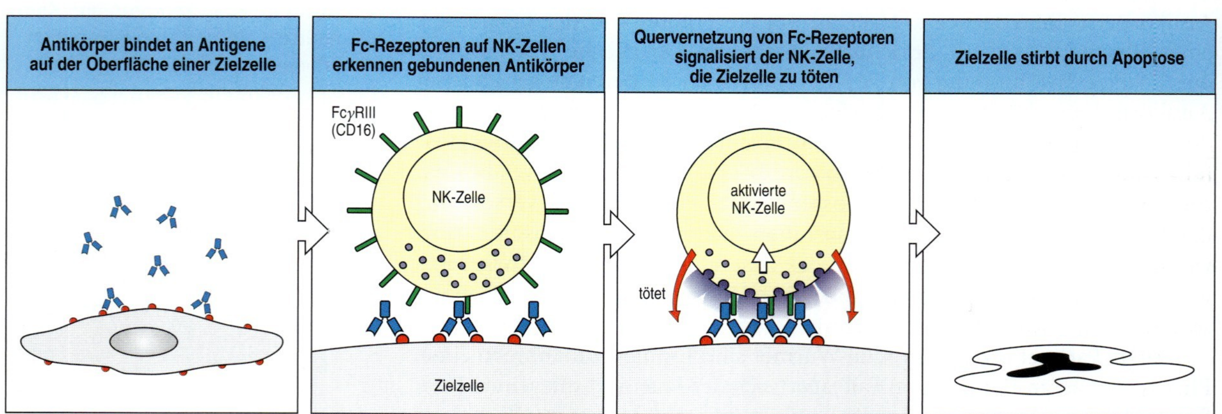

9.34 Natürliche Killerzellen (NK) können antikörperbeschichtete Zielzellen durch antikörperabhängige zellvermittelte Cytotoxizität (ADCC) töten. NK-Zellen (Kapitel 2) sind große granuläre Nicht-T-Nicht-B-Zellen, die FcγRIII-(CD16-)Rezeptoren besitzen. Wenn sie auf Zellen treffen, die mit IgG-Antikörpern überzogen sind, töten sie diese Zielzellen schnell. Welche Bedeutung die ADCC für die Wirtsverteidigung oder bei Gewebeschäden hat, ist noch umstritten.

Cytotoxizität (*antibody-dependent cell-mediated cytotoxicity*, **ADCC**). Ausgelöst wird sie, wenn an die Oberfläche einer Zelle gebundene Antikörper mit Fc-Rezeptoren einer NK-Zelle in Kontakt treten (Abb. 9.34). NK-Zellen exprimieren den Rezeptor FcγRIII (CD16), der die IgG1- und IgG3-Subklassen erkennt. Der Angriff verläuft dabei genau wie bei cytotoxischen T-Zellen, einschließlich der Freisetzung cytoplasmatischer Granula, die Perforin und Granzyme enthalten (Abschnitt 8.28). Welche Bedeutung die ADCC für die Abwehr von Infektionen mit Bakterien oder Viren hat, ist noch nicht vollständig geklärt. Die ADCC stellt jedoch eine weitere Möglichkeit dar, wie Antikörper durch Bindung an einen Fc-Rezeptor einen antigenspezifischen Angriff einer Effektorzelle steuern können, die selbst keine Antigenspezifität besitzt.

9.24 Mastzellen, Basophile und aktivierte Eosinophile binden über den hoch affinen Fcε-Rezeptor an IgE-Antikörper

Wenn Pathogene Epithelien überwinden und eine lokale Infektion hervorrufen, muss der Wirt seine Abwehrmechanismen mobilisieren und sie an den Ort dirigieren, wo sich der Erreger vermehrt. Eine Art, dies zu erreichen, ist die Aktivierung des speziellen Zelltyps der **Mastzellen**. Dies sind große Zellen mit charakteristischen cytoplasmatischen Granula, in denen sich eine Mischung chemischer Mediatoren befindet, unter anderem auch Histamin. Diese Substanzen sorgen rasch dafür, dass die lokalen Blutgefäße durchlässiger werden. Nach Anfärbung mit Toluidinblau können Mastzellen in Geweben leicht identifiziert werden (Abb. 1.4). Man findet sie in besonders hoher Konzentration in gefäßreichen Bindegeweben direkt unter der Epitheloberfläche, einschließlich der submucosalen Gewebe des Gastrointestinal- und Respirationstraktes, sowie in der Dermis, die sich direkt unter der Hautoberfläche befindet.

Mastzellen besitzen Fc-Rezeptoren, die für IgE und IgG (FcεRI beziehungsweise FcγRIII) spezifisch sind, und sie können durch Antikörper, die an diese Rezeptoren binden, aktiviert werden, ihre Granula freizusetzen und entzündungsspezifische Lipidmediatoren und Cytokine zu sezernieren. Wie wir bereits gesehen haben, heften sich die meisten Fc-Rezeptoren nur dann fest an die Fc-Region von Antikörpern, wenn diese an ein Antigen gebunden sind. Dagegen assoziiert FcεRI höchst affin mit monomeren IgE-Antikörpern, wobei die Affinität bei etwa 10^{10} l mol^{-1} liegt. Damit ist sogar bei der niedrigen IgE-Konzentration gesunder Personen ein erheblicher Anteil des gesamten IgE an FcεRI an Mastzellen im Gewebe und an zirkulierende basophile Zellen gebunden. Eosinophile können zwar ebenfalls Fc-Rezeptoren exprimieren, aber zur Expression von FcεRI kommt es nur, wenn sie aktiviert und zu einem Entzündungsherd gelockt werden.

Obwohl Mastzellen gewöhnlich fest mit gebundenem IgE assoziiert sind, werden sie nicht einfach dadurch aktiviert, dass monomere Antigene an dieses IgE binden. Die Mastzellen werden nur dann aktiviert, wenn die gebundenen IgE-Moleküle durch multivalente Antigene quervernetzt werden. Dieses Signal bringt die Mastzellen dazu, den Inhalt ihrer Granula innerhalb von Sekunden freizusetzen (Abb. 9.35) und eine lokale Entzündungsreaktion auszulösen. Zu diesem Zweck werden Lipidmediatoren wie

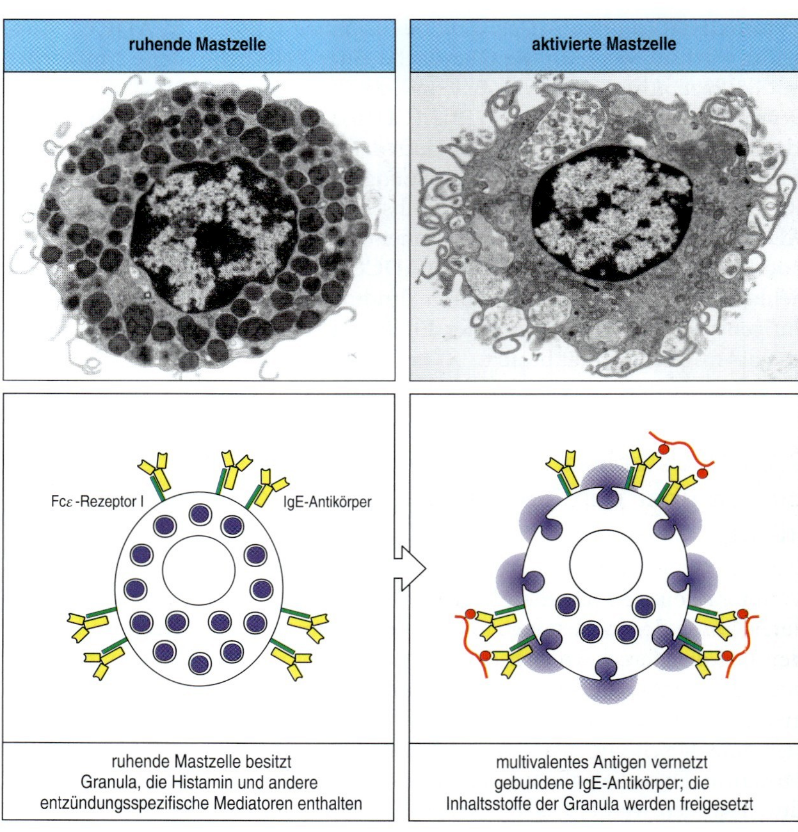

9.35 Die Vernetzung von IgE-Antikörpern auf Mastzellen führt zu einer schnellen Freisetzung entzündungsspezifischer Mediatoren. Mastzellen sind große Zellen des Bindegewebes. Man erkennt sie an ihren sekretorischen Granula, die viele Entzündungsmediatoren enthalten. Zudem besitzen sie den hoch affinen Fcε-Rezeptor I, mit dem sie fest an monomere IgE-Antikörper binden. Eine Antigenvernetzung dieser gebundenen IgE-Antikörpermoleküle löst eine schnelle Degranulierung aus, bei der entzündungsspezifische Mediatoren in das umliegende Gewebe freigesetzt werden. Diese Mediatoren lösen eine lokale Entzündung aus, durch die Zellen und Proteine angelockt werden, die für die Wirtsverteidigung am Infektionsherd erforderlich sind. Diese Zellen bilden auch die Basis allergischer Reaktionen, nachdem Allergene an IgE-Moleküle auf Mastzellen gebunden haben. (Fotos mit freundlicher Genehmigung von A. M. Dvorak.)

Prostaglandin D2 und Leukotrien C4 gebildet und freigesetzt sowie TNF-α und andere Cytokine sezerniert. Nach der Degranulierung wird das gespeicherte Histamin frei und erhöht an dieser Stelle die Durchblutung sowie die Durchlässigkeit der Gefäße, was im umliegenden Gewebe schnell zur Ansammlung von Flüssigkeit und Proteinen, einschließlich Antikörpern, aus dem Blut führt. Kurz danach strömen Zellen aus dem Blut ein, zum Beispiel polymorphkernige Leukocyten und später Makrophagen, Eosinophile und Effektorlymphocyten. Dieser Zustrom kann einige Minuten oder auch einige Stunden anhalten und führt zu einer lokalen Entzündungsreaktion. Mastzellen gehören daher zur Abwehrfront des Wirts gegen Pathogene, die über Epithelien in den Körper gelangen.

9.25 Die IgE-vermittelte Aktivierung akzessorischer Zellen spielt eine wichtige Rolle bei der Resistenz gegen Parasiteninfektionen

Man nimmt an, dass Mastzellen mindestens drei wichtige Funktionen bei der Verteidigung des Wirts haben. Erstens ermöglicht ihnen ihre Lokalisierung dicht unter der Körperoberfläche, spezifische und unspezifische Effektorelemente an die Stellen zu lenken, an denen Erreger höchstwahrscheinlich in das innere Milieu eindringen. Außerdem erhöhen sie den Abfluss der Lymphe von den Orten der Antigenablagerung zu den regionalen Lymphknoten, wo naive Lymphocyten zuerst aktiviert werden. Drittens können sie Muskelkontraktionen auslösen, was dazu führt, dass die Krankheitserreger aus der Lunge oder dem Darm ausgestoßen werden. Mastzellen reagieren rasch, wenn sich ein Antigen an oberflächengebundene IgE-Antikörper anlagert. Ihre Aktivierung führt dazu, dass Basophile und Eosinophile angelockt und aktiviert werden, was die IgE-vermittelte Reaktion weiter vorantreibt. Immer mehr Befunde sprechen dafür, dass solche IgE-vermittelten Reaktionen entscheidend dazu beitragen, einen Parasitenbefall zu verhindern.

Verschiedene Hinweise legen den Schluss nahe, dass Mastzellen bei der Beseitigung von Parasiten eine Rolle spielen. So kommt es beispielsweise als Begleitsymptom einer Infektion mit Würmern zu einer sogenannten intestinalen **Mastocytose**, einer Anhäufung von Mastzellen im Darm. Außerdem konnte bei Mausmutanten (W/W^V), die aufgrund eines Defekts im c-*kit*-Gen zu wenig Mastzellen besitzen, Folgendes beobachtet werden: Die Mäuse hatten Schwierigkeiten, den Darmnematoden *Trichinella spiralis* sowie *Strongyloides*-Arten zu bekämpfen. In Bezug auf *Strongyloides* verstärkten sich diese Schwierigkeiten noch bei W/W^V-Mäusen ohne IL-3, bei denen keine Basophilen gebildet werden. Daher sind anscheinend sowohl Mastzellen als auch Basophile an der Verteidigung gegen Wurmparasiten beteiligt. Andere Ergebnisse deuten darauf hin, dass auch IgE-Antikörper und Eosinophile für die Abwehr von Parasiten von Bedeutung sind. Bei Infektionen mit bestimmten Parasitengruppen, besonders mit Würmern, werden stets auch IgE-Antikörper gebildet und es kommt zu einer Eosinophilie mit einer ungewöhnlich großen Anzahl von Eosinophilen im Blut und in den Geweben. Darüber hinaus zeigen Experimente, dass sich bei Mäusen eine Infektion mit dem Wurmparasiten *Schistosoma mansoni* erheblich verschlimmert, wenn man den Mäusen polyklonale Antiseren gegen Eosinophile verabreicht und so deren Anzahl vermindert. Eosinophile sind anscheinend für die Zerstörung von Helminthen direkt verantwortlich. Bei einer Untersuchung infizierter Gewebe erkennt man, dass an den Würmern degranulierte Eosinophile haften. Darüber hinaus haben *in vitro*-Experimente ergeben, dass Eosinophile *Schistosoma mansoni* in Gegenwart spezifischer IgE-, IgG- oder IgA-Antikörper, die gegen diesen Parasiten gerichtet sind, töten können (Abb. 9.33).

Die Bedeutung von IgE, Mastzellen, Basophilen und Eosinophilen erkennt man auch an der Widerstandsfähigkeit gegen blutsaugende Schildzecken. In der normalen Haut zeigen sich an der Stelle des Zeckenbisses degranulierte Mastzellen sowie eine Ansammlung von Basophilen und Eosinophilen, die ebenfalls ihre Granula freigesetzt haben – was auf eine nicht lange zurückliegende Aktivierung schließen lässt. Nach dem ersten Kontakt entwickelt sich eine Resistenz gegen weiteres Blutsaugen durch diese Zecken, was auf einen spezifischen immunologischen Mechanismus hindeutet. Mäuse, die zu wenig Mastzellen haben, zeigen keine derartige Resistenz gegen Zeckenarten, und bei Meerschweinchen verringert ein Ausdünnen der Basophilen oder Eosinophilen durch spezifische polyklonale Antikörper ebenfalls die Widerstandsfähigkeit gegen blutsaugende Zecken. Schließlich haben neuere Experimente gezeigt, dass die Resistenz der Mäuse gegenüber Zecken durch spezifische IgE-Antikörper hervorgerufen wird.

Viele klinische Studien und Experimente liefern also Anhaltspunkte dafür, dass die IgE-Bindung an den hoch affinen Rezeptor FcεRI eine Rolle bei der Wirtsresistenz gegenüber Pathogenen spielt, die über Epithelien eindringen. Wie wir in Kapitel 13 erfahren werden, ist dieses System auch für viele Symptome von allergischen Reaktionen verantwortlich: von Asthma und Heuschnupfen bis hin zu lebensgefährlichen systemischen anaphylaktischen Reaktionen.

Zusammenfassung

Effektorzellen erkennen mit Antikörpern überzogene Krankheitserreger mithilfe ihrer Fc-Rezeptoren, die sich an eine Gruppe von konstanten Regionen (Fc-Anteile) der an den Krankheitserreger gebundenen Antikörper heften. Diese Bindung aktiviert die Zelle und löst die Zerstörung des Pathogens aus. Fc-Rezeptoren bilden eine Familie von Proteinen, die jeweils Immunglobuline eines bestimmten Isotyps erkennen. Fc-Rezeptoren auf Makrophagen und Neutrophilen erkennen die konstanten Regionen von IgG- oder IgA-Antikörpern, die an ein Pathogen gebunden sind, und lösen die Aufnahme und Zerstörung der mit IgG oder IgA bedeckten Bakterien aus. Die Bindung des Fc-Rezeptors induziert darüber hinaus in den intrazellulären Vesikeln des Phagocyten die Bildung antimikrobieller Substanzen. Eosinophile sind für die Eliminierung von Parasiten wichtig, die für eine Aufnahme zu groß sind. Sie tragen sowohl Fc-Rezeptoren, die für die konstante Region von IgG spezifisch sind, als auch hoch affine Rezeptoren für IgE. Eine Aggregation dieser Rezeptoren führt zur Freisetzung toxischer Substanzen auf der Oberfläche des Parasiten. Auch natürliche Killerzellen, Gewebemastzellen und Basophile im Blut setzen den Inhalt ihrer Granula frei, nachdem ihre Fc-Rezeptoren besetzt worden sind. Der hoch affine Rezeptor für IgE wird von Mastzellen und Basophilen konstitutiv exprimiert und in aktivierten Eosinophilen induziert. Im Gegensatz zu anderen Fc-Rezeptoren kann dieser Rezeptor an freie monomere Antikörper binden und so Pathogene direkt dort bekämpfen, wo sie in das Gewebe eindringen. Wenn die IgE-Moleküle auf der Oberfläche einer Mastzelle durch die Bindung von Antigenen aggregieren, löst dies in den Mastzellen die Freisetzung von Histamin und vielen anderen Mediatoren aus, die den Blutfluss zu den Infektionsstellen ansteigen lassen und dadurch Antikörper und Effektorzellen dorthin lenken. Mastzellen befinden sich meist unter Epitheloberflächen der Haut, des Verdauungstraktes und der Atemwege. Ihre Aktivierung durch harmlose Substanzen ist für viele Symptome akuter allergischer Reaktionen verantwortlich, worauf wir in Kapitel 13 näher eingehen werden.

Zusammenfassung von Kapitel 9

Im Rahmen der humoralen Immunantwort auf eine Infektion bilden von B-Lymphocyten abstammende Plasmazellen Antikörper, die an das Pathogen binden; anschließend beseitigen Phagocyten und Moleküle des humoralen Immunsystems den Erreger. Für die Herstellung von Antikörpern sind normalerweise T-Helferzellen erforderlich, die spezifisch für ein Peptidfragment des Antigens sind, das von der B-Zelle erkannt wurde. Die B-Zelle proliferiert daraufhin und differenziert sich. Dies geschieht zuerst an der Grenze zwischen der T- und der B-Zone in sekundären Lymphgeweben, dann an der Grenze zwischen T-Zell-Zone und roter Pulpa und schließlich im Keimzentrum, wo somatische Hypermutationen dazu führen, dass ein B-Zell-Klon jeweils eine große Vielfalt an B-Zell-Rezeptoren exprimiert. Die B-Zellen mit der stärksten Avidität für die Antigene werden für eine weitere Differenzierung selektiert, indem sie ständig mit den Antigenen in Kontakt stehen und den T-Helferzellen des Keimzentrums Peptide präsentieren, die von Antigenen stammen. Auf diese Weise erhöht sich die Affinität der Antikörper im Laufe einer Immunantwort, besonders aber bei wiederholten Reaktionen auf dasselbe Antigen. T-Helferzellen steuern auch den Klassen- oder Isotypwechsel, der zur Synthese von Antikörpern mit verschiedenen Isotypen führt, die dann auf verschiedene Bereiche des Körpers verteilt werden können.

IgM wird auf natürliche Weise von B-1-Zellen produziert, außerdem in einer frühen Phase der Immunantwort durch (konventionelle) B-2-Zellen. IgM spielt beim Schutz vor Infektionen im Blut eine wesentliche Rolle. Später gebildete Isotypen wie IgG diffundieren dagegen in die Gewebe. Bestimmte Pathogene besitzen hoch repetitive Antigendeterminanten und exprimieren zudem Mitogene, die stets B-Zellen stimulieren. Dadurch können die Pathogene auch ohne Mitwirkung von T-Zellen die Bildung von IgM und geringer Mengen an IgG auslösen. Solche Antigene werden als TI-Antigene bezeichnet; die von ihnen hervorgerufenen Antikörper sorgen für einen frühen Immunschutz. Multimeres IgA wird in der Lamina propria gebildet und durch epitheliale Oberflächen geschleust, während das in geringen Mengen synthetisierte IgE stark an die Oberfläche von Mastzellen bindet. Antikörper, die mit hoher Affinität an entscheidende Stellen von Toxinen, Viren oder Bakterien binden, können diese neutralisieren. Meistens werden Erreger und ihre Produkte jedoch von Phagocyten aufgenommen und abgebaut; auf diese Weise werden sie zerstört und aus dem Körper entfernt. Antikörper, die ein Pathogen umhüllen, binden an Fc-Rezeptoren auf Phagocyten und führen so zur Aufnahme und Zerstörung des Pathogens. Die Bindung der C-Regionen von Antikörpern an Fc-Rezeptoren auf anderen Zellen führt zur Exocytose gespeicherter Mediatoren. Dies ist besonders wichtig bei Infektionen mit Parasiten, bei denen Fcε-exprimierende Mastzellen und aktivierte Eosinophile durch die Antigenbindung an IgE-Antikörper angeregt werden, entzündungsspezifische Mediatoren direkt auf der Oberfläche des Parasiten freizusetzen. Antikörper können auch durch Aktivierung des Komplementsystems die Zerstörung eines Pathogens auslösen. Komplementfaktoren können Pathogene für die Aufnahme durch Phagocyten opsonisieren, Phagocyten zu Infektionsherden locken und Pathogene direkt zerstören, indem sie in deren Oberfläche Poren bilden. Häufig sorgen Rezeptoren für Komplementfaktoren und Fc-Rezeptoren gemeinsam dafür, dass Pathogene und Immunkomplexe aufgenommen und zerstört werden. Die humorale Immunantwort bekämpft demnach infizierende Erreger durch die Bildung spezifischer Antikörper, deren Effektorwirkungen vom jeweiligen Isotyp abhängen und für alle Pathogene gleich sind, die von Antikörpern mit einem bestimmten Isotyp gebunden werden.

Fragen

9.1 Beschreiben Sie die Bedingungen, unter denen naive B-Zellen durch ein thymusabhängiges Antigen aktiviert werden.

9.2 Vergleichen Sie reife B-Zellen, Plasmablasten und Plasmazellen in Bezug auf Proliferation, Antikörperfreisetzung, Lebensdauer und Vorkommen im Körper, und verdeutlichen Sie die Unterschiede.

9.3 Vergleichen Sie die Eigenschaften und Funktionen von Antikörpern der Klassen IgM und IgG, und verdeutlichen Sie die Unterschiede.

9.4 Vergleichen Sie die B-Zell-Antworten auf die beiden Typen von thymusunabhängigem Antigen, und verdeutlichen Sie die Unterschiede.

9.5 Welcher der Antikörperisotypen aktiviert vor allem die Mastzellen? Wie geschieht das und was ist das Ergebnis? Gegen welche Art von Krankheitserreger ist dieser Antikörperisotyp vor allem gerichtet? Für welche unerwünschte Reaktion ist dieser Antikörper ebenfalls verantwortlich?

9.6 Beschreiben Sie zwei verschiedene Mechanismen, durch die andere Antikörper als IgM gegen ein Polysaccharidantigen produziert werden können.

9.7 Beschreiben Sie den Vorgang der Affinitätsreifung der Antikörperantwort. Wo findet die Affinitätsreifung hauptsächlich statt?

9.8 Wie können Antikörper mit dem Komplementsystem interagieren, um den Körper von Krankheitserregern zu befreien?

9.9 Welche Klassen von mütterlichen Antikörpern sind bei einem von der Mutter gestillten Neugeborenen zu erwarten, und wie sind sie dorthin gelangt?

Allgemeine Literatur

Liu YJ, Zhang J, Lane PJ, Chan EY, MacLennan IC (1991) Sites of specific B cell acitivation in primary and secondary responses to T cell-dependent and T cell-independent antigens. *Eur J Immunol* 21: 2951–2962

Metzger H (Hrsg) (1990) Fc Receptors and the Action of Antibodies. 1. Aufl Washington DC, American Society for Microbiology

Rajewski K (1996) Clonal selection and learning in the antibody system. *Nature* 381: 751–758

Literatur zu den einzelnen Abschnitten

Abschnitt 9.1

Gulbranson-Jugde A, MacLennan I (1996) Sequential antigen-specific growth of T cells in the T zones and follicles in response to pigeon cytochrome c. *Eur J Immunol* 26: 1830–1837

Abschnitt 9.2

Barrington RA, Zhang M, Zhong X, Jonsson H, Holodick N, Cherukuri A, Pierce SK, Rothstein TL, Carroll MC (2005) CD21/CD19 coreceptor signaling promotes B cell survival during primary immune response. *J Immunol* 175: 2859–2867

Fearon DT, Carrol MC (2000) Regulation of B lymphocyte responses to foreign and self-antigens by the CD19/CD21 complex. *Annu Rev Immunol* 18: 393–422

O'Rourke L, Tooze R, Fearon DT (1997) Co-receptors of B lymphocytes. *Curr Opin Immunol* 9: 324–329

Rickert RC (2005) Regulation of B lymphocyte activation by complement C3 and the B cell coreceptor complex. *Curr Opin Immunol* 17: 237–243

Abschnitt 9.3

Eskola J, Peltola H, Takala AK, Kayhty H, Hakulinen M, Karanko V, Kela E, Rekola P, Ronnberg PR, Samuelson JS et al (1987) Efficacy of *Haemophilus influenzae* type b polysaccharide-diphtheria toxoid conjugate vaccine in infancy. *N Engl J Med* 317: 717–722

Lanzavecchia A (1990) Receptor-mediated antigen uptake and its effect on antigen presentation to class II-restricted T-lymphocytes. *Annu Rev Immunol* 8: 773–793

MacLennan ICM, Gulbranson-Judge A, Toellner KM, Casamayor-Palleja M, Chan E, Sze DMY, Luther SA, Orbea HA (1997) The changing preference of T and B cells for partners as T-dependent antibody responses develop. *Immunol Rev* 156: 53–66

McHeyzer-Williams LJ, Malherbe LP, McHeyzer-Williams MG (2006) Helper T cell-regulated B cell immunity. *Curr Top Microbiol Immunol* 311: 59–83

Parker DC (1993) T cell-dependent B cell activation. *Annu Rev Immunol* 11: 331–340

Abschnitt 9.4

Jaiswal AI, Croft M (1997) CD40 ligand induction on T cell subsets by peptide-presenting B cells. *J Immunol* 159: 2282–2291

Kalled SL (2006) Impact of the BAFF/BR3 axis on B cell survival, germinal center maintenance and antibody production. *Semin Immunol* 18: 290–296

Lane P, Traunecker A, Hubele S, Inui S, Lanzavecchia A, Gray D (1992) Activated human T cells express a ligand for the human B cell-associated antigen CD40 which participates in T cell-dependent activation of B lymphocytes. *Eur J Immunol* 22: 2573–2578

Mackay E, Browning JL (2002) BAFF: a fundamental survival factor for B cells. *Nat Rev Immunol* 2: 465–475

Noelle RJ, Roy M, Shepherd DM, Stamenkovic I, Ledbetter JA, Aruffo A (1992) A novel ligand on activated T helper cells binds CD40 and transduces the signal for the cognate activation of B cells. *Proc Natl Acad Sci USA* 89: 6550–6554

Shanebeck KD, Maliszewski CR, Kennedy MK, Picha KS, Smith CA, Goodwin RG, Grabstein KH (1995) Regulation of murine B cell growth and differentiation by CD30 ligand. *Eur J Immunol* 25: 2147–2153

Sharpe AH, Freeman GJ (2002) The B7-CD28 superfamily. *Nat Rev Immunol* 2: 116–126

Valle A, Zuber CE, Defrance T, Djossou O, De RM, Banchereau J (1989) Activation of human B lymphocytes through CD40 and interleukin 4. *Eur J Immunol* 19: 1463–1467

Yoshinaga SK, Whoriskey JS, Khare SD, Sarmiento U, Guo J, Horan T, Shih G, Zhang M, Coccia MA, Kohno T et al (1999) T-cell co-stimulation through B7RP-1 and ICOS. *Nature* 402: 827–832

Abschnitt 9.5

Cahalan MD, Parker I (2005) Close encounters of the first and second kind: T-DC and T-B interactions in the lymph node. *Semin Immunol* 17: 442–451

Garside P, Ingulli E, Merica RR, Johnson JG, Noelle RJ, Jenkins MK (1998) Visualization of specific B and T lymphocyte interactions in the lymph node. *Science* 281: 96–99

Jacob J, Kassir R, Kelsoe G (1991) In situ studies of the primary immune response to (4-hydroxy-3-nitrophenyl) acetyl. I. The architecture and dynamics of responding cell population. *J Exp Med* 173: 1165–1175

Okada T, Cyster JG (2006) B cell migration and interactions in the early phase of antibody responses. *Curr Opin Immunol* 18: 278–285

Pape KA, Kouskoff V, Nemazee D, Tang HL, Cyster JG, Tze LE, Hippen KL, Behrens TW, Jenkins MK (2003) Visualization of the genesis and fate of isotype-switched B cells during a primary immune response. *J Exp Med* 197: 1677–1687

Abschnitt 9.6

Moser K, Tokoyoda K, Radbruch A, MacLennan I, Manz RA (2006) Stromal niches, plasma cell differentiation and survival. *Curr Opin Immunol* 18: 265–270

Radbruch A, Muehlinghaus G, Luger EO, Inamine A, Smith KG, Dorner T, Hiepe F (2006) Competence and competition: the challenge of becoming a long-lived plasma cell. *Nat Rev Immunol* 6: 741–750

Sciammas R, Davis MM (2005) Blimp-1; immunoglobulin secretion and the switch to plasma cells. *Curr Top Microbiol Immunol* 290: 201–224

Shapiro-Shelef M, Calame K (2005) Regulation of plasma-cell development. *Nat Rev Immunol* 5: 230–242

Abschnitt 9.7

Brachtel EF, Washiyama M, Johnson GD, Tenner-Racz K, Racz P, MacLennan IC (1996) Differences in the germinal centres of palatine tonsils and lymph nodes. *Scand J Immunol* 43: 239–247

Camacho SA, Kosco-Vilbois MH, Berek C (1998) The dynamic structure of the germinal center. *Immunol Today* 19: 511–514

Cozine CL, Wolniak KL, Waldschmidt TJ (2005) The primary germinal center response in mice. *Curr Opin Immunol* 17: 298–302

Jacob J, Kelsoe G (1992) In situ studies of the primary immune response to (4-hydroxy-3-nitrophenyl)acetyl. II. A common clonal origin for periarteriolar lymphoid sheath-associated foci and germinal centers. *J Exp Med* 176: 679–687

Jacob J, Przylepa J, Miller C, Kelsoe G (1993) In situ studies of the primary immune response to (4-hydroxy-3-nitrophenyl) acetyl. III. The kinetics of V region mutation and selection in germinal center B cells. *J Exp Med* 178: 1293–1307

Kelsoe G (1996) The germinal center: A crucible for lymphocyte selection. *Sem Immunol* 8: 179–184

MacLennan ICM (1994) Germinal centers. *Annu Rev Immunol* 12: 117–139

MacLennan ICM (2005) Germinal centers still hold secrets. *Immunity* 22: 656–657

Abschnitt 9.8

Clarke SH, Huppi K, Ruezinsky D, Staudt L, Gerhard W, Weigert M (1985) Inter- and intraclonal diversity in the antibody response to influenza hemagglutinin. *J Exp Med* 161: 687–704

Jacob J, Kelsoe G, Rajewski K, Weiss U (1991) Intraclonal generation of antibody mutants in geminal centres. *Nature* 354: 389–392

Li Z, Woo CJ, Iglesias-Ussel MD, Ronai D, Scharff MD (2004) The generation of antibody diversity through somatic hypermutation and class switch recombination. *Genes Dev* 18: 1–11

Odegard VH, Schatz DG (2006) Targeting of somatic hypermutation. *Nat Rev Immunol* 6: 573–583

Shlomchik MJ, Litwin S, Weigert M (1990) The influence of somatic mutation on clonal expansion. *Prog Immunol Proc 7th Int Cong Immunol 7*: 415–423

Ziegner M, Steinhauser G, Berek C (1994) Development of antibody diversity in single germinal centers: Selective expansion of high-affinity variants. *Eur J Immunol* 24: 2393–2400

Abschnitt 9.9

Francke U, Ochs HD (1993) The CD40 ligand, gp39, is defective in activated T cells from patients with X-linked hyper-IgM syndrome. *Cell* 72: 291–300

Jumper M, Splawski J, Lipsky P, Meek K (1994) Ligation of CD40 induces sterile transcripts of multiple IgH chain isotypes in human B cells. *J Immunol* 152: 438–445

Litinskiy MB, Nardelli B, Hilbert DM, He B, Schaffer A, Casali P, Cerutti A (2002) DCs induce CD40-independent immunoglobulin class switching through BLyS; and APRIL. *Nat Immunol* 3: 822–829

MacLennan IC, Toellner KM, Cunningham AF, Serre K, Sze DM, Zuniga E, Cook MC, Vinuesa CG (2003) Extrafollicular antibody responses. *Immunol Rev* 194: 8–18

Snapper CM, Kehry MR, Castle BE, Mond JJ (1995) Multivalent, but not divalent, antigen receptor cross-linkers synergize with CD40 ligand for induction of Ig synthesis and class switching in normal murine B cells. *J Immunol* 154: 1177–1187

Stavnezer J (1996) Immunoglobulin class switching. *Curr Opin Immunol* 8: 199–205

Abschnitt 9.10

Han S., Hathcock K, Zheng B, Kepler TB, Hodes R, Kelsoe G (1995) Cellular interaction in germinal centers. Roles of CD40 ligand and B7-2 in established germinal centers. *J Immunol* 155: 556–567

Hannum LG, Haberman AM, Anderson SM, Shlomchik MJ (2000) Germinal center initiation, variable gene region hypermutation, and mutant B cell selection without detectable immune complexes on follicular dendritic cells. *J Exp Med* 192: 931–942

Humphrey JH, Grennan D, Sundaram V (1984) The origin of follicular dendritic cells in the mouse and the mechanism of trapping of immun complexes on them. *Eur J Immunol* 14: 859–864

Liu YJ, Joshua DE, Williams GT, Smith CA, Gordon J, MacLennan ICM (1989) Mechanisms of antigen-driven selection in germinal centres. *Nature* 342: 929–931

Wang Z, Karras JG, Howard RG, Rothstein TL (1995) Induction of bcl-x by CD40 engagement rescues sIg-induced apoptosis in murine B Cells. *J Immunol* 155: 3722–3725

Abschnitt 9.11

Coico RF, Bhogal BS, Thorbecke GJ (1983) Relationship of germinal centers in lymphoid tissue to immunologic memory. IV. Transfer of B cell memory with lymph node cells fractionated according to their receptors for peanut agglutinin. *J Immunol* 131: 2254–2257

Koni PA, Sacca R, Lawton P, Browning JL, Ruddle NH, Flavell RA (1997) Distinct roles in lymphoid organogenesis for lymphotoxins alpha and beta revealed in lymphotoxin beta-deficient mice. *Immunity* 6: 491–500

Matsumoto M, Lo SF, Carruthers CJL, Min J, Mariathasan S, Huang G, Plas DR, Martin SM, Geha RS, Nahm MH, Chaplin DD (1996) Affinity maturation without germinal centres in lymphotoxin-α-deficient mice. *Nature* 382: 462–466

Omori SA, Cato MH, Anzelon-Mills A, Puri KD, Shapiro-Shelef M, Calame K, Rickert RC (2006) Regulation of class-switch recombination and plasma cell differentiation by phosphatidylinositol 3-kinase signaling. *Immunity* 25: 545–557

Radbruch A, Muehlinghaus G, Luger EO, Inamine A, Smith KG, Dorner T, Hiepe F (2006) Competence and competition: the challenge of becoming a long-lived plasma cell. *Nat Rev Immunol* 6: 741–750

Schebesta M, Heavey B, Busslinger M (2002) Transcriptional control of B-cell development. *Curr Opin Immunol* 14: 216–223

Tew JG, DiLosa RM, Burton GF, Kosco MH, Kupp LI, Masuda A, Szakal AK (1992) Germinal centers and antibody production in bone marrow. *Immunol Rev* 126: 99–112

Abschnitt 9.12

Anderson J, Coutinho A, Lernhardt W, Melchers F (1977) Clonal growth and maturation to immunoglobulin secretion in vitro of every growth-inducible B lymphocyte. *Cell* 10: 27–34

Dubois B, Vanbervliet B, Fayette J, Massacrier C, Kooten CV, Briere F, Banchereau J, Caux C (1997) Dendritic cells enhance growth and differentiation of CD40-activated B lymphocytes. *J Exp Med* 185: 941–952

Garcia De Vinuesa C, Gulbranson-Judge A, Khan M, O'Leary P, Cascalho M, Wabl M, Klaus GG, Owen MJ, MacLennan IC (1999) Dendritic cells associated with plasmablast survival. *Eur J Immunol* 29: 3712–3721

Abschnitt 9.13

Balazs M, Martin F, Zhou T, Kearney J (2002) Blood dendritic cells interact with splenic marginal zone B cells to initiate T-independent immune responses. *Immunity* 17: 341–352

Craxton A, Magaletti D, Ryan EJ, Clark EA (2003) Macrophage- and dendritic cell-dependent regulation of human B-cell proliferation requires the TNF family ligand BAFF. *Blood* 101: 4464–4471

Fagarasan S, Honjo T (2000) T-independent immune response: new aspects of B cell biology. *Science* 290: 89–92

MacLennan I, Vinuesa C (2002) Dendritic cells, BAFF, and APRIL: innate players in adaptive antibody responses. *Immunity* 17: 341–352

Mond JJ, Lees A, Snapper CM (1995) T cell-independent antigens type 2. *Annu Rev Immunol* 13: 655–692

Snapper CM (2006) Differential regulation of protein- and polysaccharide-specific Ig isotype production *in vivo* in response to intact Streptococcus pneumoniae. *Curr Protein Pept Sci* 7: 295–305

Snapper CM, Shen Y, Khan AQ, Colino J, Zelazowski P, Mond JJ, Gause WC, Wu ZC (2001) Distinct types of T-cell help for the induction of a humoral immune response to *Streptococcus pneumoniae*. *Trends Immunol* 22: 308–311

Abschnitt 9.14

Cebra JJ (1999) Influences of microbiota on intestinal immune system development. *Am J Clin Nutr* 69: 1046S–1051S

Clark MR (1997) IgG effector mechanisms. *Chem Immunol* 65: 88–110

Herrod HG (1992) IgG subclass deficiency. *Allergy Proc* 13: 299–302

Janeway CA, Rosen FS, Merler E, Alper CA (1967) The Gamma Globulins. 2. Aufl Little, Brown and Co, Boston

Suzuki K, Meek B, Doi Y, Muramatsu M, Chiba T, Honjo T, Fagarasan S (2004) Aberrant expansion of segmented filamentous bacteria in IgA-deficient gut. *Proc Natl Acad Sci USA* 101: 1981–1986

Ward ES, Ghetie V (1995) The effector functions of immunoglobulins: Implications for therapy. *Ther Immunol* 2: 77–94

Abschnitt 9.15

Burmeister WP, Gastinel LN, Simister NE, Blum ML, Bjorkman PL (1994) Crystal structure at 22 Å resolution of the MHC-related neonatal Fc receptor. *Nature* 372: 336–343

Corthesy B, Kraehenbuhl JP (1999) Antibody-mediated protection of mucosal surfaces. *Curr Top Microbiol Immunol* 236: 93–111

Ghetie V, Ward ES (2000) Multiple roles for the major histocompatibility complex class I-related receptor FcRn. *Annu Rev Immunol* 18: 739–766

Lamm ME (1998) Current concepts in mucosal immunity. IV. How epithelial transport to IgA antibodies relates to host defense. *Am J Physiol* 274: G614–G617

Mostov KE (1994) Transepithelial transport of immunoglobulins. *Annu Rev Immunol* 12: 63–84

Simister NE, Mostov KE (1989) An Fc receptor structurally related to MHC class I antigens. *Nature* 337: 184–187

Abschnitte 9.16 und 9.17

Brandtzaeg P (2003) Role of secretory antibodies in the defence against infections. *Int J Med Microbiol* 293: 3–15

Mandel B (1976) Neutralization of polio virus: A hypothesis to explain the mechanism and the one hit character of the neutralization recaction. *Virology* 69: 500–510

Possee RD, Schild GC, Dimmock NJ (1982) Studies on the mechanism of neutralization of influenza virus by antibody: Evidence that neutralizing antibody (anti-hemaglutinin) inactivates influenza virus in vivo by inhibiting virion transcriptase activity. *J Gen Virol* 58: 373–386

Roost HP, Bachmann MF, Haag A, Kalinke U, Pliska V, Hengartner H, Zinkernagel RM (1995) Early high-affinity neutralizing anti-viral IgG responses without further overall improvements of affinity. *Proc Natl Acad Sci USA* 92: 1257–1261

Sougioultzis S, Kyne L, Drudy D, Keates S., Maroo S, Pothoulakis C, Giannasca PJ, Lee CK, Warny M, Monath TP, Kelly CP (2005) Clostridium difficile toxoid vaccine in recurrent C. difficile-associated diarrhea. *Gastroenterology* 128: 764–770

Abschnitt 9.18

Fischetti VA, Bessen D (1989) Effect of mucosal antibodies to M protein in colonization by group A streptococci. In: Switalski L, Hook M, Beachery E (Hrsg) Molecular Mechanisms of Microbial Adhesion. Springer, New York

Wizemann TU, Adamou JE, Langermann S (1999) Adhesins as targets for vaccine development. *Emerg Infect Dis* 5: 395–403

Abschnitt 9.19

Cooper NR (1985) The classical complement pathway activation and regulation of the first complement component. *Adv Immunol* 37: 151–216

Perkins SJ, Nealis AS (1989) The quaternary structure in solution of human complement subcompenent Clr_2C1s_2. *Biochem* J 263: 463–469

Abschnitt 9.20

Nash JT, Taylor PR, Botto M, Norsworthy PJ, Davies KA, Walport MJ (2001) Immune complex processing in Clq-deficient mice. *Clin Exp Immunol* 123: 196–202

Nash JT, Taylor PR., Botto M, Norsworthy PJ, Davies KA, Walport MJ, Schifferli JA, Taylor JP (1989) Physiologic and pathologic aspects of circulating immune complexes. *Kidney Int* 35: 993–1003

Schifferli JA, Ng YC, Peters DK (1986) The role of complement and its receptor in the elimination of immune complexes. *N Engl J Med* 315: 488–495

Walport MJ, Davies KA, Botto M (1998) Clq and systemic lupus erythematosus. *Immunobiology* 199: 265–285

Abschnitt 9.21

Kinet JP, Launay P (2000) Fc α/microR: single member or first born in the family? *Nat Immunol* 1: 371–372

Ravetch JV, Bolland S (2001) IgG Fc receptors. *Annu Rev Immunol* 19: 275–290

Ravetch JV, Clynes RA (1998) Divergent roles for Fc receptors and complement *in vivo*. *Annu Rev Immunol* 16: 421–432

Shibuya A, Sakamoto N, Shimizu Y, Shibuya K, Osawa M, Hiroyama T, Eyre HJ, Sutherland GR, Endo Y, Fujita T et al (2000) Fc α/μ receptor mediates endocytosis of IgM-coated microbes. *Nat Immunol* 1: 441–446

Stefanescu RN, Olferiev M, Liu Y, Pricop L (2004) Inhibitory Fc gamma receptors: from gene to disease. *J Clin Immunol* 24: 315–326

Abschnitt 9.22

Gounni AS, Lamkhioued B, Ochiai K, Tanaka Y, Delaporte E, Capron A, Kinet JP, Capron M (1994) High-affinity IgE receptor on eosinophils is involved in defence against parasites. *Nature* 367: 183–186

Karakawa WW, Sutton A, Schneerson R, Karpas A, Vann WF (1986) Capsular antibodies induce type-specific phagocytosis of capsulated *Staphylococcus aureus* by human polymorphonuclear leukocytes. *Infect Immun* 56: 1090–1095

Abschnitt 9.23

Lanier LL, Phillips JH (1986) Evidence for three types of human cytotoxic lymphocyte. *Immunol Today* 7: 132

Leibson RJ (1997) Signal transduction during natural killer cell activation: inside the mind of a killer. *Immunity* 6: 655–661

Sulica A, Morel P, Metes D, Herberman RB (2001) Ig-binding receptors on human NK cells as effector and regulatory surface molecules. *Int Rev Immunol* 20: 371–414

Takai T (1996) Multiple loss of effector cell functions in FcR γ-deficient mice. *Int Rev Immunol* 13: 369–381

Abschnitt 9.24

Beaven MA, Metzger H (1993) Signal transduction by Fc receptors: the FcεRI case. *Immunol Today* 14: 222–226

Kalesnikoff J, Huber M, Lam V, Damen JE, Zhang J, Siraganian RP, Krystal G (2001) Monomeric IgE stimulates signaling pathways in mast cells that lead to cytokine production and cell survival. *Immunity* 14: 801–811

Sutton BJ, Gould HJ (1993) The human IgE network. *Nature* 366: 421–428

Abschnitt 9.25

Capron A, Dessaint JP (1992) Immunologic aspects of schistosomiasis. *Ann Rev Med* 43: 209–218

Capron A, Riveau G, Capron M, Trottein F (2005) Schistosomes: the road from host-parasite interactions to vaccines in clinical trials. *Trends Parasitol* 21: 143–149

Grencis RK (1997) Th2-mediated host protective immunity to intestinal nematode infections. *Philos Trans R Soc Lond B Biol Sci* 352: 1377–1384

Grencis RX, Else KJ, Huntley JF, Nishikawa SI (1993) The in vivo role of stem cell factor (c-kit Ligand) on mastocytosis and host protective immunity to the intestinal nematode *Trichinella spiralis* in mice. *Parasite Immunol* 15: 55–59

Kasugai T, Tei H, Okada M, Hirota S, Morimoto M, Yamada M, Nakama A, Arizono N, Kitamura Y (1995) Infection with *Nippostrongylus brasiliensis* induces invasion of mast cell precursors from peripheral blood to small intestine. *Blood* 85: 1334–1340

Ushio H, Watanabe N, Kiso Y, Higuchi S, Matsuda H (1993) Protective immunity and mast cell and eosinophil responses in mice infested with larval *Haemaphysalis longicornis* ticks. *Parasite Immunol* 15: 209–214

10

Die Dynamik der adaptiven Immunantwort

Bisher haben wir in diesem Buch die einzelnen Mechanismen untersucht, mit denen die angeborene und die adaptive oder erworbene Immunantwort den Wirt vor eindringenden Mikroorganismen schützen. In diesem Kapitel wollen wir erörtern, wie die Zellen und Moleküle des Immunsystems als einheitliches Verteidigungssystem zusammenwirken, um Krankheitserreger zu beseitigen oder in Schach zu halten, und wie das adaptive Immunsystem einen lang anhaltenden Immunschutz bewirkt. Dies ist das erste von mehreren weiteren Kapiteln, in denen besprochen wird, wie das Immunsystem als Ganzes bei Gesunden und bei Kranken funktioniert. Das nächste Kapitel beschreibt die Funktion und die Spezialisierung des mucosalen Immunsystems, das die erste Abwehrlinie gegen die meisten Krankheitserreger bildet. In den daran anschließenden Kapiteln wollen wir untersuchen, wie es zu Fehlern und unerwünschten Reaktionen bei der Immunantwort kommt und wie man die Immunantwort so beeinflussen kann, dass sie dem Wirt am meisten nützt.

In Kapitel 2 haben wir erfahren, wie die angeborene Immunität in den ersten Phasen einer Infektion zum Einsatz kommt. Krankheitskeime haben jedoch Strategien entwickelt, mit denen sie den Mechanismen der angeborenen Immunabwehr gelegentlich entkommen oder sie überwinden und mit denen sie einen Infektionsherd erzeugen, von dem aus sie sich ausbreiten können. Unter diesen Bedingungen löst die angeborene Immunantwort eine adaptive Immunantwort aus. Bei der **primären Immunantwort**, die bei einem Krankheitserreger ausgelöst wird, mit dem der Körper das erste Mal in Kontakt tritt, dauert die klonale Vermehrung und Differenzierung der naiven Lymphocyten zu T-Effektorzellen und antikörperfreisetzenden B-Zellen, die in den meisten Fällen das Pathogen angreifen und vernichten können, einige Tage (Kapitel 8 und 9). In den meisten Fällen greifen diese Zellen und Antikörper den Krankheitserreger wirksam an und vernichten ihn (Abb. 10.1).

Während dieser Zeit entwickelt sich auch das **immunologische Gedächtnis**. Dadurch ist es möglich, dass bei einem erneuten Auftreten desselben Pathogens antigenspezifische Antikörper und T-Effektorzellen schnell aktiviert werden und so ein lang anhaltender und häufig lebens-

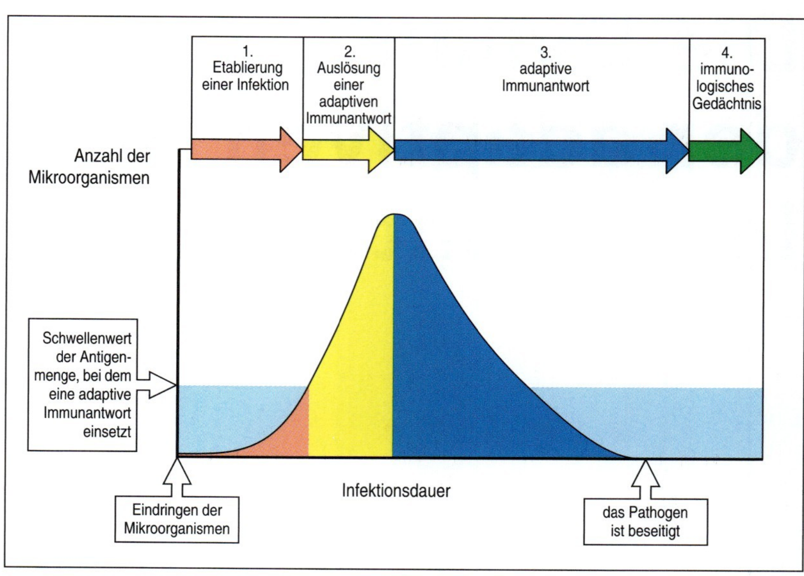

10.1 Der Verlauf einer typischen akuten Infektion, die von einer adaptiven Immunreaktion beseitigt wird. 1. Die Konzentration des Erregers nimmt mit der Vermehrung des Pathogens zu. 2. Wenn die Zahl der Erreger den Schwellenwert übersteigt, der für eine adaptive Immunreaktion notwendig ist, wird die Antwort ausgelöst. Der Erreger vermehrt sich weiter und wird zunächst lediglich durch die Reaktionen des angeborenen und nichtadaptiven Immunsystems gebremst. Ab diesem Stadium wird bereits das immunologische Gedächtnis aufgebaut. 3. Nach vier bis sieben Tagen beginnen Effektorzellen und Moleküle der adaptiven Reaktion mit der Beseitigung der Infektion. 4. Sobald die Infektion beendet ist und die Antigenmenge unter den Schwellenwert fällt, stoppt die Reaktion. Antikörper, restliche Effektorzellen und auch das immunologische Gedächtnis bewirken jedoch in den meisten Fällen einen langfristigen Schutz vor einer erneuten Infektion.

langer Schutz vor dem Krankheitserreger besteht. Das immunologische Gedächtnis wird im letzten Teil dieses Kapitels besprochen. Reaktionen des immunologischen Gedächtnisses unterscheiden sich auf mehrere Weise von den primären Immunantworten. Wir werden die Gründe dafür erörtern und schildern, was man über die Aufrechterhaltung des immunologischen Gedächtnisses weiß.

Der zeitliche Verlauf der Immunreaktion bei einer Infektion

Die Immunantwort ist ein dynamischer Vorgang, und sowohl ihre Eigenschaften als auch ihre Intensität verändern sich im Lauf der Zeit. Am Anfang stehen relativ unspezifische Reaktionen der angeborenen Immunität, dann spezialisiert sich die Immunantwort immer mehr auf den Krankheitserreger und wird auch immer wirkungsvoller, wenn die adaptive Immunantwort in Gang gesetzt wird und sich schnell entfaltet. In diesem Teil des Kapitels wollen wir besprechen, wie die verschiedenen Phasen der Immunreaktion zeitlich und räumlich koordiniert werden, wie sich Stärke und Genauigkeit der Reaktion entwickeln, wie Veränderungen der spezialisierten Zelloberflächenmoleküle und Chemokine Effektorlymphocyten an ihre Wirkungsorte lotsen und wie die Zellen während der verschiedenen Stadien reguliert werden.

Eine angeborene Immunantwort ist eine notwendige Voraussetzung für die adaptive Immunantwort, da die costimulierenden Moleküle, die auf den Zellen des angeborenen Immunsystems neu erscheinen, wenn die Zellen mit Mikroorganismen in Kontakt treten, für die Aktivierung der antigenspezifischen Lymphocyten essenziell sind (Kapitel 8). Zellen des angeborenen Immunsystems setzen noch weitere Signale in Form von sezernierten Cytokinen frei, die die Eigenschaften der adaptiven Immunantwort beeinflussen und an die Art des vorhandenen Krankheitserregers anpassen. Damit das möglich ist, müssen die Zellen aus den verschiedenen Körperregionen dazu beitragen, die spezifische Aktivierung von naiven T- und B-Zellen zu koordinieren, und die Zellen müssen innerhalb der lymphatischen Gewebe genau die Bereiche ansteuern, die für die Koordination einer adaptiven Immunantwort entscheidend sind.

10.1 Eine Infektion durchläuft unterschiedliche Phasen

Eine Infektion lässt sich in mehrere Phasen unterteilen (Abb. 2.6), aber in Kapitel 2 haben wir nur die Reaktionen der angeborenen Immunität im Einzelnen besprochen. Hier wenden wir uns wieder den verschiedenen Stadien einer Infektion zu, wollen aber nun die adaptive Immunantwort in unser Bild integrieren. Im ersten Stadium einer Infektion ist ein Wirt Erregerpartikeln ausgesetzt, die von einem bereits infizierten Individuum verbreitet werden oder bereits in der Umgebung vorhanden sind. Die Anzahl der Erreger, ihre Stabilität außerhalb des Wirts, der Übertragungsweg und die Art und Weise, wie sie in den Körper eindringen, bestimmen ihre Infektiosität. Einige Pathogene wie der Erreger des Milzbrandes (Anthrax) verbreiten sich als Sporen, die sowohl gegen Hitze als auch gegen Trockenheit äußerst resistent sind. Andere wie das menschliche Immunschwächevirus (HIV) werden nur durch den Austausch von Körperflüssigkeiten oder Geweben übertragen, da sie außerhalb des Körpers nicht überleben können.

Der erste Kontakt eines Pathogens mit einem neuen Wirt findet an einer epithelialen Oberfläche statt. Das können die Haut oder die Schleimhautoberflächen des Respirations-, Gastrointestinal- oder Urogenitaltraktes sein. Da die meisten Krankheitserreger über die mucosalen Oberflächen in den Körper gelangen, sind die Immunantworten, die in diesem Bereich stattfinden, von großer Bedeutung; sie werden im Einzelnen in Kapitel 11 besprochen. Nach der ersten Kontaktaufnahme muss der Erreger einen Infektionsherd bilden, wobei er sich entweder an die epitheliale Oberfläche anheftet und sie anschließend besiedelt oder sie durchdringt, um sich in den Geweben zu vermehren (Abb. 10.2, erstes und zweites Bild links). Wunden und Insektenstiche beziehungsweise Zeckenbisse, die die epidermale Schranke durchbrechen, führen bei einigen Mikroorganismen dazu, dass sie durch die Haut gelangen. Viele Mikroorganismen werden in diesem Stadium erfolgreich vom angeborenen Abwehrsystem bekämpft oder zumindest unter Kontrolle gehalten. Dazu dient eine Reihe verschiedener, in der Keimbahn codierter Rezeptoren, die zwischen fremden Antigenen der Mikroorganismen und körpereigenen Antigenen oder zwischen infizierten und normalen Zellen unterscheiden können (Kapitel 2). Diese Reaktionen sind bei weitem nicht so effektiv wie die Reaktionen der adaptiven Immunabwehr, die aufgrund ihrer größeren Antigenspezifität viel wirksamer sind und Krankheitserreger gezielter angreifen können. Sie können jedoch verhindern, dass sich eine Infektion etabliert, oder – falls dies doch nicht gelingt – sie so lange unter Kontrolle halten, bis sich eine adaptive Immunantwort ausgebildet hat.

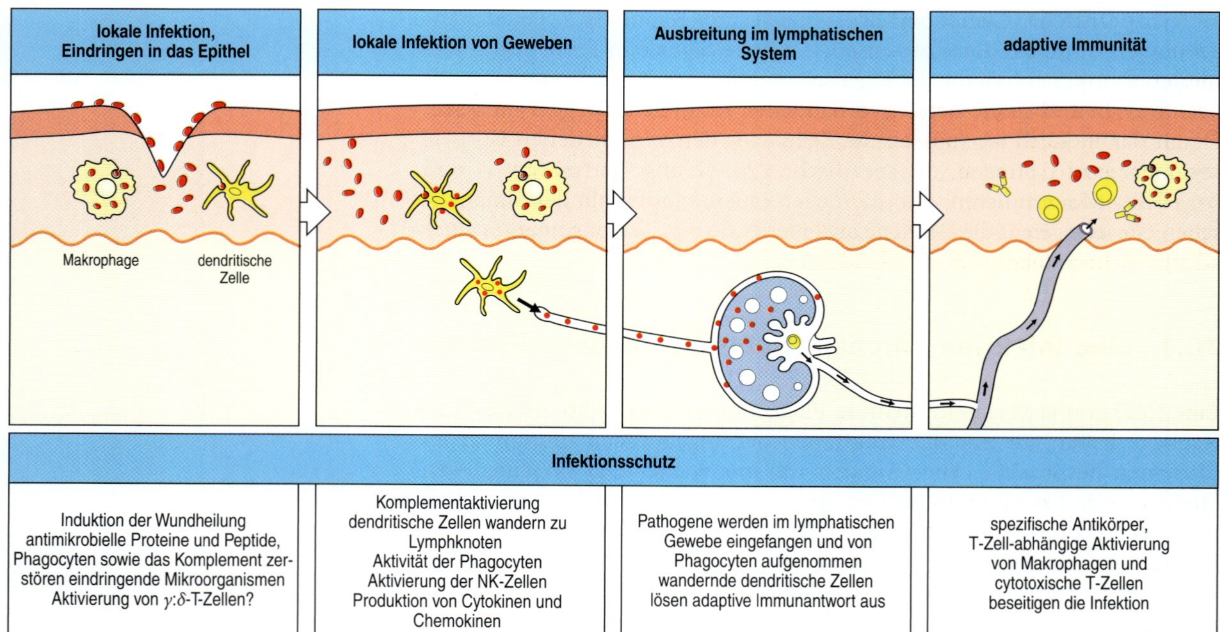

10.2 Infektionen und die durch sie ausgelösten Immunreaktionen kann man in mehrere Stadien einteilen. Hier sind die Stadien für einen infektiösen Mikroorganismus (rot) dargestellt, der über eine Verletzung in ein Epithel eindringt. Der Mikroorganismus muss sich zunächst an die Epithelzellen anheften und dann jenseits des Epithels weiter vordringen. Eine lokale, nichtadaptive Immunreaktion hilft, die Infektion einzudämmen, und versorgt die Lymphknoten in der Nähe mit Antigenen, was zu einer adaptiven Immunreaktion und zur Beseitigung der Infektion führt. Welche Rolle dabei die γ:δ-T-Zellen spielen, ist – wie das Fragezeichen andeutet – unklar.

Erst wenn es einem Mikroorganismus gelungen ist, im Wirt einen Infektionsherd auszubilden, treten erste Krankheitssymptome auf. Mit Ausnahme von Infektionen der Lunge, bei denen die primäre Infektion möglicherweise eine lebensbedrohliche Krankheit auslöst, bleiben diese allerdings geringfügig, solange sich der Erreger nicht von der primären Infektionsstelle weiter ausbreiten oder Toxine absondern kann, die in andere Teile des Körpers gelangen. Extrazelluläre Krankheitserreger breiten sich entweder durch direkte Vergrößerung des Infektionsherdes, über die Lymphbahnen oder den Blutkreislauf aus. Letzteres geschieht gewöhnlich erst, wenn das Lymphsystem nicht mehr mit den Erregern fertig wird. Obligat intrazelluläre Krankheitserreger breiten sich von Zelle zu Zelle aus – entweder direkt oder durch Freisetzung in die Extrazellularflüssigkeit und anschließende Reinfektion sowohl benachbarter als auch weiter entfernt liegender Zellen. Andererseits rufen manche der Bakterien, die eine Gastroenteritis verursachen, ihre Wirkungen hervor, ohne dass sie sich in die Gewebe ausbreiten. Sie bilden auf der epithelialen Oberfläche im Darmlumen einen Infektionsherd aus, der keine direkten pathologischen Erscheinungen hervorruft, und sondern von dort aus Toxine ab, die entweder an Ort und Stelle oder nachdem sie die epitheliale Barriere überwunden haben und in den Blutkreislauf gelangt sind, Schäden verursachen.

Die meisten infektiösen Organismen haben eine deutliche Spezifität für bestimmte Wirte und lösen nur bei einer oder einigen wenigen verwandten Spezies Erkrankungen aus. Wodurch es zu dieser Spezifität der einzelnen Erreger kommt, ist unbekannt. Ein entscheidender Faktor ist dabei jedoch, dass sich das Pathogen an ein bestimmtes Molekül auf der Zelloberfläche anheften muss. Da normalerweise auch andere Wechselwirkungen mit den Wirtszellen erforderlich sind, damit sich der Erreger vermehren kann, können die meisten Pathogene nur eine begrenzte Gruppe von Wirtsorganismen infizieren. Die Aufklärung des molekularen Mechanismus dieser

Wirtsspezifität ist Gegenstand des Forschungsgebietes der molekularen Pathogenese, dessen Beschreibung über den Rahmen dieses Buches hinausgeht.

Das adaptive Immunsystem wird aktiviert, wenn eine Infektion den angeborenen Abwehrmechanismen entkommt oder sie überwindet und die erzeugten Antigene einen Schwellenwert überschreiten (Abb. 10.1). Von den lokalen Lymphgeweben gehen dann als Reaktion auf Antigene, die von im Verlauf der angeborenen Immunantwort aktivierten dendritischen Zellen präsentiert werden, adaptive Immunantworten aus (Abb. 10.2; zweites und drittes Bild). Durch klonale Vermehrung und Differenzierung werden innerhalb mehrerer Tage antigenspezifische T-Effektorzellen und antikörperbildende B-Zellen gebildet (Einzelheiten in den Kapiteln 8 und 9). Gleichzeitig setzen sich die induzierten Reaktionen der angeborenen Immunabwehr fort, etwa die Reaktionen der akuten Phase und die Interferonausschüttung (Abschnitte 2.28 und 2.29). Dann werden antigenspezifische T-Zellen und daraufhin Antikörper in das Blut freigesetzt und zur Entzündungsstelle gelenkt (Abb. 10.2, viertes Bild). Zur Heilung müssen die infektiösen Organismen außerhalb der Zellen von Antikörpern und die Überreste der Infektion innerhalb der Zellen von T-Effektorzellen beseitigt werden.

Bei vielen Infektionen bleiben nach einer wirkungsvollen primären adaptiven Immunantwort nur geringfügige oder gar keine Spuren der Krankheit zurück. In manchen Fällen verursachen die Infektion oder die durch sie ausgelöste Immunantwort jedoch massive Gewebeschäden. In wieder anderen Fällen wie bei einer Infektion mit dem Cytomegalievirus oder mit *Mycobacterium tuberculosis* wird der Erreger unterdrückt, jedoch nicht beseitigt, und kann daher latent weiterbestehen. Sollte später einmal das adaptive Abwehrsystem geschwächt sein, wie es bei AIDS (*acquired immune deficiency syndrome*) der Fall ist, treten diese Erreger erneut in Erscheinung und verursachen virulente systemische Infektionen. Im ersten Teil von Kapitel 12 werden wir uns eingehend mit den Mechanismen beschäftigen, mit deren Hilfe bestimmte Pathogene der adaptiven Immunabwehr entkommen oder sie unterminieren, um eine Infektion dauerhaft (oder chronisch) zu etablieren. Eine effektive adaptive Immunantwort führt nicht nur dazu, dass der Erreger eliminiert wird, sondern sie beugt auch einer erneuten Infektion vor. Gegenüber manchen Pathogenen ist dieser Schutz nahezu absolut, während er bei anderen lediglich bewirkt, dass eine erneute Infektion nicht mehr so stark ausfällt, wenn der Erreger wieder auftritt.

Es ist nicht bekannt, wie viele Infektionen nur mit nichtadaptiven Mechanismen der angeborenen Immunität bekämpft werden, da zahlreiche Infektionen früh beseitigt werden und nur wenige Symptome und ein geringes Krankheitsbild verursachen. Natürlich vorkommende Defekte der nichtadaptiven Abwehrmechanismen sind selten, sodass man ihre Auswirkungen nicht oft beobachten kann. Die angeborene Immunität ist jedoch anscheinend für eine wirksame Immunabwehr unerlässlich. Das zeigt sich an der fortschreitenden Entwicklung von Infektionen bei Mäusen, denen Komponenten der angeborenen Immunität fehlen, deren adaptives Immunsystem jedoch intakt ist (Abb. 10.3). Die adaptive Immunität ist jedoch ebenfalls essenziell, wie sich bei Immunschwächesyndromen erkennen lässt, die mit verschiedenen Defekten in den Komponenten der adaptiven Immunantwort zusammenhängen.

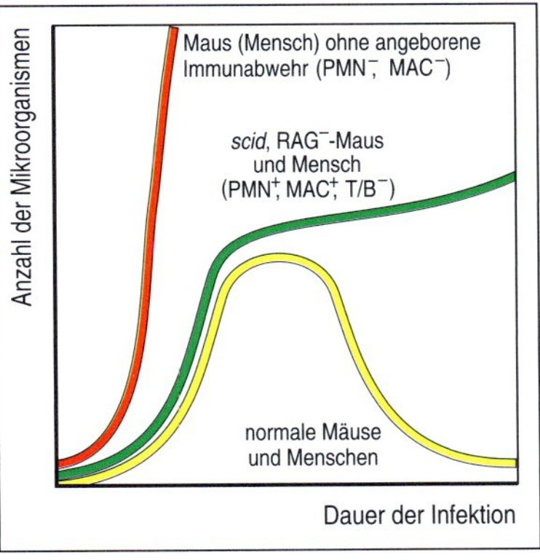

10.3 Der zeitliche Verlauf einer Infektion bei normalen und immunschwachen Mäusen und Menschen. Die rote Kurve zeigt das rasche Wachstum von Mikroorganismen an, wenn die angeborene Immunabwehr fehlt und keine Makrophagen (MAC) und polymorphkernige Leukocyten (PMN) gebildet werden. Die grüne Kurve stellt den Infektionsverlauf bei Mäusen und Menschen mit angeborener Immunabwehr dar, denen jedoch T- oder B-Lymphocyten und damit eine adaptive Immunreaktion fehlt. Die gelbe Kurve gibt eine normal verlaufende Infektion bei immunkompetenten Mäusen oder Menschen wieder.

10.2 Die unspezifischen Reaktionen der angeborenen Immunabwehr sind erforderlich, um eine adaptive Immunantwort auszulösen

Sobald im Gewebe ein Infektionsherd entstanden ist und die Reaktion des angeborenen Immunsystems einsetzt, verändert sich die unmittelbare Umgebung der Infektion. Viele dieser Veränderungen haben wir bereits in den vorherigen Kapiteln beschrieben, wir wollen hier aber noch einen kurzen Überblick geben, damit der Rahmen, in dem eine adaptive Immunantwort stattfindet, verständlicher wird.

Bei einer bakteriellen Infektion kommt es in der Regel erst einmal zu einer Entzündung des infizierten Gewebes. Dabei werden zunächst die an Ort und Stelle vorhandenen Makrophagen durch bakterielle Bestandteile aktiviert, beispielsweise durch Lipopolysaccharid (LPS), das über Toll-ähnliche Rezeptoren (TLR) auf der Oberfläche der Makrophagen wirkt. Die aktivierten Makrophagen setzen daraufhin Cytokine und Chemokine frei. Diese Substanzen, besonders aber das Cytokin Tumornekrosefaktor-α (TNF-α), rufen in den Endothelzellen der nahe gelegenen Kapillaren zahlreiche Veränderungen hervor, die man unter dem Begriff „Endothelzellaktivierung" zusammenfasst. Die Entzündung entsteht auch durch die Aktivierung des Komplements, wodurch die Anaphylatoxine C3a und C5a produziert werden, die wiederum das Gefäßendothel aktivieren können. Bei einer Primärinfektion wird das Komplement vor allem über den alternativen Weg und den MBL-Weg aktiviert (Abb. 2.25).

Die Aktivierung des Gefäßendothels führt auch zur Freisetzung der Weibel-Palade-Körperchen aus dem Inneren der Endothelzellen, die P-Selektin an die Oberfläche der Endothelzelle schleusen (Abb. 2.25). Cytokine und Chemokine induzieren zudem die Synthese und Translation von mRNA für E-Selektin, das ebenfalls an die Oberfläche von Endothelzellen gelangt. Diese beiden Selektine bewirken, dass sich zahlreiche Leukocyten an die Endotheloberfläche heften und darauf entlangrollen. Darunter befinden sich polymorphkernige und vor allem neutrophile Leukocyten sowie Monocyten. Die Cytokine regen auf den Endothelzellen auch die Produktion des Adhäsionsmoleküls ICAM-1 an. Durch Bindung an die Adhäsionsmoleküle wie LFA-1 auf neutrophilen Zellen und Monocyten, verstärkt ICAM-1 die Wechselwirkung mit den Endothelzellen und trägt außerdem dazu bei, dass zahlreiche Neutrophile und Monocyten in das infizierte Gewebe eindringen und dort einen Entzündungsherd bilden (Abb. 2.49). Während die Monocyten zu Gewebemakrophagen heranreifen und ihrerseits aktiviert werden, werden immer mehr Entzündungszellen zum infizierten Gewebe gelockt, und die Entzündungsreaktion wird aufrechterhalten und verstärkt. Man kann sich diese Reaktion so vorstellen, als würde auf den Endothelzellen eine Flagge gehisst, um den Ausbruch einer Infektion zu signalisieren. Bis zu diesem Zeitpunkt ist die Reaktion jedoch in Hinsicht auf die Antigene des Pathogens noch vollkommen unspezifisch.

Die Infektion hat noch eine weitere entscheidende Folge: Die dendritischen Zellen, die in den meisten Geweben vorhanden sind, werden als spezialisierte antigenpräsentierende Zellen aktiviert (Abschnitte 8.4 bis 8.6). Diese Zellen nehmen in den infizierten Geweben Antigen auf und werden wie die Makrophagen durch Rezeptoren der angeborenen Immunabwehr aktiviert, beispielsweise durch Toll-ähnliche Rezeptoren (Abschnitt 2.7) und NOD-Proteine (Abschnitt 2.9), die auf allgemeine Pathogenbestandteile ansprechen. Aktivierte dendritische Zellen verstärken ihre Synthese von MHC-Klasse-II-Molekülen, und – dies ist besonders wichtig – beginnen damit, auf ihrer Oberfläche die costimulierenden Moleküle B7.1 und B7.2 zu exprimieren. Wie in Kapitel 8 beschrieben, verlassen diese antigenpräsentierenden Zellen das infizierte Gewebe und wandern in der Lymphe zusammen mit ihrer Fracht aus Antigenen in sekundäre lymphatische Gewebe, in denen sie die adaptive Immunantwort in Gang setzen können. Sie erreichen in großer Zahl die Lymphknoten, welche die Lymphe aufnehmen, oder gelangen in andere lymphatische Gewebe in der Nähe. Dabei werden sie von den Chemokinen CCL19, CCL20 und CCL21 angezogen, die von Stromazellen und Zellen von Gefäßen mit hohem Endothel des Lymphknotens gebildet werden.

Mit ihrer Ankunft in den lymphatischen Geweben haben die dendritischen Zellen offensichtlich ihr endgültiges Ziel erreicht. In diesen Geweben gehen sie schließlich zugrunde, haben allerdings zuvor noch die Aufgabe, naive antigenspezifische T-Lymphocyten zu aktivieren. Naive Lymphocyten durchqueren unablässig die Lymphknoten; wie wir schon beschrieben haben, gelangen sie vom Blut durch die Wände der Venolen mit hohem Endothel dorthin (Abb. 8.8). Diejenigen unter ihnen, die auf der Oberfläche von dendritischen Zellen ein Antigen erkennen können, werden aktiviert, teilen sich und reifen zu Effektorzellen heran, die wieder in den Blutkreislauf eintreten. Sobald eine lokale Infektion auftritt, regen die Veränderungen, die aufgrund der Entzündung in den Wänden nahe gelegener Venolen auftreten, diese T-Effektorzellen dazu an, das Blutgefäß zu verlassen und zum Entzündungsherd zu wandern.

Daher hat die lokale Freisetzung von Cytokinen und Chemokinen an der Infektionsstelle weitreichende Konsequenzen. Die in den Wänden der Blutgefäße ausgelösten Veränderungen bewirken nicht nur, dass neutrophile Granulocyten und Makrophagen mobilisiert werden, die für Antigene nicht spezifisch sind, sondern auch, dass die gerade aktivierten T-Effektorlymphocyten in das infizierte Gewebe gelangen.

10.3 In den ersten Phasen einer Infektion gebildete Cytokine beeinflussen die Differenzierung von CD4-T-Zellen zur T_H17-Untergruppe

Während des Voranschreitens einer Infektion differenzieren sich naive CD4-T-Zellen zu verschiedenen Gruppen von CD4-T-Effektorzellen – T_H17, T_H1, T_H2 oder zu regulatorischen Untergruppen (Kapitel 8). Dies hängt von den Effekten der Infektion auf die antigenpräsentierenden Zellen ab. Die Bedingungen, die dendritische Zellen während des ersten Kontakts der T-Zellen mit ihrem Antigen hervorbringen, haben Auswirkungen auf das Ergebnis der adaptiven Immunantwort. Dadurch werden die produzierten relativen Mengen der jeweiligen Typen von T-Zellen festgelegt. Die erzeugten Untergruppen der T-Zellen wiederum beeinflussen das Ausmaß der Aktivierung von Makrophagen, das Mobilisierungsverhältnis der neutrophilen und eosinophilen Zellen am Infektionsherd sowie die vorherrschenden Isotypen der produzierten Antikörper.

Die zellulären Mechanismen und die Regulation der Transkription, die den entscheidenden Schritt bei der Differenzierung der CD4-T-Zellen kontrollieren, wurden in den vergangenen Jahren genauer untersucht (Kapitel 8). Zweifellos bestimmen die Cytokine, die in der ersten Aktivierungsphase der CD4-T-Zellen vorhanden sind, zu einem großen Teil ihre weitere Differenzierung.

Die erste Untergruppe von T-Effektorzellen, die als Reaktion auf eine Infektion erzeugt werden, sind häufig die T_H17-Zellen. Nach Zusammentreffen mit einem Antigen synthetisieren dendritische Zellen als Erstes IL-6 und TGF-β. Wenn kein IL-4, IFN-γ oder IL-12 vorhanden ist, regen diese beiden Cytokine naive CD4-T-Zellen an, sich zu T_H17-Zellen zu differenzieren, nicht jedoch zu T_H1- oder T_H2-Zellen (Abb. 10.4, rechte Spalte). Die T_H17-Zellen verlassen den Lymphknoten und wandern zu entfernten Infektionsherden. Dort treffen sie auf Antigene der Krankheitserreger und werden stimuliert, Cytokine zu synthetisieren und freizusetzen, darunter verschiedene Vertreter der IL-17-Familie wie IL-17A und IL-17E (andere Bezeichnung IL-25). Der Rezeptor für IL-17 wird ubiquitär auf Fibroblasten, Epithelzellen und Keratinocyten exprimiert. IL-17 regt diese Zellen an, verschiedene Cytokine wie IL-6 und außerdem die Chemokine CXCL8 und CXCL2 sowie die hämatopoetischen Faktoren G-CSF (*granulocyte colony-stimulating factor*) und GM-CSF (*granulocyte-macrophage colony-stimulating factor*) freizusetzen. Die Chemokine wirken direkt, indem sie neutrophile Zellen mobilisieren, während die Effekte von G-CSF und GM-CSF auf das Knochenmark zurückwirken und die Produktion von neutrophilen Zellen und Makrophagen verstärken. Diese Cytokine verändern möglicherweise auch die lokale Differenzierung von Monocyten zu Makrophagen. Das aber ließ sich bis jetzt im Zusammenhang mit T_H17-Zellen noch nicht experimentell belegen.

Eine wichtige Wirkung von IL-17 an Infektionsherden besteht darin, dass Zellen lokal veranlasst werden, Cytokine und Chemokine freizusetzen, die neutrophile Zellen anlocken. T_H17-Zellen produzieren auch IL-22, ein Cytokin, das mit IL-10 verwandt ist. IL-22 und IL-17 wirken kooperativ und aktivieren zusammen die Expression von antimikrobiellen Peptiden, beispielsweise der β-Defensine, durch die Keratinocyten der Epidermis.

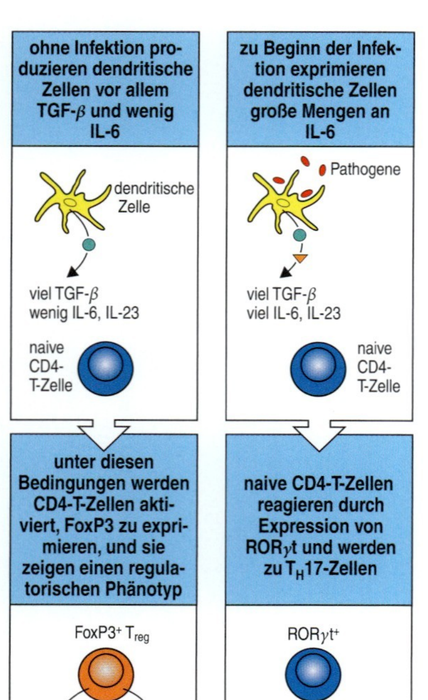

10.4 In einer frühen Infektionsphase verlagert sich die Differenzierung von naiven CD4-T-Zellen von einem regulatorischen zu einem T_H17-Programm. Durch das Gleichgewicht zwischen der Produktion von TGF-β und IL-6 wird entweder der Transkriptionsfaktor FoxP3 aktiviert, der für regulatorische T-Zellen charakteristisch ist, oder RORγt (ein „Waise" aus der Familie der Zellkernrezeptoren), charakteristisch für T_H17-Zellen. Ohne vorhandene Infektion herrscht die Produktion von TGF-β durch dendritische Zellen vor und die Produktion von IL-6 ist gering. Unter diesen Bedingungen werden T-Zellen, die auf ihr zugehöriges Antigen treffen, veranlasst, FoxP3 zu exprimieren, und sie nehmen vor allem einen regulatorischen Phänotyp an. Zellen, die auf kein Antigen treffen, bleiben naiv. Während der frühen Infektionsphase beginnen dendritische Zellen schnell damit, IL-6 zu produzieren, bevor sie andere Cytokine wie IL-12 erzeugen. Unter diesen Bedingungen beginnen naive T-Zellen mit der Produktion von RORγt und werden zu T_H17-Zellen. Die von dieser T-Zell-Untergruppe erzeugten Cytokine IL-17 und IL-17F regen beispielsweise Epithelzellen an, Chemokine freizusetzen, die Entzündungszellen wie Neutrophile anlocken.

Auf diese Weise wirken die pathogenspezifischen T_H17-Zellen als effizienter Verstärker für eine akute Entzündungsreaktion des angeborenen Immunsystems an Infektionsherden in der frühen Phase. CD4-T-Zellen, die den T_H17-Phänotyp annehmen, sind nicht die einzigen Zellen, die als Reaktion auf eine Infektion IL-17 produzieren können. Auch CD8-T-Zellen produzieren IL-17 in großer Menge.

Die Cytokinumgebung ist auch von Bedeutung, um zu verhindern, dass das Immunsystem unpassende Reaktionen gegenüber körpereigenen Antigenen oder den Antigenen von kommensalen Organismen, die normalerweise im Körper leben, entwickelt. Auch wenn keine Infektion vorhanden ist, nehmen dendritische Zellen Antigene aus dem Körper und aus der Umgebung auf und transportieren sie schließlich in die sekundären lymphatischen Gewebe, wo sie mit antigenspezifischen naiven T-Zellen zusammentreffen. Regulationsmechanismen verhindern, dass das Immunsystem unter solchen Bedingungen eine zerstörende adaptive Immunantwort entwickelt. Die normalen entzündungsfördernden Signale fehlen und die dendritischen Zellen werden nicht aktiviert. Stattdessen entwickeln sie anscheinend aktiv eine Toleranz gegenüber den Antigenen, die den T-Zellen begegnen (Abb. 10.4, linke Spalte). Diese dendritischen Zellen produzieren das Cytokin TGF-β, jedoch nicht die anderen Cytokine, die die Differenzierung der CD4-T-Zellen beeinflussen können. TGF-β allein hemmt die Proliferation und Differenzierung der T_H17-, T_H1- und T_H2-Zellen, und wenn eine naive CD4-T-Zelle in Gegenwart von TGF-β auf ihren zugehörigen Peptid:MHC-Liganden trifft, nimmt sie den Phänotyp einer regulatorischen T-Zelle an, sodass sie nun die Aktivierung anderer T-Zellen blockieren kann. Regulatorische T-Zellen, die auf diese Weise außerhalb der zentralen lymphatischen Organe aktiviert werden, bezeichnet man als adaptive regulatorische Zellen. Einige von ihnen exprimieren den Transkriptionsfaktor FoxP3 (Abschnitt 8.20). Die regulatorischen Zellen sollten theoretisch nicht für die Antigene von Pathogenen spezifisch sein – mit denen sie noch nie in Kontakt getreten sind – jedoch für körpereigene Antigene oder Peptide von kommensalen Organismen. Andere FoxP3-exprimierende regulatorische CD4-T-Zellen nehmen ihren regulatorischen Phänotyp anscheinend im Thymus an; diese bezeichnet man auch häufig als natürliche regulatorische Zellen (Abschnitt 7.18).

Die einander entgegengesetzten Entwicklungswege der T_H17-Zellen und der regulatorischen T-Zellen beruhen anscheinend auf einem in der Evolution alten System der Aktivierung und Inaktivierung, da es bei den Wirbellosen, die über einfache Immunsysteme im Verdauungstrakt verfügen, TGF-β- und IL-17-ähnliche Proteine gibt. Das könnte darauf hindeuten, dass die Zweiteilung in T_H17-Zellen und regulatorische T-Zellen zu einem großen Teil darin begründet liegt, dass in den Geweben, die einer großen Anzahl von potenziellen Krankheitserregern ausgesetzt sind, ein Gleichgewicht der Lymphocyten aufrechterhalten werden muss. Das betrifft beispielsweise die Schleimhäute der Lunge und des Verdauungstraktes, wo eine schnelle Reaktion auf Infektionen von entscheidender Bedeutung ist. So spielen IL-17-produzierende T-Zellen bei Mäusen eine wichtige Rolle in Bezug auf ihre Resistenz gegenüber Infektionen der Lunge mit gramnegativen Bakterien, beispielsweise durch *Klebsiella pneumoniae*. Mäuse, denen der Rezeptor für IL-17 fehlt, sind gegenüber Lungeninfektionen durch diesen Erreger deutlich anfälliger als normale Mäuse. Außerdem zeigen sie eine verringerte Produktion von G-CSF und CXCL2 und eine schwächere

Mobilisierung von neutrophilen Zellen in die infizierte Lunge. T_H17-Zellen unterstützen auch die Resistenz gegenüber dem im Darm lebenden Nematoden *Nippostrongylus brasiliensis*. Dieser Effekt liegt anscheinend daran, dass IL-17E eine Population von Nicht-T-Nicht-B-Lymphocyten mobilisiert, die wahrscheinlich eine Ähnlichkeit mit den basophilen Zellen besitzen, die die T_H2-Cytokine IL-4, IL-5 und IL-13 sezernieren. Diese Cytokine, vor allem IL-13, unterstützen die Abwehr von *N. brasiliensis* etwa dadurch, dass sie die Ausscheidung der Bakterien aus dem Darm herbeiführen, indem sie die Schleimproduktion verstärken (Kapitel 11).

10.4 Cytokine, die in den späteren Phasen einer Infektion produziert werden, beeinflussen die Differenzierung der CD4-T-Zellen in T_H1- oder T_H2-Zellen

T_H1- und T_H2-Zellen sind die ersten Untergruppen von CD4-T-Effektorzellen, die man entdeckt und analysiert hat. Wie wir jetzt jedoch wissen, sind sie nicht die Ersten, die als Reaktion auf Krankheitserreger gebildet werden. Hoch polarisierte T_H1- oder T_H2-Reaktionen entstehen normalerweise bei länger andauernden oder chronischen Infektionen, wenn die spezialisierten Effektoraktivitäten dieser Untergruppen der T-Zellen erforderlich sind, um die Krankheitserreger vollständig zu beseitigen. Mit dem Voranschreiten der Immunantwort nimmt die Produktion von TGF-β und IL-6 anscheinend ab, während Cytokine vorherrschen, die naive T-Zellen auf die T_H1- oder die T_H2-Untergruppe festlegen.

T_H1-Reaktionen werden oft von pathogenen Viren ausgelöst sowie von Bakterien und Protozoen, die innerhalb von Makrophagen in intrazellulären Vesikeln überleben können. Bei Viren dient die T_H1-Reaktion im Allgemeinen dazu, die cytotoxischen CD8-T-Zellen zu aktivieren, die mit Viren infizierte Zellen erkennen und zerstören (Kapitel 8). T_H1-Zellen können auch die Produktion von bestimmten Subtypen der IgG-Antikörper stimulieren, die dann Viruspartikel im Blut und in der extrazellulären Flüssigkeit neutralisieren können. Bei Mycobakterien und Protozoen wie *Leishmania* und *Toxoplasma* besteht die Funktion der T_H1-Zellen darin, Makrophagen so stark zu aktivieren, dass sie die Eindringlinge zerstören. Experimente *in vitro* haben gezeigt, dass naive CD4-T-Zellen, die ursprünglich in Gegenwart von IL-12 und IFN-γ stimuliert wurden, sich eher zu T_H1-Zellen entwickeln (Abb. 10.5, linke Spalte). Das liegt zu einem Teil daran, dass diese Cytokine die Transkriptionsfaktoren aktivieren, die zur T_H1-Entwicklung führen; andererseits hemmt IFN-γ die Proliferation von T_H2-Zellen (Kapitel 8). NK-Zellen und CD8-T-Zellen werden beide ebenfalls als Reaktion auf Infektionen mit Viren und anderen intrazellulären Erregern aktiviert (Kapitel 2 und 8) und beide produzieren große Mengen an IFN-γ. Dendritische Zellen und Makrophagen produzieren IL-12. Deshalb werden CD4-T-Zell-Reaktionen bei diesen Infektionen von T_H1-Zellen dominiert.

Zu den Signalen, die dendritische Zellen stimulieren, IL-12 freizusetzen, gehören die Chemokine CCL3, CCL4 und CCL5. Sie werden nach einer Aktivierung von vielen Zelltypen produziert, beispielsweise von Makrophagen, dendritischen Zellen selbst und Endothelzellen. Diese Chemokine binden an die Rezeptoren CCR5 und CCR1 auf dendritischen

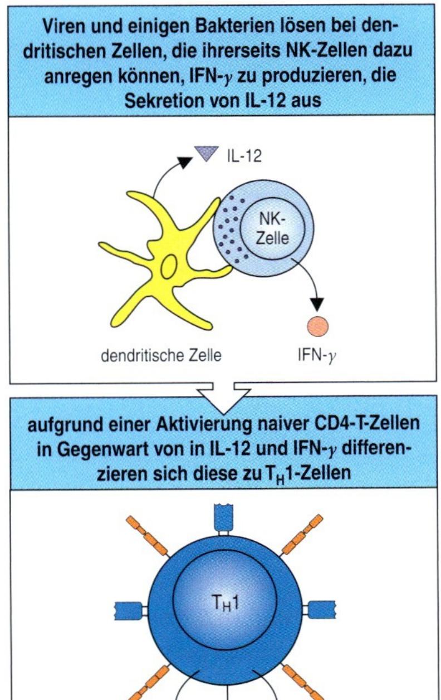

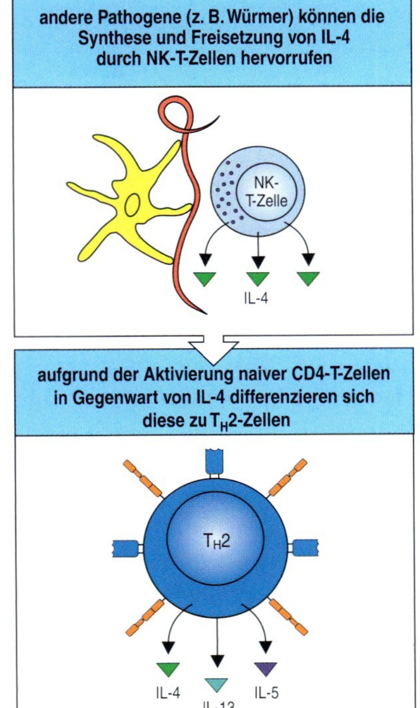

10.5 Die Differenzierung von naiven CD4-T-Zellen zu den verschiedenen Typen von T-Effektorzellen erfolgt unter dem Einfluss von Cytokinen, deren Freisetzung durch den Erreger hervorgerufen wird. Links: Viele Krankheitserreger, besonders intrazelluläre Bakterien und Viren, regen dendritische Zellen zur Produktion von IL-12 und NK-Zellen zur Produktion von IFN-γ an. Diese Cytokine bewirken, dass sich proliferierende CD4-T-Zellen zu T_H1-Zellen entwickeln. NK-Zellen können durch bestimmte Reize und Adjuvanzien dazu aktiviert werden, in die Lymphknoten zu wandern, wo sie möglicherweise T_H1-Reaktionen unterstützen. Rechts: IL-4, das verschiedene Zellen produzieren, wird als Reaktion auf parasitische Würmer und einige andere Pathogene gebildet. Es bewirkt, dass sich proliferierende CD4-T-Zellen zu T_H2-Zellen entwickeln. In der Abbildung ist eine NK-T-Zelle als Produzent von IL-4 dargestellt, wobei diese Zellen nicht der alleinige Ursprung von IL-4 sind, das T_H2-Reaktionen stimulieren kann (siehe Text). Wie diese Cytokine die selektive Differenzierung von CD4-T-Zellen anregen, wird in Abschnitt 8.19 und Abbildung 8.29 beschrieben. Die selektive Aktivierung von Transkriptionsfaktoren, die durch die Bindung von Cytokinen an ihre Rezeptoren ausgelöst wird, bewirkt, dass sich die Zellen in der einen oder in der anderen Richtung entwickeln.

Zellen, fördern die Produktion von IL-12 und locken T_H1-Zellen an, die diese Rezeptoren ebenfalls tragen. Die Produktion von IL-12 durch dendritische Zellen wird auch von IFN-γ und Prostaglandin E2 stimuliert, die in Infektionsherden produziert werden, außerdem durch die Bindung von bakteriellen Liganden wie LPS an Toll-ähnlichen Rezeptoren (TLR) auf der Oberfläche von dendritischen Zellen.

Welche Bedeutung den TLR zukommt, indem sie die Produktion von IL-12 in dendritischen Zellen stimulieren, ließ sich bei Mäusen zeigen, denen das Adaptorprotein MyD88 fehlt. Es gehört zu einem Signalweg, der von bestimmten TLR aktiviert wird (Abschnitt 6.27). Mäuse ohne MyD88 überleben eine Infektion mit *T. gondii* nicht, die normalerweise eine starke T_H1-Reaktion hervorruft. Dendritische und andere Zellen aus Mäusen, die kein MyD88 besitzen, können als Reaktion auf Antigene von Parasiten kein IL-12 produzieren, und die Tiere entwickeln keine T_H1-Reaktion (Abb. 10.6).

Über die durch Krankheitserreger angetriebene T_H2-Entwicklung weiß man bis jetzt nicht so viel, aber daran wird zurzeit intensiv geforscht. Ein großer Teil dessen, was wir über die angeborene Immunität wissen, beruht auf Krankheitserregern, die T_H1-Reaktionen auslösen. Diese Pathogene aktivieren die Produktion von Cytokinen wie IFN-γ und IL-12 über TLR-Signalwege. Bei den T_H2-Reaktionen sind die Mechanismen, die die angeborene Immunität mit der Regulation der adaptiven T_H2-Reaktion koppeln, weniger bekannt und teilweise auch umstritten. Naive CD4-T-Zellen, die in Gegenwart von IL-4 aktiviert werden, besonders dann, wenn IL-6 ebenfalls vorhanden ist, differenzieren sich eher zu T_H2-Zellen (Abb. 10.5, rechte Spalte). Einige Pathogene wie Helminthen und andere extrazelluläre Parasiten induzieren übereinstimmend die Entwicklung von T_H2-Reaktionen.

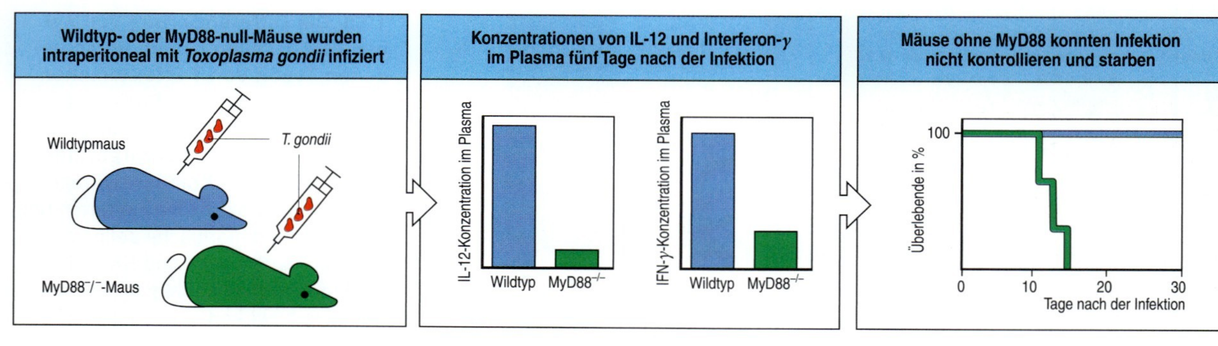

10.6 Eine Infektion kann über Signalwege der Toll-ähnlichen Rezeptoren die T_H1-Polarisierung auslösen. Das Adaptorprotein MyD88 ist eine zentrale Komponente der Signalübertragung von Toll-ähnlichen Rezeptoren. Wildtypmäuse und Mäuse mit einem MyD88-Defekt wurden mit dem protozooischen Parasiten *Toxoplasma gondii* intraperitoneal infiziert (links). Fünf Tage nach der Infektion hat sich bei Mäusen mit dem MyD88-Defekt im Vergleich zu den Wildtypmäusen die IL-12-Menge im Plasma stark verringert (Mitte), und die dendritischen Zellen aus der Milz dieser Tiere konnten bei Stimulation mit Antigenen von *T. gondii* kein IL-12 produzieren. Auch konnten die MyD88-defekten Mäuse keine starke IFN-γ-Reaktion entwickeln (Mitte) und starben zwei Wochen nach der Infektion (rechts). Die Wildtypmäuse hingegen produzierten eine starke IL-12-, IFN-γ- und T_H1-Reaktion, bekamen die Infektion unter Kontrolle und überlebten.

Das geschieht über IL-4-Signale und die Signalwege der T_H2-Entwicklung (Kapitel 8). Bis jetzt ist jedoch nicht geklärt, wie diese Pathogene zu Beginn vom Immunsystem erkannt werden und wie sie die Freisetzung von T_H2-aktivierenden Signalen stimulieren. Da die Pathogene die Produktion von IL-12 und IFN-γ nicht aktiv herbeiführen, besteht eine mögliche Erklärung darin, dass die geringen Mengen an IL-4, die von einigen Zellen produziert werden, in der Umgebung zum bestimmenden Faktor werden.

Der Ursprung von IL-4, das die primäre T_H2-Reaktion auslöst, ist ebenfalls nicht vollständig bekannt. Nach ihrer Differenzierung produzieren T_H2-Zellen IL-4 selbst, was die Entwicklung von weiteren T_H2-Zellen verstärkt (Abschnitt 8.19), aber dieses Cytokin kann auch von anderen Zellen außer den konventionellen T-Zellen erzeugt werden, etwa von NK-T-Zellen (Abschnitt 2.34). Solche Quellen könnten zur allerersten Entwicklung von T_H2-Zellen beitragen (Abb. 10.5). Mastzellen sind nach einer Stimulation ebenfalls starke Produzenten von IL-4, und sie können in periphere lymphatische Organe einwandern, sodass sie auch als frühe Quelle für IL-4 infrage kommen. Andere Befunde deuten darauf hin, dass einige Liganden von Toll-ähnlichen Rezeptoren Signale an dendritische Zellen übermitteln, die diese veranlassen, Cytokine zu produzieren, welche die T_H2-Entwicklung unterstützen. Dendritische Zellen erzeugen mehr IL-10 und weniger IL-12, wenn sie durch bestimmte Liganden von TLR-2 stimuliert werden. Dazu gehören bakterielle Lipoproteine, Proteoglykane und Zymosan, ein Kohlenhydratbestandteil aus den Zellwänden der Hefe. Andere TLR-Liganden haben nicht diese Auswirkungen. Diese Liganden könnten daher die T_H2-Entwicklung unterstützen. Neuere Befunde deuten darauf hin, dass dendritische Zellen Liganden für das Rezeptorprotein Notch auf T-Zellen produzieren können und dass Notch-Signale die Produktion von IL-4 durch naive T-Zellen verstärken, was wiederum auch die T_H2-Entwicklung fördert.

10.5 Die verschiedenen Untergruppen von T-Zellen können sich gegenseitig bei der Differenzierung regulieren

Die verschiedenen Untergruppen der CD4-T-Zellen – T_{reg}, T_H17, T_H1 und T_H2 – besitzen jeweils unterschiedliche Funktionen. Die T_{reg}-Zellen erhalten die Toleranz aufrecht und begrenzen pathologische Auswirkungen von Immunantworten. T_H17-Zellen hingegen verstärken akute Entzündungen während der frühen Phase an Infektionsherden. T_H1-Zellen sind ausschlaggebend für die zellvermittelte Immunität durch Phagocyten, und sie unterstützen auch die Antikörperproduktion. T_H2-Zellen stehen im Zusammenhang mit Reaktionen, die große Mengen an neutralisierenden Antikörpern (IgG und IgA) hervorbringen oder zur IgE-Produktion und Aktivierung von Mastzellen führen. Die zuletzt genannte Reaktion unterstützt die Immunität an den Körpergrenzen gegenüber vielen Parasiten, indem die Schleimproduktion an den Oberflächenepithelien verstärkt wird und dadurch eine Barriere gegen eine Besiedlung entsteht; außerdem wird der Auswurf der Parasiten aus dem Körper gefördert.

Wir haben bereits erfahren, wie T_H17-Zellen durch das Vorhandensein von IL-6 und TGF-β in einer frühen Infektionsphase aktiviert werden (Abschnitt 10.3). Wenn jedoch IFN-γ (das normalerweise von T_H1-Zellen produziert wird) oder IL-4 (produziert von T_H2-Zellen) ebenfalls vorkommen, ist die Erzeugung von T_H17-Zellen nicht effizient, sodass anscheinend die Signale von IFN-γ und IL-4 die Signale von TGF-β und IL-6 in der Wirkung übertreffen und entweder die T_H1- oder die T_H2-Entwicklung vorantreiben. Wenn also T_H1- oder T_H2-Zellen auftreten und damit beginnen, ihre Cytokine zu produzieren, wird die frühe T_H17-Reaktion blockiert (Abb. 10.7).

Zwischen T_H1- und T_H2-Zellen kommt es auch zu einer Kreuzregulation. IL-10, ein Produkt der T_H2-Zellen, kann die Entwicklung von T_H1-Zellen unterbinden (Abb. 10.7). Wird im Laufe der Immunantwort eine bestimmte Untergruppe der CD4-T-Zellen zuerst oder bevorzugt aktiviert, kann sie die Entwicklung der jeweils anderen unterdrücken. Insgesamt wirkt sich dies so aus, dass bei bestimmten Immunantworten, vor allem bei chronischen Reaktionen, entweder die T_H2- oder die T_H1-Abwehr überwiegt. Sobald einmal eine Untergruppe dominiert, ist es häufig schwierig, die Reaktion auf die andere Untergruppe zu verlagern. Bei vielen Infektionen gibt es jedoch eine gemischte T_H1-T_H2-Reaktion.

NK-T-Zellen sind eine Gruppe von *innate like*-Lymphocyten. Sie regulieren möglicherweise auch die wechselseitige T_H1-T_H2-Entwicklung in Richtung auf die T_H2-Zellen (Abb. 10.5). Viele NK-T-Zellen exprimieren CD4, einige jedoch weder CD4 noch CD8 (Abschnitt 7.9). Diese Zellen exprimieren den Zelloberflächenmarker NK1.1, der normalerweise bei NK-Zellen vorkommt, aber sie besitzen α:β-T-Zell-Rezeptoren, die eine restringierte, nahezu invariante α-Kette enthalten. Diese besteht bei der Maus aus den Gensegmenten $V_\alpha24$–$J_\alpha28$, beim Menschen aus den entsprechenden Gensegmenten $V_\alpha24$–$J_\alpha18$ (Abschnitt 5.19). Die Entwicklung der NK-T-Zellen im Thymus hängt nicht von der Expression von MHC-Klasse-I- oder -Klasse-II-Molekülen ab, sondern stattdessen von MHC-Klasse-Ib-Molekülen, die man auch als CD1-Proteine bezeichnet (Abschnitt 5.19); sie werden im Thymus exprimiert und binden körpereigene Lipide.

Die Expression der CD1-Proteine in Geweben außerhalb des Thymus kann durch eine Infektion ausgelöst werden; sie können T-Zellen mikrobielle Lipide präsentieren. Mindestens einige NK-T-Zellen erkennen spezifische Glykolipidantigene, die von CD1d präsentiert werden. Nach ihrer Aktivierung sezernieren NK-T-Zellen sehr große Mengen an IL-4 und IFN-γ und bilden eine erste Quelle für Cytokine, die die T-Zell-Reaktion polarisieren, besonders in Richtung auf die T_H2-Zellen. NK-T-Zellen sind nicht die einzigen T-Zellen, die von CD1-Molekülen präsentierte Antigene erkennen. CD1b präsentiert den α:β-T-Zellen das bakterielle Lipid Myolinsäure, und die γ:δ-T-Zellen erkennen andere CD1-Moleküle.

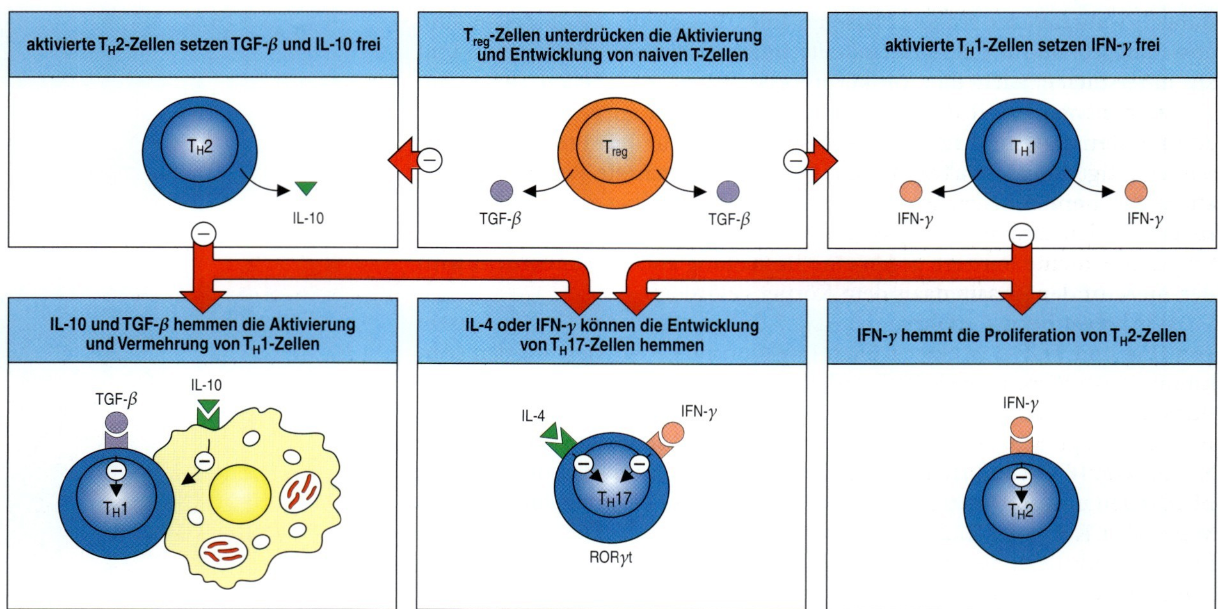

10.7 Die Untergruppen der CD4-T-Zellen bilden Cytokine, die jeweils die Entwicklung oder Effektoraktivitäten der anderen Untergruppen hemmen können. Wenn keine Infektion vorliegt und homöostatische Bedingungen herrschen, kann TGF-β, der von den T_{reg}-Zellen produziert wird, die Aktivierung von naiven T-Zellen blockieren und verhindert so die Entwicklung einer T_H17-, T_H1- oder T_H2-Reaktion (obere Reihe). Während einer Infektion treten als Reaktion auf das nun von dendritischen Zellen produzierte IL-6 zuerst T_H17-Zellen auf. Während sich die T_H17-Reaktion entwickelt, nimmt die Aktivität der regulatorischen T-Zellen ab und die Menge an TGF-β in der Umgebung verringert sich. Sobald T_H1- oder T_H2-Zellen auftreten, blockieren ihre Cytokine die Entwicklung der T_H17-Zellen (unten Mitte) und T_H1- oder T_H2-Zellen hemmen sich gegenseitig in ihrer Aktivität. T_H2-Zellen produzieren IL-10, das auf Makrophagen einwirkt, sodass diese die Aktivierung von T_H1-Zellen blockieren, wahrscheinlich indem die IL-12-Produktion des Makrophagen unterdrückt wird. Außerdem produzieren T_H2-Zellen TGF-β, das direkt auf T_H1-Zellen wirkt und ihr Wachstum hemmt (linke Spalte). T_H1-Zellen produzieren IFN-γ, das das Wachstum von T_H2-Zellen blockiert (rechte Spalte). Diese Effekte ermöglichen es jeder Untergruppe, eine Immunantwort zu dominieren, indem das Wachstum der anderen Gruppe unterdrückt wird.

Die Killerlymphocyten der angeborenen Immunität, die NK-Zellen, tragen wahrscheinlich auch zur T_H1-Entwicklung bei. NK-Zellen kommen normalerweise nicht in den Lymphknoten vor, wenn man aber Mäusen bestimmte Adjuvanzien oder reife dendritische Zellen injiziert, können NK-Zellen über den Chemokinrezeptor CXCR3, den die NK-Zellen dann exprimieren, in die Lymphknoten gelenkt werden. Da NK-Zellen große Mengen an IFN-γ, aber nur wenig IL-4 produzieren, können sie in Lymphknoten während einer Infektion die Entwicklung der T_H1-Zellen beeinflussen.

Dieses Wechselspiel der Cytokine bei der Differenzierung der CD4-T-Zellen beziehungsweise während der gesamten Immunantwort spielt bei menschlichen Krankheiten eine wesentliche Rolle. Das zeigte sich bei Untersuchungen, die ergaben, dass sich das Muster der produzierten Cytokine bei verschiedenen Krankheiten sowie zwischen Individuen mit einer bestimmten Krankheit und infizierten, aber symptomfreien Personen unterscheidet. Die Auswirkungen von Cytokinen auf die CD4-T-Zell-Differenzierung sind jedoch beim Menschen *in vivo* schwierig zu untersuchen, sodass die Zusammenhänge zwischen Cytokinwirkung und Krankheit vor allem anhand von Mausmodellen untersucht wurden, wo polarisierte Immunantworten einfacher zu untersuchen sind.

Beispielsweise sind BALB/c-Mäuse genetisch bedingt für eine Infektion mit dem protozooischen Parasiten *Leishmania major* anfällig, für deren Beseitigung eine T_H1-Reaktion notwendig ist. Wenn BALB/c-Mäuse im Experiment infiziert werden, können sich ihre CD4-T-Zellen nicht zu T_H1-Zellen differenzieren. Stattdessen bilden sie T_H2-Zellen, die Makrophagen nicht aktivieren können, die das Wachstum von *Leishmania* hemmen. Im Gegensatz dazu reagieren C57BL/6-Mäuse, indem sie T_H1-Zellen hervorbringen, die das Tier durch die Aktivierung von Makrophagen schützen und *L. major* töten. Der genetische Unterschied bei dieser Immunantwort ist anscheinend auf eine Population von Gedächtniszellen zurückzuführen, die für Antigene aus dem Verdauungstrakt spezifisch sind, aber mit dem Antigen LACK (*Leishmania analog of the receptors of activated C kinase*) kreuzreagieren, das von *Leishmania* exprimiert wird. Aus noch unbekannten Gründen produzieren diese Gedächtniszellen in BALB/c-Mäusen IL-4, nicht jedoch in den C57BL/6-Mäusen. Bei den BALB/c-Mäusen bewirkt IL-4, das diese Zellen während einer *Leishmania*-Infektion freisetzen, dass sich die *Leishmania*-spezifischen CD4-T-Zellen zu T_H2-Zellen zu entwickeln. Das führt dazu, dass das Pathogen nicht beseitigt werden kann und letztendlich zum Tod der Mäuse. Die vorherrschende Entwicklung von T_H2- gegenüber T_H1-Zellen in BALB/c-Mäusen lässt sich umkehren, wenn IL-4 in den ersten Tagen der Infektion durch eine Injektion von Anti-IL-4-Antikörpern blockiert wird. Diese Behandlung ist jedoch nach einer Woche Infektionsdauer unwirksam. Das zeigt, dass das frühe Vorhandensein von Cytokinen für die „Entscheidung“ der naiven T-Zellen von entscheidender Bedeutung ist (Abb. 10.8).

Manchmal ist es möglich, das Gleichgewicht zwischen T_H1- und T_H2-Zellen zu verschieben, indem man geeignete Cytokine verabreicht. Man hat IL-2 und IFN-γ verwendet, um die zellvermittelte Immunität bei Krankheiten wie der lepromatösen Lepra zu stimulieren. Dadurch kann es zu einer lokalen Auflösung von Läsionen und einer systemischen Veränderung der T-Zell-Reaktionen kommen.

CD8-T-Zellen sind ebenfalls in der Lage, die Immunantwort mithilfe von Cytokinen zu steuern. CD8-T-Effektorzellen können zusätzlich zu ihrer bekannten cytotoxischen Funktion auch auf Antigene reagieren, indem sie Cytokine ausschütten, die entweder für T_H1- oder T_H2-Zellen typisch sind. Damit sind diese nach der jeweiligen T_H-Untergruppe T_C1 oder T_C2 genannten Zellen anscheinend dafür verantwortlich, ob die lepromatöse oder die tuberkuloide Form einer Lepraerkrankung ausgeprägt wird. Wie wir in Kapitel 8 erfahren haben, entsteht die lepromatöse Lepra durch ein Übergewicht der T_H2-Zell-Reaktion, die die Bakterien nicht beseitigt. Patienten mit der weniger zerstörend wirkenden tuberkuloiden Lepra bilden nur T_C1-Zellen, deren Cytokine T_H1-Zellen induzieren. Diese können wiederum Makrophagen anregen, den Körper von den Leprabazillen zu befreien. Patienten mit lepromatöser Lepra besitzen dagegen CD8-T-Zellen, welche die T_H1-Reaktion unterdrücken, indem sie IL-10 und TGF-β bilden. Durch die Expression dieser Cytokine lässt sich möglicherweise die Unterdrückung der CD4-T-Zellen durch CD8-T-Zellen erklären, die man schon verschiedentlich beobachten konnte.

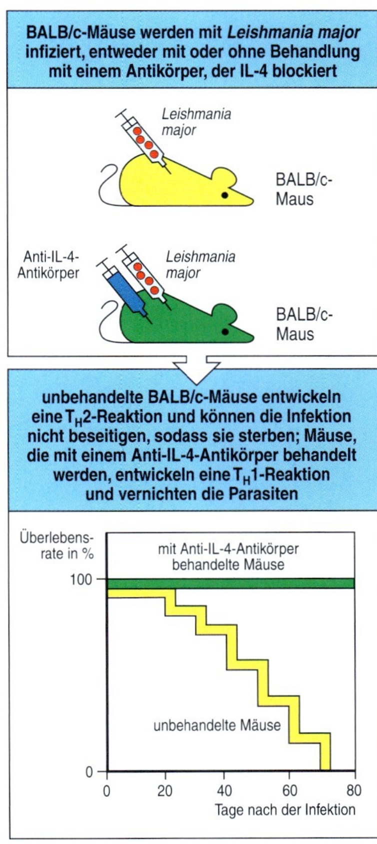

10.8 Die Entwicklung von CD4-Untergruppen lässt sich beeinflussen, indem man die Zusammensetzung der Cytokine verändert, die in den frühen Phasen einer Infektion aktiv sind. Die Beseitigung einer Infektion mit dem intrazellulären protozooischen Parasiten *Leishmania major* erfordert eine T_H1-Reaktion, da IFN-γ für die Aktivierung der Makrophagen notwendig ist, die vor der Infektion schützen. BALB/c-Mäuse sind normalerweise für *L. major* anfällig, da sie auf das Pathogen eine T_H2-Reaktion entwickeln. Das liegt daran, dass sie schon in einer frühen Infektionsphase IL-4 produzieren. Das veranlasst naive T-Zellen, sich zu T_H2-Zellen zu entwickeln (siehe Text). Die Behandlung von BALB/c-Mäusen mit neutralisierenden Anti-IL-4-Antikörpern zu Beginn der Infektion blockiert IL-4 und verhindert, dass sich naive T-Zellen zur T_H2-Linie hin entwickeln, und diese Mäuse bringen eine schützende T_H1-Reaktion zustande.

Ein weiterer Faktor, der die Differenzierung von CD4-T-Zellen zu den verschiedenen Untergruppen der Effektorzellen beeinflusst, ist die Menge und die genaue Sequenz des Antigenpeptids, das die Reaktion auslöst. Große Mengen an Peptiden, die in hoher Dichte auf der Oberfläche von antigenpräsentierenden Zellen präsentiert werden, oder Peptide, die mit dem T-Zell-Rezeptor stark interagieren, stimulieren tendenziell T_H1-Reaktionen, während eine geringe Dichte von Peptiden oder Peptide mit einer geringen Bindungsstärke eher T_H2-Reaktionen auslösen. Diese Effekte sind anscheinend nicht auf Unterschiede bei den T-Zell-Rezeptor-Signalen zurückzuführen, sondern möglicherweise auf Veränderungen im Gesamtgleichgewicht der verschiedenen Cytokine, die von den Zellen freigesetzt werden, welche bei der Aktivierung naiver T-Zellen mitwirken.

Solche Unterschiede können unter Umständen sehr wichtig sein. Allergien werden beispielsweise durch die Bildung von IgE-Antikörpern verursacht. Dafür sind hohe IL-4-Konzentrationen erforderlich. In Gegenwart von IFN-γ wird dagegen kein IgE gebildet, da dieses Cytokin effizient den IL-4-abhängigen Klassenwechsel zu IgE unterbindet. Antigene, die eine IgE-abhängige Allergie hervorrufen, liegen im Allgemeinen in verschwindend geringen Mengen vor und fördern die Entwicklung von T_H2-Zellen, die IL-4, aber kein IFN-γ bilden. Ebenso ist wichtig, dass Allergene keine der bekannten angeborenen Immunantworten hervorrufen, bei denen Cytokine synthetisiert werden, die im Allgemeinen die Differenzierung der CD4-T-Zellen zu T_H1-Zellen fördern. Und schließlich nimmt der Mensch winzige Mengen von Allergenen über eine dünne Schleimhaut auf, beispielsweise in der Lunge. Auf diesem Sensibilisierungsweg ist es selbst so potenten Auslösern von T_H1-Reaktionen wie *Leishmania major* irgendwie möglich, T_H2-Antworten hervorzurufen.

10.6 T-Effektorzellen werden durch Chemokine und neu exprimierte Adhäsionsmoleküle zu den Infektionsherden geleitet

Die vollständige Aktivierung naiver T-Zellen erfordert vier bis fünf Tage und ist geprägt von markanten Änderungen im Homing-Verhalten dieser Zellen. Cytotoxische CD8-T-Effektorzellen müssen das periphere Lymphgewebe, in dem sie aktiviert wurden, verlassen, um infizierte Zellen angreifen und zerstören zu können. Dies gilt auch für CD4-T_H1-Effektorzellen, die vom lymphatischen Gewebe zur Infektionsstelle wandern müssen, um dort Makrophagen zu aktivieren. Die meisten T-Effektorzellen stellen die Bildung von L-Selektin ein und exprimieren dafür stärker andere Adhäsionsmoleküle (Abb. 10.9). L-Selektin bewirkt normalerweise, dass die Zellen zu den Lymphknoten gelangen. Eine wichtige Veränderung ist die deutlich verstärkte Synthese des α_4:β_1-Integrins, das auch als VLA-4 bezeichnet wird. Es bindet an das Adhäsionsmolekül VCAM-1, das zur Immunglobulinsuperfamilie gehört. Dieses wird auf der Oberfläche von aktivierten Endothelzellen induziert und löst die Extravasation von T-Effektorzellen aus. Wenn also die angeborene Immunantwort das Endothel am Entzündungsherd bereits aktiviert hat (Abschnitt 10.2), sind T-Effektorzellen rasch vor Ort.

10.9 T-Effektorzellen verändern ihre Oberflächenmoleküle, wodurch sie zu Infektionsherden wandern können. Naive T-Zellen gelangen über die Bindung von L-Selektin an sulfatisierte Kohlenhydrate auf verschiedenen Proteinen wie CD34 und GlyCAM-1 auf Venolen mit hohem Endothel (HEV, oben) zu den Lymphknoten. Nachdem sie dort auf ihr Antigen getroffen sind, können viele der differenzierten T-Effektorzellen die Expression von L-Selektin beenden. Sie verlassen den Lymphknoten vier bis fünf Tage später, wobei sie dann das Integrin VLA-4 und verstärkt LFA-1 exprimieren. Diese Integrine binden nun in den Infektionsherden an VCAM-1 beziehungsweise ICAM-1 auf den Endothelzellen peripherer Gefäße (unten). Bei der Differenzierung zu Effektorzellen wird in den T-Zellen außerdem die mRNA für das Oberflächenmolekül CD45 anders gespleißt. Bei der von den T-Effektorzellen exprimierten CD45RO-Isoform fehlen ein oder mehrere Exons für die extrazellulären Domänen. Diese sind in der CD45RA-Isoform vorhanden, die von naiven T-Zellen exprimiert wird. Die CD45RO-Isoform bewirkt irgendwie, dass T-Effektorzellen schneller durch ein spezifisches Antigen stimuliert werden.

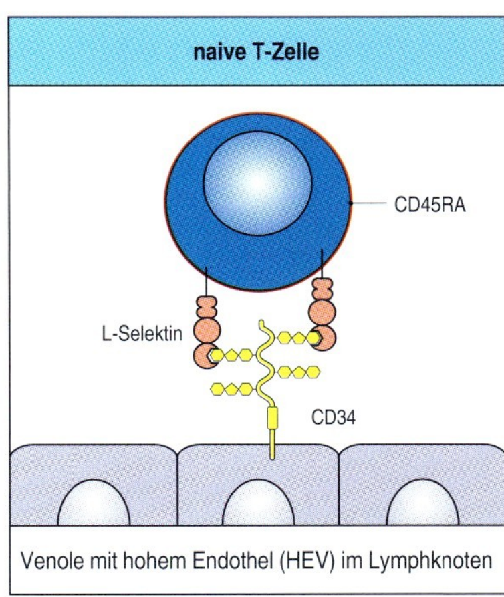

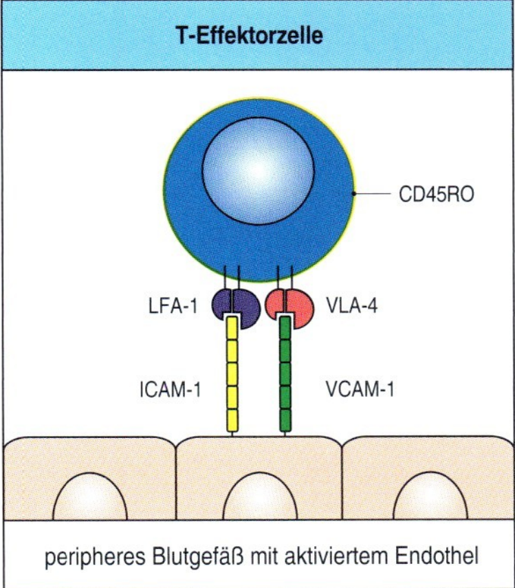

Im Frühstadium der Immunantwort sind vermutlich nur einige wenige T-Effektorzellen, die in die infizierten Gewebe eindringen, pathogenspezifisch, da sämtliche für beliebige Antigene spezifische T-Effektorzellen ebenfalls dorthin gelangen. Die Reaktion bleibt jedoch spezifisch, da nur solche T-Effektorzellen, die Antigene von Krankheitserregern erkennen, ihre Aufgabe erfüllen und infizierte Zellen zerstören oder gezielt pathogenbeladene Makrophagen aktivieren. Auf dem Höhepunkt der adaptiven Immunantwort nach einem Zeitraum von mehreren Tagen, in dem die klonale Expansion und Differenzierung stattfindet, sind die meisten hinzugezogenen T-Zellen spezifisch für das Pathogen, das die Infektion ausgelöst hat.

Nicht alle Infektionen lösen angeborene Immunantworten aus, die lokale Endothelzellen aktivieren. Zudem ist nicht klar, wie T-Effektorzellen in solchen Fällen an die Infektionsstellen gelangen. Einige wenige aktivierte T-Zellen dringen jedoch anscheinend in alle Gewebe ein – möglicherweise über adhäsive Wechselwirkungen, wie die Bindung von P-Selektin auf den Endothelzellen an seinen Liganden **P-Selektin-Glykoprotein-Ligand-1 (PSGL-1)**, der von aktivierten T-Zellen exprimiert wird. Auf diese Weise könnten sie auch ohne vorherige Entzündungsreaktion auf ihre Antigene stoßen.

Eine oder einige wenige spezifische T-Effektorzellen, die in einem Gewebe auf ein Antigen treffen, können demnach eine starke lokale Entzündungsreaktion auslösen oder verstärken, die viele weitere Effektorlymphocyten und unspezifische Entzündungszellen in diesen Bereich locken. T-Effektorzellen, die Antigene von Pathogenen erkennen, bilden Cytokine wie TNF-α, die Endothelzellen zur Expression von E-Selektin, VCAM-1, ICAM-1 sowie von Chemokinen wie CCL5 (Abb. 2.46) anregen. Dieses kann T-Effektorzellen dazu bringen, ihre Adhäsionsmoleküle zu aktivieren. VCAM-1 und ICAM-1 auf den Endothelzellen binden dann an VLA-4 beziehungsweise LFA-1 auf T-Effektorzellen und locken so diese Zellen vermehrt an. Gleichzeitig sammeln sich aufgrund der Adhäsion an E-Selektin auch Monocyten und polymorphkernige Leukocyten an diesen Stellen. TNF-α und IFN-γ, die beide von den aktivierten T-Zellen freigesetzt werden, verändern gemeinsam die Form der Endothelzellen, was zu einer besseren Durchblutung, einer erhöhten Durchlässigkeit der Gefäße und einem entsprechend stärkeren Eindringen von Leukocyten, Flüssigkeit und Proteinen in das infizierte Gewebe führt. Dadurch wird die Schutzwirkung von Makrophagen, die TNF-α und andere entzündungsfördernde Cytokine am Entzündungsherd freisetzen (Abschnitt 2.24), durch die Aktivitäten der Effektorzellen verstärkt.

Dagegen verschwinden T-Effektorzellen rasch wieder, die in das Gewebe gelangen, ohne ihr Antigen zu erkennen. Sie gelangen dann entweder von den Geweben in die Lymphe und kehren schließlich in das Blut zurück, oder sie treten in die Apoptose ein. Die meisten T-Zellen in der afferenten Lymphe, die aus den Geweben abfließt, sind T-Gedächtnis- oder T-Effektorzellen. Sie exprimieren charakteristischerweise die CD45RO-Isoform des Zelloberflächenmoleküls CD45 und besitzen kein L-Selektin (Abb. 10.9). T-Effektorzellen und T-Gedächtniszellen weisen einen ähnlichen Phänotyp auf, wie wir später erläutern werden. Beide sind anscheinend dazu bestimmt, potenzielle Infektionsstellen zu durchstreifen. Das Muster, dem sie dabei folgen, ermöglicht den T-Effektorzellen nicht nur, alle Infektionsherde zu beseitigen, sondern auch, den Wirt gemeinsam mit den Gedächtniszellen vor einer erneuten Infektion mit demselben Pathogen zu schützen.

Die Expression von bestimmten Adhäsionsmolekülen kann verschiedene Untergruppen von T-Effektorzellen gezielt an bestimmte Stellen lenken. Wie wir in Kapitel 11 erfahren werden, ist das Immunsystem in Kompartimente unterteilt. Dabei wandern die verschiedenen Populationen von Lymphocyten durch unterschiedliche lymphatische Kompartimente und – nach ihrer Aktivierung – durch die verschiedenen Gewebe, in denen sie ihre Aufgaben erfüllen. Das wird durch die selektive Expression von Adhäsionsmolekülen erreicht, die an gewebespezifische „Adressine“ binden. In diesem Zusammenhang bezeichnet man Adhäsionsmoleküle häufig als **Homing-Rezeptoren**. So besiedeln einige aktivierte T-Zellen spezifisch die Haut. Während ihrer Aktivierung werden sie angeregt, das Adhäsionsmolekül **kutanes lymphozyten-assoziiertes Antigen** (*cutaneous lymphocyte antigen*, **CLA**) zu exprimieren (Abb. 10.10). Dabei handelt es sich um eine glykosylierte Isoform von PSGL-1, die an E-Selektin auf dem Endothel von Blutgefäßen der Haut bindet. CLA-exprimierende T-Lymphocyten produzieren auch den Chemokinrezeptor CCR4. Dieser bindet das Chemokin

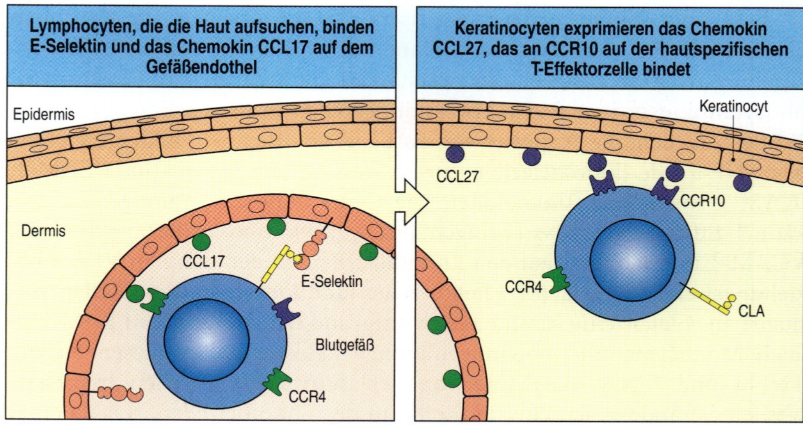

10.10 T-Zellen, die die Haut besiedeln, verwenden spezifische Kombinationen von Integrinen und Chemokinen, um die Haut spezifisch ansteuern zu können. Links: Ein Lymphocyt, der zur Haut wandert, bindet an das Endothel in einem Blutgefäß in der Haut. Das geschieht durch Wechselwirkungen zwischen dem kutanen lymphozyten-assoziierten Antigen (CLA) und E-Selektin, das auf den Endothelzellen konstitutiv exprimiert wird. Die Adhäsion wird durch die Wechselwirkung zwischen dem Chemokinrezeptor CCR4 auf dem Lymphocyten und dem Chemokin CCL17 des Endothels verstärkt. Rechts: Sobald die Lymphocyten das Endothel durchquert haben, verankern Keratinocyten der Epidermis die T-Effektorzelle durch das von ihnen erzeugte Chemokin CCL27, das an den Rezeptor CCR10 auf dem Lymphocyten bindet.

CCL17 (TARC), das auf dem Endothel von Blutgefäßen der Haut in großer Menge vorkommt. Die Wechselwirkung von CLA mit E-Selektin führt dazu, dass die T-Zelle die Gefäßwand entlangrollt. Das Signal, das das endotheliale CCL17 liefert, verursacht wahrscheinlich, dass Lymphocyten an der Gefäßwand festgehalten werden. Das geschieht möglicherweise durch die feste Bindung an Integrin, ähnlich der Aktivität von CCL21 auf naiven T-Zellen (Abschnitt 8.3). T-Zellen, die die Haut besiedeln, tragen neben CCR4 auch den Chemokinrezeptor CCR10 (GRP-2), der das Chemokin CCL27 (CTACK) bindet, welches von den von den Epithelzellen der Haut, den Keratinocyten, exprimiert wird.

10.7 Differenzierte T-Effektorzellen sind keine statische Population, sondern sie reagieren weiterhin auf Signale, während sie ihre Effektorfunktionen ausführen

Die Festlegung von CD4-T-Zellen auf bestimmte Linien von Effektorzellen beginnt in den peripheren lymphatischen Geweben, beispielsweise in den Lymphknoten (Abschnitte 10.3 und 10.4). Die Effektoraktivitäten dieser Zellen in den Infektionsherden werden jedoch nicht einfach durch die Signale bestimmt, die sie in den lymphatischen Geweben erhalten haben. Es gibt Hinweise, dass die Vermehrung und die Effektoraktivitäten der differenzierten CD4-T-Zellen einer ständigen Regulation unterliegt, insbesondere bei den T_H17- und den T_H1-Zellen.

Wie bereits erwähnt, wird die Festlegung der naiven T-Zellen auf die T_H17-Linie durch Kontakt mit TGF-β und IL-6 ausgelöst; die erste Festlegung auf T_H1-Zellen durch IFN-γ. Diese Ausgangsbedingungen reichen jedoch nicht aus, um vollständige und wirksame T_H17- oder T_H1-Reaktionen in Gang zu setzen. Jede T-Zelle benötigt darüber hinaus noch die Stimulation durch ein weiteres Cytokin – IL-23 für die T_H17-Zellen und IL-12 für die T_H1-Zellen. Die Strukturen von IL-23 und IL-12 sind eng miteinander verwandt. Beide sind ein Heterodimer, und sie haben eine gemeinsame Untereinheit. IL-23 besteht aus einer p40- und einer p19-Untereinheit, IL-12 aus der p40- und einer speziellen p35-Untereinheit. Festgelegte T_H17-Zellen exprimieren einen Rezeptor für IL-23, T_H1-Zellen exprimieren einen Rezeptor für IL-12. Die Rezeptoren für IL-12 und IL-23 sind ebenfalls verwandt und besitzen auch eine gemeinsame Untereinheit (Abb. 10.11).

IL-23 und IL-12 verstärken die Aktivitäten der T_H17- beziehungsweise T_H1-Zellen. Wie viele andere Cytokine wirken sie über den intrazellulären JAK-STAT-Signalweg (Abb. 6.30). IL-23-Signale aktivieren in der Zelle die Transkriptionsaktivatoren STAT1, STAT3 und STAT5, STAT4 jedoch nur sehr schwach. IL-12 hingegen aktiviert STAT1 und STAT3 und besonders stark STAT4. IL-23 setzt die Festlegung von naiven CD4-T-Zellen auf die T_H17-Linie nicht in Gang, stimuliert aber deren Vermehrung. Viele *in vivo*-Reaktionen, die von IL-17 abhängen, werden zurückgefahren, wenn kein IL-23 vorhanden ist. So zeigen Mäuse, denen die IL-23-spezifische Untereinheit p19 fehlt, nach einer Infektion mit *Klebsiella pneumoniae* in der Lunge eine verringerte Produktion von IL-17 und IL-17F.

Mäuse, denen die p40-Untereinheit fehlt, die IL-12 und IL-23 gemeinsam haben, zeigen sowohl einen IL-23- als auch IL-12-Defekt. Diese Tatsache löste einige Verwirrung aus, bevor man die besondere Bedeutung von

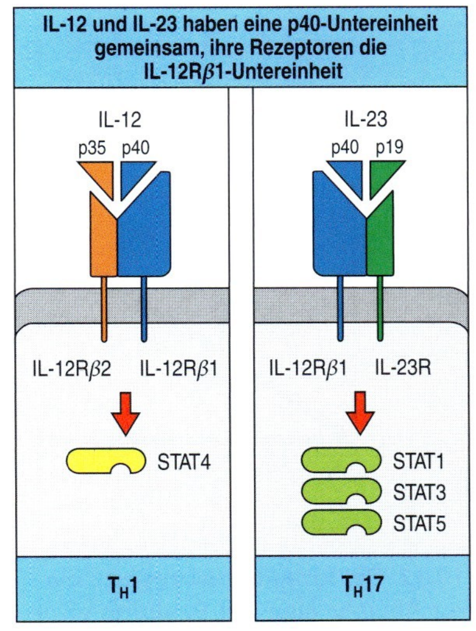

10.11 IL-12 und IL-23 besitzen gemeinsame Untereinheiten und Rezeptorkomponenten. Die dimeren Cytokine IL-12 und IL-23 haben die Untereinheit p40 gemeinsam, die gemeinsame Komponente der Rezeptoren ist IL-12Rβ1. IL-12-Signale aktivieren die Transkriptionsaktivatoren STAT1, STAT3 und STAT4, aber die Zunahme der IFN-γ-Produktion ist auf STAT4 zurückzuführen. IL-23 aktiviert noch weitere STAT-Faktoren, STAT4 jedoch nur schwach. Beide Cytokine verstärken die Aktivität und die Proliferation der CD4-Untergruppen, die die zugehörigen Rezeptoren exprimieren. T_H1-Zellen exprimieren IL-12R, T_H17-Zellen exprimieren IL-23R. Mäuse mit einem p40-Defekt können beide Cytokine nicht exprimieren und zeigen aufgrund der fehlenden T_H1- und T_H17-Aktivitäten eine Immunschwäche.

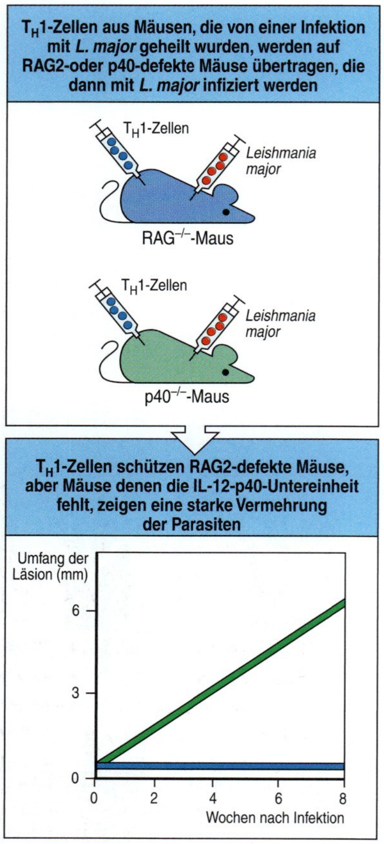

IL-23 für die T_H17-Aktivität erkannt hatte. So hatte man angenommen, dass die Gehirnentzündung, die bei der experimentellen autoimmunen Encephalitis (EAE) bei Mäusen auftritt, auf IFN-γ und die T_H1-Zellen zurückzuführen ist. Diese Deutung basierte ursprünglich auf einer Untersuchung von p40-defekten Mäusen, bei denen es im Zusammenhang mit EAE nicht zu einer Gehirnentzündung kommt. p35-defekte Mäuse jedoch, denen IL-12 fehlt, die aber über IL-23 verfügen, sind für EAE anfällig. Es stellte sich dann heraus, dass die Gehirnentzündung bei einer EAE auf die Aktivität von IL-17 und T_H17-Zellen zurückzuführen ist.

IL-12 reguliert die Effektoraktivität von festgelegten T_H1-Zellen an Infektionsherden, aber es können auch noch andere Cytokine wie IL-18 beteiligt sein. Untersuchungen mit zwei verschiedenen Krankheitserregern haben gezeigt, dass die erste Differenzierung von T_H1-Zellen nicht für einen Schutz ausreicht und dass ständige Signale erforderlich sind. Mäusen mit einem p40-Defekt können einer ersten Infektion mit *T. gondii* widerstehen, solange den Mäusen dauerhaft IL-12 verabreicht wird. Wenn IL-12 während der ersten zwei Wochen einer Infektion gegeben wird, überleben die p40-defekten Mäuse die ursprüngliche Infektion und entwickeln eine latente chronische Infektion, die durch Zysten gekennzeichnet ist, in denen sich der Krankheitserreger befindet. Wenn die IL-12-Gabe beendet wird, reaktivieren diese Mäuse jedoch allmählich ihre ruhenden Zysten, und die Tiere sterben schließlich an einer Toxoplasma-Encephalitis. Die Produktion von IFN-γ durch pathogenspezifische T-Zellen verringert sich, wenn IL-12 fehlt, lässt sich jedoch durch die Gabe von IL-12 wiederherstellen. Entsprechend kann die adoptive Übertragung von differenzierten T_H1-Zellen aus Mäusen, die von einer Infektion mit *L. major* geheilt waren, RAG-defekte Mäuse schützen, die mit *L. major* infiziert sind, p40-defekte Mäuse jedoch nicht (Abb. 10.12). Insgesamt deuten diese Experimente darauf hin, dass T_H1-Zellen während einer Infektion weiterhin auf Signale reagieren und dass ein kontinuierlicher IL-12-Spiegel erforderlich ist, um die Wirksamkeit der differenzierten T_H1-Zellen gegenüber zumindest einigen Krankheitserregern aufrechtzuerhalten.

T_H1-Zellen aus Mäusen, die von einer Infektion mit *L. major* geheilt wurden, werden auf RAG2-oder p40-defekte Mäuse übertragen, die dann mit *L. major* infiziert werden

T_H1-Zellen schützen RAG2-defekte Mäuse, aber Mäuse denen die IL-12-p40-Untereinheit fehlt, zeigen eine starke Vermehrung der Parasiten

10.12 Bei Krankheitserregern, die zur Abwehr eine T_H1-Reaktion erfordern, ist ein gleichmäßig hoher IL-12 -Spiegel notwendig. Mäuse, die eine Infektion mit *Leishmania major* abgewehrt und T_H1-Zellen erzeugt hatten, die für diesen Krankheitserreger spezifisch waren, dienten als Quelle für T-Zellen, die adoptiv auf RAG2-defekte Mäuse übertragen wurden. Diese Mäuse besitzen keine T- und keine B-Zellen und können eine Infektion mit *L. major* nicht eindämmen, produzieren aber IL-12. Die T-Zellen wurden auch auf Mäuse mit einem p40-Defekt übertragen, die selbst kein IL-12 produzieren können. Bei einer anschließenden Infektion der RAG2-defekten Mäuse vergrößerten sich die Läsionen nicht, da die übertragenen T_H1-Zellen eine Immunität vermittelten. Obwohl nun die übertragenen Zellen bereits ausdifferenzierte T_H1-Zellen waren, konnten sie dennoch den IL-12-p40-defekten Mäusen keine Immunität verleihen, da diese keine ständige Produktion von IL-12 besaßen.

10.8 Primäre CD8-T-Zell-Reaktionen auf Krankheitserreger können auch ohne die Unterstützung durch CD4-Zellen stattfinden

Viele CD8-T-Zell-Reaktionen erfordern die Unterstützung durch CD4-T-Zellen (Abschnitt 8.18). Das ist normalerweise dann der Fall, wenn das von den CD8-T-Zellen erkannte Antigen von einem Erreger stammt, der bei der Primärinfektion keine Entzündung hervorruft. Unter solchen Bedingungen ist die Unterstützung durch CD4-T-Zellen erforderlich, um die dendritischen Zellen zu aktivieren, damit diese eine vollständige CD8-T-Zell-Reaktion stimulieren können. Diese Aktivität wurde als Lizensierung der antigenpräsentierenden Zelle bezeichnet (Abschnitt 8.7). Bei der Lizensierung werden costimulierende Moleküle wie B7, CD40 und 4-IBBL auf der dendritischen Zelle aktiviert, die dann Signale freisetzen kann, die naive CD8-T-Zellen vollständig aktivieren (Abb. 8.28). Die Lizensierung erhöht die Notwendigkeit einer dualen Antigenerkennung im Immunsystem durch CD4- und CD8-T-Zellen. Dies ist eine nutzbringende Maßnahme gegen Autoimmunität. Eine duale Erkennung lässt sich auch beim Zusammenwirken zwischen T- und B-Zellen bei der Antikörperproduktion beobachten (Kapitel 9). Jedoch erfordern nicht alle CD8-T-Zell-Reaktionen eine solche Unterstützung.

Einige Krankheitserreger wie das intrazelluläre grampositive Bakterium *Listeria monocytogenes* und das gramnegative Bakterium *Burkholderia pseudomallei* erzeugen die Entzündungsumgebung, die für die Lizenzierung von dendritischen Zellen notwendig ist. So können sie ohne Unterstützung durch CD4-T-Zellen primäre CD8-T-Zell-Reaktionen auslösen. Diese Krankheitserreger tragen eine Anzahl von immunstimulierenden Signalen wie Liganden für die Toll-ähnlichen Rezeptoren, sodass sie antigenpräsentierende Zellen direkt aktivieren können, die costimulierenden Moleküle B7 und CD40 zu exprimieren. Vollständig aktivierte dendritische Zellen, die *Listeria-* oder *Burkholderia*-Antigene präsentieren, können daher naive antigenspezifische CD8-T-Zellen ohne die Unterstützung von CD4-T-Zellen aktivieren und ihre klonale Vermehrung auslösen (Abb. 10.13). Die aktivierte dendritische Zelle setzt auch Cytokine wie IL-12 und IL-18 frei, die auf naive CD8-T-Zellen in Form eines sogenannten „Zuschauereffekts" einwirken und sie zur Produktion von IFN-γ anregen, das wiederum weitere Schutzwirkungen entfaltet (Abb. 10.13).

Die primären CD8-T-Zell-Reaktionen gegen *L. monocytogenes* wurden bei Mäusen untersucht, die durch einen genetischen Defekt keine MHC-Klasse-II-Moleküle und deshalb auch keine CD4-T-Zellen besitzen

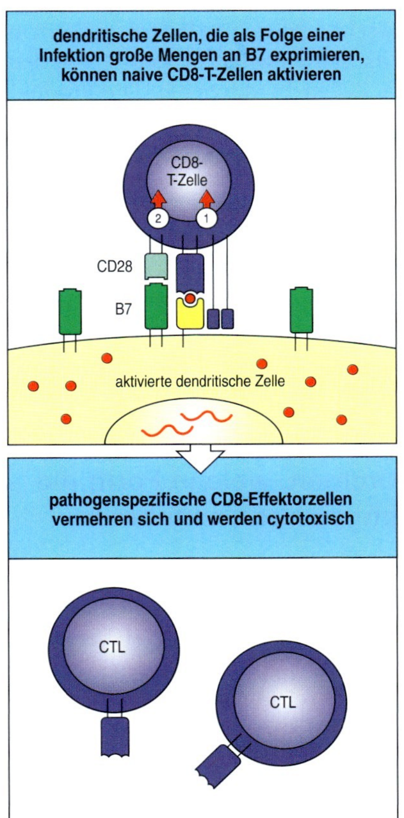

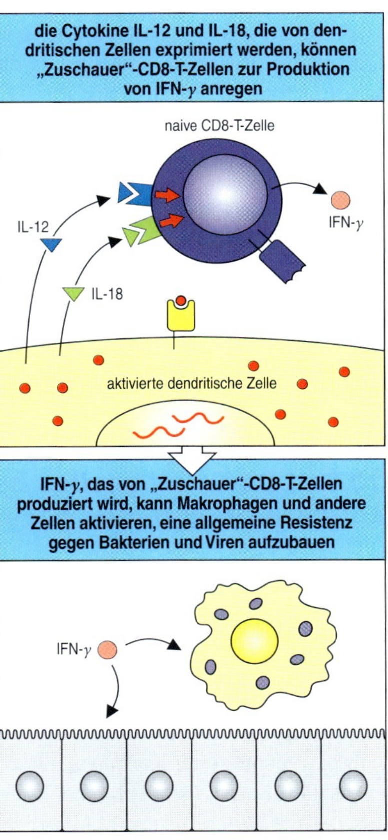

10.13 Naive CD8-T-Zellen können von potenten antigenproduzierenden Zellen direkt über ihren T-Zell-Rezeptor oder die Aktivität von Cytokinen aktiviert werden. Linke Spalte: Naive CD8-T-Zellen, die an der Oberfläche von dendritischen Zellen, die aufgrund der Entzündungsumgebung bei bestimmten Krankheitserregern große Mengen an costimulierenden Molekülen produzieren, Peptid:MHC-Klasse-I-Komplexe erkennen (links oben), werden zur Proliferation stimuliert und differenzieren sich schließlich zu cytotoxischen CD8-T-Zellen (links unten). Rechte Spalte: Aktivierte dendritische Zellen produzieren auch die Cytokine IL-12 und IL-18, deren gemeinsame Wirkung auf CD8-T-Zellen darin besteht, dass die Produktion von IFN-γ schnell einsetzt (rechts oben). Dadurch werden Makrophagen aktiviert, die intrazellulären Bakterien zu zerstören, und es können auch antivirale Reaktionen in anderen Zellen unterstützt werden (rechts unten).

(Abschnitt 7.18). Die Anzahl der CD8-T-Zellen, die für ein bestimmtes Antigen des Pathogens spezifisch sind, wurde mithilfe von MHC-Tetrameren bestimmt (Anhang I, Abschnitt A.28). Am siebten Tag nach der Infektion zeigten Wildtypmäuse und CD4-T-Zellen-defekte Mäuse die gleiche klonale Vermehrung und das gleiche cytotoxische Potenzial von pathogenspezifischen CD8-T-Zellen. Mäuse ohne CD4-T-Zellen beseitigten die Primärinfektion durch *L. monocytogenes* mit derselben Wirksamkeit wie die Wildtypmäuse. Diese Experimente zeigen eindeutig, dass pathogenspezifische CD8-T-Zellen ohne die Unterstützung durch CD4-T-Zellen schützende Reaktionen hervorbringen können. Wie wir jedoch noch feststellen werden, unterscheidet sich die CD8-Gedächtnisreaktion ohne die Unterstützung durch CD4-T-Zellen und fällt auch geringer aus.

Ein zweiter von der Unterstützung durch T-Zellen unabhängiger Aktivierungsweg für CD8-T-Zellen ist auch von Antigenen unabhängig. Naive antigenunspezifische CD8-T-Zellen können in einer sehr frühen Phase einer Infektion durch IL-12 und IL-18 über einen sogenannten „Zuschauereffekt" aktiviert werden. Sie produzieren dann Cytokine wie IFN-*γ*, die den Fortschritt der Immunantwort unterstützen (Abb. 10.13). Mäuse, die mit *L. monocytogenes* oder *B. pseudomallei* infiziert wurden, bringen schnell eine starke IFN-*γ*-Reaktion hervor, die für ihr Überleben essenziell ist. IFN-*γ* wird anscheinend sowohl von NK-Zellen der angeborenen Immunität als auch von naiven CD8-T-Zellen erzeugt, die das Molekül innerhalb der ersten Stunden nach der Infektion zu produzieren beginnen. Das ist offenbar zu früh, um eine bedeutsame Vermehrung von pathogenspezifischen CD8-T-Zellen anzuzeigen. Diese wären zuerst noch in zu geringer Menge vorhanden, um hier einen antigenspezifischen Beitrag zu liefern, außerdem kommt die Reaktion zu früh, als dass die Differenzierung der T_H1-Zellen schon erfolgt sein kann, um die CD8-T-Zellen zu aktivieren. Die Produktion von IFN-*γ* durch NK-Zellen und CD8-T-Zellen zu diesem frühen Zeitpunkt lässt sich im Experiment durch Antikörper gegen IL-12 und IL-18 blockieren, was darauf hindeutet, dass diese Cytokine dafür verantwortlich sind. Der Ursprung von IL-12 und IL-18 wurde in diesem Experiment nicht ermittelt, aber beide Moleküle werden von Makrophagen und dendritischen Zellen als Reaktion auf eine Aktivierung durch Toll-ähnliche Rezeptoren erzeugt. Diese Experimente legen nahe, dass naive CD8-T-Zellen als Reaktion auf die ersten Anzeichen einer Infektion unspezifisch bei einer Art angeborener Immunabwehr mitwirken können, ohne dass die Unterstützung durch CD4-T-Zellen erforderlich ist.

10.9 CD4-T-Helferzellen bestimmen, welche Form die Antikörperreaktionen in Lymphgeweben annehmen

Es ist für die Effektorfunktionen von cytotoxischen CD8-T-Zellen, T_H17- und T_H1-Zellen von großer Bedeutung, dass sie die lymphatischen Gewebe wieder verlassen. Eine weitere wichtige Funktion der CD4-T-Helferzellen, sowohl der T_H1- als auch der T_H2-Zellen, beruht jedoch auf ihren Wechselwirkungen mit B-Zellen, die in den Lymphgeweben stattfinden. Für Proteinantigene spezifische B-Zellen können erst dann dazu angeregt werden, sich zu vermehren, Keimzentren zu bilden oder sich zu Plasmazellen zu entwickeln, wenn sie auf eine T-Helferzelle treffen, die eines der Peptide aus dem Antigen erkennt. Aus diesem Grund kann es erst dann zu einer humoralen Immunantwort auf Proteinantigene kommen, wenn antigenspezifische T-Helferzellen gebildet worden sind.

Eine der interessantesten Fragen der Immunologie ist die, wie zwei antigenspezifische Lymphocyten zueinander finden, das heißt eine naive antigenbindende B-Zelle und eine T-Helferzelle, und gemeinsam eine T-Zell-abhängige Antikörperreaktion auslösen. Wie wir in Kapitel 9 erfahren haben, lässt sich dies wahrscheinlich anhand des Weges beantworten, den die B-Zellen durch die Lymphgewebe nehmen und auf dem sie T-Helferzellen begegnen (Abb. 10.14). Wenn B-Zellen, die in den T-Zell-Zonen peripherer Lymphorgane an ihr spezifisches Antigen binden, von T-Helferzellen spezifische Signale empfangen, proliferieren sie in den T-Zell-Bereichen (Abb. 10.14, zweites Bild). Ohne diese Signale sterben die durch ein Antigen stimulierten B-Zellen innerhalb von 24 Stunden, nachdem sie in der T-Zell-Zone angekommen sind. B-Zellen, die nicht mit ihrem Antigen in Kontakt treten, wandern in die Lymphfollikel und setzen schließlich ihre Bewegung durch Lymphe, Blut und periphere lymphatische Gewebe fort.

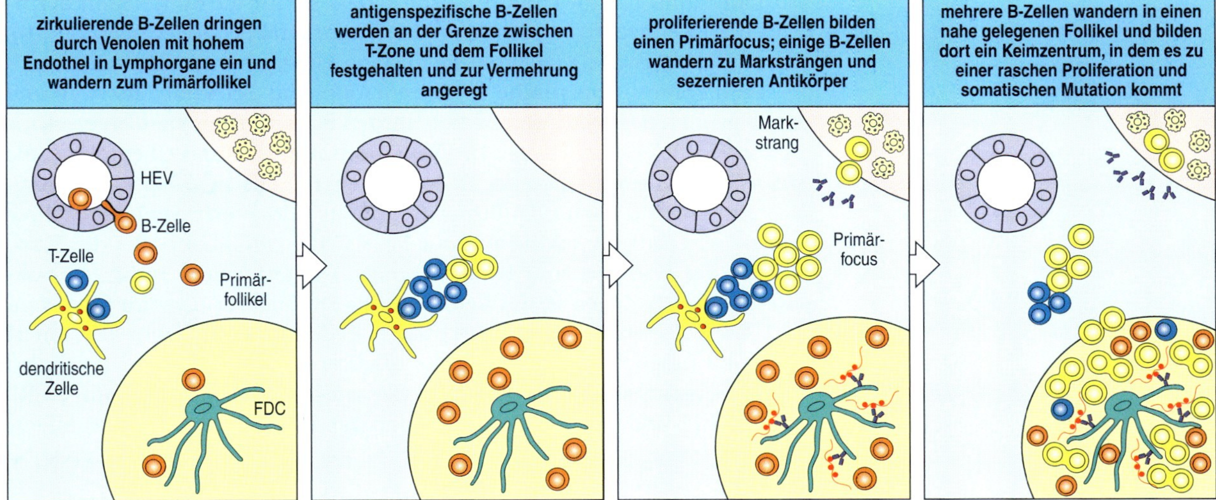

10.14 Die peripheren lymphatischen Gewebe bilden ein Mikromilieu, in dem antigenspezifische naive B-Zellen mit T-Helferzellen derselben Antigenspezifität interagieren können. Erstes Bild: Für ein Fremdprotein spezifische T-Zellen (blau) werden in der T-Zell-Zone durch antigenpräsentierende dendritische Zellen zu Helferzellen aktiviert. Einige wenige der naiven B-Zellen, die über die HEV hereinkommen, exprimieren Rezeptoren, die für dasselbe Fremdprotein spezifisch sind (gelb), die meisten jedoch nicht (braun). Zweites Bild: B-Zellen, die in der T-Zell-Zone nicht mit ihrem Antigen in Kontakt treten, wandern direkt hindurch und treten in die Lymphfollikel ein, von wo aus sie weiter durch die peripheren lymphatischen Gewebe zirkulieren. Die seltenen antigenspezifischen naiven B-Zellen nehmen das Fremdprotein über ihre B-Zell-Antigenrezeptoren auf und präsentieren dessen Peptide den antigenspezifischen T-Zellen auf MHC-Proteinen. So können B- und T-Zellen, die für dasselbe Antigen spezifisch sind, in Wechselwirkung treten, während die B-Zellen die T-Zell-Zone passieren. Drittes Bild: Die Wechselwirkung mit den T-Zellen stimuliert die antigenspezifischen B-Zellen zur Proliferation und Bildung eines Primärfocus; außerdem treten Isotypwechsel auf. Einige der aktivierten B-Zellen wandern in die Markstränge, wo sie sich teilen, zu Plasmazellen differenzieren und einige Tage lang Antikörper freisetzen. Viertes Bild: Andere aktivierte B-Zellen wandern in die primären Lymphfollikel, wo sie schnell proliferieren und mithilfe von antigenspezifischen T-Helferzellen (blau) ein Keimzentrum bilden. Im Keimzentrum kommt es zur somatischen Hypermutation und Selektion von hoch affinen B-Zellen (Affinitätsreifung) (Kapitel 9). Ein Antigen (rot), das in Form von Immunkomplexen (Antigen-Antikörper:Komplement-Komplexen) an der Oberfläche von follikulären dendritischen Zellen (FDC) festgehalten wird, wirkt wahrscheinlich auch bei der Stimulation der B-Zellen während der Affinitätsreifung mit.

Etwa fünf Tage nach der primären Immunisierung entstehen in den T-Zell-Regionen Primärfoci proliferierender B-Zellen. Dies entspricht dem Zeitraum, den die T-Helferzellen zur Differenzierung benötigen. Einige der in den Primärzentren aktivierten B-Zellen können zu den Marksträngen der Lymphknoten oder in die den T-Zell-Bereichen der Milz am nächsten gelegenen Teile der roten Pulpa wandern, wo sie sich zu Plasmazellen entwickeln und einige Tage lang spezifische Antikörper sezernieren (Abb. 10.14, drittes Bild). Andere wandern in den Follikel (Abb. 10.14, viertes Bild), wo sie sich weiter vermehren und ein Keimzentrum bilden, in dem sie eine somatische Hypermutation und eine Affinitätsreifung durchlaufen – die Produktion von B-Zellen, deren Rezeptoren eine größere Affinität für das Antigen besitzen (Abschnitt 4.18 und 9.8).

Antigene können als Antigen-Antikörper-Komplexe an der Oberfläche von lokalen follikulären dendritischen Zellen für lange Zeit in den Lymphfollikeln festgehalten werden. Die Antigen-Antikörper-Komplexe, die mit Fragmenten aus C3 bedeckt werden, hält die Zelle mithilfe von Rezeptoren für die Komplementfragmente (CR1, CR2 und CR3) und eines nichtphagocytotischen Fc-Rezeptors fest (Abb. 9.14). Die Funktion dieser Antigene ist unbekannt. Es gibt Hinweise darauf, dass sie für die Stimulation der B-Zellen im Keimzentrum nicht unbedingt erforderlich sind (Abschnitt 9.10), aber möglicherweise regulieren sie die längerfristige Antikörperreaktion.

Proliferation, somatische Hypermutation und Selektion, die während einer primären Antikörperreaktion in den Keimzentren stattfinden, wurden in Kapitel 9 beschrieben. Die Adhäsionsmoleküle und Chemokine, die das Wanderungsverhalten der B-Zellen steuern, spielen dabei wahrscheinlich eine wesentliche Rolle. Bisher weiß man jedoch erst wenig über diese Moleküle. Das Chemokin/Rezeptor-Paar CXCL13/CXCR5, das die Wanderung der B-Zellen zum Follikel steuert, sorgt vielleicht speziell für das Homing der B-Zellen in die Keimzentren. Ein anderer Chemokinrezeptor ist CCR7, der auf T-Zellen stark, auf B-Zellen dagegen kaum exprimiert wird und möglicherweise eine Rolle spielt, wenn B-Zellen vorübergehend zum Übergang zur T-Zell-Zone gelenkt werden. Die Liganden für CCR7 sind CCL19 und CCL21; sie kommen in der T-Zell-Zone in großer Menge vor und locken möglicherweise B-Zellen an, die eine erhöhte Expression des CCR7 aufweisen.

10.10 In den Marksträngen der Lymphknoten und im Knochenmark laufen die Antikörperreaktionen weiter

Die in den Primärfoci aktivierten B-Zellen wandern entweder in die benachbarten Follikel oder zu Orten in der Nähe, an denen sie sich außerhalb der Follikel vermehren können. Dort proliferieren die B-Zellen zwei bis drei Tage lang exponentiell und durchlaufen sechs oder sieben Zellteilungen, bis ihre Tochterzellen den Zellzyklus verlassen und sich *in situ* zu antikörpersezernierenden Plasmazellen entwickeln (Abb. 10.15, oben). Nach einer Lebensdauer von zwei bis drei Tagen gehen die meisten von ihnen durch Apoptose zugrunde. Etwa 10 % der Plasmazellen in diesen extrafollikulären Bereichen leben länger. Woher sie stammen und was aus ihnen wird, ist unbekannt. Die B-Zellen, die zu den Primärfollikeln wandern und dort Keimzentren bilden, machen einen Klassenwechsel sowie eine Affinitätsreifung durch, bevor aus ihnen entweder Gedächtniszellen werden oder sie das Keimzentrum verlassen, um relativ langlebige antikörperproduzierende Zellen zu werden (Abschnitte 9.7 bis 9.9).

Diese B-Zellen verlassen die Keimzentren als Plasmablasten (Vorläufer von Plasmazellen). Sie stammen aus den Follikeln der Peyer-Plaques und der mesenterialen Lymphknoten und gelangen über Lymphe und Blut zur Lamina propria des Darms und zu anderen Epitheloberflächen. Die Plasmablasten aus den peripheren Lymphknoten oder aus den Milzfollikeln wandern zum Knochenmark (Abb. 10.15, unten). An diesen abgelegenen Stätten der Antikörperproduktion differenzieren sie sich zu Plasmazellen, die eine Lebensdauer von Monaten bis Jahren haben. Plasmazellen liefern wahrscheinlich die Antikörper, die nach einer ersten Immunantwort noch jahrelang im Blut vorhanden sein können. Ob dieser Vorrat an Plasmazellen durch die ständige, wenn auch auf Bedarf hin erfolgende Differenzierung der Gedächtniszellen immer wieder aufgefüllt wird, weiß man noch nicht. Untersuchungen von Reaktionen auf nichtreplizierende Antigene zeigen, dass die Keimzentren nach dem ersten Kontakt mit dem Antigen nur drei bis vier Wochen lang erhalten bleiben. Einige wenige B-Zellen proliferieren jedoch monatelang in den Follikeln. Sie bilden wahrscheinlich in den folgenden Monaten und Jahren die Vorläufer der antigenspezifischen Plasmazellen in der Schleimhaut und im Knochenmark.

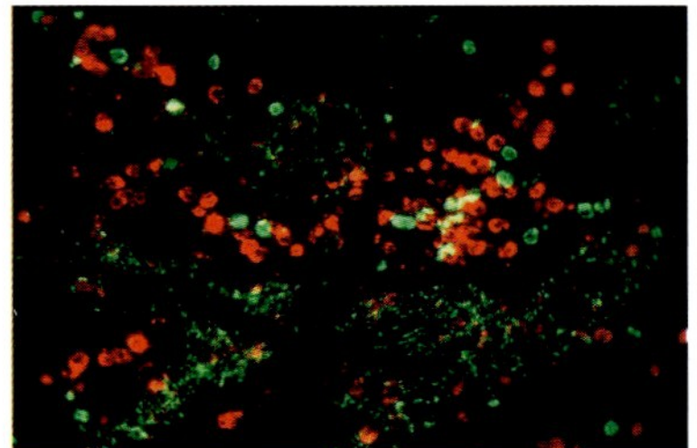

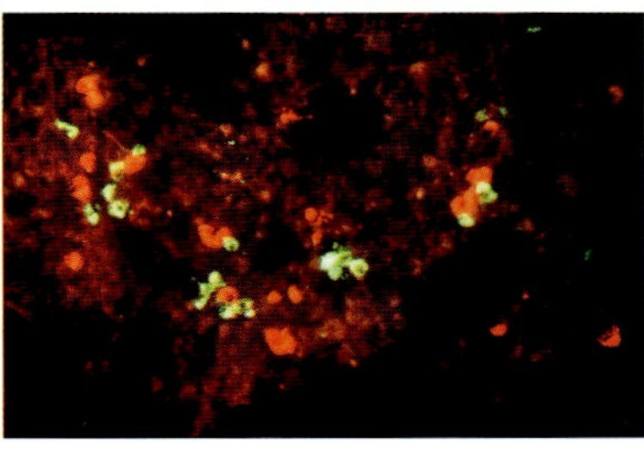

10.15 Plasmazellen befinden sich überall in den Marksträngen und im Knochenmark. Dort sezernieren sie sehr viele Antikörper direkt in das Blut, die anschließend im gesamten Körper verteilt werden. Im oberen Bild sieht man Plasmazellen in den Marksträngen eines Lymphknotens: Die grüne Fluoreszenz von Anti-IgA-Fluorescein zeigt an, dass IgA sezerniert wird, während eine rote Anti-IgG-Rhodamin-Fluoreszenz auf die Freisetzung von IgG hindeutet. An diesen örtlich begrenzten extrafollikulären Stellen leben die Plasmazellen nur zwei bis vier Tage. Die Umrisse der Lymphsinus zeichnen sich durch eine grüne körnige Färbung ab, die für IgA spezifisch ist. Im unteren Bild erkennt man im Knochenmark langlebige Plasmazellen (drei Wochen bis drei Monate); sie sind mit Antikörpern gefärbt, die spezifisch für leichte Ketten sind (Anti-λ-Fluorescein und Anti-κ-Rhodamin). Plasmazellen, die Immunglobuline mit leichten λ-Ketten sezernieren, erscheinen in dieser Darstellung gelb. Sezernieren sie dagegen Immunglobuline mit leichten κ-Ketten, dann fluoreszieren sie rot. (Fotos mit freundlicher Genehmigung von P. Brandtzaeg.)

10.11 Auf welche Weise eine Infektion beseitigt wird, hängt vom Krankheitserreger ab

Die meisten Infektionen aktivieren sowohl die zellvermittelte Immunantwort als auch das humorale Immunsystem, und häufig tragen auch beide dazu bei, die Krankheitserreger zu beseitigen oder einzudämmen und eine schützende Immunität aufzubauen (Abb. 10.16). Dabei variiert die relative Bedeutung der verschiedenen Effektormechanismen und der beteiligten wirksamen Antikörper in Abhängigkeit vom Krankheitserreger. Wie wir in Kapitel 8 erfahren haben, sind die cytotoxischen T-Zellen für die Zerstörung von virusinfizierten Zellen von Bedeutung, und bei einigen Viruserkrankungen sind sie die vorherrschende Lymphocytenpopulation, die während der Primärinfektion im Blut auftritt. Dennoch sollte die Funktion der Antikörper nicht außer Acht gelassen werden, die bei der Beseitigung von Virusinfektionen im Körper beteiligt sind und mit verhindern, dass sich Viren im Körper festsetzen können. Das Ebola-Virus verursacht ein hämorrhagisches Fieber und besitzt unter den bekannten Viren die tödlichste Wirkung. Aber einige Patienten überleben und einige Menschen werden sogar infiziert, ohne dass sich Symptome zeigen. In beiden Fällen ist anscheinend eine starke IgG-Reaktion in der frühen Infektionsphase ausschlaggebend für das Überleben. Die Antikörperantwort beseitigt offenbar das Virus aus dem Blut, sodass nun Zeit für die Aktivierung der cytotoxischen T-Zellen im Patienten ist. Diese Antikörperantwort tritt hingegen in tödliche verlaufenden Fällen nicht auf; das Virus setzt seine Vermehrung fort, und die Krankheit schreitet trotz einer gewissen Aktivierung von T-Zellen voran.

Für die Zerstörung von Zellen, die mit intrazellulären pathogenen Bakterien infiziert sind, sind ebenfalls cytotoxische T-Zellen erforderlich. Das gilt beispielsweise für Rickettsien, die Typhus verursachen. Hingegen werden Mycobakterien, die in den Vesikeln von Makrophagen leben, vor

	infektiöser Erreger	Erkrankung	humorale Immunität				zellvermittelte Immunität	
			IgM	IgG	IgE	IgA	CD4-T-Zellen (Makrophagen)	CD8-T-Zellen
Viren	Herpes zoster	Windpocken						
	Epstein-Barr-Virus	Pfeiffersches Drüsenfieber						
	Influenzavirus	Grippe						
	Poliomyelitisvirus	Poliomyelitis						
intrazelluläre Bakterien	*Rickettsia prowazekii*	Typhus						
	Mycobakterien	Tuberkolose, Lepra						
extrazelluläre Bakterien	*Staphylococcus aureus*	Furunkel						
	Streptococcus pneumoniae	Pneumonie						
	Neisseria meningitidis	Meningitis						
	Corynebacterium diphtheriae	Diphtherie						
	Vibrio cholerae	Cholera						
Pilze	*Candida albicans*	Candida-Mykose						
Protozoen	*Plasmodium* spp.	Malaria						
	Trypanosoma spp.	Trypanosomiasis						
Würmer	*Schistosoma*	Bilharziose						

10.16 Mithilfe unterschiedlicher Effektormechanismen werden primäre, von unterschiedlichen Typen von Krankheitserregern verursachte Infektionen beseitigt, und der Organismus wird vor einer erneuten Infektion geschützt. Die Abwehrmechanismen zur Beseitigung einer primären Infektion sind durch rot markierte Kästen gekennzeichnet. Die gelbe Markierung steht für eine Funktion beim Immunschutz. Blassere Farben kennzeichnen weniger gut bekannte Mechanismen. Es zeigt sich, dass die einzelnen Typen von Krankheitserregern ähnliche Immunantworten hervorrufen, was Ähnlichkeiten in der Lebensweise widerspiegelt. Die angegebenen CD4-Reaktionen beziehen sich nur auf die Aktivierung von Makrophagen. Darüber hinaus treten bei fast allen Krankheiten Reaktionen von CD4-T-Helferzellen auf, die Antikörperproduktion, Isotypwechsel und Erzeugung von Gedächtniszellen stimulieren.

allem durch CD4-T_H1-Zellen unter Kontrolle gebracht, die infizierte Makrophagen aktivieren, die Bakterien abzutöten. Die hauptsächliche Immunreaktion, die Primärinfektionen mit häufigen extrazellulären Bakterien wie *Staphylococcus aureus* und *Staphylococcus pneumoniae* beseitigt, besteht vor allem aus Antikörpern. Die gegen Komponenten der Bakterienhülle gerichteten IgM- und IgG-Antikörper opsonisieren die Bakterien und machen sie für die Phagocytose besser zugänglich.

In Abbildung 10.16 wird auch auf die Mechanismen verwiesen, die bei der Immunität gegen eine erneute Infektion durch die aufgeführten Pathogene von Bedeutung sind. Das Auslösen einer schützenden Immunität ist das Ziel bei der Entwicklung von Impfstoffen. Um es zu erreichen, muss man eine adaptive Immunantwort auslösen, die sowohl die Antigenspezifität als auch die passenden funktionellen Komponenten aufweist, um den ausgewählten Krankheitserreger zu bekämpfen. Krankheitserreger tragen zahlreiche Epitope für B-Zellen und für T-Zellen und erzeugen so vielfältige Antikörper- und T-Zell-Reaktionen, aber nicht alle davon sind bei der Beseitigung der Krankheit qualitativ gleich wirksam. Die schützende Immunität umfasst zwei Bestandteile – Teilnehmer an der Immunreaktion wie Antikörper oder T-Effektorzellen, die bei der Primärinfektion oder durch eine Impfung erzeugt werden, und das langlebige immunologische Gedächtnis (Abb. 10.17), mit dem wir uns im letzten Teil des Kapitels beschäftigen wollen.

Die Art des Antikörpers oder der T-Effektorzelle, die den Schutz bietet, hängt vom Infektionsmechanismus und der Lebensweise des Krankheits-

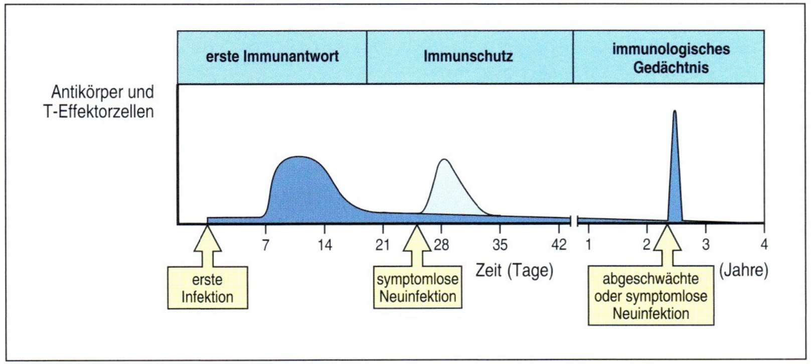

10.17 Für den Immunschutz sorgen sowohl bereits vorhandene Reaktionsteilnehmer als auch das immunologische Gedächtnis. Wenn der Körper zum ersten Mal mit einem bestimmten Krankheitserreger konfrontiert ist, werden pathogenspezifische Antikörper und T-Effektorzellen gebildet. Nachdem eine Infektion beendet ist, nehmen die Konzentrationen und Aktivitäten allmählich ab. Eine baldige erneute Infektion merzen diese Reaktanden noch schnell aus. Dabei treten zwar geringfügige Symptome auf, doch die Anzahl der Reaktanden erhöht sich temporär (hellblaues Maximum). Infiziert sich jemand erst nach Jahren erneut, steigt die Anzahl der Antikörper und T-Effektorzellen aufgrund des immunologischen Gedächtnisses rasch an, sodass Symptome auch hier nur schwach sind oder unbemerkt bleiben.

erregers ab. Wenn opsonisierende Antikörper wie IgG1 vorhanden sind (Abschnitt 9.14), ist die Opsonisierung und Phagocytose von extrazellulären Bakterien wirksamer. Wenn spezifisches IgE vorhanden ist, können die Krankheitserreger auch Mastzellen aktivieren, die durch die Freisetzung von Histaminen und Leukotrienen schnell eine Entzündungsreaktion in Gang setzen. Häufig entsteht die wirksamste schützende Immunität durch neutralisierende Antikörper, die Krankheitserreger daran hindern, eine Infektion zu etablieren. Die meisten eingeführten Impfstoffe gegen akute Virusinfektionen bei Kindern basieren vor allem darauf, dass schützende Antikörper erzeugt werden. Zum Beispiel müssen für einen effektiven Schutz vor dem Poliovirus bereits Antikörper vorhanden sein, da das Virus Motoneuronen des Rückenmarks schnell infiziert und zerstört, wenn es nicht sofort durch Antikörper neutralisiert und daran gehindert wird, sich im Körper auszubreiten. Bei Polio kann mitunter auch spezifisches IgA auf mucosalen Epitheloberflächen das Virus vor dem Eindringen in die Gewebe unschädlich machen. Der Immunschutz besteht also unter Umständen auch aus Effektormechanismen – in diesem Fall IgA – die keinen Beitrag zur Beseitigung der Primärinfektion leisten.

Wenn eine primäre adaptive Immunantwort eine Infektion erfolgreich zum Stillstand bringt, wird die Primärinfektion häufig durch die Effektormechanismen beseitigt, die wir in den Kapiteln 8 und 9 besprochen haben. Wie wir jedoch in Kapitel 12 erläutern werden, entkommen viele Pathogene einer vollständigen Vernichtung und bleiben lebenslang in ihrem Wirt. Das Herpes-zoster-Virus, das bei der Primärinfektion Windpocken verursacht, verbleibt im Körper jahrelang in einem Ruhezustand, ohne dass es eine Krankheit auslöst, kann aber später im Leben oder bei körperlichen Stresssituationen reaktiviert werden und zu einer Gürtelrose führen.

10.12 Wird eine Infektion beseitigt, sterben die meisten Effektorzellen, und es entstehen Gedächtniszellen

Sobald das adaptive Immunsystem eine Infektion beseitigt hat, geschieht zweierlei. Durch die Aktivitäten der Effektorzellen wird der spezifische Reiz entfernt, der sie ursprünglich aktiviert hat. Wenn der Reiz nicht mehr vorhanden ist, sterben die Zellen an „Vernachlässigung“, sie beseitigen sich selbst durch Apoptose. Die sterbenden Zellen werden von Phagocyten und anderen Zellen, die das Membranlipid Phosphatidylserin erkennen, schnell aufgenommen. Normalerweise befindet sich das Lipid nur auf der Innenseite der Plasmamembran, aber bei apoptotischen Zellen breitet es sich auch rasch auf der Außenseite aus, wo es von spezifischen Rezeptoren auf Phagocyten erkannt werden kann. Die Beseitigung der Infektion bringt es daher nicht nur mit sich, dass das Pathogen entfernt wird, sondern führt auch zum Verlust der meisten pathogenspezifischen Effektorzellen.

Einige Effektorzellen bleiben allerdings erhalten und liefern das Rohmaterial für die Reaktionen der T- und B-Gedächtniszellen. Sie sind für das Funktionieren des adaptiven Immunsystems von entscheidender Bedeutung. Besonders die T-Gedächtniszellen bleiben praktisch immer erhalten. Zurzeit weiß man noch wenig darüber, auf welche Weise entschieden wird, dass bei den meisten Effektorzellen der programmierte Zelltod ausgelöst wird und nur einige wenige übrig bleiben. Wahrscheinlich sind dafür die Cytokine verantwortlich, die von der Umgebung oder von den T-Zellen selbst gebildet werden, oder die Affinität der T-Zell-Rezeptoren für ihre Antigene.

Zusammenfassung

Die adaptive Immunantwort ist unerlässlich, um den Wirt effizient vor pathogenen Mikroorganismen zu schützen. Die Reaktion des angeborenen Immunsystems auf Krankheitserreger trägt dazu bei, die adaptive Immunantwort auszulösen. Wechselwirkungen mit diesen Pathogenen führen zur Umwandlung dendritischer Zellen in aktivierte antigenpräsentierende Zellen sowie zur Bildung von Cytokinen, die die Art der CD4-T-Zell-Reaktion bestimmen. Die Antigene des Erregers werden von den wandernden antigenpräsentierenden Zellen zu den lokalen Lymphorganen transportiert und dort antigenspezifischen naiven T-Zellen präsentiert, die permanent durch die Lymphorgane wandern. Auf der Oberfläche antigenbeladener dendritischer Zellen erfahren auch die T-Zellen ein Priming, woraufhin sie sich zu T-Effektorzellen entwickeln. Diese verlassen dann entweder das Lymphorgan, um an den Infektionsherden im Gewebe zelluläre Immunantworten auszulösen, oder bleiben an Ort und Stelle und aktivieren antigenbindende B-Zellen, wodurch sie zur humoralen Immunantwort beitragen. In den verschiedenen Phasen einer Infektion und bei verschiedenen Typen von Krankheitserregern kommt es zu unterschiedlichen Arten von CD4-Reaktionen. Während der ersten Stadien einer Infektion bringen die Cytokine, die von aktivierten dendritischen Zellen erzeugt werden, die T_H17-Reaktionen voran, die an Infektionsherden sehr wirksam Entzündungen auslösen. Bei chronischeren Infektionen stimulieren andere Cytokine entweder T_H1- oder T_H2-Reaktionen, und Cytokine aus diesen Zellen schalten die Differenzierung zu T_H17-Zellen ab. CD8-T-Zellen spielen eine wichtige Rolle beim Immunschutz. Dies gilt besonders dann, wenn der Wirt vor einer Virusinfektion sowie vor intrazellulären Infektionen mit *Listeria* und anderen mikrobiellen Erregern bewahrt werden soll, weil diese Organismen spezielle Mechanismen entwickelt haben, um in das Cytoplasma ihrer Wirtszellen zu gelangen. Die primären CD8-Reaktionen auf Krankheitserreger erfordern normalerweise die Unterstützung durch CD4-T-Zellen, können aber auch bei bestimmten Pathogenen ohne diese Unterstützung auftreten. CD4-unabhängige Reaktionen führen entweder zur Erzeugung und zur Vermehrung von antigenspezifischen cytotoxischen

T-Zellen oder zur unspezifischen Aktivierung von naiven CD8-T-Zellen, IFN-γ freizusetzen, das wiederum zum Schutz des Wirts beiträgt. Im Idealfall beseitigt die adaptive Immunantwort die Erreger und verleiht dem Wirt einen Immunschutz, der eine erneute Infektion durch denselben Organismus verhindert.

Das immunologische Gedächtnis

Nachdem wir uns bis hier damit beschäftigt haben, wie eine angemessene primäre Immunantwort gegen Pathogene zustande kommt, wenden wir uns nun der Frage zu, wie ein langfristiger Immunschutz entsteht. Eine der vielleicht wichtigsten Folgen einer adaptiven Immunantwort ist die Ausbildung eines immunologischen Gedächtnisses, da es das Immunsystem in Lage versetzt, schneller und effektiver auf Krankheitserreger zu reagieren, denen es zuvor bereits begegnet ist. So lässt sich verhindern, dass sie eine Krankheit verursachen. Man bezeichnet die Gedächtnisreaktionen – je nach Anzahl der Antigenkontakte – als **sekundäre Reaktionen**, **tertiäre Reaktionen** und so weiter. Sie unterscheiden sich auch qualitativ von den primären Immunantworten. Besonders deutlich ist dies bei Antikörperreaktionen, denn hier haben die bei einer sekundären oder weiteren Reaktion gebildeten Antikörper andere Eigenschaften als diejenigen, die man bei der primären Reaktion gegen dasselbe Antigen beobachtet. Die Reaktionen von T-Gedächtniszellen lassen sich ebenfalls von den Antworten von naiven T-Zellen oder T-Effektorzellen unterscheiden. Unser Hauptaugenmerk gilt in diesem Abschnitt den Veränderungen in der Art der Gedächtnisreaktionen. Wir gehen aber auch auf die aktuellen Vorstellungen ein, welche die Persistenz des immunologischen Gedächtnisses nach dem ersten Antigenkontakt erklären sollen.

10.13 Nach einer Infektion oder Impfung bildet sich ein lang anhaltendes immunologisches Gedächtnis aus

In den entwickelten Ländern sind heutzutage die meisten Kinder gegen Masern geimpft. Bevor die Impfung allgemein eingeführt wurde, kamen viele Kinder auf natürlichem Wege mit dem Masernvirus in Kontakt und litten unter einer akuten, unangenehmen und unter Umständen gefährlichen Erkrankung. Kinder, die dem Virus bereits einmal ausgesetzt waren – sei es aufgrund einer Erkrankung oder Impfung – sind langfristig vor Masern geschützt, was bei den meisten Menschen das ganze Leben lang anhält. Dasselbe gilt auch für viele andere akute Infektionskrankheiten. Der Schutz ist eine Folge des immunologischen Gedächtnisses.

Worauf dieses Gedächtnis beruht, war experimentell sehr schwierig zu erforschen: Obwohl bereits die alten Griechen dieses Phänomen kannten und es seit über 200 Jahren im Rahmen von Impfprogrammen genutzt wird, beginnt man erst allmählich, das Rätsel endgültig zu lösen. Demnach beruht das immunologische Gedächtnis auf einer kleinen Population spezialisierter **Gedächtniszellen**, die während der adaptiven Immunantwort gebildet werden und auch dann erhalten bleiben, wenn das Antigen, das sie ursprünglich angeregt hat, nicht mehr vorhanden ist. Diese Erklärung für die Aufrechterhaltung des Gedächtnisses stimmt mit folgenden Befunden überein: Es sind nur solche Individuen immun, die bereits einem bestimmten Erreger ausgesetzt waren, und das immunologische Gedächtnis hängt nicht davon ab, ob es zu einer wiederholten Reinfektion durch andere infizierte Personen kommt. Dies hat man aufgrund von Beobachtungen der Bewohner isolierter Inseln festgestellt, auf denen ein Virus wie das Masernvirus eine Epidemie verursachen kann. Es infiziert dann alle Menschen, die sich zu der Zeit auf der Insel befinden, und verschwindet anschließend für viele Jahre wieder. Wird das Virus später wieder von außerhalb der Insel eingeführt, so infiziert es nicht die ursprüngliche Population. Es erkranken vielmehr all diejenigen Personen, die seit der letzten Epidemie geboren wurden.

Das Ziel einer vor kurzem durchgeführten Untersuchung war zu ermitteln, wie lange das immunologische Gedächtnis anhält, indem man die Immunantworten von Personen bestimmte, die Vacciniaviren zur Impfung gegen Pocken erhalten hatten. Da die Pocken 1978 ausgerottet wurden, nimmt man an, dass ihre Reaktionen tatsächlich auf dem immunologischen Gedächtnis beruhen und nicht auf einer gelegentlichen erneuten Stimulation mit dem Pockenvirus. Bei der Untersuchung stellte man bis zu 75 Jahre nach der ursprünglichen Immunisierung starke vacciniaspezifische Gedächtnisreaktionen von CD4- und CD8-T-Zellen fest. Aufgrund der Stärke der Reaktionen ließ sich abschätzen, dass die Halbwertszeit des immunologischen Gedächtnisses etwa acht bis 15 Jahre beträgt. Innerhalb der Halbwertszeit nimmt die Stärke der Reaktion um 50 % im Vergleich zum Ursprungswert ab. Die Titer der antiviralen Antikörper blieben stabil, ohne dass es zu einer messbaren Abnahme kam.

Diese Befunde zeigen, dass das immunologische Gedächtnis nicht durch wiederholten Kontakt mit dem infektiösen Virus aufrechterhalten werden muss. Das Gedächtnis wird vielmehr höchstwahrscheinlich durch langlebige antigenspezifische Lymphocyten aufrechterhalten, die durch den ersten Kontakt aktiviert werden und solange erhalten bleiben, bis sie dem Erreger ein zweites Mal begegnen. Die meisten Gedächtniszellen befinden sich zwar in einem Ruhestadium, aber genaue Untersuchungen haben gezeigt, dass ein kleiner Prozentsatz zu bestimmten Zeitpunkten eine Teilung durchläuft. Was diese seltene Zellteilung auslöst, ist unklar. Dafür könnten jedoch solche Cytokine verantwortlich sein, die entweder konstitutiv oder im Verlauf von antigenspezifischen Immunantworten gegen andere, nicht kreuzreagierende Antigene gebildet werden. Die Anzahl der Gedächtniszellen für ein bestimmtes Antigen wird streng reguliert, sodass sie in der Gedächtnisphase praktisch konstant bleibt. Das deutet auf einen Kontrollmechanismus hin, der das Gleichgewicht zwischen Zellproliferation und Zelltod aufrechterhält.

Das immunologische Gedächtnis kann auf verschiedene Art und Weise experimentell untersucht werden. Bevorzugt verwendete man für diese Zwecke adoptive Transfertests (Anhang I, Abschnitt A.42) mit Lymphocyten von Tieren, die man mit einfachen, nichtlebenden Antigenen immunisierte, weil diese nicht proliferieren können. Bei diesen Experimenten wird das Vorhandensein von Gedächtniszellen ausschließlich dadurch gemessen, ob sich eine spezifische Reaktionsfähigkeit von einem immunisierten („geprägten") Tier auf ein nichtimmunisiertes Tier übertragen lässt, was man durch eine anschließende Immunisierung mit dem Antigen testet.

Tiere, die Gedächtniszellen erhalten haben, zeigen eine schnellere und stabilere Reaktion auf das Antigen als Tiere, auf die zur Kontrolle keine Zellen beziehungsweise Zellen von einem nichtimmunisierten Spendertier übertragen wurden.

Solche Experimente haben gezeigt, dass bei einem Tier, das zum ersten Mal mit einem Proteinantigen immunisiert wird, rasch ein funktionsfähiges Gedächtnis aus T-Helferzellen gegen das Antigen entsteht und nach etwa fünf Tagen ein Maximum erreicht. Antigenspezifische B-Gedächtniszellen treten erst einige Tage später auf, da die B-Zellen erst aktiviert werden können, wenn T-Helferzellen vorhanden sind. Die B-Zellen müssen dann im Lymphgewebe in eine Phase der Proliferation und Selektion eintreten. Ungefähr einen Monat nach der Immunisierung haben die B-Gedächtniszellen ihre maximale Konzentration erreicht. Mit geringen Schwankungen bleiben diese Konzentrationen in dem Tier für den Rest seines Lebens erhalten. Hier ist wichtig festzuhalten, dass das immunologische Gedächtnis, das bei diesen Experimenten entstand, sowohl auf die Vorläufer der Gedächtniszellen als auch auf die Gedächtniszellen selbst zurückzuführen ist. Diese Vorläuferzellen sind wahrscheinlich aktivierte B- und T-Zellen, von deren Nachkommen sich später einige zu Gedächtniszellen differenzieren. Deshalb können Vorläufer der Gedächtniszellen schon sehr kurze Zeit nach der Infektion auftreten, auch wenn sich die ruhenden Gedächtnislymphocyten noch gar nicht gebildet haben.

In den folgenden Abschnitten werden wir die Veränderungen in den Lymphocyten nach dem ersten Antigenkontakt, die zur Entwicklung von ruhenden Gedächtnislymphocyten führen, genauer betrachten und erörtern, welche Mechanismen möglicherweise Veränderungen verursachen.

10.14 Die Reaktionen von B-Gedächtniszellen unterscheiden sich auf verschiedene Weise von den Reaktionen der naiven B-Zellen

Man kann das immunologische Gedächtnis der B-Zellen ziemlich einfach *in vitro* untersuchen, indem man B-Zellen immunisierter Mäuse isoliert und sie in Gegenwart von T-Helferzellen erneut stimuliert, die für das entsprechende Antigen spezifisch sind. Die beobachtete Reaktion ist dann auf **B-Gedächtniszellen** zurückzuführen. Wenn man die Reaktion dieser B-Zellen mit einer primären B-Zell-Reaktion vergleicht, die man mit B-Zellen aus nichtimmunisierten Mäusen erhält, wenn man sie mit demselben Antigen stimuliert, so zeigt sich, dass sich die Reaktion der antigenspezifischen B-Gedächtniszellen sowohl quantitativ als auch qualitativ von der Reaktion naiver B-Zellen unterscheiden (Abb. 10.18). Nach dem ersten Antigenkontakt bei der Primärreaktion erhöht sich die Anzahl der B-Zellen, die auf das Antigen reagieren können, auf etwa das bis zu Hundertfache. Außerdem synthetisieren sie Antikörper mit einer im Durchschnitt höheren Affinität als B-Lymphocyten, die noch keinem Antigen begegnet sind, was eine Folge der Affinitätsreifung ist. So trägt also sowohl die klonale Vermehrung als auch die klonale Differenzierung zum B-Zell-Gedächtnis bei.

Eine primäre Antikörperreaktion ist durch eine erste schnelle Produktion von IgM gekennzeichnet, die mit einer IgG-Antwort einhergeht.

10.18 Die Ausbildung sekundärer Antikörperreaktionen durch B-Gedächtniszellen unterscheidet sich von der Entstehung einer primären Antikörperreaktion. Man kann diese Reaktionen untersuchen und vergleichen, indem man aus immunisierten und nichtimmunisierten Spendermäusen B-Zellen isoliert und diese zusammen mit antigenspezifischen T-Effektorzellen in Kultur stimuliert. Die Primärreaktion besteht normalerweise aus Antikörpermolekülen; diese werden von Plasmazellen gebildet, die von einer relativ diversen Population von B-Vorläuferzellen abstammen und für verschiedene Epitope auf dem Antigen spezifisch sind. Die Rezeptoren zeigen verschiedene Affinitäten für das Antigen. Die Antikörper besitzen insgesamt eine recht geringe Affinität und haben nur wenige somatische Mutationen. Die Sekundärreaktion beruht dagegen auf einer viel stärker eingegrenzten Population aus hoch affinen B-Zellen, die sich jedoch klonal erheblich vermehrt haben. Ihre Rezeptoren und Antikörper zeigen für das Antigen eine hohe Affinität und haben ausgeprägte somatische Mutationen. Der Gesamteffekt besteht darin, das zwar die Häufigkeit der aktivierbaren B-Zellen nach dem Priming nur um das 10- bis 100-fache zugenommen hat, die Qualität der Antikörperantwort hat sich jedoch deutlich verändert, indem diese Vorläuferzellen eine viel stärkere und wirksamere Reaktion auslösen.

	Herkunft der B-Zellen	
	nichtimmunisierter Spender Primärreaktion	immunisierter Spender Sekundärreaktion
Häufigkeit der antigenspezifischen B-Zellen	$1{:}10^4 - 1{:}10^5$	$1{:}10^2 - 1{:}10^3$
Isotyp der gebildeten Antikörper	IgM > IgG	IgG, IgA
Affinität der Antikörper	gering	hoch
somatische Hypermutation	gering	hoch

Das liegt an einem Isotypwechsel, der etwas verzögert erfolgt (Abb. 10.19). Es ist charakteristisch für die sekundäre Antikörperantwort, dass in den ersten Tagen nur relativ wenige IgM-Antikörper, dafür aber viel größere Mengen IgG-Antikörper gebildet werden; dazu kommt noch etwas IgA und IgE. Zu Beginn der Sekundärreaktion stammen diese Antikörper von B-Gedächtniszellen, die bei der Primärreaktion gebildet wurden und den Klassenwechsel von IgM zu diesen reiferen Isotypen bereits abgeschlossen haben, sodass sie auf ihrer Oberfläche IgG, IgA oder IgE sowie eine etwas größere Menge an MHC-Klasse-II-Molekülen und B7.1 exprimieren, als es für naive B-Zellen typisch ist.

Die durchschnittliche Affinität der IgG-Antikörper nimmt im Verlauf der gesamten Primärantwort zu, was sich während der sekundären sowie der folgenden Antikörperreaktionen noch fortsetzt (Abb. 10.19). Aufgrund der höheren Affinität von B-Gedächtniszellen für das Antigen und der gesteigerten Expression der MHC-Klasse-II-Moleküle, die mit einer stärkeren Expression von costimulierenden Molekülen einher geht, kann das Antigen leichter aufgenommen und präsentiert werden. Außerdem kann es dadurch bereits bei niedrigeren Antigenkonzentrationen als bei naiven B-Zellen zu den entscheidenden Wechselwirkungen zwischen den B-Gedächtniszellen und den T-Helferzellen kommen. Das bedeutet, dass die B-Zell-Differenzierung und die Antikörperproduktion nach der Stimulation durch das Antigen schneller einsetzen als bei der Primärantwort. Die Sekundärantwort ist gekennzeichnet durch eine heftigere und frühere Bildung von Plasmazellen als bei der Primärantwort, sodass die Produktion von großen Mengen IgG fast sofort einsetzt.

Der Unterschied zwischen primären und sekundären Antikörperreaktionen lässt sich am besten beobachten, wenn bei der Primärreaktion Antikörper dominieren, die eng miteinander verwandt sind und, wenn überhaupt, nur wenige somatische Hypermutationen aufweisen. Dies ist der Fall bei der Reaktion von Mäusen aus Inzuchtstämmen auf bestimmte Haptene, die von einer beschränkten Anzahl naiver B-Zellen erkannt werden. Die in diesem Fall gebildeten Antikörper werden bei allen Mäusen eines Inzuchtstammes von denselben V_H- und V_L-Genen codiert. Die variablen Regionen sind daher möglicherweise im Lauf der Evolution daraufhin selektiert worden, dass sie Determinanten auf Krankheitserregern erkennen, die mit einigen Haptenen kreuzreagieren. Aufgrund der Einheitlichkeit der primären Antikörperreaktion kann man leicht Veränderungen der Antikörpermoleküle erkennen, die bei einer zweiten Reaktion auf dasselbe Antigen entstehen. Dazu gehören nicht nur zahlreiche somatische Hypermutationen in Antikörpern mit den dominanten V-Regionen, sondern auch die zusätzliche Bildung von Antikörpern mit V_H- und V_L-Gen-Segmenten, die bei der primären Reaktion nicht nachgewiesen wurden. Von Letzteren nimmt man an, dass sie von B-Zellen stammen, die bei der Primärreaktion nur vereinzelt aktiviert wurden – weshalb sie auch nicht nachgewiesen werden können – und sich dann zu B-Gedächtniszellen differenziert haben.

10.15 Wiederholte Immunisierungszyklen führen aufgrund von somatischen Hypermutationen und Selektion durch Antigene in Keimzentren zu einer erhöhten Antikörperaffinität

Bei sekundären und allen weiteren Immunantworten sind alle Antikörper, die aus früheren Reaktionen stammen, sofort verfügbar, um an den erneut eingedrungenen Krankheitserreger zu binden. Diese Antikörper lenken das Antigen zu Phagocyten, die es abbauen und beseitigen (Abschnitt 9.22). Und wenn genügend Antikörper vorhanden sind, um den Krankheitserreger vollständig zu vernichten oder zu inaktivieren, kann es sein, dass gar keine sekundäre Immunantwort stattfindet. Wenn das Antigen jedoch erhalten bleibt, wird in den peripheren lymphatischen Organen eine sekundäre B-Zell-Reaktion ausgelöst. Antikörper, die von einer Primärantwort übrig geblieben sind, und die Antikörper, die bei einer Sekundärantwort in der frühen Phase produziert werden, tragen dazu bei, die Antikörperaffinität, die während der Sekundärantwort auftritt, deutlich zu erhöhen (Abb. 10.19). Das liegt daran, das nur B-Gedächtniszellen, deren Rezeptoren das Antigen mit ausreichender Avidität binden, um mit den schon vorhandenen Antikörpern konkurrieren zu können, das freie Antigen aufnehmen, es prozessieren und an ihrer Oberfläche präsentieren, sodass sie nun von den T-Zellen unterstützt werden können.

Eine sekundäre B-Zell-Antwort beginnt wie die primäre Immunantwort mit der Proliferation von B-Zellen und T-Zellen an der Grenze zwischen der T- und der B-Zell-Zone. T-Gedächtniszellen können aufgrund einer Veränderung der Oberflächenmoleküle, die die Wanderung und das Homing beeinflussen, in die nichtlymphatischen Gewebe eindringen (Abschnitt 10.6). Man nimmt aber an, dass B-Gedächtniszellen durch dieselben Kompartimente zirkulieren wie die naiven B-Zellen – hauptsächlich Milzfollikel, Lymphknoten und die Peyer-Plaques der Darmschleimhaut. Einige B-Gedächtniszellen können auch in den Randzonen der Milz vorkommen (Abb. 1.19), wobei nicht bekannt ist, ob es sich dabei um eine eigene Gruppe von B-Gedächtniszellen handelt.

B-Gedächtniszellen, die ein Antigen aufgenommen haben, präsentieren den zugehörigen (kognaten) T-Effektorhelferzellen Peptid:MHC-Klasse-II-Komplexe, die die Keimzentren umgeben und in diese eindringen. Der Kontakt zwischen antigenpräsentierenden B-Zellen und T-Helferzellen führt zu einem Austausch von aktivierenden Signalen und einer schnellen Proliferation von aktivierten antigenspezifischen B-Zellen und T-Helferzellen. Da die B-Gedächtniszellen mit der höheren Affinität am effektivsten um das Antigen konkurrieren, werden bei der Sekundärantwort nur diese

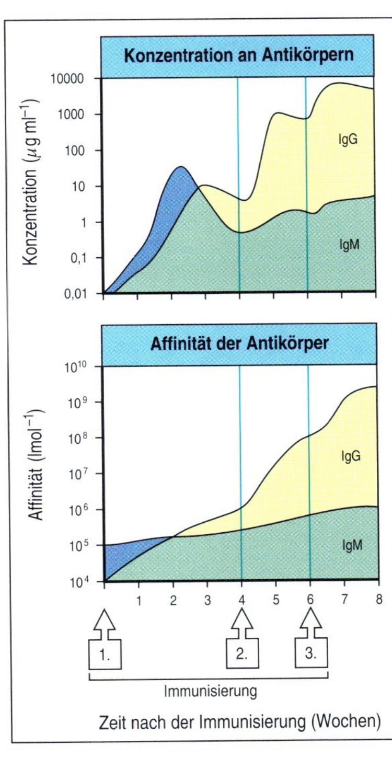

10.19 Sowohl die Affinität als auch die Menge der Antikörper steigt bei wiederholter Immunisierung an. Die obere Abbildung zeigt die Zunahme der Antikörperkonzentration in Abhängigkeit von der Zeit nach einer primären Immunisierung (1), der eine sekundäre (2) und eine tertiäre Immunisierung (3) folgen. In der unteren Abbildung ist die Erhöhung der Affinität der Antikörper (Affinitätsreifung) zu erkennen. Diesen Anstieg in der Affinität beobachtet man vor allem bei IgG-Antikörpern (aber auch bei IgA und IgE; nicht dargestellt), die von reifen B-Zellen synthetisiert werden, die bereits einen Klassenwechsel und somatische Hypermutationen durchlaufen haben und daher stärker bindende Antikörper herstellen. Die blaue Färbung steht für IgM allein, gelb zeigt IgG und grün zeigt das gleichzeitige Vorhandensein von IgG und IgM. Bei einer primären Antikörperreaktion findet zwar eine gewisse Affinitätsreifung statt, aber sie ist bei späteren Antworten auf wiederholte Antigeninjektionen viel ausgeprägter. Man beachte, dass die Werte logarithmisch aufgetragen sind, da sich sonst die Gesamtzunahme der Konzentration von spezifischen IgG-Antikörpern etwa um das Millionenfache des ursprünglichen Niveaus nicht darstellen ließe.

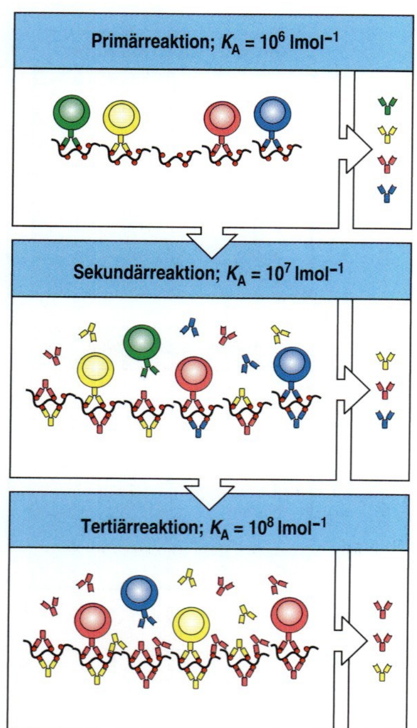

10.20 Der Mechanismus der Affinitätsreifung bei einer Antikörperreaktion. Zu Beginn einer primären Reaktion haben die B-Zellen Rezeptoren mit einem breiten Affinitätsspektrum (K_A), von denen die meisten das Antigen nur schwach binden. Die Zellen nehmen Antigene auf, präsentieren sie T-Helferzellen und werden angeregt, Antikörper mit variierender und relativ geringer Affinität zu bilden (oben). Diese Antikörper binden und eliminieren daraufhin das Antigen, sodass nur die B-Zellen mit Rezeptoren der höchsten Affinität weiterhin Antigen einfangen und effektiv mit T-Helferzellen interagieren können. Solche B-Zellen unterliegen daher einer positiven Selektion, sodass sie sich weiter vermehren und klonal differenzieren. Bei einer sekundären Reaktion dominieren dann die von diesen Zellen gebildeten Antikörper (Mitte). Diese höher affinen Antikörper konkurrieren ihrerseits um die Bindung des Antigens und bewirken bei der tertiären Reaktion eine Selektion hinsichtlich der Aktivierung von B-Zellen, die Rezeptoren von noch höherer Affinität besitzen (unten).

B-Zellen wirksam stimuliert. Reaktivierte B-Zellen, die noch keine Differenzierung zu Plasmazellen durchlaufen haben, wandern in die Follikel und werden zu B-Zellen des Keimzentrums. Sie beginnen dort eine zweite Vermehrungsphase, in deren Verlauf die DNA dieser B-Zellen, welche die variablen Domänen der Immunglobuline codiert, eine somatische Hypermutation durchmacht, bevor aus den Zellen antikörperbildende Plasmazellen werden (Abschnitt 9.8). Die Affinität der produzierten Antikörper nimmt rasch fortschreitend zu, da die B-Zellen mit den Antigenrezeptoren der höchsten Affinität, die sich durch somatische Hypermutation herausbilden, das Antigen am effizientesten binden und deshalb im Keimzentrum aufgrund ihrer Wechselwirkungen mit antigenspezifischen T-Helferzellen zur Vermehrung selektiert werden (Abb. 10.20).

10.16 T-Gedächtniszellen sind zahlreicher im Vergleich zu naiven T-Zellen, die für dasselbe Antigen spezifisch sind, werden unter anderen Bedingungen aktiviert und besitzen andere Oberflächenproteine als T-Effektorzellen

Weil der T-Zell-Rezeptor weder einen Klassenwechsel noch eine Affinitätsreifung durchläuft, ist es im Vergleich einer B-Gedächtniszelle nicht so einfach, eine T-Gedächtniszelle zu charakterisieren. Die Anzahl an T-Zellen, die auf ein bestimmtes Antigen reagieren können, ist nach einer Immunisierung aufgrund der Entstehung von T-Effektorzellen deutlich erhöht. Dann sinkt sie ab, bleibt aber für den Rest des Lebens des betroffenen Tieres oder der betroffenen Person auf diesem gegenüber dem Anfang deutlich – 100- bis 1000-fach – erhöhten Niveau (Abb. 10.21). Diese dauerhaften Zellen bezeichnet man als **T-Gedächtniszellen**. Sie sind langlebige Zellen mit einer besonderen Ausstattung an Oberflächenmolekülen, reagieren in besonderer Weise auf Reize und exprimieren Gene, die das Überleben der Zelle steuern. Insgesamt sind ihre Oberflächenproteine so ähnlich wie bei T-Effektorzellen, aber es gibt einige deutliche Unterschiede (Abb. 10.22). Bei B-Zellen besteht ein offensichtlicher Unterschied zwischen Effektor- und Gedächtniszellen, da B-Effektorzellen vollkommen ausdifferenzierte Plasmazellen sind, die bereits aktiviert wurden und so lange Antikörper sezernieren, bis sie absterben.

Bei Versuchen, die Existenz von T-Gedächtniszellen zu belegen, steht man hauptsächlich vor dem Problem, dass viele Tests der T-Zell-Effektorfunktionen einige Tage in Anspruch nehmen. Während dieser Zeit haben sich potenzielle T-Gedächtniszellen bereits wieder in T-Effektorzellen zurückverwandelt, sodass man mit solchen Tests nicht zwischen bereits existierenden T-Effektorzellen und T-Gedächtniszellen unterscheiden kann, da Gedächtniszellen während der Zeit des Experiments Effektoraktivitäten entwickelt haben können. Das gilt jedoch nicht für cytotoxische T-Zellen, die eine Zielzelle innerhalb von fünf Minuten auf Lyse programmieren können, während CD8-T-Gedächtniszellen für ihre Reaktivierung mehr Zeit benötigen, um wieder cytotoxisch zu werden. Ihre cytotoxischen Aktivitäten treten also später auf als alle anderen Aktivitäten von bereits existierenden T-Effektorzellen, obwohl sie keine DNA synthetisieren müssen, was sich anhand von Untersuchungen mit Mitoseinhibitoren zeigen ließ.

10.21 Erzeugung von T-Gedächtniszellen nach einer Virusinfektion. Nach einer Infektion, in diesem Fall nach der Reaktivierung eines ruhenden Cytomegalievirus (CMV), nimmt die Anzahl der T-Zellen, die für virale Antigene spezifisch sind, erheblich zu und geht dann zurück, sodass eine geringe Menge von T-Gedächtniszellen erhalten bleibt. Die obere Grafik zeigt die Anzahl der T-Zellen (orange); die untere Grafik zeigt den Verlauf der Virusinfektion (blau), bestimmt aufgrund der Menge an Virus-DNA im Blut. (Daten mit freundlicher Genehmigung von G. Aubert.)

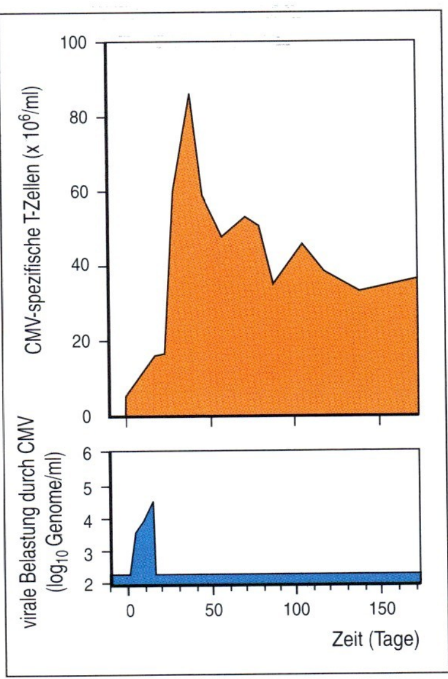

Protein	naive Zellen	Effektor-zellen	Gedächtnis-zellen	Anmerkungen
CD44	+	+++	+++	Zelladhäsionsmolekül
CD45RO	+	+++	+++	beeinflusst Signalgebung der T-Zell-Rezeptoren
CD45RA	+++	+	+++	beeinflusst Signalgebung der T-Zell-Rezeptoren
CD62L	+++	–	einige +++	Rezeptor für das Homing zu den Lymphknoten
CCR7	+++	+/–	einige +++	Chemokinrezeptor für das Homing zu den Lymphknoten
CD69	–	+++	–	frühes Aktivierungsantigen
Bcl-2	++	+/–	+++	fördert Überleben der Zelle
Interferon-γ	–	+++	+++	Effektorcytokin; mRNA vorhanden Proteinproduktion nach Aktivierung
Granzym B	–	+++	+/–	Effektormolekül für das Abtöten von Zellen
FasL	–	+++	+	Effektormolekül für das Abtöten von Zellen
CD122	+/–	++	++	Bestandteil des Rezeptors für IL-15 und IL-2
CD25	–	++	–	Bestandteil des Rezeptors für IL-2
CD127	++	–	+++	Bestandteil des Rezeptors für IL-7
Ly6C	+	+++	+++	mit GPI gekoppeltes Protein
CXCR4	+	+	++	Rezeptor für Chemokin CXCL12; kontrolliert Zellbewegungen im Gewebe
CCR5	+/–	++	einige +++	Rezeptor für Chemokine CCL3 und CCL4; Zellbewegungen im Gewebe

10.22 Wenn sich naive T-Zellen zu T-Gedächtniszellen entwickeln, verändert sich die Expression zahlreicher Proteine. Zu den Proteinen, die bei naiven T-Zellen, T-Effektorzellen und T-Gedächtniszellen unterschiedlich exprimiert werden, gehören Adhäsionsmoleküle, die die Wechselwirkungen zwischen antigenpräsentierenden Zellen und Endothelzellen bewerkstelligen; Chemokinrezeptoren, die die Wanderung in die lymphatischen Gewebe und zu Entzündungsherden beeinflussen; Proteine und Rezeptoren, die das Überleben der T-Gedächtniszellen sichern; sowie Proteine, die bei den Effektorfunktionen mitwirken, beispielsweise Granzym B. Durch einige Veränderungen nimmt auch die Empfindlichkeit der T-Gedächtniszellen gegenüber einer Stimulation durch Antigene zu. Viele der stattfindenden Veränderungen bei T-Gedächtniszellen kommen auch bei Effektorzellen vor, einige jedoch, wie die Expression der Zelloberflächenproteine CD25 und CD69, sind für T-Effektorzellen spezifisch. Andere wiederum, beispielsweise die Expression des Überlebensfaktors Bcl-2, beschränken sich allein auf die langlebigen T-Gedächtniszellen. Die Liste vermittelt einen allgemeinen Überblick für CD4- und CD8-T-Zellen bei der Maus und beim Menschen, verschiedene Einzelheiten wurden jedoch aus Gründen der Vereinfachung weggelassen.

Seit kurzem kann man bestimmte Klone antigenspezifischer CD8-T-Zellen durch Anfärbung mit tetrameren Peptid:MHC-Komplexen nachweisen (Anhang I, Abschnitt A.28). Man fand heraus, dass die Anzahl an antigenspezifischen CD8-T-Zellen im Laufe einer Infektion drastisch ansteigt und dann wieder bis um das 100-fache fällt; dennoch bleibt die endgültige Menge deutlich höher als vor dem Antigenkontakt. Diese Zellen exprimieren weiterhin einige für aktivierte Zellen charakteristische Marker wie CD44, während andere ebenfalls für eine Aktivierung typische Marker wie CD69 nicht mehr gebildet werden. Darüber hinaus exprimieren sie eine größere Menge des Proteins Bcl-2, das das Überleben der Zelle fördert und vielleicht für die lange Halbwertszeit der CD8-Gedächtniszellen verantwortlich ist.

Die α-Untereinheit des IL-7-Rezeptors (IL-7Rα oder CD127) ist möglicherweise ein guter Marker für aktivierte T-Zellen, die sich zu langlebigen Gedächtniszellen entwickeln werden (Abb. 10.22). Naive T-Zellen exprimieren IL-7Rα, aber der Rezeptor geht bei einer Aktivierung schnell verloren und wird von den meisten T-Effektorzellen nicht exprimiert. Beim Maximum der Effektorantwort gegen das lymphocytische Choriomeningitis-Virus (LCMV) von Mäusen, etwa am siebten Tag der Infektion, exprimiert beispielsweise nur eine kleine Population von etwa 5 % der CD8-T-Effektorzellen große Mengen an IL-7Rα. Eine adoptive Übertragung dieser Zellen, nicht jedoch der T-Effektorzellen, die nur geringe Mengen an IL-7Rα exprimieren, kann bei nichtinfizierten Mäusen ein CD8-T-Zell-Gedächtnis erzeugen (Abb. 10.23). Dieses Experiment deutet darauf hin, dass ein frühes Aufrechterhalten oder eine frühe erneute Expression von IL-7Rα für CD8-T-Effektorzellen spezifisch ist, die CD8-T-Gedächtniszellen hervorbringen. Es ist jedoch nicht bekannt, ob und wie dieser Vorgang reguliert wird. T-Gedächtniszellen sind für eine erneute Stimulation durch Antigene empfindlicher als naive T-Zellen, und sie produzieren Cytokine wie IFN-γ als Reaktion auf einen solchen Reiz schneller und in größerer Menge.

Bei CD4-T-Zell-Reaktionen steht man vor größeren Problemen in Bezug auf eine direkte Untersuchung des immunologischen Gedächtnisses, teilweise weil ihre Reaktionen geringer sind als die der CD8-T-Zellen, teilweise auch, weil bis vor kurzem keine Peptid:MHC-Klasse-II-Reagenzien zur Verfügung standen, wie es sie in Form der Peptid:MHC-Klasse-I-Tetramere bereits gibt. Durch Übertragung und Priming von naiven T-Zellen, die Transgene für T-Zell-Rezeptoren trugen, sodass die T-Zellen eine bekannte Peptid:MHC-Spezifität besaßen, ist es dennoch gelungen,

10.23 Die Expression des IL-7-Rezeptors (IL-7R) zeigt an, welche CD8-T-Effektorzellen starke Reaktionen des immunologischen Gedächtnisses hervorbringen können. Mäuse, die einen transgenen T-Zell-Rezeptor (TCR) exprimieren, der für virales Antigen des lymphocytischen Choriomeningitis-Virus (LCMV) spezifisch ist, wurden infiziert, und die Effektorzellen wurden am elften Tag entnommen. CD8-T-Effektorzellen, die große Mengen an IL-7R (IL-7R^{hi}, blau) exprimieren, wurden abgetrennt und auf eine Gruppe von nichtimmunisierten Mäusen übertragen. CD8-T-Effektorzellen, die eine geringe Menge an IL-7R (IL-7R^{lo}, grün) exprimieren, wurden auf eine andere Gruppe von Mäusen übertragen. Drei Wochen nach der Übertragung wurden die Mäuse mit einem Bakterium in Kontakt gebracht, das genetisch so verändert war, dass es das ursprüngliche Virusantigen exprimierte. Nun bestimmte man die Anzahl der übertragenen Zellen, die eine Reaktion zeigten, zu verschiedenen Zeitpunkten nach dem Kontakt (anhand der Expression des transgenen TCR). Nur die übertragenen IL-7R^{hi}-Effektorzellen konnten beim zweiten Kontakt mit dem Bakterium eine starke Vermehrung der CD8-T-Zellen hervorrufen.

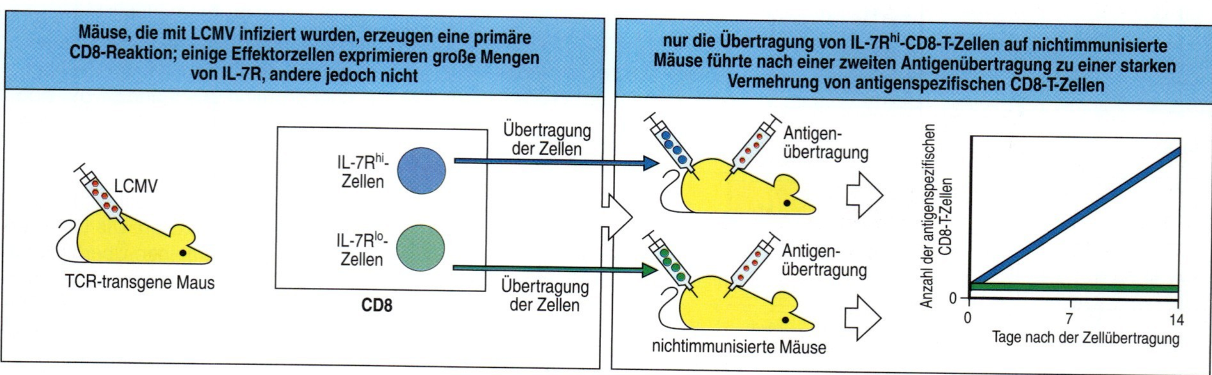

CD4-T-Gedächtniszellen sichtbar zu machen. Sie treten als langlebige Population von Zellen in Erscheinung, die einige Oberflächenmerkmale mit aktivierten T-Effektorzellen gemeinsam haben, sich aber von T-Effektorzellen unterscheiden, indem sie eine zusätzliche Neustimulation benötigen, bevor sie auf Zielzellen einwirken können. Die drei Zelloberflächenproteine L-Selektin, CD44 und CD45, die auf den mutmaßlichen CD4-T-Gedächtniszellen nach Kontakt mit einem Antigen erscheinen, zeigen besonders deutliche Veränderungen. L-Selektin geht auf den meisten T-Gedächtniszellen verloren, während die Konzentration an CD44 auf allen T-Gedächtniszellen zunimmt. Diese Veränderungen tragen dazu bei, die Wanderung von T-Gedächtniszellen aus dem Blut in die Gewebe statt direkt in die Lymphgewebe zu lenken. Die Isoform von CD45 verändert sich durch alternatives Spleißen der Exons, welche die extrazelluläre Domäne von CD45 codieren. Dabei entstehen Isoformen wie CD45RO, die mit dem T-Zell-Rezeptor assoziieren und die Antigenerkennung erleichtern (Abb. 10.22). Diese Veränderungen sind charakteristisch für Zellen, bei denen die Entwicklung zu T-Effektorzellen induziert worden ist. Einige Zellen, bei denen diese Veränderungen stattgefunden haben, zeigen jedoch viele Eigenschaften ruhender CD4-T-Zellen; daher handelt es sich bei ihnen vermutlich um CD4-T-Gedächtniszellen. Sie erreichen erst nach erneutem Kontakt mit einem Antigen auf einer antigenpräsentierenden Zelle den Status von T-Effektorzellen und haben dann alle Eigenschaften von T_H2- oder T_H1-Zellen: Sie sezernieren entweder IL-4 und IL-5 oder IFN-γ.

Es erscheint daher vernünftig, diese Zellen als CD4-T-Gedächtniszellen zu bezeichnen. Man vermutet, dass sich naive CD4-T-Zellen zu T-Effektorzellen oder zu T-Gedächtniszellen entwickeln können, die durch spätere Aktivierung den Effektorstatus erlangen. Wie im Fall der CD8-T-Gedächtniszellen erfährt auch dieses Forschungsgebiet zurzeit durch die direkte Anfärbbarkeit von CD4-T-Zellen mit Peptid:MHC-Klasse-II-Tetrameren nahezu eine Revolution (Anhang I, Abschnitt A.28). Diese Technik ermöglicht es nicht nur, antigenspezifische CD4-T-Zellen zu identifizieren, sondern auch mithilfe einer intrazellulären Cytokinfärbung (Anhang I, Abschnitt A.27) zu entscheiden, ob es sich dabei um T_H1- oder T_H2-Zellen handelt. Diese Verbesserungen bei der Identifizierung und Phänotypisierung von CD4-T-Zellen werden unser Wissen über diese bislang rätselhaften Zellen rasch vermehren und könnten zudem wertvolle Informationen über naive CD4-T-Zellen, CD4-T-Gedächtnis- und CD4-T-Effektorzellen liefern.

Die homöostatischen Mechanismen, die für das Überleben der T-Gedächtniszellen sorgen, unterscheiden sich von den Mechanismen der naiven T-Zellen. T-Gedächtniszellen teilen sich häufiger als naive T-Zellen, und ihre Vermehrung wird durch ein Gleichgewicht zwischen Vermehrung und Zelltod reguliert. Wie bei den naiven T-Zellen erfordert auch das Überleben der T-Gedächtniszellen die Stimulation durch die Cytokine IL-7 und IL-15. IL-7 ist sowohl für das Überleben von CD4- als auch CD8-T-Gedächtniszellen erforderlich. Darüber hinaus ist jedoch IL-15 für das langfristige Überleben und die Proliferation von CD8-T-Gedächtniszellen unter normalen Bedingungen von grundlegender Bedeutung. Die Bedeutung von IL-15 für die CD4-T-Gedächtniszellen ist noch umstritten.

Neben der Stimulation durch Cytokin benötigen naive T-Zellen zum langfristigen Überleben in der Peripherie auch den Kontakt mit Selbst-

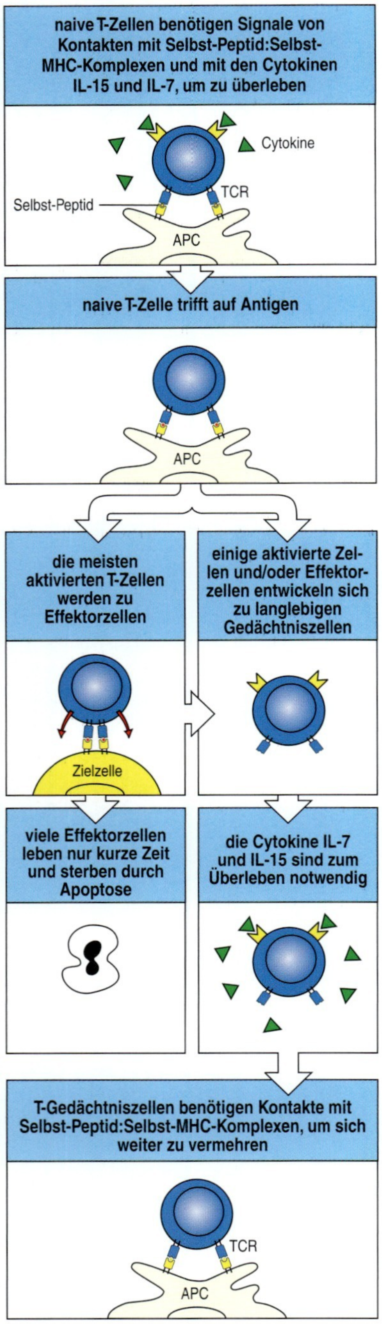

10.24 Naive T-Zellen und T-Gedächtniszellen benötigen unterschiedliche Faktoren zum Überleben. Um in der Peripherie zu überleben, benötigen naive T-Zellen eine periodische Stimulation mit den Cytokinen IL-7 und IL-15 sowie mit körpereigenen Antigenen, die von MHC-Molekülen präsentiert werden. Nach dem Priming mit ihrem spezifischen Antigen teilt sich eine naive T-Zelle und differenziert sich. Die meisten Nachkommen differenzieren sich zu relativ kurzlebigen Effektorzellen, einige werden jedoch zu langlebigen T-Gedächtniszellen. Diese müssen durch Cytokine stabilisiert werden, benötigen jedoch allein für das Überleben keinen Kontakt mit Selbst-Peptid:Selbst-MHC-Komplexen. Der Kontakt mit körpereigenen Antigenen ist anscheinend jedoch für T-Gedächtniszellen notwendig, damit sie sich weiterhin teilen können und ihre Anzahl in der Gedächtnispopulation konstant bleibt.

Peptid:Selbst-MHC-Komplexen (Abschnitt 7.29), T-Gedächtniszellen jedoch offenbar nicht. Man hat jedoch festgestellt, dass T-Gedächtniszellen nach der Übertragung auf MHC-defekte Wirtstiere nicht mehr alle typischen Funktionen des T-Zell-Gedächtnisses aufweisen. Das deutet darauf hin, dass die Stimulation durch Selbst-Peptid:Selbst-MHC-Komplexe möglicherweise doch für ihre ständige Proliferation und optimale Funktionsfähigkeit erforderlich ist (Abb. 10.24).

10.17 T-Gedächtniszellen sind heterogen und umfassen Untergruppen aus zentralen Gedächtniszellen und Effektorgedächtniszellen

Vor kurzem hat man entdeckt, dass sich CD4- und CD8-T-Zellen zu zwei Arten von Gedächtniszellen differenzieren können, die jeweils unterschiedliche Aktivierungsmerkmale haben (Abb. 10.25). Der eine Zelltyp wird als **Effektorgedächtniszelle** bezeichnet, da diese Zellen rasch zu T-Effektorzellen heranreifen und nach einer erneuten Stimulation schnell große Mengen an IFN-γ, IL-4 und IL-5 sezernieren können. Diese Zellen haben nicht den Chemokinrezeptor CCR7, exprimieren jedoch neben hohen Konzentrationen an β_1- und β_2-Integrinen auch Rezeptoren für entzündungsspezifische Chemokine. Nach dieser Charakterisierung ist anzunehmen, dass diese Effektorgedächtniszellen auf einen raschen Eintritt in entzündete Gewebe spezialisiert sind. Davon unterscheiden sich die **zentralen Gedächtniszellen**, die CCR7 exprimieren. Man könnte daher annehmen, dass sie schneller als naive T-Zellen wieder die T-Zonen der peripheren Lymphgewebe erreichen. Die zentralen Gedächtniszellen reagieren sehr empfindlich auf ein Quervernetzen des T-Zell-Rezeptors und exprimieren dann rasch den CD40-Liganden. Sie brauchen jedoch länger, um sich zu T-Effektorzellen zu differenzieren, und sezernieren daher nicht so viele Cytokine wie die Effektorgedächtniszellen gleich nach einer erneuten Stimulation.

Die Unterscheidung zwischen den zentralen Gedächtniszellen und den Effektorgedächtniszellen gibt es sowohl beim Menschen als auch bei der Maus. Diese allgemeine Unterscheidung bedeutet jedoch nicht, dass jede Untergruppe eine einheitliche Population darstellt. Innerhalb der Un-

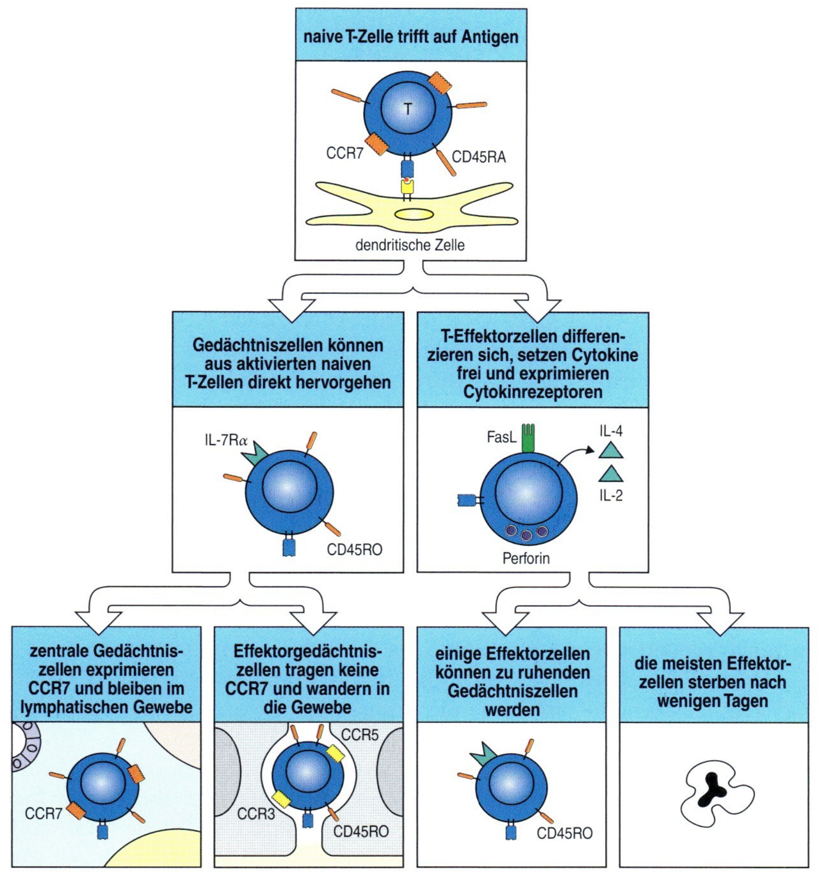

10.25 T-Zellen differenzieren sich zu Untergruppen aus zentralen Gedächtniszellen und Effektorgedächtniszellen, die sich durch die Expression des Chemokinrezeptors CCR7 unterscheiden. Ruhende Gedächtniszellen, die das kennzeichnende CD45RO-Oberflächenprotein tragen, können aus aktivierten Effektorzellen (rechte Hälfte der Darstellung) oder direkt aus aktivierten naiven T-Zellen (linke Hälfte der Darstellung) entstehen. Aus der primären T-Zell-Reaktion können zwei Typen von ruhenden Gedächtniszellen hervorgehen. Die zentralen Gedächtniszellen exprimieren CCR7 und bleiben nach der Neustimulation in den peripheren lymphatischen Geweben. Die Effektorgedächtniszellen reifen nach der Neustimulation schnell zu T-Effektorzellen heran und sezernieren große Mengen an IFN-γ, IL-4 und IL-5. Sie exprimieren nicht den Rezeptor CCR7, jedoch die Rezeptoren CCR3 und CCR5 für entzündungsspezifische Chemokine.

tergruppe der CCR7-exprimierenden zentralen Gedächtniszellen gibt es bedeutsame Unterschiede bei der Expression von anderen Markern, vor allem bei Rezeptoren für andere Chemokine. So gibt es innerhalb der CCR7-positiven zentralen Gedächtniszellen eine Untergruppe, deren Zellen CXCR5 exprimieren, ein Rezeptor für CXCL13, ein Chemokin, das in B-Zell-Follikeln produziert wird. Diese CXCR5-positiven zentralen T-Gedächtniszellen bezeichnet man als **follikuläre Helferzellen**. Sie produzieren IL-2 und unterstützen B-Zellen.

Bei Stimulation durch ein Antigen geht bei den zentralen Gedächtniszellen die Expression von CCR7 schnell zurück, und sie differenzieren sich zu Effektorgedächtniszellen. Effektorgedächtniszellen exprimieren ebenfalls verschiedene Chemokinrezeptoren. Man hat sie entsprechend ihren Chemokinrezeptoren den T_H1-Zellen (CCR5) und den T_H2-Zellen (CCR4) zugeordnet. Die zentralen Gedächtniszellen sind noch nicht auf bestimmte Effektorlinien festgelegt, und selbst Effektorgedächtniszellen sind nicht vollständig auf die T_H1- oder T_H2-Linie eingestellt, wobei zwischen dem letztendlichen Ergebnis – T_H1- oder T_H2-Zellen – und dem exprimierten Chemokinrezeptor eine gewisse Korrelation besteht. Die weitere Stimulation mit Antigen bringt anscheinend die Differenzierung der Effektorgedächtniszellen allmählich in Richtung auf getrennte T-Effektorzelllinien voran.

10.18 Für die CD8-T-Gedächtniszellen ist die Unterstützung durch CD4-T-Helferzellen erforderlich, außerdem spielen CD40- und IL-2-Signale eine Rolle

Wir haben bereits beschrieben, wie CD8-T-Zell-Antworten auf *Listeria monocytogenes* bei Mäusen auftreten können, die keine CD4-T-Zellen besitzen. Sieben Tage nach Beginn der Infektion zeigen Wildtypmäuse und Mäuse ohne CD4-T-Zellen eine gleich starke Vermehrung und Aktivität der pathogenspezifischen CD8-T-Effektorzellen (Abschnitt 10.8). Sie sind jedoch nicht in der Lage, in gleicher Weise CD8-T-Gedächtniszellen zu entwickeln. Mäuse, die aufgrund eines MHC-Klasse-II-Defekts keine CD4-T-Zellen besitzen, bringen viel schwächere Sekundärantworten hervor, die dadurch gekennzeichnet sind, dass es viel weniger sich vermehrende CD8-T-Gedächtniszellen gibt, die für das Pathogen spezifisch sind. Bei diesem Experiment enthielt *Listeria* ein Gen für das Protein Ovalbumin, und die Reaktion auf dieses Protein wurde als Marker für CD8-T-Gedächtniszellen gemessen (Abb. 10.26). Diese Mäuse besitzen weder bei der Primärantwort noch bei jeder weiteren Immunreaktion irgendwelche CD4-T-Zellen. Deshalb könnten CD4-T-Zellen entweder bei der ersten Programmierung der CD8-T-Zellen während der Primäraktivierung notwendig sein, um die Bildung von Gedächtniszellen zu ermöglichen, oder aber nur während der sekundären Immunantwort.

Diese Frage ließ sich durch die Beobachtung klären, dass CD8-T-Gedächtniszellen, die sich ohne die Unterstützung von CD4-T-Zellen entwickeln, eine stark verringerte Proliferation zeigen, selbst nachdem man sie auf Wildtypmäuse übertragen hat. Das deutet darauf hin, dass die Programmierung ihrer Entwicklung zu Gedächtniszellen defekt ist und der Grund nicht einfach die fehlende Unterstützung durch die CD4-T-Zellen während der Sekundärantwort ist. Die Notwendigkeit der CD4-Unterstützung für die Erzeugung eines immunologischen CD8-Gedächtnisses ließ sich auch durch Experimente zeigen, bei denen man die CD4-T-Zellen durch eine Behandlung mit Antikörpern entfernt hat oder bei denen die Mäuse einen Defekt des CD4-Gens aufwiesen. Diese Experimente zeigen an, dass die Unterstützung durch CD4-T-Zellen für die Programmierung naiver CD8-T-Zellen notwendig ist, um Gedächtniszellen zu bilden, die sich bei einer Sekundärantwort stabil vermehren können.

Der Mechanismus, der dieser Wirkung von CD4-T-Zellen zugrunde liegt, ist noch nicht vollständig bekannt. Wahrscheinlich sind aber min-

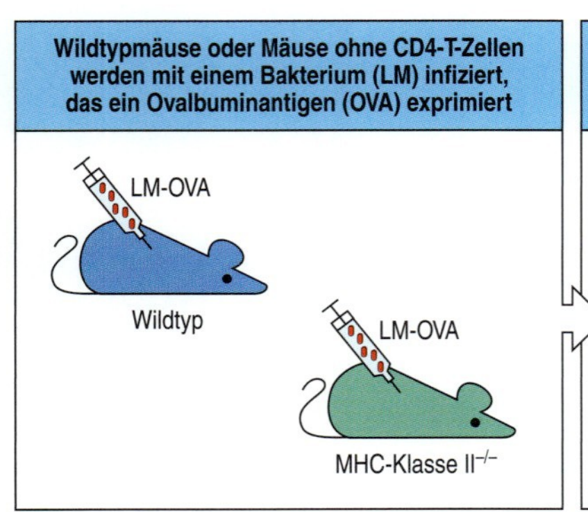

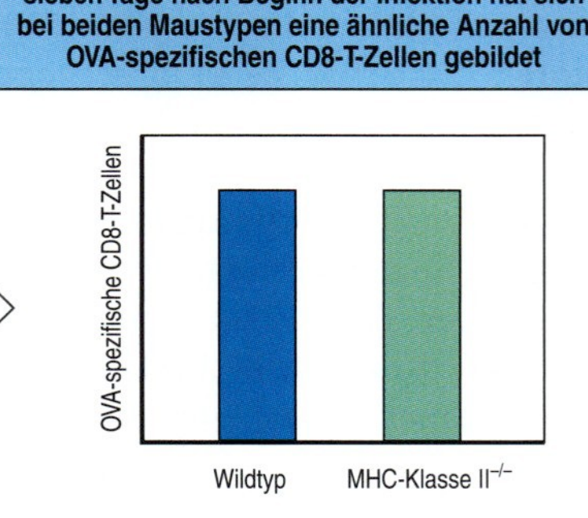

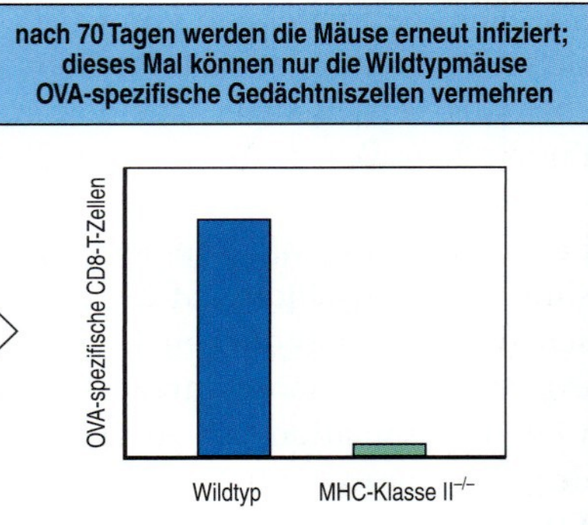

10.26 Für die Entwicklung von funktionsfähigen CD8-T-Gedächtniszellen sind CD4-T-Zellen erforderlich. Mäuse, die keine MHC-Klasse-II-Moleküle exprimieren (MHC$^{-/-}$) können keine CD4-T-Zellen entwickeln. Wildtyp- und MHC$^{-/-}$-Mäuse wurden mit *Listeria monocytogenes* infiziert, die das Modellantigen Ovalbumin (LM-OVA) exprimieren. Nach sieben Tagen bestimmte man die Anzahl der OVA-spezifischen CD8-T-Zellen. Dafür verwendete man spezifische MHC-Tetramere, die ein OVA-Peptid enthalten und deshalb an die T-Zell-Rezeptoren binden, die mit diesem Antigen reagieren. Nach siebentägiger Infektion zeigten Mäuse, die keine CD4-T-Zellen besaßen, dieselbe Anzahl von OVA-spezifischen CD8-T-Zellen wie die Wildtypmäuse. Ließ man den Mäusen jedoch 60 Tage Zeit, sich zu erholen und T-Gedächtniszellen zu entwickeln, und wurden sie dann wieder mit LM-OVA behandelt, konnten die Mäuse ohne CD4-T-Zellen keine CD8-T-Gedächtniszellen vermehren, die für OVA spezifisch sind. Bei den Wildtypmäusen zeigt sich dagegen eine starke CD8-Gedächtnisreaktion.

destens zwei Arten von Signalen für die CD8-T-Zelle beteiligt – sie werden über CD40 beziehungsweise über den IL-2-Rezeptor empfangen. CD8-T-Zellen, die CD40 nicht exprimieren, können keine T-Gedächtniszellen bilden. Es gibt zwar viele Zellen, die den CD40-Liganden exprimieren können, der für die Stimulation von CD40 erforderlich ist, aber wahrscheinlich stammt dieses Signal von CD4-T-Zellen.

Dass auch IL-2-Signale notwendig sind, um das immunologische CD8-Gedächtnis einzurichten, wurde entdeckt, als man CD8-T-Zellen mit einem genetischen Defekt in der IL-2Rα-Untereinheit verwendete, die dadurch nicht auf IL-2 reagieren konnten. Da das IL-2Rα-Signal für die Entwicklung der T_{reg}-Zellen benötigt wird, entwickeln Mäuse, denen IL-2Rα fehlt, eine lymphproliferative Erkrankung. Diese Krankheit entwickelt sich jedoch nicht bei Mäusen, die Knochenmarkchimären sind, welche sowohl Wildtyp- als auch IL-2Rα-defekte Zellen enthalten. An diesen Chimären lässt sich nun das Verhalten der IL-2Rα-defekten Zellen untersuchen. Als diese chimären Mäuse mit dem lymphocytischen Choriomeningitis-Virus (LCMV) infiziert wurden und man ihre Reaktionen untersuchte, entwickelten sich spezifisch dann keine Reaktionen von CD8-T-Gedächtniszellen, wenn IL-2Rα fehlte.

CD4-T-Zellen stabilisieren anscheinend auch die Anzahl der CD8-T-Gedächtniszellen. Dieser Effekt unterscheidet sich offenbar von ihrer Wirkung auf die Entwicklung naiver CD8-T-Zellen zu Gedächtniszellen. Wenn CD8-T-Gedächtniszellen in immunologisch „naive" Mäuse übertragen werden, beeinflusst das Fehlen oder Vorhandensein von CD4-T-Zellen im Empfängertier die Stabilisierung der CD8-T-Gedächtniszellen. Nach der Übertragung von CD8-T-Gedächtniszellen auf Mäuse, die keine CD4-T-Zellen besitzen, kommt es zu einer allmählichen Abnahme der Gedächtniszellen – anders als bei einer entsprechenden Übertragung auf Wildtypmäuse. Die Übertragung von CD8-T-Effektorzellen auf Mäuse ohne CD4-T-Zellen hat auch eine relative Beeinträchtigung der CD8-Effektorfunktionen zur Folge. Diese Experimente zeigen, dass die CD4-T-Zellen, die während einer Immunantwort aktiviert werden, bedeutende Auswirkungen auf die Quantität und Qualität der CD8-T-Zell-Antwort haben, selbst wenn sie für die ursprüngliche Aktivierung der CD8-T-Zellen nicht erforderlich sind. Die CD4-T-Zellen unterstützen die Programmierung von naiven CD8-T-Zellen, Gedächtniszellen zu bilden, tragen zur Wirksamkeit der Effektoraktivität bei und wirken bei der Stabilisierung der Anzahl von T-Gedächtniszellen mit.

10.19 Bei immunen Individuen werden die sekundären und späteren Reaktionen vor allem von den Gedächtnislymphocyten hervorgerufen

Bei einem normalen Infektionsverlauf vermehrt sich der Krankheitserreger zunächst so lange, bis er eine adaptive Immunantwort auslöst. Dann regt er die Bildung von Antikörpern und T-Effektorzellen an, die das Pathogen im Körper ausmerzen. Daraufhin sterben die meisten T-Effektorzellen. Der Antikörperspiegel sinkt kontinuierlich, da die auslösenden Antigene für die Immunantwort nicht mehr in ausreichender Menge vorhanden sind, um eine Antwort aufrechtzuerhalten. Wir können dies als eine negative Rückkopplung der Immunantwort ansehen. T- und B-Gedächtniszellen bleiben allerdings erhalten und bewirken im Körper ein erhöhtes Potenzial, angemessen auf eine erneute Infektion mit dem gleichen Erreger zu reagieren. Zudem verhindern die Antikörper und die T-Gedächtniszellen, die in einem bereits immunisierten Körper zurückbleiben, größtenteils, dass bei einem Auftreten desselben Antigens naive B- und T-Zellen aktiviert werden. Das lässt sich zeigen, indem man einem noch nicht immunisierten Empfänger passiv Antikörper oder T-Effektorzellen überträgt. Nach der Immunisierung mit dem gleichen Antigen reagieren die naiven Lymphocyten nicht mehr. Die Immunantworten auf andere Antigene bleiben davon jedoch unbeeinflusst.

Diesen Effekt nutzt man in der Praxis aus, um eine Immunreaktion von Rh^--Müttern gegen einen Rh^+-Fetus zu verhindern, die bei Neugeborenen eine Hämolyse verursachen kann. Injiziert man der Mutter Antikörper gegen Rh, bevor sie zum ersten Mal mit den roten Blutkörperchen ihres Kindes in Kontakt kommt, wird ihre Immunantwort unterdrückt. Zu diesem Unterdrückungsmechanismus gehört wahrscheinlich, dass die Erythrocyten des Kindes unter Beteiligung der Antikörper beseitigt und zerstört werden. Dadurch lässt sich verhindern, dass naive B- und T-Zellen eine Immunantwort auslösen. Reaktionen von B-Gedächtniszellen werden durch die Antikörper jedoch nicht blockiert. Daher muss man rechtzeitig untersuchen, ob bei einer Rh^--Mutter eine Primärreaktion zu befürchten ist, und anschließend die Mutter behandeln, bevor eine primäre Immunantwort eintritt. Aufgrund ihrer hohen Affinität für das Antigen und ihrer veränderten Anforderungen an die Signalgebung der B-Zell-Rezeptoren sind B-Gedächtniszellen viel empfindlicher gegenüber den geringen Mengen an Antigenen, die von dem passiven Anti-Rh-Antikörper nicht ausreichend beseitigt werden. Weil in B-Gedächtniszellen selbst dann noch die Produktion von Antikörpern induziert werden kann, wenn sie mit schon vorhandenen Antikörpern konfrontiert wurden, zeigen selbst Personen, die bereits immun sind, unter Umständen sekundäre Antikörperantworten.

Das Vorhandensein von antigenspezifischen T-Gedächtniszellen verhindert auch die Aktivierung von naiven T-Zellen gegenüber dem gleichen Antigen. Das zeigt sich dadurch, dass die Aktivierung naiver T-Zellen unterdrückt wird, nachdem man eine adoptive Übertragung von T-Immunzellen auf nichtimmunisierte syngene Mäuse vorgenommen hat. Dieser Effekt ließ sich für cytotoxische T-Zellen am besten belegen. So sind zur Aktivierung naiver CD8-T-Zellen antigenpräsentierende Zellen notwendig. Sobald CD8-T-Gedächtniszellen erneut aktiviert werden, können sie ihre cytotoxische Aktivität so schnell wiedererlangen, dass sie professionelle antigenpräsentierende Zellen wie etwa dendritische Zellen töten können, bevor diese naive CD8-T-Zellen aktivieren.

Diese Blockademechanismen erklären möglicherweise auch das Phänomen des sogenannten **ersten Antigensündenfalls** (*original antigenic sin*). Mit diesem Begriff versucht man zu beschreiben, dass manche Personen Antikörper häufig nur gegen Epitope jener Variante des Influenzavirus bilden, mit der sie zuerst in Kontakt gekommen sind – selbst wenn sie später mit Varianten infiziert werden, die zusätzliche stark immunogene Epitope aufweisen (Abb. 10.27). Die Antikörper gegen das erste Virus unterdrücken meist die Reaktionen naiver B-Zellen, die eine Spezifität für die neuen Epitope haben. Das kann für den Wirt sinnvoll und nützlich sein, weil er dann nur die B-Zellen einsetzt, die am schnellsten und effektivsten auf das Virus

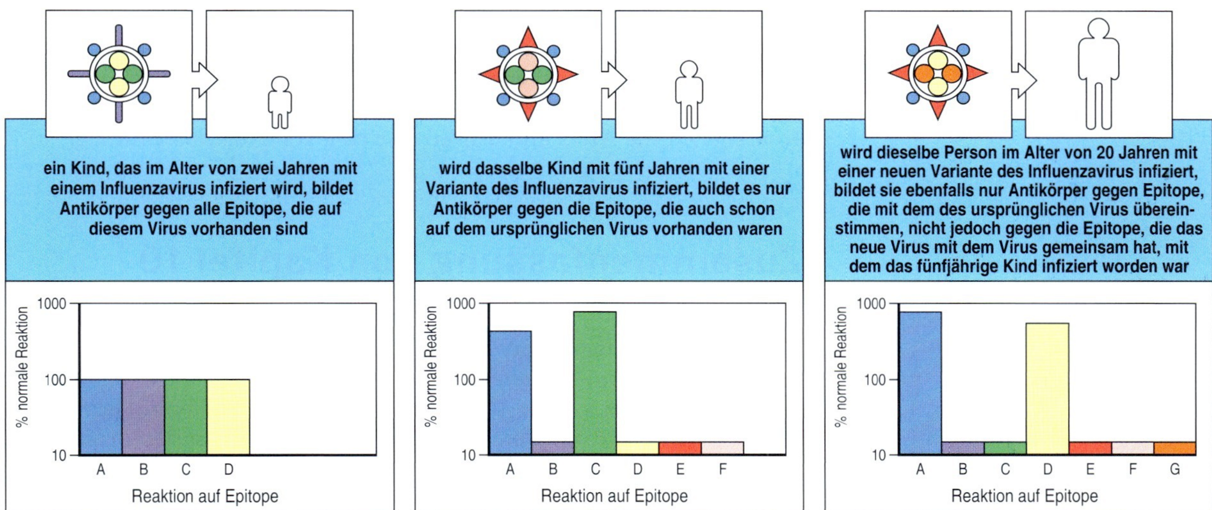

10.27 Sind Personen mit einer Variante des Influenzavirus in Kontakt gekommen, dann bilden sie nach der Infektion mit einer zweiten Virusvariante nur Antikörper gegen Epitope, die auch auf dem ursprünglichen Virus vorhanden waren. Wird ein Kind im Alter von zwei Jahren erstmals von einem Influenzavirus infiziert, bildet es gegen sämtliche Epitope Antikörper (links). Steckt sich dasselbe Kind mit fünf Jahren mit einer anderen Virusvariante an, reagiert es vor allem auf die Epitope, die das neue Virus mit dem ersten Virus gemeinsam hat. Auf die neuen Virusepitope reagiert sein Immunsystem dagegen schwächer, als man es normalerweise erwarten würde (Mitte). Selbst wenn die betreffende Person 20 Jahre alt ist, ändert sich daran nichts: Sie reagiert auf Epitope, die mit dem ursprünglichen Virus übereinstimmen, auf neue Epitope dagegen nur schwach (rechts). Dieses Phänomen bezeichnet man gelegentlich als den „ersten Antigensündenfall".

reagieren können. Dieses Reaktionsmuster wird erst dann aufgegeben, wenn der Betreffende von einem Influenzavirus infiziert wird, bei dem kein Epitop mit denen des Virus aus der ersten Infektion übereinstimmt. In diesem Fall binden keine bereits vorhandenen Antikörper an das Virus, sodass die naiven B-Zellen reagieren können.

Zusammenfassung

Der Immunschutz vor einer erneuten Infektion ist eine der wichtigsten Konsequenzen der adaptiven Immunität. Der immunologische Schutz basiert nicht nur auf bereits vorhandenen Antikörpern und T-Effektorzellen, sondern vor allem auf der Ausbildung einer Lymphocytenpopulation, die ein langes immunologisches Gedächtnis bewirkt. Die Fähigkeit dieser Zellen, rasch auf eine erneute Stimulation mit einem bereits bekannten Antigen zu reagieren, lässt sich auf noch nicht immunisierte Empfänger durch B- und T-Zellen übertragen, die bereits Kontakt mit dem Antigen hatten. Worin sich naive, Effektor- und Gedächtnislymphocyten im Einzelnen unterscheiden, wird zurzeit analysiert. Zu den Unterschieden gehört die Regulation der Expression von Rezeptoren für Cytokine wie für IL-7, die zur Stabilisierung dieser Zellen beitragen, sowie die Regulation der Chemokinrezeptoren, beispielsweise CCR7, aufgrund derer sich die funktionellen Untergruppen der Gedächtniszellen unterscheiden. Die Entwicklung rezeptorspezifischer Reagenzien – MHC-Tetramere – ermöglichte eine Analyse, inwieweit eine klonale Vermehrung und Differenzierung an der Ausprägung des immunologischen Gedächtnisphänotyps beteiligt sind. Die B-Gedächtniszellen lassen sich anhand von Veränderungen in ihren Immunglobulingenen erkennen, die auf dem Klassenwechsel und somatischen Hypermutationen beruhen. Für sekundäre und weitere Immunantworten sind Antikörper mit immer höherer Affinität für das betreffende Antigen charakteristisch. Das komplexe Zusammenspiel von CD4- und CD8-T-Zellen bei der Regulation des immunologischen Gedächtnisses wird ebenfalls untersucht. CD8-T-Zellen können zwar ohne Unterstützung durch CD4-T-Zellen wirksame Primärantworten hervorrufen, aber es stellt sich immer mehr heraus, dass CD4-T-Zellen bei der Regulation des CD8-T-Zell-Gedächtnisses eine entscheidende Rolle spielen. Diese Fragestellungen sind zum Beispiel für die Entwicklung von wirksamen Impfstoffen gegen Krankheiten wie AIDS und den Erreger HIV von großer Bedeutung.

Zusammenfassung von Kapitel 10

Wirbeltiere wehren sich auf verschiedene Weise gegen eine Infektion mit Krankheitserregern. Die angeborenen Abwehrmechanismen setzen sofort ein und verhindern unter Umständen bereits die Infektion. Gelingt dies jedoch nicht, wird eine Reihe früher Reaktionen ausgelöst, mit deren Hilfe die Infektion so lange in Schach gehalten wird, bis eine erworbene Immunabwehr zum Tragen kommt. Diese ersten beiden Phasen der Immunantwort beruhen darauf, dass eine vorhandene Infektion von den nicht klonotypischen Rezeptoren des angeborenen Immunsystems erkannt wird. In Abbildung 10.28 sind noch einmal die Phasen zusammengestellt, die in Kapitel 2 ausführlich charakterisiert wurden. Zu den spezialisierten Untergruppen von T-und B-Zellen, die man als Zwischenstufen zwischen der angeborenen und der erworbenen Immunabwehr ansehen kann, gehören NK-T-Zellen, die die CD4-T-Zell-Reaktion in Richtung eines T_H1- oder T_H2-Phänotyps lenken, sowie die NK-Zellen, die zu den Lymphknoten gelenkt werden können und IFN-γ freisetzen, wodurch sie eine T_H1-Antwort stimulieren. Die dritte Phase einer Immunreaktion ist die adaptive Immunantwort (Abb. 10.28), die sich im peripheren lymphatischen Gewebe entwickelt, das für den jeweiligen Entzündungsherd zuständig ist. Bis zu ihrer Entwicklung dauert es einige Tage, da T- und B-Lymphocyten dafür ihrem spezifischen Antigen begegnen, sich vermehren und zu Effektorzellen differenzieren müssen. T-Zell-abhängige B-Zell-Reaktionen sind erst dann möglich, wenn antigenspezifische T-Zellen proliferieren und sich differenzieren konnten. Sobald eine adaptive Immunantwort stattgefunden hat, werden die Antikörper und T-Effektorzellen über den Kreislauf verteilt und in die infizierten Gewebe gelenkt. In der Regel wird die Infektion dadurch unter Kontrolle gebracht und das Pathogen in Schach gehalten oder zerstört. Mit welchen Effektormechanismen eine Infektion schließlich beseitigt wird, hängt vom jeweiligen Erregertyp ab. In den meisten Fällen sind es dieselben wie in den ersten Phasen der Immunabwehr, wobei sich nur der Erkennungsmechanismus ändert und selektiver wird (Abb. 10.28).

Eine wirksame adaptive Immunantwort führt zu einem Zustand der schützenden Immunität. Dieser umfasst das Vorhandensein von Effektorzellen und Molekülen, die bei der ersten Antwort erzeugt wurden, und ein immunologisches Gedächtnis. Das immunologische Gedächtnis zeigt sich in Form einer verbesserten Fähigkeit, auf Krankheitserreger zu reagieren, mit denen das Immunsystem bereits konfrontiert war und die erfolgreich beseitigt wurden. T- und B-Gedächtniszellen besitzen die Eigenschaft, dass sie das immunologische Gedächtnis auch auf ungeprägte („naive") Empfänger übertragen können. Der genaue Mechanismus, wie das immunologische Gedächtnis aufrechterhalten wird, was durchaus das entscheidende Merkmal der adaptiven Immunität sein mag, beruht wahrscheinlich

	Phasen der Immunreaktion		
	sofort (0–4 Stunden)	früh (4–96 Stunden)	spät (nach 96 Stunden)
	unspezifisch angeboren kein Gedächtnis keine spezifischen T-Zellen	unspezifisch und spezifisch induzierbar kein Gedächtnis keine spezifischen T-Zellen	spezifisch induzierbar Gedächtnis spezifische T-Zellen
Barrierefunktionen	Haut, Epithelien	lokale Entzündung (C5a) lokales TNF-α	IgA-Antikörper in Lumina IgE-Antikörper auf Mastzellen lokale Entzündung
Reaktion auf extrazelluläre Pathogene	Phagocyten alternativer und MBL-Komplement-Weg	mannanbindendes Lektin C-reaktives Protein T-unabhängige B-Zell-Antikörper Komplement	IgG-Antikörper und Zellen mit Fc-Rezeptor IgG-, IgM-Antikörper und klassisches Komplement
Reaktion auf intrazelluläre Bakterien	Makrophagen	von aktivierten NK-Zellen abhängige Makrophagen-aktivierung IL-1, IL-6, TNF-α, IL-12	T-Zell-Aktivierung von Makrophagen durch IFN-γ
Reaktion auf mit Viren infizierten Zellen	natürliche Killer-(NK-)Zellen	IFN-α und IFN-β IL-12-aktivierte NK-Zellen	cytotoxische Zellen IFN-γ

10.28 Die Elemente der drei Phasen einer Immunantwort bei der Abwehr verschiedener Gruppen von Mikroorganismen. Die Mechanismen der angeborenen Immunabwehr, die in den ersten beiden Phasen der Immunreaktion zum Zuge kommen, wurden in Kapitel 2 behandelt, während die thymusabhängigen B-Zell-Reaktionen in Kapitel 9 zur Sprache kamen. Die Anfangsphasen tragen zur Einleitung der adaptiven Immunreaktion bei und beeinflussen die funktionellen Merkmale der antigenspezifischen T-Effektorzellen und Antikörper, die in der letzten Phase der Reaktion eine Rolle spielen. Zwischen den Effektormechanismen, die in den einzelnen Phasen der Immunreaktion aktiviert werden, gibt es auffallende Ähnlichkeiten. Die wichtigsten Unterschiede liegen in der Art der Strukturen, die für die Antigenerkennung verantwortlich sind.

auf bestimmten Cytokinen und homöostatischen Wechselwirkungen mit Selbst-MHC:Selbst-Peptid-Komplexen. Das künstliche Auslösen eines Immunschutzes durch eine Impfung, der auch ein immunologisches Gedächtnis beinhaltet, ist die bemerkenswerteste Anwendung der Immunologie in der Medizin. Inzwischen holt das Wissen darüber, wie ein solcher Immunschutz erreicht wird, gegenüber dem Erfolg in der Praxis auf. Wie wir jedoch in Kapitel 12 erfahren werden, erzeugen viele Krankheitserreger gar keine schützende Immunität, die das Pathogen vollständig beseitigt. Wir müssen also erst herausfinden, was das verhindert, bevor wir gegen diese Krankheitserreger wirksame Impfstoffe entwickeln können.

Fragen

10.1 Bei einem großen Unternehmen ist Kommunikation ein entscheidender Faktor. a) Wie wird der Körper alarmiert, dass eine Invasion von Mikroorganismen stattfindet. b) Wie lässt sich sicherstellen, dass die Reaktionen darauf den Infektionsherd erreichen?

10.2 Das Immunsystem reagiert auf die verschiedenen Typen von Krankheitserregern auf unterschiedliche Weise. Welche Eigenschaften von Viren und Bakterien dienen dazu, T_H1-Reaktionen gegen sie auszulösen, und welche Körperzellen vermitteln die Information über die Art des vorhandenen Krankheitserregers?

10.3 Differenzierte T-Zellen benötigen kontinuierliche Signale, um ihre Funktion aufrechtzuerhalten. a) Welche Signale benötigen T_H1-Zellen? b) Welche Vorteile könnte es mit sich bringen, dass ständig Signale empfangen werden müssen? Was sind die Nachteile?

10.4 Die verschiedenen Untergruppen der T-Effektorzellen regulieren ihre Entwicklung gegenseitig. Welchen Vorteil könnte der Effekt mit sich bringen, dass Cytokine, die von T_H1- oder T_H2-Zellen produziert werden, die Differenzierung von T_H17-Zellen blockieren?

10.5 Die Notwendigkeit eines immunologischen Gedächtnisses ließe sich infrage stellen. Wirbellose kommen auch gut ohne aus. Trotz allem sollte man aber in der Lage sein, eine Infektion zu überleben, die man schon einmal überlebt hat. Und wenn man die erste Infektion nicht überlebt, nützt das Gedächtnis sowieso nichts. a) Welche Vorteile bringt das immunologische Gedächtnis, die dieser Argumentation widersprechen? Welche Merkmale von Krankheitserregern könnten die Evolution des immunologischen Gedächtnisses vorangebracht haben? b) Die angeborenen Immunantworten bringen kein Gedächtnis hervor. Welche Eigenschaften der adaptiven Immunantwort verleihen dem immunologischen Gedächtnis, das sie entwickelt, einen größeren Wert? Wie könnten sich diese Eigenschaften als nachteilig erweisen?

10.6 Reaktionen des immunologischen Gedächtnisses unterscheiden sich von einer primären Immunantwort in einer Reihe wichtiger Merkmale. Nennen Sie drei davon, und beschreiben Sie die zugrunde liegenden Mechanismen.

10.7 a) Erörtern Sie die relative Bedeutung von Cytokinsignalen im Vergleich mit Signalen, die über den T-Zell-Rezeptor empfangen werden, in Bezug auf das Überleben und die Funktion der T-Gedächtniszellen. b) Vergleichen Sie deren Anforderungen an solche Signale und ihre Reaktionen darauf mit den Gegebenheiten bei naiven T-Zellen, und stellen Sie die Unterschiede heraus.

Literatur zu den einzelnen Abschnitten

Abschnitt 10.1

Mandell G, Bennett J, Dolin R (Hrsg) (2000) Principals and Practice of Infectious Diseases. 5. Aufl. Churchill Livingstone, New York

Abschnitt 10.2

Fearon DT, Carroll MC (2000) Regulation of B lymphocyte responses to foreign and self-antigens by the CD19/CD21 complex. *Annu Rev Immunol* 18: 393–422

Fearon DT, Locksley RM (1996) The instructive role of innate immunity in the acquired immune response. *Science* 272: 50–53

Janeway CA Jr (1992) The immune system evolved to discriminate infectious nonself from noninfectious self. *Immunol Today* 13: 11–16

Abschnitt 10.3

Dillon S, Agrawal A, Van Dyke T, Landreth G, McCauley L, Koh A, Maliszewski C, Akira S, Pulendran B (2004) A Toll-like receptor 2 ligand stimulates Th2 responses in vivo, via induction of extracellular signal-regulated kinase mitogen-activated protein kinase and c-Fos in dendritic cells. *J Immunol* 172: 4733–4743

Fallon PG, Ballantyne SJ, Mangan NE, Barlow JL, Dasvarma A, Hewett DR, Mcligorm A, Jolin HE, McKenzie ANJ (2006) Identification of an interleukin (IL)-25-dependent cell population that provides IL-4, IL-5, and IL-13 at the onset of helminth expulsion. *J Exp Med* 203: 1105–1116

Fossiez F, Djossou O, Chomarat P, Flores-Romo L, Ait-Yahia S, Maat C, Pin JJ, Garrone P, Garcia E, Saeland S et al (1996) T cell interleukin-17 induces stromal cells to produce proinflammatory and hematopoietic cytokines. *J Exp Med* 183: 2593–2603

Happel KI, Zheng M, Young E., Quinton LJ, Lockhart E, Ramsay AJ, Shellito JE, Schurr JR, Bagby GJ, Nelson S et al (2003) Cutting edge: roles of Toll-like receptor 4 and IL-23 in IL-17 expression in response to *Klebsiella pneumoniae* infection. *J Immunol* 170: 4432–4436

Tato CM, O'Shea JJ (2006) What does it mean to be just 17? *Nature* 441: 166–168

Ye P, Rodriguez FH, Kanaly S, Stocking KL, Schurr J, Schwarzenberger P, Oliver P, Huang W, Zhang P, Zhang J et al (2001) Requirement of interleukin 17 receptor signaling for lung CXC chemokine and granulocyte colony-stimulating factor expression, neutrophil recruitment, and host defense. *J Exp Med* 194: 519–527

Abschnitt 10.4

Amsen D, Blander JM, Lee GR, Tanigaki K, Honjo T, Flavell RA (2004) Instruction of distinct CD4 T helper cell fates by different Notch ligands on antigen-presenting cells. *Cell* 117: 515–526

Bendelac A, Rivera MN, Park SH, Roark JH (1997) Mouse CD1-specific NK1 T cells: development, specificity, and function. *Annu Rev Immunol* 15: 535–562

Finkelman FD, Shea-Donohue T, Goldhill J, Sullivan CA, Morris SC, Madden KB, Gauser WC, Urban JF Jr (1997) Cytokine regulation of host defense against parasitic intestinal nematodes. *Annu Rev Immunol* 15: 505–533

Hsieh CS, Macatonia SE, Tripp CS, Wolf SF, O'Garra A, Murphy KM (1993) Development of T_H1 $CD4^+$ T cells through IL-12 produced by listeria-induced macrophages. *Science* 260: 547–549

Jankovic D, Sher A, Yap G (2001) Th1/Th2 effector choice in parasitic infection: decision making by committee. *Curr Opin Immunol* 13: 403–409

Moser M, Murphy KM (2000) Dendritic cell regulation of T_H1-T_H2 development. *Nat Immunol* 1: 199–205

Pulendran B, Ahmed R (2006) Translating innate immunity into immunological memory: implications for vaccine development. *Cell* 124: 849–863

Abschnitt 10.5

Constant SL, Bottomly K (1997) Induction of Th1 and Th2 CD4$^+$ T cell responses: the alternative approaches. *Annu Rev Immunol* 15: 297–322

Croft M, Carter L, Swain SL, Dutton RW (1994) Generation of polarized antigen-specific CD8 effector populations: reciprocal action of interleukin-4 and IL-12 in promoting type 2 versus type 1 cytokine profiles. *J Exp Med* 180: 1715–1728

Grakoui A, Donermeyer DL, Kanagawa O, Murphy KM, Allen PM (1999) TCR-independent pathways mediate the effects of antigen dose and altered peptide ligands on Th cell polarization. *J Immunol* 162: 1923–1930

Harrington LE, Hatton RD, Mangan PR, Turner H, Murphy TL, Murphy KM, Weaver CT (2005) Interleukin 17-producing CD4$^+$ effector T cells develop via a lineage distinct from the T helper type 1 and 2 lineages. *Nat Immunol* 6: 1123–1132

Julia V, McSorley SS, Malherbe L, Breittmayer JP, Girard-Pipau F, Beck A, Glaichenhaus N (2000) Priming by microbial antigens from the intestinal flora determines the ability of CD4$^+$ T cells to rapidly secrete IL-4 in BALB/c mice infected with *Leishmania major*. *J Immunol* 165: 5637–5645

Martin-Fontecha A, Thomsen LL, Brett S, Gerard C, Lipp M, Lanzavecchia A, Sallusto F (2004) Induced recruitment of NK cells to lymph nodes provides IFN-γ for T_H1 priming. *Nat Immunol* 5: 1260–1265

Nakamura T, Kamogawa Y, Bottomly K, Flavell RA (1997) Polarization of IL-4- and IFN-γ-producing CD4$^+$ T cells following activation of naïve CD4$^+$ T cells. *J Immunol* 158: 1085–1094

Seder RA, Paul WE (1994) Acquisition of lymphokine producing phenotype by CD4$^+$ T cells. *Annu Rev Immunol* 12: 635–673

Wang LF, Lin JY, Hsieh KH, Lin RH (1996) Epicutaneous exposure of protein antigen induces a predominant T_H2-like response with high IgE production in mice. *J Immunol* 156: 4079–4082

Abschnitt 10.6

MacKay CR, Marston W, Dudler L (1992) Altered patterns of T-cell migration through lymph nodes and skin following antigen challenge. *Eur J Immunol* 22: 2205–2210

Romanic AM, Graesser D, Baron JL, Visintin I, Janeway CA Jr, Madri JA (1997) T cell adhesion to endothelial cells and extracellular matrix is modulated upon transendothelial cell migration. *Lab Invest* 76: 11–23

Sallusto F, Kremmer E, Palermo B, Hoy A, Ponath P, Qin S, Forster R, Lipp M, Lanzavecchia A (1999) Switch in chemokine receptor expression upon TCR stimulation reveals novel homing potential for recently activated T cells. *Eur J Immunol* 29: 2037–2045

Abschnitt 10.7

Cua DJ, Sherlock J, Chen Y, Murphy CA, Joyce B, Seymour B, Lucian L, To W, Kwan S, Churakova T et al (2003) Interleukin-23 rather than interleukin-12 is the critical cytokine for autoimmune inflammation of the brain. *Nature* 421: 744–748

Ghilardi N, Kljavin N, Chen Q, Lucas S, Gurney AL, De Sauvage FJ (2004) Compromised humoral and delayed-type hypersensitivity responses in IL-23 deficient mice. *J Immunol* 172: 2827–2833

Gran B, Zhang GX, Yu S, Li J, Chen XH, Ventura ES, Kamoun M, Rostami A (2002) IL-12p35-deficient mice are susceptible to experimental autoimmune encephalomyelitis: evidence for redundancy in the IL-12 system in the induction of central nervous system autoimmune demyelination. *J Immunol* 169: 7104–7110

Parham C, Chirica M, Timans J, Vaisberg E, Travis M, Cheung J, Pflanz S, Zhang R, Singh KP, Vega F et al (2002) A receptor for the heterodimeric cytokine IL-23 is composed of IL-12RP1 and a novel cytokine receptor subunit, IL-23R. *J Immunol* 168: 5699–5708

Park AY, Hondowics BD, Scott P (2000) IL-12 is required to maintain a Th1 response during *Leishmania major* infection. *J Immunol* 165: 896–902

Stobie L, Gurunathan S, Prussin C, Sacks DL, Glaichenhaus N, Wu CY, Seder RA (2000) The role of antigen and IL-12 in sustaining Th1 memory cells in vivo: IL-12 is required to maintain memory/effectorTh1 cells sufficient to mediate protection to an infectious parasite challenge. *Proc Natl Acad Sci USA* 97: 8427–8432

Yap G, Pesin M, Sher A (2000) Cutting edge: IL-12 is required for the maintenance of IFN-γ production in T cells mediating chronic resistance to the intracellular pathogen *Toxoplasma gondii*. *J Immunol* 165: 628–631

Abschnitt 10.8

Lertmemongkolchai G, Cai G, Hunter CA, Bancroft GJ (2001) Bystander activation of CD8 T cells contributes to the rapid production of IFN-γ in response to bacterial pathogens. *J Immunol* 166: 1097–1105

Rahemtulla A, Fung-Leung WP, Schilham MW, Kundig TM, Sambhara SR, Narendran A, Arabian A, Wakeham A, Paige CJ, Zinkernagel RM et al (1991) Normal development and function of CD8$^+$ cells but markedly decreased helper cell activity in mice lacking CD4. *Nature* 353: 180–184

Schoenberger SP, Toes RE, van der Voort EI, Offringa R, Melief CJ (1998) T-cell help for cytotoxic T lymphocytes is mediated by CD40-CD40L interactions. *Nature* 393: 480–483

Sun JC, Bevan MJ (2003) Defective CD8 T cell memory following acute infection without CD4 T-cell help. *Science* 300: 339–349

Abschnitt 10.9

Jacob J, Kassir R, Kelsoe G (1991) *In situ* studies of the primary immune response to (4-hydroxy-3-nitrophenyl) acetyl. I. The architecture and dynamics of responding cell population. *J Exp Med* 173: 1165–1175

Kelsoe G, Zheng B (1993) Sites of B-cell activation *in vivo*. *Curr Opin Immunol* 5: 418–422

Liu YJ, Zhang J, Lane PJ, Chan EY, MacLennan IC (1991) Sites of specific B cell activation in primary and secondary responses to T cell-dependent and T cell-independent antigens. *Eur J Immunol* 21: 2951–2962

MacLennan ICM (1994) Germinal centers. *Annu Rev Immunol* 12: 117–139

Abschnitt 10.10

Benner R, Hijmans W, Haaijman JJ (1981) The bone marrow: the major source of serum immunoglobulin, but still a neglected site of antibody formation. *Clin Exp Immunol* 46: 1–8

Manz RA, Thiel A, Radbruch A (1997) Lifetime of plasma cells in the bone marrow. *Nature* 388: 133–134

Slifka MK, Antia R, Whitmire JK, Ahmed R (1998) Humoral immunity due to long-lived plasma cells. *Immunity* 8: 363–372

Takahashi Y, Dutta PR, Cerasoli DM, Kelsoe G (1998) *In situ* studies of the primary immune response to (4-hydroxy-3-nitrophenyl)acetyl. V. Affinity maturation develops in two stages of clonal selection. *J Exp Med* 187: 885–895

Abschnitt 10.11

Baize S, Leroy EM, Georges-Courbot MC, Capron M, Lansoud-Soukate J, Debre P, Fisher-Hoch SP, McCormick JB, Georges AJ (1999) Defective humoral responses and extensive intravascular apoptosis are associated with fatal outcome in Ebola virus-infected patients. *Nat Med* 5: 423–426

Kaufmann SHE, Sher A, Ahmed R (Hrsg) (2002) Immunology of Infectious Diseases. ASM Press, Washington

Mims CA (1987) The Pathogenesis of Infectious Diseases. 3. Aufl. Academic Press, London

Abschnitt 10.12

Murali-Krishna K, Altman JD, Suresh M, Sourdive DJ, Zajac AJ, Miller JD, Slansky J, Ahmed R (1998) Counting antigen-specific CD8 T cells: a reevaluation of bystander activation during viral infection. *Immunity* 8: 177-187

Webb S, Hutchinson J, Hayden K, Sprent J (1994) Expansion/deletion of mature T cells exposed to endogenous superantigens *in vivo*. *J Immunol* 152: 586–597

Abschnitt 10.13

Black FL, Rosen L (1962) Patterns of measles antibodies in residents of Tahiti and their stability in the absence of re-exposure. *J Immunol* 88: 725–731

Hammarlund E, Lewis MW, Hanson SG, Strelow LI, Nelson JA, Sexton GJ, Hanifin JM, Slifka MK (2003) Duration of antiviral immunity after smallpox vaccination. *Nat Med* 9: 1131–1137

Kassiotis G, Garcia S, Simpson E, Stockinger B (2002) Impairment of immunological memory in the absence of MHC despite survival of memory T cells. *Nat Immunol* 3: 244–250

Ku CC, Murakami M, Sakamoto A, Kappler J, Marrack P (2000) Control of homeostasis of CD8$^+$ memory T cells by opposing cytokines. *Science* 288: 675–678

Murali-Krishna K, Lau LL, Sambhara S, Lemonnier F, Altman J, Ahmed R (1999) Persistence of memory CD8 T cells in MHC class I-deficient mice. *Science* 286: 1377–1381

Seddon B, Tomlinson P, Zamoyska R (2003) Interleukin 7 and T cell receptor signals regulate homeostasis of CD4 memory cells. *Nat Immunol* 4: 680–686

Abschnitt 10.14

Berek C, Milstein C (1987) Mutation drift and repertoire shift in the maturation of the immune response. *Immunol Rev* 96: 23–41

Cumano A, Rajewski K (1986) Clonal recruitment and somatic mutation in the generation of immunological memory to the hapten NP. *EMBO J* 5: 2459–2468

Klein U, Tu Y, Stolovitzky GA, Keller JL, Haddad J Jr, Miljkovic V, Cattoretti G, Califano A, Dalla-Favera R (2003) Transcriptional analysis of the B cell germinal center reaction. *Proc Natl Acad Sci USA* 100: 2639–2644

Tarlinton D (1998) Germinal centers: form and function. *Curr Opin Immunol* 10: 245–251

Abschnitt 10.15

Berek C, Jarvis JM, Milstein C (1987) Activation of memory and virgin B cell clones in hyperimmune animals. *Eur J Immunol* 17: 1121–1129

Liu YJ, Zhang J, Lane PJ, Chan EY, MacLennan IC (1991) Sites of specific B cell activation in primary and secondary responses to T cell-dependent and T cell-independent antigens. *Eur J Immunol* 21: 2951–2962

Siskind GW, Dunn P, Walker JG (1968) Studies on the control of antibody synthesis: II. effect on antigen dose and of suppression by passive antibody on the affinity of antibody synthesized. *J Exp Med* 127: 55–66

Abschnitt 10.16

Bradley LM, Atkins GG, Swain SL (1992) Long-term CD4$^+$ memory T cells from the spleen lack MEL-14, the lymph node homing receptor. *J Immunol* 148: 324–331

Hataye J, Moon JJ, Khoruts A, Reilly C, Jenkins MK (2006) Naive and memory CD4$^+$ T cell survival controlled by clonal abundance. *Science* 312: 114–116

Kaech SM, Hemby S, Kersh E, Ahmed R (2002) Molecular and functional profiling of memory CD8 T cell differentiation. *Cell* 111: 837–851

Kaech SM, Tan JT, Wherry EJ, Konieczny BT, Surh CD, Ahmed R (2003) Selective expression of the interleukin 7 receptor identifies effector CD8 T cells that give rise to long-lived memory cells. *Nat Immunol* 4: 1191–1198

Rogers PR, Dubey C, Swain SL (2000) Qualitative changes accompany memory T cell generation: faster, more effective responses at lower doses of antigen. *J Immunol* 164: 2338–2346

Wherry EJ, Teichgraber V, Becker TC, Masopust D, Kaech SM, Antia R, von Andrian UH, Ahmed R (2003) Lineage relationship and protective immunity of memory CD8 T cell subsets. *Nat Immunol* 4: 225–234

Abschnitt 10.17

Lanzavecchia A, Sallusto F (2005) Understanding the generation and function of memory T cell subsets. *Curr Opin Immuno* 17: 326–332

Sallusto F, Geginat J, Lanzavecchia A (2004) Central memory and effector memory T cell subsets: function, generation, and maintenance. *Annu Rev Immunol* 22: 745–763

Sallusto F, Lenig D, Forster R, Lipp M, Lanzavecchia A (1999) Two subsets of memory T lymphocytes with distinct homing potentials and effector functions. *Nature* 401: 708–712

Abschnitt 10.18

Bourgeois C, Tanchot C (2003) CD4 T cells are required for CD8 T cell memory generation. *Eur J Immunol* 33: 3225–3231

Bourgeois C, Rocha B, Tanchot C (2002) A role for CD40 expression on CD8 T cells in the generation of CD8 T cell memory. *Science* 297: 2060–2063

Janssen EM, Lemmens EE, Wolfe T, Christen U, von Herrath MG, Schoenberger SP (2003) CD4 T cells are required for secondary expansion and memory in CD8 T lymphocytes. *Nature* 421: 852–856

Shedlock DJ, Shen H (2003) Requirement for CD4 T cell help in generating functional CD8 T cell memory. *Science* 300: 337–339

Tanchot C, Rocha B (2003) CD8 and B cell memory: same strategy, same signals. *Nat Immunol* 4: 431–432

Sun JC, Williams MA, Bevan MJ (2004) CD4 T cells are required for the maintenance, not programming, of memory CD8 T cells after acute infection. *Nat Immunol* 9: 927–933

Williams MA, Tyznik AJ, Bevan MJ (2006) Interleukin-2 signals during priming are required for secondary expansion of CD8 memory T cells. *Nature* 441: 890–893

Abschnitt 10.19

Fazekas de St Groth B, Webster RG (1966) Disquisitions on original antigenic sin I. Evidence in man. *J Exp Med* 140: 2893–2898

Fridman WH (1993) Regulation of B cell activation and antigen presentation by Fc receptors. *Curr Opin Immunol* 5: 355–360

Pollack W, Gorman JG, Freda VJ, Ascari WQ, Allen AE, Baker WJ (1968) Results of clinical trails of RhoGAm in women. *Transfusion* 8: 151–153

11

Das mucosale Immunsystem

Innerhalb des Immunsystems lassen sich eine Reihe anatomisch getrennter Kompartimente unterscheiden. Jedes ist in besonderer Weise daran angepasst, eine Immunantwort auf Antigene hervorzurufen, die in einem bestimmten Gewebetyp auftreten. In den vorherigen Kapiteln haben wir vor allem die adaptiven Immunantworten besprochen, die von den peripheren Lymphknoten und der Milz ausgelöst werden, also in den Kompartimenten, die auf Antigene reagieren, welche in die Gewebe eingedrungen sind oder sich im Blut ausgebreitet haben. Dies sind die Immunantworten, die in der Immunologie am meisten untersucht werden, da sie von Antigenen ausgehen, die durch eine Injektion verabreicht werden. Es gibt jedoch ein weiteres Kompartiment des adaptiven Immunsystems, das sogar noch größer ist und in der Nähe der Oberflächen liegt, über die die meisten Krankheitserreger in den Körper gelangen. Dies ist das **mucosale Immunsystem** (Immunsystem der Schleimhäute), das Thema dieses Kapitels ist.

Aufbau und Funktionsweise des mucosalen Immunsystems

Die epithelialen Oberflächen des Körpers sind großen Mengen an Antigenen ausgesetzt, von denen der Körper nur durch eine dünne Schicht von Zellen, also durch das Epithel, getrennt ist. Diese Gewebe sind für das Leben essenziell und erfordern einen ständigen und wirksamen Schutz gegen eine Invasion. Das geschieht teilweise durch das Epithel selbst, das als physikalische Barriere wirkt. Diese lässt sich jedoch relativ einfach durchbrechen, sodass die komplexeren Mechanismen des angeborenen und adaptiven Immunsystems ebenfalls von essenzieller Bedeutung sind. Dabei handelt es sich um die Funktionen des Immunsystems in den Schleimhäuten. Die angeborenen Abwehrmechanismen der mucosalen Gewebe wurden in Kapitel 2 beschrieben. Hier wollen wir uns mit dem adaptiven Immunsystem der Schleimhäute beschäftigen.

11.1 Das mucosale Immunsystem schützt die inneren Oberflächen des Körpers

Das Immunsystem der Schleimhäute umfasst den Gastrointestinaltrakt, die oberen und unteren Atemwege sowie den Urogenitaltrakt. Dazu gehören auch die exokrinen Drüsen, die mit diesen Organen assoziiert sind, das heißt das Pankreas, die Bindehaut und die Tränendrüsen der Augen, die Speicheldrüsen und die Milchdrüsen der Brust (Abb. 11.1). Die Schleimhautoberflächen bilden einen riesigen Bereich, der geschützt werden muss. Der menschliche Dünndarm hat beispielsweise eine Oberfläche von 400 m^2, das heißt 200-mal so groß wie die Haut. Aufgrund ihrer physiologischen Funktionen in Bezug auf Gasaustausch (Lunge), Nährstoffabsorption (Verdauungstrakt), sensorischen Aktivitäten (Augen, Nase, Mund und Rachen) und der Reproduktion (Uterus und Vagina) sind die Schleimhautoberflächen dünne und durchlässige Barrieren zum Inneren des Körpers. Die Bedeutung dieser Gewebe für das Leben erfordert unbedingt, dass hier wirksame Abwehrmechanismen zur Verfügung stehen, die vor einer Invasion schützen. Gleichzeitig verursachen die Fragilität und Durchlässigkeit der Schleimhäute offenbar eine Anfälligkeit gegenüber Infektionen. Es ist daher nicht verwunderlich, dass die überwiegende Mehrheit der Krankheitserreger über diese Wege in den menschlichen Körper eindringt (Abb. 11.2). Durchfallerkrankungen, akute Infektionen der Atemwege, Lungentuberkulose, Masern, Keuchhusten und Wurmbefall sind weiterhin die bedeutendsten Todesursachen weltweit, vor allem für Kinder in den Entwicklungsländern. Hierzu zählt auch das menschliche Immunschwächevirus HIV, ein Pathogen, dessen natürlicher Eintrittsweg über mucosale Oberflächen häufig übersehen wird.

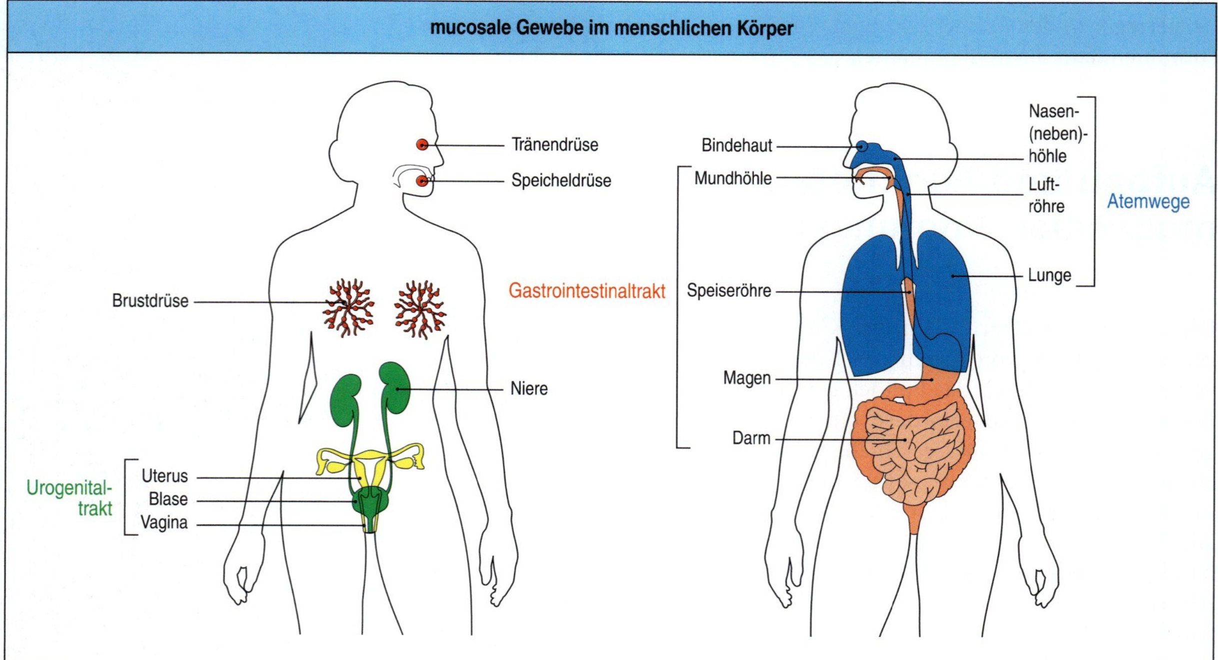

11.1 Das mucosale Immunsystem. Die Gewebe des mucosalen Immunsystems umfassen die lymphatischen Organe, die mit dem Darm, den Atemwegen und dem Urogenitaltrakt assoziiert sind, außerdem zählen die Mundhöhle und der Rachen sowie die mit diesen Geweben zusammenhängenden Drüsen dazu, beispielsweise die Speichel- und Tränendrüsen. Die Milchdrüsen der Brust sind ebenfalls ein Teil des mucosalen Immunsystems.

Ein zweiter wichtiger Aspekt, an den es hier zu denken gilt, wenn wir uns mit der Immunologie der Schleimhautoberflächen beschäftigen, besteht darin, dass ein sehr großer Anteil der durch die Oberfläche gelangenden Fremdantigene gar nicht pathogen ist. Das lässt sich am besten am Darm erkennen, der erheblichen Mengen von Nahrungsproteinen ausgesetzt ist – nach einer Schätzung 10 bis 15 kg pro Person und Jahr. Gleichzeitig wird der gesunde Dickdarm von mindestens 1 000 Spezies von Mikroorganismen besiedelt, die mit ihrem Wirt in Symbiose leben und deshalb als **kommensale** Mikroorganismen bezeichnet werden. Dabei handelt es sich vor allem um Bakterien, die im Inhalt des Dickdarms mit einer Dichte von 10^{12} Organismen pro Milliliter vorkommen. Damit sind sie die zahlreichsten Zellen im Körper. Unter normalen Bedingungen richten sie keinen Schaden an und sind für ihren Wirt auf verschiedene Weise nützlich.

Da Proteine aus der Nahrung und kommensale Bakterien viele fremde Antigene enthalten, können sie alle vom adaptiven Immunsystem erkannt werden. Die Erzeugung einer schützenden Immunantwort gegen diese harmlosen Antigene wäre jedoch unangemessen und eine Verschwendung von Ressourcen. Man nimmt heute an, dass solche fehlgeleiteten Immunantworten die Ursache für einige relativ häufige Krankheiten sind, beispielsweise die Zöliakie (die auf eine Reaktion gegen das Weizenprotein Gluten zurückzuführen ist) sowie entzündliche Erkrankungen des Darms wie Morbus Crohn (eine Reaktion auf kommensale Bakterien). Wie wir noch erfahren werden, hat das mucosale Immunsystem des Darms im Lauf der Evolution die Mechanismen entwickelt, schädliche Krankheitserreger von Antigenen in der Nahrung und in der natürlichen Darmflora zu unterscheiden. An anderen Schleimhautoberflächen wie den Atemwegen treten ähnliche Problemstellungen auf. Ein Immunschutz gegen Krankheitserreger ist essenziell, aber wie im Darm stammen viele der Antigene, die in die Atemwege gelangen, von kommensalen Organismen, Pollen und anderem harmlosen Material aus der Umgebung.

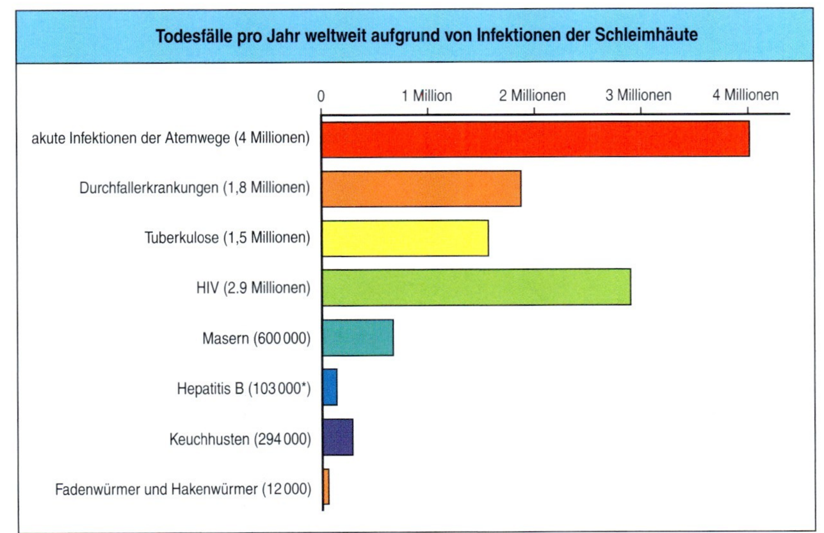

11.2 Infektionen der Schleimhäute sind weltweit eines der größten Gesundheitsprobleme. Die meisten der Krankheitserreger, die den Tod zahlreicher Menschen verursachen, befallen die Schleimhautoberflächen selbst oder sie gelangen über sie in den Körper. Viele Bakterien verursachen Infektionen der Atemwege (beispielsweise *Streptococcus pneumoniae*, *Haemophilus influenzae*, die beide eine Lungenentzündung hervorrufen, sowie *Bordetella pertussis*, der Erreger von Keuchhusten), auch Viren spielen hier eine große Rolle (Influenzavirus und das respiratorische Syncytialvirus). Durchfallerkrankungen werden sowohl durch Bakterien (zum Beispiel das Cholerabakterium *Vibrio cholerae*) als auch durch Viren (zum Beispiel Rotaviren) verursacht. Das Bakterium *Mycobacterium tuberculosis*, der Erreger der Tuberkulose, gelangt auch über die Atemwege in den Körper. Das Masernvirus verursacht eine systemische Krankheit, sein Weg führt jedoch über den Mund und die Atemwege. Das menschliche Immunschwächevirus (HIV), das AIDS verursacht, dringt durch die Schleimhaut des Urogenitaltraktes oder wird in die Muttermilch freigesetzt und so von der Mutter auf das Kind übertragen. Auch Hepatitis B ist ein sexuell übertragbares Virus. Parasitische Würmer schließlich, die den Darm besiedeln, verursachen eine chronische, auszehrend wirkende Krankheit und führen zum vorzeitigen Tod. Die meisten dieser Todesfälle, besonders diejenigen aufgrund von Erkrankungen der Atemwege oder Durchfallerkrankungen, betreffen in den Entwicklungsländern Kinder unter fünf Jahren. Noch immer stehen für viele der Krankheitserreger keine wirksamen Impfstoffe zur Verfügung. *ohne Todesfälle aufgrund von Leberkrebs oder Zirrhosen, die von chronischen Infektionen verursacht werden. Geschätzte Mortalitätsraten (für das Jahr 2002) aus dem Weltgesundheitsbericht 2004 der Weltgesundheitsorganisation.

11.2 Das mucosale Immunsystem ist möglicherweise das ursprüngliche Immunsystem der Vertebraten

Aus der Sicht der traditionellen Immunologie kann man das mucosale Immunsystem als einen ungewöhnlichen und relativ unbedeutenden Bestandteil des Immunsystems ansehen. Wenn man jedoch seine Größe und Funktion betrachtet, trifft diese Beschreibung nicht zu. Aufgrund seiner physiologisch großen Bedeutung und dem Umfang der Antigenkontakte bildet das mucosale Immunsystem den größten Teil der Immungewebe im Körper, das drei Viertel aller Lymphocyten umfasst und bei gesunden Individuen den größten Teil der Immunglobuline produziert. Im Vergleich zu den Lymphknoten und der Milz (die wir in diesem Kapitel als **systemisches Immunsystem** bezeichnen), besitzt das mucosale Immunsystem viele einzigartige und ungewöhnliche Eigenschaften. Die wichtigsten Besonderheiten sind in Abbildung 11.3 aufgeführt.

Das mucosale Immunsystem kann durchaus der erste Teil des Immunsystems sein, der sich in der Evolution entwickelt hat. Der Darm war bei Tieren das erste differenzierte Organ, das eine Abwehr von Eindringlingen erforderte, und organisierte lymphatische Gewebe traten zuerst in den Verdauungstrakten von primitiven Knorpelfischen auf. Zwei wichtige zentrale lymphatische Organe – der Thymus und die Bursa Fabricii bei den Vögeln

besondere Merkmale des mucosalen Immunsystems	
anatomische Merkmale	unmittelbare Wechselwirkungen zwischen Schleimhautepithelien und lymphatischen Geweben
	abgeteilte Kompartimente aus diffusem Lymphgewebe und stärker organisierte Strukturen, beispielsweise Peyer-Plaques, isolierte Lymphfollikel und Gaumenmandeln
	spezialisierte Mechanismen zur Antigenaufnahme wie M-Zellen in den Peyer-Plaques, Rachenmandeln und Gaumenmandeln
Effektormechanismen	aktivierte Zellen und Gedächtniszellen sind selbst ohne vorhandene Infektion vorherrschend
	Vorkommen von unspezifisch aktivierten „natürlichen“ Effektorzellen und regulatorischen Zellen
immunregulatorische Umgebung	aktives Abschalten von Immunantworten (beispielsweise gegen harmlose Antigene, etwa aus der Nahrung)
	inhibitorische Makrophagen und toleranzauslösende dendritische Zellen

11.3 Besondere Merkmale des mucosalen Immunsystems. Das mucosale Immunsystem ist größer und kommt wesentlich häufiger in Kontakt mit Antigenen, die auch einem größeren Spektrum entstammen, als das übrige Immunsystem – das wir in diesem Kapitel als systemisches Immunsystem bezeichnen. Die Besonderheiten zeigen sich in den spezifischen anatomischen Eigenschaften, den spezialisierten Mechanismen für die Aufnahme von Antigenen sowie den ungewöhnlichen Effektor- und regulatorischen Reaktionen, die so gestaltet sind, dass unpassende Immunantworten auf Antigene aus der Nahrung und anderen harmlosen Quellen verhindert werden.

– gehen aus dem embryonalen Darm hervor. Aus diesen Gründen hat man postuliert, dass das Immunsystem der Schleimhäute das ursprüngliche Immunsystem der Vertebraten darstellt, und die Milz und die Lymphknoten spätere Spezialisierungen sind.

11.3 Das mucosaassoziierte lymphatische Gewebe liegt in anatomisch definierten Kompartimenten des Verdauungstraktes

Viele der anatomischen und immunologischen Prinzipien, die dem mucosalen Immunsystem zugrunde liegen, finden sich in allen seinen Geweben. In diesem Kapitel wollen wir uns den Darm als Beispiel ansehen. Lymphocyten und andere Zellen des Immunsystems wie Makrophagen und dendritische Zellen kommen überall im Darmtrakt vor, sowohl in den organisierten Geweben als auch verstreut über das gesamte Oberflächenepithel der Mucosa und in einer darunter liegenden Schicht aus Bindegewebe, die man als **Lamina propria** bezeichnet. Die organisierten lymphatischen Gewebe bezeichnet man als **darmassoziierte lymphatische Gewebe** (*gut associated lymphoid tissues*, **GALT**) (Abb. 11.4). Sie besitzen die anatomisch kompartimentierte Struktur, die für die peripheren lymphatischen Organe charakteristisch ist. Hier werden auch die Immunantworten ausgelöst. Die Zellen, die über das gesamte Epithel und in der Lamina propria verstreut sind, machen die Effektorzellen der lokalen Immunantwort aus.

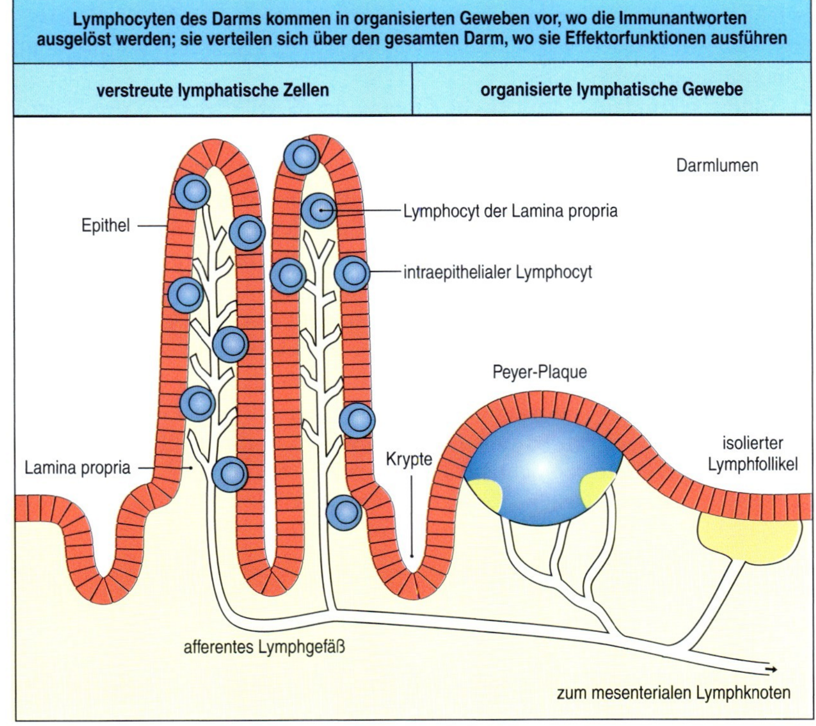

11.4 Die darmassoziierten lymphatischen Gewebe und Lymphocytenpopulationen. Die Schleimhaut des Dünndarms besteht aus fingerförmigen Fortsätzen (Villi), die von einer dünnen Schicht aus Epithelzellen (rot) bedeckt sind. Diese sind für die Verdauung der Nahrung und die Absorption von Nährstoffen zuständig. Die Epithelzellen werden ständig durch neue Zellen ersetzt, die sich aus Stammzellen in den Krypten ableiten. Die unter dem Epithel liegende Gewebeschicht bezeichnet man als Lamina propria; sie erscheint in diesem Kapitel immer in hellbrauner Farbe. Lymphocyten kommen in einer Anzahl von getrennten Kompartimenten im Darm vor, wobei die organisierten lymphatischen Gewebe wie die Peyer-Plaques und die isolierten Lymphfollikel die sogenannten darmassoziierten lymphatischen Gewebe (GALT) bilden. Diese Gewebe liegen in der Darmwand selbst und sind vom Inhalt des Darmlumens nur durch eine einzige Epithelschicht getrennt. Die ableitenden Lymphknoten des Darms sind die mesenterialen Lymphknoten (Abb. 11.11), die mit den Peyer-Plaques und der Darmschleimhaut über afferente Lymphgefäße verbunden sind. Sie sind die größten Lymphknoten im Körper. Insgesamt sind diese organisierten lymphatischen Gewebe die Bereiche, in denen den T- und B-Zellen Antigene präsentiert und Immunantworten ausgelöst werden. Die Peyer-Plaques und die mesenterialen Lymphknoten enthalten abgetrennte T-Zell-Regionen (blau) und B-Zell-Follikel (gelb), während die isolierten Follikel vor allem aus B-Zellen bestehen. Außerhalb der organisierten lymphatischen Gewebe sind überall auf der Schleimhaut zahlreiche Lymphocyten verteilt. Dabei handelt es sich um Effektorzellen – T-Effektorzellen und antikörperfreisetzende Plasmazellen. Effektorlymphocyten kommen sowohl im Epithel als auch in der Lamina propria vor. Die Lymphgefäße leiten die Flüssigkeit auch aus der Lamina propria in die mesenterialen Lymphknoten ab.

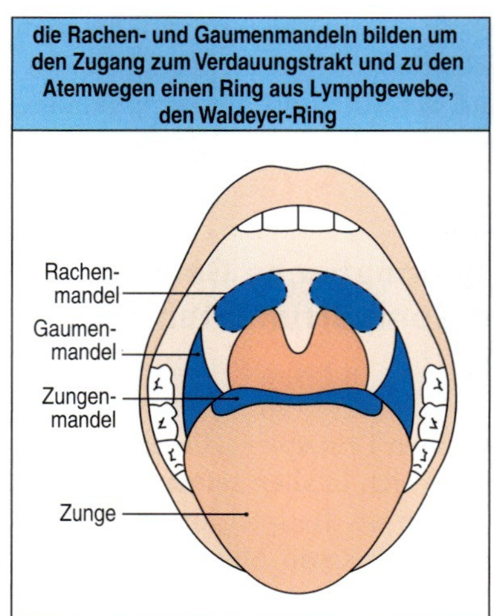

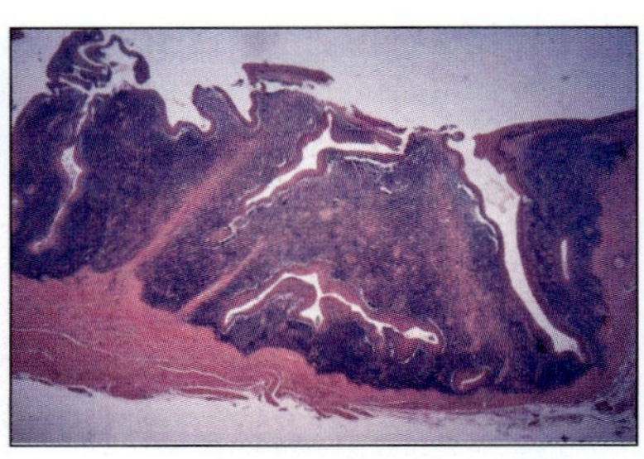

11.5 Ein Ring aus lymphatischen Organen, der Waldeyer-Rachenring, umgibt den Eingang zum Darm und zu den Atemwegen. Die Rachenmandeln liegen an beiden Seiten der Nasenbasis, während sich die Gaumenmandeln an beiden Seiten der Mundhöhle befinden. Die Zungenmandeln sind davon getrennte lymphatische Organe an der Zungenbasis. Die mikroskopische Aufnahme zeigt einen Schnitt durch eine entzündete menschliche Mandel. Wenn keine Entzündung vorliegt, bestehen Gaumen- und Rachenmandeln normalerweise aus Bereichen mit organisiertem Gewebe mit B- und T-Zell-Regionen, die von einer Schicht aus Schuppenepithel umgeben sind (im Bild oben). Die Oberfläche enthält tiefe Einschnitte (Krypten), die die Oberfläche vergrößern, aber hier können sich leicht Infektionen bilden. Färbung mit Hematoxylin und Eosin. Vergrößerung × 100.

Zu den organisierten lymphatischen Geweben der GALT gehören die Peyer-Plaques und die solitären Lymphfollikel des Darms, der Blinddarm, die Gaumen- und Rachenmandeln im Rachen sowie die mesenterialen Lymphknoten. **Gaumenmandeln**, **Rachenmandeln** und **Zungenmandeln** bestehen aus großen Aggregationen von sekundärem lymphatischen Gewebe, das von einer Schicht aus Schuppenepithel umgeben ist, und bilden einen Ring. Dieser liegt an der Rückseite des Mundes am Eingang zum Verdauungstrakt und zu den Atemwegen (Abb. 11.5) und man bezeichnet ihn als Waldeyer-Rachenring. Bei Kindern vergrößern sich diese Organe aufgrund wiederholter Infektionen häufig in extremer Weise; deshalb war es früher üblich, sie chirurgisch zu entfernen. Bei Kindern, denen die Mandeln entfernt wurden, hat man eine verringerte IgA-Reaktion auf die orale Polioimpfung beobachtet.

Einige sekundäre lymphatische Organe der GALT liegen in der Darmwand. Dies sind die **Peyer-Plaques** des Dünndarms, der **Blinddarm** (Appendix; auch er ist häufig ein Opfer des Skalpells) sowie die **isolierten Lymphfollikel** des Dickdarms. Die Peyer-Plaques sind für das Auslösen von Immunantworten im Darm von außerordentlicher Bedeutung. Die Plaques haben ein besonderes Erscheinungsbild und bilden gewölbeförmige Aggregationen aus lymphatischen Zellen, die in das Lumen des Darms hineinragen (Abb. 11.6). Jeder Peyer-Plaque besteht aus einer großen Anzahl von B-Zell-Follikeln mit Keimzentren sowie aus kleineren T-Zell-Regionen, die sich zwischen den Follikeln und unmittelbar darunter befinden. Die Wölbung unter dem Epithel enthält zahlreiche dendritische Zellen, T-Zellen und B-Zellen. Über den lymphatischen Geweben und als Abtrennung zum Darmlumen liegt eine Schicht aus follikelassoziiertem Epithel. Diese enthält normale Darmepithelzellen, die man als Enterocyten bezeichnet, sowie eine geringere Anzahl von spezialisierten Epithelzellen, die sogenannten **Mikrofaltenzellen** (**M-Zellen**). Diese besitzen an der Seite zum Darmlumen anstelle der Mikrovilli, wie sie bei den Enterocyten vorkommen, eine gefaltete Oberfläche. Anders als die Enterocyten sezernieren die M-Zellen keine Verdauungsenzyme und auch keinen Schleim, außerdem fehlt ihnen an der Oberfläche die dicke Glykokalyx. Sie sind deshalb für Mikroorganismen und Partikel im Darmlumen leicht zugänglich und der Eintrittsweg für Andie Peyer-Plaques sind von einer Epithelschicht bedeckt, die sogenannte M-Zellen enthält – spezialisierte Zellen mit charakteristischen Faltenmustern in der Membran

11.6 Ein Peyer-Plaque und sein spezialisiertes Oberflächenepithel. a) Die Peyer-Plaques sind organisierte lymphatische Gewebe, die sich in der submucosalen Schicht der Darmwand befinden. Jeder Plaque besteht aus zahlreichen hoch aktiven B-Zell-Follikeln mit Keimzentren (GC) und dazwischenliegenden T-Zell-abhängigen Regionen (TDA), und zwischen dem Oberflächenepithel und den Follikeln liegt die subepitheliale Wölbung, die zahlreiche dendritische Zellen, T-Zellen und B-Zellen enthält (eine schematisierte Ansicht eines Peyer-Plaques findet sich in Abbildung 1.20). Das Oberflächenepithel bezeichnet man als follikelassoziiertes Epithel; es besteht aus einer einzigen Schicht von Säulenepithelzellen. b) Rasterelektronenmikroskopische Aufnahme des follikelassoziierten Epithels eines Peyer-Plaques der Maus (eingerahmt in Bild a) zeigt Mikrofaltenzellen (M-Zellen), die anders als die normalen Epithelzellen keine Mikrovilli und keine Schleimschicht aufweisen. Jede M-Zelle erscheint auf der Epitheloberfläche als eingesunkene Fläche. c) Der eingerahmte Bereich in Bild b in höherer Auflösung. Zu erkennen ist die charakteristische geriffelte Oberfläche einer M-Zelle. M-Zellen sind für viele Krankheitserreger und andere Partikel ein Eintrittstor in den Körper. a) Färbung mit Hämatoxylin und Eosin; Vergrößerung Bild a ×100, Bild b × 5000, Bild c × 23000.

tigene aus dem Lumen zu den Peyer-Plaques. Das follikelassoziierte Epithel enthält ebenfalls Lymphocyten und dendritische Zellen.

Neben den Peyer-Plaques, die mit bloßem Auge zu sehen sind, befinden sich in Dünn- und Dickdarm zahlreiche **isolierte Lymphfollikel**, die man unter dem Mikroskop erkennen kann. Diese bestehen wie die Peyer-Plaques aus einem Epithel, das M-Zellen enthält, und einem darunterliegenden organisierten lymphatischen Gewebe. Die isolierten Follikel enthalten vor allem B-Zellen; sie entwickeln sich nur nach der Geburt, während die Peyer-Plaques schon im Darm des Fetus vorhanden sind. Ähnliche isolierte Follikel kommen auch in der Wand der oberen Atemwege vor; sie bilden die **bronchienassoziierten lymphatischen Gewebe** (*bronchus-associated lymphatic tissues*, **BALT**) und in der auskleidenden Schicht der Nase das sogenannte **nasenassoziierte lymphatische Gewebe** (**NALT**). Die Bezeichnung **mucosaassoziiertes lymphatisches Gewebe (MALT)** wird gelegentlich verwendet, um diese einander ähnlichen Gewebe in den mucosalen Organen zusammenzufassen. Die Peyer-Plaques und die isolierten Lymphfollikel sind durch Lymphgefäße mit den ableitenden **mesenterialen Lymphknoten** verknüpft. Diese liegen im Bindegewebe, das den Darm an der rückseitigen Wand des Abdomens bedeckt. Dies sind die größten Lymphknoten im Körper; sie besitzen eine zentrale Funktion beim Auslösen und bei der Ausformung von Immunantworten gegen Antigene aus dem Darm.

Die Immunantworten, die bei der Erkennung von Antigenen in einem der Gewebe der GALT ausgelöst werden, unterscheiden sich deutlich von denen, die von den Lymphknoten oder der Milz ausgehen, wenn Antigene in ein Gewebe wie die Haut, die Muskeln oder das Blut gelangen. Das liegt daran, dass die Mikroumgebung der GALT einen eigenen charakteristischen Gehalt an lymphatischen Zellen, Hormonen und anderen modulierenden Faktoren des Immunsystems aufweist. Die mesenterialen Lymphknoten und die Peyer-Plaques differenzieren sich während der Entwicklung des Fetus unabhängig vom systemischen Immunsystem, wobei spezifische Chemokine und Rezeptoren der Tumornekrosefaktor-(TNF-)Familie verwendet werden (Abb. 11.7; siehe auch Abschnitt 7.24). Die Unterschiede zwischen GALT und den systemischen lymphatischen Organen bilden sich demnach schon sehr früh im Leben heraus und sind unabhängig vom Kontakt mit Antigenen.

Kontrolle der Entwicklung der GALT im Vergleich mit dem systemischen Lymphgewebe										
	für die Gewebeentwicklung notwendiges Protein									
Gewebe	TNFR-I	LT-α	LT-β	LT-βR	TRANCE	IL-7R	β7	L-sel	CXCR5	NKκB2
Peyer-Plaque	+	+	+	+	–	+	+/–	–	+/–	+
mesenterialer Lymphknoten	–	+	–	+	+	–	–	+/–	–	–
systemischer Lymphknoten	+/–	+	+/–	+	+	–	–	+	–	+/–

11.7 Die fetale Entwicklung der lymphatischen Gewebe des Darms wird durch eine spezifische Kombination von Cytokinen kontrolliert. Experimente mit Knockout-Mäusen zeigen, dass sich die mesenterialen Lymphknoten und die Peyer-Plaques voneinander und auch von den Lymphknoten im übrigen Körper unterscheiden. Das betrifft die Signale, die für ihre jeweilige Entwicklung im Fetus und kurz nach der Geburt notwendig sind. Die Entwicklung aller dieser lymphatischen Gewebe erfordert einen Signalaustausch zwischen den Induktorzellen der lymphatischen Gewebe und den lokalen Stromazellen. Signale aus den Stromazellen veranlassen die Induktorzellen der lymphatischen Gewebe, die α- und die β-Untereinheit von Lymphotoxin (LT) zu produzieren. Diese können Homotrimere (LT-α_3) oder Heterotrimere (LT-α_1:β_2) bilden. LT-α_1:β_2 wirkt über den LT-β-Rezeptor auf lokale Stromazellen ein. Dieser Rezeptor ist - genauso wie die Produktion der LT-α-Untereinheit - für die Entwicklung aller hier beschriebenen lymphatischen Gewebe notwendig. Die Stimulation der Stromazellen über den LT-β-Rezeptor führt zur Expression von Adhäsionsmolekülen wie VCAM-1 sowie zur Produktion von Chemokinen wie CCL19, CCL21 und CXCL13, die alle Lymphocyten und weitere Induktorzellen der lymphatischen Gewebe in die sich entwickelnden Organe lenken können. Die mesenterialen Lymphknoten sind die ersten lymphatischen Gewebe, die sich im Fetus entwickeln. Induktorzellen der lymphatischen Gewebe in diesen Bereichen produzieren LT-α_1:β_2 als Reaktion auf das Cytokin TRANCE der TNF-Familie, das von Stromazellen produziert wird. Experimente mit Knockout-Mäusen zeigen jedoch, dass die LT-β-Untereinheit für die Entwicklung der mesenterialen Lymphknoten nicht essenziell ist und durch LIGHT, ein anderes Molekül der TNF-Familie, ersetzt werden kann, das ebenfalls an den LT-β-Rezeptor bindet. Die Entwicklung der Peyer-Plaques hängt vollkommen von dem Vorhandensein beider Untereinheiten, LT-α und LT-β, ab. Sie werden von den Induktorzellen der lymphatischen Gewebe als Reaktion auf IL-7 produziert, das wiederum von den Stromazellen stammt. Die Induktorzellen der lymphatischen Gewebe werden ausschließlich über ihre CXCR5-Rezeptoren zu den Peyer-Plaques gelenkt. Auch der TNF-Rezeptor TNFR-I wirkt bei der Entwicklung der Peyer-Plaques mit, nicht jedoch bei einem der anderen hier aufgeführten Gewebe. In Bezug auf die LT-Signale ähneln die peripheren Lymphknoten mehr den mesenterialen Lymphknoten. Die Unterschiede in Bezug auf die Notwendigkeit von LT-Untereinheiten und Rezeptoren sind wahrscheinlich die Folge von geringfügigen Unterschieden zwischen den verwendeten Signalwegen in den einzelnen Bereichen. Auch Adhäsionsmoleküle spielen bei der Entwicklung der lymphatischen Gewebe eine Rolle. Die Peyer-Plaques entwickeln sich ohne L-Selektin normal, hängen aber teilweise vom Integrin α_4:β_7 ab und fehlen vollständig, wenn beide Proteine nicht vorhanden sind. Die mesenterialen Lymphknoten erfordern auch entweder L-Selektin oder das α_4:β_7-Integrin, entwickeln sich jedoch normal, wenn nur eines von beiden fehlt. Die systemischen Lymphknoten benötigen für ihre Entwicklung nur L-Selektin.

11.4 Der Darm besitzt spezielle Wege und Mechanismen für die Aufnahme von Antigenen

Antigene an den mucosalen Oberflächen müssen durch die Epithelbarriere transportiert werden, bevor sie das Immunsystem stimulieren können. Die Peyer-Plaques sind für die Aufnahme von Antigenen aus dem Darmlumen stark spezialisiert. Die M-Zellen des follikelassoziierten Epithels nehmen durch Endocytose oder Phagocytose ständig Moleküle und Partikel aus dem Darmlumen auf (Abb. 11.8). Dieses Material wird in von Membranen umschlossenen Vesikeln durch die Zelle zur basalen Zellmembran trans-

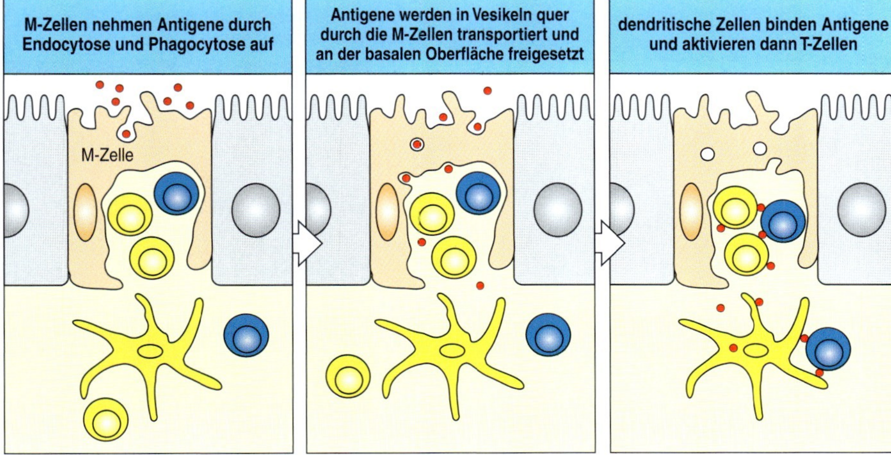

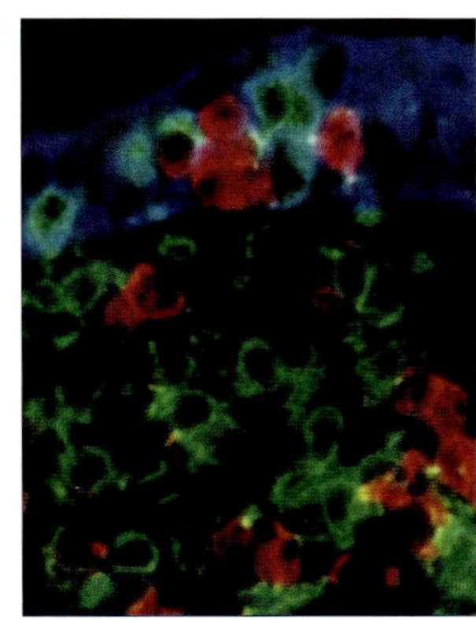

11.8 Aufnahme und Transport von Antigenen durch M-Zellen. Wie in den ersten drei Bildern dargestellt ist, haben die M-Zellen im follikelassoziierten Epithel der Peyer-Plaques die basalen Membranen so umgeformt, dass sie in der Epithelschicht Taschen bilden. Dadurch ist ein enger Kontakt mit Lymphocyten und anderen Zellen möglich, der den lokalen Transport von Antigenen, die durch die M-Zellen aus dem Darm aufgenommen wurden, und deren Weitergabe an dendritische Zellen für die Antigenpräsentation fördert. Die mikroskopische Aufnahme von einem Teil eines Peyer-Plaques (rechts) zeigt Epithelzellen (dunkelblau), von denen einige taschenbildende M-Zellen sind. In diesen sammeln sich T-Zellen (rot) und B-Zellen (grün) an. Die Zellen wurden mit fluoreszenzmarkierten Antikörpern gefärbt, die für die einzelnen Zelltypen spezifisch sind.

portiert, wo es in den Extrazellularraum freigesetzt wird; diesen Vorgang bezeichnet man als **Transcytose**. Da die M-Zellen viel zugänglicher sind als die Enterocyten, greifen eine Reihe von Bakterien die M-Zellen an, um durch sie in den Subepithelialraum zu gelangen, obwohl sie sich dann in der Zentrale des adaptiven Immunsystems des Darms wiederfinden.

Die basale Zellmembran einer M-Zelle ist stark gefaltet und bildet eine Tasche, die Lymphocyten und dendritische Zellen umschließt. Die dendritischen Zellen nehmen das transportierte Material auf, das die M-Zellen freisetzen, und verarbeiten es, um es den T-Lymphocyten zu präsentieren. Diese dendritischen Zellen befinden sich an einer besonders günstigen Stelle, um Antigene aus dem Darm aufzunehmen. Sie werden durch Chemokine in diesen Bereich gelockt, die von den Epithelzellen konstitutiv freigesetzt werden. Zu den Chemokinen gehören CCL20 (MIP-3α) und CCL9 (MIP-1γ), die an die Rezeptoren CCR6 beziehungsweise CCR1 auf dendritischen Zellen binden (Anhang IV enthält eine Liste der Chemokine und ihrer Rezeptoren). Die antigenbeladenen dendritischen Zellen wandern dann aus dem Bereich der Wölbung in die T-Zell-Regionen der Peyer-Plaques, wo sie auf naive antigenspezifische T-Zellen treffen. Sie können auch über die Lymphgefäße, die die Lymphe aufnehmen, in die mesenterialen Lymphknoten gelangen, wo sie ebenfalls auf naive T-Zellen treffen. Die dendritischen Zellen in den Peyer-Plaques besitzen die besondere Fähigkeit, die T-Zellen, die sie aktivieren, so zu prägen, dass sie sich zum Darm bewegen (siehe unten).

Dendritische Zellen kommen in der Darmwand ebenfalls in großer Menge vor, vor allem in der Lamina propria (Abb. 11.9). Einige dieser Zellen können ihren Weg in das Epithel nehmen oder Fortsätze durch die Epithelschicht treiben, ohne ihre Struktur zu stören. Die Beweglichkeit der dendritischen Zellen nimmt als Reaktion auf lokale bakterielle Infektionen zu. Diese Zellen können Bakterien aus dem Darmlumen aufnehmen und kehren dann mit ihnen zur Lamina propria zurück. So ist es den mucosalen dendritischen Zellen möglich, Antigene durch die intakte Epithelbarriere hindurch aufzunehmen, ohne dass dafür M-Zellen erforderlich sind. Nach der Aufnahme von Antigenen aus dem Darmlumen transportieren sie die dendritischen Zellen der Lamina propria über die afferenten Lymphgefäße

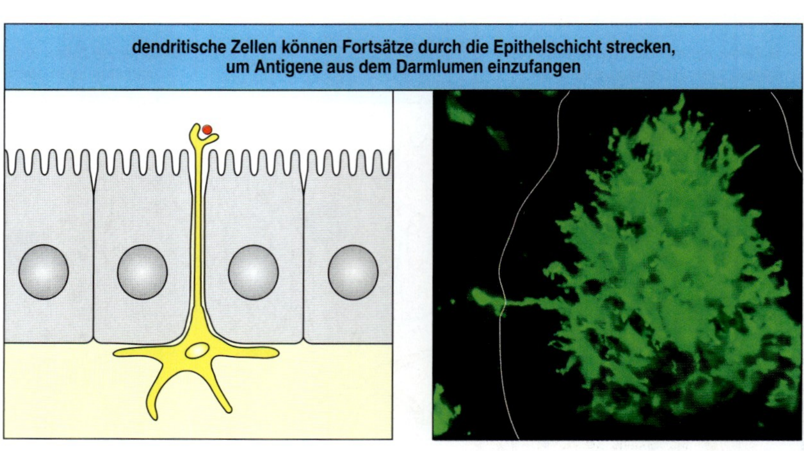

11.9 Die Aufnahme von Antigenen durch dendritische Zellen in der Lamina propria. Dendritische Zellen können Fortsätze zwischen den Zellen des Epithels hindurchzwängen, ohne dass dessen Zusammenhalt beeinträchtig wird. Diese Zellfortsätze können aus dem Darmlumen Antigene aufnehmen, beispielsweise Bakterien. Die mikroskopische Aufnahme zeigt dendritische Zellen (mithilfe eines Fluoreszenzmarkers für das CD11c-Molekül grün gefärbt) in der Lamina propria eines Villus im Dünndarm einer Maus. Das Epithel ist nicht gefärbt und erscheint schwarz, die weiße Linie gibt die äußere Grenze an. Der Fortsatz der dendritischen Zelle hat sich zwischen den beiden Epithelzellen hindurchgezwängt und ihre Spitze liegt im Darmlumen. Vergrößerung ×200. (Mikroskopische Aufnahme aus Niess JH et al (2005) *Science* 307: 254–258.)

zu den T-Zell-Regionen der mesenterialen Lymphknoten, die die Flüssigkeit aus der Darmwand ableiten. Ähnliche Populationen von dendritischen Zellen, die lokale Antigene aufnehmen und in die ableitenden Lymphknoten wandern, kommen auch in der Lunge und in anderen mucosalen Oberflächen vor.

11.5 Das Immunsystem der Schleimhäute enthält eine große Zahl von Effektorlymphocyten, selbst wenn keine Erkrankung vorliegt

Neben den organisierten lymphatischen Organen enthält eine Schleimhautoberfläche große Mengen an Lymphocyten und anderen Leukocyten, die sich im gesamten Gewebe verteilen. Die meisten der verstreuten Lymphocyten sehen aus wie Zellen, die durch ein Antigen aktiviert wurden; sie machen die T-Effektorzellen und Plasmazellen des mucosalen Immunsystems aus. Im Darm kommen Effektorzellen in zwei Hauptkompartimenten vor: im Epithel und in der Lamina propria (Abb. 11.10). Diese Gewebe unterscheiden sich immunologisch ziemlich deutlich voneinander, wobei sie nur durch die dünne Schicht der Basalmembran getrennt sind. Das Epithel enthält vor allem Lymphocyten, von denen der überwiegende Teil CD8-T-Zellen sind. Die Lamina propria ist viel heterogener; sie enthält eine große Zahl von CD4- und CD8-T-Zellen, außerdem Plasmazellen, Makrophagen, dendritische Zellen und gelegentlich eosinophile Zellen und Mastzellen. Im gesunden Darm sind neutrophile Zellen selten, wobei ihre Anzahl bei Entzündungen oder Infektionen schnell zunimmt. Die Gesamtzahl der Lymphocyten im Epithel und in der Lamina propria ist wahrscheinlich größer als in den meisten anderen Körperregionen.

Die gesunde Schleimhaut im Darm zeigt deshalb viele Merkmale einer chronischen Entzündungsreaktion – das Vorhandensein von zahlreichen Effektorlymphocyten und anderen Leukocyten in den Geweben. Das ist das Ergebnis von lokalen Reaktionen, die ständig gegen die Unzahl von harmlosen Antigenen entstehen, die die Schleimhautoberfläche „bombardieren". Erkennbare Krankheiten treten jedoch selten auf. Das verdeutlicht,

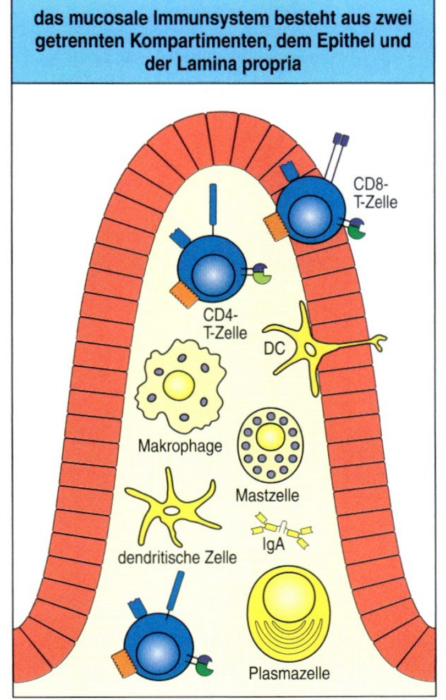

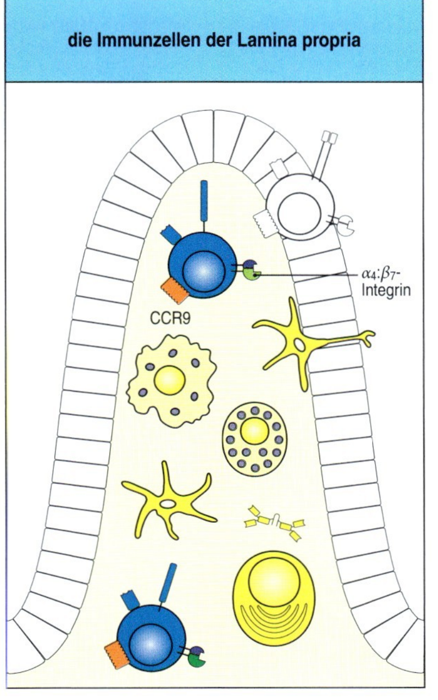

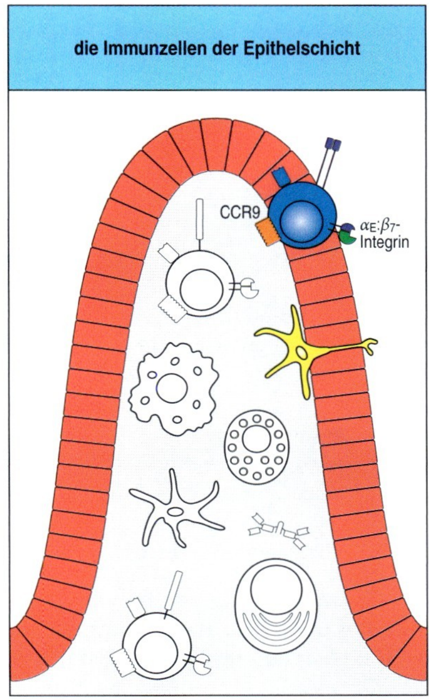

11.10 Die Lamina propria und das Epithel der Darmschleimhaut sind zwei unterschiedliche lymphatische Kompartimente. Die Lamina propria enthält ein heterogenes Gemisch aus IgA-produzierenden Plasmazellen, Lymphocyten mit einem „Gedächtnis"-Phänotyp (Kapitel 10), konventionelle CD4- und CD8-T-Effektorzellen, dendritische Zellen, Makrophagen und Mastzellen. Die T-Zellen in der Lamina propria des Dünndarms exprimieren das Integrin α_4:β_7 und den Chemokinrezeptor CCR9, der sie aus dem Blut in das Gewebe lenkt. Lymphocyten im Epithel exprimieren CCR9 und das Integrin α_E:β_7, das E-Cadherin auf Epithelzellen bindet. Es handelt sich vor allem um CD8-T-Zellen, von denen einige die konventionelle a:β-Form von CD8 exprimieren, andere hingegen das CD8-α:α-Homodimer. In der Lamina propria herrschen CD4-T-Zellen vor, während CD8-T-Zellen im Epithel am stärksten vertreten sind.

dass es starke regulatorische Mechanismen gibt, die verhindern, dass diese lokalen Reaktionen außer Kontrolle geraten.

11.6 Das Zirkulieren der Lymphocyten innerhalb des mucosalen Immunsystems wird durch gewebespezifische Adhäsionsmoleküle und Chemokinrezeptoren reguliert

Wenn Effektorlymphocyten in der Oberflächenschleimhaut ankommen, so ist dies das Ergebnis einer Abfolge von Ereignissen, durch die sich die Homing-Eigenschaften von Lymphocyten während ihrer Aktivierung verändern. Der Lebenslauf der mucosalen Lymphocyten beginnt mit dem Auswandern von naiven T-Zellen und B-Zellen aus Thymus beziehungsweise Knochenmark. Zu diesem Zeitpunkt sind die naiven Lymphocyten, die im Blutkreislauf zirkulieren, nicht dahingehend vorgeprägt, in welches Kompartiment des Immunsystems sie letztendlich gelangen. Naive Lymphocyten, die in den Peyer-Plaques und den mesenterialen Lymphknoten ankommen, gelangen über die Venolen mit hohem Endothel dort hinein (Abb. 11.11). Wie bei anderen lymphatischen Organen wird dies durch die Chemokine CCL21 und CCL19 kontrolliert, die aus den peripheren lymphatischen Geweben freigesetzt werden und an den Rezeptor CCR7 auf den naiven Lymphocyten binden. Wenn die naiven Lymphocyten nicht auf ihr Antigen treffen, verlassen sie die lymphatischen Organe über die efferenten Lymphgefäße und kehren in das Blut zurück. Wenn sie in den GALT auf ein Antigen treffen, werden die Lymphocyten aktiviert, und sie exprimieren CCR7 und L-Selektin nicht mehr. Das bedeutet, dass sie ihre Präferenz für die peripheren lymphatischen Organe verlieren, sobald sie

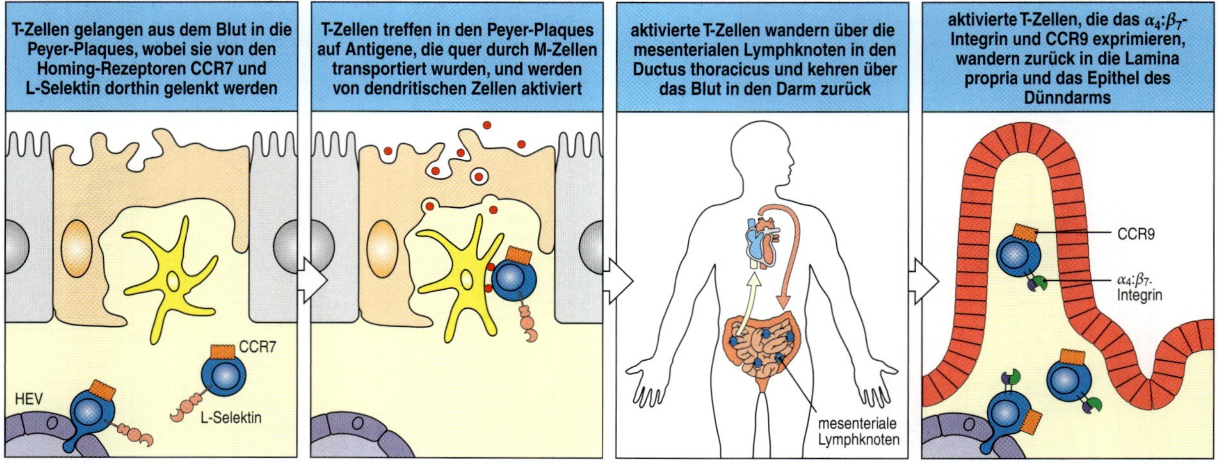

11.11 Das Priming von naiven T-Zellen und die Umverteilung von T-Effektorzellen im Immunsystems des Darms. T-Zellen tragen den Chemokinrezeptor CCR7 und L-Selektin, die sie über die Venolen mit hohem Endothel in die Peyer-Plaques lenken. In der T-Zell-Region treffen sie auf Antigene, die durch M-Zellen in das lymphatische Gewebe transportiert wurden und von lokalen dendritischen Zellen präsentiert werden. Während der Aktivierung und unter der selektiven Kontrolle durch dendritische Zellen aus dem Darmgewebe hören die T-Zellen auf, L-Selektin zu exprimieren. Stattdessen produzieren sie den Chemokinrezeptor CCR9 und das Integrin α_4:β_7. Nach der Aktivierung, aber vor der vollständigen Differenzierung, verlassen die geprägten T-Zellen den Peyer-Plaque über die ableitenden Lymphgefäße, passieren den mesenterialen Lymphknoten und gelangen in den Ductus thoracicus. Dieser entleert sich in das Blut, sodass die aktivierten T-Zellen zurück in die Darmwand wandern können. Hier werden die T-Zellen, die CCR9 und α_4:β_7 tragen, spezifisch angelockt und verlassen den Blutkreislauf, um dann in die Lamina propria des Villus zu gelangen.

diese verlassen, und nicht mehr über die Venolen mit hohem Endothel dorthin zurückkehren können.

Die mucosalen Effektorlymphocyten verlassen die lymphatischen Organe der Schleimhäute, wo sie aktiviert wurden, und wandern zurück in die Schleimhaut. Lymphocyten, die in den Peyer-Plaques aktiviert werden, verlassen diese über die Lymphgefäße, wandern durch die mesenterialen Lymphknoten und gelangen schließlich in den Ductus thoracicus. Von dort aus zirkulieren sie im Blut durch den gesamten Körper (Abb. 11.11) und kehren über kleine Blutgefäße in der Lamina propria selektiv in die mucosalen Gewebe zurück. Antigenspezifische B-Zellen werden in den Peyer-Plaques als IgM-produzierende Zellen geprägt, wechseln dann dort zur Produktion von IgA und gelangen als IgA-produziererende Plasmazellen in die Lamina propria.

Das darmspezifische Homing wird teilweise durch die Expression des α_4:β_7-Integrins auf den Lymphocyten bestimmt. Es bindet das mucosale gefäßspezifische Adressin **MAdCAM-1**, das vor allem auf den Endothelzellen vorkommt, die die Blutgefäße im Darm auskleiden (Abb. 11.12). Die Lymphocyten, die ursprünglich im Darm geprägt wurden, werden ebenfalls aufgrund einer gewebespezifischen Expression von Chemokinen wieder zurück durch das Darmepithel gelockt. CCL25 (TECK) wird von den Epithelzellen des Dünndarms exprimiert. Das Molekül ist ein Ligand für den Chemokinrezeptor CCR9, den T- und B-Zellen exprimieren, die beim Homing auf den Darm festgelegt sind. Selbst innerhalb des Verdauungstraktes besteht eine regionale Spezialisierung der Chemokinexpression. Der Dickdarm und die Speicheldrüsen exprimieren CCL28 (MEC, mucosales Epithelcytokin), das ein Ligand des Rezeptors CCR10 auf darmbasierten Lymphocyten ist und die IgA-produzierenden B-Lymphoblasten anlockt.

Nur Lymphocyten, die in den darmassoziierten sekundären lymphatischen Organen zum ersten Mal auf ein Antigen treffen, werden stimuliert, darmspezifische Homing-Rezeptoren und Integrine zu exprimieren. Diese Stimulation erfolgt spezifisch durch die dendritischen GALT-Zellen und wird teilweise durch Retinolsäure vermittelt. Dieses Molekül leitet sich aus Vitamin A ab, das durch die Aktivität des Enzyms Retinaldehydrogenase in dendritischen Zellen des Verdauungstraktes produziert wird. Diese

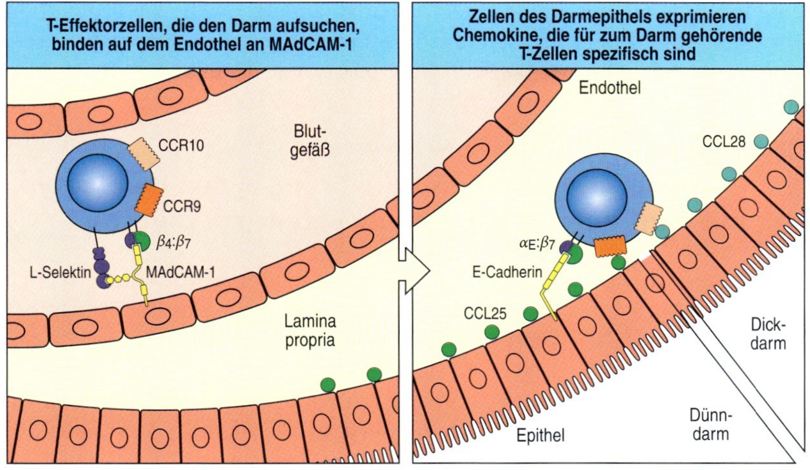

11.12 Molekulare Kontrolle des darmspezifischen Homings von Lymphocyten. Links: T- und B-Zellen, die in den darmassoziierten lymphatischen Geweben durch Antigene geprägt wurden, gelangen als T-Effektorlymphocyten in das Blut, das die Darmwand versorgt (Abb. 11.11). Die Lymphocyten exprimieren das Integrin α_4:β_7, das spezifisch an MAdCAM-1 bindet. Dieses wiederum wird selektiv auf dem Endothel von Blutgefäßen in den mucosalen Geweben exprimiert. Das ist das Adhäsionssignal, das für die Wanderung von Zellen in die Lamina propria notwendig ist. Rechts: Wenn die Effektorlymphocyten in der Lamina propria geprägt werden, exprimieren sie auch den Chemokinrezeptor CCR9, sodass sie nun auf CCL25 (grüne Punkte) reagieren können, das von Epithelzellen des Dünndarms produziert wird. Dies verstärkt die selektive Mobilisierung. Effektorlymphocyten, die im Dickdarm geprägt wurden, exprimieren CCR9 nicht, sondern stattdessen CCR10. Dieses Molekül kann mit CCL28 (blaue Punkte) reagieren, das von den Epithelzellen des Dickdarms produziert wird und eine ähnliche Funktion besitzt. Lymphocyten, die in die Epithelschicht eindringen, beenden die Expression des Integrins α_4:β_7 und exprimieren stattdessen das Integrin α_E:β_7. Der Rezeptor für dieses Integrin ist E-Cadherin auf den Epithelzellen. Diese Wechselwirkungen dienen vermutlich dazu, die Lymphocyten im Epithel zu halten, sobald sie einmal hineingelangt sind.

dendritischen Zellen stimulieren selektiv die Expression des Integrins α_4:β_7 und von CCR9, wenn sie naiven T-Zellen Antigene präsentieren und die Zellen aktivieren. Dendritische Zellen aus nichtmucosalen Geweben hingegen stimulieren aktivierte T-Zellen, beispielsweise das α_4:β_1-Integrin, das lymphatische Hautantigen (CLA) und den Chemokinrezeptor CCR4 zu exprimieren; diese Moleküle lenken die Zellen in die Gewebe, etwa in die Haut (Abschnitt 10.6). Durch diese gewebespezifischen Auswirkungen des Primings von Lymphocyten in den GALT lässt sich erklären, warum die Impfung gegen Darminfektionen eine Immunisierung über einen mucosalen Weg erfordert, da bei anderen Verfahren wie der subkutanen oder intramuskulären Immunisierung keine dendritischen Zellen mit den passenden Prägungsmerkmalen beteiligt sind.

11.7 Das Priming von Lymphocyten in einem mucosalen Gewebe kann an anderen mucosalen Oberflächen einen Immunschutz herbeiführen

MAdCAM-1 ist nicht ausschließlich auf Blutgefäße im Darmgewebe beschränkt, sondern kommt auch in den versorgenden Gefäßen anderer mucosaler Oberflächen vor. So können Lymphocyten, die in den GALT geprägt wurden, als Effektorzellen in die Atemwege, den Urogenitaltrakt und die milchproduzierende Brust gelangen. Das mucosale Immunsystem bildet also ein einheitliches Kompartiment, in dem die Zellen zirkulieren können. Dieses Kompartiment bezeichnet man als **gemeinsames mucosales Immunsystem** und es unterscheidet sich von den übrigen Teilen des Immunsystems. Das hat mehrere wichtige Konsequenzen für die Entwicklung von Impfstoffen, da so die Immunisierung über eine beliebige Schleimhaut möglich ist, und der Schutz vor Infektionen auch an einer anderen Stelle besteht. Das ließ sich in vielen experimentellen Modellen veranschaulichen. Am interessantesten ist dabei, dass durch eine Immunisierung über die Nase Immunantworten im Urogenitaltrakt gegen HIV geprägt werden können. Darüber hinaus ist es möglich, durch eine natürliche Infektion oder eine Impfung an mucosalen Oberflächen an anderer Stelle, die Produktion von IgA-Antikörpern in der milchproduzierenden Brust zu induzieren, sodass diese Antikörper in der Milch passiv auf Kleinkinder übertragen werden können, was einen wichtigen Beitrag zum Immunschutz bedeutet.

11.8 Die sezernierten IgA-Antikörper bilden den Isotyp, der mit dem mucosalen Immunsystem verknüpft ist

Der vorherrschende Isotyp der Antikörper im mucosalen Immunsystem ist IgA. Diese Antikörper werden lokal von Plasmazellen produziert, die in der Schleimhautwand vorkommen. Beim Menschen gibt es den Isotyp in den zwei Formen IgA1 und IgA2. In den beiden Hauptkompartimenten, dem Blut und den Schleimhäuten, in denen IgA vorkommt, besitzt das Molekül eine unterschiedliche Struktur. Im Blut liegt es vor allem als Monomer vor, das von Plasmazellen im Knochenmark produziert wird. Diese gehen aus B-Zellen hervor, die in den Lymphknoten aktiviert wurden. Das Verhältnis von IgA1 zu IgA2 beträgt im Blut etwa 10:1. In den mucosalen Geweben wird IgA fast ausschließlich als Dimer produziert, das durch eine J-Kette verknüpft ist; das Verhältnis von IgA1 zu IgA2 beträgt hier etwa 3:2.

Die naiven B-Vorläuferzellen der IgA-produzierenden Plasmazellen werden in den Peyer-Plaques und den mesenterialen Lymphknoten aktiviert. Der Isotypwechsel von naiven B-Lymphocyten zur IgA-Produktion erfolgt unter der Kontrolle des Cytokins TGF-β (transformierender Wachstumsfaktor β) in den organisierten lymphatischen Geweben der GALT. Dabei wirken dieselben molekularen Mechanismen wie in den Lymphknoten und der Milz (die molekularen Mechanismen des Isotypwechsels wurden im Einzelnen in Kapitel 4 und die allgemeinen Auswirkungen des Isotypwechsels in Kapitel 9 besprochen). Beim Menschen werden in den mucosalen Geweben etwa fünf Gramm IgA pro Tag produziert, was deutlich mehr ist als bei allen anderen Immunglobulinklassen im Körper. Mehrere häufige Krankheitserreger des Verdauungstraktes besitzen proteolytische Enzyme, die IgA1 spalten können, während IgA2 gegenüber einer Spaltung viel widerstandsfähiger ist. Der größere Anteil an Plasmazellen, die in der Lamina propria IgA2 produzieren, ist möglicherweise eine Folge des Selektionsdrucks, der von Krankheitserregern gegenüber Individuen mit einem geringen IgA2-Spiegel im Verdauungstrakt ausgeübt wird.

Nach der Aktivierung und Differenzierung der B-Zellen exprimieren die daraus hervorgehenden Lymphoblasten das mucosale Homing-Integrin $\alpha_4{:}\beta_7$ sowie die Chemokinrezeptoren CCR9 und CCR10. Die Lokalisierung von IgA-freisetzenden Plasmazellen in den mucosalen Geweben wird durch Mechanismen erreicht, die wir in Abschnitt 11.6 kennengelernt haben. Sobald die Plasmazellen in die Lamina propria gelangt sind, sezernieren sie vollständige IgA-Dimere, die durch J-Ketten zusammengehalten werden, in den Subepithelialraum (Abb. 11.13). Um ihre Zielantigene im Darmlumen zu erreichen, muss IgA durch das Epithel transportiert werden. Das geschieht durch unreife Epithelzellen, die sich am Grund der Darmkrypten befinden und an ihrer basolateralen Oberfläche den **polymeren Immunglobulinrezeptor** (**Poly-Ig-Rezeptor**) exprimieren. Dieser Rezeptor hat eine hohe Affinität zu polymeren Immunglobulinen, die durch J-Ketten verknüpft sind, beispielsweise zum dimeren IgA, und transportiert die Antikörper durch Transcytose an die Epitheloberfläche des Darmlumens, wo

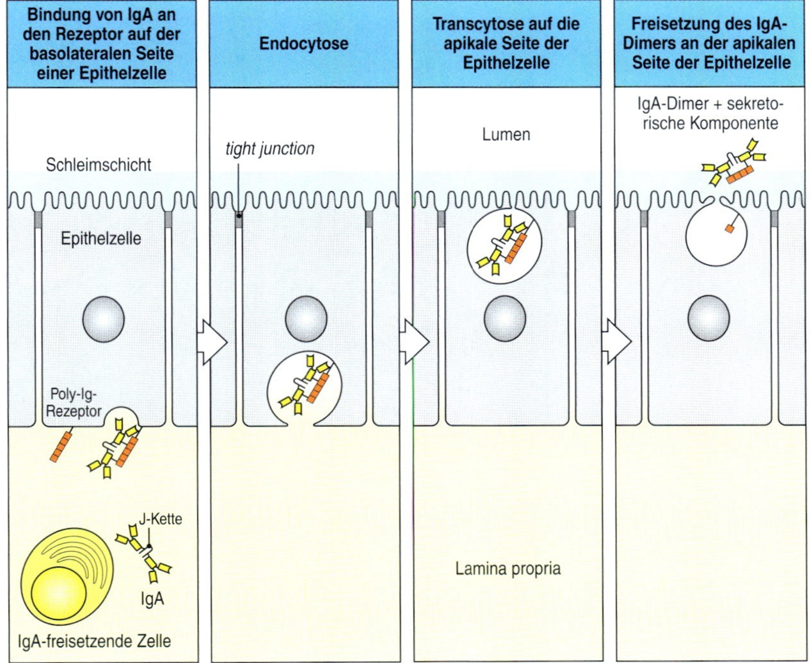

11.13 Transcytose von IgA-Antikörpern durch Epithelien wird vom Poly-Ig-Rezeptor, einem spezialisierten Transportprotein, bewerkstelligt. Der größte Teil der IgA-Antikörper wird in Plasmazellen produziert, die sich direkt unter den epithelialen Basalmembranen des Darms, der Atmungsepithelien, der Tränen- und Speicheldrüsen sowie der Milchdrüsen befinden. Das IgA-Dimer, das von einer J-Kette zusammengehalten wird, diffundiert durch die Basalmembran und wird vom Poly-Ig-Rezeptor an der basolateralen Oberfläche der Epithelzelle gebunden. Der gebundene Komplex wird in einem Vesikel durch Transcytose quer durch die Zelle zur apikalen Oberfläche transportiert, wo der Poly-Ig-Rezeptor gepalten und die extrazelluläre IgA-bindende Komponente zusammen mit dem gebundenen IgA-Molekül als sogenannte sekretorische Komponente freigesetzt wird. Kohlenhydrate auf der sekretorischen Komponente binden an Mucine im Schleim und halten IgA an der Epitheloberfläche fest. Das übrige Fragment des Poly-Ig-Rezeptors besitzt keine Funktion und wird abgebaut. IgA wird auf diese Weise durch Epithelien in die Lumina von verschiedenen Organen transportiert, die mit der äußeren Umgebung in Kontakt stehen.

sie durch proteolytische Spaltung der extrazellulären Domäne des Poly-Ig-Rezeptors freigesetzt werden. Ein Teil des gespaltenen Rezeptors bleibt mit IgA assoziiert, man bezeichnet ihn daher als **sekretorische Komponente** (häufig mit SC abgekürzt). Den entstandenen Antikörper bezeichnet man als **sekretorisches IgA**.

Bei einigen Tieren gibt es einen zweiten Weg der IgA-Freisetzung in den Darm – den **Leber-Gallen-Weg** (hepatobiliärer Weg) (Abb. 11.14). Dabei werden dimere IgA-Antikörper, die nicht an den Poly-Ig-Rezeptor auf Epithelzellen binden, in die Pfortadern in der Lamina propria aufgenommen, die das Blut aus dem Darm in die Leber leiten. In der Leber sind diese kleinen Venen (Sinusoide) innen mit Hepatocyten beschichtet, die den Poly-Ig-Rezeptor an ihrer basalen Oberfläche exprimieren, sodass IgA aufgenommen werden kann und durch Transcytose in die angrenzenden Gallengänge gelangt. Auf diese Weise können sekretorische IgA-Antikörper über den gemeinsamen Gallengang direkt in den oberen Dünndarm freigesetzt werden. Darüber hinaus werden IgA-Antikörper, die im Lumen Antigene gebunden haben, über Epithelzellen wieder in die Darmwand aufgenommen und über den Leber-Gallen-Weg aus dem Körper entfernt. Dieser Weg ist zwar bei Ratten, Kaninchen und Hühnern sehr wirksam, nicht jedoch beim Menschen, bei dem die Hepatocyten den Poly-Ig-Rezeptor nicht exprimieren.

IgA, das in das Darmlumen freigesetzt wird, bindet über Kohlenhydratdeterminanten in der sekretorischen Komponente an die Schleimschicht, die die Epitheloberfläche bedeckt. Durch IgA wird so verhindert, dass sich Mikroorganismen anheften können, außerdem werden ihre Toxine oder Enzyme neutralisiert (Abb. 11.15). Neben dieser Aktivität im Darmlumen kann IgA anscheinend auch innerhalb von Epithelzellen bakterielle Lipopolysaccharide neutralisieren, die in die Epithelzellen eingedrungen sind. Die sekretorischen IgA-Antikörper besitzen nur ein geringes Potenzial, den klassischen Weg der

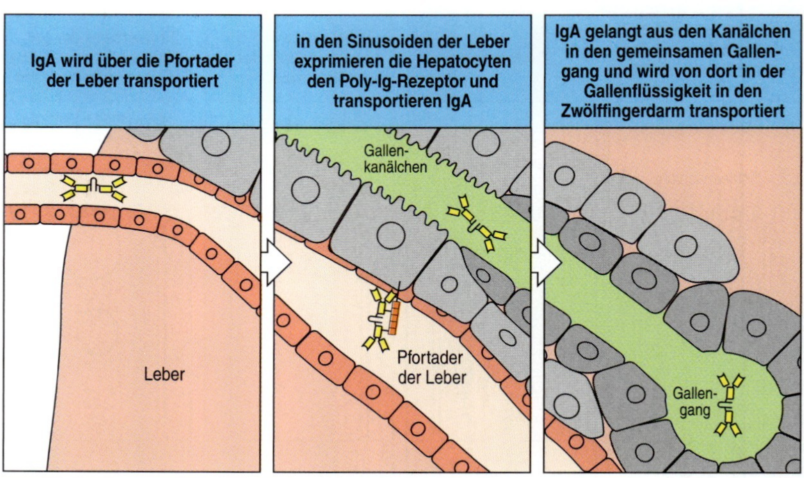

11.14 Der Leber-Gallen-Weg der IgA-Freisetzung. Bei einigen Spezies wird der direkte Transport von dimeren IgA-Antikörpern quer zum Darmepithel durch eine Freisetzung über die Leber ergänzt. Ein Überschuss an dimeren IgA-Antikörpern, die in der Darmwand produziert wurden, wird in die Pfortadern aufgenommen, die sie von der Lamina propria zur Leber weiterleiten. In der Leber sind diese Blutgefäße (Sinusoide) innen mit Zellen ausgekleidet, die das dimere IgA durch die Gefäßwände in die angrenzenden Gallenkanälchen (Canaliculi) transportieren. Diese Canaliculi münden in den gemeinsamen Gallengang, der sich in den oberen Dünndarm entleert und dort die sekretorischen IgA-Antikörper freisetzt.

Komplementaktivierung auszulösen und auch die Wirksamkeit als Opsonin ist nur gering, sodass sie keine Entzündung auslösen können. Die Hauptfunktion besteht darin, die Zugänglichkeit von mucosalen Oberflächen für Krankheitserreger einzuschränken, ohne dass durch eine Entzündungsreaktion die Gefahr besteht, diese empfindlichen Gewebe zu schädigen. Die IgA-Antikörper im Darmlumen besitzen ebenfalls eine wichtige Funktion, indem sie bei der symbiotischen Beziehung zwischen einem Individuum und seinen kommensalen Bakterien im Darm beteiligt sind. Das IgA-Repertoire im Darm umfasst auch Antikörper, die für Antigene spezifisch sind, welche von den kommensalen Bakterien produziert werden. Diese Antikörperspezifitäten kommen im Serum nicht vor, außer unter pathologischen Bedingungen, wenn die kommensalen Bakterien in das Blut gelangen.

Bei Mäusen wird ein relevanter Anteil der IgA-Antikörper des Darms von Lymphocyten der B-1-Untergruppe produziert (Abschnitt 7.28). B-1-Zellen gehen aus B-Vorläuferzellen in der Bauchhöhle hervor, zeigen ein eingeschränktes Antikörperrepertoire und produzieren Antikörper gegen bestimmte Antigene ohne Unterstützung durch T-Zellen. Bis jetzt gibt es nur geringe Hinweise darauf, dass dies beim Menschen der Ursprung von IgA sein könnte, da es hier bei allen sekretorischen IgA-Reaktionen zu somatischen Hypermutationen kommt und diese IgA-Reaktionen zudem anscheinend T-Zell-abhängig sind. Andererseits gibt es diesen IgA-Ursprung bei Mäusen tatsächlich, sodass wir hier einen kurzen Einblick in die Evolutionsgeschichte der spezifischen Antikörperantworten gewinnen können.

11.9 Beim Menschen kommt es häufig zu einem IgA-Defekt, der sich jedoch durch sekretorische IgM-Antikörper ausgleichen lässt

Ein selektiver Mangel an IgA-Produktion ist eine der am meisten verbreiteten primären Immunschwächen beim Menschen und tritt mit einer Häufigkeit von 1:700 bis 1:500 bei Bevölkerungsgruppen mit europäischem Ursprung auf, wobei die Rate bei anderen ethnischen Gruppen sogar etwas

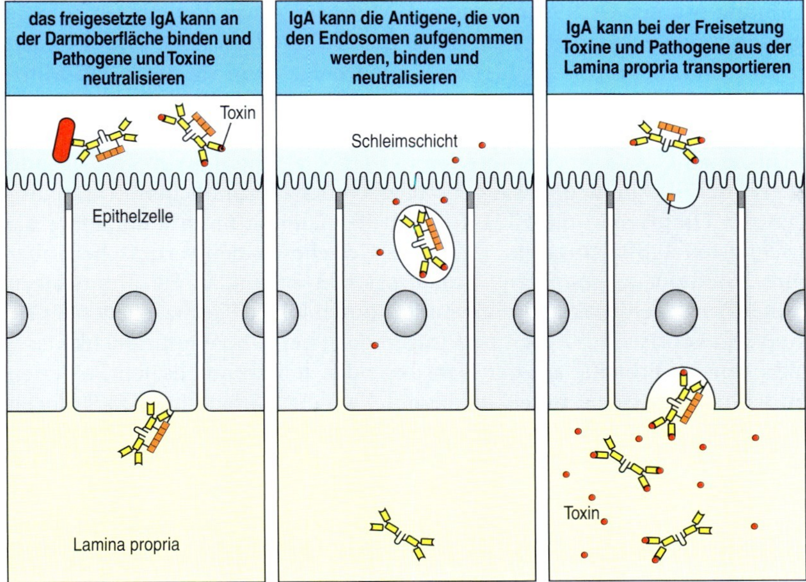

11.15 Die sekretorischen IgA-Antikörper besitzen mehrere Funktionen in den Oberflächenepithelien. Erstes Bild: IgA adsorbiert an die Schleimschicht, die das Epithel bedeckt. Dort kann IgA Pathogene und ihre Toxine neutralisieren und verhindern, dass sie Zugang zu den Geweben erhalten und deren Funktionen stören. Zweites Bild: Antigene, die von der Epithelzelle aufgenommen wurden, können in den Endosomen auf IgA treffen und so neutralisiert werden. Drittes Bild: Toxine oder Krankheitserreger, die die Lamina propria erreicht haben, treffen dort auf pathogenspezifische dimere IgA-Antikörper, und die entstehenden Komplexe werden durch die Epithelzellen in das Lumen abgegeben, weil die IgA-Antikörper mithilfe des Poly-Ig-Rezeptors freigesetzt werden.

niedriger ist. Bei Menschen mit einer IgA-Schwäche gibt es offenbar eine größere Häufigkeit von Allergien und Autoimmunkrankheiten, die meisten dieser Menschen sind jedoch normal, und Infektionen der Schleimhäute treten nicht häufiger auf, es sei denn, dass gleichzeitig ein Defekt der IgG2-Produktion vorliegt. Das liegt wahrscheinlich daran, dass IgM IgA als vorherrschenden sezernierten Antikörper ersetzen kann. Außerdem findet man in den Darmschleimhäuten von Patienten mit einer IgA-Schwäche tatsächlich eine größere Anzahl von IgM-produzierenden Plasmazellen. Da der IgM-Antikörper ein durch die J-Kette verknüpftes Polymer ist, wird er vom Poly-Ig-Rezeptor effizient gebunden und durch die Epithelzellen als sekretorischer IgM-Antikörper in das Lumen transportiert. Die Bedeutung dieses Absicherungsmechanismus lässt sich bei Knockout-Mäusen zeigen, die einen normalen Phänotyp zeigen, wenn ihnen nur IgA fehlt, die jedoch an Infektionen der Schleimhäute erkranken, wenn sie außerdem keinen Poly-Ig-Rezeptor besitzen.

11.10 Das mucosale Immunsystem enthält ungewöhnliche T-Lymphocyten

T-Lymphocyten kommen in den mucosalen Geweben in großer Zahl vor, nicht nur in den organisierten Geweben der MALT, sondern auch verstreut in der gesamten Schleimhaut. Im Darm sind die verstreuten Zellen in zwei unterschiedlichen Bereichen anzutreffen, in der Lamina propria und im Epithel (Abb. 11.4). Die T-Zell-Population in der Lamina propria weist ein Verhältnis von CD4- zu CD8-T-Zellen von 3:1 oder höher auf, ähnlich dem Wert in den systemischen lymphatischen Geweben. Die meisten dieser Zellen besitzen Marker, die mit den „antigenerfahrenen" Effektorzellen (Gedächtniszellen) verknüpft sind, beispielsweise beim Menschen CD45RO (Abschnitt 10.16). Sie exprimieren auch die darmspezifischen

Homing-Marker CCR9 und das α_4:β_7-Integrin sowie Rezeptoren für die entzündungsfördernden Chemokine wie CCL5 (RANTES). Die T-Zellen in der Lamina propria proliferieren nur wenig, wenn sie durch ein Mitogen oder Antigen stimuliert werden, aber sie sezernieren selbst im gesunden Verdauungstrakt und ohne Vorhandensein einer Entzündung große Mengen an Cytokinen wie Interferon-γ (IFN-γ), Interleukin-5 (IL-5) und IL-10. Bei Erkrankungen wie der Zöliakie oder entzündlichen Erkrankungen des Darms sind die CD4-T-Zellen der Lamina propria eindeutig die wichtigsten T-Effektorzellen, die lokale Gewebeschäden verursachen, aber ihre Funktion im gesunden Verdauungstrakt ist unklar. Sie unterstützen möglicherweise die Produktion von IgA durch lokale Plasmazellen, oder sie sind regulatorische T-Zellen und tragen dazu bei, Überempfindlichkeitsreaktionen auf Proteine aus der Nahrung oder von kommensalen Bakterien zu verhindern (siehe unten in diesem Kapitel). Aktivierte CD8-T-Zellen kommen auch in der Lamina propria vor; sie können während einer Immunantwort auf Krankheitserreger und bei Entzündungen sowohl Cytokine produzieren als auch cytotoxisch aktiv sein.

Davon unterscheiden sich die Lymphocyten im Epithel – die **intraepithelialen Lymphocyten** (**IEL**) – ziemlich deutlich (Abb. 11.16). Im normalen Dünndarm kommen auf 100 Epithelzellen zehn bis 15 Lymphocyten. Das bedeutet, dass dies eine der größten Populationen im gesamten Körper ist. Über 90 % der intraepithelialen Lymphocyten sind T-Zellen, und etwa 80 % davon tragen das CD8-Molekül, wodurch sie sich vollkommen von den Lymphocyten der Lamina propria unterscheiden. Jedoch zeigen die meisten Zellen wie in der Lamina propria Merkmale einer Aktivierung, außerdem besitzen sie intrazelluläre Granula, die wie die cytotoxischen T-Effektorzellen Perforin und Granzyme enthalten. Die T-Zell-Rezeptoren der meisten Zellen dieser Lymphocytenpopulation verwenden offenbar die

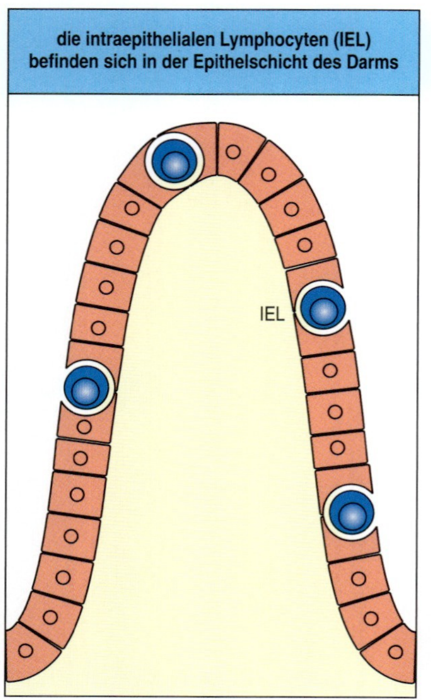

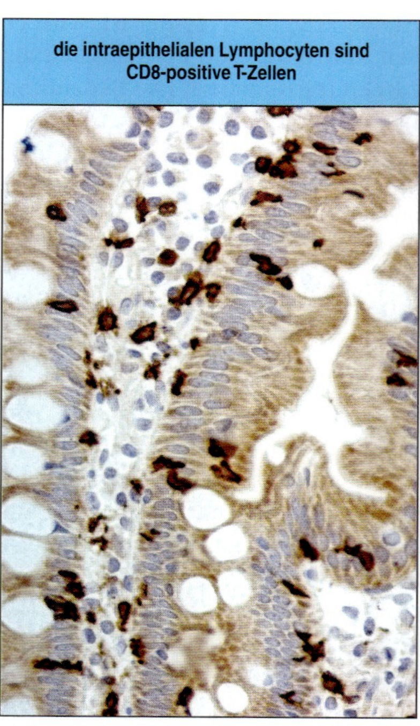

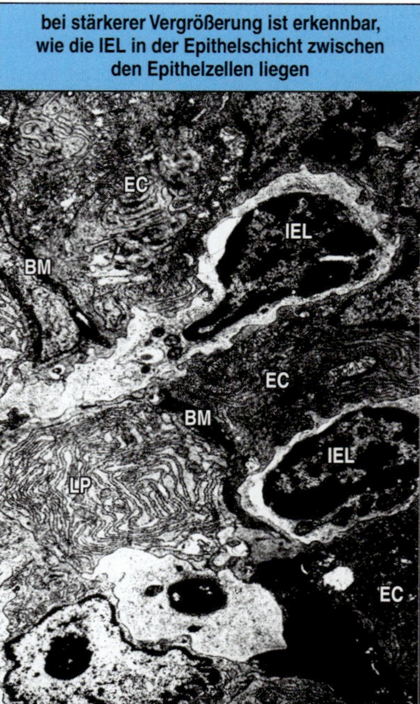

11.16 Intraepitheliale Lymphocyten. Das Epithel des Dünndarms enthält eine große Population von Lymphocyten, die man als intraepitheliale Lymphocyten bezeichnet (links). Die mikroskopische Aufnahme in der Mitte stammt von einem Schnitt durch den menschlichen Dünndarm, bei dem die CD8-T-Zellen mithilfe eines mit Peroxidase markierten monoklonalen Antikörpers braun gefärbt wurden. Die meisten Lymphocyten im Epithel sind CD8-T-Zellen. Vergrößerung ×400. Die elektronenmikroskopische Aufnahme rechts zeigt, dass die IEL zwischen den Epithelzellen (EC) auf der Basalmembran (BM) liegen, die die Lamina propria (LP) vom Epithel abschirmt. Zu sehen ist eine IEL, die durch die Basalmembran in das Epithel gelangt ist und hinter sich eine Spur von Cytoplasma zurücklässt.

V(D)J-Gen-Segmente nur eingeschränkt. Das deutet darauf hin, dass sie sich nur lokal als Reaktion auf eine relativ geringe Anzahl von Antigenen vermehren. Die intraepithelialen Lymphocyten des Dünndarms exprimieren den Chemokinrezeptor CCR9, aber sie tragen an ihrer Oberfläche das $\alpha_E{:}\beta_7$-Integrin anstelle des $\alpha_4{:}\beta_7$-Integrins, das auf T-Zellen vorkommt, die in den Darm wandern (Homing). Der Rezeptor für das $\alpha_E{:}\beta_7$-Integrin ist E-Cadherin an der Oberfläche der Epithelzellen. Diese Aktivität unterstützt möglicherweise diese Lymphocyten dabei, im Epithel zu bleiben (Abb. 11.12).

Der Ursprung und die Funktionen der intraepithelialen Lymphocyten sind umstritten. Bei jungen Tieren und auch bei den adulten Formen einiger Spezies kommen im Darmepithel ungewöhnlich große Zahlen von $\gamma{:}\delta$-T-Zellen vor. Bei normalen ausgewachsenen Mäusen und bei einem ebensolchen Menschen kommen $\gamma{:}\delta$-T-Zellen hingegen in gleichen Mengen im Epithel und im Blut vor. Bei Mäusen exprimieren 50 % aller intraepithelialen Lymphocyten die ungewöhnliche homodimere $\alpha{:}\alpha$-Form von CD8, und man unterteilt sie aufgrund der jeweils exprimierten CD8-Form in zwei Gruppen. Die eine Gruppe, bezeichnet als Typ a, umfasst konventionelle T-Zellen, die $\alpha{:}\beta$-T-Zell-Rezeptoren und das CD8-$\alpha{:}\beta$-Heterodimer tragen. Sie stammen von naiven T-Zellen ab, die in den Peyer-Plaques aktiviert wurden (siehe oben). Sie fungieren als konventionelle MHC-Klasse-I-restringierte cytotoxische T-Zellen und töten beispielsweise virusinfizierte Zellen (Abb. 11.17, obere Reihe). Sie sezernieren auch Effektorcytokine wie IFN-γ.

Die zweite Klasse von intraepithelialen Lymphocyten, bezeichnet als Typ b, umfasst T-Zellen, die das CD8-α-Homodimer (CD8-$\alpha{:}\alpha$) exprimieren. Diese tragen entweder einen $\alpha{:}\beta$- oder $\gamma{:}\delta$-T-Zell-Rezeptor. Die Rezeptoren der $\alpha{:}\beta$-T-Zellen in dieser Gruppe binden jedoch keine konventionellen Peptid:MHC-Liganden, sondern eine Reihe anderer Liganden wie MHC-Klasse-Ib-Moleküle (Abschnitte 5.17 und 5.18). Anders als bei Typ a der intraepithelialen T-Zellen durchlaufen viele der Typ-b-T-Zellen im Thymus keine konventionelle positive oder negative Selektion (Kapitel 7) und exprimieren anscheinend autoreaktive T-Zell-Rezeptoren. Das Fehlen des CD8-$\alpha{:}\beta$-Proteins bedeutet jedoch, dass diese T-Zellen nur eine geringe Affinität für konventionelle Peptid:MHC-Komplexe besitzen und dadurch nicht als autoreaktive Effektorzellen wirken können.

Bis vor kurzem nahm man an, dass die intraepithelialen Lymphocyten vom Typ b durch eine T-Zell-Differenzierung außerhalb des Thymus entstehen, die vollständig im Verdauungstrakt stattfindet, möglicherweise in den Lymphaggregationen in der Darmwand, die man als **Kryptoplaques** bezeichnet. Weitere Arbeiten deuten jedoch darauf hin, dass die Kryptoplaques einfach die Stellen sind, an denen sich Induktorzellen des lymphatischen Gewebes (Abschnitt 7.24) ansammeln. Als Reaktion auf eine Antigenstimulation nach der Geburt gehen daraus kleine, mit B-Zellen angereicherte isolierte Lymphfollikel hervor (Abschnitt 11.3). Heute ist man der Meinung, dass alle intraepithelialen Lymphocyten, einschließlich derjenigen vom Typ b, den Thymus zur Differenzierung benötigen, wobei diejenigen, die das CD8-α-Homodimer exprimieren, der konventionellen negativen Selektion durch körpereigene Antigene entgehen, da sie nur eine geringe Affinität für körpereigene MHC-Moleküle besitzen. Stattdessen ermöglicht das CD8-α-Homodimer anscheinend einen Vorgang, den man als **Agonistenselektion** bezeichnet. Dabei werden späte doppelt negative/

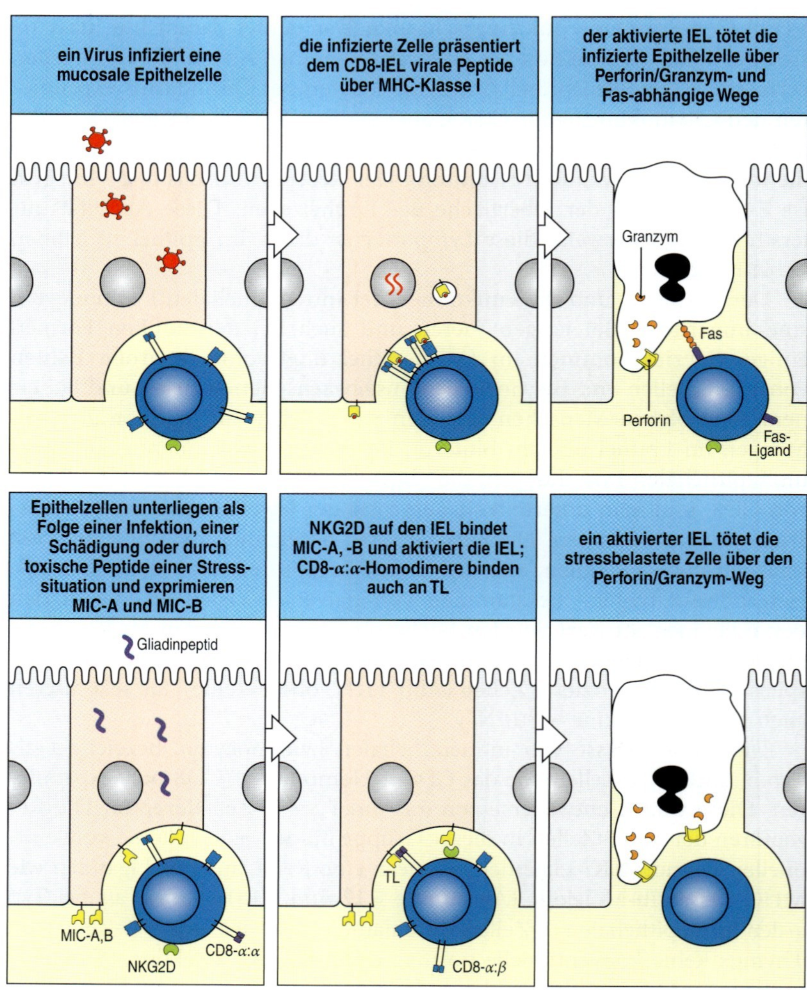

11.17 Funktionen der intraepithelialen Lymphocyten. Es gibt zwei Hauptgruppen von intraepithelialen Lymphocyten (IEL). Wie in der oberen Bildreihe dargestellt ist, umfassen die IEL vom Typ a die konventionellen cytotoxischen CD8-T-Zellen, die Peptide aus Viren oder anderen intrazellulären Krankheitserregern erkennen, wenn sie an klassische MHC-Klasse-I-Moleküle auf infizierten Epithelzellen gebunden sind. Der aktivierte IEL erkennt durch seinen α:β-T-Zell-Rezeptor mit dem CD8-α:β-Heterodimer als Corezeptor spezifische Peptid:MHC-Komplexe. Der IEL setzt Perforin und Granzym frei, die infizierte Zellen abtöten. Die Apoptose von Epithelzellen kann auch die Bindung des Fas-Liganden auf der T-Zelle an das Fas-Molekül auf der Epithelzelle ausgelöst werden. In der unteren Bildreihe erhöhen Epithelzellen, die durch eine Infektion, eine Veränderung des Zellwachstums oder durch ein toxisches Peptid aus dem Protein α-Gliadin (einer Glutenkomponente) Stress ausgesetzt sind, die Expression der nichtklassischen MHC-Klasse-I-Moleküle MIC-A und MIC-B und produzieren IL-15. Benachbarte IEL werden durch IL-15 aktiviert und erkennen MIC-A und MIC-B durch den Rezeptor NKG2 D (Abschnitt 2.32). Diese Zellen bezeichnet man als IEL vom Typ b. Sie töten auch Epithelzellen, indem sie Perforin und Granzym freisetzen. Diese IEL tragen das CD8-α:α-Homodimer. Das Protein trägt wahrscheinlich dazu bei, dass diese IEL infizierte Zellen erkennen, indem sie direkt an das nichtklassische MHC-Klasse-I-Molekül TL binden, das in der T-Region des MHC codiert wird, den die IEL exprimieren.

frühe doppelt positive T-Zellen durch Liganden mit relativ hoher Affinität im Thymus positiv selektiert. Dies ähnelt dem Vorgang, der wahrscheinlich die Selektion der CD4-CD25-T_{reg}- und NK-T-Zellen antreibt (Kapitel 7). Die Vorläufer der intraepithelialen Lymphocyten verlassen dann den Thymus bevor sie vollständig differenziert sind und reifen im Verdauungstrakt weiter heran. Dabei kann es zu einer weiteren positiven Selektion aufgrund von „nichtklassischen" MHC-Molekülen auf dem Epithel kommen. Bei einigen Mausstämmen ist eines der selektiv wirkenden Moleküle im Darm das Thymusleukämieantigen (TL). Es ist ein nichtklassisches MHC-Molekül, das keine Antigenpeptide präsentiert. TL wird von den Zellen des Darmepithels exprimiert und bindet das CD8-α-Homodimer direkt und mit hoher Affinität.

Neben der Agonistenselektion haben die intraepithelialen Lymphocyten vom Typ b mehrere weitere Merkmale mit Zellen des angeborenen Immunsystems gemeinsam, etwa die konstitutive Expression der cytotoxischen Aktivität und der entzündungsfördernden Cytokine und Chemokine sowie der Rezeptoren für diese Moleküle. Alle intraepithelialen Lymphocyten exprimieren große Mengen des aktivierenden C-Typ-Lektin-NK-Rezeptors NKG2D (Abschnitte 2.31 und 2.32). Dieser bindet an die beiden MHC-ähnlichen Moleküle MIC-A und MIC-B, die auf Zellen des Darmepithels als Reaktion auf zelluläre Schädigungen und Stress exprimiert werden. Die geschädigten Zellen können dann von den intraepithelialen Lymphocyten erkannt und zerstört werden. In Bezug auf die Evolution kann man diese Lymphocyten als Schnittstelle zwischen angeborener und adaptiver Immunität auffassen. Ihre Funktion im Verdauungstrakt besteht wahrscheinlich darin, Epithelzellen, die als Reaktion auf Stress oder eine Infektion einen anormalen Phänotyp zeigen, schnell zu erkennen und zu beseitigen (Abb. 11.17, untere Reihe). Es gibt auch Hinweise darauf, dass intraepitheliale Lymphocyten für die Kontrolle der anschließenden Reparatur von großer Bedeutung sind. Diese Funktion steht insbesondere im Zusammenhang mit der $\gamma{:}\delta$-Untergruppe dieser T-Zellen, die bei der Reparatur von Hautschäden eine ähnliche Funktion besitzen. Diese Funktionen der intraepithelialen Lymphocyten können auch am Auslösen von Krankheiten beteiligt sein. So wird die MIC-A-abhängige cytotoxische Aktivität dieser T-Zellen bei der Zöliakie verstärkt, was zu Schädigungen des Epithels und zu einer Vermehrung der intraepithelialen Lymphocyten führt. Diese Aktivierung wird durch IL-15 vermittelt, das als Reaktion auf bestimmte Glutenkomponenten von den Epithelzellen freigesetzt wird.

Zusammenfassung

Die mucosalen Gewebe des Körpers wie der Darm und die Atemwege werden ständig mit riesigen Mengen von verschiedenen Antigenen konfrontiert. Diese können entweder eindringende Krankheitserreger oder harmloses Material wie die Nahrung oder kommensale Organismen sein. Potenzielle Immunantworten gegen diese Antigenbelastung werden durch ein eigenes Kompartiment des Immunsystems kontrolliert, das Immunsystem der Schleimhäute (mucosales Immunsystem). Es ist das größte Kompartiment des Immunsystems im Körper, und es verfügt über zahlreiche einzigartige Merkmale. Dazu gehören die speziellen Wege und Prozesse für die Aufnahme und Präsentation von Antigenen, die Nutzung von M-Zellen für den Transport von Antigenen durch das Epithel der Peyer-Plaques sowie ungewöhnliche Populationen von dendritischen Zellen, die T-Zellen bei der Aktivierung so prägen, dass sie in den Verdauungstrakt wandern (Homing). Lymphocyten, die in den mucosaassoziierten lymphatischen Geweben vorgeprägt werden (Priming), exprimieren spezifische Homing-Rezeptoren, sodass sie als Effektorzellen bevorzugt an die mucosalen Oberflächen zurückkehren können. Der Kontakt mit einem Antigen außerhalb des mucosalen Immunsystems erzielt nicht dieselben Wirkungen. Die mucosaassoziierten lymphatischen Gewebe bringen zudem Effektorreaktionen hervor, die sich von den Reaktionen in anderen Körperregionen unterscheiden, darunter auch besondere Formen der angeborenen Immunität. Die adaptive Immunantwort in Schleimhautgeweben ist gekennzeichnet durch die Produktion von sekretorischen IgA-Dimeren und durch das Auftreten von speziellen Populationen von T-Effektorzellen, deren funktionelle und phänotypische Merkmale durch ihre anatomische Lokalisierung stark beeinflusst werden.

Die mucosale Reaktion auf eine Infektion und die Regulation der Immunantworten

Die wichtigste Funktion der mucosalen Immunantwort ist die Abwehr von Infektionen. Das betrifft alle Formen von Mikroorganismen, von Viren bis hin zu vielzelligen Parasiten. Das bedeutet, dass der Körper in der Lage sein muss, ein großes Spektrum von Immunantworten hervorzubringen, die so zugeschnitten sind, dass sie den Besonderheiten der verschiedenen Pathogene Rechnung tragen. Ebenso ist es nicht verwunderlich, dass viele Mikroorganismen in der Evolution Mechanismen entwickelt haben, mit denen sie sich an die Wirtsreaktion anpassen und diese unterlaufen. Damit gegenüber Krankheitserregern die geeigneten Reaktionen erfolgen können, muss das mucosale Immunsystem harmlose Antigene erkennen, darf aber keine entsprechenden Effektorreaktionen gegen sie entwickeln. Eine wichtige Funktion dieses Kompartiments des Immunsystems besteht darin, das Gleichgewicht zwischen diesen konkurrierenden Anforderungen aufrechtzuerhalten. In den folgenden Abschnitten wollen wir uns mit den Mechanismen beschäftigen.

11.11 Enterische Krankheitserreger verursachen eine lokale Entzündungsreaktion und führen zur Entwicklung eines Immunschutzes

Trotz der zahlreichen Mechanismen der angeborenen Immunität im Verdauungstrakt und der besonders starken Konkurrenz der dort angesiedelten körpereigenen Flora kommt es im Darm am häufigsten zu Infektionen mit pathogenen Mikroorganismen. Dazu gehören zahlreiche Viren, enterische Bakterien wie *Salmonella*- und *Shigella*-Arten, Protozoen wie *Entamoeba histolytica* und parasitische Helminthen wie Band- und Madenwürmer (Abb. 11.18). Diese Krankheitserreger verursachen Krankheiten auf vielfache Weise, aber bestimmte gemeinsame Merkmale von Infektionen sind von grundlegender Bedeutung, wenn man verstehen will, wie eine produktive Immunantwort im Körper entsteht. Viel mehr als in jeder anderen Körperregion ist im Darm dafür die Aktivierung des angeborenen Immunsystems entscheidend.

Die angeborenen Mechanismen beseitigen die meisten Darminfektionen schnell und ohne dass sie sich bedeutsam jenseits des Darms ausbreiten. Die Aktivierung von lokalen Entzündungszellen über Mustererkennungsrezeptoren wie die Toll-ähnlichen Rezeptoren (TLR) ist bei diesem Vorgang von großer Bedeutung, aber auch die Epithelzellen des Darms selbst liefern einen wichtigen Beitrag und sind nicht einfach passive Opfer einer Infektion. Epithelzellen exprimieren keine TLR oder CD14 (ein wichtiger Bestandteil des TLR-4-Komplexes, der bakterielle Lipopolysaccharide erkennt) an ihrer apikalen Oberfläche und können deshalb wahrscheinlich Bakterien, die sich im Darmlumen befinden, nicht erkennen. Sie tragen jedoch TLR-5 auf ihrer basalen Oberfläche, sodass sie Flagellin (das Protein, aus dem bakterielle Flagellen bestehen) auf Bakterien erkennen können,

Darmpathogene und Krankheiten beim Menschen	
Bakterien	
Salmonella typhi	Typhus
Salmonella paratyphi	Paratyphus
Salmonella enteritidis	Lebensmittelvergiftung
Vibrio cholerae	Cholera
Shigella dysenteriae, flexeneri, sonnei	Ruhr
enteropathogenes *E. coli* (EPEC)	Gastroenteritis, systemische Infektion
enterohämolytisches *E. coli* (EHEC)	Gastroenteritis, systemische Infektion
enterotoxigenes *E. coli* (ETEC)	Gastroenteritis, „Reisediarrhoe"
enteroaggregatives *E. coli* (EAEC)	Gastroenteritis, systemische Infektion
Yersinia enterocolitica	Gastroenteritis, systemische Infektion
Clostridium difficile	pseudomembranöse Kolitis
Campylobacter jejuni	Gastroenteritis
Staphylococcus aureus	Gastroenteritis
Bacillus cereus	Gastroenteritis
Clostridium perfringens	Gastroenteritis
Helicobacter pylori	Gastritis
Mycobacterium tuberculosis	Darmtuberkulose
Listeria monocytogenes	durch Nahrungsmittel übertragene Infektion
Viren	
Rotaviren	Gastroenteritis
Norwalk-ähnliche Viren	Virusgastroenteritis
Astroviren	Virusgastroenteritis
Adenoviren	Virusgastroenteritis
Parasiten	
Protozoen	
Giardia lamblia	Gastroenteritis
Blastocystis hominis	Gastroenteritis (bei Patienten mit geschwächtem Immunsystem)
Toxoplasma gondii	Gastroenteritis, systemische Krankheit (bei Patienten mit geschwächtem Immunsystem)
Cryptosporidium parvum	Gastroenteritis (bei Patienten mit geschwächtem Immunsystem)
Entamoeba histolytica	Amöbenruhr
Microsporidium-Spezies	Diarrhoe
Helminthen	
Ascaris lumbricoides	Fadenwurminfektion des Dünndarms
Necator americanus	Hakenwurminfektion des Dünndarms
Strongyloides-Spezies	Fadenwurminfektion des Dünndarms
Enterobius-Spezies	Madenwurminfektion des Dickdarms (Enterobiasis)
Trichinella spiralis	Trichinose
Trichuris trichiura	Peitschenwurminfektion des Dickdarms
Taenia-Spezies	Bandwurminfektionen
Schistosoma-Spezies	Schistosomasis: Enteritis, Infektion der Mesenterialvene

11.18 Krankheitserreger und Infektionskrankheiten im Darm des Menschen. Viele Spezies von Bakterien, Viren und Parasiten können im menschlichen Darm Krankheiten auslösen.

denen es gelungen ist, die Epithelbarriere zu überwinden. Mutierte Mäuse, denen dieser Rezeptor fehlt, zeigen beispielsweise eine erhöhte Infektionsanfälligkeit gegenüber *Salmonella*. Die Darmepithelzellen enthalten in den intrazellulären Vakuolen Toll-ähnliche Rezeptoren, die Pathogene und ihre Produkte erkennen, die durch Endocytose aufgenommen wurden (Abb. 11.19).

Epithelzellen verfügen auch über intrazelluläre Sensoren, die auf Mikroorganismen oder ihre Produkte, die in das Cytoplasma eindringen, reagieren können (Abb. 11.19). Zu diesen Sensoren gehören die Proteine

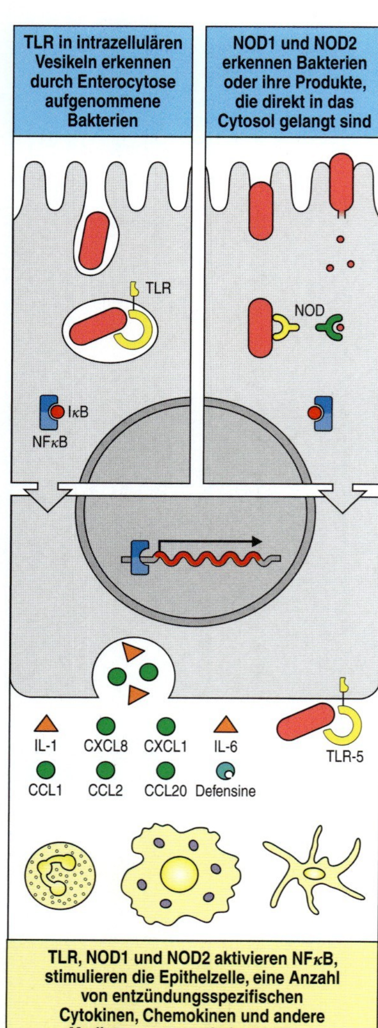

11.19 Epithelzellen spielen bei der angeborenen Immunabwehr gegen Krankheitserreger eine entscheidende Rolle. In den intrazellulären Vesikeln oder auf der basolateralen Oberfläche der Epithelzellen befinden sich Toll-ähnliche Rezeptoren. Diese erkennen dort verschiedene Bestandteile der eindringenden Bakterien. Die Mustererkennungsrezeptoren NOD1 und NOD2 kommen im Cytoplasma vor; sie erkennen Zellwandpeptide von Bakterien. Sowohl die TLR als auch NOD aktivieren den NFκB-Weg, sodass durch die Epithelzellen entzündungsfördernde Reaktionen ausgelöst werden. Dazu gehört die Produktion von Chemokinen wie CXCL8, CXCL1 (GROα), CCL1 und CCL2, die neutrophile Zellen und Makrophagen anlocken, sowie von CCL20 und β-Defensin, die unreife dendritische Zellen anlocken und gleichzeitig antimikrobiell wirken. Die Cytokine IL-1 und IL-6 werden ebenfalls produziert und aktivieren Makrophagen und andere Komponenten der akuten Entzündungsreaktion. Die Epithelzellen exprimieren auch MIC-A und MIC-B sowie andere mit Stressreaktionen assoziierte, nichtklassische MHC-Moleküle, die von Zellen des angeborenen Immunsystems erkannt werden können. IκB, Inhibitor von NFκB.

NOD1 und NOD2 (*nucleotide-binding oligomerization domain protein*), die mit den Toll-ähnlichen Rezeptoren verwandt sind (Abschnitt 2.9). Man bezeichnet diese Proteine auch mit CARD4 beziehungsweise CARD15, da sie eine Caspasemobilisierungsdomäne enthalten. NOD1 erkennt ein Muramyltripeptid, das Diaminopimelinsäure enthält und nur in den Zellwänden von gramnegativen Bakterien vorkommt. NOD2 erkennt ein Muramyldipeptid, das in den Proteoglykanen der meisten Bakterien enthalten ist. Epithelzellen mit einem NOD2-Defekt sind gegenüber Infektionen mit intrazellulären Bakterien weniger widerstandsfähig. Die Oligomerisierung von NOD1 oder NOD2 aufgrund der Bindung eines Liganden ermöglicht es den Proteinen, über die Caspaseaktivierungsdomäne an die Proteinkinase RICK zu binden (andere Bezeichnungen sind Rip2 oder CARDIAK) und diese Kinase zu aktivieren. Das führt wiederum in den Epithelzellen zur Aktivierung des NFκB-Weges und damit zur Freisetzung von Cytokinen, Chemokinen und antimikrobiellen Defensinen (Abschnitt 2.3). Der NFκB-Weg ist im Einzelnen in Abbildung 6.21 dargestellt. Andere Produkte der Epithelzellen sind das Chemokin CXCL8 (IL-8), das ein starker Chemoattraktor für neutrophile Zellen ist, sowie die Chemokine CCL2, CCL3, CCL4 und CCL5, die auf Monocyten, eosinophile Zellen und T-Zellen als Chemoattraktoren wirken. Infizierte Epithelzellen erhöhen auch die Produktion von CCL20. Das Molekül lockt über den Rezeptor CCR6 unreife dendritische Zellen an. Auf diese Weise führt der Beginn einer Infektion dazu, dass Entzündungszellen und Lymphocyten aus dem Blut in die Mucosa eindringen, was das Auslösen einer spezifischen Immunantwort gegen die Antigene des Krankheitserregers unterstützt.

Werden die Enterocyten, die den Darm auskleiden, geschädigt oder Stress ausgesetzt, so wird die Expression von nichtklassischen MHC-Molekülen wie MIC-A oder MIC-B stimuliert (Abb. 11.17). Diese Proteine kann der Rezeptor NKG2D auf lokalen cytotoxischen Lymphocyten erkennen, die dann aktiviert werden, infizierte Epithelzellen abzutöten. Dadurch werden Reparatur und Erholung der geschädigten Schleimhaut gefördert.

11.12 Die Auswirkungen einer Infektion des Darms durch Krankheitserreger werden durch komplexe Wechselwirkungen zwischen dem Mikroorganismus und dem Immunsystem des Wirtes bestimmt

Viele enterische Krankheitserreger müssen als Teil ihrer „Angriffsstrategie" die Mechanismen des Wirtes nutzen, die über M-Zellen und Entzündungsreaktionen der Aufnahme von Antigenen dienen. Das Poliovirus, Reoviren und einige Retroviren werden über eine Transcytose durch die M-Zellen transportiert und lösen nach Freisetzung in den Subepithelialraum in vom Darm entfernten Geweben eine Entzündung aus. HIV nutzt wahrscheinlich einen ähnlichen Weg in das lymphatische Gewebe der rektalen Schleimhaut, wo das Virus zuerst auf dendritische Zellen trifft und diese infiziert. Viele der wichtigsten bakteriellen enterischen Krankheitserreger gelangen ebenfalls durch die M-Zellen in den Körper. Dazu gehören *Salmonella typhi*, der Typhuserreger, *Salmonella typhimurium*, ein bedeutsamer Verursacher von Lebensmittelvergiftungen, *Shigella*-Spezies, die Ruhr hervorrufen, sowie *Yersinia pestis*, der Pesterreger. Nach dem Eindringen in die M-Zelle produzieren diese Bakterien bestimmte Faktoren, die das Cytoskelett der M-Zelle so umstrukturieren, dass ihre eigene Transcytose stimuliert wird.

M-Zellen sind nicht das einzige Eintrittstor in die Schleimhaut. Einige Darmbakterien wie *Clostridium difficile* oder *Vibrio cholerae* produzieren große Mengen an sezernierten Proteintoxinen, durch die sie eine Erkrankung auslösen können, ohne in das Epithel einzudringen. Andere Bakterien wie enteropathogene und enterohämolytische *E. coli* verfügen über spezielle Mechanismen, sich an Epithelien anzuheften und in diese einzudringen, wo sie dann den Darm schädigen und innerhalb der Zellen gefährliche Toxine produzieren. Viren wie Rotaviren dringen auch direkt in die Enterocyten ein. Einige Eintrittsmechanismen der Salmonellen sind in Abbildung 11.20, die der Shigellen in Abbildung 11.21 dargestellt.

Sobald pathogene Bakterien oder Viren in den Subepithelialraum gelangt sind, können sie auf verschiedene Weisen sich ausdehnende Infektio-

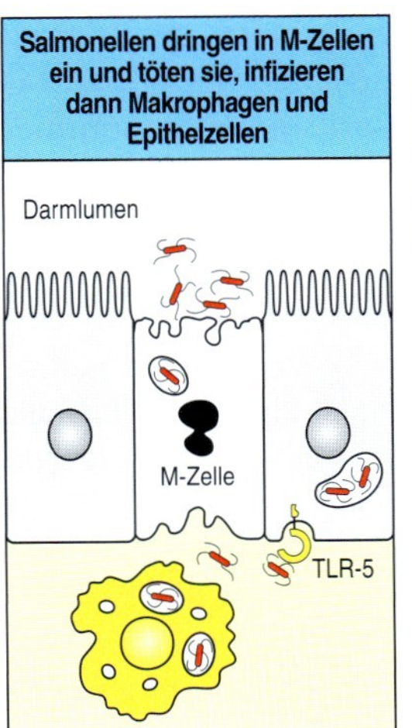

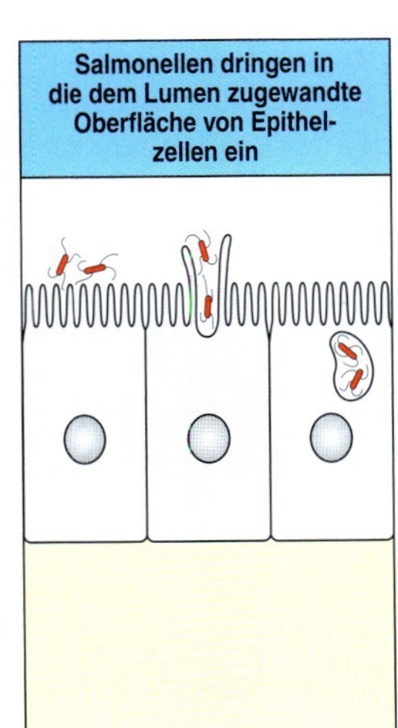

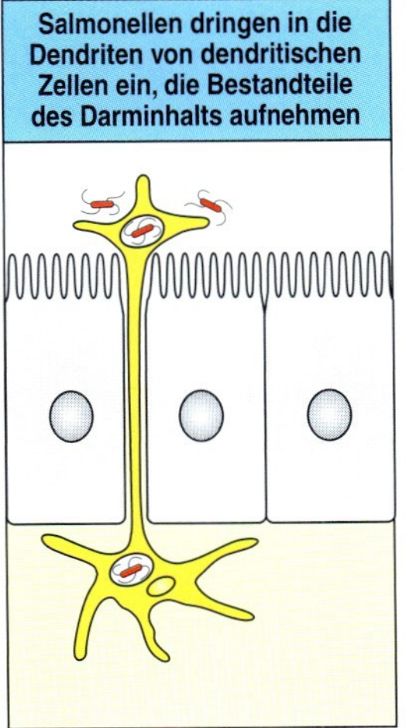

11.20 *Salmonella typhimurium*, ein bedeutsamer Verursacher von Lebensmittelvergiftungen, kann auf drei Wegen in die Epithelschicht des Darms eindringen. Beim ersten Weg (links) heftet sich *S. typhimurium* an die M-Zellen, dringt in sie ein und tötet sie durch Apoptose. Nach Durchdringen des Epithels infiziert das Bakterium Makrophagen und Epithelzellen des Darms. Die Epithelzellen exprimieren TLR-5 an ihrer basalen Membran. Der Rezeptor bindet Flagellin aus den Flagellen der Salmonellen und aktiviert so über den NFκB-Weg eine Entzündungsreaktion. Salmonellen können auch direkt in die Epithelzellen eindringen, indem sich die Bakterien mit ihren Fimbrien (dünne, fadenförmige Fortsätze) an die dem Lumen zugewandte Epitheloberfläche heften (Mitte). Beim dritten Eintrittsweg infizieren Salmonellen im Darmlumen dendritische Zellen über die Fortsätze, die diese Zellen durch die Epithelschicht in das Lumen ausstrecken, um Antigene aufzunehmen (rechts).

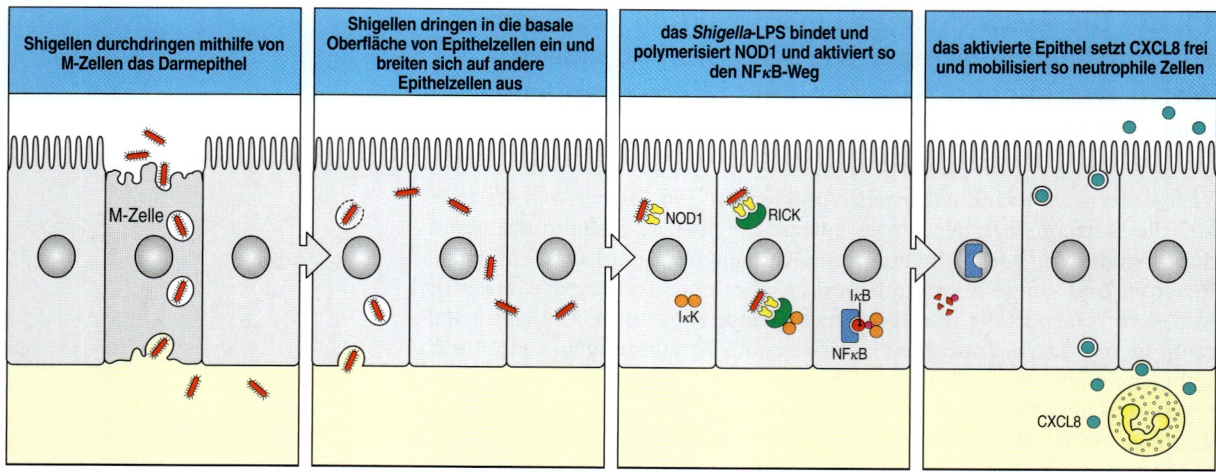

11.21 *Shigella flexneri*, ein Erreger der Ruhr, infiziert Darmepithelzellen und aktiviert so den NFκB-Weg. *Shigella flexneri* bindet an die M-Zellen und wird auf die andere Seite des Darmepithels transportiert (erstes Bild). Die Bakterien infizieren die Darmepithelzellen von der basalen Oberfläche aus und gelangen dabei in das Cytoplasma (zweites Bild). Das Lipopolysaccharid (LPS) auf *Shigella* bindet an das Protein NOD1 und oligomerisiert es. Das oligomerisierte NOD1 bindet an die Proteinkinase RICK, die den NFκB-Weg aktiviert. Dadurch werden Gene für Chemokine und Cytokine transkribiert (drittes Bild). Die aktivierten Epithelzellen setzen das Chemokin CXCL8 (IL-8) frei, das als Chemoattraktor für neutrophile Zellen fungiert (viertes Bild). IκK, IκB-Kinase; IκB, Inhibitor von NFκB.

nen verursachen. Paradoxerweise ist die Entzündungsreaktion ein zusätzlicher und häufig essenzieller Bestandteil des Invasionsvorgangs. Bakterien, die über Transcytose durch die M-Zellen transportiert wurden, können frei mit den Toll-ähnlichen Rezeptoren der Entzündungszellen wie der Makrophagen und den TLR auf den basalen Oberflächen der angrenzenden Epithelzellen interagieren. Darüber hinaus führen viele dieser Mikroorganismen eine caspaseabhängige Apoptose des Phagocyten herbei. Das alles stimuliert die Erzeugung einer Kaskade von Entzündungsmediatoren der angeborenen Immunantwort, wobei IL-1β und TNF-α die *tight junctions* zwischen den Epithelzellen sehr stark lockern. Das beseitigt die natürliche Barriere für eine bakterielle Invasion, sodass die Mikroorganismen in großer Zahl aus dem Lumen in das Darmgewebe eindringen können und sich die Infektion ausweitet.

Trotz dieses offensichtlichen Vorteils für die Eindringlinge gilt es hier zu bedenken, dass die hauptsächliche Funktion der Mediatoren und Zellen, die durch das angeborene Immunsystem aktiviert werden, darin besteht, das Auslösen der adaptiven Immunantwort zu unterstützen, die letztendlich die Mikroorganismen vernichtet. Bei diesem Schutzeffekt spielen die Cytokine IL-12 und IL-18, die von den infizierten Makrophagen produziert werden, eine zentrale Rolle. Diese Cytokine stimulieren die Produktion von IFN-γ durch die antigenspezifischen T-Zellen, was wiederum die Fähigkeit der Makrophagen verbessert, die aufgenommenen Bakterien abzutöten. Die angeborene Immunantwort auf enterische Bakterien hat also anscheinend entgegengesetzte Effekte. Es werden eine Reihe von wirksamen Effektormechanismen in Gang gesetzt, die auf eine Beseitigung der Infektion abzielen, diese werden jedoch von den eindringenden Organismen ausgenutzt. Die Tatsache, dass die angeborene Immunität in den meisten Fällen letztendlich doch die Oberhand gewinnt, beweist die Effizienz und Anpassungsfähigkeit des mucosalen Immunsystems.

Die Wechselwirkung zwischen Wirt und Krankheitserreger wird noch dadurch komplexer, dass viele enterische Mikroorganismen die Entzündungsreaktion des Wirtes beeinflussen können. So produzieren *Yersinia*-Spezies die Yop-Proteine, die sowohl eine Entzündungsreaktion blockieren als auch die Phagocytose und das intrazelluläre Abtöten von Mikroorganismen durch die Phagocyten blockieren können. *Salmonella typhi* erzeugt seinen eigenen sicheren Aufenthaltsort innerhalb von Phagosomen, indem das Bakterium die Phagosomenmembran verändert und so die Aktivierung der Abtötungsmechanismen verhindert. *Shigella* hingegen lebt im Cytoplasma von Epithelzellen und strukturiert dort das Actincytoskelett um. Dadurch entsteht ein molekulares System, dass es dem Bakterium ermöglicht, sich von Zelle zu Zelle auszubreiten, ohne mit dem Immunsystem in Kontakt zu kommen. Alle diese Mikroorganismen lösen auch bei Phagocyten die Apoptose aus und machen so einen wichtigen Bestandteil der Entzündungsreaktion wirkungslos, während sie ihre Ausbreitung beschleunigen. Die immunmodulierenden Moleküle, die diese Bakterien produzieren, sind häufig ausschlaggebend für ihre krankheitsauslösende Wirkung. Diese Moleküle besitzen also eine lebenswichtige Bedeutung für den Lebenszyklus der Bakterien.

11.13 Das mucosale Immunsystem muss bei einer großen Anzahl von körperfremden Antigenen ein Gleichgewicht zwischen dem Immunschutz und der Homöostase aufrechterhalten

Die Mehrzahl der Antigene, die dem normalen Immunsystem des Verdauungstraktes begegnen, stammt nicht von Krankheitserregern, sondern aus der Nahrung und von kommensalen Bakterien. Diese sind nicht nur harmlos, sondern bringen dem Wirt tatsächlich auch große Vorteile. Antigene dieser Art lösen normalerweise keine Immunantwort aus, obwohl gegen sie – wie bei allen anderen fremden Antigenen – keine zentrale Toleranz besteht, da sie bei der Entwicklung der Lymphocyten nicht im Thymus präsent waren (Kapitel 7). Das mucosale Immunsystem hat ausgefeilte Methoden entwickelt, um zwischen Krankheitserregern und harmlosen Antigenen zu unterscheiden.

Im Gegensatz zur allgemeinen Vorstellung werden Nahrungsproteine im Darm nicht vollständig verdaut; nicht vernachlässigbare Mengen werden in einer immunologisch relevanten Form durch Absorption in den Körper aufgenommen. Die Standardreaktion auf die orale Aufnahme eines Proteinantigens ist die Entwicklung eines Zustands der spezifischen peripheren Unempfindlichkeit, die man als **orale Toleranz** bezeichnet. Das lässt sich im Experiment zeigen, indem man Versuchstiere mit einem fremden Protein, beispielsweise mit Ovalbumin, füttert (Abb. 11.22). Wenn den so gefütterten Tieren dieses Antigen auf einem nichtmucosalen Weg verabreicht wird, etwa durch eine Injektion in die Haut oder in das Blut, ist die zu erwartende Immunantwort stark geschwächt oder bleibt ganz aus. Diese Unterdrückung der systemischen Immunantwort erfolgt langfristig und antigenspezifisch: Reaktionen auf andere Antigene sind davon nicht betroffen. Eine ähnliche Unterdrückung einer späteren Immunantwort lässt sich nach der Verabreichung von inerten Proteinen in die Atemwege beobachten. Daraus leitete man für die normale Reaktion auf solche Antigene, die über eine Schleimhautoberfläche in den Körper gelangen, den Begriff der **mucosalen Toleranz** ab.

Die orale Toleranz kann alle Elemente der peripheren Immunantwort beeinflussen, wobei die T-Zell-abhängigen Effektorreaktionen und die IgE-

Produktion tendenziell stärker gehemmt werden als die IgG-Antikörperreaktionen im Serum. Deshalb sind die systemischen Immunantworten, die normalerweise mit einer Gewebeentzündung zusammenhängen, gegenüber der oralen Toleranz am empfindlichsten. Die mucosalen Immunantworten auf das Antigen werden ebenfalls verhindert, sodass sich dieser Effekt sowohl auf die peripheren als auch auf die lokalen Gewebe auswirkt. Bei der Zöliakie kommt es wahrscheinlich zu einem Zusammenbruch der oralen Toleranz. Bei dieser Krankheit erzeugen aus genetischen Gründen empfindliche Personen gegen das Protein Gluten aus Weizen eine CD4-T-Zell-Reaktion mit IFN-γ-Produktion. Die so entstehende Entzündung zerstört den oberen Dünndarm (Abschnitt 13.15).

Die Mechanismen der oralen Toleranz sind nur teilweise bekannt; wahrscheinlich kommt es dabei jedoch zu einer Anergie oder Deletion von antigenspezifischen T-Zellen und zur Bildung von regulatorischen T-Zellen verschiedener Typen. Diese kommen in den Peyer-Plaques und mesenterialen Lymphknoten vor, und sie können zurück in die Lamina propria wandern, aber auch Reaktionen in anderen Körperregionen beeinflussen. Wie bereits in Kapitel 8 erläutert, können regulatorische T-Zellen ihre Aktivitäten auf vielfältige Weise entfalten, aber regulatorische CD4-T-Zellen, die den transformierenden Wachstumsfaktor-β (TGF-β) produzieren, stehen im besonderen Zusammenhang mit der oralen Toleranz. Man bezeichnet sie manchmal auch als **T_H3-Zellen** (Abschnitt 8.20). TGF-β besitzt viele immunsuppressive Eigenschaften und stimuliert auch den Isotypwechsel der B-Zellen zu IgA. Insgesamt können diese Eigenschaften dazu beitragen, eine aktive Immunität gegen Nahrungsproteine zu verhindern, indem die Toleranz der T-Effektorzellen, die für diese Antigene spezifisch sind, gefördert wird und nichtentzündungsfördernde IgA-Antikörper produziert

	Immunschutz	orale Toleranz
Antigen	invasive Bakterien, Viren, Toxine	Nahrungsproteine, kommensale Bakterien
Ig-Produktion	Darm-IgA, spezifischer Antikörper im Serum	etwas lokales IgA, wenig oder keine Antikörper im Serum
T-Zell-Reaktion	lokale und systemische T-Effektorzellen und T-Gedächtniszellen	keine lokale Reaktion der T-Effektorzellen
Reaktion auf erneuten Antigenkontakt	verstärkte Reaktion (der Gedächtniszellen)	geringe oder keine Reaktion

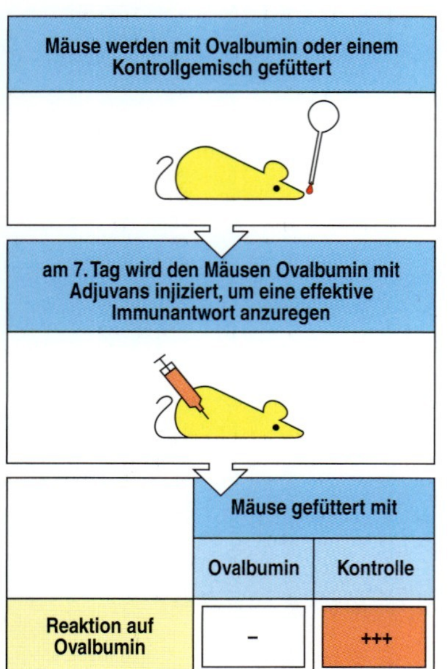

11.22 Das Priming und die orale Toleranz sind verschiedene Ergebnisse, wenn es im Darm zu einem Kontakt mit Antigenen kommt. Oben: Das Immunsystem des Verdauungstraktes erzeugt einen Immunschutz gegen Antigene, die den Körper bedrohen, beispielsweise pathogene Organismen und ihre Produkte. IgA-Antikörper werden lokal produziert, im Serum werden IgG und IgA gebildet, und die geeigneten T-Effektorzellen werden im Darm und an anderer Stelle aktiviert. Wenn es zu einem erneuten Kontakt mit demselben Antigen kommt, ist es das effektive immunologische Gedächtnis, das einen schnellen Immunschutz gewährleistet. Harmlose Antigene wie Nahrungsproteine oder Antigene aus kommensalen Bakterien lösen die sogenannte orale Toleranz aus. Ihnen fehlen die Gefahrensignale, die für die Aktivierung von lokalen antigenpräsentierenden Zellen erforderlich sind, oder sie sind nicht genügend invasiv, um eine Entzündung hervorzurufen. Bei den Nahrungsproteinen kommt es zu keiner lokalen Produktion von IgA-Antikörpern und zu keiner primären systemischen Antikörperantwort, und es werden auch keine T-Effektorzellen gebildet. Wie in den unteren Bildern dargestellt ist, lässt sich die orale Toleranz auch durch Fütterung einer normalen Maus mit einem Protein, beispielsweise Ovalbumin, erzeugen. Zuerst werden Mäuse entweder mit Ovalbumin oder mit einem anderen Protein als Kontrolle gefüttert. Sieben Tage später werden die Mäuse subkutan mit Ovalbumin und einem Adjuvans immunisiert. Zwei Wochen später bestimmt man die systemischen Immunantworten wie die Serumantikörper und die T-Zell-Funktion. Mäuse, die mit Ovalbumin gefüttert wurden, zeigen eine geringere ovalbuminspezifische systemische Immunantwort als die Mäuse, die das Kontrollprotein erhielten.

werden. IL-10, das ebenfalls von regulatorischen T-Zellen produziert wird, spielt bei der oralen Toleranz möglicherweise auch eine Rolle. Es besitzt eine wichtige Funktion bei der entsprechenden Toleranz, die bei bestimmten potenziellen Antigenen auftritt, welche über die Atemwege in den Körper gelangen.

Neben der physiologischen Funktion der mucosalen Toleranz, unpassende Immunantworten auf Nahrungsproteine zu unterdrücken, hat sich in Tiermodellen gezeigt, dass dadurch auch entzündliche Erkrankungen verhindert werden können. Die orale oder intranasale Verabreichung von geeigneten Antigenen hat sich als außerordentlich wirksam herausgestellt, um damit Diabetes mellitus Typ 1, experimentelle Arthritis, Encephalomyelitis oder andere Autoimmunkrankheiten bei Tieren zu verhindern oder sogar zu behandeln. Bis jetzt waren klinische Versuche, mithilfe der mucosalen Toleranz die entsprechenden Krankheiten beim Menschen zu behandeln, weniger erfolgreich; dennoch handelt es sich um ein interessantes Verfahren, unter klinischen Bedingungen eine antigenspezifische Toleranz zu erzeugen.

Kommensale Bakterien lösen ebenfalls keine systemische primäre Immunantwort aus, es besteht jedoch im lymphatischen System keine aktive Toleranz gegenüber diesen Antigenen – stattdessen werden sie anscheinend ignoriert. Sie stimulieren aber die lokale Produktion von IgA-Antikörpern im Darm, und die lokalen Reaktionen der T-Effektorzellen werden aktiv unterdrückt. Wenn es jedoch zu solchen Reaktionen gegen Nahrungsproteine oder kommensale Bakterien kommt, können sich Krankheiten wie Zöliakie und Morbus Crohn (Abschnitte 13.15 und 13.21) entwickeln.

11.14 Der gesunde Darm enthält große Mengen an Bakterien, erzeugt aber keine produktive Immunität gegen sie

Wir alle beherbergen in unserem Darm über 1 000 Spezies von kommensalen Bakterien; am zahlreichsten sind sie im Dickdarm und im unteren Ileum (Krummdarm). Obwohl diese Bakterien insgesamt etwa ein Kilogramm wiegen, leben wir mit unserer Darmflora die meiste Zeit in einer harmonischen Symbiose zusammen. Dennoch bedeuten sie eine potenzielle Bedrohung, was sich dann zeigt, wenn die Struktur des Darmepithels beschädigt wird und große Mengen an kommensalen Bakterien in die Mucosa eindringen. Das kann dadurch geschehen, dass die Blutversorgung des Darms durch eine Verletzung, eine Infektion (beispielsweise eine Erkrankung der Blutgefäße) oder durch ein Syndrom des toxischen Schocks gestört ist (Abbildung 9.23). Unter solchen Bedingungen können normalerweise harmlose Darmbakterien wie das nichtpathogene *E. coli* die Schleimhaut passieren, in das Blut gelangen und eine lebensbedrohliche systemische Infektion verursachen.

Die normale Darmflora besitzt eine wichtige Funktion für die Aufrechterhaltung der Gesundheit. Die Organismen wirken beim Metabolismus der Nahrungsbestandteile wie der Cellulose mit, sie bauen Toxine ab und produzieren essenzielle Cofaktoren wie Vitamin K_1 und kurzkettige Fettsäuren. Da kommensale Bakterien direkte Auswirkungen auf Epithelzellen haben, sind sie auch für die Aufrechterhaltung der normalen Barrierefunktion des Epithels von großer Bedeutung. Eine weitere wichtige Eigenschaft der kommensalen Bakterien besteht darin, dass sie pathogene Bakterien dabei stören, in den Darm einzudringen und ihn zu besiedeln. Die kommensalen Organismen bilden zum einen eine Konkurrenz in Bezug auf den verfügbaren Platz und die Nährstoffe, zum anderen können sie aber auch die entzündungsfördernden Signalwege direkt blockieren, die die Pathogene in den Epithelzellen stimulieren und die diese für ein Eindringen benötigen. Diese Schutzfunktion der kommensalen Flora zeigt sich besonders drastisch anhand der nachteiligen Auswirkungen von Breitbandantibiotika. Diese Antibiotika können große Mengen der kommensalen Darmbakterien abtöten und so eine ökologische Nische für Bakterien erzeugen, die sonst nicht gegenüber der normalen Flora erfolgreich konkurrieren könnten. Ein Beispiel für ein Bakterium, das im mit Antibiotika behandelten Darm gut wachsen und schwere Infektionen hervorrufen kann, ist *Clostridium difficile*. Das Bakterium produziert zwei Toxine, die einen schweren blutigen Durchfall verursachen können, der mit einer Schädigung der Schleimhaut einhergeht (Abb. 11.23). Die Aktivierung von Toll-ähnlichen Rezeptoren durch kommensale Bakterien ist ebenfalls ein wichtiger Faktor, um vor Entzündungen im Darm zu schützen. Mäuse, denen TLR-2, TLR-9 oder das Adaptorprotein MyD88 für das TLR-Signal fehlt, sind gegenüber einer experimentell ausgelösten entzündlichen Darmerkrankung viel anfälliger. Dieser Schutzeffekt der TLR basiert anscheinend auf den Epithelzellen, die gegenüber entzündungsbedingten Schädigungen widerstandsfähiger gemacht werden.

Kommensale Bakterien und ihre Produkte werden vom adaptiven Immunsystem erkannt. Das Ausmaß dieses Effekts lässt sich anhand von Untersuchungen mit **keimfreien** (**gnotobiotischen**) Tieren veranschaulichen, bei denen keine Besiedlung des Darms durch Mikroorganismen stattgefunden hat. Diese Tiere zeigen eine starke Verkleinerung aller peri-

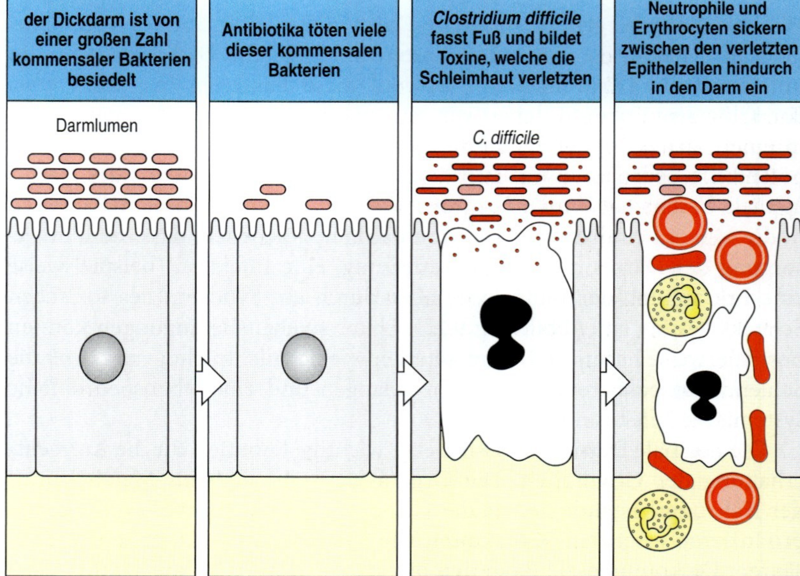

11.23 Infektion durch *Clostridium difficile*. Die Behandlung mit Antibiotika führt zu einem massiven Absterben der kommensalen Bakterien, die normalerweise den Dickdarm besiedeln. Dadurch können sich pathogene Bakterien vermehren und eine ökologische Nische besetzen, die normalerweise von harmlosen kommensalen Bakterien belegt ist. *Clostridium difficile* ist ein Beispiel für einen Krankheitserreger, dessen Toxine bei Patienten, die mit Antibiotika behandelt wurden, schwere blutige Durchfälle verursachen können.

pheren lymphatischen Organe, geringe Immunglobulinspiegel im Serum und verringerte Immunantworten aller Varianten. Bei normalen Tieren enthalten die in den Darm freigesetzten Sekrete große Mengen an sekretorischen IgA-Antikörpern, die gegen kommensale Bakterien gerichtet sind. Darüber hinaus tragen normale Individuen T-Zellen, die kommensale Bakterien erkennen, wobei wie bei Nahrungsproteinen gegen diese Antigene normalerweise keine Reaktionen der T-Effektorzellen ausgelöst werden. Kommensale Bakterien können einen Zustand der systemischen immunologischen Unempfindlichkeit herbeiführen, die der oralen Toleranz gegenüber Proteinantigenen ähnlich ist, aber das ist nicht sicher. Im Gegensatz zu pathogenen Bakterien besitzen kommensale Organismen keine Virulenzfaktoren, die für ein Durchdringen des Epithels notwendig sind, und sie können sich nicht im gesamten Körper ausbreiten. Daher ignoriert das systemische Immunsystem anscheinend ihre Anwesenheit, obwohl sie von Lymphocyten in den GALT eindeutig erkannt werden.

Der Grund für die Kompartimentierung ist anscheinend, dass der einzige Eintrittsweg für die kommensalen Bakterien des Darms ist, von M-Zellen der Peyer-Plaques aufgenommen und anschließend auf lokale dendritische Zellen übertragen zu werden, die dann nicht weiter als bis in einen mesenterialen Lymphknoten wandern. Dendritische Zellen, die kommensale Bakterien enthalten, können naive B-Zellen direkt aktivieren, sich zu IgA-exprimierenden B-Lymphocyten zu entwickeln, die sich dann in der Lamina propria als IgA-produzierende Plasmazellen verteilen. Sind kommensale Bakterien vorhanden, werden jedoch TGF-β, TSLP (*thymic stroma-derived lymphopoietin*) und Prostaglandin E_2 (PGE_2) von Darmepithelzellen und Mesenchymzellen konstitutiv produziert. Alle diese Moleküle halten tendenziell lokale dendritische Zellen in einem Ruhezustand, in dem nur geringe Mengen an costimulierenden Molekülen produziert werden. Wenn solche Zellen naiven CD4-T-Zellen im mesenterialen Lymphknoten Antigene präsentieren, führt das zur Differenzierung der naiven T-Zellen zu entzündungshemmenden oder regulatorischen T-Zellen (T_{reg}) und nicht zu T_H1- und T_H2-Effektorzellen wie bei einer Invasion durch Krankheitserreger (Abb. 11.24). Die kombinierten Effekte aufgrund der Anwesenheit von kommensalen Bakterien führen deshalb zur Produktion von lokalen IgA-Antikörpern, die verhindern, dass sich die Bakterien an das Epithel anheften und es durchdringen. Außerdem werden T-Effektorzellen blockiert, die eine Entzündung verursachen können. Die lokale Aufnahme von kommensalen Bakterien durch dendritische Zellen in die GALT führt also zu Reaktionen, die anatomisch kompartimentiert sind und die Aktivierung von Entzündungseffektorzellen vermeiden.

Neben den Vorgängen, die die lokalen Immunantworten auf kommensale Bakterien antigenspezifisch regulieren, tragen auch unspezifische Faktoren zur Aufrechterhaltung der lokalen symbiotischen Beziehung bei (Abb. 11.15). Das Unvermögen von kommensalen Bakterien, ein intaktes Epithel zu durchdringen, und das Fehlen von TLR und CD14 an der dem Lumen zugewandten Oberfläche der Epithelzellen führen dazu, dass diese Bakterien keine Entzündung auslösen können, die die Epithelbarriere so schwächt, wie Pathogene das tun.

Kommensale Bakterien hemmen auch aktiv entzündungsfördernde NFκB-vermittelte Signalreaktionen, die durch pathogene Bakterien in Epithelzellen ausgelöst werden. Diese Hemmung kann darin bestehen, dass die Aktivierung von NFκB verhindert wird, da der Abbau des Inibitor-

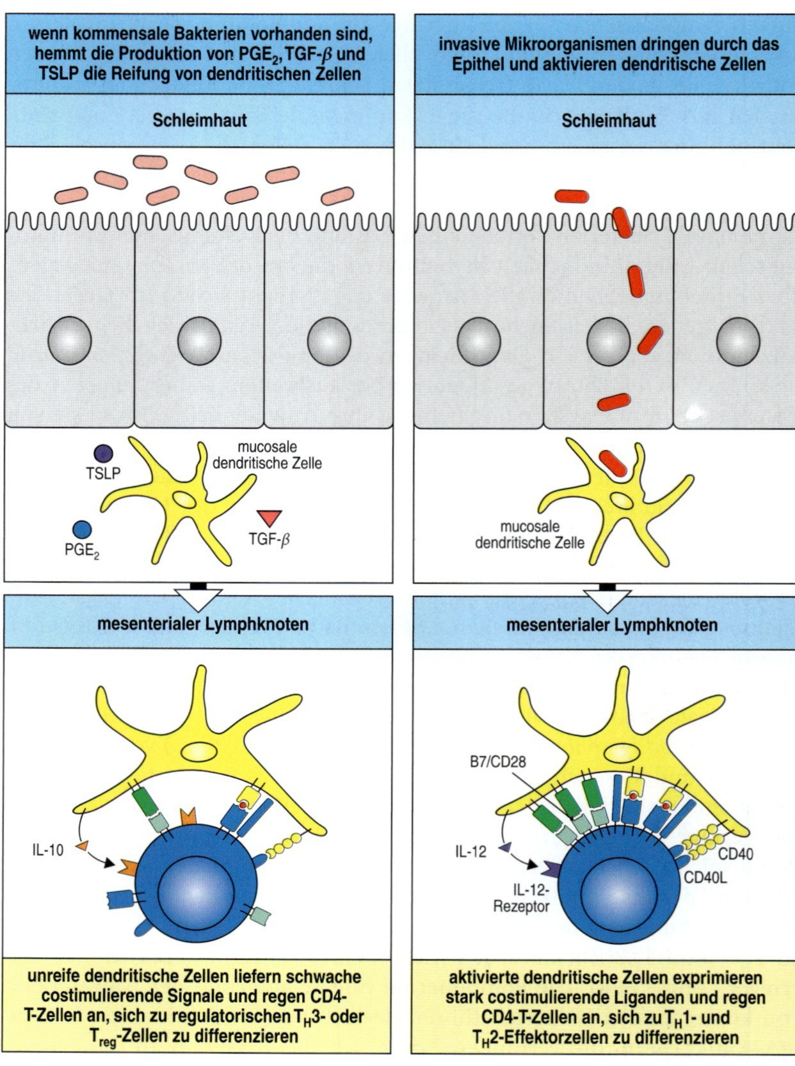

11.24 Mucosale dendritische Zellen regulieren das Auslösen von Toleranz oder Immunität im Darm. Unter normalen Bedingungen (links) kommen dendritische Zellen in der Schleimhaut vor, die unter dem Epithel liegt, und können Antigene aus der Nahrung oder von kommensalen Bakterien aufnehmen. Die dendritischen Zellen transportieren diese Antigene zum mesenterialen Lymphknoten, der die Lymphe aufnimmt. Dort präsentieren sie die Antigene den naiven CD4-T-Zellen. Epithel- und Mesenchymzellen exprimieren konstitutiv Moleküle wie TGF-β, TSLP (*thymic stromal lymphopoietin*) und Prostaglandin E_2 (PGE_2), die die lokalen dendritischen Zellen in einem Ruhezustand festhalten, der durch geringe Konzentrationen an costimulierenden Molekülen gekennzeichnet ist. Wenn sie also naiven CD4-T-Zellen ihre Antigene präsentieren, entwickeln sich daraus entzündungshemmende oder regulatorische T-Zellen. Diese gelangen zirkulierend in die Darmwand und halten die Toleranz gegenüber den harmlosen Antigenen aufrecht. Ein Eindringen von Pathogenen oder das massive Einströmen von kommensalen Bakterien (rechts) hebt diese homöostatischen Mechanismen auf, sodass die lokalen dendritischen Zellen aktiviert werden und costimulierende Moleküle und entzündungsfördernde Cytokine wie IL-12 exprimieren. Wenn diese dendritischen Zellen in den mesenterialen Lymphknoten naiven CD4-T-Zellen Antigene präsentieren, differenzieren sich T-Zellen zu T_H1- und T_H2-Zellen, und es entwickelt sich eine vollständige Immunantwort.

proteins IκB (das NFκB im Cytoplasma in einem Komplex gebunden hält) blockiert ist, oder indem das Ausschleusen von NFκB aus dem Zellkern über PPARγ (*peroxisome proliferator activated receptor-γ*) (Abb. 11.25) stimuliert wird.

Wenn kommensale Bakterien das Epithel in geringer Anzahl passieren, führt das Fehlen von Virulenzfaktoren dazu, dass sie nicht wie Pathogene verhindern können, von Phagocyten aufgenommen und abgetötet zu werden, und sie werden schnell vernichtet. Dadurch können kommensale Bakterien mit der mucosalen Oberfläche assoziiert bleiben, ohne dass sie in sie eindringen oder eine Entzündung und in der Folge eine adaptive Immunantwort hervorrufen. Gleichzeitig bedeutet die fehlende Toleranz gegenüber diesen Bakterien, dass sich ein Immunschutz entwickeln kann, wenn sie doch einmal durch die beschädigte Barriere der Darmwand in den Körper gelangen können.

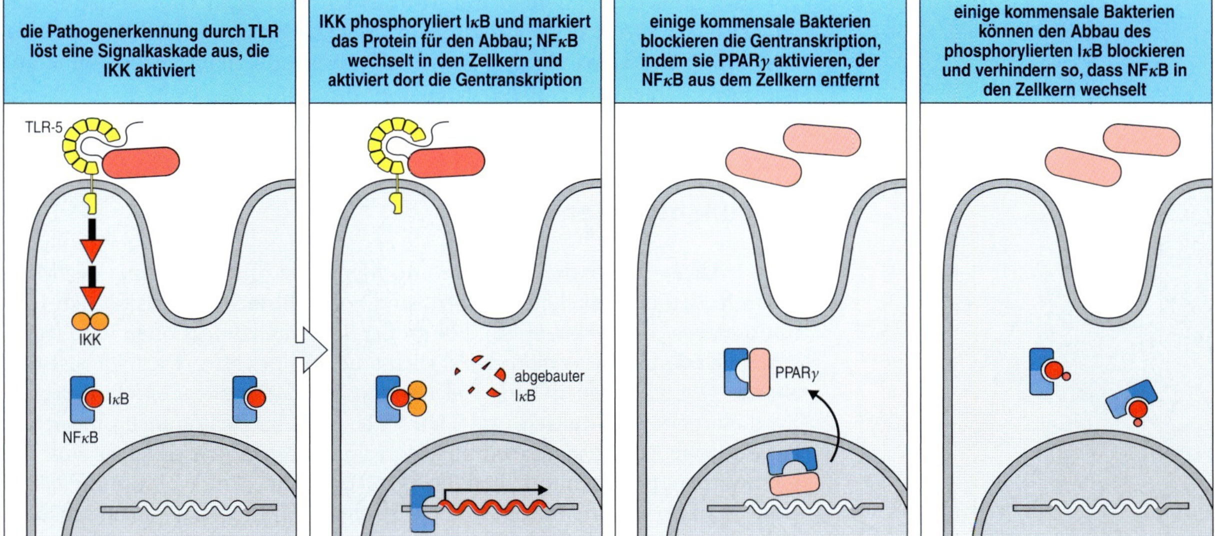

11.25 Kommensale Bakterien können im Darm Entzündungsreaktionen verhindern. Der entzündungsfördernde Transkriptionsfaktor-NFκB-Signalweg wird in den Epithelzellen über die Verknüpfung von Toll-ähnlichen Rezeptoren durch Krankheitserreger aktiviert (erstes und zweites Bild). Kommensale Bakterien können diesen Signalweg blockieren und so eine Entzündung verhindern. Das kann durch die Aktivierung des Zellkernrezeptors PPARγ geschehen, was zum Ausschleusen von NFκB aus dem Zellkern führt (drittes Bild). Bei einem anderen Mechanismus wird der Abbau des Inhibitors IκB verhindert, sodass NFκB im Cytoplasma verbleibt (viertes Bild).

11.15 Vollständige Immunantworten gegen kommensale Bakterien führen zu Erkrankungen des Darms

Es gilt jetzt allgemein als sicher, dass die potenziell aggressiven T-Zellen, die auf kommensale Bakterien reagieren, in Tieren normalerweise immer vorkommen, aber durch eine aktive Regulation in Schach gehalten werden. Wenn diese regulatorischen Mechanismen versagen, führen uneingeschränkte Immunantworten gegen die kommensalen Organismen zu entzündlichen Erkrankungen des Darms wie Morbus Crohn (Abschnitt 13.21). Das lässt sich an Tiermodellen zeigen, die Defekte in den immunregulatorischen Mechanismen mit IL-10 und TGF-β aufweisen oder bei denen die Epithelbarriere zerstört wurde, sodass kommensale Bakterien in großer Zahl in den Körper eindringen können. Unter diesen Bedingungen werden systemische Immunantworten gegen Antigene der kommensalen Bakterien ausgelöst, beispielsweise gegen Flagellin. In der Schleimhaut werden zudem starke entzündliche T-Zell-Reaktionen in Gang gesetzt, die das Darmgewebe erheblich schädigen. Dabei handelt es sich im Allgemeinen um T_H1-abhängige Reaktionen, bei denen es zur Produktion von IFN-γ und TNF-α kommt. Sie werden durch IL-12 oder IL-23 stimuliert (Abb. 11.24, rechts). Diese Erkrankungen hängen immer von dem Vorhandensein kommensaler Bakterien ab, da sie sich mit Antibiotika bekämpfen lassen beziehungsweise in keimfreien Tieren nicht auftreten. Es ist nicht bekannt, ob alle kommensalen Spezies diese Entzündungen auslösen können oder ob es nur bestimmte Spezies sind.

Etwa 30 % der Patienten mit Morbus Crohn tragen eine Mutation des *NOD2*-Gens, die das Gen funktionslos macht. Das deutet auf die mögliche Bedeutung des Gens für eine anormale Empfindlichkeit gegenüber kommensalen Bakterien bei dieser Krankheit hin.

11.16 Helminthen im Darm lösen starke T_H2-vermittelte Immunantworten aus

Die Gedärme praktisch aller Tiere und Menschen, mit Ausnahme der Menschen in den entwickelten Ländern, sind von zahlreichen parasitischen Helminthen besiedelt (Abb. 11.26). Ein großer Teil dieser Infektionen wird wahrscheinlich durch eine entsprechend wirksame Immunantwort schnell beseitigt, aber es gibt auch bedeutsame Fälle von auszehrend wirkenden, chronischen Erkrankungen bei Mensch und Tier. Unter solchen Bedingungen bleibt der Parasit lange Zeit anscheinend ungestört von den Versuchen des Wirtes, ihn loszuwerden, persistent erhalten. Da der Parasit mit dem Wirt um die Nährstoffe konkurriert oder sogar die Epithelzellen und Blutgefäße lokal schädigt, führt dies zu Erkrankungen. Darüber hinaus können auch die Immunantworten des Wirtes gegen diese Parasiten schädliche Effekte hervorrufen.

Die genaue Form der Wechselwirkung zwischen Wirt und Pathogen bei einer Infektion mit Helminthen hängt stark vom jeweiligen Typ des Parasiten ab. Einige bleiben Im Darmlumen, während andere in die Epithelzellen eindringen und diese besiedeln; wieder andere verlassen sogar den Darm und verbringen einen Teil ihres Lebenszyklus in anderen Geweben wie in der Leber, Lunge oder in der Muskulatur. Manche kommen nur im Dünndarm vor, andere im Dickdarm. In praktisch allen Fällen erfolgt die Immunantwort durch CD4-T_H2-Zellen, während eine T_H1-Reaktion das Pathogen nicht beseitigt und durch die Erzeugung einer Entzündungsreaktion die Darmschleimhaut schädigen kann (Abb. 11.27). Eine T_H2-Reaktion wird durch Produkte des Wurms polarisiert, die auf dendritische Zellen einwirken, die Wurmantigene präsentieren. Das stimuliert möglicherweise (aufgrund unbekannter Mechanismen) die T_H2-Reaktionen direkt und/oder verhindert die Produktion von IL-12 und die Bildung von T_H1-Zellen. Die genaue Funktion der einzelnen Komponenten der Immunantwort variiert zwar in Abhängigkeit von der Art des Parasiten, aber die Cytokine IL-3, IL-4, IL-5, IL-9 und

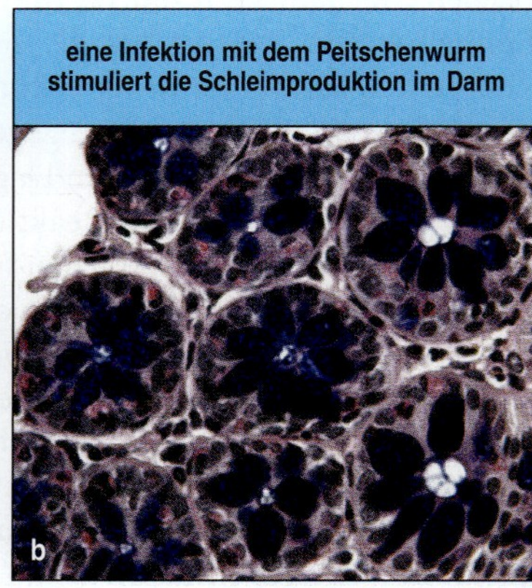

11.26 Infektion durch Helminthen im Darm. a) Der Peitschenwurm *Trichuris trichuria* gehört zu den parasitischen Helminthen und lebt im Darm teilweise umgeben von Epithelzellen. Die rasterelektronenmikroskopische Aufnahme des Enddarms einer Maus zeigt, wie der Kopf des Parasiten in einer Epithelzelle liegt und sich das hintere Ende frei im Lumen befindet. b) Ein Querschnitt durch die Krypten im Dickdarm einer Maus, die mit *T. trichiura* infiziert ist, zeigt die deutlich erhöhte Schleimproduktion durch die Becherzellen im Darmepithel. Der Schleim erscheint in Form großer Tropfen in den Vesikeln innerhalb der Becherzellen; er lässt sich mit Periodsäure/Schiff-Reagenz dunkelblau anfärben. Vergrößerung ×400.

IL-13, die durch die T_H2-Zellen produziert werden, führen zu einem hohen IgE-Spiegel und mobilisieren Mastzellen und Eosinophile zur Darmwand. IL-4 und IL-13 stimulieren den Isotypwechsel der B-Zellen zur Produktion von IgE. IL-13 zeigt ebenfalls direkte Auswirkungen, indem es die Schleimproduktion durch die Becherzellen steigert, die Kontraktionsfähigkeit der Zellen der glatten Muskulatur im Darm erhöht und die Wanderung und den Auf- und Abbau der Epithelzellen stimuliert. IL-5 mobilisiert und aktiviert eosinophile Zellen, die direkte toxische Effekte auf die Pathogene entwickeln können, indem sie cytotoxische Moleküle freisetzen wie das basische Hauptprotein (*major basic protein*, MBP). Eosinophile Zellen tragen Fc-Rezeptoren für IgG und können eine antikörperabhängige zellvermittelte Cytotoxizität (ADCC) gegen Parasiten entwickeln, die mit IgG umhüllt sind (Abb. 9.33).

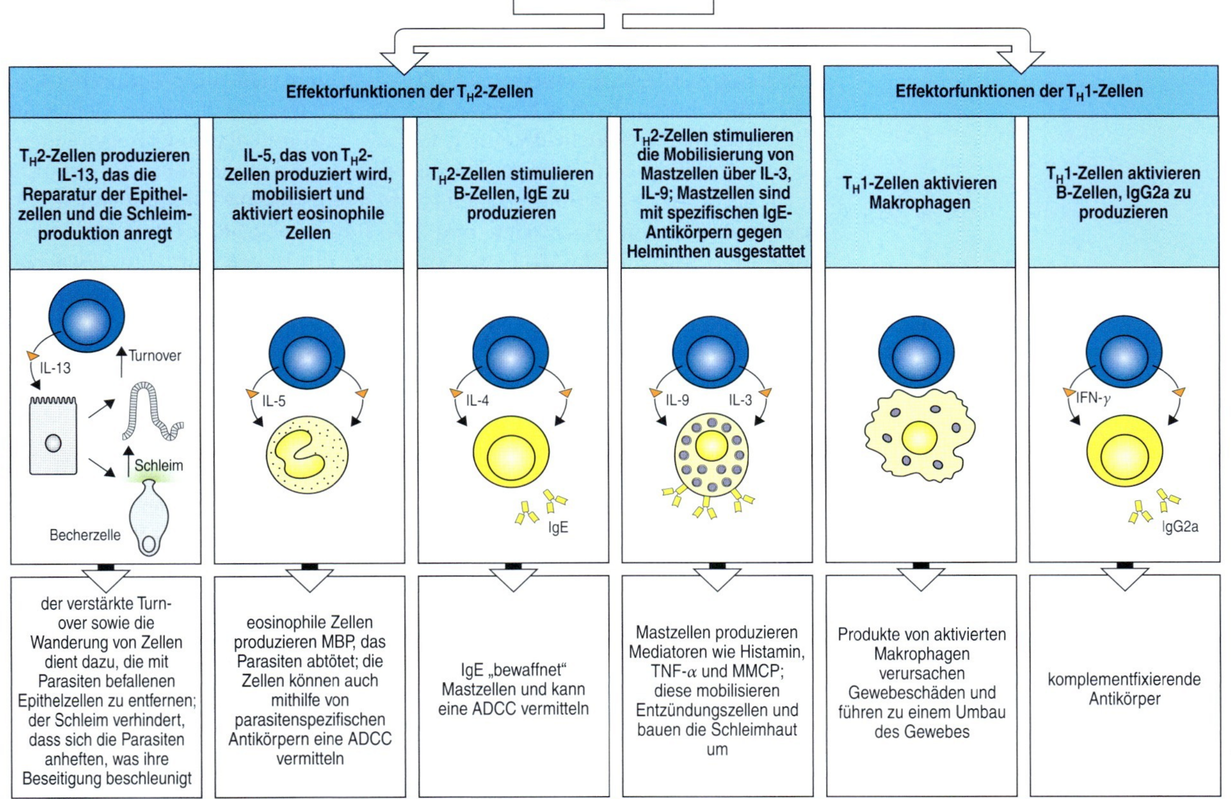

11.27 Schützende und pathologische Reaktionen auf Helminthen im Darm. Die meisten Helminthen im Darm lösen sowohl schützende als auch pathologische Immunantworten durch CD4-T-Zellen aus. T_H2-Reaktionen erzeugen eine für den Parasiten ungünstige Umgebung (Einzelheiten im Text), was zur Beseitigung des Parasiten und zu einem Immunschutz führt. Wenn die antigenpräsentierenden Zellen nach einem Kontakt mit Antigenen des Pathogens IL-12 produzieren, wird jedoch die CD4-T-Zell-Reaktion in Richtung der T_H1-Effektorzellen polarisiert, die das Pathogen nicht beseitigen. Die Reize, die die Produktion von IL-12 unter diesen Bedingungen auslösen, sind noch nicht bekannt. Wenn die T_H1-Reaktion nicht durch eine T_H2-Reaktion ausgeglichen wird, kommt es zu einer persistierenden Infektion und zu einer chronischen Erkrankung des Darms. Wahrscheinlich treten in den meisten Fällen beide Reaktionen auf und es gibt einen kontinuierlichen Übergang zwischen ihnen.

IL-3 und IL-9 mobilisieren und aktivieren eine spezialisierte Population von Mastzellen, die man als **mucosale Mastzellen** bezeichnet. Sie sind mit IgE-Antikörpern „bewaffnet", die B-Zellen nach dem Isotypwechsel produzieren (Abschnitt 9.24). Diese Mastzellen unterscheiden sich von ihren Ebenbildern in anderen Geweben dadurch, dass sie nur eine geringe Anzahl von IgE-Rezeptoren tragen und nur sehr wenig Histamin produzieren. Wenn ein Antigen an das rezeptorgebundene IgE-Molekül bindet, setzt die mucosale Mastzelle große Mengen an anderen bereits synthetisierten Entzündungsmediatoren frei wie Prostaglandine, Leukotriene und mehrere Proteasen, beispielsweise die mucosale Mastzellenprotease (MMCP-1). Diese kann die Schleimhautgewebe des Darms umstrukturieren, indem sie die Basalmembran zwischen dem Epithel und der Lamina propria abbaut; wahrscheinlich hat sie auch direkte Auswirkungen auf die Parasiten. Die von den Mastzellen freigesetzten Mediatoren erhöhen gemeinsam die Durchlässigkeit der Gefäße, regen die Mobilisierung der Leukocyten an, verstärken die Darmbewegungen und stimulieren die Schleimproduktion durch die Becherzellen. Das alles trägt dazu bei, die Mikroumgebung so zu verändern, dass sie für den Parasiten unvorteilhaft ist. Die Mastzellen produzieren auch große Mengen an TNF-α, der wahrscheinlich das Abtöten der Parasiten und infizierter Epithelzellen unterstützt. TNF-α ist jedoch auch eine bedeutsame Ursache für die Entzündung und die Schädigungen des Darms, die bei solchen Infektionen auftreten.

Ein weiterer wichtiger Bestandteil der Immunantwort auf parasitische Würmer ist ein beschleunigter Auf- und Abbau der Epithelzellen (Abb. 11.27, erstes Bild). Das trägt dazu bei, die Parasiten zu beseitigen, die sich an das Epithel angeheftet haben, und verringert die für eine Besiedlung verfügbare Oberfläche. Das geschieht teilweise dadurch, dass die Epithelzellen in den Krypten den Verlust von geschädigten Zellen an der Oberflächenschicht erkennen können und sich dann schneller teilen, gewissermaßen als Versuch, die Schädigung zu reparieren. Die erhöhte Erneuerungsrate der Epithelzellen ist auch eine direkte Wirkung von IL-13, das von T-Zellen, NK-Zellen und NK-T-Zellen bei einer Infektion produziert wird. Die erhöhte Erneuerungsrate erschwert zwar die Lebensbedingungen des Parasiten, beeinträchtigt aber auch die Darmfunktion, da neu gebildete Epithelzellen noch unreif sind und keine Absorptions- und Verdauungsaktivität besitzen. Die Immunantwort des Körpers bei Infektionen durch Helminthen ist eine besonders enge Gratwanderung, da die wirksamsten Elemente einer schützenden Immunantwort wahrscheinlich auch in der lokalen Umgebung Schädigungen hervorrufen.

Einige Helminthen des Darms sind optimal an chronische Infektionen angepasst. Sie haben in der Evolution ausgefeilte Mechanismen entwickelt, um bei stattfindender Immunantwort für lange Zeit in einem Wirt zu bleiben und verändern die Immunantwort des Wirtes auf verschiedene Weise. Die Helminthen produzieren beispielsweise Mediatoren, die die angeborene Entzündungsreaktion abschwächen, und sie exprimieren sogenannte „Köderrezeptoren" (*decoy receptors*) für proinflammatorische Cytokine und Chemokine. Darüber hinaus beeinflussen mehrere Moleküle, die von Helminthen freigesetzt werden, die Differenzierung der T-Zellen. Dabei wird die Bildung von IL-10-produzierenden regulatorischen T-Zellen häufig auf Kosten der Effektorzellen gefördert. Über die Beeinträchtigung der Signale von Toll-ähnlichen Rezeptoren kann es dazu kommen, dass die Produktion von IL-12 durch dendritische Zellen abnimmt, oder die Produktion von inhibitorischen Cytokinen wie IL-10 und TGF-β wird stimuliert. Der Gesamteffekt dieser Vorgänge besteht darin, dass der Produktion und dem Entzündungspotenzial von Cytokinen wie IFN-γ und TNF-α entgegengewirkt wird. Regulatorische T-Zellen beeinflussen sowohl die T_H1- als auch die T_H2-Reaktionen, sodass sich der Zustand einer persistierenden Infektion herausbildet und der Wirt keine gravierenden Schädigungen erleidet.

Diese entgegengesetzten immunologischen Prozesse laufen bei vielen Infektionen mit Parasiten gleichzeitig ab, etwa so wie bei den Reaktionen auf kommensale Bakterien, aber in übersteigerter Form. Das kann dazu führen, dass der Darm zwar stark entzündet erscheint, aber ein gewisses Maß an physiologischer Funktion erhalten bleibt, obwohl er eine große Zahl von lebenden vielzelligen Parasiten enthält.

11.17 Andere eukaryotische Parasiten erzeugen im Darm einen Immunschutz und eine Erkrankung

Das Immunsystem des Darms muss sich gegenüber einer Vielzahl von einzelligen eukaryotischen Parasiten behaupten. Dabei handelt es sich vor allem um Protozoen wie *Giardia lamblia*, *Cryptosporidium parvum* und *Toxoplasma gondii*. *Giardia lamblia* ist ein weit verbreiteter, im Wasser lebender Mikroorganismus, der als Ursache für entzündliche Darmerkrankungen von großer Bedeutung ist. Der Immunschutz gegenüber *G. lamblia* geht einher mit der Produktion von lokalen Antikörpern und dem Eindringen von T-Effektorzellen in die Darmschleimhaut, darunter auch intraepitheliale Lymphocyten. Die Immunität kann jedoch wenig wirksam sein, und es kommt zu einer chronischen Erkrankung. *C. parvum* und *T. gondii* bilden normalerweise opportunistische Infektionen und betreffen vor allem Menschen mit Immunschwäche wie AIDS. Es handelt sich um intrazelluläre Krankheitserreger, für deren Beseitigung sowohl CD4-T_H1-Zellen als auch CD8-T-Zellen erforderlich sind. Chronische Infektionen gehen mit einem ausgeprägten Krankheitsbild einher, das durch eine Überproduktion von IFN-γ und TNF-α von T-Zellen beziehungsweise Makrophagen verursacht wird.

11.18 Die dendritischen Zellen an den mucosalen Oberflächen unterstützen die Ausbildung einer Toleranz unter physiologischen Bedingungen und halten eine physiologische Entzündung aufrecht

In den vorherigen Abschnitten haben wir erfahren, wie das Immunsystem im normalen Darm und an anderen Schleimhautoberflächen dazu gebracht wird, gegen die Mehrzahl der vorkommenden Antigene keine aktiven Immunantworten auszulösen. Die Antigene werden jedoch noch erkannt, und gegen Krankheitserreger müssen, wenn erforderlich, starke schützende Immunantworten erzeugt werden. Wie können diese offenbar widersprüchlichen Anforderungen in Einklang gebracht werden, ohne dass die Gesundheit des Wirtsorganismus beeinträchtigt wird? Die Antwort auf diese Frage findet sich anscheinend in den Wechselwirkungen zwischen lokalen dendritischen Zellen und Faktoren in der Mikroumgebung der Schleimhaut (Abb. 11.24). Dendritische Zellen „patrouillieren“ ständig die Oberfläche der Schleimhaut entlang, nehmen Antigene auf und tragen sie in die T-Zell-Zonen der GALT. Dieser hohe Durchsatz von dendritischen Zellen in die Schleimhaut hinein und aus ihr heraus ist konstitutiv und hängt nicht davon ab, ob Krankheitserreger oder Entzündungsreize vorhanden sind.

Vor kurzem durchgeführte Experimente zeigen, dass dendritische Zellen in den Peyer-Plaques und in der Lamina propria IL-10 und keine entzündungsfördernden Cytokine wie IL-12 produzieren, und dass dann, wenn diese dendritischen Zellen unter normalen Bedingungen den T-Zellen Antigene präsentieren, im Allgemeinen eine Toleranz entsteht oder lokale IgA-Reaktionen auftreten. Wie wir bereits besprochen haben, ist diese Reaktionslosigkeit von dendritischen Zellen nicht einfach das normale Verhalten bei einem Fehlen von entzündungsfördernden Signalen, sondern wird anscheinend durch Faktoren in der lokalen Umgebung aktiv aufrechterhalten. Zu den Faktoren gehören TSLP und TGF-β, die von den Epithelzellen freigesetzt werden, und Mediatoren wie PGE_2, das von den Stromazellen freigesetzt wird. Das führt dazu, dass die dendritischen Zellen, die Antigene aus dem Darmlumen aufgenommen haben, noch zu einem mesenterialen Lymphknoten wandern können; wenn sie dort ankommen, verfügen sie jedoch nicht über die costimulierenden Moleküle, die für die Aktivierung von naiven T-Zellen notwendig sind (Abb. 11.24). Die dendritischen Zellen dieses Typs im Darm können Mediatoren wie IL-10 produzieren, die die Entwicklung von regulatorischen T-Zellen direkt begünstigen. Darüber hinaus behalten sie die Fähigkeit, auf T-Zellen Moleküle zu induzieren, die die T-Zellen in den Darm lenken. So ist gewährleistet, dass alle funktionellen Auswirkungen auf die Schleimhaut beschränkt bleiben.

Für die Gesundheit ist es von Vorteil, dass sich diese vor allem inhibitorische Mikroumgebung verändern kann, wenn invasive Krankheitserreger oder Adjuvanzien auftreten, sodass die dendritischen Zellen vollständig aktiviert werden können und sich ein Immunschutz entwickelt, wenn er erforderlich ist. Die Fähigkeit der mucosalen dendritischen Zellen, ihr Verhalten schnell und mit großer Empfindlichkeit zu verändern, ist möglicherweise eine Folge davon, dass selbst ohne erkennbare Infektion sowohl die entzündungsspezifischen als auch die regulatorischen Komponenten der Immunantwort wahrscheinlich gleichzeitig in der Schleimhaut aktiv sind. Man verwendet den Begriff der **physiologischen Entzündung**, um das Erscheinungsbild des normalen Darms zu umschreiben, der große Mengen an Lymphocyten und anderen Zellen enthält, die normalerweise im Zusammenhang mit einer chronischen Entzündung auftreten und in anderen Organen ohne eine Erkrankung nicht vorhanden sind. Diese „Entzündung“ wird vor allem durch die Anwesenheit der kommensalen Bakterien und zu einem geringeren Ausmaß durch Antigene aus der Nahrung stimuliert. Sie ist für die normale Funktion sowohl des Darms als auch des mucosalen Immunsystems von grundlegender Bedeutung. Wahrscheinlich ist dadurch sichergestellt, dass sich die dendritischen Zellen immer in einer hohen Bereitschaft befinden, um in geeigneter Weise auf Veränderungen in ihrer lokalen Umgebung reagieren zu können.

Neben der Bekämpfung von Infektionen hatten diese regulatorischen Wechselwirkungen möglicherweise einen großen Einfluss auf die Evolution des Darms und des Immunsystems und sind einer der Faktoren, die der Hygienehypothese zugrunde liegen (Abschnitt 13.4). Nach dieser

Vorstellung hat sich das menschliche Immunsystem in der Evolution unter der ständigen Anwesenheit von Helminthen im Darm entwickelt, deren immunmodulierende Produkte dazu beigetragen haben, dass die Reaktionen auf andere fremde Antigene polarisiert werden können. Aufgrund der zunehmenden Sauberkeit der menschlichen Umgebung ist unser Immunsystem während der entscheidenden frühen Lebensphase diesem Einfluss nicht mehr ausgesetzt, sodass sich Überempfindlichkeitsreaktionen aller Art unkontrolliert gegen Autoantigene und harmlose Substanzen aus der Umgebung entwickeln können.

Zusammenfassung

Das Immunsystem in der Schleimhaut muss zwischen potenziellen Krankheitserregern und harmlosen Antigenen unterscheiden, indem es gegen Krankheitserreger starke Effektorreaktionen auslöst, aber gegenüber Antigenen aus der Nahrung und von kommensalen Bakterien unempfindlich ist. Pathogene Mikroorganismen wie die enterischen Bakterien verfügen über eine Reihe von Mechanismen, um in den Körper einzudringen, häufig indem sie die Antigenaufnahme und die Entzündungsreaktionen der Zellen des Wirtes ausnutzen und verschiedene Komponenten des Immunsystems beeinflussen. Die starken Immunantworten, die sie auslösen, führen normalerweise zur Beseitigung der Infektion. Nahrungsproteine hingegen verursachen eine aktive Form von immunologischer Toleranz, die durch regulatorische T-Zellen, die IL-10 und/oder TGF-β produzieren, vermittelt werden kann. Die immunologische Erkennung von kommensalen Bakterien beschränkt sich ausschließlich auf das mucosale Immunsystem, da deren Antigene den T-Zellen durch dendritische Zellen präsentiert werden, die aus der Darmwand in die mesenterialen Lymphknoten wandern, die die Lymphe aufnehmen, und sich dort dann aufhalten. So sind eine systemische Ignoranz, aber auch eine aktive mucosale Toleranz und die lokale Produktion von IgA-Antikörpern sichergestellt, was eine Besiedlung durch die Mikroorganismen begrenzt. Da die kommensalen Bakterien viele vorteilhafte Auswirkungen für den Wirt haben, sind diese immunologischen Vorgänge sehr wichtig, damit die Bakterien in einer friedlichen Coexistenz mit dem Immunsystem leben können.

Ein anderer Ursprung für Antigene im Darm sind dort lebende Helminthen, die häufig chronische Infektionen hervorrufen, teilweise dadurch, dass sie verschiedene Faktoren produzieren, die das Immunsystem beeinflussen können. Die vorherrschende schützende Immunantwort gegen Helminthen wird durch T_H2-Zellen vermittelt, wobei auch Mastzellen und eosinophile Zellen sowie die Produktion von TNF-α eine Rolle spielen. Eine solche Immunantwort kann auch den Darm schädigen, und das Immunsystem hält ein Gleichgewicht zwischen Immunschutz und immunologisch bedingter Erkrankung aufrecht. In den entwickelten Ländern trägt wahrscheinlich das Fehlen von immunmodulierenden Faktoren der Helminthen dazu bei, dass vermehrt Allergien und Entzündungskrankheiten auftreten.

Der zentrale Faktor, der darüber entscheidet, ob sich in der Darmschleimhaut ein Immunschutz oder eine Immuntoleranz entwickelt, ist der Aktivierungszustand der lokalen dendritischen Zellen. Normalerweise können reaktionslose dendritische Zellen, denen die vollständige Expression costimulierender Moleküle fehlt, dennoch den T-Zellen Antigene präsentieren. Dadurch verändert sich die T-Zell-Reaktion so, dass durch die Differenzierung regulatorische T-Zellen entstehen, die den Darm aufsuchen. Trotzdem können die dendritischen Zellen auf eindringende Organismen und entzündungsspezifische Signale falls erforderlich noch eine vollständige Reaktion zeigen, sodass ein Priming der T-Zellen bis zum Effektorzustand möglich ist. Wenn die normalen regulatorischen Abläufe zusammenbrechen, kann es zu krankhaften Entzündungen kommen. Folge dieser gegensätzlichen aber ineinandergreifenden Anforderungen an die Immunantwort ist, dass der Darm normalerweise das Erscheinungsbild einer physiologischen Entzündung zeigt, die dazu beiträgt, die normale Funktion des Darms und des Immunsystems aufrechtzuerhalten.

Zusammenfassung von Kapitel 11

Das mucosale Immunsystem ist eine große und komplexe Maschinerie, die für die Gesundheit von grundlegender Bedeutung ist, nicht allein dadurch, dass physiologisch lebensnotwendige Organe geschützt werden, sondern auch dadurch, dass es den Charakter des gesamten Immunsystems reguliert und Krankheiten abwendet. Die peripheren lymphatischen Organe, mit denen sich die meisten Immunologen heute beschäftigen, sind möglicherweise eine vor kurzem erfolgte Spezialisierung einer ursprünglichen Form, die sich im Verlauf der Evolution in den Schleimhautgeweben entwickelt hat. Die Schleimhautoberflächen des Körpers sind gegenüber Infektionen außerordentlich anfällig und verfügen über ein komplexes Repertoire von angeborenen und adaptiven Mechanismen der Immunität. Das adaptive Immunsystem der mucosaassoziierten lymphatischen Gewebe unterscheidet sich vom übrigen peripheren lymphatischen System auf verschiedene Weise: die unmittelbare Nähe des mucosalen Epithels zum lymphatischen Gewebe; ein unstrukturiertes lymphatisches Gewebe und stärker strukturierte lymphatische Organe; spezialisierte Mechanismen zur Antigenaufnahme; die Vorherrschaft von aktivierten und Gedächtnislymphocyten, selbst wenn keine Infektion vorhanden ist; die Produktion von polymerem, sekretorischem IgA als hauptsächlichen Antikörper; sowie die Abschwächung der Immunantworten auf harmlose Antigene, wie aus der Nahrung oder den kommensalen Mikroorganismen. Auf diese Antigene ist normalerweise keine systemische Immunantwort festzustellen. Pathogene Mikroorganismen lösen hingegen starke Immunantworten aus. Der zentrale Faktor, der zwischen Toleranz und der Entwicklung von wirkungsvollen adaptiven Immunantworten entscheidet, ist der Kontext, in dem die Antigene den T-Lymphocyten im mucosalen Immunsystem präsentiert werden. Liegt keine Entzündung vor, präsentieren die antigenpräsentierenden Zellen die Antigene gegenüber den T-Zellen ohne die vollständige Ausstattung mit costimulierenden Molekülen, sodass es nur zur Differenzierung von regulatorischen T-Zellen kommt. Pathogene Mikroorganismen hingegen, die die Schleimhaut passieren, lösen in den Geweben eine Entzündungsreaktion aus, die die Reifung der antigenpräsentierenden Zellen und die Expression ihrer costimulierenden Moleküle in Gang setzt, und es kommt zu einer schützenden T-Zell-Reaktion.

Fragen

11.1 Beschreiben Sie die Vorgänge, die es einer spezifischen CD4-T-Zelle ermöglichen, für ein Antigen im Darm geprägt zu werden, und erläutern Sie, wie die entstehenden T-Effektorzellen an die Oberfläche des Darms zurückkehren können.

11.2 Erläutern Sie, wie IgA-Antikörper Zugang zum Darmlumen erhalten, und beschreiben Sie kurz, wie diese Antikörper zur Abwehr einer Infektion beitragen können.

11.3 Welche Populationen von T-Zellen kommen in der Darmschleimhaut vor, und welche Funktionen besitzen sie für die Immunabwehr?

11.4 Vergleichen Sie die Immunantworten auf kommensale und invasive Bakterien im Darm, und stellen Sie dabei besonders die immunologischen Folgen dieser verschiedenen Effekte heraus.

11.5 Durch unsere Nahrung kommen wir mit großen Mengen von fremden Antigenen in Kontakt. a) Warum entwickeln wir keine effektiven Immunantworten gegen diese Nahrungsantigene? b) Wie unterscheidet das Immunsystem zwischen Antigenen aus der Nahrung und potenziell schädlichen Antigenen?

11.6 Beschreiben Sie, wie verschiedene Komponenten der Immunantwort des Wirtsorganismus bei einer Wurminfektion im Darm entweder einen Immunschutz hervorbringen oder Gewebeschäden verursachen.

Allgemeine Literatur

Brandtzaeg P, Farstad IN, Johansen FE, Morton HC, Norderhaug IN, Yamanaka T (1999) The B-cell system of human mucosae and exocrine glands. *Immunol Rev* 171: 45–87

MacDonald TT (2003) The mucosal immune system. *Parasite Immunol* 25: 235–246

Mowat AM (2003) Anatomical basis of tolerance and immunity to intestinal antigens. *Nat Rev Immunol* 3: 331–341

Literatur zu den einzelnen Abschnitten

Abschnitt 11.1

Bienenstock J, McDermott MR (2005) Bronchus- and nasal-associated lymphoid tissues. *Immunol Rev* 206: 22–31

Hooper LV, Gordon JI (2001) Commensal host-bacterial relationships in the gut. *Science* 292: 1115–1118

Kiyono H, Fukuyama S (2004) NALT-versus Peyer's-patch-mediated mucosal immunity. *Nat Rev Immunol* 4: 699–710

The World Health Report (2004) World Health Organization, Geneva

Wira CR, Fahey JV, Sentman CL, Pioli PA, Shen L (2005) Innate and adaptive immunity in female genital tract: cellular responses and interactions. *Immunol Rev* 206: 306–335

Abschnitt 11.2

Cheroutre H (2004) Starting at the beginning: new perspectives on the biology of mucosal T cells. *Annu Rev Immunol* 22: 217–246

Fagarasan S (2006) Intestinal IgA synthesis: a primitive form of adaptive immunity that regulates microbial communities in the gut. *Curr Top Microbiol Immunol* 308: 137–153

Matsunaga T, Rahman A (2001) In search of the origin of the thymus: the thymus and GALT may be evolutionarily related. *Scand J Immunol* 53: 1–6

Abschnitt 11.3

Brandtzaeg P, Pabst R (2004) Let's go mucosal: communication on slippery ground. *Trends Immunol* 25: 570–577

Fagarasan S, Honjo T (2004) Regulation of IgA synthesis at mucosal surfaces. *Curr Opin Immunol* 16: 277–283

Finke D, Meier D (2006) Molecular networks orchestrating GALT development. *Curr Top Microbiol Immunol* 308: 19–57

Kraal G, Samsom JN, Mebius RE (2006) The importance of regional lymph nodes for mucosal tolerance. *Immunol Rev* 213: 119–130

Mowat AM, Viney JL (1997) The anatomical basis of intestinal immunity. *Immunol Rev* 156: 145–166

Newberry RD, Lorenz RG (2005) Organizing a mucosal defense. *Immunol Rev* 206: 6–21

Pabst O, Herbrand H, Worbs T, Friedrichsen M, Yan S, Hoffmann MW, Korner H, Bernhardt G, Pabst R, Forster R (2005) Cryptopatches and isolated lymphoid follicles: dynamic lymphoid tissues dispensable for the generation of intraepithelial lymphocytes. *Eur J Immunol* 35: 98–107

Abschnitt 11.4

Chieppa M, Rescigno M, Huang AY, Germain RN (2006) Dynamic imaging of dendritic cell extension into the small bowel lumen in response to epithelial cell TLR engagement. *J Exp Med* 203: 2841–2852

Chirdo FG, Millington OR, Beacock-Sharp H, Mowat AM (2005) Immunomodulatory dendritic cells in intestinal lamina propria. *Eur J Immunol* 35: 1831–1840

Jang MH, Kweon MN, Iwatani K, Yamamoto M, Terahara K, Sasakawa C, Suzuki T, Nochi T, Yokota Y, Rennert PD et al (2004) Intestinal villous M cells: an antigen entry site in the mucosal epithelium. *Proc Natl Acad Sci USA* 101: 6110–6115

Jang MH, Sougawa N, Tanaka T, Hirata T, Hiroi T, Tohya K, Guo Z, Umemoto E, Ebisuno Y, Yang BG et al (2006)

CCR7 is critically important for migration of dendritic cells in intestinal lamina propria to mesenteric lymph nodes. *J Immunol* 176: 803–810

Mach J, Hshieh T, Hsieh D, Grubbs N, Chervonsky A (2005) Development of intestinal M cells. *Immunol Rev* 206: 177–189

Neutra MR, Mantis NJ, Kraehenbuhl JP (2001) Collaboration of epithelial cells with organized mucosal lymphoid tissues. *Nat Immunol* 2: 1004–1009

Niess JH, Brand S, Gu X, Landsman L, Jung S, McCormick BA, Vyas JM, Boes M, Ploegh HL, Fox JG et al (2005) CX3CR1-mediated dendritic cell access to the intestinal lumen and bacterial clearance. *Science* 307: 254–258

Rescigno M, Urbano M, Valzasina B, Francolini M, Rotta G, Bonasio R, Granucci F, Kraehenbuhl JP, Ricciardi-Castagnoli P (2001) Dendritic cells express tight junction proteins and penetrate gut epithelial monolayers to sample bacteria. *Nat Immunol* 2: 361–367

Salazar-Gonzalez RM, Niess JH, Zammit DJ, Ravindran R, Srinivasan A, Maxwell JR, Stoklasek T, Yadav R, Williams IR, Gu X et al (2006) CCR6-mediated dendritic cell activation of pathogen-specific T cells in Peyer's patches. *Immunity* 24: 623–632

Shreedhar VK, Kelsall BL, Neutra MR (2003) Cholera toxin induces migration of dendritic cells from the subepithelial dome region to T- and B-cell areas of Peyer's patches. *Infect Immun* 71: 504–509

Zhao X, Sato A, Dela Cruz CS, Linehan M, Luegering A, Kucharzik T, Shirakawa AK, Marquez G, Farber JM, Williams I et al (2003) CCL9 is secreted by the follicle-associated epithelium and recruits dome region Peyer's patch CD11b+ dendritic cells. *J Immunol* 171: 2797–2803

Abschnitt 11.5

Agace WW, Roberts AI, Wu L, Greineder C, Ebert EC, Parker CM (2000) Human intestinal lamina propria and intraepithelial lymphocytes express receptors specific for chemokines induced by inflammation. *Eur J Immunol* 30: 819–826

Brandtzaeg P, Johansen FE (2005) Mucosal B cells: phenotypic characteristics, transcriptional regulation, and homing properties. *Immunol Rev* 206: 32–63

Abschnitt 11.6

Iwata M, Hirakiyama A, Eshima Y, Kagechika H, Kato C, Song SY (2004) Retinoic acid imprints gut-homing specificity on T cells. *Immunity* 21: 527–538

Johansen FE, Baekkevold ES, Carlsen HS, Farstad IN, Soler D, Brandtzaeg P (2005) Regional induction of adhesion molecules and chemokine receptors explains disparate homing of human B cells to systemic and mucosal effector sites: dispersion from tonsils. *Blood* 106: 593–600

Johansson-Lindbom B, Agace WW (2007) Generation of gut-homing T cells and their localization to the small intestinal mucosa. *Immunol Rev* 215: 226–242

Kunkel EJ, Butcher EC (2003) Plasma-cell homing. *Nat Rev Immunol* 3: 822–829

Mora JR, Bono MR, Manjunath N, Weninger W, Cavanagh LL, Rosemblatt M, Von Andrian UH (2003) Selective imprinting of gut-homing T cells by Peyer's patch dendritic cells. *Nature* 424: 88–93

Mora JR, Iwata M, Eksteen B, Song SY, Junt T, Senman B, Otipoby KL, Yokota A, Takeuchi H, Ricciardi-Castagnoli P et al (2006) Generation of gut-homing IgA-secreting B cells by intestinal dendritic cells. *Science* 314: 1157–1160

Salmi M, Jalkanen S (2005) Lymphocyte homing to the gut: attraction, adhesion, and commitment. *Immunol Rev* 206: 100–113

Abschnitt 11.7

Holmgren J, Czerkinsky C (2005) Mucosal immunity and vaccines. *Nat Med* 11: S45–S53

Johansen FE, Baekkevold ES, Carlsen HS, Farstad IN, Soler D, Brandtzaeg P (2005) Regional induction of adhesion molecules and chemokine receptors explains disparate homing of human B cells to systemic and mucosal effector sites: dispersion from tonsils. *Blood* 106: 593–600

Abschnitt 11.8

Corthesy B (2007) Roundtrip ticket for secretory IgA: role in mucosal homeostasis? *J Immunol* 178: 27–32

Fagarasan S (2006) Intestinal IgA synthesis: a primitive form of adaptive immunity that regulates microbial communities in the gut. *Curr Top Microbiol Immunol* 308: 137–153

Fagarasan S, Honjo T (2004) Regulation of IgA synthesis at mucosal surfaces. *Curr Opin Immunol* 16: 277–283

Favre L, Spertini F, Corthesy B (2005) Secretory IgA possesses intrinsic modulatory properties stimulating mucosal and systemic immune responses. *J Immunol* 175: 2793–2800

Johansen FE, Brandtzaeg P (2004) Transcriptional regulation of the mucosal IgA system. *Trends Immunol* 25: 150–157

Macpherson AJ, Gatto D, Sainsbury E, Harriman GR, Hengartner H, Zinkernagel RM (2000) A primitive T cell-independent mechanism of intestinal mucosal IgA responses to commensal bacteria. *Science* 288: 2222–2226

Mora JR, Iwata M, Eksteen B, Song SY, Junt T, Senman B, Otipoby KL, Yokota A, Takeuchi H, Riccardi-Castagnoli P et al (2006) Generation of gut-homing IgA-secreting B cells by intestinal dendritic cells. *Science* 314: 1157–1160

Abschnitt 11.9

Cunningham-Rundles C (2001) Physiology of IgA and IgA deficiency. *J Clin Immunol* 21: 303–309

Johansen FE, Pekna M, Norderhaug IN, Haneberg B, Hietala MA, Krajci P, Betsholtz C, Brandtzaeg P (1999) Absence of epithelial immunoglobulin A transport, with increased mucosal leakiness, in polymeric immunoglobulin receptor/secretory component-deficient mice. *J Exp Mod* 190: 915–922

Abschnitt 11.10

Agace WW, Roberts AI, Wu L, Greineder C, Ebert EC, Parker CM (2000) Human intestinal lamina propria and intraepithelial lymphocytes express receptors specific for chemokines induced by inflammation. *Eur J Immunol* 30: 819–826

Bendelac A, Bonneville M, Kearney JF (2001) Autoreactivity by design: innate B and T lymphocytes. *Nat Rev Immunol* 1: 177–186

Cheroutre H (2005) IELs: enforcing law and order in the court of the intestinal epithelium. *Immunol Rev* 206: 114–131

Eberl G, Littman DR (2004) Thymic origin of intestinal α:β-T cells revealed by fate mapping of RORγt^{+} cells. *Science* 305: 248–251

Guy-Grand D, Azogui O, Celli S, Darche S, Nussenzweig MC, Kourilsky P, Vassalli P (2003) Extrathymic T cell lymphopoiesis: ontogeny and contribution to gut intraepithelial lymphocytes in athymic and euthymic mice. *J Exp Med* 197: 333–341

Lefrancois L, Puddington L (2006) Intestinal and pulmonary mucosal T cells: local heroes fight to maintain the status quo. *Annu Rev Immunol* 24: 681–704

Leishman AJ, Gapin L, Capone M, Palmer E, MacDonald HR, Kronenberg M, Cheroutre H (2002) Precursors of functional MHC class I- or class II-restricted CD8$\alpha\alpha^{+}$ T cells are positively selected in the thymus by agonist self-peptides. *Immunity* 16: 355–364

Makita S, Kanai T, Oshima S, Uraushihara K, Totsuka T, Sawada T, Nakamura T, Koganei K, Fukushima T, Watanabe M (2004) CD4^{+}CD25^{bright} T cells in human intestinal lamina propria as regulatory cells. *J Immunol* 173: 3119–3130

Pabst O, Herbrand H, Worbs T, Friedrichsen M, Yan S, Hoffmann MW, Korner H, Bernhardt G, Pabst R, Forster R (2005) Cryptopatches and isolated lymphoid follicles: dynamic lymphoid tissues dispensable for the generation of intraepithelial lymphocytes. *Eur J Immunol* 35: 98–107

Staton TL, Habtezion A, Winslow MM, Sato T, Love PE, Butcher EC (2006) CD8^{+} recent thymic emigrants home to and efficiently repopulate the small intestine epithelium. *Nat Immunol* 7: 482–488

Abschnitt 11.11

Cario E (2005) Bacterial interactions with cells of the intestinal mucosa: Toll-like receptors and NOD2. *Gut* 54: 1182–1193

Fritz JH, Ferrero RL, Philpott DJ, Girardin SE (2006) Nod-like proteins in immunity, inflammation and disease. *Nat Immunol* 7: 1250–1257

Gewirtz AT, Navas TA, Lyons S, Godowski PJ, Madara JL (2001) Cutting edge: bacterial flagellin activates basolaterally expressed TLR5 to induce epithelial proinflammatory gene expression. *J Immunol* 167: 1882–1885

Girardin SE, Travassos LH, Herve M, Blanot D, Boneca IG, Philpott DJ, Sansonetti PJ, Mengin-Lecreulx D (2003) Peptidoglycan molecular requirements allowing detection by Nod1 and Nod2. *J Biol Chem* 278: 41702–41708

Holmes KV, Tresnan DB, Zelus BD (1997) Virus-receptor interactions in the enteric tract. Virus-receptor interactions. *Adv Exp Med Biol* 412: 125–133

Masumoto J, Yang K, Varambally S, Hasegawa M, Tomlins SA, Qiu S, Fujimoto Y, Kawasaki A, Foster SJ, Horie Y et al (2006) Nod1 acts as an intracellular receptor to stimulate chemokine production and neutrophil recruitment in vivo. *J Exp Med* 203: 203–213

Mumy KL, McCormick BA (2005) Events at the host-microbial interface of the gastrointestinal tract. II. Role of the intestinal epithelium in pathogen-induced inflammation. *Am J Physiol Gastrointest Liver Physiol* 288: G854–G859

Pothoulakis C, LaMont JT (2001) Microbes and microbial toxins: paradigms for microbial-mucosal interactions. II. The integrated response of the intestine to *Clostridium difficile* toxins. *Am J Physiol Gastrointest Liver Physiol* 280: G178–G183

Salazar-Gonzalez RM, Niess JH, Zammit DJ, Ravindran R, Srinivasan A, Maxwell JR, Stoklasek T, Yadav R, Williams IR, Gu X et al (2006) CCR6-mediated dendritic cell activation of pathogen-specific T cells in Peyer's patches. *Immunity* 24: 623–632

Sansonetti PJ (2004) War and peace at mucosal surfaces. *Nat Rev Immunol* 4: 953–964

Selsted ME, Ouellette AJ (2005) Mammalian defensins in the antimicrobial immune response. *Nat Immunol* 6: 551–657

Uematsu S, Jang MH, Chevrier N, Guo Z, Kumagai Y, Yamamoto M, Kato H, Sougawa N, Matsui H, Kuwata H et al (2006) Detection of pathogenic intestinal bacteria by Toll-like receptor 5 on intestinal CD11c+ lamina propria cells. *Nat Immunol* 7: 868–874

Abschnitt 11.12

Cornelis GR (2002) The *YersiniaYsc*-Yop'type III' weaponry. *Nat Rev Mol Cell Biol* 3: 742–752

Cossart P, Sansonetti PJ (2004) Bacterial invasion: the paradigms of enteroinvasive pathogens. *Science* 304: 242–248

Owen R (1999) Uptake and transport of intestinal macromolecules and microorganisms by M cells in Peyer's patches – a personal and historical perspective. *Semin Immunol* 11: 1–7

Sansonetti PJ (2004) War and peace at mucosal surfaces. *Nat Rev Immunol* 4: 953–964

Sansonetti PJ, Di Santo JP (2007) Debugging how bacteria manipulate the immune response. *Immunity* 26: 149–161

Abschnitt 11.13

Iweala OI, Nagler CR (2006) Immune privilege in the gut: the establishment and maintenance of non-responsiveness to dietary antigens and commensal flora. *Immunol Rev* 213: 82–100

Kraal G, Samsom JN, Mebius RE (2006) The importance of regional lymph nodes for mucosal tolerance. *Immunol Rev* 213: 119–130

Macdonald TT, Monteleone G (2005) Immunity, inflammation, and allergy in the gut. *Science* 307: 1920–1925

Strobel S, Mowat AM (2006) Oral tolerance and allergic response to food proteins. *Curr Opin Allergy Clin Immunol* 6: 207–213

Sun JB, Raghavan S, Sjoling A, Lundin S, Holmgren J (2006) Oral tolerance induction with antigen conjugated to cholera toxin B subunit generates both Foxp3+CD25+ and Foxp3-CD25-CD4+ regulatory T cells. *J Immunol* 177: 7634–7644

Worbs T, Bode U, Yan S, Hoffmann MW, Hintzen G, Bernhardt G, Forster R, Pabst O (2006) Oral tolerance originates in the intestinal immune system and relies on antigen carriage by dendritic cells. *J Exp Med* 203: 519–527

Abschnitt 11.14

Araki A, Kanai T, Ishikura T, Makita S, Uraushihara K, Iiyama R, Totsuka T, Takeda K, Akira S, Watanabe M (2005) MyD88-deficient mice develop severe intestinal inflammation in dextran sodium sulfate colitis. *J Gastroenterol* 40: 16–23

Backhed F, Ley RE, Sonnenburg, JL, Peterson DA, Gordon JI (2005) Host-bacterial mutualism in the human intestine. *Science* 307: 1915–1920

Gad M, Pedersen AE, Kristensen NN, Claesson MH (2004) Demonstration of strong enterobacterial reactivity of CD4+CD25– T cells from conventional and germ-free mice which is counter-regulated by CD4+CD25+ T cells. *Eur J Immunol* 34: 695–704

Hooper LV (2004) Bacterial contributions to mammalian gut development. *Trends Microbiol* 12: 129–134

Kelly D, Campbell JI, King TP, Grant G, Jansson EA, Coutts AG, Pettersson S, Conway S (2004) Commensal anaerobic gut bacteria attenuate inflammation by regulating nuclear-cytoplasmic shuttling of PPAR-gamma and RelA. *Nat Immunol* 5: 104–112

Lee J, Mo JH, Katakura K, Alkalay I, Rucker AN, Liu YT, Lee HK, Shen C, Cojocaru G, Shenouda S et al (2006) Maintenance of colonic homeostasis by distinctive apical TLR9 signalling in intestinal epithelial cells. *Nat Cell Biol* 8: 1327–1336

Lotz M, Gutle D, Walther S, Menard S, Bogdan C, Hornef MW (2006) Postnatal acquisition of endotoxin tolerance in intestinal epithelial cells. *J Exp Med* 203: 973–984

Macpherson AJ, Uhr T (2004) Induction of protective IgA by intestinal dendritic cells carrying commensal bacteria. *Science* 303: 1662–1665

Mueller C, Macpherson AJ (2006) Layers of mutualism with commensal bacteria protect us from intestinal inflammation. *Gut* 55: 276–284

Neish AS, Gewirtz AT, Zeng H, Young AN, Hobert ME, Karmali V, Rao AS, Madara JL (2000) Prokaryotic regulation of epithelial responses by inhibition of IκB-α ubiquitination. *Science* 289: 1560–1563

Rakoff-Nahoum S, Hao L, Medzhitov R (2006) Role of toll-like receptors in spontaneous commensal-dependent colitis. *Immunity* 25: 319–329

Sansonetti PJ (2004) War and peace at mucosal surfaces. *Nat Rev Immunol* 4: 953–964

Tien MT, Girardin SE, Regnault B, Le Bourhis L, Dillies MA, Coppee JY, Bourdet-Sicard R, Sansonetti PJ, Pedron T (2006) Anti-inflammatory effect of *Lactobacillus* casei on *Shigella*-infected human intestinal epithelial cells. *J Immunol* 176: 1228–1237

Wang Q, McLoughlin RM, Cobb BA, Charrel-Dennis M, Zaleski KJ, Golenbock D, Tzianabos AO, Kasper DL (2006) A bacterial carbohydrate links innate and adaptive responses through Toll-like receptor 2. *J Exp Med* 203: 2853–2863

Abschnitt 11.15

Elson CO, Cong Y, McCracken VJ, Dimmitt RA, Lorenz RG, Weaver CT (2005) Experimental models of inflammatory bowel disease reveal innate, adaptive, and regulatory mechanisms of host dialogue with the microbiota. *Immunol Rev* 206: 260–276

Kullberg MC, Jankovic D, Feng CG, Hue S, Gorelick PL, McKenzie BS, Cua DJ, Powrie F, Cheever AW, Maloy KJ et al (2006) IL-23 plays a key role in *Helicobacter hepaticus*-induced T cell-dependent colitis. *J Exp Med* 203: 2485–2494

Lodes MJ, Cong Y, Elson CO, Mohamath R, Landers CJ, Targan SR, Fort M, Hershberg RM (2004) Bacterial flagellin is a dominant antigen in Crohn's disease. *J Clin Invest* 113: 1296–1306

Macdonald TT, Monteleone G (2005) Immunity, inflammation, and allergy in the gut. *Science* 307: 1920–1925

Rescigno M, Nieuwenhuis EE (2007) The role of altered microbial signaling via mutant NODs in intestinal inflammation. *Curr Opin Gastroenterol* 23: 21–26

Abschnitt 11.16

Cliffe LJ, Grencis RK (2004) The *Trichuris muris* system: a paradigm of resistance and susceptibility to intestinal nematode infection. *Adv Parasitol* 57: 255–307

Cliffe LJ, Humphreys NE, Lane TE, Potten CS, Booth C, Grencis RK (2005) Accelerated intestinal epithelial cell turnover: a new mechanism of parasite expulsion. *Science* 308: 1463–1465

Dixon H, Blanchard C, Deschoolmeester ML, Yuill NC, Christie JW, Rothenberg ME, Else KJ (2006) The role of Th2 cytokines, chemokines and parasite products in eosinophil recruitment to the gastrointestinal mucosa during helminth infection. *Eur J Immunol* 36: 1753–1763

Lawrence CE, Paterson YY, Wright SH, Knight PA, Miller HR (2004) Mouse mast cell protease-1 is required for the enteropathy induced by gastrointestinal helminth infection in the mouse. *Gastroenterology* 127: 155–165

Maizels RM, Yazdanbakhsh M (2003) Immune regulation by helminth parasites: cellular and molecular mechanisms. *Nat Rev Immunol* 3: 733–744

Specht S, Saeftel M, Arndt M, Endl E, Dubben B, Lee NA, Lee JJ, Hoerauf A (2006) Lack of eosinophil peroxidase or major basic protein impairs defense against murine filarial infection. *Infect Immun* 74: 5236–5243

Vliagoftis H, Befus AD (2005) Rapidly changing perspectives about mast cells at mucosal surfaces. *Immunol Rev* 206: 190–203

Voehringer D, Shinkai K, Locksley RM (2004) Type 2 immunity reflects orchestrated recruitment of cells committed to IL-4 production. *Immunity* 20: 267–277

Zaiss DM, Yang L, Shah PR, Kobie JJ, Urban JF, Mosmann TR (2006) Amphiregulin, a T_H2 cytokine enhancing resistance to nematodes. *Science* 314: 1746

Abschnitt 11.17

Buzoni-Gatel D, Schulthess J, Menard LC, Kasper LH (2006) Mucosal defences against orally acquired protozoan parasites, emphasis on *Toxoplasma gondii* infections. *Cell Microbiol* 8: 535–544

Dalton JE, Cruickshank SM, Egan CE, Mears R, Newton DJ, Andrew EM, Lawrence B, Howell G, Else KJ, Gubbels M.J et al (2006) Intraepithelial $\gamma\delta$+ lymphocytes maintain the integrity of intestinal epithelial tight junctions in response to infection. *Gastroenterology* 131: 818–829

Eckmann L (2003) Mucosal defences against *Giardia*. *Parasite Immunol* 25: 259–270

Abschnitt 11.18

Annacker O, Coombes JL, Malmstrom V, Uhlig HH, Bourne T, Johansson-Lindbom B, Agace WW, Parker CM, Powrie F (2005) Essential role for CD103 in the T cell-mediated regulation of experimental colitis. *J Exp Med* 202: 1051–1061

Chirdo FG, Millington OR, Beacock-Sharp H, Mowat AM (2005) Immunomodulatory dendritic cells in intestinal lamina propria. *Eur J Immunol* 35: 1831–1840

Dunne DW, Cooke A (2005) A worm's eye view of the immune system: consequences for evolution of human autoimmune disease. *Nat Rev Immunol* 5: 420–426

Kelsall BL, Leon F (2005) Involvement of intestinal dendritic cells in oral tolerance, immunity to pathogens, and inflammatory bowel disease. *Immunol Rev* 206: 132–148

Maizels RM, Yazdanbakhsh M (2003) Immune regulation by helminth parasites: cellular and molecular mechanisms. *Nat Rev Immunol* 3: 733–744

Milling SW, Yrlid U, Jenkins C, Richards CM, Williams NA, MacPherson G (2007) Regulation of intestinal immunity: effects of the oral adjuvant *Escherichia coli* heat-labile enterotoxin on migrating dendritic cells. *Eur J Immunol* 37: 87–99

Rescigno M (2006) $CCR6^+$ dendritic cells: the gut tactical-response unit. *Immunity* 24: 508–510

Rimoldi M, Chieppa M, Salucci V, Avogadri F, Sonzogni A, Sampietro GM, Nespoli A, Viale G, Allavena P, Rescigno M (2005) Intestinal immune homeostasis is regulated by the crosstalk between epithelial cells and dendritic cells. *Nat Immunol* 6: 507–514

Sato A, Hashiguchi M, Toda E, Iwasaki A, Hachimura S, Kaminogawa S (2003) CD11b+ Peyer's patch dendritic cells secrete IL-6 and induce IgA secretion from naive B cells. *J Immunol* 171: 3684–3690

Zaph C, Troy AE, Taylor BC, Berman-Booty LD, Guild KJ, Du Y, Yost EA, Gruber AD, May MJ, Greten FR et al (2007) Epithelial-cell-intrinsic IKK-β expression regulates intestinal immune homeostasis. *Nature* 446: 552–556

Teil V

Das Immunsystem bei Gesundheit und Krankheit

12

Das Versagen der Immunantwort

Im normalen Verlauf einer Infektion löst der Krankheitserreger zuerst eine Antwort des angeborenen Immunsystems aus, die bestimmte Symptome verursacht. Die fremden Antigene des Krankheitserregers, deren Signale durch die angeborene Immunantwort verstärkt werden, lösen dann eine adaptive Immunantwort aus, die die Erreger tötet und einen Zustand schützender Immunität herbeiführt. Das geschieht allerdings nicht immer. In diesem Kapitel werden wir feststellen, dass es drei Möglichkeiten gibt, wie die Immunantwort gegen Pathogene fehlschlagen kann: a) Der Erreger verhindert oder unterminiert die normale Immunreaktion; b) aufgrund bestimmter Gendefekte besteht eine ererbte Schwäche des Immunsystems; c) es liegt das erworbene Immunschwächesyndrom (*acquired immune deficiency syndrome*, AIDS) vor, eine allgemeine Anfälligkeit für Infektionen, die ihrerseits darauf zurückzuführen ist, dass der Wirt das menschliche Immunschwächevirus (*human immunodeficiency virus*, HIV) nicht bekämpfen und eliminieren kann.

Damit sich ein pathogener Organismus ausbreiten kann, muss er sich im infizierten Wirt vermehren und sich von dort aus auf andere Wirte übertragen. Häufige Erreger müssen sich also im Wirtsorganismus vermehren können, ohne dabei eine zu starke Immunantwort zu aktivieren, aber sie dürfen den Wirt auch nicht zu schnell töten. Die erfolgreichsten Krankheitserreger können im Wirtsorganismus überleben, indem sie entweder erst gar keine Immunantwort auslösen oder aber sich dieser Abwehr entziehen. Im Laufe von Millionen Jahren gemeinsamer Evolution mit ihren Wirten haben die Pathogene verschiedene Mechanismen entwickelt, die verhindern, dass sie vom Immunsystem vernichtet werden, und mit diesen wollen wir uns im ersten Teil des Kapitels beschäftigen.

Im zweiten Teil dieses Kapitels wenden wir uns den **Immunschwächekrankheiten** zu, bei denen die Abwehr des Wirts versagt. Bei den meisten dieser Krankheiten verursacht ein fehlerhaftes Gen das Versagen einer oder mehrerer Komponenten der Abwehrreaktion, was zu einer erhöhten Anfälligkeit für Infektionen durch bestimmte Klassen pathogener Organismen führt. Bisher kennt man eine Reihe von Immunschwächekrankheiten, die auf einer Fehlentwicklung von T- oder B-Lymphocyten, auf einer gestörten Phagocytose oder auf Mängeln im Komplementsystem beruhen. Im letzten Teil des Kapitels beschäftigen wir uns damit, wie die dauerhafte Infektion des Immunsystems mit HIV zum Krankheitsbild von AIDS führt, also zu einer erworbenen Immunschwäche. Die Untersuchung aller dieser Krankheiten hat bereits wichtige Informationen zu unserem Verständnis der Immunabwehr beigetragen und sollte auch auf längere Sicht bei der Entwicklung neuer Methoden hilfreich sein, Infektionskrankheiten einschließlich AIDS einzudämmen und ihnen vorzubeugen.

Wie die Immunabwehr umgangen und unterwandert wird

Ebenso wie sich die Wirbeltiere als Wirtsorganismen im Laufe der Evolution viele verschiedene Abwehrmechanismen gegen Krankheitserreger angeeignet haben, so haben Letztere ebenso zahlreiche Fähigkeiten entwickelt, diesen Mechanismen zu entgehen. So können einige der Phagocytose widerstehen, andere werden vom adaptiven Immunsystem nicht erkannt oder können sogar Immunantworten aktiv unterdrücken. Zu Beginn wollen wir uns der Frage zuwenden, wie es einige Pathogene schaffen, der adaptiven Immunantwort immer einen Schritt voraus zu sein.

12.1 Durch Antigenvariabilität können Krankheitserreger der Immunabwehr entkommen

Ein Mechanismus, durch den ein infektiöser Organismus der Immunreaktion entgehen kann, ist das Verändern seiner Antigene. Diese **Antigenvariabilität** ist besonders für extrazelluläre Erreger von Bedeutung, die im Allgemeinen durch Antikörper gegen ihre Oberflächenstrukturen vernichtet werden (Kapitel 9). Es gibt drei Hauptformen der Antigenvariabilität: Erstens existieren zahlreiche Krankheitserreger in vielen Formen mit verschiedenen Antigentypen. Beispielsweise sind von *Streptococcus pneumoniae*, einem bedeutsamen Verursacher von bakteriellen Lungenentzündungen, 84 verschiedene Stämme bekannt, die sich in der Struktur ihrer Polysaccharidhülle unterscheiden. Da man die verschiedenen Typen mithilfe spezifischer Antikörper in serologischen Tests unterscheiden kann, werden sie oft auch als **Serotypen** bezeichnet. Die Infektion mit einem der Serotypen führt zu einer typspezifischen Immunität, die zwar vor einer erneuten Infektion durch diesen Typ schützt, nicht aber vor einer Infektion durch einen anderen Serotyp. Für das Immunsystem sind also alle Serotypen von *S. pneumoniae* unterschiedliche Organismen. Aus diesem Grund können im Wesentlichen identische Erreger mehrfach dasselbe Individuum infizieren und eine Krankheit auslösen (Abb. 12.1).

Ein zweiter, dynamischerer Mechanismus der Antigenvariabilität ist ein wichtiges Merkmal des Influenzavirus. Für die meisten Infektionen innerhalb eines bestimmten Zeitraums ist weltweit immer ein einziger Virustyp verantwortlich. Die Menschen entwickeln nach und nach eine Immunität gegen diesen Virustyp, meist in Form von neutralisierenden Antikörpern gegen das virale Hämagglutinin, das wichtigste Oberflächenprotein des Influenzavirus. Da das Virus in immunen Individuen schnell beseitigt wird, könnte die Ge-

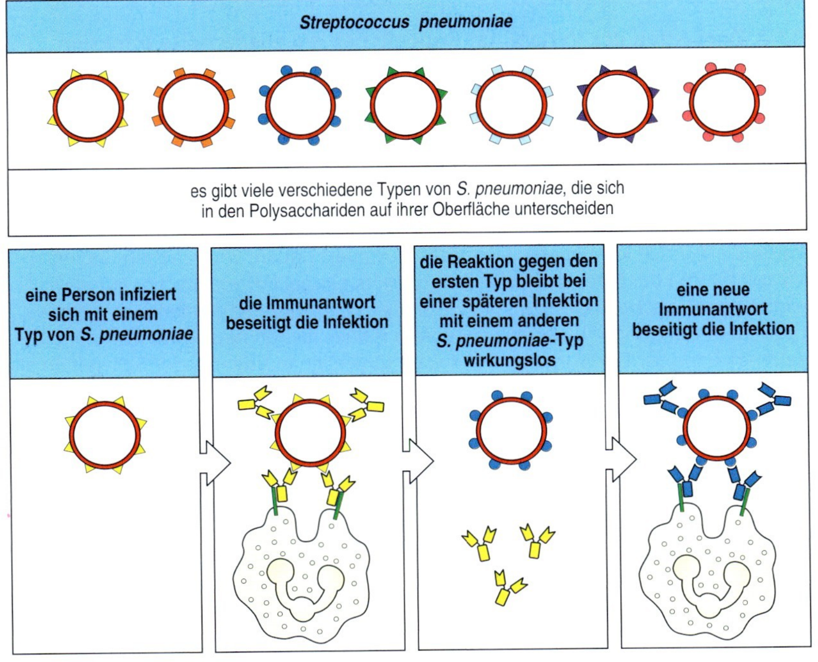

12.1 Die Immunabwehr gegen *Streptococcus pneumoniae* ist typspezifisch. Die verschiedenen Stämme von *S. pneumoniae* tragen unterschiedliche Polysaccharide in ihrer Zellwand. Diese verhindert, dass die Bakterien phagocytiert werden. Erst nach der Opsonisierung durch spezifische Antikörper und das Komplementsystem können Phagocyten diese Kapsel zerstören. Antikörper gegen einen Typ von *S. pneumoniae* zeigen keine Kreuzreaktion mit anderen Typen. Eine Person, die gegen einen bestimmten Typ immun ist, ist also nicht vor der Infektion mit einem anderen Typ geschützt. Bei jeder Infektion mit einer neuen Variante muss die Person daher eine neue adaptive Immunantwort ausbilden.

fahr bestehen, dass irgendwann keine potenziellen Wirte mehr zur Verfügung stehen, wenn das Virus in der Evolution nicht zwei verschiedene Mechanismen entwickelt hätte, seine Antigendeterminanten zu verändern (Abb. 12.2).

Punktmutationen in den Genen für Hämagglutinin und ein weiteres Oberflächenprotein, die Neuraminidase, führen zur sogenannten **Antigendrift**. Alle zwei bis drei Jahre entsteht auf diese Weise eine neue Variante des Influenzavirus mit Mutationen, die es ihm ermöglichen, der Neutralisierung durch bereits vorhandene Antikörper zu entgehen. Andere Mutationen betreffen Epitope, die von T-Zellen, besonders von cytotoxischen CD8-T-Zellen, erkannt werden. Zellen mit einem so mutierten Virus entgehen ebenfalls der Zerstörung. Daher sind Menschen, die gegen die alte Variante immun sind, gegenüber der neuen Variante anfällig. Da aber die Veränderungen der Virusproteine relativ moderat sind, kommt es zu einer gewissen Kreuzreaktion mit Antikörpern und T-Gedächtniszellen, die gegen die frühere Variante gerichtet sind, und der größte Teil der Bevölkerung besitzt eine entsprechende Immunität (Abb. 10.27). Eine Epidemie aufgrund der Antigendrift verläuft verhältnismäßig mild.

Die andere Form der Antigenveränderung des Grippevirus bezeichnet man als **Antigenshift**. Dieser ist für die hauptsächlichen Veränderungen im viralen Hämagglutinin verantwortlich. Antigenshifts verursachen globale Pandemien mit schweren Infektionen, bei denen es häufig zu einer relevanten Anzahl von Todesfällen kommt, da das neue Hämagglutinin von Antikörpern und T-Zellen kaum erkannt wird, die gegen die frühere Variante gerichtet sind. Beim Antigenshift wird das segmentierte RNA-Genom des menschlichen Influenzavirus und Influenzaviren von Tieren in einem Tier als Wirtsorganismus neu zusammengesetzt, wobei das menschliche Gen für Hämagglutinin durch die Variante aus dem Tiervirus ersetzt wird.

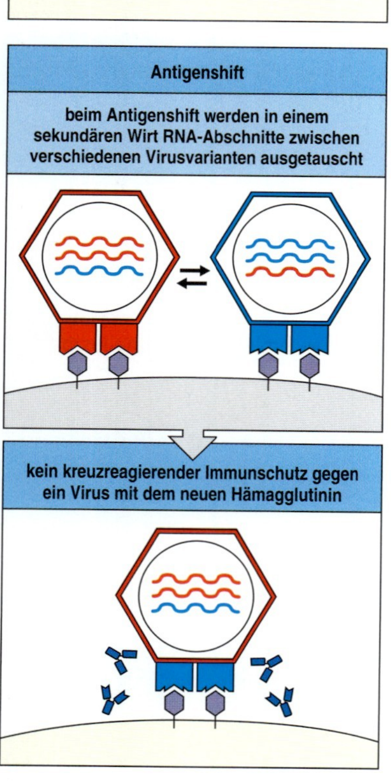

12.2 Zwei Arten der Variabilität ermöglichen die wiederholte Infektion durch das Influenzavirus Typ A. Neutralisierende Antikörper, die einen Immunschutz vermitteln, sind gegen das virale Oberflächenprotein Hämagglutinin (H) gerichtet, das für das Andocken und den Eintritt des Virus in die Zelle notwendig ist. Bei der Antigendrift (oben) entstehen Punktmutationen, welche die Struktur der Bindungsstelle für die schützenden Antikörper am Hämagglutinin verändern. Dann kann das neue Virus in einem Wirt überleben, der bereits gegen die vorhergehende Variante immun ist. Da jedoch T-Zellen und einige Antikörper immer noch Epitope erkennen können, die sich nicht verändert haben, verursachen die neuen Virusvarianten bei Menschen, die zuvor bereits einmal infiziert waren, nur verhältnismäßig schwache Erkrankungen. Ein Antigenshift (unten), bei dem das segmentierte RNA-Genom der Viren zwischen zwei Influenzaviren neu verteilt wird, ist ein seltenes Ereignis. Der Vorgang findet wahrscheinlich in Vögeln oder Schweinen als Wirtsorganismen statt. Die dabei entstehenden Viren weisen große Veränderungen in ihren Hämagglutininmolekülen auf, sodass bei früheren Infektionen gebildete T-Zellen und Antikörper keinen Schutz mehr bieten. Diese Virusvarianten verursachen schwere Infektionen, die sich sehr weit ausbreiten und zu den alle zehn bis 50 Jahre auftretenden Grippeepidemien führen. (Jedes Virusgenom enthält acht RNA-Elemente; zur Vereinfachung sind nur drei dargestellt.)

Bei der dritten Art der Antigenvariabilität bei Krankheitserregern kommt es zu gezielten Genumlagerungen. Das beste Beispiel sind afrikanische Trypanosomen, deren Hauptoberflächenantigen sich in einem einzigen Wirt wiederholt verändert. Die afrikanischen Trypanosomen sind Protozoen, die durch Insekten übertragen werden, sich in den extrazellulären Räumen des Gewebes vermehren und die Schlafkrankheit verursachen. Sie sind mit nur einem einzigen Glykoprotein bedeckt, dem sogenannten variantenspezifischen Glykoprotein (VSG). Eine Infektion mit Trypanosomen löst sofort die Bildung von Antikörpern aus, die gegen das VSG gerichtet sind, sodass die meisten Parasiten schnell getötet werden. Das Genom der Trypanosomen enthält etwa 1 000 VSG-Gene, von denen jedes ein Protein mit anderen Antigeneigenschaften codiert. Ein VSG-Gen wird exprimiert, indem es in die aktive Expressionsstelle im Genom des Parasiten eingefügt wird. Zu einer bestimmten Zeit wird immer nur ein Gen exprimiert, und es kann über eine Genumlagerung ausgetauscht werden, durch die ein neues VSG-Gen in die Expressionsstelle gelangt (Abb. 12.3). Da die Trypanosomen ihr jeweils produziertes VSG-Protein durch eine Genumlagerung verändern können, sind sie einem Immunsystem, das durch Umlagerung sogar zahlreiche verschiedene Antikörper hervorbringen kann, immer einen Schritt voraus. Die wenigen Trypanosomen mit veränderten Glykoproteinen an ihrer Oberfläche, bleiben von den Antikörpern, die der Wirt vorher erzeugt hat, unbeeinflusst, vermehren sich im Körper und verursachen einen Rückfall (Abb. 12.3, unten). Der Wirt bildet daraufhin Antikörper gegen das neue VSG, und der Zyklus beginnt von vorn. Aufgrund dieser permanenten Veränderung der Antigene kommt es zu einer Schädigung durch Immunkomplexe und Entzündungen sowie zu neurologischen Ausfällen, die schließlich zum Koma führen; daher stammt die Bezeichnung Schlafkrankheit. Die sich zyklisch wiederholenden „Ausweichmanöver" machen es für das Immunsystem schwer, Infektionen mit Trypanosomen erfolgreich zu bekämpfen, die daher ein bedeutendes Gesundheitsproblem

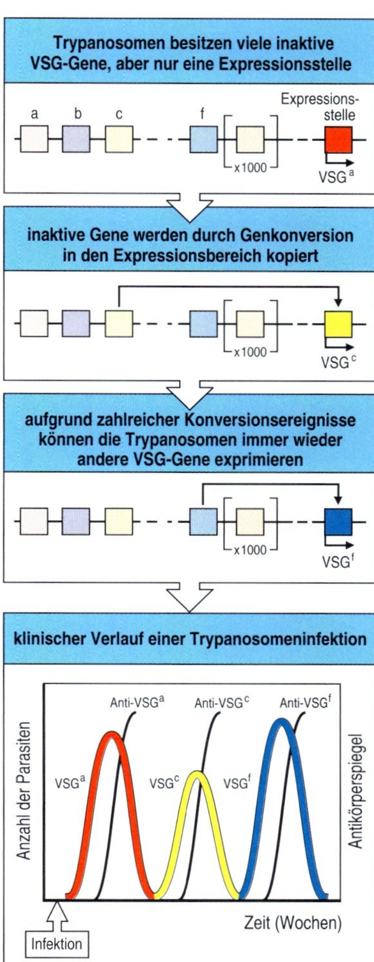

12.3 Antigenvariabilität ermöglicht es den Trypanosomen, der Kontrolle durch das Immunsystem zu entgehen. Die Oberfläche von Trypanosomen ist von einem variantenspezifischen Glykoprotein (VSG) bedeckt. Jedes Trypanosom besitzt etwa 1 000 Gene, die verschiedene VSG codieren, wobei aber nur das Gen an einer spezifischen Expressionsstelle im Telomer an einem Ende des Chromosoms aktiv ist. Zwar hat man mehrere Mechanismen gefunden, durch die das jeweils exprimierte VSG-Gen ausgetauscht werden kann, aber normalerweise geschieht dies durch Genkonversion. Dabei wird ein inaktives Gen, das sich nicht im Telomer befindet, kopiert, an der Expressionsstelle im Telomer eingebaut und so aktiviert. Bei der ersten Infektion bildet das Immunsystem Antikörper gegen das VSG, das die Trypanosomen zuerst exprimiert haben. Einige Trypanosomen verändern jedoch spontan ihren VSG-Typ und können im Gegensatz zur ersten Variante nicht durch eine Immunreaktion eliminiert werden. Die neue Variante vermehrt sich, und der Vorgang wiederholt sich.

in Afrika darstellen. Malaria ist eine andere schwere und weit verbreitete Krankheit, die von einem parasitischen Protozoon verursacht wird, das seine Antigene verändert, um dem Immunsystem zu entkommen.

Auch Bakterien verändern ihre Antigene. DNA-Umlagerungen sind mitverantwortlich für den Erfolg zweier wichtiger bakterieller Erreger: *Salmonella typhimurium* ist häufig die Ursache von Lebensmittelvergiftungen, und *Neisseria gonorrhoeae* verursacht Gonorrhoe, eine Geschlechtskrankheit, die in den USA zu einem wachsenden Gesundheitsproblem geworden ist. Bei *S. typhimurium* wechseln regelmäßig zwei Varianten des Flagellinproteins auf der Oberfläche einander ab. Dabei wird ein Bereich der DNA umgedreht, der den Promotor für ein Flagellingen enthält. Dadurch wird die Expression dieses Gens abgeschaltet und stattdessen das zweite Flagellingen exprimiert, das ein Protein mit einer anderen Antigendeterminante codiert. *N. gonorrhoeae* besitzt mehrere variable Antigene. Das wichtigste ist das Pilinprotein, mit dem sich das Bakterium an Schleimhautoberflächen anheften kann. Wie beim variablen Oberflächenprotein der afrikanischen Trypanosomen gibt es mehr als eine Pilinvariante, aber nur eine ist zu einem bestimmten Zeitpunkt aktiv. Von Zeit zu Zeit wird das aktive Pilingen, das sich unter der Kontrolle des Pilinpromotors befindet, durch ein anderes ersetzt. Alle diese Mechanismen helfen Krankheitserregern, einer ansonsten spezifischen und effektiven Immunantwort zu entkommen.

12.2 Einige Viren persistieren *in vivo*, indem sie sich so lange nicht vermehren, bis die Immunität nachlässt

Normalerweise verraten Viren dem Immunsystem ihre Anwesenheit, sobald sie in Zellen eingedrungen sind. Sie veranlassen die Synthese viraler Proteine, und Fragmente dieser Proteine werden auf der Oberfläche der infizierten Zellen von MHC-Molekülen präsentiert, wo sie von T-Lymphocyten erkannt werden können. Um sich zu vermehren, muss das Virus Proteine herstellen. Daher sind sich schnell replizierende Viren, die akute Infektionskrankheiten verursachen, von den T-Zellen leicht aufzuspüren, die normalerweise für ihre Überwachung zuständig sind. Einige Viren

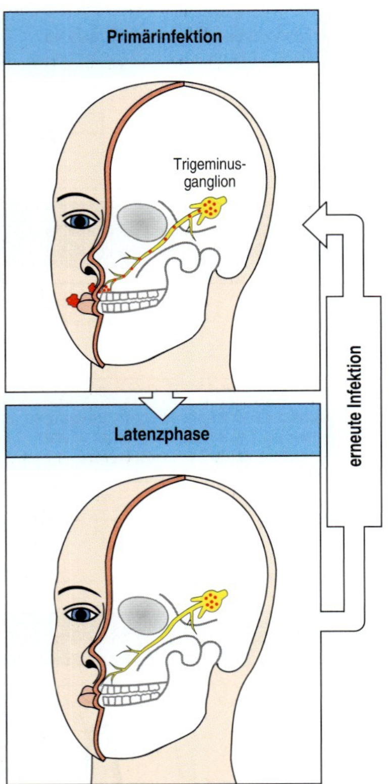

12.4 Persistenz und Reaktivierung einer Herpes-simplex-Infektion. Die erste Infektion der Haut wird durch eine effektive Immunantwort unter Kontrolle gebracht. Dennoch überdauern einige Viren in sensorischen Neuronen wie den Trigeminusneuronen, deren Axone die Lippen innervieren. Wird das Virus reaktiviert – gewöhnlich geschieht dies durch Stress und/oder Veränderungen im Hormonstatus –, dann infiziert es von neuem die Hautregion, die von dem Nerv versorgt wird, und verursacht die Bildung von Fieberbläschen. Dieser Vorgang kann sich viele Male wiederholen.

können jedoch in einen Zustand der **Latenz** eintreten, in dem sich das Virus nicht repliziert. Zwar verursacht ein Virus während dieser Latenzphase keine Krankheit, das Immunsystem kann es dann allerdings auch nicht beseitigen, da keine viralen Peptide seine Anwesenheit verraten. Solche latenten Viren können später reaktiviert werden, was dann zu einer erneuten Erkrankung führt.

Ein Beispiel dafür ist das Herpes-simplex-Virus (HSV). Der Verursacher der sogenannten Fieberbläschen infiziert Epithelien und breitet sich in die sensorischen Neuronen aus, welche die infizierte Region innervieren. Eine wirksame Immunantwort bringt die Infektion unter Kontrolle, aber das Virus überdauert in einem latenten Stadium in den sensorischen Neuronen. Verschiedene Faktoren wie Sonnenlicht, bakterielle Infektionen und hormonelle Veränderungen lösen die Reaktivierung der Viren aus. Diese wandern dann in den Axonen der sensorischen Neuronen wieder in die Peripherie und reinfizieren das Epithelgewebe (Abb. 12.4). In diesem Stadium wird das Immunsystem erneut aktiv und dämmt die lokale Infektion ein, indem es die infizierten Epithelzellen abtötet, wodurch neue Fieberbläschen entstehen. Dieser Zyklus kann sich viele Male wiederholen.

Aus zwei Gründen bleibt das sensorische Neuron dabei immer infiziert: Erstens liegt das Virus in der Nervenzelle im latenten Stadium vor. Die Zelle produziert also nur wenige virale Proteine, sodass auch nur wenige Peptide viralen Ursprungs auf MHC-Klasse-I-Molekülen präsentiert werden können. Zweitens tragen Neuronen nur sehr wenige MHC-Klasse-I-Moleküle auf ihrer Oberfläche, sodass CD8-T-Zellen infizierte Nervenzellen nur schwer erkennen und angreifen können. Die niedrige Expressionsrate der MHC-Proteine in Neuronen ist möglicherweise sinnvoll: Sie verringert das Risiko, dass Neuronen, die sich nicht oder nur sehr langsam regenerieren können, unnötigerweise von cytotoxischen T-Zellen zerstört werden. Sie macht Neuronen allerdings auch anfällig für persistierende Infektionen. Ein weiteres Beispiel für diesen Mechanismus ist das Varicella-zoster-Virus (oder Herpes-zoster-Virus), das Windpocken verursacht. Das Virus überdauert nach dem Ende der akuten Erkrankung in einem oder einigen wenigen Spinalganglien. Stress oder eine Immunsuppression können das Virus reaktivieren. Es breitet sich dann im Spinalnerv aus und reinfiziert die Haut, wo es eine **Gürtelrose** auslöst. Dabei tritt in der Hautregion, die von diesem Spinalnerv innerviert wird, wieder der typische Varicellaausschlag auf. Im Gegensatz zum Herpes-simplex-Virus, das oft reaktiviert wird, kann Herpes zoster nur ein einziges Mal im Leben eines immunkompetenten Wirts reaktiviert werden.

Ein weiterer Vertreter der Herpesviren, das Epstein-Barr-Virus (EBV), entwickelt bei den meisten Menschen eine persistierende Infektion. EBV geht nach einer Primärinfektion, die häufig nicht diagnostiziert wird, in den B-Zellen in die Latenzphase über. Bei einer Minderheit der infizierten Personen – im Allgemeinen haben sie sich erst im Erwachsenalter infiziert – ist die erste akute Infektion der B-Zellen gravierender und führt zu einer Erkrankung, die man als **infektiöse Mononucleose** oder Pfeiffersches Drüsenfieber bezeichnet. EBV infiziert die B-Zellen, indem es an das CR2-Protein (CD21), eine Komponente des Corezeptorkomplexes der B-Zellen, und an MHC-Klasse-II-Moleküle bindet. Bei der Primärinfektion vermehren sich die meisten befallenen Zellen und bilden Viren. Das wiederum führt zu einer Proliferation der antigenspezifischen T-Zellen und einem Überschuss an mononucleären weißen Blutzellen, nach denen die Krankheit benannt ist. Das Virus wird von den B-Zellen freigesetzt und zerstört sie dabei; das Virus lässt sich dann aus dem Speichel isolieren. Letztlich bringen virusspezifische cytotoxische CD8-T-Zellen die Infektion unter Kontrolle, indem sie die infizierten, proliferierenden B-Zellen abtöten. Einige der B-Lymphocyten sind jedoch latent infiziert; in ihnen bleibt das EBV inaktiv.

Diese beiden Formen der Infektion gehen einher mit recht unterschiedlichen Expressionsmustern der Virusgene. EBV besitzt ein großes DNA-Genom, das über 70 Proteine codiert. Viele davon sind für die Replikation des Virus erforderlich und werden vom replizierenden Virus exprimiert. Sie liefern die viralen Peptide, durch die infizierte Zellen erkannt werden können. Bei einer latenten Infektion hingegen überlebt das Virus im Inneren der B-Zellen, die als Wirte dienen, ohne das es sich repliziert, und es wird nur eine sehr begrenzte Anzahl von viralen Proteinen exprimiert. Eines davon ist das Epstein-Barr-Zellkernantigen-1 (EBNA-1); es dient der Erhaltung des Virusgenoms. EBNA-1 interagiert so mit dem Proteasom (Abschnitt 5.3), dass es selbst nicht in Peptide gespalten wird, die eine Antwort der T-Zellen auslösen könnten.

Latent infizierte B-Zellen lassen sich isolieren, wenn man B-Zellen von Personen in Kultur nimmt, die ihre EBV-Infektion scheinbar überwunden haben. In Abwesenheit von T-Zellen entwickeln sich latent infizierte Zellen, die das EBV-Genom noch enthalten, zu permanenten Zelllinien. *In vitro* entspricht dies einer Tumorgenese. *In vivo* können EBV-infizierte Zellen gelegentlich einer malignen Transformation unterliegen, die dann zu einem B-Zell-Lymphom, dem sogenannten Burkitt-Lymphom, führt (Abschnitt 7.30). Bei diesem Lymphom ist die Expression der Peptidtransporter TAP-1 und TAP-2 erniedrigt (Abschnitt 5.6), sodass die Zellen keine endogenen Antigene verarbeiten können, um sie durch HLA-Klasse-I-Moleküle (die den menschlichen MHC-Klasse-I-Molekülen entsprechen) zu präsentieren. Durch diesen Defekt lässt sich erklären, warum diese Tumoren dem Angriff durch cytotoxische CD8-T-Zellen entgehen. Patienten mit erworbener oder ererbter Immunschwäche in der T-Zell-Funktion tragen das Risiko, EBV-assoziierte B-Zell-Lymphome zu entwickeln, wahrscheinlich aufgrund eines Versagens der Immunüberwachung.

12.3 Einige Krankheitserreger entgehen der Zerstörung durch das Immunsystem des Wirts oder nutzen es für ihre eigenen Zwecke

Einige Pathogene induzieren eine normale Immunantwort, haben jedoch anscheinend spezielle Mechanismen entwickelt, um gegen die Abwehrreaktionen resistent zu sein. So können manche Bakterien, die auf normale Weise von Makrophagen aufgenommen wurden, der Zerstörung durch diese Phagocyten entgehen. Sie nutzen diese Zellen sogar zum Teil als ihre primäre Wirtszelle. *Mycobacterium tuberculosis* etwa wird durch normale Phagocytose von Makrophagen aufgenommen, verhindert dann jedoch, dass das Phagosom mit einem Lysosom verschmilzt, und schützt sich dadurch vor der bakteriziden Wirkung des Lysosomeninhalts.

Andere Mikroorganismen wie *Listeria monocytogenes* entkommen aus dem Phagosom in das Cytoplasma des Makrophagen, wo sie sich schnell vermehren, und befallen anschließend benachbarte Zellen im Gewebe, ohne im extrazellulären Medium in Erscheinung zu treten. Dabei nutzen sie das Cytoskelettprotein Actin, das sich an der Rückseite des Bakteriums zusammenlagert, als „Transporter". Die Actinfilamente bringen die Bakterien in vakuolären Fortsätzen zu den Nachbarzellen. Anschließend werden diese Vakuolen von *Listeria* lysiert, sodass die Bakterien direkt im Cytoplasma der Nachbarzelle freigesetzt werden. Auf diese Weise entgehen die Bakterien dem Angriff durch Antikörper. Aber die infizierten Zellen können noch von cytotoxischen T-Zellen vernichtet werden. Das parasitische Protozoon *Toxoplasma gondii* bildet ein eigenes Vesikel, das nicht mit zellulären Vesikeln fusioniert und so den Parasiten vom Rest der Zelle isoliert. Wahrscheinlich sind auf diese Weise die von Proteinen aus *T. gondii* stammenden Peptide für die Präsentation auf MHC-Molekülen weniger zugänglich.

Das Bakterium *Treponema pallidum*, das zu den Spirochäten gehört und Syphilis verursacht, kann sich der Vernichtung durch Antikörper entziehen und in den Geweben eine dauerhafte Infektion etablieren, die extreme

Strategie des Virus	genauer Mechanismus	Ergebnis	Beispiele für Viren
Hemmung der humoralen Immunität	das Virus codiert einen Fc-Rezeptor	blockiert die Effektorfunktionen von Antikörpern, die an infizierte Zellen gebunden sind	Herpes simplex Cytomegalievirus
	das Virus codiert einen Komplementrezeptor	blockiert vom Komplement vermittelte Effektorwege	Herpes simplex
	das Virus codiert ein Komplementkontrollprotein	hemmt die Komplementaktivierung von infizierten Zellen	Vaccinia
Hemmung der Entzündungsreaktion	das Virus codiert einen homologen Chemokinrezeptor, etwa für ein β-Chemokin	sensibilisiert infizierte Zellen für β-Chemokin; Vorteil für das Virus unbekannt	Cytomegalievirus
	das Virus codiert einen löslichen Cytokinrezeptor, etwa ein IL-1-, TNF- oder γ-Interferon-Rezeptor-Homolog	blockiert die Wirkung von Cytokinen, indem es deren Wechselwirkung mit Rezeptoren des Wirts unterdrückt	Vaccinia Kaninchen-Myxoma-Virus
	das Virus hemmt die Expression eines Adhäsionsmoleküls, etwa LFA-3 oder ICAM-1	blockiert die Anheftung von Lymphocyten an infizierte Zellen	Epstein-Barr-Virus
	Schutz vor NFκB Aktivierung durch kurze Sequenzen, die TLR vortäuschen	blockiert durch IL-1 oder bakterielle Pathogene ausgelöste Entzündungsreaktionen	Vaccinia
Blockade der Antigenprozessierung und -präsentation	Hemmung der MHC-Klasse-I-Expression	beeinträchtigt die Erkennung von infizierten Zellen durch cytotoxische T-Zellen	Herpes simplex Cytomegalievirus
	Hemmung des Peptidtransports durch TAP	blockiert die Assoziation von Peptiden mit MHC-Klasse-I-Molekülen	Herpes simplex
Unterdrückung der Immunantwort des Wirts	das Virus codiert das Cytokinhomolog von IL-10	hemmt T_H1-Lymphocyten; verringert die Bildung von γ-Interferon	Epstein-Barr-Virus

12.5 Mechanismen, mit deren Hilfe Viren der Herpes- und Pockenfamilie Immunantworten des Wirts untergraben.

Schädigungen hervorruft. *T. pallidum* verhindert wahrscheinlich durch Bedecken seiner Oberfläche mit Wirtsproteinen, dass es von Antikörpern erkannt wird, bis es in Gewebe wie das Zentralnervensystem eingedrungen ist, wo es von Antikörpern schlechter erreicht werden kann. Ein anderer Vertreter der Spirochäten, der durch Zecken übertragen wird, ist *Borrelia burgdorferi*. Dieses Bakterium verursacht die Lyme-Borreliose, eine chronische Infektion. Einige Stämme von *B. burgdorferi* können wahrscheinlich der Lyse durch das Komplementsystem entgehen, indem sie sich selbst mit dem inhibitorischen Komplementprotein Faktor H umgeben, das vom Wirt produziert wird (Abschnitt 2.17) und das an Rezeptorproteine in der äußeren Membran des Bakteriums bindet.

Viele Viren haben Mechanismen entwickelt, bestimmte Komponenten des Immunsystems zu unterlaufen. Diese Mechanismen umfassen das Einfangen von zellulären Genen für Cytokine oder Cytokinrezeptoren, die Synthese von regulatorischen Molekülen des Komplementsystems, die Blockade der Synthese oder des Zusammenbaus von MHC-Klasse-I-Molekülen (etwa bei EBV-Infektionen) sowie die Produktion von „Köder"-Proteinen, welche die KIR-Domänen vortäuschen, die zum TLR/IL-1-Rezeptor-Signalweg gehören (Abb. 6.34). Das menschliche Cytomegalievirus erzeugt das Protein UL18, das zum HLA-Klasse-I-Molekül homolog ist. Durch Wechselwirkung von UL18 mit dem Rezeptorprotein LIR-1, einem inhibitorischen Rezeptor auf NK-Zellen, übermittelt das Virus anscheinend ein inhibitorisches Signal an die angeborene Immunantwort (Abschnitt 2.31).

Wie Immunantworten unterlaufen werden, gehört zu den am schnellsten expandierenden Bereichen auf dem Forschungsgebiet der Wirt-Pathogen-Beziehungen. Wie Mitglieder der Herpes- und Pockenvirenfamilie die Abwehr des Wirts unterwandern, ist in Abbildung 12.5 anhand von Beispielen dargestellt.

12.4 Eine Immunsuppression oder unzureichende Immunantworten können dazu beitragen, dass sich Infektionen dauerhaft etablieren

Viele Krankheitserreger unterdrücken die Immunreaktionen allgemein. Staphylokokken bilden beispielsweise Toxine wie das **Staphylokokken-Enterotoxin** oder das dem toxischen Schock zugrunde liegende Toxin (***toxic shock syndrome*-Toxin-1**). Diese wirken als Superantigene, das heißt als Proteine, die an die Antigenrezeptoren sehr vieler T-Zellen binden (Abschnitt 5.15). So regen sie diese zur Bildung von Cytokinen an, welche zu einer schweren Entzündungskrankheit führen – zum **toxischen Schock**. Die angeregten T-Zellen teilen sich, verschwinden dann jedoch sehr schnell durch Apoptose. Superantigene verursachen also möglicherweise eine allgemeine Immunsuppression und gleichzeitig das Absterben von bestimmten Familien peripherer T-Zellen.

Bacillus anthracis, der Erreger von Anthrax, unterdrückt durch Freisetzen eines Toxins ebenfalls die Immunantworten. Anthrax wird durch Einatmen, Berühren oder Verschlucken der Endosporen von *B. anthracis* übertragen und endet häufig tödlich, wenn sich die Endosporen im gesamten Körper ausbreiten. *B. anthracis* produziert ein Toxin, das man als tödliches Anthraxtoxin bezeichnet. Es ist ein Komplex aus zwei Proteinen – dem letalen Faktor und dem schützenden Antigen. Die Hauptfunktion des schützenden Antigens besteht darin, den letalen Faktor in das Cytosol der Wirtszelle einzuschleusen. Der letale Faktor ist eine Metallproteinase mit einer einzigen Spezifität für die MAP-Kinase-Kinasen, die Bestandteile von zahlreichen intrazellulären Signalwegen sind. Der letale Faktor löst die Apoptose von infizierten Makrophagen und die anormale Reifung von dendritischen Zellen aus. Dadurch werden die immunologischen Effektorwege gestört, die sonst das Wachstum der Bakterien verlangsamen würden.

Auch viele andere Erreger verursachen eine leichte oder vorübergehende Immunsuppression während der akuten Phase der Infektion. Zwar verstehen wir diese Formen unterdrückter Immunität bisher noch kaum, sie sind jedoch folgenschwer, da sie den Wirtsorganismus für Sekundärinfektionen durch weit verbreitete Keime anfällig machen. Eine weitere Immunsuppression mit klinischer Relevanz entsteht durch starke Traumata, Verbrennungen oder gelegentlich nach einer schweren Operation. Generalisierte Infektionen sind eine häufige Todesursache bei Patienten mit schweren Verbrennungen. Die Gründe dafür liegen noch teilweise im Dunkeln.

Das Masernvirus kann nach einer Infektion eine relativ lang andauernde Immunsuppression hervorrufen. Das ist vor allem für fehl- oder unterernährte Kinder problematisch. Trotz der weitgehenden Verfügbarkeit eines wirksamen Impfstoffes sind Infektionen mit dem Masernvirus immer noch für 10 % aller weltweiten Todesfälle von Kindern unter fünf Jahren verantwortlich und liegen als Todesursache insgesamt auf dem achten Platz. Die häufigsten Opfer sind unterernährte Kinder, und die eigentliche Todesursache sind im Allgemeinen bakterielle Sekundärinfektionen, vor allem eine Lungenentzündung, aufgrund der vom Masernvirus verursachten Immunsuppression. Diese Immunsuppression kann mehrere Monate nach dem Ende der Erkrankung andauern und hängt mit einer verminderten Funktion der T- und B-Zellen zusammen. Ein wichtiger Faktor für die durch Masern ausgelöste Immunsuppression ist die Infektion von dendritischen Zellen mit dem Masernvirus. Infizierte dendritische Zellen führen zu einer Unempfindlichkeit der T-Lymphocyten; die zugehörigen Mechanismen sind allerdings noch unbekannt. Wahrscheinlich ist dies die unmittelbare Ursache für die Immunsuppression.

Das RNA-Virus Hepatitis C (HCV) infiziert die Leber und verursacht eine akute und eine chronische Hepatitis, Leberzirrhose und in bestimmten Fällen ein Leberzellkarzinom. Immunantworten besitzen wahrscheinlich eine wichtige Funktion für die Beseitigung einer HCV-Infektion, aber in über 70 % der Fälle führt HCV zu einer chronischen Infektion. HCV infiziert die Leber zwar vor allem während des frühen Stadiums der Primärinfektion, doch das Virus unterläuft die adaptive Immunantwort, indem es die Aktivierung und Reifung von dendritischen Zellen stört. Das führt zu einer unzureichenden Aktivierung von CD4-T-Zellen und in der Folge dazu, dass die Differenzierung von T_H1-Zellen unterbleibt. Das ist anscheinend dafür verantwortlich, dass die Infektion chronisch wird, höchstwahrscheinlich weil die CD4-T-Zellen die Aktivierung von naiven cytotoxischen CD8-T-Zellen nicht mehr unterstützen. Es gibt Hinweise darauf, dass die Konzentrationsabnahme von viralen Antigenen nach einer antiviralen Behandlung die Unterstützung durch die CD4-T-Zellen verbessert und eine Wiederherstellung der Funktion der cytotoxischen

CD8-T-Zellen und der CD8-T-Gedächtniszellen ermöglicht. Die verzögerte Reifung der dendritischen Zellen, die durch HCV verursacht wird, wirkt anscheinend mit einer anderen Eigenschaft des Virus zusammen, durch die es der Immunantwort entgehen kann. Die RNA-Polymerase, die das Virus für die Replikation seines Genoms verwendet, besitzt keine Korrekturlesefunktion. Das führt zu einer hohen Mutationsrate des Virus und damit zu einer Veränderung seiner Antigeneigenschaften, sodass es der adaptiven Immunität entgeht.

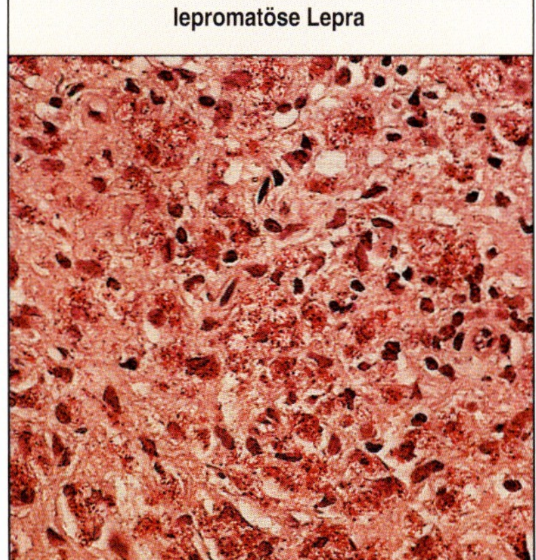

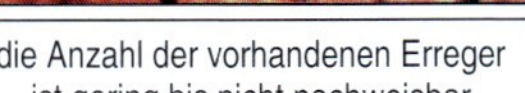

12.6 T-Zell- und Makrophagenantworten gegen *Mycobacterium leprae* sind bei den beiden Hauptformen der Lepra sehr unterschiedlich. Eine Infektion mit *M. leprae* (dunkelrot gefärbt) kann zu zwei sehr verschiedenen Krankheitsformen führen (oben). Bei der tuberkuloiden Lepra (links) wird die Vermehrung der Erreger durch T_H1-ähnliche Zellen, die infizierte Makrophagen aktivieren, gut unter Kontrolle gebracht. Die Läsionen bei dieser Lepraform enthalten Granulome und sind entzündet. Die Entzündung ist allerdings eng begrenzt und verursacht nur lokale Effekte wie die Schädigung peripherer Nerven. Bei der lepromatösen Lepra (rechts) breitet sich die Infektion weiter aus, und die Erreger vermehren sich unkontrolliert in den Makrophagen. In den späten Stadien ist eine starke Schädigung des Bindegewebes und des peripheren Nervensystems zu beobachten. Es gibt auch einige Zwischenformen zwischen der tuberkuloiden und der lepromatösen Lepra. Die unteren Bilder zeigen Northern-Blots, die belegen, dass sich die Cytokinmuster bei den beiden Hauptformen der Erkrankung stark unterscheiden, wie sich anhand der Analyse von RNA erkennen lässt, die man aus Läsionen von jeweils vier Patienten mit lepromatöser und tuberkuloider Lepra isoliert hat. Bei der lepromatösen Form dominieren die Cytokine der T_H2-Zellen (IL-4, IL-5 und IL-10), während bei der tuberkuloiden Form die Cytokine der T_H1-Zellen (IL-2, IFN-γ und TNF-β) vorherrschen. Möglicherweise überwiegen also bei der tuberkuloiden Lepra T_H1-ähnliche Zellen und bei der lepromatösen Lepra T_H2-ähnliche Zellen. Es ist davon auszugehen, dass Interferon-γ Makrophagen aktiviert und so die Vernichtung von *M. leprae* unterstützt, während IL-4 die Induktion einer antibakteriellen Aktivität bei den Makrophagen sogar hemmen kann. (Fotos mit freundlicher Genehmigung von G. Kaplan; Cytokinmuster: R. L. Modlin.)

Lepra (Abschnitt 8.19) ist ein komplexeres Beispiel für eine Immunsuppression. Bei der lepromatösen Lepra wird die zellvermittelte Immunität schwerwiegend beeinträchtigt. Mit *M. leprae* infizierte Zellen kommen in großer Zahl im Gewebe vor, und zelluläre Immunreaktionen gegen zahlreiche weitere Antigene sind unterdrückt (Abb. 12.6). Das führt zu einem Zustand, den man als Anergie bezeichnet. Das bedeutet in diesem Zusammenhang, dass sich gegenüber einem großen Spektrum von Antigenen, die nicht mit *M. leprae* verwandt sind, keine Hypersensitivität vom verzögerten Typ entwickelt (eine allgemeinere Definition für Anergie in anderen Zusammenhängen findet sich in Abschnitt 7.6). Im Falle der tuberkuloiden Lepra findet dagegen eine wirksame zelluläre Immunreaktion mit einer Aktivierung der Makrophagen statt, welche die Infektion zwar eindämmt, aber nicht ausmerzt. Der größte Teil der des Krankheitsbildes ist eine Folge der fortwährenden Entzündungsreaktion auf die persistierenden Mycobakterien.

12.5 Die Immunantwort kann direkt an der Pathogenese beteiligt sein

Die tuberkuloide Lepra ist nur eines von vielen Beispielen für eine Infektion, bei der die Immunantwort den größten Teil der Symptome verursacht, ein Effekt, den man als **Immunpathologie** bezeichnet. Das betrifft bis zu einem gewissen Grad die meisten Infektionen. So entsteht das Fieber, das man bei einer bakteriellen Infektion beobachtet, durch die von den Makrophagen freigesetzten Cytokine. Ein medizinisch bedeutsames Beispiel stellt die vom respiratorischen Syncytialvirus (*respiratory syncytial virus*, **RSV**) ausgelöste Bronchiolitis dar. Sie ist in der westlichen Welt der Hauptgrund für Krankenhausaufenthalte bei Kleinkindern – allein in den USA sind es jährlich 90 000 Fälle, von denen 4 500 tödlich verlaufen. Der erste Hinweis darauf, dass die Immunantwort gegen das Virus bei der Pathogenese der Krankheit eine Rolle spielen könnte, war die Beobachtung, dass Kleinkinder, die mit einer alaunpräzipitierten Präparation abgetöteter Viren geimpft worden waren, stärker erkrankten als nichtgeimpfte Kinder. Dies geschah, weil es nicht gelang, mit dem Impfstoff neutralisierende Antikörper zu induzieren. Stattdessen wurde die Bildung von T_H2-Zellen angeregt. Als die geimpften Kinder mit dem Virus in Kontakt kamen, schütteten die T_H2-Zellen bei einer Infektion die Interleukine IL-3, IL-4 und IL-5 aus, was einen Bronchospasmus, eine erhöhte Schleimsekretion und eine verstärkte Eosinophilie im Gewebe zur Folge hat. Infiziert man Mäuse mit RSV, entwickeln diese ähnliche Symptome wie ein Mensch bei einer Bronchiolitis.

Ein anderes Beispiel für eine pathogene Immunantwort ist die Reaktion auf die Eier von Schistosomen. Schistosomen legen ihre Eier in der Leberpfortader ab. Einige der Eier gelangen in den Darmkanal, werden zusammen mit dem Kot abgegeben und dienen der Verbreitung des Organismus. Andere verbleiben in der Pfortader und lösen hier eine starke Immunantwort aus, was zu einer chronischen Entzündung, einer Leberzirrhose und schließlich zum Leberversagen führt. Dieser Prozess beruht auf einer überhöhten Aktivierung der T_H1-Zellen. T_H2-Zellen, IL-4 oder CD8-T-Zellen, die auch IL-4 produzieren können, verändern den Verlauf jedoch möglicherweise.

12.6 Regulatorische T-Zellen können die Folgen einer Infektionskrankheit beeinflussen

Einige Krankheitserreger verhindern eine Immunantwort, indem sie mit den regulatorischen T-Zellen in Wechselwirkung treten (Abschnitt 8.19). Natürliche regulatorische CD4-CD25-T-Zellen (T_{reg}-Zellen) werden im Thymus gebildet und wandern in die Peripherie, wo sie dazu beitragen, die Toleranz aufrechtzuerhalten (Kapitel 14). Wahrscheinlich kontrollieren sie die Immunantworten, indem sie die Proliferation von Lymphocyten unterdrücken, die Autoantigene erkennen. Andere regulatorische CD4-T-Zellen entstehen aufgrund der Differenzierung von naiven CD4-T-Zellen in der Peripherie. Die Wechselwirkung zwischen regulatorischen T-Zellen und Pathogenen kann entweder eine schützende Reaktion zugunsten des Wirtes hervorrufen oder, wenn es zu einer Suppression von Immunantworten kommt, können sie den Krankheitserregern einen Mechanismus bieten, durch den sie dem Immunsystem entkommen. Zu den Beispielen für Letzteres gehören die chronisch persistierenden Infektionen beispielsweise durch HCV und möglicherweise auch HIV. Patienten, die mit HCV infiziert sind, weisen eine größere Anzahl von zirkulierenden natürlichen T_{reg}-Zellen auf als gesunde Menschen. Wenn man *in vitro* die T_{reg}-Zellen entfernt, verstärken sich die cytotoxischen Lymphocytenreaktionen gegen das Virus. Bei einer Infektion mit dem parasitischen Protozoon *Leishmania major* sammeln sich T_{reg}-Zellen in der Dermis an, wo sie die Kompetenz von T-Effektorzellen einschränken, Pathogene in dieser Region zu beseitigen.

Untersuchungen bei Menschen und Mäusen haben hingegen gezeigt, dass sich die Entzündung bei einer Infektion des Auges durch HSV auf das Vorhandensein von T_{reg}-Zellen beschränkt. Wenn diese Zellen vor der HSV-Infektion aus den Mäusen entfernt werden, kommt es zu einer noch schwereren Erkrankung, selbst wenn die Infektion mit einer geringeren Dosis des Virus erfolgt. T_{reg}-Zellen begrenzen auch die Entzündung bei der Lungenkrankheit, die bei immundefekten Mäusen auftritt, welche mit dem opportunistischen pathogenen Pilz *Pneumocystis carinii* infiziert wurden. Dieser wiederum kommt bei Menschen mit einer Immunschwäche recht häufig vor.

Zusammenfassung

Krankheitserreger können eine immer wiederkehrende oder persistierende Infektion verursachen, indem sie die normalen Abwehrmechanismen des Wirts umgehen oder sie unterwandern und dabei ihre eigene Vermehrung betreiben. Es gibt viele verschiedene Strategien, um der Immunantwort zu entgehen oder sie umzufunktionieren. Antigenvariabilität, Latenz, Resistenz gegenüber einer Immunreaktion und die Unterdrückung der Immunantwort tragen zu persistierenden und medizinisch bedeutsamen Infektionen bei. In einigen Fällen ist auch die Immunantwort selbst ein Teil des Problems. Manche Pathogene nutzen die Immunreaktion dazu, sich auszubreiten, andere würden ohne die Immunantwort des Wirts überhaupt keine Krankheit verursachen. Jeder dieser Mechanismen gibt uns einen Einblick in die Eigenschaften der Immunantwort und in ihre Schwachpunkte, und jeder macht einen anderen medizinischen Ansatz für die Vermeidung oder Behandlung einer Infektion erforderlich.

Immunschwächekrankheiten

Zu einer Immunschwächekrankheit kommt es, wenn eine oder mehrere Komponenten des Immunsystems defekt sind. Man unterscheidet primäre und sekundäre Immunschwächen. Primäre Immunschwächen werden durch Mutationen in einem der zahlreichen Gene verursacht, die bei den Immunantworten mitwirken oder sie kontrollieren. Die klinischen Symptome von primären Immunschwächen sind ausgesprochen unterschiedlich. Im Allgemeinen kommt es bei Kleinkindern zu wiederholten und häufig sehr schwer verlaufenden Infektionen, aber es können auch Allergien, eine anormale Vermehrung von Lymphocyten und Autoimmunitäten auftreten. Sekundäre Immunschwächen werden hingegen als Folge anderer Krankheiten erworben, oder sie entstehen sekundär als Folge von äußeren Faktoren wie Hunger oder sind eine Nebenwirkung eines medizinischen Eingriffs.

Wenn man untersucht, welche Infektionskrankheiten mit einer bestimmten vererbten oder erworbenen Immunschwäche einhergehen, lässt sich erkennen, welche Komponenten des Immunsystems für die Reaktion auf bestimmte Erreger von Bedeutung sind. Die erblichen Immunschwächen machen auch deutlich, wie die Wechselwirkungen zwischen den verschiedenen Zelltypen zur Immunantwort und zur Entwicklung der B- und T-Zellen beitragen. Schließlich können uns diese erblichen Krankheiten zu dem defekten Gen leiten und so vielleicht neue Informationen über die molekularen Grundlagen der Immunreaktionen erbringen sowie die notwendigen Kenntnisse für die Diagnose, eine gute genetische Beratung und möglicherweise eine Gentherapie liefern.

12.7 Eine Krankengeschichte mit wiederholten Infektionen legt eine Immunschwäche als Diagnose nahe

Patienten mit einer Immunschwäche erkennt man im Allgemeinen aufgrund ihrer klinischen Geschichte, die wiederholte Infektionen mit denselben oder ähnlichen Pathogenen aufweist. Die Art der Infektionen zeigt an, welcher Teil des Immunsystems geschädigt ist. Die wiederholte Infektion mit pyogenen (eitererregenden) Bakterien lässt den Schluss zu, dass die Funktion der Antikörper, des Komplementsystems oder der Phagocyten gestört ist, da diese Teile des Immunsystems bei der Abwehr solcher Infektionen von Bedeutung sind. Im Gegensatz dazu deuten eine dauerhafte Pilzinfektion der Haut, etwa mit Candida, oder wiederkehrende Virusinfektionen darauf hin, dass ein Immundefekt unter Beteiligung der T-Lymphocyten vorliegt.

12.8 Erbliche Immunschwächekrankheiten beruhen auf rezessiven Gendefekten

Bevor Antibiotika zur Verfügung standen, starben die meisten Patienten mit einem ererbten Defekt der Immunabwehr wahrscheinlich bereits im Säuglingsalter oder während der frühen Kindheit, da sie für Infektionen durch bestimmte Krankheitserreger besonders anfällig waren. Diese Erbkrankheiten waren nicht leicht zu identifizieren, da auch viele nicht davon betroffene Kinder an den Folgen von Infektionskrankheiten starben. Die meisten Gendefekte, die erbliche Immunschwächen verursachen, sind rezessiv, und daher sind viele auf Mutationen in den Genen des X-Chromosoms zurückzuführen. Defekte in rezessiven Genen führen nur dann zur Erkrankung, wenn beide Chromosomen das fehlerhafte Gen tragen. Da Männer nur ein X-Chromosom besitzen, bilden alle Männer, die eine X-gekoppelte Erkrankung erben, die Krankheit auch aus. Frauen hingegen bleiben aufgrund ihres zweiten X-Chromosoms normalerweise gesund, da sich ihr Immunsystem aus Stammzellen entwickelt, die auf natürliche Weise darauf selektiert werden, dass die X-Inaktivierung das X-Chromosom betrifft, welches das mutierte Gen trägt. Man hat Immunschwächekrankheiten beschrieben, die einzelne Schritte in der Entwicklung der B- oder T-Lymphocyten betreffen, sowie solche, die auf Veränderungen in Oberflächenmolekülen beruhen, die wichtig für die Funktion der T- oder B-Zellen sind. Auch Defekte im Zusammenhang mit phagocytierenden Zellen, dem Komplementsystem, Cytokinen, Cytokinrezeptoren und Molekülen, die Effektorantworten vermitteln, wurden identifiziert. Die Immunschwäche kann daher auf Defekte im adaptiven oder im angeborenen Immunsystem zurückzuführen sein. Beispiele für Immunschwächekrankheiten sind in Abbildung 12.7 aufgeführt. Keine dieser Krankheiten ist besonders weit verbreitet (am häufigsten ist noch eine selektive IgA-Schwäche), und einige sind sogar außerordentlich selten. Einige dieser Erkrankungen werden wir noch in späteren Abschnitten kennenlernen.

Bei Mäusen lassen sich mithilfe von Knockout-Verfahren (Anhang I, Abschnitt A.47) verschiedene Arten der Immunschwäche erzeugen, die rasch unser Wissen darüber erweitert haben, wie einzelne Proteine zur normalen Funktion des Immunsystems beitragen. Trotzdem bieten menschliche Immunschwächekrankheiten immer noch die beste Möglichkeit, Einblicke in die normalen Reaktionswege der Immunabwehr von Infektionskrankheiten beim Menschen zu gewinnen. So erhöhen zum Beispiel Defekte in der Funktion der Antikörper, des Komplementsystems oder der Phagocyten das Risiko, von bestimmten eiterbildenden Bakterien infiziert zu werden. Das bedeutet, dass Reaktionen des Wirts bei der Abwehr solcher Bakterien normalerweise in folgender Reihenfolge ablaufen: Nach der Bindung der Antikörper erfolgt die Fixierung von Komplementkomponenten, welche die Aufnahme und das Abtöten der opsonisierten Bakterien durch die Phagocyten ermöglicht. Fehlt ein Glied in dieser Kette, die zur Abtötung der Bakterien führt, kommt es immer zu einem ähnlichen Immunschwächezustand.

Durch die Immunschwächen erfahren wir auch etwas über die Redundanz der Mechanismen, mit denen der Wirt Infektionskrankheiten bekämpft. Die ersten beiden Menschen, bei denen man erbliche Defekte im Komplementsystem entdeckte, waren zwei gesunde Immunologen. Das bedeutet zweierlei: Zum einen stehen dem Immunsystem vielfältige Maßnahmen zum Schutz gegen Infektionen zur Verfügung. So leidet nicht jeder Mensch mit einem defekten Komplementsystem unter immer wiederkehrenden Infektionen, obwohl es zahlreiche Hinweise gibt, dass ein solcher Defekt für Infektionen mit eiterbildenden Bakterien anfälliger macht. Zum anderen erfahren wir auf diese Weise etwas über das Phänomen des **Ermittlungsartefakts**. Sobald bei einem Patienten mit einer bestimmten Krankheit etwas Ungewöhnliches zu beobachten ist, ist man versucht, zwischen dieser Beobachtung und der Krankheit einen kausalen Zusammenhang herzustellen. Natürlich würde niemand vermuten, dass ein Fehler im Komplementsystem zu einer genetischen Prädisposition führt, Immunologe zu werden. Die Fehler im Komplementsystem wurden bei Immunologen gefunden, weil sie bei den Untersuchungen ihr eigenes Blut benutzten. Wenn man eine Messung nur bei einer sehr selektiven Gruppe von Patienten mit einer bestimmten Krankheit macht, lässt sich nicht verhindern, dass die einzigen anormalen Ergebnisse von Personen stammen, welche diese Krankheit haben. Das nennt man einen Ermittlungsartefakt. Es zeigt, wie wichtig es ist, geeignete Kontrollen durchzuführen.

Immunschwäche-krankheit	charakteristische Veränderung	Immundefekt	erhöhte Anfälligkeit
schwerer kombinierter Immundefekt (SCID)	siehe Abbildung 12.14		allgemein
DiGeorge-Syndrom	Thymusaplasie	variierende Mengen von T- und B-Zellen	allgemein
MHC-Klasse-I-Mangel	TAP-Mutationen	keine CD8-T-Zellen	chronische Entzündung von Lunge und Haut
MHC-Klasse-II-Mangel	fehlende Expression von MHC-Klasse-II-Molekülen	keine CD4-T-Zellen	allgemein
Wiskott-Aldrich-Syndrom	X-gekoppelt; fehlerhaftes WASP-Gen	mangelhafte Antikörperantwort auf Polysaccharide, gestörte Reaktionen auf T-Zell-Aktivierung und T_{reg}-Fehlfunktion	extrazelluläre Bakterien mit Kapseln
X-gekoppelte Agammaglobulinämie	Verlust der Btk-Tyrosinkinase	keine B-Zellen	extrazelluläre Bakterien, Viren
Hyper-IgM-Syndrom	AID-Defekt CD40-Ligand-Defekt CD40-Defekt NEMO-(IKK-)Defekt	kein Isotypwechsel und/oder keine somatische Hypermutation	extrazelluläre Bakterien *Pneumocystis carinii* *Cryptosporidium parvum*
variabler Immundefekt	ICOS-Defekt sonst nichts bekannt	gestörte IgA-und IgG-Produktion	extrazelluläre Bakterien
selektiver IgA-Mangel	unbekannt; MHC-gekoppelt	keine IgA-Synthese	Infektion der Atemwege
Fehlfunktion der Phagocyten	viele verschiedene	Verlust der Phagocytenfunktion	extrazelluläre Bakterien und Pilze
Defekte im Komplementsystem	viele verschiedene	Verlust bestimmter Komplement-komponenten	extrazelluläre Bakterien, besonders *Neisseria* spp.
X-gekoppeltes lymphoproliferatives Syndrom	SAP-(SH2D1A-) Mutante	unkontrolliertes Wachstum von B-Zellen	B-Zell-Tumoren durch EBV
Ataxia teleangiectatica	Mutation der Kinasedomäne	geringere Anzahl von T-Zellen	Infektionen der Atemwege
Bloom-Syndrom	defekte DNA-Helikase	weniger T-Zellen weniger Antikörper	Infektionen der Atemwege

12.7 Menschliche Immunschwächesyndrome. In dieser Tabelle sind für einige verbreitete und einige seltene menschliche Immunschwächesyndrome die zugrunde liegenden Gendefekte, die Konsequenzen für das Immunsystem und die daraus resultierende Anfälligkeit für bestimmte Krankheiten aufgeführt. Syndrome, die zu einer schweren kombinierten Immunschwäche führen, sind in Abbildung 12.14 getrennt aufgeführt. AID, aktivierungsinduzierte Cytidin-Desaminase; ATM, *Ataxia teleangiectasia-mutated protein*; EBV, Epstein-Barr-Virus; IKKγ, γ-Untereinheit der Kinase IKK; TAP, Transportproteine, die an der Antigenprozessierung beteiligt sind; WASP, Wiskott-Aldrich-Syndrom-Protein.

12.9 Die wichtigste Folge einer zu niedrigen Antikörperkonzentration ist die Unfähigkeit, extrazelluläre Bakterien zu beseitigen

Pyogene Bakterien sind von einer Polysaccharidhülle umgeben, sodass sie nicht durch die Rezeptoren auf Makrophagen und neutrophilen Zellen erkannt werden, welche die Phagocytose stimulieren. Die Bakterien entgehen der unmittelbaren Vernichtung durch die angeborene Immunantwort und sind als extrazelluläre Bakterien erfolgreich. Normalerweise kann die körpereigene Abwehr Infektionen durch pyogene Bakterien bekämpfen, indem Antikörper und das Komplementsystem diese Bakterien opsonisieren, sodass sie phagocytiert und zerstört werden können. Eine zu geringe Antikörperproduktion bewirkt also vor allem, dass das Immunsystem Infektionen mit solchen Bakterien nicht mehr in Schach halten kann. Da Antikörper bei der Neutralisierung infektiöser Viren, die über den Darm in den Körper gelangen, eine wichtige Rolle spielen, sind Menschen mit einer verringerten Antikörperproduktion auch besonders anfällig für bestimmte Virusinfektionen – vor allem für solche, die von Enteroviren verursacht werden.

Die erste Beschreibung einer Immunschwächekrankheit lieferte Ogden C. Bruton im Jahre 1952 am Beispiel eines Jungen, der keine Antikörper produzieren konnte. Dieser Defekt wird mit dem X-Chromosom vererbt und ist durch einen Mangel an Immunglobulinen im Serum gekennzeichnet; man bezeichnet ihn daher als **X-gekoppelte Agammaglobulinämie** (*X-linked agammaglobulinemia*, **XLA**). Seit man das Fehlen von Antikörpern mithilfe der Elektrophorese nachweisen kann (Abb. 12.8), sind viele weitere, die Antikörperproduktion betreffende Krankheiten beschrieben worden. Die meisten von ihnen beeinträchtigen die Entwicklung oder Aktivierung von B-Lymphocyten. Bei Kleinkindern lassen sich solche Krankheiten im Allgemeinen durch das Auftreten von wiederholten Infektionen mit pyogenen Bakterien feststellen wie mit *Streptococcus pneumoniae* oder durch das Auftreten chronischer Infektionen mit Viren wie Hepatitis B und C, Poliovirus und ECHO-Virus.

12.8 Die Immunelektrophorese zeigt die Existenz mehrerer unterscheidbarer Immunglobulinisotypen im Serum eines Patienten mit X-gekoppelter Agammaglobulinämie (XLA) an. Serumproben von einer normalen Kontrollperson und von einem Patienten, der wiederholt an bakteriellen Infektionen leidet, werden durch Elektrophorese auf einer agarbeschichteten Platte aufgetrennt. Der Patient erzeugt keinerlei Antikörper, was sich am Fehlen der Gammaglobuline zeigt. Antiserum gegen normales menschliches Gesamtserum, das Antikörper gegen viele verschiedene Proteine enthält, wird in der Mitte aufgetragen. Die Antikörper bilden mit den einzelnen Proteinen Präzipitationsbögen. Die Positionen der Bögen sind durch die unterschiedliche elektrophoretische Beweglichkeit der Serumproteine bedingt. Die Immunglobuline liegen im Gel im Bereich der Gammaglobuline. Das Bild unten zeigt das Fehlen mehrerer Immunglobulinisotypen bei einem Patienten mit einer X-gekoppelten Agammaglobulinämie. Das Bild zeigt, dass beim Serum des Patienten mehrere Präzipitationsbögen fehlen (obere Reihe). Dabei handelt es sich um IgA, IgM und mehrere Unterklassen von IgG, die im normalen Serum (untere Reihe) alle durch das Antiserum erkannt werden. (Foto mit freundlicher Genehmigung von C. A. Janeway sr.)

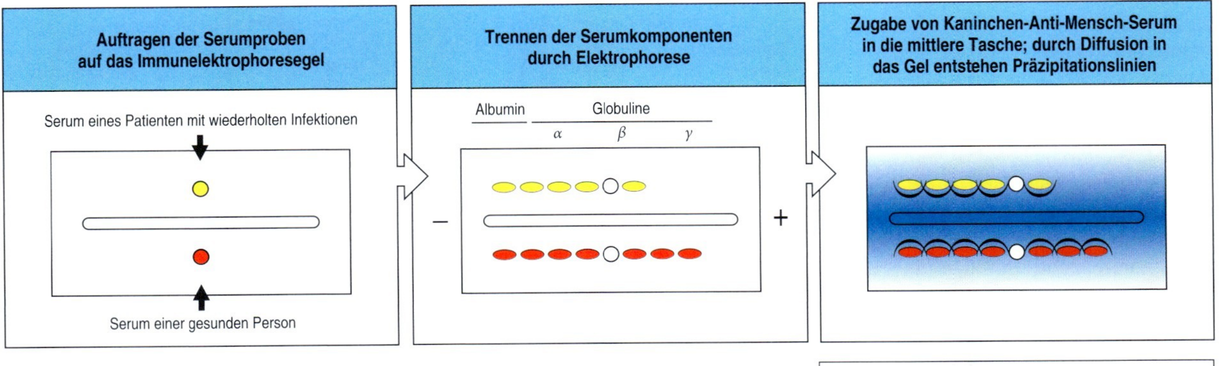

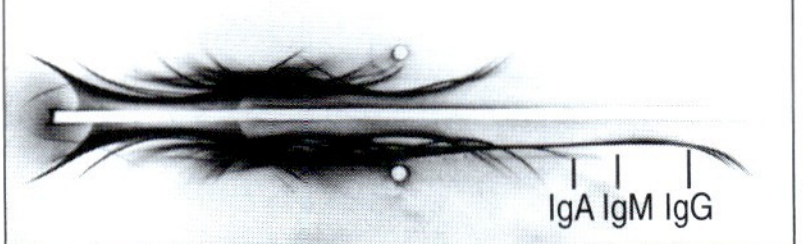

Das fehlerhafte Gen bei XLA codiert eine Tyrosinkinase, die sogenannte Bruton-Tyrosinkinase (Btk), die zur Familie der Tec-Kinasen gehört (Abschnitt 6.13). Die Btk wird in neutrophilen Zellen und B-Zellen exprimiert, aber bei XLA-Patienten zeigen nur B-Zellen den Defekt, deren Reifung größtenteils im Prä-B-Zell-Stadium anhält. Die Btk ist wahrscheinlich daran beteiligt, den Prä-B-Zell-Rezeptor mit Ereignissen im Zellkern zu koppeln, die zum Wachstum und zur Differenzierung der B-Zellen führen (Abschnitt 7.9). Bei Patienten mit einem Btk-Defekt reifen trotzdem einige B-Zellen heran. Das deutet darauf hin, dass die Signale von Kinasen der Tec-Familie nicht essenziell sind.

Da sich das für XLA verantwortliche Gen auf dem X-Chromosom befindet, kann man weibliche Trägerinnen durch die Analyse der X-Chromosom-Inaktivierung in ihren B-Zellen identifizieren. Im Zuge ihrer Reifung inaktivieren weibliche Zellen zufallsgemäß eines der beiden X-Chromosomen. Da die Btk für die Entwicklung der B-Lymphocyten notwendig ist, können nur solche Zellen zu reifen B-Zellen werden, in denen das normale *btk*-Allel aktiv ist. Demnach ist in beinahe allen B-Zellen von heterozygoten Trägerinnen eines mutierten *btk*-Gens das normale X-Chromosom aktiviert. In den T-Zellen und Makrophagen solcher Frauen sind dagegen die X-Chromosomen mit dem normalen *btk*-Allel und mit dem mutierten Allel mit der gleichen Wahrscheinlichkeit aktiv. Aus diesem

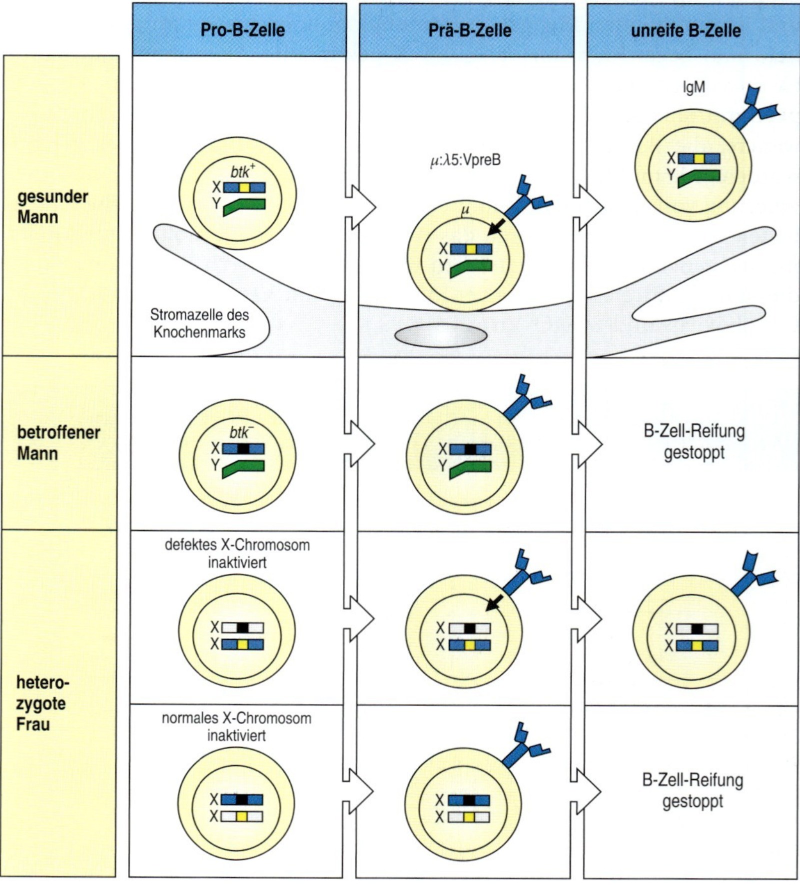

12.9 Das Produkt des *btk*-Gens ist wichtig für die Entwicklung der B-Zellen. Bei der X-gekoppelten Agammaglobulinämie (XLA) liegt der Defekt in einer als Btk bezeichneten Tyrosinkinase, die zur Tec-Familie gehört und auf dem X-Chromosom codiert wird. Bei gesunden Individuen verläuft die Entwicklung der B-Zellen über ein Stadium, in dem der Prä-B-Zell-Rezeptor (bestehend aus μ:λ5:VpreB, Abschnitt 7.3) über die Btk ein Signal überträgt, das die weitere Reifung der B-Zellen auslöst. Bei männlichen XLA-Patienten kann dieses Signal nicht übertragen werden und die B-Zellen reifen nicht, obwohl der B-Zell-Rezeptor exprimiert wird. Bei weiblichen Säugern einschließlich des Menschen wird bereits früh in der Entwicklung in jeder Zelle eines der beiden X-Chromosomen permanent inaktiviert. Da die Inaktivierung zufällig erfolgt, ist bei der Hälfte der B-Zellen in einem weiblichen Träger das Chromosom mit der Btk-Wildtypform inaktiviert. Diese Zellen können also nur das defekte *btk*-Gen exprimieren und entwickeln sich nicht weiter. In allen reifen B-Zellen der Trägerin ist demnach nur das funktionsfähige Chromosom aktiv. Dies steht in deutlichem Unterschied zu allen anderen Zelltypen, bei denen immer nur in einer Hälfte der Zellen das normale X-Chromosom aktiv ist. Eine nichtzufällige X-Inaktivierung bei einer Zelllinie ist ein deutlicher Hinweis darauf, dass das Produkt eines X-chromosomalen Gens für die Entwicklung dieser Zellen notwendig ist. In manchen Fällen kann man sogar das Stadium identifizieren, in dem das Genprodukt benötigt wird, indem man feststellt, zu welchem Zeitpunkt in der Entwicklung die X-Inaktivierung nicht mehr ausgeglichen ist. Mit dieser Art der Analyse lassen sich heterozygote Trägerinnen von Defekten wie XLA identifizieren, ohne das zugrunde liegende Gen zu kennen.

Grund konnte man heterozygote Trägerinnen des XLA-Defekts bereits identifizieren, bevor die Funktion des *btk*-Genprodukts bekannt war. Die nur in B-Zellen vorkommende gezielte Inaktivierung des X-Chromosoms beweist außerdem schlüssig, dass die Btk zwar für die Entwicklung der B-Zellen notwendig ist, nicht aber für die anderer Zellen, und dass das Enzym innerhalb der B-Zellen seine Wirkung entfaltet, aber nicht in Stromazellen oder in anderen Zellen, die für die Entwicklung von B-Zellen erforderlich sind (Abb. 12.9).

Der am weitesten verbreitete Defekt der humoralen Immunantwort ist tatsächlich ein vorübergehender Mangel an Immunglobulinen während der ersten sechs bis zwölf Lebensmonate. Direkt nach der Geburt besitzt das Neugeborene dank der Übertragung von IgG durch die Plazenta genauso viele Antikörper wie die Mutter (Abschnitt 9.15). Da das IgG abgebaut wird, nimmt der Antikörperspiegel kontinuierlich ab. Das Baby beginnt erst im Alter von etwa sechs Monaten, selbst signifikante IgG-Mengen zu bilden (Abb. 12.10). Der IgG-Spiegel ist also zwischen dem dritten und zwölften Lebensmonat relativ niedrig, wenn die eigenen IgG-Reaktionen des Kleinkinds nur schwach ausgebildet sind, sodass dies eine Zeit lang zu einer erhöhten Infektionsanfälligkeit führen kann. Das gilt besonders für Frühgeborene, da sie die Immunkompetenz nach der Geburt noch später erreichen.

Menschen mit reinen B-Zell-Defekten können viele Krankheitserreger erfolgreich bekämpfen. Für eine wirksame Immunabwehr gegen eine Untergruppe der extrazellulären pyogenen Bakterien wie Staphylokokken und Streptokokken ist jedoch die Opsonisierung dieser Bakterien mit spezifischen Antikörpern erforderlich. Bei Menschen mit einem B-Zell-Defekt lassen sich diese Infektionen mithilfe von Antibiotika und periodischen Infusionen mit menschlichem Immunglobulin, das von vielen verschiedenen Spendern stammt, unterdrücken. Da das von vielen Spendern gesammelte Blut Antikörper gegen die meisten Erreger enthält, bietet es einen recht guten Schutz vor Infektionen.

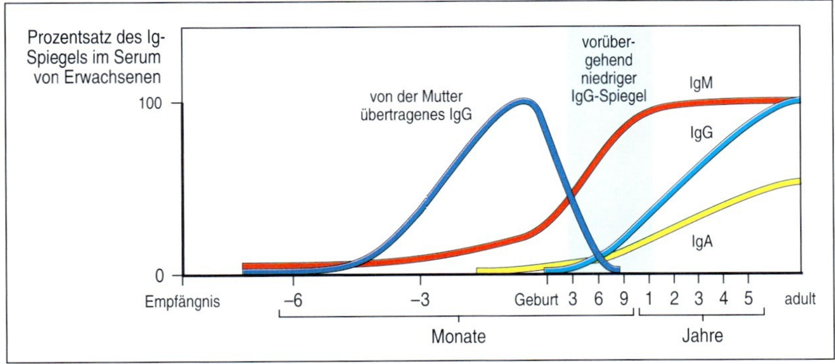

12.10 Die Immunglobulinspiegel von Neugeborenen fallen in den ersten sechs Lebensmonaten auf sehr niedrige Werte. Neugeborene kommen mit einem sehr hohen Spiegel von IgG zur Welt, das während der Schwangerschaft aktiv über die Plazenta transportiert wurde. Fast sofort nach der Geburt setzt die Produktion von IgM ein. Die IgG-Synthese beginnt jedoch nicht vor dem sechsten Lebensmonat. Bis dahin fällt der IgG-Spiegel im Blut ab, da das mütterliche IgG nach und nach abgebaut wird. Zwischen dem dritten Lebensmonat und dem Ende des ersten Lebensjahres sind die IgG-Werte also sehr niedrig, was zu einer erhöhten Anfälligkeit für Infektionen führen kann.

12.10 Einige Antikörperschwächen können entweder auf B- oder auf T-Zell-Defekte zurückzuführen sein

Bei Patienten mit dem **Hyper-IgM-Syndrom** entwickeln sich die B- und T-Zellen normal und der IgM-Spiegel im Blut ist hoch. Solche Patienten reagieren jedoch nur mit einer schwachen IgM-Antwort auf Antigene, bei denen die Unterstützung durch T-Zellen erforderlich ist. Außerdem bilden diese Patienten, mit Ausnahme von IgM und IgD, nur Spuren von Immunglobulinen anderer Isotypen. Das deutet darauf hin, das der Isotypwechsel gestört ist, und es macht sie hoch anfällig für Infektionen durch extrazelluläre Krankheitserreger. Man kennt inzwischen fünf verschiedene Ursachen für das Hyper-IgM-Syndrom. Dadurch konnte man die Reaktionswege herauszufinden, die für die normale Rekombination beim Isotypwechsel essenziell sind.

Die häufigste Form des Hyper-IgM-Syndroms ist das **X-gekoppelte Hyper-IgM-Syndrom**, das von Mutationen im Gen für den CD40-Liganden (CD154) auf dem X-Chromosom verursacht wird. Der CD40-Ligand wird normalerweise auf aktivierten T-Zellen exprimiert, sodass sie das CD40-Protein auf B-Zellen ansteuern und diese aktivieren können (Abschnitt 9.4). Bei einem Defekt des CD40-Liganden wird CD40 auf den B-Zellen nicht gebunden, wobei die Zellen selbst normal sind. Wie wir in Kapitel 4 erfahren haben, ist die Wechselwirkung zwischen dem CD40-Liganden und CD40 auch für das Auslösen des Isotypwechsels und die Bildung von Keimzentren unabdingbar (Abb. 12.11).

Lymphknoten eines Patienten mit Hyper-IgM-Syndrom (Keimzentren fehlen)

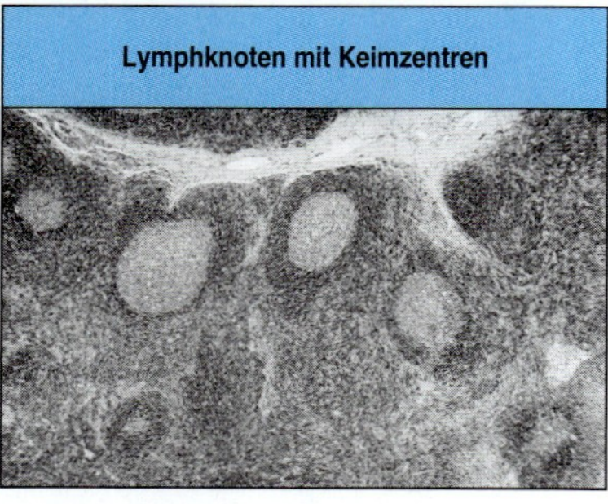

12.11 Patienten mit X-gekoppeltem Hyper-IgM-Syndrom können ihre B-Zellen nicht vollständig aktivieren. Im Lymphgewebe von Patienten mit Hyper-IgM-Syndrom (oben) fehlen im Gegensatz zu einem normalen Lymphknoten (unten) die Keimzentren. Für den Isotypwechsel sowie für die Bildung der Keimzentren, in denen sich B-Zellen stark vermehren, müssen die B-Zellen durch T-Zellen aktiviert werden. (Fotos mit freundlicher Genehmigung von R. Geha und A. Perez-Atayde.)

Bei Patienten mit Mutationen in anderen Genen hat man ein ähnliches Syndrom gefunden. Es kommt nicht ganz unerwartet, dass eines der Gene, das sich auf Chromosom 20 befindet, CD40 codiert. Bei mehreren Patienten mit einer rezessiven Variante des Hyper-IgM-Syndroms hat man in diesem Gen Mutationen festgestellt. Bei Patienten mit einer seltenen Entwicklungsstörung, die man als **hypohidrotische ektodermale Dysplasie mit Immunschwäche** bezeichnet, ist ein anderes Gen mutiert. Die Patienten besitzen keine Drüsen, ihre Haare und Zähne entwickeln sich anormal und sie zeigen auch ein Hyper-IgM-Syndrom. Bei dieser Krankheit, die auch als **NEMO-Defekt** bezeichnet wird, kommen in einem Gen, das das Protein NEMO codiert (eine Untereinheit der Kinase IKK, andere Bezeichnung IKKγ), Mutationen vor. Das Protein ist ein essenzieller Bestandteil des intrazellulären Signalweges, der zur Aktivierung des Transkriptionsfaktors NFκB führt (Abb. 6.22).

Diese Gruppe der Hyper-IgM-Syndrome zeigt, dass alle Mutationen an drei verschiedenen Stellen des Signalweges, der vom CD40-Liganden auf T-Zellen ausgelöst wird, nachdem dieser an CD40 auf B-Zellen gebunden hat, jeweils zu einem ähnlichen Immunschwächesyndrom führen. Die Patienten sind vor verschiedenen Mikroorganismen nur unzureichend geschützt, das betrifft vor allem pyogene Bakterien und Mycobakterien.

Patienten mit einem X-gekoppelten Hyper-IgM-Syndrom zeigen auch Störungen in der zellvermittelten Immunität. Sie sind anfällig für Infektionen mit *P. carinii*, das normalerweise von aktivierten Makrophagen getötet wird. Diese Anfälligkeit ist wahrscheinlich zumindest teilweise auf die Unfähigkeit der T-Zellen zurückzuführen, an infizierte Makrophagen ein Aktivierungssignal zu übermitteln, indem sie CD40 auf diesen Zellen binden. Eine gestörte T-Zell-Entwicklung trägt bei diesen Patienten möglicherweise auch zu einer grundlegenden Immunschwäche bei, Untersuchungen mit Mäusen, denen der CD40-Ligand fehlt, haben ergeben, dass sich antigenspezifische T-Zellen als Reaktion auf die primäre Immunisierung mit einem Antigen nicht vermehren.

Eine andere Form des Hyper-IgM-Syndroms ist ein intrinsischer Defekt bei B-Zellen, der durch Mutationen im Gen für das Enzym der aktivierungsinduzierten Desaminase (AID, Abschnitt 4.17) verursacht wird. Patienten mit einem **AID-Mangel** sind gegenüber schweren bakteriellen Infektionen stärker anfällig als normal, nicht jedoch gegenüber opportunistischen Infektionen wie durch *P. carinii*. Die B-Zellen dieser Patienten können keinen Isotypwechsel der Antikörper durchführen und zeigen auch eine stark verringerte somatische Hypermutation. Als Folge sammeln sich unreife B-Zellen in anormalen Keimzentren an, was zu einer Vergrößerung der Lymphknoten und der Milz führt. AID wird nur in B-Zellen exprimiert, die angeregt wurden, einen Isotypwechsel oder Hypermutationen durchzuführen, was die einzigartige Bedeutung dieses Enzyms bei beiden Vorgängen verdeutlicht. Mit dem Hyper-IgM-Syndrom aufgrund eines AID-Mangels geht eine mildere Form der Immunschwäche einher als bei einem Defekt von CD40, des CD40-Liganden oder von NEMO. Das ist darauf zurückzuführen, dass der AID-Mangel nur zu einem Versagen der Antikörperantworten führt, während ein Defekt der übrigen Proteine mit Störungen sowohl der B- als auch der T-Zell-Funktion verknüpft ist. Vor kurzem hat man bei einer geringen Zahl von Patienten, bei denen eine normale somatische Hypermutation stattfindet und die über eine normale AID-Funktion verfügen, aber einen gestörten Isotypwechsel aufweisen, noch eine andere Ursache für das Hyper-IgM-Syndrom entdeckt. Die genetischen Grundlagen sind jedoch noch nicht bekannt.

Ein viertes Beispiel für eine vornehmlich humorale Immunschwäche ist die **variable Immunschwäche** (*common variable immunodeficiency*, **CVID**). Bei diesem Syndrom liegt im Allgemeinen ein gemeinsamer Mangel an IgM, IgG und IgA vor. Zumindest einige Fälle von CVID werden in Familien vererbt. CVID ist eine Krankheit, bei der sowohl die B- als auch die T-Zell-Funktion beeinträchtigt ist; dabei treten eine Reihe verschiedener Symptome auf. Die Patienten sind anfällig für wiederkehrende Infektionen und sie zeigen einen verringerten Immunglobulinspiegel im Serum und anormale Antikörperantworten. Bei einigen Patienten mit CVID hat man auch Autoimmundefekte und Erkrankungen des Gastrointestinaltraktes beobachtet. Kinder mit CVID sind gegenüber Infektionen des Mittelohrs (Otitis media) anfälliger als normal, und sie können auch in Gelenken, Knochen, der Haut und den Ohrspeicheldrüsen Infektionen entwickeln.

Die Krankheit ist nicht so gravierend wie einige der anderen Immunschwächen, und bei den meisten Patienten erfolgt eine Diagnose erst im Erwachsenenalter. Ein bedeutsamer Anteil der CVID-Fälle und ein geringerer Anteil der Fälle eines ausschließlichen IgA-Mangels hängen mit einem genetischen Defekt des Transmembranproteins TACI (*TNF-like receptor transmembrane activator and CAML interactor*) zusammen. Dies ist der Rezeptor für das Cytokin BAFF, das durch die dendritischen Zellen freigesetzt wird und costimulierende Signale sowie Überlebenssignale für die B-Zell-Aktivierung und den Isotypwechsel vermittelt (Abschnitt 9.13).

Ein weiterer genetischer Defekt, der sich einer kleinen Gruppe von Patienten mit CVID zuordnen ließ, ist ein Mangel des costimulierenden Moleküls ICOS. Wie in Abschnitt 8.14 beschrieben, ist ICOS ein induzierbares costimulierendes Molekül, das T-Zellen nach ihrer Aktivierung verstärkt produzieren. Die Auswirkungen eines ICOS-Mangels haben dessen essenzielle Bedeutung für die Unterstützung durch B-Zellen während der späteren Phasen der B-Zell-Differenzierung bestätigt, etwa beim Isotypwechsel und bei der Bildung von Gedächtniszellen.

12.11 Defekte im Komplementsystem schwächen die humorale Immunantwort

Es verwundert nicht, dass sich das Spektrum an Infektionen aufgrund von Fehlern im Komplementsystem im Wesentlichen mit jenem deckt, das bei Patienten mit fehlerhafter Antikörperbindung beobachtet wird (Abb. 12.12). Defekte bei der Aktivierung von C3 und im C3-Molekül selbst sind mit einer Vielzahl eiterbildender Infektionen verbunden, verursacht beispielsweise durch *S. pneumoniae*. Dies belegt die Wichtigkeit der Funktion von C3, das als Opsonin die Phagocytose von Bakterien fördert. Im Gegensatz dazu haben Defekte in den membranangreifenden Komponenten des Komplements (C5–C9) eine viel geringere Auswirkung und führen ausschließlich zu einer Anfälligkeit für *Neisseria* spp. Das spricht dafür, dass die Immunreaktion des Wirts gegen diese Bakterien, die in der Zelle überleben können, über eine extrazelluläre Lyse durch den membranangreifenden Komplex vermittelt wird. Daten aus groß angelegten Bevölkerungsstudien in Japan, wo endemische Infektionen mit dem Bakterium *N. meningitidis* selten vorkommen, zeigen, dass das Risiko für einen gesunden Menschen, sich mit diesem Mikroorganismus anzustecken, pro Jahr bei 1:2 000 000 liegt. Im Gegensatz dazu liegt das Risiko für eine Person derselben Bevölkerung, aber mit einem erblichen Defekt im membranangreifenden Komplex, bei 1:200. Dies ist eine Zunahme um den Faktor 10 000. Die frühen Komponenten des klassischen Komplementweges sind teilweise für

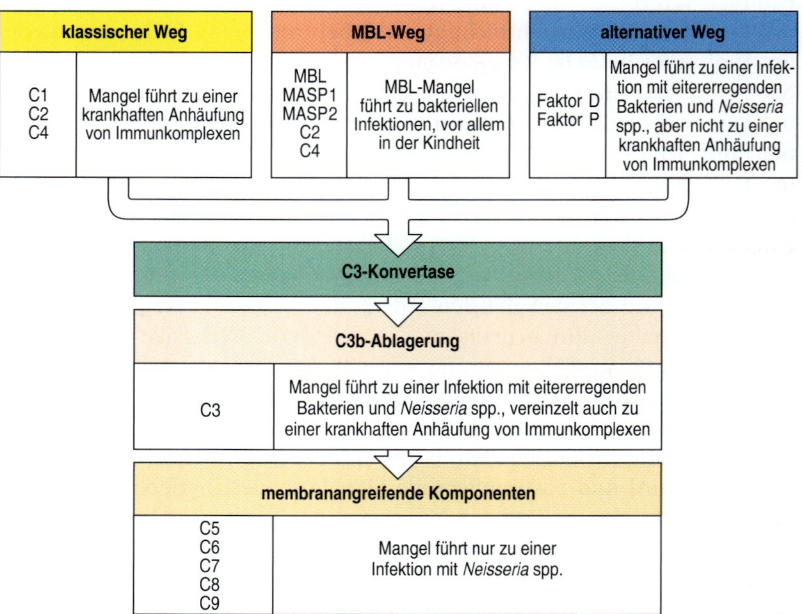

12.12 Defekte des Komplementsystems stehen mit einer erhöhten Anfälligkeit für bestimmte Infektionen und mit der Anhäufung von Immunkomplexen in Zusammenhang. Defekte der frühen Komponenten des alternativen Weges der Komplementaktivierung sowie Defekte von C3 führen zu einer erhöhten Anfälligkeit für extrazelluläre Krankheitserreger, besonders für pyogene Bakterien. Fehlerhafte frühe Komponenten des klassischen Weges beeinträchtigen vor allem die Prozessierung von Immunkomplexen und die Beseitigung von apoptotischen Zellen; dies führt zu einer Immunkomplexkrankheit. Ein Defekt des mannosebindenden Lektins (MBL), also des Erkennungsmoleküls im Lektinweg, ist vor allem während der frühen Kindheit mit Infektionen durch Bakterien verbunden. Fehler in den membranangreifenden Komponenten führen ausschließlich zu einer erhöhten Anfälligkeit für verschiedene *Neisseria*-Stämme, die Erreger von Meningitis und Gonorrhoe. Deshalb dient dieser Teil des Komplementsystems hauptsächlich der Abwehr dieser Organismen.

die Beseitigung von Immunkomplexen und apoptotischen Zellen von Bedeutung, die bei den pathologischen Effekten von Autoimmunkrankheiten auftreten, beispielsweise beim Lupus erythematodes. Kapitel 14 befasst sich mit diesem Aspekt der erblichen Komplementschwäche.

Eine andere Gruppe von Krankheiten entsteht aufgrund von fehlerhaften Komplementregulationsproteinen. Menschen, denen die Proteine DAF (*decay-accelerating factor*) und CD59 fehlen, zerstören ihre eigenen roten Blutkörperchen. Beide Proteine schützen normalerweise die Oberflächen der eigenen Körperzellen vor der Aktivierung des alternativen Weges. Dies führt zu dem Krankheitsbild der paroxysmalen nächtlichen Hämoglobinurie (Abschnitt 2.22). Noch schlimmer wirkt sich bei Patienten mit Defekten im C1-Inhibitor der Verlust dieses Kontrollproteins aus. Das führt zu einem Syndrom mit der Bezeichnung **erbliches angioneurotisches Ödem**. Der C1-Inhibitor hemmt zum einen die Serinproteasen C1r und C1s, wodurch das Auslösen des klassischen Weges der Komplementaktivierung reguliert wird, zum anderen zwei Serinproteasen, die zum Kontaktaktivierungssystem der Blutgerinnung gehören – Faktor XIIa (der aktivierte Hageman-Faktor) und Kallikrein. Bei einem Defekt des C1-Inhibitors versagen sowohl die Regulation der Blutgerinnung als auch die Komplementaktivierungswege. Dadurch kommt es zu einer übermäßigen Produktion von gefäßaktiven Mediatoren, die wiederum eine Ansammlung von Flüssigkeit im Gewebe (ein Ödem) und eine Schwellung des Kehldeckels verursachen, sodass es zum Ersticken kommen kann. Diese Mediatoren sind Bradykinin, das durch die Spaltung des hoch molekularen Kininogens durch Kallikrein entsteht, sowie C2-Kinin, das durch die Einwirkung von C1s auf C2b gebildet wird.

Defekte des mannosebindenden Lektins (MBL), das die Komplementaktivierung der angeborenen Immunität auslöst (Abschnitt 2.12), sind relativ verbreitet (5 % der Bevölkerung). Ein MBL-Mangel kann mit einer leichten Immunschwäche und übermäßigen bakteriellen Infektionen in der frühen Kindheit einhergehen.

12.12 Defekte in Phagocyten ermöglichen ausgedehnte bakterielle Infektionen

Eine zu geringe Anzahl oder mangelnde Funktion der Phagocyten können mit einer schweren Immunschwäche verknüpft sein. Tatsächlich macht das vollständige Fehlen neutrophiler Zellen ein Überleben in der normalen Umgebung unmöglich. Es gibt drei Formen von Immunschwächen der Phagocyten. Sie werden durch Gene für Proteine verursacht, die die Bildung der Phagocyten, ihre Wechselwirkung mit Mikroorganismen beziehungsweise die Abtötung der Mikroorganismen kontrollieren. Wir werden uns damit nacheinander beschäftigen. Erbliche Defekte der Produktion von neutrophilen Zellen (**Neutropenien**) werden entweder als **schwere angeborene Neutropenien** oder als **zyklische Neutropenien** eingeordnet. Bei einer schweren angeborenen Neutropenie, die dominant oder rezessiv vererbt wird, ist die Anzahl der neutrophilen Zellen dauerhaft extrem niedrig und liegt bei weniger als $0{,}2 \times 10^9$ pro Liter Blut (normal wären 3 bis $5{,}5 \times 10^9$ pro Liter). Patienten benötigen zum Überleben eine erfolgreiche Übertragung von Knochenmark. Die zyklische Neutropenie ist eine dominant vererbte Krankheit, bei der die Anzahl der neutrophilen Zellen von annähernd normal bis hin zu sehr niedrig oder null wechselt, wobei ein Zyklus etwa 21 Tage dauert. Die Anzahl anderer aus dem Knochenmark abgeleiteter Zellen – Monocyten, Blutplättchen, Lymphocyten und Reticulocyten – durchläuft im selben periodischen Wechsel geringere Fluktuationen.

Erstaunlicherweise verursachen Mutationen der Elastase (*ELA2*) der neutrophilen Zellen beim Menschen sowohl die zyklische Neutropenie als auch einen relevanten Anteil der dominanten schweren angeborenen Neutropenie. Die Mutationen führen zur Produktion einer fehlerhaften Elastase, was wiederum zur Produktion eines toxischen intrazellulären Proteins führt, das die Reifung der neutrophilen Zellen blockiert. Bei drei Patienten mit einer Neutropenie ließen sich im Onkogen *GFI1*, das einen Transkriptionsrepressor codiert, heterozygote Mutationen nachweisen. Dieser Befund war die Folge der unerwarteten Beobachtung, dass Mäuse, denen das Protein Gfi1 fehlt, eine Neutropenie aufweisen. Eine genauere Analyse zeigte, dass Mutationen im *Gfi1*-Gen der Maus die Expression von *Ela2* beeinflusst. Es besteht also zwischen diesen beiden Genen eine Verknüpfung in einem gemeinsamen Reaktionsweg bei der Differenzierung myeloider Zellen. Wie die mutierte Elastase den 21-tägigen Zyklus der Neutropenie und die Auswirkungen auf andere Zelltypen des Knochenmarks hervorruft, ist noch ein Rätsel.

Eine intermittierende Neutropenie ist auch ein charakteristisches Merkmal von Patienten mit dem **Shwachman-Diamond-Syndrom**, einer weiteren seltenen autosomal rezessiven Immunschwäche. Dieses Syndrom ist gekennzeichnet durch Skelettanomalien, eine exokrine Pankreasinsuffizienz und eine Fehlfunktion des Knochenmarks. Bei 89 % aller nichtverwandten Patienten mit dem Shwachman-Diamond-Syndrom hat man eine Mutation im *SBDS*-Gen festgestellt. *SBDS* gehört zu einer Familie von Genen, die bei der RNA-Prozessierung eine Rolle spielen. Das deutet darauf hin, dass das Syndrom auf eine Fehlfunktion des RNA-Metabolismus zurückzuführen ist, die sich auf die Hämatopoese, die Knorpelbildung (Chondrogenese) und die Entwicklung des exokrinen Pankreas essenziell auswirkt.

Störungen der Migration von Phagocyten zu Infektionsherden außerhalb der Blutgefäße können eine schwere Immunschwäche hervorrufen. Leukocyten erreichen diese Regionen, indem sie in einem streng regulierten dreistufigen Prozess die Blutgefäße verlassen (Abb. 2.49). Die erste Phase ist die rollende Adhäsion der Leukocyten an Endothelzellen durch die Bindung eines fucosylierten Tetrasaccharidliganden (Sialyl-Lewis^{x}) auf dem Leukocyten an E-Selektin und P-Selektin auf dem Endothel. Die zweite Phase ist die feste Adhäsion von Leukocyten an das Endothel über die Bindung von β_2-Integrinen der Leukocyten wie CD11b:CD18 (Mac-1 :CR3) an die entsprechenden Rezeptoren auf den Endothelzellen. Die dritte und letzte Phase ist die Wanderung der Leukocyten durch das Endothel entlang von Gradienten aus chemotaktisch wirksamen Molekülen, die aus dem Bereich der Gewebeverletzung stammen.

Defekte der Moleküle, die an den drei Phasen beteiligt sind, können verhindern, dass neutrophile Zellen und Makrophagen Infektionsherde erreichen, um dort Bakterien aufzunehmen und zu zerstören. Bei Patienten mit einer verringerten rollenden Adhäsion der Leukocyten stellte man ein Fehlen von Sialyl-Lewis^{x} fest, dem ein Defekt in einem mutmaßlichen GDP-Fucose-Transporter zugrunde liegt, der bei der Fucosylierung im Verlauf der Biosynthese von Sialyl-Lewis^{x} mitwirkt. Fehler in der β_2-Untereinheit CD18 des Leukocytenintegrins verhindern die Wanderung der Leukocyten zu den Infektionsherden, weil sich die Leukocyten nicht mehr fest an das

Endothel heften können. Dadurch kommt es zu einer **Leukocytenadhäsionsschwäche**. Ein dritter genetischer Defekt, der die Wanderung der Leukocyten verhindert, ließ sich dem *Rac2*-Gen zuordnen. Das Rac2-Protein gehört zur Rho-Familie der GTPasen, die die Aktivierung der neutrophilen Zellen und die Funktion des Cytoskeletts regulieren. Alle diese Defekte führen zu Infektionen, die gegen eine Behandlung mit Antibiotika resistent sind und trotz einer offenbar wirksamen zellulären und humoralen adaptiven Immunantwort fortbestehen. Eine erworbene Neutropenie, die mit einer Chemotherapie, einer malignen Erkrankung oder einer aplastischen Anämie im Zusammenhang steht, geht mit einem entsprechenden Ausmaß an schweren Infektionen durch pyogene Bakterien einher.

Das Warzen-Hypogammaglobinämie-Infektionen-Myelokathexis-Syndrom (**WHIM**) ist eine seltene Neutropenie, die vor kurzem einer heterozygoten Mutation im Gen für den Chemokinrezeptor CXCR4 zugeordnet werden konnte. Die Oberflächenexpression von CXCR4 ist zwar normal, aber die Mutation betrifft offenbar die cytoplasmatische Domäne. CXCR4 ist der Rezeptor für CXCL12 und wird von myeloiden Zellen, B-Zellen, naiven T-Zellen sowie von Neuronen exprimiert. Im Blutkreislauf befinden sich weniger B-Zellen als im Normalfall, und die Erkrankung geht mit einer Hypogammaglobulinämie einher. Die Patienten können jedoch bei einer Immunisierung eine fast normale Antikörperantwort entwickeln. Patienten mit diesem Syndrom tragen eine Prädisposition für Infektionen mit chronischen Papillomviren, was sich an der großen Anzahl von Warzen auf der Haut und am Gebärmutterhals zeigt.

Die meisten anderen bekannten Funktionsstörungen der Phagocyten betreffen deren Fähigkeit, intrazelluläre Bakterien zu töten oder extrazelluläre Bakterien aufzunehmen (Abb. 12.13). Patienten mit einer **septischen Granulomatose** sind sehr anfällig gegenüber Infektionen mit Bakterien und Pilzen, und da die Phagocyten die aufgenommenen Bakterien nicht abtöten können, bilden sich Granulome aus (Abb. 8.44). In diesem Fall besteht der Defekt darin, dass die Phagocyten keine reaktiven Sauerstoffderivate (*reactive oxygen species*, ROS) wie das Superoxidradikal (Abschnitt 2.4) bilden. Durch die Entdeckung des molekularen Defekts bei dieser Krankheit kam die Vorstellung auf, dass diese Derivate die Bakterien direkt töten könnten. Das wurde inzwischen jedoch durch die Beobachtung infrage gestellt, dass die Erzeugung von ROS allein nicht ausreicht, um Mikroorganismen zu töten. Man geht jetzt davon aus, dass ROS einen Einstrom von K^+ in die Vakuole der Phagocyten verursacht, sodass sich der pH auf den Wert einstellt,

Defekt/Name des Syndroms	zugehörige Infektionen- oder andere Krankheiten
fehlerhafte Adhäsion der Leukocyten	ausgedehnte Infektionen mit eitererregenden Bakterien
chronische Granulomatose	intra- und extrazelluläre Infektionen, Granulome
G6PD-Mangel	Störung des oxidativen Metabolismus (*respriratory burst*), chronische Infektionen
Myeloperoxidasemangel	gestörtes Abtöten intrazellulärer Erreger, chronische Infektionen
Chediak-Higashi-Syndrom	intra- und extrazelluläre Infektionen, Granulome

12.13 Defekte phagocytischer Zellen führen zur Persistenz bakterieller Infektionen. Fehler in den Leukocytenintegrinen mit einer gemeinsamen β-Untereinheit (CD18) oder Fehler im Selektinliganden Sialyl-Lewis^x verhindern die Adhäsion der Phagocyten und ihre Wanderung zu Infektionsherden. Bei chronischer Granulomatose, einem Mangel an Glucose-6-phosphat-Dehydrogenase (G6PD) und bei einem Myeloperoxidasemangel ist die respiratorische Entladung (*respiratory burst*) gestört. Bei chronischer Granulomatose persistieren die Erreger, da die Makrophagen nicht aktiviert werden können. Dies führt zu einer chronischen Stimulation der CD4-T-Zellen und dadurch zur Ausbildung von Granulomen. Beim Chediak-Higashi-Syndrom ist die Vesikelfusion innerhalb der Phagocyten gestört. Diese Krankheiten verdeutlichen die wichtige Funktion der Phagocyten bei der Beseitigung und Zerstörung pathogener Bakterien.

der für die Aktivität der antimikrobiellen Peptide und Proteine optimal ist, die die eigentlichen Faktoren zum Abtöten der eingedrungenen Mikroorganismen sind.

Mehrere verschiedene genetische Defekte, die eines der vier konstitutiven Proteine des NADPH-Oxidase-Systems betreffen (Abschnitt 2.4), können eine septische Granulomatose auslösen. Patienten mit dieser Krankheit leiden unter chronischen bakteriellen Infektionen, die in manchen Fällen zur Bildung von sogenannten Granulomen führen. Defekte in der Glucose-6-phosphat-Dehydrogenase oder der Myeloperoxidase beeinträchtigen ebenfalls das intrazelluläre Abtöten von Krankheitserregern und führen zu ähnlichen, aber weniger schwerwiegenden Krankheitsbildern. Das komplexe **Chediak-Higashi-Syndrom** ist durch partiellen Albinismus, eine anormale Blutplättchenfunktion sowie eine gravierende Immunschwäche gekennzeichnet. Bei dieser Erkrankung bewirkt der Defekt im Protein CSH1, das bei der Bildung und beim Transport der intrazellulären Vesikel eine Rolle spielt, dass die Lysosomen nicht mehr korrekt mit den Phagosomen fusionieren. Die Phagocyten dieser Patienten weisen vergrößerte Granula auf, und auch das intrazelluläre Abtöten von Krankheitserregern ist beeinträchtigt. Dieser Defekt beeinträchtigt auch den allgemeinen Sekretionsweg; die Auswirkungen werden in Abschnitt 12.19 beschrieben.

12.13 Defekte in der T-Zell-Differenzierung können schwere kombinierte Immundefekte verursachen

Während Patienten mit B-Zell-Defekten mit den meisten Krankheitserregern gut fertig werden, sind Patienten mit Defekten in der T-Zell-Entwicklung sehr anfällig für eine Reihe infektiöser Organismen. Dies unterstreicht die zentrale Funktion, die der Differenzierung und Reifung der T-Zellen bei der adaptiven Immunantwort auf nahezu alle Antigene zukommt. Solche Patienten sind weder zu einer T-Zell-abhängigen, spezifischen Antikörperantwort in der Lage noch zu einer zellulären Immunreaktion. Sie können folglich keine schützende Immunität entwickeln. Eine solche Erkrankung bezeichnet man deshalb als **schwere kombinierte Immunschwäche** (*severe combined immune deficiency*, **SCID**).

Mehrere verschiedene Defekte ergeben den SCID-Phänotyp. Ein gemeinsames Merkmal bei allen Kindern mit SCID ist ein inhärentes Anhalten der T-Zell-Differenzierung, häufig in Kombination mit einer gestörten Differenzierung der B-Zellen sowie einiger genetischer Defekte bei NK-Zellen. Die betroffenen Kinder leiden an schweren opportunistischen Infektionen, etwa durch Adenoviren, das Epstein-Barr-Virus, *Candida albicans* und *P. carinii*. Im Allgemeinen sterben die Kinder in ihrem ersten Lebensjahr, wenn man ihnen keine Antikörper und kein Knochenmark überträgt. In Abbildung 12.14 sind die Hauptursachen von SCID aufgeführt.

Die **X-gekoppelte schwere kombinierte Immunschwäche** (**XSCID**) ist die häufigste Form von SCID, die manchmal auch als *bubble boy disease* bezeichnet wird – nach einem Jungen, der mit dieser Krankheit über zehn Jahre lang in einer Schutzhülle (*bubble*) lebte, bevor er nach einer erfolglosen Knochenmarktransplantation starb. XSCID-Patienten tragen eine Mutation im Gen für die γ-Kette (γ_c) des Interleukin-2-Rezeptors (IL-2R). Mehrere Cytokinrezeptoren, zu denen auch die Rezeptoren für IL-2, IL-4, IL-7, IL-9, IL-15 und IL-21 gehören, haben γ_c gemeinsam, sodass sie alle bei dieser

Krankheit	Gendefekt	betroffener Mechanismus	Phänotyp	
			Mensch	Maus
XSCID	γ-Kette des IL-2-Rezeptors	Cytokinsignale	$T^-B^+NK^-$	$T^-B^-NK^-$
	JAK3	Cytokinsignale	$T^-B^+NK^-$	$T^-B^-NK^-$
	IL-3-Rezeptor	Cytokinsignale	$T^-B^+NK^+$	$T^-B^-NK^+$
RAG-Defekt Omenn-Syndrom	*RAG1*	Rekombination des Antigenrezeptors	$T^-B^-NK^+$	$T^-B^-NK^+$
	RAG2	Rekombination des Antigenrezeptors	$T^-B^-NK^+$	$T^-B^-NK^+$
	Artemis	Rekombination des Antigenrezeptors	$T^-B^-NK^+$	$T^-B^-NK^+$
ADA-Mangel	*ADA*	Metabolismus	$T^-B^-NK^-$	$T^-B^-NK^-$

12.14 Schwere kombinierte Immunschwächesyndrome. Aufgeführt sind die bekannten Ursachen für schwere kombinierte Immunschwächen beim Menschen und bei der Maus, außerdem das defekte Gen, die betroffene zelluläre Reaktion sowie der Phänotyp der T-, B- und NK-Zellen. ADA, Adenosin-Desaminase.

Form von SCID inaktiv sind. Dieser genetische Defekt führt dazu, dass sich T-Zellen und NK-Zellen nicht normal entwickeln, während zumindest die Anzahl der B-Zellen normal ist, nicht jedoch ihre Funktion. Eine klinisch und immunologisch davon nicht zu unterscheidende Form von SCID ist mit einer inaktivierenden Mutation in der Kinase Jak3 (Abschnitt 6.23) gekoppelt, die zum Signalweg von γ_c- und anderen Cytokinrezeptoren gehört. Diese Mutation führt zur Entwicklung von anormalen T- und NK-Zellen, aber die Entwicklung der B-Zellen bleibt davon unbeeinflusst.

Durch andere Immunschwächen bei Menschen und Mäusen war es möglich, einige Funktionen der einzelnen Cytokine und ihrer Rezeptoren bei der Entwicklung von T- und NK-Zellen zu entschlüsseln. So wurde der Fall eines Kindes mit SCID bekannt, das keine NK- und keine T-Zellen, aber die normalen Gene für γ_c und Jak3 besaß. Es zeigte sich jedoch ein Mangel der gemeinsamen β-Kette β_c des IL-2- und IL-15-Rezeptors. Dieses einzelne Kind sowie Mäuse mit gezielt eingebrachten Mutationen im Gen der β-Kette zeigen, dass IL-15 als Wachstumsfaktor für die Entwicklung von NK-Zellen von entscheidender Bedeutung ist und außerdem bei der Reifung und der Bewegung von T-Zellen eine Rolle spielt. Mäuse mit gezielten Mutationen in IL-15 oder in der α-Kette des IL-15-Rezeptors besitzen keine NK-Zellen, die T-Zellen entwickeln sich jedoch relativ normal. Allerdings zeigen die T-Zellen nur eine sehr geringe Wanderung in die peripheren lymphatischen Gewebe und die Anzahl der CD8-positiven T-Zellen ist verringert.

Menschen mit einem Defekt der α-Kette des IL-7-Rezeptors besitzen keine T-Zellen, aber normale Mengen an NK-Zellen. Das verdeutlicht, dass die Signale von IL-7 für die Entwicklung der T-Zellen essenziell sind, nicht jedoch für die Entwicklung der NK-Zellen. Bei Menschen und Mäusen, deren T-Zellen nach Stimulation des Rezeptors einen Defekt in der IL-2-Produktion zeigen, erweist sich die Produktion der T-Zellen selbst als normal. Die enger umgrenzten Auswirkungen der einzelnen Cytokindefekte unterscheiden sich von den umfassenden Störungen der Entwicklung der T- und NK-Zellen bei Patienten mit XSCID.

Wie bei allen schweren T-Zell-Schwächen erzeugen auch Patienten mit XSCID auf die meisten Antigene keine wirksamen Antikörperantworten. Da der Gendefekt auf dem X-Chromosom liegt, lässt sich feststellen, ob das Fehlen der B-Zell-Funktion allein eine Folge der fehlenden T-Zell-Unterstützung ist, indem man die Inaktivierung des X-Chromosoms bei den B-Zellen von nicht erkrankten Trägern untersucht (Abschnitt 12.9). Bei den meisten (aber nicht bei allen) naiven IgM-positiven B-Zellen von weiblichen XSCID-Trägern ist das defekte und nicht das normale X-Chromosom inaktiviert. Das zeigt, dass die Entwicklung der B-Zellen durch die γ_c-Kette beeinflusst wird, aber nicht vollständig von ihr abhängt. Bei reifen B-Gedächtniszellen, die einen Isotypwechsel durchlaufen haben, ist das defekte X-Chromosom fast ohne Ausnahme inaktiviert. Das könnte darauf hinweisen, dass die γ_c-Kette auch Teil der Rezeptoren für IL-4 und IL-21 ist. Deshalb besitzen B-Zellen, denen diese Kette fehlt, keine funktionsfähigen Rezeptoren für IL-4 und IL-21 und proliferieren nicht bei T-Zell-abhängigen Antikörperantworten (Abschnitt 9.4).

Eine zweite Form des autosomal vererbten SCID-Syndroms wird durch einen **Adenosin-Desaminase-(ADA-)Mangel** und einen **Purinnucleotidphosphorylase-(PNP-)Mangel** hervorgerufen. Diese Enzymstörungen beeinflussen den Purinabbau und führen zu einer Akkumulation von Nucleotidmetaboliten, die besonders für heranreifende T-Zellen toxisch sind. Auch B-Zellen sind bei diesen Patienten stark beeinträchtigt, beim ADA-Mangel sogar noch mehr als beim PNP-Mangel.

12.14 Störungen bei der Umlagerung der Antigenrezeptorgene führen zu SCID

Bei der dritten Gruppe von Defekten, die das SCID-Syndrom hervorrufen, kommt es zu Fehlern bei der DNA-Umlagerung in sich entwickelnden Lymphocyten. So führt ein Fehler im *RAG-1-* oder *RAG-2-*Gen dazu, dass die Lymphocytenentwicklung anhält, da sich die Antigenrezeptorgene nicht umordnen können. Mäuse mit künstlich erzeugten genetischen Defekten in den *RAG*-Genen besitzen daher ebenso wenig T- oder B-Zellen wie Patienten mit autosomal vererbbaren SCID-Formen, denen ein funktionsfähiges RAG-Protein fehlt. Auch gibt es Kinder mit Mutationen im *RAG-1-* oder im *RAG-2-*Gen, die dennoch eine geringe Menge an funktionsfähigem RAG-Protein erzeugen können und so geringfügige V(D)J-Rekombinationen zeigen. Diese zuletzt genannten Patienten leiden am **Omenn-Syndrom**, einer weiteren schweren Immunerkrankung. Neben einer erhöhten Anfälligkeit für mehrfache opportunistische Infektionen zeigen diese Patienten auch klinische Merkmale, die einer *graft versus host-*Krankheit sehr ähnlich sind (Abschnitt 14.35) und von vorübergehenden Hautausschlägen, Eosinophilie, Diarrhoe und einer Vergrößerung der Lymphknoten begleitet ist. Man findet bei diesen Kindern normale oder erhöhte Zahlen von T-Zellen, die alle aktiviert sind. Eine Erklärung für diesen Phänotyp könnte sein, dass eine geringe *RAG*-Aktivität eine begrenzte Rekombination der T-Zell-Rezeptor-Gene ermöglicht. Es kommen jedoch keine B-Zellen vor, die überdies möglicherweise eine stärkere *RAG*-Aktivität benötigen. Die bei Patienten mit Omenn-Syndrom erzeugten T-Zellen zeigen ein anormales und stark eingeschränktes Rezeptorrepertoire sowohl im Thymus als auch in der Peripherie, wo es zur Aktivierung und klonalen Expansion kommt. Die klinischen Merkmale deuten stark darauf hin, dass diese peripheren T-Zellen autoreaktiv sind und den Phänotyp der Gewebeabstoßung (*graft versus host*-Krankheit) hervorrufen.

Eine andere Gruppe von Patienten mit autosomal bedingtem SCID-Syndrom zeigt einen Phänotyp, der dem des *scid*-Mäusestammes sehr ähnlich ist. Die *scid*-Mäuse zeigen eine anormale Empfindlichkeit gegenüber ionisierender Strahlung sowie eine schwere kombinierte Immunschwäche. Sie erzeugen wenige reife B- und T-Zellen, da bei der Lymphocytenentwicklung die DNA-Rekombination nicht funktioniert oder es nur zu wenigen VJ- beziehungsweise V(D)J-Rekombinationen kommt, von denen die meisten zudem anormal verlaufen. Der bei *scid*-Mäusen zugrunde liegende Defekt betrifft die DNA-abhängige Proteinkinase (DNA-PK_{CS}), die bei der Umlagerung der Antigenrezeptorgene mitwirkt (Abschnitt 4.5). Eine weitere Mutation, die bei manchen Menschen mit autosomalem SCID-Syndrom auftritt, betrifft das Protein Artemis, das zum selben Reaktionsweg wie die DNA-PK_{CS} gehört. Artemis ist eine Exonuclease, die mit der DNA-PK_{CS} einen Komplex bildet und dadurch auch aktiviert wird. Die normale Funktion des Artemis:DNA-PK_{CS}-Komplexes besteht darin, die Haarnadelstrukturen zu öffnen, um die Bildung der VDJ-Verknüpfungen zu ermöglichen, die den Vorgang der VDJ-Rekombination abschließen.

Andere Störungen, die Enzyme der DNA-Reparatur und Enzyme des DNA-Metabolismus betreffen, sind ebenfalls mit einer Kombination aus Immunschwäche, erhöhter Empfindlichkeit gegenüber Schäden aufgrund ionisierender Strahlung und Krebsentstehung verknüpft. Ein Beispiel ist das **Bloom-Syndrom**. Diese Krankheit ist eine Folge von Mutationen in einer DNA-Helikase, die doppelsträngige DNA entwindet. Auch **Ataxia teleangiectatica** (Louis-Bar-Syndrom, **AT**) gehört in diese Kategorie. Hier handelt es sich um den Defekt eines Proteins mit der Bezeichnung ATM (*Ataxia teleangiectasia-mutated*), das eine Kinasedomäne enthält. Diese ist wahrscheinlich an der intrazellulären Signalübertragung als Reaktion auf eine DNA-Schädigung beteiligt. Bei einer kleinen Gruppe von Patienten mit einem Syndrom, das der Ataxia teleangiectatica ähnelt und bei dem sowohl die V(D)J-Rekombination als auch der Isoptypwechsel gestört sind, fehlt die DNA-Ligase IV, die die DNA bei der V(D)J-Rekombination und beim Isotypwechsel verknüpft. Die DNA-Ligase IV ist ein Bestandteil des allgemeinen Reaktionsweges für die Verknüpfung von nichthomologen DNA-Enden bei der DNA-Reparatur; außerdem verknüpft das Enzym DNA-Brüche bei einer Reihe verschiedener DNA-Reparaturvorgänge. Eine Störung der DNA-Reparatur führt auch zu einer erhöhten Anfälligkeit für Krebs, sowohl in den lymphatischen als auch in anderen Geweben.

12.15 Defekte bei der Signalgebung durch Antigenrezeptoren können zu einer schweren Immunschwäche führen

Man kennt einige Gendefekte, die die Signalgebung durch T-Zell-Rezeptoren und damit auch die Aktivierung der T-Zellen stören, wie sie für eine adaptive Immunantwort notwendig ist. So besitzen Patienten, denen die CD3γ-Ketten fehlen, nur sehr wenige T-Zell-Rezeptoren und können daher nur eine schwache T-Zell-vermittelte Immunantwort auslösen. Auch Patienten, die nur wenige mutierte CD3ε-Ketten produzieren, weisen eine gestörte

Aktivierung der T-Zellen auf. Es wurden Patienten beschrieben, bei denen die im Cytosol vorkommende Tyrosinkinase ZAP-70 (Abschnitt 6.11) fehlerhaft ist, die Signale vom T-Zell-Rezeptor übermittelt. Dabei handelt es sich jedoch nicht um ein SCID-Syndrom im engeren Sinn. CD4-T-Zellen verlassen den Thymus in normaler Anzahl, während CD8-T-Zellen vollkommen fehlen. Die ausgereiften CD4-T-Zellen reagieren jedoch nicht auf Reize, durch die sie normalerweise über den T-Zell-Rezeptor aktiviert werden, und Patienten mit einem Mangel an ZAP-70 zeigen eine ausgeprägte Immunschwäche. Eine andere Störung der Signalbildung bei Lymphocyten, die zu einer schweren Immunschwäche führt, wird durch Mutationen in der Tyrosinphosphatase CD45 verursacht. Menschen und Mäuse mit einem CD45-Mangel zeigen eine starke Verringerung der Anzahl der peripheren T-Zellen und eine anormale Reifung der B-Zellen.

Durch das **Wiskott-Aldrich-Syndrom** (**WAS**) konnte man neue Einsichten in die molekularen Grundlagen der Signalübertragung bei T-Zellen und der Bildung von „immunologischen Synapsen" zwischen verschiedenen Zellen des Immunsystems gewinnen. Die Krankheit betrifft auch die Blutplättchen und wurde zuerst als Störung der Blutgerinnung beschrieben. Sie ist aber aufgrund einer beeinträchtigten Funktion der Lymphocyten, die zu einer verringerten Anzahl der T-Zellen, einer Störung der Cytotoxizität von NK-Zellen sowie zu einem Versagen der Antikörperantwort auf eingekapselte Bakterien führt, auch mit einer Immunschwäche verknüpft. WAS wird von einem defekten Gen auf dem X-Chromosom verursacht, von dem das sogenannte WAS-Protein (WASP) codiert wird. Dieses wird in allen hämatopoetischen Zelllinien exprimiert und ist wahrscheinlich ein zentraler Regulator der Blutplättchen- und Lymphocytenentwicklung. WASP wirkt wahrscheinlich durch seine Effekte auf das Actincytoskelett, das für die Bildung der immunologischen Synapsen und die Polarisierung der T-Effektorzellen von entscheidender Bedeutung ist (Abschnitt 8.22). Seit kurzem vermutet man auch, dass WASP für die immunsuppressive Funktion der natürlichen T_{reg}-Zellen erforderlich ist. WASP besitzt bei der Signalübertragung auf das Netzwerk des Cytoskeletts der Zellen eine zentrale Funktion, da es den Arp2/3-Komplex aktiviert, der wiederum für das Auslösen der Actinpolymerisierung essenziell ist. Bei WAS-Patienten und bei Mäusen, deren WASP-Gen inaktiviert wurde, können T-Zellen normalerweise nicht auf Mitogene oder die Quervernetzung ihrer T-Zell-Rezeptoren reagieren. Es gibt mehrere Signalwege, die von T-Zell-Rezeptoren ausgehen und WASP aktivieren. Einer dieser Wege enthält das Gerüstprotein SLP-76, das als Bindungsstelle für das Adaptorprotein Nck dient, welches wiederum WASP bindet. WASP kann auch durch kleine GTP-bindende Proteine, vor allem Cdc42 und Rac1, aktiviert werden. Diese können ihrerseits über das Adaptorprotein Vav durch Signale von T-Zell-Rezeptoren aktiviert werden.

12.16 Genetisch bedingte Defekte der Thymusfunktion, welche die Entwicklung der T-Zellen blockieren, führen zu schweren Immunschwächen

Bei Mäusen kennt man seit vielen Jahren eine Störung der Thymusentwicklung, die mit einem SCID-Syndrom und fehlender Körperbehaarung einhergeht. Der mutierte Stamm wird entsprechend als ***nude***-Stamm bezeichnet (Abschnitt 7.7). Man hat bei einer geringen Anzahl von Kindern denselben Phänotyp entdeckt. Sowohl bei Menschen als auch bei Mäusen wird dieses Syndrom durch Mutationen im *FOXN1*-Gen (andere Bezeichnung *WHN*) verursacht, das sich beim Menschen auf Chromosom 17 befindet und einen Transkriptionsfaktor codiert, der selektiv in der Haut und im Thymus exprimiert wird. FOXN1 ist notwendig für die Differenzierung des Thymusepithels und die Bildung eines funktionsfähigen Thymus. Bei Patienten mit einer Mutation im *FOXN1*-Gen verhindert die fehlende Thymusfunktion die thymusabhängige Entwicklung der T-Zellen. In vielen Fällen ist die Entwicklung der B-Zellen bei Menschen mit dieser Mutation normal, während die Reaktion auf nahezu alle Krankheitserreger aufgrund der fehlenden T-Zellen grundlegend gestört ist.

Das **DiGeorge-Syndrom** ist eine weitere Erkrankung, bei der sich das Epithelgewebe des Thymus nicht normal entwickelt, was zu einem SCID-Syndrom führt. Die genetische Anomalie, die dieser komplexen Entwicklungsstörung zugrunde liegt, ist eine Deletion in einer Kopie von Chromosom 22. Das fehlende Stück umfasst 1,5 bis fünf Megabasen, wobei es in der kürzesten Form, die das Syndrom noch hervorruft, etwa 24 Gene enthält. Das entscheidende Gen in diesem Abschnitt ist *TBX1*, das den Transkriptionsfaktor T-Box codiert. Das DiGeorge-Syndrom wird bereits durch das Fehlen einer einzigen Kopie dieses Gens verursacht. Ohne die passende, stimulierende Umgebung des Thymus können die T-Zellen nicht heranreifen, und sowohl die von T-Zellen abhängige Antikörperproduktion als auch die zelluläre Immunantwort sind beeinträchtigt. Patienten mit diesem Syndrom haben normale Mengen an Immunglobulinen im Serum, aber der Thymus und die Nebenschilddrüsen entwickeln sich unvollständig oder gar nicht, was mit unterschiedlichen Ausprägungen einer T-Zell-Immunschwäche einhergeht.

Eine gestörte Expression der MHC-Moleküle kann aufgrund der Auswirkungen auf die positive Selektion der T-Zellen im Thymus zu einer schweren Immunschwäche führen. Bei Patienten mit dem **Syndrom der nackten Lymphocyten** (*bare lymphocyte syndrome*) werden auf den Zellen keinerlei MHC-Klasse-II-Moleküle exprimiert. Da im Thymus keine MHC-Klasse-II-Moleküle vorhanden sind, können die CD4-T-Zellen nicht positiv selektiert werden, sodass nur wenige heranreifen. Auch den antigenpräsentierenden Zellen fehlen MHC-Klasse-II-Moleküle, sodass die wenigen sich entwickelnden CD4-T-Zellen nicht durch Antigene stimuliert werden können. Die Expression der MHC-Klasse-I-Moleküle ist normal, und die CD8-T-Zellen entwickeln sich normal. Die Betroffenen leiden jedoch unter einer schweren kombinierten Immunschwäche, was die zentrale Bedeutung der CD4-T-Zellen bei der adaptiven Immunität gegen die meisten Erreger unterstreicht.

Der MHC-Klasse-II-Mangel beruht nicht auf Mutationen in den MHC-Genen, sondern in einem von mehreren verschiedenen Genen, die die Expression der MHC-Klasse-II-Gene regulieren. Vier sich gegenseitig ergänzende Gendefekte (Gruppe A, B, C und D) sind inzwischen bei Patienten, die keine MHC-Klasse-II-Proteine exprimieren können, definiert worden. Das deutet darauf hin, dass mindestens vier verschiedene Gene für die normale Expression dieser Proteine notwendig sind. Man kennt inzwischen für jede Komplementationsgruppe entsprechende Gene: *CIITA* (*MHC class II transactivator*) ist in Gruppe A mutiert, die Gene *RFXANK*, *RFX5* und *RFXAP* sind in den Gruppen B, C beziehungsweise D mutiert.

Die drei zuletzt genannten codieren Proteine, die zu dem multimeren Komplex RFX gehören, der die Transkription kontrolliert. RFX bindet an die DNA-Sequenz X-Box, die in der Promotorregion aller MHC-Klasse-II-Gene vorkommt.

Bei einer geringen Zahl von Patienten hat man eine begrenztere Form der Immunschwäche gefunden, die mit chronischen Bakterieninfektionen der Atemwege und Geschwürbildungen auf der Haut in Verbindung mit Gefäßentzündungen einhergeht. Betroffene zeigen zwar einen normalen Gehalt an MHC-Klasse-I-mRNA und eine normale Produktion von MHC-Klasse-I-Proteinen, aber nur sehr wenige dieser Moleküle gelangen an die Zelloberfläche. Daher bezeichnet man die Erkrankung als **MHC-Klasse-I-Schwäche**. Dieser Defekt ähnelt dem der *TAP*-Zellmutanten (Abschnitt 5.2), und betroffene Patienten zeigen Mutationen im *TAP1*- oder *TAP2*-Gen, die die beiden Untereinheiten des Peptidtransporters codieren. Das Fehlen von MHC-Klasse-I-Molekülen an der Zelloberfläche führt – in Analogie zur MHC-Klasse-II-Schwäche – zu einem Mangel an CD8-T-Zellen, die den $\alpha{:}\beta$-T-Zell-Rezeptor exprimieren, wobei die Patienten jedoch über $\gamma{:}\delta$-T-Zellen verfügen, deren Entwicklung unabhängig vom Thymus erfolgt. Menschen mit einer MHC-Klasse-I-Schwäche sind gegenüber Virusinfektionen erstaunlicherweise nicht anormal anfällig, obwohl den cytotoxischen CD8-$\alpha{:}\beta$-T-Zellen bei der Eindämmung von viralen Infektionen eine Schlüsselrolle zukommt. Es gibt jedoch für bestimmte Peptide Hinweise auf *TAP*-unabhängige Wege der Antigenpräsentation durch MHC-Klasse-I-Moleküle. Der klinische Phänotyp von Patienten mit TAP1- oder TAP2-Mangel zeigt, dass diese Wege offenbar ausreichen, Viren in Schach zu halten.

12.17 Die normalen Reaktionswege der Immunabwehr gegen intrazelluläre Bakterien lassen sich aufgrund von genetischen Defekten in IFN-γ und IL-12 sowie deren Rezeptoren untersuchen

Man kennt eine geringe Anzahl von Familien, bei denen einige Mitglieder von persistierenden und letztendlich tödlichen Angriffen durch intrazelluläre Krankheitserreger, besonders durch Mycobakterien und Salmonellen, betroffen sind. Normalerweise leiden diese Patienten an Infektionen durch ubiquitäre, nichttuberkulöse Mycobakterienstämme wie *Mycobacterium avium*. Sie entwickeln auch diffuse Infektionen nach Impfung mit *Mycobacterium bovis*-Bacillus Calmette-Guérin (BCG; diesen Stamm verwendet man als Lebendimpfstoff gegen *M. tuberculosis*). Die Anfälligkeit gegenüber diesen Infektionen entsteht durch verschiedene Mutationen, die die Funktion von einem der folgenden Faktoren zerstören: des Cytokins IL-12, des IL-12-Rezeptors oder des Rezeptors für das Interferon IFN-γ und den zugehörigen Signalweg. Es kommt zu Mutationen in der p40-Untereinheit von IL-12, in der β_1-Kette des IL-12-Rezeptors und in den beiden Untereinheiten (R1 und R2) des IFN-γ-Rezeptors. p40 ist Bestandteil von IL-12 und IL-23, sodass ein p40-Mangel sowohl einen IL-12- als auch einen IL-23-Mangel hervorrufen kann. Eine Mutation in STAT1 – einem Protein im Signalweg, der durch Aktivierung des IFN-γ-Rezeptors ausgelöst wird – ist beim Menschen ebenfalls mit einer erhöhten Anfälligkeit gegenüber

Infektionen mit Mycobakterien verbunden. Eine ähnliche Anfälligkeit für intrazelluläre Bakterieninfektionen findet man bei Mäusen mit künstlichen Mutationen in denselben Genen sowie bei Mäusen, denen der Tumornekrosefaktor TNF-α oder das TNF-p55-Rezeptor-Gen fehlt. Warum es bei Patienten mit diesen Defekten nicht häufiger zu einer Tuberkulose kommt, vor allem da *M. tuberculosis* virulenter ist als *M. avium* und *M. bovis*, ist noch unbekannt.

Mycobakterien und Salmonellen gelangen in dendritische Zellen und Makrophagen, wo sie sich teilen und vermehren. Gleichzeitig lösen sie eine Immunantwort aus, die mehrere Phasen umfasst und schließlich unter Mitwirkung von CD4-T-Zellen die Infektion eindämmen kann. Wenn die Bakterien in die Zellen eindringen, vernetzen zuerst Lipoproteine von der Bakterienoberfläche die Rezeptoren auf Makrophagen und dendritischen Zellen. Zu diesen Rezeptoren gehören die Toll-ähnlichen Rezeptoren (Abschnitt 2.7), besonders TLR-2, und der Mannoserezeptor. Die Verknüpfung der Rezeptoren stimuliert innerhalb der Zellen die Erzeugung von Stickoxid (NO), das für die Bakterien toxisch ist. Die Signale der Toll-ähnlichen Rezeptoren stimulieren auch die Freisetzung von IL-12, das wiederum in der frühen Phase einer Infektion NK-Zellen dazu veranlasst, IFN-γ zu produzieren. IL-12 stimuliert auch antigenspezifische CD4-T-Zellen, IFN-γ und TNF-α freizusetzen. Diese Cytokine aktivieren und lenken weitere mononucleäre Phagocyten zum Infektionsherd, was zur Bildung von Granulomen führt (Abschnitt 8.33).

Die Schlüsselfunktion von IFN-γ besteht darin, Makrophagen zu aktivieren, die dann intrazelluläre Bakterien abtöten. Dies zeigt sich besonders deutlich darin, dass bei Patienten mit einem genetischen Defekt in einer der beiden Untereinheiten des Rezeptors die Eindämmung von Infektionen nicht möglich ist. Wenn die Expression des IFN-γ-Rezeptors vollständig fehlt, ist die Granulombildung stark verringert, was die Bedeutung des Rezeptors in diesem Zusammenhang verdeutlicht. Wenn andererseits aufgrund der zugrunde liegenden Mutation geringe Mengen des funktionsfähigen Rezeptors erzeugt werden, entstehen zwar Granulome, die Aktivierung der Makrophagen innerhalb der Granulome reicht jedoch nicht aus, die Zellteilung und Ausbreitung der Mycobakterien einzudämmen. Dabei ist wichtig, dass diese Kaskade von Cytokinreaktionen im Zusammenhang mit Erkennungswechselwirkungen zwischen antigenspezifischen CD4-T-Zellen und Makrophagen sowie dendritischen Zellen erfolgt, die die intrazellulären Bakterien enthalten. Die Vernetzung der T-Zell-Rezeptoren und die Costimulation des Phagocyten, beispielsweise durch Wechselwirkungen zwischen CD40 und dem CD40-Liganden, liefern Signale, die infizierte Phagocyten dabei unterstützen, die intrazellulären Bakterien abzutöten.

Bei einigen Patienten mit einem NEMO-Defekt (Abschnitt 12.10) hat man ungewöhnliche Infektionen mit Mycobakterien beobachtet. Dabei ist die NFκB-Aktivierung gestört, was sich auf zahlreiche Zellfunktionen auswirkt, etwa auf die Reaktionen mit TLR-Liganden und TNF-α, die diesen Signalweg aktivieren. Diese Erkrankungen lassen die Schlussfolgerung zu, dass Signalwege, die durch Toll-ähnliche Rezeptoren und NFκB kontrolliert werden, anscheinend für Immunantworten gegen eine Reihe von nicht verwandten Krankheitserregern wichtig sind, während der IL-12/IL-23/IFN-γ-Signalweg speziell für die Immunität gegen Mycobakterien und Salmonellen, nicht jedoch für andere Erreger von Bedeutung ist.

12.18 Das X-gekoppelte lymphoproliferative Syndrom geht mit einer tödlich verlaufenden Infektion durch das Epstein-Barr-Virus und der Entwicklung von Lymphomen einher

Das Epstein-Barr-Virus, dem wir in diesem Kapitel bereits begegnet sind (Abschnitt 12.2), kann B-Lymphocyten transformieren; im Labor verwendet man das Virus zur Immortalisierung von B-Zell-Klonen. Bei einem gesunden Menschen kommt es normalerweise *in vivo* nicht zu einer Transformation, da eine EBV-Infektion aktiv eingedämmt und in einem latenten Stadium gehalten wird. Für Letzteres sind cytotoxische T-Zellen verantwortlich, die für B-Zellen spezifisch sind, welche EBV-Antigene exprimieren. Bei einer T-Zell-Immunschwäche kann dieser Kontrollmechanismus jedoch zusammenbrechen, und ein potenziell tödlich verlaufendes B-Zell-Lymphom entwickelt sich. Dies ist beispielsweise bei der seltenen Immunschwäche der Fall, die man als **X-gekoppeltes lymphoproliferatives Syndrom** bezeichnet. Das Syndrom ist die Folge von Mutationen im *SH2D1A*-Gen (*SH2-domain containing gene 1A*). Dieses Gen codiert das Protein SAP (SLAM-assoziiertes Protein, wobei SLAM für „signalübertragendes Lymphocytenaktivierungsmolekül" steht). Jungen mit einem SAP-Mangel entwickeln im Allgemeinen während der Kindheit eine ausufernde EBV-Infektion, manchmal auch Lymphome. Eine EBV-Infektion in dieser Form verläuft normalerweise tödlich und ist mit einer unkontrollierten Entzündung und einer Nekrose der Leber verbunden. SH2D1A muss daher bei der normalen Eindämmung einer EBV-Infektion eine lebensnotwendige, nichtredundante Funktion erfüllen.

Die SAP-Funktion wurde inzwischen teilweise entschlüsselt. Die SH2-Domäne des Proteins tritt mit den cytoplasmatischen Schwänzen der beiden (untereinander strukturell homologen) Transmembranrezeptoren SLAM und 2B4 und außerdem mit dem T-Zell-Adhäsionsmolekül CD2 in Wechselwirkung. SLAM wird von aktivierten T-Zellen exprimiert, während 2B4 bei T-, B- und NK-Zellen vorkommt. Eine Funktion von SAP besteht darin, die Mobilisierung der Tyrosinkinase FynT zu diesen Rezeptoren zu ermöglichen. Dadurch wird eine intrazelluläre Signalkaskade aktiviert, die die Produktion von IFN-γ nach der Vernetzung der T-Zell-Rezeptoren blockiert, die Produktion von IL-2 jedoch nicht beeinflusst. Wenn SAP nicht vorhanden ist, produzieren die T-Zellen erhöhte Mengen an IFN-γ, was möglicherweise dazu führt, die Immunantwort in Richtung auf die T_H1-Zellen zu verlagern. Jungen mit einem X-gekoppelten lymphoproliferativen Syndrom produzieren als Reaktion auf eine Primärinfektion mit EBV deutlich mehr IFN-γ als im Normalfall.

Es gibt zwei Hypothesen, mit denen sich der tödliche Verlauf der EBV-Infektion bei Kindern mit einem SAP-Defekt erklären lässt. Einerseits könnte eine unkontrollierte Infektion dadurch ermöglicht werden, dass B-Zellen, die Peptide des sich vermehrenden EBV präsentieren, von T-Zellen nicht mehr abgetötet werden können. Andererseits könnte die anormale Cytokinreaktion der T-Zellen, denen von infizierten B-Zellen EBV-Peptide präsentiert werden, schwere Entzündungsschäden hervorrufen. Die zugrunde liegenden Mechanismen besprechen wir im nächsten Abschnitt. Wie sich jetzt herausgestellt hat, waren einige Fälle von Lymphomen bei Jungen zwar mit einer Mutation im *SH2D1A*-Gen verknüpft, es gab jedoch keinerlei Hinweis auf eine EBV-Infektion. Das erhöht die Wahrscheinlichkeit, dass es sich bei *SH2D1A* um ein unabhängiges Tumorsuppressorgen handelt, das darüber hinaus ein bei der Entstehung von Tumoren beteiligtes Virus eindämmen kann. Aufgrund der Tatsache, dass EBV in B-Gedächtniszellen dauerhaft erhalten bleibt (Abschnitt 12.2), konnte man bereits Patienten, die an einer übermäßigen EBV-Infektion litten, erfolgreich dadurch behandeln, dass man ihre B-Zellen zerstörte.

12.19 Genetisch bedingte Anomalien im sekretorischen Cytotoxizitätsweg der Lymphocyten verursachen bei Virusinfektionen eine unkontrollierte Vermehrung dieser Zellen und Entzündungsreaktionen

Eine kleine Gruppe von erblichen Immunschwächekrankheiten wirkt sich auch auf die Pigmentierung der Haut aus und führt zu Albinismus. Das Gemeinsame dieser offenbar nicht zusammenhängenden Phänotypen ist ein Defekt in der regulierten Freisetzung der Lysosomen. Ein gemeinsames Merkmal von vielen Zelltypen, die aus dem Knochenmark stammen, beispielsweise Lymphocyten, Granulocyten und Mastzellen, ist die regulierte Freisetzung der Lysosomen. Als Reaktion auf spezifische Reize setzen diese Zellen durch Exocytose ihre sekretorischen Lysosomen frei, die besondere Zusammensetzungen von Proteinen enthalten. Unter den anderen Zelltypen, die Lysosomen ebenfalls reguliert freisetzen, sind die Melanocyten, die Hautpigmentzellen, besonders hervorzuheben. Der Inhalt der sekretorischen Lysosomen ist je nach Zelltyp unterschiedlich. Bei den Melanocyten ist Melanin der Hauptbestandteil, während die sekretorischen Lysosomen der cytotoxischen T-Zellen die cytolytischen Proteine Perforin, Granulysin und Granzyme enthalten (Abschnitt 8.28). Der Inhalt der Granula unterscheidet sich zwar bei den einzelnen Zelltypen, die grundlegenden Mechanismen ihrer Freisetzung jedoch nicht. So lässt sich erklären, wie vererbbare Krankheiten, die die regulierte Freisetzung der Lysosomen beeinträchtigen, zu einer Kombination aus Albinismus und Immunschwäche führen können.

In Abschnitt 12.18 haben wir erfahren, dass das X-gekoppelte lymphoproliferative Syndrom bei einer EBV-Infektion zu einer unkontrollierten Entzündung führt. In dieser Hinsicht ähnelt die Krankheit einer Gruppe von anderen Krankheiten, die ein sogenanntes **hämophagocytotisches Syndrom** verursachen. Dabei kommt es zu einer unkontrollierten Vermehrung der cytotoxischen CD8-T-Lymphocyten, die mit einer Aktivierung von Makrophagen einhergeht. Die klinischen Symptome dieser Krankheit sind eine Folge der Entzündungsreaktion, die durch die verstärkte Freisetzung der entzündungsfördernden Cytokine IFN-γ, TNF, IL-6, IL-10 und den Makrophagen-Kolonie-stimulierenden Faktor (M-CSF) hervorgerufen wird. Diese Mediatoren werden von aktivierten T-Lymphocyten und Makrophagen freigesetzt, die Gewebe infiltrieren, sodass es zu einer Gewebenekrose und zu Organversagen kommt. Die aktivierten Makrophagen nehmen Blutzellen durch Phagocytose auf, darunter auch Erythrocyten und Leukocyten (daher die Bezeichnung des Syndroms). Einige dieser hämophagocytotischen Syndrome sind erblich, und man kann sie entsprechend ihrem genetischen Defekt in zwei Gruppen einteilen. Bei der ersten Gruppe beschränken sich die Auswirkungen der Mutation auf die Lymphocyten oder andere Zellen des Immunsystems, da das mutierte Protein in den Granula der NK-Zellen und cytotoxischen Lymphocyten vorhanden ist und alle Zelltypen beeinflusst, die denselben Signalweg nutzen. Bei der zweiten Gruppe liegt die genetische Anomalie im regulierten Sekretionsweg der Lysosomen, sodass alle Zelltypen betroffen sind, die diesen Weg nutzen. In diesen Fällen kann es auch zu Albinismus kommen.

Ein erblicher Defekt des cytotoxischen Proteins Perforin führt zu einer Krankheit, die man als **familiäre hämophagocytotische Lymphohistiocytose** (**FHL**) bezeichnet. Dabei handelt es sich um eine lymphocytenspezifische Erkrankung, bei der sich polyklonale CD8-positive Zellen zusammen mit aktivierten hämophagocytotischen Makrophagen im Lymphgewebe und in anderen Organen anhäufen. Diese fortschreitende Entzündung verläuft tödlich, wenn sie nicht durch eine Immunsuppressionstherapie in Schach gehalten wird. Bei Mäusen, die kein Perforin besitzen, lässt sich kein unmittelbarerer Defekt beobachten, aber wenn diese Mäuse mit dem lymphocytischen Choriomeningitis-Virus (LCMV) oder anderen Viren infiziert werden, entwickelt sich eine Krankheit, die der menschlichen FHL ähnelt und von einer unkontrollierten virusspezifischen T-Zell-Reaktion vorangetrieben wird. Dieses seltene Syndrom veranschaulicht besonders gut, dass CD8-positive Lymphocyten bei der Begrenzung von T-Zell-Immunantworten von Bedeutung sind. Das geschieht durch perforinabhängige cytotoxische Mechanismen, etwa bei der Reaktion auf eine Virusinfektion. Wenn dieser Mechanismus versagt, töten die unkontrolliert aktivierten T-Zellen ihren Wirt. Perforin ist auch für die Cytotoxizität der NK-Zellen essenziell, die ebenfalls bei der FHL gestört ist.

Beispiele für erbliche Krankheiten, die die regulierte Freisetzung der Lysosomen beeinträchtigen, sind das Chediak-Higashi-Syndrom und das **Griscelli-Syndrom**. Das Chediak-Higashi-Syndrom wird durch Mutationen im Protein CHS1 verursacht, das den Lysosomentransport reguliert. Das Griscelli-Syndrom ist auf Mutationen in der kleinen GTPase Rab27a zurückzuführen, die die Bewegung der Vesikel innerhalb der Zellen reguliert. Man hat noch zwei weitere Formen des Griscelli-Syndroms entdeckt; hier zeigen die Patienten nur die Pigmentveränderung, aber keine Immunschwäche. Beim Chediak-Higashi-Syndrom häufen sich in den Melanocyten, neutrophilen Zellen, Lymphocyten, eosinophilen Zellen und Blutplättchen anormal riesige Lysosomen an. Die Haare zeigen im Allgemeinen eine silbermetallische Färbung, das Sehvermögen ist aufgrund der Anomalien in den Sehpigmentzellen gering, und die Störung der Blutplättchenfunktion führt zu verstärkten Blutungen. Kinder mit diesem Syndrom leiden an sich wiederholenden schweren Infektionen, da die Funktionen der T-Zellen, neutrophilen Zellen und NK-Zellen gestört ist. Nach wenigen Jahren entwickelt sich eine hämophagocytotische Lymphohistiocytose, die unbehandelt zum Tod führt. Zur Behandlung werden Antibiotika verabreicht, um Infektionen zu verhindern, außerdem benötigt man Immunsuppressiva, um die unkontrollierte Entzündung zu behandeln. Eine wirkliche Hoffnung für Patienten mit einem Chediak-Higashi-Syndrom bietet nur eine Knochenmarktransplantation.

12.20 Durch Knochenmarktransplantation oder Gentherapie lassen sich Gendefekte beheben

Fehler in der Lymphocytenentwicklung, die zum SCID-Phänotyp und zu anderen Immunschwächen führen, lassen sich häufig dadurch korrigieren, dass man die fehlerhafte Komponente ersetzt; das geschieht im Allgemeinen durch eine Knochenmarktransplantation. Die größten Schwierigkeiten bei einer solchen Therapie ergeben sich aus den MHC-Polymorphismen. Ein geeignetes Transplantat muss einige der MHC-Allele mit dem Wirt gemeinsam haben. Wie in Abschnitt 7.15 erläutert, bestimmen die vom Thymusepithel exprimierten MHC-Allele, welche T-Zellen selektiert werden. Transplantiert man Knochenmarkzellen in immundefiziente Patienten mit normalem Thymusstroma, so stammen später sowohl die T-Zellen als auch die antigenpräsentierenden Zellen aus dem Transplantat. Die T-Zellen, die im Thymusgewebe des Wirts selektiert werden, können also nur von antigenpräsentierenden Zellen aus dem Transplantat aktiviert werden, wenn zumindest einige MHC-Allele des Transplantats mit denen des Wirts übereinstimmen (Abb. 12.15). Es besteht auch die Gefahr, dass reife T-Zellen im Knochenmarktransplantat, die bereits im Thymus des Spenders selektiert wurden, den Empfänger als fremd erkennen und angreifen. Dies bezeichnet man auch als ***graft versus host*-Krankheit** (*graft-versus-host-disease*, **GVHD**; Abb. 12.16, oben). Sie lässt sich vermeiden, indem man die reifen T-Zellen im Transplantat vor der Übertragung tötet. Knochenmarkempfänger behandelt man normalerweise durch eine Bestrahlung, die die Lymphocyten des Empfängers tötet, für die übertragenen Knochenmarkzellen Raum schafft und die Gefahr einer ***host versus graft*-Krankheit** (*host-versus-graft-disease*, **HVGD**; Abb. 12.16, drittes Bild) minimiert. Bei SCID-Patienten treten selten Abstoßungsreaktionen gegenüber dem übertragenen Knochenmark auf, da die Patienten keine Immunreaktion ausbilden können.

Da inzwischen immer mehr spezifische Gendefekte identifiziert werden, kann man auch auf andere Weise versuchen, diese erblichen Immunschwächekrankheiten zu beheben. Man kann dem Patienten eigene Knochenmarkzellen entnehmen, dann mithilfe eines retroviralen Vektors funktionsfähige Kopien des defekten Gens in diese einschleusen und sie dem Patienten durch eine Transfusion zurückgeben. Durch eine solche **somatische Gentherapie** sollte sich der Gendefekt korrigieren lassen. Außerdem sollte es bei immungeschwächten Personen möglich sein, dieses Knochenmark ohne die üblicherweise notwendige Bestrahlung, die die Knochenmarkfunktion beim Empfänger unterdrückt, wieder in den Patienten zu transplantieren. Dieses Verfahren wurde bereits erfolgreich angewendet, um ein X-gekoppeltes SCID-Syndrom und einen ADA-Mangel zu behandeln. Da sich die meisten Lymphocyten jedoch regelmäßig teilen und dadurch das neue Gen ausgedünnt wird, muss die Behandlung wiederholt durchgeführt werden.

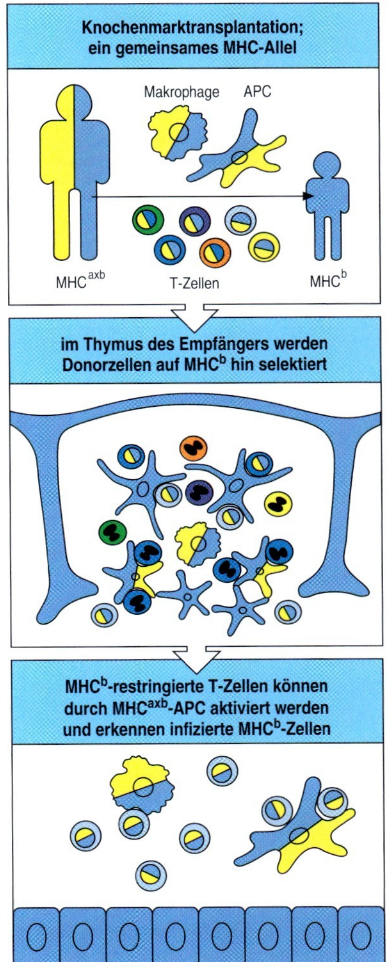

12.15 Knochenmarkspender und -empfänger müssen zumindest einige MHC-Moleküle gemeinsam haben, damit die Immunkompetenz des Empfängers wieder hergestellt wird. Dargestellt ist das Knochenmarktransplantat aus einem genetisch unterschiedlichen Spender, wobei die Markzellen des Spenders einige MHC-Moleküle besitzen, die mit denen des Rezipienten übereinstimmen. Dieser gemeinsame MHC-Typ b ist hier blau dargestellt, der nicht übereinstimmende MHC-Typ a in gelber Farbe. Beim Rezipienten werden die sich entwickelnden Lymphocyten des Donors an MHC^{b} auf den Epithelzellen des Thymus positiv selektiert. Die negative Selektion der Donorlymphocyten erfolgt an Stromaepithelzellen des Rezipienten, außerdem an der corticomedullären Grenze, wo sie mit dendritischen Zellen aus dem Knochenmark des Donors und mit restlichen dendritischen Zellen des Rezipienten zusammentreffen. Die negativ selektierten Zellen sind als apoptotische Zellen dargestellt. Die antigenpräsentierenden Zellen (APC) des Donors in der Peripherie können T-Zellen aktivieren, die MHC^{b}-Moleküle tragen. Die aktivierten T-Zellen können dann infizierte MHC^{b}-tragende Zellen erkennen.

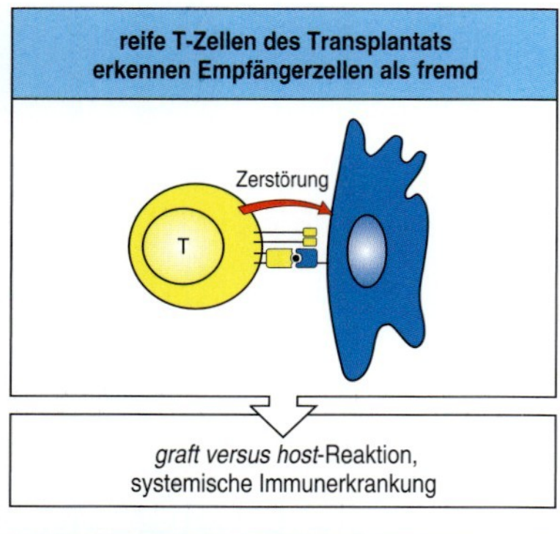

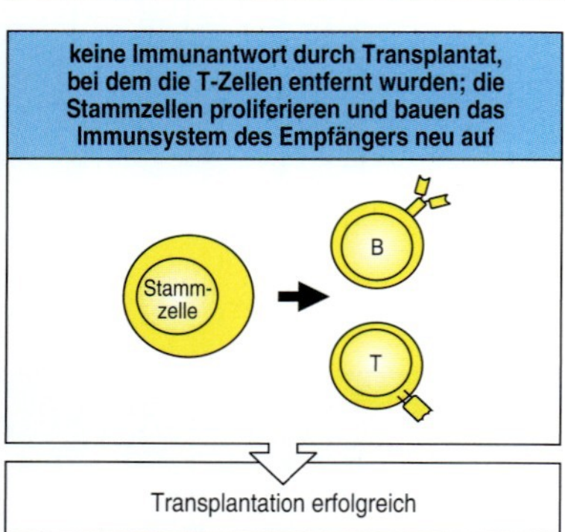

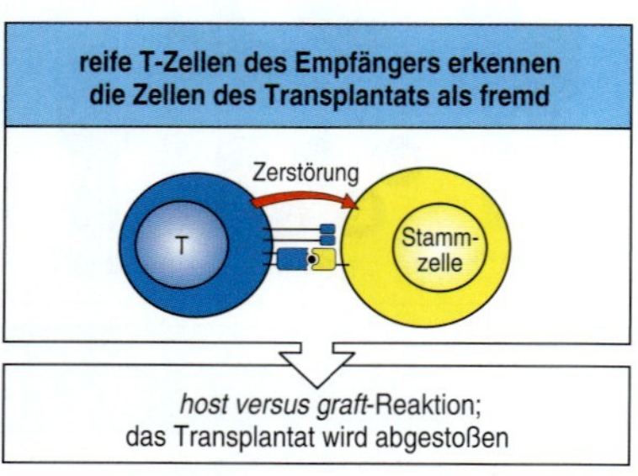

12.16 Bei Knochenmarktransplantationen zur Behebung von Immunschwächen, die auf eine gestörte Lymphocytenreifung zurückzuführen sind, können zwei Probleme auftreten. Wenn reife T-Zellen im Knochenmark vorhanden sind, können sie die MHC-Antigene auf Zellen des Empfängers erkennen und die Zellen angreifen, was zu einer sogenannten *graft versus host*-Reaktion (Transplantat-gegen-Wirt-Reaktion) führt (oben). Durch Zerstörung der T-Zellen im gespendeten Knochenmark lässt sich dies verhindern (Mitte). Besitzt der Empfänger immunkompetente T-Zellen, können diese die Stammzellen des Knochenmarks angreifen (unten). Dann wird das Transplantat auf dem üblichen Weg abgestoßen (Kapitel 13).

Leider hat dieser Erfolg einen erheblichen Rückschlag erlitten: zwei der neun Kinder, deren Immunschwäche durch diese Gentherapie behoben wurde, entwickelten einen T-Zell-Tumor. Dieser wurde durch die Integration des retroviralen Vektors, den man für die Gentherapie verwendet hatte, in der Nähe des Promotors für das Protoonkogen *LMO2* verursacht, das die Hämatopoese reguliert.

12.21 Sekundäre Immunschwächen sind die bedeutendsten Prädispositionen für Infektionen mit Todesfolge

Durch die primären Immunschwächen konnten wir viel über die Biologie der spezifischen Proteine des Immunsystems erfahren. Glücklicherweise sind diese Erkrankungen selten. Die sekundäre Immunschwäche ist hingegen außerordentlich weit verbreitet und besitzt im medizinischen Alltag eine große Bedeutung. Der Mangelernährung fallen weltweit viele Menschen zum Opfer, und ein Hauptmerkmal von Mangelernährung ist die sekundäre Immunschwäche. Das betrifft vor allem die zellvermittelte Immunität, und bei Hungersnöten sind viele Todesfälle auf Infektionen zurückzuführen. Die Krankheit Masern, die selbst eine Immunsuppression herbeiführt (Abschnitt 12.4), ist eine bedeutende Todesursache bei unterernährten Kindern. In den Industrienationen sind Masern eine unangenehme Krankheit, aber es kommt selten zu größeren Komplikationen. Bei Unterernährung führen Masern jedoch zu einer hohen Sterblichkeitsrate. Auch Tuberkulose ist eine ernstzunehmende Krankheit bei unterernährten Menschen. Bei Mäusen führt ein Proteinmangel zu einer Immunschwäche, die die Funktion der antigenpräsentierenden Zellen beeinträchtigt. Beim Menschen ist jedoch nicht geklärt, wie Unterernährung speziell die Immunantworten beeinflusst. Verbindungen zwischen dem endokrinen System und dem Immunsystem sollten teilweise eine Rolle spielen. Adipocyten (Fettzellen) produzieren das Hormon Leptin, und der Leptinspiegel hängt direkt mit der im Körper vorhandenen Fettmenge zusammen. Bei Hunger nimmt der Leptinspiegel ab. Sowohl Mäuse als auch Menschen mit einem genetisch bedingten Leptinmangel zeigen geringere T-Zell-Reaktionen, bei Mäusen kommt es zu einer Thymusatrophie. Sowohl bei hungernden Mäusen als auch bei Mäusen mit einem vererbten Leptinmangel lassen sich die Anomalien durch eine Leptingabe aufheben.

Sekundäre Immunschwächen gehen auch mit hämatopoetischen Tumoren einher, etwa mit Leukämien und Lymphomen. Abhängig vom jeweiligen Typ kann eine Leukämie mit einem Übermaß (Neutrophilie) oder einem Mangel (Neutropenie) an neutrophilen Zellen einhergehen. In beiden Fällen erhöht die Fehlfunktion der neutrophilen Zellen die Anfälligkeit gegenüber Infektionen mit Pilzen und Bakterien (Abschnitt 12.12). Die Zerstörung oder Durchsetzung der peripheren lymphatischen Gewebe mit Lymphomen oder Metastasen von anderen Krebsarten kann opportunistische Infektionen befördern. Wird die Milz durch einen chirurgischen Eingriff entfernt oder ihre Funktion durch eine Krankheit zerstört, kommt es zu einer lebenslangen Prädisposition für überbordende Infektionen durch *S. pneumoniae*, was die Bedeutung der mononucleären

Phagocyten in der Milz bei der Beseitigung dieser Mikroorganismen aus dem Blut unterstreicht. Patienten, die ihre Milzfunktion verloren haben, sollten gegen Infektionen mit Pneumokokken geimpft werden, und ihnen wird auch häufig empfohlen, lebenslang Antibiotika zur Vorbeugung einzunehmen.

Eine bedeutende Nebenwirkung der cytotoxischen Medikamente, die für die Behandlung von Krebs verwendet werden, besteht in einer erhöhten Anfälligkeit gegenüber Infektionen. Diese Wirkstoffe töten alle sich teilenden Zellen, und die Zellen des Knochenmarks und der lymphatischen Gewebe sollten eigentlich am wenigsten ein Angriffsziel sein. Daher sind Infektionen eine der bedeutsamsten Nebenwirkungen einer Therapie mit cytotoxischen Medikamenten. Das gilt auch dann, wenn diese und ähnliche Medikamente in einer Therapie als Immunsuppressiva angewendet werden. Ein weiterer unerwünschter Nebeneffekt von medizinischen Behandlungen ist das erhöhte Infektionsrisiko in der Umgebung von medizinischen Vorrichtungen wie Kathetern, künstlichen Herzklappen und künstlichen Gelenken. Diese sind für die Entwicklung von Infektionen, die einer einfachen Beseitigung durch Antibiotika widerstehen, besonders geeignet. Diesen implantierten Materialen fehlen die inhärenten Abwehrmechanismen der normalen Körpergewebe, und sie wirken als „geschützte" Matrix für das Wachstum von Bakterien und Pilzen. Katheter, die für eine peritoneale Dialyse oder für die Infusion von Medikamenten oder Flüssigkeiten in den Blutkreislauf dienen, können ebenfalls einen Zugang für Bakterien schaffen, durch den diese die normale Abwehrbarriere der Haut umgehen können.

Zusammenfassung

Gendefekte können nahezu alle Moleküle betreffen, die an der Immunreaktion beteiligt sind. Sie verursachen charakteristische Immunschwächekrankheiten, die zwar sehr selten sind, aus denen wir aber viel über die normale Entwicklung und Funktion des Immunsystems beim gesunden Menschen lernen können. Die erblichen Immunschwächekrankheiten verdeutlichen die elementare Rolle, die die adaptive Immunantwort und besonders die T-Zellen spielen, ohne die sowohl die zelluläre als auch die humorale Immunantwort versagen. Die Krankheiten haben uns gezeigt, welche Rolle die B-Lymphocyten bei der humoralen und die T-Lymphocyten bei der zellulären Immunantwort spielen, welche Bedeutung die Phagocyten und das Komplementsystem für die humorale und die angeborene Immunantwort besitzen und welche speziellen Funktionen einige Zelloberflächen- oder Signalmoleküle bei der adaptiven Immunantwort erfüllen. Es gibt viele erbliche Immunschwächekrankheiten, deren Ursache wir noch nicht kennen. Die Erforschung dieser Krankheiten wird zweifellos unser Wissen über die normale Immunantwort und ihre Regulation weiter vertiefen. Erworbene Schädigungen des Immunsystems, die sekundären Immunschwächen, sind viel häufiger als die primären erblichen Immunschwächen, und Hunger ist eine der Hauptursachen für Immunschwächen und Todesfälle weltweit. Im nächsten Abschnitt wollen wir uns mit der Pandemie des erworbenen Immunschwächesyndroms beschäftigen, das durch eine Infektion mit dem HIV-Virus ausgelöst wird.

Das erworbene Immunschwäche-syndrom (AIDS)

Die extremste Form von Immunsuppression, die durch einen Krankheitserreger verursacht wird, ist das **erworbene Immunschwächesyndrom** (*acquired immune deficiency syndrome*, **AIDS**), das durch eine Infektion mit dem **menschlichen Immunschwächevirus** (**HIV**) entsteht. Eine HIV-Infektion führt zu einem allmählichen Verlust der Immunkompetenz, sodass Infektionen durch Organismen ermöglicht werden, die normalerweise nicht pathogen sind. Der früheste dokumentierte Fall einer HIV-Infektion eines Menschen ist eine Serumprobe aus Kinshasa (Demokratische Republik Kongo), die dort 1959 eingelagert wurde. Es dauerte jedoch noch bis 1981, als die ersten Fälle von AIDS offiziell gemeldet wurden. Charakteristisch für AIDS ist eine Anfälligkeit für Infektionen mit opportunistischen Pathogenen sowie das Auftreten einer aggressiven Form des Kaposi-Sarkoms oder von B-Zell-Lymphomen, einhergehend mit einer starken Abnahme der Anzahl an CD4-T-Zellen.

Da die Krankheit offenbar durch den Kontakt mit Körperflüssigkeiten übertragen wird, nahm man an, dass ein neues Virus die Ursache ist. 1983 wurde der Erreger HIV isoliert und identifiziert. Mittlerweile kennt man mindestens zwei Typen von HIV, die eng miteinander verwandt sind: HIV-1 und HIV-2. HIV-2 ist in Westafrika endemisch und breitet sich inzwischen auch in Indien aus. Weltweit werden jedoch die meisten AIDS-Fälle von dem virulenteren HIV-1 verursacht. Beide Viren haben sich anscheinend von anderen Primatenspezies auf den Menschen ausgebreitet. Hinweise aus Sequenzbeziehungen lassen darauf schließen, dass HIV-1 bei mindestens drei unabhängigen Ereignissen vom Schimpansen *Pan troglodytes* auf den Menschen übertragen wurde, während HIV-2 von der Mangabe *Cercocebus atys* herrührt.

HIV zeigt eine ausgeprägte genetische Variabilität und wird aufgrund der Nucleotidsequenz in drei Hauptgruppen eingeteilt – M (*main*), O (*outlier*) und N (*non-M, non-O*). Diese sind nur entfernt miteinander verwandt und wurden wahrscheinlich unabhängig voneinander von Schimpansen auf Menschen übertragen. Die M-Gruppe ist weltweit für die meisten AIDS-Fälle verantwortlich und wird genetisch noch einmal in Subtypen – gelegentlich als Kladen bezeichnet – unterteilt, denen man die Buchstaben A bis K zugeordnet hat. In verschiedenen Weltregionen sind verschiedene Subtypen vorherrschend. Die Abstammung der M-Gruppe von HIV-1 von einem gemeinsamen Vorfahr wurde mithilfe einer phylogenetischen Analyse ermittelt. Höchstwahrscheinlich hat sich das M-Virus beim Menschen nach dem ursprünglichen Transfer von einem Schimpansen, der das verwandte Affen-Immunschwächevirus (SIV_{cpz}) trug, weiterentwickelt. Nach einer Schätzung fällt der gemeinsame Vorfahr der M-Gruppe möglicherweise in den Zeitraum 1915 bis 1941. Wenn das zutrifft, infiziert HIV-1 die Menschen in Afrika schon viel länger, als man bis jetzt angenommen hat.

Eine HIV-Infektion verursacht nicht unmittelbar AIDS, und es ist noch nicht vollständig geklärt, über welche Mechanismen die Infektion geschieht und ob bei allen HIV-Infizierten die Krankheit offen ausbricht. Aber es zeigt sich immer deutlicher, dass der Schlüssel für die Lösung des AIDS-Problems in der Vermehrung des Virus und der Immunantwort darauf liegt. Mittlerweile findet man HIV überall auf der Welt. Während man große Anstrengungen unternimmt, eine Erklärung für die Entstehung und die Epidemio-

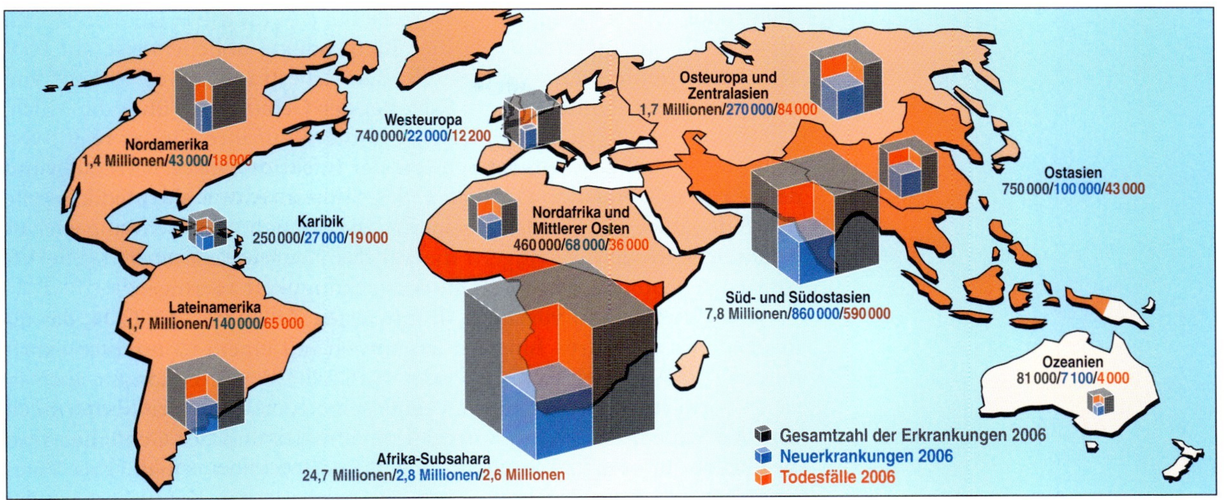

12.17 HIV breitet sich auf allen Kontinenten aus. Die Zahl der HIV-Infizierten ist hoch und sie nimmt zu. Weltweit waren im Jahr 2006 etwa 40 Millionen Menschen mit HIV infiziert, darunter etwa 5 Millionen Neuinfektionen, und es gab 3 Millionen Todesfälle durch AIDS. Angegeben sind die geschätzten Zahlen von Erwachsenen und Kindern, die Ende 2006 mit einer HIV-Infektion/AIDS lebten (AIDS Epidemic Update UNAIDS/Weltgesundheitsorganisation 2006.)

logie der Krankheit zu finden, wächst die Anzahl der weltweit infizierten Personen mit alarmierender Geschwindigkeit. Das bedeutet, dass noch viele Jahre lang Menschen in großer Zahl an AIDS sterben werden. Nach Schätzungen der Weltgesundheitsorganisation (WHO) sind seit Beginn der Epidemie über 25 Millionen Menschen an AIDS gestorben, und zurzeit gibt es etwa 44 Millionen noch lebende Infizierte (Abb. 12.17), die meisten davon in Afrika in der Subsahararegion, wo 7,4 % der jungen Erwachsenen infiziert sind. In einigen Ländern dieser Region wie in Zimbabwe und Botswana sind über 25 % der 20- bis 30-Jährigen infiziert. In China und Indien nehmen die epidemische HIV-Infektion und die Anzahl der AIDS-Fälle zu. Untersuchungen haben gezeigt, dass 1 bis 2 % der schwangeren Frauen mit HIV infiziert sind. Die Anzahl der AIDS-Infektionen nimmt in Osteuropa und Zentralasien schneller zu als in der übrigen Welt. Etwa ein Drittel der heute mit HIV Infizierten ist zwischen 15 und 24 Jahre alt, und die meisten von ihnen wissen nicht, dass sie das Virus tragen.

12.22 Die meisten HIV-Infizierten erkranken auf lange Sicht an AIDS

Viele Viren verursachen eine akute, aber begrenzte Infektion, die zu einem lang anhaltenden Immunschutz führt. Andere, wie die Herpesviren, lösen eine latente Infektion aus, die nicht beseitigt, aber von einer adaptiven Immunantwort ausreichend kontrolliert wird (Abschnitt 12.2). Eine HIV-Infektion ruft jedoch anscheinend nur selten eine Immunantwort hervor, die verhindern kann, dass sich das Virus weiter vermehrt. Obwohl das Immunsystem anscheinend die anfängliche akute Infektion unter Kontrolle bringt, vermehrt sich HIV kontinuierlich und infiziert ständig neue Zellen.

Die Infektion mit HIV erfolgt im Allgemeinen durch die Übertragung von Körperflüssigkeiten von einer infizierten auf eine nichtinfizierte Person. Eine HIV-Infektion erfolgt am häufigsten durch Geschlechtsverkehr, kontaminierte Kanülen, die für die intravenöse Aufnahme von Drogen verwendet werden, und die Verwendung von infiziertem Blut oder infizierten

Blutprodukten bei Therapien. Letzteres ist in den Industrienationen jedoch größtenteils auszuschließen, da hier Blutprodukte üblicherweise auf HIV untersucht werden. Ein weiterer wichtiger Übertragungsweg verläuft von einer infizierten Mutter auf ihr Baby bei der Geburt oder über die Milch. Die Übertragungsrate von infizierten Müttern auf ihre Kinder reicht von 11 bis 60 %, abhängig von der Schwere der Infektion (abgeschätzt aufgrund der Viruslast) und der Häufigkeit des Stillens. Antivirale Medikamente wie Zidovudin (AZT) oder Neviparin, die während der Schwangerschaft verabreicht werden, verringern die auf das Neugeborene übertragene Virusmenge deutlich, sodass sich die Ansteckungssrate verringert.

Das Virus kommt vor allem in infizierten Zellen vor, die CD4, das als Rezeptor für das Virus fungiert, zusammen mit einem Corezeptor exprimieren, im Allgemeinen CCR5 oder CXCR4. Das Virus kommt auch in freier Form im Blut, Samen, in Vaginalsekreten oder in der Muttermilch vor. Die Schleimhäute des Gastrointestinaltraktes und der Genitalien sind die Stellen, an denen vor allem eine Primärinfektion erfolgt. Das Virus vermehrt sich aktiv und breitet sich im lymphatischen Kompartiment der Schleimhautgewebe aus. Daran schließt sich eine systemische Infektion der übrigen peripheren lymphatischen Organe an.

Die **akute Phase** der Infektion ist in 80 % aller Fälle symptomatisch durch eine grippeähnliche Erkrankung gekennzeichnet, wobei das Virus im peripheren Blut in großen Mengen auftritt (Virämie) und die Anzahl der zirkulierenden CD4-T-Zellen deutlich zunimmt. In dieser Phase wird es häufig versäumt, eine Diagnose zu stellen, außer es besteht ein dringender Verdacht. Diese akute Virämie geht bei nahezu allen Patienten mit der Aktivierung der CD8-T-Zellen einher, die HIV-infizierte Zellen abtöten. Anschließend kommt es auch zur Produktion von Antikörpern, zur **Serokonversion**. Vermutlich ist die Antwort der cytotoxischen T-Zellen für die Kontrolle des Virustiters entscheidend. Dieser steigt an und fällt danach ab, während die Zahl der CD4-T-Zellen auf etwa 800 Zellen μl^{-1} zurückgeht (der normale Wert beträgt etwa 1 200 Zellen μl^{-1}).

Drei bis vier Monate nach der Infektion enden normalerweise die Symptome der akuten Virämie. Die Virusmenge, die in diesem Infektionsstadium im Blutplasma bestehen bleibt, ist im Allgemeinen der beste Indikator für den weiteren Verlauf der Krankheit. Fast alle Patienten, die mit HIV infiziert sind, bekommen nach einer Phase scheinbarer Ruhe, die als klinische Latenz oder **asymptomatische Phase** bezeichnet wird, im Laufe der Zeit AIDS (Abb. 12.18). In Wirklichkeit herrscht in der Latenzphase durchaus kein Stillstand; vielmehr vermehrt sich das Virus permanent, und Funktion und Anzahl der CD4-T-Zellen nehmen stetig ab, bis die Patienten schließlich nur noch wenige CD4-T-Zellen haben. An diesem Punkt, der innerhalb von sechs Monaten bis 20 Jahren nach der primären Infektion oder noch später erreicht werden kann, endet die Phase der klinischen Latenz, und es kommt zu den ersten opportunistischen Infektionen.

Für den Verlust der CD4-T-Zellen bei einer HIV-Infektion sind mindestens drei hauptsächliche Mechanismen verantwortlich. Erstens gibt es Hinweise darauf, dass Zellen durch das Virus direkt abgetötet werden. Zweitens nimmt bei infizierten Zellen die Anfälligkeit für das Auslösen der Apoptose zu. Und drittens werden infizierte CD4-T-Zellen durch die cytotoxischen CD8-Lymphocyten getötet, die virale Peptide erkennen. Darüber hinaus ist bei Infizierten die Erzeugung neuer T-Zellen gestört. Das deutet darauf hin, dass im Thymus die Vorläufer der CD4-T-Zellen bereits infi-

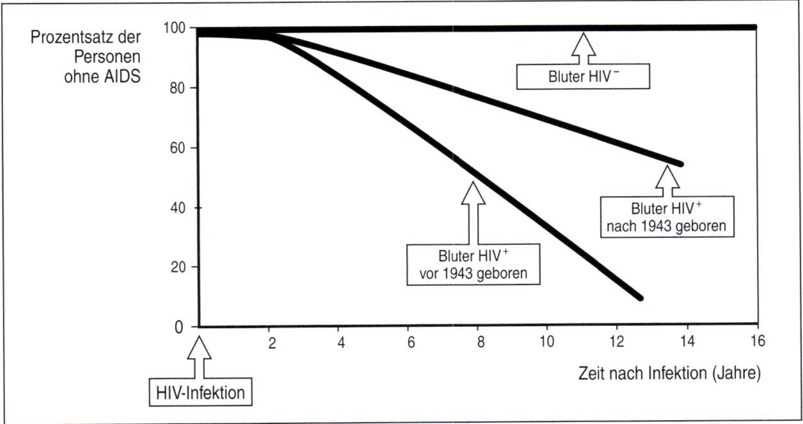

12.18 Die meisten HIV-Infizierten entwickeln im Laufe einiger Jahre AIDS. Die Wahrscheinlichkeit, AIDS-Symptome zu entwickeln, steigt kontinuierlich an, je mehr Zeit seit der Infektion vergangen ist. Männer, die mit Männern sexuelle Kontakte haben, und Bluter gehören zu den am meisten gefährdeten Gruppen – Homosexuelle infizieren sich in der Regel durch sexuell übertragene Viren, Bluter meist aufgrund von menschlichen Blut, das sie benötigen, um den Blutgerinnungsfaktor VIII zu ersetzen, das aber infiziert ist. In Afrika erfolgt die Ausbreitung des Virus vor allem durch heterosexuellen Geschlechtsverkehr. Bluter sind mittlerweile geschützt, da die Blutprodukte getestet werden und man gentechnisch hergestellten Faktor VIII benutzt. Sind Homosexuelle und Bluter nicht mit HIV infiziert, zeigen sie auch keine AIDS-Symptome. Die meisten Bluter wurden durch kontaminiertes Blut mit dem Virus infiziert. Dargestellt ist das Voranschreiten der Krankheit bis hin zu AIDS. Das Alter der Betroffenen spielt anscheinend bei der Progressionsgeschwindigkeit von HIV eine entscheidende Rolle. Über 80 % der Personen, die zum Zeitpunkt der Infektion über 40 Jahre alt waren, entwickelten AIDS im Zeitraum von 13 Jahren; im Gegensatz dazu waren es bei Personen unter 40 Jahren etwa 50 %, die in einem ähnlichen Zeitraum an AIDS erkrankten. Einige wenige Personen entwickeln offenbar keine AIDS-Symptome, obwohl sie HIV-infiziert sind.

ziert und zerstört werden. Damit lässt sich vielleicht auch erklären, warum die Krankheit bei Kleinkindern so rasant voranschreitet.

Abbildung 12.19 zeigt den typischen Verlauf einer HIV-Infektion. Es wird jedoch immer klarer, dass die Krankheit sehr unterschiedlich verlaufen kann. Zwar entwickeln die meisten infizierten Personen AIDS und sterben letztlich an einer opportunistischen Infektion oder Krebs; das gilt jedoch durchaus nicht für alle. Bei einem geringen Prozentsatz kommt es zu einer Serokonversion, und die Menschen bilden Antikörper gegen viele HIV-Proteine. Die Krankheit schreitet anscheinend nicht weiter voran, und die Anzahl der CD4-T-Zellen und andere Parameter der Immunkompetenz bleiben stabil. Im Blut dieser Menschen findet man eine ungewöhnlich geringe Konzentration an zirkulierenden Viren. Man untersucht sie intensiv, um herauszufinden, wie sie die HIV-Infektion unter Kontrolle halten können. Eine andere Personengruppe sind seronegative Menschen, die häufig HIV ausgesetzt waren, aber gesund und virusfrei geblieben sind. Einige von ihnen haben spezielle cytotoxische Lymphocyten und T_H1-Lymphocyten, die infizierte Zellen attackieren. Dies bestätigt, dass sie in hohem Maße

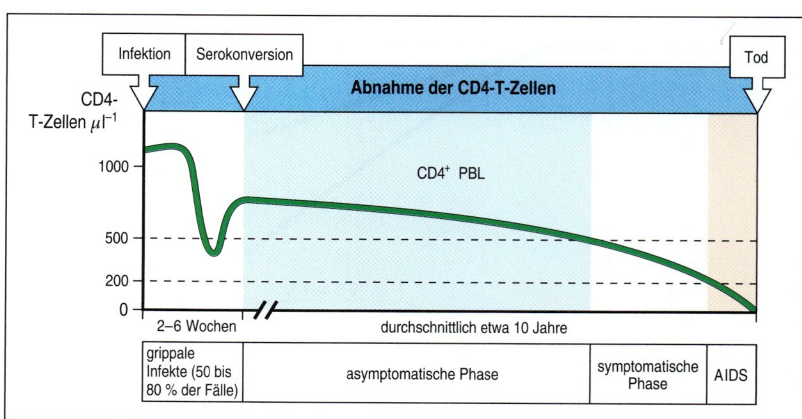

12.19 Der typische Verlauf einer unbehandelten HIV-Infektion. Die ersten Wochen sind durch eine akute grippeähnliche Infektion mit einem hohen Virustiter im Blut gekennzeichnet, die man manchmal auch als Serokonversionskrankheit bezeichnet. Die folgende adaptive Immunantwort bringt die akute Infektion unter Kontrolle und lässt die Anzahl der CD4-T-Zellen (CD4$^+$ PBL) wieder auf die ursprünglichen Werte ansteigen, beseitigt die Viren jedoch nicht vollständig. Opportunistische Infektionen und andere Symptome werden häufiger, wenn die Zahl der CD4-T-Zellen abnimmt. Sie beginnen etwa bei 500 CD4-T-Zellen μl^{-1}. Dann zeigen sich bei den Betroffenen die ersten Symptome. Sinken die CD4-T-Zellen unter 200 pro μl^{-1}, spricht man von AIDS. Man beachte, dass die Zahl der CD4-T-Zellen aus klinischen Gründen in Zellen μl^{-1} angegeben wird und nicht wie sonst in diesem Buch in Zellen ml^{-1}.

HIV oder möglicherweise nichtinfektiösen HIV-Antigenen ausgesetzt waren. Noch ist nicht ausreichend geklärt, ob diese Immunantwort die Infektion verhindert hat. Dieser Punkt ist jedoch von größtem Interesse für die Entwicklung und Konzeption von Impfstoffen.

12.23 HIV ist ein Retrovirus, das CD4-T-Zellen, dendritische Zellen und Makrophagen infiziert

HIV ist ein Retrovirus mit Hülle, dessen Struktur in Abbildung 12.20 dargestellt ist. Jedes Viruspartikel oder Virion enthält zwei Kopien eines RNA-Genoms und zahlreiche Kopien der essenziellen Enzyme, die für die ersten Stufen der Infektion und Genomreplikation erforderlich sind, bevor die neuen Virusproteine produziert werden. Das Virusgenom wird in der infizierten Zelle durch die **Reverse Transkriptase** in die DNA-Form umgeschrieben und dann mithilfe der viralen **Integrase** in das Chromosom der Wirtszellen eingefügt. Von der integrierten viralen DNA werden RNA-Transkipte hergestellt, die zum einen die Funktion einer mRNA haben, welche als Matrize für die Synthese der viralen Proteine dient. Zum anderen bilden die Transkripte später das RNA-Genom für neu hergestellte Viruspartikel. Diese werden aus der Zelle ausgeschleust, indem sie sich von der Plasmamembran abschnüren – jedes in eine eigene Membran gehüllt. HIV gehört zur Retrovirengruppe der **Lentiviren**. Die Bezeichnung leitet sich aus dem Lateinischen *lentus* (langsam) ab und bezieht sich auf das allmähliche Voranschreiten der Krankheiten, die diese Viren verursachen. Die Viren persistieren und vermehren sich jahrelang kontinuierlich, bis sich die Anzeichen der Krankheit offen zeigen.

Die Fähigkeit von HIV, in bestimmte Zelltypen einzudringen, bezeichnet man als zellulären **Tropismus**. Dieser beruht auf der Expression spezifischer Rezeptoren für das Virus, die sich an der Oberfläche der Zellen befinden. HIV dringt mithilfe eines Komplexes aus zwei nichtkovalent verbundenen Glykoproteinen in der Virushülle (gp120 und gp41) in die Zelle ein. gp120 bindet hoch affin an das Zelloberflächenmolekül CD4. Das Virus bindet also an CD4-T-Zellen sowie an dendritische Zellen und Makrophagen, die ebenfalls in geringem Umfang CD4 exprimieren. Vor der Verschmelzung und dem Eindringen des Virus muss gp120 auch an den Corezeptor in der Membran der Wirtszelle binden. Als Corezeptoren für das Eindringen des Virus können mehrere verschiedene Chemokinrezeptoren dienen. Die wichtigsten Corezeptoren sind CCR5, der vor allem auf dendritischen Zellen, Makrophagen und CD4-T-Zellen exprimiert wird, sowie CXCR4, der auf aktivierten T-Zellen exprimiert wird. Nach Bindung von gp120 an Rezeptor und Corezeptor verursacht gp41 die Fusion der Virushülle mit der Plasmamembran der Zelle, sodass das virale Genom und die assoziierten Virusproteine in das Cytoplasma gelangen. Dieser Fusionsvorgang bietet einen Angriffspunkt für eine medikamentöse Therapie. Zum carboxyterminalen Ende von gp41 analoge Peptide blockieren die Fusion der Virushülle und der Plasmamembran. Die Verabreichung eines solchen Peptids mit der Bezeichnung T-20 an Patienten mit einer HIV-Infektion führt zu einer annähernd 20-fachen Abnahme der Konzentration von HIV-RNA im Plasma.

HIV mutiert schnell während seiner Replikation im Körper. So entstehen bei einer einzigen Infektion und in der Population insgesamt viele verschiedene Varianten. Unterschiedliche Varianten infizieren unterschiedliche Zelltypen, und ihr Tropismus hängt zum großen Teil davon ab, welche Chemokinrezeptoren sie als Corezeptoren nutzen. Als Corezeptor, der von HIV-Varianten für die Primärinfektion genutzt wird, dient vor allem der CCR5-Rezeptor, der die CC-Chemokine CCL3, CCL4 und CCL5 bindet, und diese HIV-Varianten benötigen nur geringe Mengen von CD4 auf den Zellen, die sie infizieren. Die HIV-Varianten, die CCR5 nutzen, infizieren dendritische Zellen, Makrophagen und T-Zellen *in vivo*, und man bezeichnet sie im Allgemeinen als „R5"-Viren, was auf den Chemokinrezeptor hinweisen soll, an den sie binden. „X4"-Viren hingegen infizieren vor allem CD4-T-Zellen und nutzen CXCR4 (den Rezeptor für das Chemokin CXCL12) als Corezeptor.

Anscheinend werden R5-HIV-Isolate vor allem durch sexuelle Kontakte übertragen, da sie bei neu infizierten Personen den vorherrschenden Virusphänotyp bilden. Das Virus verbreitet sich von einem ersten Reservoir infizierter dendritischer Zellen und Makrophagen aus; es gibt Hinweise, dass dabei das Lymphgewebe der Schleimhäute eine wichtige Rolle spielt. Schleimhautepithelien sind ständig fremden Antigenen ausgesetzt und bieten eine Umgebung mit einer Aktivität des Immunsystems, die die Vermehrung von HIV erleichtert. Die Infektionen erfolgen über zwei Typen von Epithelien. Die Schleimhaut von Vagina, Penis, Gebärmutterhals und Anus ist von einem Schichtenplattenepithel bedeckt, das aus mehreren Zellschichten besteht. Eine zweite Art von Epithel, das aus einer einzigen Zellschicht besteht, kommt im Mastdarm und in der Endocervix vor.

HIV-Viren, die im Schichtenplattenepithel von dendritischen Zellen aufgenommen wurden, werden anscheinend durch einen komplexen Transportmechanismus im Lymphgewebe auf CD4-T-Zellen übertragen. Untersuchungen *in vitro* haben gezeigt, dass sich HIV an dendritische Zellen anheftet, die von Monocyten abstammen, indem das virale gp120 an die C-Typ-Lektin-Rezeptoren bindet, etwa an Langerin (CD207), den Mannoserezeptor (CD206) und DC-SIGN. Ein Teil der gebundenen Viren wird schnell von Vakuolen aufgenommen, wo die Viren in einem infektiösen Zustand verbleiben. So ist das Virus bei der Wanderung der dendritischen Zellen in die lymphatischen Gewebe geschützt. Es bleibt stabil, bis es auf eine zugängliche CD4-T-Zelle trifft (Abb. 12.21). Das Vorhandensein dieses Transportmechanismus bestätigt die Vorstellung, dass HIV CD4-Zellen entweder direkt oder über die immunologische Synapse infizieren kann, die zwischen dendritischen Zellen und CD4-T-Zellen gebildet wird.

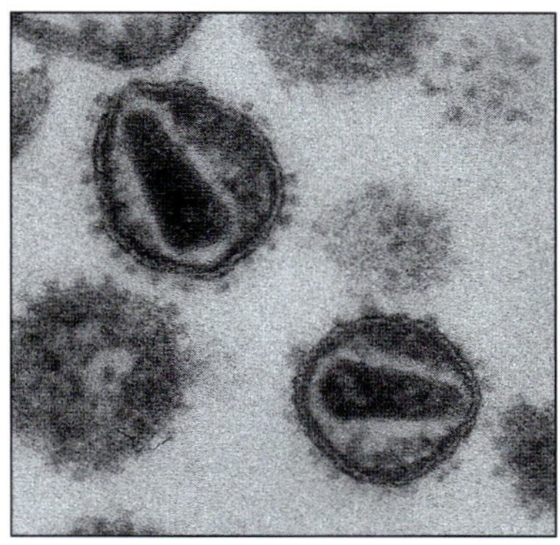

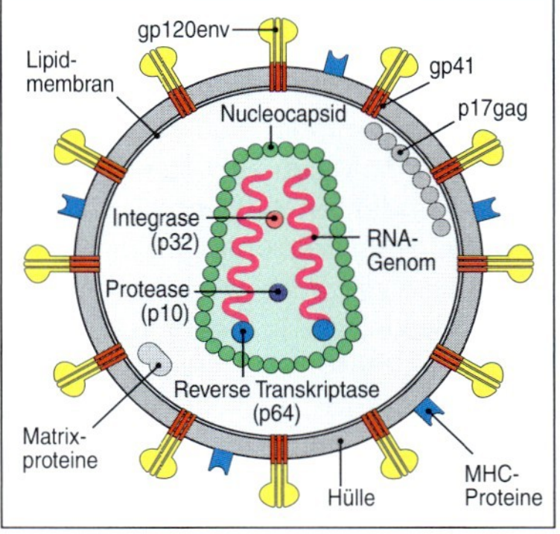

12.20 Das Virion des menschlichen Immunschwächevirus (HIV). Dargestellt ist HIV-1, die Hauptursache für AIDS. Reverse Transkriptase, Integrase und Protease des Virus sind im Virion verpackt; das rechte Bild zeigt sie schematisch im Viruscapsid. In Wirklichkeit besitzt jedes Virion viele Moleküle dieser Enzyme. (Foto mit freundlicher Genehmigung von H. Gelderblom.)

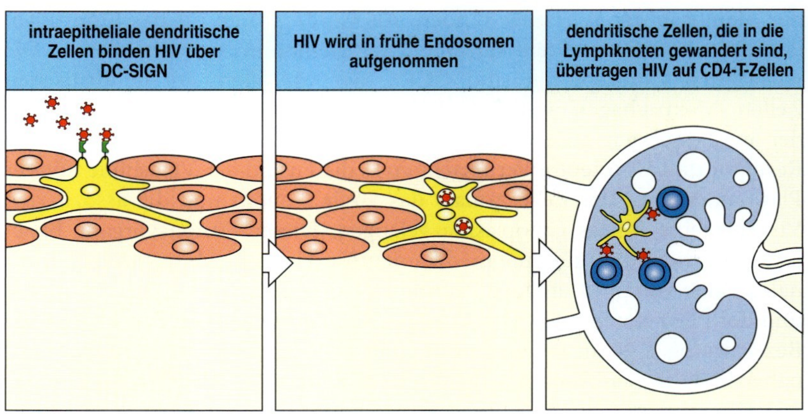

12.21 Dendritische Zellen lösen die Infektion aus, indem sie HIV von der Schleimhautoberfläche in das lymphatische Gewebe transportieren. HIV heftet sich an die Oberfläche von intraepithelialen dendritischen Zellen, indem das virale Protein gp120 an DC-SIGN bindet (links). Das Virus kommt bei verletzten Stellen der Schleimhaut oder möglicherweise auch direkt mit dendritischen Zellen in Kontakt, die ihre Fortsätze zwischen Epithelzellen hindurchstrecken, um aus der Umgebung Antigene aufzunehmen. Dendritische Zellen nehmen HIV in Endosomen auf, die sich in einer frühen Entwicklungsphase befinden und innen ein leicht saures Milieu aufweisen. Die Zellen wandern in die lymphatischen Gewebe. HIV wird zurück an die Zelloberfläche gebracht, und wenn die dendritische Zelle in einem sekundären lymphatischen Gewebe auf eine CD4-T-Zelle trifft, wird HIV auf die T-Zelle übertragen (rechts).

Epithelzellen in dem einschichtigen Epithel, das den Mastdarm und die Endocervix bedeckt, exprimieren CCR5 und als weiteres HIV-bindendes Molekül Glykosphingolipid-Galactosylceramid, und sie übertragen selektiv R5-HIV-Varianten, nicht jedoch X4-Varianten, durch das einschichtige Epithel, sodass HIV an submucosale CD4-T-Zellen und dendritische Zellen binden und sie infizieren kann. Die Infektion von CD4-T-Zellen über CCR5 erfolgt in einer frühen Phase des Infektionsverlaufs und setzt sich so fort, wobei aktivierte CD4-T-Zellen während der Infektion den größten Teil der HIV-Viren produzieren. In einer späten Phase der Infektion verändert sich in 50 % aller Erkrankungen der Phänotyp des Virus zum X4-Typ. Dieser infiziert T-Zellen über CXCR4-Corezeptoren. Anschließend kommt es zu einer schnellen Abnahme der Anzahl der CD4-T-Zellen und zur Entwicklung von AIDS.

12.24 Die genetische Variabilität im Wirt kann die Geschwindigkeit des Krankheitsverlaufs verändern

Die Geschwindigkeit der Entwicklung einer HIV-Infektion in Richtung AIDS kann durch die genetische Ausstattung der infizierten Person beeinflusst werden. Die genetische Variabilität des HLA-Typs ist ein solcher Faktor: Die Allele HLA-B57 und HLA-B27 sind mit einer besseren Prognose verknüpft, HLA-B35 mit einem schnelleren Krankheitsverlauf. Homozygotie von HLA-Klasse-I (HLA-A, HLA-B und HLA-C) geht mit einem schnelleren Verlauf einher, wahrscheinlich weil die T-Zell-Reaktion auf die Infektion weniger vielseitig ist. Bestimmte Polymorphismen der Killerzellen-immunglobulinähnlichen-Rezeptoren (KIR), die auf NK-Zellen vorkommen (Abschnitt 2.31), vor allem der Rezeptor KIR-3DS1 in Kombination mit bestimmten Allelen von HLA-B, verzögern den Verlauf von AIDS.

Der eindeutigste Fall für die genetische Variabilität des Wirtes, die eine HIV-Infektion beeinflusst, ist ein mutiertes Allel von CCR5, das im Fall der Homozygotie den AIDS-Verlauf verlangsamt. Das wird im nächsten Abschnitt genauer besprochen. Mutationen, die die Produktion von Cytokinen wie von IL-10 und IFN-γ beeinflussen, wurden ebenfalls mit einer Verzögerung des AIDS-Verlaufs in Verbindung gebracht. Gene, die den Verlauf von AIDS beeinflussen, sind in Abbildung 12.22 aufgeführt.

Gene, die die Entwicklung von AIDS beeinflussen				
Gen	**Allel**	**Vererbung**	**Wirkung**	**Wirkmechanismus**
Eindringen von HIV				
CCR5	Δ32	rezessiv	verhindert Infektion	inaktiviert CCR5-Expression
		dominant	verhindert Lymphom (L)	verringert vorhandenen CCR5
			verzögert AIDS	
	P1	rezessiv	beschleunigt AIDS (E)	erhöht CCR5-Expression
CCR2	I64	dominant	verzögert AIDS	CXCR4-Wechselwirkung und -Verringerung
CCL5	In1.1c	dominant	beschleunigt AIDS	verringert CCL5-Expression
CXCL12	3´A	rezessiv	verzögert AIDS (L)	stört CCR5-CXCR4-Übergang (?)
CXCR6	E3K	dominant	beschleunigt Lungenentzündung durch *P. carinii* (L)	verändert T-Zell-Aktivierung (?)
CCL2-CCL7-CCL11	H7	dominant	verstärkt Infektion	stimuliert Immunantwort (?)
Anti-HIV-Cytokin				
IL10	5´A	dominant	begrenzt Infektion	verringert IL-10-Expression
			beschleunigt AIDS	
IFN-G	–179T	dominant	beschleunigt AIDS (E)	
zellvermittelte erworbene Immunität				
HLA	A, B, C	homozygot	beschleunigt AIDS	verringert Erkennungsbreite des HLA-Klasse-I-Epitops
	*B*27*	codominant	verzögert AIDS	verzögert HIV-1-Freisetzung
	*B*57*			
	*B*35-Px*		beschleunigt AIDS	beeinflusst CD8-vermittelte Beseitigung von T-Zellen mit HIV-1
angeborene erworbene Immunität				
KIR3DS1	3DS1	epistatisch mit HLA-Bw4	verzögert AIDS	beseitigt HIV^+, HLA^--Zellen (?)

12.22 Gene, die den Verlauf von AIDS beim Menschen beeinflussen. E, Effekt, der sich in einer frühen Phase auf den AIDS-Verlauf auswirkt; L, Effekt, der sich in einer späten Phase von AIDS auswirkt; ?, möglicher Mechanismus ohne direkte positive Auswirkung. (Nachdruck mit freundlicher Genehmigung von Macmillan Publishers Ltd: O'Brien SJ, Nelson GW (2004) *Nat Genet* 36: 565–574.)

12.25 Aufgrund eines genetischen Defekts im Corezeptor CCR5 kommt es *in vivo* zu einer Resistenz gegenüber einer HIV-Infektion

Hinweise darauf, welche Bedeutung die Chemokinrezeptoren für die HIV-Infektion haben, stammen von Untersuchungen an einer kleinen Gruppe von Personen, die trotz einer starken Exposition gegenüber HIV-1 seronegativ geblieben sind. Kulturen von Lymphocyten und Makrophagen dieser Personen waren *in vitro* vergleichsweise resistent gegenüber einer Infektion durch HIV und schütteten bei Zugabe von HIV hohe Konzentrationen der Cytokine CCL3, CCL4 und CCL5 aus. Mittlerweile konnte diese seltene Resistenz einiger Patienten gegenüber einer HIV-Infektion erklärt werden. Man entdeckte, dass die entsprechenden Personen für eine allelische, nichtfunktionelle Variante von CCR5 homozygot sind. Bei dieser Variante, die man mit $\Delta 32$ bezeichnet, fehlt ein codierender Bereich von 32 Basen, was zu einer Rasterverschiebung und einer Verkürzung des translatierten Proteins führt. Innerhalb der weißen Bevölkerung ist dieses mutierte Allel mit einer Frequenz von 0,09 relativ häufig. Etwa 10 % der weißen Bevölkerung sind also heterozygote Träger des Allels und etwa 1 % ist homozygot. Bei Japanern oder Schwarzafrikanern aus West- oder Zentralafrika findet man das mutierte Allel nicht. Die heterozygote Mutation von CCR5 vermittelt wahrscheinlich einen partiellen Schutz gegen die sexuelle Übertragung einer HIV-Infektion sowie eine gewisse Verlangsamung des Krankheitsverlaufs. Neben dem Strukturpolymorphismus des Gens findet man bei weißen und afrikanischstämmigen Amerikanern eine Variabilität in der Promotorregion des CCR5-Gens. Verschiedene Promotorvarianten stehen in Zusammenhang mit unterschiedlichen Geschwindigkeiten des Krankheitsverlaufs.

Diese Ergebnisse bestätigen auf höchst eindrucksvolle Weise, dass CCR5 auf Makrophagen und T-Lymphocyten der entscheidende Corezeptor für eine Primärinfektion durch HIV *in vivo* ist. Dies eröffnet die Möglichkeit, eine Primärinfektion durch therapeutische Antagonisten des CCR5-Rezeptors zu blockieren. Tatsächlich gibt es bereits erste Hinweise, dass niedermolekulare Inhibitoren möglicherweise Vorstufen für geeignete Medikamente sind, die sich oral verabreichen lassen. Solche Inhibitoren könnten die Vorstufen für hilfreiche Medikamente sein, die bei oraler Einnahme einer Infektion vorbeugen würden. Solche Medikamente bieten jedoch mit großer Wahrscheinlichkeit keinen vollständigen Schutz vor einer Infektion, da es nur eine sehr geringe Zahl von Patienten gibt, die zwar für die nichtfunktionsfähige CCR5-Variante homozygot sind, aber dennoch mit HIV infiziert werden. Hier handelt es sich anscheinend um Primärinfektionen durch X4-Virusstämme.

12.26 Eine Reverse Transkriptase des HIV schreibt die Virus-RNA in cDNA um, die in das Genom der Wirtszelle integriert wird

Sobald das Virus in eine Zelle eingedrungen ist, repliziert es sich wie die übrigen Retroviren. Eines der im Viruspartikel enthaltenen Proteine ist die virale Reverse Transkriptase des Virus. Sie übersetzt die virale RNA in

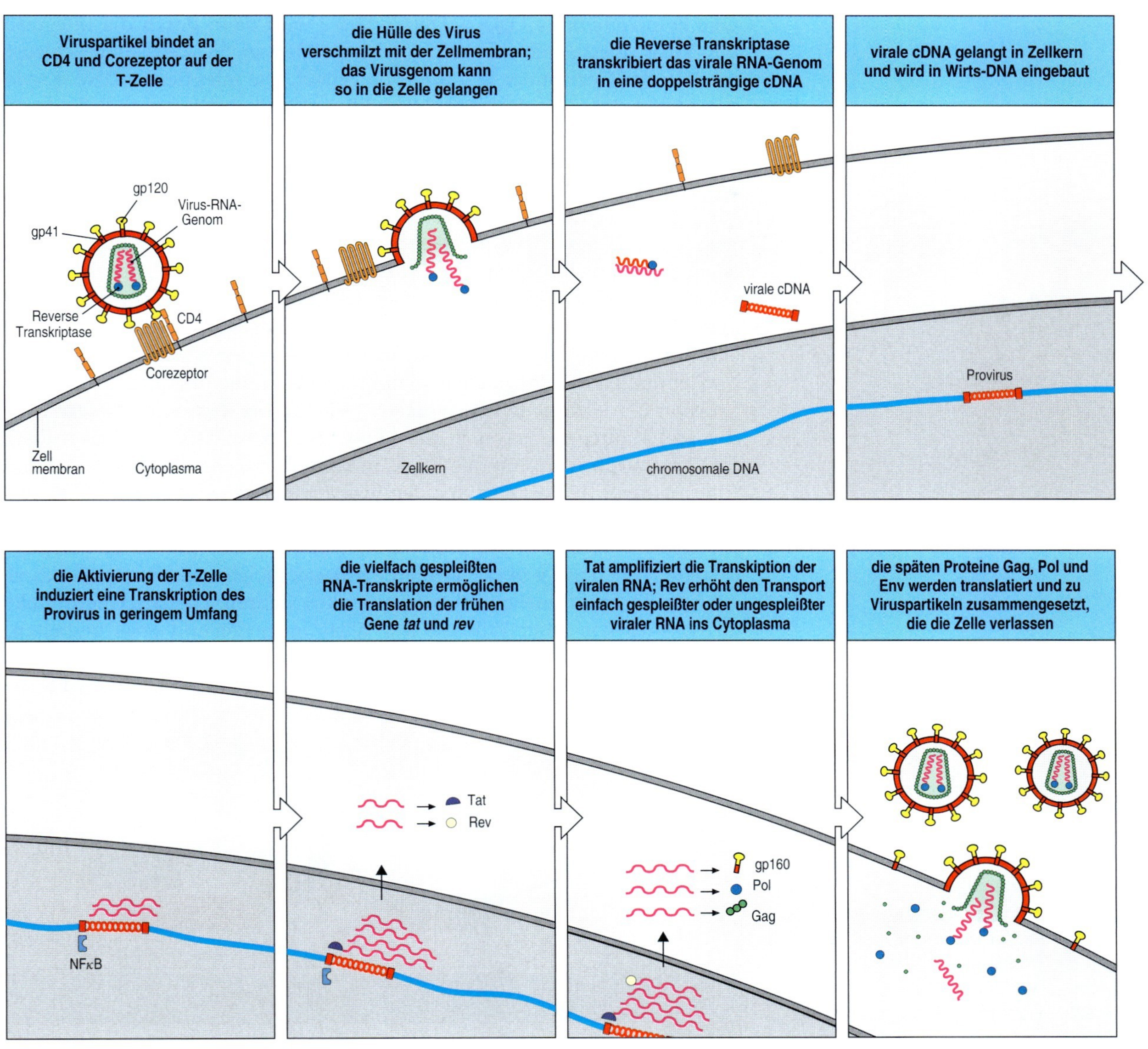

12.23 Der HIV-Lebenszyklus. Obere Bildfolge: Das Virus bindet über gp120 an das CD4-Molekül. Durch die Bindung verändert sich gp120, sodass das Protein nun auch an einen Chemokinrezeptor bindet, der als Corezeptor für das Eindringen des Virus wirkt. Die Bindung setzt gp41 frei, das dann die Verschmelzung der Virushülle mit der Zellmembran bewirkt, sodass der Viruskern in das Cytoplasma gelangt. Dort setzt er das RNA-Genom frei, das durch die virale Reverse Transkriptase in die doppelsträngige cDNA umgeschrieben wird. Die cDNA assoziiert mit der viralen Integrase und dem Vpr-Protein und wandert in den Kern. Dort wird sie in das zelluläre Genom eingebaut und so zu einem Provirus umgewandelt. Untere Bildfolge: Die Aktivierung von CD4-T-Zellen induziert die Expression der Transkriptionsfaktoren NFκB und NFAT, die an die LTR-Sequenz des Provirus binden und die Transkription des HIV-Genoms in RNA auslösen. Die ersten viralen Transkripte werden stark prozessiert, sodass gespleißte RNAs entstehen, die mehrere regulatorische Proteine codieren, darunter Tat und Rev. Tat steigert die Transkription des Provirus und bindet so an das RNA-Transkript, dass es in einer Form stabilisiert wird, die translatiert werden kann. Das Protein Rev bindet an die RNA-Transkripte und transportiert sie in das Cytosol. Wenn die Rev-Konzentration zunimmt, werden weniger stark gespleißte und ungespleißte virale Transkripte aus dem Zellkern transportiert. Die einfach gespleißten und ungespleißten Transkripte codieren die Strukturproteine des Virus. Und die ungespleißten Transkripte, die neue Virusgenome darstellen, werden zusammen mit den Proteinen verpackt und bilden zahlreiche neue Viruspartikel.

eine komplementäre DNA (cDNA). Diese wird dann durch die Integrase des Virus, die gemeinsam mit der Virus-RNA in die Zelle eingeschleust wird, in das Genom der Wirtszelle eingebaut. Die integrierte cDNA-Kopie bezeichnet man als **Provirus**. Abbildung 12.23 zeigt den vollständigen Infektionszyklus. In aktivierten CD4-T-Zellen leitet die Transkription des Provirus die Virusreplikation ein (nächster Abschnitt). HIV kann jedoch wie andere Retroviren eine latente Infektion etablieren, bei der das Provirus inaktiv bleibt. Dies ist anscheinend bei CD4-T-Gedächtniszellen und bei ruhenden Makrophagen der Fall; man nimmt an, dass diese Zellen ein wichtiges Reservoir für die Infektion bilden.

Das HIV-Genom besteht aus neun Genen, die von langen terminalen Wiederholungen (*long terminal repeats*, LTR) eingerahmt werden. Die LTR sind für die Integration des Provirus in die DNA der Wirtszelle notwendig und enthalten Bindungsstellen für genregulierende Proteine, die die Expression der Virusgene kontrollieren. Wie andere Retroviren besitzt HIV die drei Hauptgene *gag*, *pol* und *env* (Abb. 12.24). Das *gag*-Gen codiert die Strukturproteine für das Kernstück des Virus, das *pol*-Gen trägt die Informationen für die Enzyme der Virusreplikation und -integration und das *env*-Gen diejenigen für die Glykoproteine der Virushülle. Die *gag*- und *pol*-mRNAs werden in Polyproteine translatiert – dies sind lange Polypeptidketten, die dann von der **viralen Protease**, die ebenfalls von *pol* codiert wird, in die funktionellen Proteine gespalten werden. Das *env*-Genprodukt gp160 wird von einer Protease des Wirts in gp120 und gp41 gespalten, die dann in Form von Trimeren in die Virushülle eingebaut werden. Wie in Abbildung 12.24 dargestellt, besitzt HIV sechs weitere kürzere Gene, die Proteine codieren, welche auf verschiedene Weise die Replikation und

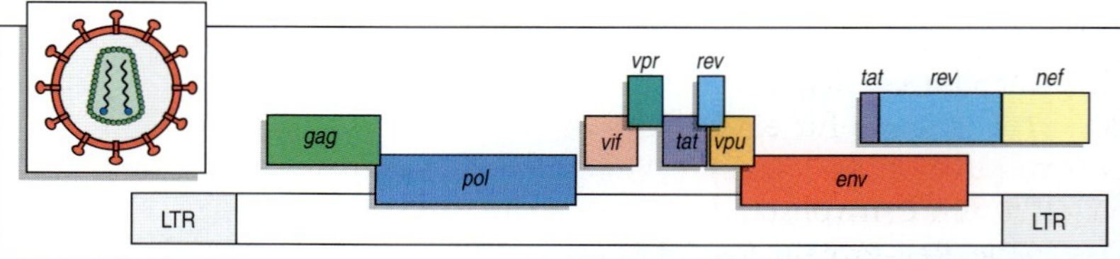

Gen		Genprodukt/Funktion
gag	gruppenspezifisches Antigen	Proteine für Viruskern und -matrix
pol	Polymerase	Reverse Transkriptase, Protease und Integrase
env	Virushülle	Transmembranglykoproteine, gp120 bindet CD4 und CCR5; gp41 ist erforderlich für Fusion und Einschleusen des Virus
tat	Transaktivator	Transkriptionsverstärker
rev	Regulator der viralen Expression	ermöglicht Export ungespleißter und teilgespleißter Transkripte aus dem Zellkern
vif	Infektiosität des Virus	beeinflusst Infektiosität der Viruspartikel
vpr	virales R-Protein	DNA-Transport in den Zellkern; erhöht Virionenproduktion; hält Zellzyklus an
vpu	virales U-Protein	stimuliert intrazellulären Abbau von CD4 und verstärkt Virusfreisetzung durch die Membran
nef	negativer Kontrollfaktor	verstärkt Replikation des Virus *in vivo* und *in vitro*; verringert der Expression von CD4 und MHC-Klasse I und II

12.24 Die genomische Struktur von HIV. Wie alle Retroviren hat auch HIV ein RNA-Genom, das von langen Sequenzwiederholungen (*long terminal repeats*, LTR) flankiert ist. Die LTR-Sequenzen sind für die Integration in das Genom der Wirtszelle und die Regulation der Transkription der viralen Gene wichtig. Das Genom kann in drei unterschiedlichen Leserastern abgelesen werden, und einige der viralen Gene überlappen in den verschiedenen Rastern. So kann das Virus in einem sehr kleinen Genom viele Proteine codieren. Die drei wichtigsten Proteine Gag, Pol und Env werden in allen infektiösen Retroviren gebildet. Aufgeführt sind die bekannten Funktionen der einzelnen Gene und ihrer Produkte. Die Genprodukte von *gag*, *pol* und *env* sowie die virale RNA sind in den reifen Viruspartikeln enthalten. Die mRNAs für die Proteine Tat, Rev und Nef entstehen durch Spleißen von viralen Transkripten; die entsprechenden Gene liegen also im Virusgenom fragmentiert vor. Für Nef wird nur ein Exon translatiert (gelb).

Infektiosität des Virus beeinflussen. Zwei davon, Tat und Rev, haben regulatorische Funktionen; sie sind essenziell für die Replikation des Virus. Die übrigen vier – Nef, Vif, Vpr und Vpu – sind *in vivo* für die effiziente Virusproduktion erforderlich.

12.27 Die Replikation von HIV erfolgt nur in aktivierten T-Zellen

Die Aktivierung der T-Zellen stimuliert die Bildung infektiöser Viruspartikel aus dem integrierten HIV-Provirus. Dabei werden die Transkriptionsfaktoren NFκB und NFAT induziert, die an Promotoren in der LTR-Sequenz des Virus binden. Dadurch setzen sie die Transkription viraler RNA durch die zelluläre RNA-Polymerase II in Gang. Das Transkript wird auf verschiedene Weise in mRNAs für virale Proteine gespleißt. Das Gag- und das Gag-Pol-Protein werden von der ungespleißten mRNA translatiert, Vif, Vpr, Vpu und Env von einfach gespleißter viraler mRNA sowie Tat, Rev und Nef von mehrfach gespleißter mRNA. Tat fördert besonders die Transkription der viralen RNA vom Provirus durch den RNA-Polymerase-II-Komplex. Tat bindet in einem Komplex mit dem zellulären Cyclin T1 und dessen Partnerprotein, der cyclinabhängigen Kinase 9 (CDK 9) an die Transkriptionsaktivierungsregion (TAR) in der 5'-LTR-Sequenz. Dadurch entsteht ein Komplex, der die RNA-Polymerase phosphoryliert und damit die RNA-Elongationsaktivität stimuliert. Die Expression des Cyclin-T1-CDK9-Komplexes wird in aktivierten T-Zellen im Vergleich zu ruhenden T-Zellen deutlich erhöht. Dies ist in Verbindung mit der verstärkten Expression von NFκB und NFAT in aktivierten T-Zellen möglicherweise eine Erklärung dafür, warum HIV in ruhenden T-Zellen inaktiv ist und sich in aktivierten T-Zellen repliziert (Abb. 12.25).

Eukaryotische Zellen verfügen über Mechanismen, die den Export von unvollständig gespleißten mRNA-Transkripten aus dem Zellkern verhindern. Dies könnte für ein Retrovirus ein Problem darstellen, das den Export von ungespleißten, einfach und mehrfach gespleißten mRNA-Spezies benötigt, um den vollständigen Satz der viralen Proteine zu exprimieren. Das virale Rev-Protein löst dieses Problem. Der Export und die Translation der vollständig gespleißten mRNAs, welche die drei HIV-Proteine Tat, Nef und Rev codieren, erfolgt früh nach der Virusinfektion mithilfe der normalen mRNA-Mechanismen der Wirtszelle. Das exprimierte Rev-Protein dringt dann in den Zellkern ein und bindet dort an die spezifische virale RNA-Sequenz, die man als Rev-Response-Element (RRE) bezeichnet. Wenn das Rev-Protein vorhanden ist, wird die RNA aus dem Zellkern geschleust, bevor sie gespleißt werden kann, und die Strukturproteine und das RNA-Genom können synthetisiert werden. Rev bindet auch an das zelluläre Transportprotein Crm1, das den Exportweg für Wirts-RNA-Spezies durch die Kernporen in das Cytoplasma einleitet.

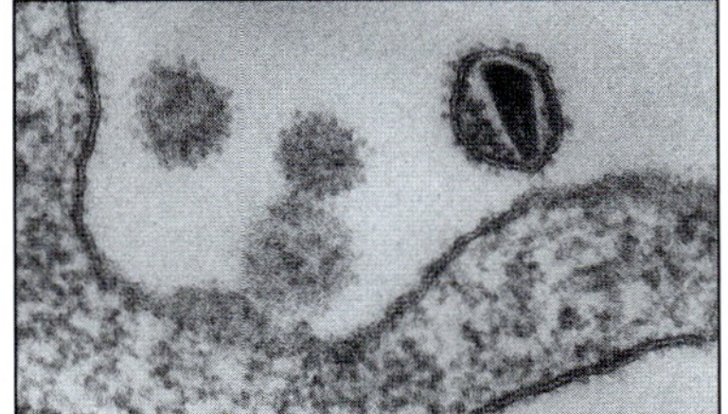

12.25 Mit HIV infizierte Zellen müssen aktiviert werden, damit sich das Virus vermehren kann. Rechts ist deutlich ein vollständiges Virion zu erkennen. (Foto mit freundlicher Genehmigung von H. Gelderblom.)

Zu Beginn der Aktivierung des Provirus ist die Rev-Konzentration niedrig; die Transkripte verlassen nur langsam den Zellkern und können daher mehrfach gespleißt werden. Auf diese Weise werden immer mehr Tat- und Rev-Proteine produziert, und Tat wiederum bewirkt, dass mehr virale Transkripte erzeugt werden. Später, wenn die Rev-Konzentration höher ist, werden die Transkripte in ungespleißter oder einfach gespleißter Form schnell aus dem Kern entfernt. Diese ungespleißten oder einfach gespleißten Transkripte werden translatiert; dabei entstehen die Strukturkomponenten von Viruskern und -hülle, außerdem die Reverse Transkriptase, die Integrase und die Virusprotease, die alle für die Erzeugung neuer Viruspartikel erforderlich sind. Die vollständigen, ungespleißten Transkripte, die in der späten Phase des Infektionszyklus aus dem Zellkern transportiert werden, sind für die Translation von *gag* und *pol* notwendig und werden auch als RNA-Genome mit den Proteinen zu neuen Viruspartikeln zusammengebaut.

Der Erfolg der Virusreplikation beruht auch auf den Proteinen Nef, Vif, Vpr und Vpu. Vif (viraler Infektiositätsfaktor) ist ein RNA-bindendes Protein, das sich im Cytoplasma und an der Plasmamembran von infizierten Zellen ansammelt. Vif dient dazu, einen natürlichen zellulären Abwehrmechanismus gegen Retroviren zu überwinden. Die Zellen exprimieren die Cytidin-Desaminase APOBEC, die in die Virionen eingebaut werden kann. Dieses Enzym, das zur selben Proteinfamilie wie die aktivierungsinduzierte Cytidin-Desaminase (AID) (Abschnitt 12.10) gehört, katalysiert die Umwandlung von Desoxycytidin zu Desoxyuridin im ersten Strang der revers transkribierten viralen cDNA und zerstört so deren Codierung der viralen Proteine. Vif induziert den Transport von APOBEC in die Proteasomen, wo das Enzym abgebaut wird. Die Expression von Nef (negativer Regulationsfaktor) in der frühen Phase des viralen Zyklus leitet die T-Zell-Aktivierung und die Etablierung eines persistierenden Stadiums der HIV-Infektion ein. Nef hemmt die Expression von MHC-Klasse-I-Molekülen auf den infizierten Zellen. Dadurch verringert sich die Wahrscheinlichkeit, dass diese Zellen von cytotoxischen T-Zellen getötet werden. Nef blockiert auch die MHC-Klasse-II-spezifische Präsentation von Peptiden gegenüber CD4-T-Zellen und hemmt so die Erzeugung einer antiviralen Immunantwort. Die Funktion von Vpr (virales Protein R) ist noch nicht vollständig geklärt, aber es besitzt verschiedene Aktivitäten, die die Produktion und Freisetzung der Viren verstärken. Vpu (virales Protein U) kommt nur bei HIV-1 und Varianten des SI-Virus vor; es ist für die Reifung der Virionennachkommen und ihre effektive Freisetzung erforderlich.

12.28 Das Lymphgewebe ist das Hauptreservoir einer HIV-Infektion

Die Viruslast (*viral load*) und die Erneuerungsrate des Virus werden zwar normalerweise durch den Nachweis von viraler RNA in Virionen im Blut ermittelt, jedoch liegt ein wichtiges Reservoir einer HIV-Infektion im lymphatischen Gewebe, wo infizierte CD4-T-Zellen, Monocyten, Makrophagen und dendritische Zellen vorkommen. Darüber hinaus wird HIV in den Keimzentren an der Oberfläche von follikulären dendritischen Zellen in Form von Immunkomplexen festgehalten. Diese Zellen sind selbst nicht infiziert, dienen aber möglicherweise als Speicher für infektiöse Viren. Möglicherweise sind infizierte Zellen im Zentralnervensystem, im Gastrointestinaltrakt und im männlichen Urogenitaltrakt weitere potenzielle Reservoirs für HIV-1, die dazu beitragen, dass das Virus langfristig persistiert.

Anhand von Untersuchungen an Patienten, die mit Medikamenten behandelt werden, lässt sich abschätzen, dass über 95 % der Viren, die im Plasma nachgewiesen werden können, aus produktiv infizierten CD4-T-Zellen stammen, die durch eine sehr kurze Halbwertszeit von etwa zwei Tagen gekennzeichnet sind. Virenerzeugende CD4-T-Zellen kommen in den T-Zell-Bereichen des lymphatischen Gewebes vor; wahrscheinlich werden diese Zellen infiziert, wenn sie bei einer Immunantwort aktiviert werden. Viren entstehen auch in latent infizierten CD4-T-Gedächtniszellen, die durch ein Antigen reaktiviert werden, und können sich auf andere aktivierte CD4-T-Zellen ausbreiten. Ungünstig ist dabei, dass infizierte CD4-T-Gedächtniszellen eine außerordentlich lange Halbwertszeit von etwa 44 Monaten aufweisen. Das bedeutet, dass eine medikamentöse Therapie eine HIV-Infektion niemals beseitigen kann, sodass sie ein Leben lang angewendet werden muss. Neben den produktiv oder latent infizierten Zellen gibt es eine weitere große Population von Zellen, die mit defekten Proviren infiziert sind; solche Zellen sind keine Infektionsquelle für das Virus.

Makrophagen und dendritische Zellen können anscheinend ein replizierendes Virus beherbergen, ohne dass sie notwendigerweise dadurch abgetötet werden. Daher bilden sie wahrscheinlich ein bedeutendes Infektionsreservoir. Außerdem können sie die Verbreitung des Virus in andere Gewebe wie das Gehirn bewirken. Zwar ist die Funktion der Makrophagen als antigenpräsentierende Zellen offenbar nicht beeinträchtigt, aber man nimmt an, dass das Virus eine anormale Cytokinfreisetzung verursacht. Diese ist möglicherweise für die Gewebezerstörungen verantwortlich, wie sie bei AIDS-Patienten häufig in einer späten Phase der Krankheit auftreten.

12.29 Eine Immunantwort hält HIV zwar unter Kontrolle, beseitigt es aber nicht

HIV-Infektionen lösen eine Immunantwort aus, die das Virus zwar in Schach halten, aber nur sehr selten, wenn überhaupt jemals, beseitigen kann. Abbildung 12.26 zeigt den zeitlichen Verlauf verschiedener Elemente der adaptiven Immunantwort gegen HIV sowie parallel dazu die Konzentration des Erregers im Plasma. Auf die akute Phase zu Beginn, die mit der Entwicklung der adaptiven Immunantwort einsetzt, folgt die chronische semistabile Phase, die letztendlich zu AIDS führt. Nach heutiger Auffassung ist die virusvermittelte Cytopathologie in der frühen Infektionsphase von großer Bedeutung, und es kommt dadurch vor allem in den mucosalen Geweben zu einer substanziellen Verringerung der Anzahl der CD4-T-Zellen. Nach der akuten Phase tritt eine spürbare anfängliche Erholung ein, aber die cytotoxischen Lymphocyten, die gegen HIV-infizierte Zellen gerichtet sind, die Aktivierung des Immunsystems (direkt und indirekt), die Cytopathologie und die ungenügende Regeneration der T-Zellen führen insgesamt dazu, dass sich ein chronischer Zustand etabliert, während dem sich die Immunschwäche entwickelt. In diesem Abschnitt wollen wir uns mit der Bedeutung der cytotoxischen CD8-T-Zellen, CD4-T-Zellen, der Antikörper und löslichen Faktoren bei der Immunantwort auf eine HIV-Infektion beschäftigen, wobei es dem System letztendlich nicht gelingt, die Infektion unter Kontrolle zu bringen.

Untersuchungen an peripheren Blutzellen aus infizierten Personen zeigen, dass es cytotoxische T-Zellen gibt, die für virale Peptide spezifisch sind und *in vitro* infizierte Zellen abtöten können. *In vivo* wandern cytotoxische T-Zellen in die Bereiche mit HIV-Replikation ein und könnten dort theoretisch zahlreiche produktiv infizierte Zellen töten, bevor auch nur ein infektiöses Virus freigesetzt wird. Dabei würde die Viruslast auf ein quasi sta-

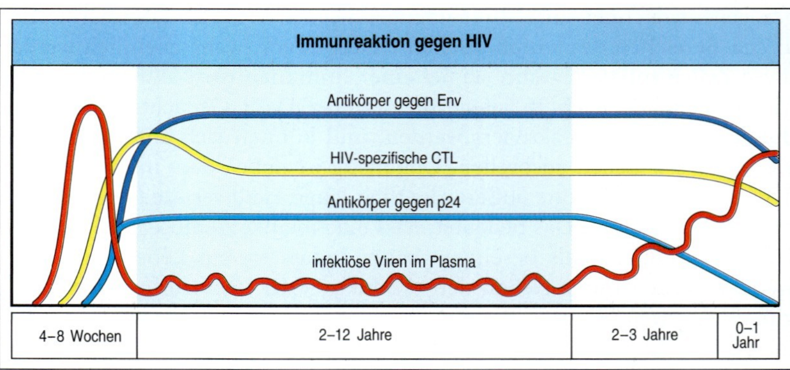

12.26 Die Immunreaktion gegen HIV. Infektiöse Viren sind im peripheren Blutkreislauf einer infizierten Person während einer längeren asymptomatischen Phase nur in relativ niedriger Konzentration vorhanden; sie werden jedoch permanent im Lymphgewebe repliziert. In dieser Phase nimmt die Konzentration der CD4-T-Zellen trotz des hohen Titers von Antikörpern und cytotoxischen CD8-T-Zellen, die gegen das Virus gerichtet sind, ständig ab. Dargestellt sind zwei verschiedene Antikörperantworten: gegen das Hüllprotein Env und gegen das Kernprotein p24 des Virus. Mit der Zeit sinken die Titer der Antikörper und der cytotoxischen CD8-T-Lymphocyten (CTL), und die Konzentration der infektiösen HIV-Partikel im peripheren Blut steigt stetig an.

biles Niveau eingestellt, das für die symptomfreie Phase charakteristisch ist. Hinweise auf die klinische Bedeutung, die den cytotoxischen CD8-T-Zellen bei der Kontrolle der HIV-Infektion zukommt, liefern Untersuchungen, bei denen man die Anzahl und die Aktivität der CD8-T-Zellen in eine Beziehung zur Viruslast setzt. Zwischen der Anzahl der CD8-T-Zellen, die einen Rezeptor tragen, der für ein HLA-A2-restringiertes HIV-Peptid spezifisch ist, und der Menge an Virus-RNA im Plasma besteht eine umgekehrte Korrelation. Entsprechend zeigen Patienten mit einem hohen Titer an HIV-spezifischen CD8-T-Zellen einen langsameren Fortschritt der Krankheit als Patienten mit niedrigem Titer. Es gibt durch Experimente mit Makaken, die mit SIV (*simian immunodeficiency virus*) infiziert sind, auch direkte Hinweise darauf, dass die cytotoxischen CD8-T-Zellen *in vivo* die mit einem Retrovirus infizierten Zellen in Schach halten. Nach der Behandlung von infizierten Tieren mit monoklonalen Antikörpern, die CD8-T-Zellen beseitigen, kam es zu einer starken Zunahme der Viruslast.

Eine Reihe verschiedener Faktoren, die von CD4-, CD8- und NK-Zellen produziert werden, sind für die antivirale Immunität von Bedeutung. Die Beobachtung, dass mononucleäre Zellen im peripheren Blut (PBMC) von seropositiven, aber symptomfreien Personen HIV-1 *in vitro* nicht replizieren können und die Beseitigung der CD8-T-Zellen aus dieser PBMC-Fraktion (nicht jedoch der anderen Zellen, etwa der NK-Zellen) zu einer Vermehrung der Viren führt, liefert einen Hinweis auf eine nichtcytotoxische Suppressoraktivität von CD8-T-Zellen auf HIV-1. Von dieser Hemmung weiß man jetzt, dass sie durch sezernierte Proteine, Chemokine wie CCL5, CCL3 und CCL4 vermittelt wird, die an Infektionsherden freigesetzt werden und die Ausbreitung des Virus verhindern (ohne Zellen zu töten), indem sie mit R5-Stämmen von HIV-1 darum konkurrieren, an den Corezeptor CCR5 zu binden. Faktoren, die mit X4-Stämmen um die Bindung an CXCR4 konkurrieren, sind hingegen noch nicht bekannt. Cytokine wie IFN-α und IFN-γ können auch bei der Kontrolle der Virusverbreitung eine Rolle spielen, der Mechanismus ist jedoch nicht bekannt.

Abgesehen davon, dass CD4-T-Zellen das hauptsächliche Angriffsziel für eine HIV-Infektion sind, gibt es drei Belege dafür, dass CD4-T-Zellen auch bei der Immunreaktion auf HIV-infizierte Zellen eine wichtige Funktion erfüllen. Erstens besteht eine umgekehrte Korrelation zwischen der Stärke der proliferativen CD4-T-Zell-Reaktionen auf HIV-Antigene und der Viruslast. Zweitens zeigten einige Patienten, bei denen sich nach der HIV-Infektion lange Zeit keine AIDS-Symptomatik entwickelte, eine starke Vermehrung der CD4-T-Zellen. Drittens kommt es bei einer frühen Behandlung von akut infizierten Patienten mit antiretroviralen Medikamenten zu einer Erneuerung der proliferativen CD4-Reaktionen auf HIV-Antigene. Wurde diese antiretrovirale Therapie beendet, setzten sich die CD4-Reaktionen bei einigen Patienten fort und die Virämie erlangte ein niedrigeres Niveau. Jedoch blieb die Infektion bei allen Patienten bestehen, und eine immunologische Kontrolle der Infektion ist wahrscheinlich unmöglich. Wenn CD4-T-Zell-Reaktionen für die Kontrolle einer HIV-Reaktion essenziell sind, liefert die Tatsache, dass HIV diese Zellen gezielt ansteuert (Tropismus) und abtötet, anscheinend eine Erklärung dafür, warum das Immunsystem des Wirtes langfristig nicht in der Lage ist, die Infektion einzudämmen.

Als Reaktion auf die Infektion werden Antikörper gegen die viralen Antigene der Virushülle, gp120 und gp41, produziert, sie können aber wie die T-Zellen die Infektion nicht beseitigen. Die Antikörper reagieren *in vitro* gut mit aufgereinigten Antigenen und mit Abbauprodukten der Viren, sie binden aber nur schwach an die Virionen mit intakter Hülle oder an infizierte Zellen. Das deutet darauf hin, dass die native Konformation dieser Antigene, die stark glykosyliert sind, für natürlich produzierte Antikörper nicht zugänglich ist. Es gibt deutliche Hinweise darauf, dass Antikörper die bereits etablierte Krankheit nicht nennenswert beeinflussen können. Dennoch kann die passive Verabreichung von Antikörpern gegen HIV Versuchstiere vor einer mucosalen Infektion durch HIV schützen. Das lässt darauf hoffen, dass ein wirksamer Impfstoff doch noch entwickelt werden könnte, der neuen Infektionen vorbeugt.

Mutationen während der HIV-Replikation ermöglichen die Entstehung von Virusvarianten, die der Erkennung durch neutralisierende Antikörper oder cytotoxische T-Zellen entgehen und zum langfristigen Versagen des Immunsystems bei der Eindämmung der Infektion beitragen. Eine Immunantwort wird häufig von T-Zellen dominiert, die nur für bestimmte Epitope – die **immundominanten** Epitope – spezifisch sind, und man hat schon Mutationen in den immundominanten HIV-Peptiden gefunden, die durch MHC-Klasse-I-Moleküle präsentiert werden. Man hat festgestellt, dass mutierte Peptide T-Zellen hemmen können, die auf das Wildtypepitop reagieren, sodass sowohl das mutierte als auch das Wildtypvirus überlebt. Inhibitorische mutierte Peptide gibt es auch bei Infektionen durch das Hepatitis-B-Virus, und auch bei anderen Virusinfektionen könnten solche immundominanten Peptide zur Persistenz beitragen.

Eine interessante Entwicklung bei der Untersuchung der Immunität gegen HIV besteht darin, dass man eine Reihe von zellulären Proteinen entdeckt hat, die in die HIV-Replikation eingreifen können. Das Enzym APOBEC (Abschnitt 12.27) verursacht bei der neu gebildeten HIV-cDNA umfangreiche Mutationen und zerstört so deren Codierungs- und Replikationspotenzial. APOBEC ist in ruhenden CD4-T-Zellen aktiv, wird aber in infizierten CD4-T-Zellen abgebaut. Auch dies ist ein Grund dafür, dass ruhende CD4-T-Zellen gegenüber einer Infektion resistent sind. Die starke antiretrovirale Wirkung von APOBEC hat großes Interesse hervorgerufen, kleine Moleküle zu finden, die den viral induzierten Abbau stören. Bei Rhesusaffen begrenzt TRIM 5α, ein anderes Protein im Cytoplasma, HIV-Infektionen, wahrscheinlich indem es an das Viruscapsid bindet und das Auflösen der Hülle verhindert, sodass die RNA nicht freigesetzt werden kann.

Infektionen	
Parasiten	*Toxoplasma* spp. *Cryptosporidium* spp. *Leishmania* spp. *Microsporidium* spp.
Bakterien	*Mycobacterium tuberculosis* *Mycobacterium avium intracellulare* *Salmonella* spp.
Pilze	*Pneumocystis carinii* *Cryptococcus neoformans* *Candida* spp. *Histoplasma capsulatum* *Coccidioides immitis*
Viren	Herpes simplex Cytomegalievirus Varicella zoster

Krebserkrankungen
Kaposi Sarkom Non-Hodgkin-Lymphome, einschließlich EBV-positiver Burkitt-Lymphome primäre Lymphome des Gehirns

12.27 AIDS-Patienten können an vielen opportunistischen Infektionen oder Krebserkrankungen sterben. Infektionen, insbesondere durch *Pneumocystis carinii* und Mycobakterien, sind die häufigste Todesursache bei AIDS-Patienten. Die meisten dieser Krankheitserreger können nur mithilfe einer effektiven Aktivierung der Makrophagen durch CD4-T-Zellen oder mit funktionsfähigen cytotoxischen T-Zellen bekämpft werden. Opportunistische Krankheitserreger sind in der alltäglichen Umwelt vorhanden, führen jedoch vor allem bei Personen mit geschädigtem Immunsystem wie AIDS- und Krebspatienten zu Erkrankungen. AIDS-Patienten sind auch anfällig für seltene Krebsarten wie das Kaposi-Sarkom (das mit dem menschlichen Herpesvirus 8 (HHV8) assoziiert ist, und verschiedene Lymphome. Normalerweise verhindert die Immunüberwachung durch T-Zellen vermutlich solche Tumoren (Kapitel 15).

12.30 Die Zerstörung der Immunfunktion als Folge einer HIV-Infektion führt zu einer erhöhten Anfälligkeit gegenüber opportunistischen Infektionen und schließlich zum Tod

Sinkt die Anzahl der CD4-T-Zellen unter einen bestimmten kritischen Wert, so versagt die zelluläre Immunantwort, und es kommt zu Infektionen mit einer Anzahl verschiedener opportunistischer Erreger (Abb. 12.27). Typisch ist der frühe Verlust der Widerstandskraft gegen orale Infektionen mit *Candida* spp. und *Mycobacterium tuberculosis*, der sich in einem erhöhten Auftreten von oraler Candidose und Tuberkulose äußert. Später erkranken die Patienten an Gürtelrose, die durch die Aktivierung von latentem Herpes zoster verursacht wird, an B-Zell-Lymphomen, die von EBV ausgelöst werden, sowie am Kaposi-Sarkom, einem Tumor aus endothelialen Zellen. Letzterer entsteht wahrscheinlich als Reaktion auf die bei der Infektion gebildeten Cytokine sowie aufgrund des Herpesvirus HHV-8, das in diesen Läsionen gefunden wurde. Lungenentzündungen durch *Pneumocystis carinii* gehören ebenfalls zu den wichtigen opportunistischen Infektionen und verliefen häufig tödlich, bevor eine wirksame antifungale Therapie zur Verfügung stand. Auch eine zusätzliche Infektion mit dem Hepatitis-C-Virus tritt häufig auf, und es kommt dabei zu einem schnellen Fortschritt der Hepatitis. Zum Schluss treten das Cytomegalievirus oder eine Infektion mit dem *M. avium*-Komplex in den Vordergrund. Nicht jeder AIDS-Patient bekommt alle diese Infektionen oder Tumoren, und es gibt darüber hinaus weitere Tumorarten und Infektionen, die zwar weniger bedeutend, aber dennoch typisch sind. In Abbildung 12.27 sind die häufigsten opportunistischen Infektionen und Tumoren aufgeführt, die bei gesunden Personen meist durch eine intakte CD4-T-Zell-vermittelte Immunantwort in Schach gehalten werden, die jedoch nachlässt, wenn die Anzahl der CD4-T-Zellen gegen Null abfällt (Abb. 12.19).

12.31 Medikamente, welche die HIV-Replikation blockieren, führen zu einer raschen Abnahme des Titers an infektiösen Viren und zu einer Zunahme der Anzahl der CD4-T-Zellen

Untersuchungen mit wirkungsvollen Medikamenten, die den Replikationszyklus von HIV vollständig blockieren können, zeigen, dass sich das Virus in jeder Phase der Infektion – selbst in der asymptomatischen – rasch vermehrt. Solche Medikamente richten sich vor allem gegen zwei Virusproteine: gegen die Reverse Transkriptase, die für die Synthese des Provirus erforderlich ist, sowie gegen die virale Protease, die die Polyproteine des Virus spaltet, aus denen die Proteine des Virions und die Enzyme des Virus entstehen. Die Reverse Transkriptase wird durch Nucleotidanaloga wie Zidovudin (AZT) gehemmt. Dieses Medikament war das erste, das in den USA als Anti-HIV-Mittel zugelassen wurde. Hemmstoffe der Reversen Transkriptase und der Protease verhindern ein Übergreifen der Infektion auf noch nicht infizierte Zellen. Bereits infizierte Zellen werden nicht daran gehindert, weiterhin Virionen zu produzieren, da nach der Etablierung des

Provirus die Reverse Transkriptase nicht mehr erforderlich ist, um neue Viruspartikel zu erzeugen. Andererseits ist die virale Protease erst in einer sehr späten Phase der Virusreifung aktiv, sodass die Hemmung dieses Enzyms eine Freisetzung des Virus ebenfalls nicht verhindert. In beiden Fällen sind jedoch die freigesetzten Virionen nicht infektiös, und es kommt zu keinen weiteren Zyklen aus Infektion und Replikation.

Durch die Einführung einer Kombinationstherapie mit einer Mischung aus Inhibitoren der viralen Protease und Nucleosidanaloga, die man auch als **hoch aktive antiretrovirale Therapie** (**HAART**) bezeichnet, verringerte sich in den USA in den Jahren 1995 bis 1997 die Sterblichkeit und das Krankheitsbild der Patienten mit einer fortgeschrittenen HIV-Infektion gravierend (Abb. 12.28). Viele Patienten, die mit HAART behandelt wurden, zeigen eine schnelle und erhebliche Verringerung der Virämie, was letztendlich für einen langen Zeitraum zu einer konstanten Konzentration der HIV-RNA nahe der Nachweisgrenze (50 Kopien ml^{-1} Plasma) führt (Abb. 12.29).

Die HAART-Therapie geht auch einher mit einer langsamen aber ständigen Zunahme der CD4-T-Zellen, obwohl viele andere Kompartimente des Immunsystems beeinträchtigt bleiben. Die HAART-Therapie bekämpft zwar wirksam die HIV-Infektion, der Maximaleffekt der Therapie wird jedoch verhindert, weil sich die viralen Reservoirs bereits in einer frühen Phase der Infektion etablieren. Wenn man die HAART-Therapie absetzt, kommt es wieder schnell zu einer Vermehrung des Virus. Das verdeutlicht, dass die Patienten eine Behandlung ohne zeitliche Begrenzung benötigen. Und aufgrund der Nebenwirkungen und der Kosten können sich die meisten Betroffenen diese Therapie gar nicht leisten.

Es ist nicht bekannt, wie die Viruspartikel nach Einsetzen der HAART-Therapie so schnell aus dem Blutkreislauf entfernt werden. Höchstwahrscheinlich werden sie von spezifischen Antikörpern und vom Komplementsystem opsonisiert und durch Zellen aus dem System der mononucleären Phagocyten beseitigt. Opsonisierte HIV-Partikel können auch an der Oberfläche von follikulären dendritischen Zellen in den Lymphfollikeln festgehalten werden, da diese Zellen Antigen-Antikörper-Komplexe einfangen und für längere Zeit festhalten.

Die andere Frage, die sich bei Untersuchungen von medikamentösen Behandlungen stellt, betrifft die Auswirkung der HIV-Replikation auf die Populationsdynamik der CD4-T-Zellen. Die Abnahme der Virämie im Plasma geht einher mit einer kontinuierlichen Zunahme der CD4-T-Lymphocyten im peripheren Blut: Wo kommen diese neuen CD4-T-Zellen her, die mit Beginn der Therapie in Erscheinung treten? Man hat drei sich ergänzende Mechanismen ermittelt, die für die erneute Zunahme der Anzahl der CD4-T-Zellen verantwortlich sind. Zum einen verteilen sich die CD4-T-Gedächtniszellen aus den lymphatischen Geweben im Blutkreislauf, sobald die virale Replikation eingedämmt ist. Das ist innerhalb von Wochen nach dem Behandlungsbeginn der Fall. Zweitens kommt es zu einer Verringerung des anormalen Niveaus der Immunaktivierung, sobald die HIV-Infektion eingedämmt ist. Dadurch werden auch immer weniger CD4-T-Zellen durch die cytotoxischen CD8-T-Zellen abgetötet. Der dritte Mechanismus verläuft viel langsamer und ist darauf zurückzuführen, dass wieder naive T-Zellen aus dem Thymus auftreten. Der Thymus bildet sich zwar mit dem Alter zurück, aber es gibt Hinweise darauf, dass diese spät auftretenden Zellen tatsächlich aus dem Thymus stammen, da sie TREC-Strukturen (*T-cell receptor excision circles*) (Abschnitt 4.9) besitzen.

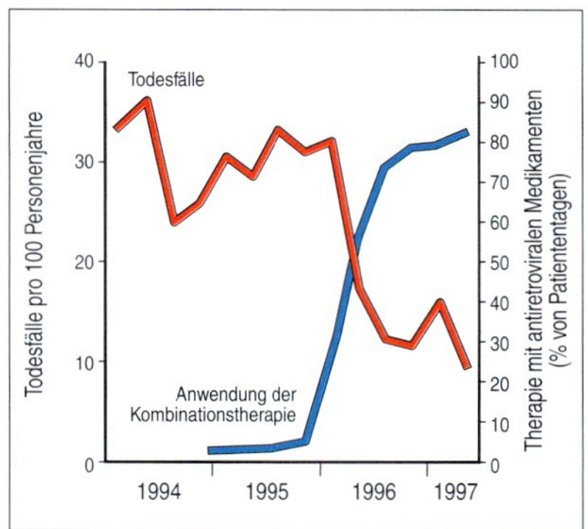

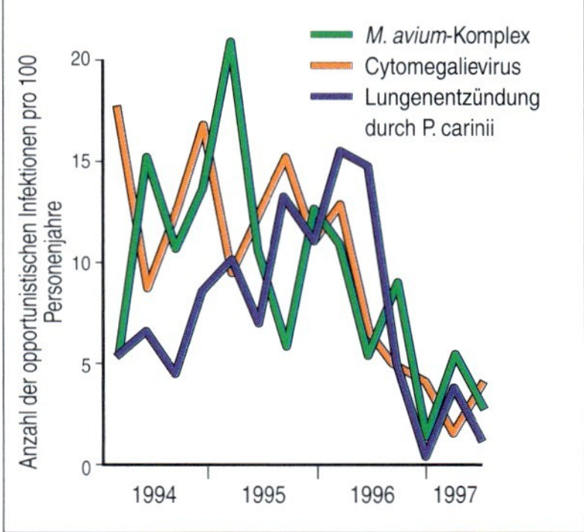

12.28 Die Erkrankungshäufigkeit und die Sterblichkeit bei fortgeschrittenen HIV-Infektionen nahm in den USA parallel zur Einführung einer antiretroviralen Kombinationstherapie deutlich ab. Die obere Grafik zeigt die Anzahl der Todesfälle pro Quartal als Todesfälle pro 100 Personenjahre. Die untere Grafik zeigt die Abnahme der opportunistischen Infektionen, die durch das Cytomegalievirus, *Pneumocystis carinii* und *Mycobacterium avium* verursacht werden, im selben Zeitraum. (Der Abbildung liegen Daten von F. Palella zugrunde.)

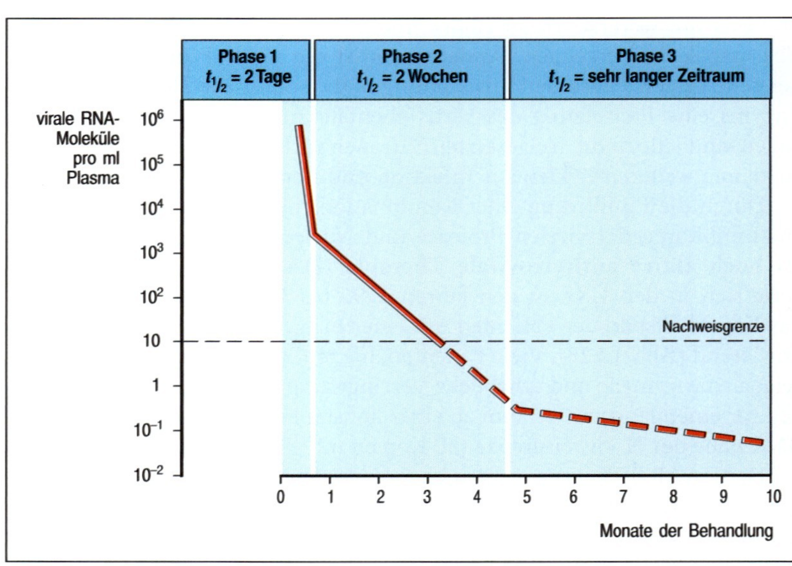

12.29 Abnahme der im Blut zirkulieren HIV-Viren im zeitlichen Verlauf. Die Erzeugung neuer HIV-Partikel lässt sich über längere Zeiträume anhalten, indem man Kombinationen aus Inhibitoren für die Protease und die virale Reverse Transkriptase verabreicht. Nach Beginn einer solchen Behandlung verringert sich die Virusproduktion, da infizierte Zellen absterben und keine neuen Zellen mehr infiziert werden. Die Halbwertszeit der Virusabnahme zeigt drei Phasen. Während der ersten Phase, die ungefähr zwei Wochen andauert, beträgt die Halbwertszeit etwa zwei Tage, was der Halbwertszeit der produktiv infizierten CD4-T-Zellen entspricht, und die Virusproduktion geht in dem Maß zurück, wie die Zellen absterben, die zu Beginn der Behandlung produktiv infiziert waren. Die freigesetzten Viren werden schnell – mit einer Halbwertszeit ($t_{1/2}$) von etwa sechs Stunden – aus dem Blutkreislauf entfernt. Während der ersten Phase nimmt der Virustiter im Plasma um mehr als 95 % ab. Die zweite Phase dauert ungefähr sechs Monate, dabei beträgt die Halbwertszeit etwa zwei Wochen. Während dieser Phase werden Viren von infizierten Makrophagen und ruhenden, latent infizierten CD4-T-Zellen freigesetzt, die zur Teilung und zur Erzeugung einer produktiven Infektion stimuliert wurden. Man nimmt an, dass es noch eine dritte Phase von unbekannter Dauer gibt, die eine Folge der integrierten Proviren in T-Gedächtniszellen und anderen langlebigen Infektionsreservoirs ist. Dieses Reservoir von latent infizierten Zellen bleibt wahrscheinlich für viele Jahre bestehen. Eine Messung der Abnahme der Viren in dieser Phase ist zurzeit noch nicht möglich, da die Virustiter im Plasma unter der Nachweisgrenze liegen (gestrichelte Linie). (Daten mit freundlicher Genehmigung von G. M. Shaw.)

Da die latent vorhandenen Reservoirs der Infektion hauptsächlich dafür verantwortlich sind, dass es mit Medikamenten nicht möglich ist, das Virus vollständig zu vernichten, hat man Möglichkeiten gesucht, diese Reservoirs zu entleeren. Bei einem Verfahren werden Cytokine wie IL-2, IL-6 und TNF-α verabreicht, die die virale Transkription und Replikation in Zellen fördern, die das Virus in latenter Form beherbergen, damit die HAART-Therapie auch hier wirksam sein kann. IL-2 ist eines der wenigen T-Zell-aktivierenden Cytokine, die für die Behandlung von AIDS getestet wurden, um das ausgedünnte Immunsystem zu stärken. Die IL-2-Behand-

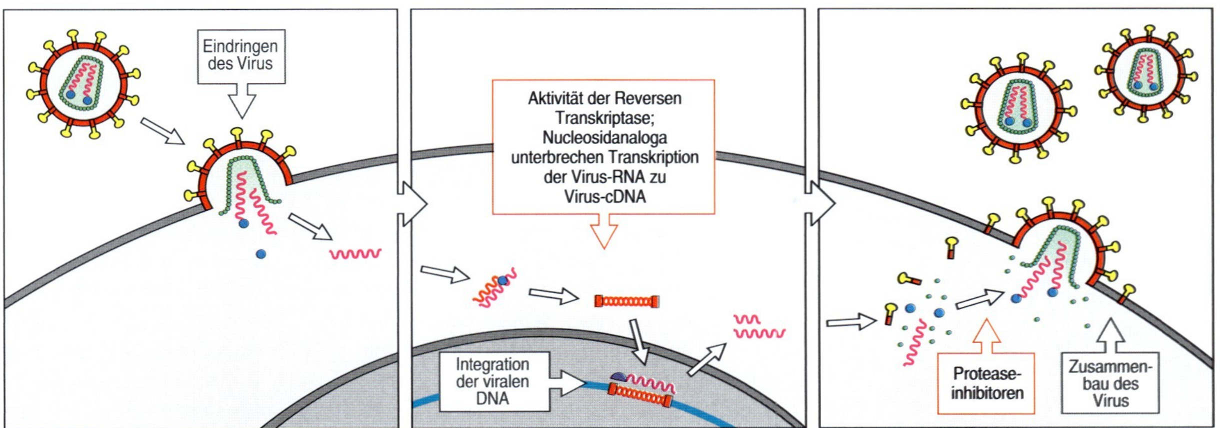

12.30 Mögliche Ziele, um in den HIV-Zyklus einzugreifen. Im Prinzip könnte man das HIV-Virus an verschiedenen Stellen in seinem Lebenszyklus mit Medikamenten angreifen: Eindringen des Virus in die Zelle, Reaktion der Reversen Transkriptase, Einschleusen der viralen DNA in die zelluläre DNA durch die virale Integrase, Spaltung der viralen Polyproteine durch die virale Protease und der Zusammenbau und die Freisetzung der infektiösen Virionen. Bis jetzt wurden nur Medikamente entwickelt, die die Aktivitäten der Reversen Transkriptase und der Protease hemmen. Es stehen acht Nucleosidanaloga als Inhibitoren der Reversen Transkriptase und sieben Proteaseinhibitoren zur Verfügung. Eine Kombinationstherapie, bei der man verschiedene Arten von Medikamenten verabreicht, ist wirksamer als wenn man nur ein einziges Medikament verwendet.

lung beseitigt zwar nicht die HIV-RNA, induziert aber eine Zunahme der CD4-T-Zellen auf das Sechsfache, wenn es in Kombination mit einer antiretroviralen Therapie verabreicht wird. Dabei nimmt vor allem die Anzahl der naiven T-Zellen und nicht der T-Gedächtniszellen zu. Ob IL-2 bei der Behandlung tatsächlich einen Vorteil bietet, muss noch festgestellt werden, besonders in Bezug auf die Nebenwirkungen, etwa grippeähnliche Symptome, Blutstauungen, ein niedriger Blutdruck und die Toxizität für die Leber. Die Stadien des HIV-Zyklus, die man als mögliche Ansatzpunkte für eine Therapie betrachtet, sind in Abbildung 12.30 dargestellt.

12.32 Jeder HIV-Infizierte häuft im Verlauf der Infektion zahlreiche HIV-Mutationen an, und die Behandlung mit Medikamenten führt bald zur Entstehung von resistenten Varianten des Virus

Durch die rasche HIV-Vermehrung mit einer Erzeugung von 10^9 bis 10^{10} Virionen pro Tag entstehen bei einer Mutationsrate von etwa 3×10^{-5} pro Nucleotidbase und Replikationszyklus bei einem einzigen infizierten Patienten zahlreiche HIV-Varianten. Diese hohe Mutationsrate ist eine Folge der fehleranfälligen Replikation von Retroviren. Der Reversen Transkriptase fehlt eine Korrekturlesefunktion, wie sie mit den zellulären DNA-Polymerasen assoziiert ist. Die RNA-Genome der Retroviren werden mit relativ geringer Genauigkeit in DNA umgeschrieben, und die Transkription der proviralen DNA zu RNA-Kopien durch die RNA-Polymerase II erfolgt ebenfalls ungenau. Ein schnell replizierendes, persistierendes Virus, das im Verlauf einer Infektion diese beiden Schritte wiederholt durchläuft, kann so zahlreiche Mutationen akkumulieren. Man findet daher in einem einzigen infizierten Patienten eine große Zahl von HIV-Varianten, die manchmal als **Quasispezies** bezeichnet werden. Die hohe Variabilität wurde zuerst bei HIV entdeckt, man kennt diesen Mechanismus aber inzwischen auch von den anderen Lentiviren.

Als Folge der hohen Variabilität entwickelt HIV schnell eine Resistenz gegenüber antiviralen Medikamenten. Bei der Anwendung solcher Medi-

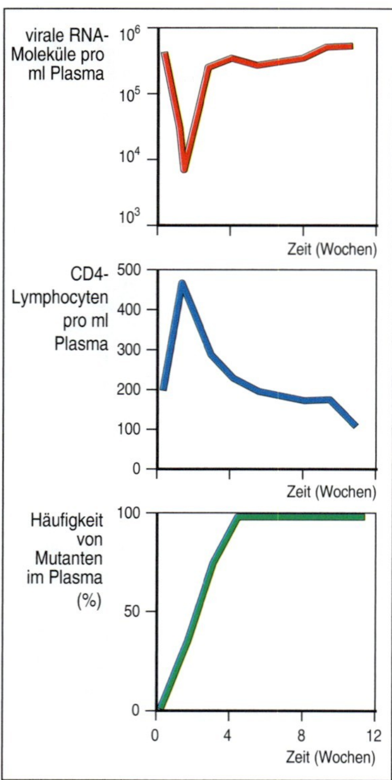

12.31 Die Resistenz von HIV gegen Proteaseinhibitoren entwickelt sich schnell. Nach der Verabreichung eines einzigen Proteaseinhibitors an einen HIV-Patienten kommt es zu einer beschleunigten Abnahme der viralen RNA im Plasma, wobei die Halbwertszeit etwa zwei Tage beträgt (oben). Dies geht einher mit einer anfänglichen Zunahme der CD4-T-Zellen im peripheren Blut (Mitte). Innerhalb weniger Tage nach Beginn der Behandlung sind jedoch bereits resistente Varianten im Plasma (unten) und in den peripheren Lymphocyten im Blut nachweisbar. Nach einer Behandlung von nur vier Wochen haben die Konzentrationen der viralen RNA und der CD4-Lymphocyten wieder die Werte vor der Medikamentengabe erreicht, und das HIV im Plasma besteht zu 100 % aus der resistenten Mutante.

kamente treten Virusvarianten mit Mutationen auf, die gegen die Wirkung der Medikamente resistent sind. Die neuen Viren vermehren sich, bis die vorherigen Titer im Plasma erreicht sind. Resistenzen gegen einige der Proteaseinhibitoren erfordern nur eine einzige Mutation und treten bereits nach nur wenigen Tagen auf (Abb. 12.31). Ähnliches gilt für Resistenzen gegen die Inhibitoren der Reversen Transkriptase. Im Gegensatz dazu dauert es Monate, bis eine Resistenz gegen das Nucleosid Zidovudin (AZT) eintritt, da hier in der Reversen Transkriptase drei bis vier Mutationen auftreten müssen. Aufgrund des relativ schnellen Auftretens von Resistenzen gegen alle bis jetzt bekannten HIV-Medikamente beruht eine erfolgreiche Behandlung auf einer Kombinationstherapie (Abschnitt 12.31). Es kann auch von Bedeutung sein, bereits in einer frühen Phase der Infektion mit der Behandlung zu beginnen. So verringert sich die Wahrscheinlichkeit, dass eine Virusvariante alle notwendigen Mutationen akkumuliert, um gegen den gesamten Cocktail resistent zu sein.

12.33 Ein Impfstoff gegen HIV ist erstrebenswert, wirft aber auch viele Probleme auf

Letztendliches Ziel ist ein sicherer und wirkungsvoller Impfstoff, der eine HIV-Infektion und AIDS verhindern könnte. Dies birgt aber zahlreiche Schwierigkeiten, mit denen man bei der Entwicklung von Impfstoffen gegen andere Krankheiten nicht konfrontiert wird. Das Hauptproblem ist die Art der Infektion selbst, die von einem Virus ausgelöst wird, das außerordentlich schnell proliferiert und sogar in Gegenwart ausgeprägter Reaktionen von cytotoxischen T-Zellen und Antikörpern eine dauerhafte Infektion verursacht. Man hat die Entwicklung von Impfstoffen erwogen, die man Patienten verabreichen könnte, die bereits infiziert sind, um die Immunantwort zu verstärken und den Fortschritt von AIDS zu verhindern. Auch hat man an Impfstoffe gedacht, die einer Infektion vorbeugen sollen. Die Entwicklung einer therapeutischen Impfung für bereits infizierte Patienten wäre außerordentlich schwierig. Wie bereits im vorherigen Abschnitt besprochen, kann sich HIV bei den einzelnen Patienten weiterentwickeln, weil die mutierten Viren veränderte Peptidsequenzen codieren, die eine Erkennung durch Antikörper und cytotoxische T-Zellen verhindern. Dadurch können sich die Mutanten besser vermehren. Die Fähigkeit des Virus, in latenter Form als Provirus ohne aktive Transkription, den das Immunsystem nicht erkennt, erhalten zu bleiben, könnte sogar verhindern, dass eine immunisierte Person eine Infektion besiegen kann, sobald diese sich etabliert hätte.

Eine vorbeugende Impfung, die eine Neuinfektion verhindern soll, bietet wahrscheinlich mehr Aussicht auf Erfolg. Aber selbst hier bilden die fehlende Wirkung einer normalen Immunantwort und das immense Ausmaß der Sequenzvielfalt der HIV-Stämme in der Population insgesamt eine große Herausforderung. Patienten, die mit einem bestimmten Virusstamm infiziert sind, zeigen gegenüber eng verwandten Stämmen offenbar keine Resistenz. Das bedeutet, dass es einen universellen Impfstoff nicht geben kann. So war beispielsweise ein Patient mit HIV-1/Klade AE infiziert und wurde 28 Monate lang erfolgreich behandelt, infizierte sich aber drei Monate nach Beendigung der Behandlung mit HIV-1/Klade B bei einem sexuellen Kontakt in Brasilien, wo diese Klade endemisch auftritt. Es wurden auch Fälle von Superinfektionen beschrieben, bei denen zwei Stämme dieselbe Zelle infizierten. Die größte Schwierigkeit ist eigentlich unsere Ungewissheit darüber, welche Form ein Immunschutz gegen HIV haben könnte. Es ist nicht bekannt, ob Antikörper, Reaktionen durch CD4-T-Zellen oder durch cytotoxische CD8-T-Zellen, oder womöglich alle drei Komponenten, erforderlich sind, um einen Immunschutz zu erzielen, und welche Epitope dabei angesteuert werden sollten.

Es gibt jedoch bei allem Pessimismus die Hoffnung, dass sich Impfstoffe erfolgreich entwickeln lassen. Dabei ist von besonderem Interesse, dass manche Personen HIV ausreichend oft ausgesetzt waren, um infiziert zu werden, aber keine Krankheit entwickelt haben. In einigen Fällen ist dies darauf zurückzuführen, dass sie eine erbliche Störung des Chemokinrezeptors aufweisen, der als Corezeptor beim Eindringen von HIV dient (Abschnitt 12.25). Dieser mutierte Chemokinrezeptor kommt jedoch in Afrika nicht vor, wo man ebenfalls eine solche Gruppe von Personen identifiziert hat. Bei einigen Prostituierten in Gambia und Kenia geht man davon aus, dass sie jeden Monat (in einem Zeitraum von bis zu fünf Jahren) mit zahlreichen männlichen HIV-infizierten Partnern Sexualkontakte hatten. Sie zeigen dennoch keine Antikörperantworten, aber Reaktionen der cytotoxischen T-Zellen auf eine Reihe von Peptidepitopen von HIV. Diese Frauen wurden offenbar auf natürliche Weise gegen HIV immunisiert. Einige von ihnen wurden weiter begleitet und es stellte sich heraus, dass sich 10 % von ihnen in der Folge mit HIV infizierten. Paradoxerweise traten die HIV-Infektionen häufiger bei Frauen auf, die ihre sexuelle Betätigung verringert hatten und so dem Virus nicht mehr regelmäßig ausgesetzt waren. Eine mögliche Erklärung dafür besteht darin, dass der fehlende regelmäßige Kontakt mit HIV-Antigenen zu einem Verlust der cytotoxischen T-Zell-Reaktion führte, sodass die Frauen für eine Infektion anfällig wurden.

Bei den Versuchen, Impfstoffe gegen HIV zu entwickeln, ging man auf verschiedene Weisen vor. Viele erfolgreiche Impfstoffe gegen andere Viruskrankheiten enthalten einen lebensfähigen, abgeschwächten Virusstamm, der eine Immunantwort auslöst, aber keine Krankheit hervorruft (Abschnitt 15.23). Es bestehen jedoch für die Entwicklung von lebensfähigen, abgeschwächten Impfstämmen gegen AIDS einige grundlegende Schwierigkeiten, wobei schon die Gefahr, dass Impfstämme und Wildtypviren rekombinieren könnten und die Virulenz erneut zum Tragen kommt, nicht zu gering eingeschätzt werden darf. Eine alternative Herangehensweise wäre die Anwendung einer DNA-Impfung (Abschnitt 15.27). Eine DNA-Impfung gegen HIV mit anschließender Verabreichung eines rekombinierten, modifizierten Impfstoffs mit HIV-Antigenen zur Booster-Impfung wurde bereits bei ersten Experimenten mit Primaten durchgeführt. Dadurch ließ sich eine Infektion durch intrarektal verabreichtes infektiöses Material sieben Monate nach der Booster-Impfung verhindern. Jeder Erfolg auf dem Weg zu einer Impfung gegen HIV bringt jedoch auch einen Rückschlag mit sich. So wurden Rhesusaffen mit einem DNA-Impfstoff gegen SIV behandelt und ihnen gleichzeitig ein IL-2-Fusionsprotein verabreicht, und dann wurden sie mit einem pathogenen SIV-HIV-Hybrid infiziert. Sechs Monate später entwickelte einer der Affen eine AIDS-ähnliche Krankheit, die mit dem Auftreten eines Virus einherging, das in einem immundominanten Gag-Epitop, welches von den cytotoxischen T-Zellen erkannt wird, eine Mutation aufwies. Dies ist ein interessantes, aber auch etwas entmutigendes Beispiel für die Fähigkeit von HIV, unter dem Druck der cytotoxischen T-Zell-Reaktion der immunologischen Kontrolle zu entkommen.

Es gibt auch Subunit-Impfstoffe, die nur gegen einige Proteine des Virus immunisieren. Einer dieser Impfstoffe, den man bei Schimpansen getestet hat, richtet sich beispielsweise gegen das Hüllprotein gp120. Der Impfstoff ist genau für den Virusstamm spezifisch, mit dem er hergestellt wurde, schützt also nicht vor einer natürlichen Infektion. Subunit-Impfstoffe lösen jedoch längerfristige cytotoxische T-Zell-Antworten weniger effektiv aus. Trotz der Ergebnisse mit den Schimpansen hat man einen rekombinierten gp120-Proteinimpfstoff bei nichtinfizierten freiwilligen Personen getestet. Ein geringer Teil der Freiwilligen bekam anschließend eine HIV-Infektion, wobei deren Verlauf durch die vorherige Impfung nicht beeinflusst wurde.

Neben den biologischen Hindernissen wirft die Entwicklung eines solchen Impfstoffes auch schwerwiegende ethische Fragen auf. Es wäre unethisch, einen Impftest durchzuführen, ohne gleichzeitig zu versuchen, die geimpfte Bevölkerungsgruppe möglichst wenig dem Virus auszusetzen. Die Effektivität eines Impfstoffs kann man jedoch nur in einer Population mit einem hohen Ansteckungsrisiko ermitteln. Das bedeutet, dass erste Impfversuche in Ländern unternommen werden müssten, in denen Personen sehr häufig infiziert werden und in denen die Ausbreitung von HIV noch nicht durch öffentliche Gesundheitsmaßnahmen reduziert werden konnte.

12.34 Vorbeugung und Aufklärung sind eine Möglichkeit, die Ausbreitung von HIV und AIDS einzudämmen

Eine Möglichkeit, uns vor einer HIV-Infektion zu schützen, besteht bekanntlich darin, Kontakt mit Körperflüssigkeiten wie Sperma, Blut, Blutprodukten oder Milch von infizierten Personen zu vermeiden. Tatsächlich konnte wiederholt gezeigt werden, dass diese Vorsichtsmaßnahme – in den Industrienationen einfach genug – ausreicht, um eine Infektion zu verhindern: So kann beispielsweise Krankenpflegepersonal AIDS-Patienten über einen langen Zeitraum betreuen, ohne Anzeichen einer Serokonversion oder einer Infektion zu zeigen.

Damit diese Strategie zum Erfolg führt, müssen allerdings zwei Voraussetzungen erfüllt sein. Zum einen muss man in der Lage sein, Personen mit hohem Ansteckungsrisiko regelmäßig zu testen, damit sie entsprechende Maßnahmen ergreifen können, um eine Übertragung des Virus auf andere zu verhindern. Dies erfordert absolute Diskretion und gegenseitiges Vertrauen. Ein Hindernis im Kampf gegen die Ausbreitung von HIV besteht darin, dass viele Personen nicht wissen wollen, ob sie infiziert sind oder nicht – besonders weil ein positiver HIV-Test oft für eine gesellschaftliche Ächtung ausreicht. Die Folge ist, dass infizierte Personen unter Umständen unwissentlich viele andere anstecken. Demgegenüber steht die erfolgreiche Kombinationstherapie (Abschnitt 12.31), die für potenziell infizierte Personen einen Anreiz bietet, das Vorhandensein einer Infektion feststellen zu lassen und damit die Vorteile einer Behandlung zu erhalten. Verantwortungsgefühl ist eine zentrale Voraussetzung für die AIDS-Prävention, und ein Gesetz, das die Rechte der HIV-Infizierten garantiert, kann viel dazu beitragen, verantwortungsvolles Verhalten zu unterstützen. Die Rechte HIV-infizierter Personen sind nur in wenigen Ländern geschützt. In weniger entwickelten Ländern, in denen es zudem so gut wie unmöglich ist, auch nur elementare Vorsorgemaßnahmen einzuführen, ist die Lage schwieriger.

Zusammenfassung

Das erworbene Immunschwächesyndrom AIDS wird durch eine Infektion mit dem menschlichen Immunschwächevirus HIV ausgelöst. Diese weltweite Epidemie breitet sich mittlerweile mit alarmierender Geschwindigkeit aus, besonders aufgrund von heterosexuellen Kontakten in den weniger entwickelten Ländern. HIV ist ein Retrovirus, das eine Hülle besitzt und sich in Zellen des Immunsystems vermehrt. Damit das Virus in eine Zelle eindringen kann, müssen CD4 und ein bestimmter Chemokinrezeptor vorhanden sein. Darüber hinaus braucht das Virus zur Vermehrung Transkriptionsfaktoren, die man in aktivierten T-Zellen findet. Bei einer HIV-Infektion werden die CD4-T-Zellen zerstört, und es kommt zu einer akuten Virämie, die aber schnell wieder zurückgeht, sobald die cytotoxischen T-Zellen eine Immunantwort entwickeln. Nichtinfizierte Zellen werden aktiviert und sterben anschließend ebenfalls ab. Die HIV-Infektion wird jedoch durch diese Immunreaktion nicht beseitigt. Dies ist ein zentrales Merkmal, durch das sich eine HIV-Infektion von nichtpathogenen natürlichen Infektionen bei afrikanischen Primaten mit verschiedenen SIV-Viren unterscheidet. HIV etabliert vielmehr einen Zustand persistierender Infektion, in dem sich das Virus permanent in neu infizierten Zellen vermehrt. Die derzeitige Therapie umfasst die Behandlung mit Kombinationen aus Proteaseinhibitoren und Nucleosidanaloga, die die Reverse Transkriptase hemmen. Dabei kommt es zu einer schnellen Abnahme der Virustiter und zu einer langsameren Zunahme der CD4-T-Zellen. HIV zerstört bei einer Infektion vor allem die CD4-T-Zellen; das ist die Folge von direkten cytopathologischen Effekten der HIV-Infektion und dem Abtöten der Zellen durch cytotoxische CD8-T-Zellen. In dem Maße, wie die Anzahl der CD4-T-Zellen sinkt, wird der Körper zunehmend anfälliger für opportunistische Infektionen. Schließlich bekommen die meisten HIV-Infizierten AIDS und sterben. Eine kleine Minderheit, etwa 3 bis 7 %, bleibt jedoch jahrelang gesund, ohne irgendwelche Symptome einer Infektion zu zeigen. Man hofft, durch solche Menschen herausfinden zu können, wie sich eine HIV-Infektion eindämmen lässt. Weil es solche Menschen gibt, aber auch andere, die gegen eine Infektion auf natürliche Weise immunisiert wurden, besteht die Hoffnung, dass möglicherweise wirksame Impfstoffe gegen HIV entwickelt werden können.

Zusammenfassung von Kapitel 12

Während die meisten Infektionen zu einer schützenden Immunität führen, haben die erfolgreichsten Krankheitserreger Wege gefunden, einer Immunantwort zumindest teilweise zu widerstehen. Diese lösen schwere, anhaltende Krankheiten aus. Einige Personen weisen in verschiedenen Elementen des Immunsystems genetische Defekte auf, die sie für bestimmte Gruppen von Erregern besonders anfällig machen. Persistierende Infektionen und erbliche Immunschwächen zeigen, wie wichtig die angeborene und die erworbene adaptive Immunität für eine wirksame Abwehr von Infektionen sind, und stellen eine immense Herausforderung für die immunologische Forschung dar. Das menschliche Immunschwächevirus (HIV), das zum erworbenen Immunschwächesyndrom (AIDS) führt, vereint die besonderen

Merkmale eines persistierenden Erregers mit der Fähigkeit, das Immunsystem seines menschlichen Wirts zu schwächen – eine Kombination, die in der Regel für die Patienten eine langsame, tödliche Wirkung hat. Der Schlüssel zur Bekämpfung neuer Pathogene wie HIV liegt darin, mehr über die grundlegenden Eigenschaften des Immunsystems und seine Rolle bei der Bekämpfung von Infektionen herauszufinden.

Fragen

12.1 Nennen Sie die verschiedenen Mechanismen, durch die Viren dem Immunsystem entkommen können. Welche dieser Mechanismen führen zu einer chronischen Infektion und warum?

12.2 Erörtern Sie die Faktoren, die es den Herpesviren ermöglichen, im Wirtsorganismus latente Infektionen zu entwickeln, und wie es zu einer Reaktivierung kommt, sodass sich das Virus von einem Wirt zum nächsten ausbreiten kann.

12.3 Erörtern Sie anhand Ihres Wissens über Infektionen mit *Leishmania* aus anderen Kapiteln (beispielsweise Kapitel 8 und 10), wie die Anhäufung von T_{reg}-Zellen in der Dermis die Beseitigung dieses Krankheitserregers von dort beeinträchtigen kann.

12.4 Man nimmt an, dass das Hepatitis-C-Virus (HCV) die Aktivierung und Reifung der dendritischen Zellen stört. a) Wie ist es dem Virus dadurch möglich, eine chronische Infektion zu etablieren? b) Wie könnte HCV der Immunantwort noch entkommen?

12.5 Erörtern Sie die allgemeine Bedeutung einer ausgeglichenen (im Gegensatz zu einer polarisierten) CD4-T-Zell- und Cytokinreaktion auf eine Infektion. Verdeutlichen Sie ihre Antwort anhand eines bestimmten Krankheitserregers. Bei welcher Krankheit ist eine polarisierte Immunantwort hilfreicher und warum?

12.6 Nennen Sie Ursachen für Immunschwächen, die T-Lymphocyten betreffen. Warum wirken sich diese gravierender aus als Immunschwächen, die nur B-Zellen betreffen?

12.7 Was können wir von Menschen mit erblichen und erworbenen Immunschwächen in Bezug auf die normalen Mechanismen der Immunabwehr gegen Tuberkulose lernen?

12.8 Wie führt eine Infektion mit HIV zu AIDS?

12.9 Warum ist es schwierig, einen Impfstoff gegen AIDS zu entwickeln?

12.10 Warum kann eine HIV-Infektion nicht durch eine medikamentöse Therapie geheilt werden?

Allgemeine Literatur

Chapel H, Geha R, Rosen F (2003) Primary immunodeficiency diseases: an update. *Clin Exp Immunol* 132: 9–15

Cohen OJ, Kinter A, Fauci AS (1997) Host factors in the pathogenesis of HIV disease. *Immunol Rev* 159: 31–48

De Cock KM, Mbori-Ngacha D, Marum E (2002) Shadow on the continent: public health and HIV/AIDS in Africa in the 21st century. *Lancet* 360: 67–72

De Cock KM (2001) Epidemiology and the emergence of human immunodeficiency virus and acquired immune deficiency syndrome. *Phil Trans R Soc Lond B* 356: 795–798

Fischer A, Cavazzana-Calvo M, De-Saint-Basile G, DeVillartay JP, Di-Santo JP, Hivroz C, Rieux-Laucat F, Le-Deist F (1997) Naturally occurring primary deficiencies of the immune system. *Annu Rev Immunol* 15: 93–124

Hill AV (1998) The immunogenetics of human infectious diseases. *Annu Rev Immunol* 16: 593–617

Korber B, Muldoon M, Theiler J, Gao F, Gupta R, Lapedes A, Hahn BH, Wolinsky S, Bhattacharya T (2000) Timing the ancestor of the HIV-1 pandemic strains. *Science* 288: 1789–1796

Lederberg J (2000) Infectious history. *Science* 288: 287–293

McNicholl JM, Downer MY, Udhayakumar V, Alper CA, Swerdlow DL (2000) Host-pathogen interactions in emerging and re-emerging infectious diseases: a genomic perspective of tuberculosis, malaria, human immunodeficiency virus infection, hepatitis B, and cholera. *Annu Rev Public Health* 21: 15–46

Royce RA, Sena K, Cates W Jr, Cohen MS (1997) Sexual transmission of HIV. *N Engl J Med* 336: 1072–1078

Tortorella D, Gewurz BE, Furman MH, Schust DJ, Ploegh HL (2000) Viral subversion of the immune system. *Annu Rev Immunol* 18: 861–926

Xu XN, Screaton GR, McMichael AJ (2001) Virus infections: escape, resistance, and counterattack. *Immunity* 15: 867–870

Zinkernagel RM (1996) Immunology taught by viruses. *Science* 271: 173–178

Literatur zu den einzelnen Abschnitten

Abschnitt 12.1

Clegg S, Hancox LS, Yeh KS (1996) *Salmonella typhimurium* fimbrial phase variation and FimA expression. *J Bacteriol* 178: 542–545

Cossart P (1997) Host/pathogen interactions. Subversion of the mammalian cell cytoskeleton by invasive bacteria. *J Clin Invest* 99: 2307–2311

Donelson JE, Hill KL, El-Sayed NM (1998) Multiple mechanisms of immune evasion by African trypanosomes. *Mol Biochem Parasitol* 91: 51–66

Gibbs MJ, Armstrong JS, Gibbs AJ (2001) Recombination in the hemagglutinin gene of the 1918 'Spanish flu'. *Science* 293: 1842–1845

Hatta M, Gao P, Halfmann P, Kawaoka Y (2001) Molecular basis for high virulence of Hong Kong H5N1 influenza A viruses. *Science* 293: 1840–1842

Kuppers R (2003) B cells under the influence: transformation of B cells by Epstein-Barr virus. *Nat Rev Immunol* 3: 801–812

Laver G, Garman E (2001) Virology. The origin and control of pandemic influenza. *Science* 293: 1776–1777

Ressing ME, Keating SE, van Leeuwen D, Koppers-Lalic D, Pappworth IY, Wiertz EJ, Rowe M (2005) Impaired transporter associated with antigen processing-dependent peptide transport during productive EBV infection. *J Immunol* 174: 6829–6838

Rudenko G, Cross M, Borst P (1998) Changing the end: antigenic variation orchestrated at the telomeres of African trypanosomes. *Trends Microbiol* 6: 113–116

Seifert HS, Wright CJ, Jerse AL, Cohen MS, Cannon JG (1994) Multiple gonococcal pilin antigenic variants are produced during experimental human infections. *J Clin Invest* 93: 2744–2749

Webster RG (2001) Virology. A molecular whodunit. *Science* 293: 1773–1775

Abschnitt 12.2

Cohen JI (2000) Epstein-Barr virus infection. *N Engl J Med* 343: 481–492

Ehrlich R (1995) Selective mechanisms utilized by persistent and oncogenic viruses to interfere with antigen processing and presentation. *Immunol Res* 14: 77–97

Garcia Blanco MA, Cullen BR (1991) Molecular basis of latency in pathogenic human viruses. *Science* 254: 815–820

Hahn G, Jores R, Mocarski ES (1998) Cytomegalovirus remains latent in a common precursor of dendritic and myeloid cells. *Proc Natl Acad Sci USA* 95: 3937–3942

Ho DY (1992) Herpes simplex virus latency: molecular aspects. *Prog Med Virol* 39: 76–115

Longnecker R, Miller CL (1996) Regulation of Epstein-Barr virus latency by latent membrane protein 2. *Trends Microbiol* 4: 38–42

Macsween KF, Crawford DH (2003) Epstein-Barr virus – recent advances. *Lancet Infect Dis* 3: 131–140

Mitchell BM, Bloom DC, Cohrs RJ, Gilden DH, Kennedy PG (2003) Herpes simplex virus-1 and varicella-zoster virus latency in ganglia. *J Neurovirol* 9: 194–204

Nash AA (2000) T cells and the regulation of herpes simplex virus latency and reactivation. *J Exp Med* 191: 1455–1458

Wensing B, Farrell PJ (2000) Regulation of cell growth and death by Epstein-Barr virus. *Microbes Infect* 2: 77–84

Yewdell JW, Hill AB (2002) Viral interference with antigen presentation. *Nat Immunol* 2: 1019–1025

Abschnitt 12.3

Alcami A, Koszinowski UH (2000) Viral mechanisms of immune evasion. *Trends Microbiol* 8: 410–418

Arvin AM (2001) Varicella-zoster virus: molecular virology and virus-host interactions. *Curr Opin Microbiol* 4: 442–449

Brander C, Walker BD (2000) Modulation of host immune responses by clinically relevant human DNA and RNA viruses. *Curr Opin Microbiol* 3: 379–386

Connolly SE, Benach JL (2005) The versatile roles of antibodies in *Borrelia* infections. *Nat Rev Microbiol* 3: 411–420

Cooper SS, Glenn J, Greenberg HB (2000) Lessons in defense: hepatitis C, a case study. *Curr Opin Microbiol* 3: 363–365

Cosman D, Fanger N, Borges L, Kubin M, Chin W, Peterson L, Hsu ML (1997) A novel immunoglobulin superfamily receptor for cellular and viral MHC class I molecules. *Immunity* 7: 273–282

Gewurz BE, Gaudet R, Tortorella D, Wang EW, Ploegh HL (2001) Virus subversion of immunity: a structural perspective. *Curr Opin Immunol* 13: 442–450

Hadler JL (2007) Learning from the 2001 anthrax attacks: immunological characteristics. *J Infect Dis* 195: 163–164

Lauer GM, Walker BD (2001) Hepatitis C virus infection. *N Engl J Med* 345: 41–52

McFadden G, Murphy PM (2003) Host-related immunomodulators encoded by poxviruses and herpesviruses. *Curr Opin Microbiol* 3: 371–378

Miller JC, Stevenson B (2006) *Borrelia burgdorferi* erp genes are expressed at different levels within tissues of chronically infected mammalian hosts. *Int J Med Microbiol* 296, Ergänzungsband 40: 185–194

Park JM, Greten FR, Li ZW, Karin M (2002) Macrophage apoptosis by anthrax lethal factor through p38 MAP kinase inhibition. *Science* 297: 2048–2051.

Radolf JD (1994) Role of outer membrane architecture in immune evasion by *Treponema pallidum* and *Borrelia burgdorferi*. *Trends Microbiol* 2: 307–311

Sinai AP, Joiner KA (1997) Safe haven: the cell biology of nonfusogenic pathogen vacuoles. *Annu Rev Microbiol* 51: 415–462

Abschnitt 12.4

Auffermann-Gretzinger S, Keeffe EB, Levy S (2001) Impaired dendritic cell maturation in patients with chronic, but not resolved, hepatitis C virus infection. *Blood* 97: 3171–3176

Bhardwaj N (1997) Interactions of viruses with dendritic cells: a double-edged sword. *J Exp Med* 186: 795–799

Bloom BR, Modlin RL, Salgame R (1992) Stigma variations: observations on suppressor T cells and leprosy. *Annu Rev Immunol* 10: 453–488

Fleischer B (1994) Superantigens. *APMIS* 102: 3–12

Kanto T, Hayashi N, Takehara T, Tatsumi T, Kuzushita T, Ito A, Sasaki Y, Kasahara A, Hori M (1999) Impaired allostimulatory capacity of peripheral blood dendritic cells recovered from hepatitis C virus-infected individuals. *J Immunol* 162: 5584–5591

Lerat H, Rumin S, Habersetzer F, Berby F, Trabaud MA, Trepo C, Inchauspe G (1998) *In vivo* tropism of hepatitis C virus genomic sequences in hematopoietic cells: influence of viral load, viral genotype, and cell phenotype. *Blood* 91: 3841–3849

Salgame P, Abrams JS, Clayberger C, Goldstein H, Convit J, Modlin RL, Bloom BR (1991) Differing lymphokine profiles of functional subsets of human CD4 and CD8 T cell clones. *Science* 254: 279–282

Swartz MN (2001) Recognition and management of anthrax – an update. *N Engl J Med* 345: 1621–1626

Abschnitt 12.5

Cheever AW, Yap GS (1997) Immunologic basis of disease and disease regulation in schistosomiasis. *Chem Immunol* 66: 159–176

Doherty PC, Topham DJ, Tripp RA, Cardin RD, Brooks JW, Stevenson PG (1997) Effector $CD4^+$ and $CD8^+$ T-cell mechanisms in the control of respiratory virus infections. *Immunol Rev* 159: 105–117

Openshaw PJ (1995) Immunopathological mechanisms in respiratory syncytial virus disease. *Springer Semin Immunopathol* 17: 187–201

Varga SM, Wang X, Welsh RM, Braciale TJ (2001) Immunopathology in RSV infection is mediated by a discrete oligoclonal subset of antigen-specific $CD4^+$ T cells. *Immunity* 15: 637–646

Abschnitt 12.6

Rouse BT, Sarangi PP, Suvas S (2006) Regulatory T cells in virus infections. *Immunol Rev* 212: 272–286

Waldmann H, Adams E, Fairchild P, Cobbold S (2006) Infectious tolerance and the long-term acceptance of transplanted tissue. *Immunol Rev* 212: 301–313

Abschnitt 12.7

Carneiro-Sampaio M, Coutinho A (2007) Immunity to microbes: lessons from primary immunodeficiencies. *Infect Immun* 75: 1545–1555

Cunningham-Rundles C, Ponda PP (2005) Molecular defects in T- and B-cell primary immunodeficiency diseases. *Nat Rev Immunol* 5: 880–892

Rosen FS, Cooper MD, Wedgwood RJ (1995) The primary immunodeficiencies. *N Engl J Med* 333: 431–440

Abschnitt 12.8

Fischer A (1996) Inherited disorders of lymphocyte development and function. *Curr Opin Immunol* 8: 445–447

Kokron CM, Bonilla FA, Oettgen HC, Ramesh N, Geha RS, Pandolfi F (1997) Searching for genes involved in the pathogenesis of primary immunodeficiency diseases: lessons from mouse knockouts. *J Clin Immunol* 17: 109–126

Smart BA, Ochs HD (1997) The molecular basis and treatment of primary immunodeficiency disorders. *Curr Opin Pediatr* 9: 570–576

Smith CI, Notarangelo LD (1997) Molecular basis for X-linked immunodeficiencies. *Adv Genet* 35: 57–115

Abschnitt 12.9

Bruton OC (1952) Agammaglobulinemia. *Pediatrics* 9: 722–728

Burrows PD, Cooper MD (1997) IgA deficiency. *Adv Immunol* 65: 245–276

Desiderio S (1997) Role of Btk in B cell development and signalling. *Curr Opin Immunol* 9: 534–540

Fuleihan R, Ramesh N, Geha RS (1995) X-linked agammaglobulinemia and immunoglobulin deficiency with normal or elevated IgM: immunodeficiencies of B cell development and differentiation. *Adv Immunol* 60: 37–56

Lee ML, Gale RP, Yap PL (1997) Use of intravenous immunoglobulin to prevent or treat infections in persons with immune deficiency. *Annu Rev Med* 48: 93–102

Notarangelo LD (1996) Immunodeficiencies caused by genetic defects in protein kinases. *Curr Opin Immunol* 8: 448–453

Ochs HD, Wedgwood RJ (1987) IgG subclass deficiencies. *Annu Rev Med* 38: 325–340

Preud'homme JL, Hanson LA (1990) IgG subclass deficiency. *Immunodefic Rev* 2: 129–149

Abschnitt 12.10

Doffinger R, Smahi A, Bessla C, Geissmann F, Feinberg J, Durandy A, Bodemer C, Kenwrick S, Dupuis-Girod S, Blanche S et al (2001) X-linked anhidrotic ectodermal dysplasia with immunodeficiency is caused by impaired NFκB signaling. *Nat Genet* 27: 277–285

Durandy A, Honjo T (2001) Human genetic defects in class-switch recombination (hyper-IgM syndromes). *Curr Opin Immunol* 13: 543–548

Ferrari S, Giliani S, Insalaco A, Al Ghonaium A, Soresina AR, Loubser M, Avanzini MA, Marconi M, Badolato R, Ugazio AG et al (2001) Mutations of CD40 gene cause an autosomal recessive form of immunodeficiency with hyper IgM. *Proc Natl Acad Sci USA* 98: 12614–12619

Grimbacher B, Hutloff A, Schlesier M, Glocker E, Warnatz K, Drager R, Eibel H, Fischer B, Schaffer AA, Mages HW et al (2003) Homozygous loss of ICOS is associated with adult-onset common variable immunodeficiency. *Nat Immunol* 4: 261–268

Harris RS, Sheehy AM, Craig HM, Malim MH, Neuberger MS (2003) DNA deamination: not just a trigger for antibody diversification but also a mechanism for defense against retroviruses. *Nat Immunol* 4: 641–643

Abschnitt 12.11

Botto M, Dell'Agnola C, Bygrave AE, Thompson EM, Cook HT, Petry F, Loos M, Pandolfi PP, Walport MJ (1998) Homozygous C1q deficiency causes glomerulonephritis associated with multiple apoptotic bodies. *Nat Genet* 19: 56–59

Colten HR, Rosen FS (1992) Complement deficiencies. *Annu Rev Immunol* 10: 809–834

Dahl M, Tybjaerg-Hansen A, Schnohr P, Nordestgaard BG (2004) A population-based study of morbidity and mortality in mannose-binding lectin deficiency. *J Exp Med* 199: 1391–1399

Ochsenbein AF, Zinkernagel RM (2000) Natural antibodies and complement link innate and acquired immunity. *Immunol Today* 21: 624–630

Walport MJ (2001) Complement. First of two parts. *N Engl J Med* 344: 1058–1066

Walport MJ (2001) Complement. Second of two parts. *N Engl J Med* 344: 1140–1144

Abschnitt 12.12

Ambruso DR, Knall C, Abell AN, Panepinto J, Kurkchubasche A, Thurman G, Gonzalez-Aller C, Hiester A, deBoer M, Harbeck RJ et al (2000) Human neutrophil immunodeficiency syndrome is associated with an inhibitory Rac2 mutation. *Proc Natl Acad Sci USA* 97: 4654–4659

Andrews T, Sullivan KE (2003) Infections in patients with inherited defects in phagocytic function. *Clin Microbiol Rev* 16: 597–621

Aprikyan AA, Dale DC (2001) Mutations in the neutrophil elastase gene in cyclic and congenital neutropenia. *Curr Opin Immunol* 13: 535–538

Ellson CD, Davidson K, Ferguson GJ, O'Connor R, Stephens LR, Hawkins PT (2006) Neutrophils from *p40phox*$^{-/-}$-mice exhibit severe defects in NADPH oxidase regulation and oxidant-dependent bacterial killing. *J Exp Med* 203: 1927–1937

Fischer A, Lisowska Grospierre B, Anderson DC, Springer TA (1988) Leukocyte adhesion deficiency: molecular basis and functional consequences. *Immunodefic Rev* 11: 39–54

Goldblatt D, Thrasher AJ (2000) Chronic granulomatous disease. *Clin Exp Immunol* 122: 1–9

Luhn K, Wild MK, Eckhardt M, Gerardy-Schahn R, Vestweber D (2001) The gene defective in leukocyte adhesion deficiency II encodes a putative GDP-fucose transporter. *Nat Genet* 28: 69–72

Malech HL, Nauseef WM (1997) Primary inherited defects in neutrophil function: etiology and treatment. *Semin Hematol* 34: 279–290

Rotrosen D, Gallin JI (1987) Disorders of phagocyte function. *Annu Rev Immunol* 5: 127–150

Spritz RA (1998) Genetic defects in Chediak-Higashi syndrome and the beige mouse. *J Clin Immunol* 18: 97–105

Abschnitt 12.13

Buckley RH, Schiff RI, Schiff SE, Markert ML, Williams LW, Harville TO, Roberts JL, Puck JM (1997) Human severe combined immunodeficiency: genetic, phenotypic, and functional diversity in one hundred eight infants. *J Pediatr* 130: 378–387

Hirschhorn R (1995) Adenosine deaminase deficiency: molecular basis and recent developments. *Clin Immunol Immunopathol* 76: S219–S227

Leonard WJ (1996) The molecular basis of X linked severe combined immunodeficiency. *Annu Rev Med* 47: 229–239

Stephan JL, Vlekova V, Le Deist F, Blanche S, Donadieu J, De Saint-Basile G, Durandy A, Griscelli C, Fischer A (1993) Severe combined immunodeficiency: a retrospective single-center study of clinical presentation and outcome in 117 patients. *J Pediatr* 123: 564–572

Abschnitt 12.14

Bosma MJ, Carroll AM (1991) The SCID mouse mutant: definition, characterization, and potential uses. *Annu Rev Immunol* 9: 323–350

Fugmann SD (2002) DNA repair: breaking the seal. *Nature* 416: 691–694

Gennery AR, Cant AJ, Jeggo PA (2000) Immunodeficiency associated with DNA repair defects. *Clin Exp Immunol* 121: 1–7

Lavin MF, Shiloh Y (1997) The genetic defect in ataxia-telangiectasia. *Annu Rev Immunol* 15: 177–202

Moshous D, Callebaut I, de Chasseval R, Corneo B, Cavazzana-Calvo M, Le Deist F, Tezcan I, Sanal O, Bertrand Y, Philippe N et al (2001) Artemis, a novel DNA double-strand break repair/V(D)J recombination protein, is mutated in human severe combined immune deficiency. *Cell* 105: 177–186

Abschnitt 12.15

Arnaiz Villena A, Timon M, Corell A, Perez Aciego P, Martin Villa JM, Regueiro JR (1992) Brief report: primary immunodeficiency caused by mutations in the gene encoding the CD3-gamma subunit of the T-lymphocyte receptor. *N Engl J Med* 327: 529–533

Castigli E, Pahwa R, Good RA, Geha RS, Chatila TA (1993) Molecular basis of a multiple lymphokine deficiency in a patient with severe combined immunodeficiency. *Proc Natl Acad Sci USA* 90: 4728–4732

DiSanto JP, Keever CA, Small TN, Nicols GL, O'Reilly RJ, Flomenberg N (1990) Absence of interleukin 2 production in a severe combined immunodeficiency disease syndrome with T cells. *J Exp Med* 171: 1697–1704

DiSanto JP, Rieux Laucat F, Dautry Varsat A, Fischer A, de Saint Basile G (1994) Defective human interleukin 2 receptor gamma chain in an atypical X chromosome-linked severe combined immunodeficiency with peripheral T cells. *Proc Natl Acad Sci USA* 91: 9466–9470

Gilmour KC, Fujii H, Cranston T, Davies EG, Kinnon C, Gaspar HB (2001) Defective expression of the interleukin-2/interleukin-15 receptor beta subunit leads to a natural killer cell-deficient form of severe combined immunodeficiency. *Blood* 98: 877–879

Humblet-Baron S, Sather B, Anover S, Becker-Herman S, Kasprowicz DJ, Khim S, Nguyen T, Hudkins-Loya K, Alpers CE, Ziegler SF et al (2007) Wiskott-Aldrich syndrome protein is required for regulatory T cell homeostasis. *J Clin Invest* 117: 407–418

Kung C, Pingel JT, Heikinheimo M, Klemola T, Varkila K, Yoo LI, Vuopala K, Poyhonen M, Uhari M, Rogers M et al (2000) Mutations in the tyrosine phosphatase CD45 gene in a child with severe combined immunodeficiency disease. *Nat Med* 6: 343–345

Ochs HD (1998) The Wiskott-Aldrich syndrome. *Springer Semin Immunopathol* 9: 435–458

Roifman CM, Zhang J, Chitayat D, Sharfe N (2000) A partial deficiency of interleukin-7R alpha is sufficient to abrogate T-cell development and cause severe combined immunodeficiency. *Blood* 96: 2803–2807

Snapper SB, Rosen FS (1999) The Wiskott-Aldrich syndrome protein (WASP): roles in signaling and cytoskeletal organization. *Annu Rev Immunol* 17: 905–929

Abschnitt 12.16

Adriani M, Martinez-Mir A, Fusco F, Busiello R, Frank J, Telese S, Matrecano E, Ursini MV, Christiano AM, Pignata C (2004) Ancestral founder mutation of the nude (FOXN1) gene in congenital severe combined immunodeficiency associated with alopecia in Southern Italy population. *Ann Hum Genet* 68: 265–268

Coffer PJ, Burgering BM (2004) Forkhead-box transcription factors and their role in the immune system. *Nat Rev Immunol* 4: 889–899

Gadola SD, Moins-Teisserenc HT, Trowsdale J, Gross WL, Cerundolo V (2000) TAP deficiency syndrome. *Clin Exp Immunol* 121: 173–178

Grusby MJ, Glimcher LH (1995) Immune responses in MHC class II-deficient mice. *Annu Rev Immunol* 13: 417–435

Masternak K, Barras E, Zufferey M, Conrad B, Corthals G, Aebersold R, Sanchez JC, Hochstrasser DF, Mach B, Reith W (1998) A gene encoding a novel RFX-associated transactivator is mutated in the majority of MHC class II deficiency patients. *Nat Genet* 20: 273–277

Pignata C, Gaetaniello L, Masci AM, Frank J, Christiano A, Matrecano E, Racioppi L (2001) Human equivalent of the mouse Nude/SCID phenotype: long-term evaluation of immunologic reconstitution after bone marrow transplantation. *Blood* 97: 880–885

Schinke W, Izumo S (2001) Deconstructing DiGeorge syndrome. *Nat Genet* 27: 238–240

Steimle V, Reith W, Mach B (1996) Major histocompatibility complex class II deficiency: a disease of gene regulation. *Adv Immunol* 61: 327–340

Abschnitt 12.17

Casanova JL, Abel L (2002) Genetic dissection of immunity to mycobacteria: the human model. *Annu Rev Immunol* 20: 581–620

Dupuis S, Dargemont C, Fieschi C, Thomassin N, Rosenzweig S, Harris J, Holland SM, Schreiber RD, Casanova JL (2001) Impairment of mycobacterial but not viral immunity by a germline human STAT1 mutation. *Science* 293: 300–303

Keane J, Gershon S, Wise RP, Mirabile-Levens E, Kasznica J, Schwieterman WD, Siegel JN, Braun MM (2001) Tuberculosis associated with infliximab, a tumor necrosis factor α-neutralizing agent. *N Engl J Med* 345: 1098–1104

Lammas DA, Casanova JL, Kumararatne DS (2000) Clinical consequences of defects in the IL-12-dependent interferon-γ (IFN-γ)-pathway. *Clin Exp Immunol* 121: 417–425

Newport MJ, Huxley CM, Huston S, Hawrylowicz CM, Oostra BA, Williamson R, Levin M (1996) A mutation in the interferon-gamma-receptor gene and susceptibility to mycobacterial infection. *N Engl J Med* 335: 1941–1949

Shtrichman R, Samuel CE (2001) The role of γ-interferon in antimicrobial immunity. *Curr Opin Microbiol* 4: 251–259

Van de Vosse E, Hoeve MA, Ottenhoff TH (2004) Human genetics of intracellular infectious diseases: molecular and cellular immunity against mycobacteria and salmonellae. *Lancet Infect Dis* 4: 739–749

Abschnitt 12.18

Latour S, Gish G, Helgason CD, Humphries RK, Pawson T, Veillette A (2001) Regulation of SLAM-mediated signal transduction by SAP, the X-linked lymphoproliferative gene product. *Nat Immunol* 2: 681–690

Milone MC, Tsai DE, Hodinka RL, Silverman LB, Malbran A, Wasik MA, Nichols KE (2005) Treatment of primary Epstein-Barr virus infection in patients with X-linked lymphoproliferative disease using B-cell-directed therapy. *Blood* 105: 994–996

Morra M, Howie D, Grande MS, Sayos J, Wang N, Wu C, Engel P, Terhorst C (2001) X-linked lymphoproliferative disease: a progressive immunodeficiency. *Annu Rev Immunol* 19: 657–682

Nichols KE, Koretzky GA, June CH (2001) SAP: natural inhibitor or grand SLAM of T-cell activation? *Nat Immunol* 2: 665–666

Satterthwaite AB, Rawlings DJ, Witte ON (1998) DSHP: a 'power bar' for sustained immune responses? *Proc Natl Acad Sci USA* 95: 13355–13357

Abschnitt 12.19

de Saint BG, Fischer A (2001) The role of cytotoxicity in lymphocyte homeostasis. *Curr Opin Immunol* 13: 549–554

Dell'Angelica EC, Mullins C, Caplan S, Bonifacino JS (2000) Lysosome-related organelles. *FASEB J* 14: 1265–1278

Huizing M, Anikster Y, Gahl WA (2001) Hermansky-Pudlak syndrome and Chediak-Higashi syndrome: disorders of vesicle formation and trafficking. *Thromb Haemost* 86: 233–245

Menasche G, Pastural E, Feldmann J, Certain S, Ersoy F, Dupuis S, Wulffraat N, Bianchi D, Fischer A, Le Deist F, de Saint BG (2000) Mutations in RAB27A cause Griscelli syndrome associated with haemophagocytic syndrome. *Nat Genet* 25: 173–176

Stinchcombe JC, Griffiths GM (2001) Normal and abnormal secretion by haemopoietic cells. *Immunology* 103: 10–16

Abschnitt 12.20

Anderson WF (1998) Human gene therapy. *Nature* 392: 25-30

Candotti F, Blaese RM (1998) Gene therapy of primary immunodeficiencies. *Springer Semin Immunopathol* 19: 493-508

Fischer A, Le Deist F, Hacein-Bey-Abina S, Andre-Schmutz I, de Saint BG, de Villartay JP, Cavazzana-Calvo M (2005) Severe combined immunodeficiency. A model disease for molecular immunology and therapy. *Immunol Rev* 203: 98–109

Fischer A, Hacein-Bey S, Cavazzana-Calvo M (2002) Gene therapy of severe combined immunodeficiencies. *Nat Rev Immunol* 2: 615–621

Fischer A, Haddad E, Jabado N, Casanova JL, Blanche S, Le Deist F, Cavazzana-Calvo M (1998) Stem cell transplantation for immunodeficiency. *Springer Semin Immunopathol* 19: 479–492

Hacein-Bey-Abina S, Le Deist F, Carlier F, Bouneaud C, Hue C, De Villartay JP, Thrasher AJ, Wulffraat N, Sorensen R, Dupuis-Girod S et al (2002) Sustained correction of X-linked severe combined immunodeficiency by *ex vivo* gene therapy. *N Engl J Med* 346: 1185–1193

Hacein-Bey-Abina S, Von Kalle C, Schmidt M, McCormack MP, Wulffraat N, Leboulch P, Lim A, Osborne CS, Pawliuk R, Morillon E et al (2003) LMO2-associated clonal T cell proliferation in two patients after gene therapy for SCID-X1. *Science* 302: 415–419

Kohn DB, Hershfield MS, Carbonaro D, Shigeoka A, Brooks J, Smogorzewska EM, Barsky LW, Chan R, Burotto F, Annett G et al (1998) T lymphocytes with a normal ADA gene accumulate after transplantation of transduced autologous umbilical cord blood $CD34^+$ cells in ADA-deficient SCID neonates. *Nat Med* 4: 775–780

Onodera M, Ariga T, Kawamura N, Kobayashi I, Ohtsu M, Yamada M, Tame A, Furuta H, Okano M, Matsumoto S et al (1998) Successful peripheral T-lymphocyte-directed gene transfer for a patient with severe combined immune deficiency caused by adenosine deaminase deficiency. *Blood* 91: 30–36

Pesu M, Candotti F, Husa M, Hofmann SR, Notarangelo LD, O'Shea JJ (2005) Jak3, severe combined immunodeficiency, and a new class of immunosuppressive drugs. *Immunol Rev* 203: 127–142

Rosen FS (2002) Successful gene therapy for severe combined immunodeficiency. *N Engl J Med* 346: 1241–1243

Abschnitt 12.21

Chandra RK (1996) Nutrition, immunity and infection: from basic knowledge of dietary manipulation of immune responses to practical application of ameliorating suffering and improving survival. *Proc Natl Acad Sci USA* 93: 14304–14307

Lord GM, Matarese G, Howard JK, Baker RJ, Bloom SR, Lechler RI (1998) Leptin modulates the T-cell immune response and reverses starvation-induced immunosuppression. *Nature* 394: 897–901

Abschnitt 12.22

Baltimore D (1995) Lessons from people with nonprogressive HIV infection. *N Engl J Med* 332: 259–260

Barre-Sinoussi F (1996) HIV as the cause of AIDS. *Lancet* 348: 31–35

Gao F, Bailes E, Robertson DL, Chen Y, Rodenburg CM, Michael SF, Cummins LB, Arthur LO, Peeters M, Shaw GM, Sharp PM, Hahn BH (1999) Origin of HIV-1 in the chimpanzee *Pan troglodytes troglodytes*. *Nature* 397: 436–441

Heeney JL, Dalgleish AG, Weiss RA (2006) Origins of HIV and the evolution of resistance to AIDS. *Science* 313: 462–466

Kirchhoff F, Greenough TC, Brettler DB, Sullivan JL, Desrosiers RC (1995) Brief report: absence of intact nef sequences in a long-term survivor with nonprogressive HIV-1 infection. *N Engl J Med* 332: 228–232

Pantaleo G, Menzo S, Vaccarezza M, Graziosi C, Cohen OJ, Demarest JF, Montefiori D, Orenstein JM, Fox C, Schrager LK et al (1995) Studies in subjects with long-term nonprogressive human immunodeficiency virus infection. *N Engl J Med* 332: 209–216

Peckham C, Gibb D (1995) Mother-to-child transmission of the human immunodeficiency virus. *N Engl J Med* 333: 298–302

Rosenberg PS, Goedert JJ (1998) Estimating the cumulative incidence of HIV infection among persons with haemophilia in the United States of America. *Stat Med* 17: 155–168

Volberding PA (1996) Age as a predictor of progression in HIV infection. *Lancet* 347: 1569–1570

Wang WK, Essex M, McLane MF, Mayer KH, Hsieh CC, Brumblay HG, Seage G, Lee THR (1996) Pattern of gp120 sequence divergence linked to a lack of clinical progression in human immunodeficiency virus type I infection. *Proc Natl Acad Sci USA* 93: 6693–6697

Abschnitt 12.23

Bomsel M, David V (2002) Mucosal gatekeepers: selecting HIV viruses for early infection. *Nat Med* 8: 114–116

Cammack N (2001) The potential for HIV fusion inhibition. *Curr Opin Infect Dis* 14: 13–16

Chan DC, Kim PS (1998) HIV entry and its inhibition. *Cell* 93: 681–684

Connor RI, Sheridan KE, Ceradini D, Choe S, Landau NR (1997) Change in coreceptor use correlates with disease progression in HIV-1-infected individuals. *J Exp Med* 185: 621–628

Farber JM, Berger EA (2002) HIV's response to a CCR5 inhibitor: I'd rather tighten than switch! *Proc Natl Acad Sci USA* 99: 1749–1751

Grouard G, Clark EA (1997) Role of dendritic and follicular dendritic cells in HIV infection and pathogenesis. *Curr Opin Immunol* 9: 563–567

Kilby JM, Hopkins S, Venetta TM, DiMassimo B, Cloud GA, Lee JY, Alldredge L, Hunter E, Lambert D, Bolognesi D et al (1998) Potent suppression of HIV-1 replication in humans by T-20, a peptide inhibitor of gp41-mediated virus entry. *Nat Med* 4: 1302–1307

Kwon DS, Gregorio G, Bitton N, Hendrickson WA, Littman DR (2002) DC-SIGN-mediated internalization of HIV is required for trans-enhancement of T cell infection. *Immunity* 16: 135–144

Moore JP, Trkola A, Dragic T (1997) Co-receptors for HIV-1 entry. *Curr Opin Immunol* 9: 551–562

Pohlmann S, Baribaud F, Doms RW (2001) DC-SIGN and DC-SIGNR: helping hands for HIV. *Trends Immunol* 22: 643–646

Root MJ, Kay MS, Kim PS (2001) Protein design of an HIV-1 entry inhibitor. *Science* 291: 884–888

Sol-Foulon N, Moris A, Nobile C, Boccaccio C, Engering A, Abastado JP, Heard JM, van Kooyk Y, Schwartz O (2002) HIV-1 Nef-induced upregulation of DC-SIGN in dendritic cells promotes lymphocyte clustering and viral spread. *Immunity* 16: 145–155

Unutmaz D, Littman DR (1997) Expression pattern of HIV-1 coreceptors on T cells: implications for viral transmission and lymphocyte homing. *Proc Natl Acad Sci USA* 94: 1615–1618

Wyatt R, Sodroski J (1998) The HIV-1 envelope glycoproteins: fusogens, antigens, and immunogens. *Science* 280: 1884–1888

Abschnitt 12.24

Bream JH, Ping A, Zhang X, Winkler C, Young HA (2002) A single nucleotide polymorphism in the proximal IFN-gamma promoter alters control of gene transcription. *Genes Immun* 3: 165–169

Martin MP, Gao X, Lee JH, Nelson GW, Detels R, Goedert JJ, Buchbinder S, Hoots K, Vlahov D, Trowsdale J et al (2002) Epistatic interaction between KIR3DS1 and HLA-B delays the progression to AIDS. *Nat Genet* 31: 429–434

Shin HD, Winkler C, Stephens JC, Bream J, Young H, Goedert JJ, O'Brien TR, Vlahov D, Buchbinder S, Giorgi J et al (2000) Genetic restriction of HIV-I pathogenesis to AIDS by promoter alleles of IL10. *Proc Natl Acad Sci USA* 97: 14467–14472

Abschnitt 12.25

Berger EA, Murphy PM, Farber JM (1999) Chemokine receptors as HIV-1 coreceptors: roles in viral entry, tropism, and disease. *Annu Rev Immunol* 17: 657–700

Gonzalez E, Kulkami H, Bolivar H, Mangano A, Sanchez R, Catano G, Nibbs RJ, Freedman BI, Quinones MP, Bamshad MJ et al (2005) The influence of CCL3L1 gene-containing segmental duplications on HIV-1/AIDS susceptibility. *Science* 307: 1434–1440

Lehner T (2002) The role of CCR5 chemokine ligands and antibodies to CCR5 coreceptors in preventing HIV infection. *Trends Immunol* 23: 347–351

Littman DR (1998) Chemokine receptors: keys to AIDS pathogenesis? *Cell* 93: 677–680

Liu R, Paxton WA, Choe S, Ceradini D, Martin SR, Horuk R, Macdonald ME, Stuhlmann H, Koup RA, Landau NR (1996) Homozygous defect in HIV 1 coreceptor accounts for resistance of some multiply exposed individuals to HIV 1 infection. *Cell* 86: 367–377

Murakami T, Nakajima T, Koyanagi Y, Tachibana K, Fujii N, Tamamura H, Yoshida N, Waki M, Matsumoto A, Yoshie O, Kishimoto T, Yamamoto N, Nagasawa T (1997) A small molecule CXCR4 inhibitor that blocks T cell line-tropic HIV-1 infection. *J Exp Med* 186: 1389–1393

Samson M, Libert F, Doranz BJ, Rucker J, Liesnard C, Farber CM, Saragosti S, Lapoumeroulie C, Cognaux J, Forceille C et al (1996) Resistance to HIV-1 infection in Caucasian individuals bearing mutant alleles of the CCR5 chemokine receptor gene. *Nature* 382: 722–725

Yang AG, Bai X, Huang XF, Yao C, Chen S (1997) Phenotypic knockout of HIV type 1 chemokine coreceptor CCR-5 by intrakines as potential therapeutic approach for HIV-1 infection. *Proc Natl Acad Sci USA* 94: 11567–11572

Abschnitt 12.26

Andrake MD, Skalka AMR (1995) Retroviral integrase, putting the pieces together. *J Biol Chem* 271: 19633–19636

Baltimore D (1995) The enigma of HIV infection. *Cell* 82: 175–176

McCune JM (1995) Viral latency in HIV disease. *Cell* 82: 183–188

Wei P, Garber ME, Fang SM, Fischer WH, Jones KA (1998) A novel CDK9-associated C-type cyclin interacts directly with HIV-1 Tat and mediates its high-affinity, loop-specific binding to TAR RNA. *Cell* 92: 451–462

Abschnitt 12.27

Cullen BR (2000) Connections between the processing and nuclear export of mRNA: evidence for an export license? *Proc Natl Acad Sci USA* 97: 4–6

Cullen BR (1998) HIV-1 auxiliary proteins: making connections in a dying cell. *Cell* 93: 685–692

Emerman M, Malim MH (1998) HIV-1 regulatory/accessory genes: keys to unraveling viral and host cell biology. *Science* 280: 1880–1884

Fujinaga K, Taube R, Wimmer J, Cujec TP, Peterlin BM (1999) Interactions between human cyclin T, Tat, and the transactivation response element (TAR) are disrupted by a cysteine to tyrosine substitution found in mouse cyclin T. *Proc Natl Acad Sci USA* 96: 1285–1290

Kinoshita S, Su L, Amano M, Timmerman LA, Kaneshima H, Nolan GP (1997) The T cell activation factor NF-ATc positively regulates HIV-1 replication and gene expression in T cells. *Immunity* 6: 235–244

Pollard VW, Malim MH (1998) The HIV-1 Rev protein. *Annu Rev Microbiol* 52: 491–532

Subbramanian RA, Cohen EA (1994) Molecular biology of the human immuno-deficiency virus accessory proteins. *J Virol* 68: 6831–6835

Trono D (1995) HIV accessory proteins: leading roles for the supporting cast. *Cell* 82: 189–192

Abschnitt 12.28

Burton GF, Masuda A, Heath SL, Smith BA, Tew JG, Szakal AK (1997) Follicular dendritic cells (FDC) in retroviral infection: hostlpathogen perspectives. *Immunol Rev* 156: 185–197

Chun TW, Carruth L, Finzi D, Shen X, DiGiuseppe JA, Taylor H, Hermankova M, Chadwick K, Margolick J, Quinn TC, Kuo YH, Brookmeyer R, Zeiger MA, Barditch-Crovo P, Siliciano RF (1997) Quantification of latent tissue reservoirs and total body viral load in HIV-1 infection. *Nature* 387: 183–188

Clark EA (1996) HIV: dendritic cells as embers for the infectious fire. *Curr Biol* 6: 655–657

Finzi D, Blankson J, Siliciano JD, Margolick JB, Chadwick K, Pierson T, Smith K, Lisziewicz J, Lori F, Flexner C et al (1999) Latent infection of $CD4^+$ T cells provides a mechanism for lifelong persistence of HIV-1, even in patients on effective combination therapy. *Nat Med* 5: 512–517

Haase AT (1999) Population biology of HIV-1 infection: viral and CD4+ T cell demographics and dynamics in lymphatic tissues. *Annu Rev Immunol* 17: 625–656

Orenstein JM, Fox C, Wahl SM (1997) Macrophages as a source of HIV during opportunistic infections. *Science* 276: 1857–1861

Palella FJ Jr, Delaney KM, Moorman AC, Loveless MO, Fuhrer J, Satten GA, Aschman DJ, Holmberg SD (1998) Declining morbidity and mortality among patients with advanced human immunodeficiency virus infection. HIV Outpatient Study Investigators. *N Engl J Med* 338: 853–860

Pierson T, McArthur J, Siliciano RF (2000) Reservoirs for HIV-1: mechanisms for viral persistence in the presence of antiviral immune responses and antiretroviral therapy. *Annu Rev Immunol* 18: 665–708

Wong, JK, Hezareh M, Gunthard HF, Havlir DV, Ignacio CC, Spina CA, Richman DD (1997) Recovery of replication-competent HIV despite prolonged suppression of plasma viremia. *Science* 278: 1291–1295

Abschnitt 12.29

Barouch DH, Letvin NL (2001) CD8+ cytotoxic T lymphocyte responses to lentiviruses and herpesviruses. *Curr Opin Immunol* 13: 479–482

Chiu YL, Soros VB, Kreisberg JF, Stopak K, Yonemoto W, Greene WC (2005) Cellular APOBEC3G restricts HIV-1 infection in resting CD4+ T cells. *Nature* 435: 108–114

Evans DT, O'Connor DH, Jing P, Dzuris JL, Sidney J, da Silva J, Allen TM, Horton H, Venham JE, Rudersdorf RA et al (1999) Virus-specific cytotoxic T-lymphocyte responses select for amino-acid variation in simian immunodeficiency virus Env and Nef. *Nat Med* 5: 1270–1276

Goulder PJ, Sewell AK, Lalloo DG, Price DA, Whelan JA, Evans J, Taylor GP, Luzzi G, Giangrande P, Phillips RE et al (1997) Patterns of immunodominance in HIV-1-specific cytotoxic T lymphocyte responses in two human histocompatibility leukocyte antigens (HLA)-identical siblings with HLA-A*0201 are influenced by epitope mutation. *J Exp Med* 185: 1423–1433

Johnson WE, Desrosiers RC (2002) Viral persistence: HIV's strategies of immune system evasion. *Annu Rev Med* 53: 499–518

Poignard P, Sabbe R, Picchio GR, Wang M, Gulizia RJ, Katinger H, Parren PW, Mosier DE, Burton DR (1999) Neutralizing antibodies have limited effects on the control of established HIV-1 infection *in vivo*. *Immunity* 10: 431–438

Price DA, Goulder PJ, Klenerman P, Sewell AK, Easterbrook PJ, Troop M, Bangham CR, Phillips RE (1997) Positive selection of HIV-1 cytotoxic T lymphocyte escape variants during primary infection. *Proc Natl Acad Sci USA* 94: 1890–1895

Schmitz JE, Kuroda MJ, Santra S, Sasseville VG, Simon MA, Lifton MA, Racz P, Tenner-Racz K, Dalesandro M, Scallon BJ et al (1999) Control of viremia in simian immunodeficiency virus infection by CD8+ lymphocytes. *Science* 283: 857–860

Stremlau M, Owens CM, Perron MJ, Kessling M, Autissier P, Sodroski J (2004) The cytoplasmic body component TRIM5alpha restricts HIV-1 infection in Old World monkeys. *Nature* 2004, 427: 848–853

Abschnitt 12.30

Badley AD, Dockrell D, Simpson M, Schut R, Lynch DH, Leibson P, Pays CV (1997) Macrophage-dependent apoptosis of CD41 T lymphocytes from HIV-infected individuals is mediated by FasL- and tumor necrosis factor. *J Exp Med* 185: 55–64

Ho DD, Neumann AU, Perelson AS, Chen W, Leonard JM, Markowitz M (1995) Rapid turnover of plasma virions and CD4 lymphocytes in HIV-1 infection. *Nature* 373: 123–126

Kedes DH, Operskalski E, Busch M, Kohn R, Flood J, Ganem DR (1996) The seroepidemiology of human herpesvirus 8 (Kaposi's sarcoma associated herpesvirus): distribution of infection in KS risk groups and evidence for sexual transmission. *Nat Med* 2: 918–924

Kolesnitchenko V, Wahl LM, Tian H, Sunila L, Tani Y, Hartmann DP, Cossman J, Raffeld M, Orenstein J, Samelson LE, Cohen DJ (1995) Human immunodeficiency virus 1 envelope-initiated G2-phase programmed cell death. *Proc Natl Acad Sci USA* 92: 11889–11893

Lauer GM, Walker BD (2001) Hepatitis C virus infection. *N Engl J Med* 345: 41–52

Miller R (1996) HIV-associated respiratory diseases. *Lancet* 348: 307–312

Pantaleo G, Fauci AS (1995) Apoptosis in HIV infection. *Nat Med* 1: 118–120

Zhong WD, Wang H, Herndier B, Ganem DR (1996) Restricted expression of Kaposi sarcoma associated herpesvirus (human herpesvirus 8) genes in Kaposi sarcoma. *Proc Natl Acad Sci USA* 93: 6641–6646

Abschnitt 12.31

Boyd M, Reiss P (2006) The long-term consequences of antiretroviral therapy: a review. *J HIV Ther* 11: 26–35

Carcelain G, Debre P, Autran B (2001) Reconstitution of CD4+ T lymphocytes in HIV-infected individuals following antiretroviral therapy. *Curr Opin Immunol* 13: 483–488

Chun TW, Fauci AS (1999) Latent reservoirs of HIV: obstacles to the eradication of virus. *Proc Natl Acad Sci USA* 96: 10958–10961

Ho DD (1997) Perspectives series: hostipathogen interactions. Dynamics of HIV-1 replication *in vivo*. *J Clin Invest* 99: 2565–2567

Lempicki RA, Kovacs JA, Baseler MW, Adelsberger JW, Dewar RL, Natarajan V, Bosche MC, Metcalf JA, Stevens RA., Lambert LA et al (2000) Impact of HIV-1 infection and highly active antiretroviral therapy on the kinetics of CD4+ and CD8+ T cell turnover in HIV-infected patients. *Proc Natl Acad Sci USA* 97: 13778–13783

Lipsky JJ (1996) Antiretroviral drugs for AIDS. *Lancet* 348: 800–803

Lundgren JD, Mocroft A (2006) The impact of antiretroviral therapy on AIDS and survival. *J HIV Ther* 11: 36–38

Palella FJ Jr, Delaney KM, Moorman AC, Loveless MO, Fuhrer J, Saften GA, Aschman, DJ, Holmberg SD (1998) Declining morbidity and mortality among patients with advanced human immunodeficiency virus infection. HIV Outpatient Study Investigators. *N Engl J Med* 338: 853–860

Pau AK, Tavel JA (2002) Therapeutic use of interleukin-2 in HIV-infected patients. *Curr Opin Phanmacol* 2: 433–439

Perelson AS, Essunger P, Cao YZ, Vesanen M, Hurley A, Saksela K, Markowitz M, Ho DD (1997) Decay characteristics of HIV-1-infected compartments during combination therapy. *Nature* 387: 188–191

Smith D (2006) The long-term consequences of antiretroviral therapy. *J HIV Ther* 11: 24–25

Smith KA (2001) To cure chronic HIV infection, a new therapeutic strategy is needed. *Curr Opin Immunol* 13: 617–624

Wei X, Ghosh SK, Taylor ME, Johnson VA, Emini EA, Deutsch P, Lifson JD, Bonhoeffer S, Nowak MA, Hahn BH et al (1995) Viral dynamics in human immunodeficiency virus type 1 infection. *Nature* 373: 117–122

Abschnitt 12.32

Bonhoeffer S, May RM, Shaw GM, Nowak MA (1997) Virus dynamics and drug therapy. *Proc Natl Acad Sci USA* 94: 6971–6976

Condra JH, Schlelf WA, Blahy OM, Gabryelski LJ, Graham DJ, Quintero JC, Rhodes A, Robbins HL, Roth E, Shivaprakash M et al (1995) *In vivo* emergence of HIV-1 variants resistant to multiple protease inhibitors. *Nature* 374: 569–571

Finzi D, Silliciano RF (1998) Viral dynamics in HIV-1 infection. *Cell* 93: 665–671

Katzenstein D (1997) Combination therapies for HIV infection and genomic drug resistance. *Lancet* 350: 970–971

Moutouh L, Corbeil J, Richman DD (1996) Recombination leads to the rapid emergence of HIV 1 dually resistant mutants under selective drug pressure. *Proc Natl Acad Sci USA* 93: 6106–6111

Abschnitt 12.33

Amara RR, Villinger F, Altman JD, Lydy SL, O'Neil SP, Staprans SI, Montefiori DC, Xu Y, Herndon JG, Wyatt LS et al (2001) Control of a mucosal challenge and prevention of AIDS by a multiprotein DNA/MVA vaccine. *Science* 292: 69–74

Baba TW, Liska V, Hofmann-Lehmann R, Vlasak J, Xu W, Ayehunie S, Cavacini LA, Posner MR, Katinger H, Stiegler G et al (2000) Human neutralizing monoclonal antibodies of the IgG1 subtype protect against mucosal simian-human immunodeficiency virus infection. *Nat Med* 6: 200–206

Barouch DH, Kunstman J, Kuroda MJ, Schmitz JE, Santra S, Peyerl FW, Krivulka GR, Beaudry K, Lifton MA, Gorgone DA et al (2002) Eventual AIDS vaccine failure in a rhesus monkey by viral escape from cytotoxic T lymphocytes. *Nature* 415: 335–339

Burton DR (1997) A vaccine for HIV type 1: the antibody perspective. *Proc Natl Acad Sci USA* 94: 10018–10023

Kaul R, Rowland-Jones SL, Kimani J, Dong T, Yang HB, Kiama P, Rostron T, Njagi E, Bwayo JJ, MacDonald KS et al (2001) Late seroconversion in HIV-resistant Nairobi prostitutes despite pre-existing HIV-specific CD8$^+$ responses. *J Clin Invest* 107: 341–349

Letvin NL (2002) Strategies for an HIV vaccine. *J Clin Invest* 110: 15–20

Letvin NL, Barouch DH, Montefiori, DC (2002) Prospects for vaccine protection against HIV-1 infection and AIDS. *Annu Rev Immunol* 20: 73–99

Letvin NL, Walker BD (2001) HIV versus the immune system: another apparent victory for the virus. *J Clin Invest* 107: 273–275

MacQueen KM, Buchbinder S, Douglas JM, Judson FN, McKirnan DJ, Bartholow B (1994) The decision to enroll in HIV vaccine efficacy trials: concerns elicited from gay men at increased risk for HIV infection. *AIDS Res Hum Retroviruses* 10 Suppl 2: S261–S264

Mascola JR, Nabel GJ (2001) Vaccines for the prevention of HIV-1 disease. *Curr Opin Immunol* 13: 489–495

Mascola JR, Stiegler G, VanCott TC, Katinger H, Carpenter CB, Hanson CE, Beary H, Hayes D, Frankel SS, Birx DL, Lewis MG (2000) Protection of macaques against vaginal transmission of a pathogenic HIV-1/SIV chimeric virus by passive infusion of neutralizing antibodies. *Nat Med* 6: 207–210

Robert-Guroff M (2000) IgG surfaces as an important component in mucosal protection. *Nat Med* 6: 129–130

Shiver JW, Fu TM, Chen L, Casimiro DR, Davies ME, Evans RK, Zhang ZQ, Simon AJ, Trigona WL, Dubey SA et al (2002) Replication-incompetent adenoviral vaccine vector elicits effective anti-immunodeficiency-virus immunity. *Nature* 415: 331–335

Abschnitt 12.34

Coates TJ, Aggleton P, Gutzwiller F, Des-Jarlais D, Kihara M, Kippax S, Schechter M, van-den-Hoek JA (1996) HIV prevention in developed countries. *Lancet* 348: 1143–1148

Decosas J, Kane F, Anarfi JK, Sodji KD, Wagner HU (1995) Migration and AIDS. *Lancet* 346: 826–828

Dowsett GW (1993) Sustaining safe sex: sexual practices, HIV and social context. *AIDS* 7 Suppl 1: S257–S262

Kimball AM, Berkley S, Ngugi E, Gayle H (1995) International aspects of the AIDS/HIV epidemic. *Annu Rev Public Health* 16: 253–282

Kirby M (1996) Human rights and the HIV paradox. *Lancet* 348: 1217–1218

Nelson KE, Celentano DD, Eiumtrakol S, Hoover DR, Beyrer C, Suprasert S, Kuntolbutra S, Khamboonruang C (1996) Changes in sexual behavior and a decline in HIV infection among young men in Thailand. *N Engl J Med* 335: 297–303

Weniger BG, Brown T (1996) The march of AIDS through Asia. *N Engl J Med* 335: 343–345

13

Allergie und Hypersensitivität

Die adaptive Immunantwort ist ein entscheidender Bestandteil der Körperabwehr gegen Infektionen und für den Erhalt der Gesundheit essenziell. Leider werden adaptive Immunantworten manchmal auch durch Antigene ausgelöst, die nicht mit einem Krankheitserreger zusammenhängen. Dies kann zu schweren Erkrankungen führen. Das ist beispielsweise dann der Fall, wenn bei Auftreten eines von sich aus harmlosen „Umwelt"-Antigens wie Pollen, Nahrungsmittel oder Medikamente schädliche Immunreaktionen entstehen, die man allgemein als **Hypersensitivität** oder **Überempfindlichkeit** bezeichnet.

Diese Reaktionen wurden von Coombs und Gell in vier Gruppen eingeteilt (Abb. 13.1). **Allergien** sind der häufigste Typ von Überempfindlichkeit. Sie werden häufig mit **Hypersensitivitätsreaktionen vom Typ I** gleichgesetzt, bei denen es sich um Überempfindlichkeitsreaktionen vom Soforttyp handelt, die durch IgE-Antikörper vermittelt werden. Viele der im Folgenden besprochenen allergischen Erkrankungen zeigen jedoch auch andere Formen von Überempfindlichkeit, besonders die Hypersensitivitätsreaktionen vom Typ IV, die durch T-Zellen vermittelt werden. Bei der Mehrzahl der Allergien, etwa gegen Nahrungsmittel, Pollen und Hausstaub, treten die Reaktionen auf, weil der Betroffene für ein harmloses Antigen – das **Allergen** – durch die Produktion von IgE-Antikörpern **sensibilisiert** wurde. Der anschließende Kontakt mit dem Allergen löst in dem betroffenen Gewebe die Aktivierung von IgE-bindenden Zellen aus, beispielsweise von Mastzellen und basophilen Zellen. Dadurch kommt es zu einer Reihe von Antworten, die für eine Allergie charakteristisch sind und die man als **allergische Reaktionen** bezeichnet. Diese können jedoch auch unabhängig von IgE auftreten. T-Lymphocyten sind die Hauptfaktoren bei der allergischen Kontaktdermatitis.

Die biologische Funktion von IgE ist der Immunschutz, speziell bei Reaktionen auf parasitische Würmer, die in weniger entwickelten Ländern in größerer Zahl auftreten. In den Industrieländern überwiegen allergische IgE-Reaktionen auf harmlose Antigene; sie bilden eine wichtige Ursache für Erkrankungen (Abb. 13.2). Fast die Hälfte der Bevölkerung von Nordamerika und Europa zeigt Allergien gegen ein oder mehrere häufige Umgebungsantigene. Diese sind zwar selten lebensbedrohlich, stellen aber eine starke Belastung dar und führen zu Fehlzeiten in Schule und Beruf.

	Typ I	Typ II		Typ III	Typ IV		
Immunkomponente	IgE	IgG		IgG	T_H1-Zellen	T_H2-Zellen	CTL
Antigen	lösliches Antigen	zell- oder matrixassoziiertes Antigen	Zelloberflächenrezeptor	lösliches Antigen	lösliches Antigen	lösliches Antigen	zellassoziiertes Antigen
Effektormechanismen	Mastzellaktivierung	Komplement, FcR^+-Zellen (Phagocyten, NK-Zellen)	Antikörper verändert Signalgebung	Komplement, Phagocyten	Makrophagenaktivierung	IgE-Produktion, Aktivierung von Eosinophilen, Mastocytose	Cytotoxität
	Ag	Blutplättchen + Komplement		Immunkomplex; Blutgefäß; + Komplement	IFN-γ; T_H1; Chemokine, Cytokine, Cytotoxine	IL-4; IL-5; T_H2; Eotaxin; Kontaktdermatitis, Tuberkulinreaktion	CTL
Beispiele für Hypersensitivitätsreaktion	allergische Rhinitis, Asthma, systemische Anaphylaxie	manche Medikamentallergien (z. B. gegen Penicillin)	chronische Urticaria (Antikörper gegen $Fc\varepsilon RI\alpha$)	Serumkrankheit, Arthus-Reaktion	Kontaktdermatitis, Tuberkulinreaktion	chronisches Asthma, chronische allergische Rhinitis	Gewebeabstoßung

13.1 Hypersensitivitätsreaktionen werden durch immunologische Mechanismen hervorgerufen, die Gewebeschäden verursachen. Man kennt allgemein vier Formen von Hypersensitivitätsreaktionen. Die Typen I bis III werden durch Antikörper vermittelt. Sie unterscheiden sich hinsichtlich der beteiligten Antigene und der Antikörperklassen. Reaktionen vom Typ I beruhen auf IgE, das die Aktivierung der Mastzellen bewirkt, für die Typen II und III ist dagegen IgG verantwortlich. Dieses Immunglobulin löst komplementvermittelte und phagocytotische Effektormechanismen aus, die verschieden stark ausgeprägt sein können – je nach der beteiligten IgG-Unterklasse und der Natur des Antigens. Typ-II-Reaktionen richten sich gegen Zelloberflächen- und Matrixantigene und führen zu zellspezifischen Gewebeschäden, während Typ-III-Reaktionen gegen lösliche Antigene gerichtet sind. Die mit ihnen einhergehenden Gewebeschäden entstehen durch Reaktionen, die von Immunkomplexen ausgelöst werden. Bei einer besonderen Form von Typ-II-Reaktionen werden IgG-Antikörper gegen Oberflächenrezeptoren gebildet, die die normalen Funktionen des Rezeptors zerstören, entweder durch eine unkontrollierbare Aktivierung oder durch eine Blockierung der Rezeptorfunktion. Typ-IV-Reaktionen werden von T-Zellen vermittelt und lassen sich in drei Gruppen einteilen: Bei der ersten Gruppe beruht die Gewebeschädigung auf der Aktivierung von Makrophagen durch T_H1-Zellen, was zu einer Entzündungsreaktion führt. Bei der zweiten Gruppe entsteht die Gewebeschädigung aufgrund der Aktivierung von Entzündungsreaktionen durch T_H2-Zellen; dabei sind eosinophile Zellen vorherrschend. Bei der dritten Gruppe von Reaktionen werden die Schäden direkt von cytotoxischen T-Zellen (CTL) verursacht.

Über die Pathophysiologie von IgE-vermittelten Reaktionen ist viel mehr bekannt als über die normale physiologische Funktion, wahrscheinlich weil sich in den Industriegesellschaften die Anzahl der Allergiefälle in den vergangenen zehn bis 15 Jahren verdoppelt hat.

In diesem Kapitel werden wir zunächst die Mechanismen behandeln, welche die Sensibilisierung eines Individuums für ein Allergen über die Produktion von IgE begünstigen. Danach beschreiben wir die allergische Reaktion selbst – die pathophysiologischen Folgen der Wechselwirkung zwischen Antigen und IgE, das seinerseits an den hoch affinen $Fc\varepsilon$-Rezeptor der Mastzellen und basophilen Zellen gebunden ist. Zum Schluss werden wir die Ursachen und Folgen anderer Typen immunologischer Hypersensitivitätsreaktionen betrachten.

IgE-vermittelte allergische Reaktionen			
Syndrom	**verbreitete Allergene**	**Eintrittsweg**	**Reaktion**
systemische Anaphylaxie	Medikamente Serum Gifte Nahrungsmittel, z. B. Erdnüsse	intravenös (direkt oder nach oraler Absorption ins Blut)	Ödeme, erhöhte Gefäßdurchlässigkeit, Verschluss der Atemwege, Kreislaufkollaps, Tod
akute Nesselsucht (erythematöse Quaddelbildung)	Tierhaare Insektenstiche Allergietests	über die Haut systemisch	lokale Gefäßerweiterung und -durchlässigkeit
saisonale Rhinitis allergica (Heuschnupfen)	Pollen (Beifuß, Bäume, Gräser) Milbenkot	durch Einatmen	Ödem in der Nasenschleimhaut Niesreiz
Asthma	Reizungen (Katzenhaare) Pollen Staubmilbenkot	durch Einatmen	Zusammenziehen der Bronchien, erhöhte Schleimsekretion, Entzündungen der Atemwege
Nahrungsmittelallergie	Walnüsse Schellfisch Erdnüsse Milch Eier Fisch Soja Weizen	oral	Erbrechen, Durchfall, Hautjucken, Urticaria (Nesselsucht), Anaphylaxie (selten)

13.2 IgE-vermittelte Reaktionen gegen externe Antigene. Bei allen IgE-vermittelten Reaktionen ist die Degranulierung von Mastzellen zu beobachten. Die vom Patienten wahrgenommenen Symptome können jedoch sehr unterschiedlich sein – je nachdem, ob das Allergen injiziert, eingeatmet oder mit der Nahrung aufgenommen wird. Auch die Antigendosis ist von Bedeutung.

Sensibilisierung und Produktion von IgE

IgE wird von Plasmazellen in Lymphknoten erzeugt, in deren Einzugsbereich die Eintrittstelle des Allergens liegt, und es entsteht lokal – im Bereich einer allergischen Reaktion – durch Plasmazellen aus Keimzentren, die sich innerhalb des entzündeten Gewebes entwickeln. IgE unterscheidet sich von anderen Antikörperisotypen darin, dass es vor allem in Geweben vorkommt, wo es über den hoch affinen IgE-Rezeptor FcεRI (Abschnitt 9.22) fest an die Oberfläche von Mastzellen gebunden ist. Die Bindung eines Antigens an IgE führt zu einer Quervernetzung dieser Rezeptoren und zur Freisetzung von chemischen Mediatoren aus den Mastzellen. Dies kann eine Hypersensitivitätsreaktion vom Typ I hervorrufen, wenn Antigene bereits vorhandene IgE-Antikörper vernetzen, die an FcεRI auf der Oberfläche von Mastzellen gebunden sind. Auch basophile Zellen exprimieren FcεRI. Sie können deshalb oberflächengebundenes IgE präsentieren und ebenfalls bei Hypersensitivitätsreaktion vom Typ I mitwirken. Zurzeit wird noch untersucht, wie eine anfängliche Antikörperantwort schließlich von IgE dominiert werden kann. In diesem Teil des Kapitels beschreiben wir den gegenwärtigen Wissensstand über die Faktoren, die zu diesem Prozess beitragen.

13.1 Allergene gelangen häufig in geringen Dosen über die Schleimhäute in den Körper, also auf eine Weise, welche die Erzeugung von IgE begünstigt

Bestimmte Antigene und auch die Art und Weise, wie diese dem Immunsystem präsentiert werden, begünstigen die Produktion von IgE, die durch CD4-T_H2-Zellen stimuliert wird (Abschnitt 9.9). Viele Allergien des Menschen werden durch wenige eingeatmete Proteinallergene verursacht, die reproduzierbare IgE-Reaktionen auslösen. Da wir viele verschiedene Proteine einatmen, die nicht zu einer IgE-Reaktion führen, stellt sich die Frage, was so ungewöhnlich an den allergen wirkenden Proteinen ist. Wir haben darauf zwar noch keine vollständige Antwort gefunden, aber es lassen sich einige allgemeine Prinzipien erkennen (Abb. 13.3). Die meisten Allergene sind relativ kleine, gut lösliche Proteine, die auf trockenen Partikeln wie Pollenkörnern oder Milbenkot transportiert werden. Wenn sie zum Beispiel über die Luft mit einer Schleimhaut in Kontakt kommen, eluiert das lösliche Allergen vom Partikel und diffundiert in die Schleimhaut. Das Immunsystem ist Allergenen im Allgemeinen in sehr geringen Dosen ausgesetzt. So kommt ein Mensch pro Jahr nur mit höchstens 1 μg der häufigen Pollenallergene von Beifußgewächsen (*Ambrosia*) in Kontakt. Dennoch entwickeln viele Menschen gegen diese minimalen Allergendosen belastende bis lebensbedrohliche IgE-Antworten, die von T_H2-Zellen ausgehen. Dabei ist jedoch von Bedeutung, dass nur einige Menschen, die diesen Substanzen ausgesetzt sind, tatsächlich IgE-Antikörper dagegen erzeugen.

Wahrscheinlich induziert die transmucosale Präsentation niedriger Allergendosen IgE-Antworten von T_H2-Zellen besonders effizient. Die Bildung von IgE-Antikörpern benötigt Interleukin-4-(IL-4-) und IL-13-produzierende T_H2-Zellen, und sie kann durch Interferon-γ-(IFN-γ-)produzierende inflammatorische T_H1-Zellen gehemmt werden (Abb. 9.13). Geringe Antigendosen können die Aktivierung von T_H2- gegenüber T_H1-Zellen begünstigen (Abschnitt 10.5). Zahlreiche häufige Allergene gelangen durch Einatmen geringer Dosen auf die Schleimhäute der Atemwege. Im Atmungsepithel kommen dendritische Zellen mit diesen Allergenen in Kontakt. Sie nehmen Proteinantigene auf und verarbeiten sie sehr effizient, wodurch die Zellen aktiviert werden. Unter bestimmten Bedingungen können auch Mastzellen und eosinophile Zellen den T-Zellen Antigene präsentieren und fördern deren Differenzierung zu T_H2-Zellen.

Eigenschaften inhalierter Allergene, die IgE-Reaktionen fördern könnten, indem sie T_H2-Zellen aktivieren	
Protein, häufig mit Kohlenhydratseitenketten	nur Proteine lösen T-Zell-Antworten aus
enzymatisch aktiv	Allergene sind häufig Proteasen
niedrige Dosis	begünstigt die Aktivierung IL-4-produzierender CD4-T-Zellen
niedrige Molekülmasse	Allergen kann aus dem Partikel in den Schleim diffundieren
hochgradig löslich	Allergen kann leicht aus dem Partikel herausgelöst werden
stabil	Allergen kann in getrocknetem Partikel wirksam bleiben
enthält Peptide, die an körpereigene MHC-Klasse-II-Moleküle binden	für die Aktivierung der T-Zellen bei einem ersten Kontakt (Priming) notwendig

13.3 Eigenschaften eingeatmeter Allergene. In dieser Tabelle sind die typischen Eigenschaften von Allergenen aufgeführt, die durch die Atemluft in den Körper gelangen.

13.2 Allergien werden oft durch Enzyme ausgelöst

Es gibt eine Reihe von Hinweisen darauf, dass IgE bei der Immunabwehr von parasitischen Würmern eine wichtige Rolle spielt (Abschnitt 11.16). Viele dieser Würmer dringen in ihren Wirt ein, indem sie proteolytische Enzyme sezernieren, die das Bindegewebe zerstören und ihnen so Zugang zu inneren Geweben verschaffen. Man nimmt an, dass diese Enzyme T_H2-Reaktionen besonders wirksam stimulieren. Diese Vermutung wird durch die Beobachtung gestützt, dass viele Allergene Enzyme sind. Das Hauptallergen im Kot der gewöhnlichen Hausstaubmilbe *Dermatophagoides pteronyssimus*, die für Allergien bei nahezu 20 % der nordamerikanischen Bevölkerung verantwortlich ist, besteht aus einer dem Papain homologen

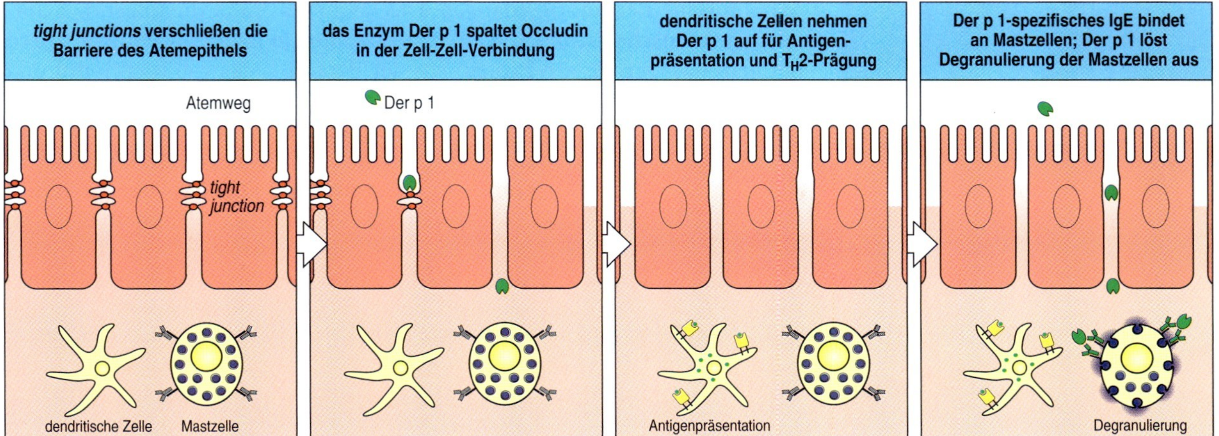

13.4 Einige Allergene können aufgrund ihrer enzymatischen Aktivität Epithelbarrieren durchdringen. Die festen Zell-Zell-Verbindungen (*tight junctions*) zwischen den Epithelzellen bilden die Epithelbarriere der Atemwege. Kotpartikel der Hausstaubmilbe *D. pteronyssimus* enthalten das proteolytische Enzym Der p 1, das als Allergen wirkt. Es spaltet das Protein Occludin, das an der Aufrechterhaltung der *tight junctions* beteiligt ist, und zerstört dadurch die Barrierefunktion des Epithels. So können Antigene aus dem Milbenkot hindurchgelangen und werden von dendritischen Zellen im Gewebe unter dem Epithel aufgenommen. Die dendritischen Zellen werden aktiviert und wandern zu den Lymphknoten (nicht dargestellt), wo sie als antigenpräsentierende Zellen auftreten und die Erzeugung von T_H2-Zellen stimulieren, die für Der p 1 spezifisch sind. Außerdem stimulieren die T_H2-Zellen die Produktion von Der p 1-spezifischem IgE. Der p 1 kann dann direkt an die spezifischen IgE-Moleküle auf den residenten Mastzellen binden und so die Mastzellen aktivieren.

Cysteinprotease (Der p 1). Man hat festgestellt, dass dieses Enzym Occludin spaltet, das Bestandteil der *tight junctions* zwischen den Zellen ist. Dies zeigt eine mögliche Ursache für die Allergenität bestimmter Enzyme auf. Durch die Zerstörung der festen Verbindungsstrukturen zwischen Epithelzellen kann Der p 1 für subepitheliale antigenpräsentierende Zellen, residente Mastzellen und eosinophile Zellen auf anormale Weise zugänglich werden (Abb. 13.4).

Die Tatsache, dass Proteasen tendenziell die Produktion von IgE anregen, wird bei Patienten mit dem Netherton-Syndrom besonders deutlich (Abb. 13.5). Das Syndrom ist durch einen hohen IgE-Spiegel und Mehrfachallergien gekennzeichnet. Ursache ist das Fehlen des Proteaseinhibitors SPINK5, der wahrscheinlich die Proteasen blockiert, die von Bakterien wie *Staphylococcus aureus* freigesetzt werden. Möglicherweise eignen sich Proteaseinhibitoren bei bestimmten allergischen Erkrankungen auch als neuartige Therapeutika. Die Cysteinprotease Papain aus der Papayafrucht dient zum Zartmachen von Fleisch. Sie verursacht oft Allergien bei Arbeitern, die das Enzym herstellen. Man bezeichnet solche Allergien als **berufsbedingte Allergien**. Nicht alle Allergene sind jedoch Enzyme. So sind zwei Allergene, die man in Fadenwürmern (Filarien) identifiziert hat, sogar Enzyminhibitoren. Bei vielen aus Pflanzen stammenden Proteinallergenen kennt man zwar die Aminosäuresequenz, aber bis jetzt keine Funktion. Daher besteht möglicherweise kein systematischer Zusammenhang zwischen enzymatischer Aktivität und Allergenität.

Kenntnisse über die verschiedenen Arten von allergenen Proteinen können ein wichtiger Beitrag für die öffentliche Gesundheit sein und auch

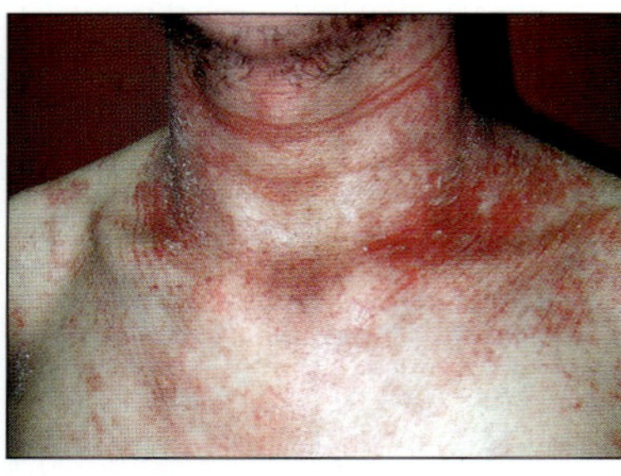

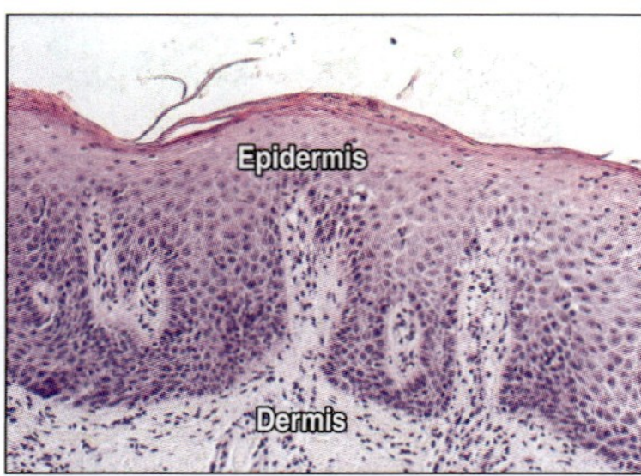

13.5 Das Netherton-Syndrom veranschaulicht den Zusammenhang zwischen Proteasen und der Entwicklung eines hohen Niveaus von IgE und Allergien. Dieser 26 Jahre alte Mann leidet am Netherton-Syndrom, das durch einen Mangel des Proteaseinhibitors SPINK5 hervorgerufen wird. Dabei kommt es, einhergehend mit einem hohen IgE-Spiegel im Serum, zu einer persistierenden entzündlichen Hautrötung (Erythrodermie), wiederholten Infektionen der Haut und von anderen Körperregionen sowie zu multiplen Lebensmittelallergien. Auf dem oberen Foto sind auf dem oberen Teil des Rumpfes große erythematöse Flecken (Plaques) erkennbar, die mit Schuppen und Hautläsionen bedeckt sind. Das untere Bild zeigt einen Schnitt durch die Haut desselben Patienten. Man beachte die übermäßige Entwicklung (Hyperplasie) der Epidermis. In der Epidermis sind auch neutrophile Zellen erkennbar. In der Dermis fällt um die Blutgefäße ein Infiltrat auf, das sowohl mononucleäre als auch neutrophile Zellen enthält. (Quelle: Sprecher E et al. (2004) *Clin Exp Dermatol* 29: 513–517.)

ökonomische Bedeutung erlangen. Das lässt sich durch die folgende Schilderung veranschaulichen, die als Warnung dienen mag: Vor einigen Jahren hat man das Gen für ein Protein aus der Paranuss, das viel Methionin und Cystein enthält, durch gentechnische Verfahren auf Sojabohnen übertragen, die als Tierfutter gedacht waren. Dadurch sollte der Nährwert der Sojabohnen verbessert werden, die von sich aus nur einen geringen Anteil dieser schwefelhaltigen Aminosäuren aufweisen. Das Experiment führte zu der Entdeckung, dass das Protein 2S-Albumin das Hauptallergen der Paranuss darstellt. Eine Injektion von Extrakten aus diesen gentechnisch veränderten Sojabohnen in die Epidermis führte bei Personen mit einer Allergie gegen Paranüsse ebenfalls zu einer allergischen Reaktion. Da sich nicht zweifelsfrei ausschließen ließ, dass diese veränderten Sojabohnen nicht doch in den menschlichen Verzehr gelangen könnten, wenn sie in großem Maßstab produziert würden, hat man auf die Entwicklung dieses gentechnisch veränderten Futtermittels verzichtet.

13.3 Spezifische Signale begünstigen bei B-Lymphocyten den Isotypwechsel zu IgE

Die Immunantwort, die zur Produktion von IgE führt, wird durch zwei verschiedene Arten von Signalen stimuliert. Das sind zum einen Signale, die naive T-Zellen dazu veranlassen, sich zum T_H2-Phänotyp zu differenzieren. Bei der zweiten Art von Signalen handelt es sich um die Aktivität von Cytokinen und costimulierenden Signalen von T_H2-Zellen, die bei B-Zellen den Übergang zur IgE-Produktion anregen.

Die weitere Entwicklung einer naiven CD4-T-Zelle, die auf ein von einer dendritischen Zelle präsentiertes Peptid reagiert, hängt von verschiedenen Faktoren ab: den Cytokinen, denen die CD4-Zelle vor und während dieser Reaktion ausgesetzt ist, sowie von den spezifischen Eigenschaften des Antigens, von der Antigendosis und dem Präsentationsweg. IL-4, IL-5, IL-9 und IL-13 begünstigen die Entwicklung von T_H2-Zellen, während IFN-γ und IL-12 (sowie die verwandten Moleküle IL-23 und IL-27) die Entwicklung von T_H1-Zellen fördern (Abschnitt 8.19). Die Immunabwehr von Infektionen mit vielzelligen Parasiten erfolgt vor allem dort, wo die Parasiten in den Körper eindringen – unter der Haut und in den mucosaassoziierten lymphatischen Geweben der Atemwege und des Verdauungstraktes. Zellen des angeborenen und erworbenen Immunsystems in diesen Bereichen sind darauf spezialisiert, vor allem Cytokine freizusetzen, die eine T_H2-Reaktion auslösen. Die dendritischen Zellen, die in diesen Geweben Antigene aufnehmen, wandern zu den regionalen Lymphknoten, wo sie in der Tendenz antigenspezifische naive CD4-T-Zellen anregen, T_H2-Effektorzellen zu werden. Die T_H2-Zellen ihrerseits sezernieren IL-4, IL-5, IL-9 und IL-13 und stabilisieren so eine Umgebung, in der die weitere Differenzierung von T_H2-Zellen begünstigt wird.

Es gibt Hinweise darauf, dass die Mischung aus Cytokinen und Chemokinen in der Umgebung sowohl die dendritischen als auch die T-Zellen in Richtung der T_H2-Differenzierung polarisiert. Die Chemokine CCL2, CCL7 und CCL13 wirken beispielsweise auf aktivierte Monocyten ein, ihre Produktion von IL-12 zu unterdrücken, und fördern so die T_H2-Reaktionen. Im Allgemeinen gilt jedoch anscheinend, dass die Wechselwirkung zwischen den antigenpräsentierenden dendritischen Zellen und den naiven

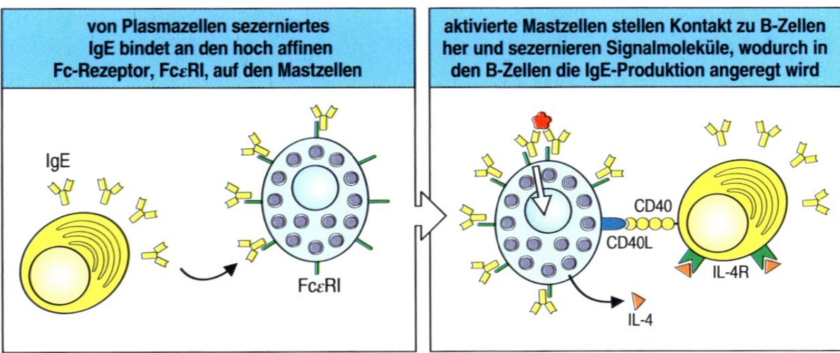

13.6 Die Bindung von Antigen an IgE führt zur Verstärkung der IgE-Produktion. Links: Das von Plasmazellen sezernierte IgE bindet an den hoch affinen Rezeptor auf Mastzellen (hier dargestellt) und basophilen Zellen. Rechts: Wird oberflächengebundenes IgE durch ein Antigen vernetzt, exprimieren diese Zellen den CD40-Liganden (CD40L) und sezernieren IL-4, das daraufhin an IL-4-Rezeptoren (IL-4R) auf den aktivierten B-Zellen bindet. Das stimuliert den Isotypwechsel der B-Zellen und führt zu einer verstärkten Produktion von IgE. Diese Wechselwirkungen können *in vivo* am Ort einer durch Allergene ausgelösten Entzündung vorkommen, zum Beispiel im bronchienassoziierten lymphatischen Gewebe.

T-Zellen bei fehlenden Entzündungsreizen, die durch eine Infektion mit Bakterien oder Viren hervorgerufen werden, die Differenzierung eher in Richtung auf T_H2-Zellen beeinflusst. Wenn jedoch dendritische Zellen in Gegenwart von entzündungsfördernden Signalen auf Antigene treffen, werden die dendritischen Zellen angeregt, T_H1-polarisierende Cytokine wie IL-12, IL-23 und IL-27 zu produzieren.

Die Cytokine und Chemokine, die von den T_H2-Zellen produziert werden, verstärken die T_H2-Reaktion und stimulieren den Isotypwechsel der B-Zellen zur Produktion von IgE. Wie wir in Kapitel 9 erfahren haben, besteht das erste Signal, das die B-Zellen zur IgE-Produktion umschaltet, aus IL-4 oder IL-13. Die Cytokine IL-4 und IL-13 aktivieren die Enzyme JAK1 und JAK3, die zur Familie der Janus-Tyrosinkinasen gehören (Abschnitt 6.23), wodurch letztendlich bei T- und B-Lymphocyten der Transkriptionsregulator STAT6 phosphoryliert wird. Bei Mäusen, denen ein funktionsfähiges IL-4, IL-13 oder STAT6 fehlt, sind T_H2-Reaktionen sowie der IgE-Isotypwechsel gestört, was die Bedeutung dieser Cytokine und ihrer Signalübertragungswege unterstreicht. Das zweite Signal ist eine costimulierende Wechselwirkung zwischen dem CD40-Liganden an der Oberfläche der T-Zelle und CD40 an der Oberfläche der B-Zelle. Diese Wechselwirkung ist für alle Isotypwechsel unabdingbar. Patienten mit dem X-gekoppelten Hyper-IgM-Syndrom haben einen defekten CD40-Liganden und erzeugen kein IgG, IgA oder IgE (Abschnitt 12.10).

Sobald die IgE-Reaktion eingeleitet ist, kann sie durch Mastzellen und basophile Zellen verstärkt werden (Abb. 13.6). Diese Zellen exprimieren FcεRI, und wenn sie aktiviert werden, indem Antigene ihre an IgE gebundene FcεRI-Moleküle vernetzen, exprimieren sie den CD40-Liganden an der Zelloberfläche und sezernieren IL-4. Deshalb können sie wie die T_H2-Zellen den Isotypwechsel und die IgE-Produktion durch B-Zellen stimulieren. Möglicherweise erfolgt die Wechselwirkung zwischen diesen spezialisierten Granulocyten und den B-Zellen am Ort der allergischen Reaktion, da man beobachtet hat, dass B-Zellen in Entzündungsherden Keimzentren bilden. Ein Therapieziel ist die Blockierung dieses Verstärkungsprozesses, da allergische Reaktionen sich sonst selbst aufrechterhalten können.

13.4 Sowohl genetische Faktoren als auch Umwelteinflüsse tragen zur Entwicklung von IgE-vermittelten Allergien bei

Untersuchungen haben ergeben, dass in der westlichen Welt immerhin 40 % der Bevölkerung dazu neigen, auf eine Vielzahl von Umweltantigenen mit übertrieben starken IgE-Antworten zu reagieren. Diese Veranlagung nennt man **Atopie**. Sie ist stark familiär verankert und wird durch mehrere Genloci beeinflusst. Bei **atopischen** Menschen findet man einen höheren Gesamtspiegel an IgE und höhere Konzentrationen von eosinophilen Zellen im Blut als bei anderen Personen. Sie sind auch anfälliger für allergische Erkrankungen wie Heuschnupfen und Asthma. Die Umwelt und die genetische Variabilität bedingen jeweils etwa 50 % des Risikos, eine allergische Krankheit wie Asthma zu entwickeln. Durch genomweite Kopplungsanalysen konnte man eine Reihe verschiedener Anfälligkeitsgene für die allergischen Krankheiten atopische Dermatitis und Asthma identifizieren, wobei es zwischen beiden nur wenige Überschneidungen gibt. Das deutet darauf hin, dass sich die genetischen Prädispositionen in gewisser Weise unterscheiden (Abb. 13.7). Darüber hinaus bestehen bei den Anfälligkeitsgenen für dieselbe Krankheit zahlreiche ethnisch bedingte Unterschiede. Mehrere Chromosomenregionen, die mit Allergien oder Asthma zusammenhängen, sind auch mit der entzündlichen Krankheit Psoriasis (Schuppenflechte) und Autoimmunerkrankungen assoziiert. Das deutet darauf hin, dass bei einer sich verschlechternden Entzündung Gene beteiligt sind (Abb. 13.7).

Ein mutmaßliches Anfälligkeitsgen für Asthma und atopische Dermatitis in der chromosomalen Region 11q12-13 codiert die β-Untereinheit des hoch affinen IgE-Rezeptors FcεRI. 5q31-33 ist eine weitere genomische Region, die mit einer Krankheit zusammenhängt; hier sind mindestens vier Arten von Kandidatengenen enthalten, die möglicherweise für eine erhöhte Anfälligkeit verantwortlich sind. Erstens liegt dort ein Cluster von eng gekoppelten Genen für Cytokine, die T_H2-Reaktionen stimulieren, indem sie den Isotypwechsel zu IgE, das Überleben der eosinophilen Zellen und die Vermehrung der Mastzellen unterstützen. Zu diesem Cluster gehören die Gene für IL-3, IL-4, IL-5, IL-9, IL-13 und den Granulocyten-Makrophagen-Kolonie-stimulierenden Faktor (GM-CSF). Besonders die genetische Variabilität in der Promotorregion des IL-4-Gens wurde mit dem erhöhten IgE-Spiegel bei Patienten mit einer Atopie in Verbindung gebracht. Der variable Promotor führt in experimentellen Systemen zur erhöhten Expression eines Reportergens und könnte deshalb *in vivo* auch eine erhöhte IL-4-Produktion bewirken. Die Atopie wurde mit einer Funktionsgewinnmutation der α-Untereinheit des IL-4-Rezeptors in Verbindung gebracht, die nach der Vernetzung des Rezeptors zu einer verstärkten Signalbildung führt.

Eine zweite Gruppe von Genen in dieser Region von Chromosom 5 ist die TIM-Familie (*T cell, immunoglobulin domain, mucin domain proteins*, T-Zell-Immunglobulin-Mucin-Domänen-Proteine), die Oberflächenprote-

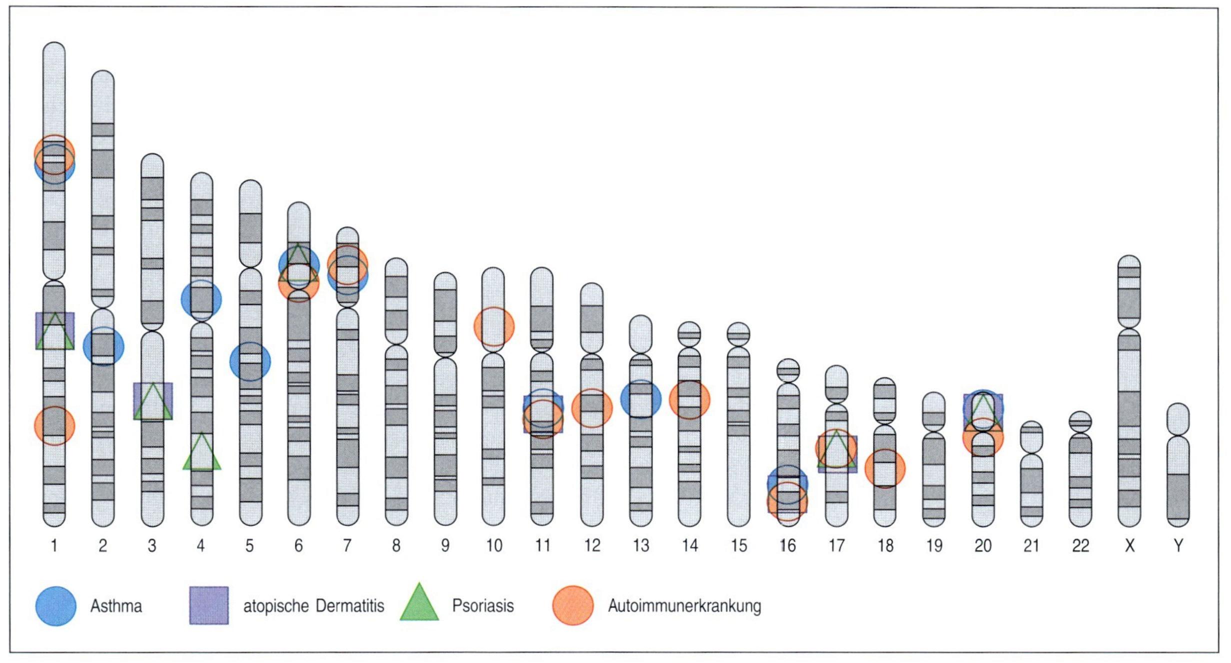

13.7 Anfälligkeitsloci, die bei Genomuntersuchungen für Asthma, atopische Dermatitis und andere Immunerkrankungen identifiziert wurden. Eingezeichnet sind nur Loci mit signifikanten Kopplungen. Beim MHC-Locus in der chromosomalen Region 6p21 und in mehreren anderen genomischen Regionen treten die Anfälligkeitsgene in Form von Clustern auf. Zwischen den Anfälligkeitsgenen für Asthma und atopische Dermatitis gibt es nur geringe Überschneidungen. Das deutet darauf hin, dass bei beiden spezifische genetische Faktoren eine Rolle spielen. Auch bei den Anfälligkeitsgenen für Asthma und Autoimmunerkrankungen sowie zwischen den Genen für die entzündliche Hautkrankheit Psoriasis (Schuppenflechte) und die atopische Dermatitis gibt es gewisse Überschneidungen. (Nach Cockson W (2004) *Nat Rev Immunol* 4: 978–988.)

ine der T-Zellen codiert. Bei Mäusen wird das Tim-3-Protein spezifisch auf T_H1-Zellen exprimiert, es reguliert die T_H1-Reaktionen negativ. Tim-2 hingegen, und in einem geringeren Maß Tim-1, werden vor allem von T_H2-Zellen exprimiert und regulieren diese negativ. Mausstämme, die verschiedene Varianten von TIM-Genen besitzen, unterscheiden sich sowohl in ihrer Anfälligkeit gegenüber allergischen Erntzündungen der Atemwege als auch bei der Produktion von IL-4 und IL-13 durch ihre T-Zellen. Beim Menschen korreliert die erbliche Variabilität der TIM-Gene mit dem Ausmaß der Hyperreaktivität der Atemwege. Bei dieser Krankheit verursacht ein unspezifischer Schadstoff eine Kontraktion der glatten Muskulatur der Bronchien ähnlich wie bei Asthma. Das dritte mutmaßliche Anfälligkeitsgen in diesem Teil des Genoms codiert p40, eine der beiden Untereinheiten von IL-12. Dieses Cytokin stimuliert T_H1-Reaktionen. Die genetische Variabilität der p40-Expression, die möglicherweise zu einer verringerten Produktion von IL-12 führt, ist mit einer schwereren Form von Asthma verknüpft. In dieser Region befindet sich ein viertes mutmaßliches Anfälligkeitsgen, das den β-adrenergen Rezeptor codiert. Die Variabilität dieses Rezeptors könnte mit Veränderungen der Reaktionsfähigkeit der glatten Muskulatur auf endogene und pharmazeutische Liganden einhergehen.

Diese Komplexität veranschaulicht ein häufiges Problem bei der Identifizierung der genetischen Grundlagen von komplexen Krankheitsmerkmalen. Relativ kleine Bereiche auf dem Genom, denen man Gene für eine veränderliche Krankheitsanfälligkeit zugeordnet hat, können aufgrund der bekannten physiologischen Aktivitäten zahlreiche geeignete Kandidatengene enthalten. Die Identifizierung des zugehörigen Gens oder der zugehörigen Gene kann Untersuchungen von mehreren sehr großen Populationen von Patienten und Kontrollpersonen erfordern. So weiß man beispielsweise bei der chromosomalen Region 5q31-33 immer noch nicht, welche Bedeutung jeder der verschiedenen Polymorphismen in der komplexen Genetik der Atopie eigentlich besitzt.

Ein zweiter Typ vererbter Veränderungen in den IgE-Antworten hängt mit der HLA-Klasse-II-Region (der MHC-Klasse-II-Region des Menschen) zusammen und beeinflusst die Reaktion auf spezifische Allergene, verursacht jedoch keine allgemeine Anfälligkeit für eine Atopie. Die IgE-Produktion als Reaktion auf einzelne Allergene ist mit bestimmten Allelen der HLA-Klasse II assoziiert. Das deutet darauf hin, dass bestimmte Peptid-MHC-Kombinationen eine starke T_H2-Reaktion begünstigen können. Zum Beispiel sind die IgE-Antworten auf mehrere Allergene des Beifußpollens mit Haplotypen assoziiert, die das MHC-Klasse-II-Allel *DRB1*1501* enthalten. Viele Menschen tendieren daher generell stärker zu T_H2-Reaktionen und zeigen eine spezifische Prädisposition, auf bestimmte Allergene stärker als auf andere zu reagieren. Allergien gegen verbreitete Medikamente wie Penicillin zeigen dagegen keinen Zusammenhang mit MHC-Klasse-II-Molekülen und mit dem Vorliegen oder Fehlen einer Atopie.

Es besteht auch die Möglichkeit, dass Gene nur bestimmte Merkmale von allergischen Erkrankungen beeinflussen. So gibt es beispielsweise beim Asthma Hinweise darauf, dass mindestens drei Merkmale der Krankheit dem Einfluss verschiedener Gene unterliegen – die Produktion von IgE, die Entzündungsreaktion und die klinischen Reaktionen auf bestimmte Behandlungsarten. Polymorphismen des Gens auf Chromosom 20, das die Metallproteinase ADAM33 codiert, die von glatten Muskelzellen der Bronchien und von Lungenfibroblasten exprimiert wird, ließen sich mit Asthma und einer Hyperreaktivität der Bronchien in Verbindung bringen. Dabei handelt es sich wahrscheinlich um ein Beispiel für genetische Variabilität bei Entzündungsreaktionen der Lunge und bei den krankhaften morphologischen Veränderungen, die in den Atemwegen stattfinden (*airway remodeling*) und zu einer erhöhten Anfälligkeit gegenüber Asthma führen. Abbildung 13.8 zeigt einige der bekanntesten Polymorphismen von Kandidatengenen, die mit Asthma in Verbindung gebracht werden, und außerdem denkbare Mechanismen, wie die genetischen Varianten einen bestimmten Krankheitstyp hervorrufen und wie dieser auf Medikamente reagiert.

In den wirtschaftlich führenden Regionen der Welt häuft sich das Auftreten von atopischen Allergien und besonders von Asthma. Diese Beobachtung lässt sich am besten durch Umwelteinflüsse erklären. Die vier wichtigsten mutmaßlichen Umweltfaktoren sind ein veränderter Kontakt mit Infektionskrankheiten in der frühen Kindheit, die Umweltverschmutzung, veränderte Allergenkonzentrationen und Veränderungen bei der Ernährung. Eine veränderte Kontakthäufigkeit mit mikrobiellen Krankheitserregern ist die zurzeit plausibelste Erklärung für die zunehmend auftretenden atopischen Allergien. Die Zunahme von nichtallergischen Herzlungenerkrankungen wie der chronischen Bronchitis wird der Umweltverschmutzung zugeschrieben, aber ein Zusammenhang mit Allergien ließ sich weniger einfach belegen. Es gibt jedoch zunehmend Hinweise auf eine Wechselwirkung zwischen Allergenen und Umweltverschmutzung, vor allem bei Personen mit einer genetisch bedingten Empfindlichkeit. Partikel aus Dieselabgasen wurden in diesem Zusammenhang am intensivsten untersucht; sie erhöhen die IgE-Produktion um das 20- bis 50-fache, wenn sie in Kombination mit einem Allergen auftreten, wobei sich auch die Cytokinproduktion der T_H2-Zellen verändert. Offenbar entstehen reaktive,

Gen	Art des Polymorphismus	möglicher Mechanismus der Beteiligung
IL-4	Promotorvariante	veränderte Expression von IL-4
α-Kette des IL-4-Rezeptors	Strukturvarianten	verstärkte Signalübertragung als Reaktion auf IL-4
β-Kette des hoch affinen IgE-Rezeptors	Strukturvarianten	Veränderung als Folge der IgE-Vernetzung durch Antigen
MHC-Klasse-II-Gene	Strukturvarianten	verstärkte Präsentation einzelner allergenabgeleiteter Peptide
α-Locus des T-Zell-Rezeptors	Mikrosatellitenmarker	verstärkte Erkennung bestimmter allergenabgeleiteter Peptide durch T-Zellen
ADAM33	Strukturvarianten	verschiedene morphologische Veränderungen der Atemwege
β_2-adrenerger Rezeptor	Strukturvarianten	erhöhte Hyperaktivität der Bronchien*
5-Lipoxygenase	Promotorvariante	veränderte Leukotrienproduktion†
TIM-Genfamilie	Promotor- und Strukturvarianten	Regulation des T_H1/T_H2-Gleichgewichts

13.8 Kandidatengene für die Anfälligkeit gegenüber Asthma. * Beeinflusst möglicherweise auch die Reaktion auf eine Broncholytikatherapie mit β_2-adrenergen Agonisten. † Patienten, deren Allele eine verringerte Enzymproduktion bewirken, profitieren nicht von einem Medikament, das die 5-Lipoxygenase hemmt. Dies ist ein Beispiel für einen pharmakogenetischen Effekt, bei dem eine genetische Variante die Reaktion auf eine Therapie beeinflusst.

oxidierend wirkende chemische Verbindungen, und Patienten, die mit diesem heftigen Angriff nicht so gut fertig werden, unterliegen wahrscheinlich einem erhöhten Risiko für eine allergische Erkrankung. Die Gene *GSTP1* und *GSTM*, die möglicherweise für diese Anfälligkeit verantwortlich sind, gehören zur Superfamilie der Glutathion-*S*-Transferasen; Menschen mit bestimmten Allelvarianten dieser Gene zeigen eine Hyperreaktivität der Atemwege, wenn sie einem Allergen ausgesetzt sind. Tatsächlich lässt sich wahrscheinlich durch genetische Faktoren erklären, warum die epidemiologischen Hinweise auf den Zusammenhang zwischen Umweltverschmutzung und Allergien bestenfalls gering sind, da wahrscheinlich nur genetisch bedingt empfindliche Menschen betroffen sind.

1989 wurde zum ersten Mal vermutet, dass eine mögliche Ursache für die zunehmenden Fälle von Allergien darin zu suchen sein kann, dass der Mensch pathogenen Mikroorganismen heute weniger ausgesetzt ist. Dies bezeichnet man als „Hygienehypothese“ (Abb. 13.9). Die Vorstellung lautet, dass eine weniger hygienische Umgebung, vor allem mit Bedingungen, die eine Prädisposition für Infektionen in der frühen Kindheit mit sich bringen, dazu beitragen, dass man vor einer Atopie und vor Asthma geschützt ist. Das setzt voraus, dass in der frühen Kindheit im Normalfall T_H2-Reaktionen im Vergleich zu T_H1-Reaktionen überwiegen und dass das Immunsystem durch die Cytokinreaktionen auf die ersten Infektionen mehr in Richtung auf T_H1-dominierte Immunantworten „umprogrammiert“ wird.

Es gibt zahlreiche Hinweise, die diese Hypothese unterstützen, andere Beobachtungen sind damit jedoch nicht zu vereinbaren. Dafür spricht, dass bei Neugeborenen eine Verschiebung zu T_H2-Reaktionen zu beobachten ist, bei denen die dendritischen Zellen weniger IL-12 und die T-Zellen weniger IFN-γ produzieren als ältere Kinder und Erwachsene. Es gibt

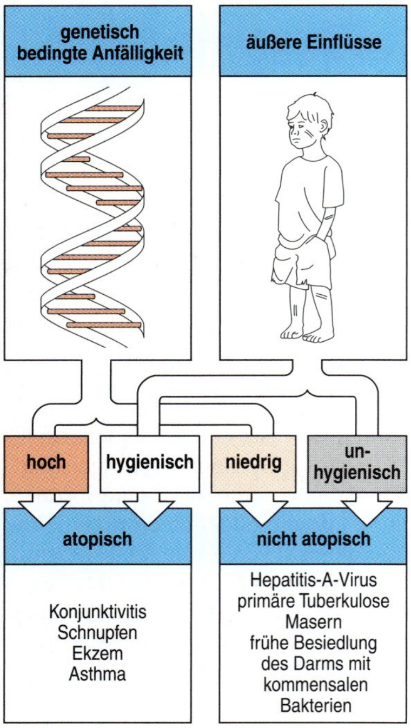

13.9 Gene, die Umgebung und atopische allergische Krankheiten. Sowohl die erblichen als auch die umweltbedingten Faktoren sind wichtige Determinanten, um die Wahrscheinlichkeit zu bestimmen, dass jemand eine atopische allergische Erkrankung entwickelt. In Abbildung 13.8 sind einige Gene aufgeführt, die die Entwicklung von Asthma beeinflussen. Die „Hygienehypothese" besagt, dass der Kontakt mit mehreren Krankheitserregern während der Kindheit das Immunsystem in einen generellen Zustand der T_H1-Reaktivität und der Nichtatopie verschiebt. Kinder mit einer genetisch bedingten Anfälligkeit für eine Atopie, die in einer Umgebung leben, in der sie nur wenigen Infektionskrankheiten ausgesetzt sind, neigen dazu, T_H2-Reaktionen zu entwickeln, die auf natürliche Weise in der Zeit nach der Geburt dominieren. Diese Kinder zeigen wahrscheinlich die größte Anfälligkeit, eine atopische allergische Erkrankung zu entwickeln.

auch Hinweise darauf, dass Infektionskrankheiten während der Kindheit – mit der wichtigen Ausnahme einiger Infektionen der Atemwege (siehe unten) – dazu beitragen, dass sich ein Schutz vor der Entwicklung einer atopischen allergischen Krankheit ausbildet. Jüngere Kinder in Familien mit drei oder mehr älteren Geschwistern sowie Kinder im Alter von unter sechs Monaten, die in Kindertagesstätten mit anderen Kindern in Kontakt kommen – Situationen, die mit einer größeren Infektionsgefahr einhergehen – sind gegenüber Atopie und Asthma etwas besser geschützt. Darüber hinaus ist auch die frühe Besiedlung des Darms mit kommensalen Bakterien wie Lactobazillen und Bifidobakterien oder die Infektion mit Darmpathogenen wie *Toxoplasma gondii* (die eine T_H1-Reaktion stimuliert) oder *Heliobacter pylori*, mit einem geringeren Auftreten von allergischen Krankheiten verbunden.

Eine frühere Infektion mit Masern oder dem Hepatitis-A-Virus oder ein positiver Tuberkulinhauttest (der auf einen früheren Kontakt mit *Mycobacterium tuberculosis* und eine dagegen gerichtete Immunantwort hindeutet) schließt eine Anfälligkeit für eine Atopie eher aus. Das menschliche Äquivalent zum Tim-1-Protein der Maus, das möglicherweise bei der Entwicklung einer Hyperreaktivität der Atemwege und der Produktion von IL-4 und IL-13 durch T-Zellen eine wichtige Rolle spielt, ist der zelluläre Rezeptor für das Hepatitis-A-Virus. Die Infektion von T-Zellen mit dem Hepatitis-A-Virus kann demnach deren Differenzierung und Cytokinproduktion direkt beeinflussen und so die Entwicklung von T_H2-Reaktionen begrenzen.

Im Gegensatz dazu gibt es Hinweise darauf, dass Kinder mit Brochiolitisanfällen in Verbindung mit dem RS-Virus (respiratorisches Syncytialvirus) stärker dazu neigen, später einmal Asthma zu entwickeln. Diese Auswirkung von RSV hängt wahrscheinlich vom Alter ab, in dem die erste Infektion stattfand. Der Infektion von neugeborenen Mäusen mit RSV folgte eine geringere IFN-γ-Reaktion als bei Mäusen, die im Alter von vier oder acht Wochen infiziert wurden. Wenn diese Mäuse im Alter von 12 Wochen erneut mit RSV infiziert wurden, litten die Tiere, die als Neugeborene das erste Mal infiziert wurden, an einer schwereren Lungenentzündung als die Mäuse, bei denen die erste Infektion im Alter von vier oder acht Wochen erfolgte (Abb. 13.10). Entsprechend zeigen Kinder, die mit einer RSV-Infektion im Krankenhaus lagen, ein verändertes Verhältnis bei der Cytokinproduktion, wobei weniger IFN-γ und mehr IL-4 (das Cytokin, das T_H2-Reaktionen auslöst) gebildet werden. Alle diese Befunde deuten darauf hin, dass eine Infektion, die in einer frühen Lebensphase eine T_H1-Immunantwort hervorruft, die Wahrscheinlichkeit für eine T_H2-Reaktion im späteren Leben verringern dürfte und umgekehrt.

Der größte Rückschlag für die Hygienehypothese ist jedoch die deutlich negative Korrelation zwischen der Infektion mit Helminthen (beispielsweise Hakenwürmern und Schistosomen) und der Entwicklung von Allergien. Eine Untersuchung in Venezuela zeigte, dass Kinder, die längere Zeit mit einem Medikament gegen Helminthen behandelt wurden, eine höhere Neigung zu Atopien zeigten als unbehandelte Kinder, die stark mit Parasiten infiziert waren. Wie wir jedoch bereits wissen, sind Helminthen starke Auslöser von T_H2-Reaktionen, und es ist schwierig, dies mit der Vorstellung in Einklang zu bringen, dass die Polarisierung der T-Zell-Reaktionen in Richtung auf T_H1-Zellen ein allgemeiner Mechanismus sein soll, durch den Infektionen vor Atopien schützen.

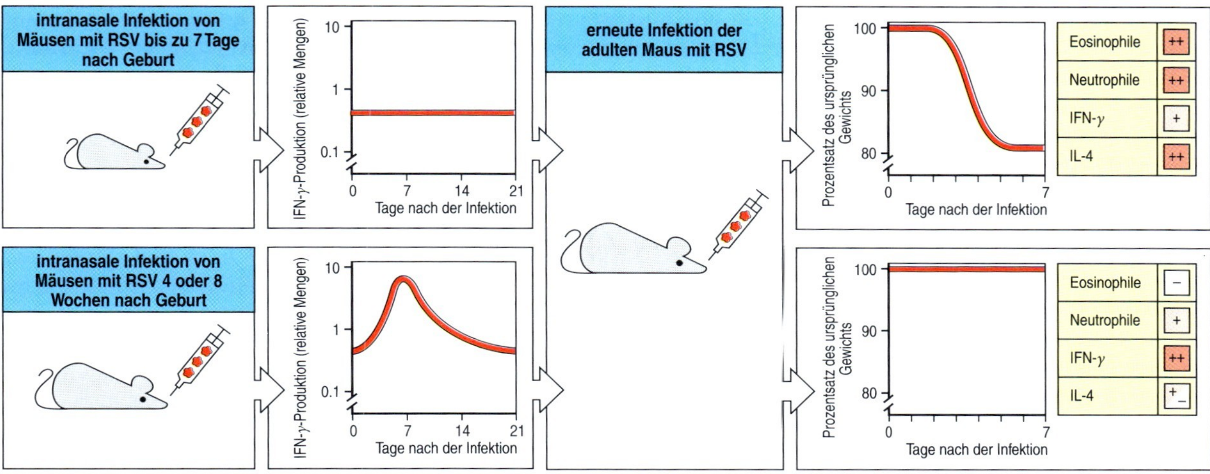

13.10 Reaktion auf eine erste und eine weitere Infektion mit RSV (respiratorisches Syncytialvirus) in Abhängigkeit vom Alter bei der Primärinfektion. Mäuse reagieren auf eine RSV-Infektion auf verschiedene Weise, jeweils entsprechend ihrem Alter bei der Primärinfektion. Die Grafiken links zeigen die IFN-γ-Reaktion nach der Infektion von Neugeborenen (oben) und nach der Infektion im Alter von vier oder acht Wochen (unten). Mäuse, die kurz nach der Geburt primär infiziert wurden, können kein IFN-γ produzieren. Die Bilder auf der rechten Seite zeigen die Folgen einer erneuten Infektion mit RSV bei den beiden Gruppen der Mäuse, wenn sie ausgewachsen sind. Die Mäuse, die als Neugeborene der Primärinfektion ausgesetzt waren, zeigen einen Gewichtsverlust und schwere Entzündungsreaktionen bei einer erneuten Infektion, wobei eosinophile und neutrophile Zellen in die Lunge eindringen und gleichzeitig das T_H2-Cytokin IL-4 produziert wird. Mäuse, deren Primärinfektion im Alter von vier oder acht Wochen erfolgte, verlieren hingegen kein Gewicht, nur ein geringe Infiltration neutrophiler Zellen in die Lunge und die Produktion des T_H1-Cytokins IFN-γ.

Diese Beobachtungen haben dazu geführt, dass man die Hygienehypothese zur **Gegenregulationshypothese** umformuliert hat. Diese besagt, dass alle Arten von Infektionen vor der Entwicklung einer Atopie schützen, indem sie die Produktion von Cytokinen wie IL-10 und des transformierenden Wachstumsfaktors TGF-β fördern, die sowohl T_H1- als auch T_H2-Reaktionen abschwächen (Abschnitt 8.19). In einer hygienischen Umgebung leiden die Kinder weniger an Infektionen, sodass weniger dieser Cytokine produziert werden. Weder die molekularen Reaktionswege, die durch den Kontakt mit Mikroorganismen ausgelöst werden, noch die Immunreaktionen im Wirt, die zu Toleranz führen, sind bis jetzt bekannt, aber es gibt eine Reihe verschiedener mikrobieller Produkte, die ein immunregulatorisches Potenzial besitzen. So kann der Kontakt von dendritischen Zellen mit verschiedenen Liganden der Toll-ähnlichen Rezeptoren (TLR-Liganden), beispielsweise mit dem bakteriellen Lipopolysaccharid (einem Liganden von TLR-4), mit CpG-DNA (dem Liganden von TLR-9) oder entzündungsfördernden Mediatoren wie IFN-γ die Produktion der Indolamin-2,3-Dioxygenase (IDO) erhöhen; IDO ist ein Enzym, dass die essenzielle Aminosäure Tryptophan abbaut. Dendritische Zellen, die IDO exprimieren, können durch T_H2-Zellen geförderte Entzündungen unterdrücken und die Differenzierung von regulatorischen T-Zellen stimulieren, sodass sowohl ein kurzfristiger als auch ein langfristiger Schutz vor Allergien entsteht. Genetische Faktoren spielen bei dieser Art von Regulation möglicherweise ebenfalls eine Rolle, da bei Neugeborenen mit einer genetischen Prädisposition für Allergien die regulatorische T-Zell-Funktion gestört ist.

13.5 Regulatorische T-Zellen können allergische Reaktionen kontrollieren

Mononucleäre Zellen im peripheren Blut (PBMC) aus atopischen Patienten neigen dazu, nach einer unspezifischen Stimulation über den T-Zell-Rezeptor T_H2-Cytokine freizusetzen, bei nichtatopischen Patienten jedoch nicht. Das hat zu der Hypothese geführt, dass bei der Verhinderung IgE-Reaktionen auf Allergene regulatorische Mechanismen von großer Bedeutung sind. Vor allem den regulatorischen T-Zellen gilt in Bezug auf alle immunologisch bedingten Erkrankungen eine beträchtliche Aufmerksamkeit. Die verschiedenen Typen der regulatorischen T-Zellen (Abschnitt 8.17) besitzen wahrscheinlich alle eine Funktion bei der Beeinflussung von Allergien. Natürliche regulatorische T-Zellen (CD4-CD25-T_{reg}-Zellen) aus atopischen Patienten sind im Gegensatz zu den Zellen aus nichtatopischen Individuen nicht in der Lage, die Produktion von T_H2-Cytokinen zu blockieren, und dieser Defekt wirkt sich während der Pollensaison noch viel stärker aus. Weitere Hinweise ergeben sich bei Mäusen, die den Transkriptionsfaktor FoxP3, den Hauptschalter für die Bildung von CD4-CD25-T_{reg}-Zellen, nicht exprimieren. Die Mäuse entwickeln Symptome von Allergien, etwa in Form von Eosinophilie, Hyper-IgE-Produktion und einer allergischen Entzündung der Atemwege. Wahrscheinlich entstehen diese Auswirkungen also dadurch, dass die regulatorischen T-Zellen fehlen. Die Auswirkungen dieses Syndroms werden möglicherweise durch ein gleichzeitiges Fehlen des STAT6-Faktors, das davon unabhängig die Entwicklung der T_H2-Reaktion verhindert (Abschnitt 13.3), teilweise aufgehoben.

Die regulatorischen T-Zellen werden vermutlich auch durch das Enzym IDO aktiviert, das von einer Reihe verschiedener Zelltypen sezerniert wird (Abschnitt 13.4). Dendritische Zellen sezernieren IDO nach der Aktivierung durch eine Stimulation mit dem Rezeptor TLR-9 durch Liganden, die eine nichtmethylierte CpG-DNA enthalten. Die Freisetzung von IDO aus residenten Lungenzellen, die ebenfalls auf diese Weise stimuliert wurden, führte bei Mäusen zur Linderung eines experimentell erzeugten Asthmas.

Zusammenfassung

Allergische Reaktionen entstehen aufgrund der Produktion von spezifischen IgE-Antikörpern gegen häufige harmlose Antigene. Allergene sind kleine Antigene, die normalerweise eine IgE-Antikörperantwort hervorrufen. Solche Antigene dringen im Allgemeinen nur in sehr geringen Mengen über die Diffusion durch die Schleimhautoberflächen, und sie lösen deshalb eine T_H2-Reaktion aus. Die Differenzierung von naiven allergenspezifischen T-Zellen zu T_H2-Zellen wird auch durch Cytokine wie IL-4 und IL-13 begünstigt. Allergenspezifische T_H2-Zellen, die IL-4 und IL-13 produzieren, stimulieren allergenspezifische B-Zellen, IgE zu produzieren. Die spezifischen IgE-Antikörper, die als Reaktion auf das Allergen gebildet werden, binden an den hoch affinen IgE-Rezeptor auf Mastzellen, basophilen und aktivierten eosinophilen Zellen. Diese Zellen können die IgE-Produktion noch verstärken, da sie nach Aktivierung IL-4 und den CD40-Liganden erzeugen. Genetische und umweltbedingte Faktoren beeinflussen die Neigung, IgE im Übermaß zu produzieren. Ist IgE als Antwort auf ein Allergen einmal gebildet worden, so löst eine erneute Exposition gegenüber dem Antigen eine allergische Reaktion aus. Die Immunregulation ist für die Kontrolle einer allergischen Erkrankung von entscheidender Bedeutung, wobei es dafür eine Reihe verschiedener Mechanismen gibt, beispielsweise die regulatorischen T-Zellen. Wir beschreiben diese Mechanismen und das Krankheitsbild der allergischen Reaktionen im nächsten Teil dieses Kapitels.

Effektormechanismen bei allergischen Reaktionen

Allergische Reaktionen werden ausgelöst, wenn Allergene das an den hoch affinen Rezeptor FcεRI der Mastzellen gebundene IgE quervernetzen. Mastzellen befinden sich an den Oberflächen des Körpers. Ihre Funktion besteht darin, die Aktivitäten des Immunsystems auf lokale Infektionen zu lenken. Werden Mastzellen aktiviert, lösen sie Entzündungsreaktionen aus, indem sie in vorgeformten Granula gespeicherte chemische Mediatoren freisetzen und nach ihrer Aktivierung Prostaglandine, Leukotriene sowie Cytokine synthetisieren. Bei Allergien verursachen sie sehr unangenehme Reaktionen gegen harmlose Antigene, die in keinerlei Zusammenhang mit zu bekämpfenden Krankheitserregern stehen. Je nach Dosis des Antigens und seinem Eintrittsweg in den Körper sind die Folgen der IgE-vermittelten Mastzellaktivierung sehr unterschiedlich: Die Symptome reichen von lästigen Heuschnupfenanfällen beim Einatmen von Pollen bis hin zum lebensbedrohlichen Kreislaufkollaps bei der systemischen Anaphylaxie (Abb. 13.11). Auf die durch Mastzellendegranulierung hervorgerufene allergische Sofortreaktion folgt eine länger anhaltende Entzündung, die sogenannte Spätreaktion. Daran sind auch andere Effektorzellen beteiligt, insbesondere T_H2-Lymphocyten, eosinophile und basophile Zellen. Diese tragen in beträchtlichem Maße zur Immunpathologie allergischer Reaktionen bei.

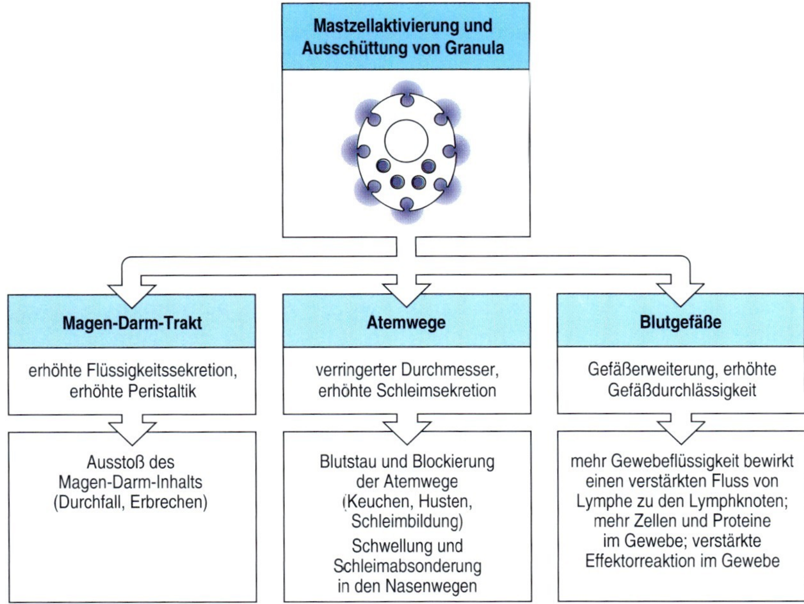

13.11 Die Aktivierung von Mastzellen zeigt bei verschiedenen Geweben unterschiedliche Auswirkungen.

13.6 IgE ist größtenteils an Zellen gebunden und bewirkt Effektormechanismen des Immunsystems auf anderen Wegen als die übrigen Antikörperisotypen

Antikörper aktivieren Effektorzellen wie etwa Mastzellen, indem sie an Rezeptoren binden, die für die konstanten Fc-Domänen spezifisch sind. Die meisten Antikörper binden nur dann an Fc-Rezeptoren, wenn sie ein spezifisches Antigen gebunden haben und so einen Immunkomplex aus Antigen und Antikörper bilden. IgE bildet jedoch eine Ausnahme. Es wird vom hoch affinen Fcε-Rezeptor eingefangen, der für die Fc-Region des IgE in Abwesenheit von gebundenem Antigen spezifisch ist. Das bedeutet, dass IgE im Gegensatz zu anderen Antikörpern, die vor allem in den Körperflüssigkeiten vorkommen, zum größten Teil im an Zellen gebundenen Zustand vorliegt, die diesen Rezeptor besitzen, und zwar an Mastzellen in den Geweben sowie an zirkulierenden basophilen und aktivierten eosinophilen Zellen. Die Vernetzung von zellgebundenem IgE durch Antigene löst die Aktivierung der Mastzellen am Eintrittsort des Antigens in das Gewebe aus. Die Ausschüttung von inflammatorischen Lipidmediatoren, Cytokinen und Chemokinen lockt basophile und eosinophile Zellen an den Ort der IgE-vermittelten Reaktionen; diese Zellen verstärken dann die Hypersensitivitätsreaktion vom Typ I weiter. Dadurch werden auch andere Effektorzellen mobilisiert, darunter T-Lymphocyten, die eine Hypersensitivitätsreaktion vom Typ IV vermitteln können.

Es gibt zwei Typen IgE-bindender Fc-Rezeptoren. Der erste, FcεRI, ist ein zur Immunglobulinsuperfamilie gehörender hoch affiner Rezeptor, der IgE an Mastzellen, basophilen und aktivierten eosinophilen Zellen bindet (Abschnitt 9.24). Wenn der zellgebundene IgE-Antikörper durch die Bindung eines spezifischen Antigens vernetzt wird, überträgt FcεRI ein Aktivierungssignal. Hohe IgE-Konzentrationen, wie sie bei Menschen mit allergischen Erkrankungen oder Infektionen mit Parasiten vorkommen, können zu einer deutlichen Zunahme von FcεRI an den Oberflächen von Mastzellen, einer erhöhten Empfindlichkeit der Zellen gegenüber einer Aktivierung durch niedrige Konzentrationen spezifischer Antigene und zu einer deutlich stärkeren IgE-vermittelten Freisetzung von chemischen Mediatoren und Cytokinen führen.

Der zweite IgE-Rezeptor, FcεRII, den man allgemein mit **CD23** bezeichnet, ist ein C-Typ-Lektin und mit FcεRI strukturell nicht verwandt. Dieser Rezeptor bindet IgE mit niedriger Affinität. CD23 kommt auf vielen verschiedenen Zellen vor, zum Beispiel auf B-Zellen, aktivierten T-Zellen, Monocyten, Eosinophilen, Blutplättchen, follikulären dendritischen Zellen und manchen Thymusepithelzellen. Man hatte angenommen, dass der Rezeptor bei der Regulation der IgE-Konzentrationen eine entscheidende Rolle spielt. Knockout-Mäusestämme, bei denen das CD23-Gen inaktiviert wurde, entwickeln immer noch eine relativ normale polyklonale IgE-Reaktion. Dennoch spielt CD23 unter bestimmten Bedingungen bei der Erhöhung des IgE-Antikörpertiters eine Rolle. Reaktionen gegen ein spezifisches Antigen werden verstärkt, wenn das gleiche Antigen in einem Komplex mit IgE auftritt. Bei Mäusen, denen das CD23-Gen fehlt, erfolgt eine solche Verstärkung nicht. Das hat man so gedeutet, dass CD23 auf antigenpräsentierenden Zellen beim Einfangen von Antigenkomplexen mit IgE beteiligt ist.

13.7 Mastzellen sind in Geweben lokalisiert und maßgeblich an allergischen Reaktionen beteiligt

Der Name „Mastzellen" geht auf Paul Ehrlich zurück, der sie als „gemästete" Zellen in den Mesenterien von Kaninchen beschrieb. Wie basophile Zellen enthalten auch Mastzellen cytoplasmatische Granula, in denen viele saure Proteoglykane gespeichert werden, die sich mit basischen Farbstoffen anfärben lassen. Mastzellen stammen von hämatopoetischen Stammzellen ab, reifen aber lokal heran und halten sich häufig in der Nähe von Oberflächen auf, die Krankheitserregern und Allergenen ausgesetzt sind. Zu den wichtigsten Faktoren, die das Wachstum und die Entwicklung von Mastzellen regulieren, gehören der Stammzellenfaktor (der Ligand für die Rezeptortyrosinkinase Kit), IL-3 und T_H2-assoziierte Cytokine wie IL-4 und IL-9. Mäuse mit einem Kit-Defekt besitzen keine differenzierten Mastzellen. Sie produzieren zwar IgE, können aber keine IgE-vermittelten Entzündungsreaktionen entwickeln. Das zeigt, dass solche Reaktionen fast vollständig von Mastzellen abhängen. Die Aktivierung der Mastzellen hängt von der Aktivierung der Phosphatidylinositol-3-Kinase (PI-3-Kinase) durch Kit in den Mastzellen ab. Die pharmakologische Inaktivierung der p110δ-Isoform der PI-3-Kinase schützt Mäuse vor allergischen Reaktionen. p110δ ist demnach ein potenzielles Ziel für eine Therapie von Allergien und anderen Erkrankungen, die mit Mastzellen zusammenhängen.

Mastzellen exprimieren FcεRI dauerhaft auf ihrer Oberfläche und werden aktiviert, wenn Antigene FcεRI-gebundenes IgE vernetzen (Abb. 9.35). Verschiedene Stärken der Stimulation führen zu unterschiedlichen Reaktionen. So verursachen beispielsweise niedrige Allergenkonzentrationen, die eine geringe Besetzung der Rezeptoren mit sich bringen, ein starkes Signal, das zu einer allergischen Entzündung führt. Eine stärkere Besetzung mit Antigen kann hingegen die Produktion immunregulatorischer Cytokine wie IL-10 auslösen. Mastzellen zeigen also in Abhängigkeit von den empfangenen Signalen eine Reihe verschiedener Reaktionen.

Die Degranulierung der Mastzellen erfolgt innerhalb von Sekunden, wobei eine ganze Reihe vorgefertigter Mediatoren ausgeschüttet werden (Abb. 13.12). Dazu gehören **Histamin** – ein kurzlebiges, vasoaktives Amin, das zu einer sofortigen Erhöhung der lokalen Durchblutung und Gefäßdurchlässigkeit führt – und Enzyme wie die mastzellspezifischen Enzyme Chymase, Tryptase und Serinesterasen, die ihrerseits bestimmte Metallproteinasen der Bindegewebematrix aktivieren. Diese bauen dann Matrixproteine ab und verursachen so Gewebeschäden. Der Tumornekrosefaktor α (TNF-α), ein Cytokin, wird ebenfalls nach einer Aktivierung der Mastzellen in großen Mengen freigesetzt und stammt dabei zum Teil aus Speichern in den Mastzellgranula. Ein Teil wird aber auch von den aktivierten Mastzellen neu synthetisiert. TNF-α aktiviert Endothelzellen, die daraufhin bestimmte Adhäsionsmoleküle stärker exprimieren, welche das Eindringen von inflammatorischen Leukocyten und Lymphocyten in die Gewebe fördern (Kapitel 2).

Nach der Aktivierung synthetisieren und sezernieren Mastzellen Chemokine, Leukotriene, den plättchenaktivierenden Faktor (*platelet activating factor, PAF*) und andere Lipidmediatoren sowie weitere Cytokine wie IL-4 und IL-13, die die T_H2-Reaktion aufrechterhalten. Diese Mediatoren tragen zu akuten und zu chronischen Entzündungsreaktionen bei. Vor allem die

Produktklasse	Beispiele	biologische Wirkungen
Enzyme	Tryptase, Chymase, Kathepsin G, Carboxypeptidase	Umbau der Bindegewebematrix
toxische Mediatoren	Histamin, Heparin	toxisch für Parasiten erhöhen die Gefäßdurchlässigkeit bewirken Kontraktion der glatten Muskulatur
Cytokine	IL-4, IL-13	stimulieren und verstärken die Reaktion der T_H2-Zellen
	IL-3, IL-5, GM-CSF	fördern die Bildung und Aktivierung von Eosinophilen
	TNF-α (vorgefertigt und gespeichert in den Granula)	fördert Entzündungsreaktionen, stimuliert die Bildung von Cytokinen in vielen Zelltypen, aktiviert die Endothelzellen
Chemokine	CCL3	locken Monocyten, Makrophagen und neutrophile Zellen an
Lipidmediatoren	Prostaglandine D2, E2 Leukotriene B4, C4	verursachen Kontraktion der glatten Muskulatur erhöhen Gefäßpermeabilität stimulieren Schleimsekretion
	plättchenaktivierender Faktor, PAF (*platelet-activating factor*)	lockt Leukocyten an, verstärkt Produktion von Lipidmediatoren, aktiviert neutrophile, eosinophile Zellen und Blutplättchen

13.12 Moleküle, die von Mastzellen nach deren Aktivierung ausgeschüttet werden. Mastzellen produzieren eine Vielzahl biologisch aktiver Proteine und anderer chemischer Mediatoren. Die in den ersten beiden Zeilen aufgeführten Enzyme und toxischen Mediatoren werden aus bereits vorhandenen Granula freigesetzt. Die Cytokine, Chemokine und Lipidmediatoren werden nach Aktivierung synthetisiert.

Lipidmediatoren wirken schnell und verursachen Kontraktionen der glatten Muskulatur, eine erhöhte Gefäßpermeabilität und Schleimfreisetzung. Außerdem induzieren sie den Zustrom und die Aktivierung von Leukocyten, die an der Reaktion der späten Phase beteiligt sind. Die Mediatoren stammen aus Membranphospholipiden, die gespalten werden und das Vorstufenmolekül Arachidonsäure freisetzen. Dieses Molekül kann in zwei Reaktionswegen modifiziert werden; dabei entstehen Prostaglandine, Thromboxane und Leukotriene. Prostaglandin D_2 ist das wichtigste Prostaglandin, das Mastzellen produzieren; es mobilisiert T_H2-Zellen, eosinophile und basophile Zellen, die alle das zugehörige Rezeptorprotein (PTGDR) exprimieren. Prostaglandin D_2 ist ein entscheidender Faktor für die Entwicklung von allergischen Krankheiten wie Asthma, und PTGDR-Polymorphismen wurden mit einem erhöhten Risiko in Verbindung gebracht, Asthma zu entwickeln. Die Leukotriene (speziell B4 und C4) sind wichtig für die Aufrechterhaltung der Entzündungsreaktion in den Geweben. Zahlreiche entzündungshemmende Medikamente sind Inhibitoren des Arachidonsäuremetabolismus. Aspirin ist beispielsweise ein Inhibitor der Cyclooxygenase und blockiert die Erzeugung der Prostaglandine.

Die IgE-vermittelte Aktivierung der Mastzellen löst also eine wichtige Kaskade von Entzündungsreaktionen aus, die durch die Mobilisierung von verschiedenen Zelltypen wie Eosinophile, Basophile, T_H2-Lymphocyten, B-Zellen und dendritische Zellen verstärkt wird. Diese Reaktion ist als Abwehrmechanismus des Wirts gegen Infektionen mit Parasiten (Abschnitt 9.25) von physiologischer Bedeutung. Bei einer Allergie haben jedoch die akuten und chronischen Entzündungsreaktionen, die durch die Aktivierung der Mastzellen verursacht werden, bedeutsame pathophysiologische Folgen. Dies lässt sich an den Krankheiten ablesen, die mit allergischen Reaktionen auf Antigene aus der Umwelt verknüpft sind. Man nimmt auch immer mehr an, dass Mastzellen bei der Immunregulation genauso eine Rolle spielen wie sie entzündungsfördernde Reaktionen vorantreiben. Hohe Allergenkonzentrationen, die zu einer starken Besetzung des rezeptorgebundenen IgE führen, haben immunregulatorische und keine entzündungsfördernden Auswirkungen. Mastzellen sind auch an Autoimmunreaktionen beteiligt.

13.8 Eosinophile Zellen unterliegen normalerweise einer strengen Kontrolle zur Verhinderung unpassender toxischer Reaktionen

Eosinophile Zellen sind granulocytäre Leukocyten, die aus dem Knochenmark stammen. Ihre Bezeichnung weist darauf hin, dass ihre Granula argininreiche basische Proteine enthalten, die sich durch den sauren Farbstoff Eosin leuchtend orange färben lassen. Normalerweise findet man nur sehr wenige Eosinophile im Blut, da sie sich meist in den Geweben aufhalten, besonders im Bindegewebe direkt unter den Epithelien der Atemwege, des Darms und des Urogenitaltraktes. Das lässt auf eine Funktion dieser Zellen bei der Abwehr von eindringenden Fremdorganismen schließen. Die Eosinophilen erfüllen zwei Arten von Effektorfunktionen. Erstens schütten sie nach Aktivierung hoch toxische Granulaproteine und freie Radikale aus, die Mikroorganismen und Parasiten töten, aber bei allergischen Reaktionen beträchtliche Schäden im Gewebe verursachen können. Zweitens synthetisieren diese Zellen nach ihrer Aktivierung chemische Mediatoren wie Prostaglandine, Leukotriene und Cytokine, die die Entzündungsreaktion verstärken, indem sie die Epithelzellen aktivieren und weitere eosinophile Zellen und Leukocyten anlocken und ebenfalls aktivieren (Abb. 13.13). Die Eosinophilen sezernieren auch eine Reihe von Proteinen, die bei morphologischen Veränderungen der Gewebe in den Atemwegen (*airway tissue remodeling*) mitwirken.

Die Aktivierung und Degranulierung der eosinophilen Zellen unterliegt einer strengen Regulation, da eine unangemessene Aktivierung für den Körper schädlich wäre. Die erste Regulationsebene beginnt bei der Erzeugung der eosinophilen Zellen im Knochenmark. Ohne Vorhandensein einer Infektion oder einer Stimulation des Immunsystems entstehen dort nur wenige dieser Zellen. Durch die Aktivierung von T_H2-Zellen kommt es jedoch zur Ausschüttung von Cytokinen wie IL-5, sodass sich die Entstehungsrate der eosinophilen Zellen im Knochenmark und ihre Freisetzung in den Blutkreislauf verstärkt. Bei transgenen Tieren, die IL-5 überexprimieren, findet man eine erhöhte Zahl von eosinophilen Zellen im Blut (**Eosinophilie**), nicht jedoch in den Geweben. Das deutet darauf hin, dass die Wanderung der eosinophilen Zellen vom Blutkreislauf in die Gewebe auf andere Weise reguliert wird, das heißt durch einen zweiten Satz von Kontrollmechanismen. Die entscheidenden Moleküle sind dabei die CC-Chemokine. Während die meisten dieser Moleküle chemotaktisch auf verschiedene Typen von Leukocyten wirken, sind drei für das Anlocken und die Aktivierung der eosinophilen Zellen von besonderer Bedeutung. Man bezeichnet sie als **Eotaxine**: CCL11 (Eotaxin 1), CCL24 (Eotaxin 2) und CCL26 (Eotaxin 3).

Produktklasse	Beispiele	biologische Wirkungen
Enzyme	Eosinophilen-Peroxidase	toxisch für die Zielobjekte durch Katalyse von Halogenierungen, löst Histaminausschüttung aus den Mastzellen aus
	Eosinophilen-Kollagenase	Umbau der Bindegewebsmatrix
	Metallproteinase-9 in der Matrix	Proteinabbau in der Matrix
toxische Proteine	basisches Hauptprotein	toxisch für Parasiten und Säugerzellen, löst Histaminausschüttung aus den Mastzellen aus
	kationisches Eosinophilenprotein	toxisch für Parasiten, Neurotoxin
	Eosinophilen-Neurotoxin	Neurotoxin
Cytokine	IL-3, IL-5, GM-CSF	verstärken die Bildung von Eosinophilen im Knochenmark bewirken die Aktivierung der Eosinophilen
	TGF-α, TGF-β	Epithelproliferation Bildung von Myofibroblasten
Chemokine	CXCL8 (IL-8)	fördern die Einwanderung von Leukocyten
Lipidmediatoren	Leukotriene C4, D4, E4	verursachen Kontraktion der glatten Muskulatur erhöhen Gefäßpermeabilität verstärken Schleimsekretion
	plättchenaktivierender Faktor	lockt Leukocyten an verstärkt Produktion von Lipidmediatoren aktiviert neutrophile und eosinophile Zellen sowie Blutplättchen

13.13 Eosinophile sezernieren eine Vielzahl hoch toxischer granulärer Proteine und anderer Entzündungsmediatoren.

CCR3, der Eotaxinrezeptor der eosinophilen Zellen, ist relativ unspezifisch und bindet auch andere CC-Chemokine wie CCL7, CCL13 und CCL5, die auch die Chemotaxis und die Aktivierung der eosinophilen Zellen auslösen. Identische oder ähnliche Chemokine stimulieren Mastzellen und basophile Zellen. So lockt Eotaxin basophile Zellen an und bewirkt ihre Degranulierung; in ähnlicher Weise aktiviert CCL2, das an CCR2 bindet, Mastzellen mit oder ohne Vorhandensein eines Antigens. CCL2 kann auch die Differenzierung von naiven T-Zellen zu T_H2-Zellen stimulieren, die außerdem den Rezeptor CCR3 tragen und von Eotaxinen angelockt werden. Auffällig ist dabei, dass diese Wechselwirkungen zwischen verschiedenen Chemokinen und ihren Rezeptoren ein hohes Maß an Überscheidungen und Redundanz aufweisen; die Bedeutung dieser Komplexität ist noch nicht bekannt.

Die dritte Kontrollebene ist die Regulation des Aktivierungszustandes der Eosinophilen. Im nichtaktivierten Zustand exprimieren eosinophile Zellen keine hoch affinen IgE-Rezeptoren, und die Schwelle zur Ausschüttung des Inhalts ihrer Granula ist hoch. Aufgrund der Aktivierung durch Cytokine und Chemokine wird diese Schwelle gesenkt, FcεRI wird exprimiert, und die Anzahl von Komplement- und Fcγ-Rezeptoren an ihrer Oberfläche nimmt zu. Diese Veränderungen bereiten die Eosinophilen darauf vor, ihre Effektoraktivität auszuüben. Dazu gehört beispielsweise die Degranulierung als Reaktion auf ein Antigen, das spezifische IgE-Moleküle vernetzt, die an FcεRI an der Oberfläche von eosinophilen Zellen gebunden sind.

13.9 Eosinophile und basophile Zellen verursachen bei allergischen Reaktionen Entzündungen und Gewebeschäden

Im 19. Jahrhundert erschien die erste pathologische Beschreibung des tödlichen *status asthmaticus*, aber die genaue Funktion der beteiligten Zellen, die man später als Eosinophile bezeichnete, bei allergischen Krankheiten ist heute noch nicht bekannt. Bei der lokalen allergischen Reaktion bewirken die Degranulierung der Mastzellen und die T_H2-Aktivierung eine starke Ansammlung von Eosinophilen und deren Aktivierung. Auch die eosinophilen Zellen können den T-Zellen Antigene präsentieren und T_H2-Cytokine freisetzen. Außerdem stimulieren sie anscheinend die Apoptose von T_H1-Zellen, und ihre Förderung der Vermehrung der T_H2-Zellen ist wohl teilweise auf eine relative Verringerung der Anzahl der T_H1-Zellen zurückzuführen. Ihr dauerhaftes Vorhandensein ist charakteristisch für eine chronische allergische Entzündung, und man nimmt an, dass sie die Hauptverursacher der dabei auftretenden Gewebeschäden sind.

Auch basophile Zellen kommen im Bereich von Entzündungsreaktionen vor. Die Basophilen reagieren auf sehr ähnliche Wachstumsfaktoren wie die Eosinophilen, darunter IL-3, IL-5 und GM-CSF. Es gibt Hinweise auf eine wechselseitige Kontrolle bei der Reifung der Stammzellpopulation zu Basophilen oder Eosinophilen. Beispielsweise unterdrückt TGF-β in Gegenwart von IL-3 die Differenzierung von Eosinophilen und fördert die von Basophilen. Im Blut sind Basophile normalerweise nur in sehr geringer Zahl vorhanden; sie besitzen bei der Immunabwehr gegen Krankheitserreger anscheinend eine ähnliche Funktion wie die Eosinophilen. Basophile exprimieren an ihrer Oberfläche FcεRI und setzen nach ihrer Aktivierung durch Cytokine oder Antigene Histamin aus ihren basophilen Granula frei, nach denen sie benannt sind; außerdem produzieren sie IL-4 und IL-13.

Eosinophile, Mastzellen und Basophile können miteinander in Wechselwirkung treten. Die Degranulierung von Eosinophilen führt zur Freisetzung des **basischen Hauptproteins** (*major basic protein*), das wiederum die Degranulierung von Mastzellen und Basophilen verursacht. Dieser Effekt wird noch verstärkt durch die Gegenwart von IL-3, IL-5 oder GM-CSF, also der Cytokine, die das Wachstum, die Differenzierung und die Aktivierung von Eosinophilen und Basophilen beeinflussen.

13.10 Eine allergische Reaktion kann man in eine Sofort- und in eine Spätreaktion einteilen

Die Entzündungsreaktion, die auf die IgE-vermittelte Mastzellaktivierung folgt, geschieht in zwei Phasen: einer Sofortreaktion, die innerhalb von Sekunden beginnt, und einer Spätreaktion, die sich erst nach acht bis zwölf Stunden entwickelt. Beide lassen sich klinisch unterscheiden (Abb. 13.14). Die **Sofortreaktion** kommt durch die Aktivität von Histamin, Prostaglandinen und anderen vorgefertigten oder schnell synthetisierten Mediatoren zustande. Diese verursachen eine schnelle Zunahme der Gefäßdurchlässigkeit und die Kontraktion glatter Muskulatur. Die **Spätreaktion**, die bei etwa

50 % der Patienten mit einer Sofortreaktion auftritt, wird durch eine in den aktivierten Mastzellen induzierte Synthese und Ausschüttung von Prostaglandinen, Leukotrienen, Chemokinen und Cytokinen wie IL-5 und IL-13 bewirkt (Abb. 13.12). Diese lenken weitere Leukocyten – darunter eosinophile Zellen und T_H2-Lymphocyten – zum Entzündungsherd. Spätreaktionen sind mit einer zweiten Kontraktionsphase der glatten Muskulatur, die durch T-Zellen vermittelt wird, und anhaltenden Ödemen verbunden. Außerdem kommt es zu morphologischen Veränderungen des Gewebes (*remodeling*), etwa zu einer Hypertrophie (Größenzunahme aufgrund von Zellwachstum) der glatten Muskulatur und zu einer Hyperplasie (eine Zunahme der Anzahl der Zellen).

Die Spätreaktion und ihre sich langfristig anschließende Folgereaktion, die **chronische allergische Entzündung**, die im Prinzip eine Hypersensitivitätsreaktion vom Typ IV ist (Abb. 13.1), führt zu einer schweren, lange andauernden Erkrankung, beispielsweise zu chronischem Asthma. Die chronische Phase von Asthma ist gekennzeichnet durch das gleichzeitige Auftreten von T_H1-Cytokinen (etwa IFN-γ) und T_H2-Cytokinen, wobei Letztere vorherrschen.

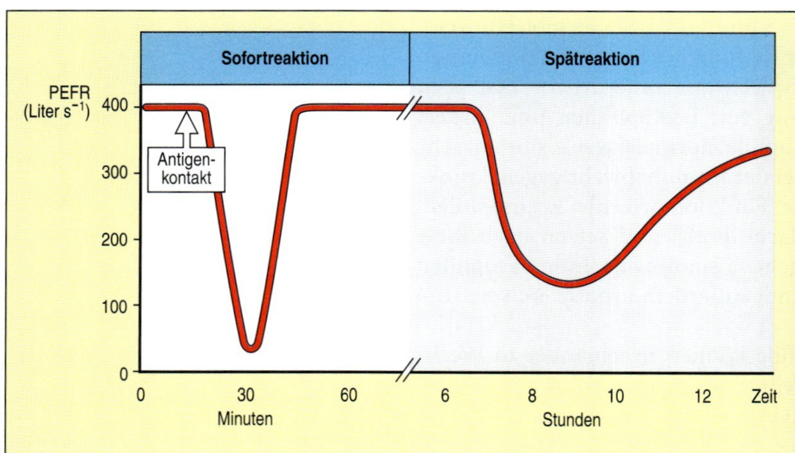

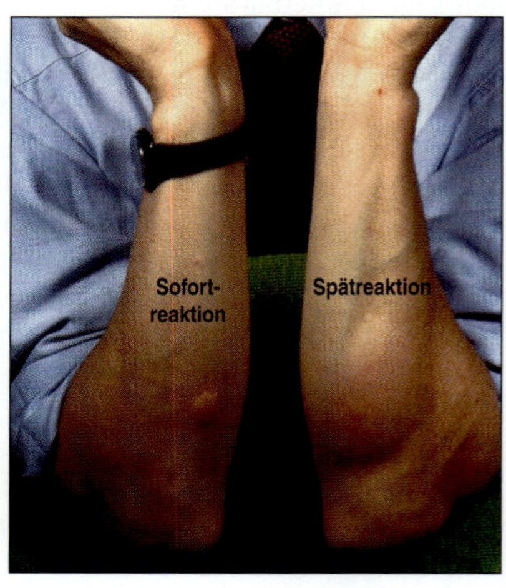

13.14 Bei allergischen Reaktionen lassen sich eine Sofortphase und eine Spätphase unterscheiden. Links: Die Reaktion auf ein eingeatmetes Antigen lässt sich in eine frühe und eine späte Antwort einteilen. Eine asthmatische Reaktion in der Lunge, die mit einer Verengung der Atemwege einhergeht, lässt sich als die – durch die Kontraktion der glatten Muskulatur bedingte – Abnahme der maximalen Atemstromstärke (*peak expiratory flow rate*, PEFR) messen. Diese Abnahme zeigt sich bei der Sofortreaktion innerhalb von Minuten nach Einatmen des Antigens und geht dann wieder auf das Normalmaß zurück. Sechs bis acht Stunden nach der Antigeneinwirkung kommt es zu einer Spätreaktion, die ebenfalls durch eine schnelle Abnahme des PEFR gekennzeichnet ist. Die Sofortreaktion beruht auf der direkten Wirkung der von den Mastzellen ausgeschütteten, schnell metabolisierten Effektoren wie Histamin und Lipidmediatoren auf Blutgefäße und glatte Muskulatur. Die Spätreaktion wird durch eingewanderte inflammatorische Leukocyten hervorgerufen, die durch Chemokine und andere von den Mastzellen während oder nach der Sofortreaktion freigesetzte Mediatoren angelockt werden. Rechts: Nach einer oberflächlichen Injektion von Antigen in die Epidermis tritt innerhalb von ein bis zwei Minuten eine erythematöse Quaddelbildung auf, die bis zu 30 Minuten anhalten kann. Etwa sechs Stunden später entwickelt sich eine ödematöse Reaktion, die sich stärker ausbreitet und für die Spätphase charakteristisch ist. Diese kann mehrere Stunden andauern. Das Foto zeigt eine intradermale Hautreizung mit einem Allergen. Nach 15 Minuten kommt es zu einer erythematösen Quaddelbildung (links) und nach sechs Stunden zu einer Spätreaktion (rechts). Bei dem Allergen handelte es sich um einen Graspollenextrakt. (Foto mit freundlicher Genehmigung von S. R. Durham.)

13.11 Abhängig vom Ort der Mastzellaktivierung kommt es zu unterschiedlichen klinischen Auswirkungen

Wenn ein erneuter Kontakt mit dem Allergen eine allergische Reaktion auslöst, konzentrieren sich die Auswirkungen auf die Stelle, an der die Mastzelldegranulierung erfolgt. Bei der Sofortreaktion sind die freigesetzten Mediatoren nur kurze Zeit aktiv; ihr starker Effekt auf Blutgefäße und glatte Muskulatur ist daher auf die Umgebung der jeweils aktivierten Mastzelle beschränkt. Die länger anhaltenden Wirkungen der Spätreaktion konzentrieren sich ebenfalls auf die Stelle, an der die anfängliche, durch das Allergen ausgelöste Aktivierung stattgefunden hat. Wie rasch die entstandene Entzündung wieder beseitigt werden kann, hängt dann entscheidend von der speziellen Anatomie dieser Stelle ab. Drei kritische Variablen bestimmen daher das durch die allergische Reaktion hervorgerufene klinische Erscheinungsbild: die Menge der vorhandenen IgE-Antikörper, der Eintrittsweg des Allergens und dessen Dosis (Abb. 13.15).

Wenn das Allergen direkt in das Blut gelangt oder vom Darm schnell absorbiert wird, können die Mastzellen des Bindegewebes an jedem Blutgefäß aktiviert werden. Das führt zu einem sehr gefährlichen Syndrom, der sogenannten **systemischen Anaphylaxie**. Eine Aktivierung von Mastzellen überall im Körper hat eine Reihe von lebensbedrohlichen Auswirkungen: Die weit um sich greifende Zunahme der Gefäßdurchlässigkeit führt zu einem katastrophalen Blutdruckabfall; es kommt zu einem Zusammenziehen der Atemwege und zu Atembeschwerden, außerdem zu einem Anschwellen des Kehldeckels und dadurch möglicherweise zum Erstickungstod. Dieses gefährliche Syndrom bezeichnet man als **anaphylaktischen Schock**. Er kann entstehen, wenn man Menschen Medikamente verabreicht, die ein für dieses Medikament spezifisches IgE besitzen, oder aber nach einem Insektenstich, wenn der Betroffene auf das Insektengift allergisch reagiert. Manche Nahrungsmittel, zum Beispiel Erdnüsse oder Paranüsse, können bei empfindlichen Menschen eine systemische Anaphylaxie auslösen. Das Syndrom führt schnell zum Tod, lässt sich jedoch meist durch sofortige Gabe von Adrenalin, das die glatte Muskulatur entspannt und die kardiovaskulären Auswirkungen der Anaphylaxie blockiert, unter Kontrolle bringen.

Die häufigsten allergischen Reaktionen auf Medikamente entstehen gegen Penicillin und verwandte Substanzen. Bei Menschen mit IgE-Antikörpern gegen Penicillin kann die Verabreichung dieses Antibiotikums durch Injektion zur Anaphylaxie und sogar zum Tod führen. Daher sollte immer sorgfältig festgestellt werden, ob eine Person gegen ein Medikament oder dessen strukturell verwandte Derivate allergisch ist, bevor man es verordnet. Penicillin wirkt als Hapten (Anhang I, Abschnitt A.1). Es ist ein kleines Molekül mit einem hoch reaktiven β-Lactamring, der für die antibiotische Wirkung verantwortlich ist, aber auch mit Aminogruppen von Proteinen reagiert und kovalente Konjugate bildet. Wenn Penicillin oral oder intravenös aufgenommen wird, bildet es Konjugate mit körpereigenen Proteinen und verändert diese dadurch stark genug, dass sie T_H2-Zellen aktivieren können. Diese stimulieren dann penicillinbindende B-Zellen zur Produktion von IgE-Antikörpern gegen das Penicillinhapten. Penicillin wirkt demnach als B-Zell-Antigen und – indem es körpereigene Peptide modifiziert – auch als T-Zell-Antigen. Injiziert man einem aller-

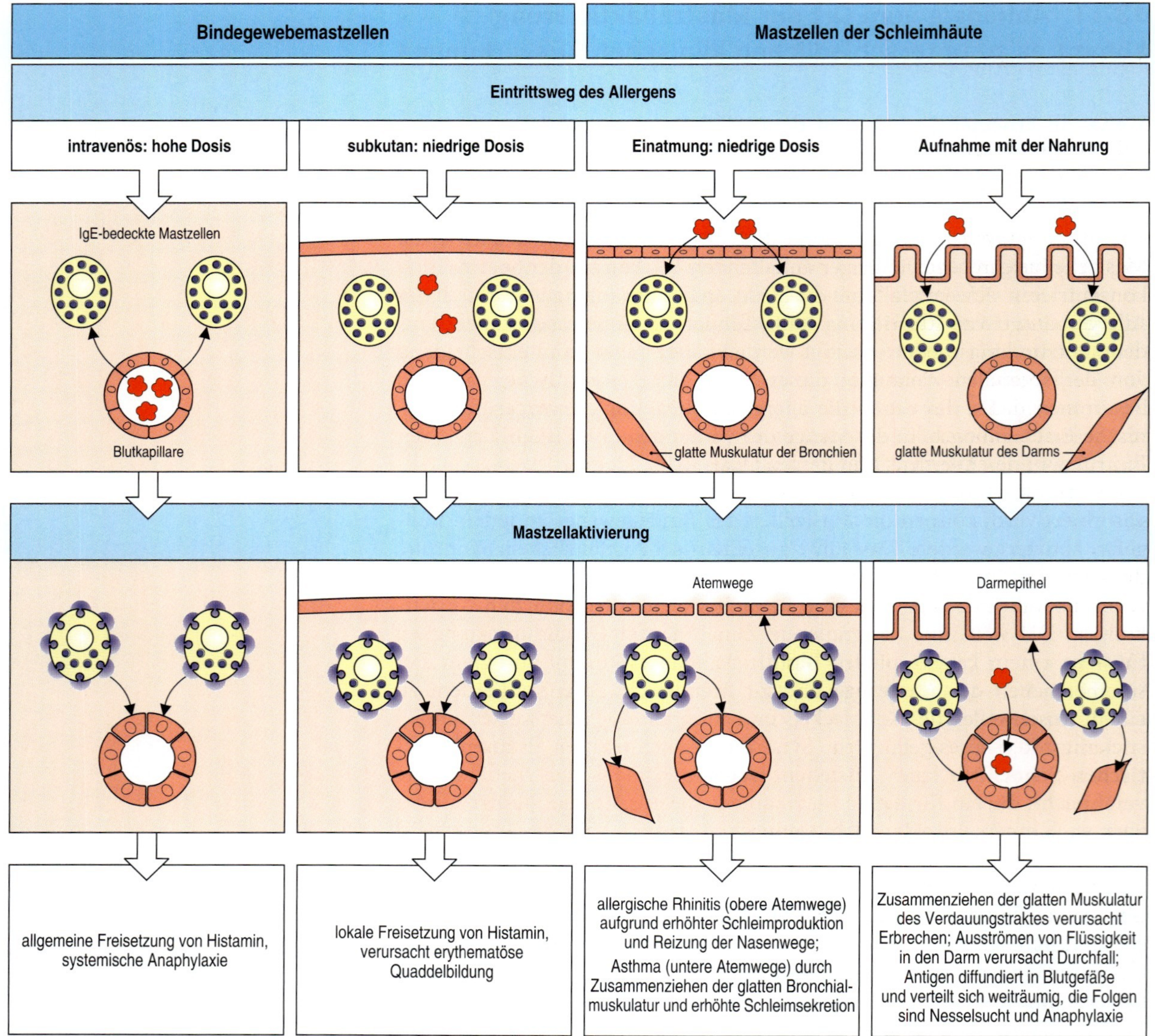

13.15 Die Dosis und der Weg, auf dem das Allergen in den Körper gelangt, bestimmen den Typ der IgE-vermittelten allergischen Reaktion. Es gibt zwei hauptsächliche anatomische Aufenthaltsorte für Mastzellen: Die einen sind mit durchblutetem Bindegewebe assoziiert, weshalb man sie als Bindegewebemastzellen bezeichnet, die anderen findet man in der Submucosa des Darms und der Atemwege und nennt sie deshalb Mucosa- oder Schleimhautmastzellen. Bei einem allergisch reagierenden Menschen sind alle Mastzellen von IgE-Antikörpern bedeckt, die sich gegen ein bestimmtes Allergen richten. Die Gesamtreaktion gegen ein Allergen hängt davon ab, welche Mastzellen aktiviert werden. Allergene im Blut stimulieren Bindegewebemastzellen im ganzen Körper, was die systemische Freisetzung von Histamin und anderen Botenstoffen zur Folge hat. Die subkutane Verabreichung eines Allergens aktiviert nur Bindegewebemastzellen in einem eng umgrenzten Bereich und führt damit zu einer lokalen Entzündungsreaktion. Eingeatmete Allergene, die das Epithel durchdringen, aktivieren hauptsächlich Mucosamastzellen, erhöhen dadurch die lokale Schleimbildung und verursachen Reizungen. Sie bewirken auch ein Zusammenziehen der glatten Muskulatur in den unteren Atemwegen und damit eine Konstriktion der Bronchien und Schwierigkeiten beim Ausatmen. In ähnlicher Weise durchdringen mit der Nahrung aufgenommene Antigene das Darmepithel. Aufgrund der Kontraktion der glatten Muskulatur im Verdauungstrakt verursachen sie Erbrechen und aufgrund des Ausstroms von Flüssigkeit durch die Darmepithelien Durchfall. Allergene aus der Nahrung werden außerdem mit dem Blut im Körper verteilt und führen zur Nesselsucht (Urticaria), wenn das Allergen die Haut erreicht.

gischen Menschen intravenös Penicillin, dann vernetzt es IgE-Moleküle auf Gewebemastzellen und zirkulierenden Basophilen und verursacht dadurch eine Anaphylaxie.

13.12 Das Einatmen von Allergenen führt zu Rhinitis und Asthma

Das Atmungssystem ist der häufigste Eintrittsweg für Allergene. Viele Menschen zeigen gegen eingeatmete Antigene schwache Allergien, die sich als Niesen und eine laufende Nase äußern. Man bezeichnet solche Allergien auch als **allergische Rhinitis** oder Heuschnupfen. Sie beruhen auf der Aktivierung von Mastzellen in der Schleimhaut des Riechepithels, ausgelöst durch Allergene wie Pollenkörner, welche die in ihnen enthaltenen Proteine freisetzen. Die Proteine können dann durch die Schleimhaut der Nasenwege diffundieren. Heuschnupfen ist gekennzeichnet durch intensiven Juckreiz und ebensolches Niesen, außerdem treten lokale Ödeme auf, die zur Verstopfung und zum „Laufen" der Nase führen. Der Schleim ist typischerweise reich an eosinophilen Zellen. Durch die Ausschüttung von Histamin kommt es zu einer Nasenreizung und zu Niesanfällen. Eine ähnliche Reaktion, die durch Absorption von Allergenen aus der Luft an der Augenbindehaut ausgelöst wird, ist die **allergische Bindehautentzündung** (Konjunktivitis). Beide Allergien werden normalerweise durch Allergene aus der Umwelt verursacht, die nur zu bestimmten Jahreszeiten vorkommen. So kann beispielsweise Heuschnupfen (medizinische Bezeichnung: saisonale Rhinitis allergica) durch eine Reihe verschiedener Allergene entstehen, darunter auch bestimme Pollen von Gräsern und Bäumen. Im Sommer und Herbst können auch der Pollen bestimmter Kräuter wie Beifuß oder die Sporen bestimmter Pilze wie *Alternaria* Symptome hervorrufen. Ständig vorhandene Allergene wie Haarschuppen von Katzen und Hausstaubmilben können das ganze Jahr über Beschwerden verursachen.

Ein schwerwiegenderes Syndrom ist das **allergische Asthma**, das durch die Aktivierung von Mastzellen in der Submucosa der unteren Atemwege verursacht wird (Abb. 13.16). Dies führt innerhalb von Sekunden zu einem Zusammenziehen der Bronchien sowie zu einer erhöhten Flüssigkeits- und Schleimsekretion und erschwert das Atmen, da die eingeatmete Luft in der Lunge festgehalten wird. Patienten mit allergischem Asthma brauchen normalerweise eine Behandlung, und Asthmaanfälle können lebensbedrohlich sein. Dieselben Allergene, die allergische Rhinitis und allergische Bindehautentzündung verursachen, rufen meist auch Asthmaanfälle hervor. So kann es im Sommer durch Einatmen von Sporen des Pilzes *Alternaria* bei bestimmten Personen zu einem Atemstillstand kommen. Ein wichtiges Merkmal von Asthma ist die chronische Entzündung der Atemwege, die durch eine ständig erhöhte Konzentration von T_H2-Lymphocyten, Eosinophilen, Neutrophilen und anderen Leukocyten (Abb. 13.17) gekennzeichnet ist. Diese Zellen wirken zusammen und verursachen morphologische Veränderungen der Atemwege („**Remodellierung der Atemwege**") – eine Verdickung der Wände der Atemwege aufgrund einer Hyperplasie und Hypertrophie der Schicht der glatten Muskulatur und der Schleimdrüsen, wobei sich letztendlich eine Fibrose entwickelt. Diese morphologischen Veränderungen führen zu einer dauerhaften Verengung der Atemwege, einhergehend mit einer erhöhten Schleimsekretion. Dies ist die Ursache von zahlreichen klinischen Asthmafällen. Bei chronischem Asthma kommt es häufig auch zu einer allgemeinen **Hypersensitivität** oder Überreaktivität der Atemwege auf nichtimmunologische Reize.

Die direkte Wirkung von T_H2-Cytokinen wie IL-9 und IL-13 auf die Epithelzellen der Atemwege spielt wahrscheinlich bei der Induktion der Becherzellenmetaplasie, einem der Hauptmerkmale dieser Krankheit, eine entscheidende Rolle. Dabei differenzieren sich Epithelzellen verstärkt zu Becherzellen, und es kommt zu einer erhöhten Schleimproduktion. Lungenepithelzellen können auch den Chemokinrezeptor CCR3 und mit CCL5 und CCL11 mindestens zwei seiner Liganden produzieren. Diese Chemokine verstärken die T_H2-Reaktion, indem sie weitere T_H2-Zellen und Eosinophile in die geschädigte Lunge locken. Die direkten Auswirkungen der T_H2-Cytokine und Chemokine auf die Zellen der glatten Muskulatur und die Lungenfibroblasten führen zur Apoptose der Epithelzellen und zu morphologischen Veränderungen (*remodeling*) der Atemwege. Dies wird teilweise durch die Produktion von TGF-β ausgelöst, was zahlreiche Auswirkungen auf das Epithel hat – vom Auslösen der Apoptose bis zur Zellproliferation.

Mäuse, denen der Transkriptionsfaktor T-bet fehlt, entwickeln eine Krankheit, die dem menschlichen Asthma ähnlich ist. T-bet ist für die T_H1-Differenzierung (Abschnitt 8.19) erforderlich, und wenn dieser fehlt, verlagern sich wahrscheinlich T-Zell-Reaktionen auf die Seite der T_H2-Zellen. Diese Mäuse zeigen einen erhöhten Spiegel der T_H2-Cytokine IL-4, IL-5 und IL-13 und entwickeln Entzündungen der Atemwege, bei denen Lymphocyten und Eosinophile beteiligt sind (Abb. 13.18). Die Mäuse entwickeln auch eine unspezifische Überreaktivität der Atemwege auf nichtimmunologische Reize, ähnlich der Überreaktivität beim menschli-

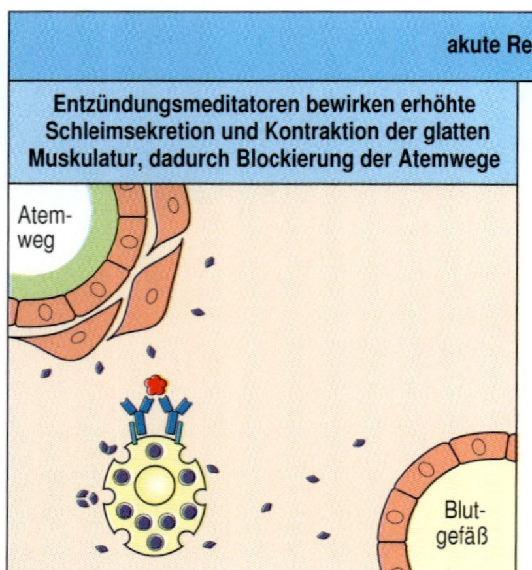

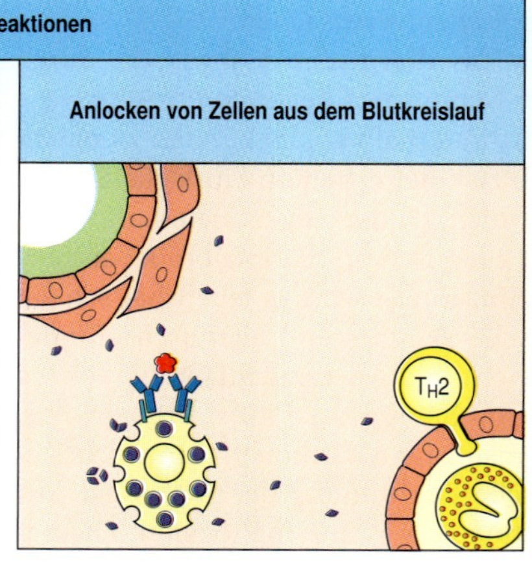

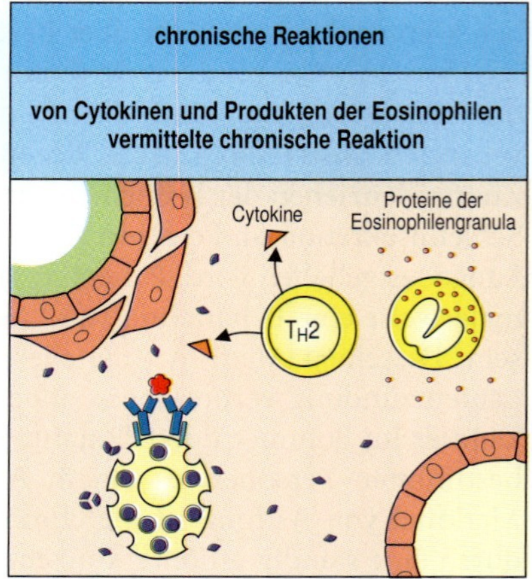

13.16 Die akute Reaktion bei allergischem Asthma führt zu einer T_H2-vermittelten chronischen Entzündung der Atemwege. Bei sensibilisierten Personen führt die Vernetzung spezifischer IgE-Moleküle an der Oberfläche von Mastzellen durch ein eingeatmetes Allergen dazu, dass die Mastzellen Entzündungsmediatoren freisetzen, welche die Gefäßdurchlässigkeit erhöhen, ein Zusammenziehen der Bronchialmuskulatur und eine verstärkte Schleimproduktion hervorrufen. Es kommt zu einem Einstrom von Entzündungszellen aus dem Blut, darunter sind auch Eosinophile und T_H2-Zellen. Aktivierte Mastzellen und T_H2-Zellen setzten Cytokine frei, die die Aktivierung und Degranulierung der eosinophilen Zellen verstärken. Dadurch entstehen weitere Gewebeschäden, und es strömen zusätzliche Entzündungszellen hinzu. Das Ergebnis ist eine chronische Entzündung, die zu irreparablen Schäden der Atemwege führen kann.

chen Asthma. Diese Veränderungen erfolgen ohne jeglichen äußeren Entzündungsreiz und zeigen, dass ein genetisch bedingtes Ungleichgewicht in Richtung auf T_H2-Reaktionen allergische Erkrankungen hervorrufen kann. Die Mitwirkung von Eosinophilen bei Asthma ist anscheinend bei Menschen und Mäusen unterschiedlich. Bei menschlichen Asthmapatienten hängt die Anzahl der Eosinophilen direkt mit der Schwere der Krankheit zusammen. Bei Mäusen, die über keine Eosinophilen verfügen, besteht der einzige stimmige Befund für die Pathophysiologie von Asthma darin, dass die morphologische Veränderung der Atemwege verringert ist, die Überreaktivität der Atemwege jedoch nicht.

Obwohl allergisches Asthma zunächst durch eine Reaktion auf ein spezifisches Allergen entsteht, bleibt die anschließende chronische Entzündung anscheinend auch ohne Kontakt mit dem Allergen erhalten. Die Atemwege reagieren im Allgemeinen überempfindlich, und spätere Asth-

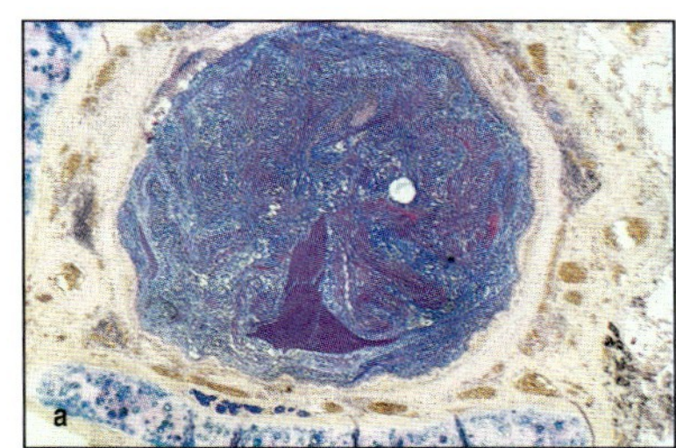

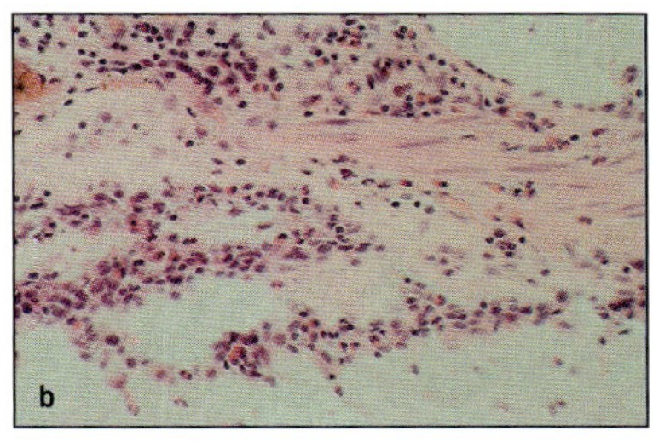

13.17 Morphologische Hinweise auf eine chronische Entzündung in den Atemwegen eines Asthmapatienten. a zeigt einen Schnitt durch eine Bronchie eines an Asthma gestorbenen Patienten. Der Atemweg ist fast vollständig durch einen Schleimpfropf verschlossen. Bei stärkerer Vergrößerung in b erkennt man Schädigungen des Epithels der Bronchienwand, die von dichten Infiltraten von Entzündungszellen, das heißt Eosinophilen, Neutrophilen und Lymphocyten, begleitet sind. (Fotos mit freundlicher Genehmigung von T. Krausz.)

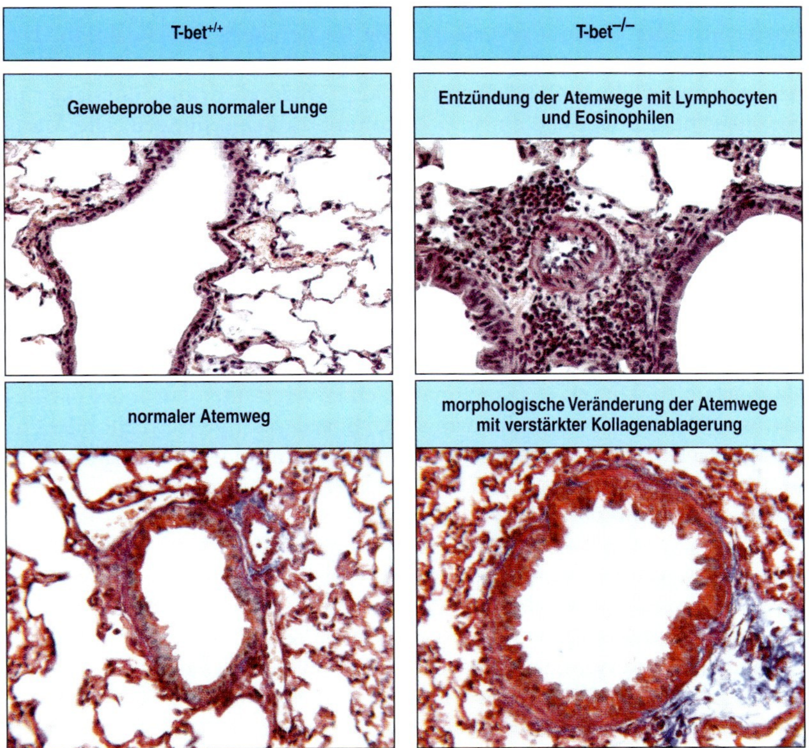

13.18 Mäuse, denen der Transkriptionsfaktor T-bet fehlt, entwickeln Asthma und T-Zell-Reaktionen, die in Richtung der T_H2-Zellen polarisiert sind. T-bet bindet an den Promotor des Gens, das IL-2 codiert, und kommt in T_H1-Zellen, nicht jedoch in T_H2-Zellen vor. Mäuse mit einer gentechnisch herbeigeführten Deletion von T-bet (T-bet$^{-/-}$) entwickeln in den Lungen einen spontanen Phänotyp, der Asthma ähnlich ist. Linke Bildspalte: Lunge und Atemwege bei gesunden Mäusen. Rechte Bildspalte: Mäuse mit einerm T-bet-Defekt entwickeln eine Lungenentzündung, wobei sich Lymphocyten und Eosinophile um die Atemwege und Blutgefäße ansammeln (oben) und die Atemwege sich morphologisch verändern (*remodeling*) und dadurch zunehmend von Kollagen umgeben werden (unten). (Fotos mit freundlicher Genehmigung von L. Glimcher.)

maanfälle werden offenbar nicht nur durch Antigene, sondern auch durch andere Faktoren ausgelöst. Die Atemwege von Asthmatikern sind in der Regel extrem empfindlich gegenüber chemischen Reizen aus der Umwelt wie Zigarettenrauch oder Schwefeldioxid. Die Krankheit kann sich auch durch eine von T_H2-Zellen kontrollierte lokale Immunantwort gegen Infektionen der Atemwege durch Viren, oder weniger bedeutsam auch durch Bakterien, weiter verschlimmern.

13.13 Hautallergien manifestieren sich als Urticaria (Nesselsucht) oder chronische Ekzeme

Auch bei allergischen Reaktionen der Haut lassen sich Sofort- und Spätreaktionen unterscheiden. Für die meisten Allergene stellt die Haut eine wirksame Barriere dar. Diese kann jedoch durch eine lokale Injektion kleiner Mengen von Allergen unter die Haut, beispielsweise durch einen Insektenstich, überwunden werden. Das Eindringen von Allergenen in die Epidermis oder Dermis verursacht eine lokale allergische Reaktion. Die lokale Aktivierung der Mastzellen in der Haut führt sofort zu einer örtlich begrenzten, erhöhten Gefäßdurchlässigkeit. Dadurch dringt Flüssigkeit in das benachbarte Gewebe ein und es kommt zu Schwellungen. Die Mastzellaktivierung stimuliert auch die Freisetzung von Molekülen aus den lokalen Nervenenden durch einen axonalen Nervenreflex, sodass es zu einer lokalen Gefäßerweiterung in der Haut und zu einer Rötung an dieser Stelle kommt. Man bezeichnet dieses Syndrom als **erythematöse Quaddelbildung** (*wheal-and-flare reaction*). Bei manchen Personen kommt es etwa acht Stunden danach noch zu einer Spätreaktion (Abb. 13.14), die sich in einem weiter ausgedehnten, anhaltenden Ödem äußert. Wenn mit der Nahrung aufgenommene Allergene in den Blutkreislauf und dann in die Haut gelangen, kommt es manchmal zu einer verstreuten Form der erythematösen Quaddelbildung, die man als **Urticaria** oder Nesselsucht bezeichnet. Histamin wird aus Mastzellen freigesetzt, die durch das Allergen in der Haut aktiviert wurden, und verursacht großen Juckreiz, außerdem eine Rötung und Schwellung der Haut.

Allergologen nutzen die Sofortreaktion bei Allergietests, indem sie winzige Mengen von potenziellen Allergenen in die Epidermisschicht der Haut injizieren. Obwohl die Reaktion auf eine solche intrakutane Applikation von Allergen normalerweise streng lokalisiert bleibt, besteht doch ein geringes Risiko, dass das Allergen eine systemische Anaphylaxie auslöst. Ein anderes Standardverfahren zum Nachweis von Allergien beruht auf der Messung der Konzentration an spezifischen IgE-Antikörpern durch einen Sandwich-ELISA-Test (Anhang I, Abschnitt A.6).

Akute Nesselsucht wird normalerweise durch Allergene ausgelöst. Für die chronische Form dieser Allergie, bei der der Nesselausschlag über lange Zeiträume hinweg immer wieder auftreten kann, sind die Ursachen noch nicht vollständig bekannt. Bei bis zu einem Drittel aller Fälle wird die chronische Urticaria wahrscheinlich durch autoreaktive Antikörper gegen die α-Kette von FcεRI ausgelöst, ist also auf Autoimmunität zurückzuführen. Dies ist ein Beispiel für eine Hypersensitivitätsreaktion vom Typ II (Abb. 13.1), bei der ein autoreaktiver Antikörper gegen einen zellulären Rezeptor die Aktivierung von Zellen hervorruft. In diesem Fall kommt es zur Degranulierung von Mastzellen, was dann zur Urticaria führt.

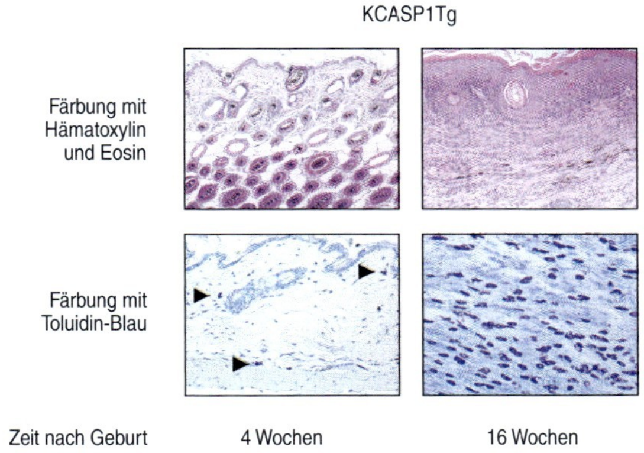

KCASP1Tg

Färbung mit Hämatoxylin und Eosin

Färbung mit Toluidin-Blau

Zeit nach Geburt 4 Wochen 16 Wochen

Genotypen	Dermatitis	IgE	Mastzellen
Wildtyp	–	Kontrolle	Kontrolle
KCASP1Tg	+++	+++	+++
Stat6$^{-/-}$KCASP1Tg	+++	n.n.	+
IL-18$^{-/-}$KCASP1Tg		+	Kontrolle
KIL-18Tg	+++*	+++	+++

*verzögertes Einsetzen der Krankheit

13.19 Ein IL-18-Mangel verhindert bei anfälligen Mäusen die Entwicklung einer atopischen Dermatitis. KCASP1Tg-Mäuse überexprimieren in ihren Keratinocyten Caspase 1 und entwickeln eine Krankheit, die der atopischen Dermatitis des Menschen ähnlich ist. Links: In Hautschnitten, die mit Hematoxylin und Eosin (HE) gefärbt wurden (obere Reihe), sind die Läsionen erkennbar, die durch eine Hyperkeratose und eine dichte Infiltration von Leukocyten und Lymphocyten gekennzeichnet sind. Wenn man die Hautschnitte mit Toluidin behandelt (untere Reihe), wird eine dichte Ansammlung von dunkelviolett gefärbten Mastzellen sichtbar. In der 16 Wochen alten Läsion kommen viel mehr Mastzellen vor als in einer Läsion, die erst vier Wochen besteht. Rechts: KCASP1Tg-Mäuse, die keinen STAT6-Faktor besitzen, zeigen IgE-Serumtiter unterhalb der Nachweisgrenze, es treten aber ähnliche Hautveränderungen auf. Hingegen entwickeln KCASP1Tg-Mäuse, denen IL-18 fehlt, keine Dermatitis. Das deutet darauf hin, dass T_H2-Cytokine bei diesem Modell keine Rolle spielen. KIL-18Tg-Mäuse, die in ihren Keratinocyten das reife IL-18 überexprimieren, zeigen dieselben Symptome wie KCASP1Tg-Mäuse, die Krankheit setzt aber später ein. KCASP1Tg, keratinocytenspezifische Caspase-1-transgene Mäuse; KIL-18Tg, keratinocytenspezifische IL-18-transgene Mäuse; n. n., nicht nachweisbar. (Fotos mit freundlicher Genehmigung aus Tsutsui H et al (2004) *Immunol Rev* 202: 115–138.)

Eine länger anhaltende Entzündungsreaktion tritt vor allem bei atopischen Kindern auf. Sie entwickeln einen als **Ekzem** oder **atopische Dermatitis** bezeichneten anhaltenden Hautausschlag. Die Ursache dafür liegt in einer chronischen Entzündungsreaktion ähnlich der in den Bronchienwänden bei Asthmapatienten. Allergien werden zwar häufig nur mit dem T_H2-Phänotyp in Verbindung gebracht, aber bei Erkrankungen des Menschen (anders als in Mausmodellen) können sowohl T_H1- als auch T_H2-Cytokine zur Entwicklung des immunologischen Krankheitsbildes beitragen. Die atopische Dermatitis ist ein ausgezeichnetes Beispiel dafür. Bei etwa einem Drittel der Patienten ist der IgE-Titer im Serum nur minimal erhöht, wenn überhaupt. Die Entwicklung der T_H1-Zellen erfolgt vor allem in den Läsionen von Patienten mit einer persistierenden atopischen Dermatitis.

Angeborene Immunantworten aufgrund der Aktivierung von Toll-ähnlichen Rezeptoren durch mikrobielle Produkte kann eine atopische Dermatitis noch verschlimmern. Die Aktivierung dieser Rezeptoren löst im Allgemeinen eine Reaktion der T_H1-Zellen aus, indem die Produktion von IL-12 und IL-18 stimuliert wird. Bei Mäusen, die das Enzym Caspase 1 spezifisch in ihren Keratinocyten (KCASP1Tg-Mäuse) übermäßig exprimieren, findet man ein experimentelles Modell für die Überproduktion dieser Cytokine. Die Mäuse werden gesund geboren, entwickeln aber Hautveränderungen, die denen der atopischen Dermatitis des Menschen ähneln, und sie beginnen sich etwa acht bis zehn Wochen nach der Geburt, häufig zu kratzen. In dieser Zeit beginnen auch die Serumtiter von IgE und IgG zuzunehmen. Die Überexpression der Caspase 1 führt zu einer vermehrten Apoptose der Keratinocyten, aber auch zu erhöhten Spiegeln von IL-1 und IL-18, da die Caspase 1 für eine Aktivierung dieser Cytokine erforderlich ist. Während des Wachstums der Mäuse dehnen sich die Hautläsionen aus, und die Erkrankung wird schwerer. Die Mäuse sind jedoch vollständig dagegen geschützt, wenn bei ihnen auch ein IL-18-Defekt herbeigeführt wird, und sie entwickeln dann keine starke T_H1-Reaktion. Sie sind jedoch nicht geschützt, wenn man einen STAT6-Defekt erzeugt, durch den es zu einem Ausbleiben der T_H2-Reaktion kommt (Abb. 13.19). Diese Art von Allergie bezeichnet man als **angeborene Allergie**, um sie von der „klassischen“ T_H2-abhängigen Allergie zu unterscheiden.

T_H2-Reaktionen sind jedoch bei der natürlichen atopischen Dermatitis von Bedeutung und führen wahrscheinlich zu einer Verschlimmerung dieser Krankheit, indem die Betroffenen für bestimmte Infektionen anfälliger werden. So sind Personen mit einer atopischen Dermatitis nach einer Impfung mit dem Vacciniavirus anfälliger für Entzündungen der Haut. Die erhöhte Anfälligkeit ist auf die Ausbreitung des Vacciniavirus und die daraus resultierenden Aktivitäten der T_H2-Cytokine IL-4 und IL-13 zurückzuführen. Die T_H2-Reaktion hemmt auch die Produktion des antimikrobiellen Peptids Cathelicidin, die normalerweise als Reaktion auf die Stimulation von TLR-3 induziert wird. Man kann sich also leicht den katastrophalen Zyklus vorstellen, bei dem Infektionen eine atopische Dermatitis auslösen, die wiederum die Anfälligkeit für weitere Infektionen erhöht, und so weiter.

13.14 Nahrungsmittelallergien verursachen systemische Reaktionen sowie auf den Verdauungstrakt beschränkte Symptome

Etwa 1 bis 4 % aller amerikanischen und europäischen Einwohner sind von echten Nahrungsmittelallergien betroffen, wobei Nahrungsmittelunverträglichkeiten und Abneigungen überall verbreitet sind und von den Betroffenen häufig fälschlicherweise als „Allergien" bezeichnet werden. Etwa ein Viertel aller echten Nahrungsmittelallergien in den USA und in Europa sind auf Allergien gegen Erdnüsse zurückzuführen. Die Häufigkeit nimmt dabei zu und hat sich in den letzten fünf Jahren verdreifacht. Nahrungsmittelallergien sind in den USA für etwa 30 000 Fälle von anaphylaktischem Schock pro Jahr verantwortlich, darunter 200 Todesfälle. Dies ist ein nicht zu vernachlässigendes Problem des Gesundheitswesens, vor allem an Schulen, wo Kinder ungewollt mit Erdnüssen in Berührung kommen, die in den meisten Nahrungsmitteln vorhanden sind. In Abbildung 13.20 sind die Risikofaktoren für die Entwicklung einer Nahrungsmittelallergie dargestellt.

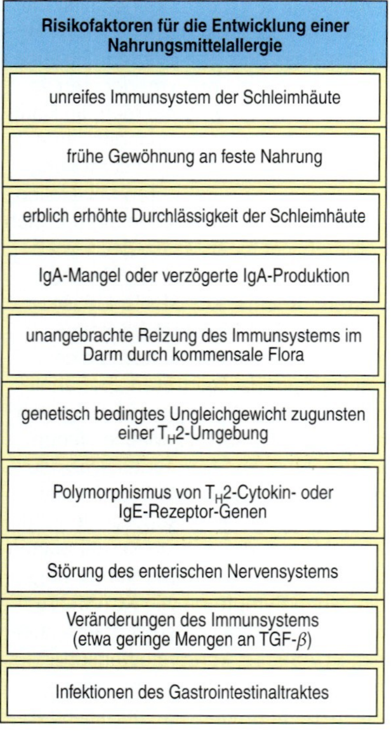

13.20 Risikofaktoren für die Entwicklung einer Nahrungsmittelallergie.

Eines der besonderen Merkmale von Nahrungsmittelallergenen ist eine starke Resistenz gegenüber dem Abbau durch Pepsin im Magen. So können sie als intakte Allergene an die Schleimhautoberfläche im Dünndarm gelangen. Wenn Allergene mit der Nahrung aufgenommen werden, lassen sich zwei Typen von Reaktionen unterscheiden. Die Aktivierung von Mastzellen in der Schleimhaut des Verdauungstraktes führt zum Flüssigkeitsverlust durch das Epithel und zur Kontraktion glatter Muskelzellen, wodurch es zu Durchfall und Erbrechen kommt. Aus noch nicht ganz bekannten Gründen werden nach dem Verschlucken eines Allergens auch Bindegewebemastzellen in der Dermis und in den subkutanen Geweben aktiviert. Dabei handelt es sich wahrscheinlich um Allergene, die durch Absorption in den Blutkreislauf gelangen und schließlich eine Urticaria hervorrufen. Diese Allergieform ist eine häufige Reaktion nach oraler Verabreichung von Penicillin an einen Patienten, der bereits penicillinspezifische IgE-Antikörper besitzt. Die Aufnahme von Allergenen aus der Nahrung kann auch zur Entwicklung von Asthma und zu einer allgemeinen Anaphylaxie führen, begleitet von einem Herz-Kreislauf-Kollaps. Bestimmte Nahrungsmittel, darunter vor allem Erdnüsse, Walnüsse und Schalentiere, können in besonderem Maß solche lebensbedrohlichen Reaktionen verursachen. Nahrungsmittelallergien können entweder durch IgE vermittelt werden wie bei Asthma oder einer systemischen Anaphylaxie oder eben nicht durch IgE. Ein wichtiges Beispiel für den letzteren Mechanismus ist die Zöliakie.

13.15 Zöliakie ist ein Modell für eine antigenspezifische Immunpathologie

Die **Zöliakie** ist eine chronische Erkrankung des oberen Dünndarms, die durch eine Immunantwort gegen Gluten, einen Proteinkomplex aus Weizen, Hafer und Gerste, ausgelöst wird. Wenn man glutenfreie Nahrung zu sich nimmt, normalisieren sich die Darmfunktionen wieder, doch ist dies das ganze Leben lang notwendig. Das Krankheitsbild der Zöliakie ist gekennzeichnet durch einen Verlust der dünnen, fingerförmigen Villi, die das Darmepithel bildet (villöse Atrophie), außerdem dehnen sich die Bereiche aus, in denen die Epithelzellen erneuert werden (Kryptenhyperplasie) (Abb. 13.21). Diese pathologischen Veränderungen führen zu einem Verlust an reifen Epithelzellen, die die Villi bedecken und die normalerweise die Nahrungsstoffe absorbieren und abbauen; das Ganze geht einher mit einer schweren Entzündung der Darmwand, wobei die Anzahl der T-Zellen, Makrophagen und Plasmazellen in der Lamina propria und die Anzahl der Lymphocyten in der Epithelschicht erhöht ist. Gluten ist anscheinend das einzige Nahrungsmittelprotein, das auf diese Weise eine Darmentzündung hervorruft. Dieses Merkmal zeigt, dass Gluten bei Menschen mit einer genetisch bedingten Anfälligkeit sowohl das spezifische als auch das angeborene Immunsystem stimulieren kann.

Die Zöliakie zeigt eine außerordentlich starke genetisch bedingte Prädisposition, indem über 95 % aller Patienten ein HLA-DQ2-Klasse-II-

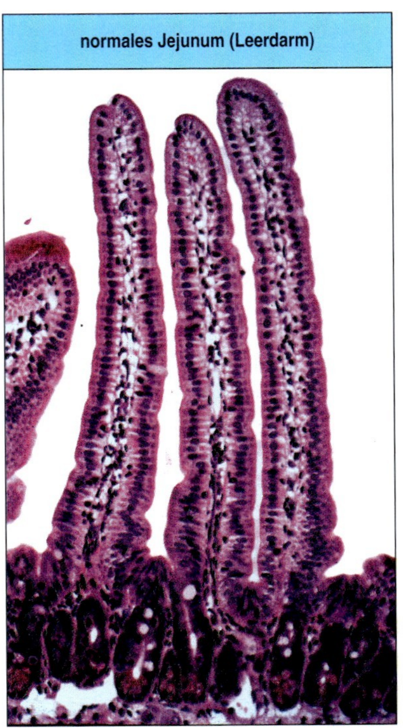

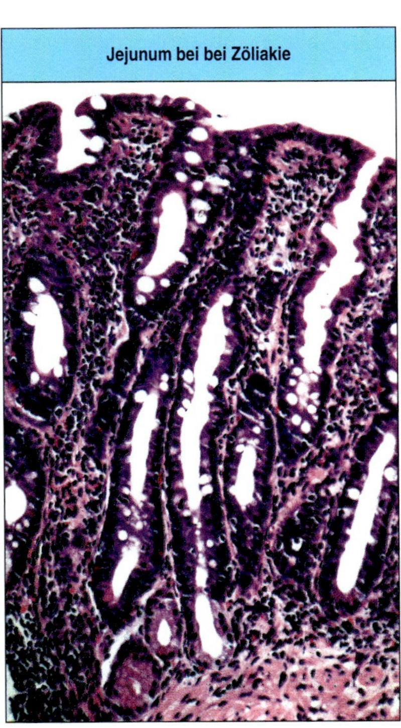

13.21 Die pathologischen Merkmale der Zöliakie. Links: Die Oberfläche des normalen Dünndarms ist in Form von fingerförmigen Villi gefaltet, die eine sehr große Oberfläche für die Absorption von Nährstoffen bilden. Rechts: Die lokale Immunantwort gegen das Nahrungsmittelprotein α-Gliadin bewirkt eine Zerstörung der Villi. Gleichzeitig kommt es zu einer erhöhten mitotischen Aktivität in den darunter liegenden Krypten, wo neue Epithelzellen gebildet werden. Es besteht auch eine deutliche Infiltration der Darmschleimhaut mit einer Entzündung. Dabei erhöht sich die Anzahl der Lymphocyten in der Epithelschicht und CD4-T-Zellen, Plasmazellen und Makrophagen häufen sich in der tiefer liegenden Schicht, der Lamina propria an. Da die Villi alle reifen Epithelzellen enthalten, die Nährstoffe absorbieren und verarbeiten, kommt es durch ihren Verlust zu einer lebensbedrohlichen Störung der Absorption mit Durchfall. (Fotos mit freundlicher Genehmigung von Allan Mowat.)

MHC-Allel exprimieren und bei eineiigen Zwillingen zu 80 % Konkordanz auftritt (das heißt, wenn ein Zwilling die Krankheit entwickelt, der andere mit 80 % Wahrscheinlichkeit ebenfalls erkrankt), bei zweieiigen Zwillingen beträgt die Konkordanz aber nur 10 %. Dennoch entwickeln die meisten Menschen, die HLA-DQ2 exprimieren, keine Zöliakie, obwohl Gluten bei der Ernährungsweise in den westlichen Ländern in vielen Nahrungsmitteln vorkommt. Es müssen also noch andere genetische Faktoren zu einer Anfälligkeit beitragen.

Die meisten Befunde deuten darauf hin, dass für die Zöliakie ein fehlerhaftes Priming von IFN-γ-produzierenden CD4-T-Zellen durch Antigenpeptide stattfinden muss, die in α-Gliadin vorkommen, einem der Hauptproteine von Gluten. Es gilt als erwiesen, dass nur eine begrenzte Anzahl von Peptiden eine Immunantwort auslösen kann, die zur Zöliakie führt. Das ist wahrscheinlich auf die ungewöhnliche Struktur der Peptidbindungsstelle im HLA-DQ2-Molekül zurückzuführen. Der entscheidende Schritt bei der Immunerkennung von α-Gliadin ist die Desaminierung seiner Peptide durch die Gewebe-Transglutaminase (tTG), die bestimmte Glutaminreste in negativ geladene Glutaminsäurereste umwandelt. Nur Peptide mit negativ geladenen Resten an bestimmten Positionen binden stark an HLA-DQ2, sodass die Transaminierungsreaktion die Bildung von Peptid:HLA-DQ2-Komplexen fördert, die dann antigenspezifische CD4-T-Zellen aktivieren können (Abb. 13.22). Aus Gliadin können multiple Peptidepitope entstehen. Aktivierte gliadinspezifische CD4-T-Zellen häufen sich in der Lamina propria an; sie produzieren IFN-γ, ein Cytokin, das Darmentzündungen hervorruft.

Das Auftreten einer Zöliakie beruht vollständig darauf, dass ein fremdes Antigen (Gluten) vorhanden ist; sie hängt nicht mit einer spezifischen Immunantwort gegen Antigene im Gewebe – dem Darmepithel – zusammen, das bei der Immunantwort geschädigt wird. Man spricht daher auch nicht von einer Autoimmunkrankheit. Dennoch findet man bei allen Patienten mit Zöliakie Autoantikörper gegen die Gewebe-Transglutaminase; tatsäch-

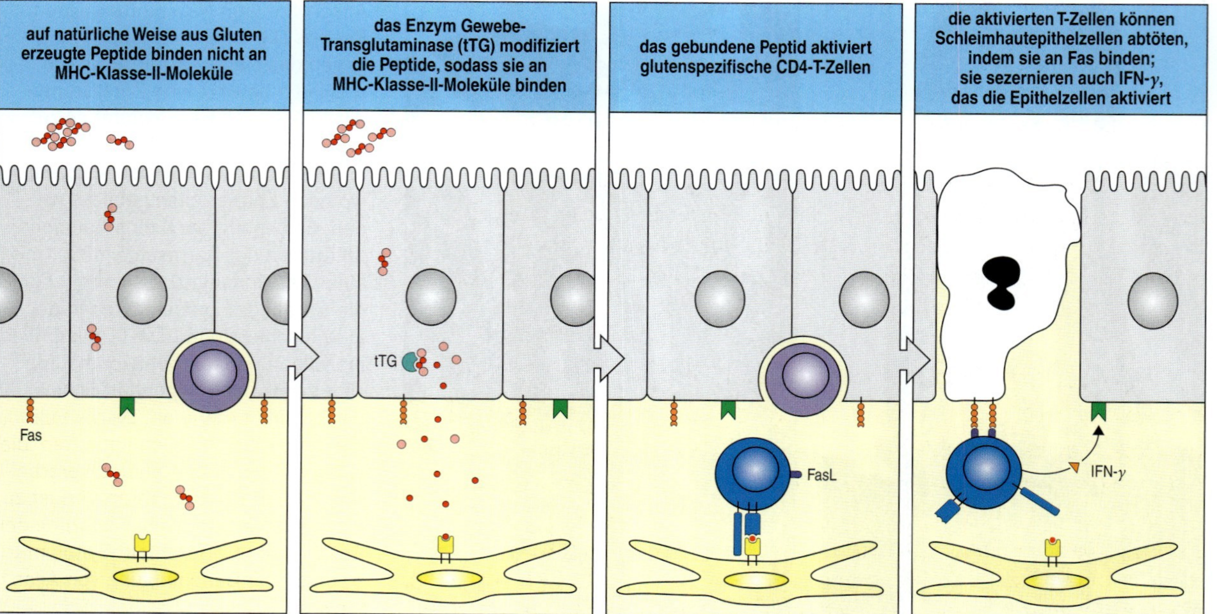

13.22 Molekulare Grundlage der Immunerkennung von Gluten bei der Zöliakie. Nach dem Abbau von Gluten durch Verdauungsenzyme im Darm können Epitope nach ihrer Desaminierung durch die Gewebe-Transglutaminase an HLA-DQ2-Moleküle binden und das Immunsystem aktivieren.

lich nutzt man auch das Vorhandensein von IgA-Antikörpern gegen dieses Enzym im Serum als spezifischen und empfindlichen Test für die Krankheit. Interessanterweise findet man keine tTG-spezifischen T-Zellen, und man nimmt an, dass glutenreaktive T-Zellen die B-Zellen unterstützen, die auf die Gewebe-Transglutaminase reagieren. Für diese Hypothese spricht, dass Gluten mit dem Enzym Komplexe bilden kann und dadurch von tTG-reaktiven B-Zellen aufgenommen wird (Abb. 13.23). Es gibt keine Belege dafür, dass diese Autoantikörper zu den Gewebeschäden beitragen.

Chronische T-Zell-Reaktionen gegen Nahrungsmittelproteine werden normalerweise durch die Entwicklung einer oralen Toleranz (Abschnitt 11.13) verhindert. Warum das bei Zöliakiepatienten nicht mehr funktioniert, ist unbekannt. Die Eigenschaften des HLA-DQ2-Moleküls liefern dafür teilweise eine Erklärung. Es müssen jedoch weitere Faktoren eine Rolle spielen, da die meisten HLA-DQ2-positiven Menschen keine Zöliakie entwickeln und die hohe Konkordanz bei eineiigen Zwillingen eine Beteiligung weiterer genetischer Faktoren nahelegt. Polymorphismen im Gen für CTLA-4 oder in anderen immunregulatorischen Genen können mit der Anfälligkeit in Zusammenhang stehen. Die Unterschiede können auch darin bestehen, wie Gliadin individuell im Darm verdaut wird, sodass für die Desaminierung und Präsentation gegenüber den T-Zellen unterschiedliche Mengen übrig bleiben.

Das Glutenprotein besitzt anscheinend mehrere Eigenschaften, die zum Entstehen der Krankheit beitragen. Es gibt zunehmend Hinweise darauf, dass neben der relativen Resistenz von Gluten gegen einen Abbau einige aus Gliadin stammende Peptide das angeborene Immunsystem stimulieren, indem sie die Freisetzung von IL-15 durch die Darmepithelzellen stimulieren. Das geschieht nicht antigenspezifisch, und es sind Peptide beteiligt, die nicht von HLA-DQ2-Molekülen gebunden oder von CD4-T-Zellen erkannt werden. Die Freisetzung von IL-15 führt zur Aktivierung von dendritischen Zellen in der Lamina propria sowie zu einer erhöhten Expression von MIC-A durch die Epithelzellen. Die CD8-T-Zellen im Schleimhautepithel können über ihre NKG2D-Rezeptoren aktiviert werden, die MIC-A erkennen, und sie können über dieselben NKG2D-Rezeptoren Epithelzellen abtöten, die MIC-A exprimieren (Abb. 13.24). Allein schon das Auslösen dieser angeborenen Immunantworten durch α-Gliadin kann den Darm schädigen und aktiviert möglicherweise einige der costimulierenden Ereignisse, die für das Einleiten einer antigenspezifischen CD4-T-Zell-Reaktion gegen andere Bereiche des α-Gliadin-Moleküls erforderlich sind. Das Potenzial von Gluten, sowohl die angeborene als auch die adaptive Immunantwort zu stimulieren, erklärt demnach möglicherweise, warum es in besonderer Weise die Zöliakie hervorruft.

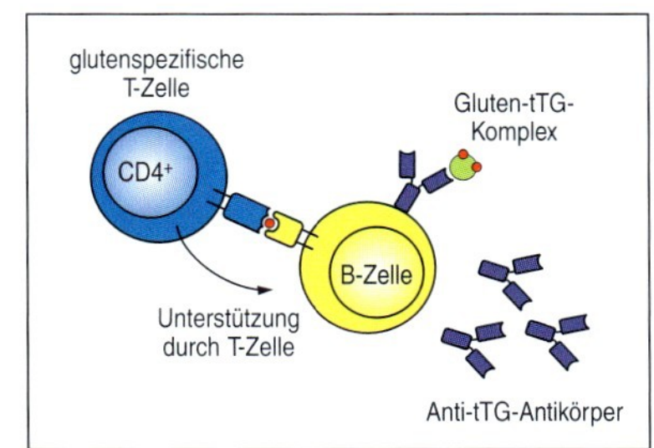

13.23 Eine Hypothese, die die Produktion von Antikörpern gegen die Gewebe-Transglutaminase (tTG) ohne Vorhandensein von tTG-spezifischen T-Zellen bei Zöliakiepatienten erklären soll. tTG-reaktive B-Zellen nehmen Gluten-tTG-Komplexe durch Endocytose auf und präsentieren den glutenspezifischen T-Zellen Glutenpeptide. Die stimulierten T-Zellen können nun diese B-Zellen unterstützen, die dann Autoantikörper gegen die tTG erzeugen.

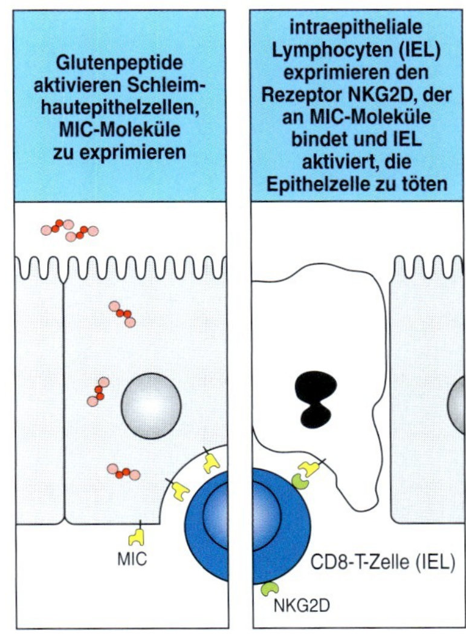

13.24 Die Aktivierung von cytotoxischen T-Zellen durch das angeborene Immunsystem bei der Zöliakie. Glutenpeptide können die Expression der MHC-Klasse-Ib-Moleküle MIC-A und MIC-B auf Darmepithelzellen auslösen. Intraepitheliale Lymphocyten (IEL), von denen viele cytotoxische CD8-T-Zellen sind, erkennen diese Proteine über den Rezeptor NKG2D, der die IEL aktiviert, MIC-tragende Zellen abzutöten. Das führt zur Zerstörung des Darmepithels.

13.16 Bei der Behandlung von Allergien versucht man, entweder die IgE-Produktion zu unterdrücken oder die Reaktionswege, die durch die Antigenvernetzung von zellgebundenem IgE aktiviert werden, zu blockieren

Aktuelle medikamentöse Behandlungsmethoden für allergische Erkrankungen richten sich entweder nur gegen die Symptome, beispielsweise mit Antihistaminika, oder man verwendet allgemeine Immunsuppressiva wie Corticosteroide für die Langzeitbehandlung von Asthma und anderen chronischen allergischen Krankheiten. Diese wirken zu einem großen Teil nur lindernd und nicht heilend und müssen häufig lebenslänglich eingenommen werden. In der Folge zeigen sie ein großes Spektrum von Nebenwirkungen (Kapitel 15). Anaphylaktische Reaktionen werden mit Adrenalin behandelt, das die Neubildung der *tight junctions* im Endothel stimuliert, die Entspannung der verkrampften glatten Bronchialmuskulatur bewirkt und auch das Herz stimuliert. Eingeatmete Broncholytika, die als β-adrenerge Rezeptoren fungieren und dadurch verkrampfte Muskeln entspannen, sollen akute Asthmaanfälle beenden. Antihistaminika, die den Histamin-H_1-Rezeptor blockieren, verringern die Nesselsucht, die sich nach der Freisetzung von Histamin durch Mastzellen und Basophile entwickelt. Die dafür wichtigen H_1-Rezeptoren liegen an den Blutgefäßen und verursachen eine stärkere Durchlässigkeit der Gefäßwand, oder sie liegen auf nichtmyelinisierten Nervenfasern, die wahrscheinlich den Juckreiz verursachen. Bei chronischen allergischen Erkrankungen ist es von außerordentlicher Bedeutung, die Gewebeschäden durch die chronische Entzündung zu behandeln und zu verhindern. Lokal begrenzt oder systemisch wirkende Corticosteroide unterdrücken chronische entzündungsbedingte Veränderungen, die bei Asthma, Rhinitis und Ekzemen auftreten (Abschnitt 15.1). Man benötigt jedoch eine Möglichkeit, die T-Zell-Reaktion auf das allergene Peptidantigen antigenspezifisch zu regulieren.

Einige der neueren Ansätze zur Behandlung und Vorbeugung von Allergien sind in Abbildung 13.25 dargestellt. In der klinischen Anwendung sind zwei Methoden weit verbreitet – zum einen die **Desensibilisierung** oder **allergenspezifische Immuntherapie**, zum anderen die Blockierung der Effektorreaktionswege. Außerdem gibt es mehrere weitere Verfahren, die sich aber erst im experimentellen Stadium befinden. Bei der Desensibilisierung besteht das Ziel darin, die Toleranz gegen das Allergen wieder herzustellen, indem man dessen Potenzial zur IgE-Produktion verringert. Entscheidend für diese Theapie ist offensichtlich, die Aktivierung von regulatorischen T-Zellen, die IL-10 und/oder TGF-β freisetzen, durch die die Reaktion von IgE weg verlagert werden soll (Abschnitt 13.3). Imker, die zahlreichen Stichen ausgesetzt sind, sind häufig auf natürliche Weise vor schwerwiegenden allergischen Reaktionen wie einer Anaphylaxie geschützt. Ausschlaggebend ist dabei ein Mechanismus, an dem IL-10-freisetzende T-Zellen beteiligt sind. In ähnlicher Weise löst eine allergenspezifische Immuntherapie gegen die Empfindlichkeit auf Insektengifte und durch die Luft übertragene Allergene eine erhöhte Produktion von IL-10 und in einigen Fällen auch von TGF-β aus, außerdem kommt es zur Induktion von IgG-Isotypen, vor allem von IgG4, da die Produktion dieses Isotyps durch IL-10 selektiv stimuliert wird. Zur Desensibilisierung injiziert man den Patienten zunehmende Dosen des Allergens, wobei man mit sehr geringen Mengen beginnt. Der zeitliche Verlauf der Injektionen führt zu einer schrittweisen Verringerung der IgE-dominierten Reaktion. Eine Immuntherapie durch Injektion des Allergens verringert sowohl die T_H1- als auch die T_H2-spezifische Überempfindlichkeitsreaktion; man nimmt an, dass es gleichzeitig zu einer Induktion von T_{reg}-Zellen kommt. Neuere Ergebnisse zeigen, dass die Desensibilisierung im Bereich der allergischen Reaktion auch mit einer Verringerung der Entzündungszellen der späten Phase einhergeht. Ein mögliches Risiko

betroffener Schritt	Mechanismus der Behandlung	spezifischer Ansatz
Aktivierung der T_H2-Zellen	Induktion von regulatorischen T-Zellen	Injekion spezifischer Antigene oder Peptide Verabreichung von Cytokinen, z. B. IFN-γ, IL-10, IL-12, TGF-β Verwendung von Adjuvanzien, z. B. CpG, Oligodeoxynucleotide, um T_H1-Reaktion zu stimulieren
Aktivierung von B-Zellen zur Produktion von IgE	Blockierung der costimulierenden Signale, Hemmung der T_H2-Cytokine	Hemmung von DC40L Hemmung von IL-4 oder IL-13
Mastzellaktivierung	Hemmung der Effekte der IgE-Bindung an Mastzellen	Blockierung des IgE-Rezeptors
Wirkung der Mediatoren	Hemmung der Effekte von Mediatoren an ihren spezifischen Rezeptoren Hemmung der Synthese spezifischer Mediatoren	Antihistaminika Inhibitoren der Lipoxygenase
eosinophilenabhängige Entzündung	Blockierung der Cytokin- und Chemokinrezeptoren, welche die Mobilisierung und Aktivierung der Eosinophilen vermitteln	Hemmung von IL-5 Blockierung von CCR3

13.25 Behandlungsmethoden bei Allergien. Die Tabelle zeigt Möglichkeiten auf, wie allergische Reaktionen gehemmt werden können. Zwei Ansätze werden klinisch routinemäßig eingesetzt. Im ersten Fall injiziert man spezifische Antigene nach einem Desensibilisierungsschema, um eventuell die Toleranz gegen das Allergen wieder herzustellen, möglicherweise durch die Bildung von regulatorischen T-Zellen. Beim zweiten medizinisch sinnvollen Ansatz verwendet man spezifische Inhibitoren, die die Synthese oder die Wirkungen von Entzündungsmediatoren blockieren, welche von Mastzellen erzeugt werden.

bei der Desensibilisierung besteht darin, dass als Komplikation IgE-vermittelte allergische Reaktionen auftreten können. Diese Vorgehensweise ist nicht immer erfolgreich, beispielsweise bei der Behandlung von schwerwiegenden Reaktionen gegen Nahrungsmittelallergene, etwa von Erdnüssen.

Ein anderes mögliches Verfahren befindet sich noch im Versuchsstadium und beinhaltet die Impfung mit Peptiden, die sich von gewöhnlichen Allergenen ableiten. Bei diesem Ansatz wird eine T-Zell-Anergie induziert (Abschnitt 8.15), die mit vielfältigen Veränderungen des T-Zell-Phänotyps verbunden ist, etwa mit der Produktion von IL-10 und der verstärkten Expression des Zelloberflächenproteins CD5. Die Peptide lösen keine IgE-vermittelten Reaktionen aus, da IgE im Gegensatz zu T-Zellen nur das vollständige Antigen erkennt. Eine Schwierigkeit dieses Ansatzes besteht darin, dass die Reaktionen eines Individuums auf Peptide von der Spezifität der MHC-Klasse-II-Allele abhängig sind. Patienten mit verschiedenen MHC-Klasse-II-Molekülen reagieren deshalb auf unterschiedliche Peptide aus einem Allergen. Eine mögliche Lösung besteht darin, Peptide zu verwenden, die nur kurze Sequenzen mit sich mehrfach überschneidenden MHC-Bindungsmotiven enthalten, die den größten Teil der Bevölkerung abdecken würden.

Eine andere Impfstrategie für die Desensibilisierung, die in experimentellen Modellsystemen für Allergien bereits erste Erfolge zeigt, ist die Verwendung von Oligodesoxynucleotiden mit einem größeren Anteil an nichtmethylierten CpG-Dinucleotiden als Adjuvans. Diese Oligonucleotide imitieren CpG-Sequenzmotive in bakterieller DNA und stimulieren T_H1-Antworten in besonderer Weise, wahrscheinlich durch die Stimulation von TLR-9 bei dendritischen Zellen (Abschnitt 8.7). Der Wirkmechanismus wird in Anhang I, Abschnitt A.4 beschrieben.

Die Signalketten, die die IgE-Antwort bei allergischen Reaktionen verstärken, bieten weitere potenzielle Ansatzpunkte für eine Therapie. So könnte man IgE-Reaktionen durch Inhibitoren von IL-4, IL-5 und IL-13 herabsetzen. Allerdings könnte dieser Therapieansatz in der Praxis dadurch erschwert werden, dass einige Aktivitäten dieser Cytokine redundant sind. Eine zweite Möglichkeit zur Beeinflussung der Reaktion ist die Verabreichung von Cytokinen, die die T_H1-abhängigen Reaktionen stimulieren. Man hat gezeigt, dass die IL-4-stimulierte IgE-Synthese durch IFN-γ, IFN-α und IL-12 *in vitro* sowie durch IFN-γ und IFN-α auch *in vivo* reduziert wird. Als man Patienten mit einer milden Form von allergischem Asthma IL-12 verabreichte, ging die Anzahl der Eosinophilen im Blut und im Sputum zurück, aber die Sofort- oder Spätreaktion auf ein eingeatmetes Allergen zeigte keine Auswirkungen. Die Behandlung mit IL-12 war jedoch bei den meisten Patienten von ziemlich schwerwiegenden grippeähnlichen Syptomen begleitet, was wahrscheinlich den möglichen therapeutischen Nutzen einschränkt.

Ein weiterer Therapieansatz könnte auf den hoch affinen IgE-Rezeptor abzielen. Ein wirksam mit IgE um diesen Rezeptor konkurrierendes Molekül würde die Bindung von IgE an die Oberflächen von Mastzellen, basophilen und eosinophilen Zellen verhindern. Man hat klinische Versuche mit einem humanisierten monoklonalen Anti-IgE-Antikörper (Bezeichnung Omalizumab) aus Mäusen durchgeführt, der an den Teil von IgE bindet, welcher die Vernetzung des hoch affinen IgE-Rezeptors bewirkt. Da IgE im Plasma nur in geringer Konzentration vorliegt, war die Verabreichung eines großen molaren Überschusses von Omalizumab möglich, sodass sich der IgE-Titer um über 95 % verringerte. Dabei verringerte sich auch die Anzahl an hoch affinen IgE-Rezeptoren auf Basophilen und Mastzellen. Dieser Antikörper blockierte im Experiment sowohl die Sofort- als auch die Spätreaktion auf eingeatmete Allergene. Bei Patienten mit Asthma und allergischer Rhinitis, denen in klinischen Versuchen Omalizumab verabreicht wurde, verschlechterte sich der Zustand in einem geringeren Ausmaß als bei Patienten, die nur ein Placebo erhalten hatten, und man konnte die Mengen der einzunehmenden Corticosteroide verringern. Die Wirksamkeit dieses Antikörpers, der für die Behandlung von Patienten mit Asthma zugelassen wurde, liefert einen eindeutigen Beweis für die Bedeutung von IgE bei atopischen allergischen Erkrankungen. Der inhibitorische Rezeptor FcγRIIb ist ein mögliches Ziel bei einer neuen Therapie gegen die Allergie auf Haarschuppen von Katzen. Ein chimeres Fusionsprotein, das aus der menschlichen Fcγ-Kette und dem Katzenallergen Fel d 1 besteht, blockierte bei einem Mausmodell für Katzenallergien die Hautreaktion und verhinderte die Freisetzung von Entzündungsmediatoren durch Basophile. Diese Hemmung erfolgt antigenspezifisch.

Eine weitere Behandlungsmethode kann darin bestehen, die Mobilisierung von Eosinophilen zu Bereichen mit allergischen Entzündungen zu verhindern. Ein geeignetes Zielmolekül für diese Art der Therapie ist der Eotaxinrezeptor CCR3. Die Erzeugung von eosinophilen Zellen im Knochenmark und ihr Eintreten in den Blutkreislauf ließen sich ebenfalls durch eine Blockade der IL-5-Aktivität verringern. Untersuchungen zur Anti-IL-5-Behandlung waren nicht vielversprechend. Immerhin ließ sich mit Anti-IL-5 die Anzahl der Eosinophilen im Blut und im Sputum verringern, die Sofort- und Spätreaktion auf eingeatmete Allergene oder die Überreaktivität der Atemwege durch Histamin veränderte sich jedoch nicht.

Zusammenfassung

Die allergische Reaktion gegen harmlose Antigene stellt den pathophysiologischen Aspekt einer Immunabwehrreaktion dar. Deren physiologische Funktion besteht darin, vor Wurmparasiten zu schützen. Ausgelöst wird die Reaktion durch die Bindung von Antigenen an IgE-Antikörper, die an den hoch affinen IgE-Rezeptor FcεRI auf Mastzellen gebunden sind. Mastzellen sind strategisch unterhalb der Schleimhäute des Körpers und im Bindegewebe lokalisiert. Die Vernetzung von IgE durch das Antigen an der Oberfläche von Mastzellen veranlasst diese, große Mengen an Entzündungsmediatoren freizusetzen. Bei der entstehenden Entzündung lassen sich eine Sofortreaktion, die durch kurzlebige Mediatoren wie Histamin hervorgerufen wird, und eine Spätreaktion unterscheiden. Diese wird durch Leukotriene, Cytokine und Chemokine ausgelöst, die eosinophile und basophile Zellen anlocken und aktivieren. Die Spätreaktion kann sich zu einer chronischen Entzündung entwickeln, die durch das Auftreten von T-Effektorzellen gekennzeichnet ist und die man am deutlichsten bei chronischem allergischem Asthma beobachten kann.

Hypersensitivitätserkrankungen

In diesem Teil des Kapitels wollen wir uns mit den Immunantworten befassen, an denen IgG-Antikörper oder spezifische T-Zellen beteiligt sind, die nachteilige Hypersensitivitätsreaktionen hervorrufen. Diese Wirkmechanismen sollen normalerweise zum Erwerb einer schützenden Immunität gegen Infektionen führen. Gelegentlich kommt es jedoch zu einer Immunantwort auf nichtinfektiöse Antigene, wodurch akute oder chronische Hypersensitivitätsreaktionen entstehen. Die Mechanismen, die die verschiedenen Formen von Hypersensitivität auslösen, unterscheiden sich zwar, aber ein großer Teil des Krankheitsbildes ist auf dieselben immunologischen Effektormechanismen zurückzuführen. Wir wollen uns auch mit einer neu entdeckten Art von Hypersensitivitätserkrankungen beschäftigen, bei denen bestimmte Varianten der Gene, die Entzündungsreaktionen regulieren, Entzündungen in unangemessener Weise auslösen und schwere Erkrankungen hervorrufen.

13.17 Bei anfälligen Personen kann die Bindung harmloser Antigene an die Oberflächen zirkulierender Blutzellen Hypersensitivitätsreaktionen vom Typ II hervorrufen

Die Einnahme bestimmter Medikamente – beispielsweise der Antibiotika Penicillin und Cephalosporin – führt in seltenen Fällen zur Zerstörung von roten Blutkörperchen (hämolytische Anämie) oder Blutplättchen (Thrombocytopenie) durch Antikörper. Dies sind Beispiele für **Hypersensitivitätsreaktionen vom Typ II**, bei denen das Arzneimittel auf der Zelloberfläche gebunden wird und als Angriffsziel für IgG-Antikörper gegen das Medikament dient. Letztendlich kommt es zur Zerstörung der Zelle (Abb. 13.1).

Nur wenige Menschen bilden solche Anti-Medikament-Antikörper. Warum sie dazu neigen, solche Antikörper zu entwickeln, ist nicht bekannt. Durch die zellgebundenen Antikörper werden die Zellen aus dem Blut entfernt. Das geschieht hauptsächlich in der Milz durch Gewebemakrophagen, die Fcγ-Rezeptoren tragen.

13.18 Die Aufnahme großer Mengen von unzureichend metabolisierten Antigenen kann aufgrund der Bildung von Immunkomplexen zu systemischen Krankheiten führen

Bei löslichen Allergenen kann es zu **Hypersensitivitätsreaktionen vom Typ III** kommen (Abb. 13.1). Ursache der Symptome ist die Ablagerung von Antigen-Antikörper-Aggregaten oder **Immunkomplexen** in bestimmten Geweben und Bereichen. Die Immunkomplexe entstehen bei jeder Antikörperreaktion, aber ihr pathogenes Potenzial wird zum Teil durch ihre Größe und Menge sowie durch Affinität und Isotyp des zugehörigen Antikörpers bestimmt. Größere Aggregate reagieren mit dem Komplementsystem und werden schnell durch Phagocyten beseitigt. Kleinere Aggregate dagegen, die sich bei einem Überschuss von Antigenen bilden, lagern sich oft an Gefäßwänden ab. Dort können sie sich mit Fc-Rezeptoren auf Leukocyten verknüpfen, die auf diese Weise aktiviert werden und eine Schädigung des Gewebes verursachen.

Besitzt ein sensibilisiertes Individuum gegen ein bestimmtes Antigen gerichtete IgG-Antikörper, kann die Injektion dieses Antigens eine lokale Typ-III-Hypersensitivitätsreaktion, die sogenannte **Arthus-Reaktion**, auslösen (Abb. 13.26). Injiziert man das Antigen in die Haut, bilden zirkulierende IgG-Antikörper, die in das Gewebe diffundiert sind, an dieser Stelle Immunkomplexe. Die Immunkomplexe binden Fc-Rezeptoren wie FcγRIII auf Mastzellen und anderen Leukocyten. Dies führt zu einer lokalen Entzündungsreaktion mit erhöhter Gefäßdurchlässigkeit. Dann dringen Flüssigkeit und Zellen, insbesondere polymorphkernige Leukocyten, aus den lokalen Blutgefäßen in das Gewebe ein. Die Immunkomplexe aktivieren auch das Komplementsystem, was zur Produktion des Komplementfragments C5a führt. C5a ist ein entscheidender Bestandteil der Entzündungsreaktion, da es mit den C5a-Rezeptoren auf den Leukocyten in Wechselwirkung tritt. Die Leukocyten werden dabei aktiviert und chemotaktisch zum Entzündungsherd geleitet (Abschnitt 2.5). Sowohl C5a als auch FcγRIII sind im Experiment erforderlich, um eine Arthus-Reaktion durch Makrophagen in den Alveolen der Lunge auszulösen. Wahrscheinlich gilt das auch für dieselbe Reaktion, die durch Mastzellen in der Haut und an den Innenseiten von Gelenken (Synovia) hervorgerufen wird.

Die Injektion großer Mengen von schlecht metabolisiertem Fremdantigen kann eine als **Serumkrankheit** bekannte systemische Typ-III-Hypersensitivitätsreaktion hervorrufen. Die Bezeichnung entstand, weil die Erkrankung häufig nach Verabreichung eines therapeutischen Pferdeimmunserums auftrat. In der Zeit vor der Entdeckung der Antibiotika verwendete man häufig Antiseren aus immunisierten Pferden zur Behandlung von Lungenentzündungen, die durch Pneumokokken verursacht werden. Dabei sollten die spezifischen Anti-Pneumokokken-Antikörper im Pferde-

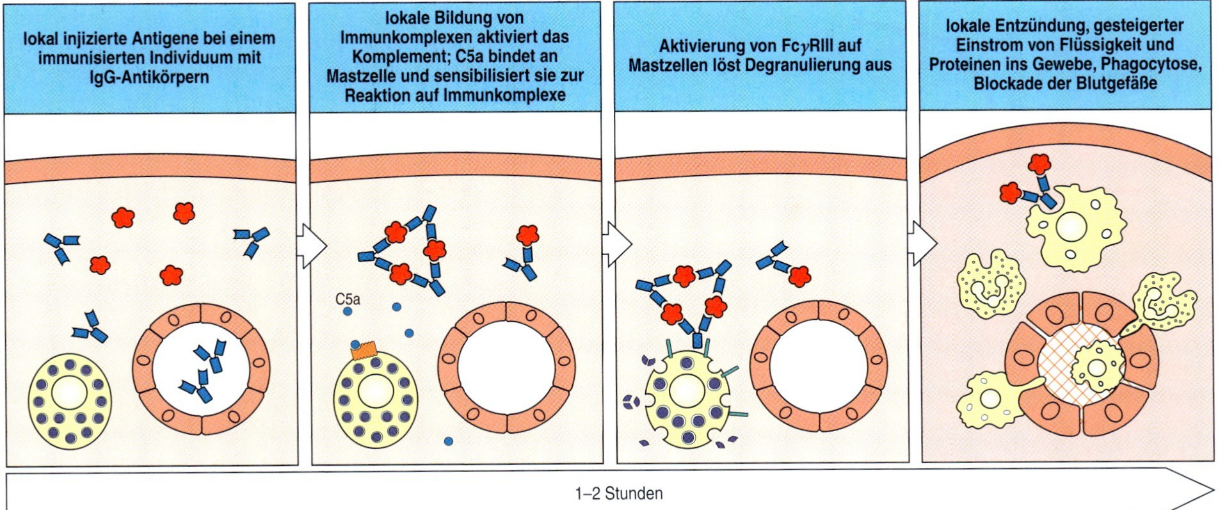

13.26 Die Ablagerung von Immunkomplexen im Gewebe verursacht lokale Entzündungsreaktionen (Typ-III- oder Arthus-Reaktion). Haben Personen bereits Antikörper gegen ein bestimmtes Antigen gebildet, führt dessen Injektion in die Haut zur Bildung von Immunkomplexen mit IgG-Antikörpern, die aus den Kapillaren herausdiffundiert sind. Da die Allergendosis niedrig ist, entstehen die Immunkomplexe nur in der Nähe der Injektionsstelle, wo sie Mastzellen aktivieren, die Fcγ-Rezeptoren (FcγRIII) tragen. Der Komplementbestandteil C5a ist anscheinend erforderlich, um die Mastzellen zu sensibilisieren, auf die Immunkomplexe zu reagieren. Als Ergebnis der Mastzellaktivierung wandern inflammatorische Zellen in die Region ein, und die Gefäßpermeabilität und der Blutfluss werden erhöht. Blutplättchen sammeln sich an und führen schließlich zum Gefäßverschluss.

immunserum dem Patienten helfen, die Infektion zu beseitigen. Nach einem sehr ähnlichen Prinzip verwendet man heute noch **Antivenin** (ein Serum von Pferden, die gegen Schlangengifte immunisiert wurden) als Quelle für neutralisierende Antikörper zur Behandlung von Schlangenbissen. Die zunehmende Anwendung von monoklonalen Antikörpern bei der Behandlung von Krankheiten (beispielsweise von Anti-TNF-α-Antikörpern bei der rheumatoiden Arthritis) hat dazu geführt, dass sich eine Serumkrankheit nur noch bei sehr wenigen Patienten entwickelt.

Die Serumkrankheit tritt sieben bis zehn Tage nach Injektion des Pferdeserums auf. Der zeitliche Abstand entspricht der Zeit, die für die Entwicklung einer primären Immunantwort und den Wechsel zu IgG-Antikörpern gegen die fremden Antigene erforderlich ist. Die klinischen Symptome der Serumkrankheit sind Schüttelfrost, Fieber, Hautausschlag, Arthritis und manchmal auch Glomerulonephritis. Der Hautausschlag manifestiert sich als Nesselsucht (Urticaria), ein Hinweis darauf, dass dabei die Histaminausschüttung durch Mastzelldegranulierung eine Rolle spielt. In diesem Fall löst die Vernetzung von zelloberflächengebundenem FcγRIII durch IgG-haltige Immunkomplexe die Degranulierung der Mastzellen aus.

Der Verlauf der Krankheit ist in Abbildung 13.27 dargestellt. Der Krankheitsbeginn fällt mit der Bildung von Antikörpern gegen die im fremden Serum in großer Menge vorhandenen löslichen Proteine zusammen. Die Antikörper bilden im ganzen Körper Immunkomplexe mit den Antigenen. Diese Immunkomplexe fixieren das Komplement und binden und aktivieren Leukocyten, die Fc- und Komplementrezeptoren tragen. Das wiederum führt zu großflächigen Gewebeschäden. Die Bildung der Immunkomplexe beseitigt die Fremdantigene, wodurch sich die Serumkrankheit in der Regel selbst eindämmt. Bei einer zweiten Applikation von Pferdeantiserum bricht die Krankheit im Normalfall innerhalb von ein bis zwei Tagen aus und zeigt symptomatisch den Verlauf einer sekundären Antikörperreaktion (Abschnitt 10.14).

Die pathologische Ablagerung von Immunkomplexen tritt auch in anderen Situationen auf, in denen Antigene längere Zeit vorhanden sind. Das ist zum einen der Fall, wenn eine adaptive Antikörperantwort nicht in der

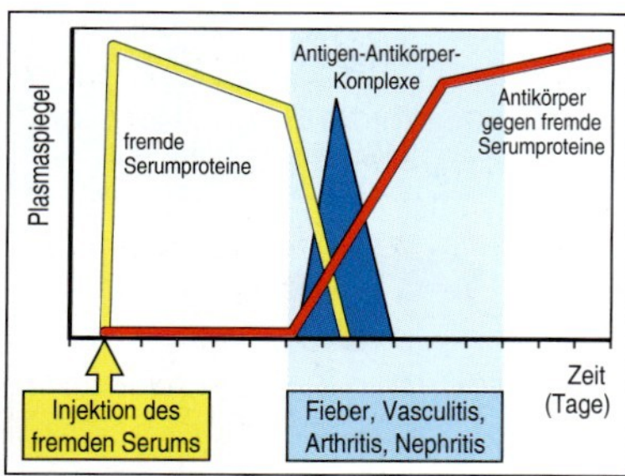

13.27 Die Serumkrankheit ist ein klassisches Beispiel für ein vorübergehendes, von Immunkomplexen vermitteltes Syndrom. Die Injektion fremder Proteine führt zu einer Antikörperreaktion. Diese Antikörper bilden mit den zirkulierenden fremden Proteinen Immunkomplexe. Diese aktivieren wiederum das Komplementsystem und Phagocyten, induzieren Fieber und werden in kleinen Gefäßen abgelagert, was zu Vasculitis, Nephritis und Arthritis führt. Diese Symptome sind vorübergehend und gehen zurück, wenn das fremde Protein beseitigt ist.

Lage ist, den infektiösen Krankheitserreger zu beseitigen wie bei einer subakuten bakteriellen Endocarditis (Entzündung der Herzinnenhaut) oder einer chronischen Virushepatitis. In solchen Situationen erzeugt das sich vermehrende Pathogen bei gleichzeitig andauernder Antikörperantwort ständig neue Antigene, was zur übermäßigen Bildung von Immunkomplexen führt. Diese lagern sich in kleinen Blutgefäßen ab, wodurch schließlich viele Gewebe und Organe geschädigt werden, darunter auch die Haut, die Nieren oder die Nerven.

Zu einer Immunkomplexerkrankung kann es auch kommen, wenn eingeatmete Allergene IgG- anstelle von IgE-Reaktionen auslösen – möglicherweise, weil sie in der Atemluft in sehr hoher Konzentration vorhanden sind. Kommt eine Person wiederholt mit solchen hoch dosierten Antigenen in Kontakt, bilden sich in den Wänden der Alveolen (Lungenbläschen) Immunkomplexe aus. Dies führt zu einer Ansammlung von Flüssigkeit, Proteinen und Zellen in den Alveolarwänden, wodurch sich der Gasaustausch verlangsamt und die Lungenfunktion beeinträchtigt wird. Solche Reaktionen treten vor allem bei bestimmten Berufsgruppen auf, wie bei Landwirten, die wiederholt mit Heustaub oder Pilzsporen in Kontakt kommen. Die daraus resultierende Krankheit ist daher auch unter der Bezeichnung **Farmerlunge** oder Dreschfieber bekannt. Wenn der Kontakt mit dem Antigen länger bestehen bleibt, können die Alveolenmembranen dauerhaft geschädigt werden.

13.19 Hypersensitivitätsreaktionen vom verzögerten Typ werden durch T_H1-Zellen und cytotoxische CD8-T-Zellen vermittelt

Im Gegensatz zu den Hypersensitivitätsreaktionen vom Soforttyp, die durch Antikörper verursacht werden (siehe oben), liegt den **Hypersensitivitätsreaktionen vom verzögerten Typ** (**Typ IV**) die Aktivierung antigenspezifischer T-Effektorzellen zugrunde. Diese wirken prinzipiell auf die gleiche Weise wie bei der in Kapitel 8 beschriebenen Immunantwort gegen Krankheitserreger. Die Ursachen und Folgen einiger Syndrome, bei denen Hypersensitivitätsreaktionen vom Typ IV vorherrschen, sind in Abbildung 13.28 dargestellt. Die Reaktionen lassen sich in Form gereinigter T-Zellen oder klonierter T-Zell-Linien von einem Versuchstier auf ein anderes übertragen. Ein großer Teil der Entzündungen, die bei einigen der weiter oben in diesem Kapitel beschriebenen allergischen Krankheiten auftreten, ist tatsächlich auf Hypersensitivitätsreaktionen vom verzögerten Typ zurückzuführen.

Der Prototyp einer Hypersensitivitätsreaktion vom verzögerten Typ ist ein Artefakt der modernen Medizin: der Tuberkulintest (Anhang I, Abschnitt A.38). Dieser Test dient dazu festzustellen, ob eine Person bereits einmal mit *M. tuberculosis* infiziert war. Dabei injiziert man geringe Mengen von Tuberkulin (einer komplexen Mischung von Peptiden und Kohlenhydraten aus *M. tuberculosis*) in die Haut. Bei Menschen, die bereits mit dem Bakterium in Kontakt gekommen sind (entweder durch eine Infektion oder eine Immunisierung mit dem BCG-Impfstoff (der attenuierten Form von *M. tuberculosis*), kommt es innerhalb von 24 bis 72 Stunden zu einer T-Zell-abhängigen, lokalen Entzündungsreaktion. Diese Reaktion

Hypersensitivitätsreaktionen vom Typ IV werden durch antigenspezifische T-Effektorzellen vermittelt		
Syndrom	**Antigen**	**Folgen**
Hypersensitivität vom verzögerten Typ	Proteine: Insektengifte, Proteine von Mycobakterien (Tuberkulin, Lepromin)	lokale Hautschwellungen: Erythem, Verhärtung, zelluläre Infiltration, Dermatitis
Kontakthypersensitivität	Haptene: Pentadecacatechol (Giftsumach), DNFB kleine Metallionen: Nickel, Chromat	lokale Reaktion in der Epidermis: Hautrötung, Zellen dringen ein, Vesikelbildung, Abszesse in der Epidermis
glutenempfindliche Enteropathie (Zöliakie)	Gliadin	Zottenatrophie im Dünndarm, Störung der Absorption

13.28 Typ-IV-Hypersensitivitätsreaktionen bei Allergien. Diese Reaktionen werden durch T-Zellen vermittelt und benötigen immer einige Zeit, um sich zu entwickeln. Je nach der Herkunft des Antigens und dem Weg, über den es in den Körper gelangt, kann man die Reaktionen in drei Syndrome einteilen. Bei Überempfindlichkeitsreaktionen vom verzögerten Typ wird das Antigen in die Haut injiziert, bei Kontaktallergien wird das Antigen durch die Haut absorbiert und bei der gluteninduzierten Enteropathie durch den Darm. DNFB, Dinitrofluorbenzol.

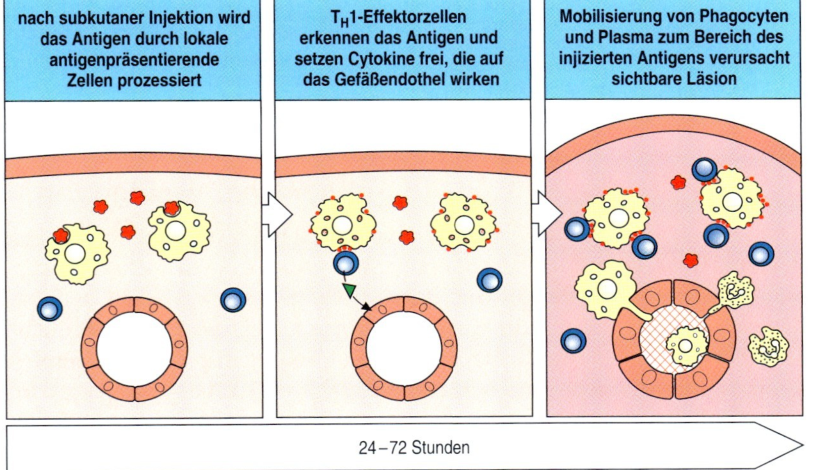

13.29 Die Phasen einer Hypersensitivitätsreaktion vom verzögerten Typ. Die erste Phase umfasst die Aufnahme, die Prozessierung und die Präsentation des Antigens durch lokale antigenpräsentierende Zellen. In der zweiten Phase wandern T_H1-Zellen, die durch einen vorhergehenden Kontakt mit dem Antigen geprägt wurden, zur Injektionsstelle und werden aktiviert. Da diese spezifischen Zellen sehr selten sind und die Entzündung zu schwach ist, als dass sie Zellen anlocken würde, kann es mehrere Stunden dauern, bis eine T-Zelle mit der richtigen Spezifität an die Stelle gelangt. Diese Zellen setzen dann Mediatoren frei, die lokale Endothelzellen aktivieren, auf diese Weise inflammatorische Zellen, hauptsächlich Makrophagen, anlocken und eine Ansammlung von Flüssigkeit und Proteinen an der Injektionsstelle verursachen. In diesem Stadium ist die Schädigung bereits erkennbar.

wird durch inflammatorische CD4-T-Zellen (T_H1) verursacht, die an der Injektionsstelle in das Gewebe eindringen, Peptid:MHC-Klasse-II-Komplexe auf antigenpräsentierenden Zellen erkennen und inflammatorische Cytokine wie IFN-γ und TNF-β freisetzen. Diese Cytokine stimulieren die Expression von Adhäsionsmolekülen auf dem Endothel und erhöhen lokal die Durchlässigkeit der Blutgefäße. Dadurch können Plasma und akzessorische Zellen in den Bereich eindringen, und es kommt zu einer sichtbaren Schwellung (Abb. 13.29). Jede dieser Phasen dauert mehrere Stunden, sodass die voll ausgeprägte Reaktion mit 24 bis 48 Stunden Verzögerung in Erscheinung tritt. Die von den aktivierten T_H1-Zellen erzeugten Cytokine und ihre Auswirkungen sind in Abbildung 13.30 dargestellt.

Bei mehreren Allergien der Haut beobachtet man sehr ähnliche Reaktionen. Diese werden entweder durch CD4- oder CD8-T-Zellen hervorgerufen, je nach Reaktionsweg, auf dem das Antigen prozessiert wird. Typische Antigene, die Hypersensitivitätsreaktionen der Haut verursachen, sind

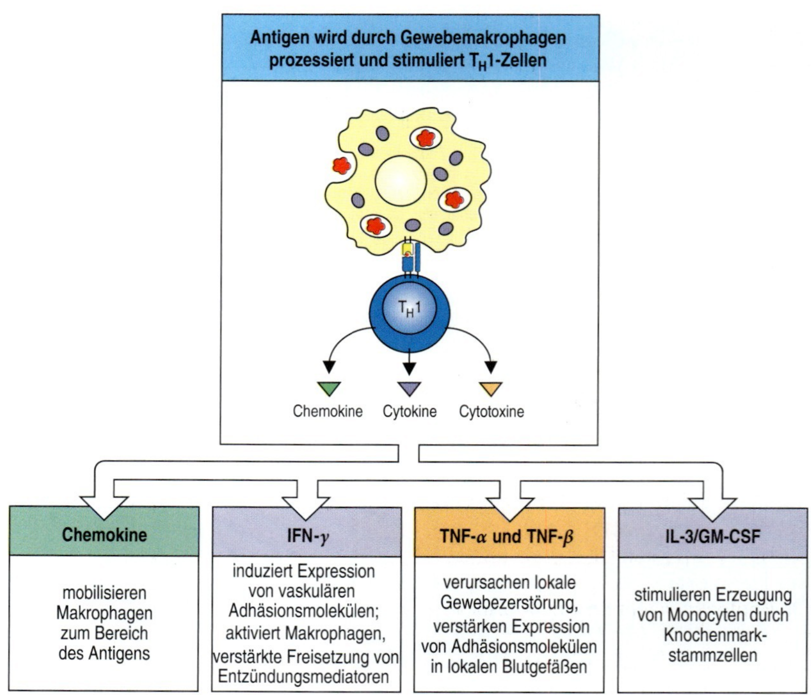

13.30 Die Hypersensitivitätsreaktion vom verzögerten Typ (Typ IV) wird von Chemokinen und Cytokinen aus T_H1-Zellen gesteuert, die durch das Antigen stimuliert wurden. Antigenpräsentierende Zellen im lokalen Gewebe prozessieren Antigene und präsentieren sie auf MHC-Klasse-II-Molekülen. Antigenspezifische T_H1-Zellen an der Injektionsstelle können das Antigen erkennen und Chemokine und Cytokine freisetzen, die wiederum Makrophagen anlocken. Die Antigenpräsentation durch die angelockten Makrophagen verstärkt die Reaktion. T-Zellen können auch durch Freisetzung von TNF-α und TNF-β auf die lokalen Blutgefäße einwirken und die Produktion von Makrophagen durch Ausschütten von IL-3 und GM-CSF anregen. Schließlich aktivieren T_H1-Zellen die Makrophagen durch Freisetzung von IFN-γ und TNF-α und töten Makrophagen sowie andere sensibilisierte Zellen durch Expression des Fas-Liganden an der Zelloberfläche.

hoch reaktive kleine Moleküle, die leicht die intakte Haut durchdringen können. Dazu kommt es besonders dann, wenn sie einen Juckreiz verursachen, der die Betroffenen dazu bringt, sich zu kratzen. Diese Chemikalien reagieren dann mit körpereigenen Proteinen, sodass Hapten-Protein-Komplexe entstehen, die zu Hapten-Peptid-Komplexen prozessiert werden können. Diese können durch MHC-Moleküle präsentiert und daraufhin von T-Zellen als fremde Antigene erkannt werden. Bei Hypersensitivitätsreaktionen der Haut unterscheidet man zwei Phasen: die Sensibilisierung und die Auslösung. Während der ersten Phase nehmen Langerhans-Zellen Antigene auf und prozessieren sie, dann wandern die Zellen zu regionalen Lymphknoten, wo sie T-Zellen aktivieren (Abb. 8.13). Dabei entstehen auch T-Gedächtniszellen, die bis in die Dermis gelangen. Während der Auslösungsphase führt der weitere Kontakt mit der sensibilisierenden Substanz dazu, dass den T-Gedächtniszellen in der Dermis Antigene präsentiert werden. Daraufhin setzen die T-Zellen Cytokine wie IFN-γ und IL-17 frei. Dies regt die Keratinocyten der Epidermis an, IL-1, IL-6, TNF-α, GM-CSF, das Chemokin CXCL8 und die interferoninduzierbaren Chemokine CXCL11 (IP-9), CXCL10 (IP-10) und CXCL9 (Mig; durch IFN-γ induziertes Monokin) freizusetzen. Diese Cytokine und Chemokine verstärken die Entzündungsreaktion, indem sie die Wanderung von Monocyten zur Läsionsstelle und ihre Reifung zu Makrophagen in Gang setzen und zudem weitere T-Zellen anlocken (Abb. 13.31).

Der Hautausschlag, der bei Kontakt mit Giftsumach entsteht (Abb. 13.32), wird von einer CD8-T-Zell-Reaktion auf die chemische Verbindung Pentadecacatechol in den Blättern dieser Pflanze hervorgerufen. Das Molekül ist fettlöslich und kann daher Zellmembranen durchdringen

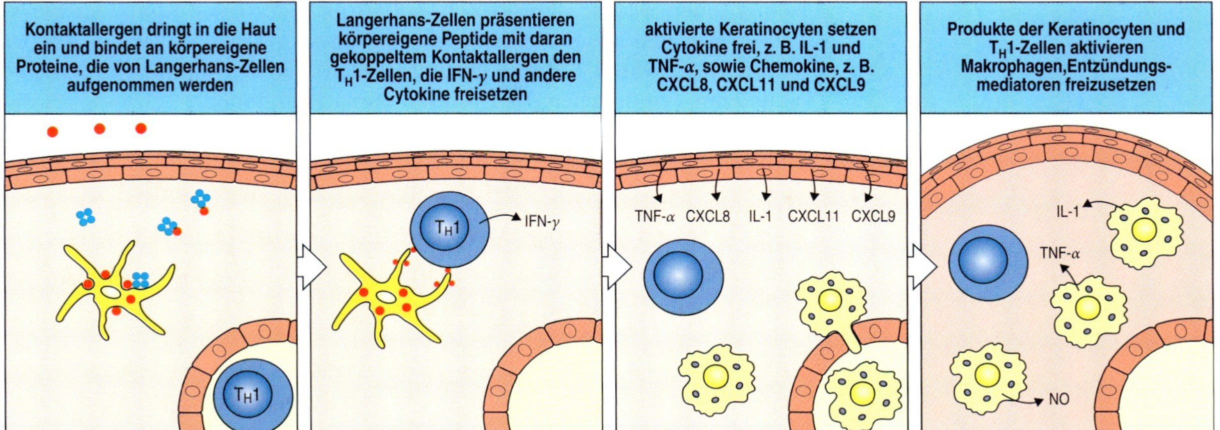

13.31 Auslösen einer Hypersensitivitätsreaktion vom verzögerten Typ als Antwort auf ein Kontaktallergen. Ein Kontaktallergen ist ein kleines hoch reaktives Molekül, das die intakte Haut leicht durchdringen kann. Es bindet als Hapten kovalent an eine Anzahl verschiedener endogener Proteine, die von Langerhans-Zellen, den wichtigsten antigenpräsentierenden Zellen in der Haut, aufgenommen und prozessiert werden. Diese Zellen präsentieren den T_H1-Effektorzellen haptenylierte Peptide (wobei die T_H1-Zellen vorher in Lymphknoten geprägt wurden und nun zur Haut zurück wandern). Dort setzen sie Cytokine wie IFN-γ frei, die Keratinocyten stimulieren, weitere Cytokine und Chemokine freizusetzen. Diese wiederum locken Monocyten an und induzieren deren Reifung zu aktivierten Gewebemakrophagen, die zu den Entzündungsläsionen beitragen, wie sie in Abbildung 13.32 dargestellt sind. NO, Stickoxid.

und Proteine in der Zelle verändern. Aus diesen Proteinen werden im Cytosol modifizierte Peptide erzeugt, die in das endoplasmatische Reticulum gelangen und durch MHC-Klasse-I-Moleküle an die Zelloberfläche gebracht werden. CD8-T-Zellen, die diese Peptide erkennen, können entweder durch Abtöten der präsentierenden Zellen oder durch Freisetzung von Cytokinen wie IFN-γ Schäden verursachen. Das gut untersuchte Molekül Picrylchlorid erzeugt eine Hypersensitivitätsreaktion der CD4-T-Zellen. Es verändert extrazelluläre Eigenproteine, die dann auf dem exogenen Reaktionsweg (Abschnitt 5.5) zu modifizierten Peptiden prozessiert werden. Diese wiederum binden an körpereigene MHC-Klasse-II-Moleküle und werden so von T_H1-Zellen erkannt. Wenn sensibilisierte T_H1-Zellen diese Komplexe erkennen, rufen sie durch Aktivierung von Makrophagen eine starke Entzündungsreaktion hervor (Abb. 13.31). Da die chemischen Substanzen in diesen Beispielen durch Hautkontakt übertragen werden, bezeichnet man den anschließenden Hautausschlag als **Kontaktallergie**.

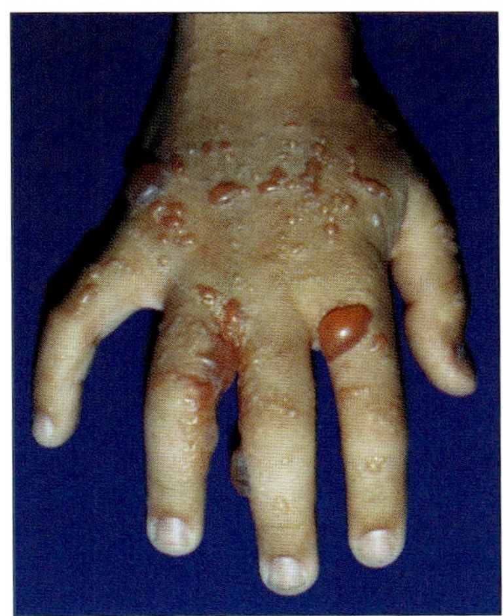

13.32 Blasenförmige Hautläsionen auf der Haut eines Patienten mit einer Dermatitis durch Kontakt mit Giftsumach. (Foto mit freundlicher Genehmigung von R. Geha.)

Einige Proteine von Insekten verursachen ebenfalls Hypersensitivitätsreaktionen vom verzögerten Typ. Die frühen Phasen der Reaktion auf einen Insektenstich sind jedoch oft IgE-vermittelt oder beruhen auf direkten Wirkungen des Insektengifts. Auch kennt man inzwischen bedeutsame Hypersensitivitätsreaktionen vom verzögerten Typ auf zweiwertige Kationen wie Nickel. Diese Ionen können die Konformation von Peptiden im Komplex mit MHC-Klasse-II-Molekülen verändern und so eine T-Zell-Reaktion hervorrufen. In diesem Kapitel haben wir uns vor allem mit der Funktion von T-Zellen beim Auslösen von Hypersensitivitätsreaktionen des verzögerten Typs befasst. Es gibt jedoch Hinweise darauf, dass auch Antikörper und das Komplementsystem an diesen Reaktionen beteiligt sein können. Mäuse ohne B-Zell-Antikörper oder ohne Komplementsystem zeigen gestörte Kontaktallergiereaktionen. Vor allem IgM-Antikörper (die teilweise von B-1-Zellen erzeugt werden), die die Komplementkaskade aktivieren, ermöglichen das Auslösen dieser Reaktionen.

13.20 Mutationen in den molekularen Entzündungsregulatoren können entzündliche Hypersensitivitätsreaktionen verursachen, die zu einer „autoinflammatorischen Krankheit" führen

Überall in diesem Buch konnten wir feststellen, dass die Immunabwehr gegen Infektionen darauf beruht, dass das Immunsystem Effektormechanismen auslöst, die die Ausbreitung von Infektionen begrenzen und den Krankheitserreger töten. In diesem Kapitel haben wir erfahren, wie unangebrachte Reaktionen auf nichtinfektiöse immunologische Reize zu Krankheiten führen können, die so unterschiedlich sind wie Asthma und eine Überempfindlichkeit gegenüber Nickel. Zwischen einer zu geringen Reaktivität des Immunsystems, welche die unkontrollierte Ausbreitung einer Infektion ermöglicht, und einer Überreaktivität, die nicht nur die Infektion abtötet, sondern möglicherweise auch noch den Wirt, besteht ein genaues Gleichgewicht. Es gibt eine geringe Anzahl von Krankheiten, bei denen Mutationen in den Genen, die das Leben, den Tod und die Aktivitäten der Entzündungszellen kontrollieren, mit schwerwiegenden inflammatorischen Erkrankungen zusammenhängen. Bei diesen Krankheiten versagt die Schadensbegrenzung während einer Entzündung und bei Immunantworten aufgrund einer Infektion; man bezeichnet sie als **autoinflammatorische Krankheiten** (Abb. 13.33).

Die zentralen Symptome einer solchen schweren inflammatorischen Erkrankung, die autosomal rezessiv vererbt wird, fasst man unter der Bezeichnung **familiäres Mittelmeerfieber** (**FMF**) zusammen. Die Pathogenese von FMF war vollkommen unbekannt, bis man Mutationen im Gen für das Protein Pyrin, dessen Bezeichnung auf den Zusammenhang mit Fieber hindeutet, als Ursache erkannte. Dieses Gen wurde fast gleichzeitig von einer zweiten Forschungsgruppe entdeckt und als Marenostrin bezeichnet, entsprechend dem lateinischen Wort *mare nostrum* für das Mittelmeer. Die Bezeichnung Pyrin hat sich jedoch durchgesetzt und wird nun auch als Bezeichnung für eine Domäne dieses Proteins verwendet, die als Prototyp für die „Pyrindomänen" dient, wie man sie bei einigen Proteinen entdeckt hat, die bei der Apoptose mitwirken.

Eine Krankheit mit einem ähnlichen klinischen Erscheinungsbild ist das familiäre hibernische Fieber (FHF), das man auch als **TNF-Rezeptor-assoziiertes periodisches Syndrom** (**TRAPS**) bezeichnet. Die Krankheit wird zwar autosomal dominant vererbt, aber man nahm in einer Art historischer Verklärung an, dass es sich um eine FMF-Variante handelt, die Matrosen der spanischen Armada nach Irland gebracht haben sollen, bis eine genetische Analyse zeigte, dass hier Mutationen in einem ganz anderen Gen ausschlaggebend sind. Es codiert den TNFR-I-Rezeptor (einen Rezeptor für TNF-α). Patienten weisen ein geringeres TNFR-I-Niveau auf, was zu einer erhöhten Konzentration von TNF-α im Blutkreislauf führt, da das Molekül nicht von den Rezeptoren aufgenommen wird. Die Krankheit

Krankheit (gebräuchliche Abkürzung)	klinische Merkmale	Vererbung	mutiertes Gen	Protein (alternative Bezeichnung)
familiäres Mittelmeerfieber (FMF)	periodisches Fieber, Serositis (Entzündung der Pleura- und/oder Bauchhöhle, Arthritis, Immunantwort der akuten Phase	autosomal rezessiv	*MEFV*	Pyrin (Marenostrin)
TNF-assoziiertes periodisches Syndrom (familiäres hibernisches Fieber)	periodisches Fieber, Myalgie, Hautausschlag, Immunantwort der akuten Phase	autosomal dominant	*TNFRSF1A*	TNF-α-Rezeptor (55 kDa) (TNFR-I)
pyogene Arthritis, Pyoderma gangraenosum und Akne (PAPA)		autosomal dominant	*PTSPIP*	CD2-bindendes Protein 1
Muckle-Wells-Syndrom	periodisches Fieber, Urticaria-ähnlicher Hautauschlag, Gelenkschmerzen, fortschreitende Gehörlosigkeit	autosomal dominant	*CIAS1*	Cryopyrin
familiäre Kälteurticaria (*familial cold autoinflammatory syndrome*, FCAS)	durch Kälte ausgelöstes periodisches Fieber, Urticaria-ähnlicher Hautauschlag, Gelenkschmerzen, Konjunktivitis			
chronic infantile neurological cutaneous and articular syndrome (CINCA-Syndrom)	Einsetzen nach der Geburt, Rückfallfieber, Urticaria-ähnlicher Hautauschlag, chronische Arthropathie, Fehlbildungen im Gesicht, neurologische Aspekte		*CIAS1*	Cryopyrin
Hyper-IgD-Syndrom (HIDS)	periodisches Fieber, erhöhter IgD-Spiegel, Vergrößerung der Lymphknoten	autosomal rezessiv	*MVK*	Mevalonat-Synthase
Blau-Syndrom	granulomatöse Entzündung von Haut, Augen und Gelenken	autosomal dominant	*NOD2 (CARD15)*	NOD2 (CARD15)
Morbus Crohn	granulomatöse entzündliche Darmerkrankung, gelegentlich granulomatöse Veränderungen an Augen, Haut und Gelenken	komplexe Vererbung		

13.33 Die autoinflammatorischen Krankheiten.

spricht auf eine therapeutische Blockade mit Anti-TNF-Wirkstoffen an, beispielsweise Etanercept, einen löslichen TNF-Rezeptor, der eigentlich entwickelt wurde, um Patienten mit rheumatoider Arthritis zu behandeln (Abschnitt 15.8). Sowohl FMF als auch FHF sind gekennzeichnet durch periodisch auftretende Anfälle von schweren Entzündungen, die mit Fieber einhergehen, eine Reaktion der akuten Phase, schwere Übelkeit und im Fall von FMF durch anfallartige Entzündungen in der Lunge und im Bauchraum, die man als Pleuritis beziehungsweise Peritonitis bezeichnet. Mutationen im Gen, das das CD2-bindende Protein 1 (CD2BP1) codiert, welches mit Pyrin interagiert, stehen im Zusammenhang mit einem anderen erblichen autoinflammatorischen Syndrom, der **pyogenen Arthritis, Pyoderma gangraenosum und Akne** (**PAPA**). Diese Mutationen verdeutlichen die Wechselwirkung zwischen Pyrin und CD2BP1.

Wie die Mutationen des Proteins Pyrin FMF verursachen, ist unbekannt, aber die Pyrindomäne kommt in Proteinen vor, die an Reaktionswegen beteiligt sind, welche zur Aktivierung von Caspasen führen. Diese wiederum wirken bei der proteolytischen Prozessierung und Aktivierung der entzündungsfördernden Cytokine Pro-1β und Pro-IL-18 mit, außerdem bei der Apoptose. Es fällt daher nicht schwer sich vorzustellen, wie eine unkontrollierte Cytokinaktivität und ein defekter Apoptosemechanismus dazu führen, dass die Entzündungskontrolle versagt. Bei Mäusen kommt es bei einem Pyrinmangel zu einer erhöhten Empfindlichkeit gegenüber Lipopolysacchariden und zu einem Defekt der Apoptose von Makrophagen. Das verwandte Protein Cryopyrin, das vom *CIAS1*-Gen codiert wird, ist bei den episodenhaft auftretenden inflammatorischen Erkrankungen **Muckle-Wells-Syndrom** und **FCAS-Syndrom** (*familial cold autoinflammatory syndrome*) mutiert. Diese dominant vererbten Syndrome manifestieren sich in Fieberperioden, die beim FCAS-Syndrom durch Kälte ausgelöst werden, sowie durch Nesselsucht, Gelenkschmerzen und Konjunktivitis. Mutationen im *CIAS1*-Gen stehen auch in Zusammenhang mit dem **CINCA-Syndrom** (*chronic infantile neurologic cutaneous and articular syndrome*), einer weiteren autoinflammatorischen Erkrankung. Auch hier kommt es im Allgemeinen zu kurzen periodisch auftretenden Fieberschüben, wobei schwerwiegende gelenkpathologische, neurologische und dermatologische Symptome vorherrschen. Sowohl Pyrin als auch Cryopyrin werden vor allem von Leukocyten und in Zellen exprimiert, die als Barrieren für Krankheitserreger fungieren, etwa von Zellen des Darmepithels. Zu den Reizen, die Pyrin und verwandte Moleküle beeinflussen, gehören entzündungsspezifische Cytokine und Lipopolysaccharide. Der Mechanismus, der diesen Krankheiten zugrunde liegt, ist noch nicht vollständig bekannt, aber wahrscheinlich handelt es sich um ein Versagen bei der Regulation der NF*κ*B- und IL-1-Produktion. Das Muckle-Wells-Syndrom spricht auf das Medikament Anakinra, einen Antagonisten des Rezeptors für IL-1, sehr stark an.

Nicht alle autoinflammatorischen Erkrankungen werden durch Mutationen in Genen verursacht, die bei der Regulation der Apoptose eine Rolle spielen. Das **Hyper-IgD-Syndrom** (**HIDS**), das mit Fieberanfällen, die bereits im Kleinkindalter beginnen, einem hohen IgD-Titer im Serum und einer Lymphknotenschwellung einhergeht, wird durch Mutationen verursacht, die mit einem teilweisen Mangel an der Mevalonat-Kinase verbunden sind. Das Enzym ist Bestandteil des Syntheseweges von Isoprenoiden und Cholesterin. Es ist noch nicht bekannt, wie dieser Enzymmangel eine autoinflammatorische Erkrankung hervorruft.

13.21 Morbus Crohn ist eine relativ häufige inflammatorische Erkrankung mit einer komplexen Ätiologie

Die erblichen autoinflammatorischen Erkrankungen, die bis hier beschrieben wurden, sind glücklicherweise selten, wobei sie schon gut veranschaulichen, wie wichtig eine genaue Regulation von Entzündungsreaktionen ist. Eine viel häufigere inflammatorische Erkrankung ist **Morbus Crohn**, allgemein als eine chronisch entzündliche Darmerkrankung bezeichnet. Die andere bedeutsame Krankheit dieser Art ist Colitis ulcerosa. Morbus Crohn entsteht wahrscheinlich aufgrund einer anormalen Hyperreaktivität gegenüber der kommensalen Darmflora. Anders als bei den vorher besprochenen autoinflammatorischen Krankheiten bestehen hier jedoch mehrere genetisch bedingte Risiken. Die Patienten leiden an episodenhaft auftretenden schweren Entzündungen, die im Allgemeinen das Ende des Krummdarms (Ileum) betreffen. Darum wird die Krankheit auch alternativ als regionale Ileitis bezeichnet, allerdings kann jeder Darmabschnitt betroffen sein. Die Krankheit ist gekennzeichnet durch eine chronische Entzündung der Schleimhaut und der Submucosa des Darms. Dabei entwickeln sich auffällige granulomatöse Läsionen (Abb. 13.34), ähnlich den Läsionen, die bei Hypersensitivitätsreaktionen vom Typ IV auftreten (Abschnitt 13.19). Genetische Analysen von Patienten mit Morbus Crohn und ihren Familien führten zur Entdeckung des Anfälligkeitsgens *NOD2* (das auch mit *CARD15* bezeichnet wird). Es wird vor allem von Monocyten, dendritischen Zellen und den Paneth-Zellen des Dünndarms exprimiert. Mutationen und ungewöhnliche polymorphe Varianten des NOD2-Proteins sind mit einem Auftreten von Morbus Crohn eng gekoppelt, wobei etwa 30 % der Patienten eine Funktionsverlustmutation in *NOD2* tragen. Mutationen in demselben Gen sind auch die Ursache einer dominant vererbten granulomatösen Erkrankung, die man als **Blau-Syndrom** bezeichnet. Dabei entwickeln sich die Granulome meist in der Haut, den Augen und den Gelenken. Morbus Crohn liegt ein Funktionsverlust von NOD2 zugrunde, während man beim Blau-Syndrom einen Funktionsgewinn vermutet.

NOD2 ist ein intrazellulärer Rezeptor für das Muramyldipeptid aus dem bakteriellen Proteoglykan, und seine Stimulation führt zur Aktivierung des Transkriptionsfaktors NF*κ*B und zur Induktion von Genen, die entzündungsfördernde Cytokine codieren (Abschnitt 2.10). Diese entzündungsfördernde Reaktion ist wahrscheinlich für die Beseitigung von Darmbakterien wichtig, deren Vorhandensein sonst zu einer chronischen Entzündung führen würde (Abschnitt 11.11). Die mutierten Formen von NOD2 sind funktionslos, sodass sich wahrscheinlich deshalb eine chronische Entzündung entwickelt.

Durch die Entdeckung einer Schwäche der angeborenen Immunität bei Patienten mit Morbus Crohn wird die Situation noch unübersichtlicher. Dadurch können aufgrund einer defekten CXCL8-Produktion und der nicht mehr funktionierenden Akkumulation von neutrophilen Zellen pathogene Bakterien nicht mehr beseitigt werden. Das würde wahrscheinlich nicht zu einem abnormen Krankheitsbild im Darm führen, wenn nicht auch noch NOD2 funktionslos wäre, sodass eine anormale Entzündung gefördert wird. Deshalb nimmt man an, dass Defekte der angeborenen Immunität und bei der Regulation von Entzündungen zusammenwirken und das Krankheitsbild von Morbus Crohn hervorrufen.

Die Analyse der autoinflammatorischen Erkrankungen hat ein neues Forschungsgebiet der medizinischen Wissenschaft eröffnet. Wahrscheinlich wird sich noch bei vielen weiteren Krankheiten herausstellen, dass sie durch polymorphe Genvarianten oder Mutationen in den Genen, die die angeborenen Immunantworten und damit die Entzündungen regulieren, verursacht oder verändert werden. Eine geringfügigere Infektion oder physiologischer Stress, die bei den meisten Menschen ohne negative Folgen bleiben, kann dann bei einer geringen Zahl von genetisch prädisponierten Personen katastrophale Auswirkungen haben. Eine wichtige Erkenntnis aus diesen Krankheiten besteht darin, dass eine sicherere Zuordnung der Krankheiten möglich ist, sobald wir die zugrunde liegenden molekularen Mechanismen verstehen.

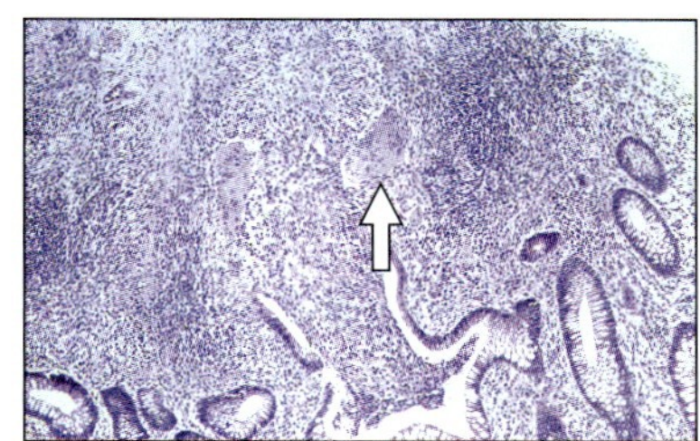

13.34 Granulomatöse Entzündung bei Morbus Crohn. Ein Schnitt durch die Darmwand von einem Patienten mit Morbus Crohn. Der Pfeil zeigt auf ein riesiges Zellgranulom. In der gesamten Darmschleimhaut ist ein dichtes Infiltrat von Lymphocyten zu erkennen (Foto mit freundlicher Genehmigung von H. T. Cook.)

Zusammenfassung

Hypersensitivitätserkrankungen spiegeln normale Immunmechanismen wider, die in unangebrachter Weise gegen harmlose Antigene oder Entzündungsreize gerichtet sind. Sie können durch IgG-Antikörper vermittelt werden, die an modifizierte Zelloberflächen gebunden sind, oder – wie bei der Serumkrankheit – durch Antikörperkomplexe, die an ungenügend metabolisierte Antigene gebunden sind. Hypersensitivitätsreaktionen, die auf T-Zellen zurückgehen, können durch modifizierte körpereigene Proteine oder durch Injektion von Proteinen wie Tuberkulin, einem Extrakt aus *Mycobacterium tuberculosis*, ausgelöst werden. Für diese T-Zell-vermittelten Immunantworten ist die induzierte Synthese von Effektormolekülen erforderlich; sie entwickeln sich entsprechend langsamer, und man nennt sie daher Hypersensitivitätsreaktionen vom verzögerten Typ. Ein genetisch bedingtes Versagen der Regulation von Entzündungen führt zu selten auftretenden autoinflammatorischen Syndromen, während bei Morbus Crohn kommensale Darmbakterien nicht kontrolliert werden können, sodass es zu chronischen Entzündungen kommt.

Zusammenfassung von Kapitel 13

Bei einigen Menschen erzeugen Immunantworten gegen ansonsten unschädliche Antigene bei erneutem Kontakt mit denselben Antigenen Allergien oder Hypersensitivitätsreaktionen. Bei den meisten Allergien werden IgE-Antikörper gegen Umweltallergene gebildet. Manche Menschen besitzen eine angeborene Neigung, gegen viele Allergene IgE-Antikörper zu produzieren; man bezeichnet solche Personen als atopisch. Die IgE-Bildung wird durch antigenspezifische T_H2-Zellen vorangetrieben. Die Reaktion wird durch eine Reihe von Chemokinen und Cytokinen in Richtung auf T_H2-Zellen polarisiert, die spezifische Signalwege aktivieren. Das erzeugte IgE bindet an den hoch affinen IgE-Rezeptor FcεRI auf Mastzellen und basophilen Zellen. Spezifische T-Effektorzellen, Mastzellen und eosinophile Zellen in Kombination mit T_H1- und T_H2-Cytokinen und -Chemokinen tragen maßgeblich zu einer chronischen allergischen Entzündung bei, die die Hauptursache für das chronische Krankheitsbild von Asthma ist. Ein Versagen der Regulation dieser Reaktionen kann im Immunsystem auf verschiedenen Ebenen auftreten, beispielsweise durch Defekte bei regulatorischen Zellen. Antikörper von anderen Isotypen und antigenspezifische T-Effektorzellen tragen zur Hypersensitivität gegenüber anderen Antigenen bei. Die autoinflammatorischen Syndrome ohne das Vorhandensein einer tatsächlichen Krankheit sind auf unkontrollierte Entzündungen zurückzuführen, während bei Morbus Crohn wahrscheinlich die Kontrolle der Anzahl der kommensalen Darmbakterien nicht mehr funktioniert.

Fragen

13.1 Nennen Sie drei Hypersensitivitäten, bei denen IgE eine Rolle spielt, und drei mit anderen Mechanismen.

13.2 Beschreiben Sie, wie ein Mensch gegenüber einem Allergen sensibilisiert wird.

13.3 Erörtern Sie die Faktoren, die eine Prädisposition für die Produktion von IgE bedingen.

13.4 Durch welche zentralen Merkmale unterscheiden sich akute und chronische allergische Reaktionen?

13.5 Wie kann das angeborene Immunsystem zu Allergien beitragen?

13.6 Welche Krankheitserreger beeinflussen Allergien?

13.7 Welche Arten von weißen Blutzellen sind an allergischen Reaktionen beteiligt, und worin besteht ihre Aktivität?

13.8 Beschreiben Sie, wie ein aufgenommenes Nahrungsmittelallergen zur allergischen Hautreaktion der Nesselsucht führt.

13.9 Wie funktioniert die Desensibilisierungstherapie?

13.10 Welche sind die wichtigsten Merkmale einer a) Hypersensitivitätserkrankung vom Typ II, b) einer Hypersensitivitätserkrankung vom Typ III, c) einer Hypersensitivitätserkrankung vom Typ IV? Nennen Sie je ein Beispiel.

13.11 Wie unterscheidet sich eine autoinflammatorische Erkrankung von einer Allergie?

13.12 Wie hängt die Regulation des Zelltods mit einer autoinflammatorischen Erkrankung zusammen?

Allgemeine Literatur

Johansson SG, Bieber T, Dahl R, Friedmann PS, Lanier BQ, Lockey RF, Motala C, Ortega Martell JA, Platts-Mills TA, Ring J et al (2003) Revised nomenclature for allergy for global use: Report of the Nomenclature Review Committee of the World Allergy Organization, October 2003. *J Allergy Clin Immunol* 113: 832–836

Kay AB (1997) Allergy and allergic Diseases. Blackwell Science, Oxford

Kay AB (2001) Allergy and allergic diseases. First of two parts. *N Engl J Med* 344: 30–37

Kay AB (2001) Allergy and allergic diseases. Second of two parts. *N Engl J Med* 344: 109–113

Kay AB (2006) The role of T lymphocytes in asthma. *Chem Immunol Allergy* 91: 59–75

Maddox L, Schwartz DA (200) The pathophysiology of asthma. *Annu Rev Med* 53: 477–498

Papageorgiou PS (2002) Clinical aspects of food allergy. *Biochem Soc Trans* 30: 901–906

Ring J, Kramer U, Schafer T, Behrendt H (2001) Why are allergies increasing? *Curr Opin Immunol* 13: 701–708

Romagnani S (2000) The role of lymphocytes in allergic disease. *J Allergy Clin Immunol* 105: 399–408

Rosen, FS (1992) Urticaria, angioedema, and anaphylaxis. *Pediatr Rev* 13: 387–390

Literatur zu den einzelnen Abschnitten

Abschnitt 13.1

Holt PG (2002) The role of airway dendritic cell populations in regulation of T-cell responses to inhaled antigens: atopic asthma as a paradigm. *J Aerosol Med* 15: 161–168

Lambrecht BN, De Veerman M, Coyle AJ, Gutierrez-Ramos JC, Thielemans K, Pauwels RA (2000) Myeloid dendritic cells induce Th2 responses to inhaled antigen, leading to eosinophilic airway inflammation. *J Clin Invest* 106: 551–659

O'Hehir RE, Garman RD, Greenstein JL, Lamb JR (1991) The specificity and regulation of T-cell responsiveness to allergens. *Annu Rev Immunol* 9: 67–95

Abschnitt 13.2

Grunstein MM, Veler H, Shan X, Larson J, Grunstein JS, Chuang S (2005) Proasthmatic effects and mechanisms of action of the dust mite allergen, Der p 1, in airway smooth muscle. *J Allergy Clin Immunol* 116: 94–101

Kauffman HF, Tomee JF, van de Riet MA, Timmerman AJ, Borger P (2000) Protease-dependent activation of epithelial cells by fungal allergens leads to morphologic changes and cytokine production. *J Allergy Clin Immunol* 105: 1185–1193

Nordlee JA, Taylor SL, Townsend JA, Thomas LA, Bush RK (1996) Identification of a Brazil-nut allergen in transgenic soybeans. *N Engl J Med* 334: 688–692

Sehgal N, Custovic A, Woodcock A (2005) Potential roles in rhinitis for protease and other enzymatic activities of allergens. *Curr Allergy Asthma Rep* 5: 221–226

Sprecher E, Tesfaye-Kedjela A, Ratajczak P, Bergman R, Richard G (2004) Deleterious mutations in SPINK5 in a patient with congenital ichthyosiform erythroderma: molecular testing as a helpful diagnostic tool for Netherton syndrome. *Clin Exp Dermatol* 29: 513–517

Thomas WR, Smith W, Hales BJ (1998) House dust mite allergen characterisation: implications for T-cell responses and immunotherapy. *Int Arch Allergy Immunol* 115: 9–14

Wan H, Winton HL, Soeller C, Tovey ER, Gruenert DC, Thompson PJ, Stewart GA, Taylor GW, Garrod DR, Cannell MB et al (1999) Der p 1 facilitates transepithelial allergen delivery by disruption of tight junctions. *J Clin Invest* 104: 123–133

Abschnitt 13.3

Chen Z, Lund R, Aittokallio T, Kosonen M, Nevalainen O, Lahesmaa R (2003) Identification of novel IL-4/Stat6-regulated genes in T lymphocytes. *J Immunol* 171: 3627–3635

Gauchat JF, Henchoz S, Mazzei G, Aubry JP, Brunner T, Blasey H, Life P, Talabot D, Flores Romo L, Thompson J et al (1993) Induction of human IgE synthesis in B cells by mast cells and basophils. *Nature* 365: 340–343

Geha RS, Jabara HH, Brodeur SR (2003) The regulation of immunoglobulin E class-switch recombination. *Nat Rev Immunol* 3: 721–732

Hoey T, Grusby MJ (1999) STATs as mediators of cytokine-induced responses. *Adv Immunol* 71: 145–162

Pease JE (2006) Asthma, allergy and chemokines. *Curr Drug Targets* 7: 3–12

Robinson DS (2000) The Thl and Th2 concept in atopic allergic disease. *Chem Immunol* 78: 50–61

Romagnani S (2002) Cytokines and chemoattractants in allergic inflammation. *Mol Immunol* 38: 881–885

Shimoda K, van Deursen J, Sangster MY, Sarawar SR, Carson RT, Tripp RA, Chu C, Quelle FW, Nosaka T, Vignali DA et al (1996) Lack of IL-4-induced Th2 response and IgE class switching in mice with disrupted *Stat6* gene. *Nature* 380: 630–633

Urban JF Jr, Noben-Trauth N, Donaldson DD, Madden KB, Morris SC, Collins M, Finkelman FD (1998) IL-13, IL-4Rα, and Stat6 are required for the expulsion of the gastrointestinal nematode parasite *Nippostrongy1us brasiliensis*. *Immunity* 8: 255–264

Zhu J, Guo L, Watson CJ, Hu-Li J, Paul WE (2001) Stat6 is necessary and sufficient for IL-4's role in Th2 differentiation and cell expansion. *J Immunol* 166: 7276–7281

Abschnitt 13.4

Cookson W (2004) The immunogenetics of asthma and eczema: a new focus on the epithelium. *Nat Rev Immunol* 4: 978–988

Culley FJ, Pollott J, Openshaw PJ (2002) Age at first viral infection determines the pattern of T cell-mediated disease during reinfection in adulthood. *J Exp Med* 196: 1381–1386

Dunne DW, Cooke A (2005) Opinion: a worm's eye view of the immune system: consequences for evolution of human autoimmune disease. *Nat Rev Immunol* 5: 420–426

Eder W, von Mutius E (2004) Hygiene hypothesis and endotoxin: what is the evidence? *Curr Opin Allergy Clin Immunol* 4: 113–117

Gilliland FD, Li YF, Saxon A, Diaz-Sanchez D (2004) Effect of glutathione-S-transferase M1 and P1 genotypes on xenobiotic enhancement of allergic responses: randomised, placebo-controlled crossover study. *Lancet* 363: 119–125

Hershey GK, Friedrich MF, Esswein LA, Thomas ML, Chatila TA (1997) The association of atopy with a gain-of-function mutation in the alpha subunit of the interleukin-4 receptor. *N Engl J Med* 337: 1720–1725

Lynch NR, Hagel I, Perez M, Di Prisco MC, Lopez R, Alvarez N (1993) Effect of antilhelminthic treatment on the allergic reactivity of children in a tropical slum. *J Allergy Clin Immunol* 92: 404–411

Matricardi PM, Rosmini F, Ferrigno L, Nisini R, Rapicetta M, Chionne P, Stroffolini T, Pasquini P, D'Amelio R (1997) Cross sectional retrospective study of prevalence of atopy among Italian military students with antibodies against hepatitis A virus. *BMJ* 314: 999–1003

McIntire JJ, Umetsu SE, Akbari O, Potter M, Kuchroo VK, Barsh GS, Freeman GJ, Umetsu DT, DeKruyff RH (2001) Identification of Tapr (an airway hyperreactivity regulatory locus) and the linked Tim gene family. *Nat Immunol* 2: 1109–1116

Mitsuyasu H, Yanagihara Y, Mao XQ, Gao PS, Arinobu Y, Ihara K, Takabayashi A, Hara T, Enomoto T, Sasaki S et al (1999) Cutting edge: dominant effect of Ile50Val variant of the human IL-4 receptor alpha-chain in IgE synthesis. *J Immunol* 162: 1227–1231

Morahan G, Huang D, Wu M, Holt BJ, White GP, Kendall GE, Sly PD, Holt PG (2002) Association of IL12B promoter polymorphism with severity of atopic and non-atopic asthma in children. *Lancet* 360: 455–459

Palmer LJ, Silverman ES, Weiss ST, Drazen JM (2002) Pharmacogenetics of asthma. *Am J Respir Crit Care Med* 165: 861–866

Raitala A, Karjalainen J, Oia SS, Kosunen TU, Hurme M (2006) Indoleamine 2,3-dioxygenase (IDO) activity is lower in atopic than in non-atopic individuals and is enhanced by environmental factors protecting from atopy. *Mol Immunol* 43: 1054–1056

Saxon A, Diaz-Sanchez D (2005) Air pollution and allergy: you are what you breathe. *Nat Immunol* 6: 223–226

Shaheen, SO, Aaby P, Hall AJ, Barker DJ, Heyes CB, Shiell AW, Goudiaby A (1996) Measles and atopy in Guinea-Bissau. *Lancet* 347: 1792–1796

Shapiro SD, Owen CA (2002) ADAM-33 surfaces as an asthma gene. *N Engl J Med* 347: 936–938

Strachan DP (1989) Hay fever, hygiene, and household size. *BMJ* 299: 1259–1260

Summers RW, Elliott DE, Urban JF Jr, Thompson RA, Weinstock JV (2005) *Trichuris suis* therapy for active ulcerative colitis: a randomized controlled trial. *Gastroenterology* 128: 825–832

Umetsu DT, McIntire JJ, Akbari O, Macaubas C, DeKruyff RH (2002) Asthma: an epidemic of dysregulated immunity. *Nat Immunol* 3: 715–720

Van Eerdewegh P, Little RD, Dupuis J, Del Mastro RG, Falls K, Simon J, Torrey D, Pandit S, McKenny J, Braunschweiger K et al (2002) Association of the *ADAM33* gene with asthma and bronchial hyperresponsiveness. *Nature* 418: 426–430

von Mutius E, Martinez FD, Fritzsch C, Nicolai T, Roell G, Thiemann HH (1994) Prevalence of asthma and atopy in two areas of West and East Germany. *Am J Respir Crit Care Med* 149: 358–364

Wills-Karp M (2001) Asthma genetics: not for the TIMid? *Nat Immunol* 2: 1095–1096

Wills-Karp M, Santeliz J, Karp CL (2001) The germless theory of allergic disease: revisiting the hygiene hypothesis. *Nat Rev Immunol* 1: 69–75

Abschnitt 13.5

Akdis M, Blaser K, Akdis CA (2005) T regulatory cells in allergy: novel concepts in the pathogenesis, prevention, and treatment of allergic diseases. *J Allergy Clin Immunol* 116: 961–968

Haddeland U, Karstensen AB, Farkas L, Bo KO, Pirhonen J, Karlsson M, Kvavik W, Brandtzaeg P, Nakstad B (2005) Putative regulatory T cells are impaired in cord blood from neonates with hereditary allergy risk. *Pediatr Allergy Immunol* 16: 104–112

Hawrylowicz CM (2005) Regulatory T cells and IL-10 in allergic inflammation. *J Exp Med* 202: 1459–1463

Hayashi T, Beck L, Rossetto C, Gong X, Takilkawa O, Takabayashi K, Broide DH, Carson DA, Raz E (2004) Inhibition of experimental asthma by indoleamine 2,3-dioxygenase. *J Clin Invest* 114: 270–279

Kuipers H, Lambrecht BN (2004) The interplay of dendritic cells, Th2 cells and regulatory T cells in asthma. *Curr Opin Immunol* 16: 702–708

Lin W, Truong N, Grossman WJ, Haribhai D, Williams CB, Wang J, Martin MG, Chatila TA (2005) Allergic dysregulation and hyperimmunoglobulinemia E in Foxp3 mutant mice. *J Allergy Clin Immunol* 116: 1106–1115

Mellor AL, Munn DH (2004) IDO expression by clendritic cells: tolerance and tryptophan catabolism. *Nat Rev Immunol* 4: 762–774

Abschnitt 13.6

Conner ER, Saini SS (2005) The immunoglobulin E receptor: expression and regulation. *Curr Allergy Asthma Rep* 5: 191–196

Gilfillan AM, Tkaczyk C (2006) Integrated signalling pathways for mast-cell activation. *Nat Rev Immunol* 6: 218–230

Heyman B (2000) Regulation of antibody responses via antibodies, complement, and Fc receptors. *Annu Rev Immunol* 18: 709–737

Kinet JP (1999) The high-affinity IgE receptor (FcεRI): from physiology to pathology. *Annu Rev Immunol* 17: 931–972

Payet M, Conrad DH (1999) IgE regulation in CD23 knockout and transgenic mice. *Allergy* 54: 1125–1129

Abschnitt 13.7

Ali K, Bilancio A, Thomas M, Pearce W, Gilfillan AM, Tkaczyk C, Kuehn N, Gray A, Giddings J, Peskett E et al (2004) Essential role for the p110δ phosphoinositide 3-kinase in the allergic response. *Nature* 431: 1007–1011

Austen KF (1995) The Paul Kallos Memorial Lecture. From slow-reacting substance of anaphylaxis to leukotriene C4 synthase. *Int Arch Allergy Immunol* 107: 19–24

Bingham CO III, Austen KF (2000) Mast-cell responses in the development of asthma. *J Altergy Clin Immunol* 105: S527–S534

Galli SJ, Nakae S, Tsai M (2005) Mast cells in the development of adaptive immune responses. *Nat Immunol* 6: 135–142

Gonzalez-Espinosa C, Odom S, Olivera A, Hobson JP, Martinez ME, Oliveira-Dos-Santos A, Barra L, Spiegel S, Penninger JM, Rivera J (2003) Preferential signaling and induction of allergy-promoting lymphokines upon weak stimulation of the high affinity IgE receptor on mast cells. *J Exp Med* 197: 1453–1465

Luster AD, Tager AM (2004) T-cell trafficking in asthma: lipid mediators grease the way. *Nat Rev Immunol* 4: 711–724

Mekori YA, Metcalfe DD (1999) Mast cell-T cell interactions. *J Allergy Clin Immunol* 104: 517–523

Oguma T, Palmer LJ, Birben E, Sonna LA, Asano K, Lilly CM (2004) Role of prostanoid DP receptor variants in susceptibility to asthma. *N Engl J Med* 351: 1752–1763

Taube C, Miyahara N, Ott V, Swanson B, Takeda K, Loader J, Shultz LD, Tager AM, Luster AD, Dakhama A et al (2006) The leukotriene B4 receptor (BLT1) is required for effector CD8⁺ T cell-mediated, mast cell-dependent airway hyperresponsiveness. *J Immunol* 176: 3157–3164

Williams CM, Galli SJ (2000) The diverse potential effector and immunoregulatory roles of mast cells in allergic disease. *J Allergy Clin Immunol* 105: 847–859

Abschnitt 13.8

Bisset LR, Schmid-Grendelmeier P (2005) Chemokines and their receptors in the pathogenesis of allergic asthma: progress and perspective. *Curr Opin Pulm Med* 11: 35–42

Dombrowicz D, Capron M (2001) Eosinophils, allergy and parasites. *Curr Opin Immunol* 13: 716–720

Lukacs NW (2001) Role of chemokines in the pathogenesis of asthma. *Nat Rev Immunol* 1: 108–116

Mattes J, Foster PS (2003) Regulation of eosinophil migration and Th2 cell function by IL-5 and eotaxin. *Curr Drug Targets Inflamm Allergy* 2: 169–174

Robinson DS, Kay AB, Wardlaw AJ (2002) Eosinophils. *Clin Allergy Immunol* 16: 43–75

Abschnitt 13.9

Dvorak AM (1998) Cell biology of the basophil. *Int Rev Cytol* 180: 87–236

Kay AB, Phipps S, Robinson DS (2004) A role for eosinophils in airway remodelling in asthma. *Trends Immunol* 25: 477–482

MacGlashan D Jr, Gauvreau G, Schroeder JT (2002) Basophils in airway disease. *Curr Allergy Asthma Rep* 2: 126–132

Odemuyiwa SO, Ghahary A, Li Y, Puttagunta L, Lee JE, Musat-Marcu S, Moqbel R (2004) Cutting edge: human eosinophils regulate T cell subset selection through indoleamine 2,3-dioxygenase. *J Immunol* 173: 5909–5913

Plager DA, Stuart S, Gleich GJ (1998) Human eosinophil granule major basic protein and its novel homolog. *Allergy* 53: 33–40

Thomas LL (1995) Basophil and eosinophil interactions in health and disease. *Chem Immunol* 61: 186–207

Abschnitt 13.10

Bentley AM, Kay AB, Durham SR (1997) Human late asthmatic reactions. *Clin Exp Allergy* 27 Suppl 1: 71–86

Liu MC, Hubbard WC, Proud D, Stealey BA, Galli SJ, Kagey Sobotka A, Bleecker ER, Lichtenstein LM (1991) Immediate and late inflammatory responses to ragweed antigen challenge of the peripheral airways in allergic asthmatics. Cellular, mediator, and permeability changes. *Am Rev Respir Dis* 144: 51–58

Macfarlane AJ, Kon OM, Smith SJ, Zeibecoglou K, Khan LN, Barata LT, McEuen AR, Buckley MG, Walls AF, Meng Q et al (2000) Basophils, eosinophils, and mast cells in atopic and nonatopic asthma and in late-phase allergic reactions in the lung and skin. *J Allergy Clin Immunol* 105: 99–107

Pearlman DS (1999) Pathophysiology of the inflammatory response. *J Allergy Clin Immunol* 104: SI32–S137

Taube C, Duez C, Cui ZH, Takeda K, Rha YH, Park JW, Balhorn A, Donaldson DD, Dakhama A, Gelfand EW (2002) The role of IL-13 in established allergic airway disease. *J Immunol* 169: 6482–6489

Abschnitt 13.11

deShazo RD, Kemp SF (1997) Allergic reactions to drugs and biologic agents. *JAMA* 278: 1895–1906

Dombrowicz D, Flamand V, Brigman KK, Koller BH, Kinet JP (1993) Abolition of anaphylaxis by targeted disruption of the high affinity immunoglobulin E receptor alpha chain gene. *Cell* 75: 969–976

Fernandez M, Warbrick, EV, Blanca M, Coleman JW (1995) Activation and hapten inhibition of mast cells sensitized with monoclonal IgE anti-penicillin antibodies: evidence for two-site recognition of the penicillin derived determinant. *Eur J Immunol* 25: 2486–2491

Finkelman FD, Rothenberg ME, Brandt EB, Morris SC, Strait RT (2005) Molecular mechanisms of anaphylaxis: lessons from studies with murine models. *J Allergy Clin Immunol* 115: 449–457; Frage 458

Kemp SF, Lockey RF, Wolf BL, Lieberman P (1995) Anaphylaxis. A review of 266 cases. *Arch Intern Med* 155: 1749–1754

Oettgen HC, Martin TR, Wynshaw Boris A, Deng C, Drazen JM, Leder P (1994) Active anaphylaxis in IgE-deficient mice. *Nature* 370: 367–370

Padovan E (1998) T-cell response in penicillin allergy. *Clin Exp Allergy* 28 Suppl 4: 33–36

Reisman RE (1994) Insect stings. *N Engl J Med* 331: 523–527

Schwartz LB (2004) Effector cells of anaphylaxis: mast cells and basophils. *Novartis Found Symp* 257: 65–74; Diskussion 74–69, 98–100, 276–185

Weltzien HU, Padovan E (1998) Molecular features of penicillin allergy. *J Invest Dermatols* 110: 203–206

Abschnitt 13.12

Bousquet J, Jeffery PK, Busse WW, Johnson M, Vignola AM (2000) Asthma. From bronchoconstriction to airways inflammation and remodeling. *Am J Respir Crit Care Med* 161: 1720–1745

Boxall C, Holgate ST, Davies DE (2006) The contribution of transforming growth factor-β and epidermal growth factor signalling to airway remodelling in chronic asthma. *Eur Respir J* 27: 208–229

Busse WW, Lemanske RF Jr (2001) *Asthma N Engl J Med* 344: 350–362

Dakhama A, Park JW, Taube C, Joetham A, Balhorn A, Miyahara N, Takeda K, Gelfand EW (2005) The enhancement or prevention of airway hyperresponsiveness during reinfection with respiratory syncytial virus is critically dependent on the age at first infection and IL-13 production. *J Immunol* 175: 1876–1883

Day JH, Ellis AK, Rafero E, Ratz JD, Briscoe MP (2006) Experimental models for the evaluation of treatment of allergic rhinitis. *Ann Allergy Asthma Immunol* 96: 263–277; Fragen 277–268, 315

Finotto S, Neurath MF, Glickman JN, Qin S, Lehr HA, Green FH, Ackerman K, Haley K, Galle PR, Szabo SJ et al (2002) Development of spontaneous airway changes consistent with human asthma in mice lacking T-bet. *Science* 295: 336–338

Grunig G, Warnock M, Wakil AE, Venkayya R, Brombacher F, Rennick DM, Sheppard D, Mohrs M, Donaldson DD, Locksley RM et al (1998) Requirement for IL-13 independently of IL-4 in experimental asthma. *Science* 282: 2261–2263

Haselden BM, Kay AB, Larche M (1999) Immunoglobulin E-independent major histocompatibility complex-restricted T cell peptide epitope-induced late asthmatic reactions. *J Exp Med* 189: 1885–1894

Kuperman DA, Huang X, Koth LL, Chang GH, Dolganov GM, Zhu Z, Elias JA, Sheppard D, Erle DJ (2002) Direct effects of interleukin-13 on epithelial cells cause airway hyperreactivity and mucus overproduction in asthma. *Nat Med* 8: 885–889

Lee NA, Gelfand EW, Lee JJ (2001) Pulmonary T cells and eosinophils: coconspirators or independent triggers of allergic respiratory pathology? *J Allergy Clin Immunol* 107: 945–957

Louahed J, Toda M, Jen J, Hamid Q, Renauld JC, Levitt RC, Nicolaides NC (2000) Interleukin-9 upregulates mucus expression in the airways. *Am J Respir Cell Mol Biol* 22: 649–656

Platts-Mills TA (1998) The role of allergens in allergic airway disease. *J Allergy Clin Immunol* 101: S364–S366

Szabo SJ, Sullivan BM, Stemmann C, Satoskar AR, Sleckman BP, Glimcher LH (2002) Distinct effects of T-bet in T_H1 lineage commitment and IFN-γ production in CD4 and CD8 T cells. *Science* 295: 338–342

Wills-Karp M (2004) Interleukin-13 in asthma pathogenesis. *Immunol Rev* 202: 175–190

Zureik M, Neukirch C, Leynaert B, Liard R, Bousquet J, Neukirch F (2002) Sensitisation to airborne moulds and severity of asthma: cross sectional study from European Community respiratory health survey. *BMJ* 325: 411–414

Abschnitt 13.13

Grattan CE (2004) Autoimmune urticaria. *Immunol Allergy Clin North Am* 24: 163–181

Howell MD, Gallo RL, Boguniewicz M, Jones JF, Wong C, Streib JE, Leung DY (2006) Cytokine milieu of atopic dermatitis skin subverts the innate immune response to vaccinia virus. *Immunity* 24: 341–348

Simpson EL, Hanifin JM (2006) Atopic dermatitis. *Med Clin North Am* 90: 149–167

Tsutsui H, Yoshimoto T, Hayashi N, Mizutani H, Nakanishi K (2004) Induction of allergic inflammation by interleukin-18 in experimental animal models. *Immunol Rev* 202: 115–138

Verhagen J, Akdis M, Traidl-Hoffmann C, Schmid-Grendelmeier P, Hijnen D, Knol EF, Uhrendt H, Blaser K, Akdis CA (2006) Absence of T-regulatory cell expression and function in atopic dermatitis skin. *J Allergy Clin Immunol* 117: 176–183

Abschnitt 13.14

Astwood JD, Leach JN, Fuchs RL (1996) Stability of food allergens to digestion *in vitro*. *Nat Biotechnol* 14: 1269–1273

Ewan PW (1996) Clinical study of peanut and nut allergy in 62 consecutive patients: new features and associations. *BMJ* 312: 1074–1078

Lee LA, Burks AW (2006) Food allergies: prevalence, molecular characterization, and treatment/prevention strategies. *Annu Rev Nutr* 26: 539–565

Abschnitt 13.15

Ciccocioppo R, Di Sabatino A, Corazza GR (2005) The immune recognition of gluten in celiac disease. *Clin Exp Immunol* 140: 408–416

Koning F (2005) Celiac disease: caught between a rock and a hard place. *Gastroenterology* 129: 1294–1301

Shan L, Molberg O, Parrot I, Hausch F, Filiz F, Gray GM, Sollid LM, Khosla C (2002) Structural basis for gluten intolerance in celiac sprue. *Science* 297: 2275–2279

Sollid LM (2002) Celiac disease: dissecting a complex inflammatory disorder. *Nat Rev Immunol* 2: 647–655

Abschnitt 13.16

Adkinson NF Jr, Eggleston PA, Eney D, Goldstein EO, Schuberth KC, Bacon JR, Hamilton RG, Weiss ME, Arshad H, Meinert CL et al (1997) A controlled trial of immunotherapy for asthma in allergic children. *N Engl J Med* 336: 324–331

Ali FR, Kay AB, Larche M (2002) The potential of peptide immunotherapy in allergy and asthma. *Curr Allergy Asthma Rep* 2: 151–158

Bertrand C, Geppetti P (1996) Tachylkinin and kinin receptor antagonists: therapeutic perspectives in allergic airway disease. *Trends Pharmacol Sci* 17: 255–259

Bryan SA, O'Connor BJ, Matti S, Leckie MJ, Kanabar V, Khan J, Warrington SJ, Renzetti L, Rames A, Bock JA et al (2000) Effects of recombinant human interleukin-12 on eosinophils, airway hyper-responsiveness, and the late asthmatic response. *Lancet* 356: 2149–2153

Creticos PS, Reed CE, Norman PS, Khoury J, Adkinson NF Jr, Buncher CR, Busse WW, Bush RK, Gadde J, Li JT et al (1996) Ragweed immunotherapy in adult asthma. *N Engl J Med* 334: 501–506

D'Amato G (2006) Role of anti-IgE monoclonal antibody (omalizumab) in the treatment of bronchial asthma and allergic respiratory diseases. *Eur J Pharmacol* 533: 302–307

Kline JN (2000) Effects of CpG DNA on Thl/Th2 balance in asthma. *Curr Top Microbiol Immunol* 247: 211–225

Leckie MJ, ten Brinke A, Khan J, Diamant Z, O'Connor BJ, Walls CM, Mathur AK, Cowley HC, Chung KF, Djukanovic R et al (2000) Effects of an interleukin-5 blocking monoclonal antibody on eosinophils, airway hyper-responsiveness, and the late asthmatic response. *Lancet 2000,* 356: 2144–2148

Oldfield WL, Larche M, Kay AB (2002) Effect of T-cell peptides derived from Fel d I on allergic reactions and cytokine production in patients sensitive to cats: a randomised controlled trial. *Lancet* 360: 47–53

Peters-Golden M, Henderson WR Jr (2005) The role of leukotrienes in allergic rhinitis. *Ann Allergy Asthma Immunol* 94: 609–618; Fragen 618–620, 669

Roberts G, Hurley C, Turcanu V, Lack G (2006) Grass pollen immunotherapy as an effective therapy for childhood seasonal allergic asthma. *J Allergy Clin Immunol* 117: 263–268

Sabroe I, Peck MJ, Van Keulen BJ, Jorritsma A, Simmons G, Clapham PR, Williams TJ, Pease JE (2000) A small molecule antagonist of chemokine receptors CCR1 and CCR3. Potent inhibition of eosinophil function and CCR3-mediated HIV-1 entry. *J Biol Chem* 275: 25985–25992

Verhagen J, Taylor A, Blaser K, Akdis M, Akdis CA (2005) T regulatory cells in allergen-specific immunotherapy. *Int Rev Immunol* 24: 533–548

Verhoef A, Alexander C, Kay AB, Larche M (2005) T cell epitope immunotherapy induces a CD4^{+} T cell population with regulatory activity. *PLoS Med* 2: e78

Youn CJ, Miller M, Baek KJ, Han JW, Nayar J, Lee SY, McElwain K, McElwain S, Raz E, Broide DH (2004) Immunostimulatory DNA reverses established allergen-induced airway remodeling. *J Immunol* 173: 7556–7564

Zhu D, Kepley CL, Zhang K, Terada T, Yamada T, Saxon A (2005) A chimeric human-cat fusion protein blocks cat-induced allergy. *Nat Med* 11: 446–449

Abschnitt 13.17

Arndt PA, Garratty G (2005) The changing spectrum of drug-induced immune hemolytic anemia. *Semin Hematol* 42: 137–144

Greinacher A, Potzsch B, Amiral J, Dummel V, Eichner A, Mueller Eckhardt C (1994) Heparin-associated thrombocytopenia: Isolation of the antibody and characterization of a multimolecular PF4-heparin complex as the major antigen. *Thromb Haemost* 71: 247–251

Semple JW, Freedman J (2005) Autoimmune pathogenesis and autoimmune hemolytic anemia. *Semin Hematol* 42: 122–130

Abschnitt 13.18

Bielory L, Gascon P, Lawley TJ, Young NS, Frank MM (1988) Human serum sickness: a prospective analysis of 35 patients treated with equine anti-thymocyte globulin for bone marrow failure. *Medicine (Baltimore)* 67: 40–57

Davies KA, Mathieson P, Winearls CG, Rees AJ, Walport MJ (1990) Serum sickness and acute renal failure after streptokinase therapy for myocardial infarction. *Clin Exp Immunol* 80: 83–88

Gamarra RM, McGraw SD, Drelichman VS, Maas LC (2006) Serum sickness-like reactions in patients receiving intravenous infliximab. *J Emerg Med* 30: 41–44

Lawley TJ, Bielory L, Gascon P, Yancey KB, Young NS, Frank MM (1984) A prospective clinical and immunologic analysis of patients with serum sickness. *N Engl J Med* 311: 1407–1413

Schifferli JA, Ng YC, Peters DK (1986) The role of complement and its receptor in the elimination of immune complexes. *N Engl J Med* 315: 488–495

Schmidt RE, Gessner JE (2005) Fc receptors and their interaction with complement in autoimmunity. *Immunol Lett* 100: 56–67

Skokowa J, Ali SR, Felda O, Kumar V, Konrad S, Shushakova N, Schmidt RE, Piekorz RP, Nurnberg B, Spicher K et al (2005) Macrophages induce the inflammatory response in the pulmonary Arthus reaction through $G\alpha_{i2}$ activation that controls C5aR and Fc receptor cooperation. *J Immunol* 174: 3041–3050

Theofilopoulos AN, Dixon FJ (1980) Immune complexes in human diseases: a review. *Am J Pathol* 100: 529–594

Abschnitt 13.19

Bernhagen J, Bacher M, Calandra T, Metz CN, Doty SB, Donnelly T, Bucala R (1996) An essential role for macrophage migration inhibitory factor in the tuberculin delayed-type hypersensitivity reaction. *J Exp Med* 183: 277–282

Kalish RS, Wood JA, LaPorte A (1994) A Processing of urushiol (poison ivy) hapten by both endogenous and exogenous pathways for presentation to T cells *in vitro*. *J Clin Invest* 93: 2039–2047

Kimber I, Dearman RJ (2002) Allergic contact dermatitis: the cellular effectors. *Contact Dermatitis* 46: 1–5

Larsen CG, Thomsen MK, Gesser B, Thomsen PD, Deleuran BW, Nowak J, Skodt V, Thomsen HK, Deleuran M, Thestrup Pedersen K et al (1995) The delayed-type hypersensitivity reaction is dependent on IL-8. Inhibition of a tuberculin skin reaction by an anti-IL-8 monoclonal antibody. *J Immunol* 155: 2151–2157

Mark BJ, Slavin RG (2006) Allergic contact dermatitis. *Med Clin North Am* 90: 169–185

Muller G, Saloga J, Germann T, Schuler G, Knop J, Enk AH (1995) IL-12 as mediator and adjuvant for the induction of contact sensitivity *in vivo*. *J Immunol* 155: 4661–4668

Tsuji RF, Szczepanik M, Kawikova I., Paliwal V, Campos RA, Itakura A, Akahira-Azuma M, Baumgarth N, Herzenberg LA, Askenase PW (2002) B cell-dependent T cell responses: IgM antibodies are required to elicit contact sensitivity. *J Exp Med* 196: 1277–1290

Vollmer J, Weltzien HU, Moulon C (1999) TCR reactivity in human nickel allergy indicates contacts with complementarity-determining region 3 but excludes superantigen-like recognition. *J Immunol* 163: 2723–2731

Abschnitt 13.20

Chae JJ, Komarow HD, Cheng J, Wood G, Raben N, Liu PP, Kastner DL (2003) Targeted disruption of pyrin, the FMF protein, causes heightened sensitivity to endotoxin and a defect in macrophage apoptosis. *Mol Cell* 11: 591–604

Delpech M, Grateau G (2001) Genetically determined recurrent fevers. *Curr Opin Immunol* 13: 539–542

Drenth JP, van der Meer JW (2001) Hereditary periodic fever. *N Engl J Med* 345: 1748–1757

Hoffman HM, Mueller JL, Broide DH, Wanderer AA, Kolodner RD (2001) Mutation of a new gene encoding a putative pyrin-like protein causes familial cold autoinflammatory syndrome and Muckle-Wells syndrome. *Nat Genet* 29: 301–305

Houten SM, Frenkel J, Rijkers GT, Wanders RJ, Kuis W, Waterham HR (2002) Temperature dependence of mutant mevalonate kinase activity as a pathogenic factor in hyper-IgD and periodic fever syndrome. *Hum Mol Genet* 11: 3115–3124

INFEVERS [http://fmf.igh.cnrs.fr/infevers]

Inohara N, Ogura Y, Nunez G (2002) Nods: a family of cytosolic proteins that regulate the host response to pathogens. *Curr Opin Microbiol* 5: 76–80

Kastner DL, O'Shea JJ (2001) A fever gene comes in from the cold. *Nat Genet* 29: 241–242

McDermott MF, Aksenfijevich I, Galon J, McDermott EM, Ogunkolade BW, Centola M, Mansfield E, Gadina M, Karenko L, Pettersson T et al (1999) Germline mutations in the extracellular domains of the 55 kDa TNF receptor, TNFR1, define a family of dominantly inherited autoinflammatory syndromes. *Cell* 97: 133–144

Stehlik C, Reed JC (2004) The PYRIN connection: novel players in innate immunity and inflammation. *J Exp Med* 200: 551–558

Wise CA, Gillum JD, Seidman CE, Lindor NM, Veile R, Bashiardes S, Lovett M (2002) Mutations in CD2BP1 disrupt binding to PTP PEST and are responsible for PAPA syndrome, an autoinflammatory disorder. *Hum Mol Genet* 11: 961–969

Abschnitt 13.21

Beutler B (2001) Autoimmunity and apoptosis: the Crohn's connection. *Immunity* 15: 5–14

Bonen DK, Ogura Y, Nicolae DL, Inohara N, Saab L, Tanabe T, Chen FF, Foster SJ, Duerr RH, Brant SR et al (2003) Crohn's disease-associated NOD2 variants share a signaling defect in response to lipopolysaccharide and peptidoglycan. *Gastroenterology* 124: 140–146

Hampe J, Cuthbert A, Croucher PJ., Mirza MM, Mascheretti S, Fisher S, Frenzel H, King K, Hasselmeyer A, Macpherson AJ et al (2001) Association between insertion mutation in NOD2 gene and Crohn's disease in German and British populations. *Lancet* 357: 1925–1928

Hugot JP, Chamaillard M, Zouali H, Lesage S, Cezard JP, Belaiche J, Almer S, Tysk C, O'Morain CA, Gassull M et al (2001) Association of NOD2 leucine-rich repeat variants with susceptibility to Crohn's disease. *Nature* 411: 599–603

Marks DJ, Harbord MW, MacAllister R, Rahman FZ, Young J, Al-Lazikani B, Lees W, Novelli M, Bloom S, Segal AW (2006) Defective acute inflammation in Crohn's disease: a clinical investigation. *Lancet* 367: 668–678

Wang X, Kuivaniemi H, Bonavita G, Mutkus L, Mau U, Blau E, Inohara N, Nunez G, Tromp G, Williams CJ (2002) CARD15 mutations in familial granulomatosis syndromes: a study of the original Blau syndrome kindred and other families with large-vessel arteritis and cranial neuropathy. *Arthritis Rheum* 46: 3041–3045

14

Autoimmunität und Transplantation

In Kapitel 13 haben wir erfahren, wie unangemessene adaptive Immunantworten durch Antigene aus der Umwelt ausgelöst werden und wie sich daraus schwerwiegende Krankheiten in Form von Allergien und Hypersensitivitätsreaktionen entwickeln können. In diesem Kapitel wollen wir uns mit den unerwünschten Reaktionen auf zwei andere medizinisch bedeutsame Gruppen von Antigenen beschäftigen: Antigene, die von den körpereigenen Zellen und Geweben produziert werden. Dabei handelt es sich zum einen um Reaktionen auf die Antigene, die sich auf den eigenen Zellen und Geweben eines bestimmten Individuums befinden. Die Reaktion auf körpereigene Antigene bezeichnet man als **Autoimmunität**. Sie kann zu **Autoimmunerkrankungen** führen, die mit Gewebeschäden eingehen. Zum anderen ist es die Reaktion auf körperfremde Antigene auf transplantierten Organen, die zu einer **Gewebeabstoßung** führt.

Die Genumlagerungen, die bei der Lymphocytenentwicklung in den zentralen lymphatischen Organen stattfinden, erfolgen zufällig. So entstehen unvermeidlich einige Lymphocyten, die eine Affinität für körpereigene Antigene besitzen. Diese werden normalerweise aus dem Repertoire entfernt oder durch eine Reihe verschiedener Mechanismen unter Kontrolle gehalten, denen wir bereits in Kapitel 7 zahlreich begegnet sind. Dadurch entsteht ein Zustand der **Selbst-Toleranz**, bei der das Immunsystem eines Individuums die normalen Gewebe des Körpers nicht angreift. Bei der Autoimmunität kommt es zu einem Zusammenbruch oder Versagen der Selbst-Toleranz-Mechanismen. Wir werden uns daher noch einmal den Mechanismen zuwenden, die dem Lymphocytenrepertoire die Eigenschaft der Selbst-Toleranz verleihen, und feststellen, wie es hier zu einem Versagen kommen kann. Dann besprechen wir einzelne Autoimmunerkrankungen, an denen sich die verschiedenen pathologischen Mechanismen veranschaulichen lassen, durch die die Autoimmunität dem Körper Schaden zufügen kann. Anschließend befassen wir uns damit, wie genetische und umweltbedingte Faktoren eine Prädisposition für eine Autoimmunität herbeiführen oder die Autoimmunität selbst auslösen. Im übrigen Kapitel besprechen wir, wie die adaptiven Immunantworten gegen körperfremde Gewebeantigene zur Abstoßung von Transplantaten führen.

Das Entstehen und der Zusammenbruch der Selbst-Toleranz

Damit das Immunsystem die Selbst-Toleranz entwickeln kann, muss es autoreaktive von nichtautoreaktiven Lymphocyten unterscheiden können, während sie sich entwickeln. Wie wir in Kapitel 7 erfahren haben, nutzt das Immunsystem körpereigene und körperfremde Ersatzmarker, um potenziell autoreaktive Lymphocyten zu erkennen und zu beseitigen. Dennoch entkommen einige dieser Lymphocyten der Vernichtung und verlassen den Thymus. Sie können in der Folge aktiviert werden und eine Autoimmunerkrankung auslösen. Teilweise kommt es zu einer Autoreaktivität, weil ihre Erkennung indirekt erfolgt und daher unvollständig ist. Darüber hinaus können viele Lymphocyten, die einen gewissen Grad an Autoreaktivität aufweisen, auch eine Immunantwort gegen fremde Antigene entwickeln. Wenn also alle schwach autoreaktive Lymphocyten beseitigt würden, wäre die Funktion des Immunsystems gestört.

14.1 Eine grundlegende Funktion des Immunsystems besteht darin, körpereigen und körperfremd zu unterscheiden

Das Immunsystem verfügt über sehr wirksame Effektormechanismen, die ein großes Spektrum verschiedener Krankheitserreger vernichten können. Bei der Erforschung der Immunität erkannte man schon früh, dass diese Mechanismen, wenn sie sich gegen den Wirt richten, schwere Gewebeschäden verursachen können. Das Prinzip der Autoimmunität wurde ursprünglich zu Beginn des 20. Jahrhunderts von **Paul Ehrlich** formuliert, der von einem „*horror autotoxicus*" sprach. Autoimmunreaktionen ähneln normalen Immunantworten gegen Krankheitserreger, indem sie durch Antigene spezifisch aktiviert werden, in diesem Fall durch körpereigene Antigene oder **Selbst-Antigene** (Autoantigene) und autoreaktive Effektorzellen sowie Antikörper hervorbringen, die man als **Selbst-Antikörper** (Autoantikörper) bezeichnet. Beide sind gegen körpereigene Antigene gerichtet. Wenn es zu Reaktionen gegen körpereigene Gewebe kommt, die dann auf ungeeignete Weise reguliert werden, verursachen sie eine Reihe verschiedener chronischer Syndrome, die man als Autoimmunerkrankungen bezeichnet. Diese Syndrome unterscheiden sich in der Schwere ihrer Auswirkungen sowie in Bezug auf die betroffenen Gewebe und die hauptsächlich involvierten Effektormechenismen (Abb. 14.1).

Mit Ausnahme der rheumatoiden Arthritis und der Thyreoiditis (Schilddrüsenentzündung) sind die einzelnen Autoimmunerkrankungen eher selten, aber insgesamt sind etwa 5 % der Bevölkerung in den westlichen Ländern davon betroffen. Die relative Seltenheit beweist, dass das Immunsystem zahlreiche Mechanismen entwickelt hat, um die körpereigenen Gewebe vor Schäden zu schützen. Das zugrundeliegende Prinzip dieser Mechanismen ist die Unterscheidung zwischen körpereigen und körperfremd, wobei diese Unterscheidung nicht einfach zu bewerkstelligen ist. B-Zellen erkennen die dreidimensionale Form eines Epitops auf einem

Krankheit	Mechanismus	Auswirkungen
Basedow-Krankheit	Autoantikörper gegen den Rezeptor des schilddrüsenstimulierenden Hormons	Hyperthyreose: Überproduktion von Schilddrüsenhormonen
rheumatoide Arthritis	autoreaktive T-Zellen gegen Antigene der Gelenkhäute	Entzündung und Zerstörung der Gelenke, führt zu Arthritis
Hashimoto-Thyreoiditis	Autoantikörper und autoreaktive T-Zellen gegen Schilddrüsenantigene	Zerstörung des Schilddrüsengewebes, führt zu Hypothyreose: Unterproduktion von Schilddrüsenhormonen
Diabetes mellitus Typ 1 (insulinabhängiger Diabetes mellitus, IDDM)	autoreaktive T-Zellen gegen Antigene der Inselzellen im Pankreas	Zerstörung der β-Inselzellen des Pankreas, führt zum Verlust der Insulinproduktion
Multiple Sklerose	autoreaktive T-Zellen gegen Gehirnantigene	Bildung von sklerotischen Plaques im Gehirn mit Zerstörung der Myelinscheiden um die Axone der Nervenzellen, führt zu Muskelschwäche, Bewegungsstörungen und anderen Symptomen
systemischer Lupus erythematodes	Autoantikörper und autoreaktive T-Zellen gegen DNA, Chromatinproteine und ubiquitäre Ribonucleoproteinantigene	Glomerulonephritis, Vasculitis, Hautausschlag
Sjögren-Syndrom	Autoantikörper und autoreaktive T-Zellen gegen Ribonucleoproteinantigene	Infiltration der exokrinen Drüsen durch Lymphocyten, führt zu Austrocknung der Augen und/oder des Mundes; teilweise auch andere Organe betroffen, führt zu systemischer Erkrankung

14.1 Einige verbreitete Autoimmunerkrankungen. Die hier aufgeführten Krankheiten gehören zu den häufigsten Autoimmunerkrankungen; sie dienen in diesem Teil des Kapitels als Beispiele. Eine umfassendere Liste der Autoimmunerkrankungen mit Erläuterungen findet sich weiter hinten in diesem Kapitel.

Antigen, und ein Epitop eines Krankheitserregers kann von einem menschlichen Epitop nicht zu unterscheiden sein. Entsprechend können die kurzen Peptide, die durch die Prozessierung der Antigene des Pathogens entstehen, mit körpereigenen Peptiden übereinstimmen. Wie also „weiß" der Lymphocyt, was wirklich körpereigen ist, wenn es dafür keine eindeutigen molekularen Signaturen gibt?

Der erste Mechanismus, den man für die Unterscheidung zwischen körpereigen und körperfremd postuliert hat, bestand darin, dass die Erkennung eines Antigens durch einen unreifen Lymphocyten zu einem negativen Signal führt, das den Zelltod oder die Inaktivierung des Lymphocyten zur Folge hat. „Körpereigen" sollten nach dieser Vorstellung diejenigen Moleküle sein, die ein Lymphocyt erkennt, kurz nachdem er begonnen hat, seinen Antigenrezeptor zu exprimieren. Dies ist tatsächlich ein wichtiger Mechanismus für das Auslösen der Selbst-Toleranz bei der Entwicklung der Lymphocyten im Thymus und im Knochenmark (Abschnitte 7.20 und 7.21). Die Toleranz, die in dieser Phase erzeugt wird, bezeichnet man als **zentrale Toleranz**. Neu gebildete Lymphocyten sind gegenüber einer Inaktivierung durch starke Signale ihrer Antigenrezeptoren besonders empfindlich, während dieselben Signale einen reifen Lymphocyten aktivieren würden.

Eine andere Eigenschaft, die mit körpereigenen Antigenen verknüpft ist, betrifft die hohe und konstante Antigenkonzentration. Viele körpereigene Proteine werden von allen Zellen im Körper oder in großen Mengen im

Bindegewebe exprimiert. Diese Antigene können den Lymphocyten starke Signale übermitteln, und sogar reife Lymphocyten können durch starke und konstante Signale ihrer Antigenrezeptoren gegenüber einem Antigen tolerant gemacht werden. Im Gegensatz dazu kommen Pathogene und andere fremde Antigene unvermittelt mit dem Immunsystem in Kontakt, und die Konzentration der Antigene nimmt schnell und exponentiell zu, wenn sich die Krankheitserreger in der frühen Phase einer Infektion vermehren. Naive reife Lymphocyten sind so „programmiert", dass sie auf die Aktivierung durch eine schnelle Zunahme der Antigenrezeptorsignale reagieren.

Ein dritter Mechanismus zur Unterscheidung zwischen körpereigen und körperfremd beruht auf dem angeborenen Immunsystem, das für die Aktivierung der adaptiven Immunantwort auf eine Infektion entscheidende Signale liefert (Kapitel 2). Wenn keine Infektion vorhanden ist, werden die Signale nicht erzeugt. Unter diesen Bedingungen führt der Kontakt eines naiven Lymphocyten mit einem körpereigenen Antigen, vor allem wenn die antigenpräsentierende Zelle keine costimulierenden Moleküle exprimiert, eher zu einem negativen, inaktivierenden Signal als zu überhaupt keinem Signal (Abschnitt 7.26). Dieser Toleranzmechanismus ist besonders für Antigene von Bedeutung, die außerhalb von Thymus und Knochenmark vorkommen. Die Toleranz, die im reifen Lymphocytenrepertoire induziert wird, nachdem die Zellen die zentralen lymphatischen Organe verlassen haben, bezeichnet man als **periphere Toleranz**.

Lymphocyten nutzen also verschiedene Signale, um körpereigene von körperfremden Liganden zu unterscheiden: Kontakt mit dem Liganden, solange der Lymphocyt noch unreif ist, eine hohe und konstante Konzentration des Liganden sowie die Bindung des Liganden ohne costimulierende Signale. Alle diese Mechanismen sind fehleranfällig, da bei keinem auf molekularer Ebene zwischen körpereigen und körperfremd unterschieden wird. Das Immunsystem verfügt daher über mehrere weitere Möglichkeiten, um Autoimmunreaktionen zu kontrollieren, falls sie in Gang gesetzt werden.

14.2 Vielfache Toleranzmechanismen verhindern normalerweise eine Autoimmunität

Die Mechanismen, die normalerweise eine Autoimmunität verhindern, lassen sich als Abfolge von Kontrollpunkten auffassen. Jeder Kontrollpunkt trägt einen Teil bei, um Reaktionen gegen körpereigene Antigene zu verhindern. Alle zusammen wirken synergistisch und vermitteln einen effizienten Schutz gegen Autoimmunität, ohne dass die Fähigkeit des Immunsystems beeinträchtigt wird, wirksame Reaktionen auf Krankheitserreger zu entwickeln. Die zentralen Toleranzmechanismen beseitigen neu gebildete stark autoreaktive Lymphocyten. Andererseits werden reife autoreaktive Lymphocyten, die in den zentralen lymphatischen Organen auf körpereigene Antigene nicht stark reagieren, da die von ihnen erkannten Autoantigene beispielsweise hier nicht exprimiert werden, möglicherweise in der Peripherie getötet oder inaktiviert. Die Hauptmechanismen der peripheren Toleranz sind die Anergie (funktionelle Reaktionslosigkeit), Deletion (Zelltod durch Apoptose) und die Unterdrückung durch regulatorische T-Zellen (T_{reg}) (Abb. 14.2).

Jeder Kontrollpunkt findet einen Mittelweg zwischen der Verhinderung einer Autoimmunität und einer nicht zu großen Beeinträchtigung des

Ebenen der Selbst-Toleranz		
Art der Toleranz	**Mechanismus**	**Wirkungsort**
zentrale Toleranz	Deletion, Editing	Thymus, Knochenmark
Antigensegregation	physikalische Barriere gegen Zugang von Autoantigenen zum lymphatischen System	periphere Organe (etwa Schilddrüse, Pankreas)
periphere Anergie	zelluläre Inaktivierung durch schwache Signale ohne Costimulation	sekundäres lymphatisches Gewebe
regulatorische Zellen	Unterdrückung durch Cytokine, interzelluläre Signale	sekundäres lymphatisches Gewebe und Entzündungsherde
Cytokinabweichung	Differenzierung zu T_H2-Zellen, begrenzt Freisetzung von entzündungsfördernden Cytokinen	sekundäres lymphatisches Gewebe und Entzündungsherde
klonale Deletion	Apoptose nach Aktivierung	sekundäres lymphatisches Gewebe und Entzündungsherde

14.2 Die Selbst-Toleranz hängt von der gemeinsamen Aktivität von Mechanismen ab, die an verschiedenen Stellen und zu verschiedenen Zeiten während der Entwicklung wirken. Aufgeführt sind die verschiedenen Arten der Toleranz, durch die das angeborene Immunsystem die Aktivierung von autoreaktiven Lymphocyten und dadurch entstehende Schädigungen verhindert, außerdem der jeweils spezifische Mechanismus und wo die jeweilige Toleranz vor allem auftritt.

Immunschutzes. In der Kombination führen die Kontrollpunkte zu einem wirksamen allgemeinen Schutz vor einer Autoimmunerkrankung. Selbst bei gesunden Menschen kann man relativ schnell feststellen, ob der Schutz auf einer oder sogar auf mehreren Ebenen versagt. Die Aktivierung von autoreaktiven Lymphocyten ist also nicht zwangsläufig mit einer Autoimmunerkrankung gleichzusetzen. Tatsächlich ist ein geringes Maß an Autoreaktivität für die normale Immunfunktion sogar physiologisch notwendig. Autoantigene wirken dabei mit, das Repertoire der reifen Lymphocyten auszubilden, und das Überleben von naiven T- und B-Zellen in der Peripherie erfordert einen ständigen Kontakt mit Autoantigenen (Kapitel 7). Eine Autoimmunerkrankung entwickelt sich nur, wenn genügend „Wachposten" überwunden wurden und sich eine nachhaltige Reaktion auf körpereigene Antigene entwickelt, bei der es auch zur Bildung von Effektorzellen und Molekülen kommt, die Gewebe zerstören. Die Mechanismen, durch die das geschieht, sind zwar noch nicht vollständig bekannt, aber man nimmt an, dass Autoimmunität aufgrund einer Kombination aus genetisch bedingter Anfälligkeit, Versagen der natürlichen Toleranzmechanismen und äußeren Faktoren wie Infektionen entsteht (Abb. 14.3).

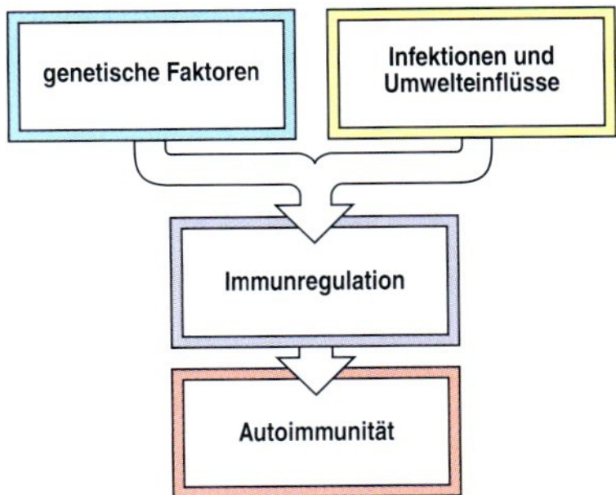

14.3 Voraussetzungen für die Entwicklung einer Autoimmunerkrankung. Bei Personen mit einer genetisch bedingten Prädisposition kann die Autoimmunität durch das Versagen der intrinsischen Toleranzmechanismen und/oder äußere Faktoren wie eine Infektion ausgelöst werden.

14.3 Die zentrale Deletion oder Inaktivierung von neu gebildeten Lymphocyten ist der erste Kontrollpunkt der Selbst-Toleranz

Die zentralen Toleranzmechanismen, die autoreaktive Lymphocyten wirksam entfernen, sind die ersten und wichtigsten Kontrollpunkte bei der Selbst-Toleranz (Einzelheiten in Kapitel 7). Ohne sie wäre das angeborene Immunsystem stark autoreaktiv, und mit ziemlicher Sicherheit würde von

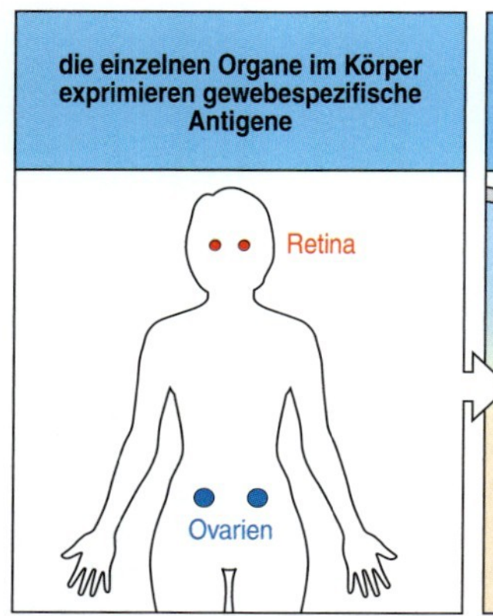

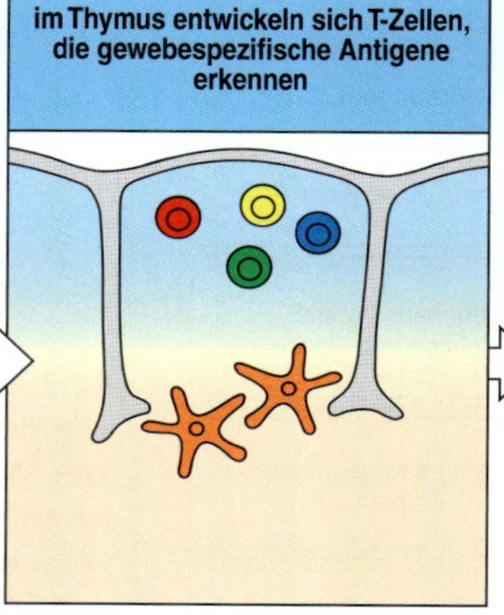

14.4 Das „Autoimmunregulator"-Gen *AIRE* stimuliert die Expression von einigen gewebespezifischen Antigenen in den Markzellen des Thymus, wodurch unreife Thymocyten beseitigt werden, die mit diesen Antigenen reagieren können. Der Thymus exprimiert zwar zahlreiche Gene und damit auch körpereigene Proteine, die in allen Zellen vorkommen, aber es ist nicht sofort einsichtig, wie Antigene, die für spezialisierte Gewebe wie die Retina oder die Ovarien spezifisch sind (erstes Bild), in den Thymus gelangen, um dort die negative Selektion von unreifen autoreaktiven Thymocyten zu fördern. Man weiß heute jedoch, dass das *AIRE*-Gen die Expression von zahlreichen gewebespezifischen Proteinen in Thymusmarkzellen stimuliert. Einige sich entwickelnde Thymocyten können diese gewebespezifischen Antigene erkennen (zweites Bild). Peptide aus diesen Proteinen werden den sich entwickelnden Thymocyten präsentiert, während sie die negative Selektion im Thymus durchlaufen (drittes Bild), was zur Beseitigung dieser Zellen führt. Wenn das *AIRE*-Gen fehlt, werden die Zellen nicht auf diese Weise beseitigt. Stattdessen reifen die autoreaktiven Zellen heran und gelangen in die Peripherie (viertes Bild), wo sie möglicherweise eine Autoimmunerkrankung auslösen. Menschen und Mäuse, die das *AIRE*-Gen nicht exprimieren, entwickeln eine Autoimmunerkrankung mit der Bezeichnung APECED.

Geburt an eine tödlich verlaufende Autoimmunität bestehen. Es ist unwahrscheinlich, dass die anderen, längerfristigen Mechanismen der Toleranz ausreichen, um einen Ausgleich zu schaffen, wenn die Beseitigung der autoreaktiven Lymphocyten während der Primärentwicklung nicht funktioniert. Es sind jedoch tatsächlich keine Autoimmunerkrankungen bekannt, die einem vollständigen Versagen dieser grundlegenden Mechanismen zuzuschreiben sind, wobei es einige gibt, die mit einem teilweisen Versagen der zentralen Toleranz verknüpft sind.

Die in den zentralen lymphatischen Organen erzeugte Selbst-Toleranz ist wirkungsvoll, aber man nahm lange Zeit an, dass viele Autoantigene nicht im Thymus oder Knochenmark exprimiert werden und dass die peripheren Mechanismen die einzige Möglichkeit darstellen, dafür eine Toleranz zu entwickeln. Heute weiß man jedoch, dass viele (nicht alle) gewebespezifischen Antigene wie Insulin tatsächlich von einer Untergruppe der dendritischen Zellen im Thymus exprimiert wird, sodass die Toleranz gegen diese Antigene zentral erzeugt werden kann. Wie diese „peripheren" Gene im Thymus, also an einem unüblichen Ort, angeschaltet werden, ist noch nicht vollständig bekannt, aber man hat einen wichtigen Anhaltspunkt gefunden. Wahrscheinlich ist ein einziger Transkriptionsfaktor, den man als AIRE (Autoimmunregulator) bezeichnet, für das Anschalten zahlreicher peripherer Gene im Thymus verantwortlich (Abschnitt 7.20). Bei Patienten mit **APECED** (Autoimmun-Polyendokrinopathie-Candidiasis-ektodermale Dystrophie-Syndrom, *autoimmune polyendocrinopathy-candidiasis-ectodermal dystrophy*), einer seltenen erblichen Form von Autoimmunität, ist das *AIRE*-Gen defekt. Dabei kommt es zur Zerstörung von mehreren endokrinen Geweben wie den insulinproduzierenden Langerhans-Inseln im Pankreas. Man bezeichnet diese Krankheit auch als APS-1 (*autoimmune polyglandular syndrome 1*). Mäuse, die genetisch so verändert wurden, dass sie kein *AIRE*-Gen mehr besitzen, zeigen ein ähnliches Syndrom, wobei sie aber offenbar für Pilzinfektionen wie durch *Candida* nicht anfällig sind. Am wichtigsten ist jedoch, dass diese Mäuse viele periphere Gene nicht mehr im Thymus exprimieren. Das stellt die Verbindung her zwischen dem AIRE-Protein und der Expression dieser Gene, und es deutet darauf hin, dass das Unvermögen, diese Gene im Thymus zu exprimieren, zur Autoimmunerkrankung führt (Abb. 14.4). Die Autoimmunität, die mit dem AIRE-Defekt einhergeht, bildet sich erst nach einer gewissen Zeit heraus und betrifft nicht immer alle potenziellen Zielorgane. Diese Krankheit ist zwar ein deutlicher Hinweis auf die Bedeutung der zentralen Toleranz, sie zeigt aber auch, dass die anderen Ebenen der Toleranzkontrolle ebenfalls eine wichtige Rolle spielen.

14.4 Lymphocyten, die körpereigene Antigene mit relativ geringer Affinität binden, ignorieren diese normalerweise, können aber unter bestimmten Bedingungen aktiviert werden

Einige Lymphocyten, die eine relativ geringe Affinität zu körpereigenen Antigenen besitzen, reagieren nicht darauf, entkommen alle den Toleranzmechanismen, und man kann sie gegenüber diesen Antigenen als „ignorant" bezeichnen (Abschnitt 7.6). Solche ignoranten, aber latent autoreaktiven Zellen können zu Autoimmunreaktionen angeregt werden, wenn der Reiz stark genug ist. Ein solcher Reiz kann eine Infektion sein. Naive T-Zellen mit einer geringen Affinität für ein ubiquitäres Autoantigen können aktiviert werden, wenn sie auf eine aktivierte dendritische Zelle treffen, die dieses Antigen präsentiert und aufgrund einer vorhandenen Infektion costimulierende Signale auf einem hohen Niveau exprimiert.

Bestimmte Bedingungen, unter denen ignorante Lymphocyten aktiviert werden können, liegen dann vor, wenn die von ihnen erkannten Autoantigene auch Liganden von Toll-ähnlichen Rezeptoren (TLR) sind. Diese Rezeptoren werden allgemein als Mustererkennungsrezeptoren angesehen, die für molekulare Muster von Krankheitserregern spezifisch sind (Abschnitt 2.7). Diese Muster sind jedoch nicht ausschließlich auf Krankheitserreger beschränkt, sondern können auch bei körpereigenen Molekülen vorkommen. Ein Beispiel für diese Art von potenziellem Autoantigen sind nichtmethylierte CpG-Sequenzen in DNA, die von TLR-9 erkannt werden. Nichtmethylierte CpG-Dinucleotide sind normalerweise in bakterieller DNA viel häufiger als in Säuger-DNA, kommen aber in Säugerzellen gehäuft vor, wenn sie die Apoptose durchlaufen. In einer Situation, in der es zu einem umfangreichen Absterben von Zellen kommt und gleichzeitig die apoptotischen Fragmente nicht adäquat beseitigt werden (möglicherweise aufgrund einer Infektion), können B-Zellen, die für Chromatinbestandteile spezifisch sind, CpG-Sequenzen über ihre B-Zell-Rezeptoren aufnehmen. Diese Sequenzen treffen in der Zelle auf ihren Rezeptor TLR-9, was zu einem costimulierenden Signal führt. Das aktiviert zusammen mit dem Signal durch den B-Zell-Rezeptor die vorher ignorante Anti-Chromatin-B-Zelle (Abb. 14.5). B-Zellen, die auf diese Weise aktiviert werden, werden nun fortgesetzt Anti-Chromatin-Autoantikörper produzieren und können auch als antigenpräsentierende Zellen für autoreaktive T-Zellen fungieren. Ribonucleoproteinkomplexe, die uridinreiche RNA enthalten, können naive B-Zellen in ähnlicher Weise aktivieren, indem die RNA an TLR-7 oder TLR-8 bindet. Bei der Autoimmunerkrankung systemischer Lupus erythematodes (SLE) werden Autoantikörper gegen DNA, Chromatinproteine und Ribonucleoproteine produziert. Möglicherweise ist das einer der Mechanismen, durch die autoreaktive B-Zellen angeregt werden, diese Antikörper zu produzieren. Diese Befunde widersprechen der Vorstellung, dass Toll-ähnliche Rezep-

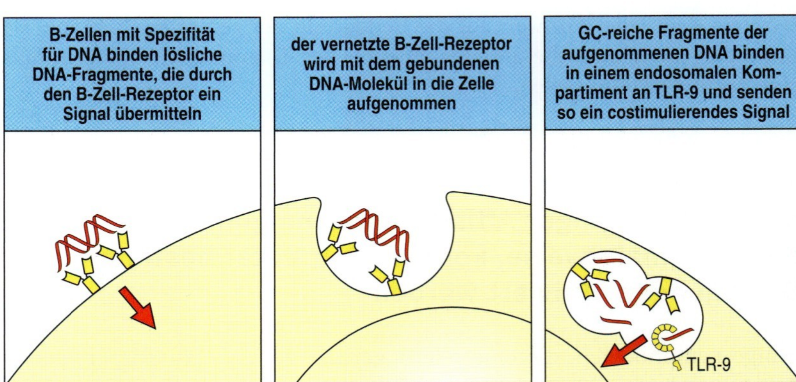

14.5 Körpereigene Antigene, die von Toll-ähnlichen Rezeptoren erkannt werden, können autoreaktive B-Zellen aktivieren, indem sie die Costimulation übernehmen. Der Rezeptor TLR-9 stimuliert die Aktivierung von B-Zellen, die für DNA spezifisch sind, der entsprechende Autoantikörper kommt bei der Autoimmunerkrankung systemischer Lupus erythematodes (SLE) (Abb. 14.1) häufig vor. B-Zellen mit einer starken Affinität für DNA werden zwar im Knochenmark beseitigt, einige DNA-spezifische B-Zellen mit geringerer Affinität entkommen jedoch und bleiben in der Peripherie erhalten, werden aber normalerweise nicht aktiviert. Unter diesen Bedingungen und bei genetisch bedingt anfälligen Individuen kann jedoch die DNA-Konzentration zunehmen, sodass genügend B-Zell-Rezeptoren vernetzt werden und die Aktivierung dieser B-Zellen in Gang gesetzt wird. B-Zellen vermitteln durch ihre Rezeptoren Signale (links), nehmen aber auch DNA auf (Mitte) und bringen sie in das endosomale Kompartiment ein (rechts). Hier kommt TLR-9 mit der DNA in Kontakt. TLR-9 erkennt DNA mit einem erhöhten Anteil an nichtmethylierten CpG-Sequenzen. Solche CpG-angereicherten Sequenzen sind in der DNA von Mikroorganismen viel häufiger als in eukaryotischer DNA und TLR-9 kann sonst auf diese Weise zwischen pathogen und körpereigen unterscheiden. Bei Säugern enthält DNA in apoptotischen Zellen jedoch einen erhöhten Anteil an nichtmethylierten CpG-Sequenzen, und die DNA-spezifische B-Zelle sammelt die körpereigene DNA zudem im endosomalen Kompartiment. So stehen ausreichend Liganden zur Verfügung, um TLR-9 zu aktivieren, sodass sich die Aktivierung der DNA-spezifischen B-Zelle potenziert und letztendlich zur Produktion von Autoantikörpern gegen DNA führt.

toren bei der Unterscheidung zwischen körpereigen und körperfremd vollkommen zuverlässig sind; ihre mutmaßliche Funktion bei der Autoimmunität bezeichnet man als „Toll-Hypothese".

Ein weiterer Mechanismus, durch den ignorante Lymphocyten aktiviert werden können, besteht darin, dass sich die Verfügbarkeit oder Form des Autoantigens verändert. Einige Antigene kommen normalerweise nur in der Zelle vor und können daher nicht mit Lymphocyten in Kontakt treten. Sie können jedoch bei umfangreichem Absterben von Gewebe oder durch eine Entzündung freigesetzt werden. Dann können sie bis dahin ignorante T- und B-Zellen aktivieren, und es kommt zur Autoimmunität. Das kann nach einem Herzinfarkt der Fall sein, wenn einige Tage nach der Freisetzung der Herzantigene eine Autoimmunreaktion auftritt. Solche Reaktionen sind normalerweise vorübergehend und hören auf, wenn die Autoantigene beseitigt wurden. Wenn jedoch die Reinigungsmechanismen unzureichend sind oder einen genetischen Defekt aufweisen, können sie sich fortsetzen und führen zu einer klinisch relevanten Autoimmunerkrankung.

Einige Autoantigene kommen in großer Menge vor, jedoch normalerweise in einer nichtimmunogenen Form. IgG ist dafür ein gutes Beispiel, da dieser Antikörper im Blut und in anderen extrazellulären Flüssigkeiten zahlreich vorhanden ist. B-Zellen, die für die konstante Region von IgG spezifisch sind, werden normalerweise nicht aktiviert, da IgG als Monomer vorliegt und B-Zell-Rezeptoren nicht vernetzen kann. Wenn sich jedoch nach einer schweren Infektion oder starken Immunisierung Immunkomplexe bilden, liegt genügend IgG in multivalenter Form vor, um diese sonst ignoranten Zellen zu einer Reaktion zu veranlassen. Die Anti-IgG-Autoantikörper, die sie produzieren, bezeichnet man als **Rheumafaktoren**, da IgG häufig bei einer rheumatoiden Arthritis auftritt. Auch diese Reaktion ist normalerweise nur von kurzer Dauer, sofern die Immunkomplexe schnell entfernt werden.

Eine besondere Situation entsteht in den peripheren lymphatischen Organen, wenn aktivierte B-Zellen in den Keimzentren eine somatische Hypermutation durchlaufen (Abschnitt 9.7). Das kann dazu führen, dass bereits aktivierte B-Zellen autoreaktiv werden oder sich ihre Affinität für körpereigene Antigene verstärkt (Abb. 14.6). Wie die ignoranten Lymphocyten (siehe oben) haben dann diese autoreaktiven B-Zellen alle sonstigen Toleranzmechanismen durchlaufen, sind aber nun eine Quelle für potenziell pathogene Autoantikörper. Es gibt jedoch anscheinend einen Mechanismus zur Kontrolle der B-Zellen in den Keimzentren, die eine Affinität für körpereigene Antigene entwickelt haben. In diesem Fall kommt das Antigen mit großer Wahrscheinlichkeit im Keimzentrum vor, ein Krankheitserreger jedoch eher nicht. Wenn es bei einer hypermutierten autoreaktiven B-Zelle im Keimzentrum zu einer starken Vernetzung ihres B-Zell-Rezeptors kommt, geht sie in die Apoptose ein und proliferiert nicht.

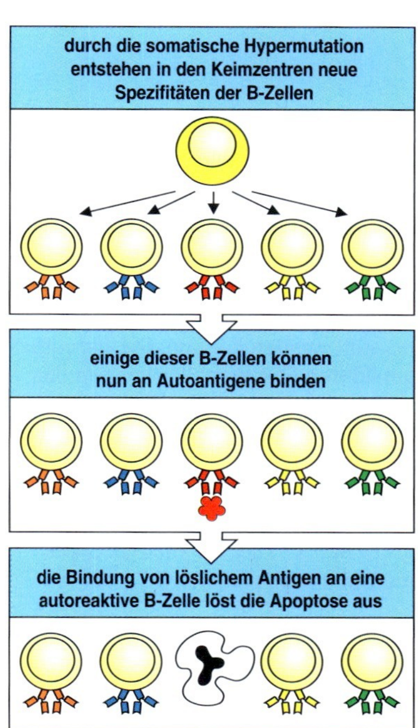

14.6 Die Beseitigung autoreaktiver B-Lymphocyten in den Keimzentren. Bei den in den Keimzentren ablaufenden somatischen Hypermutationen können B-Zellen mit autoreaktiven B-Zell-Rezeptoren entstehen (oben). Wenn sich diese Rezeptoren mit dem entsprechenden löslichen Autoantigen verbinden (Mitte), lösen sie ein Signal aus, das in dem autoreaktiven B-Lymphocyten die Apoptose induziert, wenn keine T-Helferzellen vorhanden sind (unten).

14.5 Antigene in immunologisch privilegierten Regionen induzieren zwar keine Immunreaktion, können jedoch zum Ziel eines Immunangriffs werden

An bestimmte Stellen des Körpers transplantierte Gewebe lösen keine Immunreaktionen aus. Solche **immunologisch privilegierten Regionen**, in die man Gewebe einpflanzen kann, ohne dass es zu einer Transplantatabstoßung kommt, sind zum Beispiel die vordere Augenkammer und das Gehirn (Abb. 14.7). Ursprünglich glaubte man, diese Sonderstellung resultiere daraus, dass Antigene den betreffenden Bereich nicht verlassen und somit keine Antworten induzieren können. Spätere Untersuchungen zeigten, dass Antigene sehr wohl aus immunologisch privilegierten Regionen hinausgelangen und auch mit T-Zellen interagieren. Aber statt eine zerstörende Immunantwort auszulösen, induzieren sie eine Toleranz oder eine Reaktion, die das Gewebe nicht schädigt.

Immunologisch privilegierte Regionen sind in dreierlei Hinsicht ungewöhnlich. Erstens verläuft die Kommunikation zwischen ihnen und dem Rest des Körpers atypisch, da die extrazelluläre Flüssigkeit in diesen Regionen nicht durch konventionelle Lymphbahnen fließt. Dennoch können an privilegierten Stellen vorhandene Proteine diese Regionen verlassen und immunologische Wirkungen entfalten. Privilegierte Regionen sind generell von Gewebebarrieren umgeben, die naive Lymphocyten von diesen Bereichen fern halten. So wird das Gehirn durch die Blut-Hirn-Schranke geschützt. Zweitens werden lösliche Faktoren, wahrscheinlich Cytokine, die den Verlauf einer Immunantwort beeinflussen, in den privilegierten Regionen gebildet und verlassen diese zusammen mit Antigenen. Der antiinflammatorische transformierende Wachstumsfaktor TGF-β ist in dieser Hinsicht anscheinend besonders wichtig. Mischt man Antigene mit TGF-β, lösen diese offensichtlich vor allem T-Zell-Antworten aus, die keine Gewebeschäden nach sich ziehen – zum Beispiel eine Aktivierung von T_H2-Zellen anstelle von T_H1-Zellen. Drittens steht wahrscheinlich durch die Expression des Fas-Liganden in den Geweben der immunologisch privilegierten Regionen ein weiterer Schutzmechanismus zur Verfügung, da Fas-tragende Lymphocyten abgetötet werden, wenn sie in diese Bereiche eindringen. Dieser letzte Schutzmechanismus ist noch nicht vollständig entschlüsselt, da offensichtlich unter bestimmten Bedingungen die Expression des Fas-Liganden im Gewebe eine Entzündungsreaktion durch neutrophile Zellen hervorruft.

Paradoxerweise sind oft gerade die Antigene in immunologisch privilegierten Regionen die Ziele eines Autoimmunangriffs. Zum Beispiel richtet sich die Autoimmunreaktion der Multiplen Sklerose gegen Autoantigene

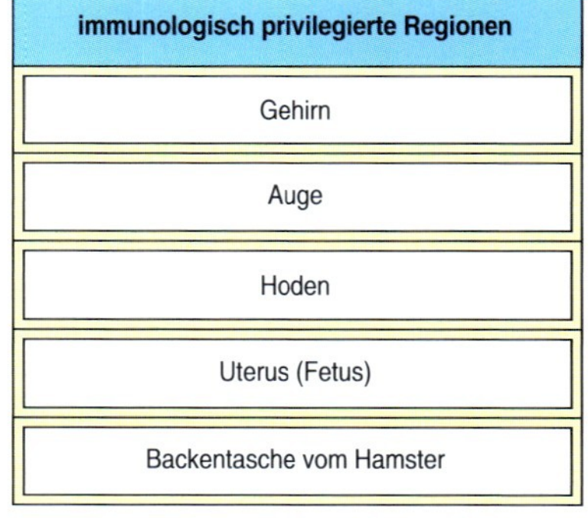

14.7 Einige Körperregionen sind „immunologisch privilegiert". Hier eingebrachte Antigene lösen keine Immunreaktionen aus, Transplantate überleben oft unbegrenzt.

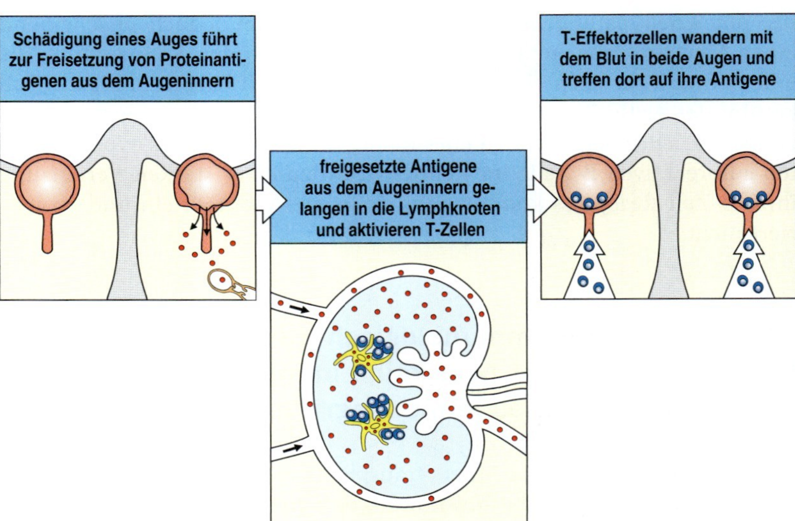

14.8 Schädigungen in einer immunologisch privilegierten Region können zu Autoimmunreaktionen führen. Die Erkrankung Ophthalmia sympathica beruht auf der Schädigung eines Auges. Dabei gelangen Antigene aus dem betroffenen Auge in das umgebende Gewebe, wo sie von T-Zellen erkannt werden können. Die daraufhin gebildeten Effektorzellen greifen das verletzte Auge an, infiltrieren und schädigen jedoch auch das andere Auge. Obwohl also die Antigene dort nicht selbst eine Reaktion auslösen, können sie zum Ziel eines Immunangriffs werden, der an anderer Stelle induziert wurde.

im Gehirn, etwa das basische Myelinprotein (MBP). Die Multiple Sklerose ist eine chronisch entzündliche Autoimmunerkrankung des Zentralnervensystems, die mit einer Demyelinisierung einhergeht (Abb. 14.1). Damit steht fest, dass die Toleranz, die normalerweise diesem Antigen gegenüber besteht, nicht durch eine klonale Deletion der autoreaktiven T-Zellen hervorgerufen wird. Bei der **experimentellen autoimmunen Encephalomyelitis (EAE)**, einem Mausmodell für die Multiple Sklerose, erkranken die Mäuse nur, wenn sie künstlich mit MBP immunisiert werden. Dabei zeigen sie eine starke Infiltration des Gehirns mit antigenspezifischen T_H1-Zellen.

In den immunologisch privilegierten Regionen gibt es also zumindest einige Antigene, die unter normalen Bedingungen weder eine Toleranz noch eine Aktivierung der Lymphocyten induzieren. Wenn jedoch autoreaktive Lymphocyten an anderer Stelle aktiviert werden, können diese Autoantigene zum Ziel eines Autoimmunangriffs werden. Es erscheint plausibel, dass gegen Antigene in immunologisch privilegierten Regionen gerichtete T-Zellen höchstwahrscheinlich in einem Zustand der immunologischen Ignoranz verbleiben. Das lässt sich auch anhand der Augenerkrankung **Ophthalmia sympathica** demonstrieren (Abb. 14.8). Wird ein Auge durch einen Schlag oder auf andere Weise verletzt, kann es in seltenen Fällen zu einer Autoimmunreaktion gegen Proteine des Auges kommen. Ist jedoch die Reaktion einmal ausgelöst, greift sie oft auch auf das andere Auge über. Häufig ist eine Unterdrückung des Immunsystems erforderlich und das beschädigte Auge muss als Antigenquelle entfernt werden, um das unverletzte Auge zu retten.

Es ist nicht verwunderlich, dass T-Effektorzellen in immunologisch privilegierte Regionen eindringen können: Weil sich auch dort eine Infektion etablieren kann, müssen Effektorzellen zur Stelle sein. Wie wir in Kapitel 10 gesehen haben, dringen T-Effektorzellen nach der Aktivierung in die meisten oder gar in alle Gewebe ein. Eine Anhäufung dieser Zellen ist jedoch nur zu beobachten, wenn sie an der betreffenden Stelle auf ihr Antigen treffen und die Produktion von Cytokinen ausgelöst wird, die wiederum die Gewebebarrieren verändern.

14.6 Autoreaktive T-Zellen, die bestimmte Cytokine exprimieren, können nichtpathogen sein oder pathogene Lymphocyten unterdrücken

In Kapitel 8 haben wir erfahren, dass sich CD4-T-Zellen beim normalen Verlauf der Immunantwort zu verschiedenen Typen von Effektorzellen differenzieren, vor allem zu T_H1- und T_H2-Zellen. Diese Zellen sezernieren unterschiedliche Cytokine (das Interferon IFN-γ und den Tumornekrosefaktor TNF-α bei T_H1-Zellen, die Interleukine IL-4, IL-5, IL-10 und IL-13 bei T_H2-Zellen). Sie haben auch unterschiedliche Auswirkungen auf antigenpräsentierende Zellen, B-Zellen und bei der Beseitigung von Krankheitserregern. Bei der Autoimmunität gilt ein ähnliches Prinzip. Bestimmte durch T-Zellen verursachte Autoimmunerkrankungen wie Diabetes mellitus Typ 1 (andere Bezeichnung **insulinabhängiger Diabetes** (**IDDM**) (Abb. 14.1) und die Multiple Sklerose sind anscheinend auf T_H1-Zellen zurückzuführen. Beim systemischen Lupus erythematodes (SLE) hingegen erfordert die Produktion der Autoantikörper anscheinend sowohl T_H1- als auch T_H2-Zellen. Bei Mausmodellen für Diabetes, bei denen man durch eine Infusion mit Cytokinen die Differenzierung der T-Zellen beeinflusst oder die durch einen Knockout für die T_H2-Zell-Differenzierung prädisponiert waren, ließ sich die Entwicklung von Diabetes verhindern. In einigen Fällen wirken potenziell pathogene T-Zellen, die für Bestandteile der Langerhans-Inseln im Pankreas spezifisch sind und T_H2-Cytokine anstelle von T_H1-Cytokinen exprimieren, tatsächlich hemmend auf die Krankheit, die von T_H1-Zellen mit derselben Spezifität verursacht wird. Versuche, Autoimmunerkrankungen des Menschen durch Umschalten der Cytokinproduktion von T_H1 auf T_H2 – diesen Vorgang bezeichnet man als **Immunmodulation** – einzudämmen, waren jedoch nicht erfolgreich. Möglicherweise besitzt eine andere wichtige Untergruppe der CD4-T-Zellen, die regulatorischen T-Zellen, für die natürliche Prävention vor Autoimmunerkrankungen eine größere Bedeutung.

14.7 Autoimmunreaktionen können in verschiedenen Stadien durch regulatorische T-Zellen unter Kontrolle gebracht werden

Autoreaktive T-Zellen, die den oben beschriebenen toleranzinduzierenden Mechanismen entkommen sind, können noch so reguliert werden, dass sie keine medizinisch relevante Krankheit verursachen. Diese Regulation erfolgt auf zwei Weisen: zum einen extrinsisch, ausgehend von spezifischen regulatorischen T-Zellen, die aktivierte T-Zellen und antigenpräsentierende Zellen beeinflussen. Der andere Mechanismus ist intrinsisch und hängt mit der Begrenzung des Umfangs und der Dauer von Immunantworten zusammen, was beides in den Lymphocyten selbst vorprogrammiert ist. Wir werden uns zuerst mit der Funktion der regulatorischen T-Zellen befassen, die in Kapitel 8 eingeführt wurden.

Die Toleranz aufgrund der regulatorischen Lymphocyten unterscheidet sich von anderen Formen der Selbst-Toleranz, indem die regulatorischen T-Zellen das Potenzial besitzen, autoreaktive Lymphocyten, die andere Antigene erkennen als die regulatorischen T-Zellen, unterdrücken können. Diese Art der Toleranz bezeichnet man deshalb als **regulatorische Toleranz**, **dominante Immunsuppression** oder **infektiöse Toleranz**. Das entscheidende Merkmal der dominanten Immunsuppression besteht darin, dass regulatorische T-Zellen autoreaktive Lymphocyten, die eine Reihe verschiedener Autoantigene erkennen, unterdrücken können, solange die Antigene alle in demselben Gewebe vorhanden sind oder von derselben antigenpräsentierenden Zelle präsentiert werden (Abb. 14.9). Regulatorische T-Zellen sind wahrscheinlich geringfügig autoreaktive T-Zellen, die im Thymus der Vernichtung entgehen und sich bei der Aktivierung durch Autoantigene nicht zu Zellen differenzieren, die eine Autoimmunreaktion auslösen können. Stattdessen differenzieren sie sich zu sehr effektiven Suppressorzellen, die andere autoreaktive T-Zellen hemmen, die Antigene in demselben Gewebe erkennen. Deshalb hat man vielfach die Hypothese aufgestellt, dass regulatorische T-Zellen ein therapeutisches Potenzial für die Behandlung von Autoimmunerkrankungen besitzen könnten, wenn man sie isoliert und per Infusion auf die Patienten überträgt.

Eine der am genauesten untersuchten Typen von regulatorischen Zellen trägt CD4 und CD25 (die α-Kette des IL-2-Rezeptors) an der Oberfläche (Abschnitt 8.20). Es ließ sich zeigen, dass sie bei mehreren Autoimmunsyndromen von Mäusen eine Schutzfunktion besitzen, bei Entzündungen des Dickdarms (Colitis), Diabetes, EAE und SLE. Ein denkbares Modell für die Auflösung der autoimmunen Colitis bei Mäusen durch CD4-CD25-T-Zellen ist in Abbildung 14.10 dargestellt. Experimente mit diesen Krankheiten in Mausmodellen zeigen, dass regulatorische CD4-CD25-T-Zellen die Krankheit unterdrücken, wenn sie *in vivo* übertragen werden, und dass ein Entfernen dieser Zellen die Krankheit verschlimmert oder verursacht. Diese regulatorischen T-Zellen können auch andere immunpathologische Syndrome verhindern oder abmildern, etwa die *graft versus host*-Krankheit und die Abstoßung von transplantierten Geweben (siehe unten in diesem Kapitel).

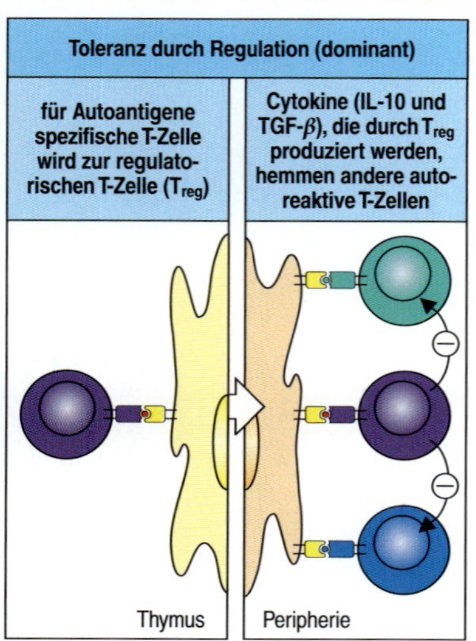

14.9 Wenn autoreaktive T-Zellen vernichtet werden, kommt es zu einer rezessiven Toleranz, während die regulatorischen T-Zellen eine dominante Form der Toleranz vermitteln, die viele autoreaktive T-Zellen hemmen kann, die dasselbe Gewebe erkennen. Einer der wichtigsten Toleranzmechanismen ist die Vernichtung von autoreaktiven T-Zellen im Thymus durch dendritische Thymuszellen, die Autoantigene exprimieren (oben links). Einige autoreaktive Zellen werden jedoch möglicherweise nicht vernichtet, da ihr spezifisches Autoantigen auf der vernichtenden Zelle nicht vorhanden ist (oben links, türkisfarbene Zelle). Solche Zellen können in der Peripherie Schädigungen verursachen, wenn sie dort ihr Autoantigen auf einer antigenpräsentierenden Zelle (APC) antreffen und aktiviert werden (oben rechts). Einen Mechanismus, der diese potenziell schädliche Autoreaktivität unterdrückt, bezeichnet man als regulatorische Toleranz (unten). Diese wird durch spezialisierte regulatorische T-Zellen (T_{reg}) vermittelt, die sich als Reaktion auf eine schwache Stimulation durch ein Autoantigen im Thymus entwickeln. Diese Stimulation reicht nicht, eine Vernichtung herbeizuführen, ist jedoch stärker als für eine einfache positive Selektion erforderlich wäre (unten links). Diese Zellen wandern in die Peripherie, wo sie inhibitorische Cytokine wie IL-10 und TGF-β freisetzen, wenn sie auf ein Autoantigen auf einer antigenpräsentierenden Zelle treffen. Diese Cytokine hemmen alle autoreaktiven T-Zellen in der Umgebung, unabhängig von ihrer genauen Autoantigenspezifität. Das ist die dominante Form der Toleranz, da eine einzige Zelle viele andere regulieren kann.

Die Bedeutung der regulatorischen T-Zellen ließ sich bei mehreren Autoimmunerkrankungen des Menschen zeigen. So ist bei Patienten mit Multipler Sklerose oder dem polyglandulären Autoimmunsyndrom Typ 2 (ein seltenes Syndrom, bei dem zwei oder mehr Autoimmunerkrankungen gleichzeitig auftreten) die Suppressionsaktivität der CD4-CD25-T_{reg}-Zellen gestört, wobei ihre Anzahl normal ist. Ein anderes Bild ergibt sich bei Untersuchungen an Patienten, die an einer aktiven rheumatoiden Arthritis leiden. Periphere CD4-CD25-T_{reg}-Zellen von diesen Patienten können die Proliferation der körpereigenen T-Effektorzellen *in vitro* unterdrücken, nicht jedoch die Freisetzung von entzündungsspezifischen Cytokinen wie TNF-α und IFN-γ durch diese Zellen. Zunehmende Hinweise stützen also die Vorstellung, dass regulatorische T-Zellen normalerweise bei der Verhinderung von Autoimmunität eine wichtige Rolle spielen, und dass die Autoimmunität wahrscheinlich mit einer Reihe funktioneller Defekte in diesen Zellen einhergeht.

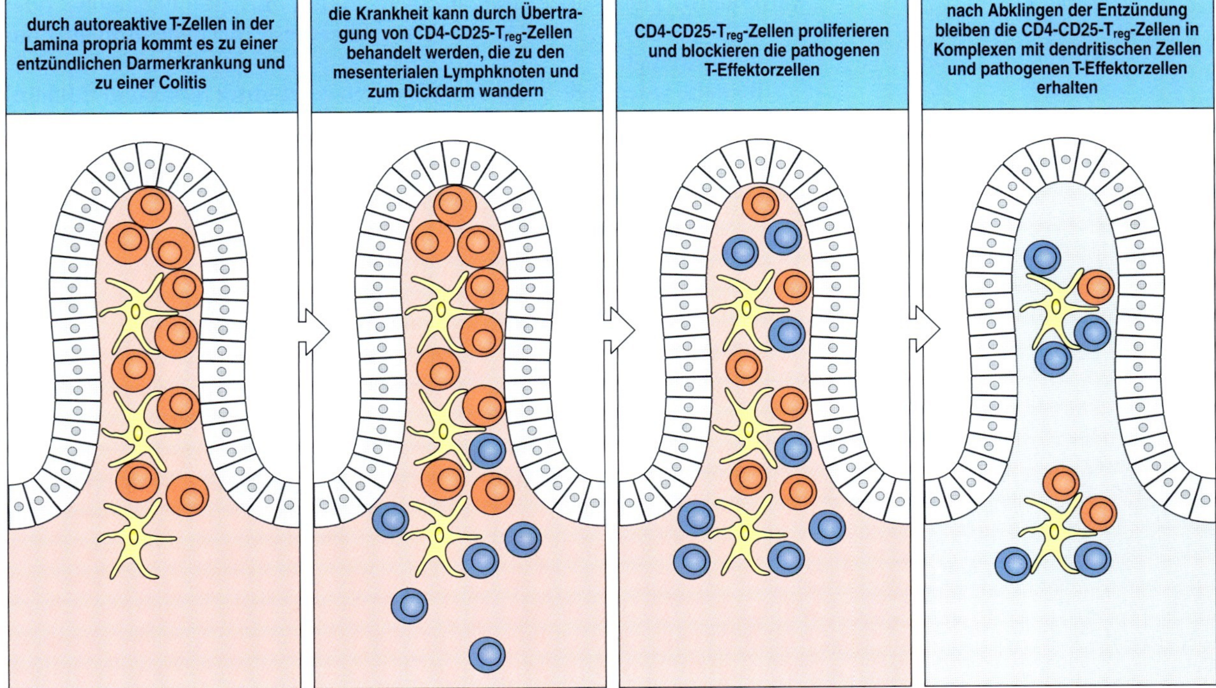

14.10 Regulatorische CD4-CD25-T-Zellen verhindern eine Colitis, indem sie in die Lymphknoten des Darms und die mesenterialen Lymphknoten wandern, wo sie mit dendritischen Zellen und T-Effektorzellen interagieren. Naive T-Zellen, die auch einige autoreaktive Klone umfassen (erstes Bild, rosa Zellen), verursachen eine Colitis, wenn sie auf Mäuse übertragen werden, die keine T-Zellen besitzen. Die naive Population enthält keine CD4-CD25-T_{reg}-Zellen. Wenn diese jedoch zusammen mit den naiven T-Zellen übertragen werden (zweites Bild, blaue Zellen), wird die Colitis verhindert. Dabei wandern die T_{reg}-Zellen in die mesenterialen Lymphknoten (nicht dargestellt) und später in die Lamina propria des Dickdarms. Die T_{reg}-Zellen proliferieren und sezernieren regulatorische Cytokine (drittes Bild) wie IL-10, was essenziell ist, und interagieren sowohl mit dendritischen als auch mit den autoreaktiven Zellen. Dadurch verringert sich die Aktivierung (dargestellt durch die geringere Größe der rosa Zellen) und letztendlich geht die Entzündung zurück. Wenn die Entzündung beendet ist, bleiben die regulatorischen T-Zellen in der Lamina propria (viertes Bild). (Nach einem Foto von F. Powrie.)

CD4-CD25-T-Zellen sind nicht die einzige bekannte Form von regulatorischen Lymphocyten. Zu den CD25-negativen regulatorischen T-Zellen gehören die T_H3-Zellen, die man im Immunsystem der Schleimhäute entdeckt hat (Abschnitt 11.13), sowie die T_R1-Zellen, die *in vitro* charakterisiert wurden (Abschnitt 8.20). Die Funktion der T_H3-Zellen des mucosalen Immunsystems scheint darin zu bestehen, die Immunreaktionen in der Schleimhaut zu unterdrücken oder zu kontrollieren – diese Reaktionen bilden dort Barrieren gegen die mit Krankheitskeimen belastete Außenwelt. T_R1-Zellen lassen sich *in vitro* nach einer Stimulation mit IL-10 erzeugen. Auch in der Schleimhaut kommt möglicherweise eine ähnliche Form von IL-10-abhängigen regulatorischen T-Zellen vor, konnte aber noch nicht identifiziert werden. Das Fehlen von T_H3-Zellen geht mit einer Autoimmunerkrankung im Darm einher, und T_R1-Zellen können im Experiment bei Mäusen eine entzündliche Darmerkrankung verhindern. Wenn man den Tieren große Mengen an Antigen oral verabreicht, sodass eine sogenannte orale Toleranz ausgelöst wird (Abschnitt 11.13), kann eine Reaktion gegenüber diesen Antigenen manchmal ausbleiben, wenn sie über andere Wege verabreicht werden. Dadurch lässt sich eine Autoimmunerkrankung verhindern. Diese orale Toleranz geht einher mit der Erzeugung oder Vermehrung der T_H3-Zellen, was möglicherweise mit dem Mechanismus zusammenhängt.

Beinahe jeder Zelltyp der Lymphocyten zeigt unter bestimmten Bedingungen auch regulatorische Aktivitäten. Sogar B-Zellen können experimentell ausgelöste Autoimmunsyndrome regulieren, etwa bei Mäusen die kollageninduzierte Arthritis (CIA) und EAE. Diese regulatorische Aktivität wird wahrscheinlich auf ähnliche Weise vermittelt wie diejenige von regulatorischen CD4-T-Zellen, wobei die Freisetzung von Cytokinen, die die Proliferation und Differenzierung der T_H1-Zellen blockiert, die größte Bedeutung besitzt. Unreife dendritische Zellen induzieren die Differenzierung von regulatorischen T-Zellen. Das trägt dazu bei, dass die Toleranz ohne Vorhandensein einer Infektion aufrechterhalten wird.

Neben der extrinsischen Regulation von autoreaktiven T- und B-Zellen durch regulatorische Zellen unterliegen die Lymphocyten bei der Vermehrung und beim Überleben auch intrinsischen Beschränkungen. Das trägt dazu bei, Autoimmunreaktionen und auch normale Immunantworten zu begrenzen (Abschnitt 10.12). Das lässt sich anhand der Auswirkungen von Mutationen in den Reaktionswegen, die die Apoptose kontrollieren, veranschaulichen, etwa beim Bcl-2-Weg oder beim Fas-Weg (Abschnitt 6.25). Diese führen zu einer spontanen Autoimmunität, wie wir weiter unten in diesem Kapitel noch feststellen werden. Diese Art von Autoimmunität liefert Hinweise darauf, dass normalerweise autoreaktive Zellen zwar erzeugt, aber durch Apoptose unter Kontrolle gehalten werden. Das ist offenbar ein wichtiger Mechanismus für die T- und B-Zell-Toleranz.

Zusammenfassung

Die Unterscheidung zwischen körpereigen und körperfremd ist nicht vollkommen, teilweise aufgrund des indirekten Mechanismus und teilweise aufgrund der Tatsache, dass zwischen der Verhinderung einer Autoimmunerkrankung und der Aufrechterhaltung der Immunkompetenz ein genaues Gleichgewicht eingehalten werden muss. Autoreaktive Lymphocyten kommen im natürlichen Immunrepertoire immer vor, werden aber häufig nicht aktiviert. Bei Autoimmunerkrankungen werden diese Zellen jedoch durch spezifische Autoantigene aktiviert. Wenn die Aktivierung anhält, werden Effektorfunktionen ausgelöst, dieselben, wie sie als Reaktion auf Krankheitserreger in Gang gesetzt werden, und es entwickelt sich eine Krankheit. Das Immunsystem verfügt über eine beachtliche Anzahl von Mechanismen, die zusammenwirken, um eine Autoimmunerkrankung zu verhindern (Abb. 14.2). Diese gemeinsame Aktivität bedeutet, dass kein Mechanismus auf vollkommene Weise funktionieren und nicht jede autoreaktive Zelle einbeziehen muss. Die Selbst-Toleranz beginnt mit der Entwicklung der Lymphocyten, wenn die autoreaktiven T-Zellen im Thymus und die autoreaktiven B-Zellen im Knochenmark vernichtet werden (Deletion). Die Mechanismen der peripheren Toleranz, etwa die periphere Anergie und Deletion, ergänzen diese zentralen Toleranzmechanismen für Antigene, die zentral nicht exprimiert werden. Schwach autoreaktive Lymphocyten werden in dieser Phase nicht entfernt; die Ausdehnung der Toleranzmechanismen wie die Beseitigung auch schwach autoreaktiver Zellen würde das Immunrepertoire zu sehr einschränken, sodass die Immunantworten auf Pathogene gestört wären. Stattdessen werden schwach autoreaktive Zellen nur dann unterdrückt, wenn sie aktiviert werden. Das geschieht durch Mechanismen wie die regulatorischen T-Zellen und die Immunmodulation – die Differenzierung von T-Zellen zur Produktion von nichtinflammatorischen T_H2-Cytokinen. Ein Haupttyp von regulatorischen T-Zellen exprimiert CD4 und CD25, und wenn diese Zellen fehlen, kommt es zu einer relativ schweren Form von Autoimmunität. Es ist nicht bekannt, was die regulatorischen T-Zellen aktiviert, doch die CD4-CD25-T-Zellen sind selbst autoreaktiv, aber nicht pathogen. Regulatorische T-Zellen können eine Reihe verschiedener autoreaktiver Lymphocyten hemmen, wenn die regulatorischen T-Zellen auf Autogene ansprechen, die in derselben allgemeinen Umgebung der Autoantigene vorkommen, auf die die autoreaktiven Lymphocyten reagieren. So können die regulatorischen T-Zellen die Regionen mit autoimmunen Entzündungen ansteuern und diese unterdrücken. Ein letzter Mechanismus, der die Autoimmunität kontrolliert, ist die natürliche Tendenz von Immunantworten, sich selbst zu begrenzen: Intrinsische Programme der aktivierten Lymphocyten machen diese Zellen anfällig für die Apoptose. Aktivierte Lymphocyten werden auch gegenüber extrinsischen Signalen empfindlich, die die Apoptose auslösen, etwa über eine Vermittlung durch Fas.

Autoimmunerkrankungen und pathogene Mechanismen

Hier beschreiben wir einige der häufigeren klinischen Autoimmunsyndrome und die Mechanismen, durch die der Verlust der Selbst-Toleranz und die Vermehrung von autoreaktiven Lymphocyten Gewebeschäden herbeiführen. Diese Mechanismen der Pathogenese ähneln denen am meisten, die eindringende Krankheitserreger angreifen. Schädigungen durch

Autoantikörper, die durch das Komplement- und das Fc-Rezeptor-System herbeigeführt werden, sind bei bestimmten Krankheiten wie dem systemischen Lupus erythematodes (SLE) von großer Bedeutung. Auf ähnliche Weise zerstören cytotoxische T-Zellen, die gegen körpereigene Gewebe gerichtet sind, diese Gewebe genauso wie mit Viren infizierte Zellen. Dies ist ein Mechanismus, durch den die β-Zellen des Pankreas bei Diabetes zerstört werden. Körpereigene Proteine können jedoch normalerweise nicht vollständig beseitigt werden – wobei es seltene Ausnahmen gibt wie die Inselzellen des Pankreas –, sodass sich die Autoimmunreaktion fortsetzt. Einige pathogene Mechanismen gibt es nur in der Autoimmunität, etwa die Bildung von Antikörpern gegen Rezeptoren an der Zelloberfläche, die ihre Funktion beeinträchtigen, beispielsweise bei der Krankheit Myasthenia gravis. Hierzu gehören auch Hypersensitivitätsreaktionen. In diesem Teil des Kapitels beschreiben wir die pathogenen Mechanismen von einigen klinischen Autoimmunsyndromen.

14.8 Spezifische adaptive Immunreaktionen gegen körpereigene Antigene können Autoimmunerkrankungen verursachen

Bei bestimmten Stämmen von Versuchstieren mit der entsprechenden genetischen Veranlagung kann man Autoimmunerkrankungen künstlich induzieren, indem man Gewebe von einem genetisch identischen Tier mit starken, bakterienhaltigen Adjuvanzien mischt (Anhang I, Abschnitt A.4) und dem Versuchstier injiziert. Das zeigt direkt, dass sich Autoimmunität durch Induktion einer spezifischen adaptiven Immunantwort gegen körpereigene Antigene hervorrufen lässt. Solche experimentellen Systeme verdeutlichen, welche Bedeutung die Aktivierung von anderen Bestandteilen des Immunsystems durch die im Adjuvans enthaltenen Bakterien besitzt, vor allem für die dendritischen Zellen. Bei der Anwendung solcher Tiermodelle für die Untersuchung von Autoimmunität gibt es jedoch auch Probleme. Beim Menschen und bei Tieren, die genetisch bedingt für eine Autoimmunität anfällig sind, entsteht diese normalerweise spontan. Das heißt, wir kennen die auslösenden Faktoren für die Immunreaktion gegen körpereigene Antigene nicht, die letztlich zur Autoimmunerkrankung führt. Durch die Untersuchung der Muster von Autoantikörpern und auch der im Einzelnen betroffenen Gewebe, ließen sich einige dieser körpereigenen Antigene identifizieren, die Zielmoleküle von Autoimmunerkrankungen sind. Dabei gilt es jedoch auch immer noch den Nachweis zu führen, ob die Immunantwort tatsächlich durch diese selben Antigene ausgelöst wurde. In Tiermodellen, und in geringerem Maß auch beim Menschen, konnte man körpereigene Proteine identifizieren, die autoreaktive T-Zellen aktivieren.

Einige Autoimmunerkrankungen können durch Krankheitserreger ausgelöst werden, die Epitope exprimieren, welche körpereigenen Antigenen ähneln und zu einer Sensibilisierung der Patienten gegen ihr eigenes Gewebe führen. Es gibt jedoch aus Tiermodellen für die Autoimmunität auch Hinweise darauf, dass zahlreiche Autoimmunstörungen aufgrund einer internen falschen Regulation des Immunsystems entstehen, ohne dass Krankheitserreger beteiligt sind.

14.9 Autoimmunerkrankungen lassen sich in Cluster von organspezifischen und systemischen Erkrankungen einteilen

Die Klassifizierung von Krankheiten ist eine Wissenschaft mit zahlreichen Unsicherheitsfaktoren, besonders dann, wenn man die auslösenden Mechanismen nicht genau kennt. Das lässt sich gut an der Schwierigkeit veranschaulichen, Autoimmunerkrankungen systematisch zu erfassen. Aus der klinischen Perspektive heraus unterscheidet man sinnvollerweise die beiden im Folgenden genannten Hauptmuster von Autoimmunkrankheiten: zum einen die Krankheiten, bei denen der Ausbruch der Autoimmunität auf bestimmte Organe im Körper beschränkt bleibt und die man als „organspezifische" Autoimmunerkrankungen bezeichnet; und zum anderen die „systemischen" Autoimmunerkrankungen, bei denen im Körper zahlreiche Gewebe betroffen sind. Systemische Autoimmunkrankheiten betreffen mehrere Organe, und sie neigen dazu, chronisch zu werden, da die Autoantigene niemals aus dem Körper entfernt werden können. Einige Autoimmunerkrankungen werden anscheinend von den pathologischen Effekten eines bestimmten Effektorweges beherrscht, entweder durch Autoantikörper oder durch aktivierte autoreaktive T-Zellen. Häufig tragen jedoch beide Reaktionswege insgesamt zur Pathogenese einer Autoimmunerkrankung bei.

Bei den organspezifischen Krankheiten werden nur Autoantigene von einem oder nur wenigen Organen angegriffen, und die Krankheit ist auf diese Organe beschränkt. Beispiele für organspezifische Autoimmunerkrankungen sind die **Hashimoto-Thyreoiditis** und die **Basedow-Krankheit**, die vor allem die Schilddrüse angreifen, sowie der Diabetes mellitus Typ 1, der durch einen Angriff des Immunsystems auf die insulinproduzierenden β-Zellen des Pankreas ausgelöst wird. Beispiele für systemische Autoimmunerkrankungen sind der systemische Lupus erythematodes (SLE) und das Sjögren-Syndrom, bei denen so verschiedene Gewebe wie Haut, Nieren und Gehirn betroffen sein können (Abb. 14.11).

Die Autoantigene, die bei den Krankheiten dieser beiden Gruppen erkannt werden, sind selbst organspezifisch beziehungsweise systemisch. Die Basedow-Krankheit ist durch die Erzeugung von Antikörpern gegen den Rezeptor des schilddrüsenstimulierenden Hormons (*thyroid stimulating hormone*, TSH) in der Schilddrüse gekennzeichnet, die Hashimoto-Thyreoiditis durch Antikörper gegen die Schilddrüsen-Peroxidase und Diabetes mellitus Typ 1 durch Anti-Insulin-Antikörper. Im Gegensatz dazu treten beim SLE Antikörper gegen Antigene auf, die allgemein vorkommen und in jeder Körperzelle zahlreich vorhanden sind wie Anti-Chromatin-Antikörper und Antikörper gegen Proteine des Prä-mRNA-Spleißapparats (des Spleißosomkomplexes).

Wahrscheinlich haben organspezifische und systemische Autoimmunerkrankungen etwas unterschiedliche Ätiologien. Damit lässt sich ihre Einteilung in zwei breit gefächerte Gruppen biologisch begründen. Auch die Beobachtung, dass die verschiedenen Autoimmunerkrankungen bei Einzelpersonen und innerhalb von Familien gehäuft auftreten, unterstützt die Gültigkeit dieser Einteilung. Die organspezifischen Autoimmunerkrankungen kommen oft zusammen in vielfältigen Kombinationen vor. So findet man Autoimmunerkrankungen der Schilddrüse häufig bei denselben Patienten, die auch an der Autoimmunerkrankung Vitiligo leiden, durch

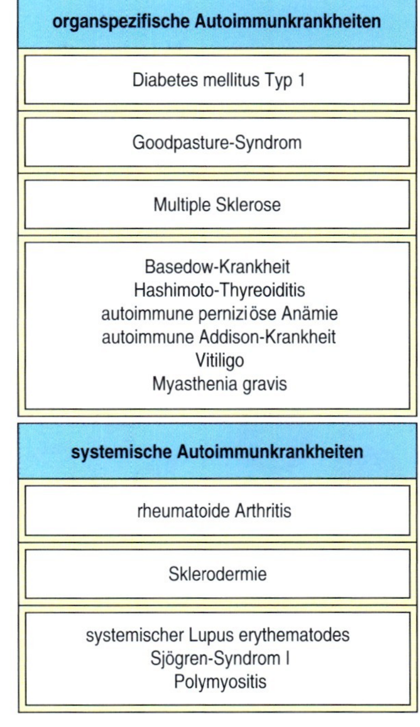

14.11 Einteilung einiger weit verbreiteter Autoimmunerkrankungen entsprechend ihrer „organspezifischen" oder „systemischen" Eigenschaften. Krankheiten, die tendenziell in sogenannten Clustern auftreten, sind in den einzelnen Feldern zusammengefasst. Clusterbildung bedeutet, dass ein einzelner Patient oder verschiedene Mitglieder einer Familie mehr als eine Krankheit aufweisen. Nicht alle Autoimmunerkrankungen lassen sich nach diesem Schema einordnen. So kommt die autoimmune hämolytische Anämie isoliert oder in Verbindung mit systemischem Lupus erythematodes vor.

die Pigmente zerstört werden. Entsprechend können SLE und das Sjögren-Syndrom bei einem Patienten oder bei verschiedenen Mitgliedern einer Familie gemeinsam vorkommen.

Diese Cluster der Autoimmunerkrankungen erweisen sich als die sinnvollste Klassifikation der verschiedenen Subtypen, wobei die einzelnen Subtypen wiederum auf unterschiedlichen Mechanismen beruhen können. Die in Abbildung 14.11 dargestellte Einteilung der Autoimmunerkrankungen beruht auf einer solchen Clusterbildung. Die strenge Trennung zwischen organspezifisch und systemisch lässt sich nur bis zu einem bestimmten Maß aufrechterhalten, da sich nicht alle Autoimmunerkrankungen auf diese Weise aufteilen lassen. Die hämolytische Autoimmunanämie, bei der die roten Blutkörperchen zerstört werden, tritt manchmal als abgeschlossene Einheit auf und ließe sich daher als organspezifische Krankheit klassifizieren. Unter anderen Bedingungen kann diese Erkrankung aber auch in Kombination mit SLE Teil einer systemischen Autoimmunerkrankung sein.

14.10 Bei einer Autoimmunerkrankung werden im Allgemeinen mehrere Teilbereiche des Immunsystems mobilisiert

In der Immunologie beschäftigt man sich schon sehr lange mit der Frage, welche Teile des Immunsystems für die verschiedenen Autoimmunsyndrome von Bedeutung sind, da es sinnvoll sein kann zu wissen, wie eine Krankheit entsteht und wie sie aufrechterhalten bleibt, um dann letztendlich wirksame Therapien zu entwickeln. So sind anscheinend bei der Myasthenia gravis Autoantikörper die Hauptfaktoren, die die Krankheitssymptome verursachen. Antikörper gegen den Acetylcholinrezeptor bewirken eine Blockade der Rezeptorfunktion an der neuromuskulären Endplatte, was zu einem Muskelschwächesyndrom führt. Bei anderen Autoimmunerkrankungen werden Antikörper in Form von Immunkomplexen in Geweben abgelagert. Dadurch kommt es aufgrund der Aktivierung des Komplementsystems und der Bindung von Fc-Rezeptoren auf Entzündungszellen zu Gewebeschäden.

Relativ verbreitete Autoimmunerkrankungen, bei denen T-Effektorzellen anscheinend den ausschlaggebenden Faktor für die Schädigungen darstellen, sind unter anderem Diabetes mellitus Typ 1 und Multiple Sklerose.

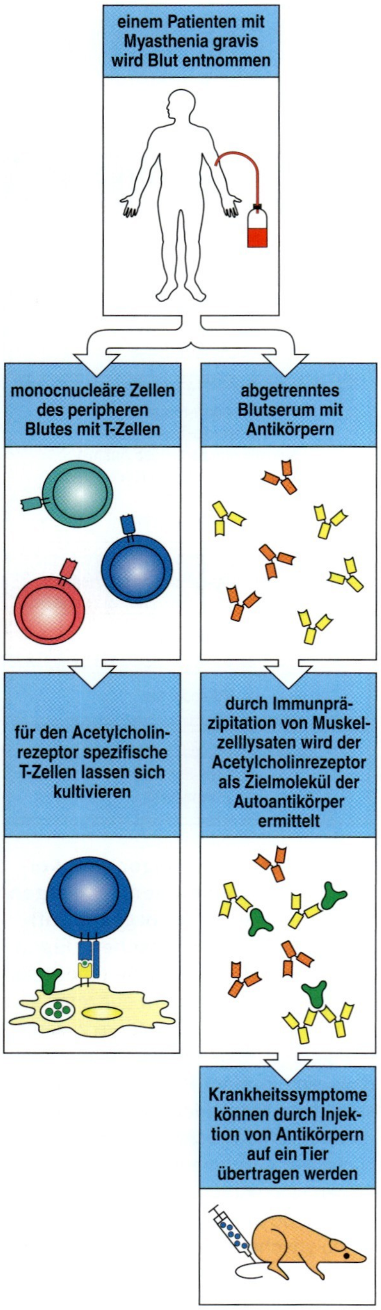

14.12 Identifizierung von Autoantikörpern bei Patienten mit Myasthenia gravis, durch die die Krankheit übertragen werden kann. Mithilfe von Autoantikörpern aus dem Serum von Patienten mit Myasthenia gravis lässt sich aus Lysaten von Skelettmuskelzellen der Acetylcholinrezeptor präzipitieren (rechts). Da die Autoantikörper an den Acetylcholinrezeptor sowohl des Menschen als auch der Maus binden können, lässt sich die Krankheit dadurch auch auf Mäuse übertragen (unten). Dieses Experiment zeigt, dass die Antikörper pathologisch wirken. Um jedoch Antikörper zu produzieren, müssen dieselben Patienten auch CD4-T-Zellen tragen, die auf ein Peptid reagieren, das vom Acetylcholinrezeptor stammt. Um diese Zellen nachzuweisen, werden T-Zellen aus Myasthenia-gravis-Patienten isoliert und in Gegenwart des Acetylcholinrezeptors und antigenpräsentierenden Zellen mit dem passenden MHC-Typ vermehrt (links). T-Zellen, die für Epitope des Acetylcholinrezeptors spezifisch sind, werden stimuliert, sich zu vermehren, und können so nachgewiesen werden.

Bei diesen Krankheiten verursachen T-Zellen, die für Selbst-Peptid:Selbst-MHC-Komplexe spezifisch sind, lokale Entzündungen, indem sie Makrophagen aktivieren oder Gewebezellen direkt zerstören. Betroffene Gewebe werden von T-Lymphocyten und aktivierten Makrophagen stark infiltriert. Wenn eine Krankheit durch den Transfer von Autoantikörpern und/oder von autoreaktiven Zellen von einem erkrankten Individuum auf ein gesundes übertragen werden kann, lässt sich dadurch bestätigen, dass der Krankheit eine Autoimmunität zugrunde liegt. Außerdem wird gezeigt, dass das übertragene Material bei der Entwicklung der Krankheit eine Rolle spielt. Bei der Myasthenia gravis kann man durch die Übertragung von Serum aus einem Patienten auf ein Empfängertier ähnliche Krankheitssymptome auslösen, was wiederum die pathologische Wirkung der Anti-Acetylcholinrezeptor-Autoantikörper beweist (Abb. 14.12). Auf ähnliche Weise kann man die experimentelle autoimmune Encephalomyelitis (EAE) mithilfe von T-Zellen von erkrankten Tieren auf gesunde übertragen (Abb. 14.13).

Eine Schwangerschaft ist ein Experiment der Natur, an dem sich die Bedeutung von Antikörpern für das Entstehen von Krankheiten zeigen lässt. IgG-Antikörper können die Plazenta durchqueren, T-Zellen jedoch nicht (Abschnitt 9.15). Bei einigen Autoimmunerkrankungen (Abb. 14.14) führt die Übertragung von Autoantikörpern über die Plazenta zu einer Erkrankung des Fetus oder des Neugeborenen (Abb. 14.15). Das beweist, dass solche Autoantikörper beim Menschen einige Symptome von Autoimmunität hervorrufen können. Die Krankheitssymptome des Neugeborenen verschwinden normalerweise schnell, da der mütterliche Antikörper abgebaut wird, aber in einigen Fällen verursachen die Antikörper chronische Organschäden,

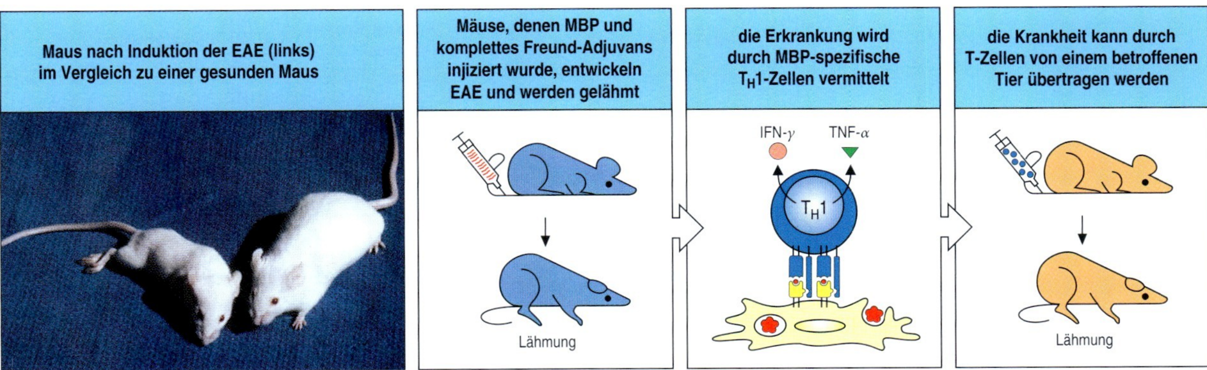

14.13 Für das basische Myelinprotein spezifische T-Zellen verursachen bei der experimentellen autoimmunen Encephalomyelitis (EAE) Entzündungen im Gehirn. Diese Krankheit lässt sich bei Versuchstieren durch Injektion eines Rückenmarkhomogenats in komplettem Freund-Adjuvans induzieren. EAE ist die Folge einer Entzündungsreaktion im Gehirn. Dadurch kommt es zu einer progressiven Lähmung, die zuerst den Schwanz und die Hinterbeine befällt, bevor sie auf die Vorderbeine übergreift und schließlich zum Tod führt. Das Foto zeigt eine von der Hinterleibslähmung betroffene Maus (links) im Vergleich mit einer gesunden (rechts). Eines der Autoantigene, das man in Rückenmarkhomogenaten identifiziert hat, ist das basische Myelinprotein (MBP). Eine Immunisierung mit MBP allein in komplettem Freund-Adjuvans kann ebenfalls zur Erkrankung führen. Die Entzündung des Gehirns und die Lähmung werden durch T_H1- und T_H17-Zellen vermittelt, die für MBP spezifisch sind. Klonierte MBP-spezifische T_H1-Zellen können Symptome der Krankheit auf gesunde Empfänger übertragen, sofern diese das passende MHC-Allel besitzen. In diesem System konnte man deshalb den Peptid:MHC-Komplex identifizieren, den die T_H1-Zellen erkennen, mit denen sich die Krankheit übertragen lässt. Andere gereinigte Bestandteile der Myelinscheide können ebenfalls die EAE-Symptome hervorrufen; bei dieser Krankheit ist also nicht nur ein einziges Autoantigen von Bedeutung.

bevor sie beseitigt werden, etwa durch Schädigung des Reizleitungsgewebes im Herz von Babys, deren Mütter an SLE oder dem Sjögren-Syndrom erkrankt sind. Die Beseitigung der Antikörper lässt sich beschleunigen, indem man das Blut oder das Plasma des Kindes austauscht (Plasmapherese). Das ist jedoch ohne klinischen Nutzen, wenn es bereits zu einer dauerhaften Schädigung gekommen ist, etwa einen angeborenen Herzblock.

Die oben erwähnten Krankheiten sind zwar eindeutige Beweise dafür, dass eine bestimmte Effektorfunktion, sobald sie aktiviert wurde, eine Krankheit verursachen kann, aber die Vorstellung, dass die meisten Autoimmunerkrankungen nur durch einen einzigen Effektorweg des Immunsystems hervorgerufen werden, ist eine zu starke Vereinfachung. Es ist sinnvoller, Autoimmunreaktionen wie die Immunantworten auf Krankheitserreger zu betrachten, bei denen das gesamte Immunsystem involviert wird, also normalerweise T-Zellen, B-Zellen und dendritische Zellen. Bei NOD-Mäusen (*non-obese diabetic*, nicht adipös diabetisch), einem Tiermodell für Diabetes mellitus Typ 1, sind beispielsweise nach üblicher Auffassung T-Zellen ausschlaggebend, aber B-Zellen sind erforderlich, damit die Krankheit überhaupt ausbricht. In diesem Fall fungieren die B-Zellen wahrscheinlich für die T-Zellen als essenzielle antigenpräsentierende Zellen, wobei die genauen Einzelheiten nicht bekannt sind. In Abbildung 14.16 ist anhand von ausgewählten Autoimmunerkrankungen dargestellt, welche Bestandteile der Immunantwort zur Pathogenese beitragen.

Autoimmunkrankheiten, die durch die Plazenta auf den Fetus und das Neugeborene übertragen werden können		
Krankheit	**Autoantikörper**	**Symptom**
Myasthenia gravis	Anti-Acetylcholin-Rezeptor	Muskelschwäche
Basedow-Krankheit	Anti-TSH-Rezeptor	Hyperthyreose
thrombocytopenische Purpura	Anti-Blutplättchen	Blutergüsse und Blutungen
Lupus-Ausschlag bei Neugeborenen und/oder angeborener Herzblock	Anti-Ro Anti-La	Lichtempfindlichkeitsausschlag und /oder Bradykardie
Pemphigus vulgaris	Anti-Desmoglein-3	blasiger Ausschlag

14.14 Einige Autoimmunerkrankungen können über pathogene IgG-Autoantikörper durch die Plazenta übertragen werden. Diese Krankheiten entstehen meistens durch Autoantikörper gegen Moleküle der Zelloberfläche oder der Gewebematrix. Das deutet darauf hin, dass die Zugänglichkeit des Antigens für den Autoantikörper entscheidend dazu beiträgt, ob ein plazentagängiger Autoantikörper beim Fetus oder beim Neugeborenen eine Krankheit verursacht. Der durch Autoimmunität verursachte angeborene Herzblock wird durch eine Fibrose des sich entwickelnden Reizleitungsgewebes im Herzen verursacht, das große Mengen an Ro-Antigen exprimiert. Das Ro-Protein ist Bestandteil eines intrazellulären kleinen cytoplasmatischen Ribonucleoproteins. Bis jetzt ist nicht bekannt, ob Ro im Reizleitungsgewebe an den Zelloberflächen präsentiert wird und so als Angriffsziel der Autoimmunreaktion wirkt, sodass es zu Gewebeschädigungen kommt. Dennoch führt die Bindung der Autoantikörper zu Gewebeschäden und zu einer Verlangsamung der Herzfrequenz (Bradykardie).

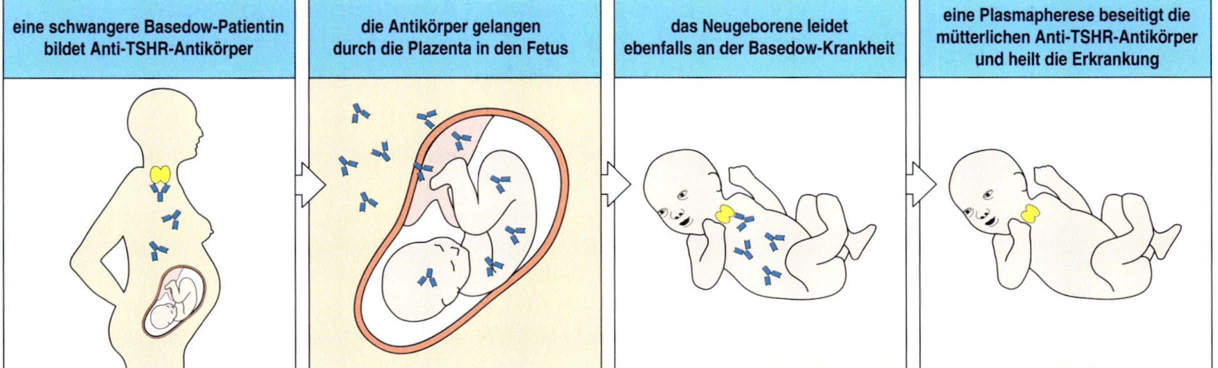

14.15 Antikörpervermittelte Autoimmunerkrankungen können sich infolge einer Übertragung von Antikörpern durch die Plazenta auch bei den Kindern betroffener Mütter manifestieren. Während der Schwangerschaft passieren IgG-Antikörper die Plazenta und sammeln sich im Fetus an (Abb. 9.22). Babys von Müttern mit IgG-vermittelten Autoimmunerkrankungen zeigen daher in den ersten Wochen nach der Geburt oft ähnliche Symptome wie die Mutter. Das führt glücklicherweise kaum zu bleibenden Schäden, da die Symptome mit den mütterlichen Antikörpern verschwinden. Bei der Basedow-Krankheit werden die Symptome durch Antikörper gegen den TSH-Rezeptor (TSHR) verursacht. Kinder von Müttern, die schilddrüsenstimulierende Antikörper produzieren, werden mit einer Hyperthyreose geboren. Wenn man ihr Blutplasma gegen normales Plasma austauscht (Plasmapherese), wodurch die mütterlichen Antikörper beseitigt werden, lässt sich dies jedoch beheben.

Autoimmunerkrankungen betreffen alle Bereiche der Immunreaktion			
Krankheit	**T-Zellen**	**B-Zellen**	**Antikörper**
systemischer Lupus erythematodes	pathogene Unterstützung der Antikörperproduktion	präsentieren Antigene den T-Zellen	pathogen
Diabetes mellitus Typ 1	pathogen	präsentieren Antigene den T-Zellen	vorhanden, Funktion unklar
Myasthenia gravis	Unterstützung der Antikörperproduktion	Freisetzung von Antikörpern	pathogen
Multiple Sklerose	pathogen	präsentieren Antigene den T-Zellen	vorhanden, Funktion unklar

14.16 Bei Autoimmunerkrankungen sind alle Bestandteile der Immunantwort beteiligt. Man hat zwar bei einigen Autoimmunerkrankungen lange Zeit angenommen, dass sie von B- oder T-Zellen vermittelt werden, aber es ist sinnvoller davon auszugehen, dass normalerweise alle Bestandteile des Immunsystems von Bedeutung sind. In der Abbildung ist für vier bedeutsame Autoimmunerkrankungen der Beitrag der T-Zellen, B-Zellen und Antikörper dargestellt.
Bei einigen Krankheiten wie dem systemischen Lupus erythematodes haben T-Zellen mehrere Funktionen, etwa die Unterstützung von B-Zellen bei der Produktion von Autoantikörpern und die direkte Förderung von Gewebeschäden, während B-Zellen zwei Funktionen haben können – die Präsentation von Autoantigenen, um die T-Zellen zu stimulieren, und die Freisetzung von pathogenen Autoantikörpern.

14.11 Eine chronische Autoimmunerkrankung entwickelt sich durch eine positive Rückkopplung aus der Entzündung, da das körpereigene Antigen nicht vollständig beseitigt wird und sich die Autoimmunreaktion ausweitet

Werden normale Immunantworten aktiviert, um einen Krankheitserreger zu zerstören, wird der fremde Eindringling in der Regel vernichtet. Danach endet die Immunantwort und nur die Gedächtniszellen haben sich vermehrt (Kapitel 10). Bei der Autoimmunität kann jedoch das körpereigene Antigen nicht einfach entfernt werden, da es in sehr großem Überschuss oder sogar ubiquitär vorkommt, etwa wie Chromatin, das SLE-Antigen. Dadurch funktioniert bei Autoimmunerkrankungen ein sehr wichtiger Mechanismus nicht, um das Ausmaß einer Immunantwort zu begrenzen. Stattdessen neigen Autoimmunerkrankungen dazu, einen chronischen Zustand zu entwickeln (Abb. 14.17). Für eine solche Krankheit kann es keine Heilung geben, sobald sie sich einmal etabliert hat, außer durch eine Übertragung von Knochenmark (Abschnitt 14.35), das von neuen Kohorten von Vorläuferzellen ausgehend einen großen Teil des Immunsystems ersetzt. Selbst das muss nicht ausreichen, um die Krankheit zu heilen.

Autoimmunerkrankungen sind im Allgemeinen dadurch gekennzeichnet, dass sich an eine frühe Aktivierungsphase, an der nur einige wenige Autoantigene beteiligt sind, ein chronisches Stadium anschließt. Das dauerhafte Vorhandensein von Autoantigenen führt zu einer chronischen Entzündung. Das wiederum verursacht als Ergebnis der Gewebeschädigung die Freisetzung von weiteren Autoantigenen, sodass schließlich eine wichtige Barriere vor der Autoimmunität durchbrochen wird, die man als „Sequestration“ (Abtrennung) bezeichnet, wodurch zahlreiche Antigene normalerweise vom Immunsystem fern gehalten werden. Dadurch werden auch unspezifische Effektorzellen wie Makrophagen und neutrophile Zellen angelockt, die auf die Freisetzung von Cytokinen und Chemokinen aus geschädigten Geweben reagieren (Abb. 14.17). Die Folge ist ein andauernder und fortschreitender Selbstzerstörungsprozess.

Der Übergang in das chronische Stadium geht normalerweise mit einer Ausweitung der Autoimmunreaktion auf neue Epitope des auslösenden An-

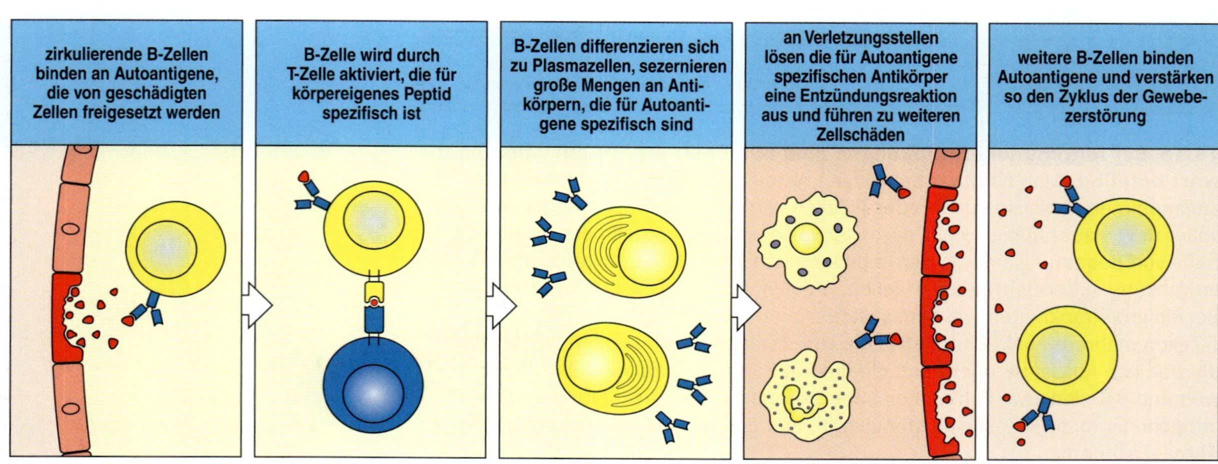

14.17 Eine durch Autoantikörper hervorgerufene Entzündung kann zur Freisetzung von Autoantigenen aus geschädigten Geweben führen, was wiederum die Aktivierung von weiteren autoreaktiven B-Zellen stimuliert. Besonders intrazelluläre Autoantigene, die beim systemischen Lupus erythematodes als Zielmoleküle fungieren, stimulieren B-Zellen nur, wenn sie aus absterbenden Zellen freigesetzt werden (erstes Bild). Als Folge werden autoreaktive T- und B-Zellen aktiviert, was schließlich in die Freisetzung von Autoantikörpern mündet (zweites und drittes Bild). Diese Autoantikörper können über eine Reihe verschiedener Effektorfunktionen Gewebeschäden hervorrufen (Kapitel 9), sodass weitere Zellen absterben (viertes Bild). Es etabliert sich eine positive Rückkopplungsschleife, da diese zusätzlichen Autoantigene weitere autoreaktive B-Zellen mobilisieren (fünftes Bild). Diese wiederum beginnen mit dem Zyklus von vorne, wie im ersten Bild dargestellt ist.

tigens und auf neue Autoantigene einher. Diesen Effekt bezeichnet man als **Epitoperweiterung**, und er spielt eine wichtige Rolle bei der Fortführung und Verstärkung der Krankheit. Wie wir in Kapitel 9 erfahren haben, können aktivierte B-Lymphocyten durch rezeptorvermittelte Endocytose Antigene effizient aufnehmen, prozessieren und die entstandenen Peptide den T-Zellen präsentieren. Eine aktivierte autoreaktive B-Zelle kann demnach das Autoantigen aufnehmen und prozessieren, für das sie spezifisch ist, und präsentiert den T-Zellen so eine Reihe neuer verschiedener, vorher verborgener Epitope, die man als **kryptische Epitope** bezeichnet. Autoreaktive T-Zellen, die auf diese Epitope reagieren, können dann diejenigen B-Zellen unterstützen, die ein solches Peptid präsentieren, wodurch weitere B-Zell-Klone für die Autoimmunreaktion mobilisiert werden und sich die Vielfalt der produzierten Autoantikörper erhöht. B-Zellen binden und neutralisieren ihr zugehöriges (kognates) Antigen, das ihr Antigenrezeptor erkennt. Dabei können sie weitere Moleküle aufnehmen, die mit dem zugehörigen Antigen assoziiert sind. Die B-Zellen fungieren dann als antigenpräsentierende Zellen für Peptide, die aus anderen Proteinen als dem ursprünglichen Autoantigen stammen, das die Autoimmunreaktion ausgelöst haben mag.

Die Autoimmunreaktion beim systemischen Lupus erythematodes (SLE) setzt diesen Mechanismus der Epitop- und Antigenerweiterung in Gang. Bei dieser Krankheit werden Autoantikörper sowohl gegen die Protein- als auch gegen die DNA-Komponente des Chromatins gebildet. Abbildung 14.18 zeigt, wie autoreaktive B-Zellen, die für DNA spezifisch sind, für die Autoimmunreaktion autoreaktive T-Zellen mobilisieren können, die

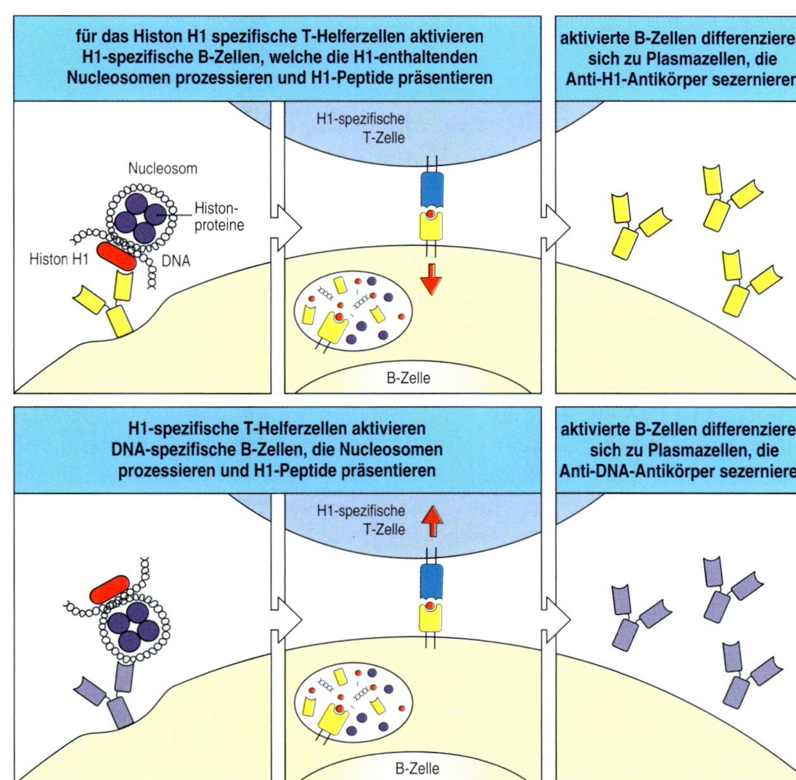

14.18 Zur Epitoperweiterung kommt es, wenn B-Zellen, die für verschiedene Bestandteile eines komplexen Antigens spezifisch sind, durch autoreaktive T-Helferzellen mit einer einzigen Spezifität stimuliert werden. Beim SLE erzeugen die Patienten häufig Autoantikörper sowohl gegen DNA als auch gegen Komponenten der Histonproteine in den Nucleosomen (den Untereinheiten des Chromatins) oder eines anderen komplexen Antigens. Das liegt höchstwahrscheinlich daran, dass verschiedene autoreaktive B-Zellen durch einen einzigen Klon von autoreaktiven T-Zellen, die für ein Peptid in einem der Proteine des Komplexes spezifisch sind, aktiviert wurden. Die Bindung einer B-Zelle an einen beliebigen Bestandteil des Komplexes über ihr Oberflächenimmunglobulin kann dazu führen, dass der gesamte Komplex aufgenommen und abgebaut wird und dann Peptide aus dem Histonprotein, an MHC-Klasse-II-Moleküle gebunden, an die Zelloberfläche bringt, wo sie T-Helferzellen stimulieren. Diese wiederum aktivieren die B-Zellen. Eine T-Zelle, die für das Histonprotein H1 des Nucleosoms spezifisch ist, kann sowohl eine B-Zelle aktivieren, die für das Histonprotein spezifisch ist (obere Reihe), als auch eine B-Zelle, die für doppelsträngige DNA spezifisch ist (untere Reihe). T-Zellen mit weiteren Epitopspezifitäten können auf diese Weise von antigenpräsentierenden B-Zellen ebenfalls für die Immunreaktion mobilisiert werden, wenn die B-Zellen verschiedene, aus dem Nucleosom stammende Peptid:MHC-Komplexe an der Oberfläche tragen.

für Histonproteine, einen weiteren Bestandteil des Chromatins, spezifisch sind. Daraufhin unterstützen diese Zellen nicht nur die ursprünglichen DNA-spezifischen B-Zellen, sondern auch histonspezifische B-Zellen, sodass sowohl Anti-DNA- als auch Anti-Histon-Antikörper gebildet werden.

Eine Autoimmunerkrankung, bei der die Epitoperweiterung mit dem Voranschreiten der Krankheit einhergeht, ist die Krankheit **Pemphigus vulgaris**. Dabei kommt es zu starker Blasenbildung auf der Haut und den mucosalen Membranen. Sie wird durch Autoantikörper gegen Desmogleine ausgelöst, die zu den Cadherinen gehören und in den Zellverbindungen (Desmosomen) vorkommen, die die Zellen der Epidermis zusammenhalten. Die Bindung von Autoantikörpern an die extrazellulären Domänen dieser Adhäsionsmoleküle führt zu einer Dissoziation der Verbindungen und zur Auflösung des betroffenen Gewebes. Pemphigus vulgaris beginnt im Allgemeinen mit Läsionen der Schleimhäute im Mund und an den Genitalien, und erst später ist auch die Haut betroffen. Im mucosalen Stadium treten nur Autoantikörper gegen bestimmte Epitope des Desmogleins Dsg-3 auf, und diese Antikörper können offenbar keine Hautblasen hervorbringen. Das Voranschreiten zur Hautkrankheit ist mit einer Epitoperweiterung innerhalb von Dsg-3 verbunden. Dadurch entstehen Autoantikörper, die die tiefen Hautblasen verursachen, und es kommt zur Epitoperweiterung auf Dsg-1, ein weiteres Desmoglein, das in der Epidermis häufiger ist. Dsg-1 ist bei einer weniger schweren Variante dieser Krankheit, Pemphigus foliaceus, ebenfalls ein Autoantigen. Bei dieser Krankheit verursachen die Autoantikörper, die zuerst gegen Dsg-1 produziert werden, noch keine Gewebeschäden; die Krankheit wird nur dann erkennbar, wenn sich die produzierten Autoantikörper gegen Epitope auf Bereichen des Proteins richten, die bei der Adhäsion der Epidermiszellen von Bedeutung sind.

14.12 Sowohl Antikörper als auch T-Effektorzellen können bei Autoimmunerkrankungen das Gewebe schädigen

Die Symptome einer Autoimmunerkrankung werden durch die Effektormechanismen des Immunsystems hervorgerufen, die sich gegen die körpereigenen Gewebe richten. Wie bereits besprochen, wird die Reaktion im Allgemeinen durch das ständige Vorhandensein von neuem Autoantigen verstärkt und aufrechterhalten. Eine wichtige Ausnahme dieser allgemeinen Regel ist Diabetes mellitus Typ 1, bei dem die Autoimmunreaktion das Zielorgan vollständig zerstört. Das führt zu einem Versagen der Produktion von Insulin – einem der Hauptantigene dieser Krankheit – und der Mangel an Insulin ist verantwortlich für die Krankheitssymptome.

Die Mechanismen der Gewebeschädigung lassen sich nach dem gleichen Schema wie bei der Hypersensitivitätsreaktion einordnen (Abb. 14.19 und 13.1). Es sei noch einmal darauf hingewiesen, dass bei allen Autoimmunerkrankungen sowohl B- als auch T-Zellen eine Rolle spielen, selbst in Fällen, in denen eine bestimmte Art von Reaktion bei der Erzeugung der Schäden vorherrschend ist. Das Autoantigen oder die Gruppe von Autoantigenen, gegen die sich die Autoimmunreaktion richtet, und die Mechanismen, durch die das antigentragende Gewebe geschädigt wird, bestimmen zusammen das Krankheitsbild und die klinischen Symptome.

einige verbreitete Autoimmunkrankheiten, eingeteilt nach ihren immunpathogenen Mechanismen		
Syndrom	**Autoantigen**	**Folgen**
Typ-II-Antikörper gegen Zelloberflächen- oder Matrixantigene		
autoimmune hämolytische Purpura	Rhesus-Blutgruppenantigene, I-Antigen	Zerstörung der roten Blutkörperchen durch das Komplementsystem und FcR^+-Phagocyten, Anämie
autoimmune thrombocytopenische Purpura	Integrin GpIIb:IIIa der Blutgefäße	anormale Blutungen
Goodpasture-Syndrom	nichtkollagenöse Domäne des Basalmembrankollagens Typ IV	Glomerulonephritis, Blutungen der Lunge
Pemphigus vulgaris	epidermales Cadherin	Blasenbildung der Haut
akutes rheumatisches Fieber	Zellwandantigene von Streptokokken, Kreuzreaktion der Antikörper mit Herzmuskelzellen	Arthritis, Myocarditis, in der Spätphase Vernarben der Herzklappen
Typ-III-Immunkomplexerkrankungen		
gemischte essenzielle Kryoglobulinämie	Komplexe aus IgG und Rheumafaktor (mit oder ohne Hepatitis-C-Antigen)	systemische Vasculitis
rheumatoide Arthritis	Rheumafaktor-IgG-Komplexe	Arthritis
T-Zell-vermittelte Erkrankungen vom Typ IV		
Diabetes mellitus Typ 1	Antigen auf den β-Zellen des Pankreas	Zerstörung der β-Zellen
rheumatoide Arthritis	unbekanntes Antigen in der Synovialmembran der Gelenkkapsel	Gelenkentzündung und -schädigung
Multiple Sklerose	basisches Myelinprotein, Proteolipidprotein, Myelin-Oligodendrocyten-Glykoprotein	Invasion des Gehirns durch CD4-T-Zellen, Muskelschwäche und andere neurologische Symptome

14.19 Mechanismen, durch die bei Autoimmunerkrankungen Gewebeschäden entstehen. Autoimmunerkrankungen lassen sich entsprechend der Art der vorherrschenden Immunantwort und dem Mechanismus, der die Gewebe schädigt, auf dieselbe Weise einteilen wie Hypersensitivitätsreaktionen. Die immunpathologischen Mechanismen der Hypersensitivitätsreaktionen sind mit Ausnahme der IgE-vermittelten Reaktionen vom Typ I (die nach derzeitigem Kenntnisstand keine Ursache für Autoimmunerkrankungen sind) in Abbildung 13.1 aufgeführt. In Abbildung 14.23 sind einige weitere Autoimmunerkrankungen aufgelistet, bei denen das Antigen ein Zelloberflächenrezeptor und das Krankheitsbild eine Folge der veränderten Signalübertragung ist. Bei vielen Autoimmunerkrankungen treten mehrere immunpathologische Mechanismen parallel auf, sodass zahlreiche Immunkrankheiten entstehen. Dies lässt sich am Beispiel der rheumatoiden Arthritis veranschaulichen, die unter mehr als einem immunpathologischen Mechanismus aufgeführt ist.

Autoimmunerkrankungen unterscheiden sich von Hypersensitivitätsreaktionen darin, dass IgE-vermittelte Reaktionen vom Typ I offenbar keine große Rolle spielen. Eine Autoimmunität aber, die Gewebe durch Mechanismen zerstört, die den Hypersensitivitätsreaktionen vom Typ II entspricht, ist hingegen ziemlich häufig. Bei dieser Form von Autoimmunität verursachen IgG- oder IgM-Reaktionen auf Autoantigene, die an der Zelloberfläche oder in der extrazellulären Matrix vorkommen, die Schäden. In anderen Fällen von Autoimmunität können die Schädigungen auf Typ-III-Reaktionen zurückzuführen sein, bei denen Immunkomplexe, die Autokörper gegen lösliche Autoantigene enthalten, eine Rolle spielen. Diese Autoimmunerkrankungen sind systemisch und durch eine autoimmune Vasculitis – eine Entzündung der Blutgefäße – gekennzeichnet. Beim systemischen Lupus erythematodes (SLE) verursachen Autoantikörper die Schäden sowohl über Typ-II- als auch über Typ-III-Mechanismen. Und schließlich sind bei mehreren organspezifischen Autoimmunerkrankungen T_H1-Zellen und/oder cytotoxische T-Zellen direkt an den Schädigungen der Gewebe beteiligt.

Bei den meisten Autoimmunerkrankungen sind mehrere Mechanismen der Immunpathogenese involviert. Dabei ist festzustellen, dass fast immer T-Helferzellen für die Produktion von pathogenen Autoantikörpern erforderlich sind. Umgekehrt besitzen B-Zellen häufig eine wichtige Funktion für die maximale Aktivierung von T-Zellen, die Gewebeschäden hervorrufen oder die Produktion von Autoantikörpern unterstützen (Abschnitt 14.10). So führen beispielsweise bei Diabetes mellitus Typ 1 und rheumatoider Arthritis, die als T-Zell-vermittelte Krankheiten eingeordnet werden, sowohl die durch T-Zellen als auch durch Antikörper vermittelten Reaktionswege zu Gewebeschäden. SLE ist ein Beispiel für eine Autoimmunerkrankung, von der man ursprünglich annahm, dass sie nur durch Antikörper und Immunkomplexe verursacht wird. Heute weiß man jedoch, dass auch eine Komponente der Pathogenese durch T-Zellen hervorgerufen wird. Wir untersuchen zuerst, wie Autoantikörper das Gewebe schädigen, bevor wir uns mit den Reaktionen von autoreaktiven T-Zellen und ihrer Bedeutung bei der Autoimmunität beschäftigen.

14.13 Autoantikörper gegen Blutzellen fördern deren Zerstörung

IgG- oder IgM-Reaktionen gegen Antigene an der Oberfläche von Blutzellen führen zu einer schnellen Zerstörung dieser Zellen. Ein Beispiel dafür ist die **autoimmune hämolytische Anämie**. Bei dieser Krankheit lösen Antikörper gegen Autoantigene auf den roten Blutkörperchen die Zerstörung der Zellen aus, was zu einer Anämie führt. Dies kann durch zwei verschiedene Mechanismen geschehen (Abb. 14.20). Rote Blutkörperchen mit daran gebundenen IgG- oder IgM-Antikörpern werden durch Wechselwirkung mit Fc- beziehungsweise Komplementrezeptoren auf Zellen des Systems der fixierten mononucleären Phagocyten schnell aus dem Blutkreislauf entfernt. Dies erfolgt besonders in der Milz. Andererseits werden die durch Autoantikörper empfindlicher gewordenen Zellen lysiert, indem der membranangreifende Komplex des Komplementsystems gebildet wird. Bei der **autoimmunen thrombocytopenischen Purpura** wird die Thrombocytopenie (der Mangel an Blutplättchen) durch Autoantikörper gegen den GpIIb:IIIa-Fibrinogenrezeptor oder andere für Blutpättchen spezifische Oberflächenantigene verursacht; dadurch kann es zu inneren Blutungen kommen.

Eine Lyse von kernhaltigen Zellen kommt seltener vor, weil diese besser durch komplementregulatorische Proteine geschützt sind. Diese Proteine schützen Zellen gegen Angriffe des Immunsystems, indem sie die Aktivierung von Komponenten des Komplementsystems und deren Zusammenbau zu membranangreifenden Komplexen stören (Abschnitt 2.21). Dennoch werden kernhaltige Zellen, die von Autoantikörpern angegriffen wurden, durch Zellen des Systems mononucleärer Phagocyten zerstört. Autoantikörper gegen Neutrophile bewirken eine Neutropenie und damit eine erhöhte Anfälligkeit für eitrige Infektionen. In all diesen Fällen wird der Zellmangel im Blut durch eine beschleunigte Beseitigung der durch Autoantikörper sensibilisierten Zellen bewirkt. Eine mögliche Behandlung dieser Form der Autoimmunität ist die chirurgische Entfernung der Milz, also des Organs, in dem die roten Blutkörperchen, Blutplättchen und Leu-

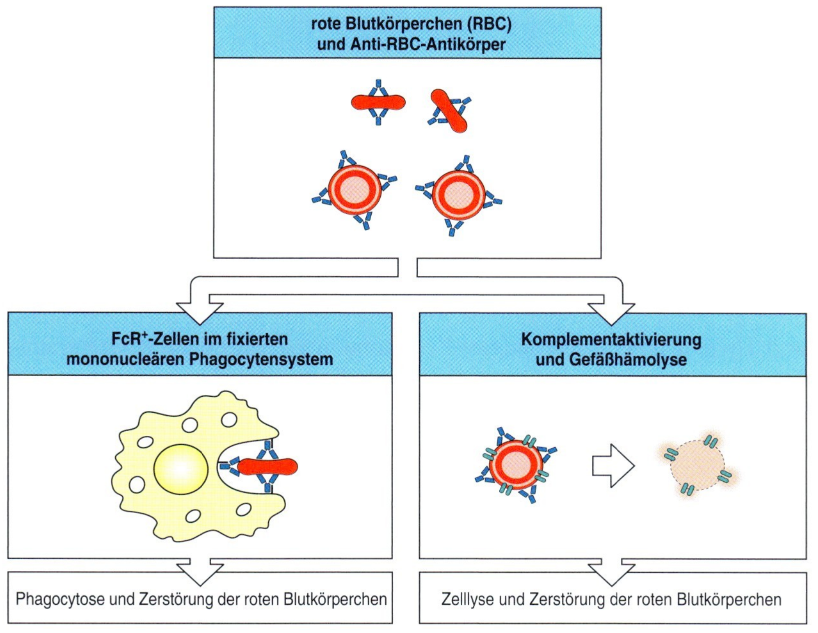

14.20 Antikörper gegen Zelloberflächenantigene können Zellen zerstören. Bei der autoimmunen hämolytischen Anämie werden die roten Blutkörperchen (RBC), die mit IgG-Autoantikörpern gegen ein Zelloberflächenantigen bedeckt sind, über die Aufnahme durch Fc-Rezeptor-tragende Makrophagen im System fixierter mononucleärer Phagocyten schnell aus dem Blutkreislauf entfernt (links). Rote Blutkörperchen, die mit IgM-Autoantikörpern bedeckt sind, binden C3 und werden durch CR1- und CR3-tragende Makrophagen ebenfalls im fixierten mononucleären Phagocytensystem zerstört (nicht dargestellt). Die Aufnahme und die Beseitigung der roten Blutkörperchen durch diese Mechanismen finden vor allem in der Milz statt. Die Bindung bestimmter seltener Autoantikörper, die das Komplement besonders effizient fixieren, führt zur Bildung von membranangreifenden Komplexen auf den roten Blutkörperchen, was in den Blutgefäßen zu einer Hämolyse führt (rechts).

kocyten vor allem abgebaut werden. Eine weitere mögliche Behandlung ist die Verabreichung von großen Mengen an unspezifischen IgG-Antikörpern (intravenöse Immunglobuline, IVIG). Dadurch wird unter anderem die durch den Fc-Rezeptor vermittelte Aufnahme von Zellen, die mit Antikörpern bedeckt sind, blockiert.

14.14 Die Bindung von geringen, nichtlytischen Mengen des Komplements an Gewebezellen führt zu starken Entzündungsreaktionen

Es gibt verschiedene Mechanismen, durch die eine Bindung von IgG- oder IgM-Autoantikörpern an Gewebezellen (beispielsweise an Blutzellen) zu entzündlichen Schädigungen führen kann. Dazu gehört auch wie bei den Blutzellen die Bindung des Komplementsystems. Kernhaltige Zellen sind zwar gegenüber der Lyse durch das Komplement relativ resistent, aber der Zusammenbau von ungefährlichen Mengen des membranangreifenden Komplexes an ihrer Oberfläche bildet einen hochgradigen Aktivierungsreiz. Bei bestimmten Zelltypen kann die Wechselwirkung des membranangreifenden Komplexes in eigentlich ungefährlichen Mengen zur Ausschüttung von Cytokinen, zu einer respiratorischen Entladung (*respiratory burst*) oder zur Mobilisierung von Membranphospholipiden führen, sodass Arachidonsäure entsteht, ein Vorstufenmolekül von Prostaglandinen und Leukotrienen (Lipidmediatoren von Entzündungen).

Die meisten Zellen im Gewebeverband sind an einen Ort gebunden, und Zellen des Entzündungssystems werden von ihnen durch Chemoattraktormoleküle angelockt. Ein solches Attraktormolekül ist beispielsweise das Komplementfragment C5a, das als Ergebnis der Komplementaktivierung freigesetzt wird, die wiederum durch die Bindung von Autoantikörpern erfolgt. Andere Chemoattraktoren wie das Leukotrien B4 werden von Zellen freigesetzt, die durch Autoantikörper angegriffen wurden. Inflammatorische Leukocyten werden darüber hinaus durch die Bindung der Fc-Region von Autoantikörpern und durch gebundene C3-Komplementfragmente auf Gewebezellen aktiviert. Gewebeschäden können durch die Produkte der aktivierten Leukocyten oder durch die antikörperabhängige Cytotoxität der natürlichen Killerzellen (NK-Zellen) (Abschnitt 9.23) entstehen.

Die Hashimoto-Thyreoiditis (Schilddrüsenentzündung) ist vermutlich ein Beispiel für diesen Typ von Autoimmunreaktion. Bei ihr findet man Autoantikörper gegen gewebespezifische Antigene wie die Schilddrüsen-Peroxidase und Thyreoglobulin über längere Zeiträume in extrem hohen Konzentrationen. Wie wir später sehen werden, ist bei dieser Krankheit möglicherweise auch eine direkte, von T-Zellen vermittelte Cytotoxizität von Bedeutung.

14.15 Autoantikörper gegen Rezeptoren verursachen Krankheiten, indem sie die Rezeptoren stimulieren oder blockieren

Bei einer besonderen Gruppe der Autoimmunreaktionen vom Typ II binden Autoantikörper an Rezeptormoleküle auf der Zelloberfläche. Dadurch wird der Rezeptor entweder stimuliert oder seine Aktivierung

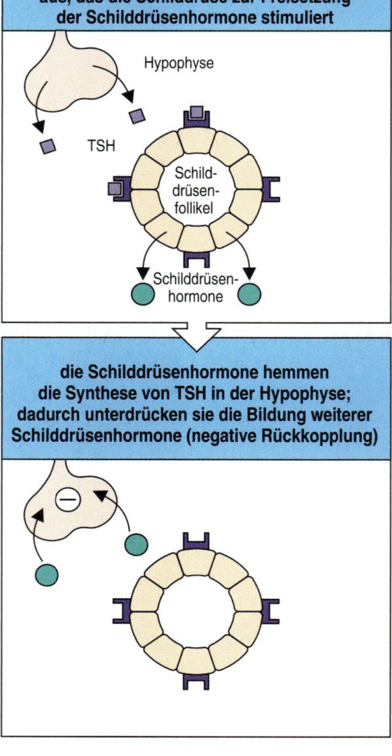

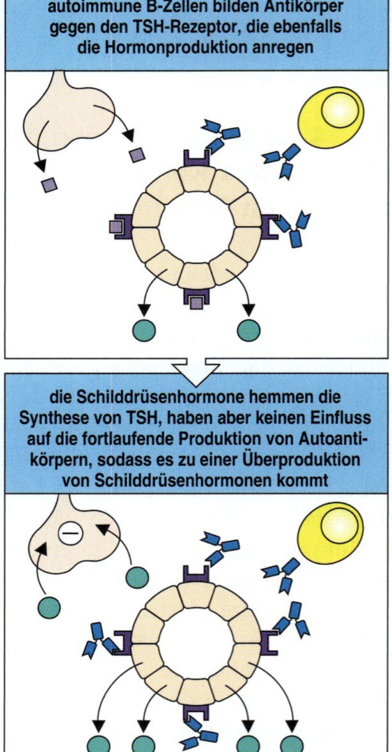

14.21 Bei der Basedow-Krankheit ist die Rückkopplungsregulation der Schilddrüsenhormonproduktion unterbrochen. Die Basedow-Krankheit wird durch Antikörper verursacht, die spezifisch gegen den Rezeptor für das schilddrüsenstimulierende Hormon (TSH) gerichtet sind. Normalerweise werden die Schilddrüsenhormone nach der Stimulation durch TSH produziert und hemmen indirekt ihre eigene Synthese, indem sie in der Hypophyse die Produktion von TSH verringern (links). Bei der Basedow-Krankheit wirken die Autoantikörper als Agonisten für den TSH-Rezeptor und regen dadurch die Produktion von Schilddrüsenhormonen an (rechts). Die Schilddrüsenhormone hemmen die TSH-Produktion wie im Normalfall, haben jedoch keinen Einfluss auf die Synthese von Autoantikörpern. Der auf diese Weise verursachte Überschuss an Schilddrüsenhormonen führt zum Krankheitsbild der Hyperthyreose.

durch den natürlichen Liganden verhindert. Bei der Basedow-Krankheit (*Graves' disease*) bewirken Autoantikörper gegen den Rezeptor für das schilddrüsenstimulierende Hormon (*thyroid stimulating hormone*, TSH) auf Schilddrüsenzellen eine Überproduktion von Schilddrüsenhormonen. Die Erzeugung der Schilddrüsenhormone unterliegt normalerweise einer Rückkopplungsregulation (*feedback regulation*). Ein hoher Hormonspiegel hemmt die Freisetzung von TSH in der Hypophyse. Bei der Basedow-Krankheit funktioniert die Rückkopplung jedoch nicht, da die Autoantikörper den TSH-Rezeptor auch ohne Vorhandensein von TSH stimulieren, sodass die Patienten eine Schilddrüsenüberfunktion entwickeln (Abb. 14.21).

Bei der Myasthenia gravis werden Autoantikörper gegen die α-Kette des Acetylcholinrezeptors gebildet, der sich auf Skelettmuskelzellen der neuromuskulären Endplatten befindet, und blockieren dort die Signalübertragung. Vermutlich fördern die Antikörper auch die Aufnahme der Acetylcholinrezeptoren in die Zelle und ihren intrazellulären Abbau (Abb. 14.22). Bei Patienten mit Myasthenia gravis kommt es als Folge der Autoimmunerkrankung zu einer fortschreitenden und potenziell tödlich verlaufenden Schwächung des Körpers. In Abbildung 14.23 sind Krankheiten aufgeführt, die durch agonistisch oder antagonistisch wirkende Autoantikörper gegen Rezeptoren an der Zelloberfläche verursacht werden.

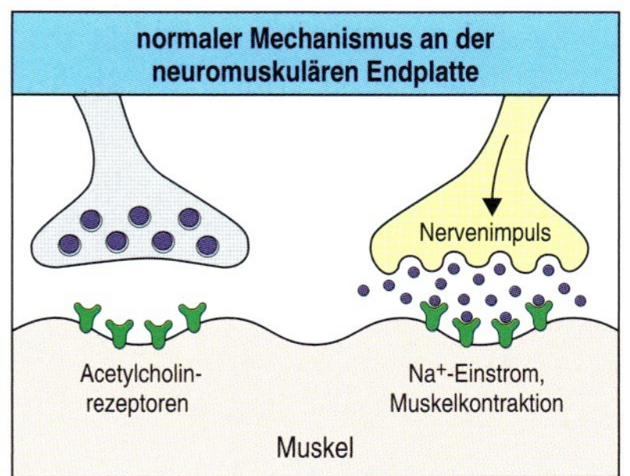

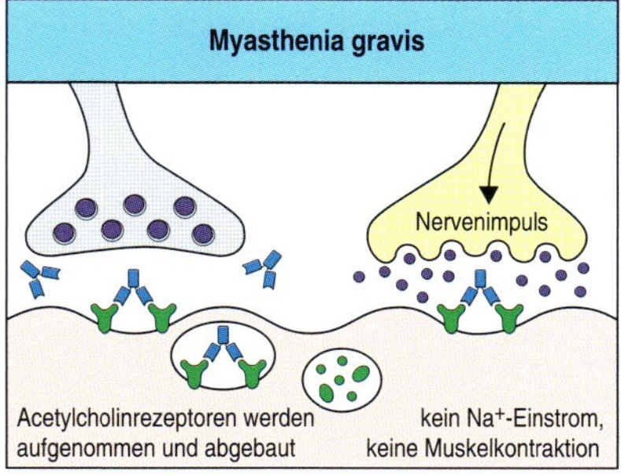

14.22 Bei Myasthenia gravis hemmen Autoantikörper die Rezeptorfunktion. Normalerweise wird Acetylcholin von angeregten motorischen Nerven an der neuromuskulären Endplatte freigesetzt, bindet an Acetylcholinrezeptoren auf Skelettmuskelzellen und löst so die Muskelkontraktion aus (links). Myasthenia gravis wird durch Autoantikörper gegen die α-Untereinheit des Acetylcholinrezeptors verursacht. Diese Antikörper binden an den Rezeptor, ohne ihn zu aktivieren, und verursachen seine Aufnahme in die Zelle, wo er abgebaut wird. Da auf diese Weise die Anzahl der Rezeptoren auf den Muskelzellen abnimmt, spricht der Muskel immer schlechter auf das von den motorischen Neuronen ausgeschüttete Acetylcholin an.

Krankheiten, die durch Antikörper gegen Zelloberflächenrezeptoren verursacht werden

Syndrom	Antigen	Folgen
Basedow-Krankheit	TSH-Rezeptor	Hyperthyreose
Myasthenia gravis	Acetylcholinrezeptor	progressive Schwächesyndrome
insulinresistenter Diabetes (Diabetes mellitus Typ 2)	Insulinrezeptor (Antagonist)	Hyperglykämie, Ketoazidose
Hypoglykämie	Insulinrezeptor (Agonist)	Hypoglykämie
chronische Urticaria	rezeptorgebundenes IgE oder IgE-Rezeptor (Agonist)	chronischer juckender Ausschlag

14.23 Autoimmunerkrankungen, die durch Antikörper gegen Rezeptoren auf der Zelloberfläche verursacht werden. Solche Antikörper verursachen unterschiedliche Krankheitsbilder, je nachdem, ob sie agonistisch wirken, das heißt, den Rezeptor stimulieren, oder antagonistisch, ihn also hemmen. Man beachte, dass verschiedene Autoantikörper gegen den Insulinrezeptor die Signalübertragung entweder stimulieren oder hemmen können.

14.16 Autoantikörper gegen extrazelluläre Antigene verursachen entzündliche Schädigungen ähnlich wie die Hypersensitivitätsreaktionen vom Typ II und Typ III

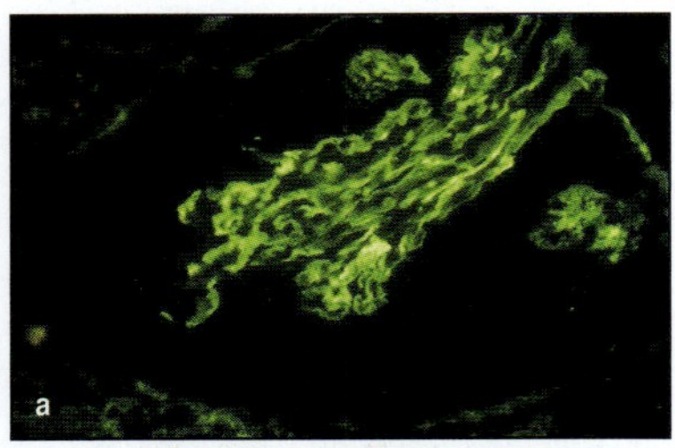

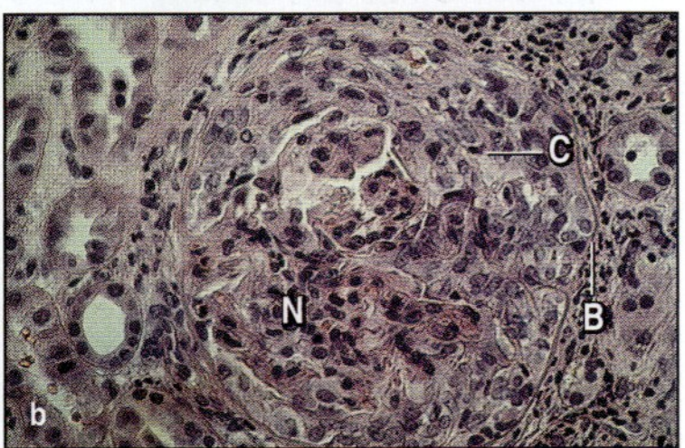

14.24 Autoantikörper, die mit der Basalmembran der Glomeruli reagieren, verursachen eine entzündliche Erkrankung dieser Strukturen, die man als Goodpasture-Syndrom bezeichnet. Die Bilder zeigen Schnitte durch Nierenglomeruli, die aus Reihenuntersuchungen von Patienten mit dem Goodpasture-Syndrom stammen. a zeigt einen Glomerulus, in dem mithilfe von Immunfluoreszenz die IgG-Ablagerungen angefärbt wurden. Anti-Glomerulusbasalmembran-Antikörper (grün gefärbt) lagern sich linear entlang der Glomerulusbasalmembran ab. Die Autoantikörper verursachen eine lokale Aktivierung von Zellen, die Fc-Rezeptoren tragen, und einen Zustrom von neutrophilen Zellen. b zeigt einen mit Hämatoxylin und Eosin gefärbten Schnitt durch einen Nierenglomerulus. Man erkennt, dass der Glomerulus durch einen Ring (R) von proliferierenden mononucleären Zellen innerhalb der Bowmann-Kapsel (B) zusammengedrückt wird, und eine Invasion von Neutrophilen (N) in das glomeruläre Kapillarbündel stattfindet. (Fotos mit freundlicher Genehmigung von M. Thompson und D. Evans.)

Antikörperreaktionen gegen Moleküle der extrazellulären Matrix sind zwar selten, können aber großen Schaden anrichten. Beim **Goodpasture-Syndrom** (ein Beispiel für eine Autoimmunreaktion vom Typ II; Abb. 14.19) werden Antikörper gegen die α_3-Kette des Basalmembrankollagens (Typ-IV-Kollagen) gebildet. Diese Antikörper binden an die Basalmembranen der Nierenglomeruli (Abb. 14.24a) und in einigen Fällen an die Basalmembranen der Lungenalveolen. Dies führt ohne Behandlung zu einer schnell und tödlich verlaufenden Krankheit. Die an die Basalmembran gebundenen Autoantikörper vernetzen Fcγ-Rezeptoren und verursachen so die Aktivierung von Monocyten, neutrophilen Zellen, basophilen Gewebezellen und Mastzellen. Diese setzen Chemokine frei, die einen weiteren Zustrom von neutrophilen Zellen in die Glomeruli bewirken, sodass es zu schweren Gewebeschäden kommt (Abb. 14.24b). Die Autoantikörper verursachen auch eine lokale Aktivierung des Komplementsystems, was die Gewebeschädigung wahrscheinlich noch verstärkt.

Immunkomplexe entstehen bei jeder Antikörperreaktion gegen ein lösliches Antigen (Anhang I, Abschnitt A.8). Normalerweise werden sie von roten Blutkörperchen mit Komplementrezeptoren und von mononucleären Phagocyten beseitigt, die sowohl Komplement- als auch Fc-Rezeptoren tragen, sodass diese Komplexe das Gewebe kaum beeinträchtigen. Unter drei Bedingungen kann dieses Schutzsystem jedoch versagen. Injiziert man Antigene in großen Mengen, bilden sich erstens so viele Immunkomplexe, dass sie die normalen Schutzmechanismen überfordern. Ein Beispiel dafür ist die Serumkrankheit (Abschnitt 13.18), die durch Injektion großer Mengen von Serumproteinen verursacht wird. Der zweite Fall betrifft chronische Infektionen wie die bakterielle Endocarditis, bei der die Immunreaktion nicht imstande ist, die in den Herzklappen sitzenden Bakterien zu beseitigen. Die ständige Freisetzung von Bakterienantigenen aus dem Infektionsherd an der Herzklappe in Gegenwart einer starken Antikörperreaktion gegen die Bakterien verursacht ausgedehnte Immunkomplexschädigungen kleiner Blutgefäße in Organen wie der Niere und der Haut.

Ein Teil der Pathogenese beim systemischen Lupus erythematodes (SLE) ist ebenfalls auf eine unzureichende Beseitigung von Immunkomplexen zurückzuführen. Beim SLE kommt es zu einer chronischen Produktion von IgG-Antikörpern gegen ubiquitäre körpereigene Antigene, die in allen kernhaltigen Zellen vorkommen. Dabei entsteht ein breites Spektrum an Autoantikörpern gegen normale Zellbestandteile. Die Hauptantigene sind drei intrazelluläre Nucleoproteinpartikel – das Nucleosom als Untereinheit des Chromatins, das Spleißosom und der kleine cytoplasmatische Ribonucleoproteinkomplex, der die beiden Proteine Ro und La enthält (die Namen entsprechen den ersten beiden Buchstaben der Namen der Patienten, bei denen man sie entdeckt hat). Damit diese Autoantigene zur Bildung der Immunkomplexe beitragen können, müssen sie außerhalb der Zelle vorliegen. Die Autoantigene gelangen beim SLE aus toten oder absterbenden Zellen nach außen und werden aus verletzten Geweben freigesetzt. Beim SLE sind ständig große Mengen des Antigens vorhanden, und dementsprechend werden unaufhörlich viele kleine Immunkomplexe gebildet, die sich in den

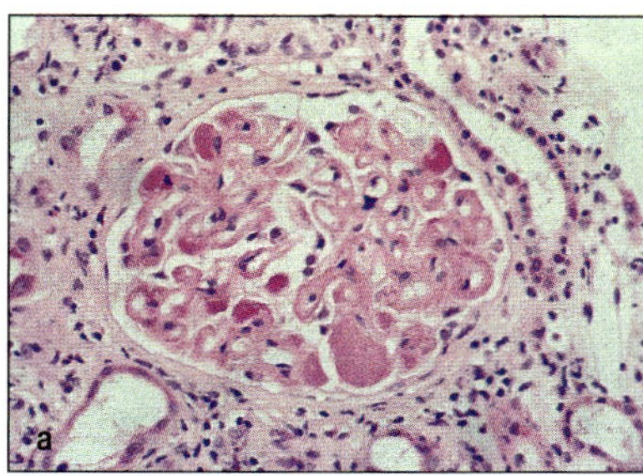

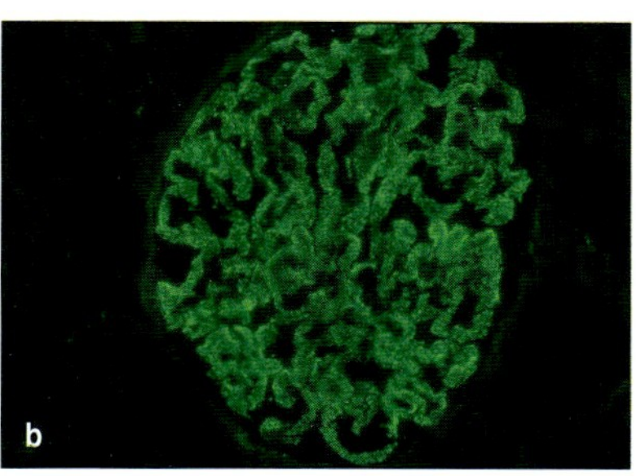

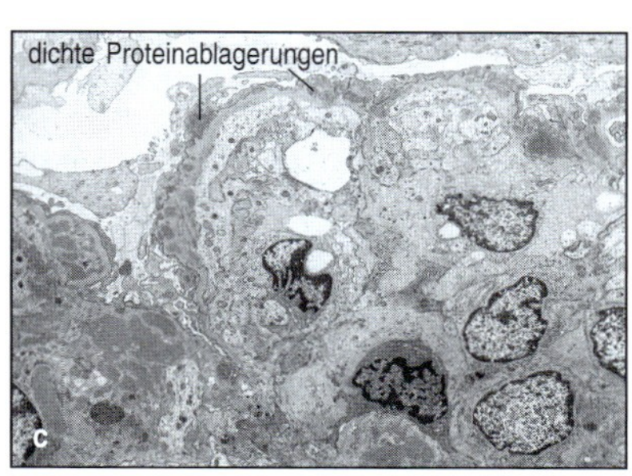

14.25 Die Ablagerung von Immunkomplexen in den Glomeruli der Niere führt beim systemischen Lupus erythematodes (SLE) zum Nierenversagen. a zeigt einen Schnitt durch einen Nierenglomerulus eines Patienten mit SLE. Die Ablagerung von Immunkomplexen beim SLE verursacht eine Verdickung der Basalmembran in den Glomeruli, erkennbar an den hellen „Kanälen", die sich durch den Glomerulus ziehen. b ist ein ähnlicher Schnitt, der allerdings mit fluoreszenzgekoppelten Anti-Immunglobulin-Antikörpern gefärbt wurde. Dadurch lassen sich die Immunglobuline in den Ablagerungen auf der Basalmembran sichtbar machen. Im elektronenmikroskopischen Bild (c) sind dichte Proteinablagerungen zwischen der Basalmembran der Glomeruli und den Nierenepithelzellen zu erkennen. Polymorphkernige neutrophile Leukocyten sind ebenfalls vorhanden. Sie wurden durch die abgelagerten Immunkomplexe angelockt. (Fotos mit freundlicher Genehmigung von M. Kashgarian.)

Wänden kleiner Blutgefäße der Nierenglomeruli, in der Basalmembran der Glomeruli (Abb. 14.25), in Gelenken und anderen Organen ablagern. Das führt dazu, dass die Fc-Rezeptoren der Phagocyten aktiviert werden. Durch die zwangsläufige Gewebeschädigung werden weitere Nucleoproteinkomplexe freigesetzt, sodass noch mehr Immunkomplexe entstehen. Während dieses Vorgangs werden autoreaktive T-Zellen aktiviert, wobei über deren Spezifität noch wenig bekannt ist. Die Versuchstiermodelle für SLE können ohne die Mitwirkung von T-Zellen nicht aktiviert werden, und T-Zellen können auch direkt pathogen wirken, indem sie einen Teil der zellulären Infiltrate in der Haut und den interstitiellen Regionen der Nieren bilden. Wie wir im nächsten Abschnitt besprechen werden, tragen T-Zellen zu Autoimmunreaktionen auf zwei Weisen bei: indem sie entsprechend einer normalen T-Zell-abhängigen Immunantwort B-Zellen unterstützen, Antikörper zu produzieren, sowie durch direkte Effektorfunktionen der T-Zellen, da sie in Zielgewebe wie die Haut, die interstitiellen Regionen der Nieren und die Blutgefäße eindringen und diese zerstören. Schließlich kann die Entzündung, die in diesen Geweben ausgelöst wird, genügend Schäden anrichten, um den Patienten zu töten.

14.17 T-Zellen mit einer Spezifität für körpereigene Antigene können unmittelbar Gewebeschädigungen hervorrufen und bewirken die Aufrechterhaltung von Autoantikörperreaktionen

Es ist sehr viel schwerer, die Existenz von autoimmunen T-Zellen nachzuweisen als das Vorliegen von Autoantikörpern. Erstens kann man menschliche autoimmune T-Zellen nicht dazu verwenden, Krankheiten auf Labortiere zu übertragen, da die T-Zell-Erkennung MHC-abhängig ist und Tiere andere MHC-Allele haben als Menschen. Zweitens ist es schwierig, das von einer T-Zelle erkannte Antigen zu identifizieren. So kann man zwar Autoantikörper, nicht aber T-Zellen, dazu benutzen, körpereigene Gewebe anzufärben und so die Verteilung des Autoantigens zu ermitteln. Dennoch gibt es viele Hinweise darauf, dass autoreaktive T-Zellen bei verschiedenen Autoimmunerkrankungen eine Rolle spielen. Beim Diabetes mellitus Typ 1 zerstören spezifische T-Zellen selektiv die insulinproduzierenden β-Inselzellen der Bauchspeicheldrüse. In den seltenen Fällen, in denen man einem solchen Patienten eine halbe Bauchspeicheldrüse von einem genetisch identischen Zwilling als Spender übertragen hat, wurden die β-Zellen im transplantierten Gewebe rasch und selektiv von den T-Zellen des Empfängers zerstört. Ein Krankheitsrückfall kann aber durch das immunsuppressive Medikament Cyclosporin A (Kapitel 15) verhindert werden, das die T-Zell-Aktivierung unterbindet.

Autoantigene, die von CD4-T-Zellen erkannt werden, lassen sich identifizieren, indem man Zellen oder Gewebe zu Kulturen von mononucleären Blutzellen gibt und die Erkennung durch CD4-T-Zellen testet, die von dem Patienten mit der Autoimmunerkrankung stammen. Wenn das Autoantigen vorhanden ist, sollte es auf effektive Weise präsentiert werden, da Phagocyten in den Blutkulturen extrazelluläre Proteine aufnehmen, in Vesikeln innerhalb der Zelle abbauen und die entstehenden Peptide, an MHC-Klasse-II-Moleküle gebunden, präsentieren. Die Identifizierung von Autoantigenpeptiden ist bei Autoimmunerkrankungen besonders schwierig, bei denen CD8-T-Zellen beteiligt sind, da Autoantigene, die CD8-T-Zellen erkennen, in solchen Kulturen nicht sehr effektiv präsentiert werden. Peptide, die von MHC-Klasse-I-Molekülen präsentiert werden, müssen normalerweise von den Zielzellen selbst erzeugt werden (Kapitel 5). Deshalb muss man intakte Zellen aus dem Zielgewebe des Patienten verwenden, um autoreaktive CD8-T-Zellen zu untersuchen, die die Gewebeschäden verursachen. Andererseits kann die Pathogenese der Krankheit selbst Hinweise geben, um bei einigen von CD8-T-Zellen verursachten Krankheiten das Antigen zu identifizieren. So werden beispielweise bei Diabetes mellitus Typ 1 die insulinproduzierenden β-Zellen offenbar von CD8-T-Zellen spezifisch angegriffen und zerstört (Abb. 14.26). Das deutet darauf hin, dass ein Protein, das nur bei den β-Zellen vorkommt, der Ursprung für das Peptid ist, welches die pathogenen CD8-T-Zellen erkennen. Untersuchungen mit dem NOD-Mausmodell von Diabetes mellitus Typ 1 haben gezeigt, dass Peptide aus dem Insulin selbst von den pathogenen CD8-T-Zellen erkannt werden.

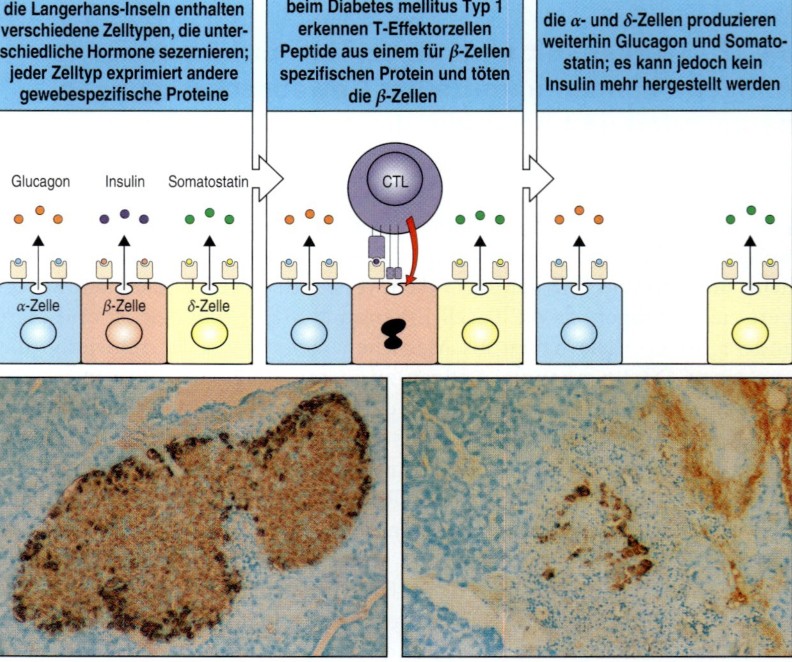

14.26 Die selektive Zerstörung der β-Zellen des Pankreas beim Diabetes mellitus Typ 1 deutet darauf hin, dass das Autoantigen in den β-Zellen produziert und auf ihrer Oberfläche exprimiert wird. Beim Diabetes mellitus Typ 1 werden insulinproduzierende β-Zellen in den Langerhans-Inseln des Pankreas mit hoher Spezifität zerstört, während andere Zelltypen der Inseln (α und δ) verschont bleiben. Dies ist schematisch in den oberen Bildern dargestellt. Die Fotos zeigen Langerhans-Inseln von gesunden Mäusen (links) und solchen mit Diabetes (rechts). Das Insulin und damit die β-Zellen sind braun angefärbt; schwarz gefärbt ist das Glucagon und damit die α-Zellen. Man beachte die Lymphocyten, die in die Inseln der Maus mit Diabetes (rechts) eindringen und die selektive Zerstörung der β-Zellen, nicht aber der α-Zellen (schwarz) verursachen. Mit dem Verlust der β-Zellen verlieren die Inseln auch ihr charakteristisches morphologisches Erscheinungsbild. (Fotos mit freundlicher Genehmigung von I. Visintin.)

Hiermit wird bestätigt, dass Insulin tatsächlich eines der hauptsächlichen Autoantigene im Diabetesmodell ist.

Multiple Sklerose ist ein Beispiel für eine durch T-Zellen verursachte chronische Krankheit des Nervenssystems, die durch eine zerstörende Immunantwort gegen mehrere Antigene aus dem Gehirn hervorgerufen wird, etwa das basische Myelinprotein (MBP), das Proteolipidprotein (PLP) und das Myelin-Oligodendrocyten-Glykoprotein (MOG). Die Bezeichnung der Krankheit beruht auf den harten (sklerotischen) Läsionen (Plaques), die sich in der weißen Substanz herausbilden. Diese Läsionen entstehen durch die Auflösung des Myelins, das normalerweise die Axone der Nerven umhüllt, einhergehend mit entzündlichen Infiltraten aus Lymphocyten und Makrophagen, vor allem entlang von Blutgefäßen. Patienten mit Multipler Sklerose entwickeln eine Reihe verschiedener neurologischer Symptome wie Muskelschwäche, Bewegungskoordinationsstörungen (Ataxie), Blindheit und Lähmung der Gliedmaßen. Lymphocyten und andere Blutzellen durchqueren normalerweise nicht die Blut-Hirn-Schranke, wenn sich aber das Gehirn und seine Blutgefäße entzünden, bricht die Blut-Hirn-Schranke zusammen. Wenn das geschieht, können aktivierte CD4-T-Zellen, die für Gehirnantigene spezifisch sind und α_4:β_1-Integrin exprimieren, an zelluläre Adhäsionsmoleküle der Blutgefäße (*vascular cell adhäsion molecules*, VCAM) an der Oberfläche des aktivierten Venolenendothels binden (Abschnitt 10.6). So ist es den T-Zellen möglich, das Blutgefäß zu verlassen. Sie treffen dann wieder auf ihr spezifisches Autoantigen, das von MHC-Klasse-II-Molekülen auf Mikrogliazellen präsentiert wird (Abb. 14.27). Mikrogliazellen sind makrophagenähnliche Phagocyten des angeborenen Immunsystems, die sich im Nervensystem befinden und wie die Makrophagen als antigenpräsentierende Zellen fungieren können. Die Entzündung verursacht eine erhöhte Durchlässigkeit der Blutgefäße, und der betroffene Bereich wird stark von T-Zellen und aktivierten Makrophagen infiltriert. Diese produzieren T_H1-Cytokine wie IFN-γ, die die Entzündung noch verstärken, sodass weitere T-Zellen, B-Zellen, Makrophagen und dendritische Zellen zur Läsionsstelle gelenkt werden. Autoreaktive B-Zellen produzieren mit der Unterstützung durch T-Zellen Autoantikörper gegen Myelinantigene. Aktivierte Mastzellen setzen Histamin frei, das ebenfalls zur Entzündung beiträgt. Diese Aktivitäten führen

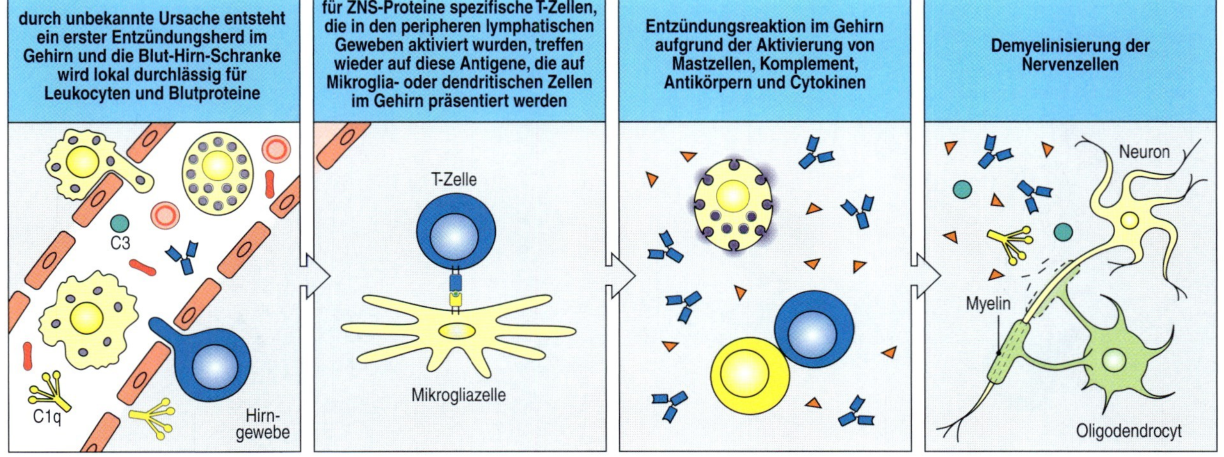

14.27 Die Pathogenese der Multiplen Sklerose. An Entzündungsherden können aktivierte T-Zellen, die für Gehirnantigene autoreaktiv sind, die Blut-Hirn-Schranke durchqueren und in das Gehirn eindringen, wo sie auf Mikrogliazellen wieder mit ihren Antigenen in Kontakt kommen und Cytokine (beispielsweise IFN-γ) freisetzen. Die Produktion von Cytokinen durch T-Zellen und Makrophagen verstärkt die Entzündung und bewirkt einen weiteren Zustrom von Blutzellen (etwa Makrophagen, dendritische Zellen und B-Zellen) sowie Blutproteinen (etwa des Komplementsystems) in den betroffenen Bereich. Auch Mastzellen werden aktiviert. Über die jeweiligen Beiträge der einzelnen Komponenten bei der Demyelinisierung und beim Verlust der neuronalen Funktion weiß man noch wenig. ZNS, Zentralnervensystem.

zusammen zur Demyelinisierung und zur Störung der neuronalen Funktion.

Rheumatoide Arthritis (RA) ist eine chronische Krankheit, die durch die Entzündung der Membrana synovialis (Innenschicht der Gelenkkapsel) gekennzeichnet ist. Mit fortschreitender Krankheit dringt diese Schicht in den Knorpel vor und schädigt das Gewebe, danach kommt es zu einem Abbau des Knochens (Abb. 14.28). Patienten mit einer rheumatoiden Arthritis leiden an chronischen Schmerzen, Funktionsverlust und Unbeweglichkeit der Gelenke. Die Krankheit wurde ursprünglich als Autoimmundefekt eingestuft, der vor allem von B-Zellen hervorgerufen wird; diese produzieren Anti-IgG-Autoantikörper, den sogenannten Rheumafaktor (Abschnitt 14.4). Jedoch deuteten der Nachweis des Rheumafaktors bei gesunden Menschen und sein Fehlen bei Patienten mit rheumatoider Arthritis darauf hin, dass komplexere Mechanismen für dieses Krankheitsbild verantwortlich sein müssen. Die Entdeckung, dass die rheumatoide Arthritis mit bestimmten Klasse-II-HLA-DR-Genen des Haupthistokompatibilitätskomplexes (MHC) zusammenhängt, wies darauf hin, dass T-Zellen an der Pathogenese der Krankheit beteiligt sind. Bei der rheumatoiden Arthritis werden wie bei der Multiplen Sklerose autoreaktive CD4-T-Zellen durch dendritische Zellen und entzündungsspezifische Cytokine aktiviert, die von Makrophagen stammen. Nach ihrer Aktivierung unterstützen die autoreaktiven T-Zellen die B-Zellen, sich zu Plasmazellen zu differenzieren, welche arthritogene Antikörper produzieren. Als mögliche Autoantigene kommen Kollagen Typ II, Proteoglykane, Aggrecan, Knorpelverbindungsproteine und Hitzeschockproteine infrage, da sie bei Mäusen eine Arthritis auslösen können. Ihre pathogene Bedeutung beim Menschen ist jedoch weiterhin unklar. Die aktivierten T-Zellen produzieren Cytokine, die daraufhin Monocyten/Makrophagen, Endothelzellen und Fibroblasten stimulieren, weitere entzündungsfördernde Cytokine wie TNF-α, IL-1 und IFN-γ oder Chemokine (CXCL8, CCL2) zu produzieren. Schließlich produzieren diese Zellen Metallproteinasen, die für die Gewebezerstörung verantwortlich sind. Es gilt jedoch zu erkennen, dass wir bei der rheumatoiden Arthritis wie bei vielen anderen Autoimmunerkrankungen nicht wissen, wie die Krankheit beginnt. Mausmodelle der rheumatoiden Arthritis zeigen, dass sowohl T- als auch B-Zellen

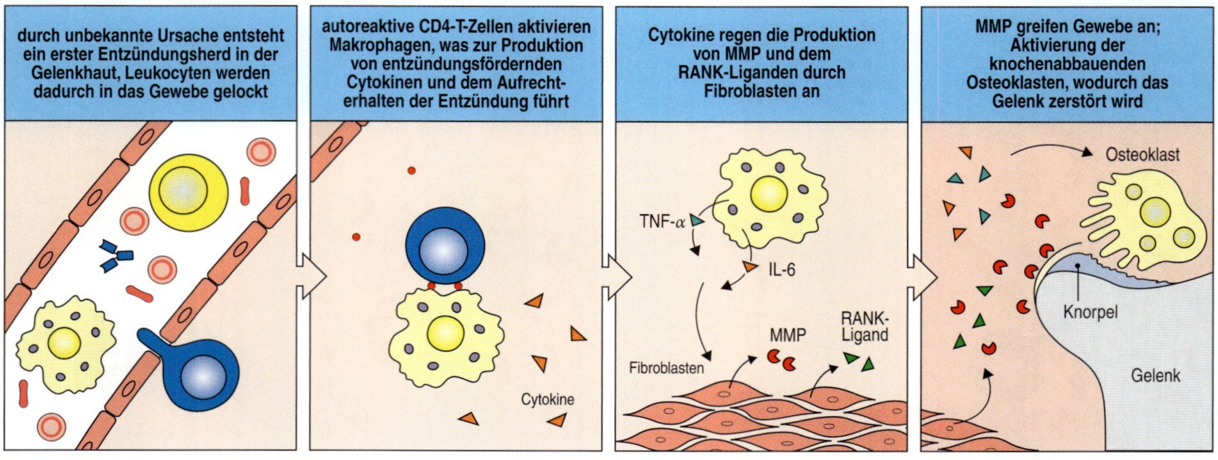

14.28 Die Pathogenese der rheumatoiden Arthritis. Die Entzündung der Membrana synovialis, die auf unbekannte Weise ausgelöst wird, lockt autoreaktive Lymphocyten und Makrophagen in das entzündete Gewebe. Autoreaktive CD4-T-Effektorzellen aktivieren Makrophagen zur Produktion von IL-1, IL-6, IL-17 und TNF-α. Fibroblasten, die durch Cytokine aktiviert werden, produzieren Matrixmetallproteinasen (MMP), die zur Zerstörung des Gewebes beitragen. Rank-Ligand ist ein Cytokin der TNF-Familie und wird von T-Zellen und Fibroblasten im entzündeten Gelenk exprimiert. Das Molekül ist der primäre Aktivator der knochenabbauenden Osteoklasten. Auch werden Antikörper gegen mehrere Proteine der Gelenke produziert (nicht dargestellt), aber ihre Bedeutung für die Pathogenese ist unklar.

notwendig sind, um die Krankheit auszulösen, da Mäuse, denen $CD3^+$-T-Zellen oder B-Zellen fehlen, die Krankheit nicht entwickeln.

Zusammenfassung

Autoimmunerkrankungen kann man grob in zwei Gruppen einteilen, abhängig davon, ob sie ein spezifisches Organ angreifen oder Gewebe im gesamten Körper. Organspezifische Autoimmunerkrankungen sind beispielsweise Diabetes, Multiple Sklerose, Myasthenia gravis und die Basedow-Krankheit. Bei allen greifen die Effektorfunktionen Autoantigene an, die auf bestimmte Organe begrenzt sind: die insulinproduzierenden β-Zellen des Pankreas (Diabetes), die myelinumschlossenen Axone des Zentralnervensystems (Multiple Sklerose) sowie den thyroidstimulierenden Hormonrezeptor (Basedow-Krankheit). Systemische Krankheiten hingegen wie der systemische Lupus erythematodes (SLE) führen aufgrund der jeweiligen Antigene zur Entzündung in mehreren Geweben. Zu den Autoantigenen gehören unter anderem Chromatin- und Ribonucleoproteine, die in jeder Körperzelle vorkommen. Besonders systemische Krankheiten neigen dazu, chronisch zu werden, wenn man sie nicht behandelt, da ihr Autoantigen niemals vollständig beseitigt werden kann. Eine andere Art der Einteilung von Autoimmunerkrankungen erfolgt entsprechend den Effektorfunktionen, die für die Pathogenese am wichtigsten sind. Es zeigt sich jedoch, dass viele Krankheiten, die man ursprünglich nur einer Effektorfunktion als Ursache zugeordnet hat, tatsächlich durch mehrere solcher Funktionen entstehen. So ähneln Autoimmunerkrankungen den Immunantworten, die gegen Krankheitserreger gerichtet sind, welche normalerweise viele Effektoren aktivieren.

Damit eine Krankheit als Autoimmunität eingestuft werden kann, muss sich nachweisen lassen, dass die Gewebeschäden durch die adaptive Immunantwort auf körpereigene Antigene zurückzuführen ist. Der überzeugendste Beweis, dass die Immunantwort die Autoimmunität verursacht, ist die Übertragung der Krankheit durch eine Übertragung der aktiven Komponente der Immunantwort auf einen geeigneten Empfängerorganismus. Autoimmunerkrankungen werden durch autoreaktive Lymphocyten und/oder ihre löslichen Produkte hervorgerufen, das heißt durch entzündungsfördernde Cytokine und Autoantikörper, die eine Entzündung und Gewebeschäden verursachen. Einige wenige Autoimmunerkrankungen werden durch Antikörper ausgelöst, die an Zelloberflächenrezeptoren binden und entweder eine übermäßige Aktivität oder eine Blockierung der Rezeptorfunktion hervorrufen. Bei diesen Krankheiten kann die Übertragung von natürlichen IgG-Autoantikörpern über die Plazenta im Fetus und im Neugeborenen die Krankheit auslösen. T-Zellen können an der Entzündung und Zerstörung von Zellen direkt beteiligt sein, und sie unterstützen auch die Autoantikörperreaktionen. Entsprechend sind B-Zellen wichtige antigenpräsentierende Zellen, um autoantigenspezifische T-Zell-Reaktionen zu unterstützen; außerdem sind sie für eine Epitoperweiterung verantwortlich. Obwohl wir über die Mechanismen der Gewebeschädigung schon Einiges wissen und die Therapien Fortschritte gemacht haben, was durch diese Erkenntnisse erst ermöglicht wurde, bleibt doch die wichtigere Frage bestehen, wie die Autoimmunreaktion ausgelöst wird.

Die genetischen und umgebungsbedingten Ursachen der Autoimmunität

Aufgrund der komplexen und verschiedenartigen Mechanismen, die dazu dienen, Autoimmunität zu verhindern, verwundert es nicht, dass Autoimmunerkrankungen das Ergebnis von vielfachen Faktoren sind, die sowohl genetisch als auch durch die Umgebung bedingt sind. Zuerst befassen wir uns mit den genetischen Grundlagen der Autoimmunität, wobei wir darstellen wollen, wie genetische Defekte die verschiedenen Toleranzmechanismen stören. Genetische Defekte allein reichen jedoch nicht immer aus, um eine Autoimmunerkrankung auszulösen. Faktoren aus der Umgebung wie Toxine, Medikamente, Drogen und Infektionen spielen ebenfalls eine Rolle, wobei man diese Faktoren noch kaum versteht. Wie wir feststellen werden, können genetische und umgebungsbedingte Faktoren zusammen die Toleranzmechanismen umgehen und zu einer Autoimmunerkrankung führen.

14.18 Autoimmunerkrankungen haben eine stark genetisch bedingte Komponente

Die Ursachen der Autoimmunität werden zwar noch erforscht, aber man weiß bereits, dass einige Individuen eine genetische Prädisposition für eine Autoimmunität besitzen. Das lässt sich vielleicht am eindeutigsten an verschiedenen Inzuchtmäusestämmen zeigen, die für verschiedene Arten von Autoimmunerkrankungen anfällig sind. So bekommen beispielsweise Mäuse des NOD-Stammes mit großer Wahrscheinlichkeit Diabetes, die weiblichen Mäuse früher als die männlichen (Abb. 14.29). Viele Autoimmunerkrankungen sind in weiblichen Populationen häufiger als in männlichen (Abb. 14.33), wobei gelegentlich auch das Gegenteil zutrifft. Autoimmunerkrankungen haben beim Menschen ebenfalls eine genetische Komponente. Einige Autoimmunerkrankungen wie Diabetes mellitus Typ 1 treten in Familien auf, was die Bedeutung einer genetisch bedingten Anfälligkeit unterstreicht. Am überzeugendsten ist jedoch, dass wenn von identischen (eineiigen) Zwillingen einer betroffen ist, der andere es mit großer Wahrscheinlichkeit auch ist. Bei nichtidentischen (zweieiigen) Zwillingen ist die Konkordanz hingegen viel geringer.

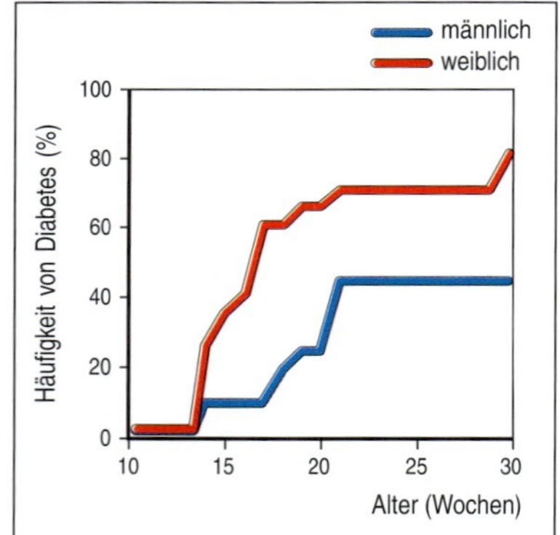

14.29 Geschlechtsspezifische Unterschiede bei der Häufigkeit von Autoimmunerkrankungen. Viele Autoimmunerkrankungen treten in weiblichen Populationen häufiger auf als in männlichen, wie hier anhand der kumulativen Häufigkeit von Diabetes in einer Population von für Diabetes anfälligen NOD-Mäusen dargestellt ist. Die weiblichen Mäuse (rote Linie) erkranken in einem viel jüngeren Alter an Diabetes als die männlichen, was auf eine stärkere Prädisposition hindeutet. (Daten wurden freundlicherweise von S. Wong zur Verfügung gestellt.)

Zweifellos spielen auch Faktoren aus der Umgebung eine Rolle. Der größte Teil einer NOD-Mäusekolonie erkrankt zwar mit Sicherheit an Diabetes, aber das geschieht in unterschiedlichem Alter (Abb. 14.29). Darüber hinaus unterscheidet sich der Zeitpunkt für das Einsetzen der Krankheit häufig zwischen den verschiedenen Tierkolonien einer Forschungseinrichtung, selbst wenn alle Mäuse genetisch identisch sind. Daher müssen umgebungsbedingte Variablen zumindest teilweise die Geschwindigkeit beeinflussen, mit der sich Diabetes entwickelt. Einige wenige Mäuse erkranken überhaupt nicht. Ähnlich verhält es sich mit identischen Zwillingen. Beim systemischen Lupus erythematodes (SLE), der bei eineiigen Zwillingen in 25 % aller Fälle bei beiden auftritt, ist die Gesamthäufigkeit viel höher als die normale Wahrscheinlichkeit, an SLE zu erkranken. Dennoch liegt die Konkordanzwahrscheinlichkeit weit unter 100 %. Die Erklärung für diese unvollständige Konkordanz findet sich in den umgebungsbedingten Variablen oder ist einfach Zufall.

14.19 Ein Defekt in einem einzigen Gen kann eine Autoimmunerkrankung auslösen

Eine Prädisposition gegenüber den häufigsten Autoimmunerkrankungen ist auf die gemeinsamen Effekte von mehreren Genen zurückzuführen, aber es ist eine sehr geringe Anzahl von monogenen Autoimmunerkrankungen bekannt. Bei diesen führt das Vorhandensein des Prädispositionsallels bei einem Individuum zu einem sehr hohen Erkrankungsrisiko, aber die Auswirkungen auf die Population insgesamt sind sehr gering, da diese Varianten selten sind (Abb. 14.30). Das Auftreten von monogenen Autoimmunerkrankungen wurde das erste Mal bei mutierten Mäusen beobachtet, bei denen die Vererbung eines Autoimmunsyndroms einem Muster folgte, das einem Einzelgendefekt entspricht. Die Allele für Autoimmunerkrankungen sind im Allgemeinen rezessiv oder X-gekoppelt. So ist die APECED-Krankheit (Abschnitt 14.3) eine rezessive Autoimmunerkrankung, die durch einen Defekt im *AIRE*-Gen verursacht wird.

Zwei monogene Autoimmunsyndrome ließen sich Defekten in regulatorischen T-Zellen zuordnen. Das X-gekoppelte rezessive Autoimmunsyndrom **IPEX** (Immunderegulation, Polyendokrinopathie, Enteropathie, X-gekoppeltes Syndrom) wird durch eine Mutation im Gen für den Transkriptionsfaktor FoxP3 verursacht, der bei der Differenzierung von einigen Typen von regulatorischen Zellen von zentraler Bedeutung ist (Abschnitt 8.20). Diese Krankheit wird auch als XLAAD (*X-linked autoimmunity-allergic dysregulation syndrome*) bezeichnet und ist gekennzeichnet durch eine schwere allergische Entzündung, einen durch Autoimmunität verursachten mehrfachen Hormonmangel (Polyendokrinopathie), eine sekretorische Diarrhoe, hämolytische Anämie und Thrombocytopenie (Blutplättchenmangel); sie führt im Allgemeinen schon früh zum Tod. Trotz der Mutation ist bei den Patienten die Anzahl der CD4-CD25-T-Zellen, die normalerweise die periphere Toleranz aufrechterhalten (Abschnitt 14.7),

14.30 Einzelgendefekte, die mit Autoimmunität zusammenhängen. Die *lpr*-Mutation bei Mäusen beeinflusst das Gen für Fas, während die *gld*-Mutation das Gen für FasL betrifft. APECED, *autoimmune polyendocrinopathy-candidiasis-ectodermal dystrophy*; APS-1, *autoimmune polyglandular syndrome 1*; IPEX, Immunderegulation, Polyendokrinopathie, Enteropathie, X-gekoppeltes Syndrom; ALPS, lymphoproliferatives Autoimmunsyndrom. (Nachdruck mit freundlicher Genehmigung durch Macmillan Publishers Ltd: Rioux JD, Abbas AK (2005) *Nature* 435: 584–589.)

Einzelgenmerkmale, die mit Autoimmunität zusammenhängen			
Gen	**menschliche Krankheit**	**Mausmutante oder Knockout-Maus**	**Mechanismus der Autoimmunität**
AIRE	APECED (APS-1)	Knockout	verringerte Expression von Autoantigenen im Thymus, führt zu einem Defekt der negativen Selektion von autoreaktiven T-Zellen
CTLA-4	Zusammenhang mit Basedow-Krankheit, Diabetes mellitus Typ 1 und anderen	Knockout	Versagen der T-Zell-Anergie und verringerte Aktivierungsschwelle von autoreaktiven Zellen
FOXP3	IPEX	Knockout und Mutation *(scurfy)*	eingeschränkte Funktion der regulatorischen CD4-CD25-T-Zellen
FAS	ALPS	*lpr/lpr;gld/gld*-Mutanten	Versagen des apoptotischen Zelltods bei autoreaktiven B- und T-Zellen
C1q	SLE	Knockout	Defekt bei der Beseitigung von Immunkomplexen und apoptotischen Zellen

mit der Anzahl im Blut von gesunden Personen vergleichbar. Ihre Suppressionsfunktion ist jedoch herabgesetzt. Eine spontane Mutation im *Foxp3*-Gen der Maus (die *scurfy*-Mutation) führt zu einer entsprechenden systemischen Autoimmunerkrankung, in diesem Fall fehlen die CD4-CD25-T_{reg}-Zellen.

Ein zweites Beispiel für Autoimmunität, die durch einen genetischen Defekt in der Funktion der regulatorischen T-Zellen entsteht, wurde bis jetzt bei einem einzigen Patienten beobachtet, der aufgrund einer Deletion von *CD25* einen CD25-Mangel aufwies, außerdem stellte man eine Störung der peripheren Toleranz fest. Dieser Patient litt an mehrfachen immunologischen Defekten und Autoimmunerkrankungen und war gegenüber Infektionen hochgradig anfällig. Diese Befunde bestätigen die große Bedeutung der CD25-CD4-T_{reg}-Zellen bei der Regulation des Immunsystems.

Ein interessanter Fall von einer monogenen Autoimmunerkrankung ist das systemische Autoimmunsyndrom, das durch Mutationen im Gen für Fas verursacht wird. Fas kommt normalerweise an der Oberfläche von aktivierten T- und B-Zellen vor, und wenn FasL daran bindet, signalisiert Fas der Fas-tragenden Zelle, in die Apoptose einzutreten (Abschnitt 8.27). Auf diese Weise begrenzt Fas das Ausmaß von Immunantworten. Mutationen, die Fas beseitigen oder inaktivieren, führen zu einer massiven Anhäufung von Lymphocyten, besonders von T-Zellen, und bei Mäusen zur Produktion von großen Mengen an pathogenen Autoantikörpern. Die entstehende Krankheit ähnelt dem systemischen Lupus erythematodes (SLE), wobei allerdings beim Menschen SLE nicht mit Mutationen im Fas-Gen in Zusammenhang gebracht werden konnte. Im Mäusestamm MRL hat man zum ersten Mal eine Mutation entdeckt, die zu diesem Autoimmunsyndrom führt, und mit *lpr* (für Lymphoproliferation) bezeichnet. Später hat man dann erkannt, dass es sich um eine Mutation im *Fas*-Gen handelt. Forscher, die eine Gruppe von menschlichen Patienten mit dem seltenen **lymphoproliferativen Autoimmunsyndrom** (**ALPS**) untersuchten, das der Krankheit der MRL/*lpr*-Mäuse entspricht, entdeckten und klonierten das mutierte Gen, das für die meisten dieser Fälle verantwortlich ist. Auch hier stellte sich heraus, dass es sich um das *Fas*-Gen handelt (Abb. 14.30).

Autoimmunerkrankungen, die von einem einzigen Gen verursacht werden, sind nicht häufig. Sie sind aber dennoch von großem Interesse, da die Mutationen, durch die sie verursacht werden, auf einige wichtige Reaktionswege hinweisen, die normalerweise die Entwicklung von Autoimmunität verhindern.

14.20 Mehrere Herangehensweisen haben Einsichten in die genetischen Grundlagen der Autoimmunität ermöglicht

Seit dem Aufkommen des Gen-Knockout-Verfahrens bei Mäusen (Anhang I, Abschnitt A.47) wurden zahlreiche Gene, die Proteine des Immunsystems codieren, inaktiviert. Mehrere dieser mutierten Mäusestämme zeigen Symptome einer Autoimmunerkrankung wie Autoantikörper und in einigen Fällen auch die Infiltration von Organen mit T-Zellen. Die Untersuchung dieser Mäuse hat unser Wissen über die genetischen Signalwege stark erweitert, die zur Autoimmunität beitragen können und die deshalb

Defekte der Cytokinproduktion oder -signalgebung, die zu Autoimmunität führen können		
Defekt	**Cytokin oder intrazelluläres Signal**	**Auswirkungen**
übermäßige Expression	TNF-α	entzündliche Darmerkrankung, Arthritis, Vasculitis
	IL-2, IL-7, IL-10, IL-2R, IL-10R	entzündliche Darmerkrankung
	IL-3	Demyelinisierungssyndrom
	IFN-γ	Überexpression in der Haut führt zum systemischen Lupus erythematodes (SLE)
	STAT4	entzündliche Darmerkrankung
zu geringe Expression	TNF-α	systemischer Lupus erythematodes
	Agonist des IL-1-Rezeptors	Arthritis
	STAT3	entzündliche Darmerkrankung
	TGF-β	generell zu geringe Expression führt zu entzündlicher Darmerkrankung; bei T-Zellen spezifisch zu SLE

14.31 Defekte bei der Bildung von Cytokinen oder in der durch sie vermittelten Signalweiterleitung können zu Autoimmunität führen. Einige der Signalwege, die bei Autoimmunität eine Rolle spielen, ließen sich mithilfe von genetischen Analysen identifizieren, vor allem in Tiermodellen. Die Auswirkungen einer übermäßigen oder zu geringen Expression von einigen der beteiligten Cytokine und intrazellulären Signalmoleküle sind hier aufgeführt (weitere Erläuterungen siehe Text.)

möglicherweise auch Kandidaten für natürlich vorkommende Mutationen sind. Man hat mindestens 20 Gene identifiziert, deren Deletion oder übermäßige Expression zur Pathogenese von Autoimmunität beitragen können. Sie codieren Cytokine, Corezeptoren, Komponenten von Cytokin- und Antigensignalkaskaden, costimulierende Moleküle, Proteine aus Signalwegen, die die Apoptose fördern und auch Proteine, die sie blockieren, sowie Proteine, die Antigene oder Antigen-Antikörper-Komplexe beseitigen. Einige der Cytokine und Signalproteine, die man mit Autoimmunerkrankungen in Zusammenhang gebracht hat, sind in Abbildung 14.31 aufgeführt, und Abbildung 14.32 enthält einige der bekannten Zusammenhänge mit anderen Proteingruppen.

Beim Menschen lässt sich die Verknüpfung zwischen der Autoimmunität und einem bestimmten Gen durch umfangreiche Familienuntersuchungen oder durch Kopplungsanalysen in der Bevölkerung insgesamt feststellen, wobei man die Korrelation zwischen der Häufigkeit der Krankheit und Allelvarianten, genetischen Markern, der Verdopplung oder Deletion von Genen und seit Neuestem auch über **Einzelnucleotidpolymorphismen** (*single nucleotide polymorphisms*, **SNP**) ermittelt. SNP sind Positionen im Genom, die sich bei zwei Individuen durch eine einzelne Base unterscheiden. Diese Untersuchungen haben zu der Vorstellung beigetragen, dass eine genetisch bedingte Anfälligkeit für eine Autoimmunerkrankung beim Menschen im Allgemeinen auf eine Kombination von Anfälligkeitsallelen an mehreren Loci zurückzuführen ist. So konnte man bei umfangreichen Kopplungsanalysen auf der Suche nach mutmaßlichen Anfälligkeitsgenen des Menschen für einige der häufigsten Autoimmunerkrankungen wie

Diabetes mellitus Typ 1, die Basedow-Krankheit, die Hashimoto-Thyreoiditis, die Addison-Krankheit, die rheumatoide Arthritis und die Multiple Sklerose eine genetische Kopplung mit dem *CTLA-4*-Locus auf Chromosom 2 feststellen. Das Zelloberflächenprotein CTLA-4 wird von aktivierten T-Zellen produziert; es ist ein inhibitorischer Rezeptor für die costimulierenden B7-Moleküle (Abschnitt 8.14). Die Auswirkungen der genetischen

postulierter Mechanismus	Mausmodelle	Phänotyp der Krankheit	betroffenes menschliches Gen	Phänotyp der Krankheit
Beseitigung und Präsentation von Antigenen	C1q-Knockout	ähnlich wie Lupus	C1q	ähnlich wie Lupus
	C4-Knockout		C2 C4	
			mannose-bindendes Lektin	
	AIRE-Knockout	Autoimmunität gegen mehrere Organe, ähnlich wie APECED	AIRE	APECED
	Mer-Knockout	ähnlich wie Lupus		
Signalgebung	SHP-1-Knockout	ähnlich wie Lupus		
	Lyn-Knockout			
	CD22-Knockout			
	Punktmutation E613R in CD45			
	bei B-Zellen Defekt aller Kinasen der Src-Familie (Dreifach-Knockout)			
	FcγRIIB-Knockout (inhibitorisches Signalmolekül)		FcγRII	Lupus
costimulierende Moleküle	CTLA-4-Knockout (blockiert inhibitorisches Signal)	Lymphocyteninfiltration von Organen		
	PD-1-Knockout (blockiert inhibitorisches Signal)	ähnlich wie Lupus		
	Überexpression von BAFF (transgene Mäuse)			
Apoptose	Fas-Knockout (*lpr*)	ähnlich wie Lupus, mit Lymphocyteninfiltrat	Mutationen in *Fas* und *FasL* (ALPS)	ähnlich wie Lupus, mit Lymphocyteninfiltrat
	FasL-Knockout (*gld*)			
	Überexpression von Bcl-2 (transgene Maus)	ähnlich wie Lupus		
	heterozygoter Pten-Defekt			

14.32 Systematisierung der genetischen Defekte, die zu Autoimmunsyndromen führen. Man hat inzwischen zahlreiche Gene entdeckt, deren Mutation beim Menschen und bei Tiermodellen eine Prädisposition für Autoimmunität bewirken. Sie wurden aufgrund der Reaktion, die der jeweilige genetische Defekt beeinflusst, genauestens untersucht. In dieser Liste sind eine Reihe solcher Gene aufgeführt, sortiert nach ihren Funktionen (weitere Erläuterungen siehe Text). In einigen Fällen hat man bei Mensch und Maus das gleiche Gen identifiziert, in anderen Fällen handelt es sich um unterschiedliche Gene, die bei Mensch und Maus aber denselben Mechanismus beeinflussen. Dass beim Menschen bis jetzt eine geringere Anzahl von Genen identifiziert wurde als bei der Maus, liegt zweifellos daran, dass die menschlichen Populationen stärker durchmischt sind.

Variabilität im *CTLA-4*-Gen auf die Anfälligkeit gegenüber Diabetes mellitus Typ 1 wurden bei Mäusen untersucht. *CTLA-4* liegt bei der Maus auf Chromosom 1 in einem Cluster mit den Genen für die übrigen costimulierenden Rezeptoren CD28 und ICOS. Als man diese genetische Region im für Diabetes anfälligen NOD-Mausstamm durch dieselbe Region aus dem gegen Autoimmunität resistenten B10-Stamm austauschte, wurden die NOD-Mäuse gegen Diabetes resistent. Möglicherweise trägt die genetische Variabilität beim Spleißen der *CTLA-4*-mRNA zu den Unterschieden in der Anfälligkeit bei. Spleißvarianten von CTLA-4, denen ein für die Bindung der Liganden B7.1 und B7.2 essenzieller Abschnitt fehlt, sind weiterhin gegen eine Aktivierung resistent, und es kam zu einer verstärkten Expression dieser Variante in den T-Gedächtniszellen und den regulatorischen T-Zellen von Mäusen, die für Diabetes resistent waren.

Ein zweiter Locus, der mit der Anfälligkeit für Diabetes mellitus Typ 1 und rheumatoide Arthritis in Verbindung gebracht wird, ist *PTPN22*. Dieses Gen codiert eine mit dem Lymphsystem assoziierte Proteintyrosinphosphatase, die wie CTLA-4 normalerweise bei der Suppression der T-Zell-Aktivierung eine Rolle spielt.

14.21 Gene, die eine Prädisposition für Autoimmunität hervorrufen, gehören zu bestimmten Gengruppen, die einen oder mehrere Toleranzmechanismen beeinflussen

Die bisher entdeckten Gene, die eine Prädisposition für Autoimmunität hervorrufen, lassen sich wie folgt unterscheiden: Gene, die das Vorhandensein und die Beseitigung von Autoantigenen beeinflussen; Gene, die die Apoptose beeinflussen; Gene für die Regulation von Signalschwellenwerten; Gene für die Expression von Cytokinen; sowie Gene, die sich auf die Expression von costimulierenden Molekülen auswirken (Abb. 14.31 und 14.32).

Gene, die die Verfügbarkeit und die Beseitigung von Antigenen kontrollieren, sind entweder zentral im Thymus von Bedeutung, indem sie körpereigene Proteine für sich entwickelnde Lymphocyten zugänglich machen, die dadurch eine Toleranz entwickeln, oder in der Peripherie, indem sie kontrollieren, wie körpereigene Moleküle in einer immunogenen Form für die peripheren Lymphocyten zugänglich gemacht werden. Bei der peripheren Toleranz ist ein erblicher Mangel an einigen Komplementproteinen eng mit der Entstehung des systemischen Lupus erythematodes (SLE) beim Menschen verknüpft. C1q, C3 und C4 sind speziell von Bedeutung, um apoptotische Zellen und Immunkomplexe zu beseitigen. Wenn apoptotische Zellen und Immunkomplexe nicht entfernt werden, erhöht sich die Immunogenität für autoreaktive Lymphocyten mit geringer Affinität in der Peripherie. Gene, die die Apoptose kontrollieren wie *Fas*, sind wichtig, um die Dauer und die Stärke von Immunantworten zu regulieren. Versagt die genaue Regulation von Immunantworten, kann es zu einer übermäßigen Zerstörung von körpereigenem Gewebe kommen, wodurch Autoantigene freigesetzt werden. Darüber hinaus können Immunantworten auch einige autoreaktive Zellen umfassen, da klonale Deletion und Anergie nicht vollständig stattfinden können. Solange deren Anzahl durch Apoptosemechanismen begrenzt bleibt, reichen sie meist nicht aus, um eine Autoimmunerkrankung auszulösen; sie können aber ein Problem darstellen, wenn die Apoptose nicht genau reguliert wird.

Die vielleicht größte Gruppe von Mutationen, die mit Autoimmunität zusammenhängen, betrifft Signale, die sich auf die Lymphocytenaktivierung auswirken. Eine Untergruppe umfasst Mutationen, die negative Regulatoren der Lymphocytenaktivierung funktionslos machen und dadurch eine Hyperproliferation der Lymphocyten und übermäßige Immunantworten herbeiführen. Dazu gehören Mutationen in CTLA-4 (Abschnitt 14.20), in inhibitorischen Fc-Rezeptoren und Rezeptoren, die ITIM-Sequenzen (Abschnitt 6.20) enthalten, beispielsweise CD22 auf B-Zellen. Eine andere Untergruppe umfasst Mutationen in Proteinen, die an der Signalübertragung durch den Antigenrezeptor selbst beteiligt sind. Eine Veränderung der Schwellenwerte in der einen oder auch der anderen Richtung, sodass die Signalübertragung empfindlicher oder weniger empfindlich wird, kann, abhängig von den übrigen Bedingungen, zur Autoimmunität führen. Eine Abnahme der Empfindlichkeit im Thymus kann beispielsweise zu einem Versagen der negativen Selektion führen und dadurch zur Autoreaktivität in der Peripherie. Die Erhöhung der Rezeptorempfindlichkeit in der Peripherie verursacht eine stärkere und länger andauernde Aktivierung. Auch dies führt zu einer übermäßigen Immunantwort mit dem Nebeneffekt der Autoimmunität. Eine letzte Untergruppe von Mutationen betrifft die Expression von Genen für Cytokine und costimulierende Moleküle.

14.22 MHC-Gene sind bei der Kontrolle der Anfälligkeit für Autoimmunerkrankungen von großer Bedeutung

Unter allen genetischen Loci, die zur Autoimmunität beitragen können, ist der MHC-Genotyp nach bisherigen Erkenntnissen am stärksten mit einer Anfälligkeit für Autoimmunerkrankungen verknüpft. Die Autoimmunerkrankungen des Menschen, die mit dem HLA-(MHC-)Typ zusammenhängen, sind in Abbildung 14.33 aufgeführt. Bei den meisten dieser Krankheiten ist die Anfälligkeit am stärksten mit MHC-Klasse-II-Allelen verknüpft, wobei es in einigen Fällen auch eine deutliche Verbindung zu MHC-Klasse-I-Allelen gibt. In einigen Fällen hat man auch MHC-Klasse-III-Allele, beispielsweise für TNF-α oder Komplementproteine, mit einer Krankheit in Verbindung gebracht. Die Entwicklung von Diabetes oder Arthritis in Experimenten mit transgenen Mäusen, die spezifische HLA-Antigene des Menschen exprimieren, deuten stark darauf hin, dass bestimmte MHC-Allele eine Anfälligkeit für eine solche Erkrankung hervorrufen.

Den Zusammenhang zwischen dem MHC-Genotyp und einer Krankheit versucht man zuerst dadurch zu bestimmen, dass man die Häufigkeit der verschiedenen Allele bei den Patienten mit der Häufigkeit in der gesunden Bevölkerung vergleicht. Beim Diabetes mellitus Typ 1 hat diese Vorgehensweise dazu geführt, dass man einen Zusammenhang zwischen der Krankheit und den Allelen HLA-DR3 und HLA-DR4 feststellen konnte, die man durch Serotypisierung identifiziert hatte (Abb. 14.34). Diese Untersuchungen zeigten auch, dass das MHC-Klasse-II-Allel HLA-DR2 einen dominanten Schutzeffekt hat. Menschen, die dieses Allel tragen, entwickeln selbst bei einer Kombination mit einem der für eine Anfälligkeit verantwortlichen Allele nur selten Diabetes. Eine andere Möglichkeit zu bestimmen, ob MHC-Gene für Autoimmunerkrankungen von Bedeutung sind, bietet die

Zusammenhang zwischen dem HLA-Genotyp und der Anfälligkeit für Autoimmunkrankheiten			
Krankheit	**HLA-Allel**	**relatives Risiko**	**Geschlechter-verhältnis (♀:♂)**
Spondolytis ankylosans	B27	87,4	0,3
akute anteriore Uveitis	B27	10	<0,5
Goodpasture-Syndrom	DR2	15,9	~1
Multiple Sklerose	DR2	4,8	10
Basedow-Krankheit	DR3	3,7	4–5
Myasthenia gravis	DR3	2,5	~1
systemischer Lupus erythematodes	DR3	5,8	10–20
(insulinabhängiger) Diabetes mellitus Typ 1	DR3/DR4-heterozygot	~25	~1
rheumatoide Arthritis	DR4	4,2	3
Pemphigus vulgaris	DR4	14,4	~1
Hashimoto-Thyreoiditis	DR5	3,2	4–5

14.33 Der Zusammenhang zwischen dem HLA-Serotyp oder dem Geschlecht und der Anfälligkeit für Autoimmunerkrankungen. Das „relative Risiko", dass ein bestimmtes HLA-Allel eine Autoimmunerkrankung fördert, berechnet man durch Vergleich der Anzahl der Patienten, die dieses Allel tragen, mit der Anzahl, die man aufgrund der Häufigkeit des betreffenden HLA-Allels in der Gesamtbevölkerung erwarten würde. Beim insulinabhängigen Diabetes mellitus (IDDM) Typ 1 besteht tatsächlich eine Verknüpfung mit dem HLA-DQ-Gen, das mit den DR-Genen eng gekoppelt ist, sich aber bei der Serotypisierung nicht nachweisen lässt. Manche Krankheiten zeigen eine eindeutig geschlechtsabhängige Häufung, sodass vermutlich Geschlechtshormone an ihrer Pathogenese beteiligt sind. Damit stimmt überein, dass der Unterschied in der Krankheitshäufigkeit zwischen den beiden Geschlechtern am größten ist, wenn auch die Konzentrationen dieser Hormone am höchsten sind, also in der Zeit zwischen Menarche und Menopause (der ersten und letzten Menstruation).

Untersuchung der Familien von betroffenen Patienten. Man hat festgestellt, dass zwei Geschwister, die an derselben Autoimmunerkrankung leiden, mit großer Wahrscheinlichkeit einen übereinstimmenden MHC-Haplotyp besitzen (Abb. 14.35). Da man Genotypen aufgrund der Sequenzierung der HLA-Allele genauer bestimmen kann, lassen sich die zuvor durch HLA-Serotypisierung entdeckten Korrelationen mit Krankheiten noch genauer zuordnen. So weiß man heute, dass die Korrelation zwischen Diabetes mellitus Typ 1 und den Allelen DR3 und DR4 durch die Assoziation mit DQβ-MHC-Allelen bedingt ist, die eine Krankheitsanfälligkeit hervorrufen. Diese korreliert am stärksten mit Polymorphismen an einer bestimmten Position

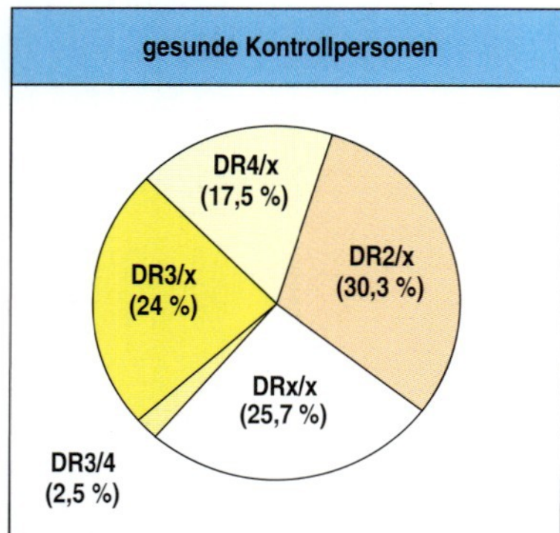

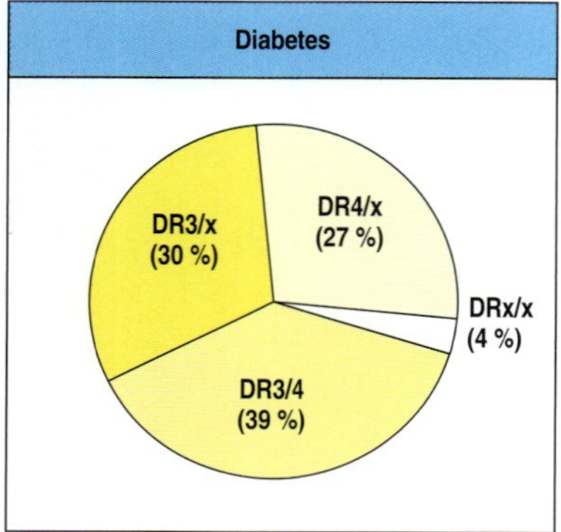

14.34 Bevölkerungsstudien zeigen eine Kopplung zwischen der Anfälligkeit für Diabetes mellitus Typ 1 und dem HLA-Genotyp. Die (durch Serotypisierung bestimmten) HLA-Genotypen von Diabetespatienten (unten) entsprechen nicht der Verteilung in der Gesamtbevölkerung (oben). Fast alle Diabetespatienten exprimieren HLA-DR3 und/oder HLA-DR4; außerdem kommt der heterozygote Zustand HLA-DR3/DR4 bei Diabetikern unverhältnismäßig oft vor. Diese Allele sind eng mit den HLA-DQ-Allelen gekoppelt, die für eine Anfälligkeit gegenüber Diabetes mellitus Typ 1 verantwortlich sind. Im Gegensatz dazu schützt HLA-DR2 vor der Entwicklung von Diabetes; das Allel ist bei Diabetespatienten außerordentlich selten. Der Buchstabe x steht für ein beliebiges Allel außer DR2, DR3 oder DR4.

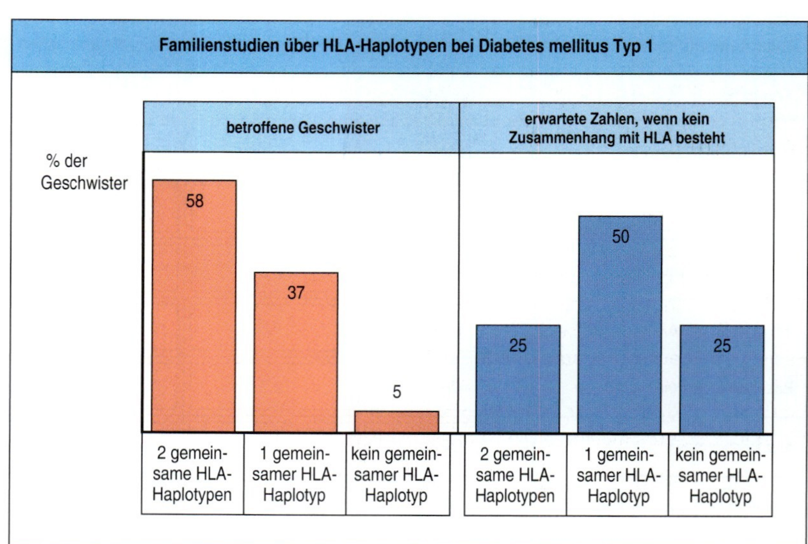

14.35 Familienanalysen zeigen eine enge Korrelation zwischen der Anfälligkeit für Diabetes mellitus Typ 1 und dem HLA-Genotyp. Bei Familien, in denen zwei oder mehrere Geschwister an Diabetes mellitus Typ 1 leiden, kann man die HLA- Genotypen der Betroffenen miteinander vergleichen. Die erkrankten Geschwister haben weit häufiger zwei HLA-Haplotypen gemeinsam, als zu erwarten wäre, wenn der HLA-Genotyp die Krankheit nicht beeinflussen würde.

in der DQβ-Aminosäuresequenz. In der häufigsten DQβ-Sequenz steht ein Asparaginsäurerest an Position 57, der am Ende der Peptidbindungsspalte des DQβ-Moleküls eine quer verlaufende Salzbrücke ausbilden kann. Im Gegensatz dazu kommen bei Diabetespatienten unter der europiden Bevölkerung an dieser Position meist Valin, Serin oder Alanin vor, sodass den DQβ-Molekülen diese Salzbrücke fehlt (Abb. 14.36). Bei den NOD-Mäusen bricht diese Krankheit spontan aus, und es liegt im homologen MHC-Klasse-II-Molekül (I-A^{g7}) an dieser Position ein Serin vor.

Ein Zusammenhang zwischen dem MHC-Genotyp und Autoimmunerkrankungen erscheint nachvollziehbar, da an allen Autoimmunreaktionen T-Zellen beteiligt sind und die Fähigkeit der T-Zellen, auf ein bestimmtes Antigen zu reagieren, vom MHC-Genotyp abhängt. Die Korrelation lässt sich also durch ein einfaches Modell erklären, in dem die Anfälligkeit gegenüber einer Autoimmunerkrankung davon abhängt, mit welcher Effizienz die verschiedenen Allelvarianten der MHC-Moleküle den autoreaktiven T-Zellen Autoantigenpeptide präsentieren. Dies würde mit der bisher bekannten Beteiligung von T-Zellen bei bestimmten Krankheiten übereinstimmen. So besteht beispielsweise bei Diabetes sowohl mit MHC-Klasse-I- als auch mit MHC-Klasse-II-Allelen ein Zusammenhang. Das stimmt wiederum mit dem Befund überein, dass die Autoimmunreaktion von CD8- und CD4-T-Zellen vermittelt wird, die jeweils auf Antigene reagieren, die von Klasse-I- beziehungsweise von Klasse-II-Molekülen präsentiert werden.

Eine andere Hypothese, die den Zusammenhang zwischen dem MHC-Genotyp und der Anfälligkeit für Autoimmunerkrankungen erklären kann, hebt die Rolle der MHC-Allele bei der Ausbildung des Repertoires der

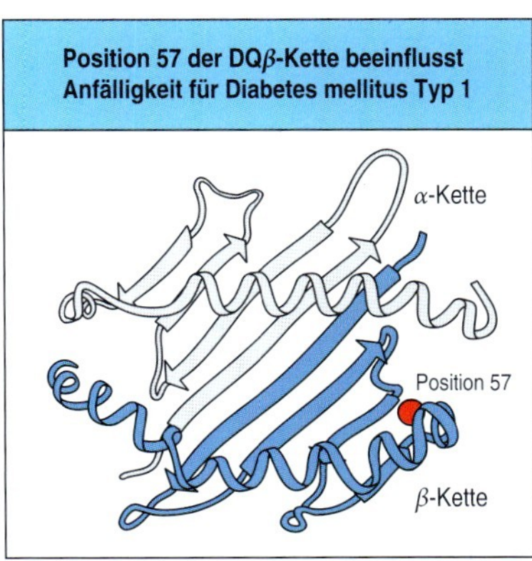

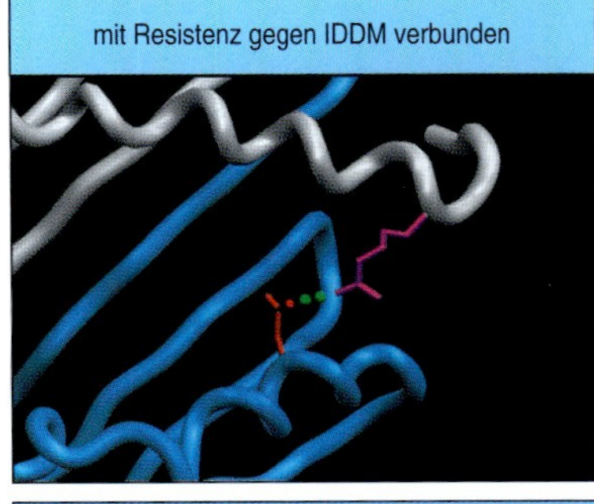

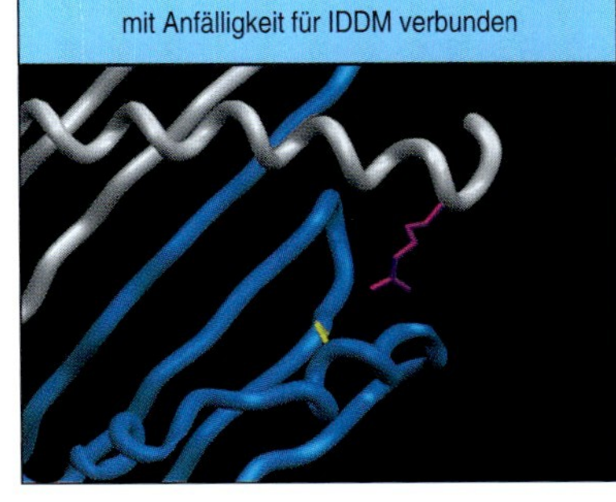

14.36 Der Austausch von Aminosäuren in der Sequenz eines MHC-Klasse-II-Proteins korreliert mit einer erhöhten Anfälligkeit für Diabetes beziehungsweise einem Schutz vor dieser Erkrankung. Die Sequenz von HLA-DQβ_1 enthält bei den meisten Menschen an Position 57 Asparaginsäure. In der europiden Bevölkerung findet man bei Patienten mit insulinabhängigem Diabetes – neben anderen Unterschieden – an dieser Stelle oft Valin, Serin oder Alanin. Asparaginsäure (rot) in der DQβ-Kette bildet mit einem Argininrest (rosa) in der benachbarten α-Kette (grau) eine Salzbrücke (grün, im mittleren Bild). Der Austausch gegen einen ungeladenen Rest, zum Beispiel Alanin (gelb, im unteren Bild), verhindert die Bildung dieser Salzbrücke und verändert damit die Stabilität des DQ-Moleküls. Beim NOD-Mäusestamm (*non-obese diabetic*, nicht adipös diabetisch) entsteht Diabetes spontan. Es liegt ebenfalls ein Austausch von Asparaginsäure an Position 57 der homologen I-Aβ-Kette gegen Serin vor. Transgene NOD-Mäuse, deren β-Kette Asparaginsäure an Position 57 aufweist, erkranken deutlich seltener an Diabetes. IDDM, insulinabhängiger Diabetes mellitus. (Mit freundlicher Genehmigung von C. Thorpe.)

T-Zell-Rezeptoren (Kapitel 7) hervor. Dieser Hypothese zufolge fördern körpereigene Peptide, die mit bestimmten MHC-Molekülen assoziiert sind, die positive Selektion von heranreifenden Thymocyten, die für bestimmte Autoantigene spezifisch sind. Solche Autoantigenpeptide werden möglicherweise in zu geringer Menge exprimiert oder binden zu schwach an körpereigene MHC-Moleküle, als dass im Thymus eine negative Selektion hervorgerufen wird. Sie sind jedoch in ausreichender Menge vorhanden oder binden stark genug, um die positive Selektion zu fördern. Diese Hypothese wird durch die Beobachtung unterstützt, dass das MHC-Klasse-II-Molekül I-A^{g7}, das bei den NOD-Mäusen mit der Krankheit im Zusammenhang steht, zahlreiche Peptide nur sehr schwach bindet und deshalb im Thymus die negative Selektion von T-Zellen, die an körpereigene Peptide binden, nur im geringen Maße fördert.

14.23 Äußere Faktoren können Autoimmunität auslösen

Die geographische Verteilung der Autoimmunerkrankungen weist in Bezug auf Kontinente, Länder und ethnische Gruppen eine ungleichmäßige Verteilung auf. So nimmt anscheinend die Häufigkeit der Erkrankungen in der nördlichen Hemisphäre von Norden nach Süden ab. Dieser Gradient tritt in Europa bei Krankheiten wie Multiple Sklerose und Diabetes mellitus Typ 1 besonders deutlich hervor; diese Krankheiten sind in den nördlichen Ländern häufiger als im Mittelmeerraum. Mehrere Untersuchungen haben auch gezeigt, dass Autoimmunität in den Entwicklungsländern weniger häufig ist als in den stärker industrialisierten Ländern.

Zu dieser geographischen Variabilität tragen neben der genetisch bedingten Anfälligkeit zahlreiche Faktoren bei – die sozioökonomischen Bedingungen und die Ernährung spielen offenbar eine Rolle. Ein Beispiel dafür, wie Faktoren außerhalb des genetischen Hintergrunds das Einsetzen der Krankheit beeinflussen, ist die Beobachtung, dass genetisch identische Mäuse die Autoimmunität mit verschiedenen Geschwindigkeiten und unterschiedlichem Schweregrad entwickeln (Abb. 14.29). Beim Menschen können Infektionen und Umweltgifte Faktoren sein, die eine Autoimmunität auslösen. Es sei noch darauf hingewiesen, dass epidemiologische und klinische Untersuchungen im vergangenen Jahrhundert auch ergeben haben, dass zwischen dem Auftreten von bestimmten Arten von Infektionen in einer frühen Lebensphase und der Entwicklung von Allergien und Autoimmunerkrankungen eine negative Korrelation besteht. Diese „Hygienehypothese“ wird im Einzelnen in Abschnitt 13.4 besprochen. Sie besagt, dass das Ausbleiben einer bestimmten Infektion in der Kindheit die Regulation des Immunsystems im späteren Leben beeinflussen kann, sodass für allergische und Autoimmunreaktionen eine größere Wahrscheinlichkeit besteht.

14.24 Eine Infektion kann zu einer Autoimmunerkrankung führen, indem dadurch Bedingungen geschaffen werden, welche die Lymphocytenaktivierung stimulieren

Wie induzieren und verändern Krankheitserreger Autoimmunität? Während einer Infektion und der zwangsläufigen Immunantwort kann die Kombination aus Entzündungsmediatoren, die von aktivierten antigenpräsentierenden Zellen und Lymphocyten freigesetzt werden, und der gesteigerten Expression von costimulierenden Molekülen die unbeteiligten Lymphocyten („Zuschauerzellen“), die für die Antigene des Krankheitserregers nicht spezifisch sind, beeinflussen. Autoreaktive Lymphocyten können unter solchen Bedingungen aktiviert werden, besonders dann, wenn Gewebezerstörungen durch die Infektion zu einem vermehrten Auftreten von körpereigenen Antigenen führt (Abb. 14.37, erstes Bild).

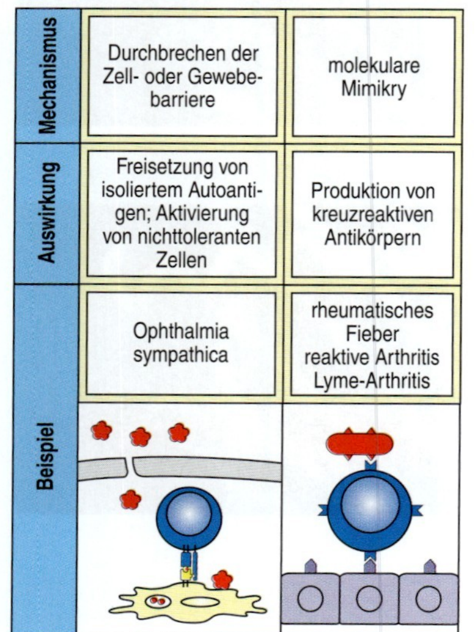

14.37 Krankheitserreger können die Selbst-Toleranz auf verschiedene Weisen zerstören. Links: Da einige Antigene vom Kreislauf ferngehalten werden, entweder hinter einer Gewebebarriere oder innerhalb einer Zelle, können durch eine Infektion, die zelluläre und Gewebebarrieren aufbricht, ursprünglich verborgene Antigene zugänglich werden. Rechts: Die molekulare Mimikry kann dazu führen, dass Krankheitserreger entweder eine T- oder eine B-Zell-Reaktion auslösen, die mit körpereigenen Antigenen kreuzreagieren kann.

Im Allgemeinen führt jede Infektion zu einer Entzündungsreaktion und zur Mobilisierung von Entzündungszellen zum Infektionsherd. In Versuchstiermodellen ließ sich zeigen, dass eine Autoimmunerkrankung durch virale oder bakterielle Infektionen fortgesetzt wird oder sich sogar verstärkt. So nimmt beispielsweise der Schweregrad von Diabetes mellitus Typ 1 bei NOD-Mäusen durch eine Infektion mit dem Cocksackie-Virus B4 zu, was zu einer Entzündung, Gewebeschäden und der Erzeugung von autoreaktiven T-Zellen führt.

Wir haben bereits weiter oben besprochen, dass körpereigene Liganden wie nichtmethylierte CpG-DNA-Sequenzen und RNA ignorante B-Zellen über ihre Toll-ähnlichen Rezeptoren direkt aktivieren können und so die Toleranz gegenüber körpereigenen Antigenen durchbrechen (Abschnitt 14.4). Liganden von Mikroorganismen für Toll-ähnliche Rezeptoren können die Autoimmunität ebenfalls fördern, indem sie dendritische Zellen und Makrophagen stimulieren, große Mengen an Cytokinen zu produzieren. Diese wiederum führen zu lokalen Entzündungen und unterstützen die Stimulation und Stabilisierung von autoreaktiven T- und B-Zellen. Dieser Mechanismus könnte bei erythematösen Reaktionen eine Rolle spielen, die bei Patienten mit einer Autoimmunvasculitis und cytoplasmatischen Anti-Neutrophilen-Antikörpern nach einer Infektion auftreten.

Ein Beispiel dafür, wie ein Kontakt mit Liganden für Toll-ähnliche Rezeptoren lokale Entzündungen hervorrufen kann, kommt bei einem Tiermodell für Arthritis vor, bei dem die Injektion von bakterieller CpG-DNA in die Gelenke von gesunden Mäusen eine aseptische Arthritis hervorruft, die durch eine Infiltration mit Makrophagen gekennzeichnet ist. Diese

Makrophagen exprimieren Chemokinrezeptoren an ihrer Oberfläche und produzieren große Mengen an CC-Chemokinen, die die Mobilisierung von Leukocyten zum Infektionsherd stimulieren.

14.25 Kreuzreaktivität zwischen körperfremden Molekülen auf Pathogenen und körpereigenen Molekülen können zu Immunreaktionen gegen körpereigene Antigene und zu einer Autoimmunerkrankung führen

Infektionen mit bestimmten Krankheitserregern sind in besonderer Weise mit autoimmunen Folgeerscheinungen verknüpft. Einige Krankheitserreger exprimieren Protein- oder Kohlenhydratantigene, die körpereigenen Molekülen ähnlich sind; diesen Effekt bezeichnet man als **molekulare Mimikry**. In solchen Fällen werden gegen ein Epitop des Krankheitserregers Antikörper produziert, die mit einem körpereigenen Protein kreuzreagieren können (Abb. 14.37, zweites Bild). Solche Strukturen müssen nicht unbedingt identisch sein. Es genügt, wenn sie einander ähnlich genug sind, um vom selben Antikörper erkannt zu werden. Molekulare Mimikry kann auch autoreaktive naive T-Zellen oder T-Effektorzellen aktivieren, wenn ein prozessiertes Peptid von einem Krankheitserregerantigen dem körpereigenen Peptid ähnlich ist oder damit übereinstimmt; das führt dann zu einem Angriff auf körpereigene Gewebe. Mithilfe von transgenen Mäusen, die im Pankreas ein virales Antigen exprimieren, hat man ein Modellsystem zur Untersuchung von molekularer Mimikry entwickelt. Normalerweise gibt es keine Reaktion auf das von einem Virus stammende „körpereigene" Antigen. Wenn jedoch die Mäuse mit dem Virus infiziert werden, von dem das transgene Antigen stammt, entwickeln sie Diabetes, da das Virus T-Zellen aktiviert, die mit dem „körpereigenen" viralen Antigen kreuzreagieren und das Pankreas angreifen (Abb. 14.38).

Man mag sich die Frage stellen, warum diese autoreaktiven Lymphocyten nicht durch die üblichen Mechanismen der Selbst-Toleranz beseitigt oder inaktiviert wurden. Ein Grund besteht darin (siehe oben), dass die

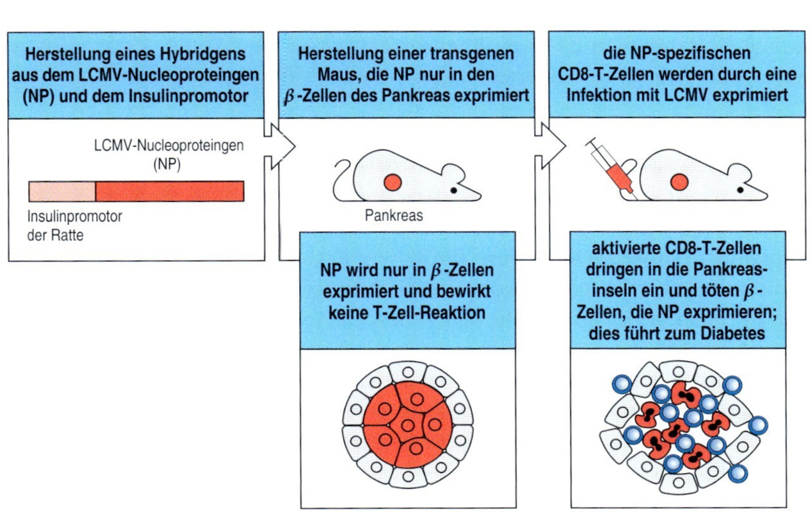

14.38 Eine Virusinfektion kann die Toleranz gegen ein transgenes virales Protein zerstören, das in den β-Zellen des Pankreas exprimiert wird. Überträgt man auf Mäuse das Gen für ein Protein des lymphocytischen Choriomeningitis-Virus (LCMV), das unter der Regulation durch den Insulinpromotor der Ratte steht, exprimieren sie in ihren β-Zellen zwar das Virusprotein, reagieren aber nicht darauf und entwickeln daher auch keinen Diabetes. Wenn die transgenen Mäuse allerdings mit LCMV infiziert werden, kommt es zu einer ausgeprägten Reaktion cytotoxischer T-Zellen gegen das Virus. Diese zerstört die β-Zellen und führt zum Diabetes. Man nimmt an, dass infektiöse Faktoren bisweilen T-Zell-Antworten auslösen können, bei denen es zu Kreuzreaktionen mit körpereigenen Peptiden kommt (molekulare Mimikry), und dass dies auch zu Autoimmunerkrankungen führen kann.

autoreaktiven B- und T-Zellen mit geringerer Affinität nicht effizient genug entfernt werden und im Repertoire der naiven Lymphocyten als ignorante Lymphocyten vorliegen (Abschnitt 14.4). Zum anderen könnte der starke entzündungsfördernde Reiz, der mit einer Infektion einhergeht, ausreichen, um sogar anergische T- und B-Zellen in der Peripherie zu aktivieren. Dadurch werden Zellen in die Reaktion hineingezogen, die normalerweise ruhen würden. Drittens können Krankheitserreger wesentlich höhere lokale Dosen des auslösenden Antigens in einer immunogenen Form zugänglich machen, die es sonst für Lymphocyten nicht gäbe. Einige Beispiele für Autoimmunsyndrome, bei denen wahrscheinlich molekulare Mimikry eine Rolle spielt, sind das rheumatische Fieber, das manchmal nach einer Infektion mit Streptokokken auftritt, und die reaktive Arthritis, die möglicherweise nach einer enterischen Infektion auftritt.

Sobald die autoreaktiven Lymphocyten durch einen dieser Mechanismen aktiviert wurden, können ihre Effektorfunktionen körpereigene Gewebe zerstören. Eine Autoimmunität dieses Typs ist manchmal vorübergehend und verschwindet, wenn der auslösende Krankheitserreger beseitigt wurde. Das ist bei der autoimmunen hämolytischen Anämie der Fall, die nach einer Infektion mit Mycoplasma auftritt. Dabei kreuzreagieren Antikörper gegen den Krankheitserreger mit einem Antigen auf roten Blutkörperchen, was zu einer Hämolyse führt (Abschnitt 14.13). Die Autoantikörper verschwinden, wenn sich der Patient von der Infektion erholt. Manchmal besteht die Autoimmunität jenseits der ursprünglichen Infektion jedoch fort. Das trifft auf einige Fälle von **rheumatischem Fieber** zu, das gelegentlich nach einer Rachenentzündung oder Scharlach auftritt, die durch *Streptococcus pyogenes* verursacht werden. Die Ähnlichkeit der Epitope auf Antigenen der Streptokokken mit Epitopen auf einigen Geweben führt zu einer Schädigung verschiedener Gewebe, beispielsweise der Herzklappen. Ursache sind dabei Antikörper und möglicherweise auch T-Zellen. Das rheumatische Fieber tritt zwar häufig nur vorübergehend auf, aber besonders bei einer Behandlung mit Antibiotika kann es manchmal auch chronisch werden. Ähnlich verhält es sich mit der Lyme-Borreliose, einer Infektion mit der Spirochäte *Borrelia burgdorferi*, die von einer sich spät entwickelnden Autoimmunität gefolgt wird. Diese verursacht die sogenannte Lyme-Arthritis, wobei der Mechanismus noch nicht vollständig bekannt ist. Wahrscheinlich handelt es sich um eine Kreuzreaktivität zwischen Bestandteilen des Krankheitserregers und des Wirtes. Es kommt zu einer sich von selbst weiter entwickelnden Autoimmunreaktion.

14.26 Medikamente und Toxine können Autoimmunsyndrome hervorrufen

Einige der eindeutigsten Belege für äußere Faktoren, die beim Menschen zu Autoimmunität führen, sind die Nebenwirkungen bestimmter Medikamente, die bei einer geringen Anzahl von Patienten Autoimmunreaktionen hervorrufen. Procainamid, ein Medikament zur Behandlung von Herzrhythmusstörungen, ist hier besonders erwähnenswert, weil es Autoantikörper induziert, die denen beim systemischen Lupus erythematodes (SLE) ähnlich sind, wobei diese selten pathogen sind. Mit der Entwicklung der autoimmunen hämolytischen Anämie, bei der Autoantikörper gegen Oberflächenkomponenten von roten Blutkörperchen gebildet werden und diese Zellen angreifen

(Abschnitt 14.13), bringt man sogar mehrere Medikamente in Verbindung. Auch Umweltgifte können Autoimmunität verursachen. Wenn man Mäusen, die genetisch bedingt anfällig sind, Schwermetalle wie Gold oder Quecksilber verabreicht, kommt es zu einem vorhersagbaren Autoimmunsyndrom, das auch die Produktion von Autoantikörpern einschließt. Das Ausmaß, mit dem Schwermetalle beim Menschen die Autoimmunität fördern, ist noch umstritten, aber die Tiermodelle zeigen deutlich, dass Umweltfaktoren wie Toxine bei bestimmten Syndromen von zentraler Bedeutung sein können.

Die Mechanismen, durch die Medikamente und Toxine Autoimmunität verursachen, sind noch unklar. Bei einigen Medikamenten nimmt man an, dass sie mit körpereigenen Proteinen chemisch reagieren und so Derivate entstehen, die das Immunsystem als fremd erkennt. Die Immunantwort auf diese haptenisierten körpereigenen Proteine kann zu Entzündungen, Komplementablagerung, Gewebezerstörung und schließlich Immunreaktionen auf die ursprünglichen, unveränderten körpereigenen Proteine führen.

14.27 Beim Auslösen von Autoimmunität können zufällige Ereignisse ebenfalls von Bedeutung sein

Naturwissenschaftler und Mediziner würden zwar das „spontane" Entstehen einer Krankheit gerne einem spezifischen Grund zuschreiben – das ist aber nicht immer möglich. Es muss sich nicht um ein Virus oder Bakterium handeln, nicht einmal ein unverständliches Muster von Ereignissen, das dem Einsetzen einer Autoimmunerkrankung vorausgeht. Das zufällige Zusammentreffen von einigen wenigen autoreaktiven B- und T-Zellen in den peripheren Lymphgeweben, die miteinander interagieren, wenn gleichzeitig eine Infektion entzündungsfördernde Signale liefert, kann schon ausreichen. Das ist vielleicht ein seltenes Ereignis, und bei einem genetisch resistenten Individuum könnte es sogar eingedämmt werden. Aber bei einem anfälligen Individuum könnten solche Ereignisse öfter auftreten und/oder schwieriger zu kontrollieren sein.

Das Einsetzen oder Auftreten von Autoimmunität scheint möglicherweise zufällig zu geschehen. Durch eine genetische Prädisposition kann sich die Wahrscheinlichkeit für ein solch seltenes Ereignis zumindest teilweise erhöhen. Durch diese Vorstellung wiederum lässt sich vielleicht erklären, warum viele Autoimmunerkrankungen im frühen Erwachsenenalter oder später auftreten, wenn genügend Zeit vergangen ist, damit zufällige seltene Ereignisse auch stattfinden konnten. So lässt sich wohl ebenfalls erklären, warum nach bestimmten Arten von experimentellen aggressiven Therapien gegen diese Krankheiten, wie die Übertragung von Knochenmark oder die Beseitigung der B-Zellen, die Krankheit schließlich doch nach einer längeren Zeit der Besserung zurückkehrt.

Zusammenfassung

Für die meisten Autoimmunerkrankungen sind die spezifischen Ursachen nicht bekannt. Man hat genetische Risikofaktoren identifiziert, beispielsweise bestimmte Allele von MHC-Klasse-II-Molekülen und anderen Genen, aber viele Individuen mit genetischen Varianten, die eine Prädisposition für eine bestimmte Autoimmunerkrankung bedeuten, erkranken dennoch nicht.

Epidemiologische Untersuchungen von Populationen aus genetisch identischen Tieren haben gezeigt, dass äußere Faktoren für das Einsetzen einer Autoimmunität von besonderer Bedeutung sind, wobei man diese Faktoren trotz ihres zumindest starken Einflusses darauf, wie sich die genetischen Faktoren auswirken, sogar noch weniger kennt. Es ist bekannt, dass bestimmte Toxine und Medikamente Autoimmunsyndrome auslösen können, aber ihre Bedeutung für die verschiedenen Varianten von Autoimmunerkrankungen ist unklar. Einige Autoimmunsyndrome können auch als Folge von viralen oder bakteriellen Infektionen entstehen. Krankheitserreger können die Autoimmunität fördern, indem sie unspezifische Entzündungen und Gewebeschäden verursachen. Sie können auch manchmal Reaktionen gegen körpereigene Proteine auslösen, wenn sie Moleküle exprimieren, die körpereigenen Strukturen gleichen; diesen Effekt bezeichnet man als molekulare Mimikry. Es sind noch viele weitere Fortschritte notwendig, um Umweltfaktoren zu erkennen. Wahrscheinlich handelt es sich bei den meisten Krankheiten nicht um einen einzigen oder überhaupt um einen identifizierbaren Umweltfaktor, der an ihrem Entstehen beteiligt ist, und auch der Zufall dürfte eine wichtige Rolle dabei spielen, wann und wie eine Krankheit ausbricht.

Reaktionen auf Alloantigene und Transplantatabstoßung

Die Gewebetransplantation zum Ersatz erkrankter Organe ist heute eine wichtige Behandlungsmethode. Adaptive Immunreaktionen gegen das transplantierte Gewebe sind in den meisten Fällen das größte Hindernis für eine erfolgreiche Übertragung. Die Abstoßung wird von Immunantworten auf Alloantigene im Transplantat verursacht: Dabei handelt es sich um Proteine, die sich bei den einzelnen Individuen innerhalb einer Spezies unterscheiden und deshalb vom Empfänger als fremd wahrgenommen werden. Bei der Transplantation von Geweben mit kernhaltigen Zellen hingegen führen die T-Zell-Antworten gegen die hoch polymorphen MHC-Moleküle meist zur Abstoßung des Transplantats. Eine Übereinstimmung der MHC-Typen von Spender und Empfänger erhöht die Erfolgswahrscheinlichkeit der Transplantation. Eine perfekte Übereinstimmung ist allerdings nur bei einem verwandten Spender möglich, und auch in solchen Fällen können genetische Unterschiede in anderen Loci häufig zur Abstoßung führen, wenn auch weniger gravierend. Bei der zuerst entwickelten und noch immer häufigsten Gewebetransplantation, der Bluttransfusion, ist ein MHC-Abgleich nicht notwendig, da rote Blutkörperchen und Blutplättchen nur geringe Mengen an MHC-Klasse-I-Molekülen und überhaupt keine MHC-Klasse-II-Moleküle exprimieren. Sie werden also von den T-Zellen des Empfängers nicht angegriffen. Bei Blut müssen jedoch die AB0- und die Rhesus-Blutgruppenantigene übereinstimmen, um die schnelle Zerstörung „unpassender" roter Blutkörperchen durch Antikörper zu verhindern (Anhang I, Abschnitt A.11). Da es nur vier große AB0- und zwei Rhesus-Bluttypen gibt, ist das relativ einfach. In diesem Teil des Kapitels werden wir die Immunreaktion gegen Gewebetransplantate betrachten und untersuchen, warum sie bei dem einen Gewebetransplantat ausbleibt, das im Allgemeinen toleriert wird – dem Säugetierfetus.

14.28 Die Transplantatabstoßung ist eine immunologische Reaktion, die primär von T-Zellen vermittelt wird

Die Grundregeln der Gewebeübertragung hat man zuerst anhand von Hauttransplantationen zwischen verschiedenen Mäuseinzuchtstämmen aufgeklärt. Mit einer Erfolgsquote von 100 % lässt sich Haut von einer an eine andere Stelle desselben Tieres oder Menschen (**autogene** oder **autologe Transplantation**) oder zwischen genetisch identischen Individuen transplantieren (**syngene Transplantation**). Wenn man Haut zwischen nichtverwandten oder **allogenen** Individuen überträgt (**allogene Transplantation**), wird das Transplantat zunächst angenommen, nach zehn bis 13 Tagen jedoch abgestoßen (Abb. 14.39). Man bezeichnet dies als primäre oder **akute Abstoßungsreaktion**. Sie verläuft immer sehr ähnlich und beruht auf einer T-Zell-Antwort des Empfängers. Transplantiert man ein Hautstück auf Nacktmäuse, die keine T-Zellen besitzen, so wird es nicht abgestoßen. Man kann jedoch durch adoptiven Transfer normaler T-Zellen die Fähigkeit zur Abstoßung auch auf Nacktmäuse übertragen.

Überträgt man ein zweites Mal ein Hautstück auf einen Empfänger, der zuvor bereits ein Transplantat von demselben Spender abgestoßen hat, dann erfolgt die sekundäre oder **beschleunigte Abstoßungsreaktion** schneller, das heißt in nur sechs bis acht Tagen (Abb. 14.39). Haut von einem zweiten Spender, die man gleichzeitig auf den Empfänger übertragen hat, löst aber keine schnellere Abstoßungsreaktion aus. Der Zeitverlauf entspricht vielmehr einer primären Abstoßung. Der schnelle Verlauf der Zweitabstoßungsreaktion lässt sich in Form von T-Zellen aus dem Empfänger eines ersten Transplantats auf normale oder bestrahlte Empfänger übertragen. Das zeigt, dass der Transplantatabstoßung eine spezifische Immunantwort, einem immunologischen Gedächtnis entsprechend (Kapitel 10), von klonal vermehrten und geprägten T-Zellen zugrunde liegt, die für die Haut des Spenders spezifisch sind.

14.39 Die Abstoßung von Hauttransplantaten beruht auf einer von T-Zellen vermittelten Reaktion. Syngene Transplantate werden auf Dauer angenommen (erste Spalte), während Gewebe mit unterschiedlichen MHC etwa zehn bis 13 Tage nach der Transplantation abgestoßen werden (primäre Abstoßungsreaktion, zweite Spalte). Überträgt man einer Maus zum zweiten Mal Haut von demselben Spendertier, so erfolgt die Abstoßung des zweiten Transplantats schneller (dritte Spalte). Das bezeichnet man als sekundäre Abstoßungsreaktion. Die beschleunigte Reaktion ist MHC-spezifisch: Haut von einem zweiten Spender mit demselben MHC-Typ wird schnell abgestoßen, während die Reaktion bei Haut von einem Spender mit einem anderen MHC nicht schneller als bei der Erstabstoßung verläuft (nicht dargestellt). Nichtimmunisierte Mäuse, denen man T-Zellen von einem sensibilisierten Spendertier verabreicht, verhalten sich, als hätten sie bereits eine Transplantation hinter sich (letzte Spalte).

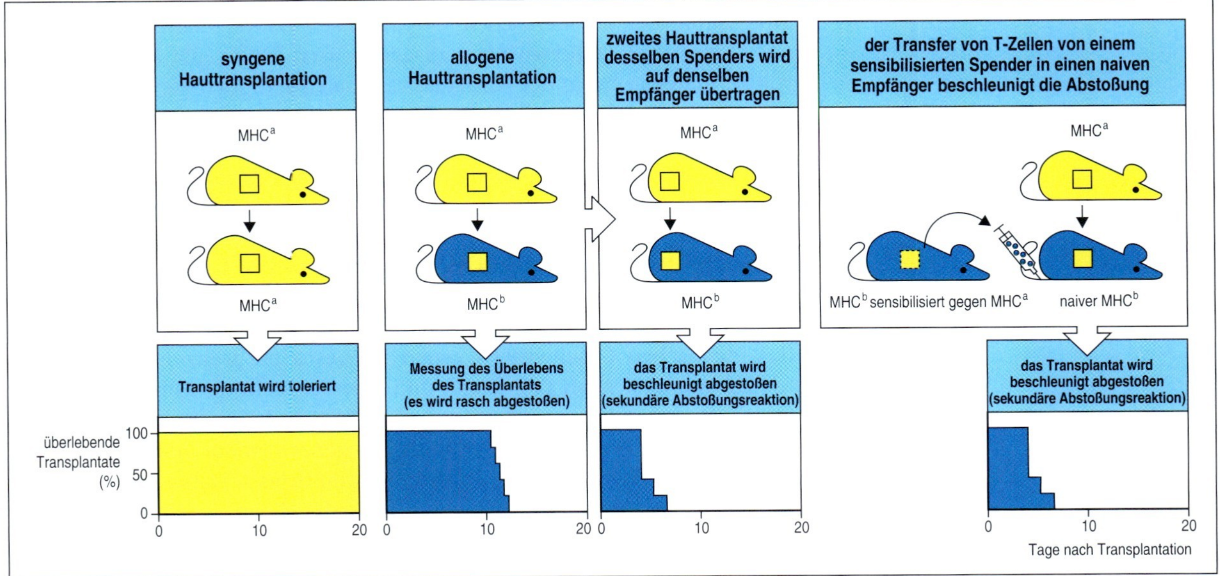

Immunreaktionen gegen die fremden Proteine auf Spendergewebe sind ein großes Hindernis für effektive Gewebetransplantationen. Sie können durch cytotoxische CD8-T-Zellen, durch CD4-T-Zellen oder durch beide Zellarten vermittelt werden. Bei sekundären Abstoßungsreaktionen sind möglicherweise auch Antikörper beteiligt.

14.29 Das Abstimmen des MHC-Typs zwischen Spender und Empfänger verbessert das Transplantationsergebnis

Antigene, die sich bei Vertretern derselben Spezies unterscheiden, bezeichnet man als **Alloantigene**, und eine Immunantwort gegen solche Antigene bezeichnet man als **alloreaktive** Immunantwort. Wenn sich Spender und Empfänger in ihren MHC-Molekülen unterscheiden, lösen die fremden MHC-Moleküle auf dem Transplantat eine alloreaktive Immunantwort aus. Bei den meisten Geweben handelt es sich dabei vor allem um MHC-Klasse-I-Antigene. Hat der Empfänger bereits ein Transplantat mit einem bestimmten MHC-Typ abgestoßen, wird er eine schnelle sekundäre Abstoßungsreaktion gegen ein weiteres Transplantat entwickeln, das dieselben fremden MHC-Moleküle trägt. In Kapitel 5 haben wir gelernt, dass die gegen fremde MHC-Moleküle gerichteten T-Zellen sehr zahlreich sind, sodass Unterschiede in den MHC-Loci die stärksten Auslöser einer Abstoßungsreaktion gegen ein erstes Transplantat sind. Tatsächlich leitet sich sogar der Name MHC (*major histocompatibility complex* oder Haupthistokompatibilitätskomplex) von dieser zentralen Rolle bei der Transplantatabstoßung ab.

Als klar wurde, dass die Erkennung fremder MHC-Moleküle bei der Transplantatabstoßung eine wichtige Rolle spielt, unternahm man große Anstrengungen, die MHC-Typen von Spender und Empfänger aufeinander abzustimmen. Dadurch gelang es, die Erfolgsquote von Organverpflanzungen signifikant zu erhöhen. Aber selbst wenn eine Übereinstimmung am MHC-Locus, den man beim Menschen als HLA-Locus bezeichnet, die Erfolgsquote bei der klinischen Organtransplantation deutlich verbessert, sind Abstoßungsreaktionen nicht ausgeschlossen. Dafür gibt es zwei Hauptgründe: Erstens sind in der Klinik anwendbare Methoden zur HLA-Typisierung aufgrund der polymorphen Natur und der Komplexität der menschlichen MHCs nie ganz exakt. Das heißt, dass nicht miteinander verwandte Personen, deren HLAs man aufgrund der Typisierung mit Antikörpern gegen MHC-Proteine für identisch erklärt, selten tatsächlich genau dieselben MHC-Genotypen aufweisen. Bei HLA-identischen Geschwistern sollte dies jedoch kein Problem sein. Da Geschwister ihre MHC-Gene als Haplotypen erben, sollte eines von vieren tatsächlich in Bezug auf den HLA-Typ mit dem des Empfängers übereinstimmen. Dennoch werden auch Transplantate von HLA-identischen Geschwistern generell abgestoßen, wenn auch nur langsam, solange es sich bei Empfänger und Spender nicht um eineiige Zwillinge handelt. Die Abstoßung erfolgt hier lediglich etwas langsamer. Sie beruht auf sogenannten Nebenhistokompatibilitätsantigenen (*minor histocompatibility antigens*), mit denen sich der nächste Abschnitt befasst. Dabei handelt es sich um Peptide aus Nicht-MHC-Proteinen, die sich bei den einzelnen Individuen unterscheiden. Diese Antigene bilden die zweite Ursache für das Versagen einer HLA-Abstimmung zur Verhinderung von Abstoßungsreaktionen.

Alle Transplantatempfänger müssen also immunsuppressive Medikamente erhalten, um die Abstoßung zu verhindern, wenn die Transplantation nicht zwischen eineiigen Zwillingen erfolgt. In der Tat sind die klinischen Erfolge bei der Transplantation fester Organe gegenwärtig eher auf Fortschritte in der Immunsuppressionstherapie zurückzuführen (Kapitel 15) als auf eine verbesserte Abstimmung der Gewebetypen von Spender und Empfänger. Organe Verstorbener, die für Transplantationen infrage kommen, stehen nur in sehr begrenztem Umfang zur Verfügung, und wenn man einen Spender hat, muss der Empfänger in höchster Eile ausgewählt werden. Eine genaue Übereinstimmung der Gewebetypen ist daher nur in seltenen Fällen zu erreichen, wobei die Übertragung von Nieren zwischen geeigneten Geschwistern eine bemerkenswerte Ausnahme darstellt.

14.30 Bei MHC-identischen Transplantaten beruht die Abstoßung auf Peptiden von anderen Alloantigenen, die an die MHC-Moleküle des Transplantats gebunden sind

Wenn Spender und Empfänger in ihren MHC-Typen übereinstimmen, sich jedoch in anderen Genloci unterscheiden, verläuft die Abstoßung langsamer (Abb. 14.40). MHC-Klasse-I- und -Klasse-II-Moleküle binden und präsentieren eine Auswahl von Peptiden, die aus von der Zelle produzierten Proteinen stammen, und wenn Polymorphismen in diesen Proteinen dazu führen, dass von verschiedenen Vertretern einer Spezies unterschiedliche Peptide produziert werden, können diese als **Nebenhistokompatibilitätsantigene** erkannt werden (Abb. 14.41). Eine solche Gruppe von Proteinen ist auf dem ausschließlich männlichen Y-Chromosom codiert. Man bezeichnet sie in ihrer Gesamtheit als H-Y. Da diese Y-chromosomalen Gene bei weiblichen Individuen nicht exprimiert werden, kommt es bei ihnen zu Reaktionen gegen die H-Y-Antigene. Umgekehrt wurden bei männlichen Individuen

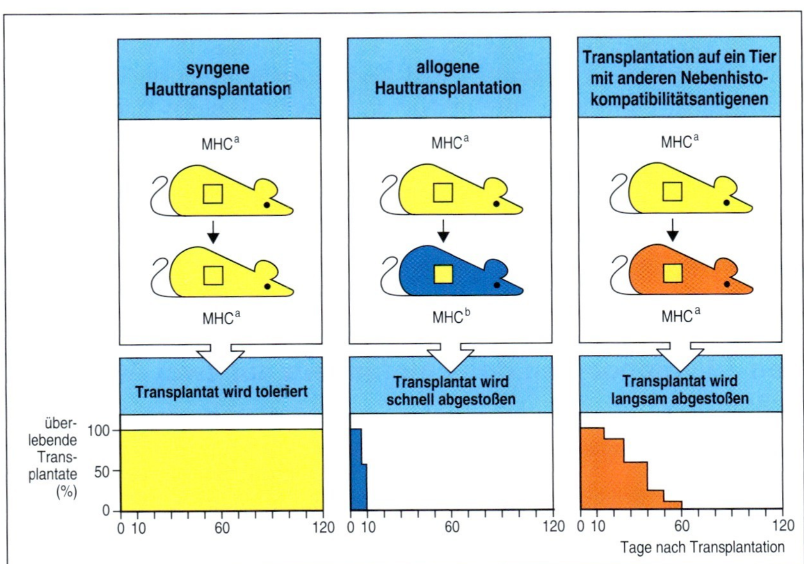

14.40 Selbst eine vollkommene Übereinstimmung in den MHC gewährleistet das Überleben des Transplantats nicht. Zwar werden syngene Transplantate nicht abgestoßen, wohl aber MHC-identisches Gewebe von Spendern (links), das sich in anderen Loci (den Loci der Nebenhistokompatibilitätsantigene) vom Empfänger (rechts) unterscheidet. Allerdings vollzieht sich die Abstoßung in diesem Fall deutlich langsamer als bei einem Transplantat mit einem anderen MHC-Typ (Mitte).

14.41 Nebenhistokompatibilitätsantigene sind Peptide aus polymorphen zellulären Proteinen, die an MHC-Klasse-I-Moleküle gebunden sind. Körpereigene Proteine werden ständig durch Proteasomen im Cytosol abgebaut. Dabei entstehende Peptide werden in das endoplasmatische Reticulum transportiert, wo sie an MHC-Klasse-I-Moleküle binden können und anschließend an der Zelloberfläche präsentiert werden. Wenn irgendein polymorphes Protein beim Spender (links, rot dargestellt) und beim Empfänger (rechts, blau dargestellt) nicht übereinstimmt, kann daraus ein Peptid entstehen, das von T-Zellen als fremd erkannt wird und eine Immunreaktion auslöst.

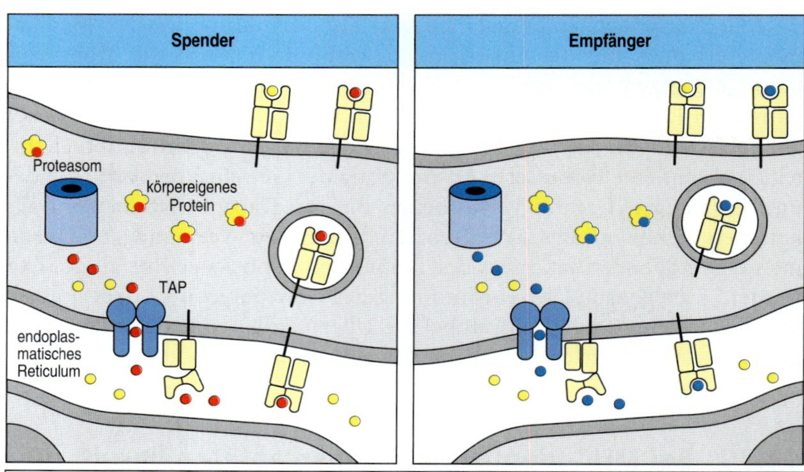

keine Reaktionen gegen spezifisch weibliche Antigene beobachtet, da beide Geschlechter die Gene des X-Chromosoms exprimieren. Inzwischen wurde beim Menschen und bei Mäusen das H-Y-Antigen als Peptid aus einem Protein identifiziert, das vom *Smcy*-Gen auf dem Y-Chromosom codiert wird. Das homologe *Smcx*-Gen auf dem X-Chromosom enthält diese Peptidsequenzen nicht, die daher ausschließlich vom männlichen Geschlecht exprimiert werden. Die meisten Nebenhistokompatibilitätsantigene werden von autosomalen Genen codiert und ihre Identität ist größtenteils unbekannt, wobei zehn inzwischen genetisch identifiziert wurden.

Die Reaktion gegen Nebenhistokompatibilitätsantigene entspricht in jeder Hinsicht der Immunantwort gegen eine virale Infektion. Allerdings werden dabei nur infizierte Zellen beseitigt, in einem Transplantat dagegen alle Zellen, die die Antigene exprimieren, weshalb das gesamte Transplantat bei einer solchen Reaktion zerstört wird. Selbst wenn die MHC-Genotypen perfekt übereinstimmen, können also Polymorphismen in einem beliebigen anderen Protein wirksame T-Zell-Reaktionen auslösen, die das gesamte Transplantat vernichten. Aufgrund der mit nahezu absoluter Sicherheit auftretenden Unterschiede der Nebenhistokompatibilitätsantigene zwischen zwei Individuen und des Potenzials der Reaktionen, die dadurch ausgelöst werden, verwundert es nicht, dass für eine erfolgreiche Transplantation wirkungsvolle Immunsuppressiva angewendet werden müssen.

14.31 Alloantigene auf einem Transplantat werden den T-Lymphocyten des Empfängers auf zwei Arten präsentiert

Bevor alloreaktive T-Effektorzellen eine Abstoßung hervorrufen können, müssen sie von antigenpräsentierenden Zellen aus dem Spender aktiviert werden. Die Donorzellen tragen allogene MHC-Moleküle und besitzen zudem eine costimulierende Aktivität. Organtransplantate enthalten antigen-

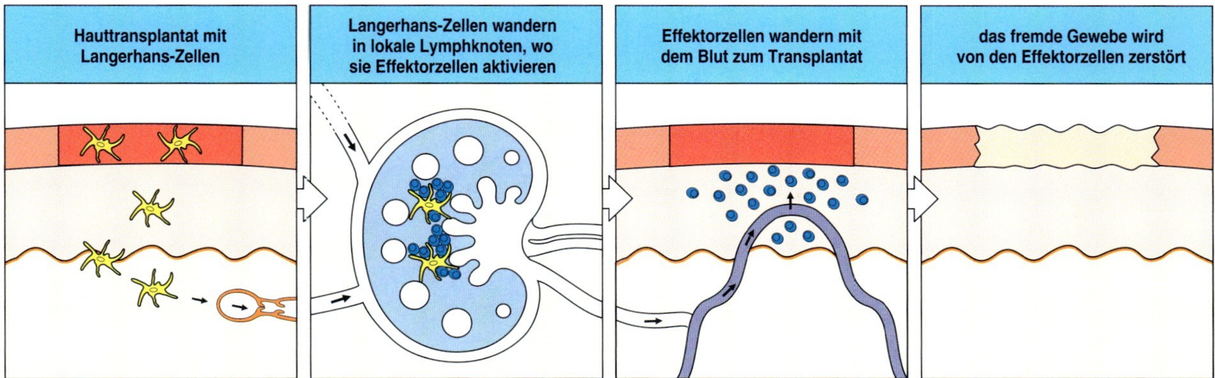

14.42 Beim Auslösen einer Abstoßungsreaktion wandern normalerweise antigenpräsentierende Zellen des Spenders aus dem Transplantat zu lokalen Lymphknoten. Als Beispiel ist hier die Übertragung von Haut dargestellt, bei der die Langerhans-Zellen als antigenpräsentierende Zellen wirken und an ihrer Oberfläche Peptide aus dem Transplantat zeigen. Nach der Wanderung zu einem Lymphknoten treffen diese antigenpräsentierenden Zellen auf zirkulierende naive T-Zellen, die für Antigene aus dem allogenen Transplantat spezifisch sind und zur Zellteilung angeregt werden. Die anschließend entstehenden aktivierten T-Effektorzellen gelangen über den Ductus thoracicus in das Blut und wandern in das fremde Gewebe ein, das sie schnell zerstören. Dieser Vorgang ist spezifisch gegen Spenderzellen gerichtet, beruht also wohl auf direkter Cytotoxizität und nicht auf unspezifischen Entzündungsreaktionen.

präsentierende Zellen des Spenders, die als Passagierleukocyten bezeichnet werden und einen wichtigen Stimulus für die Alloreaktivität darstellen. An diesem Mechanismus, der einen Empfänger gegenüber einem Transplantat sensibilisiert, sind offenbar antigenpräsentierende Zellen des Spenders beteiligt, die das Transplantat verlassen und über die Lymphflüssigkeit zu den regionalen Lymphknoten wandern. Dort können sie diejenigen T-Zellen des Empfängers aktivieren, die entsprechende T-Zell-Rezeptoren tragen. Die aktivierten alloreaktiven T-Zellen gelangen dann zum Transplantat, das sie direkt angreifen (Abb. 14.42). Diesen Erkennungsmechanismus bezeichnet man als **direkte Allogenerkennung** (Abb. 14.43, unten links). Tatsächlich tritt eine Abstoßung erst viel später ein, wenn zuvor die antigenpräsentierenden Zellen im zu übertragenden Gewebe durch Behandlung mit Antikörpern oder durch längere Inkubation entfernt wurden. Eine Reaktion gegen das Transplantat unterbleibt auch, wenn es im Bereich des Transplantats im Körper keine Lymphableitung gibt.

Ein zweiter Mechanismus der Erkennung von allogenen Transplantaten, der zur Transplantatabstoßung führt, ist die Aufnahme von allogenen Proteinen durch antigenpräsentierende Zellen des Empfängers, die die Proteine dann mit eigenen MHC-Molekülen den T-Zellen präsentieren, darunter auch T_{reg}-Zellen. Die Erkennung von allogenen Proteinen, die auf diese Weise präsentiert werden, bezeichnet man als **indirekte Allogenerkennung** (Abb. 14.43, unten rechts). Zu den Peptiden aus dem Transplantat, die von den antigenpräsentierenden Zellen des Empfängers dargeboten werden, fungieren die Nebenhistokompatibilitätsantigene und auch sogar Peptide aus den fremden MHC-Molekülen als eine der Hauptquellen für polymorphe Peptide, die von den T-Zellen des Empfängers erkannt werden – in diesem Fall jedoch nur dann, wenn das Transplantat in Bezug auf MHC nicht mit dem Empfänger übereinstimmt.

Das Verhältnis zwischen direkter und indirekter Allogenerkennung bei der Gewebeabstoßung ist unbekannt. Die direkte Erkennung ist wahrscheinlich zu einem großen Teil für die akute Abstoßung verantwortlich, besonders dann, wenn aufgrund der MHC-Unterschiede beim Empfänger sehr viele alloreaktive T-Zellen vorhanden sind. Darüber hinaus kann ein direkter Angriff von cytotoxischen T-Zellen auf Transplantatzellen nur durch T-Zellen erfolgen, die die MHC-Moleküle des Spenders direkt erkennen. Dennoch können T-Zellen mit indirekter Allospezifität zur Gewebeabstoßung beitragen, indem sie Makrophagen aktivieren, die Gewe-

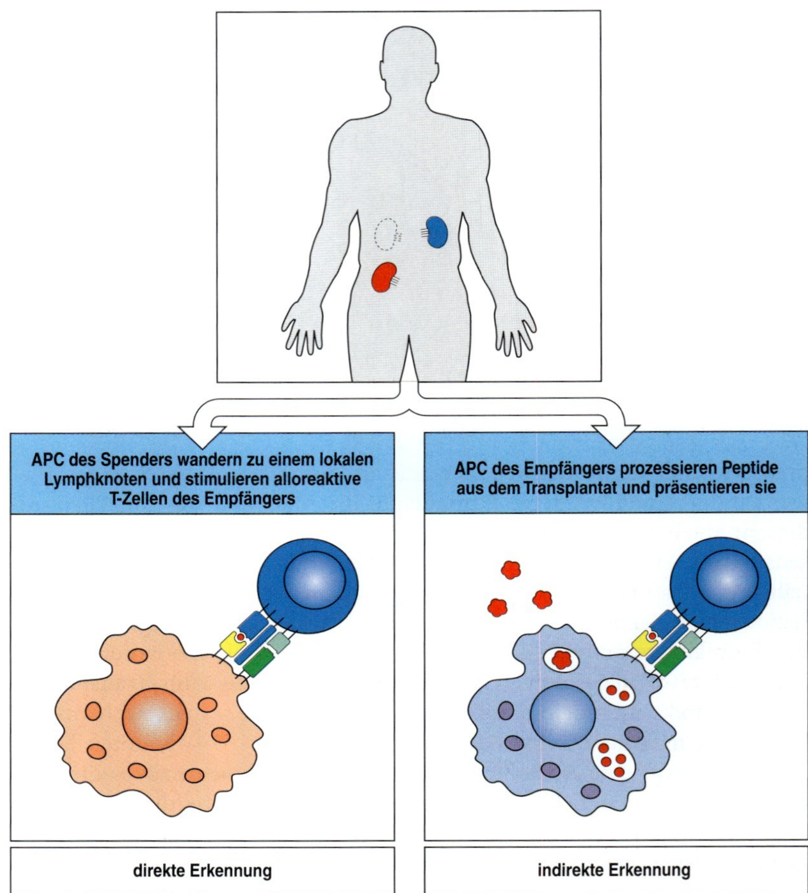

14.43 Alloantigene in übertragenen Organen werden auf zwei verschiedene Weisen erkannt. Die direkte Erkennung eines übertragenen Organs (oben, rot) erfolgt über T-Zellen, deren Rezeptoren für das allogene MHC-Klasse-I- oder -Klasse-II-Molekül in Kombination mit einem Peptid spezifisch sind. Antigenpräsentierende Zellen (APC) des Spenders, die sowohl das allogene MHC-Molekül exprimieren als auch costimulierend wirken, aktivieren diese alloreaktiven Zellen (unten links). Die indirekte Erkennung des Transplantats (unten rechts) erfolgt über T-Zellen, deren Rezeptoren für allogene Peptide aus dem übertragenen Organ spezifisch sind. Proteine aus dem Transplantat (rot) werden von den antigenpräsentierenden Zellen des Empfängers prozessiert und deshalb von körpereigenen MHC-Klasse-I- oder -Klasse-II-Molekülen dargeboten.

beschäden und eine Fibrose verursachen und wahrscheinlich auch bei der Entwicklung einer Antikörperreaktion gegen ein Transplantat mitwirken. Antikörper gegen körperfremde Antigene aus einem anderen Vertreter derselben Spezies bezeichnet man als **Alloantikörper**.

14.32 Antikörper, die mit Endothelzellen reagieren, verursachen hyperakute Abstoßungsreaktionen

Antikörperreaktionen sind eine wichtige Ursache von Transplantatabstoßungen. Alloantikörper gegen Blutgruppenantigene und polymorphe MHC-Antigene können – bisweilen innerhalb von Minuten nach der Transplantation – eine komplementabhängige Abstoßung bewirken. Man bezeichnet diesen Reaktionstyp als **hyperakute Transplantatabstoßung**. Die meisten routinemäßig übertragenen Transplantate sind mit Blutgefäßen durchzogene Organe, die direkt mit dem Gefäßsystem des Empfängers verbunden werden. In manchen Fällen hat der Empfänger bereits Antikörper gegen Antigene des Transplantats gebildet. Antikörper des AB0-Typs können an alle Gewebe binden, nicht nur an rote Blutkörperchen. Sie sind bereits vorhanden und bei allen Individuen mit nicht übereinstimmendem AB0-

System von Bedeutung. Darüber hinaus können Antikörper gegen andere Antigene als Reaktion auf eine frühere Transplantation oder Bluttransfusion gebildet worden sein. Alle diese bereits vorhandenen Antikörper können eine sehr schnelle Abstoßung vaskularisierter Transplantate verursachen, da sie mit Antigenen auf dem Gefäßendothel in dem fremden Gewebe reagieren und die Komplement- sowie die Blutgerinnungskaskade aktivieren. Diese führen ihrerseits zu einem Gefäßverschluss im Transplantat und damit zum Absterben des Gewebes. In solchen Geweben staut sich das Blut, und sie färben sich durch Blutungen purpurrot, weil das Blut sauerstoffarm wird (Abb. 14.44). Dieses Problem lässt sich durch eine AB0-Probe und eine **Kreuzprobe** von Spender und Empfänger vermeiden. Dabei bestimmt man unter anderem, ob der Empfänger Antikörper besitzt, die mit den weißen Blutzellen des Spenders reagieren. Sind solche Antikörper vorhanden, ist von einer Transplantation abzusehen, da sie ohne jegliche Behandlung mit fast absoluter Sicherheit zu einer hyperakuten Abstoßung führen.

Diese „Dogmen" wandeln sich jedoch. Das Vorhandensein von donorspezifischen MHC-Alloantikörpern und eine positive Kreuzprobe betrachtet man nicht mehr als bedeutsamste Einschränkung für das Überleben von Transplantaten. Die Desensibilisierung von Patienten durch die Behandlung mit intravenös verabreichten Immunglobulinen hat sich bei einem Teil der Patienten als erfolgreich erwiesen, bei denen bereits Antikörper gegen das Gewebe des Donors vorhanden waren. Deshalb ist eine positive Kreuzprobe heute keine absolute Kontraindikation für eine Gewebeübertragung.

Aufgrund eines sehr ähnlichen Problems ist auch die routinemäßige Übertragung von tierischen Organen – **xenogenen** Transplantaten – auf Menschen nicht möglich. Die Möglichkeit zur Transplantation xenogener Gewebe würde jedoch ein großes Hindernis beseitigen: den großen Mangel an Spenderorganen. Als mögliche Spendertiere für xenogene Transplantationen hat man Schweine gewählt, da sie leicht zu halten sind und ihre Größe der des Menschen ähnelt. Die meisten Menschen und andere Primaten besitzen natürliche Antikörper, die mit ubiquitären Kohlenhydratantigenen (α-Gal) an den Zelloberflächen von anderen Säugerspezies reagieren, auch von Schweinen. Bei einer xenogenen Übertragung von Gewebe aus Schweinen in Menschen führen diese Antikörper zu einer hyperakuten Abstoßung, indem sie an Endothelzellen des Transplantats binden und die Komplement- und die Gerinnungskaskade aktivieren. Dieses Problem ist bei xenogenen Transplantationen besonders stark ausgeprägt, da die komplementregulatorischen Proteine wie CD59, DAF (CD55) und MCP (CD46) (Abschnitt 2.22) jenseits von Speziesgrenzen weniger wirksam sind, sodass die regulatorischen Proteine, beispielsweise vom Schwein, das übertragene Gewebe nicht vor dem Angriff durch das menschliche Komplementsystem schützen können.

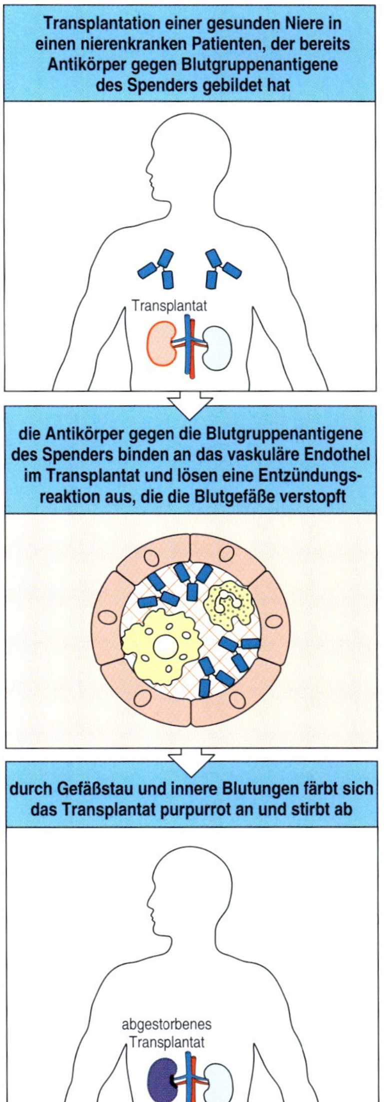

14.44 Bereits vorhandene Antikörper gegen Gewebeantigene des Spenders können eine akute Abstoßung verursachen. In einigen Fällen besitzen die Empfänger bereits Antikörper gegen Spenderantigene, wobei es sich häufig um Blutgruppenantigene handelt. Wenn das Spenderorgan in den Empfänger verpflanzt wird, binden diese Antikörper an das Gefäßendothel im Transplantat und lösen die Komplement- und Gerinnungskaskaden aus. Die Blutgefäße des Transplantats verstopfen durch Gerinnsel und werden perforiert, sodass es zu Blutungen kommt. Das Transplantat wird dadurch angefüllt und färbt sich durch das sauerstoffarme Blut purpurrot.

Als Weiterentwicklung dieser Methode hat man neuerdings transgene Schweine entwickelt, die den menschlichen DAF exprimieren, oder die kein α-Gal besitzen. Diese Herangehensweise könnte eines Tages die hyperakute Abstoßungsreaktion bei einer Xenotransplantation verhindern. Die hyperakute Abstoßung ist aber nur das erste Hindernis bei xenogenen Transplantationen. Die durch T-Lymphocyten vermittelten Abstoßungsreaktionen sind mit den gegenwärtig verfügbaren Immunsuppressionsmethoden wahrscheinlich nur sehr schwer zu überwinden.

14.33 Entzündungsbedingte Gefäßschädigungen im transplantierten Organ führen zu einer chronischen Organabstoßung

Der Erfolg der modernen Immunsuppression bewirkt, dass etwa 85 % aller gespendeten Nieren von Verstorbenen noch ein Jahr nach der Transplantation funktionsfähig sind. Es gibt jedoch in Bezug auf das langfristige Überleben eines Transplantats noch keine Fortschritte. Die Halbwertszeit für die Funktionsfähigkeit von übertragenen Nieren beträgt weiterhin acht Jahre. Die Hauptursache für ein spät eintretendes Organversagen ist die chronische Abstoßung, die durch konzentrische arteriosklerotische Ablagerungen in den Blutgefäßen des Transplantats gekennzeichnet ist, begleitet von glomerulärer und tubulärer Fibrose und Atrophie.

Die Mechanismen, die zur chronischen Abstoßung beitragen, lassen sich einteilen in alloreaktive und nichtalloreaktive Mechanismen, ferner in früh und spät auftretende Reaktionen. Alloreaktivität kann Tage oder Wochen nach der Transplantation einsetzen und eine akute Transplantatabstoßung verursachen. Alloreaktive Reaktionen können aber auch erst nach Monaten oder Jahren auftreten und mit einem klinisch nur schwer erkennbaren, langsamen Funktionsverlust des übertragenen Organs einhergehen. Andere bedeutsame Ursachen der chronischen Transplantatabstoßung sind Ischämiereperfusionsschäden, die zum Zeitpunkt der Gewebeübertragung eintreten, aber späte nachteilige Effekte auf das Organ haben können, und später auftretende schädliche Faktoren wie eine chronische Cyclosporintoxizität oder eine Infektion mit dem Cytomegalievirus.

Das Eindringen von Makrophagen in Blutgefäße und Gewebe des Transplantats mit anschließender Narbenbildung sind auffällige histologische Merkmale einer späten Gewebeabstoßung. Man hat für diese Vorgänge ein Modell entwickelt, demzufolge alloreaktive T-Zellen in das Transplantat eindringen und Cytokine freisetzen, welche die Expression von Adhäsionsmolekülen im Endothel stimulieren. Außerdem sezernieren alloreaktive T-Zellen Chemokine wie CCL5 (Abb. 2.46), das Monocyten anlockt, die im Transplantat zu Makrophagen reifen. Dann setzt eine zweite Phase der chronischen Entzündung ein, in der hauptsächlich die Produkte der Makrophagen wirksam sind, beispielsweise IL-1, TNF-α und das Chemokin CCL2, die weitere Makrophagen mobilisieren. Die Mediatoren wirken zusammen und verursachen eine chronische Entzündung mit Narbenbildung, sodass es schließlich zum irreversiblen Organversagen kommt. Tiermodelle dieser chronischen Abstoßung zeigen zudem, dass alloreaktive IgG-Antikörper eine beschleunigte Arteriosklerose in übertragenen soliden Organen verursachen.

14.34 Viele verschiedene Organe werden heute routinemäßig transplantiert

Die Immunreaktion erschwert zwar eine Organtransplantation, aber es gibt wenig alternative Möglichkeiten, ein Organversagen zu behandeln. Drei große Errungenschaften haben das routinemäßige Verpflanzen wichtiger Organe ermöglicht. Erstens haben zahlreiche Menschen die chirurgischen Fähigkeiten für eine Organtransplantation erworben. Zweitens stellt ein Netzwerk aus kooperierenden Transplantationszentren sicher, dass der HLA-Typ der wenigen gesunden Organe, die für eine Verpflanzung zur Verfügung stehen, schnell bestimmt und ein geeigneter Empfänger gefunden wird. Drittens hat der Einsatz immunsuppressiver Medikamente zur Hemmung der T-Zell-Aktivierung (besonders Cyclosporin A und FK-506, Kapitel 15) oder die Blockade des Signals des IL-2-Rezeptors durch Rapamycin, das bei allospezifisch aktivierten CD4-T-Lymphocyten die Apoptose auslöst, die Überlebenschancen der Transplantate deutlich erhöht. In Abbildung 14.45 sind die verschiedenen Organe aufgeführt, die man heute verpflanzen kann. Einige dieser Operationen werden bereits routinemäßig und mit einer sehr hohen Erfolgsquote durchgeführt. Das bei weitem am häufigsten transplantierte Organ ist die Niere – sie war auch das erste Organ, das in den 1950er-Jahren erfolgreich zwischen eineiigen Zwillingen übertragen wurde. Hornhauttransplantationen sind sogar noch häufiger. Dieses Gewebe bildet in gewisser Weise eine Ausnahme, da es keine Blutgefäße enthält und auch zwischen nicht miteinander verwandten Personen sogar ohne Immunsuppression erfolgreich übertragen werden kann.

Neben der Abstoßung sind mit der Organtransplantation noch viele andere Probleme verbunden. Erstens sind Spenderorgane schwer zu finden. Dies ist besonders dann ein Problem, wenn das fragliche Organ lebenswichtig ist, wie das Herz oder die Leber. Da bei einem Versagen dieser Organe keine lebensverlängernde Behandlung möglich ist, steht für die Suche nach einem geeigneten Spender nur wenig Zeit zur Verfügung. Zweitens kann die Erkrankung, die das Organ des Patienten außer Funktion gesetzt hat, auch das Transplantat zerstören, wie bei der Zerstörung der β-Zellen im Pankreas bei Diabetes. Drittens erhöht die Immunsuppression, die zur Vermeidung einer Abstoßung notwendig ist, das Risiko, an Krebs oder Infektionen zu erkranken. All diese Schwierigkeiten gilt es zu beseitigen, bevor Transplantationen tatsächlich zum klinischen Alltag werden können. Die von wissenschaftlicher Seite wohl am leichtesten lösbaren Probleme bestehen in der Entwicklung wirksamerer Mittel zur Immunsuppression, der Induktion einer transplantatspezifischen Toleranz und der Entwicklung von xenogenen Transplantaten als praktikable Lösung für das Problem der Organverfügbarkeit.

transplantiertes Gewebe	Anzahl von Transplantationen in den USA (2006)*	Transplantat überlebt 5 Jahre
Niere	18017	71,9%
Leber	6650	67,4%
Herz	2192	71,5%
Pankreas	1387	53,2%#
Lunge	1405	46,3%
Hornhaut	~40000†	~70%
Knochenmark	15000‡	40%/60%‡

14.45 In der klinischen Medizin häufig transplantierte Gewebe. Angegeben ist die Anzahl der Organtransplantationen in den USA im Jahr 2006. *Die Anzahl der Transplantationen umfasst auch die Übertragung von mehreren Organen. Daten vom *United Network for Organ Sharing*. #Die Überlebensrate des Pankreas beträgt 53,2 %, wenn er nur allein übertragen wird, oder 76,3 % bei gleichzeitiger Übertragung einer Niere. †Daten für 2000 vom *National Eye Institute* der USA. Daten für 2005 von der Internationalen Datenbank für Knochenmarktransplantationen (*International Bone Marrow Transplantation Registry*) nur für allogene Transplantate; das Überleben hängt von der Erkrankung ab und liegt für Patienten mit einer akuten Form der myelogenen Leukämie bei 40 %, für die chronische Form bei 60 %. Damit ein Transplantat überleben kann, ist eine langfristige Immunsuppression notwendig, eine Ausnahme bildet die Hornhaut des Auges.

14.35 Die umgekehrte Abstoßungsreaktion nennt man *graft versus host*-Krankheit

Die Übertragung von hämatopoetischen Stammzellen mithilfe einer Knochenmarktransplantation ist eine erfolgreich anwendbare Therapie gegen einige Tumoren, die sich aus Vorläuferzellen im Knochenmark ableiten, beispielsweise bestimmte Formen von Leukämie und Lymphomen. Diese

Therapie kann auch bei der Behandlung einiger primärer Immunschwächekrankheiten (Kapitel 12) und erblicher Erkrankungen der hämatopoetischen Stammzellen hilfreich sein, beispielsweise bei schweren Formen einer Thalassämie. Das geschieht, indem man die genetisch defekten Stammzellen durch normale Zellen eines Spenders ersetzt. Bei der Leukämietherapie muss zuerst das Knochenmark des Empfängers, also der Ursprung der Leukämie, durch eine Kombination aus Bestrahlung und aggressiver cytotoxischer Chemotherapie zerstört werden. Eine der Hauptkomplikationen der allogenen Transplantation von Knochenmark ist die ***graft versus host*-Krankheit (GVHD)**, bei der reife T-Zellen des Spenders, die das allogene Knochenmark kontaminieren, Gewebe des Empfängers als fremd erkennen und schwere Entzündungen hervorrufen, die durch Hautausschläge, Durchfall und Erkrankung der Leber gekennzeichnet sind. Die *graft versus host*-Krankheit tritt dann besonders gravierend auf, wenn Hauptantigene der MHC-Klasse I oder II nicht zusammenpassen. Daher werden Transplantationen meistens nur durchgeführt, wenn Spender und Empfänger für HLA übereinstimmende Geschwister sind, oder, was seltener der Fall ist, wenn ein HLA-geeigneter, nicht verwandter Spender zur Verfügung steht. Wie bei der Organtransplantation tritt eine GVHD auch im Zusammenhang mit den Nebenhistokompatibilitätsantigenen auf, sodass bei jeder Stammzellübertragung eine Immunsuppression erfolgen muss.

Das Vorhandensein von alloreaktiven T-Zellen lässt sich leicht im Experiment durch die **gemischte Lymphocytenreaktion** (*mixed lymphocyte reaction*, MLR) nachweisen. Dabei mischt man Lymphocyten eines möglichen Spenders mit bestrahlten Lymphocyten des Empfängers. Wenn die Donorlymphocyten naive T-Zellen enthalten, die auf den Lymphocyten des möglichen Empfängers Alloantigene erkennen, reagieren diese durch Teilung (Abb. 14.46). Die MLR verwendet man manchmal bei der Auswahl von Knochenmarkspendern, wenn eine möglichst niedrige Alloreaktivität essenziell ist. Dieses Verfahren unterliegt jedoch der Einschränkung, dass

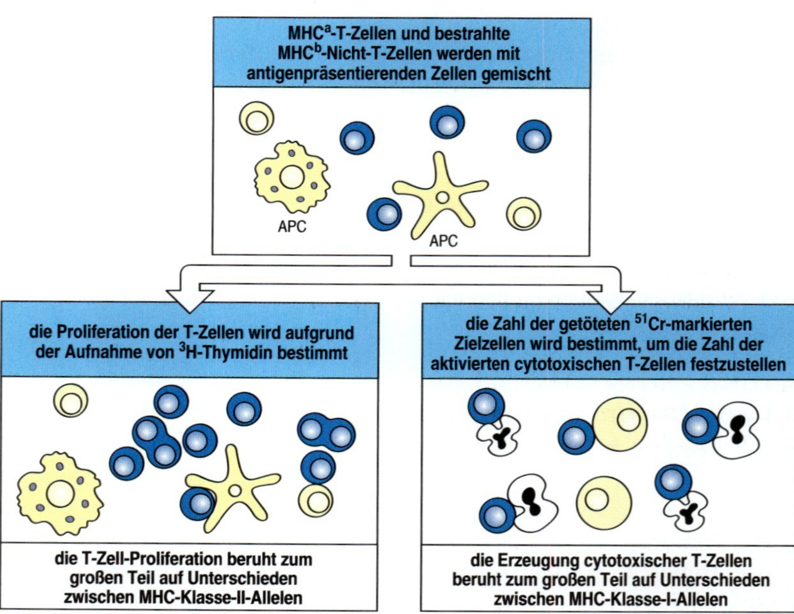

14.46 Mithilfe der gemischten Lymphocytenreaktion (MLR) lässt sich eine Gewebeunverträglichkeit feststellen. Zuerst isoliert man Lymphocyten aus dem peripheren Blut von zwei Individuen, die auf Gewebeverträglichkeit getestet werden sollen. Die Zellen von der einen Person (gelb), unter denen auch antigenpräsentierende Zellen sind, werden entweder bestrahlt oder mit Mitomycin C behandelt, sodass sie zwar als stimulierende Zellen wirken können, aber auf die Stimulation durch Antigene von Zellen der anderen Person nicht in Form von DNA-Synthese und Zellteilung reagieren. Die Zellen beider Personen werden vermischt (oben). Wenn die unbehandelten Lymphocyten (Reaktionszellen, blau) alloreaktive T-Zellen enthalten, werden diese zur Teilung angeregt und differenzieren sich zu Effektorzellen. Drei bis sieben Tage nach dem Vermischen der Zellen testet man die Kulturen auf T-Zell-Proliferation (unten links). Diese ist vor allem auf CD4-T-Zellen zurückzuführen, die Unterschiede zwischen MHC-Klasse-II-Molekülen erkennen, und außerdem auf die Erzeugung aktivierter cytotoxischer T-Zellen (unten rechts), die auf Unterschiede bei MHC-Klasse-I-Molekülen reagieren.

sich mit dem Test die Alloreaktivität von Knochenmarkspendern nicht genau quantifizieren lässt. Eine genauere Testmethode ist eine Abwandlung der limitierenden Verdünnung (*limiting dilution*; Anhang I, Abschnitt A.25), mit der man die Menge der alloreaktiven T-Zellen genau bestimmen kann.

Obwohl die GVHD sich normalerweise auf den Empfänger eines Knochenmarktransplantats schädlich auswirkt, kann sie auch vorteilhafte Wirkungen haben, die für den Erfolg der Therapie entscheidend sind. Ein großer Teil der therapeutischen Wirkungen der Knochenmarktransplantation bei einer Leukämie sind möglicherweise auf einen ***graft versus leucemia*-Effekt** (Transplantat-gegen-Leukämie-Effekt) zurückzuführen. Dabei erkennt das allogene Knochenmark Nebenhistokompatibilitätsantigene oder tumorspezifische Antigene, die von Leukämiezellen exprimiert werden, sodass Donorzellen die Leukämiezellen abtöten. Eine der möglichen Behandlungen, um die Entwicklung einer GVHD zu unterdrücken, besteht darin, die reifen T-Zellen im Knochenmark des Spenders vor der Transplantation *in vitro* zu vernichten und damit auch die alloreaktiven T-Zellen zu entfernen. Die T-Zellen, die in der Folge aus dem Knochenmark des Spenders heranreifen, sind gegenüber den Spenderantigenen tolerant. Das Ausschließen einer GVHD hat zwar Vorteile für den Patienten, birgt aber das Risiko eines Leukämierückfalls. Dies ist ein deutlicher Hinweis auf den *graft versus leucemia*-Effekt.

Eine weitere Komplikation bei der Beseitigung von Donorzellen ist eine Immunschwäche. Da durch die Kombination aus hoch dosierter Chemo-

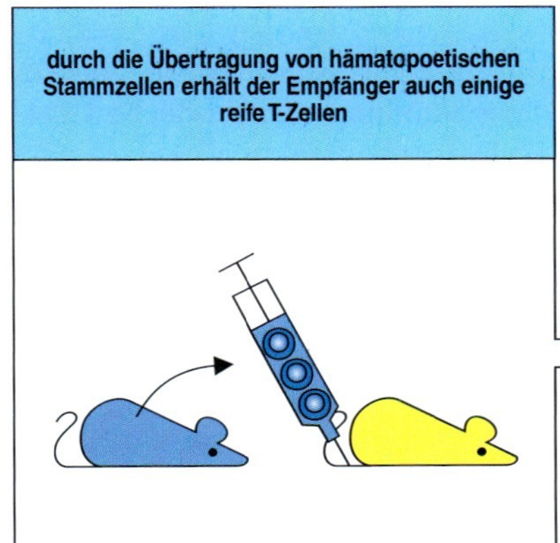

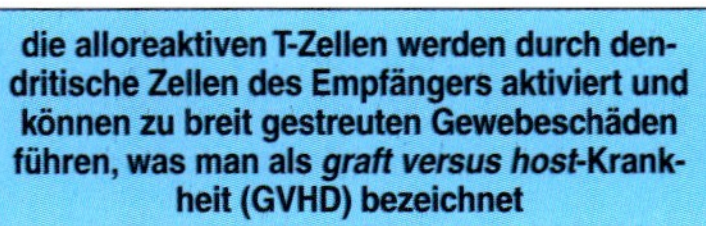

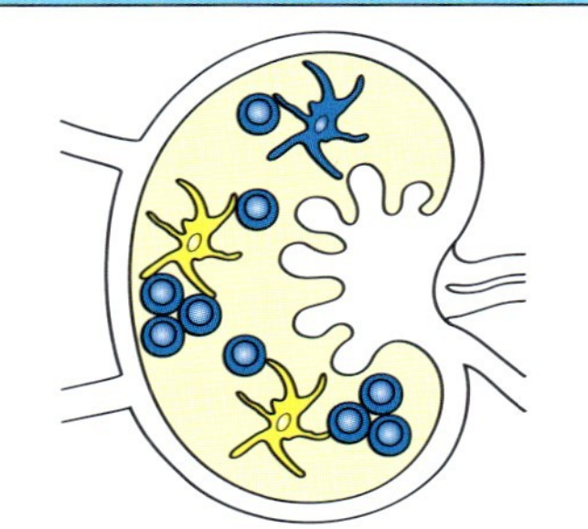

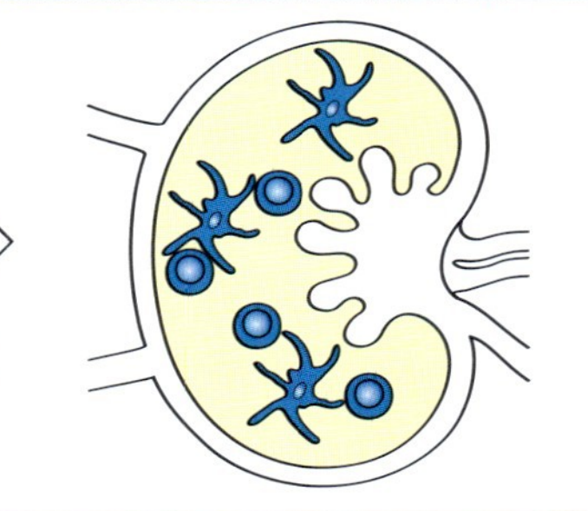

14.47 Damit die *graft versus host*-Krankheit (GVHD) wirksam ausgelöst werden kann, müssen antigenpräsentierende Zellen des Empfängers vorhanden sein. T-Zellen, die zusammen mit den hämatopoetischen Stammzellen vom Spender übertragen werden (links), können Nebenhistokompatibilitätsantigene erkennen und gegen die Gewebe des Empfängers eine Immunantwort in Gang setzen. Bei der Transplantation von Stammzellen können die Nebenhistokompatibilitätsantigene von antigenpräsentierenden Zellen dargeboten werden, die entweder vom Spender oder vom Empfänger stammen. Letztere stammen aus den übertragenen Stammzellen und von Vorläuferzellen ab, die sich nach der Transplantation differenzieren. Antigenpräsentierende Zellen sind hier als dendritische Zellen in einem Lymphknoten dargestellt (Mitte). Bei Mäusen ist es mithilfe von Gen-Knockout gelungen, die antigenpräsentierenden Zellen des Wirtes zu inaktivieren. Solche Empfänger sind gegenüber der GVHD, die durch die CD8-T-Zellen vermittelt wird, vollkommen resistent (rechts). Die Kreuzpräsentation der Nebenhistokompatibilitätsantigene des Empfängers auf dendritischen Zellen des Spenders reicht nicht aus, um eine GVHD auszulösen. Diejenigen Antigene, die endogen synthetisiert und durch die antigenpräsentierenden Zellen des Empfängers dargeboten werden, sind notwendig, um die T-Zellen des Spenders zu stimulieren. Damit diese Vorgehensweise geeignet ist, um bei einem menschlichen Patienten eine GVHD zu verhindern, sind Methoden erforderlich, die antigenpräsentierenden Zellen des Empfängers zu beseitigen. Darauf konzentriert sich die Forschung mehrerer Institute.

therapie und Bestrahlung, die man bei der Behandlung des Empfängers vor der Transplantation anwendet, die meisten T-Zellen des Empfängers zerstört werden, sind die T-Zellen des Spenders der hauptsächliche Ursprung für die Wiederherstellung des Repertoires an reifen T-Zellen nach der Transplantation. Das trifft besonders bei Erwachsenen zu, die nur noch über eine schwache Restfunktion des Thymus verfügen. Wenn aus dem Transplantat zu viele T-Zellen entfernt wurden, entwickeln sich bei den Empfängern von Gewebe zahlreiche opportunistische Infektionen, an denen sie auch häufig sterben. Aufgrund der Notwendigkeit, die positiven Effekte des *graft versus leucemia*-Effekts und der Immunkompetenz sowie die schädlichen Auswirkungen der GVHD in ein Gleichgewicht zu bringen, hat man einigen Forschungsaufwand betrieben. Ein besonders vielversprechender Ansatz besteht darin, die T-Zellen des Spenders daran zu hindern, auf die Antigene des Empfängers zu reagieren, auf die sie kurz nach der Transplantation treffen. Das geschieht dadurch, dass man die antigenpräsentierenden Zellen des Empfängers beseitigt, vor allem die dendritischen Zellen (Abb. 14.47). Offensichtlich werden die T-Zellen des Spenders unter diesen Bedingungen während der ersten Entzündung, die mit der Transplantation einhergeht, nicht aktiviert, und danach fördern sie die GVHD nicht mehr. Es ist jedoch unklar, ob es in diesem Zusammenhang überhaupt zu einem *graft versus leucemia*-Effekt kommen würde.

14.36 An der alloreaktiven Immunantwort sind regulatorische T-Zellen beteiligt

Man nimmt jetzt an, dass wie bei allen Immunantworten auch bei alloreaktiven Immunantworten bei der Gewebeabstoßung regulatorische CD4-CD25-T-Zellen eine wichtige immunregulatorische Funktion besitzen. Experimente für die Übertragung von allogenen hämatopoetischen Stammzellen bei Mäusen haben diese Frage teilweise beantwortet. Die Beseitigung von CD4-CD25-T_{reg}-Zellen beim Empfänger oder im Knochenmarktransplantat vor der Übertragung beschleunigte das Einsetzen der GVHD und führte in der Folge auch schneller zum Tod. Wenn jedoch das Transplantat mit neuen CD4-CD25-T_{reg}-Zellen ergänzt wurde oder die CD4-CD25-T_{reg}-Zellen *ex vivo* aktiviert wurden und sich vermehren konnten, verzögerte sich das Eintreten des Todes aufgrund der GVHD oder wurde sogar verhindert. Diese Ergebnisse deuten darauf hin, dass die Anreicherung oder Erzeugung von T_{reg}-Zellen in Knochenmarktransplantaten in der Zukunft möglicherweise eine Therapie für GVHD sein kann.

Eine andere Gruppe von regulatorischen T-Zellen sind die $CD8^+$-$CD28^-$-T_{reg}-Zellen. Sie besitzen einen anergischen Phänotyp und stabilisieren wahrscheinlich indirekt die T-Zell-Toleranz, indem sie das Potenzial von antigenpräsentierenden Zellen für die Aktivierung von T-Helferzellen blockieren. Zellen dieses Typs wurden bereits aus Patienten mit Transplantaten isoliert. Sie unterscheiden sich von den alloreaktiven cytotoxischen CD8-T-Zellen, da sie gegenüber den Spenderzellen keine Cytotoxizität zeigen und den inhibitorischen Killer-Rezeptor CD94 (Abschnitt 2.31) in großen Mengen exprimieren. Dieser Befund deutet darauf hin, dass $CD8^+$-$CD28^-$-T_{reg}-Zellen die Aktivierung von antigenpräsentierenden Zellen stören und bei der Aufrechterhaltung der Toleranz gegenüber dem Transplantat mitwirken.

14.37 Der Fetus ist ein allogenes Transplantat, welches das Immunsystem immer wieder toleriert

Sämtliche in diesem Abschnitt angesprochenen Transplantate sind künstliche Produkte der modernen Medizintechnologie. Ein „fremdes" Gewebe jedoch, das vielfach transplantiert und immer wieder toleriert wird, ist das des Säugerfetus. Der Fetus besitzt väterliche MHC- und Nebenhistokompatibilitätsantigene, die sich von denen der Mutter unterscheiden (Abb. 14.48). Trotzdem kann eine Mutter mehrere Babys austragen, die alle dieselben fremden MHC-Proteine des Vaters exprimieren. Das nicht nachvollziehbare Ausbleiben einer gegen den Fetus gerichteten Abwehrreaktion hat Generationen von Immunologen beschäftigt, und bis heute gibt es keine schlüssige Erklärung dafür. Weil der Fetus in den meisten Fällen vom Immunsystem toleriert wird, ist es kaum möglich, die Mechanismen zu erforschen, welche die Abwehrreaktion verhindern. Wenn die Abwehrreaktionen gegen den Fetus so selten ausgelöst werden, wie soll man dann die Mechanismen untersuchen, die sie unterdrücken?

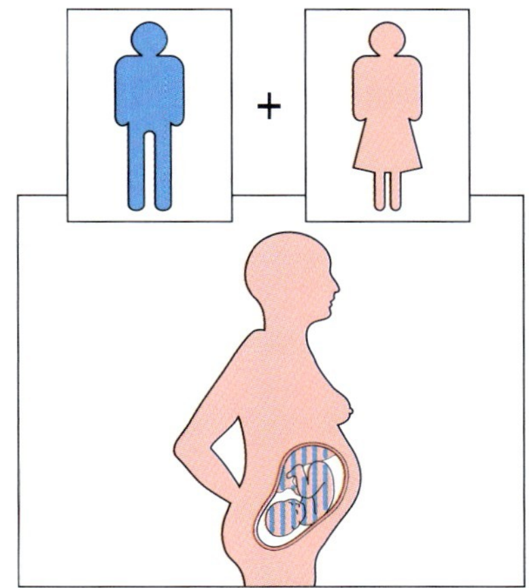

14.48 Der Fetus ist ein allogenes Transplantat, das nicht abgestoßen wird. Obwohl der Fetus vom Vater stammende MHC-Moleküle und andere fremde Antigene trägt, wird er nicht abgestoßen. Selbst wenn die Mutter mit demselben Vater mehrere Kinder hat, kommt es nicht zu einer Immunreaktion.

Es wurden zahlreiche Hypothesen aufgestellt, um die Toleranz gegenüber dem fetalen Gewebe zu erklären. Man hat beispielsweise postuliert, dass der Fetus einfach nicht als fremd erkannt wird. Dies scheint jedoch unwahrscheinlich zu sein, da Mütter, die bereits mehrere Kinder geboren haben, im Allgemeinen Antikörper gegen die väterlichen MHC-Proteine und Antigene der roten Blutkörperchen besitzen. Tatsächlich ist das Blut solcher Mütter sogar die beste Quelle für Antikörper zur Analyse der menschlichen MHC-Typen. Vielmehr schirmt die Plazenta (die ein vom Fetus abstammendes Gewebe ist) den Fetus anscheinend sehr effektiv von den T-Zellen der Mutter ab. Die äußere Schicht der Plazenta, also die Kontaktzone zwischen fetalem und mütterlichem Gewebe, ist der Trophoblast. Dort werden keine klassischen MHC-Proteine exprimiert, sodass der Trophoblast gegen Erkennung und Angriff durch mütterliche T-Zellen resistent ist. Jedoch sind Gewebe ohne MHC-Klasse-I-Expression normalerweise empfindlich für einen Angriff durch NK-Zellen (Abschnitt 2.31). Möglicherweise wird der Trophoblast durch die Expression des „nichtklassischen" und nur geringfügig polymorphen HLA-Klasse-I-Moleküls HLA-G vor dem Angriff durch NK-Zellen geschützt. Es ließ sich zeigen, dass dieses Protein an die beiden wichtigsten inhibitorischen NK-Rezeptoren KIR1 und KIR2 bindet und so die Aktivität der NK-Zellen hemmt.

Möglicherweise schützt die Plazenta den Fetus vor den mütterlichen T-Zellen durch einen aktiven Mechanismus der Nährstoffverarmung. Das Enzym Indolamin-2,3-Dioxygenase (IDO) wird von Zellen an der Kontaktzone zwischen Mutter und Fetus in großer Menge exprimiert. Das Enzym baut die essenzielle Aminosäure Tryptophan ab und entfernt sie dadurch. Mit Tryptophan unterversorgte T-Zellen zeigen eine verringerte Reaktivität. Die Hemmung der IDO bei trächtigen Mäusen unter Verwendung des Inhibitors 1-Methyltryptophan führt zu einer schnellen Abstoßung von allogenen, aber nicht von syngenen Feten. Dies unterstützt die Hypothese, dass mütterliche T-Zellen, die gegenüber väterlichen MHC-Proteinen alloreaktiv sind, durch die Plazenta mithilfe der Tryptophanverarmung unter Kontrolle gehalten werden.

Wahrscheinlich ist die Fetustoleranz ein multifaktorieller Prozess. Der Trophoblast stellt keine absolute Schranke zwischen Mutter und Fetus dar, und fetale Blutzellen können unter Umständen die Plazenta durchqueren und in den Kreislauf der Mutter übertreten, – allerdings in sehr geringer Zahl. In Experimenten mit Mäusen konnte man eine spezifische T-Zell-Toleranz gegenüber väterlichen MHC-Alloantigenen direkt nachweisen. Bei transgenen Mäuseweibchen, deren T-Zellen einen für ein väterliches Alloantigen spezifischen Rezeptor tragen, wird dieser T-Zell-Rezeptor während der Schwangerschaft nur schwach exprimiert. Die Mäuse verlieren im Verlauf der Schwangerschaft die Fähigkeit, das Wachstum eines experimentellen Tumors mit demselben väterlichen MHC-Alloantigen zu kontrollieren. Nach Beendigung der Schwangerschaft nimmt die Konzentration des T-Zell-Rezeptors zu, und das Tumorwachstum wird unter Kontrolle gebracht. Dieses Experiment beweist, dass das mütterliche Immunsystem mit den väterlichen MHC-Alloantigenen konfrontiert gewesen sein muss und dass die Immunreaktion gegen diese Antigene vorübergehend unterdrückt wird.

Ein weiterer Faktor, der vielleicht zur mütterlichen Toleranz gegenüber dem Fetus beiträgt, ist die Sekretion von Cytokinen an der Grenzschicht zwischen Mutter und Fetus. Sowohl das Uterusepithel als auch der Trophoblast sezernieren Cytokine, darunter den TGF-β, IL-4 und IL-10. Eine solche Cytokinkombination unterdrückt T_H1-Reaktionen (Abschnitt 10.5). Die Induktion oder Injektion von anderen Cytokinen wie IFN-γ und IL-12, die im Tierversuch T_H1-Reaktionen auslösen, führt zu einer Resorption des Fetus. Dies entspricht beim Menschen einem Spontanabort. Und schließlich können auch regulatorische T-Zellen dazu beitragen, Reaktionen gegen den Fetus zu unterdrücken.

Der Fetus wird also hauptsächlich aus zwei Gründen toleriert: Er ist durch eine nichtimmunogene Barriere geschützt, und er löst in der Mutter eine lokale immunsuppressive Antwort aus. Einige Regionen des Körpers wie das Auge besitzen diese Eigenschaften und tolerieren fremde Gewebetransplantate über einen längeren Zeitraum hinweg. Man nennt sie daher auch immunologisch privilegierte Regionen (Abschnitt 14.5).

Zusammenfassung

Transplantationen gehören heute zum klinischen Alltag. Ihr Erfolg beruht auf der MHC-Typisierung, wirkungsvollen Immunsuppressiva und technischem Geschick. Allerdings lässt sich eine Transplantatabstoßung auch durch die exakteste MHC-Typisierung nicht verhindern. Weitere genetische Unterschiede zwischen Spender und Empfänger können zur Erzeugung von allogenen Proteinen führen, deren Peptide als Nebenhistokompatibilitätsantigene durch MHC-Moleküle auf dem übertragenen Gewebe präsentiert werden. Immunreaktionen gegen diese Antigene haben die Abstoßung des fremden Gewebes zur Folge. Da wir die Immunreaktion gegen das transplantierte Gewebe nicht spezifisch hemmen können, ohne die Immunabwehr zu beeinträchtigen, ist für die meisten Transplantationen eine allgemeine Immunsuppression des Patienten notwendig. Diese kann jedoch toxisch wirken und erhöht das Risiko, an Krebs oder Infektionen zu erkranken. Der Fetus ist in gewissem Sinne ein natürliches allogenes Transplantat, das toleriert werden muss – dies ist fast immer der Fall –, um die Arterhaltung zu gewährleisten. Diese Toleranz birgt möglicherweise den Schlüssel zu einer Methode, mit der sich eine spezifische Toleranz gegenüber transplantiertem Gewebe erzeugen lässt. Vielleicht handelt es sich aber auch um einen ausgesprochenen Spezialfall, der nicht auf Organtransplantationen übertragbar ist.

Zusammenfassung von Kapitel 14

Im Idealfall richten sich die Effektorfunktionen des Immunsystems nur gegen fremde Krankheitserreger und nicht gegen körpereigene Gewebe. In der Realität ist jedoch eine strikte Unterscheidung zwischen körpereigen und körperfremd nicht möglich, da sich eigene und fremde Proteine ähneln. Dennoch hält das Immunsystem eine Toleranz gegen körpereigene Gewebe aufrecht. Das geschieht durch verschiedene Regulationsebenen, die alle auf Ersatzmarkern basieren, um körpereigen von körperfremd zu unterscheiden, sodass die Immunantwort in geeigneter Weise gelenkt wird. Wenn die Regulationsmechanismen versagen, kommt es zu einer Autoimmunerkrankung. Unbedeutendere Zusammenbrüche von einzelnen regulatorischen Barrieren finden wahrscheinlich jeden Tag statt, werden aber durch Effekte der übrigen regulatorischen Ebenen unterdrückt. Dadurch wirkt die Toleranz auf allen Ebenen des Immunsystems. Damit es zu einer Krankheit kommen kann, müssen mehrere Ebenen der Toleranz überwunden werden, und der Effekt muss chronisch sein. Diese Ebenen beginnen mit der zentralen Toleranz im Knochenmark und im Thymus, und sie umfassen auch periphere Mechanismen wie Anergie, Cytokinabweichung und regulatorische T-Zellen. Manchmal treten Immunantworten allein deswegen nicht auf, weil die Antigene nicht vorhanden sind, wie bei der „Immunsequestrierung".

Vielleicht bewirkt der Selektionsdruck, wirksame Immunantworten gegen Krankheitserreger zu entwickeln, dass die Dämpfung der Immunantworten zugunsten der Selbst-Toleranz nur begrenzt funktioniert und fehleranfällig ist. Die genetische Prädisposition ist von großer Bedeutung; sie legt fest, ob ein Individuum eine Autoimmunerkrankung entwickelt. Bei vielen Krankheiten zeigt die MHC-Region bedeutsame Auswirkungen. Es gibt jedoch zahlreiche weitere Gene, die zur Immunregulation beitragen. Diese können daher bei einem Defekt Autoimmunerkrankungen auslösen oder eine Prädisposition dafür schaffen. Auch äußere Faktoren spielen eine wichtige Rolle, sodass beispielsweise identische Zwillinge nicht immer von derselben Autoimmunerkrankung betroffen sind. Zu den Einflüssen aus der Umgebung gehören Infektionen, Toxine und zufällige Ereignisse.

Wenn die Selbst-Toleranz versagt und sich eine Autoimmunerkrankung entwickelt, sind die Effektormechanismen den Mechanismen bei Immunantworten gegen Krankheitserreger sehr ähnlich. Die verschiedenen Krankheiten unterscheiden sich zwar durch Einzelheiten, aber es können sowohl Antikörper als auch T-Zellen beteiligt sein. Inzwischen weiß man sehr viel über Immunantworten gegen körperfremde transplantierte Organe und Gewebe; Erkenntnisse, die man aus Untersuchungen der Gewebeabstoßung gewonnen hat, lassen sich auch bei der Autoimmunität anwenden und umgekehrt. Die Transplantation von festen Organen und Knochenmark hat zu Abstoßungssyndromen geführt, die Autoimmunerkrankungen auf vielfache Weise ähneln. Die angegriffenen Strukturen sind jedoch entweder Haupt- oder Nebenhistokompatibilitätsantigene. Letztere sind die Produkte von polymorphen Genen. Bei der Gewebeabstoßung und der *graft versus host*-Krankheit sind T-Zellen die hauptsächlichen Effektoren.

Für jede Art der unerwünschten Reaktionen, die hier besprochen wurden (auch für Allergien, siehe Kapitel 13), lautet die Frage, wie sich die Reaktion kontrollieren lässt, ohne den Immunschutz gegen Infektionen zu beeinträchtigen. Die Antwort besteht vielleicht darin, dass wir die Regulation der Immunantwort noch umfassender verstehen müssen, insbesondere die Suppressionsmechanismen, die anscheinend für die Toleranz wichtig sind. Die gezielte Kontrolle der Immunantwort wird in Kapitel 15 weiter untersucht.

Fragen

14.1 a) Erläutern Sie die mehrfachen Ebenen der Selbst-Toleranz. b) Nennen Sie mindestens vier dieser Ebenen, und beschreiben Sie die jeweiligen Mechanismen in wenigen Sätzen.

14.2 Welcher Unterschied besteht zwischen „dominanter" und „rezessiver" Toleranz? Klären Sie die Begriffe und nennen Sie jeweils ein Beispiel.

14.3 Welche Hinweise gibt es darauf, dass die genetische Prädisposition bei Autoimmunerkrankungen eine bedeutsame Rolle spielt? Nennen Sie zwei Beispiele, und erläutern Sie, warum die Genetik dabei von Bedeutung ist.

14.4 a) Nennen und erörtern Sie einen überzeugenden Beleg dafür, dass auch äußere Faktoren bei der Entwicklung von Autoimmunität eine Rolle spielen. b) Nennen Sie zwei potenzielle äußere Faktoren, und beschreiben Sie für einen davon genauer, wie dadurch eine Autoimmunität ausgelöst werden kann.

14.5 Bei der Autoimmunität gibt es mehrere verschiedene pathogene Mechanismen. Nennen Sie für vier Mechanismen je ein Beispiel, und beschreiben Sie es kurz. Berücksichtigen Sie sowohl antikörperabhängige als auch T-Zell-abhängige Mechanismen.

14.6 Ein Patient mit Leukämie erhält eine Knochenmarktransplantation von seinem HLA-identischen Bruder. Zwei Wochen danach entwickelt er einen Hautausschlag und Brechreiz, obwohl die Leukämie zurückgeht. a) Wie nennt man dieses Syndrom? b) Welcher Typ von Lymphocyten verursacht es? c) Welche Antigene werden erkannt?

14.7 Warum nimmt man an, dass der systemische Lupus erythematodes (SLE) eine Autoimmunerkrankung ist?

14.8 Auf welche Weise ist die Wechselwirkung zwischen T- und B-Zellen für die Pathogenese von SLE von Bedeutung?

14.9 Was ist die Ursache von autoimmunem Diabetes?

14.10 Welche Funktion besitzt TNF-α bei der rheumatoiden Arthritis?

14.11 Unterscheiden Sie immunologische und die Schilddrüsenfunktion betreffende Merkmale bei der destruktiven (Hashimoto-)Thyreoiditis und bei der (hyperthyroiden) Basedow-Krankheit.

14.12 Nennen Sie drei Aspekte, durch die sich Autoimmunität und Allergie unterscheiden, und ebenso drei Aspekte, in denen sie sich gleichen.

Literatur zu den einzelnen Abschnitten

Abschnitt 14.1

Ehrlich P, Morgenroth J (1957) On haemolysins, in Himmelweit F (Hrsg): The Collected Papers of Paul Ehrlich. London, Pergamon, 246–255

Janeway CA Jr (1992) The immune system evolved to discriminate infectious nonself from noninfectious self. *Immunol Today* 13: 11–16

Abschnitt 14.2

Goodnow CC (1996) Balancing immunity and tolerance: deleting and tuning lymphocyte repertoires. *Proc Natl Acad Sci USA* 93: 2264–2271

Abschnitt 14.3

Goodnow CC, Adelstein S, Basten A (1990) The need for central and peripheral tolerance in the B cell repertoire. *Science* 1990, 248: 1373–1379

Kisielow P, Bluthmann H, Staerz UD, Steinmetz M, von Boehmer H (1988) Tolerance in T-cell-receptor transgenic mice involves deletion of nonmature $CD4^{+}8^{+}$ thymocytes. *Nature* 333: 742–746

Nemazee DA, Burki K (1989) Clonal deletion of B lymphocytes in a transgenic mouse bearing anti-MHC class-I antibody genes. *Nature* 337: 562–566

Nossal GJV, Pike BL (1980) Clonal anergy: persistence in tolerant mice of antigen-binding B lymphocytes incapable of responding to antigen or mitogen. *Proc Natl Acad Sci USA* 77: 1602–1606

Nossal GJV, Pike BL (1978) Mechanisms of clonal abortion tolerogenesis: 1. Response of immature hapten-specific B lymphocytes. *J Exp Med* 148: 1161–1170

Abschnitt 14.4

Billingham RE, Brent L, Medawar PB (1953) Actively acquired tolerance of foreign cells. *Nature* 172: 603–606

Goverman J, Woods A, Larson L, Weiner LP, Hood L, Zaller DM (1993) Transgenic mice that express a myelin basic protein-specific T cell receptor develop spontaneous autoimmunity. *Cell* 72: 551–560

Hannum LG, Ni D, Haberman AM, Weigert MG, Shlomchik MJ (1996) A disease-related RIF autoantibody is not tolerized in a normal mouse: implications for the origins of autoantibodies in autoimmune disease. *J Exp Med* 184: 1269–1278

Katz JD, Wang B, Haskins K, Benoist C, Mathis D (1993) Following a diabetogenic T cell from genesis through pathogenesis. *Cell* 74: 1089–1100

Kurts C, Sutherland RM, Davey G, Li M, Lew AM, Blanas E, Carbone FR, Miller JF, Heath WR (1999) CD8 T cell ignorance or tolerance to islet antigens depends on antigen dose. *Proc Natl Acad Sci USA* 96: 12703–12707

Marshak-Rothstein A (2006) Toll-like receptors in systemic autoimmune disease. *Nat Rev Immunol* 6: 823–835

Martin DA, Elkon KB (2005) Autoantibodies; make a U-turn: the toll hypothesis for autoantibody specificity. *J Exp Med* 202: 1465–1469

Miller JF, Heath WR (1993) Self-ignorance in the peripheral T-cell pool. *Immunol Rev* 133: 131–150

Abschnitt 14.5

Alison J, Georgiou HM, Strasser A, Vaux DL (1997) Transgenic expression of CD95 ligand on islet P cells induces a granulocytic infiltration but does not confer immune privilege upon islet allografts. *Proc Natl Acad Sci USA* 94: 3943–3947

Ferguson TA, Griffith TS (1997) A vision of cell death: insights into immune privilege. *Immunol Rev* 156: 167–184

Green DR, Ware CF (1997) Fas-ligand: privilege and peril. *Proc Natl Acad Sci USA* 94: 986–5990

Streilein JW, Ksander BR, Taylor AW (1997) Immune deviation in relation to ocular immune privilege. *J Immunol* 158: 3557–3560

Abschnitt 14.6

von Herrath MG, Harrison LC (2003) Antigen-induced regulatory T cells in autoimmunity. *Nat Rev Immunol* 3: 223–232

Abschnitt 14.7

Asano M, Toda M, Sakaguchi N, Sakaguchi S (1996) Autoimmune disease as a consequence of developmental abnormality of a T cell subpopulation. *J Exp Med* 184: 387–396

Faria AM, Weiner HL (1999) Oral tolerance: mechanisms and therapeutic applications. *Adv Immunol* 73: 153–264

Fillatreau S, Sweenie CH, McGeachy MJ, Gray D, Anderton SM (2002) B cells regulate autoimmunity by provision of IL-10. *Nat Immunol* 3: 944–950

Fontenot JD, Gavin MA, Rudensky AY (2003) Foxp3 programs the development and function of $CD4^+CD25^+$ regulatory T cells. *Nat Immunol* 4: 330–336

Hara M, Kingsley CI, Niimi M, Read S, Turvey SE, Bushell AR, Morris PJ, Powrie F, Wood KJ (2001) IL-10 is required for regulatory T cells to mediate tolerance to alloantigens *in vivo*. *J Immunol* 166: 3789–3796

Johnson BD, Becker EE, LaBelle JL, Truitt RL (1999) Role of immunoregulatory donor T cells in suppression of graft-versus-host disease following donor leukocyte infusion therapy. *J Immunol* 163: 6479–6487

Jordan MS, Boesteanu A, Reed AJ, Petrone AL, Holenbeck AE, Lerman MA, Naji A, Caton AJ (2001) Thymic selection of $CD4^+CD25^+$ regulatory T cells induced by an agonist self-peptide. *Nat Immunol* 2: 301–306

Khattri R, Cox T, Yasayko SA, Ramsdell F (2003) An essential role for Scurfin in $CD4^+CD25^+$ T regulatory cells. *Nat Immunol* 4: 337–342

Ku CC, Murakami M, Sakamoto A, Kappler J, Marrack P (2000) Control of homeostasis of $CD8^+$ memory T cells by opposing cytokines. *Science* 288: 675–678

Mauri C, Gray D, Mushtaq N, Londei M (2003) Prevention of arthritis by interleukin 10-producing B cells. *J Exp Med* 197: 489–501

Maloy KJ, Powrie F (2001) Regulatory T cells in the control of immune pathology. *Nat Immunol* 2: 816–822

Mottet C, Uhlig HH, Powrie F (2003) Cutting edge: cure of colitis by $CD4^+CD25^+$ regulatory T cells. *J Immunol* 170: 3939–3943

Plas DR, Rathmell JC, Thompson CB (2002) Homeostatic control of lymphocyte survival: potential origins and implications. *Nat Immunol* 3: 515–521

Qin S, Cobbold SP, Pope H, Elliott J, Kioussis D, Davies J, Waldmann H (1993) 'Infectious' transplantation tolerance. *Science* 259: 974–977

Rioux JD, Abbas AK (2005) Paths to understanding the genetic basis of autoimmune disease. *Nature* 435: 584–589

Roncarolo MG, Levings MK (2000) The role of different subsets of T regulatory cells in controlling autoimmunity. *Curr Opin Immunol* 12: 676–683

Sakaguchi S (2000) Regulatory T cells: key controllers of immunologic self-tolerance. *Cell* 101: 455–458

Seo SJ, Fields ML, Buckler JL, Reed AJ, Mandik-Nayak L, Nish SA, Noelle RJ, Turka LA, Finkelman FD, Caton AJ et al (2002) The impact of T helper and T regulatory cells on the regulation of anti-double-stranded DNA B cells. *Immunity* 16: 535–546

Shevach EM (2002) $CD4^+$ $CD25^+$ suppressor T cells: more questions than answers. *Nat Rev Immunol* 2: 389–400

Singer GG, Abbas AK (1994) The fas antigen is involved in peripheral but not thymic deletion of T lymphocytes in T cell receptor transgenic mice. *Immunity* 1: 365–371

Ueda H, Howson JM, Esposito L, Heward J, Snook H, Chamberlain G, Rainbow DB, Hunter KM, Smith AN, DiGenova G et al (2003) Association of the T-cell regulatory gene

CTLA4 with susceptibility to autoimmune disease. *Nature* 423: 506–511

Wang B, Geng YB, Wang CR (2001) CD1-restricted NK T cells protect nonobese diabetic mice from developing diabetes. *J Exp Med* 194: 313–320

Weiner HL (2001) Oral tolerance: immune mechanisms and the generation of Th3-type TGF-β-secreting regulatory cells. *Microbes Infect* 3: 947–954

Wildin RS, Ramsdell F, Peake J, Faravelli F, Casanova JL, Buist N, Levy-Lahad E, Mazzella M, Goulet O, Perroni L et al (2001) X-linked neonatal diabetes mellitus, enteropathy and endocrinopathy syndrome is the human equivalent of mouse scurfy. *Nat Genet* 27: 18–20

Yamanouchi J, Rainbow D, Serra P, Howlett S, Hunter K, Garner VES, Gonzalez-Munoz A, Clark J, Veijola R, Cubbon R et al (2007) Interleukin-2 gene variation impairs regulatory T cell function and causes autoimmunity. *Nat Genet* 39: 329–337

Abschnitt 14.8

Hardin JA, Craft JE (1987) Patterns of autoimmunity to nucleoproteins in patients with systemic lupus erythematosus. *Rheum Dis Clinics N Am* 13: 37–46

Lotz PH (2003) The autoantibody repertoire: searching for order. *Nat Rev Immunol* 3: 73–78

Shlomchik MJ, Marshak-Rothstein A, Wolfowicz CB, Rothstein TL, Weigert MG (1987) The role of clonal selection and somatic mutation in autoimmunity. *Nature* 328: 805–811

Steinman L (1996) Multiple sclerosis: a coordinated immunological attack against myelin in the central nervous system. *Cell* 85: 299–302

Abschnitt 14.9

Bach JF (1995) Organ-specific autoimmunity (1995) *Immunol Today* 16: 353–355

King C, Sarvetnick N (1997) Organ-specific autoimmunity. *Curr Opin Immunol* 9: 863–871

Abschnitt 14.10

Christensen SR, Shupe J, Nickerson K, Kashgarian M, Flavell RA, Shlomchik MJ (2006) Toll-like receptor 7 and TLR9 dictate autoantibody specificity and have opposing inflammatory and regulatory roles in a murine model of lupus. *Immunity* 25: 417–428

Couser WG (1993) Pathogenesis of glomerulonephritis. *Kidney Int Suppl* 42: S19–S26

Green EA, Flavell RA (1999) The initiation of autoimmune diabetes. *Curr Opin Immunol* 11: 663–669

Huang XR, Tipping PG, Apostolopoulos C, Oettinger C, D'Souza M, Milton G, Holdsworth SR (1997) Mechanisms of T cell-induced glomerular injury in anti-glomerular basement membrane (GBM) glomerulonephritis in rats. *Clin Exp Immunol* 157: 134–142

Shlomchik MJ, Madalo MP (2003) The role of antibodies and B cells in the pathogenesis of lupus nephritis. *Springer Semin Immunopathol* 24: 363–375

Abschnitt 14.11

Salato VK, Hacker-Foegen MK, Lazarova Z, Fairley JA, Lin MS (2005) Role of intramolecular epitope spreading in pemphigus vulgaris. *Clin Immunol* 116: 54–64

Shlomchik MJ, Craft J, Mamula MJ (2001) From T to B and back again: positive feedback in systemic autoimmune disease. *Nat Rev Immunol* 1: 147–153

Steinman L (1996) A few autoreactive cells in an autoimmune infiltrate control a vast population of nonspecific cells: a tale of smart bombs and the infantry. *Proc Natl Acad Sci USA* 93: 2253–2256

Abschnitt 14.12

Chan OTM, Madaio MP, Shlomchik MJ (1999) The central and multiple roles of B cells in lupus pathogenesis. *Immunol Rev* 169: 107–121

Naparstek Y, Plotz PH (1993) The role of autoantibodies in autoimmune disease. *Annu Rev Immunol* 11: 79–104

Vlahakos D, Foster MH, Ucci AA, Barrett KJ, Datta SK, Madaio MP (1992) Murine monoclonal anti-DNA antibodies penetrate cells, bind to nuclei, and induce glomerular proliferation and proteinuria in vivo. *J Am Soc Nephrol* 2: 1345–1354

Abschnitt 14.13

Beardsley DS, Ertem M (1998) Platelet autoantibodies in immune thrombocytopenic purpura. *Transfus Sci* 19: 237–244

Clynes R, Ravetch JV (1995) Cytotoxic antibodies trigger inflammation through Fc receptors. *Immunity* 3: 21–26

Domen RE (1998) An overview of immune hemolytic anemias. *Cleveland Clin J Med* 65: 89–99

Silberstein LE (1993) Natural and pathologic human autoimmune responses to carbohydrate antigens on red blood cells. *Springer Semin Immunopathol* 15: 139–153

Abschnitt 14.14

Brandt J, Pippin J, Schulze M, Hansch GM, Alpers CE, Johnson RJ, Gordon K, Couser WG (1996) Role of the complement membrane attack complex (C5b-9) in mediating experimental mesangioproliferative glomerulonephritis. *Kidney Int* 49: 335–343

Hansch GM (1992) The complement attack phase: control of lysis and non-lethal effects of C5b-9. *Immunopharmacol* 24: 107–117

Shin ML, Carney DF (1988) Cytotoxic action and other metabolic consequences of terminal complement proteins. *Prog Allergy* 40: 44–81

Abschnitt 14.15

Bahn RS, Heufelder AE (1993) Pathogenesis of Graves' ophthalmopathy. *N Engl J Med* 329: 1468–1475

Feldmann M, Dayan C, Grubeck-Loebenstein B, Rapoport B, Londei M (1992) Mechanism of Graves thyroiditis: implications for concepts and therapy of autoimmunity. *Int Rev Immunol* 9: 91–106

Vincent A, Lily O, Palace J (1999) Pathogenic autoantibodies to neuronal proteins in neurological disorders. *J Neuroimmunol* 100: 169–180

Abschnitt 14.16

Casciola-Rosen LA, Anhalt G, Rosen A (1994) Autoantigens targeted in systemic lupus erythematosus are clustered in two populations of surface structures on apoptotic keratinocytes. *J Exp Med* 179: 1317–1330

Clynes R, Dumitru C, Ravetch JV (1998) Uncoupling of immune complex formation and kidney damage in autoimmune glomerulonephritis. *Science* 279: 1052–1054

Kotzin BL (1996) Systemic lupus erythematosus. *Cell* 85: 303–306

Lawley TJ, Bielory L, Gascon P, Yancey KB, Young NS, Frank MM (1984) A prospective clinical and immunologic analysis of patients with serum sickness. *N Engl J Med* 311: 1407–1413

Mackay M, Stanevsky A, Wang T, Aranow C, Li M, Koenig S, Ravetch JV, Diamond B (2006) Selective dysregulation of the FcγIIIB receptor on memory B cells in SLE. *J Exp Med* 203: 2157–2164

Tan EM (1989) Antinuclear antibodies: diagnostic markers for autoimmune diseases and probes for cell biology. *Adv Immunol* 44: 93–151

Xiang Z, Cutler AJ, Brownlie RJ, Fairfax K, Lawlor KE, Severinson E, Walker EU, Manz RA, Tarlinton DM, Smith KG (2007) FcγRIIb controls bone marrow plasma cell persistence and apoptosis. *Nat Immunol* 8: 419–429

Abschnitt 14.17

Feldmann M, Steinman L (2005) Design of effective immunotherapy for human autoimmunity. *Nature* 435: 612–619

Firestein GS (2003) Evolving concepts of rheumatoid arthritis. *Nature* 423: 356–361

Haskins K, Wegmann D (1996) Diabetogenic T-cell clones. *Diabetes* 45: 1299–1305

Peng SL, Madaio MP, Hughes DP, Crispe IN, Owen MJ, Wen L, Hayday AC, Craft J (1996) Murine lupus in the absence of $\alpha\beta$ T cells. *J Immunol* 156: 4041–4049

Zamvil S, Nelson P, Trotter J, Mitchell D, Knobler R, Fritz R, Steinman L (1985) T-cell clones specific for myelin basic protein induce chronic relapsing paralysis and demyelination. *Nature* 317: 355–358

Zekzer D, Wong FS, Ayalon O, Altieri M, Shintani S, Solimena M, Sherwin RS (1998) GAD-reactive $CD4^+$ Th1 cells induce diabetes in NOD/SCID mice. *J Clin Invest* 101: 68–73

Abschnitt 14.18

Gonzalez A, Katz JD, Mattei MG, Kikutani H, Benoist C, Mathis D (1997) Genetic control of diabetes progression. *Immunity* 7: 873–883

Morel L, Rudofsky UH, Longmate JA, Schiffenbauer J, Wakeland EK (1994) Polygenic control of susceptibility to murine systemic lupus erythematosus. *Immunity* 1: 219–229

Abschnitt 14.19

Anderson MS, Venanzi ES, Chen Z, Berzins SP, Benoist C, Mathis D (2005) The cellular mechanism of Aire control of T cell tolerance. *Immunity* 23: 227–239

Bacchetta R, Passerini L, Gambineri E, Dai M, Allan SE, Perroni L, Dagna-Bricarelli F, Sartirana C, Matthes-Martin S, Lawitschka A et al (2006) Defective regulatory and effector T cell functions in patients with FOXP3 mutations. *J Clin Invest* 116: 1713–1722

Rieux-Laucat F, Le Deist F, Fischer A (2003) Autoimmune lymphoproliferative syndromes: genetic defects of apoptosis pathways. *Cell Death Differ* 10: 124–133

Rizzi M, Ferrera F, Filaci G, Indiveri F (2006) Disruption of immunological tolerance: role of AIRE gene in autoimmunity. *Autoimmun Rev* 5: 145–147

Santiago-Raber ML, Laporte C, Reininger L, Izui S (2004) Genetic basis of murine lupus. *Autoimmun Rev* 3: 33–39

Singer GG, Carrera AC, Marshak-Rothstein A, Martinez C, Abbas AK (1994) Apoptosis, Fas and systemic autoimmunity: the MRL-lpr/lpr model. *Curr Opin Immunol* 6: 913–920

Abschnitt 14.20

Gregersen PK (2005) Pathways to gene identification in rheumatoid arthritis: PTPN22 and beyond. *Immunol Rev* 204: 74–86

Kumar KR, Li L, Yan M, Bhaskarabhatla M, Mobley AB, Nguyen C, Mooney JM, Schatzle JD, Wakeland EK, Mohan C (2006) Regulation of B cell tolerance by the lupus susceptibility gene *Ly108*. *Science* 312: 1665–1669

Nishimura H, Nose M, Hai H, Minato N, Honjo T (1999) Development of lupus-like autoimmune diseases by disruption of the PD-1 gene encoding an ITIM motif-carrying immunoreceptor. *Immunity* 11: 141–151

Okazaki T, Wang J (2005) PD-1/PD-L pathway and autoimmunity. *Autoimmunity* 38: 353–357

Vyse TJ, Todd JA (1996) Genetic analysis of autoimmune disease. *Cell* 85: 311–318

Wakeland EK, Wandstrat AE, Liu K, Morel L (1999) Genetic dissection of systemic lupus erythematosus. *Curr Opin Immunol* 11: 701–707

Abschnitt 14.21

Goodnow CC (1998) Polygenic autoimmune traits: Lyn, CD22, and SHP-1 are limiting elements of a biochemical pathway regulating BCR signaling and selection. *Immunity* 8: 497–508

Tivol EA, Borriello F, Schweitzer AN, Lynch WP, Bluestone JA, Sharpe AH (1995) Loss of CTLA-4 leads to massive lymphoproliferation and fatal multiorgan tissue destruction, revealing a critical negative regulatory role of CTLA-4. *Immunity* 3: 541–547

Wakeland EK, Liu K, Graham RR, Behrens TW (2001) Delineating the genetic basis of systemic lupus erythematosus. *Immunity* 15: 397–408

Walport MJ (2000) Lupus, DNase and defective disposal of cellular debris. *Nat Genet* 25: 135–136

Whitacre CC, Reingold SC, O'Looney PA (1999) A gender gap in autoimmunity. *Science* 283: 1277–1278

Abschnitt 14.22

Haines JL, Ter Minassian M, Bazyk A, Gusella JF, Kim DJ, Terwedow H, Pericak-Vance MA, Rimmler JB, Haynes CS, Roses AD et al (1996) A complete genomic screen for multiple sclerosis underscores a role for the major histocompatibility complex. The Multiple Sclerosis Genetics Group. *Nat Genet* 13: 469–471

McDevitt HO (2000) Discovering the role of the major histocompatibility complex in the immune response. *Annu Rev Immunol* 18: 1–17

Abschnitt 14.23

Klareskog L, Padyukov L, Ronnelid J, Alfredsson L (2006) Genes, environment and immunity in the development of rheumatoid arthritis. *Curr Opin Immunol* 18: 650–655

Abschnitt 14.24

Aichele P, Bachmann MF, Hengarter H, Zinkernagel RM (1996) Immunopathology or organ-specific autoimmunity as a consequence of virus infection. *Immunol Rev* 152: 21–45

Bach JF (2005) Infections and autoimmune diseases. *J Autoimmunity* 25: 74–80

Moens U, Seternes OM, Hey AW, Silsand Y, Traavik T, Johansen B, Rekvig OP (1995) *In vivo* expression of a single viral DNA-binding protein generates systemic lupus erythematosus-related autoimmunity to double-stranded DNA and histories. *Proc Natl Acad Sci USA* 92: 12393–12397

Steinman L, Conlon P (1997) Viral damage and the breakdown of self-tolerance. *Nat Med* 3: 1085–1087

von Herrath MG, Evans CF, Horwitz MS, Oldstone MB (1996) Using transgenic mouse models to dissect the pathogenesis of virus-induced autoimmune disorders of the islets of Langerhans and the central nervous system. *Immunol Rev* 152: 111–143

von Herrath MG, Holz A, Homann D, Oldstone MB (1998) Role of viruses in type I diabetes. *Semin Immunol* 10: 87–100

Abschnitt 14.25

Barnaba V, Sinigaglia F (1997) Molecular mimicry and T cell-mediated autoimmune disease. *J Exp Med* 185: 1529–1531

Rose NR (2001) Infection, mimics, and autoimmune disease. *J Clin Invest* 107: 943–944

Rose NR, Herskowitz A, Neumann DA, Neu N (1988) Autoimmune myocarditis: a paradigm of post-infection autoimmune disease. *Immunol Today* 9: 117–120

Steinman L, Oldstone MB (1997) More mayhem from molecular mimics. *Nat Med* 3: 1321–1322

Abschnitt 14.26

Bagenstose LM, Salgame P, Monestier M (1999) Murine mercury-induced autoimmunity: a model of chemically related autoimmunity in humans. *Immunol Res* 20: 67–78

Yoshida S, Gershwin ME (1993) Autoimmunity and selected environmental factors of disease induction. *Semin Arthritis Rheum* 22: 399–419

Abschnitt 14.27

Eisenberg RA, Craven SY, Warren RW, Cohen PL (1987) Stochastic control of anti-Sm autoantibodies in MRL/Mp-lpr/lpr mice. *J Clin Invest* 80: 691–697

Todd JA, Steinman L (1993) The environment strikes back. *Curr Opin Immunol* 5: 863–865

Abschnitt 14.28

Arakelov A, Lakkis FG (2000) The alloimmune response and effector mechanisms of allograft rejection. *Semin Nephrol* 20: 95–102

Rosenberg AS, Singer A (1992) Cellular basis of skin allograft rejection: an *in vivo* model of immune-mediated tissue destruction. *Annu Rev Immunol* 10: 333–358

Strom TB, Roy-Chaudhury P, Manfro R, Zheng XX, Nickerson PW, Wood K, Bushell A (1996) The Th1/Th2 paradigm and the allograft response. *Curr Opin Immunol* 8: 688–693

Zelenika D, Adams E, Humm S, Lin CY, Waldmann H, Cobbold SP (2001) The role of $CD4^+$ T-cell subsets in determining transplantation rejection or tolerance. *Immunol Rev* 182: 164–179

Abschnitt 14.29

Opelz G (2000) Factors influencing long-term graft loss. The Collaborative Transplant Study. *Transplant Proc* 32: 647–649

Opelz G, Wujciak T (1994) The influence of HLA compatibility on graft survival after heart transplantation. The Collaborative Transplant Study. *N Engl J Med* 330: 816–819

Abschnitt 14.30

den Haan JM, Meadows LM, Wang W, Pool J, Blokland E, Bishop TL, Reinhardus C, Shabanowitz J, Offringa R, Hunt DF et al (1998) The minor histocompatibility antigen HA-1: a diallelic gene with a single amino acid polymorphism. *Science* 279: 1054–1057

Mutis T, Gillespie G, Schrama E, Falkenburg JH, Moss P, Goulmy E (1999) Tetrameric HLA class I-minor histocompatibility antigen peptide complexes demonstrate minor histocompatibility antigen-specific cytotoxic T lymphocytes in patients with graft-versus-host disease. *Nat Med* 5: 839–842

Abschnitt 14.31

Benichou G, Takizawa PA, Olson CA, McMillan M, Sercarz EE (1992) Donor major histocompatibility complex (MHC) peptides are presented by recipient MHC molecules during graft rejection. *J Exp Med* 175: 305–308

Carbone FR, Kurts C, Bennett SR, Miller JF, Heath WR (1998) Cross-presentation: a general mechanism for CTL immunity and tolerance. *Immunol Today* 19: 368–373

Abschnitt 14.32

Kissmeyer-Nielsen F, Olsen S, Peterson VP, Fjeldborg O (1966) Hyperacute rejection of kidney allografts, associated with pre-existing humoral antibodies against donor cells. *Lancet* ii: 662–665

Robson SC, Schulte am Esche J, Bach FH (1999) Factors in xenograft rejection. *Ann N Y Acad Sci* 875: 261–276

Sharma A, Okabe J, Birch P, McClellan SB, Martin MJ, Platt JL, Logan JS (1996) Reduction in the level of Gal(αl,3)Gal in transgenic mice and pigs by the expression of an α(1,2)fucosyltransferase. *Proc Natl Acad Sci USA* 93: 7190–7195

Williams GM, Hume DM, Hudson RP Jr, Morris PJ, Kano K, Milgrom F (1968) 'Hyperacute' renal-homograft rejection in man. *N Engl J Med* 279: 611–618

Abschnitt 14.33

Orosz CG, Peletier, RP (1997) Chronic remodeling pathology in grafts. *Curr Opin Immunol* 9: 676–680

Paul LC (1999) Current knowledge of the pathogenesis of chronic allograft dysfunction, *Transplant Proc* 31: 1793–1795

Womer KL, Vella JP, Sayegh MH (2000) Chronic allograft dysfunction mechanisms and new approaches to therapy. *Semin Nephrol* 20: 126–147

Abschnitt 14.34

Murray JE (1992) Human organ transplantation: background and consequences. *Science* 256: 1411–1416

Abschnitt 14.35

Dazzi F, Goldman J (1999) Donor lymphocyte infusions. *Curr Opin Hematol* 6: 394–399

Goulmy E, Schipper R, Pool J, Blokland E, Flakenburg JH, Vossen J, Grathwohl A, Vogelsang GB, van Houwelingen HC, van Rood JJ (1996) Mismatches of minor histocompatibility antigens between HLA-identical donors and recipients and the development of graft-versus-host disease after bone marrow transplantation. *N Engl J Med* 334: 281–285

Murphy WJ, Blazar BR (1999) New strategies for preventing graft-versus-host disease. *Curr Opin Immunol* 11: 509–515

Porter DL, Antin JH (1999) The graft-versus-leukemia effects of allogeneic cell therapy. *Annu Rev Med* 50: 369–386

Ruggeri L, Capanni M, Urbani E, Perruccio K, Shlomchik WD, Tosti A, Posati S, Rogaia D, Frassoni F, Aversa F et al (2002) Effectiveness of donor natural killer cell alloreactivity in mismatched hematopoietic transplants. *Science* 295: 2097–2100

Shlomchik WD, Couzens MS, Tang CB, McNiff J, Robert ME, Liu J, Shlomchik MJ, Emerson SG (1999) Prevention of graft versus host disease by inactivation of host antigen-presenting cells. *Science* 285: 412–415

Abschnitt 14.36

Joffre O, van Meerwijk JP (2006) $CD4^{+}CD25^{+}$ regulatory T lymphocytes in bone marrow transplantation. *Semin Immunol* 18: 128–135

Li J, Liu Z, Jiang S, Coresini R, Lederman S, Suciu-Foca N (1999) T suppressor lymphocytes inhibit NF-κB-mediated transcription of CD86 gene in APC. *J Immunol* 163: 6386–6392

Lu LF, Lind EF, Gondek DC, Bennett KA, Gleeson MW, Pino-Lagos K, Scott ZA, Coyle AJ, Reed JL, Van Snick J et al (2006) Mast cells are essential intermediaries in regulatory T-cell tolerance. *Nature* 31: 997–1002

Abschnitt 14.37

Carosella ED, Rouas-Freiss N, Paul P, Dausset J (1999) HLA-G: a tolerance molecule from the major histocompatibility complex. *Immunol Today* 20: 60–62

Mellor AL, Munn DH (2000) Immunology at the maternal-fetal interface: lessons for T cell tolerance and suppression. *Annu Rev Immunol* 18: 367–391

Munn DH, Zhou M, Attwood JT, Bondarev I, Conway SJ, Marshall B, Brown C, Mellor AL (1998) Prevention of allogeneic fetal rejection by tryptophan catabolism. *Science* 281: 1191–1193

Parham P (1996) Immunology: keeping mother at bay. *Curr Biol* 6: 638–641

Schust DJ, Tortorella D, Ploegh HL (1999) HLA-G and HLA-C at the feto-maternal interface: lessons learned from pathogenic viruses. *Semin Cancer Biol* 9: 37–46

15

Die gezielte Beeinflussung der Immunantwort

Der größte Teil dieses Buches handelt von den Mechanismen, durch die uns das Immunsystem vor Krankheiten schützt. In den letzten drei Kapiteln haben wir jedoch Beispiele kennengelernt, bei denen der Immunschutz gegenüber einigen wichtigen Infektionen versagt und wie unangebrachte Immunantworten Allergien und Autoimmunkrankheiten hervorrufen können. Wir haben auch die Probleme diskutiert, die durch Immunantworten bei Organtransplantationen entstehen.

In diesem Kapitel besprechen wir nun, auf welche Weise das Immunsystem manipuliert und kontrolliert werden kann. Dabei ist das Ziel entweder die Unterdrückung ungewollter Immunantworten bei Autoimmunität, Allergie und Transplantatabstoßung oder aber die Stimulation eines Immunschutzes. Schon seit langem denkt man über Möglichkeiten nach, wie man die hochwirksamen, spezifischen Mechanismen der adaptiven Immunität zur Zerstörung von Tumoren einsetzen könnte, und wir werden uns mit den bislang erzielten Fortschritten auf diesem Gebiet beschäftigen. Am Ende dieses Kapitels behandeln wir die aktuellen Impfstrategien und Ansätze zur Entwicklung neuartiger Impfstoffe, wodurch deren Wirksamkeit und Anwendbarkeit verbessert werden sollen.

Behandlungsmethoden zur Regulation unerwünschter Immunreaktionen

Bei ungewollten Immunantworten im Falle von Autoimmunkrankheiten, Transplantatabstoßung und Allergie ist man zwar jeweils mit unterschiedlichen Problemen konfrontiert, aber das therapeutische Ziel besteht in allen Fällen darin, die schädliche Immunantwort zu stoppen und so die Schädigung oder den Funktionsverlust von Geweben zu verhindern. Hinsichtlich der Therapie liegt der wichtigste Unterschied zwischen Transplantatabstoßung und Autoimmunität beziehungsweise allergischen Reaktionen darin, dass Transplantationen willkürliche chirurgische Eingriffe sind und man auf die Immunantwort vorbereitet ist, während Autoimmunkrankheiten erst entdeckt werden, wenn die Symptome bereits bestehen. Die erfolgreiche Behandlung einer bereits etablierten Immunantwort ist sehr viel schwieriger als einer zukünftigen, noch nicht entwickelten Reaktion vorzubeugen. Dementsprechend sind Autoimmunkrankheiten generell schwerer zu kontrollieren als gerade entstehende Immunreaktionen auf transplantiertes Gewebe. Bei allergischen Reaktionen besteht die beste Therapie darin, das Allergen zu meiden, aber das ist nicht immer möglich. Wie schwierig es ist, eine bereits in Gang gesetzte Immunantwort zu unterdrücken, zeigt sich an Tiermodellen für Autoimmunerkrankungen. Behandlungsmethoden, welche die Induktion einer Autoimmunkrankheit erfolgreich verhindern würden, versagen hier im Allgemeinen, wenn das Krankheitsbild bereits voll ausgebildet ist.

Die heute gebräuchlichen Behandlungsmethoden bei Immunkrankheiten sind fast alle empirisch entstanden. Die eingesetzten Immunsuppressiva sind durch Reihentests einer großen Zahl natürlicher und synthetischer Substanzen identifiziert worden. Man kann die heute verwendeten herkömmlichen Medikamente zur Unterdrückung des Immunsystems in drei Kategorien einteilen: Die erste Gruppe sind hochwirksame entzündungshemmende Mittel aus der Familie der Corticosteroide wie Prednison, die zweite sind cytotoxische Medikamente wie Azathioprin und Cyclophosphamid und die dritte Gruppe sind Pilz- und Bakterienwirkstoffe wie Cyclosporin A, Tacrolimus (FK 506 oder Fujimycin) und Rapamycin (Sirolimus), die die Signalübermittlung in den T-Lymphocyten hemmen. Alle diese Mittel haben ein sehr breites Wirkungsspektrum und unterdrücken schützende wie schädigende Aktivitäten des Immunsystems in gleicher Weise. Bei einer Immunsuppressionstherapie kommt es daher oft zu Komplikationen durch opportunistische Infektionen.

In den letzten Jahren hat man neuere Behandlungsmethoden eingeführt, die auf spezifische Bestandteile der schädlichen Immunantworten abzielen. Eine vielfach untersuchte Herangehensweise, um eine umfassende Immunsuppression zu vermeiden, besteht darin, nur die Komponenten einer Immunantwort anzugehen, die die Gewebeschäden hervorrufen. Selbst dieser therapeutische Eingriff ist nicht frei von Nebenwirkungen, da die angesteuerten Zellen oder Moleküle häufig in der normalen Immunantwort gegen Infektionskrankheiten wichtige Funktionen besitzen. Es sind die Antikörper selbst, die aufgrund ihrer ausgezeichneten Spezifität am unmittelbarsten in der Lage sein können, einen bestimmten Teil einer Immunantwort zu blockieren. Verfahren, die in früheren Ausgaben dieses Buches als experimentell bezeichnet wurden, wie die Behandlung mit monoklonalen Anti-Cytokin-Antikörpern, sind nun Bestandteil der etablierten medizinischen Praxis, und neue „experimentelle" Behandlungsmethoden werden ständig getestet. Zu diesen experimentellen Behandlungsmethoden gehört das Ansteuern von spezifischen Zellen, die Neutralisierung eines lokalen Überschusses an Cytokinen und Chemokinen und die künstliche Beeinflussung der Immunantwort, natürliche regulatorische Mechanismen zu verstärken, etwa durch die Einbeziehung von regulatorischen T-Zellen (T_{reg}).

15.1 Corticosteroide sind hochwirksame entzündungshemmende Mittel, welche die Transkription vieler Gene verändern

Corticosteroide sind stark entzündungshemmende Medikamente und Immunsuppressiva, die oft zur Abschwächung gefährlicher Immunreaktionen bei Autoimmunkrankheiten, Allergien und transplantierten Organen eingesetzt werden, wenn andere Methoden versagen oder nicht ausreichen. Pharmakologisch leiten sich die **Corticosteroide** von Steroidhormonen der Glucocorticoidfamilie ab, wobei **Prednison** ein synthetisches Analogon von Cortisol ist und zu den am häufigsten angewendeten Corticosteroiden gehört. Cortisol entfaltet seine Wirkung über intrazelluläre Rezeptoren der Steroidrezeptorsuperfamilie und über nur wenig bekannte membrangebundene Rezeptoren, die beide in nahezu jeder Körperzelle exprimiert werden. Nach der Bindung eines Liganden heften sich die intrazellulären Rezeptoren entweder direkt an bestimmte Stellen auf der DNA und verändern dadurch die Transkription, oder sie interagieren mit anderen Transkriptionsfaktoren wie NFκB und beeinflussen so deren Funktion (Abb. 15.1). Cortisol kann auch direkt auf zelluläre Vorgänge einwirken, sodass entzündungshemmende Proteine noch schneller exprimiert werden, was durch die neue Expression von Genen nicht zu erklären ist.

Die Expression von bis zu 20 % aller in Leukocyten exprimierten Gene kann durch Glucocorticoide reguliert werden – im Sinne einer Verstärkung oder einer Hemmung der Transkription von sensitiven Genen. Die therapeutische Wirkung ergibt sich daraus, dass die Glucocorticoidrezeptoren durch die Corticosteroide weit höheren Konzentrationen von Liganden ausgesetzt sind, als sie unter physiologischen Umständen im Körper auftreten. Dadurch kommt es zu übersteigerten Reaktionen mit sowohl heilsamen als auch toxischen Auswirkungen.

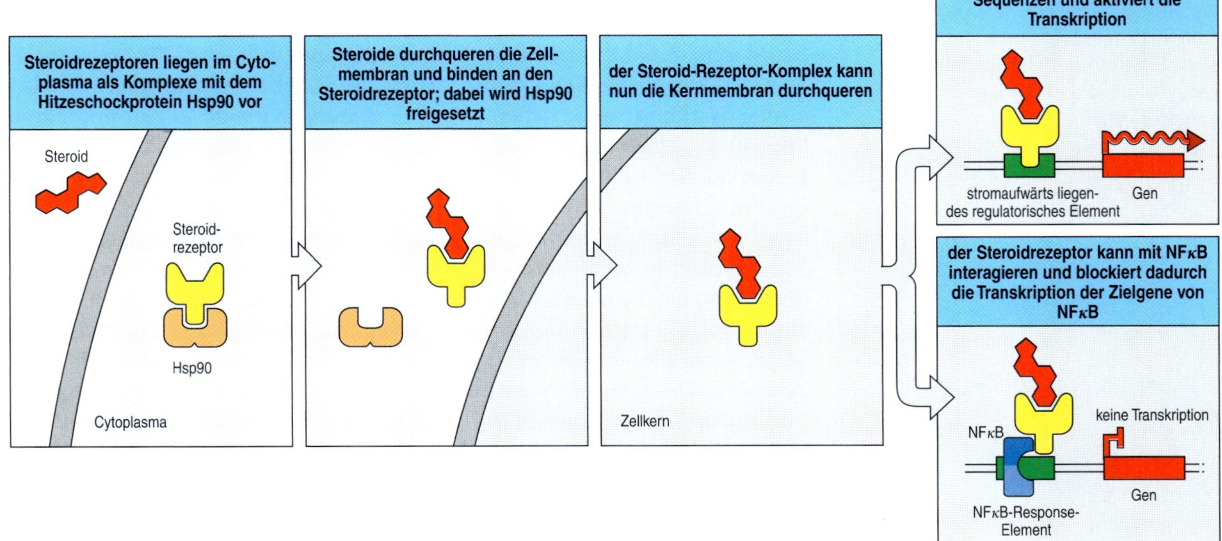

15.1 Mechanismen der Steroidwirkung. Corticosteroide sind lipidlösliche Substanzen, die in die Zelle über Diffusion durch die Plasmamembran eindringen und an spezifische Rezeptoren im Cytosol binden. Die Bindung des Corticosteroids an den Rezeptor verdrängt molekulare Chaperone, darunter auch Hitzeschockproteine, und legt die DNA-Bindungsstelle des Rezeptors frei. Der Steroid-Rezeptor-Komplex kann dann in den Zellkern eindringen und bindet dort entweder an spezifische DNA-Sequenzen in der Promotorregion der für Steroide sensitiven Gene, oder er tritt mit anderen Transkriptionsfaktoren wie NFκB in Wechselwirkung. Viele der Reaktionen von Corticosteroiden erfolgen schnell und werden daher durch nichtgenetische Mechanismen vermittelt, etwa über wahrscheinlich vorhandene Membranrezeptoren.

Corticosteroidtherapie	
Wirkung auf	**physiologische Wirkung**
↓ IL-1, TNF-α, GM-CSF, IL-3, IL-4, IL-5, CXCL8	↓ durch Cytokine verursachte Entzündung
↓ Stickoxide	↓ Stickoxid
↓ Phospholipase A_2 ↓ Cyclooxygenase Typ 2 ↑ Annexin-1	↓ Prostaglandine ↓ Leukotriene
↓ Adhäsionsmoleküle	verminderte Leukocytenwanderung aus den Blutgefäßen
↑ Endonucleasen	Induktion von Apoptose bei Lymphocyten und Eosinophilen

15.2 Entzündungshemmende Wirkungen der Corticosteroidtherapie. Corticosteroide regulieren die Expression vieler Gene und wirken insgesamt entzündungshemmend. Erstens verringern sie die Produktion von Entzündungsmediatoren wie Cytokinen, Prostaglandinen und Stickoxid. Zweitens blockieren sie die Einwanderung von Entzündungszellen an den Ort der Entzündung, indem sie die Expression der entsprechenden Adhäsionsmoleküle verhindern, und drittens fördern sie bei Leukocyten und Lymphocyten den Zelltod durch Apoptose. Die verschiedenen Ebenen der Komplexität lassen sich anhand der Aktivitäten von Annexin-1 veranschaulichen (das ursprünglich als durch Corticosteroide induzierter Faktor entdeckt und als Lipocortin bezeichnet wurde). Es hat sich jetzt herausgestellt, dass es an allen Effekten der Corticosteroide beteiligt ist, die in der linken Spalte aufgeführt sind.

Aufgrund der großen Zahl der von Corticosteroiden regulierten Gene und der Tatsache, dass in unterschiedlichen Geweben verschiedene Gene betroffen sind, ist es kaum verwunderlich, dass die Effekte einer Steroidtherapie sehr komplex sind. Die Komplexität wird noch dadurch erhöht, dass die verschiedenen Gewebe auf diese Faktoren im zeitlichen Verlauf unterschiedlich reagieren. So lässt sich auch erklären, dass Corticosteroide mit der Zeit bei den Patienten an Wirkung verlieren. Die positiven entzündungshemmenden Wirkungen sind in Abbildung 15.2 zusammengefasst: Diese Wirkstoffe richten sich auf die Funktionen der Monocyten und Makrophagen und verringern die Anzahl der CD4-T-Zellen. Zu den vielen Nebenwirkungen gehören Flüssigkeitsstau im Gewebe, Gewichtszunahme, Diabetes, Mineralverluste im Knochen und eine Abnahme der Hautdicke. Zurzeit werden große Anstrengungen unternommen, um Wirkstoffe zu finden, die die entzündungshemmende Wirkung der Steroide, aber keine Nebenwirkungen zeigen. Eine Corticosteroidtherapie ist daher für den Patienten sorgfältig abzuwägen, damit einerseits die krankheitsbedingten Entzündungsreaktionen abgeschwächt und andererseits durch die toxischen Nebenwirkungen des Medikaments keine Schäden verursacht werden. Deshalb werden Corticosteroide bei Transplantatempfängern und bei entzündlichen Autoimmunkrankheiten oder Allergien oft in Kombination mit anderen Medikamenten verabreicht, um die Dosis und die toxischen Effekte auf ein Minimum zu reduzieren. Bei der Behandlung von Autoimmunkrankheiten und Gewebeabstoßungen nach Transplantationen gibt man Corticosteroide gewöhnlich in Verbindung mit cytotoxischen Immunsuppressiva, die jedoch wieder eigene Probleme verursachen.

15.2 Cytotoxische Medikamente führen zu einer Immunsuppression, indem sie Zellen während ihrer Teilung abtöten, und haben daher schwere Nebenwirkungen

Die drei am häufigsten als Immunsuppressiva verwendeten cytotoxischen Medikamente sind **Azathioprin**, **Cyclophosphamid** und **Mycophenolat**. Alle drei stören die DNA-Synthese und zeigen ihre stärkste pharmakologische Wirkung in Geweben, die sich ständig teilende Zellen enthalten. Sie wurden ursprünglich zur Krebsbekämpfung entwickelt, und als man entdeckte, dass sie auch sich teilende Lymphocyten abtöten, erkannte man ihre immunsuppressive Bedeutung. Azathioprin stört auch die Costimulation über CD28. Durch die Blockade der GTPase Rac1, eines essenziellen Signalmoleküls, wird ein Apoptosesignal erzeugt. Der Einsatz dieser Medikamente wird eingeschränkt durch ihre vielfältigen toxischen Effekte auf andere Körpergewebe, deren Zellen sich teilen, etwa auf die Haut, das den Darm auskleidende Epithel und das Knochenmark. Zu den Auswirkungen gehören außer einer Schwächung der körpereigenen Abwehr auch Anämie, Leukopenie, Thrombocytopenie, Schädigung des Darmepithels, Haarverlust sowie Schädigung oder Tod des Fetus während der Schwangerschaft. Wegen ihrer Toxizität verwendet man Azathioprin und Cyclophosphamid in hoher Dosierung nur, wenn man wie bei manchen Knochenmarktransplantationen alle teilungsfähigen Lymphocyten ausschalten möchte. In diesen Fällen benötigen behandelte Patienten anschließend eine Knochenmarktransplantation, um ihre hämatopoetischen Funktionen wieder aufzubauen. In niedrigerer Dosierung verwendet man die beiden Medikamente in Kombination mit anderen Mitteln wie Corticosteroiden zur Behandlung unerwünschter Immunreaktionen.

Azathioprin wird *in vivo* in das Purinanalogon 6-Thioguanin (6-TG) umgewandelt, das wiederum zu 6-Thioinosinsäure metabolsiert wird. Dieses Molekül konkurriert mit Inosinmonophosphat und blockiert so die *de novo*-Synthese von Adenosin- und Guanosinmonophosphat und damit auch die DNA-Synthese. 6-TG wird auch anstelle von Guanin in die DNA eingebaut. Das Entstehen von Hautkrebs als langfristige Nebenwirkung bei Patienten, die mit Azathioprin behandelt wurden, lässt sich dadurch erklären, dass sich 6-TG in der DNA der Patienten anreichert, was zu einer erhöhten Mutationswahrscheinlichkeit unter der Einwirkung von Sonnenlicht führt. Das Mycophenolat Mofetil ist der neueste Vertreter in der Familie der cytotoxischen Immunsuppressiva und wirkt ähnlich wie Azathioprin. Es wird zu Mycophenolsäure umgesetzt, die ein Inhibitor der Inosinmonophosphat-Dehydrogenase ist. Dadurch wird die *de novo*-Synthese von Guanosinpmonophosphat blockiert.

Azathioprin und Mycophenolat sind weniger toxisch als Cyclophosphamid, das nach der Metabolisierung zu Phosphoramidsenföl DNA alkyliert. Cyclophosphamid gehört zur Familie stickstoffhaltiger Senfölverbindungen, die ursprünglich als chemische Kampfstoffe entwickelt wurden. Die hoch toxischen Wirkungen von Cyclophosphamid sind ein Zeichen seiner Herkunft; unter anderem ruft es Entzündungen und Blutungen der Harnblase, die sogenannte hämorrhagische Cystitis, sowie Blasenkrebs hervor.

15.3 Cyclosporin A, Tacrolimus (FK506) und Rapamycin (Sirolimus) sind wirksame Immunsuppressiva, die die Signalübertragung in T-Zellen stören

Es gibt für die Immunsuppression Alternativen, die vergleichsweise weniger toxisch sind als cytotoxische Medikamente. Systematische Untersuchungen von Naturprodukten aus Bakterien und Pilzen haben zur Entwicklung einer Vielzahl wichtiger Arzneimittel geführt. Dazu gehören die drei Immunsuppressiva **Cyclosporin A**, **Tacrolimus** (frühere Bezeichnung **FK506**) und Rapamycin (andere Bezeichnung **Sirolimus**). Sie finden heute breite Anwendung bei der Behandlung von Transplantatempfängern. Cyclosporin A ist ein ringförmiges Dekapeptid aus dem Pilz *Tolypocladium inflatum*, der in norwegischen Bodenproben gefunden wurde. Tacrolimus ist eine Macrolidverbindung aus dem filamentösen Bakterium *Streptomyces tsukabaensis,* das man in Japan entdeckt hat. Macrolide sind Verbindungen mit einem mehrgliedrigen Lactonring, an den ein oder mehrere Desoxyzucker angehängt sind. **Rapamycin** ist ein weiteres Macrolid aus *Streptomyces* und hat für die Vermeidung von Transplantatabstoßungen große Bedeutung erlangt; Rapamycin erhielt seine Bezeichnung, weil es aus dem Bakterium *Streptomyces hygroscopicus* gewonnen wird, das von der Osterinsel (polynesisch *rapa nui*) stammt. Alle drei Verbindungen entfalten ihre pharmakologische Wirkung, indem sie an bestimmte intrazelluläre Proteine binden, die die Familie der **Immunophiline** bilden. Dabei entstehen Komplexe, die wichtige Signalwege bei der klonalen Expansion von Lymphocyten stören.

Cyclosporin A und Tacrolimus blockieren die Proliferation der T-Zellen, indem sie die Phosphataseaktivität des calciumabhängigen Enzyms **Calcineurin** hemmen, wobei sie schon in nanomolaren Konzentrationen wirksam sind. Ihr Wirkmechanismus, den wir im nächsten Abschnitt genauer behandeln werden, zeigte die Funktion auf, die Calcineurin bei der Signalübertragung vom T-Zell-Rezeptor zum Zellkern besitzt (Abschnitt 6.15). Beide Medikamente verringern die Expression mehrerer Cytokingene, die normalerweise bei der T-Zell-Aktivierung induziert werden (Abb. 15.3). Dazu gehört das Interleukin IL-2, das ein wichtiger Wachstumsfaktor für T-Zellen ist (Abschnitt 8.13). Die Hemmung der T-Zell-Proliferation durch Cyclosporin A und Tacrolimus erfolgt entweder als Reaktion auf spezifische Antigene oder auf körperfremde Zellen. Beide Medikamente werden klinisch in großem Umfang zur Verhinderung der Organabstoßung bei Transplantationen eingesetzt. Obwohl ihre immunsuppressive Wirkung wahrscheinlich hauptsächlich die Proliferation der T-Zellen hemmt, haben sie noch eine Reihe anderer Effekte auf das Immunsystem (Abb. 15.3), von denen einige in Zukunft pharmakologische Bedeutung erlangen könnten.

Cyclosporin A und Tacrolimus sind wirksame Medikamente, aber ihre Verwendung ist nicht unproblematisch. Erstens beeinflussen sie – genau wie die cytotoxischen Substanzen – alle Immunreaktionen ohne Unterschied. Nur durch die Dosierung lässt sich ihre immunsuppressive Wirkung kontrollieren. Zum Zeitpunkt der Transplantation sind hohe Dosen notwendig, aber sobald das fremde Gewebe angewachsen ist, kann man sie verringern. So werden erwünschte schützende Immunreaktionen ermöglicht, während das Immunsystem aber noch ausreichend supprimiert ist, um die Transplantatabstoßung zu verhindern. Dieses Gleichgewicht zu erreichen, ist jedoch sehr schwierig und gelingt nicht immer. Die T-Zellen sind zwar gegenüber diesen Medikamenten besonders empfindlich, die Zielmoleküle kommen jedoch auch in anderen Zelltypen vor, sodass die Medikamente sich auch auf zahlreiche andere Gewebe auswirken. Cyclosporin A und Tacrolimus sind beispielsweise toxisch für Nieren und

Immunologische Wirkungen von Cyclosporin A und Tacrolimus

Zelltyp	Wirkungen
T-Lymphocyt	verminderte Expression von IL-2, IL-3, IL-4, GM-CSF, TNF-α; verminderte Zellteilung nach der Abnahme der IL-2-Produktion; verminderte Ca^{2+}-abhängige Exocytose von granulaassoziierten Serinesterasen; Hemmung der durch Antigene ausgelösten Apoptose
B-Lymphocyt	Hemmung der Zellteilung als Folge der verminderten Cytokinproduktion durch die T-Lymphocyten; Hemmung der Zellteilung nach dem Besetzen von Immunglobulinen an der Zelloberfläche durch Liganden; Induktion der Apoptose nach Aktivierung der B-Zellen
Granulocyt	verminderte Ca^{2+}-abhängige Exocytose von granulaassoziierten Serinesterasen

15.3 Cyclosporin A und Tacrolimus hemmen die von Lymphocyten sowie einige der von Granulocyten hervorgerufenen Effekte.

andere Organe. Und schließlich ist die Behandlung mit ihnen teuer, da es sich um komplexe Naturprodukte handelt, die über lange Zeit eingenommen werden müssen. Bei den immunsuppressiven Medikamenten sind also durchaus noch Verbesserungen erforderlich, und man sucht intensiv nach besseren und kostengünstigeren Analoga. Trotz allem sind sie bei Transplantationen derzeit die Medikamente der Wahl. Gleichzeitig überprüft man auch ihre Einsatzmöglichkeiten bei der Behandlung zahlreicher Autoimmunerkrankungen, insbesondere bei T-Zell-vermittelten Gewebeabstoßungsreaktionen.

15.4 Immunsuppressiva eignen sich hervorragend für die Erforschung der intrazellulären Signalwege in Lymphocyten

Die Wirkungsmechanismen von Cyclosporin A und Tacrolimus sind heute recht gut bekannt. Sie binden an unterschiedliche Gruppen von Immunophilinen: Cyclosporin A an die Cyclophiline und Tacrolimus an die sogenannten FK-bindenden Proteine (FKBP). Bei beiden Immunophilintypen handelt es sich um Peptidyl-Prolyl-*cis*-*trans*-Isomerasen. Die Isomeraseaktivität der Bindungsproteine hängt jedoch anscheinend nicht mit der immunsuppressiven Wirkung der Medikamente zusammen. Der Komplex aus Immunophilin und Medikament bindet vielmehr an die Ca^{2+}-aktivierte Serin/Threonin-Phosphatase **Calcineurin** und hemmt deren Aktivität. Calcineurin wird aktiviert, wenn sich der intrazelluläre Ca^{2+}-Spiegel infolge der Bindung des T-Zell-Rezeptors an entsprechende Antigen:MHC-Komplexe erhöht. Aktiviertes Calcineurin dephosphoryliert die Transkriptionsfaktoren der NFATc-Familie im Cytoplasma, die daraufhin in den Zellkern wandern. Dort bilden sie Komplexe mit Partnermolekülen im Zellkern (beispielsweise mit dem Transkriptionsfaktor AP-1) und induzieren die Transkription von Genen, beispielsweise für IL-2, CD40-Ligand und Fas-Ligand (Abb. 15.4), die für eine korrekte Immunfunktion notwendig sind. Dieser Reaktionsweg wird durch Cyclosporin A und Tacrolimus blockiert, die auf diese Weise die klonale Expansion von aktivierten T-Zellen hemmen. Calcineurin kommt neben den T-Zellen auch in anderen Zellen vor, dort allerdings in höheren Konzentrationen. Deshalb sind T-Zellen besonders empfindlich für die inhibitorische Wirkung dieser Medikamente.

Rapamycin zeigt einen anderen Wirkmechanismus als Cyclosporin A oder Tacrolimus. Es bindet wie Tacrolimus an Immunophiline der FKBP-Familie. Allerdings hat der Rapamycin:Immunophilin-Komplex keinen Effekt auf die Calcineurinaktivität, hemmt aber die Serin/Threonin-Kinase mTOR (*mammalian target of rapamycin*). Diese ist Bestandteil des Phosphatidylinsositol-3-Kinase-(PI-3-Kinase-)/Akt-(Proteinkinase-B-) Signalwegs (Abschnitt 6.19). Die Blockade dieses Signalwegs hat erhebliche Auswirkungen auf die T-Zell-Proliferation. Die Zellen werden in der G_1-Phase des Zellzyklus angehalten und sterben durch Apoptose ab. Rapamycin hemmt auch die Proliferation der Lymphocyten, die von IL-2, IL-4 und IL-6 gefördert wird. Interessanterweise erhöht sich durch Rapamycin die Anzahl der regulatorischen T-Zellen, vielleicht weil diese Zellen andere Signalwege als die T-Effektorzellen nutzen.

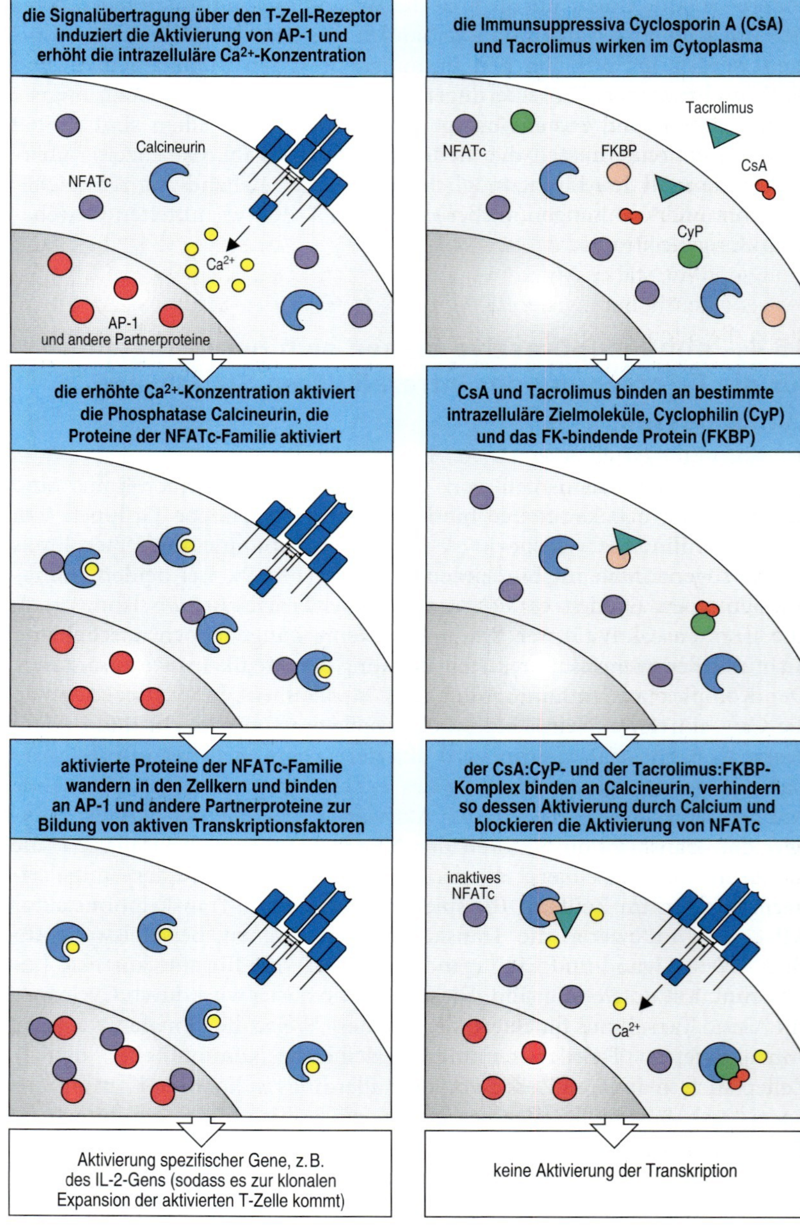

15.4 Cyclosporin A und Tacrolimus hemmen die T-Zell-Aktivierung, indem sie die Funktion der Serin/Threonin-spezifischen Phosphatase Calcineurin stören. Die Signalübertragung über Tyrosinkinasen, die mit dem T-Zell-Rezeptor assoziiert sind, führt zur Aktivierung und zur verstärkten Synthese des Transkriptionsfaktors AP-1 und weiterer Partnerproteine und außerdem zur Erhöhung der Calciumkonzentration im Cytoplasma (links). Letzteres regt Calcineurin dazu an, die cytoplasmatischen Moleküle aus der Proteinfamilie der nucleären Faktoren aktivierter T-Zellen (NFATc) zu dephosphorylieren. Die so aktivierten NFATc-Proteine wandern in den Zellkern, wo sie mit AP-1 und anderen Partnerproteinen Komplexe bilden. Die NFATc:AP-1-Komplexe induzieren dann die Transkription von Genen, die für die T-Zell-Aktivierung notwendig sind, darunter auch die des Gens für IL-2. Wenn Cyclosporin A (CsA) oder Tacrolimus vorhanden sind, bilden diese Substanzen Komplexe mit ihren Immunophilinzielmolekülen, also mit Cyclophilin (CyP) beziehungsweise mit dem FK-bindenden Protein (FKBP) (rechts). Der Komplex aus Cyclophilin und Cyclosporin A kann an Calcineurin binden und dessen Fähigkeit zur Aktivierung von Proteinen der NFATc-Familie blockieren. Der Komplex aus Tacrolimus und FKBP bindet an dieselbe Stelle des Enzyms und hemmt ebenfalls dessen Aktivität.

15.5 Mit Antikörpern gegen Zelloberflächenantigene kann man bestimmte Subpopulationen von Lymphocyten beseitigen oder ihre Funktion hemmen

Cytotoxische Medikamente wirken auf alle Typen von aktivierten Lymphocyten und andere sich teilende Zellen. Cyclosporin A, Tacrolimus und Rapamycin sind zwar spezifischer, aber auch sie hemmen die meisten adaptiven Immunantworten ohne zu differenzieren. Im Gegensatz dazu bieten

Antikörper die Möglichkeit, Immunreaktionen auf eine viel spezifischere, nichttoxische Weise zu beeinflussen. Das Potenzial von Antikörpern bei der Beseitigung unerwünschter Lymphocyten lässt sich am Beispiel von **Anti-Lymphocyten-Globulin** demonstrieren. Dabei handelt es sich um ein Immunglobulinpräparat aus Pferden, die gegen menschliche Lymphocyten immunisiert wurden. Es wird seit vielen Jahren zur Behandlung akuter Abstoßungsreaktionen eingesetzt. Anti-Lymphocyten-Globulin unterscheidet aber nicht zwischen nützlichen Lymphocyten und solchen, die für unerwünschte Reaktionen verantwortlich sind. Außerdem sind Pferdeimmunglobuline starke Antigene für den Menschen, und die in der Therapie verwendeten hohen Dosierungen führen oft zu einer Serumkrankheit, die durch die Bildung von Immunkomplexen aus Pferdeimmunglobulinen und menschlichen Anti-Pferde-Immunglobulin-Antikörpern hervorgerufen wird (Abschnitt 13.18).

Dennoch werden Anti-Lymphocyten-Globuline immer noch bei akuten Abstoßungen eingesetzt. Wegen der Nachteile sucht man aber intensiv nach monoklonalen Antikörpern (Anhang I, Abschnitt A.12) mit einer spezifischeren und gezielteren Wirkungsweise. Ein solcher Antikörper ist Campath-1H (andere Bezeichnung Alemtuzumab). Dieser ist gegen das Zelloberflächenprotein CD52 gerichtet, das die meisten Lymphocyten exprimieren. Der Antikörper zeigt eine ähnliche Wirkungsweise wie Anti-Lymphocyten-Globulin, verursacht eine lang anhaltende Lymphopenie und wird in bestimmten klinischen Situationen als Alternative angewendet.

Immunsuppressive monoklonale Antikörper wirken im Allgemeinen auf eine von zwei Weisen. Sogenannte **depletierende Antikörper** (etwa Campath-1H) verursachen eine Zerstörung von Lymphocyten *in vivo*, während andere, **nichtdepletierende Antikörper** die Funktion ihres Zielproteins blockieren, ohne die betreffende Zelle zu töten. Monoklonale IgG-Antikörper, die die Zerstörung der Lymphocyten bewirken, markieren die Zellen für den Angriff durch Makrophagen oder NK-Zellen, die Fc-Rezeptoren tragen und die Lymphocyten durch Phagocytose beziehungsweise antikörperabhängige zellvermittelte Cytotoxizität (*antibody-dependent cell-mediated cytotoxicity*, ADCC) abtöten. Bei der Zerstörung von Lymphocyten spielt wahrscheinlich auch die komplementvermittelte Lyse eine Rolle. Man prüft derzeit zahlreiche Antikörper auf ihre Fähigkeit, die Transplantatabstoßung zu verhindern und den Verlauf von Autoimmunerkrankungen zu beeinflussen. Bevor wir einige Beispiele beschreiben, wollen wir uns mit den Methoden zur Herstellung monoklonaler Antikörper für die Therapie beim Menschen befassen.

15.6 Man kann Antikörper so konstruieren, dass ihre Immunogenität für den Menschen herabgesetzt wird

Das größte Hindernis für eine Therapie mit monoklonalen Antikörpern besteht darin, dass diese sich am besten mit Mauszellen herstellen lassen (Anhang I, Abschnitt A.12) und Menschen schnell Antikörperreaktionen gegen Mausantikörper entwickeln. Dadurch wird nicht nur deren Wirkung blockiert, sondern es kommt auch zu allergischen Reaktionen bis hin zu einer Anaphylaxie, die permanenter Behandlung bedarf (Abschnitt 13.11). Ist das der Fall, so ist eine weitere Behandlung mit einem Mausantikörper nicht mehr möglich. Dieses Problem kann man im Prinzip umgehen, indem man Antikörper herstellt, die vom menschlichen Immunsystem nicht als fremd erkannt werden. Zurzeit werden drei Wege zur Herstellung solcher Antikörper erforscht. Ein erster Ansatz ist die Klonierung menschlicher V-Regionen in einer Phagen-Display-Bibliothek, die man anschließend, wie in Anhang I (Abschnitt A.13) beschrieben, auf ihre Bindung an menschliche Zellen selektiert. Auf diese Weise erhält man monoklonale Antikörper, die vollständig menschlichen Ursprungs sind. Zweitens kann man mithilfe künstlicher Hefechromosomen die menschlichen Gene für die schweren und leichten Ketten der Immunglobuline in Mäuse einschleusen, denen eigene Immunglobuline fehlen (Anhang I, Abschnitt A.46). Die B-Zellen dieser transgenen Mäuse, die manchmal auch als „humanisierte" Mäuse bezeichnet werden, exprimieren dann Rezeptoren, die von menschlichen Immunglobulingenen codiert werden, entwickeln jedoch gegen die meisten menschlichen Proteine keine Toleranz. Daher ist es möglich, in diesen Mäusen monoklonale Antikörper gegen Determinanten menschlicher Zellen oder Proteine zu produzieren.

Schließlich kann man bei einem monoklonalen Mausantikörper die komplementaritätsbestimmenden Domänen (CDR), die die Antigenbindungsschleifen bilden, mit der Gerüststruktur eines menschlichen Immunglobulins verbinden. Man bezeichnet diesen Vorgang als **Humanisierung**. Da die Spezifität der Antigenbindung durch die Struktur der CDR festgelegt ist (Kapitel 3) und die allgemeine Form der Antikörper von Maus und Mensch sich ähnelt, entsteht dabei ein monoklonaler Antikörper, der in seiner Antigenität mit menschlichen Immunglobulinen identisch ist, aber dasselbe Antigen erkennt wie der Mausantikörper, von dem die CDR-Sequenz stammt. Diese rekombinanten Antikörper wirken beim Menschen zwar weit weniger immunogen als die entsprechenden monoklonalen Mausantikörper, aber es zeigt sich immer deutlicher, dass selbst diese „chimären" Antikörper immer noch Hypersensitivitätsreaktionen auslösen können. Deshalb entwickelt man gegen zahlreiche Zielstrukturen vollständig menschliche Antikörper, um dieses Problem zu umgehen, häufig nachdem sich das chimäre Äquivalent als therapeutisch wirksam erwiesen hat.

15.7 Monoklonale Antikörper lassen sich möglicherweise einsetzen, um Transplantatabstoßungen zu verhindern

Gegen viele verschiedene physiologische Zielstrukturen werden Antikörper eingesetzt oder zurzeit erforscht, um eine Transplantatabstoßung durch Unterdrückung der gefährlichen entzündlichen und cytotoxischen Reaktionen zu verhindern. So hat man Campath-1H bei der Übertragung von soliden Organen und auch von Knochenmark erfolgreich angewendet.

Die Beseitigung der reifen T-Lymphocyten aus dem Knochenmark des Spenders vor der Übertragung auf den Rezipienten ist sehr effektiv und verringert das Risiko einer *graft versus host*-Krankheit (Abschnitt 14.35). Bei dieser Krankheit erkennen die T-Lymphocyten im Knochenmark des Spenders die Gewebe des Empfängers als fremd und entwickeln dagegen eine zerstörende Alloreaktion, die mit Hautausschlägen, Diarrhoe und Hepatitis einhergeht und häufig tödlich verläuft. Man ist davon ausgegangen, dass die Beseitigung von reifen T-Zellen des Spenders möglicherweise nicht vorteilhaft ist, wenn das Knochenmarktransplantat zur Behandlung einer Leukämie dient, da die Anti-Leukämie-Aktivität der Spenderzellen verloren gehen könnte. Es hat sich jedoch herausgestellt, dass dies bei der Verwendung von Campath-1H nicht der Fall ist. Dieser Antikörper ist auch für die Behandlung von bestimmten Leukämien zugelassen und kann allein einer Vorbehandlung dienen, wenn eine Knochenmarkübertragung geplant ist.

Um Phasen der Gewebeabstoßung nach Transplantationen zu behandeln, hat man spezifischere Antikörper verwendet. Der Antikörper OKT3 ist gegen den CD3-Komplex gerichtet und führt zur Immunsuppression der T-Zellen, indem er die Signalübertragung durch den T-Zell-Rezeptor blockiert. Man hat den Antikörper bei der Transplantation von festen Organen klinisch angewendet, es kommt jedoch häufig zu einer unerwünschten Stimulation der Cytokinfreisetzung, sodass seine Anwendung nun zurückgeht. Die Cytokinfreisetzung hängt mit der intakten Fc-Domäne zusammen. Ist diese mutiert (wie beim Antikörper OKT3γ1(Ala-Ala)), tritt diese potenziell gefährliche Nebenwirkung nicht mehr auf. Der zuletzt genannte Antikörper enthält noch die antigenbindende Region von OKT3, aber die Aminosäuren 234 und 235 der menschlichen IgG1-Region wurden gegen Alaninreste ausgetauscht; so werden die Wechselwirkungen verhindert, die zur Cytokinfreisetzung führen (Abschnitt 15.11).

Mit monoklonalen Antikörpern gegen verschiedene andere Zielstrukturen hat man in Tierversuchen bei der Verhinderung von Abstoßungsreaktionen ebenfalls einige Erfolge erzielt. Bestimmte nichtdepletierende Anti-CD4-Antikörper werden bei der Transplantation zu Beginn für kurze Zeit verabreicht und bewirken im Empfänger eine langfristige Toleranz gegenüber dem Transplantat (Abb. 15.5). Diese Toleranz ist ein Beispiel für die Regulation der Immunantwort durch regulatorische T-Zellen (Abschnitt 14.7). Die Toleranz wird durch CD4-CD25-T_{reg}-Zellen ausgelöst, wobei auch andere regulatorische Subpopulationen auf ähnliche Weise wirken können. Die Toleranz ist spezifisch: Deshalb stoßen Tiere vom Stamm A, die gegenüber Stamm B tolerant sind, Transplantate von Stamm C ab. Diese Toleranz ist auch „infektiös" – eine Population von naiven T-Zellen, die in Gegenwart von regulatorischen T-Zellen auf ein allogenes Transplantat treffen, für das die regulatorischen T-Zellen spezifisch sind, wird gegen die Antigene des allogenen Transplantats tolerant. Wir wissen bis jetzt noch nicht genau, wie die Anti-CD4-Antikörper die regulatorischen T-Zellen aktivieren.

Ein anderes Verfahren zur Hemmung einer Gewebeabstoßung verläuft über die Blockade costimulierender Signale bei der Aktivierung von T-Zellen, die Antigene des Spenders erkennen. Die costimulierenden Moleküle B7.1 und B7.2 kommen an der Oberfläche von spezialisierten antigenpräsentierenden Zellen vor, etwa bei dendritischen Zellen. Beide binden an den Rezeptor CD28 und an das homologe Molekül CTLA-4 auf den CD4-T-Zellen und einigen CD8-T-Zellen (Abschnitt 8.14). Das lösliche rekombinierte Protein CTLA-4-Ig, das fest an B7-Moleküle bindet, verhindert dabei, dass sie mit den costimulierenden Rezeptoren auf T-Zellen interagieren. Bei Tierversuchen zur Transplantatabstoßung ist es mithilfe von CTLA-4-Ig gelungen, bestimmte übertragene Gewebe lange Zeit am Leben zu halten, wahrscheinlich weil die Aktivierung der T-Zellen unterdrückt wird. CTLA-4-Ig besteht aus CTLA-4, das mit dem Fc-Anteil des menschlichen Immunglobulins verknüpft wurde.

Ein humanisierter monoklonaler Antikörper gegen den CD40-Liganden, der an der Oberfläche von T-Zellen vorkommt (Abschnitt 8.14), hat sich in einem Primatenmodell der Abstoßung von übertragenem Nierengewebe als noch wirkungsvoller erwiesen. Der CD40-Ligand bindet an CD40, das auf dendritischen und Endothelzellen exprimiert wird, und stimuliert die Freisetzung von Cytokinen wie IL-6, IL-8 und IL-12 aus diesen Zellen. Der Mechanismus der immunsuppressiven Wirkung des Antikörpers gegen den CD40-Liganden ist nicht bekannt, aber mit großer Wahrscheinlichkeit wird dabei die Aktivierung von dendritischen Zellen durch T-Helferzellen blockiert, die das Donorantigen erkennen. Hinsichtlich einer Anwendung der Anti-CD40-Ligand-Antikörper beim Menschen haben bis jetzt nur vorläufige Untersuchungen stattgefunden. Die Anwendung von einem der Antikörper war von Komplikationen (Thromboembolien) begleitet und der Antikörper wurde zurückgezogen. Ein anderer Anti-CD40-Ligand-Antikörper wurde Patienten mit der Autoimmunerkrankung systemischer Lupus erythematodes (SLE) verabreicht, ohne dass es zu erkennbaren Komplikationen gekommen ist, aber es gab auch nur wenig Hinweise auf eine Wirkung.

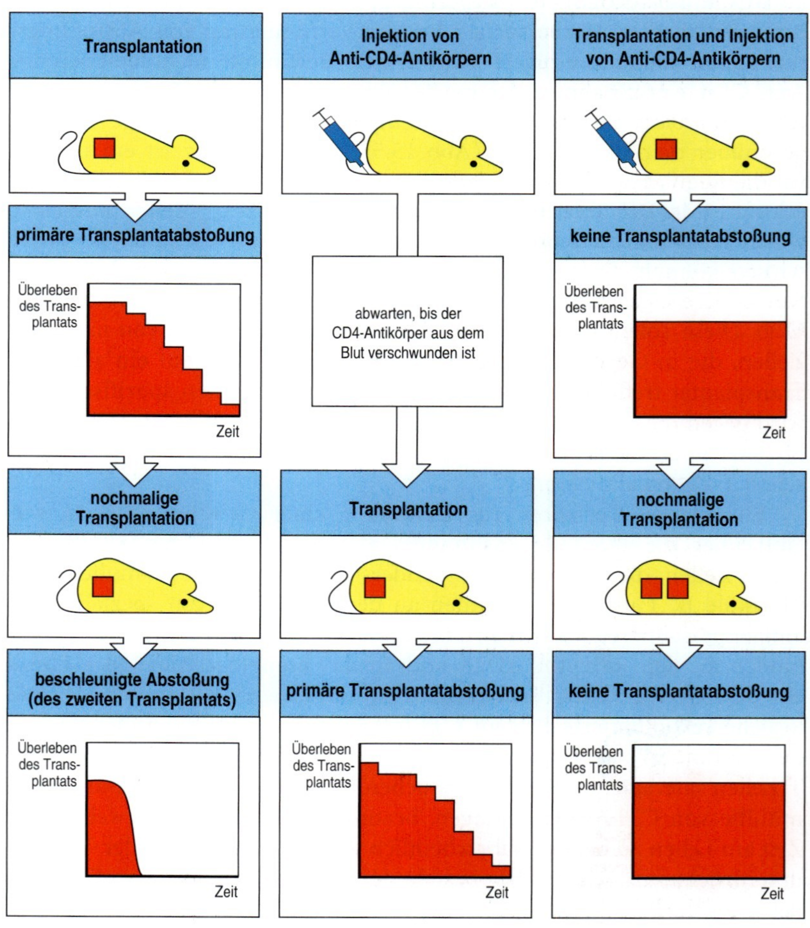

15.5 Ein Gewebetransplantat, das zusammen mit Anti-CD4-Antikörpern übertragen wird, kann eine spezifische Toleranz induzieren. Mäuse, denen man Gewebe aus einer genetisch unterschiedlichen Maus einpflanzt, stoßen das Transplantat ab. Sind sie einmal zu einer Immunantwort gegen die Transplantatantigene stimuliert worden, stoßen sie dasselbe Gewebe bei einer erneuten Transplantation schneller ab (links). Mäuse, denen man nur Anti-CD4-Antikörper injiziert hat, können ihre Immunkompetenz wieder erlangen, wenn der Antikörper aus dem Blut verschwunden ist; diese Tiere zeigen dann bei einer Gewebetransplantation eine normale primäre Abstoßungsreaktion (Mitte). Transplantiert man dagegen Gewebe gleichzeitig mit einer Applikation von Anti-CD4-Antikörpern, so ist die Primärreaktion deutlich verringert (rechts). Wenn man der Maus später eine identische zweite Gewebeprobe ohne Gabe von Anti-CD4-Antikörpern einpflanzt, findet keine Abstoßungsreaktion statt – das Tier hat eine Toleranz gegenüber dem Transplantatantigen erworben. Diese Toleranz kann mit T-Zellen dieser Maus auf naive Empfängertiere übertragen werden (nicht dargestellt).

15.8 Biologische Moleküle eignen sich möglicherweise zur Linderung und zur Unterdrückung von Autoimmunerkrankungen

Als nächstes wollen wir uns mit einigen Verfahren beschäftigen, mit denen eine andere unerwünschte Immunantwort behandelt werden soll – die Autoimmunität. Autoimmunerkrankungen werden erst dann erkannt, wenn die Autoimmunreaktion bereits Gewebeschäden hervorgerufen oder spezifische physiologische Funktionen gestört hat. Es gibt drei Hauptstrategien zur Behandlung dieser Erkrankungen, wobei nur bei zweien das Immunsystem künstlich beeinflusst wird. Erstens kann die durch eine entzündliche Autoimmunreaktion hervorgerufene Gewebeschädigung mithilfe einer entzündungshemmenden Therapie reduziert werden. Zweitens kann eine Therapie darauf abzielen, die Autoimmunreaktion zu verändern und zu verringern, was man unter dem weiten Oberbegriff der **immunmodulierenden Therapie** zusammenfasst. Und drittens kann die Behandlung spezifisch dazu dienen, die gestörte physiologische Funktion auszugleichen. Ein Beispiel für diese dritte, nichtimmunologische Herangehensweise ist die Injektion von Insulin zur Behandlung von Diabetes, der durch einen autoimmunen Angriff auf die β-Zellen des Pankreas ausgelöst wird, wodurch die physiologische Insulinausschüttung verloren geht. Die infrage kommenden therapeutischen Angriffsziele bei einer Autoimmunreaktion sind in Abbildung 15.6 zusammengefasst.

Die erste Maßnahme einer antiinflammatorischen Therapie gegen eine Autoimmunkrankheit ist die normale Anwendung von Medikamenten. Die übliche Abfolge bei leichten Krankheitsformen besteht darin, entzündungshemmende Wirkstoffe wie Aspirin, andere entzündungshemmende nichtsteroidale Medikamente und manchmal auch Corticosteroide in geringer Dosis zu verabreichen. Bei einer schwereren Erkrankung wird eine immunsuppressive mit einer antiinflammatorischen Therapie verbunden, etwa eine höhere Dosierung von Corticosteroiden mit einem der cytotoxischen Medikamente, wie sie in Abschnitt 15.2 beschrieben sind. Darüber hinaus gibt es noch eine neue Art von Therapie, die man als **biologische Therapie** bezeichnet. Damit werden Behandlungsmethoden bezeichnet, die

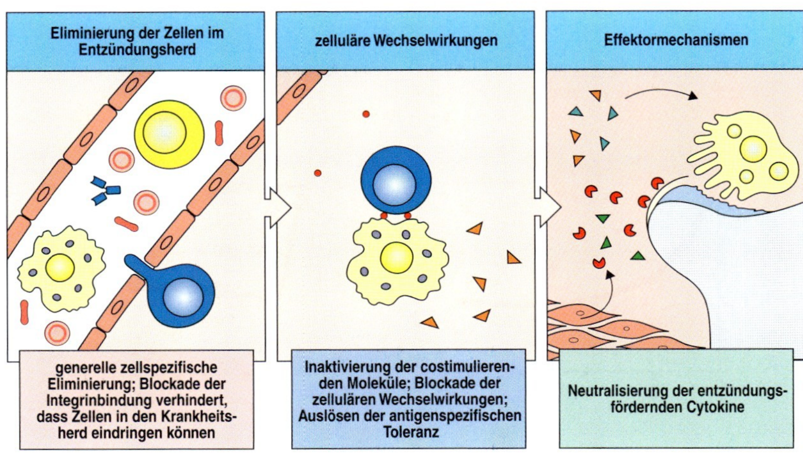

15.6 Mögliche Angriffsziele für Eingriffe in das Immunsystem.

natürliche Proteine wie Antikörper und Cytokine oder Proteinfragmente oder synthetische Peptide beinhalten. Dazu gehören auch die Anwendung von Anti-Lymphocyten-Globulin und Antikörpern, die autoreaktive Lymphocyten blockieren, sowie die Verabreichung von ganzen Zellen wie bei der adoptiven T-Zell-Übertragung bei einer Krebsimmuntherapie. Die biologische Therapie hat sich als Bestandteil der Entzündungstherapie von bestimmten Autoimmunerkrankungen etabliert – besonders bei Methoden, mit denen die Auswirkungen des entzündungsfördernden Cytokins Tumornekrosefaktor α (TNF-α) neutralisiert werden sollen – und damit wollen wir uns zuerst befassen.

Anti-TNF-α-Antikörper können bei rheumatoider Arthritis zu einer deutlichen Verbesserung führen (Abb. 15.7) und verringern die Gewebeentzündung bei Morbus Crohn, einer entzündlichen Darmerkrankung (Abschnitt 13.21). In der klinischen Praxis haben sich zwei Verfahren etabliert, um TNF-α entgegenzuwirken. Zum einen verwendet man humanisierte oder vollständig menschliche monoklonale Antikörper wie Infliximab beziehungsweise Adalumimab, die TNF-α binden und dessen Aktivität blockieren. Zum anderen verwendet man das rekombinierte p75-Fc-Fusionsprotein (Etanercept), das die Untereinheit des menschlichen TNF-Rezeptors (TNFR) enthält. Es bindet TNF-α und neutralisiert dadurch dessen Aktivität. Diese biologischen Wirkstoffe sind außerordentlich wirkungsvolle Entzündungshemmer, und die Anzahl der Krankheiten, bei denen sie angewendet werden, nimmt mit weiteren klinischen Versuchen immer mehr zu. Neben der rheumatoiden Arthritis reagieren auch die rheumatischen Erkrankungen Spondylitis ankylosans, Arthropathia psoriatica und die juvenile chronische Arthritis jeweils gut auf die Blockade von TNF-α, sodass die Behandlungsmethode nun bei vielen dieser Krankheiten zur Routine geworden ist. Tatsächlich wurden inzwischen weltweit über eine Million Menschen mit Anti-TNF-α behandelt, aber die meisten sehr wirkungsvollen Behandlungsmethoden bringen auch das Risiko von starken Nebenwirkungen mit sich. Bei einer Blockade von TNF-α besteht für die Patienten ein geringes, aber erhöhtes Risiko, schwerwiegende Infektionen zu entwickeln, etwa auch eine Tuberkulose. Das zeigt auf ausgezeichnete Weise, welche Bedeutung TNF-α bei der Immunabwehr gegen Tuberkulose zukommt (wie bereits in Abschnitt 12.17 erwähnt). Eine Anti-TNF-α-Therapie ist nicht bei allen Krankheiten erfolgreich. So führte die Blockade von TNF-α bei der experimentellen autoimmunen Encephalomy-

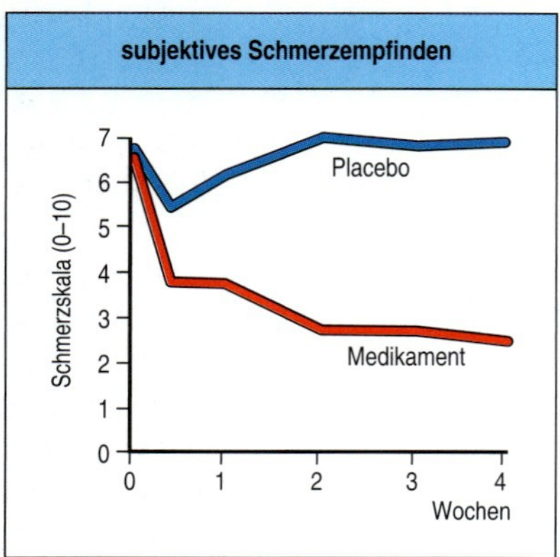

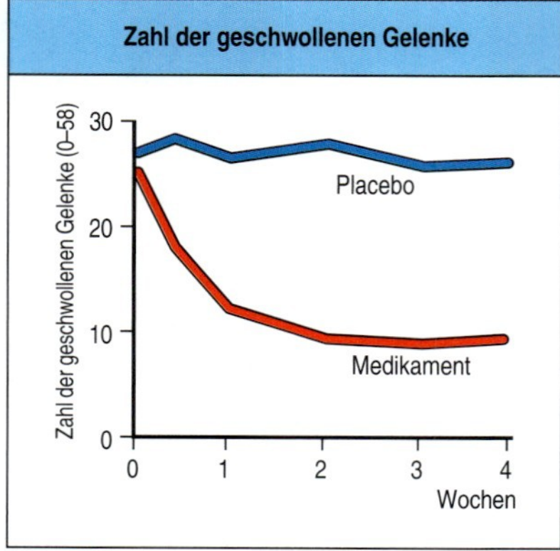

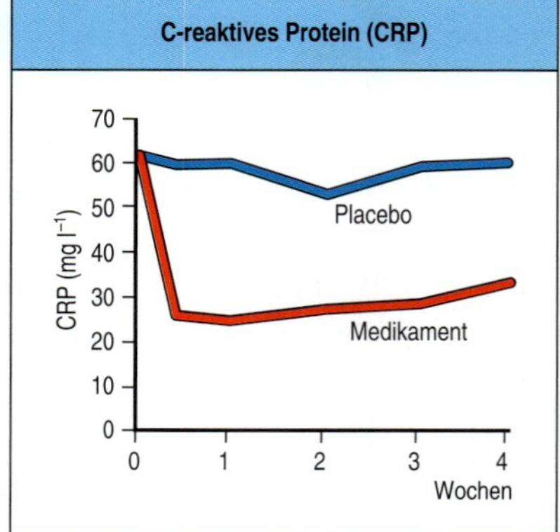

15.7 Entzündungshemmende Effekte einer Therapie mit Anti-TNF-α-Antikörpern bei rheumatoider Arthritis. Bei 24 Patienten wurde der klinische Verlauf über vier Wochen nach einer Behandlung mit einem monoklonalen Antikörper gegen TNF-α beziehungsweise mit einem Placebo verfolgt. Die Antikörperdosis betrug 10 mg kg^{-1}. Die Antikörpertherapie führte zu einer Abnahme sowohl subjektiver als auch objektiver Krankheitsmerkmale – gemessen wurden das Schmerzempfinden anhand einer Skala und die Zahl der tatsächlich geschwollenen Gelenke. Außerdem wurde die Konzentration an C-reaktivem Protein (CRP) als Maß für die akute systemische Entzündungsreaktion bestimmt. Der Antikörper führte zu einer Abnahme dieses für die akute Entzündungsphase charakteristischen Proteins. (Daten mit freundlicher Genehmigung von R. N. Maini.)

elitis (EAE, dem Mausmodell für die Multiple Sklerose) zu einer Besserung der Krankheit, aber bei Patienten mit Multipler Sklerose, die mit Anti-TNF-α behandelt wurden, kam es häufiger zu Rückfällen, möglicherweise aufgrund einer verstärkten Aktivierung der T-Zellen. Dies veranschaulicht, dass die Verwendung von Tiermodellen, um Therapien für menschliche Krankheiten zu entwickeln, immer die Gefahr des Scheiterns mit sich bringt (siehe auch Abschnitt 15.13).

Die Anti-TNF-α-Therapie war die erste spezifische biologische Behandlungsmethode, die in das klinische Arsenal Eingang gefunden hat. Kurz danach wurde auch die Anti-IL-1-Therapie zugelassen, die sich beim Menschen aber als nicht so wirksam erwiesen hat wie die Anti-TNF-α-Blockade, obwohl sie in Tiermodellen für Arthritis sehr wirkungsvoll ist. Andere Antagonisten der Cytokine befinden sich im klinischen Versuchsstadium: So gibt es beispielsweise einen humanisierten Antikörper gegen den IL-6-Rezeptor, der die Wirkung von IL-6, einem wichtigen entzündungsfördernden Cytokin, blockiert. Dieser ist bei Patienten mit rheumatoider Arthritis anscheinend genauso wirksam wie Anti-TNF-α.

Antikörper können auch die Zellwanderung zu Entzündungsherden blockieren. Effektorlymphoycten, die das Integrin $\alpha_4{:}\beta_1$ (VLA-4) exprimieren, binden an VCAM-1 auf dem Endothel im Zentralnervensystem, während Effektorlymphocyten, die $\alpha_4{:}\beta_7$ (Lamina-propria-assoziiertes Molekül 1) exprimieren, an MAdCAM-1 auf dem Endothel im Darm binden. Der humanisierte Antikörper Natalizumab ist für die Integrinuntereinheit α_4 spezifisch und bindet sowohl VLA-4 als auch $\alpha_4{:}\beta_7$, wodurch deren Wechselwirkung mit ihren Liganden verhindert wird (Abb. 15.8). Dieser Antikörper hat bei klinischen Versuchen mit Placebokontrolle bei Patienten mit Morbus Crohn oder Multipler Sklerose einen therapeutischen Nutzen ergeben. Die frühen Anzeichen dafür, dass diese Art der Behandlung erfolgreich sein kann, veranschaulichen, wie diese Krankheiten dadurch verursacht werden, dass ständig Lymphocyten, Monocyten und Makrophagen aus dem Blutkreislauf in das Gehirn (bei Multipler Sklerose) oder in die Darmwand (bei Morbus Crohn) einwandern. Die Blockade von $\alpha_4{:}\beta_1$ ist jedoch nicht spezifisch und kann wie die Anti-TNF-α-Therapie zu einem verringerten Schutz vor Infektionen führen. Drei Patienten, die mit Natalizumab behandelt wurden, entwickelten eine seltene, tödlich verlaufende multifokale Leukencephalopathie, die durch das JC-Virus hervorgerufen wurde. Das Medikament wurde deshalb 2005 vom Markt zurückgezogen,

15.8 Behandlung mit humanisierten monoklonalen Anti-α_4-Integrin-Antikörpern verringert die Zahl der Rückfälle bei der Multiplen Sklerose. Links: Die Wechselwirkung zwischen dem $\alpha_4{:}\beta_1$-Integrin (VLA-4) auf Lymphocyten und Makrophagen sowie VCAM-1, das auf Endothelzellen exprimiert wird, ermöglicht die Adhäsion dieser Zellen an das Endothel im Gehirn. So können diese Zellen bei der Multiplen Sklerose in die Entzündungsplaques einwandern. Mitte: Der monoklonale Antikörper Natalizumab bindet an die α_4-Kette des Integrins und blockiert adhäsive Wechselwirkungen zwischen Lymphocyten und Monocyten mit VCAM-1 auf Endothelzellen. Dadurch werden die Immunzellen daran gehindert, in das Gewebe einzudringen und die Entzündung zu verstärken. Die weitere Anwendung dieses Medikaments ist nicht sicher, da sich als Nebenwirkung eine seltene Infektion einstellen kann (siehe Text). Rechts: Die Anzahl der neuen Läsionen, die mithilfe einer Kernresonanzspektroskopie (NMR) des Gehirns festgestellt werden, ist bei Patienten, die mit Natalizumab behandelt wurden, deutlich geringer als bei der Placebokontrolle. (Daten mit freundlicher Genehmigung von D. Miller.)

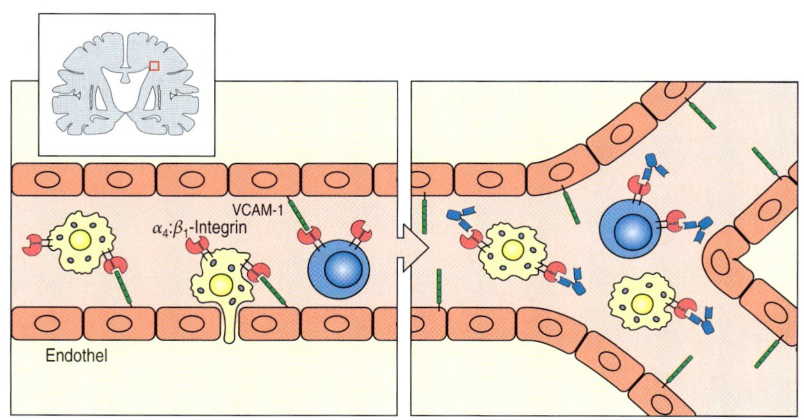

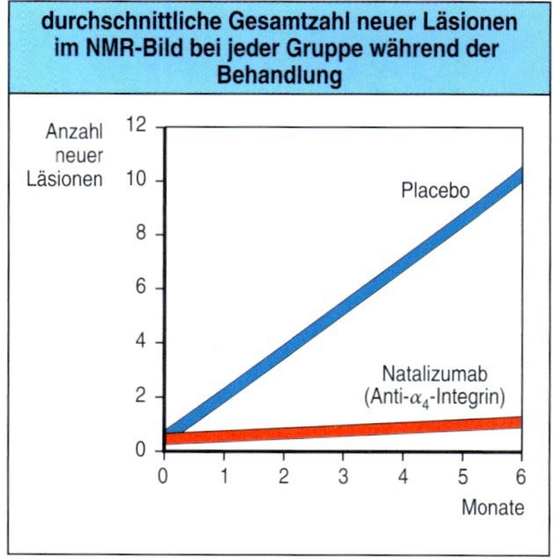

aber im Juni 2006 wurde es bei einer bestimmten Gruppe von Patienten mit Multipler Sklerose wieder zur Verschreibung zugelassen. Chemokine und ihre Rezeptoren können ebenfalls ausgezeichnete Angriffsziele für Medikamente sein, die verhindern sollen, dass Immuneffektorzellen in von Autoimmunkrankheiten betroffene Regionen gelangen. Das Sphingosin-1-phosphat-Analogon FTY720 ist ein neuer Wirkstoff, der dazu führt, dass die Lymphocyten in den peripheren lymphatischen Organen festgehalten werden und die Wanderung von dendritischen Zellen (Abschnitt 8.3) verhindert wird. Das Medikament weckt Hoffnungen für die Behandlung der Gewebeabstoßung bei Nierentransplantationen und auch für Autoimmunkrankheiten wie Multiple Sklerose und Asthma.

15.9 Die Eliminierung oder Hemmung von autoreaktiven Lymphocyten kann zur Behandlung von Autoimmunerkrankungen beitragen

Es werden auch Möglichkeiten untersucht, die Autoimmunreaktion durch direktes Ansteuern der autoreaktiven Lymphocyten zu unterdrücken, und man hat in einigen Fällen schon therapeutische Erfolge erzielt. Pathogene Lymphocyten kann man durch ein recht unsanftes Verfahren beseitigen, indem man ganze Populationen von Lymphocyten vernichtet – von denen aber nur ein kleiner Teil tatsächlich pathogen ist. Polyklonales Anti-Lymphocyten-Globulin ist dafür ein geeignetes Mittel; wir beschäftigen uns mit den Aus- und Nebenwirkungen dieser Behandlung in Abschnitt 15.5. Hier betrachten wir nur die Antikörper, die beim Abtöten von Lymphocyten selektiver sind. Wenn man beispielsweise die klonal restringierten T-Zell-Rezeptoren oder Immunglobuline auf den Lymphocyten identifiziert, die die Krankheit verursachen, kann man sie mit Antikörpern gegen idiotypische Determinanten auf den Rezeptoren gezielt ansteuern (Anhang I, Abschnitt A.10).

Monoklonale Antikörper, die mit Lymphocyten reagieren, haben verschiedene Auswirkungen auf die Zielzellen. Einige führen zur Vernichtung der Zellen (Abschnitt 11.5). Nichtdepletierende Antikörper führen hingegen nicht zu einer Veränderung der Zellzahl. Es gibt das offensichtliche Paradoxon, dass einige nichtdepletierende Antikörper bei der Behandlung von Autoimmunität wirksamer erscheinen als depletierende Antikörper, die an die identischen Zielproteine auf den Lymphocyten binden. Das liegt höchstwahrscheinlich daran, dass die nichtdepletierenden Antikörper die Funktion der Zellen, an die sie gebunden sind, auf vorteilhafte Weise verändern. Die Wirkungen von Antikörpern dieser Art wollen wir im nächsten Abschnitt besprechen.

Eine Behandlung mit Anti-CD4-Antikörpern, die zur Depletierung der T-Helferzellen führt (Abb. 15.5), wurde in einem Experiment auf die rheumatoide Arthritis und Multiple Sklerose angewendet, wobei die Ergebnisse enttäuschend waren. Bei kontrollierten Untersuchungen zeigten die Antikörper nur geringe therapeutische Wirkungen, verursachten aber bis über sechs Jahre nach der Behandlung eine Depletierung der T-Lymphocyten im peripheren Blut. Anschließende Untersuchungen zur Klärung zeigten, dass diese Antikörper geprägte CD4-T_H1-Zellen, die das entzündungsfördernde Cytokin Interferon γ (IFN-γ) produzierten, nicht beseitigen konnten, also ihr Ziel verfehlten. Das mag als Warnung davor dienen, dass man zwar die Lymphocyten in großer Zahl vernichten kann, aber die entscheidenden Zellen überhaupt nicht darunter sind.

Der monoklonale Antikörper Campath-1H zeigt ein ähnliches Aktivitätsprofil beim Abtöten von Zellen wie das Anti-Lymphocyten-Globulin (Abschnitt 15.5), und man erzielte bei Untersuchungen an kleinen Patientengruppen mit Multipler Sklerose einige vorteilhafte Wirkungen, aber unmittelbar nach der Infusion erlitten die meisten Patienten eine beunruhigende, glücklicherweise kurze Verschlimmerung ihrer Krankheit. Dieses „Aufflackern" veranschaulicht eine weitere mögliche Komplikation einer Antikörpertherapie. Während Campath-1H über Komplement- und Fc-abhängige Mechanismen an Zellen bindet und diese tötet, werden Cytokine freigesetzt, beispielsweise TNF-α, IFN-γ und IL-6. Dadurch kommt es unter anderem zu einer vorübergehenden Blockade der Reizleitung in Nervenfasern, die vorher von einer Demyelinisierung betroffen waren, sodass sich die Symptome erheblich verschlechterten. Dennoch sollte sich Campath-1H in den frühen Krankheitsstadien, wenn die Entzündungsreaktion am stärksten ist, als hilfreich erweisen, was jedoch noch getestet werden muss.

Es war ebenfalls möglich, die Auswirkungen zu untersuchen, die sich durch die Depletierung von B-Zellen ergeben. Für die Depletierung verwendete man monoklonale Mensch/Maus-chimäre Anti-CD20-Antikörper (mit der Bezeichnung Rituximab), die ursprünglich entwickelt wurden, um B-Zell-Lymphome zu behandeln. Die Bindung und Vernetzung von CD20 durch den Antikörper verursacht ein Signal, das die Apoptose der Lymphocyten auslöst. Durch Infusionen mit Rituximab lassen sich die B-Zellen mehrere Monate lang depletieren. Das Medikament wurde bereits für die Behandlung von Autoimmunerkrankungen getestet, bei denen eine durch Autoantikörper vermittelte Pathogenese anzunehmen ist. Der Antikörper hat sich bei einigen Patienten mit autoimmuner hämolytischer Anämie, systemischem Lupus erythematodes, rheumatoider Arthritis und Kryoglobulinämie Typ II (Abb. 14.16) als wirksam erwiesen. CD20 wird zwar nicht von antikörperproduzierenden Plasmazellen exprimiert, aber ihre Vorläufer sind das Angriffsziel von Anti-CD20. Dadurch kommt es zu einer deutlichen Abnahme der Population der kurzlebigen, doch nicht der langlebigen Plasmazellen. Bei alternativen Verfahren zur Beseitigung dieser antikörperproduzierenden Zellen steuert man andere Zelloberflächenmoleküle an, beispielsweise die Komponente CD19 des B-Zell-Corezeptors, die von allen B-Zellen exprimiert wird.

15.10 Durch Störung der costimulierenden Signalwege für die Aktivierung der Lymphocyten lassen sich möglicherweise Autoimmunerkrankungen behandeln

In Abschnitt 15.7 haben wir erfahren, dass die Störung der costimulierenden Signalwege, die zur Aktivierung der T-Zellen führen, eine hilfreiche Therapie sein könnte, um eine Transplantatabstoßung zu verhindern. Diese Signalwege sind auch ein offensichtliches Angriffsziel für eine Autoimmuntherapie. Zurzeit wird eine Reihe verschiedener biologischer Wirkstoffe getestet. So hat sich der B7-Blocker CTLA-4-Ig (Abschnitt 15.7) in einer randomisierten klinischen Doppel-Blind-Patientenstudie als wirksam gegen rheumatoide Arthritis oder Psoriasis erwiesen. Psoriasis ist eine entzündliche Hauterkrankung, die vor allem von T-Zellen ausgeht, sodass entzündungsfördernde Cytokine produziert werden. Als man Psoriasis-Patienten CTLA-4-Ig verabreichte, stellte sich eine Besserung des durch Psoriasis verursachten Hautausschlags ein, und aufgrund der histologischen Befunde hörte die Aktivierung der Keratinocyten, T-Zellen und dendritischen Zellen in den zerstörten Hautpartien auf.

Ein weiteres therapeutisches Angriffsziel bei Psoriasis ist die Wechselwirkung zwischen dem Adhäsionsmolekül CD2 auf T-Zellen und CD58 (LFA-3) auf antigenpräsentierenden Zellen. Patienten wurden mit einem rekombinierten CD58-IgG1-Fusionsprotein (Alefacept), das die Wechselwirkung zwischen CD2 und CD58 hemmt, oder mit einem Placebo behandelt. Durch die Behandlung mit Alefacept kam es zu einer deutlichen Verbesserung der Symptome, und die Anzahl der CD4- und CD8-T-Gedächtniszellen im peripheren Blut verringerte sich. Alefacept wird jetzt in der Klinik routinemäßig gegen Psoriasis angewendet und gilt als sehr sicher. Durch die Therapie werden zwar T-Gedächtniszellen angegriffen, aber Reaktionen auf Impfungen wie gegen Tetanus werden nicht gestört. Eine weitere neue Behandlungsmethode für Psoriasis erfolgt mit dem monoklonalen Antikörper Efalizumab, der gegen das Integrin α_L (CD11a,

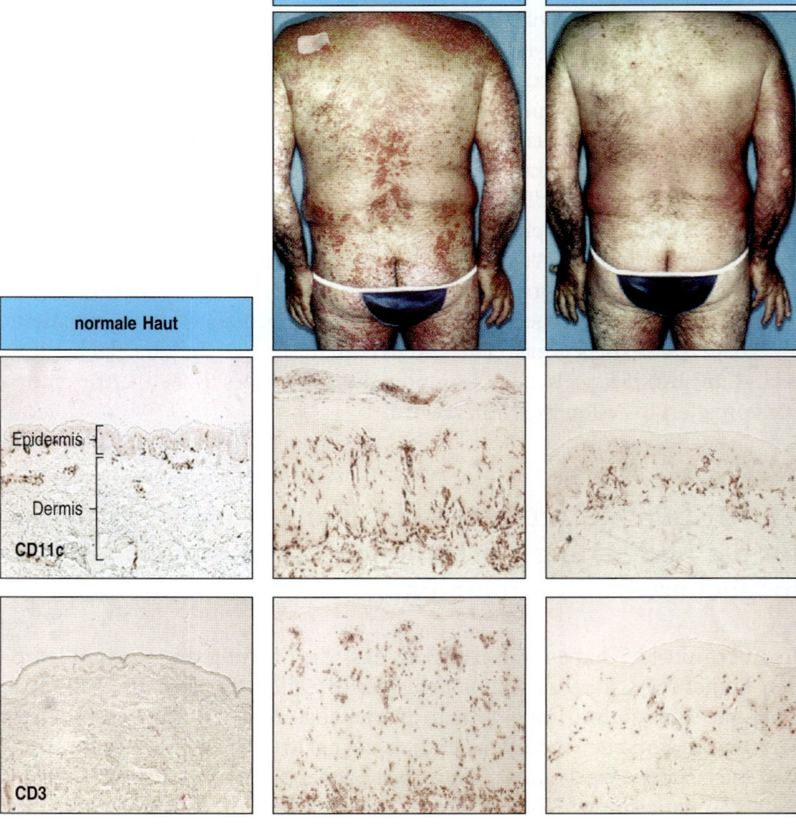

15.9 Der Anti-CD11a-Antikörper hemmt die Wanderung von dendritischen Zellen und T-Zellen in die durch Psoriasis verursachten Hautläsionen. Die beiden oberen Bilder veranschaulichen die ausgezeichnete klinische Reaktion bei einem Patienten mit Psoriasis, der im Abstand von jeweils einer Woche acht Infusionen mit dem monoklonalen Antikörper Efalizumab erhalten hat. Die unteren Bilder zeigen Hautbiopsien von einem gesunden Menschen (links) und einem Patienten vor der Behandlung (Mitte) sowie nach der Behandlung mit Efalizumab (56. Tag, rechts). Die Hautproben wurden für dendritische $CD11c^+$-Zellen (oben) und für $CD3^+$-T-Zellen (unten) mit peroxidasekonjugierten Antikörpern gefärbt (braun). Bei einer Gruppe von Patienten, die mit Efalizumab behandelt wurden, verringerte sich die Anzahl der $CD11c^+$-Zellen um 41 %, die der $CD3^+$-Zellen um 47 %. (Oben: Papp K et al (2001) *J Am Acad Dermatol* 45: 665–674. Unten: Lowes M et al (2005) *Proc Natl Acad Sci* 102: 19057–19062.)

eine Untereinheit des Integrins LFA-1) gerichtet ist. Efalizumab blockiert die Wechselwirkung zwischen LFA-1 auf T-Zellen und dem Adhäsionsmolekül ICAM-1 auf antigenpräsentierenden Zellen (Abschnitt 8.11). Die Anzahl der T-Zellen und dendritischen Entzündungszellen in den durch Psoriasis verursachten Hautläsionen geht erheblich zurück, was mit einer deutlichen Besserung der Krankheit einhergeht (Abb. 15.9). Diese dendritischen Zellen, die HLA-DR, CD40 und B7.2 exprimieren, sind aufgrund ihrer Produktion von TNF-α und Stickoxid nicht nur bei Psoriasis wichtige Effektorzellen, sondern prägen auch T-Zellen.

Die Hemmung der costimulierenden Zellen liefert nicht nur vielversprechende therapeutische Ergebnisse, sondern veranschaulicht auch die Bedeutung der T-Zellen für das Entstehen der Hautläsionen. Das passt zu der Beobachtung, dass sich Cyclosporin A für die Behandlung dieser Krankheit ebenfalls etabliert hat.

15.11 Die Induktion von regulatorischen T-Zellen durch eine Antikörpertherapie kann eine Autoimmunerkrankung hemmen

Das Hauptziel der Immuntherapie von Autoimmunerkrankungen besteht in einem gezielten Eingriff, um die Toleranz gegenüber den betreffenden Autoantigenen wiederherzustellen. Das Ziel ist, eine pathologische Autoimmunreaktion in eine harmlose Reaktion umzuwandeln. Die experimentelle immuntherapeutische Forschung beschäftigt sich in diesem Zusammenhang mit der Ausweitung oder Wiederherstellung der Funktion der regulatorischen T-Zellen. Diese Herangehensweise wird zurzeit untersucht, weil die Toleranz gegenüber Gewebeantigenen nicht immer darauf beruht, dass keine T-Zell-Reaktion stattfindet, sondern die Toleranz kann auch dadurch aktiv aufrechterhalten werden, dass regulatorische T-Zellen die Entwicklung einer schädlichen T-Zell-Entzündungsreaktion unterdrücken.

Als Teilerfolg hat sich dabei die Anwendung von Anti-CD3-Antikörpern erwiesen (Abschnitt 15.7), die bei der Behandlung von Diabetes mellitus Typ 1 sowohl in Tiermodellen für Autoimmunität als auch in klinischen Versuchen vielversprechende Ergebnisse zeigten. Der heute gebräuchliche Anti-CD3-Antikörper enthält im Gegensatz zur ersten Generation von Anti-CD3-Antikörpern keine Fc-Domäne mehr und führt nicht zu einer massiven Cytokinfreisetzung mit Fieber und Unwohlsein als Folge. Im Gegensatz zu zahlreichen immunmodulierenden Wirkstoffen stellte dieser Anti-CD3-Antikörper im NOD-Mausmodell für Diabetes die Toleranz gegenüber den β-Zellen des Pankreas wieder her, konnte aber das Einsetzen der Krankheit nicht verhindern. Dieser interessante Befund könnte darauf hindeuten, dass die Toleranz gegenüber Autoantigenen nur im Zusammenhang mit einer bestehenden Entzündung erzeugt werden kann. Andere Formen des Eingriffs in das Immunsystem, etwa die Anwendung von Anti-Cytokin-Antikörpern, sind normalerweise dazu geeignet, auch das Ausbrechen der Krankheit zu verhindern, führen aber nicht zu einer langfristigen Toleranz, wenn die Behandlung beendet wird. Die Behandlung mit Anti-CD3-Antikörpern ging einher mit der Induktion und Vermehrung der regulatorischen T-Zellen, und ihre Wirkung konnte durch Hemmung von TGF-β teilweise blockiert werden. Wahrscheinlich ist TGF-β sowohl für die Erzeugung als auch für die Funktion dieser Zellen von Bedeutung. Diese Befunde wurden erfolgreich in die klinische Anwendung umgesetzt, und während einer kontrollierten Versuchsreihe bei Patienten mit Diabetes mellitus Typ 1 ließ sich durch den Anti-CD3-Antikörper die Insulinmenge, die die Patienten einnehmen mussten, sogar noch 18 Monate nach der Behandlung erheblich verringern. Regulatorische T-Zellen werden auch bei einer Anti-TNF-Therapie für Patienten mit rheumatoider Arthritis induziert, aber nur bei denjenigen Patienten, die auf die Therapie positiv ansprechen. Möglicherweise ist also die Induktion von regulatorischen T-Zellen ein zusätzlicher Mechanismus, durch den der Anti-TNF-Antikörper seine Wirkung entfaltet.

15.12 Eine Reihe von häufig angewendeten Medikamenten haben immunmodulierende Eigenschaften

Eine Reihe von bereits vorhandenen Medikamenten, etwa die Statine und Angiotensinblocker, die zur Vorbeugung und Behandlung von Herzgefäßerkrankungen vielfach angewendet werden, können bei Versuchstieren auch die Immunantwort beeinflussen. Statine, die das Enzym 3-Hydroxy-3-methylglutaryl-Coenzym-A-Reduktase (HMG-CoA-Reduktase) blockieren, verringern dadurch den Cholesterinspiegel und verringern bei einigen Autoimmunerkrankungen auch eine erhöhte Expression von MHC-Klasse-

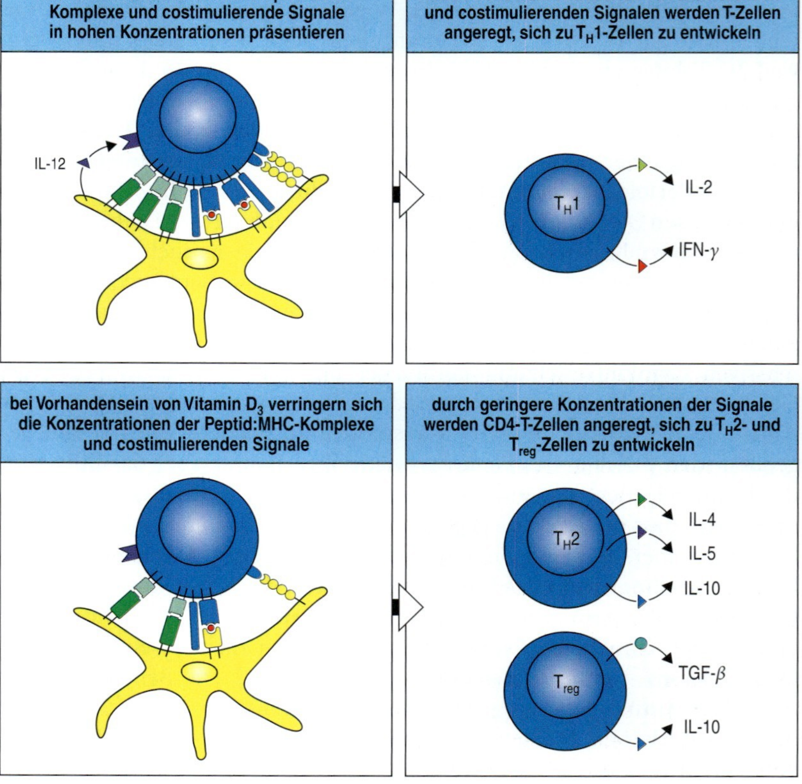

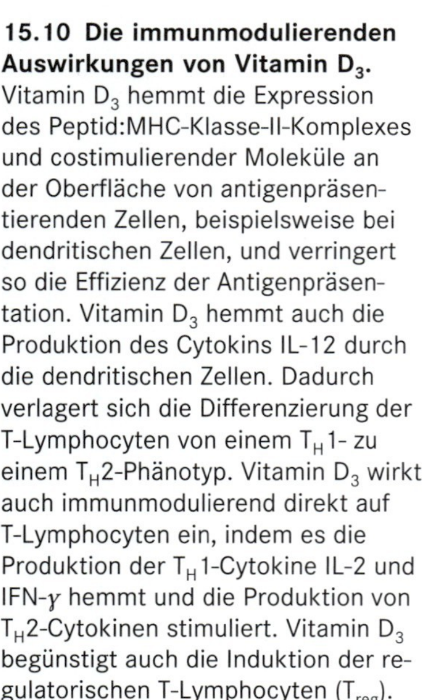
15.10 Die immunmodulierenden Auswirkungen von Vitamin D_3. Vitamin D_3 hemmt die Expression des Peptid:MHC-Klasse-II-Komplexes und costimulierender Moleküle an der Oberfläche von antigenpräsentierenden Zellen, beispielsweise bei dendritischen Zellen, und verringert so die Effizienz der Antigenpräsentation. Vitamin D_3 hemmt auch die Produktion des Cytokins IL-12 durch die dendritischen Zellen. Dadurch verlagert sich die Differenzierung der T-Lymphocyten von einem T_H1- zu einem T_H2-Phänotyp. Vitamin D_3 wirkt auch immunmodulierend direkt auf T-Lymphocyten ein, indem es die Produktion der T_H1-Cytokine IL-2 und IFN-γ hemmt und die Produktion von T_H2-Cytokinen stimuliert. Vitamin D_3 begünstigt auch die Induktion der regulatorischen T-Lymphocyten (T_{reg}).

II-Molekülen. Diese Auswirkungen sind möglicherweise auf eine Veränderung des Cholesteringehalts in den Membranen zurückzuführen, wodurch bestimmte Lipidstrukturen in der Membran (Lipidflöße) und die Signalübertragung der Lymphocyten (Abschnitt 6.6) gestört werden. Diese Medikamente führen bei Tiermodellen auch zu einem Umschalten von der stärker pathogenen T_H1-Reaktion auf die besser schützende T_H2-Reaktion. Ob das auch bei menschlichen Patienten möglich ist, weiß man noch nicht.

Ein weiterer wichtiger immunmodulierender Wirkstoff ist Vitamin D_3, das als essenzielles Hormon für die Homöostase von Knochen und Mineralien bekannt ist. Wie in Abbildung 15.10 dargestellt ist, sind sowohl dendritische Zellen als auch T-Effektorzellen das Ziel von Vitamin D_3. Dabei kommt es zu einer Blockade der T_H1-Cytokine und zu einer Zunahme der T_H2-Cytokine. Dieses Vitamin verursacht auch eine Vermehrung der regulatorischen T-Zellen, teilweise durch die Induktion von toleranzauslösenden dendritischen Zellen (Abschnitt 10.3). Das Potenzial von Vitamin D_3 ließ sich in verschiedenen Tiermodellen für Autoimmunität nachweisen, etwa bei der experimentellen autoallergischen Encephalomyelitis und bei Diabetes sowie in der Transplantationsmedizin. Der hauptsächliche Nachteil von Vitamin D_3 besteht darin, dass seine immunmodulierende Wirkung nur bei Dosen eintritt, die beim Menschen zu einer Hypercalcämie und zur Knochenresorption führen würde. Zurzeit wird intensiv nach Strukturanaloga von Vitamin D_3 gesucht, die noch die immunmodulierende Wirkung besitzen, aber keine Hypercalcämie auslösen.

15.13 Mit kontrollierten Antigengaben kann man die Art der antigenspezifischen Immunantwort beeinflussen

Ist das Zielantigen einer unerwünschten Immunantwort bekannt, so kann man die Reaktion verändern, indem man das Antigen und nicht die Antikörper oder die im letzten Abschnitt beschriebenen Passiveffekte einsetzt. Da die Art und Weise, wie das Antigen dem Immunsystem präsentiert wird, die Art der Reaktion beeinflusst, kann man eine pathogene Antwort gegen das Antigen dadurch verhindern, dass man eine andere Art von Immunantwort auf dasselbe Antigen induziert. Wie in Kapitel 13 besprochen, benutzt man dieses Prinzip mit einigem Erfolg bei der Behandlung von Allergien, die durch IgE-Reaktionen auf sehr geringe Antigendosen hervorgerufen werden. Allergische Patienten werden wiederholt mit immer höheren Allergendosen behandelt. Dadurch wird die allergische Reaktion offenbar in eine Antwort umgewandelt, bei der T-Zellen dominieren, die die Produktion von IgG- und IgA-Antikörpern begünstigen. Man nimmt an, dass diese Antikörper eine Desensibilisierung des Patienten hervorrufen, indem sie die normalerweise geringen Konzentrationen an Allergen abfangen und so die Bindung an IgE verhindern.

Bei den T-Zell-vermittelten Autoimmunkrankheiten konzentriert man sich auf den Einsatz von Peptidantigenen zur Unterdrückung pathologischer Reaktionen. Die Art der durch ein Peptid induzierten CD4-T-Zell-Antwort hängt davon ab, wie das Peptid dem Immunsystem präsentiert wird. Verabreicht man es beispielsweise oral, erfolgt bevorzugt eine Aktivierung von TGF-β-produzierenden regulatorischen T-Zellen, nicht aber eine Aktivierung von T_H1-Zellen oder eine Induktion von systemischen Antikörpern. Tatsächlich zeigen diese Tierversuche, dass oral aufgenommene Antigene vor dem Auslösen einer Autoimmunerkrankung schützen können. Die experimentelle autoallergische Encephalomyelitis (EAE) bei Mäusen, die der Multiplen Sklerose ähnelt, lässt sich durch Injektion von basischem Myelinprotein in komplettem Freund-Adjuvans induzieren. Ebenso lässt sich eine Kollagenarthritis, die in manchen Merkmalen der rheumatoiden Arthritis ähnelt, durch Injektion von Typ-II-Kollagen hervorrufen. Die orale Verabreichung von basischem Myelinprotein beziehungsweise von Typ-II-Kollagen kann bei den Tieren den Krankheitsausbruch verhindern und sogar bei einem bereits etablierten Krankheitsbild eine gewisse Besserung erzielen. Allgemein gilt jedoch, dass die orale Verabreichung des gesamten Antigens bei Menschen mit Multipler Sklerose oder rheumatoider Arthritis nur geringe therapeutische Wirkung zeigt. In ähnlicher Weise zeigte sich bei einer umfangreichen Untersuchung, die dazu diente festzustellen, ob die parenterale Verabreichung von gering dosiertem Insulin an Personen mit einem hohen Risiko für Diabetes das Einsetzen der Krankheit verzögern kann, überhaupt keine Schutzwirkung.

Andere Verfahren, um die T-Zell-Autoimmunreaktion auf eine weniger schädliche T_H2-Reaktion zu verlagern, zeigten beim Menschen mehr Erfolg. Das Peptidmedikament Glatiramer-Acetat ist ein bewährtes Mittel gegen Multiple Sklerose; es verringert die Rückfallrate um bis zu 30 %. Der Wirkstoff bildet die Aminosäurezusammensetzung von MBP nach und induziert eine Schutzreaktion vom T_H2-Typ.

Ein immer noch experimentelles Verfahren für die Beeinflussung von antigenspezifischen Immunreaktionen bei Tieren beruht auf der intramuskulären Injektion von künstlichen DNA-Molekülen, die das entsprechende Autoantigen codieren. Dadurch wird das Antigen von dendritischen Zellen präsentiert, ohne dass die Aktivität von costimulierenden Molekülen zunimmt. Eine andere Vorgehensweise beinhaltet die Verwendung von veränderten Peptidliganden (*altered peptide ligands*, APL), bei denen man im Antigenpeptid an Kontaktpositionen zum T-Zell-Rezeptor Aminosäuren ausgetauscht hat. APL können so gestaltet werden, dass sie als partielle Agonisten oder Antagonisten wirken oder die Differenzierung von regulatorischen T-Zellen auslösen. Aber trotz des Erfolgs bei Mäusen, bei denen es zu einer Besserung der EAE kommt, führten Versuche, diese Peptide bei Multipler Sklerose anzuwenden, bei einigen Patienten zu einer Verschlechterung des Krankheitsbildes. Auch hier zeigt sich wieder einmal, wie schwierig es ist, Tiermodelle für Autoimmunität auf die Anwendung am Menschen zu übertragen (Abschnitt 15.8). Bei einigen Patienten mit Multipler Sklerose, denen man APL verabreicht hatte, kam es zu allergischen Reaktionen, die mit einer starken T_H2-Reaktion verbunden waren. So entwickelte man ein Nagetiermodell für Allergien, um in Zukunft neu entwickelte Wirkstoffe auf diese Nebenwirkung zu testen. Es muss sich noch zeigen, ob solche Verfahren bei der gezielten Veränderung von etablierten Immunantworten, die für menschliche Autoimmunkrankheiten verantwortlich sind, tatsächlich wirksam sein können.

Zusammenfassung

Die heutigen Methoden zur Behandlung von unerwünschten Immunreaktionen wie Allergien, Autoimmunerkrankungen und Transplantatabstoßungen beruhen zum großen Teil auf drei Arten von Medikamenten:

entzündungshemmende, cytotoxische und immunsuppressive Substanzen. Entzündungshemmende Medikamente, von denen die Corticosteroide am wirksamsten sind, werden bei allen drei Reaktionstypen eingesetzt. Sie haben jedoch ein breites Wirkungsspektrum und auch entsprechend viele toxische Nebenwirkungen. Ihre Dosierung muss deshalb sorgfältig kontrolliert werden. Üblicherweise werden sie deshalb in Kombination mit entweder cytotoxischen oder immunsuppressiven Mitteln eingesetzt. Cytotoxische Medikamente töten alle Arten sich teilender Zellen. Sie verhindern zwar die Proliferation von Lymphocyten, unterdrücken aber auch alle übrigen Immunreaktionen und sind für andere sich teilende Zelltypen ebenso toxisch. Immunsuppressive Medikamente wirken auf die intrazellulären

therapeutisch wirksame Faktoren für die Behandlung von menschlichen Autoimmunerkrankungen

Angriffsziel	therapeutisch wirksamer Faktor	Krankheit	Auswirkung auf die Krankheit	Nachteile
Integrine	$\alpha_4{:}\beta_1$ integrinspezifischer monoklonaler Antikörper (mAb)	wiederkehrende/neu aufflammende Multiple Sklerose (MS) rheumatoide Arthritis (RA) entzündliche Darmerkrankung	Verringerung der Rückfallrate; Verzögerung des Krankheitsverlaufs	erhöhtes Infektionsrisiko; fortschreitende multizentrische Encephalopathie
B-Zellen	CD20-spezifischer mAb	RA systemischer Lupus erythematodes (SLE) MS	Besserung der Arthritis, möglicherweise auch bei SLE	erhöhtes Infektionsrisiko
HMG-Coenzym-A-Reduktase	Statine	MS	Verringerung der Krankheitsaktivität	toxisch für die Leber; Rhabdomyolyse
T-Zellen	CD3-spezifischer mAb	Diabetes mellitus Typ 1	Verringerung des Insulinbedarfs	erhöhtes Infektionsrisiko
	CTLA-4-Immunglobulin-Fusionsprotein	RA Psoriasis MS	Besserung der Arthritis	
Cytokine	TNF-spezifischer mAb und lösliches TNFR-Fusionsprotein	RA Morbus Crohn Arthritis psoriatica Spondylitis ankylosans	Besserung der Invalidität Gelenkheilung bei Arthritis	erhöhtes Risiko für Tuberkulose und andere Infektionen; etwas erhöhtes Risiko für Lymphome
	Antagonist des IL-1-Rezeptors	RA	Besserung der Invalidität	geringe Wirksamkeit
	IL-15-spezifischer mAb	RA	mögliche Besserung der Invalidität	erhöhtes Risiko für opportunistische Infektionen
	IL-6-spezifischer mAb	RA	verringerte Krankheitsaktivität	erhöhtes Risiko für opportunistische Infektionen
	Typ-I-Interferone	wiederkehrende/neu aufflammende MS	Verringerung der Rückfallrate	toxisch für die Leber; häufig grippeähnliches Syndrom

15.11 Neue therapeutische Substanzen für die Autoimmunität beim Menschen. Die Art des Wirkstoffs ist farblich hervorgehoben, entsprechend den Signalwegen, die als Angriffsziel dienen (Abb. 15.6).

Signalwege der T-Zellen ein. Sie sind sehr viel teurer und ihre Allgemeintoxizität ist geringer als die der cytotoxischen Medikamente, aber auch sie unterdrücken wahllos alle Immunreaktionen.

Bei der Behandlung von Patienten nach Organtransplantationen sind Immunsuppressiva heute die Mittel der Wahl. Hier kann man sie einsetzen, bevor die Immunreaktion auf das Transplantat erfolgt. Autoimmunerkrankungen sind dagegen zum Zeitpunkt der Diagnose bereits etabliert und infolgedessen sehr viel schwieriger zu unterdrücken. Auf Immunsuppressiva sprechen sie deshalb nicht so gut an, und man behandelt sie aus diesem Grund meist mit einer Kombination von Corticosteroiden und cytotoxischen Medikamenten. In Tierversuchen hat man sich bemüht, die unerwünschte Immunantwort durch Verwendung von Antikörpern oder antigenen Peptiden auf spezifischere Weise zu unterdrücken. Zudem versucht man, die Reaktion in eine nichtpathogene Richtung umzulenken, indem man die Cytokinmuster beeinflusst oder das Antigen oral appliziert, wodurch die Wahrscheinlichkeit einer ungefährlichen Reaktion erhöht wird. Viele dieser Behandlungsmethoden werden jetzt an Menschen getestet, in einigen Fällen mit großem Erfolg. Die Entwicklung und Einführung von Antagonisten für TNF-α ist einer der großen Erfolge der Immuntherapie. Viele biologische Wirkstoffe befinden sich noch in der Entwicklung und einige kommen auch zur klinischen Anwendung (Abb. 15.11). Alle haben den Nachteil, dass sie in der Herstellung teuer und in der Anwendung kompliziert sind. Ein wichtiges Ziel der pharmazeutischen Industrie besteht darin, Medikamente aus kleinen Molekülen herzustellen, die die gleichen Angriffsziele und Wirkweisen haben wie die heutigen biologischen Therapien.

Der Einsatz der Immunreaktion zur Tumorbekämpfung

Krebs ist eine der drei häufigsten Todesursachen in den industrialisierten Ländern, gefolgt von Infektionskrankheiten und Herz-Kreislauf-Erkrankungen. In gleichem Maße, wie Erfolge bei der Behandlung von Infektionskrankheiten und bei der Vorbeugung von Herz-Kreislauf-Krankheiten erzielt werden und die durchschnittliche Lebenserwartung steigt, nimmt die Wahrscheinlichkeit zu, dass sich Krebs zur häufigsten Todesursache in diesen Ländern entwickelt. Krebs wird durch das progressive Wachstum der Nachkommen einer einzigen transformierten Zelle verursacht. Zur Heilung müssen daher sämtliche bösartigen Zellen entfernt oder zerstört werden. Eine elegante Methode, dieses Ziel zu erreichen, wäre die Induktion einer Immunantwort, die zwischen den Tumorzellen und normalen Zellen unterscheiden kann, auf dieselbe Art und Weise, wie die Impfung gegen einen viralen oder bakteriellen Krankheitserreger eine spezifische Immunantwort auslöst. Seit über hundert Jahren versucht man, Krebs mit immunologischen Methoden zu behandeln, aber erst im letzten Jahrzehnt hat die Immuntherapie von Krebs vielversprechende Ergebnisse gezeigt. Ein wichtiger konzeptioneller Fortschritt bestand darin, dass man nun konventionelle Methoden wie chirurgische Eingriffe und Chemotherapien, die die Tumorbelastung grundlegend verringern, mit der Immuntherapie kombiniert.

15.14 Die Entwicklung von transplantierbaren Tumoren bei Mäusen führte zur Entdeckung, dass Mäuse eine schützende Immunantwort gegen Tumoren entwickeln können

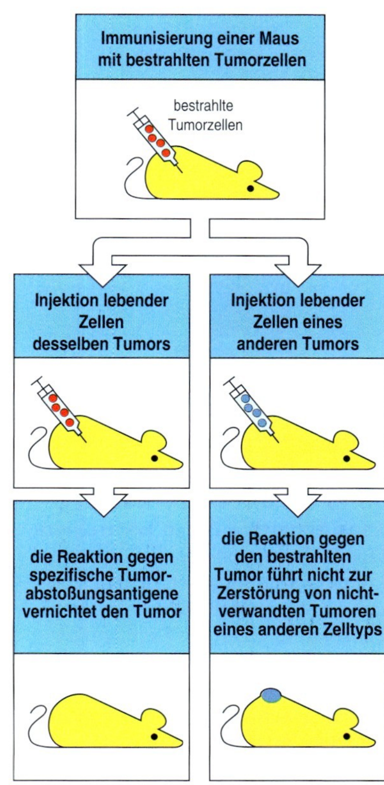

15.12 Tumorabstoßungsantigene sind für jeden Tumor spezifisch. Mäuse, die man mit bestrahlten Tumorzellen immunisiert hat und denen man anschließend lebende Zellen desselben Tumors injiziert, können manchmal selbst eine letale Dosis dieser Tumorzellen abstoßen (links). Das beruht auf einer Immunreaktion gegen Tumorabstoßungsantigene. Wenn man lebende Zellen eines anderen Tumors in die Mäuse injiziert, besteht dagegen kein Schutz und die Mäuse sterben (rechts).

Bei Mäusen lassen sich durch die Behandlung mit chemischen Karzinogenen oder durch Bestrahlung Tumoren induzieren. Gleichzeitig konnte man Mausinzuchtstämme entwickeln, die Schlüsselexperimente zur Entdeckung von Immunantworten auf Tumoren ermöglichten. Diese Tumoren können zwischen Mäusen transplantiert werden, und sie bildeten die Grundlage für die experimentelle Untersuchung der Tumorabstoßung. Wenn ihre MHC-Moleküle für die Mäuse, in die sie übertragen werden, fremd sind, werden die Tumorzellen leicht erkannt und durch das Immunsystem zerstört. Diese Tatsache hat man genutzt, um die ersten MHC-congenen Mausstämme zu entwickeln. Die spezifische Immunität gegen Tumoren muss also innerhalb von Inzuchtstämmen untersucht werden, damit Wirt und Tumor in Bezug auf den MHC-Typ zusammenpassen.

Übertragbare Tumoren bei Mäusen zeigen ein unterschiedliches Wachstumsverhalten, wenn man sie in syngene Empfänger einsetzt. Die meisten Tumoren wachsen progressiv und töten schließlich den Wirt. Wenn man den Mäusen jedoch bestrahlte Tumorzellen injiziert, die nicht wachsen können, so sind die Tiere häufig gegen eine weitere Injektion mit einer normalerweise tödlichen Dosis von lebensfähigen Zellen desselben Tumors geschützt. Es gibt offenbar ein Spektrum von unterschiedlichen Immunogenitäten bei übertragbaren Tumoren: Injektionen mit bestrahlten Tumorzellen erzeugen anscheinend unterschiedliche Grade einer schützenden Immunität gegen eine Injektion von lebensfähigen Tumorzellen an einer anderen Körperstelle. Diese Schutzmechanismen treten bei Mäusen, die keine T-Zellen besitzen, nicht auf. Sie lassen sich aber durch adoptive Übertragung von T-Zellen aus immunen Mäusen erzeugen, was beweist, dass für diese Effekte T-Zellen erforderlich sind.

Diese Beobachtungen zeigen, dass die Tumoren Peptide exprimieren, die als Antigene wirken und gegen die sich dann eine tumorzellspezifische T-Zell-Antwort richtet. Die Antigene, die durch experimentell induzierte Maustumoren exprimiert werden, bezeichnet man häufig als **Tumorabstoßungsantigene** (*tumor rejection antigens*, TRA). Sie sind normalerweise nur für einen einzigen Tumor spezifisch. Die Immunisierung mit bestrahlten Tumorzellen aus Tumor X schützt eine syngene Maus nur vor injizierten lebenden Zellen des Tumors X, aber nicht vor einem syngenen Tumor Y und umgekehrt (Abb. 15.12).

15.15 Tumoren können der Abstoßung auf vielfältige Weise entgehen

F. M. Burnet bezeichnete die Fähigkeit des Immunsystems, Tumorzellen aufzuspüren und zu zerstören, als **Immunüberwachung** (*immune surveillance*). Es hat sich jedoch herausgestellt, dass die Beziehung zwischen dem Immunsystem und Krebs wesentlich komplexer ist. Die Vorstellungen von der Immunüberwachung haben sich verändert und man unterscheidet heute drei Phasen. Die erste ist die „Eliminierungsphase"; sie ist

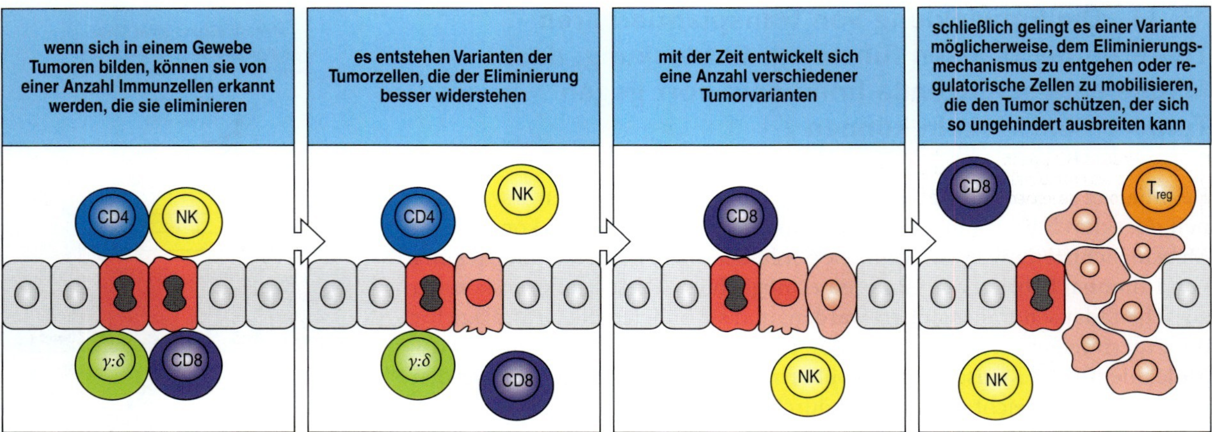

15.13 Die Immunüberwachung kann bösartige Zellen kontrollieren. Eine Reihe verschiedener Zellen des Immunsystems können einige Typen von Tumorzellen erkennen und dann eliminieren. Wenn die Tumorzellen nicht vollständig entfernt werden, treten Varianten auf, die schließlich dem Immunsystem entkommen und durch Proliferation einen Tumor bilden.

das, was man früher als Immunüberwachung bezeichnet hat. In dieser Phase erkennt das Immunsystem potenzielle Tumorzellen und zerstört sie (Abb. 15.13). Daran schließt sich eine „Gleichgewichtsphase“ an, die eintritt, wenn die Beseitigung der Tumorzellen nicht vollständig erfolgt, und während der die Tumorzellen sich aufgrund des vom Immunsystem ausgehenden Selektionsdrucks verändern oder Mutationen entstehen, die ihr Überleben sichern. Diesen Vorgang bezeichnet man als **Immun-Editing**, da er die Eigenschaften der Tumorzellen herausbildet, die dann überleben. Die Endphase schließlich bezeichnet man als „Entkommensphase“; sie tritt ein, wenn die Tumorzellen ausreichend Mutationen angesammelt haben, um der Aufmerksamkeit des Immunsystems zu entgehen. Der Tumor kann nun ungehindert wachsen und wird medizinisch nachweisbar.

Durch Mäuse mit gezielten Gendeletionen, durch die bestimmte Komponenten des angeborenen Immunsystems entfernt wurden, hat man die schlüssigsten Hinweise darauf erhalten, dass die Immunüberwachung die Entwicklung von bestimmten Tumortypen beeinflusst. So treten bei Mäusen, die kein Perforin besitzen, das zum Abtötungssystem der NK-Zellen und cytotoxischen CD8-T-Zellen gehört (Abschnitt 8.28), häufiger Lymphome auf – Tumoren des lymphatischen Systems. Mausstämme, denen die Proteine RAG und STAT1 fehlen, sodass die Mäuse keine adaptive Immunantwort besitzen und auch bestimmte Mechanismen der angeborenen Immunität nicht funktionieren, entwickeln Tumoren des Darmepithels und der Brust. Mäuse ohne T-Lymphocyten, die $\gamma{:}\delta$-Rezeptoren exprimieren, zeigen eine deutlich erhöhte Anfälligkeit für Hauttumoren, die durch die topische Verabreichung von Karzinogenen ausgelöst werden. Daran zeigt sich, dass intraepitheliale $\gamma{:}\delta$-T-Zellen (Abschnitt 11.10) bei der Überwachung und dem Abtöten von anormalen Epithelzellen eine Funktion besitzen. Untersuchungen der verschiedenen Effektorzellen im Immunsystem haben gezeigt, dass sowohl IFN-γ als auch IFN-α für die Beseitigung von Tumorzellen von Bedeutung sind, entweder direkt oder indirekt durch die Aktivitäten von anderen Zellen. $\gamma{:}\delta$-T-Zellen sind eine wichtige Quelle für IFN-γ, was ihre oben erwähnte Bedeutung für die Beseitigung von Krebszellen erklären dürfte.

Nach der Hypothese des Immun-Editings haben die überlebenden Tumorzellen so viele Mutationen angesammelt, dass sie das Immunsystem nicht mehr eliminieren kann. Bei einem immunkompetenten Individuum werden nichtmutierte Zellen ständig durch die Immunantwort entfernt, so-

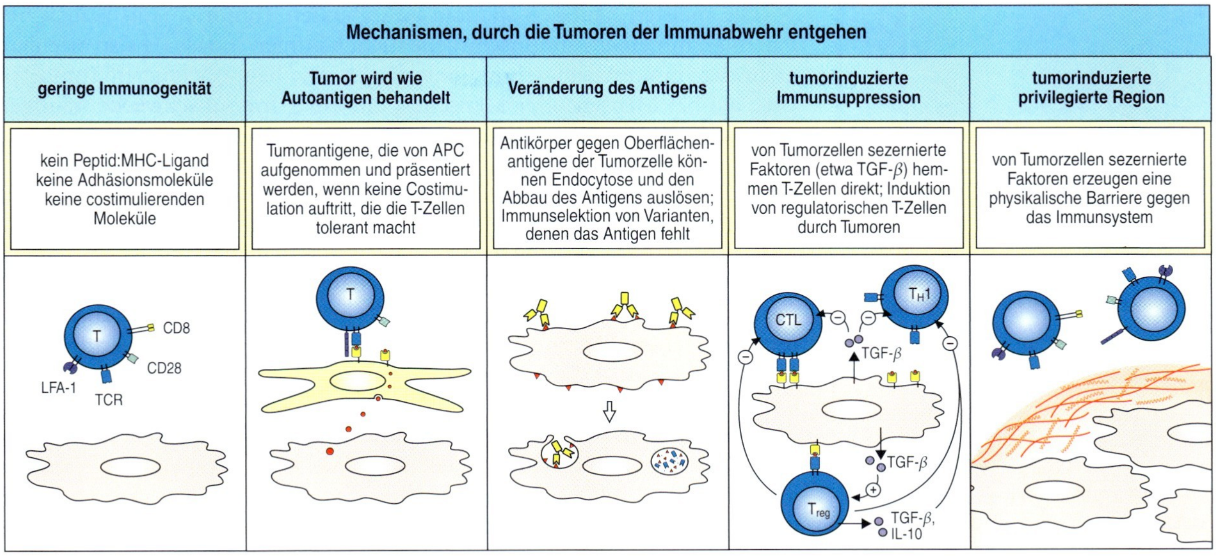

Mechanismen, durch die Tumoren der Immunabwehr entgehen				
geringe Immunogenität	**Tumor wird wie Autoantigen behandelt**	**Veränderung des Antigens**	**tumorinduzierte Immunsuppression**	**tumorinduzierte privilegierte Region**
kein Peptid:MHC-Ligand keine Adhäsionsmoleküle keine costimulierenden Moleküle	Tumorantigene, die von APC aufgenommen und präsentiert werden, wenn keine Costimulation auftritt, die die T-Zellen tolerant macht	Antikörper gegen Oberflächenantigene der Tumorzelle können Endocytose und den Abbau des Antigens auslösen; Immunselektion von Varianten, denen das Antigen fehlt	von Tumorzellen sezernierte Faktoren (etwa TGF-β) hemmen T-Zellen direkt; Induktion von regulatorischen T-Zellen durch Tumoren	von Tumorzellen sezernierte Faktoren erzeugen eine physikalische Barriere gegen das Immunsystem

15.14 Tumoren können der Immunüberwachung auf verschiedene Weise entgehen. Erstes Bild: Tumoren können nur eine geringe immunogene Wirkung haben. Einige Tumoren weisen keine Peptide neuartiger Proteine auf, die in MHC-Molekülen präsentiert werden könnten, und erscheinen dem Immunsystem daher als normal. Andere haben ein oder mehrere MHC-Moleküle verloren oder exprimieren keine costimulierenden Moleküle, die zur Aktivierung naiver T-Zellen erforderlich sind. Zweites Bild: Tumorantigene, die ohne costimulierende Signale präsentiert werden, machen die reagierenden T-Zellen gegenüber diesem Antigen tolerant. Drittes Bild: Tumoren können anfangs Antigene exprimieren, die das Immunsystem erkennt, diese dann aber aufgrund einer antikörperinduzierten Aufnahme in die Zelle oder aufgrund einer Antigenvariabilität verlieren. Der Vorgang der genetischen Instabilität, der zur Veränderung von Antigenen führt, gehört nach heutiger Auffassung zur Gleichgewichtsphase. Dabei kann es zu einem Auswachsen des Tumors kommen, wenn das Immunsystem das Rennen verliert und nicht mehr in der Lage ist, sich an den Tumor anzupassen. Wenn ein Tumor durch Zellen angegriffen wird, die auf ein bestimmtes Antigen reagieren, dann haben alle Tumorzellen, die dieses Antigen nicht exprimieren, einen Selektionsvorteil. Viertes Bild: Tumoren sezernieren häufig Moleküle wie TGF-β, die Immunantworten direkt unterdrücken oder regulatorische T-Zellen mobilisieren, die ihrerseits immunsuppressiv wirkende Cytokine freisetzen. Fünftes Bild: Tumorzellen können Moleküle wie Kollagen sezernieren, die um den Tumor eine physikalische Barriere errichten und so einen Angriff durch Lymphocyten abschirmen. APC, antigenpräsentierende Zelle.

dass sich das Tumorwachstum verzögert. Wenn aber das Immunsystem beeinträchtigt ist, geht die Gleichgewichtsphase schnell in die Entkommensphase über, da dann überhaupt keine Tumorzellen mehr eliminiert werden. Ein ausgezeichnetes medizinisches Beispiel, das für das Auftreten der Gleichgewichtsphase spricht, ist die Entstehung von Krebs bei Empfängern von Organtransplantaten. Einer Untersuchung zufolge entwickelte sich zwischen dem ersten und zweiten Jahr nach der Übertragung bei zwei Patienten, die von derselben Spenderin eine Niere erhalten hatten, ein Melanom. Die Spenderin hatte ein malignes Melanom, das 16 Jahre vor ihrem Tod erfolgreich behandelt worden war. Es ist anzunehmen, dass Melanomzellen, die sich bekanntermaßen leicht in andere Organe ausbreiten, in den Nieren dieser Patientin vorhanden waren, sich aber in einer Gleichgewichtsphase mit dem Immunsystem befanden. Die Melanomzellen wurden also durch das Immunsystem nicht vollständig abgetötet. Ein immunkompetentes Immunsystem kann die Anzahl der Zellen klein halten. Da die Immunsysteme der Empfänger unterdrückt wurden, konnten sich die Melanomzellen schnell teilen und in andere Körperregionen ausbreiten.

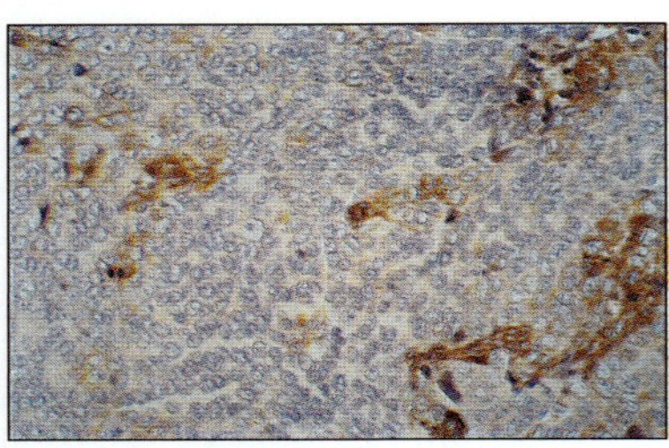

15.15 Verlust der Expression von MHC-Klasse-I-Molekülen bei einem Prostatakarzinom. Manche Tumoren können der Immunüberwachung dadurch entgehen, dass sie keine MHC-Klasse-I-Moleküle exprimieren und dadurch nicht von CD8-T-Zellen erkannt werden können. Hier wurde ein Schnitt durch einen menschlichen Prostatakrebs mit peroxidasegekoppeltem Anti-HLA-I-Antikörper angefärbt. Nur die eingedrungenen Lymphocyten und die normalen Stromazellen zeigen eine Braunfärbung, die der Expression von HLA-Klasse-I-Molekülen entspricht. Die Tumorzellen sind nicht gefärbt. (Foto mit freundlicher Genehmigung von G. Stamp.)

Die meisten häufigen spontan auftretenden Tumoren sind jedoch bei Patienten mit einer Immunschwäche nicht häufiger, sodass sie also offenbar nicht der Immunüberwachung unterliegen. Die hauptsächlichen Tumortypen, die bei Mäusen oder Menschen mit einer Immunschwäche häufiger auftreten, sind mit Viren assoziierte Tumoren. Die Immunüberwachung ist demnach offensichtlich für die Kontrolle der mit Viren assoziierten Tumoren wichtig, und tatsächlich ist eine Immuntherapie allgemein bei den Tumoren am wirksamsten, die durch ein Virus ausgelöst werden.

Es verwundert nicht, dass T-Zellen spontan entstandene Tumoren nur selten bekämpfen. Manchen Tumoren fehlen wahrscheinlich spezifische Peptidantigene, während anderen die Adhäsions- oder costimulierenden Moleküle fehlen, die zum Auslösen einer T-Zell-Antwort notwendig sind. Falls es doch zu einem Immunangriff kommen sollte, besitzen Tumoren noch andere Abwehr- oder Ausweichmechanismen (Abb. 15.14, erstes Bild). Selbst Tumoren, die tumorspezifische Antigene exprimieren, können als „körpereigen“ erkannt werden, wenn sie keine Entzündung verursachen. Wenn die durch antigenpräsentierende Zellen, etwa durch unreife dendritische Zellen, aufgenommenen Antigene den T-Lymphocyten ohne costimulierende Signale dargeboten werden, führt dies zu einer Anergie oder Vernichtung der T-Zellen (Abschnitt 7.26).

Während der Gleichgewichtsphase gibt es zahlreiche Mechanismen, durch die Tumoren entweder verhindern, dass eine Immunantwort ausgelöst wird, oder durch die sie einer Immunantwort entgehen, wenn sie doch stattfindet (Abb. 15.14). Tumoren sind oft genetisch instabil und können ihre Antigene durch Mutationen verlieren. Bei einer Immunantwort würde nach Mutanten selektiert, die keine Antigene mehr besitzen und so einer Immunantwort entkommen. Bei einigen Tumoren wie dem Dickdarm- und dem Gebärmutterhalskrebs, wird ein bestimmtes MHC-Klasse-I-Molekül nicht mehr exprimiert (Abb. 15.15). Das geschieht möglicherweise infolge einer Immunselektion durch T-Zellen, die für ein von diesem MHC-Molekül präsentiertes Peptid spezifisch sind. Wie experimentelle Untersuchungen zeigten, kann ein Tumor, der überhaupt keine MHC-Klasse-I-Moleküle mehr exprimiert, von cytotoxischen T-Zellen nicht mehr erkannt werden, ist dann aber für Angriffe durch natürliche Killerzellen anfällig (Abb. 15.16). Tumoren, die nur ein MHC-Klasse-I-Molekül verlieren, können jedoch eventuell der Erkennung durch spezifische cytotoxische CD8-T-Zellen entgehen und gleichzeitig den natürlichen Killerzellen gegenüber resistent bleiben. Das würde ihnen *in vivo* einen Selektionsvorteil verschaffen.

Darüber hinaus aktivieren Tumoren die Suppressorwirkung von regulatorischen T-Zellen, um einem Angriff des Immunsystems zu entgehen. Bei einer Reihe verschiedener Krebsarten hat man CD4-CD25-T_{reg}-Zellen gefunden. Diese können sich als Reaktion auf Tumorantigene durchaus spezifisch vermehren. Bei Mausmodellen für Krebs erhöht das Entfernen der regulatorischen T-Zellen die Resistenz gegen den Krebs, während sich der Krebs durch eine Übertragung auf ein T_{reg}-negatives Empfängertier entwickeln kann. Die Vermehrung von CD4-CD25-T_{reg}-Zellen kann auch der Grund dafür sein, dass eine Behandlung mit IL-2 bei Melanomen relativ wenig wirksam ist. IL-2 ist zwar für die klinische Verwendung zugelassen, führt aber auf lange Sicht nur bei relativ wenigen Patienten zum Erfolg. Daher sollte man die regulatorischen T-Zellen mit einer zusätzlichen Therapie beseitigen oder inaktivieren.

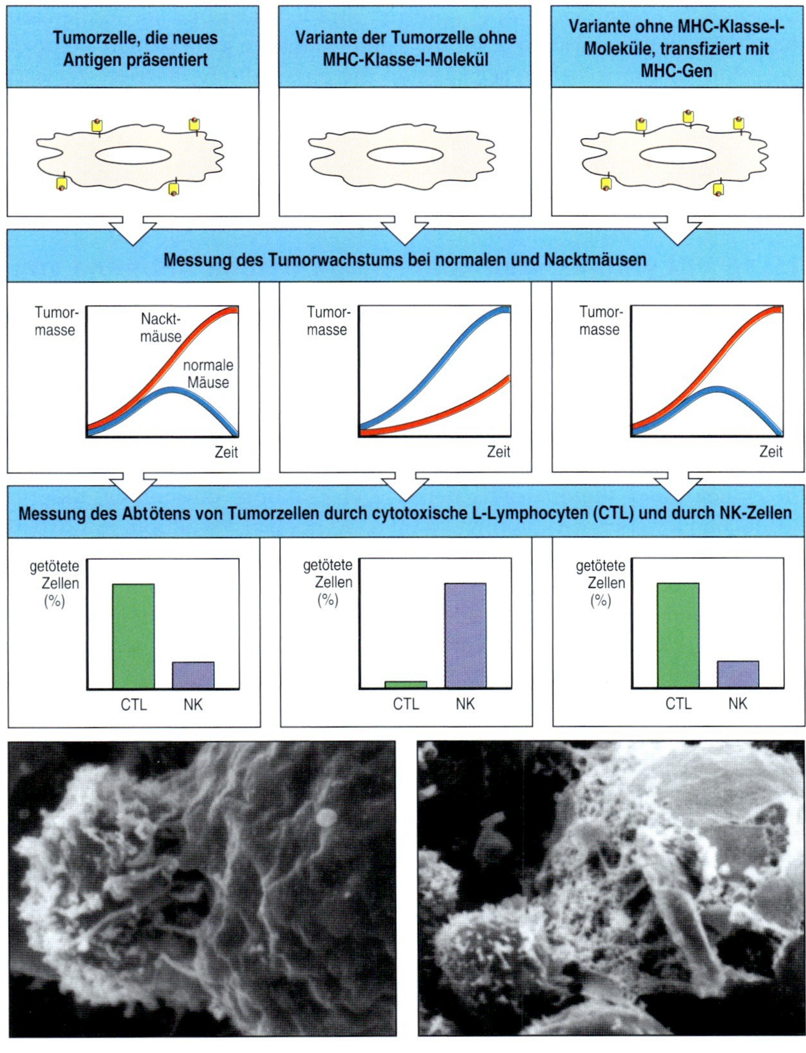

15.16 Tumoren, die keine MHC-Klasse-I-Moleküle mehr exprimieren und dadurch der Immunabwehr entgehen, sind anfälliger für eine Vernichtung durch NK-Zellen. Das Wachstum transplantierter Tumoren wird größtenteils durch cytotoxische T-Zellen (CTL) kontrolliert (links), die neue Peptide erkennen, welche an MHC-Klasse-I-Antigene an der Zelloberfläche gebunden sind. NK-Zellen tragen inhibitorische Rezeptoren, die an MHC-Klasse-I-Moleküle binden. Daher werden Tumorvarianten, die nur wenige MHC-Klasse-I-Moleküle tragen, anfällig für NK-Zellen, sind jedoch gegenüber cytotoxischen CD8-T-Zellen weniger empfindlich (Mitte). Nacktmäuse besitzen keine T-Zellen, weisen aber mehr NK-Zellen auf als normale Mäuse. Folglich wachsen Tumoren, die gegenüber NK-Zellen empfindlich sind, in diesen Mäusen weniger gut. Durch Transfektion mit MHC-Klasse-I-Genen lässt sich sowohl ihre Resistenz gegen NK-Zellen als auch ihre Anfälligkeit gegenüber cytotoxischen CD8-T-Zellen wiederherstellen (rechts). Die unteren Bilder zeigen rasterelektronenmikroskopische Aufnahmen von NK-Zellen, die gerade Leukämiezellen angreifen. Linkes Bild: Kurz nach der Bindung an die Zielzelle hat die NK-Zelle bereits zahlreiche Mikrovillifortsätze und eine breite Kontaktzone mit der Leukämiezelle ausgebildet. Die NK-Zelle ist in beiden Bildern die kleinere Zelle auf der linken Seite. Rechtes Bild: 60 Minuten, nachdem man die beiden Zelltypen zusammengegeben hat, sind lange Mikrovillifortsätze zu sehen, die sich von der NK-Zelle zu der Leukämiezelle erstrecken. Die Leukämiezelle ist stark beschädigt, die Zellmembran hat sich aufgerollt und ist zerrissen. (Fotos mit freundlicher Genehmigung von J. C. Hiserodt.)

Viele Tumoren entkommen dem Immunsystem, indem sie immunsuppressiv wirkende Cytokine sezernieren. TGF-β wurde erstmals im Überstand einer Tumorzellkultur entdeckt (daher die Bezeichnung „transformierender Wachstumsfaktor"), und unterdrückt, wie wir gesehen haben, gewöhnlich die Reaktion inflammatorischer T-Zellen und die zellvermittelte Immunität, die zur Kontrolle des Tumorwachstums notwendig ist. Interessanterweise kann TGF-β auch die Entwicklung von regulatorischen T-Zellen induzieren. Mehrere Tumoren unterschiedlicher Herkunft wie das Melanom, Eierstockkrebs und das B-Zell-Lymphom produzieren das immunsuppressive Cytokin IL-10, das die Entwicklung und Aktivität der dendritischen Zellen herabsetzen und auch die T-Zell-Aktivierung direkt blockieren kann.

Einige Tumoren gehen dem Immunsystem aus dem Weg, indem sie ihre eigene immunologisch privilegierte Region erzeugen (Abschnitt 14.5). Sie wachsen in Form von Knötchen, die von physikalischen Barrieren wie Kollagen und Fibrin umgeben sind. Diese Tumoren können für das Immunsystem nicht erkennbar sein, es ignoriert ihre Existenz und sie können auf diese Weise solange wachsen, bis die Tumormasse zu groß ist, um sie noch weiterhin zu kontrollieren, selbst wenn die physikalische Barriere zerstört wird oder eine Entzündung entsteht. Es gibt also viele Möglichkeiten, wie Tumoren der Erkennung und Zerstörung durch das Immunsystem entgehen können.

15.16 T-Lymphocyten können spezifische Antigene von menschlichen Tumoren erkennen, und man testet die adoptive Übertragung von T-Zellen auf Krebspatienten

Tumorabstoßungsantigene, die durch das Immunsystem erkannt werden, sind Peptide von Tumorzellproteinen, die den T-Zellen durch MHC-Moleküle präsentiert werden (Abschnitt 15.14). Diese Peptide werden zu Zielmolekülen einer tumorspezifischen T-Zell-Reaktion, obwohl sie auch in normalen Geweben vorkommen können. So können Verfahren, mit denen man bei Melanompatienten eine Immunität gegen die geeigneten Antigene erzeugen möchte, in gesunder Haut eine autoimmune Zerstörung von pigmenthaltigen Zellen (Vitiligo) herbeiführen. Es lassen sich mehrere Arten von Tumorabstoßungsantigenen unterscheiden. Beispiele für jede Gruppe sind in Abbildung 15.17 aufgeführt. Die erste Gruppe umfasst Antigene, die streng tumorspezifisch sind. Sie entstehen durch Punktmutationen oder Genumlagerungen, die häufig Teil der Onkogenese sind. Punktmutationen können eine T-Zell-Antwort entweder dadurch hervorrufen, dass sie die vorher nicht mögliche Bindung eines Peptids an MHC-Klasse-I-Moleküle bewirken, oder indem sie ein Peptid, das bereits an MHC-Klasse-I-Moleküle bindet, so verändern, dass ein für die T-Zellen neues Epitop entsteht (Abb. 15.18). Diese mutierten Peptide binden jedoch möglicherweise nur schwach an die MHC-Moleküle oder sie werden nicht in geeigneter Weise prozessiert, sodass sie weniger dazu in der Lage sind, eine wirksame Antwort auszulösen. Bei B- und T-Zell-Tumoren, die aus Einzelklonen von Lymphocyten hervorgehen, bildet eine spezielle Klasse von tumorspezifischen Antigenen die Idiotypen (Anhang I, Abschnitt A.10), die nur für den Antigenrezeptor spezifisch sind, der von dem Klon exprimiert wird.

Die zweite Gruppe von Tumorantigenen besteht aus Proteinen, deren Gene normalerweise nur in männlichen Keimzellen exprimiert werden. Diese exprimieren keine MHC-Moleküle und können deshalb keine Peptide aus diesen Proteinen den T-Lymphocyten präsentieren. Bei Tumorzellen verläuft die Genexpression größtenteils anormal, wozu auch die Aktivierung von Genen zählt, die Keimzellproteine wie die MAGE-Antigene auf Melanomen codieren. Peptide aus diesen Antigenen können den T-Zellen durch MHC-Klasse-I-Moleküle der Tumorzellen präsentiert werden. Diese Keimzellproteine sind also in Bezug auf ihre Expression als Antigene ausgesprochen tumorspezifisch (Abb. 15.19).

Die dritte Gruppe von Tumorabstoßungsantigenen umfasst Differenzierungsantigene, die von Genen codiert werden, welche nur in bestimmten Gewebetypen exprimiert werden. Die besten Beispiele dafür sind die Differenzierungsantigene, die von Melanocyten und Melanomzellen exprimiert werden. Bei mehreren dieser Antigene handelt es sich um Proteine, die an Reaktionswegen zur Produktion des schwarzen Pigments Melanin beteiligt

potenzielle Tumorabstoßungsantigene haben verschiedene Ursprünge			
Antigenklasse	**Antigen**	**Art des Antigens**	**Tumortyp**
tumorspezifische mutierte Onkogene oder Tumorsuppressoren	cyclinabhängige Kinase 4	Zellzyklusregulator	Melanom
	β-Catenin	Relaisfunktion bei der Signalübertragung	Melanom
	Caspase-8	Regulator der Apoptose	Schuppenzellkarzinom
	Oberflächen-Ig/Idiotyp	spezifischer Antikörper nach Genumlagerungen im B-Zell-Klon	Lymphom
Keimzelle	MAGE-1 MAGE-3	normale Hodenproteine	Melanom Brustkrebs Pankreaskrebs
Differenzierung	Tyrosinase	Enzym im Biosyntheseweg von Melanin	Melanom
anormale Genexpression	HER-2/neu	Rezeptortyrosinkinase	Brustkrebs Ovarialkarzinom
	Wilms-Tumor	Transkriptionsfaktor	Leukämie
anormale posttranslationale Modifikation	MUC-1	unterglykolisiertes Mucin	Brustkrebs Pankreaskrebs
anormale posttranskriptionale Modifikation	GP100 TRP2	Introns bleiben in der mRNA erhalten	Melanom
onkovirales Protein	HPV Typ 16, Proteine E6 und E7	virale transformierende Genprodukte	Zervixkarzinom

15.17 Proteine, die in menschlichen Tumoren spezifisch exprimiert werden, sind mögliche Tumorabstoßungsantigene. Alle hier aufgeführten Moleküle werden von cytotoxischen T-Lymphocyten erkannt, die man von Patienten mit dem jeweiligen Tumor isoliert hat.

sind. Die vierte Gruppe besteht aus Antigenen, die im Vergleich zu normalen Zellen in Tumorzellen stark überexprimiert werden (Abb. 15.19). Ein Beispiel hierfür ist HER-2/neu (auch als c-Erb-2 bezeichnet), eine zum Rezeptor EGFR für den epidermalen Wachstumsfaktor homologe Rezeptortyrosinkinase. Dieser Rezeptor wird vielfach in Adenosarkomen überexprimiert, beispielsweise bei Brust- und Eierstockkrebs, und geht mit einer schlechten Prognose einher. Man hat festgestellt, dass MHC-Klasse-I-beschränkte CD8-positive cytotoxische T-Lymphocyten in feste Tumoren eindringen, die HER-2/neu überexprimieren, aber *in vivo* solche Tumoren nicht zerstören können. Die fünfte Gruppe von Tumorabstoßungsantigenen besteht aus Molekülen, die anormale posttranslationale Modifikationen enthalten. Ein Beispiel ist das unterglykosylierte Mucin MUC-1, das in verschiedenen Tumoren exprimiert wird, beispielsweise bei Brust- und Bauchspeicheldrüsenkrebs. Die sechste Gruppe umfasst neuartige Proteine, die entstehen, wenn eines oder mehrere Introns in der mRNA zurückblei-

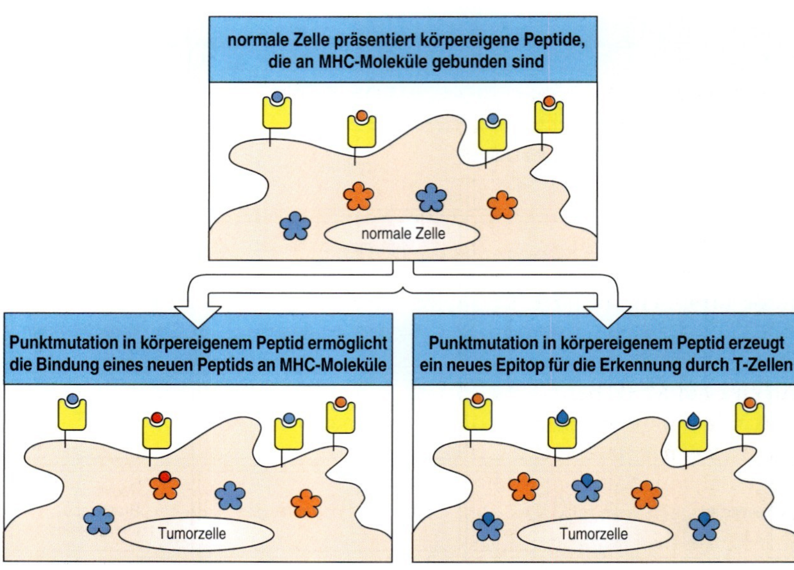

15.18 Tumorabstoßungsantigene können durch Punktmutationen in körpereigenen Proteinen entstehen, die während der Onkogenese auftreten. Manchmal führt eine Punktmutation in einem körpereigenen Protein dazu, dass ein neues Peptid an MHC-Klasse-I-Moleküle binden kann (unten links). In anderen Fällen entsteht durch eine Punktmutation innerhalb eines körpereigenen Peptids, das bereits an MHC-Proteine binden kann, ein neues Epitop für die T-Zell-Bindung (unten rechts). In beiden Fällen gibt es für diese Peptide aufgrund einer klonalen Deletion von heranreifenden T-Zellen keine induzierte Toleranz, sodass sie von reifen T-Zellen erkannt werden können.

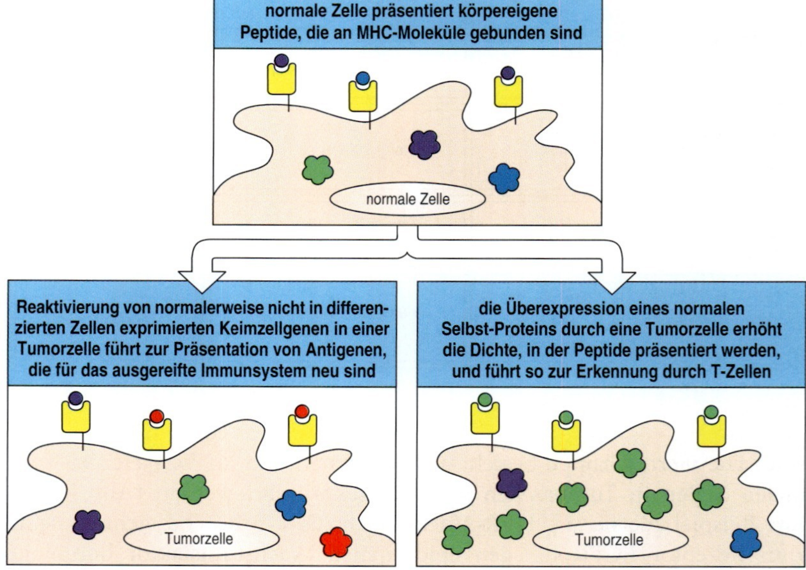

15.19 Tumorabstoßungsantigene sind Peptide aus zellulären Proteinen, die von körpereigenen MHC-Klasse-I-Molekülen präsentiert werden. Dargestellt sind zwei Möglichkeiten, wie Tumorabstoßungsantigene aus nichtmutierten Proteinen hervorgehen können. Manchmal werden Proteine, die normalerweise nur im männlichen Keimzellgewebe exprimiert werden, von den Tumorzellen erneut produziert (unten links). Da diese Proteine normalerweise nur während der Entwicklung der Keimzellen und in Zellen ohne MHC-Antigene exprimiert werden, sind die T-Zellen gegenüber diesen körpereigenen Antigenen nicht tolerant und können daher auf sie wie auf Fremdproteine reagieren. In anderen Tumoren führt die Überexpression eines körpereigenen Proteins zu einer erhöhten Präsentationsdichte des zugehörigen Peptids auf den Tumorzellen (unten rechts). Solche Peptide werden in einer Konzentration präsentiert, die hoch genug ist, um von T-Zellen erkannt zu werden. Häufig wird das gleiche embryonale oder körpereigene Protein in vielen Tumoren eines bestimmten Typs überexprimiert, sodass gemeinsame Tumorabstoßungsantigene gebildet werden.

ben, was beispielsweise bei Melanomen der Fall ist. Proteine, die von viralen Onkogenen exprimiert werden, bilden die siebte Gruppe von Tumorabstoßungsantigenen. Diese onkoviralen Proteine sind Virusproteine, die beim Prozess der Onkogenese von entscheidender Bedeutung sind und aufgrund ihrer Eigenschaft als Fremdproteine eine T-Zell-Reaktion hervorrufen können. Beispiele für diese Art von Proteinen sind die Typ-16-Proteine E6 und E7 des menschlichen Papillomvirus, die in Gebärmutterhalskarzinomen exprimiert werden (Abschnitt 15.18).

Obwohl jede dieser Gruppen von Tumorabstoßungsantigenen *in vitro* und *in vivo* eine Anti-Tumor-Reaktion auslösen kann, entsteht eine spontane Reaktion gegen einen etablierten Tumor nur in Ausnahmefällen. Das Ziel der Immuntherapie gegen Tumoren besteht darin, solche Reaktionen zu nutzen und zu verstärken, um Krebs wirksamer bekämpfen zu können. Die spontane Rückbildung, die man gelegentlich bei malignen Melanomen oder Nierenkarzinomen beobachten kann, gibt durchaus Anlass zur Hoffnung, dass sich dieses Ziel erreichen lässt.

Bei Melanomen entdeckte man tumorspezifische Antigene in Kulturen von bestrahlten Tumorzellen zusammen mit autologen Lymphocyten (das Verfahren bezeichnet man als gemischte Lymphocyten-Tumorzell-Kultur). In solchen Kulturen hat man cytotoxische T-Lymphocyten gefunden, die auf eine auf MHC beschränkte Weise Tumorzellen abtöten können, die das passende tumorspezifische Antigen tragen. Diesen Vorgang hat man an Melanomen genau untersucht. Cytotoxische T-Zellen, die auf Melanompeptide reagieren, wurden kloniert und für die Charakterisierung von Melanomen anhand ihrer tumorspezifischen Antigene verwendet. Die Untersuchungen führten zu drei wichtigen Ergebnissen. Erstens tragen Melanome mindestens fünf verschiedene Antigene, die von cytotoxischen T-Lymphocyten erkannt werden können. Zweitens können sich cytotoxische T-Lymphocyten, die auf Melanomantigene reagieren, nicht *in vivo* vermehren. Das deutet darauf hin, dass diese Antigene *in vivo* nicht immunogen sind. Drittens kann die Expression dieser Antigene *in vitro* und möglicherweise auch *in vivo* durch die Gegenwart von spezifischen cytotoxischen T-Zellen negativ selektiert werden. Diese Befunde geben Anlass zu der Hoffnung, dass sich eine Tumorimmuntherapie entwickeln lässt. Aber sie zeigen auch, dass diese Antigene auf natürliche Weise nicht stark immunogen wirken und dass Tumorzellen *in vivo* der Erkennung und Vernichtung durch cytotoxische T-Zellen aufgrund von Selektionsmechanismen entgehen können.

In Übereinstimmung mit diesen Befunden kann man funktionsfähige melanomspezifische T-Zellen aus Lymphocyten im peripheren Blutkreislauf, aus tumorinfiltrierenden Lymphocyten oder aus den Lymphknoten von Patienten gewinnen, bei denen der Tumor wächst. Interessanterweise entsteht keines der von diesen T-Zellen erkannten Peptide aus mutierten Protoonkogenen oder Tumorsuppressorgenen, die wahrscheinlich für die ursprüngliche Transformation der normalen Zelle zu einer Krebszelle verantwortlich sind. Einige wenige dieser Peptide sind allerdings Produkte von mutierten Genen. Die übrigen stammen von normalen Proteinen, werden aber nun auf Tumorzellen in Mengen präsentiert, die erstmals von T-Zellen erkannt werden können. So werden Antigene der MAGE-Familie in normalem Gewebe erwachsener Menschen nicht exprimiert – mit Ausnahme der Hoden, die ein immunologisch privilegierter Ort sind (Abb. 15.17). Wahrscheinlich handelt es sich dabei um Antigene früher Entwicklungsstadien, die dann während der Tumorentstehung wieder exprimiert werden. Nur bei einer Minderheit der Melanompatienten findet man T-Zellen, die mit MAGE-Antigenen reagieren. Anscheinend werden diese Antigene in den meisten Fällen entweder nicht exprimiert oder sie sind nicht immunogen.

Die häufigsten Antigene des malignen Melanoms sind Peptide des Enzyms Tyrosinase sowie dreier anderer Proteine – gp100, MART1 und gp75. Das sind Differenzierungsantigene, die für die Melanocytenzelllinie, aus der das Melanom entstanden ist, spezifisch sind. Wahrscheinlich führt ihre Überexpression in den Tumorzellen zu einer ungewöhnlich hohen

Dichte an spezifischen Peptid:MHC-Komplexen, wodurch sie erst immunogen werden. Obwohl die Tumorabstoßungsantigene normalerweise als Komplexe von Peptiden mit MHC-Klasse-I-Molekülen präsentiert werden, hat man nachgewiesen, dass bei manchen Melanompatienten die Tyrosinase eine CD4-T-Zell-Reaktion stimuliert, wenn sie oral aufgenommen und von Zellen mit MHC-Klasse-II-Molekülen präsentiert wird. Dabei ist anzumerken, dass wahrscheinlich sowohl CD4- als auch CD8-T-Zellen von Bedeutung sind, um Tumoren immunologisch zu kontrollieren. CD8-T-Zellen können Tumorzellen direkt abtöten, während CD4-T-Zellen bei der Aktivierung von cytotoxischen CD8-T-Zellen und bei der Entwicklung eines immunologischen Gedächtnisses mitwirken. CD4-T-Zellen können ebenfalls Tumorzellen töten, indem sie Cytokine wie TNF-α freisetzen.

Neben den menschlichen Tumorantigenen, die cytotoxische T-Zell-Reaktionen auslösen können (Abb. 15.17), gibt es noch viele weitere Kandidaten für Tumorabstoßungsantigene, die man bei Untersuchungen der molekularen Grundlagen der Krebsentwicklung identifiziert hat. Dazu gehören Produkte der mutierten zellulären Onkogene oder Tumorsuppressoren wie Ras und p53 und außerdem Fusionsproteine wie die Bcr-Abl-Tyrosinkinase, die aufgrund einer Chromosomentranslokation (t9;22) entsteht und bei chronischer myeloischer Leukämie (CML) auftritt. Interessant ist, dass in allen drei Fällen in den Kulturen von Lymphocyten aus den Patienten zusammen mit Tumorzellen, die diese mutierten Antigene tragen, keine Reaktion spezifischer cytotoxischer T-Zellen zu beobachten ist.

Wenn das HLA-Klasse-I-Molekül HLA-A*0301 auf CML-Zellen vorkommt, kann es ein Peptid präsentieren, das aus der Verknüpfungsstelle zwischen Bcr und Apl stammt. Dieses Peptid wurde durch ein sehr wirksames Verfahren entdeckt, das man als „reverse" Immungenetik bezeichnet. Dabei isoliert man Peptide aus den Bindungsfurchen von polymorphen Varianten von MHC-Molekülen und sequenziert sie mithilfe einer hoch empfindlichen Massenspektroskopie. So kann man die Sequenzen von Peptiden ermitteln, die spontan von MHC-Molekülen gebunden werden. Mithilfe dieses Verfahrens hat man an HLA gebundene Peptide aus anderen Tumorantigenen bestimmt, beispielsweise Peptide aus den Tumorantigenen MART1 und gp100 von Melanomen. Auf diese Weise wurden auch Sequenzen von Kandidatenpeptiden ermittelt, um Impfstoffe gegen Infektionskrankheiten zu entwickeln.

T-Zellen, die für das Bcr-Abl-Fusionspeptid spezifisch sind, lassen sich im peripheren Blut von CML-Patienten nachweisen, indem man Tetramere von HLA-A*0301, die das Peptid tragen, als spezifische Liganden verwendet (Anhang I, Abschnitt A.28). Cytotoxische T-Lymphocyten, die für dieses oder andere Tumorantigene spezifisch sind, kann man mithilfe von Peptiden, die aus den mutierten oder fusionierten Bereichen dieser onkogenen Proteine stammen, *in vitro* selektieren. Diese cytotoxischen T-Zellen können Tumorzellen erkennen und abtöten.

Nach einer Knochenmarktransplantation zur CML-Behandlung können reife Lymphocyten aus dem Knochenmark des Spenders, die durch die Infusion übertragen wurden, dazu beitragen, jegliche Resttumoren zu beseitigen. Dieses Verfahren bezeichnet man als Donor-Lymphocyten-Infusion (DLI). Zurzeit ist jedoch noch nicht geklärt, inwieweit diese medizinische Reaktion auf einen *graft versus host*-Effekt zurückzuführen ist, bei dem die Lymphocyten des Spenders auf Alloantigene reagieren, die von den Leukämiezellen exprimiert werden, oder ob es sich um eine spezifische Anti-

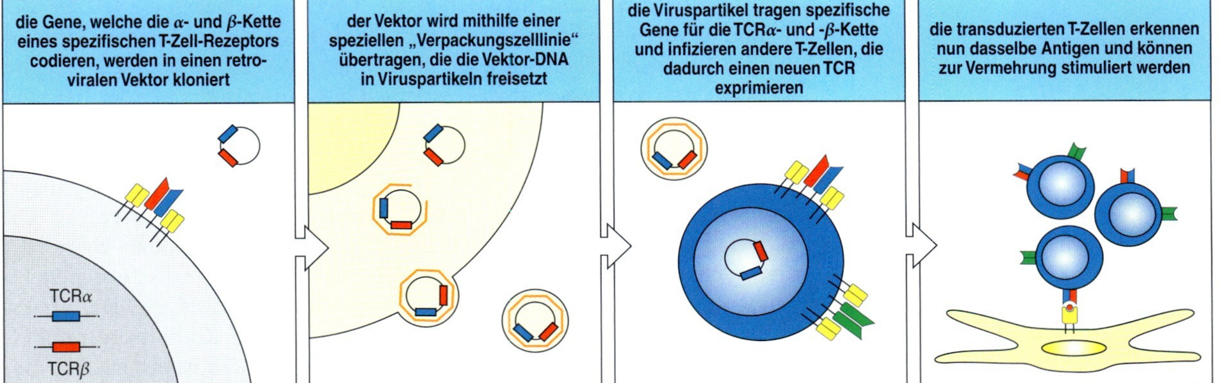

15.20 Übertragung von T-Zell-Rezeptor-Genen durch retrovirale Vektoren. Retrovirale DNA-Konstrukte werden durch Transfektion auf „Verpackungszellen“ übertragen, um Viruspartikel zu erzeugen. Lymphocyten aus dem peripheren Blut werden polyklonal aktiviert, indem man Anti-CD3-Antikörper oder Kügelchen zusetzt, die mit Anti-CD3/CD28 Antikörpern beschichtet sind. Zwei Tage nach der Aktivierung werden den Lymphocyten die Viruspartikel zugegeben, und fünf Tage nach der Aktivierung lässt sich die Expression der T-Zell-Rezeptoren mithilfe einer FACS-Analyse nachweisen. Eine Stimulation durch Antigene *in vitro* oder *in vivo* führt zur Vermehrung der T-Zellen, die den eingeschleusten T-Zell-Rezeptor exprimieren.

Leukämie-Reaktion handelt (Abschnitt 14.35). Es ist jedenfalls ermutigend, dass es gelungen ist, T-Lymphocyten *in vitro* zu trennen, die entweder einen *graft versus host*- oder einen *graft versus leukemia*-Effekt vermitteln. Wenn man Spenderzellen gegen leukämiespezifische Peptide prägen kann, dann lässt sich der Anti-Leukämie-Effekt verstärken, während das Risiko einer *graft versus host*-Krankheit minimiert wird.

Es gibt also gute Gründe anzunehmen, dass die T-Zell-Immuntherapie gegen Tumorantigene ein geeignetes klinisches Verfahren darstellt. Für die adoptive T-Zell-Therapie muss man tumorspezifische T-Zellen *ex vivo* in großer Zahl vermehren und diese Zellen über eine Infusion dem Patienten zuführen. Die Zellen lassen sich durch Zugabe von IL-2, CD3-Antikörpern und weiteren Zellen, die allogene Antigene präsentieren und dabei ein costimulierendes Signal liefern, *in vitro* vermehren. Die adoptive T-Zell-Therapie ist wirkungsvoller, wenn das Immunsystem des Patienten vor der Behandlung unterdrückt wird, und die Effekte lassen sich verstärken, indem man systemisch IL-2 verabreicht. T-Zellen, die gegen bösartige Tumoren gerichtet sind, welche Antigene des Epstein-Barr-Virus exprimieren, lassen sich ebenfalls antigenspezifisch vermehren, indem man EBV-transformierte B-lymphoblastoide Zelllinien aus dem Patienten verwendet. Ein weiteres Verfahren, das großes Interesse hervorgerufen hat, ist die Übertragung von tumorspezifischen T-Zell-Rezeptor-Genen mithilfe von retroviralen Vektoren auf die Zellen des Patienten vor der Rückinfusion. Das kann sehr nachhaltige Auswirkungen haben, da sich die T-Zellen zu Gedächtniszellen entwickeln können. Außerdem ist keine Gewebeverträglichkeit erforderlich, da die übertragenen Zellen aus dem Patienten stammen (Abb. 15.20).

15.17 Durch monoklonale Antikörper gegen Tumorantigene – allein oder an Toxine gekoppelt – lässt sich das Tumorwachstum beeinflussen

Die Entwicklung von monoklonalen Antikörpern ließ darauf hoffen, mit ihrer Hilfe Tumoren aufspüren und zerstören zu können (Abb. 15.21). Dazu muss man Antikörper gegen tumorspezifische Zelloberflächenantigene finden. Abbildung 15.22 fasst einige Zelloberflächenmoleküle zusammen, die in klinischen Versuchen als Zielmoleküle dienen. Einige dieser Behandlungsverfahren wurden inzwischen als Therapie zugelassen. Bei der Behandlung von Brustkrebs mit dem humanisierten monoklonalen Antikörper Trastuzumab (Herceptin), hat man einige gute Erfolge erzielt. Herceptin ist gegen den Wachstumsfaktorrezeptor HER-2/neu gerichtet, der bei etwa einem Viertel der Patientinnen mit Brustkrebs überexprimiert wird. Wie in Abschnitt 15.16 bereits ausgeführt, lässt sich mit dieser Überexpression erklären, warum HER-2/neu eine gegen den Tumor gerichtete T-Zell-Antwort hervorruft, und dennoch mit einer schlechteren Prognose verknüpft ist. Die Wirkung von Herceptin besteht wahrscheinlich darin, dass der Antikörper die Wechselwirkung zwischen dem Rezeptor und seinem natürlichen Liganden blockiert und die Expression des Rezeptors verringert. Die Effekte lassen sich noch verstärken, indem man Herceptin in Kombination mit einer konventionellen Chemotherapie einsetzt. Rituximab ist ein zweiter monoklonaler Antikörper, der bei der Behandlung von Non-Hodgkin-B-Zell-Lymphomen ausgezeichnete Ergebnisse gezeigt hat. Er bindet an CD20 auf B-Zellen, durch dessen Vernetzung und Clusterbildung ein Signal erzeugt wird, das bei den Zellen die Apoptose auslöst (Abschnitt 15.9).

Feste Tumoren werden dadurch stabilisiert, dass Blutgefäße in die Tumoren hineinwachsen. Die Bedeutung dieses Vorgangs für das Überleben von Tumoren lässt sich anhand der Auswirkungen veranschaulichen, die man durch einen Angriff auf den vaskulären endothelialen Wachstumsfaktor (VEGF) erzielt. VEGF ist ein Cytokin, das für das Wachstum von Blutgefäßen notwendig ist. Man stellte bei Patienten mit fortgeschrittenem Dickdarmkrebs deutliche Verbesserungen der Überlebensrate fest, wenn sie in Kombination mit einer konventionellen Chemotherapie mit dem humanisierten Anti-VEGF-Antikörper Bevacizumab behandelt wurden. Dieser Antikörper wurde zusammen mit einem weiteren Antikörper (Cetuximab), der gegen den EGF-Rezeptor gerichtet ist, jetzt für die Behandlung von colorektalem Krebs zugelassen.

Zu den Schwierigkeiten beim Einsatz tumorspezifischer und -selektiver monoklonaler Antikörper für die Therapie gehören die Antigenvariabili-

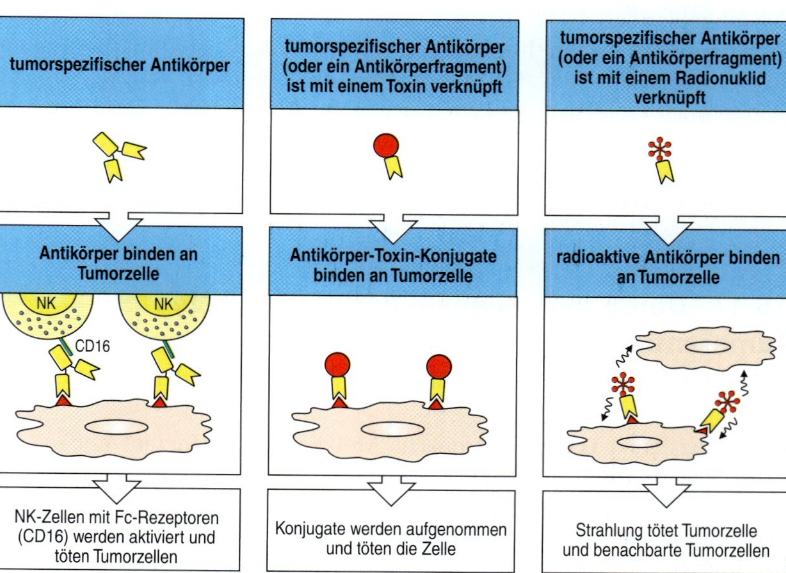

15.21 Monoklonale Antikörper, die tumorspezifische Antigene erkennen, wurden bereits zur Beseitigung von Tumoren genutzt. Tumorspezifische Antikörper der passenden Isotypen können die Lyse von Tumorzellen durch NK-Zellen gezielt herbeiführen, indem sie die NK-Zellen über ihre Fc-Rezeptoren aktivieren (links). Eine andere Vorgehensweise ist die Kopplung des Antikörpers an ein starkes Toxin (Mitte). Hat der Antikörper an die Tumorzelle gebunden und wurde durch Endocytose aufgenommen, wird das Toxin freigesetzt und kann die Tumorzelle töten. Koppelt man den Antikörper mit einem Radionuklid (rechts), kann die Bindung des Antikörpers an die Tumorzelle zu einer lokalen Strahlendosis führen, die hoch genug ist, um die Zelle zu töten. Zusätzlich können auch benachbarte Tumorzellen eine letale Strahlendosis erhalten, selbst wenn der Antikörper nicht an sie bindet. Inzwischen hat man damit begonnen, für die Kopplung von Toxinen oder Radioisotopen ganze Antikörper durch Antikörperfragmente zu ersetzen.

tät des Tumors (Abb. 15.13), sowie die Effekte, dass die Tumorzellen nach Bindung des Antikörpers oft nicht abgetötet werden, die Antikörper auch nicht genügend in die Tumormasse eindringen können (Letzteres lässt sich durch die Verwendung kleiner Antikörperfragmente verbessern) und lösliche Zielantigene die Antikörper aufnehmen. Das erste Problem lässt sich oft dadurch umgehen, dass man ein Toxin an den Antikörper bindet. Auf diese Weise entstehen **Immuntoxine** (Abb. 15.21), wobei man als Toxinkomponente vor allem die Ricin-A-Kette und das *Pseudomonas*-Toxin verwendet. Das Konstrukt muss von der Zelle aufgenommen und die Toxinkette im endocytotischen Kompartiment vom Antikörper abgespalten werden, damit das Toxin in die Zelle eindringen und sie abtöten kann. Toxine, die an native Antikörper gebunden waren, zeigten bei der Krebstherapie nur eingeschränkte Erfolge, aber Antikörperfragmente wie einzelkettige Fv-Moleküle (Abschnitt 3.3) sind offenbar erfolgreicher. Ein Beispiel für ein solches Immuntoxin ist ein rekombinierter Fv-Anti-CD22-Antikörper, der mit einem Fragment des *Pseudomonas*-Toxins verknüpft ist. Dadurch ließ sich bei zwei Dritteln einer Patientengruppe eine vollständige Rückbildung einer bestimmten B-Zell-Leukämie (Haarzellleukämie) beobachten, die sich gegenüber einer konventionellen Chemotherapie als resistent erwiesen hatte.

Bei zwei weiteren Ansätzen verwendet man monoklonale Antikörper, an die chemotherapeutische Medikamente wie Adriamycin oder Radioisotope gekoppelt sind. Bei der Verwendung von Konjugaten aus Chemotherapeutika und Antikörpern gegen tumorspezifische Zelloberflächenantigene wird das Medikament am Tumor konzentriert. Nach der Aufnahme der Antikörper durch die Zelle wird das Konstrukt in den Endosomen gespalten und das Medikament freigesetzt, sodass es seine cytostatische oder cytotoxische Wirkung entfalten kann. Eine Variante dieses Verfahrens ist, den Antikörper mit einem Enzym zu koppeln, das eine nichttoxische Medikamentenvorstufe in das aktive cytotoxische Therapeutikum umwandelt. Dieses Verfahren bezeichnet man als ADEPT (*antibody directed*

Ursprung des Tumorgewebes	Antigentyp	Antigen	Tumortyp
Lymphom/Leukämie	Differenzierungsantigen	CD5 Idiotyp CD52 (CAMPATH1)	T-Zell-Lymphom B-Zell-Lymphom T- und B-Zell-Lymphom/ Leukämie
	B-Zell-Signal-Rezeptor	CD20	Non-Hodgkin-B-Zell-Lymphom
solide Tumoren	Zelloberflächenantigene Glykoprotein Kohlenhydrat	CEA, Mucin-1 Lewis^y CA-125	Epitheltumoren (Brust, Dickdarm, Lunge) Epitheltumoren Eierstockkarzinom
	Wachstumsfaktorrezeptoren	Rezeptor für den epidermalen Wachstumsfaktor HER-2/neu IL-2-Rezeptor vaskulärer endothelialer Wachstumsfaktor (VEGF)	Tumoren in Lunge, Brust, Kopf und Hals Brust-, Ovarialkarzinome T- und B-Zell-Tumoren Dickdarmkrebs Lunge, Prostata, Brust
	extrazelluläres Stromaantigen	FAP-α Tenascin Metallproteinasen	Epitheltumoren Gliobastoma multiforme Epitheltumoren

15.22 Beispiele für Tumorantigene, die in Therapieexperimenten von monoklonalen Antikörpern erkannt wurden. CEA, karzinoembryonales Antigen.

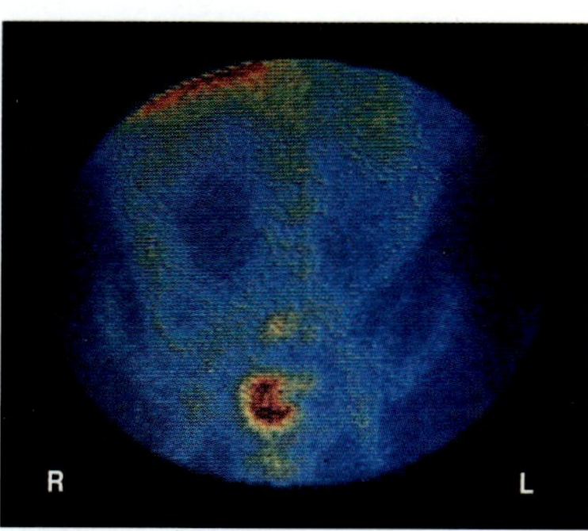

15.23 Mithilfe eines radioaktiv markierten monoklonalen Antikörpers gegen karzinoembryonales Antigen (CEA) lassen sich Rezidive eines colorektalen Karzinoms nachweisen. Einem Patienten wurde intravenös ein mit 111-Indium markierter monoklonaler Antikörper gegen CEA injiziert. Zwei rote, in der Beckengegend lokalisierte Flecken zeigen die Tumorrezidive an. Die Blutgefäße sind durch im Kreislauf zirkulierende Antikörper, die nicht an den Tumor gebunden haben, schwach angefärbt. (Foto mit freundlicher Genehmigung von A. M. Peters.)

enzyme/pro-drug-therapy). Dieses Verfahren hat den möglichen Vorteil, dass eine geringe Menge an Enzym, die durch den Antikörper in den Tumor gebracht wird, in der unmittelbaren Umgebung viel größere Mengen des cytotoxischen Wirkstoffes erzeugt, als direkt an den Antikörper gekoppelt werden könnten. Monoklonale Antikörper mit Radionukliden konzentrieren die radioaktive Strahlungsquelle am Tumor (Abb. 15.21). Dieses Verfahren wurde bereits bei der Behandlung eines refraktären B-Zell-Lymphoms mit Anti-CD20-Antikörpern, die mit Yttrium-90 gekoppelt waren (Ibritumomab-Tiuxetan), erfolgreich angewendet. Um Tumoren zu diagnostizieren und ihre Ausbreitung sichtbar zu machen, verwendet man ebenfalls monoklonale Antikörper. Sie sind an Isotope gekoppelt, die γ-Strahlen aussenden (Abb. 15.23).

Diese Verfahren haben den Vorteil, dass auch benachbarte Tumorzellen getötet werden, da der freigesetzte Wirkstoff oder die radioaktive Strahlung die Zellen beeinflussen kann. Letztendlich sollten Kombinationen aus toxin-, therapeutikum- oder radionuklidmarkierten monoklonalen Antikörpern zusammen mit Impfverfahren, die auf eine durch T-Zellen vermittelte Immunität abzielen, als Krebsimmuntherapie am wirksamsten sein.

15.18 Die Verstärkung der Immunantwort gegen Tumoren durch Impfung ist ein viel versprechender Ansatz in der Krebstherapie

Der größte Durchbruch bei der Entwicklung von Impfstoffen gegen Krebs seit der letzten Ausgabe dieses Buches ist die Prävention von einem durch Viren ausgelösten Krebs. Ende des Jahres 2005 führte man eine große randomisierte Versuchsreihe mit 12 167 Frauen durch. Dabei zeigte sich, dass ein rekombinierter Impfstoff gegen das menschliche Papillomvirus (HPV) bei den beiden Hauptstämmen HPV-16 und HPV-18, die für 70 % aller Fälle von Gebärmutterhalskrebs verantwortlich sind, in der Prävention von Gebärmutterhalskrebs zu 100 % wirksam war.

Versuche, Tumoren mithilfe von Impfstoffen zu behandeln, verliefen hingegen ausschließlich enttäuschend. Impfstoffe auf der Basis von Tumorantigenen sind im Prinzip ideal für eine durch T-Zellen vermittelte Immuntherapie geeignet. Solche Impfstoffe sind jedoch schwierig zu entwickeln. Es ist nicht bekannt, inwieweit relevante Epitope den verschiedenen Tumoren gemeinsam sind, und Peptide von Tumorabstoßungsantigenen werden nur von bestimmten MHC-Allelen präsentiert. Um wirksam zu sein, sollte ein Tumorimpfstoff deshalb ein gewisses Spektrum von Tumorantigenen enthalten. So werden MAGE-1-Antigene nur von den T-Zellen solcher Melanompatienten erkannt, die den HLA-A1-Haplotyp exprimieren. Jedoch deckt das Spektrum an Proteinen des MAGE-Typs, die man inzwischen charakterisiert hat, eine Reihe von Peptidepitopen ab, die von vielen HLA-Klasse-I- und -Klasse-II-Molekülen präsentiert werden. Zweifellos sollten Krebsimpfstoffe nur in Fällen Anwendung finden, bei denen die Tumorbelastung gering ist, etwa nach einem entsprechenden chirurgischen Eingriff oder einer Chemotherapie.

Bis vor kurzem verwendete man als Antigenquelle für die meisten Krebsimpfstoffe einzelne Tumoren, die man chirurgisch aus Patienten entfernt hatte. Diese zellbasierten Impfstoffe werden hergestellt, indem man entweder bestrahlte Tumorzellen oder Tumorzellextrakte mit Adjuvanzien aus Bakterien mischt, die die Immunogenität erhöhen. Dabei kommt beispielsweise BCG (Bacille Calmette-Guérin) oder *Corynebacterium parvum* zur Anwendung (Anhang I, Abschnitt A.4). Die Impfung mit BCG-Adjuvanzien führte zwar früher zu unterschiedlichen Ergebnissen, aber aufgrund besserer Einsichten in die Funktionsweise von Toll-ähnlichen Rezeptoren besteht ein neues Interesse daran. Man hat die Stimulation von TLR-4 durch BCG und weitere Liganden bei Melanomen und anderen festen Tumoren getestet. Auch CpG-DNA, die an TLR-9 bindet, wurde bereits verwendet, um die Immunogenität von Krebsimpfstoffen zu verbessern.

Kennt man mögliche Tumorabstoßungsantigene wie zum Beispiel beim Melanom, verwendet man für experimentelle Impfungen ganze Proteine, Peptidimpfstoffe auf der Grundlage von Sequenzen, die von cytotoxischen T-Lymphocyten und T-Helferzellen erkannt werden (und entweder allein verabreicht oder durch die dendritischen Zellen des Patienten präsentiert werden), und rekombinante Viren, die diese Peptidepitope codieren. Tumorantigene, die von B-Zell-Lymphomen exprimiert werden, gelten als spezifisch und geeignet für eine Immuntherapie auf der Basis von Impfstoffen. Dieses Verfahren war jedoch in der klinischen Medizin noch nicht erfolgreich. Ein neues experimentelles Verfahren für die Tumorimpfung beruht auf der Verwendung von Hitzeschockproteinen, die man aus Tumorzellen isoliert hat. Das zugrunde liegende Prinzip dieser Therapieform besteht darin, dass Hitzeschockproteine als intrazelluläre Chaperone für Antigenpeptide wirken. Es gibt Hinweise auf Rezeptoren an der Oberfläche von dendritischen Zellen, die bestimmte Hitzeschockproteine zusammen mit einem beliebigen gebundenen Peptid aufnehmen. Das führt dazu, dass das Begleitpeptid in den Antigenprozessierungsweg eingeht und durch MHC-Klasse-I-Moleküle präsentiert wird. Diese experimentelle Methode der Tumorimpfung hat den Vorteil, dass keine vorherige Kenntnis über die Art der entscheidenden Tumorabstoßungsantigene vorhanden sein muss. Von Nachteil ist jedoch, dass die aus Tumorzellen aufgereinigten Hitzeschockproteine zahlreiche Peptide enthalten, sodass jedes Tumorabstoßungsantigen wahrscheinlich nur einen geringen Anteil dieser Peptide ausmacht.

Ein weiteres experimentelles Verfahren für die Tumorimpfung bei Mäusen besteht darin, die Immunogenität der Tumorzellen durch Einschleusen von Genen zu erhöhen, die costimulierende Moleküle oder Cytokine codieren. Dadurch soll der Tumor selbst stärker immunogen werden. Das Grundschema dieser Experimente ist in Abbildung 15.24 skizziert. Zunächst implantiert man eine Tumorzelle, die man mit dem Gen für das costimulierende Molekül B7 (Abschnitt 8.5) transformiert hat, in ein syngenes Tier. Diese B7-positiven Zellen können tumorspezifische naive T-Zellen aktivieren, sich in T-Effektorzellen umzuwandeln und die Tumorzellen zu bekämpfen. Zudem können die B7-Zellen die weitere Proliferation der Effektorzellen stimulieren, die in die Region des Implantats gelangen. Diese T-Effektorzellen können die Tumorzellen erkennen – gleichgültig, ob diese B7 exprimieren oder nicht. Das lässt sich durch die erneute Implantierung nichttransfizierter Tumorzellen zeigen, die ebenfalls abgestoßen werden. B7 kann jedoch auch CTLA-4 aktivieren und hemmt dadurch T-Zell-Reaktionen. Die Blockade von CTLA-4 mithilfe von Anti-CTLA-4-Antikörpern hat für die Behandlung von Melanomen einige vielversprechende Ergebnisse gebracht, indem sowohl die T-Helferzellen als auch die cytotoxischen T-Zellen aktiviert werden. Andererseits sind bei diesen Patienten auch Autoimmuneffekte aufgetreten. Eine Alternative zu B7 ist der CD40-Ligand. Als man das Gen für den CD40-Liganden durch Transfektion auf Tumorzellen übertragen hat, wurde die Reifung von dendritischen Zellen angeregt und das Immunsystem dadurch vorgeprägt.

Die zweite Herangehensweise nutzt die parakrine Natur der Cytokine. Man führt Cytokingene in die Tumoren ein, damit diese die entscheidenden Cytokine selbst als Botenstoffe produzieren und so antigenpräsentierende Zellen anlocken. Bei Mäusen sind die bisher wirksamsten Tumorimpfstoffe Tumorzellen, die den Granulocyten-Makrophagen-Kolonie-stimulierenden

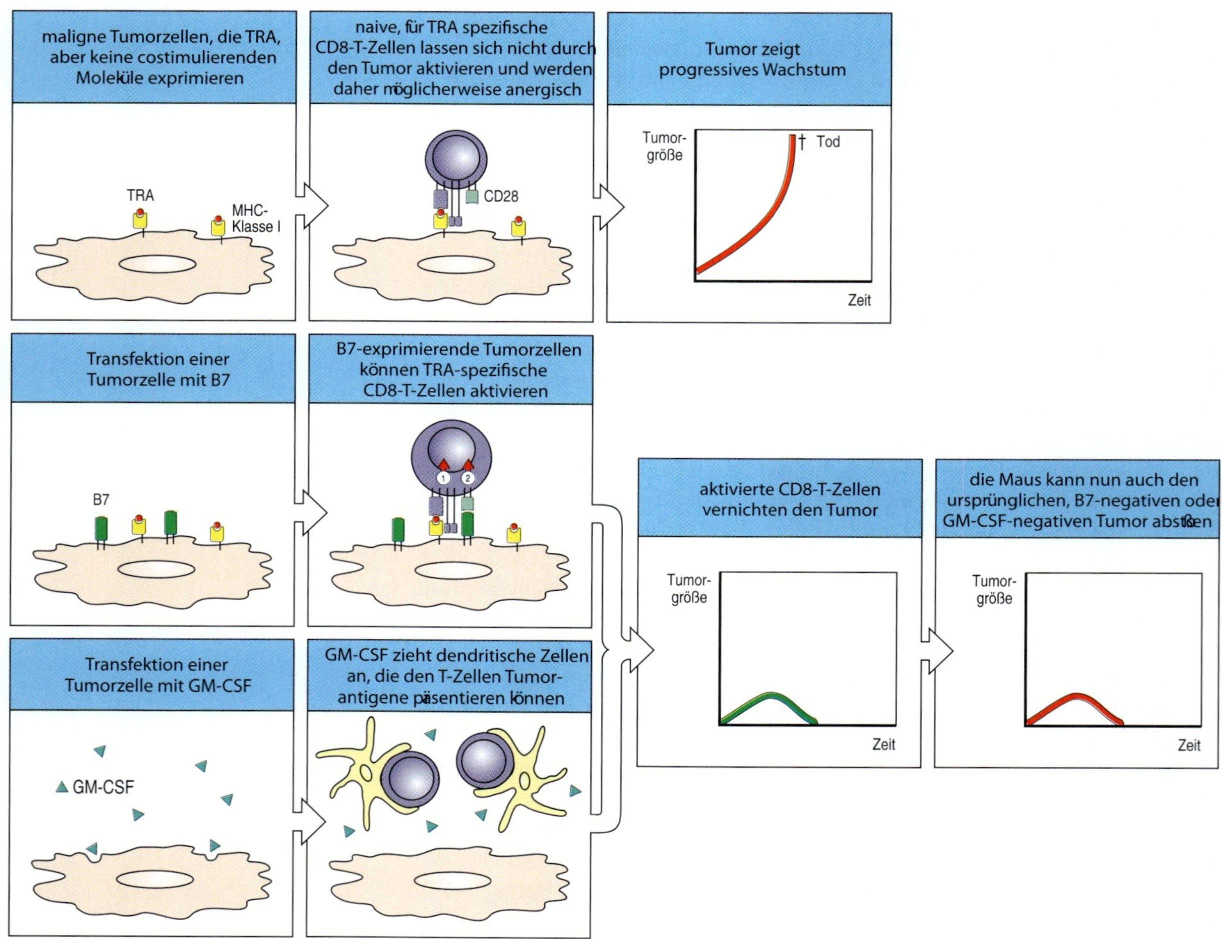

15.24 Die Transfektion von Tumoren mit den Genen für B7 oder GM-CSF erhöht die Immunogenität der Tumoren. Ein Tumor, der keine costimulierenden Moleküle exprimiert, induziert auch keine Immunantwort, selbst wenn er Tumorabstoßungsantigene (TRA) exprimiert, weil naive CD8-T-Zellen, die die Antigene erkennen, durch den Tumor nicht aktiviert werden können. Der Tumor wächst daher in normalen Mäusen weiter (oben) und tötet schließlich das Wirtstier. Transfiziert man solche Tumorzellen mit einem Gen für ein costimulierendes Molekül wie B7, erhalten TRA-spezifische CD8-T-Zellen nun sowohl Signal 1 als auch Signal 2 von derselben Zelle. Sie können daher aktiviert werden (Mitte). Den gleichen Effekt erzielt man durch eine Transfektion des Tumors mit dem Gen für den GM-CSF, der die Vorläufer von dendritischen Zellen anlockt und ihre Differenzierung stimuliert (unten). Bei beiden Verfahren, die an Mäusen getestet wurden, entstehen T-Gedächtniszellen – mit GM-CSF sind die Ergebnisse allerdings eindrucksvoller. Da jetzt TRA-spezifische CD8-Zellen aktiviert worden sind, kommt es auch zu einer Abstoßung des ursprünglichen B7-negativen oder GM-CSF-negativen Tumors.

Faktor (GM-CSF) sezernieren. Dieser Faktor induziert die Differenzierung von hämatopoetischen Vorläuferzellen zu dendritischen Zellen und lockt diese in den Bereich des Tumors. GM-CSF wirkt wahrscheinlich auch als Adjuvans und aktiviert dendritische Zellen. Man nimmt an, dass diese Zellen die Tumorantigene prozessieren und zu den lokalen Lymphknoten wandern, wo sie starke, gegen den Tumor gerichtete Reaktionen auslösen. Mit B7 transfizierte Zellen lösen anscheinend weniger starke Anti-Tumor-Reaktionen aus. Vielleicht liegt das daran, dass die aus dem Knochenmark stammenden dendritischen Zellen eine größere Zahl der Moleküle exprimieren, die für die Aktivierung naiver T-Zellen erforderlich sind, als die B7-transfizierten Tumorzellen. Darüber hinaus besitzen die Tumorzellen nicht die besondere Fähigkeit von dendritischen Zellen, in die T-Zell-Bereiche der Lymphknoten zu wandern, wo sie optimal mit vorbeikommenden naiven T-Zellen in Wechselwirkung treten können (Abschnitt 8.4). GM-CSF zeigte jedoch bei den Patienten nur eingeschränkte Behandlungserfolge, da die Immunantwort, die der Faktor stimuliert, nur von begrenzter Dauer ist.

Die Wirksamkeit von dendritischen Zellen bei der Aktivierung einer T-Zell-Antwort bildet die Grundlage für eine weitere Strategie zur Impfung gegen Tumoren. An Versuchstieren entwickelte man die Verwendung von antigentragenden dendritischen Zellen zur Stimulation therapeutisch wirksamer Reaktionen cytotoxischer T-Zellen gegen Tumoren. Für dieses Verfahren gibt es nun auch erste Versuche zur Behandlung von Krebs beim Menschen. Bei weiteren Verfahren, die sich noch im Erprobungsstadium befinden, überträgt man DNA, die das Tumorantigen codiert, *ex vivo* auf dendritische Zellen, und gewinnt Antigene aus apoptotischen oder nekrotischen Tumorzellen. Die Impfung mit dendritischen Zellen gegen Tumoren ist ein aktives Forschungsgebiet, und es gibt noch zahlreiche Variablen, die man in Frühphasenstudien bei Patienten untersucht.

Zusammenfassung

Einige Tumoren lösen spezifische Immunreaktionen aus, durch die ihr Wachstum unterdrückt oder verändert wird. Ein nur teilweise funktionsfähiges Immunsystem kann zum Heranwachsen von Tumoren führen. Das deutet darauf hin, dass das Immunsystem bei der Unterdrückung der Tumorentwicklung von großer Bedeutung ist. Tumoren umgehen oder unterdrücken das Immunsystem auf viele verschiedene Weisen, und man schenkt inzwischen den regulatorischen Zellen in diesem Zusammenhang viel Aufmerksamkeit. Für die Immuntherapie von Tumoren hat man in mehreren Fällen erfolgreich monoklonale Antikörper entwickelt, beispielsweise Anti-CD20-Antikörper für B-Zell-Lymphome und Anti-VEGF-Antikörper bei colorektalem Krebs. Ebenso gab es Versuche zur Entwicklung von Impfstoffen durch Übertragung von Peptiden, die aufgrund ihrer Eigenschaften wirksame Reaktionen der cytotoxischen Zellen und T-Helferzellen auslösen können. Die Effektivität der dendritischen Zellen, Tumorantigene zu präsentieren, wurde verbessert, indem man die aus dem Patienten gewonnenen dendritischen Zellen *in vitro* mit veränderten Tumorzellen oder Tumorantigenen in Form eines Impulses in Kontakt bringt und sie dann wieder in den Körper überträgt. Dieses Verfahren wurde in Tierversuchen dahingehend erweitert, dass man nun auch Gene für costimulierende Moleküle oder Cytokine, die dendritische Zellen anlocken und aktivieren, durch Transfektion in Tumorzellen überträgt. Der Möglichkeit, dass bestimmte Krebsarten bald ausgerottet sein werden, ist man durch die Entwicklung eines wirksamen Impfstoffes gegen spezifische Stämme des krebsauslösenden menschlichen Papillomvirus einen Schritt näher gekommen.

Die Bekämpfung von Infektionen durch Beeinflussung der Immunantwort

Infektionskrankheiten sind die häufigste Todesursache beim Menschen (siehe auch Abbildung 11.2). Die beiden wichtigsten Beiträge zur Verbesserung des allgemeinen Gesundheitszustandes in den letzten hundert Jahren waren hygienische Maßnahmen und die Einführung von Impfungen, die zusammen die Todesrate aufgrund von Infektionskrankheiten dramatisch gesenkt haben. Die moderne Immunologie entwickelte sich aus den Impferfolgen von Jenner und Pasteur bei Pocken und Cholera, und ihr größter Triumph war die weltweite Ausrottung der Pocken, die 1980 von der Weltgesundheitsorganisation verkündet wurde. Leider haben wir wahrscheinlich das Ende dieser tödlich verlaufenden Krankheit noch nicht erlebt; so könnten Laborbestände des Organismus illegal aufbewahrt werden und in die Hände von Terroristen gelangen. Um auf einen solche Fall zu einem gewissen Maß vorbereitet zu sein, wird weltweit Pockenimpfstoff eingelagert. Gegenwärtig ist auch eine globale Kampagne zur völligen Ausrottung der Kinderlähmung (Polio) im Gange.

Eine adaptive Immunität gegen einen spezifischen Krankheitserreger lässt sich auf verschiedene Weise auslösen. Ein veraltetes Verfahren war die absichtliche, leichte Infektion mit dem unveränderten Erreger. Dies war das Prinzip der Variolation, bei der man eine kleine Menge des ausgetrockneten Inhalts einer Pustel der echten Pocken (Variola) überimpfte und so eine leichte Infektion auslöste, die einen lang andauernden Schutz vor einer erneuten Infektion bewirkte. Allerdings verlief die Infektion bei der Variolation nicht immer leicht, und in etwa 3 % aller Fälle kam es zu tödlichen Pockenerkrankungen. Nach modernen Sicherheitsmaßstäben ist das nicht akzeptabel. Jenners große Leistung war die Erkenntnis, dass eine Infektion mit Vaccinia (von lateinisch *vacca*, die Kuh) einen Immunschutz gegen menschliche Pocken ohne das Risiko einer ernsthaften Erkrankung verleiht. Das Vacciniavirus löst beim Rind die Kuhpocken aus, eine den menschlichen Pocken analoge Krankheit. Jenner nannte diese Impfung **Vakzinierung**, und ihm zu Ehren erweiterte Pasteur später den Begriff auch auf Schutzimpfungen gegen andere Infektionen. Der Mensch stellt keinen natürlichen Wirt für Kuhpocken dar, sodass nur eine kurze, begrenzte subkutane Infektion erfolgt, die allerdings Antigene produziert. Diese stimulieren eine Immunreaktion, die mit Antigenen der menschlichen Pocken kreuzreagiert und so vor einer Pockenerkrankung schützt.

Damit waren die allgemeinen Prinzipien für sichere und wirkungsvolle Impfungen gefunden. Im frühen 20. Jahrhundert folgte die Weiterentwicklung von Impfstoffen auf zwei empirisch ermittelten Wegen: Der erste war die Suche nach **attenuierten** Organismen, das heißt solchen mit abgeschwächter Pathogenität, die einen Immunschutz hervorrufen, aber nicht die Krankheit auslösen, und der zweite Weg bestand in der Herstellung von Impfstoffen auf der Basis von abgetöteten Organismen und später von gereinigten Komponenten dieser Organismen mit der gleichen Wirksamkeit wie vollständige, lebende Erreger. Der Grund für die Verwendung abgetöteter Mikroorganismen war, dass jeder Lebendimpfstoff – auch Vaccinia – bei immunsupprimierten Personen tödliche systemische Infektionen hervorrufen kann.

Heutzutage gilt eine Immunisierung als so sicher und wichtig, dass die meisten US-Staaten bei Kindern Immunisierungen mit attenuierten Lebendimpfstoffen gegen Masern, Mumps und Polio vorschreiben, außerdem kommen Impfstoffe gegen inaktivierte Toxine oder Toxoide der Bakterien, die die Erreger von Tetanus (*Clostridium tetanii*), Diphtherie (*Corynebacterium diphtheriae*) und Keuchhusten (*Bordetella pertussis*) sind (Abb. 1.33). Neuerdings steht auch ein Impfstoff gegen *Haemophilus influenzae* Typ b, einen Erreger der Meningitis, zur Verfügung. In Abbildung 15.25 sind die aktuellen Impfpläne für Kinder in den USA aufgeführt. Diese Fortschritte sind zwar beeindruckend, aber es gibt noch viele Krankheiten, gegen die kein wirksamer Impfstoff vorhanden ist (Abb. 15.26). Selbst wenn ein Impfstoff gegen Masern in den industrialisierten Ländern erfolgreich eingesetzt werden kann, verhindern oft technische oder ökonomische Probleme ausgedehnte Impfprogramme in den Entwicklungsländern, sodass dort die Mortalität bei diesen Krankheiten immer noch hoch ist. Daher bleiben die Entwicklung und der Einsatz von Impfstoffen ein wichtiges Ziel der Immunologie. Der empirische Ansatz ist in der zweiten Hälfte des 20. Jahrhunderts einem eher rationalen Ansatz auf der Grundlage eines detaillierten molekularen Verständnisses der Pathogenität von Mikroorganismen, der Analyse von Schutzreaktionen des Wirts auf die pathogenen Keime und der Kenntnis der Regulation des Immunsystems gewichen, um wirkungsvolle Reaktionen von T- und B-Lymphocyten zu erzeugen.

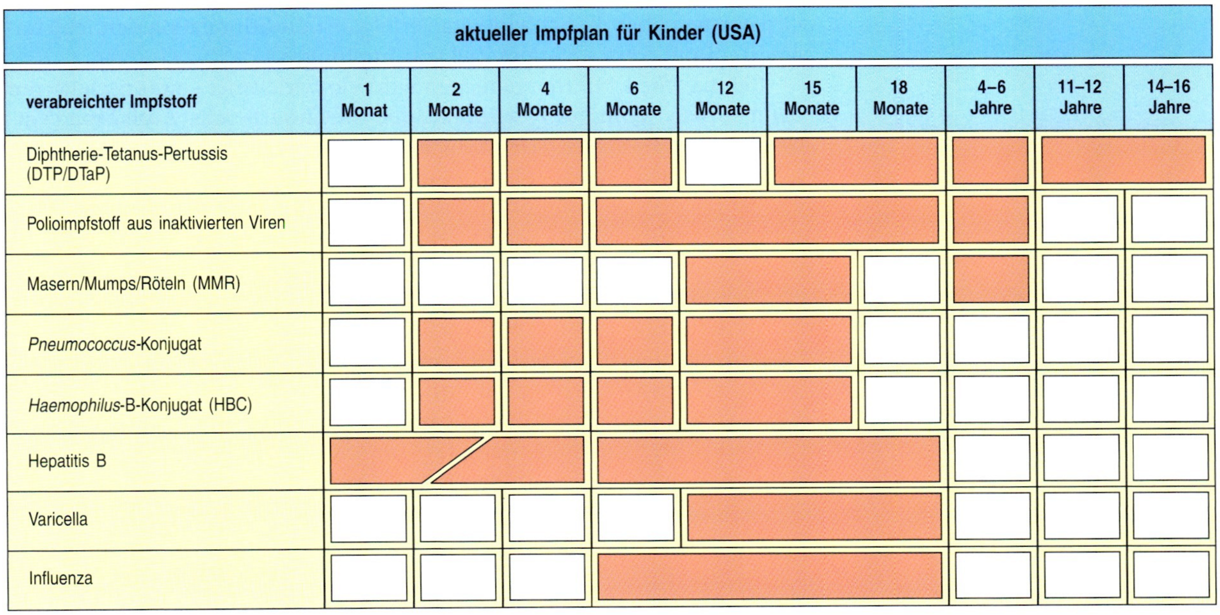

aktueller Impfplan für Kinder (USA)

verabreichter Impfstoff	1 Monat	2 Monate	4 Monate	6 Monate	12 Monate	15 Monate	18 Monate	4–6 Jahre	11–12 Jahre	14–16 Jahre
Diphtherie-Tetanus-Pertussis (DTP/DTaP)										
Polioimpfstoff aus inaktivierten Viren										
Masern/Mumps/Röteln (MMR)										
Pneumococcus-Konjugat										
Haemophilus-B-Konjugat (HBC)										
Hepatitis B										
Varicella										
Influenza										

15.25 Empfohlene Impfpläne (rot) für Kinder in den USA. Die roten Felder markieren Zeiträume, in denen eine Dosis des Impfstoffes verabreicht werden sollte. Felder, die sich über mehrere Monate erstrecken, geben einen Zeitraum an, in dem eine Verabreichung des Impfstoffes möglich ist.

einige Krankheiten, für die bisher keine wirksamen Impfstoffe zur Verfügung stehen	
Krankheit	**geschätzte Todesfälle pro Jahr**
Malaria	1 272 000
Schistosomiasis	15 000
Infektionen mit Darmwürmern	12 000
Tuberkulose	1 566 000
Durchfallerkrankungen	1 798 000
Infektionen der Atemwege	3 963 000
HIV/AIDS	2 777 000
Masern†	611 000

15.26 Einige Krankheiten, für die noch wirksame Impfstoffe fehlen. †Die gegenwärtig verwendeten Impfstoffe gegen Masern sind zwar wirkungsvoll, aber hitzeempfindlich; das macht ihren Einsatz in tropischen Ländern schwierig. Geschätzte monatliche Zahlen für 2002 nach dem *World Health Report 2004* (Weltgesundheitsorganisation, WHO).

15.19 Ein wirksamer Impfstoff muss verschiedene Bedingungen erfüllen

Die Voraussetzungen für eine erfolgreiche Impfung hängen von der Art des infizierenden Organismus ab. Bei extrazellulären Erregern stellen Antikörper den wichtigsten Schutz des Wirts dar, zur Kontrolle von intrazellulären Organismen ist dagegen auch eine effektive Reaktion der CD8-T-Lymphocyten erforderlich. Eine ideale Impfung verleiht dem Wirt bereits an der Stelle Schutz, wo der Erreger in ihn eindringt. Da der Eintritt vieler Organismen über die Schleimhäute erfolgt, ist die Stimulation der Schleimhautimmunität ein wichtiges Ziel von Impfungen.

Bei manchen Mikroorganismen wird ein wirksamer Immunschutz nur dann erzielt, wenn zum Zeitpunkt der Infektion bereits Antikörper vorhanden sind. Beispielsweise sind die klinischen Auswirkungen von Tetanus und Diphtherie ausschließlich auf die extrem starken Exotoxine zurückzuführen (Abb. 9.23). Zum Schutz vor diesen Krankheiten müssen Antikörper gegen die Exotoxine bereits vor der Infektion existieren. Tatsächlich ist das Tetanusexotoxin so wirksam, dass die sehr geringe Menge, die bereits eine Krankheit auslösen kann, wahrscheinlich nicht ausreicht, um einen Immunschutz hervorzurufen. Das bedeutet, dass selbst Menschen, die eine Tetanusinfektion überlebt haben, eine Impfung benötigen, um vor einem weiteren Angriff geschützt zu sein. Bereits existierende Antikörper sind auch als Schutz vor manchen intrazellulären Erregern nötig, zum Beispiel beim Virus der Kinderlähmung (Poliomyelitis), das innerhalb kurzer Zeit nach seinem Eindringen in den Körper wichtige Wirtszellen infiziert und durch T-Zellen nicht leicht kontrolliert werden kann, wenn die Infektion bereits besteht.

Bei der Immunantwort gegen Krankheitserreger werden gewöhnlich Antikörper gegen zahlreiche Epitope gebildet, von denen jedoch nur manche Schutz gewähren. Die Art der Reaktion kann auch durch die von den T-Zellen erkannten Epitope beeinflusst werden. So ruft das bei einer Impfung mit dem RS-Virus (respiratorisches Syncytialvirus) von den T-Zellen hauptsächlich erkannte Epitop eine heftige Entzündungsreaktion hervor, erzeugt aber keine neutralisierenden Antikörper. Die Impfung führt also zu einer pathologischen Reaktion ohne Schutz (Kapitel 12). Bei einem wirksamen Impfstoff müssen daher Antikörper und T-Zellen gegen die richtigen Epitope gebildet werden. Diese Überlegungen sind besonders wichtig für einige der modernen Impfmethoden, bei denen nur ein oder wenige Epitope benutzt werden.

Ein erfolgreicher Impfstoff muss noch einige weitere wichtige Voraussetzungen erfüllen (Abb. 15.27). Erstens muss er sicher sein. Impfstoffe werden einer enorm großen Zahl von Menschen verabreicht, von denen vermutlich nur wenige an der bestimmten Krankheit, gegen die der Impfstoff gerichtet ist, sterben oder vielleicht auch nur erkranken würden. Selbst eine geringe Toxizität ist daher nicht vertretbar. Zweitens muss der Impfstoff bei einem sehr hohen Prozentsatz der geimpften Menschen eine schützende Immunität herbeiführen. Da es nicht praktikabel ist, großen oder weit verstreuten ländlichen Populationen regelmäßige Impfungen zur Auffrischung zu verabreichen, muss ein erfolgreicher Impfstoff drittens ein langlebiges immunologisches Gedächtnis erzeugen, das heißt, dass sowohl B- als auch T-Zellen aktiviert werden müssen. Viertens müssen Impfstoffe kostengünstig sein, wenn man viele Menschen behandeln möchte. Wirksame Impfungen gehören zu den kostengünstigsten Maßnahmen im Gesundheitswesen. Dieser Vorteil würde bei hohen Kosten pro Dosis wegfallen.

Ein wirkungsvolles Impfprogramm verleiht auch kollektiven Immunschutz: Durch die Verringerung der Zahl der für eine Infektion empfindlichen Individuen verkleinert sich das natürliche Reservoir an infizierten Personen in der Bevölkerung. Damit sinkt die Wahrscheinlichkeit, dass die Infektion übertragen wird. Selbst nichtgeimpfte Angehörige einer Population gewinnen also einen gewissen Schutz vor Infektionen, wenn die große Mehrheit geimpft ist. Ein kollektiver Immunschutz tritt nur dann ein, wenn die Impfrate relativ hoch ist. Bei Mumps schätzt man die Zahl auf etwa 80 %, darunter können sporadisch Krankheitsfälle auftreten. Das zeigte sich bei der erheblichen Zunahme von Mumpsfällen unter jungen Erwachsenen in Großbritannien in den Jahren 2004 und 2005. Ursache war die teilweise Verwendung eines Impfstoffes gegen Masern und Röteln anstelle des kombinierten Impfstoffes gegen Masern, Mumps und Röteln (MMR), der damals in zu geringen Mengen vorrätig war.

Eigenschaften von wirksamen Impfstoffen	
Sicherheit	der Impfstoff selbst darf nicht Krankheit oder Tod bewirken
Schutz	der Impfstoff muss vor der Krankheit, die durch Kontakt mit lebenden Erregern ausgelöst wird, schützen
Dauerhaftigkeit des Schutzes	der Schutz vor der Krankheit muss mehrere Jahre anhalten
Induktion von neutralisierenden Antikörpern	manche Erreger (wie das Poliovirus) infizieren Zellen, die nicht ersetzt werden können (wie Neuronen); neutralisierende Antikörper sind zur Vorbeugung vor einer Infektion solcher Zellen unerlässlich
Induktion von schützenden T-Zellen	manchen – vor allem intrazellulären – Erregern kann durch zellvermittelte Immunreaktionen wirksamer begegnet werden
praktische Gesichtspunkte	niedrige Kosten pro Dosis biologische Stabilität einfache Verabreichung geringe Nebenwirkungen

15.27 Verschiedene Kriterien für einen wirksamen Impfstoff.

15.20 Die Geschichte der Keuchhustenimpfung zeigt, wie wichtig es ist, dass ein wirksamer Impfstoff auch sicher ist

Ein gutes Beispiel für die Herausforderungen, denen man sich bei der Entwicklung und Verbreitung eines wirksamen Impfstoffes gegenüber sieht, liefert die Geschichte der Impfungen gegen das Bakterium *Bordetella pertussis*, den Erreger von Keuchhusten. Zu Beginn des 20. Jahrhunderts starben ungefähr 0,5 % aller amerikanischen Kinder unter fünf Jahren an dieser Krankheit. In den frühen 1930er-Jahren wurde auf den Färöer-

Inseln ein Impfstoff mit abgetöteten, ganzen Bakterien getestet, der vor der Krankheit zu schützen schien. Seit den 1940er-Jahren wurde dann in den USA ein solcher Impfstoff aus ganzen *Bordetella*-Zellen in Kombination mit Toxoiden gegen Diphtherie und Tetanus systematisch eingesetzt. Dieser DTP-Impfstoff führte zu einer Abnahme der jährlichen Infektionsrate von 200 auf weniger als 2 pro 100 000 Einwohner. Die Erstimpfung mit DTP erfolgte normalerweise im Alter von drei Monaten.

Die Impfung mit ganzen Pertussiszellen verursacht als Nebenwirkung normalerweise Rötung, Schwellung und Schmerzen an der Stelle des Einstichs. Seltener kommt es zu hohem Fieber und anhaltendem Weinen der Kinder, und in ganz seltenen Fällen treten Hustenanfälle oder Zustände von kurzzeitiger Schläfrigkeit oder Ermattung und Reaktionsträgheit auf. Nach einigen unbestätigten Meldungen, dass die Keuchhustenimpfung zu einer Encephalitis mit irreversiblen Hirnschäden führen könnte, breitete sich in den 1970er-Jahren allgemein große Skepsis gegenüber der Impfung aus. In Japan wurden 1972 etwa 85 % aller Kinder mit Pertussisimpfstoff geimpft, wobei aus dem ganzen Land damals weniger als 300 Fälle von Keuchhusten und keine Todesfälle gemeldet wurden. Nachdem es aber 1975 zu zwei Todesfällen nach der Impfung gekommen war, wurde DTP in Japan zeitweilig nicht mehr verabreicht. Später führte man den Impfstoff wieder ein, wobei die Erstimpfung im Alter von zwei Jahren anstatt wie früher von drei Monaten erfolgte. 1979 kam es zu etwa 13 000 Fällen von Keuchhusten, darunter 41 Todesfälle. Man hat die Möglichkeit, dass der Pertussisimpfstoff in seltenen Fällen schwere Hirnschädigungen hervorrufen kann, sehr sorgfältig untersucht, und die Experten stimmen allgemein darin überein, dass der Impfstoff nicht die primäre Ursache für den Hirnschaden ist. Es kann kein Zweifel daran bestehen, dass die Sterblichkeit durch Keuchhusten höher ist als durch den Impfstoff.

Die öffentliche, auch in der Ärzteschaft vertretene Meinung, dass Impfungen mit vollständigen Pertussiszellen nicht sicher seien, führte zur vehementen Forderung nach besseren Impfstoffen gegen Keuchhusten. Untersuchungen der natürlichen Reaktion auf *B. pertussis* zeigten, dass bei einer Infektion Antikörper gegen vier Komponenten des Bakteriums gebildet werden, und zwar gegen Pertussistoxin, filamentöses Hämagglutinin, Peractin und gegen Fimbrienantigene. Mäuse, die mit diesen Antigenen in gereinigter Form immunisiert wurden, waren vor der Krankheit geschützt. Daraufhin hat man Pertussisimpfstoffe auf nichtzellulärer Basis entwickelt, die immer gereinigtes Pertussistoxoid – das durch Behandlung mit Wasserstoffperoxid oder Formaldehyd inaktivierte Toxin – enthalten. Inzwischen verwendet man auch ein gentechnisch verändertes Toxin. In manchen neuen Impfstoffen ist außerdem mindestens eine der drei anderen antigenen Komponenten vorhanden. Nach dem gegenwärtigen Erkenntnisstand sind diese Impfstoffe wahrscheinlich wirksamer als diejenigen gegen ganze Pertussiszellen, und sie verursachen offenbar keine der seltenen Nebenwirkungen der Impfstoffe mit ganzen Zellen. Der zellfreie Impfstoff ist jedoch teurer, sodass eine Verwendung in ärmeren Ländern nur eingeschränkt möglich ist.

Aus der Geschichte der Keuchhustenimpfung lassen sich folgende wichtige Lehren ziehen: Erstens müssen Impfstoffe extrem sicher und ohne Nebenwirkungen sein. Zweitens müssen die öffentliche Meinung und der Ärztestand den Impfstoff auch für sicher halten. Drittens kann die sorgfältige Untersuchung der natürlichen Immunreaktion zur Entwicklung von nichtzellulären Impfstoffen führen, die sicherer als solche aus ganzen Zellen sind, aber genauso wirksam.

Bedenken in der Öffentlichkeit gegen Impfungen sind weiterhin zahlreich. Unbegründete Ängste vor einem Zusammenhang zwischen dem attenuierten MMR-Kombinationslebendimpfstoff und Autismus führten in England dazu, dass die Impfrate von einem Maximum mit 92 % in den Jahren 1995 und 1996 auf 84 % in den Jahren 2001 und 2002 abnahm. Kleine gehäufte Ausbrüche von Masern im Jahr 2002 veranschaulichen die Bedeutung, die einer hohen Impfrate für einen kollektiven Impfschutz zukommt.

15.21 Erkenntnisse über das Zusammenwirken von T- und B-Zellen bei der Immunantwort führten zur Entwicklung von Konjugatimpfstoffen

Zweifellos sind nichtzelluläre Impfstoffe sicherer als solche, die auf ganzen Organismen basieren. Ein voll wirksamer Impfstoff lässt sich jedoch normalerweise nicht allein aus einem einzigen isolierten Baustein eines Mikroorganismus gewinnen. Heute kennt man auch den Grund dafür: Zur Auslösung einer Immunantwort muss mehr als ein Zelltyp aktiviert werden. Als eine Konsequenz aus dieser Erkenntnis hat man Konjugatimpfstoffe entwickelt, von denen wir einen der wichtigsten in Abschnitt 9.3 bereits kurz beschrieben haben.

Viele Bakterien, darunter *Neisseria meningitidis* (Meningokokken), *Streptococcus pneumoniae* (Pneumokokken) und *Haemophilus influenzae*, besitzen eine äußere Kapsel, die aus Polysacchariden besteht und für bestimmte Bakterienstämme art- und typspezifisch ist. Der wirksamste Schutz gegen diese Mikroorganismen besteht in einer Opsonisierung der Polysaccharidhülle mit Antikörpern. Das Ziel der Impfung besteht in diesen Fällen also darin, Antikörper gegen die Polysaccharidkapsel der Bakterien zu erzeugen.

Aus den Wachstumsmedien der Bakterienkulturen lassen sich die Kapselpolysaccharide gewinnen. Da es sich bei ihnen um T-Zell-unabhängige Antigene handelt, kann man sie direkt als Impfstoffe einsetzen. Kleinkinder unter zwei Jahren sind aber zu durchgreifenden T-Zell-unabhängigen Immunreaktionen noch nicht fähig und können daher nicht effektiv mit solchen Polysaccharidimpfstoffen geimpft werden. Eine Lösung des Problems (Abb. 9.5) besteht in der chemischen Kopplung dieser Bakterienpolysaccharide an Proteinträgermoleküle. Aus diesen entstehen Peptide, die von antigenspezifischen T-Zellen erkannt werden, sodass eine T-Zell-unabhängige Antikörperreaktion gegen die Polysaccharide in eine T-Zell-abhängige umgewandelt wird. Auf die Weise hat man verschiedene, heute häufig verwendete Konjugatimpfstoffe gegen *Haemophilus influenzae* Typ b entwickelt, die Kinder vor den von diesem Erreger hervorgerufenen schweren Atemwegsinfektionen und Hirnhautentzündungen schützen. Auch gegen *N. meningitidis* der Serogruppe C, einen wichtigen Verursacher von Hirnhautentzündung, hat man einen Konjugatimpfstoff entwickelt, und beide Impfstoffe finden heute weit verbreitet Anwendung. Der Erfolg des zuletzt genannten lässt sich in Abbildung 15.28 ablesen: Die Häufigkeit von Meningitis C hat sich im Vergleich zu Meningitis B, wogegen es zurzeit noch keinen Impfstoff gibt, erheblich verringert.

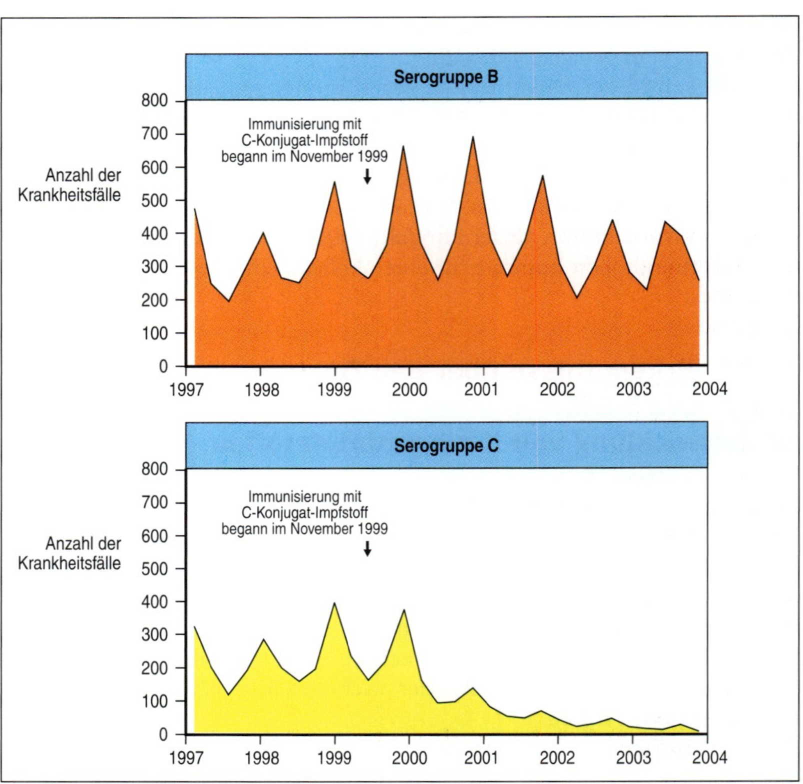

15.28 Auswirkung der Impfungen gegen *Neisseria meningitidis* Gruppe C (Meningokokken) auf die Anzahl der Fälle von Meningokokkenerkrankungen für die Gruppen B und C in England und Wales. Von Infektionen mit Meningokokken sind in Großbritannien jedes Jahr fünf von 100 000 Menschen betroffen, wobei die Gruppen B und C für fast alle Fälle verantwortlich sind. Vor der Einführung des Impfstoffs gegen Meningitis C trat diese Krankheitsform am zweithäufigsten auf und betraf etwa 40 % aller Fälle. Heute machen Erkrankungen der Gruppe C weniger als 10 % der Fälle aus, Gruppe B hingegen über 80 %. Nach Einführung des Impfstoffs ging die Anzahl der im Labor bestätigten Fälle aus Gruppe C in allen Altersgruppen erheblich zurück. Bei den geimpften Personengruppen war der Effekt am deutlichsten zu erkennen, mit bis zu 90 % Rückgang in allen Altersgruppen. Auch bei den nichtimmunisierten Personengruppen war mit einem Rückgang von etwa 70 % ein Effekt zu beobachten. Das deutet darauf hin, dass dieser Impfstoff auch eine kollektive Immunität vermittelt.

15.22 Die Verwendung von Adjuvanzien ist ein weiteres wichtiges Verfahren, um die Immunogenität von Impfstoffen zu erhöhen

Gereinigte Antigene sind für sich allein genommen normalerweise nicht besonders immunogen. Die meisten zellfreien Impfstoffe erfordern daher den Zusatz von **Adjuvanzien**, die man als Substanzen definiert, welche die Immunogenität von Antigenen erhöhen (Anhang I, Abschnitt A.4). So ist beispielsweise Tetanustoxoid in Abwesenheit von Adjuvanzien nicht immunogen. Deswegen enthalten Tetanusimpfstoffe oft Aluminiumsalze, die polyvalent an das Toxoid binden und eine selektive Immunantwort auslösen. Das Pertussistoxin selbst hat dagegen Adjuvanseigenschaften. Wenn man es als Toxoid mit den Toxoiden von Tetanus und Diphtherie mischt, führt es nicht nur zu einem Schutz vor Keuchhusten, sondern es wirkt zugleich als Adjuvans für die beiden anderen Toxoide. Diese Mischung bildet den DTP-Dreifachimpfstoff, den man Kindern in ihrem ersten Lebensjahr verabreicht.

Viele wichtige Adjuvanzien sind nichtinfektiöse Bestandteile von Bakterien, insbesondere aus den Zellwänden. So ist beispielsweise das komplette Freund-Adjuvans, das bei Versuchstieren zur Verstärkung von Antikörperantworten häufig verwendet wird, eine Öl- und Wasseremulsion, die abgetötete Mycobakterien enthält. Das komplexe Glykolipid Muramyldipeptid lässt sich aus Zellwänden von Mycobakterien isolieren oder auch synthetisch herstellen. Es enthält einen großen Teil der Adjuvansaktivität, wie sie bei ganzen abgetöteten Mycobakterien vorkommt. Andere bakterielle Adjuvanzien sind abgetötete *B. pertussis*-Bakterien, bakterielle Polysaccharide, bakterielle Hitzeschockproteine und bakterielle DNA. Viele dieser Adjuvanzien verursachen eine ziemlich starke Entzündungsreaktion und sind für die Verwendung in Impfstoffen für den Menschen nicht geeignet.

Wahrscheinlich wirken die meisten (oder sogar alle) Adjuvanzien auf antigenpräsentierende Zellen, besonders auf dendritische Zellen, was auf die Bedeutung dieser Zellen beim Auslösen einer Immunantwort hindeutet. Dendritische Zellen kommen in vielen Regionen im Körper vor, wo sie als Sensoren fungieren, die potenzielle Krankheitserreger bereits an ihrer Eintrittstelle aufspüren. Diese dendritischen Gewebezellen nehmen aus ihrer Umgebung Antigene durch Phagocytose und Makropinocytose auf. Sie sind so „programmiert", dass sie auf das Vorhandensein einer Infektion reagieren, indem sie in das lymphatische Gewebe wandern und dort die Antigene den T-Zellen präsentieren. Dendritische Gewebezellen registrieren die Anwesenheit von Krankheitserregern offenbar vor allem auf zwei Weisen. Zum einen erfolgt eine direkte Erkennung nach der Vernetzung und Aktivierung von Rezeptoren für eindringende Mikroorganismen. Dabei handelt es sich um Komplementrezeptoren, Toll-ähnliche Rezeptoren und andere Mustererkennungsrezeptoren des angeborenen Immunsystems (Kapitel 2).

Die Beobachtung, dass die Effekte von vielen Adjuvanzien über die Aktivierung von Toll-ähnlichen Rezeptoren auf dendritischen Zellen vermittelt werden, eröffnet die Möglichkeit, gezielt neue Adjuvanzien für die Impfstofftherapie zu entwickeln. Lipopolysaccharide (LPS) sind ein Bestandteil der Zellwand von gramnegativen Bakterien. Sie zeigen die Wirkung von Adjuvanzien, was sich allerdings aufgrund ihrer Toxizität nur eingeschränkt nutzen lässt. Werden geringe Mengen von LPS injiziert, kann es bereits zu einem Schock und einer systemischen Entzündung kommen, die sich wie eine Sepsis durch gramnegative Bakterien entwickelt. Eine entscheidende Frage lautet also: Lässt sich bei LPS die Wirkung als Adjuvans von den toxischen Effekten trennen? Monophosporyllipid A ist ein LPS-Derivat, mit dem dies teilweise gelingt. Die Wirkung als Adjuvans ist noch vorhanden, aber die damit verknüpfte Toxizität ist viel geringer als bei LPS. Sowohl LPS als auch Monophosphoryllipid A sind Liganden von TLR-4, der anscheinend der wichtigste Rezeptor ist, um die Adjuvanswirkung von LPS und LPS-Derivaten zu übertragen. Andere Adjuvanzien binden an andere Toll-ähnliche Rezeptoren: nichtmethylierte CpG-DNA bindet an TLR-9, Lipoproteinkomponenten von zahlreichen grampositiven Bakterien binden an TLR-2. Muramyldipeptide binden an NOD2, das bei der intrazellulären Erkennung von Bakterien eine Rolle spielt (Abschnitt 13.21).

Diese Entdeckungen haben unsere Vorstellung von den Mechanismen verändert, durch die Adjuvanzien ihre Wirkung entfalten. Wenn dendritische Zellen durch die Vernetzung von Toll-ähnlichen Rezeptoren aktiviert werden, reagieren sie mit der Freisetzung von Cytokinen und der Expression costimulierender Moleküle. Diese wiederum stimulieren die Aktivierung und Differenzierung von antigenspezifischen T-Zellen. Selbst mit dieser verbesserten Vorstellung wird wahrscheinlich das therapeutisch nutzbare Fenster zwischen Wirksamkeit und Toxizität schmal bleiben. Das liegt daran, dass die Wirkung als Adjuvans und die Toxizität dieser Verbindungen auf demselben Mechanismus beruht. Die physiologische Funktion von Toll-ähnlichen Rezeptoren besteht darin, bei einer Infektion eine Entzündungsreaktion und eine Immunantwort zu stimulieren. Die pharmakologische Vernetzung dieser Rezeptoren durch ein Adjuvans im Zusammenhang mit einer Impfung ist daher eine Gratwanderung zwischen der Stimulation einer hilfreichen Immunität und einer schädigenden Entzündung.

Der zweite Stimulationsmechanismus von dendritischen Zellen durch eindringende Mikroorganismen erfolgt indirekt. Dabei werden die Zellen durch Cytokinsignale aus der Entzündungsreaktion aktiviert (Kapitel 2). Cytokine wie GM-CSF aktivieren dendritische Zellen besonders effektiv, sodass sie costimulierende Signale zeigen. Bei Virusinfektionen bilden dendritische Zellen außerdem das Interferon IFN-α und IL-12.

Adjuvanzien „überlisten" das Immunsystem und veranlassen es, so zu reagieren, als sei eine aktive Infektion vorhanden. Genauso lösen verschiedene Klassen von Krankheitserregern verschiedene Arten von Immunreaktionen aus (Kapitel 11). So können verschiedene Adjuvanzien unterschiedliche Arten von Reaktionen hervorrufen, beispielsweise eine inflammatorische T_H1- oder eine Antikörperreaktion. Einige Adjuvanzien wie das Pertussistoxin, das Choleratoxin und das hitzelabile Enterotoxin von *E. coli* wirken als Adjuvanzien und stimulieren Immunreaktionen der Schleimhäute. Diese sind besonders bei der Abwehr von Mikroorganismen von Bedeutung, die über den Verdauungstrakt oder die Atemwege eindringen. Die Verwendung dieser Proteine als Adjuvanzien wird in Abschnitt 15.26 genauer besprochen.

Mit zunehmender Kenntnis der Reaktionsmechanismen von Adjuvanzien kann man durch entsprechende Überlegungen die Aktivität von Impfstoffen klinisch verbessern. Ein Ansatz ist die gleichzeitige Verabreichung von Cytokinen. So ist IL-12 ein von Makrophagen, dendritischen Zellen und B-Zellen produziertes Cytokin, das T-Lymphocyten sowie NK-Zellen dazu veranlasst, IFN-γ auszuschütten, und eine T_H1-Antwort fördert. Man benutzt IL-12 als Adjuvans, um den Immunschutz gegen den einzelligen Parasiten *Leishmania major* zu erhöhen. Manche Mausstämme sind sehr anfällig für die von dem Parasiten hervorgerufenen schweren Hauterkrankungen und systemischen Infektionen. Die Immunreaktion der Mäuse besteht hauptsächlich in einer T_H2-Reaktion, durch die *L. major* nicht wirksam beseitigt werden kann (Abschnitt 10.5). Die gleichzeitige Gabe von IL-12 und eines Impfstoffs aus *Leishmania*-Antigenen führt dagegen zu einer T_H1-Reaktion, die die Mäuse vor einer Infektion schützt. Man hat IL-12 auch bei einer experimentell induzierten Infektion durch den Parasiten *Schistosoma mansoni* eingesetzt, um eine T_H1-abhängige Reaktion zur Abschwächung der pathogenen Effekte hervorzurufen. Diese wichtigen Beispiele zeigen, wie gezielte Eingriffe möglich sind und sich die Wirksamkeit von Impfstoffen verstärken lässt, wenn man die Regulation von Immunreaktionen verstanden hat.

15.23 Virale attenuierte Lebendimpfstoffe sind wirksamer als Impfstoffe aus „toten" Viren, und sie können mithilfe der Gentechnik noch sicherer gemacht werden

Die meisten derzeit eingesetzten Virusimpfstoffe bestehen aus inaktivierten oder aus lebenden attenuierten Viren. Bei Immunisierungen mit inaktivierten Viren setzt man „tote" Viren ein, die aufgrund einer entsprechen-

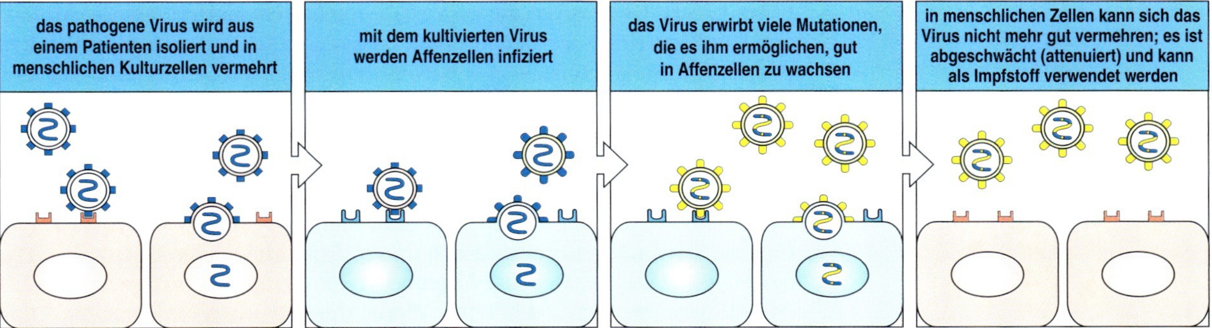

15.29 Normalerweise werden Viren durch Selektion auf das Wachstum in nichtmenschlichen Zellen abgeschwächt. Um einen attenuierten Virusstamm herzustellen, muss man das Virus zunächst aus menschlichen Kulturzellen isolieren, in denen es sich vermehrt. Die Anpassung an die Wachstumsbedingungen in der menschlichen Zellkultur kann selbst zu einer Abschwächung führen. Der Impfstoff gegen Röteln wurde beispielsweise auf diese Weise gewonnen. Im Allgemeinen aber adaptiert man das Virus anschließend an das Wachstum in Zellen anderer Spezies, bis es sich nur noch geringfügig in menschlichen Zellen vermehren kann. Diese Anpassung ist das Ergebnis von Mutationen – gewöhnlich einer Kombination von mehreren Punktmutationen. Meist ist es schwierig festzustellen, welche Mutationen im Genom des abgeschwächten Virusstamms für die Attenuierung entscheidend sind. Ein attenuiertes Virus vermehrt sich kaum noch in einem menschlichen Wirt und führt daher zwar zur Immunität, nicht aber zu einer Erkrankung.

den Behandlung nicht mehr zur Replikation fähig sind. Im Allgemeinen sind Impfungen mit attenuierten Lebendimpfstoffen weitaus wirksamer, vielleicht weil sie eine größere Zahl wichtiger Effektormechanismen, einschließlich der cytotoxischen CD8-T-Zellen, stimulieren. Inaktivierte Viren können dagegen keine Proteine im Cytosol produzieren, sodass Peptide aus den viralen Antigenen nicht durch MHC-Klasse-I-Moleküle präsentiert werden. Daher werden durch die Impfung auch keine cytotoxischen CD8-T-Zellen gebildet. Gegen Polio, Masern, Mumps, Röteln und Windpocken setzt man heute attenuierte Virusimpfstoffe ein.

Eine Attenuierung erzielt man gewöhnlich dadurch, dass man das Virus in Zellkultur wachsen lässt. Man selektiert die Viren, die bevorzugt in nichtmenschlichen Zellen wachsen, bis sie im Verlauf der Selektion immer weniger zum Wachstum in menschlichen Zellen fähig sind (Abb. 15.29). Da sich diese abgeschwächten Virusstämme im Menschen kaum vermehren, führen sie bei einer Impfung zwar zur Immunität, nicht aber zu einer Erkrankung. Obwohl attenuierte Viren eine Vielzahl von Mutationen in einigen ihrer proteincodierenden Gene tragen, besteht doch die Möglichkeit, dass durch eine weitere Reihe von Mutationen erneut ein pathogener Virusstamm entsteht. Beispielsweise unterscheidet sich der Polioimpfstoffstamm Typ-3-Sabin nur in zehn von insgesamt 7429 Nucleotiden von dem ursprünglichen Wildtyp. In extrem seltenen Fällen kann dieser Impfstoff in einen neurovirulenten Stamm umschlagen und bei dem betroffenen Empfänger zur Kinderlähmung führen.

Auch für Empfänger mit einer Immunschwäche bedeuten attenuierte Virusimpfstoffe ein erhöhtes Risiko, denn bei ihnen verursachen sie oft virulente opportunistische Infektionen. Werden Kleinkinder mit einer Immunglobulinschwäche mit lebenden attenuierten Polioviren geimpft, bevor man den ererbten Immunglobulinmangel diagnostiziert hat, so unterliegen sie einem Infektionsrisiko, da sie das Virus nicht aus ihrem Darmtrakt entfernen können. Daher besteht eine größere Wahrscheinlichkeit, dass Mutationen des Virus im Zusammenhang mit seiner fortgesetzten unkontrollierten Vermehrung im Darm zu einer tödlich verlaufenden Lähmung führen.

Für die Attenuierung verwendet man auch heute noch empirische Verfahren, die aber schon bald durch zwei neue, gentechnische Methoden verdrängt werden könnten. Eine davon ist die Isolierung und *in vitro*-Mutagenese spezifischer viraler Gene. Mit den mutierten Genen ersetzt man die Wildtypgene in einem rekonstituierten Virusgenom, und diese gezielt attenuierten Viren können dann als Impfstoff verwendet werden

(Abb. 15.30). Der Vorteil dieses Verfahrens besteht darin, dass die Mutationen so konstruiert werden können, dass eine Rückmutation zum Wildtyp praktisch unmöglich ist.

Ein solcher Ansatz könnte für die Entwicklung von Grippeimpfstoffen nützlich sein. Wie in Kapitel 12 beschrieben wurde, kann das Influenzavirus denselben Menschen mehrmals infizieren, weil es durch Antigenshift der ursprünglichen Immunreaktion mehrheitlich entgeht. Bei Erwachsenen, nicht jedoch bei Kindern, besteht aufgrund einer vorherigen Infektion ein schwacher Immunschutz; diesen Effekt bezeichnet man als Heterosubtypimmunität. Bei den gegenwärtigen Grippeimpfungen verwendet man Impfstoffe von abgetöteten Viren, die jedes Jahr entsprechend den jeweils vorherrschenden Virusstämmen neu zusammengesetzt werden. Die Impfung ist einigermaßen wirksam. Sie verringert die Grippesterblichkeit unter älteren Menschen sowie bei gesunden Erwachsenen die Erkrankungssymptome. Ein idealer Grippeimpfstoff bestünde aus lebenden attenuierten Viren des jeweils aktuell vorherrschenden Stammes. Die Herstellung eines solchen Impfstoffes ist beispielsweise dadurch möglich, dass man eine Reihe von abschwächenden Mutationen in ein Gen einführt, das die virale Polymerase PB2 codiert. Der mutierte Genabschnitt des attenuierten Virus ließe sich dann gegen den entsprechenden Bereich im Wildtypgen eines Virus austauschen, das die gleichen Antigenvarianten von Hämagglutinin und von Neuraminidase enthält wie der epidemische oder pandemische Virusstamm. Dieses Verfahren kann man so oft wiederholen, wie es notwendig ist, um mit dem Antigenshift des Virus Schritt zu halten. Vor kurzem stand eine mögliche Pandemie durch den Vogelgrippevirusstamm H5N1 im Mittelpunkt der öffentlichen Aufmerksamkeit. Dieser Stamm kann vom Vogel auf den Menschen übertragen werden. Die Sterblichkeit ist hoch, aber es würde nur dann zu einer Pandemie kommen, wenn eine Übertragung zwischen Menschen möglich wäre. Einen attenuierten Lebendimpfstoff würde man nur im Fall einer Pandemie anwenden. Bei einer vorherigen Impfkampagne würde man nur neue Gene des Influenzavirus einführen, die dann mit den bereits vorhandenen Influenzaviren rekombinieren könnten.

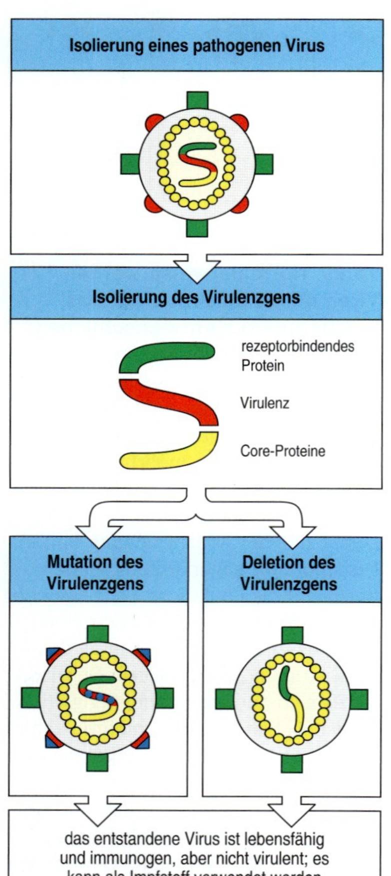

15.30 Mithilfe der Gentechnik lässt sich eine Attenuierung schneller und zuverlässiger erreichen. Wenn man ein virales Gen identifiziert hat, das zwar für die Virulenz, nicht aber für die Vermehrung oder die Immunogenität notwendig ist, kann man dieses Gen mithilfe der Gentechnik entweder in mutierter Form vervielfältigen (links) oder es aus dem Genom entfernen (rechts). Auf diese Weise entsteht ein avirulentes (nichtpathogenes) Virus, das als Impfstoff eingesetzt werden kann. Die Mutationen im Virulenzgen sind gewöhnlich umfangreich, sodass das Virus nur mit einer sehr geringen Wahrscheinlichkeit zum Wildtyp revertieren kann.

15.24 Bakterielle attenuierte Lebendimpfstoffe lassen sich durch Selektion von nichtpathogenen Mutanten oder Mangelmutanten gewinnen

Ähnliche Ansätze wie bei den Viren lassen sich auch bei der Entwicklung von bakteriellen Impfstoffen anwenden. Das wichtigste Beispiel für einen attenuierten Impfstoff ist BCG. Dieser Impfstoff bewirkt bei Kindern einen effektiven Schutz vor Tuberkulose, weniger aber bei Erwachsenen. Der zurzeit verwendete BCG-Impfstoff, der weiterhin der am häufigsten verwendete Impfstoff weltweit ist, wurde aus einem pathogenen Isolat von *Mycobacterium bovis* gewonnen und zu Beginn des 20. Jahrhunderts in Laboren kultiviert. Seit damals haben sich mehrere genetisch unterschiedliche BCG-Stämme entwickelt. Der durch BCG vermittelte Immunschutz ist außerordentlich variabel und reicht vom Wert null in Malawi bis hin zu 50 bis 80 % in Großbritannien. Angesichts der Tatsache, dass Tuberkulose weltweit eine der häufigsten Todesursachen ist, besteht ein dringender Bedarf für einen neuen Impfstoff, wobei jedoch verschiedene Hindernisse zu überwinden sind. Ein Verfahren besteht darin, verschiedene Virulenzgene zufällig zu mutieren oder zu entfernen, um so beispielsweise eine auxotrophe Variante zu erzeugen, die eine externe Versorgung mit einem bestimmten Nährstoff benötigt, den die Wildtypbakterien selbst herstellen können.

15.25 Synthetische Peptide aus schützenden Antigenen können einen Immunschutz hervorrufen

Ein neuer Weg zur Impfstoffherstellung, der nicht darauf beruht, den gesamten Organismus dafür zu verwenden, sei er nun abgetötet oder attenuiert, besteht in der Identifizierung der T-Zell-Peptidepitope, die eine schützende Immunität hervorrufen. Man kann dies auf zweierlei Weisen erreichen. Erstens kann man systematisch überlappende Peptidsequenzen aus immunogenen Proteinen erzeugen und diese jeweils auf ihre Fähigkeit zur Auslösung einer protektiven Immunreaktion testen. Den zweiten, nicht weniger mühevollen Weg, die sogenannte „reverse Immungenetik", hat man im Falle der Malaria eingeschlagen (Abb. 15.31). Wir sind diesem Verfahren bereits in Abschnitt 15.16 begegnet, im Zusammenhang mit der Bestimmung von Tumorantigenen. Inzwischen wurde von *Plasmodium falciparum*, dem hauptsächlichen Verursacher der tödlich verlaufenden Malaria, das gesamte Genom sequenziert. Das hat dazu beigetragen, einen wirksamen Impfstoff zu finden. Teilweise hat man aufgrund dieser Informationen Peptide entdeckt, die sowohl eine schützende T-Zell-Antwort als auch eine Antikörperreaktion hervorrufen.

Die Immunogenität von T-Zell-Epitopen beruht auf der spezifischen Assoziation des Peptids mit bestimmten polymorphen Varianten von MHC-Molekülen. Bei den Untersuchungen der Malaria war der Ausgangspunkt die Korrelation des menschlichen Klasse-I-Moleküls HLA-B53 mit einer Resistenz gegenüber cerebraler Malaria – einer relativ seltenen, aber meist tödlich verlaufenden Komplikation der Infektion. Das führte zu der Hypothese, dass der Schutz auf peptidpräsentierenden MHC-Molekülen beruht, die naive cytotoxische T-Lymphocyten besonders gut aktivieren können. Die entsprechenden Peptide kann man direkt aus MHC-Molekülen infizierter Zellen eluieren und anschließend identifizieren. Ein hoher Anteil

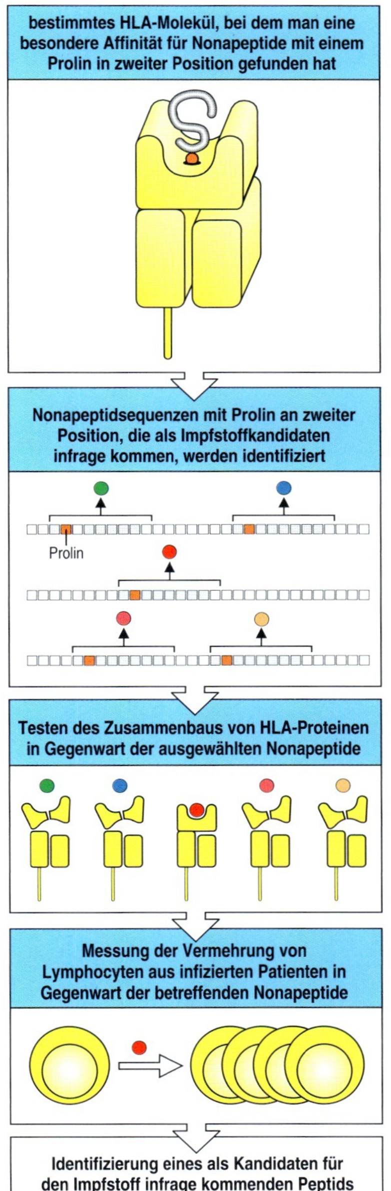

15.31 Mit der „reversen Immungenetik" kann man T-Zell-Epitope identifizieren, die vor Infektionskrankheiten schützen. Bevölkerungsstudien haben gezeigt, dass die Expression der MHC-Klasse-I-Variante HLA-B53 mit einer Resistenz gegen cerebrale Malaria einhergeht. Körpereigene Nonapeptide wurden aus HLA-B53 eluiert, und es zeigte sich, dass diese sehr häufig Prolin in Position 2 aufwiesen. Daraufhin hat man in den Sequenzen verschiedener Malariaproteine Nonapeptidsequenzen identifiziert, die Prolin in Position 2 hatten. Solche Nonapeptide wurden chemisch synthetisiert und daraufhin untersucht, ob sie gut in die peptidbindende Spalte des HLA-B53-Moleküls passten. Für den Test prüfte man, ob HLA-B53 in Gegenwart des Peptids ein stabiles Heterodimer an der Zelloberfläche bildete. Die so identifizierten Peptidsequenzen wurden schließlich daraufhin getestet, ob sie die Proliferation von T-Zellen bei malariainfizierten Patienten induzieren. Solche Sequenzen sind gute Kandidaten für Bestandteile eines wirksamen Malariaimpfstoffs.

der aus HLA-B53 eluierten Peptide enthält an der zweiten Position von insgesamt neun Aminosäuren Prolin. Mit dieser Information ließen sich protektive Peptide aus vier Proteinen von *Plasmodium falciparum* identifizieren, die im Frühstadium der Infektion von Hepatocyten exprimiert werden. Dies ist eine für die Auslösung einer wirksamen Immunreaktion wichtige Phase der Infektion. Eines der Peptide stammt aus dem Antigen-1 der Leberinfektionsphase und wird von cytotoxischen T-Zellen erkannt, wenn es an HLA-B53 gebunden ist.

Man hat diesen Versuchsansatz auch auf andere Klasse-I- und Klasse-II-Moleküle ausgedehnt, die mit einer schützenden Immunantwort gegen Infektionen assoziiert sind. In jüngster Zeit hat man ein protektives Peptidepitop aus MHC-Klasse-II-Molekülen von *Leishmania*-infizierten Mäusezellen eluiert. Dieses Peptid diente als Sonde zur Isolierung des entsprechenden Gens, das man dann zur Herstellung eines Impfstoffs aus dem codierten Protein verwendete. Damit ließen sich *Leishmania*-anfällige Mausstämme zu einer Immunantwort gegen eine Infektion anregen.

Diese Ergebnisse sind vielversprechend, aber sie zeigen auch einen entscheidenden Nachteil dieses Vorgehens. Ein von HLA-B53 abhängiges Malariapeptid wirkt bei Personen, denen HLA-B53 fehlt, möglicherweise nicht immunogen. Tatsächlich sind solche Menschen – vermutlich aus diesem Grund – stärker für natürliche Infektionen anfällig. Wegen des extrem hohen Polymorphismus der menschlichen MHC-Moleküle ist es notwendig, ganze Serien von protektiven T-Zell-Epitopen zu identifizieren und dann Impfstoffe mit vielen solchen Epitopen zu produzieren. Nur so wird man Impfstoffe gewinnen, die auch die Mehrheit einer anfälligen Population schützen können.

Bei Peptidimpfstoffen treten noch weitere Probleme auf. Peptide sind nur schwach immunogen, und besonders die *in vivo*-Immunisierung mit Peptiden zum Auslösen MHC-Klasse-I-spezifischer Antworten hat sich als schwierig erwiesen. Um dieses Problem zu lösen, kann man mithilfe gentechnischer Methoden Peptide in Trägerproteine einbauen (beispielsweise in das Core-Antigen des Hepatitis-B-Virus), die von einem viralen Vektor codiert werden. Die Proteine werden dann *in vivo* wie die normalen Antigene prozessiert. Ein zweites mögliches Verfahren ist die Verwendung von **ISCOM** (*immune stimulatory complexes*). Dabei handelt es sich um Trägerlipide, die als Adjuvanzien wirken, aber nur eine minimale Toxizität aufweisen. Sie lösen wirkungsvolle Antikörper- und zellvermittelte Reaktionen aus, sowohl bei Tiermodellen für Infektionen als auch beim Menschen, wobei der genaue Wirkmechanismus unbekannt ist. Ein anderes Verfahren für die Erzeugung schützender Peptide besteht darin, infektiöse Mikroorganismen genetisch so zu verändern, dass Impfstoffe entstehen, die die Immunität stimulieren, ohne eine Krankheit hervorzurufen. Pflanzenviren, die für den Menschen nicht pathogen sind, bieten die Möglichkeit, neuartige Impfstoffvektoren herzustellen. Durch die gentechnische Veränderung werden fremde Peptide in die Proteine der Virushülle eingebaut. Der Erfolg dieses Verfahrens hängt davon ab, dass man die wirksamen Peptidantigene identifizieren kann und der Impfstoff eine ausreichende natürliche Immunogenität besitzt. Mäuse konnten auf diese Weise vor einer tödlichen Infektion mit dem Tollwutvirus geschützt werden, indem man sie mit Spinatblättern fütterte, die mit einem rekombinierten Alfalfa-Mosaik-Virus infiziert waren, in dem sich ein Peptid des Tollwutvirus befand.

15.26 Der Art der Verabreichung einer Impfung ist für ihren Erfolg wichtig

Die meisten Impfstoffe werden durch Injektion verabreicht. Das hat zwei Nachteile, von denen der erste praktischer und der zweite immunologischer Natur ist. Injektionen sind schmerzhaft und kostspielig und erfordern Kanülen, Spritzen und eine ausgebildete Person zum Injizieren. Sie sind bei den Empfängern unbeliebt, und das vermindert die Akzeptanz in der Bevölkerung. Massenimpfungen auf diesem Wege sind ein mühsame Angelegenheit. Der Nachteil aus immunologischer Sicht besteht darin, dass für die meisten Erreger, gegen die man die Impfung durchführt, eine Injektion nicht der wirksamste Weg ist, eine geeignete Immunantwort auszulösen, da für die meisten Krankheitserreger, gegen die eine Impfung erfolgt, der normale Eintrittsweg nicht nachgeahmt wird.

Viele wichtige Krankheitserreger infizieren die Schleimhautoberflächen oder dringen durch sie in den Körper ein. Dazu gehören pathogene Organismen der Atemwege wie *B. pertussis* sowie die Rhino- und Influenzaviren, aber auch Darmparasiten wie *Vibrio cholerae*, *Salmonella typhi* sowie pathogene Stämme von *Escherichia coli* und *Shigella*. Wenn man einen Lebendimpfstoff gegen das Influenzavirus über die Nase verabreicht, werden mucosale Antikörper produziert, die gegenüber einer Infektion der oberen Atemwege wirksamer sind als systemische Antikörper. Die durch die Injektion induzierten systemischen Antikörper sind jedoch gegen Infektionen der unteren Atemwege wirksam, die auch für die hohe Erkrankungs- und Sterblichkeitsrate bei dieser Krankheit verantwortlich sind. Ein realistisches Ziel für einen Impfstoff gegen eine Influenzapandemie ist demnach die Verhinderung einer Erkrankung der unteren Atemwege, um dafür aber in Kauf zu nehmen, dass eine leichtere Form der Erkrankung nicht vermieden wird.

Wie wirkungsvoll der mucosale Ansatz ist, lässt sich anhand attenuierter Lebendimpfstoffe gegen Polio illustrieren. Der oral verabreichte Sabin-Polio-Impfstoff besteht aus drei abgeschwächten, stark immunogenen Poliovirusstämmen. Ebenso wie die Kinderlähmung selbst durch Fäkalienkontamination öffentlicher Schwimmbäder und andere Orte mit schlechter Hygiene übertragen werden kann, lässt sich auch der Impfstoff durch einen solchen orofäkalen Infektionsweg von einem Menschen an den anderen weitergeben. Auch Salmonelleninfektionen stimulieren – außer einer systemischen Immunantwort – eine starke Reaktion in den Schleimhäuten.

Über die Art und Weise, wie in der Schleimhaut eine Immunität entsteht, weiß man wenig. Auf der einen Seite erzeugen lösliche Proteinantigene, die auf oralem Weg in den Körper gelangen, häufig Immuntoleranz. Das ist auch angesichts der riesigen Menge an Antigenen, die dem Darm und den Atemwegen über die Nahrung und aus der Luft angeboten werden, sehr wichtig (Kapitel 11). Das Potenzial, durch die orale Aufnahme von Antigenen Toleranz zu erzeugen, wird derzeit als therapeutisches Mittel untersucht, um unerwünschte Immunantworten zu verringern (Abschnitt 15.13). Andererseits ist das Immunsystem der Mucosa imstande, auf Schleimhautinfektionen wie Pertussis, Cholera und Polio zu reagieren und die Erreger zu beseitigen. Deshalb sind Proteine dieser Organismen, die eine Immunantwort auslösen, von besonderem Interesse. Eine Gruppe solcher für die Schleimhäute stark immunogener Proteine sind bestimmte proteaseresistente Bakterientoxine, die an eukaryotische Zellen binden. Möglicherweise von großer praktischer Bedeutung ist ein neuerer Befund, dass einige dieser Proteine, wie das hitzeempfindliche Toxin von *E. coli* und das Pertussistoxin, Adjuvanseigenschaften besitzen, die selbst dann noch erhalten bleiben, wenn man das Ausgangsmolekül so weit verändert, dass es seine toxischen Eigenschaften verliert. Vielleicht lassen sich diese Moleküle als Adjuvanzien für orale oder nasale Impfstoffe verwenden. Wenn man Mäusen eines dieser mutierten Toxine zusammen mit Tetanustoxoid in die Nase sprüht, entwickeln die Tiere einen Schutz gegen eine ansonsten tödlich wirkende Dosis von Tetanustoxin.

15.27 Die Injektion von DNA, die mikrobielle Antigene und menschliche Cytokine codiert, in Muskelgewebe führt zu einer schützenden Immunität

Die jüngste Entwicklung auf dem Gebiet der Impfungen kam selbst für die ursprünglichen Entdecker der Methode unerwartet. Die Geschichte begann mit Versuchen mit nichtreplizierenden Bakterienplasmiden, die Proteine zum Einsatz in der Gentherapie codieren. Injiziert man DNA, die ein virales Immunogen codiert, in Muskelgewebe, so wird eine Antikörperreaktion und die Entwicklung cytotoxischer T-Zellen ausgelöst, die es den Mäusen ermöglichen, eine spätere Infektion durch vollständige Viren erfolgreich zu bekämpfen (Abb. 15.32). Diese Reaktion beeinträchtigt das Muskelgewebe anscheinend nicht, ist sicher und effektiv, und da sie nur auf einem einzigen mikrobiellen Gen oder auf DNA beruht, die Gruppen von Antigenpeptiden codiert, ist sie nicht mit dem Risiko einer aktiven Infektion verbunden. Dieses Verfahren bezeichnet man als **genetische Immunisierung** oder DNA-Impfung. Verfahren, bei denen mit DNA beschichtete, winzige Metallprojektile mit einer Luftdruckpistole durch die Haut in das darunter liegende Muskelgewebe geschossen werden, haben sich im Tierversuch als erfolgreich erwiesen und sind möglicherweise auch für Massenimmunisierungen geeignet. Wenn man der Injektion noch Plasmide zusetzt, die IL-12, IL-23 oder GM-CSF codieren, wird die Immunisierung mit Genen, die schützend wirkende Antigene codieren, noch viel effektiver (Abschnitt 15.22). Nichtmethylierte CpG-DNA ist ein Ligand von TLR-9, und die Ziele für DNA-Impfstoffe sind wahrscheinlich die dendritischen Zellen sowie andere antigenpräsentierende Zellen. Sie nehmen die DNA auf und exprimieren sie, wobei sie während des Vorgangs durch TLR-9 aktiviert

15.32 Bei einer genetischen Immunisierung wird DNA, die ein schützendes Antigen und Cytokine codiert, direkt in den Muskel injiziert. Das Influenzahämagglutinin enthält Epitope sowohl für B- als auch für T-Zellen. Injiziert man ein DNA-Plasmid mit dem Gen für Hämagglutinin direkt in einen Muskel, wird eine influenzaspezifische Immunantwort ausgelöst, die sowohl Antikörper als auch cytotoxische CD8-T-Zellen umfasst. Die Reaktion lässt sich verstärken, indem man der Injektion ein Plasmid hinzufügt, das GM-CSF codiert. Die Plasmid-DNA, die auf Metallkügelchen aufgebracht ist, wird von dendritischen Zellen im Muskelgewebe aufgenommen, in das die Plasmide injiziert wurden. Das löst eine Immunantwort aus, die sowohl Antikörper als auch cytotoxische T-Zellen umfasst.

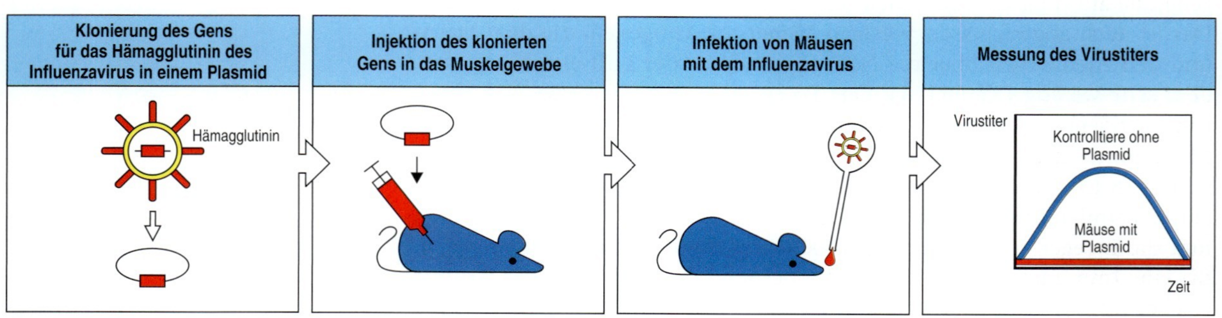

werden. DNA-Impfstoffe zur Vorbeugung gegen Malaria, Influenza und HIV werden derzeit in Versuchsreihen an Menschen getestet.

15.28 Die Wirksamkeit eines Impfstoffes lässt sich erhöhen, indem man ihn gezielt auf Bereiche der Antigenpräsentation ausrichtet

Ein Verfahren, um die Wirksamkeit eines Impfstoffs zu verbessern, besteht darin, ihn effizient auf antigenpräsentierende Zellen auszurichten. Das ist eine wichtige Funktion von Adjuvanzien. Dafür gibt es drei Methoden, die sich gegenseitig ergänzen. Bei der ersten verhindert man die Proteolyse des Antigens auf seinem Weg zu den antigenpräsentierenden Zellen. Die Aufrechterhaltung der Antigenstruktur ist ein wichtiger Grund dafür, dass so viele Impfstoffe injiziert und nicht oral verabreicht werden, damit der Impfstoff nicht der Verdauung im Darm ausgesetzt ist. Bei der zweiten und dritten Methode soll der Impfstoff, sobald er sich im Körper befindet, selektiv zu den antigenpräsentierenden Zellen und dort ebenfalls selektiv in die antigenprozessierenden Reaktionswege innerhalb der Zellen gelangen.

Zu den Verfahren, mit denen die Aufnahme des Antigens durch die antigenpräsentierenden Zellen verbessert werden soll, gehört die Umhüllung des Antigens mit Mannose, sodass die Aufnahme über Mannoserezeptoren auf den Zellen verstärkt wird. Auch kann man das Antigen in Form eines Immunkomplexes verabreichen, um die Bindung von Antikörpern und des Komplements durch Fc- und Komplementrezeptoren auszunutzen. Die Wirkung der genetischen Immunisierung ließ sich im Experiment verbessern, wenn die injizierte DNA ein Fusionsprotein aus dem Antigen und CTLA-4 codiert. CTLA-4 ermöglicht die selektive Bindung des exprimierten Proteins an antigenpräsentierende Zellen, die den CTLA-4-Rezeptor B7 tragen.

Bei einem komplexeren Verfahren werden die Antigene des Impfstoffs selektiv auf antigenpräsentierende Zellen und die darin vorhandenen antigenprozessierenden Reaktionswege ausgerichtet. So hat man das E7-Antigen des menschlichen Papillomvirus (HPV) an das Signalpeptid gekoppelt, das lysosomenassoziierte Membranproteine zu Lysosomen und Endosomen lenkt. Diese Sequenz dirigiert das E7-Antigen direkt zu den intrazellulären Kompartimenten, in denen die Antigene zu Peptiden gespalten werden, bevor sie an MHC-Klasse-II-Moleküle binden (Abschnitt 5.7). Ein Vacciniavirus, das dieses chimäre Antigen einschleust, löste bei Mäusen eine noch stärkere Reaktion gegen das E7-Antigen aus als das Vacciniavirus mit dem Wildtyp-E7-Antigen allein. Antigene, die mit Antikörpern gegen dendritische Zellen verknüpft sind, führen zu einer lange andauernden Immunität, sodass sich auf diese Weise wahrscheinlich auch Impfverfahren verbessern lassen, die auf die Aktivierung von T-Zellen abzielen.

Ein verbessertes Verständnis der Mechanismen der Schleimhautimmunität (Kapitel 11) führte zur Entwicklung von Verfahren, mit denen sich Antigene zu den M-Zellen lenken lassen, die über den Peyer-Plaques liegen (Abb. 1.20). Diesen spezialisierten Epithelzellen fehlen die Mucinbarriere sowie die Fähigkeit zur Verdauung, die andere Schleimhautepithelzellen besitzen. Stattdessen binden diese Zellen an Makromoleküle und Mikroorganismen, die sie durch Endocytose aufnehmen. Die aufgenommenen Partikel werden intakt durch die Zellen geschleust (Transcytose) und an das darunter liegende lymphatische Gewebe abgegeben. Aufgrund dieser Besonderheiten erscheint es nicht verwunderlich, dass einige Krankheitserreger gezielt über M-Zellen Eingang in den Körper finden. Die Immunologen wollen im Gegenzug diesen Mechanismus der bakteriellen Pathogenese auf molekularer Ebene genau erforschen, um ihn systematisch für die Verabreichung von Impfstoffen nutzbar zu machen. So sind beispielsweise die Fimbrienproteine der äußeren Membran von *Salmonella typhimurium* bei der Bindung der Bakterien an M-Zellen von zentraler Bedeutung. Möglicherweise lassen sich die Fimbrienproteine oder sogar nur die für die Bindung verantwortlichen Strukturmotive für die zielgerichtete Entwicklung von Impfstoffen verwenden. Ein verwandtes Verfahren, mit dem sich die Aufnahme von mucosalen Impfstoffen durch M-Zellen fördern lässt, ist die Einkapselung von Antigenen in bestimmte Träger, die selektiv von M-Zellen aufgenommen werden.

15.29 Lassen sich Impfungen zur Bekämpfung etablierter chronischer Infektionen einsetzen?

Bei vielen chronischen Krankheiten bleibt die Infektion bestehen, weil das Immunsystem nicht imstande ist, die Krankheitsursache zu beseitigen. Man kann zwei Gruppen solcher Krankheiten unterscheiden. Bei der ersten kommt es zu einer deutlichen Immunreaktion, die jedoch zur Beseitigung des Erregers nicht ausreicht. Bei der zweiten Gruppe wird die Infektion vom Immunsystem anscheinend nicht erkannt und ruft nur eine kaum messbare Immunantwort hervor.

Bei Krankheiten der ersten Kategorie sind oft die Immunreaktionen selbst zum Teil für die pathogenen Effekte der Krankheit verantwortlich. Bei Infektionen durch den Wurm *Schistosoma mansoni* erfolgt eine starke Reaktion vom T_H2-Typ. Sie ist charakterisiert durch hohe IgE-Konzentrationen, eine Eosinophilie im Blut und Gewebe und eine gefährliche Reaktion des Bindegewebes auf die Wurmeier, die zu einer Leberfibrose führt. Andere verbreitete Parasiten wie *Plasmodium*- und *Leishmania*-Arten verursachen Schäden, weil sie bei vielen Patienten nicht wirksam vom Immunsystem beseitigt werden können. Die Tuberkulose und Lepra hervorrufenden Mycobakterien erzeugen dauerhafte intrazelluläre Infektionen. Zwar werden diese teilweise durch eine T_H1-Reaktion begrenzt, sie führen aber zur Bildung von Granulomen und Nekrosen des Gewebes (Abb. 8.44).

Bei Infektionen mit Hepatitis-B- und Hepatitis-C-Viren bleiben die Viren oft lebenslang erhalten und erzeugen chronische Leberschäden, die schließlich zum Tod durch Hepatitis oder Leberkrebs führen. Wie wir in Kapitel 12 festgestellt haben, persistiert HIV bei einer Infektion trotz einer vorhandenen Immunantwort. Bei einer vorläufigen Untersuchung an Patienten mit einer HIV-Infektion ließ sich die Viruslast durch Impfung mit therapeutischen dendritischen Zellen um 80 % verringern. Bei fast der Hälfte dieser Patienten hielt die Unterdrückung der Virämie über ein Jahr an. Dendritische Zellen aus dem Knochenmark der Patienten wurden mit chemisch inaktivierten HIV-Partikeln beladen. Nach der Immunisierung mit diesen Zellen bildete sich eine starke T-Zell-Antwort auf HIV heraus, die mit der Produktion von IL-2 und IFN-γ einherging (Abb. 15.33).

Bei der zweiten Kategorie von chronischen Infektionen, die hauptsächlich bei Viruserkrankungen vorkommt, kann das Immunsystem die Erreger nicht beseitigen, weil sie von ihm kaum erkannt werden. Ein gutes Beispiel

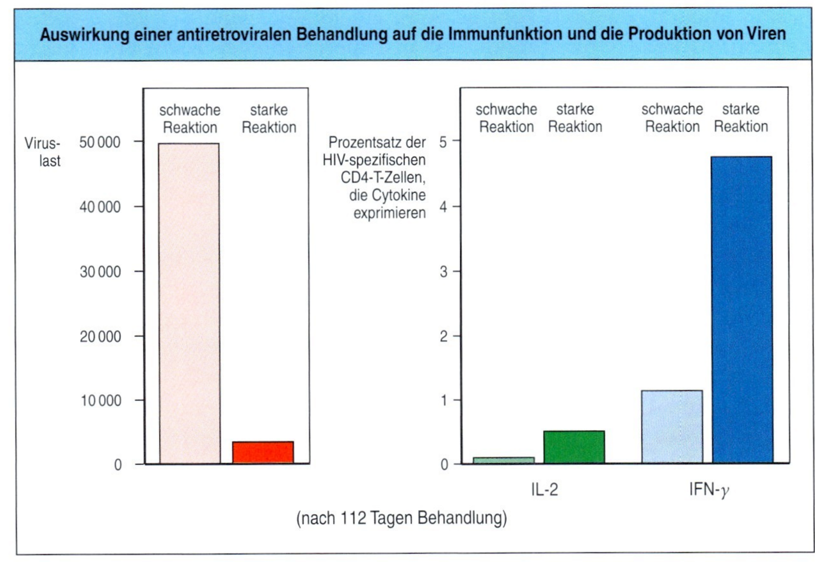

15.33 Eine Impfung mit dendritischen Zellen, die mit HIV beladen wurden, verringert die Viruslast erheblich und führt zu einer T-Zell-basierten Immunität. Links: Dargestellt ist die Viruslast bei einer schwachen und vorübergehenden Reaktion auf eine Behandlung (rosa). Der rote Balken veranschaulicht eine starke und dauerhafte Reaktion. Rechts: Produktion von IL-2 und Interferon-γ durch CD4-T-Zellen bei Personen, die eine schwache oder eine starke Reaktion gezeigt haben. Die Produktion dieser beiden Cytokine, die eine Aktivität von T-Zellen anzeigen, korreliert mit der Reaktion auf die Behandlung.

ist die Infektion mit Herpes simplex Typ 2. Dieses Virus wird durch Geschlechtsverkehr übertragen, bleibt im Nervengewebe latent erhalten und verursacht genitalen Herpes, der in vielen Fällen immer wieder ausbricht. Die Ursache dafür, dass das Virus nicht erkannt wird, ist anscheinend das virale Protein ICP-47, das an den TAP-Komplex bindet (Abschnitt 5.2) und bei den infizierten Zellen den Peptidtransport in das endoplasmatische Reticulum blockiert. Deshalb werden virale Peptide nicht dem Immunsystem durch MHC-Klasse-I-Moleküle präsentiert. Ein anderes Beispiel für chronische Infektionen dieser Art sind durch bestimmte Papillomviren hervorgerufene Genitalwarzen, gegen die es kaum zu einer Immunantwort kommt. Wenn die Immunität verringert ist, etwa bei einer Knochenmarktransplantation, hat man für virale Antigene spezifische T-Zellen verwendet, um Infektionen durch das Cytomegalie- oder Epstein-Barr-Virus zu behandeln oder zu verhindern. Diese Viren bleiben bei Menschen mit einem intakten Immunsystem in einem Ruhezustand, können aber zum Tod führen, wenn das Immunsystem beeinträchtigt ist. In der pharmazeutischen Forschung beschäftigt man sich intensiv mit der therapeutischen Impfung, aber es ist noch zu früh, um Erfolge vorhersagen zu können.

15.30 Durch eine Modulation des Immunsystems lassen sich vielleicht pathologische Immunantworten gegen infektiöse Erreger hemmen

Das andere Verfahren für eine Immuntherapie gegen chronische Infektionen besteht darin, die Immunantwort des Patienten mithilfe von Cytokinen oder Anti-Cytokin-Antikörpern zu verstärken oder zu verändern. Die experimentelle Behandlung von Lepra lässt darauf hoffen, dass dieser Weg erfolgreich ist: Es ist möglich, die Infektion in bestimmten durch Lepra verursachten Läsionen zu beseitigen, indem man Cytokine direkt in die

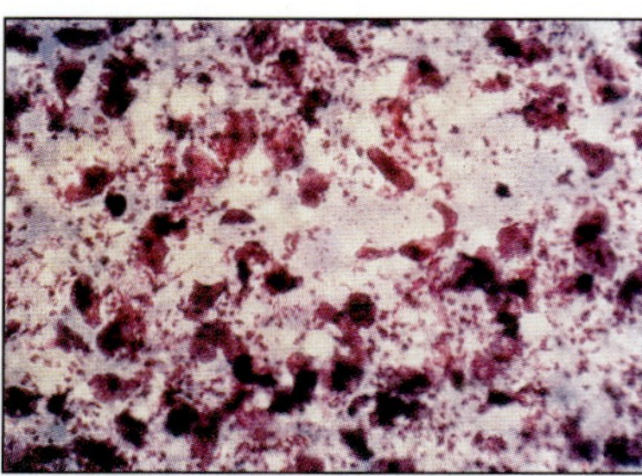

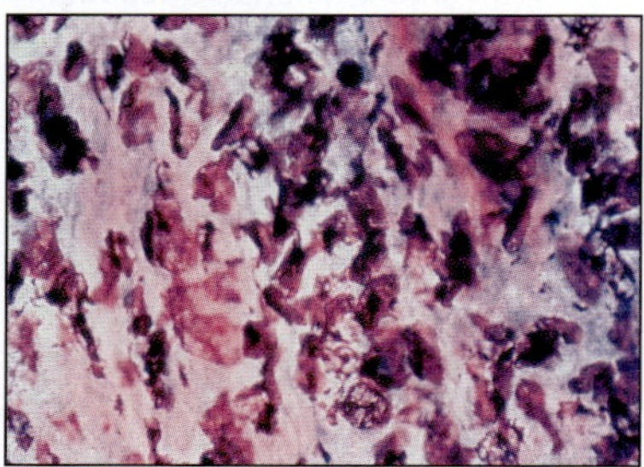

15.34 Die Behandlung mit Anti-IL-4-Antikörpern zum Zeitpunkt der Infektion mit *Leishmania major* beseitigt die Infektion bei normal anfälligen Mäusen. Das obere Foto zeigt einen mit Hämatoxylin und Eosin gefärbten Schnitt durch die Fußsohle einer mit *Leishmania major* (kleine rote Punkte) infizierten BALB/c-Maus. Die Gewebemakrophagen enthalten zahlreiche Parasiten. Das untere Foto zeigt ein ähnliches Präparat von einer Maus, die ebenso infiziert, gleichzeitig aber mit einer einzigen Injektion monoklonaler Anti-IL-4-Antikörper behandelt wurde. Hier sind nur sehr wenige Parasiten vorhanden. (Fotos mit freundlicher Genehmigung von R. M. Locksley.)

Läsion injiziert; dadurch kommt es zu einem Rückgang der festgestellten Lepraform. Die Cytokintherapie ist in experimenteller Form auch gegen etablierte Infektionen mit *Leishmania* wirksam, wenn man sie mit einem Medikament gegen Parasiten kombiniert. Bei Mäusen, die mit *Leishmania* infiziert waren und mit einer Kombination aus medikamentöser Therapie und IL-12 behandelt wurden, verlagerte sich die Immunantwort bei einer Reihe von Tieren von einem T_H2- zu einem T_H1-Muster, und die Infektion wurde beseitigt. Bei den meisten Untersuchungen mit Tieren muss aber anscheinend das Cytokin oder der Anti-Cytokin-Antikörper bereits beim ersten Kontakt mit den Antigenen vorhanden sein, um die Reaktion wirksam zu beeinflussen. Wenn man beispielsweise beim experimentellen Mausmodell der leishmanioseanfälligen BALB/c-Mäusen Anti-IL-4-Antikörper zum Zeitpunkt der Infektion injiziert (um die T_H2-aktivierende Wirkung von IL-4 zu unterdrücken), wird die Infektion erfolgreich bekämpft (Abb. 15.34). Wenn die Verabreichung der Anti-IL-4-Antikörper nur um eine Woche verzögert erfolgt, kommt es zu einem fortschreitenden Wachstum des Parasiten und zu einem Vorherrschen der T_H2-Reaktion, die aber die Infektion nicht beseitigen kann (Abschnitt 10.5).

Das Cytokinverfahren wird dahingehend untersucht, ob es bei einigen wichtigen Infektionen eine gesundheitsschädliche Immunantwort unterbinden kann. Wie wir in Abschnitt 15.29 festgestellt haben, wird die Leberfibrose bei Schistosomiasis von einer starken T_H2-Reaktion des Wirts hervorgerufen. Die gleichzeitige Verabreichung von Eiern von *S. mansoni* und IL-12 schützt Mäuse zwar nicht vor späteren Infektionen mit Cercarien von *Schistosoma*, reduziert aber deutlich die als Reaktion auf die Eier erfolgende Bildung von Granulomen und Fibrosen in der Leber. Auch die IgE-Konzentrationen nehmen ab, die Eosinophilie im Gewebe geht zurück, und die Cytokinreaktion deutet darauf hin, dass T_H1-Zellen und nicht T_H2-Zellen aktiviert werden. Nach diesen Befunden ist es offenbar möglich, bei Krankheiten, gegen die ein vollständig schützender Impfstoff nicht verfügbar ist, mit einer Kombination von Antigen und Cytokinen die pathologischen Auswirkungen der Krankheiten zu verhindern. Das Problem einer Impfbehandlung von Patienten, bei denen sich die Infektion bereits etabliert hat, wird dadurch allerdings nicht gelöst.

Zusammenfassung

Der größte Erfolg der modernen Immunologie sind die Impfungen, die einige Krankheiten beim Menschen stark zurückgedrängt oder sogar ausgerottet haben. Die Impfung ist bis heute die erfolgreichste Manipulation des Immunsystems, da sie sich seine natürliche Spezifität und Induzierbarkeit zunutze macht. Dennoch bleibt noch vieles zu tun. Gegen viele bedeutsame Infektionskrankheiten gibt es noch keine wirksamen Schutzimpfungen. Die besten vorhandenen Impfstoffe beruhen auf lebenden Mikroorganismen, aber sie sind nicht ohne ein gewisses Risiko und können bei Menschen, deren Immunsystem unterdrückt oder geschwächt ist, sogar tödlich sein. Deswegen sucht man intensiv nach besseren Methoden zur Entwicklung von attenuierten Lebendimpfstoffen oder von Impfstoffen aus einzelnen immunogenen Bestandteilen pathogener Organismen, beispielsweise Komponenten der von den Krankheitserregern erzeugten Toxine. Die schützende Immunantwort auf Kohlenhydratantigene lässt sich durch Kopplung der Kohlenhydrate mit einem Protein verstärken. Impfstoffe auf der Grundlage von Peptidepitopen befinden sich noch im Versuchsstadium. Bei ihnen besteht das Problem, dass sie sehr wahrscheinlich nur für einzelne MHC-Varianten spezifisch sind, an die sie binden müssen, und dass sie nur sehr schwach immunogen sind. Die Immunogenität eines Impfstoffes hängt oft von Adjuvanzien ab, die direkt oder indirekt dazu beitragen, die zur Auslösung der Immunantwort notwendigen antigenpräsentierenden Zellen zu aktivieren. Adjuvanzien aktivieren diese Zellen, indem sie das angeborene Immunsystem aktivieren und Liganden für die Toll-ähnlichen Rezeptoren und andere Rezeptoren auf den antigenpräsentierenden Zellen zur Verfügung stellen. Die Entwicklung oral verabreichter Impfstoffe ist besonders zur Stimulation einer Immunität gegen die vielen über die Schleimhäute eindringenden Mikroorganismen von Bedeutung. Cytokine werden experimentell als Adjuvanzien benutzt, um die Immunogenität von Impfstoffen zu steigern und die Immunantwort in eine bestimmte Richtung zu lenken.

Zusammenfassung von Kapitel 15

Eine der großen Herausforderungen der Zukunft ist die Regulation der Immunantwort, sodass unerwünschte Immunreaktionen unterdrückt und erwünschte gefördert werden können. Die derzeitigen Ansätze zur Hemmung unerwünschter Reaktionen beruhen auf Substanzen, die sämtliche adaptiven Immunreaktionen gleichermaßen unterdrücken und dadurch relativ ungeeignet sind. Das Immunsystem kann seine eigenen Reaktionen in antigenspezifischer Weise unterdrücken. Die Erforschung dieser endogenen Regulation sollte es ermöglichen, Methoden zur Veränderung bestimmter Reaktionen zu entwickeln, ohne dadurch die allgemeine Immunkompetenz zu beeinträchtigen. Durch diese Vorgehensweise kann man nun neue Behandlungsmethoden entwickeln, welche diejenigen Reaktionen unterdrücken, die zu Allergien, Autoimmunität oder zur Abstoßung eines transplantierten Organs führen. Je mehr wir über Tumoren und infektiöse Organismen wissen, desto bessere Verfahren können wir entwickeln, um das Immunsystem gegen Krebs und Infektionen zu mobilisieren. Hierzu müssen wir die Induktion der Immunantworten und die Biologie des Immunsystems besser erforschen und unser Wissen dann auf die menschlichen Krankheiten anwenden.

Fragen

15.1 Wie können regulatorische T-Zellen aktiviert werden, um eine Autoimmunerkrankung zu behandeln und Transplantationen zu ermöglichen?

15.2 Welche Bedeutung besitzen bei der Behandlung einer Krankheit die Antikörper?

15.3 Welche Verfahren gibt es, mit denen sich bei Autoimmunität Toleranz auslösen lässt?

15.4 Erörtern Sie die Frage, ob eine Immuntherapie für die Behandlung von Tumoren eine realistische Vorgehensweise sein kann.

15.5 Wie entgehen Tumoren dem Immunsystem?

15.6 Was ist ein Adjuvans, und wie wirkt es?

15.7 Erläutern Sie die Bedeutung der kollektiven Immunität.

15.8 Wie würde eine Behandlung mit Impfstoffen bei einer etablierten Infektion wirken?

15.9 Unterscheiden Sie die verschiedenen Anwendungen von CTLA-4-Ig und Anti-CTLA-Antikörpern.

Allgemeine Literatur

Ada G (2001) Vaccines and vaccination. *N Engl J Med* 345: 1042–1053

Curtiss R III (2002): Bacterial infectious disease control by vaccine development. *J Clin Invest* 110: 1061–1066

Feldmann M, Steinman L (2005) Design of effective immunotherapy for human autoimmunity. *Nature* 435: 612–619

Goodnow CC (2001) Pathways for self-tolerance and the treatment of autoimmune diseases. *Lancet* 357: 2115–2121

Steinman L, Zamvil SS (2005) Virtues and pitfalls of EAE for the development of therapies for multiple sclerosis. *Trends Immunol* 26: 565–571

Ulmer JB, Liu MA (2002) Ethical issues for vaccines and immunization. *Nat Rev Immunol* 2: 291–296

Yu X, Carpenter P, Anasetti C (2001) Advances in transplantation tolerance. *Lancet* 357: 1959–1963

Literatur zu den einzelnen Abschnitten

Abschnitt 15.1

Boumpas DT, Chrousos GP, Wilder RL, Cupps TR, Balow JE (1993) Glucocorticoid therapy for immune-mediated diseases: basic and clinical correlates. *Ann Intern Med* 119: 1198–1208

Galon J, Franchimont D, Hiroi N, Frey G, Boettner A, Ehrhart-Bornstein M, O'Shea JJ, Chrousos GP, Bornstein SR (2002) Gene profiling reveals unknown enhancing and suppressive actions of glucocorticoids on immune cells. *FASEB J* 16: 61–71

Kampa M, Castanas E (2006) Membrane steroid receptor signaling in normal and neoplastic cells. *Mol Cell Endocrinol* 246: 76–82

Rhen T, Cidlowski JA (2005) Antilinflammatory action of glucocorticoids – new mechanisms for old drugs. *N Engl J Med* 353: 1711–1723

Abschnitt 15.2

Aarbakke J, Janka-Schaub G, Elion GB (1997) Thiopurine biology and pharmacology. *Trends Pharmacol Sci* 18: 3–7

Allison AC, Eugui EM (2005) Mechanisms of action of mycophenolate mofetil in preventing acute and chronic allograft rejection. *Transplantation* 80 (Suppl): SI81–S190

O'Donovan P, Perrett CM, Zhang X, Montaner B, Xu YZ, Harwood CA, McGregor JM, Walker SL, Hanaoka F, Karran P (2005) Azathioprine and UVA light generate mutagenic oxidative DNA damage. *Science* 309: 1871–1874

Taylor AL, Watson CJ, Bradley JA (2005) Immunosuppressive agents in solid organ transplantation: mechanisms of action and therapeutic efficacy. *Crit Rev Oncol Hematol* 56: 23–46

Zhu LP, Cupps TR, Whalen G, Fauci AS (1987) Selective effects of cyclophosphamide therapy on activation, proliferation, and differentiation of human B cells. *J Clin Invest* 79: 1082–1090

Abschnitt 15.3

Brazelton TR, Morris RE (1996) Molecular mechanisms of action of new xenobiotic immunosuppressive drugs: tacrolimus (FK506), sirolimus (rapamycin), mycophenolate mofetil and leflunomide. *Curr Opin Immunol* 8: 710–720

Crabtree GR (1999) Generic signals and specific outcomes: signaling through Ca^{2+}, calcineurin, and NF-AT. *Cell* 96: 611–614

Abschnitt 15.4

Battaglia M, Stabilini A, Roncarolo MG (2005) Rapamycin selectively expands $CD4^+CD25^+FoxP3^+$ regulatory T cells. *Blood* 105: 4743–4748

Bierer BE, Mattila PS, Standaert RF, Herzenberg LA, Burakoff SJ, Crabtree G, Schreiber SL (1990) Two distinct signal transmission pathways in T lymphocytes are inhibited by complexes formed between an immunophilin and either FK506 or rapamycin. *Proc Natl Acad Sci USA* 87: 9231–9235

Brown EJ, Schreiber SL (1996) A signaling pathway to translational control. *Cell* 86: 517–520

Crespo JL, Hall MN (2002) Elucidating TOR signaling and rapamycin action: lessons from *Saccharomyces cerevisiae*. *Microbiol Mol Biol Rev* 66: 579–591

Gingras AC, Raught B, Sonenberg N (2001) Regulation of translation initiation by FRAP/mTOR. *Genes Dev* 15: 807–826

Abschnitt 15.5

Graca L, Le Moine A, Cobbold SP, Waldmann H (2003) Antibody-induced transplantation tolerance: the role of dominant regulation. *Immunol Res* 28: 181–191

Waldmann H, Hale G (2005) CAMPATH: from concept to clinic. *Phil Trans R Soc Lond B* 360: 1707–1711

Abschnitt 15.6

Kim SJ, Park Y, Hong HJ (2005) Antibody engineering for the development of therapeutic antibodies. *Mol Cells* 20: 17–29

Little M, Kipriyanov SM, Le Gall F, Moldenhauer G (2000) Of mice and men: hybridoma and recombinant antibodies. *Immunol Today* 21: 364–370

Winter G, Griffiths AD, Hawkins RE, Hoogenboom HR (1994) Making antibodies by phage display technology. *Annu Rev Immunol* 12: 433–455

Abschnitt 15.7

Graca L, Cobbold SP, Waldmann H (2002) Identification of regulatory T cells in tolerated allografts. *J Exp Med* 195: 1641–1646

Graca L, Thompson S, Lin CY, Adams E, Cobbold SP, Waldmann H (2002) Both $CD4^+CD25^+$ and $CD4^+CD25^-$ regulatory cells mediate dominant transplantation tolerance. *J Immunol* 168: 5558–5565

Kingsley CI, Karim M, Bushell AR, Wood KJ (2002) $CD25^+CD4^+$ regulatory T cells prevent graft rejection: CTLA-4- and IL-10-dependent immunoregulation of alloresponses. *J Immunol* 168: 1080–1086

Kirk AD, Burkly LC, Batty DS, Baumgartner RE, Berning JD, Buchanan K, Fechner JH Jr, Germond RL, Kampen RL, Patterson NB et al (1999) Treatment with humanized monoclonal antibody against CD154 prevents acute renal allograft rejection in nonhuman primates. *Nat Med* 5: 686–693

Li XC, Strom TB, Turka LA, Wells AD (2001) T-cell death and transplantation tolerance. *Immunity* 14: 407–416

Li Y, Li XC, Zheng XX, Wells AD, Turka LA, Strom TB (1999) Blocking both signal 1 and signal 2 of T-cell activation prevents apoptosis of alloreactive T cells and induction of peripheral allograft tolerance. *Nat Med* 5: 1298–1302

Lin CY, Graca L, Cobbold SP, Waldmann H (2002) Dominant transplantation tolerance impairs $CD8^+$ T cell function but not expansion. *Nat Immunol* 3: 1208–1213

Waldmann H (2002) Reprogramming the immune system. *Immunol Rev* 185: 227–235

Waldmann H (2001) Therapeutic approaches for transplantation. *Curr Opin Immunol* 13: 606–610

Abschnitt 15.8

Cyster JG (2005) Chemokines, sphingosine-1-phosphate, and cell migration in secondary lymphoid organs. *Annu Rev Immunol* 23: 127–159

Feldmann M, Maini RN (2003) Lasker Clinical Medical Research Award. TNF defined as a therapeutic target for rheumatoid arthritis and other autoimmune diseases. *Nat Med* 9: 1245–1250

Hallegua DS, Weisman MH (2002) Potential therapeutic uses of interleukin 1 receptor antagonists in human diseases. *Ann Rheum Dis* 61: 960–967

Idzko M, Hammad H, van Nimwegen M, Kool M, Muller T, Soullie T, Willart MA, Hijdra D, Hoogsteden HC, Lambrecht BN (2006) Local application of FTY720 to the lung abrogates experimental asthma by altering dendritic cell function. *J Clin Invest* 116: 2935–2944

Mackay CR (2002) New avenues for anti-inflammatory therapy. *Nat Med* 8: 117–118

Miller DH, Khan OA, Sheremata WA, Blumhardt LD, Rice GP, Libonati MA, Willmer-Hulme AJ, Dalton CM, Miszkiel KA, O'Connor PW (2003) A controlled trial of natalizumab for relapsing multiple sclerosis. *N Engl J Med* 348: 15–23

Podolsky DK (2005) Selective adhesion-molecule therapy and inflammatory bowel disease – a tale of Janus? *N Engl J Med* 353: 1965–1968

Sandborn WJ, Targan SR (2002) Biologic therapy of inflammatory bowel disease. *Gastroenterology* 122: 1592–1608

Abschnitt 15.9

Coles A, Deans J, Compston A (2004) Campath-1H treatment of multiple sclerosis: lessons from the bedside for the bench. *Clin Neurol Neurosurg* 106: 270–274

Edwards JC, Leandro MJ, Cambridge G (2005) B lymphocyte depletion in rheumatoid arthritis: targeting of CD20. *Curr Dir Autoimmun* 8: 175–192

Rep MH, van Oosten BW, Roos MT, Ader HJ, Polman CH, van Lier RA (1997) Treatment with depleting CD4 monoclonal antibody results in a preferential loss of circulating naive T cells but does not affect IFN-γ secreting T_H1 cells in humans. *J Clin Invest* 99: 2225–2231

Singh R, Robinson DB, El-Gabalawy HS (2005) Emerging biologic therapies in rheumatoid arthritis: cell targets and cytokines. *Curr Opin Rheumatol* 17: 274–279

Willis F, Marsh JC, Bevan DH, Killick SB, Lucas G, Griffiths R, Ouwehand W, Hale G, Waldmann H, Gordon-Smith EC (2001) The effect of treatment with Campath-1H in patients with autoimmune cytopenias. *Br J Haematol* 114: 891–898

Yazawa N, Hamaguchi Y, Poe JC, Tedder TF (2005) Immunotherapy using unconjugated CD19 monoclonal antibodies in animal models for B lymphocyte malignancies and autoimmune disease. *Proc Natl Acad Sci USA* 102: 15178–15783

Zaja F, De Vita S, Mazzaro C, Sacco S, Damiani D, De Marchi G, Michelutti A, Baccarani M, Fanin R, Ferraccioli G (2003) Efficacy and safety of rituximab in type 11 mixed cryoglobulinemia. *Blood* 101: 3827–3834

Abschnitt 15.10

Abrams JR, Kelley SL, Hayes E, Kikuchi T, Brown MJ, Kang S, Lebwohl MG, Guzzo CA, Jegasothy BV, Linsley PS, Krueger JG (2000) Blockade of T lymphocyte costimulation with cytotoxic T lymphocyte-associated antigen 4-immunoglobulin (CTLA4Ig) reverses the cellular pathology of psoriatic plaques, including the activation of keratinocytes, dendritic cells, and endothelial cells. *J Exp Med* 192: 681–694

Aruffo A, Hollenbaugh D (2001) Therapeutic intervention with inhibitors of co-stimulatory pathways in autoimmune disease. *Curr Opin Immunol* 13: 683–686

Ellis CN, Krueger GG (2001) Treatment of chronic plaque psoriasis by selective targeting of memory effector T lymphocytes. *N Engl J Med* 345: 248–255

Kraan MC, van Kuijk AW, Dinant HJ, Goedkoop AY, Smeets TJ, de Rie MA, Dijkmans BA, Vaishnaw AK, Bos JD, Tak PP (2002) Alefacept treatment in psoriatic arthritis: reduction of the effector T cell population in peripheral blood and synovial tissue is associated with improvement of clinical signs of arthritis. *Arthritis Rheum* 46: 2776–2784

Lowes MA, Chamian F, Abello MV, Fuentes-Duculan J, Lin SL, Nussbaum R, Novitskaya I, Carbonaro H, Cardinale I, Kikuchi T et al (2005) Increase in TNF-α and inducible nitric oxide synthase-expressing dendritic cells in psoriasis and reduction with efalizumab (anti-CD11a). *Proc Natl Acad Sci USA* 102: 19057–19062

Abschnitt 15.11

Chatenoud L (2005) CD3-specific antibodies restore self-tolerance: mechanisms and clinical applications. *Curr Opin Immunol* 17: 632–637

Ehrenstein MR, Evans JG, Singh A, Moore S, Warnes G, Isenberg DA, Mauri C (2004) Compromised function of regulatory T cells in rheumatoid arthritis and reversal by anti-TNFα therapy. *J Exp Med* 200: 277–285

Hafler DA, Kent SC, Pietrusewicz MJ, Khoury SJ, Weiner HL, Fukaura H (1997) Oral administration of myelin induces antigen-specific TGF-β 1 secreting T cells in patients with multiple sclerosis. *Ann N Y Acad Sci* 835: 120–131

Herold KC, Burton JB, Francois F, Poumian-Ruiz E, Glandt M, Bluestone JA (2003) Activation of human T cells by FcR nonbinding anti-CD3 mAb, hOKT3γ1(Ala-Ala). *J Clin Invest* 111: 409–418

Herold KC, Hagopian W, Auger JA, Poumian-Ruiz E, Taylor L, Donaldson D, Gitelman SE, Harlan DM, Xu D, Zivin RA et al (2002) Anti-CD3 monoclonal antibody in new-onset type 1 diabetes mellitus. *N Engl J Med* 346: 1692–1698

Masteller EL, Bluestone JA (2002) Immunotherapy of insulin-dependent diabetes mellitus. *Curr Opin Immunol* 14: 652–659

Roncarolo MG, Bacchetta R, Bordignon C, Narula S, Levings MK (2001) Type 1 T regulatory cells. *Immunol Rev* 182: 68–79

Abschnitt 15.12

van Etten E, Mathieu C (2005) Immunoregulation by 1,25-dihydroxyvitamin D3: basic concepts. *J Steroid Biochem Mol Biol* 97: 93–101

Youssef S, Stuve O, Patarroyo JC, Ruiz PJ, Radosevich JL, Hur EM, Bravo M, Mitchell DJ, Sobel RA, Steinman L et al (2002) The HMG-CoA reductase inhibitor, atorvastatin, promotes a Th2 bias and reverses paralysis in central nervous system autoimmune disease. *Nature* 420: 78–84

Abschnitt 15.13

Diabetes Prevention Trial: Type 1 Diabetes Study Group (2002) Effects of insulin in relatives of patients with type 1 diabetes mellitus. *N Engl J Med* 346: 1685–1691

Liblau R, Tisch R, Bercovici N, McDevitt HO (1997) Systemic antigen in the treatment of T-cell-mediated autoimmune diseases. *Immunol Today* 18: 599–604

Magee CC, Sayegh MH (1997) Peptide-mediated immunosuppression. *Curr Opin Immunol* 9: 669–675

Steinman L, Utz PJ, Robinson WH (2005) Suppression of autoimmunity via microbial mimics of altered peptide ligands. *Curr Top Microblol Immunol* 296: 55–63

Weiner HL (1997) Oral tolerance for the treatment of autoimmune diseases. *Annu Rev Med* 48: 341–351

Abschnitt 15.14

Jaffee EM, Pardoll DM (1996) Murine tumor antigens: is it worth the search? *Curr Opin Immunol* 8: 622–627

Abschnitt 15.15

Ahmadzadeh M, Rosenberg SA (2006) IL-2 administration increases $CD4^{+}CD25^{hi}Foxp3^{+}$ regulatory T cells in cancer patients. *Blood* 107: 2409–2414

Bodmer WF, Browning MJ, Krausa P, Rowan A, Bicknell DC, Bodmer JG (1993) Tumor escape from immune response by variation in HLA expression and other mechanisms. *Ann N Y Acad Sci* 690: 42–49

Dunn GP, Old LJ, Schreiber RD (2004) The immunobiology of cancer immunosurveillance and immunoediting. *Immunity* 21: 137–148

Girardi M, Oppenheim DE, Steele CR, Lewis JM, Glusac E, Filler R, Hobby P, Sutton B, Tigelaar RE, Hayday AC (2001) Regulation of cutaneous malignancy by $\gamma\delta$T cells. *Science* 294: 605–609

Ikeda H, Lethe B, Lehmann F, van Baren N, Baurain JF, de Smet C, Chambost H, Vitale M, Moretta A, Boon T et al (1997) Characterization of an antigen that is recognized on a melanoma showing partial HLA loss by CTL expressing an NK inhibitory receptor. *Immunity* 6: 199–208

Koopman LA, Corver WE, van der Slik AR, Giphart MJ, Fleuren GJ (2000) Multiple genetic alterations cause frequent and heterogeneous human histocompatibility leukocyte antigen class I loss in cervical cancer. *J Exp Med* 191: 961–976

Ochsenbein AF, Klenerman P, Karrer U, Ludewig B, Pericin M, Hengartner H, Zinkernagel RM (1999) Immune surveillance against a solid tumor fails because of immunological ignorance. *Proc Natl Acad Sci USA* 96: 2233–2238

Ochsenbein AF, Sierro S, Odermatt B, Pericin M, Karrer U, Hermans J, Hemmi S, Hengartner H, Zinkernagel RM (2001) Roles of tumour localization, second signals and cross priming in cytotoxic T-cell induction. *Nature* 411: 1058–1064

Pardoll D (2001) T cells and tumours. *Nature* 411: 1010–1012

Tada T, Ohzeki S, Utsumi K, Takiuchi H, Muramatsu M, Li XF, Shimizu J, Fujiwara H, Hamaoka T (1991) Transforming growth factor-beta-induced inhibition of T cell function. Susceptibility difference in T cells of various phenotypes and functions and its relevance to immunosuppression in the tumor-bearing state. *J Immunol* 146: 1077–1082

Torre Amione G, Beauchamp RD, Koeppen H, Park BH, Schreiber H, Moses HL, Rowley DA (1990) A highly immunogenic tumor transfected with a murine transforming growth factor type beta 1 cDNA escapes immune surveillance. *Proc Natl Acad Sci USA* 87: 1486–1490

Wang HY, Lee DA, Peng G, Guo Z, Li Y, Kiniwa Y, Shevach EM, Wang RF (2004) Tumor-specific human $CD4^{+}$ regulatory T cells and their ligands: implications for immunotherapy. *Immunity* 20: 107–118

Abschnitt 15.16

Boon T, Coulie PG, Van den Eynde B (1997) Tumor antigens recognized by T cells. *Immunol Today* 18: 267–268

Chaux P, Vantomme V, Stroobant V, Thielemans K, Corthals J, Luiten R, Eggermont AM, Boon T, van der Bruggen P (1999) Identification of MAGE-3 epitopes presented by HLA-DR molecules to $CD4^{+}$ T lymphocytes. *J Exp Med* 189: 767–778

Clark RE, Dodi IA, Hill SC, Lill JR, Aubert G, Macintyre AR, Rojas J, Bourdon A, Bonner PL, Wang L et al (2001) Direct evidence that leukemic cells present HLA-associated immunogenic pepticles derived from the BCR-ABL b3a2 fusion protein. *Blood* 98: 2887–2893

Comoli P, Pedrazzoli P, Maccario R, Basso S, Carminati O, Schiavo R, Secondino S, Frasson C, Perotti C et al (2005) Cell therapy of Stage IV nasopharyngeal carcinoma with autologous Epstein-Barr virus-targeted cytotoxic T lymphocytes. *J Clin Oncol* 23: 8942–8949

de Smet C, Lurquin C, Lethe B, Martelange V, Boon T (1999) DNA methylation is the primary silencing mechanism for a set of germ line- and tumor-specific genes with a CpG-rich promoter. *Mol Cell Biol* 19: 7327–7335

Disis ML, Cheever MA (1998) HER-2/neu oncogenic protein: issues in vaccine development. *Crit Rev Immunol* 18: 37–45

Disis ML, Cheever MA (1996) Oncogenic proteins as tumor antigens. *Curr Opin Immunol* 8: 637–642

Dudley ME, Wunderlich JR, Yang JC, Sherry RM, Topalian SL, Restifo NP, Royal RE, Kammula U, White DE, Mavroukakis SA et al (2005) Adoptive cell transfer therapy following non-myeloablative but lymphodepleting chemotherapy for the treatment of patients with refractory metastatic melanoma. *J Clin Oncol* 23: 2346–2357

Michalek J, Collins RH, Durrani HP, Vaclavkova P, Ruff LE, Douek DC, Vitetta ES (2003) Definitive separation of graft-versus-leukemia- and graft-versus-host-specific $CD4^+$ T cells by virtue of their receptor P loci sequences. *Proc Natl Acad Sci USA* 100: 1180–1184

Morris EC, Tsallios A, Bendle GM, Xue SA, Stauss HJ (2005) A critical role of T cell antigen receptor-transduced MHC class I-restricted helper T cells in tumor protection. *Proc Natl Acad Sci USA* 102: 7934–7939

Robbins PF, Kawakami Y (1996) Human tumor antigens recognized by T cells. *Curr Opin Immunol* 8: 628–636

Abschnitt 15.17

Alekshun T, Garrett C (2005) Targeted therapies in the treatment of colorectal cancers. *Cancer Control* 12: 105–110

Bagshawe KD, Sharma SK, Burke PJ, Melton RG, Knox RJ (1999) Developments with targeted enzymes in cancer therapy. *Curr Opin Immunol* 11: 579–583

Cragg MS, French RR, Glennie MJ (1999) Signaling antibodies in cancer therapy. *Curr Opin Immunol* 11: 541–547

Fan Z, Mendelsohn J (1998) Therapeutic application of anti-growth factor receptor antibodies. *Curr Opin Oncol* 10: 67–73

Hortobagyi GN (2005) Trastuzumab in the treatment of breast cancer. *N Engl J Med* 353: 1734–1736

Houghton AN, Scheinberg DA (2000) Monoclonal antibody therapies-a 'constant' threat to cancer. *Nat Med* 6: 373–374

Kreitman RJ (1999) Immunotoxins in cancer therapy. *Curr Opin Immunol* 11: 570–578

White CA, Weaver RL, Grillo-Lopez AJ (2001) Antibody-targeted immunotherapy for treatment of malignancy. *Annu Rev Med* 52: 125–145

Abschnitt 15.18

Bendandi M, Gocke CD, Kobrin CB, Benko FA, Sternas LA, Pennington R, Watson TM, Reynolds CW, Gause BL, Duffey PL et al (1999) Complete molecular remissions induced by patient-specific vaccination plus granulocyte-monocyte colony-stimulating factor against lymphoma. *Nat Med* 5: 1171–1177

Hellstrom KE, Gladstone P, Hellstrom I (1997) Cancer vaccines: challenges and potential solutions. *Mol Med Today* 3: 286–290

Kugler A, Stuhler G, Walden P, Zoller G, Zobywalski A, Brossart P, Trefzer U, Ullrich S, Müller CA, Becker Y, Gross AJ, Hemmerlein B, Kanz L, Müller GA, Ringert RH (2000) Regression of human metastatic renal cell carcinoma after vaccination with tumor cell-dendritic cell hybrids. *Nat Med* 6: 332–336

Li Y, Hellstrom KE, Newby SA, Chen L (1996) Costimulation by CD48 and B7-1 induces immunity against poorly immunogenic tumors. *J Exp Med* 183: 639–644

Melief CJ, Offringa R, Toes RE, Kast WM (1996) Peptide-based cancer vaccines. *Curr Opin Immunol* 8: 651–657

Morse MA, Chui S, Hobeika A, Lyerly HK, Clay T (2005) Recent developments in therapeutic cancer vaccines. *Nat Clin Pract Oncol* 2: 108–113

Murphy A, Westwood JA, Teng MW, Moeller M, Darcy PK, Kershaw MH (2005) Gene modification strategies to induce tumor immunity. *Immunity* 22: 403–414

Nestle FO, Banchereau J, Hart D (2001) Dendritic cells: on the move from bench to bedside. *Nat Med* 7: 761–765

Pardoll DM (1998) Cancer vaccines. *Nat Med* 4: 525–531

Pardoll DM (1995) Paracrine cytokine adjuvants in cancer immunotherapy. *Annu Rev Immunol* 13: 399–415

Phan GO, Yang JC, Sherry RM, Hwu P, Topalian SL, Schwartzentruber DJ, Restifo NP, Haworth LR, Seipp CA, Freezer LJ et al (2003) Cancer regression and autoimmunity induced by cytotoxic T lymphocyte-associated antigen 4 blockade in patients with metastatic melanoma. *Proc Natl Acad Sci USA* 100: 8372–8377

Przepiorka D, Srivastava PK (1998) Heat shock protein-peptide complexes as immunotherapy for human cancer. *Mol Med Today* 4: 478–484

Ragnhammar P (1996) Anti-tumoral effect of GM-CSF with or without cytokines and monoclonal antibodies in solid tumors. *Med Oncol* 13: 167–176

Stanley M (2007) Prophylactic HPV vaccines: prospects for eliminating ano-genital cancer. *Br J Cancer* 96: 1320–1323

Steinman RM, Pope M (2002) Exploiting dendritic cells to improve vaccine efficacy. *J Clin Invest* 109: 1519–1526

Abschnitt 15.19

Ada GL (1990) The immunological principles of vaccination. *Lancet* 335: 523–526

Anderson RM, Donnelly CA, Gupta S (1997) Vaccine design, evaluation, and community-based use for antigenically variable infectious agents. *Lancet* 350: 1466–1470

Gupta RK, Best J, MacMahon E (2005) Mumps and the UK epidemic 2005 *BMJ* 330: 1132–1135

Levine MM, Levine OS (1997) Influence of disease burden, public perception, and other factors on new vaccine development, implementation, and continued use. *Lancet* 350: 1386–1392

Nichol KL, Lind A, Margolis KL, Murdoch M, McFadden R, Hauge M, Magnan S, Drake M (1995) The effectiveness of vaccination against influenza in healthy, working adults. *N Engl J Med* 333: 889–893

Palese P, Garcia-Sastre A (2002) Influenza vaccines: present and future. *J Clin Invest* 110: 9–13

Rabinovich NR, McInnes P, Klein DL, Hall BF (1994) Vaccine technologies: view to the future. *Science* 265: 1401–1404

Abschnitt 15.20

Decker MD, Edwards KM (2000) Acellular pertussis vaccines. *Pediatr Clin North Am* 47: 309–335

Madsen KM, Hviid A, Vestergaard M, Schendel D, Wohlfahrt J, Thorsen P, Olsen J, Melbye M (2002) A population-based study of measles, mumps, and rubella vaccination and autism. *N Engl J Med* 347: 1477–1482

Mortimer EA (1994) Pertussis vaccines. In: Plotkin SA, Mortimer EA: Vaccines 2. Aufl. W. B. Saunders Co, Philadelphia

Poland GA (1996) Acellular pertussis vaccines: new vaccines for an old disease. *Lancet* 347: 209–210

Abschnitt 15.21

Kroll JS, Booy R (1996) Haemophilus influenzae: capsule vaccine and capsulation genetics. *Mol Med Today* 2: 160–165

Peltola H, Kilpi T, Anttila M (1992) Rapid disappearance of *Haemophilus influenzae* type b meningitis after routine childhood immunisation with conjugate vaccines. *Lancet* 340: 592–594

Rosenstein NE, Perkins BA (2000) Update on *Haemophilus influenzae* serotype b and meningococcal vaccines. *Pediatr Clin North Am* 47: 337–352

van den Dobbelsteen GP, van Rees EP (1995) Mucosal immune responses to pneumococcal polysaccharides: implications for vaccination. *Trends Microbiol* 3: 155–159

Abschnitt 15.22

Alving CR, Koulchin V, Glenn GM, Rao M (1995) Liposomes as carriers of peptide antigens: induction of antibodies and cytotoxic T lymphocytes to conjugated and unconjugated peptides. *Immunol Rev* 145: 5–31

Gupta RK, Siber GR (1995) Adjuvants for human vaccines – current status, problems and future prospects. *Vaccine* 13: 1263–1276

Hartmann G, Weiner GJ, Krieg AM (1999) CpG DNA: a potent signal for growth, activation, and maturation of human dendritic cells. *Proc Natl Acad Sci USA* 96: 9305–9310

Kersten GF, Crommelin DJ (2003) Liposomes and ISCOMs. *Vaccine* 21: 915–920

Persing DH, Coler RN, Lacy MJ, Johnson DA, Baldridge JR, Hershberg RM, Reed SG (2002) Taking toll: lipid A mimetics as adjuvants and immunomodulators. *Trends Microbiol* 10: S32–S37

Scott P, Trinchieri G (1997) IL-12 as an adjuvant for cell-mediated immunity. *Semin Immunol* 9: 285–291

Takeda K, Kaisho T, Akira S (2003) Toll-like receptors. *Annu Rev Immunol* 21: 335–376

van Duin D, Medzhitov R, Shaw AC (2005) Triggering TLR signaling in vaccination. *Trends Immunol* 27: 49–55

Vogel FR (1995) Immunologic adjuvants for modern vaccine formulations. *Ann NY Acad Sci* 754: 153–160

Abschnitt 15.23

Brochier B, Kieny MP, Costy F, Coppens P, Bauduin B, Lecocq JP, Languet B, Chappuls G, Desmettre P, Afiademanyo K et al (1991) Large-scale eradication of rabies using recombinant vaccinia-rabies vaccine. *Nature* 354: 520–522

Murphy BR, Collins PL (2002) Live-attenuated virus vaccines for respiratory syncytial and parainfluenza viruses: applications of reverse genetics. *J Clin Invest* 110: 21–27

Parkin NT, Chiu P, Coelingh K (1997) Genetically engineered live attenuated influenza A virus vaccine candidates. *J Virol* 71: 2772–2778

Subbarao K, Murphy BR, Fauci AS (2006) Development of effective vaccines against pandemic influenza. *Immunity* 24: 5–9

Abschnitt 15.24

Guleria I, Teitelbaum R, McAdam RA, Kalpana G, Jacobs WR Jr, Bloom BR (1996) Auxotrophic vaccines for tuberculosis. *Nat Med* 2: 334–337

Martin C (2005) The dream of a vaccine against tuberculosis; new vaccines improving or replacing BCG? *Eur Respir J* 26: 162–167

Abschnitt 15.25

Alonso PL, Sacarlal J, Aponte JJ, Leach A, Macete E, Aide P, Sigauque B, Milman J, Mandomando I, Bassat Q et al (2005) Duration of protection with RTS,S/AS02A malaria vaccine in prevention of *Plasmodium falciparum* disease in Mozambican children: single-blind extended follow-up of a randomised controlled trial. *Lancet* 366: 2012–2018

Berzofsky JA (1993) Epitope selection and design of synthetic vaccines. Molecular approaches to enhancing immunogenicity and cross-reactivity of engineered vaccines. *Ann NY Acad Sci* 690: 256–264

Berzofsky JA (1991) Mechanisms of T cell recognition with application to vaccine design. *Mol Immunol* 28: 217–223

Canizares M, Nicholson L, Lomonossoff GP (2005) Use of viral vectors for vaccine production in plants. *Immunol Cell Biol* 83: 263–270

Davenport MP, Hill AV (1996) Reverse immunogenetics: from HLA-disease associations to vaccine candidates. *Mol Med Today* 2: 38–45

Hill AX (2006) Pre-erythrocytic malaria vaccines: towards greater efficacy. *Nat Rev Immunol* 6: 21–32

Hoffman SL, Rogers WO, Carucci DJ, Venter JC (1998) From genomics to vaccines: malaria as a model system. *Nat Med* 4: 1351–1353

Modelska A, Dietzschold B, Sleysh N, Fu ZF, Steplewski K, Hooper DC, Koprowski H, Yusibov V (1998) Immunization against rabies with plant-derived antigen. *Proc Natl Acad Sci USA* 95: 2481–2485

Sanders MT, Brown LE, Deliyannis G, Pearse MJ (2005) ISCOM-based vaccines: the second decade. *Immunol Cell Biol* 83: 119–128

Abschnitt 15.26

Burnette WN (1997) Bacterial ADP-ribosylating toxins: form, function, and recombinant vaccine development. *Behring Inst Mitt* 98: 434–441

Douce G, Fontana M, Pizza M, Rappuoli R, Dougan G (1997) Intranasal immunogenicity and adjuvanticity of site-directed mutant derivatives of cholera toxin. *Infect Immun* 65: 2821–2828

Dougan G (1994) The molecular basis for the virulence of bacterial pathogens: implications for oral vaccine development. *Microbiology* 140: 215–224

Dougan G, Ghaem-Maghami M, Pickard D, Frankel G, Douce G, Clare S, Dunstan S, Simmons C (2000) The immune responses to bacterial antigens encountered *in vivo* at mucosal surfaces. *Philos Trans R Soc Lond B Biol Sci* 355: 705–712

Eriksson K, Holmgren J (2002) Recent advances in mucosal vaccines and adjuvants. *Curr Opin Immunol* 14: 666–672

Ivanoff B, Levine MM, Lambert PH (1994) Vaccination against typhoid fever: present status. *Bull World Health Organ* 72: 957–971

Levine MM (1990) Modern vaccines. Enteric infections. *Lancet* 335: 958–961

Abschnitt 15.27

Donnelly JJ, Ulmer JB, Shiver JW, Liu MA (1997) DNA vaccines. *Annu Rev Immunol* 15: 617–648

Gurunathan S, Klinman DM, Seder RA (2000) DNA vaccines: immunology, application, and optimization. *Annu Rev Immunol* 18: 927–974

Wolff JA, Budker V (2005) The mechanism of naked DNA uptake and expression. *Adv Genet* 54: 3–20

Abschnitt 15.28

Bonifaz LC, Bonnyay DP, Charalambous A, Darguste DI, Fujii S, Soares H, Brimnes MK, Moltedo B, Moran TM, Steinman RM (2004) In vivo targeting of antigens to maturing dendritic cells via the DEC-205 receptor improves T cell vaccination. *J Exp Med* 199: 815–824

Deliyannis G, Boyle JS, Brady JL, Brown LE, Lew AM (2000) A fusion DNA vaccine that targets antigen-presenting cells increases protection from viral challenge. *Proc Natl Acad Sci USA* 97: 6676–6680

Hahn H, Lane-Bell PM, Glasier LM, Nomellini JF, Bingle WH, Paranchych W, Smit J (1997) Pilin-based anti-Pseudomonas vaccines: latest developments and perspectives. *Behring Inst Mitt* 98: 315–325

Neutra MR (1998) Current concepts in mucosal immunity. V. Role of M cells in transepithelial transport of antigens and pathogens to the mucosal immune system. *Am J Physiol* 274: G785–G791

Shen Z, Reznikoff G, Dranoff G, Rock KL (1997) Cloned dendritic cells can present exogenous antigens on both MHC class I and class II molecules. *J Immunol* 158: 2723–2730

Tan MC, Mommaas AM, Drijfhout JW, Jordens R, Onderwater JJ, Verwoerd D, Mulder AA, van-der-Heiden AN, Scheidegger D, Oomen LC et al (1997) Mannose receptor-mediated uptake of antigens strongly enhances HLA class II-restricted antigen presentation by cultured dendritic cells. *Eur J Immunol* 27: 2426–2435

Thomson SA, Burrows SR, Misko IS, Moss DJ, Coupar BE, Khanna R (1998) Targeting a polyepitope protein incorporating multiple class II-restricted viral epitopes to the secretory/endocytic pathway facilitates immune recognition by $CD4^+$ cytotoxic T lymphocytes: a novel approach to vaccine design. *J Virol* 72: 2246–2252

Abschnitt 15.29

Burke RL (1992) Contemporary approaches to vaccination against herpes simplex virus. *Curr Top Microbiol Immunol* 179: 137–158

Grange JM, Stanford JL (1996) Therapeutic vaccines. *J Med Microbiol* 45: 81–83

Hill A, Jugovic P, York I, Russ G, Bennink J, Yewdell J, Ploegh H, Johnson D (1995) Herpes simplex virus turns off the TAP to evade host immunity. *Nature* 375: 411–415

Lu W, Arraes LC, Ferreira WT, Andrieu JM (2004) Therapeutic dendritic-cell vaccine for chronic HIV-1 infection. *Nat Med* 10: 1359–1365

Modlin RL (1994) Thl-Th2 paradigm: insights from leprosy. *J Invest Dermatol* 102: 828–832

Plebanski M, Proudfoot O, Pouniotis D, Coppel RL, Apostolopoulos V, Flannery G (2002) Immunogenetics; and the design of *Plasmodium falciparum* vaccines for use in malaria-endemic populations. *J Clin Invest* 110: 295–301

Reiner SL, Locksley RM (1995) The regulation of immunity to *Leishmania major*. *Annu Rev Immunol* 13: 151–177

Stanford JL (1994) The history and future of vaccination and immunotherapy for leprosy. *Trop Geogr Med* 46: 93–107

Abschnitt 15.30

Biron CA, Gazzinelli RT (1995) Effects of IL-12 on immune responses to microbial infections: a key mediator in regulating disease outcome. *Curr Opin Immunol* 7: 485–496

Grau GE, Modlin RL (1991) Immune mechanisms in bacterial and parasitic diseases: protective immunity versus pathology. *Curr Opin Immunol* 3: 480–485

Kaplan G (1993) Recent advances in cytokine therapy in leprosy. *J Infect Dis* 167 Suppl 1: S18–S22

Locksley RM (1993) Interleukin 12 in host defense against microbial pathogens. *Proc Natl Acad Sci USA* 90: 5879–5880

Murray HW (1994) Interferon-gamma and host antimicrobial defense: current and future clinical applications. *Am J Med* 97: 459–467

Sher A, Gazzinelli RT, Oswald IP, Clerici M, Kullberg M, Pearce EJ, Berzofsky JA, Mosmann TR, James SL, Morse HC (1992) Role of T-cell derived cytokines in the downregulation of immune responses in parasitic and retroviral infection. *Immunol Rev* 127: 183–204

Sher A, Jankovic D, Cheever A, Wynn T (1996) An IL-12-based vaccine approach for preventing immunopathology in schistosomiasis. *Ann NY Acad Sci* 795: 202–207

Teil VI

Die Ursprünge des Immunsystems

16 Die Evolution des Immunsystems

Am Anfang dieses Buches stand ein Überblick über die Immunologie und die Faszination, die sie auf Wissenschaftler des gesamten 20. Jahrhunderts ausgeübt hat. In diesem Kapitel wollen wir uns damit beschäftigen, wie sich die grundlegenden Mechanismen der Immunologie überhaupt entwickelt haben. Wir beginnen wiederum mit der Evolution des angeborenen Immunsystems, das fast so alt ist wie der erste vielzellige Organismus. Anschließend befassen wir uns mit der faszinierenden Frage, wie Immunsysteme die Fähigkeit entwickeln konnten, immer mehr verschiedene Antigene aus dem praktisch unendlich großen Angebot an Pathogenen zu erkennen und sie zu bekämpfen.

Die angeborene und die erworbene Immunität unterscheiden wir anhand der Art und Weise, auf die ein Organismus die Moleküle codiert, die Pathogene erkennen. Bei der angeborenen Immunität agieren Rezeptoren, die direkt im Genom codiert sind, und die Anzahl der Rezeptoren ist in den Spezies, mit denen wir uns bisher beschäftigt haben – nämlich Mensch und Maus – begrenzt. Beispiele für das begrenzte Repertoire pathogenerkennender Rezeptoren sind die Toll-ähnlichen Rezeptoren und NOD-Proteine, die in Kapitel 2 beschrieben sind. Die erworbene Immunität sprengt diese Limitierung, indem ein erheblich größeres Repertoire von unterschiedlichen klonalen Rezeptoren – Antikörper und T-Zell-Rezeptoren – gebildet wird. In Kapitel 5 haben wir beschrieben, wie sie durch somatische Genumlagerung entstehen. Dies hat eine enorm gesteigerte Diversifikation der Antigenerkennung zur Folge, und man bezeichnet diese Art von Repertoire als „antizipatorisch", das heißt, es ist ausreichend groß, um auf die Begegnung mit einer praktisch unendlich großen Zahl von Antigenen vorbereitet zu sein, also zu antizipieren.

Bis vor kurzem noch war man der Meinung, dass es eine antizipatorische oder erworbene Immunität nur in Kiefermäulern (Wirbeltieren mit ausgebildeten Kiefern) gibt, denn die daran beteiligten *RAG-1* und *RAG-2*-Gene gibt es nur in dieser Tiergruppe. Neuere Erkenntnisse zwangen uns jedoch, unsere Meinung zu ändern. Wir wissen inzwischen, dass sehr große Repertoires an Molekülen, die an der Immunantwort beteiligt sind, in ganz verschiedenen Lebewesen wie Insekten, Echinodermen, Mollusken und kieferlosen Wirbeltieren (Agnathen) durch ganz unterschiedliche genetische Mechanismen zustande kommen können. Wie wir in diesem Kapitel erfahren werden, vergrößern einige Organismen die Vielfalt der Pathogenerkennung einfach durch eine enorme Zunahme der Anzahl von Rezeptoren, die somatische Zellen codieren – sie haben also ein sehr hoch entwickeltes angeborenes Immunsystem. Andere Arten dagegen, darunter die Taufliege *Drosophila melanogaster*, produzieren eine noch größere Vielfalt ihrer Antworten, verwenden jedoch andere genetische Mechanismen als somatische Genumlagerung. Und bei bis in unsere Zeit überlebenden Arten kieferloser Wirbeltiere – den Neunaugen und Schleimaalen – fand man ein System somatischer Genumlagerung, durch das lösliche, „antikörperartige" Proteine auf eine andere Weise als über das RAG-abhängige System in Kiefermündern entstehen.

Unser erworbenes Immunsystem, das der Kiefermäuler, ist also nur eine Möglichkeit, wie eine enorme Diversität der Pathogenerkennung entstehen kann. Die erworbene Immunität an sich lässt sich nicht mehr mit dem Phänomen von V(D)J-Umordnungen in Lymphocyten definieren. Vielmehr besteht sie in der Bildung eines antizipatorischen Repertoires von Effektormolekülen beträchtlicher Diversität, über welche Mechanismen auch immer, und der klonalen Selektion aus diesem Repertoire, sodass Effektorantworten möglich sind, die sich während des ganzen Lebens des Organismus ändern können.

Die Evolution des angeborenen Immunsystems

16.1 Die Evolution des Immunsystems lässt sich untersuchen, indem man die Genexpression in verschiedenen Spezies vergleicht

Alles deutet daraufhin, dass das Konzept eines Immunsystems, also die Abwehr von infektiösen Agenzien durch ein Individuum, allgegenwärtig ist, denn alle Organismen werden von Pathogenen angegriffen und schon immer bestand ein natürlicher Selektionsdruck, entsprechende Schutzmechanismen zu entwickeln. Sogar Bakterien verteidigen sich gegen die Parasiten (Plasmide) und Pathogene (Bakteriophagen), die sie infizieren, und zwar mithilfe der Restriktionsenzyme, die eindringende DNA spalten, und der Modifikationssysteme, die die DNA des Bakteriums so verändern, dass diese Enzyme sie nicht spalten können. Es ist unwahrscheinlich, dass es solche Mechanismen auch in höheren Organismen gibt; Bakterien produzieren jedoch auch antimikrobielle Peptide, die gegen konkurrierende Bakterien wirken, und diese Art von Verteidigung durch den Wirt gibt es in vielzelligen Lebewesen sehr wohl. Bei der Bewertung aller möglichen Ähnlichkeiten zwischen Lebewesen sollte man jedoch immer bedenken, dass es sich dabei um konvergente Evolutionsphänomene handeln könnte – also eine unabhängige Entwicklung ähnlicher Lösungen für das gleiche Problem. Die antimikrobiellen Peptide höherer Organismen stammen also wahrscheinlich nicht direkt von einem gemeinsamen Urpeptid in Bakterien ab, sondern haben sich eher unabhängig zur gleichen Funktion entwickelt.

Wir werden uns auf die Evolution eines Immunsystems bei vielzelligen Organismen mit einem definierten Bauplan konzentrieren, in die Pathogene eindringen und in denen sie sich ansiedeln können. Das Problem von Untersuchungen der Evolution besteht darin, dass es die direkten Vorfahren der Tierarten, die heute existieren, nicht mehr gibt, und wir daher nicht genau sagen können, welche Moleküle oder immunologischen Funktionen in diesen Organismen vorhanden waren. Das heißt jedoch nicht, dass wir überhaupt nichts über die evolutionäre Vergangenheit erfahren können; wir können uns die Tatsache zunutze machen, dass das Vorhandensein oder auch Fehlen einzelner Bestandteile des Immunsystems in verschiedenen Arten Hinweise auf seine evolutionäre Geschichte geben kann.

Wenn wir die Evolution eines biologischen Systems wie das Immunsystem untersuchen, gehen wir von der Vermutung aus, dass ein Gen, welches es in derselben oder einer ähnlichen Form in zwei unterschiedlichen Spezies gibt, auch im gemeinsamen Vorfahren dieser Spezies vorhanden war. Je mehr sich die Spezies unterscheiden, desto weiter entfernt ist der gemeinsame Vorfahr. Abbildung 16.1 zeigt einen evolutionären „Stammbaum" der Organismen, über die wir in diesem Kapitel sprechen, und in welcher Reihenfolge sich die verschiedenen Gruppen voneinander getrennt haben. Die Abspaltung der Pflanzen vom gemeinsamen Vorfahren mit den Tieren erfolgte also früher als die Abzweigung der Insekten von der Linie, die zu den Deuterostomata (Echinodermen und Chordaten) führte. Inzwischen ist das vollständige Genom einer Reihe von Lebewesen sequenziert. Daraus resultierende Informationen zeigten innerhalb der Stämme enorme Ähnlichkeiten in den Strategien angeborener Immunität und eine unerwartete Vielfalt der Immunantworten. Von vielen Organismen, die in Abbildung 16.1 erwähnt sind, sind die Genome vollständig oder nahezu vollständig sequenziert, darunter Pflanzen (*Arabidopsis thaliana*), Insekten (*Drosophila melanogaster*), Echinodermen (*Strongylocentrotus purpuratus*), Urochordaten (*Ciona intestinalis* und *C. savignyi*), sowie mehrere Fischarten, Amphibien (*Xenopus tropicalis*), Vögel (*Gallus gallus*) und Säugetiere (*Homo sapiens, Mus musculus*).

Mithilfe dieser Informationen können wir die Evolution von angeborenen Abwehrmechanismen von unseren entfernteren Vorfahren, wie denen, die wir gemeinsamen mit Insekten haben, über die gemeinsamen Vorfahren mit Echinodermen bis hin zu unseren gemeinsamen Vorfahren mit den Ascidien (Tunicaten oder Seescheiden) verfolgen, einer Urochor-

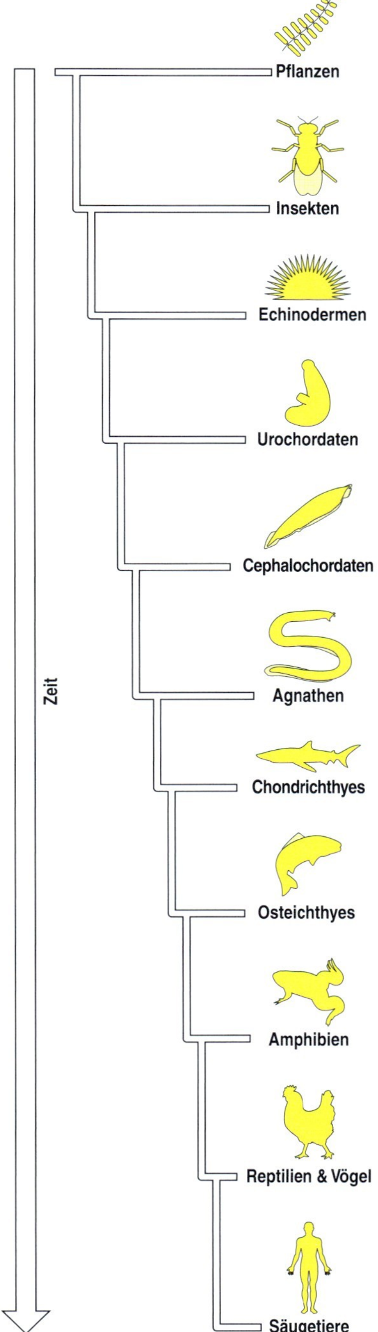

16.1 Die Evolutionsgeschichte der Organismen, die in diesem Kapitel erwähnt werden. Die Verzweigungen dieses recht schematischen evolutionären Stammbaums zeigt die Reihenfolge der Verzweigungen verschiedener Linien. Die Pflanzen spalteten sich also vom letzten mit den Tieren gemeinsamen Vorfahr ab, bevor sich die Insekten abtrennten und so weiter. Hier ist jedoch nicht der relative Zeitmaßstab dargestellt. Die Chordaten (der Stamm, zu dem die Vertebraten gehören) umfassen die Urochordaten als Nichtwirbeltiere (zum Beispiel Seescheiden), die Cephalochordaten (zum Beispiel Lanzettfischchen) und die Vertebraten mit den Agnathen (kieferlose Fische), Knorpelfischen (Chondrichthyes), Knochenfischen (Osteichthyes), Amphibien, Reptilien, Vögeln und Säugetieren.

datenfamilie und einer Schwestergruppe der Linie, die zu den Wirbeltieren führt. Innerhalb der Wirbeltiere lässt sich die Entwicklung von Immunfunktionen von den Agnathen (kieferlose Fische wie Neunaugen und Schleimaale) über die Knorpelfische (Haie und Rochen) zu den Knochenfischen, Amphibien, Reptilien und Vögeln und schließlich zu den Säugetieren verfolgen. In manchen Fällen wissen wir noch nicht, ob ein bestimmtes Immunsystemgen in allen „Zwischengruppen" vorhanden ist. Wenn es sich jedoch zum Beispiel bei Säugetieren und Invertebraten identifizieren lässt, geht man davon aus, dass es auch bei allen Wirbeltierlinien vorhanden ist (oder einmal war). Der Umkehrschluss – also dass es ein Gen, das in einer Art fehlt, auch im gemeinsamen Vorfahr nicht gab – ist dagegen nicht so einfach zu ziehen, denn Gene und Funktionen können in einzelnen Linien verloren gehen.

Drosophila, ein bevorzugter Modellorganismus in der biologischen Forschung, und viele andere Invertebraten haben ein gut entwickeltes angeborenes Immunsystem. *Drosophila* verfügt wie Wirbeltiere über unveränderliche Rezeptoren – die Mustererkennungsrezeptoren –, die gemeinsame molekulare Muster von Pathogenen erkennen, sowie intrazelluläre Signalwege, die von diesen Rezeptoren zur Aktivierung des Transkriptionsfaktors NFκB führen (Kapitel 2 und 6). Viele vielzellige Tierarten verfügen über eine Genkassette, die Proteine dieses Weges codiert. Das lässt vermuten, dass es sich bei der Aktivierung von NFκB um den ursprünglichen und zentralen Signalweg innerhalb der angeborenen Immunität handelt, was dann zur Aktivierung einer Gruppe von Genen führt, deren Transkription von NFκB abhängt. Dieser Signalweg ist nahezu universell und leitet die Aktivierung vieler verschiedener Abwehrsysteme ein.

16.2 Die ältesten immunologischen Abwehrmechanismen sind wahrscheinlich antimikrobielle Peptide

Eine Form der Immunantwort, und zwar die Bildung antimikrobieller Peptide, findet man sowohl bei Pflanzen als auch bei Tieren; sie existierte damit wahrscheinlich schon vor der Verzweigung der entsprechenden Linien. Es gibt viele verschiedene antimikrobielle Peptide mit einer großen Bandbreite an physikalischen und chemischen Eigenschaften sowie Wirkungen auf mikrobielle Pathogene. Eine weit verbreitete Klasse sind die sogenannten Defensine (Abschnitt 2.3). Defensine von Säugetieren, Insekten und Pflanzen unterscheiden sich in strukturellen Einzelheiten (Abb. 16.2), aber es ist klar ersichtlich, dass sie alle miteinander verwandt sind und vom selben ursprünglichen System der Immunabwehr abstammen.

Man nimmt an, dass Defensine die Zellmembranen von Bakterien und Pilzen, aber auch die Membranhülle einiger Viren zerstören. Manche können möglicherweise sogar durch die mikrobielle Plasmamembran hindurch in die Zelle eindringen.

Die meisten vielzelligen Organismen synthetisieren viele verschiedene Defensine – die Pflanze *Arabidopsis thaliana* produziert 13, *Drosophila* mindestens 15 und eine einzelne menschliche Darmzelle sogar 21. Die verschiedenen Defensine agieren ganz gezielt, einige gegen grampositive Bakterien, einige gegen gramnegative Bakterien und andere spezifisch gegen Pilzpathogene. Vielzellige Organismen produzieren außerdem andere mikrobielle Peptide.

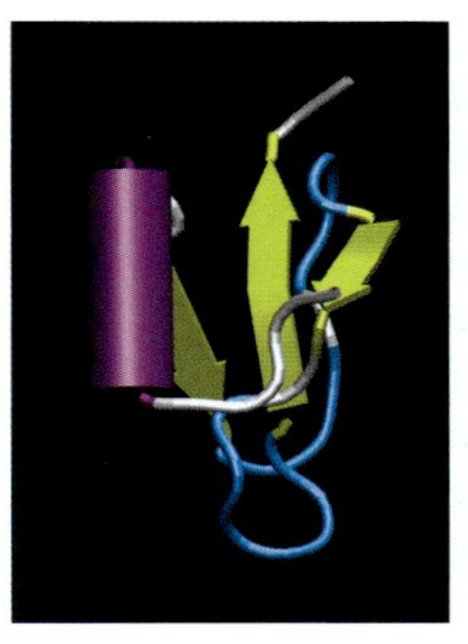

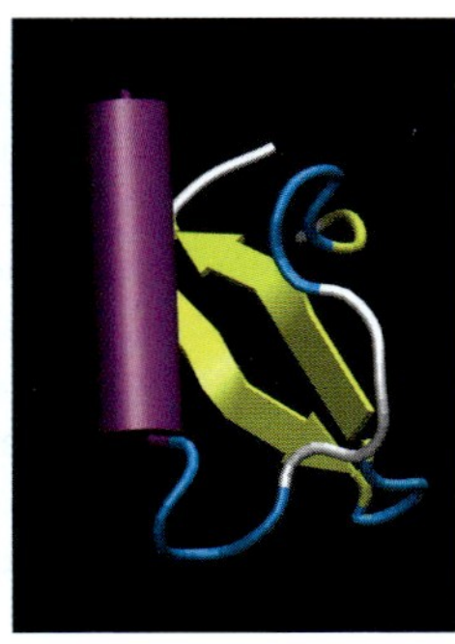

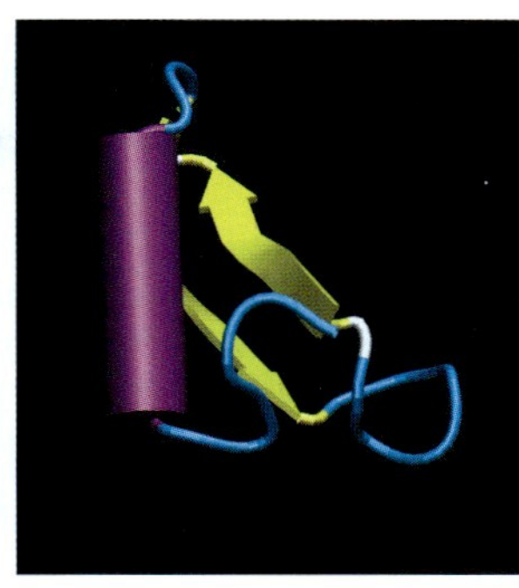

16.2 Die antimikrobiellen Defensine von Pflanzen, Insekten und Säugetieren sind strukturell miteinander verwandt. Darstellung der Strukturen des pflanzlichen Defensins AFP-1 aus dem Gartenrettich *Raphanus sativus* (links), des antimikrobiellen Peptids Drosomycin aus dem Insekt *Drosophila* (Mitte) und des menschlichen β_2-Defensins (rechts). Die jeweiligen Elemente der Sekundärstruktur sind farbig markiert: α-Helices sind violett, β-Stränge sind gelb, unstrukturierte Regionen sind blau und Schleifen weiß dargestellt. Alle drei Defensine haben eine ähnliche Struktur mit einem kurzen Stück α-Helix neben zwei oder drei Strängen antiparalleler β-Faltblätter, die seit der Trennung von Pflanzen- und Tierreich konserviert ist.

Da Pflanzen und Tiere antimikrobielle Peptide synthetisieren, hat sich diese Art der Abwehr höchstwahrscheinlich vor der Trennung der beiden Linien entwickelt. Der gemeinsame Vorläufer von Pflanzen und Tieren war wahrscheinlich ein einzelliger Organismus. Viele der anderen Linien, die sich um die gleiche Zeit abgespalten haben, sind einzellige Eukaryoten, die sogenannten Protisten; einige von ihnen wie parasitische Protozoen sind heute für den Menschen Krankheiterreger. Ob es in den heute existierenden Protisten antimikrobielle Peptide gibt, ist nicht bekannt, und es ist auch nicht klar, ob solche Peptide in diesen Lebewesen notwendigerweise eine schützende Funktion hätten. Viele freilebende Protisten betrachten Bakterien eher als eine Nahrungsquelle und nicht als Bedrohung für ihr Dasein.

Wenn wir jedoch das Verhalten phagocytotischer Zellen in vielzelligen Organismen betrachten wie Makrophagen in Wirbeltieren könnte man sehr wohl davon ausgehen, dass sich zumindest einige Aspekte der angeborenen Immunität aus dem Fressverhalten von einzelligen Eukaryoten entwickelt haben. Alle Vertebraten und viele Invertebraten haben phagocytotische Zellen, die durch ihre Blutgefäße und Gewebe patrouillieren (Kapitel 2) und mit Protisten wie Amöben viel gemeinsam haben. Möglicherweise stammen phagocytotische Zellen in Tieren von einer Zellpopulation ab, die die Morphologie und das Verhalten ihrer einzelligen Vorfahren beibehalten haben.

16.3 Das älteste Erkennungssystem für Pathogene sind möglicherweise Toll-ähnliche Rezeptoren

Wenn man davon ausgeht, dass antimikrobielle Peptide die früheste Form der Abwehr einer Infektion darstellen, dann gehören Rezeptoren, die Pathogene erkennen und die die Produktion antimikrobieller Peptide induzieren, zu den ersten Rezeptoren der Immunantwort. Inzwischen sind solche Rezeptoren bekannt; sie scheinen in der Evolution ebenfalls lange konserviert zu sein. Der Toll-Rezeptor, der als erstes in *Drosophila* identifiziert wurde, induziert die Expression mehrerer Verteidigungsmechanismen, darunter antimikrobielle Peptide, die vor allem gegen grampositive Bakterien und pathogene Pilze wirken.

Ursprünglich hatte man festgestellt, dass das Gen des Toll-Rezeptors während der Embryogenese von *Drosophila* eine Rolle bei der Festlegung der dorsoventralen Musterbildung spielt. Später fanden dann andere

Wissenschaftler heraus, dass Mutationen in Toll oder den am Signalweg beteiligten Proteinen, die Toll aktiviert, die Produktion von Drosomycin, einem antimikrobiellen Peptid, beeinträchtigen und *Drosophila* anfällig für Pilzinfektionen machen. Der Toll-Rezeptor ist also an der Immunabwehr von adulten Insekten beteiligt. Noch später fand man Homologe zu Toll bei allen möglichen anderen Arten, von Pflanzen bis zu Säugetieren, die bei der Abwehr von Virus-, Bakerien- und Pilzinfektionen eine Rolle spielen. Bei Pflanzen sind Toll-ähnliche Proteine wie bei Insekten an der Synthese antimikrobieller Peptide beteiligt, ein weiterer Hinweis auf ihre bis in die Anfänge zurückreichende Bedeutung bei dieser Art von Immunabwehr. Bei Wirbeltieren nehmen sie zusätzliche Funktionen wahr (Kapitel 2), aber wegen ihres offensichtlich ursprünglichen Charakters sind sie gute Kandidaten für zumindest einen Typ von primordialem Pathogenrezeptor.

Bei Menschen und Mäusen gibt es um die zehn funktionelle Toll-ähnliche Rezeptoren (*toll-like receptors*, TLRs), die Bestandteile von Pathogenen erkennen wie Zellwände von Bakterien, Hefe und Pilzen, Bakteriengeißeln, virale RNA und Bakterien-DNA (Abb. 2.16). Der erste identifizierte Toll-ähnliche Rezeptor, der sogenannte Toll-ähnliche Rezeptor 4 (TLR-4), kommt bei der angeborenen Immunantwort auf bakterielles Lipopolysaccharid (LPS) zum Einsatz, einem Bestandteil der Zelloberfläche von gramnegativen Bakterien (Abb. 2.14).

Der Toll-Signalweg bei *Drosophila* scheint weithin konserviert zu sein, und die einzelnen Komponenten stimmen gut mit denen bei Säugetieren überein (Abb. 16.3). Der Signalweg bei *Drosophila* endet mit der Aktivierung von Transkriptionsfaktoren der Rel-Familie (Homologe der NFκB-Transkriptionsfaktoren von Säugetieren), die dann in den Kern wandern und die Transkription eines Gens induzieren. Die Rel-Transkriptionsfaktoren von *Drosophila*, die als Reaktion auf eine Stimulation durch Toll die Produktion antimikrobieller Peptide induzieren, sind DIF (*dorsal-related*

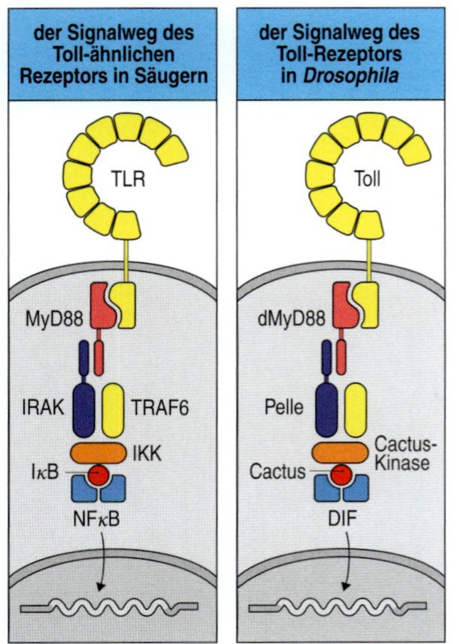

16.3 Vergleich der Toll-Signalübertragungswege in *Drosophila* und Säugetieren. Die Komponenten des Signalweges über den Toll-ähnlichen Rezeptor (TLR) bei Säugetieren, der schließlich zur Aktivierung von NFκB führt, zeigen direkte Parallelen zu den Komponenten des Toll-Rezeptor-Signalweges bei *Drosophila*. Die intrazelluläre Domäne von Toll-ähnlichen Rezeptoren interagiert mit einer homologen Domäne im Adaptorprotein MyD88. Zwischen der intrazellulären Domäne des Toll-Rezeptors und dMyD88 kommt es zu einer ähnlichen Wechselwirkung. Der nächste Schritt erfolgt bei beiden Signalwegen über die Wechselwirkung von Todesdomänen zwischen MyD88 und IRAK in Säugerzellen beziehungsweise zwischen dMyD88 und Pelle bei *Drosophila*. Sowohl IRAK als auch Pelle sind Serinkinasen. An dieser Stelle folgt im Signalweg der Säuger das Adaptorprotein TRAF6, das von IRAK aktiviert wird und daraufhin IKK aktiviert. IKK wiederum phosphoryliert IκB, den NFκB-Inhibitor, der dadurch für den Abbau markiert wird und den aktiven dimeren Transkriptionsfaktor NFκB freisetzt. Bei *Drosophila* findet man homologe Proteine für MyD88, TRAF6 und eine Kinase, die zu IKK homolog ist und das IκB-homologe Protein Cactus von *Drosophila* phosphoryliert. Darüber hinaus sind auch die letzten Abschnitte des Signalweges bei *Drosophila* und Säugern homolog. Die Phosphorylierung von Cactus führt zu dessen Abbau und zur Freisetzung des DIF-Dimers, das als Transkriptionsfaktor zu NFκB homolog ist.

immunity factor) und, in etwas geringerem Ausmaß, der Transkriptionsfaktor Dorsal. Ein drittes Mitglied der Rel-Familie, Relish, induziert ebenfalls die Produktion antimikrobieller Peptide, jedoch innerhalb eines anderen Signalweges, auf den wir später zu sprechen kommen.

Der Toll-Rezeptor von *Drosophila* erkennt die Pathogenbestandteile nicht direkt, sondern bindet an ein Fragment des Selbst-Proteins Spätzle. Die genaue Abfolge der Ereignisse, die während der Immunreaktionen von *Drosophila* zur Spaltung von Spätzle führen, ist noch nicht bekannt. Der bekannte Weg der Spätzle-Spaltung während der Embryogenese spielt bei der Immunabwehr jedenfalls keine Rolle. Beim Signalweg im Rahmen der Immunantwort scheinen spezifische Pathogenerkennungsmoleküle beteiligt zu sein, die mit Serinproteasen interagieren und damit die Spaltung von Spätzle initiieren. Eines dieser Moleküle wurde bereits identifiziert und ist ein Protein, das das Gen *semmelweis* codiert (benannt zu Ehren von **Ignaz Semmelweis**, einem Pionier auf dem Gebiet der Prävention von Infektionen in Krankenhäusern). Dieses Protein ist Mitglied einer Familie von Peptidoglykanerkennungsproteinen (*peptidoglycan-recognition proteins*, PGRPs), die an Peptidoglykanbestandteile von Bakterienwänden binden (Abb. 2.14). Bei *Drosophila* gibt es bisher 13 identifizierte PGRP-Gene. Das von *semmelweis* codierte Protein PGRP-SA spielt bei der Erkennung von grampositiven Bakterien eine Rolle. Eine andere Familie von *Drosophila*-Proteinen, die sogenannten gramnegativbindenden Proteine (GNBPs), die β-1,3-verknüpfte Glucane erkennen, ist an der Erkennung von Pilzen und unerwarteterweise auch von grampositiven Bakterien beteiligt. Das Protein GNBP1 arbeitet mit PGRP-SA bei der Erkennung von Peptidoglykan von grampositiven Bakterien zusammen. Die Spätzle-aktivierende Serinprotease des Erkennungsweges für grampositive Bakterien ist noch nicht bekannt. Eine Serinprotease, die an der Erkennung von Pilzinfektionen beteiligt ist, ist Persephone und zeigt Ähnlichkeiten mit den Proteasen, die an der Gerinnung von Hämolymphe der Insekten (eine in mehrfacher Hinsicht zum Blutserum der Wirbeltiere analoge Flüssigkeit) und Säugerblut beteiligt sind und scheint direkt durch einen Virulenzfaktor von Pilzen aktiviert zu werden. Ein pilzspezifisches Erkennungsprotein, GNBP3, kann Toll auf eine analoge Weise wie PGRP-SA aktivieren, wobei noch nicht klar ist, ob an diesem Signalweg eine andere Serinprotease beteiligt ist.

Innerhalb der Toll-ähnlichen Rezeptoren von Säugetieren ist die Art der Erkennung von TLR-4 derjenigen von *Drosophila*-Toll am ähnlichsten; es bindet den bakteriellen Liganden LPS nicht direkt, sondern indirekt über ein lösliches LPS-bindendes Protein, das dann TLR-4 bindet. Eine wichtigere funktionelle Parallele besteht jedoch möglicherweise zum Komplementsystem, bei dem durch die proteolytische Aktivierung einer Reihe von Proteasen Liganden für Zelloberflächenrezeptoren entstehen. Im Fall des Komplements sind diese Rezeptoren an der Stimulation der Phagocytose beteiligt (Kapitel 2). Die spezifischen Erkennungsmechanismen der Toll-ähnlichen Rezeptoren von Säugern scheinen zwar relativ vollständig aufgeklärt zu sein (Kapitel 2), man weiß jedoch noch nicht, ob sie Bestandteile von Pathogenen direkt erkennen, was oft vermutet wird, oder ob es dazu zusätzlicher Komponenten bedarf, analog zu *Drosophila*-Toll und TLR-4. Insbesondere gibt es bisher keinen strukturellen Nachweis einer direkten Erkennung von Toll-Rezeptor und Ligand; mit anderen Methoden ließ sich jedoch eine direkte Interaktion zwischen TLR-5 und seinem Flagellinliganden zeigen.

16.4 In einigen Wirbellosenarten erfolgte eine extensive Diversifikation von Genen für Toll-ähnliche Rezeptoren

Das Toll-Rezeptor-System von Säugetieren ist zwar etwas umfangreicher als das von *Drosophila*, es ist jedoch zumindest ein Beispiel einer noch viel größeren Rezeptorvielfalt bekannt. Die Genomsequenz des Seeigels *S. purpuratus* zeigt eine unglaubliche Komplexität der angeborenen Immunerkennung. Das Seeigelgenom enthält insgesamt 222 verschiedene *TLR*-Gene, wobei die Spezifitäten der codierten Proteine noch nicht bekannt sind. Es gibt außerdem eine immer größere Anzahl an Proteinen, die wahrscheinlich im Signalübertragungsweg dieser Rezeptoren eine Rolle spielen; vier Gene ähneln *MyD88* von Säugetieren, das ein Adaptormolekül codiert (Abschnitt 6.27). Interessant ist, dass es trotz der viel höheren Zahl von *TLR*-Genen keinen Hinweis auf eine höhere Zahl von nachgeschalteten Zielmolekülen wie der Familie der NFκB-Transkriptionsfaktoren gibt. Das lässt vermuten, dass das letztendliche Ergebnis des Toll-Signalübertragungsweges im Seeigel sehr ähnlich dem in anderen Lebewesen ist.

Die extrazellulären Anteile der Toll-ähnlichen Rezeptoren bestehen aus einer Reihe von Proteindomänen, den **LRRs** (*leucine-rich repeats*, leucinreiche Wiederholungen). Man geht davon aus, dass diese multiplen LRRs eine Art Gerüst bilden, das für Bindung und Erkennung geeignet ist. Im Seeigelgenom gibt es innerhalb der 222 *TLR*-Gene zwei Kategorien: eine kleine Gruppe von 11 ganz unterschiedlichen Genen und eine große Familie von 211 Genen mit deutlichen Zeichen von Hypervariabilität in bestimmten LRR-Regionen. Diese Tatsache und auch die große Zahl von Pseudogenen in dieser Familie sind ein Hinweis für rasche evolutionäre Veränderungen und könnten sich schnell ändernde Rezeptorspezifitäten widerspiegeln. Das stünde im Gegensatz zu dem begrenzten und stabilen Toll-Rezeptor-Repertoire von Wirbeltieren, das eine relativ kleine Zahl von unveränderlichen pathogenassoziierten Molekülmustern (*pathogen-associated molecular patterns*, PAMPs) erkennt. Wir kennen zwar die Pathogenspezifität der Toll-ähnlichen Rezeptoren des Seeigels noch nicht, es hat jedoch den Anschein, als ob in dieser Gruppe von Organismen die Hypervariabilität der LRR-Regionen dazu dient, ein breit gefächertes Pathogenerkennungssystem auf der Grundlage von Toll-ähnlichen Rezeptoren aufzubauen. Wie wir später noch sehen werden, ist die gleiche Strategie unabhängig in einer Wirbeltierlinie entstanden.

Man könnte sich fragen, ob diese außerordentliche Vielfalt der TLR-basierten Erkennung beim Seeigel ein Zeichen für eine primitive Form der angeborenen Immunität darstellt. Wir wissen jedoch noch nicht, ob alle diese *TLR*-Gene zusammen in einem Typ von Immunzelle vorkommen oder ob sie klonal beschränkt exprimiert werden. Im erworbenen Immunsystem der Säugetiere werden Antigenrezeptoren verschiedener Spezifitäten in individuellen Klonen von Lymphocyten exprimiert. Diese Art von klonaler Expression ermöglicht lebenslange Veränderungen der Immunantwort eines Lebewesens durch klonale Selektion von Lymphocyten mit ganz bestimmten Spezifitäten. Wir können noch nicht beurteilen, ob die Diversifikation der Toll-ähnlichen Rezeptoren im Seeigel die Pathogenerkennung einfach quantitativ verbessert hat oder ob es Selektion und klonale Expansion von Zellen mit bestimmten Spezifitäten von Toll-ähnlichen Rezeptoren gibt und damit Anfänge einer echten erworbenen Immunität.

16.5 *Drosophila* verfügt über ein zweites Erkennungssystem, homolog zum TNF-Rezeptor-Signalübertragungsweg in Säugetieren, das vor gramnegativen Bakterien schützt

Bei Säugetieren erkennen Toll-ähnliche Rezeptoren eine Reihe von Pathogenen, darunter grampositive und gramnegative Bakterien sowie Pilze. Bei *Drosophila* scheint der Toll-Rezeptor nicht an der Erkennung von gramnegativen Bakterien beteiligt zu sein. Dafür gibt es stattdessen einen zweiten Weg, den **Imd-(*immunodeficiency*-)Weg**. Man kennt zwei *Drosophila*-Rezeptoren, die gramnegative Bakterien erkennen, und beide gehören zur PGRP-Familie. Der eine, PGRP-LC, ist assoziiert mit der Zellmembran, der andere, PGRP-LE, wird sezerniert. Einige Schritte des Signalübertragungsweges über diese Rezeptoren ließen sich durch Untersuchungen von *Drosophila*-Mutanten identifizieren, die anfällig für Infektionen durch gramnegative, aber nicht durch grampositive Bakterien sind. Der Imd-Weg zeigt auffällige Ähnlichkeiten mit dem Signalweg des TNF-(Tumornekrosefaktor-)Rezeptors von Säugetieren, der Gentranskription induziert (Abb. 16.4). Das Imd-Protein selbst ist homolog zum TNF-Rezeptor-bindenden Protein RIP. Das Endergebnis des Imd-Signalweges besteht in der Aktivierung des Transkriptionsfaktors Relish, der die Expression mehrerer Immunantwortgene aktiviert, darunter derjenigen, die die antimikrobiellen Peptide Diptericin, Attacin und Cecropin codieren. Sie unterscheiden sich von den Peptiden, die auf dem Toll-Signalweg entstehen. Toll- und Imd-Weg aktivieren also gleichwertige Effektormechanismen, um Infektionen auszuschalten. Wahrscheinlich sind diese beiden unterschiedlichen Signalwege durch Verdopplung eines älteren gemeinsamen Weges der Immunabwehr entstanden; es lässt sich jedoch nicht sagen, ob dieser Weg eher dem Toll-Weg oder dem Imd-Weg ähnelt. Bei Säugetieren hat es jedenfalls den Anschein, dass die Immunabwehrfunktionen des Imd-Weges durch äquivalente Wege mithilfe Toll-ähnlicher Rezeptoren übernommen wurden.

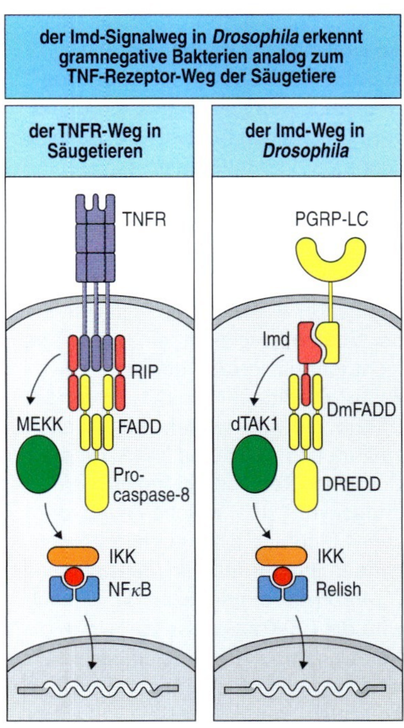

16.4 *Drosophila* erkennt gramnegative Bakterien über den Imd-Signalerkennungsweg, der analog zum TNF-Rezeptor-Weg von Säugern ist. Der TNF-Rezeptor überträgt Signale, die entweder zu neuer Genexpression oder zum Zelltod führen. Im TNFR-I-Weg von Säugetieren führt die Bindung des Liganden an den Rezeptor zur Rekrutierung des Adaptorproteins TRADD (*TNF receptor-associated death-domain protein*, TNF-Rezeptor-assoziiertes Protein mit Todesdomäne, hier nicht dargestellt), das entweder FADD (*Fas-associated death-domain protein*, Fas-assoziiertes Protein mit Todesdomäne) rekrutiert, welches Apoptose auslöst, oder RIP (*receptor-interacting protein*, mit dem Rezeptor interagierendes Protein), eine Serin/Threonin-Kinase. Beide initiieren jeweils unterschiedliche Signalübertragungswege. FADD aktiviert Caspase-8, die eine Proteasekaskade startet, die zur Apoptose führt; RIP spielt eine Rolle in einem Weg einer anderen Kinase, der MEKK3, die die Iκ-Kinase IKK aktiviert, was schließlich zur Aktivierung von NFκB und der Induktion neuer Genexpression führt. Der Imd-Signalweg scheint ein *Drosophila*-Homolog zum TNFR-Weg zu sein und führt zu den gleichen Ergebnissen. Imd selbst ist homolog zu RIP, DmFADD zu FADD, DREDD zu Caspase-8. In diesem Signalweg könnte dTAK1 homolog zu MEKK3 sein und die Iκ-Kinase (IKK) aktivieren, was zur Aktivierung des Transkriptionsfaktors Relish und der Induktion mehrerer immunrelevanter Gene führt, darunter derjenigen für Defensine.

16.6 Ein ursprüngliches Komplementsystem opsonisiert Pathogene, damit phagocytierende Zellen sie aufnehmen können

Das Komplementsystem stellt ein weiteres ursprüngliches Instrument der Immunabwehr dar (Kapitel 2). Die primitivste Funktion des Komplements dürfte die Opsonisierung gewesen sein, eine Methode zur besseren Aufnahme von Pathogenen durch Scavenger-Zellen (Fresszellen), die durch den Tierkörper patrouillieren. Noch bevor Bestandteile des Komplements in Wirbellosen entdeckt wurden, hatte man bereits angenommen, dass ein primitives Komplementsystem mindestens drei Komponenten enthält. Der zentrale Bestandteil musste C3 sein, das spontan aktiviert wird, wie es im alternativen Weg der Komplementaktivierung bei den heutigen Säugetieren tatsächlich der Fall ist (Abschnitt 2.16). Aktiviertes C3 sollte an das Äquivalent zu Faktor B binden, wodurch eine C3-Konvertase entsteht, die das ursprüngliche Signal durch Spaltung und Aktivierung von vielen weiteren C3-Molekülen verstärkt. Der dritte Bestandteil dieses Systems wäre ein C3-Rezeptor, den Phagocyten exprimieren und der die Phagocytose von C3-bedeckten Pathogenen aktivieren kann.

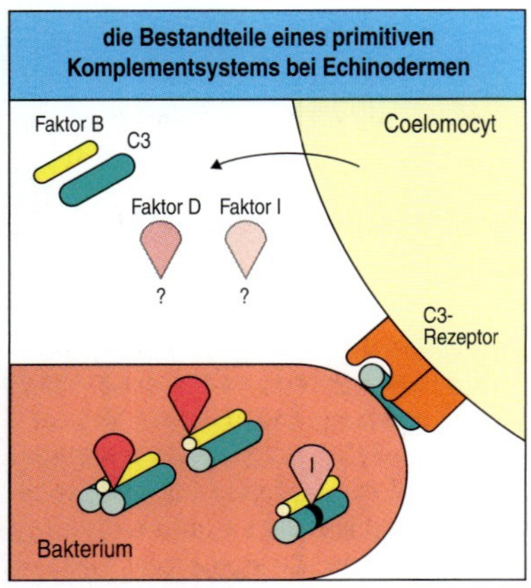

16.5 Echinodermen verfügen über die Bestandteile eines einfachen Komplementsystems. Das Komplementsystem von Echinodermen ähnelt dem alternativen Weg der Komplementaktivierung bei Säugetieren. Echinodermen verfügen über Äquivalente der Komplementbestandteile C3 und Faktor B, die von Coelomocyten gebildet werden, und vermutlich auch Äquivalente zu Faktor D und dem komplementregulierenden Protein Faktor I. In diesem System bindet spontan aktiviertes C3 an die Oberfläche von Pathogenen und bindet dort Faktor B. Durch die Spaltung von Faktor B durch eine Protease in der Coelomflüssigkeit, ein bisher noch nicht identifiziertes Äquivalent zu Faktor D, entsteht die C3-Konvertase C3bBb, die viele weitere C3-Moleküle spalten und aktivieren kann. Da die Coelomocyten von Echinodermen Phagocyten sind, welche Zellen, die von C3 umhüllt sind, gut aufnehmen können, nimmt man an, dass sie einen C3-Rezeptor exprimieren. Schließlich wird die C3-Konvertase von einer weiteren unbekannten humoralen Protease inaktiviert, einem mutmaßlichen Äquivalent von Faktor I.

Diese Voraussage wurde durch die Entdeckung von Komplementbestandteilen bei Wirbellosen bestätigt (Abb. 16.5). Bei Echinodermen fand man ein Homolog zu C3: es wird von amöboiden Coelomocyten produziert, phagocytotischen Zellen in der Coelomflüssigkeit von Echinodermen, und seine Expression steigt in Anwesenheit von Bakterien. Auch ein Homolog zu Faktor B gibt es bei Echinodermen. Bei Säugetieren wird Faktor B durch eine weitere Protease aktiviert – Faktor D. Ein Äquivalent zu Faktor D hat man bei Echinodermen zwar bisher nicht identifizieren können, aber die Stelle, an der Faktor D spaltet, ist im Faktor B der Echinodermen konserviert. Echinodermen scheinen also über die Bestandteile für die Verstärkungsschleife des alternativen Weges der Komplementaktivierung zu verfügen, in dem spontan aktiviertes C3 an Faktor B bindet, das dann durch Faktor D gespalten wird und eine aktive C3-Konvertase bildet, die weiteres C3 spaltet. Was die Funktion des gespaltenen C3 betrifft, so ließ sich bei Echinodermen bisher zwar kein C3-Rezeptor identifizieren, aber man weiß, dass Zellen, die von C3 umhüllt sind, von den Phagocyten der Echinodermen besser aufgenommen werden als unbedeckte; es scheint bei diesen Wirbellosen also tatsächlich ein funktionelles, opsonisierendes Komplementsystem entsprechend dem vorhergesagten ursprünglichen System zu geben.

Die spontane Aktivierung von C3 und seine Verstärkung durch Faktor B stellt Echinodermen vor das gleiche Problem wie Säugetiere: Wie wird dieses System kontrolliert, damit kein Gewebeschaden entsteht? (Abschnitte 2.17 und 2.22). Wie das Problem bei Echinodermen gelöst ist, wissen wir nicht; es gibt jedoch indirekte Hinweise auf das Vorhandensein eines Faktor I, der C3 inaktivieren kann, und möglicherweise gibt es die entsprechenden Gene und ihre komplementregulierenden Produkte. Die Schnittstelle für Faktor I ist in C3 von Echinodermen konserviert, und es gibt auch C3-Fragmente in der Coelomflüssigkeit, die zu einer Spaltung an dieser Stelle passen. C3 und Faktor-B-Proteine werden bei Echinodermen jedoch von den phagocytierenden Zellen selbst produziert (Abb. 16.5), und möglicherweise werden sie direkt auf die Oberfläche von Mikroorganismen sezerniert, ähnlich wie T-Zellen von Säugetieren ihre Effektormoleküle direkt in den Zwischenraum zwischen T-Zelle und ihrem Angriffsziel sekretieren. In einem solchen Fall besteht wenig Bedarf an regulatorischen Proteinen, die das Komplement am Angriff auf die eigenen Zellen des Organismus hindern.

Als die Chordaten auftauchten, schienen die Hauptkomponenten des Komplementsystems bereits gut etabliert gewesen zu sein. Im Urochordaten *Ciona*, dessen Genom vollständig sequenziert ist, ließen sich Homologe von C3 und Faktor B identifizieren sowie mehrere Gene, die homolog zu Integrinen sind und Komplementrezeptoren codieren könnten. In *Halocynthia*, einem weiteren Urochordaten, spielt ein C3-ähnlicher Rezeptor aus der Integrinfamilie eine Rolle bei der C3-vermittelten Phagocytose. Charakteristisch für viele regulatorische Proteine des Komplementsystems von Säugetieren ist eine kleine Domäne, die sogenannte kurze Consensuswiederholung (*short consensus repeat,* SCR) oder Komplementkontrollproteinwiederholung (*complement control protein repeat,* CCP) (Abschnitt 2.22). Im *Ciona*-Genom gibt es mehrere Gene, die Proteine mit solchen SCR-Domänen codieren, und man geht davon aus, dass man für einige von ihnen komplementregulierende Funktionen nachweisen wird.

Es ist nicht bekannt, wie alt dieses opsonisierende Komplementsystem ist. C3-Homologe fanden sich bei Wirbellosen, die weiter entfernt verwandt mit Wirbeltieren sind als Echinodermen oder Urochordaten, zum Beispiel bei Pfeilschwanzkrebsen (*Limulus polyphemus*) und *Drosophila*, aber ihre Funktion kennt man noch nicht. C3, das von Serinproteasen aktiviert und gespalten wird, steht evolutionär eindeutig in Beziehung zum Serinproteaseinhibitor α_2-Makroglobulin und scheint durch dessen Duplikation entstanden zu sein. In *Drosophila* gibt es offensichtlich mindestens vier C3-Homologe mit der für diese Proteinfamilie charakteristischen Thioesterbindung (Abschnitt 2.15); diese Bindung ermöglicht dem aktivierten Protein die kovalente Bindung an die Oberfläche von Pathogenen. Man bezeichnet diese Proteine als **TEPs** (*thioester-containing proteins,* thioesterhaltige Proteine).

Da die Expression von mindestens drei TEPs zunimmt, wenn *Drosophila* von Bakterien infiziert wird, geht man davon aus, dass TEPs in *Drosophila* Immunfunktionen wahrnehmen. Bei *Drosophila* gibt es phagocytierende Zellen (Hämocyten) in der Hämolymphe, aber bisher keinen Beweise für eine opsonisierende Aktivität in der Hämolymphe. Außerdem werden die TEPs im Fettkörper der Taufliege synthetisiert, dem Gegenstück der Leber von Säugetieren, und nicht von den phagocytierenden Zellen selbst, wie im Fall des C3-Homologs der Echinodermen. Obwohl also die TEPs von *Drosophila* evolutionär verwandt mit C3 sind, spielen sie vielleicht eine andere Rolle. In einem anderen Insekt, der Stechmücke *Anopheles gambiae*, ist die Sache eindeutiger; TEP1 wird von Hämocyten produziert und als Reaktion auf eine Infektion induziert; es gibt außerdem direkte Beweise, dass TEP1 an Bakterienoberflächen bindet und dass TEPs an der Phagocytose gramnegativer Bakterien beteiligt sind. Die Entstehung des Komplementsystems erfolgte also möglicherweise vor der Trennung der Bilateria (vielzellige Lebewesen außer den Schwämmen und Coelenteraten) in Protostomia, darunter die Insekten, und Deuterostomia, darunter die Echinodermen und Chordaten (und damit die Wirbeltiere).

16.7 Der Lektinweg der Komplementaktivierung entstand in Wirbellosen

Nach seinem ersten Auftreten scheint sich das Komplementsystem weiterentwickelt zu haben, indem es sich neue Aktivierungswege eröffnete, um die Oberflächen von Mikroorganismen gezielt angreifen zu können. Das erste dieser neuen komplementaktivierenden Systeme war wahrscheinlich der Ficolinweg, den es bei Wirbeltieren und bei einigen nahe verwandten Wirbellosen gibt wie den Urochordaten. Ficoline sind verwandt mit den Kollektinen (Abschnitt 2.14), der Familie, zu der das mannosebindende Lektin (MBL) der Wirbeltiere gehört. Die Ficoline besitzen wie die Kollektine eine kollagenähnliche und eine kohlenhydratbindende Domäne und bilden eine ähnliche multimere „Tulpenstraußstruktur". Die kohlenhydratbindende Domäne der Ficoline ist jedoch nicht verwandt mit C-Typ-Lektinen wie im MBL, sondern ähnelt Fibrinogen. Sie kann wie MBL *N*-Acetylglucosamin binden, obwohl letzteres auch mannosehaltige Kohlenhydrate binden kann, die Ficoline wiederum nicht erkennen. Innerhalb der Evolution traten die Ficoline möglicherweise vor den Kollektinen auf, die ebenfalls frühestens bei Urochordaten nachzuweisen sind.

Im *Ciona*-Genom ließen sich Homologe zu MBL und zum Kollektin C1q, einem Bestandteil des klassischen Komplementweges nachweisen. Das lässt vermuten, dass in der Evolution des antikörpervermittelten klassischen Weges der Komplementaktivierung (Abschnitt 2.13) das Urimmunglobulinmolekül, das erst viel später auftrat, von einer bereits vielfältigen Familie von Kollektinen profitieren konnte und nicht die Diversifikation von C1q von einem MBL-ähnlichen Vorläufer aus vorantreiben musste.

Die Komplementaktivierung durch Ficoline und Kollektine wird durch Serinproteasen vermittelt, den MASPs (MBL-assoziierte Serinproteasen), die C2, C4 und C3 spalten und aktivieren können. Bei Wirbeltieren sind zwei MASPs – MASP1 und MASP2 – mit den Ficolinen und Kollektinen assoziiert, und das scheint auch bei den Ficolinen der Wirbellosen der Fall zu sein. Außerdem hat man zwei verschiedene Wirbellosenhomologe von Säuger-MASPs in derselben Seescheidenart identifiziert, bei der die Ficoline entdeckt wurden. Die Spezifität der MASPs von Wirbellosen ist noch nicht bekannt, aber wahrscheinlich können sie C3 spalten und aktivieren. Dieses Ficolinkomplementsystem bei Wirbellosen (Abb. 16.6) ist funktionell identisch mit den entsprechenden Ficolin- und MBL-vermittelten Wegen bei Säugetieren. Die Minimalvariante des Komplementsystems der Echinodermen wurde bei Urochordaten also durch die Errungenschaft eines spezifischen Aktivierungssystems ergänzt, wodurch C3 gezielt auf mikrobiellen Oberflächen ablagert werden kann. Das Komplementaktivierungssystem entwickelte sich weiter durch Diversifikation eines C1q-ähnlichen Kollektins und seiner assoziierten MASPs, wodurch die initiierenden Bestandteile C1q, C1r und C1s des klassischen Komplementweges entstanden. Das konnte erst nach der Evolution der spezifischen Antigenerkennungsmoleküle der erworbenen Immunantwort geschehen, womit wir uns als nächstes beschäftigen werden.

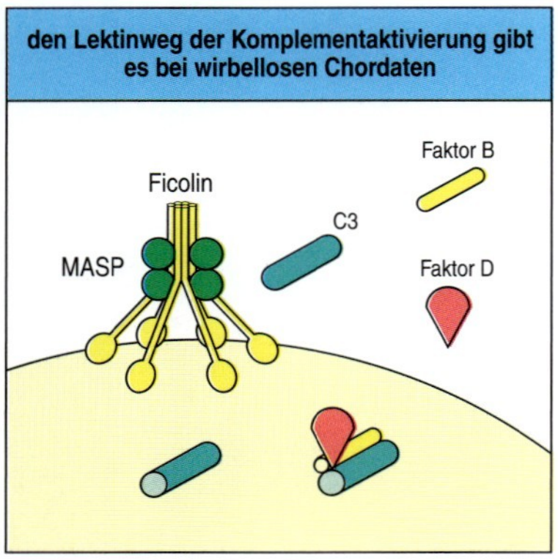

den Lektinweg der Komplementaktivierung gibt es bei wirbellosen Chordaten

16.6 In wirbellosen Chordaten gibt es einen Lektinweg der Komplementaktivierung. Ein lektinvermittelter Weg der Komplementaktivierung ließ sich in einer Seescheide, einem Urochordaten, nachweisen. Ficolin, das zur Bindung von Kohlenhydratliganden auf einer Pathogenoberfläche eine fibrinogenähnliche Domäne und keine C-Typ-Lektin-Domäne verwendet, ist mit Serinproteasen assoziiert, die homolog zu den MBL-assoziierten Serinproteasen MASP1 und MASP2 sind. Ist Ficolin auf einer Zelloberfläche gebunden, können MASPs C3 spalten und aktivieren. Aktiviertes C3 bindet an das Pathogen und initiiert eine Verstärkungsschleife, in der das gebundene C3b an Faktor B bindet, woraufhin dieser von Faktor D gespalten werden kann und eine C3-Konvertase, C3bBb, entsteht, die C3 spaltet und mehr C3b bildet.

Zusammenfassung

Das angeborene Immunsystem ermöglicht eine frühe Verteidigung gegen den Angriff eines Pathogens und signalisiert dem erworbenen Immunsystem das Eindringen von Pathogenen. Diese doppelte Funktion nimmt es offensichtlich über einen sehr alten Signalübertragungsweg wahr, den Toll-Weg, den es schon lange vor der erworbenen Immunantwort gab und der bei Wirbellosen und Wirbeltieren vorhanden ist. In einigen Lebewesen kam es zu einer umfangreichen Diversifikation des angeborenen Immunsystems wie zum Beispiel zur Erweiterung der Toll-Rezeptor-Familie beim Seeigel. Die ersten Abwehrmoleküle, die in vielzelligen Organismen entstanden sind, waren wahrscheinlich antimikrobielle Peptide, die von Pflanzen und Tieren gleichermaßen produziert werden. Eine weitere Komponente der angeborenen Immunität bei Tieren, die phagocytotischen Zellen, welche eindringende Pathogene fressen, könnten aus einzelligen amöbenartigen Eukaryoten entstanden sein. Das Komplementsystem entwickelte sich ebenfalls vor den Wirbeltieren und ist bereits bei Echinodermen und Urochordaten vorhanden.

Die Evolution der erworbenen Immunantwort

Die Evolution der adaptiven Immunantwort ist ein faszinierendes Rätsel. Lange Zeit blieb ihr Ursprung verborgen, da sie ungefähr zeitgleich mit dem Auftreten der kiefertragenden Wirbeltiere anscheinend ganz plötzlich als vollständiges biologisches System vorhanden war. Inzwischen untersucht man ein breiteres Spektrum von Arten mit molekularen Methoden und das Bild wird etwas klarer. Wie wir in diesem Teil des Kapitels erfahren werden, wurde die Evolution der adaptiven Immunantwort in Wirbeltieren mit ausgebildeten Kiefern anscheinend dadurch möglich, dass sich ein Transposonelement in ein potenzielles immunglobulinartiges Gen eingefügt hat. So erhielt dieses Urimmunglobulingen die Fähigkeit zur somatischen Genumlagerung und zur Entwicklung von Vielfalt. Wenn sich ein mobiles DNA-Element selbst aus einem DNA-Stück herausschneidet, ändert sich dessen ursprüngliche Sequenz, wenn sich die Schnittstellen wieder zusammenfügen. Das war der Ursprung für die Vielfalt von Antigenrezeptoren im adaptiven Immunsystem höherer Wirbeltiere.

Neuere Untersuchungen kamen jedoch zu dem Ergebnis, dass auch andere Spezies Wege entwickelt haben, vielfältige pathogenerkennende Rezeptoren und damit, zumindest in einem Fall, ein richtiges adaptives Immunsystem zu etablieren. Wir werden sehen, dass Diversifikation auch auf alternativem Spleißen von zahllosen verschiedenen Exons innerhalb eines immunglobulinartigen Gens, auf somatischen Mutationen oder aus Umlagerung somatischer Gene, die in ihrer Struktur den Toll-ähnlichen Rezeptoren ähneln, beruhen kann.

Noch sind viele Fragen hinsichtlich der adaptiven Immunantwort von Wirbeltieren nicht beantwortet, zum Beispiel über die Eigenschaften des Gens, in das sich das Transposon eingefügt hat. Es muss einem Gen der Immunglobulinsuperfamilie ähnlich gewesen sein und nahm vielleicht bereits Funktionen als eine Art Antigenrezeptor wahr. In seiner geänderten Form konnte es dann möglicherweise besser funktionieren. Dadurch engt sich die Suche deutlich ein. Und welche Funktion hatte der Zelltyp, in dem dieser

Immunglobulinvorfahr exprimiert wurde und der von dieser neuen Fähigkeit, eine Vielfalt von Antigenerkennungsmolekülen zu bilden, profitieren konnte? Wahrscheinlich handelte es sich bei der Zelle bereits um eine Art Lymphocyt, eine phagocytierende Zelle wie ein Makrophage oder ein polymorphkerniger Leukocyt, der in der Folge die Fähigkeit zur Phagocytose verloren hat, da er durch die Expression eines variablen Antigenrezeptors neue Funktionen entwickeln konnte. Die Antwort ist: Wir wissen es nicht. Die Zelle könnte auch einer primitiven NK-Zelle geähnelt haben, in der bereits ein invarianter Rezeptor der Immunglobulinsuperfamilie an der Erkennung eines Vorläufers eines MHC-Moleküls beteiligt war. Oder es war ein ganz anderer Zelltyp, den es in Wirbeltieren inzwischen nicht mehr gibt.

16.8 Einige Wirbellose produzieren ein ausgesprochen vielfältiges Repertoire an Immunglobulingenen

Bis noch vor kurzem herrschte die Meinung, dass sich die Immunität von Wirbellosen auf ein angeborenes System mit nur sehr begrenzter Diversität hinsichtlich der Erkennung von Pathogenen beschränkt. Diese Vorstellung beruhte auf dem Wissen, dass sich die angeborene Immunität bei Wirbeltieren auf ungefähr zehn verschiedene Toll-ähnliche Rezeptoren und ungefähr ebenso viele andere Rezeptoren stützt, die auch PAMPs erkennen, sowie der Annahme, dass die Zahlen bei Wirbellosen nicht höher sein würden. Neuere Untersuchungen ergaben jedoch, dass es mindestens zwei Beispiele beträchtlicher Diversifikation eines Mitglieds der Immunglobulinsuperfamilie bei Wirbellosen gibt, was potenziell einen großen Umfang an Pathogenerkennung ermöglicht.

Bei *Drosophila* fungieren Zellen des Fettkörpers und Hämocyten als Teil des Immunsystems. Zellen des Fettkörpers sezernieren Proteine wie die antimikrobiellen Defensine in die Hämolymphe. Ein weiteres Protein in der Hämolymphe ist das Down-Syndrom-Zelladhäsionsmolekül **Dscam** (*Down syndrome cell adhesion molecule*), ein Mitglied der Immunglobulinsuperfamilie. Dscam wurde ursprünglich als ein Protein entdeckt, das bei der Taufliege an Vorgängen spezifischer neuronaler Verschaltungen beteiligt ist. Es wird ebenfalls in Zellen des Fettkörpers und in Hämocyten hergestellt, die es in die Hämolymphe sezernieren können. Dort opsonisiert es wahrscheinlich eindringende Bakterien und hilft bei ihrer Aufnahme durch Phagocyten.

Das Dscam-Protein enthält multiple, normalerweise zehn, immunglobulinartige Domänen. Das Dscam-codierende Gen enthält jedoch für mehrere dieser Domänen eine große Anzahl alternativer Exons (Abb. 16.7). Exon 4 kann zum Beispiel von einem von zwölf verschiedenen Exons codiert werden, von denen jedes eine Immunglobulindomäne mit eigener Sequenz spezifiziert. Exon-Cluster 6 hat 48 alternative Exons, Cluster 9 weitere 33, und Cluster 17 enthält zwei: man schätzt, dass das Dscam-Gen um die 38 000 Proteinisoformen codieren kann. Auf die Idee, dass Dscam eine Rolle bei der Immunität spielt, kam man, als *in vitro*-Studien zeigten, dass isolierte Hämocyten *E. coli* weniger gut phagocytieren konnten, wenn ihnen Dscam fehlte. Das ließ vermuten, dass dieses riesige Repertoire an alternativen Exons zumindest teilweise zu dem Zweck entstanden ist, die Fähigkeit der Insekten zu verbessern, Pathogene zu erkennen. Auch für *Anopheles gambiae* konnte diese Funktion von Dscam bestätigt werden; ein Abschalten des Dscam-Homologs AgDscam schwächte die normale Resis-

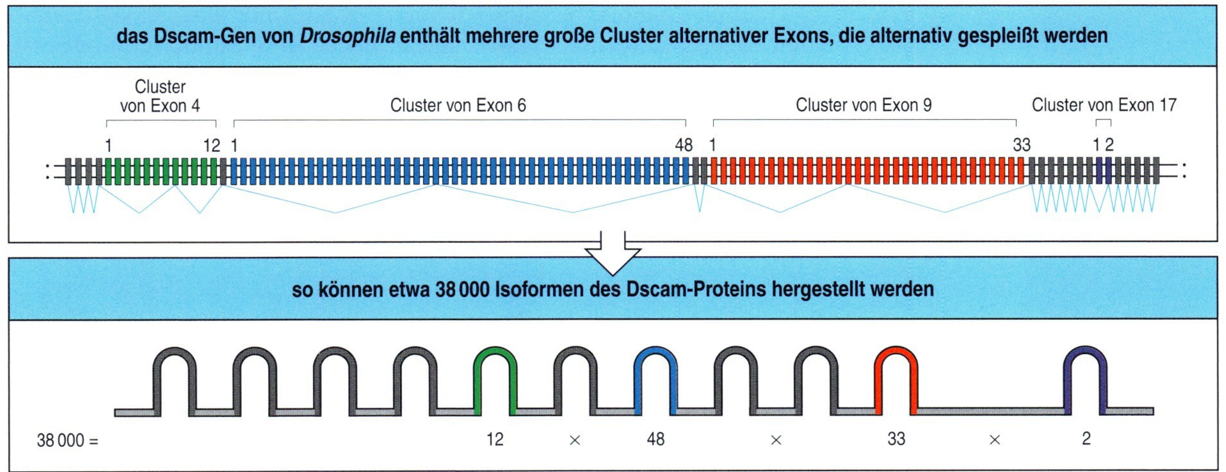

16.7 Das Dscam-Protein, das an der angeborenen Immunität von *Drosophila* beteiligt ist, enthält multiple Immunglobulindomänen und ist aufgrund alternativen Spleißens sehr vielfältig. Das Gen, das Dscam in *Drosophila* codiert, enthält mehrere große Cluster mit alternativen Exons. Die Cluster, die Exon 4 (grün), Exon 6 (hellblau), Exon 9 (rot) und Exon 17 (dunkelblau) codieren, enthalten 12, 48, 33 beziehungsweise 2 alternative Exons. In der vollständigen *Dscam*-mRNA wird von jedem Cluster nur eines der alternativen Exons verwendet. In Neuronen, Fettkörperzellen und Hämocyten ist die Auswahl der Exons jeweils unterschiedlich. In allen drei Zelltypen gibt es alle alternativen Exons von Exon 4 und 6, in Hämocyten und Fettkörperzellen von Exon 9 jedoch eine beschränkte Auswahl von alternativen Exons. Durch die unterschiedlichen Kombinationen der alternativen Exons des *Dscam*-Gens können mehr als 38 000 Isoformen des Proteins entstehen. (Nach Anastassiou D (2006) *Genome Biol* 7 R2.)

tenz der Stechmücke gegen Bakterien und gegen den Malariaerreger und Parasiten *Plasmodium*.

Ein weiteres wirbelloses Tier, ein Molluske, wendet eine andere Strategie an, eine große Vielfalt eines Proteins aus der Immunglobulinsuperfamilie zu schaffen und für die Immunität einzusetzen. Die Süßwasserschnecke *Biomphalaria glabrata* exprimiert eine kleine Familie fibrinogenverwandter Proteine (*fibronogen related proteins*, **FREPs**), die mutmaßlich eine Rolle in der angeborenen Immunität spielen. FREPs werden von Hämocyten produziert und in die Hämolymphe sezerniert. Ihre Konzentration steigt, wenn die Schnecke – sie ist Zwischenwirt für die Parasiten der Gattung *Schistosoma* (Pärchenegel), die Krankheitserreger der Schistosomiasis oder Bilharziose – von diesen Parasiten infiziert wird. FREPs haben eine oder zwei Immunglobulindomänen an ihrem aminoterminalen Ende und eine Fibrinogendomäne an ihrem carboxyterminalen Ende. Die Immunglobulindomänen interagieren möglicherweise mit Pathogenen, während die Fibrinogendomäne dem FREP lektinartige Eigenschaften verleihen könnte, die bei der Präzipitation des Komplexes helfen.

Das *B. glabrata*-Genom enthält viele Kopien von FREP-Genen, die sich in etwa 13 Unterfamilien unterteilen lassen. Eine Untersuchung der Sequenzen der exprimierten Mitglieder der FREP3-Unterfamilie ergab, dass die von einem einzelnen Individuum exprimierten FREPs im Vergleich zu den Keimbahngenen außerordentlich vielfältig sind. In der FREP3-Familie gibt es weniger als fünf Gene, aber eine einzelne Schnecke kann mehr als 45 verschiedene FREP3-Proteine herstellen, jeweils mit geringfügig unterschiedlichen Sequenzen. Eine Analyse der Proteinsequenzen ließ vermuten, dass diese Vielfalt durch eine Anhäufung von Punktmutationen in einem der FREP3-Keimbahngene zustande kam. Obwohl der genaue Mechanismus dieser Diversifikation und auch der Zelltyp, in dem er stattfindet, noch nicht bekannt sind, drängt sich eine Ähnlichkeit zur somatischen Hypermutation auf, die während der humoralen Immunantworten bei Wirbeltieren erfolgt (Abschnitt 4.18). Der Mechanismus bei *Biomphalaria* scheint einen Weg zur Schaffung vielfältiger Moleküle darzustellen, die an der Immunabwehr beteiligt sind, der wiederum in mancher Hinsicht der Strategie einer erworbenen Immunantwort ähnelt.

Ob die Bildung vielfältiger Rezeptoren auch mit einer klonal verteilten Expression von Rezeptoren unterschiedlicher Spezifität verbunden ist, wissen wir für keines der oben genannten Beispiele. Wir können also auch noch keine Aussage darüber treffen, ob durch diese Mechanismen das entsteht, was für uns zur Definition einer erworbenen Immunität gehört – die Fähigkeit zur Selektion bestimmter Varianten und die Fähigkeit zur Ausbildung eines immunologischen Gedächtnisses. Ein Beispiel genau dafür beschreibt der nächste Abschnitt.

16.9 Agnathen verfügen über ein erworbenes Immunsystem, das somatische Genumlagerung zur Erzeugung von Rezeptordiversität aus LRR-Domänen einsetzt

Wie wir seit mindestens 50 Jahren wissen, sind alle kiefertragenden Fische (die Gnathostomaten) zu einer adaptiven Immunantwort fähig. Sogar die Knorpelfische, die ältesten Gruppe kiefertragender Fische, die bis heute überlebt haben, besitzen organisiertes lymphatisches Gewebe, T-Zell-Rezeptoren und Immunglobuline sowie die Fähigkeit zur adaptiven Immunantwort. In all diesen Organismen basiert die erworbene Immunität auf der Ausstattung mit Antigenrezeptoren, die durch RAG-basierte somatische Rekombination zustande kommt. Bis vor kurzem nahm man an, dass Wirbellose und Kieferlose (Agnathen) kein erworbenes Immunsystem haben. Diese Meinung ist nun völlig überholt. Bei genauerer Untersuchung der heute existierenden Kieferlosen stellte sich heraus, dass sie sehr wohl die Fähigkeit zu Immunantworten gegen Pathogene und Allotransplantate haben und dass es deutliche Hinweise auf ein immunologisches Gedächtnis gibt.

Seit einiger Zeit ist bekannt, dass der Schleimaal (Inger) und Neunaugen Hauttransplantate beschleunigt abstoßen können und eine Art Überempfindlichkeit vom verzögerten Typ zeigen. In ihrem Serum ließ sich außerdem eine Aktivität ähnlich der von spezifischem Agglutinin feststellen, dessen Konzentration nach einer zweiten Immunisierung zunahm, ähnlich derjenigen von Antikörpern bei höheren Wirbeltieren. Diese Tiere hatten auch Zellen, die anscheinend, ähnlich wie Lymphocyten, nach Stimulation mit Mitogenen, schnell aktiviert wurden (Blasttransformation). Es gab jedoch keine Hinweise für einen Thymus oder Immunglobuline.

Mithilfe der Fortschritte in molekularen Techniken konzentrieren sich neuere Studien darauf, die Gene zu charakterisieren, die die lymphocytenartigen Zellen des Neunauges *Petromyzon marinus* exprimieren. Man fand keine Gene, die mit denen für T-Zell-Rezeptoren oder Immunglobulinen verwandt sind. Die Zellen exprimieren jedoch große Mengen von mRNAs von Genen, die multiple LRR-Domänen codieren, die gleichen Proteindomänen, aus denen die pathogenerkennenden Toll-ähnlichen Rezeptoren aufgebaut sind.

Das könnte einfach bedeuten, dass diese Zellen darauf spezialisiert sind, Pathogene zu erkennen und auf sie zu reagieren. Die exprimierten LRR-Proteine bargen jedoch einige Überraschungen. Es gibt nämlich nicht nur einige wenige Formen wie bei den meisten Lebewesen, sondern sie enthalten hoch variable Aminosäuresequenzen und zeigen eine Art LRR-Umlagerung mit vielen variablen LRR-Einheiten, die zwischen weniger variablen Sequenzen am aminoterminalen und carboxyterminalen Ende

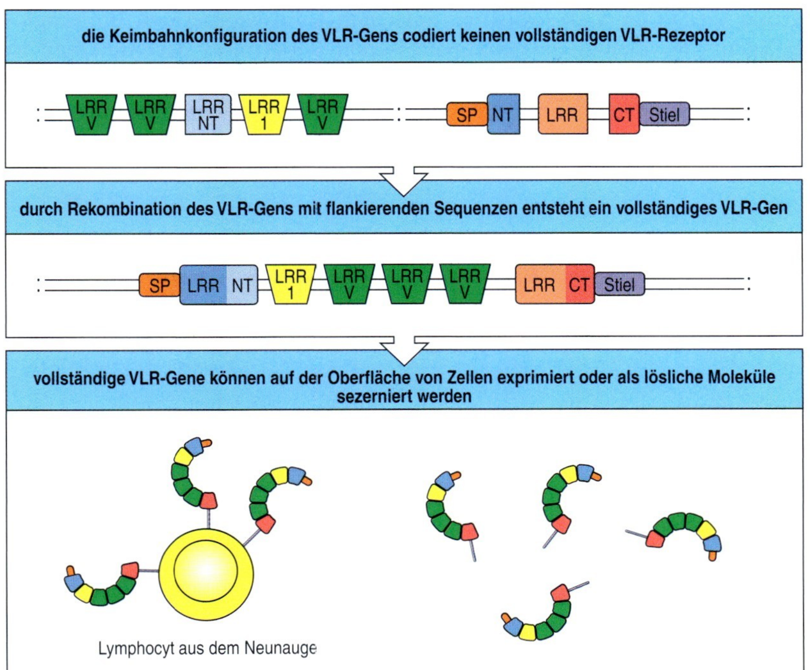

16.8 Durch somatische Rekombination eines unvollständigen VLR-Gens aus der Keimbahn entsteht beim Neunauge ein vielfältiges Repertoire von vollständigen VLR-Genen. Oben: Die einzelne unvollständige Kopie des VLR-Gens des Neunauges enthält ein Gerüst des vollständigen Gens: das Signalpeptid (SP), einen Teil einer aminoterminalen LRR-Einheit (NT, dunkelblau) und eine carboxyterminale LRR-Einheit (rot), die durch intervenierende nichtcodierende Sequenzen in zwei Teile (LRR und CT) gespalten ist. In nahegelegenen flankierenden Regionen des Chromosoms liegen multiple Kopien anderer Teile der VLR-Gen-Kassetten, die einzelne oder doppelte Kopien variabler LRR-Domänen (grün) enthalten, sowie Kassetten, die einen Teil der aminoterminalen LRR-Domänen (hellblau und gelb) codieren. Mitte: Während eines somatischen Rekombinationsprozesses werden alternative LRR-Einheiten zur Bildung eines vollständigen VLR-Gens verwendet. Das vollständige VLR-Gen enthält die zusammengesetzte aminoterminale LRR-Kassette (LRR NT) und das erste LRR (gelb), danach mehrere variable LRR-Einheiten (grün) und die vollständige carboxyterminale LRR-Einheit. Der Rezeptor ist auf der Zellmembran durch eine Glycosylphosphatidylinositolverknüpfung (GPI) der Stielregion (lila) verankert. Unten: In jedem einzelnen Lymphocyten findet somatische Genumlagerung statt, wodurch ein einzigartiger VLR-Rezeptor entsteht. Diese Rezeptoren können über die GPI-Verknüpfung auf der Oberfläche des Lymphocyten haften oder in das Serum sezerniert werden. Durch einzigartige Genumlagerung in jedem sich entwickelnden Lymphocyten entsteht ein Repertoire an VLR-Rezeptoren unterschiedlicher Spezifitäten. (Nach: Pancer Z, Cooper MD (2006) *Annu. Rev. Immunol.* 24: 497–518.)

liegen. Diese LRR-haltigen Proteine, die sogenannten **variablen Lymphocytenrezeptoren (VLR)** haben eine unveränderliche Stielregion, mit der sie über eine Glykosylphosphatidylinositolverknüpfung mit der Plasmamembran verbunden sind, und können entweder an der Zelle haften oder wie Antikörper in das Serum sezerniert werden.

Die Untersuchung der exprimierten VLR-Gene aus dem Neunauge ergab, dass sie sich durch somatische Genumlagerung organisieren (Abb. 16.8). In der Keimbahnkonfiguration gibt es nur ein einziges, aber unvollständiges VLR-Gen. Es codiert ein Signalpeptid, einen Teil der aminoterminalen und einen Teil der carboxyterminalen LRR-Einheit. Diese drei Blöcke von codierenden Sequenzen sind jedoch durch nichtcodierende DNA voneinander getrennt, die weder typische Signale für RNA-Spleißen noch die Rekombinationssignalsequenzen (RSS) enthält, wie es sie in Immunglobulingenen gibt (Abschnitt 4.4). In den Regionen, die das unvollständige VLR-Gen flankieren, gibt es aber eine große Zahl von DNA-„Kassetten“ mit ein, zwei oder drei LRR-Einheiten.

Jeder Neunaugenlymphocyt exprimiert ein vollständiges und einzigartiges VLR-Gen, in dem Rekombination dieser flankierenden Regionen mit dem VLR-Gen aus der Keimbahn stattgefunden hat. Die flankierenden LRR-Einheiten werden offensichtlich zufällig schrittweise so in das VLR-Gen eingebaut, dass zunächst die aminoterminale Capping-LRR-Untereinheit vervollständigt wird, dann die inneren LRR-Domänen angefügt und schließlich die inneren nichtcodierenden Regionen entfernt werden und damit die carboxyterminale LRR-Domäne entsteht. Wissenschaftler suchen zurzeit nach dem molekularen Mechanismus, der zu dieser Umlagerung führt: ein vielversprechender Kandidat ist die Genkonversion. Man nimmt an, dass durch die somatische Umlagerung auf diesem Weg eine genauso große Vielfalt an VLR-Proteinen entstehen kann wie bei den Immunglobulinen. Die Vielfalt des antizipatorischen Repertoires der Agnathen ist also möglicherweise nicht durch die Anzahl der möglichen Rezeptoren begrenzt, die sie bilden können, sondern durch die Anzahl der Lymphocyten, die es in einem Individuum gibt, genauso wie es im erworbenen Immunsystem ihrer evolutionären Cousins, der Gnathostomaten, der Fall ist.

16.10 Die erworbene Immunität, die auf einem vielfältigen Repertoire von immunglobulinartigen Genen basiert, trat plötzlich bei den Knorpelfischen auf

Bei kiefertragenden Fischen und allen höheren Wirbeltieren ist eine adaptive Immunität möglich, da es bei einem Vorfahren der kiefertragenden Fische ein Ereignis gegeben haben muss, bei dem sich ein mobiles DNA-Fragment mit ursprünglichen *RAG*-Rekombinasen in einen DNA-Abschnitt eingefügt hat, vermutlich in ein Gen ähnlich einem Immunglobulingen oder einem Gen für die V-Region eines T-Zell-Rezeptors. Prokaryotische und eukaryotische Genome enthalten eine Reihe mobiler DNA-Elemente, sogenannte Transposons, die selbst oder in Kopie im Rahmen eines Vorgangs, den man als Transposition bezeichnet, zu verschiedenen Stellen auf den Chromosomen wandern können. Transposons enthalten zwei wesentliche Elemente – eine Sequenz, die das Enzym Transposase codiert, eine DNA-Rekombinase, die doppelsträngige DNA schneiden und das Element einfügen und ausschneiden kann, sowie terminale Sequenzwiederholungen, die die Transposase erkennt und die nötig sind, damit das Element herausgeschnitten und eingefügt werden kann (Abb. 16.9). Der wesentliche Punkt der Transposition besteht darin, dass Insertion und Exzision Veränderungen der jeweiligen „Wirts-DNA" verursachen. Die Insertion eines Transposons führt zur Bildung kurzer zusätzlicher Sequenzen an jedem Ende des eingefügten Elements; bei der Exzision verbleiben diese Sequenzen in der DNA und hinterlassen sogar eine Lücke in der Wirts-DNA, die durch die fehleranfälligen zellulären DNA-Reparaturmechanismen geschlossen wird.

Im Fall des Transposons, von dem man annimmt, dass es den evolutionären Startschuss zur Entwicklung des adaptiven Immunsystems von Vertebraten gegeben hat, dürfte die entsprechende Transposase die ursprüngliche RAG-Rekombinase gewesen sein. Nach diesem ersten Integrationsereignis wurden die Transposonsequenzen, die die Rekombinase codierten, anscheinend von ihren Erkennungssequenzen getrennt. Dies könnte am einfachsten durch Entfernen des Transposasegens aus dem Transposon, das in das allererste Immunrezeptorgen integriert wurde, geschehen sein, während in einer Kopie des Transposons anderswo im Genom das Transposasegen erhalten blieb, jedoch die zugehörigen Erkennungssequenzen (die terminalen Wiederholungen) verloren gingen. Aus den terminalen Wiederholungen, die im Immunrezeptorgen blieben, wurden die Rekombinationssignalsequenzen (RSSs), welche Gensegmente in Immunglobulin- und T-Zell-Rezeptor-Genen flankieren. Aus den Sequenzen, die die Transposasen codierten, entwickelten sich die *RAG-1*- und *RAG-2*-Gene, die jetzt die Rekombinase codieren, welche für die Umlagerung von Antigenrezeptorgenen verantwortlich sind (Abschnitt 4.5). Viele Jahre lang vermutete man, dass die *RAG*-Gene aus einem Transposon entstanden sind, da sie,

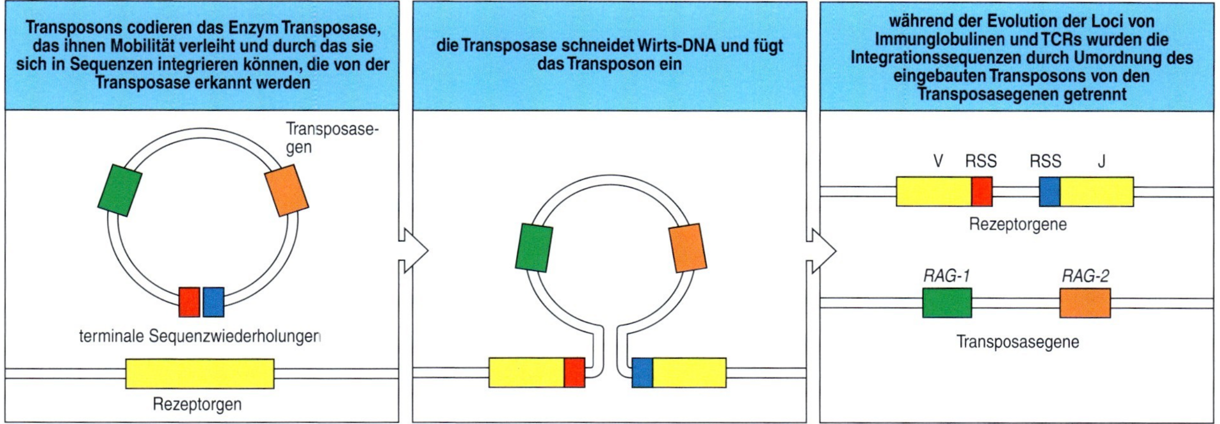

16.9 Die Integration eines Transposons in ein Rezeptorgen führte letztlich zur Entstehung von Immunglobulin- und T-Zell-Rezeptor-Genen und ihrer Fähigkeit zu somatischer Rekombination. Transposons sind DNA-Sequenzen, die sich innerhalb des Genoms bewegen können, indem sie sich selbst an einer Stelle herausschneiden und an einer anderen Stelle wieder einbauen. Links: Ein Transposon muss zwei funktionelle Elemente enthalten: eine Sequenz, die eine Transposase codiert, das Enzym, welches die Exzision und Integration des Transposons durchführt, und spezifische Erkennungssequenzen für die Transposase, die sich an jedem Ende des Transposons befinden und die notwenig sind, damit das Transposon herausgeschnitten beziehungsweise in DNA eingebaut werden kann. Mitte: Nach dem Herausschneiden aus der DNA (nicht dargestellt) baut sich das Transposon an anderer Stelle wieder ein. Die Transposase schneidet genomische DNA an einer zufälligen Stelle und verknüpft dann die freien Enden des Transposons mit den geschnittenen Enden der genomischen DNA. Genau umgekehrt schneidet sich ein Transposon heraus; die Transposase bringt die terminalen Sequenzen zueinander und schneidet dann das Transposon aus der genomischen DNA. Rechts: Während der Evolution der Gene für Immunglobuline und T-Zell-Rezeptoren (TCRs) folgten auf ein erstes Integrationsereignis mitten in einen Zelloberflächenrezeptor DNA-Umlagerungen, die die Transposasegene, welche wir heute als *RAG-1*- und *RAG-2*-Gene kennen, von den terminalen Sequenzen, heute als Rekominationssignalsequenzen (RSSs) bekannt, trennten.

ungewöhnlich für Säugetiere, keine Introns haben, was ein Merkmal von Transposons ist. Man wusste, dass die Wirkungsweise der RAG-Proteine auf RSSs ähnlich dem Mechanismus der Exzision eines Transposons ist, aber erst vor kurzem wurde nachgewiesen, dass die heutigen RAG-Proteine die Insertion eines RSS-enthaltenden DNA-Fragments in DNA katalysieren können, ein Prozess, der einer Transposition entspricht.

Der Ursprung somatischer Genumlagerung bei der Exzision eines Transposons gibt einem anscheinend paradoxen Phänomen bei der Umlagerung von Immunsystemgenen einen Sinn. Die RSS werden nämlich in der herausgeschnittenen DNA, die keine weitere Funktion hat und deren Schicksal für die Zelle irrelevant ist, genau zusammengefügt; die geschnittenen Enden in der genomischen DNA, die Teil der Immunglobulin- oder T-Zell-Rezeptor-Gene sind, werden durch einen fehleranfälligen Prozess verknüpft, was man zunächst als Nachteil betrachten könnte. Aus der Sicht des Transposons betrachtet ist das jedoch sinnvoll, denn die Integrität der Transposase bleibt durch diesen Exzisionsmechanismus gewahrt, während das Schicksal der DNA, die sie zurücklässt, für sie keine Bedeutung hat. Wie sich herausstellte, entstand durch die fehleranfällige Verknüpfung in dem primitiven Immunglobulingen eine nützliche Vielfalt an Molekülen, die für die Antigenerkennung verwendet wurden und stark unter selektivem Einfluss standen. Nachfolgende Duplikation, Reduplikation und Rekombination der Immunrezeptorgene und ihrer eingefügten RSS führten schließlich zu den vielteiligen Loci von Immunglobulin- und T-Zell-Rezeptor-Genen der heutigen Wirbeltiere.

16.11 Das Ziel des Transposons war wahrscheinlich ein Gen, das einen Zelloberflächenrezeptor mit einer Domäne, ähnlich der variablen Domäne eines Immunglobulins, codierte

Proteine, die immunglobulinartige Domänen enthalten, sind in Pflanzen, Tieren und Bakterien ubiquitär und gehören damit zu den am weitesten verbreiteten Proteinsuperfamilien. In Arten, deren Genome bereits vollständig sequenziert sind, gehört die Immunglobulinsuperfamilie zu den größten Familien von Proteindomänen. Die Funktionen der Mitglieder dieser Superfamilie sind ausgesprochen unterschiedlich; sie stellen ein Paradebeispiel für natürliche Selektion dar: man nehme eine nützliche Struktur – die klassische Immunglobulinfaltung – und passe sie verschiedenen Zwecken an.

Die Domänen der Immunglobulinsuperfamilie lassen sich anhand der Unterschiede in Struktur und Sequenz in vier Familien aufteilen – V (ähneln einer variablen Immunglobulindomäne), C1 und C2 (ähneln Domänen der konstanten Regionen) und die nicht derart einheitlichen I-Domänen. V-, C1- und C2-Domänen finden sich in vielen Molekülen von Immunsystemen. Immunglobuline und T-Zell-Rezeptoren besitzen zum Beispiel V- und C1-Domänen, CD4- und CD8-Moleküle haben V-Domänen, CD4-Moleküle auch C2-Domänen, MHC-Klasse-I- und -Klasse-II-Moleküle haben C1-Domänen. Die Adhäsionsmoleküle VCAM und ICAM enthalten C2- und I-Domänen. Die I-Domänen scheinen in sich am unterschiedlichsten zu sein. Es gibt sie nicht nur in Adhäsionsmolekülen des Immunsystems, sondern auch in Proteinen außerhalb des Immunsystems wie in den Muskelproteinen Titin und Twitchin.

Die ursprüngliche Domäne, in die sich das Transposon einbaute und dort die Fähigkeit zur Umlagerung etablierte, war mit Sicherheit eine V-Domäne, die höchstwahrscheinlich mit einer C1-Domäne verknüpft war und damit gemeinsam einen Transmembranrezeptor bildete, da dies die Grundstruktur von T-Zell-Rezeptoren und Immunglobulinen darstellt. Möglicherweise war der Originalrezeptor eine V-Domäne, gebunden an eine C2-Domäne, eine Kombination, die man zum Beispiel in den KIR-Rezeptoren von NK-Zellen und in anderen Mitgliedern der großen Familie der Leukocytenrezeptoren findet (Abschnitt 2.31). Dann könnte eine Weiterentwicklung der C2-Domäne zu einer C1-Domäne innerhalb der Familie erfolgt sein, die zu den Immunglobulinen und T-Zell-Rezeptoren führte, obwohl das weniger wahrscheinlich ist. Gene mit diesen beiden Arten von Grundstruktur fand man in dem Urochordaten *Ciona*: zwei Gene enthalten V-Domänen in Assoziation mit C2-Domänen, und zwei weitere enthalten V-Domänen verknüpft mit C1-artigen und C2-Domänen. Letztere sind die wahrscheinlichsten Kandidaten für den Urahn der Antigenrezeptoren in Wirbeltieren.

Zwei weitere Proteinfamilien aus Invertebraten mit V-Domänen gibt es beim Cephalochordaten *Branchiostoma* (Lanzettfischchen). Eine Familie umfasst Proteine, die Immunglobulin-V-Domänen assoziiert mit chitinbindenden Domänen und nicht mit Immunglobulin-C-Domänen enthalten. Die zweite Familie wird von einem Protein repräsentiert, das eine V-Domäne verknüpft mit einer die Membran mehrfach durchspannenden Transmembrandomäne enthält. In beiden Fällen gibt es bisher noch keinen Beweis für eine Immunfunktion des jeweiligen Proteins.

16.12 Unterschiedliche Spezies schaffen Immunglobulinvielfalt auf unterschiedliche Weise

Bei den meisten Tieren, mit denen wir uns beschäftigen, kommt ein großer Teil der Antigenrezeptorvielfalt auf die gleiche Weise zustande wie bei Menschen, nämlich indem Gensegmente in verschiedenen Kombinationen zusammengesetzt werden (Kapitel 3 und 4). Wir haben aber bereits auf einige Ausnahmen aufmerksam gemacht (Abschnitt 4.19), und auf die kommen wir jetzt zurück. Einige Tiere machen sich eine Genumlagerung zunutze, indem sie zunächst stets die gleichen V- und J-Gen-Segmente zusammenfügen und dann diese rekombinierte V-Region diversifizieren. Bei Hühnern findet diese Diversifikation in der Bursa Fabricii, bei Kaninchen in einem anderen lymphatischen Organ im Darm statt. Andere Tiere erzeugen ihr vielfältiges Repertoire möglicherweise hauptsächlich durch Hypermutation einer relativ unveränderlichen rekombinierten V-Region. Eventuell entsteht bei Schafen die beachtliche Immunglobulinvielfalt auf diese Weise in den Peyer-Plaques des Dünndarms, aber auch Genkonversion kommt in Betracht.

Die Immunglobulinloci bei Knochenfischen und höheren Wirbeltieren sind so organisiert, dass separate Abschnitte mit wiederholten V-Regionen stromaufwärts der Abschnitte mit D-Regionen (im V_H-Locus) und J-Regionen liegen. Die Knorpelfische dagegen besitzen mehrfache Kopien verschiedener V_L-J_L-C_L- und V_H-D_H-J_H-C_H-Kassetten, und Umlagerungen finden innerhalb der einzelnen Kassetten statt (Abb. 16.10). Obwohl diese Mechanismen vom klassischen Vorgang abweichen, den wir in Kapitel 4 beschrieben haben und in dem Vielfalt durch kombinatorische Genumlagerung entsteht, ist in den meisten Fällen auch noch ein somatisches Umordnungsereignis notwendig.

16.10 Die Organisationsstruktur der Immunglobulingene unterscheidet sich bei den verschiedenen Spezies, aber es kann immer ein breit gefächertes Repertoire entstehen. Die Organisationsstruktur der Gene für die schweren Ketten der Immunglobuline bei Säugern, die aus getrennten Clustern von wiederholten V-, D- und J-Abschnitten besteht, ist nicht die einzige Lösung für die Aufgabe, ein breit gefächertes Repertoire von Rezeptoren zu erzeugen. Andere Spezies haben alternative Strukturen entwickelt. Bei „primitiven" Spezies wie den Haien besteht der Locus aus mehrfachen Wiederholungen einer Grundeinheit, die sich aus einem V-Gen-Abschnitt, einem oder zwei D-Abschnitten , einem J-Abschnitt und einem C-Abschnitt zusammensetzt. Bei einigen Spezies der Knorpelfische (Rochen und echte Haie) gibt es am Locus für die λ-artige leichte Kette Wiederholungseinheiten in Form bereits vorgefertigter VJ-C-Gene, und eine zufällige Kombination davon wird exprimiert. Bei Hühnern schließlich gibt es nur einen Locus für die schwere Kette, dessen Genabschnitte sich umlagern. Es existieren aber mehrfache Kopien von Pseudogenen für variable Regionen. Hier entsteht Vielfalt durch Genkonversion. Dabei werden Sequenzen der V-Pseudogene in das einzelne umstrukturierte V_H-Gen eingefügt.

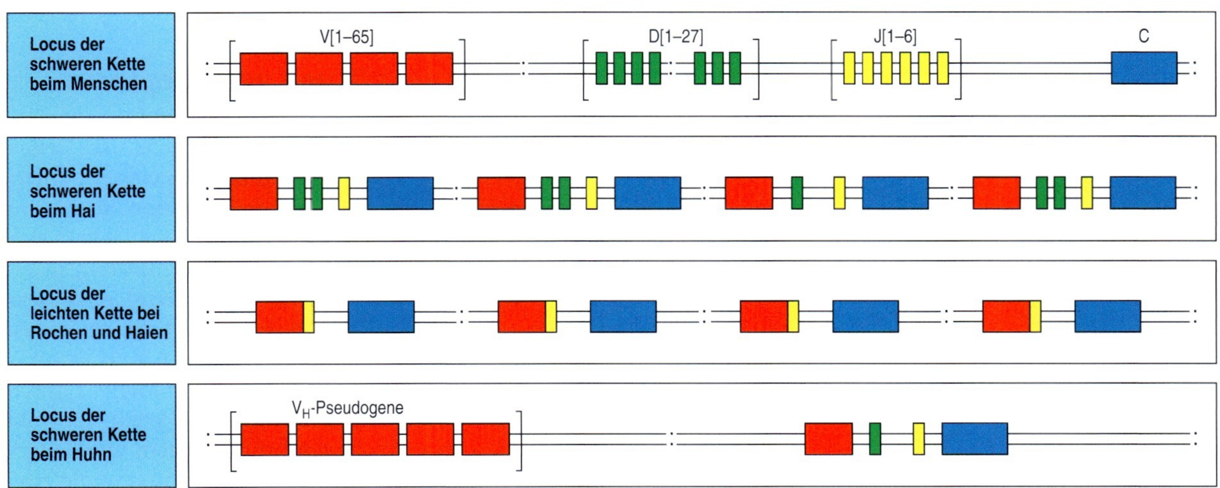

Rochen und echte Haie bilden einige der Immunglobulingene nicht durch Umlagerung, sondern sie haben stattdessen viele "umgeordnete" V_L-Regionen (und manchmal umgeordnete V_H-Regionen) im Keimbahngenom (Abb. 16.10), und Vielfalt entsteht offensichtlich, indem die Transkription verschiedener Kopien aktiviert wird. Dies sind Beispiele für nichtkombinatorische Immunglobulinsysteme, obwohl es sich genau genommen um kombinatorische Vielfalt handelt, zu der es durch die aufeinanderfolgende Paarung von schweren und leichten Ketten kommt. Es ist unwahrscheinlich, dass diese Organisation der Loci für leichte Ketten eine evolutionäre Zwischenstufe darstellt, denn in diesem Fall wären die Gene für schwere und leichte Ketten unabhängig voneinander durch einen konvergenten Prozess zu der Fähigkeit zur Umlagerung gelangt und nicht durch divergente Evolution. Viel wahrscheinlicher ist, dass nach der Abtrennung (Divergenz) der Knorpelfische bei einem gemeinsamen Vorfahren dieser Gruppe einige der Immunglobulinloci in der Keimbahn durch Aktivierung der *RAG*-Gene in Keimzellen umgeordnet und als Folge davon die umgeordneten Loci auf die Nachkommen weitervererbt wurden. Diesen Arten verleihen die umgeordneten Keimbahnloci möglicherweise gewisse Vorteile, vielleicht in der frühen Entwicklung, bevor ein komplexes Repertoire vorliegt, oder um mithilfe einer vorgefertigten Ausstattung an Immunglobulinketten schnelle Reaktionen auf verbreitete Pathogene zu ermöglichen.

Die vorherrschende Form von Immunglobulinen bei Knorpel- und Knochenfischen ist IgM. Die Knorpelfische besitzen ebenfalls mindestens zwei Typen von schweren Immunglobulinketten, die es in weiter entwickelten Arten nicht gibt. Der eine, IgW, hat sechs Domänen für konstante Regionen, der zweite, IgNAR (für neuer Antigenrezeptor), scheint mit IgW verwandt zu sein, hat aber die erste konstante Domäne verloren; IgNAR paart nicht mit leichten Ketten, sondern bildet ein Homodimer, in dem jede V-Domäne eine separate Antigenbindungsstelle darstellt. Das IgW-Molekül gibt es vermutlich nur als Zelloberflächenrezeptor auf B-Zellen; diese Funktion hat möglicherweise IgD übernommen, das zum ersten Mal bei Knochenfischen auftritt. Diese Variabilität deutet darauf hin, dass Immunglobuline erst spät bei den frühen Knorpelfischen entstanden und eine Reihe von Varianten durch die natürliche Selektion getestet wurden.

16.13 Knorpelfische haben α:β- und γ:δ-Rezeptoren

In keiner Art, die evolutionär älter als die Knorpelfische ist, ließen sich bisher T-Zell-Rezeptoren oder Immunglobuline nachweisen. Überraschenderweise haben sie aber beide beim ersten Auftreten bereits im Wesentlichen dieselbe Form wie bei Säugetieren. Bei Haien ließen sich Homologe der β- und δ-Kette des T-Zell-Rezeptors identifizieren, in einem Rochen α-, β- und δ-Kette des T-Zell-Rezeptors; das zeigt, dass diese Rezeptoren des erworbenen Immunsystems schon in den Arten, in denen sie sich in der Evolution am frühesten nachweisen lassen, bereits in mindestens zwei Erkennungssystemen vorlagen. Und jedes ermöglicht durch kombinatorische somatische Umlagerung noch weitere Vielfalt. Obwohl uns die Rolle von γ:δ-T-Zellen im erworbenen Immunsystem von Säugetieren noch nicht ganz klar ist, lässt die sehr frühe Aufspaltung in die zwei

Sätze von T-Zell-Rezeptoren und ihre Konservierung durch die nachfolgende Evolution vermuten, dass sie auch früh verschiedene Funktionen wahrgenommen haben.

16.14 Auch MHC-Klasse-I und -Klasse-II-Moleküle treten erstmals in Knorpelfischen auf

Man würde vermuten, dass die spezifischen Liganden der T-Zell-Rezeptoren, die MHC-Moleküle, ungefähr um die gleiche Zeit in der Evolution auftraten. In der Tat gibt es MHC-Moleküle bei Knorpelfischen und allen höher entwickelten Arten, aber, wie die T-Zell-Rezeptoren, nicht bei Agnathen oder Wirbellosen. Haie besitzen Gene für α- und β-Ketten von MHC-Klasse-I- und -Klasse-II-Molekülen, und ihre Produkte scheinen wie MHC-Moleküle von Säugetieren zu funktionieren. Die ausschlaggebenden Reste des peptidbindenden Spalts, der im Fall von MHC-Klasse-I-Molekülen mit den Enden des Peptids beziehungsweise im Fall von MHC-Klasse-II-Molekülen mit der zentralen Region des Peptids interagiert, sind in MHC-Molekülen von Haien konserviert.

Außerdem sind MHC-Gene von Haien ebenfalls polymorph; es gibt multiple Allele von Klasse-I- und Klasse-II-Loci. In manchen Arten ließen sich bisher mehr als 20 MHC-Klasse-I-Allele identifizieren. Bei Haien sind die α- und die β-Ketten von MHC-Klasse-I-Molekülen polymorph. Also hat sich nicht nur die Funktion der MHC-Moleküle, nämlich das Auswählen von Peptiden zur Präsentation, während der Abspaltung von Agnathen und Knorpelfischen entwickelt, sondern die andauernde Selektion durch Pathogene resultierte auch in dem Polymorphismus, der MHC auszeichnet.

Die MHC-Klasse-I-Gene lassen sich einteilen in die klassischen MHC-Klasse-I-Gene (auch bezeichnet als Klasse Ia) und die nichtklassischen MHC-Klasse-Ib-Gene (Abschnitt 5.17). Dasselbe gilt für Knorpelfische, denn unter den Klasse-I-Genen von Haien ähneln einige Klasse-Ib-Molekülen von Säugetieren. Man geht jedoch davon aus, dass die Klasse Ib von Haien nicht die direkten Vorfahren der Klasse Ib von Säugetieren ist. Einige Klasse-Ib-Gene, zum Beispiel CD1 und einige andere, die andere Funktionen als Antigenpräsentation wahrnehmen wie Zink-α_2-Glykoprotein und der MHC-artige neonatale Fc-Rezeptor FcRn (Abschnitt 9.15), scheinen sich nämlich früher entwickelt zu haben, vor der Abspaltung der Knorpelfische von der Wirbeltierlinie, und haben wahrscheinlich Homologe in allen Wirbeltieren. Im Fall der Klasse-I-Gene hat es den Anschein, dass sich diese Gene innerhalb jeder der fünf Hauptlinien der Wirbeltiere, die untersucht wurden (Knorpelfische, Fleischflosser, Strahlenflosser, Amphibien und Säugetiere) unabhängig in klassische und nichtklassische Loci aufgetrennt haben.

Die charakteristischen Merkmale der MHC-Moleküle waren also alle vorhanden, als diese Moleküle erstmals auftraten, und es gibt keine Zwischenformen, die uns bei unserem Verständnis hinsichtlich ihrer Evolution helfen. Wir können zwar die Evolution der Bestandteile des angeborenen Immunsystems verfolgen, der Ursprung des adaptiven Immunsystems bleibt jedoch noch weitgehend im Dunkeln.

Welche selektiven Kräfte haben die Evolution des erworbenen Immunsystems der höheren Wirbeltiere bewirkt? Interessante Spekulationen ziehen in Betracht, dass es ein Nebeneffekt bei der Entwicklung von Kiefern gewesen sein könnte, wodurch vielfältigere Nahrung aufgenommen werden konnte. Dadurch kam Darmgewebe in Kontakt mit harten Schalen und Außenskeletten aus Chitin, was vermehrt zu Infektionen geführt haben könnte. Die Entwicklung von Kiefern war jedoch nur eine von mehreren Veränderungen, die während des Übergangs der Agnathen zu Wirbeltieren mit Kiefern erfolgte, und die sowohl den Aufbau des Wirbeltierkörpers betrafen als auch die Entwicklung und den Lebensstil der Organismen. Einige Mollusken, zum Beispiel Cephalopoden mit Schnäbeln wie Kraken und Kalmare, fressen ebenfalls Beutetiere mit Schalen oder Knochen, sodass dieses Phänomen alleine kein ausreichender Selektionsdruck zur Entwicklung eines adaptiven Immunsystems gewesen sein dürfte.

Wir erkennen jetzt, dass die Agnathen ihre eigene Form eines adaptiven Immunsystems haben, welches aus anderen Bausteinen besteht. Und obwohl wir also noch keine genaue Antwort auf die Frage haben, welche Kräfte zur Ausbildung der RAG-abhängigen adaptiven Immunität führen, wird die Gültigkeit von Darwins Aussage über die Evolution im Allgemeinen immer deutlicher: „aus solch einfachen Anfängen entwickelten sich und entwickeln sich weiterhin zahllose äußerst schöne und wundervolle Formen".

Zusammenfassung

Früher sprach man von einem völlig unerklärlichen immunologischen „Urknall", heute dagegen geht man davon aus, dass die Evolution einer erworbenen Immunantwort in kiefertragenden Wirbeltieren mit dem zufälligen Einbau eines Transposons in ein Gen, und zwar in ein Mitglied der Immunglobulinsuperfamilie, zusammenhängt. Dieses Ereignis muss in einer Keimbahnzelle eines Vorfahren der Wirbeltiere stattgefunden haben. Durch Zufall gelangten die terminalen Sequenzen des Transposons an eine Stelle innerhalb dieses primordialen Antigenrezeptorgens, die für die somatische intramolekulare Rekombination geeignet war, wodurch der Weg für die ausgeklügelte somatische Genrekombination in den heutigen Immunglobulin- und T-Zell-Rezeptor-Genen geebnet wurde. Die Transposasegene (die *RAG*-Gene), die vermutlich vom gleichen Transposon stammen, wurden von den terminalen Sequenzen des Transposons getrennt und liegen jetzt auf einem anderen Chromosom.

Abgesehen von den kiefertragenden Wirbeltieren verfügen noch viele andere Tiere über die Fähigkeit, eine zuvor unerwartete Vielfalt von Rezeptorrepertoires zu schaffen, womit sie Pathogene erkennen und diese abwehren. Beim Seeigel sind beträchtliche Teile des Genoms für Toll-ähnliche Rezeptoren zuständig, bei *Drosophila* wird eine Reihe von Exons, die Immunglobulindomänen codieren, extensiv alternativ gespleißt, in dem Mollusken *Biomphalaria* gibt es einen Mechanismus für somatische Mutation. Und unsere engen Wirbeltierverwandten, die kieferlosen Fische, haben ein adaptives Immunsystem entwickelt, das ganz anders arbeitet – durch Diversifikation von LRR-Domänen statt von Immunglobulindomänen –, das aber ansonsten die grundlegenden Merkmale eines richtigen adaptiven Immunsysstems aufzuweisen scheint, nämlich klonale Selektion und immunlogisches Gedächtnis.

Zusammenfassung von Kapitel 16

Die Evolution des Immunsystems, die Abbildung 16.11 zusammenfasst, war im Wesentlichen ein mehrstufiger Prozess wachsender Diversifikation einer kleinen Zahl sehr alter Erkennungs- und Effektorwege; adaptive Immunität war dagegen eine vergleichsweise plötzliche Errungenschaft. Danach ging die stetige Entwicklung und Diversifikation weiter. In der Zeit der gemeinsamen Vorfahren von Tieren und Pflanzen waren antimikrobielle Peptide ein ganz elementarer Verteidigungsmechanismus, der später durch Fresszellen ergänzt wurde, die eindringende Mikroorganismen beseitigen konnten. Systeme angeborener Immunität entstanden, die Pathogene den Fresszellen effektiver zuführten, und zwar zunächst eine einfache Version des alternativen Weges der Komplementaktivierung, auf den dann in der Evolution ein lektinvermittelter Weg folgte. Wir wissen inzwischen, dass bei unseren engeren Verwandten, den Agnathen, eine Form der adaptiven Immunität existiert, die auf Umlagerung von Genen beruht, die LRR-Domänen enthalten, und nicht auf Immunglobulinen oder T-Zell-Rezeptoren. Erworbene Immunität in kiefertragenden Fischen entstand aus einem bisher unbekannten Urimmunsystem, woraus sich schnell die volle Ausstattung mit Immunglobulin- und T-Zell-Rezeptoren sowie MHC-

16.11 Zusammenfassung des Auftretens von angeborener und erworbener Immunität während der Evolution.

	Drosophila (Insekt)	Seeigel (Echinoderm)	Seescheide (Ascidie)	Neunauge (Agnathe)	Hai (Knorpelfisch)	Karpfen (Knochenfisch)	Frosch (Amphibie)	Schlange (Reptil)	Huhn (Vogel)	Mensch (Säuger)
adaptive Immunität	nein	nein	nein	ja	ja	ja	ja	ja	ja	ja
Immunglobulinumlagerung	nein	nein	nein	nein	ja	ja	ja	ja	ja	ja
Umlagerung des VLR-Gens	nein	nein	nein	ja	nein	nein	nein	nein	nein	nein
kombinatorische Umlagerung des T-Zell-Rezeptors	nein	nein	nein	nein	ja	ja	ja	ja	ja	ja
polymorphe MHC-Moleküle	nein	nein	nein	nein	ja	ja	ja	ja	ja	ja
klassischer Komplementweg	nein	nein	nein	nein	ja	ja	ja	ja	ja	ja
C3 und Faktor B	nein	ja	ja	ja	ja	ja	ja	ja	ja	ja
mannosebindendes Lektin	nein	?	ja	vermutet	vermutet	ja	vermutet	vermutet	ja	ja
Ficoline	nein	?	ja	vermutet	vermutet	vermutet	vermutet	vermutet	vermutet	ja
MASPs	nein	?	ja	ja	ja	ja	ja	ja	ja	ja
Toll-ähnliche Rezeptoren	ja	ja	ja	ja	ja	ja	ja	ja	ja	ja
antibakterielle Peptide	ja	vermutet	vermutet	vermutet	vermutet	vermutet	ja	ja	ja	ja

Klasse-I- und -Klasse-II-antigenpräsentierenden Molekülen entwickelte. Die nachfolgende Evolution verfeinerte das adaptive Immunsystem, seine wesentlichen Grundzüge blieben jedoch erhalten.

Fragen

16.1 Diskutieren Sie die unterschiedlichen Merkmale von angeborener und erworbener Immunität.

16.2 a) Könnte es ein erworbenes Immunsystem auf der Grundlage eines Repertoires von Rezeptoren ohne somatische Genumlagerung geben? b) Das Seeigelgenom enthält ein Gen, das mit dem ursprünglichen RAG-Transposon verwandt ist. Was lässt sich daraus über die alternative Evolution einer erworbenen Immunität in Agnathen und kiefertragenden Wirbeltieren ableiten?

16.3 *Drosophila melanogaster* kann ein vielfältiges Repertoire von Dscam-Isoformen exprimieren. Ist das gleichbedeutend mit erworbener Immunität? Erläutern Sie Ihre Antwort.

Literatur zu den einzelnen Abschnitten

Abschnitt 16.1

Adams MD, Celniker SE, Holt RA, Evans CA, Gocayne JD, Amanatides PG, Scherer SE, Li PW, Hoskins RA, Galle RF et al (2000) The genome sequence of *Drosophila melanogaster*. *Science* 287: 2185–2195

Gregory SG, Sekhon M, Schein J, Zhao S, Osoegawa K, Scott CE, Evans RS, Burridge PW, Cox TV, Fox CA et al (2002) A physical map of the mouse genome. *Nature* 418: 743–750

Mural RJ et al (2002) A comparison of whole-genome shotgun-derived mouse chromosome 16 and the human genome. *Science* 296: 1617–1618

Abschnitt 16.2

Ganz T (1999) Defensins and host defense. *Science* 286: 420–421

Ganz T (2003) Defensins: antimicrobial peptides of innate immunity. *Nat Rev Immunol* 3: 710–720

Gura T (2001) Innate immunity. Ancient system gets new respect. *Science* 281: 2068–2071

Hoffmann JA (1995) Innate immunity of insects. *Curr Opin Immunol* 7: 4–10

Thomma BP, Cammue BP, Thevissen K (2002) Plant defensins. *Planta* 216: 193–202

Abschnitt 16.3

Gottar M, Gobert V, Matskevich AA, Reichhart JM, Wang C, Butt TM, Belvin M, Hoffmann JA, Ferrandon D (2006) Dual detection of fungal infections in *Drosophila* via recognition of glucans and sensing of virulence factors. *Cell* 127: 1425–1437

Hetru C, Troxler L, Hoffmann JA (2003) *Drosophila melanogaster* antimicrobial defense. *J Infect Dis* 187, Suppl 2: S327–S334

Hoffmann JA, Kafatos FC, Janeway CA, Ezekowith RA (1999) Phylogenetic perspectives in innate immunity. *Science* 284: 1313–1318

Imler JL, Hoffmann JA (2000) Toll and Toll-like proteins: an ancient family of receptors signaling infection. *Rev Immunogenet* 2: 294–304

Imler JL, Hoffmann JA (2001) Toll receptors in innate immunity. *Trends Cell Biol* 11: 304–311

Imler JL, Hoffmann JA (2003) Toll signaling: theTIReless quest for specificity. *Nat Immunol* 4: 105–106

Pili-Floury S, Leulier F, Takahashi K, Saigo K, Samain E, Ueda R, Lemaitre B (2004) *In vivo* RNA interference analysis reveals an unexpected role for GNBP1 in the defense against Gram-positive bacterial infection in *Drosophila* adults. *J Biol Chem* 279: 12848–12853

Royet J, Reichhart JM, Hoffmann JA (2005) Sensing and signaling during infection in *Drosophila*. *Curr Opin Immunol* 17: 11–17

Abschnitt 16.4

Rast JP, Smith LC, Loza-Coll M, Hibino T, Litman GW (2006) Genomic insights into the immune system of the sea urchin. Science 314: 952-956

Samanta MP, Tongprasit W, Istrail S, Cameron RA, Tu Q, Davidson EH, Stolc V (2006) The transcriptome of the sea urchin embryo. Science 314: 960-962

Abschnitt 16.5

Ferrandon D, Jung AC, Criqui M, Lemaitre B, Uttenweiler-Joseph S, Michaut L, Reichhart J, Hoffmann JA (1998) A drosomycin-GFP reporter transgene reveals a local immune response in *Drosophila* that is not dependent on the Toll pathway. *EMBO J* 17: 1217–1227

Georgel P, Naitza S, Kappler C, Ferrandon D, Zachary D, Swimmer C, Kopczynski C, Duyk G, Reichhart JM, Hoffmann JA (2001) *Drosophila* immune deficiency (IMD) is a death domain protein that activates antibacterial defense and can promote apoptosis. *Dev Cell* 1: 501–514

Hoffmann JA, Reichhart JM (2002) *Drosophila* innate immunity: an evolutionary perspective. *Nat Immunol* 3: 121–126

Rutschmann S, Jung AC, Zhou R, Silverman N, Hoffmann JA, Ferrandon D (2000) Role of *Drosophila* IKKγ in a *toll*-independent antibacterial immune response. *Nat Immunol* 1: 342–347

Abschnitt 16.6

Gross PS, Al-Sharif WZ, Clow LA, Smith LC (1999) Echinoderm immunity and the evolution of the complement system. *Dev Comp Immunol* 23: 429–442

Smith LC (2001) The complement system in sea urchins. *Adv Exp Med Biol* 484: 363–372

Smith LC, Clow LA, Terwilliger DP (2001) The ancestral complement system in sea urchins. *Immunol Rev* 180: 16–34

Smith LC, Shih CS, Dachenhausen SG (1998) Coelomocytes express SpBf, a homologue of factor B, the second component in the sea urchin complement system. *J Immunol* 161: 6784–6793

Abschnitt 16.7

Fujita T (2002) Evolution of the lectin-complement pathway and its role in innate immunity. *Nat Rev Immunol* 2: 346–353

Holmskov U, Thiel S, Jensenius JC (2003) Collections and ficolins: humoral lectins of the innate immune defense. *Annu Rev Immunol* 21: 547–578

Matsushita M, Fujita T (2001) Ficolins and the lectin complement pathway. *Immunol Rev* 180: 78–85

Matsushita M, Fujita T (2002) The role of ficolins in innate immunity. *Immunobiology* 205: 490–497

Nonaka M, Azumi K, Ji X, Namikawa-Yamada C, Sasaki M, Saiga H, Dodds AW, Sekine H, Homma MK, Matsushita M et al (1999) Opsonic complement component C3 in the solitary ascidian, *Halocynthia roretzi*. *J Immunol* 162: 387–391

Raftos D, Green P, Mahajan D, Newton R, Pearce S, Peters R, Robbins J, Nair S (2001) Collagenous lectins in tunicates and the proteolytic activation of complement. *Adv Exp Med Biol* 484: 229–236

Smith LC, Azumi K, Nonaka M (1999) Complement systems in invertebrates. The ancient alternative and lectin pathways. *Immunopharmacology* 42: 107–120

Abschnitt 16.8

Dong Y, Taylor HE, Dimopoulos G (2006) AgDscam, a hypervariable immunoglobulin domain-containing receptor of the *Anopheles gambiae* innate immune system. *PLoS Biol* 4: e229

Loker ES, Adema CM, Zhang SM, Kepler TB (2004) Invertebrate immune systems – not homogeneous, not simple, not well understood. *Immunol Rev* 198: 10–24

Watson FL, Puttmann-Holgado R, Thomas F, Lamar DL, Hughes M, Kondo M, Rebel VI, Schmucker D (2005) Extensive diversity of Ig-superfamily proteins in the immune system of insects. *Science* 309: 1826–1827

Zhang SM, Adema CM, Kepler TB, Loker ES (2004) Diversification of Ig superfamily genes in an invertebrate. *Science* 305: 251–254

Abschnitt 16.9

Cooper MD, Alder MN (2006) The evolution of adaptive immune systems. *Cell* 124: 815–822

Finstad J, Good RA (1964) The evolution of the humoral immune response. 3. Immunologic responses in the lamprey. *J Exp Med* 120: 1151–1168

Litman GW, Finstad FJ, Howell J, Pollara BW, Good RA (1970) The evolution of the immune response. 3. Structural studies of the lamprey immunoglobulin. *J Immunol* 105: 1278–1285

Pancer Z, Amemiya CT, Ehrhardt GR, Ceitlin J, Gartland GL, Cooper MD (2004) Somatic diversification of variable lymphocyte receptors in the agnathan sea lamprey. *Nature* 430: 174–180

Abschnitt 16.10

Agrawal A (2000) Amersham Pharmacia Biotech & Science Prize. Transposition and evolution of antigen-specific immunity. *Science* 290:1715–1716

Agrawal A, Eastman QM, Schatz DG (1998) Transposition mediated by RAG1 and RAG2 and its implications for the evolution of the immune system. *Nature* 394: 744–751

Hansen JD, McBlane JF (2000) Recombination-activating genes, transposition, and the lymphoid-specific combinatorial immune system: a common evolutionary connection. *Curr Top Microbiol Immunol* 248: 111–135

Schatz DG (1999) Transposition mediated by RAG1 and RAG2 and the evolution of the adaptive immune system. *Immunol Res* 19: 169–182

van Gent DC, Mizuuchi K, Gellert M (1996) Similarities between initiation of V(D)J recombination and retroviral integration. *Science* 271: 1592–1594

Abschnitt 16.11

Cannon, JP, Haire RN, Litman GW (2002) Identification of diversified genes that contain immunoglobulin-like variable regions in a protochordate. *Nat Immunol* 3: 1200–1207

Rast JP, Litman GW (1998) Towards understanding the evolutionary origins and early diversification of rearranging antigen receptors. *Immunol Rev* 166: 79–86

Abschnitt 16.12

Anderson MK, Shamblott MJ, Litman RT, Litman GW (1995) Generation of immunoglobulin light chain gene diversity in *Raja erinacea* is not associated with somatic rearrangement, an exception to a central paradigm of B cell immunity. *J Exp Med* 182: 109–119

Anderson MK, Strong SJ, Litman RT, Luer CA, Amemiya CT, Rast JP, Litman GW (1999) A long form of the skate IgX gene exhibits a striking resemblance to the new shark IgW and IgNARC genes. *Immunogenetics* 49: 56–67

Rast JP, Amemiya CT, Litman RT, Strong SJ, Litman GW (1998) Distinct patterns of IgH structure and organization in a divergent lineage of chrondrichthyan fishes. *Immunogenetics* 47: 234–245

Yoder JA, Litman GW (2000) Immune-type diversity in the absence of somatic rearrangement. *Curr Top Microbiol Immunol* 248: 271–282

Abschnitt 16.13

Rast JP, Litman GW (1994) T-cell receptor gene homologs are present in the most primitive jawed vertebrates. *Proc Natl Acad Sci USA* 91: 9248–9252

Rast JP, Anderson MK, Strong SJ, Luer C, Litman RT, Litman GW (1997) α, β, γ, and δ T-cell antigen receptor genes arose early in vertebrate phylogeny. *Immunity* 6: 1–11

Abschnitt 16.14

Hashimoto K, Okamura K, Yamaguchi H, Ototake M, Nakanishi T, Kurosawa Y (1999) Conservation and diversification of MHC class I and its related molecules in vertebrates. *Immunol Rev* 167: 81–100

Kurosawa Y, Hashimoto K (1997) How did the primordial T cell receptor and MHC molecules function initially? *Immunol Cell Biol* 75: 193–196

Ohta Y, Okamura K, McKinney EC, Bartl S, Hashimoto K, Flajnik MF (2000) Primitive synteny of vertebrate major histocompatibility complex class I and class II genes. *Proc Natl Acad Sci USA* 87: 4712–4717

Okamura K, Ototake M, Nakanishi T, Kurosawa Y, Hashimoto K (1997) The most primitive vertebrates with jaws possess highly polymorphic MHC class I genes comparable to those of humans. *Immunity* 7: 777–790

A Anhang

Anhang I Die Werkzeuge des Immunologen

A

Immunisierung

Die natürlichen adaptiven Immunreaktionen richten sich normalerweise gegen Antigene, die von pathogenen Mikroorganismen stammen. Das Immunsystem kann auch dazu gebracht werden, auf einfache „nichtlebende" Antigene zu reagieren. Die experimentelle Immunologie befasst sich mit den Reaktionen auf diese einfachen Antigene, um unser Verständnis von der Immunantwort zu vertiefen. Das absichtliche Auslösen einer Immunreaktion bezeichnet man als **Immunisierung**. Experimentelle Immunisierungen erfolgen durch Injizieren des Testantigens in ein Tier oder einen Menschen. Der Eintrittsweg, die Dosis und die Verabreichungsform entscheiden grundlegend darüber, ob eine Immunantwort überhaupt stattfindet und wie sie ausfällt (Abschnitte A.1 bis A.4). Das Auslösen von schützenden Immunantworten gegen häufig vorkommende pathogene Mikroorganismen bezeichnet man als Impfung; der dafür in der englischen Sprache übliche Begriff *vaccination* (Vakzinierung) bezieht sich in der ursprünglichen Bedeutung nur auf die Erzeugung einer Immunantwort auf das Pockenvirus durch Immunisierung mit dem kreuzreaktiven Kuhpockenvirus Vaccinia.

Um das Auftreten einer Immunantwort festzustellen und ihren Verlauf zu verfolgen, beobachtet man bei dem immunisierten Lebewesen, ob spezifische Immunreaktanden gegen das Antigen gebildet werden. Immunantworten auf die meisten Antigene führen sowohl zur Produktion spezifischer Antikörper als auch zur Vermehrung spezifischer T-Effektorzellen. Um Antikörperreaktionen zu untersuchen, analysiert man das grob abgetrennte **Antiserum** (Plural: Antisera). Das **Serum** ist der flüssige Überstand von geronnenem Blut; man bezeichnet es als Antiserum, wenn es von einem immunisierten Individuum stammt, da es spezifische Antikörper gegen das immunisierende Antigen und andere lösliche Serumproteine enthält. Um die Immunantworten der T-Zellen zu untersuchen, testet man die Lymphocyten im Blut und aus den lymphatischen Organen, beispielsweise der Milz. Das geschieht jedoch gewöhnlich nur im Tierexperiment und nicht beim Menschen.

Als **Immunogen** wird eine Substanz bezeichnet, die eine Immunantwort auslösen kann. Immunogene und Antigene unterscheidet man

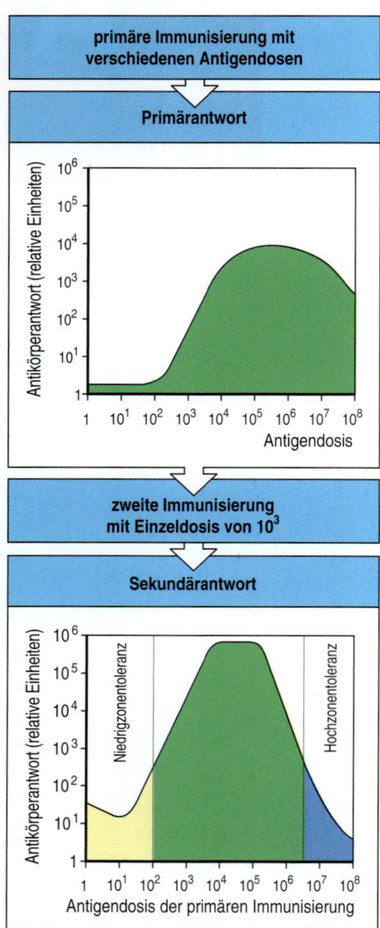

A.1 Die Antigendosis bei der ersten Immunisierung beeinflusst die primäre und die sekundäre Antikörperantwort. Die typische Dosis-Wirkungs-Kurve eines Antigens veranschaulicht sowohl den Einfluss der Dosis auf die primäre Antikörperantwort (erzeugte Antikörpermenge in relativen Einheiten) als auch die Auswirkung der Dosis bei der primären Immunisierung auf die sekundäre Antikörperantwort (bei einer Antigenmenge von 10^3 relativen Masseneinheiten). Sehr niedrige Dosen führen zu überhaupt keiner Reaktion. Etwas höhere Dosen hemmen anscheinend die spezifische Antikörperproduktion (*low zone*-Toleranz). Darüber gibt es einen stetigen Anstieg der Reaktion in Abhängigkeit von der Dosis, bis schließlich ein breites Optimum erreicht ist. Sehr hohe Antigendosen hemmen die Reaktionsfähigkeit gegenüber dem Antigen (*high zone*-Toleranz).

wie folgt: Ein **Antigen** ist definiert als eine Substanz, die an einen spezifischen Antikörper binden kann. Demnach besitzen alle Antigene das Potenzial, spezifische Antikörper hervorzurufen. Einige Antigene müssen dazu jedoch mit einem Immunogen verknüpft sein. Alle Immunogene sind also Antigene, aber nicht alle Antigene sind immunogen. Die in der experimentellen Immunologie am häufigsten verwendeten Antigene sind Proteine. Antikörper gegen Proteine sind in der experimentellen Biologie und Medizin außerordentlich nützlich. Gereinigte Proteine sind jedoch nicht immer sehr immunogen, sodass sie für das Auslösen einer Immunantwort zusammen mit einem Adjuvans verabreicht werden müssen (Abschnitt A.4). Kohlenhydrate, Nucleinsäuren und andere Arten von Molekülen sind zwar potenzielle Antigene, können jedoch häufig nur dann eine Immunantwort auslösen, wenn sie an ein Trägerprotein gekoppelt sind. So bestimmt die Immunogenität von Proteinantigenen das Ergebnis praktisch jeder Immunantwort.

Sogar Antiseren, die durch Immunisierung mit einem sehr einfachen Antigen entstanden sind, enthalten viele verschiedene Antikörper, die an das Immunogen in jeweils etwas anderer Weise binden. Einige Antikörper eines Antiserums zeigen **Kreuzreaktionen**. Diese sind definiert als die Bindung eines Antikörpers an andere Antigene als das Immunogen. Die meisten Antikörper reagieren mit eng verwandten Antigenen, aber einige binden auch an Antigene, die keine eindeutige Verwandtschaft mit dem Immunogen aufweisen. Solche kreuzreagierenden Antikörper können Probleme verursachen, wenn das Antiserum zum Nachweis eines spezifischen Antigens dienen soll. Unerwünschte Antikörper lassen sich durch **Absorption** an das kreuzreaktive Antigen entfernen, sodass nur die Antikörper übrig bleiben, die das Immunogen binden. Das kann man durch eine Affinitätschromatographie mit immobilisierten Antigenen erreichen. Darüber hinaus eignet sich die Affinitätschromatographie sowohl für die Aufreinigung von Antikörpern als auch von Antigenen (Abschnitt A.5). Das Problem der Kreuzreaktivität lässt sich meist durch die Herstellung monoklonaler Antikörper vermeiden (Abschnitt A.12).

Obwohl fast jede Struktur als Antigen für Antikörper wirken kann, lösen in der Regel nur Proteine eine vollständige adaptive Immunantwort aus. Das liegt daran, dass nur Proteine die T-Lymphocyten aktivieren, die an der Induktion der meisten Antikörperreaktionen mitwirken und für das immunologische Gedächtnis erforderlich sind. T-Zellen erkennen Antigene nur in Form von Peptidfragmenten, die an zelleigene Moleküle des Haupthistokompatibilitätskomplexes (MHC) gebunden sind. Nicht-Peptid-Antigene lösen erst nach Bindung an Trägerproteine eine adaptive Immunantwort aus, die auch das immunologische Gedächtnis beinhaltet (Abschnitt 9.3 und Abb. 9.4).

Das immunologische Gedächtnis entsteht als Folge der ersten oder **primären Immunisierung**. Diese wiederum löst die **primäre Immunantwort** aus. Man bezeichnet dies auch als Priming. Danach ist ein Mensch oder ein Tier in der Lage, bei einer erneuten Begegnung mit demselben Antigen wirksamer zu reagieren. Die Intensität einer **sekundären**, **tertiären** (und jeder weiteren) Immunantwort nimmt immer mehr zu (Abb. A.1). Die wiederholte Verabreichung eines Antigens, die zu einer starken Immunität führen soll, nennt man **Hyperimmunisierung**.

Gewisse Eigenschaften von Proteinen, die den Aufbau einer adaptiven Immunantwort begünstigen, konnte man durch Untersuchungen von An-

Faktoren, welche die Immunogenität von Proteinen beeinflussen

Parameter	größere Immunogenität	geringere Immunogenität
Größe	groß	klein (MW < 2500)
Dosis	mittel	niedrig oder hoch
Verabreichungsart	subkutan > intraperitoneal > intravenös oder intragastral	
Zusammensetzung	komplex	einfach
Form	partikelförmig	löslich
	denaturiert	nativ
Ähnlichkeit mit körpereigenem Protein	viele Unterschiede	wenig Unterschiede
Adjuvanzien	langsame Freisetzung	schnelle Freisetzung
	Bakterien	keine Bakterien
Wechselwirkung mit MHC-Proteinen des Wirts	effektiv	ineffektiv

A.2 Eigenschaften von Proteinen und äußere Faktoren, die die Immunogenität von Proteinen beeinflussen.

tikörperreaktionen gegen einfache natürliche Proteine (wie Lysozym aus dem Eiklar von Hühnereiern) und gegen synthetische Polypeptidantigene definieren (Abb. A.2). Je größer und komplexer ein Protein ist und je weniger es mit körpereigenen Proteinen verwandt ist, umso größer ist die Wahrscheinlichkeit, dass es eine Reaktion auslöst. Das liegt daran, dass solche Reaktionen sowohl von dem Protein abhängen, das zu Peptiden abgebaut wird, die wiederum an MHC-Moleküle binden, als auch von der anschließenden Erkennung dieser Komplexe aus Peptid und MHC-Protein durch T-Zellen. Je größer das Proteinantigen ist und je mehr es sich von anderen Proteinen unterscheidet, umso größer ist die Wahrscheinlichkeit, dass es gerade solche Peptide enthält. Partikelförmige oder aggregierte Antigene wirken stärker immunogen, da sie von den spezialisierten antigenpräsentierenden Zellen besser aufgenommen werden, welche die Immunreaktion einleiten. Kleine lösliche Proteine verursachen keine Reaktion, wenn sie nicht in irgendeiner Weise dazu gebracht werden, Aggregate zu bilden. Viele Impfstoffe enthalten beispielsweise aggregierte Proteinantigene, damit die Immunreaktion verstärkt wird.

A.1 Haptene

Kleine organische Moleküle mit einfacher Struktur wie Nitrophenyle führen nicht zu einer Antikörperproduktion, wenn sie allein injiziert werden. Es lassen sich jedoch Antikörper erzeugen, wenn das Molekül durch einfa-

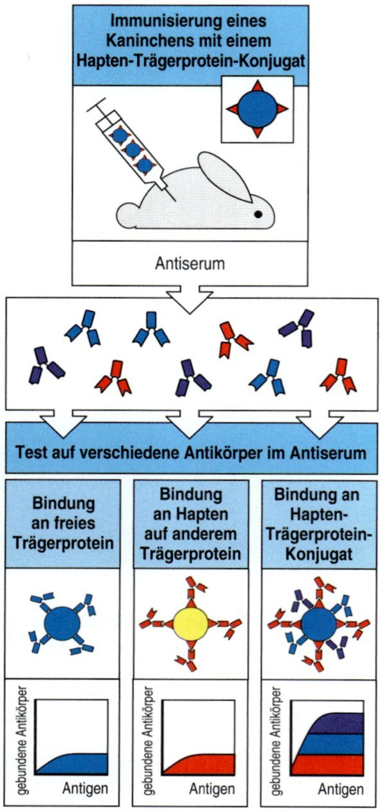

A.3 Kleine chemische Gruppen (sogenannte Haptene) lösen die Bildung von Antikörpern nur dann aus, wenn sie an ein Trägerprotein gebunden sind. Es entstehen drei Arten von Antikörpern. Die erste, trägerspezifische Gruppe (blau) bindet allein das Trägerprotein. Die zweite, haptenspezifische Gruppe (rot) bindet das Hapten auf jedem beliebigen Trägerprotein und auch dann, wenn es frei in Lösung vorliegt. Die dritte, konjugatspezifische Gruppe (violett) bindet nur das spezifische Konjugat aus Hapten und Trägermolekül, das zur Immunisierung verwendet wurde. Die Bindung erfolgt dabei anscheinend an den Verknüpfungsstellen zwischen beiden Molekülen. Die Schaubilder unten zeigen schematisch, in welcher Menge jeder Antikörpertyp im Serum vorhanden ist. Dabei ist zu beachten, dass das ursprünglich verwendete Antigen mehr Antikörper bindet als die Summe aus Anti-Hapten und Anti-Trägerprotein ausmacht, da noch die konjugatspezifischen Antikörper hinzukommen.

che chemische Reaktionen kovalent an ein Trägerprotein gekoppelt wird. Solche kleinen Moleküle bezeichnete der Immunologe Karl Landsteiner, der diese Moleküle in den ersten Jahren des 20. Jahrhunderts erstmals untersuchte, als **Haptene** (vom griechischen *haptein* für „beschleunigen"). Tiere, die er mit einem Konjugat aus Hapten und Trägerprotein immunisierte, erzeugten drei verschiedene Gruppen von Antikörpern (Abb. A.3). Ein Antikörpertyp reagierte mit demselben Hapten auf einem beliebigen Träger und auch mit dem freien Molekül. Der zweite sprach auf das nichtmodifizierte Trägerprotein an, da er sowohl das haptengekoppelte als auch das nichtmodifizierte Trägerprotein binden konnte. Die dritte Art von Antikörpern band nur an das spezifische Konjugat, das für die Immunisierung verwendet worden war. Landsteiner untersuchte vor allem die Antikörperantworten auf Haptene, da sich diese kleinen Moleküle in vielen nah verwandten Formen herstellen lassen. Er stellte fest, dass Antikörper gegen ein bestimmtes Hapten nur dieses eine Molekül und nicht einmal Moleküle von sehr ähnlicher chemischer Struktur binden. Die Bindung der Haptene durch Anti-Hapten-Antikörper spielte bei den Untersuchungen über die Genauigkeit der Wechselwirkung zwischen Antigen und Antikörper eine wichtige Rolle. Anti-Hapten-Antikörper sind auch medizinisch von Bedeutung, da sie allergische Reaktionen gegen Penicillin und andere Medikamente verursachen, die an körpereigene Proteine binden und so zu einer Antikörperreaktion führen (Abschnitt 13.11).

A.2 Verabreichungsformen bei der Immunisierung

Der Verabreichungsweg eines Antigens beeinflusst ebenfalls die Stärke und die Art der Antwort. Am häufigsten verabreicht man Antigene, die direkt in das Gewebe gelangen sollen, im Experiment oder bei einer Impfung durch **subkutane (s.c.)** Injektion zwischen die Epidermis und die übrigen Hautschichten sowie durch **intradermale (i.d.)** oder **intramuskuläre (i.m.)** Injektion. In das Blut appliziert man Antigene durch **intravenöse (i.v.)** Injektion oder Transfusion, in den Verdauungstrakt durch **orale** Gabe und in die Atemwege über die Nase (**intranasal, i.n.**) oder durch Inhalation.

Subkutan injizierte Antigene lösen im Allgemeinen die stärksten Reaktionen aus, höchstwahrscheinlich weil das Antigen von den Langerhans-Zellen aufgenommen und in den lokalen Lymphknoten effektiv präsentiert wird. Deshalb ist dies die am häufigsten verwendete Methode, wenn man im Experiment eine spezifische Antikörper- oder T-Zell-Antwort erzielen will. Antigene, die durch Injektion oder Transfusion direkt in das Blut gelangen, lösen meist eine Nichtreaktion (Toleranz) aus, sofern sie nicht an Körperzellen binden oder in Form von Aggregaten vorliegen, die von antigenpräsentierenden Zellen leicht aufgenommen werden.

Die Verabreichung von Antigenen über den Verdauungstrakt erfolgt vor allem bei Untersuchungen zu Allergien. Auf diese Weise verabreichte Antigene zeigen deutlich andere Wirkungen. Häufig lösen sie eine lokale Antikörperreaktion im Bindegewebe der Darmschleimhaut aus. Gleichzeitig verursachen sie einen systemischen Toleranzzustand in Form einer verminderten Immunantwort auf dasselbe Antigen, falls es anderweitig in den Körper gelangt. Eine solche „gespaltene Toleranz" ist möglicherweise wichtig, um Allergien gegen Antigene in der Nahrung zu vermeiden. Dabei hindert die lokale Reaktion diese Antigene daran, überhaupt in den Körper zu gelangen. Die Unterdrückung der systemischen Immunität trägt dazu bei, die Bildung von IgE-Antikörpern auszuschalten, die eine Ursache von Allergien sind (Kapitel 13).

Die Verabreichung von Antigenen über die Atemwege erfolgt ebenfalls vor allem bei Untersuchungen zu Allergien. Proteinantigene, die über die Atmungsepithelien in den Körper eindringen, können ebenfalls allergische Reaktionen auslösen. Die Gründe dafür sind nicht geklärt.

A.3 Auswirkungen der Antigendosis

Die Stärke einer Immunantwort hängt von der Dosis des Immunogens ab. Unterhalb einer bestimmten Schwelle lösen die meisten Proteine keine Reaktion aus. Oberhalb der Schwelle nimmt die Reaktion proportional zur verabreichten Menge bis zum Erreichen eines Plateaus zu, sinkt aber bei sehr hohen Dosierungen wieder ab (Abb. A.1). Da die meisten Krankheitserreger nur in geringer Zahl in den Körper eindringen, entstehen Immunantworten erst dann, wenn sich die Erreger ausreichend vermehrt haben. Das breite Optimum für eine Reaktion ermöglicht es dem Organismus, auf Pathogene innerhalb eines breiten Dosisbereichs zu reagieren. Bei sehr großen Mengen an Antigen ist die Immunantwort jedoch gehemmt. Das gewährleistet möglicherweise die Toleranz gegen ubiquitäre körpereigene Antigene (wie Plasmaproteine). Sekundäre und alle folgenden Immunreaktionen treten bereits bei niedrigeren Antigenkonzentrationen ein und erreichen ein höheres Niveau. Hier zeigt sich die Besonderheit des immunologischen Gedächtnisses. Sehr niedrige oder sehr hohe Mengen eines Antigens können jedoch unter Umständen zu spezifischen nichtreaktiven Zuständen führen, das heißt zu einer erworbenen ***low zone***- oder ***high zone*-Toleranz**).

A.4 Adjuvanzien

Wenn man Proteine allein verabreicht, wirken die meisten nur schwach oder überhaupt nicht immunogen. Starke adaptive Immunantworten auf Proteinantigene erfordern fast immer, dass das Antigen in einem Gemisch injiziert wird, das man als **Adjuvans** bezeichnet. Dabei kann es sich um jede beliebige Substanz handeln, die die Immunogenität erhöht. Adjuvanzien unterscheiden sich von Trägerproteinen dadurch, dass sie mit dem Immunogen keine stabile Verbindung eingehen. Außerdem sind sie vor allem bei der ersten Immunisierung notwendig, während Trägerproteine für Haptene auch bei den folgenden Immunreaktionen gebraucht werden. In Abbildung A.4 sind häufig verwendete Adjuvanzien aufgeführt.

Adjuvanzien können die Immunogenität der Proteine auf zwei Weisen verstärken: Erstens können diese Hilfsstoffe lösliche Proteinantigene in partikuläres Material umwandeln, das die antigenpräsentierenden Zellen wie Makrophagen schneller aufnehmen. Dies geschieht etwa durch Anlagern der Antigene an Aluminiumpartikel, durch Emulsion in Mineralöl oder durch Einbau in ISCOM-Kolloidpartikel. Die Umwandlung löslicher Proteine in unlösliche Partikel erhöht die Immunogenität zwar bis zu einem gewissen Grad, Adjuvanzien wirken jedoch verhältnismäßig schwach, wenn sie nicht Bakterien oder deren Produkte enthalten, die als zweiter Faktor eines Adjuvans zur Erhöhung der Immunogenität beitragen. Es ist zwar nicht genau bekannt, wie mikrobielle Produkte zur Reaktionsverstärkung beitragen, aber sie sind von den beiden Bestandteilen die eindeutig wichtigeren. Wahrscheinlich veranlassen sie die Makrophagen oder die dendritischen Zellen, Antigene wirkungsvoller zu präsentie-

Adjuvanzien, welche die Immunantwort verstärken

Bezeichnung	Zusammensetzung	Wirkungsweise
unvollständiges Freund-Adjuvans	Öl-in-Wasser-Emulsion	verzögerte Antigenfreisetzung; verstärkte Aufnahme durch Makrophagen
komplettes Freund-Adjuvans	Öl-in-Wasser-Emulsion mit toten Mycobakterien	verzögerte Antigenfreisetzung; verstärkte Aufnahme durch Makrophagen; Induktion von Costimulatoren in den Makrophagen
Freund-Adjuvans mit MDP	Öl-in-Wasser-Emulsion mit Muramyldipeptid (MDP), einem Bestandteil von Mycobakterien	wie komplettes Freund-Adjuvans
Alum (Aluminiumhydroxid)	Aluminiumhydroxidgel	verzögerte Antigenfreisetzung; verstärkte Aufnahme durch Makrophagen
Alum plus *Bordetella pertussis*	Aluminiumhydroxidgel mit abgetötetem *B. pertussis*	verzögerte Antigenfreisetzung; verstärkte Aufnahme durch Makrophagen; Induktion von Costimulatoren
immunstimulatorische Komplexe (ISCOMs)	Matrix aus Quil A mit viralen Proteinen	bringt Antigene ins Cytosol; ermöglicht Induktion der cytotoxischen T-Zellen

A.4 Gebräuchliche Adjuvanzien und ihre Anwendung. Wenn man Antigene mit Adjuvanzien vermischt, werden sie normalerweise in eine partikuläre Form überführt. Dies erhöht die Stabilität im Körper und fördert die Aufnahme durch die Makrophagen. Die meisten Adjuvanzien enthalten ganze Bakterien oder bakterielle Bestandteile, die die Makrophagen stimulieren. Dadurch wird das Auslösen der Immunantwort unterstützt. Immunstimulierende Komplexe (*immune stimulatory complexes*, ISCOMs) sind kleine Micellen, die aus dem Detergens Quil A bestehen. Befinden sich virale Proteine in solchen Micellen, verschmelzen sie anscheinend mit der antigenpräsentierenden Zelle. Dadurch gelangt das Antigen in das Cytosol. So kann die antigenpräsentierende Zelle eine Reaktion auf das virale Protein ähnlich der antiviralen Reaktion auslösen, die das infizierende Virus selbst in der Zelle verursachen würde.

ren (Kapitel 2). Die bakteriellen Zusätze in den Adjuvanzien induzieren unter anderem die Produktion inflammatorischer Cytokine und starke lokale Entzündungen. Dieser Effekt ist wahrscheinlich ein Bestandteil der Verstärkung der Immunreaktionen, schließt allerdings eine Anwendung beim Menschen aus.

Jedoch enthalten einige Impfstoffe für Menschen Antigene von Mikroorganismen, die auch als Adjuvanzien wirkungsvoll sein können. Beispielsweise werden abgetötete Zellen des Bakteriums *Bordetella pertussis* (des Verursachers von Keuchhusten) als Antigen und auch als Adjuvans im Dreifachimpfstoff gegen Diphtherie, Keuchhusten und Tetanus (DPT) verwendet.

Nachweis, Messung und Charakterisierung von Antikörpern und ihre Verwendung in der Forschung und bei der Diagnose

Der Beitrag der B-Zellen zur adaptiven Immunität besteht in der Freisetzung von Antikörpern. Die Reaktion von B-Zellen auf ein injiziertes Antigen lässt sich normalerweise durch die Analyse der bei einer **humoralen Immunantwort** erzeugten Antikörper bestimmen. Dies erreicht man am einfachsten dadurch, dass man die Antikörper testet, die sich in der flüssigen Phase des Blutes (im **Plasma**) ansammeln. Solche zirkulierenden Antikörper werden normalerweise bestimmt, indem man Blut sammelt, gerinnen lässt und das Serum isoliert. Die Menge und die Eigenschaften der Antikörper im Immunserum lassen sich durch die Methoden ermitteln, die wir in den Abschnitten A.5 bis A.11 beschreiben.

Die wichtigsten Eigenschaften einer Antikörperantwort sind die Spezifität, die Menge, der Isotyp (oder die Klasse) und die Affinität der erzeugten Antikörper. **Spezifität** nennt man die Fähigkeit, das jeweilige Immunogen von körpereigenen und anderen körperfremden Antigenen zu unterscheiden. Die Menge lässt sich auf verschiedene Weisen bestimmen. Sie ist ein Maß für die Zahl der reagierenden B-Zellen, die Geschwindigkeit der Antikörpersynthese und die Lebensdauer der Antikörper im Plasma und in der extrazellulären Flüssigkeit der Gewebe. Die Lebensdauer hängt vor allem von den erzeugten Isotypen ab (Abschnitte 4.12 und 9.14). Jeder Isotyp besitzt *in vivo* eine definierte Halbwertszeit. Die Isotypzusammensetzung einer Antikörperantwort bestimmt auch deren mögliche biologische Funktionen sowie die Körperregionen, in denen sie auftritt. Die Bindungsstärke zwischen dem Antikörper und seinem Antigen in Bezug auf die Bindung zwischen einer einzigen Antigenbindungsstelle und einem monovalenten Antigen nennt man **Affinität** (die gesamte Bindungsstärke eines Moleküls mit mehr als einer Bindungsstelle bezeichnet man als **Avidität**). Die Bindungsstärke ist von großer Bedeutung, denn je höher die Affinität ist, umso weniger Antikörpermoleküle sind für die Beseitigung des Antigens erforderlich. Antikörper mit hoher Affinität binden auch bei einer niedrigen Antigenkonzentration. Mit all diesen Parametern der humoralen Reaktion lässt sich bestimmen, inwieweit eine Immunreaktion für den Infektionsschutz ausreicht.

Antikörper sind für ihr Antigen hoch spezifisch. Unter 10^8 ähnlichen Molekülen können sie ein ganz bestimmtes Proteinantigen gezielt herausfinden. Das erleichtert die Aufreinigung und die Untersuchung von Antikörpern. Auch macht es sie als Sonden für biologische Prozesse unentbehrlich. Während es mit chemischen Standardmethoden sehr schwer ist, etwa zwischen menschlichem und Schweineinsulin oder zwischen einer *ortho-* und einer *para-*Nitrophenylgruppe zu unterscheiden, lassen sich zwei so eng verwandte Proteine beziehungsweise Strukturen mit Antikörpern klar voneinander abgrenzen. Die gute Einsetzbarkeit von Antikörpern als molekulare Sonden hat viel zur Entwicklung zahlreicher empfindlicher und hoch spezifischer Methoden beigetragen. So lassen sich Antikörper leicht nachweisen, ihre Spezifität und Affinität für eine Reihe von Antigenen bestimmen und ihre funktionellen Eigenschaften ermitteln. Überall in der Biologie nutzen zahlreiche Standardverfahren die Spezifität und Stabilität der Antigenbindung. In vielen Büchern zur immunologischen Methodik finden sich umfassende Anleitungen für die Durchführung solcher Antikörpertests. Wir werden hier nur die wichtigsten behandeln, insbesondere jene, die zur Untersuchung der Immunantwort selbst geeignet sind.

Einige Antikörpertests messen die direkte Bindung des Antikörpers an sein Antigen. Solche Tests basieren auf **primären Wechselwirkungen**. Mit anderen Methoden bestimmt man die Menge der vorhandenen Antikörper aufgrund von Veränderungen des physikalischen Zustandes, die der Antikörper hervorruft, beispielsweise die Präzipitation von gelöstem Antigen oder die Verklumpung von Antigenpartikeln; hier spricht man von sekundären Wechselwirkungen. Beide Verfahrensarten eignen sich dazu, Menge und Spezifität von Antikörpern zu bestimmen, die nach einer Immunisierung erzeugt wurden, und man kann sie für eine große Zahl weiterer biologischer Fragestellungen einsetzen.

Da Antikörpertests ursprünglich mit Antiseren immuner Lebewesen durchgeführt wurden, nennt man sie auch **serologische Tests**. Die Verwendung von Antikörpern bezeichnet man daher oft auch als **Serologie**. Die Menge eines Antikörpers bestimmt man üblicherweise durch Titration des Antiserums in einer Verdünnungsreihe. Die Konzentration, bei der die Antigenbindung auf 50 % des Maximalwertes abfällt, bezeichnet man als **Titer** eines Antiserums.

A.5 Affinitätschromatographie

Spezifische Antikörper lassen sich aus einem Antiserum durch **Affinitätschromatographie** isolieren, bei der man die spezifische Bindung eines Antikörpers an ein Antigen ausnutzt, das an eine feste Matrix gekoppelt ist (Abb. A.5). Das Antigen wird dafür kovalent an kleine, chemisch reaktive Partikel gebunden. Dieses Material füllt man in eine lange Säule und schickt das Antiserum hindurch. Die spezifischen Antikörper binden an die Matrix, während sich alle anderen Proteine einschließlich der übrigen Antikörper auswaschen lassen. Die spezifischen Antikörper werden danach eluiert, indem man üblicherweise den pH-Wert auf 2,5 erniedrigt oder auf über 11 erhöht. Die Antikörperbindung ist unter physiologischen Bedingungen (Salzkonzentration, Temperatur und pH) stabil, die Bindung ist jedoch reversibel, da sie nicht kovalent ist. Die Affinitätschromatogra-

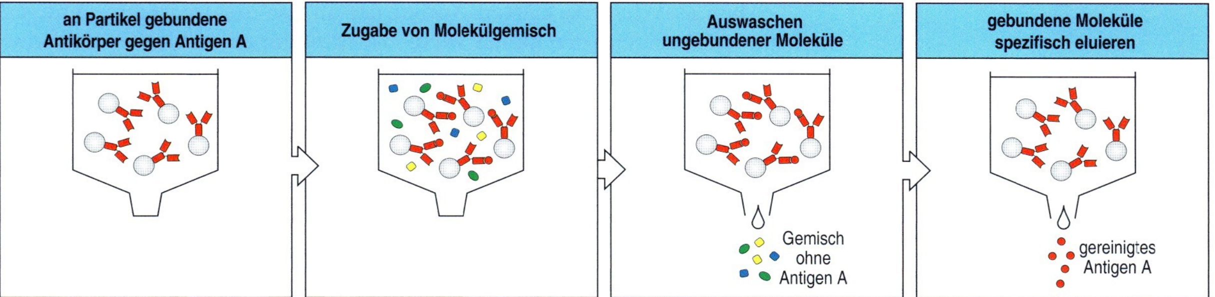

A.5 Die Affinitätschromatographie zur Aufreinigung von Antigenen oder Antikörpern beruht auf der Antigen-Antikörper-Bindung. Für die Aufreinigung eines spezifischen Antigens aus einem komplexen Gemisch von Molekülen befestigt man einen monoklonalen Antikörper an einer unlöslichen Matrix, beispielsweise an Chromatographiekügelchen. Anschließend schickt man das Molekülgemisch durch die Matrix. Die spezifischen Antikörper binden das gesuchte Antigen, während andere Moleküle ausgewaschen werden. Das spezifische Antigen lässt sich anschließend durch eine Änderung des pH-Werts eluieren, wodurch normalerweise die Bindungen zwischen Antigen und Antikörper gelöst werden. Antikörper kann man entsprechend aufreinigen, indem man das Antigen an einen festen Träger bindet (nicht dargestellt).

phie eignet sich auch für die Aufreinigung von Antigenen aus komplexen Gemischen. Dazu bindet man spezifische Antikörper an die Matrix. Ihren Namen erhielt diese Methode, weil sie Moleküle aufgrund ihrer Affinität füreinander auftrennt.

A.6 Radioimmunassay (RIA), enzymgekoppelter Immunadsorptionstest (ELISA) und kompetitiver Bindungstest

Der **Radioimmunassay** (**RIA**) und der **enzymgekoppelte Immunadsorptionstest** (*enzyme-linked immunosorbent assay*, **ELISA**) sind direkte Bindungstests für Antikörper (oder Antigene). Beide basieren auf demselben Prinzip, wobei der Nachweis der spezifischen Bindung jedoch auf unterschiedliche Weise erfolgt. Radioimmunassays verwendet man im Allgemeinen zur Bestimmung von Hormonspiegeln in Blut und Gewebeflüssigkeiten, während der ELISA häufig bei der Diagnose von Viren Verwendung findet, beispielsweise zum Nachweis von HIV-Infektionen. Für beide Verfahren ist eine reine Präparation entweder eines bekannten Antikörpers oder eines Antigens oder auch von beiden erforderlich, um den Test zu standardisieren. Wir beschreiben hier den Test mit einer Probe von gereinigtem Antikörper, das Prinzip gilt jedoch genauso für die Verwendung von reinem Antigen. Untersucht man ein Antigen mit einem RIA-Test, markiert man den gereinigten Antikörper gegen dieses Antigen radioaktiv, normalerweise mit ^{125}I; bei einem ELISA wird ein Enzym chemisch an den Antikörper gekoppelt. Die nichtmarkierte Komponente – in diesem Fall das Antigen – wird an einem festen Träger befestigt (beispielsweise in den Vertiefungen einer Mikrotiterplatte aus Kunststoff, an die die Proteine in einem gewissen Ausmaß adsorbieren).

Man lässt den markierten Antikörper an das nichtmarkierte Antigen binden. Durch entsprechende Versuchsbedingungen verhindert man eine unspezifische Bindung. Nichtgebundenes Material lässt sich abwaschen. Beim RIA erfolgt die Messung der gebundenen Antikörper über die Menge an Radioaktivität, die in den beschichteten Vertiefungen zurückbleibt. Beim ELISA stellt man die Antikörperbindung dagegen mithilfe einer enzymatischen Reaktion fest, die ein farbloses Substrat in ein farbiges Produkt umwandelt (Abb. A.6). Der Farbwechsel lässt sich direkt im Reaktionsgefäß messen, sodass das Sammeln der Daten sehr einfach ist. Der ELISA vermeidet auch die Gefahren der Radioaktivität und wird deshalb allgemein bevorzugt. Um durch RIA oder ELISA die Bindung von nichtmarkierten Antikörpern an nichtmarkierte Antigene in antigenbeschichteten Mikrotiterplatten zu bestimmen, verwendet man markierte Anti-Immunglobulin-Antikörper (Abschnitt A.10). In diesem Fall bildet der markierte Anti-Immunglobulin-Antikörper eine sogenannte „zweite Schicht". Dadurch lässt sich auch das Signal verstärken, da mindestens zwei Moleküle des markierten Anti-Immunglobulin-Antikörpers an jeden nichtmarkierten Antikörper binden. RIA und ELISA kann man auch mit auf dem Träger befestigten nichtmarkierten Antikörpern durchführen und dann das zugesetzte markierte Antigen bestimmen, das daran bindet.

Mithilfe einer Abwandlung des ELISA (dem **Sandwich-** oder ***capture*-ELISA**) lassen sich sezernierte Produkte wie Cytokine nachweisen. In diesem Fall werden keine Antigene, sondern antigenspezifische Antikörper an den Träger gebunden. Diese können das Antigen mit hoher Affinität binden und so auf der Trägeroberfläche konzentrieren, selbst wenn das Antigen in dem ursprünglichen Gemisch in nur sehr geringer Konzentration vorliegt. Ein weiterer markierter Antikörper, der im Vergleich zum fixierten Antikörper ein anderes Epitop auf dem Antigen erkennt, dient dann dem Nachweis des Antigens.

Diese Verfahren veranschaulichen zwei entscheidende Aspekte aller serologischen Tests. Erstens muss mindestens eine der beiden Komponenten in einer aufgereinigten und nachweisbaren Form vorliegen, damit quantitative Aussagen möglich sind. Zweitens muss sich der nichtgebundene Anteil der markierten Moleküle abtrennen lassen, damit man die spezifische

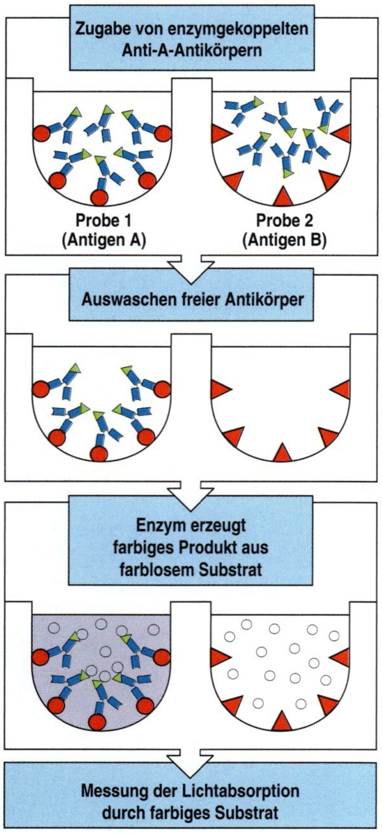

Zugabe von enzymgekoppelten Anti-A-Antikörpern

Probe 1 (Antigen A)

Probe 2 (Antigen B)

Auswaschen freier Antikörper

Enzym erzeugt farbiges Produkt aus farblosem Substrat

Messung der Lichtabsorption durch farbiges Substrat

A.6 Grundzüge des enzymgekoppelten Immunadsorptionstests (ELISA). Zum Nachweis von Antigen A werden aufgereinigte Antikörper gegen das Antigen A chemisch an ein Enzym gekoppelt. Vertiefungen in einer Kunststoffplatte beschichtet man mit den zu testenden Proben, die sich unspezifisch an die Gefäßoberfläche anlagern, und die verbleibenden adhäsiven Stellen werden mit Hilfsproteinen blockiert (nicht dargestellt). Man gibt nun verschiedene Mengen der markierten Antikörper in die Gefäße. Die gewählten Bedingungen verhindern eine unspezifische Bindung, sodass nur Antikörper gegen Antigen A an der Oberfläche haften bleiben. Freie Antikörper werden abgewaschen. Gebundene Antikörper lassen sich durch einen enzymabhängigen Farbwechsel nachweisen. Der Test ist in Mikrotiterplatten schnell durchführbar, bei denen sich Reihen von Vertiefungen in Mehrkanalspektrometern mit Glasfaseroptik messen lassen. Abwandlungen des Grundverfahrens ermöglichen auch die Antigen- oder Antikörperbestimmung in unbekannten Proben (Abb. A.7 und A.30; Abschnitt A.10).

Bindung bestimmen kann. Das geschieht normalerweise durch Anheften der nichtmarkierten Komponente an einen festen Träger, was die Abtrennung der gebundenen markierten Moleküle von den ungebundenen durch Auswaschen ermöglicht. In Abbildung A.6 ist das nichtmarkierte Antigen an die Oberfläche der Vertiefung adsorbiert, und der markierte Antikörper lagert sich daran an. Das Abtrennen des freien vom gebundenen Material ist bei allen Antikörpertests ein grundlegender Schritt.

Mit RIA und ELISA ist es nicht möglich, die Menge an Antikörper oder Antigen in einer Probe von unbekannter Zusammensetzung direkt zu bestimmen, da beide Tests ein aufgereinigtes, markiertes Antigen oder einen ebensolchen Antikörper erfordern. Um dieses Problem zu umgehen, gibt es eine Reihe von Verfahren. Eines davon ist der **kompetitive Inhibitionstest** (Abb. A.7). Hier bestimmt man das Vorhandensein und die Konzentration eines bestimmten Antigens in einer unbekannten Probe durch kompetitive Bindung an einen adsorbierten Antikörper im Vergleich zu einem markierten Referenzantigen. Durch Zugabe verschiedener Mengen eines bekannten, nichtmarkierten Standardpräparats lässt sich eine Standardkurve erstellen. Die Messung unbekannter Proben erfolgt dann durch Vergleich mit dem Standard. Der kompetitive Bindungstest lässt sich auch für die Antikörperbestimmung in einer unbekannten

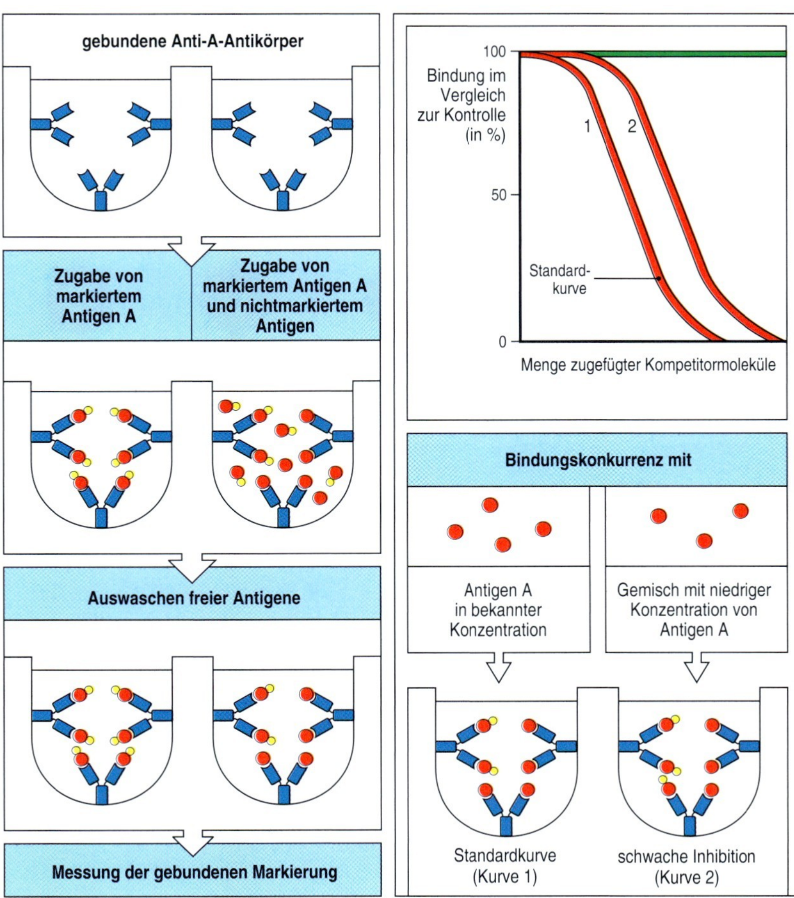

A.7 Kompetitiver Inhibitionstest für Antigene in unbekannten Proben. Alle Gefäße werden mit derselben Menge an nichtmarkierten Antikörpern beschichtet. Daran bindet man Standardproben des markierten Antigens. Nach Zugabe von nichtmarkierten Standard- oder Testproben lässt sich die Freisetzung des markierten Antigens messen. Das Ergebnis sind charakteristische Inhibitionskurven. Eine Standardkurve erhält man bei Verwendung bekannter Mengen der nichtmarkierten Form jenes Antigens, das sich in markierter Form auf den Gefäßwänden befindet. Durch Vergleich mit dieser Kurve kann man die Antigenmenge in unbekannten Proben berechnen. Die grüne Linie in der Grafik entspricht einer Probe, in der sich kein mit Anti-A-Antikörpern reagierendes Material befindet.

Probe verwenden. Dabei gibt man ein geeignetes Antigen auf den Träger und stellt fest, inwieweit die Probe die Bindung eines markierten Antikörpers verhindert.

A.7 Hämagglutination und Blutgruppenbestimmung

Die direkte Bestimmung einer Bindung zwischen Antikörper und Antigen (also einer primären Wechselwirkung) ist Bestandteil der meisten quantitativen serologischen Tests. Einige wichtige Methoden beruhen jedoch darauf, dass die Antikörperbindung den physikalischen Zustand eines Antigens verändert. Diese sekundären Wechselwirkungen lassen sich auf viele Arten nachweisen. Tritt das Antigen beispielsweise an der Oberfläche von Bakterien auf, so können die Antikörper zu einer Verklumpung oder **Agglutination** führen. Dasselbe Prinzip gilt für die Blutgruppenbestimmung. Hier befinden sich die Zielantigene an der Oberfläche der roten Blutkörperchen. Man nennt die Verklumpungsreaktion dann **Hämagglutination** (vom griechischen *haima* für „Blut").

Die Hämagglutination dient der Bestimmung der **AB0-Blutgruppe**, die bei Blutspendern und Transfusionsempfängern durchgeführt wird, indem man eine Verklumpung (Agglutination) mithilfe von Anti-A- oder Anti-B-Antikörpern (Agglutininen) herbeiführt, welche die Substanzen der Blutgruppe A beziehungsweise B binden (Abb. A.8). Die Blutgruppenantigene befinden sich in zahlreichen Kopien an der Oberfläche der roten Blutkörperchen, wodurch es bei einer Quervernetzung mit Antikörpern zu einer

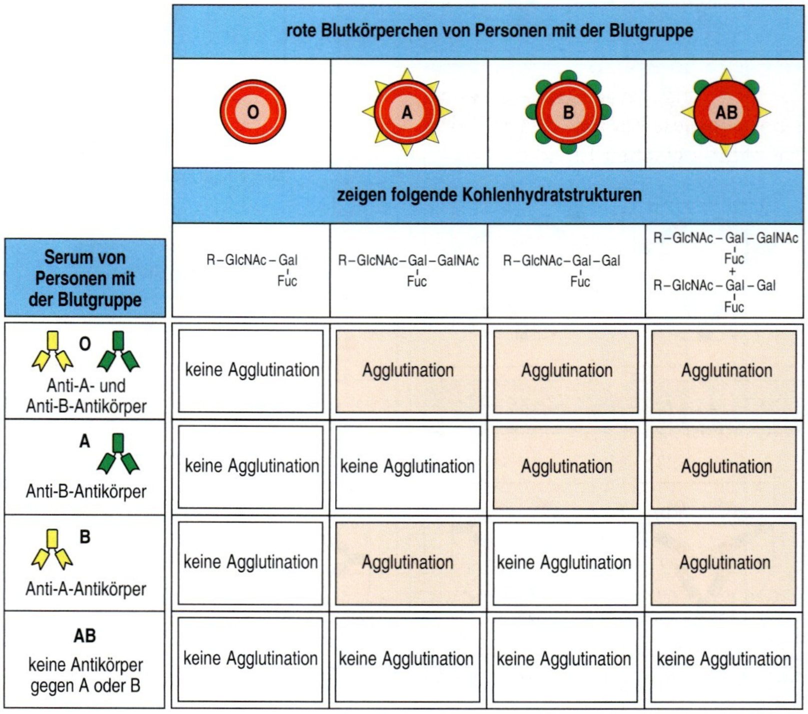

	rote Blutkörperchen von Personen mit der Blutgruppe			
	O	A	B	AB
	zeigen folgende Kohlenhydratstrukturen			
Serum von Personen mit der Blutgruppe	R–GlcNAc–Gal Fuc	R–GlcNAc–Gal–GalNAc Fuc	R–GlcNAc–Gal–Gal Fuc	R–GlcNAc–Gal–GalNAc Fuc + R–GlcNAc–Gal–Gal Fuc
O Anti-A- und Anti-B-Antikörper	keine Agglutination	Agglutination	Agglutination	Agglutination
A Anti-B-Antikörper	keine Agglutination	keine Agglutination	Agglutination	Agglutination
B Anti-A-Antikörper	keine Agglutination	Agglutination	keine Agglutination	Agglutination
AB keine Antikörper gegen A oder B	keine Agglutination	keine Agglutination	keine Agglutination	keine Agglutination

A.8 Die Hämagglutination eignet sich zur Blutgruppenbestimmung und zur Zuordnung geeigneter Spender und Empfänger bei einer Bluttransfusion. Darmbakterien tragen häufig Antigene, die den Blutgruppenantigenen ähnlich sind oder mit ihnen übereinstimmen. Diese Antigene stimulieren die Antikörperproduktion bei Personen, denen die entsprechenden Antigene auf ihren eigenen roten Blutkörperchen fehlen (links). Daher besitzen Personen mit der Blutgruppe 0 sowohl Anti-A- als auch Anti-B-Antikörper. Personen mit Blutgruppe AB weisen dagegen diese beiden Antikörperarten nicht auf. Anhand der Agglutination der roten Blutkörperchen eines Spenders oder Empfängers durch Anti-A und/oder Anti-B lässt sich die Blutgruppe dieser Person anhand des AB0-Systems bestimmen. Vor einer Transfusion wird das Blut des Empfängers zudem auf Antikörper getestet, die die Erythrocyten des Spenders agglutinieren können und umgekehrt (Kreuzprobe). Dadurch ist es möglich, potenziell schädliche Antikörper gegen andere Blutgruppen zu ermitteln, die nicht zum AB0-System gehören.

Agglutination der Zellen kommt. Da die Quervernetzung ein gleichzeitiges Binden der Antikörper an identische Antigene voraussetzt, zeigt diese Reaktion, dass jedes Antikörpermolekül mindestens über zwei identische Antigenbindungsstellen verfügt.

A.8 Präzipitinreaktion

Wenn man eine ausreichende Menge an Antikörpern mit löslichen, makromolekularen Antigenen mischt, bildet sich ein sichtbares Präzipitat aus großen Aggregaten quervernetzter Antigen-Antikörper-Komplexe. Die Größe des Präzipitats hängt von den jeweiligen Konzentrationen der Reaktionspartner und von deren Verhältnis zueinander ab (Abb. A.9). Diese **Präzipitinreaktion** war der erste quantitative Test für die Bestimmung von Antikörpern, kommt aber jetzt in der Immunologie nur noch selten zur Anwendung. Allerdings ist es wichtig, die Wechselwirkung zwischen Antigen und Antikörper zu verstehen, die zu dieser Reaktion führt, da die Erzeugung von **Antigen-Antikörper-Komplexen** (die man auch als **Immunkomplexe** bezeichnet) *in vivo* bei fast allen Immunreaktionen auftritt und manchmal ausgeprägte pathologische Effekte hat (Kapitel 13 und 14).

Bei Zugabe kleiner Antigenmengen zu einer festgelegten Menge von Serum mit Antikörpern bilden sich Antigen-Antikörper-Komplexe unter den Bedingungen eines Antikörperüberschusses, sodass jedes Antigenmolekül mehrfach von Antikörpern gebunden wird und sich schließlich Quervernetzungen zu anderen Antigenmolekülen ausbilden. Gibt man hingegen große Mengen an Antigen dazu, so formieren sich nur kleine Antigen-Antikörper-Komplexe, die in diesem Bereich des Antigenüberschusses löslich bleiben. Zwischen den beiden Löslichkeitsbereichen befinden sich fast alle Antigen- und Antikörpermoleküle im Präzipitat. Es liegt also ein Gleichgewicht vor. Hier bilden sich sehr große, komplexe Netzwerke aus Antigen und Antikörper. Zwar besitzen alle Antigen-Antikörper-Komplexe das Potenzial, eine Erkrankung auszulösen, aber die kleinen, löslichen Komplexe, die bei einem Antigenüberschuss entstehen, verursachen *in vivo* die pathologischen Effekte.

Die Zahl der Bindungsstellen, die jeder Antikörper für das Antigen enthält, und die höchste Zahl von Antikörpern, die gleichzeitig von einem Antigenmolekül oder -partikel gebunden werden können, bestimmen die

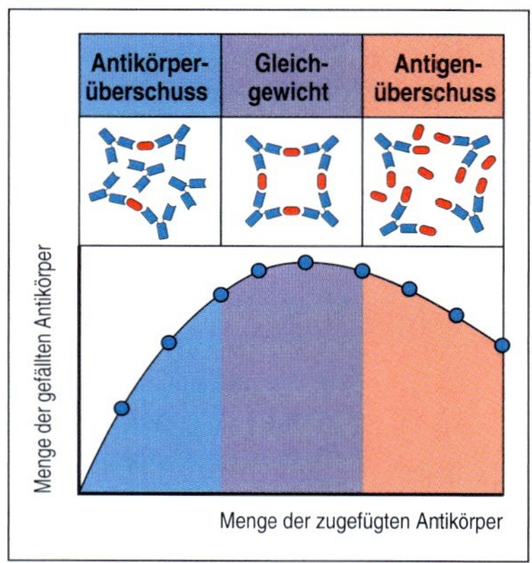

A.9 Antikörper können ein lösliches Antigen ausfällen. Aus der Analyse des Präzipitats ergibt sich eine Präzipitinkurve. Man gibt verschiedene Antigenmengen zu einer konstanten Menge an Antikörpern. Durch Quervernetzung zwischen Antigenen und Antikörpern bilden sich Präzipitate. Diese werden isoliert, um die Menge an ausgefällten Antikörpern zu ermitteln. Im Überstand verbliebene Antikörper und Antigene bestimmt man ebenfalls. Auf diese Weise kann man drei Bereiche definieren: Antikörperüberschuss, Gleichgewicht und Antigenüberschuss. Im Gleichgewichtszustand entstehen die größten Antigen-Antikörper-Komplexe, bei Antigenüberschuss sind dagegen einige der Immunkomplexe zu klein, um auszufallen. Solche löslichen Immunkomplexe können *in vivo* zu Schäden an kleinen Blutgefäßen führen (Kapitel 14).

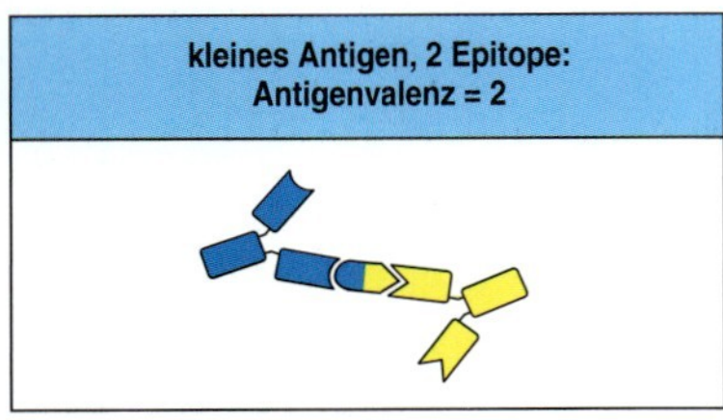

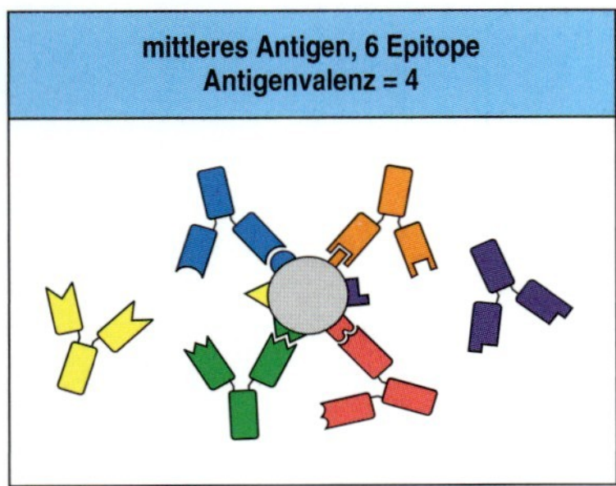

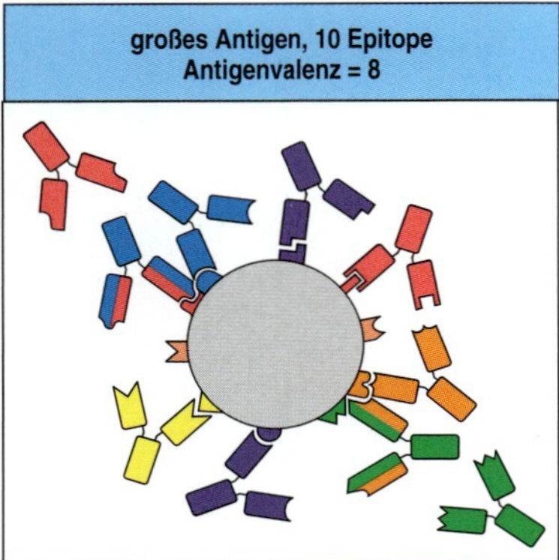

A.10 Verschiedene Antikörper binden an unterschiedliche Epitope eines Antigenmoleküls. Die Oberfläche eines Antigens weist viele potenzielle Antigendeterminanten oder Epitope auf, an die Antikörper binden können. Die Anzahl der Antikörpermoleküle, die sich gleichzeitig an ein Antigen heften, definiert die Valenz des Antigens. Sterische Einschränkungen begrenzen diese Zahl (Mitte und unten), sodass die Anzahl der Epitope größer oder gleich der Valenz ist.

Präzipitinreaktion. Diese Werte definiert man als die **Valenz** des Antikörpers und die Valenz des Antigens. Die Valenz sowohl des Antikörpers als auch des Antigens muss mindestens zwei betragen, damit eine Präzipitation eintreten kann. Die Valenz eines Antikörpers hängt von seiner Strukturklasse ab (Abschnitt 4.16).

Ein Antigen wird nur präzipitiert, wenn es mehrere Antikörperbindungsstellen aufweist. Diese Bedingung erfüllen normalerweise makromolekulare Antigene, die eine komplexe Oberfläche mit Bindungsstellen für mehrere verschiedene Antikörper besitzen. Die Stelle auf einem Antigen, an die ein einzelnes Antikörpermolekül binden kann, bezeichnet man als **Antigendeterminante** oder als **Epitop**. Sterische Gründe beschränken jedoch die Zahl verschiedener Antikörpermoleküle, die gleichzeitig an ein einziges Antigenmolekül binden können, da um die Bindung Antikörpermoleküle konkurrieren, die an teilweise überlappende Antigenepitope binden können. Aus diesem Grund ist die Valenz eines Antigens fast immer geringer als die Zahl der Epitope auf diesem Antigen (Abb. A.10).

A.9 Gleichgewichtsdialyse zur Messung der Affinität und Avidität von Antikörpern

Die **Affinität** eines Antikörpers bezeichnet die Bindungsstärke zwischen einem monovalenten Liganden und der Antigenbindungsstelle des Antikörpers. Die Affinität eines Antikörpers gegenüber kleinen Liganden (beispielsweise Haptenen), die frei durch eine Dialysemembran diffundieren, lässt sich durch eine **Gleichgewichtsdialyse** direkt bestimmen. Eine bekannte Menge an Antikörpern, die zu groß sind, um durch die Membran zu dringen, wird in einen Dialyseschlauch gefüllt und verschiedenen Antigenkonzentrationen ausgesetzt. Antigenmoleküle, die an die Antikörper gebunden haben, können nicht mehr frei durch die Membran diffundieren, sodass nur ungebundene Moleküle vermögen das Diffusionsgleichgewicht aufrechtzuerhalten. Misst man die Antigenkonzentration im Dialyseschlauch und in der umgebenden Flüssigkeit, kann man die gebundene und die freie Menge an Antigen bestimmen, die im Gleichgewichtszustand jeweils vorliegt. Ist die Antikörperkonzentration bekannt, so kann man die Affinität des Antikörpers und die Anzahl der spezifischen Antigenbindungsstellen auf einem Antikörpermolekül berechnen. Dies erfolgt üblicherweise durch eine **Scatchard-Analyse** (Abb. A.11). So konnte man auch zeigen, dass ein IgG-Molekül zwei identische Antigenbindungsstellen besitzt.

Während die Affinität die Bindungsstärke zwischen einer Antigendeterminante und einer einzelnen Antigenbindungsstelle bestimmt, bindet ein Antikörper mit seinen beiden Bindungsstellen an Antigene mit mehreren identischen Epitopen oder an bakterielle Oberflächen. Dies erhöht die apparente Bindungsstärke, da beide Bindungsstellen gleichzeitig von dem Antigen dissoziieren müssen, wenn sich die beiden Moleküle voneinander lösen sollen. Dies nennt man oft **Bindungskooperativität**, was aber nicht mit der kooperativen Bindung von Proteinen verwechselt werden darf (wie beim Hämoglobin), wo die Wechselwirkung mit einem Liganden die Affinität einer zweiten Bindungsstelle für den gleichen Liganden erhöht. Die Gesamtbindungsstärke zwischen einem Antikörper und einem Molekül oder Partikel nennt man Avidität (Abb. A.12). Für IgG-Antikörper kann

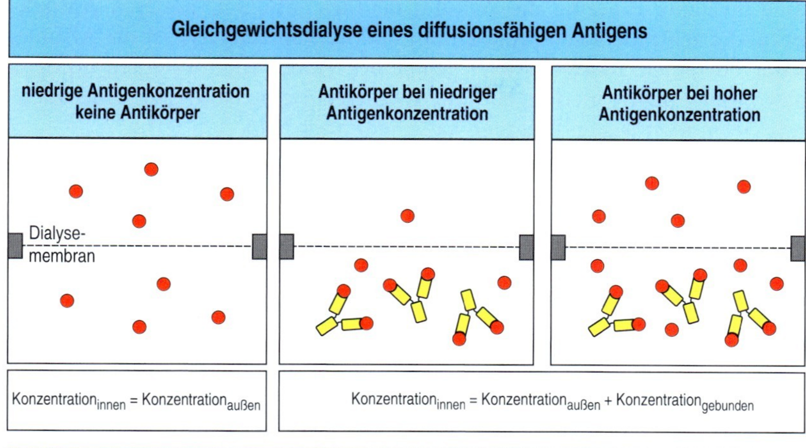

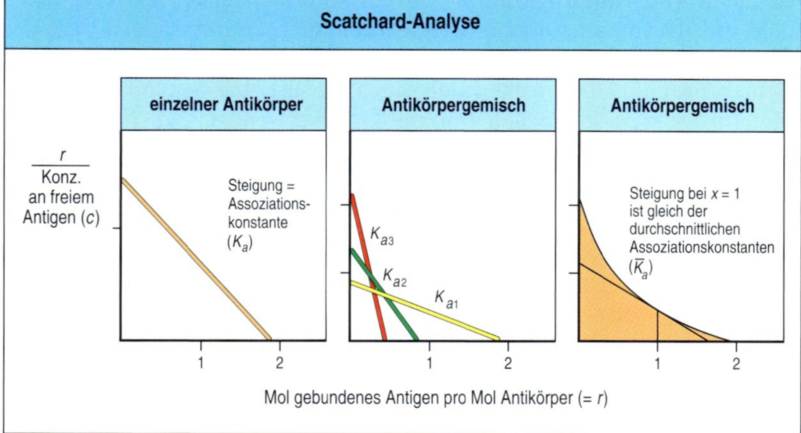

A.11 Bestimmung der Affinität und Valenz eines Antikörpers durch Gleichgewichtsdialyse. Man gibt eine bekannte Menge an Antikörpern in den unteren Teil einer Dialysekammer. Die Lösung wird verschiedenen Konzentrationen eines monovalenten Antigens (etwa eines Haptens) ausgesetzt. Im Gleichgewichtszustand ist die Konzentration an freiem Antigen in jedem Teil der Kammer gleich, sodass sich für jede Konzentration von zugefügtem Antigen der Anteil des gebundenen Antigens aus der Differenz der Gesamtantigenkonzentrationen im oberen und im unteren Teil der Kammer (oben) berechnen lässt. Diese Daten lassen sich in einem Scatchard-Diagramm darstellen. Dabei trägt man das Verhältnis r/c gegen r auf (mit r = Mol gebundenes Antigen pro Mol Antikörper und c = molare Konzentration des freien Antigens). Die Zahl der Bindungsstellen pro Antikörpermolekül ergibt sich aus dem Wert für r bei unendlich hoher Konzentration an freiem Antigen, das heißt bei $r/c = 0$, also am Schnittpunkt mit der x-Achse. Die Grafik zeigt die Analyse für ein IgG-Molekül mit zwei identischen Antigenbindungsstellen (links). Die Steigung der Kurve hängt von der Affinität des Antikörpers zum Antigen ab. Liegen nur identische Antikörper vor wie bei monoklonalen Antikörpern entsteht eine Gerade, deren Steigung gleich $-K_a$ ist. K_a bezeichnet die Assoziations- oder Affinitätskonstante und $K_d = 1/K_a$ die Dissoziationskonstante. Selbst Antiseren gegen ein einfaches Antigen enthalten jedoch heterogene Antikörper (Abschnitt A.1). Jeder Antikörper würde (in isolierter Form) als Teil des Ganzen eine Gerade ergeben, deren Schnittpunkt mit der x-Achse bei $x < 2$ liegt, da er nur einen Teil der gesamten Bindungsstellen der Antikörperpopulation enthält (Mitte). Als Mischung führen die Antikörper zu gekrümmten Linien mit Schnittpunkten mit der x-Achse bei x = 2. Aus der Steigung bei der Antigenkonzentration, bei der 50 % der Bindungsstellen besetzt sind (x = 1), lässt sich die durchschnittliche Affinität $\bar{K}_a$ ableiten (rechts). Die Assoziationskonstante bestimmt den Gleichgewichtszustand der Reaktion Ag + Ak = Ag:Ak (Ag = Antigen, Ak = Antikörper, bei K_a = [Ag:Ak]/[Ag][Ak]). Die Konstante entspricht den Geschwindigkeiten für die Hin- und Rückreaktion der Antigen-Antikörper-Bindung. Bei sehr kleinen Antigenen ist die Bindung so schnell, wie es die Diffusion zulässt, während die Geschwindigkeitsunterschiede bei der Rückreaktion die Affinitätskonstante bestimmen. Bei größeren Antigenen kann die Geschwindigkeit der Bindung jedoch ebenfalls variieren, da die Wechselwirkung komplexer wird.

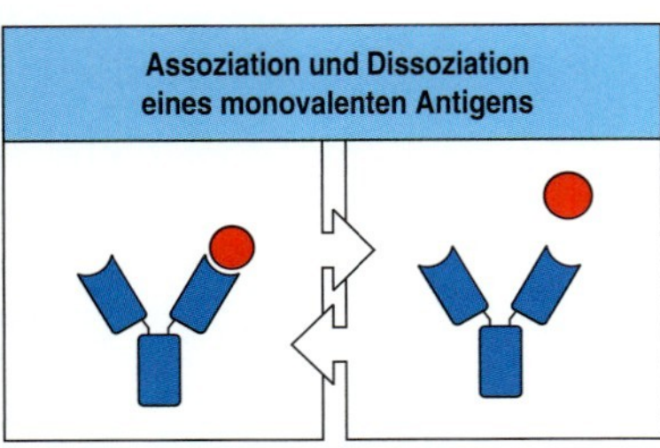

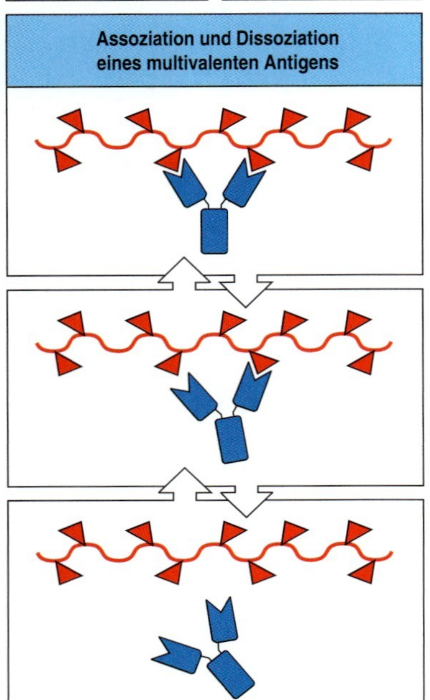

A.12 Die Avidität eines Antikörpers ist die Stärke, mit der er an intakte Antigene bindet. Wenn ein IgG-Molekül auf einen Liganden mit mehreren identischen Epitopen trifft, können sich beide Bindungsstellen an dasselbe Molekül oder Teilchen anlagern. Die Bindungsstärke insgesamt (die sogenannte Avidität) ist größer als die Affinität, also die Bindungsstärke an einer einzelnen Stelle, da beide Bindungsstellen am Antikörper gleichzeitig vom Antigen dissoziieren müssen. Dies ist bei der Wechselwirkung zwischen Antikörpern und Bakterien von Bedeutung, die an ihrer Oberfläche viele identische Epitope aufweisen.

eine bivalente Bindung die Avidität deutlich erhöhen. Bei IgM-Antikörpern, die zehn identische Antigenbindungsstellen besitzen, ist die Affinität jeder einzelnen Bindungsstelle gegenüber einem monovalenten Antigen gewöhnlich relativ niedrig, aber die Avidität für eine bakterielle Oberfläche mit vielen identischen Epitopen kann sehr hoch sein.

A.10 Anti-Immunglobulin-Antikörper

Bei einem allgemeinen Verfahren für den Nachweis gebundener Antikörper ist es nicht erforderlich, jede Antikörperpräparation einzeln zu markieren, sondern gebundene, nichtmarkierte Antikörper werden mit einem markierten Antikörper bestimmt, der für Immunglobuline selbst spezifisch ist. Immunglobuline wirken wie andere Proteine immunogen, wenn man damit Vertreter einer anderen Spezies immunisiert. Die meisten dieser so erzeugten **Anti-Immunglobulin-Antikörper** erkennen konservierte Merkmale, die alle Immunglobulinmoleküle der zur Immunisierung verwendeten Spezies tragen. Andere können beispielsweise für die schweren oder leichten Immunglobulinketten oder auch für einzelne Isotypen spezifisch sein. In der experimentellen Immunologie verwendet man häufig Antikörper, die durch Immunisierung von Ziegen mit IgG der Maus gewonnen wurden. Solche Ziege-Anti-Maus-IgG-Antikörper lassen sich mithilfe der Affinitätschromatographie reinigen, werden dann markiert und eignen sich als allgemein verwendbare Sonde für gebundene IgG-Antikörper der Maus. Anti-Immunglobulin-Antiseren finden seit ihrer Einführung in der klinischen Medizin und der biologischen Forschung vielfach Anwendung. Fluoreszenzmarkierte Anti-Immunglobulin-Antikörper werden jetzt vielfach sowohl in der Immunologie als auch in anderen Bereichen der Biologie als sekundäre Reagenzien für den Nachweis spezifischer Antikörper genutzt, beispielsweise für Antikörper gegen Zellwandstrukturen (Abschnitte A.14 und A.16). Markierte Anti-Immunglobulin-Antikörper eignen sich ebenfalls für RIAs oder ELISAs (Abschnitt A.6), um die Bindung von nichtmarkierten Antikörpern an antigenbeschichtete Träger zu bestimmen.

Wenn man ein Immunglobulin als Antigen verwendet, um ein Tier einer anderen Spezies zu immunisieren, erfolgt darauf eine Antikörperreaktion wie auf ein beliebiges anderes Fremdprotein. Es lassen sich Anti-Immunglobulin-Antikörper herstellen, die Aminosäuren erkennen, welche für den Isotyp des injizierten Antikörpers spezifisch sind. Solche **Anti-Isotyp-Antikörper** erkennen alle Immunglobuline desselben Isotyps von allen Angehörigen der Spezies, von dem der injizierte Antikörper stammte.

Es ist ebenfalls möglich, Antikörper zu erzeugen, die Unterschiede bei Immunglobulinen von Vertretern derselben Spezies erkennen können, die auf verschiedene Allele der einzelnen C-Gene in der Population (genetischer Polymorphismus) zurückzuführen sind. Solche Allelvarianten bezeichnet man als **Allotypen**. Anders als Anti-Isotyp-Antikörper erkennen Anti-Allotyp-Antikörper Immunglobuline eines bestimmten Isotyps nur bei bestimmten Vertretern einer Spezies. Da sich die einzelnen Antikörper in ihren variablen Regionen unterscheiden, ist es schließlich noch möglich, Antikörper gegen spezifische Merkmale der Antigenbindungsstelle zu erzeugen, die man als **Idiotypen** bezeichnet.

Abbildung A.13 enthält eine schematische Darstellung der Unterschiede zwischen Idiotypen, Allotypen und Isotypen. Aufgrund der historischen

Vorgang	Mechanismus	Art der Veränderung	Vorkommen in	
			B-Zellen	T-Zellen
Zusammenbau der V-Region	somatische Rekombination der DNA	irreversibel	ja	ja
Diversität der Verknüpfungsstellen	ungenaue Verknüpfung, Einfügen einer N-Sequenz in die DNA	irreversibel	ja	ja
Aktivierung der Transkription	Aktivierung von Promotoren durch Nähe zum Enhancer	irreversibel, aber reguliert	ja	ja
Rekombination beim Isotypwechsel	somatische Rekombination der DNA	irreversibel	ja	nein
somatische Hypermutation	DNA-Punktmutation	irreversibel	ja	nein
Expression von IgM und IgD an der Oberfläche	differenzielles RNA-Spleißen	irreversibel, reguliert	ja	nein
Membranform oder sezernierte Form	differenzielles RNA-Spleißen	irreversibel, reguliert	ja	nein

A.13 Verschiedene Arten von Variabilität bei den Immunglobulinen. Unterschiedliche konstante Regionen aufgrund von verschiedenen Genen der C-Region bezeichnet man als Isotypen. Allotypen entstehen aufgrund von verschiedenen Allelen desselben Gens der C-Region. Als Idiotypen bezeichnet man unterschiedlich umgelagerte V_H- und V_L-Gene.

Entwicklung hat man die Hauptmerkmale der Immunglobuline über isotypische und allotypische genetische Marker definiert, die mithilfe von Antiseren von verschiedenen Spezies oder genetisch unterschiedlichen Vertretern derselben Spezies entdeckt wurden. Die unabhängige Vererbung der allotypischen und isotypischen Marker zeigte, dass es für die schwere Kette, die κ- und die λ-Kette jeweils unabhängige Gene geben muss. Solche Anti-Idiotyp-, Anti-Allotyp- und Anti-Isotyp-Antikörper sind immer noch von großer Bedeutung, um in der wissenschaftlichen Forschung und medizinischen Diagnostik Antikörper und B-Zellen nachzuweisen.

Antikörper, die für einzelne Immunglobulinisotypen spezifisch sind, lassen sich durch Immunisierung von Tieren verschiedener Spezies mit einem aufgereinigten Isotyp erzeugen. Durch Affinitätschromatographie (Abschnitt A.5) entfernt man dann die Antikörper, die mit den übrigen Isotypen kreuzreagieren. Man verwendet **Anti-Isotyp-Antikörper** um festzustellen, wie stark ein bestimmter Isotyp in einem Antiserum mit einem bestimmten Antigen reagiert. Dies ist vor allem beim Nachweis von kleinen Mengen spezifischer IgE-Antikörper von Bedeutung, die für die meisten Allergien verantwortlich sind. Findet man im Serum eines Patienten IgE-Antikörper, die an ein Antigen binden, so korreliert dies mit einer allergischen Reaktion gegen das Antigen.

Ein anderes Verfahren zum Nachweis gebundener Antikörper nutzt bakterielle Proteine, die sich mit hoher Affinität an Immunglobuline heften. Dazu gehört das **Protein A** des Bakteriums *Staphylococcus aureus*, das in der Immunologie bei der Affinitätsaufreinigung von Immunglobulinen und beim Nachweis gebundener Antikörper Verwendung findet. Der Einsatz von standardisierten Sekundärreagenzien (zum Beispiel von markierten Anti-Immunglobulin-Antikörpern oder Protein A) zum Nachweis spezifisch an ein Antigen gebundener Antikörper ermöglicht es, bei der Markierung von Reagenzien erhebliche Kosten zu sparen. Außerdem steht auf diese Weise ein Standardnachweissystem zur Verfügung, das einen direkten Vergleich verschiedener Testergebnisse ermöglicht.

A.11 Die Coombs-Tests und der Nachweis der Rhesus-Inkompatibilität

Diese Tests basieren auf Anti-Immunglobulin-Antikörpern (Abschnitt A.10), die zum Nachweis der Antikörper dienen, welche die **fetale Erythroblastose** (**Neugeborenenhämolyse**) verursachen. Robin Coombs entwickelte als Erster Anti-Immunglobulin-Antikörper, und der Coombs-Test zum Feststellen der erwähnten Krankheit trägt immer noch seinen Namen. Die Störung tritt auf, wenn die Mutter für das **Rhesus**- oder **Rh-Blutgruppenantigen** spezifische IgG-Antikörper bildet. Das Antigen wird von den roten Blutkörperchen des Fetus exprimiert. Rh-negative Mütter produzieren die entsprechenden Antikörper, wenn sie fetalen Rh-positiven Erythrocyten ausgesetzt sind, die das väterlich vererbte Rh-Antigen aufweisen. Mütterliche IgG-Antikörper werden normalerweise durch die Plazenta zum Fetus transportiert. So statten sie das Neugeborene mit einem Infektionsschutz aus. Die IgG-Anti-Rh-Antikörper greifen jedoch die fetalen roten Blutkörperchen an, die dann von phagocytischen Zellen in der Leber zerstört werden. Dies führt zu einer hämolytischen Anämie beim Fetus und beim Neugeborenen.

Da zwischen den Rh-Antigenen auf der Oberfläche von roten Blutkörperchen große Abstände liegen, können die Anti-Rh-Antikörper (IgG) keine Anlagerung des Komplementsystems bewirken, sodass es *in vitro* nicht zu einer Zelllyse kommt. Im Gegensatz zu Antikörpern gegen die AB0-Antigene können darüber hinaus die Antikörper gegen die Rh-Blutgruppenantigene (aus noch nicht ganz geklärten Gründen) die roten Blutkörperchen nicht agglutinieren. Darum war vor der Entwicklung von Antikörpern gegen menschliche Immunglobuline ein Nachweis der Anti-Rh-Antikörper schwierig. So ist es aber nun möglich, die an fetale Erythrocyten gebundenen mütterlichen IgG-Antikörper zu bestimmen. Dazu wäscht man die Zellen und entfernt so freie Immunglobuline im Serum des Fetus, die den Nachweis gebundener Antikörper stören. Anschließend setzt man die Anti-Immunglobulin-Antikörper zu, welche die antikörperbehafteten fetalen Erythrocyten agglutinieren. Das Verfahren wird als **direkter Coombs-Test** bezeichnet (Abb. A.14), da es gebundene Antikörper direkt an der Oberfläche der fetalen roten Blutkörperchen nachweist. Der **indi-**

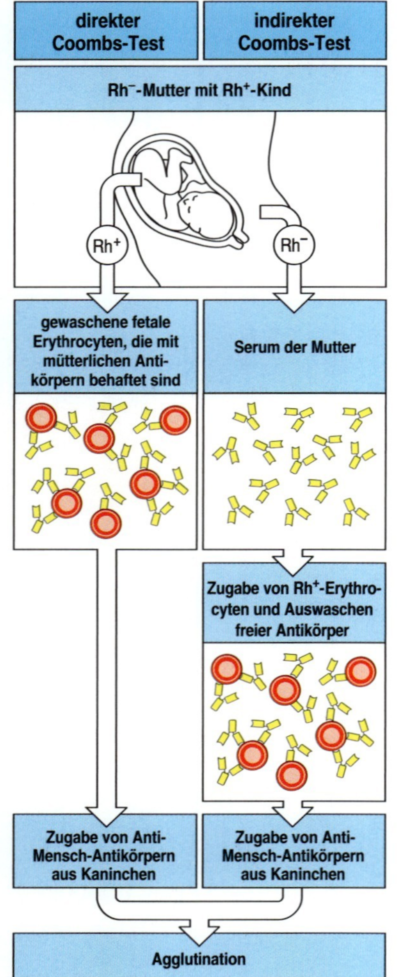

A.14 Direkter und indirekter Anti-Globulin-Test für Antikörper gegen Antigene der roten Blutkörperchen (nach Coombs). Bei der Rh$^-$-Mutter eines Rh$^+$-Fetus kann es zu einer Immunisierung gegen fetale Erythrocyten kommen, die bei der Geburt in den mütterlichen Kreislauf gelangen. Bei einer erneuten Schwangerschaft mit einem Rh$^+$-Fetus dringen IgG-Anti-Rh-Antikörper durch die Plazenta und zerstören die fetalen roten Blutkörperchen. Im Gegensatz zu den Anti-Rh-Antikörpern gehören die Anti-AB0-Antikörper zum IgM-Isotyp und können die Plazenta nicht durchqueren, sodass sie keinen Schaden verursachen. Anti-Rh-Antikörper agglutinieren Erythrocyten nicht. Die Antikörper lassen sich jedoch auf den fetalen roten Blutkörperchen nachweisen, indem man ungebundene Immunglobuline auswäscht und dann Antikörper gegen menschliches Immunglobulin hinzufügt, welche die antikörperbehafteten Blutkörperchen agglutinieren. Anti-Rh-Antikörper sind im Serum der Mutter durch einen indirekten Coombs-Test nachweisbar. Man inkubiert das Serum mit Rh$^+$-Blutkörperchen. Eventuell vorhandene Antikörper binden an die Zellen, die wie im direkten Coombs-Test weiterbehandelt werden.

rekte Coombs-Test bestimmt nichtagglutinierende Anti-Rh-Antikörper. Dabei inkubiert man das Serum zuerst mit Rh-positiven Erythrocyten, die an die Anti-Rh-Antikörper binden. Danach werden die antikörperbehafteten Zellen gewaschen, um freie Immunglobuline zu entfernen. Anti-Immunglobulin-Antikörper führen schließlich die Zellagglutination herbei (Abb. A.14). Der indirekte Coombs-Test ermöglicht es, Rh-Unverträglichkeiten zu erkennen, die zu einer Neugeborenenhämolyse führen könnten, wodurch sich die Krankheit verhindern lässt (Abschnitt 10.19). Der Coombs-Test findet auch häufig zum Nachweis von Antikörpern gegen Medikamente Verwendung, die an rote Blutkörperchen binden und eine hämolytische Anämie hervorrufen.

A.12 Monoklonale Antikörper

Die bei einer natürlichen Immunantwort oder nach einer Immunisierung entstehenden Antikörper sind eine Mischung von Molekülen verschiedener Spezifitäten und Affinitäten. Antikörper, die an verschiedene Epitope des immunisierenden Antigens binden, verursachen einen Teil dieser Heterogenität. Aber selbst Antikörper gegen ein Hapten mit einer einzigen Antigendeterminante können auffällig heterogen sein. Dies lässt sich mithilfe der **isoelektrischen Fokussierung** zeigen. Das Verfahren trennt Proteine entsprechend ihres isoelektrischen Punktes auf, also aufgrund des pH-Wertes, bei dem die Nettoladung eines Moleküls gleich Null ist. Während der Elektrophorese, die eine gewisse Zeit beansprucht, wandert jedes Molekül den pH-Gradienten entlang, bis es den pH-Wert erreicht, an dem es sich elektrisch neutral verhält. An dieser Stelle tritt eine Konzentrierung (Fokussierung) der Moleküle ein. Unterzieht man Anti-Hapten-Antikörper diesem Verfahren und transferiert sie anschließend auf Nitrocellulosepapier, lassen sie sich auf dem Trägermaterial durch die Bindung von markiertem Hapten nachweisen. Das Auftreten von Antikörpern gegen dasselbe Hapten, die verschiedene isoelektrische Punkte aufweisen, zeigt, dass sogar Antikörper heterogen sind, welche dieselbe Antigendeterminante erkennen.

Antiseren sind für zahlreiche biologische Zwecke einsetzbar. Sie weisen jedoch einige Nachteile auf, die durch die Heterogenität der enthaltenen Antikörper bedingt sind. Erstens sind Antiseren immer unterschiedlich, selbst wenn sie in genetisch identischen Tieren mit demselben Antigenpräparat und demselben Immunisierungsprotokoll erzeugt werden. Zweitens lassen sich Antiseren nur in begrenzten Mengen herstellen, sodass man für viele oder komplexe Experimente oder für klinische Tests nicht immer dasselbe serologische Material zur Verfügung hat. Drittens können Antikörper selbst nach einer Aufreinigung mittels Affinitätschromatographie (Abschnitt A.5) noch kleine Mengen anderer Antikörper enthalten. Diese führen zu unerwarteten Kreuzreaktionen und erschweren die Auswertung der Experimente. Um diese Probleme zu lösen und das gesamte Potenzial von Antikörpern nutzen zu können, musste eine Methode gefunden werden, mit der sich Antikörpermoleküle mit homogener Struktur und bekannter Spezifität in unbegrenzter Menge herstellen lassen. Dies ließ sich durch die Erzeugung monoklonaler Antikörper in antikörperbildenden Hybridzellen erreichen. Seit Neuestem sind auch gentechnische Verfahren möglich.

Bei der Suche nach einer Möglichkeit zur Herstellung homogener Antikörper analysierten Biochemiker zuerst Proteine, die von Patienten mit einem multiplen Myelom (einem häufigen Tumor der Plasmazellen) stammten. Man wusste, dass Plasmazellen normalerweise Antikörper produzieren. Da die Krankheit zu großen Mengen eines homogenen Gammaglobulins (des **Myelomproteins**) im Serum von Patienten führt, war anzunehmen, dass die Myelomproteine als Modellsysteme für gewöhnliche Antikörpermoleküle dienen können. Deshalb stammen viele der ersten Erkenntnisse über die Antikörperstruktur aus solchen Untersuchungen. Ein grundlegender Nachteil dieser Proteine lag jedoch darin, dass ihre Antigenspezifität nicht bekannt war.

Georges Köhler und Cesar Milstein lösten das Problem, indem sie eine Methode zur Herstellung einer homogenen Antikörperpopulation von bekannter Spezifität entwickelten. Sie fusionierten Milzzellen einer immunisierten Maus mit Zellen eines Mausmyeloms. So entstanden Hybridzellen, die sich unbegrenzt vermehrten. Gleichzeitig sezernierten die Zellen spezifische Antikörper gegen das Antigen, mit dem die Maus immunisiert worden war, von der die Milz stammte. Die Milzzelle lieferte die Fähigkeit zur Antikörperproduktion, während die Myelomzelle die ungegrenzte Wachstumsfähigkeit und die kontinuierliche Antikörpersekretion beisteuerte. Nimmt man Myelomzellen, die selbst keine Antikörper erzeugen, so stammen die Antikörper der Hybridzelle ausschließlich von der ursprünglichen Milzzelle. Nach der Fusion werden die Hybridzellen mithilfe von Substanzen selektiert, welche die nichtfusionierten Myelomzellen abtöten. Die nichtfusionierten Milzzellen besitzen nur eine begrenzte Lebensdauer und sterben ebenfalls ab, sodass nur die hybriden Myelomzelllinien (**Hybridome**) überleben. Dann sucht man die Hybridome, die Antikörper der gewünschten Spezifität produzieren, und kloniert sie, indem man sie aus einzelnen Zellen wieder anwachsen lässt (Abb. A.15). Da sich jedes Hybridom als **Klon** von einer einzigen B-Zelle ableitet, besitzen alle erzeugten Antikörpermoleküle

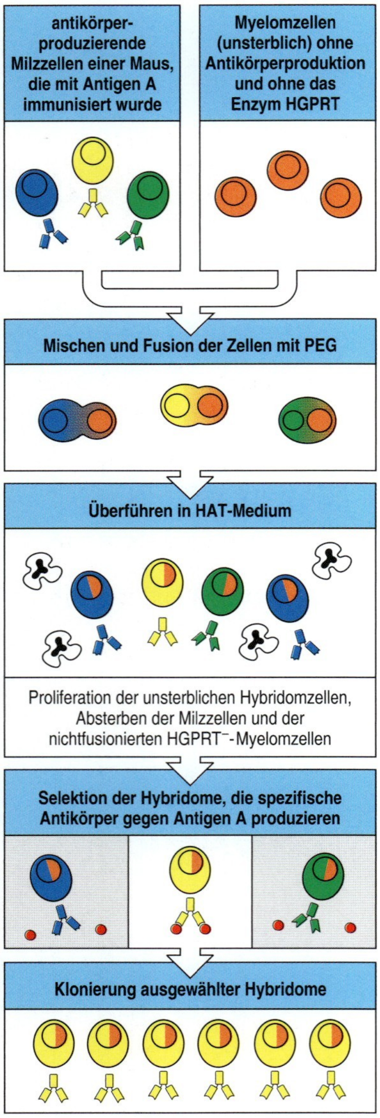

A.15 Die Erzeugung monoklonaler Antikörper. Mäuse werden mit Antigen A immunisiert und drei Tage vor der Tötung noch einmal mit einer intravenösen *booster*-Dosis behandelt. Auf diese Weise erhält man große Mengen an Milzzellen, die spezifische Antikörper sezernieren, aber normalerweise nach wenigen Tagen in Kultur absterben. Damit man eine kontinuierliche Quelle von Antikörpern erhält, fusioniert man die Zellen in Anwesenheit von Polyethylenglykol (PEG) mit unsterblichen Myelomzellen. Das Ergebnis ist ein sogenanntes Hybridom. Die Myelomzellen hat man so selektiert, dass sie selbst keine Antikörper produzieren und gegenüber einem Hypoxanthin-Aminopterin-Thymidin-Medium (HAT) empfindlich sind. Nur aus Myelomzellen bestehende Fusionsprodukte können in diesem Fall nicht wachsen, da ihnen das Enzym Hypoxanthin-Guanin-Phosphoribosyltransferase (HGPRT) fehlt. Das HGPRT-Gen wird jedoch von den Milzzellen beigesteuert und ermöglicht es den gewünschten Hybridzellen, im HAT-Medium zu überleben. Und nur Hybridzellen können in Kultur kontinuierlich wachsen, da sie außerdem das maligne Potenzial der Myelomzellen besitzen. Deshalb sterben reine Myelomzellen und nichtfusionierte Milzzellen im HAT-Medium ab (in der Abbildung Zellen mit dunklen, unregelmäßigen Kernen). Anschließend wird getestet, ob die Hybridome Antikörper produzieren. Durch Vereinzelung kloniert man die Zellen mit der gewünschten Spezifität. Die klonierten Hybridomzellen lässt man in Massenkulturen wachsen und erhält so große Mengen an Antikörpern. Da jedes Hybridom von einer einzigen Zelle abstammt, erzeugen alle Zellen einer Linie dieselben Antikörpermoleküle (sogenannte monoklonale Antikörper).

dieselbe Struktur, einschließlich der Antigenbindungsstelle, und denselben Isotyp. Solche Antikörper bezeichnet man deshalb auch als **monoklonale Antikörper**. Diese Methode hat die Anwendung von Antikörpern revolutioniert, da jetzt Antikörper mit einer einzigen, bekannten Spezifität und einer homologen Struktur unbegrenzt zur Verfügung stehen. Monoklonale Antikörper sind inzwischen Bestandteil der meisten serologischen Tests. Sie dienen als diagnostische Sonden und als Therapeutika. Bis jetzt werden jedoch nur monoklonale Antikörper der Maus routinemäßig hergestellt, und Versuche, dasselbe Verfahren auch auf menschliche monoklonale Antikörper anzuwenden, waren wenig erfolgreich.

A.13 Phagen-Display-Bibliotheken für die Erzeugung von Antikörper-V-Regionen

Bei dem genannten Verfahren werden antikörperähnliche Moleküle erzeugt. Gensegmente, welche die antigenbindende variable Domäne von Antikörpern codieren, werden mit Genen für das Hüllprotein eines Bakteriophagen fusioniert. Anschließend infiziert man Bakterien mit Phagen, die solche Fusionsgene enthalten. Die entstehenden Phagenpartikel besitzen nun Hüllen mit dem antikörperähnlichen Fusionsprotein, wobei die antigenbindende Domäne nach außen zeigt. Eine **Phagen-Display-Bibliothek** ist eine Sammlung solcher rekombinierter Phagen, von denen jeder eine andere antigenbindende Domäne präsentiert. Analog zur Isolierung von spezifischen Antikörpern aus einem komplexen Gemisch durch die Affinitätschromatographie (Abschnitt A.5) kann man aus solch einer Bibliothek die Phagen isolieren, die an ein bestimmtes Antigen binden. Diese verwendet man zur Infektion weiterer Bakterien. Jeder so isolierte Phage erzeugt ein monoklonales, antigenbindendes Partikel, das einem monoklonalen Antikörper entspricht (Abb. A.16). Die Gene für die Antigenbindungsstelle, die für jeden Phagen einmalig sind, kann man aus der Phagen-DNA isolieren und zur Konstruktion vollständiger Antikörpergene einsetzen. Dabei werden einfach die Genfragmente für die invarianten Antikörperteile angefügt. Führt man die rekonstruierten Gene in geeignete Zelllinien wie Myelomzellen ein, die keine Antikörper produzieren, können die transfizierten Zellen Antikörper sezernieren. Diese besitzen alle erwünschten Eigenschaften von monoklonalen Antikörpern, wie sie auch von Hybridomzellen erzeugt werden.

A.16 Die gentechnische Erzeugung von Antikörpern. Kurze Primer für die Konsensussequenzen in den variablen Bereichen der Gene für die schweren und die leichten Immunglobulinketten dienen der Herstellung einer cDNA-Bibliothek mithilfe der PCR. Ausgangsmaterial ist DNA aus der Milz. Die DNA-Fragmente werden nach dem Zufallsprinzip in filamentöse Phagen kloniert, sodass jeder Phage eine variable Region einer schweren und einer leichten Kette als Oberflächenfusionsprotein exprimiert. Solche Proteine besitzen antikörperähnliche Eigenschaften. Die entstandene Phagen-Display-Bibliothek wird in Bakterien vermehrt. Anschließend lässt man die Phagen an Oberflächen binden, die mit Antigenen beschichtet sind. Nach Auswaschen der freien Phagen werden die gebundenen Phagen abgelöst und nach Vermehrung in Bakterien erneut an Antigene gebunden. Nach wenigen Zyklen bleiben nur noch spezifische, hoch affin antigenbindende Phagen übrig. Diese lassen sich nun selbst wie Antikörper verwenden. Alternativ baut man die enthaltenen V-Gene in Gene normaler Antikörper ein (nicht dargestellt). Dieses Verfahren zur Herstellung gentechnisch veränderter Antikörper könnte die Hybridomtechnik für monoklonale Antikörper ersetzen. Der Vorteil liegt darin, dass auch der Mensch als Quelle für die DNA dienen kann.

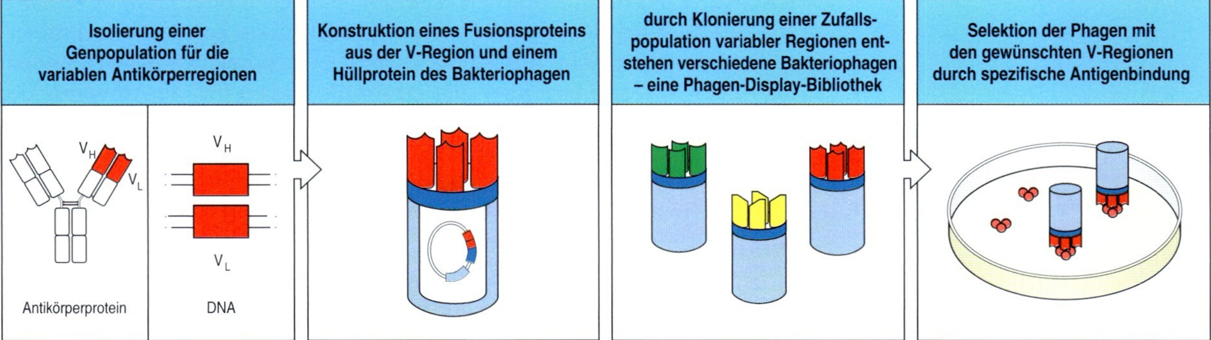

A.14 Immunfluoreszenzmikroskopie

Da Antikörper stabil und spezifisch an ein Antigen binden, sind sie als Sonden zur Identifizierung bestimmter Moleküle in Zellen, Geweben und biologischen Flüssigkeiten von großem Wert. Mit Antikörpern lassen sich die entsprechenden Zielmoleküle in einzelnen Zellen oder auch in Gewebeschnitten genau lokalisieren. Dafür gibt es eine Reihe unterschiedlicher Markierungstechniken. Wenn man die Antikörper selbst oder die Anti-Immunglobulin-Antikörper, die zu ihrem Nachweis verwendet werden, mit einem Fluoreszenzfarbstoff markiert, kann man sie in der **Immunfluoreszenzmikroskopie** einsetzen. Wie bei allen serologischen Methoden binden die Antikörper fest an die Antigene, und man kann ungebundene Moleküle durch gründliches Auswaschen entfernen. Antikörper erkennen die Oberflächenmerkmale von nativen, gefalteten Proteinen. Daher müssen diese Strukturen bei dem gesuchten Molekül normalerweise erhalten bleiben. Dies geschieht entweder durch sanfte Fixierungsmethoden oder durch Verwendung tiefgefrorener Gewebeschnitte, die erst nach der Antikörperreaktion fixiert werden. Einige Antikörper binden allerdings auch spezifisch an denaturierte Proteine, also auch an solche in fixierten Gewebeschnitten.

Der Fluoreszenzfarbstoff kann direkt kovalent an den spezifischen Antikörper gekoppelt werden, aber noch häufiger bestimmt man gebundene Antikörper durch fluoreszierende Immunglobuline (**indirekte Immunfluoreszenz**). Die verwendeten Farbstoffe lassen sich durch Licht einer bestimmten Wellenlänge anregen. Dabei handelt es sich normalerweise um blaues oder grünes Licht. Das abgestrahlte Licht liegt in verschiedenen Bereichen des sichtbaren Spektrums. Die am häufigsten verwendeten Fluoreszenzfarbstoffe sind Fluorescein, das grünes Licht aussendet, Texas-Rot und das Peridin-Chlorophyllprotein (PerCP), die beide rotes Licht emittieren, außerdem Rhodamin und Phycoerythrin (PE), die orangefarbenes/rotes Licht abstrahlen (Abb. A.17). Durch selektive Filter sieht man im Fluoreszenzmikroskop nur Licht des verwendeten Fluoreszenzfarbstoffes (Abb. A.18). Albert Coons setzte diese Methode erstmals ein, als er die Plasmazelle als Ort der Antikörperproduktion identifizierte. Das Verfahren ist jedoch zur Bestimmung jeglicher Proteinverteilung geeignet. Verknüpft man die verschiedenen Antikörper mit unterschiedlichen Farbstoffen, lassen sich die Verteilungsmuster von mehreren Molekülarten in einer Zelle oder in einem Gewebeschnitt ermitteln (Abb. A.18).

Das neu entwickelte **konfokale Fluoreszenzmikroskop**, das computerunterstützt ultradünne optische Schnitte von Zellen oder Gewebe erzeugt, gewährleistet bei der Immunfluoreszenz auch ohne komplizierte Probenaufbereitung eine hohe Auflösung. Diese lässt sich noch verbessern, indem man Licht von geringer Intensität einstrahlt, sodass für die Anregung der Fluoreszenzgruppe zwei Photonen erforderlich sind. Dafür verwendet man einen gepulsten Laserstrahl, und nur wenn dieser auf die Fokalebene des Mikroskops fokussiert wird, reicht die Lichtintensität zur Anregung der Fluoreszenz aus. Auf diese Weise beschränkt sich die Fluoreszenzabstrahlung auf den optischen Ausschnitt.

Eine wichtige Entwicklung auf dem Gebiet der Mikroskopie ist die Verwendung der **Zeitraffervideomikroskopie**. Dabei zeichnen empfindliche Videodigitalkameras die Bewegung und Verteilung von fluoreszenzmar-

Wellenlängen des anregenden und abgestrahlten Lichtes einiger häufig verwendeter Fluoreszenzfarbstoffe		
Sonde	Anregung (nm)	Abstrahlung (nm)
R-Phycoerythrin (PE)	480; 565	578
Fluorescein	495	519
PerCP	490	675
Texas-Rot	589	615
Rhodamin	550	573

A.17 Anregende und abgestrahlte Wellenlängen von häufig verwendeten Fluoreszenzfarbstoffen.

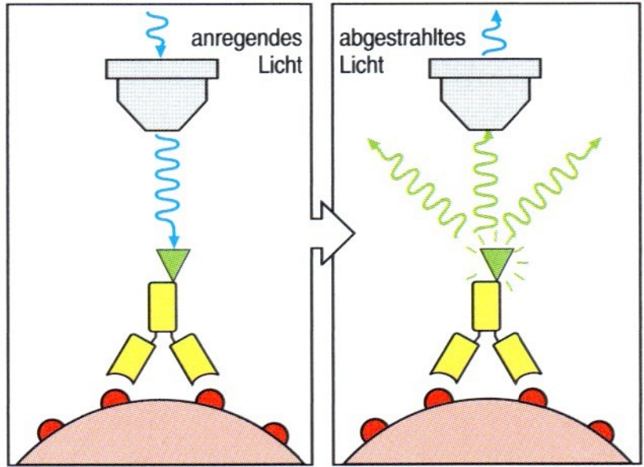

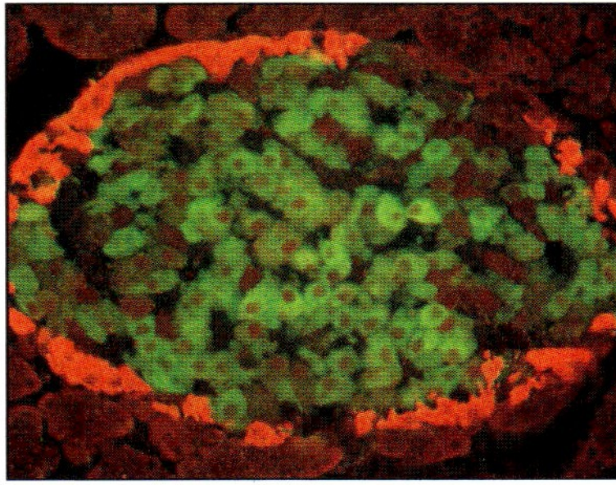

A.18 Immunfluoreszenzmikroskopie. Mit fluoreszierenden Farbstoffen wie Fluorescein (grüne Dreiecke) markierte Antikörper können das Vorhandensein der zugehörigen Antigene in Zellen oder Geweben anzeigen. Die angefärbten Zellen lassen sich mit einem Mikroskop untersuchen, das den Fluoreszenzfarbstoff mit blauem oder grünem Licht anregt. Der Farbstoff emittiert Licht einer bestimmten Wellenlänge, das durch einen selektiven Filter zum Betrachter gelangt. Diese Methode findet in weiten Bereichen der Biologie Anwendung, um Moleküle in Zellen und Geweben zu lokalisieren. Verschiedene Antigene lassen sich in Gewebeschnitten mit unterschiedlich markierten Antikörpern differenziert nachweisen (rechts). So färben Antikörper gegen die Glutaminsäure-Decarboxylase (GAD), an die ein grüner Farbstoff gekoppelt sind, die β-Zellen der Langerhans-Inseln im Pankreas. Die α-Zellen produzieren dieses Enzym nicht und werden mit Antikörpern gegen das Hormon Glucagon und einem orangefarbenen Fluoreszenzfarbstoff markiert. Die GAD ist ein wichtiges Antigen bei Diabetes: Bei dieser Erkrankung werden die insulinsezernierenden β-Zellen durch einen Angriff des Immunsystems auf körpereigenes Gewebe zerstört (Kapitel 14). (Foto mit freundlicher Genehmigung von M. Solimena und P. De Camilli.)

kierten Molekülen in Zellmembranen auf, wenn zwei Zellen miteinander in Kontakt treten. Zelloberflächenmoleküle lassen sich auf zwei Weisen mit einem Fluoreszenzfarbstoff markieren: zum einen durch die Bindung von farbstoffmarkierten Fab-Fragmenten von Antikörpern, die für das gesuchte Protein spezifisch sind, zum anderen durch die Erzeugung eines Fusionsproteins, bei dem das gesuchte Protein an ein fluoreszierendes Protein aus einer Qualle gekoppelt wird. Das erste fluoreszierende Protein, das bald allgemeine Anwendung gefunden hat, ist das grün fluoreszierende Protein GFP aus der Qualle *Aequorea victoria*. Varianten dieses Proteins mit anderen Eigenschaften stehen inzwischen zur Verfügung, und die möglichen Fluoreszenzfarben der Proteine umfassen rot, blau, türkis oder gelb. Wenn man Zellen verwendet, die mit Genen von solchen Fusionsproteinen transfiziert wurden, lässt sich die Umverteilung von T-Zell-Rezeptoren, Corezeptoren, Adhäsionsmolekülen und weiteren Signalmolekülen (beispielsweise CD45) verfolgen. Solche Ereignisse finden statt, wenn eine T-Zelle mit einer Zielzelle in Kontakt tritt. Mithilfe dieser Beobachtungen ließ sich inzwischen klären, dass sich die beiden Zellmembranen an der Berührungsstelle zwischen der T- und der Zielzelle nicht einfach einander gegenüberstehen, sondern dass es sich hier um eine organisierte und dynamische Struktur handelt, die man jetzt häufig als „immunologische Synapse“ bezeichnet.

A.15 Immunelektronenmikroskopie

Antikörper eignen sich auch für die Lokalisierung von intrazellulären Strukturen oder bestimmten Proteinen mit einem hoch auflösenden Transmissionselektronenmikroskop. Antikörper gegen das gesuchte Antigen werden mit Goldpartikeln markiert und dann den Ultradünnschnitten zugesetzt. Antikörper, die mit Goldpartikeln von verschiedenen Durchmessern verknüpft wurden, ermöglichen die gleichzeitige Untersuchung von zwei oder mehr Proteinen (Abb. 5.10). Problematisch ist bei dieser Technik allerdings die spezifische Färbung der Ultradünnschnitte, da einige wenige Moleküle bestimmter Antigene überall vorkommen können.

A.16 Immunhistochemie

Eine Alternative zur Immunfluoreszenz (Abschnitt A.14) für den Nachweis eines Proteins in Gewebeschnitten ist die **Immunhistochemie**. Hier wird der Antikörper an ein Enzym gekoppelt, das ein farbloses Substrat *in situ* in ein farbiges Produkt umwandelt, dessen Ablagerungen im Mikroskop direkt zu beobachten sind. Der Antikörper bindet stabil an das Antigen, sodass sich nichtgebundene Antikörpermoleküle durch sorgfältiges Waschen entfernen lassen. Diese Methode zum Nachweis gebundener Antikörper entspricht dem ELISA (Abschnitt A.6), sodass für die Kopplung auch häufig die gleichen Enzyme Verwendung finden. Der Unterschied beim Nachweis des Farbstoffes besteht vor allem darin, dass bei der Immunhistochemie die farbigen Produkte unlöslich sind und an der Stelle präzipitieren, wo sie entstehen. Am häufigsten benutzt man hier die beiden Enzyme Meerrettich-Peroxidase und alkalische Phosphatase. Meerrettich-Peroxidase oxidiert das Substrat Diaminobenzidin, sodass ein braunes Präzipitat entsteht, während die alkalische Phosphatase rote oder blaue Farbstoffe erzeugen kann, abhängig von den verwendeten Substraten. Häufig verwendet man dabei 5-Brom-4-chlor-3-indolylphosphat plus Nitroblautetrazolium (BCIP/NBT), wodurch eine dunkelblaue oder dunkelviolette Färbung entsteht. Wie bei der Immunfluoreszenz muss die native Struktur des gesuchten Proteins erhalten bleiben, damit der Antikörper das Protein erkennen kann. Deshalb verwendet man durch möglichst milde chemische Verfahren fixierte Gewebe oder tiefgefrorene Gewebeschnitte, die erst nach Bindung des Antikörpers fixiert werden.

A.17 Immun- und Coimmunpräzipitation

Um Antikörper gegen Membranproteine und andere schwer isolierbare zelluläre Strukturen zu erhalten, immunisiert man häufig Mäuse mit ganzen Zellen oder Rohextrakten. Anschließend erzeugt man mithilfe der immunisierten Mäuse Hybridome, die monoklonale Antikörper (Abschnitt A.12) produzieren. Diese binden dann an den Zelltyp, der für die Immunisierung verwendet wurde. Zur Charakterisierung der identifizierten Moleküle werden Zellen desselben Typs radioaktiv markiert und in nichtionischen Detergenzien gelöst, die zwar die Zellmembran aufbrechen, die Wechselwirkungen zwischen Antigen und Antikörper jedoch nicht beeinflussen. So lassen sich die markierten Proteine durch Bindung an den Antikörper bei einer **Immunpräzipitation** isolieren. Der Antikörper ist normalerweise an einem festen Träger befestigt, beispielsweise dem Material, das man für die Affinitätschromatographie verwendet (Abschnitt A.5), oder an Protein A. Bei der Immunpräzipitationsanalyse gibt es zwei Möglichkeiten der Zellmarkierung. Biosynthetisch lässt sich das gesamte Zellprotein durch radioaktive Aminosäuren markieren. Andererseits kann man sich bei einer radioaktiven Iodierung auf die Proteine der Zelloberfläche beschränken, wenn man Bedingungen wählt, unter denen das Iod nicht durch die Plasmamembran gelangt (Abb. A.19). Ein weiteres Verfahren ist die Markierung von Membranproteinen mit Biotin, einem kleinen Molekül, das sich durch markiertes Avidin leicht nachweisen lässt. Avidin kommt im Eiklar vor und bindet Biotin mit hoher Affinität.

Hat man die markierten Proteine mithilfe des Antikörpers isoliert, so gibt es verschiedene Möglichkeiten, sie zu analysieren. Die häufigste Methode ist die Polyacrylamidgelelektrophorese (PAGE) von Proteinen, die in dem starken ionischen Detergens Natriumdodecylsulfat (SDS) von

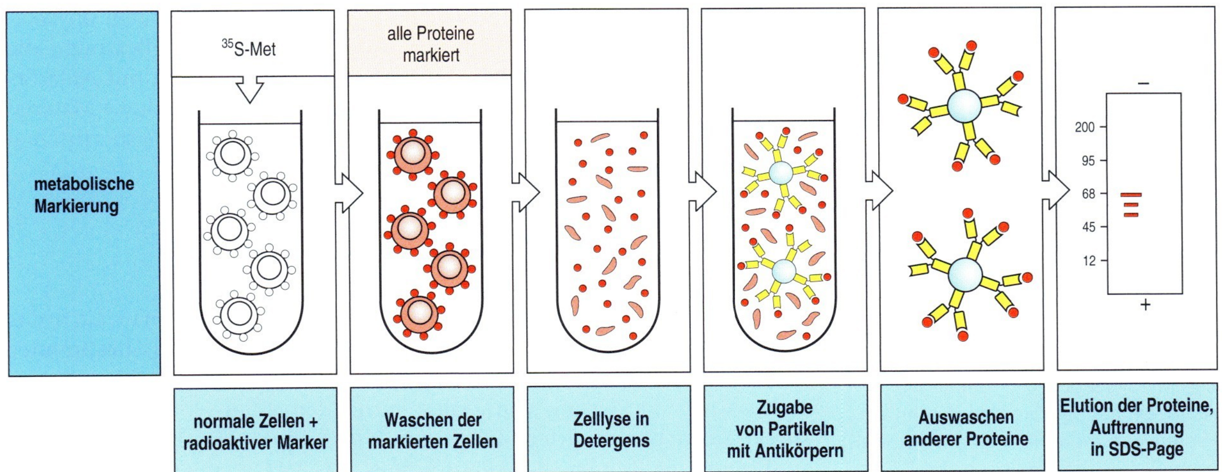

A.19 Zelluläre Proteine, die mit einem Antikörper reagieren, lassen sich durch Immunpräzipitation markierter Zelllysate identifizieren. Alle aktiv synthetisierten zellulären Proteine lassen sich metabolisch markieren, indem man die Zellen mit radioaktiven Aminosäuren inkubiert (hier Methionin). Oberflächenproteine werden hingegen selektiv mit radioaktivem Iod markiert, das die Zellmembran nicht durchdringen kann, oder mit dem kleinen Molekül Biotin, das sich durch die Reaktion mit markiertem Avidin nachweisen lässt (nicht dargestellt). Nach einer Zelllyse mit Detergens kann man die einzelnen markierten Proteine mit monoklonalen Antikörpern präzipitieren, die an Trägerpartikel fixiert sind. Nach Auswaschen der nichtgebundenen Proteine werden die gebundenen mit dem Detergens Natriumdodecylsulfat (SDS) eluiert, welches das Protein vom Antikörper löst und mit einer stark negativ geladenen Hülle versieht. So kann das Protein in einer Polyacrylamidgelelektrophorese (PAGE) entsprechend seiner Molekülgröße wandern. Die Positionen der markierten Proteine kann man durch Autoradiographie mit einem Röntgenfilm ermitteln. Das Verfahren der SDS-PAGE dient der Bestimmung der Molekülmasse und dem Nachweis von Untereinheiten bei Proteinen. Proteinbanden, die man aufgrund einer metabolischen Markierung nachweist, zeigen im Allgemeinen komplexere Muster als die mit radioaktivem Iod markierten Proteine. Dies ist unter anderem auf Proteinvorstufen zurückzuführen (rechts). Die reife Form eines Zelloberflächenproteins lässt sich anhand einer Bande mit der gleichen Größe identifizieren, wie sie bei der Iodierung oder Biotinylierung erscheint (nicht dargestellt).

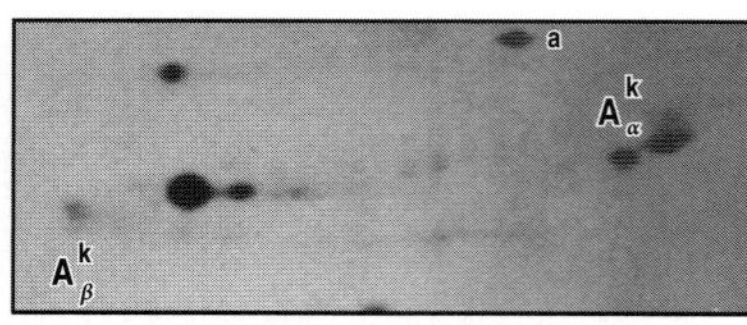

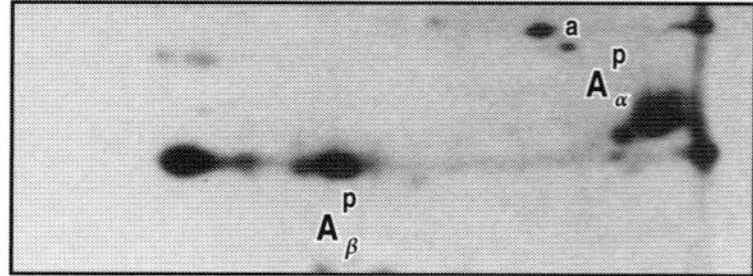

A.20 Zweidimensionale Gelelektrophorese von MHC-Klasse-II-Molekülen. Proteine in Milzzellen der Maus wurden metabolisch markiert (Abb. A.19) und mit einem monoklonalen Antikörper gegen das MHC-Klasse-II-Molekül H2-A der Maus präzipitiert. Die Auftrennung erfolgte in der ersten Dimension durch eine isoelektrische Fokussierung und in der zweiten Dimension durch eine SDS-PAGE im rechten Winkel zur ersten Laufrichtung (daher die Bezeichnung der Methode). So ist es möglich, Moleküle mit derselben Molekülmasse aufgrund ihrer Ladung zu unterscheiden. Die aufgetrennten Proteine werden mithilfe einer Autoradiographie sichtbar gemacht. MHC-Moleküle setzen sich aus den beiden Ketten α und β zusammen. Die Ketten besitzen bei verschiedenen MHC-Klasse-II-Molekülen unterschiedliche isoelektrische Punkte, was bei Vergleich des oberen und des unteren Bildes deutlich wird. Die kleinen Buchstaben k und p geben den MHC-Genotyp der Mäuse an. Actin, ein häufiges kontaminierendes Protein, ist mit a bezeichnet. (Foto mit freundlicher Genehmigung von J. F. Babich.)

den Antikörpern dissoziieren. Das Verfahren nennt man auch abgekürzt **SDS-PAGE**. SDS bindet relativ gleichmäßig an Proteine und verleiht ihnen eine Ladung, die das Molekül im elektrischen Feld durch das Gel wandern lässt. Die Geschwindigkeit wird dabei vor allem von der Molekülmasse bestimmt (Abb. A.19). Proteine mit unterschiedlicher Ladung lassen sich mithilfe der isoelektrischen Fokussierung (Abschnitt A.12) auftrennen. Dieses Verfahren kann man mit einer SDS-PAGE kombinieren und erhält so eine **zweidimensionale Gelelektrophorese**. Dazu eluiert man zuerst das immunpräzipitierte Protein mithilfe von nichtionischem Harnstoff in löslicher Form und führt dann in einem engen, mit Polyacrylamid gefüllten Röhrchen eine isoelektrische Fokussierung durch. Danach legt man dieses Gel oben auf ein SDS-PAGE-Flachgel und trennt die Proteine darin nach ihrer Molekülmasse auf (Abb. A.20). Dieses leistungsfähige Verfahren ermöglicht die Unterscheidung mehrerer hundert Proteine in komplexen Gemischen.

Die Immunpräzipitation und das verwandte Verfahren des Western-Blots (Abschnitt A.18) eignen sich gut für die Bestimmung von Molekülmasse und isoelektrischem Punkt eines Proteins. Außerdem kann man seine Häufigkeit und Verteilung bestimmen und untersuchen, ob sich beispielsweise die Molekülmasse und der isoelektrische Punkt als Folge einer Prozessierung in der Zelle verändern.

Die **Coimmunpräzipitation** ist eine Erweiterung der Immunpräzipitation, und man kann damit feststellen, ob ein bestimmtes Protein physikalisch mit einem anderen Protein in Wechselwirkung tritt. Zellextrakte, die den mutmaßlichen Proteinkomplex enthalten, werden zuerst mit Antikörpern gegen eines der Proteine immunpräzipitiert. Das so erhaltene Material testet man anschließend in einem Western-Blot mit einem spezifischen Antikörper auf das Vorhandensein des anderen Proteins.

A.18 Western-Blot (Immunblot)

Wie die Immunpräzipitation (Abschnitt A.17) verwendet man auch das Verfahren des **Western-Blots** (**Immunblots**) zum Nachweis bestimmter Proteine in einem Zelllysat. Dabei lässt sich jedoch die problematische radioaktive Markierung von Zellen vermeiden. Man gibt ein Detergens direkt zu nichtmarkierten Zellen, um alle Zellproteine zu solubilisieren, und trennt die Proteine des Lysats mittels SDS-PAGE auf (Abschnitt A.17). Anschließend überträgt man die Proteine aus dem Gel auf einen festen Träger (beispielsweise eine Nitrocellulosemembran) und lässt spezifische Antikörper, die mit SDS-gelösten Proteinen (das heißt vor allem mit denaturierten Sequenzen) reagieren, auf das Papier einwirken. Anti-Immunglobulin-Antikörper, die mit Radioisotopen oder Enzymen gekoppelt sind, machen dann die Stellen sichtbar, an denen sich die gebundenen Proteine befinden. Die Bezeichnung Western-Blot entstand in Analogie zum sogenannten Southern-Blot für den Nachweis spezifischer DNA-Sequenzen, der von Ed Southern entwickelt wurde. (Die Bezeichnung Northern-Blot bezieht sich auf die Analyse von nach der Größe aufgetrennten RNA-Fragmenten.) Western-Blots kommen in der Grundlagenforschung und klinischen Diagnose vielfach zur Anwendung, zum Beispiel beim Nachweis von Antikörpern gegen verschiedene Bestandteile des menschlichen Immunschwächevirus HIV (Abb. A.21).

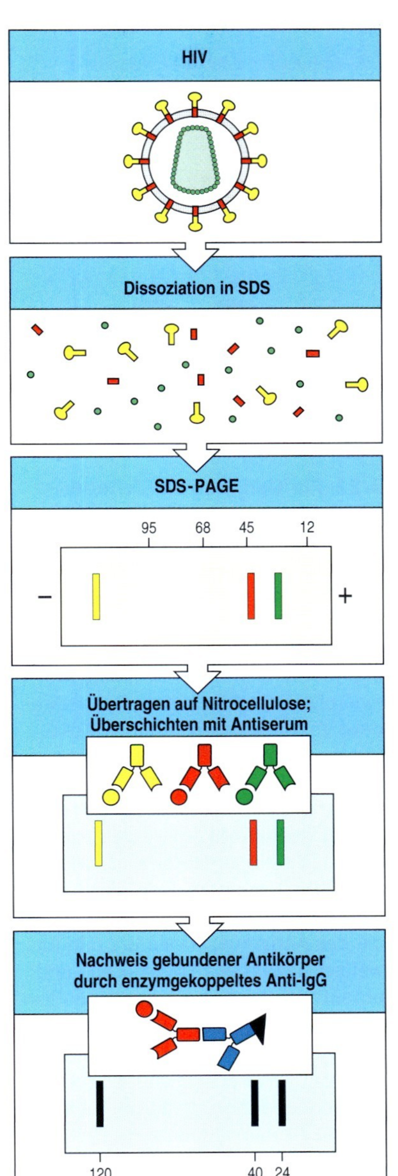

A.21 Im Serum von HIV-infizierten Personen lassen sich Antikörper gegen das menschliche Immunschwächevirus durch einen Western-Blot nachweisen. Das Virus wird durch eine SDS-Behandlung in seine Proteinbausteine zerlegt, die man in einer SDS-PAGE auftrennt. Anschließend überträgt man die Proteine auf Nitrocellulose und lässt sie mit dem Testserum reagieren. Anti-HIV-Antikörper des Serums binden an die verschiedenen HIV-Proteine. Ihr Nachweis erfolgt durch einen enzymgekoppelten Anti-Immunglobulin-Antikörper, das mit einem geeigneten Substrat zu einer Farbreaktion führt. Diese häufig verwendete Methode kann zum Nachweis jeder beliebigen Kombination von Antikörper und Antigen dienen. Die denaturierende Wirkung von SDS führt jedoch dazu, dass das Verfahren am zuverlässigsten mit Antikörpern funktioniert, die das denaturierte Antigen erkennen.

A.19 Verwendung von Antikörpern zur Isolierung und Identifizierung von Genen und deren Produkten

Beim ersten Schritt zur Isolierung des Gens für ein bestimmtes Protein verwendet man Antikörper, die für das Protein spezifisch sind, um das aus Zellen gereinigte Protein mithilfe einer Affinitätschromatographie zu isolieren (Abschnitt A.5). Vom Aminoterminus oder von proteolytischen Fragmenten des Proteins lassen sich kürzere Aminosäuresequenzen bestimmen. Die aus diesen Sequenzen erhaltenen Informationen dienen als Basis für die Herstellung von synthetischen Oligonucleotiden, die aus diesen Peptiden abgeleiteten möglichen DNA-Sequenzen entsprechen. Diese verwendet man als Sonden für die Isolierung des entsprechenden Gens entweder aus einer DNA-Bank mit Sequenzen, die zu mRNA komplementär sind (cDNA-Bank), oder aus einer genomischen Bank mit chromosomalen DNA-Fragmenten.

Ein anderes Verfahren zur Identifizierung von Genen nutzt Antikörper zum Nachweis des Proteinprodukts eines Gens, das in eine Zelle eingeschleust wurde, die das Protein normalerweise nicht exprimiert. Dieses Verfahren dient meistens der Identifizierung und Isolierung von Genen, die Zelloberflächenproteine codieren. Zuerst stellt man aus der Gesamt-RNA von Zellen, die das Gen normalerweise exprimieren, in Expressionsvektoren eine geeignete cDNA-Bank her. Die Vektoren verwendet man für die Transfektion eines Zelltyps, der das gesuchte Protein normalerweise nicht exprimiert, und die Vektoren bewirken die Expression der cDNA, ohne dass diese in die DNA der Wirtszelle integriert wird. Zellen, die das gesuchte Protein nach einer Transfektion exprimieren, werden durch Bindung an spezifische Antikörper isoliert, die das Protein an der Zelloberfläche erkennen. Der Vektor, der das gesuchte Gen enthält, wird aus den Zellen isoliert.

Die so erhaltenen Vektoren werden in Bakterien übertragen, wo sie sich schnell replizieren. Diese amplifizierten Vektoren verwendet man nun für eine zweite Transfektion von Säugetierzellen. Nach mehreren Zyklen aus Transfektion, Isolierung und Amplifizierung in Bakterien erhält man schließlich Einzelkolonien, und die aus jeder Kolonie isolierten Vektoren werden für eine abschließende Transfektion verwendet, die den klonierten

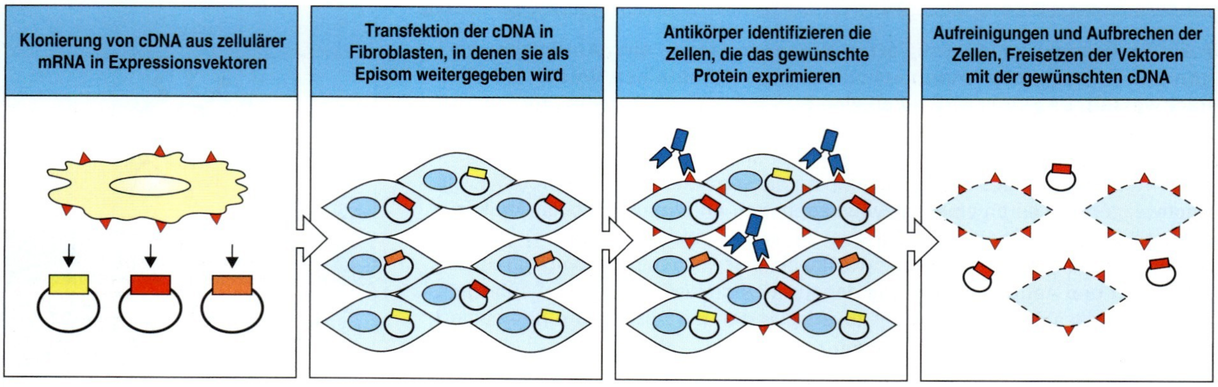

A.22 Ein Gen, das ein Zelloberflächenmolekül codiert, lässt sich isolieren, indem man es in Fibroblasten exprimiert und sein Produkt mit monoklonalen Antikörpern nachweist. Gesamt-mRNA aus Zellen oder Geweben, die das Protein exprimieren, dient als Grundlage für eine cDNA-Genbibliothek. Der verwendete Vektor ermöglicht eine direkte Expression der in Fibroblasten transfizierten cDNA. Zellen, die ein Zelloberflächenprotein exprimieren, binden monoklonale Antikörper, die gegen dieses Protein gerichtet sind, und lassen sich so isolieren. Der Vektor mit dem Gen wird aus den Zellen isoliert, die das Antigen exprimieren, und für weitere Zyklen aus Transfektion und erneuter Isolierung eingesetzt, sodass schließlich aufgrund der reproduzierbaren Expression das Auffinden des richtigen Gens gewährleistet ist. Durch Sequenzierung der cDNA lässt sich die Proteinsequenz ermitteln. Außerdem kann die cDNA zur Herstellung großer Proteinmengen dienen, die für Struktur- und Funktionsanalysen notwendig sind. Das beschriebene Verfahren ist auf Gene beschränkt, die Proteine mit nur einer Peptidkette codieren (also Proteine, die nur von einem Gen codiert werden) und die sich in Fibroblasten exprimieren lassen. Bis jetzt wurde es zur Klonierung zahlreicher für Immunologen interessanter Gene eingesetzt (beispielsweise des CD4-Gens).

Vektor mit dem gesuchten cDNA-Fragment identifizieren soll. Dieses kann man dann isolieren und charakterisieren. Mithilfe dieses Verfahrens ist es gelungen, zahlreiche Gene von Molekülen der Zelloberfläche zu isolieren (Abb. A.22)

Die vollständige Proteinsequenz lässt sich aus der Nucleotidsequenz der zugehörigen cDNA ableiten. Sie kann Hinweise auf die Art des Proteins und seine biologischen Eigenschaften geben. Die Analyse von genomischen DNA-Klonen liefert die Sequenz des Gens und seiner regulatorischen Bereiche. Das Gen kann man manipulieren und durch Transfektion in Zellen übertragen. Das ermöglicht die Produktion in größerem Maßstab sowie Funktionsanalysen. Auf diese Weise ist es gelungen, viele immunologisch wichtige Proteine zu charakterisieren (zum Beispiel die MHC-Glykoproteine).

Das umgekehrte Verfahren dient der Identifizierung unbekannter Proteinprodukte eines klonierten Gens. Mithilfe der Gensequenz stellt man synthetische Peptidfragmente eines solchen Proteins her, die zehn bis 20 Aminosäuren lang sind. Die Peptide werden an Trägerproteine gekoppelt. Wie bei anderen Haptenen lassen sich nun Antikörper erzeugen. Solche Anti-Peptid-Antikörper binden häufig auch an das gesuchte native Protein, sodass es möglich ist, dessen Verteilung in Zellen und Geweben zu ermitteln und seine Funktion festzustellen (Abb. A.23). Dieses Verfahren nennt man häufig reverse Genetik, da es vom Gen zum Phänotyp führt, und nicht wie bei der klassischen genetischen Vorgehensweise umgekehrt. Der große Vorteil der reversen Genetik besteht darin, dass keine vorherigen phänotypischen Analysen erforderlich sind, um ein Gen zu identifizieren.

Antikörper lassen sich auch zur Bestimmung der Funktion von Genprodukten verwenden. Einige Antikörper wirken als Agonisten, wenn die Bindung des Antikörpers an das untersuchte Molekül die Bindung des natürlichen Liganden vortäuscht und die Funktion des Genprodukts aktiviert. So hat man beispielsweise in Fällen, in denen das spezifische Peptidantigen unbekannt war, Antikörper gegen das C3-Molekül zur Stimulation von T-Zellen eingesetzt; dabei treten die Antikörper anstelle der Peptid:MHC-Antigene mit dem T-Zell-Rezeptor in Wechselwirkung. Andererseits können Antikörper auch als Antagonisten wirken, indem sie die Bindung des natürlichen Liganden hemmen und so die Funktion blockieren.

Identifizierung des Gens für eine Erbkrankheit (zum Beispiel Muskeldystrophie) durch genetische Analyse

krankes Kind

gesunde Kinder

Injektion synthetischer Peptide, die Sequenzen des Proteinprodukts des normalen Gens entsprechen, in ein Kaninchen

Antikörper gegen die synthetischen Peptide weisen das Genprodukt in normalen, aber nicht in kranken Zellen nach

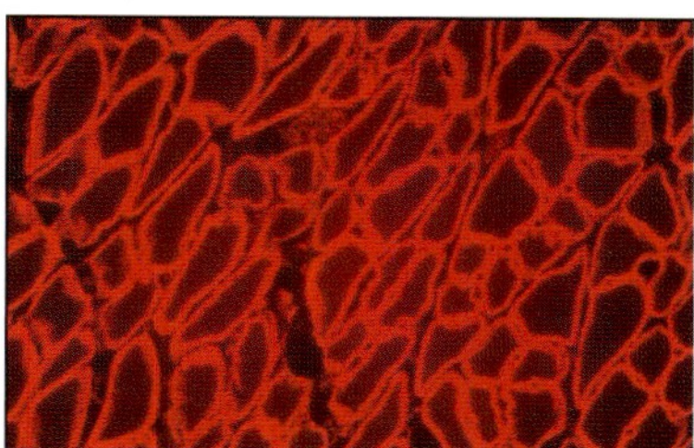

A.23 Als reverse Genetik bezeichnet man das Aufspüren des unbekannten Proteinprodukts eines bekannten Gens durch Antikörper. Hat man ein Gen isoliert, das für eine genetisch bedingte Erkrankung verantwortlich ist, wie die Duchenne-Muskeldystrophie, so lässt sich die Sequenz des unbekannten Proteinprodukts aus der Nucleotidsequenz ableiten. Nun ist eine synthetische Herstellung repräsentativer Peptide möglich. Man erzeugt gegen diese Peptide Antikörper und reinigt sie durch Affinitätschromatographie aus dem Antiserum auf (Abb. A.5). Markierte Antikörper dienen dazu, in Gewebeproben von erkrankten und gesunden Personen das Vorhandensein, die Menge und Verteilung des normalen Genprodukts zu bestimmen. Das Produkt des Dystrophingens kommt bei normalen Mäusen in der Skelettmuskulatur vor (unteres Bild, rote Fluoreszenzfärbung). Es fehlt jedoch in den gleichen Zellen von Mäusen mit der *mdx*-Mutation, einem der Muskeldystrophie entsprechenden Defekt bei der Maus (nicht dargestellt). (Foto mit freundlicher Genehmigung von H. G. W. Lidov und L. Kunkel; ×15.)

Isolierung von Lymphocyten

A.20 Isolierung von Lymphocyten aus dem peripheren Blut mithilfe eines Ficoll-Hypaque-Gradienten

Der erste Schritt bei der Erforschung der Lymphocyten ist ihre Isolierung, damit man ihr Verhalten *in vitro* analysieren kann. Menschliche Lymphocyten lassen sich am leichtesten aus dem peripheren Blut mit einer Dichtezentrifugation isolieren, bei der man einen Stufengradienten aus dem Polymer Ficoll und der iodhaltigen Verbindung Metrizamid einsetzt, die eine hohe Dichte besitzt. Dabei reichern sich die mononucleären Zellen an der Phasengrenze an, und die roten Blutkörperchen, die meisten polymorphkernigen Leukocyten oder Granulocyten werden abgetrennt (Abb. A.24). Die so erhaltene Population sogenannter **peripherer mononucleärer Blutzellen** besteht vor allem aus Lymphocyten und Monocyten. Obwohl sich diese Fraktion leicht isolieren lässt, ist sie für das lymphatische System nicht unbedingt repräsentativ, da im Blut nur zirkulierende Lymphocyten zu finden sind.

Es ist möglich, aus einer Probe oder Kultur eine bestimmte Zellpopulation zu isolieren, indem man die Zellen an antikörperbeschichtete Kunststoffoberflächen bindet (das sogenannte ***panning***). Oder man kann unerwünschte Zellen durch Behandlung mit spezifischen Antikörpern und Komplementproteinen abtöten. Auch reinigt man Zellen durch Säulen mit antikörper- und nylonbeschichteter Stahlwolle, wobei man verschiedene Fraktionen bei unterschiedlichen Bedingungen eluiert. Diese Methode erweitert die Anwendung der Affinitätschromatgraphie auf Zellen und kommt in diesem Bereich inzwischen sehr häufig zur Anwendung. All diese Verfahren kann man auch als ersten Reinigungsschritt vor einer Auftrennung großer Zellmengen in hoch reiner Form durch das FACS-System durchführen (Abschnitt A.22).

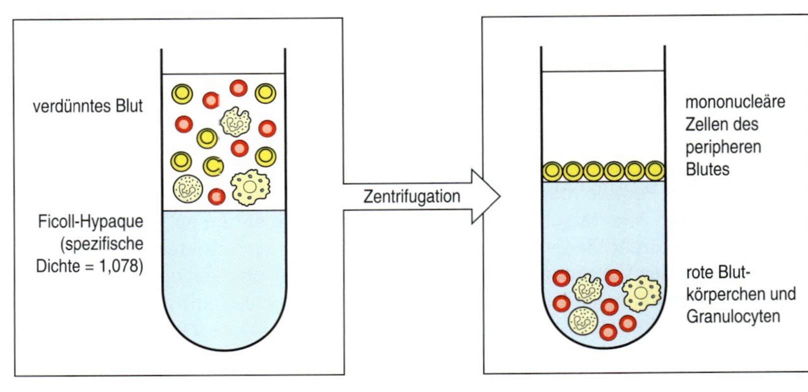

A.24 Periphere mononucleäre Blutzellen lassen sich aus Gesamtblut durch eine Ficoll-Hypaque-Zentrifugation isolieren. Verdünntes, gerinnungsunfähig gemachtes Blut (links) wird über Ficoll-Hypaque geschichtet und zentrifugiert. Rote Blutkörperchen und polymorphkernige Leukocyten oder Granulocyten besitzen eine größere Dichte und werden durch das Ficoll-Hypaque hindurch zentrifugiert, während mononucleäre Zellen (Lymphocyten und einige Monocyten) darüber eine Bande bilden und von der Grenzschicht aufgenommen werden können (rechts).

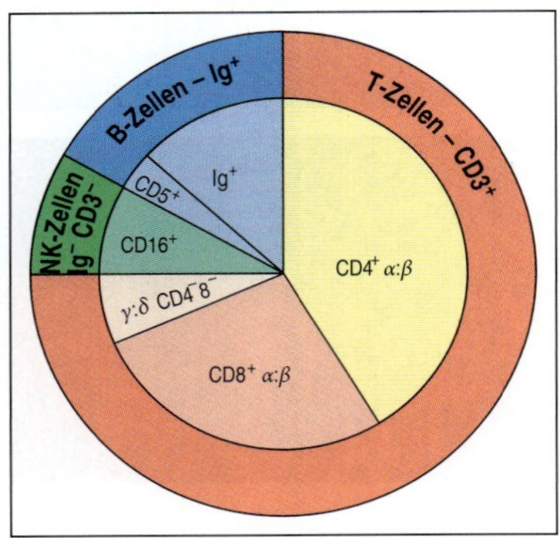

A.25 Verteilung von Lymphocytensubpopulationen im peripheren Blut des Menschen. Lymphocyten lassen sich unterteilen in T-Zellen mit T-Zell-Rezeptoren (die mit Anti-CD3-Antikörpern nachweisbar sind), B-Zellen mit Immunglobulinrezeptoren (nachweisbar mit Anti-Immunglobulin-Antikörpern) und Nullzellen, zu denen die natürlichen Killerzellen (NK-Zellen) gehören und die sich mit keinem der genannten Antikörper markieren lassen (äußerer Bereich des Kreises). Mit Anti-CD4- und Anti-CD8-Antikörpern kann man die $\alpha{:}\beta$-T-Zellen in zwei weitere Gruppen unterteilen (innerer Bereich des Kreises), während die $\gamma{:}\delta$-T-Zellen mit Antikörpern gegen den $\gamma{:}\delta$-T-Zell-Rezeptor identifizierbar sind und meist keine CD4- oder CD8-Moleküle aufweisen. Eine geringe Zahl von B-Zellen exprimiert CD5 als Oberflächenprotein (Abschnitt 7.28).

A.21 Isolierung von Lymphocyten aus anderen Geweben

Man kann bei Versuchstieren und gelegentlich beim Menschen Lymphocyten aus den lymphatischen Organen isolieren, wie aus der Milz, dem Thymus, den Lymphknoten und den darmassozierten lymphatischen Geweben. Beim Menschen sind dies meist die Gaumenmandeln (Abb. 11.5). In den Oberflächenepithelien kommt eine spezialisierte Population von Lymphocyten vor, die sich durch Fraktionierung der von der Basalmembran abgelösten Epithelschicht isolieren lässt. Bei lokalen Immunantworten kann man die Lymphocyten auch direkt vom Ort der Reaktion erhalten. Beispielsweise isoliert man zur Untersuchung der Autoimmunantwort, die vermutlich für die rheumatoide Arthritis (eine Gelenkentzündung) verantwortlich ist, die Lymphocyten aus Flüssigkeitsabsonderungen der betroffenen Gelenkzwischenräume.

A.22 Durchflusscytometrie und FACS-Analyse

Ruhende Lymphocyten zeigen ein scheinbar einheitliches Aussehen. Alle Zellen sind klein und rund, sie besitzen einen verdichteten Kern und wenig Cytoplasma (Abb. 1.6). Dennoch umfassen diese Zellen zahlreiche funktionelle Subpopulationen, die sich voneinander durch die Expression ihrer jeweiligen Zelloberflächenproteine unterscheiden. Diese wiederum lassen sich durch spezifische Antikörper nachweisen (Abb. A.25). B- und T-Lymphocyten kann man beispielsweise durch Antikörper gegen die konstanten Regionen ihrer Antigenrezeptoren eindeutig identifizieren und voneinander trennen. Aufgrund der Expression der Corezeptorproteine CD4 und CD8 kann man T-Zellen noch weiter unterteilen.

Ein Durchflusscytometer eignet sich hervorragend zum Sortieren und Zählen von Lymphocyten. Dabei werden einzelne Zellen nachgewiesen und gezählt, die in einem Strom durch einen Laserstrahl wandern. Ein Gerät, das die Zellen gleichzeitig noch auftrennt, ist das **FACS-Gerät** (*fluorescence-activated cell sorter*). Man verwendet diese Instrumente zur Untersuchung der Eigenschaften von verschiedenen Subpopulationen von

Zellen, die durch monoklonale Antikörper gegen Zelloberflächenproteine identifiziert werden. In einer gemischten Zellpopulation werden bestimmte Zellen zuerst durch Behandlung mit spezifischen monoklonalen Antikörpern, an die Fluoreszenzfarbstoffe gekoppelt sind, oder mit spezifischen Antikörpern und anschließend mit markierten Anti-Immunglobulin-Antikörpern „gekennzeichnet". Das Gemisch der markierten Zellen wird anschließend in einem wesentlich größeren Volumen einer Salzlösung durch eine Düse gepresst. Dadurch entsteht ein feiner Flüssigkeitsstrahl mit vereinzelten Zellen in bestimmten Abständen. Alle Tropfen passieren einen Laserstrahl, wobei es an den Zellen zu einer Lichtstreuung kommt. Sind Farbstoffmoleküle an eine Zelle gebunden, werden sie zur Fluoreszenz angeregt. Empfindliche Photodetektoren messen sowohl das gestreute als auch das emittierte Licht. Ersteres liefert Informationen über die Größe und die Granularität der Zellen. Die Fluoreszenz ermöglicht Aussagen über die Bindung der markierten monoklonalen Antikörper und damit über die Expression der Oberflächenproteine in jeder Zelle (Abb. A.26).

Im Gerät wird aufgrund der zum Computer gesendeten Signale eine elektrische Ladung erzeugt, die genau dann von der Düse durch den Flüssigkeitsstrahl geschickt wird, wenn der Strahl sich in Tröpfchen auflöst. Jeder dieser Tropfen enthält nur eine einzige Zelle. Geladene Tröpfchen können aus der Hauptrichtung der Tröpfchen abgelenkt werden, wenn sie zwischen Platten entgegengesetzter Ladung hindurchfallen. Eine negativ geladene Platte zieht positiv geladene Tröpfchen an und umgekehrt. Auf diese Weise lassen sich aus einer gemischten Zellpopulation spezifische Subpopulationen von Zellen abtrennen, die sich aufgrund der Bindung von markierten Antikörpern unterscheiden. Alternativ kann man auch eine Zellpopulation entfernen, indem man verschiedene Antikörper gegen Markerproteine mit einer Fluoreszenzmarkierung versieht, die von den nicht gewünschten Zelltypen exprimiert werden. Mit dem Gerät lassen sich auch die markierten Zellen verwerfen, sodass die nichtmarkierten Zellen übrig bleiben.

Markiert man Zellen mit einem einzigen Fluoreszenzfarbstoff, erscheinen die im Durchflusscytometer gewonnenen Daten üblicherweise als Histogramm der Fluoreszenzintensität gegen die Zellzahl. Bei zwei oder mehreren Antikörpern mit verschiedenen Fluoreszenzfarbstoffen erscheinen die Daten hingegen als zweidimensionales Streuungsdiagramm oder als Konturdiagramm, wobei die Fluoreszenz eines Antikörpers gegen die eines zweiten aufgetragen wird. Auf diese Weise lässt sich eine Zellpopulation, für die ein bestimmter Antikörper spezifisch ist, mithilfe des zweiten Antikörpers weiter unterteilen (Abb. A.26). Bei großen Zellzahlen liefert das FACS-System Informationen über die quantitative Verteilung von Zellen mit bestimmten Molekülen. Dazu gehören beispielsweise die Immunglobuline auf der Oberfläche der B-Zellen, das rezeptorassoziierte CD3-Protein der T-Zellen oder die Corezeptoren CD4 und CD8, anhand derer sich die großen Untergruppen der T-Zellen unterscheiden lassen. Die FACS-Analyse war auch bei der Definition früher Entwicklungsstadien von B- und T-Zellen hilfreich. Da die Leistungsfähigkeit der FACS-Technik zugenommen hat, kann man eine immer größere Anzahl unterschiedlich fluoreszenzmarkierter Antikörper gleichzeitig einsetzen. Mit geeigneten Geräten lassen sich inzwischen Analysen mit drei, vier und sogar fünf verschiedenen Farbstoffen durchführen. FACS-Analysen sind für zahlreiche immunologische Fragestellungen einsetzbar und spielten auch eine wichtige Rolle bei der Entdeckung, dass AIDS eine Erkrankung ist, bei der selektiv CD4-Zellen zerstört werden (Kapitel 12).

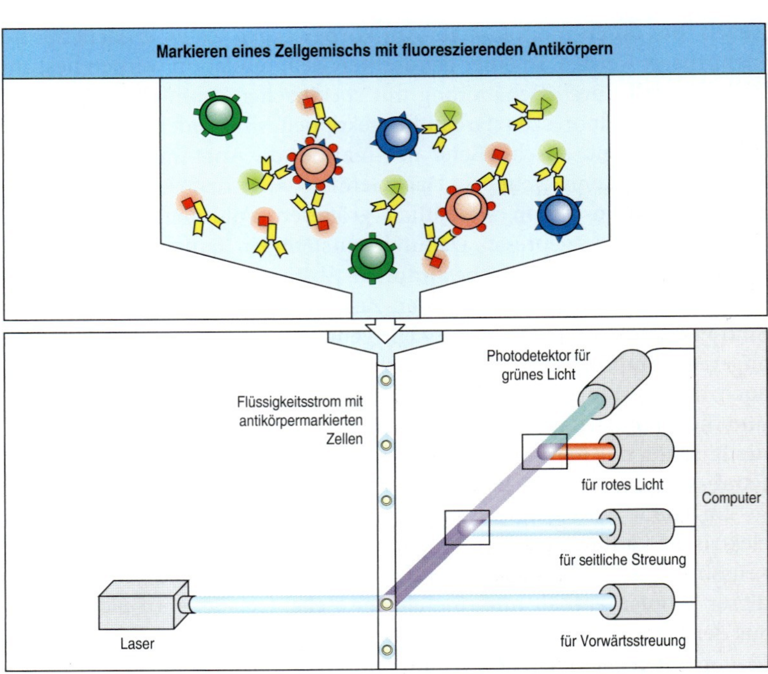

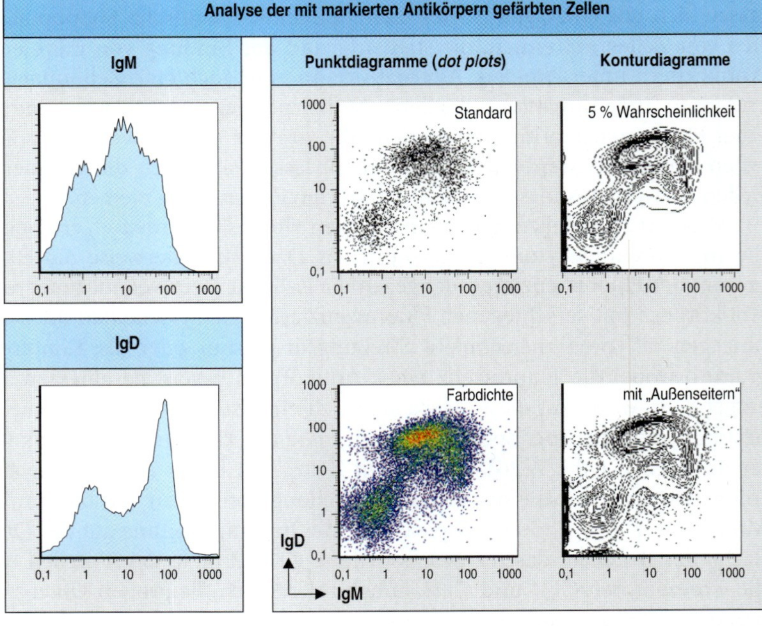

A.26 Die Durchflusscytometrie (FACS) ermöglicht die Identifizierung und das Sortieren von Zellen aufgrund ihrer Oberflächenantigene. Dazu werden die Zellen zuerst mit Fluoreszenzfarbstoffen markiert (Bild oben). Bei der direkten Markierung verwendet man spezifische, gegen Antigene der Zelloberfläche gerichtete Antikörper, an die ein Farbstoffmolekül gekoppelt ist (wie hier zu sehen). Die indirekte Markierung erfolgt mit fluoreszenzmarkierten Immunglobulinen, wodurch nichtmarkierte, zellgebundene Antikörper nachgewiesen werden. Die Zellen werden durch eine Kapillare gepresst, sodass ein Strom einzelner Zellen entsteht, der dann von einem Laserstrahl erfasst wird (zweites Bild). Photodetektoren messen die Lichtstreuung, die ein Maß für die Größe und die Granularität einer Zelle darstellt, und die Emissionen der verschiedenen Fluoreszenzfarbstoffe. Ein Computer analysiert die Informationen. Untersucht man viele Zellen auf diese Weise, lässt sich die Anzahl der Zellen mit bestimmten Eigenschaften genau ermitteln und zudem die Expressionsrate verschiedener Moleküle auf der Zelloberfläche messen. Der untere Teil der Abbildung zeigt mögliche Darstellungsformen der Ergebnisse, in diesem Fall der Expression der beiden Oberflächenimmunglobuline IgM und IgD in einer Probe von B-Zellen aus der Milz einer Maus. Bei Expression nur einer Molekülart wählt man normalerweise die Form eines Histogramms (links). Histogramme zeigen die Verteilung von Zellen, die durch einen einzigen messbaren Parameter charakterisiert werden sollen (wie Größe, granuläre Struktur, Intensität der Fluoreszenz). Bei zwei oder mehr Parametern pro Zelle (IgM und IgD) sind verschiedene zweifarbige Darstellungen möglich (rechts). Alle vier Diagramme basieren auf denselben Daten. Die horizontale Achse markiert die Intensität der IgM-Fluoreszenz, die vertikale die der IgD-Fluoreszenz. Zweifarbige Diagramme enthalten mehr Informationen als Histogramme: Sie ermöglichen beispielsweise die Unterscheidung von Zellen, die für beide Farben „hell", für eine Farbe „dunkel" und für die andere „hell", für beide Farben „dunkel" oder für beide negativ erscheinen und so weiter. Die Ansammlung von Punkten im linken unteren Bereich entspricht immer denjenigen Zellen, die keines der beiden Immunglobuline exprimieren; dabei handelt es sich vor allem um T-Zellen. Das Standardpunktdiagramm (*dot plot*, links oben) setzt für jede Zelle, deren Fluoreszenz gemessen wird, einen einzigen Punkt. Mit diesem Verfahren kann man Zellen isolieren, die außerhalb der Haupttypen liegen. Sind jedoch von einem Typ sehr viele Zellen vorhanden, kommt es zu einer Sättigung der Darstellung. Eine weitere Art der Datenpräsentation ist ein Diagramm aus farbigen Punkten (unten links). Hier entspricht die Farbdichte der Zelldichte. Bei einem Konturdiagramm (rechts oben) werden Linien bei jeweils fünf Prozent „Wahrscheinlichkeit" gezogen, das heißt fünf Prozent der Zellen zwischen zwei Linien liefern die beste monochrome Darstellung von Bereichen mit hoher und niedriger Dichte. Das Konturdiagramm mit fünf Prozent Wahrscheinlichkeit unten rechts enthält zusätzlich außerhalb liegende Zellen als Punkte.

A.23 Isolierung von Lymphocyten mithilfe von antikörperbeschichteten magnetischen Partikeln

Das FACS-System eignet sich zwar ausgezeichnet für die Isolierung geringer Zellmengen in reiner Form. Benötigt man jedoch schnell größere Mengen an Lymphocyten, so sind mechanische Verfahren zur Zelltrennung vorzuziehen. Eine effektive und genaue Methode besteht in der Verwendung von paramagnetischen Partikeln, die mit Antikörpern gegen charakteristische Oberflächenmoleküle beschichtet sind. Diese antikörperbeschichteten Partikel vermischt man mit den Zellen, die getrennt werden sollen, und gibt sie auf eine Säule mit einem Material, das die paramagnetischen Partikel festhält, wenn man die Säule einem starken Magnetfeld aussetzt. Dabei werden die Zellen zurückgehalten, die an die magnetisch markierten Antikörper binden, wogegen Zellen ohne das passende Oberflächenmolekül ausgewaschen werden (Abb. A.27). Die gebundenen Zellen werden aufgrund der Expression des spezifischen Oberflächenmoleküls positiv selektiert, die ungebundenen Zellen aufgrund der fehlenden Expression dagegen negativ.

A.24 Isolierung von homogenen T-Zell-Linien

Die Analyse der Spezifität und Effektorfunktion von T-Zellen beruht auf der Untersuchung von monoklonalen Populationen der T-Lymphocyten. Es gibt vier Möglichkeiten, solche Zellen zu erzeugen. Erstens lassen sich normale T-Zellen, die nach einer spezifischen Reaktion auf ein Antigen proliferieren, mit malignen T-Lymphom-Zellen fusionieren. Das Ergebnis sind **T-Zell-Hybride**, die den B-Zell-Hybridomen entsprechen. Die Hybride exprimieren den Rezeptor der normalen T-Zellen, aber aufgrund der krebsartigen Eigenschaften der ursprünglichen Lymphomzellen vermehren sie sich unbegrenzt. T-Zell-Hybride lassen sich klonieren, sodass eine Zellpopulation entsteht, die nur einen bestimmten T-Zell-Rezeptor exprimiert. Wenn diese Zellen durch ihr spezifisches Antigen stimuliert werden, setzen sie biologisch aktive Mediatormoleküle frei, beispielsweise den T-Zell-Wachstumsfaktor Interleukin-2 (IL-2). Die Cytokinproduktion dient als Test zur Bestimmung der Spezifität von T-Zell-Hybriden.

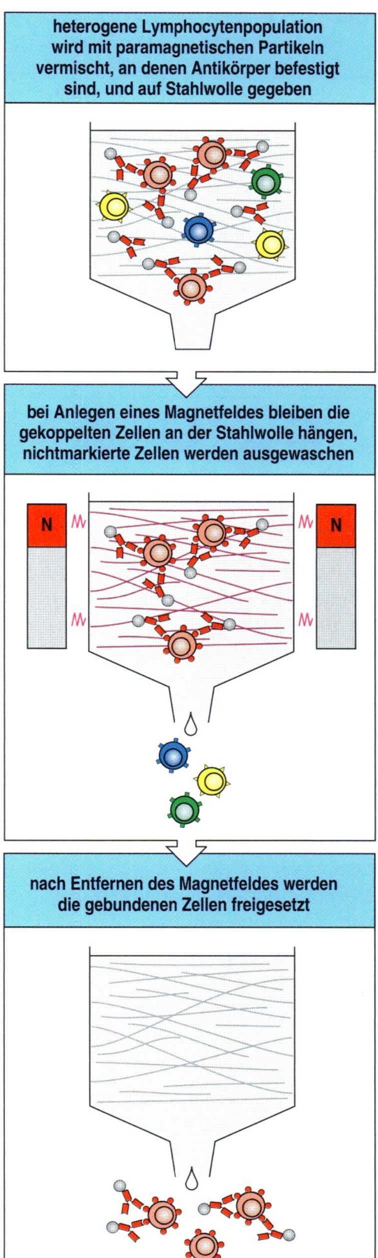

A.27 Subpopulationen von Lymphocyten lassen sich durch an paramagnetische Partikel gekoppelte Antikörper physikalisch auftrennen. Ein monoklonaler Antikörper aus der Maus, der für ein bestimmtes Zelloberflächenantigen spezifisch ist, wird an paramagnetische Partikel gekoppelt. Diese werden mit einer heterogenen Lymphocytenpopulation vermischt und in eine Säule gegeben, die Stahlwolle enthält. Dann legt man ein magnetisches Feld an, sodass die an die Antikörper gebundenen Zellen an der Stahlwolle hängen bleiben, während nichtgebundene Zellen ausgewaschen werden. Diese bezeichnet man als negativ selektiert, da ihnen das gesuchte Molekül fehlt. Die gebundenen Zellen werden durch Abschalten des Magnetfeldes freigesetzt: Man bezeichnet sie als positiv selektiert, da das Antigen vom Antikörper erkannt wurde.

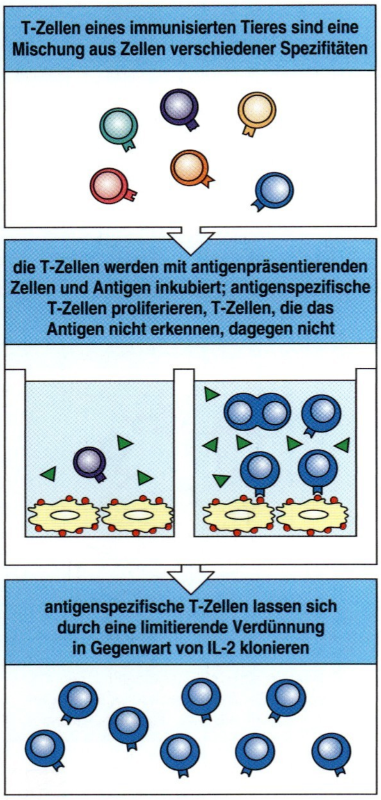

T-Zellen eines immunisierten Tieres sind eine Mischung aus Zellen verschiedener Spezifitäten

die T-Zellen werden mit antigenpräsentierenden Zellen und Antigen inkubiert; antigenspezifische T-Zellen proliferieren, T-Zellen, die das Antigen nicht erkennen, dagegen nicht

antigenspezifische T-Zellen lassen sich durch eine limitierende Verdünnung in Gegenwart von IL-2 klonieren

A.28 Klonierung von T-Zell-Linien. T-Zellen von einem immunen Spender, die verschiedene Spezifitäten umfassen, werden durch Antigene und antigenpräsentierende Zellen aktiviert. Einzelne reaktive Zellen werden durch limitierende Verdünnung in Gegenwart des T-Zell-Wachstumsfaktors IL-2 kultiviert, der selektiv die reaktiven Zellen aktiviert. Daraus leiten sich antigenspezifische Zelllinien ab, die zusammen mit dem Antigen, antigenpräsentierenden Zellen und IL-2 in Kultur vermehrt werden.

T-Zell-Hybride lassen sich ausgezeichnet für Spezifitätsanalysen verwenden, da sie in Suspensionskultur gut wachsen können. Sie sind jedoch nicht geeignet, wenn man die Regulation der antigenspezifischen Proliferation von T-Zellen untersuchen will, da sie sich fortwährend teilen. T-Zell-Hybride lassen sich auch nicht auf Tiere übertragen, um Funktionstests *in vivo* durchzuführen, da sich dann Tumoren ausbilden. Des Weiteren sind jegliche Funktionstests an Hybridzellen nur eingeschränkt möglich, da die malignen Eigenschaften der Zellen deren Verhalten beeinflussen. Deshalb muss man die Regulation des Zellwachstums an **T-Zell-Klonen** untersuchen. Dabei handelt es sich um klonierte Zelllinien, die aus einem einzigen T-Zell-Typ mit einer einzigen Spezifität bestehen und sich aus heterogenen Kulturen von T-Zellen ableiten. Diese wiederum bezeichnet man als **T-Zell-Linien**, und ihre Proliferation hängt von der periodisch wiederholten Stimulation mit dem spezifischen Antigen und häufig auch der Zuführung von T-Zell-Wachstumsfaktoren ab (Abb. A.28). T-Zell-Klone erfordern ebenfalls eine periodisch wiederholte Stimulation mit dem Antigen. Sie sind schwieriger zu vermehren als T-Zell-Hybride. Weil aber ihr Wachstum auf der spezifischen Antigenerkennung basiert, behalten sie ihre Antigenspezifität, die bei T-Zell-Hybriden oft verloren geht. Zudem kann man mit klonierten T-Zell-Linien die Effektorfunktionen *in vitro* und *in vivo* untersuchen. Die Proliferation der T-Zellen, die bei der klonalen Selektion eine wichtige Rolle spielt, lässt sich zudem nur an klonierten T-Zell-Linien verfolgen, weil dieses Wachstum auf der Antigenerkennung beruht. Daher kommt beiden Typen von monoklonalen T-Zell-Linien für experimentelle Untersuchungen eine große Bedeutung zu.

Untersuchungen menschlicher T-Zellen beruhen zu einem großen Teil auf klonierten Zelllinien, da es noch keinen geeigneten Fusionspartner für die Herstellung von Zellhybriden gibt. Man hat jedoch eine menschliche T-Zell-Lymphom-Linie (das Jurkat-Lymphom) genauer analysiert. Die Zellen sezernieren Interleukin-2, wenn ihr Antigenrezeptor mit monoklonalen Anti-Rezeptor-Antikörpern quervernetzt wird. Dieses einfache Testsystem hat zahlreiche Informationen über die Signalübermittlung bei T-Zellen geliefert. Eines der interessantesten Merkmale der Jurkat-Zellen findet man auch bei T-Zell-Hybriden: Sie hören auf zu wachsen, wenn ihre Antigenrezeptoren quervernetzt werden. So ist es möglich, Zellmutanten ohne Rezeptoren oder mit Defekten in der Signaltransduktion zu selektieren, weil sie bei Zugabe von Anti-Rezeptor-Antikörpern weiterwachsen. Auf diese Weise lassen sich T-Zell-Tumoren, T-Zell-Hybride und klonierte T-Zell-Linien in der experimentellen Immunologie nutzbringend anwenden.

Schließlich kann man primäre T-Zellen jedes beliebigen Ursprungs durch eine limitierende Verdünnungskultur (Abschnitt A.25) aus jedem beliebigen Ursprung als einzelne antigenpräsentierende Zellen isolieren. Dies ist vorteilhafter als vorher eine gemischte Zellpopulation in Kultur als T-Zell-Linie zu etablieren und dann daraus klonale Subpopulationen heranzuziehen. Während des Wachstums von T-Zell-Linien können sich einzelne T-Zell-Klone in den Kulturen stark vermehren und so hinsichtlich Anzahl und Spezifitäten die ursprüngliche Probe verfälschen. Durch direkte Klonierung von primären T-Zellen lässt sich dieses Artefakt vermeiden.

Charakterisierung der Spezifität, Anzahl und Funktion von Lymphocyten

B-Zellen sind relativ einfach zu charakterisieren, da sie nur eine Funktion besitzen: die Produktion von Antikörpern. Bei T-Zellen ist eine Charakterisierung schwieriger, da sie mehrere verschiedene Klassen mit unterschiedlichen Funktionen umfassen. Es ist zudem technisch viel aufwändiger, membrangebundene T-Zell-Rezeptoren zu untersuchen als die in großer Zahl sezernierten Antikörper der B-Zellen. Alle Verfahren in diesem Teil des Anhangs lassen sich auf T-Zellen anwenden, einige auch für den Nachweis und die quantitative Bestimmung von B-Zellen.

Häufig muss man die Anzahl der antigenspezifischen Zellen, besonders der T-Zellen, kennen, um beispielsweise die Effektivität zu bestimmen, mit der ein Individuum auf ein bestimmtes Antigen reagiert, oder das Ausmaß des etablierten immunologischen Gedächtnisses festzustellen. Dafür gibt es eine Reihe von Methoden. Möglich ist entweder der direkte Nachweis der Zellen aufgrund der Spezifität ihres Rezeptors oder eine Bestimmung der Aktivierung bestimmter Funktionen in den Zellen, beispielsweise die Erzeugung von Cytokinen oder die Cytotoxizität.

Das zuerst entwickelte Verfahren dieser Art war die limitierende Verdünnungskultur (Abschnitt A.25), mit der man die Anzahl spezifischer T- oder B-Zellen abschätzen kann, die auf ein bestimmtes Antigen reagieren. Dabei verteilt man die Zellen mit zunehmender Verdünnung in die 96 Vertiefungen einer Mikrotiterplatte und bestimmt die Zahl der Öffnungen, in denen sich keine Reaktion zeigt. Diese Art des Tests wird jedoch sehr arbeitsaufwendig, wenn man differenziertere Fragestellungen über den Phänotyp der reaktiven Zellen beantworten oder die Reaktionen verschiedener Subpopulationen der Zellen miteinander vergleichen will.

Ein einfacheres Verfahren zur Messung von Reaktionen bei T-Zell-Populationen leitet sich aus einer Variante des Antigen-Sandwich-ELISA ab (Abschnitt A.6). Man bezeichnet diese Methode als ELISPOT-Test (Abschnitt A.26) und bestimmt damit die Cytokinproduktion von T-Zellen. Beim ELISPOT-Test werden Cytokine, die von bestimmten aktivierten T-Zellen stammen, als einzelne Punkte auf einer Kunststoffplatte fixiert. Durch Zählen der Punkte erhält man die Anzahl der aktivierten T-Zellen. Der ELISPOT-Test ist vielfach mit denselben Nachteilen behaftet wie der limitierende Verdünnungstest, wenn man Informationen über die Art der aktivierten Zellen braucht. Außerdem ist es möglicherweise schwierig festzustellen, ob einzelne Zellen Cytokingemische produzieren können. Daher musste man Testmethoden entwickeln, mit denen sich diese Messungen an einzelnen Zellen durchführen lassen. Messungen mithilfe der Durchflusscytometrie (Abschnitt A.22) brachten die Lösung, da es nun möglich war, fluoreszenzmarkierte Cytokine innerhalb aktivierter T-Zellen nachzuweisen. Der Nachteil dieser intrazellulären Cytokinfärbung (Abschnitt A.27) besteht darin, dass die T-Zellen abgetötet und mit Detergenzien durchlässig gemacht werden müssen, damit die Cytokine zu erkennen sind. Daraufhin entwickelte man ein komplizierteres Verfahren, bei dem sezernierte markierte Cytokine an der Oberfläche lebender T-Zellen abgefangen werden (Abschnitt A.27).

Schließlich gibt es Verfahren für den direkten Nachweis von T-Zellen aufgrund der Spezifität ihres Rezeptors, wobei man fluoreszenzmarkierte

Tetramere aus Peptid:MHC-Komplexen einsetzt (Abschnitt A.28). Diese Methoden haben die Untersuchung von T-Zell-Reaktionen in ähnlicher Weise revolutioniert wie die Verwendung von monoklonalen Antikörpern.

A.25 Limitierende Verdünnungskultur

Die Reaktion einer Lymphocytenpopulation liefert nur ein Gesamtbild. Die Häufigkeit spezifischer Lymphocyten, die auf ein bestimmtes Antigen reagieren, kann durch eine **limitierende Verdünnungskultur** festgestellt werden. Der Test verwendet die statistische Funktion der Poisson-Verteilung, welche die zufällige Verteilung von Objekten beschreibt. Verteilt man beispielsweise eine Probe von heterogenen T-Zellen gleichmäßig auf kleine Kulturgefäße, gelangen in einige Gefäße keine für das entsprechende Antigen spezifische T-Zellen, in einige Gefäße gelangt eine Zelle, in einige zwei Zellen und so weiter. Die Zellen werden mit dem spezifischen Antigen, antigenpräsentierenden Zellen und Wachstumsfaktoren aktiviert. Nach einigen Tagen, die für das Wachstum und die Differenzierung notwendig sind, testet man die Reaktion auf das Antigen, etwa die Freisetzung von Cytokinen oder das Abtöten spezifischer Zielzellen (Abb. A.29). Der Test wird mit verschiedenen Anzahlen von T-Zellen in der Probe wiederholt. Man trägt den Logarithmus des Anteils der Gefäße ohne Reaktion gegen

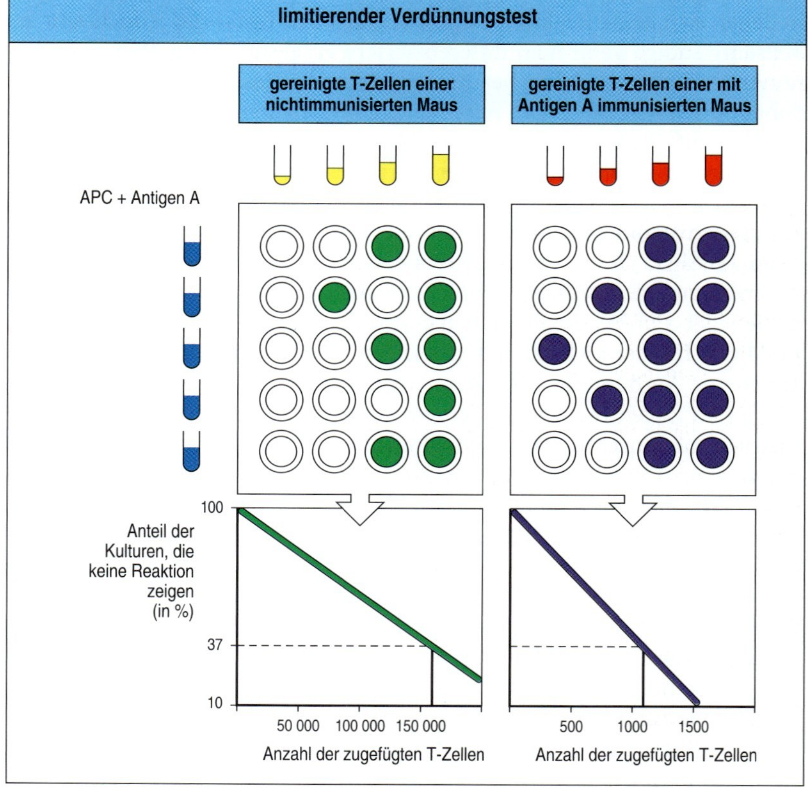

A.29 Die Häufigkeit bestimmter Lymphocyten lässt sich durch limitierende Verdünnung bestimmen. Man gibt verschiedene Mengen lymphatischer Zellen aus normalen und immunisierten Mäusen in einzelne Vertiefungen auf Mikrotiterplatten und stimuliert sie mit einem Antigen und antigenpräsentierenden Zellen (APC) oder einem polyklonalen Mitogen und Wachstumsfaktoren. Nach mehreren Tagen testet man die spezifischen Antigenreaktionen der Kulturen wie das cytotoxische Abtöten von Zielzellen. Jede Vertiefung, die ursprünglich eine spezifische T-Zelle enthielt, zeigt nun eine Reaktion. Die Poisson-Verteilung legt fest, dass bei einem Anteil von 37 % negativen Kulturen jede Vertiefung zu Beginn durchschnittlich eine einzige spezifische T-Zelle enthalten hat. Im dargestellten Beispiel sind bei den nichtimmunisierten Mäusen 37 % der Kulturen negativ, wenn zu jedem Gefäß 160 000 T-Zellen zugefügt wurden. Also liegt der Anteil an antigenspezifischen Zellen bei 1:160 000. Für die immunisierten Mäuse sind bei nur 1 100 zugefügten Zellen 37 % der Kulturen negativ. Der Anteil spezifischer T-Zellen beläuft sich hier also auf 1:1 100, was einer Erhöhung der Zahl reaktiver Zellen um den Faktor 150 entspricht.

die Zahl der Zellen auf, die ursprünglich hineingegeben wurden. Wenn nur ein einziger Zelltyp (meist antigenspezifische T-Lymphocyten aufgrund ihrer Seltenheit) der limitierende Faktor für eine Reaktion ist, ergibt sich daraus eine Gerade. Bei der Poisson-Verteilung gilt, dass pro Vertiefung durchschnittlich eine antigenspezifische Zelle vorhanden ist, wenn der Anteil der negativen Löcher 37 % beträgt. Dann entspricht der Anteil antigenspezifischer Zellen in einer Population dem Kehrwert der Zellzahl pro Gefäß. Nach der ersten Immunisierung nimmt die Häufigkeit spezifischer Zellen stark zu. Das zeigt, dass das Antigen die Proliferation antigenspezifischer Zellen fördert. Mit einer limitierenden Verdünnungskultur lässt sich auch die Häufigkeit von B-Zellen ermitteln, die Antikörper gegen ein bestimmtes Antigen produzieren.

A.26 ELISPOT-Test

Eine Variante des Sandwich-ELISA (Abschnitt A.6), den man als **ELISPOT-Test** bezeichnet, hat sich bei der Bestimmung der Häufigkeit von T-Zell-Reaktionen als sehr hilfreich erwiesen. T-Zell-Populationen werden mit dem ausgesuchten Antigen stimuliert und dann in die Vertiefungen einer Mikrotiterplatte gegeben, wo sich die Zellen absetzen. Die Vertiefungen sind mit Antikörpern gegen das Cytokin beschichtet, das untersucht werden soll (Abb. A.30). Wenn eine aktivierte T-Zelle dieses Cytokin freisetzt, wird das Molekül auf der Kunststoffoberfläche von dem Antikörper festgehalten. Nach einiger Zeit entfernt man die Zellen und gibt einen zweiten Antikörper gegen das Cytokin in die Vertiefungen. Dadurch lässt sich um jede aktivierte T-Zelle ein Hof von gebundenem Cytokin sichtbar machen. Aufgrund der Zahl der entstandenen Flecken und der bekannten Anzahl der T-Zellen, die man ursprünglich in jede Vertiefung gegeben

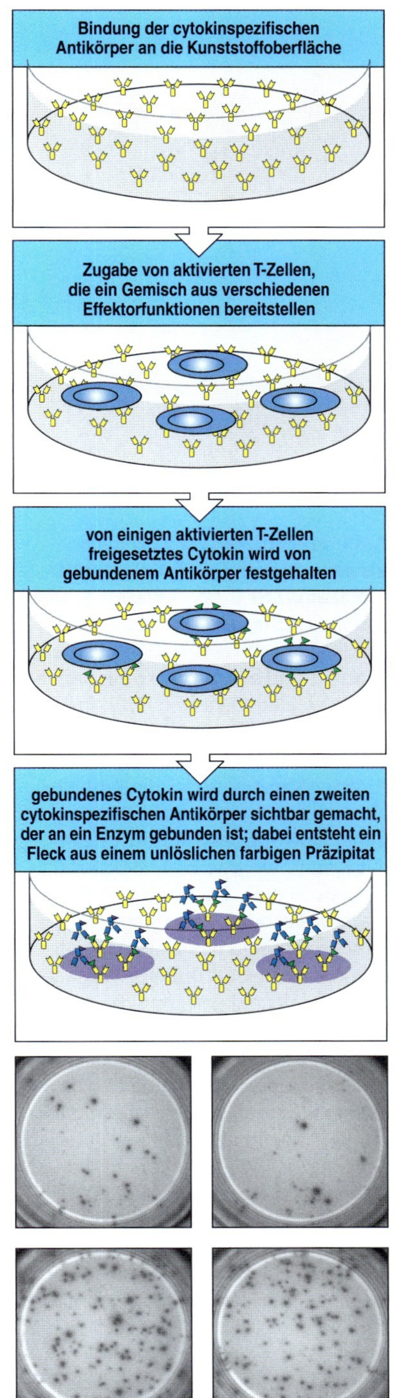

A.30 Die Häufigkeit von cytokinsezernierenden Zellen lässt sich mithilfe des ELISPOT-Tests bestimmen. Der ELISPOT-Test ist eine Variante des ELISAs. An eine Kunststoffoberfläche gebundene Antikörper sollen Cytokine binden, die von bestimmten T-Zellen freigesetzt werden. Normalerweise werden die cytokinspezifischen Antikörper an die Oberfläche einer Vertiefung in einer Mikrotiterplatte gebunden, und nichtgebundene Antikörper werden wieder entfernt (Bild oben). Dann gibt man aktivierte T-Zellen dazu und lässt sie auf die antikörperbeschichtete Oberfläche einwirken (zweites Bild). Wenn eine T-Zelle das passende Cytokin exprimiert, bleibt das Molekül an den befestigten Antikörpermolekülen haften, die sich in unmittelbarer Umgebung der Zelle befinden (drittes Bild). Nach einer bestimmten Zeit entfernt man die T-Zellen und weist das spezifische Cytokin mithilfe eines zweiten Antikörpers nach, der für dasselbe Cytokin spezifisch ist. Nach der Bindung dieses Antikörpers entsteht ein farbiges Reaktionsprodukt (viertes Bild). Um jede T-Zelle, die ursprünglich das Cytokin sezerniert hat, bildet sich nun ein farbiger Fleck (daher die Bezeichnung der Methode). Im untersten Bild ist das Ergebnis eines solchen ELISPOT-Tests dargestellt: T-Zellen wurden auf verschiedene Weise stimuliert und setzten daraufhin IFN-γ frei. Bei diesem Beispiel behandelte man T-Zellen aus dem Empfänger eines Stammzellentransplantats mit einem Kontrollpeptid (obere Bilder) oder einem Peptid des Cytomegalievirus (untere Bilder). In den unteren Bildern ist eine größere Anzahl von Flecken zu erkennen, die deutlich anzeigen, dass die T-Zellen des Patienten auf das Viruspeptid reagieren können und IFN-γ produzieren. (Fotos mit freundlicher Genehmigung von S. Nowack.)

hat, lässt sich die Häufigkeit von T-Zellen berechnen, die ein bestimmtes Cytokin freisetzen (daher die Bezeichnung ELISPOT). Der Test eignet sich auch für den Nachweis von sezernierten spezifischen Antikörpern bei B-Zellen. In diesem Fall ist die Kunststoffoberfläche mit Antigen beschichtet, und es werden die spezifischen Antikörper festgehalten, die anschließend zum Nachweis der gebundenen Antikörper mit fluoreszenzgekoppelten Immunglobulinen markiert werden.

A.27 Identifizierung funktioneller Subpopulationen der T-Zellen durch Cytokinfärbung

Ein Problem bei der Bestimmung der Cytokinproduktion besteht darin, dass die Cytokine von den T-Zellen in das umgebende Medium freigesetzt werden, sodass eine direkte Zuordnung des Cytokins zu einer Zelle nicht möglich ist. Um das Cytokinprofil einer beliebigen Zelle zu bestimmen, stehen zwei Methoden zur Verfügung. Das erste Verfahren wird als **intrazelluläre Cytokinfärbung** (Abb. A.31) bezeichnet und basiert auf Stoffwechselgiften, die den Proteinexport aus der Zelle hemmen. So sammelt sich das Cytokin im endoplasmatischen Reticulum und im Vesikelnetzwerk der Zelle an. Wenn die Zellen anschließend fixiert und durch ein mildes Detergens permeabilisiert werden, können Antikörper in die intrazellulären Kompartimente gelangen und an das Cytokin binden. In den T-Zellen lassen sich gleichzeitig auch andere Marker anfärben, sodass man beispielsweise die Häufigkeit von IL-10-produzierenden $CD25^+$-CD4-T-Zellen einfach bestimmen kann.

Der Vorteil der zweiten Methode besteht darin, dass die untersuchten Zellen dabei nicht abgetötet werden. Das Verfahren wird als ***cytokine capture*** bezeichnet und beruht auf Hybridantikörpern. Bei diesen sind zwei Paare aus schwerer und leichter Kette von zwei verschiedenen Antikörpern zu einem gemischten Antikörpermolekül kombiniert, bei dem die beiden Antigenbindungsstellen unterschiedliche Liganden erkennen (Abb. A.32). Bei diesen doppeltspezifischen Antikörpern zum Nachweis der Cytokinproduktion erkennt eine der Antigenbindungsstellen einen Oberflächenmarker der T-Zellen, während die andere Stelle für das gesuchte Cytokin spezifisch ist. Der doppeltspezifische Antikörper bindet über die Bindungsstelle für den Zelloberflächenmarker an die T-Zelle, während die Cytokinbindungsstelle frei bleibt. Wenn die Zelle das entsprechende Cytokin sezerniert, wird dieses von dem gebundenen Antikörper „eingefangen", bevor es sich von der Zelloberfläche lösen kann. Das Cytokin lässt sich dann durch

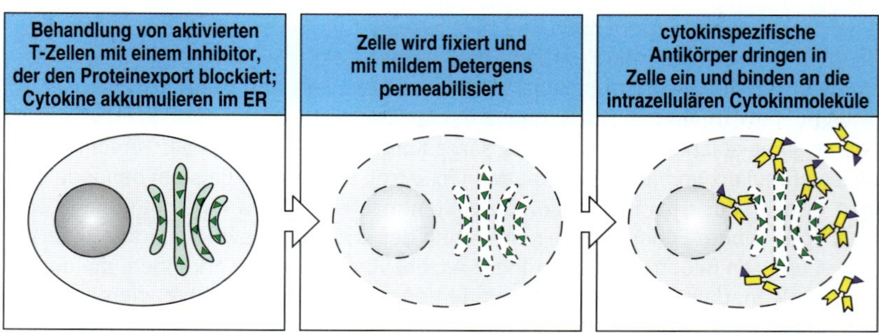

A.31 Identifizierung von cytokinsezernierenden Zellen durch intrazelluläre Cytokinfärbung. Die von aktivierten T-Zellen sezernierten Cytokine lassen sich mithilfe fluoreszenzmarkierter Antikörper bestimmen, die diese akkumulierten Cytokine innerhalb von Zellen erkennen können. Die Akkumulation der Cytokine bis zu einer Konzentration, die für einen Nachweis ausreicht, erzielt man durch Behandlung der aktivierten T-Zellen mit Inhibitoren des Proteinexports. In so behandelten Zellen werden Proteine, die eigentlich sezerniert werden sollen, innerhalb des endoplasmatischen Reticulums zurückgehalten (erstes Bild). Dann fixiert man die Zellen, um die Proteine innerhalb der Zellen und in den Zellmembranen zu vernetzen. So bleiben sie erhalten, wenn die Zellen durch Auflösen der Zellmembranen mithilfe eines milden Detergens permeabilisiert werden (Mitte). Nun können fluoreszenzmarkierte Antikörper in die Zellen eindringen und dort an die Cytokine binden (letztes Bild). Auf diese Weise kann man Zellen auch mit Antikörpern markieren, die mit Zelloberflächenproteinen reagieren. So lässt sich feststellen, welche Subpopulationen der T-Zellen bestimmte Cytokine sezernieren.

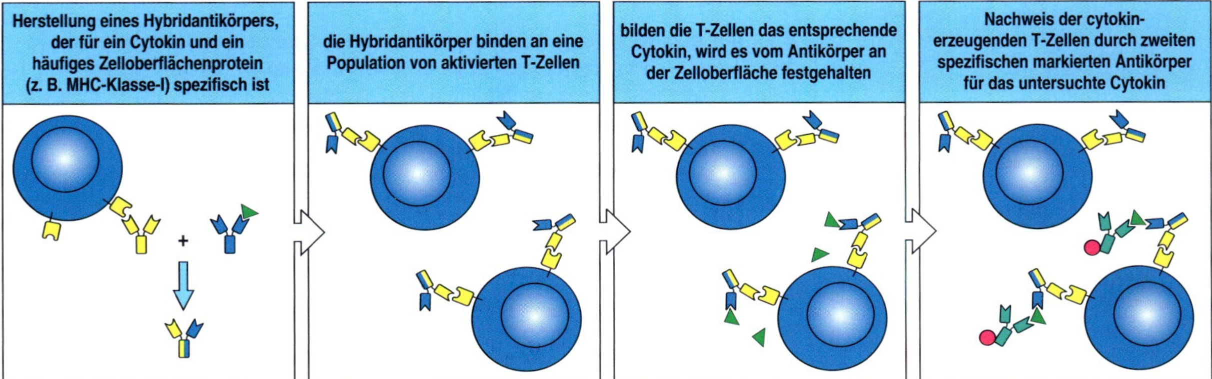

A.32 Durch Hybridantikörper mit einer zellspezifischen und einer cytokinspezifischen Bindungsstelle kann man die Cytokinsekretion bei lebenden Zellen testen und Zellen isolieren, die bestimmte Cytokine freisetzen. Hybridantikörper lassen sich durch die Kombination von Paaren aus der schweren und leichten Kette von Antikörpern verschiedener Spezifitäten herstellen, beispielsweise unter Verwendung eines Antikörpers gegen ein MHC-Klasse-I-Molekül und eines Antikörpers, der für das Cytokin IL-4 spezifisch ist (erstes Bild). Die Hybridantikörper gibt man dann zu einer Population aktivierter T-Zellen, wobei die Antikörper mit dem MHC-Klasse-I-spezifischen Arm an alle Zellen binden (zweites Bild). Wenn einige Zellen der Population das passende Cytokin (IL-4) sezernieren, wird dieses vom cytokinspezifischen Arm des Hybridantikörpers gebunden (drittes Bild). Das Cytokin lässt sich nun beispielsweise durch einen fluoreszenzmarkierten Antikörper sichtbar machen, der für das Cytokin spezifisch ist, aber an einer anderen Stelle bindet als der Hybridantikörper (letztes Bild). Auf diese Weise markierte Zellen kann man dann mithilfe der Durchflusscytometrie analysieren oder in einem FACS-Gerät isolieren. Alternativ kann man den zweiten, cytokinspezifischen Antikörper an magnetische Partikel koppeln und die cytokinproduzierenden Zellen magnetisch abtrennen.

Zugabe eines fluoreszenzmarkierten zweiten Antikörpers zu den Zellen sichtbar machen, der für das Cytokin spezifisch ist.

A.28 Identifizierung der Spezifität von T-Zell-Rezeptoren mithilfe von Peptid:MHC-Tetrameren

Jahrelang war es Immunologen nicht möglich, antigenspezifische T-Zellen direkt aufgrund ihrer Rezeptorspezifität zu identifizieren. Das fremde Antigen ließ sich nicht verwenden, da T-Zellen im Gegensatz zu B-Zellen das Antigen nicht allein, sondern nur als Komplex aus Peptidfragmenten des Antigens und körpereigenen MHC-Molekülen erkennen können. Darüber hinaus erwies sich die Affinität der Wechselwirkung zwischen dem T-Zell-Rezeptor und dem Peptid:MHC-Komplex in der Praxis als so gering, dass Versuche, T-Zellen mit den für sie spezifischen Peptid:MHC-Komplexen zu markieren, regelmäßig scheiterten. Der Durchbruch bei der antigenspezifischen Markierung von T-Zellen kam mit der Idee, Multimere von Peptid:MHC-Komplexen herzustellen und so die Avidität der Wechselwirkung zu erhöhen.

Peptide lassen sich mithilfe des bakteriellen Enzyms BirA biotinylieren, das eine spezifische Aminosäuresequenz erkennt. Für die Herstellung von Peptid:MHC-Komplexen verwendet man rekombinierte MHC-Moleküle, welche diese Zielsequenz enthalten, wobei die Komplexe anschließend biotinyliert werden. Avidin oder das bakterielle Analogon Streptavidin enthalten jeweils vier Bereiche, die Biotin mit außerordentlich starker Affinität binden. Mischt man die biotinylierten Peptid:MHC-Komplexe mit Avidin oder Streptavidin, so bilden sich **Peptid:MHC-Tetramere** – vier spezifische Peptid:MHC-Komplexe, die an ein einziges Molekül Streptavidin gebunden sind (Abb. A.33). Normalerweise ist Streptavidin mit einem Fluoreszenzfarbstoff markiert, sodass sich die T-Zellen sichtbar machen lassen, die das Peptid:MHC-Tetramer binden können.

Mit Peptid:MHC-Tetrameren kann man beispielsweise Populationen von antigenspezifischen T-Zellen bei Patienten mit einer akuten Epstein-Barr-Virus-Infektion (Pfeiffersches Drüsenfieber) nachweisen und dabei zeigen, dass bei den infizierten Personen bis zu 80 % der peripheren T-Zellen für einen einzigen Peptid:MHC-Komplex spezifisch sein können. Man kann mit diesen Komplexen auch den langfristigen Verlauf von Immunreaktionen bei HIV-Infektionen oder (wie hier dargestellt) den Verlauf

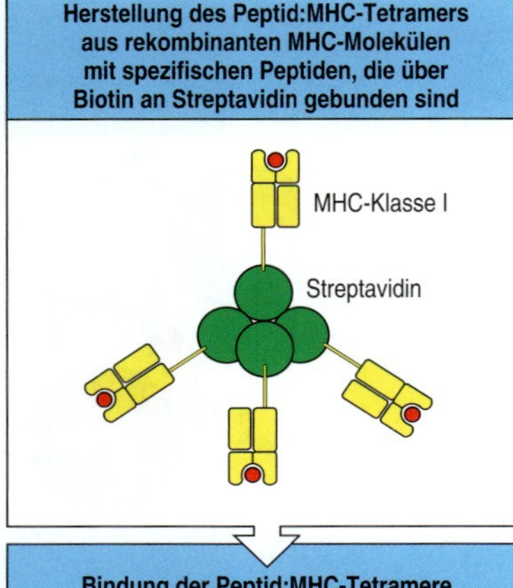

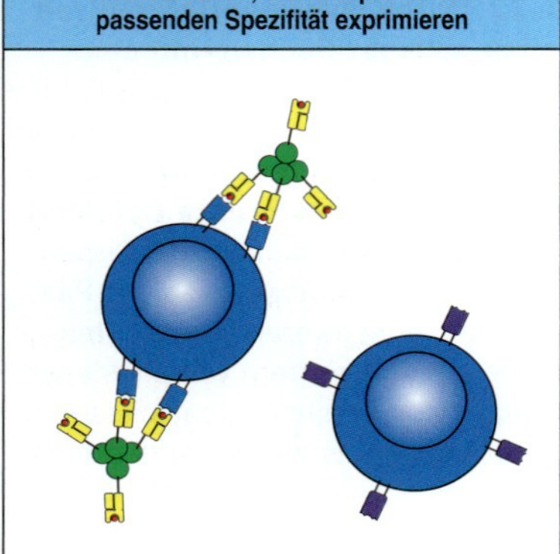

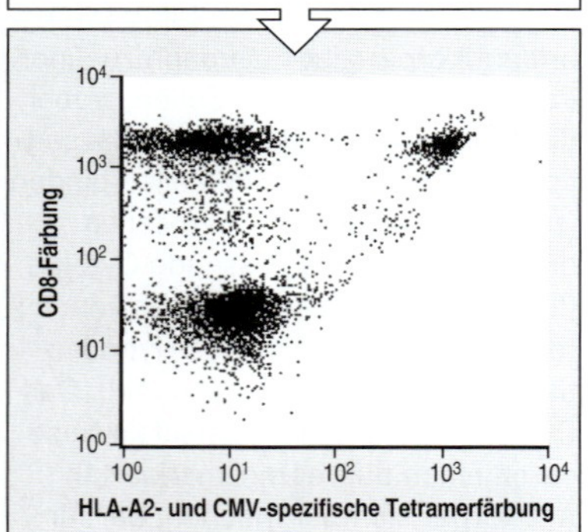

A.33 An Streptavidin gekoppelte Peptid:MHC-Komplexe bilden Tetramere, mit denen sich antigenspezifische T-Zellen markieren lassen. Peptid:MHC-Tetramere stellt man aus rekombinanten, zurückgefalteten Peptid:MHC-Komplexen her, die ein einziges definiertes Peptidepitop enthalten. An die MHC-Moleküle kann man chemisch Biotin koppeln, aber häufiger verknüpft man die rekombinierte schwere MHC-Kette mit einer bakteriellen Biotinylierungssequenz, die eine Zielregion des *E. coli*-Enzyms BirA ist. Das Enzym hängt dann eine einzige Biotingruppe an das MHC-Molekül. Streptavidin ist ein Tetramer, wobei jede Untereinheit eine einzelne Bindungsstelle für Biotin enthält. Dadurch erzeugt der Streptavidin/Peptid:MHC-Komplex ein Tetramer von Peptid:MHC-Komplexen (oben). Die Affinität zwischen dem T-Zell-Rezeptor und seinem Peptid:MHC-Liganden ist so gering, dass ein einzelner Komplex sich nicht stabil an eine T-Zelle heften kann. Das Tetramer mit seinen vier gleichzeitig bindenden Peptid:MHC-Komplexen kann jedoch eine viel stärkere Wechselwirkung ausbilden und so an T-Zellen binden, deren Rezeptoren für den eingesetzten Peptid:MHC-Komplex spezifisch sind (Mitte). Normalerweise verknüpft man die Streptavidinmoleküle mit einem Fluoreszenzfarbstoff, sodass sich die Bindung an die T-Zellen in der Durchflusscytometrie verfolgen lässt. Im unteren Beispiel wurden die Zellen gleichzeitig mit Antikörpern gefärbt, die für CD3 und CD8 spezifisch sind, sowie mit einem Tetramer von HLA-A2-Molekülen, die ein Peptid des Cytomegalievirus enthalten. Gezeigt sind nur $CD3^+$-Zellen, wobei an der senkrechten Achse die Färbung von CD8 und entlang der waagerechten Achse die Tetramerfärbung aufgetragen ist. Die $CD8^-$-Zellen (vor allem $CD4^+$-Zellen) links unten im Bild zeigen keine für das Tetramer spezifische Färbung, ebenso wie der größte Teil der $CD8^+$-Zellen (links oben). Wie sich zweifelsfrei zeigen lässt, gibt es jedoch eine abgegrenzte Population von tetramerpositiven $CD8^+$-Zellen (in der Darstellung oben rechts), die etwa 5 % der gesamten $CD8^+$-Zellen ausmachen. (Daten mit freundlicher Genehmigung von G. Aubert.)

einer Infektion mit dem Cytomegalievirus verfolgen. Außerdem waren die Komplexe beispielsweise für die Identifizierung von Zellen wichtig, die auf „nichtklassische" Klasse-I-Moleküle wie HLA-E oder HLA-G reagieren. In beiden Fällen zeigte sich, dass diese Moleküle von Untergruppen der NK-Rezeptoren erkannt werden.

A.29 Bestimmung der Vielfalt des T-Zell-Repertoires durch „Spektrumtypisierung"

Von Interesse ist häufig das Breitenspektrum des T-Zell-Repertoires, entweder allgemein oder während spezifischer Immunreaktionen. Besonders schwierig zu bestimmen ist dabei das Verhältnis zwischen dem Repertoire der T-Zellen, die an der primären Antwort auf das Antigen beteiligt sind, und dem Repertoire der Zellen in der sekundären und den weiteren Antworten, da es bei T-Zellen im Gegensatz zu B-Zellen nicht zu einer somatischen Hypermutation und Affinitätsreifung kommt. Diese Informationen erhielt man bisher normalerweise durch arbeitsaufwendige Klonierung der T-Zellen, die an spezifischen Reaktionen beteiligt sind (Abschnitt A.24), und die Klonierung und Sequenzierung ihrer T-Zell-Rezeptoren.

Es ist jedoch möglich, die Diversität von T-Zell-Reaktionen abzuschätzen. Dazu bestimmt man das Repertoire an verknüpften Genen, das bei der somatischen Rekombination entsteht, mithilfe der sogenannten **Spektrumtypisierung** (*spectratyping*). Während der Rekombination ent-

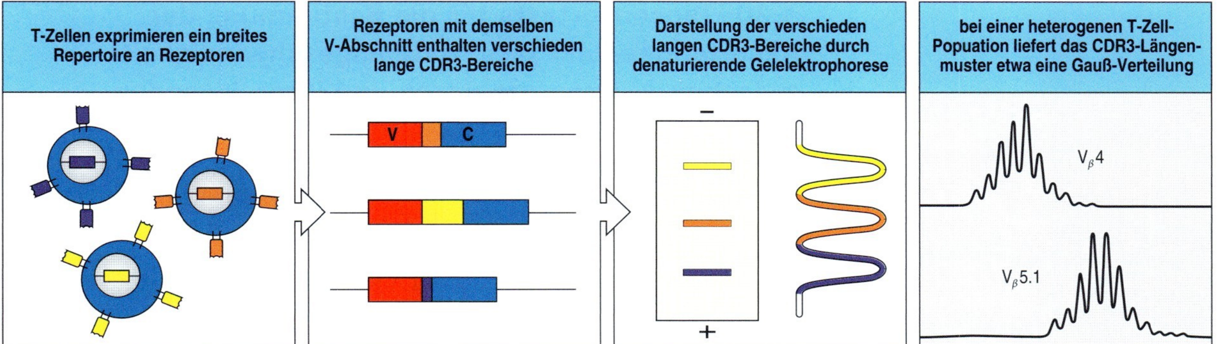

A.34 Die Vielfalt des Repertoires an T-Zell-Rezeptoren lässt sich mithilfe der Spektrumtypisierung zeigen. Das auf der PCR basierende Verfahren trennt verschiedene Rezeptoren aufgrund ihrer CDR3-Länge. Die Erzeugung der T-Zell-Rezeptoren erfolgt stochastisch, wobei eine Population von reifen T-Zellen entsteht, deren Rezeptoren in Form von Klonen vorliegen (erstes Bild). Bei allen Zellen, die den gleichen V_β-Gen-Abschnitt exprimieren, sind sämtliche Unterschiede zu den anderen einzigartigen Rezeptoren auf die CDR3-Region beschränkt. Dieser Bereich zeigt als Folge von Ungenauigkeiten bei der Genumlagerung Unterschiede in der Länge und in der Sequenz (zweites Bild). Bei der PCR werden Primerkombinationen eingesetzt, die jeweils für den V_β-Gen-Abschnitt am einen Ende und einen Teil der konservierten C-Region am anderen Ende spezifisch sind. So lassen sich DNA-Fragmente herstellen, die die CDR3-Region umschließen. Trennt man die Fragmente in einem denaturierenden Polyacrylamidgel auf, entsteht aufgrund der unterschiedlichen Fragmentlängen eine Folge von Banden oder Fluoreszenzmaxima (Letzteres, wenn die Fragmente entsprechend markiert und in automatischen Gellesegeräten ausgewertet werden können) (drittes Bild). Das so erhaltene Muster der Maxima bezeichnet man als Spektrumtyp. Aus einer heterogenen Zellpopulation ergibt sich eine Gauß-Verteilung der Fragmentlängen; im letzten Bild sind die Muster zweier verschiedener V_β-Regionen von einem Individuum dargestellt. In diesem Fall entsprechen beide Muster annähernd einer Gauß-Verteilung. Abweichungen von einer Gauß-Verteilung deuten auf die Vermehrung bestimmter T-Zell-Klone hin, möglicherweise als Reaktion auf ein Antigen. (Daten mit freundlicher Genehmigung von L. McGreavey.)

steht die Längenvariabilität der CDR3-Abschnitte sowohl durch die jeweils andere Position, an der die Verknüpfung der Genabschnitte erfolgt, als auch durch die unterschiedliche Anzahl von angefügten N-Nucleotiden. Beide Vorgänge führen dazu, dass die Länge der V_β-CDR3-Region um bis zu neun Aminosäuren schwankt. Das Problem bei der Feststellung dieser Variabilität besteht darin, dass es beim Menschen 24 Familien von V_β-Gen-Abschnitten gibt. Daher ist es nicht möglich, einen einzigen Oligonucleotid-Primer herzustellen, der sich an alle Sequenzen anlagern kann. Für jede einzelne Familie lassen sich jedoch spezifische Primer erzeugen, die dann in einer Polymerasekettenreaktion (PCR) zusammen mit einem spezifischen Primer für die C_β-Region eingesetzt werden können. Auf diese Weise kann man für jede einzelne Familie einen Abschnitt der mRNA der C_β-Kette des T-Zell-Rezeptors amplifizieren, wobei der Abschnitt die CDR3-Region umschließt. Eine Population von TCR-V_β-Genen zeigt ein gewisses „Spektrum" von CDR3-Längen und führt deshalb zu PCR-Produkten von unterschiedlicher Länge, die sich mithilfe einer Gelelektrophorese auftrennen lassen (Abb. A.34). Das Ausschneiden und Anfügen von Nucleotiden während der Erzeugung der T-Zell-Rezeptoren durch die Rekombination erfolgt zufällig, sodass die verschiedenen Längen bei einem Individuum normalerweise eine Gauß-Verteilung zeigen. Abweichungen von der Gauß-Verteilung, beispielsweise ein Überschuss einer bestimmten CDR3-Länge, deuten auf das Vorliegen einer klonalen Expansion von T-Zellen, wie sie zum Beispiel während einer T-Zell-Reaktion auftritt.

A.30 Biosensortests für die Bestimmung der Assoziations- und Dissoziationsgeschwindigkeit zwischen Antigenrezeptoren und ihren Liganden

Bei allen Rezeptor-Ligand-Wechselwirkungen stellen sich die folgenden entscheidenden Fragen: Wie hoch ist die Bindungsstärke (Affinität) der Wechselwirkung, und wie groß die Geschwindigkeit von Assoziation und Dissoziation? Bis jetzt hat man die Affinität mithilfe von Gleichgewichtsbindungstests bestimmt (Abschnitt A.9), während Messungen der Bindungsgeschwindigkeit schwierig waren. Gleichgewichtsbindungstests lassen sich mit T-Zell-Rezeptoren ebenfalls nicht durchführen, da sie große makromolekulare Liganden haben, die nicht in großen Mengen isoliert und gereinigt werden können.

Inzwischen kann man die Bindungsgeschwindigkeiten direkt messen, indem man die Bindung der Liganden an Rezeptoren bestimmt, die an goldbeschichteten Glasplättchen immobilisiert sind. Dabei nutzt man den Effekt der sogenannten **Oberflächen-Plasmon-Resonanz** (*surface plasmon resonance*, **SPR**) aus (Abb. A.35). Eine vollständige Erklärung dieses Phänomens würde den Rahmen dieses Buches überschreiten, da die Grundlagen im Bereich der neueren Physik und Quantenmechanik liegen. Kurz gesagt

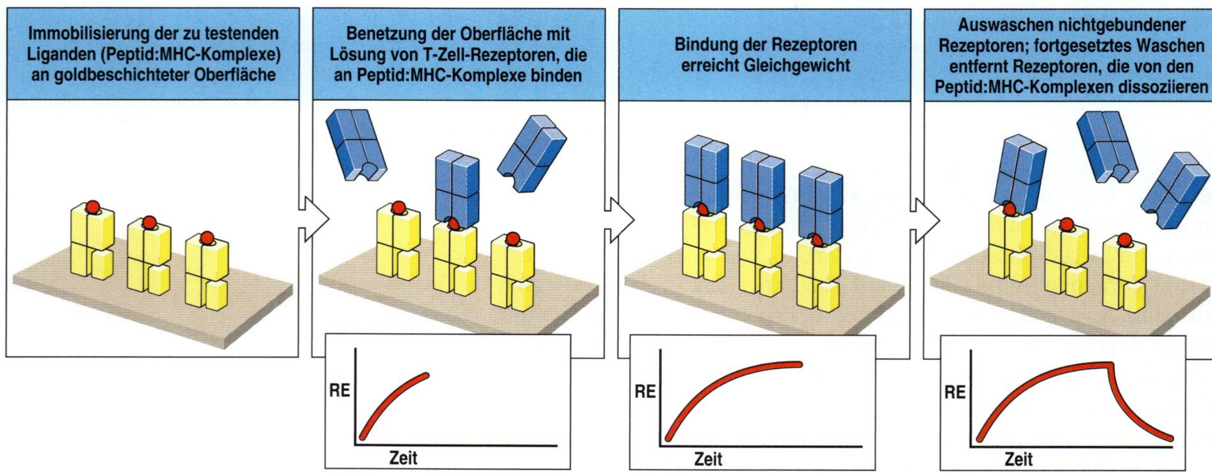

A.35 Messung der Wechselwirkungen zwischen Rezeptor und Ligand. Biosensoren können die Bindung von Molekülen an der Oberfläche von goldbeschichteten Glasplättchen messen. Ausschlaggebend sind dabei indirekte Effekte der Bindung auf die interne Totalreflexion des Strahls aus polarisiertem Licht an der Oberfläche des Plättchens. Veränderungen des Winkels und der Intensität des reflektierten Strahls werden in „Resonanzeinheiten" (RE) gemessen und gegen die Zeit aufgetragen; dies bezeichnet man als „Sensorgramm". Abhängig von den genauen Eigenschaften des untersuchten Rezeptor-Ligand-Paares wird entweder der Rezeptor oder der Ligand an der Oberfläche des Plättchens immobilisiert. Im hier dargestellten Beispiel werden Peptid:MHC-Komplexe an einer solchen Oberfläche befestigt (erstes Bild). Dann benetzt man die Oberfläche mit einer Lösung von T-Zell-Rezeptoren, sodass die Rezeptoren an die immobilisierten Peptid:MHC-Komplexe binden können. In dem Maß, in dem die Bindung an die Rezeptoren erfolgt, spiegelt das Sensorgramm (eingefügte Kurvendarstellungen) das zunehmend gebundene Protein wider. Wenn die Bindung entweder einen Sättigungszustand oder ein Gleichgewicht erreicht (drittes Bild), erreicht das Sensorgramm ein Maximum, da kein weiteres Protein mehr bindet. An dieser Stelle können ungebundene Rezeptoren ausgewaschen werden. Mit fortgesetztem Auswaschen dissoziieren auch die gebundenen Rezeptoren und werden durch die Waschlösung entfernt (letztes Bild). Das Sensorgramm zeigt jetzt eine abfallende Kurve, die der Geschwindigkeit entspricht, mit der Rezeptor und Ligand dissoziieren.

basiert der Effekt auf der vollständigen inneren Reflektion eines Lichtstrahls von der Oberfläche eines goldbeschichteten Glasplättchens. Während das Licht reflektiert wird, regt ein Teil davon Elektronen in der Goldbeschichtung an. Die Elektronen werden von dem elektrischen Feld beeinflusst, das jedes an die Oberfläche der Beschichtung angelagerte Molekül trägt. Je mehr Moleküle daran binden, umso stärker sind die Auswirkungen auf die angeregten Elektronen, was wiederum den reflektierten Lichtstrahl verändert. Das reflektierte Licht wird also zu einem empfindlichen Sensor für die Zahl der Atome, die an die Goldoberfläche des Glasplättchens gebunden sind.

Wenn man einen gereinigten Rezeptor an der Oberfläche eines goldbeschichteten Glasplättchens immobilisiert, erhält man einen Biosensorchip. Dann benetzt man die Oberfläche mit einer Lösung des Liganden und verfolgt anschließend die Bindung des Liganden an den Rezeptor, bis ein Gleichgewicht erreicht ist (Abb. A.35). Wird danach der Ligand abgewaschen, lässt sich die Dissoziation des Liganden vom Rezeptor ebenso einfach verfolgen und die Dissoziationsgeschwindigkeit berechnen. Nun kann man eine Lösung mit einer anderen Konzentration des Liganden verwenden und die Bindung erneut messen. Die Affinität der Bindung lässt sich auf diese Weise in einer Reihe von Durchgängen bestimmen. Im einfachsten Fall gibt bereits das Verhältnis zwischen Assoziations- und Dissoziationsgeschwindigkeit einen gewissen Wert für die Affinität an, der sich aber durch die Bindungsmessung bei unterschiedlichen Konzentrationen des Liganden genauer bestimmen lässt. Eine Scatchard-Analyse (Abb. A.11) der Bindungsmessungen im Gleichgewicht liefert dann ein Maß für die Affinität der Wechselwirkung zwischen Ligand und Rezeptor.

A.31 Polyklonale Mitogene oder spezifische Antigene können Lymphocyten zum Wachstum anregen

Damit sie bei der adaptiven Immunität ihre Funktion erfüllen können, müssen sich die seltenen antigenspezifischen Lymphocyten erst stark vermehren, bevor sie sich zu funktionellen Effektorzellen differenzieren. Denn nur so stehen ausreichende Zellzahlen für die spezifischen Aufgaben zur Verfügung. Demnach bildet die Analyse der induzierten Lymphocytenproliferation einen zentralen Punkt bei ihrer Erforschung. Allerdings ist es schwierig, das Wachstum normaler Lymphocyten nach einem spezifischen Antigenreiz zu untersuchen, da immer nur ein minimaler Anteil der Zellen zur Teilung angeregt wird. Die Entdeckung von Substanzen, die viele oder sogar alle Lymphocyten eines bestimmten Typs zum Wachstum anregen, ermöglichte daher große Fortschritte bei der Kultivierung von Lymphocyten. Diese sogenannten **polyklonalen Mitogene** können bei Lymphocyten mit ganz unterschiedlicher klonaler Herkunft und Spezifität eine Mitose auslösen. T- und B-Lymphocyten werden jedoch durch unterschiedliche polyklonale Mitogene stimuliert (Abb. A.36). Polyklonale Mitogene aktivieren anscheinend im Prinzip dieselben Mechanismen einer Wachstumsreaktion wie ein Antigen. Lymphocyten existieren normalerweise als ruhende Zellen in der G_0-Phase des Zellzyklus. Nach Stimulation mit einem polyklonalen Mitogen treten sie sofort in die G_1-Phase ein und durchlaufen dann den gesamten Zellzyklus. Die meisten Untersuchungen der Lymphocytenproliferation messen den Einbau von ^{3}H-Thymidin in die zelluläre DNA als Maß für das Zellwachstum. Diesen Test verwendet man in der Kli-

Mitogen	reagierende Zelle
Phytohämagglutinin (PHA) (Feuerbohne)	T-Zellen
Concanavalin (ConA) (Jackbohne)	T-Zellen
Pokeweed-Mitogen (PWM) (Kermesbeere)	T- und B-Zellen
Lipopolysaccharid (LPS) (*Escherichia coli*)	B-Zellen (Maus)

A.36 Polyklonale Mitogene, die oft aus Pflanzen stammen, stimulieren die Proliferation von Lymphocyten in Gewebekultur. Viele dieser Mitogene dienen dazu, die Proliferationsfähigkeit von Lymphocyten im peripheren Blut des Menschen zu testen.

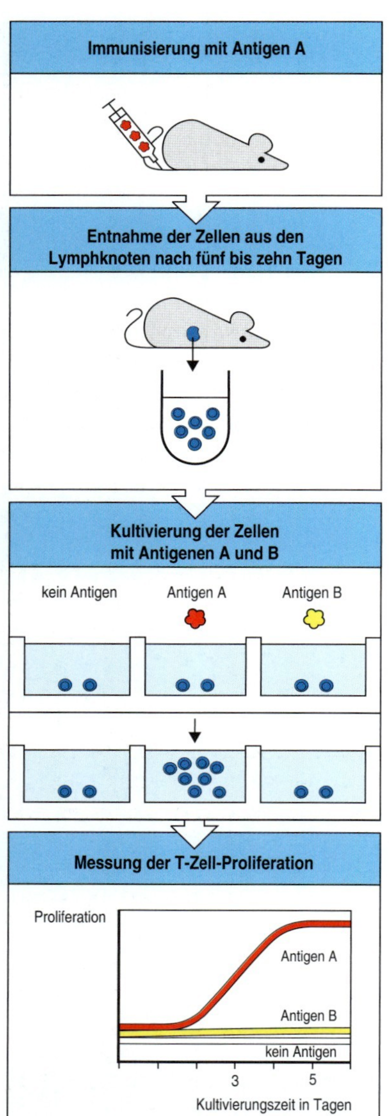

A.37 Die antigenspezifische T-Zell-Proliferation dient häufig als Test für T-Zell-Antworten. T-Zellen von Mäusen oder Menschen werden mit einem Antigen A immunisiert. Die Zellen proliferieren, wenn man sie diesem Antigen und antigenpräsentierenden Zellen aussetzt. Auf nichtverwandte Antigene B reagieren sie nicht. Die Proliferation lässt sich durch den Einbau von ^{3}H-Thymidin in die DNA sich aktiv teilender Zellen messen. Die antigenspezifische Proliferation ist ein Erkennungszeichen der spezifischen CD4-T-Zell-Immunität.

nik, um bei Patienten mit einer vermuteten Immunschwäche die Fähigkeit der Lymphocyten zu testen, auf einen unspezifischen Reiz zu reagieren.

Nachdem man die Lymphocytenkultur mithilfe der polyklonalen Mitogene optimiert hatte, konnte man auch anhand der Aufnahme von ^{3}H-Thymidin eine spezifische T-Zell-Proliferation nachweisen, wenn der Donor der T-Zellen zuvor mit dem Antigen immunisiert wurde (Abb. A.37). Dies ist inzwischen zwar der gebräuchliche Test zur Analyse von T-Zell-Reaktionen nach einer Immunisierung, aber die Methode sagt wenig über die funktionellen Fähigkeiten der Zellen aus. Dazu dienen besondere Funktionstests, die in den Abschnitten A.33 und A.34 beschrieben werden.

A.32 Messungen der Apoptose mit dem TUNEL-Test

Apoptotische Zellen lassen sich mithilfe der sogenannten **TUNEL-Färbung** nachweisen. Bei diesem Verfahren werden die 3'-Enden von DNA-Fragmenten, die in apoptotischen T-Zellen entstehen, durch die Reaktion der terminalen Desoxynucleotidyltransferase (TdT) mit biotinyliertem Uridin markiert. Die Biotinmarkierung lässt sich dann mithilfe von enzymgekoppeltem Streptavidin sichtbar machen, das an das Biotin bindet. Wenn das farblose Substrat des Enzyms zu einem Gewebeschnitt oder zu einer Zellkultur gegeben wird, kommt es nur bei apoptotischen Zellen zur Bildung eines farbigen Präzipitats (Abb. A.38). Diese Methode hat den Nachweis apoptischer Zellen nachhaltig revolutioniert.

A.33 Tests für cytotoxische T-Zellen

Aktivierte CD8-T-Zellen töten im Allgemeinen alle Zellen, die den von ihnen spezifisch erkannten Komplex aus Peptid und MHC-Klasse-I-Protein präsentieren. Die CD8-Funktion lässt sich darum mit dem einfachsten und schnellsten biologischen T-Zell-Test nachweisen – dem Abtöten der Zielzelle durch eine cytotoxische T-Zelle. Der Test beruht auf der Freisetzung von ^{51}Cr. Lebende Zellen nehmen radioaktives Natriumchromat ($Na_2{}^{51}CrO_4$) zwar auf, geben es aber nicht spontan wieder ab. Werden die markierten Zellen abgetötet, kann man das Natriumchromat im Überstand messen (Abb. A.39). Bei einem ähnlichen Test werden proliferierende Zielzellen (Tumorzellen) mit ^{3}H-Thymidin markiert, das bei der Replikation in die DNA eingebaut wird. Der Angriff einer cytotoxischen T-Zelle führt schnell zur Fragmentierung der DNA und zu deren Freisetzung in den Überstand. Man kann nun entweder die freien Fragmente oder den verbleibenden Anteil der makromolekularen DNA bestimmen. Beide Verfahren ermöglichen eine schnelle, empfindliche und spezifische Messung der Aktivität cytotoxischer T-Zellen.

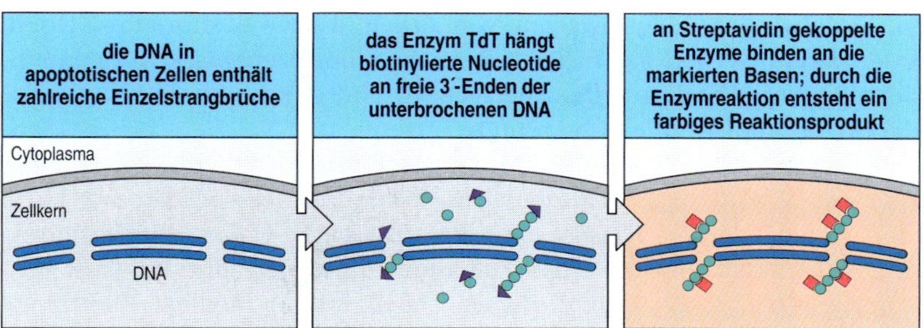

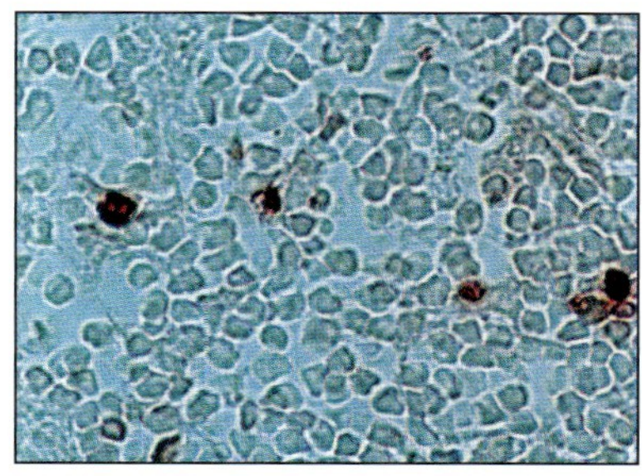

A.38 Zum Nachweis apoptotischer Zellen können DNA-Fragmente mithilfe der terminalen Desoxyribonucleotidyltransferase (TdT) markiert werden. Wenn Zellen in die Phase des programmierten Zelltods (Apoptose) eintreten, wird ihre DNA zu Fragmenten abgebaut (links). Das Enzym TdT kann an den Enden von DNA-Fragmenten Nucleotide anfügen. Bei diesem Test wird biotinmarkiertes dUTP zugesetzt (zweites Bild). Die biotinylierte DNA kann man mithilfe von Streptavidin nachweisen, das an Biotin bindet. Streptavidin ist an Enzyme gekoppelt, die ein farbloses Substrat in ein farbiges, unlösliches Produkt umwandeln (drittes Bild). Zellen, die auf diese Weise gefärbt wurden, sind im Lichtmikroskop erkennbar, wie das Foto von apoptotischen Zellen zeigt (rot gefärbt im rechten Bild). (Foto mit freundlicher Genehmigung von R. Budd und J. Russell.)

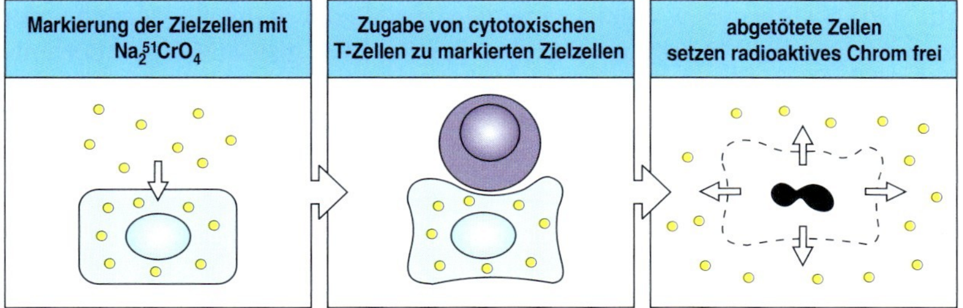

A.39 Die Aktivität cytotoxischer T-Zellen wird oft anhand der Chromfreisetzung aus markierten Zielzellen gemessen. Man markiert Zielzellen mit radioaktivem Chrom ($Na_2{}^{51}CrO_4$), wäscht die überschüssige Radioaktivität aus und bringt die Zellen mit cytotoxischen T-Zellen zusammen. Innerhalb von vier Stunden lässt sich die Zerstörung der Zellen als Freisetzung von radioaktivem Chrom messen.

A.34 Tests für CD4-T-Zellen

Zu den Funktionen von CD4-T-Zellen gehört eher die Aktivierung als das Abtöten antigentragender Zellen. Die Aktivierung der B-Zellen oder Makrophagen durch CD4-T-Zellen erfolgt vor allem mittels unspezifischer Mediatorproteine, der sogenannten Cytokine, welche die T-Zelle bei der Antigenerkennung freisetzt. Deshalb untersucht man die Funktion der CD4-T-Zellen gewöhnlich durch Bestimmung des Typs und der Menge dieser Proteine.

Cytokine, die als Wachstumsfaktoren oder -inhibitoren wirken, kann man mit biologischen Zellteilungstests bestimmen. Eine andere, spezifischere Methode mit der Bezeichnung Sandwich-ELISA (oder *capture*-ELISA) (Abschnitt A.6) weist die Verknüpfung zweier monoklonaler Antikörper nach, die mit verschiedenen Epitopen auf einem Cytokinmolekül reagieren. Cytokinfreisetzende Zellen lassen sich auch mithilfe des ELISPOT-Tests nachweisen (Abschnitt A.26).

Sandwich-ELISA- und ELISPOT-Tests umgehen ein Hauptproblem biologischer Cytokintests. Es besteht darin, dass verschiedene Cytokine dieselbe Zellreaktion auslösen können. Biologische Tests müssen deshalb immer dadurch bestätigt werden, dass sich die zellulären Reaktionen durch monoklonale Anti-Cytokin-Antikörper hemmen lassen. Bei einem anderen Verfahren zur Identifizierung von Zellen, die ein bestimmtes Cytokin produzieren, werden die Zellen mit einem fluoreszenzmarkierten monoklonalen Anti-Cytokin-Antikörper gefärbt und durch eine FACS-Analyse identifiziert und gezählt (Abschnitt A.22).

Ein ganz anderes Verfahren für den Nachweis einer Cytokinproduktion ist die qualitative und quantitative Bestimmung der Cytokin-mRNA in stimulierten T-Zellen. Dies ist entweder durch eine *in situ*-Hybridisierung einzelner Zellen oder bei einer Zellpopulation durch eine **RT-PCR** (Polymerasekettenreaktion mit Reverser Transkriptase) möglich. Bestimmte RNA-Viren (zum Beispiel das menschliche Immunschwächevirus, das AIDS verursacht) verwenden das Enzym Reverse Transkriptase, um ihr RNA-Genom in eine DNA-Kopie (cDNA) umzuwandeln. Die aus antigenstimulierten T-Zellen präparierte mRNA kann mithilfe von Reverser Transkriptase in cDNA umgeschrieben werden, aus der sich anschließend unter Verwendung sequenzspezifischer Primer in einer Polymerasekettenreaktion die gewünschte cDNA-Sequenz amplifizieren lässt. Wenn man die Produkte dieser Reaktion durch eine Elektrophorese in einem Agarosegel auftrennt, lässt sich die amplifizierte DNA als Bande sichtbar machen, die einer spezifischen Fragmentgröße entspricht. Die Menge an gebildeter cDNA ist proportional zum Anteil der mRNA. Stimulierte T-Zellen, die ein bestimmtes Cytokin erzeugen, produzieren große Mengen der zugehörigen mRNA, sodass auch bei der RT-PCR große Mengen der entsprechenden cDNA entstehen. Die Konzentration der Cytokin-mRNA im ursprünglichen Gewebe bestimmt man im Allgemeinen, indem man eine RT-PCR mit mRNA von einem in allen Zellen exprimierten sogenannten *housekeeping*-Gen durchführt und die Mengen vergleicht.

A.35 DNA-Microarrays

Jede Zelle exprimiert zu jeder Zeit Hunderte oder sogar Tausende von Genen. Einige Produkte werden in großen Mengen produziert (beispielsweise Actin, welches das Cytoskelett der Zellen bildet), andere dagegen nur in einigen wenigen Kopien pro Zelle. Verschiedene Zelltypen oder Zellen in unterschiedlichen Reifestadien oder sogar Tumorzellen im Vergleich zu normalen Zellen exprimieren jeweils andere Genkombinationen. Das Feststellen solcher Unterschiede ist ein wichtiger Teil der Forschung, sowohl in der Immunologie als auch in anderen Bereichen der Biologie. Dafür steht jetzt ein neues Verfahren zur Verfügung, das auf der Zusammenstellung von Hunderten von DNA-Sequenzen beruht, die alle auf einer Glasoberfläche fixiert sind – auf einem sogenannten **DNA-Microarray** oder DNA-Chip. Der Chip enthält ein Spektrum von DNA-Sequenzen aus bekannten Genen, die nach einem bestimmten Muster angeordnet sind. Man testet die unterschiedliche Expression dieser Gene in einem bestimmten Zelltyp oder Gewebe, indem man den Chip mit markierter mRNA (oder daraus hergestellter cDNA) aus dem Gewebe inkubiert. Die Hybridisierung der markierten mRNA mit den zugehörigen DNA-Sequenzen auf dem Chip lässt sich mit Standardmethoden nachweisen, und das gesamte Verfahren ist leicht zu automatisieren. Auf diese Weise lassen sich viele verschiedene Proben parallel untersuchen, sodass hier ein leistungsfähiges analytisches Verfahren zur Verfügung steht. Dies erkennt man auch an dem Beispiel in Abbildung A.40, bei dem der DNA-Chip die DNA von fast 18000

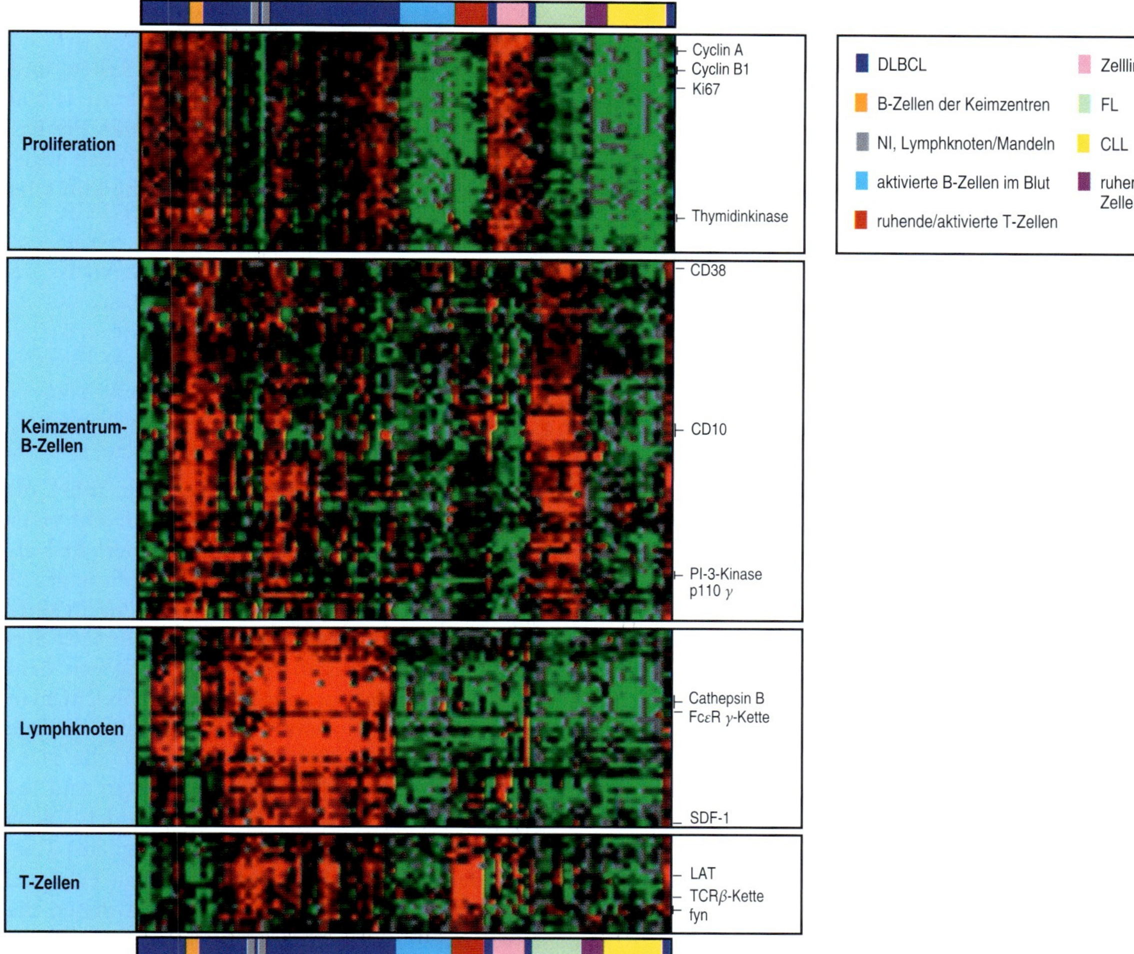

A.40 Durch DNA-Microarrays lassen sich in verschiedenen Zellen sehr viele Gene im Hinblick auf eine Veränderung der Expression schnell und gleichzeitig analysieren. Bei dem Experiment, dessen Ergebnisse hier dargestellt sind, hat man auf dem Chip fast 18 000 cDNA-Klone aus lymphatischen Zellen und lymphatischen Tumoren angeordnet. Einige dieser cDNAs entsprechen den RNA-Produkten bekannter Gene (Beispiele sind am rechten Rand der Darstellung angegeben). Mit diesen cDNAs wurde mRNA aus 96 normalen Zellen, Zelllinien und lymphatischen Tumorzellen hybridisiert, wobei die von den einzelnen Zellen stammenden mRNAs senkrecht angeordnet sind. Die verwendeten Zelltypen sind in Form der farbigen Streifen am oberen Rand markiert (Farbschlüssel rechts). Die malignen Zellen stammen aus dem diffusen Lymphom großer B-Zellen (*diffuse large B-cell lymphoma*, DLBCL), aus dem follikulären Lymphom (FL) (oder Mantelzelllymphom) und aus der chronischen lymphatischen Leukämie (CLL). Auch hat man eine Reihe von etablierten lymphatischen Zelllinien mit in die Untersuchungen einbezogen. Als normale Zellen dienten ruhende B-Zellen aus dem peripheren Blut (ruhende B-Zellen im Blut), durch Vernetzung des Zelloberflächen-IgM mit oder ohne Cytokinzugabe und Costimulation aktivierte B-Zellen (aktivierte B-Zellen im Blut), B-Zellen der Keimzentren aus den Mandeln (B-Zellen der Keimzentren), normale Zellen aus nichtentzündeten Mandeln und Lymphknoten (NI, Lymphknoten/Mandeln). Diese Zellen stehen für verschiedene Entwicklungsstadien der B-Zell-Reifung. Verwendet wurden auch normale T-Zellen, CD4-T-Zellen, jeweils ruhend oder mit PMA und Ionomycin stimuliert (ruhende/aktivierte T-Zellen). Jeder Punkt auf der Fläche entspricht einer Hybridisierung der mRNA aus einer dieser Zelllinien mit einer der cDNAs. Die Farben entsprechen der Stärke der zugehörigen mRNA-Expression. Dabei steht grün für eine geringere und rot für eine höhere Expression als bei den Kontrollzellen. Die Expressionswerte für die einzelnen Gene sind so angeordnet, dass in proliferierenden Zellen, B-Zellen des Keimzentrums, B-Zellen der Lymphknoten und T-Zellen hoch regulierte Gene als Cluster erscheinen. (Darstellung übernommen von L. M. Staudt.)

cDNA-Klonen enthält, von denen man weiß, dass sie entweder in B- oder T-Zellen und in B-Zell-Tumoren exprimiert werden. Als Sonden dienten fluoreszenzmarkierte cDNAs von 96 normalen und malignen Zellen, und man bestimmte damit gleichzeitig die Expression der annähernd 18 000 Gene für jede einzelne Zelllinie. In diesem speziellen Fall zeigten die Expressionsmuster der verschiedenen Gene, dass die malignen B-Zellen abgegrenzte Untergruppen bilden, denen man dann unterschiedliche klinische Prognosen zuordnen konnte.

Nachweis der Immunität *in vivo*

A.36 Bestimmung der schützenden Immunität

Eine adaptive Immunantwort gegen einen Krankheitserreger führt oft zu einer langfristigen Immunität gegen eine erneute Infektion. Mit einer erfolgreichen Schutzimpfung lässt sich dasselbe Ergebnis erzielen. Das allererste Experiment der Immunologie, Jenners erfolgreiche Impfung gegen die Pocken, dient immer noch als Modell, an dem das Vorhandensein einer schützenden Immunität überprüft wird. Diese Untersuchung umfasst drei grundlegende Schritte. Zuerst löst man durch Immunisierung mit dem entsprechenden Impfstoff eine Immunantwort aus. Dann verabreicht man immunisierten Individuen und einer nichtimmunisierten Kontrollgruppe den Krankheitserreger (Abb. A.41). Schließlich vergleicht man die Häufigkeit und das Ausmaß der Infektionen bei den Immunisierten und bei der Kontrollgruppe miteinander. Aus einsichtigen Gründen werden solche Experimente zuerst bei Tieren durchgeführt, wenn es ein geeignetes Tiermodell gibt. Danach muss eine Untersuchung beim Menschen erfolgen. Solche Studien führt man gewöhnlich in Regionen durch, in denen die entsprechende Krankheit vorherrscht, wo also eine Infektion auf natürlichem Wege erfolgt. Die Wirksamkeit eines Impfstoffs lässt sich bestimmen, indem man Häufigkeit und Schwere neuer Infektionen einer immunisierten und einer nichtimmunisierten Personengruppe miteinander vergleicht. Solche Studien führen zwangsläufig zu ungenaueren Ergebnissen als direkte Experimente. Bei den meisten Krankheiten lässt sich jedoch nur auf diese Weise ermitteln, inwieweit ein Impfstoff eine schützende Immunität beim Menschen erzeugt.

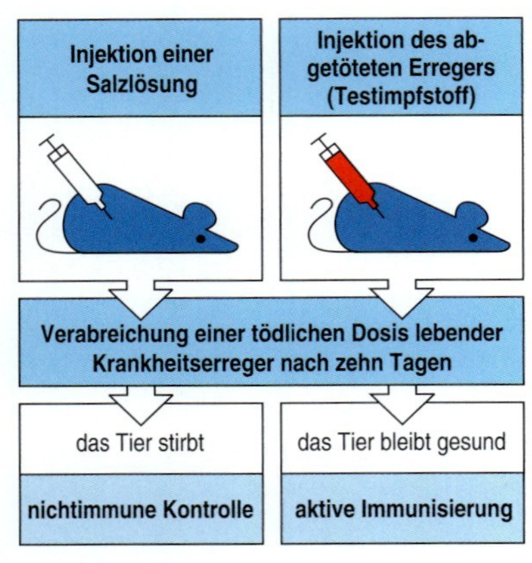

A.41 *In vivo*-Tests für den Nachweis der schützenden Immunität nach der Impfung eines Tieres. Man injiziert Mäusen den Testimpfstoff oder eine Kontrollsubstanz, beispielsweise Kochsalzlösung. Dann werden einzelne Gruppen der Tiere mit tödlichen oder pathogen wirkenden Dosen des zu testenden oder eines nichtverwandten Krankheitserregers behandelt. Letzteres dient der Spezifitätskontrolle (hier nicht dargestellt). Tiere ohne Immunisierung sterben oder entwickeln eine gravierende Infektion. Der spezifische Schutz gegen den Erreger ist ein Zeichen für die erfolgreiche Schutzimpfung einer Maus. Man spricht von einer aktiven Immunität, und den zugehörigen Vorgang bezeichnet man als aktive Immunisierung.

A.37 Übertragung der schützenden Immunität

Die in Abschnitt A.36 beschriebenen Testverfahren zeigen zwar an, dass eine schützende Immunität besteht. Sie können jedoch nichts darüber aussagen, ob die humorale oder die zellvermittelte Immunität oder beide Mechanismen daran beteiligt sind. Untersucht man Inzuchtmäuse, so kann man die Art der schützenden Immunität dadurch bestimmen, dass man Serum oder lymphatische Zellen von einem immunisierten Donor auf einen nichtimmunisierten, syngenen Rezipienten überträgt (das heißt auf ein genetisch identisches Tier desselben Inzuchtstammes; Abb. A.42). Wird die Immunität durch das Serum vermittelt, beruht sie auf freien Antikörpern (**humorale Immunität**). Die Immunitätsübertragung durch ein Antiserum oder aufgereinigte Antikörper verleiht einen sofortigen Schutz gegen viele Krankheitserreger und Toxine (wie Tetanus oder Schlangengifte). Der Schutz tritt zwar sofort ein, hält jedoch nur solange an, wie die übertragenen Immunglobuline im Körper des Empfängers aktiv sind. Daher spricht man auch von einer **passiven Immunisierung**. Nur die **aktive Immunisierung** mit einem Antigen kann für eine andauernde Immunität sorgen. Darüber hinaus kann der Empfänger gegen das Antiserum immunisiert werden, mit dem man die Immunität überträgt. Die Anti-Schlangengifte, die beim Menschen Verwendung finden, stammen normalerweise aus Seren von Pferden oder Schafen. Die wiederholte Anwendung kann zu einer Serumkrankheit (Abschnitt 13.18) führen oder sogar zu einer Anaphylaxie, wenn der Empfänger auf das fremde Serum allergisch reagiert (Abschnitt 13.11).

Bei vielen Erkrankungen lässt sich ein Schutz nicht durch Serum, sondern nur durch lymphatische Zellen eines immunisierten Spenders vermitteln. Eine solche **adoptive Übertragung** auf einen erbgleichen Empfänger (**adoptive Immunisierung**) führt zu einer **adoptiven Immunität**. Eine Immunität, die nur durch lymphatische Zellen übertragen werden kann, nennt man zelluläre Immunität. Bei solchen Zellübertragungen müssen Donor und Rezipient genetisch übereinstimmen, wie es etwa innerhalb eines Inzuchtstammes von Mäusen der Fall ist, damit die Lymphocyten des Donors nicht abgestoßen werden und selbst nicht das Gewebe des Empfängers angreifen. Die adoptive Immunisierung wird für den Menschen nur bei der experimentellen Krebstherapie und als ergänzende Maßnahme bei Knochenmarktransplantationen klinisch angewendet. In diesen Fällen verabreicht man den Patienten entweder die eigenen T-Zellen oder die T-Zellen des jeweiligen Knochenmarkspenders.

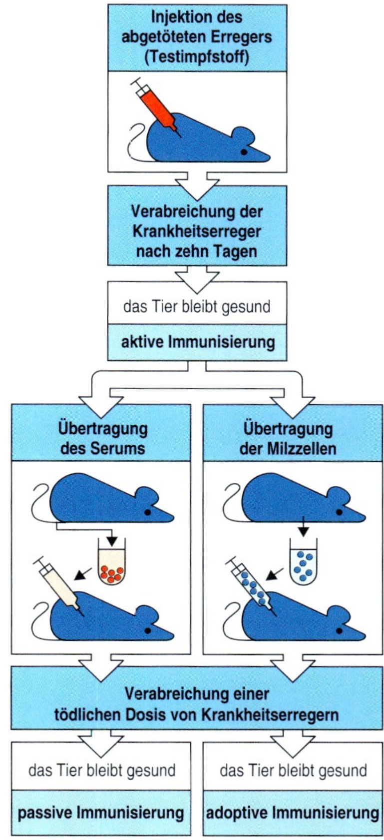

A.42 Eine Immunität lässt sich durch Antikörper oder durch Lymphocyten übertragen. Eine erfolgreiche Impfung führt zu einem lang anhaltenden Schutz vor dem spezifischen Krankheitserreger, der für die Immunisierung verwendet wurde. Wenn sich die Immunität durch das Serum eines immunen Spendertieres auf normale, syngene Empfängertiere übertragen lässt, liegt eine antikörpervermittelte oder humorale Immunität vor. Den zugehörigen Vorgang nennt man passive Immunisierung. Ist eine Übertragung der Immunität nur durch eine Transfusion lymphatischer Zellen von einem immunen Spender auf einen normalen, syngenen Empfänger möglich, handelt es sich um eine zellvermittelte Immunität, wobei der Übertragungsvorgang eine adoptive Immunisierung darstellt. Die passive Immunität ist kurzlebig, da die Antikörper abgebaut werden. Die adoptive Immunität beruht jedoch auf immunen Zellen, die überleben können und einen längerfristigen Schutz gewährleisten.

A.38 Tuberkulintest

Lokale Reaktionen auf ein Antigen können eine aktive Immunität anzeigen. Insbesondere beim Menschen untersucht man häufig die aktive Immunität *in vivo*, indem man Antigene lokal in die Haut injiziert. Gibt es eine Reaktion, so ist das ein Anzeichen für das Vorhandensein von spezifischen Antikörpern oder Lymphocyten. Ein Beispiel dafür ist der **Tuberkulintest**. Personen mit einer Tuberkulose entwickeln eine zellvermittelte Immunität, die sich nach der Injektion einer geringen Menge von Tuberkulin als lokale Reaktion auf der Haut zeigt. Tuberkulin ist ein Extrakt aus dem Tuberkuloseerreger *Mycobacterium tuberculosis*. Die Reaktion tritt typischerweise ein bis zwei Tage nach der Injektion ein. Sie besteht aus einer roten, verhärteten (indurierten) Hautaufwölbung, die wieder verschwindet, sobald das Antigen abgebaut wurde.

A.39 Tests auf allergische Reaktionen

Möchte man feststellen, welches Antigen bei einem Patienten eine allergische Reaktion hervorruft, verabreicht man lokale **Intrakutaninjektionen** mit kleinsten Dosen von allergieverursachenden Antigenen. Lokale Reaktionen innerhalb der ersten Minuten nach der Injektion nennt man **Hyper-**

sensitivitätsreaktionen vom Soforttyp. Sie können verschiedene Formen annehmen, unter anderem die erythematöse Quaddelbildung (Abb. 13.14). Die Hypersensitivität vom Soforttyp beruht auf spezifischen Antikörpern der IgE-Klasse, die von einer früheren Antigenexposition herrühren. Reaktionen hingegen, die erst nach Stunden oder Tagen eintreten (wie beim Tuberkulintest), gehören zu **Hypersensitivitätsreaktionen des verzögerten Typs**. Sie basieren auf schon vorhandenen T-Zellen. Jenner entdeckte diese Art der Immunantwort, als er bereits geimpften Personen das Vacciniavirus lokal injizierte.

Die beschriebenen Tests beruhen darauf, dass das Antigen an der Injektionsstelle verbleibt und dort im Gewebe die Reaktionen auslöst. Bei genügend kleinen Antigendosen bildet sich keine allgemeine Immunantwort aus. Dennoch beinhalten lokale Tests immer das Risiko einer systemischen allergischen Reaktion. Daher muss man bei Personen vorsichtig vorgehen, die bereits Überempfindlichkeiten zeigten.

A.40 Messung der Immunantwort und der immunologischen Kompetenz beim Menschen

Die Methoden zur Untersuchung der Immunfunktionen des Menschen sind zwangsläufig stärker eingeschränkt als bei Versuchstieren. Dennoch gibt es viele verschiedene Testverfahren. Sie sind je nach dem Grund der Untersuchung in mehrere Gruppen unterteilbar.

Die Messung der schützenden Immunität erfolgt beim Menschen im Allgemeinen *in vitro*. Für die humorale Immunität bestimmt man durch RIA oder am häufigsten durch ELISA (Abschnitt A.6) die Menge der spezifischen Antikörper im Serum eines Patienten, wobei die entsprechenden Mikroorganismen oder die aufgereinigten mikrobiellen Produkte als Antigene verwendet werden. Eine humorale Immunität gegen Viren ermittelt man oft aufgrund der Fähigkeit des Serums, die Infektiosität eines Virus in einer Gewebekultur zu neutralisieren. Spezifische Antikörper zeigen nicht nur an, dass eine schützende Immunität besteht, sondern auch, dass ein Patient dem entsprechenden Krankheitserreger bereits ausgesetzt war. Deshalb sind solche Tests von großer Bedeutung für die Epidemiologie. Der zurzeit wichtigste Test ist die Bestimmung von Antikörpern gegen das menschliche Immunschwächevirus. Dies ist nicht nur für Patienten, sondern auch für Blutbanken von entscheidender Bedeutung, denn Blutprodukte von infizierten Spendern dürfen nicht in den Vorrat aufgenommen werden. Bei Allergieuntersuchungen kommen im Grunde ähnliche Tests zum Einsatz. Dabei dienen Allergene als Antigene, mit denen man IgE-Antikörper in ELISA- oder RIA-Verfahren spezifisch nachweisen kann (Abschnitt A.6). Auf diese Weise lassen sich die Ergebnisse von Hauttests überprüfen.

Die zellvermittelte Immunität, das heißt die von T-Zellen ausgehende Immunität, ist rein technisch schwieriger zu messen als die humorale Immunität. Das liegt hauptsächlich daran, dass T-Zellen keine antigenbindenden Produkte sezernieren und deshalb kein einfacher Bindungstest für ihre antigenspezifischen Aktivitäten zur Verfügung steht. Die Reaktion von T-Zellen lässt sich unterteilen in eine Induktionsphase, während der die T-Zellen zur Teilung und zur Differenzierung angeregt werden, und in eine Effektorphase, während der sie ihre Funktion ausführen. Beide Phasen erfordern, dass die T-Zelle mit einer anderen Zelle in Wechselwirkung tritt und auf dieser Zelle ein spezifisches Antigen erkennt, das die andere Zelle als Peptid:MHC-Komplex an ihrer Oberfläche präsentiert. Während der Induktionsphase muss die Wechselwirkung mit einer antigenpräsentierenden Zelle erfolgen, die costimulierende Signale geben kann. Während der Effektorphase hingegen bestimmt die Art der aktivierten T-Effektorzelle die entsprechende Zielzelle. Meistens weist man das Vorhandensein von T-Zellen, die auf ein spezifisches Antigen angesprochen haben, *in vitro* dadurch nach, dass sie in Gegenwart desselben Antigens proliferieren (Abschnitt A.31).

Die T-Zell-Proliferation zeigt das Vorhandensein von Zellen, die das Antigen erkennen und einmal durch dieses Antigen aktiviert wurden, sagt aber nichts über ihre Effektorfunktionen aus. Diese lassen sich aufgrund ihrer Wirkung auf geeignete Zielzellen testen. Für die Charakterisierung einer Immunantwort verwendet man Tests für cytotoxische CD8-T-Zellen (Abschnitt A.33) und für die Cytokinproduktion von CD4-T-Zellen (Abschnitte A.26, A.27 und A.34). Eine zellvermittelte Immunität gegen Krankheitserreger kann man ebenfalls durch Hauttests mit Extrakten der infektiösen Faktoren feststellen, wie beim Tuberkulintest (Abschnitt A.36). Alle diese Tests liefern Informationen darüber, ob ein Patient bereits eine bestimmte Krankheit hatte und inwieweit er eine adaptive Immunantwort dagegen entwickeln kann.

Patienten mit einer Immunschwäche (Kapitel 12) lassen sich im Allgemeinen klinisch aufgrund einer Krankheitsgeschichte wiederholter Infektionen erkennen. Um die Kompetenz des Immunsystems in solchen Fällen zu ermitteln, sind zahlreiche Tests notwendig (Anhang V). So kann man die Art des Defekts bis hin zur definitiven Ursache immer weiter eingrenzen. Das Vorhandensein der einzelnen Zelltypen im Blut wird routinemäßig durch hämatologische Verfahren bestimmt. Daran schließt sich häufig eine FACS-Analyse an, mit der die Subpopulationen der Lymphocyten erfasst werden (Abschnitt A.22). Außerdem misst man die Mengen der verschiedenen Immunglobuline im Serum. Die Kompetenz der phagocytischen Zellen lässt sich an frisch isolierten polymorphkernigen Leukocyten und Monocyten feststellen. Die Effizienz des Komplementsystems (Kapitel 2 und 9) gibt man als die Serumverdünnung an, die noch 50 % der antikörperbehafteten roten Blutkörperchen in einem Testansatz abtötet (CH_{50}).

Ergeben die Tests bei einer der zahlreichen Immunfunktionen einen Defekt, so sind noch speziellere Verfahren notwendig, um nun den Fehler genauer einzugrenzen. Funktionstests von Lymphocyten sind oft hilfreich. Am Anfang steht meist die Induktion der T-Zell-Proliferation und der Immunglobulinfreisetzung aus B-Zellen durch polyklonale Mitogene in einer Gewebekultur (Abschnitt A.31). So kann man schließlich den Grund für die Immunschwäche auf zellulärer Ebene genau ermitteln.

Bei Patienten mit einer Autoimmunerkrankung (Kapitel 14) kann man üblicherweise durch dieselben Parameter feststellen, ob es starke Abweichungen im Immunsystem gibt. Die meisten Patienten zeigen jedoch nur geringe Anomalien in der allgemeinen Immunfunktion. Um herauszufinden, ob ein Patient Antikörper gegen eigene zelluläre Antigene erzeugt, lässt man dessen Serum mit Gewebeschnitten reagieren. Gebundene Antikörper werden dann mittels indirekter Immunfluoreszenz über markierte Anti-Human-Immunglobuline nachgewiesen (Abschnitt A.14). Die meisten Autoimmunkrankheiten gehen mit charakteristischen Mustern von Autoantikörpern einher, die gegen körpereigene Gewebe produziert werden. Solche Muster sind hilfreich bei der Diagnose der Autoimmunität und bei ihrer Unterscheidung von einer Gewebeentzündung aufgrund einer Infektion.

Allergien lassen sich auch untersuchen, indem man die möglichen Antigene nicht intrakutan, sondern auf andere Weise verabreicht. Allergene können beispielsweise durch die Atemwege übertragen werden, um asthmatische Allergiereaktionen zu testen (Abb. 13.14). Dies ist vor allem bei Experimenten der Fall, mit denen man die Mechanismen und die Behandlung von Asthma untersucht. Entsprechend lassen sich Allergene in der Nahrung oral verabreichen. Die Verabreichung von Allergenen ist potenziell sehr gefährlich, da das Risiko einer Anaphylaxie besteht. Sie sollte also nur von geübten Personen in einer Umgebung mit einer vollständigen Ausrüstung für Wiederbelebungsmaßnahmen durchgeführt werden.

A.41 Arthus-Reaktion

Dabei handelt es sich um ein experimentelles Verfahren, das nur an Tiermodellen durchgeführt wird. Es untersucht, wie Immunkomplexe in Geweben entstehen und wie sie Entzündungen verursachen (Abschnitt 13.18). Die ursprüngliche Reaktion, die Maurice Arthus beschrieben hat, wurde durch wiederholte Injektion von Pferdeserum in Kaninchen ausgelöst. Die ersten Injektionen in die Haut verursachten keine Reaktion, während spätere Injektionen – nach der Erzeugung von Antikörpern gegen die Pferdeserumproteine – nach mehreren Stunden an der Injektionsstelle eine Entzündungsreaktion hervorriefen. Diese war gekennzeichnet durch Ödeme, Blutungen und das Eindringen von neutrophilen Zellen, was häufig zu einer Gewebenekrose führte. Meistens verwendet man inzwischen passive Modelle der Arthus-Reaktion, bei denen man entweder die Antikörper systemisch durch Infusion überträgt und das Antigen lokal verabreicht (passive Arthus-Reaktion) oder das Antigen systemisch durch Infusion überträgt und die Antikörper lokal injiziert (reverse passive Arthus-Reaktion).

Gezielte Beeinflussung des Immunsystems

A.42 Adoptive Übertragung von Lymphocyten

Ionisierende Röntgen- oder γ-Strahlung tötet lymphatische Zellen in Dosierungen, die andere Körpergewebe nicht angreifen. Deshalb ist es möglich, die Immunfunktionen in einem Empfängertier zu zerstören und anschließend durch eine adoptive Übertragung wiederherzustellen. So kann man die Effekte der transplantierten Zellen in Abwesenheit anderer lymphatischer Zellen untersuchen. James Gowans verwendete dieses Verfahren ursprünglich, um die Rolle der Lymphocyten bei der Immunantwort nachzuweisen. Er zeigte, dass sich durch die kleinen Lymphocyten immunisierter Spendertiere alle aktiven Immunreaktionen auf bestrahlte Empfängertiere übertragen ließen. Die Methode lässt sich verfeinern, indem man nur bestimmte Untergruppen der Lymphocyten überträgt (zum Beispiel B-Zellen, CD4-T-Zellen und so weiter). Selbst klonierte T-Zell-Linien ließen sich so testen, und man konnte zeigen, dass sie eine adoptive Immunität gegen ihr spezifisches Antigen verleihen. Solche adoptiven Immunisierungen sind ein grundlegender Bestandteil der Untersuchungen des Immunsystems, da sie sich schnell, einfach und mit jedem Mausstamm durchführen lassen.

A.43 Übertragung von hämatopoetischen Stammzellen

Alle Zellen mit hämatopoetischem Ursprung lassen sich durch Behandlung mit hoch dosierter Röntgenstrahlung beseitigen, sodass durch Transfusion von Spenderknochenmark oder gereinigten hämatopoetischen Stammzellen eines anderen Tieres ein Austausch des gesamten hämatopoetischen Systems einschließlich der Lymphocyten möglich ist. Die so entstandenen Tiere nennt man **Knochenmarkchimären**. Der Begriff leitet sich vom griechischen Wort *chimera* ab, das ein mythisches Tier mit dem Kopf eines Löwen, dem Körper einer Ziege und dem Schwanz einer Schlange bezeichnet. Das Verfahren dient dazu, die Entwicklung (nicht die Effektorfunktion) von Lymphocyten und insbesondere von T-Zellen zu untersuchen. Beim Menschen verwendet man prinzipiell dieselbe Methode, um das Knochenmark bei einer Fehlfunktion auszutauschen, wie etwa bei einer aplastischen Anämie oder nach einem atomaren Unfall. Auch bei bestimmten Krebsarten wird auf diese Weise das Knochenmark entfernt und durch gesundes Knochenmark ersetzt. Beim Menschen ist das Knochenmark der wichtigste Ursprung der hämatopoetischen Stammzellen. Jedoch isoliert man sie zunehmend auch aus dem peripheren Blut eines Spenders, nachdem dieser mit hämatopoetischen Wachstumsfaktoren wie GM-CSF behandelt wurde, oder aus Nabelschnurblut, das ebenfalls reich an solchen Stammzellen ist.

A.44 Vernichtung der T-Zellen *in vivo*

Die Bedeutung der T-Zell-Funktionen lässt sich *in vivo* besonders gut an Mäusen zeigen, die keine eigenen T-Zellen besitzen. Bei ihnen kann man die Auswirkungen eines vollständigen Fehlens der T-Zellen untersuchen und eine selektive Analyse der speziellen Funktionen von T-Zell-Subpopulationen durchführen. Da T-Lymphocyten im Thymus entstehen, kann ein operatives Entfernen des Thymus (**Thymektomie**) bei der Geburt der Maus die T-Zell-Bildung sofort unterbinden, da das Auswandern der meisten funktionell gereiften T-Zellen aus dem Thymus erst nach der Geburt erfolgt. Alternativ ist die Thymektomie auch bei adulten Tieren möglich, wobei nach einer anschließenden Strahlenbehandlung das Knochenmark rekonstituiert wird. Solche Mäuse entwickeln alle hämatopoetischen Zellen mit Ausnahme der T-Zellen.

Die rezessive *nude*-Mutation bei Mäusen entsteht durch einen Fehler im Gen des Transkriptionsfaktors Wnt und verursacht in ihrer homozygoten Form Haarlosigkeit sowie das Fehlen des Thymus. Diese Mäuse können also aus Vorläuferzellen im Knochenmark keine T-Zellen entwickeln. Überträgt man Teile des Thymusepithels, aus denen die Lymphocyten entfernt wurden, auf thymektomierte Tiere oder auf *nude*/*nude*-Mutanten, so können die Tiere normale reife T-Lymphocyten entwickeln. Das Verfahren ermöglicht die Untersuchung des nichtlymphatischen Stromagewebes im Thymus und diente dazu, die Rolle dieser Zellen bei der T-Zell-Entwicklung aufzuklären (Kapitel 7).

A.45 Vernichtung der B-Zellen *in vivo*

Bei Mäusen gibt es keinen definierten Ort, an dem sich die B-Zellen bilden, sodass sich ein Verfahren ähnlich der Thymektomie zur Untersuchung der Funktion und der Entwicklung von B-Zellen bei Nagetieren nicht anwenden lässt. Bei Vögeln ist es jedoch durch **Bursektomie** – also das chirurgische Entfernen der Bursa Fabricii – möglich, die Entwicklung der B-Zellen bei diesen Tieren zu blockieren. Tatsächlich ist die Bezeichnung T-Zellen für thymusabgeleitete Lymphocyten und B-Zellen für bursaabgeleitete Lymphocyten aufgrund der beiden Verfahren Thymektomie und Bursektomie entstanden. Bei Mäusen sind keine spontanen Mutationen (analog zur *nude*-Mutation) bekannt, die zu Tieren mit T-Zellen, aber ohne B-Zellen führen. Beim Menschen gibt es jedoch Mutationen, die eine humorale Immunantwort (Antikörperbildung) verhindern. Ursprünglich entdeckte man sie, weil Proteine von der Größe der Gammaglobuline fehlten. Deshalb spricht man bei den entsprechenden Erkrankungen von Agammaglobulinämien. Da die genetische Grundlage für eine bestimmte Form dieser Störungen inzwischen bekannt ist (Kapitel 12), kann man die Krankheit bei Mäusen durch gezielte Zerstörung des homologen Gens auslösen (Abschnitt A.47). Des Weiteren haben verschiedene gezielte Mutationen in kritischen Bereichen der Immunglobulingene Mäuse hervorgebracht, die keine B-Zellen besitzen.

A.46 Transgene Mäuse

Die Funktion von Genen hat man traditionell aufgrund der Auswirkung von spontanen Mutationen in ganzen Organismen und seit neuestem auch als Folge von gezielten Genveränderungen in Zellkulturen erforscht. Die Entwicklung der Genklonierung und der *in vitro*-Mutagenese ermöglicht inzwischen die Erzeugung spezifischer Mutationen in ganzen Tieren. Mäuse mit zusätzlichen oder veränderten Genkopien in ihrem Genom kann man durch das inzwischen gut etablierte Verfahren der **Transgenese** erzeugen. Die gewünschte DNA wird in den männlichen Pronucleus einer befruchteten Eizelle injiziert, die man dann in den Uterus einer scheinträchtigen weiblichen Maus einsetzt. Bei einigen Eiern wird die DNA zufällig in das

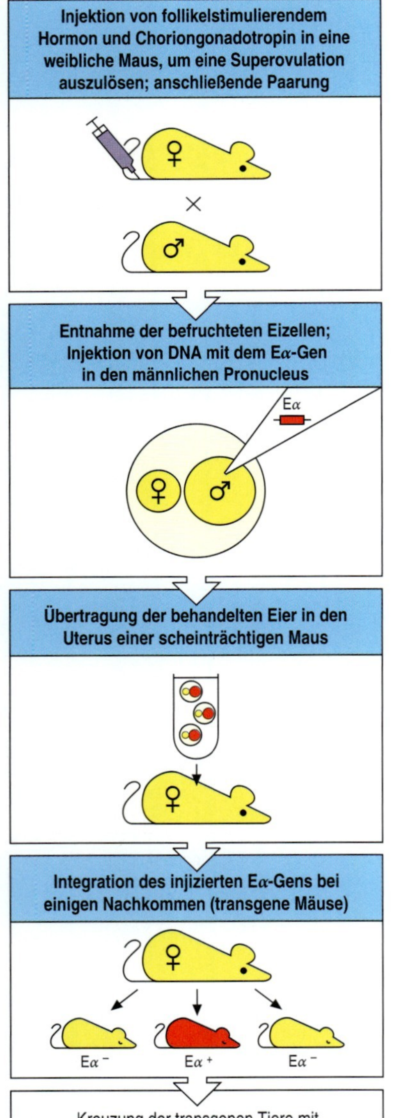

A.43 Die Funktion und die Expression von Genen lassen sich *in vivo* an transgenen Mäusen untersuchen. Zuerst mikroinjiziert man aufgereinigte DNA-Fragmente, die ein bestimmtes Protein codieren (hier das MHC-Klasse-II-Protein Eα der Maus) in die männlichen Protonuclei von befruchteten Eizellen einer Maus. Die Eizellen werden anschließend in eine scheinträchtige Maus eingesetzt. Bei den Nachkommen wird getestet, ob sich das übertragene Gen in den Zellen befindet. Positive Mäuse dienen als Ausgangspunkt für eine Linie transgener Mäuse, die ein oder mehrere zusätzliche Gene erhalten. Die Funktion des Eα-Gens wird hier durch eine Übertragung auf C57BL/6-Mäuse untersucht, die kein eigenes Eα-Gen besitzen.

A.44 Die Züchtung von transgenen coisogenen oder congenen Mausstämmen. Transgene Mausstämme werden normalerweise aus F_2-Mäusen erzeugt. Um Inzuchtmäuse zu erhalten, wird das Transgen umfassend mit einem Standardstamm rückgekreuzt, im Allgemeinen mit C57BL/6 (B6). Das Vorhandensein des Transgens lässt sich mithilfe einer PCR von genomischer DNA aus dem Schwanz junger Mäuse nachweisen. Nach zehn rückgekreuzten Generationen sind die Mäuse zu 99 % identisch, sodass alle Unterschiede zwischen Mäusen wahrscheinlich auf das Transgen zurückzuführen sind. Dasselbe Verfahren eignet sich auch für die Züchtung von Gen-Knockout-Mäusen auf der Basis eines Standardmausstammes, wobei die meisten Gen-Knockout-Experimente mit dem Mausstamm 129 durchgeführt werden (Abb. A.46). Die Mäuse werden dann untereinander gekreuzt. Homozygote Knockout-Mäuse lassen sich dadurch erkennen, dass keine intakte Kopie des untersuchten Gens mehr vorhanden ist (dies wird mit einer PCR festgestellt).

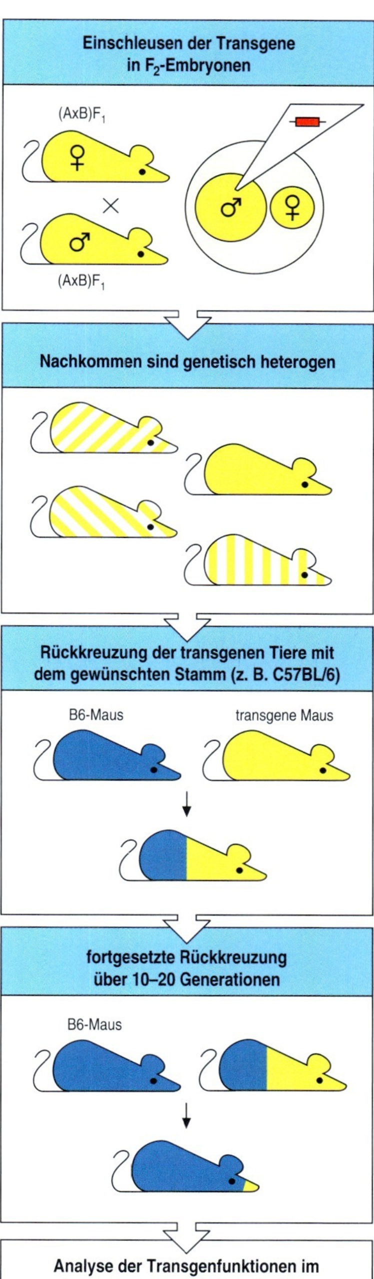

Genom integriert, und es entsteht eine Maus mit einem zusätzlichen genetischen Merkmal (einem Transgen) bekannter Struktur (Abb. A.43).

Damit ein Transgen im Einzelnen untersucht werden kann, muss es in ein stabiles, genau definiertes genetisches System eingeführt werden. Es ist jedoch schwierig, bei Inzuchtstämmen von Mäusen transgene Embryonen zu erzeugen. Transgene Mäuse werden normalerweise aus F_2-Embryonen erzeugt (das heißt aus Embryonen, die nach der Kreuzung von zwei F_1-Tieren entstehen). Das Transgen muss anschließend in einem gut charakterisierten genetischen System durch Züchtung etabliert werden. Dafür sind innerhalb eines Inzuchtstammes zehn Generationen von Rückkreuzungen erforderlich, um sicherzustellen, dass das eingeführte Transgen in der transgenen Mauslinie größtenteils (> 99 %) von heterogenen Genen der ursprünglichen Maus frei ist (Abb. A.44).

Anschließend kann man die Auswirkungen eines neu entdeckten Gens auf die Entwicklung untersuchen, die regulatorischen Elemente eines Gens für dessen gewebespezifische Expression identifizieren, die Auswirkungen seiner Überexpression oder seiner Expression im falschen Gewebe analysieren und die Folgen von Mutationen für die Genfunktion bestimmen. Transgene Mäuse waren besonders nützlich bei Studien über die Rolle von T- und B-Zell-Rezeptoren während der Entwicklung (Kapitel 7).

A.47 Gen-Knockout durch gezielte Unterbrechung

In vielen Fällen kann man die Funktionen eines Gens nur dann vollständig bestimmen, wenn Tiere zur Verfügung stehen, die das Gen aufgrund einer Mutation nicht exprimieren. Während man früher ein Gen meistens als Folge eines mutierten Phänotyps fand, wird jetzt wesentlich häufiger zunächst ein Gen entdeckt und isoliert und dann seine Funktion *in vivo* durch Austausch gegen eine schadhafte Kopie bestimmt. Dieses Verfahren bezeichnet man als **Gen-Knockout**, und es wurde durch zwei recht neue Entwicklungen möglich: eine wirksame Selektionsstrategie für die gesuchte Mutation durch homologe Rekombination sowie die Entwicklung von kontinuierlich wachsenden Linien pluripotenter **embryonaler Stammzellen** (**ES-Zellen**). Dabei handelt es sich um embryonale Zellen, aus denen nach Einsetzen in eine Blastocyste alle Zelllinien einer chimären Maus hervorgehen können.

Das gezielte Ansteuern von Genen (*gene targeting*) beruht auf einem Phänomen, das man als **homologe Rekombination** bezeichnet (Abb. A.45). Klonierte Kopien des Zielgens werden so verändert, dass sie ihre Funktion verlieren. Danach schleust man sie in ES-Zellen ein, wo eine Rekombination mit dem homologen Gen des zellulären Genoms erfolgt. Dadurch wird das normale Gen durch eine funktionslose Kopie ersetzt. Die homologe Rekombination tritt in Säugetierzellen sehr selten auf, sodass ein wirksames Selektionsverfahren notwendig ist, um die entsprechenden Zellen zu finden. In den meisten Fällen wird die eingeschleuste Genkopie durch ein eingefügtes Gen für eine Antibiotikaresistenz unterbrochen (zum Beispiel eine Resistenz gegen Neomycin). Wenn ein solches Konstrukt mit der zellulären Kopie des Gens eine homologe Rekombination eingeht, wird das zelluläre Gen unterbrochen, das Gen für die Antibiotikaresistenz behält jedoch seine Funktion. So ist es möglich, aufgrund der Resistenz gegen die neomycinähnliche Substanz G418 diejenigen Zellen in Kultur zu selektieren, die das Gen enthalten. Die Antibiotikaresistenz allein zeigt jedoch nur an, dass die Zellen das Gen für die Neomycinresistenz aufgenommen und in ihr Genom eingebaut haben. Damit man die Zellen selektieren kann, bei denen eine homologe Rekombination stattgefunden hat, befindet sich an den Enden des Konstrukts üblicherweise jeweils die Gensequenz für die Thymidinkinase des Herpes-simplex-Virus (HSV-tk). Zellen, in denen die DNA an einer zufälligen Position in das Genom eingebaut worden ist, enthalten im Allgemeinen das vollständige DNA-Konstrukt einschließlich des HSV-tk-Gens. Im Gegensatz dazu führt eine homologe Rekombination zwischen dem Konstrukt und der zellulären DNA (das gewünschte Ergebnis) zu einem Austausch der homologen DNA-Sequenzen, sodass die nichthomologen HSV-tk-Gene an den Enden des Konstrukts verloren gehen. Zellen, die das HSV-tk-Gen enthalten, werden durch die antivirale Substanz Ganciclovir abgetötet. Zellen mit homologer Rekombination sind demnach spezifisch sowohl gegen Neomycin als auch gegen Ganciclovir resistent. So kann man diese Zellen durch Zugabe beider Substanzen in das Medium selektieren (Abb. A.45).

Das Verfahren eignet sich zur Herstellung homozygot mutierter Zellen, bei denen man untersuchen kann, wie sich die Zerstörung eines bestimmten Gens auswirkt. Zur Selektion diploider Zellen, bei denen beide Kopien eines Gens durch eine homologe Rekombination verändert werden sollen, verwendet man für die Transfektion eine Mischung aus zwei verschiedenen Konstrukten, die jeweils ein Gen für eine andere Antibiotikaresistenz enthalten, um das Zielgen zu unterbrechen. Hat man auf diese Weise eine mutierte Zelle mit einem Funktionsdefekt erzeugt, so kann man diesen Defekt dem veränderten Gen definitiv zuordnen, wenn sich der mutierte Phänotyp durch eine transfizierte Kopie des Wildtypgens rückgängig machen lässt. Ein Wiederherstellen der Genfunktion bedeutet, dass der Defekt in dem mutierten Gen durch das Wildtypgen komplementiert wird. Das Verfahren ist sehr effektiv, da sich das übertragene Gen sehr genau modifizieren lässt. Auf diese Weise kann man sogar feststellen, welche Teile des zugehörigen Proteins für die Funktion erforderlich sind.

Um ein Gen *in vivo* auszuschalten, reicht es aus, in einer embryonalen Stammzelle eine Kopie des zellulären Gens zu unterbrechen. Man erzeugt solche Zellen mit einem veränderten Gen mithilfe einer gezielten Mutation (Abb. A.45) und injiziert sie in eine Blastocyste, die wieder in den Uterus eingesetzt wird. Die Zellen, die das unterbrochene Gen tragen, werden in den sich entwickelnden Embryo integriert und nehmen an der Ausbil-

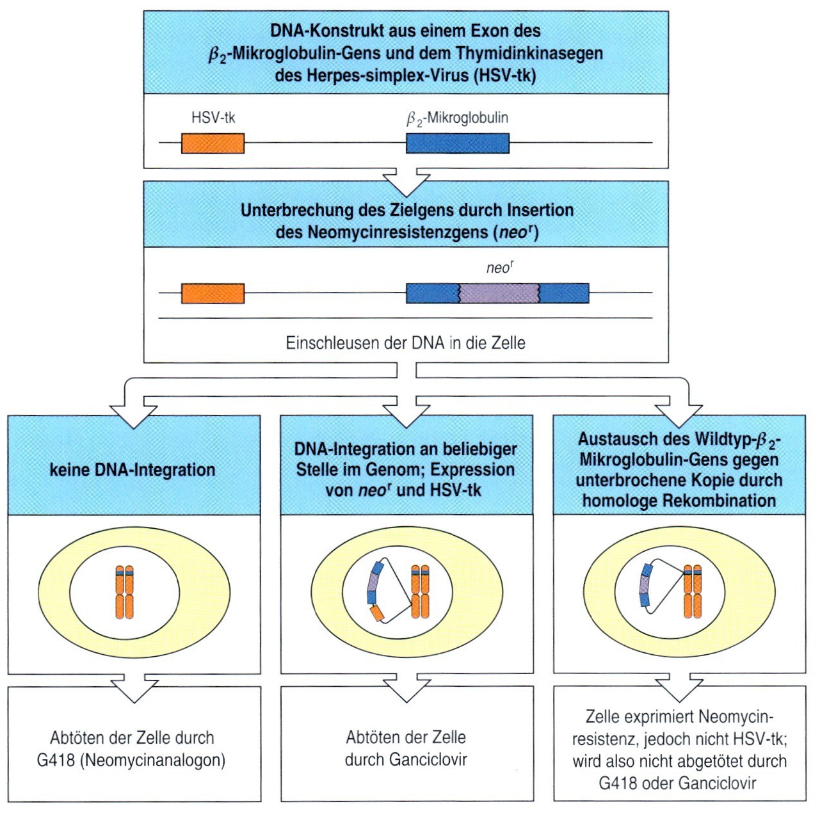

A.45 Homologe Rekombination kann die spezifische Deletion eines Gens bewirken. Bringt man DNA-Fragmente in Zellen ein, so ist eine Integration in die zelluläre DNA auf zwei Weisen möglich. Bei einem zufälligen Einbau in DNA-Bruchstellen wird normalerweise das ganze Fragment aufgenommen, oft sogar in mehreren Kopien. Extrachromosomale DNA kann jedoch auch mit der zellulären Kopie des Gens eine homologe Rekombination eingehen. In diesem Fall ist nur der zentrale, homologe Bereich beteiligt. Fügt man ein selektierbares Markergen wie das Gen für die Neomycinresistenz (*neo*^{r}) in die codierende Genregion ein, so ist eine homologe Rekombination weiterhin möglich. Auf diese Weise lassen sich zwei Ziele erreichen: Erstens ist die Zelle durch die integrierte DNA vor dem neomycinähnlichen Antibiotikum G418 geschützt; zweitens unterbricht das *neo*^{r}-Gen die codierende Sequenz des zellulären Gens, wenn die eingeschleuste DNA mit der homologen DNA in der Zelle rekombiniert. Homologe Rekombinationen lassen sich von zufälligen Insertionen unterscheiden, wenn sich das Gen für die Thymidinkinase HSV-tk des Herpes-simplex-Virus an einem Ende des DNA-Konstrukts oder an beiden befindet. Man spricht hier auch von einem „gezielten Konstrukt", da es das zelluläre Gen gezielt erreicht. Bei einer zufälligen DNA-Integration bleibt die HSV-tk-Aktivität erhalten. Dieses Enzym macht die Zelle empfindlich für die antivirale Substanz Ganciclovir. Das HSV-tk-Gen ist jedoch nicht mit der Ziel-DNA homolog, sodass es bei einer homologen Rekombination verloren geht. Nur in einem solchen Fall ist die Zelle sowohl gegen Neomycin als auch gegen Ganciclovir resistent. Sie überlebt demnach in einem Medium, das beide Antibiotika enthält. Die Unterbrechung des Zielgens lässt sich durch einen Southern-Blot oder eine PCR mit Primern für das *neo*^{r}-Gen und für Bereiche außerhalb des Zielkonstrukts prüfen. Durch die Verwendung zweier verschiedener Resistenzgene kann man beide zelluläre Kopien eines Gens unterbrechen, sodass eine Deletionsmutante entsteht (nicht dargestellt).

dung aller Gewebe teil. Auf diese Weise gelangt das mutierte Gen auch in die Keimbahn und wird auf einige der Nachkommen des ursprünglichen, chimären Tieres übertragen. Durch weitere Züchtung entstehen schließlich homozygote Mäuse, denen die Expression des betreffenden Genprodukts vollständig fehlt (Abb. A.46). So lassen sich die Auswirkungen der fehlenden Genfunktion untersuchen. Darüber hinaus kann man die Teile des Gens ermitteln, die für die Funktion essenziell sind, indem man durch Einschleusen unterschiedlich mutierter Kopien des Gens in das Genom (Transgenese) feststellt, ob sich die Funktion wiederherstellen lässt. Die Manipulation des Mausgenoms durch Gen-Knockout und Transgenese erweitert unser Wissen über die Funktion einzelner Gene bei der Entwicklung und der Funktion der Lymphocyten.

Da die am häufigsten verwendeten ES-Zellen aus einem nur wenig charakterisierten Mausstamm (mit der Bezeichnung 129) isoliert wurden, erfordert die Funktionsanalyse eines Gen-Knockout oft zahlreiche Rückkreuzungen mit einem anderen Stamm, wie es bei transgenen Mäusen der Fall ist (Abb. A.44). Das Vorhandensein des mutierten Gens lässt sich dabei mithilfe des *neo*^{r}-Gens zeigen. Nach einer ausreichenden Zahl von Rückkreuzungen werden die Mäuse untereinander gekreuzt, um die Mutationen in einem stabilen genetischen System zu etablieren.

Wenn die Funktion eines Gens für das Überleben eines Tieres essenziell ist, wird das Gen-Knockout problematisch; in solchen Fällen spricht man

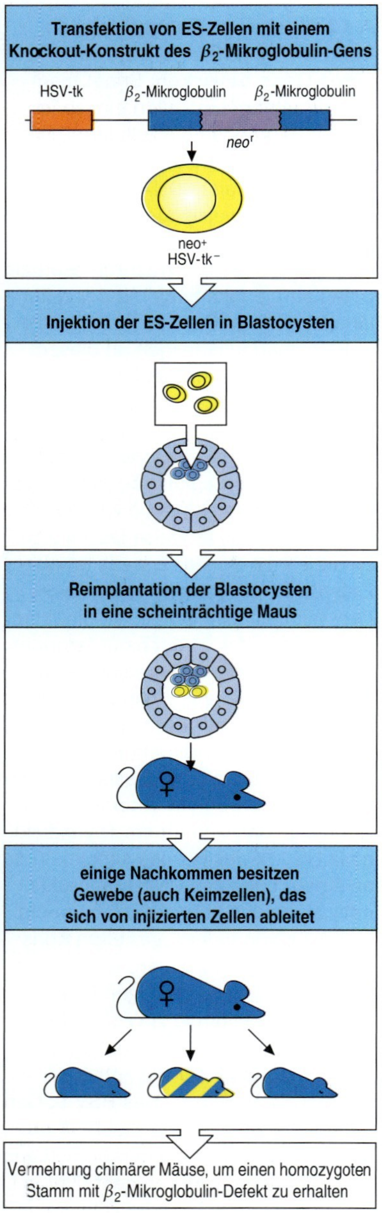

Transfektion von ES-Zellen mit einem Knockout-Konstrukt des β_2-Mikroglobulin-Gens

HSV-tk β_2-Mikroglobulin β_2-Mikroglobulin

neo^r

neo+
HSV-tk−

Injektion der ES-Zellen in Blastocysten

Reimplantation der Blastocysten in eine scheinträchtige Maus

einige Nachkommen besitzen Gewebe (auch Keimzellen), das sich von injizierten Zellen ableitet

Vermehrung chimärer Mäuse, um einen homozygoten Stamm mit β_2-Mikroglobulin-Defekt zu erhalten

A.46 Gen-Knockout bei embryonalen Stammzellen ergibt mutierte Mäuse. In Gewebekulturen von embryonalen Stammzellen lassen sich Gene durch eine homologe Rekombination spezifisch inaktivieren. Die homologe Rekombination wird durchgeführt wie in Abbildung A.45 beschrieben. In diesem Beispiel wird das Gen für das β_2-Mikroglobulin in den ES-Zellen durch das gezielte Konstrukt unterbrochen. Dabei genügt es, wenn nur eine Genkopie betroffen ist. ES-Zellen, in denen eine homologe Rekombination stattgefunden hat, werden in Mausblastocysten injiziert. Wenn aus der mutierten ES-Zelle Keimzellen entstehen, wird das mutierte Gen an die Nachkommen weitergegeben (in der Abbildung gestreift dargestellt). Züchtet man die Mäuse, bis das Gen homozygot vorliegt, bildet sich ein mutierter Phänotyp heraus. Diese mutierten Mäuse sind normalerweise Abkömmlinge des Mausstammes 129, der im Allgemeinen für solche Zwecke verwendet wird. In diesem Fall besitzen die homozygot mutierten Mäuse keine MHC-Klasse-I-Moleküle auf ihren Zellen, da diese Proteine nur in Kombination mit dem β_2-Mikroglobulin an die Zelloberfläche treten. Die defekten Mäuse kann man mit transgenen Mäusen kreuzen, die genauer platzierte Mutationen desselben Gens aufweisen. So lassen sich auch solche Mutanten *in vivo* testen.

von einem **rezessiv letalen Gen**, und es lassen sich keine homozygoten Tiere erzeugen. Stellt man jedoch Mauschimären her, die keine B- und T-Zellen besitzen, kann man die Funktionen rezessiv letaler Gene in lymphatischen Zellen untersuchen. Zu diesem Zweck werden ES-Zellen mit homozygoten letalen Funktionsverlustmutationen in Blastocysten von *RAG*-Knockout-Mäusen injiziert. Diese Tiere können die Gene ihrer Antigenrezeptoren nicht umlagern, da die Gene mutiert sind, welche die Rekombinase aktivieren. Bei der Embryonalentwicklung dieser Chimären können die Zellen ohne *RAG*-Funktion jeden Entwicklungsdefekt aufgrund des Gen-Knockout in den ES-Zellen kompensieren – mit Ausnahme von Defekten in der lymphatischen Zelllinie. Die Embryonen überleben, solange sich die mutierten ES-Zellen zu hämatopoetischen Vorläuferzellen im Knochenmark entwickeln können, und alle Lymphocyten der so entstehenden chimären Maus stammen von den mutierten ES-Zellen ab (Abb. A.47).

Bei einer zweiten wirkungsvollen Methode deletiert man gewebespezifische oder während der Entwicklungsphase regulierte Gene. Dazu verwendet man DNA-Sequenzen und Enzyme des Bakteriophagen P1, mit denen sich dieser aus der genomischen DNA einer Wirtszelle herausschneidet. Die integrierte Phagen-DNA wird von Rekombinationssignalsequenzen (*loxP*) flankiert. Eine Rekombinase (Cre) erkennt diese Sequenzen, zerschneidet die DNA und verknüpft die beiden Enden, wodurch die dazwischenliegende DNA in Form eines zirkulären Moleküls herausgeschnitten wird. Dieser Mechanismus lässt sich so abwandeln, dass die spezifische Deletion von Genen in einem transgenen Tier nur in bestimmten Geweben oder zu bestimmten Entwicklungsphasen möglich ist. Zuerst führt man die *loxP*-Stellen, die ein Gen oder auch nur ein einzelnes Exon flankieren, durch homologe Rekombination in das Genom ein (Abb. A.48). Normalerweise stört die Insertion dieser Sequenzen in genflankierende oder Intron-DNA die normale Funktion eines Gens nicht. Mäuse, die solche *loxP*-mutierten Gene besitzen, werden mit transgenen Mäusen gekreuzt, die das Gen der Cre-Rekombinase tragen. Dieses Gen unterliegt der Kontrolle eines gewebespezifischen oder induzierbaren Promotors. Wenn die Cre-Rekombinase aktiviert wird (entweder im passenden Gewebe oder durch Induktion), schneidet das Enzym die DNA zwischen den eingefügten *loxP*-Stellen heraus und inaktiviert so das Gen oder das Exon. Auf diese Weise ist es beispielsweise mithilfe eines für T-Zellen spezifischen Promotors möglich, ausschließlich in T-Zellen die Expression der Cre-Rekombinase in Gang zu setzen und ein Gen zu deletieren. In allen anderen Zellen des Tieres hingegen bleibt das Gen funktionsfähig. Es handelt sich hier um ein besonders leistungsfähiges gentechnisches Verfahren, das zwar noch am Anfang steht, mit dem sich aber bereits die Bedeutung der B-Zell-Rezeptoren für das Überleben der B-Zellen zeigen ließ. In Zukunft sind hier mit Sicherheit noch weitere interessante Ergebnisse zu erwarten.

ES-Zellen mit einer Mutation, die bei homozygoten Tieren tödlich ist, werden in eine *RAG*⁻-Blastocyste injiziert

die entstandene Maus ist eine Chimäre, deren Lymphocyten von den ES-Zellen abstammen

die *RAG*⁻-Zellen können keine Lymphocyten hervorbringen; alle Lymphocyten der Chimäre stammen von den injizierten ES-Zellen ab

A.47 Die Bedeutung von rezessiv letalen Genen für die Lymphocytenfunktion lässt sich mithilfe von *RAG*-defekten chimären Mäusen untersuchen. ES-Zellen, die eine letale Mutation tragen, werden in eine *RAG*-defekte Blastocyste injiziert (oben). Aus den *RAG*-defekten Zellen können alle Gewebe einer normalen Maus mit Ausnahme der Lymphocyten hervorgehen. Darum kompensieren diese Zellen jeden entwicklungsphysiologischen Defekt der mutierten ES-Zellen (Mitte). Wenn Letztere die Fähigkeit besitzen, sich zu hämatopoetischen Stammzellen zu differenzieren (das heißt, wenn die deletierte Genfunktion für diese Entwicklungslinie nicht essenziell ist), stammen alle Lymphocyten der chimären Maus von den ES-Zellen ab (unten), da *RAG*-defekte Mäuse von sich aus keine Lymphocyten hervorbringen.

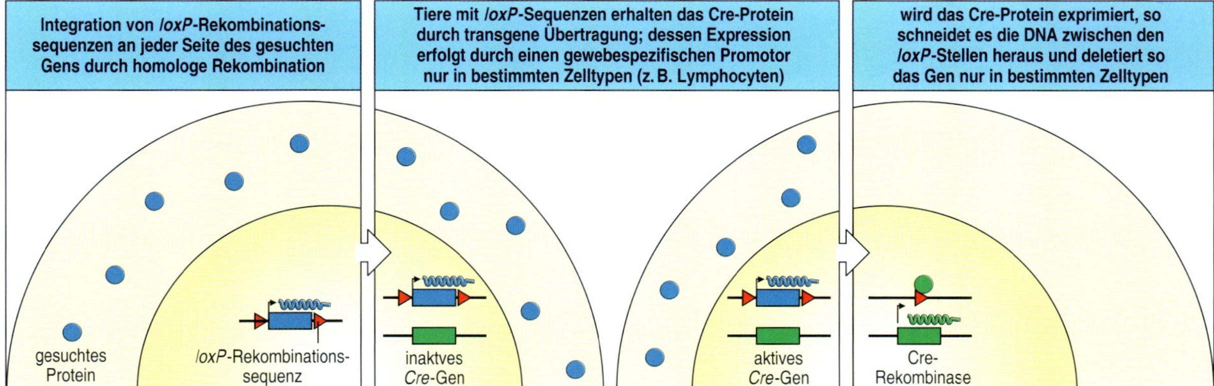

A.48 Mithilfe eines Rekombinationssystems auf der Basis des Bakteriophagen P1 ist es möglich, Gene in bestimmten Zelllinien zu zerstören. Das Cre-Protein des Bakteriophagen P1 schneidet DNA-Abschnitte heraus, die von den Rekombinationssignalsequenzen *loxP* flankiert werden. Diese lassen sich durch homologe Rekombination an den beiden Enden eines Gens einfügen (links). Man kann auf Tiere mit *loxP*-flankierten Genen zusätzlich das Gen für das Cre-Protein übertragen. Dieses Gen steht dabei unter der Kontrolle eines gewebespezifischen Promotors, sodass es nur in bestimmten Zellen oder zu bestimmten Zeiten während der Entwicklungsphase exprimiert wird (Mitte). Das Cre-Protein erkennt in den Zellen, in denen es exprimiert wird, die *loxP*-Sequenzen und schneidet die dazwischenliegende DNA heraus (rechts). So kann man einzelne Gene in bestimmten Zellen oder zu bestimmten Zeiten deletieren. Es ist dadurch möglich, die Funktion bestimmter Gene, die für eine normale Entwicklung der Maus essenziell sind, im entwickelten Tier und/oder in bestimmten Zelltypen zu untersuchen. Gene sind als Balken, RNA als geschraubte Linien und Proteine als farbige Kugeln dargestellt.

A

Anhang II
Die CD-Antigene

CD-Antigen	Zellen, die das Antigen exprimieren	Molekülmasse (kDa)	Funktionen	andere Bezeichnungen	Verwandtschaftsbeziehungen
CD1a,b,c,d	corticale Thymocyten, Langerhans-Zellen, dendritische Zellen, B-Zellen (CD1c), Darmepithel, glatte Muskulatur, Blutgefäße (CD1d)	43–49	MHC-Klasse-I-ähnliches Molekül, assoziiert mit β_2-Mikroglobulin; hat möglicherweise eine besondere Bedeutung bei der Antigenpräsentation		Immunglobulin
CD2	T-Zellen, Thymocyten, NK-Zellen	45–58	Adhäsionsmolekül, das an CD58 (LFA-3) bindet; bindet in der Zelle Lck und aktiviert T-Zellen	T11, LFA-2	Immunglobulin
CD3	Thymocyten, T-Zellen	γ: 25–28 δ: 20 ε: 20	assoziiert mit dem Antigenrezeptor von T-Zellen (TCR); notwendig für die Zelloberflächenexpression und Signalübertragung des TCR	T3	Immunglobulin
CD4	einige Gruppen von Thymocyten, T_H1- und T_H2-Zellen (etwa zwei Drittel der peripheren T-Zellen), Monocyten, Makrophagen	55	Corezeptor für MHC-Klasse-II-Moleküle; bindet Lck an der cytoplasmatischen Seite der Membran; Rezeptor für gp120 von HIV-1 und HIV-2	T4, L3T4	Immunglobulin
CD5	Thymocyten, T-Zellen, eine Untergruppe der B-Zellen	67		T1, Ly1	Scavenger-Rezeptor
CD6	Thymocyten, T-Zellen, B-Zellen bei chronischer lymphatischer Leukämie	100–130	bindet CD166	T12	Scavenger-Rezeptor
CD7	pluripotente hämatopoetische Zellen, Thymocyten, T-Zellen	40	unbekannt; die cytoplasmatische Domäne bindet bei Quervernetzung die PI-3-Kinase; Marker für akute lymphatische Leukämie der T-Zellen und Leukämien pluripotenter Stammzellen		Immunglobulin

CD-Antigen	Zellen, die das Antigen exprimieren	Molekülmasse (kDa)	Funktionen	andere Bezeichnungen	Verwandtschaftsbeziehungen
CD8	einige Gruppen von Thymocyten, cytotoxische T-Zellen (etwa ein Drittel der peripheren T-Zellen)	α: 32–34 β: 32–34	Corezeptor für MHC-Klasse-I-Moleküle; bindet Lck an der cytoplasmatischen Seite der Membran	T8, Lyt2,3	Immunglobulin
CD9	Prä-B-Zellen, Monocyten, eosinophile und basophile Zellen, Blutplättchen, aktivierte T-Zellen, Gehirn und periphere Nerven, glatte Gefäßmuskulatur	24	verursacht Aggregation und Aktivierung von Blutplättchen über FcγRIIa; spielt vielleicht eine Rolle bei der Wanderung von Zellen		vierfach die Membran durchspannendes Protein (*tetraspanning membrane protein*); auch als Transmembran-4 (TM4) bezeichnet
CD10	B- und T-Vorläuferzellen, Zellen des Knochenmarkstroma	100	Zink-Metallproteinase; Marker für akute lymphatische Leukämie der Prä-B-Zellen (ALL)	neutrale Endopeptidase, *common acute lymphocytic leukemia antigen* (CALLA)	
CD11a	Lymphocyten, Granulocyten, Monocyten und Makrophagen	180	αL-Untereinheit des Integrins LFA-1 (assoziiert mit CD18); bindet an CD54 (ICAM-1), CD102 (ICAM-2) und CD50 (ICAM-3)	LFA-1	Integrin α
CD11b	myeloide Zellen und NK-Zellen	170	αM-Untereinheit des Integrins CR3 (assoziiert mit CD18); bindet CD54, die Komplementkomponente iC3b sowie extrazelluläre Matrixmoleküle	Mac-1	Integrin α
CD11c	myeloide Zellen	150	αX-Untereinheit des Integrins CR4 (assoziiert mit CD18); bindet Fibrinogen	CR4, gp150, 95	Integrin α
CD11d	Leukocyten	125	αD-Untereinheiten des Integrins; assoziiert mit CD18; bindet an CD50		Integrin α
CDw12	Monocyten, Granulocyten, Blutplättchen	90–120	unbekannt		
CD13	myelomonocytische Zellen	150–170	Zink-Metallproteinase	Aminopeptidase N	
CD14	myelomonocytische Zellen	53–55	Rezeptor für den Komplex aus Lipopolysaccharid und lipopolysaccharidbindendem Protein (LBP)		
CD15	neutrophile und eosinophile Zellen, Monocyten		endständiges Trisaccharid von Glykolipiden und vielen Glykoproteinen der Zelloberfläche	Lewis^x (Le^x)	
CD15s	Leukocyten, Endothel		Ligand von CD62E, P	Sialyl-Lewis^x (sLe^x)	Poly-*N*-Acetyllactosamin

CD-Antigen	Zellen, die das Antigen exprimieren	Molekülmasse (kDa)	Funktionen	andere Bezeichnungen	Verwandtschaftsbeziehungen
CD15u			sulfatisiertes CD15		Kohlenhydratstrukturen
CD16	neutrophile Zellen, NK-Zellen, Makrophagen	50–80	Bestandteil des niedrig affinen Fc-Rezeptors FcγRIII; vermittelt Phagocytose und antikörperabhängige zellvermittelte Cytotoxizität	FcγRIII	Immunglobulin
CDw17	neutrophile Zellen, Monocyten, Blutplättchen		Lactosylceramid, ein Glykosphingolipid der Zelloberfläche		
CD18	Leukocyten	95	β_2-Untereinheit der Integrine; bindet an CD11a, b, c und d		Integrin β
CD19	B-Zellen	95	bildet Komplex mit CD21 (CR2) und CD81 (TAPA-1); Corezeptor für B-Zellen – cytoplasmatische Domäne bindet Tyrosinkinasen im Cytoplasma und die PI-3-Kinase		Immunglobulin
CD20	B-Zellen	33–37	Oligomere von CD20 bilden möglicherweise einen Ca^{2+}-Kanal; vielleicht an der Regulation der B-Zell-Aktivierung beteiligt		enthält vier Transmembranabschnitte
CD21	reife B-Zellen, follikuläre dendritische Zellen	145	Rezeptor für Komplementkomponenten C3d und Epstein-Barr-Virus; CD 21 bildet zusammen mit CD19 und CD81 einen Corezeptor für B-Zellen	CR2	Komplementregulationsprotein (CCP)
CD22	reife B-Zellen	α: 130 β: 140	bindet Sialylkonjugate	BL-CAM	Immunglobulin
CD23	reife B-Zellen, aktivierte Makrophagen, eosinophile Zellen, follikuläre dendritische Zellen, Blutplättchen	45	niedrig affiner Rezeptor für IgE; reguliert IgE-Synthese; Ligand für den CD19:CD21:CD81-Corezeptor	FcεRII	C-Typ-Lektin
CD24	B-Zellen, Granulocyten	35–45	unbekannt	möglicherweise das menschliche Pendant zum hitzestabilen Antigen (HSA) der Maus	
CD25	aktivierte T-Zellen, B-Zellen und Monocyten	55	α-Kette des IL-2-Rezeptors;	Tac	CCP
CD26	aktivierte B- und T-Zellen, Makrophagen	110	Exopeptidase; spaltet aminoterminale X-Pro- oder X-Ala-Dipeptide von Polypeptiden ab	Dipeptidylpeptidase IV	Transmembranglykoprotein Typ II

CD-Antigen	Zellen, die das Antigen exprimieren	Molekülmasse (kDa)	Funktionen	andere Bezeichnungen	Verwandtschaftsbeziehungen
CD27	medulläre Thymocyten, T-Zellen, NK-Zellen, einige B-Zellen	55	bindet CD70; kann bei T- und B-Zellen als Costimulator wirken		TNF-Rezeptor
CD28	Untergruppen von T-Zellen, aktivierte B-Zellen	44	Aktivierung naiver T-Zellen; Rezeptor für costimulierendes Signal (Signal 2), bindet CD80 (B7.1) und CD86 (B7.2)	Tp44	Immunglobulin und CD86 (B7.2)
CD29	Leukocyten	130	β_1-Untereinheit der Integrine, assoziiert im VLA-1-Integrin mit CD49a		Integrin β
CD30	aktivierte T-, B- und NK-Zellen, Monocyten	120	bindet CD30L (CD153); Vernetzung von CD30 verstärkt die Proliferation von B- und T-Zellen	Ki-1	TNF-Rezeptor
CD31	Monocyten, Blutplättchen, Granulocyten, Untergruppen von T-Zellen, Endothelzellen	130–140	Adhäsionsmolekül, vermittelt sowohl Leukocyten-Endothel- als auch Endothel-Endothel-Wechselwirkungen	PECAM-1	Immunglobulin
CD32	Monocyten, Granulocyten, B-Zellen, eosinophile Zellen	40	niedrig affiner Fc-Rezeptor für aggregiertes Immunglobulin: Immunkomplexe	FcγRII	Immunglobulin
CD33	myeloide Vorläuferzellen, Monocyten	67	bindet Sialylkonjugate		Immunglobulin
CD34	hämatopoetische Vorläuferzellen, Kapillarendothel	105–120	Ligand für CD62L (L-Selektin)		Mucin
CD35	Erythrocyten, B-Zellen, Monocyten, neutrophile und eosinophile Zellen, follikuläre dendritische Zellen	250	Komplementrezeptor 1; bindet C3b und C4b; vermittelt Phagocytose	CR1	CCP
CD36	Blutplättchen, Monocyten, Endothelzellen	88	Adhäsionsmolekül der Blutplättchen; beteiligt an der Erkennung und Phagocytose apoptotischer Zellen	Plättchen-GPIV, GPIIIb	
CD37	reife B-Zellen, reife T-Zellen, myeloide Zellen	40–52	unbekannt; mögliche Beteiligung an Signalübertragung; bildet Komplexe mit CD53, CD81, CD82 und MHC-Klasse-II-Molekülen		Transmembran-4
CD38	frühe B- und T-Zellen, aktivierte T-Zellen, Keimzentren-B-Zellen, Plasmazellen	45	NAD-Glykohydrolase; verstärkt B-Zell-Proliferation	T10	
CD39	aktivierte B-Zellen, aktivierte NK-Zellen, Makrophagen, dendritische Zellen	78	unbekannt; vermittelt möglicherweise die Adhäsion von B-Zellen		

CD-Antigen	Zellen, die das Antigen exprimieren	Molekülmasse (kDa)	Funktionen	andere Bezeichnungen	Verwandtschaftsbeziehungen
CD40	B-Zellen, Makrophagen, dendritische Zellen, basale Epithelzellen	48	bindet CD154 (CD40L); Rezeptor für costimulierende Signale für B-Zellen, fördert Wachstum, Differenzierung und Isotypwechsel von B-Zellen sowie Cytokinproduktion bei Makrophagen und dendritischen Zellen		TNF-Rezeptor
CD41	Blutplättchen, Megakaryocyten	Dimer: GPIIba: 125 GPIIbb: 22	αIIb-Integrin; assoziiert mit CD61 zu GPIIb; bindet Fibrinogen, Fibronectin, von-Willebrand-Faktor und Thrombospondin	GPIIb	Integrin α
CD42a,b,c,d	Blutplättchen, Megakaryocyten	a: 23 b: 135, 23 c: 22 d: 85	bindet von-Willebrand-Faktor und Thrombin; wichtig für Adhäsion der Blutplättchen an verletzten Gefäßen	a: GPIX b: GPIbα c: GPIbβ d: GPV	leucinreiche Wiederholungssequenz
CD43	Leukocyten, außer ruhenden B-Zellen	115–135 (neutrophile Zellen) 95–115 (T-Zellen)	ausgestreckte Struktur von etwa 45 nm; wirkt möglicherweise antiadhäsiv	Leukosialin, Sialophorin	Mucin
CD44	Leukocyten, Erythrocyten	80–95	bindet Hyaluronsäure; vermittelt die Adhäsion der Leukocyten	Hermes-Antigen Pgp-1	Verbindungsprotein
CD45	alle hämatopoetischen Zellen	180–240 (mehrere Isoformen)	Tyrosinphosphatase; erhöht die Signalvermittlung über den Antigenrezeptor von B- und T-Zellen; durch alternatives Spleißen entstehen viele Isoformen (s. u.)	*leukocyte common antigen* (LCA), T200, B220	Fibronectin Typ-III
CD45RO	Untergruppen von T- und B-Zellen, Monocyten, Makrophagen	180	Isoform von CD45, die weder das A- noch das B- oder C-Exon enthält		Fibronectin Typ-II
CD45RA	B-Zellen, Untergruppen von T-Zellen (naive T-Zellen), Monocyten	205–220	Isoformen von CD45 mit A-Exon		Fibronectin Typ-II
CD45RB	Untergruppen von T-Zellen, B-Zellen, Monocyten, Makrophagen, Granulocyten	190–220	Isoformen von CD45 mit B-Exon	T200	Fibronectin Typ-II
CD46	hämatopoetische und nichthämatopoetische kernhaltige Zellen	56/66 (Spleißvarianten)	membranständiges Cofaktorprotein; bindet an C3b und C4b und ermöglicht deren Abbau durch Faktor I	MCP	CCP
CD47	alle Zellen	47–52	Adhäsionsmolekül, Thrombospondinrezeptor	IAP, MER6, OA3	Immunglobulinsuperfamilie
CD48	Leukocyten	40–47	mutmaßlicher Ligand für CD244	Blast-1	Immunglobulin

CD-Antigen	Zellen, die das Antigen exprimieren	Molekülmasse (kDa)	Funktionen	andere Bezeichnungen	Verwandtschaftsbeziehungen
CD49a	aktivierte T-Zellen, Monocyten, Nervenzellen, glatte Muskulatur	200	α_1-Integrin, verbindet sich mit CD29; bindet Kollagen und Laminin-1	VLA-1	Integrin α
CD49b	B-Zellen, Monocyten, Blutplättchen, Megakaryocyten, Nerven-, Epithel- und Endothelzellen, Osteoklasten	160	α_2-Integrin; verbindet sich mit CD29; bindet Kollagen und Laminin	VLA-2, Blutplättchen-GPIa	Integrin α
CD49c	B-Zellen, viele Adhäsionszellen	125, 30	α_3-Integrin, verbindet sich mit CD29, bindet Laminin-5, Fibronectin, Kollagen, Entactin, Invasin	VLA-3	Integrin α
CD49d	weit verbreitet, u. a. bei B-Zellen, Thymocyten, Monocyten, Granulocyten, dendritischen Zellen	150	α_4-Integrin; verbindet sich mit CD29; bindet Fibronectin, MAdCAM-1, VCAM-1	VLA-4	Integrin α
CD49e	weit verbreitet, u. a. bei T-Gedächtniszellen, Monocyten, Blutplättchen	135, 25	α_5-Integrin; verbindet sich mit CD29; bindet Fibronectin, Invasin	VLA-5	Integrin α
CD49f	T-Lymphocyten, Monocyten, Blutplättchen, Megakaryocyten, Trophoblasten	125, 25	α_6-Integrin; verbindet sich mit CD29; bindet Laminin, Invasin, Merosin	VLA-6	Integrin α
CD50	Thymocyten, T-Zellen, B-Zellen, Monocyten, Granulocyten	130	bindet Integrin CD11a/CD18	ICAM-3	Immunglobulin
CD51	Blutplättchen, Megakaryocyten	125, 24	αV-Integrin; verbindet sich mit CD61; bindet Vitronectin, von-Willebrand-Faktor, Fibrinogen und Thrombospondin, möglicherweise Rezeptor für apoptotische Zellen	Vitronectinrezeptor	Integrin α
CD52	Thymocyten, T-Zellen, B-Zellen (außer Plasmazellen), Monocyten, Granulocyten, Spermien	25	unbekannt; Zielmolekül für therapeutisch eingesetzte Antikörper zum Abtöten der T-Zellen im Knochenmark	CAMPATH-1, HE5	
CD53	Leukocyten	35–42	unbekannt	MRC OX44	Transmembran-4
CD54	hämatopoetische und nichthämatopoetische Zellen	75–115	interzelluläres Adhäsionsmolekül (ICAM)-1; bindet das CD11a/CD18-Integrin (LFA-1) und das CD11b/CD18-Integrin (Mac-1); Rezeptor für Rhinoviren	ICAM-1	Immunglobulin
CD55	hämatopoetische und nichthämatopoetische Zellen	60–70	*decay accelerating factor* (DAF); bindet C3b; zerlegt die C3/C5-Konvertase	DAF	CCP

CD-Antigen	Zellen, die das Antigen exprimieren	Molekülmasse (kDa)	Funktionen	andere Bezeichnungen	Verwandtschaftsbeziehungen
CD56	NK-Zellen	135–220	Isoform des neuralen Zelladhäsionsmoleküls (NCAM); Adhäsionsmolekül	NKH-I	Immunglobulin
CD57	NK-Zellen, Untergruppen von T-Zellen, B-Zellen und Monocyten		Oligosaccharid auf vielen Zelloberflächenglykoproteinen	HNK-1, Leu-7	
CD58	hämatopoetische und nichthämatopoetische Zellen	55–70	*leukocyte function-associated antigen-3* (LFA-3); bindet CD2; Adhäsionsmolekül	LFA-3	Immunglobulin
CD59	hämatopoetische und nichthämatopoetische Zellen	19	bindet die Komplementkomponenten C8 und C9; verhindert die Zusammensetzung des membranangreifenden Komplexes	Protectin, Mac-Inhibitor	Ly-6
CD60a			Disialylgangliosid D3 (GD3)		Kohlenhydratstrukturen
CD60b			9-*O*-Acetyl-GD3		Kohlenhydratstrukturen
CD60c			7-*O*-Acetyl-GD3		Kohlenhydratstrukturen
CD61	Blutplättchen, Megakaryocyten, Makrophagen	110	β_3-Untereinheit des Integrins; verbindet sich mit CD41 (GPIIb/IIIa) oder CD51 (Vitronectinrezeptor)		Integrin β
CD62E	Endothel	140	Endothel-Leukocyten-Adhäsionsmolekül (ELAM); bindet Sialyl-Lewis^x; vermittelt das Entlangrollen der neutrophilen Zellen am Endothel	ELAM-1, E-Selektin	C-Typ-Lektin, EGF und CCP
CD62L	B-Zellen, T-Zellen, Monocyten, NK-Zellen	150	Leukocytenadhäsionsmolekül (LAM); bindet CD34, GlyCAM; vermittelt das Entlangrollen am Endothel	LAM-1, L-Selektin, LECAM-1	C-Typ-Lektin, EGF und CCP
CD62P	Blutplättchen, Megakaryocyten, Endothel	140	Adhäsionsmolekül; bindet CD162 (PSGL-1); vermittelt die Interaktion zwischen Blutplättchen und Endothelzellen bzw. Monocyten sowie das Entlangrollen von Neutrophilen am Endothel	P-Selektin, PADGEM	C-Typ-Lektin, EGF und CCP
CD63	aktivierte Blutplättchen, Monocyten, Makrophagen	53	unbekannt; ist ein lysosomales Membranprotein, das nach der Aktivierung an die Zelloberfläche verlagert wird	*platelet activation antigen*	Transmembran-4

CD-Antigen	Zellen, die das Antigen exprimieren	Molekülmasse (kDa)	Funktionen	andere Bezeichnungen	Verwandtschaftsbeziehungen
CD64	Monocyten, Makrophagen	72	hoch affiner Rezeptor für IgG, bindet IgG3>IgG1>IgG4>>> IgG2, vermittelt Phagocytose, Festhalten von Antigenen, ADCC	FCγRI	Immunglobulin
CD65	myeloide Zellen		Oligosaccharidkomponente eines Ceramiddodecasaccharids		
CD66a	neutrophile Zellen	160–180	unbekannt; Mitglied einer Familie von karzinoembryonalen Antigenen (CEA) (s. u.)	*biliary glycoprotein-1* (BGP-1)	Immunglobulin
CD66b	Granulocyten	95–100	unbekannt; Mitglied einer Familie von karzinoembryonalen Antigenen (CEA)	früher CD67	Immunglobulin
CD66c	neutrophile Zellen, Kolonkarzinom	90	unbekannt; Mitglied einer Familie von karzinoembryonalen Antigenen (CEA)	*non-specific cross-reacting antigen* (NCA)	Immunglobulin
CD66d	neutrophile Zellen	30	unbekannt; Mitglied einer Familie von karzinoembryonalen Antigenen (CEA)		Immunglobulin
CD66e	adultes Kolonepithel, Kolonkarzinom	180–200	unbekannt; Mitglied einer Familie von karzinoembryonalen Antigenen (CEA)	karzinoembryonales Antigen (CEA)	Immunglobulin
CD66f	unbekannt		unbekannt; Mitglied einer Familie von karzinoembryonalen Antigenen (CEA)	*pregnancy specific glycoprotein*	Immunglobulin
CD68	Monocyten, Makrophagen, neutrophile und basophile Zellen, große Lymphocyten	110	unbekannt	Makrosialin	Mucin
CD69	aktivierte T- und B-Zellen, aktivierte Makrophagen und NK-Zellen	28, 32 Homodimer	unbekannt, frühes Aktivierungsantigen	*activation inducer molecule* (AIM)	C-Typ-Lektin
CD70	aktivierte B-Zellen, aktivierte T-Zellen, Makrophagen	75, 95, 170	Ligand für CD27, möglicherweise Costimulierung von B- und T-Zellen	Ki-24	TNF
CD71	alle proliferierenden Zellen, also auch aktivierte Leukocyten	95 Homodimer	Transferrinrezeptor	T9	
CD72	B-Zellen (keine Plasmazellen)	42 Homodimer	unbekannt	Lyb-2	C-Typ-Lektin
CD73	Untergruppen von B- und T-Zellen	69	Ecto-5'-Nucleotidase; dephosphoryliert Nucleotide, ermöglicht dadurch Aufnahme der Nucleoside		

CD-Antigen	Zellen, die das Antigen exprimieren	Molekülmasse (kDa)	Funktionen	andere Bezeichnungen	Verwandtschaftsbeziehungen
CD74	B-Zellen, Makrophagen, Monocyten, MHC-Klasse-II-positive Zellen	33, 35, 41, 43 (alternative Initiation, alternatives Spleißen)	MHC-Klasse-II-assoziierte invariante Kette	Ii, Iγ	
CD75	reife B-Zellen, Untergruppen von T-Zellen		Lactosamine, Ligand von CD22, vermittelt Adhäsion zwischen B-Zellen		
CD75s			α-2,6-Sialyllactosamine		Kohlenhydratstrukturen
CD77	B-Zellen der Keimzentren		neutrales Glykosphingolipid (Gal$\alpha_1 \rightarrow$ 4Gal$\beta \rightarrow$ 4Galc$\beta_1 \rightarrow$ Ceramid), bindet Shigatoxin, Vernetzung löst Apoptose aus	Globotriaocylceramid (Gb_3), Pk-Blutgruppe	
CD79α,β	B-Zellen	α: 40–45 β: 37	Komponenten des Antigenrezeptors der B-Zellen, analog zu CD3; notwendig für die Zelloberflächenexpression und Signalvermittlung	Igα, Igβ	Immunglobulin
CD80	Untergruppe von B-Zellen	60	Costimulator; Ligand für CD28 und CTLA-4	B7 (jetzt B7.1), BB1	Immunglobulin
CD81	Lymphocyten	26	verbindet sich mit CD19 und CD21 zum B-Zell-Corezeptor	*target of antiproliferative antibody* (TAPA-1)	Transmembran-4
CD82	Leukocyten	50–53	unbekannt	R2	Transmembran-4
DC83	dendritische Zellen, B-Zellen, Langerhans-Zellen	43	unbekannt	HB15	Immunglobulin
CDw84	Monocyten, Blutplättchen, zirkulierende B-Zellen	73	unbekannt	GR6	Immunglobulin
CD85	dendritische Zellen		ILT/LIR-Familie	GR4	Immunglobulinsuperfamilie
CD86	Monocyten, aktivierte B-Zellen, dendritische Zellen	80	Ligand von CD28 und CTLA-4	B7.2	Immunglobulinsuperfamilie
CD87	Granulocyten, Monocyten, Makrophagen, T-Zellen, NK-Zellen, breites Spektrum nichthämatopoetischer Zelltypen	35–59	Rezeptor für den Urokinase-Plasminogenaktivator	uPAR	Ly-6
CD88	polymorphkernige Leukocyten, Makrophagen, Mastzellen	43	Rezeptor für die Komplementkomponente C5a	C5aR	G-Protein-gekoppelter Rezeptor
CD89	Monocyten, Makrophagen, Granulocyten, neutrophile Zellen, Untergruppen von B- und T-Zellen	50–70	IgA-Rezeptor	FcαR	Immunglobulin

CD-Antigen	Zellen, die das Antigen exprimieren	Molekülmasse (kDa)	Funktionen	andere Bezeichnungen	Verwandtschaftsbeziehungen
CD90	$CD34^+$-Prothymocyten (Mensch); Thymocyten, T-Zellen (Maus)	18	unbekannt	Thy-1	Immunglobulin
CD91	Monocyten, viele nicht-hämatopoetische Zellen	515, 85	α_2-Makroglobulinrezeptor		EGF, LDL-Rezeptor
CD92	neutrophile Zellen, Monocyten, Blutplättchen, Endothel	70	unbekannt	GR9	
CD93	neutrophile Zellen, Monocyten, Endothel	120	unbekannt	GR11	
CD94	Untergruppen von T-Zellen, NK-Zellen	43	unbekannt	KP43	C-Typ-Lektin
CD95	eine Vielzahl von Zelllinien; *in vivo*-Verteilung unbekannt	45	bindet TNF-ähnlichen Fas-Liganden; induziert Apoptose	Apo-1, Fas	TNF-Rezeptor
CD96	aktivierte T-Zellen, NK-Zellen	160	unbekannt	*T-cell activation increased late expresssion* (TACTILE)	Immunglobulin
CD97	aktivierte B- und T-Zellen, Monocyten, Granulocyten	75–85	bindet CD55	GR1	EGF, G-Protein-gekoppelter Rezeptor
CD98	T- und B-Zellen, NK-Zellen, Granulocyten, alle menschlichen Zelllinien	80, 45 Heterodimer	vielleicht ein Aminosäuretransportprotein	4F2, FRP-1	
CD99	Lymphocyten des peripheren Blutes, Thymocyten	32	unbekannt	MIC2, E2	
CD100	hämatopoetische Zellen	150 Homodimer	unbekannt	GR3	Semaphorin
CD101	Monocyten, Granulocyten, dendritische Zellen, aktivierte T-Zellen	120 Homodimer	unbekannt	BPC#4	Immunglobulin
CD102	ruhende Lymphocyten, Monocyten, Gefäßendothelzellen (dort am stärksten)	55–65	bindet CD11a/CD18 (LFA-1), aber nicht CD11b/CD18 (Mac-1)	ICAM-2	Immunglobulin
CD103	intraepitheliale Lymphocyten, 2–6 % der Lymphocyten des peripheren Blutes	150, 25	αE-Integrin	HML-1, α_6-, αE-Integrin	Integrin α
CD104	$CD4^-$-$CD8^-$-Thymocyten, Nervenzellen, Epithel- und einige Endothelzellen, Schwann-Zellen, Trophoblasten	220	β_4-Integrin, verbindet sich mit CD49f, bindet Laminine	β_4-Integrin	Integrin β

CD-Antigen	Zellen, die das Antigen exprimieren	Molekülmasse (kDa)	Funktionen	andere Bezeichnungen	Verwandtschaftsbeziehungen
CD105	Endothelzellen, aktivierte Monocyten und Makrophagen, Untergruppen von Knochenmarkzellen	90 Homodimer	bindet TGF-β	Endoglin	
CD106	Endothelzellen	100, 110	Adhäsionsmolekül; Ligand für VLA-4 ($\alpha_4\beta_1$-Integrin)	VCAM-1	Immunglobulin
CD107a	aktivierte Blutplättchen, aktivierte T-Zellen, aktivierte neutrophile Zellen, aktivierte Endothelzellen	110	unbekannt; lysosomales Membranprotein, das nach der Aktivierung an die Zelloberfläche verlagert wird	lysosomenassoziiertes Membranprotein-1 (LAMP-1)	
CD107b	aktivierte Blutplättchen, aktivierte T-Zellen, aktivierte neutrophile Zellen, aktivierte Endothelzellen	120	unbekannt; lysosomales Membranprotein, das nach der Aktivierung an die Zelloberfläche verlagert wird	LAMP-2	
CD108	Erythrocyten, zirkulierende Lymphocyten, Lymphoblasten	80	unbekannt	GR2, John-Milton-Hagen-Blutgruppenantigen	
CD109	aktivierte T-Zellen, aktivierte Blutplättchen, Gefäßendothel	170	unbekannt	*platelet activation factor*, GR56	
CD110	Blutplättchen			MPL, TPO-R	
CD111	myeloide Zellen			PPR1/Nectin1	
CD112	myeloide Zellen			PPR2	
CD114	Granulocyten, Monocyten	150	Rezeptor für den Granulocyten-Kolonie-stimulierenden Faktor (G-CSF)		Immunglobulin, Fibronectin Typ III
CD115	Monocyten, Makrophagen	150	Rezeptor für den Makrophagen-Kolonie-stimulierenden Faktor (M-CSF)	M-CSFR, c-fms	Immunglobulin, Tyrosinkinase
CD116	Monocyten, neutrophile und eosinophile Zellen, Endothel	70–85	α-Kette des Rezeptors für den Granulocyten-Makrophagen-Kolonie-stimulierenden Faktor (GM-CSF)	GM-CSFRα	Cytokinrezeptor, Fibronectin Typ III
CD117	hämatopoetische Vorläuferzellen	145	Rezeptor für den *stem cell factor* (SCF)	c-Kit	Immunglobulin, Tyrosinkinase
CD118	weit verbreitet		Rezeptor für Interferon-α/β	IFN-α/βR	
CD119	Makrophagen, Monocyten, B-Zellen, Endothel	90–100	Rezeptor für Interferon-γ	IFN-γR	Fibronectin Typ III
CD120a	hämatopoetische und nichthämatopoetische Zellen, am stärksten auf Epithelzellen	50–60	TNF-Rezeptor; bindet sowohl TNF-α als auch TNF-β	TNFR-I	TNF-Rezeptor

CD-Antigen	Zellen, die das Antigen exprimieren	Molekülmasse (kDa)	Funktionen	andere Bezeichnungen	Verwandtschaftsbeziehungen
CD120b	hämatopoetische und nichthämatopoetische Zellen, am stärksten auf myeloiden Zellen	75–85	TNF-Rezeptor; bindet sowohl TNF-α als auch TNF-β	TNFR-II	TNF-Rezeptor
CD121a	Thymocyten, T-Zellen	80	Typ-I-Interleukin-1-Rezeptor, bindet IL-1α und IL-1β	IL-1R Typ I	Immunglobulin
CDw121b	B-Zellen, Makrophagen, Monocyten	60–70	Typ-II-Interleukin-1-Rezeptor bindet IL-1α und IL-1β	IL-1R Typ II	Immunglobulin
CD122	NK-Zellen, ruhende Untergruppen von T-Zellen, einige B-Zelllinien	75	β-Kette des IL-2-Rezeptors	IL-2Rβ	
CD123	Knochenmarkstammzellen, Granulocyten, Monocyten, Megakaryocyten	70	α-Kette des IL-3-Rezeptors	IL-3Rα	Cytokinrezeptor, Fibronectin Typ III
CD124	reife B- und T-Zellen, hämatopoetische Vorläuferzellen	130–150	IL-4-Rezeptor	IL-4R	Cytokinrezeptor, Fibronectin Typ III
CD125	eosinophile und basophile Zellen, aktivierte B-Zellen	55–60	IL-5-Rezeptor	IL-5R	Cytokinrezeptor, Fibronectin Typ III
CD126	aktivierte B-Zellen und Plasmazellen (starke Expression), die meisten Leukocyten (schwache Expression)	80	α-Untereinheit des IL-6-Rezeptors	IL-6Rα	Immunglobulin, Cytokinrezeptor, Fibronectin Typ III
CD127	lymphatische Vorläuferzellen im Knochenmark, Pro-B-Zellen, reife T-Zellen, Monocyten	68–79, bildet möglicherweise Homodimere	IL-7-Rezeptor	IL-7R	Fibronectin Typ III
CDw128	neutrophile und basophile Zellen, Untergruppen der T-Zellen	58–67	IL-8-Rezeptor	IL-8R	G-Protein-gekoppelter Rezeptor
CD129	noch nicht zugeordnet				
CD130	bei den meisten Zelltypen, besonders dicht auf aktivierten B-Zellen und Plasmazellen	130	gemeinsame Untereinheit der Rezeptoren für IL-6, IL-11, Oncostatin M (OSM) und *leukemia inhibitory factor* (LIF)	IL-6Rβ, IL-IIRβ, OSMRβ, LIFRβ, IFRβ	Immunglobulin, Cytokinrezeptor, Fibronectin Typ III
CDw131	myeloide Vorläuferzellen, Granulocyten	140	gemeinsame β-Untereinheit der IL-3-, IL-5- und GM-CSF-Rezeptoren	IL-3Rβ, IL5Rβ, GM-CSFRβ	Cytokinrezeptor, Fibronectin Typ III
CD132	B-Zellen, T-Zellen, NK-Zellen, Mastzellen, neutrophile Zellen	64	γ-Kette des IL-2-Rezeptors, gemeinsame Untereinheit der IL-2-, IL-4-, IL-7-, IL-9- und IL-15-Rezeptoren		Cytokinrezeptor
CD133	Stamm-/Vorläuferzellen		AC133		

CD-Antigen	Zellen, die das Antigen exprimieren	Molekülmasse (kDa)	Funktionen	andere Bezeichnungen	Verwandtschaftsbeziehungen
CD134	aktivierte T-Zellen	50	mögliche Funktion als Adhäsionsmolekül, Costimulator	OX40	TNF-Rezeptor
CD135	multipotente Vorläuferzellen, Vorläufer von myeloiden Monocyten und B-Zellen	130, 155	Rezeptor für Wachstumsfaktoren	FLK2, STK-1	Immunglobulin, Tyrosinkinase
CDw136	Monocyten, Epithelzellen, zentrales und peripheres Nervensystem	180	Chemotaxis, Phagocytose, Zellwachstum und -differenzierung	MSP-R, RON	Tyrosinkinase
CDw137	T- und B-Lymphocyten, Monocyten, einige Epithelzellen		Costimulator der T-Zell-Proliferation	ILA (*induced by lymphocyte activation*), 4-1BB	TNF-Rezeptor
CD138	B-Zellen		Heparansulfatproteoglykan, bindet Kollagen Typ I	Syndecan-1	
CD139	B-Zellen	209, 228	unbekannt		
CD140a,b	Stromazellen, einige Endothelzellen	a: 180 b: 180	α- und β-Kette des Rezeptors für den Wachstumsfaktor aus Blutplättchen (PDGF)		
CD141	Endothelzellen der Gefäße	105	Antikoagulans, bindet Thrombin; der Komplex aktiviert dann Protein C	Thrombomodulin, Fetomodulin	C-Typ-Lektin, EGF
CD142	epidermale Keratinocyten, verschiedene Epithelzellen, Astrocyten, Schwann-Zellen; fehlt bei Zellen, die in direktem Kontakt zum Plasma stehen, wenn keine Induktion durch Entzündungsmediatoren erfolgt ist	45–47	wichtiger Initiationsfaktor der Blutgerinnung; bindet Faktor VIIa; dieser Komplex aktiviert die Faktoren VII, IX und X	Gewebefaktor, Thromboplastin	Fibronectin Typ III
CD143	Endothelzellen (außer in großen Blutgefäßen und Niere), Epithelzellen im Bürstensaum der Niere und im Dünndarm, Nervenzellen, aktivierte Makrophagen und einige T-Zellen; lösliche Form im Plasma	170–180	Zn^{2+}-Metallpeptidase, Dipeptidylpeptidase, spaltet Angiotensin I und Bradykinin aus Molekülvorstufen ab	*angiotensin converting enzyme* (ACE)	
CD145	Endothelzellen, einige Stromazellen	25, 90, 110	unbekannt		
CD146	Endothel	130	potenzielles Adhäsionsmolekül, kommt an Zell-Zell-Verbindungsstellen vor	MCAM, MUC18, S-ENDO	Immunglobulin
CD147	Leukocyten, rote Blutkörperchen, Blutplättchen, Endothelzellen	55–65	potenzielles Adhäsionsmolekül	M6, Neurothelin, EMMPRIN, Basigin, OX-47	Immunglobulin

CD-Antigen	Zellen, die das Antigen exprimieren	Molekülmasse (kDa)	Funktionen	andere Bezeichnungen	Verwandtschaftsbeziehungen
CD148	Granulocyten, Monocyten, dendritische Zellen, T-Zellen, Fibroblasten, Nervenzellen	240–260	Kontaktinhibition des Zellwachstums	HPTPη	Fibronectin Typ III, Proteintyrosinphosphatase
CD150	Thymocyten, aktivierte Megakaryocyten	75–95	unbekannt	SLAM	Immunglobulin
CD151	Blutplättchen, Megakaryocyten, Epithelzellen, Endothelzellen	32	verbindet sich mit β_1-Integrinen	PETA-3, SFA-1	Transmembran-4
CD152	aktivierte T-Zellen	33	Rezeptor für B7.1 (CD80), B7.2 (CD86); negativer Regulator der T-Zell-Aktivierung	CTLA-4	Immunglobulin
CD153	aktivierte T-Zellen, aktivierte Makrophagen, neutrophile Zellen, B-Zellen	38–40	Ligand für CD30, möglicherweise Costimulierung von T-Zellen	CD30L	TNF
CD154	aktivierte CD4-T-Zellen	30, Trimer	Ligand für CD40; induziert Proliferation und Aktivierung von B-Zellen	CD40L, TRAP, T-BAM, gp39	TNF-Rezeptor
CD155	Monocyten, Makrophagen, Thymocyten, Neuronen des ZNS	80–90	normale Funktion unbekannt; Rezeptor für Polioviren	Rezeptor für Polioviren	Immunglobulin
CD156a	neutrophile Zellen, Monocyten	69	unbekannt, mögliche Beteiligung an der Extravasation von Leukocyten	MS2, ADAM (*a disintegrin and metalloprotease*) 8	
CD156b			Adhäsionsstrukturen	TACE/ ADAM17	
CD157	Granulocyten, Monocyten, Stromazellen des Knochenmarks, Endothelzellen der Gefäße, follikuläre dendritische Zellen	42–45 (50 bei Monocyten)	ADP-Ribosylcyclase, cADP-Ribosehydrolase	BST-1	
CD158	NK-Zellen		KIR-Familie		
CD158a	Untergruppen von NK-Zellen	50 oder 58	hemmt Cytotoxizität von NK-Zellen bei Bindung an MHC-Klasse-I-Moleküle	p50.1, p58.1	Immunglobulin
CD158b	Untergruppen von NK-Zellen	50 oder 58	hemmt Cytotoxizität von NK-Zellen bei Bindung an HLA-Cw3 und verwandte Allele	p50.2, p58.2	Immunglobulin
CD159a	NK-Zellen		bindet CD94 und bildet so den NK-Rezeptor, hemmt Cytotoxizität von NK-Zellen bei Bindung an MHC-Klasse-I-Moleküle	NKG2A	
CD160	T-Zellen			BY55	
CD161	NK-Zellen, T-Zellen	44	reguliert Cytotoxizität von NK-Zellen	NKRP1	C-Typ-Lektin

CD-Antigen	Zellen, die das Antigen exprimieren	Molekülmasse (kDa)	Funktionen	andere Bezeichnungen	Verwandtschaftsbeziehungen
CD162	neutrophile Zellen, Lymphocyten, Monocyten	120 Homodimer	Ligand von CD62P	PSGL-1	Mucin
CD162R	NK-Zellen			PEN5	
CD163	Monocyten, Makrophagen	130	unbekannt	M130	
CD164	Epithelzellen, Monocyten, Stromazellen des Knochenmarks	80	unbekannt	MUC-24 (*multi-glycosylated protein 24*)	Mucin
CD165	Thymocyten, Thymusepithelzellen, Neuronen des ZNS, Pankreas-Inseln, Bowman-Kapsel	37	Adhäsion zwischen Thymocyten und Thymusepithel	Gp37, AD2	
CD166	aktivierte T-Zellen, Thymusepithel, Fibroblasten, Neuronen	100–105	Ligand für CD6, spielt bei der Neuritenverlängerung eine Rolle	ALCAM, BEN, DM-GRASP, SC-1	Immunglobulin
CD167a	normale und transformierte Epithelzellen	63, 64 Dimer	bindet Kollagen	DDR1, trkE, cak, eddr1	Rezeptortyrosinkinase, verwandt mit Discoidin
CD168	Brustkrebszellen	fünf Isoformen: 58, 60, 64, 70, 84	Adhäsionsmolekül, Rezeptor für hyaluronsäurevermittelte Beweglichkeit und Zellwanderung	RHAMM	
CD169	Untergruppen von Makrophagen	185	Adhäsionsmolekül, bindet sialysierte Kohlenhydrate; vermittelt möglicherweise die Bindung von Makrophagen an Granulocyten und Lymphocyten	Sialyladhäsin	Immunglobulinsuperfamilie, Sialyladhäsinfamilie
CD170	neutrophile Zellen	67 Homodimer	Adhäsionsmolekül; sialylsäurebindendes immunglobulinähnliches Lektin (Siglec); cytoplasmatischer Schwanz enthält ITIM	Siglec-5, OBBP2, CD33L2	Immunglobulinsuperfamilie, Sialyladhäsinfamilie
CD171	Neuronen, Schwann-Zellen, lymphoide und myelomonocytische Zellen, B-Zellen, CD4-T-Zellen (keine CD8-T-Zellen)	200–220; exakte Masse variiert nach Zelltyp	Adhäsionsmolekül, bindet CD9, CD24, CD56, auch homophile Bindung	L1, NCAM-L-1	Immunglobulinsuperfamilie
CD172a		115–120	Adhäsionsmolekül; das Transmembranprotein ist Substrat von aktivierten Rezeptortyrosinkinasen (RTK) und bindet an SH2-Domänen	SIRP, SHPS1, MYD-1, SIRP-α-1, *protein-tyrosine-phosphatase-non-receptor type substrate 1* (PTPNS1)	Immunglobulinsuperfamilie
CD173	alle Zellen		Kohlenhydrat der Blutgruppe H Typ 2		
CD174	alle Zellen		Kohlenhydrat der Lewis-y-Blutgruppe		

CD-Antigen	Zellen, die das Antigen exprimieren	Molekülmasse (kDa)	Funktionen	andere Bezeichnungen	Verwandtschaftsbeziehungen
CD175	alle Zellen		Kohlenhydrat der Tn-Blutgruppe		
CD175s	alle Zellen		Kohlenhydrat der Sialyl-Tn-Blutgruppe		
CD176	alle Zellen		Kohlenhydrat der TF-Blutgruppe		
CD177	myeloide Zellen	56–64	neutrophilenspezifisches Antigen, das nur bei einer Subpopulation von neutrophilen Zellen in NB1-positiven Erwachsenen vorkommt (97 % aller gesunden Spender); NB1 wird erstmals im Myelocytenstadium bei der Differenzierung myeloider Zellen exprimiert	NB1	
CD178	aktivierte T-Zellen	38–42	Fas-Ligand, bindet an Fas zur Induktion der Apoptose	FasL	TNF-Superfamilie
CD179a	frühe B-Zellen	16–18	die ι-Kette der Immunglobuline assoziiert nichtkovalent mit CD179b und bildet eine leichte Ersatzkette als Komponente des Prä-B-Zell-Rezeptors, der bei der frühen B-Zell-Differenzierung eine entscheidende Funktion hat	VpreB, IGVPB, IGι	Immunglobulinsuperfamilie
CD179b	B-Zellen	22	das Immunglobulin-λ-ähnliche Polypeptid 1 assoziiert nichtkovalent mit CD179a und bildet eine leichte Ersatzkette, die in den frühen Phasen der B-Zell-Entwicklung selektiv exprimiert wird; Mutationen im CD179b-Gen führen zu einer Störung der B-Zell-Entwicklung und beim Menschen zu einer Agammaglobulinämie	IGLL1, λ5 (IGL5), IGVPB, 14	Immunglobulinsuperfamilie
CD180	B-Zellen	95–105	Typ-1-Membranprotein mit extrazellulären leucinreichen Wiederholungen (LRR) ist mit dem Molekül MD-1 assoziiert und bildet den Zelloberflächenrezeptorkomplex RP105/MD-1, der zusammen mit TLR-4 die B-Zell-Erkennung und die Signalübertragung von Lipopolysaccharid (LPS) reguliert	LY64, RP105	Toll-ähnliche Rezeptoren (TLR)
CD183	besonders auf malignen B-Zellen von chronischen lymphoproliferativen Störungen	46–52	CXC-Chemokin-Rezeptor für die Chemotaxis von malignen B-Lymphocyten; bindet INP10 und MIG[3]	CXCR3, G-Protein-gekoppelter Rezeptor 9 (GPR-9)	Chemokinrezeptoren, Superfamilie der G-Protein-gekoppelten Rezeptoren

CD-Antigen	Zellen, die das Antigen exprimieren	Molekülmasse (kDa)	Funktionen	andere Bezeichnungen	Verwandtschaftsbeziehungen
CD184	vor allem auf den weniger gereiften hämatopoetischen $CD34^+$-Stammzellen exprimiert	46–52	bindet an SDF-1 (LESTR/Fusin); wirkt als Cofaktor beim Eindringen von T-Zell-Linien-trophischen HIV-1-Stämmen in die Zellen	CXCR4, NPY3R, LESTR, Fusin, HM89	Chemokinrezeptoren, Superfamilie der G-Protein-gekoppelten Rezeptoren
CD195	promyelocytische Zellen	40	Rezeptor für CC-Chemokine; bindet an MIP-1α, MIP-1β und RANTES; möglicherweise an der Regulation der Proliferation oder Differenzierung der Granulocytenlinie beteiligt; wirkt als Corezeptor mit CD4 für die primären makrophagentrophischen Isolate von HIV-1	CMKBR5, CCR5, CKR-5, CC-CKR-5, CKR5	Chemokinrezeptoren, Superfamilie der G-Protein-gekoppelten Rezeptoren
CDw197	aktivierte B- und T-Lymphocyten, starke Expression in EBV-infizierten B-Zellen und HHV6- oder -7-infizierten T-Zellen	46–52	Rezeptor für MIP-3β-Chemokin; wahrscheinlich Mediator für EBV-Wirkung auf B-Lymphocyten und normale Lymphocytenfunktionen	CCR7, EBI1 (Epstein-Barr-Virus-induziertes Gen 1), CMKBR7, BLR2	Chemokinrezeptoren, Superfamilie der G-Protein-gekoppelten Rezeptoren
CD200	normale Gehirn- und B-Zell-Linien	41 (Thymocyten aus Ratten), 47 (Rattengehirn)	durch MoAk MRC OX-2 erkanntes Antigen; keine linienspezifischen Moleküle, Funktion unbekannt	MOX-2, MOX-1	Immunglobulinsuperfamilie
CD201	Endothelzellen	49	Oberflächenrezeptor der Endothelzellen (EPCR) mit hoch affiner Bindung an Protein C; Abnahme der Expression bei Einwirkung des Tumornekrosefaktors auf das Endothel	EPCR	CD1-MHC-Familie
CD202b	Endothelzellen	140	Rezeptortyrosinkinase, bindet Angiopoietin-1; wichtig für Gefäßbildung, besondes bei der Vernetzung von Endothelzellen; TEK-Defekte korrelieren mit erblichen Missbildungen der Venen; TEK-Signalweg offenbar entscheidend für Kommunikation zwischen Endothelzellen und Zellen der glatten Muskulatur bei der Morphogenese von Venen	VMCM, TEK (Tyrosinkinase, endothelial), TIE2 (Tyrosinkinase mit Ig- und EGF-homologen Domänen), VMCM1	Immunglobulinsuperfamilie, Tyrosinkinase
CD203c	myeloide Zellen (Uterus, basophile Zellen, Mastzellen)	101	gehört zu einer Reihe von Ektoenzymen für die Hydrolyse von extrazellulären Nucleotiden; katalysieren die Spaltung von Phosphodiester- und Phosphosulfatbindungen bei verschiedenen Molekülen, u. a. Desoxynucleotide, NAD und Nucleotidzucker	NPP3, B10, PDNP3, PD-1β, gp130RB13-6	Typ-II-Transmembranproteine, Familie der Ektonucleotidpyrophosphatasen/Phosphodiesterasen (E-NPP)

CD-Antigen	Zellen, die das Antigen exprimieren	Molekülmasse (kDa)	Funktionen	andere Bezeichnungen	Verwandtschaftsbeziehungen
CD204	myeloide Zellen	220	vermitteln Bindung, Internalisierung und Verarbeitung von zahlreichen verschiedenen Makromolekülen; wahrscheinlich an der pathologischen Ablagerung von Cholesterin an Arterienwänden während der Atherogenese beteiligt	*macrophage scavenger R* (MSR1)	Scavenger-Rezeptor-Familie
CD205	dendritische Zellen	205	Lymphocytenantigen 75, mutmaßlicher Rezeptor für Antigenaufnahme auf dendritischen Zellen	LY75, DEC-205, GP200-MR6	Typ-I-Transmembranprotein
CD206	Makrophagen, Endothelzellen	175–190	Typ-I-Membranglykoprotein, einziges bekanntes Beispiel für ein C-Typ-Lektin mit mehreren C-Typ-CRDs (Kohlenhydraterkennungsdomänen); bindet stark mannosehaltige Strukturen an der Oberfläche von potenziell pathogenen Viren, Bakterien und Pilzen	Makrophagen-mannoserezeptor (MMR), MRC1	Superfamilie der C-Typ-Lektine
CD207	Langerhans-Zellen	40	Typ-II-Transmembranprotein; Langerhans-Zellen-spezifisches C-Typ-Lektin; potenter Auslöser von Membranüberlagerungen und Zusammenführung, die zur Entstehung von Birbeck-Granula (BG) führen	Langerin	Superfamilie der C-Typ-Lektine
CD208	verzahnte dendritische Zellen in lymphatischen Organen	70–90	homolog zu CD68, DC-LAMP ist ein lysosomales Protein, das beim Umbau von spezialisierten antigenprozessierenden Kompartimenten und bei der MHC-Klasse-II-spezifischen Antigenpräsentation mitwirkt; erhöhte Expression in reifen dendritischen Zellen nach Induktion durch CD40L, TNF-α und LPS	D-Lysosomen-assoziiertes Membranprotein, DC-LAMP	MHC-Familie
CD209	dendritische Zellen	44	C-Typ-Lektin; bindet ICAM3 und das Glykoprotein gp120 der HIV-1-Hülle; ermöglicht die Bindung des T-Zell-Rezeptors durch Stabilisierung der Kontaktzone zwischen dendritischer und T-Zelle; stimuliert wirksame Infektion in *trans*-Zellen, die CD4 und Chemokinrezeptoren exprimieren; Typ-II-Transmembranprotein	DC-SIGN (*dendritic cell-specific ICAM3-grabbing non-integrin*)	Superfamilie der C-Typ-Lektine
CDw210	B-Zellen, T-Helferzellen, Zellen der Monocyten-/Makrophagen-Linie	90–110	Interleukin-10-Rezeptor α und β	IL10-Rα, IL10-RA, HIL-10R, IL10-Rβ, IL10-RB, CRF2-4, CRFB4	Cytokin-Klasse-II-Rezeptor-Familie

CD-Antigen	Zellen, die das Antigen exprimieren	Molekülmasse (kDa)	Funktionen	andere Bezeichnungen	Verwandtschaftsbeziehungen
CD212	aktivierte CD4-, CD8- und NK-Zellen	130	β-Kette des IL-12-Rezeptors; Typ-I-Transmembranprotein, beteiligt an der IL-12-Signalübertragung	IL-12R, IL12-RB	Superfamilie der Rezeptoren für hämatopoetische Cytokine
CD213a1	B-Zellen, Monocyten, Fibroblasten, Endothelzellen	60–70	IL-13-Rezeptor mit geringer Affinität; bildet mit IL-4Rα funktionsfähigen IL-13-Rezeptor; dient auch als alternatives akzessorisches Protein für die gemeinsame γ-Kette des Cytokinrezeptors bei der IL-4-Signalgebung	IL-13Rα1, NR4, IL-13Ra	Superfamilie der Rezeptoren für hämatopoetische Cytokine
CD213a2	B-Zellen, Monocyten, Fibroblasten, Endothelzellen		IL-13-Rezeptor, der Interleukin-13 (IL-13) als Monomer mit hoher Affinität bindet, nicht jedoch IL-4; Humanzellen, die IL13RA2 exprimieren, zeigen spezifische IL-13-Bindung mit hoher Affinität	IL-13Rα2, IL-13BP	Superfamilie der Rezeptoren für hämatopoetische Cytokine
CDw217	aktivierte T-Gedächtniszellen	120	Interleukin-17-Rezeptor-Homodimer	IL-17R, CTLA-8	Chemokin-/Cytokin-Rezeptoren
CD220	keine zelllinienspezifischen Moleküle	α: 130 β: 95	Insulinrezeptor; integrales Transmembranprotein aus zwei α- und zwei β-Untereinheiten; bindet Insulin und besitzt Tyrosinkinaseaktivität; Autophosphorylierung aktiviert Kinaseaktivität	Insulinrezeptor	Insulinrezeptorfamilie der Tyrosinproteinkinasen, EGFR-Familie
CD221	keine zelllinienspezifischen Moleküle	α: 135 β: 90	Rezeptor für den insulinähnlichen Wachstumsfaktor I bindet den Faktor mit hoher Affinität; besitzt Tyrosinkinaseaktivität und wirkt bei Transformationsereignissen entscheidend mit; α- und β-Untereinheit entstehen durch Spaltung der Vorstufe	IGF1R, JTK13	Insulinrezeptorfamilie der Tyrosinproteinkinasen, EGFR-Familie
CD222	keine zelllinienspezifischen Moleküle	250	ubiquitär exprimiertes multifunktionelles Typ-I-Transmembranprotein; Hauptfunktionen u.a. Internalisierung von IGF-II, Internalisierung und Verteilung von lysosomalen Enzymen und anderen M6P-haltigen Proteinen	IGF2R, CIMPR, CI-MPR, M6P-R (Mannose-6-phosphat-Rezeptor)	Lektine der Säugetiere
CD223	aktivierte T- und NK-Zellen	70	wirkt mit bei Lymphocytenaktivierung; bindet an HLA-Klasse-II-Antigene; Funktion bei der Hemmung der antigenspezifischen Antwort; enge Verwandtschaft zwischen LAG-3 und CD4	Lymphocytenaktivierungsgen 3 (LAG-3)	Immunglobulinsuperfamilie

CD-Antigen	Zellen, die das Antigen exprimieren	Molekülmasse (kDa)	Funktionen	andere Bezeichnungen	Verwandtschaftsbeziehungen
CD224	keine zelllinienspezifischen Moleküle	62 (nichtprozessierte Vorstufe)	vor allem ein membrangebundenes Enzym; Schlüsselfunktion im γ-Glutamyl-Zyklus bei Synthese und Abbau von Glutathion; besteht aus zwei Polypeptidketten, die als Vorstufe in einem einzigen Molekül synthetisiert werden	γ-Glutamyl-Transferase, GGT1, D22S672, D22S732	γ-Glutamyl-Transferase-Proteinfamilie
CD225	Leukocyten und Endothelzellen	16–17	interferoninduziertes Transmembranprotein 1; reguliert wahrscheinlich Zellwachstum; Bestandteil eines multimeren Komplexes, der an der Übertragung von antiproliferativen und homotypischen Adhäsionssignalen beteiligt ist	Leu-13, IFITM1, IFI17	IFN-induzierte Transmembranproteine
CD226	NK-Zellen, Blutplättchen, Monocyten und eine Untergruppe der T-Zellen	65	Adhäsionsglykoprotein; vermittelt die Adhäsion zu anderen Zellen, die einen unbekannten Liganden tragen; Vernetzung von CD226 mit Antikörpern führt zur Aktivierung der Zellen	DNAM-1 (PTA1), DNAX, TLiSA1	Immunglobulinsuperfamilie
CD227	Epitheltumoren des Menschen (z. B. Brustkrebs)	122 (ohne Glykosylierung)	epitheliales Mucin; enthält variable Zahl von Wiederholungen mit 20 Aminosäuren, dadurch viele verschiedene Allele; direkte oder indirekte Wechselwirkung mit dem Actincytoskelett	PUM (*peanut reactive urinary mucin*), MUC.1, Mucin 1	Mucin
CD228	vor allem bei menschlichen Melanomen	97	tumorassoziiertes Antigen (Melanom); identifiziert durch monoklonale Antikörper 133.2 und 96.5; beteiligt an zellulärer Aufnahme von Eisen	Melanotransferrin, P97	Transferrinsuperfamilie
CD229	Lymphocyten	90–120	mögliche Beteiligung an Adhäsionsreaktionen zwischen T-Lymphocyten und akzessorischen Zellen über homophile Wechselwirkungen	Ly9	Immunglobulinsuperfamilie (CD2-Unterfamilie)
CD230	Expression in normalen und infizierten Zellen	27–30	unbekannte Funktion; codiert vom zellulären Genom; kommt bei neurodegenerativen Infektionen (übertragbare spongiforme Encephalopathien oder Prionerkrankungen) in großer Menge im Gehirn von Mensch und Tieren vor (Creutzfeld-Jakob-Krankheit, Gerstmann-Strausler-Scheinker-Syndrom, tödlich verlaufende erbliche Insomnie)	CJD, PRIP, Prionprotein (p27-30)	Prionfamilie

CD-Antigen	Zellen, die das Antigen exprimieren	Molekülmasse (kDa)	Funktionen	andere Bezeichnungen	Verwandtschaftsbeziehungen
CD231	akute lymphatische T-Zell-Leukämie, Neuroblastomzellen und normale Neuronen im Gehirn	150	unbekannte Funktion; Zelloberflächenglykoprotein; spezifischer Marker für akute lymphatische T-Zell-Leukämie; auch bei Neuroblastomen	TALLA-1, TM4S2, A15, MXS1, CCG-B7	Transmembran-4-Superfamilie (TM4SF oder Tetraspanine)
CD232	keine zelllinienspezifischen Moleküle	200	Rezeptor für immunologisch aktives Semaphorin (Rezeptor für viruscodiertes Semaphorin)	VESPR, PLXN, PLXN-C1	Plexinfamilie
CD233	erythroide Zellen	93	Bande 3 ist ein wichtiges integrales Glykoprotein der Erythrocytenmembran; zwei funktionelle Domänen; integrale Domäne vermittelt 1:1-Austausch von anorganischen Anionen durch die Membran; cytoplasmatische Domäne enthält Bindungsstellen für Proteine des Cytoskeletts, glykolytische Enzyme und Hämoglobin; multifunktionelles Transportprotein	SLC4A1, Diego-Blutgruppe, D1, AE1, EPB3	Familie der Anionenaustauschproteine
CD234	erythroide Zellen und nichterythroide Zellen	35	Fγ-Glykoprotein; Duffy-Blutgruppenantigen; unspezifischer Rezeptor für viele Chemokine (z. B. IL-8, GRO, RANTES, MCP-1 und TARC); auch Rezeptor für Malariaparasiten *Plasmodium vivax* und *P. knowlesi*; Bedeutung bei Entzündungsreaktionen und Malariainfektionen	GPD, CCBP1, DARC (Duffy-Antigenrezeptor für Chemokine)	Familie 1 der G-Protein-gekoppelten Rezeptoren, Chemokinrezeptorsuperfamilie
CD235a	erythroide Zellen	31	wichtiges Sialylglykoprotein mit hohem Kohlenhydratanteil in der menschlichen Erythrocytenmembran; trägt Antigendeterminanten für MN- und Ss-Blutgruppe; N-terminaler glykosylierter Bereich liegt außerhalb der Membran, besitzt MN-Blutgruppenrezeptoren und bindet auch das Influenzavirus	Glykophorin A, GPA, MNS	Glykophorin-A-Familie
CD235b	erythroide Zellen	GYPD ist kleiner als GYPC (24 kDa/32 kDa)	weniger bedeutendes Sialylglykoprotein in der menschlichen Erythrocytenmembran; GPB und GPA bilden die Grundlage des MNS-Blutgruppensystems; Ss-Blutgruppenantigene sind auf Glykophorin B lokalisiert	Glykophorin B, GPB, MNS	Glykophorin-A-Familie

CD-Antigen	Zellen, die das Antigen exprimieren	Molekülmasse (kDa)	Funktionen	andere Bezeichnungen	Verwandtschaftsbeziehungen
CD236	erythroide Zellen	24	Glykophorin C (GPC) und Glykophorin D (GPD) sind eng verwandte Sialylglykoproteine in der menschlichen Erythrocytenmembran; GPD ist die ubiquitäre gekürzte Form von GPC, entstanden durch alternatives Spleißen desselben Gens; das Webb- und das Dutch-Antigen (Glykophorin D) entstehen durch einzelne Punktmutationen im Glykophorin-C-Gen	Glykophorin D, GPD, GYPD	Typ-III-Membranproteine
CD236R	erythroide Zellen	32	Glykophorin C (GPC) ist verbunden mit dem Gerbich-(Ge-) Blutgruppendefekt; weniger bedeutender Bestandteil der Erythrocytenmembran (etwa 4 % der Sialylglykoproteine in der Membran; geringe Homologien mit den Hauptglykophorinen A und B; wichtige Funktion bei der Regulation der mechanischen Stabilität von Erythrocyten; mutmaßlicher Rezeptor für die Merozoiten von *Plasmodium falciparum*	Glykophorin C, GPD, GYPC	Typ-III-Membranproteine
CD238	erythroide Zellen	93	KELL-Blutgruppenantigen; Homologien mit einer Familie von Zink-Metallglykoproteinen mit Aktivität einer neutralen Endopeptidase; Typ-II-Transmembranglykoprotein	KELL	Peptidasefamilie m13 (Zink-Metallproteasen); auch als Neprilysinunterfamilie bezeichnet
CD239	erythroide Zellen	78	Typ-I-Membranprotein; das menschliche F8/G253-Antigen B-CAM ist ein Glykoprotein der Zelloberfläche; Expression mit limitiertem Verteilungsmuster in normalen fetalen und adulten Geweben; stärkere Expression nach maligner Transformation in einigen Zelltypen; Gesamtstruktur ähnelt dem menschlichen Tumormarker MUC 18 und dem neuralen Adhäsionsmolekül SC1 bei Hühnern	B-CAM (B-Zell-Adhäsionsmolekül), LU, Lutheranblutgruppe	Immunglobulinsuperfamilie
CD240CE	erythroide Zellen	45,5	Rhesus-Blutgruppe, CcEe-Antigene; möglicherweise Teil des oligomeren Komplexes, der in der Erythrocytenmembran wahrscheinlich Transport- oder Kanalfunktion besitzt; stark hydrophob und tief in die Membrandoppelschicht eingebettet	RHCE, RH30A, RHPI, Rh4	Rh-Familie

CD-Antigen	Zellen, die das Antigen exprimieren	Molekülmasse (kDa)	Funktionen	andere Bezeichnungen	Verwandtschaftsbeziehungen
CD240D	erythroide Zellen	45,5 (Produkt-30)	Rhesus-Blutgruppe, D-Antigen; möglicherweise Teil des oligomeren Komplexes, der in der Erythrocytenmembran wahrscheinlich Transport- oder Kanalfunktion besitzt; fehlt beim RHD-negativen Phänotyp in der europäischstämmigen Bevölkerung	RhD, Rh4, RhPI, RhII, RH30D	Rh-Familie
CD241	erythroide Zellen	50	Rhesus-Blutgruppen-assoziiertes Glykoprotein RH50; Bestandteil des RH-Antigen-Komplexes aus mehreren Untereinheiten; erforderlich für Transport und Zusammenbau des Rh-Membran-Komplexes an der Oberfläche der Erythrocyten; starke Homologie mit 30-kDa-RH-Komponenten; RhAg-Defekte verursachen eine Form von chronischer hämolytischer Anämie, die mit einer Stomatocytose und Sphärocytose, verringerter osmotischer Stabilität und erhöhter Durchlässigkeit für Kationen einhergeht	RhAg, RH50A	Rh-Familie
CD242	erythroide Zellen	42	interzelluläres Adhäsionsmolekül 4; Landsteiner-Wiener-Blutgruppe; LW-Moleküle sind möglicherweise an Gefäßverschlüssen beteiligt, die bei einer Sichelzellenanämie mit akuten Schmerzepisoden einhergehen	ICAM-4, LW	Immunglobulinsuperfamilie, interzelluläre Adhäsionsmoleküle (ICAMs)
CD243	Stamm-/Vorläuferzellen	170	pumpt unter ATP-Verbrauch hydrophobe Verbindungen (z. B. Medikamente) aus den Zellen, erniedrigt so deren intrazelluläre Konzentration und damit die Toxizität; MDR-1-Gen in mehrfachresistenten Zelllinien amplifiziert	MDR-1, p-170	ABC-Superfamilie von ATP-bindenden Transportproteinen
CD244	NK-Zellen	66	2B4 ist ein Glykoprotein der Zelloberfläche; verwandt mit CD2; wahrscheinlich beteiligt an der Regulation der Funktion von NK-Zellen und T-Lymphocyten; Primärfunktion ist offenbar die Modulation anderer Rezeptor-Ligand-Wechselwirkungen, um die Aktivierung von Leukocyten zu verstärken	2B4, *NK-cell activation inducing ligand* (NAIL)	Immunglobulinsuperfamilie

CD-Antigen	Zellen, die das Antigen exprimieren	Molekülmasse (kDa)	Funktionen	andere Bezeichnungen	Verwandtschaftsbeziehungen
CD245	T-Zellen	220–240	mit Cyclin E/Cdk2-interagierendes Protein p220; NPAT besitzt Schlüsselfunktion in der S-Phase; verknüpft die zyklische Cyclin-E/Cdk2-Kinaseaktivität mit einer replikationsabhängigen Transkription der Histongene; NPAT-Gen ist möglicherweise essenziell für das Überleben der Zellen; könnte zu den *housekeeping*-Genen gehören	NPAT	
CD246	Expression in Dünndarm, Hoden und Gehirn, nicht in normalen lymphatischen Geweben	177; nach Glykosylierung entsteht reifes Glykoprotein mit 200 kDa	Kinase des anaplastischen Lymphoms (der großen $CD30^+$-Zellen); wichtige Funktion bei der Entwicklung des Gehirns; Beteiligung am anaplastischen Non-Hodgkin-Lymphom der Lymphknoten oder der Hodgkin-Krankheit mit Translokation t(2;5)(p23;q35) oder inv2(23;q35); die Onkogenese über die Kinasefunktion wird durch Oligomerisierung von NPM1-ALK aktiviert, die der NPM1-Teil vermittelt	ALK	Insulinrezeptorfamilie der Tyrosinproteinkinasen
CD247	T-Zellen, NK-Zellen	16	die ζ-Kette des T-Zell-Rezeptors besitzt wahrscheinlich eine Funktion bei Zusammenbau und Expression des TCR-Komplexes und auch bei der Signalübertragung nach Antigenkontakt; bildet zusammen mit den TCRα:β- und -γ:δ-Heterodimeren sowie CD3-γ, -δ und -ε den TCR-CD3-Komplex. Die ζ-Kette besitzt bei der Kopplung der Antigenerkennung mit verschiedenen intrazellulären Signalübertragungswegen eine wichtige Funktion; niedrige Antigenexpression führt zu einer gestörten Immunantwort	ζ-Kette, CD3Z	Immunglobulinsuperfamilie

Zusammengestellt von Laura Herbert, Royal Free Hospital, London. Die Daten basieren auf den CD-Bezeichnungen, die auf dem *7th Workshop in Human Leukocyte Differentiation Antigens* festgelegt und durch *Protein Reviews* im Internet bereitgestellt wurden (www.ncbi.nlm.nih.gov/prow/).

A

Anhang III Cytokine und ihre Rezeptoren

Familie	Cytokin (alternative Bezeichnungen)	Größe (Anzahl der Aminosäuren) und Form	Rezeptoren (c steht für gemeinsame Untereinheit)	produzierende Zellen	Wirkungen	Effekt des Cytokin- oder Rezeptor-Knockouts (soweit bekannt)
kolonie-stimulierende Faktoren	G-CSF	174, Monomer*	G-CSFR	Fibroblasten und Monocyten	stimuliert Entwicklung und Differenzierung neutrophiler Zellen	gestörte Myelopoese, Neutropenie
	GM-CSF (*granulocyte macrophage colony stimulating factor*)	127, Monomer*	CD116, βc	Makrophagen, T-Zellen	stimuliert Wachstum und Differenzierung der Myelomonocytenlinie, besonders der dendritischen Zellen	GM-CSF, GM-CSFR: pulmonale Alveolarproteinose
	M-CSF (CSF-1)	α: 224, β: 492, γ: 406 – aktive Formen sind Homo- oder Heterodimere	CSF-1R (c-fms)	T-Zellen, Stromazellen im Knochenmark	stimuliert Zellwachstum in der Monocytenlinie	Osteopetrose
Interferone	IFN-α (mindestens 12 verschiedene Proteine)	166, Monomer	CD118, IFNAR2	Leukocyten, dendritische Zellen	antiviral, erhöhte MHC-Klasse-I-Expression	IFN-α: geschwächte Abwehr gegen Viren
	IFN-β	166, Monomer	CD118, IFNAR2	Fibroblasten	antiviral, erhöhte MHC-Klasse-I-Expression	IFN-β: erhöhte Anfälligkeit für bestimmte Viren
	IFN-γ	143, Homodimer	CD119, IFNGR2	T-Zellen, natürliche Killerzellen	Aktivierung der Makrophagen, erhöhte Expression von MHC-Molekülen und Komponenten des Antigenprozessierungssystems, Ig-Klassenwechsel, hemmt T_H2-Zellen	IFN-γ, CD119: verringerte Resistenz gegen bakterielle Infektionen (besonders durch Mycobakterien) und gegen bestimmte Viren

Familie	Cytokin (alternative Bezeichnungen)	Größe (Anzahl der Aminosäuren) und Form	Rezeptoren (c steht für gemeinsame Untereinheit)	produzierende Zellen	Wirkungen	Effekt des Cytokin- oder Rezeptor-Knockouts (soweit bekannt)
Interleukine	IL-1α	159, Monomer	CD121a (IL-1RI) und CD121b (IL-1RII)	Makrophagen, Epithelzellen	Fieber, T-Zell-Aktivierung, Makrophagenaktivierung	IL-1RI: verringerte IL-6-Produktion
	IL-1β	153, Monomer	CD121a (IL-1RI) und CD121b (IL-1RII)	Makrophagen, Epithelzellen	Fieber, T-Zell-Aktivierung, Makrophagenaktivierung	IL-1β: gestörte Antwort der akuten Phase
	IL-1 RA	152, Monomer	CD121a	Monocyten, Makrophagen, neutrophile Zellen, Hepatocyten	bindet an IL-1-Rezeptor, ohne ihn zu aktivieren; wirkt als natürlicher Antagonist der IL-1-Funktion	IL-1RA: verringertes Körpergewicht, erhöhte Empfindlichkeit gegen Endotoxine (septischer Schock)
	IL-2 (T-Zell-Wachstumsfaktor)	133, Monomer	CD25α, CD122β, CD132 (γc)	T-Zellen	Proliferation der T-Zellen	IL-2: deregulierte T-Zell-Proliferation, Colitis IL-2Rα: unvollständige Entwicklung der T-Zellen IL-2Rβ: verstärkte Autoimmunität der T-Zellen IL-2Rγc: schwere kombinierte Immunschwäche
	IL-3 (*multicolony CSF*)	133, Monomer	CD123, βc	T-Zellen, Epithelzellen des Thymus	synergistische Wirkung bei der Hämatopoese	IL-3: beeinträchtigte Entwicklung eosinophiler Zellen; Knochenmark unempfindlich für IL-5, GM-CSF
	IL-4 (BCGF-1, BSF-1)	129, Monomer	CD124, CD132 (γc)	T-Zellen, Mastzellen	B-Zell-Aktivierung, IgE-Wechsel, induziert Differenzierung zu T_H2-Zellen	IL-4: verringerte IgE-Synthese
	IL-5 (BCGF-2)	115, Homodimer	CD125, βc	T-Zellen, Mastzellen	Wachstum und Differenzierung der eosinophilen Zellen	IL-5: verminderte IgE-, IgG1-Synthese (bei Mäusen); erniedrigte IL-9-, IL-10-Spiegel und Eosinophilenzahl
	IL-6 (IFN-β_2, BSF-2, BCDF)	184, Monomer	CD126, CD130	T-Zellen, Makrophagen, Endothelzellen	Wachstum und Differenzierung von T- und B-Zellen, Produktion von Proteinen der akuten Phase, Fieber	IL-6: verminderte Immunantwort der akuten Phase; erniedrigte IgA-Produktion

Familie	Cytokin (alternative Bezeichnungen)	Größe (Anzahl der Aminosäuren) und Form	Rezeptoren (c steht für gemeinsame Untereinheit)	produzierende Zellen	Wirkungen	Effekt des Cytokin- oder Rezeptor-Knockouts (soweit bekannt)
	IL-7	152, Monomer*	CD127, CD132 (γc)	Nicht-T-Zellen	Wachstum von Prä-B- und Prä-T-Zellen	IL-7: frühe Thymusausdehnung und Lymphocytenvermehrung stark eingeschränkt
	IL-9	125, Monomer	IL-9R, CD132 (γc)	T-Zellen	verstärkende Wirkung auf Mastzellen, stimuliert T_H2-Zellen	gestörte Vermehrung der Mastzellen
	IL-10 (*cytokine synthesis inhibitory factor*)	160, Homodimer	IL-10Rα, IL10-Rβc (CFR2-4, IL-10R2)	Monocyten	wirksamer Inhibitor von Makrophagenfunktionen	IL-10 und IL20-Rβc: vermindertes Wachstum, Anämie, chronische Enterocolitis
	IL-11	178, Monomer	IL-11R, CD130	Stromafibroblasten	synergistische Wirkung mit IL-3 und IL-4 bei der Hämatopoese	IL-11R: gestörte Bildung der Decidua
	IL-12 (*NK cell stimulary factor*)	197 (p35) und 306 (p40c), Heterodimer	IL-12Rβ1c + IL-12Rβ2	Makrophagen, dendritische Zellen	aktiviert NK-Zellen, induziert die Differenzierung von CD4-T-Zellen zu T_H1-ähnlichen Zellen	IL-12: gestörte IFN-γ-Produktion und T_H1-Reaktionen
	IL-13 (p600)	132, Monomer	IL-13R, CD132 (γc) (vielleicht auch CD24)	T-Zellen	Wachstum und Differenzierung der B-Zellen, hemmt T_H1-Zellen und die Produktion inflammatorischer Cytokine durch Makrophagen, löst Allergien, Asthma aus	IL-13: gestörte Regulation von isotypspezifischen Reaktionen
	IL-15 (T-Zell-Wachstumsfaktor)	114, Monomer	IL-15Rα, CD122 (IL-2Rβ), CD132 (γc)	viele Nicht-T-Zellen	IL-2-ähnlich, stimuliert Wachstum von Darmepithel, T-Zellen und NK-Zellen, verbessert Überleben von CD8-T-Gedächtniszellen	IL-15: verringerte Anzahl von NK-Zellen und $CD8^+$-T-Zellen mit Gedächtnisphänotyp IL-15Ra: Lymphopenie
	IL-16	130, Homotetramer	CD4	T-Zellen, Mastzellen, eosinophile Zellen	Chemoattraktor für CD4-T-Zellen, Monocyten und eosinophile, antiapoptotische oder IL-2-stimulierte Zellen	
	IL-17A (mCTLA-8)	150, Homodimer	IL-17AR (CD217)	T_H17-, CD8-T-Zellen, NK-Zellen, γ:δ-T-Zellen	induziert Cytokinproduktion bei Epithelien, Endothelien und Fibroblasten, entzündungsfördernd	IL-17R: verringerte Wanderung der neutrophilen Zellen zu Infektionsherden

Familie	Cytokin (alternative Bezeichnungen)	Größe (Anzahl der Aminosäuren) und Form	Rezeptoren (c steht für gemeinsame Untereinheit)	produzierende Zellen	Wirkungen	Effekt des Cytokin- oder Rezeptor-Knockouts (soweit bekannt)
	IL-17F (ML-1)	134, Homodimer	IL-17AR (CD217)	T_H17-, CD8-T-Zellen, NK-Zellen, γ:δ-T-Zellen	induziert Cytokinproduktion bei Epithelien, Endothelien und Fibroblasten, entzündungsfördernd	
	IL-18 (IGIF, *interferone-α inducing factor*)	157, Monomer	Il-1Rrp (mit IL-1R verwandtes Protein)	aktivierte Makrophagen und Kupffer-Zellen	induziert IFN-γ-Produktion bei T-Zellen und NK-Zellen, fördert T_H1-Induktion	gestörte NK-Aktivität und T_H1-Reaktionen
	IL-19	153, Monomer	IL-20Rα + IL-10Rβc	Monocyten	induziert IL-6 und TNF-α, Expression durch Monocyten	
	IL-20	152	IL-20Rα + IL-10Rβc; IL-22Rαc + IL-10Rβc	T_H1-Zellen	stimuliert Proliferation der Keratinocyten und Produktion von TNF-α	
	IL-21	133	IL-21R + CD132(γc)	T_H2-Zellen/ developing T_H17 cells	induziert Proliferation von B-, T- und NK-Zellen	erhöhte IgE-Produktion
	IL-22 (IL-TIF)	146	IL-22Rαc + IL-10Rβc	NK-Zellen	induziert Leberproteine der akuten Phase, entzündungsfördernde Faktoren	
	IL-23	170 (p19) und 306 (p40c), Heterodimer	IL-12Rβ1 + IL-23R	dendritische Zellen	induziert Proliferation von T-Gedächtniszellen, erhöhte IFN-γ-Produktion	gestörte Entzündung
	IL-24 (MDA-7)	157	IL-22Rαc + IL-10Rβc	Monocyten, T-Zellen	hemmt Tumorwachstum	
	IL-25 (IL-17E)	145	IL-17BR (IL-17Rh1)	T_H2-Zellen, Mastzellen	fördert Produktion von T_H2-Cytokinen	gestörte T_H2-Reaktion (+G35)
	IL-26 (AK155)	150	IL-20Rα + IL-10Rβc	T-Zellen (Typ 1), NK-Zellen		
	IL-27	142 (p28) und 209 (EBI3), Heterodimer	WSX-1 + CD130c	Monocyten, Makrophagen, dendritische Zellen	induziert IL-12R auf T-Zellen über Induktion von T-bet	EBI3: weniger NK-T-Zellen; WSX-1: Überreaktion auf Infektion mit *Toxoplasma gondii* und Tod durch Entzündung
	IL-28A,B (IFN-λ2,3)	175	IL-28Rαc + IL-10Rβc		antiviral	
	IL-29 (IFN-λ1)	181	IL-28Rαc + IL-10Rβc		antiviral	

Familie	Cytokin (alternative Bezeichnungen)	Größe (Anzahl der Aminosäuren) und Form	Rezeptoren (c steht für gemeinsame Untereinheit)	produzierende Zellen	Wirkungen	Effekt des Cytokin- oder Rezeptor-Knockouts (soweit bekannt)
	LIF (*leukemia inhibitory factor*)	179, Monomer	LIFR, CD130	Knochenmarkstroma, Fibroblasten	erhält embryonale Stammzellen, wie IL-6, IL-11, OSM	LIFR: Tod bei oder kurz nach der Geburt; verringerte Anzahl hämatopoetischer Stammzellen
	OSM (OM, Oncostatin M)	196, Monomer	OSMR oder LIFR, CD130	T-Zellen, Makrophagen	stimuliert Kaposi-Sarkom-Zellen, hemmt das Wachstum von Melanomen	
TNF-Familie	TNF-α (Cachectin)	157, Trimere	p55 (CD120a), p75 (CD120b)	Makrophagen, NK-Zellen, T-Zellen	fördert Entzündungen, Endothelaktivierung	p55: Resistenz gegen septischen Schock, Anfälligkeit für *Listeria*, STNFαR: periodische Fieberanfälle
	LT-α (Lymphotoxin)	171, Trimere	p55 (CD120a), p75 (CD120b)	T-Zellen, B-Zellen	Abtöten, Endothelaktivierung	T-α: Lymphknotenmangel, weniger Antikörper, mehr IgM
	LT-β	Transmembranprotein, trimerisiert mit LT-α	LT-βR oder HVEM	T-Zellen, B-Zellen	Entwicklung der Lymphknoten	gestörte Entwicklung der peripheren Lymphknoten, der Peyer-Plaques und der Milz
	CD40-Ligand (CD40-L)	Trimere	CD40	T-Zellen, Mastzellen	B-Zell-Aktivierung, Isotypwechsel	CD40L: schwache Antikörperantwort, kein Isotypwechsel, vermindertes Priming von T-Zellen (Hyper-IgM-Syndrom)
	Fas-Ligand (FasL)	Trimere	CD95 (Fas)	T-Zellen, Stroma (?)	Apoptose, Ca^{2+}-unabhängige Cytotoxizität	Fas, FasL: mutierte Formen führen zu Lymphoproliferation und Autoimmunität
	CD27-Ligand (CD27L)	Trimere (?)	CD27	T-Zellen	stimuliert T-Zell-Proliferation	
	CD30-Ligand (CD30L)	Trimere (?)	CD30	T-Zellen	stimuliert T-Zell- und B-Zell-Proliferation	CD30: Thymus vergrößert, Alloreaktivität
	4-1BBL	Trimere (?)	4-1BB	T-Zellen	costimuliert T- und B-Zellen	
	Trail (APO-2L)	281, Trimere	DR4, DR5, DCR1, DCR2 und OPG	T-Zellen, Monocyten	Apoptose von aktivierten T-Zellen und Tumorzellen	Neigung zur Tumorbildung

Familie	Cytokin (alternative Bezeichnungen)	Größe (Anzahl der Aminosäuren) und Form	Rezeptoren (c steht für gemeinsame Untereinheit)	produzierende Zellen	Wirkungen	Effekt des Cytokin- oder Rezeptor-Knockouts (soweit bekannt)
	OPG-L (RANK-L)	316, Trimere	RANK/OPG	Osteoblasten, T-Zellen	stimuliert Osteoklasten und Knochenresorption	OPG-L, Osteopetrose, Zwergenwuchs, Zahnlosigkeit; OPG: Osteoporose
	APRIL	86	TAC1 oder BCMA	aktivierte T-Zellen	B-Zell-Proliferation	gestörter Isotypwechsel zu IgA
	LIGHT	240	HVEM, LT-R	T-Zellen	Aktivierung dendritischer Zellen	gestörte Vermehrung der $CD8^+$-T-Zellen
	TWEAK	102	TWEAKR (Fn14)	Makrophagen, EBV-transformierte Zellen	Blutgefäßbildung	
	BAFF (CD257, BlyS)	153	TAC1 oder BCMA oder BR3	B-Zellen	B-Zell-Proliferation	BAFF: Fehlfunktion der B-Zellen
nicht zugeordnet	TGF-β1	112, Homo- und Heterotrimere	TGF-βR	Chondrocyten, Monocyten, T-Zellen	hemmt das Zellwachstum, entzündungshemmend, induziert IgA-Freisetzung	TGFβ: tödliche Entzündung
	MIF	115, Monomer	MIF-R	T-Zellen, Hypophysenzellen	hemmt die Wanderung der Makrophagen, stimuliert Makrophagenaktivierung, induziert Steroidresistenz	MIF: Resistenz gegenüber septischem Schock, Überempfindlichkeit gegen gramnegative Bakterien

A

Anhang IV Chemokine und ihre Rezeptoren

Chemokin	häufige Bezeichnung	Chromosom	Zielzellen	spezifischer Rezeptor
CXCL (†ELR⁺)				
1	GROα	4	neutrophile Zellen, Fibroblasten, Melanomzellen	CXCR2
2	GROβ	4	neutrophile Zellen, Fibroblasten, Melanomzellen	CXCR2
3	GROγ	4	neutrophile Zellen, Fibroblasten, Melanomzellen	CXCR2
5	ENA-78	4	neutrophile Zellen, Endothelzellen	CXCR2>>1
6	GCP-2	4	neutrophile Zellen, Endothelzellen	CXCR2>1
7	NAP-2 (PBP/ CTAP-IIIβ-B44TG)	4	Fibroblasten, neutrophile Zellen, Endothelzellen	CXCR2
8	IL-8	4	neutrophile, basophile Zellen, T-Zell-Untergruppen, Endothelzellen	CXCR1, 2
14	BRAK/Bolekin	5	T-Zellen, Monocyten, B-Zellen	unbekannt
15	Lungkin/WECHE	5	neutrophile Zellen, Epithel-, Endothelzellen	unbekannt
(†ELR⁻)				
4	PF4	4	Fibroblasten, Endothelzellen	CXCR3B (alternatives Spleißen)
9	Mig	4	aktivierte T-Zellen ($T_H1 > T_H2$), NK-Zellen, Endothelzellen, plasmacytoide dendritische Zellen	CXCR3 A und B
10	IP-10	4	aktivierte T-Zellen ($T_H1 > T_H2$), NK-Zellen, Endothelzellen	CXCR3 A und B
11	I-TAC	4	aktivierte T-Zellen ($T_H1 > T_H2$), NK-Zellen, Endothelzellen	CXCR3 A und B, CXDR7
12	SDF-1α/β	10	CD34⁺-Knochenmarkzellen, Thymocyten, Monocyten/ Makrophagen, naive aktivierte T-Zellen, B-Zellen, Plasmazellen, neutrophile Zellen, unreife und reife dendritische Zellen, plasmacytoide dendritische Zellen	CXCR4

Chemokin	häufige Bezeichnung	Chromosom	Zielzellen	spezifischer Rezeptor
13	BLC/BCA-1	4	naive B-Zellen, aktivierte CD4-T-Zellen, unreife und reife dendritische Zellen	CXCR5>> CXCR3
16	–	17	aktivierte T-Zellen, NK-Zellen, Endothelzellen	CXCR6
CCL				
1	I-309	17	neutrophile Zellen (nur TCA-3), T-Zellen, Monocyten	CCR8
2	MCP-1	17	T-Zellen, Monocyten, basophile Zellen, unreife dendritische Zellen, NK-Zellen	CCR2
3	MIP-1α	17	Monocyten/Makrophagen, T-Zellen ($T_H1 > T_H2$), NK-Zellen, basophile, eosinophile, neutrophile Zellen, unreife dendritische Zellen, Astrocyten, Fibroblasten, Osteoklasten	CCR1, 5
4	MIP-1β	17	Monocyten/Makrophagen, T-Zellen ($T_H1 > T_H2$), NK-Zellen, basophile, eosinophile und unreife dendritische Zellen, B-Zellen	CCR5>>1
5	RANTES	17	Monocyten/Makrophagen, T-Zellen (T-Gedächtniszellen > T-Zellen; $T_H1 > T_H2$), NK-Zellen, basophile, eosinophile und unreife dendritische Zellen	CCR1, 3, 5
6	C10/MRP-1	11 (nur Maus)	Monocyten, B-Zellen, $CD4^+$-T-Zellen, NK-Zellen	CCR1
7	MCP-3	17	T-Zellen, Monocyten, eosinophile, basophile, unreife dendritische Zellen, NK-Zellen	CCR1, 2, 3, 5, 10
8	MCP-2	17	T-Zellen, Monocyten, eosinophile, basophile, unreife dendritische Zellen, NK-Zellen	CCR2, 3, 5>1
9	MRP-2/MIP-1γ	11 (nur Maus)	T-Zellen, Monocyten, Fettzellen	CCR1
11	Eotaxin	17	eosinophile, basophile Zellen, T_H2-Zellen	CCR3
12	MCP-5	11 (nur Maus)	eosinophile Zellen, Monocyten, T-Zellen, B-Zellen	CCR2
13	MCP-4	17	T-Zellen, Monocyten, eosinophile, basophile, dendritische Zellen	CCR1, 2, 3>5
14a	HCC-1	17	Monocyten	CCR1, 5
14b	HCC-3	17	Monocyten	unbekannt
15	MIP-5/HCC-2	17	T-Zellen, Monocyten, eosinophile Zellen, dendritische Zellen	CCR1, 3
16	HCC-4/LEC	17	Monocyten, T-Zellen, NK-Zellen, unreife dendritische Zellen	CCR1, 2, 5
17	TARC	16	T-Zellen ($T_H2 > T_H1$), unreife dendritische Zellen, Thymocyten, regulatorische T-Zellen	CCR4>>8
18	DC-CK1/PARC	17	naive T-Zellen > aktivierte T-Zellen, unreife dendritische Zellen, Mantelzonen-B-Zellen	unbekannt
19	MIP-3β/ELC	9	naive T-Zellen, reife dendritische Zellen, B-Zellen	CCR7
20	MIP-3α/LARC	2	T-Zellen (T-Gedächtniszellen > T-Zellen), mononucleäre Zellen des peripheren Blutes, unreife dendritische Zellen, aktivierte B-Zellen, NK-T-Zellen	CCR6

Chemokin	**häufige Bezeichnung**	**Chromosom**	**Zielzellen**	**spezifischer Rezeptor**
21	6Ckine/SLC	9	naive T-Zellen, B-Zellen, Thymocyten, NK-Zellen, reife dendritische Zellen	CCR7
22	MDC	16	unreife dendritische Zellen, NK-Zellen, T-Zellen ($T_H2 > T_H1$), Thymocyten, Endothelzellen, Monocyten, regulatorische T-Zellen	CCR4
23	MPIF-1/CK-β\8	17	Monocyten, T-Zellen, ruhende neutrophile Zellen	CCR1, 5
24	Eotaxin-2/MPIF-2	7	eosinophile, basophile Zellen, T-Zellen	CCR3
25	TECK	19	Makrophagen, Thymocyten, dendritische Zellen, intraepitheliale Lymphocyten, IgA^+-Plasmazellen (D118)	CCR9
26	Eotaxin-3	7	eosinophile, basophile Zellen, Fibroblasten	CCR3
27	CTACK	9	hautspezifische T-Gedächtniszellen, B-Zellen	CCR10
28	MEC	5	T-Zellen, eosinophile Zellen, IgA^+-B-Zellen	CCR10>3
C und CX3C				
XCL 1	Lymphotactin	1 (1)	T-Zellen, NK-Zellen	XCR1
XCL 2	SCM-1β	1	T-Zellen, NK-Zellen	XCR1
CX3CL 1	Fractalkin	16	aktivierte T-Zellen, Monocyten, neutrophile Zellen, NK-Zellen, unreife dendritische Zellen, Mastzellen, Astrocyten, Neurone	CX3CR1

Positionen auf den Chromosomen gelten für den Menschen. Für Chemokine ohne menschliches Pendant sind die Mauskoordinaten angegeben.

† ELR bezieht sich auf die drei Aminosäuren vor dem ersten Cysteinrest des CXC-Strukturmotivs. Sind diese Aminosäuren Glu-Leu-Arg (ELR^+), ist das Chemokin ein Chemoattraktor für neutrophile Zellen. Sind die Aminosäuren nicht vorhanden (ELR^-), wirkt das Chemokin chemotaktisch auf Lymphocyten.

Anhang V Immunologische Konstanten

A

	Evaluierung der zellulären Komponenten des menschlichen Immunsystems			
	B-Zellen	**T-Zellen**		**Phagocyten**
normale Zellzahl ($\times 10^9$ pro Liter Blut)	etwa 0,3	gesamt CD4 CD8	1,0–2,5 0,5–1,6 0,3–0,9	Monocyten 0,15–0,6 polymorphkernige Leukocyten Neutrophile 3,00–5,5 Eosinophile 0,05–0,25 Basophile 0,02
Funktionsmessung *in vivo*	Ig-Spiegel im Serum Spiegel der spezifischen Antikörper	Hauttest		–
Funktionsmessung *in vitro*	induzierte Antikörperproduktion als Reaktion auf das Pokeweed-Mitogen	T-Zell-Proliferation als Reaktion auf Phytohämagglutinin oder Tetanustoxoid		Phagocytose Aufnahme von Nitro-Blue-Tetrazolium intrazelluläres Abtöten von Bakterien
spezifische Defekte	Abb. 12.7	Abb. 12.7		Abb. 12.7

	Evaluierung der humoralen Komponenten des menschlichen Immunsystems				
	Immunglobuline				**Komplement**
Komponente	IgG	IgM	IgA	IgE	
Normalspiegel	600–1400 mg dl^{-1}	40–345 mg dl^{-1}	60–380 mg dl^{-1}	0–200 Einh. ml^{-1}	CH_{50} von 125–300 Einh. ml^{-1}

Biografien

B

Emil von Behring (1854–1917) entdeckte gemeinsam mit Shibasaburo Kitasato die Antitoxinantikörper.

Baruj Benacerraf (*1920) entdeckte für die Immunreaktion verantwortliche Gene und wirkte beim ersten Nachweis der MHC-Restriktion mit.

Jules Bordet (1870–1961) entdeckte die Komplementproteine als eine hitzelabile Komponente des normalen Serums, welche die antimikrobielle Wirkung bestimmter Antikörper verstärkte.

Frank Macfarlane Burnet (1899–1985) schlug die erste allgemein akzeptierte Hypothese zur klonalen Selektion bei der adaptiven Immunität vor.

Jean Dausset (1916–2009) war einer der Pioniere bei der Untersuchung des menschlichen MHC (oder HLA).

Peter Doherty (*1940) und **Rolf Zinkernagel** (*1944) zeigten, dass die Antigenerkennung durch T-Zellen MHC-abhängig ist. Dabei erkannten sie die biologische Bedeutung der Proteine, die vom Haupthistokompatibilitätskomplex codiert werden. Dies wiederum machte die Antigenprozessierung und ihre Rolle bei der Antigenerkennung durch T-Zellen verständlich.

Gerald Edelman (*1929) trug wesentlich zur Aufklärung der Immunglobulinstruktur bei. Unter anderem entschlüsselte er die erste vollständige Sequenz eines Antikörpermoleküls.

Paul Ehrlich (1854–1915) war ein früher Verfechter von Theorien der humoralen Immunität. Er stellte die berühmte Seitenkettentheorie zur Antikörperbildung auf, die verblüffende Ähnlichkeiten zu den aktuellen Vorstellungen über Oberflächenrezeptoren aufweist.

James Gowans (*1924) entdeckte, dass die adaptive Immunität durch Lymphocyten vermittelt wird, und lenkte damit die Aufmerksamkeit der Immunologen auf diese kleinen Zellen.

Michael Heidelberger (1888–1991) entwickelte den quantitativen Präzipitintest und leitete damit das Zeitalter der quantitativen Immunologie ein.

Charles A Janeway Jr. (1945–2003) erkannte die Bedeutung der Costimulation für das Auslösen von adaptiven Immunantworten. Er sagte voraus, dass es im angeborenen Immunsystem Rezeptoren geben müsse, die mit Krankheitserregern assoziierte molekulare Muster erkennen und Signale zur Aktivierung des adaptiven Immunsystems auslösen können. Seine Arbeitsgruppe entdeckte den ersten Toll-ähnlichen Rezeptor bei Säugern, der diese Funktion besitzt. Er war auch von Anfang an der Hauptautor dieses Buches.

Edward Jenner (1749–1823) beschrieb erstmals den erfolgreichen Schutz von Menschen vor einer Pockeninfektion durch Impfung mit dem Kuhpocken- oder Vacciniavirus. Damit begründete er die Immunologie.

Niels Jerne (1911–1994) entwickelte den hämolytischen Plaquetest und einige wichtige immunologische Theorien, darunter eine frühe Version der klonalen Selektion, die Vorhersage, dass die Lymphocytenrezeptoren auf eine MHC-Erkennung hin ausgerichtet sind, und die Theorie des idiotypischen Netzwerks.

Shibasaburo Kitasato (1892–1931) entdeckte gemeinsam mit Emil von Behring die Antitoxinantikörper.

Robert Koch (1843–1910) stellte die Kriterien zur Charakterisierung einer Infektionskrankheit auf, die man auch als die Koch-Postulate bezeichnet.

Georges Köhler (1946–1995) gelang zusammen mit César Milstein erstmals die Herstellung monoklonaler Antikörper mithilfe von antikörperbildenden Hybridzellen.

Karl Landsteiner (1868–1943) entdeckte die Blutgruppenantigene des AB0-Systems. Außerdem führte er mithilfe von Haptenen als Modellantigene detaillierte Untersuchungen zur Spezifität der Antikörperbindung durch.

Peter Medawar (1915–1987) wies mithilfe von Hauttransplantaten nach, dass die Toleranz ein erworbenes Merkmal lymphatischer Zellen ist, und belegte damit eine wichtige Aussage der Theorie der klonalen Selektion.

Elie Metchnikoff (1845–1916) war der erste Verfechter der zellulären Immunologie. Er untersuchte vor allem die zentrale Rolle der Phagocyten bei der Immunabwehr.

César Milstein (1927–2002) gelang zusammen mit Georges Köhler erstmals die Herstellung monoklonaler Antikörper mithilfe von antikörperbildenden Hybridzellen.

Louis Pasteur (1822–1895) war ein französischer Mikrobiologe und Immunologe, der das erstmals von Jenner untersuchte Konzept der Immunisierung bestätigte. Er entwickelte Impfstoffe gegen Hühnercholera und Tollwut.

Rodney Porter (1917–1985) entdeckte die Polypeptidstruktur der Antikörpermoleküle und lieferte damit die Grundlage für ihre Analyse durch Proteinsequenzierung.

Ignác Semmelweis (1818–1865) war ein deutsch-ungarischer Mediziner, der als Erster einen Zusammenhang zwischen der klinischen Hygiene und einer Infektionskrankheit, dem Kindbettfieber, herstellte und in der Folge konsequent antiseptische Maßnahmen in die medizinische Praxis einführte.

George Snell (1903–1996) entschlüsselte die Genetik des MHC der Maus und stellte die congenen Stämme her, die zu seiner biologischen Untersuchung notwendig waren. Er legte damit den Grundstein für unser gegenwärtiges Verständnis der Bedeutung des MHC für die Biologie der T-Zellen.

Susumu Tonegawa (*1939) entdeckte die somatische Rekombination der Gene für immunologische Rezeptoren, die der Vielfalt der Antikörper und T-Zell-Rezeptoren von Mäusen und Menschen zugrunde liegt.

Don C. Wiley (1944–2001) ermittelte die erste Kristallstruktur eines MHC-Proteins und lieferte so einen interessanten Einblick in den Mechanismus, durch den T-Zellen ihr Antigen im Zusammenhang mit MHC-Molekülen erkennen.

Rolf Zinkernagel → Peter Doherty.

Glossar

G

Die **12/23-Regel** besagt, dass Genabschnitte der Immunglobuline beziehungsweise der T-Zell-Rezeptoren nur dann miteinander verknüpft werden können, wenn einer der Abschnitte eine Erkennungssignalsequenz mit einem Zwischenstück (Spacer) von 12 Basenpaaren und der andere ein Zwischenstück mit 23 Basenpaaren enthält.

Bei Immunglobulinen steht **α** für die schwere Kette von IgA. In vielen anderen Proteinen gibt es ebenfalls Ketten, die man mit α bezeichnet, beispielsweise in MHC-Molekülen und T-Zell-Rezeptoren.

α:β-T-Zelle → T-Zelle.

α:β-T-Zell-Rezeptor → T-Zell-Rezeptor.

Die Antigene des **AB0-Blutgruppensystems** befinden sich auf der Oberfläche der roten Blutkörperchen. Man nutzt sie, um menschliches Blut für Transfusionen zu typisieren. Dabei muss eine Übereinstimmung gegeben sein, da Menschen, die auf ihren roten Blutkörperchen keine A- oder B-Antigene exprimieren, auf natürliche Weise Anti-A- beziehungsweise Anti-B-Antikörper erzeugen, die mit den roten Blutkörperchen in Wechselwirkung treten und sie zerstören, wenn sie in das Blut gelangen.

Abgeschwächte Krankheitserreger → attenuierte Krankheitserreger.

Ein **ableitender** (*draining*) **Lymphknoten** befindet sich stromabwärts eines Infektionsherdes und bekommt von dort über das lymphatische System Antikörper und Mikroorganismen zugeführt. Ableitende Lymphknoten vergrößern sich häufig sehr stark während einer Immunantwort und lassen sich dann abtasten. Früher sprach man dabei von „geschwollenen Drüsen".

Als **Absorption** bezeichnet man das Entfernen von Antikörpern gegen ein bestimmtes Antigen aus einem Antiserum; dieses wird dadurch spezifisch für ein oder mehrere andere Antigene.

Unter einer **adaptiven Immunantwort** oder **adaptiver Immunität** versteht man die Reaktion antigenspezifischer Lymphocyten auf ein Antigen. Dazu gehört auch die Ausbildung eines immunologischen Gedächtnisses. Die adaptive Immunität unterscheidet sich von der → angeborenen, nichtadaptiven Immunität, die nicht auf der Selektion antigenspezifischer Lymphocytenklone beruht. Man bezeichnet die adaptive Immunität auch als erworbene Immunität.

Adaptive regulatorische T-Zellen sind regulatorische CD4-T-Zellen, die wahrscheinlich in der Peripherie unter bestimmten äußeren Bedingungen durch Differenzierung aus naiven CD4-T-Zellen hervorgehen. Zum Vergleich → natürliche regulatorische T-Zellen.

Adaptorproteine sind nichtenzymatische Proteine. Sie bilden zwischen den Faktoren, die an einem Signalweg beteiligt sind, physikalische Verknüpfungen, besonders zwischen einem Rezeptor und anderen Signalproteinen. Sie dienen dazu, die Faktoren eines Signalweges zu mobilisieren, sodass sie funktionsfähige Proteinkomplexe bilden.

ADCC → antikörperabhängige zellvermittelte Cytotoxizität.

Der **Adenosin-Desaminase-Mangel** (**ADA-Mangel**) führt zur Akkumulation toxischer Purinnucleoside und -nucleotide, was den Tod der meisten im Thymus heranreifenden Lymphocyten zur Folge hat. Dieser Enzymdefekt ist die Ursache des → schweren kombinierten Immundefekts (SCID).

Adhäsionsmoleküle → Zelladhäsionsmoleküle.

Ein **Adjuvans** ist eine Substanz, die im Gemisch mit einem Antigen die Immunantwort gegen dieses Antigen verstärkt.

Eine **adoptive Immunität** wird einem immundefizienten oder strahlengeschädigten Patienten durch die Übertragung von Lymphocyten eines aktiv immunisierten Spenders verliehen. Diesen Vorgang bezeichnet man auch als **adoptiven Transfer** oder **adoptive Immunisierung**.

Adressine → vaskuläre Adressine.

Afferente Lymphgefäße leiten Flüssigkeit aus den Geweben und transportieren Antigene aus Infektionsherden zu den Lymphknoten.

Affinität ist die Stärke, mit der ein Molekül an einer einzelnen Stelle an ein anderes Molekül bindet, etwa bei der Anlagerung eines monovalenten Fab-Fragments eines Antikörpers an ein monovalentes Antigen (→ Avidität).

Affinitätschromatographie bezeichnet die Aufreinigung einer Substanz mithilfe ihrer Affinität zu einer anderen Substanz, die auf einem festen Trägermaterial immobilisiert ist. Ein Antigen lässt sich so zum Beispiel mit einer Säule aus kleinen Kügelchen aufreinigen, an die spezifische Antikörper kovalent gebunden sind.

Der Begriff **Affinitätsreifung** bezieht sich auf die wachsende Affinität der Antikörper, die im Verlauf einer humoralen

Immunantwort entstehen. Besonders ausgeprägt ist sie bei einer sekundären oder tertiären Immunisierung.

Agammaglobulinämie → X-gekoppelte Agammaglobulinämie (XLA).

Agglutination ist das Zusammenklumpen einzelner Partikel. Dies geschieht im Allgemeinen über Antikörpermoleküle, die an Antigene auf der Oberfläche der Partikel binden. Solche Partikel bezeichnet man als **Agglutinat**.

Agonistenselektion ist ein Vorgang, bei dem T-Zellen im Thymus durch relativ hoch affine Liganden positiv selektiert werden.

AID, **AID-Mangel** → aktivierungsinduzierte Cytidin-Desaminase.

AIDS → erworbenes Immunschwächesyndrom.

Airway remodelling → Remodellierung der Atemwege.

Eine **aktive Immunisierung** erfolgt mit Antigenen, um eine adaptive Immunität zu erzeugen. Bei einer passiven Immunisierung hingegen erhält die betroffene Person Antikörper gegen einen Krankheitserreger.

Das Enzym **aktivierungsinduzierte Cytidin-Desaminase** (**AID**) trägt zur somatischen Hypermutation der variablen Regionen der Immunglobulingene bei, indem es die DNA direkt am Cytosin desaminiert. Abhängig davon, wie diese DNA-Schädigung repariert wird, kann es dabei an der desaminierten Stelle zu einer dauerhaften Veränderung der DNA kommen. Das Enzym ist auch am Isotypwechsel und an der Genkonversion beteiligt. Bei einem angeborenen Fehlen dieses Enzyms – **AID-Mangel** – ist sowohl die somatische Hypermutation als auch der Isotypwechsel blockiert, sodass sich eine Art von Hyper-IgM-Immunschwächesyndrom herausbildet.

Der **aktivierungsinduzierte Zelltod** ist der normale Vorgang, durch den alle Immunreaktionen mit dem Tod der meisten reagierenden Zellen enden und nur eine geringe Anzahl von ruhenden Gedächtniszellen übrig bleibt.

Die **akute Abstoßung** eines Gewebes oder Organs von einem genetisch nicht verwandten Spender tritt innerhalb von zehn bis 13 Tagen nach der Transplantation ein.

Die **akute lymphatische Leukämie** (**ALL**) ist eine sehr aggressive, undifferenzierte Form einer bösartigen Veränderung im lymphatischen System. Sie entsteht aus einer Vorläuferzelle, aus der vermutlich sowohl die B- als auch die T-Linie der lymphatischen Zellen hervorgehen. Die meisten dieser Leukämieformen zeigen eine teilweise Differenzierung zu einer B-Zell-Linie (B-ALL-Form), während eine geringere Zahl Merkmale von T-Zellen aufweist (T-ALL-Form).

Die **akute Phase** der HIV-Infektion setzt kurze Zeit nach der Infektion eines Menschen ein und ist durch eine grippeähnliche Erkrankung, eine große Anzahl von Viren im Blut und eine Abnahme der zirkulierenden CD4-T-Zellen gekennzeichnet.

Akute Phase → Immunantwort der akuten Phase, → Proteine der akuten Phase.

Akzessorische Effektorzellen sind Zellen, die bei einer adaptiven Immunantwort helfen, selbst aber keine spezifische Antigenerkennung vermitteln. Beispiele sind Phagocyten, → Mastzellen und → NK-Zellen.

Allele sind Varianten eines einzigen genetischen Locus.

Allelausschluss oder **allelische Exklusion** (*allelic exclusion*) bedeutet, dass bei einem heterozygoten Individuum in einer bestimmten B-Zelle beziehungsweise in einem bestimmten Immunglobulinmolekül immer nur eines der beiden möglichen Allele für die C-Region der schweren oder der leichten Kette exprimiert wird. Man verwendet den Ausdruck heute auch ganz allgemein, um die Bildung einer einzigen Rezeptorsorte bei Zellen zu beschreiben, die das Potenzial zur Expression mehrerer Rezeptoren mit unterschiedlicher Spezifität besitzen.

Allergene sind Antigene, die eine → Hypersensitivitäts- oder → allergische Reaktion hervorrufen.

Eine **Allergie** ist die symptomatische Reaktion auf ein normalerweise harmloses Antigen aus der Umgebung. Sie beruht auf der Wechselwirkung zwischen dem Antigen und bereits vorhandenen Antikörpern oder primär aktivierten T-Zellen, die bei einem früheren Kontakt mit demselben Antigen gebildet wurden (zum Vergleich → angeborene Allergie).

Allergisches Asthma ist eine allergische Reaktion auf ein eingeatmetes Allergen, bei dem sich die Bronchien zusammenziehen und es zu Atembeschwerden kommt.

Empfindliche Personen können bei Kontakt mit Allergenen eine **allergische Bindehautentzündung** (**Konjunktivitis**) entwickeln.

Eine **allergische Reaktion** ist eine Immunantwort auf harmlose Umweltantigene oder Allergene aufgrund bereits existierender Antikörper oder primär aktivierter T-Zellen, die bereits Kontakt mit dem Antigen hatten. Dabei kann eine Reihe von Mechanismen eine Rolle spielen. Meist bindet jedoch ein Allergen an IgE-Antikörper, die an Mastzellen gebunden sind. Dadurch werden Histamin und andere biologisch aktive Molekülen aus der Zelle ausgeschüttet, die die Symptome von Asthma, Heuschnupfen und anderen verbreiteten allergischen Reaktionen hervorrufen.

Allergische Rhinitis oder Heuschnupfen ist eine allergische Reaktion in der Nasenschleimhaut, die ein Laufen der Nase, Niesen und starken Tränenfluss verursacht.

Antikörper, die gegen Antigene von einem anderen Angehörigen derselben Spezies (**Alloantigene**) erzeugt werden, bezeichnet man als **Alloantikörper**.

Zwei Personen oder zwei Mausstämme, die sich im MHC unterscheiden, bezeichnet man als **allogen**. Der Begriff wird auch für allelische Unterschiede an anderen Loci verwendet. Die Abstoßung übertragener Gewebe von nichtverwandten Spendern ist normalerweise die Folge von T-Zell-Reaktionen auf allogene MHC-Moleküle (Alloantigene), die von den übertragenen Geweben exprimiert werden (→ syngen, → xenogen).

Als **allogenes Transplantat** bezeichnet man Gewebe von einem allogenen (fremden) Spender derselben Spezies. Solche Transplantate werden in jedem Fall abgestoßen, sofern der Empfänger nicht immunsupprimiert ist.

Alloreaktivität beschreibt die Stimulation von T-Zellen durch Nichtselbst-MHC-Moleküle und kennzeichnet die Erkennung → allogener MHC-Moleküle. Die Reaktionen bezeichnet man als Alloreaktionen oder alloreaktive Antworten.

Allotypen sind allelische Polymorphismen, die mithilfe von Antikörpern aufgespürt werden können, welche für die polymorphen Genprodukte spezifisch sind. Unterschiede im Allotyp der konstanten Regionen der Immunglobuline waren wichtig bei der Erforschung der genetischen Grundlagen der Antikörpervielfalt.

ALPS → lymphoproliferatives Autoimmunsyndrom.

Der **alternative Weg der Komplementaktivierung** wird durch die Anwesenheit eines Krankheitserregers und das gleichzeitige Fehlen von spezifischen Antikörpern ausgelöst und ist demnach Teil des angeborenen Immunsystems. Dabei wird das Komplementprotein C3b produziert, das an die Oberfläche des Krankheiterregers bindet. Danach verläuft der alternative Weg genauso wie der klassische Weg und der Lektinweg der Komplementaktivierung.

Der **anaphylaktische Schock** (oder die systemische Anaphylaxie) ist eine allergische Reaktion auf systemisch verabreichte Antigene, die einen Kreislaufkollaps sowie ein Anschwellen der Luftröhre und damit Erstickungsgefahr verursacht. Er wird durch die Bindung von Antigenen an IgE-Antikörper auf Mastzellen in Bindegeweben vieler Körperregionen ausgelöst und führt so zu zahlreichen, im ganzen Körper verteilten Entzündungsherden.

Anaphylatoxine sind kleine Fragmente von Komplementproteinen, die während der Komplementaktivierung abgespalten werden. Diese kleinen Fragmente werden von spezifischen Rezeptoren erkannt; sie führen zur Flüssigkeitsansammlung und locken inflammatorische Zellen zu den Stellen, an denen sie freigesetzt werden. Beispiele sind die Fragmente C5a, C3a und C4a, die hier in der Reihenfolge ihrer Stärke *in vivo* aufgelistet sind.

Anergie ist ein Zustand fehlender Reaktivität auf Antigene. Man bezeichnet Personen als **anergisch**, wenn sie bei Kontakt mit entsprechenden Antigenen keine → Hypersensitivitätsreaktion vom verzögerten Typ ausbilden. T- und B-Zellen sind **anergisch**, wenn sie auch bei optimaler Stimulation nicht auf ihr spezifisches Antigen reagieren.

Wenn eine Hypersensitivitätsreaktion auf ein Antigen aufgrund angeborener Immunantworten entsteht, die auf die Aktivierung von → Toll-ähnlichen Rezeptoren zurückzuführen sind, so spricht man von einer **angeborenen Allergie**.

Die frühen Phasen einer Abwehrreaktion beruhen auf der **angeborenen Immunität**, bei der eine Vielzahl von angeborenen Resistenzmechanismen einen Krankheitserreger erkennt und in einer **angeborenen Immunreaktion** auf seine Anwesenheit reagiert. Die angeborene Immunität ist in allen Individuen und zu jeder Zeit gegeben, sie nimmt selbst bei wiederholtem Kontakt mit dem Erreger nicht zu und unterscheidet zwischen Gruppen von verwandten Krankheitserregern.

Antigene sind Moleküle, die spezifisch an einen Antikörper binden können. Ihre Bezeichnung verdanken sie der Fähigkeit, die Bildung von Antikörpern zu generieren. Einige Antigene lösen jedoch allein keine Antikörperbildung aus. Diejenigen, die dazu in der Lage sind, bezeichnet man auch als → Immunogene.

Antigen-Antikörper-Komplexe sind Gruppen von nichtkovalent miteinander verbundenen Antigen- und Antikörpermolekülen. Ihre Größe reicht von kleinen, löslichen bis zu großen, unlöslichen Komplexen. Man bezeichnet sie auch als → Immunkomplexe.

Die **Antigenbindungsstelle** eines Antikörpers befindet sich an der Oberfläche des Antikörpermoleküls, die mit dem Antigen in physikalischen Kontakt tritt. Antigenbindungsstellen bestehen aus sechs hypervariablen Schleifen, von denen drei zur variablen Region der leichten Ketten und drei zur variablen Region der schweren Ketten gehören.

Bei einem **Antigen-*capture*-Test** bindet das Antigen an einen spezifischen Antikörper und wird dann durch einen zweiten Antikörper nachgewiesen, der sich gegen ein anderes Epitop richtet und eine Markierung tragen muss (→ Sandwich-ELISA).

Die **Antigendeterminante** ist der Bereich eines Antigenmoleküls, an den die Antigenbindungsstelle eines bestimmten Antikörpers oder Antigenrezeptors bindet. Man nennt diesen Bereich auch → Epitop.

Antigen-Display-Bibliotheken sind Klonsammlungen, die man zur Identifizierung von Zielmolekülen spezifischer Antikörper (manchmal auch T-Zellen) einsetzt. Man verwendet dafür sowohl Bibliotheken mit cDNA-Klonen in Expressionsvektoren als auch Bakteriophagenbibliotheken, die zufällige Peptidsequenzen als Teil der Phagenhülle exprimieren.

Das Influenzavirus verändert sich im Lauf der Jahre durch einen Vorgang, den man als **Antigendrift** bezeichnet. Dabei führen Punktmutationen in den Genen des Virus zu geringen Strukturveränderungen der viralen Oberflächenantigene. In periodischen Abständen kommt es beim Influenzavirus zu einer Reorganisiation des segmentierten Genoms mit anderen Influenzaviren, sodass sich die Oberflächenantigene grundlegend ändern. Diesen Vorgang bezeichnet man als **Antigenshift**. Die dabei entstehenden Varianten werden von Individuen nicht erkannt, die gegen das Influenzavirus immun sind. Das Auftreten von Antigenshiftvarianten führt somit zur Ausbreitung einer schweren Erkrankung.

Der Begriff **erster Antigensündenfall** (*original antigenic sin*) bezeichnet die Tendenz des Menschen, Antikörper nur gegen diejenigen Epitope eines Virus herzustellen, die der erste Stamm dieses Virus, mit dem der Mensch in Kontakt getreten ist, mit den nachfolgenden verwandten Stämmen gemeinsam hat, selbst wenn diese auch andere hoch immunogene Epitope tragen.

Unter **Antigenpräsentation** versteht man das Vorzeigen von Antigenen in Form von Peptidfragmenten, die an MHC-Moleküle auf der Zelloberfläche gebunden sind. T-Zellen erkennen Antigene in dieser Form.

Antigenpräsentierende Zellen sind hoch spezialisiert. Sie können Proteinantigene zerlegen und die Peptidfragmente gemeinsam mit anderen costimulierend wirkenden Proteinen, die für die Aktivierung von naiven T-Zellen notwendig sind, auf ihrer Oberfläche darbieten. Die wichtigsten Zellen, die den naiven T-Zellen Antigene präsentieren, sind → dendritische Zellen, → Makrophagen und → B-Zellen.

Als **Antigenprozessierung** (*antigen processing*) bezeichnet man das Zerlegen von Proteinen zu Peptiden, die an MHC-Moleküle binden und von diesen präsentiert werden können. Alle Proteinantigene müssen zu Peptiden zerlegt werden, bevor sie den T-Zellen von MHC-Molekülen präsentiert werden können.

T- und B-Zellen tragen auf ihrer Oberfläche **Antigenrezeptoren** von außerordentlicher Vielfalt, die ein breites Spektrum an Antigenen erkennen können. Jeder Lymphocyt trägt Rezeptoren einer einzigen Antigenspezifität.

Durch **Antigenvariabilität** gelingt es vielen Krankheitserregern, der adaptiven Immunreaktion zu entgehen, indem sie ihre Oberflächenantigene verändern.

Anti-Idiotyp-Antikörper sind gegen Antigendeterminanten gerichtet, die nur in der variablen Region eines einzigen Antikörpers vorkommen.

Anti-Isotyp-Antikörper sind gegen universelle Merkmale einer konstanten Region eines bestimmten Isotyps (etwa γ oder μ) in einer Spezies gerichtet. Man erzeugt sie, indem man ein Individuum einer anderen Spezies mit diesem Isotyp immunisiert. Solche Antikörper binden an jeden Antikörper dieses Isotyps, und sie sind deshalb gut geeignet, gebundene Antikörpermoleküle bei Immuntests und anderen Anwendungen nachzuweisen.

Anti-Immunglobulin-Antikörper → Anti-Isotyp-Antikörper.

Ein **Antikörper** ist ein Protein, das spezifisch an eine bestimmte Substanz binden kann, das heißt an sein → Antigen. Aufgrund seiner einzigartigen Struktur kann jedes Antikörpermolekül das entsprechende Antigen spezifisch binden. Alle Antikörper haben jedoch dieselbe Gesamtstruktur, und man fasst sie unter der Bezeichnung Immunglobuline (Ig) zusammen. Antikörper werden als Reaktion auf eine Infektion oder Immunisierung von Plasmazellen erzeugt. Sie binden und neutralisieren Krankheitserreger oder bereiten sie für die Aufnahme und Zerstörung durch Phagocyten vor.

Unter **antikörperabhängiger zellvermittelter Cytotoxizität** (*antibody-dependent cell-mediated cytotoxicity*, ADCC) versteht man das Abtöten von Zellen mit Antikörpern an ihrer Oberfläche durch Zellen mit Rezeptoren, die die konstante Region der gebundenen Antikörper erkennen. Die ADCC wird meist durch NK-Zellen vermittelt, die den Fc-Rezeptor FcγRIII oder CD16 auf ihrer Oberfläche tragen.

Das **Antikörperrepertoire** oder Immunglobulinrepertoire umfasst die gesamte Vielfalt der Antikörper, die ein Individuum bilden kann.

Anti-Lymphocyten-Globulin ist ein Antikörper gegen menschliche T-Zellen, der in einer anderen Spezies erzeugt wurde.

Ein **Antiserum** ist die flüssige Fraktion von geronnenem Blut eines Lebewesens, das mit einem bestimmten Antigen immunisiert wurde. Es enthält verschiedene Antikörper gegen dieses Antigen, die alle eine ganz spezifische Struktur besitzen, unterschiedliche Epitope auf dem Antigen erkennen und mit jeweils verschiedenen anderen Antigenen kreuzreagieren. Aufgrund dieser Heterogenität ist jedes Antiserum einzigartig.

Giftschlangenbisse kann man nach Identifizierung der Schlange behandeln, indem man ein **Antivenin** verabreicht, das für das Schlangengift spezifisch ist.

AP-1 ist ein Transkriptionsfaktor, der aufgrund intrazellulärer Signale der Antigenrezeptoren von Lymphocyten produziert wird.

APECED → Autoimmun-Polyendokrinopathie-Candidiasis-Ektodermale Dystrophie-Syndrom (*autoimmune polyendocrinopathy-candidiasis-ectodermal dystrophy*)

Unter **aplastischer Anämie** versteht man das völlige Versagen von Knochenmarkstammzellen, sodass keinerlei zelluläre Bestandteile des Blutes mehr gebildet werden können. Man kann sie mit Knochenmarktransplantation behandeln.

Bei der **Apoptose** oder dem programmierten Zelltod aktiviert die Zelle ein internes Zerstörungsprogramm. Charakteristisch sind der Abbau der Kern-DNA, die Degeneration und Kondensation des Zellkerns sowie die Phagocytose der Zellreste. Bei proliferierenden Zellen ist die Apoptose häufig ein natürlicher Bestandteil der Entwicklung. Das gilt besonders für Lymphocyten. Sie sterben häufig noch vor der Reife oder im Zuge von Immunreaktionen. Apoptose ist von der Nekrose zu unterscheiden, die durch äußere Faktoren wie Toxine oder Sauerstoffmangel verursacht wird.

Artemis ist eine Endonuclease, die bei den Umlagerungen von Genen mitwirkt, aus denen funktionelle Gene für Immunglobuline und T-Zell-Rezeptoren hervorgehen.

Die **Arthus-Reaktion** ist eine Hautreaktion, bei der in die Haut injiziertes Antigen mit IgG-Antikörpern in den Extrazellularräumen reagiert. Dabei werden das → Komplementsystem und Phagocyten aktiviert, und es kommt zu einer lokalen Entzündungsreaktion.

Die **asymptomatische Phase** einer HIV-Infektion kann sich über viele Jahre erstrecken, wenn die Infektion teilweise unter Kontrolle gehalten wird und keine Symptome auftreten.

Die Erkrankung **Ataxia teleangiectatica** (**AT**) ist gekennzeichnet durch taumelnde Bewegungen, fehlerhafte Blutgefäße und einen Immundefekt im ATM-Protein. Dieses enthält eine Kinaseaktivität, von der man annimmt, dass sie bei der Erkennung von DNA-Doppelstrangbrüchen von Bedeutung ist.

Die **atopische Allergie** oder **Atopie** bezeichnet die bei manchen Menschen auftretende verstärkte Neigung, gegen harmlose Substanzen gerichtete → Hypersensitivitätsreaktionen vom Soforttyp auszubilden (die normalerweise durch IgE-Antikörper vermittelt werden).

Atopische Dermatitis → Ekzem.

Attenuierte (**abgeschwächte**) **Krankheitserreger** vermehren sich in einem Wirtsorganismus und bewirken eine Immunisierung, ohne eine ernsthafte Erkrankung hervorzurufen.

Körpereigene Antigene bezeichnet man nach Konvention als **Autoantigene** (Selbst-Antigene). Bei den Lymphocyten wird während ihres unreifen Zustands geprüft, ob sie mit

Autoantigenen reagieren. Wenn dies der Fall ist, gehen sie in die Apoptose ein.

Autoantikörper erkennen körpereigene Antigene (→ Autoantigene).

Als **autogene** oder **autologe Transplantation** bezeichnet man eine Übertragung von Gewebe zwischen verschiedenen Körperbereichen eines Individuums (→ allogene Transplantation).

Autoimmunerkrankungen werden durch eine Immunreaktion gegen körpereigene Antigene hervorgerufen.

Die **autoimmune hämolytische Anämie** ist ein krankhafter Mangel an roten Blutkörperchen (Anämie) aufgrund von Autoantikörpern, die an Antigene auf der Oberfläche der Erythrocyten binden und diese so für die Zerstörung markieren.

Beim **Autoimmun-Polyendokrinopathie-Candidiasis-Ektodermale Dystrophie-Syndrom** (*autoimmune polyendocrinopathy-candidiasis-ectodermal dystrophy*, **APECED**) geht die Toleranz gegenüber Autoantigenen verloren, da die negative Selektion im Thymus fehlt. Das ist auf Defekte im Gen *AIRE* zurückzuführen, welches ein regulatorisches Protein für die Transkription codiert. Dadurch ist in den Zellen des Thymusepithels die Expression vieler Autoantigene möglich. Die Krankheit bezeichnet man auch als polyglanduläres Autoimmunsyndrom Typ 1.

Unter **Autoimmunreaktion** versteht man eine → adaptive Immunantwort, die gegen körpereigene Antigene gerichtet ist. Entsprechend bezeichnet man die adaptive Immunität gegen körpereigene Antigene als **Autoimmunität**.

Bei der **autoimmunen thrombocytopenischen Purpura** entstehen Antikörper gegen die Blutplättchen eines Patienten. Die Bindung dieser Antikörper führt dazu, dass die Blutplättchen von Zellen mit Fc- und Komplementrezeptoren aufgenommen werden. So nimmt die Anzahl der Blutplättchen ab, und es kommt zu Blutungen (Purpura).

Eine **autoinflammatorische Erkrankung** ist gekennzeichnet durch eine nichtregulierte Entzündung ohne Infektion; es gibt eine Reihe verschiedener Ursachen.

Autophagie ist der Abbau der zelleigenen Organellen und Proteine in den Lysosomen. Möglicherweise ist dies ein Mechanismus, durch den cytosolische Proteine für die Präsentation auf MHC-Klasse-II-Molekülen prozessiert werden.

Autoreaktivität umfasst die gegen körpereigene Antigene gerichteten Immunantworten.

Avidität ist die Gesamtbindungsstärke zwischen zwei Molekülen oder Zellen, die mehrere Bindungen miteinander eingehen können. Im Gegensatz dazu gibt die → Affinität nur die Stärke einer einzelnen Bindung zwischen einem Molekül und seinem Liganden an.

Azathioprin ist ein wirksames immunsuppressives Medikament, das erst *in vivo* in seine aktive Form umgewandelt wird. Es zerstört sich schnell teilende Zellen – etwa Lymphocyten, die bei der Reaktion gegen ein Transplantat proliferieren.

4-1BB ist ein Vertreter der TNF-Rezeptor-Superfamilie, der den **4-1BB-Liganden**, der zur TNF-Familie gehört, spezifisch bindet.

B-1-Zelle, **B-2-Zelle** → B-Zelle.

Die **B7-Moleküle B7.1** (CD80) und **B7.2** (CD86) sind die wichtigsten costimulierenden Moleküle der T-Zellen. Sie sind eng verwandt mit Proteinen der Immunglobulinsuperfamilie und binden beide an das CD28-Molekül auf T-Zellen. Sie werden in verschiedenen antigenpräsentierenden Zelltypen unterschiedlich exprimiert und können sich auf reagierende T-Zellen unterschiedlich auswirken. Der Begriff B7-Molekül bezieht sich sowohl auf B7.1 als auch auf B7.2.

B7-RP ist ein Ligand für die B7-Moleküle.

***β*-Defensine** sind antimikrobielle Peptide, die im Prinzip bei allen vielzelligen Organismen vorkommen. Bei den Säugern werden sie von den Epithelien der Atemwege, des Verdauungstrakts, der Haut und der Zunge produziert.

Ein ***β*-Faltblatt** ist eines der wichtigsten Strukturelemente von Proteinen. Es besteht aus einander gegenüberliegenden Aminosäuresträngen (***β*-Strängen**), die durch Wechselwirkungen zwischen Amid- und Carbonylgruppen zusammengehalten werden. *β*-Faltblätter können parallel sein, dann verlaufen beide Aminosäurestränge in derselben Richtung oder antiparallel, also mit jeweils entgegengesetzter Ausrichtung. Alle Immunglobulindomänen bestehen aus antiparallelen *β*-Faltblattstrukturen. Die Struktur der Immunglobulindomäne lässt sich auch mit dem Begriff ***β*-Zylinder** (*β-barrel*) oder ***β*-Sandwich** beschreiben.

Die leichte Kette des MHC-Klasse-I-Proteins bezeichnet man als **β_2-Mikroglobulin**. Diese Kette bindet nichtkovalent an die schwere oder *α*-Kette.

***β*-Zylinder** → *β*-Faltblatt.

Bakterien sind Verursacher vieler Infektionskrankheiten. Diese prokaryotischen Mikroorganismen gehören vielen verschiedenen Spezies und Stämmen an. Sie können auf Körperoberflächen leben, in Extrazellularräumen, in zellulären Vesikeln oder im Cytosol. Die verschiedenen Spezies verursachen unterschiedliche Infektionskrankheiten.

Bakterielle Lipopolysaccharide → LPS.

BALT → bronchienassoziierte lymphatische Gewebe, → darmassoziierte lymphatische Gewebe, → mucosaassoziierte lymphatische Gewebe.

bare lymphocyte syndrome → MHC-Klasse-I-Defekt, → MHC-Klasse-II-Defekt.

Die **Basedow-Krankheit** (*Graves' disease*) ist eine Autoimmunerkrankung, bei der Antikörper gegen den Rezeptor für das schilddrüsenstimulierende Hormon gebildet werden. Dies führt zu einer Überproduktion von Schilddrüsenhormonen und somit zu dem Krankheitsbild der Hyperthyreose.

Eosinophile Zellen können nach einer Stimulation ihr **basisches Hauptprotein** (*major basic protein*) sezernieren, das die Degranulierung von Mastzellen und die Freisetzung von Histamin und anderen Entzündungsmediatoren hervorruft.

Basophile Zellen sind weiße Blutzellen. Sie enthalten Granula, die sich mit basischen Farbstoffen anfärben lassen. Vermutlich haben sie eine ähnliche Funktion wie → Mastzellen.

Bb ist das große, aktive Fragment von Faktor B des Komplementsystems. Das Protein entsteht, wenn das gebundene C3b-Protein Faktor B bindet, der dann von Faktor D gespalten wird. Bb bleibt mit C3b assoziiert und bildet die Serinprotease der C3-Konvertase im alternativen Komplementaktivierungsweg (→ Komplementsystem).

Das als **Bcl-2** bezeichnete Protein schützt Zellen vor der Apoptose, indem es an die Mitochondrienmembran bindet. Es wird vom *bcl-2*-Gen codiert, das man bei der B-Zell-Leukämie an der Bruchstelle einer krebsauslösenden Chromosomentranslokation entdeckt hat.

Von einer **berufsbedingten Allergie** (*occupational allergy*) spricht man dann, wenn sie durch die Bedingungen am Arbeitsplatz ausgelöst wird.

Mit **beschleunigter Abstoßung** bezeichnet man das Phänomen, dass bei einem Empfänger, der schon einmal ein Transplantat von einem Spender abgestoßen hat, die Haut von demselben Spender bei einer erneuten Übertragung schneller abgestoßen wird. Dies war einer der Hinweise darauf, dass die Gewebeabstoßung auf die adaptive Immunreaktion zurückzuführen ist.

Behandlungsmethoden mit natürlichen Proteinen, etwa mit Antikörpern und Cytokinen sowie mit Antiseren oder ganzen Zellen, bezeichnet man als **biologische Therapie**.

Das **Blau-Syndrom** ist eine vererbbare granulomatöse Erkrankung, die durch Funktionsgewinnmutationen im *NOD2*-Gen hervorgerufen wird.

BLIMP-1 (*B-lymphocyte-induced maturation protein 1*, B-Lymphocyten-induziertes Reifungsprotein 1) ist ein Transkriptionsrepressor, der in → Plasmablasten aktiv ist und ihre Differenzierung zu Plasmazellen steuert.

Der **Blinddarm** (Appendix) ist ein → darmassoziiertes lymphatisches Gewebe, das sich am Anfang des Dickdarms befindet.

Blk → Tyrosinkinase.

BLNK (B-Zell-Linker-Protein) ist ein Gerüstprotein in B-Zellen, das Proteine mobilisiert, die am intrazellulären Signalweg des Antigenrezptors beteiligt sind.

Das **Bloom-Syndrom** ist gekennzeichnet durch niedrige T-Zell-Zahlen, verringerten Antikörpertiter und eine erhöhte Anfälligkeit für Infektionen der Atemwege, Krebs und Strahlungsschäden. Ursache sind Mutationen der DNA-Helikase.

Blutgruppenantigene sind Oberflächenmoleküle der roten Blutkörperchen, die man mithilfe von Antikörpern anderer Individuen identifizieren kann. Die wichtigsten Blutgruppenantigene bezeichnet man als AB0 und Rh (Rhesus-Faktor). Man verwendet sie routinemäßig zur Typisierung des Blutes in Blutbanken. Daneben gibt es viele andere Blutgruppenantigene.

Blutplättchen sind kleine, von Megakaryocyten gebildete Zellfragmente, die bei der Blutgerinnung eine wichtige Rolle spielen.

Der **blutplättchenaktivierende Faktor** (*platelet activating factor*, **PAF**) ist ein Lipidmediator, der die Blutgerinnungskaskade und einige andere Komponenten des angeborenen Immunsystems aktiviert.

Bei der **Bluttypisierung** überprüft man vor einer Bluttransfusion, ob ein Spender und ein Empfänger verträgliche AB0- und Rhesus-Antigene besitzen. Durch eine → Kreuzprobe, bei der Serum des Spenders auf Zellen des Empfängers gegeben wird und umgekehrt, werden weitere Inkompatibilitäten (Unverträglichkeiten) ausgeschlossen. Die Transfusion von unverträglichem Blut verursacht eine sogenannte Transfusionsreaktion, in deren Verlauf rote Blutkörperchen zerstört werden. Das dabei freigesetzte Hämoglobin wirkt toxisch.

B-Lymphocyten → B-Zellen.

B-Lymphocyten-Chemokin (**BLC**) → CXCL13.

Um die Menge oder den Titer von Antikörpern zu erhöhen, führt man nach einer primären Immunisierung eine ***booster*-Immunisierung** durch.

Bradykinin ist ein vasoaktives Peptid, das als Folge einer Gewebeschädigung gebildet wird und als Entzündungsmediator wirkt.

Die **bronchienassoziierten lymphatischen Gewebe** (*bronchial-associated lymphoid tissues,* **BALT**) umfassen alle lymphatischen Zellen und Gewebe des Atmungssystems. Beim Auslösen einer Immunreaktion durch inhalierte Antigene und bei Atemwegsinfektionen spielen sie eine große Rolle.

Bruton-Syndrom → X-gekoppelte Agammaglobulinämie.

Der **B-und-T-Lymphocyten-Attenuator** (**BTLA**) ist ein inhibitorischer, mit CD28 verwandter Rezeptor, der in B- und T-Lymphocyten exprimiert wird.

Das **Burkitt-Lymphom** ist ein Tumor der Keimzentren-B-Zellen und wird durch das Epstein-Barr-Virus (EBV) verursacht. Die Krankheit kommt vor allem in Gebieten der afrikanischen Subsahara vor.

In der **Bursa Fabricii** der Hühner entwickeln sich die B-Lymphocyten.

Der **B-Zell-Antigenrezeptor** (oder B-Zell-Rezeptor, **BCR**) ist der Rezeptor an der Oberfläche von B-Zellen, der das spezifische Antigen erkennt. Der Rezeptor besteht aus einem membrandurchspannenden Immunglobulinmolekül, das mit den invarianten → Igα- und → Igβ-Ketten in einem nichtkovalenten Komplex assoziiert ist.

Die Proteine CD19, CD81 und CR2 bildet den **B-Zell-Corezeptor-Komplex**. Die Zusammenlagerung dieses Komplexes mit dem B-Zell-Antigenrezeptor erhöht die Empfindlichkeit für Antigene etwa 100-fach.

Die **B-Zell-Corona** in der → Milz ist ein Bereich der → weißen Pulpa, die vor allem aus B-Zellen besteht.

Die Randzone des lymphatischen Gewebes in der Milz liegt an der Grenze zur weißen Pulpa. Dieser Bereich enthält eine spezielle Population von B-Zellen, die man als **B-Zellen der Randzone** (*marginal zone B cells*) bezeichnet. Sie zirkulieren nicht und unterscheiden sich von den übrigen Zellen durch eine besondere Zusammensetzung der Oberflächenproteine.

B-Zellen (**B-Lymphocyten**) bilden eine der beiden Hauptformen der Lymphocyten. Der Antigenrezeptor auf den B-Lymphocyten, den man im Allgemeinen als B-Zell-Rezeptor bezeichnet, ist ein Zelloberflächenimmunglobulin. Nach der Aktivierung durch ein Antigen differenzieren sich B-Zellen zu Zellen, die Antikörpermoleküle erzeugen, welche dieselbe Antigenspezifität besitzen wie der Rezeptor. B-Zellen lassen sich in zwei Klassen einteilen: die **B-1-Zellen** (die man auch als CD5-B-Zellen bezeichnet) sind eine Klasse von untypischen, sich selbst erneuernden B-Zellen, die vor allem in der Bauch- und Brusthöhle von Erwachsenen vorkommen. Sie verfügen über ein wesentlich geringeres Repertoire an Rezeptoren als die **B-2-Zellen** (die man auch als konventionelle B-Zellen bezeichnet). Letztere werden während des gesamten Lebens im Knochenmark erzeugt und kommen im Blut und in den lymphatischen Geweben vor.

B-Zell-Mitogene sind Substanzen, die B-Zellen zur Teilung anregen.

Der **C1-Inhibitor** (**C1INH**) ist ein Protein, das die aktivierte Komplementkomponente C1 hemmt, indem es an C1 bindet und dessen C1r:C1s-Enzymaktivität blockiert. Ein Defekt von C1INH ist die Ursache des → erblichen angioneurotischen Ödems, bei dem die Aktivität von gefäßaktiven Peptiden, den Kininen, zu Schwellungen unter der Haut und am Kehlkopf führt.

Der **C1-Komplex** aus Komplementbestandteilen umfasst das Molekül **C1q**, das mit je zwei Molekülen der Zymogene **C1r** und **C1s** assoziiert ist. C1q leitet durch Bindung an die Oberfläche eines Krankheitserregers oder an einen gebundenden Antikörper den klassischen Weg der Komplementaktivierung ein. Die Bindung von C1q aktiviert das assoziierte C1r-Protein, das daraufhin C1s spaltet und aktiviert. Die aktive Form von C1s spaltet dann die nächsten beiden Komponenten des Aktivierungsweges **C4** und **C2**.

Das Komplementfragment **C3b** ist das Hauptprodukt der C3-Konvertase und das wichtigste Effektormolekül des Komplementsystems. Es enthält eine hoch reaktive Thioesterbindung, sodass es sich kovalent an die Oberfläche anlagern kann, an der es gebildet wird. Sobald es gebunden hat, wirkt es als Opsonin und fördert dadurch die Zerstörung von Krankheitserregern durch Phagocyten und die Beseitigung von Immunkomplexen. C3b wird vom Komplementrezeptor CR1 gebunden, während der proteolytisch erzeugte Abkömmling iC3b mit den Komplementrezeptoren CR1, CR2 und CR3 einen Komplex bildet.

C3dg ist ein Abbauprodukt von C3b. Es bleibt an der Oberfläche von Mikroorganismen haften und bindet dort an den Komplementrezeptor CR2 (CD21).

Die Bildung der **C3-Konvertase** an die Oberfläche eines Krankheitserregers oder einer Zelle ist ein wichtiger Schritt bei der Aktivierung des → Komplementsystems. Die C3-Konvertase des klassischen und des Lektinweges entsteht aus membrangebundenem C4b im Komplex mit der Protease C2b. Der alternative Weg der Komplementaktivierung verwendet eine homologe C3-Konvertase, die aus membrangebundenem C3b im Komplex mit der Protease Bb entsteht. Die C3-Konvertasen besitzen dieselbe Aktivität und katalysieren die Ablagerung von großen Mengen an C3b-Molekülen, die kovalent an die Oberfläche des Krankheitserregers binden.

Das **C4b-bindende Protein** (**C4BP**) kann die C3-Konvertase des klassischen Weges inaktivieren, wenn sie sich an der Oberfläche von Körperzellen bildet. Dadurch wird C2b aus dem C4b:C2b-Komplex verdrängt. C4BP bindet an C4b-Moleküle auf den Körperzellen, jedoch nicht an C4b-Moleküle auf der Oberfläche von Krankheitserregern, weil es eine zweite spezifische Bindungsstelle für Sialsäure enthält (einen endständigen Zucker, der an der Oberfläche von Wirbeltierzellen, nicht jedoch bei Krankheitserregern vorkommt).

C5 ist eine inaktive Komponente des Komplementsystems, die von der **C5-Konvertase** gespalten wird; dabei entsteht der starke Entzündungsmediator **C5a** und das größere Fragment **C5b**, das die Bildung eines membranangreifenden Komplexes aus den terminalen Komponenten des Komplementsystems einleitet.

Der **C5a-Rezeptor** ist der Rezeptor für das C5a-Fragment des Komplementsystems. Er durchspannt die Membran siebenmal und ist an ein heterotrimeres G-Protein gekoppelt. Ähnliche Rezeptoren binden **C3a** und **C4a**.

Die Komponenten **C6**, **C7** und **C8** des Komplementsystems bilden einen Komplex mit dem aktiven Komplementfragment **C5b** während der späten Phase der Komplementaktivierung. Dieser Komplex lagert sich in die Membran ein und löst die Polymerisierung von **C9** aus, sodass eine Pore entsteht, die man als membranangreifenden Komplex bezeichnet.

Die cytosolische Serin/Threonin-Phosphatase **Calcineurin** spielt eine wichtige Rolle bei der Signalübertragung über den T-Zell-Rezeptor. Die Immunsuppressiva → Cyclosporin A und → Tacrolimus (FK506) bilden Komplexe mit zellulären Proteinen, den → Immunophilinen, die an Calcineurin binden, es inaktivieren und dadurch die T-Zell-Antworten unterdrücken.

Ca^{2+} wirkt vor allem dadurch als intrazelluläres Signal, dass es an das Protein **Calmodulin** bindet, das dann an eine Vielzahl von Enzymen binden kann und ihre Aktivität reguliert, darunter auch Calcineurin.

Calnexin ist ein 88-kDa-Protein, das im endoplasmatischen Reticulum vorkommt. Es bindet an teilweise gefaltete Proteine der Immunglobulinsuperfamilie und hält sie im endoplasmatischen Reticulum zurück, bis sie ihre endgültige Konformation eingenommen haben.

Calreticulin ist ein molekulares Chaperon, das als Erstes an MHC-Klasse-I-, MHC-Klasse-II- und andere Proteine mit immunglobulinähnlichen Domänen bindet, beispielsweise an die T-Zell- und B-Zell-Antigenrezeptoren.

CAM → Zelladhäsionsmoleküle.

Antikörper oder Antigene lassen sich durch verschiedene *capture*-Tests bestimmen, beziehungsweise durch einen ***capture*-ELISA**. Bei diesen Tests werden Antigene durch Antikörper gebunden, die an einer Kunststoffoberfläche haften (oder umgekehrt). Die Bindung von Antikörpern an oberflächengebundene Antigene lässt sich mithilfe von markierten Antigenen oder Anti-Immunglobulin-Antikörpern messen. Die Bindung von Antigenen an oberflächengebundende Antikörper kann man durch Verwendung von Antikörpern nachweisen, die an ein anderes Epitop auf dem Antigen binden.

Carrierproteine sind fremde Proteine, mit denen man kleine, nichtimmunogene Antigene oder → Haptene koppeln kann, um sie immunogen zu machen. *In vivo* können auch körpereigene Proteine als Carrier fungieren, wenn sie durch das Hapten in geeigneter Weise modifiziert werden. Dies spielt bei Allergien gegen Medikamente eine Rolle.

Caspasen bilden eine Familie von eng verwandten Cysteinproteasen, die Proteine an Asparaginsäureresten spalten. Sie besitzen wichtige Funktionen bei der Apoptose.

Cbl ist eine Ubiquitin-Ligase, die an Tyrosin phosphorylierte Proteine erkennt und sie für den Abbau markiert.

Die Chemokine **CCL18** (DC-CK), **CCL19** und **CCL21** (SLC) werden von Zellen in den peripheren lymphatischen Organen produziert und locken T-Zellen an.

CCR7 ist der Rezeptor auf T-Zellen für das Chemokin CCL21.

CD → Differenzierungscluster und Anhang II.

CD2 ist das Zelladhäsionsmolekül der Immunglobulinsuperfamilie, das man auch als LFA-2 bezeichnet.

Der **CD3-Komplex** besteht aus $\alpha{:}\beta$- oder $\gamma{:}\delta$-T-Rezeptor-Ketten und den unveränderlichen Untereinheiten CD3γ, δ und ε sowie den dimeren ζ-Ketten.

Das Zelloberflächenprotein **CD4** ist wichtig für die Erkennung von Antigenpeptiden, die an MHC-Klasse-II-Moleküle gebunden sind, durch den T-Zell-Rezeptor. CD4 wirkt als Corezeptor, indem es an die seitliche Oberfläche von MHC-Klasse-II-Molekülen bindet.

CD4-T-Zellen sind T-Zellen, die das Corezeptorprotein CD4 tragen. Sie erkennen Peptide, die aus dem Inneren von Vesikeln stammen und an MHC-Klasse-II-Moleküle gebunden sind, und differenzieren sich zu CD4-T_H1- und CD4-T_H2-Effektorzellen, die Makrophagen und B-Zellen zur Reaktion auf Antigene aktivieren können.

CD4-T-Helferzellen sind CD4-T-Zellen, die B-Zellen stimulieren („helfen"), als Reaktion auf den Kontakt mit einem Antigen Antikörper zu produzieren. Sowohl die T_H1- als auch die T_H2-Untergruppe der CD4-T-Effektorzellen kann diese Funktion ausführen.

CD5⁺-B-Zellen sind eine Klasse atypischer, sich selbst erneuernder B-Zellen, die vor allem in der Bauch- und Brusthöhle von Erwachsenen vorkommen. Sie verfügen über ein weniger vielfältiges Rezeptorrepertoire als konventionelle B-Zellen. Da sie die ersten B-Zellen sind, die erzeugt werden, bezeichnet man sie auch als B-1-Zellen.

Das Zelloberflächenprotein **CD8** ist wichtig für die Erkennung von Antigenpeptiden, die an MHC-Klasse-I-Moleküle gebunden sind, durch den T-Zell-Rezeptor. CD8 wirkt als Corezeptor, indem es an die seitliche Oberfläche von MHC-Klasse-I-Molekülen bindet.

CD8-T-Zellen sind T-Zellen, die den Corezeptor CD8 tragen. Sie erkennen Antigene, beispielsweise von Viren, die im Cytosol einer Zelle synthetisiert werden. Von diesen Antigenen stammende Peptide werden durch TAP transportiert, im endoplasmatischen Reticulum an MHC-Klasse-I-Moleküle gekoppelt und als Peptid:MHC-Klasse-I-Komplex an der Zelloberfläche präsentiert. CD8-T-Zellen differenzieren sich zu cytotoxischen CD8-T-Zellen.

CD11b:CD18 → CR3.

CD11c:CD18 → CR4.

CD19:CR2:TAPA-1-Komplex → B-Zell-Corezeptor-Komplex.

CD21 → CR2.

CD27 ist ein Protein der TNF-Rezeptor-Familie, das von naiven T-Zellen konstitutiv an der Oberfläche exprimiert wird. Es bindet CD70 auf dendritischen Zellen und vermittelt in der frühen Aktivierungsphase ein starkes costimulierendes Signal an T-Zellen.

CD28 ist auf T-Zellen der Rezeptor für die costimulierenden B7-Moleküle, die sich auf spezialisierten antigenpräsentierenden Zellen befinden, etwa auf dendritischen Zellen. Das Protein gehört zur Immunglobulinsuperfamilie.

CD30 auf B-Zellen und der **CD30-Ligand** auf T-Helferzellen sind costimulierende Moleküle, die dabei mitwirken, die Proliferation von antigenaktivierten naiven B-Zellen zu stimulieren.

CD31 → PECAM.

CD34 ist ein Protein an der Zelloberfläche von hämatopoetischen Stammzellen und ein Ligand für L-Selektin.

CD35 → CR1.

Der **CD40-Ligand** (**CD154**) wird von aktivierten T-Helferzellen exprimiert. Zusammen mit anderen Faktoren löst er durch Bindung an **CD40** auf der Oberfläche von B-Zellen deren Reifung aus.

CD45 (das gemeinsame Leukocytenantigen) ist eine membrandurchspannende Tyrosinphosphatase, die auf allen Leukocyten vorkommt. CD45 wird von verschiedenen Zelltypen in unterschiedlichen Isoformen exprimiert. Diese Isoformen bezeichnet man allgemein mit CD45R und fügt an das Kürzel noch das Exon an, das das jeweilige Antikörperbindungsmuster hervorruft.

CD46 → Membrancofaktorprotein der Proteolyse (MCP).

CD55 → DAF (*decay-accelerating factor*).

CD58 ist ein Zelladhäsionsmolekül der Immunglobulinfamilie, das man auch als LFA-3 bezeichnet (→ funktionelle Leukocytenantigene).

CD59 → Protectin.

CD70 ist der Ligand für CD27.

CD80 und **CD86** → B7.1 und B7.2.

C-Domäne → konstante Domäne.

CDRs → komplementaritätsbestimmende Regionen.

Centroblasten sind große, sich schnell teilende Zellen in den → Keimzentren. Man nimmt an, dass in diesen Zellen → somatische Hypermutationen stattfinden. Von den Centroblasten leiten sich antikörperbildende B-Zellen und B-Gedächtniszellen ab.

Centrocyten sind kleine, nichtproliferierende B-Zellen in den → Keimzentren, die sich von den → Centroblasten ableiten. Centrocyten können zu antigensezernierenden Plasmazellen oder B-Gedächtniszellen reifen oder in die → Apoptose eingehen. Dies hängt von der Wechselwirkung ihres jeweiligen Rezeptors mit Antigenen ab.

Das **Chediak-Higashi-Syndrom** beruht auf einem Defekt in einem Protein, das bei der Vesikelfusion innerhalb der

Zelle von Bedeutung ist. Betroffen ist die Zellfunktion von Phagocyten, da die Lysosomen nicht richtig mit den Phagosomen fusionieren können und somit das Abtöten von aufgenommenen Bakterien gestört ist.

Chemokine sind kleine Chemoattraktorproteine, die besonders die Wanderung und Aktivierung von Phagocyten und Lymphocyten stimulieren. Sie sind bei Entzündungsreaktionen von zentraler Bedeutung. Chemokine und ihre Rezeptoren sind in Anhang IV aufgeführt.

Die meisten lymphatischen (und zahlreiche andere) Tumoren enthalten **Chromosomentranslokationen**, die durch bestimmte Bruchstellen und die anschließende Verknüpfung verschiedener Chromosomen gekennzeichnet sind. Diese Chromosomenbrüche sind bei Lymphomen und Leukämien relativ häufig.

Bei chronischem Asthma kommt es als Folge der zellulären allergischen Reaktion der späten Phase zu einer **chronischen allergischen Entzündung** der Luftwege.

Chronische lymphatische Leukämien (CLL) sind B-Zell-Tumoren im Blut. In der Mehrzahl exprimieren sie CD5 und nichtmutierte variable Regionen, sodass sie wahrscheinlich von B-1-Zellen abstammen.

CLA → kutanes lymphocytenassoziiertes Antigen.

CLIP → Klasse-II-assoziiertes Peptid der invarianten Kette.

CLP → gemeinsame lymphatische Vorläuferzelle.

Bei Immunglobulin- oder T-Zell-Rezeptoren entsteht durch das ungenaue Zusammenfügen eines V-Gen-Segments mit einem (D)J-Gen-Segment eine **codierende Verknüpfung**.

Von einer **codominanten** Expression spricht man, wenn beide Allele eines Gens in einem heterozygoten Individuum annähernd gleich stark exprimiert werden. Dies ist bei den meisten Genen der Fall, auch bei den hoch polymorphen MHC-Genen.

Die Methode der **Coimmunpräzipitation** dient dazu, ein bestimmtes Protein zusammen mit anderen Proteinen zu isolieren, an die es bindet. Dabei verwendet man einen markierten Antikörper gegen das erste Protein, um den Proteinkomplex in einem Zellextrakt zu präzipitieren

Der **Coombs-Test** weist die Bindung von Antikörpern an Erythrocyten nach. Rote Blutkörperchen, an deren Zelloberfläche Antikörper gebunden sind, verklumpen, sobald man Anti-Immunglobulin-Antikörper zugibt. Mit diesem Test kann man die während einer Schwangerschaft bei einer Rhesus-Inkompatibilität gebildeten, nichtagglutinierenden Antikörper nachweisen (→ direkter Coombs-Test, → indirekter Coombs-Test).

Ein **Corezeptor** ist ein Zelloberflächenprotein, das die Empfindlichkeit eines Antigenrezeptors gegenüber seinem Antigen erhöht, indem es an benachbarte Liganden bindet. Es wirkt an der Signalkaskade mit, die zur Aktivierung führt. CD4 und CD8 sind MHC-bindende Corezeptoren auf T-Zellen, CD19 ist Teil des Corezeptorkomplexes auf B-Zellen.

Corona → B-Zell-Corona.

Corticosteroide sind eine Gruppe von Medikamenten, die mit den natürlicherweise in der Nebenniere gebildeten Steroiden wie Cortison verwandt sind. Corticosteroide können Lymphocyten und besonders heranreifende → Thymocyten abtöten, indem sie eine → Apoptose auslösen. Man setzt sie als entzündungshemmende und immunsuppressive Medikamente und gegen lymphatische Tumoren ein.

Die Aktivierung und Proliferation von T-Lymphocyten, nachdem sie das erste Mal mit einem Antigen in Kontakt getreten sind, erfordert auch, dass ein getrenntes **costimulierendes Signal** empfangen wird. Solche Signale werden normalerweise durch **costimulierende Moleküle** auf der Oberfläche der antigenpräsentierenden Zelle an die T-Zellen übermittelt. Die wichtigsten Moleküle für die Aktivierung von naiven T-Zellen sind B7.1 und B7.2, die an der Oberfläche der T-Zellen an CD28 binden. B-Zellen können durch gemeinsame Komponenten verschiedener Krankheitserreger costimulierende Signale erhalten, beispielsweise durch LPS, aber auch durch Komplementfragmente oder über den CD40-Liganden, der an der Oberfläche von aktivierten antigenspezifischen → CD4-T-Helferzellen exprimiert wird.

CR → Komplementrezeptoren.

CR1 (**CD35**) ist einer von mehreren zellulären Rezeptoren für verschiedene Komponenten des Komplementsystems. Das Protein wird verwendet, wenn man Immunkomplexe aus dem Plasma entfernen will.

CR2 (**CD21**) ist neben CD19 und CD81 Teil des B-Zell-Corezeptor-Komplexes. CD21 bindet Antigene, an die verschiedene Abbauprodukte von C3 gebunden haben, insbesondere C3dg. Durch Quervernetzung mit dem B-Zell-Rezeptor erhöht es die Empfindlichkeit gegenüber einem Antigen um mindestens das Hundertfache. Auch das Epstein-Barr-Virus nutzt CR2, um in B-Zellen einzudringen, und erzeugt dann die Symptome der infektiösen Mononucleose.

CR3 (**CD11b:CD18**) ist ein β_2-Integrin, das als Adhäsionsmolekül und als Komplementrezeptor wirkt. CR3 bindet iC3b und stimuliert die → Phagocytose.

CR4 (**CD11c:CD18**) ist ein β_2-Integrin, das iC3b bindet und die → Phagocytose stimuliert.

CRAC-Kanäle sind Calciumkanäle in der Plasmamembran, die durch Freisetzung von Calcium aktiviert werden. Sie öffnen sich, wenn ein Lymphocyt auf ein Antigen reagiert, und lassen Calcium in die Zelle strömen.

Das **C-reaktive Protein** ist ein → Protein der akuten Phase und bindet an Phosphatidylcholin, das seinerseits Bestandteil des C-Polysaccharids (daher die Bezeichnung C-reaktiv) des Bakteriums *Streptococcus pneumoniae* ist. Auch viele andere Bakterien tragen Phosphorylcholin auf ihrer Oberfläche. Das C-reaktive Protein kann daher an viele verschiedene Bakterien binden und sie für eine schnelle Endocytose durch Phagocyten vorbereiten. Das C-reaktive Protein reagiert nicht mit dem Gewebe von Säugern.

C-Region → konstante Region.

Cryptidine sind α-Defensine (antimikrobielle Polypeptide), die von den Paneth-Körnerzellen des Dünndarms produziert werden.

Aggregate aus lymphatischem Gewebe in der Darmwand bezeichnet man als ***cryptopatches***.

Das Protein **C-terminale Src-Kinase** (**Csk**) ist in Lymphocyten konstitutiv aktiv. Die Funktion des Proteins besteht darin, das carboxyterminale Tyrosin der Src-Tyrosinkinasen zu phosphorylieren und sie dadurch zu inaktivieren.

c-SMAC → supramolekularer Adhäsionskomplex.

CTLA-4 ist ein hoch affiner Rezeptor für B7-Moleküle auf T-Zellen.

CVID → variable Immunschwäche.

CXCL13 ist ein Chemokin, das B-Zellen und aktivierte T-Zellen zu Follikeln der peripheren lymphatischen Gewebe lockt, indem es an den CXCR5-Rezeptor auf diesen Zellen bindet.

Cyclophosphamid ist ein DNA-alkylierendes Agens, das häufig als → Immunsuppressivum eingesetzt wird. Es tötet schnell proliferierende Zellen ab, darunter auch Lymphocyten, die sich infolge eines Antigenkontakts teilen.

Cyclosporin A ist ein wirksames immunsuppressives Medikament. Es hemmt die Signalübertragung über den → T-Zell-Rezeptor und verhindert dadurch die Aktivierung der T-Zellen, sodass sie ihre Effektorfunktionen nicht ausüben können. Cyclosporin A bindet an Cyclophilin, und dieser Komplex wiederum inaktiviert die Serin/Threonin-Phosphatase → Calcineurin.

Die **cystische Fibrose** ist eine vererbbare Krankheit, die durch einen Defekt in einem Membrantransportprotein verursacht wird. Neben anderen Symptomen kommt es zur Absonderung von dickem, klebrigem Schleim in den Luftwegen, der sich in den Lungen ansammelt und ein Risiko für Atemversagen und Infektionen der Lunge bildet.

Ein **Cytokin** ist ein von Zellen gebildetes kleines Protein, das das Verhalten anderer Zellen beeinflusst. Von Lymphocyten produzierte Cytokine nennt man auch oft Lymphokine oder → Interleukine (abgekürzt IL). In diesem Buch, wie auch in der einschlägigen Literatur, findet jedoch meist die Bezeichnung Cytokine Verwendung. Cytokine üben ihre Wirkung über spezifische Rezeptoren auf ihren Zielzellen aus. Eine Auflistung der verschiedenen Cytokine und ihrer Rezeptoren findet sich in Anhang III (→ Chemokine; Anhang IV).

cytokine capture → Antigen-*capture*-Test.

Die Bindung von Cytokinen an **Cytokinrezeptoren** löst in der betroffenen Zelle verschiedene Veränderungen aus wie Wachstum, Differenzierung oder den Tod der Zelle. Die verschiedenen Cytokinrezeptoren sind in Anhang III aufgeführt.

Cytotoxine sind Proteine, die von → cytotoxischen T-Zellen und NK-Zellen gebildet werden und an der Zerstörung der Zielzellen mitwirken. Die wichtigsten Cytotoxine sind die → Perforine, die → Granzyme und die → Granulysine.

Cytotoxische Vesikel (**cytotoxische Granula**), die die cytotoxischen Proteine Perforin, Granzyme und Granulysin enthalten, sind die charakteristischen Merkmale der cytotoxischen CD8-T-Effektorzellen und NK-Zellen.

Cytotoxische T-Zellen sind T-Zellen, die andere Zellen abtöten können. Die meisten cytotoxischen T-Zellen sind gegen MHC-Klasse-I-Moleküle gerichtete CD8-T-Zellen. Aber auch CD4-T-Zellen können in manchen Fällen andere Zellen abtöten. Cytotoxische T-Zellen sind wichtig für die Abwehr von Krankheitserregern im Cytosol.

Bei Immunglobulinen steht **δ** für die schwere Kette von IgD. Mit δ bezeichnet man auch eine der Ketten des Antigenrezeptors von einer Untergruppe der T-Zellen, den sogenannten γ:δ-T-Zellen.

DAF (*decay-accelerating factor*, **CD55**) ist ein Zelloberflächenmolekül, das Zellen vor der Lyse durch das → Komplementsystem schützt. Fehlt dieser Faktor, kommt es zu einer paroxysmalen nächtlichen Hämoglobinurie.

Darmassoziierte lymphatische Gewebe (*gut-associated lymphoid tissues*, **GALT**) gehören zu den peripheren lymphatischen Geweben und sind eng mit dem Gastrointestinaltrakt verbunden. Dazu zählen die → Gaumenmandeln, die → Peyer-Plaques, die isolierten Lymphfollikel und die intraepithelialen Lymphocyten. Die GALT haben eine ganz eigene Biologie aufgrund ihres häufigen Kontakts zu Antigenen in Lebensmitteln und aus der normalen Darmflora.

ICAM-3 bindet mit hoher Affinität an das Lektin **DC-SIGN**, das nur in dendritischen Zellen vorkommt.

Die **defekten ribosomalen Produkte** (**DRiP**) sind Peptide, die von Introns in ungenau gespleißten mRNAs translatiert werden, außerdem Translationsprodukte mit Rasterverschiebungen sowie ungenau gefaltete Proteine, die erkannt und durch Ubiquitin für einen schnellen Abbau durch die Proteasomen markiert werden

Defensine → β-Defensine; → Cryptidine.

Dendritische Zellen leiten sich aus dem Knochenmark ab und kommen in den meisten Geweben vor, so auch in den lymphatischen Geweben. Man unterscheidet zwei Untergruppen aufgrund ihrer Funktionen. Konventionelle dendritische Zellen nehmen in den peripheren Geweben Antigene auf, werden durch Kontakt mit Krankheitserregern aktiviert und wandern zu den peripheren lymphatischen Organen, wo sie als die wirkungsvollsten Stimulatoren der T-Zell-Antworten fungieren. Plasmacytoide dendritische Zellen nehmen auch Antigene auf und präsentieren sie, aber ihre Hauptfunktion bei einer Infektion besteht darin, dass sie große Mengen an antiviralen Interferonen produzieren. Diese beiden Typen von dendritischen Zellen unterscheiden sich von den → follikulären dendritischen Zellen, die den B-Zellen in den Lymphfollikeln Antigene präsentieren.

Dendritische Epidermiszellen (**dETC**) sind eine spezialisierte Klasse der γ:δ-T-Zellen, die man in der Haut von Mäusen und einigen anderen Tierarten findet, nicht aber bei Menschen. Sie besitzen alle denselben γ:δ-Rezeptor. Ihre Funktion ist noch unbekannt.

Immunsuppressive Antikörper, die *in vivo* die Zerstörung von Lymphocyten auslösen, bezeichnet man als **depletierende Antikörper**. Man verwendet sie, um akute Fälle von Gewebeabstoßung zu behandeln.

Bei der **Desensibilisierung** wird ein allergischer Patient steigenden Antigendosen ausgesetzt, in der Hoffnung, so die allergischen Reaktionen zu hemmen. Wahrscheinlich verschiebt sich dabei das Gleichgewicht der CD4-T-Zell-Typen von T_H1 zu T_H2, und die gebildeten Antikörper wechseln von IgE nach IgG.

D-Gen-Segmente oder **Diversitätsgensegmente** sind kurze DNA-Sequenzen. Sie verbinden in den Genen für die schwere Kette der Immunglobuline die V- und J-Gen-Segmente sowie in den Genen für den → T-Zell-Rezeptor die Segmente für die β- und δ-Kette miteinander (→ Gensegmente).

Beim **Diabetes mellitus Typ 1** werden die β-Zellen in den Langerhans-Inseln der Bauchspeicheldrüse zerstört, sodass kein Insulin mehr produziert werden kann. Man nimmt an, dass die Erkrankung auf einer Autoimmunreaktion gegen die β-Zellen beruht. Man bezeichnet die Krankheit auch als insulinabhängigen Diabetes mellitus (IDDM), da sich die Symptome durch Injektion von Insulin verbessern lassen.

Diacylglycerin (**DAG**) entsteht meist aus Inositolphospholipiden durch die Aktivität der Phospholipase C-γ. Die DAG-Bildung wird durch die Aktivierung zahlreicher verschiedener Rezeptoren ausgelöst. DAG bleibt in der Membran, wo es als intrazelluläres Signalmolekül wirkt, das die cytosolische Proteinkinase C aktiviert, die das Signal weiterträgt.

Als **Diapedese** bezeichnet man die Wanderung von Blutzellen, besonders von Leukocyten, durch die Gefäßwände ins Gewebe.

Differenzierungscluster (*clusters of differentiation,* CD) sind Gruppen monoklonaler Antikörper, die dasselbe Zelloberflächenmolekül erkennen. Dieses bezeichnet man mit CD und einer Zahl, zum Beispiel CD1 oder CD2. Eine Auflistung der CD-Antigene findet sich in Anhang II.

Das **DiGeorge-Syndrom** ist eine genetisch bedingte, rezessiv vererbte Immunschwächeerkrankung. Die Patienten besitzen kein ausdifferenziertes Thymusepithel. Auch Nebenschilddrüsen fehlen, und es treten Anomalien der Blutgefäße auf. Das Syndrom geht offensichtlich auf einen Defekt der Zellen der Neuralleiste zurück.

Bei der **direkten Allogenerkennung** eines transplantierten Gewebes verlassen antigenpräsentierende Zellen des Spenders das Transplantat, wandern über die Lymphflüssigkeit zu regionalen Lymphknoten und aktivieren T-Zellen des Empfängers, die die entsprechenden T-Zell-Rezeptoren besitzen.

Beim **direkten Coombs-Test** stellt man mithilfe von Anti-Immunglobulin-Antikörpern fest, ob Erythrocyten *in vivo* mit Antikörpern bedeckt sind – entweder aufgrund einer Autoimmunreaktion oder einer gegen fetale Zellen gerichteten Immunreaktion der Mutter (→ Coombs-Test, → indirekter Coombs-Test).

Diskontinuierliche Epitope → Konformationsepitope.

Diversitätsgensegment → D-Gen-Segment

Die **Diversität der Verknüpfungsstellen** (*junctional diversity*) bezieht sich auf die Variabilität in den Verknüpfungsstellen der V-, D- und J-Gen-Segmente.

DN1, **DN2**, **DN3** und **DN4** sind Zwischenstadien bei der Entwicklung von doppelt positiven T-Zellen im Thymus. Die Umstrukturierung des Locus der TCRβ-Kette beginnt in der Phase DN2 und und ist in DN4 abgeschlossen.

DNA-Ligase IV ist ein Enzym, das die Enden von doppelsträngiger DNA miteinander verknüpft, die bei der Umstrukturierung der Gene geschnitten wurde, aus der die funktionellen Gene der Immunglobuline oder T-Zell-Rezeptoren hervorgehen.

DNA-Microarrays erzeugt man durch Auftragen verschiedener DNAs auf kleine Teilflächen eines Microchips. Mit DNA-Microarrays kann man die Genexpression in normalen und malignen Zellen bestimmen.

Dominante Immunsuppression → regulatorische Toleranz.

Doppelt negative Thymocyten sind unreife T-Zellen im Thymus, die keinen der beiden → Corezeptoren CD4 und CD8 exprimieren. In einem normalen Thymus befinden sich etwa 5 % der Thymocyten in diesem Zustand.

Doppelt positive Thymocyten sind unreife T-Zellen im Thymus, die durch die Expression sowohl des CD4- als auch des CD8-Corezeptors gekennzeichnet sind. Sie machen die Mehrzahl (etwa 80 %) der Thymocyten aus.

Das **Down-Syndrom-Zelladhäsionsmolekül** (**Dscam**) gehört zur Immunglobulinsuperfamilie. Man nimmt an, dass es bei Insekten die Opsonisierung von eindringenden Bakterien bewirkt und die Aufnahme der Bakterien durch Phagocyten unterstützt. Es kann aufgrund von alternativem Spleißen in vielen verschiedenen Formen vorkommen.

Im **Ductus thoracicus**, der parallel zur Aorta durch den Oberkörper verläuft und sich in die linke Schlüsselbeinvene entleert, sammelt sich die Lymphe aus den meisten Bereichen des Körpers mit Ausnahme von Kopf, Hals und rechtem Arm. Der Ductus thoracicus führt also die Lymphflüssigkeit und die Lymphocyten wieder dem peripheren Blutkreislauf zu.

Dunkler Bereich → Keimzentren.

Bei Immunglobulinen steht $\boldsymbol{\varepsilon}$ für die schwere Kette von IgE.

EAE → experimentelle allergische Encephalomyelitis.

Effektorcaspasen sind Proteasen in der Zelle, die infolge eines apoptotischen Signals aktiviert werden und die zellulären Veränderungen in Gang setzen, die mit der Apoptose zusammenhängen.

Effektorgedächtniszellen sind Gedächtniszellen, die wahrscheinlich darauf spezialisiert sind, schnell in entzündete Gewebe einzudringen, nachdem sie mit dem Antigen erneut stimuliert wurden.

Als **Effektormechanismen** bezeichnet man diejenigen Mechanismen, durch die Krankheitserreger zerstört und aus dem Körper entfernt werden. Bei der angeborenen und der erworbenen Immunantwort stimmen die meisten Effektormechanismen zur Beseitigung von Krankheitserregern überein.

Effektorzellen entwickeln sich aus naiven Lymphocyten nach einer ersten Aktivierung durch Antigen, und sie können Krankheitserreger zerstören, ohne dass sie eine weitere Differenzierung durchlaufen müssen. Darin unterscheiden sie sich von naiven Lymphocyten und Gedächtniszellen, die sich differenzieren und häufig proliferieren müssen, bevor sie zu Effektorzellen werden.

Lymphocyten verlassen einen Lymphknoten durch das **efferente Lymphgefäß**.

Als **einfach positive Thymocyten** bezeichnet man reife T-Zellen. Sie lassen sich während der Entwicklung der

T-Zellen im Thymus identifizieren, da sie entweder den CD4- oder den CD8-Corezeptor exprimieren.

Ein **einzelkettiges Fv-Fragment** besteht aus einer V-Region einer schweren Kette und einer V-Region einer leichten Kette, die über einen synthetischen Peptidbereich miteinander verbunden sind. Einzelkettige Fv-Fragmente werden mit gentechnischen Methoden hergestellt.

Einzelnucleotidpolymorphismus (*single nucleotide polymorphism*, **SNP**) bezieht sich auf Positionen im Genom, die sich bei verschiedenen Individuen nur durch eine einzige Base unterscheiden.

Eiter ist ein Gemisch aus Zelltrümmern und toten neutrophilen Zellen, das in Wunden und Abszessen vorkommt, die mit extrazellulären → verkapselten Bakterien infiziert sind.

Das **Ekzem** oder die **atopische Dermatitis** ist eine allergische Erkrankung der Haut, die vor allem bei Kindern vorkommt und über deren Ursachen nur wenig bekannt ist.

Elektrophorese ist die Bewegung von Molekülen in einem elektrischen Feld. In der Immunologie setzt man verschiedene Formen der Elektrophorese ein, um Molekülgemische - insbesondere Proteingemische - aufzutrennen und die Ladung, Größe und Untereinheitenzusammensetzung der einzelnen Moleküle zu bestimmen.

Ein **ELISA** (*enzyme-linked immunosorbent assay*) ist ein serologischer Test, bei dem man gebundene Antigene oder Antikörper mithilfe eines gekoppelten Enzyms nachweist, das eine farblose Substanz in ein farbiges Produkt umwandelt. Man verwendet den Test häufig in der biologischen, medizinischen und immunologischen Forschung und Diagnostik.

Der **ELISPOT-Test** ist eine Variante des → ELISA-Tests. Dabei gibt man Zellen auf Antigene oder Antikörper, die an einer Plastikoberfläche immobilisiert sind. Diese fangen die Sekretionsprodukte der Zellen ein. Anschließend weist man die Sekretionsprodukte wie beim ELISA mithilfe eines enzymgekoppelten Antikörpers nach.

ELP → frühe lymphatische Vorläuferzelle.

Embryonale Stammzellen (**ES-Zellen**) sind embryonale Mauszellen, die in Kultur kontinuierlich proliferieren und sich zu allen Zelltypen des Körpers differenzieren können. ES-Zellen der Maus können in Kultur gentechnisch manipuliert und anschließend in Mausblastocysten injiziert werden. Auf diese Weise lassen sich Mausmutanten herstellen.

Endogene Pyrogene sind → Cytokine, die eine Erhöhung der Körpertemperatur verursachen können. Sie sind nicht zu verwechseln mit den → exogenen Pyrogenen wie etwa → Endotoxine von gramnegativen Bakterien, die Fieber hervorrufen, indem sie die Synthese und Freisetzung von endogenen Pyrogenen auslösen.

Antigene, die durch → Phagocytose aufgenommen wurden, gelangen im Allgemeinen in saure Vesikel, die man als **Endosomen** bezeichnet. Proteine, die auf diese Weise in Zellen gelangen, werden von MHC-Klasse-II-Proteinen präsentiert.

Den Bereich im Knochenmark, der an die innere Oberfläche des Knochens angrenzt, bezeichnet man als **Endosteum**. Hier befinden sich die frühesten Stadien der hämatopoetischen Stammzellen.

Die Veränderungen der Endothelwände von kleinen Blutgefäßen als Folge einer Entzündung, etwa die erhöhte Durchlässigkeit und die verstärkte Produktion von Zelladhäsionsmolekülen und Cytokinen, bezeichnet man allgemein als **Endothelaktivierung**.

Endotoxine sind Bakterientoxine, die nur bei Beschädigung der Bakterienzelle freigesetzt werden. Demgegenüber werden Exotoxine von den Bakterien sezerniert. Die wichtigsten Endotoxine in der Medizin sind die Lipopolysaccharide (LPS) gramnegativer Bakterien. Sie sind wirksame Auslöser der Cytokinsynthese; wenn sie in großer Zahl im Blut vorkommen, kann es zu einer systemischen Reaktion kommen, die man als toxischen Schock bezeichnet.

Entzündung (Inflammation) ist die allgemeine Bezeichnung für eine lokale Ansammlung von Flüssigkeit, Plasmaproteinen und weißen Blutzellen, die durch Verletzungen, Infektionen oder eine lokale Immunreaktion verursacht wird. Unter einer akuten Entzündung versteht man früh einsetzende und häufig vorübergehende Reaktionen, während man von einer chronischen Entzündung spricht, wenn die Infektion persistiert oder eine → Autoimmunreaktion vorliegt. Bei verschiedenen Erkrankungen beobachtet man viele unterschiedliche Entzündungsformen. Die Zellen, die in das Gewebe eindringen und eine Entzündung verursachen, bezeichnet man oft als inflammatorische Zellen oder inflammatorisches Infiltrat.

Eosinophile Zellen sind weiße Blutzellen, die vermutlich vor allem bei der Abwehr von parasitischen Infektionen von Bedeutung sind. Die Eosinophilenzahl ist im Blut normalerweise ziemlich niedrig. Sie kann sich jedoch unter verschiedenen Bedingungen deutlich erhöhen, beispielsweise bei einer → Atopie, sodass es zu einer Eosinophilie kommt, also zu einer anormal hohen Zahl an eosinophilen Zellen.

Eotaxin-1 (**CCL11**), **Eotaxin-2** (**CCL24**) und **Eotaxin-3** (**CCL26**) sind CC-Chemokine, die vor allem auf eosinophile Zellen wirken.

Ein **Epitop** ist eine Stelle auf einem Antigen, die von einem Antikörper oder einem Antigenrezeptor erkannt wird. Man bezeichnet sie auch als → Antigendeterminante. Ein T-Zell-Epitop ist ein kurzes Peptid aus einem Proteinantigen. Es bindet an ein → MHC-Molekül und wird von einer bestimmten T-Zelle erkannt. B-Zell-Epitope sind Antigendeterminanten, die von B-Zellen erkannt werden und normalerweise Strukturmotive an der Oberfläche von Antigenen umfassen.

Mit **Epitoperweiterung** bezeichnet man die Diversifikation von Reaktionen auf Autoantigene bei anhaltender Reaktion. Das liegt an den Reaktionen, die sich gegen andere Epitope als das ursprüngliche richten.

Das **Epstein-Barr-Virus** (**EBV**) gehört zu den Herpesviren. Es infiziert selektiv menschliche B-Zellen, indem es an den Komplementrezeptor 2 (CD21) bindet. Das Virus verursacht eine → infektiöse Mononucleose (Pfeiffersches Drüsenfieber) und führt zu einer lebenslänglichen

Infektion der B-Zellen, die durch T-Zellen kontrolliert wird. Manche der latent mit EBV infizierten B-Zellen proliferieren *in vitro* und bilden lymphoblastoide Zelllinien.

Das **erbliche angioneurotische Ödem** beruht auf einem genetischen Defekt des → C1-Inhibitors des → Komplementsystems. Ist der C1-Inhibitor nicht vorhanden, so kann eine spontane Aktivierung des Komplementsystems den Austritt von Flüssigkeit aus den Blutgefäßen verursachen. Die schwerwiegendste Folge dieses Flüssigkeitsaustritts ist das Anschwellen des Kehldeckels und die damit verbundene Erstickungsgefahr.

Der Begriff **Ermittlungsartefakt** bezieht sich auf Daten, die ein bestimmtes Ergebnis nur scheinbar beweisen, da sie in einer Population erhoben wurden, die nicht objektiv ausgewählt wurde.

ERAAP (*endoplasmatic reticulum aminopeptidase associated with antigen processing*; mit dem endoplasmatischen Reticulum assoziierte Aminopeptidase für Antigenprozessierung) ist ein Enzym im endoplasmatischen Reticulum, das längere Polypeptide auf eine Größe zurechtschneidet, mit der sie an MHC-Klasse-I-Moleküle binden können.

Erp57 ist ein Chaperonmolekül, das an der Beladung von → MHC-Klasse-I-Molekülen mit Peptiden im endoplasmatischen Reticulum beteiligt ist.

Erworbene Immunität → adaptive Immunität.

Das **erworbene Immunschwächesyndrom** (AIDS, *acquired immunodeficiency syndrome*) wird durch das → menschliche Immunschwächevirus (HIV-1) verursacht. AIDS tritt auf, wenn ein Patient die meisten seiner CD4-T-Zellen verloren hat. Dann kommt es zu Infektionen durch → opportunistische Krankheitserreger.

Wenn man einem Menschen mit einer Allergie geringe Mengen des Allergens in die Dermis injiziert, kann es zu einer **erythematösen Quaddelbildung** (*wheal-and-flare-reaction*) kommen. Dabei entstehen flüssigkeitsgefüllte Schwellungen in der Haut und ein sich ausbreitender, geröteter Bereich, der Juckreiz verursacht.

E-Selektin → Selektine.

ES-Zellen → embryonale Stammzellen.

Ein **exogenes Pyrogen** ist eine Substanz von außerhalb des Körpers, die Fieber hervorrufen kann, etwa das bakterielle Lipopolysaccharid (LPS) (→ endogenes Pyrogen).

Die **experimentelle allergische Encephalomyelitis** (**EAE**) ist eine künstlich herbeigeführte entzündliche Erkrankung des Zentralnervensystems bei Mäusen. Sie entwickelt sich, wenn man die Mäuse mit neuralen Antigenen in einem starken → Adjuvans immunisiert.

Unter **Extravasation** versteht man die Wanderung von Zellen oder Flüssigkeit aus dem Lumen der Blutgefäße in das umgebende Gewebe.

Der **extrinsische Apoptoseweg** wird durch extrazelluläre Liganden ausgelöst, die an spezifische Rezeptoren an der Zelloberfläche (Todesrezeptoren) binden, die dann der Zelle das Signal übermitteln, in den programmierten Zelltod einzutreten.

Ein **Fab-Fragment** eines Antikörpermoleküls, das mit Papain gespalten wurde, umfasst einen einzigen Arm des Antikörpers, bestehend aus einer leichten Kette und der aminoterminalen Hälfte der schweren Kette, die durch eine Disulfidbrücke zwischen den Ketten verknüpft sind. Das Enzym Pepsin spaltet ein Antikörpermolekül so, dass das **F(ab')$_2$-Fragment** entsteht, bei dem die beiden Arme des Antikörpers verknüpft bleiben (→ Fc-Fragment).

Mithilfe eines **FACS-Geräts** (*fluorescence-activated cell sorter*) können einzelne Zellen klassifiziert und voneinander getrennt werden. Das Gerät misst die Zellgröße, die Granuladichte und die Fluoreszenz der gebundenen fluoreszierenden Antikörper, während die Zellen einzeln an einem Photodetektor vorbeiströmen. Die Untersuchung einzelner Zellen auf diese Weise bezeichnet man auch als Durchflusscytometrie und die entsprechenden Messgeräte als Durchflusscytometer.

Faktor B, **Faktor D**, **Faktor H**, **Faktor I** und **Faktor P** sind Komponenten des alternativen Komplementaktivierungsweges. **Faktor B** hat eine sehr ähnliche Funktion wie C2 im klassischen Weg. **Faktor D** ist eine Serinprotease, die **Faktor B** spaltet. Bei **Faktor H** handelt es sich um ein inhibitorisches Protein mit einer ähnlichen Funktion wie DAF (*decay accelerating factor*), während die Protease **Faktor I** verschiedene Komponenten des alternativen Weges abbaut. **Faktor P** (**Properdin**) ist eine positiv regulatorische Komponente des alternativen Weges. Das Protein stabilisiert die C3-Konvertase des alternativen Weges an der Oberfläche von Bakterienzellen.

Ein **Faktor-I-Mangel** ist das genetisch bedingte Fehlen des regulatorischen Komplementproteins **Faktor I**. Der Mangel führt zu einer unkontrollierten Komplementaktivierung, sodass die Komplementproteine schnell ausgedünnt werden und die Patienten an wiederholten bakteriellen Infektionen leiden, vor allem mit den zahlreich vorkommenden pyogenen Bakterien.

Die **familiäre hämophagocytotische Lymphohistiocytose** (**FHL**) ist eine progressive und potenziell letal verlaufende Entzündungserkrankung, die durch einen vererbbaren Mangel an Perforin hervorgerufen wird. Viele CD8-positive polyklonale T-Zellen akkumulieren in den lymphatischen und in anderen Organen. Das geht einher mit einer Aktivierung der Makrophagen, die Blutzellen phagocytieren, darunter Erythrocyten und Leukocyten.

Das **familiäre Mittelmeerfieber** (**FMF**) ist eine schwere autoinflammatorische Erkrankung, die autosomal rezessiv vererbt wird. Ursache ist eine Mutation im Gen, das das Protein Pyrin codiert; wie es zur Krankheit kommt, ist noch unbekannt.

Die sogenannte **Farmerlunge** ist eine Hypersensitivitätserkrankung. Ursache ist die Reaktion von IgG-Antikörpern mit großen Mengen inhalierter Antigene in den Alveolarwänden der Lunge. Sie führt zu einer Entzündung der Alveolarwände und beeinträchtigt dadurch die Atmung.

Fas ist ein Protein der TNF-Rezeptor-Familie auf der Oberfläche bestimmter Zellen. Diese können von Zellen getötet werden, die den **Fas-Liganden** (**FasL**) (ein Zelloberflächenprotein aus der TNF-Familie) exprimieren. Die Bindung des Fas-Liganden an Fas löst bei der Fas-tragenden Zelle die Apoptose aus.

Das **Fc-Fragment** eines Antikörpers, der mit Papain gespalten wurde, besteht aus dem carboxyterminalen Hälften von zwei schweren Ketten, die in der übrig gebliebenen Gelenkregion über eine Disulfidbindung miteinander verknüpft sind (→ Fab-Fragment).

FCAS (*familial cold autoinflammatory syndrome*) ist eine episodenhaft auftretende inflammatorische Erkrankung, die durch Mutationen im *CSA1*-Gen hervorgerufen wird, das Cryopyrin codiert. Eine Erkrankung wird durch Kälte ausgelöst.

Fc-Rezeptoren binden die Fc-Regionen von Immunglobulinen. Für die verschiedenen Isotypen gibt es unterschiedliche Rezeptoren. FcγR bindet beispielsweise IgG, FcεR bindet IgE.

Der hoch affine **Fcε-Rezeptor** (**FcεRI**) an der Oberfläche von → Mastzellen und basophilen Zellen bindet die Fc-Region von freiem IgE. Wenn ein Antigen an dieses IgE bindet und FcεRI vernetzt, kommt es zur Aktivierung der Mastzelle.

Fcγ-Rezeptoren, darunter **FcγRI**, **-RII** und **-RIII**, binden die Fc-Domäne von IgG-Molekülen. Die meisten Fcγ-Rezeptoren binden IgG nur in aggregierter Form, können also zwischen gebundenem und freiem Antikörper unterscheiden. Man findet sie auf Phagocyten, B-Lymphocyten, NK-Zellen und follikulären dendritischen Zellen. Als Bindeglied zwischen Antikörperbindung und Effektorzellfunktionen spielen sie eine Schlüsselrolle bei der → humoralen Immunität.

FDC → follikuläre dendritische Zelle.

Die **fetale Erythroblastose** ist eine schwere Form der Rhesus-Hämolyse, bei der mütterliche Anti-Rh-Antikörper über die Plazenta in den Fetus gelangen, mit väterlichen Antigenen auf den fetalen Erythrocyten reagieren und eine hämolytische Anämie auslösen. Diese ist so gravierend, dass das periphere Blut des Fetus fast nur unreife Erythroblasten enthält.

FHL → familiäre hämophagocytotische Lymphohistiocytose.

Ficoline sind Proteine, die Kohlenhydrate binden und den Lektinweg der Komplementaktivierung einleiten. Sie gehören zur Kollectinproteinfamilie und binden an *N*-Acetylglucosamin, das an der Oberfläche einiger Krankheiterreger vorkommt.

FK506 → Tacrolimus.

FMF → familiäres Mittelmeerfieber.

Der Ursprung der **follikulären dendritischen Zellen** (**FDC**) in den Lymphfollikeln ist unbekannt. Die Zellen sind gekennzeichnet durch lange, verzweigte Fortsätze, die mit verschiedenen → B-Zellen in engen Kontakt treten. Follikuläre dendritische Zellen besitzen → Fc-Rezeptoren, die nicht durch eine rezeptorvermittelte Endocytose in die Zelle aufgenommen werden und deshalb → Antigen-Antikörper-Komplexe über lange Zeiträume an der Oberfläche behalten. Diese Zellen spielen während der Antikörperreaktion eine wichtige Rolle bei der Selektion antigenbindender B-Zellen.

Die **follikuären Helferzellen** sind eine Untergruppe der CXCR5-positiven zentralen Gedächtniszellen, die IL-2 produzieren und die B-Zellen unterstützen.

framework region → Gerüstregion.

FREPs (*fibrinogen-related proteins*) gehören zur Immunglobulinsuperfamilie und besitzen wahrscheinlich bei der angeborenen Immunität der Süßwasserschnecke *Biomphalaria glabrata* eine Funktion.

Die **frühen induzierten Immunantworten** oder frühen nichtadaptiven Immunantworten werden durch Kontakt mit Antigenen in einem frühen Stadium der Infektion ausgelöst. Sie unterscheiden sich von der → angeborenen Immunität durch das Vorhandensein einer Induktionsphase. Im Gegensatz zu der → adaptiven Immunität basieren sie nicht auf der → klonalen Selektion seltener, antigenspezifischer Lymphocyten.

Die **frühe lymphatische Vorläuferzelle** (*early lymphoid progenitor*, **ELP**) ist eine Knochenmarkzelle, aus der sowohl die gemeinsame lymphatische Vorläuferzelle als auch T-Vorläuferzellen hervorgehen können, die aus dem Knochenmark in den Thymus wandern.

Frühe Pro-B-Zellen → Pro-B-Zellen.

Die **funktionellen Leukocytenantigene** (*leukocyte functional antigen*, **LFA**) sind Zelladhäsionsmoleküle, die man ursprünglich mithilfe von monoklonalen Antikörpern bestimmt hat. LFA-1 ist ein β_2-Integrin; LFA-2 (heute auch häufig als CD2 bezeichnet) gehört zur Immunglobulinsuperfamilie, genauso wie LFA-3, das man jetzt als CD58 bezeichnet. LFA-1 ist besonders bei der Adhäsion der T-Zellen an Endothelzellen und antigenpräsentierende Zellen von Bedeutung.

Fv → einzelkettiges Fv-Fragment.

Fyn → Tyrosinkinase.

Bei Immunglobulinen steht γ für die schwere Kette von IgG.

Eine Untergruppe der → T-Lymphocyten trägt einen besonderen **γ:δ-T-Zell-Rezeptor**, der andere Ketten für die Antigenerkennung enthält. Diese bilden ein γ:δ-Heterodimer. Zellen mit diesen Rezeptoren bezeichnet man als **γ:δ-T-Zellen**, wobei die Antigene, die sie erkennen, und ihre Funktion jedoch unbekannt sind.

Plasmaproteine lassen sich aufgrund ihrer gelelektrophoretischen Mobilität einteilen in Albumin und die α-, β- und γ-Globuline. Die meisten Antikörper wandern bei der Elektrophorese als **γ-Globuline** (**Gammaglobuline**). Patienten, die keine Antikörper besitzen, leiden demnach an einer sogenannten → Agammaglobulinämie.

GALT → darmassoziierte lymphatische Gewebe.

GAP → GTPase-aktivierendes Protein.

Die **Gaumenmandeln** sind beidseitig des Pharynx liegende, mandelförmige Ansammlungen lymphatischer Zellen. Sie sind Teil des → mucosa- beziehungsweise darmassoziierten Immunsystems (zum Vergleich → Zungentonsillen).

Gedächtniszellen sind Lymphocyten, die für das immunologische Gedächtnis verantwortlich sind. Sie reagieren gegenüber Antigenen empfindlicher als naive Lymphocyten und reagieren schnell bei einem erneuten Kontakt mit dem Antigen, das sie ursprünglich aktiviert hat. Man kennt sowohl B- als auch T-Gedächtniszellen.

GEF → Guaninnucleotidaustauschfaktor.

Die **Gegenregulationshypothese** besagt, dass alle Arten von Infektionen, die in der frühen Kindheit erfolgen, vor der Ausbildung einer Atopie schützen können, indem sie die Produktion von Cytokinen wie IL-10 und den transformierenden Wachstumsfaktor β fördern, welche T_H1- und T_H2-Antworten nach unten regulieren.

Von **gekoppelter Erkennung** (*linked recognition*) spricht man, wenn die von → B-Zellen und → T-Helferzellen erkannten → Epitope physikalisch miteinander verbunden sein müssen, damit die T-Helferzellen die B-Zellen aktivieren können. Zum Beispiel erkennt bei einem Hapten:Carrier-Komplex die B-Zelle das Hapten und die T-Zelle den Carrier. Letztere regt dann die B-Zelle zur Antikörperbildung an.

Die **Gelenkregion** eines Antikörpermoleküls ist eine flexible Domäne zwischen den Fab-Armen und dem Fc-Teil. Bei IgG- und IgA-Antikörpern ist das Gelenk sehr flexibel, sodass die beiden Fab-Arme viele verschiedene Winkel einnehmen und an weit voneinander entfernte Epitope binden können.

Die **gemeinsame γ-Kette** (γ_c) ist ein Transmembranprotein (CD132), das einer Untergruppe von Cytokinrezeptoren gemeinsam ist.

Gemeinsame lymphatische Vorläuferzellen (*common lymphoid progenitors*, **CLP**) sind Stammzellen, aus denen alle Lymphocyten hervorgehen. Sie entstehen aus pluripotenten → hämatopoetischen Stammzellen.

Die Bezeichnung **gemeinsames mucosales Immunsystem** für das mucosale Immunsystem bezieht sich darauf, dass Lymphocyten, die in einem Abschnitt des mucosalen Systems zum ersten Mal mit ihrem Antigen in Kontakt getreten sind, als Effektorzellen auch in die anderen Bereiche des mucosalen Systems gelangen können.

Die **gemeinsame Knochenmarkvorläuferzelle** ist die Vorstufe der Makrophagen, Granulocyten, Mastzellen und dendritischen Zellen des angeborenen Immunsystems, außerdem der Megakaryocyten und der roten Blutkörperchen.

Von einer **gemischten Lymphocytenreaktion** (*mixed lymphocyte reaction,* **MLR**) spricht man, wenn Lymphocyten von zwei nicht miteinander verwandten Individuen gemeinsam kultiviert werden und die T-Zellen als Reaktion auf die allogenen → MHC-Moleküle auf den fremden Zellen proliferieren. Solche gemischten Lymphocytenkulturen (*mixed lymphocyte cultures*, MLCs) verwendet man bei Histokompatibilitätstests.

Genetische Immunisierung ist eine neuartige Methode für das Auslösen einer adaptiven Immunantwort. Aus unbekannten Gründen wird die in den Muskel injizierte DNA exprimiert, und es werden gegen das Protein, das von der DNA codiert wird, Antikörper produziert und T-Zell-Reaktionen ausgelöst.

Ein **genetischer Locus** (Plural: **Loci**) ist der Ort eines Gens auf einem Chromosom. Bei den Genen für die Ketten der Immunglobuline und T-Zell-Rezeptoren bezieht sich der Begriff des Locus auf die gesamte Gruppe der Gensegmente und C-Regionen einer bestimmten Kette.

Gen-Knockout oder *gene targeting* ist eine Methode, ein spezifisches Gen durch homologe Rekombination mit einem eingeschleusten künstlichen DNA-Fragment, das genau dafür hergestellt wurde, zu inaktivieren. Man kann Mäuse erzeugen, die solche inaktivierten Gene tragen.

Bei Vögeln und Kaninchen entsteht die Vielfalt der Immunglobulinrezeptoren vor allem durch **Genkonversion**. Dabei kommt es zu einem Austausch kurzer Sequenzen zwischen inaktiven V-Gen-Segmenten und einer aktiven umgelagerten Sequenz der variablen Region.

Die variablen Domänen der Polypeptidketten von Antigenrezeptoren sind in einzelnen **Gensegmenten** codiert, die sich erst durch somatische Rekombination zu dem Exon für die vollständige → variable Domäne zusammensetzen. Wir unterscheiden drei Typen solcher Gensegmente: Die → V-Gen-Segmente codieren die ersten 95 Aminosäuren, die → D-Gen-Segmente (nur in den Loci der schweren Kette und der TCRα-Kette) etwa fünf Aminosäuren, und die → J-Gen-Segmente bilden die letzten zehn bis 15 Aminosäuren der variablen Region. Die DNA der Keimzellen enthält zahlreiche Kopien dieser Gensegmente, aber zur Bildung der variablen Domäne wird von jedem Typ immer nur ein Segment verwendet.

Genumlagerung ist die Rekombination von Gensegmenten in den Loci der Immunglobuline und T-Zell-Rezeptoren, wodurch jeweils eine funktionelle Sequenz der variablen Region entsteht.

Gerüstproteine (*scaffold proteins*) sind Adaptorproteine mit mehreren Bindungsstellen für andere Proteine. Sie bringen spezifische Proteine zu einem funktionsfähigen Signalkomplex zusammen.

Die V-Domänen von Immunglobulinen und T-Zell-Rezeptoren enthalten relativ unveränderliche **Gerüstregionen** (*framework regions*), die das Proteingerüst für die hypervariablen Regionen bilden, die mit dem Antigen in Kontakt treten.

Die Übertragung von Gewebe oder Organen zwischen genetisch unterschiedlichen Individuen führt fast immer zu einer adaptiven Immunantwort und letztendlich zu einer **Gewebeabstoßung**, also zur Zerstörung des Transplantats durch die angreifenden Lymphocyten.

Einige Autoimmunerkrankungen beruhen auf Autoimmunreaktionen, die sich nur gegen bestimmte Gewebe richten wie gegen die β-Zellen der Langerhans-Inseln beim autoimmunen Diabetes mellitus. Diese Krankheiten bezeichnet man als **gewebespezifische Autoimmunerkrankungen**.

Durch **Gleichgewichtsdialyse** lässt sich die → Affinität eines Antikörpers zu seinem Antigen bestimmen. Bei diesem Verfahren füllt man den Antikörper in einen Dialyseschlauch. Dieser wird in Lösungen mit unterschiedlichen Konzentrationen eines kleinen Antigens untergebracht, das durch die Membran hindurchdiffundieren kann. Ist das Diffusionsgleichgewicht erreicht, bestimmt man die Menge an Antigen innerhalb und außerhalb des Schlauchs. Das Mengenverhältnis hängt von der Konzentration und der Affinität des Antikörpers im Schlauch ab.

GlyCAM-1 ist ein mucinähnliches Molekül auf den hohen Endothelzellen der postkapillären Venolen in den peripheren lymphatischen Geweben. Es ist ein Ligand für das Zelladhäsionsprotein → L-Selektin, das auf der Oberfläche naiver Lymphocyten exprimiert wird. Die Lymphocyten werden von GlyCAM-1 aus der Blutbahn hinaus in das Lymphgewebe dirigiert (→ Mucine).

gnotobiotisch → keimfrei.

Das **Goodpasture-Syndrom** ist eine → Autoimmunerkrankung, bei der → Autoantikörper gegen Typ-IV-Kollagen (das in den Basalmembranen vorkommt) gebildet werden, was zu einer starken Entzündung der Nieren und Lungen führt.

G-Proteine sind intrazelluläre Proteine, die GTP binden und es im Zuge der Signalübertragung in GDP umwandeln. Es gibt zwei Typen von G-Proteinen: die heterotrimeren (α-, β-, γ-Untereinheit) rezeptorassoziierten G-Proteine und die kleinen G-Proteine (zum Beispiel Ras und Raf), die im Anschluss an viele Signalübertragungen durch die Membran aktiv sind.

Bei Knochenmarktransplantationen zwischen genetisch nicht identischen Menschen greifen die reifen T-Zellen im übertragenen Knochenmark die Gewebe des Empfängers an und verursachen so eine ***graft versus host*-Krankheit** (**GVHD**).

Ein Teil der therapeutischen Wirkung einer Knochenmarktransplantation bei einer Leukämie kann auf einen ***graft versus leucemia*-Effekt** (Transplantat-gegen-Leukämie-Effekt) zurückzuführen sein, bei dem T-Zellen des Spenderknochenmarks Nebenhistokompatibilitätsantigene oder tumorspezifische Antigene auf den Leukämiezellen des Empfängers erkennen und angreifen.

Granulocyten → polymorphkernige Leukocyten.

Der **Granulocyten-Makrophagen-Kolonie-stimulierende Faktor** (**GM-CSF**) ist ein Cytokin, das bei Wachstum und Differenzierung von Zellen der myeloiden Zelllinie, beispielsweise von dendritischen Zellen, Monocyten, Gewebemakrophagen und Granulocyten, eine Rolle spielt.

Ein **Granulom** ist der Ort einer chronischen Entzündung, die normalerweise auf persistierende Krankheitserreger wie Mycobakterien oder nichtzersetzbare Fremdkörper zurückgeht. Das Zentrum der Granulome besteht aus → Makrophagen, die häufig zu vielkernigen Riesenzellen verschmolzen sind. Es ist von T-Lymphocyten umgeben.

Granulysin ist ein cytotoxisches Protein, das in den cytotoxischen Vesikeln (Granula) von cytotoxischen CD8-T-Zellen und NK-Zellen vorkommt.

Granzyme sind Serinproteasen, die von cytotoxischen CD8-T-Zellen und NK-Zellen erzeugt werden und beim Auslösen der → Apoptose in der Zielzelle mitwirken.

Graves' disease → Basedow-Krankheit.

Die vererbbare Immunschwächekrankheit **Griscelli-Syndrom** (Typ 2) beeinflusst den Reaktionsweg für die Sekretion der Lysosomen. Sie wird verursacht durch eine Mutation in der kleinen GTPase Rab27a, die die Bewegung der Vesikel innerhalb der Zellen kontrolliert.

Bei der Entwicklung der B-Zellen ist das Stadium der **großen Prä-B-Zellen** durch ein umgeordnetes Gen der schweren Kette und die Expression eines → Prä-B-Zell-Rezeptors an der Zelloberfläche gekennzeichnet.

Die **GTPase-aktivierenden Proteine** (**GAP**) sind regulatorische Proteine, die die intrinsische GTPase-Aktivität von G-Proteinen beschleunigen und so die Umwandlung von G-Proteinen vom aktiven Zustand (mit gebundenem GTP) zum inaktiven Zustand (mit gebundenem GDP) erleichtern.

Die **Guaninnucleotidaustauschfaktoren** (*guanine nucleotide exchange factors*, **GEFs**) sind Proteine, die gebundenes GDP von kleinen G-Proteinen entfernen. So kann GTP wieder binden und das G-Protein aktivieren.

Gürtelrose ist eine Krankheit, die durch das Herpes-zoster-Virus, den Erreger der Windpocken, hervorgerufen wird, wenn das Virus im späteren Leben eines Menschen, der an Windpocken erkrankt war, aktiviert wird.

GVHD → *graft versus host*-Krankheit.

Die **Histokompatibilitäts-** oder **H-Antigene** bezeichnet man als Haupthistokompatibilitätsantigene, wenn sie Proteine (die MHC-Moleküle) codieren, die den T-Zellen fremde Peptide präsentieren, und als Nebenhistokompatibilitätsantigene, wenn sie den T-Zellen polymorphe körpereigene Peptide präsentieren (→ Histokompatibilität).

Als **H-2** bezeichnet man den Haupthistokompatibilitätskomplex der Maus. Die Haplotypen werden durch hochgestellte Kleinbuchstaben wie zum Beispiel H-2^b gekennzeichnet.

HAART → hoch aktive antiretrovirale Therapie.

Hämagglutinine nennt man alle Substanzen, welche die Verklumpung der Erythrocyten (**Hämagglutination**) verursachen. Die Hämagglutinine im menschlichen Blut sind Antikörper, die die AB0-Blutgruppenantigene erkennen. Influenzaviren und einige andere Viren besitzen Hämagglutininproteine, die sich an Glykoproteine der Wirtszelle heften und dadurch den Infektionsprozess einleiten.

Unter **Hämatopoese** versteht man die Bildung der zellulären Elemente des Blutes, die beim Menschen im Knochenmark stattfindet. Alle Blutzellen stammen von pluripotenten hämatopoetischen Stammzellen im Knochemmark ab und differenzieren sich anschließend zu den verschiedenen Typen der Blutzellen.

Die **Hämatopoetinfamilie** ist eine große Gruppe von strukturell verwandten Cytokinen. Dazu zählen Wachstumsfaktoren und viele Interleukine, die sowohl bei der adaptiven als auch bei der angeborenen Immunität von Bedeutung sind.

Bei Menschen mit vererbbaren Defekten der regulatorischen Proteine des Komplementsystems führt die unkontrollierte Komplementaktivierung im Allgemeinen zum **hämolytischen Urämiesyndrom**, das durch eine Schädigung der Blutplättchen und roten Blutkörperchen sowie durch eine Entzündung der Nieren gekennzeichnet ist.

Beim **hämophagocytotischen Syndrom** kommt es zu einer unregulierten Vermehrung von CD8-positiven Lymphocyten, einhergehend mit einer Aktivierung der Makrophagen. Die aktivierten Makrophagen phagocytieren Blutzellen, beispielsweise Erythrocyten und Leukocyten.

Hepatobiliärer Weg → Leber-Gallen-Weg.

Ein **Haplotyp** beschreibt die bei einem haploiden Genom miteinander gekoppelten Gene. Man verwendet diese Bezeichnung hauptsächlich im Zusammenhang mit den Genen für die → Haupthistokompatibilitätskomplexe

(MHCs), die normalerweise als ein Haplotyp von jedem Elternteil geerbt werden. Einige MHC-Haplotypen kommen in der Bevölkerung überdurchschnittlich häufig vor. Man bezeichnet dieses Phänomen auch als → Kopplungsungleichgewicht.

Haptene sind kleine Moleküle, die zwar an Antikörper binden, selbst jedoch keine → adaptive Immunantwort auslösen können. Um eine Antikörperbildung oder eine T-Zell-Antwort hervorzurufen, müssen Haptene an → Carrierproteine gebunden sein.

Die **Hashimoto-Thyreoiditis** ist eine Autoimmunerkrankung, die durch einen fortdauernd hohen Spiegel von Antikörpern gegen schilddrüsenspezifische Antigene gekennzeichnet ist. Die Antikörper locken NK-Zellen in die Schilddrüse, sodass es zu Schädigungen und Entzündungen kommt.

Bei dem **Haupthistokompatibilitätskomplex** (*major histocompatibility complex,* **MHC**) handelt es sich um eine Gruppe von Genen auf Chromosom 6 des Menschen oder Chromosom 17 der Maus. Diese Gene codieren eine Gruppe von Membranglykoproteinen, die man als MHC-Moleküle bezeichnet. Die **MHC-Klasse-I-Moleküle** präsentieren den CD8-T-Zellen Antigenpeptide, die im Cytosol von Antigenen abgespalten wurden. Die **MHC-Klasse-II-Moleküle** präsentieren den CD4-T-Zellen Antigenpeptide, die in zellulären Vesikeln durch Proteinabbau erzeugt wurden. Die MHC-Gene codieren auch Proteine, die an der Prozessierung der Antigene und an anderen Teilen der Immunreaktion beteiligt sind. Der MHC enthält an verschiedenen Loci zahlreiche Allele. Er ist damit der am stärksten polymorphe Gencluster im menschlichen Genom. Da man die MHC-Polymorphismen normalerweise mithilfe von Antikörpern oder spezifischen T-Zellen aufspürt, bezeichnet man die MHC-Proteine auch oft als Haupthistokompatibilitätsantigene.

Helferzellen → CD4-T-Helferzellen.

Helle Zone → Keimzentrum.

In den Loci der Immunglobuline und der T-Zell-Rezeptoren liegt in den Rekombinationssignalsequenzen (RSS) eine konservierte DNA-Sequenz aus sieben Nucleotiden, die man als **Heptamer** bezeichnet.

Personen, die für ein bestimmtes Gen **heterozygot** sind, besitzen zwei verschiedene Allele dieses Gens.

Heuschnupfen → allergische Rhinitis.

high endothelial venules (**HEVs**) → postkapilläre Venolen mit hohem Endothel.

Als ***high zone*-Toleranz** bezeichnet man die Toleranz, die durch Injektion einer hohen Antigendosis induziert wird. Injektion einer niedrigen Antigendosis führt dagegen zur *low zone*-Toleranz.

Histamin ist ein vasoaktives Amin, das in den Granula von → Mastzellen gespeichert wird. Es wird freigesetzt, wenn Antigene an IgE-Moleküle auf Mastzellen binden, und verursacht eine lokale Erweiterung der Blutgefäße und ein Zusammenziehen der glatten Muskulatur. Damit ist es für einige Symptome der → Hypersensitivitätsreaktion vom Soforttyp verantwortlich. Antihistaminika sind Medikamente, die die Histaminwirkung bekämpfen.

Als **Histokompatibilität** bezeichnet man die Eigenschaft von Gewebe eines bestimmten Individuums, bei Übertragung auf ein anderes Inividuum von diesem angenommen oder abgestoßen zu werden, außerdem die biologischen Mechanismen, die bestimmen, ob ein Gewebe abgestoßen oder angenommen wird.

Histokompatibilität-2 → H-2.

HIV → menschliches Immunschwächevirus.

H-Kette → schwere Kette.

HLA steht für *human leukocyte antigen* und ist die genetische Bezeichnung für menschliche → Haupthistokompatibilitätskomplexe. Die einzelnen Genloci sind durch Großbuchstaben gekennzeichnet, wie etwa HLA-A, und die Allele durch Zahlen, zum Beispiel HLA-A*0201.

Das unveränderliche **HLA-DM-Protein** des Menschen ist an der Beladung von MHC-Klasse-II-Molekülen mit Peptiden beteiligt. Es wird im MHC codiert, genauer gesagt innerhalb einer Gruppe von Genen, die MHC-Klasse-II-Genen ähnlich sind. Das homologe Protein bei Mäusen trägt die Bezeichnung H-2M.

Das atypische MHC-Klasse-II-Molekül **HLA-DO** fungiert als negativer Regulator für HLA-DM, indem es daran bindet und die Freisetzung von CLIP aus MHC-Klasse-II-Molekülen in intrazellulären Vesikeln verhindert.

Die **hoch aktive antiretrovirale Therapie** (**HAART**), die angewandt wird, um eine HIV-Infektion unter Kontrolle zu bringen, ist eine Kombination aus Nucleosidanaloga, die die reverse Transkription verhindern, und Wirkstoffen, die die virale Protease hemmen.

Das **Hodgkin-Lymphom** ist ein Tumor des Immunsystems, der durch große Zellen gekennzeichnet ist (Reed-Sternberg-Zellen); diese stammen von mutierten Zellen der B-Linie ab.

Als **Homing-Rezeptoren** bezeichnet man Rezeptoren auf Lymphocyten für Chemokine, Cytokine und Adhäsionsmoleküle, die für bestimmte Gewebe spezifisch sind. Diese ermöglichen es den Lymphocyten, in das jeweilge Gewebe einzudringen. Wenn ein Lymphocyt zu einem bestimmten Gewebe dirigiert wird, so bezeichnet man das als **Homing**.

Homöostase ist eine Bezeichnung für den normalen physiologischen Zustand. Bei Lymphocyten bedeutet Homöostase, dass ein nichtinfiziertes Individuum die normale Zahl von Lymphocyten besitzt.

Bei der **homologen Rekombination** können Gene durch Kopien dieser Gene ersetzt werden, in die man Mutationen eingebaut hat. Schleust man solche exogenen DNA-Fragmente in Zellen ein, so rekombinieren sie aufgrund der verbliebenen homologen Sequenzbereiche spezifisch mit dem funktionellen zellulären Gen und ersetzen es durch eine funktionslose Kopie (Gen-Knockout).

***host versus graft*-Krankheit** (**HVGD**) ist eine andere Bezeichnung für die Abstoßung eines allogenen Transplantats. Man verwendet diesen Begriff vor allem im Zusammenhang mit Knochenmarktransplantationen.

Unter **Humanisierung** versteht man den Einbau der hypervariablen Schleifen aus Antikörpern der Maus mit der gewünschten Spezifität in ansonsten rein menschliche

Antikörper, um sie als therapeutisch wirksame Moleküle einzusetzen. Solche Antikörper verursachen mit geringerer Wahrscheinlichkeit eine Immunreaktion, als wenn man einen Menschen mit Antikörpern behandelt, die vollständig aus der Maus stammen.

Die **humorale Immunität** ist die antikörpervermittelte Immunität, die durch eine **humorale Immunantwort** erzeugt wird. Die humorale Immunität kann auf einen nichtimmunisierten Empfänger durch Transfusion von Serum übertragen werden, das spezifische Antikörper enthält.

Hybridome sind Hybridzelllinien, die durch die Fusion eines spezifischen antikörperproduzierenden B-Lymphocyten mit einer Myelomzelle erzeugt werden. Die Myelomzelle muss in Gewebekultur wachsen können und darf keine eigenen Immunglobuline produzieren. Die auf diese Weise synthetisierten Antikörper besitzen eine einzige Spezifität und man bezeichnet sie als monoklonal.

Hygienehypothese → Gegenregulationshypothese.

Die **hyperakute Transplantatabstoßung** ist eine sofort einsetzende Abstoßungsreaktion und geht von den natürlicherweise vorhandenen Antikörpern aus, die mit den Antigenen auf dem transplantierten Organ reagieren. Die Antikörper binden an das Endothel und lösen eine Gerinnungskaskade aus. Dadurch kommt es zu einem Blutstau und zu einer Blutleere im Organ, was schnell zu dessen Absterben führt.

Unter **Hyperimmunisierung** versteht man die wiederholte Immunisierung mit dem Ziel, einen höheren Immunitätsgrad zu erreichen.

Manche harmlosen Antigene lösen Immunreaktionen aus, die bei einem erneuten Kontakt zu symptomatischen Reaktionen führen. Sie werden als **Hypersensitivitätsreaktionen** (Überempfindlichkeitsreaktionen) bezeichnet und können zu Erkrankungen führen, wenn sie wiederholt auftreten. Diesen Zustand erhöhter Reaktivität auf ein Antigen bezeichnet man als Überempfindlichkeit. Man teilt die Hypersensitivitätsreaktionen nach ihrem Mechanismus ein: Dem **Typ I** liegt die Aktivierung von Mastzellen durch IgE-Antikörper zugrunde, am **Typ II** sind IgG-Antikörper gegen Zelloberflächen- oder Matrixantigene beteiligt, **Typ III** beruht auf Antigen-Antikörper-Komplexen, und **Typ IV** wird durch T-Zellen vermittelt.

Hypersensitivitätsreaktionen vom Soforttyp treten innerhalb von Sekunden nach dem Kontakt mit einem Antigen ein. Sie werden durch Antikörper vermittelt. Bei der → Hypersensitivität vom verzögerten Typ dagegen kommt es erst Stunden oder gar Tage nach dem Antigenkontakt zu einer Immunreaktion. Sie wird von T-Zellen verursacht.

Die **Hypersensitivitätsreaktionen vom verzögerten Typ** (Hypersensitivitätsreaktion vom Typ IV) beruht auf einer → zellulären Immunantwort, die durch Antigene in der Haut ausgelöst wird. Sie wird durch → CD4-T_H1-Zellen vermittelt. Als verzögert bezeichnet man die Reaktion, weil sie erst Stunden oder Tage nach der Injektion des Antigens eintritt (→ Hypersensitivitätsreaktionen vom Soforttyp).

Das **Hyper-IgD-Syndrom** (**HIDS**) ist eine autoinflammatorische Krankheit und auf Mutationen zurückzuführen, durch die es zu einem teilweisen Mangel der Mevalonat-Kinase kommt.

Hyper-IgM-Immunschwäche → Hyper-IgM-Syndrom Typ 2; → hypohidrotische ektodermale Dysplasie mit Immunschwäche; → X-gekoppeltes Hyper-IgM-Syndrom.

Das **Hyper-IgM-Syndrom Typ 2** ist eine vererbbare Immunschwäche, die durch ein übermäßiges Auftreten von IgM-Antikörpern mit relativ geringer Affinität gekennzeichnet ist, während Antikörper aller anderen Isotypen fehlen. Die Krankheit ist auf Defekte im Gen für AID (aktivierungsinduzierte Cytidin-Desaminase) zurückzuführen. Das Enzym ist sowohl für die somatische Hypermutation als auch für den Isotypwechsel in den Immunglobulingenen erforderlich (zum Vergleich → X-gekoppeltes Hyper-IgM-Syndrom).

Mit **Hyperreaktivität** bezeichnet man eine allgemeine Überempfindlichkeit der Luftwege gegenüber nichtimmunologischen Reizen, wie etwa Kälte oder Rauch, die sich bei chronischem Asthma entwickelt.

Die **hypervariablen Regionen** (**HV**) in den V-Domänen der Immunglobuline und der T-Zell-Rezeptoren sind kleine Bereiche, die mit dem Antigen in Kontakt treten. Sie sind bei den einzelnen Rezeptoren deutlich verschieden. Man bezeichnet sie häufig als komplementaritätsbestimmende Regionen (zum Vergleich → Gerüstregionen).

Die **hypohidrotische ektodermale Dysplasie mit Immunschwäche**, die man auch als NEMO-Defekt bezeichnet, ist ein vererbbares Syndrom, das einige Merkmale aufweist, die dem Hyper-IgM-Syndrom ähnlich sind. Die Krankheit wird durch Defekte im NEMO-Protein verursacht, das ein Bestandteil des NFκB-Signalweges ist.

Das inaktive Komplementfragment **iC3b** geht aus der Spaltung von C3b hervor, die der erste Schritt zur C3b-Inaktivierung ist.

Die interzellulären Adhäsionsmoleküle **ICAM** sind Zelloberflächenliganden für die Integrine der Leukocyten und außerdem für die Bindung von Lymphocyten und anderen Leukocyten an bestimmte andere Zellen von entscheidender Bedeutung (beispielsweise für die Bindung an antigenpräsentierende Zellen und Endothelzellen). Die ICAMs sind Proteine der Immunglobulinsuperfamilie. **ICAM-1** ist der wichtigste Ligand für das Integrin CD11a:CD18 (LFA-1). Es tritt bei einer Infektion relativ schnell auf den Endothelzellen in Erscheinung und spielt bei lokalen Entzündungsreaktionen eine bedeutende Rolle. **ICAM-2** wird in relativ geringen Mengen vom Endothel konstitutiv exprimiert. **ICAM-3** wird nur von Leukocyten exprimiert; man nimmt an, dass es bei der Adhäsion zwischen T-Zellen und antigenpräsentierenden Zellen (besonders dendritischen Zellen) eine wichtige Funktion besitzt.

Iccosomen sind kleine, mit Immunkomplexen bedeckte Membranfragmente, die sich in der frühen Phase einer sekundären, tertiären oder weiteren Antikörperreaktion von den Fortsätzen der follikulären dendritischen Zellen in → Lymphfollikeln abspalten.

Das mit CD28 verwandte Protein **ICOS** (induzierbares costimulierendes Protein) wird von aktivierten T-Zellen induziert und kann T-Zell-Antworten verstärken. Es bindet einen Liganden mit der Bezeichnung **LICOS** (Ligand von ICOS), der sich von den B7-Molekülen unterscheidet.

Jedes Immunglobulinmolekül besitzt eine Anzahl von spezifischen Merkmalen, die man als **Idiotyp** bezeichnet.

IEL → intraepitheliale Lymphocyten.

IFN-α, IFN-β, IFN-γ → Interferon-α und -β; → Interferon-γ.

Ig ist die gebräuchliche Abkürzung für → Immunglobulin.

Igα, Igβ → B-Zell-Antigenrezeptor.

IgA ist die Klasse der Immunglobuline mit der schweren α-Kette. IgA-Antikörper sind die wichtigste Antikörperklasse, die von den lymphatischen Geweben der Schleimhäute sezerniert wird.

IgD ist die Klasse der Immunglobuline mit der schweren δ-Kette. IgD kommt als Oberflächenimmunglobulin bei reifen naiven B-Zellen vor, seine Funktion ist jedoch unbekannt.

IgE ist die Klasse der Immunglobuline mit der schweren ε-Kette. IgE ist an allergischen Reaktionen beteiligt.

IgG ist die Klasse der Immunglobuline mit der schweren γ-Kette. IgG ist die am häufigsten vorkommende Klasse von Immunglobulinen im Plasma.

IgM ist die Klasse der Immunglobuline mit der schweren μ-Kette. IgM ist das erste Immunglobulin, das an der Oberfläche von B-Zellen erscheint und das sezerniert wird.

Ii → invariante Kette.

IL → Interleukin.

ILL → *innate like*-Lymphocyten.

Der **Imd-Weg** (*immunodeficiency pathway*) ist bei Insekten ein Abwehrmechanismus gegen gramnegative Bakterien. Dabei werden antimikrobielle Peptide produziert wie Diptericin, Attacin und Cecropin.

Eine **Immunantwort** ist jede Reaktion eines Organismus, um einen Krankheitserreger abzuwehren.

Als **Immunantwort der akuten Phase** (*acute phase response*) bezeichnet man die Veränderungen im Blut in der frühen Phase einer Infektionskrankheit. Dazu gehört die Produktion von → Proteinen der akuten Phase.

Die **Immunbiologie** befasst sich mit der Erforschung der biologischen Mechanismen, die der Abwehr von infektiösen Organismen zugrunde liegen.

Als **immundominant** bezeichnet man Epitope in einem Antigen, die von T-Zellen bevorzugt erkannt werden, sodass für diese Epitope spezifische T-Zellen die Immunreaktion dominieren.

Wenn Tumorzellen vom Immunsystem erstmals erkannt und nicht vollständig beseitigt werden, kommt es bei der → Immunüberwachung anscheinend zu einer sogenannten **Immun-Editing-Phase**. Dabei treten in der Tumorzelle weitere Mutationen auf, und die Zellen, die der Vernichtung durch das Immunsystem entgehen können, werden zum Überleben selektiert.

Die **Immuneffektorfunktionen** umfassen alle Komponenten und Funktionen des Immunsystems, die eine Infektion eindämmen und beseitigen können, beispielsweise das Komplementsystem, Makrophagen, neutrophile Zellen und andere Leukocyten, Antikörper und T-Effektorzellen.

Um ultramikroskopische Strukturen in Zellen sichtbar zu machen, eignet sich die Methode der **Immunelektronenmikroskopie**. Goldpartikel verschiedener Größe werden an Antikörper gegen Proteine der untersuchten Struktur gekoppelt und im Elektronenmikroskop als gebundene Goldpartikel nachgewiesen.

Der Begriff ***immune response*-Gene** (**Ir-Gene**) bezeichnete früher einen genetischen Polymorphismus, der die Intensität einer Immunantwort auf ein bestimmtes Antigen reguliert. Praktisch alle Ir-Phänotypen beruhen nach heutiger Erkenntnis auf Unterschieden zwischen Allelen von Genen der MHC-Moleküle, insbesondere der MHC-Klasse-II-Moleküle. Dadurch binden die MHC-Moleküle bestimmte Antigene mit unterschiedlicher Stärke.

Immunevasine sind Proteine, die von einigen Viren produziert werden und verhindern, dass Peptid:MHC-Klasse-I-Komplexe auf einer infizierten Zelle erscheinen, sodass die Erkennung von virusinfizierten Zellen durch cytotoxische T-Zellen nicht möglich ist.

Die **Immunfluoreszenz** ist eine Methode zum Nachweis von Molekülen mithilfe fluoreszenzmarkierter Antikörper. Der gebundene fluoreszierende Antikörper kann, abhängig von den gewählten Bedingungen, mikroskopisch (**Immunfluoreszenzmikroskopie**) oder mithilfe der Durchflusscytometrie nachgewiesen werden. Die indirekte Immunfluoreszenz verwendet Anti-Immunglobulin-Antikörper, die mit fluoreszierenden Farbstoffen markiert sind, um die Bindung eines spezifischen, nichtmarkierten Antikörpers nachzuweisen.

Die **Immunglobuline** (**Ig**) bilden die Proteinfamilie, zu der Antikörper und T-Zell-Rezeptoren gehören.

Immunglobulin A → IgA.

Immunglobulin D → IgD.

Viele Moleküle sind teilweise oder ganz aus sogenannten **Immunglobulindomänen** aufgebaut. Diese heißen so, weil sie erstmals bei Antikörpern (Immunglobulinen) beschrieben wurden. Das Vorhandensein von Immunglobulindomänen ist charakteristisch für die Proteine der Immunglobulinsuperfamilie, zu denen Antikörper, T-Zell-Rezeptoren, MHC-Moleküle und viele andere in diesem Buch beschriebene Moleküle zählen. Die Immunglobulindomäne besteht aus zwei β-Faltblättern in Form eines „Sandwich", die über eine Disulfidbrücke miteinander verbunden sind. Man bezeichnet dieses Strukturelement auch als **Immunglobulinfaltung**. Es gibt zwei Haupttypen von Immunglobulindomänen: die C-Domänen und die V-Domänen. Domänen, die den kanonischen Ig-Domänen weniger stark ähneln, bezeichnet man manchmal auch als **immunglobulinähnliche Domänen**.

Immunglobulin E → IgE.

Immunglobulin G → IgG.

Immunglobulin M → IgM.

Immunglobulinklassen → Isotypen.

Das **Immunglobulinrepertoire** oder Antikörperrepertoire umfasst die gesamte Vielfalt von antigenspezifischen

Immunglobulinen (Antikörpern und B-Zell-Rezeptoren), die bei einem Individuum vorhanden sind.

Zu der **Immunglobulinsuperfamilie** oder Ig-Superfamilie zählt man zahlreiche Proteine, die an der Antigenerkennung oder an Zell-Zell-Interaktionen im Zusammenhang mit dem Immunsystem oder anderen biologischen Systemen beteiligt sind, weil die ihnen gemeinsamen strukturellen oder genetischen Merkmale erstmals bei den Immunglobulinmolekülen beschrieben wurden. Alle Mitglieder der Immunglobulinsuperfamilie besitzen mindestens eine → Immunglobulindomäne.

Unter **Immunhistochemie** versteht man den Nachweis von Antigenen in Geweben anhand von sichtbaren Reaktionsprodukten, die bei der Spaltung eines farblosen Substrats durch an Antikörper gekoppelte Enzyme entstehen. Dieses Verfahren hat den Vorteil, dass es mit anderen lichtmikroskopischen Färbemethoden kombiniert werden kann, während für die Immunfluoreszenzmikroskopie ein spezielles Dunkelfeldmikroskop oder ein UV-Mikroskop erforderlich ist.

Bei der **Immunisierung** löst man durch absichtlichen Kontakt mit Antigenen eine → adaptive Immunreaktion aus (→ aktive Immunisierung, → passive Immunisierung).

Immunität ist die Fähigkeit, einer Infektion durch einen bestimmten Krankheitserreger zu widerstehen (→ schützende Immunität).

Immunkomplexe entstehen durch die Bindung von Antikörpern an Antigene. Sind genügend Antikörpermoleküle vorhanden, um die Antigene querzuvernetzen, so entstehen große Immunkomplexe. Diese werden schnell durch das reticuloendotheliale System von Zellen mit Fc-Rezeptoren und Komplementrezeptoren beseitigt. Bei einem Überschuss an Antigenen bilden sich kleine, lösliche Immunkomplexe, die sich in kleinen Blutgefäßen ablagern und diese beschädigen können (→ Antigen-Antikörper-Komplexe).

Immunmodulation ist der Versuch, den Verlauf einer Immunantwort gezielt zu verändern, beispielsweise durch Verschiebung der Dominanz von T_H1- oder T_H2-Zellen.

Behandlungsmethoden, die darauf abzielen, eine Immunantwort in vorteilhafter Weise zu beeinflussen, beispielsweise die Verringerung oder Verhinderung einer Autoimmunantwort oder einer allergischen Reaktion, bezeichnet man als **immunmodulierende Therapie**.

Mit **Immunoblotting** bezeichnet man ein häufig angewandtes Verfahren, bei dem man Proteine mithilfe eines Gels sichtbar macht, indem man spezifische markierte Antikörper als Sonden verwendet.

Jedes Molekül, das nach Injektion in einen Menschen oder ein Tier eine adaptive Immunantwort auslösen kann, bezeichnet man als **Immunogen**.

Immunologie ist die Erforschung aller Aspekte der Verteidigung gegen infektiöse Organismen und auch der schädlichen Auswirkungen der Immunantwort.

Immunologische Erkennung ist der allgemeine Begriff dafür, dass Zellen des → angeborenen und → adaptiven Immunsystems das Vorhandensein einer Infektion erkennen können.

Unter dem **immunologischen Gedächtnis** versteht man die Fähigkeit des Immunsystems, beim zweiten Kontakt mit einem Antigen schneller und wirkungsvoller zu reagieren. Das immunologische Gedächtnis ist spezifisch für jeweils ein bestimmtes Antigen und langlebig.

Unter **immunologischer Ignoranz** versteht man eine Form der Selbst-Toleranz, bei der reaktive Lymphocyten und ihre Zielantigene gleichzeitig im selben Individuum vorkommen, ohne dass jedoch eine Autoimmunreaktion stattfindet. Die meisten Autoimmunerkrankungen sind wahrscheinlich nur ein Anzeichen für den Verlust anderer Lymphocyten, die man als → regulatorische T-Zellen oder → T-Suppressorzellen bezeichnet.

Immunologisch privilegierte Regionen sind Körperbereiche, in denen → allogene Gewebetransplantate keine Abstoßungsreaktion verursachen. Das kann zum einen an physischen Barrieren liegen, die die Wanderung von Antigenen verhindern, zum anderen am Vorhandensein immunsuppressiver Cytokine.

Die Kontaktstelle zwischen einer T-Zelle und einer antigenpräsentierenden Zelle ist eine hochgradig organisierte Struktur, die man als **immunologische Synapse** oder supramolekularen Adhäsionskomplex bezeichnet. Dabei tragen die räumliche und zeitliche Anordnung der Signalmoleküle insgesamt zum Signal bei, das aufgrund der Antigenerkennung ausgelöst wird.

Immunophiline sind Proteine in T-Zellen, die an das immunsuppressive Medikament → Cyclosporin A, → Tacrolimus und → Rapamycin gebunden sind. Die so gebildeten Komplexe stören intrazelluläre Signalwege und verhindern die klonale Expansion von Lymphocyten nach der Aktivierung durch ein Antigen.

Als **Immunpathologie** bezeichnet man die Schädigung von Geweben aufgrund einer Immunreaktion.

Das Vorhandensein eines bestimmten Proteins in einer Zelle lässt sich durch dessen **Immunpräzipitation** aus einem Zellextrakt mithilfe von markierten Antikörpern bestimmen.

Das **Immunproteasom** ist eine bestimmte Form des Proteasoms, die in Zellen vorkommt, welche mit Interferonen in Kontakt gekommen sind. Es enthält drei andere Untereinheiten als das normale Proteasom.

Die Antigenrezeptoren der T- und B-Zellen sind mit membrandurchspannenden Signalmolekülen assoziiert, deren cytoplasmatische Domänen **Immunrezeptor-tyrosinbasierte Aktivierungsmotive** (**ITAMs**) enthalten. Diese tyrosinhaltigen Strukturmotive sind Tyrosinphosphorylierungsstellen. An sie binden Tyrosinkinasen und andere phosphotyrosinbindende Gruppen, die an der Signalübertragung von Rezeptoren beteiligt sind. Verwandte Strukturmotive mit entgegengesetzter Wirkung sind **Immunrezeptor-tyrosinbasierte Inhibitionsmotive** (**ITIMs**). Sie kommen in anderen Rezeptoren vor und können die Zellaktivierung hemmen: Sie mobilisieren für den Signalweg Phosphatasen, die Phosphatgruppen entfernen, welche durch Tyrosinkinasen angehängt wurden.

Unter **Immunregulation** versteht man die Fähigkeit des Immunsystems, sich unter normalen Bedingungen selbst zu regulieren, sodass eine Immunreaktion nicht außer Kontrolle gerät und Gewebeschäden, Autoimmunreaktionen oder allergische Reaktionen verursacht.

Immunschwächekrankheiten sind ererbte oder erworbene Erkrankungen, bei denen eine oder mehrere Komponenten der Immunabwehr fehlen oder nicht voll funktionsfähig sind.

Immunstimulierende Komplexe → ISCOMs.

Als **Immunsuppressiva** bezeichnet man Substanzen, die die adaptiven Immunantworten unterdrücken. Sie kommen vor allem bei der Behandlung von Transplantatabstoßungsreaktionen und schweren Autoimmunerkrankungen zum Einsatz.

Das **Immunsystem** umfasst die Gewebe, Zellen und Moleküle, die zur → angeborenen und → adaptiven Immunität beitragen.

Immuntoleranz → Toleranz.

Immuntoxine sind Antikörper, an die man chemisch toxische Moleküle aus Pflanzen oder Mikroorganismen gebunden hat. Der Antikörper bringt das Toxin zu seinen Zielzellen. Derzeit überprüft man die Einsatzmöglichkeiten von Immuntoxinen bei der Tumorbekämpfung und als immunsuppressive Medikamente.

Bei der **Immunüberwachung** (*immune surveillance*) erkennt das Immunsystem Tumorzellen und zerstört sie auch in bestimmten Fällen, bevor sie klinisch nachweisbar werden.

Bei einer **Impfung** löst man durch Injektion eines Impfstoffs, das heißt eines toten oder abgeschwächten Krankheitserregers, eine → adaptive Immunität gegen diesen Erreger aus.

Bei der **indirekten Allogenerkennung** eines übertragenen Gewebes nehmen die antigenpräsentierenden Zellen des Empfängers allogene Proteine auf und präsentieren sie den T-Zellen durch eigene MHC-Moleküle.

Der **indirekte Coombs-Test** ist eine Variante des → direkten Coombs-Tests. Dabei überprüft man ein unbekanntes Serum auf Antikörper gegen normale Erythrocyten, indem man zunächst beide vermischt und dann durch Waschen das Serum von den Erythrocyten entfernt, die man schließlich mit Anti-Immunglobulin-Antikörpern reagieren lässt. Wenn in dem Serum Antikörper vorhanden waren, die an Erythrocyten binden, so erfolgt eine Agglutination durch die Anti-Immunglobulin-Antikörper (→ Coombs-Test).

Indirekte Immunfluoreszenz → Immunfluoreszenz.

Induzierbares costimulierendes Protein → ICOS.

Infektionstoleranz → regulatorische Toleranz.

Die **infektiöse Mononucleose** (Pfeiffersches Drüsenfieber) ist eine weit verbreitete Infektion durch das Epstein-Barr-Virus. Es kommt dabei zu Fieber, Unwohlsein und geschwollenen Lymphknoten.

Beim Signalweg, der zur Apoptose führt, fördern **Initiatorcaspasen** die Apoptose, indem sie andere Caspasen spalten und aktivieren.

***Innate like*-Lymphocyten** (**ILL**) tragen zu einer schnellen Reaktion auf eine Infektion bei, indem sie früh aktiv werden, aber nur eine begrenzte Anzahl von Antigenrezeptorgensegmenten nutzen, um Immunglobuline und T-Zell-Rezeptoren zu erzeugen.

Insulinabhängiger Diabetes mellitus (**IDDM**) → Diabetes mellitus Typ 1.

Inositol-1,4,5-trisphosphat (**IP_3**) und Diacylglycerin entstehen bei der Spaltung von Phosphatidylinositolbisphosphat durch das Enzym Phospholipase C-γ. Inositoltrisphosphat fungiert als mobiler → Second Messenger und löst die Freisetzung von Ca^{2+} aus intrazellulären Speichern aus.

Die **Integrase** ist das Enzym des menschlichen Immunschwächevirus (HIV) und anderer Retroviren, das die Integration der DNA-Kopie des viralen Genoms in das Genom der Wirtszelle bewirkt.

Integrine sind heterodimere Zelloberflächenproteine, die an Zell-Zell- und Zell-Matrix-Wechselwirkungen beteiligt sind. Sie sind wichtig für die Adhäsion zwischen Lymphocyten und antigenpräsentierenden Zellen sowie bei der Anheftung von Lymphocyten und Leukocyten an die Gefäßwände und ihre Wanderung in das Gewebe.

Interdigitierende dendritische Zellen → dendritische Zellen.

Interferon-α (**IFN-α**) und **Interferon-β** (**IFN-β**) sind antivirale Cytokine, die von zahlreichen verschiedenen Zellen als Reaktion auf eine Virusinfektion produziert werden und auch gesunde Zellen dabei unterstützen, der Virusinfektion zu widerstehen. Sie wirken über einen gemeinsamen **Interferonrezeptor**, der die Signale über eine Tyrosinkinase aus der Janusfamilie weiterleitet.

Interferon-γ (**IFN-γ**) ist ein Cytokin, das durch CD4-T_H1-Effektorzellen, CD8-T-Zellen und NK-Zellen produziert wird. Seine Hauptfunktion ist die Aktivierung von Makrophagen.

Interferonproduzierende Zellen (**IPC**) sind eine Untergruppe der dendritischen Zellen, die man auch als plasmacytoide dendritische Zellen bezeichnet. Sie sind darauf spezialisiert, als Reaktion auf Virusinfektionen große Mengen an Interferon zu produzieren.

Interleukine (**IL**) ist die übergeordnete Bezeichnung für die von Leukocyten produzierten → Cytokine. In diesem Buch verwenden wir meist den allgemeineren Begriff Cytokine. Die Bezeichnung Interleukin dient nur zur Benennung bestimmter Cytokine wie etwa Interleukin-2 (IL-2). Die Interleukine sind in Anhang III aufgelistet.

Interleukin-2 (**IL-2**) ist ein Cytokin, das von aktivierten naiven T-Zellen produziert wird und für die weitere Proliferation und Differenzierung essenziell ist. Es ist bei der Entwicklung einer adaptiven Immunantwort eines der entscheidenden Cytokine.

Interzelluläre Adhäsionsmoleküle → ICAM.

Eine **intradermale** (**i.d.**) Injektion bringt Antigene in die Dermis der Haut.

Intraepitheliale Lymphocyten (**IEL**) kommen im Oberflächenepithel der Schleimhäute vor (wie etwa im Darm). Es handelt sich vor allem um T-Zellen, im Darm sind CD8-T-Zellen vorherrschend.

Eine **intramuskuläre** (**i.m.**) Injektion bringt Antigene in das Muskelgewebe.

Bei einer **intranasalen** (**i.n.**) Verabreichung von Antigenen gelangen diese direkt in die Nase, im Allgemeinen in Form eines Aerosols.

Durch eine **intravenöse** (**i.v.**) Injektion gelangen Antigene direkt in eine Vene.

Intrathymale dendritische Zellen → dendritische Zellen.

Die Färbung von Cytokinen innerhalb der Zellen, die sie erzeugen, lässt sich durch Permeabilisierung der Zellen und Reaktion mit fluoreszenzmarkierten Anti-Cytokin-Antikörpern erreichen. Diese Methode bezeichnet man als **intrazelluläre Cytokinfärbung**.

Ein **intrazellulärer Signalweg** ist eine Kombination von Proteinen, die miteinander in Wechselwirkung treten, um ein Signal von einem aktivierten Rezeptor zu dem Bereich in der Zelle zu tragen, der auf das Signal reagiert.

Der **intrinsische Weg** der Apoptose löst die Apoptose aus als Reaktion auf schädliche Reize wie UV-Strahlen, Chemotherapeutika, Hunger oder den Mangel an Wachstumsfaktoren, die zum Überleben erforderlich sind. Die Apoptose beginnt dabei mit einer Schädigung der Mitochondrien. Man bezeichnet diesen Mechanismus auch als den mitochondrialen Weg der Apoptose.

Die **invariante** oder unveränderliche **Kette** (**Ii**) wird als Teil eines Haupthistokompatibilitätskomplex-(MHC-)Klasse-II-Moleküls im endoplasmatischen Reticulum aufgebaut und schirmt die MHC-Klasse-II-Moleküle ab, sodass sie dort keine Peptide binden können. Wenn das MHC-Molekül ein Endosom erreicht, wird Ii abgebaut, und es entsteht ein MHC-Klasse-II-Molekül, das nun Antigenpeptide binden kann.

IPC → interferonproduzierende Zelle.

IPEX (Immunderegulation, Polyendokrinopathie, Enteropathie, X-gekoppeltes Syndrom) ist eine sehr seltene vererbbare Krankheit, bei der regulatorische CD4-CD25-T-Zellen fehlen. Ursache ist eine Mutation im Gen für den Transkriptionsfaktor FoxP3, durch die sich eine Autoimmunität entwickelt.

Ir-Gene → *immune response*-Gene.

ISCOMs sind immunstimulierende Komplexe aus Antigenen in einer Lipidmatrix, die als Adjuvans wirkt und durch Fusion mit der Plasmamembran die Aufnahme des Antigens in das Cytoplasma ermöglicht.

Die **isolierten Lymphfollikel** sind strukturiertes Gewebe der Darmschleimhaut, das vor allem aus B-Zellen besteht.

Die **isoelektrische Fokussierung** ist eine elektrophoretische Methode, bei der Proteine in einem pH-Gradienten wandern, bis sie an eine Stelle gelangen, an der ihre Nettoladung neutral ist – den sogenannten isoelektrischen Punkt. Ungeladene Proteine bewegen sich nicht mehr weiter durch das Gel, sodass sich schließlich alle Proteine an ihrem jeweiligen isoelektrischen Punkt befinden.

Der **Isotyp** einer Immunglobulinkette wird durch die Art ihrer konstanten Region (C) bestimmt. Die leichten Ketten enthalten entweder eine C_κ- oder eine C_λ-Region. Schwere Ketten können die Isotypen μ, δ, γ, α oder ε besitzen. Die unterschiedlichen C-Regionen der schweren Ketten werden von den Exons der C-Region codiert, die sich Richtung 3' der V(D)J-Umlagerungsstelle im Locus der schweren Kette befinden. In aktivierten B-Zellen kann die umgeordnete variable Region der schweren Kette mit verschiedenen Exons der C-Region der schweren Kette vernüpft werden. Das geschieht durch einen Vorgang der DNA-Rekombination, den man als **Isotypwechsel** oder Klassenwechsel bezeichnet. Die verschiedenen Isotypen der schweren Kette besitzen unterschiedliche Effektorfunktionen, und sie legen die Klasse und die funktionellen Eigenschaften der Antikörper (IgM, IgD, IgG, IgA beziehungsweise IgE) fest.

Der Begriff **Isotypausschluss** bezieht sich auf die unterschiedliche Verwendung der beiden Isotypen der leichten Kette, κ oder λ, durch eine bestimmte B-Zelle oder in einem bestimmten Antikörper.

Die **J-Gen-Segmente** (*joining gene segments*) liegen in einer gewissen Entfernung zum 5'-Ende der Gene der konstanten Region in den Loci von Immunglobulinen und T-Zell-Rezeptoren. Im Locus der leichten Kette, dem TCRα-Locus, und im TCRγ-Locus, wird ein V-Gen-Segment direkt mit einem J-Gen-Segment verknüpft, sodass ein vollständiges Exon der V-Region entsteht. Beim Locus der schweren Kette, dem TCRβ-Locus, und beim TCRδ-Locus wird zuerst ein D-Gen-Segment mit einem J-Gen-Segment verknüpft, und das DJ-Segment rekombiniert mit einem V-Gen-Segment.

Bei Immunglobulinen steht $\boldsymbol{\kappa}$ für eine der beiden Klassen der leichten Ketten.

Die **Keimbahndiversität** der Antigenrezeptoren entsteht durch die Vererbung zahlreicher verschiedener Genabschnitte, die variable Domänen codieren. Diese Art der Vielfalt unterscheidet sich von der Diversität aufgrund einer Umlagerung von Genabschnitten oder nach der Expression eines Antigenrezeptorgens, die beide jeweils auf somatischer Ebene erfolgen.

n ihrer sogenannten **Keimbahnkonfiguration** liegen die Gene der Immunglobuline und T-Zell-Rezeptoren in der DNA von Keimzellen sowie in der DNA somatischer Zellen vor, in denen noch keine Rekombination stattgefunden hat.

Die **Keimbahntheorie** zur Antikörpervielfalt postulierte, dass jeder Antikörper von einem einzelnen Gen der Keimbahn codiert wird. Heute weiß man, dass dies bei Menschen, Mäusen und den meisten anderen Wirbeltieren nicht der Fall ist, aber offenbar bei den *Elasmobranchii* (Plattenkiemern) durchaus vorkommt, da diese Organismen bereits umgeordnete Gene in ihrer Keimbahn aufweisen.

Mäuse, die unter vollständiger Abwesenheit einer Darmflora oder anderer Mikroorganismen aufwachsen, bezeichnet man als **keimfreie** oder gnotobiotische Mäuse. Solche Mäuse verfügen nur über ein sehr reduziertes Immunsystem, aber sie können auf praktisch jedes spezifische Antigen normal reagieren, wenn es mit einem starken Adjuvans gemischt wird.

Die **Keimzentren** in den Lymphfollikeln der peripheren lymphatischen Gewebe sind Bereiche, in denen während einer Antikörperantwort Proliferation, Differenzierung, somatische Hypermutation und Klassenwechsel von B-Zellen in intensiver Form stattfinden.

Killerzellen-immunglobulinähnliche-Rezeptoren (**KIR**) und **Killerzellen-lektinähnliche-Rezeptoren** (**KLR**) sind zwei große Familien von Rezeptoren, die auf NK-Zellen vorkommen und bei der Aktivierung und Hemmung der Abtötungsaktivität der NK-Zellen mitwirken. Beide Familien enthalten aktivierende und inhibitorische Rezeptoren.

Das **Kininsystem** ist eine Enzymkaskade von Plasmaproteinen, die durch Gewebeschädigungen aktiviert wird und dann mehrere Entzündungsmediatoren erzeugt, beispielsweise das gefäßaktive Peptid Bradykinin.

Die **Klasse** eines Antikörpers wird durch den Typ der schweren Kette bestimmt, die der Antikörper enthält. Es gibt fünf Hauptklassen von Antikörpern: IgA, IgD, IgM, IgG und IgE, jeweils mit einer schweren α-, δ-, μ-, γ- beziehungsweise ε-Kette. Die IgG-Klasse umfasst mehrere Unterklassen (→ Isotypen).

Das **Klasse-II-assoziierte Peptid der invarianten Kette** (*class II-associated invariant chain peptide*, CLIP) wird von der invarianten Kette (Ii) durch Proteasen abgespalten, wobei seine Länge variiert. Es bleibt mit dem MHC-Klasse-II-Molekül instabil verbunden, bis es durch das HLA-DM-Protein entfernt wird.

Klasse-II-Transaktivator (**CIITA**) → MHC-Klasse-II-Transaktivator.

Aktivierte B-Zellen produzieren zuerst IgM, durchlaufen dann aber verschiedene **Klassenwechsel** und bringen so Antikörper von anderen Klassen hervor: IgG, IgA und IgE. Das beeinflusst die Spezifität der Antikörper nicht, es verändern sich jedoch die Effektorfunktionen, die ein Antikörper ausführen kann, wenn eine konstante Region der schweren Kette gegen eine andere ausgetauscht wird.

Beim Klassenwechsel kommt es zu einer **Klassenwechselrekombination**, bei der eine umgeordnete variable Region mit der Sequenz einer bestimmten konstanten Region an sogenannten → *switch*-Regionen (S) rekombiniert und dadurch ein funktionelles Immunglobulingen mit einer anderen konstanten Region entsteht.

Als **klassischen Weg der Komplementaktivierung** bezeichnet man die Reaktionskette, die durch die Bindung von C1 direkt an eine Bakterienoberfläche oder einen Antikörper in Gang gesetzt wird. C1 dient dazu, Bakterien als fremd zu markieren (→ alternativer Weg, → Lektinweg).

Kleine G-Proteine sind monomere G-Proteine wie Ras. Sie wirken bei zahlreichen verschiedenen Transmembransignalen stromabwärts als intrazelluläre Signalmoleküle. In ihrer aktiven Form haben sie GTP gebunden, das sie zu GDP hydrolysieren, wodurch sie wiederum inaktiviert werden.

Kleine Prä-B-Zellen → große Prä-B-Zellen.

Ein **Klon** ist eine Population von Zellen, die alle von einer gemeinsamen Vorläuferzelle abstammen.

Unter **klonaler Deletion** versteht man entsprechend der Theorie der → klonalen Selektion die Eliminierung unreifer Lymphocyten, wenn sie körpereigene Antigene erkennen. Die klonale Deletion ist der wichtigste Mechanismus der → zentralen Toleranz und kann auch bei der → peripheren Toleranz eine Rolle spielen.

Unter **klonaler Expansion** versteht man die Proliferation antigenspezifischer Lymphocyten als Reaktion auf eine Stimulation durch das entsprechende Antigen. Sie geht der Differenzierung der Lymphocyten zu Effektorzellen voraus. Die klonale Expansion ist ein wichtiger Mechanismus der → adaptiven Immunität. Sie ermöglicht eine rasche Erhöhung der Anzahl zuvor seltener antigenspezifischer Zellen, sodass diese den auslösenden Krankheitserreger effektiv bekämpfen können.

Die Theorie der **klonalen Selektion** ist ein zentrales Paradigma der → adaptiven Immunität. Sie besagt, dass adaptive Immunantworten auf einzelnen antigenspezifischen Lymphocyten beruhen, die den eigenen Körper nicht angreifen. Bei Kontakt mit einem Antigen teilen sich diese und differenzieren sich zu antigenspezifischen Effektorzellen, die den auslösenden Krankheitserreger eliminieren, und zu Gedächtniszellen, die die Immunität aufrechterhalten. Diese Theorie wurde zunächst von Niels Jerne und David Talmage aufgestellt und in ihrer heutigen Form von Sir Macfarlane Burnet formuliert.

Als **klonotypisch** bezeichnet man eine Eigenschaft, die nur bei den Zellen eines bestimmten Klons zu finden ist. Zum Beispiel ist ein monoklonaler Antikörper, der nur mit Rezeptoren einer klonierten T-Zell-Linie reagiert, ein klonotypischer Antikörper. Man sagt, er erkennt seinen Klonotyp oder den klonotypischen Rezeptor dieser Zellen (→ Idiotyp, → idiotypisch).

Im **Knochenmark** werden alle zellulären Bestandteile des Blutes gebildet. Dazu gehören die Erythrocyten, → Monocyten, → polymorphkernigen Leukocyten und → Blutplättchen. Bei Säugern findet dort auch die Reifung der B-Zellen statt. Darüber hinaus ist es der Ursprungsort der Stammzellen, die in den Thymus wandern und dort zu T-Zellen heranreifen. Daher kann eine Knochenmarkttransplantation alle zellulären Elemente des Blutes wiederherstellen, auch diejenigen, welche für eine → adaptive Immunantwort notwendig sind.

Eine **Knochenmarkchimäre** entsteht, wenn man Knochenmark von einer gesunden Maus in eine bestrahlte überträgt, sodass alle Lymphocyten und anderen Blutzellen den Genbestand des Spenders aufweisen. Knochenmarkchimären waren bei der Erforschung der Entwicklung von Lymphocyten und anderen Blutzellen von großem Nutzen.

Das **Koagulationssystem** ist eine proteolytische Kaskade von Plasmaenzymen, welche die Blutgerinnung auslöst, wenn Blutgefäße verletzt werden.

Eine B-Zelle wird von einer **kognaten** (verwandten) T-Zelle unterstützt; dabei handelt es sich um eine T-Helferzelle, deren primäre Aktivierung durch dasselbe Antigen erfolgt ist.

Kollectine bilden eine Familie strukturell verwandter calciumabhängiger zuckerbindender Proteine oder Lektine, die kollagenähnliche Sequenzen enthalten. Ein Beispiel ist das → mannosebindende Lektin.

Antigenrezeptoren zeigen zwei verschiedene Arten von **kombinatorischer Vielfalt**, die durch die Kombination von getrennten Einheiten mit genetischer Information gebildet werden. Abschnitte von Rezeptorgenen werden in zahlreichen verschiedenen Kombinationen zusammengefügt, sodass die vielen unterschiedlichen Rezeptorketten entstehen können. Anschließend werden zwei verschiedene Rezeptorketten (bei Immunglobulinen eine schwere und eine leichte Kette, bei T-Zell-Rezeptoren α und β oder γ und δ) miteinander verbunden und bilden zusammen die Antigenerkennungsstelle.

Mikroorganismen, die normalerweise mit ihrem Wirt harmlos in Symbiose leben, bezeichnet mal als **kommensale Mikroorganismen**. In vielen Fällen haben die Wirte davon einen Nutzen.

Mit kompetitiven Bindungstests kann man eine Substanz anhand ihrer Fähigkeit, einen markierten, bekannten Liganden von seinem spezifisch gebundenen Antikörper zu verdrängen, nachweisen und quantifizieren (→ kompetitiver Inhibitionstest). Wenn man bekannte Antikörper oder Antigene als kompetitive Inhibitoren von Antigen-Antikörper-Wechselwirkungen verwendet, bezeichnet man diese Methode als **kompetitiven Inhibitionstest**.

Das **Komplement** oder **Komplementsystem** besteht aus einer Reihe von Plasmaproteinen, die gemeinsam extrazelluläre Krankheitserreger angreifen. Die **Komplementaktivierung** kann bei bestimmten Krankheitserregern spontan oder durch Bindung von Antikörpern an das Pathogen erfolgen. Die Hülle aus Komplementproteinen, die den Krankheitserreger dann umgibt, erleichtert seine Vernichtung durch Phagocyten. Auch die Komplementproteine allein können den Erreger schon direkt abtöten.

Komplementrezeptoren (**CR**) sind Oberflächenproteine verschiedener Zellen. Sie erkennen und binden Komplementproteine, die ihrerseits an ein Antigen wie beispielsweise einen Krankheitserreger gebunden sind. Komplementrezeptoren auf Phagocyten ermöglichen es diesen Zellen, mit Komplementproteinen bedeckte Krankheitserreger zu erkennen, aufzunehmen und zu vernichten. Zu den Komplementrezeptoren gehören CR1, CR2, CR3, CR4 und der Rezeptor für C1q.

Die **komplementaritätsbestimmenden Regionen** (*complementarity determining regions,* **CDRs**) der Rezeptoren des Immunsystems sind die Bereiche des Rezeptors, die seine Spezifität bestimmen und mit dem Liganden in Kontakt treten. Die CDRs sind die variabelsten Teile der Rezeptoren und tragen zu deren Vielfalt bei. In jeder V-Domäne gibt es drei solcher Regionen (CDR1, CDR2 und CDR3).

Bei der **konfokalen Fluoreszenzmikroskopie** kann man optische Bilder mit sehr hoher Auflösung erzeugen, wenn man zwei Quellen für Fluoreszenzlicht verwendet, die nur in einer einzigen Ebene eines dickeren Objekts zusammenkommen.

Wenn ein Protein einen Liganden bindet, erfährt das Protein häufig eine Veränderung der Tertiärstruktur, dass heißt eine **Konformationsänderung**, die seine Funktion beeinflusst, sodass es zu einer Aktivierung oder Hemmung kommt.

Konformationsepitope oder diskontinuierliche Epitope werden bei der Faltung des Proteinantigens aus voneinander entfernt liegenden Bereichen der Peptidkette gebildet. Antikörper, die für diskontinuierliche Epitope spezifisch sind, erkennen nur native, gefaltete Proteine (→ kontinuierliche Epitope).

Konjugierte Impfstoffe werden aus den Polysacchariden von Bakterienkapseln hergestellt, die an Proteine mit bekannter Immunogenität gebunden sind wie das Tetanustoxoid.

Die **konstante Region** (C-Region) eines Immunglobulins oder T-Zell-Rezeptors ist der Teil des Moleküls, der bei verschiedenen Molekülen eine relativ konstante Aminosäuresequenz besitzt. Bei einem Antikörpermolekül bestehen die konstanten Bereiche jeder Kette aus einer oder mehreren C-Domänen. Die konstante Region eines Antikörpers bestimmt seine spezifische Effektorfunktion (→ variable Region).

Die **Kontaktallergie** ist eine Form der verzögerten Hypersensitivität, bei der T-Zellen auf Antigene reagieren, die über die Haut in den Körper gelangt sind.

Kontinuierliche oder lineare **Epitope** sind Antigendeterminanten auf Proteinen, die aus einem zusammenhängenden Stück der Peptidkette bestehen. Sie werden von dem Antikörper auch erkannt, wenn das Protein nicht gefaltet vorliegt. Von T-Zellen erkannte Epitope sind kontinuierlich.

Konventionelle dendritische Zellen bilden die Linie der dendritischen Zellen, die vor allem bei der Antigenpräsentation gegenüber naiven T-Zellen und deren Aktivierung mitwirken (→ plasmacytoide dendritische Zellen).

Eine **Konvertase** ist ein Enzym, das ein Komplementprotein durch Spaltung in seine aktive Form überführt. Die Bildung der → C3-Konvertase ist der entscheidende Schritt der Komplementaktivierung.

Zwei Bindungsstellen zeigen bei der Reaktion mit ihren Liganden per Definition eine **Kooperativität**, wenn die Bindung eines Liganden an die eine Bindungsstelle die Ligandenbindung an der anderen Stelle verstärkt.

Ein **Kopplungsungleichgewicht** liegt vor, wenn Allele an gekoppelten Loci innerhalb des Genkomplexes für die MHC-Moleküle häufiger gemeinsam vererbt werden, als ihre jeweilige Häufigkeit dies erwarten ließe.

Aus extrazellulären Proteinen, die von dendritischen Zellen aufgenommen wurden, können Peptide erzeugt werden, die durch den Effekt der **Kreuzpräsentation** von MHC-Klasse-I-Molekülen präsentiert werden. Dadurch ist es möglich, dass Antigene mit extrazellulärem Ursprung über MHC-Klasse-I-Moleküle CD8-T-Zellen aktivieren.

Durch eine **Kreuzprobe** (*cross-matching*) stellt man bei Bluttypisierungen und Histokompatibilitätstests fest, ob ein Spender oder Empfänger Antikörper gegen die Zellen des jeweils anderen besitzt, die bei Transfusionen oder Transplantationen zu Schwierigkeiten führen könnten.

Bei einer **Kreuzreaktion** bindet ein Antikörper an ein Antigen, das nicht zur Herstellung des Antikörpers verwendet wurde. Wird also ein Antikörper spezifisch gegen das Antigen A hergestellt und bindet zusätzlich an Antigen B, so spricht man von einer Kreuzreaktion mit Antigen B. Allgemein beschreibt man mit diesem Ausdruck die

Reaktion von Antikörpern oder T-Zellen auf andere als die auslösenden Antigene.

Ein **kryptisches Epitop** ist ein Epitop, das von keinem Lymphocytenrezeptor erkannt werden kann, solange das zugehörige Antigen nicht abgebaut und prozessiert wurde.

Ku ist ein DNA-Reparaturprotein, das für die Umlagerung der Immunglobulin- und T-Zell-Rezeptoren erforderlich ist.

Kuhpocken werden durch das → Vacciniavirus verursacht. Edward Jenner hat dieses Virus als erster erfolgreich zur Impfung gegen → Pocken eingesetzt, die vom verwandten Variolavirus hervorgerufen werden.

Kupffer-Zellen sind Phagocyten in der Leber. Sie kleiden die Lebersinusoide aus und entfernen Zellabfälle und sterbende Zellen aus dem Blut. Soweit bisher bekannt ist, lösen sie keine Immunreaktionen aus.

Das **kutane lymphocytenassoziierte Antigen** (*cutaneous lymphoid antigen,* **CLA**) ist ein Molekül, das beim Menschen den Lymphocyten dabei hilft, die Haut gezielt anzusteuern (→ Homing).

Ein **kutanes T-Zell-Lymphom** entsteht durch ein bösartiges Wachstum von T-Zellen in der Haut.

Bei Immunglobulinen steht **λ** für eine der beiden Klassen der leichten Ketten.

λ5 → leichte Ersatzkette.

Die **Lamina propria** ist eine Schicht aus Bindegewebe, die unter einem Schleimhautepithel liegt. Sie enthält Lymphocyten und andere Zellen des Immunsystems.

Langerhans-Zellen sind unreife phagocytierende dendritische Zellen in der Epidermis. Sie können von dort über die Lymphgefäße zu regionalen Lymphknoten wandern, wo sie sich zu reifen → dendritischen Zellen differenzieren.

LAT → *linker of activation in T-cells.*

Als **Latenz** bezeichnet man den Zustand eines Virus, das im Genom der Wirtszelle integriert vorliegt, seine Erbsubstanz jedoch nicht repliziert. Die Latenz kann auf verschiedene Weise zustande kommen. Wenn das Virus reaktiviert wird und sich vermehrt, kann es Krankheitssymptome hervorrufen.

Die Tyrosinkinase **Lck** assoziiert stark mit den cytoplasmatischen Schwänzen von CD4 und CD8. Die Kinase unterstützt die Aktivierung von Signalen aus dem T-Zell-Rezeptor-Komplex, sobald ein Antigen gebunden hat.

Der **Leber-Gallen-Weg** (häpatobiliärer Weg) ist einer der Wege, über den dimere IgA-Moleküle, die in den Schleimhäuten produziert werden, in den Darm gelangen. Die Antikörper werden in die Pfortader in der Lamina propria aufgenommen und in die Leber transportiert, von wo aus sie über eine Transcytose in den Gallengang gelangen. Dieser Weg besitzt beim Menschen keine große Bedeutung.

Der **Lektinweg** der Komplementaktivierung wird durch Opsonine, wie etwa mannosebindende Lektine (MBL), und durch Ficoline ausgelöst, die an Bakterien gebunden sind.

Die **leichte Ersatzkette** setzt sich aus zwei Molekülen zusammen, die man als VpreB und λ5 bezeichnet. Diese Kette kann sich mit einer im Leseraster befindlichen schweren Kette zusammenlagern. Der Komplex gelangt dann an die Zelloberfläche und vermittelt Signale für das B-Zell-Wachstum.

Die **leichte Kette** (**L-Kette**) der Immunglobuline ist die kleinere der beiden Ketten, aus denen ein Immunglobulinmolekül aufgebaut ist. Sie besteht aus einer V- und einer C-Domäne und ist über Disulfidbrücken an die → schwere Kette gebunden. Es gibt zwei Klassen oder Isotypen der leichten Ketten, die man auch als κ- und λ-Kette bezeichnet; sie werden von getrennten genetischen Loci produziert.

Lentiviren sind eine Gruppe von Retroviren – zu der auch das menschliche Immunschwächevirus (HIV) gehört –, die erst nach einer langen Inkubationszeit eine Krankheit auslösen. Diese tritt manchmal erst nach Jahren in Erscheinung.

Lepra wird durch *Mycobacterium leprae* verursacht und tritt in vielen verschiedenen Formen auf. Die beiden Extremformen sind die lepromatöse und die tuberkuloide Lepra. Die lepromatöse Lepra ist durch eine ausgeprägte Vermehrung der Lepraerreger und eine massive Antikörperproduktion ohne zelluläre Immunreaktion gekennzeichnet. Bei der tuberkuloiden Lepra findet man nur wenige Erreger im Gewebe, es werden kaum Antikörper gebildet, aber es kommt zu einer ausgeprägten zellulären Immunreaktion. Die anderen Lepraformen sind zwischen diesen beiden Extremformen angesiedelt.

Die extrazellulären Bereiche von → Toll-ähnlichen Rezeptoren bestehen aus multiplen Proteinmotiven, die man als **leucinreiche Wiederholungen** (*leucine-rich repeats,* **LRR**) bezeichnet.

Als **Leukämie** bezeichnet man die ungehemmte, bösartige Vermehrung weißer Blutzellen. Charakteristisch ist eine sehr hohe Zahl der malignen Zellen im Blut. Leukämien können lymphocytisch, myelocytisch oder monocytisch sein, abhängig von den beteiligten weißen Blutzellen.

Leukocyten ist die übergeordnete Bezeichnung für weiße Blutzellen. Dazu zählen → Lymphocyten, → polymorphkernige Leukocyten und → Monocyten.

Der **Leukocytenadhäsionsdefekt** ist eine Immunschwächekrankheit, bei der die gemeinsame β-Kette der Leukocytenintegrine nicht produziert wird. Dies beeinträchtigt vor allem die Fähigkeit der Leukocyten, zu Infektionsherden mit extrazellulären Bakterien zu wandern, sodass die Infektionen nicht mehr effektiv bekämpft werden können.

Leukocytenintegrine sind diejenigen Integrine, die normalerweise auf Leukocyten vorkommen. Sie bestehen aus einer gemeinsamen β_2-Kette und unterschiedlichen α-Ketten. Zu diesen Molekülen gehören LFA-1 und die sehr späten Aktivierungsantigene (*very late activation antigens*, VLA).

Leukocytose ist das Vorhandensein einer erhöhten Anzahl von Leukocyten im Blut. Sie tritt im Allgemeinen bei akuten Infektionen auf.

Leukotriene sind Lipidmediatoren von Entzündungen, die von der Arachidonsäure abstammen. Sie werden von Makrophagen und anderen Zellen produziert.

LFA-1, LFA-2, LFA-3 → funktionelle Leukocytenantigene.

LICOS ist der Ligand für ICOS, ein mit CD28 verwandtes Protein, das auf aktivierten T-Zellen exprimiert wird und T-Zell-Reaktionen verstärken kann. LICOS wird an der Oberfläche von aktivierten dendritischen Zellen, Monocyten und B-Zellen exprimiert.

Lineare Epitope → kontinuierliche Epitope.

Das Adaptorprotein, das man als ***linker of activation in T cells*** (**LAT**) bezeichnet, ist ein cytoplasmatisches Protein mit mehreren Tyrosinresten, die durch die Tyrosinkinase ZAP-70 phosphoryliert werden. Es assoziiert mit Phospholipidpartikeln und koordiniert die Weiterleitung von Signalen der T-Zell-Aktivierung.

Lipidflöße sind kleine, cholesterinreiche Regionen in der Zellmembran, die einer Solubilisierung mit milden Detergenzien relativ gut widerstehen.

L-Kette → leichte Kette.

Die Aktivierung einer dendritischen Zelle, wodurch sie in die Lage versetzt wird, naiven T-Zellen Antigene zu präsentieren und sie dabei zu aktivieren, bezeichnet man manchmal als **Lizensierung**.

***low zone*-Toleranz** → *high zone*-Toleranz.

Ein Molekül des bakteriellen Lipopolysaccharids (LPS) muss zuerst vom **LPS-bindenden Protein** (**LBP**) gebunden werden, bevor es mit CD14 in Wechselwirkung treten kann. CD14 ist ein LPS:LBP-bindendes Protein auf bestimmten Zellen wie beispielsweise den Makrophagen.

LPS ist die Abkürzung für das Lipopolysaccharid an der Oberfläche von gramnegativen Bakterien, das einen Toll-ähnlichen Rezeptor auf Makrophagen und dendritischen Zellen stimuliert (→ Endotoxin).

LRR → leucinreiche Wiederholungen.

L-Selektin (CD62L) ist ein Adhäsionsmolekül der Selektinfamilie, das auf Lymphocyten vorkommt. L-Selektin bindet an CD34 und GlyCAM-1 auf postkapillären Venolen mit hohem Endothel und löst so die Wanderung naiver Lymphocyten in lymphatische Gewebe aus.

Die **Lyme-Borreliose** ist eine chronische Infektion mit dem Spirochäten *Borrelia burgdorferi*, dem es bisweilen gelingt, der Vernichtung durch das Immunsystem zu entgehen.

Lymphatische Organe sind strukturierte Gewebe, in denen sehr viele Lymphocyten mit einem nichtlymphatischen Stroma wechselwirken. Die zentralen oder primären lymphatischen Organe, in denen Lymphocyten gebildet werden, sind der → Thymus und das → Knochenmark. Die wichtigsten sekundären lymphatischen Organe, in denen adaptive Immunantworten ausgelöst werden, sind die → Lymphknoten, die → Milz sowie mucosaassoziierte lymphatische Gewebe wie die → Gaumenmandeln oder die → Peyer-Plaques.

Die **Lymphflüssigkeit** ist eine extrazelluläre Flüssigkeit, die sich in Geweben ansammelt und von den lymphatischen Gefäßen zum Ductus thoracicus und in das Blut geleitet wird.

Periphere lymphatische Gewebe, wie beispielsweise die Lymphknoten, enthalten **Lymphfollikel**, die aus follikulären dendritischen Zellen und B-Lymphocyten bestehen. Die **primären Lymphfollikel** enthalten ruhende B-Lymphocyten. Wenn aktivierte B-Zellen in ein primäres Follikel gelangen, bildet sich an an dieser Stelle ein Keimzentrum, und man bezeichnet das Follikel als **sekundäres Lymphfollikel**.

Lymphgefäße sind dünnwandige Gefäße, in denen die Lymphflüssigkeit durch das Lymphsystem transportiert wird.

Lymphknoten sind periphere lymphatische Organe. Sie befinden sich überall im Körper an den Stellen, wo → Lymphgefäße zusammenkommen. Hier werden die → adaptiven Immunantworten in Gang gesetzt. Die zahlreichen zirkulierenden naiven T- und B-Lymphocyten treffen hier auf antigenpräsentierende Zellen und freie Antigene, die von Infektionsherden stammen und die in den Lymphgefäßen transportiert werden. Einige dieser Lymphocyten erkennen die Antigene und rufen durch ihre Reaktion eine adaptive Immunantwort hervor.

Ein **Lymphoblast** ist ein Lymphocyt, der sich vergrößert hat und dessen RNA- und Proteinsyntheserate erhöht ist.

Alle adaptiven Immunantworten werden durch **Lymphocyten** vermittelt. Sie bilden eine Klasse von weißen Blutzellen, die variable Rezeptoren für Antigene an der Zelloberfläche tragen. Diese werden von Gensegmenten codiert, die einer Rekombination unterliegen. Es gibt zwei Hauptklassen der Lymphocyten: B-Lymphocyten (B-Zellen) und T-Lymphocyten (T-Zellen), die für die humorale beziehungsweise die zelluläre Immunität verantwortlich sind. Kleine Lymphocyten besitzen nur wenig Cytoplasma, und ihr Chromatin im Zellkern ist kondensiert. Bei Kontakt mit einem Antigen vergrößern sich die Zellen zu → Lymphoblasten, teilen sich und differenzieren sich zu antigenspezifischen → Effektorzellen.

Das **Lymphocytenrezeptorrepertoire** ist die Gesamtheit der hoch variablen Antigenrezeptoren der B- und T-Lymphocyten.

Lymphokine sind von Lymphocyten produzierte → Cytokine.

Ein **Lymphom** ist ein Lymphocytentumor, der in lymphatischen und anderen Geweben wächst, aber kaum ins Blut übertritt. Es gibt viele unterschiedliche Lymphomtypen, die durch die Transformation verschiedener Entwicklungsstadien der B- oder T-Lymphocyten entstehen.

Ein **Lymphom von Zellen des Follikelzentrums** ist ein B-Zell-Lymphom, das besonders in den Follikeln der lymphatischen Gewebe wächst.

Lymphopoese bezeichnet die Differenzierung von lymphatischen Zellen aus einer gemeinsamen lymphatischen Vorläuferzelle.

Das **lymphoproliferative Autoimmunsyndrom** (*autoimmune lymphoproliferative syndrome*, **ALPS**) ist eine vererbbare Krankheit, bei der ein Defekt im Fas-Gen zu einem Versagen der normalen Apoptose führt, sodass unregulierte Immunreaktionen die Folge sind, darunter auch Autoimmunreaktionen.

Das **Lymphotoxin** (**LT**) ist ein Cytokin der Tumornekrosefaktor-(TNF-)Familie, das man früher als TNF-β bezeichnet hat. Es wird von inflammatorischen CD4-T-Zellen sezerniert und wirkt auf einige Zellen unmittelbar toxisch.

Das **Lymphsystem** besteht aus den Lymphkanälen und Geweben, die Flüssigkeit aus den Geweben über den → Ductus thoracicus in das Blut leiten. Dazu gehören außer der Milz, die direkt mit dem Blut in Verbindung steht, die → Lymphknoten, die → Peyer-Plaques und andere organisierte lymphatische Komponenten.

Lysosomen sind Organellen mit saurem Milieu, die viele abbauende, hydrolytische Enzyme enthalten. Material, das von den Endosomen durch Phagocytose aufgenommen wurde, gelangt schließlich in die Lysosomen.

Bei Immunglobulinen steht μ für die schwere Kette von IgM.

MAdCAM-1 (*mucosal cell-adhesion molecule*-1 oder *mucosal addressin*) ist ein Oberflächenmolekül auf Mucosazellen, das von den Oberflächenproteinen → L-Selektin und VLA-4 der Lymphocyten erkannt wird. Es ermöglicht das → Homing der Lymphocyten in → mucosaassoziierte lymphatische Gewebe.

Makroautophagie ist die Aufnahme von großen Mengen des zelleigenen Cytoplasmas in die Lysosomen, wo es abgebaut wird. Ursache ist ein Nährstoffmangel der Zelle.

Makroglobuline sind Globuline im Plasma mit einer hohen Molekülmasse, wie zum Beispiel Immunglobulin M (IgM) und α_2-Makroglobulin.

Makrophagen sind große, einkernige, phagocytierende Zellen, die als Scavenger-Zellen (Fresszellen), Erkennungszellen für Krankheitserreger sowie als Quelle für proinflammatorische Cytokine bei der → angeborenen Immunität, → als antigenpräsentierende Zellen und als phagocytotische Effektorzellen bei humoralen und zellulären Immunreaktionen fungieren. Diese migratorischen Zellen stammen von Vorläuferzellen im Knochenmark ab und kommen in den meisten Geweben des Körpers vor. Sie sind für die Abwehr von Fremdkörpern und Krankheitserregern von großer Bedeutung.

Die **Makrophagenaktivierung** führt dazu, dass die Fähigkeit von Makrophagen zunimmt, aufgenommene Krankheitserrreger abzutöten und Cytokine zu produzieren. Dies ist die Folge einer antigenspezifischen Wechselwirkung mit einer T-Effektorzelle.

Der **Makrophagenmannoserezeptor** ist ein hoch spezifischer Rezeptor auf Makrophagen für bestimmte mannosehaltige Kohlenhydrate, die an der Oberfläche einiger Krankheitserreger, aber nicht auf Körperzellen vorkommen.

Während der Ausformung der Keimzentren treten sogenannte **Makrophagen mit anfärbbarem Zellkörper** auf. Es handelt sich dabei um Phagocyten, die apoptotische B-Zellen aufnehmen. Während des Höhepunkts der Keimzentrenantwort kommen solche B-Zellen sehr häufig vor.

Ein besonderes Merkmal dendritischer Zellen ist ihre Fähigkeit zur **Makropinocytose**. Dabei werden große Mengen an extrazellulärer Flüssigkeit in ein intrazelluläres Vesikel aufgenommen. Dies ist eine Möglichkeit der Aufnahme von Antigenen.

MALT → mucosaassoziierte lymphatische Gewebe.

Mandeln → Gaumenmandeln, → Zungenmandeln.

Das **mannosebindende Lektin** (**MBL**) ist ein Protein der akuten Phase im Blut, das an Mannosereste bindet. Es kann Krankheitserreger opsonisieren, die Mannosereste auf ihrer Oberfläche tragen, und das → Komplementsystem über den Lektinweg aktivieren, der ein wichtiger Teil der → angeborenen Immunität ist.

Die follikuläre **Mantelzone** ist eine Schicht aus B-Lymphocyten, die die → Lymphfollikel umgibt. Welcher Natur die Lymphocyten der Mantelzone sind und welche Funktion sie ausüben, ist noch unbekannt.

MAP-Kinasen (**MAP-Kinasen-Kaskade**) → mitogenaktivierte Proteinkinasen.

MASP-1 und **MASP-2** sind Serinproteasen des Lektinweges der Komplementaktivierung; sie binden an das mannosebindende Lektin und spalten C4.

Mastzellen sind große Zellen, die über den ganzen Körper verteilt im Bindegewebe vorkommen. Am häufigsten findet man sie in der Submucosa und der Oberhaut. Sie enthalten große Granula, in denen eine Vielzahl an Mediatormolekülen gespeichert sind, wie etwa die vasoaktive Substanz Histamin. Mastzellen besitzen hoch affine → Fcε-Rezeptoren (FcεRI), die es ihnen ermöglichen, IgE-Monomere zu binden. Die Bindung von Antigenen an diese IgE-Moleküle löst die Degranulierung und Aktivierung der Mastzellen aus. Dies führt zu einer unmittelbaren lokalen oder systemischen → Hypersensitivitätsreaktion. Mastzellen spielen eine wichtige Rolle bei allergischen Reaktionen.

Eine **Mastocytose** ist eine Überproduktion von Mastzellen.

MBL → mannosebindendes Lektin.

Unter **Medulla** (Mark) versteht man im Allgemeinen den zentralen Bereich eines Organs. Als Thymusmedulla bezeichnet man die zentrale Region eines Thymuslappens oder Lobulus. Sie enthält zahlreiche antigenpräsentierende Zellen, die aus dem Knochenmark stammen, sowie Zellen aus dem abgegrenzten medullären Epithel. In der Medulla eines Lymphknotens sind Makrophagen und Plasmazellen konzentriert, da hier die Lymphe auf ihrem Weg zu den efferenten Lymphgefäßen hindurchfließt.

Der **membranangreifende Komplex** (*membrane-attack complex*) besteht aus den terminalen Komplementkomponenten, die gemeinsam eine membrandurchspannende Pore bilden und auf diese Weise die Membran beschädigen.

Der **Membrancofaktorprotein** der Proteolyse (**MCP** oder CD46) ist ein Membranprotein der Körperzellen, das zusammen mit Faktor I das C3b-Protein in die inaktive Form iC3b spaltet und so die Bildung der Konvertase verhindert.

B-Zellen tragen an ihrer Oberfläche **Membranimmunglobuline** (**mIg**) einer einzigen Spezifität, die als Rezeptoren für Antigene wirken.

Das **menschliche Immunschwächevirus** (**HIV**) verursacht das → erworbene Immunschwächesyndrom (*acquired immunodeficiency syndrome*, AIDS). HIV ist ein Retrovirus aus der Familie der Lentiviren, das selektiv Makrophagen und CD4-T-Zellen infiziert und sie nach und nach zerstört. Schließlich kommt es zu einer gravierenden

Immunschwäche. Es gibt zwei Hauptstämme des Virus: HIV-1 und HIV-2, wobei HIV-1 weltweit die meisten Krankheitsfälle verursacht.

Menschliches Leukocytenantigen → HLA.

Mesenteriale Lymphknoten liegen im Bindegewebe, das den Darm an der rückseitigen Wand des Abdomens befestigt. Sie entleeren die Peyer-Plaques und die isolierten Lymphfollikel des Darms.

MHC; **MHC-Klasse-I-Moleküle**; **MHC-Klasse-II-Moleküle** → Haupthistokompatibilitätskomplex.

MHC-Gene werden in den meisten Fällen als **MHC-Haplotyp** vererbt. Darunter versteht man den Satz an Genen in einem haploiden Genom, der von einem Elternteil stammt. Werden die Eltern als ab und cd bezeichnet, besitzen die Nachkommen in den meisten Fällen den Genotyp ac, ad, bc oder bd.

Die **MHC-Klasse-1b-Moleküle**, die im MHC codiert werden, sind nicht so hoch polymorph wie die MHC-Klasse-I- und MHC-Klasse-II-Moleküle. Sie präsentieren eine bestimmte Gruppe von Antigenen.

Beim **MHC-Klasse-I-Defekt** kommen an den Zelloberflächen keine MHC-Klasse-I-Moleküle vor; Ursache ist im Allgemeinen ein vererbbarer Defekt in TAP-1 oder TAP-2.

Bei der **MHC-Klasse-II-Defekt** kommen an den Zelloberflächen keine MHC-Klasse-II-Moleküle vor; Ursache ist einer von mehreren vererbbaren Defekten in regulatorischen Genen. Die Patienten leiden an einer schweren Immunschwäche und besitzen nur wenige CD4-T-Zellen.

Das **MHC-Klasse-II-Kompartiment** (MIIC) ist ein Bereich in der Zelle, in dem sich MHC-Klasse-II-Moleküle ansammeln, auf HLA-DM treffen und Antigenpeptide binden, bevor sie an die Zelloberfläche wandern.

Der **MHC-Klasse-II-Transaktivator** (**CIITA**) aktiviert die Transkription der MHC-Klasse-II-Gene. Beim → Syndrom der nackten Lymphocyten liegt unter anderem ein CIITA-Defekt vor, sodass bei den Betroffenen in allen Zellen die MHC-Klasse-II-Moleküle fehlen.

MHC-Moleküle ist die allgemeine Bezeichnung für die hoch polymorphen Glykoproteine, die von den MHC-Klasse-I- und MHC-Klasse-II-Genen codiert werden und bei der Präsentation von Antigenpeptiden gegenüber den T-Zellen von Bedeutung sind. Man bezeichnet sie auch als Histokompatibilitätsantigene.

Peptid:MHC-Tetramere sind fluoreszenzmarkierte Komplexe von spezischen Peptiden mit ihren MHC-Molekülen, die dazu dienen, entsprechende spezifische T-Zellen nachzuweisen.

Der Begriff **MHC-Restriktion** bedeutet, dass eine bestimmte T-Zelle ein Peptidantigen nur dann erkennt, wenn es an ein bestimmtes MHC-Molekül gebunden ist. Da T-Zellen nur in Gegenwart von körpereigenen MHC-Molekülen stimuliert werden, wird ein Peptid normalerweise nur dann erkannt, wenn es an ein körpereigenes MHC-Molekül gebunden ist.

MIC-Moleküle sind MHC-Klasse-I-ähnliche Moleküle, die unter Stressbedingungen im Darm exprimiert werden. Sie werden innerhalb der Klasse-I-Region des menschlichen MHC codiert, kommen jedoch nicht bei Mäusen vor.

mIg → Membranimmunglobulin.

MIIC → MHC-Klasse-II-Kompartiment.

Mikroautophagie ist die ständige Aufnahme von Cytosol in das vesikuläre System.

Mikrofaltenzellen → M-Zellen.

Mikroorganismen sind mikroskopisch kleine Organismen und mit Ausnahme einiger Pilze einzellig. Dazu zählen → Bakterien, Hefen und andere Pilze sowie Protozoen. Viele von ihnen können beim Menschen Krankheiten verursachen.

Die **Milz** ist ein primäres lymphatisches Organ, das sich links oben in der Bauchhöhle befindet. Sie besteht unter anderem aus einer roten Pulpa, die an der Beseitigung alter Blutzellen beteiligt ist, und einer weißen Pulpa mit lymphatischen Zellen. Diese reagieren auf Antigene, die mit dem Blutstrom in die Milz gelangen.

Mitogenaktivierte Proteinkinasen (**MAP-Kinasen**) werden nach einer Stimulation der Zelle durch unterschiedliche Liganden phosphoryliert und aktiviert. Sie bewirken die Expression neuer Gene, indem sie die entscheidenden Transkriptionsfaktoren phosphorylieren. Sie wirken als Folge von drei Kinasen, die man als **MAP-Kinase-Kaskade** bezeichnet. Dabei phosphoryliert und aktiviert jede Kinase die nächste. Die MAP-Kinasen sind an vielen Signalwegen beteiligt, vor allem an denen, die zu einer Zellproliferation führen. Sie werden bei verschiedenen Organismen auf unterschiedliche Weise bezeichnet.

Die Theorie der **molekularen Mimikry** besagt, dass infektiöse Organismen eine Autoimmunreaktion hervorrufen können. Der Theorie zufolge lösen sie die Bildung von Antikörpern und T-Zellen aus, die den Erreger schädigen, aber gleichzeitig auch mit körpereigenen Antigenen kreuzreagieren.

Monocyten sind weiße Blutzellen mit einem bohnenförmigen Kern. Sie sind die Vorläuferzellen der → Makrophagen.

Monoklonale Antikörper werden von einem einzigen B-Zell-Klon produziert. Man stellt sie normalerweise her, indem man durch Fusion von nichtsezernierenden Myelomzellen und immunen Milzzellen antikörperbildende Hybridzellen erzeugt.

Einige Antikörper erkennen sämtliche allelischen Formen eines polymorphen Moleküls, wie etwa eines MHC-Klasse-I-Moleküls. Die Erkennungsstelle dieser Antikörper bezeichnet man als **monomorphes Epitop**.

Morbus-Crohn ist eine chronische Entzündung des Darms und wahrscheinlich die Folge einer anormalen Überreaktion auf die kommensale Darmflora.

Mucine sind stark glykosylierte Zelloberflächenproteine. Beim Homing der Lymphocyten werden mucinähnliche Proteine durch L-Selektin gebunden.

Das **Muckle-Wells-Syndrom** ist eine vererbbare, episodisch auftretende autoinflammatorische Krankheit, die durch Mutationen im Gen für Cryopyrin (*CIAS1*) hervorgerufen wird.

Das **mucosaassoziierte lymphatische Gewebe** (*mucosa-associated lymphoid tissue,* **MALT**), das auch als mucosales Immunsystem bezeichnet wird, umfasst alle lymphatischen Zellen in Epithelien und in der Lamina propria, die unter den Schleimhautoberflächen des Körpers liegen. Die wichtigsten mucosaassoziierten lymphatischen Gewebe befinden sich im Darmbereich (*gut-associated lymphoid tissues*, GALT) und im Bereich der Bronchien (*bronchial-associated lymphoid tissues*, BALT).

Die inneren Körperhöhlen, die mit der Außenwelt in Verbindung stehen (beispielsweise Darm, Luftwege, Vaginaltrakt) sind mit einem Epithel ausgekleidet, das mit Schleim beschichtet ist. Diese Epithelien bezeichnet man als **mucosale Epithelien** (Schleimhautepithelien).

Das **mucosale Immunsystem** schützt innere mucosale Oberflächen, etwa die Auskleidung des Darms, die Atemwege und den Urogenitaltrakt. Über sie können praktisch alle Krankheitserreger und andere Antigene in den Körper gelangen. Das mucosale Immunsystem umfasst die strukturierten peripheren lymphatischen Gewebe, die in der Mucosa liegen, sowie Lymphocyten und andere Zellen des Immunsystems, die in der gesamten Mucosa diffuser verteilt sind (→ mucosaassoziierte lymphatische Gewebe).

Mucosale Mastzellen sind spezialisierte Mastzellen, die in der Mucosa vorkommen. Sie erzeugen nur wenig Histamin, aber große Mengen an anderen Entzündungsmediatoren wie Prostaglandine und Leukotriene.

Die **mucosale Toleranz** ist die Unterdrückung der Immunreaktionen, die nach dem Eindringen von nichtlebenden Antigenen in die Atemwege zu beobachten ist.

Beim **multiplen Myelom** handelt es sich um einen Tumor von → Plasmazellen, der in den meisten Fällen zunächst multifokal im Knochenmark auftritt. Myelomzellen produzieren ein monoklonales Immunglobulin, das auch als Myelomprotein bezeichnet wird und im Blutplasma der Patienten nachgewiesen werden kann.

Multiple Sklerose ist eine neurologische Erkrankung, die durch fokale Demyelinisierung im Zentralnervensystem, den Eintritt von Lymphocyten ins Gehirn und einen chronischen progressiven Verlauf gekennzeichnet ist. Die Krankheit wird durch eine Autoimmunreaktion gegen verschiedene Antigene in der Myelinscheide verursacht.

Multipotente Vorläuferzellen sind Knochenmarkzellen, aus denen sowohl lymphatische als auch myeloide Zellen hervorgehen können, sie sind jedoch keine sich selbst erneuernden Stammzellen mehr.

Mustererkennungsrezeptoren (*pattern recognition rerceptors*, **PRR**) sind Rezeptoren des angeborenen Immunsystems, die gemeinsame Molekülmuster auf der Oberfläche von Krankheitserregern erkennen.

Mx ist ein durch Interferon induzierbares Protein, das erforderlich ist, um die Replikation des Influenzavirus in der Zelle zu verhindern.

Als **Myasthenia gravis** bezeichnet man eine Autoimmunerkrankung, bei der Autoantikörper gegen den Acetylcholinrezeptor auf Skelettmuskelzellen die Signalübertragung an neuromuskulären Synapsen blockieren. Die Krankheit führt zu einer langsam an Intensität zunehmenden Ermüdungslähmung und schließlich zum Tod.

Mycophenolat ist ein Inhibitor der Synthese von Guanosinmonophosphat. Es wirkt als cytotoxisches Immunsuppressivum durch schnelles Abtöten von Zellen, die sich teilen, etwa von Lymphocyten, die als Reaktion auf ein Antigen proliferieren.

Die **myeloide Zelllinie** der Blutzellen umfasst alle Leukocyten mit Ausnahme der Lymphocyten.

Myelomproteine sind von Myelomtumoren sezernierte Immunglobuline. Man kann sie im Blutplasma der Patienten nachweisen.

Antigene und Krankheitserreger gelangen aus dem Darm über die sogenannten M-Zellen in den Körper. **M-Zellen** (**Mikrofaltenzellen**) sind auf diese Funktion spezialisiert und kommen überall im darmassoziierten lymphatischen Gewebe (GALT) vor wie in den Peyer-Plaques. Vermutlich sind sie bei einer HIV-Infektion der primäre Eintrittsweg in den Körper.

Nacktmäuse tragen eine Mutation (*nude*), die zum Fehlen der Körperbehaarung und einer abnormen Ausbildung des Thymusstromas führt. Homozygote Nacktmäuse besitzen daher keine reifen T-Zellen.

Naive oder **ungeprägte Lymphocyten** hatten noch keinen Kontakt mit ihrem spezifischen Antigen und haben somit auch noch nie auf ihr Antigen reagiert. Darin unterscheiden sie sich von Gedächtnis- oder Effektorlymphocyten. Alle Lymphocyten sind naive Lymphocyten, wenn sie die → zentralen lymphatischen Organe verlassen. Stammen sie aus dem → Thymus, so spricht man von **naiven T-Zellen**. Lymphocyten aus dem Knochenmark bezeichnet man als **naive B-Zellen**.

Das **nasenassoziierte lymphatische Gewebe** (**NALT**) ist das lymphatische Gewebe in der Schleimhaut, die die Nasenwege auskleidet.

Natürliche Antikörper sind Antikörper, die vom Immunsystem produziert werden, wenn keine erkennbare Infektion vorhanden ist. Sie besitzen ein breites Spezifitätsspektrum gegenüber körpereigenen und mikrobiellen Antigenen, können mit vielen Krankheitserregern reagieren und das Komplementsystem aktivieren.

Natürliche Cytoxizitätsrezeptoren (**NCR**) sind aktivierende Rezeptoren auf NK-Zellen, die infizierte Zellen erkennen und das Abtöten der Zellen durch die NK-Zelle stimulieren.

Natürliche Killerzellen oder **NK-Zellen** sind Nicht-T-Nicht-B-Lymphocyten mit großen Granula, die virusinfizierte Zellen und bestimmte Tumorzellen abtöten. Sie besitzen ein breites Spektrum an invarianten aktivierenden und inhibitorischen Rezeptoren, strukturieren aber ihre Gene für Immunglobuline und T-Zell-Rezeptoren nicht um. NK-Zellen spielen eine wichtige Rolle bei der angeborenen Immunität gegen Viren und andere intrazelluläre Krankheitserreger sowie bei der → antikörperabhängigen zellvermittelte Cytotoxizität (ADCC).

Natürliche regulatorische T-Zellen (**T_{reg}**) sind regulatorische CD4-T-Zellen, die wahrscheinlich im Thymus spezifiziert werden. Sie exprimieren Fox3P und tragen CD25 und CD4 an der Oberfläche.

Nebenhistokompatibilitätsantigene (*minor histocompatibility antigens*) sind Peptide aus polymorphen zellulären Proteinen, die an MHC-Moleküle gebunden sind und zur

Transplantatabstoßung führen können, wenn sie durch T-Zellen erkannt werden.

Unter **negativer Selektion** versteht man in der Immunologie die Zerstörung von → Thymocyten, die körpereigene Antigene erkennen, bereits während ihrer Entwicklung im → Thymus. Autoreaktive B-Zellen durchlaufen einen vergleichbaren Prozess im Knochenmark.

NEMO-Defekt → hypohidrotische ektodermale Dysplasie mit Immunschwäche.

Unter **Nekrose** versteht man den Tod von Zellen oder Geweben aufgrund von chemischen oder physikalischen Schädigungen. Der Prozess unterscheidet sich damit von der → Apoptose, dem biologisch vorprogrammierten Zelltod. Im Gegensatz zur Apoptose entstehen bei der Nekrose große Mengen an Zelltrümmern, die von Phagocyten beseitigt werden müssen.

Neugeborenenhämolyse → fetale Erythroblastose.

Neutralisierende Antikörper hemmen die Infektiosität eines Virus oder die Toxizität eines Giftstoffes. Diesen Vorgang der Inaktivierung bezeichnet man auch als **Neutralisierung**.

Neutropenie bezeichnet einen Zustand, bei dem die Neutrophilenzahl im Blut im Vergleich zum normalen Wert verringert ist.

Neutrophile Zellen oder **polymorphkernige neutrophile Leukocyten** (Granulocyten) sind die Hauptgruppe der weißen Blutzellen im peripheren Blut des Menschen. Sie besitzen einen stark gelappten Kern und neutrophile Granula. Es handelt sich um Phagocyten, die in infizierte Gewebe eindringen und eine wichtige Rolle bei der Aufnahme und Tötung extrazellulärer Pathogene spielen.

Der Transkriptionsfaktor **NFAT** (*nuclear factor of activated T cells*) ist ein Komplex aus dem Protein NFATc, das durch Serin/Threonin-Phosphorylierung im Cytosol festgehalten wird, und dem Fos/Jun-Dimer AP-1. Wenn NFAT als Reaktion auf ein Signal von Antigenrezeptoren auf Lymphocyten aktiviert wird, wandert der Proteinkomplex vom Cytosol in den Zellkern, nachdem die Phosphatreste durch die Serin/Threonin-Phosphatase Calcineurin abgespalten wurden.

Der Transkriptionsfaktor **NFκB** besteht aus zwei Ketten mit 50 kDa und 65 kDa. Ohne eine Stimulation der Zelle befindet sich der Faktor im Cytosol und ist dort mit einer dritten Kette verbunden, dem Inhibitor IκB der NFκB-Transkription. NFκB ist einer der Transkriptionsfaktoren, die durch Toll-ähnliche Rezeptoren stimuliert werden.

NK-Zellen → natürliche Killerzellen.

NK-T-Zellen sind eine Gruppe von T-Zellen, die den Zelloberflächenmarker NK1.1 exprimieren, der normalerweise mit NK-Zellen assoziiert ist. Außerdem besitzen sie einen α:β-T-Zell-Rezeptor, der jedoch praktisch invariant ist.

N-Nucleotide werden bei der Umlagerung der Gensegmente in die Verknüpfungsstellen zwischen den Gensegmenten eingefügt, welche die V-Regionen der schweren Ketten der Immunglobuline und T-Zell-Rezeptoren codieren. Die N-Regionen werden von keinem der Gensegmente codiert, sondern durch das Enzym Terminale Desoxynucleotidyltransferase (TdT) eingefügt. Sie tragen erheblich zur großen Vielfalt der Immunrezeptoren bei.

NOD1 und **NOD2** sind Proteine in der Zelle, die Bestandteile von Mikroorganismen binden, den NFκB-Weg aktivieren und Entzündungsreaktionen auslösen.

Rekombinationssignalsequenzen (RSS) flankieren Genabschnitte und bestehen aus einem **Nonamer** aus 9 Nucleotiden und einem Heptamer aus 7 Nucleotiden, die beide konserviert sind. Zwischen den beiden Sequenzen liegen 12 oder 23 Nucleotide. RSS sind Zielsequenzen für die ortsspezifische Rekombinase, die bei der Rekombination der Antigenrezeptorgene die Gensegmente verknüpft.

Nichtdepletierende Antikörper, die für die Immunsuppression entwickelt werden, blockieren die Funktion von Zielproteinen auf den Zellen, ohne dass die Zellen dadurch zerstört werden.

N-Regionen → N-Nucleotide.

***nude*-Mäuse** → Nacktmäuse.

Die membrangebundenen Immunglobuline, die auf B-Zellen als Antigenrezeptoren fungieren, werden häufig als **Oberflächenimmunglobuline** (*surface immunoglobulins*, sIg) bezeichnet.

In der Immunologie bezeichnet man eine Schwellung, die durch aus dem Blut in Gewebe eindringende Flüssigkeit und Zellen entsteht, als **Ödem**.

Die **Oligoadenylat-Synthase** ist ein Enzym, das als Reaktion auf eine Stimulation von Zellen durch Interferon produziert wird. Es synthetisiert ungewöhnliche Nucleotidpolymere, die ihrerseits eine Ribonuclease aktivieren. Diese baut dann virale RNA ab.

Patienten mit der vererbbaren Krankheit **Omenn-Syndrom** zeigen in einem der beiden *RAG*-Gene Defekte, können aber geringe Mengen eines funktionsfähigen RAG-Proteins produzieren, sodass eine kleine Anzahl von V(D)J-Rekombinationen möglich ist. Die Patienten leiden an einer schweren Immunschwäche mit erhöhter Anfälligkeit für mehrfache opportunistische Infektionen.

Onkogene sind Gene, die an der Regulation des Zellwachstums beteiligt sind. Wenn diese Gene fehlerhaft sind oder nicht korrekt exprimiert werden, kann dies zu einer unkontrollierten Zellteilung und damit im Extremfall zur Tumorbildung führen.

Von **Ophthalmia sympathica** spricht man, wenn bei einer Schädigung des einen Auges auch das andere Auge durch eine Autoimmunreaktion beeinträchtigt wird.

Als **opportunistische Krankheitserreger** bezeichnet man Mikroorganismen, die bei gesunden Lebewesen normalerweise keine Erkrankung auslösen, sondern nur dann, wenn bei einem Individuum die Immunabwehr beeinträchtigt ist, wie es zum Beispiel bei AIDS der Fall ist.

Unter **Opsonisierung** versteht man die Veränderung der Oberfläche eines Krankheitserregers oder eines anderen Fremdkörpers, sodass sie von Phagocyten aufgenommen werden können. Antikörper und das Komplementsystem opsonisieren extrazelluläre Bakterien und bereiten sie so für die Zerstörung durch neutrophile Zellen und Makrophagen vor.

Wenn Antigene mit der Nahrung aufgenommen werden, tritt eine Art spezifischer und aktiver Unempfindlichkeit gegenüber diesen Antigenen ein. Diesen Zustand bezeichnet man als **orale Toleranz**.

PAF → blutplättchenaktivierender Faktor.

Die **PALS-Region** (*periarteriolar lymphoid sheath*) gehört zum inneren Bereich der weißen Pulpa in der Milz und enthält hauptsächlich T-Zellen.

PAMP → pathogenassoziierte molekulare Muster.

Subpopulationen der Lymphocyten lassen sich mithilfe des sogenannten ***panning***-Verfahrens auf Petrischalen isolieren, die mit monoklonalen Antikörpern gegen Oberflächenmarker beschichtet sind, sodass die Zellen daran binden können.

PAPA → pyogene Arthritis, Pyoderma gangraenosum und Akne.

Der **Paracortex** oder **Paracorticalzone** ist die T-Zell-Region der → Lymphknoten. Sie liegt direkt unterhalb des Follikelcortex, der hauptsächlich aus B-Zellen besteht.

Parasiten sind Organismen, die auf Kosten eines lebenden Wirtes leben und ihn dabei schädigen können. In der medizinischen Praxis beschränkt sich die Bezeichnung auf Würmer und Protozoen. Mit ihnen befasst sich die Parasitologie.

Bei der **paroxysmalen nächtlichen Hämoglobinurie** (**PNH**) sind komplementregulatorische Proteine defekt, sodass die Aktivierung des Komplementsystems zu Episoden spontaner Hämolyse führt.

Durch **passive Hämagglutination** weist man Antikörper nach. Dabei bedeckt man die Oberfläche von Erythrocyten mit Antigenen. Ist der passende Antikörper vorhanden, agglutinieren die Zellen.

Als **passive Immunisierung** bezeichnet man die Injektion von Antikörpern oder eines Immunserums in einen Empfänger (→ aktive Immunisierung).

Mit **pathogenassoziierten molekularen Mustern** (*pathogen-associated molecular patterns*, **PAMP**) bezeichnet man die Moleküle, die mit bestimmten Gruppen von Krankheitserregern assoziiert sind und die von den Zellen des angeborenen Immunsystems erkannt werden (→ Mustererkennungsrezeptoren).

Mit **Pathogenese** bezeichnet man den Ursprung oder die Ursache eines Krankheitsbildes.

Pathogene Mikroorganismen oder **Pathogene** sind infektiöse Mikroorganismen, die bei ihrem Wirt eine Erkrankung verursachen.

Pathologie ist die Erforschung von Krankheiten. Der Begriff wird auch zur Beschreibung von Gewebeschädigungen verwendet.

PBMC → mononucleäre Zellen des peripheren Blutes.

PD-1 ist ein Rezeptor auf T-Zellen, der bei Bindung seiner Liganden **PD-L1** und **PD-L2** die Signalübertragung vom Antigenrezeptor hemmt.

Das Zelladhäsionsmolekül **PECAM** (**CD31**) kommt sowohl bei Leukocyten als auch an den Verbindungsstellen zwischen Endothelzellen vor. Man vermutet, dass die Leukocyten aufgrund der Wechselwirkungen zwischen den CD31-Molekülen Blutgefäße verlassen und in Gewebe einzudringen vermögen.

Pemphigus vulgaris ist eine Autoimmunerkrankung, die durch starke Blasenbildung der Haut und Schleimhäute gekennzeichnet ist.

Pentraxine sind eine Familie von → Proteinen der akuten Phase, die sich aus fünf identischen Untereinheiten zusammensetzen und zu denen auch das → C-reaktive Protein und das Serum-Amyloid-Protein gehören.

Als **Peptidbindungsspalte** oder **Peptidbindungsfurche** bezeichnet man die Längsspalte an der Oberfläche der Spitze eines MHC-Moleküls, in der das Antigenpeptid gebunden ist.

Im Zusammenhang mit der Prozessierung und Präsentation von Antigenen bezeichnet man das Entfernen von instabil gebundenen Peptiden aus MHC-Klasse-II-Molekülen durch HLA-DM als **Peptid-Editing**.

Perforin ist ein Protein, das durch Polymerisierung Membranporen bilden kann. Diese sind ein wichtiger Bestandteil der zellulären Cytotoxizität. Perforin wird von → cytotoxischen T-Zellen und → natürlichen Killerzellen produziert, in Granula gespeichert und bei Kontakt der Zelle mit einer spezifischen Zielzelle ausgeschüttet.

Periphere lymphatische Gewebe, beispielsweise → Lymphknoten und → Peyer-Plaques, enthalten große Bereiche mit → B-Zellen, die um follikuläre dendritische Zellen angeordnet sind. Diese Bereiche bezeichnet man als Follikel.

Zu den **peripheren lymphatischen Organen** und Geweben zählen die Lymphknoten, die Milz und die schleimhautassoziierten lymphatischen Gewebe, in denen Immunreaktionen ausgelöst werden. Man bezeichnet sie auch als **sekundäre lymphatische Organe** und **Gewebe**. In den → zentralen lymphatischen Organen findet dagegen die Entwicklung der Lymphocyten statt.

Als **periphere mononucleäre Blutzellen** (*peripheral blood mononuclear cells*, **PBMC**) bezeichnet man Lymphocyten und Monocyten, die man (im Allgemeinen durch Ficoll-Hypaque-Dichtegradientenzentrifugation) aus peripherem Blut isolieren kann.

Unter **peripherer Toleranz** versteht man die von reifen Lymphocyten in den peripheren Geweben entwickelte Toleranz. Im Vergleich dazu bezieht sich der Begriff → zentrale Toleranz auf die Toleranz, die im Zuge der Lymphocytenreifung entwickelt wird.

Peyer-Plaques sind strukturierte lymphatische Organe entlang des Dünndarms, besonders am Ileum (Krummdarm). Sie enthalten Lymphfollikel und T-Zell-Zonen.

Aus Genen für die V-Regionen von Immunglobulinen lassen sich durch Klonierung in einen filamentösen Bakteriophagen antikörperähnliche Phagen herstellen. Diese exprimieren dann an ihrer Oberfläche antigenbindende Domänen, und man erhält eine **Phagen-Display-Bibliothek**. Antigenbindende Phagen kann man in *E. coli* vermehren. Das Verfahren eignet sich zur Entwicklung von neuen Antikörpern mit beliebiger Spezifität.

Phagocytose nennt man die Aufnahme von Partikeln durch Zellen. Bei den **Phagocyten** handelt es sich im Allgemeinen um Makrophagen oder neutrophile Zellen, bei den Partikeln um Bakterien oder Viren, die aufgenommen und zersetzt werden. Das aufgenommene Material befindet sich zunächst in einem Vesikel, einem sogenannten **Phagosom**, das dann mit einem oder mehreren Lysosomen zu einem **Phagolysosom** fusioniert. Die lysosomalen Enzyme und weitere Moleküle spielen eine wichtige Rolle beim Abtöten von Krankheitserregern und ihrem Abbau.

Phosphatidylinositol-4,5-bisphosphat (**PIP_2**) ist ein membranassoziiertes Phospholipid, das von der Phospholipase C-γ gespalten wird, wobei die Signalmoleküle Diacylglycerin und Inositoltrisphosphat entstehen.

Die **Phosphatidylinositol-3-Kinase** (**PI-3-Kinase**) ist ein Enzym, das das Membranphospholipid PIP_2 phosphoryliert, sodass PIP_3 (**Phosphatidylinositol-3,4,5-trisphosphat**) entsteht. Das Enzym ist Bestandteil von zahlreichen verschiedenen Signalwegen.

Die **Phospholipase C-γ** (**PLC-γ**) ist ein Schlüsselenzym bei der Signalübermittlung. Es wird durch Tyrosinkinasen aktiviert, deren Funktion wiederum durch Ligandenbindung an Rezeptoren initiiert wird. Die aktivierte Phospholipase C-γ spaltet Phosphatidylinositolbisphosphat zu Inositoltrisphosphat und Diacylglycerin.

Der normale gesunde Darm befindet sich in einem Zustand der **physiologischen Entzündung**, da er eine große Zahl von Lymphocyten und weiteren Zellen enthält, die in anderen Organen mit einer chronischen Entzündung und Erkrankung verbunden sind. Dies ist wahrscheinlich die Folge einer ständigen Stimulation durch kommensale Organismen und Antigene in der Nahrung.

Pilze sind einzellige oder vielzellige eukaryotische Organismen wie Hefen und Schimmelpilze, die eine Reihe von Krankheiten verursachen können. Die Immunantworten gegen Pilze sind komplex und bestehen aus humoralen und zellulären Reaktionen.

IFN-α und IFN-β aktivieren eine Serin/Threonin-Kinase, die man als **PKR-Kinase** bezeichnet. Das Enzym phosphoryliert den eukaryotischen Initiationsfaktor der Proteinsynthese eIF-2. Dadurch wird die Translation gehemmt, was zur Blockierung der viralen Replikation beiträgt.

Plasma ist der flüssige Bestandteil des Blutes. Es besteht aus Wasser, Elektrolyten und den Plasmaproteinen.

Ein **Plasmablast** ist eine B-Zelle in einem Lymphknoten, die bereits einige Merkmale einer → Plasmazelle zeigt.

Plasmazellen sind ausdifferenzierte B-Lymphocyten. Sie sind die wichtigsten antikörperbildenden Zellen des Körpers. Man findet sie in der → Medulla der → Lymphknoten, in der roten Pulpa der → Milz und im → Knochenmark.

Plasmacytoide dendritische Zellen sind eine eigene Linie von dendritischen Zellen. Nach einer Aktivierung durch Krankheitserreger und ihre Produkte, vermittelt durch bestimmte Rezeptoren, wie etwa den Toll-ähnlichen Rezeptor, sezernieren sie große Mengen an Interferon (→ konventionelle dendritische Zellen).

PMN → polymorphkernige Leukocyten.

P-Nucleotide sind Nucleotide in den Verknüpfungsstellen zwischen den rekombinierten Gensegmenten für die V-Region der Antigenrezeptoren. Es handelt sich dabei um umgekehrte Sequenzwiederholungen am Ende des benachbarten Gensegments, die über eine Zwischenstufe in Form einer Haarnadelstruktur während der Genumlagerung entstehen. Die Bezeichnung P-Nucleotide steht für palindromische Nucleotide.

Der → Haupthistokompatibilitätskomplex ist sowohl **polygen** (das heißt er enthält verschiedene Loci, die Proteine mit identischer Funktion codieren) als auch polymorph (er besitzt für jeden Locus mehrere Allele; → Polymorphismus).

Der **Poly-Ig-Rezeptor** (**Immunglobulinpolymerrezeptor**) bindet polymere Immunglobuline und besonders IgA an der basolateralen Membran von Epithelzellen und transportiert sie durch die Zelle, an deren apikaler Oberfläche sie wieder sezerniert werden. Durch diesen Vorgang gelangt IgA vom Ort seiner Synthese an seinen Wirkungsort an der Oberfläche von Epithelien.

Bei der **polyklonalen Aktivierung** werden viele Zellklone mit unterschiedlicher Spezifität aktiviert. Zum Beispiel stimulieren **polyklonale Mitogene** die meisten oder gar alle Lymphocyten. Im Gegensatz dazu aktivieren Antigene nur die entsprechenden spezifischen Lymphocyten.

Bei der **Polymerasekettenreaktion** (*polymerase chain reaction*, **PCR**) verwendet man hohe Temperaturen und thermostabile DNA-Polymerasen zur Replikation von DNA. Die Methode hat die Molekularbiologie vollkommen verändert.

Der Begriff **Polymorphismus** bezeichnet ganz allgemein die Existenz eines Objekts in mehreren Formen. Die Variabilität an einem Genlocus bezeichnet man als genetischen Polymorphismus, wenn alle Varianten mit einer Häufigkeit von über 1 % auftreten. Der → Haupthistokompatibilitätskomplex ist der am stärksten polymorphe bekannte Gencluster des Menschen.

Polymorphkernige Leukocyten (**PMN**) sind weiße Blutzellen mit stark gelappten Kernen und cytoplasmatischen Granula (daher auch Granulocyten). Es gibt drei Typen polymorphkerniger Leukocyten: Die Granula der neutrophilen Leukocyten lassen sich mit neutralen Farbstoffen anfärben, die der Eosinophilen mit Eosin und die der Basophilen mit basischen Farbstoffen.

Polyspezifische Antikörper können an viele verschiedene Antigene binden. Man bezeichnet sie auch als **polyreaktiv**.

Unter **positiver Selektion** versteht man in der Immunologie, dass im Thymus nur T-Zellen heranreifen können, deren Rezeptoren von körpereigenen MHC-Molekülen präsentierte Antigene erkennen. Alle anderen T-Zellen sterben ab, bevor sie vollständig entwickelt sind.

Postkapilläre Venolen mit hohem Endothel (*high endothelial venules*, HEVs) sind spezialisierte Venolen in lymphatischen Geweben. Lymphocyten wandern aus dem Blut in das Lymphgewebe, indem sie sich an die hohen

Endothelzellen dieser Gefäße anheften und zwischen ihnen die Gefäßwand durchdringen.

Prä-B-Zellen sind die Vorläufer der B-Zellen, bei denen die Gene für die schwere Kette bereits umgeordnet sind, die Gene für die leichte Kette jedoch noch nicht.

Die Expression des **Prä-B-Zell-Rezeptors** (**Prä-B-Zell-Rezeptor-Komplex**) ist eine wichtige Phase in der Entwicklung von B-Zellen. Die Expression dieses Rezeptors, der einen Komplex aus mindestens fünf Proteinen bildet (darunter auch eine schwere Immunglobulinkette), führt dazu, dass die Prä-B-Zelle in den Zellzyklus eintritt, die *RAG*-Gene abschaltet, die RAG-Proteine abbaut und über mehrere Zellteilungen proliferiert. Dann endet das Signal, und die Prä-B-Zelle kann die leichten Ketten umordnen.

Bei der T-Zell-Entwicklung bilden die von $CD44^{niedrig}CD25^{+}$-Thymocyten exprimierten TCRβ-Ketten mit α-Ersatzketten (Prä-T-Zell-α, pTα) den **Prä-T-Zell-Rezeptor** in Form von Proteinpaaren. Der Rezeptor verlässt das endoplasmatische Reticulum über den Golgi-Apparat im Komplex mit CD3-Molekülen.

Die **Präzipitinreaktion** war die erste Methode zur quantitativen Messung der Antikörperproduktion. Die Antikörpermenge ermittelt man dabei anhand der Menge an Präzipitat, das mit einer bestimmten Menge Antigen erhalten wird. Die Präzipitinreaktion kann auch eingesetzt werden, um Informationen über die → Valenz eines Antigens zu erhalten und in Gemischen aus Antikörper und Antigen Überschüsse der einen oder anderen Komponente festzustellen.

Prednison ist ein synthetisches Steroid mit entzündungshemmender und immunsuppressiver Wirkung. Man setzt es ein, um akute Abstoßungsreaktionen bei Transplantationen, Autoimmunerkrankungen und lymphatische Tumoren zu behandeln.

Wenn Gewebe oder Organe auf nichtimmunisierte Empfänger übertragen werden, kommt es schließlich zu einer Abstoßung durch eine Immunantwort. Dies bezeichnet man als **primäre Abstoßung** (→ sekundäre Abstoßung).

Bei T-Zell-abhängigen Antikörperantworten bildet sich in der Nähe der Grenze zwischen den T- und B-Zell-Bereichen der lymphatischen Gewebe ein **Primärfocus** der B-Zell-Aktivierung. Hier treten T- und B-Zellen in Wechselwirkung, und B-Zellen können sich direkt zu antikörperproduzierenden Zellen differenzieren oder zu Lymphfollikeln wandern, wo sie weiter proliferieren und sich differenzieren.

Die **primären Lymphfollikel** der peripheren lymphatischen Organe bestehen aus ruhenden B-Lymphocyten (→ sekundäre Lymphfollikel).

Die **primäre Immunantwort** ist die adaptive Immunreaktion infolge eines ersten Antigenkontakts. Die primäre Immunisierung, die man auch oft als → Priming bezeichnet, löst diese primäre Immunreaktion aus und führt zur Bildung eines immunologischen Gedächtnisses.

Die Bindung eines Antikörpers an sein Antigen ist eine **primäre Wechselwirkung** (**primäre Interaktion**). Eine sekundäre Wechselwirkung ist dagegen der Nachweis dieser Bindung aufgrund von damit verbundenen Veränderungen, wie etwa der Präzipitation eines löslichen Antigens oder der Agglutination nichtlöslicher Antigene.

Primäre lymphatische Organe → zentrale lymphatische Organe.

Die primäre Aktivierung (**Priming**) von antigenspezifischen naiven Lymphocyten erfolgt dadurch, dass den Zellen ein Antigen in immunogener Form präsentiert wird. Die Zellen differenzieren sich daraufhin entweder zu bewaffneten Effektorzellen oder zu Gedächtniszellen, die bei einer zweiten oder späteren Immunantwort als Gedächtniszellen reagieren können.

Primäre zelluläre Immunantwort → zelluläre Immunantwort.

Pro-B-Zellen sind Vorläufer von B-Zellen, die zwar bereits B-Zell-spezifische Oberflächenproteine tragen, bei denen jedoch die Gene für die schwere Kette noch nicht rekombiniert sind. Man unterscheidet frühe und späte Pro-B-Zellen.

Jedes Gen für eine Kette eines Lymphocytenrezeptors kann auf zwei Weisen rekombinieren: produktiv und unproduktiv. **Produktive Rekombinationen** erfolgen im korrekten Leseraster.

Pro-Enzyme sind inaktive Formen von Enzymen, häufig Proteasen, die auf bestimmte Weise modifiziert werden müssen, etwa durch selektive Spaltung der Proteinkette, bevor die Enzyme ihre Aktivität erlangen können.

Programmierter Zelltod → Apoptose.

Properdin → Faktor P.

Prostaglandine sind wie die Leukotriene Lipidprodukte des Arachidonsäuremetabolismus. Sie zeigen eine Reihe von Wirkungen, beispielsweise als Entzündungsmediatoren.

Ein **Proteasom** ist eine große Protease mit vielen Untereinheiten, die cytosolische Proteine abbaut. Man nimmt an, dass die in MHC-Klasse-I-Molekülen präsentierten Peptide durch die katalytische Aktivität von Proteasomen gebildet werden. Zwei durch Interferon induzierbare Untereinheiten einiger Proteasomen werden im MHC-Gencluster codiert.

Protectin (**CD59**) ist ein Protein der Zelloberfläche, das Körperzellen vor der Zerstörung durch das Komplementsystem schützt. Es blockiert die Bildung des membranangreifenden Komplexes, indem es die Bindung von C8 und C9 an den C5b67-Komplex verhindert.

Protein A ist ein Membranbestandteil von *Staphylococcus aureus* und bindet an die Fc-Region von IgG. Man nimmt an, dass es die Bakterien vor den IgG-Antikörpern schützt, indem es deren Wechselwirkung mit dem → Komplementsystem und den Fc-Rezeptoren blockiert. Protein A eignet sich zur Aufreinigung von IgG-Antikörpern.

Proteine der akuten Phase (Akute-Phase-Proteine) lassen sich bereits kurz nach Beginn einer Infektion im Blut nachweisen. Sie sind an der frühen Phase der Immunantwort beteiligt. Ein Beispiel ist das → mannosebindende Lektin.

Proteinkinasen hängen Phosphatgruppen an Proteine, **Proteinphosphatasen** entfernen sie wieder (→ Tyrosinkinasen, → Tyrosinphosphatasen, → Serin/Threonin-Kinasen).

Als **Proteinkinase C** (**PKC**) bezeichnet man eine Familie von Serin/Threonin-Kinasen, die über eine Vielzahl von Signalen verschiedener Rezeptoren durch Diacylglycerin und Calcium aktiviert werden.

Proteinphosphorylierung ist das kovalente Anhängen von einer Phosphatgruppe an eine spezifische Stelle in einem Protein. Eine Phosphorylierung kann die Aktivität eines Proteins verändern und auch neue Bindungsstellen für andere Proteine erzeugen, die damit in Wechselwirkung treten.

Proteinwechselwirkungsdomänen sind Proteindomänen, die normalerweise selbst keine enzymatische Aktivität besitzen, aber spezifisch mit bestimmten Stellen (beispielsweise phosphorylierten Tyrosinresten, prolinreichen Regionen, Membranphospholipiden) auf anderen Proteinen oder Zellstrukturen interagieren.

Protoonkogene sind zelluläre Gene, die an der Regulation der Zellteilung beteiligt sind. Eine Mutation oder fehlerhafte Expression dieser Gene kann zu einer malignen Transformation der Zellen und schließlich zu Krebs führen (→ Onkogene).

Ein **Provirus** ist die DNA-Form eines Retrovirus nach seiner Integration in das Genom einer Wirtszelle, wo es möglicherweise über einen langen Zeitraum hinweg keine aktive Transkription zeigt.

PRR → Mustererkennungsrezeptoren.

P-Selektin → Selektine.

P-Selektin-Glykoprotein-Ligand-1 (**PSGL-1**) wird durch aktivierte T-Effektorzellen exprimiert und ist ein Ligand für P-Selektin auf Endothelzellen; kann aktivierten T-Zellen die Fähigkeit verleihen, in geringer Zahl in alle Gewebe einzudringen.

p-SMAC → supramolekularer Adhäsionskomplex.

pTα → Prä-T-Zell-Rezeptor.

PTB (Phosphotyrosinbindungsdomäne) ist eine Proteindomäne, die phosphorylierte Tyrosinreste bindet. PTB kommt in vielen Proteinen vor, die an intrazellulären Signalwegen beteiligt sind.

Ein **Purinnucleotidphosphorylase-Mangel** führt zu einem → schweren kombinierten Immundefekt. Die Purinnucleotidphosphorylase (**PNP**) ist am Purinmetabolismus beteiligt. Eine ungenügende Aktivität des Enzyms führt zur Anhäufung von Purinnucleosiden. Diese sind toxisch für reifende T-Zellen und verursachen somit eine Immunschwäche.

Pyogene Arthritis, Pyoderma gangraenosum und Akne (**PAPA**) ist ein vererbbares autoinflammatorisches Syndrom, das auf Mutationen in einem Protein zurückzuführen ist, das mit Pyrin in Wechselwirkung tritt.

Viele Bakterien besitzen große Kapseln und sind dadurch von Zellen schwer aufzunehmen. Solche → verkapselten Bakterien verursachen häufig Eiter, deshalb bezeichnet man sie als **pyogene** (**eiterbildende**) **Bakterien**. Früher haben pyogene Organismen vor allem unter jungen Menschen zahlreiche Todesopfer gefordert. Heute sind vor allem ältere Menschen betroffen.

Das RNA-Genom des menschlichen Immunschwächevirus mutiert schnell, sodass im Verlauf einer Infektion zahlreiche genetisch unterschiedliche Formen entstehen, die man als **Quasispezies** bezeichnet.

Wenn Antigenrezeptoren auf einem Lymphocyten durch ein multivalentes Antigen miteinander verknüpft werden, bezeichnet man sie als **quervernetzt**.

Die **Rachenmandeln** sind schleimhautassoziierte lymphatische Gewebe in der Nasenhöhle.

Mithilfe sogenannter **Radioimmunoassays** (**RIAs**) lassen sich Antigen-Antikörper-Wechselwirkungen untersuchen. Unmarkierte Antigene oder unmarkierte Antikörper fixiert man auf einer festen Trägersubstanz wie etwa einer Kunststoffoberfläche und lässt sie mit markiertem Antigen oder Antikörper reagieren. Die aufgrund der Antikörper-Antigen-Bindung an der Trägersubstanz zurückgehaltene Fraktion dient als Maß für die Bindung zwischen Antigen und Antikörper.

RAG-1 und ***RAG-2*** → rekombinationsaktivierende Gene.

In der Milz ist jeder Bereich der weißen Pulpa von einem **Randzonensinus** (*marginal sinus*) umgeben. Dies ist ein mit Blut gefülltes Netzwerk von Gefäßen, das sich von der zentralen Arteriole ausgehend verzweigt.

Rapamycin (Sirolimus) ist ein Immunsuppressivum, das die Wirkung von → Cytokinen blockiert.

Die **Ras**-Proteine sind eine Familie von kleinen G-Proteinen mit wichtigen Funktionen in den intrazellulären Signalwegen, beispielsweise der Antigenrezeptoren von Lymphocyten.

Bei Hypersensitivitätsreaktionen vom Soforttyp I setzt die **Reaktion der späten Phase** einige Stunden nach dem ersten Kontakt mit dem Antigen ein; sie ist gegen eine Anti-Histamin-Behandlung resistent.

Reed-Sternberg-Zellen sind große maligne B-Zellen, die bei der Hodgkin-Krankheit auftreten.

Regulatorische CD4-T-Zellen sind CD4-T-Effektorzellen, die T-Zell-Reaktionen hemmen. Man bezeichnet sie auch als **regulatorische T-Zellen** und es lassen sich mehrere verschiedene Untergruppen unterscheiden.

Toleranz aufgrund der Aktivität von regulatorischen T-Zellen bezeichnet man als **regulatorische Toleranz**.

Reife B-Zellen sind B-Zellen, die IgM und IgD auf ihrer Oberfläche tragen und auf Antigene reagieren können.

Bevor Antigenrezeptoren exprimiert werden können, muss eine **Rekombination** der V-Gen-Abschnitte in den sich entwickelnden Lymphocyten erfolgen. Exprimierte Gene der V-Region bestehen immer aus rekombinierten Genabschnitten.

Die **rekombinationsaktivierenden Gene *RAG-1*** und ***RAG-2*** codieren die Rekombinaseproteine RAG-1 und RAG-2, die bei der Umlagerung der Gene für die Immunglobuline und T-Zell-Rezeptoren eine wichtige Rolle spielen. Mäuse, denen eines der Gene *RAG-1* und *RAG-2* fehlt, können keine Immunrezeptoren bilden und besitzen keine Lymphocyten.

Rekombinationssignalsequenzen (**RSS**) sind kurze DNA-Bereiche auf beiden Seiten der Gensegmente, die bei der Bildung des Exons für die V-Region umgeordnet werden. Sie bestehen immer aus jeweils einer konservierten Heptamer- und Nonamersequenz, die durch zwölf oder

23 Basenpaare voneinander getrennt sind. Zwei Gensegmente werden nur dann miteinander verbunden, wenn eines von einer RSS mit einem 12-bp-Spacer und das andere von einer RSS mit einem 23-bp-Spacer flankiert wird. Dies nennt man auch die → 12/23-Regel der Segmentverknüpfung.

Als **Remodellierung der Atemwege** bezeichnet man bei chronischem Asthma eine Verdickung der Wände der Luftwege aufgrund einer übermäßigen Entwicklung und Vergrößerung der Schicht der glatten Muskulatur und der Schleimdrüsen mit der letztendlichen Ausbildung einer Fibrose.

Wenn neutrophile Zellen und Makrophagen opsonisierte Partikel aufnehmen, führt dies in der Zelle zu einer Veränderung des Stoffwechsels, für die Sauerstoff erforderlich ist und die man als **respiratorische Entladung** (*respiratory burst*) bezeichnet. Dadurch werden zahlreiche Mediatoren gebildet, die bei der Abtötung aufgenommener Mikroorganismen von Bedeutung sind.

Durch die **retrograde Translokation** oder **Retrotranslokation** gelangen Proteine des endoplasmatischen Reticulums in das Cytosol.

Die **Reverse Transkriptase** ist ein essenzielles Enzym der Retroviren. Sie transkribiert das RNA-Genom der Viren in DNA, die anschließend in das Genom der Wirtszelle integriert wird. Die Reverse Transkriptase ist auch ein wichtiges Werkzeug der Molekularbiologie. Mit ihrer Hilfe lässt sich RNA zur Klonierung in cDNA umschreiben.

Die Antigenrezeptoren der Lymphocyten sind mit **rezeptorassoziierten Tyrosinkinasen** verknüpft, die vor allem der Src-Familie angehören. Diese Kinasen binden über ihre SH2-Domäne an die schwanzförmigen Enden der Rezeptoren.

Den Austausch der leichten Kette eines autoreaktiven Antigenrezeptors auf ungereiften B-Zellen gegen eine leichte Kette, die keine Autoreaktivität verursacht, bezeichnet man als **Rezeptor-Editing**. Dieser Mechanismus ließ sich auch für die schweren Ketten nachweisen.

Bei der **rezeptorvermittelten Endocytose** werden Moleküle, die an Oberflächenrezeptoren der Zelle gebunden sind, in Endosomen aufgenommen. Auf diese Weise gelangen zum Beispiel Antigene in die Zelle, die an Rezeptoren von B-Lymphocyten gebunden sind.

Ein **rezessiv-letales Gen** codiert ein Protein, das für die Entwicklung des Menschen oder eines Tieres zur adulten Form erforderlich ist. Wenn beide Kopien fehlerhaft sind, stirbt das Lebewesen im Uterus oder früh nach der Geburt.

Das **Rhesus-Blutgruppenantigen** (**Rh-Antigen**) ist ein Antigen in der Membran der roten Blutkörperchen, das es auch bei Rhesusaffen gibt. Anti-Rh-Antikörper selbst führen nicht zu einer Agglutination menschlicher Erythrocyten. Um sie nachzuweisen, muss man daher einen → Coombs-Test durchführen.

Die **rheumatoide Arthritis** ist eine weit verbreitete entzündliche Gelenkerkrankung, die wahrscheinlich auf einer Autoimmunreaktion beruht. Sie geht mit der Produktion des sogenannten Rheumafaktors einher, eines IgM-Anti-IgG-Antikörpers, der auch bei normalen Immunantworten entstehen kann.

Rheumatisches Fieber (Polyarthritis) wird durch Antikörper verursacht, die bei einer Infektion mit *Streptococcus*-Spezies entstehen. Diese Antikörper zeigen Kreuzreaktionen mit Nieren-, Gelenk- und Herzantigenen.

RIG-1 ist ein Protein in der Zelle, das das Vorhandensein einer viralen RNA erkennt. Das führt zur Produktion von Interferon.

Eine **R-Schleife** ist eine blasenförmige Struktur, die sich bildet, wenn transkribierte RNA den Nichtmatrizenstrang der DNA-Doppelhelix an *switch*-Regionen im Gencluster der konstanten Regionen der Immunglobuline verdrängt. R-Schleifen unterstützen wahrscheinlich die Rekombination beim Klassenwechsel.

Als **rote Pulpa** bezeichnet man den nichtlymphatischen Bereich der Milz, in dem die roten Blutkörperchen abgebaut werden.

Das **RS-Virus** (respiratorisches Syncytialvirus, **RSV**) ist ein Krankheitserreger des Menschen, der bei kleinen Kindern häufig zu schweren Infektionen des Brustraumes führt und oftmals mit Atembeschwerden einhergeht. Auch Patienten mit unterdrücktem Immunsystem oder AIDS sind von solchen Infektionen betroffen.

RSS → Rekombinationssignalsequenzen.

Die **RT-PCR** (*reverse transcriptase-polymerase chain reaction*) dient der Amplifizierung von RNA-Sequenzen. Dabei verwendet man die Reverse Transkriptase, um eine RNA-Sequenz in eine cDNA-Sequenz umzuwandeln, die dann mithilfe der PCR amplifiziert wird.

Der **Sandwich-ELISA** zum Nachweis von Proteinen nutzt auf einer Oberfläche immobilisierte Antikörper, die ein Epitop des gesuchten Proteins erkennen. Das auf diese Weise gebundene Protein wird anschließend mithilfe von enzymgebundenen Antikörpern sichtbar gemacht, die ein anderes Epitop auf der Proteinoberfläche erkennen. Dies verleiht dem Test eine hohe Spezifität.

scaffold proteins → Gerüstproteine.

Die **Scatchard-Analyse** ist eine mathematische Methode zur Analyse von Bindungsverhältnissen unter Gleichgewichtsbedingungen. Mit ihrer Hilfe lassen sich Aussagen über die → Affinität und die → Valenz einer Rezeptor-Liganden-Bindung treffen.

Scavenger-Rezeptoren auf Makrophagen und anderen Zellen binden zahlreiche Liganden und entfernen sie aus dem Blut. Die → Kupffer-Zellen der Leber tragen besonders viele von diesen Rezeptoren.

Mit **Schock** bezeichnet man den Kreislaufzusammenbruch, der durch die systemischen Wirkungen von Cytokinen hervorgerufen wird und tödlich verlaufen kann.

Schützende Immunität nennt man die Resistenz gegen einen spezifischen Krankheitserreger als Ergebnis einer Infektion oder Impfung. Sie beruht auf der adaptiven Immunantwort, die durch das immunologische Gedächtnis gegenüber diesem Krankheitserreger ausgelöst wird.

Schutzimpfung → Impfung.

Alle Immunglobulinmoleküle sind aus zwei Typen von Peptidketten aufgebaut, den **schweren Ketten** (*heavy chains*,

H-Ketten) und den → leichten Ketten. Ein Immunglobulin besteht aus zwei identischen schweren und zwei identischen leichten Ketten. Es gibt mehrere Klassen oder → Isotypen der schweren Ketten, und jede dieser Klassen bildet die Grundlage für eine bestimmte Funktion des Antikörpermoleküls.

Bei der **schweren angeborene Neutropenie**, die dominant oder rezessiv vererbt werden kann, ist die Anzahl der neutrophilen Zellen ständig extrem niedrig.

Der **schwere kombinierte Immundefekt** (*severe combined immunodeficiency*, **SCID**) ist eine Immunschwächekrankheit, die unbehandelt tödlich verläuft und bei der weder Antikörper- noch T-Zell-Antworten ausgelöst werden. Sie beruht im Allgemeinen auf einem Mangel an T-Zellen. Die *scid*-Mutation bei Mäusen führt ebenfalls zu einem SCID-Phänotyp.

SDS-PAGE ist die gebräuchliche Abkürzung für eine Polyacrylamidgelelektrophorese (PAGE) von Proteinen, die in dem Detergens Natriumdodecylsulfat (*sodium dodecyl sulfate*, SDS) gelöst sind. Diese Methode benutzt man häufig zur Charakterisierung von Proteinen, besonders nach einer Markierung und Immunpräzipitation.

SE → Staphylokokken-Enterotoxin.

Second Messenger sind kleine Moleküle oder Ionen (zum Beispiel Ca^{2+}), die als Reaktion auf ein Signal produziert werden und deren Wirkung darin besteht, dass sie das Signal verstärken und das Signal in der Zelle die nächste Phase erreicht.

Sekretorisches IgA ist ein dimerer IgA-Antikörper, der durch Schleimhautoberflächen sezerniert wird.

Bei der **sekretorischen Komponente**, die in Körpersekreten an IgA-Antikörper gebunden ist, handelt es sich um ein Fragment des Poly-Ig-Rezeptors, das nach dem Transport durch die Epithelzellen an dem IgA verbleibt.

Wenn der Empfänger einer ersten Gewebe- oder Organübertragung das Transplantat abgestoßen hat, wird ein zweites Transplantat von demselben Spender durch den Empfänger schneller und heftiger abgestoßen als das erste. Diese Reaktion bezeichnet man als **sekundäre Abstoßung** (→ primäre Abstoßung).

Eine **sekundäre Antikörperantwort** wird durch eine zweite Injektion von Antigenen (sekundäre Immunisierung) ausgelöst. Die sekundäre Antwort beginnt früher nach der Antigeninjektion, ist stärker und von einer höheren Affinität als die → primäre Immunantwort. Sie wird hauptsächlich von IgG-Antikörpern getragen. Darum nimmt das Ausmaß der Reaktion immer mehr an Stärke zu, also auch für die tertiäre und alle weiteren Immunisierungen.

Sekundäre lymphatische Organe → periphere lymphatische Organe.

Ein Lymphfollikel entwickelt sich zu einem **sekundären Lymphfollikel**, nachdem aktivierte B-Zellen hineingelangt sind, die dort proliferieren und reifen und ein Keimzentrum bilden.

Das costimulierende Signal, das für die Aktivierung von Lymphocyten erforderlich ist, bezeichnet man häufig als **sekundäres Signal**, wobei das primäre Signal durch die Bindung eines Antigens an den Antigenrezeptor entsteht. Bei den meisten Lymphocyten sind beide Signale für eine Aktivierung erforderlich.

Sekundäre Wechselwirkung → primäre Wechselwirkung.

Selbst-Antigene → Autoantigene.

Von → Toleranz spricht man, wenn auf ein Antigen keine Immunreaktion erfolgt. Handelt es sich um ein Autoantigen, spricht man von **Selbst-Toleranz**.

Eine Zelle wird durch ein Antigen **selektiert**, wenn ihre Rezeptoren dieses Antigen erkennen und binden. Wenn die Zelle sich daraufhin vermehrt und einen Klon bildet, spricht man von → klonaler Selektion, wenn sie durch die Antigenbindung getötet wird, von → negativer Selektion oder → klonaler Deletion.

Selektine sind eine Familie von Adhäsionsmolekülen auf der Oberfläche von Leukocyten und Endothelzellen. Sie binden an Zuckereinheiten bestimmter Glykoproteine mit mucinähnlichen Eigenschaften.

Ein **selektiver IgA-Defekt** ist die häufigste Form einer Immunschwäche in Populationen mit europäischem Ursprung. Mit diesem Defekt ist keine erkennbare Krankheit verbunden.

Unter **Sensibilisierung** versteht man eine Immunisierung, die später zu einer allergischen Reaktion führt. Die Sensibilisierung erfolgt mit demselben Antigen, das später die akute Immunantwort auslöst. Zu allergischen Reaktionen kommt es nur bei **sensibilisierten** Individuen.

Bei einer **Sepsis** oder Blutvergiftung handelt es sich um eine Infektion des Blutes, die oft tödlich verläuft. Eine Infektion mit gramnegativen Bakterien führt durch die Freisetzung des → Cytokins TNF-α häufig zu einem sogenannten septischen Schock.

Die **septische Granulomatose** ist eine Immunschwächekrankheit, bei der sich aufgrund einer unzureichenden Zerstörung von Bakterien durch phagocytierende Zellen zahlreiche Granulome bilden. Ursache ist ein Defekt im NADPH-Oxidase-System der Enzyme, welche die für die Abtötung der Bakterien wichtigen Superoxidradikale bilden.

Ein **Sequenzmotiv** ist eine Abfolge von Nucleotiden oder Aminosäuren, die in verschiedenen Genen oder Proteinen mit oft ähnlichen Funktionen vorkommt. Sequenzmotive beobachtet man bei Peptiden, die an ein bestimmtes MHC-Glykoprotein binden, weil sie bestimmte Aminosäuren enthalten müssen, damit die Bindung durch das betreffende MHC-Molekül möglich ist.

Serin/Threonin-Kinasen sind Enzyme, die Proteine entweder an Serin- oder an Threoninresten phosphorylieren.

Serokonversion ist die Phase einer Infektion, in der Antikörper gegen den Krankheitserreger zum ersten Mal im Blut nachweisbar sind.

Bei **serologischen Tests** verwendet man Antikörper, um Antigene nachzuweisen und quantitativ zu bestimmen. Die Bezeichnung deutet darauf hin, dass man die Tests ursprünglich mit Serum durchgeführt hat, das heißt der flüssigen Fraktion des geronnenen Blutes immunisierter Individuen.

Verschiedene Bakterienstämme und andere Krankheitserreger lassen sich aufgrund ihres **Serotyps** unterscheiden, das heißt aufgrund der Fähigkeit von Immunseren, bestimmte Stämme - im Gegensatz zu anderen - zu agglutinieren oder zu lysieren.

Serpine bilden eine große Familie von Proteaseinhibitoren.

Serum ist die flüssige Fraktion von geronnenem Blut.

Zu einer **Serumkrankheit** kommt es nach der Injektion von fremdem Serum oder fremden Serumproteinen. Ursache ist die Bildung von → Immunkomplexen aus den injizierten Proteinen und den gegen diese gebildeten Antikörpern. Charakteristische Symptome sind Fieber, Gelenkschmerzen und Nephritis.

SH2-Domäne → Src-Familie der Tyrosinkinasen.

SHIP ist eine Inositolphosphatase, die eine SH2-Domäne enthält und die von PIP_3 eine Phosphatgruppe entfernt, sodass PIP_2 entsteht.

SHP ist eine Proteinphosphatase, die eine SH2-Domäne enthält.

Das **Shwachman-Diamond-Syndrom** ist eine seltene genetisch bedingte Krankheit, bei der einige Patienten einen Mangel an neutrophilen Zellen aufweisen.

Als **Signalübertragung** oder **Signaltransduktion** bezeichnet man den allgemeinen Vorgang, über den Zellen Veränderungen in ihrer Umgebung wahrnehmen. Genauer sind damit die Mechanismen gemeint, durch die eine Zelle eine bestimmte Art von Signal umwandelt: So führt die Bindung eines Antigens an den Antigenrezeptor eines Lymphocyten zu intrazellulären Vorgängen, die der Zelle mitteilen, dass sie eine bestimmte Reaktion entwickeln soll.

Eine **Signalverknüpfung** entsteht durch die exakte Verbindung von Erkennungssignalsequenzen während der somatischen Rekombination, die die Gene für T-Zell-Rezeptoren und Immunglobuline hervorbringt. Der Chromosomenabschnitt, der die Signalverknüpfung enthält, wird als kleines ringförmiges DNA-Fragment aus dem Chromosom herausgeschnitten.

Sirolimus ist die Medikamentenbezeichnung für die chemische Substanz Rapamycin. In der Literatur finden beide Begriffe gleichermaßen Verwendung.

SLP-76 ist ein Gerüstprotein, das zum Antigenrezeptorsignalweg der Lymphocyten gehört.

SNP → Einzelnucleotidpolymorphismus.

Bei einer Allergie tritt die **Sofortreaktion** oder **sofort einsetzende Hypersensitivitätsreaktion** innerhalb von Sekunden nach Kontakt mit dem Antigen ein (→ Reaktion der späten Phase; → Hypersensitivitätsreaktion vom verzögerten Typ).

Als die immunbiologische Wissenschaft entdeckte, dass Antikörper variabel sind, entwickelte man verschiedene Theorien, darunter auch die Theorie der **somatischen Diversifikation**. Diese postuliert, dass die Gene der Immunglobuline unveränderlich sind und sich in den somatischen Zellen diversifizieren. Dies stellte sich teilweise als richtig heraus, und inzwischen ist die → somatische Hypermutation hinreichend bekannt. Zur Erklärung anderer Merkmale der Antikörpervielfalt benötigte man jedoch weitere Theorien, zum Beispiel über die somatische Genrekombination und den Isotypwechsel.

Somatische Gentherapie ist das Einschleusen von funktionellen Genen in somatische Zellen und deren Übertragung zurück in den Körper, um eine Krankheit zu behandeln.

Bei der Reaktion von B-Zellen auf Antigene kommt es in den Genen für die V-Region zu einer **somatischen Hypermutation**. Dadurch wird eine Vielzahl verschiedener Antikörper gebildet, von denen einige das Antigen mit erhöhter Affinität binden. Auf diese Weise kann die Affinität der Antikörperreaktion zunehmen. Diese Mutationen betreffen nur somatische Zellen und werden nicht über die Keimbahn weitervererbt.

Durch **somatische Rekombination** der einzelnen Gensegmente für Immunrezeptoren während der Lymphocytenreifung entstehen die vollständigen Exons, welche die V-Region jeder Immunglobulin- und T-Zell-Rezeptor-Kette codieren. Dieser Vorgang läuft nur in somatischen Zellen ab, und die Veränderungen werden dementsprechend nicht vererbt.

Spacer → 12/23-Regel.

Die **späte Pro-B-Zelle** ist ein Stadium der B-Zell-Entwicklung, in dem es zur Verknüpfung zwischen V_H und DJ_H kommt.

Mithilfe der **Spektrumtypisierung** (*spectratyping*) lassen sich bestimmte Typen von DNA-Genabschnitten nachweisen, die sich in ihrer Länge um jeweils drei Nucleotide (ein Codon) voneinander unterscheiden.

Spezifische Allergenimmuntherapie → Desensibilisierung.

Die **Spezifität** eines Antikörpers bestimmt, inwieweit der Antikörper sein Immunogen von anderen Antigenen unterscheidet.

Sphingosin-1-phosphat (**S1P**) ist ein Lipid mit chemotaktischer Aktivität, das den Austritt von T-Zellen aus den Lymphknoten kontrolliert. Wahrscheinlich besteht ein S1P-Konzentrationsgradient zwischen den lymphatischen Geweben und der Lymphflüssigkeit oder dem Blut. Dadurch werden naive T-Zellen, die einen S1P-Rezeptor exprimieren, aus den lymphatischen Geweben herausgezogen und in den Kreislauf zurückgeführt.

Die **Src-Familie der Tyrosinkinasen** umfasst rezeptorassoziierte Tyrosinkinasen mit mehreren Domänen, die man mit Src-Homologie (SH) 1, 2 und 3 bezeichnet. Die SH1-Domäne enthält das aktive Zentrum der Kinase, die SH2-Domäne kann an Phosphotyrosinreste binden, und die SH3-Domäne ist an Wechselwirkungen mit prolinhaltigen Domänen von anderen Proteinen beteiligt.

Staphylokokken-Enterotoxine (**SE**) verursachen Lebensmittelvergiftungen und stimulieren darüber hinaus viele T-Zellen, indem sie an MHC-Klasse-II-Moleküle und die V_β-Domäne der T-Zell-Rezeptoren binden. Die Staphylokokken-Enterotoxine wirken also als → Superantigene.

STAT-Proteine (*signal transducers and activators of transcription*) → Tyrosinkinasen der Janusfamilie.

Die Entwicklung von B- und T-Lymphocyten erfolgt in Assoziation mit **Stromazellen**, von denen ein sich entwickelnder Lymphocyt verschiedene lösliche und zellgebundene Signale erhält.

Antigene können **subkutan** (s.c.) verabreicht werden (das heißt, unter die Haut oder Dermis), um eine adaptive Immunantwort auszulösen.

Superantigene sind Moleküle, die durch Bindung an MHC-Klasse-II-Moleküle und V_β-Domänen von T-Zell-Rezeptoren eine Untergruppe der T-Zellen aktivieren. Sie stimulieren dadurch die Aktivierung von T-Zellen, die bestimmte V_β-Gen-Segmente exprimieren. Die Staphylokokken-Enterotoxine gehören zu den Superantigenen.

Die Clusterbildung von T-Zell- oder B-Zell-Rezeptoren nach der Bindung ihrer Liganden führt dazu, dass sich eine organisierte Struktur herausbildet, die man als **supramolekularen Adhäsionskomplex** (**SMAC**) bezeichnet. Darin sind die Antigenrezeptoren mit anderen Zelloberflächenmolekülen für Signalübertragung und Adhäsion angeordnet. Der Komplex enthält eine Zentralregion (c-SMAC), die aus T-Zell-Rezeptoren und Corezeptoren besteht, sowie einer peripheren Region, die Zelladhäsionsmoleküle enthält.

Beim → Isotyp- oder Klassenwechsel unterliegt das aktive Exon für die V-Region der schweren Kette einer somatischen Rekombination mit einem 3′ davon in der sogenannten ***switch*-Region** liegenden Gen für die konstante Region der schweren Kette. Die Verknüpfung muss dabei nicht an einer bestimmten Stelle erfolgen, da sie innerhalb eines Introns liegt. Deswegen sind alle ***switch*-Rekombinationen** produktiv.

Syndrom der nackten Lymphocyten → MHC-Klasse-I-Defekt; → MHC-Klasse-II-Defekt.

Ein **syngenes Transplantat** ist ein Transplantat von einem genetisch identischen Spender. Es wird vom Immunsystem nicht als fremd erkannt.

Syphilis ist eine chronische Krankheit, die durch *Treponema pallidum* ausgelöst wird. Dabei handelt es sich um Spirochäten, die sich der Immunantwort entziehen können.

Die **systemische Anaphylaxie** ist die gefährlichste Form einer → Hypersensitivitätsreaktion vom Soforttyp. Dabei werden durch Antigene im Blut Mastzellen im gesamten Körper aktiviert. Dies führt zu einer generellen Gefäßerweiterung, zur Ansammlung von Gewebeflüssigkeit, zum Anschwellen des Kehldeckels und oft zum Tod.

Die Lymphknoten und die Milz bezeichnet man gelegentlich als das **systemische Immunsystem**, zur Unterscheidung vom mucosalen Immunsystem.

Der **Systemische Lupus erythrematodes** (**SLE**) ist eine Autoimmunkrankheit, bei der Autoantikörper gegen DNA, RNA und mit Nucleinsäuren assoziierte Proteine Immunkomplexe bilden, die besonders in den Nieren kleine Blutgefäße schädigen.

Tacrolimus (FK506) ist ein immunsuppressives Polypeptid, das T-Zellen inaktiviert, indem es die Signalübermittlung über den T-Zell-Rezeptor hemmt. Tacrolimus und → Cyclosporin A sind die bei Organtransplantationen meistverwendeten Immunsuppressiva.

TAP-1 und **TAP-2** (*transporters associated with antigen processing*) sind Proteine mit einer ATP-Bindungskassette, die kurze Peptide vom Cytosol in das Lumen des endoplasmatischen Reticulums transportieren, wo die Peptide an MHC-Klasse-I-Moleküle binden.

Tapasin (das **TAP-assoziierte Protein**) erfüllt eine Schlüsselfunktion beim Zusammensetzen von MHC-Klasse-I-Molekülen. Eine Zelle, der dieses Protein fehlt, besitzt an der Oberfläche nur instabile MHC-Klasse-I-Moleküle.

Das **Tat**-Protein ist das Produkt des *tat*-Gens des → menschlichen Immunschwächevirus (HIV). Es wird bei der Aktivierung latent infizierter Zellen exprimiert und bindet an transkriptionsverstärkende Enhancersequenzen in der langen terminalen Sequenzwiederholung (*long terminal repeat*) des Provirus. Dadurch verstärkt es die Transkription des proviralen Genoms.

TCRα und **TCRβ** sind die beiden Ketten des α:β-T-Zell-Rezeptors.

TdT → Terminale Desoxynucleotidyltransferase.

Die Aktivierung von Antigenrezeptoren der Lymphocyten ist an die Aktivierung der PLC-γ gekoppelt, wofür Enzyme aus der Tec-Proteinfamilie der Src-ähnlichen Tyrosinkinasen verantwortlich sind. Eine andere **Tec-Kinase** ist Btk der B-Zellen, die bei der menschlichen Immunschwächekrankheit X-gekoppelte Agammaglobulinämie mutiert ist; auch Itk gehört zu den Tec-Kinasen.

T-Effektorzellen sind T-Zellen, die die Funktionen einer Immunantwort ausführen wie das Abtöten und die Aktivierung von Zellen, was direkt dazu führt, dass der Krankheitserreger aus dem Körper entfernt wird. Es gibt mehrere verschiedene Untergruppen, die alle bei den Immunreaktionen eine spezifische Funktion besitzen.

Die **Tensidproteine A und D** (*surfactant proteins A and D*: SP-A, SP-D) sind Proteine der akuten Phase, die die Epitheloberflächen der Lunge vor Infektionen schützen.

Die **Terminale Desoxynucleotidyltransferase** (**TdT**) fügt → N-Nucleotide in die Verknüpfungssequenzen zwischen den Gensegmenten für die V-Region der → schweren Ketten der T-Zell-Rezeptoren und → Immunglobuline ein. Diese N-Nucleotide tragen erheblich zu der Vielfalt der V-Regionen bei.

Das Komplementsystem kann direkt oder über Antikörper aktiviert werden. Die beiden Wege der Komplementaktivierung laufen jedoch auf der Stufe der **terminalen Komplementkomponenten**, die den membranangreifenden Komplex bilden, zusammen.

Eine **tertiäre Immunantwort** ist die Reaktion auf ein zum dritten Mal injiziertes Antigen. Die Injektion bezeichnet man als tertiäre Immunisierung.

T_H1-Zellen bilden eine Untergruppe der CD4-T-Zellen, die durch die Cytokine charakterisiert sind, die sie erzeugen. Sie wirken vor allem an der Aktivierung von Makrophagen mit; man bezeichnet sie auch als inflammatorische CD4-T-Zellen.

T_H2-Zellen bilden eine Untergruppe der CD4-T-Zellen, die durch die Cytokine charakterisiert sind, die sie erzeugen. Sie wirken vor allem an der Aktivierung von B-Zellen mit; man bezeichnet sie auch als → CD4-T-Helferzellen.

T_H3-Zellen bilden eine Untergruppe der CD4-T-Zellen, die bei der mucosalen Immunantwort auf oral aufgenommene Antigene erzeugt werden. Sie produzieren vor allem den transformierenden Wachstumsfaktor β (TGF-β).

T-Helferzellen → CD4-T-Helferzellen.

T_H17-Zellen sind eine Untergruppe der CD4-T-Zellen. Ihr besonderes Merkmal ist die Produktion des Cytokins IL-17.

Sie unterstützen wahrscheinlich die Mobilisierung von neutrophilen Zellen zu Infektionsherden.

Die **thioesterhaltigen Proteine** (**TEP**) sind zur Komplementkomponente C3 homolog. Sie kommen in Insekten vor.

Thymektomie nennt man die chirurgische Entfernung des Thymus.

Thymocyten sind lymphatische Zellen im Thymus. Dabei handelt es sich hauptsächlich um heranreifende T-Zellen, wobei auch einige Thymocyten bereits funktionsfähig sind.

Thymom ist ein Tumor des Thymusstromas.

Der **Thymus** ist ein lymphoepitheliales Organ und der Ort der T-Zell-Entwicklung. Er befindet sich im oberen Teil des Brustkorbs, direkt hinter dem Brustbein.

Sogenannte **thymusabhängige Antigene** oder **TD-Antigene** (für *thymus-dependent*) lösen nur bei solchen Tieren oder Menschen eine Immunreaktion aus, die T-Zellen besitzen. Andere Antigene können Immunantworten auch in Abwesenheit von T-Zellen hervorrufen. Solche Antigene bezeichnet man daher auch als **thymusunabhängige** oder **TI-Antigene** (für *thymus-independent*). Es gibt zwei Typen von TI-Antigenen: Die **TI-1-Antigene** besitzen die intrinsische Fähigkeit zur Aktivierung von B-Zellen, während die **TI-2-Antigene** viele identische Epitope besitzen und die B-Zellen offenbar durch Vernetzen der B-Zell-Rezeptoren aktivieren.

Die **thymusabhängigen T-Lymphocyten** können sich in Abwesenheit des Thymus nicht entwickeln. Gebräuchliche Abkürzungen für diese Zellen sind → T-Zellen oder T-Lymphocyten.

Die **Thymusanlage** ist das Gebilde aus ursprünglich epithelialen Geweben, aus dem während der Embryonalentwicklung das Thymusstroma hervorgeht.

Mit **Thymuscortex** bezeichnet man den äußeren Bereich der einzelnen Thymuslobuli. Hier erfolgt die Proliferation der Vorläuferzellen, die Umlagerung der Gene für den T-Zell-Rezeptor und die Selektion der sich entwickelnden T-Zellen, besonders die positive Selektion der **Epithelzellen des Thymuscortex**.

Das **Thymusstroma** besteht aus Epithel- und Bindegewebszellen. Diese beiden Zelltypen bilden die notwendige Mikroumgebung für die Entwicklung der T-Zellen.

Der **Titer eines Antiserums** ist eine Maßzahl für die Konzentration spezifischer Antikörper. Er lässt sich aufgrund einer Verdünnungsreihe bis zu einem bestimmten Endpunkt berechnen (beispielsweise bis zu einem bestimmten Ausmaß der Farbveränderung in einem ELISA-Test).

T-Killerzellen → cytotoxische T-Zellen.

TLR-2 ist ein Toll-ähnlicher Rezeptor der Säuger, der Lipoteichonsäure auf grampositiven Bakterien und Lipoproteine auf gramnegativen Bakterien erkennt.

TLR-3 ist ein Toll-ähnlicher Rezeptor der Säuger, der doppelsträngige RNA von Viren erkennt.

TLR-4 ist ein Toll-ähnlicher Rezeptor der Säuger, der in Verbindung mit dem LPS-Rezeptor der Makrophagen bakterielle Lipopolysaccharide erkennt.

TLR-5 ist ein Toll-ähnlicher Rezeptor der Säuger, der das Flagellinprotein der bakteriellen Flagellen erkennt.

T-Lymphocyten → T-Zellen.

Die **TNF-Familie** der Cytokine umfasst sowohl sezernierte (zum Beispiel Tumornekrosefaktor-(TNF-)α und Lymphotoxin) als auch membrangebundene (zum Beispiel den CD40-Liganden) Moleküle.

Die Familie der **TNF-Rezeptoren** (**TNFR**) umfasst mehrere Proteine. Einige können eine Apoptose bei den Zellen auslösen, an deren Oberfläche sie exprimiert werden (**TNFR-I**, **-II**, **Fas**), während andere eine Aktivierung herbeiführen (**CD40**, **4-1BB**). Alle liegen bei der Signalübertragung in trimerer Form vor.

TNF-Rezeptor-assoziiertes periodisches Syndrom (**TRAPS**) → familiäres Mittelmeerfieber.

Todesdomänen sind Domänen für die Wechselwirkung zwischen Proteinen. Sie wurden ursprünglich in Proteinen entdeckt, die am programmierten Zelltod (→ Apoptose) beteiligt sind.

Todesrezeptoren sind Rezeptoren an der Zelloberfläche, die durch extrazelluläre Liganden aktiviert werden. Das führt in der Zelle, die solche Rezeptoren trägt, zum programmierten Zelltod (→ Apoptose).

Als **Toleranz** bezeichnet man die Unfähigkeit, auf ein Antigen zu reagieren. Man bezeichnet ein Immunsystem als tolerant gegenüber Autoantigenen. Die Toleranz gegenüber körpereigenen Antigenen ist eine zentrale Eigenschaft des Immunsystems. Ist diese Toleranz nicht gegeben, kann das Immunsystem körpereigenes Gewebe zerstören, wie es bei Autoimmunerkrankungen geschieht. Das Immunsystem entwickelt seine Toleranz gegenüber Autoantigenen hauptsächlich während der Lymphocytenentwicklung.

Ein Antigen, das Toleranz hervorruft, bezeichnet man als **tolerogen**.

Die **Toll-ähnlichen Rezeptoren** (*toll-like receptors*, **TLR**) sind Rezeptoren des angeborenen Immunsystems auf Makrophagen und dendritischen Zellen sowie auf einigen weiteren Zellen, die Krankheitserreger und ihre Produkte wie bakterielle Lipopolysaccharide erkennen. Die Erkennung stimuliert die Zelle, die den Rezeptor trägt, Cytokine zu produzieren und eine Immunantwort einzuleiten.

Der **Toll-Signalweg** ist bereits früh in der Evolution entstanden und wird von den Toll-ähnlichen Rezeptoren genutzt. Er aktiviert den Transkriptionsfaktor NFκB, indem der Inhibitor IκB abgebaut wird.

Das Syndrom des **toxischen Schocks** ist eine systemische toxische Reaktion und wird durch die umfangreiche Produktion von Cytokinen durch CD4-T-Zellen verursacht. Die Zellen wiederum werden durch das von *Staphylococcus aureus* sezernierte bakterielle Superantigen **TSST-1** (*toxic shock syndrome toxin-1*) aktiviert.

Toxoide sind inaktivierte Toxine, die zwar nicht mehr toxisch, aber noch immer immunogen sind. Sie eignen sich daher gut zur Immunisierung.

T_R1 → regulatorische T-Zellen.

Die Proteinfamilie der TNF-Rezeptor-assoziierten Faktoren (**TRAF**) umfasst mindestens sechs Vertreter, die an verschiedene Rezeptoren der TNF-Familie binden. Die assoziierten Faktoren haben als gemeinsames Strukturmerkmal die sogenannte TRAF-Domäne und sind bei der Signalübertragung zwischen stromaufwärts liegenden Rezeptoren aus der TNFR-Familie und den stromabwärts liegenden Transkriptionsfaktoren von entscheidender Bedeutung.

Als **Transcytose** bezeichnet man den aktiven Transport von Molekülen durch Epithelzellen. Die Transcytose von IgA-Molekülen durch Darmepithelzellen erfolgt in Vesikeln, die an der basolateralen Membran gebildet werden. Nach ihrer Wanderung durch die Zelle fusionieren sie mit der apikalen Membran und entleeren sich in das Darmlumen.

Transfektion nennt man das Einschleusen von kleinen DNA-Fragmenten in Zellen. Wird die DNA exprimiert, ohne dass sie zuvor in das zelluläre Genom integriert wurde, so spricht man von einer vorübergehenden Transfektion. Integriert sich die DNA in das Genom, dann wird sie immer zusammen mit der DNA der Wirtszelle repliziert. In diesem Fall liegt eine stabile Transfektion vor.

Durch **Transgenese** lassen sich fremde Gene in das Mausgenom einschleusen. Dabei entstehen **transgene Mäuse**, an denen man die Funktion des fremden Gens oder Transgens sowie seine Regulation untersuchen kann.

Bei einigen Krebsarten kommt es zu chromosomalen **Translokationen**, das heißt ein Teil eines bestimmten Chromosoms wird in anormaler Weise mit einem anderen Chromosom verknüpft.

Als **Transplantation** bezeichnet man die Übertragung von Organen oder Geweben von einem Individuum auf ein anderes. Die **Transplantate** können vom Immunsystem des Empfängers abgestoßen werden, sofern er nicht tolerant gegenüber den Antigenen des Fremdgewebes ist oder → Immunsuppressiva eingesetzt werden.

T_{reg}-Zellen → natürliche regulatorische T-Zellen.

Der **Tropismus** eines Krankheitserregers bezieht sich auf die Zelltypen, die er infiziert.

TSLP (*thymic stroma-derived lymphopoietin*) ist ein Cytokin, das wahrscheinlich in der embryonalen Leber zur Stimulation der Entwicklung der B-Zellen beiträgt.

T-Suppressorzellen → regulatorische T-Zellen.

Beim **Tuberkulintest** wird ein aufgereinigtes Proteinderivat aus *Mycobacterium tuberculosis*, dem Erreger der Tuberkulose, subkutan injiziert. Das PPD (von *purified protein derivative*) genannte Derivat löst bei Menschen, die bereits Tuberkulose hatten oder dagegen immunisiert wurden, eine → Hypersensitivitätsreaktion vom verzögerten Typ aus.

Tuberkuloide Lepra → Lepra.

In syngene Empfänger transplantierte Tumoren können entweder ungestört wachsen oder durch T-Zellen erkannt und abgestoßen werden. Die T-Zellen erkennen dabei sogenannte **Tumorabstoßungsantigene** (*tumor rejection antigens*, **TRAs**). Dabei handelt es sich um Peptide aus mutierten oder überexprimierten zellulären Proteinen, die an MHC-Klasse-I-Moleküle auf der Oberfläche der Tumorzellen gebunden sind.

Die **Tumorimmunologie** befasst sich mit der Erforschung der Immunreaktionen gegen Tumoren, meist mithilfe von Tumortransplantationen.

Der **Tumornekrosefaktor-α** (**TNF-α**) ist ein von Makrophagen und T-Zellen erzeugtes Cytokin mit mehreren Funktionen bei der Immunantwort. TNF-α ist das namensgebende Mitglied der TNF-Familie der Cytokine. Diese wirken entweder als zellassoziierte oder sezernierte Proteine, die mit Rezeptoren der Familie der **Tumornekrosefaktorrezeptoren** (**TNFR**) in Wechselwirkung treten. Diese wiederum interagieren mit dem Inneren der Zelle über Proteine, die man als → TRAF (TNF-Rezeptor-assoziierte Faktoren) bezeichnet.

Tumornekrosefaktor-β (**TNF-β**) → Lymphotoxin.

Mithilfe des **TUNEL-Tests** (*TdT-dependent dUTP-biotin nick end labeling assay*) lassen sich aufgrund der charakteristischen Fragmentierung der DNA apoptotische Zellen *in situ* identifizieren. Biotinmarkiertes dUTP wird durch das Enzym TdT an freie 3′-Enden der DNA-Fragmente angehängt und kann durch eine immunhistochemische Färbung mit enzymgekoppeltem Streptavidin nachgewiesen werden.

Eine **Tyrosinkinase** ist ein Enzym, das Tyrosinreste in Proteinen spezifisch phosphoryliert. Diese Enzyme spielen bei der Aktivierung von T- und B-Zellen eine entscheidende Rolle. Die für die Aktivierung von B-Zellen wichtigen Kinasen sind Blk, Fyn, Lyn und Syk. Die Tyrosinkinasen für die Aktivierung von T-Zellen werden mit Lck, Fyn und ZAP-70 bezeichnet (→ Tyrosinkinasen der Janusfamilie, → Src-Familie der Tyrosinkinasen, → Tec-Kinasen).

Die Signale von vielen Cytokinrezeptoren werden über die **Tyrosinkinasen der Janusfamilie** (**JAK**) weitergegeben. Dabei handelt es sich um Tyrosinkinasen, die durch die Aggregation der Cytokinrezeptoren aktiviert werden. Daraufhin phosphorylieren die Kinasen sogenannte STAT-Proteine (*signal transducers and activators of transcription*). Diese kommen normalerweise im Cytosol vor, gelangen jedoch nach der Phosphorylierung in den Zellkern und aktivieren dort eine Reihe von Genen.

Tyrosinkinasen sind von entscheidender Bedeutung bei der Signalübertragung und Wachstumsregulation. Ihre Aktivität wird wiederum durch eine zweite Gruppe von Molekülen reguliert, die als **Tyrosinphosphatasen** bezeichnet werden und die Phosphatgruppen wieder von den Tyrosinresten entfernen.

T-Zell-Antigenrezeptor → T-Zell-Rezeptor.

Bei **T-Zellen** oder **T-Lymphocyten** handelt es sich um eine Untergruppe der Lymphocyten, die im Thymus heranreifen. Sie sind durch heterodimere Rezeptoren gekennzeichnet, die mit den Proteinen des CD3-Komplexes assoziiert sind. Die meisten T-Zellen tragen heterodimere α:β-Rezeptoren. Nur γ:δ-T-Zellen tragen heterodimere → γ:δ-Rezeptoren. T-Effektorzellen führen bei einer Immunantwort eine Reihe verschiedener Funktionen aus. Das geschieht immer, indem sie antigenspezifisch mit einer anderen Zelle interagieren. Einige T-Zellen aktivieren Makrophagen, einige unterstützen B-Zellen bei der Antikörperproduktion, und einige T-Zellen töten Zellen, die mit Viren oder anderen intrazellulären Krankheitserregern infiziert sind.

T-Zell-Hybride erhält man durch Fusion spezifischer, aktivierter T-Zellen mit Zellen eines T-Zell-Lymphoms. Die

Hybridzellen exprimieren den Rezeptor der ursprünglichen T-Zelle und vermehren sich unbegrenzt.

Ein **T-Zell-Klon** stammt von einer einzigen T-Zelle ab (→ klonierte T-Zell-Linien).

T-Zell-Linien sind T-Zell-Kulturen, die unter wiederholter Stimulation durch Antigene und antigenpräsentierende Zellen gezüchtet wurden. Kultiviert man einzelne Zellen aus diesen Linien weiter, so erhält man T-Zell-Klone oder → klonierte T-Zell-Linien.

Der **T-Zell-Rezeptor** (**TCR**) ist ein Heterodimer aus je einer hoch variablen α- und β-Kette, die über Disulfidbrücken miteinander verbunden und im Komplex mit den CD3-Ketten in die Zellmembran eingelagert sind. Eine Untergruppe der T-Zellen trägt einen Rezeptor auf der Oberfläche, der aus je einer variablen γ- und δ-Kette im Komplex mit CD3 besteht. Beide Rezeptoren werden zusammen mit einem über Disulfidbrücken gekoppelten ζ-Homodimer exprimiert. Dieser Bereich ist für die Funktion der intrazellulären Signalübertragung des Rezeptors verantwortlich.

T-Zell-Zonen in den peripheren lymphatischen Organen enthalten zahlreiche naive T-Zellen. Sie unterscheiden sich von den B-Zell-Zonen und den Bestandteilen des Stromas. In den T-Zell-Zonen setzt die adaptive Immunantwort ein.

Überempfindlichkeitsreaktionen → Hypersensitivitätsreaktionen.

Überreaktivität → Hyperreaktivität.

Ubiquitin ist ein kleines Protein, das an andere Proteine binden kann, um sie für den Abbau in den Proteasomen zu markieren.

Ungeprägte Lymphocyten → naive Lymphocyten.

Unproduktive Umlagerungen entstehen oft bei der Umlagerung der Gene für die B- und T-Zell-Rezeptoren, wenn aufgrund eines verschobenen Leserasters keine funktionsfähigen Proteine gebildet werden können.

Unreife B-Zellen sind B-Zellen, bei denen bereits eine Umlagerung der Gene für die V-Region der schweren und leichten Ketten stattgefunden hat. Sie exprimieren IgM-Rezeptoren auf ihrer Oberfläche, sind aber noch nicht ausreichend weit gereift, um auch einen IgD-Oberflächenrezeptor zu exprimieren.

Überall im Körper enthalten Gewebe **unreife dendritische Zellen**, die das Gewebe erst als Reaktion auf eine Entzündung oder eine Infektion verlassen und reifen (→ dendritische Zellen).

Urticaria oder Nesselsucht ist eine → Hypersensitivitätsreaktion der Haut und der Schleimhäute. Typische Symptome sind juckende Quaddeln, zum Teil auch Bläschenbildung und Fieber.

Die **Valenz** eines Antikörpers oder eines Antigens ist die Anzahl verschiedener Moleküle, die er oder es gleichzeitig binden kann.

Der **Variabilitätsplot** eines Proteins beruht auf Unterschieden in den Aminosäuresequenzen bei verschiedenen Varianten dieses Proteins. Die am stärksten variablen Proteine, die wir kennen, sind Antikörper und T-Zell-Rezeptoren.

Variable Gensegmente → V-Gen-Segmente.

Die **variable Immunschwäche** (*common variable immunodeficiency*, **CVID**) ist eine verhältnismäßig häufige Krankheit, die auf einem Defekt der Antikörperproduktion beruht. Wie sie entsteht, weiß man noch nicht. Man hat jedoch einen engen Zusammenhang mit Genen festgestellt, die im Bereich der MHC-Gene auf dem Genom liegen.

Die **variablen Lymphocytenrezeptoren** (**VLR**) sind variable Nichtimmunglobulinrezeptoren mit LRR sowie sezernierte Proteine, die von lymphocytenähnlichen Zellen des Neunauges exprimiert werden. Sie werden durch eine somatische Genumlagerung erzeugt und können eine adaptive Immunantwort auslösen.

Die **variable Region** (**V-Region**) eines Immunglobulins oder T-Zell-Rezeptors besteht aus den aminoterminalen Domänen der Polypetidketten, aus denen es/er zusammengesetzt ist. Die Domänen bezeichnet man als variabel (**V-Domänen**). Es handelt sich dabei um die Proteinbereiche mit der größten Variabilität; sie enthalten die Antigenbindungsstellen.

Vaskuläre Adressine sind Moleküle auf Endothelzellen, an die sich Adhäsionsmoleküle der Leukocyten anlagern. Sie spielen eine wichtige Rolle beim selektiven → Homing der Leukocyten in bestimmte Körperregionen.

Das Adhäsionsmolekül **VCAM-1** wird durch das Gefäßendothel bei Entzündungsherden exprimiert; es bindet das Integrin VLA-4, das es bewaffneten T-Effektorzellen ermöglicht, an Infektionsherde zu gelangen.

Das Enyzm, das die einzelnen Segmente der B- und T-Zell-Rezeptor-Gene miteinander verknüpft, bezeichnet man als **V(D)J-Rekombinase**. Es besteht aus mehreren Enzymen, wobei die Produkte der → rekombinationsaktivierenden Gene *RAG-1* und *RAG-2* am wichtigsten sind. Diese Proteine werden in sich entwickelnden Lymphocyten exprimiert; sie sind bis jetzt die einzigen bekannten Bestandteile der V(D)J-Rekombinase.

Der Prozess der **V(D)J-Rekombination** kommt ausschließlich in den Lymphocyten der Wirbeltiere vor. Er ermöglicht die Rekombination von verschiedenen Genabschnitten zu Sequenzen, die vollständige Proteinketten von Immunglobulinen und T-Zell-Rezeptoren codieren.

Der variable Bereich der Polypeptidketten eines Immunglobulins oder T-Zell-Rezeptors besteht aus einer einzigen aminoterminalen **V-Domäne**. Paarweise zusammengesetzte V-Domänen bilden die Antigenbindungsstellen der Immunglobuline und T-Zell-Rezeptoren.

Die **V-Gen-Segmente** enthalten die Information für die ersten 95 Aminosäuren der variablen Domänen der Immunglobuline und T-Zell-Rezeptoren. Im Keimbahngenom gibt es eine Reihe von verschiedenen V-Gen-Segmenten. Damit ein vollständiges Exon entsteht, das eine V-Domäne codiert, muss ein V-Gen-Segment mit einem J- oder einem rekombinierten DJ-Gen-Segment verbunden werden.

Peptidfragmente von Antigenen binden über **Verankerungsreste** (*anchor residues*) an spezifische MHC-Klasse-I-Moleküle. Die Seitenketten dieser Aminosäurereste binden in Taschen, welche die Wand der Peptidbindungsstelle der MHC-Klasse-I-Moleküle auskleiden. MHC-Klasse-I-Moleküle binden jeweils verschiedene Muster von Verankerungsresten, die man als Verankerungsmotive bezeichnet. Dies führt zu einer gewissen Spezifität der Peptidbindung. Auch bei Peptiden, die von MHC-Klasse-II-Molekülen gebunden werden, findet man Verankerungsreste, die aber weniger gut definierbar sind.

Verkapselte Bakterien besitzen eine dicke Kohlenhydrathülle, die sie vor der Phagocytose bewahren. Sie verursachen extrazelluläre Infektionen und werden durch Phagocytose nur dann wirksam aufgenommen und zerstört, wenn die Bakterien vorher mit Antikörpern und Komplementproteinen bedeckt werden.

Eine **verkäsende Nekrose** tritt im Zentrum von großen Granulomen auf, wie etwa bei der Tuberkulose. Die Bezeichnung geht auf das weißlich-käsige Erscheinungsbild des zentralen nekrotischen Areals zurück.

Die ***very late activation antigens*** (**VLAs**) gehören zur Familie der β_1-Integrine, die an Zell-Zell- und Zell-Matrix-Wechselwirkungen beteiligt sind. Einige VLAs spielen bei der Wanderung der Leukocyten und Lymphocyten eine Rolle.

Vesikel sind kleine, membranumhüllte Kompartimente im Cytosol.

Viele in Säugetierzellen gebildete Viren sind von einer **viralen Hülle** (*envelope*) aus Lipiden und Proteinen der Zellmembran umgeben, die über virale Hüllproteine mit dem Core-Bereich des Virus verbunden ist.

Die **virale Protease** des menschlichen Immunschwächevirus spaltet die langen Polypeptidprodukte der viralen Gene in einzelne Proteine.

Viren sind Pathogene, die aus einem Nucleinsäuregenom mit einer Proteinhülle bestehen. Sie können sich nur in lebenden Zellen vermehren, da sie keinen eigenen Stoffwechsel für eine unabhängige Existenz besitzen.

Virion ist die Bezeichnung für vollständige Viruspartikel. In dieser Form breitet sich ein Virus von Zelle zu Zelle oder von einem Individuum zum nächsten aus.

VLAs → *very late activation antigens*.

VpreB → leichte Ersatzkette.

WAS → Wiskott-Aldrich-Syndrom.

Weibel-Palade-Körperchen sind Granula in Endothelzellen, die → P-Selektin enthalten. Die Aktivierung der Endothelzelle durch Mediatoren (zum Beispiel Histamin und C5a) führt zu einer schnellen Verlagerung des P-Selektins an die Zelloberfläche.

Die abgegrenzten Bereiche des lymphatischen Gewebes in der Milz bezeichnet man als **weiße Pulpa**.

Beim **Western Blotting** trennt man, normalerweise mithilfe einer Gelelektrophorese, Proteine auf und überträgt sie durch das Blotting-Verfahren auf eine Nitrocellulosemembran. Dann verwendet man markierte Antikörper als Sonden, um Proteine spezifisch nachzuweisen.

WHIM (Warzen-Hypogammaglobulinämie-Infektionen-Myelokathexis-Syndrom) ist eine seltende Neutropenie, die durch eine Mutation des Chemokinrezeptorgens CXCR4 verursacht wird.

Das **Wiskott-Aldrich-Syndrom** (**WAS**) ist gekennzeichnet durch Defekte im Cytoskelett der Zellen aufgrund einer Mutation im Protein WASP, das an Wechselwirkungen des Actincytoskeletts beteiligt ist. Patienten mit dieser Erkrankung sind gegenüber Infektionen mit eitererregenden Bakterien sehr anfällig.

Tiere, die verschiedenen Arten angehören, sind **xenogen**.

Zurzeit prüft man die Möglichkeit, **xenogene Transplantate** zu übertragen, also Organe von fremden Arten, da menschliche Organe zur Transplantation nur unzureichend zur Verfügung stehen. Das Hauptproblem bilden dabei die natürlichen Antikörper gegen die Antigene solcher verpflanzten Gewebe. Mithilfe transgener Tierstämme versucht man, diese Reaktionen zu beeinflussen.

Die **X-gekoppelte Agammaglobulinämie** ist eine genetisch bedingte Erkrankung, bei der die Entwicklung der B-Zellen im Stadium der → Prä-B-Zellen endet, also keine reifen B-Zellen oder Antikörper gebildet werden. Die Krankheit beruht auf einem Defekt in dem Gen für die Bruton-Tyrosinkinase (Btk).

Das **X-gekoppelte Hyper-IgM-Syndrom** ist eine Erkrankung, bei der nur wenige oder überhaupt keine IgG-, IgE- oder IgA-Antikörper gebildet werden und auch die IgM-Reaktionen gestört sind. Der IgM-Spiegel im Serum ist jedoch normal oder sogar erhöht. Ursache der Krankheit ist ein Defekt im Gen für den CD40-Liganden (CD154).

Das **X-gekoppelte lymphoproliferative Syndrom** ist eine seltene Immunschwäche aufgrund von Mutationen im SH2D1A-Gen (*SH2-domain containing gene 1A*). Jungen mit dieser Schädigung entwickeln im Allgemeinen während der Kindheit übermäßige EBV-Infektionen, manchmal auch Lymphome.

Beim **X-gekoppelten schweren kombinierten Immundefekt** (**X-gekoppelten SCID**) endet die Entwicklung der T-Zellen bereits in einem frühen Stadium im Thymus, und es werden weder reife T-Zellen noch T-Zell-abhängige Antikörper gebildet. Die Erkrankung beruht auf einem Defekt in einem Gen, das die γ_c-Kette codiert. Diese Kette ist Bestandteil der Rezeptoren für mehrere verschiedene Cytokine.

Mäuse mit Mutationen im *btk*-Gen zeigen einen Defekt in der Antikörperproduktion, insbesondere bei der primären Immunantwort. Diese Mäuse werden mit **xid** (für *X-linked immunodeficiency*) bezeichnet. Es handelt sich dabei um das Äquivalent zur menschlichen Form dieser Krankheit (→ X-gekoppelte Agammaglobulinämie).

Das Protein **ZAP-70** kommt in T-Zellen vor und ist mit dem Syk-Protein der B-Zellen verwandt. ZAP-70 enthält zwei SH2-Domänen, die bei einer Bindung an die phosphorylierte ζ-Kette die Aktivierung der Kinaseaktivität bewirken. Das wichtigste zelluläre Substrat von ZAP-70 ist LAT, ein großes Adaptorprotein.

Mithilfe der **Zeitraffervideomikroskopie** kann man alle Arten von biologischen Vorgängen, von der Zellwanderung (schnell) bis hin zum Öffnen einer Blüte (langsam), untersuchen.

Zelladhäsionsmoleküle vermitteln die Bindung einer Zelle an andere Zellen oder an Proteine der zellulären Matrix.

Integrine, Selektine, die Genprodukte der → Immunglobulinsuperfamilie (zum Beispiel ICAM-1) sowie CD44 und verwandte Proteine sind Zelladhäsionsmoleküle, die bei der Immunabwehr eine wichtige Rolle spielen.

Der → B-Zell-Antigenrezeptor ist das **Zelloberflächenimmunglobulin**.

Die **zellulären Immunantworten** umfassen alle → adaptiven Immunantworten, bei denen antigenspezifische T-Zellen eine zentrale Rolle spielen. Man definiert die zelluläre Immunantwort als die Gesamtheit der erworbenen Immunität, die sich nicht durch Serumantikörper auf einen nichtimmunen Empfänger übertragen lässt. Eine primäre zelluläre Immunreaktion ist die T-Zell-Antwort, die entsteht, wenn ein bestimmtes Antigen zum ersten Mal auftritt (→ humorale Immunität).

Die **zelluläre Immunologie** befasst sich mit den zellulären Grundlagen der Immunität.

In den **zentralen lymphatischen Organen** entwickeln sich die Lymphocyten, beim Menschen im → Knochenmark und im → Thymus. Die B-Zellen entwickeln sich im Knochenmark, während sich die T-Zellen im Thymus aus Vorläuferzellen bilden, die ihrerseits dem Knochenmark entstammen. Man bezeichnet sie auch als primäre lymphatische Organe.

Die **zentralen Gedächtniszellen** sind eine Gruppe von Gedächtniszellen mit charakteristischen Aktivierungseigenschaften. Man nimmt an, dass sie in den T-Zell-Regionen der peripheren lymphatischen Gewebe vorkommen.

Unter **zentraler Toleranz** versteht man die Immuntoleranz von Lymphocyten, die sich in den → zentralen lymphatischen Organen entwickeln, gegenüber Autoantigenen (→ periphere Toleranz).

Die Funktion der T-Effektorzellen ermittelt man immer anhand der Veränderungen, die sie in antigentragenden **Zielzellen** (*target cells*) hervorrufen. Dazu gehören B-Zellen, in denen die Produktion von Antikörpern angeregt wird, Makrophagen, die zur Abtötung von Bakterien oder Tumorzellen stimuliert werden, oder andere markierte Zellen, die durch cytotoxische T-Zellen zerstört werden.

Die **Zöliakie** (Heubner-Herter-Krankheit) ist eine chronische Erkrankung des oberen Dünndarms, die durch eine Immunreaktion gegen Gluten, einen Komplex aus Proteinen in Weizen, Hafer und Gerste, hervorgerufen wird. Dabei kommt es zu einer chronischen Entzündung der Darmwand, die Villi werden zerstört und die Fähigkeit des Darms, Nährstoffe zu absorbieren, wird beeinträchtigt.

Die **Zungenmandeln** sind periphere lymphatische Gewebe der Schleimhäute, die sich an der Zungenbasis befinden.

Bei der **zweidimensionalen Gelelektrophorese** trennt man Proteine zunächst durch → isoelektrische Fokussierung auf und anschließend noch einmal durch eine rechtwinklig zu dieser ausgerichteten → SDS-PAGE. Auf diese Weise lassen sich sehr viele verschiedene Proteine identifizieren.

Die **zyklische Neutropenie** ist eine dominant vererbbare Krankheit, bei der die Anzahl der neutrophilen Zellen innerhalb eines Zyklus von 21 Tagen zwischen normal und sehr niedrig oder null schwankt.

Zymogen → Pro-Enzyme.

Index

I

B

C

D

H

I

J

M

Printing and Binding: Stürtz GmbH, Würzburg